清华大学学术专著

模块式高温气冷堆核电站

Power Plants with Modular High-temperature Reactors

[德] 库尔特·库格勒　张作义　著

吴宗鑫　译

清華大學出版社

北京

内容简介

模块式高温气冷堆是一种采用包覆颗粒燃料、以石墨为慢化剂、以氦气为冷却剂的反应堆。

高温气冷堆具有良好的固有安全特性，除可用于发电外，还可用于热电联供以及高温工艺热的应用。高温气冷堆发电的余热可采用空冷塔冷却，因此可以建造在缺水地区。

本书为读者深入了解高温气冷堆的原理、技术发展状况、安全特性和潜在的应用领域提供了详尽的资料，可供高温气冷堆技术领域的科技人员、高校相关专业的师生以及核电项目管理人员阅读参考。

图书在版编目(CIP)数据

模块式高温气冷堆核电站/(德)库尔特・库格勒，张作义著；吴宗鑫译. —北京：清华大学出版社，2023. 1
(清华大学学术专著)
ISBN 978-7-302-62234-5

Ⅰ. ①模… Ⅱ. ①库… ②张… ③吴… Ⅲ. ①高温—气冷堆—核电站 Ⅳ. ①TM623. 94

中国版本图书馆 CIP 数据核字(2022)第 229766 号

责任编辑：黎 强 孙亚楠
封面设计：何凤霞
责任校对：赵丽敏
责任印制：杨 艳

出版发行：清华大学出版社
网 址：http://www.tup.com.cn，http://www.wqbook.com
地 址：北京清华大学学研大厦 A 座 **邮 编**：100084
社 总 机：010-83470000 **邮 购**：010-62786544
投稿与读者服务：010-62776969，c-service@tup.tsinghua.edu.cn
质量反馈：010-62772015，zhiliang@tup.tsinghua.edu.cn
印 装 者：三河市东方印刷有限公司
经 销：全国新华书店
开 本：210mm×290mm **印 张**：49 **字 数**：1619 千字
版 次：2023 年 3 月第 1 版 **印 次**：2023 年 3 月第 1 次印刷
定 价：398.00 元

产品编号：041107-01

前言

《模块式高温气冷堆核电站》一书详尽地介绍了模块式高温气冷堆这种创新型先进反应堆的技术发展历程、原理、安全特性和潜在应用领域等。

球床高温气冷堆技术由德国科学家 R. Schulten 发明。作为德国 Juelich 研究中心反应堆研究所所长，他带领一批科学家开展了大量开创性研究。K. Kugeler 教授继 R. Schulten 教授之后担任研究所所长继续开展大量研究工作。Siemens Interatom 的 H. Reulter 和 G. Lohnert 在 20 世纪 80 年代初提出球床模块式高温气冷堆新概念。

王大中教授在 20 世纪 80 年代初师从 R. Schulten 教授研究球床高温气冷堆技术，他回国后于 1986 年担任清华大学核能技术研究所所长，推动和领导了中国高温气冷堆技术研究和发展工作，启动建设了清华大学 10MW 高温气冷试验堆。吴宗鑫教授于 1994 年接替王大中教授担任清华大学核能技术研究所暨清华大学核能技术设计研究院院长，领导完成 10MW 高温气冷试验堆的建设。张作义教授于 20 世纪 90 年代初在 Juelich 研究中心师从 K. Kugeler 教授研究高温气冷堆技术，2001 年接替吴宗鑫教授担任清华大学核能技术设计研究院暨核能与新能源技术研究院院长，2007 年作为总设计师领导国家科技重大专项山东石岛湾 200MW 高温气冷堆核电站示范工程的科研与工程建设工作。

球床模块式高温气冷堆是世界范围内一批科学家致力于实现反应堆固有安全、倾尽一生心力为这个世界贡献的礼物。它应当是一种零灾难的反应堆技术，在任何严重的事故下都不会对核电站以外的公众造成不可接受的后果。

本书英文版由 K. Kugeler 和张作义合著。吴宗鑫教授以其作为主要领军科学家的学术功底不辞劳苦翻译成中文版本。希望这本书能为有志于从事高温气冷堆技术研究的科研人员、工程师和核电相关专业的高校师生等提供支持和参考。

张作义

2021 年 1 月

符号对照表

Accident of water ingress	进水事故
Active decay heat removal	能动衰变热载出
ALARA(as low as reasonal achievable)	合理可行尽可能低
Annuity factor	年金因子
ATWS(anticipated transient without scram)	未能紧急停堆的预期瞬态
Availabilities	可利用率
Barriers for fission product retention	阻留裂变产物的屏障
BDBA(beyond design basic accident)	超设计基准事故
BISO-coated particle	两层包覆颗粒
Breed	增殖
Build up of fission products	裂变产物的积累
Burnup	燃耗
BWR	沸水反应堆
Chain reaction	链式反应
Criticality	临界
Close cycle	闭式循环
Coated particles	包覆颗粒
Cogeneration	热电联供
Combined cycles	联合循环
Coaxial hot gas duct	同心热气导管
Decay heat removal	衰变热载出
Delayed neutron	缓发中子
Depressurization accidents	失压事故
DBA(design basic accident)	设计基准事故
Direct final storage of spent fuel elements	乏燃料元件直接最终贮存
District heating	区域供热
Dry air cooling tower	空气干冷塔
Early fatality	早期死亡
Extreme assumed accidents	极端假想事故
EPR	欧洲压水堆
Fast neutron dose	快中子注量
Fast neutron flux	快中子注量率
FIFA(fissions per initial fissile atom)	初装易裂变原子的裂变份额
FIMA(fissions per initial metal atom)	初装金属原子裂变份额
Final disposal of radioactive waste	放射性废物的最终处置
Final storage in geological deposits	地质贮存库中最终贮存

Final storage of spent fuel	乏燃料最终贮存
Fissile material	易裂变材料
Fertile material	可裂变材料
Fission product release	裂变产物释放
Fission product transport	裂变产物迁移
Forced convection cooling	强迫对流冷却
Fraction of defect particle	破损颗粒份额
Fuel enrichment	燃料富集度
Fuel cycles	燃料循环
Fuel handling system	燃料装卸系统
Fuel reprocessing	燃料后处理
Full power days of operations per yea	全年等效满功率运行天数
Full power operating time	满功率运行时间
Full power operation hours per year	年等效满功率运行小时数
Gas cloud explosion	气云爆炸
Gas turbine cycle	气体透平循环
Gas purification system	气体净化系统
Graphite reflectors	石墨反射层
Heat conductivities	导热率
Heat flux	热流密度
Heat conduction，radiation and free convection	导热、热辐射和自然对流
Heat transfer coefficients	换热系数
Helium auxiliary systems	氦辅助系统
Helium circuits for decay heat removal	衰变热载出氦回路
Helium circulator	氦风机
HEU	高浓铀
Hot gas duct	热气导管
HGTR(HTR)	高温气冷反应堆
INFCE(the international nuclear fuel cycle evaluation)	国际核燃料循环评估
INES(international nuclear event scale)	国际核事件等级
Inner concrete cell	内混凝土舱室
Intermediate heat exchangers (IHX)	中间热交换器
Intermediate storage systems	中间贮存系统
Irradiation by fast neutron	快中子辐照
Irradiation damage	辐照损伤
Inventory of fission products	裂变产物存量
Late fatalities	晚期死亡
LEU	低浓铀
Licensing process	许可证申请程序
Life cycle cost analysis	生命周期成本分析
Load factor	负荷因子
Loss of cooling accidents	失冷事故
LWR	轻水反应堆
Minor actinides	次锕系元素
Modular HTR	模块式高温气冷反应堆

MEDUL cycle	多次通过堆芯循环
Neutron balance	中子平衡
Neutron economy	中子经济性
Neutron kinetics	中子动力学
Neutron irradiation dose	中子辐照剂量
Neutron resonance absorption	中子共振吸收
Neutron spectrum	中子谱
Nuclear energy safeguards and non-proliferation	核安全保障和防核扩散
Nuclear fuel supply	核燃料供应
Nuclear process heat application	核工艺热应用
Open cycle	开式循环
OTTO cycle	一次通过堆芯循环
Parasitic neutron absorption	寄生中子吸收
Partitioning and transmutation	分离和嬗变
Peak factor of power density in core	堆芯功率密度峰值因子
Pebble-bed reactor	球床反应堆
Power capacity	发电容量
Power density of reactor core	反应堆堆芯功率密度
Power peak factor	功率峰值因子
Pressure drop	压力降(阻力损失)
Prestressed concrete reactor pressure vessel	预应力混凝土反应堆压力壳
Primary circuit	一回路
Primary enclosure	一回路边界
Primary helium cycle	一回路氦循环
Prismatic fuel element	柱状燃料元件
Process steam	工艺蒸汽
Prompt neutron	瞬发中子
Prototype project	示范项目
Public acceptability	公众可接受性
PWR	压水反应堆
Radiation exposures	辐射照射
Radiological consequences	放射性后果
Radioactive dose	放射性剂量
Radioactive substance	放射性物质
Radiotoxicity	放射性毒性
Reactivity accident	反应性事故
Reactivity coefficient	反应性系数
Reactor containment	反应堆安全壳
Reactor protection system	反应堆保护系统
Reactor pressure vessel	反应堆压力壳
Reactor primary enclosure	反应堆一回路压力边界
Reactor reactivity period	反应堆反应性周期
Reflector	反射层
Reflector saving	反射层节省
Release of radioactivity	放射性的释放

Resonance escape probability	逃脱共振几率
Risk informed approaches	风险指引方法
Self-acting decay heat removal	衰变热自发载出
Shutdown systems	停堆系统
Slowing down and diffusion of neutrons	中子的慢化和扩散
Spherical fuel elements	球形燃料元件
Spent fuel element	乏燃料元件
Spent fuel intermediate storage	乏燃料中间贮存
Spent fuel storage vessel	乏燃料储罐
Spent fuel management	乏燃料管理
Steam cycle	蒸汽循环
Steam generator	蒸汽发生器
Steam reformers	蒸汽重整器
Steam turbine cycle	蒸汽透平循环
Temperature reactivity coefficient	温度反应性系数
Thermal neutron flux	热中子注量率
Thermo-hydraulic analysis	热工-水力学分析
Thorium-based fuel	钍基燃料
Thorium high temperature reactor	钍高温反应堆
TRISO-coated particle	三层包覆颗粒
Total loss of active cooling	完全失去能动冷却
Total loss of coolant accident	完全失去冷却剂事故
Total loss of decay heat removal	完全失去衰变热的载出
Viscosity	黏度
Waste management	废物管理
Waste fuel management	乏燃料管理
Worth of absorber element	吸收元件的反应性价值
Worth of control element	控制元件的反应性价值
Xenon dynamic	氙动态

目录

第1章 高温气冷堆总体概念

摘　要：本章阐述了高温气冷堆的原理，重点介绍了包覆颗粒作为燃料的应用。采用球形或柱状燃料元件的高温气冷反应堆已得到了充分的研发，尤其是在衰变热自发载出的安全性研究方面，即使在失冷事故的极端情况下，燃料的最高温度也能受到限制是模块式高温气冷堆(HTR)的基本特征。实际上，在这种情况下，目前有可能将几乎全部的放射性物质阻留在核电厂内。因而，这类反应堆可以用于高效发电，以及通过模块式单元组合用于热电联供。另外，采用空气干冷方式可以使该系统在不依赖冷却水供应的条件下在干旱地区得以建造。

针对这种类型的反应堆，开发了多种燃料循环方式，如低浓缩铀、钍的利用。从理论上讲，将来也可以通过增殖发展一种新的燃料循环方式。高燃耗和良好的中子经济性是这类反应堆的特点。

对于核废物的管理和处置，无需将卸出的乏燃料元件紧密地放置在水池内进行冷却(像轻水反应堆(LWR)那样)，HTR卸出的乏燃料元件可以直接放置在空冷的中间贮存罐内存放几十年。而且，虽然未来也可能对卸出的乏燃料元件进行后处理，但目前，将乏燃料元件直接放入最终贮存地质库中的方案也已得到研发。

球床模块式高温气冷堆(HTR-PM)将产生的高温蒸汽提供给汽轮机将是该系统进入能源市场的下一步。目前，针对该技术已开展了多个大型项目，均在实施中。模块式HTR未来应用的特殊领域是作为热源用于诸多化工流程，特别是应用于碳氢化合物的转化、炼油和制氢等领域。

关键词：HTR原理；包覆颗粒；球形燃料元件；模块式HTR；氦冷；安全性；燃料循环；应用；核废物管理；HTR-PM概念

1.1 概述

20世纪核能在全球范围内得到广泛应用，初始阶段增长速度很快，之后增长有所减缓。目前，全球有440座已建成的核电厂在运行中，装机总容量约为4亿kW(电功率)。2010年，全球核电全年发电量为20万亿千瓦时，占当年全球总发电量的12%。另一方面，切尔诺贝利(苏联，1986年)和福岛(日本，2011年)发生的灾难性核事故均表明了目前商用核反应堆存在的风险。加上早期于1979年在美国三哩岛发生的核事故，这3个核事故使全球核电的发展减缓。某些国家，如德国，决定将逐步终止现有核电站的运行。

目前，已存在多种类型的反应堆，但只有一些改进的反应堆具有重要的应用。表1.1简要介绍了各种反应堆的特点(内容取自已经在能源经济评价体系中引用过的数据及未来HTR可能的一些数据)，并进行了比较。

表1.1　各种类型反应堆的特点

项　目	PWR	BWR	RBMK	CANDU	AGR	HTR	LMFR
概念特点							
慢化剂	H_2O	H_2O	H_2O/C	D_2O	C	C	
中子谱	热中子	热中子	热中子	热中子	热中子	热中子	快中子
燃料	UO_2 PuO_2	UO_2 PuO_2	UO_2 PuO_2	UO_2 PuO_2	UO_2	UO_2 PuO_2	UO_2 PuO_2
燃料形状	棒状	棒状	棒状	棒状	棒状	球状块状	棒状
冷却剂	H_2O	H_2O	H_2O	D_2O	CO_2	He	Na

续表

项　目	PWR	BWR	RBMK	CANDU	AGR	HTR	LMFR
冷却剂状态	液态	液态/蒸汽	液态/蒸汽	液态	气态	气态	液态
燃料的特点	锆合金包壳	锆合金包壳	压力管	压力管	钢包壳	包覆颗粒	钢包壳
设计参数							
富集度/%	3～4	3～4	2	<1.5	2	8	10
平均燃耗/(MWd/kg)	45	40	30	10	20	80	100
堆芯功率密度/(MW/m^3)	100	50	4	15	2	3	400
冷却剂温度/℃	290～325	200～285	200～285	200～305	250～650	250～750/950	380～540
冷却剂压力/MPa	16.0	约7.0	7.0	9.5	4.0	6.0	1.0
蒸汽压力/MPa	6.5	7.0	7.0	4.3	18.0	18.0	17.0
蒸汽温度/℃	280	285	285	250	530	530/600	500
效率/%	33	33	32	30	40	40/45	40
热功率/MW	3800	3800	3000	1500	1500	200～600	750
特点				天然铀		气体透平、工艺热	增殖

注：PWR—压水堆，BWR—沸水堆，RBMK—俄罗斯带石墨结构的沸水堆，CANDU—加拿大重水堆，AGR—先进气冷堆，HTR—高温气冷堆，LMFR—液态金属快堆。

1.2　未来可持续发展的能源技术

所有能源载体和未来全球核能的利用有一些重要的共同点。与任何其他能源一样，核能必须满足未来可持续发展的要求。图1.1汇总了核能未来可持续发展的一些要求。

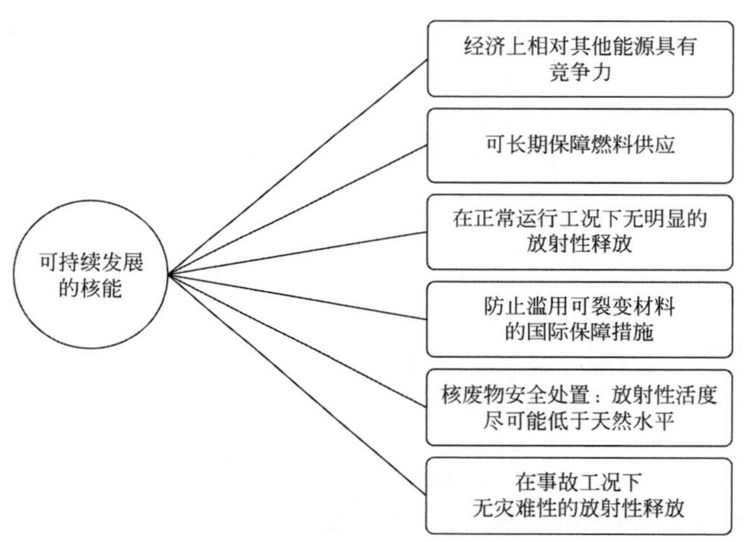

图1.1　核能未来利用可持续发展的要求

从经济性的角度来看，目前在很多国家核电厂发电相对于煤电和天然气发电是具有竞争力的。特别是核能发电，其成本对铀价格的上涨并不敏感，这使得核电厂在整个几十年运行期间的发电成本很有吸引力。与可再生能源相比，特别是与太阳能光伏发电和太阳能热发电相比，核能发电显示出其更强的优势。如果采用上述这些系统发电同时考虑储能问题，则其发电成本可能比核能发电高出一个量级以上。虽然水力发电具有很大的吸引力，风力发电也具有很大的潜力，但是高比重的风力发电接入电网时也必须解决储能问题。

过去的几十年中，通过技术改进已使核电厂的放射性释放大幅下降。以德国为例，由核电厂释放的放射性仅占公众所接受放射性总量的0.5%，而实际上，天然来源或者医疗带来的放射性辐射比想象的要高得多。核电厂工作人员受到的放射性元素剂量相比以往也下降了很多。所以，可以说，即使考虑辐射剂量在地区间的正常变化，人类生活的自然条件也并没有因核电厂和其他核燃料循环设施的运行而发生改变。技术的进一步改进的确可以使未来的辐射剂量得到更大程度的降低。这是一个通过采取更好的环境保护措施而实现节约成本的最优化的问题。

为保障核能系统的稳定运行，提供长期的核燃料供应是另一个重要的要求。目前已探明的低价铀资源大约为500万吨，这足以为现有核电装机提供近70年的燃料。我们都知道，还有更多的铀资源可以提供，只是价格更贵一些。然而，即使铀价格上升10倍，核能发电成本也仅比目前的成本高出30%。按这样的条件来估算，可以提供的铀资源量要高出10～20倍。另外，采用增殖的方式可以使铀的利用率更高，高出30～40倍是可行的。考虑到有如此大量的铀资源可被利用，可以认为，为核能系统提供1000年甚至更长时间的燃料供应是有保障的。除此以外，还可利用散裂过程来进行发电，虽然该方案不存在材料是否可以提供的问题，但是相对其他方案，该方案的经济性是个问题。

除上述要求之外，还有一些重要的因素需要加以考虑，包括满足可裂变材料的防核扩散、核电厂的安全性和放射性废物的最终处置等。这些内容将在后面的章节中进行详细的讨论，这里暂不作讨论。

近来，全球都在进行第Ⅳ代反应堆的开发工作。表1.2给出了Ⅰ～Ⅳ代反应堆系统的主要概况。

表1.2 几代反应堆系统

代型	特 征	例 子
第Ⅰ代	实验反应堆原型，商用堆的第一阶段	实验反应堆原型和第一座商用电厂
第Ⅱ代	商用反应堆	大型商用电厂(主要包括PWR,BWR，CANDU，AGR，RBMK)
第Ⅲ代	改进型商用系统	安全性改进(EPR,ABWR，AP1000，ESBWR，CANDU+，system 80+)
第Ⅳ代	未来的反应堆	创新概念

注：ABWR—先进沸水堆；ESBWR—经济简化型沸水堆；AP1000—先进的非能动型压水堆；EPR—欧洲压水堆。

在核能的发展过程中，PWR，BWR，CANDU和快堆的改进是关注的焦点。在这个阶段，一方面，扩大了单堆的装机容量，降低了投资成本。另一方面，改进了安全性，例如，引入堆芯捕集器、双层安全壳和改进余热排出系统，这些是比较典型的实例。如表1.2所示，未来的核电技术将向第Ⅳ代系统发展，已有很多国家正以合作的模式对该系统进行改进。

下面几类反应堆是在第Ⅳ代系统发展过程中进行过分析和研究的堆型。

- GFR：气冷快堆；
- LFR：铅冷快堆；
- MFR：熔盐堆；
- SFR：钠冷快堆；
- SCWR：超临界压水堆；
- VHTR：超高温和高温气冷堆。

其中，大多数堆型是大家熟知的，并已进行过实验。对于上述分析和研究的堆型，一个重要的参数是冷却剂的最高出口温度。在大多数情况下，该参数会受到腐蚀的影响或者燃料元件设计特性的限制。仅有VHTR可以使氦气的温度达到1000℃，因此，该反应堆具有最大的潜力实现更高的效率。在新发表的第Ⅳ代系统发展指南中将VHTR更名为V/VHTR，并将出口温度改为700～1000℃。

1.3 HTR的基本特性

高温反应堆可以高效发电并提供高温核工艺热，如图1.2所示。

初始阶段，其目标是利用高的冷却剂温度产生高于500℃的高温蒸汽以实现高效发电。同时，由于该系统中石墨对中子的吸收截面小，因而具有良好的中子经济性。在核技术和能源经济进一步发展的过程中，核工艺热的利用及系统具有的非常先进的安全特性变得更为重要。下面要介绍的球床高温气冷反应堆被认为是实现HTR系统特性最有发展前景的堆型。

石墨是燃料元件和反射层的主要结构材料。冷却剂是处于高压的氦气(图1.3)，它从堆芯顶部流至堆芯底部，温度由250℃加热至750℃左右，通过蒸汽发生器产生蒸汽来发电。未来通过采用气体透平技术及

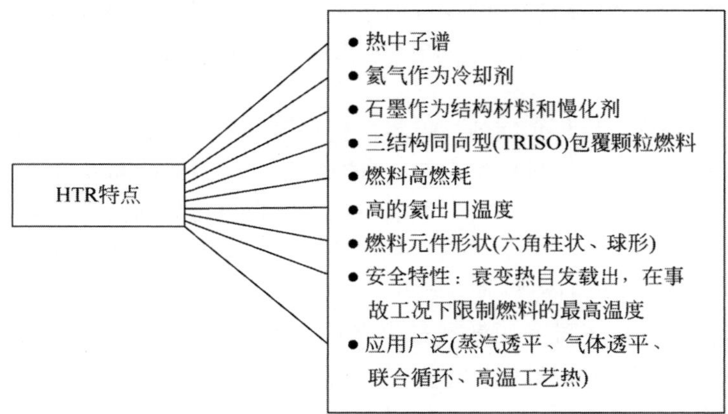

图 1.2 高温气冷堆的特点

提供高温工艺热,可将堆芯的出口温度提升到 900～950℃。侧向反射层及堆顶和堆底反射层由石墨结构材料构成。堆芯底部反射层因为采取合适的坡度,可以使燃料元件流入卸球管内。所有石墨结构均包容在金属堆芯壳内,热屏覆盖了全部堆内构件。

燃料元件由非常小的包覆颗粒组成,包覆颗粒均匀地弥散在球形燃料元件的石墨基体内。中子谱为热中子谱。因为石墨的寄生吸收很小,所以具有很好的中子经济性。且燃耗很高,能够达到 80 000～100 000MWd/吨重金属(t HM),相应的初装燃料富集度为 8%～10%。目前偏向于采用低富集度铀燃料进行循环,但是将来也可能利用钍来进行燃料循环。

关于 TRISO 包覆颗粒更详细的说明见图 1.3。燃料是 UO_2,制成直径为 500μm 的很小的核芯。环绕核芯的第一层是疏松层(50～90μm),这一层是多孔的,可以储存从燃料核芯释放出来的裂变产物。之后的三层(C/SiC/C)具有较小的厚度(40μm/35μm/40μm),可充当一个非常可靠的压力容器系统,在正常运行工况下几乎可以将全部裂变产物阻留在颗粒内,即使在发生严重事故的情况下(燃料温度达到约 1600℃)也可以将几乎全部裂变产物阻留在颗粒内。在运行工况下,裂变产物的释放量仅为总存量的 10^{-5},这一数值表明了当今技术发展的水平。

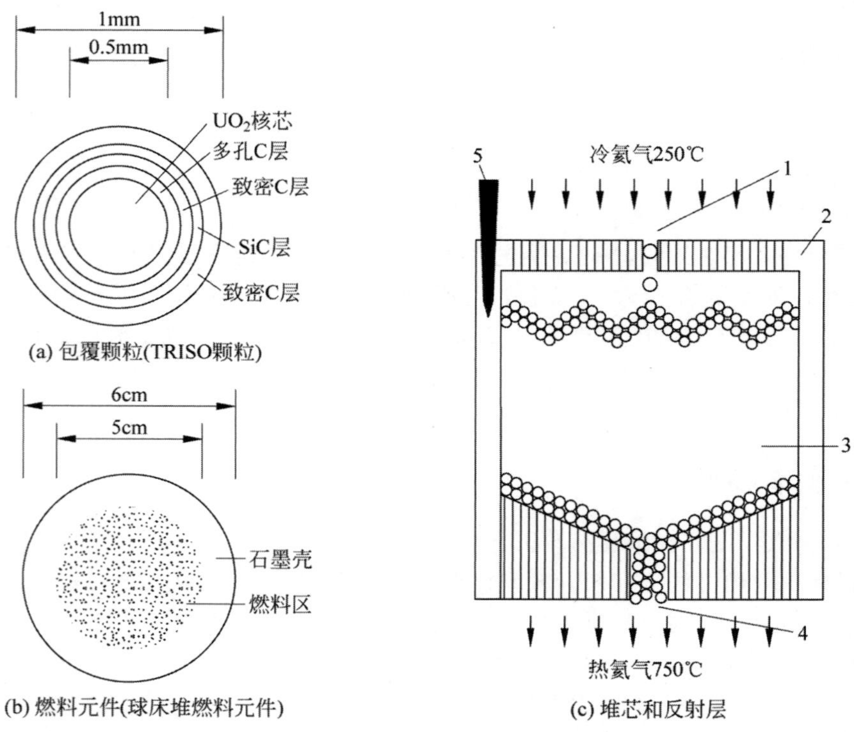

图 1.3 球床 HTR 包覆颗粒、燃料元件和堆芯

1—装入燃料元件；2—反射层；3—堆芯；4—燃料元件卸出；5—控制棒和停堆棒

TRISO 颗粒是目前全球 HTR 进一步发展的基础。以前的 BISO 颗粒(没有 SiC 层)也曾成功地应用于 AVR 和 THTR,但是 TRISO 颗粒对裂变产物的阻留能力更强,关于这一点将在第 10 章给出详细的解释。10 000～20 000 个这样的小包覆颗粒压制在球形燃料元件的石墨基体中,成为燃料区。燃料区外围被石墨壳体包围,石墨壳体中没有包覆颗粒,厚度通常为 5mm。石墨壳体的石墨材料与燃料区的材料相同,两者之间是紧密相接的。新燃料元件包含 7～10g 以氧化物形式存在的重金属,具体含量取决于堆芯的设置。这种燃料元件具有热力学的优点,燃料元件内的发热几乎是完全均匀的,且由于石墨具有很好的导热性能,以此即确定了燃料元件内的温度分布状况。所以,相比于其他类型的反应堆,HTR 有可能在燃料温度不是很高的情况下使冷却剂达到较高的温度。

球形燃料元件的外径为 60mm,在反应堆堆芯内随机堆积分布。石墨反射层构成堆芯的包容体。堆芯底部呈锥形布置,从而使球形燃料元件从堆芯流出。这里介绍的燃料元件可以达到很高的燃耗,并且,如果反应堆采取了合理的布置,也可以使氦回路具有相当低的污染程度。

模块式 HTR 的球床堆芯采用氦气从堆芯顶部流至堆芯底部的方式对堆芯进行冷却。燃料球平行于冷却气体以很慢的速度向下移动。

燃料球从反应堆的顶部装入,然后以平均大约 1mm/h 的速度从堆顶向堆芯底部移动。堆芯的功率密度相对于其他类型的反应堆而言较低,为 2～4MW/m^3,这主要是出于安全上的考虑。包覆颗粒中 UO_2 的功率密度与目前压水堆 UO_2 芯块的功率密度相当。

基于上述因素及石墨基体良好的导热性,导热性是燃料元件在传热过程中起主导作用的因素,使得燃料中的温度相对较低。

在用蒸汽进行发电的情况下,蒸汽发生器、氦风机及连接的热气导管是一回路中的重要设备。图 1.4 给出了 HTR 这种典型应用的一回路循环原理。氦气在堆芯中由 250℃加热到 750℃,与功率密度在堆芯中的轴向分布特征相对应。在蒸汽发生器中,先对给水加热,再进行蒸发,之后进一步加热成为过热蒸汽,同时给出了这个过程中温度的变化情况。750℃的氦气出口温度可以产生温度为 530～600℃的过热蒸汽,蒸汽的压力为 10～30MPa。在目前的蒸汽循环系统中,若采用上述蒸汽发电方式,发电效率可达 40%～44%。

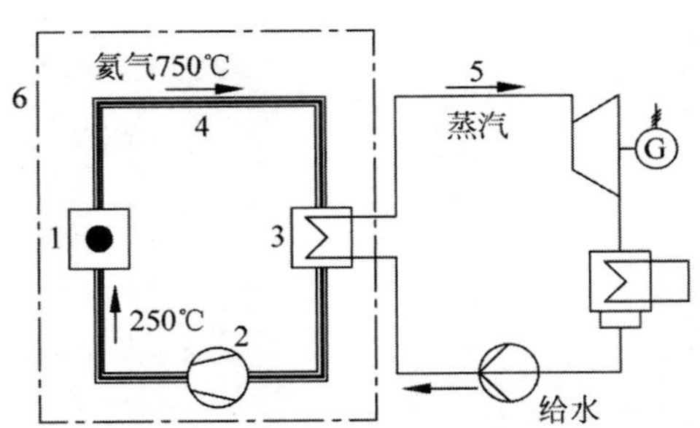

图 1.4　用于产生蒸汽和蒸汽循环应用的 HTR 冷却回路原理

1—核反应堆；2—氦风机；3—蒸汽发生器；4—热气导管；5—二回路(蒸汽循环)；6—反应堆安全壳构筑物

图 1.5 给出了模块式 HTR(如 HTR-Module,热功率为 200MW)一回路循环的概貌。模块式 HTR 的一回路系统集成到由反应堆压力壳、蒸汽发生器压力壳及与其相连的壳体组成的边界内。反应堆压力壳和蒸汽发生器压力壳采用肩并肩的方式布置。

模块式球床反应堆的控制和停堆是由布置在侧反射层内的吸收元件来实现的。除了能动的停堆系统能够保障 HTR 的安全之外,模块式 HTR 的固有安全性也是一个非常重要的安全保障特性。这种反应堆的温度反应性系数在各种正常运行和事故工况下均为非常强的负值,因此,当温度上升时,HTR 电厂总可以依靠负反应性系数实现停堆,以保障安全。

燃料元件在系统运行时,是连续地进行装卸料的,因此,这类反应堆可避免为燃耗提供剩余反应性,这是一个非常重要的安全特性(详见第 10 章)。模块式 HTR 的一回路系统均集成在混凝土舱室内,这个舱室(图 1.6)对一回路的所有设备都具有承受载荷的功能,并且在发生失压事故时起到第一道缓冲的作用。另外,它还对反应堆压力壳周围辐射场具有屏蔽的功能。反应堆舱室内表面用表面冷却器加以覆盖,大约

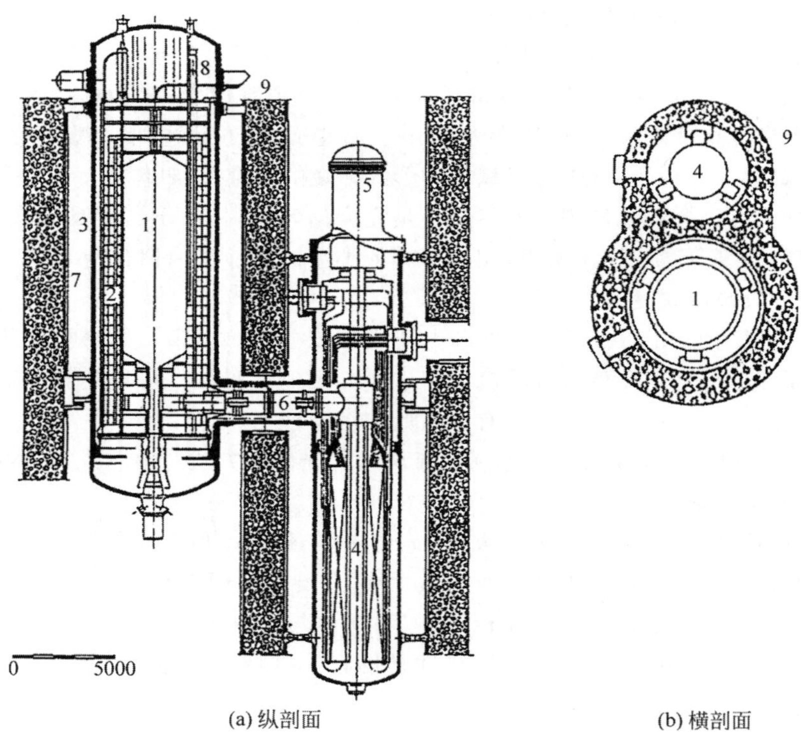

(a) 纵剖面　　　　(b) 横剖面

图 1.5　模块式 HTR 一回路循环的概貌

1—堆芯；2—堆内构件；3—反应堆压力壳；4—蒸汽发生器；5—氦风机；6—热气导管；7—堆舱表面冷却器；8—控制和停堆系统；9—反应堆舱室混凝土结构

一天之后可以将衰变热载出。如果该冷却系统也已失效，则衰变热可以由混凝土结构吸收并传输出去。反应堆舱室允许短时间内承受大约 0.2MPa 的超压，并通过过滤器连接到烟囱。

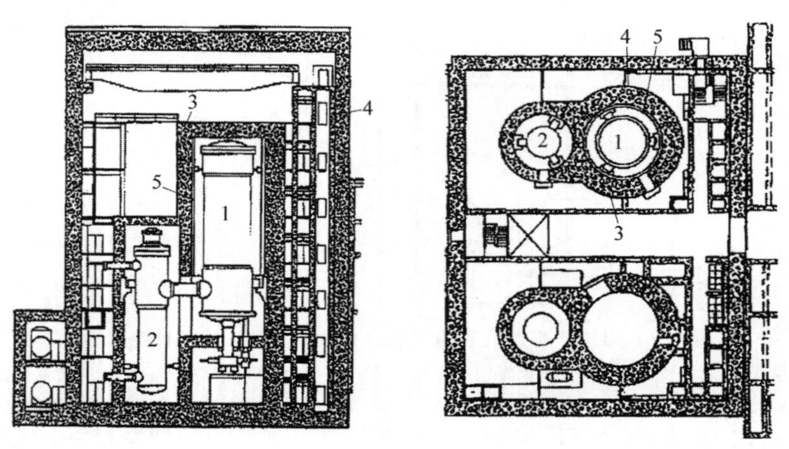

图 1.6　模块式 HTR 的反应堆安全壳构筑物(如 HTR-Module，热功率为 200MW)

1—反应堆；2—蒸汽发生器；3—内混凝土舱室；4—外部构筑物；5—表面冷却器

反应堆外部安全壳构筑物主要具有保护反应堆和防御外部撞击的功能(详见第 10 章)。

下面给出几种燃料燃耗的循环方式。一种是多次通过堆芯(MEDUL)循环，另一种是一次通过堆芯(OTTO)循环。一次通过堆芯循环具有很大的吸引力，它可以在相对较低的燃料温度下达到非常高的氦气出口温度，详情将在第 3 章和第 15 章中加以说明。在多次通过堆芯的循环方式中，燃料元件会通过堆芯 6～15 次，每次通过堆芯后进行燃耗测量。与一次通过堆芯循环相比，多次通过堆芯循环能够达到相对较低的功率密度峰值因子。多次通过堆芯循环和一次通过堆芯循环的原理如图 1.7 所示。

在所有高温气冷堆的循环方式中，乏燃料元件均直接贮存在中间贮存罐内，这是一种“紧凑”的贮存方式。轻水堆乏燃料元件贮存在水池内，高温气冷堆则不必如此。乏燃料元件中间贮存罐通过空气自然对流

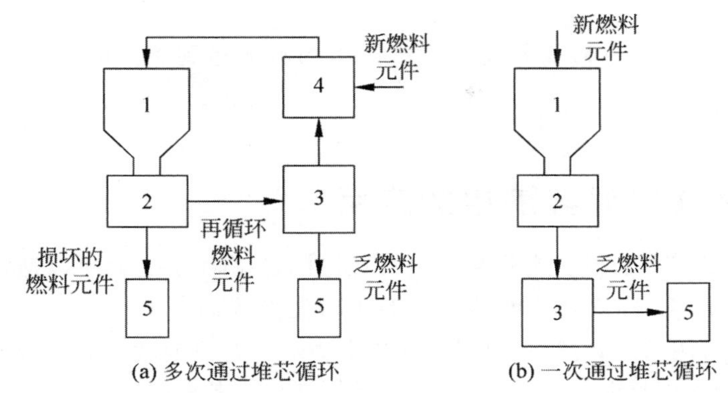

图 1.7 多次通过堆芯循环和一次通过堆芯循环的原理

1—堆芯；2—卸料系统；3—燃耗测量；4—再循环系统；5—乏燃料元件中间储存

进行冷却(详见第 11 章)。这种贮存方式不会发生像福岛核事故(日本，2011 年)那样具有严重损坏程度的危险状况。无论是内在原因还是外在原因引发的事故，都不会导致裂变产物从这些贮存系统中大量释放。所以，这种贮存方式可以实现几十年的中间贮存。

由于燃料元件的形状及采用的连续装卸方式，燃料循环具有高度的灵活性。在反应堆运行期间，可以很方便地对燃料元件类型进行变换。采用铀燃料或者钍燃料，以及各种不同的包覆颗粒作为燃料均进行过变换实验，并且对燃料进行后处理也是可行的。

较低的堆芯功率密度，以及堆芯和反射层中大量的石墨使这种类型的反应堆在热瞬态过程中具有极好的热惯性。如果堆芯参数选择得合适，那么冷却剂系统或者衰变热排出系统发生故障时均不会造成燃料元件或者结构的损坏。对于这种类型的模块式反应堆，即使能动衰变热排出系统失效，它也绝不可能发生堆熔，也不会以一种不允许的方式发生堆芯过热。在这种情况下，衰变热通过导热、热辐射和空气自然对流在反应堆系统内传输，并通过反应堆压力壳散出。

目前，已进行过很多实验来测量从辐照过的球形燃料元件中释放出来的裂变产物的各种参数。

对于热功率达 250MW 的圆柱状堆芯的模块式 HTR，其热能可以通过非能动自发方式载出，燃料的最高温度不会超过 1600℃。在后面的章节中，会给出更详细的说明，即便是在这个温度下，从包覆颗粒燃料(球形 TRISO)中释放出来的重要裂变产物也仍然是非常有限的，典型值小于总存量的 10^{-4}。另外，释放是一个非常缓慢的过程，并且固态裂变产物将沉积在一回路内。由于燃料元件的这种特性，发生事故时从一回路系统排放到混凝土舱室的释放率小于 10^{-5}，从而避免出现核电厂外敏感的放射性后果。

若模块式 HTR 采用环状堆芯布置，则可以在满足相同安全标准的条件下以使反应堆达到更大的热功率。如果采用衰变热自发载出，并要求在这种情况下以燃料的最高温度不超过 1600℃ 为安全原则，那么从堆芯到外部的热传输路径必须要足够短，堆芯的热功率也限制在 450MW 左右。这些针对热功率的限制适用于目前采用的锻钢壳系统。如果采用其他类型的大直径的壳体，如预应力壳，则反应堆的热功率还可以进一步提高。

即使是在受到外部撞击的极端情况下，将最高燃料元件温度限制在 1600℃ 也是可行的。反应堆安全壳构筑物和混凝土内舱室必须要能承受通常的外部撞击，如气体云爆炸、风机撞击和地震。

在发生失压事故之后，混凝土内舱室加上外部的储存和过滤系统及一个封闭系统，具有避免大量空气进入一回路系统的功能。

HTR 也需要一些辅助系统，包括一个气体净化系统，该系统可以将一回路冷却剂中的 H_2，CO，H_2O，O_2，CO_2，CH_4 及一些粉尘过滤并去除；另外还包括一个氦储存系统，特别是在采用气体透平模式下，该辅助系统的作用尤为重要。

根据目前对核废物处理的要求，需要在核电厂的场址内直接设置一个乏燃料元件的中间贮存设施。对于反应堆安全壳构筑物，需要设置空调系统和专门的冷却系统以满足运行的要求。

当然，反应堆也需要设置一套常规的测量装置，以在线测量温度、压力、质量流量、中子注量率及这些参数的变化情况。反应堆的保护系统能够提供所有的信息和触发安全动作，这也是 HTR 电厂的一个重要组成部分。

电厂的正常运行需要一套电力系统和设施将所产生的电输送到相连的电网上，而这些技术目前已很成熟。

1.4 模块式 HTR 在能源经济中的应用

模块式 HTR 系统可以应用于很多能源经济领域，如图 1.8 所示。它们可以通过蒸汽循环、气体透平循环和联合循环进行发电。另外，将氦气从堆芯流出的出口温度提高到 900～1000℃，就可以用于高温工艺热。模块式 HTR 的热源可用来运行热电联供厂，提供电力和工艺热或者为更多的工业应用提供工艺蒸汽。未来，模块式 HTR 也可能提供高温工艺热用于制氢、煤的气化或者直接还原炼铁。

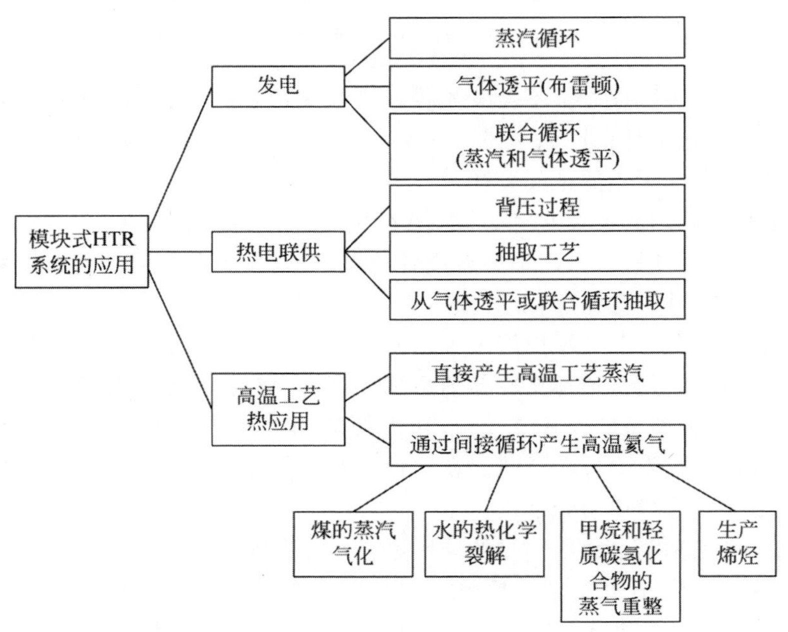

图 1.8 模块式 HTR 在能源经济中的各种应用

图 1.9 给出了模块式 HTR 与蒸汽循环相匹配的主要流程。在这种情况下仅产生高温蒸汽，并在汽轮机中膨胀做功。

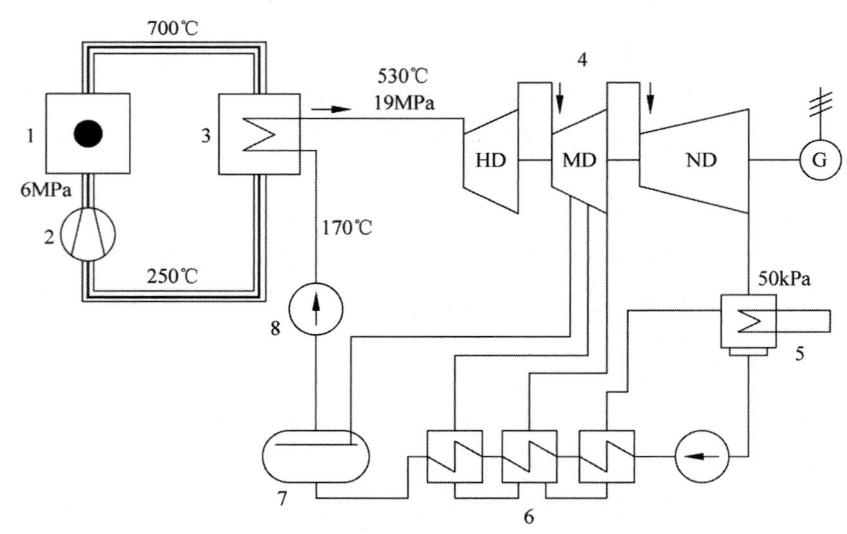

图 1.9 与模块式 HTR 相匹配的蒸汽循环发电厂原理(如 HTR-Module，热功率为 200MW)

1—反应堆；2—氦风机；3—蒸汽发生器；4—透平机械；5—冷凝器和冷却系统；6—给水预热；7—给水储存罐；8—给水泵

依赖于蒸汽的参数(温度：530～600℃，压力：10～32MPa)，采用现代技术的亚临界、超临界和超超临界蒸汽轮机目前已在燃煤发电厂中得以利用。电厂总的发电效率为40%～46%。

可以采用几个模块单元向一台汽轮机供应蒸汽，发电厂的发电容量可以达到200MW、300MW，甚至更高。这种由几座反应堆联合向一台汽轮机提供蒸汽的发电厂技术已经在镁诺克斯反应堆和其他常规发电厂中得到验证。

对于特殊的场址，也可选用干冷塔的方式。在THTR上进行的实验表明，采用干冷塔方式可以将超过500MW的废热排出。由此，可以实现将核电厂建造在缺少冷却水源的地区。

根据反应堆的高氦气出口温度，也可以采用氦气透平循环。

根据最高的氦气温度、氦气压力、气体透平中的压比和循环中相对压力的损失情况，整个流程的净效率为42%～46%。因此，该流程非常适于采用干冷塔方式将废热排出。

为了将一回路和二回路的循环隔离开，可以采用一种替代的方案：中间换热器(intermediate heat exchangers，IHX)。若需要将防止污染这一因素考虑进来，那么该方案对于透平机械就具有设计和运行方面的更多优势，但采用中间换热器进行循环将使循环效率下降2%左右。

为了进一步提高效率，可以引入联合循环方式。该方案涉及的技术环节中可以包括一个带有或不带有中间换热器的回路。通过气体透平之后，氦气的温度仍很高，足以使蒸汽发生器产生450～500℃的高温蒸汽。这样的高温蒸汽仍可以运行一个常规的蒸汽循环，并具有很高的效率。

联合循环的一个很大的优点就是反应堆入口氦气的温度通常是250～300℃，这相当于采用蒸汽循环电厂反应堆堆内构件的常规设计条件。根据所选择的参数，联合循环的效率在45%～48%。

除了发电之外，未来核能还可在供热市场得到应用。它可以以热电联供电厂的方式运行，为不同的应用提供电力和热。最具吸引力的应用应该是提供区域供热、为炼油和化工提供工艺热，以及为海水淡化供热。在石油的强化开采方面，由于需要大量的过热蒸汽，核能将在今后几十年发挥非常重要的作用。图1.10给出了采用模块式HTR进行热电联供的应用及其平均温度。热电联供也可借助蒸汽透平循环和气体透平系统来实现。

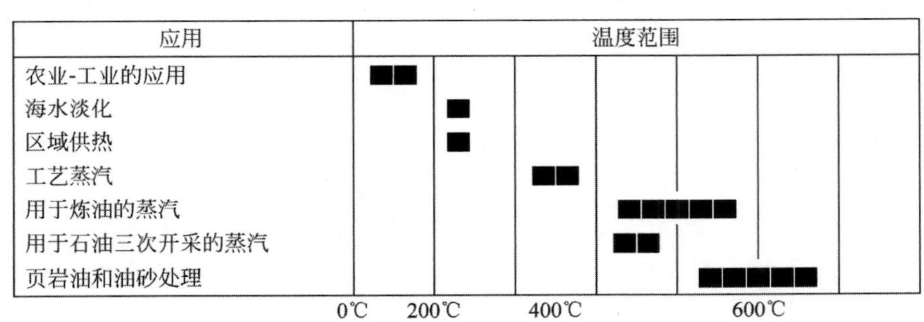

图1.10 采用模块式HTR进行热电联供的应用

温度达到750～950℃，甚至更高的氦气可用于一些特殊的高温过程，从而使化石燃料转化为轻质碳氢化合物、合成气和氢气成为可能。甲烷与蒸汽在650～800℃下，通过吸热反应进行重整，生成合成气或者氢气。这个蒸气重整过程需要从氦回路获取热量用于反应、产生工艺蒸汽及提供气体净化和压缩需要的所有能量。图1.11给出了模块式HTR产生的高温热的相关应用的概况。

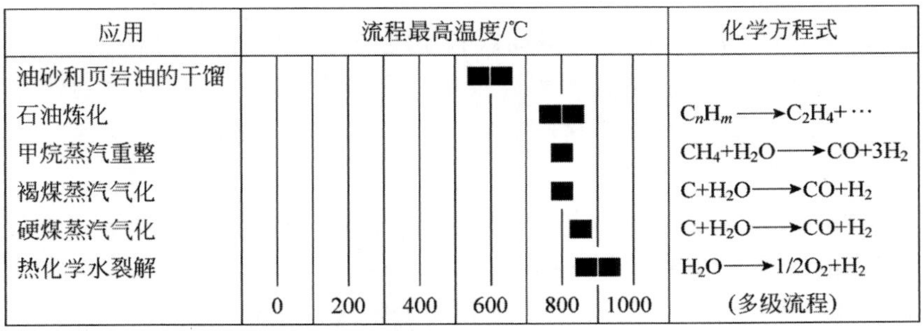

应用	流程最高温度/℃	化学方程式
油砂和页岩油的干馏		
石油炼化		$C_nH_m \longrightarrow C_2H_4 + \cdots$
甲烷蒸汽重整		$CH_4 + H_2O \longrightarrow CO + 3H_2$
褐煤蒸汽气化		$C + H_2O \longrightarrow CO + H_2$
硬煤蒸汽气化		$C + H_2O \longrightarrow CO + H_2$
热化学水裂解		$H_2O \longrightarrow 1/2O_2 + H_2$
	0　200　400　600　800　1000	(多级流程)

图1.11 模块式HTR产生的高温热的应用

若较小容量的模块式 HTR 能够实现一定的经济效益，就有可能进入上述能源市场。尤其是模块式 HTR 新的安全性概念使其有可能与上述工艺流程相结合，并使这些新的核供热应用场址的选择更加容易。

总而言之，若使全球能源经济 CO_2 减排的要求真正得以实现，那么上述所有工艺流程都变得非常有吸引力。另外，化石能源价格的上升也有利于未来核供热的应用。

1.5 模块式 HTR 的安全性

对于每一座核反应堆，均要求将放射性同位素安全地包容在反应堆系统内。如前所述，要求在反应堆正常运行和发生事故时将放射性元素阻留在燃料元件内。另外，还需设置反应堆的保护系统。从降低核电厂投资风险的角度考虑，这也是必需的。在轻水堆中发展的很多规则也可类似地用于 HTR 电厂。特别是阻留裂变产物的多道屏障系统也可按相同的方式来实现，即这类反应堆无论发生多么严重的事故都不可能发生堆熔。

因此，未来的反应堆必须以如下方式实现运行，即不需要采取厂外撤离或搬迁的措施。对于设计相对完善的模块式 HTR，其目标就是要实现这个未来的要求。

模块式 HTR 的一些主要安全性体现在如下几个方面，进一步详细的说明将在第 10 章中给出。

- 因为较低的功率密度、燃料元件的堆积布置及石墨基体良好的导热性，在正常运行时，即使在冷却剂出口温度相当高(750℃)的情况下，燃料温度仍然相当低(<1000℃)，因而能够非常有效地将裂变产物阻留在 TRISO 包覆颗粒内(释放率低于 10^{-5})。由此可以看出，氦回路中的活度是相当低的。
- 在严重事故下(最高燃料温度<1600℃)，TRISO 包覆颗粒能够非常有效地将重要的裂变产物加以阻留。未来使用更先进的颗粒后，在发生事故时甚至可以允许达到更高的温度。
- 由于堆芯中有大量的石墨，在正常运行和发生非常极端事故的瞬态过程中，反应堆呈现出很大的惰性。
- 氦气-石墨体系呈现化学惰性并且不会发生腐蚀。在一回路系统中仅含有非常少量的杂质(mg/L 量级的 H_2O，H_2，CO_2，CO)，在正常运行过程中仅会造成非常有限的腐蚀，使用一种气体净化系统便可以实现对于这种反应效应的制约。
- 由于氦冷却剂不会发生相变，所以堆芯的冷却总是在一个恒定的状态下进行。
- 氦在反应堆的中子平衡中不起作用，因为氦与中子的反应完全可以忽略不计。这对于反应性的平衡和可能的扰动是非常重要的。
- 由于球床 HTR 采用连续方式装卸燃料，所以无需为平衡燃耗提供剩余反应性，使反应堆的剩余反应性非常小，仅用于满足单个模块堆进行部分负荷运行调节时的需要。
- 由于堆芯中含有大量的 U238 或 Th232，所以具有很强的温度负反应性系数，从而能够在反应堆功率快速增长的情况下保障反应堆功率的固有安全稳定性。
- 在发生失去冷却剂和能动冷却这样假设事故的情况下，HTR 堆芯呈现很好的惰性。如果选取的堆芯功率密度水平较低(大约 $3MW/m^3$)，并且堆芯的尺寸选择得也比较合适，那么堆芯就不可能发生堆熔。遵循上述原则，模块式 HTR 的最高燃料温度一定不会超过 1600℃。
- 堆芯的衰变热可以仅通过导热、热辐射和自然对流方式从堆芯传出并排放到外部环境。这是系统的固有特性，不会失效。在严重事故下(详见第 11 章)，仅有很少的燃料元件达到高温，所以放射性元素的释放量是非常有限的。

有关空气和水进入堆芯的详细情况将在第 11 章中进行讨论。如前所述，基于非能动原理的方案是可行的，并有可能将事故产生的后果限制在相当低的影响层面。在对模块式 HTR 进行很多安全方面的研究之后，可以得出如下结论：对于一座模块式 HTR，如果仅有低于放射性总存量 10^{-5} 的放射性元素有可能被释放到外部环境，则其对厂外的放射性影响是非常小的。因此，核事故不会造成早期死亡和晚期死亡，更无需对周边的公众采取撤离或搬迁措施。

1.6 模块式 HTR 的燃料元件

HTR 可以采取多种燃料循环方式,并且已经开展了大量的研发工作。表 1.3 给出各种燃料循环方式的主要特点。

表 1.3 HTR 各种燃料循环方式的主要特点

循环方式	说明	燃料装载
	开式循环	
Th/U(93%)(HEU)	高富集度铀作燃料的钍-铀循环(93%铀富集度)	ThO_2/UO_2(93%)
Th/U(20%)(MEU)	中等富集度铀作燃料的钍-铀循环(约 20%铀富集度)	ThO_2/UO_2(20%)
U(8%)(LEU)	低浓铀(8%铀富集度)	UO_2(8%)
	闭式循环	
Th/U	钍循环	ThO_2,从后处理燃料获取的 93%富集度的 UO_2
Th/浓缩 U	置换循环	ThO_2,后处理获取的富集度 20%的 UO_2,富集度 15%U
PB	近增殖	ThO_2,分离燃料元件中 93%富集度的 UO_2
NB	净增殖	ThO_2,后处理燃料的 UO_2,主要是 U233

HTR 燃料循环最简单的途径包括铀的浓缩,包覆颗粒和燃料元件的制造、在反应堆中的燃耗及之后乏燃料的中间贮存。随后,HTR 燃料进行预处理并放入地质贮存库内作最终处置。

经过一段长时间的中间贮存后(目前超过 50 年是最佳的时间段),在开式循环中对乏燃料进行预处理,之后再将燃料贮存在地质处置库内。预处理过程可能包括用陶瓷对乏燃料加以覆盖及将球形燃料放置在贮存罐内。目前,盐穴、花岗岩结构、凝灰岩或者黏土结构被认为是燃料最终处置库的合适选择。

由于陶瓷材料具有优越的抗腐蚀性能,因此为燃料的最终贮存提供了非常好的条件。关于核废物的管理和处置将在第 11 章中给出更详细的说明。

在球床反应堆内,这些材料可以以混合或者分离的形式加以利用。采用何种方式取决于当时的经济条件及今后几十年燃料供应的状况和对未来的展望,开式循环在今后几十年内具有一定的优势。随着铀矿成本的提升,未来闭式循环将会引起更大的关注。目前,由于各种原因,闭式循环已得到一些国家很大程度的重视,在这些国家各自相对特有的条件下,钚的再循环及钍的利用被认为是相当具有优势的。

HTR 可以采用各种闭式燃料循环方式,可采用 U233,U235,Pu239,Pu241 作为易裂变材料,将 Th232,U234,U238,Pu240 作为增殖材料。

在这些闭合燃料循环过程中,若采用低浓铀进行循环,燃料元件将在流程的开始被破坏,燃料也会在 PUREX 流程的常规工艺过程中溶解。在将裂变产物、铀和锕系元素分离出来之后,其他部分可被再制造成新的燃料元件。对裂变产物进行玻璃固化处理,固化的玻璃块需要再进行中间贮存,类似于乏燃料的中间贮存,贮存时间大约为 50 年或者更长,从而使得衰变热大幅下降。固化的玻璃最终可以贮存在深层的地质库内。在中间贮存的各个步骤中及在乏燃料元件最终被直接贮存的情况下,含包覆颗粒和石墨基体的全陶瓷燃料元件本身已成为安全贮存的基本先决条件。

后续的后处理流程可以使对铀资源的利用更为有效,相比于目前的开式燃料循环,采用闭式循环可以使铀资源的利用率提高 10 倍甚至更高。对铀的高效利用可以通过引入具有低燃耗的近增殖系统来实现,对于 HTR 的燃料循环,其转化比可以接近 1。

现已研发了用于各种富集度和各种增殖材料循环的燃料元件,并且得到 AVR 和 THTR 上批量实验的验证。采用高富集度铀(93%)和钍的循环,即所谓的高浓铀(HEU)循环和采用 8%富集度铀,并以 U238 作为增殖材料的低浓铀(LEU)循环的燃料元件目前也已得到充分的研发。当然,这些燃料元件还具有进一步加以改进以臻完善的可能性。

根据国际核燃料循环评估(The International Nuclear Fuel Cycle Evaluation,INFCE)法规规定,超过 20%富集度的燃料循环是不被允许的,这主要是为了防止核扩散。目前,已排除采用 HEU 循环的可能性。对于所有新的 HTR 项目,预期可采用的燃料循环仅有 LEU 循环,燃料富集度为 8%～10%,燃耗达到

80 000～100 000MWd/tHM。

特别是采用低燃耗、近增殖的 HEU 循环是现实可行的，但是，如果铀矿的价格上涨得非常高，这一方案的实施将会变得遥遥无期。

另外，采用中等富集度(MEU)(＜20%)的 MEU 循环仍然受到防核扩散要求的限制，这个过程需要达到很高的转化比才能实现。

球床型 HTR 的燃料循环灵活性一般较高。在 AVR 正常运行时已针对上面提到的各种方案对燃料元件进行了实验，在连续更换燃料元件的过程中，电厂运行的各项参数没有发生任何重大的变化。目前，已对 14 种燃料元件进行了实验。关于元件的制造、贮存、增殖和防核扩散，将在第 11 章给出详细的解释。

从安全性和资源节约方面考虑，如果核废物管理、分离和嬗变过程具有优势，它们在更远的将来有可能用于 HTR 燃料元件。分离过程中，必须要将裂变产物和铀及残留非常少量钚的锕系元素，钚和裂变产物混合物中的少量锕系元素加以精细的分离。这样，固化玻璃的放射性将大幅度降低，且在大约 1000 年之后最终处置库内剩余核废物的危害性将低于铀矿本身的水平。但是，对分离和嬗变过程中的额外风险也必须要加以考虑。如果采用特殊的玻璃陶瓷混合物来代替固化玻璃，由于这类玻璃陶瓷混合物具有极好的防泄漏性能，有些改进也是可能的。

1.7 中间和最终贮存

乏燃料元件从反应堆卸出之后需要较长的一段时间进行安全的中间贮存。有些国家的研究者认为 50～100 年是最佳的贮存时间。如果乏燃料元件在中间贮存的时间能够更长一些，那么在最终贮存时释放的热会少一些，其温度就会更低一些，从而降低最终贮存时的很多要求。铸钢罐用于乏燃料元件的贮存是目前全球范围内被广泛采用的技术。例如，若这些铸钢罐可以贮存 50 000 个球形燃料元件，那么占用的空间大约相当于 $10m^3$。该铸钢罐存满乏燃料元件之后的散热量大约为 10kW，这些热量可以很容易地通过导热、热辐射和自然对流的方式由布置在罐内的乏燃料元件通过罐壁传导出来，再排放到罐壁外的空气中。贮罐表面温度要低于堆积球床的温度(250℃)。关于中间贮存的更详细的情况将在后面的章节中加以介绍。

通过对这些贮存原则的安全性进行分析，我们发现，没有任何一个可能性因素会导致裂变产物的大量释放。只有在大型飞机携带了大量燃油并遭受恐怖袭击的情况下，需要专门考虑如何应对由此带来的长时间的火灾问题。而实际上，在一定的时间范围内通过采取某些措施完全可以避免任何问题的发生。

直至如今，对于 HTR 乏燃料元件的最终贮存，人们一直考虑采用在岩穴中直接贮存的方式，并对这一方案进行了大量的研发工作(详见第 11 章)。同时，也讨论过采用花岗岩和黏土作为地质处置库的方案。有研究者认为，在更远的未来，采用钍作为增殖材料对 HTR 燃料元件进行后处理也是一个可选的方案。

1.8 HTR-PM 项目概况

球床模块式高温气冷堆(high-temperature reactor-pebble-bed module，HTR-PM)是中国研发的高温气冷反应堆的示范电站，目前正在中国建造。模块堆的热功率为 2×250MW。反应堆产生的热为蒸汽轮机循环提供蒸汽(566℃/13.25MPa)，电功率为 212MW，发电的废热采用海水进行冷却。模块式 HTR 采用球床堆芯、低浓铀的燃料元件和 TRISO 包覆颗粒。

图 1.12 给出了该电厂运行的简化流程图，该流程的氦气循环不进行再加热。

氦气在 7MPa 压力的堆芯内由 250℃加热到 750℃，由上向下流过堆芯。一回路系统的布置如图 1.13 所示，蒸汽发生器压力壳和反应堆压力壳采用肩并肩的布置方式，蒸汽发生器管束的位置低于堆芯的位置。反应堆压力壳和蒸汽发生器压力壳之间用一个管壳连接，管壳内包含了一个同轴的热气导管。主氦风机设置在蒸汽发生器的顶部，主氦风机与外部的壳体组装成一个整体设备。蒸汽发生器由 19 个换热单元组成，套装在一个压力壳内。每一个换热单元配置有给水和过热蒸汽温度测量装置。

一些重要的 HTR-PM 设计参数见表 1.4。

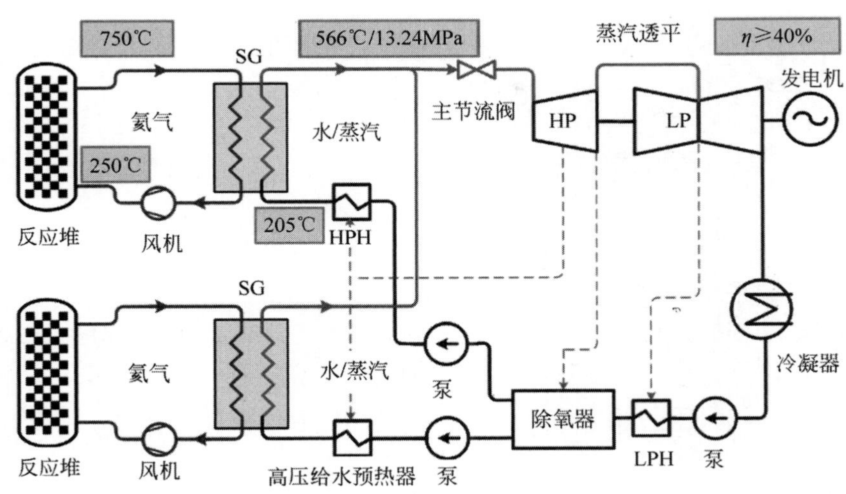

图 1.12　HTR-PM 电厂运行的简化流程(2×250MW)

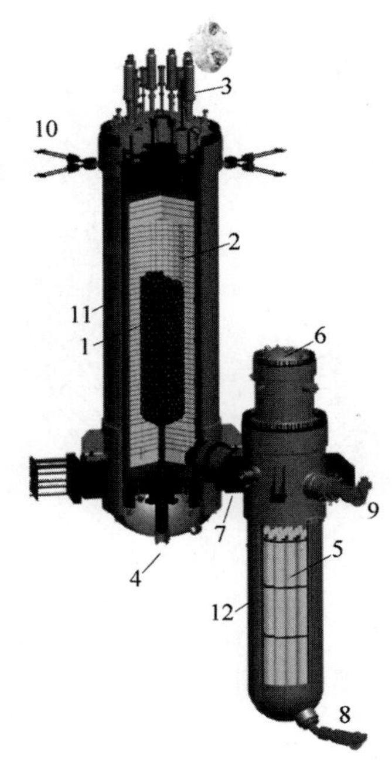

图 1.13　模块式 HTR-PM 的概貌(热功率为 250MW)

1—堆芯；2—反射层；3—停堆系统；4—卸球系统；5—蒸汽发生器组件；6—主氦风机；7—连接的同心热气导管；8—给水；9—蒸汽出口；10—支撑结构；11—反应堆压力壳；12—蒸汽发生器压力壳

表 1.4　HTR-PM 电厂的设计参数

参　数	数　值	参　数	数　值
热功率/MW	2×250	氦循环/℃	250～750
电功率/MW	200	蒸汽参数/(℃/MPa)	566/13.25
流程	无再热的蒸汽循环	安全概念(事故燃料最高温度)/℃	<1600
冷却	海水		

图 1.14 给出了 HTR-PM 反应堆更详细的结构。该反应堆为球床堆芯，装有 420 000 个球形元件。这种燃料元件的概念已在 1.1 节中给出说明。该反应堆采用具有 TRISO 包覆颗粒的低浓铀循环方式。

表 1.5 给出了 HTR-PM 堆芯的一些参数。与至今所了解的其他模块式 HTR 相比，其堆芯的高度较高，所以堆芯的阻力降较大。

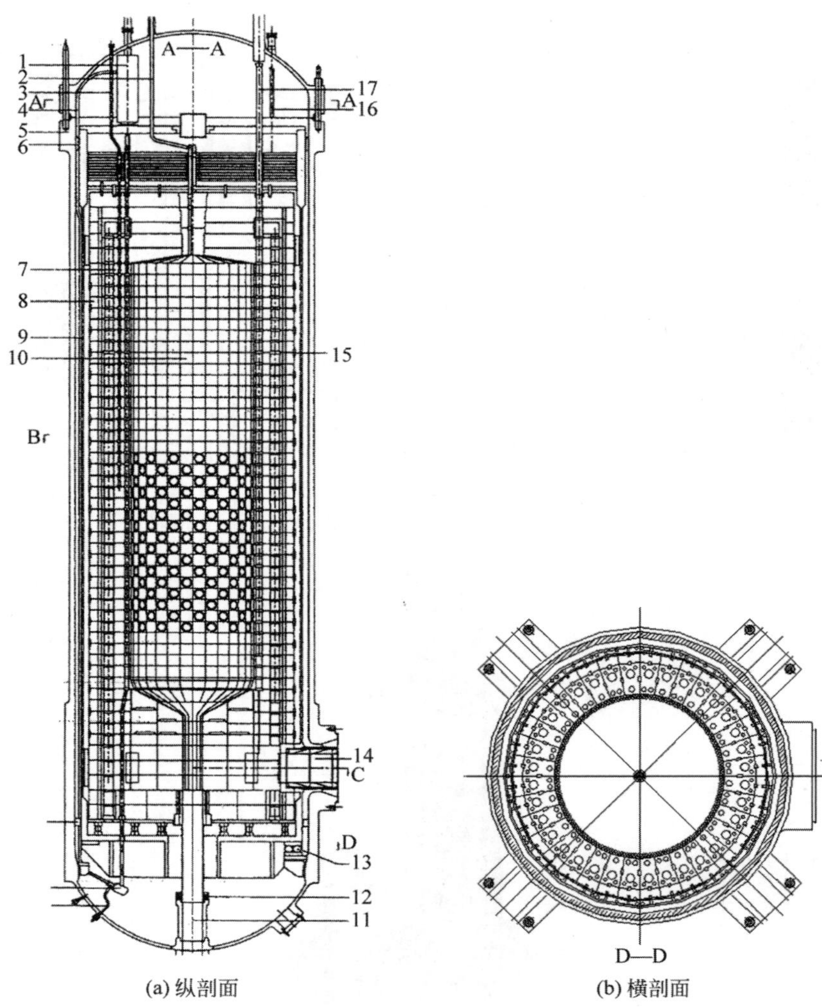

(a) 纵剖面 (b) 横剖面

图 1.14 HTR-PM 反应堆的设置

1—吸收球系统的贮存罐；2—燃料元件装球管；3—中子源孔道；4—吸收球的返回系统；5—反应堆压力壳；6—导向键；7—侧反射层；8—热屏；9—堆芯壳；10—堆芯；11—燃料元件卸球管；12—密封环；13—支撑轴承；14—热氦气腔室；15—环箍；16—材料辐照监测孔道；17—控制棒和第一停堆系统传动机构

表 1.5 HTR-PM 反应堆堆芯的参数

参 数	数 值	参 数	数 值
堆芯热功率/MW	250	结构寿命/满功率年	30
平均功率密度/(MW/m^3)	3.2	控制棒和停堆系统的位置	反射层内
堆芯高度/m	11	燃料元件	球形
堆芯直径/m	3.0	循环	多次循环
氦气平均出口温度/℃	750		

在这个堆芯高度上选择的堆芯直径应能够实现将衰变热自发地传输到外部环境中，其直径大约为3m。在HTR-PM反应堆发生完全失去能动冷却事故的情况下，限制燃料的最高温度小于1600℃。此外，在这种情况下，第一和第二停堆系统所有的控制和停堆元件均可以布置在侧反射层中。氦气流经反应堆时温度由250℃上升到平均750℃。氦气压力为7MPa，这有助于在较高堆芯高度下减少对氦回路总阻力降的影响。

第一停堆系统的控制棒采用电力驱动方式。第二停堆系统采用吸收小球方式，在重力作用下使小球落入反射层的孔道内。除了这个系统出于安全原因需要考虑快速响应以外，在AVR和THTR中，有可能通过从堆芯排出燃料元件使反应堆长时间处于次临界状态。

该反应堆还具有很强的温度负反应性系数。

反应堆卸出燃料元件是在全压力和正常运行条件下进行的。为了达到这个目的，在反应堆压力壳的底部设置了一个专门的卸球系统。在球床反应堆中，燃料球通常是从顶部反射层上装入。

从堆芯卸出燃料球后，使用带有65mm直径通孔的转盘组成的机械重新装载堆芯，另外，还设置了碎球分离器和燃耗测量系统处置卸出的燃料球。

对燃料元件进行燃耗测量之后，将其送入堆芯进行再循环，或者作为乏燃料元件输送到中间贮存。对于HTR-PM，预计通过15次循环达到设定的燃耗值，在这个过程中可以对燃料元件的状态进行额外的统计检验。

一些重要的球形燃料元件参数见表1.6，这些参数趋近于至今已在AVR运行过程中及HTR研发计划中验证的数值。

表1.6 HTR-PM电厂球形燃料元件的重要参数

参　数	数　值	参　数	数　值
燃料形状	球形(直径为6cm)	燃料	UO_2
包覆颗粒	TRISO(C/SiC/C)	循环	多次循环
基体材料	A3/27石墨	单球最大功率/(kW/球)	3.5
富集度/%	8.5	最高中子注量/(n/cm^2)	$<4\times10^{21}$
燃耗/(MWd/t HM)	90 000	燃料最高运行温度/℃	<1000

整个一回路系统布置在内混凝土舱室内，该舱室设计成一个密闭的房间，平均压力为0.25MPa。衰变热的最终载出方案(在所有能动冷却完全失效的情况下)采用了衰变热自发从堆芯向反应堆压力壳外部载出的原理。然后，衰变热从反应堆压力壳再载出到环绕反应堆压力壳的外表面冷却系统。衰变热热传输过程中的每一个环节均仅利用了导热、热辐射及空气或者空气/氦气混合物自然对流的方式。内舱室设置在模块式HTR特殊的反应堆安全壳构筑物内，它不同于LWR，不是完全密闭的，但是它具有可以防御外部撞击的安全性。给水和蒸汽管道，气体净化、燃料装卸和氦气储存系统可穿透通过内混凝土舱室。含氦的辅助系统布置在连接到内混凝土舱室的房间内。图1.15显示了两个HTR模块的平面布置情况。

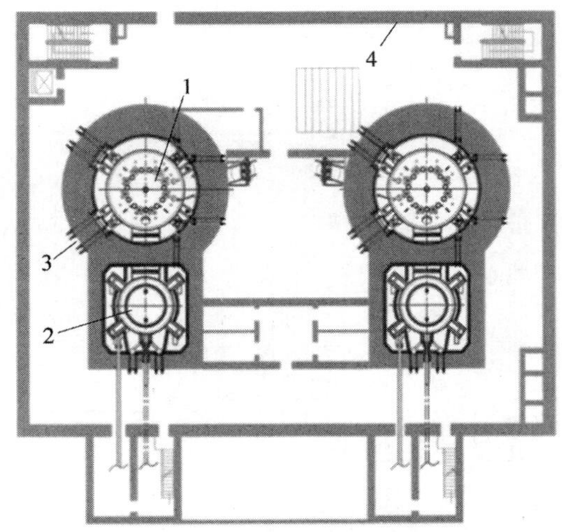

图1.15 HTR-PM两模块反应堆构筑物的平面布置图

1—反应堆压力壳；2—蒸汽发生器压力壳；3—内混凝土舱室；4—反应堆外构筑物

HTR-PM构筑物的纵剖面如图1.16所示。蒸汽发生器采用了模块式HTR系统通常采用的与反应堆压力壳肩并肩的布置方式。氦风机布置在蒸汽发生器的顶部，这样便于近距离地对设备进行维护、检修和可能的更换。给水和主蒸汽管道在压力壳的侧面与蒸汽发生器相连，从这里，主蒸汽被输送到蒸汽轮机，给水来自给水预热系统。一回路系统的内混凝土舱室具有很厚的舱壁，且实际上是密闭的。外部混凝土构筑物可以抵御外部的撞击。

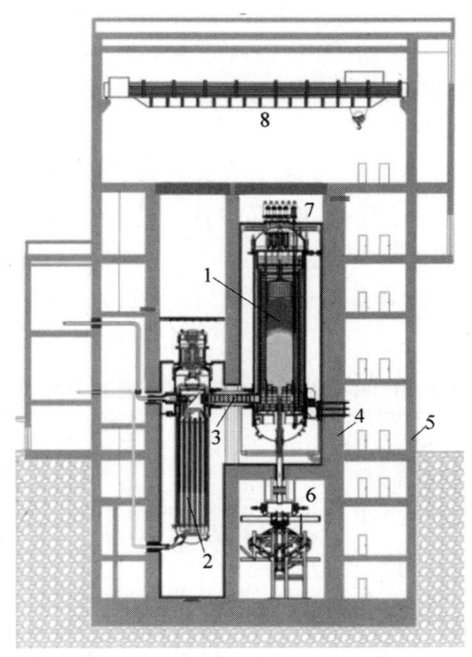

图 1.16 HTR-PM 构筑物的纵剖面图

1—反应堆；2—蒸汽发生器；3—连接压力壳；4—内混凝土舱室；5—反应堆外构筑物；6—卸球系统；7—停堆系统；8—吊车

两个模块连接到一个汽轮机-发电机厂房，该厂房内设置了蒸汽轮机和蒸汽发生器、冷凝器、给水泵、预热器和给水储罐。中间贮存构筑物设计成可以贮存电厂 40 年运行期间卸出的全部乏燃料元件，这是一个贮存了很多空气冷却储罐的构筑物。中间贮存构筑物也对外部撞击具有防御功能。图 1.17 为该电厂结构的立面图，它给出了电厂设置的总体概况。

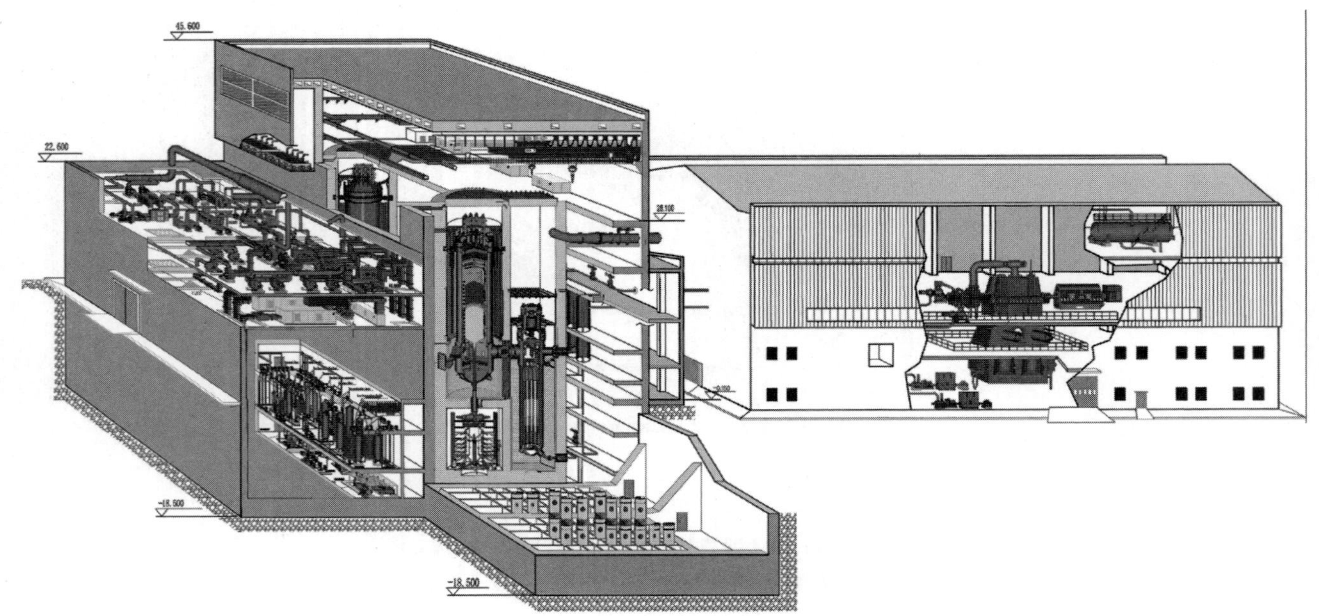

图 1.17 HTR-PM 结构的立面图

2012 年 12 月 12 日，在 HTR-PM 的厂址上进行了第一罐混凝土的浇灌，2016 年 3 月 20 日安装了第一台反应堆压力壳，如图 1.18 和图 1.19 所示。

图 1.18 HTR-PM 浇灌第一罐混凝土

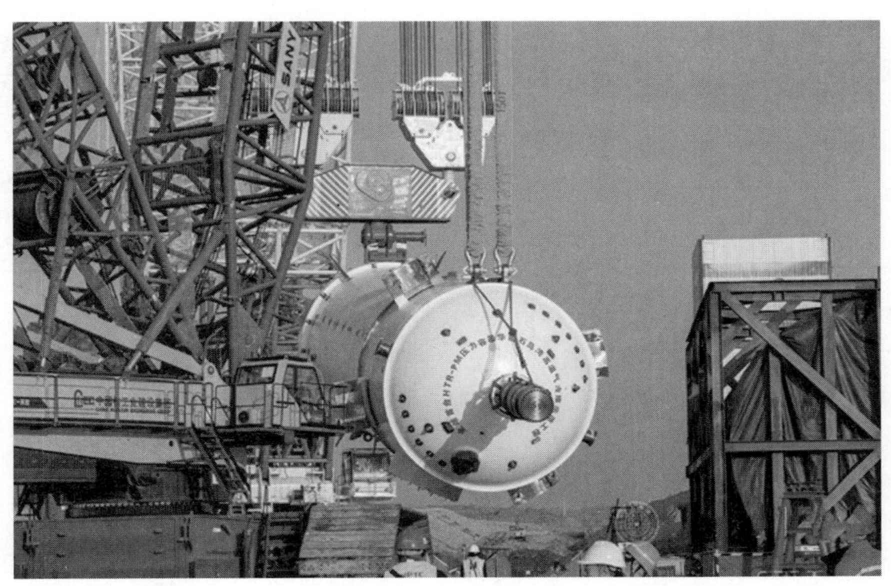

图 1.19 HTR-PM 第一座反应堆压力壳正在吊装就位

1.9 HTR 的发展概况

HTR 电厂已在多个国家进行了计划、建造和运行，目前正处于发展的第 3 阶段，并准备向第 4 阶段过渡(表 1.7)。

表 1.7 高温反应堆的发展阶段

阶 段	电厂类型	电厂名称	国 家	热功率/MW
阶段 1	实验反应堆	龙堆	英国	20
		桃花谷	美国	115
		AVR	德国	46
阶段 2	示范电厂	圣·弗伦堡	美国	850
		THTR 300	德国	750
阶段 3	实验反应堆	HTTR	日本	30
		HTR-10	中国	10
阶段 4	模块化示范电厂	HTR-PM	中国	250

目前，HTR主要采用球形和柱状燃料元件。建造在英国的经济合作与发展组织(OECD)的龙堆项目采用了特殊的棒状燃料元件。球床HTR的研发是由德国从AVR反应堆开始的。随后，德国又完成了THTR 300项目。紧接AVR反应堆之后，德国首先对PR 500进行了计划和分析，随后是HTR-Module和HTR-100电厂。基于这种小型反应堆和模块式HTR的设计理念，中国建造了HTR-10，并且目前仍在运行；南非的球床模块高温气冷堆(PBMR)目前处于详细计划阶段。遵循THTR 300的设计原则，目前已开始规划的一座大型球床HTR是HTR 500，其热功率为1250MW。在过去的几十年中，德国还对HTR电厂提出了一些改善建议，并进行了相应的研究，包括与气体透平相配置的HHT电厂(例如，HHT 1250)，以及与一个蒸汽重整器和一个中间换热器相配置的工艺热电厂(例如，PNP 500)。

表1.8给出了关于这些电厂的一些介绍。在各种反应堆运行期间，有关研究者研发的HTR技术更详细的一些情况见第13章。

表1.8　HTR电厂参数和球床反应堆概况

	电厂	国家	热功率/MW	氦气温度/℃	投入年限	运行终止年限	燃料元件类型	流　程
已运行	AVR	德国	46	950	1965年	1988年	球形	蒸汽循环
	THTR	德国	750	750	1985年	1988年	球形	蒸汽循环
正在运行	HTR-10	中国	10	700	2002年		球形	蒸汽循环
在建	HTR-PM	中国	250	750			球形	蒸汽循环
以前的项目	PR 500	德国	500	750			球形	联合循环
	HTR-Module	德国	200	700			球形	蒸汽循环，联合循环
	HTR 100	德国	250	750			球形	联合循环
	HTR 500	德国	1250	750			球形	发电
	HHT	德国	1500	850			球形	气体透平
	PNP 500	德国	500	950			球形	联合循环，高温工艺热
	PBMR	南非	200/450	700/900			球形	联合循环/气体透平

目前，球床反应堆的主要项目是中国的HTR-PM(每个模块的热功率为250MW)。

未来的高温反应堆均采用衰变热自发载出的概念，所以，堆芯不可能发生堆熔。在所有发生事故的情况下燃料的最高温度低于1600℃，使得裂变产物的释放限制在非常低的数值。

模块式HTR提供了如下的可能性：即使在发生极端事故的情况下反应堆系统也可实现无灾难性放射性的释放。这种可能给验证模块式HTR优良的安全性提供了更好的条件。

本章涉及的有关内容的更详细的信息可见参考文献。

参考文献

1. R. Schulten, The high-temperature reactor of BBC/Krupp, Die Atomwirtschaft 9, 1959.
2. THTR – Thorium – high-temperature reactor association, Reference design of the THTR 300MW_{el} – prototype plant, 1968.
3. D. Bedenig, Gas-cooled high-temperature reactors, publishing house Thiemig, 1972.
4. K. Kugeler, R. Schulten, High-temperature reactor technology, Springer, Berlin, Heidelberg, 1989.
5. NN, Special issue: AVR experimental high-temperature reactor: 21 years of successful operation for a future technology, VDI-Verlag GmbH, 1990.
6. G. Lohnert (editor), the Chinese high-temperature reactor: HTR-10, the first inherently safe generation IV nuclear power system, Nuclear Engineering and Design, vol. 218, no. 1–3, Oct. 2002.
7. Siemens/Interatom, High-temperature reactor – module – power plant safety report, vol. 1–3, Nov. 1988.
8. VGB, International conference on the high-temperature reactor – coal and nuclear energy for the generation of electricity and gas, VGB-IB 9, Dortmund, Oct. 1987.
9. T. Bohn (Editor), Handbook on energy, Vol. 10, nuclear power plants, Publishing house TŰV Rheinland/Köhn, Technical publishing house Resch/Gräfelug, 1986.
10. L. C. Wilbur (Editor), Handbook of energy system engineering, Willey series in mechanical engineering practice, New York, 1985.
11. K. Kugeler, M. Kugeler, Z. Alkan, S. Briem, Generation of electrical energy in nuclear power plants with high efficiency, JŰL-3598, Nov. 1998.
12. R. Schulten, Coal gasification with heat from high-temperature reactors, lecture at the Academy of Science, Düsseldorf, July 1966.
13. PNP project, PNP reference concept of the prototype plant of nuclear process heat; total plant and nuclear power plant, Bergbau-Forschung GmbH; GHT Gesellschaft für Hochtemperatur technik GmbH; Hochtemperatur-Reaktor bau GmbH; Kernforschungsanlage Jülich GmbH; Rheinische Braunkohleuwerke AG, 1981.
14. K. Verfondern (Editor), Nuclear energy for hydrogen production: non-electric applications of nuclear energy, Micanet, 07/05-D-4.4x, Dec. 2005.

15. NRW, HTR – components – status of development of heat transporting and heat transferring components, Publications "Energie politik Nordrhein – Westfalen", Düsseldorf, March 1984.
16. Special issues on nuclear process heat technology, Nuclear Engineering and Design, Vol. 34, No. 1, 1975; Nuclear Engineering and Design, Vol. 78, No. 2, 1984.
17. K. Verfondern, Nuclear energy for hydrogen production, Schriften des For schungszentrums Jülich, Energy Technology, Vol. 58, 2007.
18. IAEA Safety Standards Series, Requirements, NS-R, Vienna.
19. J. Mertens, et al., Safety analysis for accidents of HTR-Module, JŰL-Spez. 335, Nov. 1985.
20. H. Reutler, Plant design and safety concept of the HTR-Module: small and medium sized nuclear reactors, SMIRT, Lausanne, August 1987.
21. Siemens/Interatom, Technical report, High-temperature reactor – Module – power plant, Vol. 1–3, Nov. 1988.
22. H. Reutler, G. H. Lohnert, The modular HTR – a new concept for the pebble-bed reactor, Atomwirtschaft, 27, Jan. 1982.
23. H. Reutler, G.H. Lohnert, Advantages of going modular in HTRs, Nuclear Engineering and Design, 78 (1984), 129–136.
24. K. Kugeler, R. Schulten, Considerations on the safety relevant principles of the nuclear technology, JŰL-2720, Jan. 1993.
25. Wang Dazhong, Lu Yingyun, Roles and prospect of nuclear power in China's energy supply strategy, Nuclear Engineering and Design, 218 (2002), 3–12.
26. J.Wolters, W. Kröger, et al., Behavior of HTR-Module during accidents – a trend analysis, JŰL-Spez-260, June 1984.
27. E. Merz, C. E. Walter, Advanced nuclear systems consuming excess plutonium, Kluwer Academic Publishers, Dordrecht, Boston, London, 1997.
28. E. Teuchert, Fuel cycle of the pebble-bed high-temperature reactor in computer simulation, JŰL-2069, June 1986.
29. KFA Jülich, High-temperature reactor – fuel cycle, JŰL – conf., 61, Aug. 1987.
30. E. Merz, Reprocessing in the Thorium fuel cycle, JŰL-Spez. 239, Jan. 1984.
31. NN, Special issue: Intermediate storage of spent fuel elements on the site, Publishing house Inforum, 2001.
32. A.G. Herrmann, Radioactive waste – questions and responsibility, Springer Verlag, Berlin, Heidelberg, New York, 1983.
33. P.W. Phlippen, Radiotoxicity potential of radioactive waste, Atomwirtschaft, 40.79, Heft, June 1995.
34. PSI, Study on behavior of glass coquilles in graphite, Switzerland, 1993.
35. Dazhong. Wang, The status and prospect of energy industry and nuclear energy in China, Presentation in FZ Jülich, June 1999.
36. Zuoyi Zhang, The next modular HTR plant in China, Presentation in FZ Jülich, March 2007.
37. Z. Zhang, Y. Sun, Future HTGR developments in China after the criticality of the HTR-10, Nuclear Engineering and Design, 218 (2002), 249–257.
38. Z. Zhang, Z. Wu, Y. Sun, F. Li, Design aspects of the Chinese modular high-temperature gas-cooled reactor HTR-PM, Nuclear Engineering and Design, 236 (2006), 485–490.
39. Z. Zhang, Y. Sun,Economic potential of modular reactor nuclear power plants based on the Chinese HTR-PM project,Nuclear Engineering and Design 237 (2007), 2265–2274.
40. Z. Wu, D. Lin, D. Zhong, The design features of the HTR-10, Nuclear Engineering and Design, 218 (2002), 25–32.
41. Z. Zhang, Z. Wu, D. Wang, Y. Xu, Y. Sun, F. Li,, Y. Dong, Current status and technical description of Chinese 2×250 MW_{th} HTR-PM demonstration plant, Nuclear Engineering and Design, 239 (2009), 1212–1219.
42. R. Schulten, D. Trauger, Gas-cooled reactors, Trans. Amer. Nucl. Society 24, 1976.
43. NN, The AVR reactor: special issue on the plant, Atomwirtschaft, April 1968.
44. J. Engelhard, Final report on the construction and start of operation of the AVR power plant, Report K72-23, 1972; E. Ziermann, G. Ivens, Final report on the power operation of AVR power plant, JŰL-3448, Oct. 1997.
45. B. Chapmann, Operation and maintenance experience with the Dragon reactor experiment, Proc. ANS Meeting on Gas-Cooled Reactors, HTGR and GCFBR, Gatlinburg, May 1974.
46. L. W. Graham, et al., HTR fuel development and testing in the Dragon project, Proc. ANS Topl. Mtg. Gas-cooled reactors, HTGRS and GCFBR, Gatlinburg, Tennessee, May 7–10, 1974, CONF-740501, National Technical Information Service, 1974.
47. R. D. Duffield, Development of the high-temperature gas-cooled reactor and Peach Bottom high-temperature gas-cooled reactor prototype, J. Brit. Nucl. Energy Soc., 5, 1966.
48. J. L. Everett, E. Kohler, Peach Bottom Unit No. 1, A high-performance helium-cooled nuclear power plant, Ann. Nucl. Energy, 5, 321, 1978.
49. Euratom, THTR safety report, Vol. 1–2, Euratom Reports, 1968.
50. NN, The 300 MW Thorium high-temperature nuclear power plant THTR, Special issue, Atomwirtschaft, 5, May 1971.
51. R. E. Walker, T. A. Johnson, Fort St. Vrain nuclear power station, Nuclear Engineering International, special issue, Dec. 1969.
52. H. G. Olson, H. L. Brey, F. E. Stewart, Fort. St. Vrain high-temperature gas-cooled reactor, Nuclear engineering and Design 72, 1982.
53. JEARI, Present status of the HTGR research and development, 1989.
54. S. Shiozawa, et al., The HTGR program in Japan and the HTTR project, IAEA TCM, Petten, 1994.
55. NN, The Chinese high-temperature reactor HTR-10: the first inherently safe generation IV nuclear power system, Nuclear Engineering and Design, Vol. 218, 2002, No. 1–3 (special issue).
56. Xu Yuanhui, Qin Zhenya, Wu Zongxin, Design of the 10MW high-temperature reactor, IAEA TCM, Petten, 1994.
57. D. Matzner, E. Wallace, PBMR moves forward, with higher power and horizontal turbine, Modern Power System, Feb. 2005.
58. A. Koster, Status of the PBMR concept, Presentation in FZ Jülich, March 2007.
59. HHT project, HHT demonstration plant, HHT specific planning work 1980 til 1981, Final Report, HHT 40, Sept. 1981.
60. E. Arndt et al., HHT demonstration power plant, ENC 79, Vol. 31, 1979.

第2章 堆芯布置的物理问题

摘　要：通过简化的形式对反应堆物理的一些基础问题，主要是裂变过程，进行了说明。裂变产物的形成和衰变热的产生对于反应堆的运行和安全是非常重要的。核反应堆截面、中子注量率和反应率是表征堆芯内中子效应非常重要的参数。采用简单的例子对链式反应和通常的临界概念进行了解释，并使用四因子方程表征反应堆堆芯内的各个过程。

采用一个简单的慢化理论来描述处于中间能区的中子谱及共振吸收的重要效应。从实际需要的角度出发，对热中子区内的中子谱和中子扩散进行了分析。给出了各种几何形状的反应堆方程，对反应堆临界尺寸的估计进行了讨论。并对作为反应堆重要结构的反射层所发挥的作用进行了分析。

对反应性系数，特别是因温度变化引起的反应性系数进行了讨论，并说明了它们对于控制和停堆吸收元件反应性当量的重要性。反应堆压力壳内的石墨结构在其寿命期间受到相当高剂量的中子辐照，给出了由此产生的效应。球床反应堆的特征是燃料元件通过堆芯流动并因此对功率的分布产生一定的影响，本章给出了相关讨论的结果。中子动力学是反应堆物理的一个重要领域，对缓发中子产生的影响和动态方程的讨论有助于深入了解其效应。对于用来分析堆芯的计算机程序，本章也给出了一些说明，并对相应的工作进行了必要的概述。指出了开展堆芯布置和设计工作的必要步骤，给出了一些重要的堆芯参数，如堆芯功率密度、堆芯的高度和直径之比、燃料元件的重金属装量、燃料的燃耗值，并对燃料管理等产生的影响进行了讨论。总的来说，本章的目的是引起人们对 HTR 堆芯布置和设计工作的关注。

关键词：裂变过程；裂变产物；衰变热的产生；截面；中子注量率；反应率；中子平衡；链式反应；临界；四因子方程；中子谱；中子的慢化和扩散；共振吸收；反应堆方程；反射层；反应性系数；吸收元件反应性当量；辐照损伤；堆芯内球流；中子动态原理；计算机程序和堆芯设计

2.1　概述

模块式 HTR 的物理参数与目前发展的核反应堆，如压水堆，具有显著的差别。表 2.1 对两者在某些方面进行了比较。这两种反应堆均为热中子反应堆，但在燃料元件和堆芯使用的材料方面差别很大。

表 2.1　模块式 HTR 和 PWR 一些重要项目和参数的比较

参数/项目	模块式 HTR	PWR	参数/项目	模块式 HTR	PWR
中子谱	热中子	热中子	燃料包覆	C/SiC/C	Zircaloy
慢化剂	石墨	水	燃料元件形状	球形	棒状
燃料	UO_2	UO_2	燃料元件直径/cm	6	—
富集度/%	8～9	3～4.5	燃料元件长度/cm	—	400
冷却剂	氦气	水	特征燃耗/(MWd/t)	100 000	45 000
燃料布置	准均匀	非均匀	平均堆芯功率密度/(MW/m^3)	3～4	100
燃料形式	包覆颗粒	柱块	UO_2 平均功率密度/(MW/m^3)	约 700	约 300
燃料特征尺寸/cm	0.05	1			

与目前主要的核电站不同，模块式 HTR 的堆芯使用了特殊的材料(石墨)和特殊的燃料元件(包覆颗粒弥散在石墨基体中)。其中，有些方面与其堆物理特性相关。

- 使用石墨作为堆芯的结构材料和反射层材料，石墨具有很好的慢化性能，中子的吸收截面很低；

- 使用具有多层不同包覆层的包覆颗粒燃料(C/SiC/C)的低富集度铀，它具有非常致密的燃料颗粒和很高的燃耗；
- 将包覆颗粒燃料均匀地弥散在石墨基体的球形燃料元件内，尽管冷却剂温度很高，相对的燃料温度并不是很高；
- 堆芯采用氦气作为冷却剂，中子吸收截面非常小；
- 对于球床型 HTR，采用连续方式装卸燃料，不停堆地装入新燃料及卸出乏燃料。部分乏燃料元件循环使用多次，直至达到燃耗的限值，期间允许采取较灵活的燃料循环方式；
- 燃料元件在球床堆芯内随机堆积分布；
- 无需为燃耗提供剩余反应性，只需为补偿不同功率氙毒反应性效应提供很少量的剩余反应性；
- 可以达到非常高的燃耗；
- 采用 Th232 作为增殖材料是可能的；
- 快中子($E>0.1$MeV)辐照对石墨结构的稳定性产生一定影响；
- 最初设计堆芯时选取了较低的功率密度，主要是为了能够在较高冷却剂出口温度的运行条件下保证燃料的温度不是很高；
- 为了使安全性达到最佳状态(即实现堆芯衰变热的自发载出)，HTR 堆芯选取相对较低的功率密度。

在对反应堆堆芯进行物理设计的过程中需要进行多项计算，主要工作涉及下面一些内容：

- 选择合适的堆芯参数；
- 临界分析：堆芯内各种核素的组成、燃料富集度、包覆颗粒的设计；
- 堆芯内中子注量率的空间和能量分布，堆芯中易裂变材料参数及功率密度的计算；
- 气体冷却剂、燃料元件表面温度、燃料颗粒的温度分布，以及堆芯内温度分布的网格图；
- 易裂变材料的燃耗、钚同位素和次锕系元素的积累；
- 停堆需要的反应性；
- 反应性系数(燃料和慢化剂的温度反应性系数)；
- 停堆系统可提供的反应性及其受系统干扰引起的变化；
- 燃料元件和反射层结构的快中子注量，尺寸和其他参数的变化(导热系数、弹性模量、腐蚀率及其他数据)；
- 燃料元件中裂变产物的积累，衰变热产生的影响(空间分布)；
- 估计正常运行时裂变产物的释放率；
- 估计燃料循环的防核扩散特性(限制乏燃料元件中易裂变材料的含量)；
- 分析堆芯动态行为(短期和长期)；
- 堆芯反应性平衡中氙和钐的影响；
- 中间贮存和最终贮存对乏燃料的技术规范要求；
- 燃料元件在堆芯内的流动分析；
- 制定燃料装卸计划；
- 堆芯运行周期的计算；
- 事故分析：失去能动冷却、控制元件失效、堆芯进水、堆芯进空气、事故下裂变产物向环境的释放。

所有这些方面必须在电站的设计阶段进行分析，并且用于许可证申请。尤其需要指出的是，这项工作在电站的整个运行阶段要不断地进行。

如果将模块式 HTR 堆芯和目前已商业化的大型轻水堆堆芯加以比较，将有助于我们更清晰地了解 HTR 堆芯的设计思路。表 2.2 和图 2.1 给出了这两种堆芯的差别。

表 2.2　模块式 HTR 和大型 LWR(PWR)堆芯参数的比较

参　　数	模块式 HTR(HTR-PM)	LWR(PWR)
热功率/MW	250	3800
平均堆芯功率密度/(MW/m^3)	3.2	100
堆芯直径/m	3.1	约 3.6
堆芯高度/m	11	约 4
冷却剂	氦气	压水
冷却剂温升/℃	250→750	290→325

续表

参　　数	模块式 HTR(HTR-PM)	LWR(PWR)
冷却剂压力/MPa	7	16
慢化剂	石墨	水(液态)
燃料	UO_2——包覆颗粒	UO_2——柱块
富集度/%	8.5	4.2
燃耗/(MWd/t)	90 000	45 000
燃料布置	准均匀	非均匀
特征燃料区尺寸(直径)/mm	0.5 包覆颗粒 UO_2 核芯	10UO_2 棒
燃料元件形状	球形	例如,16×16 根棒
燃料元件特征尺寸/cm	6.0 直径	25cm×25cm
燃料元件长度/m	—	约为 4
燃料装载	连续	多年停堆换料
燃料卸出	连续	多年停堆换料
燃耗的剩余反应性/%	0	约为 10
剩余反应性的补偿	—	水中可燃毒物硼
运行时燃料最高温度/℃	<1200	<2300
停堆元件的位置	全部在反射层	全部在堆芯区内

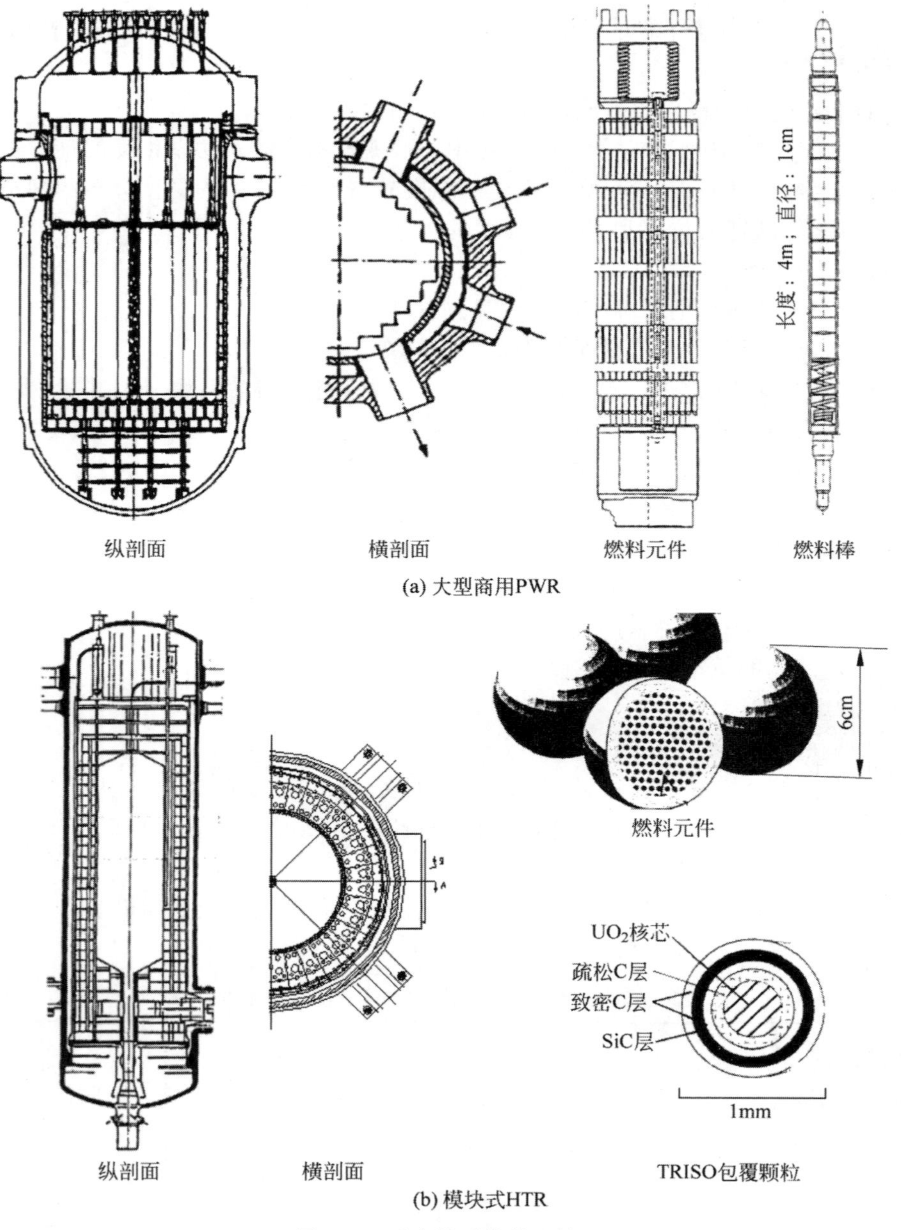

图 2.1　反应堆系统的比较

模块式 HTR 堆芯必须在特定的边界条件下进行设计。

- 最优的中子经济性：使堆芯具有尽可能低的寄生吸收（连续装卸燃料的影响）；
- 最高的安全性：实现衰变热的自发载出以将燃料温度限制在限值之内，两套停堆系统均设置在侧反射层内（仅受重力影响落下；不插入球床）；
- 较低的燃料循环成本：通过采用高燃耗及避免出现剩余反应性来实现；
- 燃料循环满足防核扩散要求（富集度＜20％）；
- 高的电厂可利用率，可按设定的运行时间进行安排；
- 反应堆概念未来应用的灵活性：如高温氦气；
- 使用经过验证的技术及合格的材料。

具有这些参数的模块式 HTR 可以使堆芯实现高燃耗及良好的中子经济性，尤其是具有很高的安全标准，这是因为它可以避免较大的剩余反应性，堆芯的衰变热可以通过自发的方式载出，并且可以限制燃料的温度低于限值。当然，反应堆的设计应能进一步避免蒸汽或者空气对燃料元件的腐蚀造成的不可接受的损伤。若一个系统可以实现所有这些物理和技术上的要求，那么即使是在发生极端严重事故的情况下，它也不会大量释放放射性物质。

2.2　模块式 HTR 临界及中子平衡的估计

影响模块式 HTR 临界的重要参数可以通过石墨和低浓铀的均匀混合体这种非常简化的模型来进行估计。该模型已被证明可以得到很好的结果，这是因为包覆颗粒弥散在元件基体中的结构实际上相当于同位素在堆芯内准均匀布置，如图 2.2 所示。

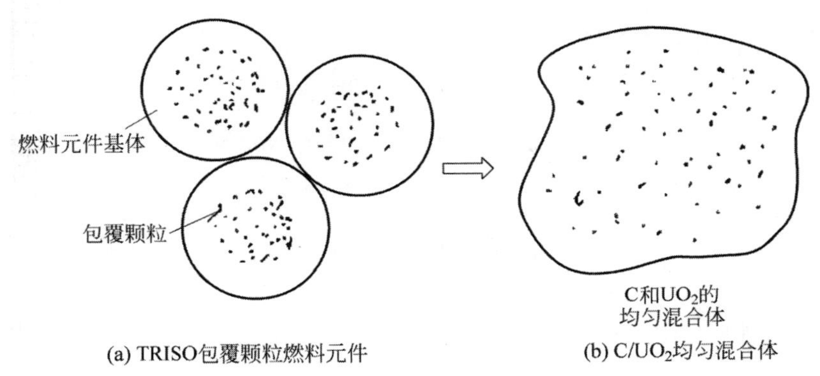

图 2.2　球床燃料元件和堆芯近似为同位素均匀混合体

模块式 HTR 的燃料元件通常将 UO_2 的组成设计成含有 170g 石墨和 7g 铀。为了达到 90 000MWd/t 的燃耗，燃料的富集度大约为 9％。在进行非常粗略的近似时，燃料、中子注量率和功率密度沿轴向的分布是可以忽略不计的。这样可以得到下面的典型数据（忽略了堆芯中氧和碳化硅的影响）。

$$\frac{N_C}{N_{U235}}=\frac{M_C}{A_C}\cdot\frac{A_U}{M_U}=\frac{481}{0.09}=5340\text{mol C/mol U235} \tag{2.1}$$

$$\frac{N_{U238}}{N_{U235}}=\frac{0.91}{0.09}=10.1 \tag{2.2}$$

对于一个无限大的均匀介质中的四因子方程，采用如下的形式：

$$k_\infty=\varepsilon\cdot p\cdot\eta\cdot f \tag{2.3}$$

在一个准均匀的系统内，快中子倍增因子 ε 近似为 1。在模块式 HTR 的实际非均匀布置中，该值也接近于 1。对逃脱共振几率 p，用如下关系式来估计：

$$p=\exp\left(-\frac{N_{U238}\cdot I_{eff}}{\xi\cdot\Sigma_S}\right) \tag{2.4}$$

其中，I_{eff} 是等效共振积分，它涵盖了 U238 的全部共振吸收。I_{eff} 也可以用下面的关系式来近似表示：

$$I_{\mathrm{eff}}=3.9\cdot\left(\frac{\Sigma_{\mathrm{S}}}{N_{\mathrm{U238}}}\right)^{0.415}=3.9\times\left(\frac{\frac{N_{\mathrm{U}}}{N_{\mathrm{U235}}}\cdot\sigma_{S_{\mathrm{U}}}+\frac{N_{\mathrm{C}}}{N_{\mathrm{U235}}}\cdot\sigma_{S_{\mathrm{C}}}}{N_{\mathrm{U238}}/N_{\mathrm{U235}}}\right)^{0.415} \tag{2.5}$$

下面给出计算共振积分需要的数据：

$$\sigma_{S_{\mathrm{U}}}=8.3\mathrm{barn},\quad \sigma_{S_{\mathrm{C}}}=4.66\mathrm{barn},\quad N_{\mathrm{U}}/N_{\mathrm{U235}}=\frac{1}{0.09}=11.1 \tag{2.6}$$

$$N_{\mathrm{C}}/N_{\mathrm{U235}}=5340,\quad N_{\mathrm{U238}}/N_{\mathrm{U235}}=10.1 \tag{2.7}$$

对于共振积分，可以得到如下数值：

$$I_{\mathrm{eff}}=3.9\times\left(\frac{11.1\times8.3+5340\times4.66}{10.1}\right)^{0.415}=99.8\mathrm{barn} \tag{2.8}$$

这个共振积分值与通过详细计算获得的结果非常接近，如图2.3所示。当不考虑包覆颗粒在燃料元件石墨基体中处于弥散布置这一情况时，燃料在堆芯中的布置具有双重不均匀性。

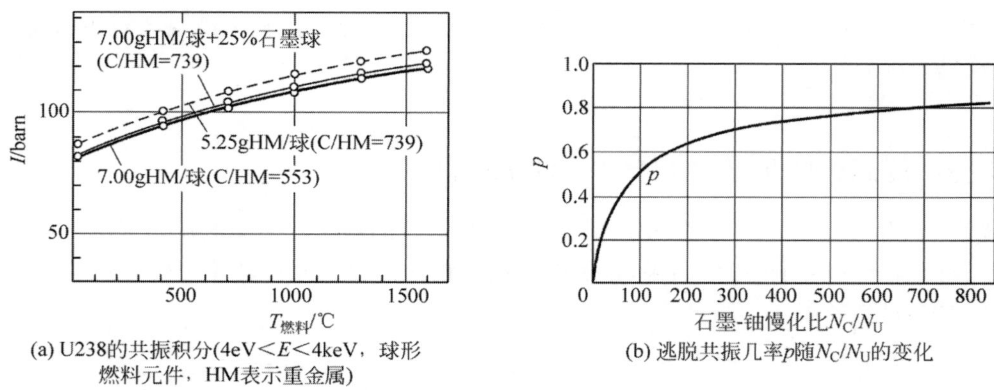

(a) U238的共振积分(4eV<E<4keV，球形燃料元件，HM表示重金属)

(b) 逃脱共振几率p随N_C/N_U的变化

图2.3 逃脱共振几率(模块式HTR)

因子 p 的计算需要已知堆芯中同位素混合物的对数能量减小的相关参数。

石墨和铀的碰撞参数 ξ 为

$$\xi_{\mathrm{C}}=\frac{2}{A+\frac{2}{3}}=\frac{2}{12.67}=0.158,\quad \xi_{\mathrm{U}}=\frac{2}{238.6}=0.0084 \tag{2.9}$$

对于该混合物，可以得到一个平均的 ξ 值：

$$\bar{\xi}=\frac{N_{\mathrm{a}}\sigma_{S_{\mathrm{U}}}\xi_{\mathrm{n}}+N_{\mathrm{C}}\sigma_{S_{\mathrm{C}}}\xi_{\mathrm{C}}}{N_{\mathrm{U}}\sigma_{S_{\mathrm{U}}}+N_{\mathrm{C}}\sigma_{S_{\mathrm{C}}}}\approx\frac{\sigma_{S_{\mathrm{U}}}\xi_{\mathrm{U}}+\frac{N_{\mathrm{C}}}{N_{\mathrm{U}}}\cdot\sigma_{S_{\mathrm{C}}}\xi_{\mathrm{C}}}{\sigma_{S_{\mathrm{U}}}+\frac{N_{\mathrm{C}}}{N_{\mathrm{U}}}\cdot\sigma_{S_{\mathrm{C}}}}\approx0.158 \tag{2.10}$$

最后可以得到 p 因子如下：

$$p=\exp\left(-\frac{N_{\mathrm{U238}}}{\xi_{\Sigma_{\mathrm{S}}}}\cdot I_{\mathrm{eff}}\right)=\exp\left(-\frac{1}{0.158}\times\frac{99.8}{4.66\times534}\right)=\exp\left(-\frac{99.8}{393.17}\right)=0.7758 \tag{2.11}$$

对于热中子利用因子 f，可以由如下方程计算得出：

$$f=\frac{N_{\mathrm{U235}}\cdot\sigma_{a_{\mathrm{U235}}}+N_{\mathrm{U238}}\cdot\sigma_{a_{\mathrm{U238}}}}{N_{\mathrm{U235}}\cdot\sigma_{a_{\mathrm{U235}}}+N_{\mathrm{U238}}\cdot\sigma_{a_{\mathrm{U238}}}+N_{\mathrm{C}}\cdot\sigma_{a_{\mathrm{C}}}}=\frac{\sigma_{a_{\mathrm{U235}}}+\frac{N_{\mathrm{U238}}}{N_{\mathrm{U235}}}\cdot\sigma_{a_{\mathrm{U238}}}}{\sigma_{a_{\mathrm{U235}}}+\frac{N_{\mathrm{U238}}}{N_{\mathrm{U235}}}\cdot\sigma_{a_{\mathrm{U238}}}+\frac{N_{\mathrm{C}}}{N_{\mathrm{U235}}}\cdot\sigma_{a_{\mathrm{C}}}} \tag{2.12}$$

$$\sigma_{a_{\mathrm{U235}}}=694\mathrm{barn},\quad \sigma_{a_{\mathrm{U238}}}=2.71\mathrm{barn},\quad \sigma_{a_{\mathrm{C}}}=0.0034\mathrm{barn} \tag{2.13}$$

$$f=\frac{694+2.71\times10.1}{694+2.71\times10.1+5340\times0.0034}=0.975 \tag{2.14}$$

在一个均匀混合体内，η 可以定义为

$$\eta = \nu \times \frac{\Sigma_{\mathrm{f}}^{\mathrm{U235}}}{\Sigma_{\mathrm{a}}^{\mathrm{n}}} = \frac{\nu \sigma_{\mathrm{f_{U235}}}}{\sigma_{a_{\mathrm{U235}}} + \dfrac{N_{\mathrm{U238}}}{N_{\mathrm{U235}}} \cdot \sigma_{a_{\mathrm{U238}}}} \tag{2.15}$$

用热中子谱对 $\nu(E)$ 加以平均，可以得出该混合物的 $\bar{\eta}$ 为

$$\bar{\eta} = 2.4 \times \frac{582}{694 + 10.1 \times 2.71} = 1.93 \tag{2.16}$$

对于 k_{∞}，经过 $\varepsilon \cdot p \cdot \eta \cdot f$ 运算后最终可以得出如下数值：

$$k_{\infty} = 1.46 \tag{2.17}$$

实际的反应堆堆芯是由新燃料、部分燃耗的燃料及乏燃料的混合体组成。这个混合体的 η 值小于上面给出的 1.46。而实际上必须要将燃料元件布置和包覆颗粒精细结构的非均匀结构考虑进来，因为这些因素主要对 p 的值产生影响。除此以外，中子的泄漏损失、温度效应，以及裂变产物和锕系元素的吸收都会使反应性降低，而且一些反应截面与中子谱有关，所以很自然地会对中子谱产生影响，这些问题都必须在实际的临界分析中加以考虑。

针对上述问题，目前均采用复杂的三维(3D)计算机程序加以分析。在对堆芯中子效应进行初始建模时允许采取一些近似数值来估计。作为一个实例，将碳/铀比的变化曲线示于图 2.4。在对事故的分析过程中，上述数据起着很重要的作用，如对于堆芯进水事故，慢化比($(N_{\mathrm{C}}+N_{\mathrm{H}})/N_{\mathrm{U}}$)发生了变化，因而对整个事故的分析具有一定的参考价值。图 2.4 作为一个重要的例子显示了模块式 HTR 堆芯在发生进水事故时临界值的变化情况(详见第 10 章)。

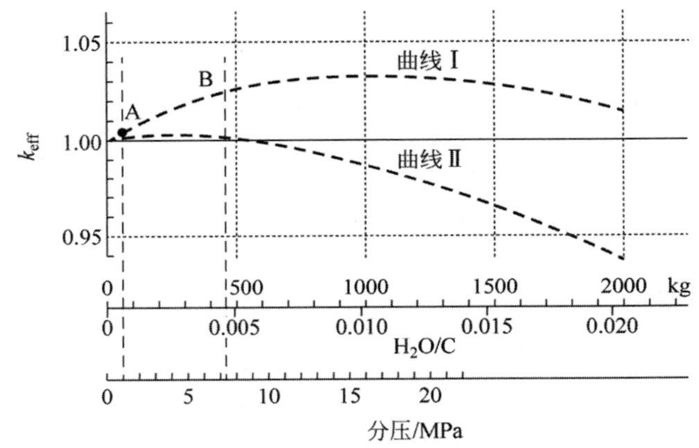

图 2.4　HTR-Module 堆芯(热功率为 200MW)发生进水事故时临界值的变化

曲线 I —7g U/燃料元件；曲线 II —5g U/燃料元件；A—堆芯中可能的蒸汽量；B—假设

如果一根蒸汽发生器管完全破裂(双端断裂)，那么大约会有 600kg 的水进入一回路系统。以堆芯占一回路系统的体积比来计算，这相当于有 60kg 的水进入堆芯，大约占总进水量的 1/10。图 2.4 中的 A 点对应反应性的变化。B 点代表了一种假想的情况，实际上，对于模块式 HTR 所选择的设计，这是一种不可能发生的情况。

通过减少燃料中重金属的装量，即相当于在一个更高的慢化比下，在实际中即可避免发生上述反应性增加的效应。这一措施可以通过将一些不含燃料的石墨球混装到堆芯中实现。同时，水的寄生吸收产生的影响也会对中子谱偏移的效应起到补偿作用。

对反应堆堆芯做的精确的中子平衡目前均借助大型、复杂的计算机程序。表 2.11 给出了低富集度燃料堆芯平衡态计算的例子。如果中子注量率的能量和空间分布是已知的，就可以根据通用的关系式来计算各种反应率。

$$R_i = \iint\limits_{EV} \sigma_i(E) \cdot N_i(\boldsymbol{r}) \cdot \phi(\boldsymbol{r}, E) \cdot \mathrm{d}E \cdot \mathrm{d}\boldsymbol{r} \tag{2.18}$$

出于不同的需要，必须要计算 U235，Pu239，Pu240 中的所有中子产生率及 U238 和其他同位素中的所有吸收率。同时，还要计算沿径向和轴向的中子泄漏参数，可以采用如下的关系式：

$$L=\int_A \boldsymbol{j}\cdot \mathrm{d}\boldsymbol{A},\quad L\approx\iint_{EV} B^2\cdot D(\boldsymbol{r})\cdot \phi(\boldsymbol{r},E)\cdot \mathrm{d}E\cdot \mathrm{d}\boldsymbol{r} \tag{2.19}$$

另外，还必须将平衡堆芯和处于过渡状态的堆芯区分开来。有关球床反应堆的一些专门问题将在2.12节中加以说明。表2.3总结概括了模块式HTR平衡态堆芯的相关数据。

根据表2.3中的结果，中子从堆芯泄漏造成的损失大约占14%，冷却剂中没有中子吸收，石墨中的中子吸收量也很小。球床型HTR因为采用连续方式装卸料，故无须考虑用于燃耗补偿的中子吸收问题。

剩余反应性很小，仅在为满足负荷调节时克服氙积累反应性效应才需要剩余反应性。但这一点作为一个设计条件是非常重要的，就反应性事故而言，据此可以达到很高的安全性。

表2.3 平衡态堆芯数据

(P_{th}：200MW，T_{He}：250～700℃，低浓铀燃料，TRISO包覆颗粒，堆芯全部燃料元件平均富集度：4.21%)

总体数据			裂变物质	%	30.75
k_{eff}(平衡态)		1.0001	U235	%	30.78
平均富集度	%	4.21	U236	%	0.43
燃料平均在堆内时间	d	1007.3	U238	%	19.05
平均燃耗	MWd/t	50 217.5	Np239	%	0.02
转化比	—	0.461	Pu239	%	16.52
源中子/易裂变材料吸收		1.972	Pu240	%	4.46
峰值功率因子(最大/平均)	—	2.47	Pu241	%	3.41
燃料球最高功率	kW/球	1.37	Pu242	%	0.12
中子注量(E>0.1MeV)			Np237	%	0.12
卸料时	$10^{-21}\mathrm{cm}^{-2}$	2.03	裂变产物	%	7.29
顶反射层最大值	$10^{-21}\mathrm{cm}^{-2}$/(360d)	0.26	Xe135	%	2.17
底反射层最大值	$10^{-21}\mathrm{cm}^{-2}$/(360d)	0.17	中子泄漏	%	14.18
侧反射层最大值	$10^{-21}\mathrm{cm}^{-2}$/(360d)	0.55	燃料装量/(kg/GW)		
热中子注量率(<1.85eV)			U235		428.55
顶反射层最大值	$10^{-14}\mathrm{cm}^{-2}\cdot\mathrm{s}^{-1}$	0.30	Pu239		56.77
底反射层最大值	$10^{-14}\mathrm{cm}^{-2}\cdot\mathrm{s}^{-1}$	0.40	Pu241		14.47
侧反射层最大值	$10^{-14}\mathrm{cm}^{-2}\cdot\mathrm{s}^{-1}$	1.08	U238		11 365.42
平均热中子注量率	$10^{-14}\mathrm{cm}^{-2}\cdot\mathrm{s}^{-1}$	0.71	U236		86.61
平均总注量率	$10^{-14}\mathrm{cm}^{-2}\cdot\mathrm{s}^{-1}$	1.46	Np239		1.71
中子平衡(占裂变中子的份额)			Pu240		30.57
U235	%	62.34	Pu242		6.89
U236	%	0.02	Np237		3.53
U238	%	0.33	重金属		11 994.52
Pu239	%	29.03			
Pu240	%	0.01			
Pu241		7.47			
中子在重金属中吸收	%	74.91			

对于核废物的管理，乏燃料元件数据的提供至关重要。为了设计中间贮存系统、评估最终贮存及讨论防核扩散问题，对这些数据的了解是必须的。表2.4给出了乏燃料元件的一些重要参数，其中包括HEU和LEU燃料元件的详细计算结果。可以看出，利用燃料元件中剩余的钚进行钍循环显然也是可行的。Pu239的半衰期为24 400年，这是最终贮存中需要特别关注的问题。而对于最终贮存，人们最关注的就是放射性防护问题，一般地，最终贮存的时间为几千年到接近5万年，如此长时间的跨度使得很多国家的公众难以接受核能。

表2.4 乏燃料数据(HTR-Module，热功率为200MW，LEU循环)及与HEU的比较

项 目	HEU-FE	LEU-FE
重金属含量/(g/FE)	1gU+5gTh	7gU
富集度/%	93%	7.8%
燃耗(FIMA)/%	18	9

续表

项　　目	HEU-FE	LEU-FE
U233/(mg/FE)	100	2×10^{-4}
U235/(mg/FE)	36	55
Pu239/(mg/FE)	1.8	36
Pu241/(mg/FE)	0.68	16
钍(总量)/(g/FE)	4.6	1.3×10^{-7}
铀(总量)/(g/FE)	0.37	4.7
钚(总量)/(g/FE)	0.01	0.11
锕系/(Bq/FE)	1.8×10^{10}	8.4×10^{10}
裂变产物/(Bq/FE)	1×10^{12}	1.4×10^{12}
衰变热/(mW/FE)	115	182

注：FIMA 指初装金属原子裂变份额。

2.3　反射层的影响

实际的反应堆包括一个围绕堆芯的反射层，这样设计的原因有如下几点：从堆芯泄漏出去的中子由反射层散射返回堆芯以获得较好的中子经济性；反应堆堆内构件特别是反应堆压力壳由于使用了足够厚的反射层材料，因而可以通过慢化对快中子加以屏蔽；另外，反射层可以对堆芯的中子注量率和功率密度起到展平的作用，因而使得燃料元件的燃耗和冷却剂的出口温度沿堆芯径向的分布更加均匀。为了更深入地了解反射层对各项参数产生的影响所带来的效应，可以通过一个单组的热中子系统及一个球形系统进行近似分析。图 2.5(a)显示了快中子和热中子的反射效应，特别是热中子注量率的分布由于反射层的作用发生了显著的变化。通过一个足够厚的反射层之后，快中子注量率在外部边界处有显著的降低。这对于避免反应堆压力壳脆化起到非常重要的作用。众所周知，过高的快中子注量会使材料的延性有所降低。图 2.5(b)显示了简单参数分析的几何条件，其中设立的模型可用来对中子反射过程中最重要的参数加以识别和分析。

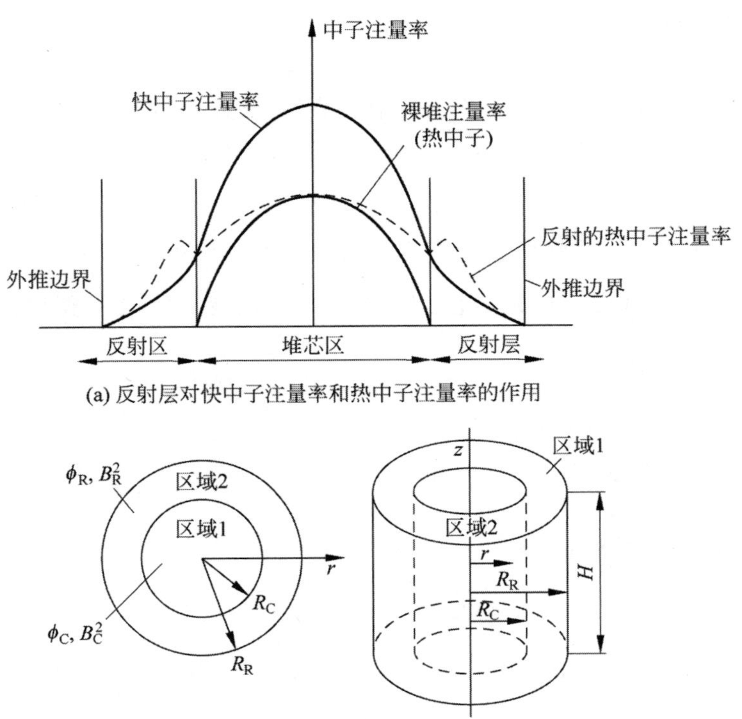

(a) 反射层对快中子注量率和热中子注量率的作用

(b) 估计反射层作用的模型

图 2.5　反射层的影响

这里，用单组中子模型对中子注量率的径向分布进行分析。对于堆芯，可以采用如下方程进行分析：

$$\frac{d^2\phi_c}{dr^2}+\frac{2}{r}\cdot\frac{d\phi_c}{dr}+B_c^2\cdot\phi_c=0 \tag{2.20}$$

$$B_c^2=(k_\infty-1)/L_c^2 \tag{2.21}$$

对于反射层，可以采用如下方程式：

$$\frac{d^2\phi_R}{dr^2}+\frac{2}{r}\cdot\frac{d\phi_R}{dr}-\lambda_R^2\cdot\phi_R=0 \tag{2.22}$$

$$\lambda_R^2=1/L_R^2 \tag{2.23}$$

问题的边界条件为

$$\phi_c(r=R_c)=\phi_R(r=R_c),\quad \phi_R(r=R_R)=0 \tag{2.24}$$

$$D_c\cdot\frac{d\phi_c}{dr}(r=R_c)=D_R\cdot\frac{d\phi_R}{dr}(r=R_c),\quad \frac{d\phi_c}{dr}(r=0)=0 \tag{2.25}$$

得到了如下两个差分方程的解：

$$\phi_c(r)=\frac{A\cdot\sin(B_c\cdot r)}{r} \tag{2.26}$$

$$\phi_R(r)=\frac{A'\sinh(\lambda_R\cdot r)}{r}+\frac{C'\cosh(\lambda_R\cdot r)}{r} \tag{2.27}$$

采用布置外的边界条件 $\phi(r=R_R)=0$，可以得到：

$$C'=-A'\cdot\tanh(\lambda_R\cdot R_R) \tag{2.28}$$

由于堆芯和反射层交界处($r=R_c$)的中子注量率和中子流是连续的，因而得出如下两个方程式：

$$A\sin(B_cR_c)=A'[\sinh(\lambda_RR_c)-\tanh(\lambda_RR_R)\cosh(\lambda_RR_c)] \tag{2.29}$$

$$\begin{aligned}D_cA[B_cR_c\cos(B_cR_c)-\sin(B_cR_c)]=D_R\{&\lambda_RR_c\cosh(\lambda_RR_c)-\\&\sinh(\lambda_RR_c)-\tanh(\lambda_RR_R)\times\\&[\lambda_RR_c\sinh(\lambda_RR_c)-\\&\cosh(\lambda_RR_c)]\}\end{aligned} \tag{2.30}$$

将这两个方程式合并，可以得到：

$$D_c[B_cR_c\cot(B_cR_c)-1]=-D_R\{\lambda_RR_c\cot[\lambda_R(R_R-R_c)+1]\} \tag{2.31}$$

其中，$S=R_R-R_c$ 是反射层的厚度。通常称 δ 为反射层节省，定义为由于反射层而造成的堆芯尺寸的减小量。δ 是在具有相同堆芯材料和富集度的条件下，无反射层裸堆堆芯的临界半径与带有反射层的堆芯临界半径之差，即

$$\delta=\frac{\pi}{B_c}-R_c,\quad B_cR_c=\pi-B_c\delta \tag{2.32}$$

假设 $D_c\approx D_R$，对于石墨模块式 HTR 堆芯，这大致上是可以满足的，将此假设代入堆芯/反射层的方程式中可以简化得到：

$$B_c\cot(\pi-B_c\delta)=-\lambda_R\coth[\lambda_R(R_R-R_c)] \tag{2.33}$$

$$B_c\cot(B_c\delta)=\lambda_R\coth[\lambda_R(R_R-R_c)] \tag{2.34}$$

进一步假设，对于大尺寸堆芯，B_c 较小，可近似得到：

$$\cot(B_c\delta)\approx 1/(B_c\delta) \tag{2.35}$$

这样就可以得到反射层节省的近似方程式：

$$\delta\approx L_R\cdot\tanh\left(\frac{R_R-R_c}{L_R}\right) \tag{2.36}$$

如果差值(R_R-R_c)大于 L_R，则双曲正切 $\tanh[(R_R-R_c)/L_R]$趋向于 1。这就意味着 δ 趋近于 L_R，结果如图 2.6 所示。

图 2.6 表明，反射层节省大约在所选反射层厚度是反射层扩散长度的两倍处达到最大值。具体到模块式 HTR 的实际例子，其扩散长度为 $L_R\approx 50\text{cm}$，这意味着反射层的厚度大约为 1m，这个值也正是 HTR-PM

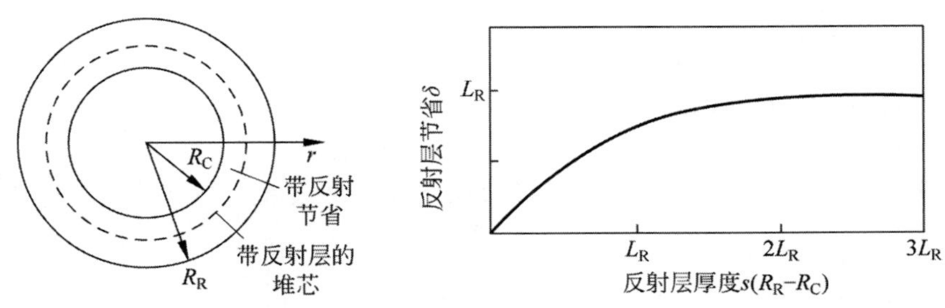

图 2.6　反射层节省与反射层厚度的关系

球形堆芯系统，L_R 是石墨反射层中的扩散长度

的初始设计值。

另外，1m 厚的石墨反射层使快中子注量率下降了 3 个多量级，如图 2.7(a)所示，这对于降低辐射剂量是非常重要的，特别是对降低堆内金属构件和反应堆压力壳表面处的辐射剂量，意义更加明显。因此，若实际中选择这个厚度的反射层，那么反应堆压力壳的脆化问题就变得不是很重要了。而且，选择这个厚度的石墨反射层可以使反应堆压力壳表面处 40 年的累计快中子注量变得相当小，为

$$D \approx \int_0^{40\text{年}} \phi_f(t) \cdot dt \approx 10^{18}\,\text{n/cm}^2\,(E > 1\text{MeV}) \tag{2.37}$$

反应堆堆内金属构件和反应堆压力壳的放射性活度也由于反射层的作用而大幅下降，这是因为活度 A 是直接与中子注量成正比的，即 $A \approx \int \phi \cdot dt$。结构件较低的活度使得在役检查、维修和退役变得更为容易。

在反射层的作用下对堆芯功率密度进行展平，这对于燃料元件的设计也是很重要的，它可以使峰值因子处于较低水平，所以可以在正常运行和发生事故的情况下降低燃料的温度(见第 4 章和第 11 章)。图 2.7(b)说明了堆芯出口处热氦气温度径向分布的均匀化对热气导管和蒸汽发生器设计的重要性。通过引入一个有效的反射层而使最高温度下降超过 100℃是有可能的。

这里再介绍一种对出口处氦气径向温度分布进行展平的可行方案，即通过双区装料将高富集度的燃料元件在外区装入来实现功率密度的展平。

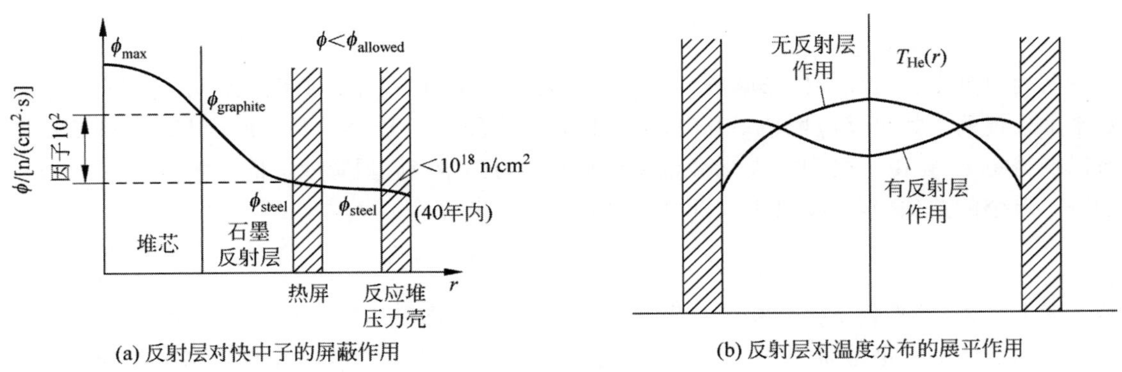

(a) 反射层对快中子的屏蔽作用　　(b) 反射层对温度分布的展平作用

图 2.7　反射层的作用

2.4　反应性系数

2.4.1　需要考虑的原则

堆芯的反应性一般用如下表达式来定义：

$$\frac{k-1}{k} \approx \Delta k = p(\xi_i)(t) \tag{2.38}$$

存在一些能够引起堆芯反应性发生变化的因素，例如：

- 控制棒或其他吸收元件的移动；

- 冷却剂状态的变化(压力、温度);
- 燃料、石墨慢化剂或者反射层的温度变化;
- 堆芯成分的变化(进水、石墨的腐蚀);
- 添加或者从堆芯卸出燃料元件。

对于堆芯的反应性,可以采用一个简单的近似,如用 k_{eff} 来表示。这里,考虑采用无泄漏的四因子方程:

$$k_{\mathrm{eff}}=\varepsilon \cdot p \cdot f \cdot \eta \cdot W_{\mathrm{th}} \cdot W_{\mathrm{f}}=\prod_i \xi_i \tag{2.39}$$

$$\frac{1}{k_{\mathrm{eff}}} \cdot \frac{\mathrm{d}k_{\mathrm{eff}}}{\mathrm{d}T}=\sum_i \frac{1}{\xi_i} \frac{\partial \xi_i}{\partial T} \tag{2.40}$$

基于这些定义,反应性系数可以定义为 Γ_i,它与电厂的动态行为相关。

$$\bar{t} \cdot \frac{\mathrm{d}\rho}{\mathrm{d}t}=\left(\Delta k(t)-\sum_i \Gamma_i \cdot \xi_8\right) \cdot p-\beta \cdot \int_0^t \exp[-\lambda(t-t') \cdot \frac{\mathrm{d}\rho}{\mathrm{d}t'} \cdot \mathrm{d}t'] \tag{2.41}$$

式(2.41)中的最后一项以近似的方式描述了缓发中子的影响,关于动态过程更为详细的分析将在 2.15 节中给出。平衡堆芯能量的产生及载出的方程必须加入到这些描述中子行为的关系式中。

此外,必须确定模块式 HTR 反应堆参数变化引起中子反馈的各种系数:

- 燃料的温度系数;
- 慢化剂的温度系数;
- 反射层的温度系数。

这些系数可以汇总为总的温度反应性系数。

冷却剂温度的变化是间接由传热过程及反应堆堆芯内构件温度的变化引起的。进一步可定义功率系数。在轻水冷却和慢化的反应堆内,主要通过密度的变化来表征冷却剂的变化。

2.4.2 温度反应性系数

发生变化的主要参数是堆芯内的温度。温度反应性系数 Γ_{T} 可以用如下关系式来确定:

$$\Gamma_{\mathrm{T}}=\frac{\mathrm{d}\rho}{\mathrm{d}t}=\frac{1}{k^2} \cdot \frac{\mathrm{d}k}{\mathrm{d}T} \approx \frac{1}{k} \cdot \frac{\mathrm{d}k}{\mathrm{d}T} \tag{2.42}$$

作为堆芯内温度变化对反应性影响的一个非常重要的例子,可以用逃脱共振几率(参数 p)引起的燃料温度系数来加以说明。如果反应堆功率升高,则燃料温度也随之上升。可裂变材料 U238 和 Th232 的共振吸收之所以变得更大,是由于受到吸收核素热移动所引起的共振吸收展宽效应的影响。

对于一个单个的共振峰,其吸收率可以用下面的方程式来表示:

$$R_{\mathrm{a}}=\int \sigma_{\mathrm{a}} \cdot \phi(E) \cdot N \cdot \mathrm{d}E \tag{2.43}$$

如果温度上升,共振吸收率也会发生变化,尽管原因之一是核素的热移动导致共振峰的高度有所下降,但共振峰积分的能区扩大也是需要考虑的一个因素。假设共振峰分布遵循麦克斯韦分布原则。由于积分区间扩大,导致吸收率增大,从而形成所要的温度负反应性系数。

图 2.8 给出了 U238 共振积分随温度及部分随石墨/重金属比发生变化的计算结果。随着温度的上升,共振积分也随之上升,导致逃脱共振几率和反应性 ρ 有所下降,而较高的寄生吸收率也使临界常数 k 有所降低,导致在反应堆功率上升时,反应堆功率和温度的自稳定性得到保证。这一固有的调节机制对于核反应堆的安全性起着至关重要的作用,如图 2.9(a)所示。

在向堆芯引入一个正反应性的情况下,具有正温度反应性系数的系统的功率将快速上升,如图 2.9(b)所示。

这类反应堆的概念或者易裂变材料布置在未来任何状况下均应予以避免。1986 年的切尔诺贝利事故就是由反应堆的正反应性系数引起的,这个事故对公众和环境造成的后果是灾难性的。1999 年,日本(东海村)发生的反应性事故也是如此。由于燃料的富集度太高,在燃料制造过程中系统达到了超临界。虽然该事故对相关人员和周边环境的损害很有限,但该事故的发生引发了全球核电站的大量监管活动,引起了相当大的关注和重视。

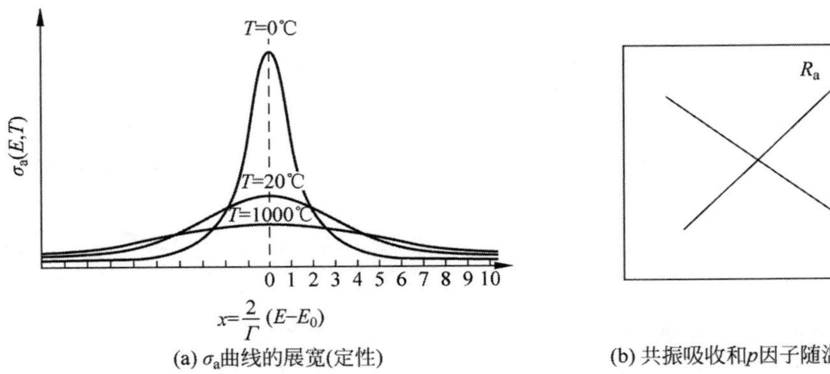

(a) σ_a曲线的展宽(定性)　　(b) 共振吸收和p因子随温度的变化

图 2.8 堆芯温度变化的影响：随温度上升，U238 或 Th232 的共振峰展宽

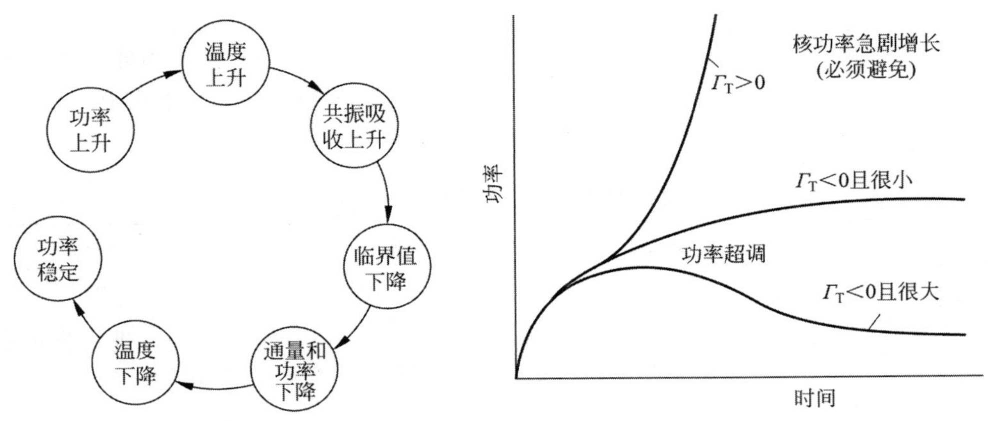

(a) 负温度系数引起的自调节性　　(b) 不同温度系数的反应堆引入反应性之后功率随时间的变化

图 2.9 温度反应性系数对反应堆堆芯的影响

基于如下定义，对燃料温度系数进行计算：

$$\rho_{\text{fuel}}=\int_{T_{f_1}}^{T_{f_2}}\Gamma_f(T_f)\mathrm{d}T_f\approx\bar{\Gamma}_f(T_{f_2}-T_{f_1}),\quad \Gamma_f=\partial\rho_f/\partial T_f \tag{2.44}$$

对于模块式 HTR，燃料温度系数的典型值在-3×10^{-5}/℃(零功率)～-5×10^{-5}/℃(满功率)。在正常运行工况下，燃料温度大约上升 20℃时，反应性仅变化了 0.1%。

在反应堆功率短期变化的影响期间，燃料温度反应性系数主要与反应堆功率和燃料温度有关；在准稳态变化的情况下，与功率系数相关。这个参数可以采用如下的表达式来计算：

$$\Delta\rho/\Delta P\approx\sqrt{P} \tag{2.45}$$

图 2.10 给出了 AVR 中实际测量的温度反应性系数，以及 HTR-Module 温度反应性系数的计算值。测量必须经常性地、重复地进行，因为这些测量参数对核电站的安全运行非常重要，必须将它们与温度、燃耗及其他发生相关变化的参数作为运行程序的一部分加以控制。

同时，可将慢化剂系数定义为 ρ_M，这个系数与慢化剂温度或慢化剂密度的变化相关。慢化剂效应可用如下方程加以表述：

$$\rho_M=\int_{T_{M_1}}^{T_{M_2}}\Gamma_M(T_M)\mathrm{d}T_M\approx\bar{\Gamma}_M(T_{M_1}-T_{M_2}),\quad \Gamma_M=\partial\rho_M/\partial T_M \tag{2.46}$$

特别需要说明的是，热中子利用系数的变化是与 ρ_M 的值相关的。

模块式 HTR 反应性系数的典型值见表 2.5。反应堆安全和稳定的运行要求堆芯总的温度反应性系数是负的。链式反应的自调节性就是由反应堆的这种特性造成的。

柱状燃料元件 HTR 电厂测量和计算的反应性系数与球床燃料元件反应堆已知的结果及趋势类似。图 2.11 所示为采用 Th232/U233 循环的堆芯的典型结果。

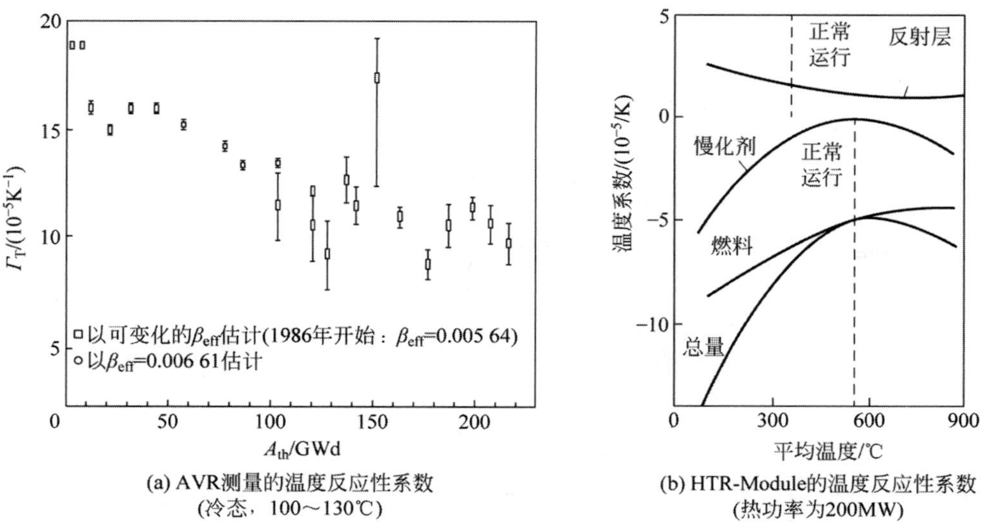

(a) AVR测量的温度反应性系数(冷态，100～130℃)

(b) HTR-Module的温度反应性系数(热功率为200MW)

图 2.10 HTR 电厂温度反应性系数的计算值和测量值

β_{eff}=缓发中子份额，A_{th}=燃耗

表 2.5 HTR 电厂温度反应性系数值

堆芯材料	温度系数	AVR/℃$^{-1}$	THTR/℃$^{-1}$
燃料	Γ_f	-4.5×10^{-5}	$-4\times10^{-5}\sim2\times10^{-4}$
慢化剂	Γ_M	-0.6×10^{-5}	$(-2\sim3.75)\times10^{-5}$
反射层	Γ_R	$+2.15\times10^{-5}$	
总值($T_{运行}$)	Γ_t(700℃)	-3.0×10^{-5}	约-8×10^{-5}
总值(冷态)	Γ_t(75℃)	-9.2×10^{-5}	-7×10^{-5}

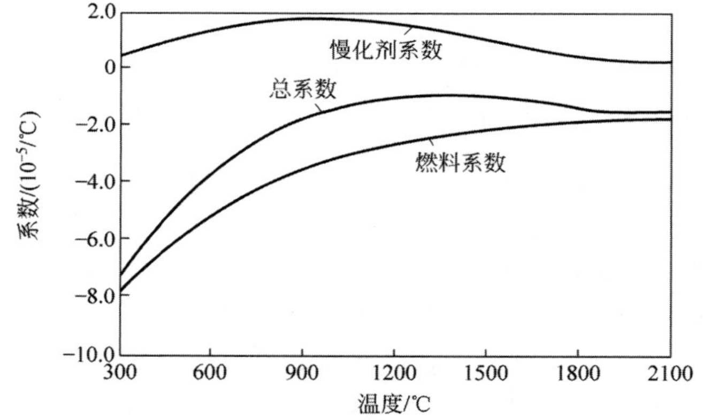

图 2.11 HTGR U233 循环的温度反应性系数：循环末端

对于反应性系数随温度的变化趋势及对参数的影响，可以基于 p 因子的定义，通过对温度反应性系数的简单估计加以解释。逃脱共振几率由下面的表达式给出：

$$p \cong \exp\left(-\frac{N_f \cdot V_f}{\xi\Sigma_{S_M} \cdot V_M} \cdot I\right) \tag{2.47}$$

其中，I 是总的共振积分，它描述了 U238 全部的共振吸收或 Th232 超热能区中的共振吸收。已将 I 作为温度的函数进行了测量和计算，它可以用下面的表达式来表示：

$$I(T) = I(300\mathrm{K}) \cdot \left[1 + \beta \cdot (\sqrt{T} - \sqrt{300})\right] \tag{2.48}$$

其中，T 采用开尔文温度，β 因子与几何形状有关。例如，对于棒状燃料，其关系式表示为

$$\beta = C_1 + C_2\left(\frac{S}{M}\right) \tag{2.49}$$

其中，S 是燃料的面积，M 是燃料的质量，C_1 和 C_2 为常数。模块式 HTR 包覆颗粒燃料也有类似的表达式。

对于温度反应性系数，如果假设同位素数量 N_f 和截面 Σ_M 与温度无关，则可通过微分计算得到如下表达式：

$$\Gamma(T)=\frac{1}{p}\cdot\frac{\mathrm{d}p}{\mathrm{d}t}\approx-\frac{N_f\cdot V_f}{\xi\cdot\Sigma_M\cdot N_M\cdot V_M}\cdot\frac{\mathrm{d}I}{\mathrm{d}T}\tag{2.50}$$

根据 $I(T)$ 与温度之间的关系，可以计算出 $\Gamma(T)$ 随温度的变化情况，并得到燃料的温度反应性系数。

$$\frac{1}{I}\cdot\frac{\mathrm{d}I}{\mathrm{d}t}=\frac{I(300\mathrm{K})}{I(T)}\cdot\frac{\beta}{2\sqrt{T}}\tag{2.51}$$

燃料温度反应性系数随温度变化的典型关系式为

$$\Gamma(T)\approx-\text{常数}/\sqrt{T}\tag{2.52}$$

温度反应性系数显示出与燃耗的相关性，这与 AVR 中实际测量得到的结果一致，如图 2.10(a)和图 2.11 所示。

图 2.12 给出了 U235 燃料循环在循环末端时燃料温度反应性系数的变化趋势。温度反应性系数是瞬态变化的，它会即时性地对中子群产生影响。对于模块式 HTR，假设 $\Gamma(T)=-3\times10^{-5}℃^{-1}$，如果引入一个 3×10^{-3} 的正反应性，将使温度上升 100℃，反之亦然。

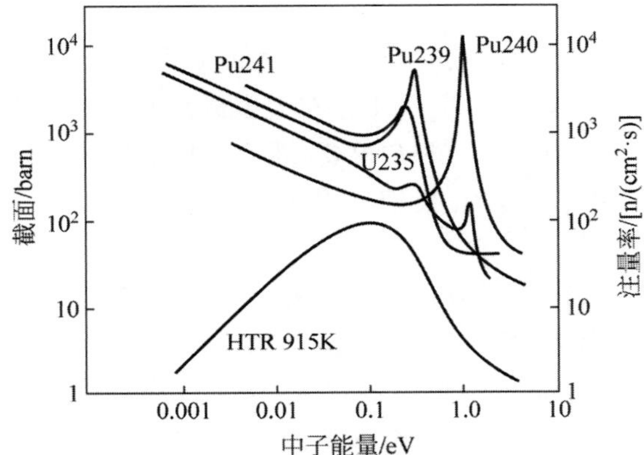

图 2.12　热能区中典型的慢化谱和中子截面(归一化到 0～14MeV 区域的注量率)

温度变化对热中子利用因子的影响可以近似地由如下方程推导出来：

$$f=\Sigma_{af}/(\Sigma_{af}+\Sigma_{am})\tag{2.53}$$

其中，f 代表燃料，m 代表慢化剂。

通过微分计算，可以得到如下表达式：

$$\frac{1}{f}\cdot\frac{\mathrm{d}f}{\mathrm{d}T}=\frac{\Sigma_{am}}{\Sigma_{af}+\Sigma_{am}}\cdot\left(\frac{1}{\Sigma_{af}}\cdot\frac{\mathrm{d}\Sigma_{af}}{\mathrm{d}T}-\frac{1}{\Sigma_{am}}\cdot\frac{\mathrm{d}\Sigma_{am}}{\mathrm{d}T}\right)\tag{2.54}$$

由温度反应性系数可以得到下面的表达式：

$$\Gamma_m=(1-f)(\alpha_T\cdot\Sigma_{af}-\alpha_T\cdot\Sigma_{am})\tag{2.55}$$

为了对 $\alpha_T\Sigma_{af}$ 和 $\alpha_T\Sigma_{am}$ 作更详细的分析，给出如下的关系式：

$$\alpha_T\Sigma_{af}\approx-\beta-\frac{1}{2T}+g(T_{eff})\tag{2.56}$$

$$\alpha_T\Sigma_{am}\approx(1-f)\cdot g(T_{eff})\tag{2.57}$$

其中，T_{eff} 是等效中子温度，如前面所讨论的，它包括了吸收。

在温度变化期间，有几个效应影响反应性，因此，必须将正温度反应性系数从燃料负反应性系数中扣除，这一点可以通过下面的简单分析给出解释。对热中子能区中的中子，可以采用修正的麦克斯韦分布来描述：

$$\phi(E)\mathrm{d}E\approx C\cdot E\cdot\exp[-E/(k\cdot T_{eff})]\cdot\mathrm{d}E\tag{2.58}$$

其中，T_{eff} 是等效中子温度，正如 2.6 节所讨论的，它包括了吸收。

$$T_{eff}\approx T\cdot(1+0.89\cdot A\cdot\Sigma_a/\Sigma_S)\tag{2.59}$$

在吸收较强的情况下，慢化谱将向更高的能区偏移。

当反应堆处于更高的温度时，易裂变材料反应截面的峰值有所降低（$1/v$ 规律）。所以，考虑到这一效应，反应性的变化是负的。

随着温度的上升，慢化剂的密度呈下降趋势，所以慢化剂的寄生吸收逐渐减弱。因此，在 ρ_M 中有很少一部分是正的。

如果采用低浓铀进行燃料循环，则在安全分析中必须要考虑钚的裂变共振这一情况，如图 2.12 所示。

由于有可能产生一些正的反应性效应，所以必须要表明，堆芯总的温度反应性系数在所有情况下均为负值。

需要指出的是，在更详细的反应性平衡中必须要将反应堆中的其他同位素也包括进去，并加以计算。在对温度相关性进行评估时，应考虑热中子利用因子 f：

$$f=\frac{\overline{\Sigma_{\mathrm{a}}\cdot\phi}\cdot V_{\mathrm{f}}}{\overline{\Sigma_{a_{\mathrm{f}}}\cdot\phi}\cdot V_{\mathrm{f}}+\overline{\Sigma_{a_{\mathrm{m}}}\cdot\phi}\cdot V_{\mathrm{m}}+\int_i\sum_i\overline{\Sigma_{a_i}\cdot\phi}\cdot V_{\mathrm{c}}} \tag{2.60}$$

无论是对与前面给出的麦克斯韦分布相关的特殊效应，还是对燃料元件中空间分布效应的详细计算，均需将所有相关的同位素考虑进来。

对于裂变产物，其吸收率可用如下表达式表示：

$$R_{\mathrm{a}}\approx\sum_i\overline{\Sigma_{a_i}\cdot\phi}\cdot V_{\mathrm{c}} \tag{2.61}$$

下面给出一个例子。Re103 在 $E=1.26\mathrm{eV}$ 处有一个共振吸收，对系统总的温度反应性系数产生负的影响。但是，同位素 Sm149，Sm151，Gd，Cd13 及 Eu153 在大多数情况下对系统总的温度反应性系数产生正的影响。尤其是 Xe135，其在热中子堆中的影响非常重要，因为在热中子能谱区，它具有非常强的吸收截面（详见第 10 章）。当温度上升时，氙给出了一个正反馈。因此，在进行详细的动态分析时必须要将这一效应考虑进来，并且对控制系统提出一些要求。

随着慢化谱的偏移，Pu239，Pu240 和 Pu241 中的共振吸收、U235（$1/v$）的吸收，以及堆芯中慢化剂与其他吸收物质（裂变产物）的吸收之间的相互竞争均会受到影响。

在对反应堆电厂进行动态分析和事故分析的过程中，反应性系数的正负及大小起着非常重要的作用，特别是反应堆系统应具有足够大的负反应性系数，这是保障核技术安全性的一个基本要求。

2.5 反应性补偿的需求和控制棒价值

保证安全停堆及总能够保持堆芯反应性平衡是保障反应堆安全的基本要求。

现今的核电厂均设置了第一和第二停堆系统，以满足反应堆的所有运行要求及在所有事故工况下停堆的要求。另外，设计完善的核反应堆应在运行及所有事故条件下均具有总的负反应性系数，从而使设计的反应堆具有固有的安全性。

实际中，存在多种工况，需要由两套停堆系统来完成反应堆的正常运行。表 2.6 给出了控制和停堆系统的反应性要求（以 HTR-Module，热功率为 200MW 为例）。要求第一停堆系统必须能够对所有由于部分负荷运行引起的反应性变化进行调整。同时，第一停堆系统还必须能够对控制事故及热态工况下发生的反应性变化加以调整。总的来说，在模块式 HTR 中，对第一停堆系统的反应性需求大约为 2.2%，其中也包括了一定的裕量。

表 2.6 第一和第二控制系统及停堆系统的反应性需求（以 HTR-Module，热功率为 200MW 为例）

系统	需求	数值/%	注释
第一	控制 100%-50%-100%	1.2	平衡氙毒
	平衡部分负荷运行	0.4	温度系数
	事故	0.5	进水
	部分负荷-热态零功率	0.1	裕量
	总计	2.2	
第二	控制 100%-50%-100%	1.2	平衡氙毒
	冷态堆芯（50℃）	3.0	温度系数
	同位素衰变	3.6	氙毒
	次临界反应堆	0.3	裕量
	总计	8.1	

第二停堆系统必须要有足够的反应性能力以使反应堆处于冷态次临界。这里的冷态是指燃料的温度降低到50～100℃；次临界是指在停堆之后可以保证反应堆长期处于次临界状态。特别是裂变产物的衰变(这里按反应堆停堆之后30天作假设)和冷态次临界，要求第二停堆系统能够提供足够大的反应性当量。

如果核电厂包括几座模块堆，则可以进一步减少负荷调节要求的1.2%的反应性当量。整个核电厂可以采取将一个单个模块堆停堆作为部分负荷运行的方式。认识到这一点是很重要的，因为对反应堆的负荷进行连续调节并不需要补偿燃耗所需要的剩余反应性。我们都知道，在PWR中，这一效应需要的反应性占15%，其中大部分是由冷却剂中注入硼酸引入的负反应性来加以补偿的。所以，在PWR的安全分析中，必须假设冷却剂失去硼中毒事故具有严重的后果。

表2.6中具有0.5%反应性需求的意外事故与如下事件相关——假设第一停堆系统中具有最大反应性当量的控制棒失效。总之，针对表2.7中给出的特定模块式HTR的分析，可以认为，第二停堆系统应具有8.1%的停堆反应性，其中包含了一定的次临界度裕量。

此外，要求的反应性需求必须要由每个国家的安全监管当局根据专门的法规进行讨论并得到其同意。根据设计，模块式HTR的两套停堆系统均可设置在反射层内。前面已给出说明，从圆柱型模块式HTR堆芯泄漏出的中子大约占15%。这个值是很高的，将所有停堆的吸收元件设置在反射层内足以满足反应性当量的要求，而不必将吸收棒直接插入球床内，避免了THTR 300中出现的那种情况。这是由于THTR 300的堆芯直径比模块式HTR要大得多，THTR的堆芯直径为5.6m，而HTR-Module的堆芯直径仅为3m。所以对于THTR，其吸收元件插入反射层内的反应性当量不足以满足对第二停堆系统的要求。

在控制棒周边，热中子注量率下沉，如图2.13所示。

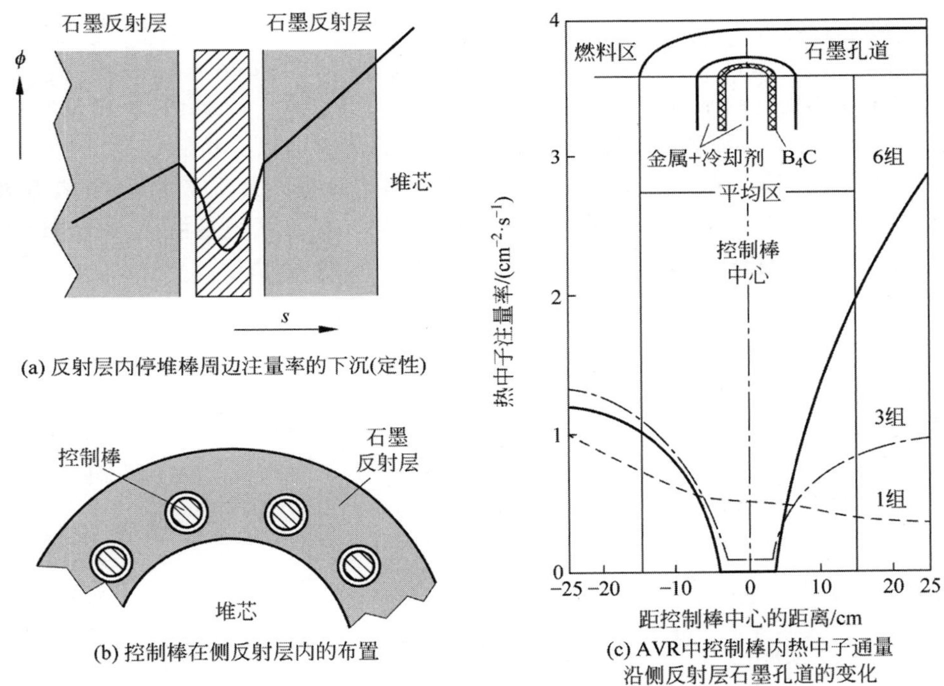

图2.13 反射层中控制棒或停堆棒周边热中子注量率的变化

1组：快中子；3组：超热中子；6组：热中子

插入控制棒后产生的吸收效应使控制棒周边的反射层成为吸收中子的部分黑体，而这些黑体减弱了反射中子的作用。根据与所处位置的距离，从堆芯泄漏出的中子有70%～80%可能被吸收。按照15%的中子泄漏率来计算，布置在反射层内停堆系统总的反应性当量为10%～12%。

当然，若采用目前复杂的3D计算机系统进行模拟，也可将控制棒之间的相互影响考虑进来加以分析。由于控制棒之间的屏蔽效应，控制棒的反应性当量略有下降。对于模块式HTR，比较适宜的吸收体材料是碳化硼(B_4C)，硼具有很大的吸收截面，如图2.14所示。一般将装在控制棒内的碳化硼制作成吸收环。对于模块式HTR，第二停堆系统设计成采用含硼的材料作为吸收小球。

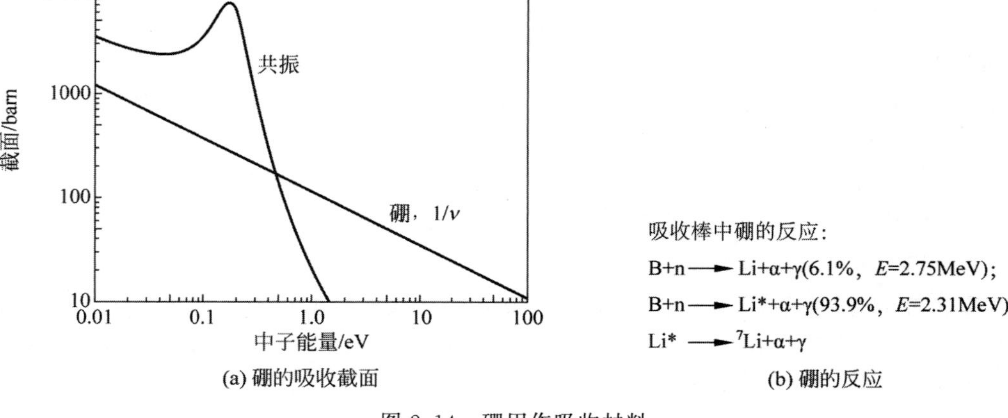

图 2.14 硼用作吸收材料

由于硼的吸收截面很大，所以必须考虑硼的燃耗产生的影响。

$$\frac{\mathrm{d}N_{\mathrm{B}}}{\mathrm{d}t}=-\overline{\sigma_{\mathrm{a}}\cdot\phi}\cdot N_{\mathrm{B}},\quad N_{\mathrm{B}}(t)=N_{\mathrm{B}}^{0}\cdot\exp(-\overline{\sigma_{\mathrm{a}}\cdot\phi}\cdot t) \tag{2.62}$$

燃耗会限制吸收体的一部分使用寿命。另外，反应过程中形成的锂不容忽视，它可能会影响材料的参数。虽然使用寿命与运行模式有关，但无论怎样，最终经过 20 年的使用之后，控制棒必须要加以更换。

停堆棒的反应性当量可通过扩散和迁移理论推导得出。例如，对于一根中心棒（半径为 a，堆芯直径为 R），可以得到：

$$\Delta K\approx 7.5M^{2}/R^{2}\cdot[0.116+\ln(R/2.4\cdot a)]^{-1} \tag{2.63}$$

其中，M^2 是堆芯中子迁移长度的平方。

在进行更为详细的计算时，需要对棒与棒之间相互干扰的情况加以分析和评估，因为这些相互之间的干扰会使棒的反应性当量下降。在进行安全分析时，一般要假定具有最大反应性当量的控制棒不能插入。

两套停堆系统的反应性当量如图 2.15 和图 2.16 所示。第一停堆系统是由插入孔道内的控制棒组成，其反应性当量（正常插入深度和插入深度为 6m 之间的当量差）大约为 2.6%。

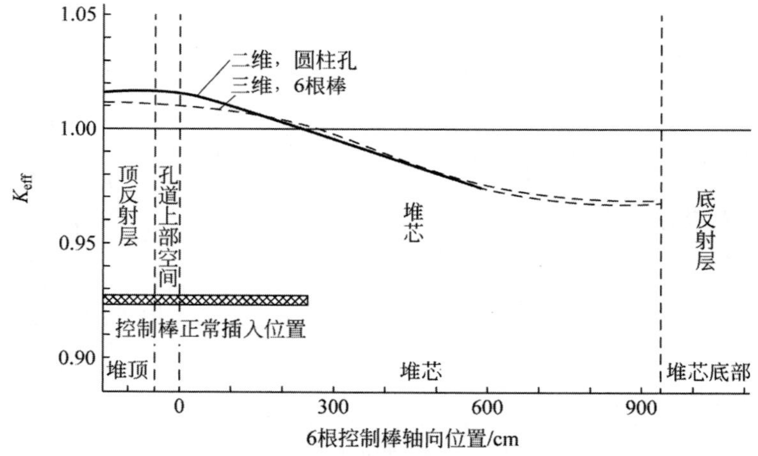

图 2.15 第一停堆系统反应性当量与 6 根控制棒轴向位置的关系（HTR-Module，200MW）

控制棒完全弹出堆芯引入的反应性当量大约是 1.2%，该反应性当量与后面严重反应性事故分析中选取的典型假设相对应（详见第 11 章）。这个 1.2%的反应性当量是根据模块式反应堆需要在 50%负荷下运行的要求提出来的。为了避免这个剩余反应性当量的要求，一座核电厂可以由多个模块式反应堆组成。在这种情况下就可以通过单个模块堆停堆的方式来满足电厂负荷调节的要求。

第二停堆系统采用吸收小球来实现对电厂的调节，吸收小球是直径为 1cm 的含硼小球，可将其注入反射层中的 18 个孔道内，该系统也称为 KLAK 系统（Klein-absorber Kugel system），其反应性当量特性如图 2.16 所示。

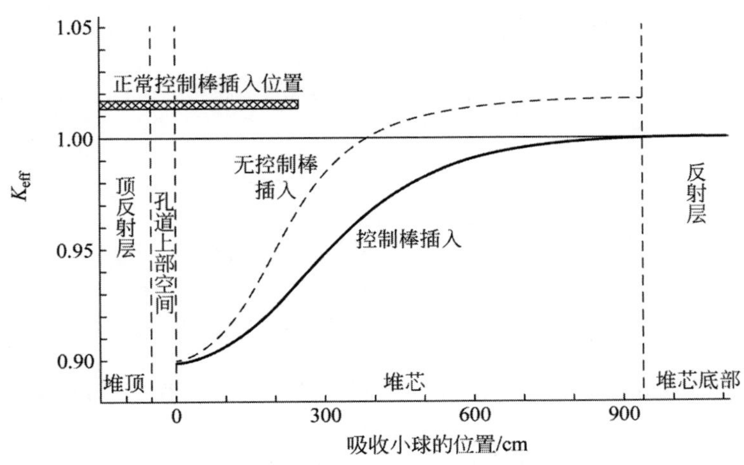

图 2.16　第二停堆系统(KLAK 系统)的反应性当量与吸收小球位置的关系(HTR-Module,热功率为 200MW)

第二停堆系统的反应性当量与第一停堆系统控制棒所处的位置有关。在控制棒全部提出置于堆芯外的情况下,该系统的反应性当量会更大一些;在控制棒全部插入堆芯的情况下,吸收小球全部注入的反应性当量大约为 11%,这一结果不仅完全能够满足对第二停堆系统的要求,而且还留有足够的裕量。

表 2.7 给出了停堆需要的反应性当量与该系统能够提供的当量之间的比较。为了精确地计算控制和停堆系统能够提供的反应性,目前均采用 3D 程序。图 2.16 给出了这些计算的结果。

表 2.7　第一和第二停堆系统反应性的需求和当量值(HTR-Module,热功率为 200MW)

系　统	需　求	数值/%
第一停堆系统	总需求	2.2
	6 根反射层控制棒的当量	3.2
	失去 1 根反射层控制棒的当量	−0.6
	其余 5 根反射层控制棒仍有的当量	2.6
第二停堆系统	总需求	8.1
	18 个 KLAK 的当量	10.6
	17 个 KLAK 和 6 根控制棒的当量	11.0

为了表明各种参数对控制棒当量的影响,可以应用扰动理论来做近似估计。由此得到了受此影响的反应性当量的变化:

$$\frac{\Delta K}{K}=\frac{\int \Delta\Sigma_a\cdot\phi^2\cdot \mathrm{d}V}{\int \Sigma_a\cdot\phi^2\cdot \mathrm{d}V} \tag{2.64}$$

其中,$\Delta\Sigma_a$ 是增加的宏观吸收截面,Σ_a 是堆芯中总的吸收截面,函数 ϕ^2 包括了堆芯内吸收效应的权重。在高注量率区,吸收率 $\Sigma_a\cdot\phi^2$ 更重要。这一参数涵盖了正比于 ϕ 的权重因子。如果吸收棒仅是部分插入堆芯,则可有如下关系式:

$$\frac{\Delta K}{\Delta K_{\max}}\approx\frac{\int_0^x \phi(x'^2)\mathrm{d}x'}{\int_0^H \phi^2\mathrm{d}x} \tag{2.65}$$

体积的微分表示为 $\mathrm{d}V=A\cdot\mathrm{d}x$,$H$ 是堆芯的高度。应用如下函数:

$$\phi(x)=\phi_0\cdot\sin(\pi\cdot x/H) \tag{2.66}$$

选取反应堆堆顶处($x=0$)的注量率为 0,最终得到反应性的变化为

$$\frac{\Delta K(x)}{\Delta K_{\max}}=\frac{x}{H}-\frac{1}{2\pi}\cdot\sin(2\pi\cdot x/H) \tag{2.67}$$

图 2.17 给出了相应的变化曲线。可以看到,反应性当量具有典型的 S 曲线的特性。

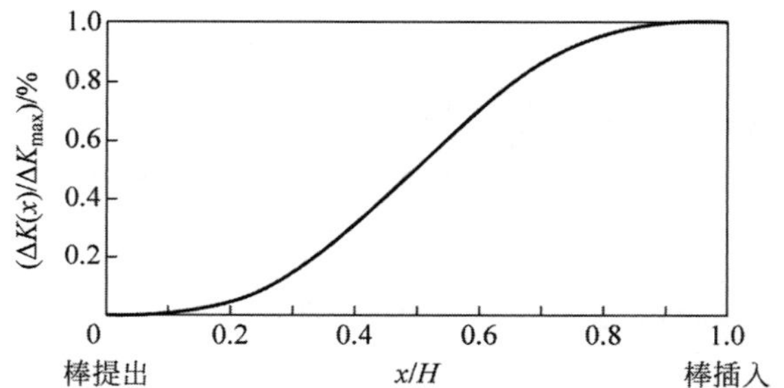

图 2.17 控制棒反应性当量随插入堆芯或反射层深度的变化

图 2.16 和图 2.17 所示的曲线是我们所熟知的控制棒的 S 曲线。很显然，如果中子注量率发生变化，该曲线也会发生变化。

如果控制棒的移动采用 $\mathrm{d}x=v\cdot\mathrm{d}t$ 来表示，则反应性的变化也可以用下面的函数来表示：

$$\frac{\mathrm{d}(\Delta K)}{\mathrm{d}t}\approx\frac{2v}{H}\cdot\Delta K_{\max}\cdot\left[\sin\left(\frac{\pi x}{H}\right)\right]^{2} \tag{2.68}$$

发生事故时，控制棒在重力作用下下落，在这种情况下，可以得到如下关系式：

$$v=\sqrt{2xg},\quad \tau=x/v\approx\sqrt{x/(2g)} \tag{2.69}$$

其中，τ 是反应性引入的时间。为了使控制棒能够安全和快速地插入，目前，要求所有反应堆在新装入燃料元件之后必须对反应性当量和插入时间进行多次测量，LWR 就是这样操作的。同样，THTR 也做过如此测量，测量的一些结果如图 2.18 所示。另外，对计算和测量结果进行评估的结论是令人满意的。控制棒在侧反射层孔道内下落的时间基本上与自由落体规律给出的数值相符，误差大约在 0.5s 这样一个量级。

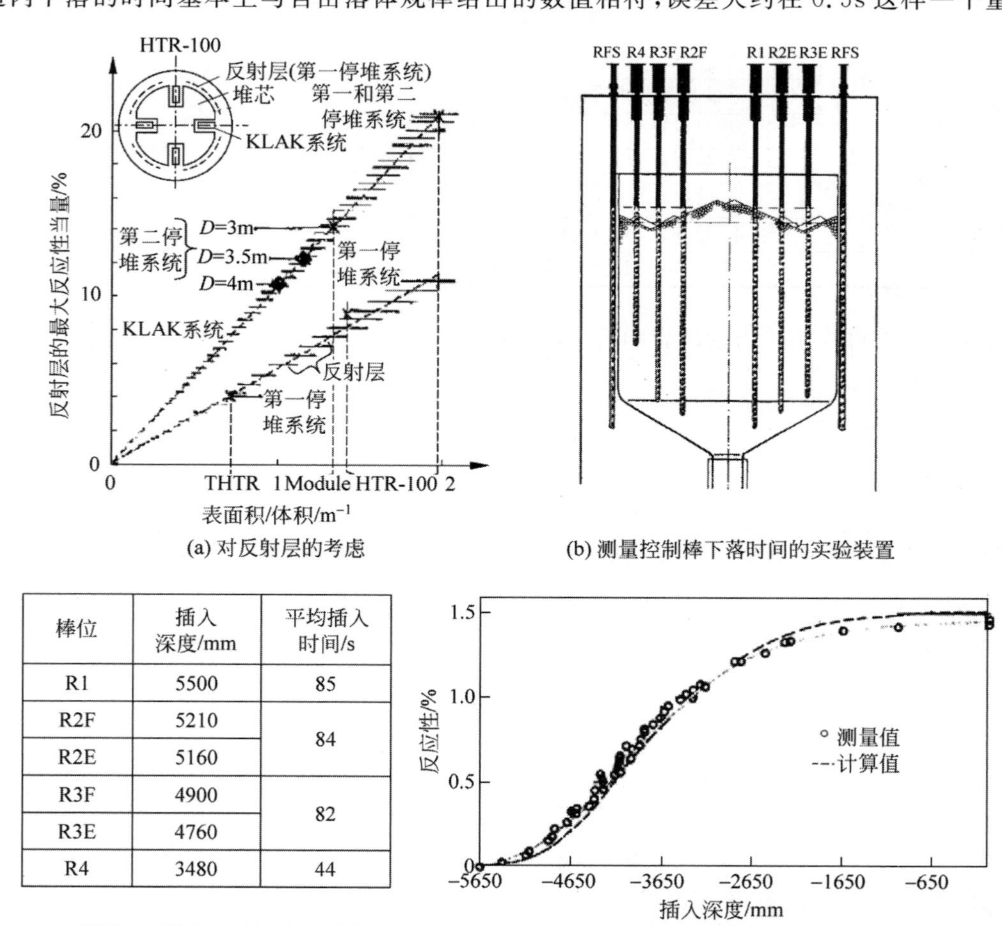

棒位	插入深度/mm	平均插入时间/s
R1	5500	85
R2F	5210	84
R2E	5160	
R3F	4900	82
R3E	4760	
R4	3480	44

(c) 控制棒平均插入时间(插入球床)

图 2.18 THTR 反射层反应性的考虑、反应性的测量值和计算值及落棒时间

由图 2.18 可知，THTR 第二停堆系统控制棒的插入时间要长得多，这是由控制棒和球形燃料元件之间的相互作用力所致。而实际上，对第二停堆系统并不要求在短时间内插入。堆芯的冷却过程及对氙衰变反应性的平衡允许控制棒在几小时内插入堆芯。在 THTR 中，向氦气中加入 NH_3 可以减少摩擦力。而在所有模块式球床堆芯反应堆中，均采用将吸收小球设置在反射层孔道内的设计方案，这样，就不会出现控制棒和燃料元件之间产生摩擦力的问题。对于未来的模块式 HTR，这是一个很大的优势。除此之外，使反应堆停堆的第 3 种可能的手段是向堆芯注入硼球，并且借助燃料元件的装载系统对其加以分布。

2.6　反射层中的快中子注量

快中子对石墨结构会造成损伤。通常取能量高于 0.1MeV 的快中子辐照产生的影响作为重要的依据。在辐照开始阶段，石墨材料表现为收缩，之后转变为膨胀，如图 2.19 所示，这种变化与石墨的类型有关。

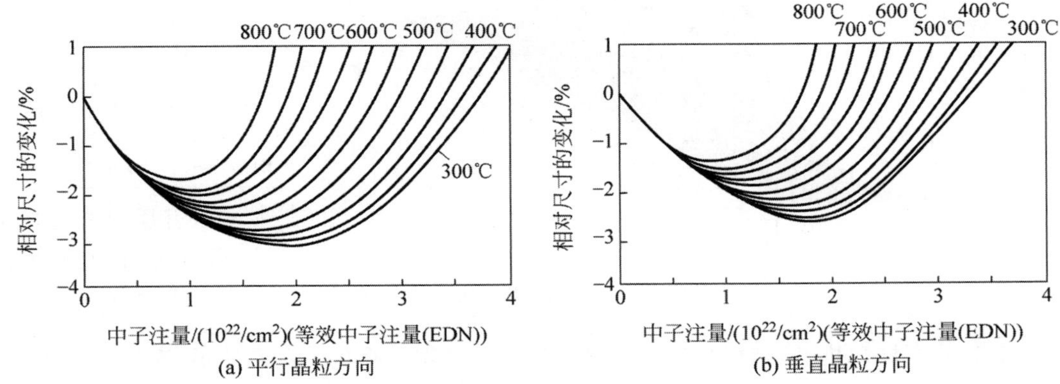

图 2.19　反射层石墨在快中子辐照下相对尺寸随快中子剂量和温度的变化(近各向同性材料)

尺寸的变化 $\Delta l/l=f(E,T)$ 与石墨材料结构的方向性也有一定的关系。石墨的另一些特性，如导热系数、弹性模量、膨胀系数和强度在快中子辐照下也会发生变化。对石墨材料的多种性能在快中子辐照下产生的变化进行测量，并将测量结果用于堆内构件的设计分析(详见第 5 章)。对每一种新型石墨，在其应用于核反应堆之前都要进行是否适用的验证，其中就包括广泛的辐照实验。

辐照损伤和各种材料性能的变化主要是由能量大于 0.1MeV 的快中子造成的，受辐照的影响，石墨结构中出现了大量相互作用的位移，如图 2.20(a)所示。

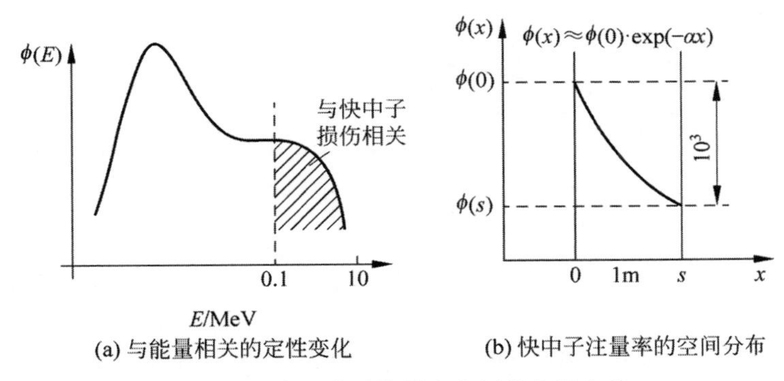

图 2.20　中子谱随能量和空间分布的变化

石墨能承受的快中子注量可由下面的关系式计算得出：

$$D=\underline{\bar{\phi}}\cdot\tau=n\cdot v\cdot\tau \tag{2.70}$$

其中，τ 是石墨在快中子注量率 $\underline{\phi}$ 下的辐照时间，D 的量纲是 cm^{-2}，辐照的中子注量通过对注量率的积分得到。

$$\underline{\bar{\phi}}=\int_0^{\infty}\phi(E)\cdot dE \tag{2.71}$$

$\phi(E)$可以用修正的快中子裂变谱来加以近似：

$$\phi(E)\cdot \mathrm{d}E \approx c_1 \cdot E \cdot \exp(-c_2 E)\cdot \mathrm{d}E \tag{2.72}$$

在 $E_0 < E < 10\mathrm{MeV}$ 上的积分仅包括部分中子 D^*。

$$\bar{\phi} \approx c_1/c_2^2 \cdot \exp(-c_2 \cdot E_0)\cdot(1+c_2 \cdot E_0) \tag{2.73}$$

快中子注量率在反射层内的空间分布如图 2.20(b)所示。可以看到，只是对于紧靠堆芯的反射层材料，才需要考虑辐照带来的损伤，因为快中子注量率经过 1m 厚的反射层之后大约下降到原来的 $1/10^3$。

模块式 HTR 快中子谱 3D 计算的详细结果如图 2.21 所示。$1\times10^{13}/(\mathrm{cm}^2\cdot\mathrm{s})$的快中子注量率在 30 年间引起的注量为 $5\times10^{22}/\mathrm{cm}^2$，这个注量可以使反射层中石墨的尺寸产生百分之几的变化。

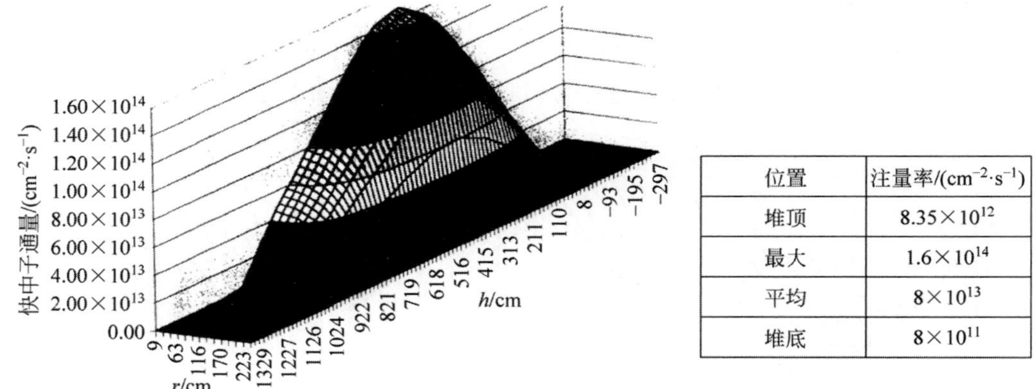

位置	注量率/($\mathrm{cm}^{-2}\cdot\mathrm{s}^{-1}$)
堆顶	8.35×10^{12}
最大	1.6×10^{14}
平均	8×10^{13}
堆底	8×10^{11}

图 2.21 模块式 HTR(200MW)快中子注量率的分布

除了辐照引起的机械和热工参数的变化，维格纳效应也必须要避免。我们知道，在温度低于 200℃的条件下进行辐照时，石墨晶格内的能量积聚起来，可能发生瞬时的退火效应，能量突然释放并使温度快速上升。而对于所有的 HTR 型反应堆，因其冷端氦气的温度均高于 250℃，使得维格纳效应降低到不是很严重的程度，这是因为在正常运行时发生退火可将能量缓慢地释放出来，如图 2.22 所示。

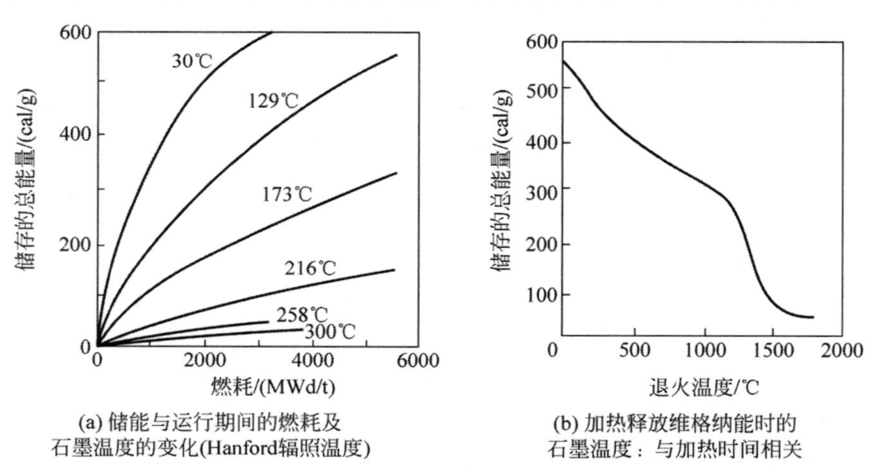

(a) 储能与运行期间的燃耗及石墨温度的变化(Hanford辐照温度)

(b) 加热释放维格纳能时的石墨温度：与加热时间相关

图 2.22 维格纳效应引起的石墨中能量的积聚及其与石墨温度和燃耗的相关性

快中子辐照导致石墨的很多参数发生变化。图 2.23 给出了这些参数随快中子注量的变化趋势，对于不同品质的石墨，形成的曲线也是不同的，应进行仔细的测量。对于所有处于较高快中子注量率区的其他材料，也存在类似的变化。

在全球范围内，已对核石墨诸多品质的合格性实施了大型的测试计划。在辐照实验中应用了中子能谱中不同能量的限值。在反应堆的运行过程中，会经常使用镍探测器，因此在很多时候采用所谓的镍裂变注量率来计算石墨的损伤率。

镍裂变注量率采用如下的表达式来定义：

$$\phi_{\mathrm{Ni}} = \frac{1}{\sigma_{\mathrm{Ni}}^{\mathrm{f}}}\int_0^{\infty} \sigma_{\mathrm{Ni}}(E)\cdot\phi(E)\cdot \mathrm{d}E \tag{2.74}$$

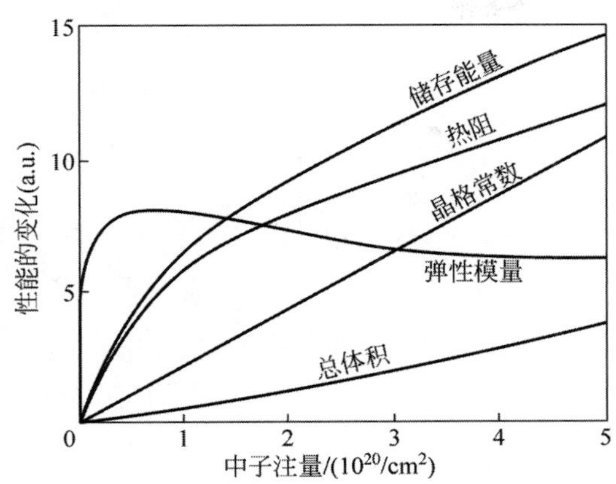

图 2.23　石墨性能随快中子注量的变化

根据 2.2 节给出的定义，截面 σ_{Ni}^{f} 是指在裂变中子谱 $\chi(E)$ 上取平均的数值，为

$$\sigma_{Ni}^{f}=\int_{0}^{\infty}\sigma_{Ni}^{f}(E)\cdot\chi(E)\cdot dE\Big/\int_{0}^{\infty}\chi(E)\cdot dE \tag{2.75}$$

辐照期间碳的位移率 C_d 可用如下表达式来定义：

$$C_d=\int\phi(E)\cdot\sigma_s(E)\cdot p(E)\cdot dE=dX/dt \tag{2.76}$$

其中，dX/dt 为单位体积和单位时间内从晶格上迁移出的碳原子数量；$\sigma_s(E)$ 为碳的散射截面；$p(E)$ 是指由于与入射能量为 E 的中子发生碰撞而引起的碳原子的迁移数量。函数 $p(E)$ 通过实验获得，其与能量的关系见表 2.8。

表 2.8　与入射能量为 E 的中子发生碰撞而从晶格中迁移出的碳原子数量的实验结果

能量/eV	10^3	10^4	10^5	10^6	10^7
每次碰撞的平均迁移数	2.83	28.3	280	480	500

在英国哈维尔的 DIDO 反应堆上进行过 HTR 中石墨材料的很多辐照实验。对于这个中子源，定义了一个等效 Dido 镍注量率(EDNF)，并通过如下的关系式将其与损伤率关联：

$$\text{EDNF}=C_D/(C_D/\phi_{Ni})_{DIDO} \tag{2.77}$$

其特征比 $(C_D/\phi_{Ni})_{DIDO}$ 的数值经过了测量，具体为

$$(C_D/\phi_{Ni})_{DIDO}=1.26\times10^{-21},\quad \sigma_s(\text{fast})\approx2.5\text{barn} \tag{2.78}$$

这个数值的大小可以用下面对于快中子与石墨晶格相互作用的简化分析来加以解释。弹性碰撞中传递给晶格的最大能量 E_{max} 可用如下方程来估计：

$$E_{max}=E\cdot[4M_1M_2/(M_1+M_2)^2] \tag{2.79}$$

其中，E 是入射中子的能量，M_1 是中子的质量，M_2 是碳原子的质量。例如，1MeV 的中子在首次碰撞中就失去了 0.284MeV 的能量，那么这个碰撞过的中子的剩余全部能量有可能再触发一次碰撞。

不是所有的碰撞均会引起碳原子的位移，中子的能量也有可能通过振动能量的传递或者对晶格的加热而减缓能量消失的速度。将一个碳原子从石墨晶格位置上移出所需的能量为 25eV，进行理论分析时，考虑将 $E_T\approx1000A$ 的能量作为辐照损伤的阈值，那么碳原子偏移的数量 $\dot{n}_D$ 与碰撞数的关系可以表示为

$$\frac{\dot{n}_D}{N\sigma\phi}\approx\frac{E_T}{4E_D}\cdot(2-E_T/E_{max}) \tag{2.80}$$

该比值与 E_T，E_{max} 和 E_D 相关，大约为 600，与应用 DIDO 中典型辐照条件得到的 $C_D/(\phi_{Ni}\sigma_s)\approx500$ 相对应。

采用气体冷却的石墨慢化反应堆堆芯结构设计是与核工程中新的要求相关的，在对堆芯结构的设计和布置过程中，尤其需要将因快中子辐照引起的尺寸变化考虑进来。

目前已经开发了用于堆芯结构中石墨的实际应用数据，并已提出相应的设计准则。其中的一个建议已在 HTR-Module 中得到采用，如图 2.24 所示。

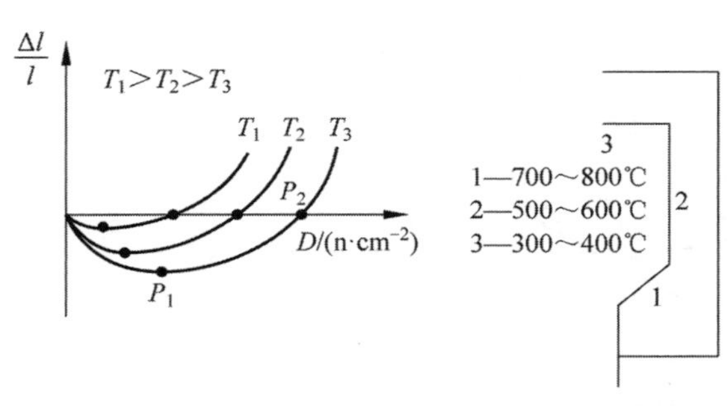

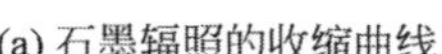
(a) 石墨辐照的收缩曲线

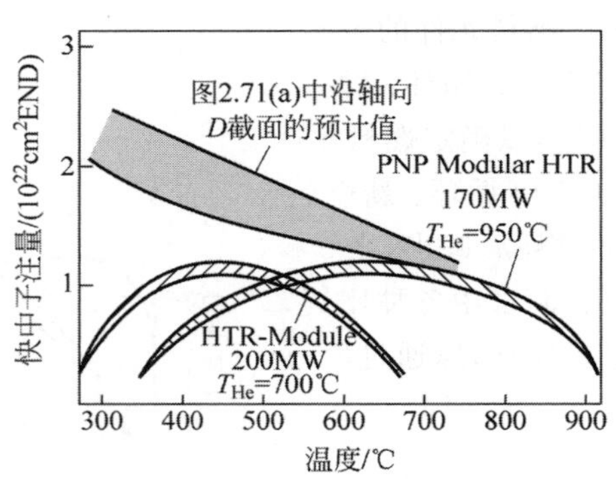

(b) 快中子注量和允许值与温度的关系
(包括多次通过和一次通过)

图 2.24 模块式 HTR 石墨反射层布置的概念

基于石墨在辐照期间的行为曲线($\Delta l/l=f(T,D)$),可以确定其尺寸(平行方向和垂直方向)随快中子注量和温度变化的最大值。图 2.24(a)给出了曲线拐点处的快中子注量(P_1)和石墨尺寸回到零点时的注量(P_2)。在这个例子中,尺寸变化的拐点可定义为尺寸的最大收缩点,最大收缩值很大程度上取决于石墨的温度。

对于模块式 HTR($3MW/m^3$,30 年满功率运行),所有石墨尺寸的变化均低于图 2.24(b)所示的数值。

根据上述设计原则,内部结构中的石墨块经辐照后的体积必须严格限制在小于初始的体积,且不会出现由膨胀引起的堆芯结构的附加应力。另外还应注意,在对石墨块进行应力分析的过程中,也必须要将与辐照温度和注量相关的石墨蠕变现象考虑进来,无论辐照效应的程度有多大,要求发生的范围仅局限在反射层厚度开始的 20cm 内。目前,已设计出详细计算石墨块受辐照影响的行为的计算程序,且已用于对堆芯结构的分析,效果令人满意(详见第 5 章)。

2.7 球流行为对燃耗的影响

在模块式 HTR 中,球形燃料元件在满功率运行过程中采用的是连续装卸的方式,通常它们可循环利用多次。

在运行期间,球床反应堆内燃料元件在重力作用下缓慢移动通过堆芯。以 THTR 为例,球在堆芯内的平均移动速度大约为 1.3mm/h,堆芯高度为 5.2m,堆芯中心流道上的燃料元件完全通过堆芯的时间大约为 4000h。由于反应堆堆芯底部为锥形结构,燃料球从中心的卸球管卸出,因此在反应堆堆芯各个部位,球流的行为各不相同。为了对堆芯设计进行中子物理计算,必须尽可能多地对球流行为加以了解。

图 2.25 给出了一些信息,以说明燃料球在球床反应堆堆芯中的流动情况。图 2.25(a)所示的流线为在玻璃模型中测量的结果,图 2.25(b)所示为 THTR 堆芯实验的总体结果。

(a) 玻璃模型的结果(展示堆芯中的球流)

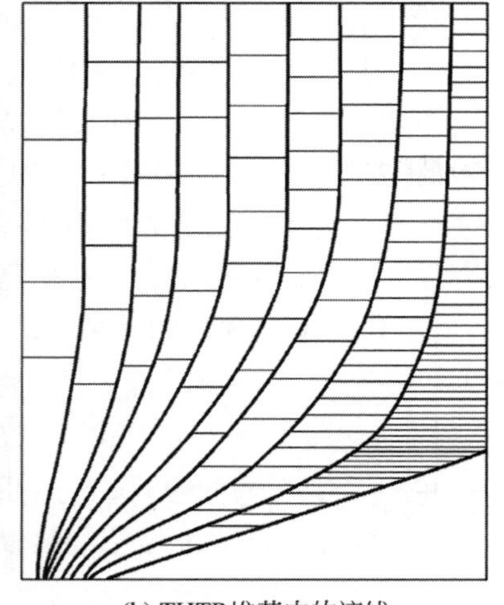
(b) THTR堆芯中的流线
(1/6模型:参数为流动球的数目)

图 2.25 堆芯内球床燃料元件的流动

堆芯内燃料元件的装卸主要有两种不同的方式：

- MEDUL 循环：燃料元件循环通过堆芯 6～15 次直至达到设定的燃耗。每一次循环后均进行燃耗的测定，以确定燃料元件是重新装入堆芯再循环，还是从循环中卸出并转运到中间贮存。
- OTTO 循环：新燃料元件装入满功率运行的堆芯，从堆顶向下移动，大约经过 3 年的时间，达到设定的燃耗后卸出，之后再将它们转运到中间贮存。

研究者们采用各种比例的模型进行了多次球流实验，并对大多数重要参数产生的影响进行了分析。通过分析结果发现，球通过堆芯的时间是一个复杂的函数，它与很多参数相关，如图 2.26 所示。

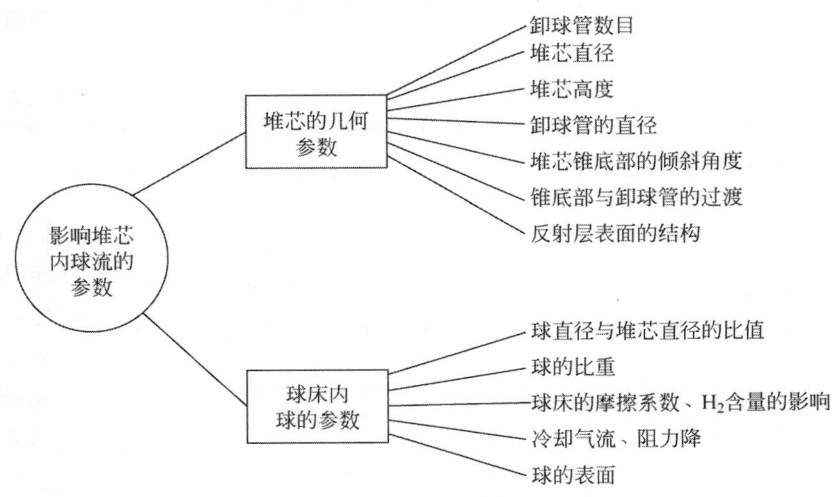

图 2.26 球床反应堆堆芯内影响球形燃料元件流动的参数

基于简化后的理论及目前已完成的大量实验，可以给出燃料元件通过堆芯流动这一行为的定义。一般地，可以认为这种移动类似于一个不可压缩介质层流的移动行为。球的移动速度取决于球在堆芯中的径向位置，如图 2.27(a)所示，球从堆芯卸出的随机分布结果造成燃耗的随机分布，如图 2.27(b)所示。燃料元件在堆芯内的流动状况取决于堆芯的高度和直径之比，这个比值越大，球在堆芯内的平均滞留时间和最长滞留时间的偏差越小。堆芯功率密度的峰值因子也取决于循环的次数，这一点与在严重事故下堆芯衰变热自发载出有一定的相关性(详见第 10 章)。

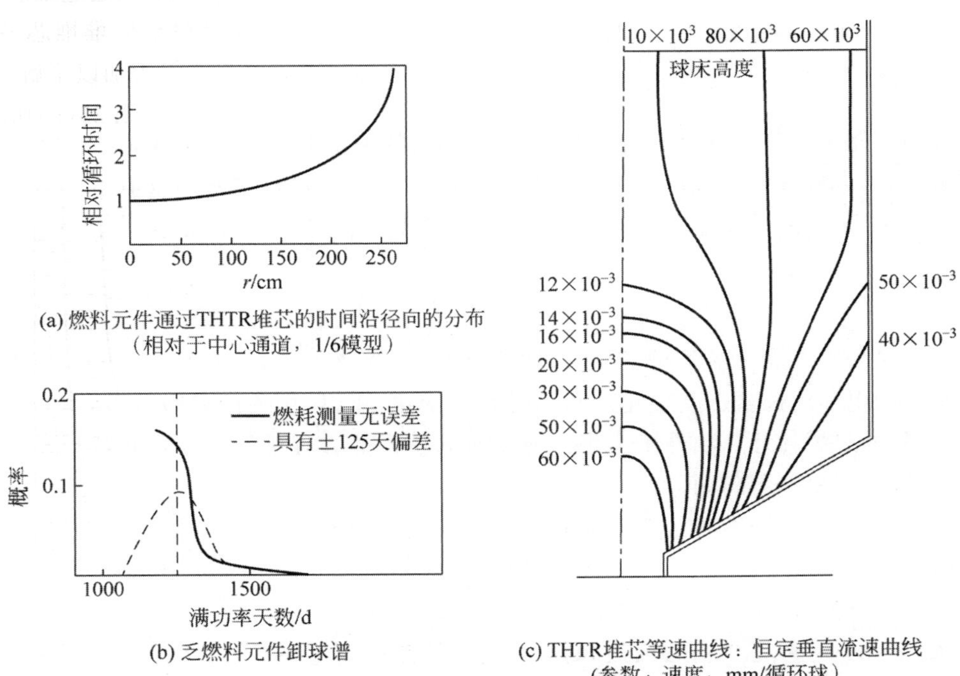

图 2.27 球床堆芯球流实验的结果

可以在流体动力学规律的基础上给出堆芯中球床移动的运动方程。假设球床是黏性流体，是不可压缩的，并且具有很高的黏度（如果速度很小，这一条件能够得到充分满足），去掉移动方程中的非线性项，可以得到偏微分方程：

$$\rho \cdot \frac{\partial \boldsymbol{v}}{\partial t} = -\Delta p + \eta \cdot \Delta \boldsymbol{v} + \rho \cdot g \tag{2.81}$$

其中，ρ 表示密度，η 表示黏度，$\boldsymbol{v}$ 表示速度矢量，g 为重力常数。

进一步近似后，可以求得方程的稳态解($\partial/\partial t=0$)。为了对方程加以求解，必须设定一些边界条件。对于壁面，可以假设壁上存在剪切力，其大小与黏性流体中的切向速度成正比，因而得到一个简单的近似：

$$v_{\mathrm{t}} = -\frac{\sigma}{\gamma\eta}, \quad v_{\mathrm{n}} = 0 \tag{2.82}$$

其中，n 表征正态方向；t 表征切线方向；γ 是一个因子，表征了与壁面之间的距离，且壁面上的切向速度为 0。在自由表面上，如球床的顶部，其切向速度为 0，在这个位置的垂直方向上没有接续的剪切力，即

$$\sigma = 0, \quad v_{\mathrm{t}} = 0 \tag{2.83}$$

对球床底部，也可作类似的分析，例如，可以应用由卸球系统带来的力。在这些假设下，已经开发了一些基本的计算机程序，并已利用这些程序来计算堆芯中的流线、球通过堆芯移动的时间跨度及燃料元件的滞留谱。图 2.28 表明，THTR 堆芯的计算值与测量值吻合得非常好，比较后的结果超过预期。

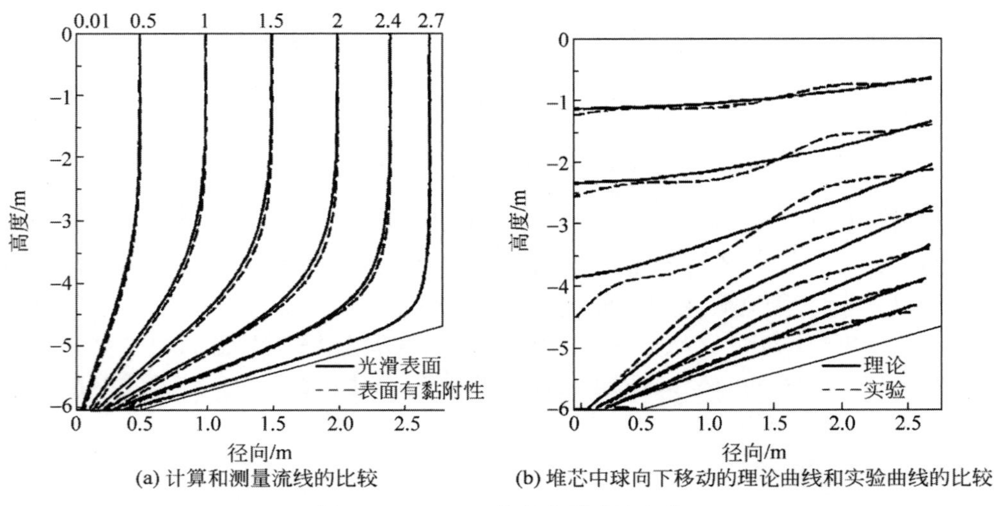

图 2.28 THTR 堆芯中的球流变化

在堆芯的几何布置发生重大变化的情况下，需要在真实的模型上进行实际测量。例如，实际运行中，当采用几个卸球管时，堆芯底部锥角或堆芯高度会发生变化，这时需要给出实际测量值。

球的流速必须要以简化的方式包含在燃耗的计算中。若要计算同位素 i 的浓度，可以采用如下的平衡式：

$$\frac{\partial N_i}{\partial t} + v \cdot \frac{\partial N_i}{\partial z} = \sum_j \phi N_j \sigma_{ij} \gamma_{ji} - \lambda_i N_i - \phi N_i \sigma_a + \dot{Q}_i \tag{2.84}$$

方程右边的变量分别考虑了由于裂变、放射性的衰变、先驱核($\dot{Q}_i$)的吸收或形成等使同位素 i 消失的情况。由于中子注量率和同位素密度也随空间和时间而变化，所以，相关的偏微分方程仅可通过数值方法来求解，其求解过程通过燃耗计算软件来实现。通过对同位素的方程进行非常简化的讨论，可以得到有关燃料元件速度 v 的重要性的粗略认识。

$$v \cdot \mathrm{d}N_i/\mathrm{d}Z \approx C_2 - C_1 \cdot N_i \quad (\mathrm{d}N_i/\mathrm{d}t = 0) \tag{2.85}$$

该常微分方程的解是

$$N_i(Z) = N_i^0 \cdot \exp(-C_1 \cdot Z/v) + C_2/C_1 \cdot [1 - \exp(-C_1 \cdot Z/v)] \tag{2.86}$$

若 v 值较大，表明处于堆芯的中心流道，易裂变材料浓度的变化并不大。而在堆芯的外部区域，由于流速相对较小，变化幅度更大，产生的影响更大。为了更接近实际的计算，把堆芯沿径向和轴向划分为网格，对每个网格按流速分布 $v(r,z)$ 作相应的选取，如图 2.29 所示。

不同的网格包含具有不同燃耗状况的燃料元件，如图 2.29(b)所示。在较长的时间跨度内，堆芯内各个网格显示的功率是不断变化的。例如，当处于堆芯最底部网格的燃料元件球被卸出时，位于其上网格的燃料元件球就移到最底部网格的位置。最顶部的网格就被新的或者再循环的燃料元件所填充。将中子注量率、燃耗和燃料元件变化组合在一起进行计算，就可以将球的流动和燃耗耦合在一起。例如，对堆芯中每一条流道的中子注量率、燃耗和燃料元件变化持续地进行计算，就可以得到堆芯内沿轴向和径向的功率分布情况。

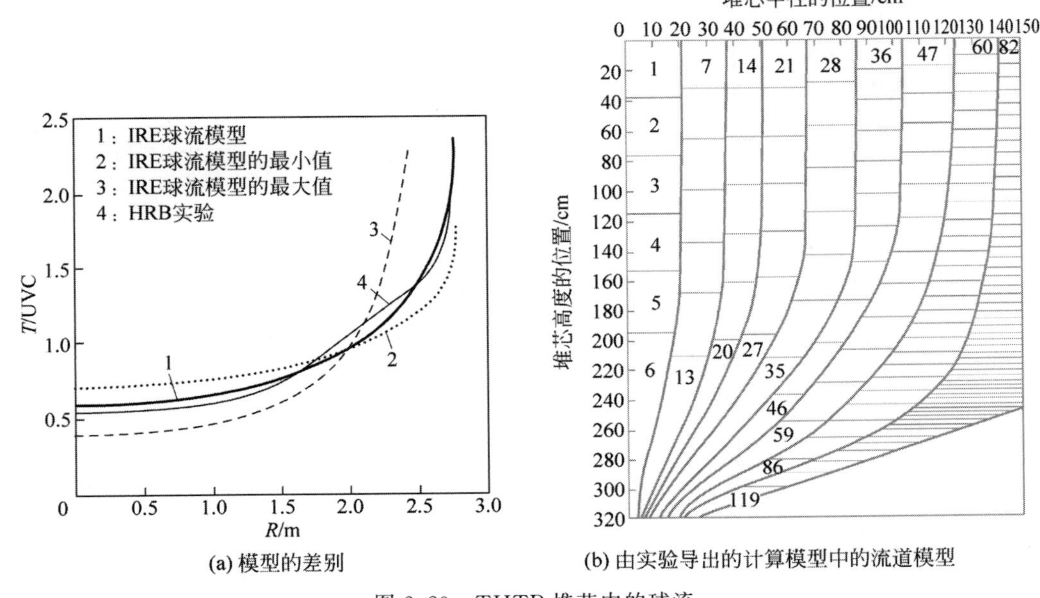

(a) 模型的差别　　(b) 由实验导出的计算模型中的流道模型

图 2.29　THTR 堆芯中的球流

采用这种网格方式进行计算，就有可能实现对初始堆芯到平衡堆芯这一过程的性能评估。借助这种对堆芯按批次进行分析的方法，也就有可能实现对易裂变材料、重同位素或者裂变产物的相关计算。

前面已提到：

$$\beta = \dot{q}'''(\max)/\overline{\dot{q}'''} \tag{2.87}$$

β 值的大小对于衰变热自发载出，以及堆芯可能的功率起着非常重要的作用，这是因为堆芯典型的温度反应性系数取决于 β 值的大小，相应的关系式如下所示：

$$\Delta T_1 \approx \beta \cdot \overline{\dot{q}_c'''} \cdot f_0(t^*) \cdot R^2/(4\lambda_{\mathrm{eff}}) \tag{2.88}$$

其中，$f_0(t^*)$是衰变过程开始后 t^* 时刻的衰变函数。

在 OTTO 循环中可以得到一个非常极端的轴向注量率和功率分布。由于堆芯底部功率密度很低，堆芯出口处氦气和燃料的温度差很小，氦气出口温度就可以达到很高。在燃料元件和冷却气体平行流过堆芯这一前提条件下，OTTO 循环对于具有工艺热应用的超高温反应堆而言很有优势。根据前述分析，在有辐照效应、衰变热自发载出及堆芯可能选取的热功率的条件下，必须要选取较高的 β 值，如图 2.30 所示。

除此以外，还有一些关于球形燃料元件装卸方面的建议。例如，堆芯在一个比较长的运行期间(如一年)，仅添加新燃料元件而不卸出乏燃料元件。那么很自然地，在这种情况下(称为 OTTO-PAP)，就必须有足够大的空间用以满足额外添加的新燃料元件(增加 1/3 多的高度)的放置需求，并且还要充分考虑堆芯阻力降的增加带来的影响。如果乏燃料元件每年仅卸出一次，燃料管理就变得更为容易。总之，球形燃料元件可以采取多种装卸方式。

在模型上进行第一次球流实验时可以观察到，球在壁表面的随机分布呈准结晶状，如图 2.31 所示，而在周边区域，球完全是有序排列的，且这种有序排列的效应一直延续到球床内部。为了避免球的有序排列，可以在壁表面设置凹槽，凹槽的深度是球直径的 1/2。

我们还观察到，球流的行为与堆芯的高度及堆芯底部的锥形角度有关。因此，需要对所有用于反应堆设计的备选堆芯几何形状进行详细的实验。

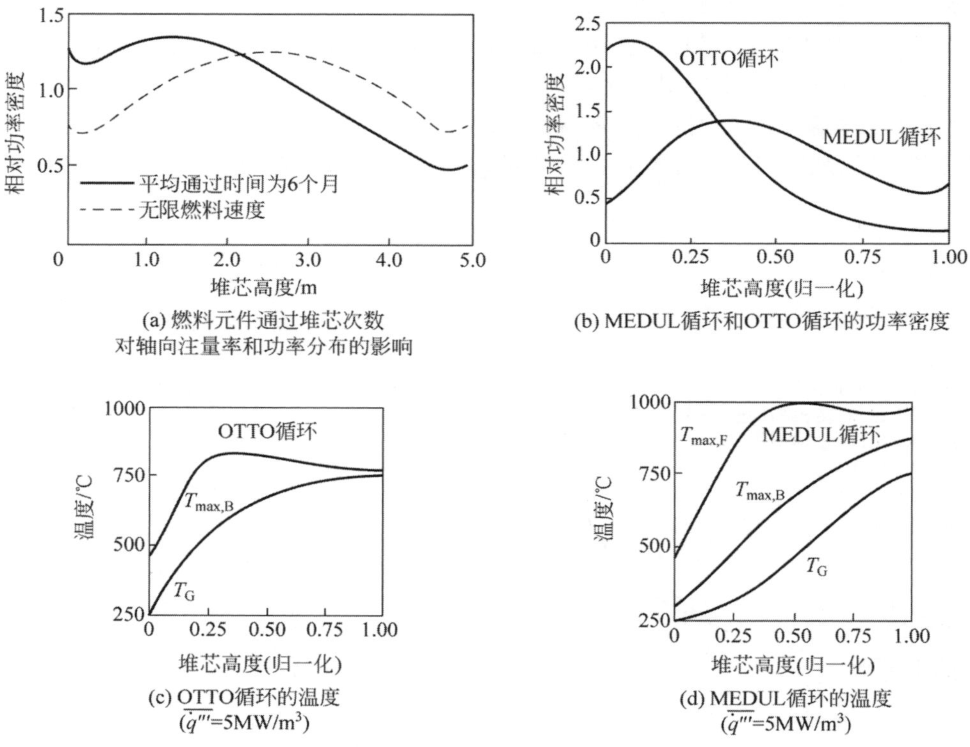

(a) 燃料元件通过堆芯次数对轴向注量率和功率分布的影响

(b) MEDUL循环和OTTO循环的功率密度

(c) OTTO循环的温度($\dot{q}'''$=5MW/m^3)

(d) MEDUL循环的温度($\dot{q}'''$=5MW/m^3)

图 2.30 球床堆的燃料管理

0 表示处于堆顶位置

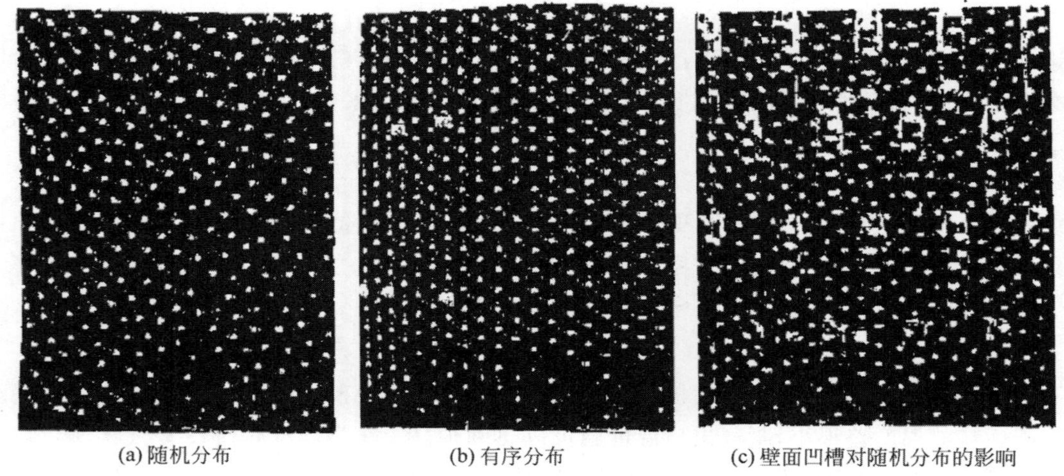

(a) 随机分布　(b) 有序分布　(c) 壁面凹槽对随机分布的影响

图 2.31 反射层表面凹槽对球床排序的影响

在汇总球床反应堆球形燃料元件流动实验的基础上，得到如下结论：

- 堆芯轴线附近的元件比邻近壁面的元件流动得更快一些，在 THTR 的实际模型中测量到的流动速度比为 3～4。
- 总体上，球的移动非常缓慢，球床基本处于准稳态。
- 平均一个球移动通过堆芯需要大约半年的时间，在达到最终燃耗之前需经过多次循环。
- 球的移动速度取决于在堆芯内的位置，可采用二维的流场来描述。
- 在堆芯的上部，球的流线是平行的，在不同的高度，流速相似。
- 堆芯锥形底部区域流线是弯曲的，流速变得更快。
- 在任意一个区域，球都不是永久停留在那里不移动的。
- 摩擦是影响球床效应的一个重要因素，特别是在加入少量的氢之后，摩擦系数明显降低(表 2.9)。

表 2.9　摩擦系数 μ 与球床(A3 球)温度的关系

T/℃	200	400	600	800	1000
μ	0.47	0.4	0.32	0.23	0.18

高温下,若摩擦系数 μ 有所下降,就会使中心区的球流与堆芯外区的球流发生变化。上文曾提到氢含量对 p 的影响。例如,氢含量增加 10^{-4} 会使 600℃下的摩擦系数下降为原来的 1/2～2/3。

- 为了避免在卸球管处出现搭桥现象,卸球管直径和燃料元件直径之比必须要大于某个最低比值($D/d=10\sim15$)。
- 大直径的堆芯需要采用多个卸球管。对于只有一个卸球管的模块式反应堆,适宜选取的堆芯直径大约为 3m。
- 在堆芯顶部,需要从几个装球口添加燃料元件,以使堆芯上表面相对比较平整。
- 堆芯底部需采取特殊的结构设计,以保证球流卸出的均衡性。
- 在反射层表面设置合适的槽结构可以避免球在壁面处形成堆积。
- 在任何情况下,都需要在实际的温度和摩擦条件下在大比例尺度的模型上进行球流实验,以对球流获得更有实际价值的经验。

2.8　反应堆堆芯中燃料、中子注量率和功率密度的分布

堆芯的热工-水力学分析的基础是堆芯功率密度的空间分布。对堆芯结构的寿命进行评估,也需要了解快中子注量的分布。同时,在进行安全分析时,需要了解衰变热产生和裂变产物存量空间分布的正确的函数关系。以模块式 HTR 为例,图 2.32 给出了需要通过物理分析才能得到的一些必要的信息。为了获得这些信息,

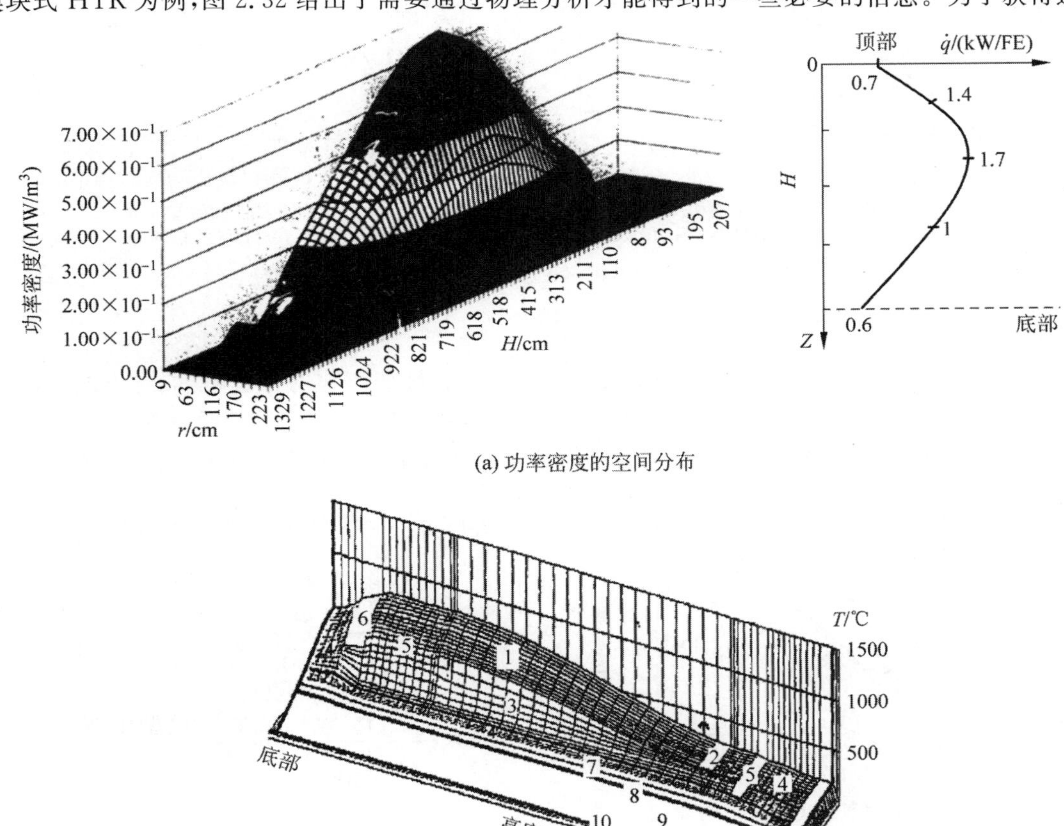

(a) 功率密度的空间分布

(b) 燃料温度的空间分布

1—球床；2—上部空间；3—反射层；4—碳砖；5—冷氦气通道；6—热氦气混合空腔；7—热屏蔽；8—压力壳；9—堆芯壳；10—表面冷却器

图 2.32　模块式 HTR 堆芯重要参数的空间分布(HTR-Module)

需要应用复杂和详细的计算机程序。对模块式 HTR 堆芯进行详细分析后得到的一些主要结果汇总在表 2.10。

表 2.10 模块式 HTR 分析得到的一些特性参数(如 HTR-Module：200MW；多次通过堆芯循环)

参　数	数　值	参　数	数　值
氦气的温升/℃	250→700	氦气最高出口温度(设定)/℃	788
燃料元件最大功率/(kW/FE)	1.37	堆芯阻力降/kPa	62
燃料最高温度(设定)/℃	856	反应堆反射层内阻力降/kPa	88
最高表面温度(设定)/℃	802	表面冷却器功率/MW	0.3
平均燃料温度(设定)/℃	561		

对反应堆压力壳内的部件及压力壳本身进行详细的技术分析和评估需要获取一些基本的数据和了解其功能，这是因为快中子注量率的分布会影响金属部件的脆性，以及引起对金属结构件活度的评估。

在进行安全分析时，衰变热产生的函数及其不确定性极为重要。它涵盖了由裂变产生的 β 和 γ 衰变，以及由锕系元素衰变反应释放的附加能量。这些均与运行的历史有关，需通过测量和理论分析来获取，如图 2.33(a)所示。同时，堆芯中衰变热的空间分布也与运行的历史有关，如图 2.33(b)所示，这些信息对安全分析也很重要。

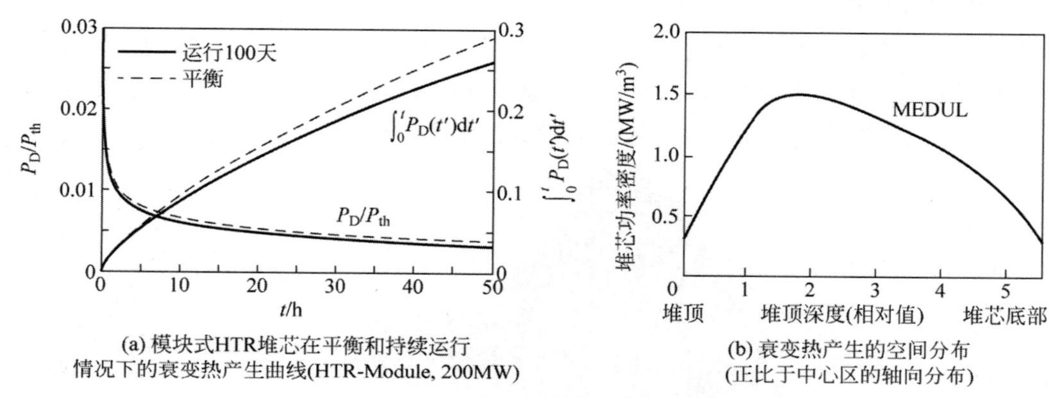

(a) 模块式HTR堆芯在平衡和持续运行情况下的衰变热产生曲线(HTR-Module, 200MW)

(b) 衰变热产生的空间分布(正比于中心区的轴向分布)

图 2.33 衰变热产生随时间和空间的变化

P_D—衰变热功率；P_{th}—满功率

建立中子平衡和进行安全分析的另一个重要的主题是计算裂变产物的存量，有关这个问题的一些更为详细的介绍将在第 10 章中给出。堆芯设计及临界分析和评估的相关数据的第一手材料如图 2.34 所示。该图给出了稳态运行过程中裂变产物的总存量，并给出了一些非常重要的裂变产物，如 Cs137 和 I131。

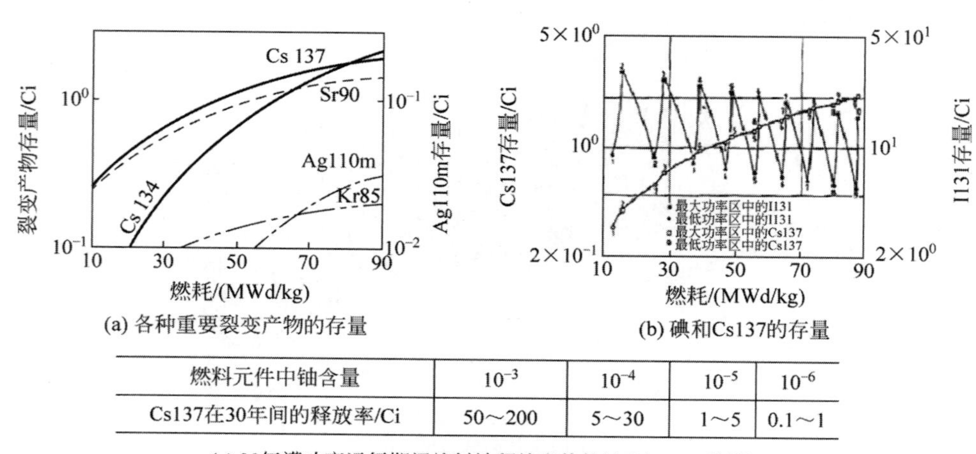

(a) 各种重要裂变产物的存量

(b) 碘和Cs137的存量

燃料元件中铀含量	10^{-3}	10^{-4}	10^{-5}	10^{-6}
Cs137在30年间的释放率/Ci	50～200	5～30	1～5	0.1～1

(c) 30年满功率运行期间放射性释放率的估计(以Cs137为例)

图 2.34 用于未来技术和安全分析的反应堆计算的一些结果(HTR-Module，200MW，MEDUL 循环)

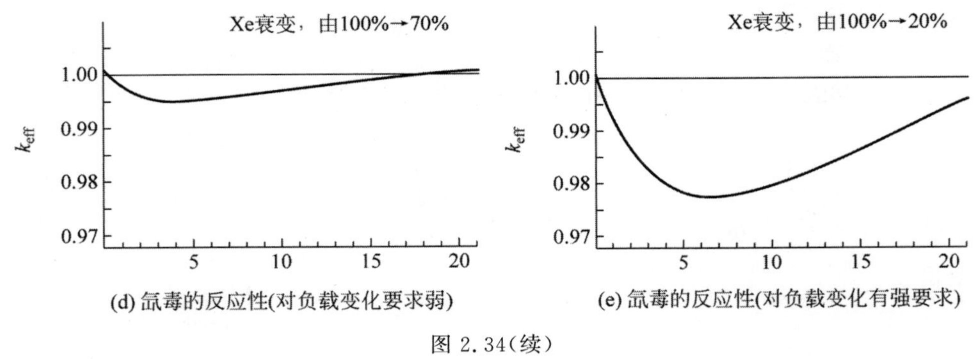

(d) 氙毒的反应性(对负载变化要求弱)　　(e) 氙毒的反应性(对负载变化有强要求)

图 2.34(续)

对于中子动态，Xe 135 对中子动态效应的影响很大。对负荷变化的要求将影响反应性的大小，在长时间中断运行需要再重新启动的情况下，必须要对反应性的大小进行预计。为了提高安全性，反应性应尽可能地小，氙动态的某些方面将在第 9 章中讨论。

2.9　核反应堆的动态原理

2.9.1　总体概况

本节之前主要是讨论反应堆堆芯的稳态行为，而与稳定状态同样重要的是中子群随时间变化的行为。关于长期的变化情况，如燃耗、某种裂变产物的形成、锕系元素的积累或者转化过程将在第 9 章中加以讨论。反应堆的动态行为关系到反应堆的正常运行及安全性问题，并发挥至关重要的作用。特别是中子注量率的短期变化和临界状态的变化产生的影响很大，均需在与中子动力学相关的问题中加以分析，图 2.35 给出了必须要进行分析的各种与时间相关的动态过程。

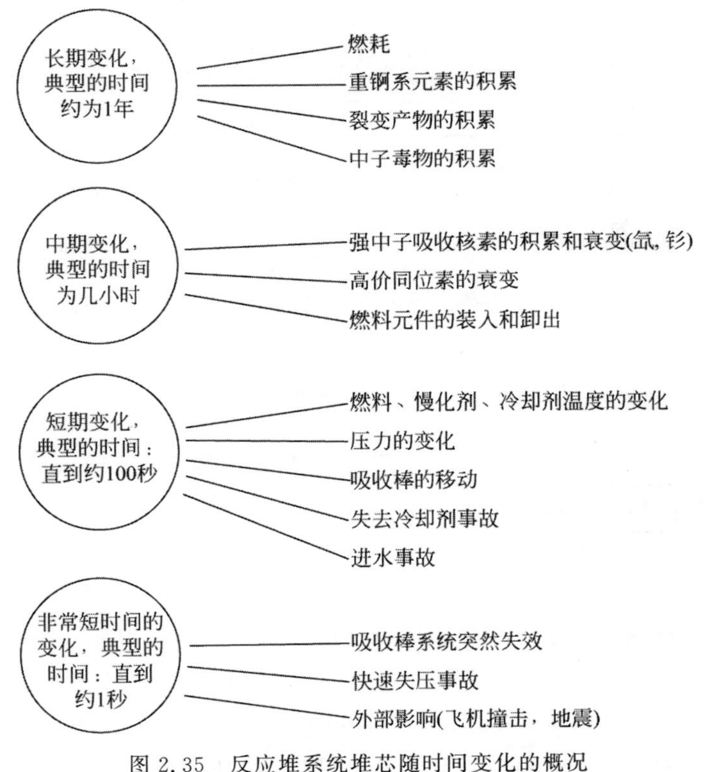

图 2.35　反应堆系统堆芯随时间变化的概况

其中一些效应，如燃耗、氙的动态变化或同位素的积累将在第 10 章有关运行的章节中进行讨论，一些主题如反应性的快速变化将在第 10 章有关安全的章节中进行讨论。

核反应堆的动态行为受瞬发和缓发中子的影响。在2.5节中,已经给出有关缓发中子作为实现反应堆安全性主要先决条件的相关说明。这里,再提供两个表征中子群的重要时间常数:一个是瞬发中子寿命,另一个是包括瞬发中子和缓发中子的总的一代中子寿命,如图2.36所示。

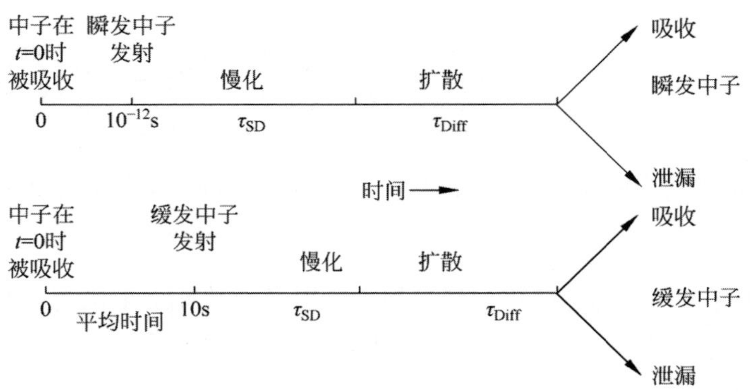

图2.36 瞬发和缓发中子的寿命

在热中子堆中,瞬发中子的总寿命 τ_{tot} 可以近似用慢化时间 τ_{SD} 和扩散时间 τ_{Diff} 之和来表征。瞬发中子经过复合核大约 10^{-12}s 之后发射出来,可以得到如下关系式:

$$\tau_{tot}=\tau_{SD}+\tau_{Diff}\approx\frac{2}{v_{th}\xi\Sigma_S}+\frac{1}{\Sigma_a v_{th}} \tag{2.89}$$

其中,$\xi\Sigma_S$ 表征了慢化过程,v_{th} 表征了扩散过程中的速度,Σ_a 包括了系统中的所有吸收。

表2.11给出了一些重要慢化剂的数据和时间常数。在这些反应堆系统中,扩散过程所用的时间要比慢化过程长得多。

表2.11 一些重要慢化剂的慢化和扩散时间常数

慢化剂	$\xi\cdot\Sigma_S/cm^{-1}$	Σ_a/cm^{-1}	τ_{SD}/s	τ_{Diff}/s
石墨	0.06	2.77×10^{-4}	1.5×10^{-4}	1.64×10^{-2}
H_2O	1.36	2.21×10^{-2}	6.7×10^{-6}	2.1×10^{-4}
D_2O	0.18	3.75×10^{-5}	5×10^{-5}	1.2×10^{-1}

缓发中子的影响极其重要,如下面的简单估计所示。如果反应堆仅有瞬发中子,其动态行为就如下式所示。其剩余反应性可以定义为

$$\rho=\frac{k_{eff}-1}{k_{eff}}\approx\frac{\Delta k_{eff}}{k_{eff}} \tag{2.90}$$

采用一种线性模型比较两代中子,可以得到如下关系式:

$$n(t+\tau_p)=k_{eff}\cdot n(t) \tag{2.91}$$

$$n(t+\tau_p)\approx n(t)+\frac{dn}{dt}\cdot\tau_p \tag{2.92}$$

对于中子数或者中子注量率,其微分方程式为

$$\frac{dn}{dt}=\frac{k_{eff}-1}{\tau_p}\cdot n,\quad \frac{d\phi}{dt}=\frac{\rho}{\tau_p}\cdot\phi,\quad \frac{\rho}{\tau_p}=\frac{1}{T} \tag{2.93}$$

其中,T 是反应堆的反应性周期。中子注量率按指数增长:

$$\phi(t)=\phi(0)\cdot\exp(t/T),\quad T=\tau_p/\rho \tag{2.94}$$

用如下假设来表征相应的状态:$\rho=0.002$,$\tau_p=7\times10^{-4}$s,$t=2$s。于是,可以得到反应堆的反应性周期 $T=0.35$s,注量率比为 $\phi(2s)/\phi(0)=\exp(5.71)=302$。由此可知,这种类型的反应堆是不可控的。在一座核反应堆内,如果仅有瞬发中子对动态过程起作用,那么从安全运行的角度来看是不可行的。这个例子也表明,反应堆决不能被带到一个缓发中子不能发挥重要作用的状态。这也包括反应性的增益大于缓发中子所占份额的情况,这种情况一般也是不允许的。在非常极端的事故情况下考虑的例外将在第10章中加以讨论。

幸运的是，裂变过程中产生的同位素经过一段较长时间之后才发射出缓发中子（详见 2.5 节）。

由于受缓发中子的影响，倍增过程的时间常数发生急剧的变化，6 组缓发中子的时间常数为

$$\bar{\tau}_{\mathrm{Del}}=\sum_{i=1}^{6}\beta_i\cdot\tau_i/\beta \tag{2.95}$$

$$\beta=\sum_{i=1}^{6}\beta_i=0.0065(\text{对于 U235}) \tag{2.96}$$

其中，β_i 是 6 组缓发中子中第 i 组缓发中子的份额。需要注意的是，Pu 的同位素和 U233 的 β 值是不同的。

对于 U235，现在得到一个时间常数 $\bar{\tau}_{\mathrm{Del}}=13\mathrm{s}$。对于反应堆内的所有中子，其平均寿命由下面的关系式计算得出：

$$\tau_{\mathrm{total}}=\tau_{\mathrm{p}}(1-\beta)+\beta\bar{\tau}_{\mathrm{Del}} \tag{2.97}$$

由于 $\tau_{\mathrm{p}}\ll\bar{\tau}_{\mathrm{Del}}$，因而可以得到一代中子总寿命的关系式为

$$\tau_{\mathrm{total}}\approx\beta\bar{\tau}_{\mathrm{Del}} \tag{2.98}$$

例如，对于 U235 燃料，$\tau_{\mathrm{total}}\approx0.15\mathrm{s}$。于是，采用与前面给出的例子类似的数值（即 $\rho=0.002, t=2\mathrm{s}$），可以得到反应堆的反应性周期，这一结果比没有缓发中子的情况要大得多。

$$T=\tau_{\mathrm{total}}/\rho\approx75\mathrm{s} \tag{2.99}$$

那么，中子注量率在 2s 内发生的变化可以由 $\phi(2\mathrm{s})/\phi(0)\approx\exp(0.027)\approx1.027$ 得到。

在实际的反应堆中，中子注量率或者热功率的变化可以得到控制。上述例子表明反应性的变化应该足够小（一般地，$\rho\ll\beta$），使反应堆总是在缓发中子的影响下运行。这样就有可能使对控制和停堆系统的操作是有效的。反应堆的周期 T 与反应性 ρ 的变化及瞬发中子的寿命 τ_{p} 相关。图 2.37(b)给出了 U235 燃料的这种相关性。

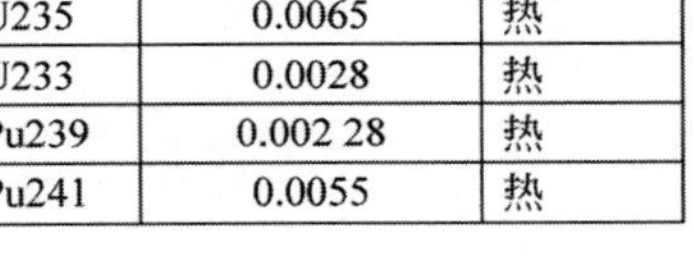

燃料	缓发中子总份额	能谱
U235	0.0065	热
U233	0.0028	热
Pu239	0.002 28	热
Pu241	0.0055	热

(a) 各种燃料缓发中子总份额

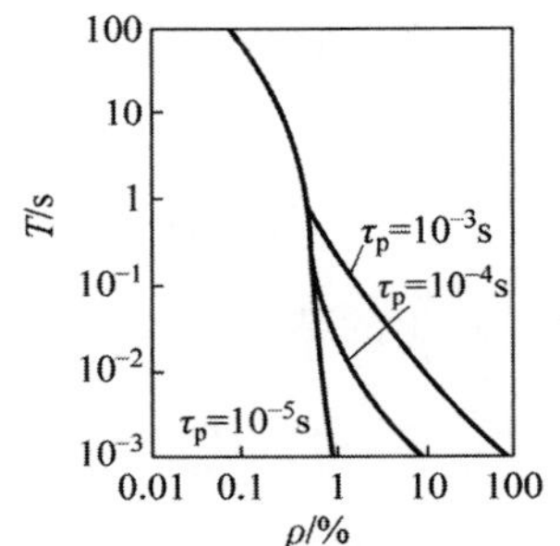

(b) U235(β=0.0065)系统的反应堆周期T与添加的反应性ρ和瞬发中子的寿命τ_p的关系

图 2.37　反应堆的动态行为

对于其他燃料（U233，Pu239，Pu241），则具有不同的 β 值，如图 2.37(a)所示。

对于通常反应堆中混合燃料的选取（例如，在 LEU 中采用 U235 为燃料，但也含有 Pu239 和 Pu241），在进行动态分析时必须要将所有易裂变材料涵盖进来一并考虑。经过粗略估计，采用平均值 $\bar{\beta}$ 作为近似可能有助于混合燃料的选取。

$$\bar{\beta}\approx\sum_j\beta_j x_j/\sum_j x_j \tag{2.100}$$

其中，β_j 是各种燃料的值（上文已给出相关 β 值的定义），x_j 是它们在堆芯内的质量份额。

在任何情况下，由多种易裂变同位素组成的混合燃料都需要进行非常谨慎而细致的分析，因为燃料循环或者燃耗的变化会改变堆芯的组成，并且对于实际反应堆系统，ρ 值可能产生的变化必须总是小于 $\bar{\beta}$，例如，在 LEU 循环的情况下，混合燃料中也包含钚的同位素。

2.9.2　动态方程

瞬发中子和缓发中子会随着时间不断发生变化，为此可以应用包含瞬发中子和缓发中子修正的中子源

项来简化相关的动态方程。

$$\frac{dn}{dt}=D\cdot\Delta\phi-\Sigma_a\cdot\phi+S,\quad S=S_{pr}+S_{Del}\tag{2.101}$$

$$S=\nu\cdot\Sigma_f\cdot\phi\cdot P_f\cdot(1-\beta)+\sum_{i=1}^{6}\lambda_i\cdot C_i\tag{2.102}$$

其中，P_f 是指快中子未从反应堆中逃脱的概率，C_i 是发射第 i 组缓发中子并到达热中子能区的原子核数。这是一个关于某一点的动态方程，适于对动态的变化状况给出相关的解释。

对于一个无限大的反应堆和仅有一组中子的简化假设：

$$\phi=nv,\quad \tau\approx1/(\Sigma_a\cdot v),\quad k_{eff}=\nu\cdot\Sigma_f/\Sigma_a\tag{2.103}$$

于是，可以得到中子密度的微分方程为

$$\frac{dn}{dt}=\frac{n}{\tau}\cdot\left[k_{eff}\cdot(1-\beta)-1+\sum_{i=1}^{6}\lambda_iC_i\right]\tag{2.104}$$

τ 是一个考虑有限反应堆系统内泄漏效应的时间常数：

$$\tau\approx\frac{1}{\Sigma_a\cdot\bar{v}\cdot(1+B^2L^2)}\tag{2.105}$$

其中，L^2 是扩散长度的平方，B^2 是反应堆的曲率。缓发中子是从先驱核中产生的，先驱核发射中子后逐渐衰变。于是，可以得到计算混合燃料中这些同位素净产率的方程如下：

$$\frac{dC_i}{dt}=-\lambda_iC_i+\frac{k_{eff}\beta_in}{\tau}\tag{2.106}$$

对应地，6 组缓发中子就有 6 个微分方程，再加上一个瞬发中子的方程，就需要对系统的 7 个微分方程进行求解，并且提供所谓的倒时方程。从 $n(t)=A\exp(st)$，$C_i(t)\approx C_i\exp(st)$ 这类函数开始，可以逐一得到这组微分方程的解。其中，A，C_1 和 s 是常数，必须要先确定。然后将这几个参数代入缓发中子的方程，就可以得到：

$$C_1=A\cdot\frac{k_{eff}\cdot\beta_i}{(S+\lambda_i)\cdot\tau}=A\cdot\frac{\beta_i\cdot K_\infty\cdot\Sigma_a}{\rho\cdot(S+\lambda_i)}\tag{2.107}$$

将由式(2.107)计算得出的结果代入通量方程，可以得到：

$$(1-\beta)\cdot K_\infty-1+K_\infty\cdot\sum_i\frac{\lambda_i\cdot\beta_i}{S+\lambda_i}=S\cdot\tau\tag{2.108}$$

采用 $\beta=\sum_i\beta$，得到如下的方程：

$$\rho=\frac{K_\infty-1}{K_\infty}=\frac{S\cdot\tau}{1+S\cdot\tau}+\frac{S}{1+S\cdot\tau}\cdot\sum_i\frac{\beta_i}{S+\lambda_i},\quad \rho\approx\frac{\Delta K_\infty}{K_\infty}\tag{2.109}$$

上述方程就是我们所熟知的倒时方程，用于描述反应性的行为。这个方程具有 7 个根，如图 2.38 所示。

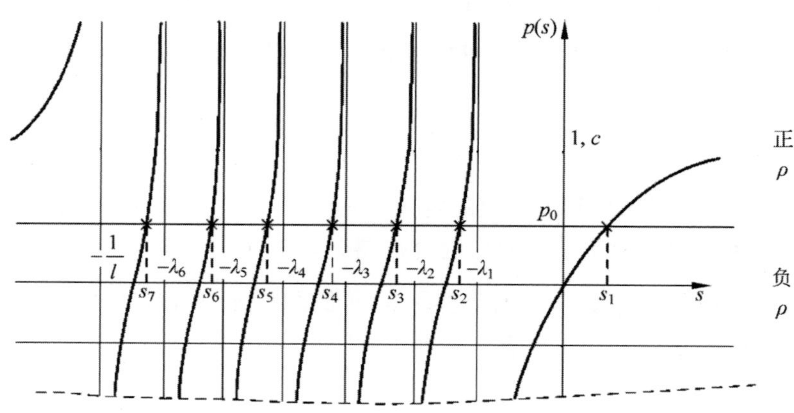

图 2.38 表示 7 个根的反应性方程(定性关系)

基于上述分析，可以得出总的求解结果：

$$\phi(t)=\phi(0)\cdot\sum_{j=1}^{7}A_j\exp(S_jt) \tag{2.110}$$

$$C_i(t)=C_i(0)\cdot\sum_{j=1}^{7}B_{ij}\cdot\exp(st) \tag{2.111}$$

将这些解代入中子注量率的微分方程，可以得到如下缓发中子的相关参数及其与注量率的关系式：

$$\begin{cases} C_i(0)=\dfrac{\beta_i K}{p}\cdot\Sigma_a\cdot\phi(0)\cdot\displaystyle\sum_{j=1}^{7}\dfrac{A_j}{S_j+\lambda_i} \\ \dfrac{K_\infty}{K_\infty(0)}\cdot\displaystyle\sum_{j=1}^{7}\dfrac{A_j}{S_j+\lambda_i}\dfrac{1}{\lambda_i} \\ \displaystyle\sum_{j=1}^{7}A_j=1 \end{cases} \tag{2.112}$$

由上述方程可以计算得出各相关系数及如下所示的注量率：

$$\phi(t)=\phi(0)\cdot\sum_{j=1}^{7}a_i\cdot\exp(b_i\cdot t) \tag{2.113}$$

由更详细的计算可知，注量率将随 $\Delta K/K$ 的变化而上升，然后上升速度变得减缓。如图 2.38 所示，以下内容也值得关注。

对于正和负反应性范围内的反应性曲线 $\rho=\rho(s)$，它的根仅出现在 $-\infty$ 到 $+1$ 区间内。在 $s=-1/\tau$ 和 $s=-\lambda_i$ 处的正弦值均存在奇异性。当 $s\to-\infty$ 时，$\rho\to1$。仅有图 2.38 中右侧给出的根能够确定反应堆的周期 $T\approx1/S_1$。如果向堆芯引入一个反应性，那么其他的根则与瞬态过程相对应，并且随着时间逐渐消失。

一般采用如下形式的反应性 ρ 和反应堆周期 T 的关系式来表示：

$$\rho=\frac{\tau}{k_{\text{eff}}\cdot T}+\sum_{i=1}^{6}\frac{\beta_i}{1+\lambda_i T},\quad T=\frac{1}{\rho}(\tau_{\text{p}}+\sum_i\beta_i\tau_i) \tag{2.114}$$

其中，第一项与瞬发中子相关，后面六项与缓发中子相关。求解上面给出的方程，对于一个特定的正 ρ 值，参数 T 给出了反应堆的一个恒定周期。其他负值描述了与这些值相关的中子密度减少的趋势。

通常，对于小的反应性变化，反应堆的周期可以采用如下公式加以近似：

$$T\approx\frac{1}{\rho}\cdot\sum_i\beta_i\tau_i \tag{2.115}$$

对于 U235 燃料，$\sum_i\beta_i\tau_i$ 大约为 0.1s。如果发生 10^{-3} 的反应性变化，那么相对应的反应堆的周期 T 为 100s。对于这个反应性周期，采用常规的技术设施就可以使其得到可靠的控制。

在全球范围内，对于反应性这一概念有不同的解释：

- 1＄等效于值为 β 的反应性（对于 U235 燃料：$\beta=0.0065$）；
- 1 分相当于 0.01＄；
- The in hours：反应堆在一小时恒定周期内的反应性值。

$$\rho(\text{in hours})=\frac{\tau_{\text{p}}}{3600k_{\text{eff}}}+\sum_{i=1}^{6}\frac{\beta_i}{1+3600\lambda_i} \tag{2.116}$$

1 in hour$\approx2.33\times10^{-5}\approx3.63\times10^{-3}$＄（对于 U235，$\beta=0.0065$，$\tau_i=10^{-5}$s）。

有时，用 pcm 来度量反应性：

- 1pcm$=10^{-5}$；
- 1Nile$=10^{-2}$，1milli Nile＝1pcm。

对于一个实际的反应堆，升温带来的反馈效应或者空隙效应，以及反应堆最终的大小必须要加以考虑。在第 11 章中，作为例子，将对事故情况下燃料温度上升的反馈效应加以解释。图 2.39 给出了特定条件下（如 U235 燃料）反应性和反应堆周期 T 之间的关系。

如果反应性达到了缓发中子份额的值，将出现反应堆周期非常短的情况。这些情况必须要避免，因为它们可能会引起危害。核系统均需考虑瞬发临界的问题，不仅仅对于反应堆，燃料制造、浓缩和后处理也必须要考虑。在核技术发展的早期，就在这方面进行了很广泛的实验(详见第10章中关于SPERT BORAX的介绍)。

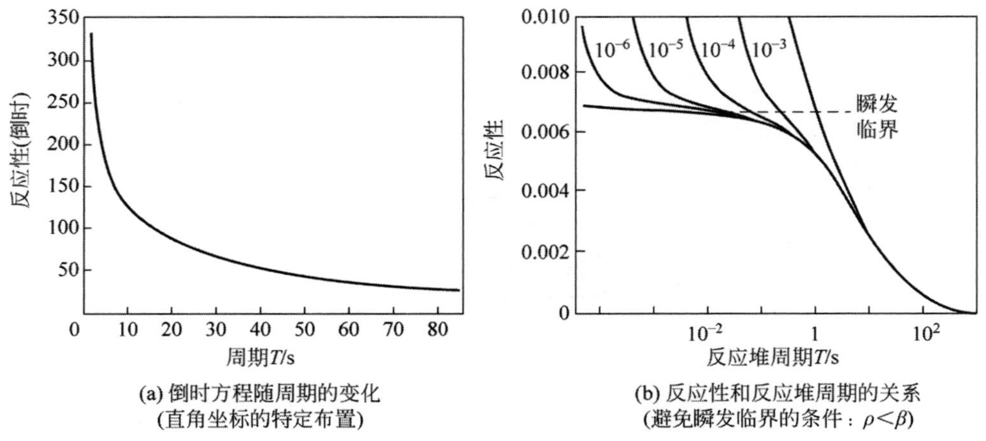

(a) 倒时方程随周期的变化(直角坐标的特定布置)

(b) 反应性和反应堆周期的关系(避免瞬发临界的条件：$\rho<\beta$)

图 2.39 反应性和反应堆周期的关系

2.9.3 动态方程的简化解

前面给出的动态方程可以通过一些简化的分析进行求解，而这些分析也可用于解释反应性变化过程中的变化趋势。利用单组缓发中子的近似可以得到不含空间分布的两个耦合的微分方程：

$$\frac{\mathrm{d}n}{\mathrm{d}t}=\frac{k_{\infty}}{\tau_{\mathrm{p}}}\cdot(\rho-\beta)\cdot n+\lambda C \tag{2.117}$$

$$\frac{\mathrm{d}C}{\mathrm{d}t}=\frac{k_{\infty}}{\tau_{\mathrm{p}}}\cdot\beta\cdot n-\lambda C \tag{2.118}$$

这里使用了单组近似的系数：

$$\beta=\sum_{i=1}^{6}\beta_i,\quad \lambda=1/\tau_{\mathrm{Del}} \tag{2.119}$$

在特定情况($k_{\infty}=1$)下，可以导出一个时间为秒量级的微分方程：

$$\frac{\mathrm{d}^2 n}{\mathrm{d}t^2}+\left(\lambda-\frac{\rho-\beta}{\tau_{\mathrm{p}}}\right)\cdot\frac{\mathrm{d}n}{\mathrm{d}t}-\frac{\lambda\rho}{\tau_{\mathrm{p}}}\cdot n=0 \tag{2.120}$$

使用一个与时间相关的解：

$$n(t)=A\cdot\exp(\alpha t) \tag{2.121}$$

可以得到 $t=0$ 时刻 $n=n_0$ 时的中子密度解为

$$n(t)=n_0\left[\frac{\beta}{\beta-\rho}\exp\left(\frac{\lambda\rho}{\beta-\rho}\cdot t\right)-\frac{\rho}{\beta-\rho}\exp\left(-\frac{\beta\rho}{\tau_{\mathrm{p}}}\cdot t\right)\right] \tag{2.122}$$

通常可以从如下几方面对这个解进行讨论。

- $\rho=0$，$n(t)=n_0$，稳态运行。
- $\rho=-\Delta k$，$\Delta k>0$，负反应性终止运行，$n(t)\approx n_0\exp(-\gamma t)$。
- $\rho\ll\beta$，$\rho=\Delta k$，添加一个正反应性，但是比缓发中子的份额小得多，使中子密度增加。
- $\rho<\beta$，$\rho=\Delta k$，这种情况包括了中子密度剧烈增加的情况。
- $\rho>\beta$，$\rho=\Delta k$，这种瞬发超临界反应堆的情况与中子密度的指数增长相关。这时，缓发中子实际上对动态过程不起作用了。

原则上这些情况均可以从图2.40中看到，它们与临界反应堆的通常解释相关。图2.40所示为由前面导出的中子密度解的应用。增加0.2%正反应性引起的响应示于图2.40(a)，图2.40(b)中的曲线表示在停堆过程中引入5%负反应性的结果。

此外，中子密度随时间的变化受到反应性添加速度的强烈影响，如图2.40(c)所示。较小的反应性添加

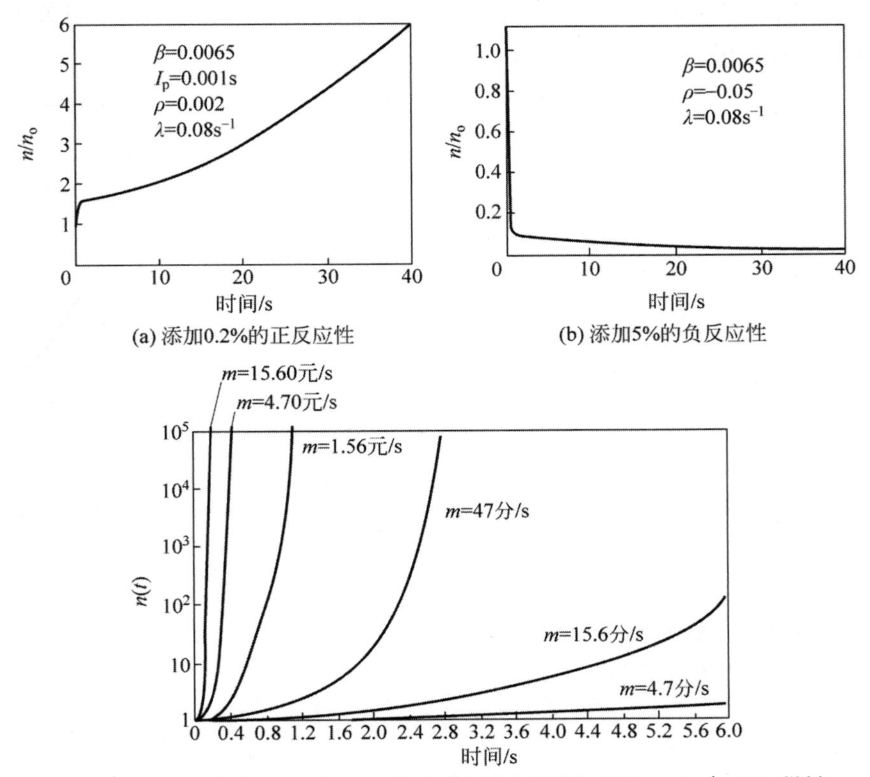

(a) 添加0.2%的正反应性　　(b) 添加5%的负反应性

(c) 中子密度与反应性添加到堆芯的时间和速度的关系($\tau_p \approx 10^{-4}$s, U235燃料)

图 2.40　反应堆对反应性变化的响应

速度是电厂负荷调节区域的一个特征，而在短时间内大量增加反应性是假设的反应性事故的一个特征（见第 10 章）。当然，反馈效应可部分抵消反应性添加所产生的影响，在详细的分析过程中必须要考虑这一因素。除此之外，很强的温度负反应性系数也对添加的反应性起到抵消的作用。但是还需考虑的一点是，共振吸收体和易裂变材料是混为一体的（如低富集度的 UO_2），这样就可以直接将能量增加和共振吸收进行耦合。

2.10　堆芯物理布置的程序系统

反应堆堆芯的物理布置和设计是考虑了多种因素之后的折中选择，在计划和申请许可证期间必须进行详细的分析。在早期阶段，这项工作是通过相对简单的分析方法完成的。这些计算方法直到现在也仍然是有价值的，因为通过这些方法可以了解工作中各项因素之间的相互关系，并有助于理解重要参数带来的影响。

采用如下迁移方程对反应堆堆芯的物理布置和设计进行基本描述，其中包括中子注量率随时间、能量及空间分布的变化。

$$\frac{1}{v(E)}\frac{\mathrm{d}\phi(r,E,\Omega,t)}{\mathrm{d}t}=-\Omega\cdot\nabla\phi(r,E,\Omega,t)-\sum_i(r,E,\Omega,)\phi(r,E,\Omega,t)+ X(E)\int_{E'}\mathrm{d}E'\int_{\Omega'}\nu\sum_f(r,E',\Omega')\phi(r,E',\Omega',t)+ \int_{\Omega'}\mathrm{d}\Omega'\sum_j(r,E\rightarrow E\rightarrow\Omega)\phi(r,E',\Omega',t) \tag{2.123}$$

方程左边的计算项描述了中子在空间网格中的积累情况。右边第一项表示泄漏量，随后的计算项表示中子通过吸收和散射的总反应率，最后一项表示中子的产生及从能量 $E'\cdots E'+\mathrm{d}E'$ 散射到 $E\cdots E+\mathrm{d}E$ 的中子增益量。

可以采用很多近似方法来求解式(2.123)或者将其进行简化。其中一种方法在反应堆理论中经常被采用，即计算能量的平均值，并建立稳态运行反应堆的模拟方程。

假设中子注量率与能量相关，定义一个组注量率为

$$\phi_i = \int_{E_{i-1}}^{E_i} \phi(E)\mathrm{d}E \tag{2.124}$$

通过如下关系式将其截面对能谱加以平均：

$$\Sigma = \int_{E_{i-1}}^{E_i} \Sigma(E)\phi(E)\mathrm{d}E \Big/ \int_{E_{i-1}}^{E_i} \phi(E)\mathrm{d}E \tag{2.125}$$

如果 Φ 覆盖了整个能谱，则可以得到：

$$\Phi = \int_0^\infty \phi(E)\mathrm{d}E,\quad \Sigma = \int_0^\infty \Sigma(E)\phi(E)\mathrm{d}E \Big/ \int_0^\infty \phi(E)\mathrm{d}E \tag{2.126}$$

从而得到如下形式的一组方程：

$$D\cdot\Delta\Phi(\boldsymbol{r}) - \Sigma_a\cdot\Phi(\boldsymbol{r}) + \gamma\cdot\Sigma_{\mathrm{f}}\cdot\Phi(\boldsymbol{r}) = 0 \tag{2.127}$$

这些方程的基础是中子注量率与能量 $\phi(E)$之间适当的依赖关系。

对于一个无限大的多组能量系统，可以求解如下积分方程：

$$\Sigma_t(E)\phi(E) = \int_0^\infty \Sigma_{\mathrm{s}}(E'\rightarrow E)\phi(E')\mathrm{d}E' + \chi(E)\int_0^\infty \gamma\Sigma_{\mathrm{f}}(E')\phi(E')\mathrm{d}E' \tag{2.128}$$

散射函数 $\Sigma_{\mathrm{S}}(E'\rightarrow E)$ 与慢化剂材料有关，这里指的是 HTR 的石墨慢化剂材料。

很多程序的基础是由迁移方程导出的多组方程，这里用于稳态的情况。对于第 i 组，可以得到：

$$D_i\Delta\Phi_i + \dot{Q}_i + \Sigma_{\mathrm{S}_{i-1\rightarrow i}}\Phi_{i-1} - (\Sigma_{\mathrm{a}_i} + \Sigma_{\mathrm{S}_{i\rightarrow i+1}})\Phi_i + \sum_{i=1}^{N} v_j\cdot\Sigma_{\mathrm{f}_j}\cdot\Phi_i = 0 \tag{2.129}$$

其中，第一项表示泄漏量，$\dot{Q}_i$ 是中子源项，第三项描述了第 i 组能量中子的散射情况，第四项表示第 i 组中子的损失情况，最后一项包括了由裂变产生的中子数。将该方程应用于一个临界的反应堆，可以得到：

$$\Delta\Phi_i + B^2\Phi_i = 0 \tag{2.130}$$

假设所有组的曲率大小相同，这个偏微分方程组即可变成代数方程组。

采用两组方程描述反应堆的特定情况来解释这类系统解的原理。脚标 1 表示快中子组，2 表示热中子组。

$$-B_1^2\Phi_1 - \Sigma_1\Phi_1 + \varepsilon\nu\Sigma_{\mathrm{f}_2}\Phi_2 = 0 \quad (\text{快中子组}) \tag{2.131}$$

$$-B_2^2\Phi_2 - \Sigma_{a_2}\Phi_1 + p\Sigma_1\Phi_1 = 0 \quad (\text{热中子组}) \tag{2.132}$$

对于等效截面 Σ_1，可以采用如下关系式：

$$\Sigma_1 = \frac{D_1}{L_1^2} = \Sigma_{\mathrm{S}}\xi/\ln(E_0/E_{\mathrm{th}}) \tag{2.133}$$

假设 Φ_1 与 Φ_2 成正比，且

$$B_1^2 = B_2^2 = B^2 \tag{2.134}$$

进一步将临界常数用于如下方程：

$$K_\infty = \varepsilon\rho\nu\Sigma_{12}/\Sigma_{a_2} \tag{2.135}$$

可以得到注量率 Φ_1 和 Φ_2 的耦合方程：

$$(1+B^2L_1^2)\Phi_1 - K_\infty\Sigma_{\mathrm{a}_2}/(\rho\Sigma_1)\Phi_2 = 0 \tag{2.136}$$

$$(1+B^2L_2^2)\Phi_2 - K_\infty\Sigma_1/\Sigma_{\mathrm{a}_2}\Phi_1 = 0 \tag{2.137}$$

如果下列行列式等于 0，则该系统的解为一个奇异的结果。

$$\mathrm{Det} = \begin{vmatrix} 1+B^2L_1^2 & -K_\infty\Sigma_{\mathrm{a}_2}/(\rho\Sigma_1) \\ 1+B^2L_2^2 & K_\infty\Sigma_1/\Sigma_{\mathrm{a}_2} \end{vmatrix} = 0 \tag{2.138}$$

最后得到了无穷倍增因子：

$$K_\infty = (1+B^2L_1^2)(1+B^2L_2^2) \tag{2.139}$$

近似曲率可以用如下关系式来表示：

$$B^2 \approx \frac{K_\infty - 1}{L_1^2 + L_2^2} \tag{2.140}$$

由此，可进一步计算快中子和热中子的泄漏概率。

$$P_{L_f} = B^2 L_1^2 / (1 + B^2 L_1^2) \tag{2.141}$$

$$P_{L_{th}} = B^2 L_2^2 / (1 + B^2 L_2^2) \tag{2.142}$$

2.1 节已讨论过，这些分析在对堆芯进行设计和评估时是很有必要的。除此以外，其他有关堆芯布置的内容也必须要考虑进来，其中有些部分需要进一步应用计算机程序来实现，如热工水力学程序及计算燃耗和裂变产物或更高同位素形成的计算机程序。

目前，复杂且经过验证的程序已被用于 HTR 堆芯物理和技术方面的分析。例如，图 2.41 给出了一个 VSOP 程序的计算流程，该程序经常被用来对模块式 HTR 堆芯进行评估。分析时，应参考图 2.41 所示步骤进行。第一步，基于经验选取燃料元件并对堆芯进行设计，同时基于 HTR 材料的综合数据库计算与温度和几何相关的共振积分。第二步，对必须要输入的数据进行汇编。然后，对数据进行编组。

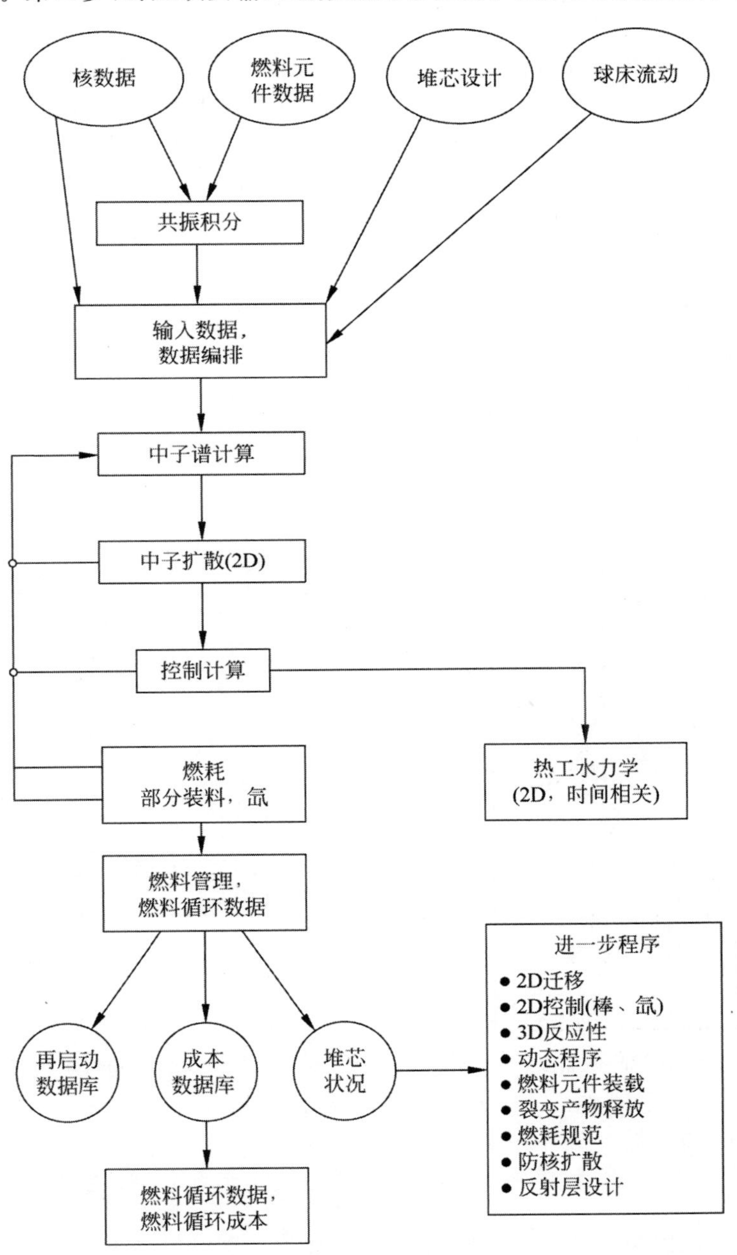

图 2.41 用于模块式 HTR 堆芯物理计算的计算机程序 VSOP 的主流程

对中子谱的计算采用多组计算的方式,例如,这里选取了 36 组。按照程序的流程,进行扩散和燃耗的计算,其中包括对裂变产物和球床堆芯球流行为的计算。同时,对物理方面,如燃耗和堆芯的热工-水力行为进行计算。这种方法可以用于多组中子的计算,并且对中子谱可以得到一个很好的近似。当然,目前在求解迁移方程方面还有更为详细的方法,如蒙特卡罗程序。最终,这些计算结果必须要与关于堆芯布置和设计的已有经验进行比较,要求其与已知技术参数的限定值之间有足够大的调整空间。同时在这一过程中,也要考虑影响反应堆安全概念的参数。中子注量率、堆芯功率密度和中子谱的空间分布必须要进行反复迭代计算,并且逐步地加以改进。整个计算过程的结果为采用附加计算程序做进一步分析提供了堆芯的再启动数据库和数据集。

为了建立计算机程序,需要具备一个含有重要同位素截面的数据库。在建立这个数据库时,需要对热中子反应堆特定条件下的多组测量值进行平均。比如,在热中子能区采用相应的修正麦克斯韦谱进行平均。下式中包括了温度产生的影响:

$$\bar{\sigma}_i = \frac{\int_{E_i}^{E_{ita}} \sigma(E) \cdot \phi_M(E,T)\mathrm{d}E}{\int_{E_i}^{E_{ita}} \phi_M(E,T)\mathrm{d}E}, \quad \phi_M(E) \approx c_1 E \exp[-E/(K \cdot T_{eff})] \tag{2.143}$$

由于在球床反应堆内燃料元件是流动的,且采用连续的方式进行装卸,因此需要采用特殊的程序加以分析。燃料元件在重力的作用下缓慢通过堆芯。例如,在模块式 HTR 中,其移动的速度大约为 1mm/h。受堆芯底部结构和卸球系统的影响,堆芯不同径向位置的球流行为是不同的。其差别与堆芯的直径、卸球口的数量及堆芯高度相关。图 2.42 给出了球床堆芯的流动模型。

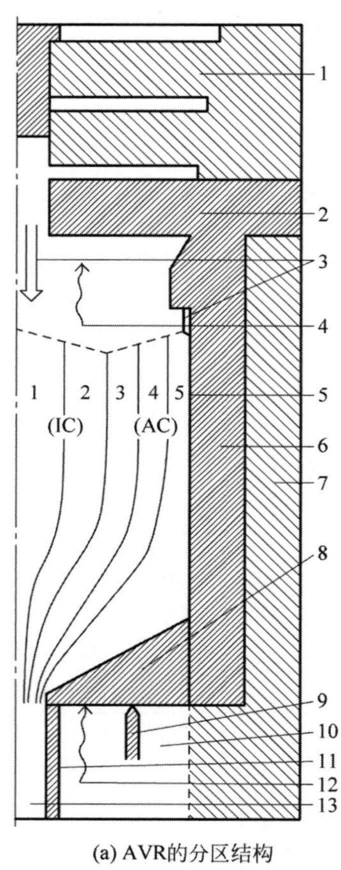

(a) AVR的分区结构

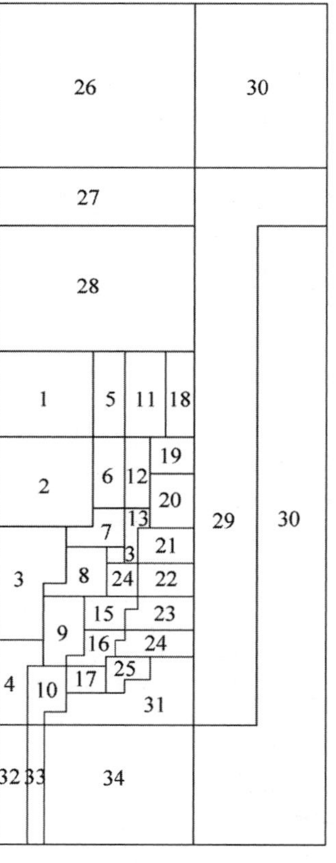

(b) 3D模型的分区划分

图 2.42 球床堆芯燃料球流动的批次划分

1—碳砖;2—顶部反射层;3—燃料装入;4—热氦气;5—球流流道;6—侧反射层;7—碳砖;8—底反射层;9—控制棒位置;10—碳砖;11—燃料卸球管外套;12—冷氦气;13—燃料卸球管

目前已开发了大量球流模型并进行了实验,基于流动理论的理论模型也已得到应用。这些结果必须要包含在反应堆的模型中,特别是燃耗计算会受到这些效应的影响。作为例子,图 2.42 给出了模块式 HTR

燃料元件通过堆芯的相对时间与径向位置的典型关系。模块式 HTR 堆芯的直径越小，堆芯高度/直径比越大，堆芯中心和边界的球通过堆芯的时间差就越小。侧反射层表面必须采取合适的结构，以避免球床形成有规则的堆积。对于实际计算，堆芯按批次划分，且这些批次包含在燃耗计算中。

以 AVR 和 THTR 的首次临界计算为例，其采用的方法具有大约 1%的不确定性，这就意味着对于 AVR，正常运行需要的装球量被低估了约 1000 个球，必须添加这些球以启动反应堆，由于球床的上部有足够的空间，所以这一点实现起来很容易。早在多年之前，在 KATHER 装置上对 AVR 和 THTR 进行的临界实验就显示出 AVR 的 k_{eff} 大约具有 1%的不确定性。

为了更详细地描述问题，给出一些附加程序的例子，汇总如下：

- 对控制棒和 KLAK 吸收球反应性的迁移计算；
- 对各个停堆元件之间干扰的估计；
- 顶部反射层和堆芯之间的上部空间对堆芯设计，以及控制和停堆系统运行产生的影响的迁移计算；
- 对堆芯详细的动态分析（启动和停堆，部分负荷，热备用）；
- 对氙所做的动态估计，氙振荡和控制方法的计算；
- 平衡态堆芯的总体描述；
- 堆芯结构内和反应堆压力壳外辐射场的详细分析（γ 和中子场）；
- 对反射层结构辐射的快中子注量随时间变化的计算；
- 对正常运行和瞬态过程中或事故工况下燃料元件和包覆颗粒受载的分析；
- 堆芯中裂变产物存量的计算，对事故分析和中间贮存评估的源项估计；
- 对正常运行和瞬态或事故条件下裂变产物释放的计算；
- 在中间和最终贮存设备中，对乏燃料元件钚和次锕系存量的计算；
- 作为安全分析的基础，确定衰变热产生的修正函数；
- 燃料和堆芯所有相关参数的汇编，作为对燃料循环成本经济进行分析的基础。

此外，系统的防核扩散方面也要加以评估。有关计算机程序控制和验证的一些例子如图 2.43(a)所示。AVR 停堆中控制棒反应性的模拟实验表明，计算值和实验值吻合得很好。

对物理计算结果的验证在申请反应堆运行许可过程中是一项非常重要的工作。这项工作在早期对临界装置进行配置时就应开始进行，例如，在 KATHER 或者 PROTEUS 配置时。更多细节将在第 14 章中与其他实验要求一起加以说明。在新堆进行调试的过程中，一项非常重要的工作就是温度反应性系数的测量，以及在申请反应堆运行许可过程中与先前的计算进行比较。图 2.43(b)给出的 AVR 的计算结果再一次表明测量值与计算值之间吻合得很好。

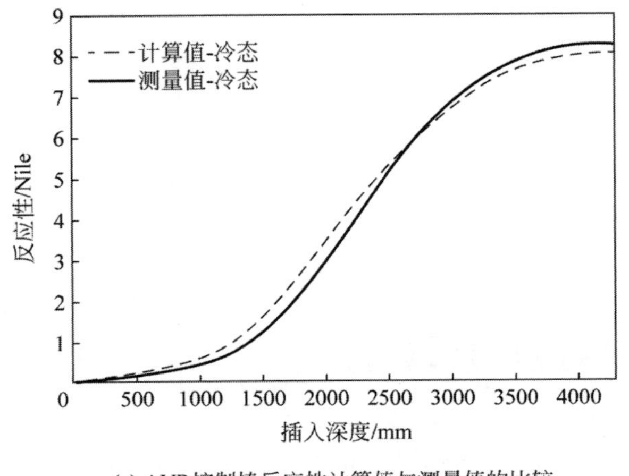

(a) AVR控制棒反应性计算值与测量值的比较

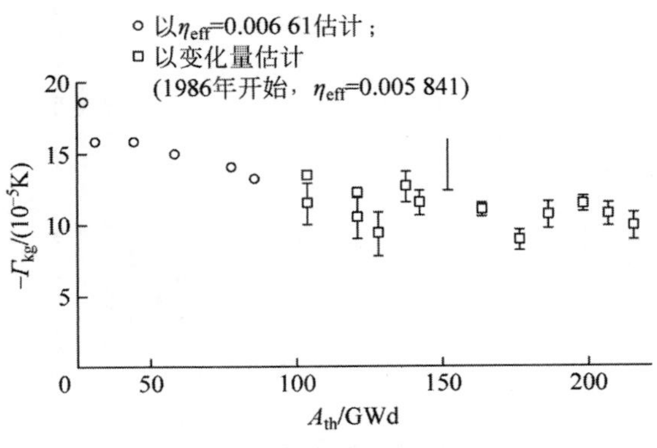

(b) 低温下的温度系数(100～130℃)

图 2.43 程序验证的例子(Ⅰ)(在 AVR 运行下)

在 AVR 运行期间，对瞬态过程进行了多次测试，在这个过程中进行了测量和重新计算，其目标是对动态程序进行测试。图 2.44 所示为一个典型的瞬态过程实例，以图示的方式演示了氙对中子注量率随时间变化的影响，测量值与计算值之间的偏差很小。

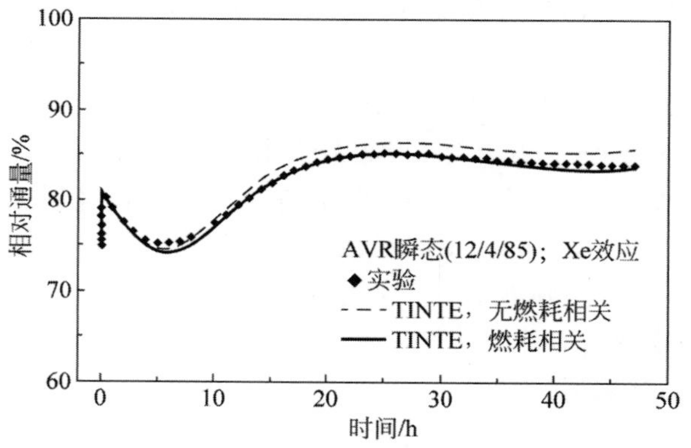

图 2.44 程序验证的例子(Ⅱ)(在 AVR 运行下)

有关停堆系统功能和反应性当量的进一步结果是在正常运行期间通过测量控制棒当量来获得的。图 2.45 给出了 THTR 调试过程中测量得到的一些结果。

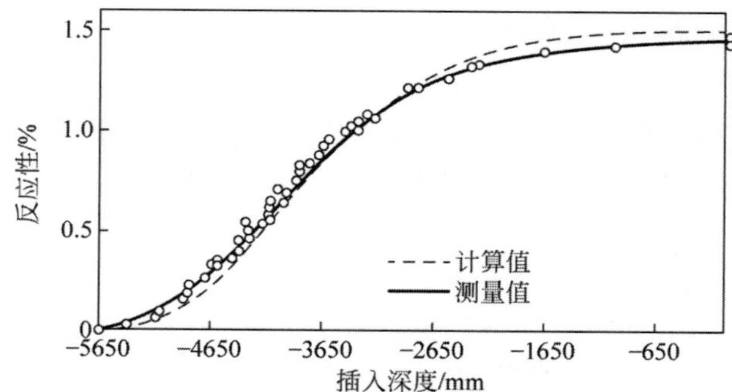

图 2.45 程序验证的例子(Ⅲ)：THTR 300 一组反射层棒的反应性随插入深度变化的测量值和计算值

可以看出，测量和计算的结果相当一致，这表明采用的方法是可接受的。在运行、安全保障及中间贮存环节，对燃耗的计算和相关参数的统计分布的了解是很有必要的。图 2.46 给出了测量值与计算值之间的比较。

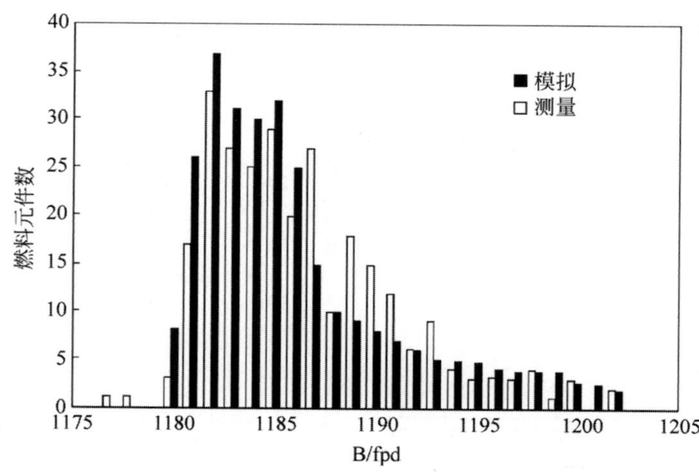

图 2.46 AVR 燃耗的测量值与计算值的比较：燃料元件数随燃耗的变化(fpd＝等效满功率的天数)

对 AVR 中元件的燃耗分布情况进行了测量，结果表明，计算值和测量值之间的估计偏差相对而言是可以接受的。同时这个结果也表明燃耗状态是可测量的，并具有很好的确定性，这一点在经济性评估及易裂变材料的控制方面作用显著。

根据核安全保障和防核扩散的要求，需要了解乏燃料元件中易裂变材料和裂变产物存量的情况，所以程序验证的另一个重要课题是对相应存量的正确计算。对于中间贮存和最终贮存，要求对乏燃料元件中钚的含量有更详细的了解。正如表2.12给出的，AVR乏燃料元件中钚同位素含量的测量结果表明，测量值和计算值之间的偏差相当小。

表2.12 AVR乏燃料元件中钚同位素含量的测量值和计算值

	平均值(测量)	标准偏差(测量)	计 算 值
燃耗(FIMA)质量谱	3.48%	±0.03%	—
燃耗(FIMA)γ谱	3.57%	±0.11%	—
Pu238/(mg/FE)	0.0184	±0.0003	0.020 81
Pu239/(mg/FE)	18.5	±0.4	17.79
Pu240/(mg/FE)	4.04	±0.05	3.909
Pu241/(mg/FE)	0.73	±0.02	0.657
Pu242/(mg/FE)	0.056	±0.001	0.0559

为了中间贮存的安全运行，需要了解运行阶段之后的几十年内衰变热随时间变化的详细信息。图2.47给出了从模块式HTR卸出的乏燃料元件中裂变产物的存量、放射性及产生的衰变热的详细计算结果。在AVR和THTR的储罐装满乏燃料元件的情况下，测量与计算的结果高度相符。

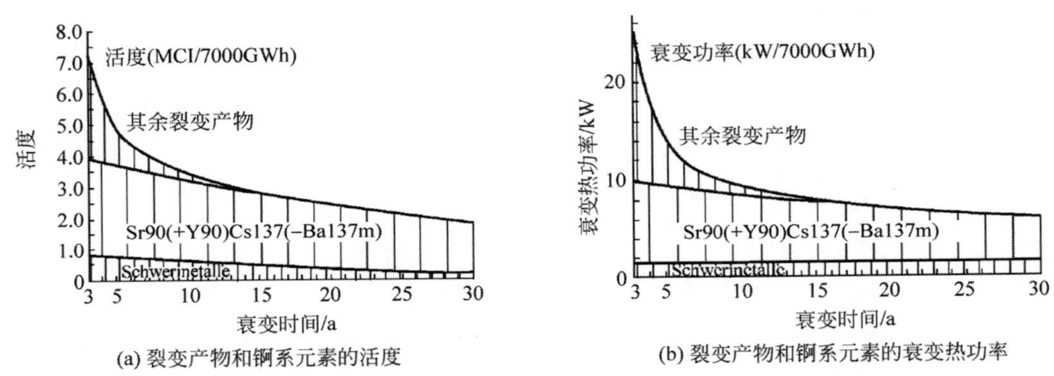

图2.47 模块式HTR乏燃料元件安全性相关参数随时间的变化
相对于1年7000h满功率运行情况下的产生量

2.11 堆芯的布置和设计

2.11.1 堆芯和燃料元件的设计及其概况

堆芯的布置和设计需要大量的数据作为输入，同时也提供了大量信息用于核电厂的进一步设计。如图2.48所示，整个过程中存在很多交叉关系，必须要在整个过程中加以考虑。

作为反应堆设计的第一步，燃料元件和堆芯的设计应以现有经验为基础。图2.49包括的要求在第一次选择数据时必须要加以考虑。这些要求涉及技术的可行性、安全性和能否正常运行等问题，同时还包括经济性的各个方面。另外，在堆芯设计期间，需要制定中间贮存和最终贮存的一些规范。在设计过程中，必须对涉及的各个方面加以调整并达到一定的平衡。此外，防核扩散问题也是燃料和富集度选取的另一个边界条件。利用全球关于包覆颗粒技术的知识及在该领域已取得的进展有助于找到合适的概念。

2.11.2 各种堆芯参数的讨论

在确定一些主要参数之前需要做深入而详细的讨论。图2.50给出了一些重要参数的说明。

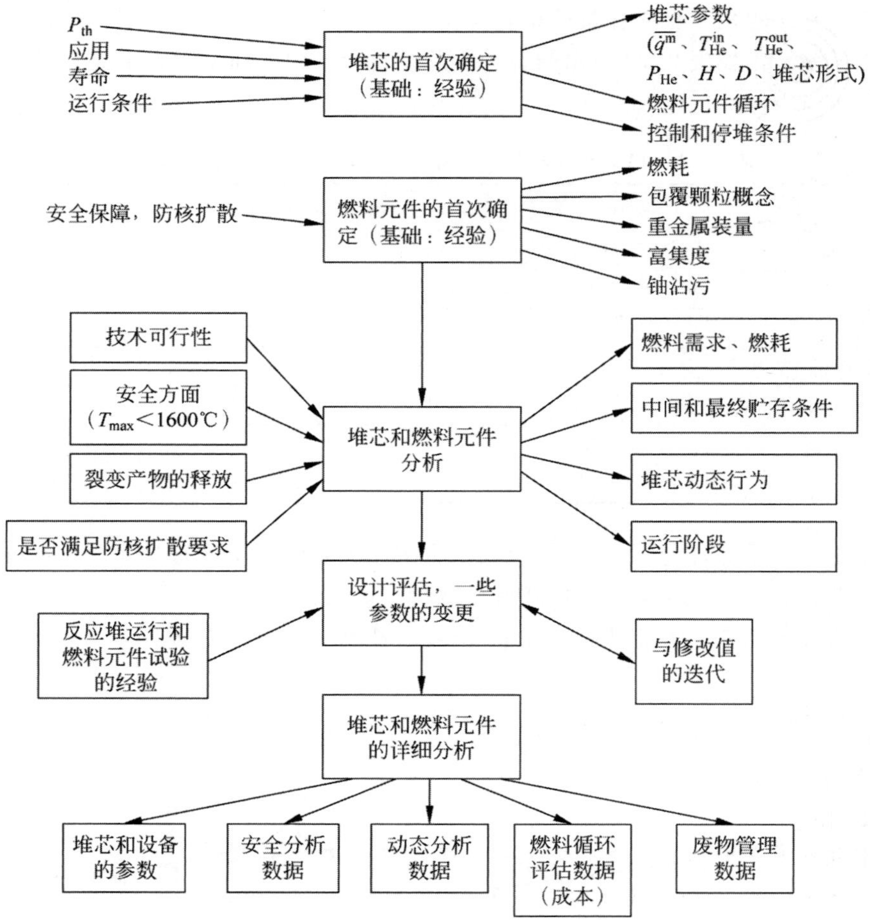

图 2.48 模块式 HTR 堆芯布置和设计原理

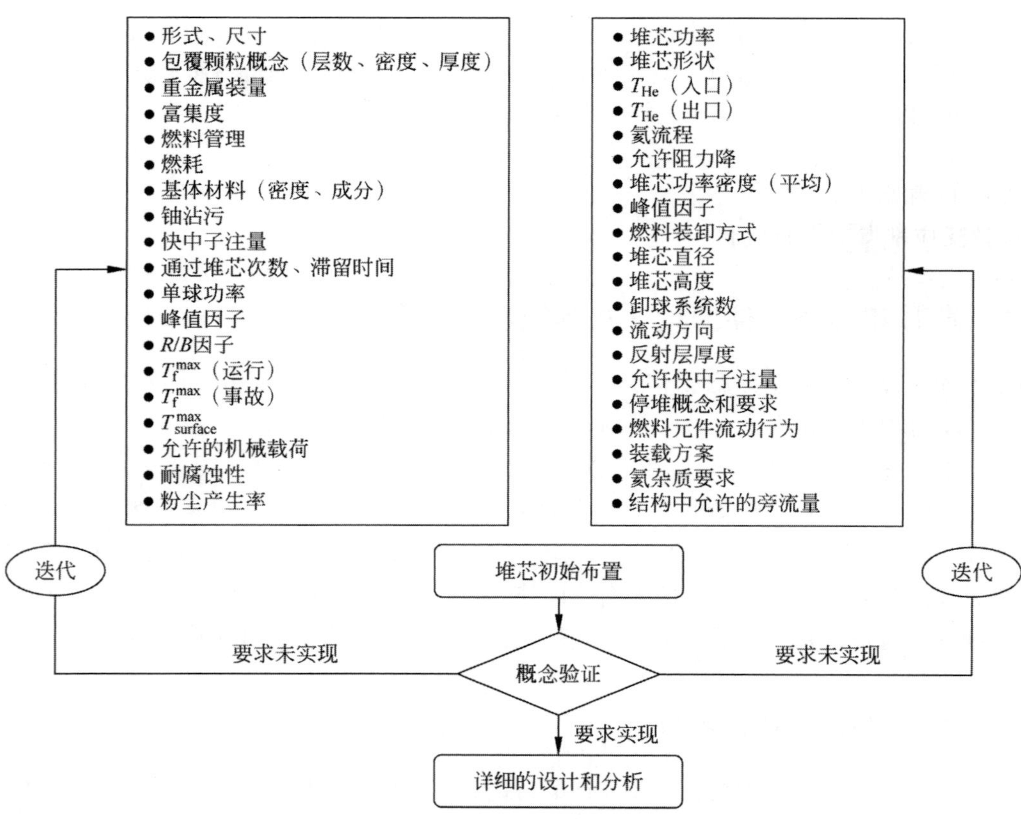

图 2.49 有关燃料元件和堆芯的重要数据

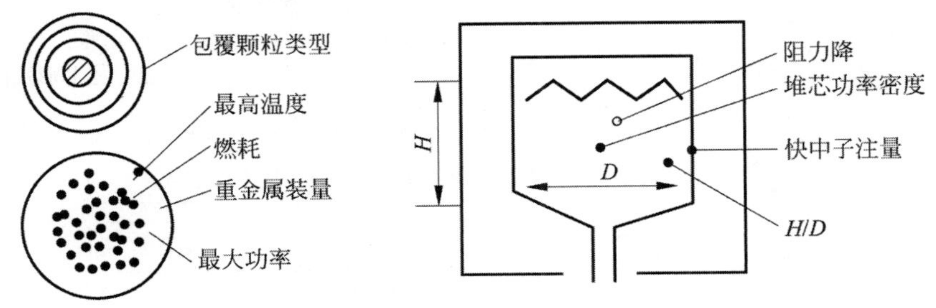

图 2.50　堆芯布置的一些重要参数

作为重要参数的堆芯功率密度对很多方面都会产生影响,如图 2.49 所示。

- 堆芯平均功率密度必须要限制在 $6MW/m^3$ 以下,目的是限制正常运行工况下的燃料温度、燃料表面温度和燃料元件内部的应力。但是实验结果表明,$10MW/m^3$ 的功率密度即已满足要求。
- 通过限制侧反射层的快中子注量来满足一定的寿命要求(大约 30 个满功率年),因此,堆芯平均功率密度将被限制在 $5MW/m^3$ 以下。在这种情况下,石墨的尺寸会受到限制,应依据已知的石墨辐照曲线进行选取,其辐照收缩之后再膨胀的尺寸不得超过原先的尺寸。
- 堆芯的阻力降与 $\dot{q}'''^2$ 成正比,所以由氦流量就可以推算出堆芯的阻力降和氦风机的功率。采用一级氦风机,其阻力降的限值大约为 0.15MPa。
- 提高堆芯功率密度可以使选取的反应堆压力壳的尺寸更小一些。而在给定压力壳尺寸的情况下,可以选取较高的功率密度来实现更高的热功率。
- 功率密度的选择将影响停堆和控制系统。例如,平衡氙的反应性就与中子注量率和功率密度相关。
- 在钍循环中,由于在形成 U233 之前,作为原子衰变链中先驱的元素镤发生了寄生吸收,使得转换率受到注量率和功率密度大小的影响。功率密度越低,转化越好。
- 选择堆芯功率密度的关键因素是安全性。如果失去了冷却剂并且所有能动的衰变热载出系统均已失效,那么模块式 HTR 中的衰变热仅通过热传导、热辐射和自然对流就能从堆芯载出到环境。堆芯的功率密度越小,衰变热在堆芯和反应堆内构件中的储能就更有效,在发生事故的情况下燃料的最高温度也就越低。目前,燃料元件的最高温度设定为 1600℃,以限制裂变产物从燃料元件中释放出来(详见第 10 章)。对于圆柱形堆芯,为了达到这个安全性要求,堆芯的最大功率密度应限定在 $3.5MW/m^3$ 以下。对于球床反应堆,环状堆芯的最大功率密度可低于 $4.5MW/m^3$,如图 2.51 所示。

堆芯的直径 D 和高度 H 也需要进行优化。从图 2.43 可以看出,H/D 影响了堆芯的某些特性。

就目前的核反应堆技术而言,H/D 均应接近于 1/1,因为从中子经济性的角度来看这个比值是最优的。堆芯的最小体积或者易裂变材料的最小装料量可以很容易地由下面的方程计算得出。具体地,圆柱形反应堆的体积和临界值可由下式得到(图 2.52):

$$V=\pi R^2 H,\quad B^2=\left(\frac{\pi}{H}\right)^2+\left(\frac{2.405}{R}\right)^2 \tag{2.144}$$

其中,B 是曲率。因此,堆芯体积与 H 的关系如下式所示:

$$V(H)=\pi\cdot(2.405)^2\cdot\frac{H}{B^2-\left(\dfrac{\pi}{H}\right)^2} \tag{2.145}$$

在如下条件下可以得到堆芯的最小体积:

$$\frac{\partial V}{\partial H}=0,\qquad \frac{\partial^2 V}{\partial H^2}>0 \tag{2.146}$$

因此可以得到:

$$H=\frac{\sqrt{3}\pi}{B},\quad R=\sqrt{\frac{3}{2}}\cdot\frac{2.405}{B},\quad V=\frac{148}{B^2} \tag{2.147}$$

最小易裂变材料装量下的 H/D 可由下式得到:

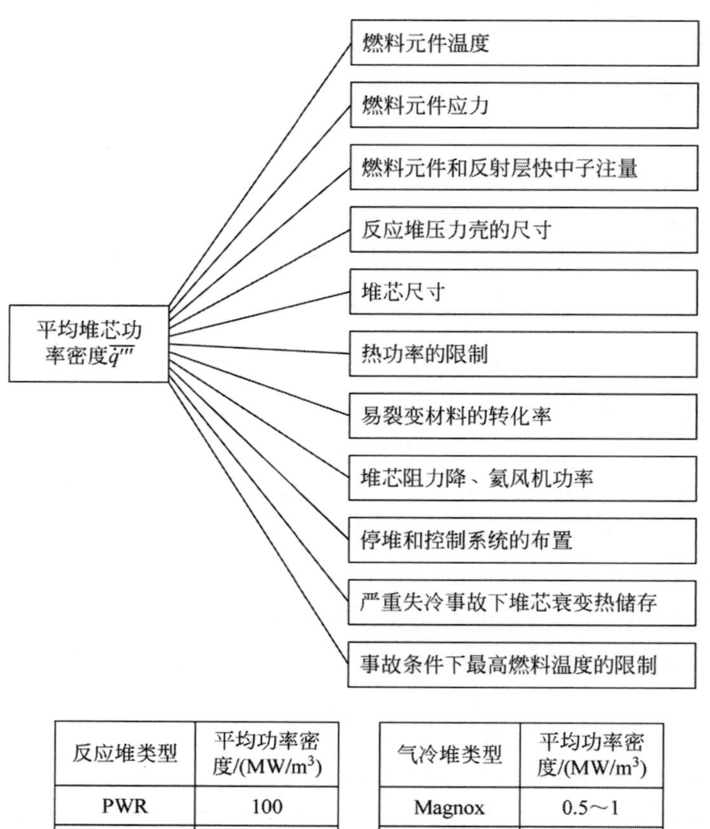

反应堆类型	平均功率密度/(MW/m^3)
PWR	100
BWR	50
CANDN	10
RBMK	<10
FBR	直到400

气冷堆类型	平均功率密度/(MW/m^3)
Magnox	0.5～1
AGR	2
HTR	2～8

图 2.51　堆芯功率密度对堆芯和反应堆设计的影响

反应堆	堆芯直径/m	H/D
AVR	3.0	1.0
Peach Botton	2.8	0.82
Dragon	1.07	0.43
THTR	5.6	9.90
Fort St. Vrain	5.9	1.25
HTTR	2.3	1.15
HTR-10	1.8	0.9
HTR-Module	3.0	3.1
HTR-PM	3.0	3.7
GAC600	3.8	0.47

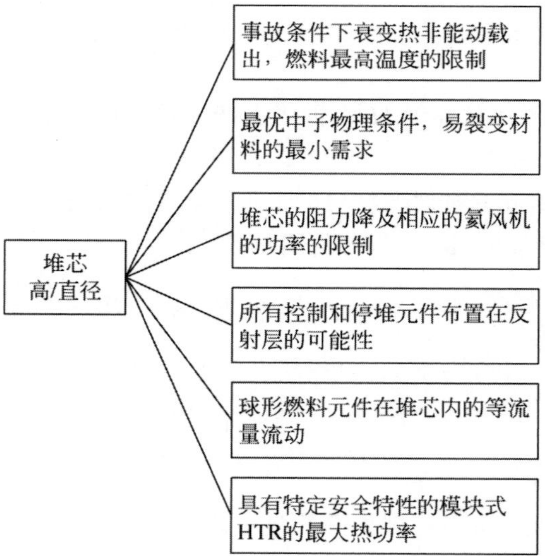

堆芯高/直径

- 事故条件下衰变热非能动载出，燃料最高温度的限制
- 最优中子物理条件，易裂变材料的最小需求
- 堆芯的阻力降及相应的氦风机的功率的限制
- 所有控制和停堆元件布置在反射层的可能性
- 球形燃料元件在堆芯内的等流量流动
- 具有特定安全特性的模块式HTR的最大热功率

图 2.52　与反应堆堆芯 H/D 值选取相关的若干因素

$$\frac{R}{H}=\frac{2.405}{\sqrt{2}\,\pi}=0.55,\qquad \frac{H}{D}\approx 0.9 \tag{2.148}$$

若模块式 HTR 增加了新的安全要求，如堆芯内和结构内的有效热传递，那么堆芯内的传热路径可用下面的温度差来表示：

$$\Delta T_{\text{core}} \approx \frac{\overline{\dot{q}'''}\beta R^2}{4\lambda_{\text{eff}}} \cdot f_{\text{D}}(\varepsilon^*) \tag{2.149}$$

这就要求堆芯的半径要相对较小。$f_{\text{D}}(t^*)$表征了 t^* 时刻的衰变热大小，即在发生极端事故的情况下，在该时刻燃料的温度达到最高值。

第 11 章的分析表明，对于前面提到的功率为 200～250MW 的圆柱状堆芯，堆芯的半径在 1.5～1.6m 即可满足安全性要求。

堆芯的阻力降及氦风机为该阻力降提供的功率也相应地取决于堆芯的高度：

$$\Delta p_{\text{c}} \approx H^3, \quad \Delta P_{\text{circ}} \approx H^3 \tag{2.150}$$

因此，对堆芯的高度必须加以限定。模块式 HTR 要求将所有的控制和停堆元件布置在侧反射层内，这也就要求堆芯的半径限制在 1.5～1.6m。在这种情况下，中子的泄漏量足够大，可以保证第一和第二停堆系统得到所需的反应性当量。中子的泄漏率必须达到 10%～12%的量级，以使两套系统的控制和停堆元件均布置在反射层内。对于具有中心石墨柱的环形堆芯，这个条件显然很容易得到满足。最终，较大的 H/D 将有利于燃料元件以相同的流速流过堆芯。通常，取 $H/D=3/1$～$3.7/1$，与 AVR，THTR 和 HTR-10 所选取的 $H/D=1$ 相比，其所受的堆芯底部锥形结构的影响要小一些。堆芯的直径为 3m，反射层的厚度为 1m，这样，反应堆压力壳的内径大约为 5.7m，符合目前核技术的标准。更大的热功率需要采用预应力壳，因为它可以容纳更大尺寸的堆芯，如具有中心石墨柱的环形堆芯。

燃料元件中重金属含量及燃耗值也是需要确定的重要参数。每一个燃料元件的重金属含量应在 5～15g，这一数值已经在 AVR、THTR 和辐照实验中成功地得到验证。重金属装量的选取将对制造成本、燃料循环成本、可能的燃耗等方面产生影响，如图 2.53 所示。

反应堆	装量/(gHM/FE)	慢化剂体积和燃料体积的比值
AVR	7～20	0.04～0.1
THTR	11	0.06
HTR-10	5	0.03
HTR-Module	7	0.04
HTR-PM	7	0.04

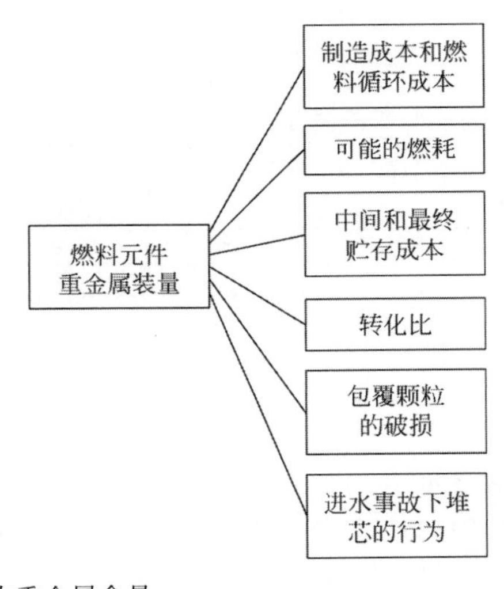

图 2.53 燃料元件内重金属含量

显然，重金属装量越高，越有利于燃料的消耗，也有助于降低制造成本、燃料循环成本及中间和最终贮存成本。

对最终贮存的一个很重要的要求就是严格限制钚和次锕系元素的含量，因为这些同位素释放的毒性在 1000～50 000 年间始终起主导作用。

但重金属装量也不宜过高，否则会影响包覆颗粒在较高的中子辐照注量下的完整性。在正常运行工况下，由于颗粒的破损率升高，裂变产物的释放量也将升高(图 2.54(a))。在发生蒸汽发生器破管事故、堆芯进水之后，堆芯的慢化比变得很高，从这个角度考虑也应选取较低的重金属装量(图 2.54(b))。混合装载燃料球和石墨球可能在这一方面更有优势(详见第 10 章)，因为采用单一的燃料球不可能达到更高的功率水平(图 2.55)。

另一个重要的参数是燃料元件的燃耗。高温反应堆的典型燃耗值大约是 100 000MWd/tHM。这个燃耗值是由 AVR、THTR 和很多辐照实验得到的结果。在之前的柱状燃料元件中也采用了类似的数值。如图 2.55 所示，堆芯和反应堆设计的多个方面都与这个参数的选择相关。前面已讨论过，从经济性角度来看，高燃耗有

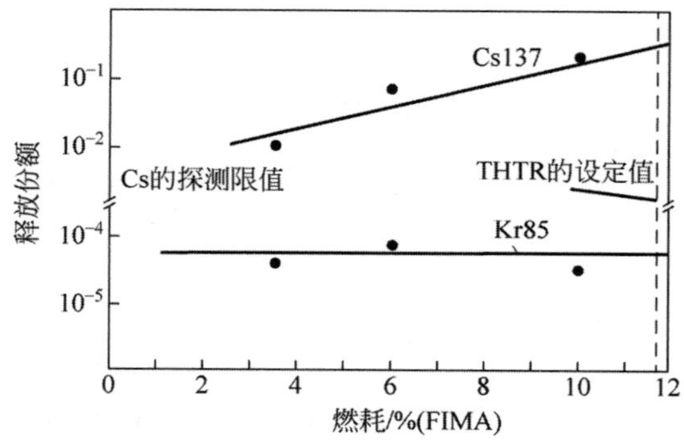

(a) 重金属装量对裂变产物阻留的影响(升温到1600℃):包覆颗粒破损率受快中子剂量和燃耗的影响(对应重金属装量)

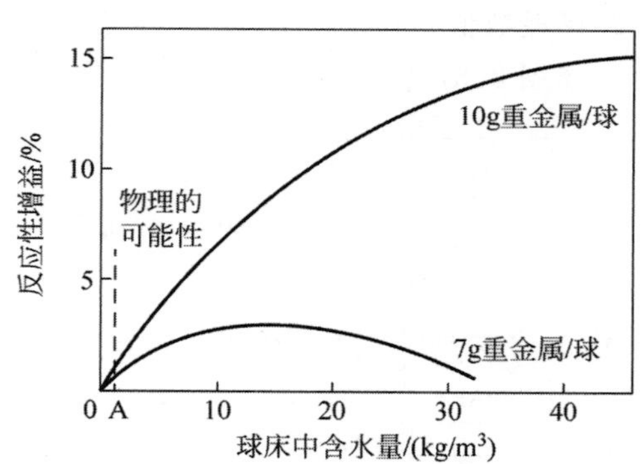

(b) 考虑堆芯进水事故的燃料元件的重金属装量:反应性增益与进水量和重金属装量间的关系

图 2.54 堆芯设计中燃料元件的重金属装量

反应堆	燃耗/(MWd/kg)	注释
AVR	至150	BISO, TRISO, U, Th
Dragon	至300	BISO, U, Th
Peach Bottom	60	BISO, U, Th
THTR	100	BISO, U, Th
Fort St. Vrain	100	TRISO, Th
HTTR	25	TRISO, U
HTR-10	至80	TRISO, U
HTR-Module	80	TRISO, U
HTR-PM	80	TRISO, U
GAC600	100	TRISO, U

燃料元件燃耗

- 中间和最终贮存成本
- 制造成本和燃料循环成本
- 中子经济性和转化率
- 元件完整性和正常运行时裂变产物的释放
- 堆芯升温事故中裂变产物的释放
- 元件的辐照损伤
- 安全和防核扩散

图 2.55 燃耗参数的选择

利于降低燃料循环成本。今后的几十年中,在对堆芯和反应堆进行设计时,应将燃耗尽可能选取得高一些。后处理阶段,含钍的燃料元件将是未来不错的选择。过高的燃耗值,如大于 150 000MWd/t 的燃耗,虽然得到了实验验证,但因涉及燃料对于阻留裂变产物释放的完整性问题,仍需限制对过高燃耗的选取,如图 2.56 所示。

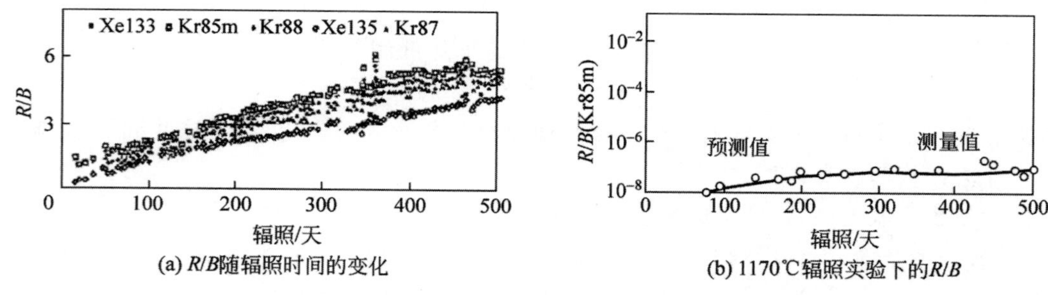

(a) R/B随辐照时间的变化

(b) 1170℃辐照实验下的R/B

图 2.56 裂变产物释放随燃料元件燃耗的变化(辐照下)

为了避免发生易裂变材料的核扩散,也应采用较高的燃耗值。在乏燃料元件中钚的含量非常小,这使得核扩散在实际中不可能发生。

此外,燃料的管理方式在堆芯设计中也是不容忽视的、非常重要的因素。模块式 HTR 有两种不同的循环方式:多次通过堆芯循环和一次通过堆芯循环。在多次通过堆芯循环方式下,燃料元件多次通过堆芯直至达到其最终燃耗数值。在一次通过堆芯循环方式下，燃料元件仅通过堆芯一次，然后乏燃料元件被转送到中间贮存。如图 2.57 所示，燃料循环方式的不同会影响燃料装卸、反射层快中子注量等。

循环	通过堆芯次数	注释
OTTO	1	
MEDUL	6～15	
OTTO-PAP	1	每年卸球一次
OTTO-每年	1	具有石墨球的内区(不同直径)

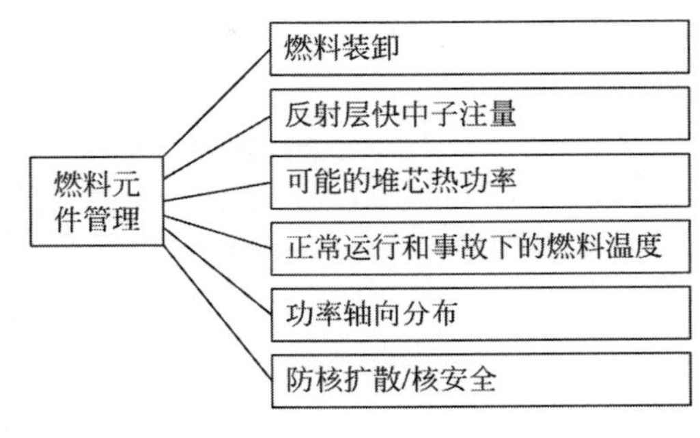

图 2.57　燃料管理的选择：多次通过堆芯循环、一次通过堆芯循环

一次通过堆芯循环的燃料装卸比较简单，因为无需对燃料元件进行再循环。一次通过堆芯循环的功率分布表明，堆芯上部的温度比较高。堆芯出口处的功率密度非常小，所以氦气和燃料元件之间的温差也很小(详见第 3 章)。当反应堆在具有很高氦气温度的情况下被用于工艺热时，一次通过堆芯循环的这一特点发挥了重要作用(如图 2.58 所示，其中 VHTR 为第 IV 代)。

$\overline{T}_{He}$/℃	热功率/MW
700	130
800	120
900	110
1000	100

(a) 圆柱堆芯(D_{core}=3m)

外直径/m	内直径/m	热功率/MW
4	2	150
5	3	200
6	4	250

(b) 环状堆芯($\overline{T}_{He}$=900℃)

图 2.58　VHTR 应用的堆芯的一些特性

OTTO 循环；事故下 $T_{fuel,max}$=1600℃；H_{core}=5.5m；功率密度≈3.5MW/m^3

在一次通过堆芯循环方式下，反射层结构的快中子注量是比较高的，但是，这仅是反应堆的一个部分，反应堆堆内的温度并不是很高。如果堆芯平均功率密度大于 3.5MW/m^3，在电厂正常运行期间需要对反射层进行更换。

因此，在考虑衰变热从堆芯自发载出的原则的情况下，一次通过堆芯循环下堆芯可能的热功率相比于多次通过堆芯循环要降低一些，因为在一次通过堆芯循环下功率密度的 β 因子(最大值与平均值之比)比较大。在完全失去堆芯能动冷却的事故条件下，要达到相似的燃料元件最高温度，热功率大约需要降低 20%。在防核扩散和核安全方面，一次通过堆芯循环更有利，特别是在燃耗比较高的情况下。

2.12　首次装料的物理特性和球床堆芯的运行

为了实现向平衡堆芯的过渡，球床堆芯的首次装料和运行操作需要采取比较特殊的措施。稳态运行的特征是无需对控制棒进行调节就可保持稳态的中子注量率和功率密度空间分布。在运行初期，堆芯中没有裂变产物的寄生吸收。所以，初装时，要向堆芯装入较少的易裂变材料，同时必须添加一些吸收中子的毒物，这一过程无需停堆系统参与运行。根据正常运行所需的条件，建立堆芯发热的空间分布。而燃料元件的功率、表面温度和燃料温度也应得到关注。

一种有效的方法是在初装堆芯中混合装入一部分石墨球，其装入的比例受前面提到的燃料元件技术限值的限制。

对于模块式 HTR，典型的装入比例为 50%。这样，每个燃料元件的功率将被限制在 2kW/球以下，铀的富集度仍然是可以选择的参数。如图 2.59 所示，4%的富集度即可满足要求，并且堆芯在运行 70 天之后就可以达到满功率(200MW)。

开始时，堆芯内没有裂变产物，因此具有 5.4%的剩余反应性。运行一天后，Xe135 达到其平衡浓度，此时剩余反应性正好是 2%。

在初始的几个月内，石墨元件通过燃料循环不断卸出，导致堆芯的易裂变材料装量不断增加，相应的裂变产物不断地积累。

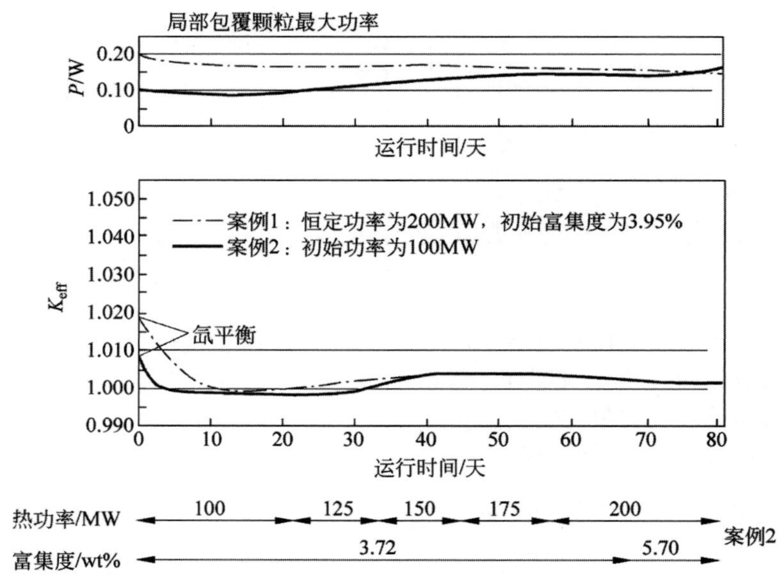

图 2.59 模块式 HTR 的启动策略(HTR-Module，200MW，多次通过堆芯循环)

由图 2.59 可以看出，运行 70 天之后重新装入燃料元件时，富集度应提高至 5.7%。为了平衡剩余反应性，可以添加一部分含铪的石墨球，铪是一种可燃毒物。在球床堆芯的进一步运行过程中，燃料元件的燃耗不断增加。所有添加的新燃料元件的富集度必须提高。图 2.60 给出了可行的策略，并对球的添加速率加以说明。

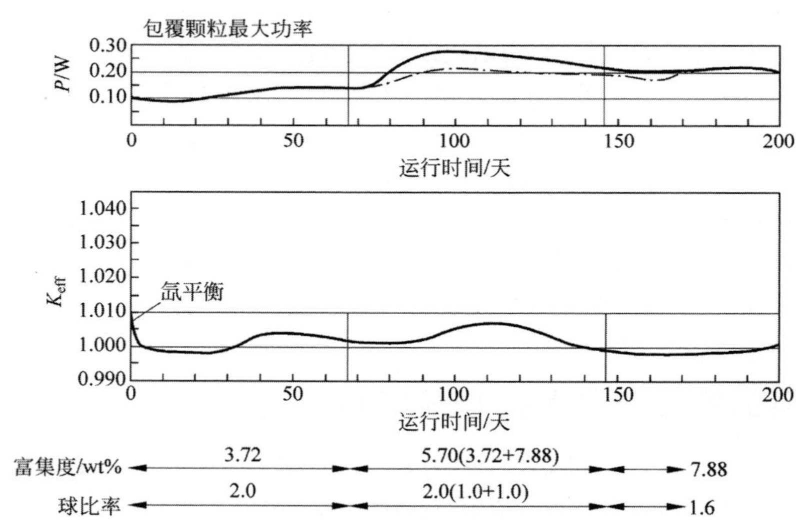

图 2.60 模块式 HTR 堆芯在过渡过程中的燃耗(HTR-Module，200MW，多次通过堆芯循环)

如上所述，大约 70 天之后新添加元件的富集度应提高到 5.7%。一方面可以通过直接添加富集度为 5.7%的新燃料元件来实现，另一方面也可以通过混合添加富集度分别为 7.66%和 3.72%的新燃料元件来实现。图 2.61 给出了从初装堆芯向平衡堆芯过渡的过程。

大约运行 150 天之后，添加新燃料元件的富集度正好达到了平衡堆芯新燃料元件的富集度(7.68%)。此后，添加燃料元件的速率逐渐降低。在 300 天后，混装的石墨球将完全从堆芯排出。两年后，堆芯达到平衡态，并且反应堆开始处于正常运行状态。

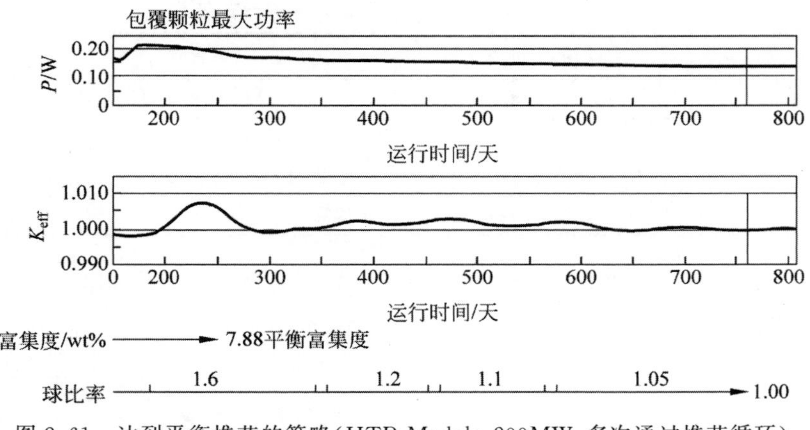

图 2.61 达到平衡堆芯的策略(HTR-Module,200MW,多次通过堆芯循环)

在从初装堆芯过渡到平衡态堆芯的整个过程中,需要小心地控制临界状态。需要补充的一点是,在AVR开始运行时,氦气流经堆芯,温度上升到850℃。在这个温度下,成功运行若干年之后再进一步将出口温度提高到950℃。在一个全新的反应堆技术的发展过程中,需要不断地调整采取的运行步骤。在AVR初始阶段,进行了很多次物理实验以测量反应性系数、吸收棒的反应性当量及堆芯在各种状态下的临界数值。图2.62给出了需要进行物理实验的详细项目及要求,其中的主要项目是申请许可时审批单位要求的。通过相应的物理实验,提供安全运行及事故分析所需的主要参数。

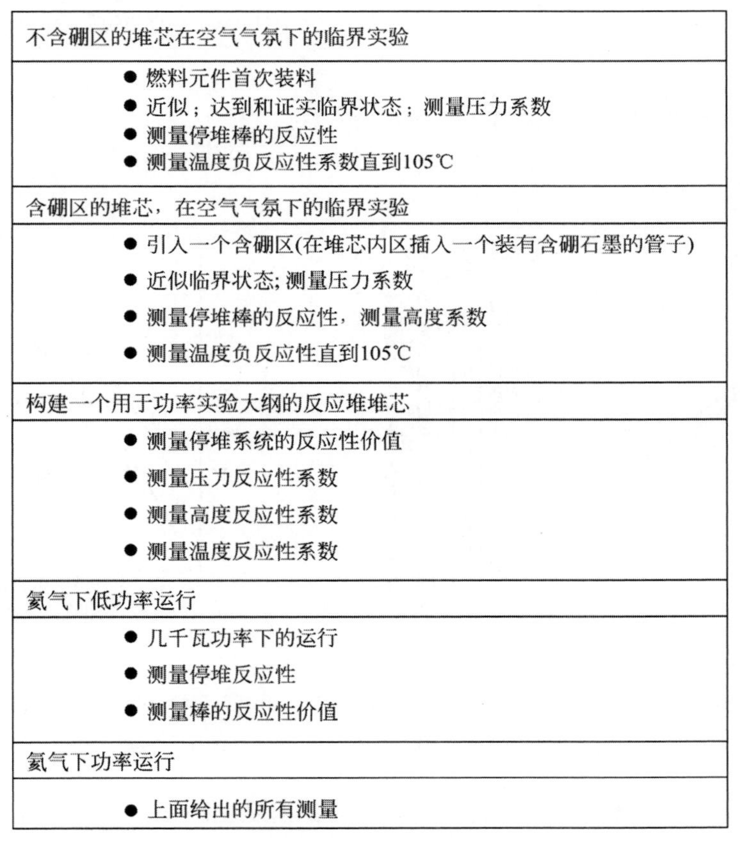

不含硼区的堆芯在空气气氛下的临界实验
● 燃料元件首次装料
● 近似；达到和证实临界状态；测量压力系数
● 测量停堆棒的反应性
● 测量温度负反应性系数直到105℃
含硼区的堆芯，在空气气氛下的临界实验
● 引入一个含硼区(在堆芯内区插入一个装有含硼石墨的管子)
● 近似临界状态; 测量压力系数
● 测量停堆棒的反应性，测量高度系数
● 测量温度负反应性直到105℃
构建一个用于功率实验大纲的反应堆堆芯
● 测量停堆系统的反应性价值
● 测量压力反应性系数
● 测量高度反应性系数
● 测量温度反应性系数
氦气下低功率运行
● 几千瓦功率下的运行
● 测量停堆反应性
● 测量棒的反应性价值
氦气下功率运行
● 上面给出的所有测量

图 2.62 AVR启动过程中需要进行物理实验的项目及要求

堆芯中的球形元件从开始时的5300个(在卸球管内还有13 600个)增加到开始功率运行时的80 000个。此时,超过70%的元件是石墨球和含硼的元件。

表2.13列出了实验阶段后期测量得到的一些特征参数。例如,高度反应性系数是在堆芯最后的高度上(平均3m)测量到的数值,因添加高度而增加的反应性通过温度反应性系数的反馈得到补偿。同样地,卸出石墨元件并用燃料元件来代替时增加的反应性也通过温度负反应性系数来加以补偿。

表 2.13　AVR 启动阶段实验大纲的一些结果

反应性系数	启动阶段的值	注释(条件)	运行后期结果
温度(Ⅰ)	-1.77×10^{-4}/℃	$P_{th}=5$MW，$T=255$℃	约 10^{-4}/℃
温度(Ⅱ)	—	$P_{th}=46$MW，$T>950$℃	约 3.5×10^{-5}/℃
堆芯高度	$-6.25\times10^{-4}\,cm^{-1}$	高度约为 2.2m	
压力	$-61.79\times10^{-5}\,Torr^{-1}$	22℃	

在 THTR 和 HTR 300 的初始阶段也进行了类似的实验。图 2.63 给出了在 THTR 初始阶段开展的诸多物理实验的重要结果。

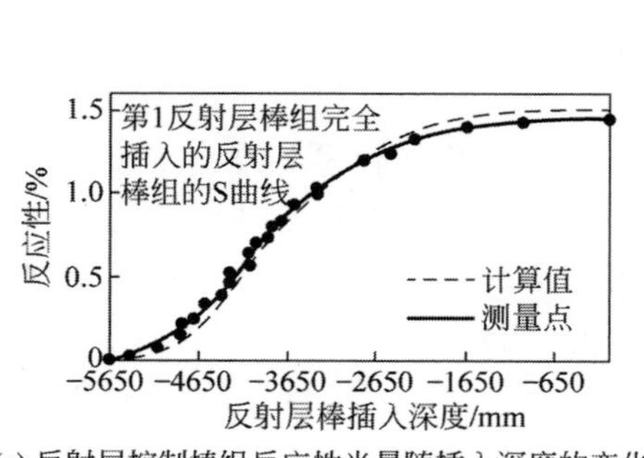

(a) 反射层控制棒组反应性当量随插入深度的变化

氮气压力1bar，温度 >40℃ <310℃

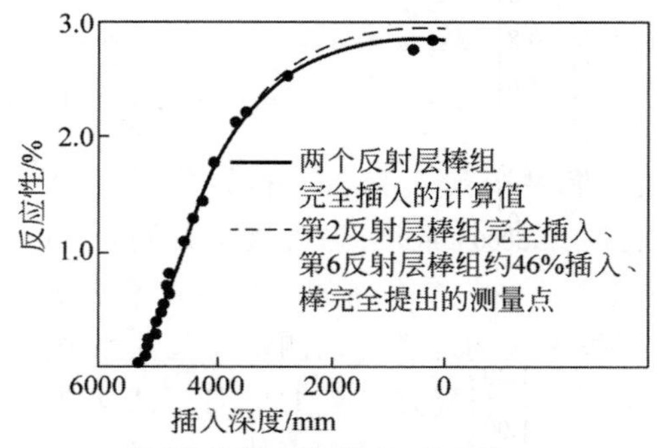

(b) 堆芯控制棒(1组)的反应性当量

氮气压力>11.0bar，温度为40℃，压力<15.3bar

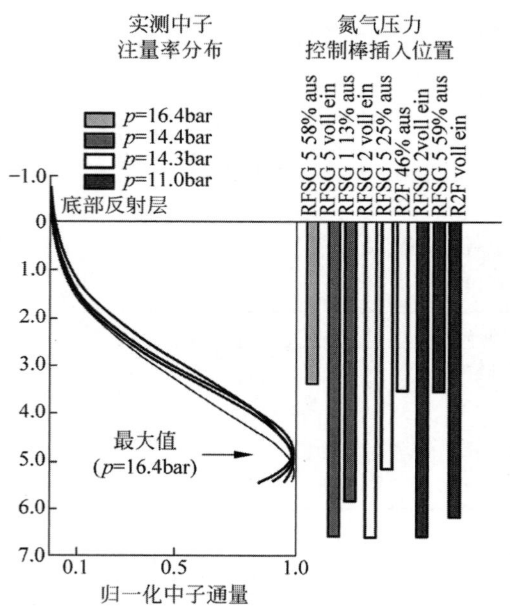

(c) 相对轴向中子通量分布：不同棒位和氮气压力

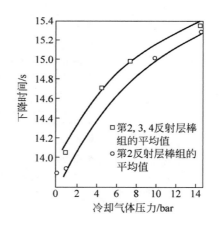

(d) 反射层棒的落棒时间随氮气压力的变化

图 2.63　THTR 初始阶段一些物理实验的结果

图 2.63(a)给出了反射层控制棒的反应性当量随插入深度变化的预期 S 形曲线，可以看出，计算值与测量值之间吻合得较好。

堆芯中的控制棒有可能具有相同的反应性当量，如图 2.63(b)所示。对轴向中子注量率的测量(图 2.63(c))结果表明，其最大值的位置和分布形状具有很高的精确度。对于反应堆的安全性，停堆棒的落棒时间是一个重要的参数。氮气中的测量结果表明其与气体压力具有一定的相关性。在启动阶段的物理实验大纲中还纳入了很多需要进一步实施的实验项目，特别是对温度反应性系数的测量实验。测量结果再一次证明了理论值与测量值高度符合。这一点可以通过如下关系式得到确认：

$$\Gamma \approx 1/\sqrt{T} \tag{2.151}$$

图 2.64 给出了 HTR 10 启动阶段和运行期间的一些分析结果。当反应堆达到临界状态时，具有 9627 个燃料球和 7263 个石墨球，如图 2.64(a)所示，此时的温度为 27℃。随着运行时间的推移，其燃耗逐渐上升，直至 100 000MWd/t，如图 2.64(b)所示。燃料元件所占份额开始时是 55%，700 天之后达到 100%，如图 2.64(c)所示。随着燃料元件份额的变化，每个燃料元件的功率降为原来的 1/2，如图 2.64(d)所示。在未插入控制棒的情况下，K_{eff} 随时间的变化情况如图 2.64(e)所示，由图 2.64(e)还可看出，在运行 2000 天之后堆芯达到平衡状态。图 2.64(f)给出了 K_{eff} 随高度变化的一些结果。

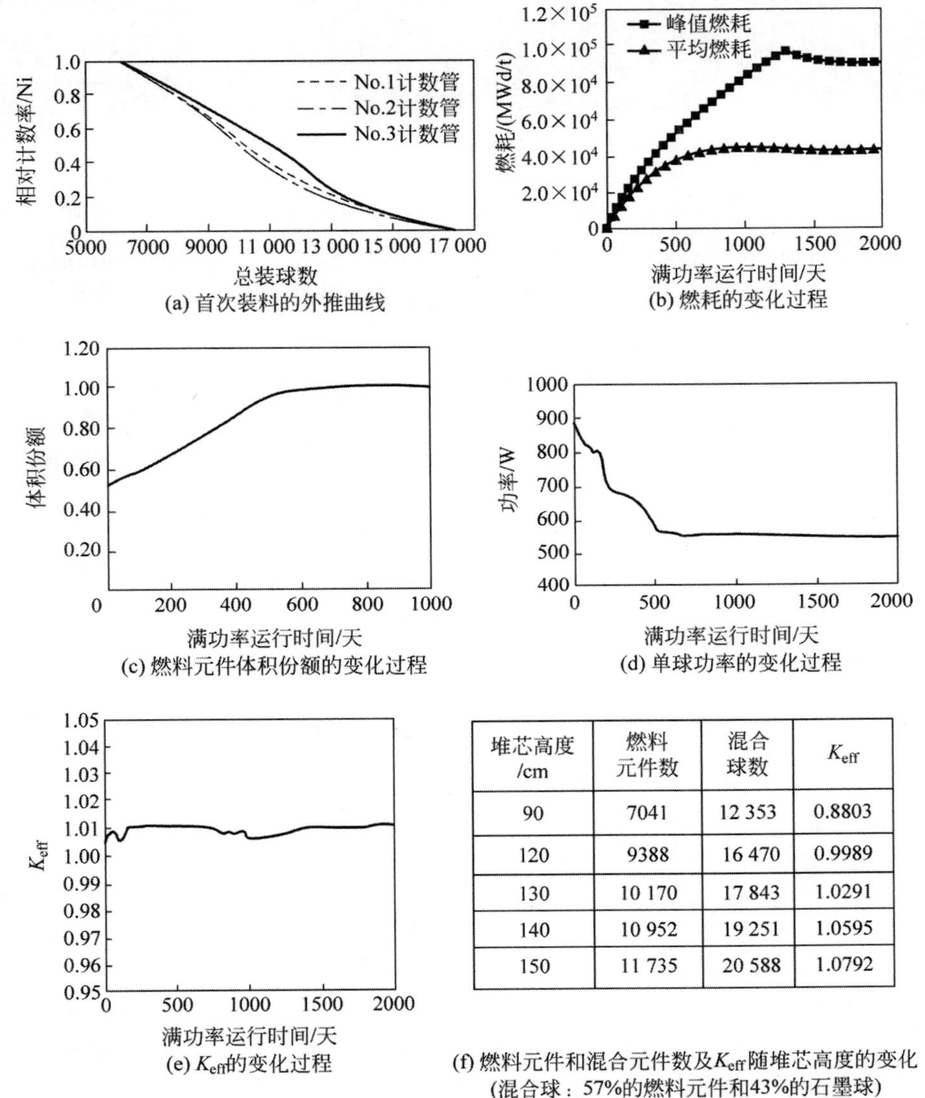

堆芯高度/cm	燃料元件数	混合球数	K_{eff}
90	7041	12 353	0.8803
120	9388	16 470	0.9989
130	10 170	17 843	1.0291
140	10 952	19 251	1.0595
150	11 735	20 588	1.0792

(a) 首次装料的外推曲线 (b) 燃耗的变化过程

(c) 燃料元件体积份额的变化过程 (d) 单球功率的变化过程

(e) K_{eff}的变化过程 (f) 燃料元件和混合元件数及K_{eff}随堆芯高度的变化（混合球：57%的燃料元件和43%的石墨球）

图 2.64 HTR 10 启动阶段和过渡阶段的一些分析结果

通过计算可得，堆芯高度反应性系数是每厘米堆芯高度为 2.169×10^{-3}（在温度为 27℃且堆芯高度为 1.4～1.5m 时），或者说相同条件下每一个混合球的反应性系数为 1.58×10^{-5}。对于温度反应性系数，可计算得出堆芯处于冷态时(27℃)的值是 $\Gamma\approx1.11\times10^{-4}$/℃。在 HTR 10 启动过程中进行的实验表明，计算值与实验结果非常吻合，K_{eff}的误差仅为 0.5%。

2.13 球床堆芯的卸载

反应堆运行结束后，必须要将堆芯从反应堆中卸出。对于 AVR 和 THTR，已有专门技术来实现这一过程。从物理学的角度来看，这一过程的关键是要保证对 K_{eff} 临界值有一个限定，为此，需要按照物理实验大纲中关于临界值的规定进行测量。图 2.65 给出了一个在 THTR 完全卸载过程中假想的球床流动模型,用于计算 THTR 卸载过程中随卸出的燃料元件数变化的 K_{eff} 值。

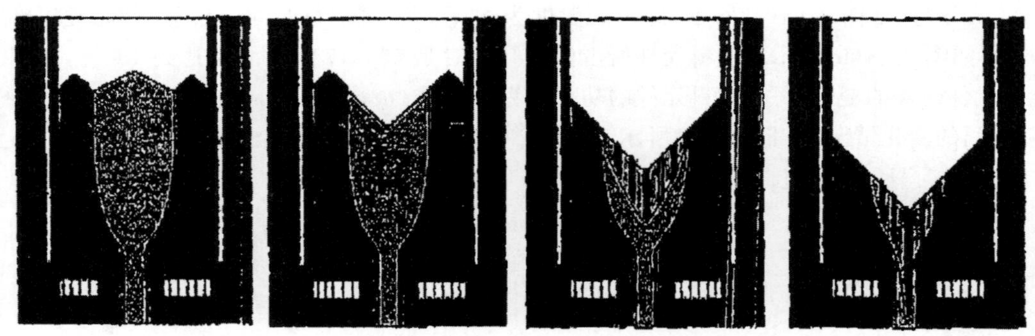

图 2.65 THTR 完全卸载过程中假想的球床流动模型

图 2.65 表明,处在中心区的球卸出得相对快一些,随后,堆芯上部外区的球混入中间区域。这个效应必须要考虑设置在反射层内的停堆棒的反应性当量。

任何情况下,K_{eff} 值与卸出燃料元件数 z 的关系可用如下函数式表示:

$$K_{eff}(z) \approx K_{eff}(0)(1-\gamma z) \tag{2.152}$$

在卸载过程的任一阶段均对临界状态进行了测量,这对 AVR 和 THTR 两座反应堆的正常运行起非常重要的作用。在卸载过程中使用了一个中子源,并且必须要严格按照程序插入停堆棒。图 2.66 给出了 AVR 的 K_{eff} 测量曲线,可以看出,当堆芯内大约 1/3 的球卸出后,K_{eff} 值从 0.987 下降到 0.942,对应如下的系数:

$$\gamma \approx 4.5 \times 10^{-2}\,\text{cm}^{-1} \tag{2.153}$$

这一系数具有与高度系数类似的大小,而高度系数在反应堆启动过程中已进行过测量。

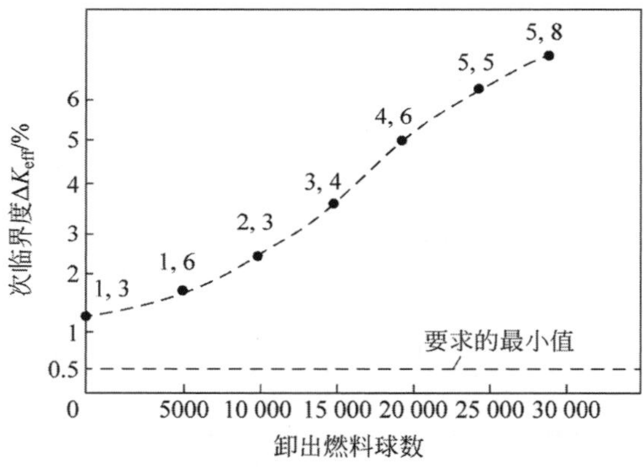

图 2.66 AVR 卸载过程中测量的次临界度

在 THTR 卸载的过程中也得到了 K_{eff} 随卸出燃料元件数发生变化的类似结果。

参考文献

1. Oldekopp W., Pressurized water reactors for nuclear power plants, Verlag Karl Thiemig, München, 1974.
2. Bedenig D., Gas-cooled high-temperature reactors, Verlag Karl Thiemig, München, 1972.
3. Massimo L., Physics of high-temperature reactors, Pergamon Press, Oxford, New York, Toronto, Sidney, Paris, Braunschweig, 1976.
4. Kugeler K., Schulten R., High-temperature reactor technology, Springer Verlag, Berlin, Heidelberg, New York, London, Paris, Tokyo, Hongkong, 1989.
5. Ziegler A., Textbook of reactor technology, Vol. 1, 2, 3, Springer Verlag, Berlin, Heidelberg, New York, Tokyo, 1983.
6. Knife R.A., Nuclear engineering, theory and technology of commercial nuclear power, Taylor+Francis, Washington, 1992.
7. Teuchert E., Rütten H.J., Haas K.A., Numerical simulation of the HTR-Module reactor, JÜL-2618, May 1992.
8. Lamarsh J.R., Introduction to nuclear reactor theory, Addison – Wesley Publishing Company, Reading, Menlo Park, London, Amsterdam, Don Mills, Sydney, 1972.

9. Siemens/Interatom, High-temperature reactor module power plant, Safety Report, Vol. 1 til 3, Nov. 1988.
10. Baust E., The start of operation of THTR 300, Atomwirtschaft, Aug./Sept., 1985.
11. Elter C., The strength of the reflector of the pebble-bed reactor, Diss. RWTH Aachen, 1973.
12. Delle W., Koizlik K., Nickel H., Graphitic materials for the application in nuclear reactors, Vol. 1, 2, Thiemig Verlag, München, 1983.
13. Nightingale R.E., Nuclear graphite, Academic Press, 1962.
14. Haag G., Properties of HTR-2E graphite and property changes due to fast neutron irradiation, JÜL-4183, Oct. 2005.
15. Budke J. et al, Model data compilation for the reflector graphite of the pebble-bed reactor, JÜL-1414, April 1977.
16. IAEA: Fuel performance and fission products behavior in gas cooled reactors IAEA TECDOC 78, Nov 1997.
17. L. M. Wyatt. Materials; Fuel element in P. R. Poulter; The design of gas cooled graphite moderator reactors; London Oxford University Press; New York, Toronto, 1963.
18. NN, Special issue: experimental analysis for the flow behavior of a pebble bed with regard to the fuel cycle concept in the core of a pebble-bed reactor, EUR 3284, 1970.
19. von der Decken C.B., Mechanical problems of a pebble-bed reactor core, Nuclear Eng. And Design, 18, 1972.
20. von der Decken C.B., Schulten R., High-temperature gas-cooled reactor, development and its mechanical-structural requirements and problems, First Intern. Conf. on Struct. Mechanics in Reactor Technology, Berlin, Sept. 1971.
21. Scherer W., The viscose fluid as a model for the pebble flow in high-temperature reactors, JÜL-2331, Dec. 1989.
22. Kleinetebbe A., Experimental results for the flow of pebbles in different core models, Personal Communications, 2000.
23. Nießen H., Model for the calculation of flow of pebbles in the core of a pebble-bed reactor, Personal Communication, 2005.
24. Reinhardt T., Proof and further development of the dynamic model for THTR based on experimental results of the start phase, Diss. RWTH Aachen, JÜL-2365, June 1990.
25. Teuchert E., Once through cycles in the pebble-bed HTR, JÜL-1470, Dec 1977.
26. Teuchert E., Fuel cycles of the pebble bed – high-temperature reactor in the computer simulation, JÜL-2069, June 1986.
27. Mulder E.J., Pebble-bed reactor with equalized core power distribution, inherently safe and simple, JÜL-3632, Jan. 1999.
28. J. Engelhard Final report on the construction and the start of operation of the AVR-Atomic experimental power plant; Report BMBW – FB K72-73, Dez. 1972.
29. R. Bäumer Selected aspects of operation of THTRVGB-Kraftwerks technik, 69. Jülich, Heft2, Feb. 1989.
30. Teuchert E. et al, VSOP computer code system for reactor physics and fuel, JÜL-Report, 1994.
31. Rütten H.J., et al, VSOP (99) for WINDOWS and UNIX computer code system for reactor physics and fuel cycle simulation, FZ-Jülich, 1999.
32. Calculation of the decay heat power of nuclear fuels of high-temperature reactors with spherical fuel elements, DIN 25485, Deutsches Institute für Normunge V., 1990.
33. E. Baust, J. Routenberg, J. Whole. Results and experience from the commissioning of the THTR 300. Atomkernenergie, kerntechnik, Vol 47, No 3, 1989.
34. Hetrick D.L., Dynamics of nuclear reactors, The University of Chicago Press, Chicago, London, 1971.
35. Schultz M.A., Control of nuclear reactors and power plants, McGraw Hill Book Company Inc., New York, Toronto, London, 1955.
36. Keepin G.R., Physics of nuclear kinetics, Addison Wesley Publishing Company Inc., Reading, Palo Alto, London, 1965.
37. Weaver L.E., Reactor dynamics and control, American Elsevier Publishing Company Inc., New York, 1968.
38. Hummel H.H., Okrent D., Reactivity coefficients in large fast power reactors, American Nuclear Society, 1970.
39. Gerwin H., Scherer W., Teuchert E., The TINTE modular code system for computational simulation of transient processes in the primary circuit of a pebble-bed high-temperature gas-cooled reactor, Nucl. Science and Engineering, 103, 1989.
40. Gerwin H., Scherer W., The two dimensional reactor dynamic program TINTE, Part I, JÜL-2167, Nov. 1987.
41. Gerwin H., Scherer W., The dimensional reactor dynamic program TINTE, Part II, JÜL-2266, Feb. 1989.
42. Xingquing Jing, Xiaolin Xu, Yongwei Yang, Ronghong Qu Prediction calculations and experiments for the first criticality of the 10 MW High Temperature gas cooled Reactor Test Module. Nuclear Engineering and Design, 218, 2002.
43. Yongwei Yang, Zhengpei Luo, Xingquing Jing, Zongxin Wu Fuel-management of the HTR10 including the equilibrium state and the running in phase. Nuclear Engineering and Design, 218, 2002.
44. B. Davison, J.B. Sykes Neutron transport the Oxford, at the Clarendon Press Oxford University Press, 1958.
45. G. I. Marchuk. Numerical methods for nuclear reactor calculations consultants. Burean Inc, New York, Chapman Hall. LTD, London, 1959.
46. J. J. Duderstadt, W. R. Martin. Transport Theory. A Wiley-Interscience Publication. John Wiley Sons, New York, Chichestor, Brisbake, London, 1978.
47. Weinberg A.M., Wigner E.P., The physical theory of neutron chain reactors, University of Chicago Press, 1959.
48. Lamarsh J.R., Nuclear reactor theory, Addison-Wesley, 1966.
49. Soodak H. (editor), Reactor handbook, Vol. III, Part A, Physics, Interscience Publishers, 1962.
50. Etherington H., Nuclear engineering handbook, McGraw Hill Book Company, 1958.
51. BNL 325, Neutron cross sections, Brookhaven National Laboratory, 3rd Ed., Suppl. No. 2, Vol. 1–3.
52. Dresner L., resonance absorption in nuclear reactors, Pergamon Press, 1960.
53. ANL, Reactor physics constants, ANL 5800, 1963.
54. Yiftah S., Okrent D., Moldauer P.A., Fast reactor cross sections, Pergamon Press, 1960.
55. Beckurtz K.H., Wirtz K., Neutron physics, Springer, 1964.
56. Glasstone S., Edlund M.C., Nuclear reactor theory, Springer Verlag, Wien, 1961.
57. Davison B., Sykes J.B., Neutron transport theory, Oxford at the Clarendon Press, 1958.
58. Williams M.M.R., The slowing down and thermalization of neutrons, North Holland Publishing Company, Amsterdam, 1966.
59. Meghreblian R.V., Holmes D.K., Reactor analysis, McGraw Hill, New York, 1960.
60. Duderstadt J.J., Hamilton L.J., Nuclear reactor analysis, John Wiley+Sons, New York, Chichester, Brisbane, Toronto, Singapore, 1976.
61. Emendöfer D., Höcker K.H., theory of nuclear reactors, Bibliographisches Institute, Mannheim/Wien/Zürich, BI-Wissenschaftsverlag, 1982.
62. Bell G.J., Gasstone S., Nuclear reactor theory, Van Nostrand Reinhold Co., 1970.
63. Isbin H.S., Introductory nuclear reactor theory, Reinhold, New York, 1963.
64. Schulten R., Güth W., Reactor physics, Vol. 1, 2, George G. Havrap+Co, LTP, London, Toronto, Willington, Sydney, 1967.
65. Rydin R.A., Nuclear reactor theory and design, University Publications, Blacksburg, Virginia, 1977.
66. Soodak H. (editor), Reactor handbook, Vol. III, Part A, Physics, Interscience Publishers, John Wiley+Sons, New York, London, 1962.
67. Bennet D.J., The elements of nuclear power, Longman, London, New York, 1972.
68. Case K.M., de Hoffmann F., Placzek G., Introduction to the theory of neutron diffusion, Los Alamos Scientific Laboratory, 1953.
69. Galanin A.P., Thermal reactor theory, Pergamon Press, 1960.
70. Murray R.L., Nuclear reactor physics, Macmillan, 1959.
71. Cap F., Physics and technology of atomic reactors, Springer, Vienna, 1957.
72. Cohen E.R., A survey of neutron thermalization theory, Vol. 5, Proc. Int. Conf. Geneva, 1955.
73. Yeater M.L., Neutron physics, Academic Press, New York, London, 1962.

74. Foster A.R., Wright R.L., Basic Nuclear Engineering, Allyn and Bacon Inc., Boston, 1973.
75. Bell G.I., Glasstone S. Nuclear reactor theory, Van Nostrand Reinhold Company, New York, Cincinatti, Toronto, London, Melbourne, 1970.
76. Case K.M., Zweifel P.T., Linear transport theory, Addison Wesley Publishing Company, Reading, Palo Alto, London, Donmills, 1967.
77. Liverhant S.E., Elementary introduction to nuclear reactor physics, John Wiley + Sons Inc., New York, London, 1960.
78. Meem J.L., Two group reactor theory, Gordon and Breach Science Publishers, New York, London, 1964.
79. Hansen U., The VSOP system present worth fuel cycle calculation, methods abd codes KPD, Dragon Report, 915, 1975.
80. Teuchert E., Hansen U., Haas K.A., VSOP computer code system for reactor and fuel cycle simulation, JÜL-1649, Mar. 1980.
81. Rütten H.J., The depletion computer code ORIGEN, JÜL-2139, Mar. 1993.
82. Thomas F., HTR 2000 program code for the theoretical analysis of HTR during operation, JÜL-2261, Jan. 1989.
83. P. Pohl. AVR-decommissioning, achievements and future program, IAEA-TECDOC-1043, Sept. 1998.
84. Grotkamp, Development of a two dimensional simulation program for the core physical description of pebble-bed reactors with several passages through the core for the example AVR, JÜL-1888, Jan. 1984.
85. Knizia K., Bäumer R., Construction, operation and shutdown of the THTR 300 – experiences and their importance for further development in nuclear technology, in: Fortschritte in der Energietechnik, Monographie des Forschungsteutrums Jülich, Bd8, 1993.
86. Bäumer R., THTR and 500 MW flow up plant, AVR experimental high-temperature reactor, VDI Verlag, Düsseldorf, 1990.
87. Bäumer R., THTR 300 – experience with a progressive technology, Atomwirtschaft, May 1989.
88. Elsheakh A.F., A plant simulation program for THTR 300 for the calculation of transients in case of fast cooling, Diss. RWTH Aachen, JÜL-2368, July 1990.
89. Werner H., et al., Building up of Plutonium isotopes in LEU fuel elements, Jahrestagung Kerntechnik (Germany), 1989.
90. Ruetten H.J., et al, VSOP (97) computer code system for reactor physics and fuel cycle simulation, JÜL-3522, 1997.
91. H. Gerwin, W. Scherer. The calculation of decay heat production in the reactor dynamic program TINTE JÜL 2791, June 1993.
92. Wallerbos E.J.M., Reactivity effects in a pebble-bed type nuclear reactor, an experimental and calculational study, Diss. TU Delft, 1998.
93. Scherer W., Principles of HTR neutronics, HTR/ECS 2002 high-temperature reactor school, Cadarache, France, Nov. 2002.
94. Special issue for HTR-10, Nuclear Engineering and Design, Vol. 218, No. 1, 2002.
95. m/sec CROSS SECTIONS FOR NATURALLY OCCURRING ELEMENTS [From Reactor Physics Constants, ANL-5800 (1963).
96. D. J. Wahl. The use of Plutonium in thermal high temperature reactors with spherical fuel elements explained on the example THTR. JÜL-970-RG, Juli 1973.
97. R. Stephenson. Introduction to nuclear engineering. Mcgraw Hill Rook Companz Inc New York, Toronto, London, Kogekusha Company LTD, Tokyo 1958.
98. M. Wimmers, A. Berger furth. The physics of the AVR-Reactor in AVR-experimental high temperature reactor. VDI-Verlag, GMBH, Düsseldorf 1990.
99. U. Fricke. Analysis of power increase of inherent safe high temperature reactors by optimization of the core layout. Thesis, Univ. Duisburg, 1987.
100. N. N. Results of the Work in PNP-project (Project Nuclear Process heat); private communication; 1990.
101. W. Schenk, H. Nabielek, G. Pott, H. Nickel. The retention of fission products in spherical fuel elements. Fortschritte in der Energietechnik, Monographien des FZ Jülich, Bd8, 1998.
102. Scherer W., Gerwin H., Werner H., The AVR as a touch stone for theoretical models on reactor physics, Special Issue: AVR experimental high-temperature reactor, VDI Verlag, Düsseldorf, 1990.
103. Baust E., Rautenberg J., Wohler J., Results and experience from the commissioning of the THTR 300, Atomkeraenergie-Kevntechnik, Vol. 47, No. 3, 1985.
104. Bäumer R., The situation of the THTR in October 1989, VGB Kraftwerkstechnik, 1, 1990.
105. Bäumer R., Selected topics of the operation of THTR 300, VGB-Kraftwerkstechnik, 6979. Vol. 2, Feb. 1989.
106. Bäumer R., Kalinowski I., THTR commissioning and operating experience, 1st International Conference on the HTGR, Dimitrowgrad, June 1989.
107. Werner H., Burnup distribution of spent fuel elements of AVR, Private communication, 2005.
108. H.J Rütten Radiological valuation of the long term intermediate storage of nuclear fuel on the example of spent HTR-fuel elements in Fortschritte in der Energietechnik, Monographien des FZ Jülich.
109. R. Bäumer. The situation of the THTR in October 1989. VGB Kraftwerkstechnik, 1, 1990.

第3章 堆芯布置的热工-水力学问题

摘　要：本章主要介绍堆芯中热的产生和功率密度的空间分布。功率密度的峰值因子是温度分布中一项很重要的参数，它取决于燃料循环的类型和燃料通过堆芯的次数。氦作为 HTR 的冷却剂，具有一些特性参数，这些参数在进行热工-水力学分析时必不可少。反映堆芯内传热和流动现象的基本方程是以连续方程表示的质量守恒、动量守恒和能量守恒方程。对于堆芯中的固体元件，用简化的导热方程来表示其传热效应。氦气流经堆芯所产生的温升也采用一种相对简化的方法来计算。详细的计算结果表明，由于功率密度较低、石墨的导热性能良好，以及使用包覆颗粒作为燃料，模块式 HTR 中燃料和氦气之间的温差相对较小。

一种非常特殊的燃料循环方式是一次通过堆芯(OTTO)循环，在这种循环方式下，燃料元件只需通过堆芯一次即达到其最终燃耗，采用这种方式使得堆芯出口处燃料和氦气之间的温差很小，这一特性对于需要非常高氦气温度的模块式 HTR 来说很具吸引力。

在单个包覆颗粒内，由于燃料的区域很小，其温差仅在 1℃量级。燃料温度的网格图显示，仅有百分之几的包覆颗粒达到了很高的温度，例如，在 THTR 中，在正常运行工况下，仅有 1%的颗粒的温度超过 950℃。

对于球床中的传热和阻力降问题，已有一些关系式为大家所熟知和采用。将堆芯出口热氦气加以混合以避免对热交换部件造成热冲击这一课题值得关注。为此，需要对温度和流量分布的不确定性进行细致的分析，并留有足够的安全裕度。为了评估敏感部件如控制和停堆吸收元件中的附加温度梯度，要对由 γ 辐照引起的堆芯结构的温升进行专门的分析。本章最后给出了重要热工-水力学参数的概述，表明 HTR-PM 的一些参数均在人们熟知的数据范围之内。

关键词：堆芯发热；功率密度；氦数据；热工-水力学方程；堆芯冷却；燃料温度；换热系数；堆芯阻力降；氦的混合；氦的旁流；不确定性；γ 发热；堆芯热工-水力学参数

3.1　堆芯内的发热

在裂变过程中，每一次裂变大约产生 200MeV 的能量，这些能量需要从堆芯中载出。这些能量中的 80%来自裂变产物的动能，通过碰撞和慢化直接对燃料元件进行加热。其余 20%的能量主要是 γ 和裂变中子的能量。百分之几的发热是裂变之后由裂变产物的衰变热产生的。

裂变能可用于加热冷却剂，在 HTR 中，冷却剂即为氦气。中子的能量不可能直接用于冷却剂的加热。我们要讨论的堆芯和燃料元件的热工-水力学问题包括堆芯功率密度的分布、冷却剂的温升、堆芯内燃料和结构件的温升、流体的流动、燃料和流体的传热、球床和反射层结构内的阻力降。反应堆堆芯内的功率密度可用下式来表示：

$$\dot{q}'''(\boldsymbol{r}) = \int_0^\infty \overline{E}_f \cdot \Sigma_f(\boldsymbol{r}, E) \cdot \phi(\boldsymbol{r}, E) \cdot dE \tag{3.1}$$

其中，Σ_f 是裂变的宏观截面。如果堆芯包含了多种不同的易裂变同位素(U235，Pu239，Pu241)，则这一积分运算应包括所有裂变反应率的和，同时，还要将中子谱考虑进来。图 3.1(a)给出了典型反应堆内功率沿径向和轴向的分布情况。图 3.1(b)给出了 AVR 中中子注量率分布随中子能量变化的实际例子。

由于堆芯内易裂变材料的核素密度和中子注量率呈现一种空间分布，因此，堆芯的功率可以通过对整

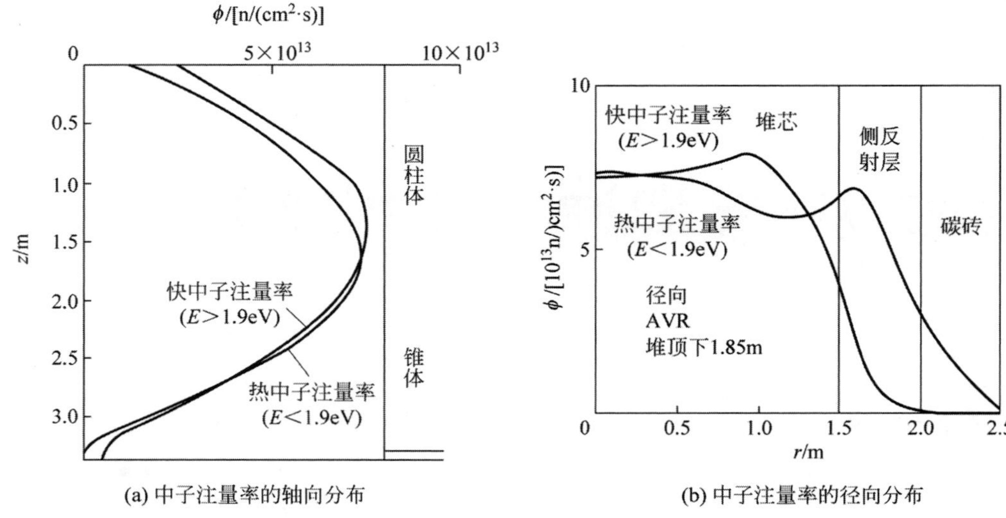

(a) 中子注量率的轴向分布　　(b) 中子注量率的径向分布

图 3.1　反应堆堆芯内的发热分布(AVR)

个堆芯内的功率密度进行积分得到。对于图 3.1 所示的一个具有反射层的圆柱堆芯,可以通过积分运算得到堆芯的热功率,为

$$P_{\mathrm{th}}=\int_{V_{\mathrm{R}}}\dot{q}'''(\boldsymbol{r})\mathrm{d}V=\bar{E}_{\mathrm{f}}\cdot\int_{V_{\mathrm{R}}}\Sigma_{\mathrm{f}}(\boldsymbol{r})\cdot\phi_{0}\cdot\cos\left(\frac{\pi Z}{H}\right)\cdot \mathrm{J}_{0}\left(\frac{2.405r}{R}\right)\cdot\mathrm{d}V \tag{3.2}$$

选用合适的裂变率平均值后,可以由下面的方程经过近似计算得到热功率:

$$P_{\mathrm{th}}=\bar{E}_{\mathrm{f}}\cdot\overline{\Sigma_{\mathrm{f}}\cdot\phi_{\mathrm{th}}}\cdot V_{\mathrm{R}}=\overline{\dot{q}'''}\cdot V_{\mathrm{R}} \tag{3.3}$$

其中,平均值 $\overline{\Sigma_{\mathrm{f}}\cdot\phi_{\mathrm{th}}}$ 通过热中子谱上的积分确定。

平均功率密度 $\overline{\dot{q}'''}$ 是表征各种反应堆堆芯特性的一个重要参数,尤其是对于增殖堆,为了增殖,需要采用非常高的功率密度。表 3.1 给出了各种反应堆堆芯平均功率密度的典型值。

表 3.1　各种反应堆堆芯平均功率密度的典型值

反应堆类型	$\overline{\dot{q}'''}$/(MW/m³)	限制因素	典型温度/℃
PWR	100	燃料设计、包壳	$T_{包壳}<500$
BWR	50	燃料设计、包壳	$T_{包壳}<500$
快中子增殖堆	300～400	燃料设计、包壳	$T_{包壳}<600$
Magnox	1	燃料设计、包壳	$T_{包壳}<400$
AGR	2	燃料设计	$T_{包壳}<500$
模块式 HTR	3～4	固有安全性	$T_{燃料}<1250$

在模块式 HTR 中,功率密度受到一定的限制,这是因为在事故条件下,其衰变热必须通过自然的方式(导热、热辐射和自然对流)载出。燃料的最高温度也受到严格的限定,以确保将裂变产物阻留在燃料元件内。

一座反应堆堆芯的发热状况与中子注量率在径向和轴向上的分布具有特殊相关性。在一个圆柱型堆芯内,注量率的分布与理论分布的偏离是由反射层引起的,如图 3.1 所示。正如大家所熟知的,反射层的作用是改善中子的经济性,保护反应堆压力壳免受快中子及其辐照的影响,并对冷却剂的温度分布起到均衡的作用。另外,反射层也对模块式 HTR 侧反射层内插入的吸收棒的反应性当量具有一定的影响。

快中子注量率 ϕ_{f} 主要会对材料造成辐照损伤,它与热中子注量率成正比,所以也与功率密度成正比。

$$\phi_{\mathrm{f}}\approx\phi_{\mathrm{th}}C \tag{3.4}$$

其中,因子 C 受中子谱的影响。

很多 HTR 热工-水力学的计算均与燃料元件相关,因此,对一些与燃料元件相关的参数定义的了解是很有必要的,可参考图 3.2 和表 3.2 给出的说明。

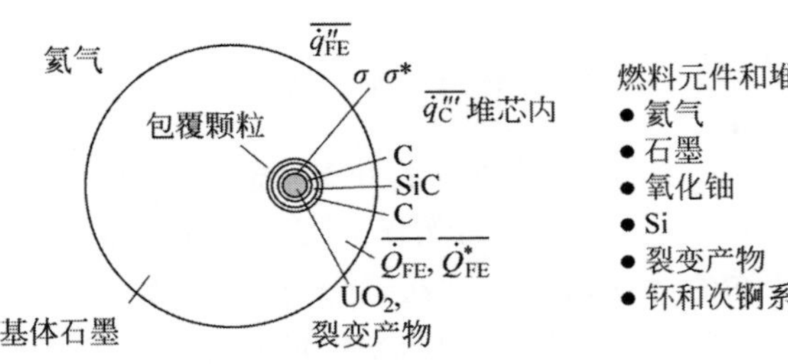

图 3.2　HTR 堆芯中一些表征发热的特征参数的定义

表 3.2　HTR-PM 堆芯及燃料元件中表征发热的特征参数

参　　数	公　　式
堆芯平均功率密度/(W/cm³)	$\overline{q'''_C}=P_{th}/V_C$
堆芯功率密度峰值因子	$\beta=q'''_{C,max}/\overline{q'''_C}$
每立方米燃料元件数/(FE/m³)	$Z=5400$
燃料元件平均功率/(W/FE)	$\overline{\dot{Q}_{FE}}=\overline{q'''_C}/Z$
燃料元件中燃料区的平均功率/(W/FE)	$\overline{\dot{Q}^*_{FE}}=\overline{\dot{Q}_{FE}}$
燃料区的平均功率密度/(W/cm³)	$\overline{\dot{q}'''_{FE}}=\overline{\dot{Q}^*_{FE}}\Big/\left(\frac{4}{3}\pi r_i^3\right)$
燃料元件表面平均热流密度/(W/cm³)	$\overline{\dot{q}''_{FE}}=\overline{\dot{Q}_{FE}}/4\pi r_a^2$
燃料元件燃料量/(g/FE)	M_U
燃料平均比功率/(W/g)	$\sigma=\overline{\dot{Q}_{FE}}/M_U$
燃料平均比功率密度/(W/cm³)	$\sigma^*=\overline{\dot{Q}_{FE}}/V_U$

特别是功率密度或者每个球功率的峰值因子 β 与正常运行时的最高温度相关。最高温度关系到正常运行情况下裂变产物的释放并限制运行中氦气允许的污染水平，是一个非常重要的参数。

对于模块式 HTR，如 HTR-PM，燃料元件的发热与堆芯的燃料管理有关，也就意味着，燃料元件的发热与燃料元件平均通过堆芯的次数和堆芯中燃料元件富集度在径向的分布有关，如图 3.3 所示。

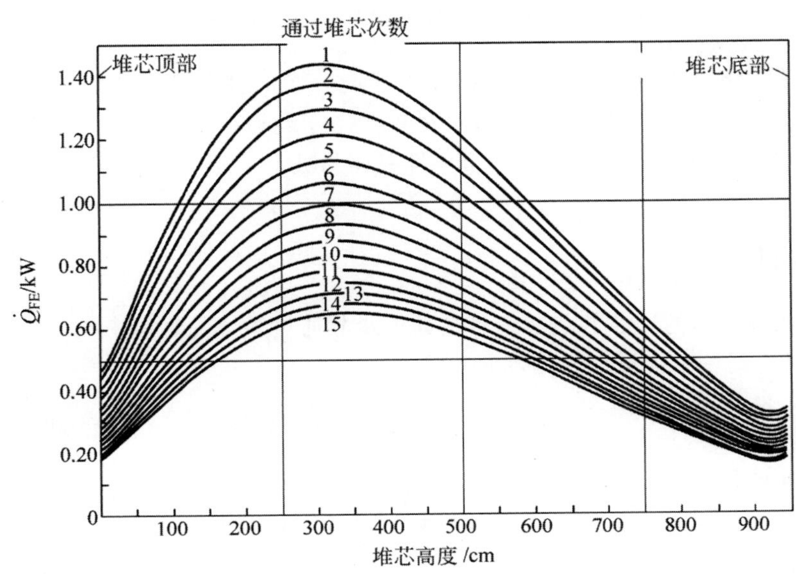

图 3.3　沿模块式 HTR(200MW)堆芯轴向分布的燃料元件功率随堆芯的高度和通过堆芯次数的变化

对于图 3.3 所示的模块式 HTR 在 MEDUL 循环方式下堆芯中的功率情况，燃料元件每次通过堆芯的发热功率都是不同的。

峰值因子可以由下面的关系式来确定：

$$\beta=\dot{q}'''\Big/\overline{\dot{q}'''_{\max}},\quad \overline{\dot{q}'''}=\int\dot{q}'''(r,z)\cdot \mathrm{d}v/V_{\mathrm{c}} \tag{3.5}$$

虽然这个 β 值对于堆芯的布置并不是很重要，但在分析堆芯升温事故时必须要考虑。

最大值与平均值之比的峰值因子在 1.7～2.0，这在通常情况下是一个典型值，在进行相关分析时需加以关注。这是因为燃料元件在达到它们允许的燃耗值之前多次通过堆芯，但对于每一个燃料元件，其发热的过程各不相同。图 3.4 给出了包括 THTR 特殊情况下等功率线的功率分布情况，需要说明的一点是，THTR 采取的也是 MEDUL 循环方式。

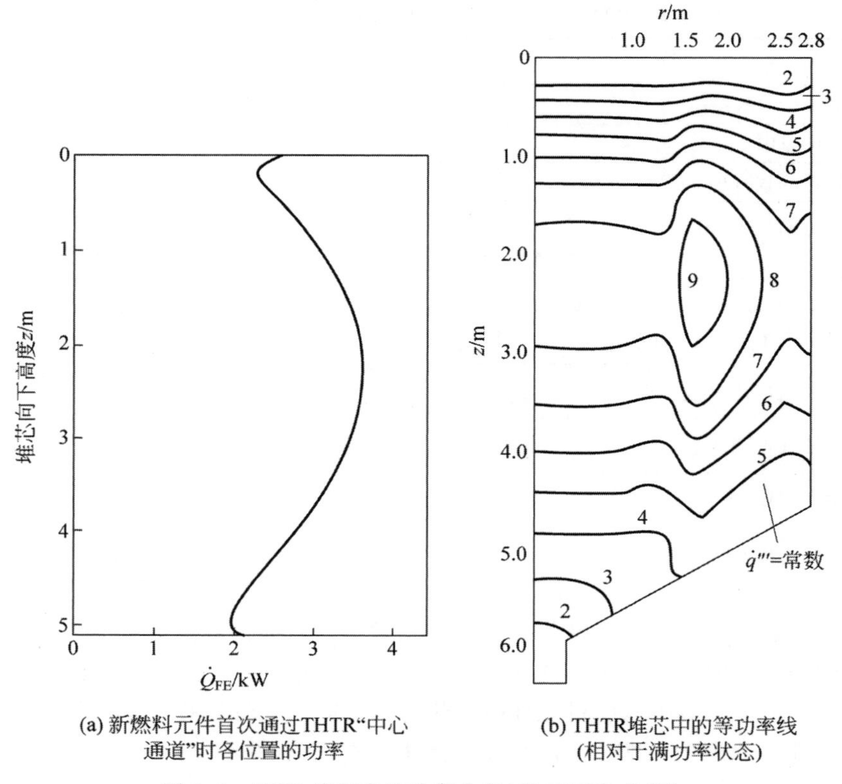

(a) 新燃料元件首次通过THTR"中心通道"时各位置的功率

(b) THTR堆芯中的等功率线（相对于满功率状态）

图 3.4 HTR 堆芯中的功率分布(以 THTR 为例)

功率密度分布图是计算球床堆芯正常运行情况下温度分布的基础性图表，同时，也是计算裂变产物存量和衰变热产生空间分布的具有代表性的图表，而裂变产物存量和衰变热产生空间分布是进行安全分析的重要基础(详见第 10 章)，故功率密度分布图的重要性显而易见。

3.2 堆芯的热功率

模块式 HTR 近似圆柱形的堆芯的热功率可按如下步骤通过很好的近似来加以估计。采用熟知的圆柱型系统的表达式，可以得到一个无反射层的堆芯热功率：

$$P_{\mathrm{th}}=\overline{E}_{\mathrm{f}}\cdot\overline{\Sigma_{\mathrm{f}}\cdot\phi_0}\cdot\int_{-\frac{H}{2}}^{+\frac{H}{2}}\int_{r=0}^{R}\cos\left(\frac{\pi z}{H}\right)\cdot \mathrm{J}_0\left(\frac{2.405r}{R}\right)\cdot 2\pi r\,\mathrm{d}r\,\mathrm{d}z \tag{3.6}$$

对 z 积分，得到如下表达式：

$$\int_{-\frac{H}{2}}^{+\frac{H}{2}}\cos\left(\frac{\pi z}{H}\right)\mathrm{d}z=\frac{2H}{\pi} \tag{3.7}$$

对径向进行积分，得到如下结果：

$$\int_0^R \mathrm{J}_0\left(\frac{2.405r}{R}\right)\cdot r\cdot \mathrm{d}r=\frac{R}{2.405}\cdot\left(r\cdot \mathrm{J}_1\,\frac{2.405r}{R}\right)\Big|_0^R \tag{3.8}$$

基于贝塞尔函数的值 $\mathrm{J}_1(0)=0$ 和 $\mathrm{J}_1(2.405)=0.519$，最后得到热功率的表达式为

$$P_{th} = \bar{E}_f \cdot \overline{\Sigma_f \cdot \phi_0} \cdot \pi R^2 \cdot H \cdot 0.275 \tag{3.9}$$

对于无反射层的堆芯，其热功率的理论峰值因子 $\beta=3.6$。鉴于这种情况下的峰值因子较高及 3.1 节提及的其他原因(燃料装量最小化、对反应堆压力壳的屏蔽、在氦冷却剂存在的情况下对径向温度分布加以展平)，在堆芯周围加上反射层成为必然的选择。加上反射层之后，峰值功率因子显著降低，如图 3.2 所示，即反映了 AVR 堆芯的这种情况。对于径向分布，典型的峰值因子大约为 1.5。轴向也存在一个附加值，在计算冷却剂温升时，需要将这一附加值考虑进去。

对于 HTR-PM 堆芯，其平均功率密度是 3.3MW/m^3。对于 250MW 的堆芯，则需要 78m^3 的堆芯体积。在 2.7 节已经指出，应将堆芯的直径限制在 3～3.2m，这样才能将堆芯停堆和控制的吸收元件设置在反射层的孔道内。据此，堆芯的设计高度为 11m。此外，燃料元件通过堆芯的次数也会进一步影响功率的分布。图 3.5 给出了峰值因子 β 与通过堆芯次数的关系。当然，燃料元件通过堆芯的次数也会受到燃料装卸系统能力的限制。

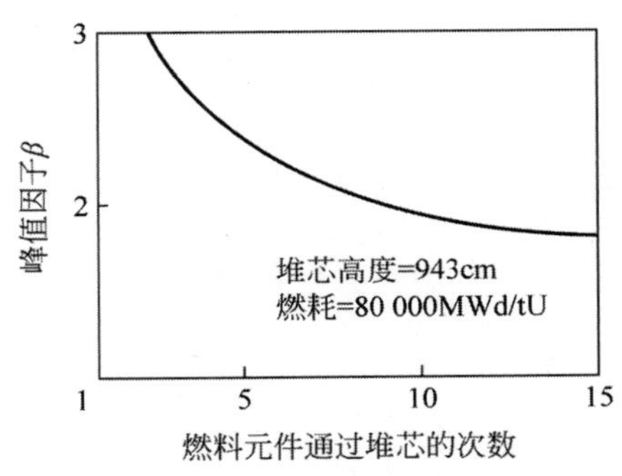

图 3.5 峰值因子 β 与通过堆芯次数的关系

3.3 关于冷却剂氦气的一些数据

氦气是高温气冷堆中的冷却气体。氦气是一种惰性气体，在堆芯中与中子不发生任何反应。仅有同位素 ^3_2He 具有 5500barn 的吸收截面，但是这种同位素很难存在，在冷却剂中占的份额也极少。由于很多计算都涉及氦循环中堆芯及其部件的布置，因而需要了解氦的主要热工-水力学参数。范围如下：$0.1\text{MPa} \leqslant p \leqslant 10\text{MPa}$，$293\text{K} \leqslant T \leqslant 1773\text{K}$。在此基础上，可以导出更多其他相关参数。具体如下：

$$\rho = 48.14 \cdot \frac{p}{T} \cdot \frac{1}{1 + 0.4446 p / T^{1.2}} \tag{3.10}$$

其中，ρ 为密度(kg/m^3)，p 为压力(bar)，T 为温度(K)。

若只作简单的估计，则可采用如下密度关系式：

$$\rho = \rho_0 (p/p_0) \cdot (T_0/T) \tag{3.11}$$

其中，$\rho_0 = 1.8\text{kg/m}^3$，$p$ 和 p_0 的单位是 bar，T 和 T_0 用开尔文温度表示。

定压热容和定容热容为

$$c_p = 5195\text{J/(kg} \cdot \text{K)}, \quad c_v = 3117\text{J/(kg} \cdot \text{K)} \tag{3.12}$$

定压热容和定容热容的比为

$$\kappa = c_p / c_v = 1.666 \tag{3.13}$$

动力黏度为

$$\eta = 3.674 \times 10^{-7} \cdot T^{0.7} (\text{单位是 kg/(m} \cdot \text{s)}) \tag{3.14}$$

导热系数为

$$\lambda = 2.682 \times 10^{-3} \cdot T^{0.71 \cdot (1 - 2\times 10^{-4} \cdot p)} \cdot (1 + 1.23 \times 10^{-3} p) (\text{单位为 W/(m} \cdot \text{K)}) \tag{3.15}$$

采用比体积 $v = 1/\rho$，可以得到比焓：

$$\mathrm{d}h = c_p \mathrm{d}T + \left(v - T \frac{\partial v}{\partial T} \bigg|_p \right) \mathrm{d}p \tag{3.16}$$

$$h(T, p) = 5195(T - 273.16) + \frac{1108.27}{T^{0.2}} \cdot (p - 1) \tag{3.17}$$

其中，h 单位为 kJ/kg，T 单位为 K，p 单位为 bar。

还可以得到比熵：

$$\mathrm{d}s = c_p \mathrm{d}T - (\partial v / \partial T)_p \mathrm{d}p \tag{3.18}$$

对于比熵，下面的方程式也是正确的：

$$s(T, p) = 5195 \ln(T/273.16) + 184.71(p - 1)/T^{1.2} \tag{3.19}$$

其中，s 单位为 kJ/(kg・K)，T 单位为 K，p 单位为 bar。

这里，熵的零点选在 $p_0=0.1$MPa 和 $T_0=273.16$K。从实际应用的角度，图 3.6 给出了导热系数、动态黏度和温度的相互关系。

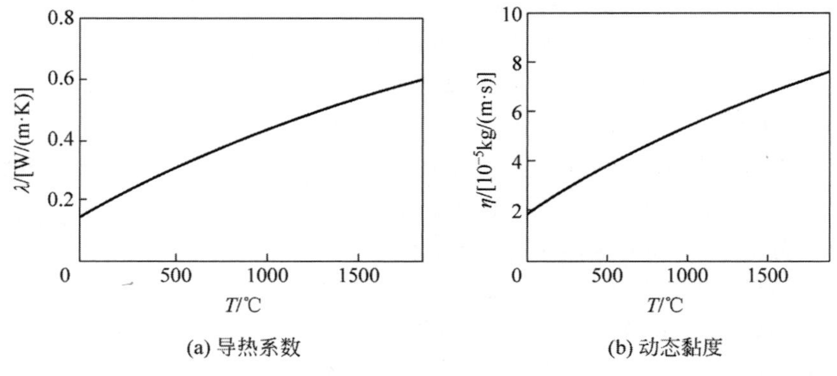

图 3.6 氦气的一些热力学特性

在很多运算过程中，都会用到焓-熵图和焓-压力图。图 3.7 给出了包含压力和温度参数的焓-熵图。由于氦气的比热几乎与温度无关，所以其焓-熵图很容易就被转换为温度-熵图。基于这一特性，可以利用这个图来解释气体透平过程。另外，表 3.3 中列出的氦气的相关数据也都与温度有关。

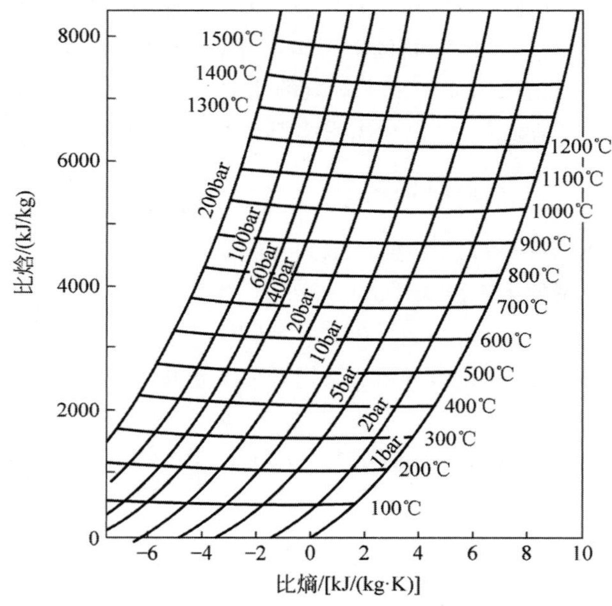

图 3.7 氦气的比焓与比熵的关系(温度和压力作为参数)

表 3.3 氦气的一些参数随温度的变化情况(压力一定，为 6MPa)

T/℃	ρ/(kg/m^3)	λ/[W/(m・K)]	η/(N・s/m^2)	比焓/(J/kg)	比熵/[J/(kg・K)]
0	10.2481	0.1465	1.865×10^{-5}	2.129×10^{4}	-8.492×10^{3}
100	7.5747	0.1824	2.320×10^{-5}	5.395×10^{5}	-6.875×10^{3}
200	6.0057	0.2154	2.739×10^{-5}	1.058×10^{6}	-5.644×10^{3}
300	4.9744	0.2464	3.133×10^{-5}	1.577×10^{6}	-4.650×10^{3}
400	4.2451	0.2758	3.506×10^{-5}	2.096×10^{6}	-3.815×10^{3}
500	3.7021	0.3040	3.863×10^{-5}	2.615×10^{6}	-3.096×10^{3}
600	3.2821	0.3311	4.206×10^{-5}	3.134×10^{6}	-2.465×10^{3}
700	2.9477	0.3572	4.538×10^{-5}	3.653×10^{6}	-1.902×10^{3}
800	2.6750	0.3826	4.860×10^{-5}	4.172×10^{6}	-1.394×10^{3}
900	2.4485	0.4073	5.172×10^{-5}	4.691×10^{6}	-9.316×10^{2}
1000	2.2574	0.4313	5.477×10^{-5}	5.211×10^{6}	-5.069×10^{2}

根据经验，实际气体的行为参数与理想气体的行为参数存在的偏差很小，大约在1%的量级。所以，可以将理想气体定律应用于实际的技术分析。

在反应堆的很多部件中，传热过程均起着很重要的作用。用普朗特数和雷诺数给出传热过程的详细描述。对普朗特数，可用如下关系式表示：

$$P_r=\eta\cdot c_{\mathrm{p}}/\lambda \tag{3.20}$$

普朗特数几乎不随温度发生变化，数值大约为0.66。

雷诺数通常被用来量化传热过程，具体公式为

$$R_e=v\cdot d\cdot\rho/\eta \tag{3.21}$$

其中，v 是一个特征速度；d 是直径，如管道的直径，在球床堆芯中则代表流道或者球形燃料元件的直径。表3.4列出了雷诺数随速度的变化情况。

表 3.4　雷诺数与氦气流速的关系(500℃，4MPa，d=6cm)

v/(m/s)	10	20	30	40	50
Re	4.3×10^4	9.0×10^4	1.4×10^5	1.8×10^5	2.2×10^5

换热系数 α(W/(m^2·K))与努塞特数 Nu 的关系为

$$\alpha=Nu\cdot\lambda/l \tag{3.22}$$

其中，λ 是介质的导热系数，它与换热系数相关；l 是一个特征尺寸。为了得到努塞特数，已在实验基础上建立了很多有关换热的方程式。如：

$$Nu=f(v,d,l,\eta,\lambda,T,p,\text{几何})=f(Re,Pr,l,d,\text{几何}) \tag{3.23}$$

流场的所有特性均包含在普朗特数中，雷诺数主要包含流速和前面定义的特征尺寸。

表3.5给出了一些描述重要部件的换热方程，这些方程都是通过详细的实验及电厂实际应用获得的。

表 3.5　重要技术部件中湍流传热的一些通用关系式

	关　系　式
管内的湍流(适用于不同介质和通道)	$Nu=\alpha\cdot d/\lambda=0.037\cdot(Re^{0.75}-180)\cdot Pr^{0.42}\cdot[1+(d/l)^{0.66}]$ $2320\leqslant Re\leqslant10^6$；$0.6\leqslant Pr\leqslant500$
管内的湍流(水)	$Nu=0.024\cdot Re^{0.8}\cdot Pr^{0.42}, Re>10^4$
管表面的湍流(气体)	$Nu=0.037\cdot Re^{0.8}\cdot \mathrm{Pr}, 5\times10^5<Re<10^7$

这些关系式适用于强迫对流的情况。需要注意的是，所有这些方程式计算时采用的换热系数均具有不确定性。因此，在具体计算时，一定要增加用来测量不确定性的附加值，例如，在对换热器进行设计时已注意到这一问题。

3.4　堆芯热工-水力学的基本方程

对于模块式HTR，球床反应堆堆芯内氦气从堆顶向堆底流动是一个复杂的三维(3D)流场，堆内有大量的燃料元件(HTR-PM内有420 000个燃料元件)作为热源对氦气进行加热。通过适当的冷却，正常运行时燃料元件的温度处于稳定可容忍的限值之下。已有一些程序系统可用来对3D流场和温度场进行评估。原则上，通过导热、对流和热辐射进行的换热过程需要求解复杂的方程式，如图3.8所示。

这里，给出对HTR堆芯热工-水力学问题进行分析的一些近似方法，利用这些方法已得出一些有用的结果。下面由守恒方程给出关于堆芯热工-水力学问题的描述。

连续方程的一般表达式为

$$\frac{\partial}{\partial t}\int_V\rho\cdot\mathrm{d}V+\int_A\rho\cdot\boldsymbol{v}\cdot\mathrm{d}\boldsymbol{A}=0 \tag{3.24}$$

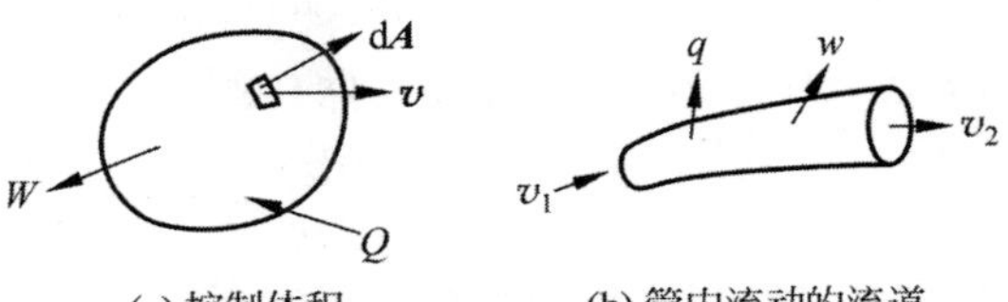

(a) 控制体积　(b) 管内流动的流道

图3.8　流动和换热的模型

将质量守恒应用于准静态表示式中冷却气体的分析，可以得到循环中的流动向量 $\boldsymbol{G}=\rho_{\mathrm{G}}\cdot\boldsymbol{v}$。由这个方程可以导出：

$$\nabla\rho_{\mathrm{G}}\cdot\boldsymbol{v}=q \tag{3.25}$$

其中，ρ_G 是冷却剂的密度($\mathrm{kg/m^3}$)；$\boldsymbol{v}$ 是流速(m/s)；q 是质量源率的密度($\mathrm{kg/(s\cdot m^3)}$)。

由连续方程可以导出下面有关冷却气体质量流量的关系式(沿 r 和 z 方向坐标)：

$$\frac{1}{r}\cdot\frac{\partial}{\partial r}(r\cdot m_r)+\frac{\partial m_z}{\partial z}=0 \tag{3.26}$$

通常，采用如下形式的简化方程式：

$$\dot{m}_{\mathrm{F}}=\rho_{\mathrm{F}}v_{\mathrm{F}}A \tag{3.27}$$

其中，A 是流动的面积；v_{F} 是流速；ρ_{F} 是流体的相关密度。密度可以表示为

$$\rho_{\mathrm{F}}=\rho_{\mathrm{F}}(p,T)=48.14\cdot(p/T)\cdot 1/[1+0.4446(p/T)^{1.2}] \tag{3.28}$$

从动量守恒角度，可以得到下面这个关系式：

$$\boldsymbol{F}=\frac{\partial}{\partial t}\int_V\rho\cdot\boldsymbol{v}\cdot\mathrm{d}V+\int_A\rho\cdot\boldsymbol{v}\cdot(\boldsymbol{v}\cdot\mathrm{d}\boldsymbol{A}) \tag{3.29}$$

其中，$\boldsymbol{F}$ 包含了所有外力。例如，由于压力形成的力或者剪切力。

根据准静态动量守恒，得到了回路上的压力 p 场，如下式所示：

$$\nabla p-\rho_G\cdot\boldsymbol{g}+\boldsymbol{R}=0 \tag{3.30}$$

其中，p 为静态压力；$\boldsymbol{g}$ 为重力；$\boldsymbol{R}$ 为摩擦力。该方程表征了压力梯度、重力的水静压及单位体积摩擦力三者之间的平衡。此处忽略了空间加速度和惯性两个可能的影响因素。球床中产生的摩擦力由下式给出：

$$\boldsymbol{R}=\frac{\psi}{d}\cdot\frac{1-\varepsilon}{\varepsilon}\cdot\frac{|\boldsymbol{m}|}{2\rho_{\mathrm{F}}}\cdot\boldsymbol{m} \tag{3.31}$$

其中，ψ 为流经球床的阻力损失系数，以雷诺数的函数形式给出；d 为球的直径；ε 为球床的孔隙率；ρ_{F} 为流体的密度。

在动量方程中，惯性力被忽略掉，因为相比于氦冷却系统中的摩擦力，这一惯性力很小。所以，下面给出的冷却剂压力沿径向和轴向的分布关系可以由守恒方程导出：

$$\frac{\partial p}{\partial z}+\beta\cdot\frac{|\boldsymbol{m}|}{2\rho_{\mathrm{F}}}\cdot m_z=0 \tag{3.32}$$

在堆芯结构中有很多流体通道，例如，在顶部反射层、底部反射层及侧反射层区域中，均存在流体通道，可以采用简化方式近似地加以描述。图 3.9 所示为对流体通道进行分析的简单模型。

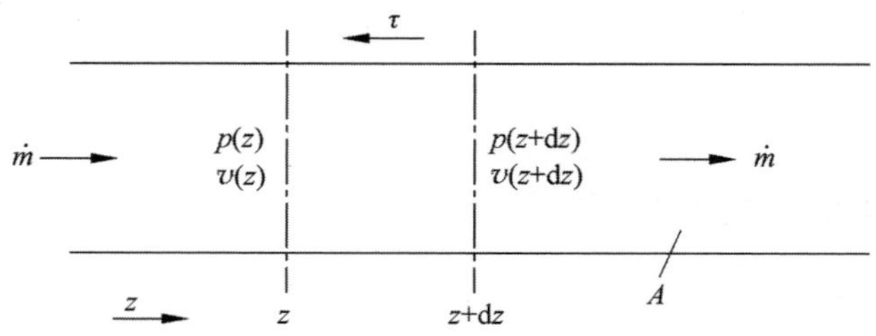

图 3.9 流体通道的简单模型

对于体积单元 $A\cdot\mathrm{d}z$ 的动量平衡，可以给出如下方程：

$$\dot{m}(v+\mathrm{d}v)+A(p+\mathrm{d}p)=\dot{m}v+Ap-\tau u\,\mathrm{d}z \tag{3.33}$$

其中，u 是流体通道的圆周长。剪切应力 τ 可按下式来计算：

$$\tau=\frac{1}{2}\rho\cdot v^2\cdot\xi,\quad \xi=\xi(v) \tag{3.34}$$

将式(3.33)和式(3.34)合并后得到：

$$\dot{m}\cdot\frac{\mathrm{d}v}{\mathrm{d}z}+A\cdot\frac{\mathrm{d}p}{\mathrm{d}z}+\frac{1}{2}\rho\cdot v^2\cdot\xi\cdot A=0 \tag{3.35}$$

引入质量流和理想气体定律：

$$\dot{m}=\rho\cdot v\cdot A \tag{3.36}$$

$$p=\rho\cdot R\cdot T \tag{3.37}$$

于是得到了压力随在流体通道中的位置发生变化的关系式：

$$\frac{\mathrm{d}p}{\mathrm{d}z}+\frac{R\cdot T}{2p}\cdot\left(\frac{\dot{m}}{A}\right)^2\cdot\xi=0 \tag{3.38}$$

通过对方程进行积分，可以得到流体通道入口和出口之间的压力差：

$$p_1^2-p_2^2=R\cdot T\cdot\left(\frac{\dot{m}}{A}\right)^2\cdot\xi\cdot L \tag{3.39}$$

对于较小的 $\Delta p/p$ 比值，可以得到一个近似的公式：

$$\Delta p=R\cdot T\cdot\left(\frac{\dot{m}}{A}\right)^2\cdot\xi\cdot L \tag{3.40}$$

为了实现能量守恒，采用与图 3.9 所示模型相关的方程式：

$$Q-W=\frac{\partial}{\partial t}\int_V\left(e+\frac{v^2}{2}+gZ\right)\cdot\rho\cdot\mathrm{d}Z+\int_A\rho\cdot\left(e+\frac{v^2}{2}+gZ+\frac{p}{\rho}\right)v\cdot\mathrm{d}\boldsymbol{A} \tag{3.41}$$

其中，Q 表征了控制体积中换热的速率，包括导热和热辐射；W 表示作用在控制体积上的机械功，如果这个功是由控制体积内的材料作用于周围区域的，则这个功是正的；e 代表单位质量的比能量；g 是重力加速度；gZ 项表示单位质量的势能。其他能量，如电磁能，也可包含在这个方程式中。下面，利用该方程作进一步的讨论。

根据准静态场的能量守恒定律，可以得到反应堆堆芯内气体的温度场 T_G：

$$\nabla\lambda_G\cdot\nabla T_G-\nabla(\rho_G\cdot\boldsymbol{v}\cdot c_p\cdot T_G)+\alpha\cdot\frac{F}{V}\cdot(T-T_G)=0 \tag{3.42}$$

其中，c_p 为气体的比热；λ_G 为气体散热的等效导热；T 为固体的温度，也可以是燃料元件表面的温度；$\alpha\cdot F/V$ 为固体和气体之间的换热系数；F/V 表征了堆芯体积与总的燃料元件表面积之比。

在能量方程(3.42)中，第 1 项描述了气体中由于导热而产生的传热能量。第 2 项表征了气体质量流的传热。第 3 项是由气体和燃料元件之间传热引起的热源或者热阱。这里，压缩功及随时间变化的储能均被省略。

流体的能量方程也可以表示成如下形式：

$$c_f\cdot\nabla(T_F\cdot\boldsymbol{m})+\nabla(\lambda_{\mathrm{eff,F}}\cdot\nabla T_F)+\alpha\cdot\frac{A}{V}\cdot(T_F-T)=0 \tag{3.43}$$

将式(3.43)限定为 r 和 z 坐标下的函数，则可以简化得到各个坐标的方程：

$$c_f\left[\frac{1}{r}\cdot\frac{\partial}{\partial r}(r\cdot T_F\cdot m_r)+\frac{\partial}{\partial z}(T_F\cdot m_z)\right]+\frac{1}{r}\cdot\frac{\partial}{\partial r}\left(r\cdot\lambda_{\mathrm{eff,F}r}\cdot\frac{\partial T_F}{\partial r}\right)+\frac{\partial}{\partial z}\left(\lambda_{\mathrm{eff,F}z}\cdot\frac{\partial T_F}{\partial z}\right)+\alpha\cdot\frac{A}{V}\cdot(T_F-T)=0 \tag{3.44}$$

式(3.44)中使用到的变量定义如下：

$\boldsymbol{m}$——冷却剂气体质量流密度矢量；

$\boldsymbol{m}_r$——质量流密度矢量的径向分量；

$\boldsymbol{m}_z$——质量流密度矢量的轴向分量；

c_f——流体的比热；

$\lambda_{\mathrm{eff,F}r}$——流体径向等效导热系数；

$\lambda_{\mathrm{eff},z}$——流体轴向等效导热系数；

α——气体和固体之间的换热系数。

固体材料中能量守恒定律可以用一个动态表达式来表示，经过偏微分运算，得到了温度场 T。

$$\frac{\partial}{\partial t}(\rho\cdot c\cdot T)=\nabla(\lambda_{\mathrm{eff}}\cdot\nabla T)+Q \tag{3.45}$$

其中，$T=T(\boldsymbol{r},t)$是固体的温度，例如，燃料元件内、反射层内等区域的温度；ρ 为固体的密度；c 为热容；λ_{eff} 为等效导热系数，包括了导热和热辐射；$Q=Q(\boldsymbol{r},t)$是核热源。在这个方程中，随时间变化的单位体积能量通过导热(第 1 项)来实现传热平衡。如果同时假设,球形燃料元件整个燃料区内的导热系数是一个常数,那么燃料元件中心的燃料区中温度分布 T_F 可以通过以 Δ 作为拉普拉斯算子的微分方程得到:

$$\rho \cdot c \cdot \frac{\partial T_F}{\partial t} = \lambda \cdot \Delta T + Q \tag{3.46}$$

如果导热系数随温度发生变化,那么就需要求解下面这个方程以求得稳态状况下的解:

$$\nabla(\lambda_{eff}(T) \cdot \nabla T) + Q = 0 \tag{3.47}$$

若 $\lambda_{eff}(T)$ 随温度变化的关系式比较复杂,就需要利用计算机程序进行求解。

反应堆技术中的很多问题都需要求解平面或者圆柱形几何形状的傅里叶方程。例如,求解通过反射层的热流密度或者由 γ 和中子辐照产生的对控制棒加热的问题,都需要采用傅里叶方程。通过求解平面傅里叶方程,可以得到:

$$\lambda\left(\frac{\partial^2 T}{\partial r^2} + \frac{2}{r}\frac{\partial T}{\partial r}\right) + Q(x) = 0, \quad T(x) = A + Bx - \iint \frac{Q(x')}{\lambda(x')} \cdot dx' \cdot dx'' \tag{3.48}$$

对于圆柱形几何形状,上述导热方程是一个具有如下形式的偏微分方程:

$$\lambda\left(\frac{\partial^2 T}{\partial r^2} + \frac{1}{r}\frac{\partial T}{\partial r} + \frac{\partial^2 T}{\partial z^2}\right) + Q(r,z) = 0 \tag{3.49}$$

对于导热方程,有些采用分析法可以求解得出,有些则需采用数值法求解得出。

特别是在反应堆堆芯内,若要获得正常运行情况下功率的空间分布或者衰变热载出情况下的空间分布,就必须求解如下方程:

$$Q(r,Z) \approx \cos(c_1 \cdot Z) \cdot J_0(c_2 \cdot r) \cdot f(Z,r) \tag{3.50}$$

其中,函数 J_0 为贝塞尔函数;f 包含了反射层的影响。

如上文已提到的,在正常运行和事故情况下,所有关于 HTR 堆芯设计的热工-水力学问题均可通过本节给出的基本方程进行深入的研究。如果能够给出发热空间分布的更为详细的假设条件,采用计算机程序设计的 3D 方法则可对燃料元件和堆芯内的温度场和流量场进行更精确的计算。因此,建立具有特定设置条件的几何模型进行近似计算,非常有利于热工-水力学问题的解决,如图 3.10 所示。

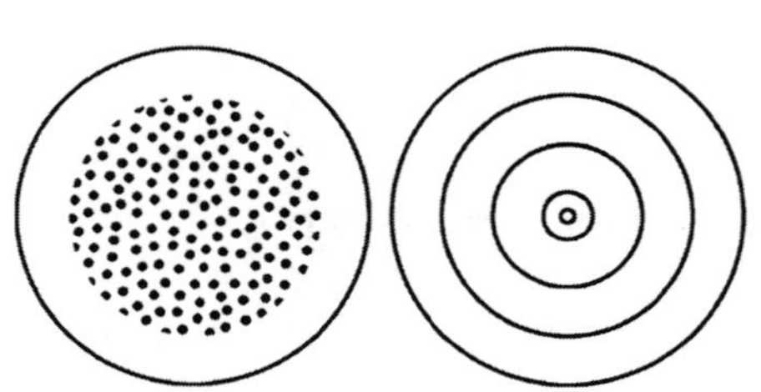

(a) 包覆颗粒燃料元件划分的网格
根据不同的燃料量、温度、热导等特征划分

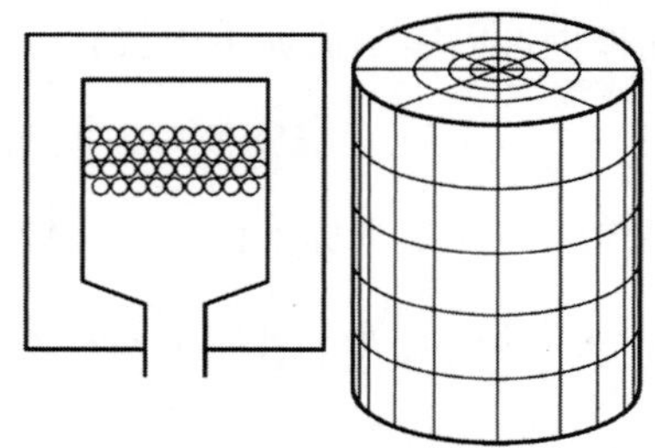

(b) 球床中具有燃料元件统计布置的堆芯
根据不同的燃料量、温度、换热系数、质量流量等特征划分

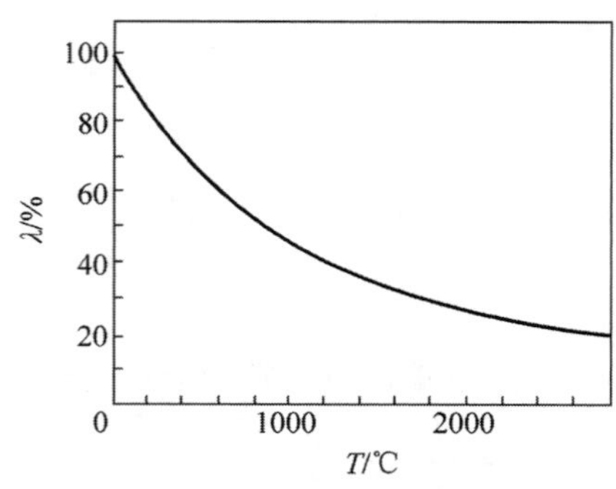

(c) 燃料元件石墨的导热系数随温度的变化

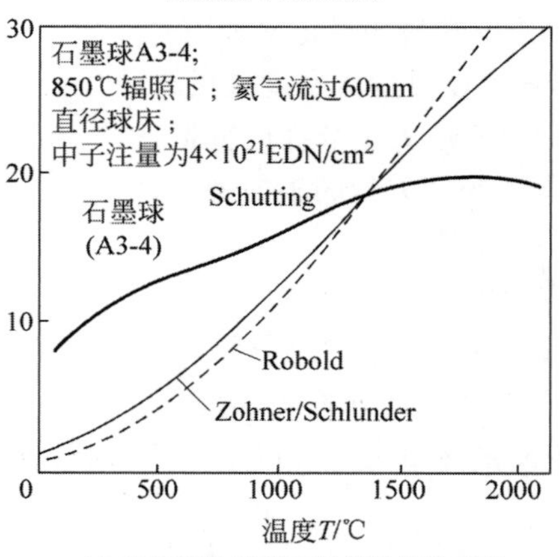

(d) 严重事故时球床的等效导热系数
(热辐射、导热、自然对流)

图 3.10 燃料元件和堆芯温度场的计算

图 3.10 给出了计算燃料元件和堆芯区域内温度和压力分布情况的过程，并给出了相关的体积网格划分，如图 3.10(a)和(b)所示。根据必须要回答的问题，将燃料元件和堆芯区域等空间划分为大量的网格以进行细化计算和分析。如果需要使用大型的计算机程序，则要将材料参数随温度的变化情况也一并考虑进来。例如，在对燃料元件和堆芯温度场进行计算时，就要引入石墨的导热系数(图 3.10(c))或严重事故情况下堆芯的等效导热系数(图 3.10(d))作为参考。

3.5 堆芯中氦冷却剂的温升

球床内的换热技术目前已很成熟。核裂变产生的能量可以通过足够高质量流量的氦气冷却剂从堆芯载出：

$$P_{\text{th}} = \dot{m}_{\text{He}} \cdot c_{\text{He}} \cdot (\overline{T}_{\text{He}}^{\text{out}} - \overline{T}_{\text{He}}^{\text{in}}) \tag{3.51}$$

氦气冷却剂的温度是堆芯入口处和出口处的平均值。对氦气冷却剂加热的详细过程可以通过冷却通道(图 3.11)的差分平衡进行了解，所谓的通道由轴向的几个网格组成。

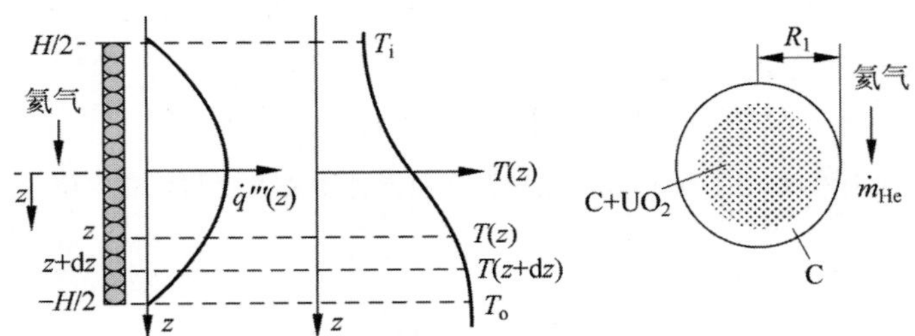

图 3.11 估计球床 HTR 通道中冷却剂温升的简化模型

对于一个燃料元件，球(半径为 R_1)中的功率密度为 $\dot{q}'''_{\text{FE}}$，球表面的热流密度为 $\dot{q}''$，流道中的线功率为 $\dot{q}'$，通过下面的表达式，可将这些变量关联起来：

$$2\pi R_1 \cdot H \cdot \dot{q}'(z) = 4\pi R_1^2 \cdot \dot{q}''(z) = \frac{4}{3}\pi R_1^3 \cdot \dot{q}'''_{\text{FE}}(z) \tag{3.52}$$

对于一个模块式 HTR(以 HTR-PM 为例)，其各项参数的典型平均值为

$$\overline{\dot{q}'''_{\text{FE}}} = 3.3\text{W/cm}^3,\quad R_1 = 3\text{cm},\quad \overline{\dot{q}''} = 6\text{W/cm}^2,\quad \overline{\dot{q}'} = 110\text{W/cm},\quad \overline{\dot{Q}_{\text{FE}}} = 600\text{W} \tag{3.53}$$

与轻水堆燃料元件相比(如压水堆)，HTR 的参数相对较低，轻水堆相应参数的平均值为

$$\overline{\dot{q}'''_{\text{FE}}} = 100\text{W/cm}^3,\quad R_1 = 0.5\text{cm},\quad \overline{\dot{q}''} = 60\text{W/cm}^2,\quad \overline{\dot{q}'} = 200\text{W/cm},\quad \overline{\dot{Q}_{\text{FE}}} = 70\text{kW} \tag{3.54}$$

其中，$\overline{\dot{Q}_{\text{FE}}}$ 仅针对一根棒。LWR 中最热棒的最大值要比平均值高出两倍多。当然，这些数据会使燃料棒中燃料的温度升高很多。例如，PWR 最热燃料棒中 UO_2 芯块中心的温度在正常运行时高达 2200℃。

应用图 3.11 所示的简单模型，很容易估算出氦气的温升。假设轴向的功率分布是一个余弦函数，那么对于冷却通道，其能量平衡的结果是

$$\dot{m}^* \cdot c \cdot \mathrm{d}T = \dot{q}'_0 \cdot \cos\left(\frac{\pi \cdot z}{H}\right) \cdot \mathrm{d}z \tag{3.55}$$

其中，$\dot{q}'_0$ 是通道内的最大线功率。

$$\dot{q}'_0 = \pi \cdot R_1^2 \cdot \overline{E}_{\text{sp}} \cdot \Sigma_{\text{f}} \cdot \bar{\phi}_0 \tag{3.56}$$

若冷却剂温度沿 z 方向分布，则可得到如下结果：

$$T(z) = \frac{\dot{q}'_0 H}{\dot{m}^* c} \cdot \frac{1}{\pi} \cdot \left[\sin\left(\frac{\pi z}{H}\right) + 1\right] + T_{\text{i}} \tag{3.57}$$

其中，T_{i} 为反应堆堆芯入口处 $z=0$ 时的温度。对于堆芯内总的温升，可采用一个相对简单的表达式，即

$$T_0 - T_{\text{i}} = \frac{\dot{Q}_{\text{FE}}}{\dot{m}^* c} \cdot Z_i,\quad Z_i = N_1/6 \tag{3.58}$$

其中，$\dot{Q}_{\text{FE}}$ 为燃料元件的功率；T_0 为通道的出口温度；$\dot{m}^*$ 为通道中的质量流量；N_1 为高度为 H 的通道

中的燃料元件数。

由于流过整个堆芯的质量流量可以由 $\dot{m}=\dot{m}^{*}N_2$ 给出，其中，N_2 为堆芯中的通道数，所以堆芯的总功率为 $P_{th}=N_1N_2\dot{Q}_{FE}$。如果选择堆芯平均出口温度 T_o=750℃和平均入口温度 T_i=250℃，则对于模块式HTR，其典型参数的数值分别为：P_{th}=250MW，N_1N_2=420 000，$\dot{Q}_{FE}$=600W/FE，流过堆芯冷却剂的总流量大约为100kg/s。

燃料元件中温度的分布取决于功率密度、冷却剂的温度、冷却剂的换热系数及燃料元件的几何参数等（见3.6节）。燃料的相关参数也会对总的燃料元件温度产生一定的影响。图3.12所示为冷却剂温度、燃料元件表面温度及燃料元件中心温度与堆芯内位置的定性关系。

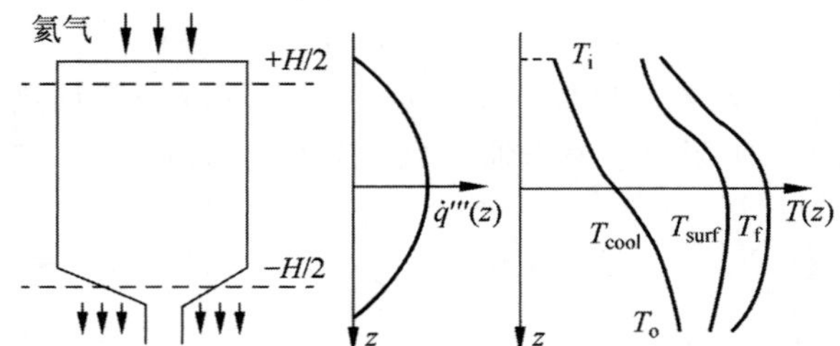

图3.12 冷却剂温度、燃料元件表面温度及燃料元件中心温度与堆芯内位置的定性关系

在堆芯的每个通道中，冷却剂温度如下：

$$T_{cool}(z)=T_i+\frac{1}{\dot{m}^{*}c_p}\cdot\int_{+\frac{H}{2}}^{z}A\cdot\dot{q}'''(z')\cdot dz' \tag{3.59}$$

其中，A 是通道中的面积。

燃料元件表面温度的关系式为

$$T_s(z)=T_{cool}(z)+\dot{q}_0'''(z)\cdot\psi(\dot{\lambda},r_i,\alpha,\text{几何}) \tag{3.60}$$

其中，ψ 是用来描述燃料元件内相关传热的函数。对于中心线上的燃料温度，可得如下类似的关系式：

$$T_f(z)=T_{cool}(z)+\dot{q}_0'''(z)\cdot\varphi(\lambda,r_i,\alpha,\text{几何}) \tag{3.61}$$

其中，函数 φ 是燃料元件内的总传热量。

在计算函数 φ 和 ψ 时，要求对燃料元件内的换热给出更详细的分析（见3.6节）。如图3.13所示，定性地描述了轴向不同温度的依赖关系，表明在堆芯下部最高燃料温度依赖于功率密度的分布：

$$\frac{dT_F}{dz}=\frac{dT_{cool}(z)}{dz}+\frac{d\dot{q}_0'''(z)}{dz}\cdot\phi=0 \tag{3.62}$$

在 $dT_F/dz=0$ 的条件下，采用如下方程近似：

$$T_{cool}(z)\approx c_1\cdot[\sin(\pi\cdot z/H)+1]+T_i \tag{3.63}$$

$$\dot{q}_0'''(z)\approx c_2\cdot\cos(\pi\cdot z/H) \tag{3.64}$$

可以得到燃料温度的最大值，其表达式为

$$\tan(\pi\cdot z/H)=c_1/c_2 \tag{3.65}$$

受运行负荷调节的影响，上述运算结果仅是一个粗略的近似。当然，在反应堆堆芯内，功率分布和温度分布的依赖关系在径向也是存在的。在对堆芯作详细分析时，气体温度、燃料元件表面温度和燃料元件中心的温度均随时间发生变化，也随元件通过堆芯的次数发生变化（图3.13）。在模块式HTR中，燃料元件装入之后在堆芯内大约要工作3年的时间，期间每个燃料球每次通过堆芯的功率各不相同。

图3.14所示为AVR堆芯两个方向上温度的三维空间分布。我们重点分析了冷却剂氦气沿径向的分布，这一分布与热冲击所能达到的温度之间关系密切，它有可能影响热气导管和蒸汽发生器的设计。在使用蒸汽发生器时（如HTR-PM电厂），其温度有一定的限制，要求 $T<850$℃。如图3.14所示，950℃是反应堆运行时气体的平均温度，而其最高温度可达1050℃。

下面通过图3.15所示的例子，分析说明THTR 300出口处温度的测量结果与冷却剂空间分布之间的关系。出口的平均温度为750℃，而实际上，如图3.15所示，部分测量的热点温度达到了820℃。

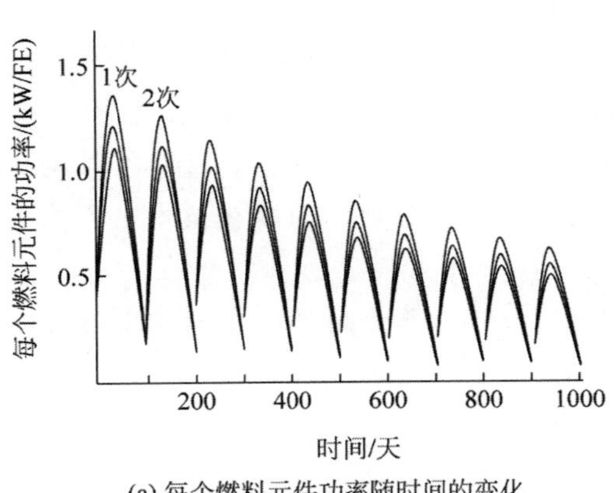

(a) 每个燃料元件功率随时间的变化

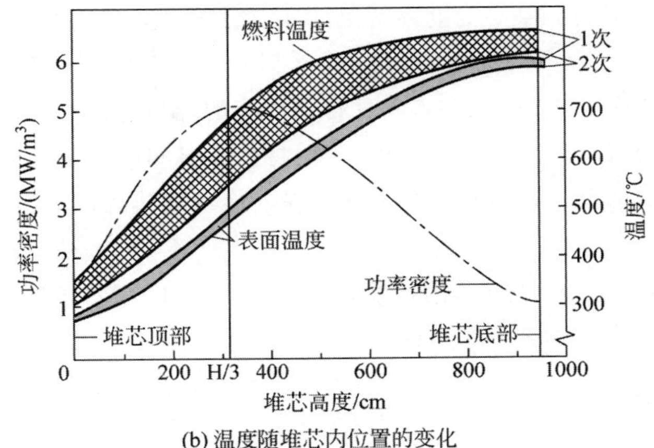

(b) 温度随堆芯内位置的变化

图 3.13 模块式 HTR 堆芯内氦气和燃料元件温度的 3D 计算结果(HTR-Module,热功率为 200MW,$q'''=3\text{MW/m}^3$,MEDUL 循环)

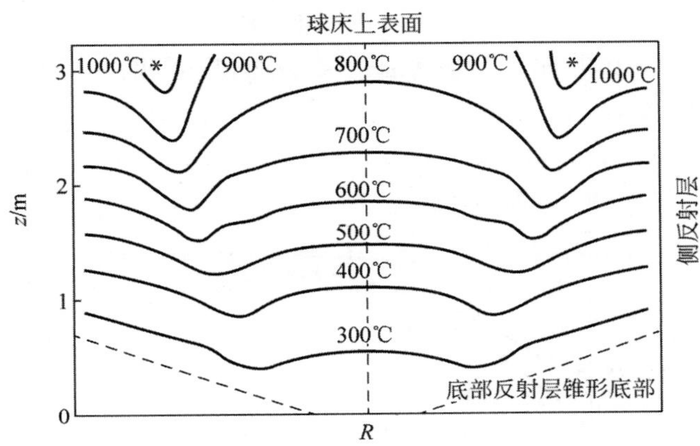

图 3.14 AVR 堆芯中冷却剂气体的等温图

* 代表 1052℃,$P_{\text{th}}=46\text{MW}$,$\overline{T_{\text{o}}}=950$℃,$\overline{T_{\text{i}}}=255$℃

为了避免出口氦气的温度差过大,在堆芯底部反射层结构内设置了一个出口氦气的混合腔室。在多次通过堆芯的循环中,功率沿轴向的分布随循环通过次数的变化而发生偏移,其原因与图 3.5 所示的关于堆芯功率密度峰值因子发生偏移的解释相似。

在多次通过堆芯的情况下,最后形成类似于燃料元件稳态布置的分布。如果功率密度 $\dot{q}'''(z)$ 可通过物理计算获得,则冷却气体温度沿轴向的分布可用如下关系式通过数值积分更精确地加以计算。

$$T_{\text{G}}(z)=T(0)+c\cdot\int_0^z\dot{q}'''(z')\cdot\text{d}z' \tag{3.66}$$

对于高温气体,球床堆可以采用相对特殊的燃料元件装卸方案。而一次通过堆芯循环方式对于在较低的燃料温度下实现较高的氦气温度具有优势。

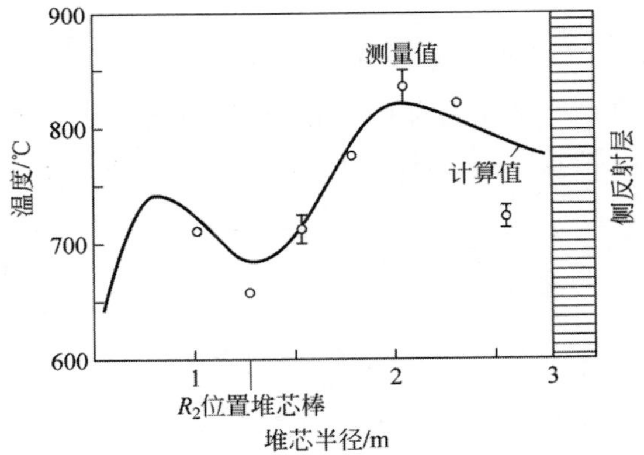

图 3.15 THTR 300 堆芯出口处气体温度沿径向的分布

上文曾提到,燃料元件多次通过堆芯的循环方式已作为 AVR,THTR,HTR-10 及其他成功反应堆项目的基本设计方案。虽然对于 HTR,也有可能采取一次通过堆芯的循环方案,但对于该方案,堆芯轴向功率密度及冷却剂气体和燃料的温度均有较为特殊的表示和计算形式。下面的讨论中将给出其对应的简化计算。

上文已指出,可以用下面的方程来表示气体的温度 $T_{\text{G}}(z)$,其中,$Q(z')$是沿轴向产生的功率。

$$T_{\text{G}}(z)=T_{\text{G}}(0)+\frac{1}{c_{\text{p}}\cdot\dot{m}}\cdot\int_0^z Q(z')\cdot\text{d}z' \tag{3.67}$$

由此可以得到某一处的燃料温度 $T_F(z)$（例如，燃料元件中心的温度）：

$$T_F(z) = T_G(z) + Q(z) \cdot \psi(\lambda_1, r_1, \alpha) \tag{3.68}$$

其中，函数 ψ 针对的是燃料元件内所有的传热过程及从燃料元件向冷却剂气体的传热过程。

在反应堆的实际应用中，希望将核燃料和冷却剂气体之间的温差限定在某个数值以下，尤其是在反应堆的高温区。较为可行的方法是在使冷却剂达到超高温度的同时保证核燃料的温度在技术上可控的范围之内。

由于要求 $T_F(z)$ 为常数，所以对于堆芯的高温区域，$dT_F(z)/dt=0$，于是可得产生的功率沿轴向分布的微分方程为

$$\frac{dQ}{dz} + \frac{1}{\psi \cdot c_p \cdot \dot{m}} \cdot Q = 0 \tag{3.69}$$

由式(3.69)可得产生的功率沿轴向的分布情况：

$$Q_z(z) = Q(0) \cdot \exp[-z/(\psi \cdot \dot{m} \cdot c)] \tag{3.70}$$

所得功率分布使得在采用一次通过堆芯循环的情况下，堆芯平均气体出口温度大约为 985℃，同时，核燃料温度不超过 1250℃，如图 3.16 所示。与多次通过堆芯循环方式相比，一次通过堆芯循环方式的功率密度分布具有很强的轴向非对称特征。

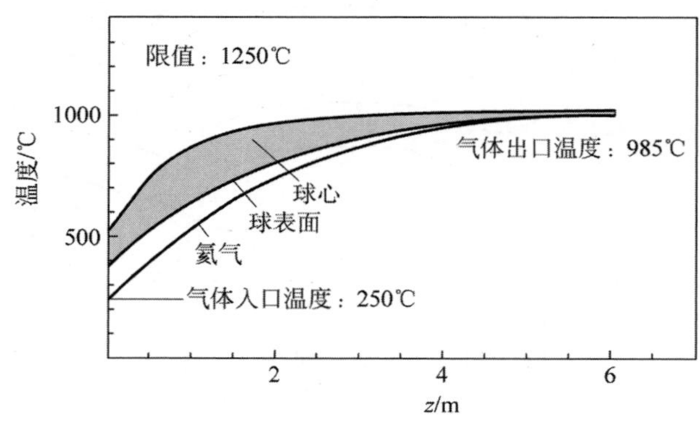

图 3.16 一次通过堆芯循环时堆芯的温度分布

平均功率密度为 5MW/m³；氦气出口温度为 985℃；沿轴向

在超高氦气温度下实现相对低的燃料温度设计，对于高温工艺热的应用具有显著的优势。当然，也存在一些缺点。比如，堆芯上部反射层受到的中子辐照注量非常高。一次通过堆芯循环的另一个优点是燃料元件装卸系统可以得到很大程度的简化，第 5 章将对此给出更详细的讨论。虽然一次通过堆芯循环方式优势颇多，但是，对于高度超过 6m 的堆芯，采用一次通过堆芯循环也存在一定的难度。假设堆芯发生升温事故，若采用一次通过堆芯循环方式，其功率分布的峰值因子会非常高，使其热功率受到一定的限制，第 11 章将对此作进一步的讨论。只有在一次通过堆芯循环的热功率比多次通过堆芯循环的热功率大约降低 20% 的情况下，才能得到类似的衰变热自发载出的条件。

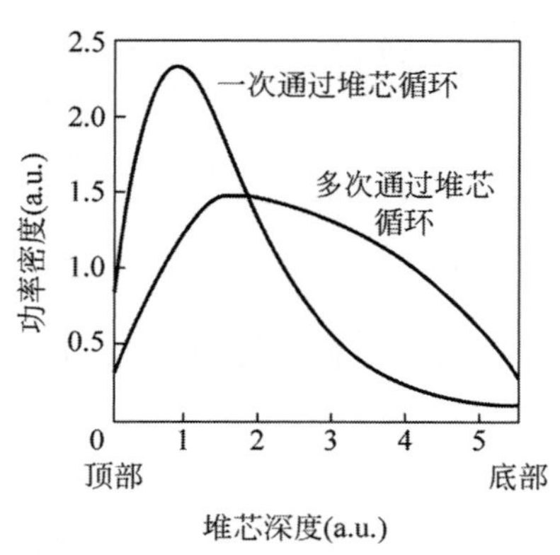

图 3.17 多次通过堆芯和一次通过堆芯循环方式下堆芯功率密度分布的比较

图 3.17 给出了一次通过堆芯循环和多次通过堆芯循环中反应堆堆芯中心功率密度典型分布的比较，本例中，多次通过堆芯循环的次数为 10 次。

在任何情况下，一次通过堆芯循环对于在 VHTR 系统中实现超高氦气温度均具有显著的优势。图 3.18 给出了两种循环方式的比较。

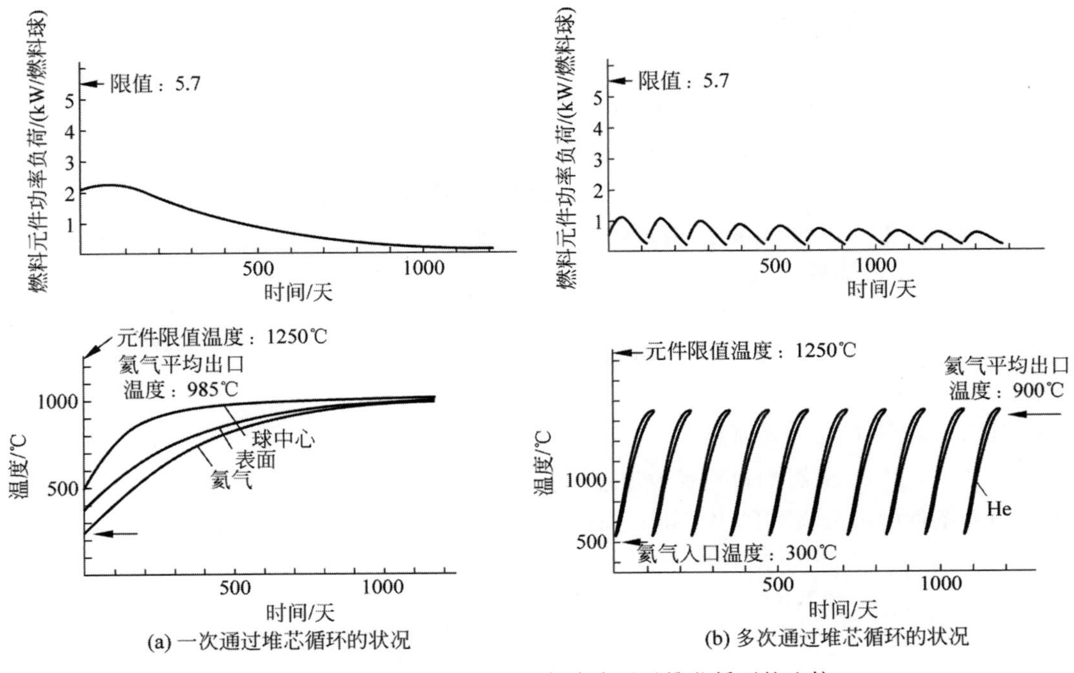

图 3.18 一次通过堆芯循环与多次通过堆芯循环的比较

3.6 燃料元件温度分布

球形燃料元件内的温度分布可以通过求解稳态微分方程得到：

$$\operatorname{div}(\lambda \cdot \operatorname{grad} T) + \overline{\dot{q}'''} = 0 \tag{3.71}$$

$$\frac{1}{r^2} \cdot \frac{\mathrm{d}}{\mathrm{d}r}\left(\lambda \cdot r^2 \cdot \frac{\mathrm{d}T}{\mathrm{d}r}\right) + \overline{\dot{q}'''} = 0 \tag{3.72}$$

其边界条件受冷却剂氦气温度和球形燃料元件表面换热系数的影响。比功率是指燃料区内单位体积产生的功率，由如下关系式给出：

$$\overline{\dot{q}'''} = \dot{Q}_{\mathrm{FE}} \Big/ \left(\frac{4}{3}\pi r_i^3\right) \tag{3.73}$$

其中，$\dot{Q}_{\mathrm{FE}}$ 是燃料元件的功率；r_i 是燃料区的半径(图 3.19)。

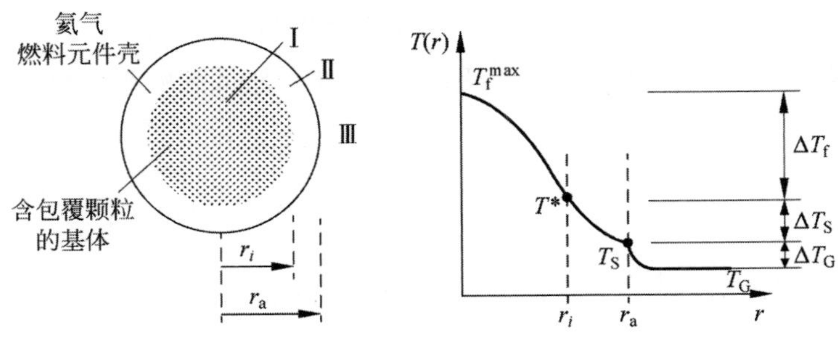

图 3.19 球形燃料元件内的温度分布

假设导热系数和比功率沿径向分布是常数，则对径向温度分布的计算较为容易。

当然，在球形燃料元件内，中子注量率存在一个空间分布，因此，元件内功率产生的空间分布会沿径向发生变化。热传导沿径向发生的变化并不是很重要，甚至可以忽略不计。

用来简化计算稳态温度分布的相关微分方程如下所示：

$$\frac{1}{r^2} \cdot \frac{\mathrm{d}}{\mathrm{d}r}\left(r^2 \cdot \lambda \cdot \frac{\mathrm{d}T}{\mathrm{d}r}\right) + \overline{\dot{q}'''} = 0 \quad (\text{I：燃料区}) \tag{3.74}$$

$$\frac{1}{r^2}\cdot\frac{\mathrm{d}}{\mathrm{d}r}\left(r^2\cdot\lambda\cdot\frac{\mathrm{d}T}{\mathrm{d}r}\right)=0 \quad (\text{Ⅱ：石墨壳}) \tag{3.75}$$

$$\alpha\cdot A\cdot(T_s-T_c)=\dot{Q}_{FE} \quad (\text{Ⅲ：气体}) \tag{3.76}$$

其中，α 是燃料元件表面的换热系数；A 为球的表面积。

关于燃料元件内导热系数及发热沿径向位置的变化情况将在下文给出更详细的讨论。其中，辐照效应会对上述参数的计算产生一定的影响，特别是辐照会使导热系数有所下降。因此，在对上述参数进行计算时，必须要满足下面给出的边界和设计条件：

当 $r=r_i$ 时，$T_{\text{Ⅰ}}=T_{\text{Ⅱ}}$（包壳和燃料区均匀地连接）

当 $r=r_i$ 时，$\mathrm{d}T_{\text{Ⅰ}}/\mathrm{d}r=\mathrm{d}T_{\text{Ⅱ}}/\mathrm{d}r$（如果在燃料区内 $\lambda_{\text{Ⅰ}}=\lambda_{\text{Ⅱ}}$）

当 $r=0$ 时，$\mathrm{d}T_{\text{Ⅰ}}/\mathrm{d}r=0$（假设 $\lambda=$常数）

当 $r=r_a$ 时，$T_{\text{Ⅱ}}=T_S$（$T_S=$表面温度）

当 $r=0$ 时，$T_{\text{Ⅰ}}=T_f^{max}$（最高的包覆颗粒温度）

满足上述边界条件的微分方程给出了沿径向的温度分布。这些方程很容易求解，图 3.19 给出了温度差的定性分布情况。

$$\Delta T_f=\frac{\overline{\dot{q}_f'''}\cdot r_i^2}{6\lambda}=\dot{Q}_{FE}\cdot\frac{1}{8\pi}\cdot\frac{1}{\lambda r_i} \quad (\text{燃料区}) \tag{3.77}$$

$$\Delta T_s=\overline{\dot{q}'''}\cdot\frac{r_i^2}{3\lambda}\cdot\left(1-\frac{r_i}{r_a}\right)=\dot{Q}_{FE}\cdot\frac{1}{4\pi\lambda}\cdot\left(\frac{1}{r_i}-\frac{1}{r_a}\right) \quad (\text{石墨壳}) \tag{3.78}$$

$$\Delta T_G=\dot{Q}_{FE}\cdot\frac{1}{4\pi\alpha}\cdot\frac{1}{r_a^2} \quad (\text{表面-气体}) \tag{3.79}$$

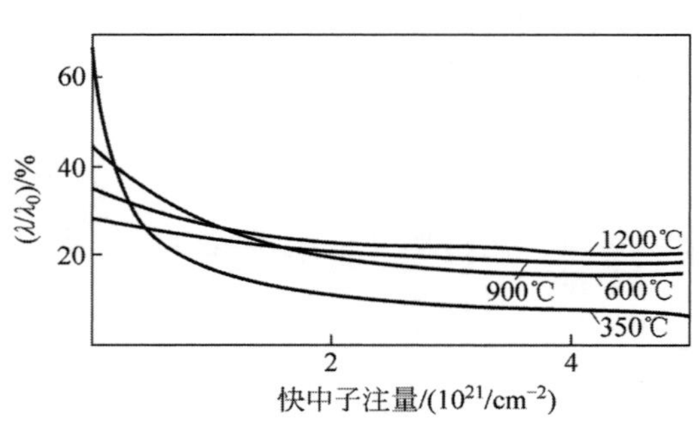

图 3.20 中子辐照引起的石墨导热系数的下降（$E>0.1$MeV，未辐照时 $\lambda_0=30$W/(m·K)）

其中，$\dot{Q}_{FE}$ 是球形燃料元件的功率，对于 HTR-Module，其功率的平均值 $\dot{Q}_{FE}=550$W，$r_i=2.5$cm，$r_a=3$cm，$\alpha=2300$W/(m^2·K)，$\lambda=6$W/(m·K)。可以得到如下温度差：$\Delta T_f=146$K，$\Delta T_S=49$K，$\Delta T_G=21$K。在700℃的冷却剂温度下，可得燃料的最高温度为 916℃。在这个例子中，已将辐照引起导热系数下降这一因素考虑进来。如图 3.20 所示，在任何情况下，中子辐照引起导热系数的下降这一因素都是一个不容忽视的效应。随着燃耗程度的加深和温度的逐渐升高，导热系数的下降幅度愈发显著。

如果温度随导热系数的变化及发热沿径向的变化是已知的，那么用解析法也可以正确地求解燃料区的导热方程：

$$\frac{1}{r^2}\cdot\frac{\mathrm{d}}{\mathrm{d}r}\left(r^2\cdot\lambda(T)\cdot\frac{\mathrm{d}T}{\mathrm{d}r}\right)+\dot{q}'''(r)=0 \tag{3.80}$$

$$\int_{T^*}^{T}\lambda(T')\cdot\mathrm{d}T'=-\int_0^r\frac{1}{r'^2}\cdot\int_0^{r'}\dot{q}_1'''\cdot(r'')\cdot r''^2\cdot\mathrm{d}r''\cdot\mathrm{d}r'+\int_0^r\frac{C_1\cdot\mathrm{d}r'}{r'^2}+C_2 \tag{3.81}$$

式(3.81)可以借助分析近似或者数值方法来求解。燃料区内的温差与导热系数的积分值相关，这类似于轻水反应堆中燃料棒的情况。

$$\int_{T^*}^{T}\lambda(T')\cdot\mathrm{d}T'\approx\dot{Q}_{FE},\quad \lambda(T)\approx\bar{\lambda}_{\text{石墨}} \tag{3.82}$$

但是，对于球形燃料元件，石墨的导热系数比 LWR 中 UO_2 燃料棒的导热系数高得多，在轻水堆系统中，采用具有低导热系数的 UO_2。

UO_2 在 1000℃时的导热系数为 2W/(m·K)，而石墨在这个温度下的导热系数为 5W/(m·K)，该导热系数是在中子高辐照注量下大幅下降之后的值。在模块式 HTR 中，燃料管理方式成为燃料元件和包覆颗粒温度发生变化的特定条件。在多次通过堆芯的情况下，每一个燃料元件中的温度分布在每次通过堆芯时都会发生变化。

在每次通过堆芯期间，燃料温度随每次通过的燃料元件轴向功率分布的变化而变化。类似地，燃料温度随堆芯径向位置的变化也是如此。如图 3.21 所示，THTR 反应堆采用 6 次通过堆芯的方式，随着通过次数的增加，燃耗不断增加，燃料的温度也随之发生变化。在后面几次通过堆芯时，随着燃耗的增加，燃料元件的功率有所下降，相应地，燃料处于较高温度的时间跨度也逐渐缩小。

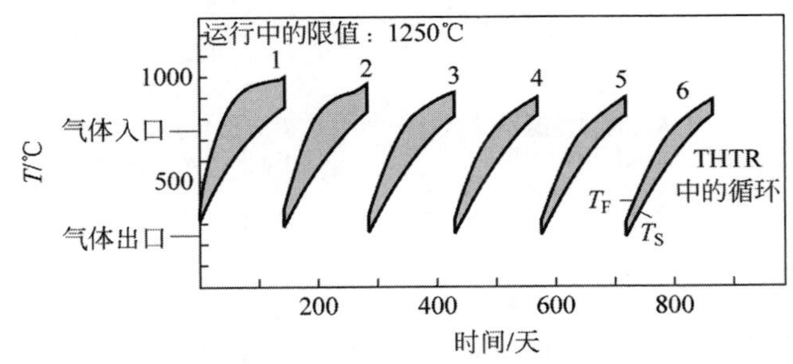

图 3.21 THTR 中 6 次通过堆芯期间中心通道上燃料元件的表面温度（T_S）和燃料元件的最高温度（T_F）

此外，燃料温度和表面温度直方图对于分析球形燃料元件的温度分布和所有载荷也非常重要。在直方图中，考虑了高于某个特定温度 T 的燃料元件数或者燃料颗粒数，同时，也包含了超过这个特定温度所需要的时间参数。

在反应堆运行期间，仅有少数燃料元件和包覆颗粒在短时间内处于高温。这一现象可以用燃料元件和包覆颗粒的温度直方图来加以表征。

图 3.22 所示为 THTR 和模块式 HTR 堆芯中正常运行时包覆颗粒温度直方图。燃料温度超过 1000℃ 的燃料元件相当少，这种作用于不同燃料元件的高温只发生在很短的时间内。

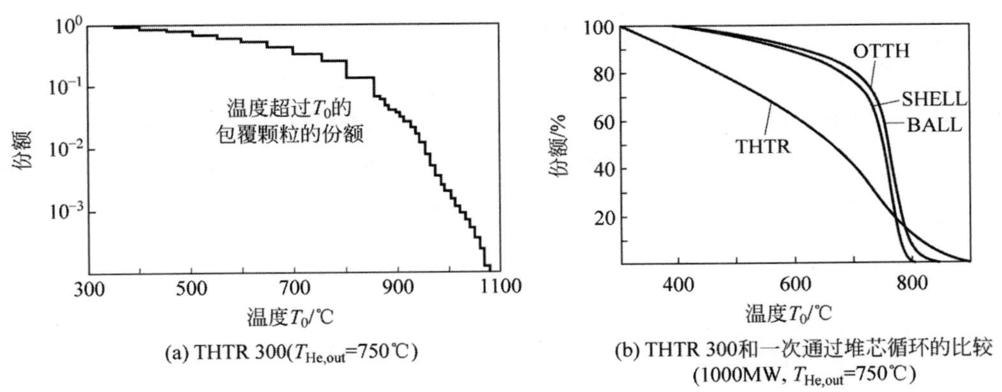

图 3.22 正常运行下堆芯燃料温度直方图（温度超过 T_0 的包覆颗粒的份额）

这种在正常运行期间形成的温度直方图对于推导正常运行期间裂变产物的释放率很有参考价值。假设在模块式 HTR 中，温度超过 1000℃ 的燃料元件所占份额很少，因此在正常运行期间，裂变产物的释放也非常少。

对高温堆芯而言，这种直方图具有与 LWR 堆芯和燃料元件热通道因子 F_q 类似的重要性，它将棒的功率密度、热流密度和线功率的最大值与平均值关联起来。

$$F_q = \frac{\dot{q}'''_{max}}{\bar{\dot{q}}'''} = \frac{\dot{q}''_{max}}{\bar{\dot{q}}''} = \frac{\dot{q}'_{max}}{\bar{\dot{q}}'} \tag{3.83}$$

与上述定义相对应，最大值为 2 的热通道因子是 PWR 核电厂的正常情况，如图 3.23 所示。

如果假设导热系数近似为一个常数，则 LWR 燃料元件 UO_2 芯块中心和边界之间温度差的比值几乎与热通道因子成正比：

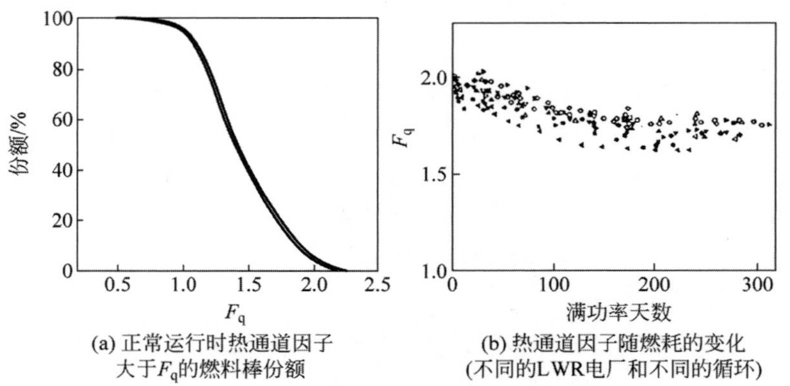

(a) 正常运行时热通道因子大于F_q的燃料棒份额　(b) 热通道因子随燃耗的变化(不同的LWR电厂和不同的循环)

图 3.23　大型 PWR 核电站热通道因子

$$\Delta T_{max}/\Delta\overline{T} \approx F_q \tag{3.84}$$

热通道因子 F_q 随着 LWR 燃耗的增加而逐渐下降,它反映了堆芯设计的各种特性：功率密度的空间分布、流量分布的偏差、几何偏差、堆芯内控制棒的影响、控制棒和燃料组件的几何参数偏差。

类似地,也可以给球床反应堆的燃料元件设立一个相似的因子。比如,可以定义这样一个“正常”的元件,这个元件的中心和边界的温差为 $\Delta\overline{T}$,并定义一个“最热”的燃料元件,在这个元件内,中心和边界的温差为 ΔT_{max}。那么,对于 HTR 燃料元件,可以定义一个如下的相关热点温度因子 f_q,并且可以通过正常运行时的燃料温度直方图加以校正。

$$f_q = \frac{\Delta T_{max}}{\Delta\overline{T}} \tag{3.85}$$

对于模块式 HTR 堆芯,这个特征值大约为 2。因为在模块式 HTR 中,燃料元件的温差相当小,这个值很容易达到。我们可将其应用于不同堆芯高度的燃料元件。

由上述分析可以得出：HTR 堆芯中的温差要比大型 LWR 堆芯中的温差小得多。在 LWR 堆芯中,很多燃料棒包含了温度超过 2000℃的芯块,这对正常运行时的燃料元件并不会产生太大的影响,但在事故条件下这一温度不容小觑,尤其是在严重事故的情况下,过高的燃料初始温度会使对事故进行处理所需的宽限时间很短。图 3.24 给出了模块式 HTR 和大型 PWR 中燃料元件温度分布的差异。图 3.24 清楚地表明,对于模块式 HTR,其燃料温度的设定值与限值之间具有非常大的裕度。这一点对于反应堆的正常运行来说非常重要,因为相比于燃料的温度,堆芯运行参数产生的偏差对于燃料元件而言相对更容易承受。

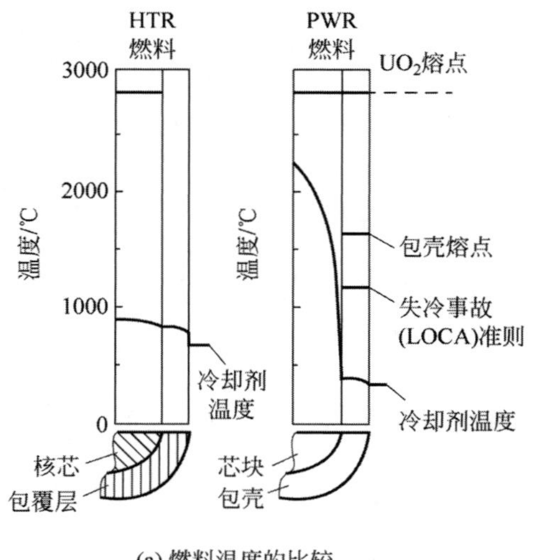

(a) 燃料温度的比较

参数	HTR	PWR
平均功率密度/(MW/m^3)	3.2	100
UO_2功率密度/(MW/m^3)	300	300
平均燃料温度/℃	约500	约1000
最高燃料温度/℃	约850	约2000
冷却剂最高温度/℃	约800	325
表面热流密度(平均)/(W/cm^2)	6	60
峰值因子	2	2

(b) 其他一些参数的比较

图 3.24　模块式 HTR(平均气体出口温度：750℃)和大型 PWR(平均水的出口温度：325℃)燃料温度其他一些参数的比较

由于发生事故时燃料温度的设定值与技术限值之间存在较大的裕度,因此在这种条件下可以实现非常可靠的堆芯设计和燃料元件布置,在遭受损害之前可以提供非常长的宽限期。如果在发生事故的情况下,模块式 HTR 的最高燃料温度能得到限制,那么仅有非常少量的裂变产物会从燃料元件或反应堆中释放出来(详见第 10 章)。

3.7 球床堆芯中的热传导

燃料元件内的发热需通过氦冷却剂的强迫对流进行换热,由元件表面传出至氦冷却剂,燃料元件表面的热流密度为 $\dot{q}''$。热流密度与换热系数 α 有关,可用下面的方程式来表示:

$$q''=\alpha(T_S-T_G),\quad \dot{Q}_{FE}=\dot{q}''\cdot 4\pi\cdot r_a^2 \tag{3.86}$$

其中,T_G 为气体温度;T_S 是燃料元件表面的温度。图 3.26 给出了热交换的一个实例,其中,α 是多个参数的函数,可通过实验定量地加以确定:

$$\alpha=\alpha(T,p,\lambda,\eta,c_p,\rho,v_{He},d_H,\text{几何}) \tag{3.87}$$

其中,d_H 是相应的水力学直径,这里指球形燃料元件的直径;v_{He} 是球床中氦气的流速(图 3.25)。

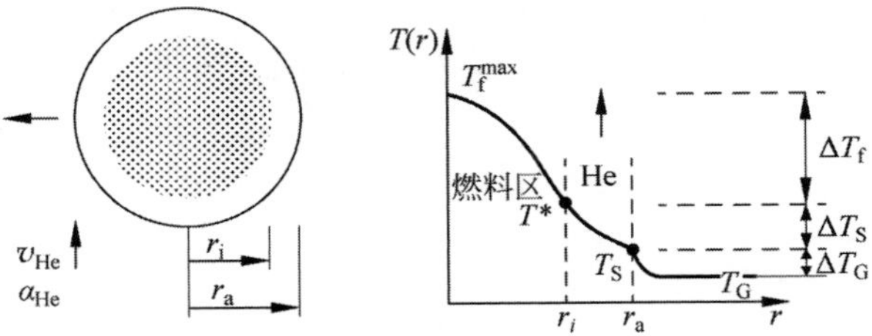

图 3.25 由燃料元件表面向氦冷却剂的传热过程

换热系数是堆芯中的特征参数,可由如下关系式导出:

$$\alpha=Nu(Pr,Re,\varepsilon)\cdot\lambda/d \tag{3.88}$$

球床中的局部换热系数可以采用如下的努塞特经验公式来计算:

$$Nu(Pr,Re,\varepsilon)=1.27\cdot Pr^{0.33}\cdot Re^{0.36}/\varepsilon^{1.18}+0.033\cdot Pr^{0.5}\cdot Re^{0.86}/\varepsilon^{1.07} \tag{3.89}$$

其中,普朗特数、雷诺数和努塞特数的定义分别为

$$Pr=\eta\cdot c_p/\lambda,\quad Re=\dot{m}\cdot d/(A_\eta),\quad Nu=\alpha\cdot d/\lambda \tag{3.90}$$

式(3.90)中各参数定义如下:d 为燃料元件直径(m);D 为堆芯直径(m);A 为堆芯面积(m^2);η 为氦气的动黏度系数(kg/(m・s));λ 为氦气的导热系数(W/(m・K));c_p 为氦气的比热(kJ/(kg・K));$\dot{m}$ 为堆芯中氦气的质量流量(kg/s);α 为换热系数(W/(m^2・K));ε 为堆芯的孔隙率。

上面给出的努塞特公式相关参数的适用范围为:$100\leqslant Re\leqslant 10^5$,$0.36\leqslant\varepsilon\leqslant 0.42$。基于上述公式,图 3.26 给出了努塞特数随雷诺数变化的实验结果。

以 THTR 堆芯为例,可以得到:$\dot{m}=289$kg/s,$A=4\pi r_c^2=24.63m^2$,$d=6$cm,$\varepsilon=0.39$,$\eta=3.73\times10^{-5}$kg/(m・s),$\lambda=0.3$W/(m・K),$c_p=5.19$kJ/(kg・K)。假设氦气的平均温度为 500℃,于是得到 $Pr=0.646$,$Re=18874$,$\alpha=2.3$kW/(m^2・K)。

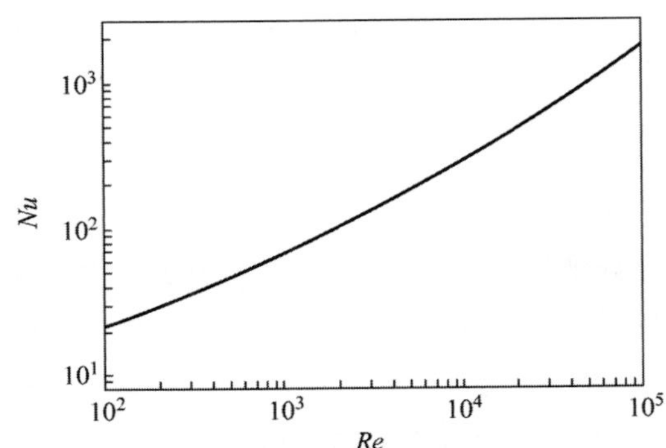

图 3.26 努塞特数随雷诺数的变化关系
氦气,$\varepsilon=0.39$,$d=6$cm

在 HTR-PM 中,燃料元件表面的平均热流密度 $\dot{q}''$ 约为 6W/cm^2(堆芯平均功率密度为 3.3MW/m^3,5400 个燃料元件/m^3)。所以,根据关系式 $\Delta T\approx\dfrac{\overline{\dot{q}''}}{\alpha}$,元件表面和氦气之间的平均温差大约为 50℃。在功率密度峰值因子为 1.7 的情况下,最大热流密度大约为 12W/cm^2。堆芯内的换热系数随所处的位置稍有变化。随着温度的升高,堆芯底部的换热系数比前面给出

的值要略高一些。已有文献中还列出了一些描述球床系统内换热的关系式。表 3.6 中给出一些具体的实例。

表 3.6 球床中传热的关系式

努塞特关系式	$Re(1-\varepsilon)$
$Nu=\frac{1-\varepsilon}{\varepsilon}\cdot Re^{0.6}\cdot Pr^{0.33}$	$500\sim10^4$
$Nu=2+\frac{1-\varepsilon}{\varepsilon}\cdot Re^{0.5}+5\times10^{-3}\cdot\frac{1-\varepsilon}{\varepsilon}\cdot Re$	$250\sim5.5\times10^4$

与前面给出的关系式相关的测量值具有一定的不确定性，偏差在±20%以内。若要通过计算得到最高的燃料温度和表面温度，在计算过程中必须要考虑这一不确定性因素。而在实际使用时，这一不确定性产生的温度影响范围在 10℃以内。

在对传热和压力进行分析时，堆芯内球形燃料元件的堆积密度是一个非常重要的参数。

ε 是球床堆芯的孔隙率，它与堆芯直径 D 和燃料元件直径 d 相关，关系式如下：

$$\varepsilon=f(D/d)=0.375+0.34\cdot D/d+\delta(D/d) \tag{3.91}$$

对于 $d=6\text{cm}$，$D/d=50$ 的球床，实际的孔隙率为 $\varepsilon=0.39$。对于具有较小 D/d 比值的球床及球床的边界处，则需考虑由于比值及边界条件而使 ε 产生偏差这一情况，如图 3.27 所示。

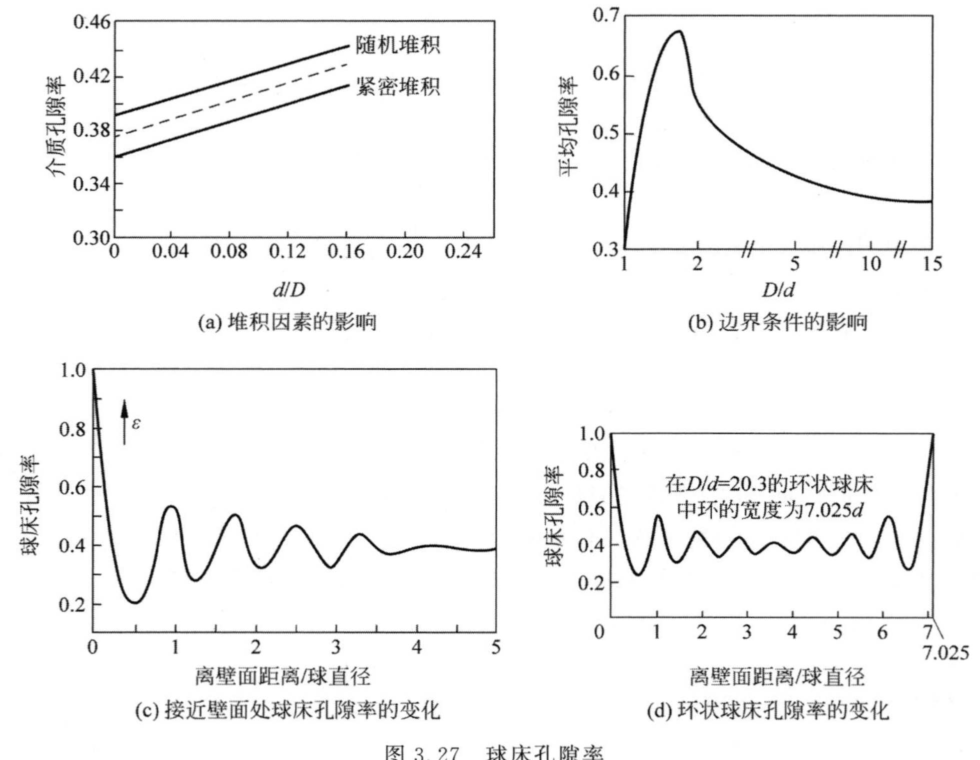

图 3.27 球床孔隙率

在详细的分析中，必须考虑反射层壁面处氦气流经堆芯时产生的影响，因为这一效应会导致与所示的球床换热方程存在一定的偏差。因此，在分析时应考虑球床中氦气的横向流动这一影响因素。

3.8 堆芯和反射层结构中的阻力降

氦气流过堆芯及反射层顶部和底部时会产生阻力降。同时，在流经上述结构时，由于流道大小的变化引起流动方向的变化，也会产生附加的阻力降。为克服阻力降，要求提供的唧送功率为

$$\Delta P\approx\Delta p\cdot\dot{m}/(\rho\cdot\eta_p) \tag{3.92}$$

因而会影响电厂的总效率和氦风机的容量。当氦气流经球床时，阻力降主要由摩擦导致：

$$\Delta P=\psi\cdot\frac{1-\varepsilon}{\varepsilon^3}\cdot\frac{H}{d}\cdot\frac{1}{2\rho}\cdot\left(\frac{\dot{m}}{A}\right)^2 \tag{3.93}$$

在关注的雷诺数范围内,摩擦系数可以由下面的关系式给出:

$$\psi=\frac{320}{Re/(1-\varepsilon)}+\frac{6}{[Re/(1-\varepsilon)]^{0.1}} \tag{3.94}$$

其中,雷诺数由下面的表达式给出:

$$Re=\frac{\dot{m}d}{A\eta} \tag{3.95}$$

这个关系式对于 Re 和 ε 的适用范围为:$1\leqslant Re/(1-\varepsilon)\leqslant 10^5$,$0.36\leqslant\varepsilon\leqslant 0.42$。图 3.28 给出了相应于前面给出的关系式测量所得的摩擦系数。在上面给出的关系式中,H 是堆芯的平均高度,其他参数已在 3.7 节中给出定义。由于氦气流速随着堆芯的高度发生变化,所以,Re 和摩擦系数也将随着堆芯的高度而发生变化。

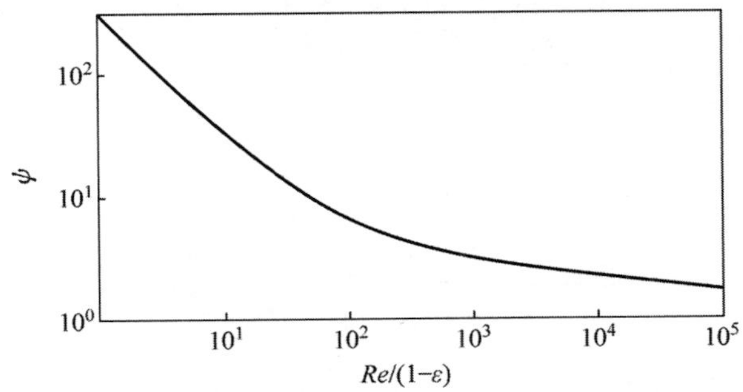

图 3.28 摩擦系数 ψ 随雷诺数的变化($H/d>5$,$D/d>5$)

以 THTR 为实例说明参数之间的相互关系:$\varepsilon=0.39$,$H=5.1\text{m}$,$d=6\text{cm}$,$\rho=2.48\text{kg/m}^3$,$\dot{m}=289\text{kg/s}$,$A=24.63\text{m}^2$,$\eta=3.78\times10^{-5}\text{kg/(m·s)}$,其阻力降 $\Delta p=59\text{kPa}$。在电厂运行期间也对阻力降进行了测量,结果表明,理论值与测量值之间吻合得非常好。图 3.29 给出了 THTR 中堆芯阻力降的测量值和计算值随氦气质量流量的变化情况。

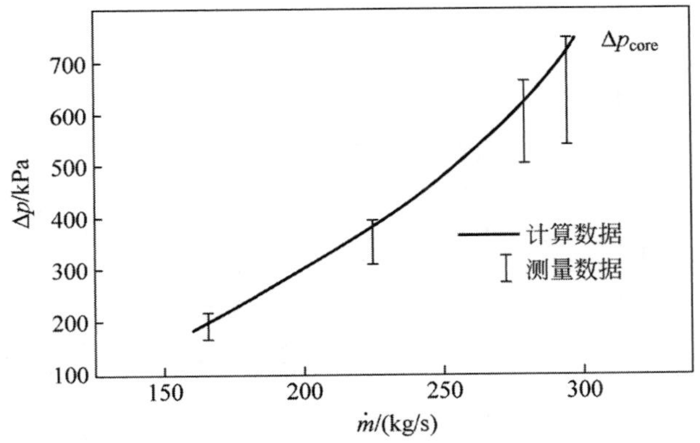

图 3.29 THTR 中测量和计算的堆芯阻力降随氦气质量流量的变化

计算值与测量值之差在±(10%~15%)范围内,对此,可以通过使用的关系式和测量方法的不确定性给出相应的解释。实际上,在反应堆堆芯内,气体的温度和密度也是随着高度发生变化的,所以计算过程要更为详细。如果将相关参数随轴向位置发生变化这一因素也考虑进来,则堆芯阻力降为

$$\Delta p=\int_0^H\frac{\partial p}{\partial z}\cdot \mathrm{d}z \tag{3.96}$$

$$\frac{\partial p}{\partial z}=\psi(z)\cdot\frac{1-\varepsilon}{\varepsilon^3}\cdot\frac{1}{d}\cdot\frac{1}{\rho(z)}\cdot\left(\frac{\dot{m}}{A}\right)^2 \tag{3.97}$$

可以应用气体轴向温度分布和氦气密度的关系式来求解积分:

$$\rho(T)=\rho_0\cdot\frac{p(z)}{p_0}\cdot\frac{T_0}{T(z)} \tag{3.98}$$

堆芯的阻力降对于堆芯的设计是一个非常重要的参数，因为它影响电厂的总效率和氦风机的设计。式(3.99)可被作为堆芯重要参数的函数导出：

$$\Delta p \approx \frac{H}{\rho} \cdot \dot{m}^2, \quad \dot{m} = \frac{\dot{q}''' \cdot V_c}{c_p \cdot \Delta T_c} = \frac{\dot{q}''' \cdot H \cdot A}{c_p \cdot \Delta T_c}, \quad \Delta p \approx \frac{\dot{q}'''^2 \cdot H^3}{\Delta T_c^2} \cdot \frac{1}{\rho} \tag{3.99}$$

其中，ΔT_c 是堆芯内氦气的温升。堆芯高度 H 的显著影响很明显。

如果是采用蒸汽轮机的电厂，根据目前的技术状况，适宜选用一级压缩的氦风机，因为它还需要为氦回路中其他部件提供阻力降。目前，采用成熟技术的氦冷却式反应堆中一级径向压缩风机的压力升为130～150kPa。当然，多级压缩的风机也已有研发的产品，也可以采用。

图3.30给出了堆芯阻力降随堆芯高度和功率密度的变化。图中还包含了一些HTR的设计要点。

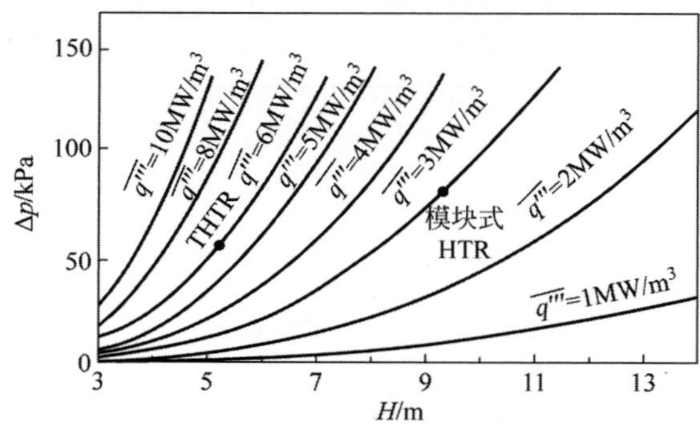

图3.30 堆芯阻力降随堆芯高度和堆芯功率密度的变化($\Delta T_c = 500$℃，$P_{He} = 4$MPa)

在整个氦回路中，还需考虑其他部件上的阻力降(见图3.31)。整个一回路中总的阻力降是回路中各个部件上的阻力降之和，包括热气导管和不同流动区域之间流道的变化引起的阻力降：

$$\Delta p_{tot} = \sum_i \Delta p_i \tag{3.100}$$

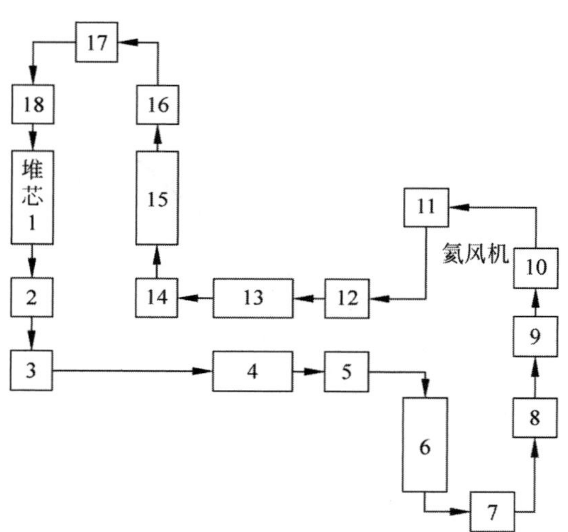

图3.31 模块式HTR一回路的流道和阻力降

1—堆芯；2—底反射层；3—热氦气腔室；4—热氦气导管；5—流道转向；6—蒸发器；7—流道转向；8—蒸发器中氦气流道；9—风机入口；10—氦风机；11—扩口；12—流道转向；13—热气导管外同心管；14—反应堆底部冷氦气腔室；15—反射层结构内流道；16—冷氦气取样；17—流道转向；18—顶部反射层

于是可以计算氦风机的唧送功率如下：

$$P_{circ} = \Delta p_{tot} \cdot \frac{\dot{m}}{\rho \cdot \eta_p} \tag{3.101}$$

由式(3.101)，可以得到如下关系式：

$$\frac{P_{\text{circ}}}{P_{\text{el}}} \approx \frac{\Delta p_{\text{tot}}}{\rho \cdot \eta_p \cdot \eta_{\text{tot}} \cdot c_p \cdot \Delta T_{\text{He}}} \tag{3.102}$$

我们发现，电厂发电功率的2%～3%需用于补偿阻力降的电力消耗。η_{tot} 是电厂的净效率，ΔT_{He} 是氦气在堆芯中的温升。过去，人们曾考虑直接用蒸汽轮机来驱动氦风机，虽然这个技术方案可以达到较高的驱动效率，但是，目前采用的将氦回路与蒸汽侧隔离开这一方案具有更高的可靠性，否则，有可能发生蒸汽进入一回路的风险。

图3.32给出了摩擦系数与雷诺数和表征表面粗糙度的几何因子的关系。

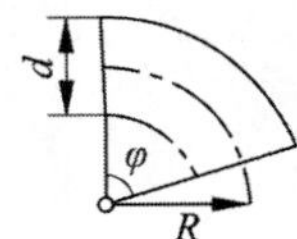

R/d	1	2	4	6	10
ζ	0.21	0.14	0.11	0.09	0.11

图3.32　弯管处的摩擦系数 $\xi(\phi=90°$，光滑管)

在流动的各个环节均会产生阻力降，针对在反射层结构中产生的阻力降，可以用如下方程式计算：

$$\Delta p = \xi \cdot \frac{L}{d_{\text{H}}} \cdot \frac{\rho}{2} \cdot v^2 \tag{3.103}$$

其中，L 是流道的长度；d_{H} 是水力学直径；ξ 是摩擦系数，它与雷诺数有关。如果为层流，对于圆管，ξ 可以用下面的关系式来表示：

$$\xi = 16/Re \tag{3.104}$$

如果是湍流，相关的关系式已在表3.7中给出。表3.8摘要给出了HTR堆芯阻力降的例子。

表3.7　流道中阻力降的经验公式(顶部和底部反射层中)

	方　程　式	适用范围
基本方程	$\xi=0.046Re^{-0.2}$	$5000<Re<2\times10^5$
K_∞ 修正	$\xi=0.0014+0.125Re^{-0.32}$	$3000<Re<3\times10^6$
Blasius 方程	$\xi=0.0079Re^{-0.25}$	$5000<Re<10^5$
Colebrook-White 方程	$\xi=0.001\,375(1+100Re^{-0.33})$	粗糙度 $\varepsilon=0$

表3.8　堆芯结构各个部件中的阻力降(模块式HTR；200MW；氦气温升：250～750℃；压力：6MPa)

部　　位	特　　性	阻力降/MPa
堆芯	球床内	0.06
底部反射层	孔道	<0.01
热氦气腔室	混合	<0.01
热气导管	流道	<0.01
蒸汽发生器	螺旋盘管外侧流道	0.05
冷气导管	流道内	<0.005
反应堆中返回通道	孔道	<0.005
顶部反射层	孔道	<0.002
合计		0.15

3.9　模块式HTR堆芯热工-水力学的特殊问题

3.9.1　通过堆芯后热氦气的混合

通过堆芯之后的热氦气中会形成局部温度过高的气流，有可能对热气导管、蒸汽发生器或中间热交换器等部件造成损坏。所以，要将堆芯出口的氦气加以混合。

热氦气从堆芯底部反射层流出之后进入热氦气腔室进行混合的过程会带来额外的阻力损失。图3.33

给出这一混合装置的典型示例，图 3.34 所示为通过这个装置进行热氦气混合的效果图，这是在 THTR 电厂中进行测量的结果。

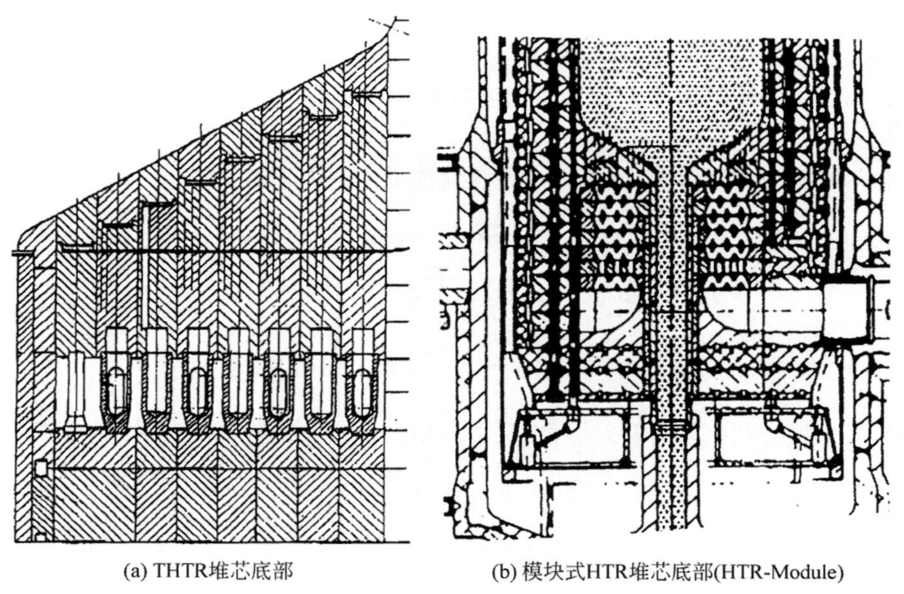

(a) THTR堆芯底部　(b) 模块式HTR堆芯底部(HTR-Module)

图 3.33　HTR 堆芯底部热氦气的混合腔室

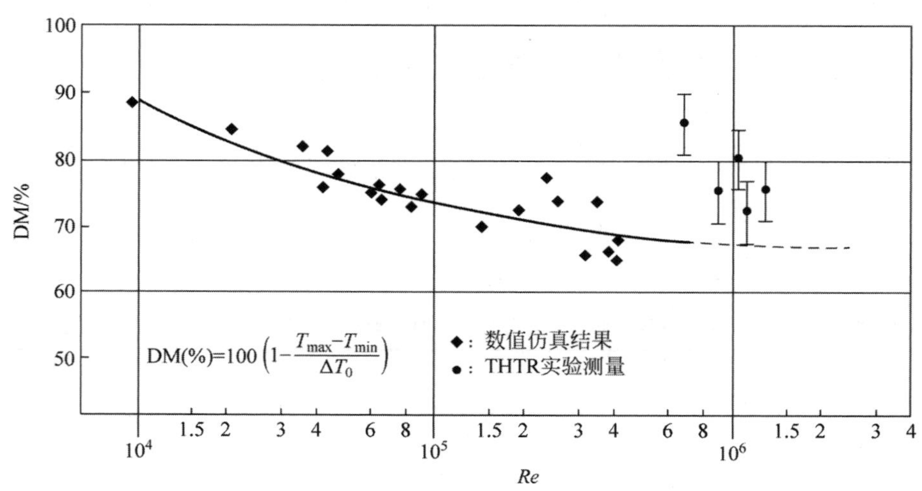

图 3.34　热氦气通道中混合程度随雷诺数的变化情况

在一个模拟 THTR 堆芯底部的模型上进行实验。实验中，将一股冷气体引入热气体中加以混合，为了表征其混合程度(DM)，给出如下方程：

$$DM(\%)=[1-(T_{max}-T_{min})/\Delta T_0]\times 100\% \tag{3.105}$$

如图 3.34 所示，THTR 的混合因子相当高，可以达到 75%～80%。$T_{max}-T_{min}$ 是堆芯底部出口处氦气径向温度分布的最高温度与最低温度之差，ΔT_0 是气体经堆芯底部混合之后出口处最热流道和最冷流道温度之差。这就意味着，如果采用适当的堆芯底部设计，原有 100℃的温差可以减少到仅 25℃。

当然，由于堆芯底部采用了附加结构，从而增加了阻力降，这一点在进行相应的数值计算时必须要加以考虑。图 3.35 给出了不同结构布置的测量结果。这里采用的摩擦系数 ξ 由如下表达式来定义：

$$\xi=\frac{\Delta p}{\frac{\rho}{2}\cdot v^2} \tag{3.106}$$

其中，有关结构布置的数据不包含其他附件结构。

在任何情况下，都需要在合适的模型上进行详细的测量以找到最佳的混合条件并获取足够的认知来完成实际反应堆的设计。

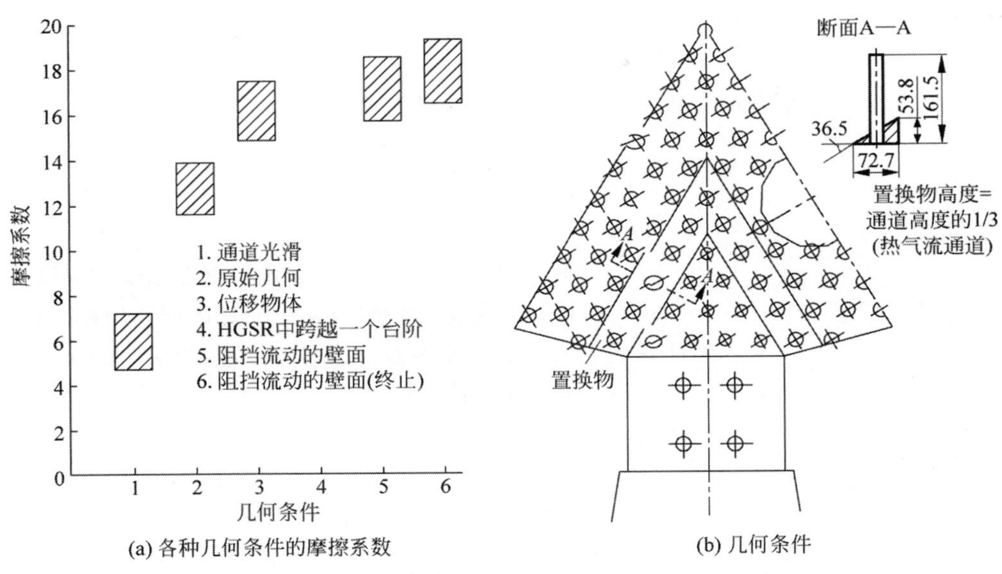

(a) 各种几何条件的摩擦系数　　(b) 几何条件

图 3.35　模块式 HTR 堆芯底部热氦气混合产生的阻力降

对堆芯出口处氦气温度进行混合展平涉及电厂的布置和设计。冷却剂气体中热点气流将影响热气导管中心管材料的温度、预热器中蒸汽重整器盘管材料的温度及与蒸汽发生器相关的热气导管结构内衬材料的温度。上述部件温度过高将会缩短其运行寿命。因此,在设计时,要在获得更高的运行寿命与较高的风机唧送能量的成本之间进行权衡。

3.9.2 堆芯冷却旁流的影响

由于有些堆芯内部构件,特别是像石墨这类构件,其结构件之间存在一定的缝隙,会引起氦气的旁流,而这些旁流起不到对堆芯冷却的作用。因此,下面来讨论堆芯冷却剂旁流产生的一些影响。首先,给出堆芯的热平衡方程式:

$$P_{th}=\int_{V_c} E_f \cdot \overline{\Sigma_f \cdot \phi} \cdot dV = \dot{m} \cdot c \cdot (\overline{T_0}-\overline{T_i}) \tag{3.107}$$

其中,$\dot{m}$ 是进入反应堆的氦气的流量;$\overline{T_i}$ 为氦气入口的平均温度;$\overline{T_0}$ 为氦气出口的平均温度。假设总流量中旁流的质量流量为 $\Delta\dot{m}$,则可得到(图 3.36(a)):

$$P_{th}=(\dot{m}-\Delta\dot{m}) \cdot c \cdot (\overline{T_0^*}-\overline{T_i}) \tag{3.108}$$

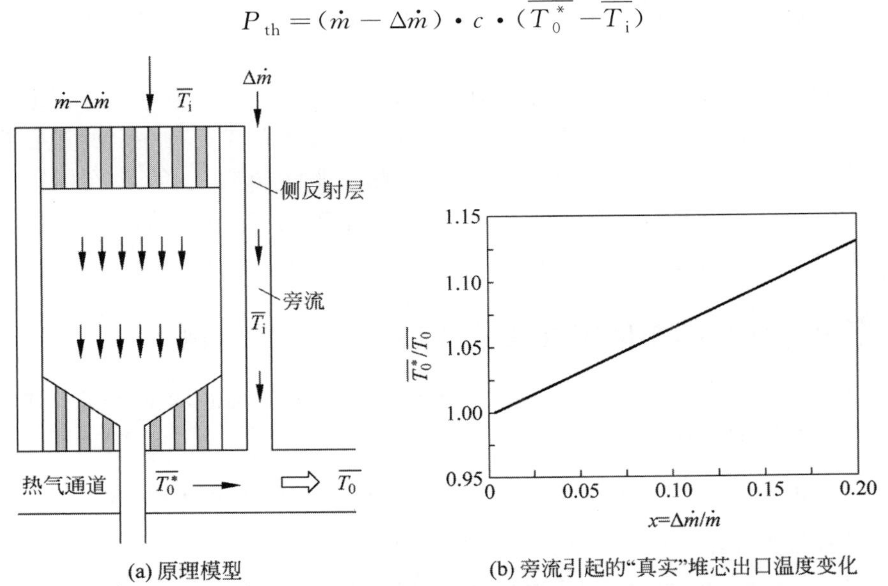

(a) 原理模型　　(b) 旁流引起的"真实"堆芯出口温度变化

图 3.36　旁流冷氦气与从堆芯流出热氦气的混合

可以采用一个非常简化的模型对旁流的冷却气体($\overline{T}_i$)和堆芯出口处热气体($\overline{T_0^*}$)在热气腔室内进行混合。

对于旁流 $\Delta\dot{m}$,可得如下方程:

$$\Delta\dot{m}\overline{T}_i+(\dot{m}-\Delta\dot{m})\cdot\overline{T_0^*}=\dot{m}\cdot\overline{T_0} \tag{3.109}$$

引入参数 $x=\Delta\dot{m}/\dot{m}$,用来表示有旁流和无旁流时出口温度的比值,可得如下方程,图 3.36(b)给出了相应的说明。

$$\frac{\overline{T_0^*}}{\overline{T_0}}=\frac{1}{1-x}-\frac{x}{1-x}\cdot\frac{\overline{T}_i}{\overline{T_0}} \tag{3.110}$$

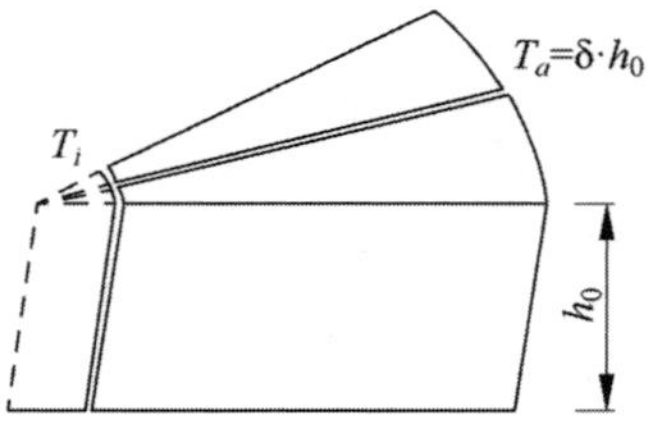

图 3.37 估计旁流量的模型

上述计算结果表明,10%的旁流使得堆芯出口的温度提高了 6%。

结构缝隙造成的旁流量可以通过简化的假设加以分析,以便确定影响质量流量大小的主要参数。图 3.37 所示为采用的相应模型。

热氦气从内侧(T_i)通过间隙流到外部(T_a),间隙的面积为 δh_0。两侧密度差引起的压力差为

$$\Delta p_B=h_0\cdot g\cdot[\rho(T_a)-\rho(T_i)] \tag{3.111}$$

这个值应与摩擦引起的阻力降相等,即有

$$\Delta p_F=\xi(T_i)\cdot\frac{h_0}{d}\cdot\frac{\rho(T_i)\cdot v_i^2}{2}+\xi(T_a)\cdot\frac{h_0}{d}\cdot\frac{\rho(T_a)\cdot v_a^2}{2} \tag{3.112}$$

质量流量可由下面关系式计算得出:

$$\mu=\rho(T_i)\cdot v_i\cdot d\cdot h_0=\rho(T_a)\cdot v_a\cdot d\cdot h_0 \tag{3.113}$$

将式(3.113)代入式(3.112),可以得到:

$$\Delta p_F=\frac{h_0}{2d}\cdot\frac{\mu^2}{(h_0\cdot d)^2}\cdot\left[\frac{\xi(T_i)}{\rho(T_i)}+\frac{\xi(T_a)}{\rho(T_a)}\right] \tag{3.114}$$

摩擦系数 ξ 可以采用下面已知的表达式导出:

$$\xi=\varphi\cdot\frac{64}{Re},\quad Re=\frac{\rho\cdot v\cdot d}{\eta} \tag{3.115}$$

其中,对于因子 φ,在非常窄的间隙下,可以假设为 1.5。对于一个相对较长的间隙,则有

$$\Delta p_F=48\cdot\frac{\mu\cdot h_0}{d^2\cdot(h_0\cdot d)^2}\cdot\left[\frac{\eta(T_i)}{\rho(T_i)}+\frac{\eta(T_a)}{\rho(T_a)}\right] \tag{3.116}$$

最后,根据由摩擦引起的阻力降应与由密度差形成的压力差相等的要求,得到的质量流量如下所示:

$$\mu=h_0\cdot\frac{g}{48}\cdot d^3\cdot\frac{\rho(T_a)-\rho(T_i)}{\eta(T_a)/\rho(T_a)+\eta(T_i)/\rho(T_i)}\approx h_0\cdot d^3 \tag{3.117}$$

由此可以看出,不同间隙大小对堆芯冷却造成的影响有所不同。例如,若间隙宽度仅有 1mm,则所引起的旁流量很小。

即便如此,在进行详细分析时,仍然需要考虑间隙旁流造成的影响,因为总的旁流量是由不同位置、不同温度的旁流汇集而来,而这一总量数值不容忽视,对堆芯的设计和布置具有一定的重要性。在对 AVR 和 THTR 进行设计时已认识到旁流的重要性,旁流量大约占总流量的 10%～20%。在模块式 HTR 的最新设计过程中,应采用一个合适的结构设计,以减少冷气体导入堆芯时的旁流量。同时,设计时也要将由于多年运行造成石墨尺寸变化从而引起旁流量变化所产生的影响考虑进来。

3.9.3 功率密度计算的不确定性及其他热工-水力学问题

在对堆芯冷却状况进行分析时,另一个值得关注的问题是与计算堆芯功率密度中的不确定性相关的。下面给出堆芯平均功率密度的方程式,以此展开作进一步的讨论。

$$\overline{\dot{q}'''}=\int_{V_c}\dot{q}'''\mathrm{d}V/V_c=\overline{\Sigma}_f\cdot\iint\Sigma_f(E,\boldsymbol{r})\cdot\phi(E,\boldsymbol{r})\cdot\mathrm{d}V\cdot\mathrm{d}E/V_c \tag{3.118}$$

由此得到一个计算最大功率密度的方程式:

$$\dot{q}'''(\max)=\beta\cdot\overline{\dot{q}'''}=\overline{E}_f\cdot\overline{\Sigma_f\cdot\phi}\cdot\beta\approx\overline{E}_f\cdot\overline{\Sigma_f}\cdot\bar{\phi}\cdot\beta \tag{3.119}$$

其中，β 是功率密度的峰值因子。在模块式 HTR 实际设计过程中采用燃料多次通过堆芯的循环方式，对于 MEDUL 堆芯，超过 10 次通过堆芯直到达到设定燃耗，其功率密度的峰值因子大约为 1.7。

根据式(3.119)，可将各项偏差叠加起来，以分析功率密度的不确定性：

$$\frac{\Delta\dot{q}'''(\max)}{\dot{q}'''(\max)}=\sum_i\frac{\Delta\xi_i}{\xi_i}=\frac{\Delta\beta}{\beta}+\frac{\Delta\bar{E}_{\mathrm{f}}}{\bar{E}_{\mathrm{f}}}+\frac{\Delta\overline{\Sigma_{\mathrm{f}}}}{\overline{\Sigma_{\mathrm{f}}}}+\frac{\Delta\bar{\phi}}{\bar{\phi}}\tag{3.120}$$

将已进行的关于最大堆芯功率密度计算值不确定性的评估加以汇总，得到的结果见表 3.9。

表 3.9 最大堆芯功率密度计算值不确定性的估计

参数	数值	说明
$\Delta\bar{\beta}/\beta$	0.05	多次通过堆芯循环
$\Delta\overline{E_{\mathrm{F}}}/\overline{E_{\mathrm{F}}}$	0.02	200±4MeV
$\Delta\overline{\Sigma_{\mathrm{F}}}/\overline{\Sigma_{\mathrm{F}}}$	0.05	数据库中的差别
$\Delta\bar{\phi}/\bar{\phi}$	0.05	多组近似

当然，所要求值的平均不确定性，这里指最大功率密度，是采用统计方法来计算的(误差扩展)。若需要一个近似值，可以将各项偏差叠加，那么最大功率密度的不确定性应该小于 20%。在对燃料元件温度，如表面温度和燃料区中心温度进行计算时也包含不确定性。对于在燃料区内形成的温度差，可以采用如下方程进行简单的近似：

$$\Delta T=\dot{q}'''\cdot R^2/(6\lambda_G)\tag{3.121}$$

于是可以得到燃料区内温度差不确定性的表示式为

$$\frac{\Delta(\Delta T)}{\Delta T}=\frac{\Delta\dot{q}'''(\max)}{\dot{q}'''(\max)}+\frac{2\Delta R}{R}+\left|-\frac{\Delta\lambda_G}{\lambda_G}\right|\tag{3.122}$$

通常，采用失效扩展定律来定义不确定性的平均值。

如果一个函数依赖于多个参数 X_i，它们各自的平均失效值为 σ_i，则可得到总的平均失效值为

$$\bar{\sigma}=\sqrt{\frac{\partial f}{\partial x_1}\cdot\sigma_{x_1^2}+\frac{\partial f}{\partial x_2}\cdot\sigma_{x_2^2}+\cdots}\tag{3.123}$$

这里所讨论的 $\bar{\sigma}$ 可用于描述 $\Delta\dot{q}'''$，ΔR，$\Delta\lambda_G$ 或者 $\Delta(\Delta T)$。

不确定性可以通过实验及针对燃料元件的专门测量来加以估计，估计时，可以假设燃料区半径有 5%的偏差，导热系数有 20%的偏差。这些不确定性会给正常运行时最高燃料温度的计算带来附加的不确定性。为了包含上述影响，建议对模块式 HTR 附加 100℃的不确定性包括前面提到的不确定性和换热系数的不确定性。

图 3.38 定性地给出了极端事故情况下(完全失去能动冷却)堆芯燃料元件的不确定性。作为示例，表 3.10 给出几种温度的设定值及包含不确定性因素之后的数值。

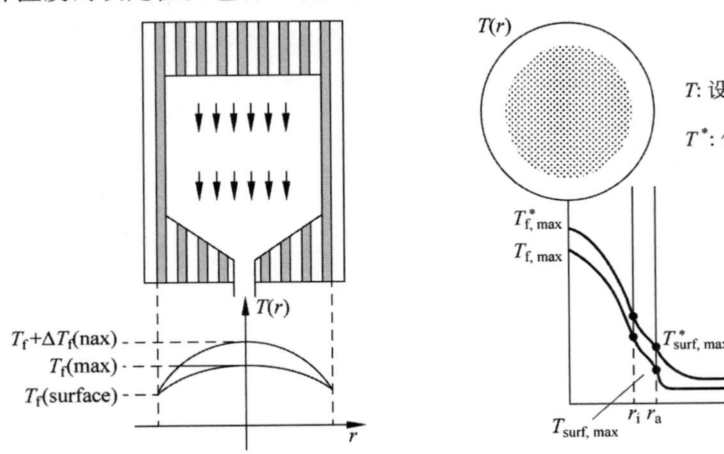

图 3.38 堆芯和燃料元件的径向温度分布(在包含不确定性因素的情况下)

表 3.10 最高温度不确定性和后果的估计

	不确定性	名义值/℃	包含不确定性之后的数值/℃
氦气温度(max)	约 100℃径向温度分布	750	850
表面温度(max)	约 20%,在 α 和$\dot{Q}_{FE}$ 中	800	870
燃料温度(max)	约 20%,在 λ 和$\dot{Q}_{FE}$ 中	950	1080

3.9.4 燃料温度的测量

在球床反应堆内,一般不希望对燃料温度直接进行测量,但有可能借助其他实验得到燃料的温度数值,如在 AVR 中即采用其他方式获得相关的温度值。在 AVR 中装入一些石墨球,这些石墨球内包含了各种不同熔点的金属丝,图 3.39 和表 3.11 分别给出了在 AVR 中已获得实验数据的这些金属丝的信息。表 3.11 给出了具有各种熔点温度的合金成分信息,这些合金可以用于堆芯高温部位的高温探测。进入堆芯的测温石墨球包含了 20 种具有不同确定熔点的金属丝,这些石墨球从堆芯卸出并通过检验后可以得到如图 3.39(c)所示的结果。

(a) 装有熔化金属丝的石墨球　(b) 插入AVR石墨球的具有一定熔点的金属丝

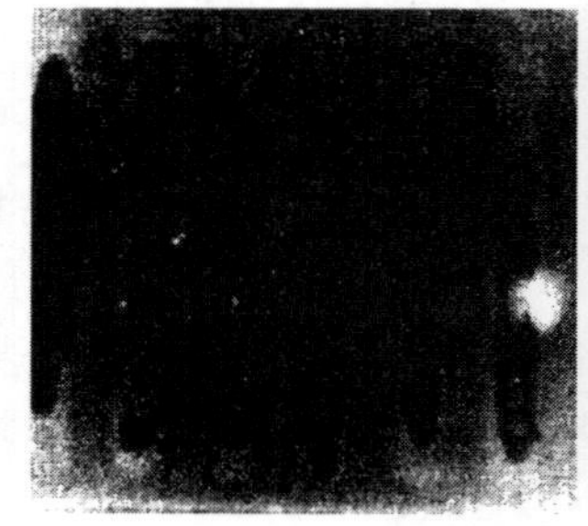

(c) 球形元件内已熔化金属丝的图片
(从X射线图片截下的中心处20个熔化的金属丝)

图 3.39 球床堆芯中燃料温度的测量

表 3.11 一些适用于各种温度的合金成分

样品	合金成分	组成/%	熔点/℃
1	Al/Fe	99.2/0.8	655
2	Ag/Cu/ln	60/27/13	700
3	Ag/Cu	72/28	780
4	As/Cu/Pd	68.4/26.6/5	810
5	Ag/Au/Cu	20/60/20	840
6	Ag/Cu	47/53	878
7	Ag/Cu/Pd	52/28/20	900
8	AgCu	35/65	920
9	Ag/Cu/Pd	54/21/25	940

续表

样品	合 金 成 分	组成/%	熔点/℃
10	Silver	100	960
11	Au/Cu	46/54	982
12	Ag/Pd	95/5	1000
13	Au/Cu	33.5/66.5	1020
14	Au/Cu	25/75	1050
15	Au/Cu	10.5/89.5	1072
16	Cu/Pd	82/18	1088
17	Cu/Ni	90/10	1120
18	Cu/Ni	84/16	1150
19	Ag/Pd/Mn	64/33/3	1200
20	Pd/Cu	70/30	1280

温度范围为655～1280℃，经过多次测量，可以估计出最高温度。由于堆芯中各项参数具有不同的统计分布，上述方法也存在一些不足之处。例如，若能很清晰地了解球形燃料元件的流动分布情况，那么对于装入球的位置就可以有更多的选择，从而得到更为准确的测量结果。

在AVR中的一些区域，经过测试已发现比之前计算出的数值更高的气体温度(图3.40)，究其原因，可能是源自很强的温度径向分布、氦气的旁流、冷却气体进入蒸汽发生器之前顶部反射层上部热气取样室内冷氦气与热氦气的混合。

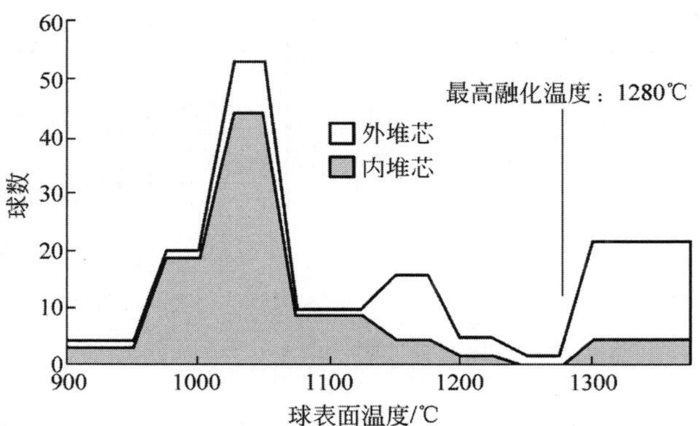

图3.40 AVR堆芯中的测量：燃料元件的温度分布

总之，由上述分析可以得出如下结论：堆芯的所有热工-水力学数据均可以通过足够高的确定性来加以测量，同时，还需指出的是，氦循环系统中的杂质，特别是冷却剂中的水分对于避免在高温元件表面形成过高的腐蚀率非常重要。

3.9.5 堆芯内构件的γ发热和冷却

在反应堆内构件中，强γ和中子场被吸收成为热源，故需要对这些部件进行有效的冷却。这一冷却操作主要针对热屏结构、控制棒及其他测量装置。对γ发热的分析可以采用如下简单方式：例如，在热屏中，γ和中子注量率在堆芯结构内的衰减可以用平面内一个简化的指数衰减形式来表示(图3.41)：

$$\phi(x) \approx \phi_0 \cdot \exp(-\Sigma_a \cdot x) \tag{3.124}$$

单位体积的发热随注量率衰减而发生变化这一效应可以用如下方程表示：

$$\dot{q}''' = \sum_i \Sigma_{ai} \cdot \phi_i \cdot E_i = \dot{q}_0''' \cdot \exp(-\Sigma_a \cdot x) \tag{3.125}$$

其中，Σ_{ai}是入射能量为E_i的γ通量的能量吸收截面，Σ_a表示对吸收加权的宏观截面。由于存在这一附加的发热效应，从而引起结构内的温度分布发生变化，那么可以对各个部件(如热屏)采用如下一维导热微分方程来加以描述。

$$\lambda \cdot \frac{\mathrm{d}^2 T}{\mathrm{d}x^2} + \dot{q}'''_0 \cdot \exp(-\Sigma_a \cdot x) = 0 \tag{3.126}$$

对部件的两面进行冷却，其边界条件是

$$x = 0,\quad T = T_1;\quad x = L,\quad T = T_2 \tag{3.127}$$

在满足上述边界条件下对微分方程进行积分可得：

$$T(x) = T_1 + (T_2 - T_1) \cdot \frac{x}{L} + \frac{\dot{q}'''_0}{\Sigma_a^2 \cdot \lambda} \cdot \left\{\frac{x}{L} \cdot [\exp(-\Sigma_a \cdot L) - 1] - [\exp(-\Sigma_a \cdot x) - 1]\right\} \tag{3.128}$$

最高温度出现在 $x = x_m$，可由 $\mathrm{d}T/\mathrm{d}x = 0$ 计算得出：

$$x_m = -\frac{1}{\Sigma_a} \cdot \ln\left\{\frac{\Sigma_a \cdot \lambda}{\dot{q}'''_0 \cdot L} \cdot (T_2 - T_1) + \frac{1}{\Sigma_a \cdot L} \cdot [1 - \exp(-\Sigma_a \cdot L)]\right\} \tag{3.129}$$

将前面给出的温度分布的解 x_m 代入式(3.129)，则可估计得到最高温度 T_{max}。部件由表面传出去的总的热量 $\dot{Q}_{tot}$ 可以通过对全部表面进行积分得到：

$$\dot{Q}_{tot} = \int_0^L S \cdot \dot{q}'''(x)\mathrm{d}x = \dot{q}'''_0 \cdot S \cdot [1 - \exp(-\Sigma_a \cdot L)]/\Sigma_a \tag{3.130}$$

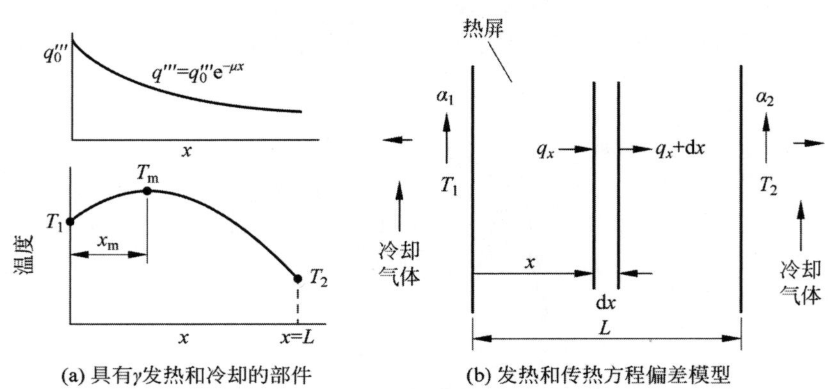

图 3.41　反应堆堆内构件的 γ 发热(例如，热屏)

一部分热量通过部件左侧的气体冷却(T_{G_1})载出，如图 3.41(b)所示，另一部分则由右侧传给气体(T_{G_2})载出。例如，对于左侧部件，应用傅里叶定律可以得到：

$$\dot{q}''(x = 0) = -\lambda \cdot S \cdot \left.\frac{\mathrm{d}T}{\mathrm{d}x}\right|_{x=0} \tag{3.131}$$

更进一步地，可以得到如下更为详细的关系式：

$$\dot{q}''(x = 0) = \frac{\lambda \cdot S \cdot (T_1 - T_2)}{L} - \frac{\dot{q}'''_0 \cdot S}{\Sigma_a} \cdot \left[1 + \frac{\exp(-\Sigma_a \cdot L) - 1}{\Sigma_a \cdot L}\right] \tag{3.132}$$

$$\dot{q}'''(x = 0) = \alpha_1 \cdot (T_1 - T_2) \tag{3.133}$$

类似地，对于右侧部件，其关系式为

$$\dot{q}''(x = L) = \frac{\lambda \cdot S \cdot (T_1 - T_2)}{L} - \frac{\dot{q}'''_0 \cdot S}{\Sigma_a} \cdot \left[\exp(-\Sigma_a \cdot L) + \frac{\exp(-\Sigma_a \cdot L) - 1}{\Sigma_a \cdot L}\right] \tag{3.134}$$

$$\dot{q}''(x = L) = \alpha_2 \cdot (T_1 - T_{G_2}) \tag{3.135}$$

利用上述关系式，可以对堆芯内部一些敏感材料部件的表面温度和最高温度加以分析，这是选取合适的堆芯内部材料并对其使用寿命加以估计的前提条件，其他一些堆芯内的金属部件也可以采用类似的方式加以分析。对堆芯内部一些敏感材料部件相关温度的分析对于控制系统的部件、反应堆内一些受载的部件及堆芯与热气导管连接的金属部件的选取非常重要。另外，在分析过程中，还需考虑热工-水力学方面的因素及由中子辐照引起的活化作用。

3.10 堆芯设计的原则

堆芯及其燃料元件在热工-水力学方面的设计需要经过很多步骤才能最后确定下来。在对堆芯进行初始设计时，一般依据的是目前为止能够获得的最成熟的已知数据资料，之后就需要采用更详细而具体的方法。对首次设计的结果必须要加以验证，对于过高的设计，要求在初期时也必须要加以控制。如果需要变更某些假设，那么所有的估计也不得不加以调整，重新再做。当最终的设计方案确定后，在做更为详细的分析的同时，还需为进一步的工作提供相关信息资料。这些信息资料包括：

- 堆芯的详细数据；
- 燃料元件的详细数据，特别是包覆颗粒；
- 堆芯功率的计算；
- 燃料温度、表面温度的直方图，不确定性估计及其热点；
- 球床内流体的流道；
- 氦气的温升、堆芯内气体温度的空间分布、堆芯内径向温度分布的估计；
- 堆芯内 γ 和中子场数据的估计；
- 燃料元件和反射层内快中子注量的计算；
- 堆芯内燃料元件的流动；
- 燃耗的计算和燃耗的分布；
- 正常运行状态下裂变产物释放的估计；
- 堆芯结构内氦气旁流量的计算；
- 堆芯和底部结构中粉尘量的估计；
- 温度和流量分布的不确定性估计；
- 材料数据的评估及运行期间性能变化和不确定性的分析(快中子辐照)。

图 3.42 给出了堆芯布置和设计过程中必须要进行的工作及步骤。经过反复迭代，得到了对电厂作进一步分析的数据集。这些信息对于部件的设计、反应堆的正常运行及安全性分析都是非常重要的。对于数据的汇总和归纳，其中一个很主要的要求是：所有设计的来源数据都必须是在已有电厂中经过实验检验并验证成功的数据。

目前，已经开发出各种分析球床反应堆流量和温度场的计算机程序。图 3.43 给出了 THERMIX 程序的概况。人们已通过很多实验对这些计算机程序进行了验证。

描述流动场的主要方程是连续方程，在程序中已通过数值方法求解：

$$\frac{\partial \rho}{\partial t}+\operatorname{div}(\rho \cdot v)=\phi_{\mathrm{m}} \tag{3.136}$$

其中，ρ 为流体密度($\mathrm{kg/m^3}$)；v 为流体流速(m/s)；ϕ_{m} 为质量流源密度($\mathrm{kg/(m^3 \cdot s)}$)，其动量方程为

$$\rho \cdot\left(\frac{\partial \boldsymbol{v}}{\partial t}+\boldsymbol{v} \cdot \operatorname{div}(\boldsymbol{v})\right)=-\operatorname{grad} p+\rho \cdot \boldsymbol{g}+k \cdot \boldsymbol{v} \tag{3.137}$$

这里，考虑了外压力、重力的影响及摩擦引起的阻力降。g 为重力加速度($9.81\mathrm{m/s^2}$)，k 为摩擦系数($\mathrm{kg/(m^3 \cdot s)}$)，$p$ 为外压力($\mathrm{N/m^2}$)。

在实际采用的计算机程序中，使用下述近似。

- 稳态条件：$\partial/\partial t=0$，因为分析后得出系统无快速的变化；
- 对力的特别假设：$\boldsymbol{v} \cdot \operatorname{div}(\boldsymbol{v})=0$，由于对流体加速或减速的力相比于其他力很小；
- 利用下面给出的方程对气体的温度加以计算：

$$\rho \cdot c \cdot\left(\frac{\partial T_{\mathrm{g}}}{\partial t}+\boldsymbol{v} \cdot \operatorname{grad} T_{\mathrm{g}}\right)=\operatorname{div}(\lambda \cdot \operatorname{grad} T_{\mathrm{g}})+\overline{\dot{q}'''} \tag{3.138}$$

其中，λ 为球床的等效导热系数($\mathrm{W/(m \cdot K)}$)；T_{g} 为气体温度(℃)；c 为氦气的比热($\mathrm{J/(kg \cdot K)}$)；$\overline{\dot{q}'''}$ 为内热源($\mathrm{W/m^3}$)。这个方程中包括了如下几个效应：气体流动的对流换热；导热引起的传热(散热)；气体和球表面间的传热；源项的热输入。

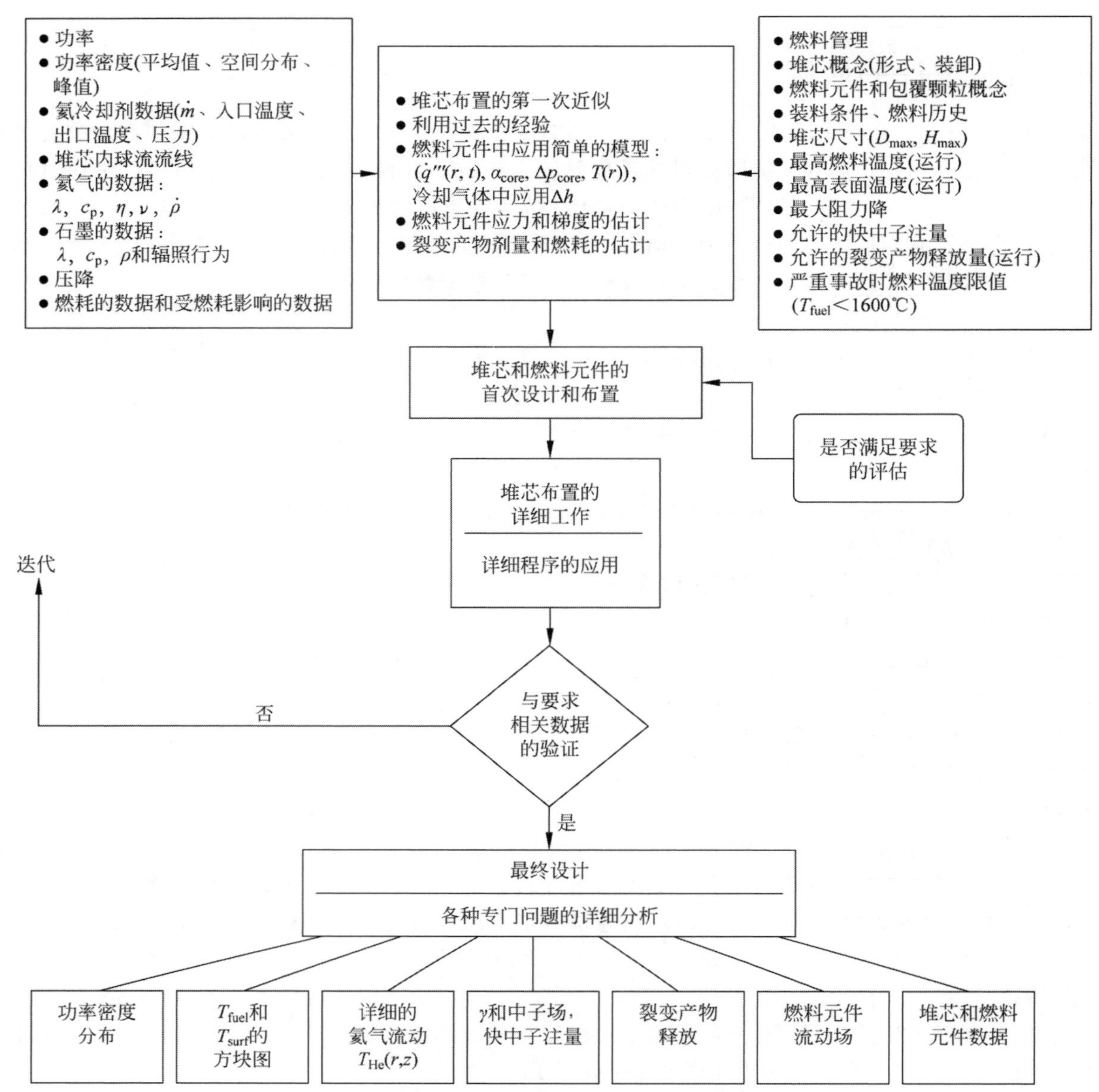

图 3.42　模块式 HTR 堆芯设计和热工-水力布置工作中一些需要开展的工作及要求

对气体温度的计算，并未考虑下述参数可能的贡献：如重力所做的功，压缩或膨胀时的能量交换，摩擦力作用的附加能量。

对燃料元件固体材料中温度的计算基于傅里叶传热方程的解：

$$\rho \cdot c \cdot \frac{\partial T_s}{\partial t} = \operatorname{div}(\lambda \cdot \operatorname{grad} T_s) + \dot{q}''' \tag{3.139}$$

其中，T_s 为固体的温度(℃)；ρ 为石墨的密度(kg/m^3)；c 为石墨的比热(kJ/(kg·K))；λ 为石墨的导热系数(W/(m·K))；$\dot{q}'''$为热的源项(W/m^3)。$\dot{q}'''$包括了核裂变、γ 发热或者对流效应。

对于参数的一些快速变化，由于发生在某些正常运行过程或者事故情况下，中子的动态变化也应成为需要考虑的因素之一。具体地，如在 TINTE 程序中，热工-水力过程和中子动态或者氙的动态过程均应耦合地加以考虑(图 3.44)。在这个程序中，中子场以二维(r,z)形式分布，并通过随时间变化的中子注量率分布加以描述。程序中考虑了 6 组缓发中子和两个能量组。核的热源包括裂变产物和一些中子反应所做的贡献。对温度场的计算包括燃料元件和反射层这两种情况。程序中所指传热包括导热、对流换热及空间的热辐射。

流动场的计算包括氦风机的强迫循环流动及二维几何条件下自然对流的情形。另外，由于在特殊的事故条件下有可能存在不同气体的扩散和混合，程序设计中也考虑了这一情况。

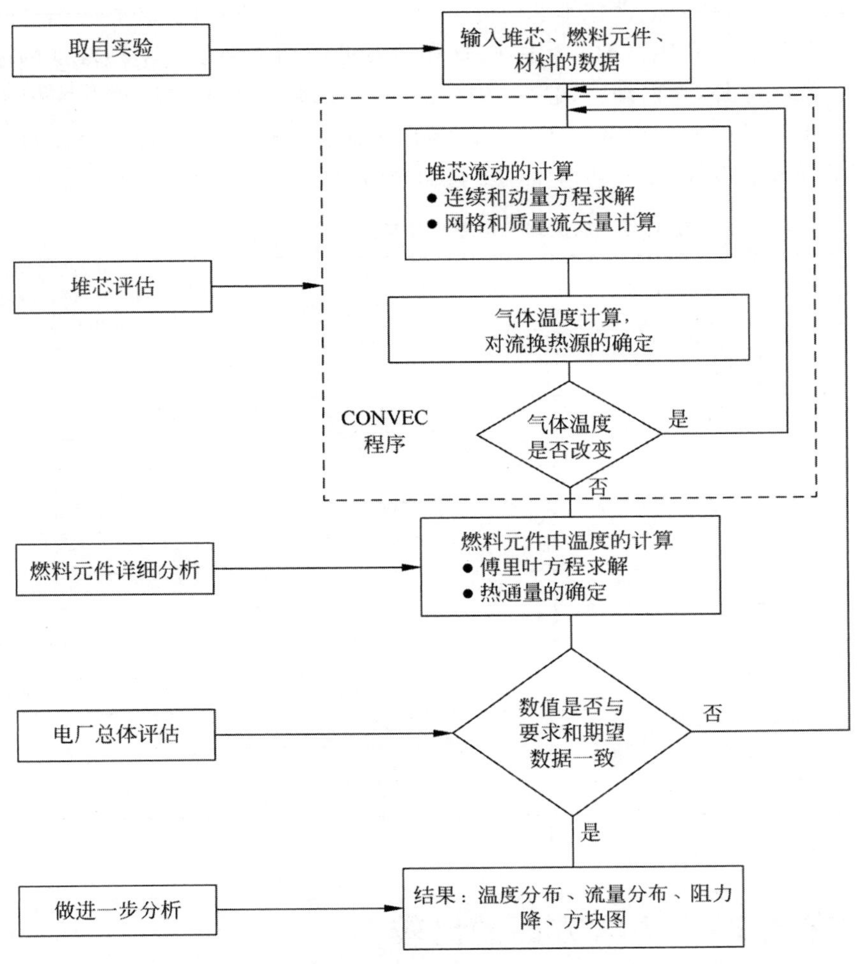

图 3.43　计算模块式 HTR 堆芯中温度和流量分布的程序系统的原理流程(如 THERMIX/CONVEC 程序)

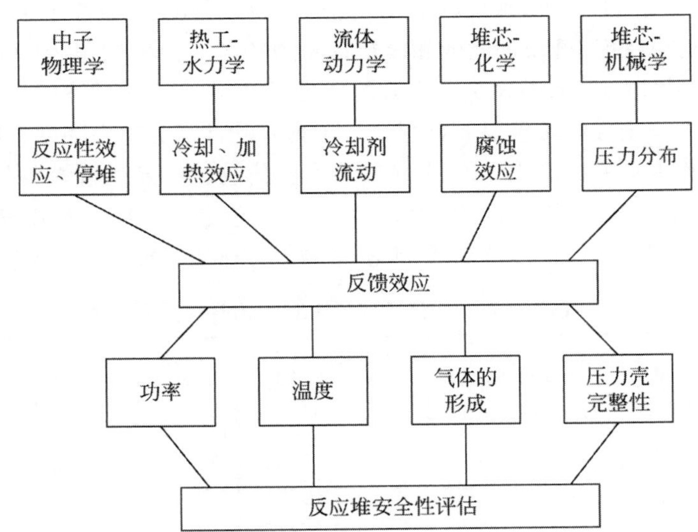

图 3.44　TINTE 程序：用于 HTR 极端事故分析

3.11　几种 HTR 反应堆中堆芯冷却数据的比较

表 3.8 对比了球床堆芯中几种反应堆的氦冷却系统和换热数据。由表 3.8 可以看出，HTR-PM 的相关数据在大家所熟知的球床堆技术规范范围内，只是堆芯的高度比计划的或已运行的反应堆略高一些，因此

其阻力降也要大一些。另外，燃料元件在堆芯内的流动具有一定的特殊性。较高的堆芯有利于实现燃料元件近乎平行流动的可能性。在模块式 HTR 中，选择相对较低的功率密度是实现较低的燃料元件表面温度和中心温度的前提。除此之外，在能动冷却完全失效的情况下，堆芯功率密度也与实现衰变热从堆芯向环境自发载出的条件相关。较低的功率密度在某个特定的方面是具有优势的，即选择相对低的堆芯功率密度可以使石墨反射层的设计具有 30 个满功率年或更长的寿命，见表 3.12。

表 3.12 球床堆芯中氦冷却系统和传热数据的比较

参　数	HTR-PM	HTR-Module	PBMR（气体透平）	HTR-10	THTR	AVR
热功率/MW	250	200	400	10	750	46
平均功率密度/(MW/m^3)	3.3	3	4	2	6	2
堆芯直径/m	3.0	3	环形 4/2	1.8	5.6	3
堆芯高度/m	11	9.4	9.5	1.97	5.6	3
氦气压力/MPa	7	6	9	3	4	1
平均入口温度/℃	250	250	500	250	250	220
平均出口温度/℃	750	700	900	700	750	950
质量流量/(kg/s)	96	85	190	4.32	300	20
流向	向下	向下	向下	向下	向下	向上
运行时最高气体温度/℃	<850	<800	<1050	<850	<850	<1150
运行时最高燃料温度/℃	<950	<900	<1200	<950	<1000	<1250
运行时最高燃料表面温度/℃	<900	<800	<1000	<960	<950	<1150
堆芯阻力降/MPa	<0.1	<0.065	0.12	<0.01	0.06	<0.02
事故燃料最高温度/℃	<1600	<1600	<1600	<1200	<2400	<1400

3.12 反应堆在热工-水力学方面的比较

对热工-水力学方面的设计参数进行比较得到了人们的广泛关注，并且各类反应堆存在一定的差异。本节将主要对模块式 HTR、大型 HTR、压水堆(PWR)、先进气冷堆(AGR)和快中子增殖堆(FBR)进行比较。由于这些反应堆在功率、功率密度、冷却剂温度和冷却剂压力等方面的差别很大，所以，在正常运行时，燃料元件的载荷也各不相同。另外，在能动冷却完全失效的情况下，各类反应堆最终的行为反应差别也很大，这对于评估它们在极端条件下的安全性非常重要。特别是对于具有非常高的功率密度的堆芯，在避免发生堆熔的危险这一点上尤为重要，表 3.9 中也给出了与此有关的一些信息。在发生极端事故的情况下，除了模块式 HTR，其他核反应堆因堆芯冷却完全失去了能动性，均会发生堆芯熔化。对于大型 HTR 堆芯(圆柱型)，在这种情况下，燃料的温度也会上升得过高。对于环形堆芯，在高功率下有可能对燃料温度加以限制(表 3.13)。

表 3.13 几种类型核反应堆热工-水力学参数的比较

参　数	模块式 HTR	大型 HTR	AGR	PWR	FBR
功率/MW	200	1250	1500	3800	3000
冷却剂	He	He	CO_2	H_2O(液态)	Na
功率密度/(MW/m^3)	3	5	2.77	90	280
峰值因子	1.7	1.6		2	
堆芯体积/m^3	66	250	541	42	10.7
堆芯高度/m	9.43	5.5	8.3	4	1
堆芯直径/m	3	7.5	9.1	3.7	3.66
冷却剂温度/℃	250→700	250→730	320→650	290→327	395→545
压力/MPa	6	6	4.2	16	0.6
运行时最高燃料温度/℃	900	1100	1500	2200	2200
运行时最高燃料表面温度/℃	800	1000	500	450	570
极端事故最高燃料温度/℃	<1600	<2400	<2800	>2850	>2850

参考文献

1. L. C. Wilbur (Editor), Handbook of energy systems, Engineering Wiley Series in Mechanical Engineering Practice, John Wiley and Sons, New York, Chichester, Brisbane, Toronto and Singapore, 1985.
2. U. Grigull, H. Sandner, Heat Conduction, Springer, 1979.
3. H. S. Carlslaw, J. S. Jaeger, Conduction of Heat in Solids, Oxford University Press, 1959.
4. H. Gröber, S. Erk, U. Grigull, Fundamental Principles of Heat Transfer, Springer, Berlin, Heidelberg, New York, London, Paris, Tokyo, 1988.
5. G. Melese, R. Katz, Thermal and Flow Design of Helium-Cooled Reactors, American Nuclear Society, La Grange Park, Illinois, USA, 1984.
6. E. Teuchert, L. Wolf, The OTTO concept for high-temperature reactors, Energie und Technik, 25, 1973.
7. E. Teuchert, V. Maly, K. A. Haas, Basic study for the pebble-bed reactor with OTTO cycle, JŰL-858-RG, 1972.
8. A. Banerja et al., Thermodynamic data of helium between 20 and 1500 °C and 1 til 100 bar, JŰL-1562, Dec. 1978.
9. Layout of reactor core of gas-cooled high-temperature reactors, calculation of helium data, KTA-rule 3102.1, 6/1978.
10. G. Hewing, The real behavior helium as a coolant for high-temperature reactors, Brennstoff-Wärme-Kraft 29, No. 5, 1977.
11. H. Brauer, Fundaments of one phase and multiphase flow, Saurlaender, Aanau/Frankfurt, 1971.
12. S. Glasstone, A. Sesonske, Nuclear Reactor Engineering, Dovan Nostrand Company, Princeton, New York, Toronto, New Jersey, London, 1963.
13. H. Gerwin, The 2-dimensional reactor dynamic program TINTE (part 1), fundaments and procedures, solutions, JŰL-2167, 1987.
14. K. Petersen, K. Verfondern, THERMIX-3D, a program for the calculation of stationary temperature and flow fields in the core of pebble-bed reactor, KFT-IRE-IB-15/81, 1981.
15. K. Verfondern, Numerical analysis of 3-dimensional stationary temperature and flow distribution in the core of a pebble-bed high-temperature reactor, JŰL-1826, 1983.
16. Th. Grotkamp, Development of a 2-dimensional simulation program for the core physical description of a pebble-bed reactor, with MEDUL cycle for the AVR as example, JŰL-1888, 1984.
17. Layout of the cores of gas-cooled high-temperature reactors, the thermo-hydraulic model for stationary and quasi-stationary status in the pebble bed, KTA-rule, 3102.4, 11/1984.
18. H. Barthels, M. Schürenkrämer, The effective heat conductivity of a pebble bed with special emphasis on high-temperature reactors, JŰL-1893, 1984.
19. Layout of the core of gas-cooled high-temperature reactors, heat transfer in the pebble bed, KTA-rule, 3102.2, 6/1983.
20. W. Hahn, E. Achenbach, Measurement of the heat transfer coefficient of pebble-bed core, JŰL-2093, 1986.
21. G. Breitbach, Heat transport in pebble bed with special emphasis on radiation, JŰL-1564, 1978.
22. M. M. El Wakil, Nuclear power engineering, McGraw Hill Book Company, New York, 1962.
23. W. M. Rohsenow, H. Y. Choi, Heat, mass and momentum transfer, Prentice Hall Inc., Engle wood cliffs, New Jersey, 1961.
24. W. H. McAdams, Heat transmission, Mcgraw Hill Book Company, New York, 1954.
25. Layout of the core of gas-cooled high-temperature reactors, pressure drops by friction in pebble bed, KTA-rule 3102.2, 3/81.
26. G. Melese, R. Katz, Thermal and Flow Design of Helium-Cooled Reactors, American Nuclear Society, La Grange Park, Illinois, USA, 1984.
27. V. Maly, R. Schulten, E. Teuchert, 500MW$_{th}$ pebble-bed reactor for process heat production with OTTO cycle, Atomwirtschaft, 17, 1972.
28. E. Teuchert, L. Bohl, H. J. Rütten, K. A. Haas, The pebble-bed high-temperature reactor as a source of nuclear process heat, Vol. 2, Core Physics Studies, JŰL-1114-RG, Oct. 1974.
29. R. E. Schulze, H. A. Schulze, W. Rind, G. Kaiser, Graphitic matrix materials for spherical HTR fuel elements, JŰL-Spez, 167, 1982
30. BBK (HRB), THTR-300: Safety Report, 1968.
31. R. Schulten, F. Schmiedel, Short description of THTR 300MWe, Report of the THTR project, Jülich, 1968.
32. M. S. Yao, Z. Y. Huang, C. W. Ma, Y. H. Xu, Simulating test for thermal mixing in the hot gas chamber of the HTR-10, Nuclear Engineering and Design, Vol. 218, No. 1–3, 2002.
33. G. Dumm, K. Wehrlein, Simulation tests for temperature mixing in a core bottom of the HTR-Module, Nuclear Engineering and Design, Vol. 137, 1992.
34. Y. Inagaki, T. Kuungi, Y. Miyamoto, Thermal mixing test of coolant in the core bottom structure of a high-temperature engineering test reactor, Nuclear Engineering and Design, Vol. 123, 1990.
35. Mixing of hot gas in the hot gas chamber of a process heat reactor, Results of the PNP project, private communication, 1990.
36. Results on hot gas mixing in the THTR 300 reactor, private communication from HKG (operator), 1990.
37. E. Ziermann, G. Ivens, Final report on the power operation of the AVR experimental power plant, JŰL-3448, 1997.
38. C. Bonilla (Editor), Nuclear Engineering, Mcgraw Hill Book Company, Inc., New York, Toronto, London, 1957.
39. S. McLain, J. H. Martens (Editors), Reactor Engineering Handbook, Vol IV, Engineering Interscience Publishers, New York, London, Sidney, 1964.
40. E. Ziermann, G. Ivens, Final Report on the Power Operation of the AVR—Experimental Power Plant, Report of Research Center Jülich, JŰL-3448, 1997.
41. Siemens, Interatom, High-Temperature Reactor—Module—Power Plant: Safety Report, Vol. 1–3, 1988.
42. Siemens/Interatom, High-temperature reactor—modular power plant safety report (Vol. 1–3), 1988.
43. Patcher W., Weicht U., Kuckartz B., THTR 300—comparison of calculated and measured design data of the primary circuit, Atomwirtscharft, Feb. 1988.
44. W. Oldekopp (Editor), Pressurized water reactors for nuclear power plant, Verlag Karl Thiemig, München, 1974.
45. V. L. Streeter (Editor), Handbook of Fluid Dynamics, Mcgraw Hill Book Company, New York, Toronto, London, 1961.
46. Wang Dazhong, Analysis of a high-temperature reactor with an inner region of graphite blind balls, JŰL-1809, 1982.
47. NN, Special issue: AVR—Experimental high-temperature reactor, 21 years of successful operation for a future energy technology, VDI-Verlag, Düsseldorf, 1990.
48. Ziermann E., Ivens G., Numerical simulation of thermohydraulics in AVR, in: Final Report on the Power Operation of the AVR Experimental Nuclear Power Plant, JŰL-3448, Oct. 1997.
49. VDI, Heat Atlas, VDI Verlag, Düsseldorf, 1988.
50. H. Etherington (Editor), Nuclear engineering Handbook, Mcgraw Hill Book company, Inc., New York, Toronto, London, 1958.
51. Layout of core of gas-cooled high-temperature reactors; systematic and statistic failure during the thermo-hydraulic core design of pebble-bed reactors, KTA-rule 3102.5, 6/1986.

第4章 燃料元件

摘　要：高温气冷堆燃料元件采用包覆颗粒燃料，目前已经研发了柱状和球形燃料元件。采用TRISO包覆颗粒的球形燃料元件已得到充分的研发，并且经过反应堆的很多实验验证是合格的。正常运行时，裂变产物的释放及杂质的腐蚀程度都非常低。很多实验证明，在失冷事故下，限制燃料最高温度不超过1600℃是可能的，因此放射性物质从燃料元件中释放出来的量非常少。采用蒸汽循环的电厂在正常运行时，燃料的最高温度低于1000℃，并且仅有百分之几的包覆颗粒达到了这样的温度。燃料元件内的机械应力远低于允许限值。燃料元件的辐照行为已在反应堆的成功运行过程及很多相关实验中进行了测试，验证了球形燃料元件的合格性。在整个运行期间，元件尺寸的变化小于1mm。其他参数，如导热系数、强度、腐蚀率等的变化也很有限。球形燃料元件已在AVR 20年的运行期间进行了广泛的实验，其间，有14种燃料元件装入堆内(例如，高浓铀、低浓铀、BISO包覆、TRISO包覆)。燃料元件在非常高的运行温度(T_{He}=950℃)下达到了很高的燃耗(大于100 000MWd/t)，可承受很高的快中子注量($8\times10^{21}/cm^2$)。特别是在正常运行时，观察裂变产物的释放和AVR氦回路中的污染情况是研发工作中的重要课题。以惰性气体裂变产物为例，其释放量非常低，在氦回路中的稳态污染量大约仅为1Ci/MW。包覆颗粒优异的阻留能力保证了这种稳定的低水平的污染程度。对固态裂变产物污染程度的测量表明，其显著地依赖于运行的温度。从各个HTR电厂实际运行过程及很多辐照实验中获取的数据为所进行的分析奠定了基础，利用这些数据可以推测部件的污染程度并估计事故情况下放射性物质可能的释放率。此外，需要了解石墨粉尘的形成和迁移状况，以便分析相关事故并采取相应的设计对策。总之，目前HTR燃料已得到充分的研发，与其他反应堆燃料相比，具有一定的优势，特别是在安全性方面更加显著。HTR燃料元件具有进一步发展和改进的空间，如具有更好阻留能力的包覆颗粒，降低石墨基体中自由铀的成分，保护燃料表面免受腐蚀的影响等。

关键词：TRISO包覆颗粒；球形燃料元件；燃料元件的设计和配置；温度分布；热导；辐照行为；氧化率；实验结果；燃耗；燃料元件中的应力；裂变产物释放；运行经验

4.1　概述

燃料元件以石墨为基体材料，燃料被制成包覆颗粒的形式弥散在石墨基体中，如图4.1所示。燃料元件本身是外径为6cm的球体。球形燃料元件随机堆积在球床堆芯内，通过高压氦气进行冷却。包覆颗粒弥散在石墨球内直径为5cm的燃料区内。0.5cm厚的外壳内不含有燃料颗粒，仅有极少量的铀可能进入石墨基体，这是由包覆颗粒制造过程中工艺条件控制不充分所致。石墨基体中铀造成的污染会在运行期间使很少量的裂变产物从燃料元件中释放出来。

包覆颗粒的中心是直径为500μm的UO_2核芯。在采用低浓铀循环时，铀的富集度大约为8%，允许的平均燃耗为90 000MWd/t。UO_2核芯被4层陶瓷层包覆，形成一个颗粒。颗粒的外直径大约为1mm(如TRISO颗粒，如图4.1(c)所示)。图4.1(d)所示为BISO包覆颗粒。

包覆层的功能概述如下：

- 第1层是低密度疏松碳层，该疏松层具有储存裂变产物的功能，在反应堆运行期间，燃料核芯产生的裂变产物将进入疏松层加以储存。
- 第2层是致密碳层(热解碳)，这一层就像一个小的压力壳，具有阻留裂变产物的功能。

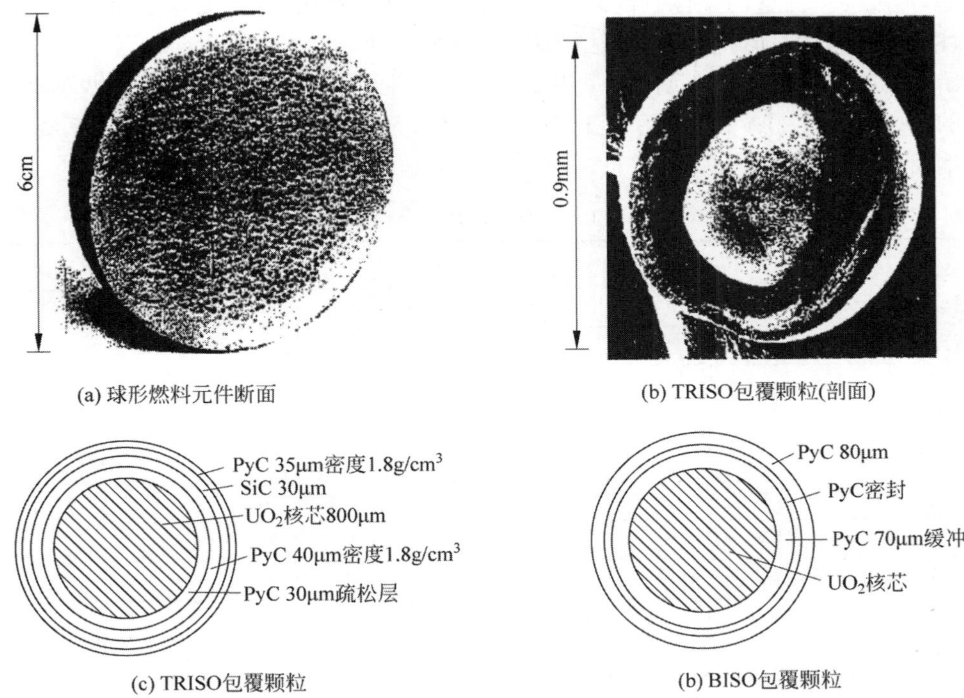

(a) 球形燃料元件断面 (b) TRISO包覆颗粒(剖面)

(c) TRISO包覆颗粒 (b) BISO包覆颗粒

图 4.1 球床反应堆的燃料元件

- 第 3 层是碳化硅层,该层对裂变产物的阻留起到关键作用,特别是对一些重要的裂变产物(铯、锶)。
- 第 4 层也是非常致密的热解碳层,该层也起到压力壳的作用,达到对裂变产物加以阻留的目的。

另外,在燃料元件压制前,整个包覆颗粒的外部再用疏松石墨的穿衣层加以覆盖。这个穿衣层对于实现包覆颗粒与石墨基体材料均匀、弥散地混合在一起具有重要的作用。这种类型的包覆颗粒称为 TRISO 包覆颗粒,以一层 SiC 层和两层热解碳层来命名。

HTR-PM 堆芯的热功率为 250MW,平均功率密度为 3.3MW/m^3,共装有 420 000 个燃料元件,包含 5×10^9 个包覆颗粒。多层的包覆层结构形成非常有效的屏障,在正常运行和严重事故情况下能够将裂变产物有效地加以阻留。关于严重事故的情况将在第 11 章中给出详细的说明,只要最高燃料温度低于 1600℃,重要的裂变产物几乎可以被完全阻留在燃料内。这是模块式 HTR 最重要的安全特性之一。

图 4.2 给出了球床反应堆堆芯内燃料元件随机堆积的示例图。堆芯内燃料元件堆积所占的体积平均约为 60%。表 4.1 给出了燃料元件的一些重要数据。

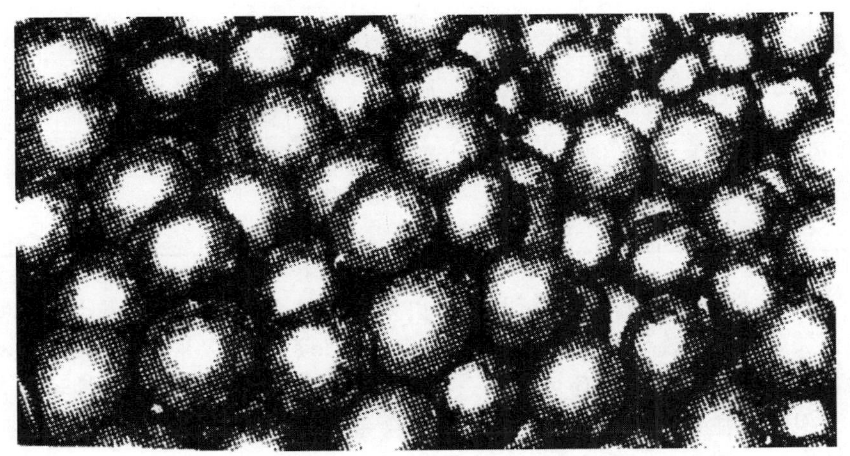

图 4.2 球床反应堆堆芯中燃料元件的随机堆积

在 HTR 研发初期,球的基体使用的是机加工的石墨。目前均采用模压的球。燃料球包含一个直径为 50mm 的内区,共有 10 000~30 000 个包覆颗粒弥散在各向同性的石墨基体内。内区与外壳的石墨基体紧密地黏合在一起，形成一个完整的整体。内区和外壳的石墨材料是相同的，无论从辐照引起的尺寸变化角度还是从导热性的变化角度，均可看出石墨材料具有非常好的性能。

表4.1中给出的HTR-PM燃料元件的一些重要参数是主要的设计参数，其中有些参数也是运行的技术规格所要求的。一些主要的参数表征了运行负荷的限值，并已被在AVR和THTR系统中进行的研发、制定的质量大纲及实际运行所验证。

表4.1 HTR-PM燃料元件数据

参　数	数值/注释
燃料元件形状和直径/mm	球形，60mm 直径
燃料元件基体材料	A3/27
燃料区直径/mm	50
燃料类型	TRISO 包覆颗粒
燃料循环	UO_2 低浓铀，多次通过堆芯循环
燃料元件平均功率/(kW/FE)	0.61
燃料元件最大功率/(kW/FE)	1.2(平衡态)
每个燃料元件包覆颗粒数	12 000
每个燃料元件重金属装量/(g/FE)	7
自由铀含量/%	$<10^{-4}$
新燃料元件富集度%	8.6
平均燃耗/(MWd/t)	90 000
燃料元件包覆颗粒体积所占比例/%	约10
运行时最高燃料温度/℃	<1000
运行时最高表面温度/℃	<950
最高快中子注量(E>0.1MeV)/(n/cm^2)	$<3\times10^{21}$
事故下最高燃料温度/℃	<1600

低浓铀-TRISO燃料颗粒的主要参数示于表4.2。可以看出，尤其是制造后的破损颗粒所占份额很少，这是过去几十年来包覆颗粒研发所取得的杰出成果。

表4.2 TRISO包覆颗粒一些重要数据

参　数	数值/注释	参　数	数值/注释
燃料区平均直径/μm	500	内 PyC 层密度/(g/cm^3)	1.91
UO_2 核芯密度/(g/cm^3)	9.8	SiC 层厚度/μm	35(平均)
核芯直径相对标准偏差/%	1.5～2	SiC 层密度/(g/cm^3)	3.2
核芯的圆度(最大直径/最小直径)	<1.15	外 PyC 层厚度/μm	40
奇异型核芯的份额	每 10^5 个中的个数	外 PyC 层密度/(g/cm^3)	1.91
缓冲层厚度/μm	92(平均)	各向异性	1.02
缓冲层密度/(g/cm^3)	0.97	破损层份额	$<5\times10^{-6}$
内 PyC 层厚度/μm	39(平均)		

以THTR 300燃料元件制造工艺和质量控制为例，很多设计参数是已知和特有的，同时也与HTR-PM球形燃料元件密切相关(表4.3)。当然，未来全球范围内燃料制造领域会得到进一步的发展，将有可能出现更多更好的包覆材料。石墨基体原则上还可以进一步加以改进，特别是其抗腐蚀性可以通过增加像SiC这类材料而得到增强。但需要注意的是，这些改进措施也会带来更高的寄生中子吸收。对此，可以通过富集度的稍许提升来补偿。在保证安全性的前提下，对抗腐蚀燃料元件的创新相对而言是很重要的一种改进。

所有的参数，如强度、腐蚀率和破损颗粒份额均与所承受的快中子辐照注量有关。这些数据可以从电厂运行及研发计划中获取。一般来说，与这些已经达到的和实验中经过验证的数据相比，设计数据留有更大的安全裕度。

表 4.3 球形燃料元件的一些参数(THTR 燃料元件 A3-27 基体材料)

参数	数值	注释
压碎强度/kN	26.3	平行球面
压碎强度/kN	23.7	垂直球面
自由下落指数	638	破损前下落次数
腐蚀率/[mg/(cm^2·h)]	0.08	900℃的蒸汽
腐蚀率/[mg/(cm^2·h)]	0.70	1000℃的蒸汽
磨损/μm	500	实验结果
破损颗粒份额	1.3×10^{-6}	辐照结果
包覆层	缓冲层/PyC/ PyC(THTR)	缓冲层/PyC/SiC/PyC(HTR-PM)

4.2 HTR 燃料元件的配置和设计

对每一座反应堆来说,燃料元件都是一个关键的部件,它需要实现各种相应的要求。表 4.4 总结列出了一些重要要求。

表 4.4 燃料元件的配置和设计(第 1 部分)

领域	要求	注释
物理	堆芯临界	$k=1$,燃耗无剩余反应性
	足够的易裂变材料和增殖材料装量	最大 10~15g HM/燃料元件
	慢化剂和结构材料较小的吸收截面	$\sigma_a(c)\approx 4$mbarn,$N_{Si}/N_c<10^{-3}$
	慢化剂对易裂变和增殖材料的最佳比值	$N_c/N_{HM}>500$
	快中子注量的限制	对于 $E>0.1$MeV 的中子,$<6\times10^{21}$ n/cm^2
热工-水力学	比功率	$\dot{Q}_{FE}<3$kW
	低的功率密度峰值因子	$\beta<2$
	基体材料高的导热系数	$\lambda\approx 6\sim30$W/mK
	燃料温度(中心温度低于设定的限值)	$T_{cp}<1250$℃
	元件温度(表面温度低于设定的限值)	$T_S<1000$℃
	堆芯中氦气高的换热系数	$\alpha\geqslant 2000$W/(m^2·K)
	球床堆芯足够低的阻力降	$\Delta p<0.1$MPa
材料	尺寸受辐照的影响变化较小	<1%,燃料元件到达满燃耗时
	尺寸受温度的影响变化较小	直径变化<1%
	石墨基体中铀造成的污染程度很低	$<10^{-5}$(目前技术)
	包覆颗粒对裂变产物高质量的阻留能力	$<10^{-5}$(目前技术,运行状态)
	氦气中的杂质量很少	<0.001%,在堆芯内(H_2O)
	材料受快中子损伤较小	$<6\times10^{21}$ n/cm^2,$E>0.1$MeV

物理设计包括堆芯必须处于临界状态时的相关设计,其中包括在燃料元件内装入足够量的易裂变材料和增殖材料。燃料元件内和堆芯内的结构材料必须具有很小的吸收截面和很好的慢化性能,这是石墨材料特有的性能。包覆颗粒的 SiC 包覆层具有较高的吸收截面,但在堆芯内,与石墨相比,其含量相当少。燃料元件的设计必须使慢化剂和重金属之间的比重选取最佳值,这个参数将影响裂变产物的阻留能力和燃料的循环成本。另外,这一参数对于事故,如进水事故,也是很重要的。基于以上考虑,设计时要求堆芯应该是过慢化的(详见第 11 章)。

限制快中子注量是保证包覆颗粒完整性的基本条件,这一条件的设定是为了在正常运行时限制裂变产物的释放。

燃料元件的连续装卸是在没有燃耗剩余反应性条件下保持中子平衡的先决条件,这一点对于与反应性事故相关的安全性考虑非常重要,因为采用这种装卸方式可以将可能的事故反应性限制在一个很小的数值之内。

热工-水力学方面首先包括能将燃料元件载出的设定功率。要求堆芯内的功率密度峰值因子尽可能地小,这可以通过选取合适的堆芯直径、一个有效的反射层或者采取双区的燃料元件装载方式来实现。

燃料的温度、石墨基体内和燃料元件表面的温度必须要限制在允许的设定值之内。石墨基体材料必须保持良好的导热性能,即使是在燃料运行末期受到很高的快中子注量辐照后,仍然具有一定的导热性能。基于这些因素,在设计时,需要对单个燃料元件的功率加以限定。

整个堆芯的设计应严格建立在如下条件的基础之上,即仅允许很少量的燃料元件在高温下滞留,且滞留时间很短。由第 3 章给出的燃料温度直方图可看出,在 HTR-PM 堆芯中,仅有 5%的燃料元件处在 900℃和 1000℃的高温区域,且滞留时间很短(几百个小时),所有其他部分的燃料元件均处在很低的温度下。

总的来说,设计的燃料元件必须能够使其产生的功率在已验证的限值之内,其所承受的快中子注量不能超过限值。

设计要求中还包括使用的石墨基体材料受温度和辐照影响的尺寸变化应很小。氦气中含有非常少量的杂质(H_2,CO,CO_2,H_2O,O_2),在运行期间,这些杂质不应造成不允许的腐蚀率。燃料元件的一个非常重要的质量检验参数是石墨基体中自由铀的含量,即在包覆的流化床工序中未被包覆的铀量。自由铀主要在正常运行和事故工况下造成裂变产物的释放,因此,自由铀的含量在很大程度上影响放射性物质可能的释放量。

因此,自由铀的含量应尽可能地低,目前已可将其降到 10^{-5} 的水平。例如,TRISO 颗粒高质量的包覆层已允许裂变产物的释放率低于颗粒中裂变产物(例如,Kr85)总存量的 10^{-6}。另一个值得关注的问题是机械性能对燃料元件的影响,以及在反应堆正常运行和事故情况下的稳定性。

石墨球的破碎力应尽可能地大,以便为堆芯提供更好的安全保障。另外,相对于石墨基体材料参数,运行时的机械应力应留有足够的裕度。

燃料元件内温度梯度造成的热应力应小于石墨的允许强度,特别地,这一要求对于模块式 HTR 堆芯而言是完全可以实现的,因其热流密度非常小。

设计时,必须采用尽可能高的安全因子。从正常运行的角度考虑,对各种磨损状况必须进行严格的限制。另外,预计产生的粉尘应能通过气体净化系统除掉(表 4.5)。

表 4.5 燃料元件的配置和设计(第 2 部分)

领　域	要　求	注　释
机械	允许撞击力	$F<10$kN
	运行时应力低	$\sigma<0.1\sigma_{allowable}$
	较高的安全因子	$\delta>10$
	磨损的限值	<质量的 10^{-4}
安全	正常运行时对裂变产物良好的阻留能力	$<10^{-6}$,对 Kr85
	事故下对裂变产物良好的阻留能力	在 $T_f<1600$℃的情况下,对 Cs,Sr 及其他,$<10^{-5}$
	所有事故下的许用应力	$\sigma<0.1\sigma_{allowable}$
	在所有运行状态和事故条件下均具有很强的负反应性系数	$\Gamma_T=-5\times10^{-6}\sim3\times10^{-4}$/℃
	较低的空气和蒸汽腐蚀率	在 900℃蒸汽条件下,$r<0.1$%/h;在 900℃空气条件下,$r<1$%/h
经济性	较低的制造成本	批量生产
	最低的燃料循环成本	类似于 LWR
	高燃耗	$B=100\,000$MWd/t
	较高的转化比	$C=0.9$,采用 ThO_2
	适宜中间贮存	衰变热<0.1W/FE
	易调整用于最终贮存	衰变热<0.01W/FE
	适宜最终贮存	岩穴中的浸出率非常低
防核扩散	富集度的限制	遵循 INFCE:<20%
	乏燃料中钚的含量较低	<0.01g/FE,采用 ThO_2
	乏燃料中次锕系含量较低	<0.001g/FE,采用 ThO_2
	容易接受 IAEA 燃料循环的监管	提供小的燃料元件和球形元件

设计时，应避免将控制棒直接插入堆芯，以尽量减少施加到燃料元件上的机械力。之前，THTR 300 系统采用的就是将控制棒直接插入堆芯的做法，效果不甚理想。

在模块式 HTR 中，控制棒元件是插入侧反射层的孔道内移动的。燃料元件在堆芯内移动时相互之间的作用力相当小，所以，燃料元件不太可能发生破损，只是对由石墨磨损产生的粉尘要进行必要的处理。根据 AVR 的运行经验，若产生少量的粉尘，可通过使含有一定量氦气的旁流经过气体净化系统加以去除。

在正常运行时，对燃料元件的一些操作很容易实施。如球形燃料元件，因其直径很小，且有可能在管道内通过气动力进行输送，所以，对球形燃料元件所做的一些处理比较容易实施。这一点对后续的中间贮存、调整和最终贮存也很重要。

在安全方面，作为一种好的、合格的燃料，主要的一个特征就是能够将裂变产物阻留在包覆颗粒内，这对于在正常运行时实现相当洁净的氦回路及保证运行人员受到很低剂量的核辐射是一个先决条件。在发生事故时，只要温度保持在限值以下（目前是低于 1600℃），则要求弥散在球形燃料元件中的 TRISO 颗粒几乎可以将全部重要的裂变产物阻留在燃料元件内。

更进一步地，针对电厂的安全性问题，在设计时，要求燃料元件本身具有一定的抗腐蚀性，并在事故条件下限制空气或者蒸汽进入一回路中的量。对于后者，必须要通过对一回路边界和反应堆内舱室合理的设计来实现（详见第 10 章）。

设计时，要求堆芯必须在所有情况下均显示为负的温度反应性系数，这一要求可以通过选取合适的易裂变材料/慢化剂比例来实现。因此，为了实现负温度反应性系数，对包覆颗粒及燃料元件内易裂变材料与增殖材料的混合比的设定是一个关键问题。

经济性方面的要求包括尽可能地实现燃料循环成本的最小化。燃料元件的生产成本要足够低，以实现更经济的燃料循环。例如，可在一个自动化程度很高的制造流程中进行批量化生产，小尺寸的球形燃料元件为实现这种制造流程提供了有利的条件。

另外，陶瓷燃料元件在中间和最终贮存阶段也具有优势，因为这些元件在盐穴中的渗透率非常低，几乎是完全耐腐蚀的。在中间贮存库内贮存几十年都是有可能的，并且之后可从中间贮存库直接进入最终贮存库。

以下几点也为提高反应堆的经济性提供了有利的条件：高燃耗、未来可以实现的具有高转化比的燃料循环及减少对于铀的需求等。

对于核能的全球应用，核安全保障和防核扩散是非常重要的议题，显然，这两个方面对燃料元件的配置和设计具有很大的影响。特别是在防核扩散方面，相应地，要求在乏燃料元件中的钚和次锕系元素量尽可能地少。目前，球床燃料元件有可能实现这一要求，因为其燃料循环非常灵活，且可达到非常高的燃耗。若球床燃料选用的是钍，则乏燃料中的钚含量非常低。对于燃料的管理方式，可以采用低浓铀循环或高浓铀循环。然而，根据目前的 INFCE 法规，偏向于采用低浓铀循环。在此条件下，富集度应保持在 20%以下。

这里需要补充说明一点，未来对于球床燃料的设计选取，还存在更多其他的可能性（详见第 16 章）。为了降低燃料元件中心的温度，可在内区中不放置燃料。为了保护燃料元件不受蒸汽或者空气的腐蚀，可以在表面覆盖很薄的一层碳化硅，其厚度大约为 100μm。未来，也可能采用碳化锆的包覆层，它可以进一步提高对裂变产物的阻留能力，其阻留性能比目前的 TRISO 包覆更好。燃料元件的基体材料本身也有可能通过添加合适的材料得到进一步的改进。

4.3 HTR 燃料元件中的温度分布

根据反应堆堆芯内的功率分布，球形燃料元件显示出特有的温度分布。3.5 节中已给出有关这方面的一些信息，并已指出堆芯的功率密度和每个球形燃料元件的功率主要影响部件内和堆芯内的温度分布。

如果燃料球多次通过堆芯，那么燃料球的功率将会逐渐下降。例如，在 HTR-PM 堆芯内，每个燃料球在第 1 次通过堆芯时的最大功率大约为 1.2kW/球，而在第 15 次通过堆芯时其最大功率下降到 300W/球。由于功率存在峰值，堆芯单球的平均功率比最大功率大约小 1/2。燃料球的平均功率可用如下表达式表示：

$$\overline{\dot{Q}}_{FE}=\frac{P_{th}}{Z\cdot V_c},\quad \overline{\dot{q}'''_{FZ}}=\overline{\dot{Q}}_{FE}\Big/\left(\frac{4}{3}\pi r_i^3\right) \tag{4.1}$$

其中，P_{th} 为堆芯热功率；Z 为球数/m^3(5400)；V_c 为堆芯体积；$\overline{\dot{q}_c'''}$ 为堆芯内平均功率密度；$\overline{\dot{q}_{FZ}'''}$ 为燃料区内平均功率密度；r_i 为燃料区的半径。燃料区的平均功率密度可用如下关系式来表示，且这些关系式将在下面的推导过程中用来计算径向温度分布：

$$\overline{\dot{q}_{FZ}'''}=\frac{1}{\frac{4}{3}\cdot\pi\cdot r_i^3}\cdot\int_0^{r_i}\dot{q}_{FZ}'''(r)\cdot 4\pi\cdot r^2\,\mathrm{d}r \tag{4.2}$$

$$\dot{q}_{FC}'''(r)=E_f\cdot\Sigma_f\cdot\varphi(r) \tag{4.3}$$

在进行分析时，要将热中子注量率在燃料区内的下沉情况考虑进来，同时也必须考虑易裂变材料的精确分布情况。已在 3.5 节中给出燃料的温度分布的计算过程。图 4.3 所示为简化的径向温度分布图，表 4.6 总结给出了一些估计温度差的方程。

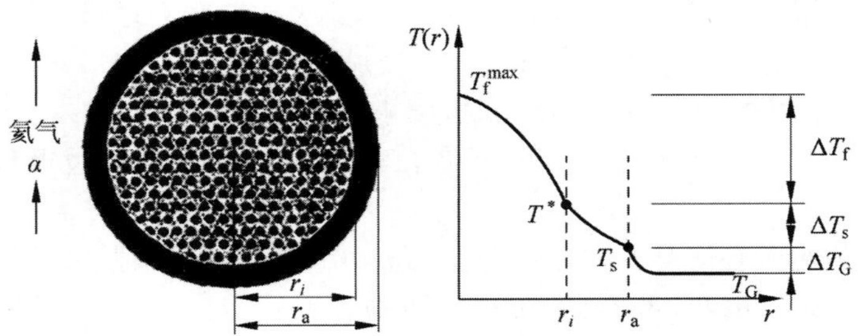

图 4.3 球形燃料元件内的径向温度分布

表 4.6 估计燃料球径向温度分布的温度差的方程

位置	方程
内部燃料区	$\Delta T_f=\frac{\overline{\dot{q}_R'''}\cdot r_i^2}{6\lambda}=\overline{\dot{Q}_{FE}}\cdot\frac{1}{8\pi\lambda}\cdot\frac{1}{r_i}$
石墨壳体	$\Delta T_s=\overline{\dot{q}_{FZ}'''}\cdot\frac{r_i^2}{3\lambda}\cdot\left(1-\frac{r_i}{r_a}\right)=\overline{\dot{Q}_{FE}}\cdot\frac{1}{4\pi\lambda}\cdot\left(\frac{1}{r_i}-\frac{1}{r_a}\right)$
表面-氦气	$\Delta T_G=\frac{\overline{\dot{Q}_{FE}}}{4\pi\alpha r_a^2}$

HTR-PM 堆芯中的燃料元件温度取决于其在堆芯内的位置，燃料元件的辐照状态对温度也会产生影响。随着燃耗的升高，导热系数随之下降，在图 3.19 中已给出。但同时，随着燃耗的升高，燃料球的功率也会下降。

根据对堆芯内的状况所作的粗略估计，给出以下数据：HTR-PM 堆芯内的平均功率密度为 3.3MW/m^3，峰值因子为 1.7，$\overline{\dot{Q}_{FE}}$=1.0kW/燃料元件；r_i=2.5cm；r_0=3cm；α_{He}=2300W/(m^2·K)；λ=6W/(m·K)(假设在高辐照注量和大约 800℃的条件下)。于是得到如下相关的温差：

$$\Delta T_{fuel}=160℃,\quad \Delta T_{shell}\approx 50℃,\quad \Delta T_{gas}\approx 40℃ \tag{4.4}$$

堆芯中的温度取决于燃料元件在堆芯内所处的高度。表 4.7 给出了堆芯中心线上 3 个不同高度位置的一些典型温度值。堆芯底部是高温区，但在该区域燃料元件的温差比较低，如比堆芯中间部位的温差要低。

表 4.7 HTR-PM 堆芯不同高度位置的一些典型温度值 ℃

位置	T_{He}	ΔT_f	ΔT_s	ΔT_G	T_{max}(燃料)
堆芯上部	250	130	40	30	450
堆芯中部	440	170	50	40	700
堆芯底部	750	100	30	20	900

当然，在稳态运行时需要考虑堆芯内包覆颗粒温度所呈现的统计分布状况(直方图)，如图 3.21 所示。图 3.21 表明，在正常运行时，仅有 5%的燃料元件达到了 900～1000℃的燃料温度。这个温度分布是计算电

厂正常运行时裂变产物释放量的基础，同时也是构成用于安全分析的源项的基础(详见第10章)。

至今，对燃料温度的估计均未考虑包覆颗粒的精细结构。因为颗粒燃料区的半径非常小，所以，包覆颗粒内的温差非常小。颗粒燃料区内的功率密度为600W/cm³，半径为0.25mm，UO_2 的导热系数 $\lambda_{UO_2} \approx 3W/(m \cdot K)$，可用如下公式来计算其温差：

$$\Delta T_{cp} \approx \frac{\dot{q}'''_{f(CP)} r_2^2}{6\lambda_{UO_2}}, \quad \dot{q}'''_{f(CP)} \approx \dot{q}'''_{f(CP)} \frac{V_{FZ}}{C_{CP}} \tag{4.5}$$

尽管 UO_2 中的功率密度非常高，其温差很小，大约为2℃，原因在于HGTR燃料核芯的直径非常小。LWR燃料的温差与HGTR相比，差别很大。在LWR中，UO_2 的典型尺寸要大得多(芯块的直径为10mm)，其燃料圆柱芯块的径向温差要高得多，该温差为

$$\Delta T_p \approx \dot{q}'''_{UO_2} \cdot \frac{R^2}{4\lambda_{UO_2}} \tag{4.6}$$

如前所述，LWR的 UO_2 燃料区中的功率密度几乎是相同的，但得到的LWR的平均温差却高达 $\Delta T_p \approx 1250℃$。由于燃料的导热系数很低，如此大的温差对于系统的安全行为非常重要。第11章将给出关于这个问题的详细说明。

UO_2 的导热系数在辐照过程中会发生变化，图4.4给出了相关说明。当然，这个效应对LWR中燃料温度的影响要比HTR大得多。

达到典型的辐照注量之后，测量的导热系数下降为原来的1/4。功率随燃耗的升高而下降仅可部分补偿其引起的燃料温度的变化。

HTR燃料元件中石墨材料的性能经快中子辐照后也会发生变化，其导热系数也会下降，但是仍比 UO_2 的导热系数高得多(图4.4(c))。HTR燃料元件的传热主要由石墨的导热决定，这是因为 UO_2 颗粒是均匀地弥散在石墨基体内的。

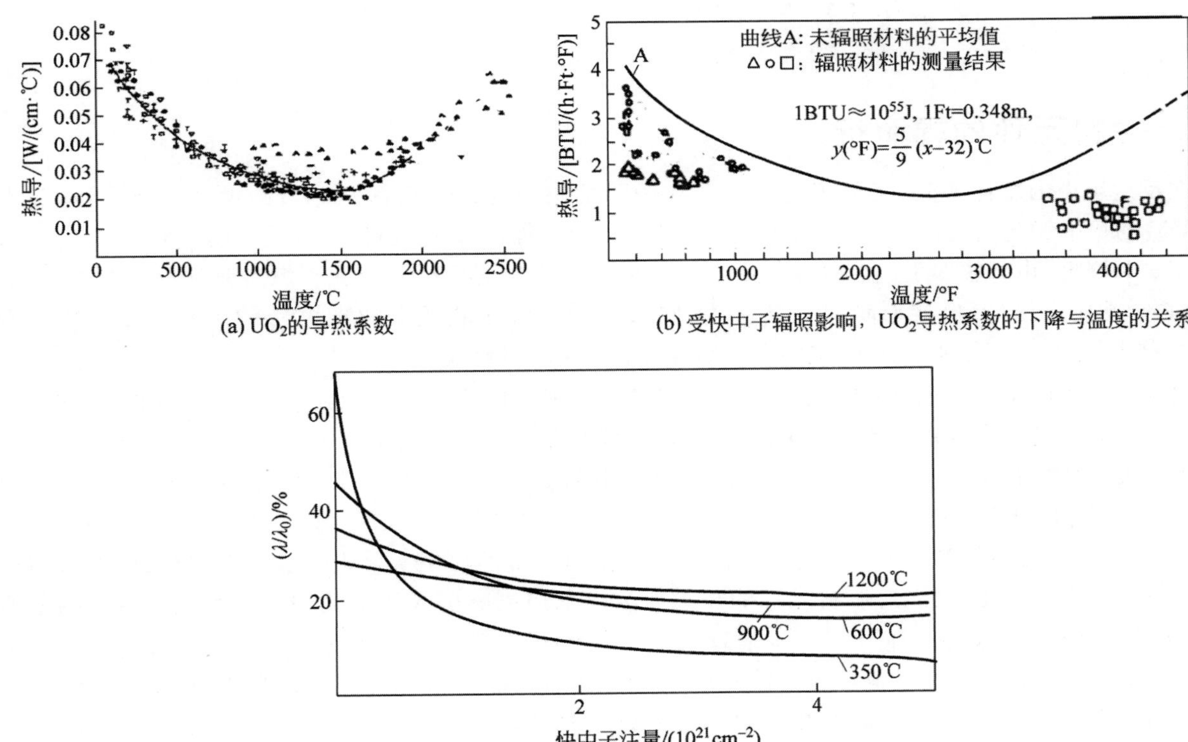

图4.4 受快中子辐照影响，UO_2 导热系数的变化与温度的关系

每一个球床反应堆在计算堆芯温度时均要考虑一些不确定性。为了涵盖这些不确定性，最高燃料温度需要额外留有一定的裕量，例如，在HTR-Module(200MW)中留有100℃的裕量。对于球中心与气体之间总的温差，可粗略估计如下：

$$\Delta T_{\text{tot}} = \Delta T_{\text{fuel}} + \Delta T_{\text{shell}} + \Delta T_{\text{gas}} = \overline{\dot{Q}}_{\text{FE}} \cdot \phi(\xi_i) \tag{4.7}$$

其中，$\phi(\xi_i)$与传热链中各个过程均有关。下面给出总的温差：

$$\Delta(\Delta T_{\text{tot}}) = \Delta\overline{\dot{Q}}_{\text{FE}} \cdot \phi(\xi_i) + \overline{\dot{Q}}_{\text{FE}} \cdot \sum_i \frac{\partial \phi}{\partial \xi_i} \cdot \Delta\xi_i \tag{4.8}$$

其中，$\overline{\dot{Q}}_{\text{FE}}$ 是燃料元件的平均功率。对各种不确定性所占份额的估计已在 3.9 节进行过讨论。这里不再赘述。

现有规范为球床堆芯的热工-水力学设计提供了系统的故障估计指标。不确定性方面的一个特殊问题是反射层壁面附近的换热系数。图 4.5 汇总了一些测量结果，结果表明，特别是在低雷诺数区域，不同的测量值差异较大。当雷诺数接近 10^4 时，对于球床堆芯，可以认为该值是一个典型的数值，可能会有 30%的偏差。这可能会导致更高的表面温度和燃料温度。

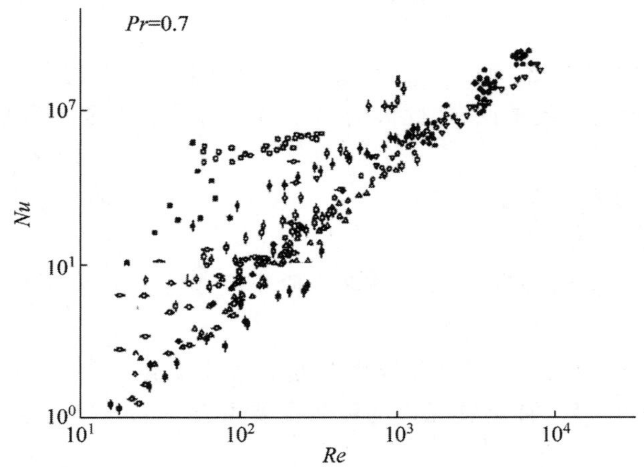

图 4.5　堆芯壁附近换热系数随雷诺数变化的测量结果

4.4　燃料元件的辐照行为

在反应堆内的燃耗期间，燃料元件经受了快中子的辐照注量。根据 2.9 节的说明，主要是能量大于 0.1MeV 的快中子会引起相关材料参数的变化。由大量有关辐照的研究可知，一些石墨参数，如尺寸、密度、弹性模量和强度，由于辐照引起燃料元件中石墨栅格结构变异而发生了变化。燃料元件的主要功能，如热能传输、承受应力和力、保持形状尺寸及抗腐蚀性，在中子场中均受到辐照的影响。图 4.6 汇集了用于 THTR 燃料元件和低浓铀 TRISO 燃料中石墨材料的一些辐照数据。

由观察得到的基体材料辐照收缩量为 1%～1.5%。弹性模量在快中子辐照下上升了两倍。这些结果均需在燃料元件的应力分析中加以考虑。在高温下，线膨胀系数基本上未发生变化。抗压强度实际上在辐照下也未发生变化。实际应用时，从反应堆运行过程中测量得到的燃料元件的曲线很有参考价值。图 4.7 汇集了 AVR 运行过程中进行的一些实验。实验中，球形元件的直径变化了 1mm，相当于整个体积有 1.5% 的收缩量，这一变化结果没有带来任何影响。对辐照燃料元件的完整实验进一步表明，抗压强度及腐蚀率总体上仅有微小的变化。总之，燃料元件的相关参数受辐照影响引起的变化均在技术规定要求的限值之内，这一结论已在 AVR 和 THTR 300 上通过 100 万个燃料元件的批量实验验证。

图 4.6 给出的快中子注量是与燃耗相关的。实际上，可以假定，在模块式 HTR 中，快中子注量为 $D \approx 5\times10^{25}\,\text{m}^{-2}$ ($E>0.1\text{MeV}$)，近似地，相应的燃耗为 10%FIMA。

表征燃料元件合格性的重要参数之一是腐蚀率，腐蚀率受辐照的影响也会发生变化。图 4.7(c)给出的 AVR 内燃料元件氧化率这一概念即与腐蚀率有关。在蒸汽存在的环境中，氧化率呈增加趋势，尤其是对碳化物燃料元件，氧化率的增加更加明显。这是由于蒸汽发生器发生损坏，导致大量水进入一回路系统，致使氧化率大幅度升高(相关具体事故发生在 1978 年)。

在 AVR 堆芯内装入 14 种不同类型的燃料元件，并对其进行了实验。自 1969 年起至今，已使用过 50 000 个压制的碳化物燃料的燃料元件。在高富集度燃料中，铀的富集度为 93%，大约有 100 000 个这种类型

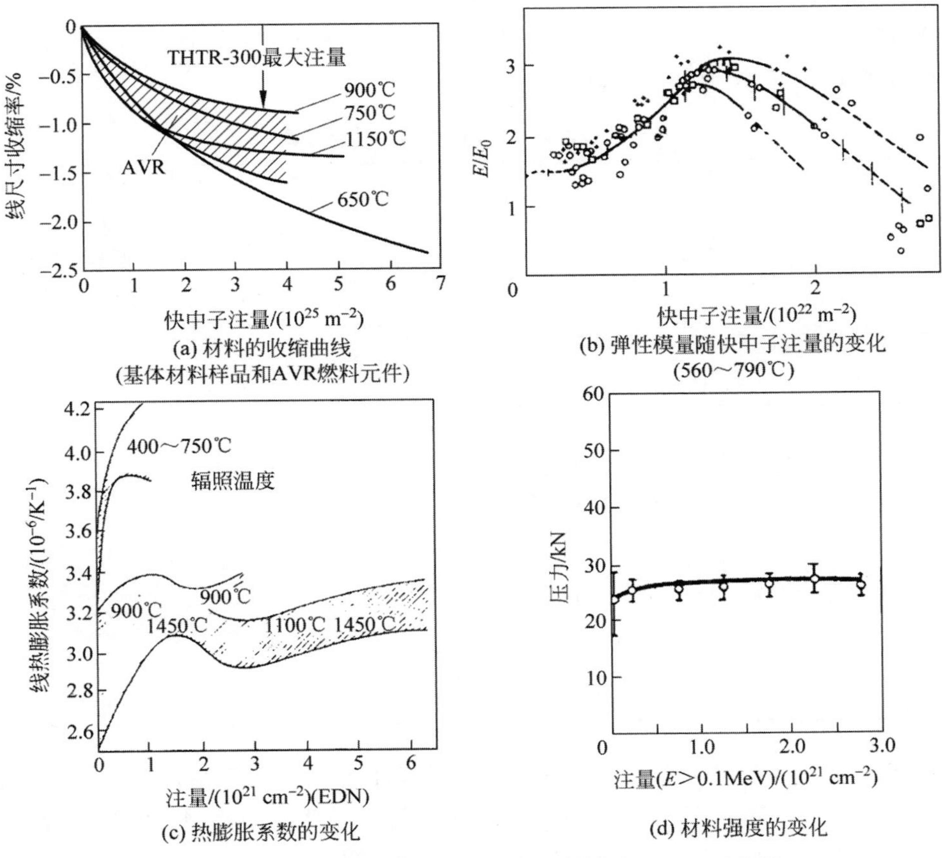

(a) 材料的收缩曲线（基体材料样品和AVR燃料元件）

(b) 弹性模量随快中子注量的变化（560~790℃）

(c) 热膨胀系数的变化

(d) 材料强度的变化

图 4.6　A3/3 石墨参数受快中子辐照的影响(E>0.1MeV)

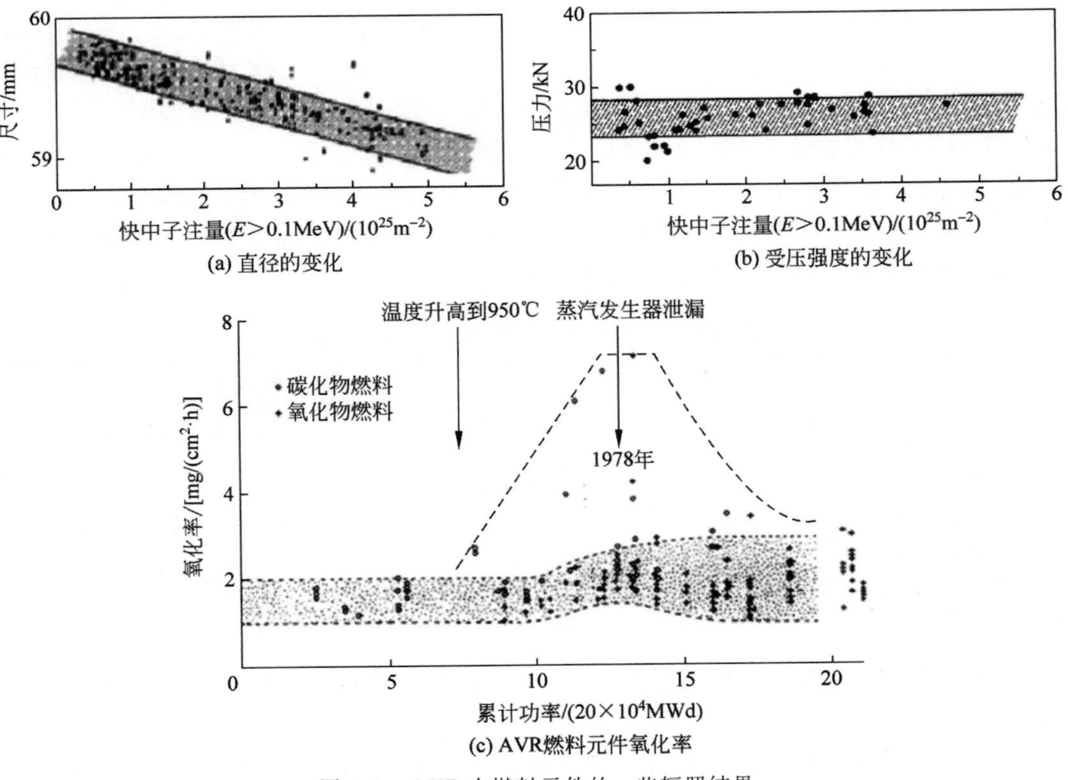

(a) 直径的变化

(b) 受压强度的变化

(c) AVR燃料元件氧化率

图 4.7　AVR 内燃料元件的一些辐照结果

的燃料元件在堆芯中运行过。在这些元件中，燃料的包覆颗粒是BISO型的。之后，采用低浓铀的UO_2为燃料，与TRISO型的包覆颗粒一起在反应堆中得以成功运行，这类元件大约有50 000个。表4.8给出了反应堆运行条件下进行过实验的所有元件的概况。

表4.8 装入AVR的燃料元件一览表

燃料元件类型	燃料	包覆颗粒	每个燃料元件的燃料量/g			AVR使用的燃料元件数
			U235	U_{tot}	Th	
首个堆芯燃料元件	$(U,Th)C_2$	HTI-BISO	1.00	1.08	5	30 155
壁面层燃料元件	$(U,Th)C_2$	HTI-BISO	1.00	1.08	5	7504
碳化物燃料	$(U,Th)C_2$	HTI-BISO	1.00	1.08	5	50 840
氧化物燃料	$(U,Th)C_2$	HTI-BISO	1.00	1.08	5	72 418
	$(U,Th)C_2$	LTI-BISO	1.00	1.08	5	6083
THTR燃料元件	UO_2,ThO_2	LTI-BISO	1.00	1.08	10.2	35 415
易裂变材料和增殖材料分离的颗粒	UO_2,ThO_2	LTI-BISO	1.00	1.08	10	1440
	UO_2,ThO_2	LTI-BISO	1.00	1.08	10	1610
	UO_2,ThO_2	LTI-BISO	1.00	1.08	5	6067
	UO_2,ThO_2	LTI-BISO	1.00	1.08	5	5860
	UO_2,ThO_2	LTI-BISO	1.00	1.08	5	5363
低浓氧化物	UO_2	LTI-BISO	1.40	20	—	2400
	UO_2	LTI-TRISO	1.00	10	—	24 611
	UO_2	LTI-TRISO	1.00	6	—	29 090

在AVR堆芯内，共有300 000个燃料元件受过辐照，且达到了非常高的燃耗，特别是之后采用的TRISO颗粒元件更是在阻留裂变产物方面表现出优异的性能。某些早期类型的燃料元件则出现了一些问题，原因在于它们的包覆不是很好。在运行的第1阶段，这些燃料元件释放出大部分裂变产物，其中主要是Sr90，所以对于HTR电厂，这种同位素在结构件中的含量非常高。因此，在AVR退役期间对其给予了特别关注。另外，在THTR 300的3年运行期间共对675 000个燃料元件进行了批量实验，显示出不错的结果，进一步验证了球床元件的所有特性。实验中也包括UO_2/ThO_2燃料的BISO颗粒，但这种类型的燃料目前并不是我们关注的重点。另一方面，高浓铀(93%)燃料因为INFCE法规的限制而不允许被采用，而且TRISO颗粒比BISO颗粒显示出更好的阻留能力。

对于模块式HTR堆芯的设置，所需的燃料元件必须是经过验证的。在AVR和THTR运行的同时还实施了一个大型实验计划，即对球形燃料元件进行了测试。对于燃料元件，其所经受的快中子注量和燃耗值是两个主要的参数。表4.9给出了HTR电厂装置和项目的一些技术规格要求。原则上，辐照实验已覆盖了模块式HTR电厂燃料合格性所需的很大范围。

表4.9 各个HTR项目相关燃料元件的数据

电厂	燃料类型	包覆	富集度/%	重金属装量/(g/FE)	燃耗/(MWd/t)	状况
AVR	多种	见表4.6		5～20	>100 000	已运行
THTR	$U(93\%)O_2/ThO_2$	BISO	U：93%，有效富集度：9%	11	100 000	已运行
HTR 500	UO_2-LEU	TRISO	9	10	100 000	计划
HTR-Module	UO_2-LEU	TRISO	9	7	80 000	计划
HTR-PM	UO_2-LEU	TRISO	8.6	7	90 000	建造中

如图4.8所示，HTR-PM燃料元件最初的设计值(约10% FIMA，快中子注量≈6×10^{21} n/cm^2)在德国燃料元件研发计划中早已实现。

柱状燃料元件反应堆的燃耗数据在表4.10中给出。当然，这不可能是整体柱状元件的数据，因为整体元件的尺寸很大。辐照实验主要是用包覆颗粒填充的燃料压块来进行。目前，仅有圣·弗伦堡堆上运行的棱柱状燃料元件的实践经验给出了实际燃料元件的燃耗结果。

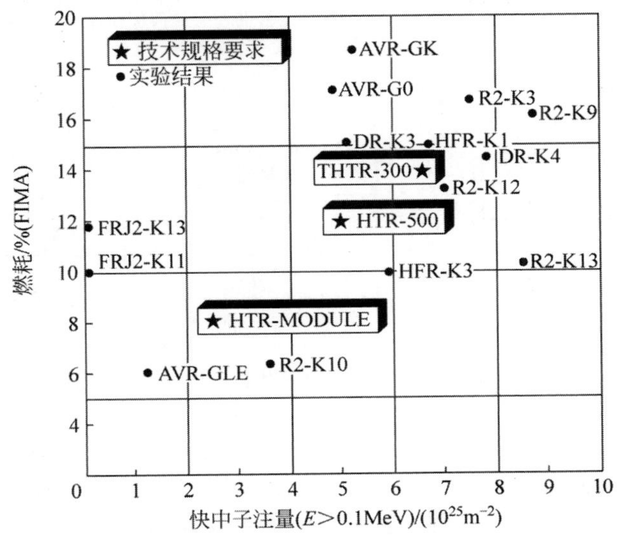

图 4.8 运行和计划中的 HTR 系统球形燃料元件的实验结果和一些技术规格要求

表 4.10 柱状燃料元件反应堆的燃耗结果

反 应 堆	燃料类型	燃耗/(MWd/t)	注 释
Dragon	管状	最高 160 000	棒束
Peach Bottom	陶瓷棒	最高 160 000	棒束
Fort St. Vrain	柱块	100 000	棱柱元件
HTGR 1160	柱块	100 000	棱柱元件
GAC 600	柱块	100 000	棱柱元件
HTTR	改进的柱块	70 000	有燃料压块的棱柱元件

这里的燃耗值是以初装金属原子裂变份额(FIMA)为单位进行测量的。FIMA 通过如下表达式来确定:

$$\mathrm{FIMA}=\frac{\phi\cdot\Sigma_{\mathrm{f}}\cdot\tau}{N_{\mathrm{NH}}}=\frac{\phi\cdot\Sigma_{\mathrm{f}}\cdot\tau\cdot M}{\rho\cdot L}=\frac{B\cdot M}{E_{\mathrm{fiss}}\cdot L}\tag{4.9}$$

$$\mathrm{FIMA}=1.1\times10^{-6}B\tag{4.10}$$

其中,FIMA 是一个无量纲的数值。燃耗 B 由下面的表达式来确定:

$$B=\frac{E_{\mathrm{f}}}{\rho_{\mathrm{f}}}\cdot\int_0^{\tau}\phi(t)\cdot\Sigma_{\mathrm{f}}(t)\cdot\mathrm{d}t=\frac{E_{\mathrm{f}}}{\rho_{\mathrm{f}}}\cdot\bar{\phi}\cdot\bar{\Sigma}_{\mathrm{f}}\cdot\tau\tag{4.11}$$

当然,这个计算涵盖了整个运行过程。B 的单位是 MWd/t HM。τ 是燃料装入反应堆内的时间。燃耗的另一种度量单位是初装易裂变原子的裂变份额(FIFA)。FIFA 可用下式来计算:

$$\mathrm{FIFA}=\mathrm{FIMA}\cdot\frac{N_{\text{重金属}}}{N_{\text{易裂变原子}}(0)}\tag{4.12}$$

例如,当燃料元件达到 90 000MWd/t U 的典型平均燃耗时,FIMA=10%,FIFA=100%。在 AVR 中,部分燃料的燃耗已超过了 150 000MWd/t。需要指出的是,在先前提出的 HTR 项目(龙堆、匹茨堡堆)中,辐照计划的设计燃耗甚至达到了更高的值。燃耗超过 150 000MWd/t HM 是有可能的,对于保证燃料的完整性不存在任何问题。设计时若要求具有较高的燃耗值,还需考虑燃料制造成本、乏燃料的中间贮存和安全性等方面,并进行优化。破损颗粒的数量将对事故分析的源项产生一些影响(详见第 10 章)。

4.5 燃料元件的应力

图 4.9 所示为燃料元件在正常运行时由于各种原因所承受的载荷。

燃料元件在正常运行和事故情况下需承受所有的机械载荷。这些载荷包括装球机械动作的载荷、装球

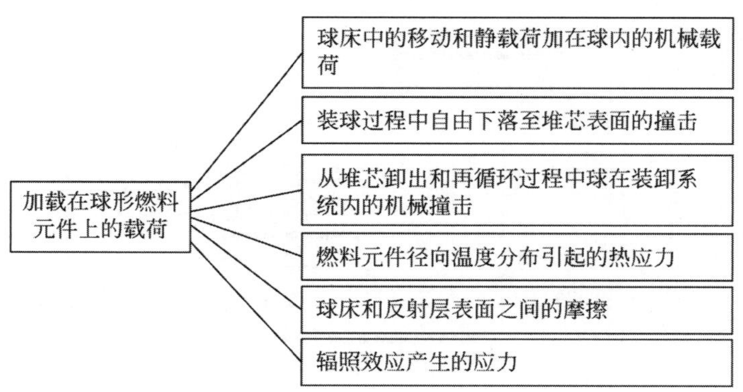

图 4.9 运行时加载在球形燃料元件的各种载荷

过程中自由下落至堆芯的撞击、堆芯内的移动摩擦力及球内径向温度分布引起的热应力等。包覆颗粒本身对裂变产物起到非常小的压力壳的功能，因此必须要将放射性物质阻留在内，直到达到非常高的燃耗。石墨基体，主要是外层无燃料的石墨壳体，起到保护包覆颗粒免受外部载荷的作用。

在堆芯内移动的球形燃料元件(移动速度大约为每小时几毫米)之间的相互作用力可用下面的表达式来描述：

$$F \approx \mu \cdot C(\xi_i) \tag{4.13}$$

其中，μ 指干燥氦气下球床内与温度相关的摩擦系数，如图 4.10(a)所示；ξ_i 是特征参数，如温度、速度及燃料元件和反射层结构表面的粗糙度。这些依赖关系必须尽可能地在接近实际的条件下进行测量。球形燃料元件之间还存在其他一些影响因素，如球形燃料元件在靠近反射层壁面处形成堆积也是一种相互作用的反映。为了避免出现这种负面效应，可在反射层表面设计特殊的凹槽结构，效果比较理想(图 4.10(b))。

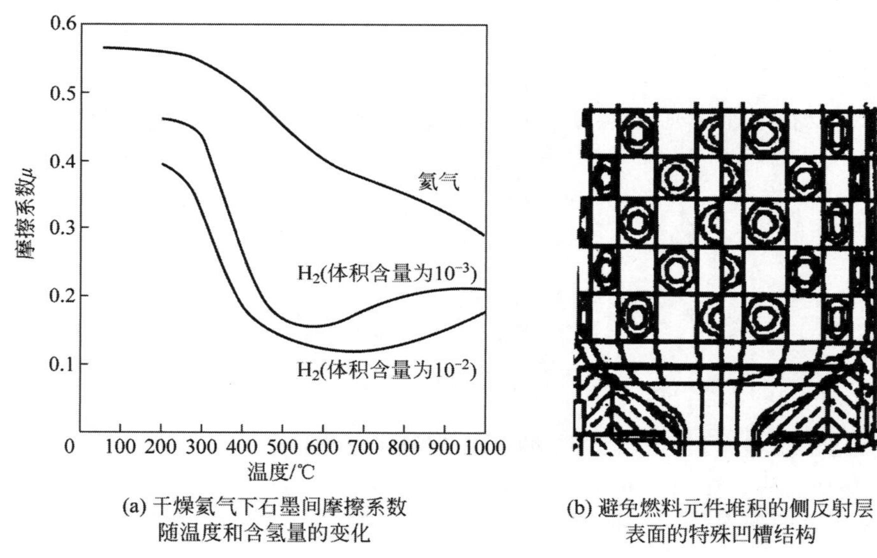

(a) 干燥氦气下石墨间摩擦系数随温度和含氢量的变化

(b) 避免燃料元件堆积的侧反射层表面的特殊凹槽结构

图 4.10 球床 HTR 堆芯内球形燃料元件的相互作用

由这些力引起的应力相对于结构材料内的许用应力是相当小的。早期，在 THTR 内采用将控制棒直接插入堆芯的运行方式。后来，在模块式 HTR 电站中，已避免采用这种方式，这是保证燃料球机械完整性的非常重要的先决条件。出于对停堆系统的设计和反应性当量的考虑，将停堆系统布置在反射层内，堆芯的直径限制为大约 3m。为了提高反射层内停堆系统的反应性当量，将 AVR 的反射层设计成如“突出的鼻子”一样的结构，或者采用带有中心柱的环形堆芯。

在装球过程中，燃料元件自由下落至堆芯上表面，此时，其受到的载荷通过采用合适的装球管和设置合理的落球高度可得到控制。自由下落球的动能为

$$E = \frac{m}{2}\nu^2, \quad \nu = \sqrt{2gh} \tag{4.14}$$

由于该能量造成了燃料元件内的应力，所以装球时要采用合理的限制措施来限制落球的高度 h。

堆芯球床总重量加载在堆芯底部燃料元件上的载荷可用下面这个表达式来近似：

$$F \approx \pi R^2 \cdot p \approx \pi R^2 \cdot \gamma \cdot H \tag{4.15}$$

这个力与允许的受力相比是很小的。其中，R 是堆芯的半径，H 是堆芯的高度，γ 是球床的比重。

图 4.11(a)给出了测量的球床内部力的分布情况。如图所示为一条由堆芯模型得到的等压线。可以看出，在堆芯底部接近边界处的压力最高。

球床内部的空隙率也与球床的位置有关(图 4.11(b))，而且对力的分布也会产生影响。图 4.11 表明，邻近壁面处的空隙率比较高，因此，在对堆芯多维氦气流进行详细的程序计算时，要将这一因素考虑进来。

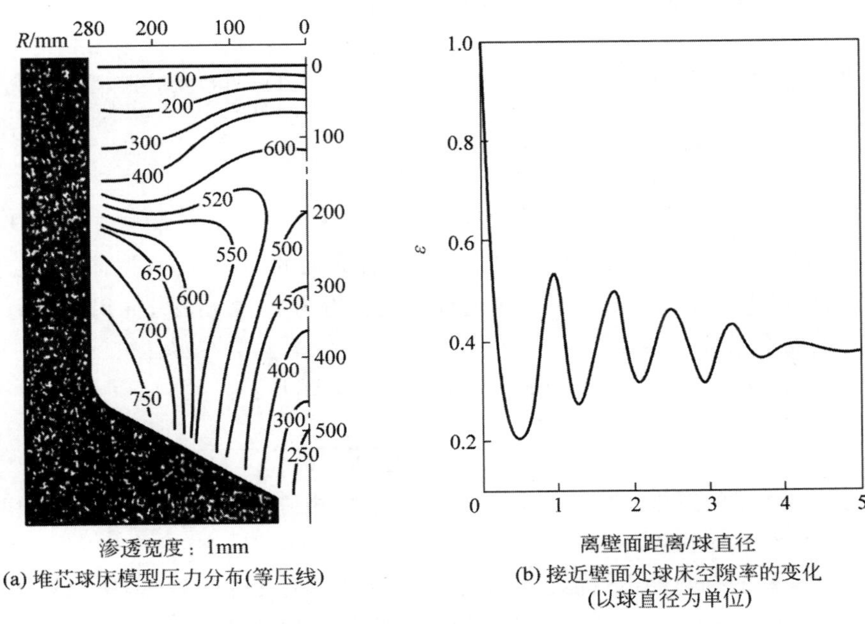

(a) 堆芯球床模型压力分布(等压线)

(b) 接近壁面处球床空隙率的变化(以球直径为单位)

图 4.11 球床中的作用力

在对燃料元件的各种应力进行分析时，对卸球装置转动盘上的过球孔与燃料元件之间的作用力也应给予必要的关注，以便得到更优的整体设计方案。例如，过球孔上应避免有锐角边，以防止对通过的球造成磨损。另外，在球装卸系统内输送球的管道焊接处应避免出现向内部突出的焊缝，否则会对球造成损坏。

元件的燃料区及外壳表面之间的热流密度和温度差会产生热应力，这些应力可以通过球内沿径向的温度分布来进行估计。假设球内的功率是均匀产生的：

$$T(r) = \frac{\dot{q}'''}{6\lambda}(r_a^2 - r^2) \tag{4.16}$$

对于径向和切向应力，可得如下表达式：

$$\sigma_r = \frac{2\alpha \cdot E}{1-\nu} \cdot \left[\frac{1}{r_a^3}\int_0^{r_a} T(r) \cdot r^2 \mathrm{d}r - \frac{1}{r^3}\int_0^{r} T(r') \cdot r'^2 \mathrm{d}r'\right] \tag{4.17}$$

$$\sigma_t = \frac{\alpha \cdot E}{1-\nu}\left[\frac{2}{r_a^3}\int_0^{r_a} T(r) \cdot r^2 \mathrm{d}r + \frac{1}{r^3}\int_0^{r} T(r') \cdot r'^2 \mathrm{d}r' - T(r)\right] \tag{4.18}$$

从而得到了燃料元件内应力沿径向的分布：

$$\sigma_r = \frac{\alpha \cdot E \cdot \dot{q}'''}{(1-\nu) \cdot 15\lambda} \cdot (2r^2 - r_a^2) \tag{4.19}$$

$$\sigma_t = \frac{\alpha \cdot E \cdot \dot{q}'''}{(1-\nu) \cdot 15\lambda} \cdot (2r^2 - r_a^2) \tag{4.20}$$

其中，参数 α 为热膨胀系数；E 为弹性模量；ν 为横向收缩数。

由这种热效应引起的应力与球半径的关系如图 4.12 所示。最大压应力来自球的中心，最大拉应力出现在球的表面。在进行精确的分析时，燃料元件中的蠕变和辐照引起的收缩也必须加以考虑。将所有效应加以考虑后所得结果表明，球内应力分布具有相同的趋势。

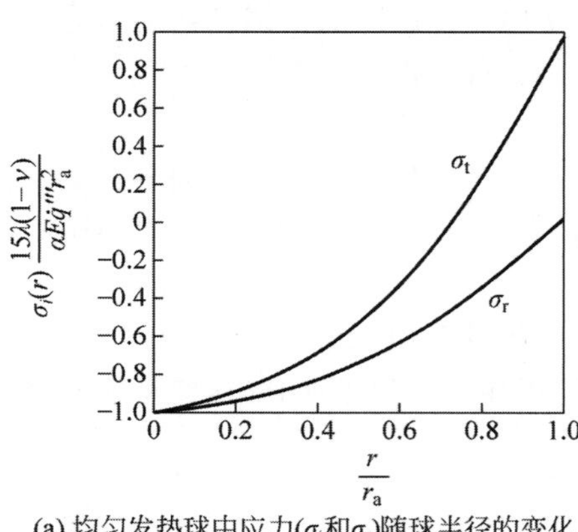

(a) 均匀发热球中应力(σ_t和σ_r)随球半径的变化

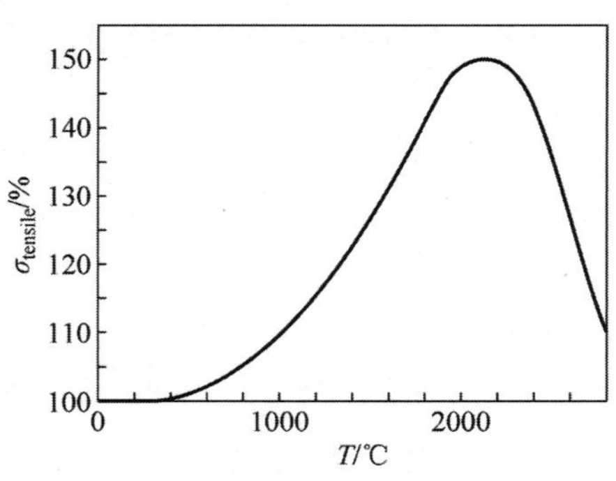

(b) 石墨拉伸应力随温度的变化
(100%室温下：σ拉伸≈10N/m²)

图 4.12 球形燃料元件的热应力

对上述问题的简单估计可以采用如下条件：$r_a=3\text{cm}$，$\alpha=4\times10^{-6}\text{K}^{-1}$，$E=1.2\times10^4\text{N/mm}^2$，$\nu=0.3$，$\lambda=1\text{W/(m·K)}$，$\dot{q}'''=10\text{W/cm}^3$。估计的结果是：燃料元件表面的切向应力(拉伸)为 4.1N/mm^2；燃料元件内的最大径向或切向应力为 4.1N/mm^2；石墨的许用拉应力为 10N/mm^2，许用压应力为 35N/mm^2。所以，与这些载荷相关的安全系数足够高。

通过石墨壳的热流密度引起的应力可用如下形式的方程来估计：

$$\sigma_{th}=\frac{\alpha\cdot E}{2(1-\nu)}\cdot\Delta T\approx\frac{\alpha\cdot E}{2(1-\nu)}\cdot\frac{\dot{q}'''\cdot s}{\lambda} \tag{4.21}$$

其中，$\dot{q}'''$是热流密度；s 是壳的厚度。由于球形燃料元件中的热流密度很小，壳的厚度很小，所以这些附加的应力也非常小。$\dot{q}'''$大约仅为 10W/cm^2。

此外，石墨具有非常好的抗热冲击性能。由于堆芯内温度的变化相当缓慢，所以总体来说，这个问题对于石墨慢化反应堆系统并不是很重要，这是因为石墨具有良好的导热性。所有的瞬态应力或者热冲击的载荷均处于前面给出的参数范围内。瞬态应力可用如下形式的表达式来进行估计：

$$\sigma_{tr}\approx\frac{\alpha\cdot E}{1-\nu}\cdot\frac{\nu_T\cdot S^2}{\lambda}\cdot f(\text{几何}) \tag{4.22}$$

其中，S 是材料的壳壁厚度；ν_T 是温度的变化速度(℃/s)。相应地，热冲击的应力可由下面的方程给出：

$$\sigma_{th}=\frac{\alpha\cdot E}{1-\nu}\cdot\frac{\phi(\alpha,\lambda,s)}{\lambda}\cdot(T_{\text{表面}}-T_{\text{流体}}) \tag{4.23}$$

函数 ϕ 主要取决于壳壁厚度和热冲击过程中通过燃料元件表面的热流密度。以石墨为基体材料的球形燃料元件具有极强的抗热冲击性能，这一点已得到充分的实验验证。图 4.13 给出一个热石墨球(1000℃)放入冷水中快速冷却的结果。尽管瞬间达到 $\Delta\overline{T}/\Delta t\approx80$℃/s，球形燃料元件整体上仍然是完好的。

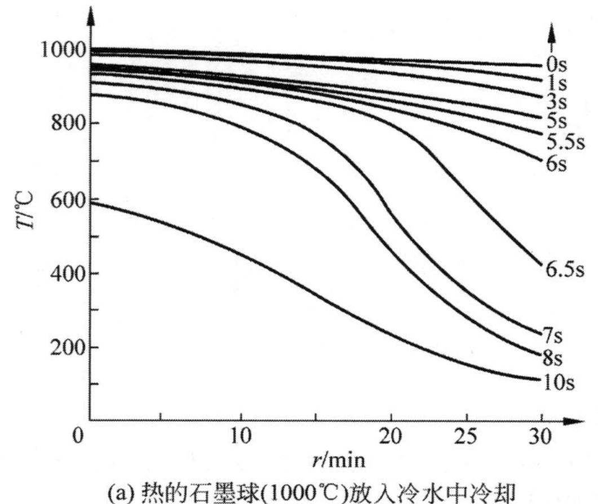

(a) 热的石墨球(1000℃)放入冷水中冷却

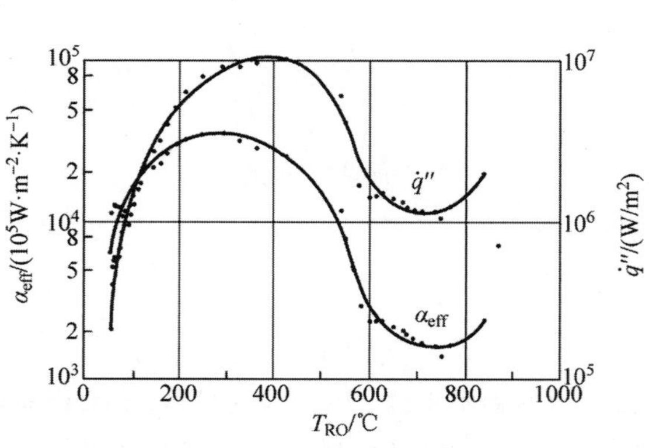

(b) 热球放入冷水中冷却时等效换热系数和热流密度的变化
(T_{RO}是球表面温度)

图 4.13 石墨球放入水中快速冷却

石墨基体材料的均匀性及包含包覆颗粒的燃料区和外表面无燃料的石墨壳体之间的紧密衔接是保证燃料元件完整性的决定性因素。在反应堆运行的初期阶段，采用压制的燃料元件存在不少问题：受腐蚀、机械载荷及辐照的综合影响，这些元件出现了所谓的剥离效应，其中包括燃料元件外部的一些薄层石墨被剥离了。对这些问题将在 4.8 节中给出进一步的说明。

4.6 燃料元件的腐蚀行为

氦气总体上是一种惰性气体，对石墨表面不构成腐蚀。但在反应堆的氦回路及一些已运行过的实验装置中含有一些杂质，如 H_2，CO，CO_2，H_2O，CH_4，O_2，会腐蚀元件表面。表 4.11 给出了各种反应堆和大型实验装置中测量的一些相关数据。

上述这些杂质主要来自于轴承润滑油、材料中的杂质成分（石墨、碳砖、绝热材料）、运行过程中进入的空气及蒸汽发生器非常少量的泄漏。

表 4.11 氦循环运行的 HTR 电厂和氦透平发电厂中的杂质

杂质	THTR 测量值 /(cm^3/m^3)	THTR 预期值 /(cm^3/m^3)	AVR 在 950℃时的测量值/(cm^3/m^3)	AVR 在 850℃时的测量值/(cm^3/m^3)	龙堆 /(cm^3/m^3)	EVO 电厂 /(cm^3/m^3)
H_2O	<0.1	<0.1	<0.5	<0.5	0.05	0.1
O_2	<0.1	<0.1	—	—		20
CO	<0.5	<0.5	<100	40	0.04	2
CO_2	<0.1	<0.1	<0.5	<0.5	0.02	20
NH_2	—	<1	<0.3	—	0.6	240
CH_4	<0.1	<1	<35	<0.5	0.05	0.5
H_2	<1.5	<4	<	<20	0.5	2
C_2	—	10	—	—		

注：cm^3/m^3 指百万分之一的体积含量。

上述杂质引起的石墨结构的腐蚀反应主要发生在燃料元件表面（表 4.12），这一问题必须得到足够的重视，因为这会在很大程度上影响堆芯部件结构的完整性。在这些腐蚀反应中，比较主要的是石墨与 H_2 和 O_2 的反应，见表 4.12。

表 4.12 腐蚀反应的概况

名　称	反　应	反应热/(kJ/mol)
碳水反应	$C+H_2O \longrightarrow CO+H_2$	+119
碳的氧化	$C+O_2 \longrightarrow CO_2$	−406
甲烷化	$C+2H_2 \longrightarrow CH_4$	−87
气化反应	$C+CO_2 \longrightarrow 2CO$	+162
水煤气反应	$CO+H_2O \longrightarrow CO_2+H_2$	−42

燃料元件石墨的反应速率由下面的关系式确定：

$$r=\Delta M/(A\cdot\Delta t)\cdot r \tag{4.24}$$

其中，A 是燃料元件的实际表面积，$\Delta M/\Delta t$ 是单位时间内的质量损失，r 的单位为 $mg/(m^2\cdot h)$。

反应速率与很多参数相关，这些参数除了材料本身的性质之外，还包括温度、压力、分压和流速。此外，某些材料的催化作用（碱金属杂质）及燃料元件的运行历史也可能会影响腐蚀速率。

例如，石墨与蒸汽的反应速率 r 主要取决于蒸汽的含量、压力和温度。其中与温度的关系就如很多化学反应那样，遵循一种指数关系（如阿伦尼乌斯定律）。

$$r\approx\Delta M/(A\cdot\Delta t)\approx r_0\exp(-c/T)\cdot f(X_{蒸汽},p) \tag{4.25}$$

函数 f 取决于多个参数，因此必须要进行实际测量。蒸汽-石墨反应之间的依赖关系也必须通过大量实验来加以分析，图 4.14 给出了这种依赖关系的典型趋势。

蒸汽的腐蚀作用可以通过一个简单的例子进行估计。假设水进入氦回路中的量是 $10gH_2O/s$，这对于

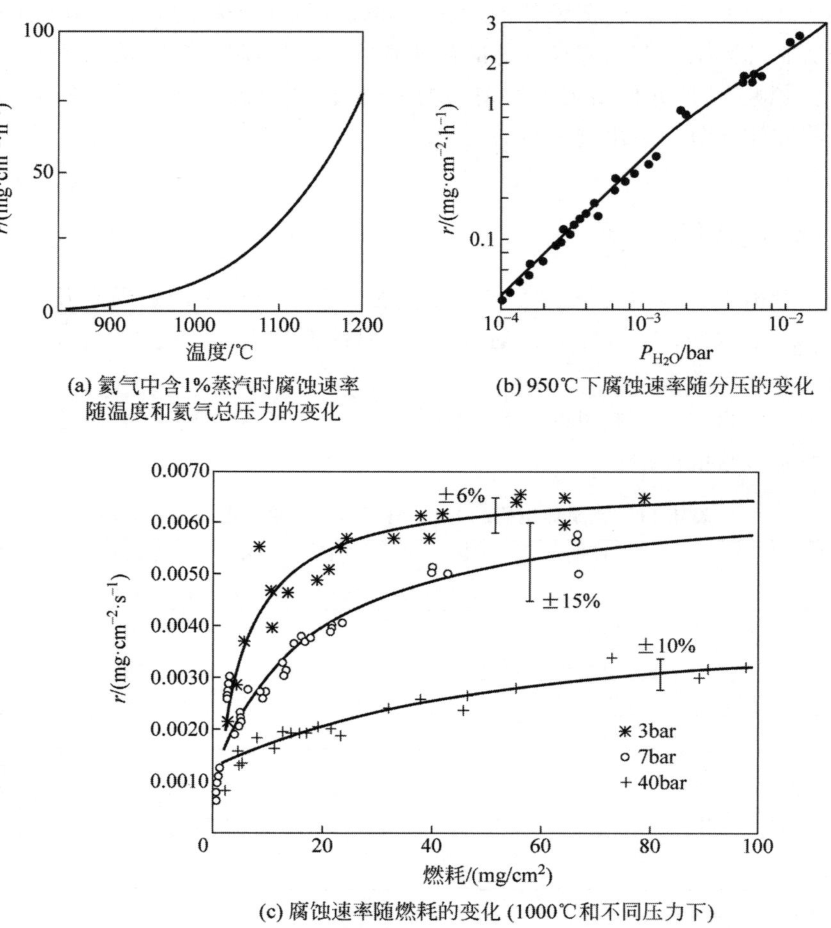

(a) 氦气中含1%蒸汽时腐蚀速率随温度和氦气总压力的变化

(b) 950℃下腐蚀速率随分压的变化

(c) 腐蚀速率随燃耗的变化 (1000℃和不同压力下)

图 4.14　A3 石墨受蒸汽的腐蚀速率

蒸汽发生器而言是一个很高的泄漏率表征量。这一泄漏量在 1h 内，会造成 THTR 300 堆内燃料元件表面 0.02mm 的腐蚀量。氦回路中大量的水和气体可以采用多种方法直接检测。因此，在任何情况下，氦回路中存有水和气体均不会导致放射性元素从燃料中释放出来，最主要的原因就是包覆颗粒本身不会被腐蚀。在 HTR 电厂中均设置了有效的气体净化系统，以减少气体的杂质含量。电厂设定了杂质的限值，见表 4.11，这些限值是在正常运行期间允许的腐蚀量的基础上设定的。腐蚀速率可以用一个经验公式来近似，用来表示参数的影响程度。例如，通常情况下，采用如下表达式来描述燃料元件 A3 石墨：

$$r=\frac{0.57\exp(-7000/T)\cdot p_{H_2O}}{1+1.2\times10^{-5}\cdot\exp(-7000/T)\cdot p_{H_2O}}\cdot\frac{(p_0/p)^{0.5}}{[1+8000\cdot(p_0/p)^{3.3}]^{0.15}} \tag{4.26}$$

其中，温度 T 采用开尔文温度，p_{H_2O} 和 p 的单位为 Pa，p_0 为 0.1MPa。由此计算的反应速率的量纲是 mg/($cm^2\cdot s$)，也可以将这一量纲转换成其他较为典型的数字表达形式，例如，材料每小时损失的百分比。

氦回路中的气体含量可能因为突然注入各种气体而发生变化。例如，在 AVR 中注入 H_2 可以降低摩擦因子；通过减少气体净化系统的流量来改变气体的成分(图 4.15)，之后再注入。

氦回路中的氧或在发生事故时进入一回路的空气也会对石墨造成腐蚀。根据已经运行的 HTR 电厂的经验，氦回路中的杂质水平随时间发生变化。特别是运行期间，CO/CO_2 比值会随高温氦气的温度发生变化，见表 4.13，在对气体净化系统进行设置时，这一特点应作为重点加以考虑。

表 4.13　AVR 运行期间 CO/CO_2 比值随热气温度的变化

热气的温度/℃	CO/CO_2 比值	热气的温度/℃	CO/CO_2 比值
700	10～20	900	40～60
850	20～50	950	50～150

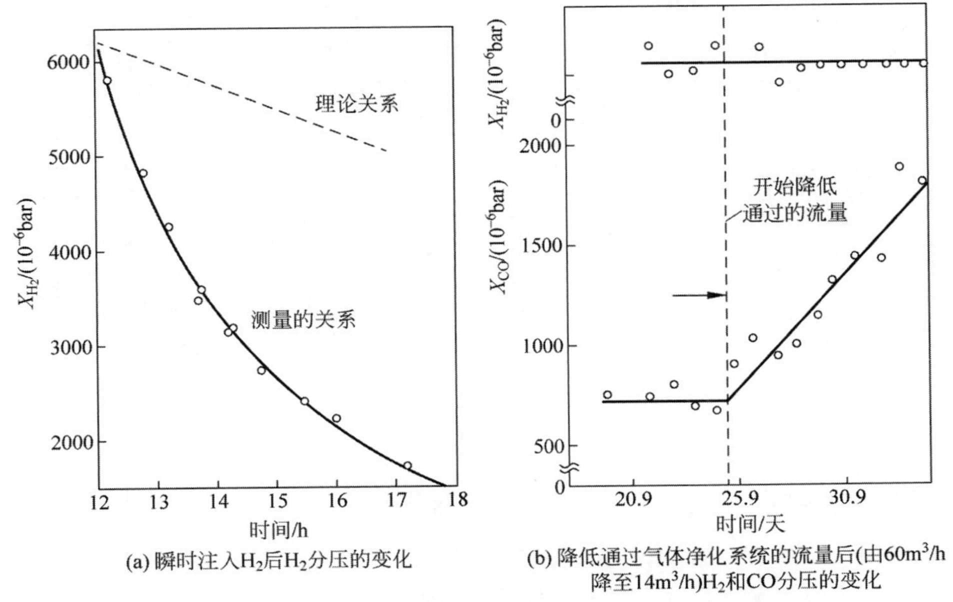

图 4.15 HTR 电厂运行期间(如 AVR)测量的杂质含量随时间的变化

氧的反应速率类似于水杂质，可以表示为

$$r \approx r_0 \exp(-c'/T) \cdot f(p_{tot}, X_{O_2}) \tag{4.27}$$

图 4.16 给出了空气的测量结果，氧在氦回路中的含量是相当低的。反应速率取决于温度、氧的含量、材料的种类和气体的流速。反应速率随温度的变化呈现指数变化。在发生严重事故的情况下，氧的腐蚀性起主要作用(详见第 10 章)。

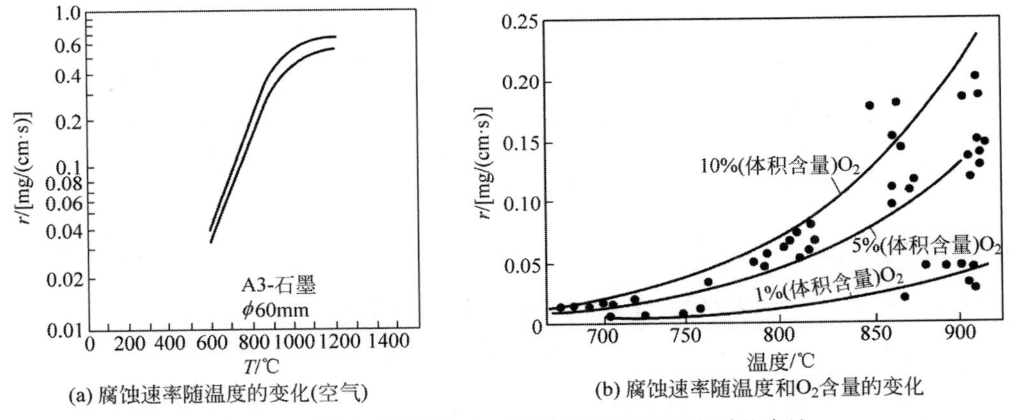

图 4.16 燃料元件石墨(A3/27)受氦回路中氧杂质的腐蚀

对于作为燃料元件的石墨(A3/27)，给出如下方程式用于描述氧对石墨的腐蚀实验中得到的结果：

$$r = \frac{0.176 \cdot \exp(-9768/T) \cdot p_{O_2}}{1 + 0.0143 \cdot \exp(-141/T) \cdot p_{O_2}^{0.5}} \tag{4.28}$$

其中，r 的单位为 $mg/(cm^2 \cdot s)$，温度 T 采用开尔文温度，p_{O_2} 的单位是 Pa。

在正常运行中气体净化系统严格控制氧气的含量，不允许出现较高的腐蚀速率。对严重事故的管理，需要通过设计合理的一回路隔离系统来限制进入一回路的空气量(详见第 10 章)。

在进行详细分析时，燃料元件表面和石墨结构与氢的反应也必须予以考虑：

$$C + 2H_2 \longrightarrow CH_4, \quad \Delta H = -87 kJ/mol(放热反应) \tag{4.29}$$

相比于石墨与蒸汽或者氧的反应，氢对石墨的腐蚀不起主要作用，因为它的反应速率与蒸汽或氧相比要小得多。所有的杂质在氦回路中均需加以限制，如前面提到的，通过对气体净化系统进行合理的设计，将氦回路中的杂质含量限制在允许的限值以下。

图 4.17 给出了氢对石墨腐蚀的图示分析，以及蒸汽和氢对石墨腐蚀的比较。

气体净化系统选择的旁流量越大，堆芯石墨结构中转化的杂质的含量就越低。在这种情况下，再通过 CuO 床的转化和分子筛的吸附，可将 H_2O 和 CO_2 作为最终产物从净化系统中排出。

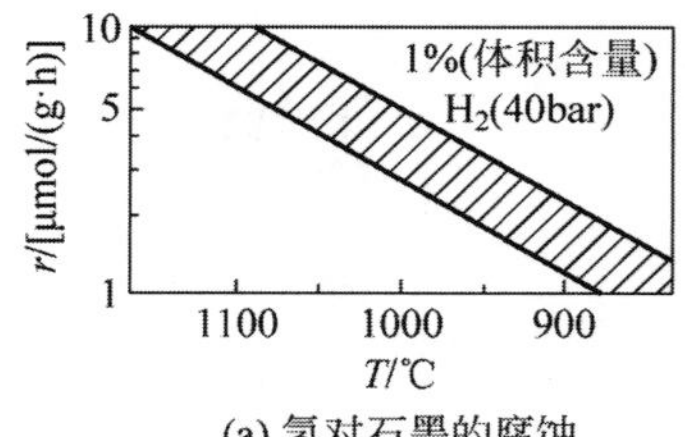

(a) 氢对石墨的腐蚀

参数	H_2O	H_2
温度/℃	1000	1000
总压力/bar	40	40
分压力	1%(体积含量)H_2O	1%(体积含量)H_2
转化率	10mg/(cm^2·h)	<10umol C/(g·h)
与C的转化	约10^{-2}gC/(g·h)	<10^{-4}gC/(g·h)

(b) 蒸汽和氢对石墨腐蚀的比较

图 4.17 氢对石墨的腐蚀

4.7 正常运行时燃料元件裂变产物的释放

图 4.18 给出使用 U235 时裂变过程中裂变产物的质量分布情况。图 4.18(b)给出了乏燃料元件中的存量，以及在正常运行和事故情况下释放出的最值得关注的同位素。

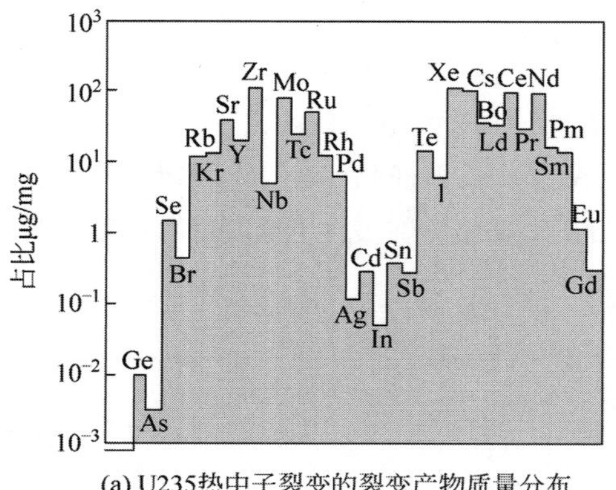

(a) U235热中子裂变的裂变产物质量分布

同位素	半衰期/年	燃料元件的活度/(Bq/FE)
Kr85	10.8	3.32×10^{9}
Sr90	28.5	4.12×10^{10}
Ru106	1.01	1.21×10^{8}
Sb125	2.77	2.38×10^{8}
Cs134	2.06	8.64×10^{8}
Cs137	30.1	4.42×10^{10}
Pm147	2.62	1.07×10^{10}
Eu154	8.5	5.36×10^{8}
总的裂变产物		1.86×10^{11}

(b) 乏燃料元件中放射性物质存量
(低浓铀循环, B=80 000MWd/t)

图 4.18 球形燃料元件的裂变产物

在 HTR-PM(250MW)堆芯中，总的放射性存量大约为 10^{19} Bq。表 4.14 给出了一些重要裂变产物的数据。

表 4.14 HTR-PM 堆芯中一些重要裂变产物的数据

同位素	半衰期	堆芯内存量/Bq	重要性
Kr85	10.8 年	1.16×10^{16}	燃料质量的指标
Cs137	30 年	2.12×10^{16}	极严重事故后的沉积物
Cs134	2.1 年	1.8×10^{16}	极严重事故后的沉积物
Sr90	28 年	1.71×10^{16}	极严重事故后的沉积物
I131	8 天	2.59×10^{17}	严重事故后占主导的放射性

Kr85 是正常运行时燃料元件质量的一个标志，因为测量所得这种同位素的释放率可以标识不同批次燃料生产的变化情况。Cs 和 Sr 在严重事故后会产生非常重要的影响，例如，由目前运行的 LWR 释放的这些同位素很有可能污染大片的土地。切尔诺贝利、福岛和更早期的车里雅宾斯克州(Tscheljabinsk)事故带来的教训是极其深刻的。I131 在事故过程中一旦释放出一个特定的量，就可能造成早期死亡(例如，在大型 LWR 中发生的事故)，因此要求人们立即撤离或者在建筑物内隐蔽。

目前已有大量关于 HTR 燃料元件裂变产物及其行为的文献。从这些文献中可以得知，在正常运行时，仅有少量裂变产物会从燃料元件中释放出来，氦回路内也会有少量的污染元素。另外，在反应堆的部件上也会留有一些污染元素，在对部件进行维修时需要特别地关注。图 4.19 给出了放射性物质从球形燃料元件中释放出来的一些路径，以及最终在一回路系统中沉积下来的一些假设。

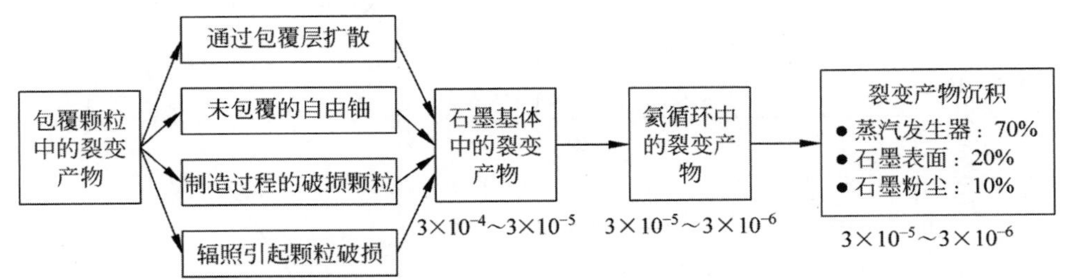

图 4.19　模块式 HTR 正常运行期间裂变产物的释放和迁移

少量放射性元素由包覆颗粒进入氦回路可能有 4 种途径：①同位素可能通过包覆颗粒的包覆层扩散出来，然后再通过石墨基体进入氦回路。②非常少量的铀未被包覆，成为基体中的自由铀。在这种情况下，同位素仅在某种程度上滞留在石墨基体内。③由制造过程中某些包覆颗粒破损所致。④在辐照过程中颗粒发生破损。破损颗粒的份额取决于制造过程中的质量控制，在包覆颗粒的研发过程中已将这种破损降到很低的程度。还需说明的一点是，破损颗粒的份额也与燃耗有关(图 4.20)。

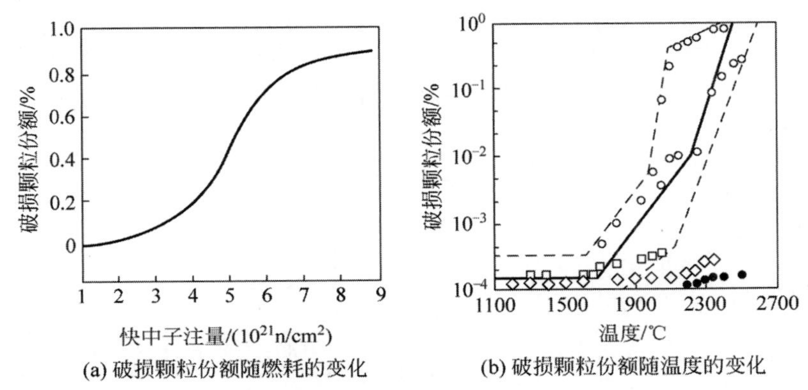

图 4.20　辐照中破损包覆颗粒(TRISO)的份额

裂变产物的释放随温度和燃耗发生变化这一现象也反映出其随时间变化的相关性，换句话说，正常运行情况下，裂变产物的释放也会随辐照时间及某些重要参数的变化而有所改变。对此举例加以说明，裂变产物 Kr85 本身用来表征元件的质量，在反应堆运行 1 年之后(1100℃和 8% FIMA)，其释放率大约为 10^{-7}。

正常运行时，同位素的释放量与反应堆温度有关，如图 4.21(b)所示。释放速率与氦气的温度变化呈指数关系。在正常运行期间释放出来的一部分同位素沉积在石墨结构或蒸汽发生器的表面，其他部分黏附在氦回路的石墨粉尘上。这些沉积的活度必须在严重事故的评估中予以考虑(详见第 11 章)，并且它们是源项的重要组成部分。

先进的 TRISO 燃料的释放速率是非常低的，通过制造工艺的进一步改进，其释放速率可以达到更低。未来的一个设计方案是在包覆颗粒外再附加一层如碳化锆这类材料的包覆层(详见第 15 章)。

过去几十年来，燃料元件对裂变产物的阻留能力有了很大的改进，主要是因为引入了 TRISO 颗粒以替代 BISO 颗粒，同时改进了制造工艺，这种改进使燃料元件的石墨基体中自由铀的含量降低，如图 4.22(a)所示。例如，在 AVR 运行期间，一回路系统内的总活度减小了，如图 4.22(c)所示。主要由于在过去几年的运行期间装入了 TRISO 燃料元件，氦回路中的放射性变得非常低，其在气体中的总量仅为 10^{12}Bq，接近 0.7Ci/MW，这一数值也与其他 HTR 电厂的运行结果非常类似。这表明，包覆颗粒燃料的品质很好。对包覆颗粒燃料的研发已在多个国家(如英国、中国、美国、日本)开展，并逐步得到应用。

基于下述考虑，将整个惰性气体接近 1Ci/MW 的稳态污染量与放射性的产生量之间建立一定的关系。堆芯的平衡活度由下面的方程式给出：

$$\sigma = P_{th}/2 \cdot \bar{E}_{fiss} \tag{4.30}$$

其中，P_{th} 是热功率，$\bar{E}_{fiss}$ 是裂变能(200MeV)，方程式中的因子 2 表示每次裂变产生两个裂变产物。在 AVR 中，$P_{th}=46$MW，由此可以得到 $\sigma=7\times10^{17}$Bq。在采用平均释放率 10^{-6} 的情况下，得到了接近于

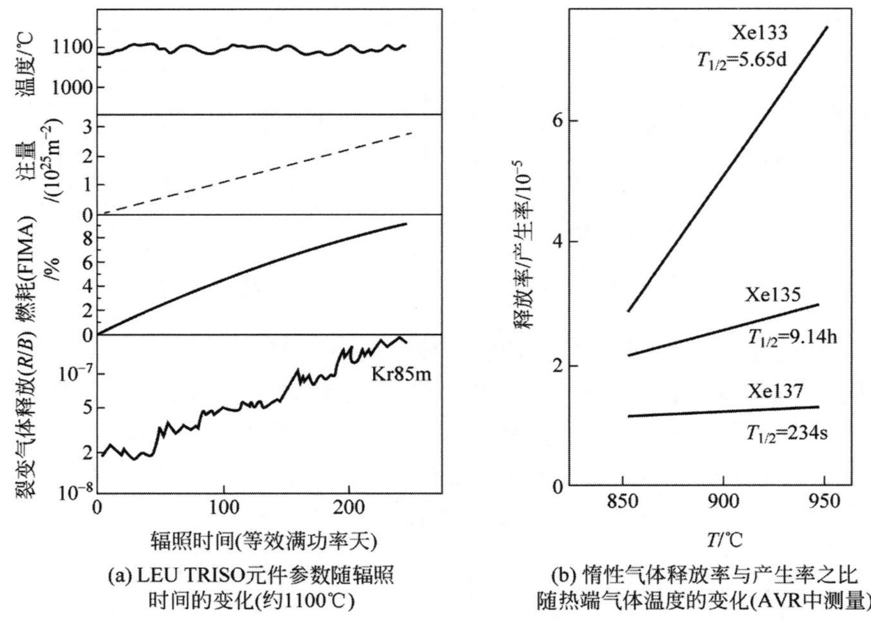

(a) LEU TRISO元件参数随辐照时间的变化(约1100℃)

(b) 惰性气体释放率与产生率之比随热端气体温度的变化(AVR中测量)

图 4.21 正常运行时球形燃料元件裂变产物的释放

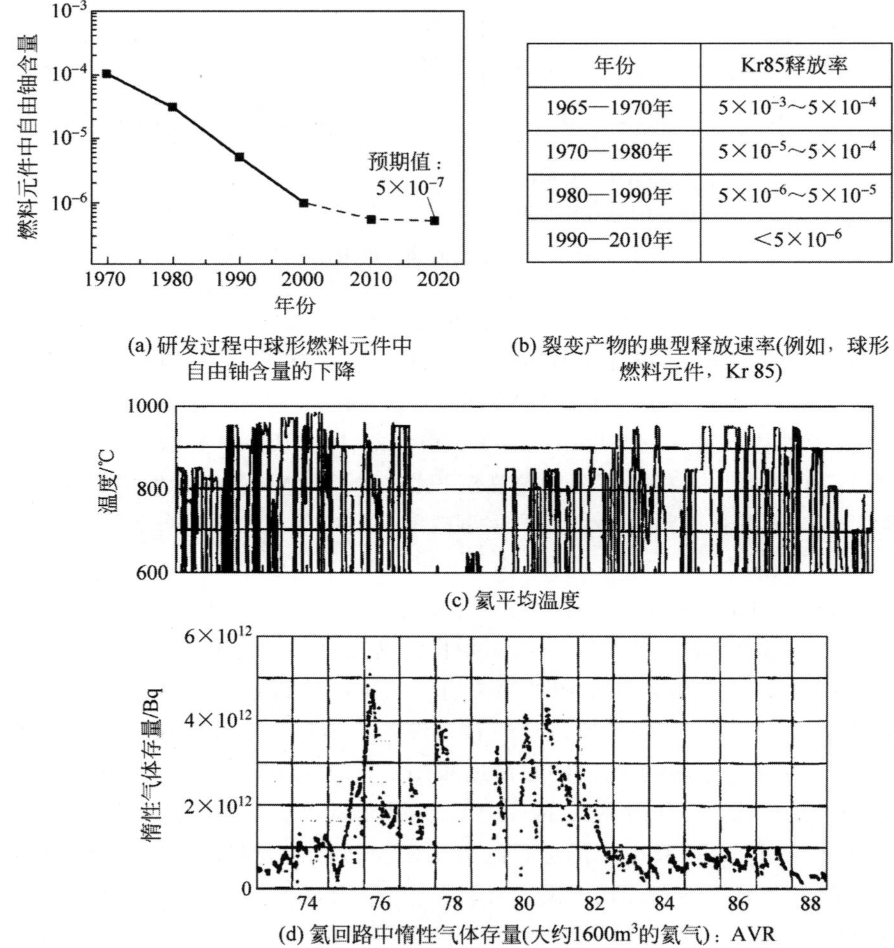

年份	Kr85释放率
1965—1970年	$5\times10^{-3}\sim5\times10^{-4}$
1970—1980年	$5\times10^{-5}\sim5\times10^{-4}$
1980—1990年	$5\times10^{-6}\sim5\times10^{-5}$
1990—2010年	$<5\times10^{-6}$

(a) 研发过程中球形燃料元件中自由铀含量的下降

(b) 裂变产物的典型释放速率(例如，球形燃料元件，Kr 85)

(c) 氦平均温度

(d) 氦回路中惰性气体存量(大约1600m^{3}的氦气)：AVR

图 4.22 HTR 燃料元件制造和氦回路中裂变产物的进展

AVR 的测量值。

在 AVR 中进行了很多次有关固态裂变产物的释放和行为的实验，表 4.15 和图 4.23 给出了其中的一些实验结果。从这些结果中可以看出，固态裂变产物的释放与热态气体温度及热、冷气体温度差之间存在一定的相关性,而这些分析结果对于评估部件的污染程度及对部件维修需设立的工作条件有很大的参考价值(图 4.23)。

表 4.15 AVR 冷却气体中测量的固态裂变产物浓度随氦出口温度的变化情况 10^{-9} Ci/Nm^3

固态裂变产物	热气温度为770℃时的平均值	热气温度为825℃时的平均值	热气温度为850℃(三次实验的平均值)时的平均值	热气温度为 950℃时的平均值	
				第一次实验	第二次实验
Ag110m	0.9	2.4	3.5	17.0	12.9
Ag111	0.09	19	70	1200	1510
I131	3.4	6.5	9.6	27	29.7
Cs134	0.20	0.21	0.25	1.9	2.5
Cs137	0.14	0.09	0.13	0.9	1.3

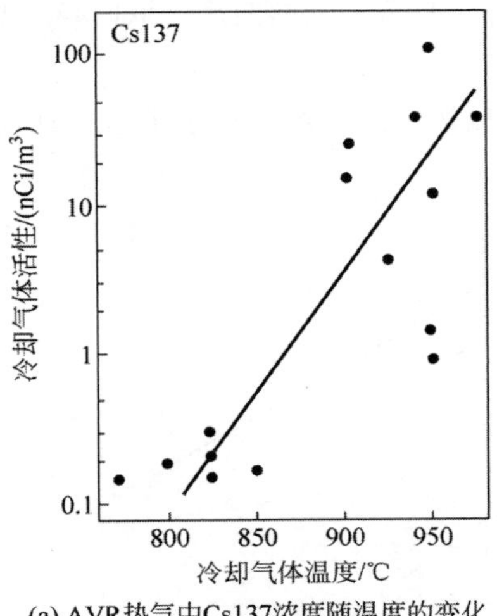

(a) AVR热气中Cs137浓度随温度的变化

核素	热端气体/(Ci/m^3)	冷端气体/(Ci/m^3)
I131	4.4×10^{-7}	5.6×10^{-9}
CS137	1.1×10^{-7}	2.3×10^{-9}
Ag111	4.4×10^{-6}	4.4×10^{-9}
Co60	8.8×10^{-9}	5.2×10^{-11}
Sr90		1.9×10^{-8}

(b) AVR冷却气体中测量的固态裂变产物浓度(950℃)

图 4.23 AVR 冷却气体的测量结果

可以很明显地看出释放率对气体温度有很强的依赖性,特别是 Cs 的同位素。目前,已有各种计算模型用来描述裂变产物的释放和迁移,这些计算的基础是含有参数随时间发生变化的扩散方程,其中的参数通过实验获取。对每种裂变产物,需要考虑其平衡关系式:

$$\frac{\partial c}{\partial t}=\mathrm{div}[D(T)\cdot\nabla T]-\lambda\cdot c+\dot{Q} \tag{4.31}$$

其中,D 为扩散系数($\mathrm{cm}^2\cdot\mathrm{s}^{-1}$);$\lambda$ 为衰变常数(s^{-1});c 为裂变产物浓度(cm^{-3});$\dot{Q}$ 为裂变产物产生率($\mathrm{cm}^{-3}\cdot\mathrm{s}^{-1}$)。

对于扩散系数对温度的依赖关系,经常采用阿伦尼乌斯定律来表示:

$$D(T)=D_0\cdot\exp(-A/R\cdot T) \tag{4.32}$$

其中,活化能 A(J/mol)由测量所得,R 是气体常数(J/(mol·K))。

在已知浓度 C 的情况下,可以对不同的裂变产物构建一个释放率与产生率间的关系:

$$\frac{\dot{R}}{\dot{B}}=\frac{-D\cdot\int_s \mathrm{grad}C_{\mathrm{g}}\cdot\mathrm{d}s}{P\cdot K\cdot\gamma} \tag{4.33}$$

其中,s 是球的表面积,裂变产物均通过球表面释放出来;P 为裂变功率(W);$K=3.1\times10^{10}\ \mathrm{W}^{-1}\cdot\mathrm{s}^{-1}$;$\gamma$ 为裂变产物产额。

在某些条件下,释放的份额也可采用如下的形式:

$$F=\frac{\int_0^t \dot{R}(t')\cdot\exp(-\lambda\cdot t')\cdot\mathrm{d}t'}{\int_0^t \dot{B}(t')\cdot\exp(-\lambda\cdot t')\cdot\mathrm{d}t'} \tag{4.34}$$

求解浓度为 C 的球形元件的稳态微分方程，得到如下结果：

$$\frac{\dot{R}}{B} \approx \frac{3}{X}\left(\coth X - \frac{1}{X}\right) \tag{4.35}$$

其中，由扩散方程引入的 X 是无量纲的参数。通常假设 $X \geqslant 1$，于是得到：

$$\frac{\dot{R}}{B} \approx \frac{3}{X} \approx 3\sqrt{\frac{D}{\lambda a^2}} \approx \frac{\exp[-A/(2RT)]}{\lambda} \tag{4.36}$$

该方程可以粗略地估计释放率。可以发现，同位素 Kr85m（$\lambda = 4.38 \times 10^{-5}$/s）通过包覆颗粒核芯外的热解碳层的扩散系数为 $D(800℃) \approx 10^{-22}\,\mathrm{m^2 \cdot s^{-1}}$，$a = 100\mu\mathrm{m}$，其 $R/B \approx 5 \times 10^{-5}$。这个值优于由 BISO 颗粒测量数据所做的估计。

释放率主要取决于温度、扩散系数和裂变产物产生系统的几何条件，这里，也与颗粒核芯的直径及包覆层的厚度相关。图 4.24 给出了热解碳层、碳化硅层和石墨基体中扩散系数的曲线。该曲线表明了碳化硅层在裂变产物阻留方面所具有的优势。

图 4.24(d)给出 AVR 中 Kr85 的测量值与计算值之间的比较情况。图中显示了运行期间温度的历史变化及氦污染的演变状况，表明了燃料质量的改进。

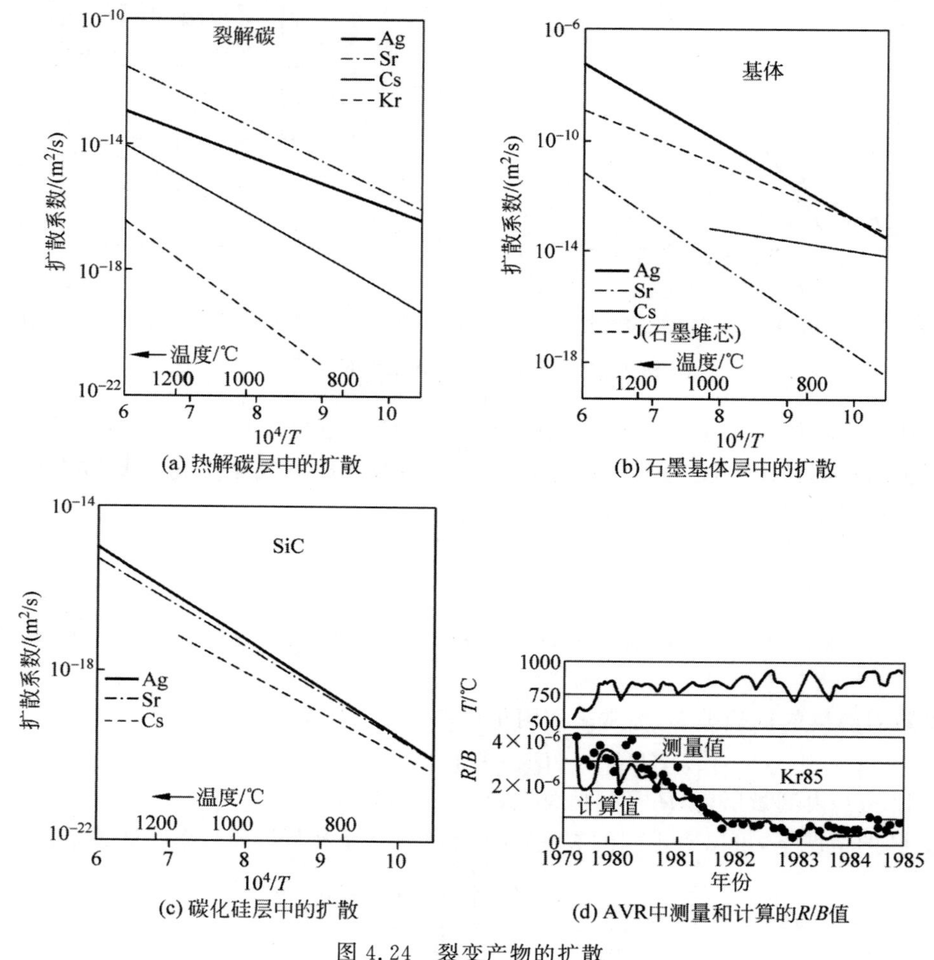

(a) 热解碳层中的扩散
(b) 石墨基体层中的扩散
(c) 碳化硅层中的扩散
(d) AVR中测量和计算的R/B值

图 4.24 裂变产物的扩散

除了对裂变产物从燃料元件中释放有一定的了解之外，还对裂变产物在冷却剂回路中的迁移和沉积形成了广泛的认知。原则上，这类方程是可以求解的：

$$\frac{\partial C_g}{\partial t} = \frac{4}{d_H} \cdot \beta(C_W - C_G) + v \cdot \frac{\partial C_g}{\partial Z} - \lambda \cdot C_g + B \tag{4.37}$$

其中，B 为裂变产物的源和汇；β 为质量迁移系数；v 为气体的流速；C_g 为裂变产物在气体中的浓度；λ 为衰变常数；d_H 为水力直径；Z 为沿气流方向的位置。

可以对冷却剂气体中的每种裂变产物建立如下方程式：

$$\frac{\mathrm{d}N_i}{\mathrm{d}t}=F_i-N_i(\lambda_i+r_{1i}+r_{2i}+r_{3i}) \tag{4.38}$$

其中，F_i 为同位素从燃料元件的释放；r_{1i} 为通过气体净化系统去除的份额；r_{2i} 为从一回路泄漏失去的份额；r_{3i} 为冷却剂在一回路内沉积失去的份额。

应用描述裂变产物释放、迁移和沉积期间行为的计算机模型，得到的结果如图 4.25 所示。可以看出，在过去 10 多年的运行中，燃料质量达到了一个很高的标准，在 AVR 的一回路系统中沉积了大约 50 居里的 Cs137，在此运行期间，平均氦气出口温度为 950°。

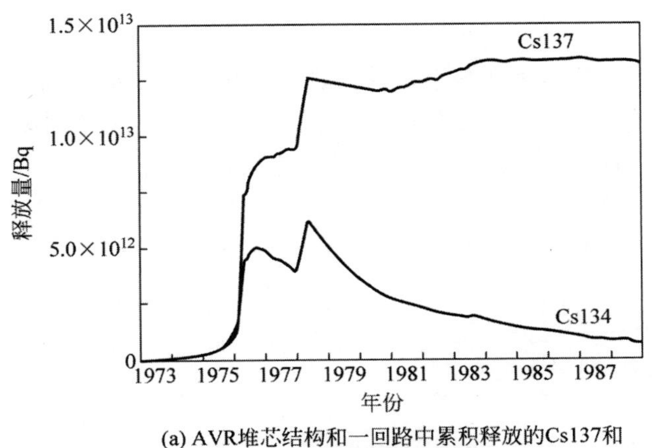

(a) AVR堆芯结构和一回路中累积释放的Cs137和Csl34的模拟结果

时间	估计的释放量/Bq
1975—1979年	300
1979—1983年	30
1983—1985年	＜10
1985—1988年	＜10

(b) 堆芯结构内附加累积的Cs137的估计值

图 4.25　AVR 堆芯结构内累积的 Cs137 和 Cs134 的估计值

在 HTR-PM 的运行条件下，堆芯的平均氦气出口温度为 750℃，稳态运行时，如 Cs137，其释放量应低于图 4.25 中给出的值。再加上以前给出的数据，可以估计事故期间从燃料元件额外释放的裂变产物，将其加入事故分析的源项中(详见第 11 章)。在中国，为 HTR-10 制造的燃料元件包覆颗粒也已经达到了很高的质量标准。以燃料元件基体中自由铀的含量为例，其测量值已与之前的研发值相当。自由铀的含量达到 $10^{-5}\sim10^{-4}$ 的水平。对球形燃料元件进行的实验的结果表明，像氙这类同位素的释放率随着燃耗的增加保持在 $10^{-6}\sim10^{-7}$ 的量级，如图 4.26 所示。

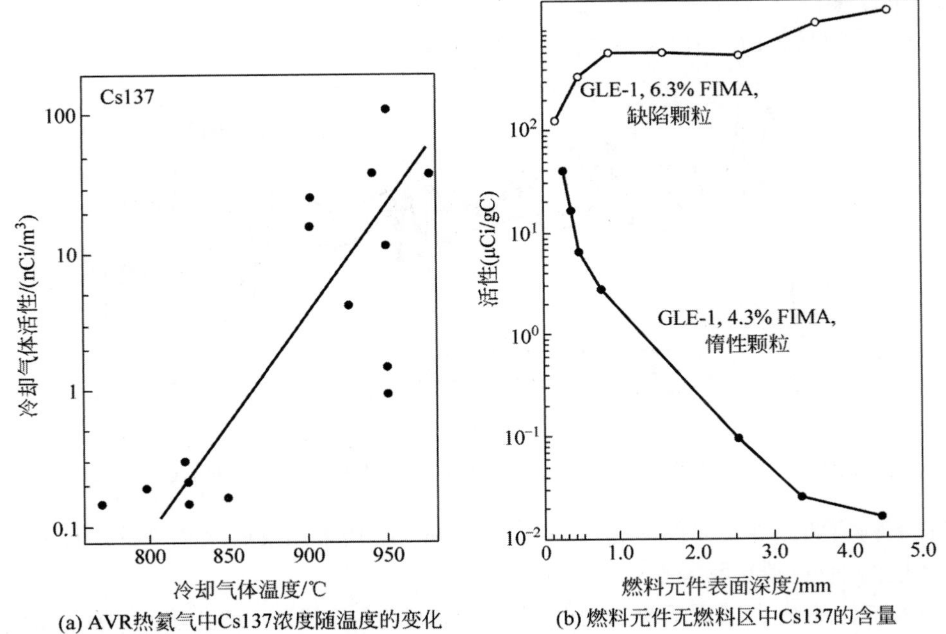

(a) AVR热氦气中Cs137浓度随温度的变化　　(b) 燃料元件无燃料区中Cs137的含量

图 4.26　AVR 热氦气中测量的固态裂变产物浓度随温度的变化

Cs137 值中包含了部分 Cs134，是在 VAMPYR 回路中由 Xe137 衰变得到的

10^{-9}Ci/Nm^3

平均热氦气温度	770℃	825℃	850℃(三次实验的平均值)	950℃	
				第一次实验	第二次实验
Ag110m	0.9	2.4	3.5	17.0	12.9
Ag111	0.09	19	70	1200	1510
I131	3.4	6.5	9.6	27	29.7
Cs134	0.20	0.21	0.25	1.9	2.5
Cs137	0.14	0.09	0.13	0.9	1.3

(c) 各种同位素的浓度

图 4.26(续)

燃料元件质量的典型参数存在很大的改进空间，燃料生产各个步骤的进一步优化也很值得期待。这些质量改进主要是针对减少裂变产物的释放、降低腐蚀率、提高允许的辐照注量几个方面。关于未来在燃料元件上的重要改进将在第 16 章中加以说明，这里给出其中的一些可能的改进方向：

- 改进和附加包覆层，以减少在运行和事故中的释放；
- 通过改进制造工艺，降低自由铀(改进的流化床)含量；
- 改进基体石墨材料(较高的抗腐蚀能力)；
- 将燃料元件的碳化硅层作为抗腐蚀的防护；
- 燃料元件内区成为无燃料区，以降低最高温度；
- 特殊的含钚的包覆颗粒可以达到高燃耗；
- 将特殊的易裂变材料/增殖材料颗粒用于未来钍循环，以实现近增殖。

4.8 球形燃料元件的类型

目前已提出多种类型的球形燃料元件，并在一定程度上得到了充分的研发。在研发过程中，如下几个方面发挥了重要作用。

- 实现具有尽可能低燃料温度的燃料元件(选用导热性好的材料，燃料球和外壳间无间隙，制成较薄的燃料区和中心无燃料区)；
- 改进的包覆颗粒(较好的包覆，降低自由铀含量，增加包覆层)；
- 燃料元件的总体改进(批量生产，改进质量和质量控制)。

下面几种类型的燃料元件得到研发或者进行了批量实验(图 4.27)。

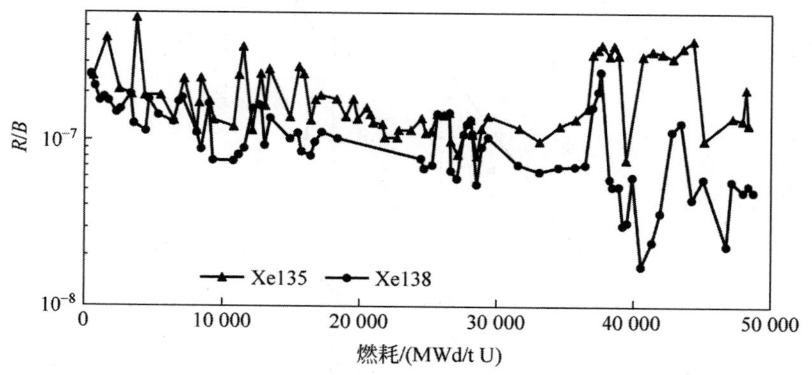

图 4.27 裂变气体释放率与产生率之比(R/B)随球形燃料元件燃耗的变化(HTR-10 试验 No.3 样品管)

- 由人工石墨构成的元件。元件上有一个填充燃料的孔，用带螺纹的塞子可将孔封上。其燃料是具有热解石墨层的铀/钍碳化物颗粒(类型 a)。
- 燃料元件具有一个由人工石墨组成的壳体。壳体上有一个孔，通过孔填充以铀/钍作为混合燃料的包覆颗粒。壳上用一个塞子封上(类型 b)。
- 元件有一个人工石墨的外壳。包覆颗粒固定在外壳的内壁上(壁面层)(类型 c)。

- 由专门的石墨基体材料(A3 石墨基体)压制而成的元件(类型 d)。各种包覆颗粒布置在内部燃料区中。下面几种包覆颗粒已经进行过实验：

(1) U/Th 混合包覆颗粒(BISO)；

(2) U/Th 混合包覆颗粒(具有内部多孔层和外部穿衣层的改进的 BISO(THTR 元件))；

(3) 具有 PyC 层和 SiC 层的 U/Th 混合氧化物颗粒(TRISO)；

(4) 具有 PyC 层和 SiC 层的 UO_2 颗粒(用于低浓铀燃料的 TRISO)。

- 由 A3 石墨模压的元件。包覆颗粒仅包含在一个薄壳内,内区是 A3 石墨。
- 模压的内区由含有包覆颗粒的 A3 石墨结构构成(类型 f),外壳由人工石墨构成(图 4.28)。

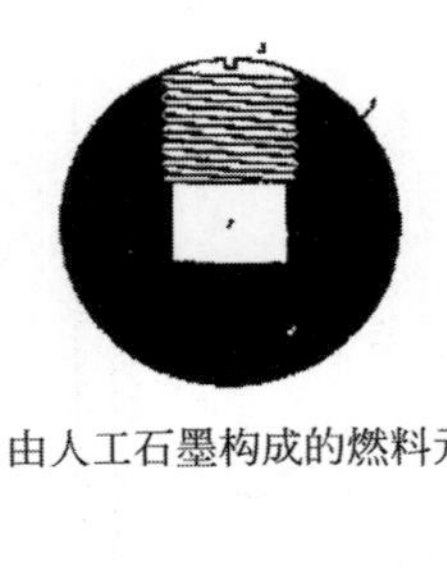

(a) 由人工石墨构成的燃料元件

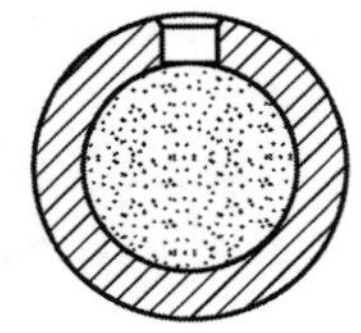

(b) 由人工石墨构成的外壳(内区含有包覆颗粒)

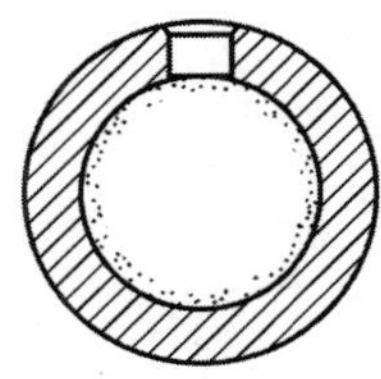

(c) 外壳由人工石墨构成,内壁面层是包覆颗粒

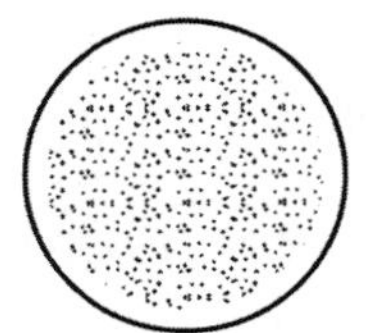

(d) 模压压制的含有包覆颗粒的石墨基体和外部无燃料的石墨壳体

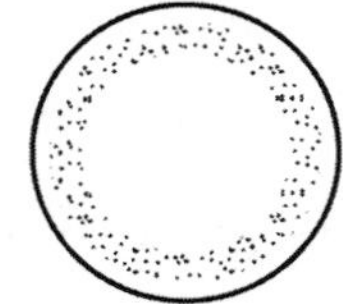

(e) 模压压制的以石墨为基体材料的含有包覆颗粒填充的环形区

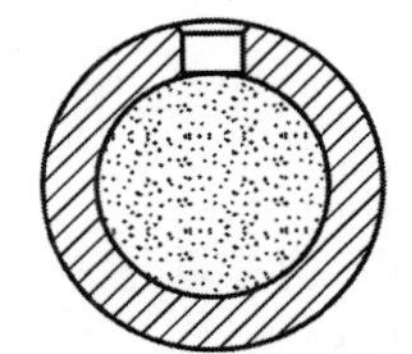

(f) 内区包含包覆颗粒的石墨基体(外区是人工石墨)

图 4.28 各种球形燃料元件

图 4.28(d)所示的燃料元件采用富集度为 8%～9%的低浓铀,每个元件装量为 7g,采用 TRISO 包覆,燃耗为 90 000MWd/t,以 A327 石墨为基体材料压制,这种类型的燃料元件被评价为未来模块式 HTR 项目最有吸引力的发展方向。

4.9 HTR 燃料元件运行的进一步经验

在 AVR 和 THTR 运行期间,一个很重要的问题是在保证球形元件完整性的前提下如何解决球的破损问题。图 4.29 给出了 AVR 运行期间损坏的球数。在 AVR 反应堆中最终大约有 260 000 个球从反应堆中卸出,2 400 000 个元件通过堆芯循环。如图 4.29 所示,大约有 220 个被损坏的球,平均损坏率为 10^{-4}。将只要表面有 1mm 量级损坏程度的元件都归为损坏元件。图 4.29 所示的损坏率对燃料区完全不会造成影响。在整个运行期间,共有 3 种情况造成了较大的损坏,具体如图 4.29 所示。

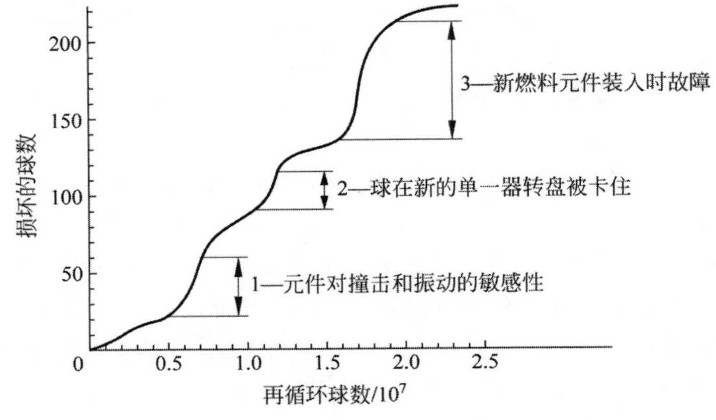

图 4.29 AVR 运行期间损坏的燃料元件数

为了及时采用新的核技术部件，对燃料元件装卸系统中失效和更换的部件进行的维修都是由人工操作的，此时的辐照剂量相当低，因此大多数维修都是在运行期间进行的。这是可行的，因为燃料装卸系统的大多数部件均可通过维修阀门与一回路系统隔离。燃料装卸机械失效在整个电厂不可利用时间中仅占3%的份额。

在THTR开始运行阶段，燃料元件的损坏率高于设定值(图4.30)。原因是堆芯的控制棒相当频繁地直接插入球床，这些控制棒构成第二停堆系统，名义上，第二停堆系统仅用于反应堆的长期冷停堆，所以，在电厂开始阶段的大多数情况下不需要使用这套系统，在反应堆中损坏的燃料元件也认为仅仅在表面有小的缺陷。

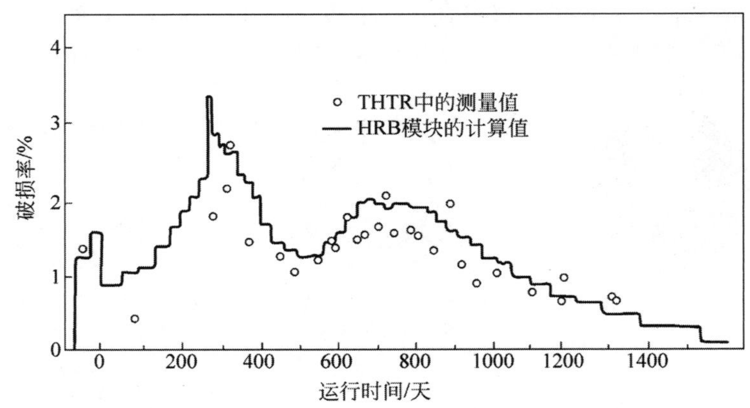

图4.30　THTR 300运行期间破损率的变化

运行一段时间之后，由于向堆芯内注入了氨用于降低摩擦系数，所以摩擦力有所降低，这一效应带来的后果很清楚地表明破损球数减少了。

在运行的后期，根据保守估计，损坏率小于10^{-3}。燃料基体的完整性未受到影响，这可以从运行期间基体中释放的活性看出。氦气中惰性气体的活度仍处于大约0.3Ci/MW这一较低量级，如图4.31所示。

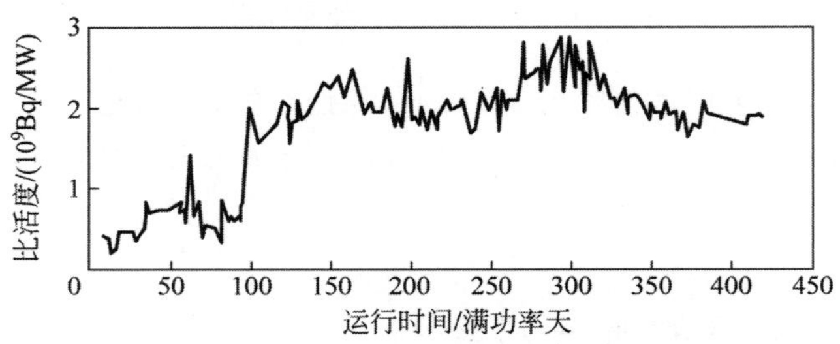

图4.31　THTR冷却剂气体比活度随时间的变化

但是，THTR运行过程中的一个教训也启示我们，未来的模块式HTR应避免在堆芯内插入控制棒。虽然控制棒及其气动驱动装置具有优异的性能，但似乎更适合作为模块式HTR第二停堆系统的备用方案。

关于燃料元件的损坏还有一些经验教训也必须予以考虑。

燃料元件有可能在表面遭受相当小的损坏，例如，小于1mm的破损缺陷(图4.32)。这可能是由与燃料装卸回路中的部件碰撞造成的。那些具有较深缺口的球被认定为损坏的球，通过破球分离器从回路中筛选出来。

由上述燃料元件损坏的教训可以得出，在球装卸系统的管道和其他部件中应避免不光滑的焊缝，单一器转盘的过球孔要特别注意避免锐角。因为燃料元件有一个5mm厚的外壳，所以实际上，球表面的损伤并不会影响裂变产物的释放。

1972年，在一些模压的碳化物燃料元件中进一步探测发现了新的效应。在球的表面出现了一些缺陷，这一效应被称为“剥离效应”，即非常薄的一层石墨(0.1～0.3mm)从球表面被剥离下来。图4.33给出这种损伤的示例。出现这一效应的原因是：由于在热的表面发生氧化反应，使外层形成很多孔洞。受堆芯内部或外部机械力的作用，这一层会重新被致密，经过辐照后外层表面就会出现不同的变化。最终这些薄层被剥离下来，燃料元件的内区部分未受到这一效应的影响。这个问题一经发现就被作为一个专题进行研究，通过改变燃料元件的制造流程，并在制造过程中调节温度，这种剥离效应在之后的运行过程中得以完全控制。

图 4.32 燃料元件表面的缺陷

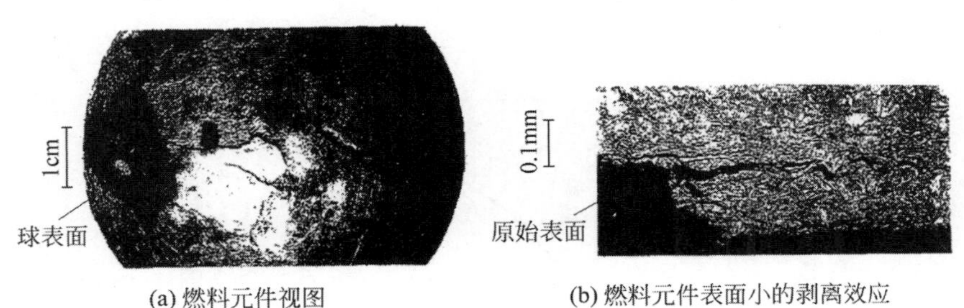

(a) 燃料元件视图 (b) 燃料元件表面小的剥离效应

图 4.33 模压碳化物燃料元件在特殊负荷下的剥离效应

4.3 节有关包覆颗粒的讨论中已经给出了包覆颗粒中的温度分布情况。图 4.34(a)给出了 TRISO 颗粒核芯及各包覆层中的温度分布情况。在典型的辐照实验中，开始时颗粒的功率为 100MW。图 4.34(b)包括了实验期间功率为 1kW 的球形燃料元件的径向温度分布。在上述实验条件下，直到燃耗大约为 100 000MWd/t 辐照的燃料元件，都未显示任何破损。

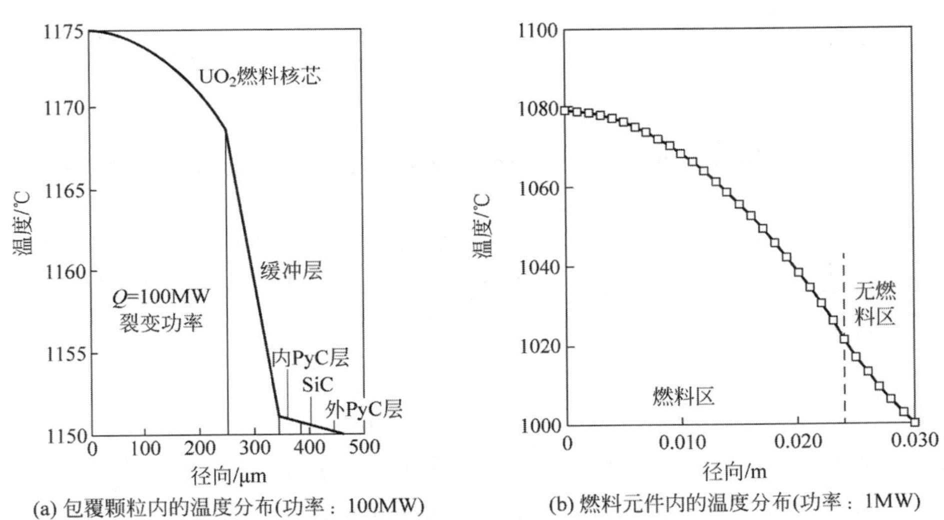

(a) 包覆颗粒内的温度分布(功率：100MW) (b) 燃料元件内的温度分布(功率：1MW)

图 4.34 辐照实验期间燃料元件和包覆颗粒内典型的温度分布

在非常高的温度和相当高的温度梯度下，包覆颗粒呈现出一种特殊的效应，称为“阿米巴效应”。该效应表现为颗粒内区的自由氧与热解碳层发生的相互作用，反应如下：

$$CO_2 + C \underset{\text{冷侧}}{\overset{\text{热侧}}{\rightleftharpoons}} 2CO \tag{4.39}$$

该反应有可能引起燃料核芯通过包覆层的迁移：在迁移方向上减少的碳又沉积在迁移方向背后的包覆层上。较高的温度和较大的温度梯度促进了这种效应的发生。由模型模拟及实验测试给出如下迁移速度的关系式：

$$\frac{\mathrm{d}x}{\mathrm{d}t} \approx \frac{\Delta T}{\Delta x} \cdot \frac{1}{T^2} \cdot \exp\left(-\frac{\Delta H}{RT}\right) \tag{4.40}$$

其中，ΔH 是与迁移机制相关的活化能，$\Delta T/\Delta x$ 是颗粒中的温度梯度。随着温度及温度梯度的上升，迁移速度也加快。图 4.35(c)给出这种效应的一个例子。

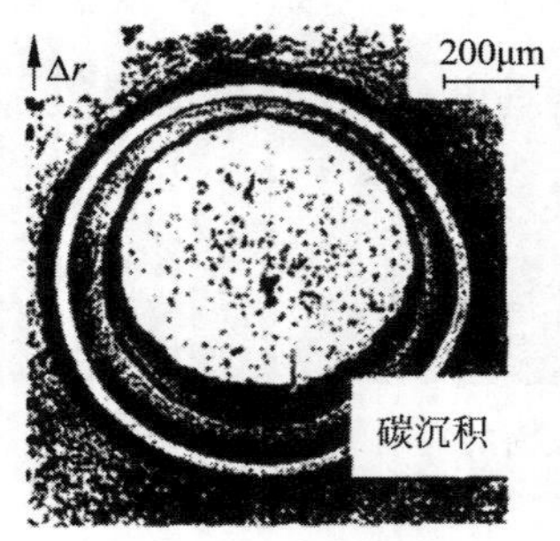

(a) 具有阿米巴效应的包覆颗粒

(b) 过压引起的包覆颗粒的破坏

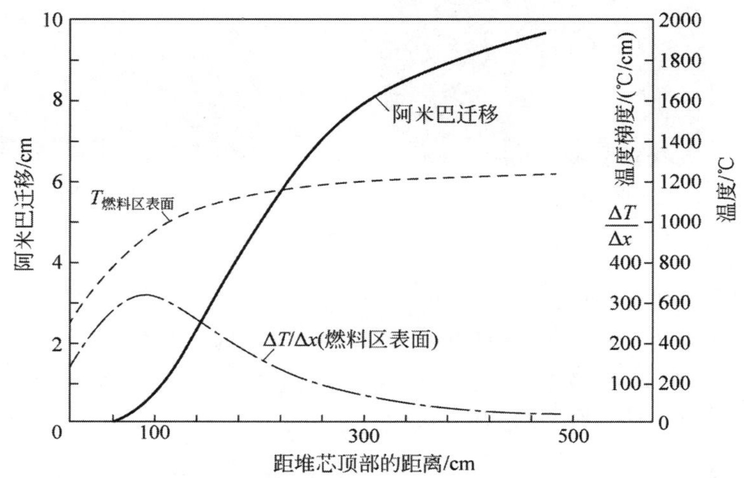

(c) 燃料元件内的温度、最高温度梯度和阿米巴迁移(例如，OTTO堆芯，$\dot{q}'''$=5MW/m³)

图 4.35 包覆颗粒的破损

对于模块式反应堆，设计的堆芯功率密度较低且包覆颗粒中的温差相当小(仅几摄氏度)，这个困难是完全可以避免的。

在非常高的温度和燃耗下观察到的包覆颗粒破损的另一个可能性是压力过高引起的包覆层的破损(图 4.35(b))。已经开发了复杂的模型来解释颗粒在极端条件下的行为。假设包覆层为一个简单的压力壳，内部充满了气态裂变产物，可以导出包覆系统内压的相应方程如下：

$$p = \frac{B \cdot K \cdot T \cdot m_p}{\bar{E}_f \cdot m_{UO_2} \cdot V_G} \tag{4.41}$$

其中，B 是燃耗(MWd/tHM)；$\bar{E}_f$ 是裂变能(3.2×10^{-11} W)；m_{UO_2} 是燃料元件内的燃料装量(g)；K 是玻耳兹曼常数(1.38×10^{-23} J/K)；T 是温度(K)；V_G 是颗粒内可储存气体的体积。

采用模块式 HTR 包覆颗粒和运行负荷的通常参数值，可以计算得到 100Pa 量级的内压。这个内压造成了包覆层内的压力，该压力必须与热解碳和碳化硅的许用强度相当。包覆层可以承受这个内压的最小厚度是

$$S_{\min} = p_i \cdot d_i / (2\sigma_{\text{allow}}) \tag{4.42}$$

其中，内径 $d_i=0.5$mm，内压 $p_i=10$MPa。如果 $\sigma_{\text{allow}}=100\text{N/mm}^2$，得到的 $S_{\min}$ 的值大约为 3×10^{-2}mm。颗粒包覆层的厚度接近 100μm，所以这个非常小的内压具有非常大的安全裕量。此外，石墨基体对包覆颗粒负载的影响及通过颗粒包覆层的高热流密度也必须要加以考虑。

功率密度、燃耗和包覆层的温度必须要加以限制，以保证在整个运行期间和事故条件下实现稳定和牢

固的包覆颗粒，从而保证 HTR 燃料元件的完整性。

在反应堆运行期间会产生石墨的粉尘，可能的原因如下：

- 燃料元件在球床内的相互作用；
- 燃料装卸机械中加载在燃料元件上的力；
- 燃料元件与反射层结构之间的相互作用；
- 停堆棒插入堆芯时加载在燃料元件上的力。

最后一项也是导致 THTR 中产生粉尘的原因之一，如今，在模块式 HTR 中，已能完全避免因此而产生的粉尘。

对于 THTR 的正常运行，制定了燃料元件材料允许磨损量的技术规格要求，并在质保过程中加以控制。用一个专门的转筒在设定的条件下进行测试，材料的平均磨损不得高于 6mg/h（相当于 3×10^{-5}L/h）。

表 4.16 给出反应堆运行期间测量的粉尘量的一些典型结果。AVR 中有关粉尘测量的更多信息将在第 10 章中给出更详细的分析。

表 4.16　粉尘测量的结果

反应堆	比质量/（μg/Nm^3 He）	典型大小/μm	20 年运行的估计量/kg
AVR	约 10	<1～10	60
THTR	约 5	<1～10	500

目前，可以采取各种可能的措施来限制冷却剂气体内的粉尘量。这些粉尘材料一部分沉积在一回路内没有氦气流动的地方，一部分通过气体净化系统被去除。过滤系统和氦气旁流量对平衡运行状态会产生很大的影响。考虑失压事故，冷却气体中的粉尘含量应该是非常少的，这是因为粉尘颗粒可以携带固态裂变产物并构成事故分析的源项。类似于活性炭的技术，利用相当容量的水池或者其他液体池可限制事故情况下从电厂释放出的粉尘的量。

在研发和 AVR 实际运行期间仅出现了一次燃料元件系统性失效的情况。在 1973 年和 1974 年，一种新型燃料元件（2400 个元件）被添加到堆芯中。这类元件具有非常高的重金属装量（20g 重金属/元件）、非常大的核芯直径（600μm）及高于通常的易裂变材料的装量（1.4g/燃料元件）。所以，这些燃料元件的温度显著高于通常的水平，计算表明，该温度高于 1280℃。当这些燃料元件装入堆芯之后，冷却气体中惰性气体的活度就上升了。这可能是由于颗粒已经破损。此外，包覆层的密度可能已经发生变化，以及太高的装量可能在受压和之后的辐照过程中引起损坏。裂变产物较高的释放，特别是锶，对之后的运行和退役过程造成放射性困难。从这次事件中吸取的一个非常重要的经验教训是，只有通过实验并合格的燃料元件才能用于未来的项目。在 AVR 上证明，实现具有非常高的可利用率和低的个人辐照剂量的运行是可能的，尽管也出现了前面提到的问题。

图 4.36 给出了球形燃料元件质量控制涵盖的有关方面，汇集了基体材料的主要性能。有关包覆颗粒和

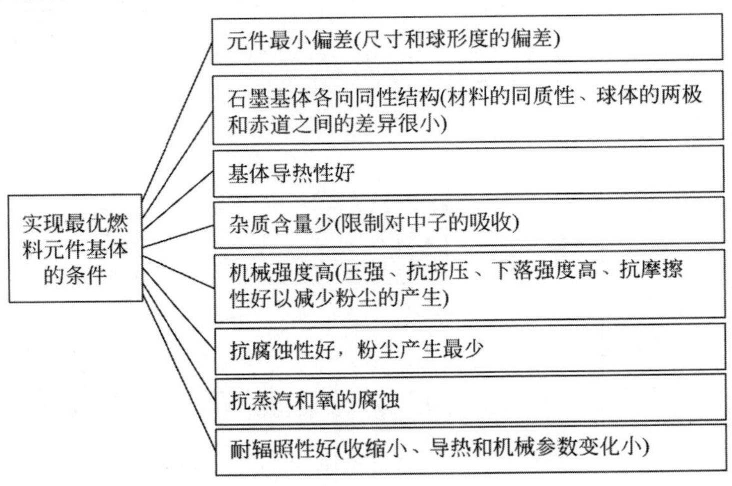

图 4.36　质保过程中必须控制的球形燃料元件的一些方面

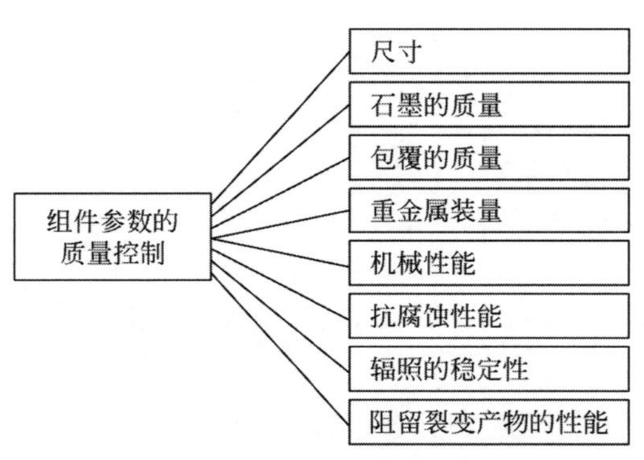

图 4.37 一些必须要控制的燃料元件参数

基体材料的一些典型参数已经在 4.1 节中给出。一些重要参数和整体成分必须要加以控制(图 4.37)。已经建立了控制这些参数的方法,以生产出满足规格要求的燃料元件。其中非常重要的一项是在向堆芯装入燃料元件时元件自由落入堆芯表面所受的应力。下落强度是根据燃料元件从 H 高处自由下落到石墨球床上直到元件破损前的下落次数来确定的。技术规格如下:如未辐照的元件从 4m 高处落下,至少要求下落 50 次。测试的辐照过的燃料元件是从 2m 高处自由下落到钢板上。

从机械性能角度考虑,可以导出最大受力与落球高度和弹性模量之间的关系:

$$K_{\max} \approx E^{0.4} H^{0.6} \tag{4.43}$$

因此,在装球过程中,落球高度受到特殊预防措施的限制,以保证受力不超过限值。辐照元件最大受力预计在 10~12kN 这一量级。抗腐蚀性是另一个值得关注的保持燃料元件完整性的性能。例如,对于受压燃料元件的腐蚀速率,在 1000℃ 下要将其限制在 1.5mg/(cm^2 · h)以内。假设氦气流中含有 1% 体积份额的 H_2O,在 900℃ 下,其腐蚀速率设定在 0.4mg/(cm^2 · h)以内。辐照燃料元件的腐蚀速率实际上不会发生变化,除非是老的碳化物燃料元件。在发生蒸汽进入事故之后,从堆芯卸出的这类燃料元件,其腐蚀速率仍然几乎没有变化。

燃料元件的配置和设计需要经过很多步骤,如图 4.38 所示。大量的实验和反应堆实际运行经验是进行燃料元件设计的第一步。与电厂数据相关的技术要求和申请反应堆许可运行的特别要求是燃料元件概念选择需要的进一步的基本信息。

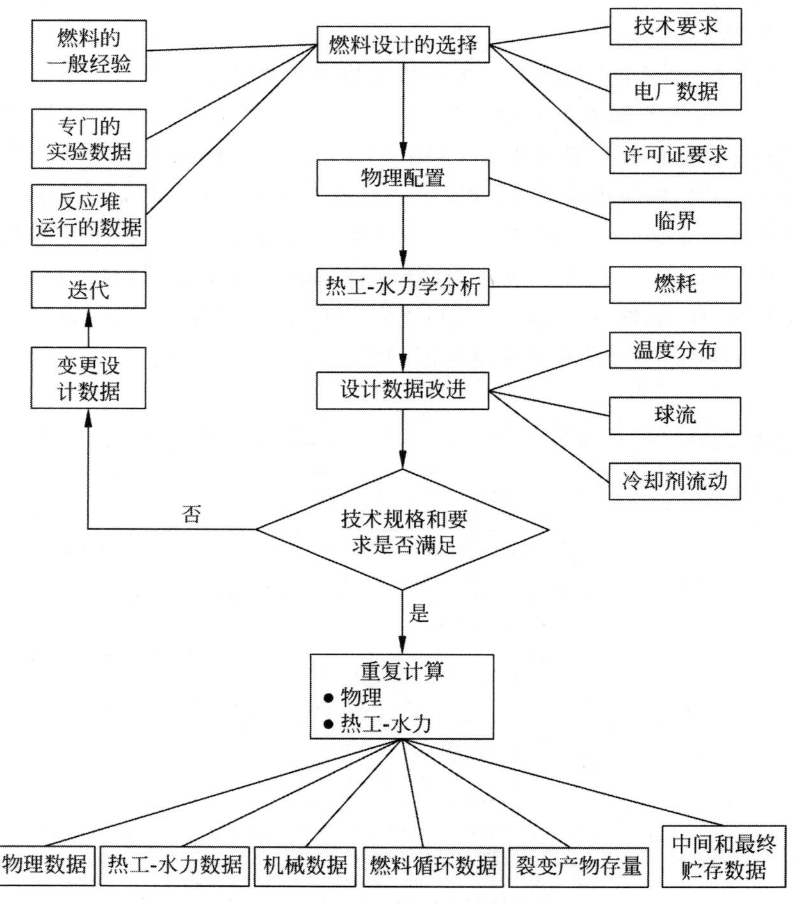

图 4.38 燃料元件设计和配置的步骤

下一步要进行的是物理设置和热工-水力学的分析。基于这些结果可以获得燃料元件设计改进的数据清单。或者是技术规格的要求完全满足了，或者是对设计工作再进行反复迭代。最终，详细的分析给出了所有需要的物理数据、热工-水力学数据和机械数据。再进一步，给出了燃料循环和裂变产物存量的数据。特别是为中间贮存和最终贮存的分析提供燃料元件的相关数据。

4.10 LWR 和 HTR 燃料元件的比较

不同类型的燃料元件，如 PWR 元件和模块式 HTR 球形元件的比较给出一些有趣的结果。图 4.39 所示为稳态运行时最热燃料元件的温度分布情况。

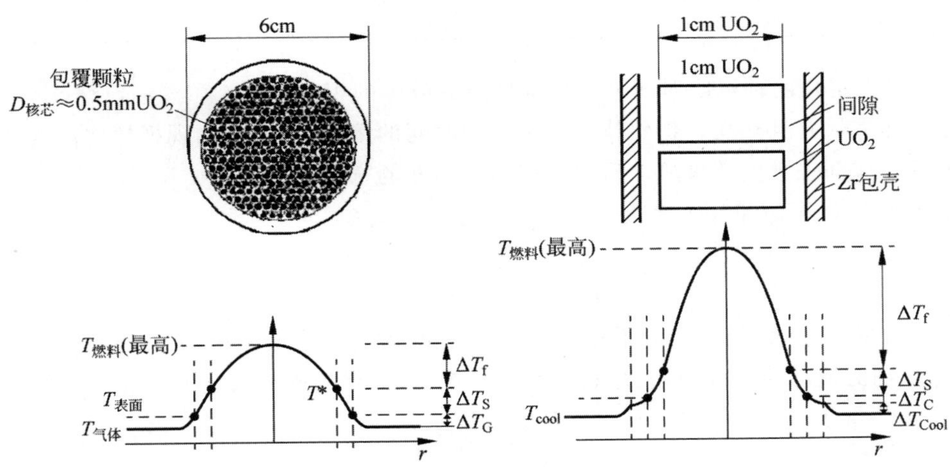

图 4.39 正常运行时 HTR(左侧)和 PWR(右侧)的燃料元件及其温度分布

模块式 HTR 中用于蒸汽循环的最高燃料温度低于 1000℃。在 PWR 电厂中，最热的燃料芯块温度包含了热通道因子，达到 2400℃。

燃料到冷却剂的典型热传输距离对于 PWR 和 HTR 是不相同的。PWR 的 UO_2 芯块传输距离包括了包壳和燃料芯块之间的间隙，加在一起大约为 5mm。由于 UO_2 的导热系数很低，所以堆芯最热燃料棒的最高温度很高。对于 HTR 球形燃料元件，包覆颗粒内 UO_2 区域内的距离非常小(大约为 0.25mm)，而石墨基体的导热系数很高。所以，元件内的最高燃料温度与 PWR 相比要低得多。特别是最高燃料温度，相差很大。元件表面的热流密度也显示出很大的差别。

就不同反应堆系统处于严重事故情况下的安全性来说，HTR 可将大量的放射性物质阻留在元件之内是其特有的优势。另外，由于堆芯热容量很大，且具有吸纳和将衰变热载出的能力，HTR 元件采用目前的 TRISO 包覆颗粒燃料可以保证不会发生堆熔的危险，并可避免燃料温度发生过热现象(不超过 1600℃)(见表 4.17)。

表 4.17 PWR 和模块式 HTR 燃料元件(球形)的一些数据的比较

参　　数	模块式 HTR	大型 PWR
堆芯热功率/MW	200	3800
冷却剂	氦气	水(液态)
堆芯平均功率密度/(MW/m^3)	3	90
功率密度峰值因子	1.7	2.0
燃料元件数/燃料颗粒数	350 000/3.5×10^9	
燃料棒数		50 000
燃料元件最大功率/(kW/unit)	1	150(棒)
最大热流密度/(kW/m^2)	100	1200
冷却剂压力/MPa	6	16
流体最高温度/℃	800	340
最高表面温度/℃	860	500
燃料最高温度/℃	$<$1000	2400

续表

参　　数	模块式 HTR	大型 PWR
平均燃耗/(MWd/t)	100 000	45 000
堆内燃料数	3.5×10^9	50 000
可长期吸纳热量的材料量/(g/kW)	200	25
宽裕时间 τ_1/s	>100	几秒
限制失冷事故的原因	过量裂变产物释放	UO_2-熔化
温度限值/℃	1600	2850
宽裕时间 τ_2/h	约 30	<1
堆熔的可能性	无	有

对燃料元件,可以定义两种宽限时间来评价部件防御故障的牢靠性能。

(1) τ_1:在冷却失效并且热功率仍然持续一个较短时间的情况下,燃料出现损坏之前的宽限时间。

(2) τ_2:表征冷却剂完全失效事故之后保持燃料完整性的宽限时间。

为了对 τ_1 进行估计,可以采用一个简单的堆芯能量平衡关系:

$$MC\frac{\mathrm{d}\overline{T}}{\mathrm{d}t}=P_{\mathrm{th}}-\dot{m}_{\mathrm{co}}(T_{\mathrm{out}}-T_{\mathrm{in}}) \tag{4.44}$$

其中,M 是燃料元件的质量,$\overline{T}$ 是燃料的平均温度,$\dot{m}_{\mathrm{co}}$ 是冷却剂的质量流量,$T_{\mathrm{out}}-T_{\mathrm{in}}$ 表征了堆芯内的温差。如果假设冷却剂的流动突然停止,且燃料为绝热系统,于是得到燃料温度上升的相应关系式为

$$\frac{\Delta\overline{T}}{\Delta t}\approx\frac{P_{\mathrm{th}}}{MC},\quad \Delta\overline{T}_{\mathrm{allowble}}=\tau_1 \tag{4.45}$$

对于模块式 HTR,采用如下参数后,式(4.45)计算后的结果为 2.5K/s:

$$P_{\mathrm{th}}=200\mathrm{MW},\quad M=66\mathrm{tC},\quad C_{\mathrm{g}}=1.2\mathrm{kJ/(kg\cdot K)} \tag{4.46}$$

如果在正常运行温度下允许温度再上升 250℃,则宽限时间 τ_1 将大于 100s。当然,燃料的温度负反应性系数有可能直接终止核功率的产生。

大型压水堆采用相同的假设,情况则完全不同。其中,$P_{\mathrm{th}}=3800\mathrm{MW}$,$M=100\mathrm{t}\ UO_2$,$C_{UO_2}=0.35\mathrm{kJ/kg}$,于是得到 τ_1 大约为 110K/s。

理论上,即使在温度负反应性系数的作用下,几秒后即达到熔点,但是也不能排除包壳发生损坏的可能性。宽限时间 τ_2 是与严重事故相关的。如果不考虑反应堆产生的热功率 P_{th},就必须考虑反应堆的衰变热 P_{D}。

$$M\cdot C\cdot\frac{\mathrm{d}\overline{T}}{\mathrm{d}t}\approx P_{\mathrm{D}}\cdot 0.06\cdot t^{-0.2} \tag{4.47}$$

积分后得到如下关系式:

$$\overline{T}\approx\overline{T}_0+\int_0^{\tau_2}\frac{P_{\mathrm{th}}}{MC}\cdot 0.06\cdot t^{-0.2}\cdot\mathrm{d}t=\overline{T}_0+\frac{0.075P_{\mathrm{th}}}{MC}\cdot\tau_2^{0.8} \tag{4.48}$$

定义温度限值 $\overline{T}_{\mathrm{L}}$,得到宽限时间 τ_2 为

$$\tau_2=\left[\frac{(\overline{T}_{\mathrm{L}}-\overline{T}_0)\cdot M\cdot C}{0.075P_{\mathrm{th}}}\right]\times 1.25 \tag{4.49}$$

比值 $P_{\mathrm{th}}/(MC)$ 的重要性显而易见。

对于模块式 HTR,在达到 $\overline{T}\approx1600$℃的温度限值之前,可得宽限时间大约为 30h。在这个时间之后,燃料温度开始下降,因为衰变热已开始大幅下降,并且被载出至堆芯外。

对于大型 PWR,$\overline{T}_{\mathrm{L}}$ 即为熔点——2850℃。考虑到堆芯水的蒸发,典型的宽限时间 τ_2 小于 1h。

图 4.40 对模块式 HTR 和大型 PWR 在严重事故情况下(完全失去能动冷却)燃料温度上升的曲线进行了比较。

对于 LWR,结果是 1h 之后燃料包壳的屏障遭到损坏,全部的放射性存量可能在不到 1h 的时间范围内就从堆芯中释放出来。

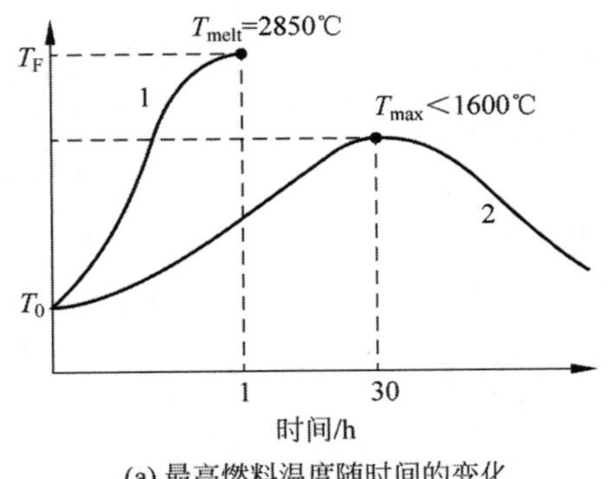

(a) 最高燃料温度随时间的变化

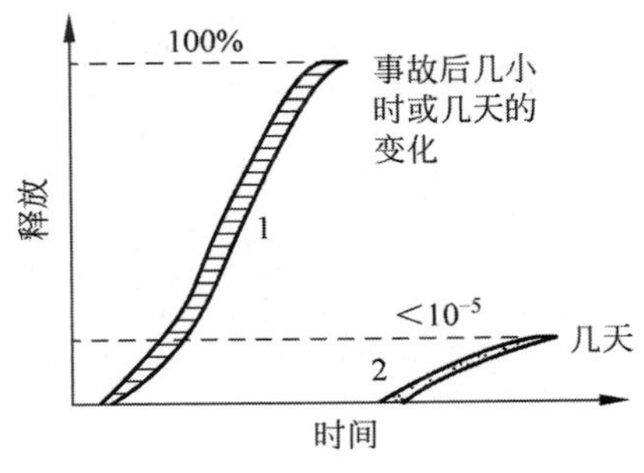

(b)从燃料元件释放的裂变产物随时间的变化

图 4.40 衰变热载出完全失效事故情况下反应堆行为的比较

1—PWR,3800MW；2—模块式 HTR,250MW

对于模块式 HTR,大约 30h 之后才可能有百分之几的燃料元件达到 1600℃的最高温度。之后,通过衰变热自发载出,温度开始下降(详见第 10 章)。从燃料元件释放出来的放射性同位素总量低于总存量的 10^{-4}。

参考文献

1. Hrovat M.G., Spener G., Pressed graphitic spherical fuel elements for high-temperature reactors, Ber. Deutsche Keramische Gesselschaft, 43, 1966.
2. Hackstein K.G., Production of fuel elements for the THTR and the AVR reactor, Atomwirtschaft, 16, 1971.
3. Nukem, Development of fuel elements for the 300 MWel THTR nuclear power plant, Yearly Report, 1972, 1973.
4. Wolf L., Ballensiefen G., Fröhling W., Fuel elements of the high-temperature pebble-bed reactor, Nuclear Engineering and Design, Vol. 34, No. 1, 1975.
5. Gulden T.D., Nickel H., Coated particle fuel, Nuclear Technology 35, 1977.
6. Nickel H., Balthesen E., Status and possibilities of development of fuel elements for advanced high-temperature reactors in the Federal Republic of Germany, JÜL-1159, Jan. 1975.
7. Nickel H., Long-term testing of HTR fuel elements in the Federal Republic of Germany, JÜL-Spez, 383, Dec. 1986.
8. Nickel H., HTR coated particles and fuel elements, HTR/ECS 2002, High-Temperature Reactor School, Cadarache, Nov. 2002.
9. Hackstein K.G., Heit W., Theymann W., Kaiser G., Status of fuel element technology for high-temperature pebble-bed reactors, Atomenergie-Kerntechnik, Vol. 47, No.3, 1985.
10. Ivens G., Wimmers M., The AVR as test bed for fuel elements, in: AVR Experimental High-Temperature Reactor, VDI-Verlag, Düsseldorf, 1990.
11. Heit W., Huschka H., Rind W., Kaiser G., Status of qualification of high-temperature reactor – fuel elements spheres, Nucl. Technology 69, 1985.
12. Nabielek H., Kaiser G., Huschka H., Rogoβ M., Wimmers M., Theymann W., Fuel for pebble-bed HTRs, Nucl. Engin. Design 78, 1984.
13. Teuchert E., Bohl L., Rütten H.J., Haas K.A., The pebble-bed high-temperature reactor as a source of nuclear process heat, Vol.2, Core Physics Studies: JÜL-1114-RG, Oct. 1974.
14. Verfondern K., Numerical analysis of the 3-dimensional stationary temperature and flow distributions in the core of a pebble-bed high-temperature reactor, JÜL-1826, 1983.
15. Williams D.F., Fuels for VHTR, The 2004 F. Joliot + O. Hahn Summer School, Cadarache, Aug/Sept, 2004.
16. Chunhe Tang, Shijiang Xu, Zhichang Xu, Junguo Zhu, Xueliang Qiu, Ende Li, Spherical fuel elements for 10 MW HTGR, Journal of Tsinghua University, Vol. 34, No. 54, Sept. 1994.
17. Layout of the core of gas-cooled high-temperature reactors; quasi stationary status in the pebble bed, KTA-Regal 3102, 4; Fassung Nov. 1984.
18. Balthesen E., Ragoβ H., Irradiation behavior of fuel elements for pebble-bed reactors, Intern. Conf. on Physical Metallurgy of Reactor Fuel Elements, Sept. 1973.
19. Delle W., Koizlik K., Nickel H., Graphitic materials for the application in nuclear reactors, Vol. 1 and 2; Verlag Karl Thiemig, München, 1979/1983.
20. Nickel H., Nabielek H., Pott G., Mehner A. W., Long-time experience with the development of HTR fuel elements in Germany, Nuclear Engineering and Design, 217, 2002.
21. Teuchert E., Fuel cycles of the pebble-bed high-temperature reactors in the computer simulation, JÜL-2069, June 1986.
22. Teuchert E., Rütten H.J., Werner H., Haas K.A., Closed cycles in the pebble-bed HTR, JÜL-1569, Jan. 1979.
23. Toscano E., Post irradiation examination of HTR fuel elements HTR/ECS 2002, High Temperature Reactor School, Cadarache, Nov. 2002.
24. Schenk W., Gontard R., Nabilek H., Performance of HTR fuel samples under high irradiation and accident simulation conditions, with emphasis on test capsules HFR-P4 and SL-P1, JÜL-3373, April 1997.
25. IAEA, Fuel performance and fission product behavior in gas-cooled reactors, IAEA-TECDOC 978, Nov. 1997.
26. Melese G., Katz R., Thermal and flow design of helium-cooled reactor, American Nuclear Society, La Grange Park, Illinois, USA, 1984.
27. Wolf L., Ballensiefen G., Fröhling W., Fuel elements of the high-temperature pebble-bed reactor, Nuclear Engineering and Design, Vol. 33, No. 1, 1975.
28. Teuchert E., Maly V., Haas K.A., Basic study for the pebble-bed reactor with OTTO fuel cycle, JÜL-858-RG, May 1972.
29. Maly V., Schulten R., Teuchert E., 500 MWth – pebble-bed reactors for process heat in one path loading, Atomwirtschaft, 17, April 1972.
30. Eugelhard J., Final report on the construction and the start of operation of the AVR atomic experimental power plant, BMBW-FBK 72–23, Dec. 1972.
31. Wimmers M., The behavior of spherical HTR fuel elements during mass tests in the AVR reactor, Dissertation, RWTH Aachen, Jan. 1977.
32. Ivens G., Wimmers M., The AVR as test bed for fuel elements in AVR experimental high-temperature reactor, VDI-Verlag, Düsseldorf, 1990.
33. Burck W., Nabielek H., Pott G., Ragoβ W.E., Ring W., Röllig K., Performance of spherical fuel elements for advanced HTRs, Trans. EN Conf. Europ. Nucl. Soc. 1979.

34. Schulze R.E., Schulze H.A., Rind W., Graphitic matrix materials of spherical HTR fuel elements, JÜL-Spez-167, July 1982.
35. Nickel H., HTR coated particles and fuel elements, historical basis, HTR/ECS 2002, High-Temperature Reactor School, Cadarache, Nov. 2002.
36. Ziermann E., Ivens G., Final report on the power operation of the AVR experimental nuclear power plant, JÜL-3448, Oct. 1997.
37. Von der Decken C.B., Pebble-bed mechanics, in AVR experimental high-temperature reactors, VDI-Verlag, Düsseldorf, 1990.
38. Weisbrodt I.A., Summary report on the technical experiences from high-temperature helium turbo machinery testing in Germany, IAEA, TECDOC 899, 1996.
39. Nickel H., Irradiation behavior of advanced fuel elements for the helium-cooled high-temperature reactor (HTR), JÜL-Spez-565, May 1990.
40. Pott G., Kirch N., Kracynski S., Nickel H., Theenhaus R., Qualification of HTR fuel and graphite in European Material Testing Reactors, Multipurpose Research Reactors, Proc. Conf. Grenoble, 1987, IAEA-SM-300/20, Vienna 1988.
41. Mehner A.W., Heit W., Röllig K., Ragoβ H., Müller H., Spherical fuel elements for HTR manufacture and qualification by irradiation testing, Journal of Nuclear Materials 171, 1990.
42. Nabielek H., Kaiser G., Huschka H., Ragoβ H., Wimmers M., Theymann W., Fuel for pebble-bed HTRs, Nuclear Engineering and Design 78, 1984.
43. Engelhard J., Krüger K., Gotthaut H., Investigation of the impurities and fission products in the AVR coolant gas at an average hot gas temperature of 950 °C, Nuclear Engineering and Design, 34, 1975.
44. Ziermann E., Operation experience of AVR, VDI-Berichte, Nr. 729, 1989.
45. Kröger W., Benefit of safety assessments in AVR experimental high-temperature reactor, VDI-Verlag, Düsseldorf, 1990.
46. Mehner A.W., Heit W., Rölling K., Ragoβ H., Müller H., Spherical fuel elements for HTR; manufacture and qualification by irradiation testing, Journal of Nuclear Materials, 171, 1990.
47. Elter C., The strength of the reflector of a pebble-bed reactor, Dissert, RWTH Aachen, 1973.
48. Nieder R., Hilgedick R., Vey K., The behavior of radioactive noble gases in the primary circuit of a high-temperature reactor, VGB-Konferenz “Forschung in der Kraftwerkstechnik”, Essen, March 1983.
49. Wawrzik U., Ivens G., Operational monitoring of the release behavior of the AVR core, IAEA specialists meeting on fission product release and transport in gas-cooled reactors, Berkeley Nuclear Laboratories, Gloncester UK, Oct. 1985.
50. Schenk W., Pitzer D., Nabielek H., Fission product release of pebble-bed fuel elements at accident temperatures, JÜL-2721, Jan. 1993.
51. Verfondern K., Martin R.C., Moormann R., Methods and data for HTGR fuel performance and radio nuclide release modeling during normal operation and accidents for safety analysis, JÜL-2721, Oct. 1993.
52. Schenk W., Verfondern K., Nabielek H., Toscano E.H., Limits of LEU TRISO particle performance, Proceeding HTR in International HTR Fuel Seminar, Brussels, Feb. 2001.
53. IAEA, Full performance and fission product behavior in gas-cooled reactors, IAEA TECDOC 978, 1997.
54. Tang C.H., Tang Y.P., Zhu Q., et al, Research and development of fuel elements for Chinese 10 MW high-temperature gas-cooled reactor, Journal of Nuclear Science and Technology, 37, 2000.
55. Tang C. et al, Fuel irradiation of the first batches produced for the Chinese HTR-10, Nuclear Engineering and Design, 236, 2006.
56. Layout of the reactor core of gas-cooled high-temperature reactors, Part 5: Systematic and Statistic Failure During the Thermohydraulic Design of the Core of Pebble-bed Reactors, KTA-3102.5, June 1986.
57. Hahn W. and Achenbach E., Estimation of the heat transfer coefficient at the wall of systems with pebble-bed under flow conditions, JÜL-2093, Oct. 1986.
58. Schenk W., Pott G., Nabielek H., Fuel accident performance testing for small HTRs, Journal of Nuclear Materials, 171, 1998.
59. Kubascheweki P., Heinrich B., Heit W., Corrosion of graphitic reactor components in operation and in accidents, Deutsche Reactortagung, 1984.
60. Loeniβen K.J., Analysis of the dependence of pressure of graphitic steam reaction in the process diffusion region in connection with water ingress accidents in the high-temperature reactor, Dissert. RWTH Aachen, 1987.
61. Wischnewski R., Analysis of the forming of water gas in case of accidents in HTR reactors for the example of a planned rise of hot gas to 950 °C in the AVR reactor, Dissert. RWTH Aachen, 1974.
62. Wolters J., Breitbach G., Moormann R., Air and water ingress accidents in an HTR-Module of side-by-side concept, Proceed. Spec. Meeting, Oakridge, 1985.
63. NN, Special information, corresponding to THTR publications since 1968 (Euratom, THTR project).
64. Fröhling W. et al, Chemical stability of innovative nuclear reactors, JÜL-2960, Aug. 1994.
65. Nieder R., Sträter W., Long-time behavior of impurities in an HTR primary circuit, VGB conference “Chemie im Kraftwerk”, Essen, Oct. 1987.
66. Zelkowski J., Burning coal, VGB Technische Vereinigung der Groβkraftwerksbetriebe, 1986.
67. Hinssen K.H., Katscher W., Moormann R., Kinetics of the graphite/oxygen/reaction in the porous diffusion region, Part I: JÜL-1987, Nov. 1983; Part II: JÜL-2052, Apr. 1986.
68. Hurtado Gutierrez A.M., Analysis of massive air ingress into high-temperature reactors, Dissert. RWTH Aachen, Dec. 1990.
69. Schlögl B., Oxidation kinetics of innovative carbon materials in case of extreme accidents of air ingress into the HTR and for application of graphite waste management and processing, Diss. RWTH Aachen, 2010.
70. Roes J., Experimental analysis of graphite corrosion and forming of aerosols during air ingress into the core of a pebble-bed high-temperature reactor, JÜL-2956, 1994.

第5章 反应堆部件

摘　要：HTR的石墨结构包括顶部、侧面、底部反射层及陶瓷堆内构件。球床HTR底部是一个具有30°倾角的圆锥体，以及一个大直径的卸球管。在运行过程中，燃料元件从卸球管排出堆芯。石墨反射层主要起到屏蔽快中子及改善中子平衡的作用。另外，它还为模块式HTR提供了所有控制和停堆元件的孔道。对该结构的设计必须考虑辐照效应及载荷引起的应力、温度和尺寸的变化。堆芯底部由石墨构成的热气腔室对热氦气进行取样并对热氦气流进行混合。热气腔室通过一个专门的堆芯连接结构与热气导管相连，该连接必须足够紧密且必须能够承受由温度变化引起的位置移动。石墨构件的外部是金属堆内构件，它起到承受堆芯载荷的作用，并且通过专门的结构支撑在反应堆压力壳的底部。所有这些结构均需具有屏蔽的功能，以使反应堆压力壳免受过高的快中子注量和γ辐照剂量。每一座HTR必须具有两套独立的停堆系统，使反应堆能在所有情况下处于次临界状态。本章将给出对系统的需求、控制元件的反应性当量及一些技术问题的说明。各种类型的控制棒和吸收小球可以用于模块式HTR。对于球床反应堆，燃料装卸系统包含了非常专门的设备。卸球系统中的一个机械设备对球流进行单一化处理，将破损的球分离出来并将未达到最终燃耗的燃料元件进行再循环。这类反应堆的一个特别的要求是要具有足够高精度的燃耗测量。

模块式HTR的一回路压力边界由三个壳组成：反应堆压力壳、蒸汽发生器压力壳及连接这两个壳的热气导管壳。对于这类由锻钢件构成的布置和构筑物，在核技术领域中也有一些先例。本章给出确定这些壳尺寸的简单方法，并对加载在这些壳上的各种载荷进行概述。需对反应堆压力壳的材料在快中子辐照和脆性方面的性能评估，适用于模块式HTR的材料实际是可获得的，因为其中子注量相对于其他类型的反应堆而言是比较低的。本章对反应堆压力壳和堆内金属构件材料由中子注量率引起的活度也进行了讨论，这些方面对维护、检验和修理及之后的反应堆退役会产生一定的影响。

在HTR一回路系统中提供了各种测量设施，特别是在堆芯控制方面。这些测量包括气体的温度、流量、压力、中子注量率及它们的变化情况。这些测量为反应堆保护系统提供输入值。在球床反应堆内，仅仅有可能通过将专门的石墨球装入堆芯，在运行时测量燃料的温度。这些石墨球中包含各种不同熔点的金属丝，球从堆芯卸出之后通过金属丝是否融化来判断运行期间堆芯的温度。另外，采用连续方式装卸燃料元件，使得对燃料元件的质量进行持续控制成为可能。在连续装卸过程中可抽样将一些球取出并在一个小的热室中做升温测试。通过这种方式，可以对包覆颗粒的质量进行连续的监测。本章讨论的所有部件均在核反应堆中应用过，并在整个发展过程中不断得到经验的积累。

关键词：石墨反射层；底部结构；热气腔室；卸球管；快中子辐照；石墨应力；金属堆内构件；堆芯连接件；屏蔽效应；反应堆一回路；反应堆压力壳；停堆系统控制元件反应性当量；吸收球材料；燃料装卸系统；燃耗测量；中间储存系统；测量装置

5.1 概述

图5.1给出了在后面各节中要进行详细讨论的反应堆压力壳内主要部件的概况。这些部件包括：

- 陶瓷堆内构件：包括侧反射层、顶部反射层、底部反射层和陶瓷热气腔室；
- 金属堆内构件：包括热屏(侧面、顶部、底部)、堆内构件的支撑系统、热屏内布置石墨的连接孔、堆芯定位约束装置；

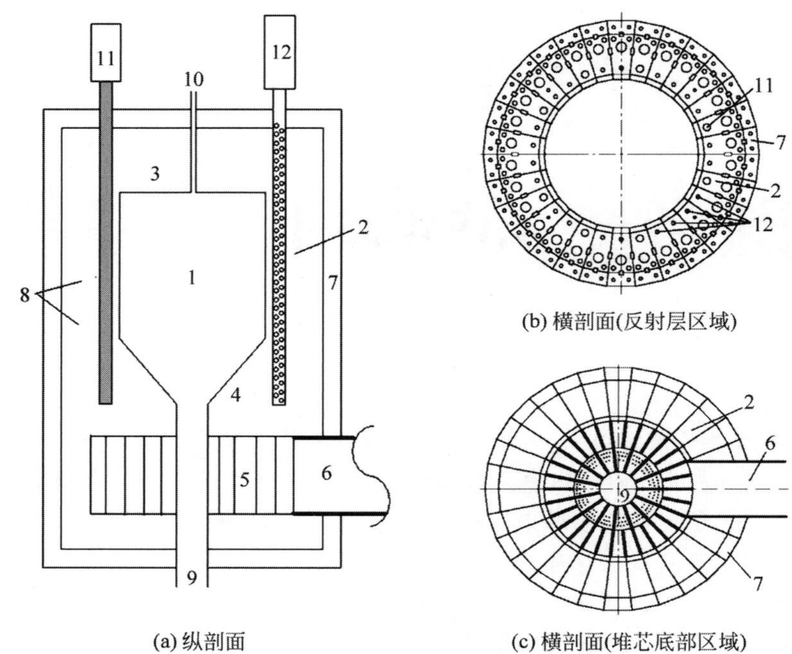

(a) 纵剖面

(b) 横剖面(反射层区域)

(c) 横剖面(堆芯底部区域)

图 5.1　模块式 HTR 反应堆压力壳内主要部件概貌

1—球床堆芯；2—侧反射层；3—顶反射层；4—底反射层；5—热气腔室；6—热气导管堆芯连接；7—热屏；8—堆芯测量(中子注量率)；9—燃料元件卸球管；10—燃料元件装球管；11—控制棒和驱动机构(第一停堆系统)；12—吸收小球系统(KLAK,第二停堆系统)

- 热气导管和堆芯陶瓷构件之间的堆芯连接；
- 一回路边界；
- 控制和停堆系统：第 1 套系统由反射层控制棒及其电动驱动机构组成；第 2 套系统由反射层孔道内吸收小球(KLAK)和吸收小球再循环的气力输送系统组成,第 2 套系统还可能包含驱动棒；
- 燃料装卸系统：由装球和卸球系统、燃耗测量及对部分燃耗的燃料元件进行再循环的气动输送系统组成；
- 堆芯测量装置：温度、压力、质量流量、湿度、氦气中杂质(H_2,H_2O,CO,CO_2,CH_4)及中子注量率测量。

5.2　堆内构件

5.2.1　堆内构件概况

堆内构件由石墨和堆内金属构件组成。模块式 HTR 的这些部件(图 5.2)具有如下功能：

- 石墨结构构成了堆芯圆柱形腔体,球床反应堆球形燃料元件可随机堆积在内。
- 石墨起到中子反射层的作用。厚层的石墨材料减少了反应堆达到临界所需要的易裂变材料的装量。此外,反射层展平了功率密度的径向分布,由此也展平了反应堆堆芯出口处氦气的径向温度分布。
- 构成冷却气体流经堆芯的通道,底部、顶部和侧向反射层构成了冷却剂通道的边界,通过合适的结构设计可以避免氦气的旁流。
- 围绕堆芯结构的石墨结构和其他金属构件承受了正常运行和事故条件下来自堆芯的所有机械载荷。
- 控制和停堆元件设置在侧向反射层的孔道内并在孔道内移动,它应满足第一和第二停堆系统的所有功能和要求,并总能按照正确的顺序保证反应性的平衡。
- 底部结构、燃料元件卸球管与卸球系统的设计使燃料元件很容易从堆芯卸出。所以,堆芯底部设计成具有约 30°倾角的锥形。

- 在完全失去能动衰变热载出的严重事故情况下，堆内构件成为衰变热从堆芯内自发载出的热传输环节中的一部分，包括导热、热辐射和自然对流等。另外，反射层具有长时间储存大量衰变热的容量。
- 石墨反射层大幅降低了快中子注量率，以保护热屏和反应堆压力壳等金属构件免受过高的快中子注量和可能引起的材料脆性转变。
- 热屏显著降低了中子注量率和 γ 通量，同时，该屏蔽层的作用使得反应堆压力壳的活度显著降低。

图 5.2 给出了 HTR-Module 堆芯的概貌。

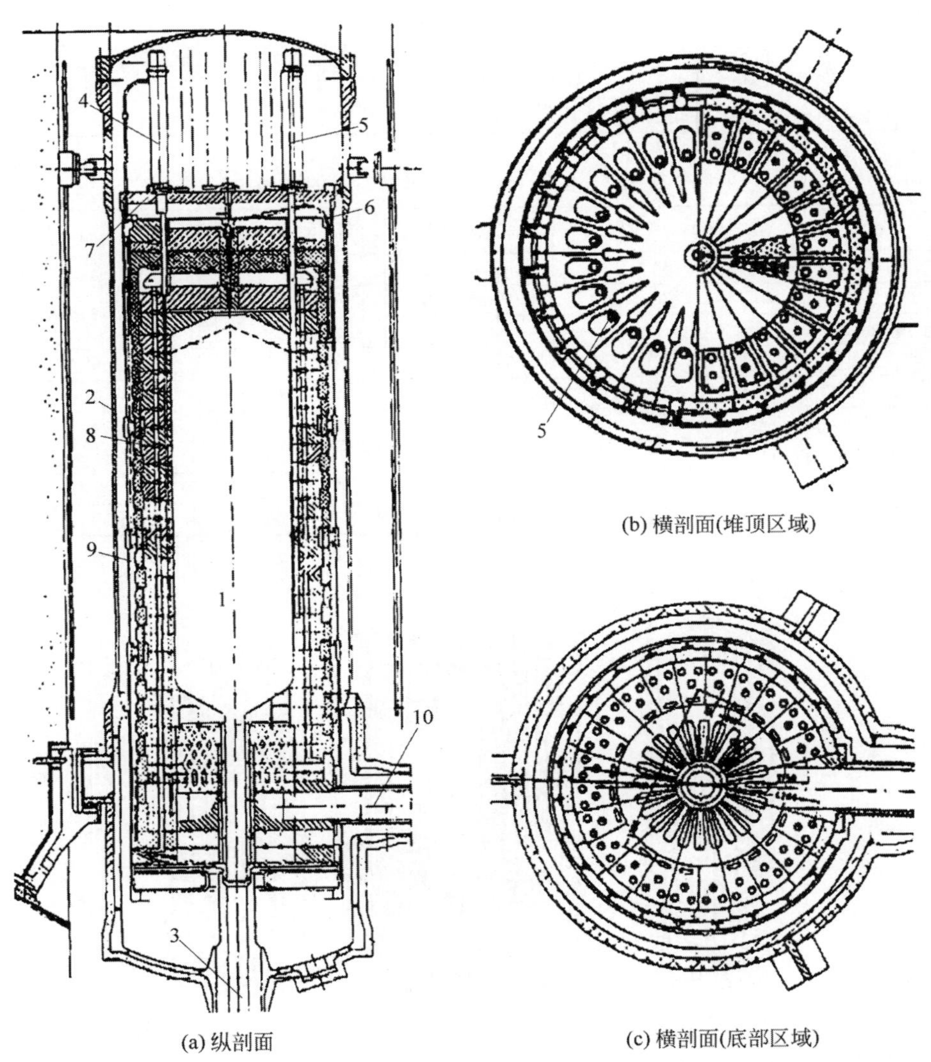

图 5.2 HTR-Module 堆内构件(200MW)

1—球床堆芯；2—反应堆压力壳；3—燃料元件卸球系统；4—KLAK 系统(第二停堆系统驱动机构)；5—反射层棒；6—燃料元件的装入；7—热屏；8—侧反射层；9—底部堆内金属构件；10—热气通道

模块式 HTR 反应堆堆内构件主要由石墨构成，只有其外部(热屏)及堆芯的连接件和顶部反射层的吊架包含金属结构。当然，其支撑结构也采用金属材料。

石墨堆内构件由底部反射层、侧反射层和顶部反射层组成，用于构成燃料元件球床的腔体。冷却气体是氦气，氦气流过顶部反射层之后从顶部向底部流过球床，然后通过底部反射层的通道流出堆芯。在 AVR 中，氦气从底部向顶部流动，再进入设置在顶部反射层上的蒸汽发生器。THTR 采用氦气向下流动通过堆芯的方式。表 5.1 和表 5.2 包含了模块式 HTR 和之前的球床反应堆堆芯的一些数据。在 HTR-PM 中，氦气也是由顶部向底部流动，与计划用于未来模块式 HTR 的设计相同。特别是对于一次通过堆芯循环，堆芯更需要这种方向的流过。

表 5.1　HTR-Module 和 HTR-PM 堆内构件主要数据

参　　数	HTR-Module	HTR-PM	参　　数	HTR-Module	HTR-PM
堆芯功率/MW	200	250	1. 停堆系统	棒	棒
平均堆芯功率密度/(MW/m^3)	3	3.3	棒数	6	24
堆芯高度/m	9.43	11	2. 停堆系统	KLAK	KLAK
堆芯直径/m	3	3	KLAK 孔道数	18	6
冷却剂温升/℃	250→700	250→750	燃料装球管数	1	1
冷却剂压力/MPa	6	7	卸球管数	1	1
流动方向	向下	向下	反射层厚度/m	1	1
燃料元件数	360 000	409 000	反射层寿命/年	40	40
燃料循环	多次通过	多次通过	热气导管	1	1

表 5.2　各种 HTR 电厂堆芯布置的数据

参　　数	AVR	THTR	HTR-Module	HTR-10	HTR-PM
热功率/MW	46	750	200	10	250
冷却剂温升/℃	220～950	250～750	250～700	250～750	250～750
平均堆芯功率密度/(MW/m^3)	2.2	6	3	2	3.3
燃料元件循环	多次通过	多次通过	多次通过	多次通过	多次通过
堆芯高度/m	3	5.1	9.43	2.0	11
堆芯直径/m	3	5.6	3	1.8	30
卸球管数	1	1	1	1	1
堆芯控制棒	否	是	否	否	否
冷却气体流动	向上	向下	向下	向下	向下

图 5.3 给出了一些球床反应堆堆芯的布置。

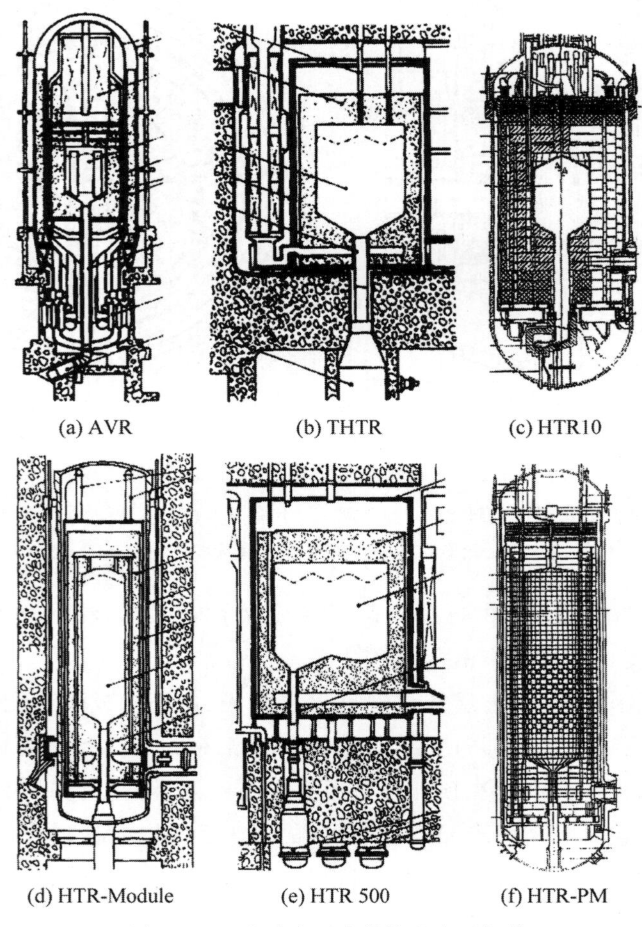

(a) AVR　(b) THTR　(c) HTR10

(d) HTR-Module　(e) HTR 500　(f) HTR-PM

图 5.3　一些球床反应堆堆芯布置概貌

5.2.2 堆内构件的技术问题

已经批准并建造、正在运行及未来计划的 HTR 项目的堆内构件结构各异。所有球床堆芯均采用具有30°倾角的锥形底部，以使燃料元件通过卸球管流出。此外，石墨反射层至少具有 1m 的厚度，从而使快中子注量率最多下降为原来的 1/1000。

所有模块式 HTR 堆芯的高度/直径之比均大于 1(实际上大约为 3)，以使全部的控制和停堆元件布置在侧反射层内，并提供一个良好的条件使衰变热通过反射层表面非能动地载出。

对大型堆芯曾有建议采用 3 个卸球管(如 HTR 500 和 HHT 项目)。但是，对于这些大型堆芯，在发生失冷事故时限制燃料温度不超过 1600℃是不可能的。

为了使堆芯达到目前所要求的安全标准，可以采用环状堆芯。在采用压力壳这一设计概念的情况下，根据锻钢反应堆压力壳可能的尺寸大小选取 450MW 的热功率是合理的。

预应力反应堆压力壳采用特殊的混凝土结构并以铸钢或铸铁作为材料，因而可以采用大型的环状堆芯设计来实现更大的功率，例如，达到 1000MW 的电功率。

一些有关堆内构件的详细情况将以 THTR 为实例加以说明。这些结构通过了一个非常详细的申请许可的过程，已经成功地建造和运行。其中，在设计石墨堆内构件时，要求其具备一定的特殊条件，这是因为在运行期间，这些石墨堆内构件要承受很高的冷却剂温度，对于 THTR，冷却剂的最高温度可达 780℃(热气流)。

球床施加的机械载荷及很高的快中子辐照注量有可能造成的结构上的损坏也都在这些特殊条件之内。关于石墨反射层整体设计的详细结构如图 5.4 所示。同时，也对一些结构细节进行了详细的说明，如石墨块之间是如何通过键销相连的。

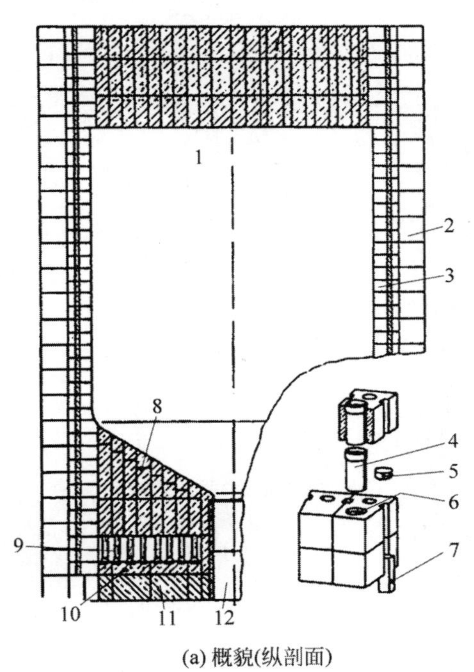

(a) 概貌(纵剖面)

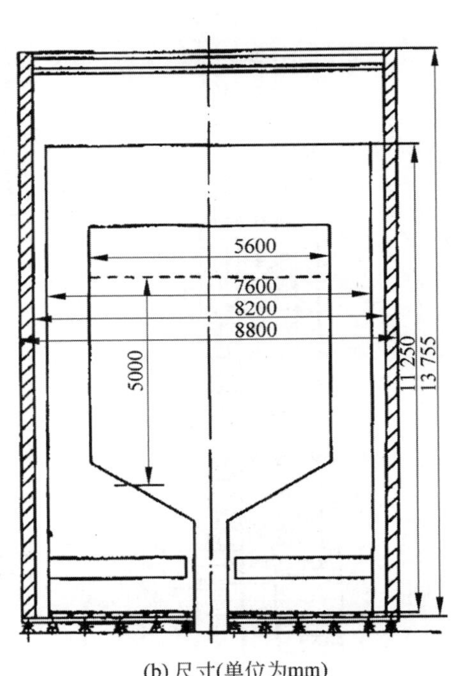

(b) 尺寸(单位为mm)

图 5.4 THTR 陶瓷堆内构件概况

1—顶反射层；2—侧反射层外部；3—侧反射层内部；4—控制棒套管；5—销；6—反射层控制棒孔道；7—键；8—底部反射层；9—热气腔室(由石墨柱构造)；10—石墨层；11—碳砖层；12—燃料元件卸球管

在所有新的具有球床堆芯的 HTR 设计中，在任何情况下均避免将停堆棒插入球床，但这一设计理念在 THTR 第 1 阶段的运行中带来了一些困难。在设计模块式反应堆时，仅要求在侧反射层位置有吸收元件。HTR-Module 计划将吸收棒设置在侧反射层中，吸收小球(KLAK)的孔道也设置在侧反射层中。所有控制元件的总反应性当量应完全能够满足对第一和第二停堆系统的全部要求。

表 5.3 给出了 THTR 堆芯结构的一些更详细的数据，以及与 HTR-PM 的相关参数进行比较的情况，

尤其能够看出,H/D 存在着差异。

表 5.3 THTR 陶瓷堆内结构的设计数据及与 HTR-PM 的比较

参　　数	THTR	HTR-PM	参　　数	THTR	HTR-PM
堆芯直径/m	5.6	3	顶部反射层厚度/m	2	约 2
堆芯高度/m	5.1	11	底部反射层厚度/m	约 2	约 3
堆芯填充因子	0.61	0.61	石墨总重量/t	约 540	约 255
反射层厚度(径向)/m	1	约 0.75	碳砖总重量/t	约 35	约 120
碳砖厚度(径向)/m	0.5	约 0.25			

HTR-PM 较高的堆芯高度需要在设计中给予关注。这种概念的堆芯底部锥形结构对燃料元件流动行为的影响相比于其他概念的球床反应堆要小一些。由于堆芯较高,使得流体阻力降增大,因此需要引起足够的重视。为了使燃料元件具有最佳的流动性,要使堆芯底部的设计达到最优,这应以适当的实验为基础。

图 5.5 给出了 THTR 侧反射层一些详细结构的示例,并对用石墨连接件将石墨块相互连接的技术进行了说明。该设计必须允许结构的热膨胀,并要求其装配能够平衡冷、热状态的变化,因此,在不同位置设置弹簧成为一种很适宜的方法,据此可以调节石墨块体结构的位移。这些技术已应用于美国 HTR 的设计中,并被英国的 AGR 电厂采用,获得成功。

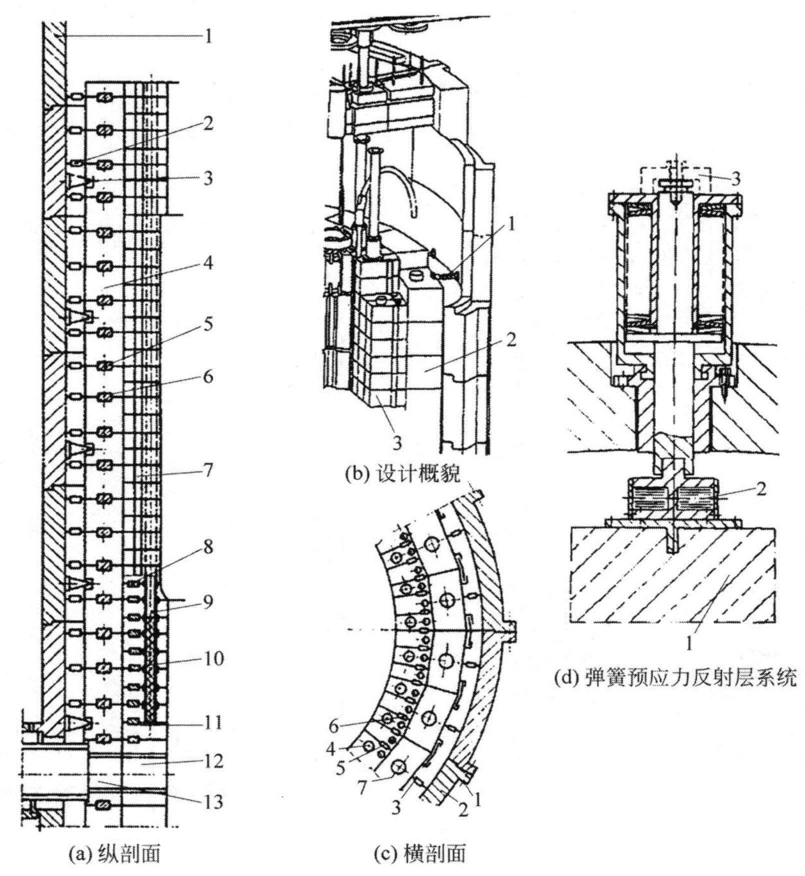

图 5.5 THTR 侧反射层设计

(a) 1—侧面热屏;2—支撑螺栓;3—防扭转保护装置;4—外部侧反射层;5—外反射层的键销;6—内反射层;7—内侧反射层的键销槽;8—内反射层的键销;9—反射层控制棒导向管;10—减震器;11—隔板;12—内侧反射层热气入口;13—外侧反射层热气入口;(b) 1—支撑结构(弹簧);2—侧反射层(外部);3—侧反射层(内部);(c) 1—螺栓连接;2—侧面热屏;3—反射层密封;4—内侧反射层;5—键销槽;6—固定键销;7—外侧反射层;(d) 1—侧反射层;2—侧面热屏;3—安装装置

显然,要特别关注中子辐照产生的影响,若要大幅降低快中子注量,需采用足够厚的反射层结构以降低加载在钢结构上的快中子注量。

圆柱形的侧反射层由石墨块构成,石墨块之间通过键销相互连接,并通过支撑结构连接到周围的热屏上。

侧反射层的内部为堆芯，侧反射层由各向同性的石墨组成，该种石墨具有非常优异的抗辐照性能，关于这一点将在后面的章节中给出更详细的说明。这里，补充说明一点，在石墨块内设置有反射层控制棒的孔道。

顶部反射层(图 5.6)也由石墨块组成，通过支撑杆悬挂到顶部内衬上。冷却气体氦气通过顶部反射层中的贯穿孔道以 250℃的温度进入球床。反应堆顶部受 γ 辐照产生的热借助冷却气体的流动被载出。

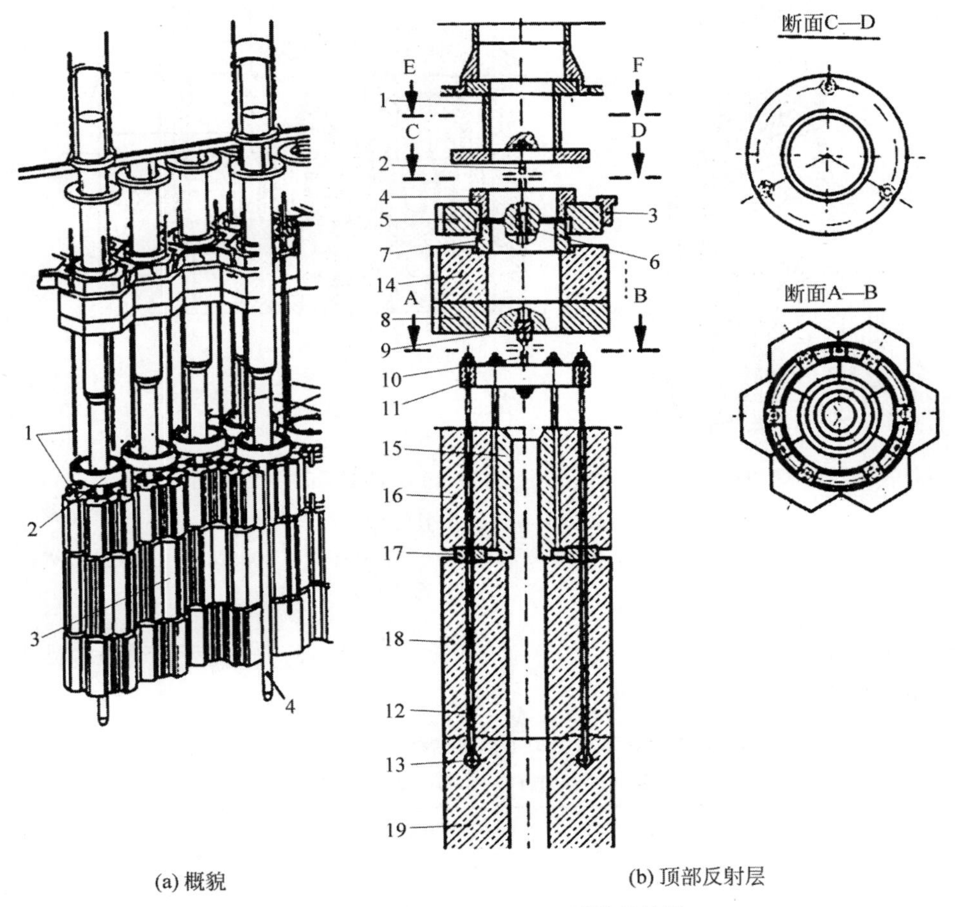

图 5.6 THTR 顶部反射层

(a) 1—锚；2—轴承套圈；3—顶部反射层；4—堆芯棒；(b) 1—与带有支撑环内衬相连的管；2—上部支撑螺栓；3—螺栓；4—上部销钉；5—上部吊顶热屏；6—上部保持环；7—底部销；8—顶部反射层；9—底部保持环；10—顶部支撑螺栓；11—底部支撑环；12—拉杆；13—支撑螺栓；14—石墨块；15—屏蔽铸钢；16—上部反射层；17—上部石墨中间吊环；18—中间顶部反射层；19—反射层块

冷却剂氦气在堆芯内加热到 750℃后通过底部反射层内的孔道进入底部反射层下部的热气腔室(图 5.7)。热气腔室被设计成由石墨柱构成的空腔。在 THTR 或者 HTR500 中，热的气体从热气腔室通过 6 个独立的热气通道被引入 6 个蒸汽发生器中。在 HTR-PM 中仅有一个热气导管。

热气腔室的底部由石墨层和碳砖层构成，碳砖层在石墨层的下部起到绝热的作用。底部反射层是一个具有 30°倾角的锥形，有利于燃料球从堆芯卸出。

卸球管的公称直径为 800mm，设置在堆芯底部的中心。这样设计是为了使燃料球能够顺畅地从球床中排出，不会在卸球管中或者卸球管上部形成搭桥的危险。一些球流的实验结果表明，虽然选取 600mm 较小直径的卸球管已足够使用，但是，更大直径的卸球管更能保证燃料球顺畅地排出。

陶瓷结构的设计要求必须能够承受所有的热膨胀及辐照效应引起的尺寸变化。这一问题将在后面章节给出更详细的解释。

有关石墨受到的进入氦回路的杂质(如空气和水)的腐蚀作用，将在第 10 章中进行讨论。在温度的瞬态过程和相关的热应力方面，由于石墨具有极好的导热性能，因此是一种极其合适的材料。石墨具有很好的热容量且在堆芯区域中有大量石墨，所以在事故情况下也可以起到非常有益的作用，这方面的内容将在第 10 章中作进一步的详细分析。在完全失去能动冷却事故之后的第一天，大部分衰变热可以被石墨反射层吸

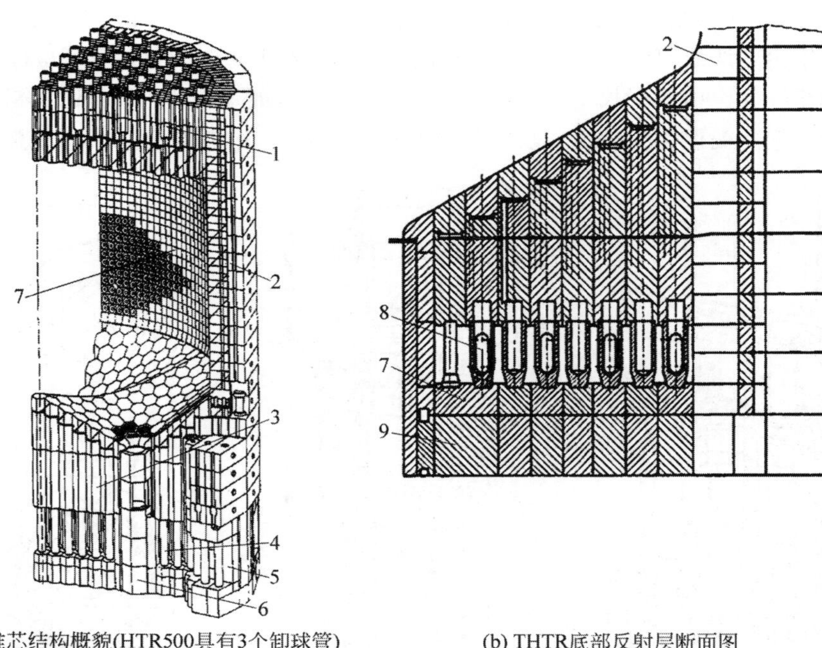

(a) 堆芯结构概貌(HTR500具有3个卸球管)　　(b) THTR底部反射层断面图

图 5.7　HTR 反应堆底部反射层结构

1—堆顶反射层；2—侧反射层；3—堆芯底部；4—陶瓷热气腔室；5—石墨柱；6—中心卸球管；7—底部反射层碳砖；8—热气腔室石墨柱；9—底部绝热层

纳和储存。表 5.4 给出了对于一个模块式 HTR(HTR-Module,200MW)的典型设计，堆内构件中的石墨和碳砖可被用于储热的总质量数。

表 5.4　模块式 HTR 在严重事故情况下陶瓷结构可储存衰变热数据概况
(完全失去能动冷却，HTR-Module，200MW)

位置	质量/t	正常运行温度/℃	事故下最高温度/℃	储存衰变热容量/kWh
球床	42	平均值：600	最高 1600	约 1.5×10^4
侧反射层	180	平均值：400	最高 1000	约 3.7×10^4
顶反射层	35	250	最高 800	约 6.2×10^3
底反射层	50	750	约 750	—

HTR 金属堆内构件主要包括：设置在顶部、底部和环形区内的热屏，顶部悬挂的拉杆，冷热气流导向部件及各种支撑部件。图 5.8 所示为以 THTR 为例的堆内金属构件的概况。

侧向热屏对设置在其后面的部件，如蒸汽发生器和氦风机，可以起到保护作用，使这些部件避免受到过高的中子和 γ 辐照。在采用预应力混凝土压力壳的情况下，可以使壳的内衬和结构混凝土的内部区域承受的辐照剂量降低到允许的水平。尤其是对壳施加预应力的钢索实际上处在辐射场之外。

对于锻钢壳来说，这同样是一个很重要的问题，即也需要保护其免受过高的快中子和 γ 辐照。按照前面提到的方式进行设置，可以使反应堆压力壳材料的放射性活度大幅下降。

中子注量率和 γ 通量在堆芯结构中的典型分布将在后面的章节中给出。此外，热屏除了起到承受球床的作用外，还要承受在 THTR 情况下控制棒插入球床后施加在石墨堆内构件上的力。对于模块式 HTR，如 HTR-PM，则完全可以避免控制棒插入球床堆芯后产生的载荷。

对于 THTR，热屏是由多层环形单元组成的圆筒，每一层环形单元在环向通过螺栓加以固定，各层环形单元之间通过台阶结构相互配合。圆筒的底部支撑在滚珠轴承上。全部重量加载在底板上，之后再传递到预应力混凝土压力壳上。热屏的顶部由六角形的块组成，通过拉杆悬挂在上部的内衬上。风机的屏蔽设置在每台风机的入口处，也属于金属堆内构件。风机和蒸汽发生器之间的入口管上有一个膨胀节，用以调整设备之间的位移。6 个蒸汽发生器分别套装在外壳内，外壳的上部与蒸汽发生器上部的贯穿管相连，外壳的下部与热氦气流道相连。蒸汽发生器外壳的热膨胀通过设置在下端的膨胀节加以补偿。在热氦气流道的

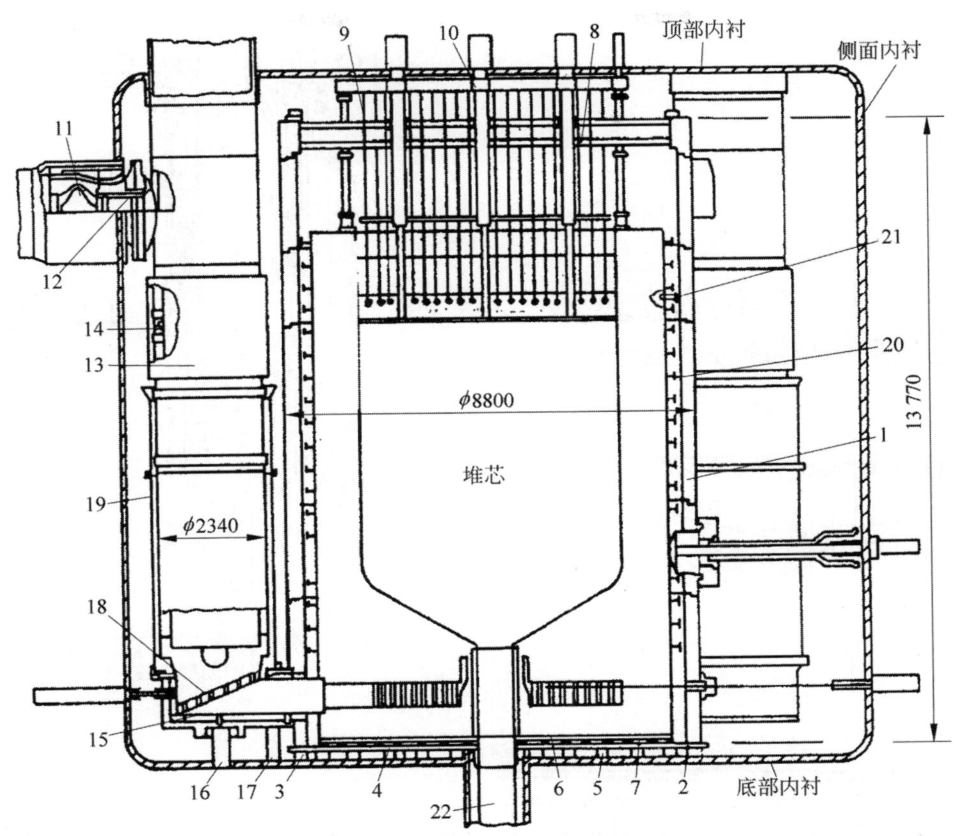

图 5.8 THTR 金属堆内构件概况

1—热屏；2—底板；3—双滚珠轴承；4—下底板；5—滚珠轴承；6—底板；7—双滚珠轴承；8—顶部热屏；9—拉杆；10—轴承套；11—底部屏蔽；12—进口管；13—蒸汽发生器壳；14—密封部件；15—热氦气流道；16—基准；17—双滚珠轴承；18—穿孔板；19—冷氦气堆芯壳；20—支撑螺栓；21—防扭转装置；22—卸球管

出口处设置了一块钢板，钢板上有穿孔，对热氦气气流起到一定的混合作用。为了对堆芯下部区域冷氦气流起到导流的作用，在蒸汽发生器壳的外围设置了很多同心的导向外壳，以便能够对热氦气流道进行冷却。

对于模块式 HTR，有些部件由于条件较为特殊，在这里不需要加以讨论。加载在热屏上的附加载荷比较小，这是因为不存在堆芯控制棒插入后形成的载荷，只需要承受球床的载荷。在模块式 HTR 中仅有一个新的部件，它将同心热气导管与堆内构件相连，如图 5.9 所示。已对该部件进行了设计，并在 HTR-Module (200MW)中进行了 1/1 的实验。对于 HTR-Module，这个连接件的设计寿命为 40 年，但是，如果需要，也设置了可能对该部件进行更换的方案。实验的主要问题是连接的气密性和允许热膨胀的可能性。这个要求需要采用特殊的密封系统和膨胀补偿。接近该连接件位置的石墨结构在未来有可能采用碳化硅或者其他具有高强度的陶瓷材料来替代。

5.2.3 堆内构件的载荷

堆内构件必须设计成能够承受各种载荷，这些载荷包括：

- 来自移动球床和石墨结构重量的机械载荷；
- 石墨块受中子和 γ 辐照引起的收缩、蠕变和伸长；
- 冷却气体和内部发热引起的高温；
- 事故引起的机械载荷，如地震、一回路失压；
- 空气和蒸汽的腐蚀。

HTR 石墨堆内构件必须设计成能够承受各种机械载荷，这些载荷包括堆内构件的重量、球床的重量、氦气流过球床引起的阻力降、球床和侧反射层的膨胀差引起的载荷，以及在需要控制棒插入反应堆堆芯的情况下控制棒插入时的载荷，其中，最后一种载荷是 THTR 堆芯中特有的载荷。

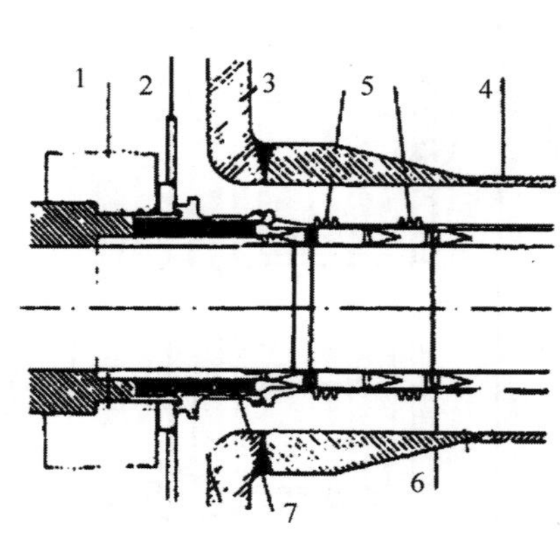

(a) 热气导管堆芯连接件的设计

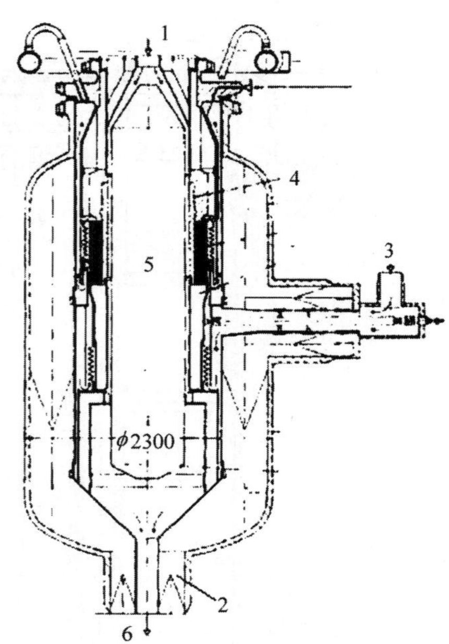

(b) KVK替代装置上堆芯连接件的试验段
(1:1的替代装置)

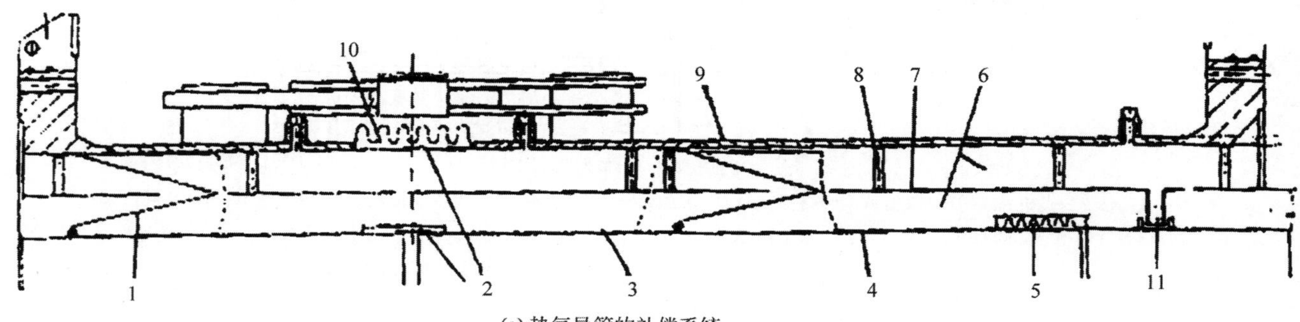

(c) 热气导管的补偿系统

图 5.9 模块式 HTR 堆内构件和热气导管间的堆芯连接件
(HTR-Module,热功率为 200MW):实验部件(1/1 比例)

(a) 1—石墨结构;2—堆芯筒;3—反应堆压力壳;4—连接壳;5—具有膨胀节的热气导管;6—绝热;7—紧固系统;(b) 1—热气入口;2—热气出口;3—冷气入口;4—实验部件;5—位移机构;6—冷气出口;(c) 1—连接隔板;2—滑动连接;3—金属丝网;4—内衬筒;5—高温膨胀节;6—绝热层(纤维);7—中间筒;8—中间筒支承;9—外衬筒;10—外部膨胀节;11—固定支承

上述载荷中,最大的载荷是由控制棒插入堆芯引起的。前面已经提到,这种载荷在模块式 HTR 中是完全可以避免的。

燃料球总重量的 85%加载在堆芯的底部,其余的 15%被在堆芯反射层壁面沿垂直方向的摩擦力抵消。氦气流过球床引起的阻力降可以看作增加了球的比重,其等效比重可按下式来估计:

$$\gamma = \gamma_{\text{sphere}} + \frac{\Delta p_{\text{core}}}{H_{\text{eff}} \cdot f} \tag{5.1}$$

其中,Δp_{core} 为冷却剂流过整个堆芯的阻力降;H_{eff} 为球床的等效高度;f 为球床的填充率(约为 0.6)。如果堆芯高度为 11m,堆芯的阻力降大约为 0.1MPa,则得到 γ 大约为 1.75g/cm^3,石墨材料本身的比重 γ_{sphere} 为 1.6g/cm^3。

球床和堆芯结构之间的膨胀差是由温度梯度和石墨结构尺寸的变化引起的。在球床发生移动的情况下,对机械载荷的影响很小,很容易就能得到补偿。但是,由于球床移动会产生石墨粉尘,造成污染,这一点必须要引起关注,可以通过设计气体净化系统将粉尘去除。

另外,石墨块之间可以有一些位移,以避免反射层设计中可能产生的载荷。石墨块之间通过键销进行连接,允许有一些位移。

在长期冷停堆的情况下，42 根控制棒全部插入 THTR 球床。完全插入时，控制棒下端到达堆芯底部上 0.5m 处。控制棒仅占百分之几的堆芯体积(THTR 为 1.64m^3，相当于 1.3%的球床体积)。这个体积是通过挤占球床中的孔隙率、增加球床的密度获得的。控制棒插入后的挤压效果给球床带来一定的载荷，并且相关的载荷需要被侧面和底部反射层的石墨堆内构件所吸纳。图 5.10 给出这种情况下堆芯侧壁和堆芯底部出现的载荷。

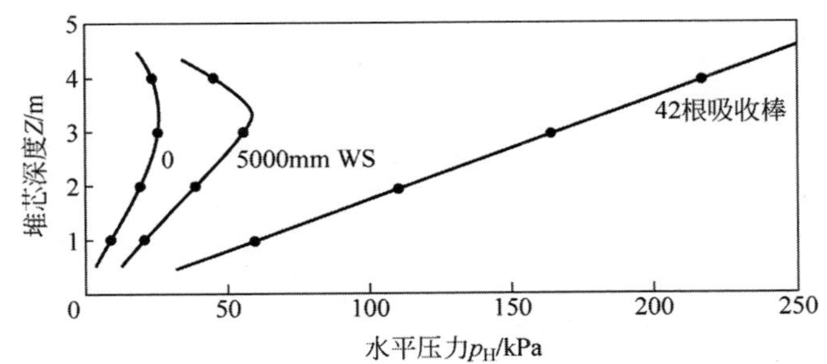

图 5.10 在插入堆芯控制棒和具有阻力降期间 THTR 堆芯中假设的压力分布

在模块式 HTR 的所有新的设计概念中，由于全部的停堆元件均设置在侧反射层内，所以插入堆芯控制棒时加载在球上和石墨结构上的这些附加载荷实际上是完全可以避免的。这是模块式 HTR 的所有新的设计概念中非常重要的方面，这一点对于环形堆芯也是如此。在这一应用中，中心石墨圆柱为停堆元件的设置提供了另一种可能的选择。水平方向的压力差在 0.1MPa 的量级，甚至更小。

在设计时，要特别关注堆芯结构内 γ 和中子辐照吸收，因为它们会引起附加的发热和辐照损伤。

在堆芯结构内，γ 通量沿径向的衰减(例如在热屏中)可以采用如下简单表达式来描述：

$$\phi(x) \approx \phi_0 \cdot \exp(-\Sigma_a \cdot x) \tag{5.2}$$

其中，Σ_a 是吸收截面，x 是热屏的厚度。中子的衰减也具有类似的规律，但是中子的衰减还与作为中子碰撞结果的积累因子有关：

$$\phi_n(x) \approx \phi_0 \cdot \exp(-\Sigma_S \cdot x) \cdot B(\mu \cdot x) \tag{5.3}$$

其中，Σ_S 是散射截面。例如，对于铝材结构，其积累因子 $B(\mu \cdot x)$ 如图 5.11(a)所示，它与能量及 $\mu \cdot x$ 有关。对于 $B(\mu \cdot x)$，可以给出如下的通用表达式：

$$B(\mu \cdot x) \approx A \cdot \exp(-\mu_1 x) + (1-A) \cdot \exp(-\mu_2 x) \tag{5.4}$$

图 5.11(b)表明，通常采用钢材作为热屏，它对 γ 辐照具有很好的屏蔽功能。重晶石混凝土也显示出很好的热屏功能。对于中子的屏蔽，采用质量数较小的材料更佳，如图 5.12 所示。

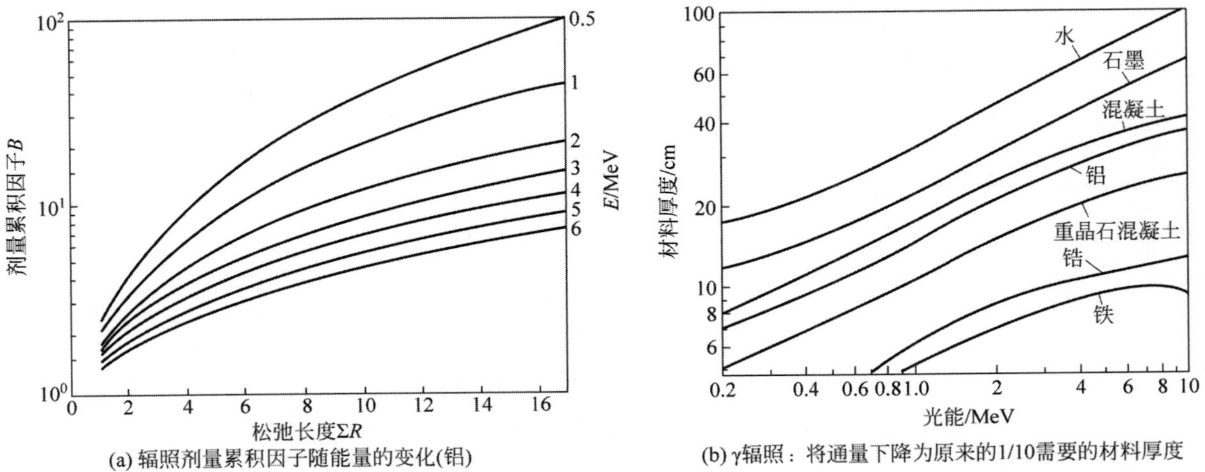

(a) 辐照剂量累积因子随能量的变化(铝)

(b) γ辐照：将通量下降为原来的1/10需要的材料厚度

图 5.11 γ 辐照在堆芯结构内的吸收

对中子注量率依赖性进行评估，结果显示，2MeV 的快中子注量率通过 1m 厚的石墨下降为原来的 1/1000。这种厚度的石墨反射层对于保护金属堆内构件和反应堆压力壳免受快中子辐照引起的活化和脆性是很有效果的。

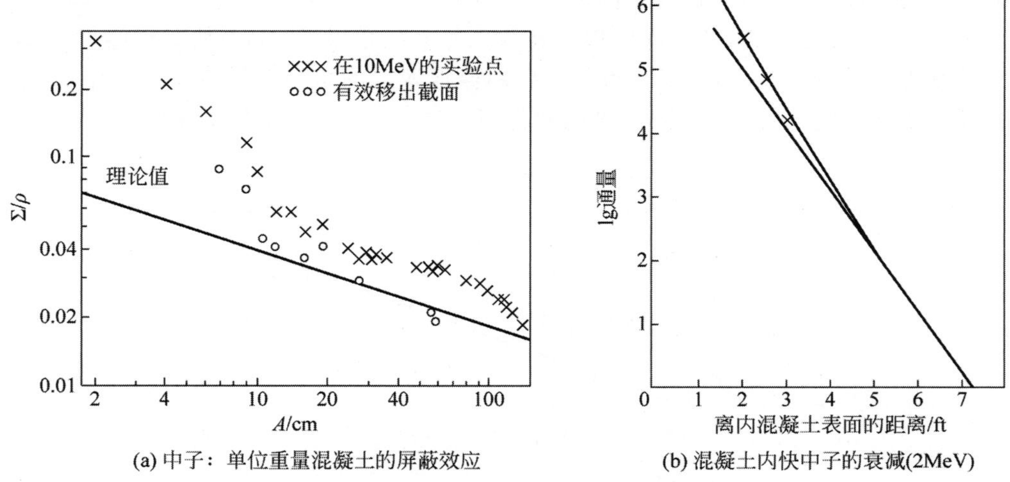

(a) 中子：单位重量混凝土的屏蔽效应　　(b) 混凝土内快中子的衰减(2MeV)

图 5.12　反应堆系统内中子的屏蔽

在使用多维迁移程序进行的详细分析中给出了 γ 辐照和中子注量率在 HTR 堆内结构中的衰减情况，如图 5.13 所示。

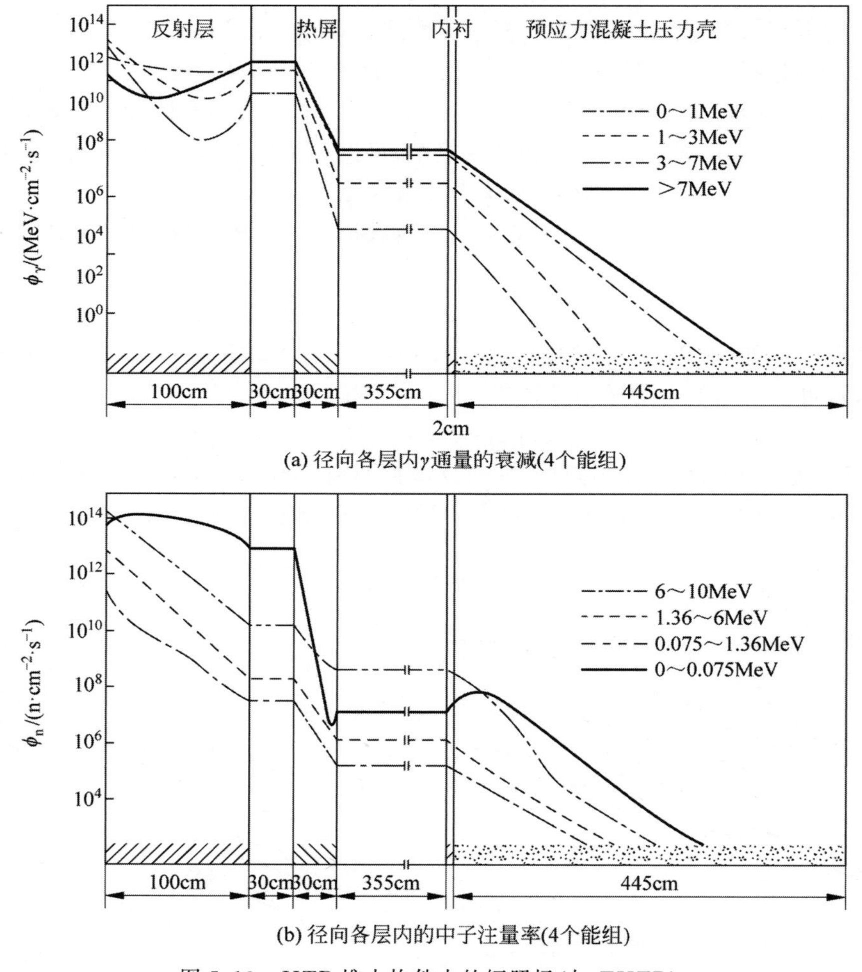

(a) 径向各层内γ通量的衰减(4个能组)

(b) 径向各层内的中子注量率(4个能组)

图 5.13　HTR 堆内构件内的辐照场(如 THTR)

金属结构的活化对热屏和这里讨论的与控制系统相关的其他部件具有重要的影响。在第 3 章中已对反应堆压力壳这方面的影响情况进行过讨论。

对于 γ 辐照的衰减，主要是由热屏引起的，而对于快中子的衰减，则主要由通过反射层石墨引起的。此外，热屏对热中子的衰减也起到一定的作用。

辐照和中子与反应堆堆内构件相互作用而发热，从而使堆内构件温度升高。这个效应必须在机械设计中予以考虑。

对于由通量的指数衰减造成的单位体积发热，可以用如下的典型方程来表示：

$$\dot{Q} = c \cdot \sum_i \Sigma_{ai} \cdot \phi_i \cdot E_i \tag{5.5}$$

其中，Σ_{ai} 是第 i 种同位素对 γ 通量的宏观吸收截面，E_i 是在吸收过程中释放能量的比值。由于这种发热引起的结构温升可以用导热的微分方程来表示：

$$\mathrm{div}(\lambda \cdot \mathrm{grad}T) + \dot{Q}(\boldsymbol{r}) = 0 \tag{5.6}$$

热源必须基于中子注量率和吸收材料的详细分布来加以计算。

$$\dot{Q}(\boldsymbol{r}) \approx \sum_i \int \Phi_\gamma(\boldsymbol{r}, E) \cdot \sum_{\gamma_i}(E) \cdot \overline{E_{\gamma_i}} \cdot \mathrm{d}E \tag{5.7}$$

其中，E_{γ_i} 是各种 γ 吸收反应产生的能量。一维情况下，得到如下方程式，可以很容易通过积分来求解：

$$\lambda \cdot \frac{\mathrm{d}^2 T}{\mathrm{d}x^2} = -\dot{Q}_0 \cdot \exp(-\Sigma_a \cdot x) \tag{5.8}$$

其中，λ 是导热系数，Σ_a 是所考虑部件的相关吸收截面。根据表面的温度边界条件进行双重积分就可以得到温度分布。温度分布的最高温度必须低于设定的限值。在堆内构件中，功率密度接近 $1\mathrm{MW/m^3}$ 时，温度可能上升 100℃。对于 THTR，其堆内构件内的发热和温升必须在许可申请过程中加以分析。图 5.14 给出

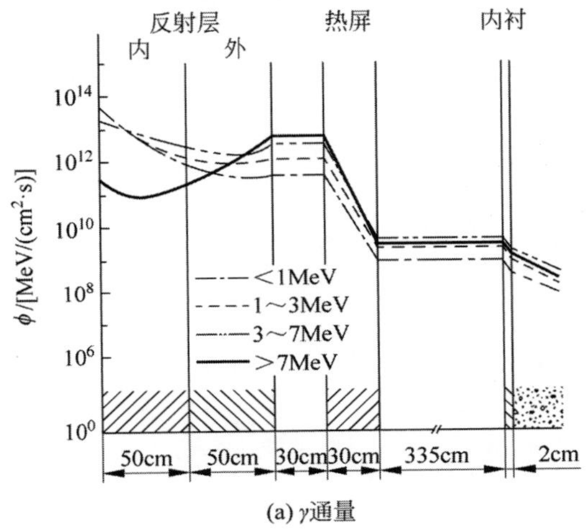

(a) γ通量

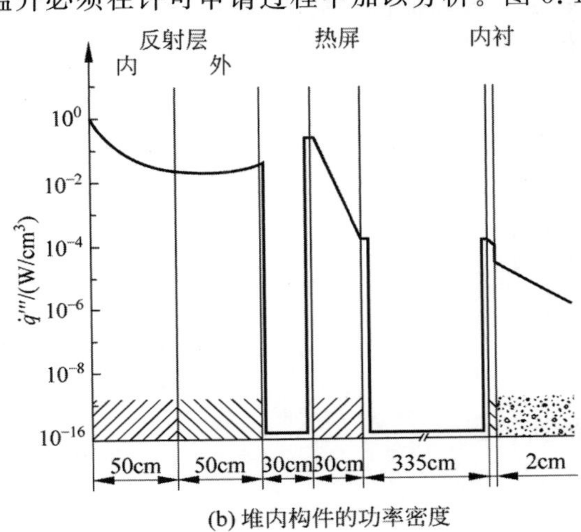

(b) 堆内构件的功率密度

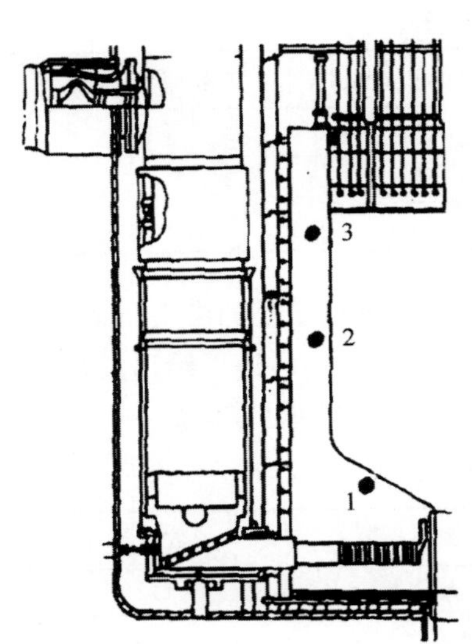

(c) 堆内构件的概貌

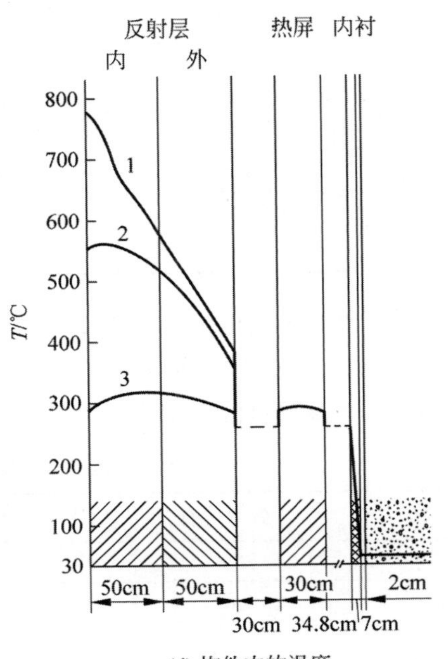

(d) 构件内的温度

图 5.14 堆内构件内的发热（如 THTR）

1—堆芯底部；2—堆芯中部；3—堆芯顶部

了径向结构的分析结果。在热屏中，石墨反射层中的最大发热密度在内侧处，大约为 $1MW/m^3$，在反射层块开始的 20cm 处大约为 $500kW/m^3$。因此，对于由温差引起的热应力必须予以重视，可以采用如下关系式来计算：

$$\sigma \approx \alpha \cdot E \cdot \Delta T \tag{5.9}$$

在发生强迫循环冷却失效的事故情况下，结构件的温度会变得更高，这一点将在后面的第 11 章中进行详细的说明。在这种情况下，仍必须要保证温度分布的最高温度不会超过限值。对于金属结构部件，如固定堆芯的部件、堆芯连接的部件和热气导管等，必须保证它们具有足够的屏蔽。上述措施使金属结构件可以避免过高的活化，避免对材料的强度和其他相关的机械性能产生太大的影响。特别是应采取合适的石墨结构设计，以使金属结构件避免受到过强的中子辐照。另外，对堆芯内构件的设计应将后续检查、维修和退役的可能性和要求考虑在内。

图 5.14 给出了 THTR 内 γ 发热的空间分布。据此，在设计时，必须要将部件上附加的温差和对一回路氦气冷却的要求考虑进来，并提出相应的措施加以保障。

5.2.4 石墨及其辐照行为

HTR 堆芯结构的主要材料是石墨。石墨具有很强的慢化能力和非常低的中子吸收截面(表 5.5)。可以用一些定义来表征慢化剂的特性。

慢化功率：

$$S = \xi \cdot \Sigma_S \tag{5.10}$$

慢化到热中子的碰撞次数：

$$n = \ln(E_0/E_{th})/\xi \tag{5.11}$$

慢化能力：

$$M_C = \xi \cdot \Sigma_S/\Sigma_a \tag{5.12}$$

慢化面积：

$$\tau = \int [D/(\xi \cdot \Sigma_S)] \cdot dE/E \tag{5.13}$$

扩散面积：

$$L^2 = D/\Sigma_a \tag{5.14}$$

迁移面积：

$$M^2 = \tau + L^2 \tag{5.15}$$

表 5.5 慢化剂的一些特性

慢化剂	慢化功率/cm^{-1}	慢化能力	慢化面积/cm^2	扩散面积/cm^2	迁移面积/cm^2
H_2O	1.53	72	28	81	36.1
D_2O	0.37	12 000	125	5400	9525
C	0.064	170	364	3500	3864

石墨不会融化，其升华温度为 3600℃，这个特性对技术应用具有很重要的参考价值。

堆芯结构的设计与一些机械和热性能的数据相关(表 5.6 和图 5.15)，这里给出的数据仅针对耐辐照的材料。可以看出，这些参数与温度的依存关系具有一些值得我们关注的重要趋势。

表 5.6 反射层石墨的典型数据

参　数	数　值	注　释	参　数	数　值	注　释
密度/(g/cm^3)	1.74	20℃	比热/[kJ/(kg・K)]	1.25	500℃
热膨胀系数/K^{-1}	3×10^{-6}	20～200℃	抗压强度/(MN/m^2)	>30	20℃
热膨胀的各向同性	1.1		抗弯强度/(MN/m^2)	>15	20℃
弹性模量/(MN/m^2)	1.2×10^{-4}	动态	抗拉强度/(MN/m^2)	>10	20℃
导热系数/[W/(m・K)]	30	1000℃			

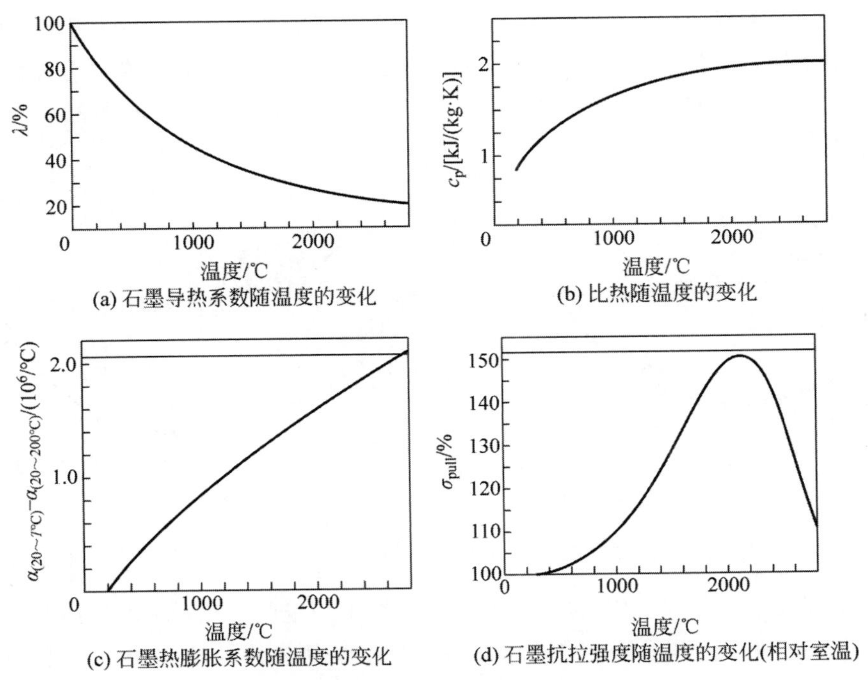

图 5.15　反应堆石墨与温度相关的特性

尤其是导热系数随温度的升高而下降，比热和热膨胀系数则随温度的升高而增加。抗拉强度随温度的升高而增加，但在温度超过 2000℃后开始下降。

对因快中子辐照引起这些性能参数发生变化的相关分析，将在后面的章节中做进一步的深入讨论。可以很确定的是，目前提供的各种石墨材料具有非常不同的材料特性。不仅热性能特性如此，辐照行为也具有不同的特性。

反射层石墨也具有慢化剂的功能，可将快中子慢化下来。中子和石墨结构的原子之间发生碰撞导致石墨结构的扰动，因而引起石墨性能的变化。这一效应在前面有关燃料元件 A3 石墨基体材料的说明中已经讨论过，即前面提到的所谓维格纳效应。当辐照温度低于 200℃ 时，石墨中聚集的内能可能在自发的退火过程中引发突然的能量释放和温度升高。维格纳效应导致 1957 年在 Windscale/Great Brain 生产钚的反应堆上发生了一次重大的核泄漏事故。由于退火不充分，在某次失误的退火过程中，气冷反应堆中的石墨变得过热，进而被烧毁，最终导致核泄漏事故的发生。所以，目前所有 HTR 反应堆概念设计的冷却剂气体冷端温度至少为 250℃，以避免发生前面提到的维格纳效应。

目前我们已了解 40 年运行期间石墨的辐照状况。由于取出或者更换石墨结构相当困难，这一定会影响电站的经济性，但是作为电站，其投资成本又是必须要得到回报的，因此需要权衡各种利弊。图 5.16 给出了合格的反射层石墨受辐射影响的尺寸变化情况。

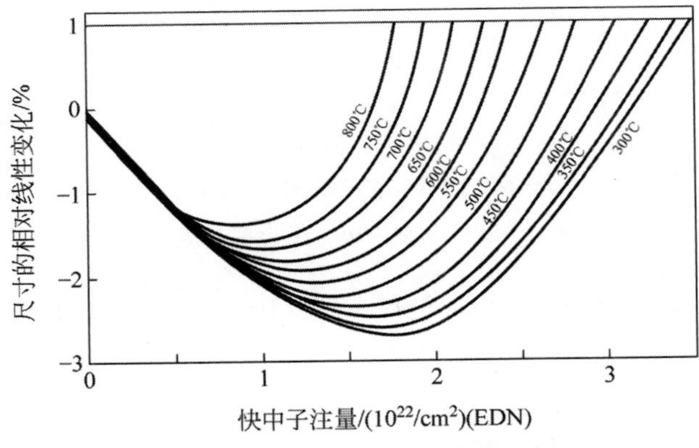

图 5.16　反射层石墨的尺寸变化(DIDO 等效镍中子注量)

值得注意的是，与石墨结构方向有关的水平和垂直方向的测量结果存在一定的差异。材料起始时收缩到所谓的拐点(图 5.16 中的最小值)，随后膨胀，回到原来的尺寸，这是石墨受辐射后尺寸发生变化的典型过程。如果继续增加中子注量，将导致石墨块体积的膨胀，并使堆芯结构要承受较大的载荷。因此，应避免发生这种状况，以保证堆芯结构的稳定性。图 5.17 给出了适用于 HTR 的两种石墨的尺寸变化的测量结果，同时也标注了测量误差。

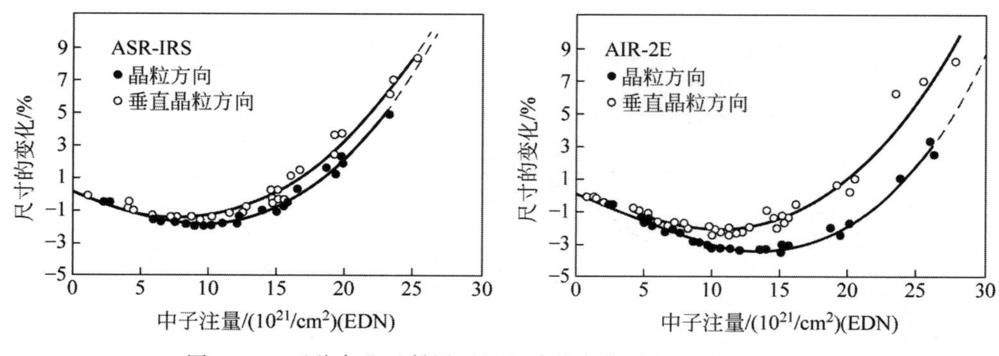

图 5.17 两种商业反射层石墨尺寸的变化(辐照温度：500℃)

热膨胀系数随温度发生相应的变化，也随快中子注量发生一定的变化，如图 5.18 所示。核石墨的导热系数是温度和快中子注量的函数，如图 5.18(b)所示，该参数对于估计结构中的温度场和热流密度非常重要。

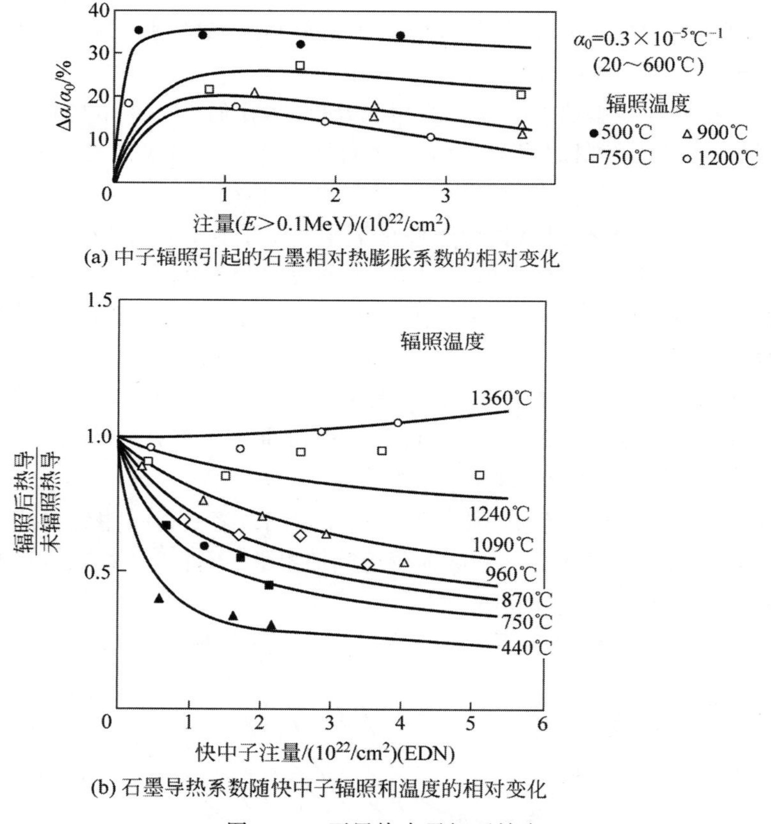

(a) 中子辐照引起的石墨相对热膨胀系数的相对变化

(b) 石墨导热系数随快中子辐照和温度的相对变化

图 5.18 石墨快中子辐照效应

HTR 堆芯内构件的基本设计原则是：相关材料在其工作温度下，在整个运行期间受到的总辐射剂量不允许达到会使其超出原先尺寸变化的程度。

另一个因辐照产生变化的重要参数是石墨的抗拉强度。图 5.19 清楚地表明，开始时石墨的抗拉强度随着辐照剂量的增加而增加，之后开始下降，这种变化与辐照引起的石墨尺寸的变化很类似。

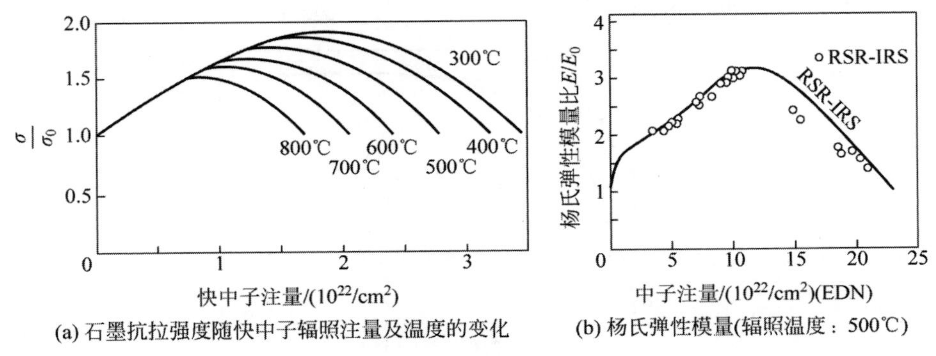

图 5.19 机械性能参数随辐照的变化

总的来说，目前已对核石墨进行了大量辐照检测和合格性验证计划的分析，一些性能已经满足商业应用的要求。

5.2.5 运行期间反射层结构的分析结果

在反应堆长期运行期间，石墨结构的尺寸会发生变化，这在前面已经说明，并且其所承受的应力会不断增加。同时，石墨也会发生蠕变，如图 5.20 所示。

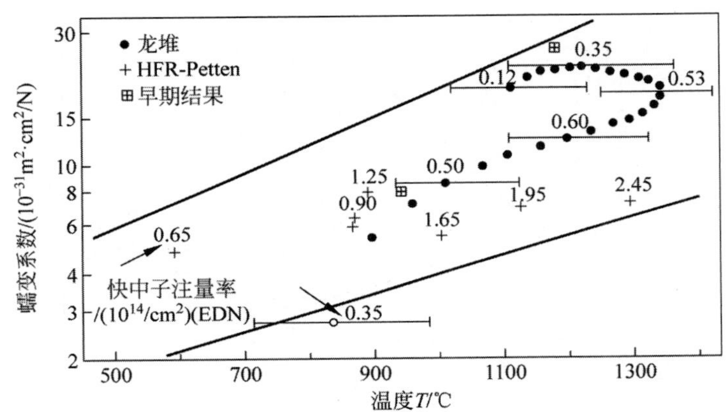

图 5.20 石墨蠕变系数 K 随辐照温度和辐照剂量的变化

蠕变常数 K 由下面的关系式来定义：

$$\varepsilon \approx K \cdot \sigma \cdot \phi \cdot \tau \tag{5.16}$$

K 取决于温度和中子注量。其中，σ 是所受的应力，τ 表征该材料的结构件在中子注量率 ϕ 下辐照的时间。该关系式中所受的应力是变化的，随着辐照剂量的增加，应力呈下降趋势。

显然，除了一般的应力效应会引起伸长之外，在作应力分析时还必须考虑蠕变引起的伸长：

$$\varepsilon = K \cdot \int_0^t \phi(t') \cdot \sigma \cdot \mathrm{d}t' \tag{5.17}$$

其中，σ 表示外部施加的应力，$\phi \cdot \mathrm{d}t$ 是微分剂量，K 是描述蠕变过程的正比常数。石墨结构的设计要求同时考虑机械应变、辐照引起的蠕变及辐照引起的材料参数的变化，因此就必须使用相对复杂的多维计算程序来分析和设计。

可以采用一个相对简单的近似来表征蠕变对石墨结构中应变过程的影响。基于上述蠕变行为，并假设应力是线性增长的，那么总的应力可以近似地描述为

$$\sigma(t) = \sigma_0 + \sigma_1 \cdot t - E \cdot K \cdot \int_0^t \phi \cdot \sigma \cdot \mathrm{d}t' \tag{5.18}$$

这个积分方程可以在恒定的注量率下求解，得到的解为

$$\sigma(t) = \sigma_0 \exp(-E \cdot K \cdot \phi \cdot t) + \frac{\sigma_1}{E \cdot K \cdot \phi \cdot t}[1 - \exp(-E \cdot K \cdot \phi \cdot t)] \tag{5.19}$$

求解得到的应力变化过程如图 5.21 所示。

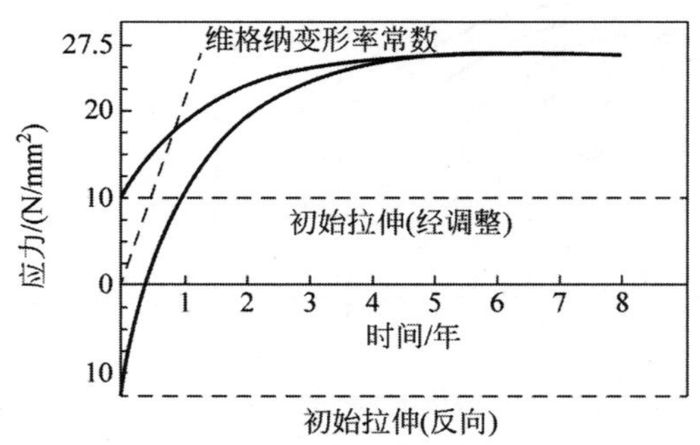

图 5.21 辐照引起蠕变的情况下石墨应力随时间的变化

因此，辐照引起的蠕变使原先施加的应力迅速衰减。因此，应力很早就达到饱和。没有蠕变对应力的消除效应，就无法设计出可长期工作的石墨结构。

对于反射层石墨块的设计，必须要考虑由热、机械和辐射共同构成的复杂应变。能够同时计算整个过程中石墨的辐照收缩和应变的复杂计算程序是唯一可以完整描述整个过程的途径。为了对反射层圆柱体中石墨块的应变过程进行更加深入的了解，图 5.22 给出了石墨块在 x 和 y 方向的应变随运行时间的变化情况。在这种情况下，运行一定时间之后，可以看到，应变的正、负号也发生了变化。

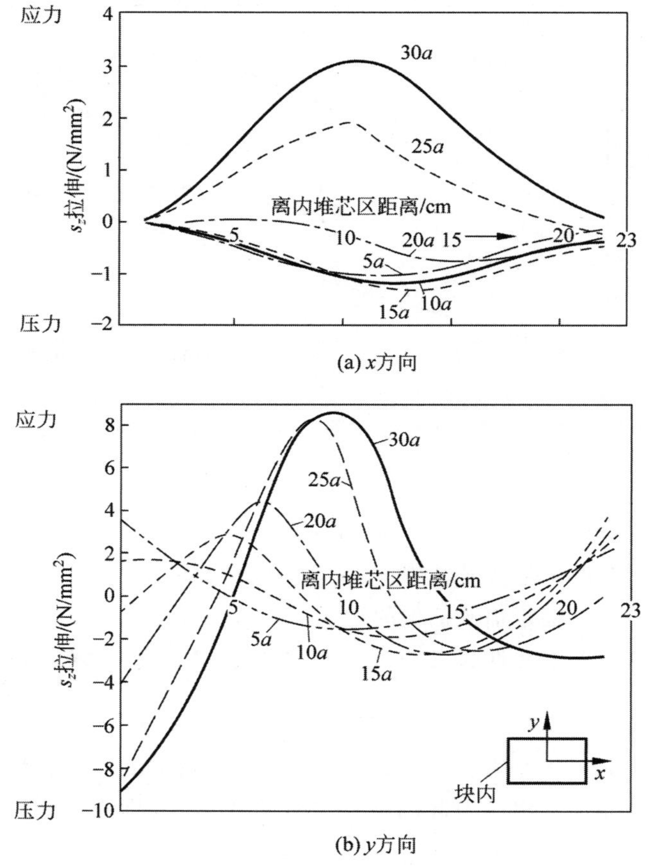

图 5.22 THTR 反射层石墨块应变变化过程(运行时间作为参数)
随距堆芯边界距离及运行时间的变化

上述是 THTR 堆芯结构的条件。可以预期，模块式 HTR 的条件类似但应力比较小，这是因为堆芯的功率密度较低，因此中子注量率也较低。所以，反射层石墨块中的应变在反应堆的整个运行期间均保持在限值以下，如图 5.23 所示。图 5.23 给出的计算应变包括 THTR 中由插入的堆芯控制棒引起的附加载荷。

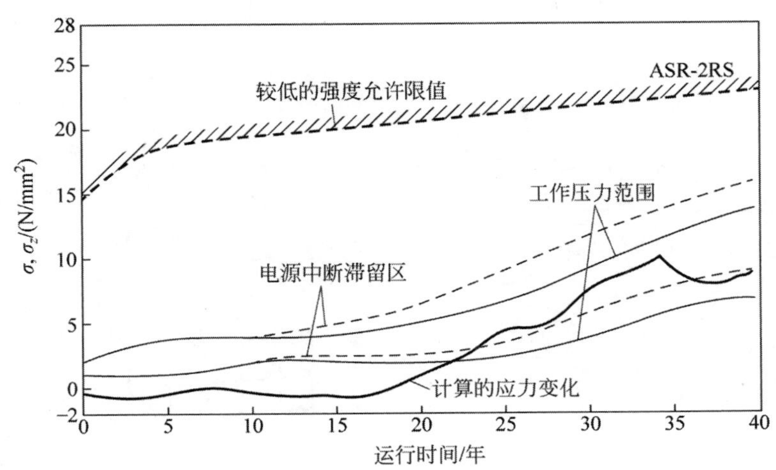

图 5.23 电厂整个运行寿命期间反射层石墨块中的应力值及其限值（如 THTR 反射层石墨块）

模块式 HTR 电厂新的设计方案中没有设置堆芯内的控制棒，全部反应性控制均由反射层内的控制棒来保证。因此，对于这些反应堆，均没有因堆芯控制棒插入施加载荷而引起的应变。另外，由于这些反应堆未设置堆芯控制棒，因而可以避免因控制棒插入堆芯造成球形燃料元件破损的情况发生。

对于未来能够提供超高温氦气（950～1000℃）的反应堆，采用 OTTO 循环方式具有一定的优势。

在 30 年的运行期内，OTTO 和 MEDUL 循环的堆芯累积的快中子注量是不同的。图 5.24 给出了这两种循环方式的比较，石墨受辐照发生尺寸变化、开始收缩、达到拐点之后再膨胀，以回到原点作为设计的限值条件。

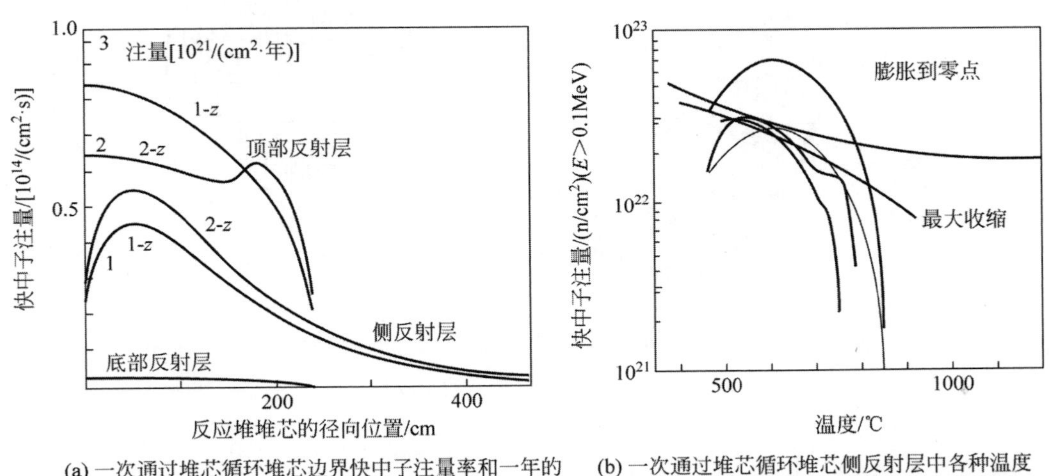

(a) 一次通过堆芯循环堆芯边界快中子注量率和一年的累计注量(1-z: 单区堆芯; 2-z: 双区堆芯)

(b) 一次通过堆芯循环堆芯侧反射层中各种温度的快中子注量(功率密度: 5MW/m³, 30年满功率)

图 5.24 一次通过堆芯循环情况下的快中子注量

在一次通过堆芯的循环方式下，侧反射层的上部及顶部反射层受的累计快中子辐照要高于采用多次通过堆芯循环的反应堆（图 5.24）。一次通过堆芯的底部结构处于很高的温度，但是快中子注量很低，这是因为在这个区域，堆芯的功率密度也很低。

已将反射层石墨块之间的连接方式应用于柱状燃料元件反应堆，同时通过采用具有冷却狭缝的专门反射层块来降低材料的温度，如图 5.25 所示。

为了解决堆内构件在热循环过程中的伸长行为，提出了各种技术解决方案。除了用于箍紧反射层堆内构件的箍紧结构外，尤其是在堆芯直径较小的情况下，石墨块的布置应具有可更换的装配方式并定期进行更换。HTR 电厂的堆内构件设计需满足常规的抗地震影响的安全要求（图 5.26）。

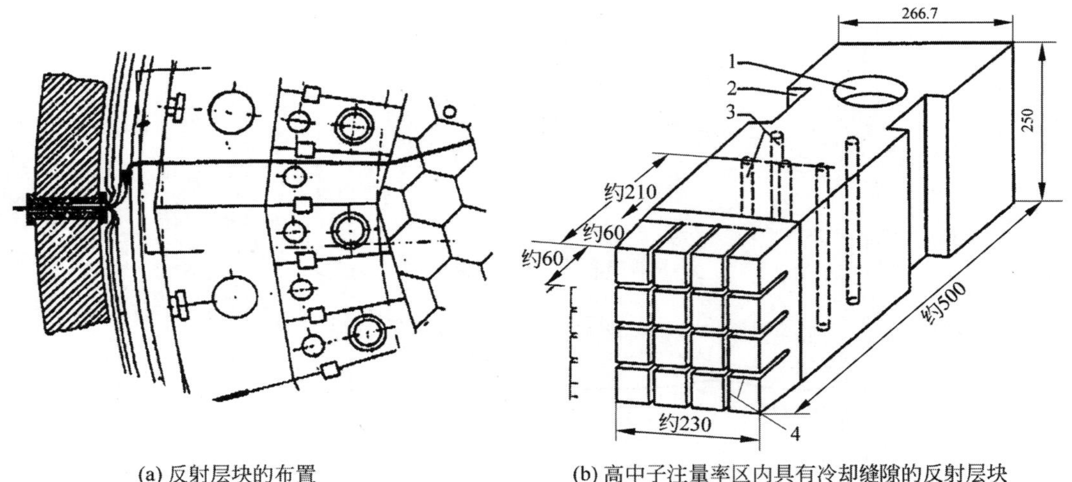

(a) 反射层块的布置　　(b) 高中子注量率区内具有冷却缝隙的反射层块

图 5.25　反射层块的设计

1—销钉孔；2—键槽；3—冷却孔；4—应力释放和冷却缝隙

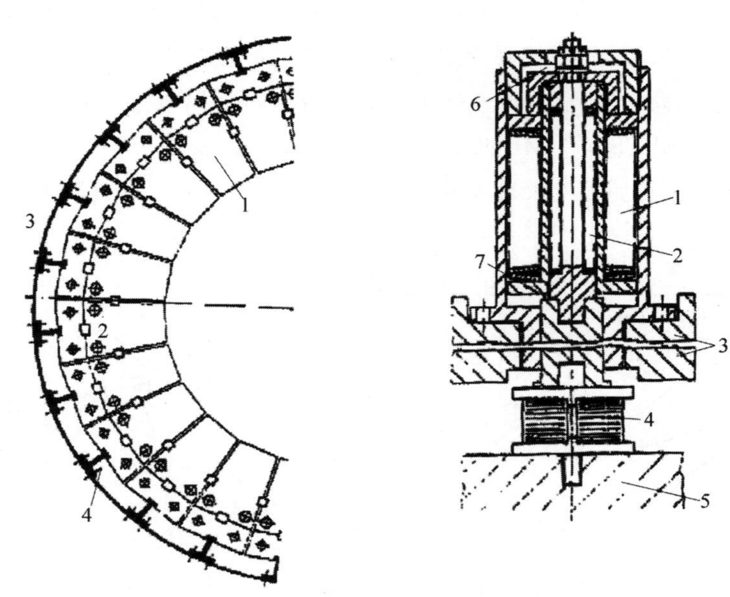

(a) 堆芯结构的反射层块(如模块式HTR)　　(b) 支撑系统(如HTR 500)

图 5.26　Fort St Vrain 反射层结构支撑径向视图

(a) 1—反射层块；2—键销；3—金属堆内构件；4—支撑件；(b) 1—弹簧 1；2—弹簧 2；3—侧向热屏；4—轴承(滚动)；5—侧反射层；6—弹簧 2 的支撑；7—弹簧 1 的支撑

在设计新型反应堆时，必须要将陶瓷部件的可维修性考虑进来。对于模块式 HTR，将堆芯壳从反应堆压力壳中取出是对设备进行定期检查和维修计划的设计方案之一。采用现代遥感操控技术和机器人操控技术将是未来反应堆运行要采取的方案。

基于 AVR、THTR、HTR-10、其他 HTR 电厂和 AGR 技术的总体经验，以及实施过的广泛而详细的研究计划，堆内构件的部件如今已发展成为成熟的技术。经过 10 年的运行，AVR 反射层上部的检测结果表明，结构上没有发生变化。需要说明的是，在 Magnox 和 AGR 电站中的部分反射层内，石墨结构达到了限定的最高温度(950℃以上)，虽然已运行超过 50 年，但结构仍然保持良好。图 5.27 给出对 AGR 堆芯结构一些细节进行比较的情况，这些结构在石墨温度约为 650℃这一条件下成功运行了几十年。

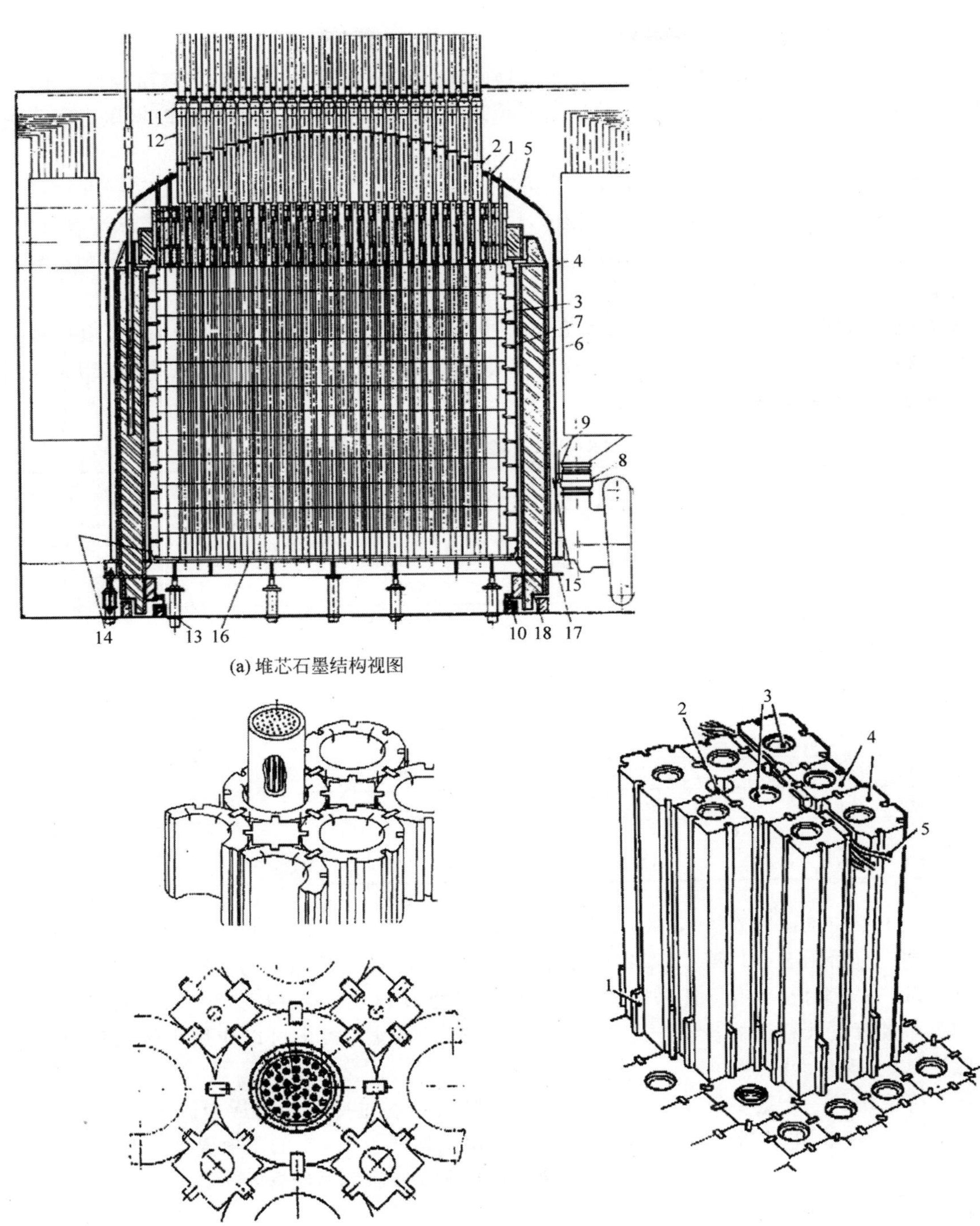

(a) 堆芯石墨结构视图

(b) 石墨结构视图

(c) 石墨结构布置

图 5.27 AGR 电厂堆芯结构视图

(a) 1—约束管；2—装料管的连接；3—侧反射层；4—不锈钢绝热层；5—压力壳；6—侧向屏蔽；7—箍紧连接；8—锅炉气体密封；9—风机气体密封；10—气体主密封；11—气体出口；12—装料管；13—风机卸出口；14—水平调节板外围气体密封；15—支撑结构柱和滚珠；16—顶进螺丝；17—主环形支撑；18—底部侧屏蔽；(c) 1—石墨键；2—间隙孔道；3—燃料孔道；4—石墨块；5—热电偶电缆

5.3 一回路边界

5.3.1 一回路边界概况

HTR-PM 的一回路边界由反应堆压力壳、蒸汽发生器压力壳及连接反应堆和蒸汽发生器间热气导管的压力壳组成。氦风机设置在蒸汽发生器压力壳内。图 5.1 已给出这些设备的布置情况,表 5.1 列出了一回路边界的一些重要参数。一回路边界是阻止裂变产物向环境释放的第 2 道屏障,因其所处位置的重要性,这些设备必须满足很高的安全标准。对于目前计划的模块式 HTR 项目,预计均采用锻钢压力壳作为一回路的压力边界。

与 HTR-PM 一回路系统类似的布置首先在第一座 AGR——温斯凯尔气冷堆(WAGR)中得以实现。其部件的布置与 HTR-Module 和 HTR-PM 相比,恰好反转了 180°。AGR 反应堆运行状况良好,实现了很高的可利用率。在该反应堆中,同心套管将反应堆压力壳和 4 个蒸汽发生器回路相连,氦风机分别与每个蒸汽发生器相连。

钢制压力壳的一回路系统布置技术与 LWR 电厂中的相应技术很类似。早期的 HTR 电厂也采用了钢制压力壳(如 AVR、龙堆、匹茨堡),但是,示范反应堆(如 THTR、圣·弗伦堡)及大功率的 HTR 项目则采用了预应力混凝土反应堆压力壳(PCRV)(表 5.7)。

表 5.7 HTR-PM 一回路压力边界的主要参数

参 数	反应堆压力壳	蒸发器压力壳	热气导管壳
运行压力/MPa	7	7	7
设计压力/MPa	8	8	8
运行温度/℃	250	250	250
设计温度/℃	350	350	350
快中子注量(40 年)/(n/cm^2)	约 10^{18}	$<10^{16}$	$<10^{17}$
内直径/mm	5700	3680	1565
壳壁厚(圆柱部分)/mm	131	83	92
壳壁厚(贯穿件部分)/mm	240	180	—
内部高度/mm	24 700	22 400	长 2840
顶部厚度/mm	100	70	—
底部厚度/mm	100	70	—
材料(类似于)	SA508-3/SA533-B	SA508-3/SA533-B	SA508-3

预应力混凝土反应堆压力壳技术参考了英国 AGR 的技术。大型预应力混凝土反应堆压力壳技术所取得的成功使其被一直沿用至今。第 15 章将更详细地介绍未来有可能采用的另一种具有防爆功能的一回路边界设计方案,这一方案指出,有可能采用铸铁或铸钢组成的预应力反应堆压力壳,这样就可以实现比目前常用的锻钢容器具有更大直径的容器。这些一回路压力边界的设计概念可以应用于采用环形堆芯的模块式高温气冷堆,以实现较大的热功率。

锻钢压力壳系统的一个重要设计原则如图 5.28(a)所示。通过冷氦气的逆向流过(在蒸汽循环系统中冷氦气的温度为 250℃),正常运行时一回路系统边界的温度均低于 250℃的限值温度。此外,采用惰性氦气作为冷却剂避免了压水反应堆经常出现的腐蚀问题,压水堆冷却剂中的硼含量要求所有一回路设备表面镀奥氏体材料或者完全使用奥氏体材料。

反应堆压力壳内有很厚的石墨反射层,这样可以使压力壳表面避免受到过高的中子注量辐照。因此,材料的脆化问题不像目前运行的反应堆类型那样迫切需要解决。与 LWR 更为显著的差别是,HTR 采取连续方式装卸燃料元件。因此,没有必要像 LWR 那样,每年将反应堆压力壳的顶盖打开再封上。需要设计一种专门对一回路边界的质量状况进行检查和测试的程序,通过运行程序,得到 HTR-PM 一回路边界上压力壳的一些重要参数。

图 5.29 给出了相关部件的一些详细说明。在卸球系统、蒸汽发生器压力壳上给水的入口和新蒸汽出口管嘴上设置了一些专门的贯穿件。在制造过程中应完全避免压力壳有纵向焊接。一回路边界上的连接件均采用锻钢件的形式,因此,应力达到最小值,而且对这些部件进行反复测试变得更容易甚至是完全可能的。部件制造和测试的要求是"基本安全"概念的一部分,它排除了一回路压力壳边界发生破裂的可能性。这一技术特性对反应堆的安全分析至关重要,将在第 10 章中给出详细解释。

反应堆压力壳和蒸汽发生器压力壳之间用热气导管压力壳连接,这就要求蒸汽发生器压力壳采用一个专门的定位设计,当在冷态和热态两种不同运行状态下呈现不同热膨胀现象时能够进行位移。为此,需要设置

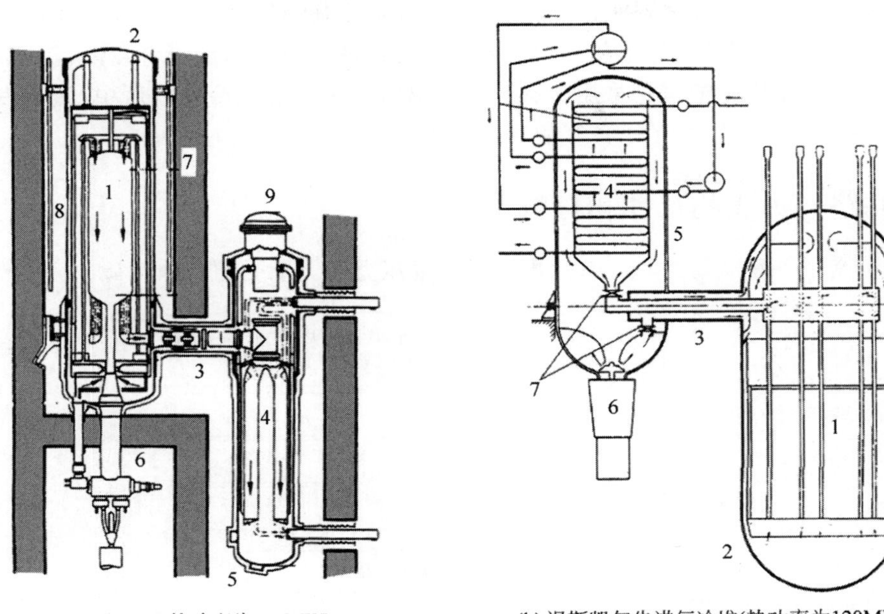

(a) HTR-Module(热功率为200MW)
(b) 温斯凯尔先进气冷堆(热功率为120MW)

图 5.28 模块式 HTR 的布置及与先进气冷堆(温斯凯尔先进气冷堆)的比较

(a) 1—堆芯；2—反应堆压力壳；3—连接壳(同心导管)；4—蒸汽发生器；5—蒸汽发生器压力壳；6—卸球系统；7—反应堆舱室；8—表面冷却系统；9—主氦风机；(b) 1—堆芯；2—反应堆压力壳；3—气体连接导管；4—蒸汽发生器；5—蒸汽发生器压力壳；6—CO_2 风机；7—CO_2 风机中的主阀门

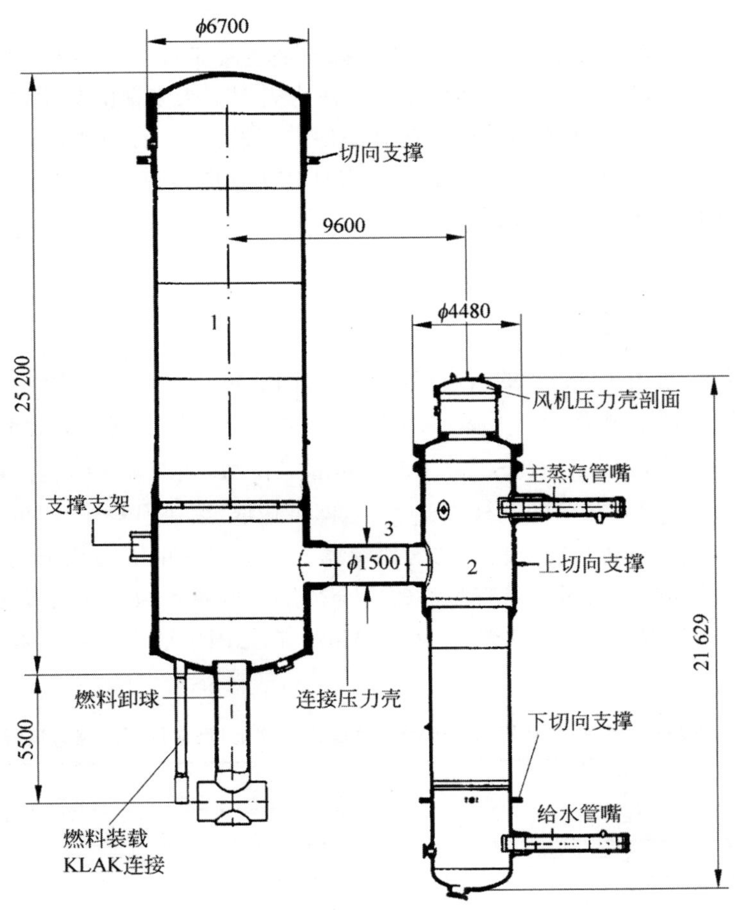

图 5.29 模块式 HTR 一回路边界(HTR-Module，200MW)

1—反应堆压力壳；2—蒸汽发生器压力壳；3—热气导管压力壳

一个承载系统。根据安全设计的要求，热气导管压力壳与反应堆压力壳的连接必须在反应堆压力壳上采用厚壁和锻钢的管嘴。另外，一回路边界上的部件需要特殊的缓冲和抗冲击的设计以防范地震造成的安全威胁。构成一回路边界的连接壳上应避免采用膨胀节。在温斯凯尔先进气冷堆电厂中，蒸汽发生器压力壳承载系统的原理已经过多年的验证，显示了良好的运行性能。

5.3.2 一回路压力壳的尺寸和材料

一回路边界上承受了各种载荷，图 5.30 给出了反应堆压力壳上承受的各种载荷。

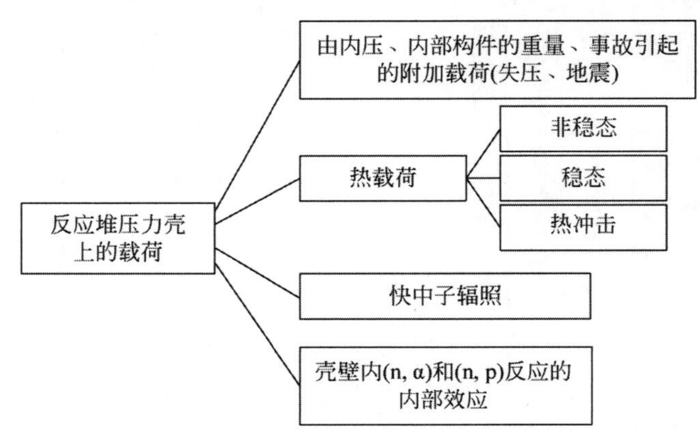

图 5.30 反应堆压力壳上承受的各种载荷

腐蚀对压水堆一回路系统的影响非常大，但对 HTR 电厂的影响不大，因为 HTR 电厂中的氦气是惰性气体。

在开始阶段，可以采用简单的仅考虑内部压力机械载荷的方程来计算一回路边界压力壳的尺寸。之后的第 2 步采用有限元方法进行详细的分析。特别是对于压力壳上更为复杂的部位，如较大的管嘴，必须使用包含多维温度场的有限元方法进行详细的分析。在对部件进行设计时，必须要将温度场上附加的中子相互作用及关于载荷历史的代表性假设考虑进来。以对 HTR-PM 反应堆压力壳尺寸进行第一次初步估计为例，给出下面的方程，作为圆柱形壳体选取壁厚的基础：

$$s_1 = \frac{p_i \cdot D_i}{2 \cdot v \dfrac{K}{S^*} + p_i} + c_1 + c_2 \tag{5.20}$$

其中，K/S^* 是材料的强度，适用于 350℃的材料（这里是 20MnMoNi55）；p_i 是内压力（进行压力实验时最高压力为 9MPa）；D_i 是内直径；v 是一个考虑部件薄弱环节的因子，如有较大的管嘴。根据式(5.20)，选取以下参数：$p_i=8\text{MPa}$，$D_i=5700\text{mm}$，$K/S^*=184\text{N/mm}^2$，$v=1$，可计算得到壁厚 $S_1=121.3\text{mm}$。在 HTR-Module 的设计中，对于没有管嘴的圆柱壳($v=1$)，即可选取这一壁厚(图 5.29)。

常数 c_1 和 c_2 是考虑了腐蚀和制造公差后的附加壁厚。这里讨论的壳体没有考虑这些附加的壁厚，因为壁已很厚。当然，壳的设计必须要考虑具有足够的安全裕量。世界各国选取的参数因不同的法规要求也各不相同。表 5.8 给出了 HTR-Module(热功率为 200MW) 在德国申请许可时壳体选取应符合的一些参数数值。

表 5.8 HTR-Module(热功率为 200MW，德国设计规范)反应堆压力壳的运行数据

	压力/MPa	温度/℃	介质	安全因子
运行	6	260	氦气	根据各国的法规要求
设计	7	350	氦气	
压力实验(役前实验)	9.1	33	水	
压力实验(服役中使用)	7.7	50	氦气	

表 5.8 中给出的 350℃的温度值包括了电站处于“热备用”(如果有时氦风机不能运行)及“完全失去冷

却剂和能动衰变热载出”的特殊情况，在衰变热不能通过反应堆压力壳表面载出的情况下，反应堆压力壳的温度将上升大约 100℃。图 5.31 给出了上述各种情况下轴向的温度分布情况。

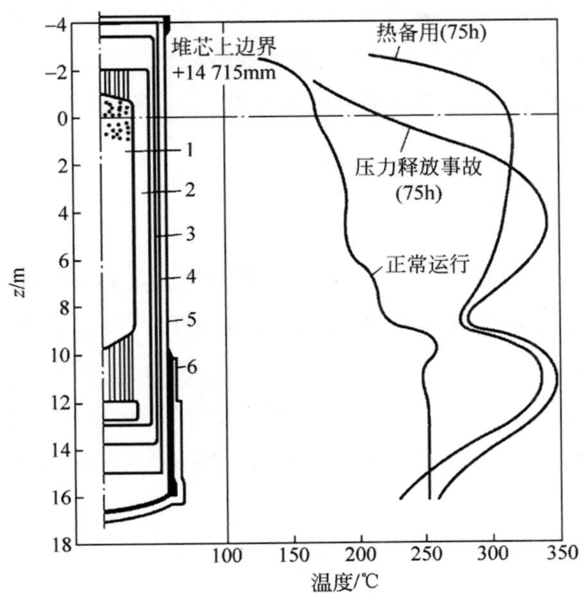

图 5.31 各种情况下 HTR-Module(热功率为 200MW)反应堆压力壳轴向壁面温度的分布

1—堆芯；2—石墨反射层；3—碳砖；4—堆芯壳；5—反应堆压力壳；6—绝热层

在所有情况下，压力壳壁面温度均应低于 350℃。因此，在圆柱形壳体较大管嘴处必须增加壁厚。采用如下方程对需增加的壁厚进行估计：

$$s_2 = p_i \cdot d_i \Big/ \left[\psi \cdot \left(2 \cdot \frac{K}{s^*} - p\right)\right] \approx \frac{s_1}{\psi} \tag{5.21}$$

其中，ψ 因子表征了在圆柱形壳体较大管嘴处需要增加的壁厚。这一参数的得出来自几十年来对压力壳技术的不断发展所进行的实验和详细的分析(图 5.32)。

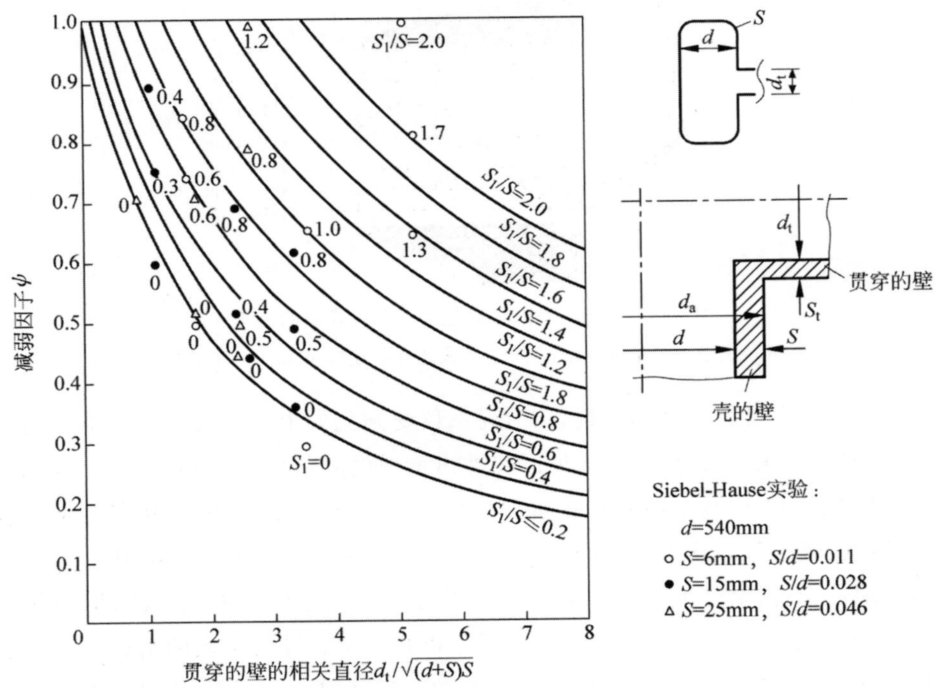

图 5.32 圆柱形壳体上较大管嘴处壁厚的减弱因子 ψ

由上述讨论的 HTR-Module 压力壳的有关数据，可以得到下面的近似值：

$$d_1/\sqrt{(d+s)s}\approx 1500/\sqrt{6018\times 118}\approx 1.8,\quad s_1/s_1\approx 30/118\approx 0.25,\quad \psi\approx 0.5 \tag{5.22}$$

因此，对于反应堆压力壳，其壁厚必须选取为 240mm。实际上，由详细的有限元分析计算得到的壁厚是 250mm，这个数值成为 HTR-Module 反应堆压力壳设计的基础。要获得压力壳底部封头壁厚的数值，可以通过一个修正的方程获得。具体地，对于没有管嘴的底部封头，计算其壁厚的关系式是

$$s_3=\frac{p_i\cdot d_a\cdot\beta}{4\cdot K/s^*} \tag{5.23}$$

其中，β 为经验值。

在管嘴直径相当大的情况下，例如，连接到气体净化系统或者燃料球装卸系统的管嘴直径就相当大，对于壁厚的计算，仍然要使用上述方程中提及的 ψ 因子。在申请许可的过程中，需要采用像有限元方法那样更为详细的方法来对复杂的结构进行分析。

对于 HTR-Module 系统，经过详细分析后给出的壁厚大约为 200mm。对于上部的封头，如果只有控制棒通道设有管嘴，而控制棒传动机构全部设置在压力壳内（HTR-Module 系统就是这样设置的），那么，可以采用如下方程来计算壁厚：

$$s_4=\frac{p_i\cdot d_a\cdot\beta^*}{4\cdot K/s^*} \tag{5.24}$$

计算得到压力壳这一部分的壁厚为 150mm。如果封头上设有很多管嘴，则其壁厚几乎会加倍。

目前，对重要的及与安全相关的设备，如一回路的压力边界，均采用更详细的方法进行分析。如图 5.33 所示，分析得出的应力值与其在壁面上所处的位置和在管嘴中的位置有关。与平均值相比，峰值因子大约为 1.5。

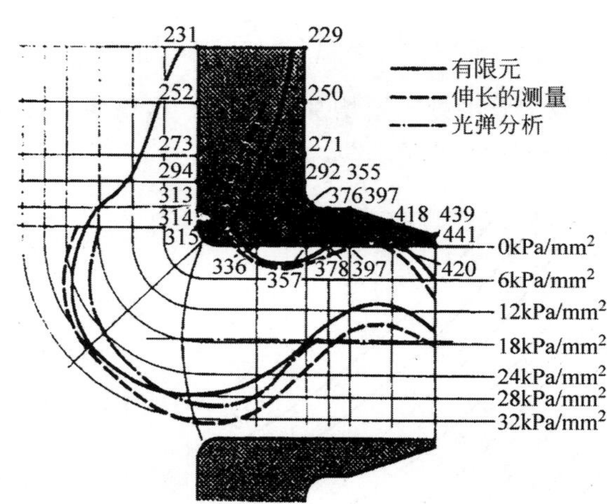

图 5.33　采用有限元方法进行应力分析的结果

例如，压水反应堆压力壳上大尺寸管嘴的直径为 5000mm，$p=16$MPa

总的来说，对压力壳需要进行详细的分析，压力壳不仅受到主要由内压力机械载荷引起的一次应力，而且还受到由温度差引起的二次应力，以及事故期间热冲击造成的峰值应力。热应力的某些方面与蒸汽发生器管有关，因为在这种情况下，这些方面起着更重要的作用。但无论如何，都应确定的是，热应力很大程度上取决于壁面热流密度、壁厚和导热系数。同时，温度变化的速度也起着重要的作用。

另外，还应明确的是，不仅要对正常运行情况下的压力壳应力进行分析，在进行压力实验、发生事故甚至发生严重事故的情况下也必须要对压力壳应力进行分析和评价。针对不同的情况，均应设置特定的许用应力值。作为例子，表 5.9 给出了直到今天仍在沿用的德国轻水堆在申请许可过程中的一些应力概念，当然，这些许用应力要求在其他国家可能是不同的，应做有针对性的具体分析。

表 5.9 各种工况下反应堆压力壳的许用应力(如德国 LWR)

载荷情况 \ 应力类型		一次应力(仅由机械载荷引起)			二次应力	最大应力
		主要的薄膜应力	局部的薄膜应力	弯曲应力	热应力	热冲击壁面温度梯度应力集中
压力壳	σ	$\sigma_m(P_m)$	$\sigma_L(P_L)$	$\sigma_b(P_b)$	$\sigma_{st}(Q)$	$\sigma_c(F)$
	$\Sigma\sigma$	σ_m	σ_L	$\sigma_{mL}+\sigma_b$②	$\sigma_{mL}+\sigma_b+\sigma_{st}$③	$\sigma_{mL}+\sigma_b+\sigma_{st}+\sigma_c$
	应力实验	$0.9\sigma_{0.2}$	$(\sigma_{0.2})$	$1.35\sigma_{0.2}$	$2\sigma_{0.2}$	ASME Code Sect Ⅲ N-415A 失效分析
	运行	σ_{zul}①	$1.5\sigma_{zul}$	σ_2		
	事故	$\sigma_{0.2}$	$1.5\sigma_{0.2}$	$1.5\sigma_{0.2}$		
	失效				—	—

注：①表示 σ_{th} 是 $\sigma_{0.2T}/1.5$，$\sigma_{0.2BT}/2.7$ 和 $\sigma_B/3$ 中的最小值；②表示附加的 ASME Code Sect Ⅲ N-417.7；③表示应力总的范围。

在更详细的分析中，圆柱壳壁面中应力沿径向的分布可按如图 5.34 所示的简化模型进行计算。

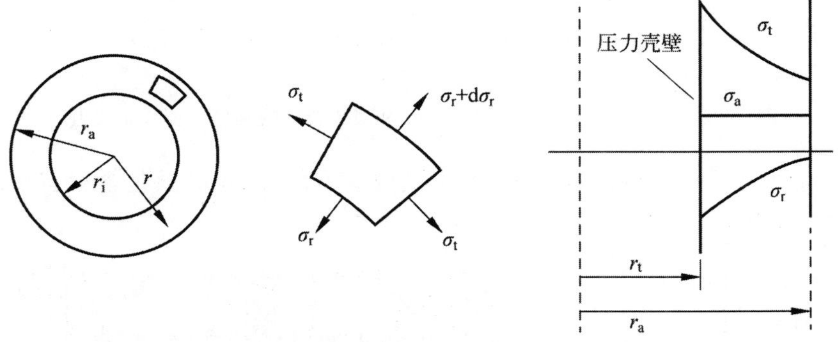

图 5.34 估计反应堆压力壳中应力径向分布的模型

如果内部压力为 p_i，可以通过如下方程分析得到应力沿径向的分布：

拉应力：

$$\sigma_i = p_i \cdot \frac{r_i^2}{r^2} \cdot \frac{r_a^2 + r^2}{r_a^2 - r_i^2} \tag{5.25}$$

径向应力：

$$\sigma_r = -p_i \cdot \frac{r_i^2}{r^2} \cdot \frac{r_a^2 - r^2}{r_a^2 - r_i^2} \tag{5.26}$$

轴向应力：

$$\sigma_a = \frac{\sigma_i + \sigma_r}{2} = p_i \cdot \frac{r_i^2}{r_a^2 - r_i^2} = 常数 \tag{5.27}$$

在 $r=r_i$ 处应力最大。由 $u=r_a/r_i$ 可以得到壁面内侧的应力：

$$\sigma_{a_i} = p_i \cdot \frac{1}{u^2-1}, \quad \sigma_{t_i} = p_i \cdot \frac{u^2+1}{u^2-1}, \quad \sigma_{r_i} = -p_i \tag{5.28}$$

圆柱壳外表面的应力值为

$$\sigma_{a_a} = p_i \cdot \frac{1}{u^2-1}, \quad \sigma_{t_a} = p_i \cdot \frac{u^2+1}{u^2-1}, \quad \sigma_{r_a} = -0 \tag{5.29}$$

存在各种相关理论，在实际应用中用来定义特征应力值，并将这些定义值与实际测量值进行比较。下述计算结果可以用来确定突然变形和抗疲劳断裂的安全限值。

$$\sigma_u = \frac{1}{\sqrt{2}} \cdot \sqrt{(\sigma_t - \sigma_r)^2 + (\sigma_r - \sigma_a)^2 + (\sigma_a - \sigma_t)^2} \tag{5.30}$$

根据式(5.30)计算得到的最大值出现在壳体的内壁面，最大值为

$$\sigma_u(\max) = p_i \cdot \frac{\sqrt{3}(d_a/d_i)^2}{(d_a/d_i)^2 - 1} \tag{5.31}$$

对于大比例的 d_a/d_i，近似得到：

$$\sigma_u(\max) \approx p_i \cdot \frac{\sqrt{3}}{4} \cdot \frac{d_i}{s} \tag{5.32}$$

反应堆压力壳、蒸汽发生器压力壳和热气导管压力壳均需采用高品质的材料，以保证几十年的安全运行。图 5.35 给出了德国反应堆技术发展过程中所使用材料的强度值随温度的变化情况。这里展示的材料是在 LWR 技术中使用的材料。对于 HTR-Module 反应堆，预计使用的是类似于 20MnMoNi55 的材料。

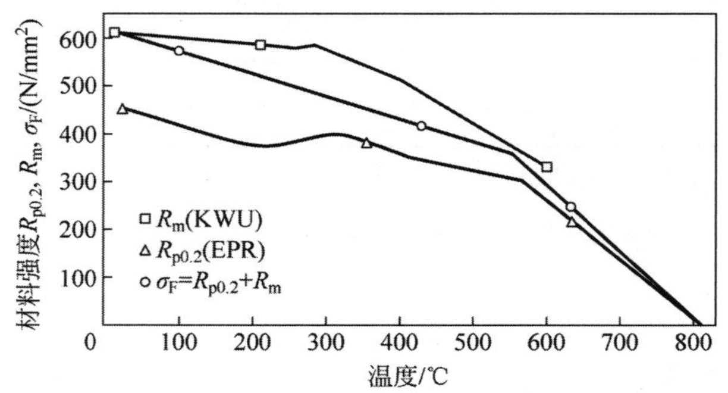

图 5.35 反应堆压力壳使用材料(22NiMoCr37)的强度随温度的变化

在分析加载在反应堆压力壳上的总载荷时，除了机械应力之外，还必须包含稳态和瞬态的热应力。同时，对一些部位承受的应力给予特别的关注，如图 5.36 所示。

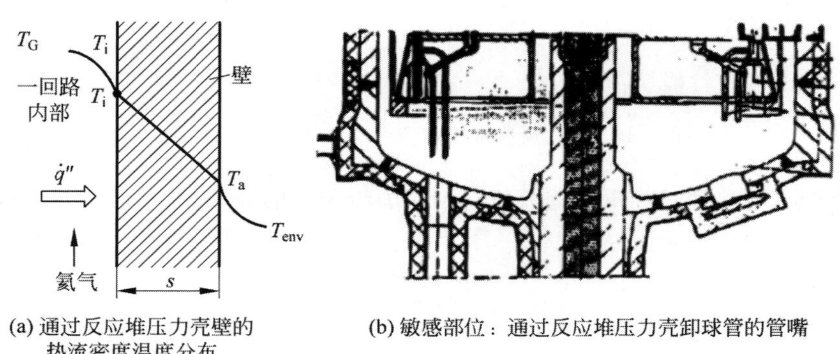

(a) 通过反应堆压力壳壁的热流密度温度分布　　(b) 敏感部位：通过反应堆压力壳卸球管的管嘴

图 5.36 通过反应堆压力壳壁的热流密度及壳上的一些敏感部位

在进行初步的近似分析时，除了机械应力之外，还必须考虑热应力随热流密度、壁厚、导热系数及瞬态过程中温度变化速度的变化情况。稳态热应力用如下表达式来表征：

$$\sigma_t = \frac{\alpha \cdot E}{2(1-v)} \cdot \dot{q}'' \cdot \frac{s}{\lambda}, \quad \dot{q}'' = \frac{\lambda(T_i - T_a)}{s} \tag{5.33}$$

瞬态热应力可用下面这个关系式来描述：

$$\sigma_{tr} = \frac{\alpha \cdot E}{3(1-v)} \cdot v_T \cdot s^2 \cdot \left(0.43 \cdot \frac{d_a}{d_a - 2s} + 0.57\right) \cdot \frac{\rho \cdot c_p}{\lambda} \tag{5.34}$$

其中，v_T 是壁面温度变化的速度，对于壁较厚的部件，必须要对这一速度加以限制；v 是泊松比；λ 是壁面的导热系数。

壁面温度可以采用一个简化的热流密度通过一个平板的表达式来加以估计。

$$\alpha_t \cdot (T_G - T_i) = \dot{q}'' = \frac{\lambda \cdot (T_i - T_o)}{s} = \alpha_a \cdot (T_0 - T_{env}) \tag{5.35}$$

壳外侧的换热系数包括了自然对流和热辐射：

$$\alpha_a = 1.28 \cdot \sqrt[4]{\frac{T_0 - T_{env}}{H}} + \varepsilon \cdot C_s \cdot (T_0^4 - T_{env}^4)/T_0 - T_{env} \tag{5.36}$$

其中，H 是壳的高度，C_s 是热辐射系数，ε 是压力壳表面的黑度系数。作为一回路边界的壳体，如果氦气是以 250℃的温度流过壳内壁，则可预期的热流密度大约为 2kW/m²，通过壳壁的温差大约为 10℃。

除了稳态的热应力之外，还必须对热冲击加以分析。我们都知道，快速冷却如在其他反应堆中喷射冷水有可能对材料造成损坏，特别是受快中子辐照的材料。对于模块式HTR，这种影响并不显著，因为氦气的换热行为与水不同。由下面给出的估算过程可以看出，热应力与主要影响参数之间存在一定的依赖关系。热冲击引起的热应力可用如下方程加以计算：

$$\sigma_{\vartheta}=\frac{E\beta}{1-\gamma}\cdot(T_0-T_m)\cdot B(\alpha,s,\lambda) \tag{5.37}$$

其中，E 是弹性模量，β 是热膨胀系数，T_0-T_m 是对壁表面进行瞬间冷却时引起的热壁面和冷却介质之间的温差，函数 B 取决于换热系数或者壁厚和材料的导热系数。表5.10给出了一些相关数据。

表5.10 热冲击估算中函数 *B* 的值与参数 $\alpha\cdot s/\lambda$ 之间的关系

$\frac{\alpha\cdot s}{\lambda}$	0	10	20	30	40	50
B	0	0.6	0.7	0.75	0.8	0.85

电厂在高温运行时，无论处于何种情况下，都不要对厚壁部件进行快速冷却，以避免发生热冲击或者增加损坏的概率。

5.3.3 反应堆压力壳的中子辐照和设计

反应堆压力壳必须要设计成具有40～60年的运行寿命，并要考虑所有的载荷，其中包括快中子辐照效应。长期辐照后材料的状况对部件的完整性非常重要。

在分析事故和失效性时，具体到核技术涉及的壳体的完整性，目前需要考虑两个可能的事件。

(1) 韧性断裂：由于应力的作用，材料在第1阶段按应力-应变曲线产生变形。达到 $\sigma_{0.2}$ 之后，出现塑性变形，最后，达到 σ_B 后，材料发生断裂变形。只要材料是均质的，就会使部件发生“破前漏”的损坏现象。在这种情况下，内压力和载荷造成的应力必须要包括在主要的一次应力中。二次应力，如热应力，部分会由于发生塑性变形而减小。

(2) 脆性断裂：材料有可能因为焊接和制造过程变得不均匀，也有可能由于焊接产生附加的应力。引起材料性能发生变化的主要因素是快中子的辐照注量。在这种情况下，材料的品质发生变化，此时的材料被称为延性降低的脆性材料，其断裂后的表现相当不同：由于施加应力引起了裂纹扩展，压力壳可能因破裂而失效。在这种情况下，“破前漏”的原理可能是不对的。经过详细的分析可知，脆性的状态和裂纹的扩展是导致这种可能的灾难性情况的重要因素，材料在没有发生塑性变形之前可能就失效了，尤其是快中子(E>1MeV)的辐照会促进材料的脆化。图5.37给出了反应堆钢材受辐照后的状态。韧性是一个适于对脆性进行定量化的度量指标，我们用佩利尼图来进行解释。

韧性与带切口杆的冲击值Av相关。图5.37(a)给出了韧性随温度和快中子注量的变化情况，韧性可以用一个样品被破坏之前吸收的能量来表征，韧性随温度和快中子注量的变化而发生变化。

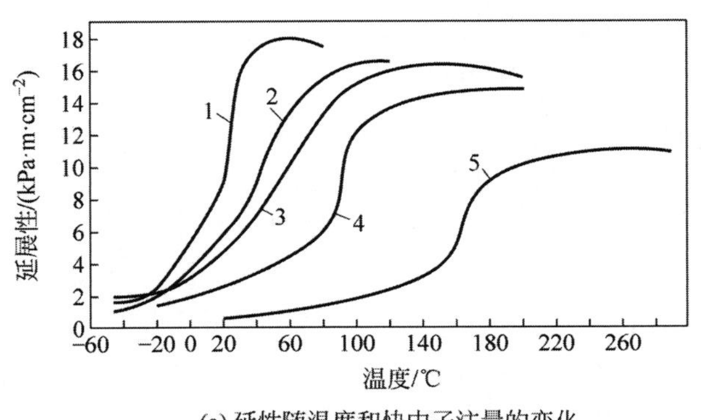

(a) 延性随温度和快中子注量的变化

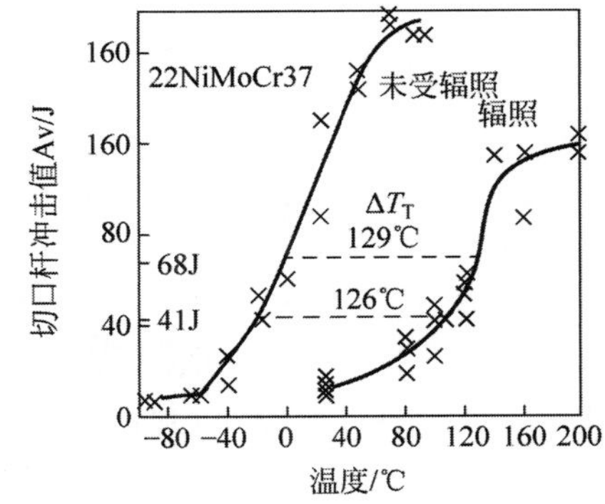

(b) 转变温度的解释(佩利尼图)

图5.37 延性表示的材料状态随温度和快中子注量的变化

1—注量=0cm^{-2}；2—注量=0.55×10^{19}cm^{-2}；3—注量=0.10×10^{19}cm^{-2}；

4—注量=3.0×10^{19}cm^{-2}；5—注量=22.5×10^{19}cm^{-2}

定义一个转变温度 ΔT_T，用来表征未受辐照和辐照后状态曲线之间的偏移(例如，图 5.37(b)中显示的反应堆钢材 Av 值的差值)。

这些数据清晰地表明，随着快中子注量的增加，韧性变小；随着快中子注量的增加，曲线变化相对急剧的下降段向更高的温度偏移。钢的韧性用断裂前允许的冲击值来表示，随着快中子注量的增加，其韧性呈下降趋势，尤其是在低温下，这个趋势更加明显，如图 5.37 所示。

图 5.38 给出了一些特种反应堆材料的测量值。

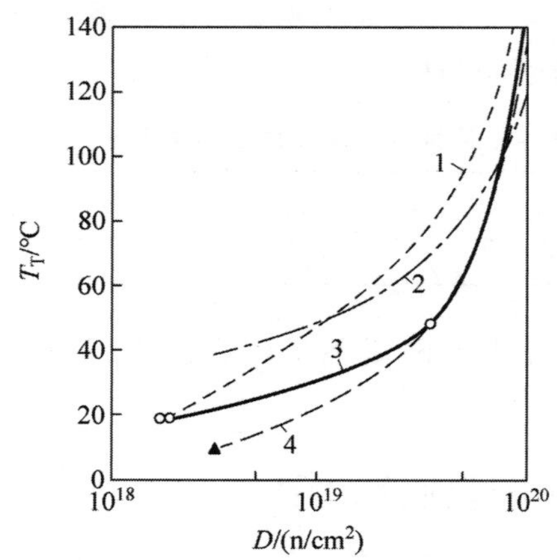

图 5.38 各种反应堆钢材无韧性转变温度随辐照注量的变化

1—15MnMoNiV53(热处理后全部是合格的晶体组织)；2—15MnMoNiV53(热处理后 40%是铁素体，60%是合格的晶体组织)；3—3.5%镍钢；4—15MnMoNiV53(制造过程中进行热处理)

截至目前，关于 LWR 压力壳的这类测量结果表明，运行温度在 300℃左右时，快中子的注量应限制在低于 10^{19} n/cm^2。这样，转变温度将会控制在 50～90℃，分析过程中已将焊接的安全因子考虑在内。材料性能的变化将对运行和事故工况及每 8 年进行 1 次的总体压力实验(以德国条件为例)产生影响。

例如，对于目前的 LWR，在 30℃下运行 40 年之后，其许用应力相比于未辐照的材料大约下降为其 1/3。所以，在长时间的运行之后，应避免在这个温度范围内运行和处于事故状况，否则会有引起损坏的危险。图 5.39 以脆性断裂图的形式对此进行了解释，图中给出了允许和不允许运行的界定范围。

所有的运行程序都必须限制在图 5.39 所示禁止区域右侧的“允许”区域内进行。例如，用水进行了 8 次或者 8 年 N 次重复的压力实验之后，就不能在室温条件下再进行压力实验，而必须在升温的条件下(≈100℃)进行。这个温度称为无韧性转变温度(NDT)，低于这个温度就有可能出现脆性破裂。这个温度值与所受的辐照有关，图 5.38 给出了反应堆通常使用的钢材对应的这个温度值。

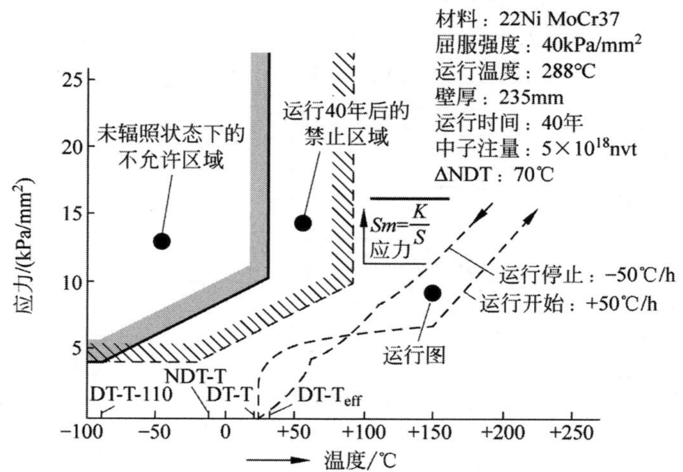

图 5.39 LWR-RPV 在脆性条件下的破裂图(Sprodbruch 图)

将现有 LWR 电厂的运行年限延长到 60 年，这是世界上很多国家的计划和决定，为此，需要对材料性能进行新的更详细的分析，应用断裂力学方法来评价裂缝的大小，并且通过相应的计算机程序对其进行检测。

一般地，也必须要对模块式 HTR 压力壳材料的辐照问题加以评估。但由于中子辐照注量比 LWR 电厂小得多，这种评估的重要性有所降低。

特征剂量可以根据中子的空间分布和中子能谱加以估计。对 N 年满功率运行之后的中子注量，可以由下面的关系式得到：

$$D=\int_0^N\int_{0.1\mathrm{MeV}}^{10\mathrm{MeV}}\phi(E,t)\cdot \mathrm{d}E\cdot \mathrm{d}t\approx\oint \mathrm{core(boundary)}\cdot\exp(-\Sigma\cdot s),\quad D\sim\phi^*\times 3.15\times 10^7\times N \tag{5.38}$$

应用上述公式，得到 LWR 电厂 $N=40$ 年运行的快中子注量为 $10^{19}\mathrm{n/cm^2}$。对于模块式 HTR，堆芯边界处的中子注量率为 $10^{12}\mathrm{n/(cm^2\cdot s)}$，按照 $\exp(-\Sigma\cdot s)$ 衰减因子计算 1m 厚处、40 年运行的石墨反射层的累计中子注量为 $10^{18}\mathrm{n/cm^2}$。由此可知，其无延性转变温度相较于 LWR 压力壳要小。

图 5.40 给出了模块式 HTR 反应堆压力壳的一些详细情况。如图所示，反应堆压力壳壁面处的中子注量率或中子注量沿轴向分布。反应堆压力壳内壁处的快中子注量率约为 $10^9\mathrm{n/(cm^2\cdot s)}$，由于厚壁石墨反射层具有很强的减弱作用，这个值为堆芯边界处的约 1/1000。

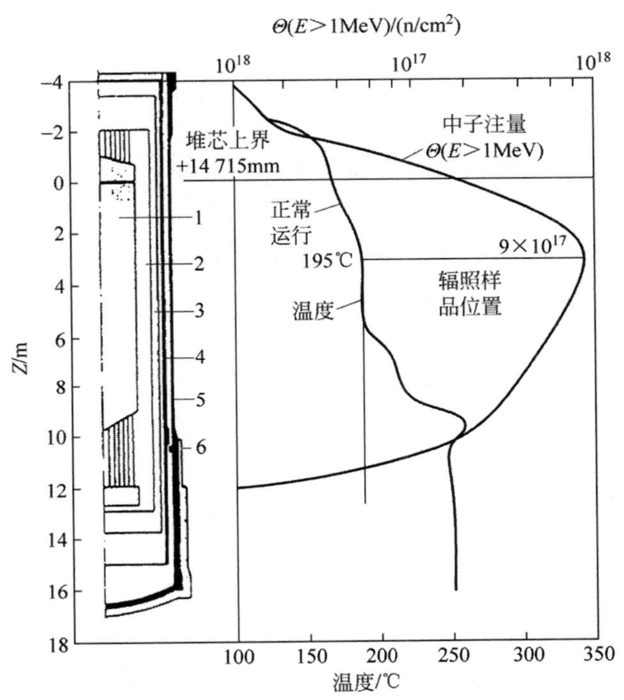

图 5.40 反应堆压力壳 40 年运行中壁面快中子注量沿轴向的分布及压力壳轴向温度分布（HTR-Module，200MW）

1—堆芯；2—石墨反射层；3—碳砖；4—堆芯壳；5—反应堆压力壳；6—绝热层

40 年运行期间，最大的快中子注量大约为 $10^{18}\mathrm{n/cm^2}$，这就要求模块式 HTR 压力壳材料能满足在 200℃下承受这样的快中子注量的性能要求。

应用建立 LWR 反应堆压力壳的方法，得到表征 HTR-Module 运行许可和不许可区域的图 5.41。这样的考虑表明，对于承压的系统，在经过长时期运行之后，应避免其温度小于 50℃，相应于快中子注量 $10^{18}\mathrm{n/cm^2}$ 的无韧性转变温度大约提高了 10℃。

上述结论表明：所有运行、实验和事故的操作程序都应该在 50℃以上的温度下进行。例如，在压力壳壁面上检测到一个长度为 20mm、深度为 5mm 的裂纹。这些裂纹必须在反复检查、重新处理且整体检测合格后才能进入使用阶段。在这样的条件下，一般有可能出现“先漏后破”的损坏，其中包括容器并不会破裂而只是漏的情况。HTR 反应堆压力容器无延性转变温度升高的幅度比 LWR 压力容器要小一些。

过去反应堆压力壳钢材的结果适用于低温状态，如图 5.42 所示。在当时的条件下，由于辐射剂量低，无延性转变温度的值也很小。然而，对于每一种适用于核反应堆的新钢种，为了申请许可证，需提供与材料相关的数据，其中必须要有钢材经过辐照的实验报告甚至实验大纲。一般地，在对 LWR 堆芯进行设计时，将辐照样品放置在侧反射层中，这样具有如下优点：在运行过程中可以较早地了解材料状态。如果将这些材

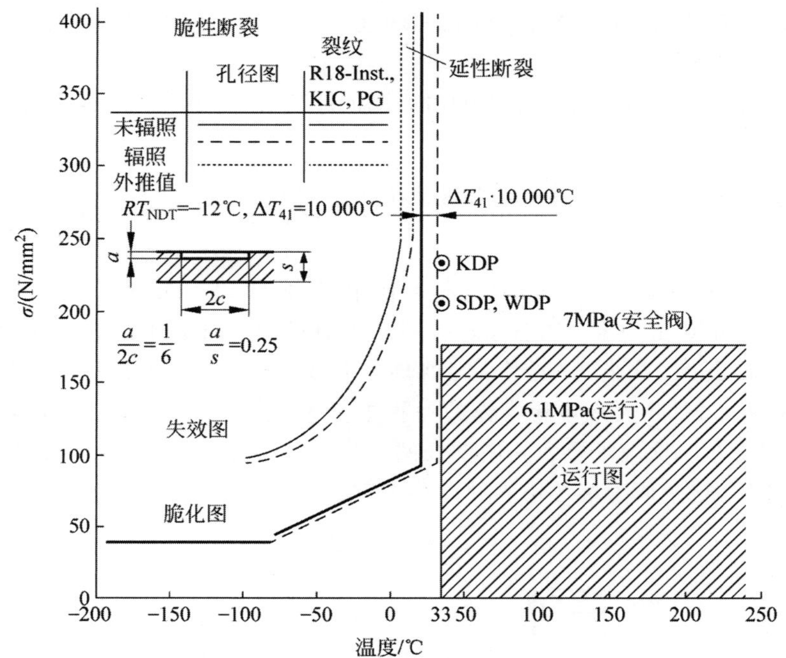

图 5.41 模块式 HTR 反应堆压力壳"破前漏"概念(HTR-Module，200MW)

KDP：冷态压力实验；SDP,WDP：重复压力实验

料样品放置在接近堆芯的边界处，对中子注量率下降的影响比较小。前面提到，对新钢材性能的检测需要在相关条件下进行额外的辐照后获得，并且这一项在新反应堆申请许可的程序中也有可能要求提供，可能采用相应的数据作为替代：

$$\exp(-\Sigma \cdot s^{*}) \approx 10^{-2} \tag{5.39}$$

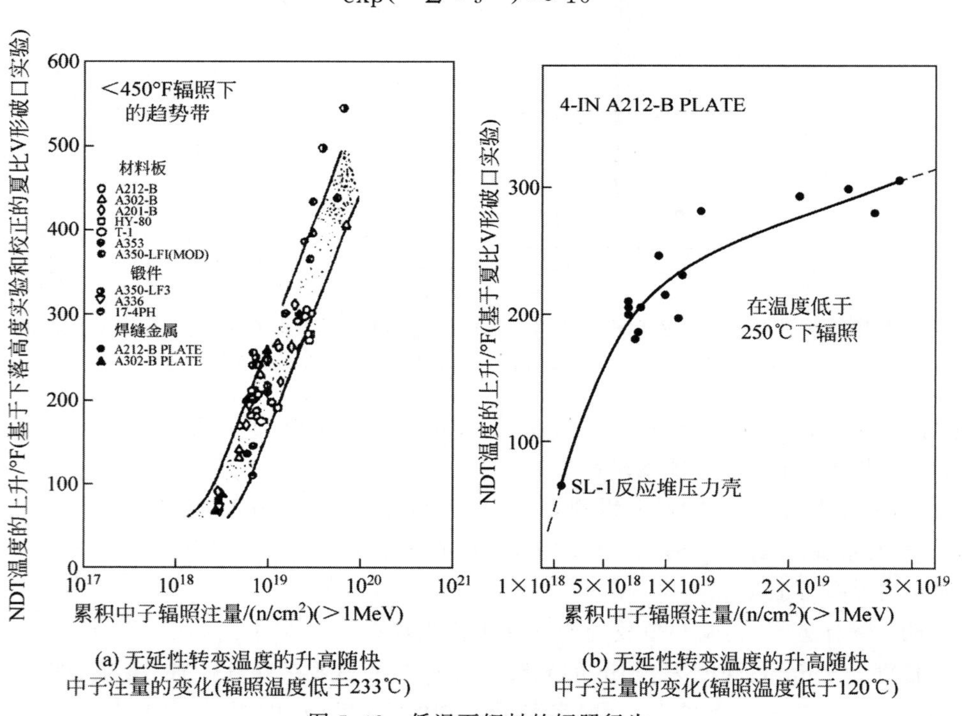

(a) 无延性转变温度的升高随快中子注量的变化(辐照温度低于233℃)

(b) 无延性转变温度的升高随快中子注量的变化(辐照温度低于120℃)

图 5.42 低温下钢材的辐照行为

5.3.4 反应堆压力壳的活化

与反应堆压力壳有关的一个非常重要的问题是由辐照引起的活化和辐射场。反应堆堆芯内和核芯周围结构中的部件和材料在运行过程中都会受到很强的中子和 γ 辐射的影响。特别是(n,γ)反应会引起结构的活化，

例如，表 5.11 给出了钢材料中一些成分发生反应后的结果。被活化的部件产生的辐射会给操作过程中的可接近性问题带来困难。此外，这种活化特性还增加了电厂退役及之后对这些材料进行处置所需的额外费用。

表 5.11　钢材中相关同位素受中子的活化反应

反　应	重量百分比/%	$T_{1/2}$	衰变方式	E_γ/MeV
${}^{50}_{24}Cr(n,\gamma)\longrightarrow{}^{52}_{24}Cr$	4.31	27.7 天	γ	0.32
${}^{58}_{26}Fe(n,\gamma)\longrightarrow{}^{59}_{26}Fe$	0.34	44.5 天	β,γ	0.195 和 1.1
${}^{59}_{27}Co(n,\gamma)\longrightarrow{}^{60}_{27}Co$	10^{-4}	5.3 年	β,γ	1.17 和 1.33

材料受中子辐照引起的活度可按如下方法计算：N_0 是受中子注量率 ϕ 辐照的某种核素初始的原子数，采用下面的微分方程来计算受辐照后成为放射性原子的数量：

$$dN/dt = N_0 \cdot \phi \cdot \sigma - \lambda \cdot N \tag{5.40}$$

其解为

$$N(t) = N_0 \cdot \phi \cdot \sigma \cdot [1 - \exp(-\lambda \cdot t)]/\lambda \tag{5.41}$$

当 $t \to \infty$ 时，达到饱和活度：

$$A = \lambda \cdot N = N_0 \cdot \phi \cdot \sigma \tag{5.42}$$

得到的这个近似值并没有考虑初始原子数 N_0 不是保持不变这一因素。而实际上，被辐照活化的原子数是变化的，这可用如下的关系式来表示：

$$dN^*/dt = -\phi \cdot \sigma \cdot N^* \tag{5.43}$$

$N^*(t=0) = N_0$，在 t 时刻可以被活化的原子数的方程为

$$N^*(t) = N_0 \cdot \exp(-\phi \cdot \sigma \cdot t) \tag{5.44}$$

所以，计算活度的微分方程变为

$$dN/dt = N_0 \cdot \phi \cdot \sigma \cdot \exp(-\phi \cdot \sigma \cdot t) - \lambda \cdot N \tag{5.45}$$

假设 $N(t=0)=0$ 为初始条件，则其解为

$$N(t) = N_0 \cdot \frac{\phi \cdot \sigma}{\lambda - \phi \cdot \sigma} \cdot [\exp(-\phi \cdot \sigma \cdot t) - \exp(-\lambda \cdot t)] \tag{5.46}$$

这个函数在 t^* 时达到最大值：

$$t^* = \frac{\ln\lambda - \ln(\phi \cdot \sigma)}{\lambda - \phi \cdot \sigma} = \frac{\ln[\lambda/(\phi \cdot \sigma)]}{\lambda - \phi \cdot \sigma} \tag{5.47}$$

Co59 是钢材中一个重要的活化元素，图 5.16 给出了其放射性。由图可知，在反应堆运行期间（例如，在 40 年内），Co59 将达到很显著的放射性水平。所以，在运行期间，有必要采取特别的筛选措施，并对这种材料的存量加以特别的关注。

由于反应堆压力壳存在这种活化特性，所以在运行期间对压力壳等设备进行在役检查时需要对其给予特别的关注。目前，相应的检查操作是采用遥感技术来进行的。例如，对反应堆压力壳的内部和外部、蒸汽发生器压力壳的检测，以及对反应堆压力壳或 LWR 主冷却管道进行超声波检查均采用了遥感的操作程序，如图 5.43 所示。

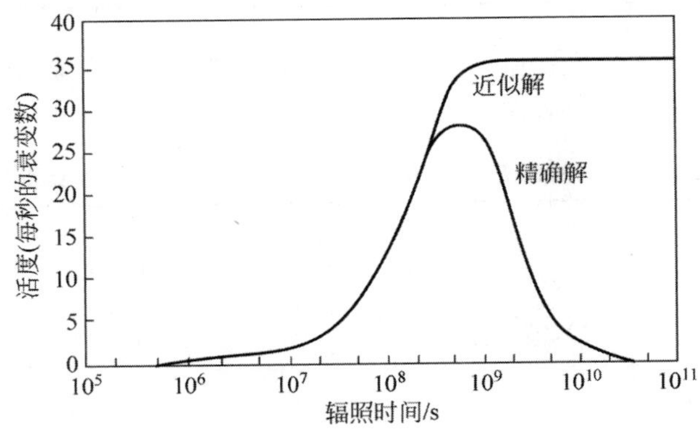

图 5.43　采用累计函数精确解和近似解求解得到的 Co59 活度定性特征（ϕ=常数）

5.4 模块式 HTR 压力壳与其他反应堆设备的比较

如图 5.44 所示，给出了核技术中一些熟悉的压力壳的例子。模块式 HTR 反应堆压力壳也包含在其中，以便进行比较。

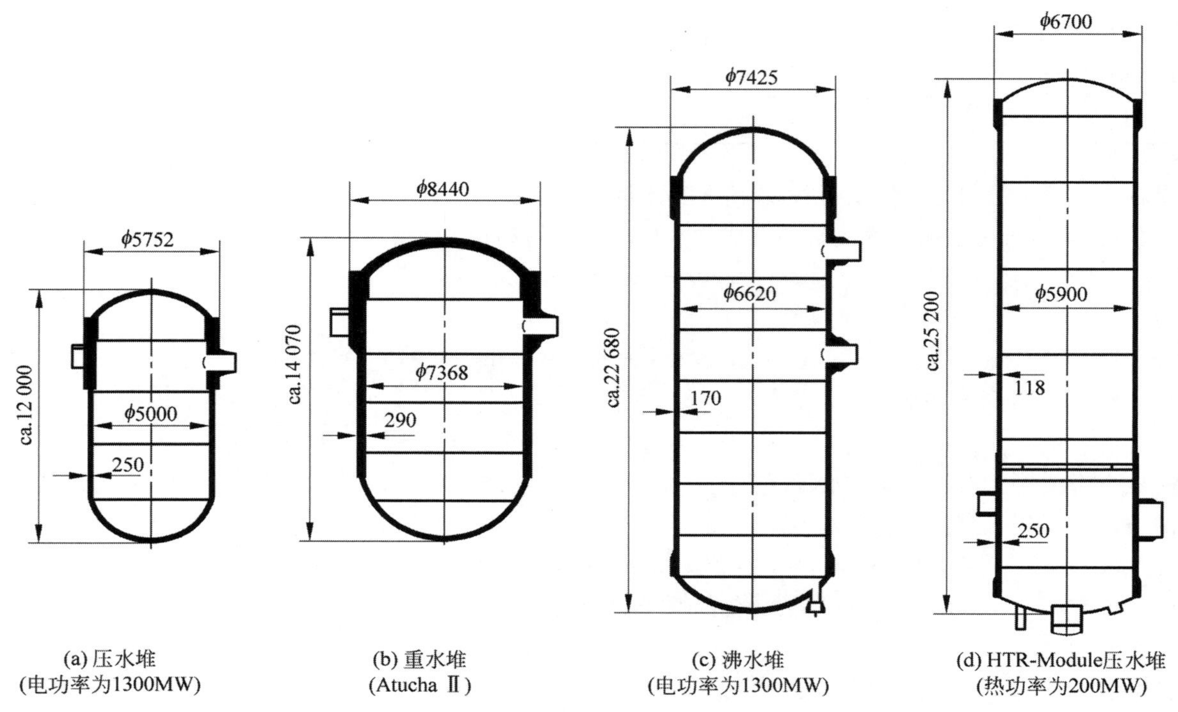

(a) 压水堆（电功率为1300MW）　(b) 重水堆（Atucha Ⅱ）　(c) 沸水堆（电功率为1300MW）　(d) HTR-Module压水堆（热功率为200MW）

图 5.44　各类反应堆压力壳的比较

表 5.12 给出了各类反应堆压力壳的一些重要参数。

表 5.12　反应堆压力壳的数据

参数＼反应堆	HTR-PM	模块式 HTR	PWR	BWR
内直径/m	5.7	5.9	5	6.6
净高度/m	24.7	24.8	11.6	22.3
运行压力/MPa	7	6	16	7
设计压力/MPa	8	7	17.25	8.73
设计温度/℃	350	350	350	300
圆柱壳壁厚/mm	131	118	250	170
重量/t	约 670	830	500	780
材料	SA508-3/SA533-B	20MnMoNi55	22MnMoCr3720MnMoNi55	22MnMoCr37
内部防腐防护	—	—	需要	—
快中子注量/(n/cm^2)	$<10^{18}$	$<10^{18}$	$<10^{19}$	$<10^{19}$

表 5.13 给出了重要材料的化学组成和一些强度数据，各种成分的差异较小，只是铜的含量不同，这可能与(n,α)反应和从材料结构中进行氦的取样有关。

表 5.13　HTR-PM 反应堆压力壳用钢材的重要数据/%(重量百分数)

成分/%(重量百分数)										
ASTM A 508 Grade 3	C ≤0.23	Si ≤0.1	Mn 1.12～1.58	P ≤0.008	S ≤0.008	Al ≤0.035	Cr ≤0.25	Cu ≤0.1	Ni 0.57～0.93	V ≤0.05
ASTM A 533 B CI 1(20MnMoNi55)类似的成分，Mn 更多一些，Cr 更少些或者没有										
22NiM0(r 37)	C 0.17～0.23	Si$<$0.35	Mn 0.5～1	P$<$0.02	S$<$0.02	Al$<$0.05	Cr 0.3～0.5	Mo 0.5～0.8	Ni 0.6～1.2	V
强度值：$\sigma_{0.2}$=(430～500)N/mm^2，σ_B=(580～650)N/mm^2，C_v=(100～180)J/mm^2(延性为“高位”，延性转变温度 10～20℃)										

模块式 HTR 的压力壳与大型沸水反应堆有很大的相似性。模块式 HTR 压力壳与沸水反应堆的压力壳大小相似，但是压力，尤其是快中子注量比 LWR 压力壳要小。不过，在制造、实验、检测、运输等方面还是有很多经验可以借鉴。

5.5 停堆和控制系统

5.5.1 反应性概况

在任何正常运行或事故情况下，反应堆或其他核设施的反应性必须以允许的方式保持平衡。因此，目前的反应堆有两套独立的停堆系统，并具有很强的温度负反应性系数。反应性是由如下表达式来定义的：

$$\rho=(k_{\mathrm{eff}}-1)/k_{\mathrm{eff}}\approx k_{\mathrm{eff}}-1 \tag{5.48}$$

表 5.14 给出了模块式 HTR 控制和停堆系统的一些总体要求，表 5.15 给出了 HTR 控制和停堆系统的大致情况。

表 5.14 模块式 HTR 控制和停堆系统的一些总体要求

控制和停堆系统的总体要求	次临界 水进入堆芯 温度控制 氙反应性补偿 热态/冷态反应性补偿 裂变产物衰变的反应性补偿 最大反应性当量的控制棒失效 其他事故(地震时孔隙率的变化) 不确定性值

表 5.15 HTR 控制和停堆系统

系　　统	功　　能	单 个 效 应	大型 HTR (THTR)	HTR-Module (200MW)
第一停堆系统	快速停堆；功率控制	事故；温度平衡；过程控制(降温)	反射层控制棒	反射层控制棒
第二停堆系统	长期冷停堆；换料过程	降温(冷态)；氙毒；Pa 衰变；次临界；事故	堆芯控制棒	反射层内吸收小球 *

* KLAK 系统：侧反射层孔道内的硼吸收小球。

第 1 套系统必须能够在所有运行和事故情况下实现停堆，第 2 套系统必须能够使反应堆长期保持在次临界冷停堆状态。此外，特别是第 1 套系统，可用于反应堆在部分负荷下的控制和运行。在某些情况下，控制系统也被用来调节径向的温度分布。在事故情况下(如堆芯进水事故或者停堆系统本身的事故)，必须能够通过停堆系统的操作对事故加以控制，并且具有很高的可靠性。

目前，每个反应堆均设置了两套独立的、多样的停堆系统。表 5.16 给出了 HTR 电厂停堆系统的反应性当量要求及其特性。

表 5.16 THTR 和模块式 HTR 中第一和第二停堆系统的反应性需求

第一停堆系统	反应性的需求 Δk/%	
	THTR	HTR-Module
事故反应性的补偿(进水事故)	1.0	0.5
热备用(温度平衡)	0.5	0.4
功率调节 100%—50%—100%	1.0	1.2
降温控制	0.3	0.2
10%不确定性	0.3	0.2
第一停堆系统总的反应性当量	2.8	2.4

续表

第二停堆系统	反应性的需求 $\Delta k/\%$	
	THTR	HTR-Module
降温到 50℃	2.4	3.0
氙毒	3.5	3.6
Pa 衰变	3.5	—
功率控制 100%—50%—100%	—	1.2
事故反应性	1.0	—
次临界度	0.5	0.3
10%不确定性	1.5	0.8
第二停堆系统总的反应性当量	12.4	8.9

对影响反应性平衡及在设计中必须考虑的因素进行了详细分析。反应性 ρ 一般取决于参数 ξ_i：

$$\rho=\rho(\xi_i) \tag{5.49}$$

参数的变化带来的总反应性当量的变化 $\Delta\rho$ 为

$$\Delta\rho(\xi_i)=\sum_i \frac{\partial\rho}{\partial\xi_i}\cdot\Delta\xi_i \tag{5.50}$$

所有高温反应堆均具有由 U238 或 Th232 共振吸收引起的很强的温度负反应性系数。由于这种固有的物理特性，如果由于传热环节出现故障使热量不能从堆芯载出，将导致反应堆停堆。下面给出负反应性变化与温度上升的关系：

$$\Delta k=\Gamma\times\Delta T \tag{5.51}$$

其中，Γ 是温度负反应性系数。举例说明，温度负反应性系数 $\Gamma=-3\times10^{-5}\mathrm{K}^{-1}$，燃料温度上升 100℃，则会引起 0.3%的负反应性变化。

为了实现长期冷停堆的反应性要求，不仅需要考虑补偿热态和冷态运行之间的温度差(燃料的温差为 50～100℃)引入的反应性，还需要考虑补偿氙毒或者 Pa 衰变引入的反应性。如果电厂长期冷停堆是为了进行检查和维修，那么上述这些效应将起主要作用。仅在钍循环中需要考虑 Pa 衰变效应。假设核燃料平均温度在 850℃左右，则上面给出的温度系数是有效的，并且假设冷态燃料的特征温度为 50℃，则长期冷停堆的反应性需求为 2.4%。在进行详细计算时，必须考虑温度反应性系数随温度的变化情况，并将燃料温度的直方图作为参考。

补偿氙毒所需的反应性取决于中子注量率的大小和低功率运行的要求。如果低功率运行的功率水平较低，那么需要的反应性当量就需要提高(详见第 10 章)。模块式 HTR 停堆反应性中包含的用于补偿氙毒的反应性可表达如下：

$$\Delta k_{\mathrm{Xe}}\approx\frac{c_1\cdot\phi}{c_2+c_3\cdot\phi} \tag{5.52}$$

图 5.45 所示为平衡氙毒的反应性随中子注量率的变化情况，同时，也择要给出了各种反应堆的温度反应性系数。

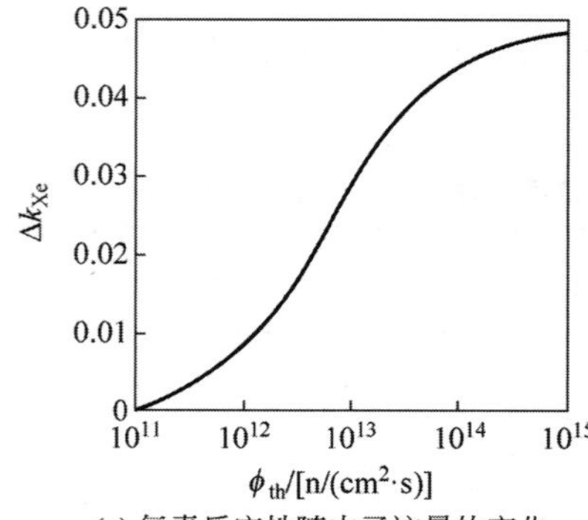

(a) 氙毒反应性随中子注量的变化

反应堆	温度反应性系数/($10^{-5}\mathrm{K}^{-1}$)	温度/K	注释
THTR	−8.2	319	测量
THTR	−8.4	480	测量
THTR	−7.6	470	计算
THTR	−4	1200	计算
HTR-Module	−5	900	计算

(b) 一些反应堆的温度反应性系数

图 5.45 反应性系数概况

在 2.5 节已给出过解释：一个欠慢化堆芯在发生进水事故时将会引起反应性的增加。对于 HTR-Module 堆芯，进水需要补偿的反应性可以采用如下的关系式来获得：

$$\Delta k_{\mathrm{W}} \approx 4 \times 10^{-6} \cdot b \tag{5.53}$$

其中，b 是事故时进入堆芯的水量，单位为 kg。对于 HTR-Module（热功率为 200MW）堆芯，发生进水事故时，球形燃料元件空隙中蒸汽相应含有的水量 b 为 60kg（详见第 10 章）。所以，需要补偿的反应性当量为 $\Delta k_{\mathrm{W}} \approx 0.03\%$。这个反应性当量低于缓发中子的份额。

对于进水事故需要补偿的反应性当量，模块式 HTR 比 THTR 要小一些，这是因为模块式 HTR 燃料元件的重金属装量（7HM/FE）比 THTR（11HM/FE）要小。这使模块式 HTR 具有一个更为有利的慢化比，进水之后提高慢化比引入的正反应性几乎可被水的中子吸收所补偿。

对于过慢化堆芯，可以完全避免反应性增加这一效应。例如，通过添加足够数量的没有燃料的石墨元件即可避免反应性的增加。但在这种情况下，要求每个球形燃料元件的功率必须保持在允许的范围内。

HTR-Module 第一停堆系统（200MW）包含 6 根控制棒，全部可以插入侧反射层的孔道内，见表 5.9，这些控制棒的反应性当量足以满足对第一停堆系统的所有要求。

在 THTR 中，控制和停堆系统的反应性当量通过测量可以得到控制。将计算值估计得高一些，更容易对反应性当量加以控制，同时，计算方法可被认为是经过验证的。尽管具有这些经验，停堆系统的反应性当量还应定期地加以测量和调控。在 LWR 新装入燃料之后，也要进行这种定期的测量和调控。

停堆棒的反应性当量不随插入深度呈线性增长，而是呈现为熟知的 S 曲线。在图 5.46 中，给出了 THTR 第一停堆系统呈现的这种趋势。

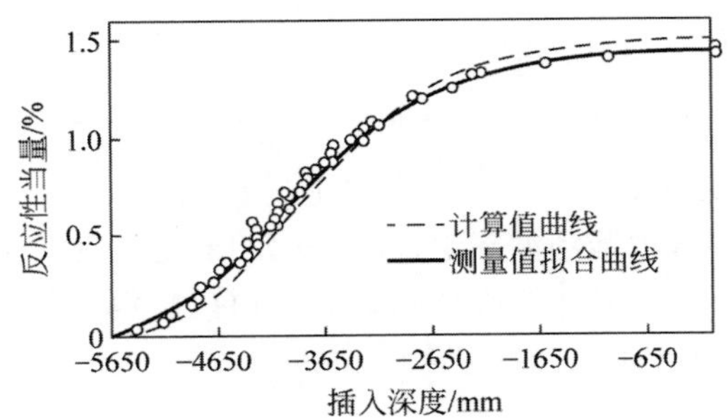

图 5.46　THTR 第一停堆系统的反应性当量（6 根控制棒的 S 曲线）：计算值和测量值的比较

如果反应性当量最大的控制棒不能插入，则会显著降低停堆系统的反应性当量。对此必须进行详细分析，同时，必须在反应性事故和不确定性中加以考虑。通常，假定停堆系统计算的反应性当量具有 10%的不确定性。

5.5.2　HTR 停堆系统的反应性当量

对于 HTR 停堆系统，要求反应性当量必须与两个系统提供的反应性当量进行比较（表 5.17）。THTR 的第一停堆系统有 36 个控制棒布置在反射层中，总的反应性当量为 4.5%。与需要的反应性当量（2.8%）相比，具有较大的安全裕量。

表 5.17　THTR 和模块式 HTR 第一停堆系统的反应性当量

	第一停堆系统控制棒的反应性当量 $\Delta k/\%$	
	THTR	HTR-Module(200MW)
控制棒全部插入的反应性当量		
THTR 中的 36 根控制棒	4.5	—
HTR-Module 中的 6 根控制棒	—	3.2
计算的不确定性	−0.5	−0.2
两根控制棒未插入	−0.5	
1 根控制棒未插入	—	−0.6
第一停堆系统的总反应性当量	3.5	2.4

第一停堆系统包括在任何情况下均可在侧反射层孔道内移动的所有控制棒,它可以补偿由事故、热备用(平衡温度)、温度降低引入的反应性,以及满足控制和不确定性需要的反应性。

对于第二停堆系统的反应性需求,THTR 和模块式 HTR 之间存在很大的差别,这主要是由于 THTR 需要考虑对 Pa 衰变的反应性补偿,以及 THTR 中的钍具有共振吸收的效应。反应性的平衡中总是需要考虑不确定性一项。

由于建模和计算方法存在一定的不确定性,所以在最初设计时必须要将 10%的不确定性考虑进来。即便是在今天的 LWR 技术条件下,在取得了长时间的实践经验之后,这样的假设似乎仍然是合理的。如图 5.46 所示,计算值和测量值之间吻合得很好,表明目前使用的相应计算机程序的质量较高。

尽管这些计算机程序已经取得成功的开发和应用,但目前核安全当局仍然要求在商用 LWR 更换燃料元件之后,对反应性当量和反应性系数要加以测量。对于新的概念型反应堆,自然需要满足同样的要求。

THTR 的第二停堆系统由 42 根控制棒组成,全部插入堆芯球床中。HTR-Module 计划在侧反射层中设置 18 个 KLAK 孔道,如果需要,则将吸收小球落入孔道中。第二停堆系统吸收小球落入孔道中的反应性当量在表 5.18 中给出。

表 5.18 THTR 和模块式 HTR 第二停堆系统的反应性当量

各种不同情况	THTR Δk/%	HTR-Module(200MW) Δk/%
42 根控制棒插入堆芯	21.0	—
反射层 18 个 KLAK 孔道填充吸收小球	—	10.6
控制棒没有完全插入情况下的修正值	−2.6	—
计算的不确定性	−2.1	−1.1
两根控制棒未插入	−1.5	—
控制棒与控制棒之间互相干扰产生的不确定性	−0.8	—
第二停堆系统的总量	14.0	9.5

对于第二停堆系统的反应性需求,THTR 和模块式 HTR 之间存在很大的差别,这是由于 THTR 需要考虑对 Pa 衰变的反应性补偿。在低浓铀的循环中,因为没有 Pa 也就没有这个需求。

如表 5.16 所示,这些值足够高,可以补偿所有的需求。THTR 第二停堆系统的计算值已被反应堆上进行的测量所验证。计算值和测量值之间吻合得很好(图 5.47)。

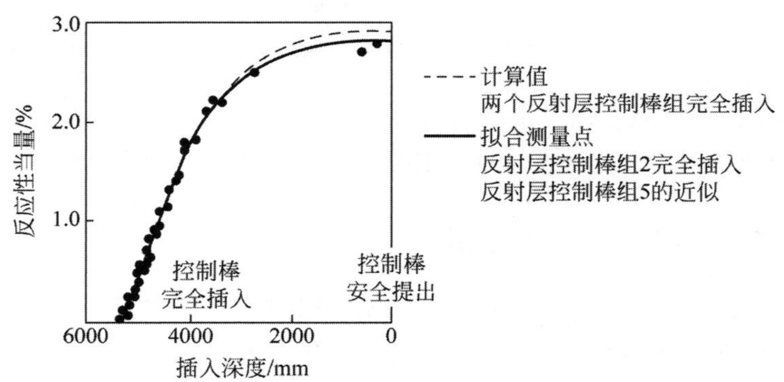

图 5.47 THTR 第二停堆系统控制棒的反应性当量随插入深度的变化:测量值和计算值

温度:40℃;氮气压力:大于 1.1MPa 且小于 1.53MPa

对于第二停堆系统,下面的一些问题值得关注。

在 2.6 节中,对反应堆堆芯的径向中子泄漏做过估计,例如,对于模块式 HTR,这一估计值为 15%。这表明,设置在侧反射层中的吸收体对中子平衡可能会产生足够大的影响。

从概念上看,在 THTR 堆芯中插入控制棒的技术对于未来电厂未必是现实可行的,因为将控制棒直接插入堆芯的底部将对燃料元件施加很大的载荷,在运行开始时就会造成一些损坏。在氦气循环中加入少量的氨,由于降低了摩擦因数,因而避免了前面提到的困难。由于上述原因,燃料元件没有受到更严重的损坏。

在模块式 HTR 的方案中,将吸收小球仅仅布置在侧反射层内或者环状堆芯中心的石墨柱内,在任何情况下应该都是一个很好的解决方案。对于未来的模块式 HTR,采用多样化的控制棒和传动机构作为第二停堆系统可能是一个更合适的解决方案。

此外，还存在进一步降低系统反应性需求和实现安全停堆的可能性。具体如下：

- 通过燃料装载系统向堆芯装入硼球。
- 仅仅运行卸球系统，从堆芯卸出燃料元件。例如，从堆芯卸出5%的燃料元件至少相当于减少了3%的反应性。
- 注入钆的液态溶液。钆在热能中子区有46 000barn左右的吸收截面。因此，该方法将会使整个系统出现中毒现象，被认为是极端情况下的最后选择。

5.5.3　控制和停堆系统的技术概念

对于气冷反应堆，已研发了不同类型的吸收体系统，并已实际运行。从AGR和Magnox电厂开始，很多控制棒系统和传动机构的方案已被大家所熟知，并已经过验证。

第二停堆系统的KLAK这一概念是在HTR-Module中提出来的。同时，类似于KLAK的停堆系统也在柱状HTR系统中得到研发。

图5.48给出了第二停堆系统元件在反射层中的位置及元件在石墨块结构中的布置情况。在模块式HTR类型的反应堆中，共有6根控制棒的孔道和18个KLAK的孔道。

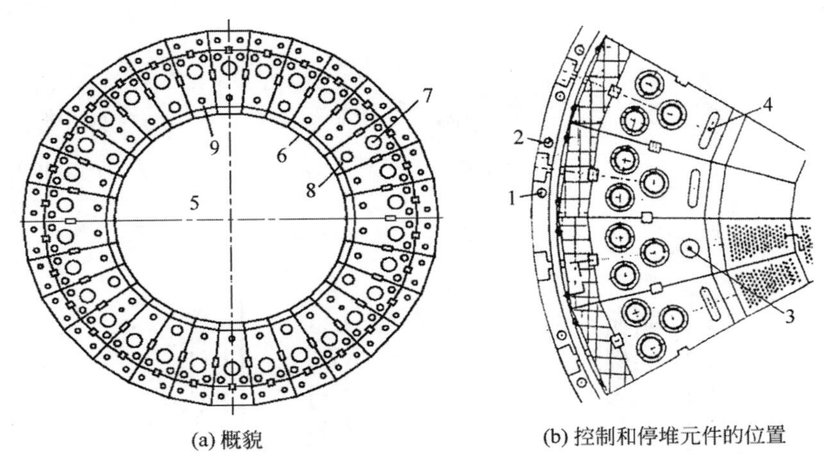

图5.48　控制和停堆元件在反射层中的位置(HTR-Module，热功率为200MW)

1—输送的气体管道；2—输送返回的气体管道；3—第一停堆系统棒的位置；4—第二停堆系统孔道的位置(KLAK)；5—堆芯；6—石墨反射层；7—冷却孔道；8—停堆棒；9—KLAK位置

未来，KLAK系统可能被与第一停堆系统类似、传动机构和棒更多样化的第二停堆系统所替代。在核技术条件下，可以设计出各种技术方案。

作为模块式HTR堆型的代表，HTR-Module具有两套独立的、多样化的停堆系统，两者均布置在侧反射层内。在事故情况下，仅依靠重力即可将停堆棒插入最有效的位置中。这两套系统中，第一个系统是由反应堆保护系统触发的，第二个系统是手动操作的。如果需要将反应堆堆芯冷却到室温并令其长期处于次临界状态，那么这个系统才有必要启动。在任何情况下，模块式高温气冷堆均具有很强的负温度系数，从而在所有的运行和事故条件下能够保证核稳定性。

图5.49给出第一停堆系统部件的原理。控制棒由多级棒组成，各级棒之间通过联轴节相连。吸收体材料是B_4C陶瓷环，设置在内外两个金属管之间的空间内。吸收棒通过氦的冷却旁流进行冷却。棒的传动机构整体集成在反应堆压力壳内。该传动机构包括一个电机、一个行星齿轮和一个链条。棒位由一个专门的装置来测量。如果需要停堆，则切断电机的电源，棒依靠重力下降到最底部。

如果需要投入第二停堆系统，那么第二停堆系统(图5.50)的18个孔道位置可以用小的吸收球装满。吸收小球是直径为10mm的含有10%B_4C的石墨球。吸收小球装满反射层孔道的时间大约在2s这一量级。

吸收小球的储罐设置在顶部热屏的上面，它们从那里依靠重力落入孔道。储罐的排空是由带有电磁阀的气动装置来实现的，吸收小球回送到顶部的储罐是通过气动系统来完成的。图5.50所示为第二停堆系统的一些技术细节，如回收吸收小球的装置。将吸收小球输送回堆芯顶部储罐的输送管道布置在一回路系统内。

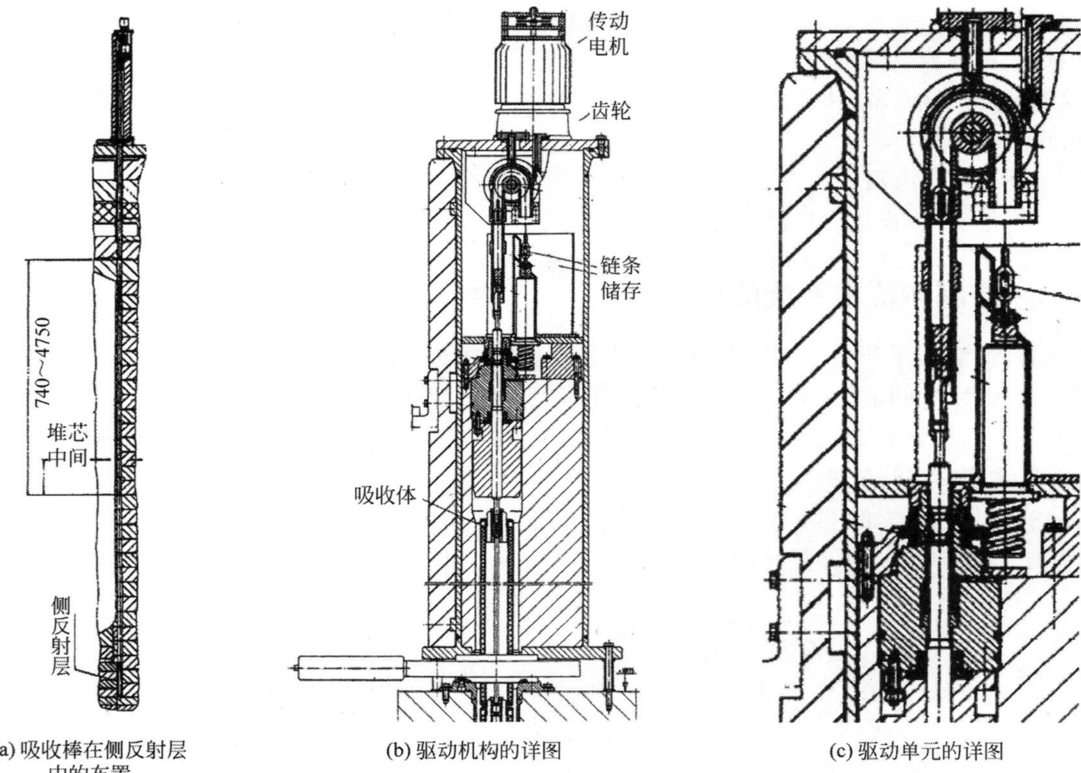

(a) 吸收棒在侧反射层中的布置　(b) 驱动机构的详图　(c) 驱动单元的详图

图 5.49　HTR-Module(热功率为 200MW)的第一停堆系统

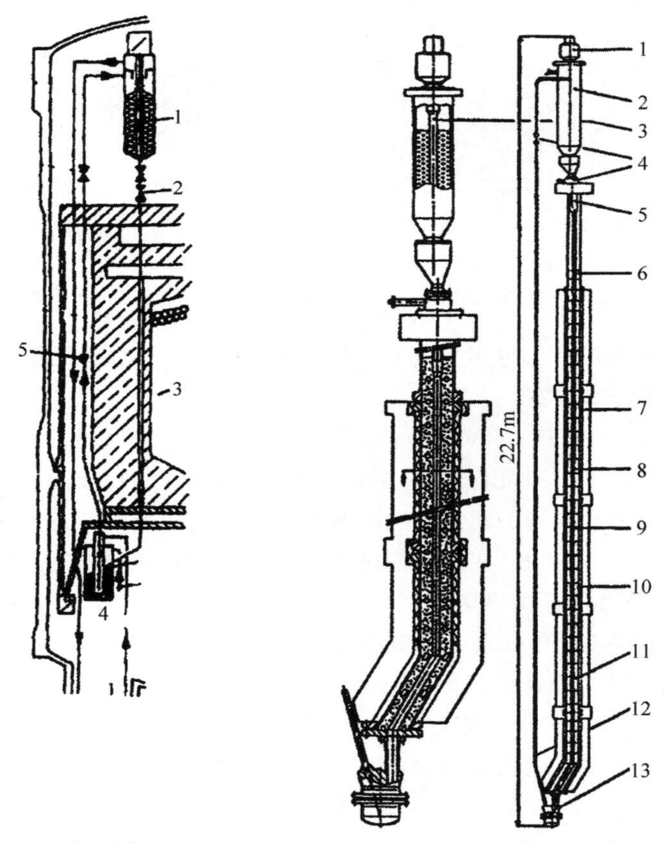

(a) 系统总体布置　(b) 系统技术细节和部件(顶部和底部)

图 5.50　HTR-Module 第二停堆系统(热功率为 200MW)

(a) 1—KLAK 吸收小球储罐；2—阀门系统；3—侧反射层；4—堆芯底部储罐；5—吸收小球循环系统；(b) 1—齿轮；2—储罐；3—吸收小球装入高度的检测器；4—检查装置；5—屏蔽；6—连接接头；7—侧反射层；8—反射层内孔道；9—石墨环；10—直径为 360mm 的导向管；11—连接接头；12—吸收小球输送管；13—底部收集罐

两套系统提供了足够的停堆反应性，即使是在这些系统中一个孔道发生故障的情况下。

此外，有可能通过前面提到的注入硼球的方式来实现停堆，硼球通过正常的燃料元件的装球系统装入，如 AVR 系统中实现的那样，该系统已在运行中得到验证。虽然装入硼球需要较长的时间，但是由于第二停堆系统在较长时间之后才将反应堆带到次临界(图 5.51)，所以，硼球的装入时间并不会影响系统的运行。

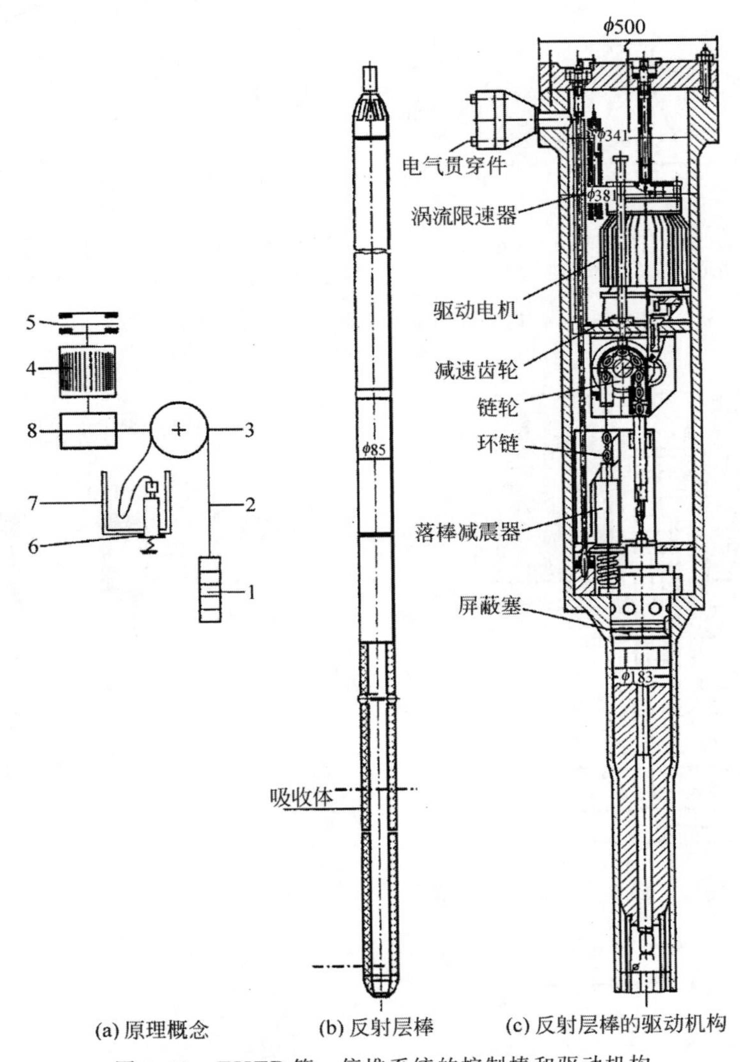

图 5.51 THTR 第一停堆系统的控制棒和驱动机构

1—反射层控制棒；2—环链；3—链轮；4—电机；5—限速器；6—快速落棒减震器；7—贮链筒；8—齿轮减速

下面，对 THTR 第二停堆系统的概念再强调说明一下，因为未来有可能使用多样化的棒和传动机构概念来替代 KLAK 系统，尽管它们仍被布置在侧反射层内。

THTR 第二停堆系统的元件使用双层壁的管组成的棒，环形碳化硼装在其内。这些棒直接插入球床中。由于摩擦力，棒和燃料元件需要承受很大的载荷，如图 5.52(a)所示，所受的载荷随插入深度的增加而有所上升。

如果要将反应堆冷却到室温，只需将这些棒插入球床 3m 以上深度即可。在氦气回路中注入氨气会降低摩擦因数，从而降低所受的载荷(图 5.52(b))，载荷的力降为原来的 1/3。

THTR 系统开始运行时，在没有注入氨气的情况下，第二停堆系统的控制棒多次插入堆芯较深的部位，有一些燃料元件的表面因此而受到损伤。后来，对程序进行了修改，目前问题已得到完全解决。

在 THTR 中，第二停堆系统棒的传动机构是气力驱动的，它们设置在混凝土反应堆压力壳壁的停堆孔道中，通过一个离合器将棒和传动机构相连。这类棒的最大插入距离为 5.6m。每一根棒包含两个转动机构：一个出于安全考虑，借助一个长冲程活塞将棒快速插入；另一个是短冲程活塞，允许以多步的方式将棒插入或者提出。相关的传动机构原理及其功能如图 5.53 所示。

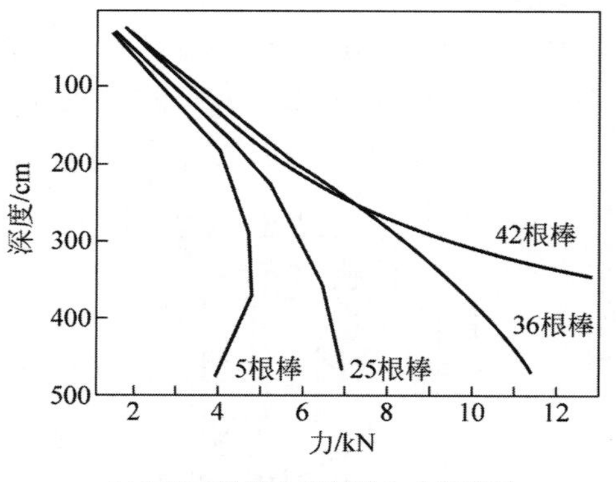

(a) THTR堆芯中同时插入多根棒时所受的力(无冷却剂阻力降)

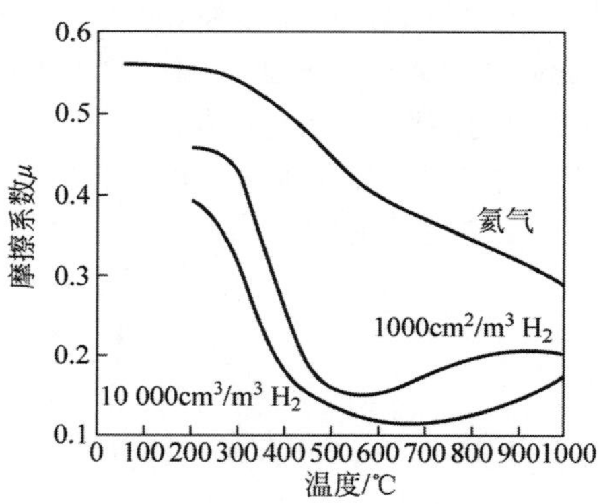

(b) 氦气中掺入氨气时A3石墨摩擦力系数随温度和冷却气体中NH_3含量(测量H_2)的变化

图 5.52 THTR 堆芯中堆芯控制棒与球床的相互作用

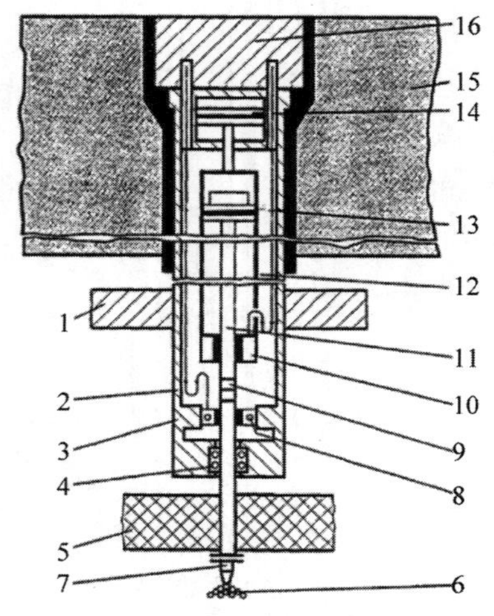

(a) 反应堆混凝土压力壳壁上传动机构的布置

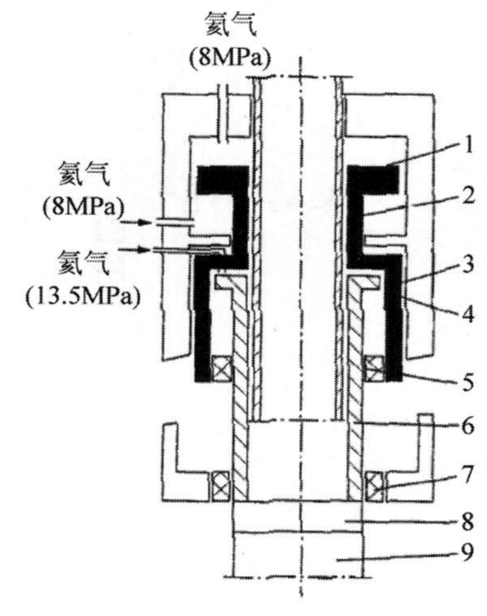

(b) 驱动概念

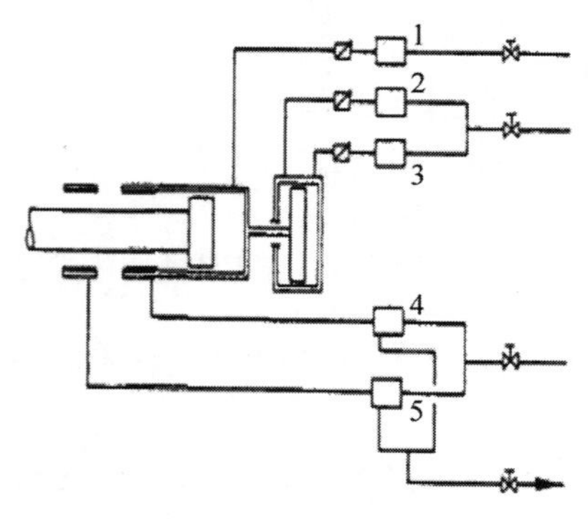

(c) 停堆系统的氦气供应系统(储气罐压力为20MPa)

吸收棒外直径/mm	130
吸收棒最大行程/mm	5600
短冲程活塞每一步的行程/mm	50
短提升冲程活塞的测量时间/s	9
短提升冲程活塞的气体压力/MPa	8
输送和保持缓冲罐的气体压力/MPa	10
长提升冲程活塞的驱动时间/s	90
棒端部最高受力(crossways)/N	1300
最大轴向力/N	10^5
长提升冲程活塞的气体压力/MPa	13.5
传动机构区域的温度/℃	50
棒的最高温度(端部)/℃	650

(d) 第二停堆系统参数

图 5.53 THTR 第二停堆系统

(a) 1—热屏；2—柔性管道；3—传动机构的外筒；4—轴承；5—顶部反射层；6—堆芯；7—堆芯棒；8—断路器；9—离合器；10—输送装置；11—冲刷装置；12—推管；13—长冲程活塞；14—活塞；15—反应堆压力壳；16—阀门系统；(b) 1—步进式活塞；2—推力棒；3,6—推力管；4—长活塞冲程；5,7—断路器；8—离合器；9—棒；(c) 1—长冲程活塞的运行；2,3—短冲程活塞的运行；4,5—输送和保持缓冲罐的运行

控制棒在快速插入时，使用 13.5MPa 的氦气连续驱动活塞。同时，在氦气回路中注入 NH_3 以降低摩擦因数。对于短冲程活塞，有两个 20MPa 的氦气储罐；对于长冲程活塞，则有一个大型的预应力铸铁壳装满了 20MPa 的氦气。

第15章将对这个预应力铸铁壳加以说明。THTR中采用这种壳是为了获得由铸铁构成的预应力压力壳的经验，并使停堆系统得到更高的可利用率。

THTR的停堆系统已经取得了许可证并且成功运行。因此，可以说这是HTR未来技术发展状况的一个非常好的例子。

图5.54给出了该反应堆第一停堆系统和第二停堆系统的设置。

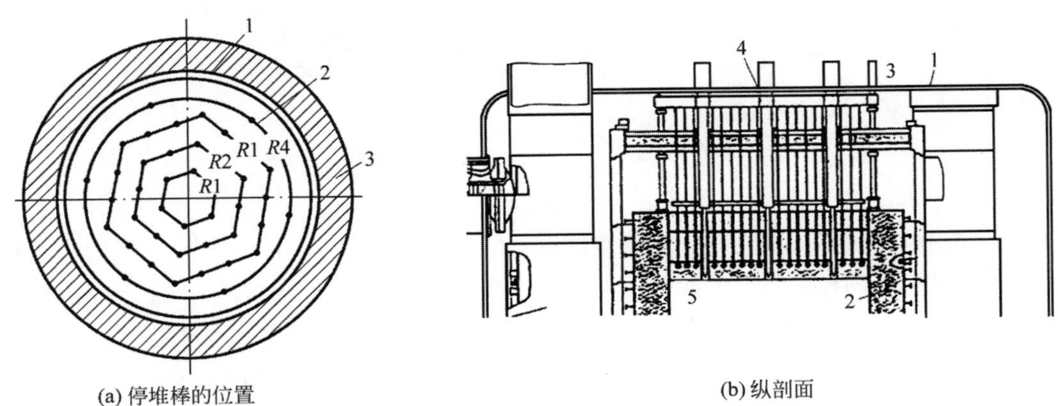

图5.54 THTR第一停堆系统和第二停堆系统的位置及预应力混凝土压力壳内设备的布置

(a) 1—反射层棒(36根)；2—堆芯内棒(42根)；3—石墨反射层；(b) 1—预应力反应堆压力壳；2—堆芯结构；3—第一停堆系统；4—第二停堆系统；5—堆芯

THTR第一停堆系统的一些技术概念如图5.51所示。每一根棒由10节圆柱件组成，它们之间通过连接件连接。每一个圆柱件由两个同心管组成，同心管中间的区域含有碳化硼。在棒和传动机构之间通过一个链条来连接，该传动机构由电机和齿轮实现，棒的底端有一个减震阻尼器，避免快速插入时棒受到损坏。当快速落棒时棒以0.5m/s的速度移动，直至到达最底部位置。如果传动机构失效，则其完全通过重力下落，最终的下落速度为5m/s。如果棒是用来进行运行控制，则传动机构驱动其移动的速度为7cm/s。

传动机构安装在预应力混凝土反应堆压力壳的封闭孔道内，这样可以使辐射剂量保持在较低的水平。为此，开发了一个专门的设施，使得在承受压力的情况下可以将传动机构取出。

在AVR中，采用了一种非常特殊的停堆棒概念。该反应堆有4根棒设置在侧面石墨反射层向堆芯突出的部位上，这有助于提高系统的反应性当量，如图5.55所示。该系统包括吸收棒和调节棒，与传动机构相连，它们可以无障碍地进行运行。由吸收棒的截面可以看出，吸收体处于外管和内管之间，内支撑管用于保持稳定性。

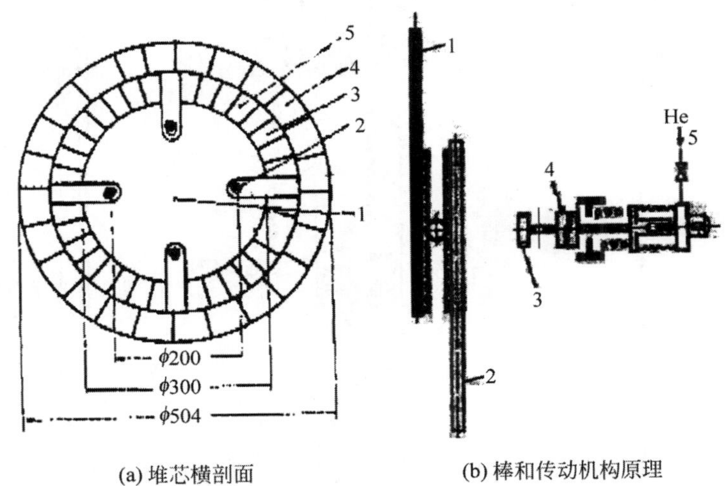

图5.55 AVR停堆棒的概念

(a) 1—堆芯；2—具有孔道的石墨突出部位；3—石墨；4—碳砖；5—侧反射层；

(b) 1—吸收棒；2—调节棒；3—齿轮；4—离合器；5—氦气入口；

(c) 1—吸收棒；2—齿轮；3—调节棒；4—离合器；5—电机；6—转动贯穿；

(d) 1—外部套管；2—铜管；3—吸收体；4—铜管；5—承载管

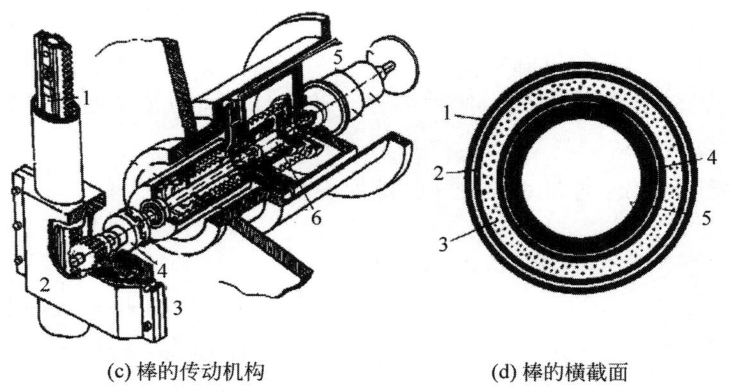

(c) 棒的传动机构　　(d) 棒的横截面

图 5.55(续)

其他气冷反应堆也提供了许多关于停堆装置的有益的经验。图 5.56 作为一个例子，给出了在 AGR 电厂中使用的棒和传动机构的概貌。它们配有链条、特殊齿轮、电动机和连杆及填充了吸收体的元件组成的棒。

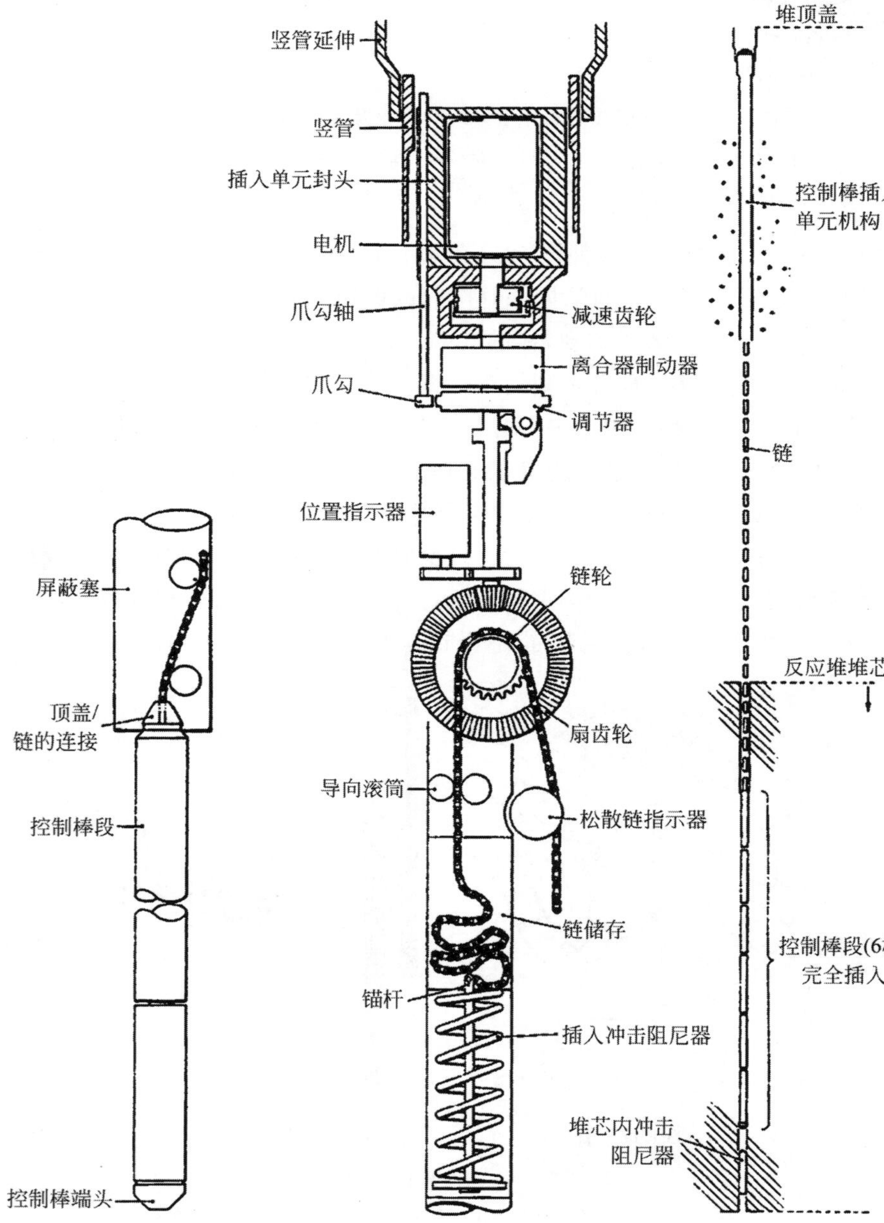

竖管延伸
竖管
插入单元封头
电机
爪勾轴
减速齿轮
离合器制动器
爪勾
调节器
位置指示器
链轮
扇齿轮
导向滚筒
松散链指示器
链储存
锚杆
插入冲击阻尼器
屏蔽塞
顶盖/
链的连接
控制棒段
控制棒端头
堆顶盖
控制棒插入
单元机构
链
反应堆堆芯
控制棒段(6根)
完全插入
堆芯内冲击
阻尼器

图 5.56　AGR 电厂中使用的停堆棒和传动机构

它们运行状态良好，能够保持很高的可利用率和成功率。

另一个令人感兴趣的停堆棒概念是在快中子堆 SNR 300 上实现的(钠冷，电功率为 300MW，德国)。由于堆芯有可能受到损坏，因此要求即使在这种情况下，第二停堆系统也能够用来终止链式反应。这时，第二停堆系统的元件布置在堆芯的底部，可以通过从顶部拉动将它们移动到堆芯内，如图 5.57 所示。与此类似的概念预计可用于模块式 HTR 的第二停堆系统，如图 5.57(c)所示。在这种情况下，吸收体可以是由一串吸收球组成的链。

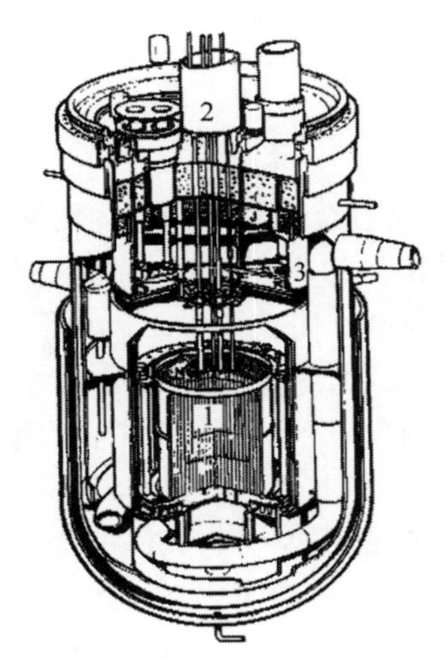

(a) 反应堆压力壳内设备的布置

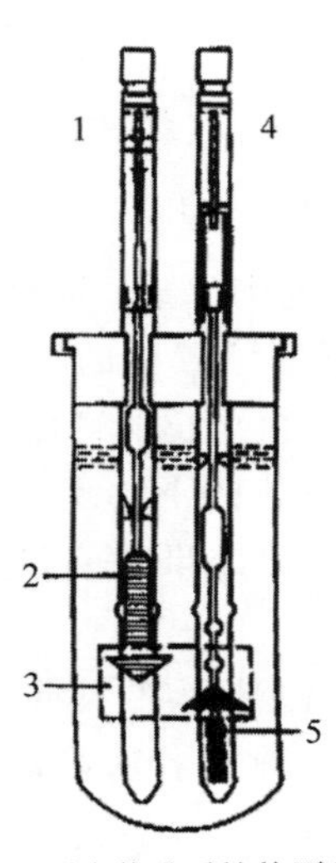

(b) 两套停堆系统的原理

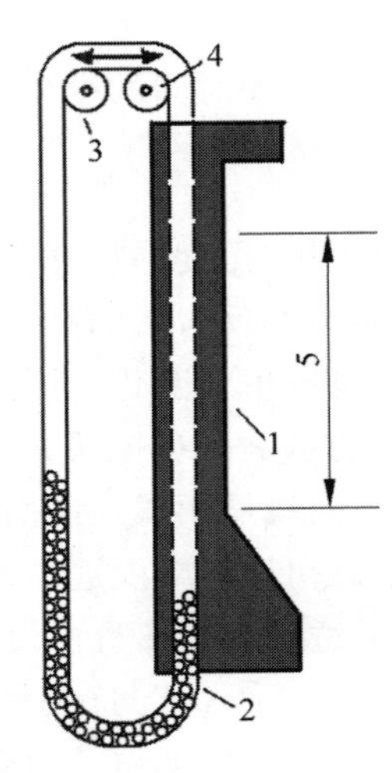

(c) 建议用于模块式HTR第二停堆系统的方案

图 5.57 特殊的吸收球系统：可以被拉到堆芯内(SNR300，快中子堆)或进入反射层内(模块式 HTR)

(a) 1—堆芯；2—停堆系统的传动机构；3—钠的液位；(b) 1—第一停堆系统的传动机构；2—第一停堆系统的吸收体；3—堆芯；4—第二停堆系统的传动机构；5—第二停堆系统的吸收体(堆芯底部)；(c) 1—石墨反射层；2—吸收小球链；3—传动机构(电机带齿轮)；4—滚筒；5—吸收小球链可能的位置

需要特别注意的是吸收体材料的类型，这是因为要求这种材料的寿命要尽可能地长，即使是在极端事故下仍然要有高稳定性。在核技术中，人们使用多种材料作为吸收棒或其他停堆装置，除了具有很高的中子吸收截面之外，材料的其他属性也很重要，如要有优异的化学稳定性、可利用率和合适的制造技术。如图 5.58 所示，在控制和停堆棒吸收材料中含有同位素镉、铕、铪、钆和硼；在热中子能区中即具有非常高的吸收截面。另外，某些同位素还显示出很强的共振吸收特性。其中，同位素硼非常适合 HTR 电厂中停堆系统的设计，它在整个能区内具有 $1/v$ 的依赖关系。

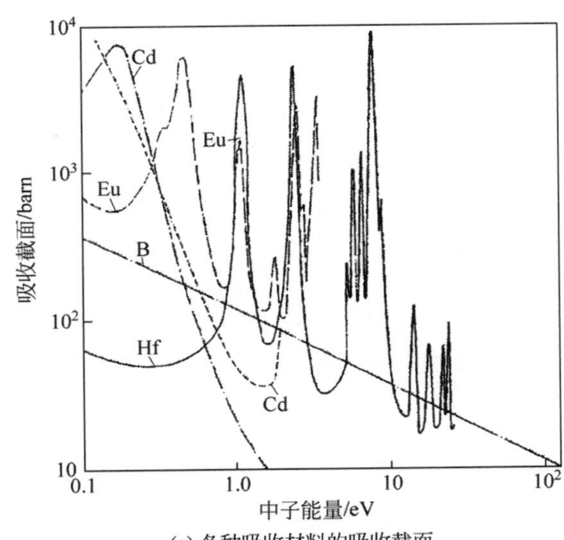

(a) 各种吸收材料的吸收截面

B10含量：在天然硼中含20%；
密度：2.4g/cm^3；
B10热中子吸收截面：3800barn
天然硼吸收截面：760barn
使用碳化硼(B_4C)；
熔点：2450℃；
高抗腐蚀性；
烧结的化合物

(b) 作为吸收材料的B的一些性能

图 5.58 控制和停堆棒中吸收材料的物理特性

HTR 电厂中主要使用碳化硼(B_4C)作为吸收材料，硼可以提供足够的燃耗，相应的关系式如下所示：

$$ {}^{10}_{5}\mathrm{B} + {}^{1}_{0}\mathrm{n} \longrightarrow {}^{7}_{3}\mathrm{Li} + {}^{4}_{2}\mathrm{He} \tag{5.54} $$

材料中硼的燃耗随时间的变化可以用下面的方程来表示：

$$ N_{\mathrm{B}}(t) \approx N_{\mathrm{B}}^{0} \cdot \exp(-\overline{\sigma_{\mathrm{a}}} \cdot \phi \cdot t) \tag{5.55} $$

对于材料中氦气的生成，可以得到如下方程：

$$ \frac{\mathrm{d}N_{\mathrm{He}}}{\mathrm{d}t} \approx -\frac{\mathrm{d}N_{\mathrm{B}}}{\mathrm{d}t} \tag{5.56} $$

求解后得到氦核素密度随时间的变化：

$$ N_{\mathrm{He}}(t) \approx \int_{0}^{t} \overline{\sigma_{\mathrm{a}} \cdot \phi} \cdot \exp(-\overline{\sigma_{\mathrm{a}} \cdot \phi} \cdot t') \cdot \mathrm{d}t' \tag{5.57} $$

上述方程解释了棒“黑度”效应的下降材料中氦的生成；辐照会引起热应力及吸收棒钢管内陶瓷环的膨胀。此外，当棒处于顶部反射层的高度上时，其下部位置中的材料会受到较强的中子辐照。材料的强度及其他力学性能参数也发生了变化。因此，控制棒这个部位的寿命将会受到限制。图 5.59(a)给出了 AGR 电厂中棒的这种效应的示例。在模块式 HTR 中，对棒的下端也需要加以关注，因为它们的寿命也会受到限制，低于 8 年。图中曲线显示了与前面简单方程给出结果的偏差。因此，在详细分析的过程中，必须要考虑可吸收的原子核数比初始时减少这一情况。

图 5.59 给出了适于控制棒机械设计的材料辐照行为的一些数据。首先，必须要引起关注的是快中子注量，其值处于 10^{21} n /(cm^2 · 年)这一量级。如果正常运行时控制棒的下端正好处于堆芯的上部位置，则会对硼燃耗的下降造成很大的影响。如果一个电厂有几座模块式反应堆，那么可以采取将一座或几座模块式反应堆关闭的方式，以实现电厂在部分负荷下运行。

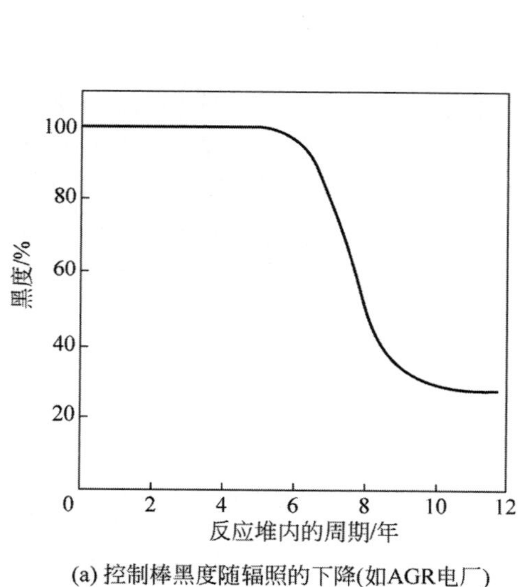

(a) 控制棒黑度随辐照的下降(如AGR电厂)

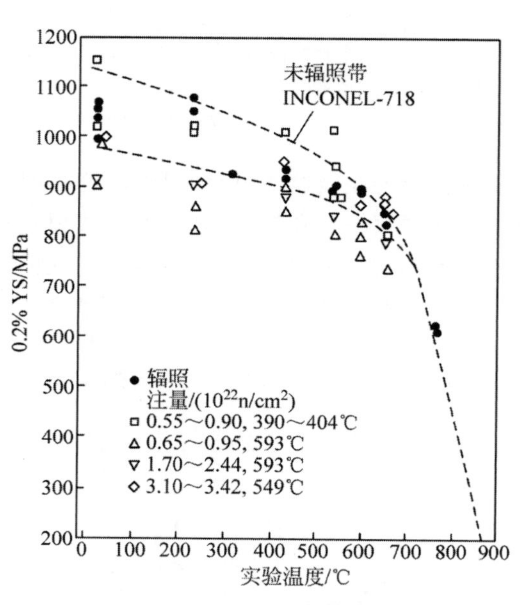

(b) Inconel-718辐照前后的屈服强度(Ys)

图 5.59 控制棒材料性能随中子辐照和温度的变化

棒的下部可以采用远距离操作技术来更换，这一技术目前已很成熟。对控制系统的金属部件，尤其是控制棒进行有效的冷却，将有助于这些部件实现更长的使用寿命。实际上，较小的质量流量就足以使金属温度降低至 600℃以下。

吸收体材料内的发热可以用下面的关系式来估计：

$$ \overline{\dot{q}'''_{\mathrm{A}}} \approx \frac{\dot{Q}}{M} \approx \frac{1}{M} \cdot \int_{V} \overline{\sigma_{\mathrm{a}}} \cdot \phi \cdot \bar{E} \cdot N \cdot \mathrm{d}V \tag{5.58} $$

其中，$\bar{E}$ 是吸收体材料吸收中子过程中释放的能量，例如，对于硼反应，释放的能量是 2.79MeV；N 是 B10 核的密度。此时，要将 γ 的发热一并考虑，分析得出的结论才会全面和科学。

5.6 燃料装卸系统

5.6.1 概况

在满功率运行时 HTR 球床堆芯燃料进行连续的装卸。球床型 HTR 的堆芯是由燃料元件堆积而成的，但在某些情况下，特别是在采用定期更换燃料元件的运行方式下，会再附加装入一些慢化剂的球和吸收体的球。燃料元件在堆芯中是随机堆积的。正常运行时，球从堆芯的底部被卸出并从堆芯顶部装入。

使用上述概念的电厂有可能达到非常高的可利用率，因为电厂可以不间断地连续运行，而在其他类型的反应堆中需要定期进行燃料的更换。在满功率和氦气压力下，连续地对堆芯进行燃料装卸，如图 5.60 所示。在更换过程中，不需要打开一回路系统就可对燃料元件进行更换，而 LWR 每年需打开一回路系统进行燃料元件的更换。此外，在反应堆处于运行寿命期间，可以使用不同类型的燃料元件，如有必要，还可以改变燃料的循环方式，从而为运行提供高度的灵活性。在 AVR 的 20 年运行期间，曾经使用了 14 种不同类型的燃料元件进行批量实验。由于连续地装卸，乏燃料可以实现相对均衡的燃耗。采用连续装卸的反应堆堆芯不需要为补偿燃耗提供剩余反应性，这对于反应堆的安全概念是一个非常重要的优点。因此，采用这种装卸方式，不可能发生由过高剩余反应性造成的反应性事故。考虑到非常极端事故的后果，这给其他类型的反应堆带来了很大的问题。

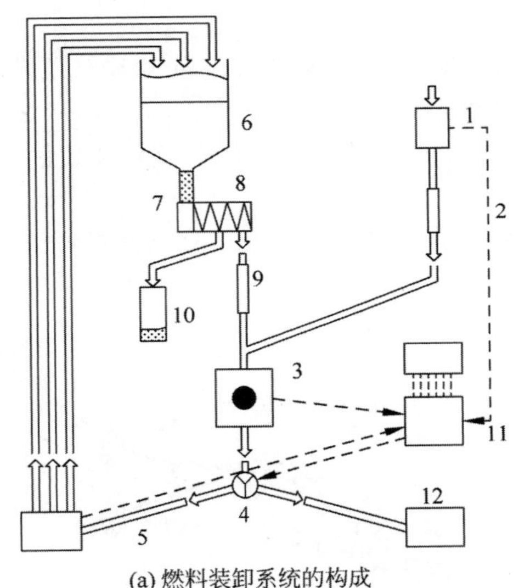

(a) 燃料装卸系统的构成

参数	数值
热功率/MW	750
堆芯燃料元件数	675 000
燃料元件重金属装量/(g/元件)	11
平均燃耗/(MWd/t)	100 000
每天装入的新燃料元件	680
燃料元件每天的循环量	4080
堆芯内平均滞留时间/年	2.5
每天卸出的乏燃料元件数	680

(b) 系统参数

图 5.60 THTR 燃料装卸系统（MEDUL 概念）

1—新燃料元件装入系统；2—缓冲储罐；3—燃耗测量反应堆；4—转换系统；5—气动提升系统；6—堆芯；7—燃料元件排球系统；8—单一器和碎球分离器；9—中间储存；10—破损球储罐；11—程序控制；12—乏燃料元件储罐

例如，采用一次通过堆芯的特殊燃料元件装卸方式，可以使反应堆堆芯出口的氦气达到非常高的温度。通常采用多次通过堆芯的燃料循环方式，在 AVR，THTR 和 HTR-10 反应堆上均采用了这种循环方式。HTR-PM 反应堆预计也采用这种循环方式。一次通过堆芯的燃料元件装卸系统如图 5.60 所示。一般来说，直径为 6cm 的燃料球在操作上较为容易，到目前为止，球床反应堆的运行令人信服地证明了这一点。

相应于所选择的燃料循环方式，燃料元件球、慢化剂球和吸收剂球均需通过装球系统装入堆芯。经过一个隔离系统和新燃料元件缓冲储罐之后，它们通过气动方式输送到堆芯内。通过反应堆之后，这些球被卸球系统卸出。

THTR 系统具有双区堆芯，采用各自的装球管从堆芯顶部装入。燃料元件从 7 个位置装入，它们依靠重力移动，大约通过堆芯 6 次后达到最终的燃耗。燃料元件的气动输送是通过带有氦风机的闭路循环来进行的。每半年通过一次 THTR 堆芯，燃料元件进入堆芯锥形底部的卸球管中，通过一个带有水平轴和 65mm 开口旋转圆盘的卸球装置从堆芯卸出。

这些燃料元件通过一个水平放置的单一器和碎球分离器进行筛选和分离。如果球的直径小于 60mm 的设定值,就被筛选出来,输送到碎球储罐中。完好的球经过短暂的中间储存之后,进入燃耗测量反应堆中进行燃耗测量,测量之后或者再循环返回堆芯,或者作为乏燃料元件直接排出。HTR-PM 系统预计也采用与此类似的程序。每年需要添加至堆芯的新燃料元件的数量可以很容易地根据 1 年的能量平衡进行计算:

$$A_{\text{th}}=\int_0^{T_a} P_{\text{th}}\cdot \mathrm{d}t=P_{\text{th}}^0\cdot T=\int_0^{1\text{a}} \dot{m}_{\text{F}}\cdot B\cdot \mathrm{d}t=\dot{m}_{\text{F}}^0\cdot B\cdot T \tag{5.59}$$

$$\dot{m}_{\text{F}}^0=\frac{P_{\text{F}}^0}{B},\quad Z=\frac{\dot{m}_{\text{F}}^0}{\sigma} \tag{5.60}$$

其中,$\dot{m}_{\text{F}}^0$ 是每小时必须补充的重金属质量,T 是全年等效满功率运行的小时数,P_{th}^0 是热功率,B 是燃耗,σ 是燃料元件的重金属装量,Z 是每小时卸出的乏燃料元件数。

根据反应堆堆芯的设计,燃料元件达到其最终燃耗之前需通过堆芯 6～15 次。对于 HTR-PM (250MW)系统,计划通过堆芯 15 次,以使功率沿轴向的分布更为均衡。

每个燃料元件的重金属装量为 7g,设定的燃耗为 90 000MWd/t HM(重金属),这样,每天需要装入 400 个新燃料元件。在这个反应堆中,每天再循环燃料元件量必须达到 2500～6000 个才能满足设计要求。

在满功率运行 300 天的情况下,每年消耗的燃料元件数量大约为 120 000 个。对于一座热功率为 250MW 的模块式 HTR,每年需要提供 22m^3 的乏燃料元件储存容量。因此,每年需要有 3 个乏燃料储罐。

5.6.2 燃料元件装卸技术

球床燃料的装球系统包含一个带有几个联锁阀门的系统(直径为 65mm),连续地向堆芯装入新燃料元件。图 5.61 所示为该系统的原理。这个系统可将燃料元件从空气环境下装入 HTR-PM 系统的压力为 7MPa 的一回路中,或者 THTR 系统的压力为 4MPa 的一回路中。在燃料元件装入的整个过程中,均使用来自辅助系统的干净氦气来进行。

图 5.61 给出了装球系统的一些细节,其中详细介绍了 HTR-Module 计划的设施情况。对于这个系统,需要选取的球阀的直径为 65mm。

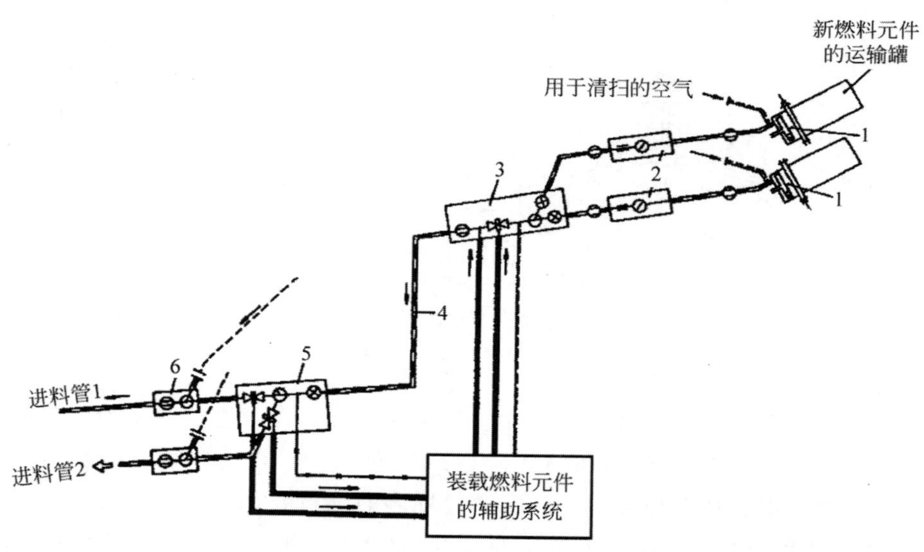

图 5.61 模块式 HTR 球床反应堆装球系统

1—新燃料装料装置; 2—新燃料检查装置; 3—进料单元组; 4—装料暂存管段; 5—分料单元组; 6—新燃料和旧燃料汇流处的设备单元组

卸球系统的布置如图 5.62 所示,在 THTR 中,该系统设置在反应堆压力壳的底部。采用直径小于 65mm 的燃料元件进行装卸要比采用更大直径的燃料元件更容易。另外,可以将成熟的气动输送技术用于 HTR 系统的设计中。

气动输送技术具有的一个很大的优势就是,无需打开一回路系统就可对燃料元件进行装卸,不像轻水堆等其他反应堆那样，需要采用间断的燃料更换方式实现燃料元件的装卸。

燃料元件通过卸球管从堆芯排出。它们首先通过一个转动的圆盘，该圆盘上有一个 65mm 的开孔，起到单一器的功能。在这个部件的后面有一个碎球分离器，用来筛选破损或完全损坏的燃料球，并将这些损坏的球装入破损球的储罐中，完好的球则进入燃耗测量装置。已经达到设定的最终燃耗值的燃料元件将从循环中卸出，并且直接装入中间储存罐内。对于 LWR 系统，其乏燃料元件需要在水池内储存多年；对于 HTR 系统，乏燃料元件的处理没有这个要求。这一点对于核电厂的安全性来说，无疑是一个很大的优点。

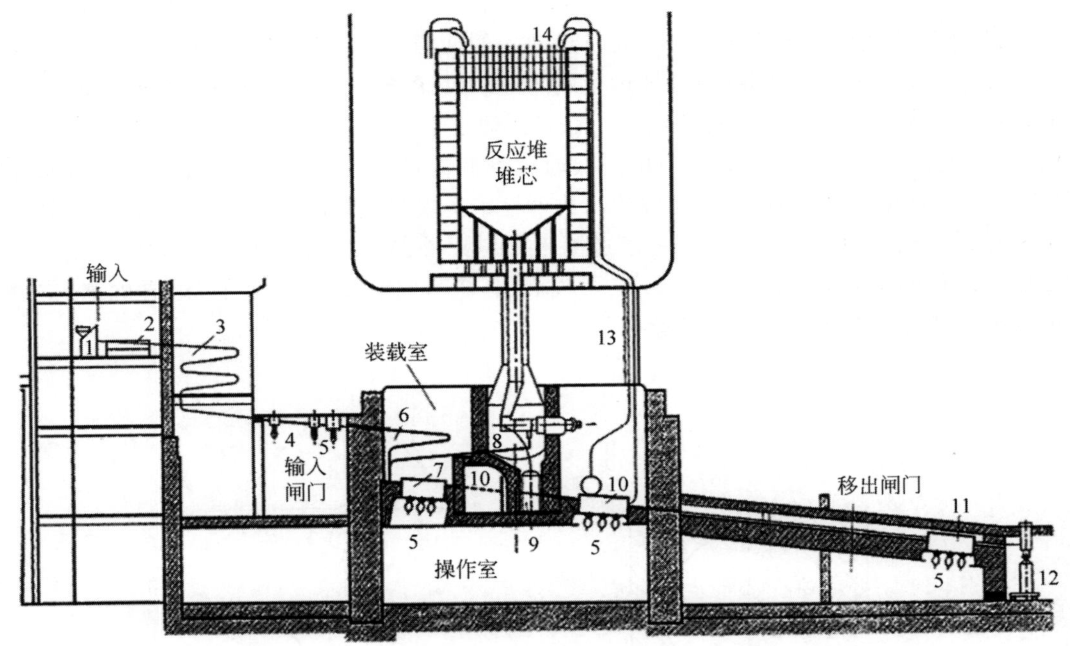

图 5.62　THTR 燃料元件卸球系统的空间布置

1—燃料装入装置；2—缓冲存储器；3—输送管道；4,5—联锁系统阀；6—输送管道；7—阀门系统；8—卸载装置；9—废物罐；10—阀门系统；11—乏燃料元件闭锁系统；12—乏燃料元件储罐；13—气动输送系统管道；14—燃料元件装球管

卸球系统部件的详细情况如图 5.63 所示，图中给出了 THTR 系统中已经实现并且成功运行的示例。开始运行时遇到了一些困难，得到解决后，系统工作很稳定，并达到了很高的可利用率。

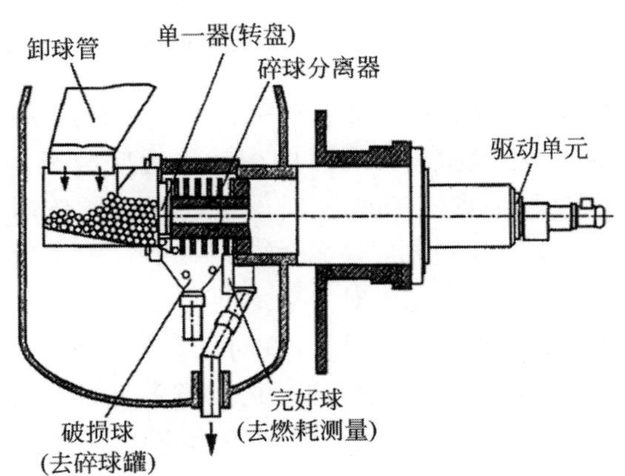

图 5.63　THTR 系统中的单一器和碎球分离器

采用其他方式将燃料球从卸球管中排出也是有可能的，而且在未来也是有可能实现的。这些可能的方式的主要思路是减少燃料元件通过转动圆盘 65mm 圆孔时所受的作用力。这一点是有可能实现的，例如，通过附加气动力的作用来实现。

由于乏燃料元件具有较强的放射性，因此包含这些燃料元件的设备需要设置在很强的屏蔽装置后面。例如，在 THTR 预应力反应堆压力壳下面的环形空间内就设有很厚的混凝土加以隔离，操作人员只能由此进入房间，从其他地方不可能进入。

卸球系统附近的剂量率可以采用下面的方程加以估计：

$$\dot{D}_\gamma=\phi_\gamma\cdot f(E_\gamma),\quad \phi_\gamma=\frac{A}{4\pi R^2}\cdot\exp(-\Sigma\cdot s)\tag{5.61}$$

如果放射性为 4×10^{14} Bq(相当于 100 个乏燃料元件)，$R=1$m，那么，根据 $\exp(-\Sigma\cdot s)\approx10^{-3}$ 及 $f(E_\gamma)\approx 1.3\times\frac{10^{-3}\text{mrem}}{\text{h}}(\text{cm}^{-2}\cdot\text{s}^{-1})$，得到的剂量为 4rem/h(0.04Sv/h)。在这一剂量下工作就需要有附加的屏蔽才能保障安全性。

对需要维护和检修的设备设有一个可以从房间进入的通道。单一器和碎球分离器也可以采用垂直方式而不是水平方式布置。在 AVR 和 THTR 运行期间，燃料球的损害主要发生在不含燃料的 5mm 外壳上。这些从堆芯卸出的燃料元件需要进行燃耗测量。在多次通过堆芯的燃料循环方式下，在达到燃料元件的最终燃耗之前，这个过程要进行多次。而在采用一次通过堆芯的循环方式下，对于每一个燃料元件这个过程只进行 1 次。在 AVR 中，通过测量燃料元件的 γ 放射性来实现对燃耗的测量，在 THTR 中，则采用一个小型的反应堆来进行燃耗的测量。新的概念将通过测量燃料元件的 γ 放射性来实现对燃耗的测量。图 5.64 所示为用于燃耗测量的反应堆原理。由图 5.64 可以看出，含有易裂变材料、吸收球(含硼球)或者慢化剂球(石墨球)的各种探测样品对中子注量率的影响是不一样的。

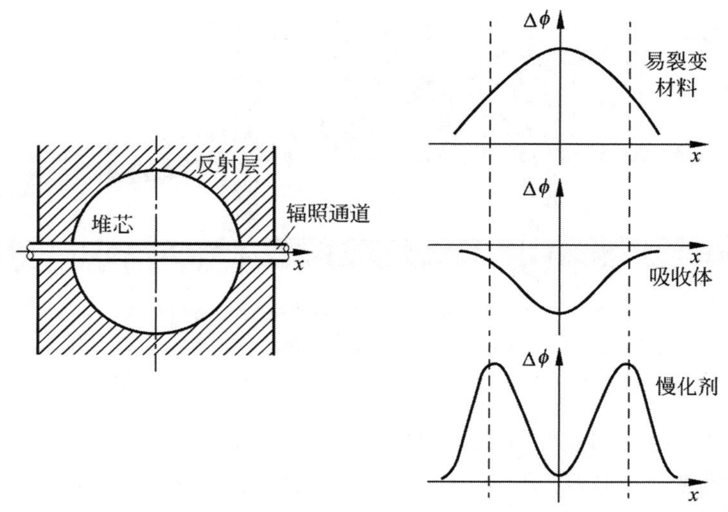

图 5.64 各种探测样品进入测量的反应堆内对中子注量率的影响

图 5.65 给出了 THTR 中使用的小型临界装置的示例。一个含有石墨球的探测样品对中子具有散射作用，在探测通道的末端产生最大的中子注量率，在通道的中间位置时其影响很小。含有易裂变材料的球在中间位置时其中子注量率达到最大值，而含有吸收材料的球在中间位置时会导致中子注量率的下降。如图 5.65 所示，这个测量反应堆的实际设计包括了一个堆芯、一个石墨反射层和一个屏蔽系统。该设施在 THTR 上得到了成功的运行，它可以在 7s 内完成对一个球的燃耗测量。

选择 Cs137 的同位素对 γ 射线强度进行燃耗测量，该同位素的产额为 6%，衰变产生 β 和 γ 射线，半衰期为 30 年，其 γ 射线的能量为 0.662MeV。由测量过程可知，燃料元件的燃耗与 Cs137 放射性的活度直接成正比。下面进行的简单估计表明了这一趋势。在一个具有恒定中子注量率 ϕ 的反应堆内，得到 Cs137 同位素的浓度 N 为

$$\frac{\mathrm{d}N}{\mathrm{d}t}=\gamma\cdot\overline{\Sigma_\mathrm{f}\cdot\phi}-\lambda N-N\cdot\overline{\sigma_\mathrm{a}\cdot\phi}\tag{5.62}$$

其中，γ 是产额，λ 是衰变常数，Σ_f 和 σ_a 表征了同位素的裂变和吸收情况。

稳定浓度的解为

$$N(t)=\gamma\cdot\frac{\overline{\Sigma_\mathrm{f}\cdot\phi}}{\lambda+\overline{\sigma_\mathrm{a}\cdot\phi}}\cdot\{1-\exp[-(\lambda+\overline{\sigma_\mathrm{a}\cdot\phi})\cdot t]\}\tag{5.63}$$

其中，假设 $N(0)=0$。对于 Cs137，燃料在反应堆中运行的时间比其半衰期($t^*/T_{1/2}\approx$3 年/30 年)要小，所

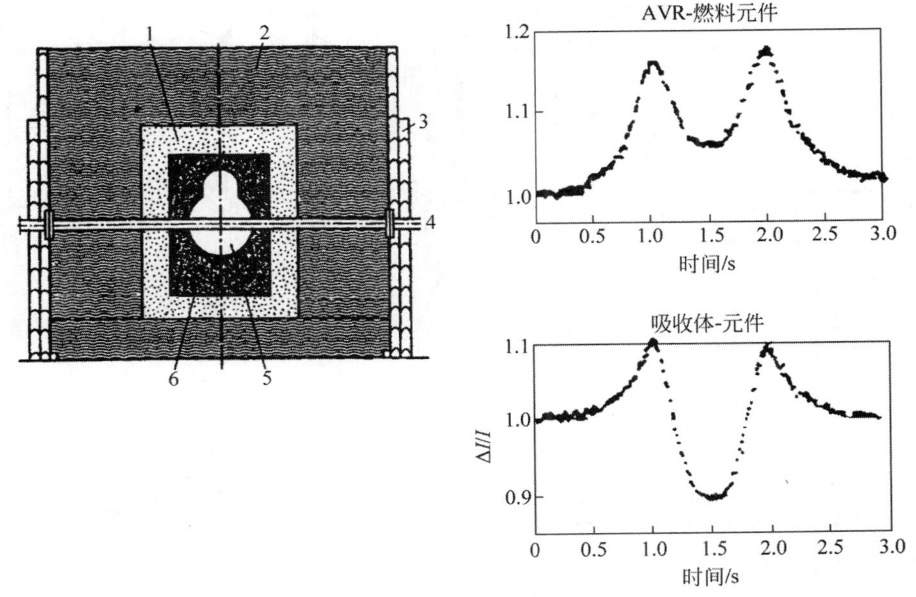

图 5.65 THTR 上燃耗测量反应堆(ADIBKA)的概念示例

1—固体材料的屏蔽；2—水的屏蔽；3—铅的屏蔽；4—球形燃料元件通道；5—反应堆堆芯；6—石墨反射层

以得到其浓度的关系式为

$$N(t^*) \approx \gamma \cdot \overline{\Sigma_f \cdot \phi} \cdot t^* \tag{5.64}$$

由于燃耗是由下面这个方程来确定的：

$$B = \frac{\overline{E}_f}{\rho_f} \cdot \int_0^t \overline{\Sigma_f \cdot \phi} \cdot dt \approx \frac{\overline{E}_f}{\rho_f} \cdot \overline{\Sigma_f \cdot \phi} \cdot t \tag{5.65}$$

所以，其放射性活度 $A=\lambda N$ 和燃耗是直接成正比的。在进行 Cs 的测量时，很自然地，必须要考虑其他放射性的影响，因为它们会影响测量的准确性和需要的测量时间。测量之后，燃料元件或者再循环回到堆芯，或者输送到中间储罐。未来对燃料元件状态的进一步控制可以通过在较小的热室内对部分燃耗元件进行统计实验来实现，据此，获得事故高温下(直到 1600℃)关于裂变产物阻留质量的信息。采用这种方法，可以确定最终装入堆芯中质量较差的燃料元件的份额。

对于已达到设定燃耗值的燃料元件，可以进行如下操作：使用气动输送系统将乏燃料元件输送到中间储罐内，如图 5.66 所示。这里，再使用一个隔离系统将氦回路中的条件(7MPa) 转变为中间储罐的条件(氦气，0.1MPa)。

图 5.66 同时也给出了乏燃料元件输送系统阀门及单一器转盘的更为详细的技术信息，这些技术可以用来将燃料元件从卸球系统输送到中间储罐内。储罐本身遵循了目前在 LWR 技术中建立的技术原则，如图 5.67 所示，即采用衰变热从罐表面自发载出的方式。这些储罐存放在邻近反应堆的一个专门的构筑物内，并在这里存放几十年(详见第 11 章)。

中间储存设备直接布置在反应堆安全壳旁边，该设备空间可以存放 30 年满功率运行卸出的乏燃料元件。该设备包含一个钢壳，采用自然对流和热辐射方式将衰变热载出。它与反应堆之间设置有一个较短的连接，通过气力输送系统将乏燃料元件装入储罐内，这是一个非常成熟的常规化输送技术。

在模块式 HTR 系统中，对储罐进行冷却使燃料的最高温度低于 250℃，并使罐的最高温度大约为 80℃。下文的第 11 章将说明，即使整个建筑物被破坏且储罐被瓦砾覆盖，仍然可以通过导热、自然对流和热辐射的方式实现冷却的功能。同时，还有足够的时间进行有效的干预。图 5.68 给出了 HTR-PM 设计的乏燃料储存厂房的总图。

乏燃料元件必须要从反应堆厂房转运到中间贮存厂房，在那里储存几十年后，再从中间储存转运到整备工厂，在整备工厂将乏燃料装入为最终储存准备的罐内。这个过程已在 AVR 和 THTR 的卸出过程中经过了验证。图 5.69 所示为应用在 THTR 中的转运过程。

在反应堆运行期间，需要将装有乏燃料元件的桶装入储罐。在准备储运罐期间，储罐除了第一道盖板

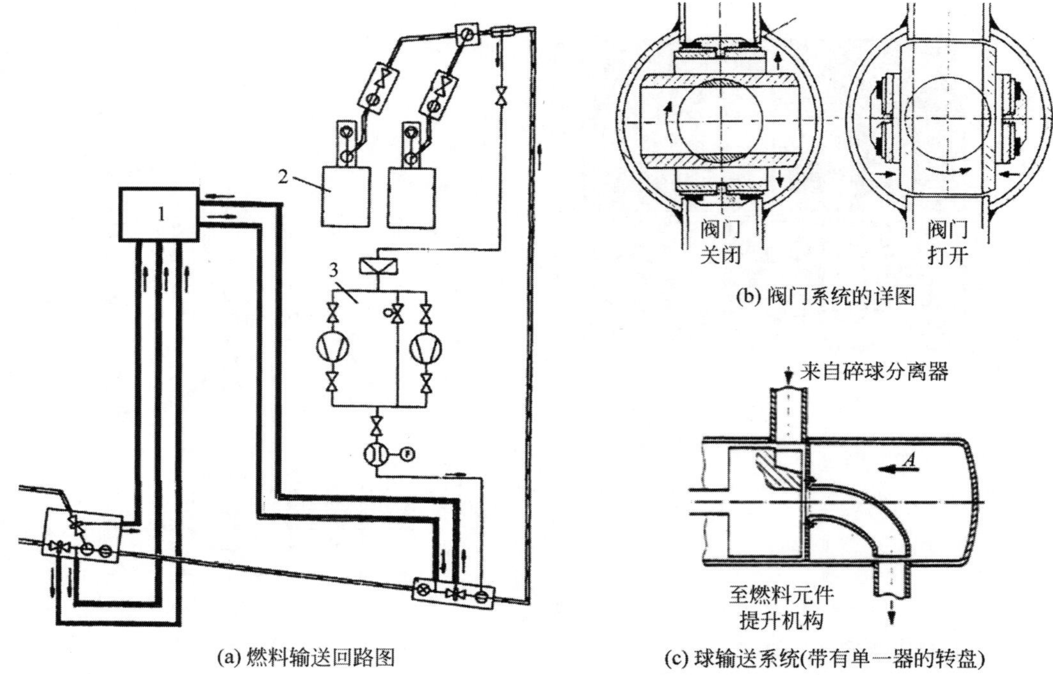

图 5.66　将乏燃料元件输送到中间储罐的系统

1—卸出燃料元件的辅助系统；2—T/L 储罐；3—提升的二次侧气体系统

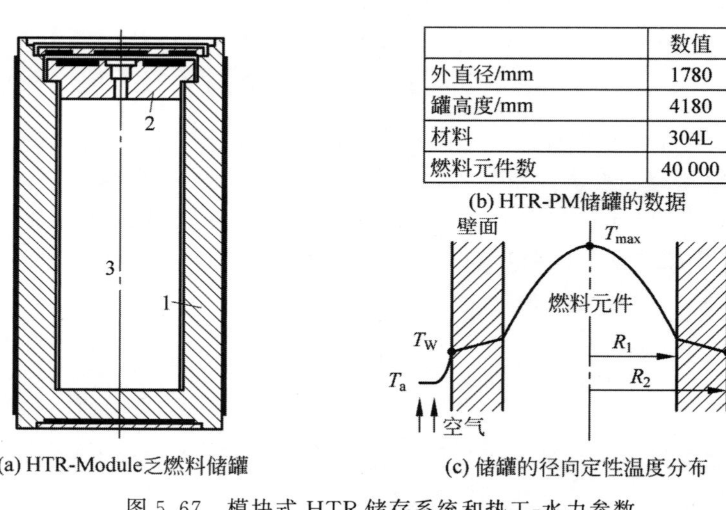

	数值
外直径/mm	1780
罐高度/mm	4180
材料	304L
燃料元件数	40 000

(b) HTR-PM储罐的数据

图 5.67　模块式 HTR 储存系统和热工-水力参数

1—铸钢体；2—带有多层密封的盖板；3—球

以外都处于打开状态，并将储运罐放置在装载区的位置上。为减少装载过程中的辐射剂量，需要将装载区的屏蔽门关闭。装载时，借助机械手将储运罐的第一道盖板移走，将已装满乏燃料元件的桶通过装载区上方的舱室装入已取走第一道盖板的储罐。

在重新将第一道盖板盖到储运罐上之后，用机械手将盖板的螺栓拧到储运罐上，之后打开装载区，进行辐射测量，然后将储运罐从装载位置移至操作平台上，在此处将储运罐盖板的螺栓最终拧紧，并对储运罐的第一道盖板的密封性进行检验（泄漏率小于 $1\times10^{-7}\,\mathrm{bar}\cdot\mathrm{s}^{-1}$）。

在完成第二道罐盖的定位和螺栓拧紧操作后，再次对第二道罐盖的密封性进行检验。在运输过程中，第二道罐盖还设有电子运输封条。最后，在将储运罐装载到运输车上之前，需要安装临时储存用的防护板。

为了将储运罐运送到中间储存设施，使用了专门的铁路车厢，每一节车厢能运送 3 个乏燃料储运罐。截止到 1995 年 4 月，总共有大约 620 000 个乏燃料元件装载在 305 个 CASTOR 储运罐内，分 57 批从 THTR 运送到相距为 100km 的中间储存设施内，每一批使用 2 个铁路车厢共运送 6 个储运罐。

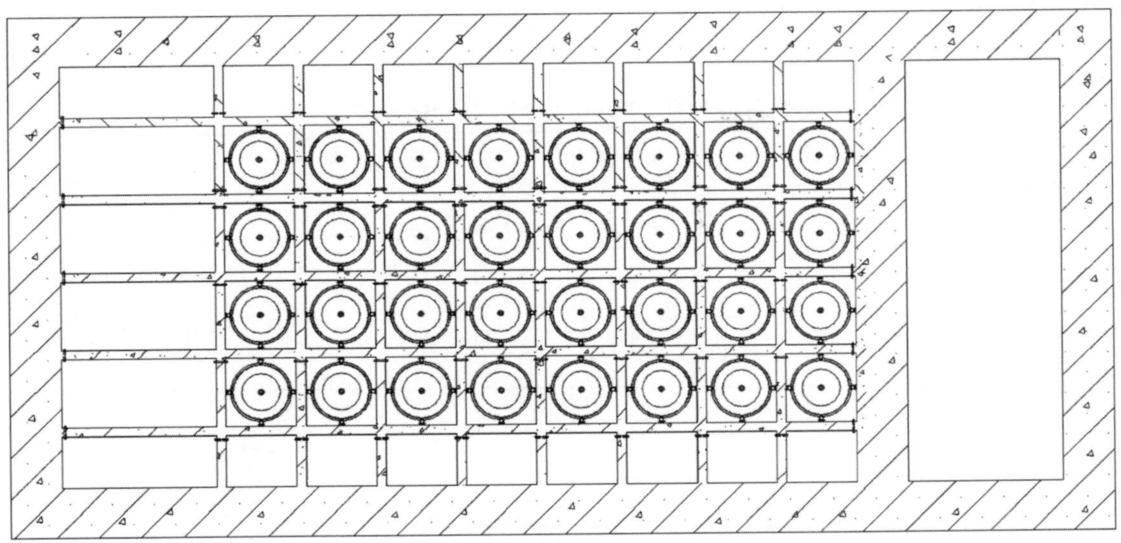

图 5.68 HTR-PM 乏燃料储存系统的横断面

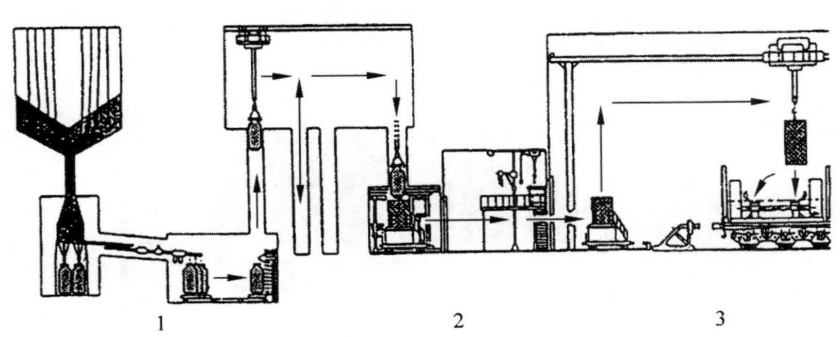

图 5.69 THTR 乏燃料元件的转运过程

1—燃料元件装入储罐；2—将储罐装入储罐壳内；3—将储罐运输到中间储存

图 5.70 所示为 THTR 和 AVR 中的储罐。储罐有两道密封装置，分别是金属和塑料密封。在贮存期间仅允许裂变气体有非常少量的泄漏。储运罐的壁厚能够非常有效地满足对 γ 和中子辐射的屏蔽要求。储罐外部的厚钢壳可以防御并承受外部很强的撞击。

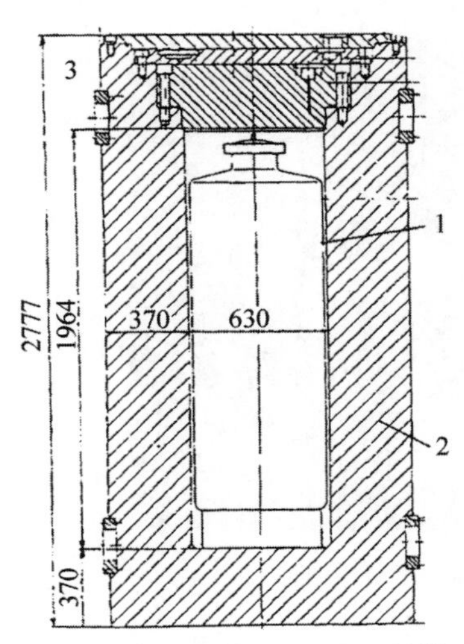

(a) THTR乏燃料元件中间储存的储罐

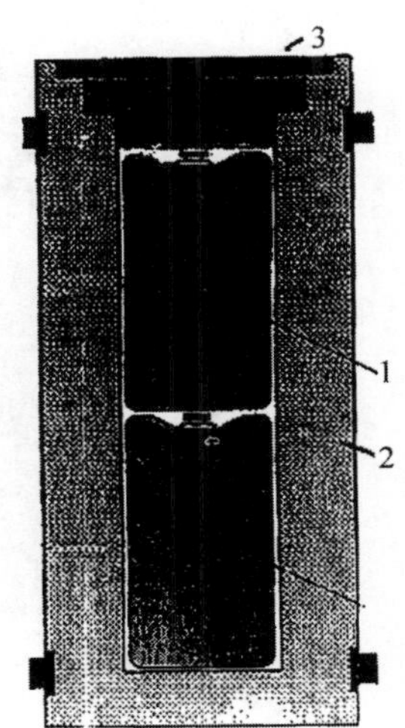

(b) AVR乏燃料元件中间储存的储罐

图 5.70 AVR 和 THTR 中用于乏燃料元件中间储存的储罐

(a) 1—内桶；2—储罐壳；3—密封盖板；(b) 1—可装 950 个燃料元件的内桶；2—铸钢壳；3—密封盖板

表 5.19 给出了对各种储罐系统进行比较的情况(图 5.71 和图 5.72)。这些储罐的衰变热很低,在罐外测量得到的剂量也比较小。对于这种储存系统的安全性评估,将在第 11 章中给出更为详细的解释。

表 5.19 AVR 和 THTR 中乏燃料元件中间储罐的参数

参　数	THTR 储罐	AVR 储罐	参　数	THTR 储罐	AVR 储罐
每个储罐的燃料元件数	2100	2×950	石墨/kg	400	350
概念	一个储罐内 1 个桶	一个储罐内 2 个桶	最大燃耗/(FIMA%)	<15	<15
内直径/m	0.6	0.6	最大活度/(Bq/FE)	$<4\times10^{12}$	$<6\times10^{12}$
内高度/m	1.5	1	衰变热/(W/FE)	<0.5	<0.6
U235 含量/kg	<2	<2	储罐壁厚度/m	0.34	0.34
Th232 含量/kg	<20	<20	重量/kg	约 26 100	约 26 000

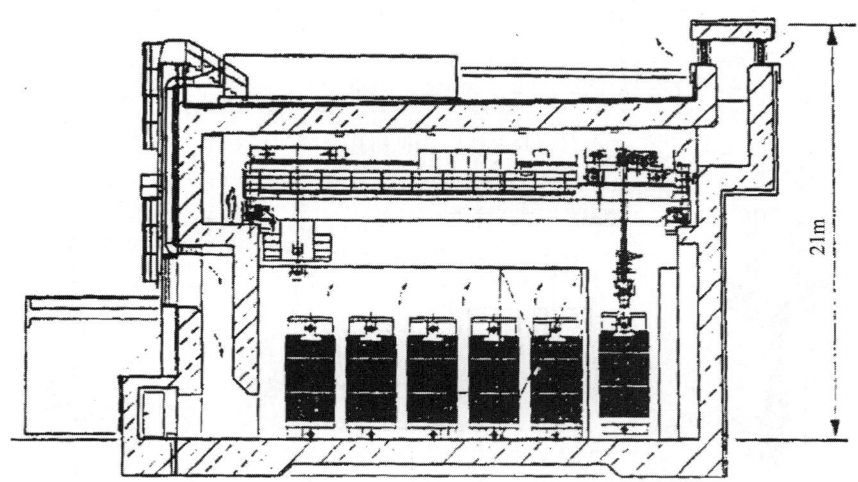

图 5.71　球形乏燃料元件贮存库的断面图(如 THTR)

图 5.72　球形乏燃料元件储罐的布置视图

5.6.3　燃料装卸的替代方案

前面已提到,对球床堆芯卸球系统加以改进是可能的,目前已有一些可能的燃料元件卸出替代方案,这些替代方案也是有可能实现的,并且与现有的技术相比还具有一些优点。图 5.73 给出了 AVR 中燃料元件从堆芯卸出的概念。缓冲罐、单一器和破损燃料元件分离器布置在同一排，缓冲罐的轴线呈 30°斜角。

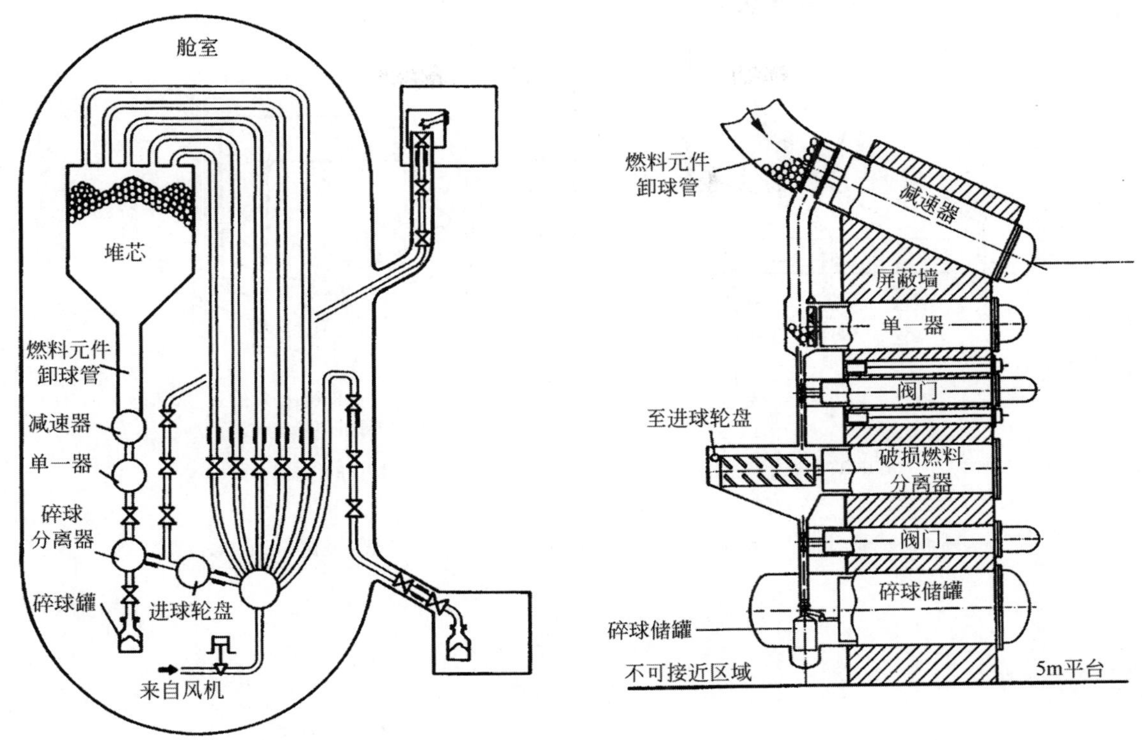

(a) AVR燃料元件从卸球系统卸出的原理

(b) AVR堆芯设备的布置

图 5.73 AVR 燃料元件卸球系统

对于 HTR-Module 卸球系统，计划采用两个水平缓冲罐(图 5.74)。这个系统有两个带有通球孔的圆盘，其通道的直径为 800mm。选取这一直径是考虑到在球流过时不会形成塔桥。

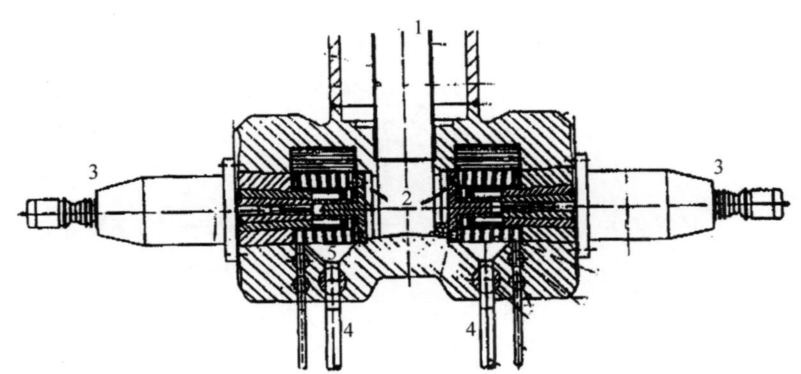

图 5.74 建议的 HTR-Module 卸球系统

1—燃料元件入口；2—带通孔(65mm)的圆盘；3—驱动机构；4—出口管；5—单一器

在 HTR-10 中实现了一个新概念的燃料元件卸球装置，该装置采用脉冲气流方式进行卸球，如图 5.75 所示。

目前，除了已经介绍过的所谓的多次通过堆芯的燃料装卸概念之外，在球床系统中也开发了一种一次通过堆芯循环的概念。在这种燃料管理方式下，燃料元件仅需通过堆芯一次即可达到最终燃耗。采用这种循环方式，可以在很高的氦气出口温度下实现较低的燃料温度，这是因为，在堆芯出口处两者间的温差很小。图 5.76 所示为这一特殊燃料装卸概念的主流程。

在采用一次通过堆芯循环的堆芯中功率主要产生在堆芯的上部，所以在堆芯出口处燃料和气体之间的温差非常小。在一次通过堆芯的情况下，有些设备可以不必采用。但是，这种燃料管理方式也存在一些缺点，比如，由于受到堆芯升温严重事故下燃料最高温度的限制，只能选取较低的堆芯热功率，同时还需要考

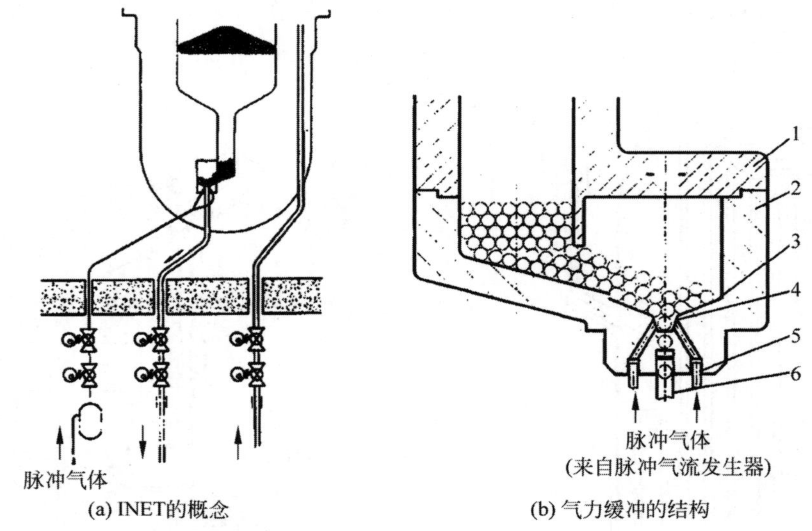

图 5.75　从球床堆芯卸球的替代方案

1—缓冲罐上部结构；2—缓冲罐下部；3—大斜坡；4—小斜坡；5—脉冲气流管；6—卸球管

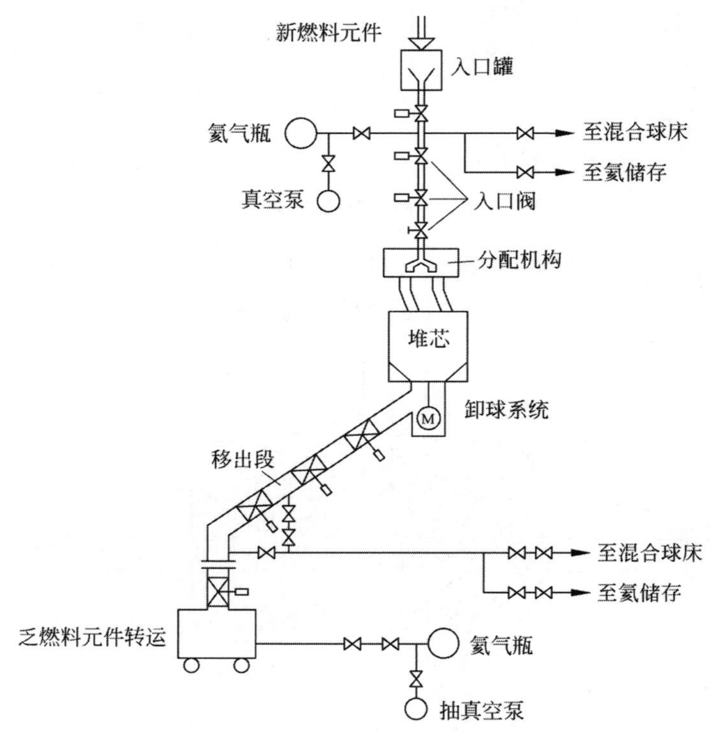

图 5.76　HTR 电厂一次通过堆芯循环下燃料装卸系统的原理

虑反射层的快中子注量产生的影响。

由上述分析可知，这一原则适用于所有用于工艺热应用的反应堆概念，以及 HTR-500。

目前的燃料装卸系统在反应堆运行中已经显示出技术成熟性。例如，在 AVR 中已装入过 30 万个新燃料球，在再循环系统中装卸过 240 万个元件。在 THTR 中，也曾装入过近 70 万个燃料球，且这些燃料球又再循环了 200 万次，因此取得了丰富的运行经验和优异的统计记录。相对而言，在一座大型的 LWR(PWR)中，堆芯内装有 200 个燃料元件组件，30 年运行期间大约装卸了 2000 个燃料元件组件。全球大约有 400 座 LWR 核电厂，到目前为止，全球已经装卸过 100 万个 LWR 的燃料组件。

由 AVR，THTR 和 HTR-10 运行过程中取得的经验及在各种 HTR 研发计划中进行的验证可知，燃料装卸系统是成熟的技术，可以用于 HTR-PM 和未来的电厂。

5.6.4 燃料装卸运行的一些特殊问题

球形燃料元件的小尺寸和几何形状对于较容易地进行装卸是一个非常重要的先决条件。下面,对与此相关的一些特殊问题进行讨论。包括:

- 球形乏燃料元件周围的辐射场和屏蔽;
- 无冷却下燃料元件的行为;
- 新燃料元件的反应性贡献;
- 不采取将一个小型储存装置作为从反应堆卸出乏燃料到中间储存的一个过渡环节。

小尺寸的球形燃料元件的装卸相对容易些,但是需要采取有效屏蔽以减少人员进行检查、维护和修理工作时受到的辐照剂量。燃料元件造成的辐照场可以根据图 5.77 所示的方式近似计算。

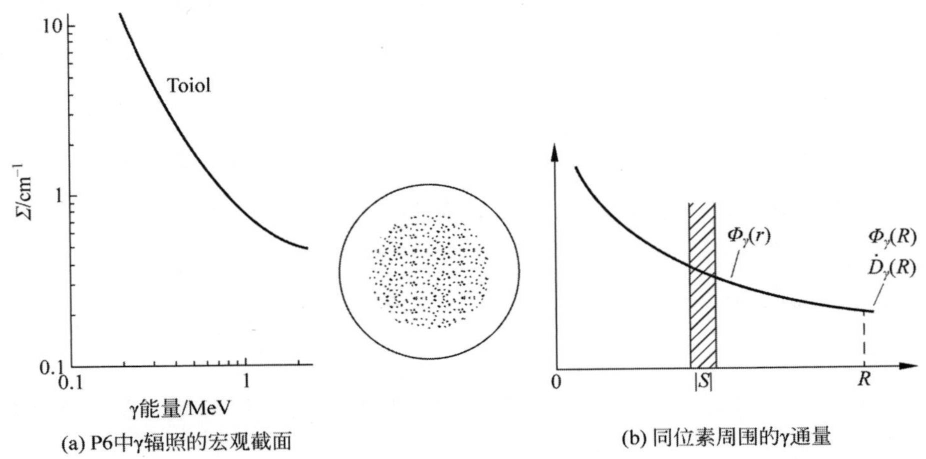

(a) P6中γ辐照的宏观截面　　(b) 同位素周围的γ通量

图 5.77 估计 γ 通量和剂量的简化模型

对于 R 点处的 γ 通量,可以得到:

$$\Phi_\gamma(R)=\dot{Q}\cdot\frac{1}{4\pi R^2}\cdot\exp(-\Sigma\cdot s) \tag{5.66}$$

其中包括了屏蔽材料的厚度。放射源的强度取决于燃料元件的类型和燃耗深度。

$$\dot{Q}=C\cdot B,\quad B(\mathrm{FIMA}),\quad C(2\times10^{10}\ \mathrm{Bq}/\%\mathrm{FIMA}) \tag{5.67}$$

例如,一个燃耗为 10%FIMA 的乏燃料元件大约含有 $5\mathrm{C_i}$(约 2×10^{11} Bq)的 γ 放射性。作为简化,可以假设 Cs137 的 γ 射线能量为 $E_\gamma=0.66\mathrm{MeV}$,其剂量转换因子为 $\dfrac{\dot{D}_\gamma}{\Phi_\gamma}=f(E_\gamma)=1.3\times\dfrac{10^{-3}\mathrm{mrem}}{\mathrm{h}}(\mathrm{cm}^{-2}\cdot\mathrm{s}^{-1})$。没有屏蔽时,1m 处的剂量大约为 2rem/h,这个剂量对于工作人员来说过高,在这个辐射源周围仅能待上几分钟。如果采用屏蔽,情况就不一样了:一层 10cm 的铅屏蔽可以使剂量以 0.02 的因子下降,这是因为可以采用 Σ/ρ(对于 0.61Mev)为 $0.5\mathrm{cm}^{-1}$ 的因子。这样,剂量率就下降为 $\dot{D}_\gamma^*\approx 46\mathrm{mrem/h}$。按照这个剂量率可工作几小时。在详细的计算过程中还必须考虑散射效应。在使用球形燃料元件进行操作时无需进行冷却,这一点对于远距离操作技术非常重要,特别是未来据此采用机器人进行操作也是可能的。对于一回路外面的热燃料元件,即使依靠自然对流和热辐射也足以使其冷却。图 5.78 给出了一个简单的模型及对冷却条件的一个近似。

可以得到下面的能量平衡方程:

$$M\cdot C\cdot\frac{\mathrm{d}\overline{T}}{\mathrm{d}t}=\dot{Q}_\mathrm{D}-\alpha\cdot A\cdot(\overline{T}-T_\mathrm{env}),\quad \dot{Q}_\mathrm{D}\approx\dot{Q}_0\cdot0.06\cdot t^{-0.2} \tag{5.68}$$

对于常数衰变热$\dot{Q}_\mathrm{D}$,其解如下:

$$\int\frac{\mathrm{d}\overline{T}}{C_1-C_2(\overline{T}-T_\mathrm{euv})}=t+\text{常数},\quad C_1=\dot{Q}_\mathrm{D}/(M\cdot C),\quad C_2=\alpha\cdot A/(M\cdot C) \tag{5.69}$$

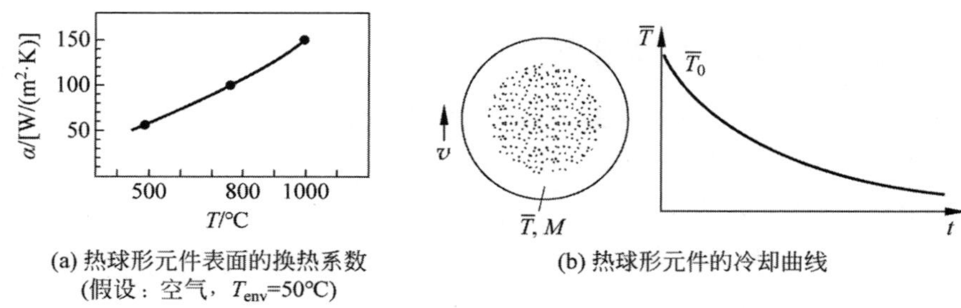

(a) 热球形元件表面的换热系数
(假设：空气，T_{env}=50℃)

(b) 热球形元件的冷却曲线

图 5.78 球形燃料元件采用自然对流和热辐射冷却估算的模型

在初始条件 $t=0$ 和 $\overline{T}=\overline{T}_0$ 下，其解为

$$\overline{T}-T_{env}=(\overline{T}_0-T_{euv})\cdot\exp(-C_2\cdot t)+C_1\cdot[1-\exp(-C_2\cdot t)] \tag{5.70}$$

图 5.78 所示为球形元件的平均温度。传热的常数 C_2 和 C_1 由下面的关系式给出：$C_2=\alpha\cdot A/(M\cdot C)$；$C_1=\dot{Q}_D/(M\cdot C)$。

对于热燃料元件通过辐射和自然对流向周围空气的传热，可以假设 α 约为 100W/(m^2 · K)。球的表面积为 100cm^2，得到如下数值：$\dot{Q}_D\approx$20W(两天后的衰变热)，$C\approx$1.5kJ/kg 和 $M\approx$0.2kg，进一步可以得到 $C_2\approx4\times10^{-4}$K/s 和 $C_1\approx$288K/h。

例如，一个球形元件的初始温度为 $\overline{T}_0$=1000℃，大约 1h 后就冷却下来。在这种情况下，衰变热的载出不需要依靠能动冷却。

与球形燃料元件装卸有关的另一个重要的环节是在反应堆运行之后的下一步中如何将燃料元件运送到中间贮存。

由于衰变热很小且单位体积的热容量很大，可以不必像 LWR 乏燃料元件那样需要有一个紧凑的储存设备(水池)。图 5.79 给出了 LWR 的紧凑储存和 HTR 乏燃料元件储罐的比较情况。

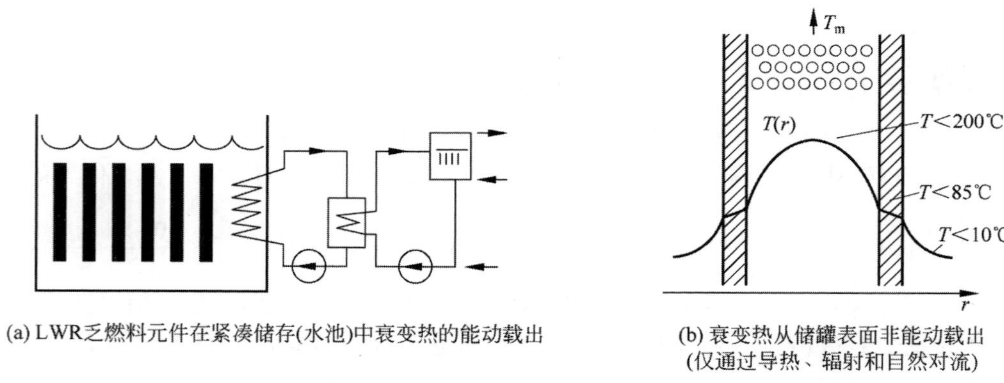

(a) LWR乏燃料元件在紧凑储存(水池)中衰变热的能动载出

(b) 衰变热从储罐表面非能动载出
(仅通过导热、辐射和自然对流)

图 5.79 LWR 和 HTR 乏燃料元件从反应堆卸出后在储存上的差别

乏燃料元件在储罐内的最高温度低于 250℃，限制储罐表面最高温度低于 85℃。全部的传热仅通过导热、辐射和自然对流方式来实现。在申请许可证的程序中需要有一个假定，即这个冷却概念不论是由于内部的原因还是外部的原因都不会造成失效。甚至假设在冷却条件由于极端的地震或者飞机恐怖袭击而发生变化的情况下，燃料元件的温升仍保持在允许的限值之内，并且在长时间后仍能进行冷却。这是乏燃料元件从 AVR 和 THTR 堆芯卸出后令人感兴趣的一些方面。

单个燃料元件对反应性平衡的贡献是非常小的，所以在装卸球的过程中若出现失误，不会引起大的扰动。在 AVR 和 THTR 的卸球过程中，研究者对从堆芯卸出一定数量的燃料元件引起的反应性下降也进行过详细的计算，得出：卸出一个燃料元件相应的反应性下降大约为 1.5×10^{-6}。

5.7 堆芯参数的测量装置

5.7.1 中子注量率的测量

控制中子注量率的装置测量热中子注量率。共有 6 个中子测量通道组覆盖了整个中子注量率的能区，能区之间有一些搭接(表 5.20)。

表 5.20 中子注量率测量仪表数据

通道	ϕ_N 的测量范围	任务	探测器的类型	测量的位置	探测器数量	测量的评估
Ⅰ	$1\times10^{-11}\sim2\times10^{-7}$	运行启动	裂变室	90°,16.3m	3+5	对数通道
Ⅱ	$2\times10^{-8}\sim1\times10^{-3}$		裂变室	270°,16.3m	3+5	对数通道
Ⅲ	$3.8\times10^{-2}\sim2$	运行期间的测量	电离室	30°,16.3m 330°,16.3m	3+1 3+1	对数通道
$Ⅳ_1$	$2.3\times10^{-4}\sim2.7$	反应堆满功率运行的保护	电离室	30°,13.3m 167°,13.3m 270°,13.3m	1+1 1+1 1+1	对数通道
$Ⅳ_2$	$2.3\times10^{-4}\sim1.5$		电离室	30°,13.3m 167°,13.3m 270°,13.3m	1+1 1+1 1+1	线性通道
Ⅴ	$1.5\times10^{-1}\sim1.5$	功率控制	电离室	30°,13.3m 167°,13.3m 270°,13.3m	1 1 1	线性通道
$Ⅵ_1$ $Ⅵ_2$ $Ⅵ_3$	$1.5\times10^{-1}\sim1.5$	注量率分布的测量	自给能探测器 自给能探测器[a] 自给能探测器	45° 165°[b] 285°	3 3 3	线性通道 线性通道 线性通道

注：a 发射极材料钒，b 每个角度区各个高度上有 3 个探测器。

部分通道的测量区域被进一步划分，相当于一般核电厂在正常程序下对整个中子进行的测量，采用不同通道(对数的和线性的)对测量进行评估。

在 THTR 300 中测量装置布置在预应力反应堆压力壳的圆柱壳内，在 AVR 中则布置在反应堆压力壳专门的贯穿通道内。

在 THTR 中，探测器设置在反应堆堆芯外靠近热屏的通道内，以及混凝土反应堆压力壳的内衬上，如图 5.80 所示。

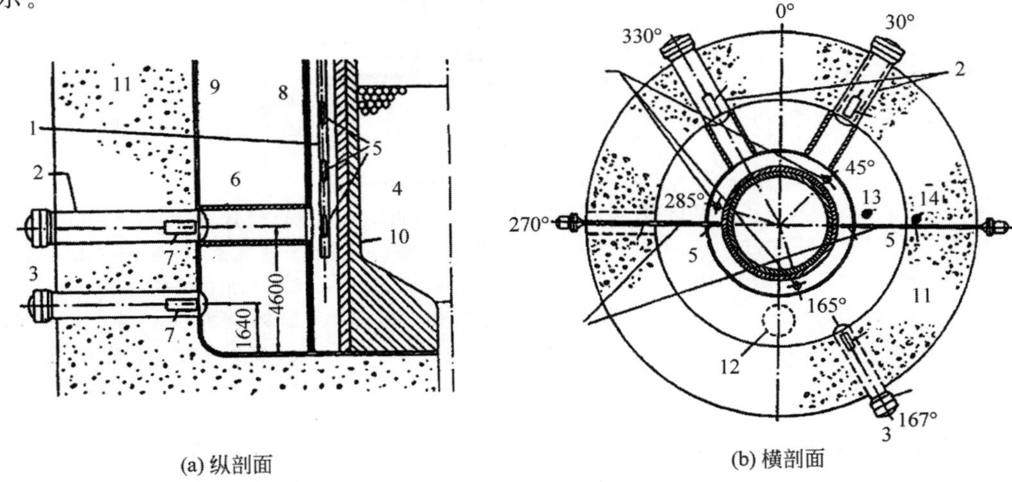

(a) 纵剖面　　(b) 横剖面

图 5.80 THTR 中子注量率探测器的布置(6 个通道组)

1—停堆测量孔道；2—混凝土壳内的停堆测量管孔道(堆芯位置)；3—混凝土壳内停堆测量管(堆芯底部位置)；4—堆芯；5—探测器测量位置；6—屏蔽；7—探测器的测量位置；8—热屏；9—反应堆压力壳内衬；10—石墨反射层；11—反应堆压力壳；12—蒸汽发生器位置；13—探测器的运行位置；14—探测器的其他位置

表 5.7 列出了该反应堆中来自第Ⅳ通道的用于反应堆保护系统的信号情况，根据反应堆的热功率值对信号进行校正以避免失误，因为这些测量信号有可能受到各个不同位置吸收棒的影响，以及运行期间堆芯成分变化和其他因素的影响。

表 5.21 给出了中子测量的一些信息。

表 5.21 中子测量的一些概念

三氟化硼计数管(BF3)：$^{1}_{0}n+^{10}_{5}B\longrightarrow^{4}_{2}He+^{7}_{3}Li$ 由电离室或者正比计数管测量计数
热中子裂变室：裂变产物产生电离；快中子被含氢材料(石蜡、塑料)慢化
闪烁管计数器：$^{1}_{0}n+^{6}_{3}Li\longrightarrow^{4}_{2}He+^{3}_{1}H$；测量形成的离子
自给能探测器：中子活化同位素短半衰期释放；Co(n，γ)-反应释放 β；测量电流

自给能中子探测器(SPN 探测器)适用于长时间的运行。在 LWR 中已证明这些自给能中子探测器可以在 500℃下使用。一般地，一个自给能中子探测器包括发射极、绝缘层和一个收集器。需要说明的一点是，中子吸收之后产生的电流可以测量得相当精确。

5.7.2 堆芯热工-水力参数的测量

在氦回路的相关位置处必须进行温度和压力的测量，以便对敏感部件的温度加以控制，并且对反应堆系统建立起能量平衡。图 5.81 所示为 THTR 中对这些参数进行测量的装置，在模块式 HTR 中也采用了类似的装置。图 5.81 中显示的位置包括几个热电偶，共有 6 个回路，每个回路设置了 6 个热电偶。堆芯出口的高温气体设置了 18 个测量点，针对蒸汽发生器入口的高温气体，每一蒸汽发生器设置了 9 个热电偶。

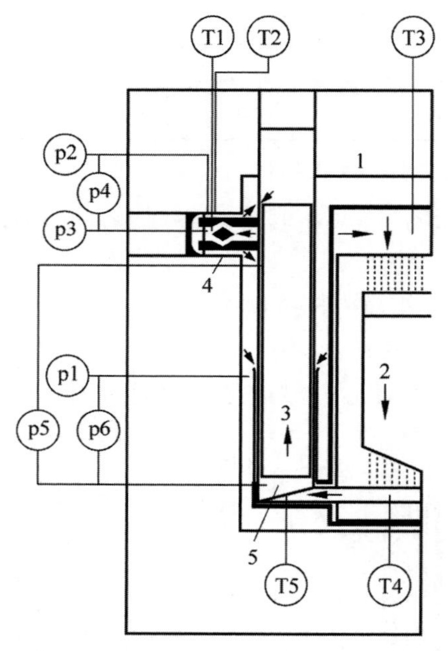

图 5.81 THTR 氦回路中温度和压力测量的测量点布置

1—反应堆压力壳；2—堆芯；3—蒸汽发生器；4—氦风机；5—热气导管；p1—冷气室的压力(0～8MPa)；p2—氦风机出口压力(0～5MPa)；p3—氦风机入口压力(0～5MPa)；p4—氦风机进、出口压差(0～150kPa)；p5—蒸汽发生器进、出口压差(0～40kPa)；p6—堆芯进、出口压差(0～100kPa)；T1—温度：风机入口冷端气体(0～400℃)；T2—温度：风机出口冷端气体(0～400℃)；T3—温度：堆芯上部冷端气体(0～300℃)；T4—温度：堆芯出口热端气体(0～1200℃)；T5—温度：蒸汽发生器入口热端气体(0～900℃；0～1200℃)

设置如此之多热电偶的原因是考虑到冗余性的要求，以及为了在反应堆堆芯出口处获得径向温度分布的一些信息。针对 THTR，在氦回路冷端设置了 4 个压力测量点。另外，在氦回路的每一个设备上均设置了压力和压差的测量点。

这种设置也可以用于模块式 HTR，以便对由三维计算机程序获得的温度信息加以评估。这种方式一般也是允许加以控制的，比如，对堆芯中最高设定温度的测量就被排除在外。在 THTR 中，每个氦风机设置了

3 个文丘里式系统，用于测量氦气的质量流量(图 5.82)，设置在氦风机屏蔽系统的压力通道内。

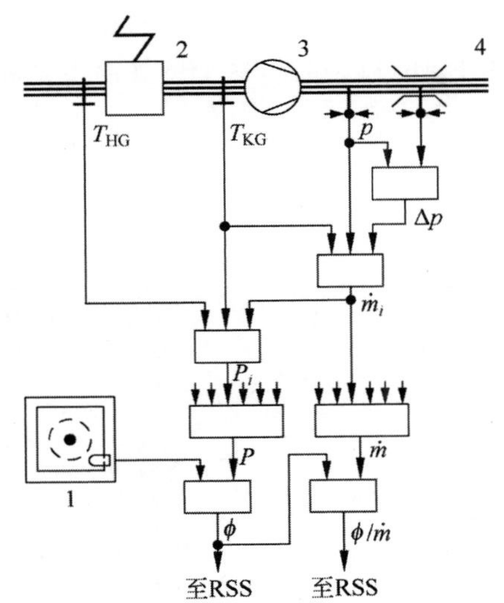

图 5.82 THTR 氦气质量流量的测量流程图

1—堆芯；2—蒸汽发生器；3—氦风机；4—测量电缆；T_{HG}—热氦气温度；T_{KG}—冷氦气温度；p—氦气压力；Δp—压差；$\dot{m}_i$—每台蒸汽发生器的质量流量；$\dot{m}$—总的质量流量；P_i—每台蒸汽发生器的功率；P—总功率；ϕ—中子注量率；RSS—反应堆安全保护系统

测量值可以基于温度、热和电功率的测量进行比较，并可估计其不确定性。

$$\dot{m}_{He} = P_{th}/c_{He} \cdot (T_{He}^{in} - T_{He}^{out}), \quad P_{th} = P_{el}/\eta_{net} \tag{5.71}$$

在测量和估计的过程中，必须要特别关注通过堆芯内结构的氦气旁流量，因为它有可能引起显著的不确定性。这些因素必须要在相关部件的设计中予以考虑，例如，在对氦风机、热气导管和热交换器进行设计时应考虑上述需要关注的因素，这对于提高其性能大有裨益。在 THTR 中(图 5.65)，对每项计算值和测量值进行的比较均表明其结果非常好。这是设计一个发电厂的重要基础，可以使敏感部件的重要参数得到保障，如效率和温度。对测量值和计算值进行的比较表明，两者之间吻合得很好(图 5.83)。

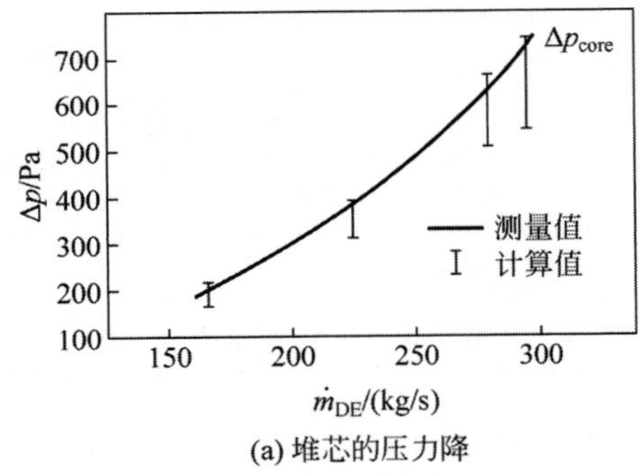

(a) 堆芯的压力降

参数	计算值	测量值
堆芯热功率/MW	755	756
蒸汽发生器功率/MW	304.3	304.3
热氦气温度(蒸汽发生器入口)/°C	750	750.3

(b) 重要参数

图 5.83 测量值和计算值的比较(如 THTR 300)

对球床堆堆芯内的温度进行测量一般是不可预知的，但是 AVR 上已经进行的相关实验表明，这种测量是有可能的。

在 AVR 内，将石墨球装入堆芯，这些石墨球包含不同熔点的探测材料，因此可以对堆芯内的温度进行测量。在第 3 章中，对这个概念和一些结果已经给出了相关的说明。图 5.84 则给出了未来可能会采用的一种测量方法。

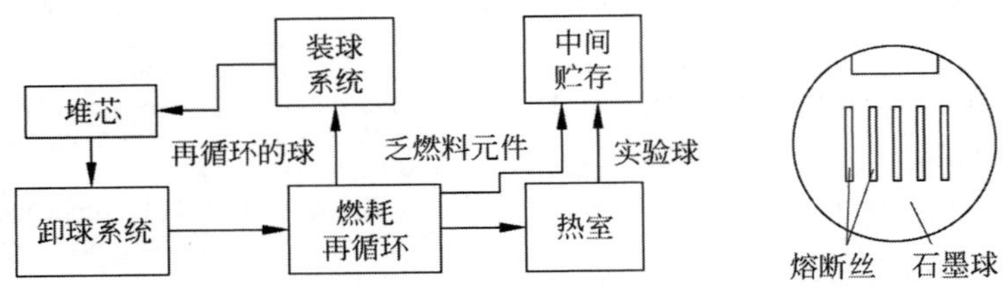

图 5.84 在堆芯中采用熔断丝测量温度的概念

采用这种测量燃料温度的方法可以将实验球与燃料球一起装入堆芯。从反应堆卸出后，可以对两者进行区分。之后，可以在一个小的热室中对它们进行分析。例如，在运行期间已经达到了最高温度，那么据此可以对以前的运行历史进行校正。另外，还可以知道，这个测量温度是相应于基体最高温度的，基于这个温度值可能估计出邻近的燃料温度。

参考文献

1. Special issue, The 300 MW Thorium high-temperature nuclear power plant, Special Volume of Atomwirtschaft, 5. May 1971.
2. Special issue, AVR – experimental high-temperature reactor, 21 years of successful operation for a future energy technology, VDI-Verlag, Düsseldorf, 1990.
3. Special issues for all components: Project information on the THTR 300 MW nuclear power plant Uentrop, HRB, till 1987.
4. Kugeler K., Schulten R., High-temperature reactor technology, Springer Verlag, Berlin, Heidelberg, New York, 1989.
5. Special issue, INET – Technical description of HTR-PM project, Tsinghua University, July 2007.
6. Schwarz D., THTR operation – the first year, International Atomic Energy Agency, Jülich, Oct. 1986.
7. Special issue, Interatom/KWU, High temperature reactor – modul – nuclear power plant, Safety Report, No. 1 to 3, Nov. 1988.
8. Construction of THTR 300 MWel – prototype nuclear power plant, First Intern. Conf. on Structural Mechanics in Reactor Technology, Vol. 1, Part D, Sept. 1971.
9. Otten J. C., Design proposals for the top reflector of high-temperature reactors with a large power on the example of HTR 500, JŰL-2421, Jan. 1991.
10. Novy D., Calculation of fields of stresses in the side reflector of a pebble-bed reactor, JŰL-1224, Aug. 1975.
11. Von der Decken C. B., Mechnical problems of a pebble-bed reactor core, Nuclear Engineering and Design, 18, 1972.
12. Fröhling W., Contributions to the neutron physics of the pebble-bed reactor, JŰL-971-RG, June 1971.
13. Zhong S. P., Hu S. Y., Zha M. S. and Li S. Q., Thermal hydraulic instrumentation system of the HTR-10, Nuclear Engineering and Design, 218, 2002.
14. Elter C., On the construction of the reactor internals of large high-temperature reactors with spherical fuel elements, Habilitation, RWTH Aachen, 1985.
15. Dent K. H., Long E. and Prince K., The graphite structure in: D. R. Poulter (edit.) The design of gas-cooled graphite moderated reactors, Oxford University Press, London, New York, Toronto, 1963.
16. Design criteria for structures on HTR plants, JŰL-Spez. 347, Feb. 1986.
17. Budke J. et al, Model data of a reflector graphite for the pebble-bed reactor, JŰL-1414, April 1977.
18. Delle W., Koizlik K. and Nickel H., Graphite materials for the application in nuclear reactor, Vol. 1,2, Verlag Thiemig, München, 1979, 1983.
19. Schöning J. and Theymann W., Graphite as structural material for HTR, Atomkernenergie-Kerntechnik, Vol. 43, 1983.
20. Haag G., Maly V, Putsch F., Wilkelwi G., Fabrication, prove and qualification of reactor graphite, in: Status Seminar Hochtemperatur Reaktor Breunstoff Kreislauf, JŰL-Conf-61, Aug. 1987.
21. Tatsuo L., Schiozawa S. and Ishihara M. et al, Graphite core structure and structural design criteria in HTR, Nuclear Engineering and Design, 132, 1991.
22. Budke J. and Theymann W., Irradiation damage on nuclear graphite, Atomkernenergie, Bd. 29, 1977.
23. Theymann W., Delle W. and Nickel H., Design of the inner graphite reflector of a high-temperature reactor, JŰL-1960, March 1984.
24. Delle W. and Nickel H., AVR graphite structures, AVR Experimental High-Temperature Reactor, VDI-Verlag, Düsseldorf, 1990.
25. Baker D. E., Graphite as a neutron moderator and reflector material, Nuclear Engineering and Design, 14, 1970.
26. Kelly B. T., radiation damage in graphite and its relevance to reactor design, Progress in Nuclear Energy, Vol. 2, 1978.
27. Haag G., Properties of ART-2E graphite and property changes due to fast neutron irradiation, JŰL-4183, Oct. 2005.
28. Brockmann H., Calculation of neutron and γ radiation fields in HTR-Modul, Report of FZJ, 2008.
29. Special issue, The 300MW Thorium high-temperature power plant THTR, Atomwirtschaft, 16, 1971.
30. Elter C., Strength of the reflector of a pebble-bed reactor, Dissertation RWTH Aachen, 1973.
31. Zhang Z., et al, Structural design of ceramic internals of HTR-10, Nuclear Engineering and Design, 218, 2002.
32. Special issue, Project information on THTR plant, HRB, Mannheim, till 1987.
33. Schöning J., Stölzl D. and Wachholz W., HTR 500 – technical and safety concept, Atomwirtschaft, Aug/Sept 1985.
34. Bergerfurth A., Stress analysis of an HTR top reflector on the example of AVR reactor, JŰL-2147, July 1984.
35. Fritz R., Temperature and radiation induced stresses in the graphite structures of the THTR 300 prototype nuclear power plant, Jahrestagung Kerntechnik Germany, 1985.
36. NN, Chapter on graphite in: Modern power station particle, Vol. 7, Nuclear power generation, Pergamon Press, Oxford, New York, Seoul, Tokyo, 1992.
37. INET, Technical description of HTR-PM project, July 2007.
38. Siemens/Interatom, High-temperature reactor – model – power plant, Safety Report, Vol. 1–3, Nov. 1988.
39. Brown G., Coolant gas circuit, in: Poulter D.R., The design of gas-cooled graphite moderated reactor, Oxford University Press, London, New York, Toronto, 1963.
40. Smith L.W., Structural analysis, Reactor Handbook, Vol. IV, Engineering Interscience Publishing, A Division of John Wiley + Sons, New York, London, Sydney, 1964.
41. Titze H., Elements of building apparatus: principles, components, apparatus, Springer Verlag, Berlin, Heidelberg, New York, 1967.
42. Schwaigerer S., Strength calculations in the field of steam generators, vessel and pipe construction, Springer Verlag, Berlin, Heidelberg, New York, London, Hongkong, Paris, Tokyo, 1990.
43. Klapp E., Technology of components and plants, Springer Verlag, Berlin, Heidelberg, New York, 1980.
44. Kuβmaul K., Science of strength, MPA Stuttgart, Lectures at the University of Stuttgart.
45. AD-regulations, Cal Heymanns Verlag, Köln, Beuth Verlag, Berlin, 2002.
46. ASME, Boiler and pressure vessel code, section III, Nuclear Power Plants Components, 1971.
47. Bartholome G., Construction and fabrication of primary components, in Oldekopp W. (Edit.), Pressurized Water Reactors for Nuclear Power Plants, Verlag Karl Toierig, München, 1974.
48. Dorner H., Design and fabrication of large reactor pressure vessels, Atom und Strom, 17, 1971.
49. Bartholome G., Safety analysis of reactor pressure vessels, Nuclear Engineering and Design, 20, No. 1, 1972.
50. Schwalbe K.H., Fracture mechanics of metallic materials, Carl Hanser Verlag, München, Wien, 1980.
51. Emendörfer D., Höcker K.H., Theory of nuclear reactors, Vol. 1, 2, Wissenschaftsverlag, Bibliographisches Institute, Mannheim, Wien, Zürich, 1982.
52. Kuβmaul K., Föhl J., Embrittlement of reactor pressure materials by neutron irradiation, in: Kuβmaul K. (editor), Materials, Fabrication and Proof Tests of Pressurized Components of High-Power Steam Power Plants, Vulkan Verlag, Essen, 1981.

53. Steele L.E., Neutron irradiation embrittlement of reactor pressure vessels, IAEA, Technical Report Series No. 163, Vienna, 1975.
54. Nichols R.W., Watkins B., Steels, in: Poulter D.R. (editor), The Design of Gas-Cooled Graphite-Moderated Reactors, London, Oxford University Press, New York, Toronto, 1963.
55. Smidt D., Reactor technology Vol. 1,2, Verlag Braun, Karlsruhe, 1976.
56. Bohn T. (editor), Nuclear power plants, Handbook Series Energy, Technischer Verlag Resch, Verlag TÜV Rheinland, 1986.
57. Watanabe Y., Explosion of a reaction vessel during proof tests, Der Maschinenschaden, 56, Vol.3, 1983.
58. Harvey J.F., Theory and design of modern pressure vessels, Van Nostrand Reinhold Company, New York, Cincinatti, Toronto, London, Melbourne, 1974.
59. Lindackers H., Safety technology, Lecture, RWTH Aachen, 1995.
60. O'Neil R., The integrity of pressure vessels, in Farmer F.R. (editor), Nuclear Reactor Safety, Academic Press, New York, San Francisco, London, 1977.
61. GRS, German risk study nuclear power plants, Verlag TÜV Rheinland, 1980.
62. Kuβmaul K. (editor), Materials, fabrication and proof tests of pressurized components of high power steam power plants, Vulkan Verlag, Essen, 1981.
63. Ilg U., Progress in the program of surveilance for reactor pressure vessels, Atomwirtschaft, 52. Jg., Vol. 1, 2007.
64. Neumann G, Heidt K., Dumm K., Rothfuβ H., Pressure vessel unit of the modular high-temperature reactor power plant: design criteria and safety, Jahrestagung Kerntechnik, Nürnberg, 1990.
65. Kuβmaul K., The security of the primary enclosure, Atomwirtschaft, 33. Jg., Nr. 7/8, 1978.
66. Neef. H. J., Calculation of efficiency of absorber rods in high-temperature reactors, using transport-theoretical defined boundary conditions with a 3-dimensional diffusion program, JŰL-980-RG, July 1973.
67. Scherer W., Gerwin H. and Vogel H. et al, A comparison of absorber rod materials on the example of the 300 MW_{el}-THTR nuclear power plant, JŰL-1383, Feb. 1977.
68. Pohl P., Wimmers M., Schmidt G. and Jung H., Determination of the hot and cold temperature coefficient of reactivity in the AVR core, Nuclear Science and Engineering, April 1987.
69. Wimmers M. and Bergerfurth A., The physics of the AVR reactor, in: AVR experimental high-temperature reactor, VDI Verlag, Düsseldorf, 1990.
70. Wu Y.Q., Cheng Y.S. and Lu L., Two shutdown systems used for HTR-10 reactor and their safety analysis, Chinese Journal of Nuclear Science and Engineering, 13, 4, 1993.
71. Kröger W., Benefit of safety assessment, in: AVR experimental high-temperature reactor, VDI Verlag, Düsseldorf, 1990.
72. Baust E., First operation of THTR-300, Atomwirtschaft, Aug/Sept 1985.
73. Baust E., Rautenberg J. and Wohler J., Results and experience from the commissioning of the THTR-300, Atomkernenergie-Kerntechnik, Vol. 47, No. 3, 1985.
74. A. Kleine Tebbe, H. Ragoss, Influence of the strength of spherical fuel elements by conditions of the reactor operation, Carbon Conference 72, 1972.
75. Wahlen E., Blowers, shutdown rods, steam generator, in: AVR – Experimental High-Temperature Reactor, VDI Verlag, Düsseldorf, 1990.
76. Rohark G., et al, Drive for control rods for gas-cooled reactors, BBC-Nachrichten, Heft 3, 1978.
77. THTR project information on shutdown systems, HRB, Nr. 9, Nov. 1975.
78. Lange G., Böhlo D., Heim H. and Kleine Tebbe A., The experimental development and performance test of the pneumatic control and drive for THTR, IAEA-SM, 200/44, Oct. 1975.
79. Schröder B., Control and shutdown systems for THTR and HTR-Modul, AVR and AGR, Private Communication, 2000.
80. Südfeld, Technical realization of shutdown elements for a process heat reactor with central column, Report, RWTH Aachen, March 1990.
81. Merten C., Loadings on core wall and core bottom in a pebble-bed reactor during insertion of absorber rods, D4/6.
82. Hass H. and Fleischer M., Design of a spindle driven rotation rod for the pebble-bed reactor, German Reactor Meeting (KTG), 1978.
83. Wu Y. Q., Zhong D.X., Zhou H.Z. and Huang Z. Y., Design and tests for the HTR-10 control rod system, Nuclear Engineering and Design, 218, 2002.
84. Zhong H. Z., Huang Z. Y., Dai X. Z., Design and verification test of the small absorber ball system of the HTR-10, Nuclear Engineering and Design, 218, 2002.
85. Bülling D., Handtke H., Loading of spherical fuel elements, design and experiences, VDI-Fachtagung, Aachen, May 1989.
86. Wimmers M., Krüger K., Wahlen E., Experience with the new burnup measurement installation, KTG-Tagung, June 1983.
87. Handtke M. J. and Bülling H., Fuel feed system, design and experience, AVR Experimental High-Temperature Reactor, VDI-Verlag, Düsseldorf, 1990.
88. Bedenig D., Gas-cooled high-temperature reactors, Thiemig Verlag, München, 1972.
89. THTR project information on fuel handling systems, Nr. 6, HRB, Manheim, April 1985.
90. Ziermann E. and Ivens G., Fuel handling system, in: Final report on the power operation of the AVR experimental power plant, JŰL-3448, Oct. 1997.
91. Schulten R., et al, Fuel handling system for OTTO cycle, in: Industrial Nuclear Power Plant with High-Temperature Reactor PR 500 OTTO Principle: for the Production fo Process Steam, JŰL-941-RG, 1973.
92. Rysy W., The transport of fuel elements by gravity and pneumatics in the fuel handling system of a pebble-bed reactor, Dissertation RWTH Aachen, Jan. 1971.
93. Thomas H. R., Improvements of principles and construction of the fuel element handling system of the high-temperature reactor, JŰL-2113, Jan 1987.
94. Bialuschewski H., The AVR fuel handling system, Atomwirtschaft, Heft 5, 1966.
95. Liu J. G., Xiao H. L. and Li C. P., Design and full-scale test of the handling system, Nuclear Engineering and Design, 218, 2002.
96. Hohn H., Fröhling W., Kugeler M., Piontek M. and Kleine-Tebbe A., Deloading of fuel elements with pneumatic driven vertical disloading pipes, Jahrestagung Kerntechnik, Germany 2001.
97. Gerhards E., Measurement of the status of burnup of spherical fuel elements of HTR-Modul reactor, Dissertation RWTH Aachen, Dec 1992.
98. Van Heek A., Fuel loading system for the pebble-bed reactor, FZJ-report, 4. 1990.
99. Kugeler M., Fuel element discharge in pebble-bed reactors, Lecture in FZJ, Sept. 2009.
100. Hohn H., Fröhling W., Kugeler M., Piontek M. and Kleine-Tebbe A., Deloading of pebble-bed fuel elements with pneumatic operated vertical devices, Jahretagung Kerntechnik, Germany 2001.
101. THTR nuclear power plant Hamm Uentrop data of control in nuclear power plants, Nr. 18, Verein Deutscher Ingenieure/Verband Deutscher Elektrotechniker, BWK, Bd. 85, Nr. 9, Sept. 1991.
102. Yamagishi H., Wakayama N., Itoh H., Sakasan K., Brixy H., Oehmen J., Hecker R. and Handtke H. J., Measurement of neutron flux in the AVR, JŰL-2467, Apr. 1991.

氦回路中的设备

摘　要：用于产生蒸汽的HTR一回路氦系统主要包括：热气导管、蒸汽发生器、氦风机和冷气导管，以及作为热源的核反应堆。另外，还必须配备一个氦净化系统。

已有的各种氦回路已成功运行多年。目前已知的氦技术包括如传热、阻力损失、系统的密封性、杂质引起的摩擦、磨损与腐蚀等所有重要的方面，并且也都有合适的解决方法。本章将对一些主要的设备进行详细的分析和讨论。热气导管可以采用已经长期运行过的具有较低热损失、较小阻力降的同心套管，以及绝热层和内衬系统加以实现。适用于热气导管和蒸汽发生器传热管的高温合金可以设计成满足设备整个预期运行寿命的材料。蒸汽发生器的热工-水力设计和机械分析表明，特别是螺旋管式热交换器，可将其设计用于产生高温蒸汽并具有很高的安全因子。本章也将介绍这些设备设计和运行的具体方面和现有的经验，并给出所有问题的解决办法。氦风机是氦循环过程中克服阻力损失必不可少的设备，可采用多种设计原理实现其功能。对于模块式HTR，电驱动的一级径向压缩风机已具有广泛的应用基础，并具有容量足够大的优点。氦循环的一个很重要的方面是在运行期间需建立一个合适的氦气氛环境。对杂质的含量要严格加以限制，以防止燃料元件的石墨基体和堆内构件受到太多的腐蚀。为此，氦回路中配置了一个氦净化系统，用以降低杂质和粉尘的含量。在早期的设计中曾考虑过要去除放射性物质，但自从采用了非常致密的TRISO包覆颗粒后，就没有必要了。各种氦辅助系统，如用于氦风机密封气体的供气系统、燃料装卸系统的氦气供应系统，以及氦气的储气系统等对于一座HTR电厂的运行是必要的。在一些电厂中用于衰变热载出的氦回路及其设计是我们需要关注的另一个问题。这类系统的设计条件类似于蒸汽发生器/氦风机回路的设计条件。氦回路需要有对温度、压力、压差、质量流量和气体品质的各种参数进行测量的装置。尤其是对氦气中水含量的测量要特别加以关注，因为这个测量涉及与进水事故相关的早期安全性探测。

关键词：氦气一回路；热气导管；绝热；高温合金；蒸汽发生器热工-水力学分析；蒸发的稳定性；机械设计；蒸汽发生器；氦风机；氦风机设计原理；成熟的氦风机技术；气体净化系统；氦气氛；氦辅助系统；氦气中的测量；用于衰变热载出的氦回路

6.1　概述

以HTR-PM为例，对模块式HTR电厂的氦回路作基本介绍，其主要设备包括热气导管、蒸汽发生器和氦风机。此外，气体净化系统、氦储存和氦供应系统也是氦回路中很重要的设备，如图6.1所示。

氦气流过堆芯被加热后进入反应堆底部的热气腔室，再通过同心热气导管进入蒸汽发生器。在蒸汽发生器中，热的氦气(750℃)流过蒸汽发生器管束进入蒸汽发生器的底部。在蒸汽发生器内氦气被冷却到250℃，从这里流过蒸汽发生器压力壳和蒸汽发生器套筒之间的环形空间进入氦风机，氦风机设置在蒸汽发生器的上部。经氦风机升压后的氦气通过同心热气导管的外环进入反应堆压力壳。氦气再经过反应堆压力壳的内侧向上流动到堆芯的顶部。所有一回路压力边界的设备均用250℃的氦气进行冷却。氦气从堆芯顶部的冷氦气通道流过顶部反射层重新进入堆芯。氦气质量流量由下面的关系式给出：

$$\dot{m}_{\mathrm{He}}=P_{\mathrm{th}}/[c_{\mathrm{p}}\cdot(\overline{T}_{\mathrm{out}}-\overline{T}_{\mathrm{in}})],\quad P_{\mathrm{th}}=P_{\mathrm{el}}(\mathrm{net})/\eta_{\mathrm{tot}} \tag{6.1}$$

$$\eta_{\mathrm{tot}}=\prod_i\eta_i=\eta_{\mathrm{th}}\cdot\eta_{\mathrm{SG}}\cdot\eta_{\mathrm{mech}}\cdot\eta_{\mathrm{gen}}\cdot\eta_{\mathrm{deliv}} \tag{6.2}$$

其中，η_{tot}是电厂的总效率，包括电厂热工-水力循环的效率η_{th}、蒸汽发生器的效率η_{sg}、汽轮机的效率η_{mech}、

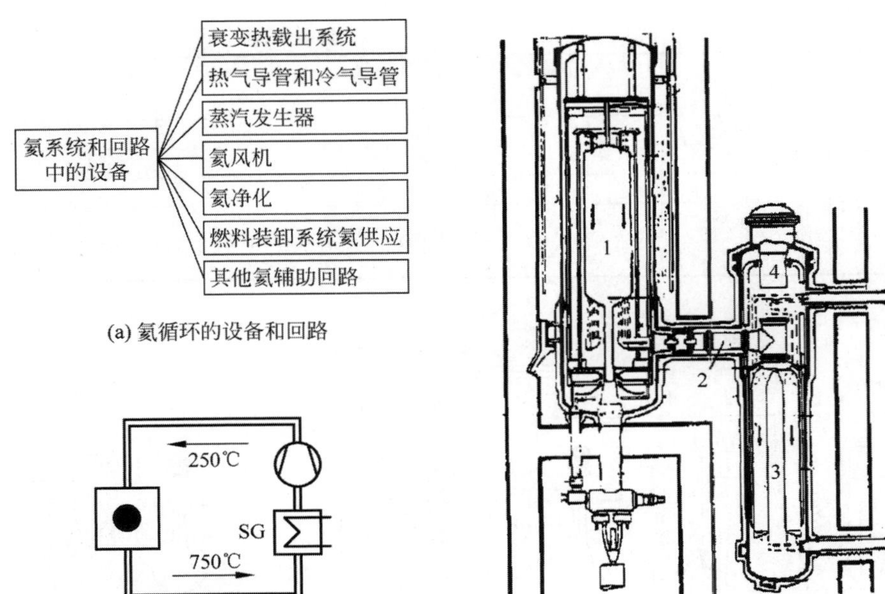

(a) 氦循环的设备和回路

(b) 氦循环的流程

(c) HTR-Module设备的布置

图 6.1　氦循环中的设备和回路

1—反应堆；2—同心热气导管；3—蒸汽发生器；4—氦风机

发电机的效率 η_{gen} 及电厂本身消耗所占的份额 η_{deliv}。我们得到的总效率 η_{tot} 大约为 41%。

对于与 HTR-PM 类似的模块式 HTR，堆芯中的典型参数如下：$P_{th}=250\text{MW}$，$c_p=5.19\text{kJ}/(\text{kg}\cdot\text{K})$，$\overline{T}_{out}=750℃$，$\overline{T}_{in}=250℃$，$\dot{m}_{He}=96.2\text{kg/s}$。

对于每个流道，氦气的体积流量和流速可以按如下方程计算：

$$\dot{V}=\dot{m}/\rho \tag{6.3}$$

$$\rho=\rho_0\cdot p/p_0\cdot T_0/T,\quad \dot{m}=\rho\cdot A\cdot v \tag{6.4}$$

其中，A 是流道的面积，v 是氦气的流速。对于敏感部件，必须要对流速加以限制，一方面是为了限制其阻力降，另一方面也是为了避免引起流致振动。在堆芯中，氦气的温升实际上就是蒸汽发生器中氦气冷却的温降。在热气导管中，热氦气的热损失应当非常小，因而要求热气导管具有很好的绝热性能。目前，各种 HTR 电厂中的氦回路均在高温下运行，很多专门技术已非常成熟，除了热工-水力方面的特性之外，还包括干氦气中摩擦力的增强、高温下杂质的腐蚀及高温部件的设计。

用于不同用途的更大规模的实验装置提供了更多的技术信息，现在，可将这些信息用于有关氦的各项技术中。表 6.1 给出了一些反应堆和大型设施的氦循环的主要数据。图 6.2 给出了目前已经运行或者已有详细设计计划的 HTR 电厂中采用的氦循环的典型流程图，可以看出，氦气作为冷却剂用在核技术中具有很大的灵活性。目前主要用于蒸汽循环，在氦回路中可以不采用或者采用中间加热的方式。作为一种未来可能的应用，采用多级压缩的气体透平循环（布雷顿循环）已实现，如在 EVO 电厂中。在这个循环过程中需要使用的一些设备也可用于联合循环。

表 6.1　氦冷核反应堆和大型氦实验装置的氦循环数据

		热功率 /MW	氦入口温度 /℃	氦出口温度 /℃	氦气压力 /MPa	氦气质量流量 /(kg/s)	热的利用
反应堆	UHTREX	3	870	1300	3.5	1.25	实验装置
	AVR	46	275	950	1.1	13	蒸汽循环
	THTR	750	250	750	4.0	288	蒸汽循环
	Dragon	20	350	750	2.0	9.6	水冷
	Peach Bottom	115	344	770	2.4	52.8	蒸汽循环
	FSV	842	400	770	5.0	438	蒸汽循环
	HTR-10	10	250	750	3.0	4.3	蒸汽循环
	HTTR	30	385	850	4.0	12	蒸汽循环
	HTR-PM	250	250	750	7.0	96.2	蒸汽循环
	PBMR	400	500	900	9.0	192.5	布雷顿循环

续表

		热功率/MW	氦入口温度/℃	氦出口温度/℃	氦气压力/MPa	氦气质量流量/(kg/s)	热的利用
大型实验装置	HHV	45(电功率)	415	850	6.0	200	部件实验
	EVO	150	450	750	3.0	84	布雷顿循环
	KVK	10	250	950	4.0	3	部件实验
	EVA Ⅱ	10	250	950	4.0	3	蒸汽重整器实验

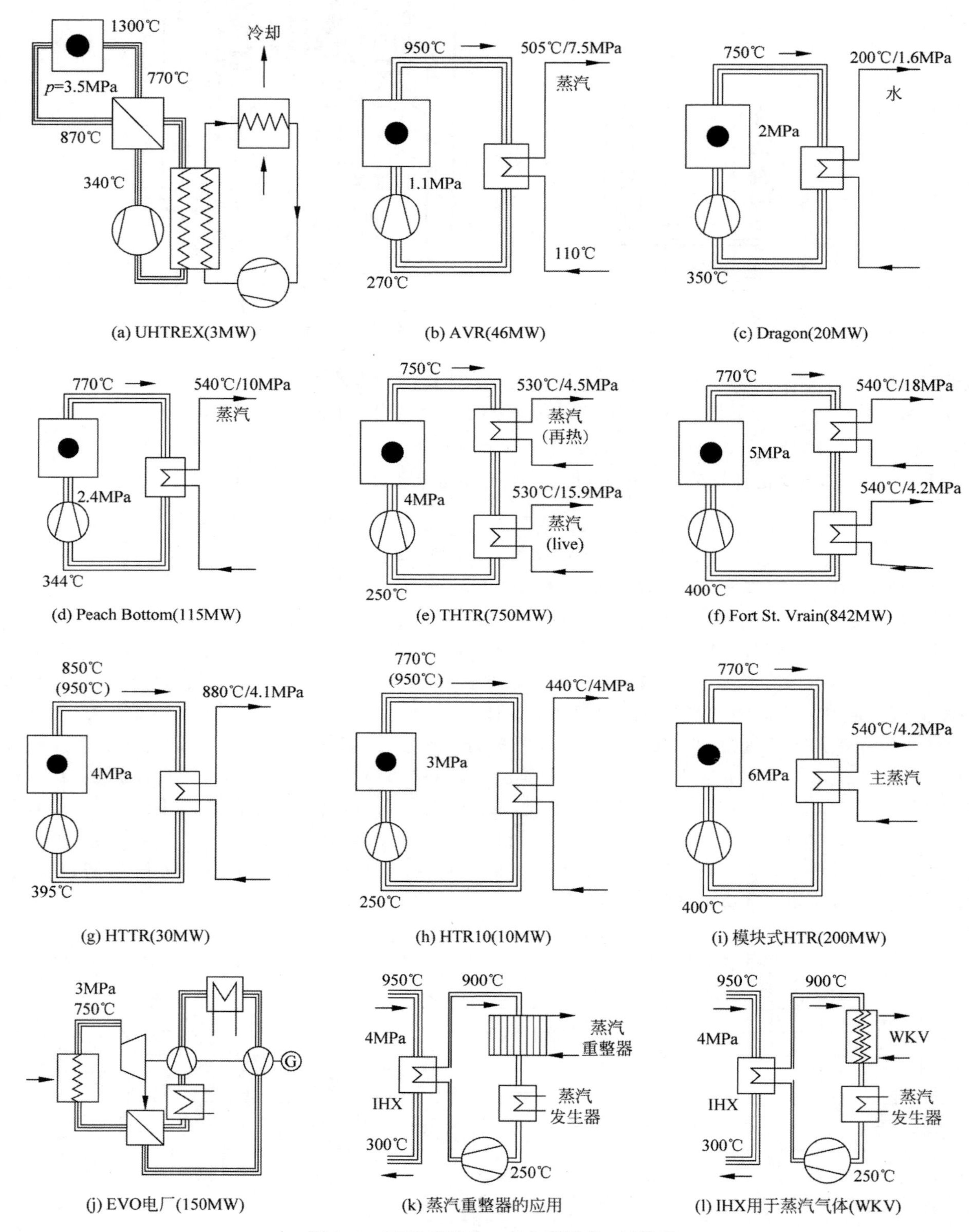

图 6.2 HTR 系统的一些典型流程：氦循环

未来高温核工艺热应用需要采用中间换热器(IHX)和用于制氢的蒸汽重整器,这些设备已在 KVK 和 EVA Ⅱ电厂中进行过实验。图 6.2 为这些装置的氦回路示意图。在这些实验装置中,对可进一步应用于 HTR 的很多设备进行了实验,实验结果对于评估 HTR-PM 技术是很有价值的。相关的主要设备包括热气导管、高温氦气阀门、蒸汽发生器、蒸汽重整器、高温应用的中间换热器和氦风机。除此之外,对气体净化系统,氦气中的测量装置,轴承、密封、转动贯穿和电气贯穿等很多专门的设备也都积累了广泛的认识。所有这些对于氦循环部件的设计和评估均是很有必要的。

当然,所有这些设备必须要从申请许可证条件和对核电厂的安全性方面加以考虑。从目前已取得许可证和至今正在运行的 HTR 电厂已经获得了这方面的基础。这里还需指出的是,正在进行相关研发的国家积累的经验是不相同的,因为法规和申请许可证的条件与各个国家的国情相关。

6.2　热气导管

6.2.1　设备简介

热气导管采用同心导管的结构,将热氦气由反应堆输送到蒸汽发生器。图 6.3 给出了模块式 HTR 中采用的概念。表 6.2 给出了一些重要数据。在 HTR-PM 中,热氦气的温度为 750℃,所以对技术的实现性、安全性及该部件在大约 40 年寿命期间的可靠运行均具有很高的要求。

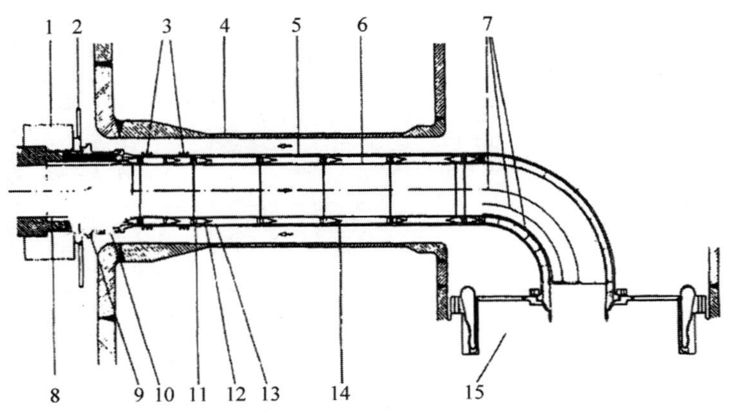

图 6.3　HTR-Module 的热气导管(热功率为 200MW)

1—石墨结构；2—堆芯筒；3—膨胀节；4—连接壳；5—支撑管；6—金属内衬；7—导向板；8—石墨管；9—中间法兰；10—纤维绝热；11～13—绝热材料；14—金属板；15—蒸汽发生器

表 6.2　同心热气导管数据

参　数	HTR-Module	HTR-PM	HTR-10
氦气质量流量/(kg/s)	84.5	96.3	4.3(2.8)
热氦气温度/℃	700	750	700(950)
氦气压力/MPa	6	7	3
导管直径/m	0.75	0.75	0.304
导管长度/m	5.5	6	5
氦气流速(热)/(m/s)	57.7	59	14.7
绝热层厚度/mm	150	150	～150
冷氦气温度/℃	250	250	250
内衬材料	Incoloy 800	Incoloy 800	Incoloy 800
绝热层材料	Al_2O_3/SiO_2	Al_2O_3/SiO_2	Al_2O_3/SiO_2

典型的热气导管采用同心导管的设计,中心管是热氦气的流道,外层套管是 250℃冷氦气的流道。热、冷流道两侧的压差很小,在正常运行时反应堆内阻力降大约在 0.1MPa 这一量级。热气通道中有一个有效的内绝热层和一个金属内衬,用以限制热损失和旁流(图 6.4)。这个设计必须能够承受失压事故,并且要尽

可能地减少阻力降，另外，还需限制从热气向冷气传热引起的热损失。

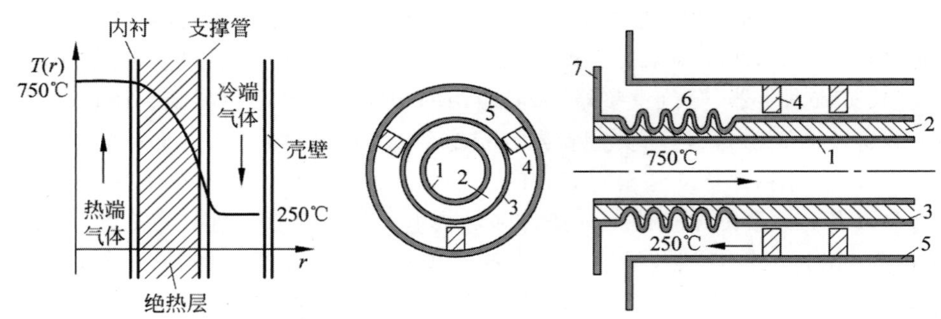

图 6.4　同心热气导管的原理设计

1—热氦气管金属内衬；2—绝热层；3—热氦气承压管；4—支撑件；5—冷氦气承压管；6—膨胀节；7—堆芯连接部

热气导管必须要满足很多要求，需要考虑很多方面。图 6.5 给出同心导管在设计方面的一些概况。除了热工-水力学和机械方面之外，需要满足的要求主要来自于几十年运行经验的积累。

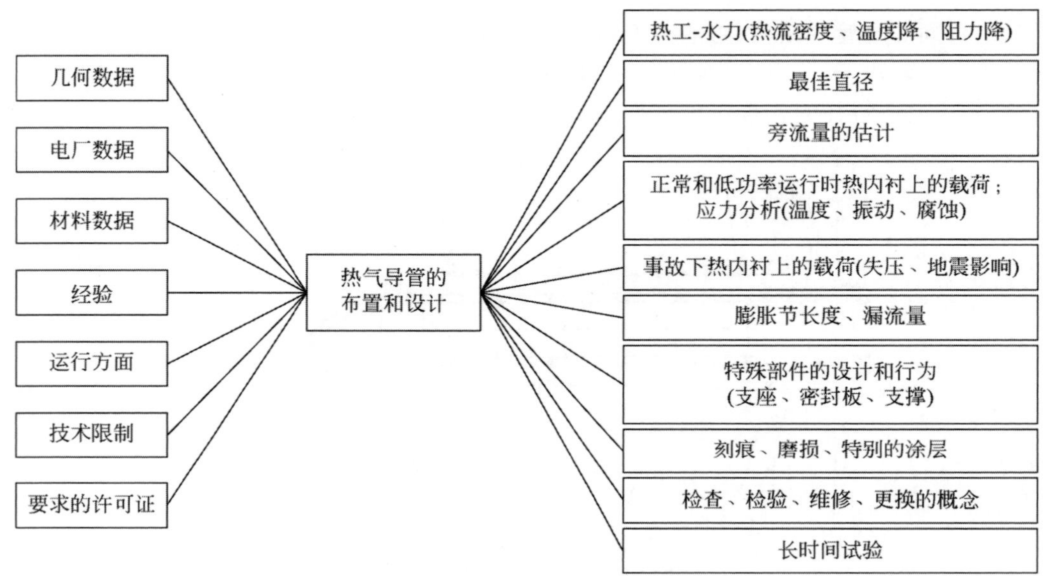

图 6.5　同心导管的设计

热气导管必须要设计成能够避免由太高氦气流速引起的振动，并且必须要能承受附加的机械载荷，如严重地震带来的载荷。设计必须能够补偿热、冷状态的膨胀差，并且可以承受电厂变负荷运行 1000 次的载荷变化。另外，还需要设计特别的支撑件以保持热气导管在压力壳内相关部件上的定位，以及设计特殊的连接装置，将热气导管连接到堆芯结构上。设计时，要求堆芯的连接必须足够严密，并且能够在瞬态过程中允许发生热效应的变化。

同心导管已在几座气冷核电厂和大型氦实验装置上得到成功应用。同心导管也是一些常规商业气体透平电厂在非常高的温度下通常采用的技术。

可以采用如下表达式来表示管道中的一维流动：

$$\dot{m} \cdot \frac{\mathrm{d}v}{\mathrm{d}z} + A \cdot \frac{\mathrm{d}p}{\mathrm{d}z} + \frac{1}{2} \cdot \rho \cdot v^2 \cdot f = 0 \tag{6.5}$$

$$\dot{m} = \rho \cdot v \cdot A \tag{6.6}$$

对于理想气体，可以采用的关系式为

$$p = \rho RT, \quad \rho(T, P) = \rho_0 \cdot P / P_0 \cdot T_0 / T \tag{6.7}$$

采用简单的估计可以了解热气导管中的重要参数，如流速、阻力降、温降和向冷氦气的传热。对于热气导管的氦气流速，可以采用如下方程来获得：

$$v_{He}(T,p)=\frac{1}{A_{fr}}\cdot\frac{P_{th}}{\rho_0(T_0\cdot p)/(T\cdot p_0)\cdot c_p\cdot(T_{out}-T_{in})} \tag{6.8}$$

其中，ρ_0 为氦气的标准密度；A_{fr} 为热气导管的自由流动截面；P_{th} 为热功率；p_0 为标准压力；T_0 为标准温度；$T_{out}-T_{in}$ 为氦气在堆芯中的温升限值；c_p 为氦气的比热；p 为热气导管内氦气压力；T 为热气导管内氦气温度。

以 HTR-PM 为例，根据氦气在堆芯入口和出口的状态，采用上述方程可以得到热气导管中流动的参数：$P_{th}=250\text{MW}$，$T_{out}-T_{in}=500℃$，$\rho_0=0.18\text{kg/m}^3$，$p/p_0=70$，$c_p=5.19\text{kJ/(kg}\cdot\text{K)}$，$T_0=273\text{K}$，$A_{fr}=0.75\text{m}^2$，$v_{He}=38\text{m/s}$(热气导管内)。

这样的流速不会导致热气导管发生任何问题，特别是由摩擦引起的阻力降仍留有裕量。在部件中由摩擦、弯曲和碰撞损失引起的阻力降可以计算如下

$$\Delta p_i=\frac{1}{2}\cdot\frac{\dot{m}^2}{\rho_i\cdot A_i^2}\cdot\left(\xi_i+\varphi_i\cdot\frac{L_i}{d_{H_i}}\right) \tag{6.9}$$

其中，ξ_i 为流动的转向或变化(膨胀/收缩)；φ_i 为摩擦系数；L_i 为流道长度；A_i 为流道面积；d_{H_i} 为水力直径($d_{H_i}=4\cdot A/C=4\times$流道截面/湿周长)；$p_i$ 为入口压力。

这些方程的计算必须包括热气导管中的所有部分，即中心的热气通道、冷气环管、与堆芯和蒸汽发生器相连的连接件。

质量流量由下面的方程确定：

$$\dot{m}=\rho\cdot v\cdot A=\rho\cdot v\cdot\frac{\pi D^2}{4} \tag{6.10}$$

对于热气导管，阻力降是一个很重要的影响因素，可按下面的方程计算：

$$\Delta p=\varphi\cdot\frac{L}{D}\cdot\frac{\rho}{2}\cdot v^2=\varphi\cdot\frac{L}{D^5}\cdot\frac{\dot{m}^2}{\rho}\cdot\frac{8}{\pi^2} \tag{6.11}$$

各个雷诺数范围内的摩擦系数一般由下面的方程给出：

$$\begin{cases}\varphi=64/Re, & Re\leqslant 2320\\ \varphi=0.3164/Re^{0.25}, & 2320<Re<10^5\\ \varphi=0.0054+0.3964/Re^{0.3}, & 10^5<Re\end{cases} \tag{6.12}$$

雷诺数表示由惯性和黏度引起的力的比值，可以由下面的方程确定：

$$Re=v\cdot\rho\cdot D/\eta \tag{6.13}$$

采用前面给出的数据计算得到的热气导管的阻力降是很小的，仅为 0.01MPa。采用如图 6.6 所示的简单模型可以得到热氦气通过同心套管载出的热量和温降。热气导管的绝热性能是一个重要的参数，它影响热的损失和温度的分布。

冷氦气从热气导管的外部环管逆向流动，在较低的温度下运行。

热气导管在 z 位置处体积单元的能量平衡如下：

$$\dot{m}\cdot c_p\cdot[T(z+\mathrm{d}z)-T(z)]=-k\cdot\pi d_a\cdot(T-T^*)\cdot\mathrm{d}z \tag{6.14}$$

其中，k 是总的换热系数，d_a 是冷氦气通道的直径，T^* 是热气导管外环管外的环境温度。

根据泰勒级数展开 $T(z+\mathrm{d}z)$并去掉第 1 项后，可得热气流道中温度的微分方程为

$$\frac{\mathrm{d}T}{T-T^*}=\frac{-k\cdot\pi d_a}{\dot{m}\cdot c_p}\cdot\mathrm{d}z=-\beta\cdot\mathrm{d}z,\quad \beta=\frac{k\cdot\pi d_a}{\dot{m}c_p} \tag{6.15}$$

在 $T(z=0)=T_0$ 条件下进行积分，可以得到：

$$T-T^*=(T_0-T^*)\cdot\mathrm{e}^{-\beta z}\approx(T_0-T^*)\cdot(1-\beta z) \tag{6.16}$$

这意味着热氦气流过长度为 L 的热气通道后温度由 T_0 下降到 $T(L)$：

$$T(L)\approx T^*+(T_0-T^*)\cdot(1-\beta L) \tag{6.17}$$

在采用有效绝热的情况下，热损失与传输热量相比是很小的，因而，$\mathrm{e}^{-\beta z}$ 的线性近似是成立的。

采用高性能的绝热材料、使用较短的管道(一般为几米)时，热损失大约在几度范围内。氦气沿管道的总热损失可以按如下的关系式确定：

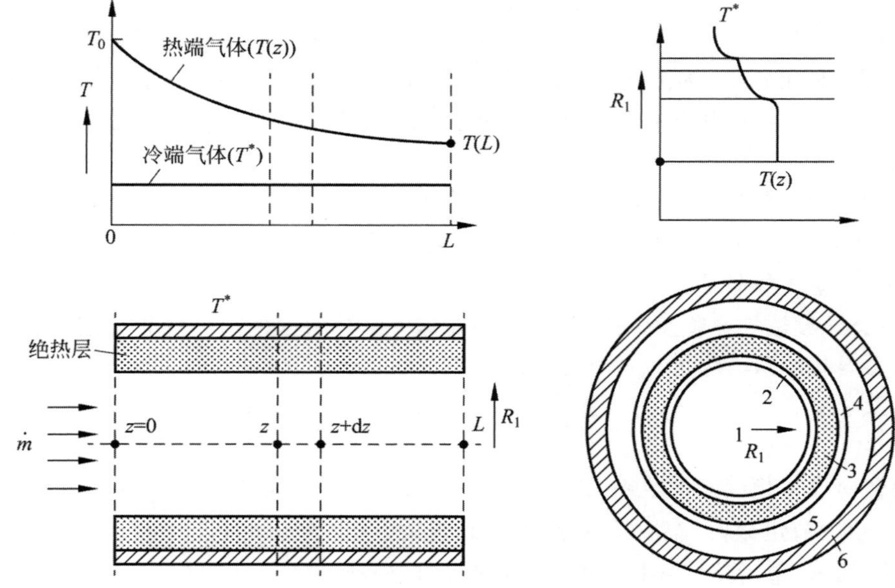

图 6.6　计算同心导管温度和热损失的模型

1—热氦气；2—内衬；3—绝热层；4—支撑管；5—冷氦气；6—压力边界

$$\dot{Q}_{\mathrm{v}}=\int_{0}^{L} k \cdot \pi \cdot d_{\mathrm{a}} \cdot\left[T(z)-T^{*}\right] \cdot \mathrm{d} z \tag{6.18}$$

这一损失必须按照发电效率的损失进行估计，因为这部分热是被热气导管外环管的冷氦气回收的。当然，若在详细的分析过程中对阻力损失进行更精确的计算，则沿热气导管的温度变化也必须要考虑进来。

从热侧到冷侧的平均热流可以估计为

$$\overline{\dot{q}''}=k \cdot\left(\bar{T}_{\mathrm{hot}}-\bar{T}_{\mathrm{cold}}\right) \tag{6.19}$$

$$\frac{1}{k} \approx \frac{1}{\alpha_{\mathrm{He(hot)}}}+\frac{1}{\lambda_{\mathrm{iso}} / S_{\mathrm{iso}}}+\frac{1}{\alpha_{\mathrm{He(cold)}}} \tag{6.20}$$

热阻 $1/k$ 主要指绝热层中的热阻。对于 HTR-PM 的热气导管，绝热层的导热系数 $\lambda_{\mathrm{iso}} \approx 0.5 \mathrm{W/(m \cdot K)}$，绝热层的厚度 $S_{\mathrm{iso}} \approx 0.15\mathrm{m}$，于是可得热流密度 $\overline{\dot{q}''} \approx 1.7\mathrm{kW/m^2}$。由表 6.3 中的几何参数可知，向冷气侧传输的总热量大约为 24kW。

表 6.3　各个 HTR 电厂热气导管的数据

参　　数	AVR	THTR	模块式 HTR	HTR-10	HTR-PM
热气导管的概念	流过顶部反射层	绝热导管	同心套管	同心套管	同心套管
回路功率/MW	46	125	200	10	250
回路数	1	6	1	1	1
热氦气温度/℃	950	750	700	700(950)	750
冷氦气温度/℃	275	250	250	250	250
氦气压力/MPa	10.8	4.0	6.0	3.0	7.0
每个回路氦气质量流量/(kg/s)	12.6	49	85.5	4.3	约 96
氦气流速(热)/(m/s)	30	50	65	40	66
热气导管直径/m	$<1\mathrm{m}^2$	$<1\mathrm{m}^2$	0.75	0.304	0.75
热气导管长度/m	约 2	约 2	约 5.5	5	约 6
绝热层	无	金属箔	纤维	纤维	纤维
膨胀节	无	无	膨胀节	膨胀节	膨胀节

如果是在中间氦循环，或者是在蒸汽长距离输送的情况下，沿热气导管的温度变化可能会非常显著，因此，必须评估这一积分值：

$$\Delta p=\int_{0}^{L} \frac{\partial p(T(z))}{\partial z} \cdot \mathrm{d} z \tag{6.21}$$

在式(6.21)中，$\frac{\partial p(T(z))}{\partial z}$的形式如下：

$$\frac{\partial p(z)}{\partial z}=\varphi(z)\cdot\frac{1}{D^5}\cdot\frac{\dot{m}^2}{\rho(z)}\cdot\frac{8}{\pi^2} \tag{6.22}$$

特别地，$\rho(z)$可以随温度和压力的分布发生变化。

在气冷反应堆中，存在一个流程的技术经济最优化问题。其中，热气导管直径 D 的选择就是最优化的一个很好的例子。一个管道的直径为 D，流体介质流过这个管道会产生阻力损失。考虑到风机的效率为 η_c，于是得到风机为这个阻力降 Δp 提供的功率为

$$\Delta P_c\approx\dot{m}\cdot\frac{\Delta p}{\rho\cdot\eta_c}\approx\frac{1}{D^5}\cdot\frac{1}{\rho} \tag{6.23}$$

相应地，每年用于唧送这个能量的运行成本为

$$K_{\text{operat.}}=\int_0^{1a}\Delta P_c\cdot x_{\text{el}}\cdot \mathrm{d}t=\frac{c_1}{D^5}\cdot\frac{1}{\rho}\cdot x_{\text{el}}\cdot T \tag{6.24}$$

其中，x_{el} 是电价，T 是每年等效满功率运行的小时数。电厂的投资成本 K_{inv}一般也是随着 D 的增加而增长的。这里，作为一级近似，可以假设 K_{inv} 与 D 具有线性的依赖关系：

$$K_{\text{inv}}(D)=K_{\text{inv}}^0(1+\alpha D) \tag{6.25}$$

由此可以得出这一项每年的资本成本为

$$K_{\text{cap}}(D)=K_{\text{inv}}(D)\cdot\bar{\alpha}=K_{\text{inv}}^0(1+\alpha D)\bar{a} \tag{6.26}$$

其中，$\bar{\alpha}$ 是资本的贬值和利息，它还包括保险、税收和维修。所以，包括热气导管和风机功率的总运行费用可由下面的方程给出：

$$K_{\text{tot}}(D)=\frac{c_1x_{\text{el}}T}{\rho D^5}+c_2+c_3\alpha\cdot\bar{\alpha}D,\quad c_2=K_{\text{inv}}^0\cdot a \tag{6.27}$$

最优直径的选择由下面的关系式导出：

$$\partial K_{\text{tot}}/\partial D=0,\quad \partial^2K_{\text{tot}}/\partial D^2>0 \tag{6.28}$$

$$D(\text{optim})\approx\sqrt[6]{\frac{5c_1x_{\text{el}}T}{c_2\rho\alpha\bar{\alpha}}} \tag{6.29}$$

因此，当 x_{el} 和 T 较高时，将选择较大的流道截面；而在 α 和 $\bar{\alpha}$ 较高时，将选择较小的流道截面。另外，对于 D_{opt} 或 $v_{\text{He,optim}}$，存在技术上的限制。例如，应避免由较高的流速引起的振动和腐蚀。如果选择的流道直径过大，那么对于其中一些部件实施起来则不尽合理。热气导管与反应堆压力壳和蒸汽发生器压力壳的连接就是一个典型的例子。

如果在反应堆压力壳或蒸汽发生器压力壳的壁面上设计一个非常大的管嘴，那么这个部位的壳壁就必须要加厚。对于这个问题，也必须在进行优化分析时就加以考虑，原则上应限制采用较大的管嘴直径。

对于热气导管、高温蒸汽或者高温产品气体输送系统的绝热层厚度的选择，也存在类似的最优选择的问题。而关于绝热，也必须考虑给定一个限制的厚度，具体原理上的分析上文已给出，这里不再赘述。

表 6.3 给出的各个 HTR 电厂热气导管的数据表明，与热气导管相关的很多概念化技术已实现并经过了实际运行的验证。特别是，HTR-PM 反应堆的质量流量和热氦气的温度与提供的经验值很接近。

其他原理的热气导管也已实现并且非常成功地运行了很多年，例如，前面提到的 AVR 中的热气导管已得到成功地应用。在这座反应堆内，热的氦气通过石墨和碳砖结构从堆芯流到蒸汽发生器。热的氦气流经顶部反射层，顶部反射层中含有径向通道，氦气流过径向通道以 950℃的平均温度进入蒸汽发生器，在这个高温部位不存在金属部件。在龙堆和匹茨堡堆中，采用了同心导管，高温氦气通过同心导管从堆芯流到蒸汽发生器。在 HTTR 和 HTR-10 中，采用了目前大家熟知的正在运行的实验性 HTR 采用的原理。对于新的 HTR 概念化反应堆——PBMR，HTR-PM，GAC 600，计划采用由冷氦气逆向流动进行冷却的同心导管的方案。至于应考虑的氦气温度问题，在 HTR-PM 中可以将热的氦气设定为 750℃，这一技术已较为成熟。在 HHV 电厂和 KVK 装置中，氦气的温度非常高，设计让其流过外部包有绝热层的热气导管也非常成功。

6.2.2 技术方面

高效且适宜的绝热层是热气导管传输750℃氦气的前提条件。对于绝热，有多种可能的选择：

- 金属箔绝热；
- 纤维绝热；
- 陶瓷系统；
- 纤维材料和陶瓷块组成的系统。

在一些AGR电厂和THTR中，采用金属箔绝热已经成功运行了很多年。图6.7(a)所示为这一概念，即将很多金属箔叠放在一起，从而实现了一个实际上保证氦气不流动的系统。图6.7(b)和(c)给出了金属箔绝热上热导的测量结果。热导与金属箔的层数有关，并且在大约750℃应用时有限制。该绝热系统在THTR的6个热气导管上使用，这是以AGR电厂运行中获取的广泛经验为基础的，且仅用到650℃。

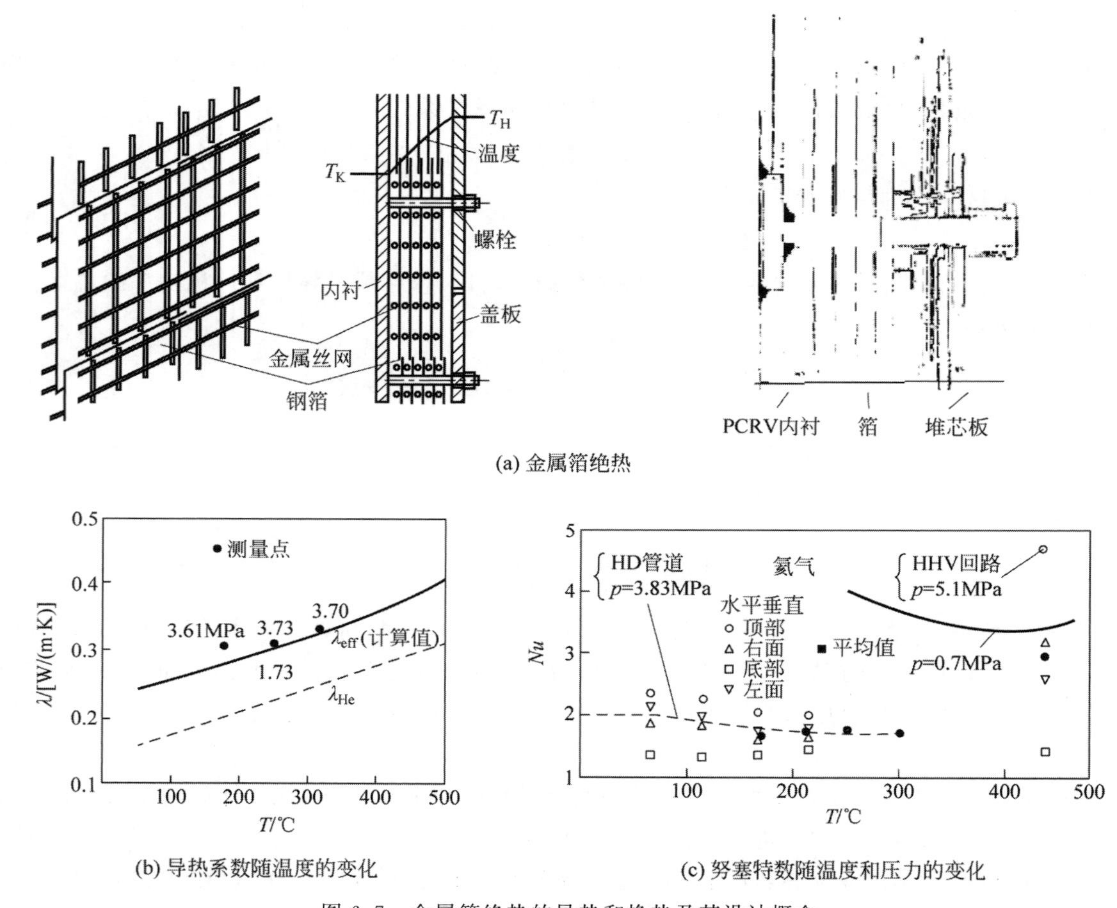

图6.7 金属箔绝热的导热和换热及其设计概念

导热系数随温度和金属箔的层数发生变化。导热的主要因素是内部传热，因此必须选取合适的内部层间结构单元来避免内部传热。采用该绝热系统时，250℃的典型导热系数为0.3W/(m·K)。

这种类型的绝热已应用于THTR的热气导管，并且几十年来还以多种几何形状应用于AGR电厂的整个壳的内衬上。图6.8给出了THTR中这些技术方案的详细情况。例如，THTR的每块板上覆盖有5层金属箔，表面用Incoloy 800加以覆盖和固定。运行3年之后，期间经历了很多次不应有的快速温度瞬态，一些螺栓受到了损坏(2300个螺栓中有25个)。这并不会对进一步的运行产生重要的影响，但是这也表明，在设计中应对热瞬态给予特别的关注。由此还可以得出：用于固定覆盖板的中心螺栓似乎并不是必要的。

图6.9给出了英国AGR电厂采用的金属箔绝热的一些更为详细的情况。反应堆的整个内表面均用金属箔覆盖加以绝热，并与内衬的冷却结合在一起对混凝土结构加以保护。

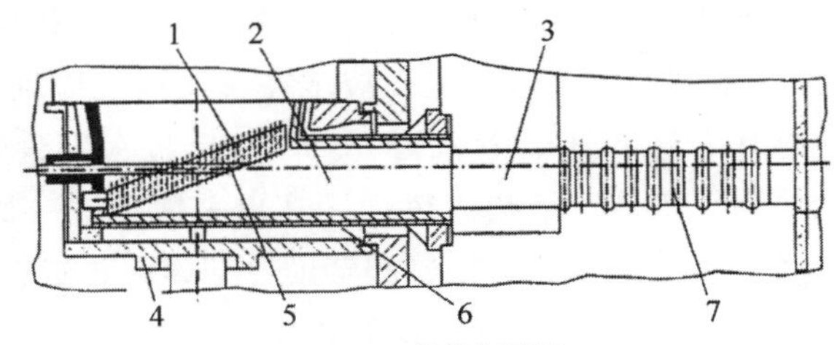

(a) THTR的热气导管

(b) THTR热气导管的视图
(堆芯底部的热气腔室的方向)

(c) THTR热气导管的视图(前面部分)

图 6.8　THTR 的热气导管

1—带钻孔的钢板；2—热气导管；3—反射层；4—铸钢结构；5—热电偶；
6—绝热(金属箔)；7—热气通道的石墨柱

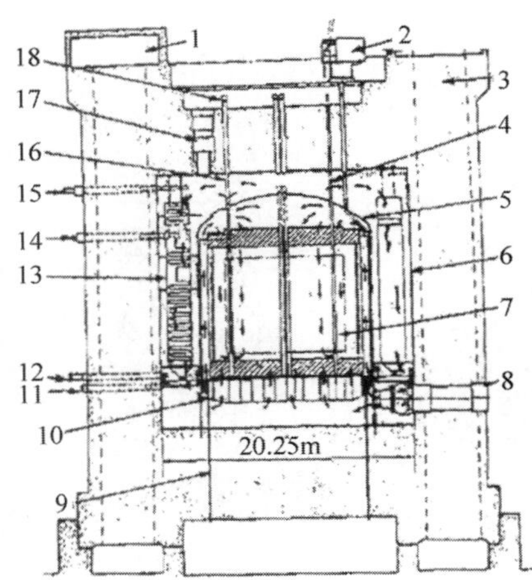

(a) 一回路在PCRV大腔体中的布置

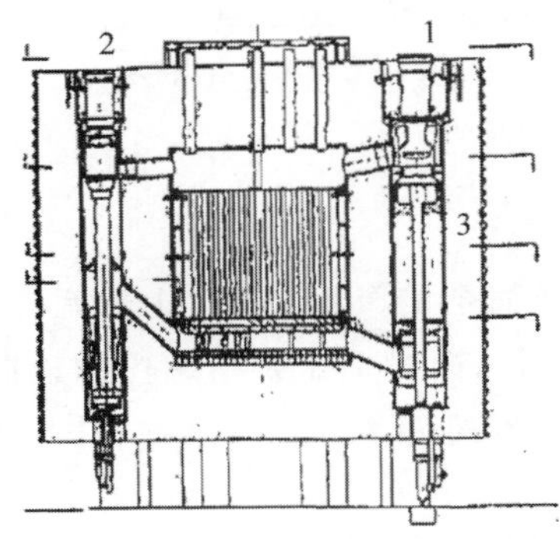

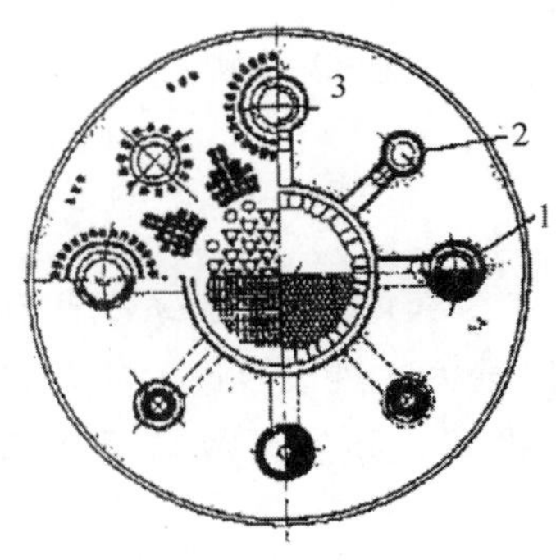

(b) PCRV内套装壳中蒸汽发生器、辅助冷却回路和氦风机的布置

图 6.9　具有金属箔绝热层的 AGR 电厂

(a) 1—通道；2—在役检查设备；3—预应力钢索；4—控制组件；5—挡气板；6—内衬绝热；7—石墨结构；8—氦风机；
9—第二停堆贯穿件；10—斜肋构架；11—衰变热回路；12—主装料口；13—蒸发器；14—过热器；15—再热器；
16—燃料组件；17—顶部入口；18—燃料立管；(b) 1—蒸汽发生器；2—辅助冷却器；3—PCRV

在 AVR 电厂中，预应力反应堆压力壳（PCRV）的大面积内衬上均用绝热层加以覆盖。图 6.9 显示，在几个电厂中，每个电厂可以采用两种不同的方式。一些反应堆在预应力反应堆压力壳内构建了一个很大的舱室，堆芯、热气导管和蒸汽发生器均布置在这个中心舱室内。氦风机水平设置在预应力反应堆压力壳的圆柱壳上。舱室的内表面均用金属箔覆盖加以绝热。热气导管也采用了这一概念。图 6.9(b)给出了一个套装的螺旋盘管蒸汽发生器的概念性示例。主热交换器和辅助冷却回路布置在 PCRV 的圆柱壳壁内；氦风机与每个热交换器组合在一起，并被布置在同一个套装的容器内。第 1 个概念，即将整个一回路系统整体集成的概念被应用在 THTR 电厂内。第 2 个概念，即将氦风机与每个热交换器组合在一起的概念成为美国 HTGR 1160 和德国几个项目详细设计的基础。

纤维绝热使用 $A1_2O_3$ 和 SiO_2 的混合材料。图 6.10 给出了这种绝热的原理，可以看出，纤维材料堆积的密度要尽可能地高。

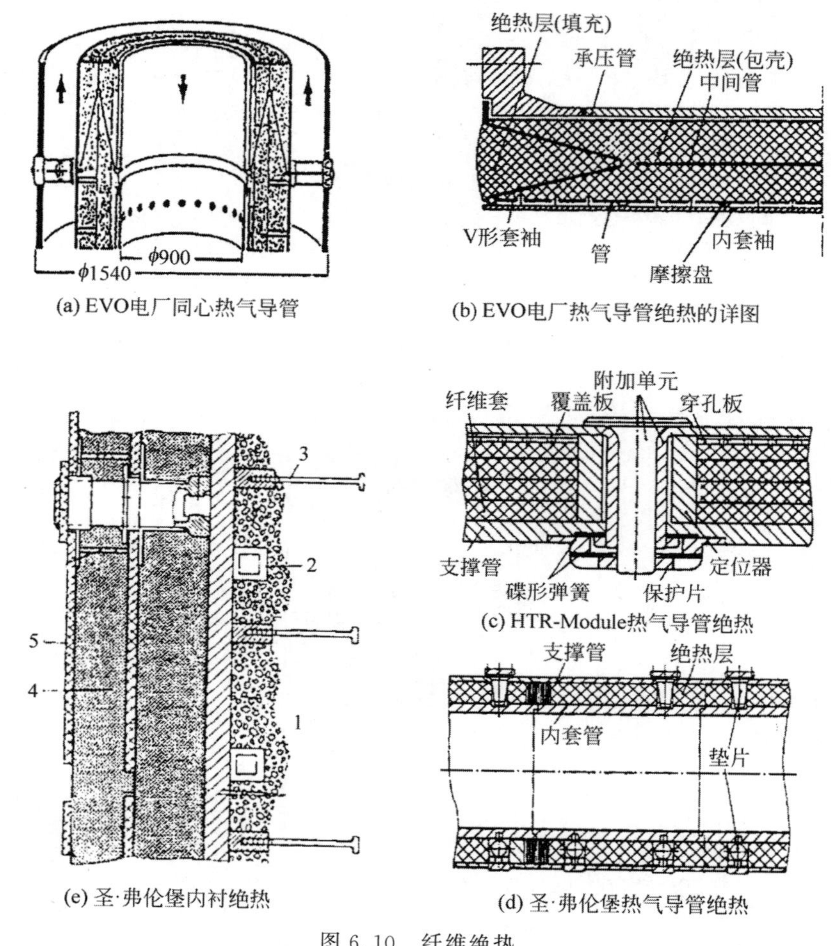

图 6.10 纤维绝热

1—内衬；2—水冷；3—螺栓；4—绝热层；5—覆盖

在表面需要加上一个金属内衬，以使系统达到近乎完全的气密，并且让气流从表面流过。在绝热层内有附加的金属结构，以避免绝热层内过大的旁流。但是，内衬上需要用螺栓加以固定，以避免在发生失压事故时造成绝热层的损坏。导热系数与采用的绝热纤维材料、工作温度，特别是布置中材料的密度有关。

纤维绝热已在圣·弗伦堡反应堆、HTR-10、HTTR 中得到应用，同时，也在几座大型氦的实验装置上设计使用，相应的使用原理已在很多工业应用中得以验证。例如，将这些纤维材料用于高温炉的热气导管，一般都运行得很成功。在这些应用中，部分气体温度比前面讨论的 HTR 概念中的要高得多。

绝热的导热系数与温度、密度和压力有关，如图 6.11(a)和(b)所示。显然，密度是实现足够低的导热系数的重要因素，而压力的影响相对较小。

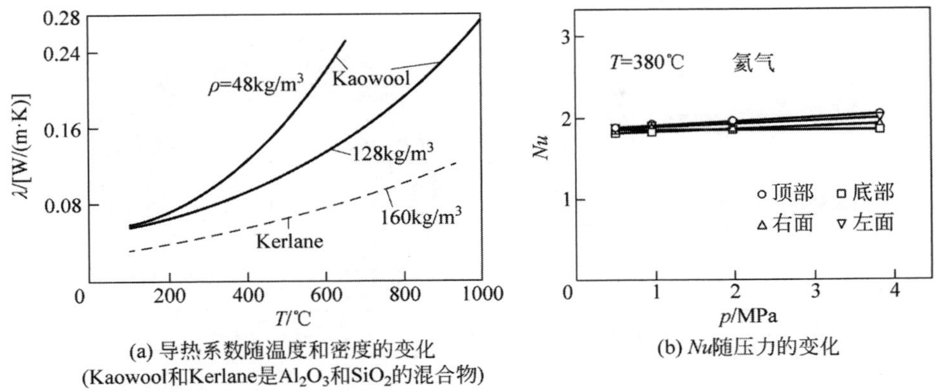

(a) 导热系数随温度和密度的变化
(Kaowool和Kerlane是Al_2O_3和SiO_2的混合物)

(b) Nu随压力的变化

图 6.11 纤维绝热材料导热和传热的特性

对于产生蒸汽的模块式 HTR，其内衬材料必须要能承受 750℃的高温，热冲击温度可能达到大约 800℃。但是，在正常运行情况下，绝热层的压差非常小，仅有 0.1MPa。一般地，只有在失压事故下，才会在短时间内出现很高的压差。平板上一个设计良好的穿孔系统可以快速平衡压力。内衬材料应选用 Incoloy 800H。几种高温合金的强度随温度的变化情况如图 6.12(a)和(b)所示，其强度与反应堆堆内构件一般采用的材料相比要高，Inconel 617 甚至具有更高的安全因子。这种材料对于高温下的 HTR 很重要。

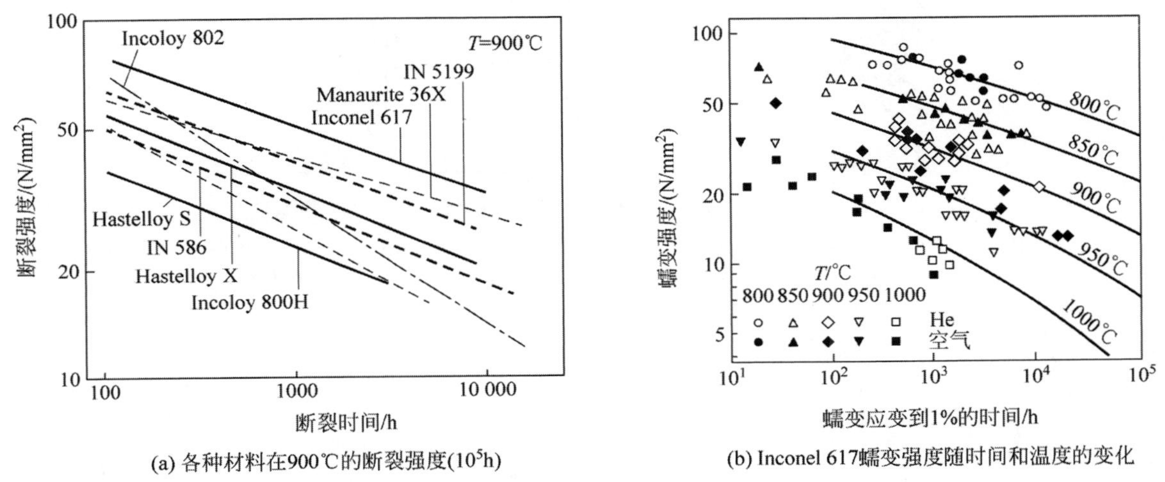

(a) 各种材料在900℃的断裂强度(10^5h)

(b) Inconel 617蠕变强度随时间和温度的变化

图 6.12 一些用于内衬的重要高温合金的强度

热气导管设计的技术问题主要包括支撑、热膨胀的补偿及与堆芯结构的连接。图 6.13 给出了一些技术案例以说明这些部件是如何工作的。这些部件必须要在模拟的实际温度、载荷和气体成分下经过长时间运行以进行实验验证。

反应堆氦气的主要技术问题是金属材料的摩擦和磨损。氦气中有一些杂质(几个 cm^3/m^3 的 H_2O，H_2，CO，CO_2，CH_4，N_2)，这些杂质中部分会引起很大的摩擦，部分则适于避免摩擦。但是大多数摩擦副的摩擦系数在高温下相当大。图 6.14(b)给出了一些例子：有一对摩擦副不能使用(Nimocast 713LC 和 Nimonic 75，压在表面上)，另一对摩擦副(Inconel 625 和 Al_2O_3 陶瓷)则可长时间运行且可避免上面提到的困难(图 6.14(a))。特别是在热气导管的重量由冷气导管支撑的位置，这些主要的技术问题就变得非常重要。另外，内衬的滑动支撑需要适当的涂层，以减少摩擦。

目前，这些氦技术中的特殊问题已众所周知，并且已针对这些问题给出了相应的解决办法。这些解决办法对于控制和停堆系统及蒸汽发生器的设计也起到了非常重要的作用。对于热气导管，另一个需要加以关注的问题是过高的流速引起的流致振动，因此，对内衬的稳定性必须要予以特别的关注。图 6.15 给出了 AGR 电厂中测量的由 CO_2 风机引起的典型振动谱。这个振动谱显示了共振频率，应采取合适的设计使热气导管避免具有该振动频率。因而要求在将该部件装到核电厂之前，对设计进行大量测试。

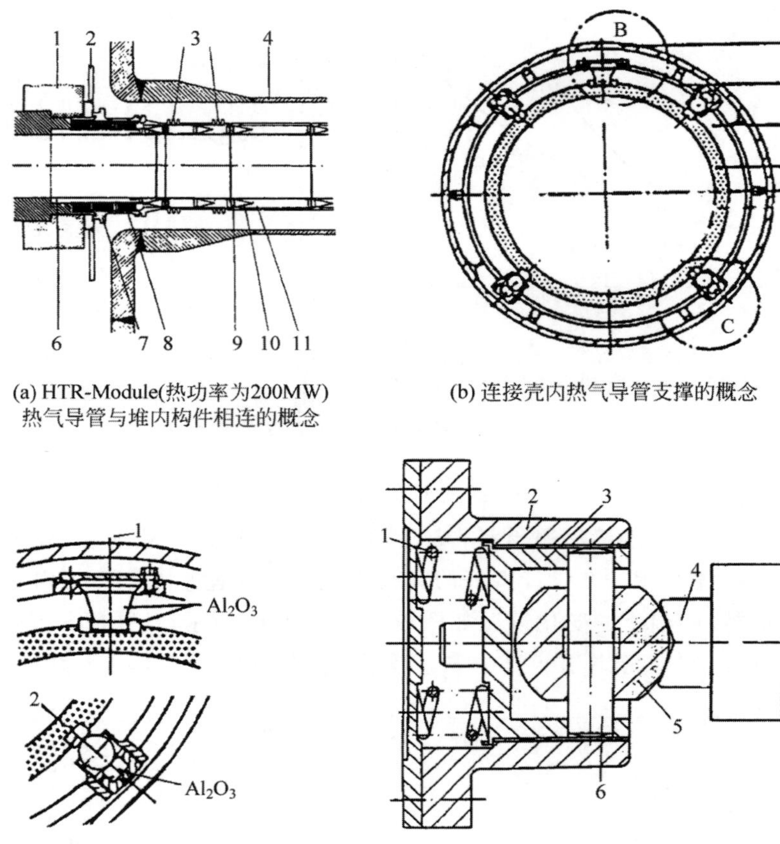

(a) HTR-Module(热功率为200MW)热气导管与堆内构件相连的概念

(b) 连接壳内热气导管支撑的概念

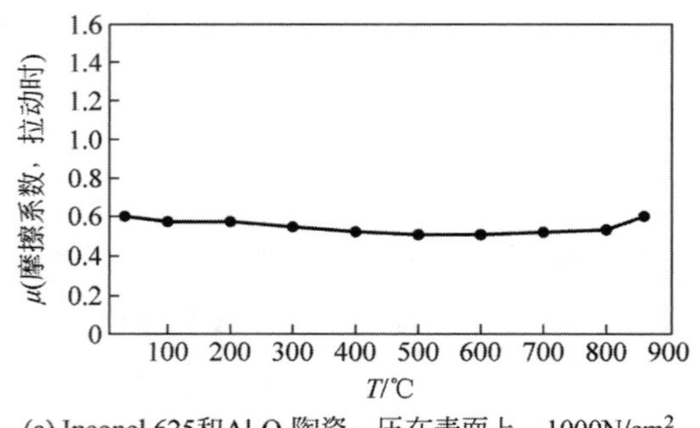

(c) 支撑系统

(d) 支撑系统的详图

图 6.13 热气导管的一些技术细节(例如,氦气气氛下的支撑系统)

(a) 1—石墨;2—堆芯筒;3—膨胀节;4—连接壳;5—热气导管支撑管;6—石墨管;7—连接法兰;8—密封(纤维);9—绝热;10,11—绝热(各层);(b) 1—外壳(连接壳);2—支撑管;3—绝热层;4—气体导管(包括内衬);(c) 1—轴向支撑;2—径向支撑;(d) 1—弹簧;2—法兰;3—球的保持架;4—棱形导轨;5—球;6—螺栓支撑

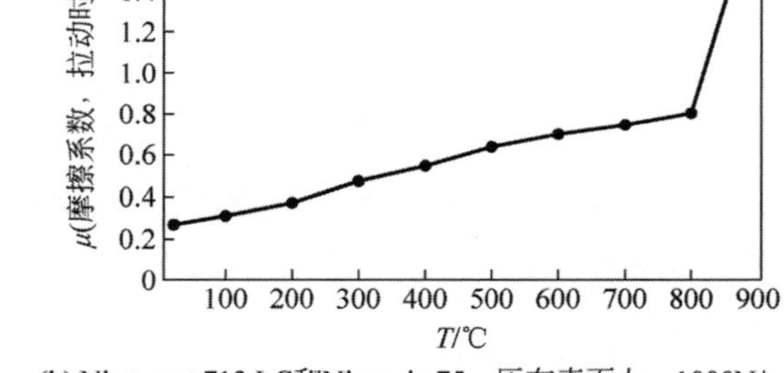

(a) Inconel 625和Al_2O_3陶瓷,压在表面上,1000N/cm^2

(b) Nimocast 713 LC和Nimonic 75,压在表面上,1000N/cm^2

图 6.14 氦气中摩擦副材料的摩擦系数

正如前面所说明的热气导管设计的特性,如果氦气的流速低于 60m/s,则不会引起振动效应。但是,对于每一个专门的设计,均需在将该部件装到反应堆之前进行大量测试。之后,若设备由于严重的损坏需要进行维修或更换,就要求采取远距离和屏蔽的操作方法。

同心导管布置的原理也已在温茨凯尔 AGR(WAGR)上成功运行了很多年。反应堆压力壳的中心轴线是固定不变的,热交换器在同心导管高度位置上的一个滚动支撑上移动,如图 6.16 所示。CO_2 冷却剂高温端的温度为 650℃。

大型氦实验装置中热气导管的运行也提供了大量的经验。表 6.4 给出了这些电厂各种大型氦实验装置热气导管的实验数据。

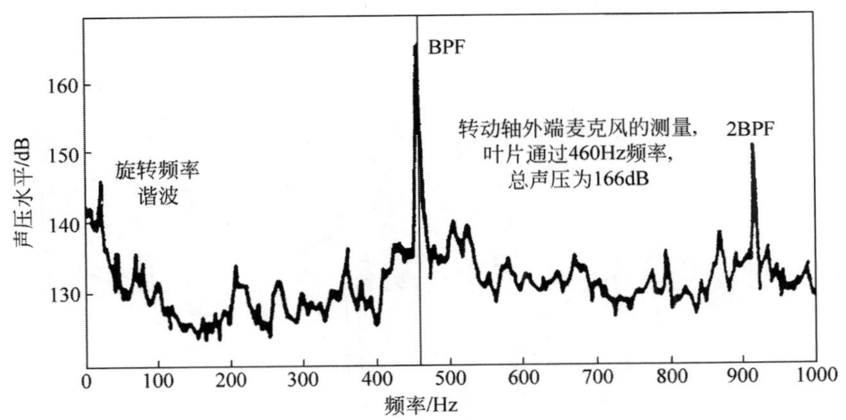

图 6.15 AGR 电厂风机出口处典型的噪声谱

Dungeness B 的调试实验，19 个叶片，转速=1450r/min，叶片通过频率为 460Hz

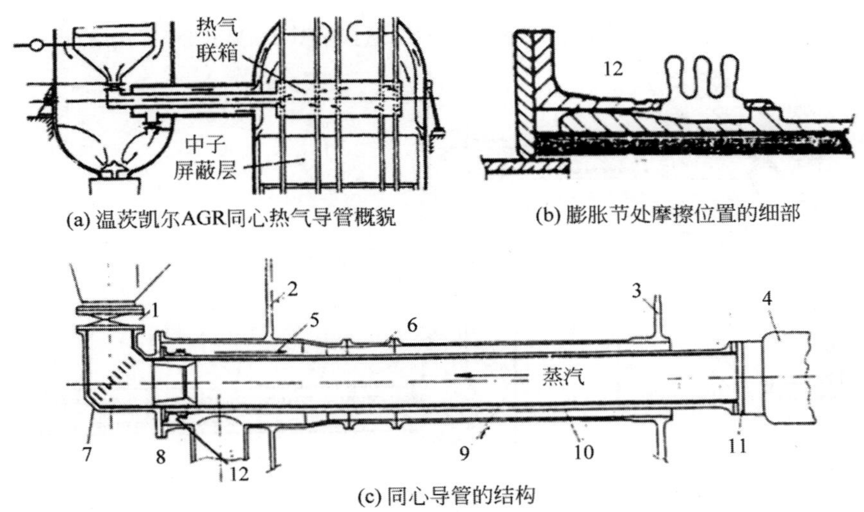

图 6.16 AGR 电厂同心热气导管的布置(如 WAGR)

1—膨胀节；2—热交换器压力壳；3—反应堆压力壳；4—反应堆内热气腔室；5—冷气流；6—可移动的连接导管；7—弯管；8—流量限制器；9—绝热；10—内同心导管；11—可移动的连接件；12—膨胀节处摩擦位置的详图

表 6.4 各种大型氦实验装置热气导管的实验数据

参 数	EVO	HHV	KVK	EVA Ⅱ
热气导管的概念	同心	单管	同心	同心
回路功率/MW	150	50	10	10
热端温度/℃	750	850	950	950
冷端温度/℃	200		250	350
氦气压力/MPa	3	6	4	4
氦气质量流量/(kg/s)	84	200	3	3.5
热气导管直径/m	0.9	1	0.7*	<0.5
绝热	纤维	纤维	纤维	碳砖

*具有内部可更换部件。

作为例子，图 6.17 给出了 EVO 电厂中使用的气体导管系统。该图给出了一个已经实现了的相对复杂的气体导管系统。图 6.18 详细介绍了 EVO 电厂中成功运行的同心导管。在同心导管中，专门设计的弯管也已运行过，没有发生任何问题。

在日本的 HTTR 电厂(30MW)中，使用了一个非常特别的热气导管。它将反应堆连接到一个中间换热器(IHX)和一个加压的水冷器上，这需要在两个热交换器的热氦气分配上实现一种平衡。这个导管采取同心导管系统的设计思路，设计用于 950℃的高温氦气。

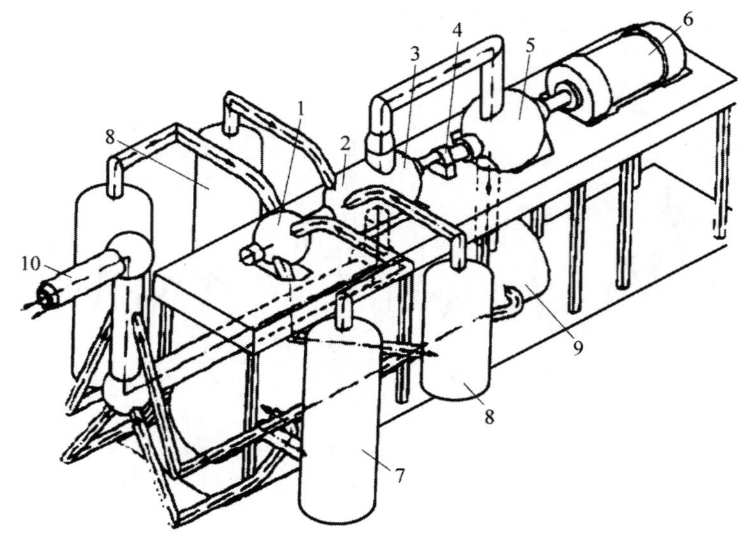

(a) EVO电厂气体导管系统中电厂中设备的布置和连接导管(没有显示燃气氦加热器)

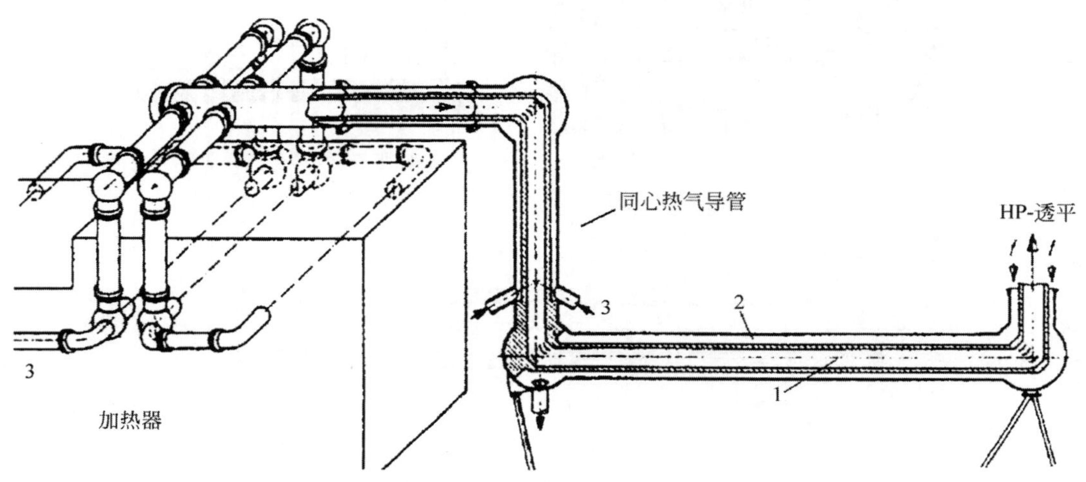

(b) 燃气氦加热器和高压透平之间热气导管的详图

图 6.17 EVO 电厂中氦加热器和高压透平之间的气体导管

(a) 1—低压压缩机；2—高压压缩机；3—高压透平；4—齿轮箱；5—低压透平；6—发电机；7—预冷器；8—中间冷却器；9—热交换器(区域供热)；10—同心气体导管；(b) 1—热气导管；2—冷却导管；3—冷却供应

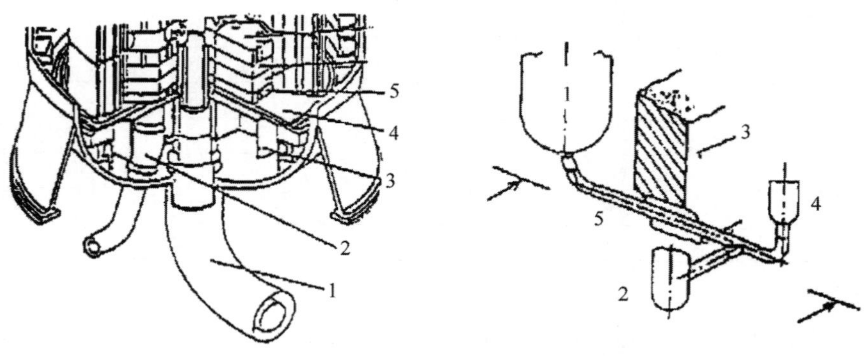

(a) 与反应堆连接的同心导管　　(b) 与反应堆压力壳连接的同心导管的布置

图 6.18 HTTR(30MW)中对两个热交换器进行连接及流量平衡的同心导管系统

(a) 1—主冷却出口管；2—辅助冷却出口管；3—堆芯支撑结构；4—支撑板；5—底部碳砖；

(b) 1—反应堆压力壳；2—加压水冷器；3—生物屏蔽；4—IHX；5—同心导管；

(c) 1—反应堆压力壳管嘴；2—绝热层；3—内衬；4—内管；5—外管

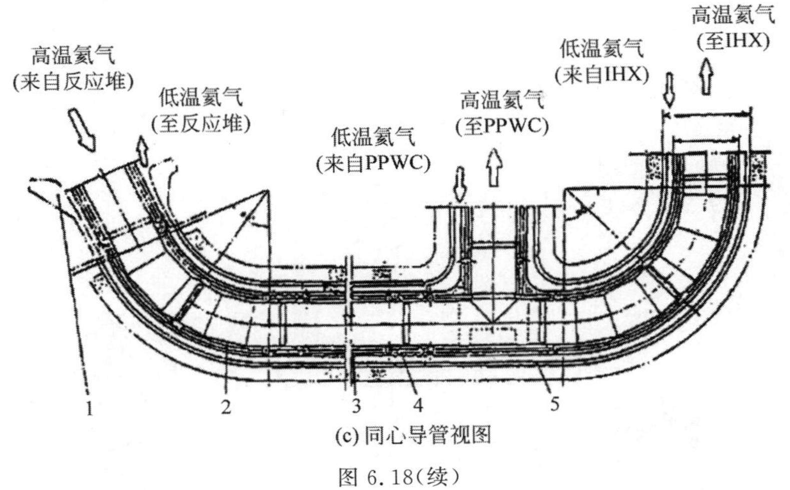

(c) 同心导管视图

图 6.18(续)

在 KVK 电厂中,对 HTR-Module(200MW)的热气导管及石墨结构和同心导管之间的连接进行了长期实验,并取得了成功。在热气通道内使用一个内部实验部件来对氦气的实际流速进行测量(图 6.19)。图 6.20 所示为新的堆芯连接件,这是根据原尺寸对凹陷和气密性进行测试的一个例子。通过对这些数据和经验进行评估并与已运行的和计划中的模块式 HTR 进行比较,可以很清楚地看出,这种新的堆芯连接件为目前 HTR-PM 部件的设计提供了很好的基础。

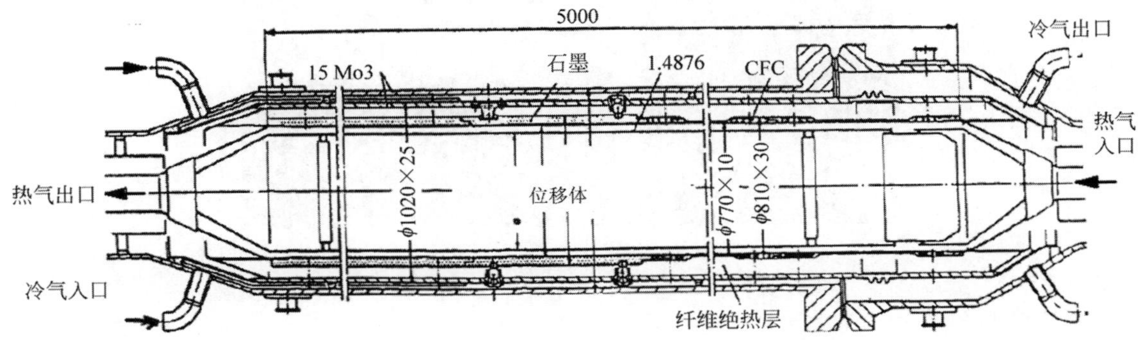

图 6.19 HTR-Module(使用了实验部件)的热气导管实验

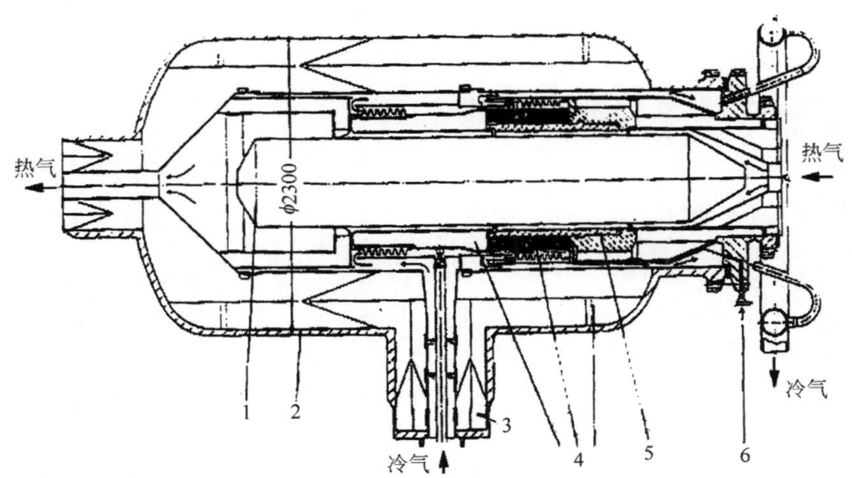

图 6.20 氦系统中热气导管的部件(KVK 电厂)

1—位移体;2—压力壳;3—液压系统驱动;4—绝热层;5—实验部件(全规模 HTR-Module);6—泄漏气体流的模拟模块式 HTR 堆芯连接件的实验

在ADI的实验装置上，对一个大型同心导管(直径为1m)进行了长时间的实验，在950℃/4MPa的条件下成功运行了大约20 000h。在一个设置的实验部件上实现了实际的流速，该实验装置能够以很大的压力和温度瞬态运行，如图6.21所示。特别是，绝热按照要求工作。

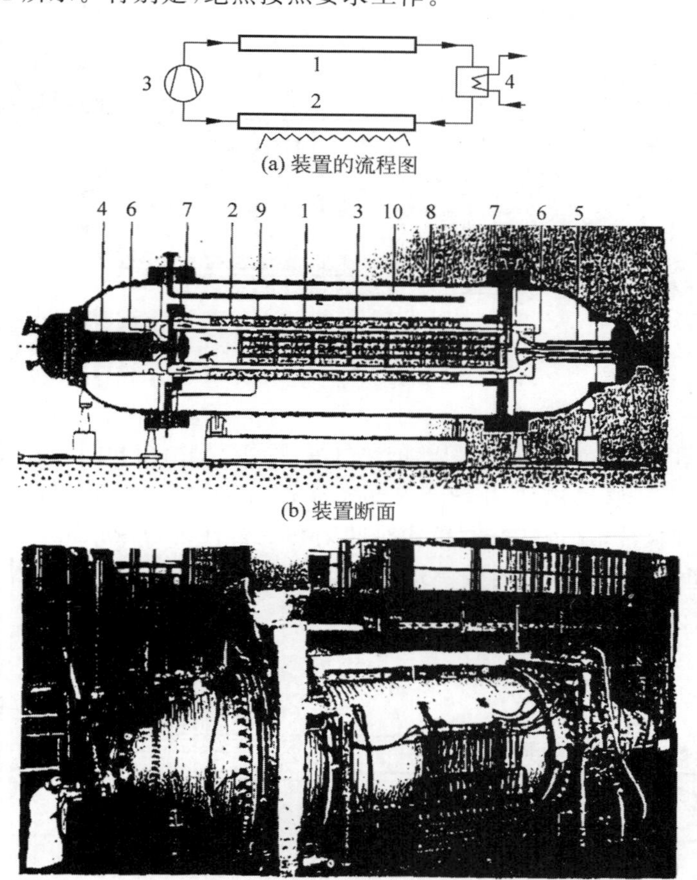

(a) 装置的流程图

(b) 装置断面

(c) 装置视图

图6.21 ADI装置中的热气导管实验

氦气温度：950℃；氦气压力：4～7MPa；加热功率：200kW；导管直径：1m；导管长度：4.7m；带有实验段：氦气流速最大60m/s；质量流量：4.5kg/s；最大瞬态：3K/min；带有内衬的绝热木材

(a) 1—模拟热气通道的间隙；2—气体导管冷端的加热器；3—热氦气风机；4—冷却器；(b) 1—实验段；2—冷却系统；3—加热器；4—热气压缩机；5—热交换器；6—气体弯管；7—法兰；8—压力壳；9—水冷；10—绝热

6.3 蒸汽发生器

6.3.1 设备的一般说明

迄今为止，蒸汽循环仍然是与高温气冷堆组合的首选流程。利用核能的设备是曾用来产生高温蒸汽的蒸汽发生器。图6.22给出了该设备氦循环中一些主要的热力学原理。焓-熵图可以帮助我们计算设备的热平衡，温度-流量图则给出了设备各传热段中传热的状况。

这里以模块式HTR-PM(250MW)的蒸汽发生器为实际技术的例子，从原理上加以说明(图6.23)。蒸汽发生器压力壳与反应堆压力壳采取肩并肩的布置方式，两个设备通过内部设置有热气导管的压力壳相连。主氦风机设置在蒸汽发生器的顶部。热的氦气通过在蒸汽发生器顶部的热气导管进入蒸汽发生器，然后从顶部向下流动，流经19个蒸汽发生器换热组件。对蒸汽发生器换热管的设计采用螺旋管式结构。每个换热组件由35根传热管组成，每秒钟产生5kg的蒸汽。蒸汽发生器换热组件中的螺旋管式传热管采用专门的支撑系统加以固定，在熟知的螺旋盘管蒸汽发生器技术中也都采用专门的支撑系统加以固定。

每个蒸汽发生器的传热管均布置在外套筒与中心管之间的环形空间内。氦气流过蒸汽发生器被冷却

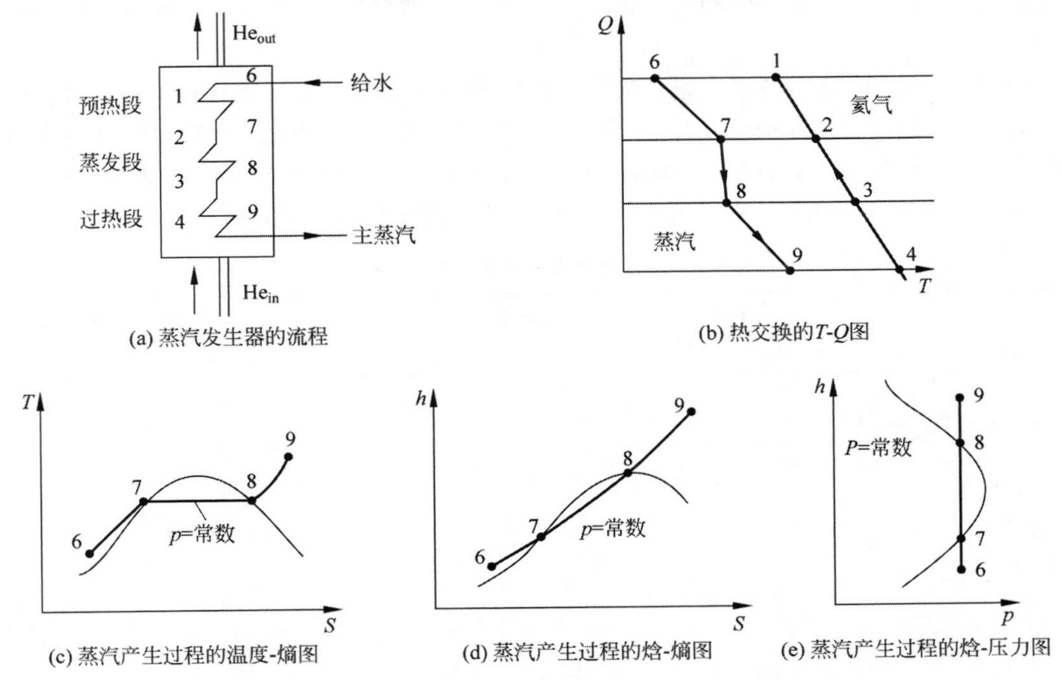

图 6.22　模块式 HTR 蒸汽产生的原理(无再热)

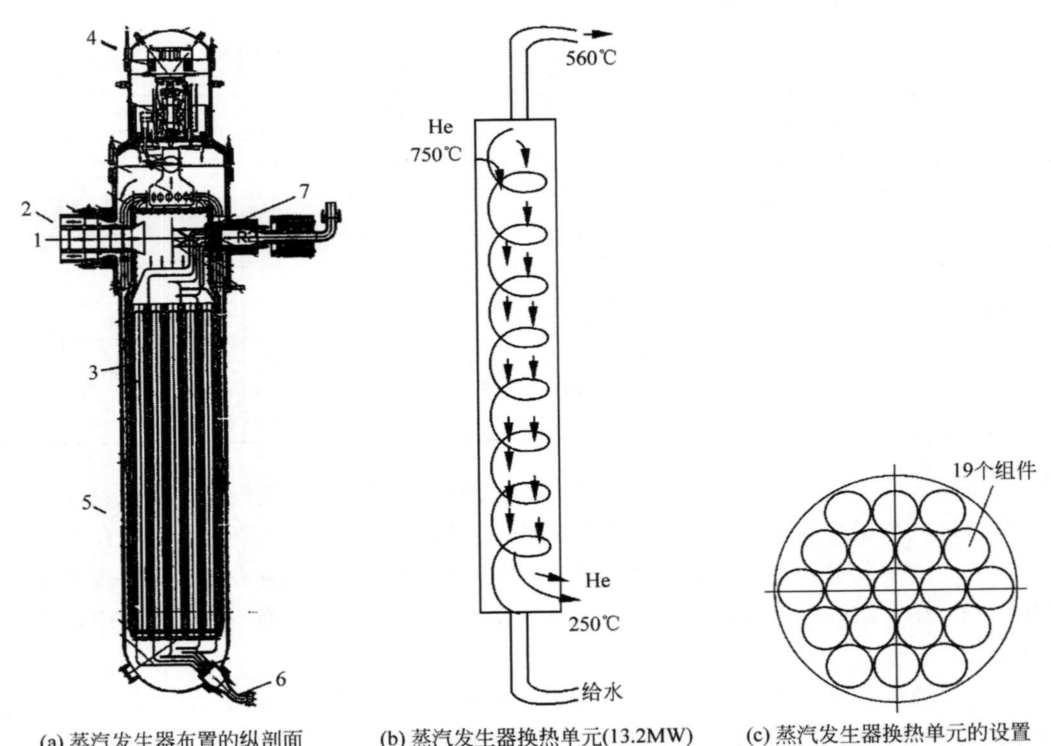

图 6.23　HTR-PM 的蒸汽发生器(250MW，包含 19 个蒸汽发生器换热单元)

1—氦气入口温度(750℃)；2—氦气出口温度(250℃)；3—蒸汽发生器压力壳；4—主氦风机(包括驱动和叶轮)；5—蒸汽发生器组件(13.2MW)；6—给水入口温度(205℃)；7—蒸汽出口温度(570℃)

到 250℃，反转 180°后从蒸汽发生器的外套筒和壁之间的环形间隙向上流动，进入顶部的主氦风机。从主氦风机出口流出的氦气通过热气导管壳体与热气导管之间的环腔再回到堆芯。

二回路的给水管设置在蒸汽发生器壳的底部。给水经下端的给水管箱、管板，进入 665 根给水连接管和传热管，水在螺旋传热管内由下至上依次经过预热段、蒸发段和过热段，由 205℃的过冷水加热成 570℃的过热蒸汽，经主蒸汽连接管、管板后进入主蒸汽管箱。在每个传热组件内，每层换热管沿周向均匀地分布着 3

套支撑组件，每套支撑组件均由一根承重条、两根固定条和相应的固定柱组成。支撑组件悬挂在顶端的承重肋板上。

在运行期间，通过检测，若发现某一根传热管有泄漏，则可在该传热管给水管板和蒸汽管板两侧的焊接管口处加以封堵。当进行定期在役检查时，无需打开一回路系统，可直接从蒸汽管板处将涡流和超声波探头插入传热管进行探伤检查。如前面提到的，整个蒸汽发生器由 19 个蒸汽发生器换热组件组成，每个换热组件的功率为 13.2MW。表 6.5 给出了蒸汽发生器和每个换热组件的相关数据。

表 6.5　一些氦冷反应堆蒸汽发生器的数据

参　　数	HTR-PM	AVR	THTR	FortSt. Vrain	HTR-Module
电厂热功率/MW	250	46	750	846	200
回路数	1	1	6	12	1
蒸汽发生器单个组件的功率/MW	13.16	46	125	70	200
每个回路的组件数	19	1	1	1	1
氦气的入口温度/℃	750	950	750	770	700
氦气的出口温度/℃	250	220	250	400	250
氦气压力/MPa	7.0	1.0	3.85	4.92	6.0
阻力降(He)/MPa	约 0.06	0.01	0.04	约 0.04	0.04
氦气质量流量(一个回路)/(kg/s)	96	13	49.25	37.3	85
给水入口温度/压力/(℃/MPa)	205/16	110/12	180/24	200/20	170/21
蒸汽出口温度/压力/(℃/MPa)	570/14	505/7	530/18.6	538/17	530/18
中间蒸汽出口温度/压力/(℃/MPa)	—	—	535/4.9	538/5.0	—
蒸汽质量流量(一个回路)/(kg/s)	约 96	≈15	42	≈90	77
设计类型	螺旋管	演进型	螺旋管	螺旋管	螺旋管
换热面积(一个回路)/m^2	2380	1760	1320	约 700	2100
每个组件的传热管数	35	60	80	40	220
传热管直径/壁厚/(mm/mm)	19×3	22×2.3	25×2.6	22×2.3	23/4.2,23/2.5
管束的高度/m	约 8.75	5.5	10	约 10	8.2
管束的直径/m	0.585	3.55	2	1.5	≈2.6
组件的直径/m	3.85	3.55	2	1.5	≈2.6
平均热流密度/(kW/m^2)	105	26	95	约 100	95
管束的功率密度/(MW/m^3)	约 5	≈1	4	约 5	4.5
传热管材料	2.25CrMo Incoloy 800H	各种铁氧体材料	15Mo3 Incloy 800 10CrMo910	2.25Cr/Mo Incoloy 800	Incoloy 800

为了进行比较，表 6.5 也对照给出了 KVK 电厂蒸汽发生器的数据，该蒸汽发生器进行了非常成功的实验，见 6.3.5 节。这些数据可以很好地外推到 HTR-PM 设计的蒸汽发生器组件上。KVK 上的这些设备已经运行了 10 000h。为了能够满足蒸汽发生器传热管内气-液两相流稳定性的要求，同时也满足各传热管之间流量分配的要求，在蒸汽发生器每根换热管的水入口处加装了节流阻力件，以使每根传热管蒸汽的出口温度基本相同。

图 6.24 给出了螺旋管束设计的重要技术细节。内部的套筒有 3 个支撑板，支撑板上开有螺旋管的穿孔。螺旋管通过穿孔进行的安装需要采取特殊的方法，为了避免螺旋管表面与穿孔之间的振动和磨损及最终导致管的损坏，必须在螺旋管表面加以覆盖以减少摩擦系数。目前所知的能够适用于这种螺旋管的材料是 Incoloy 800。图 6.24(a)所示为一个管束的结构，它已经以 5MW 的功率成功地运行了很长时间，其氦气和蒸汽/水两侧的工况与 HTR-PM 类似。该管束用于 EVA Ⅱ电厂中的蒸汽发生器，设置在一个氦加热的蒸汽重整器的后面，通过一个同心导管连接到这个蒸汽重整器上。在循环中，总的阻力降由一个氦风机提供，氦风机与蒸汽发生器直接相连。

给水的供应端及蒸汽发生器的蒸汽排出端都需要设置专门的联箱系统，并需要在蒸汽发生器压力壳的贯穿管上加上一个热套管。图 6.25 给出了 HTR-Module 研发的设计样例，它同时也已在其他反应堆系统中成功地运行，类似的设计概念也已应用于 HTR-PM。

(a) 螺旋盘管组件(EVA II电厂的蒸汽发生器，5MW)

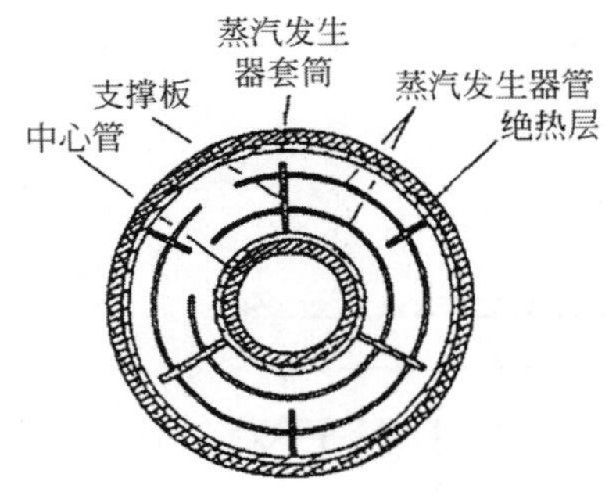

(b) 螺旋盘管组件的水平截面(THTR)

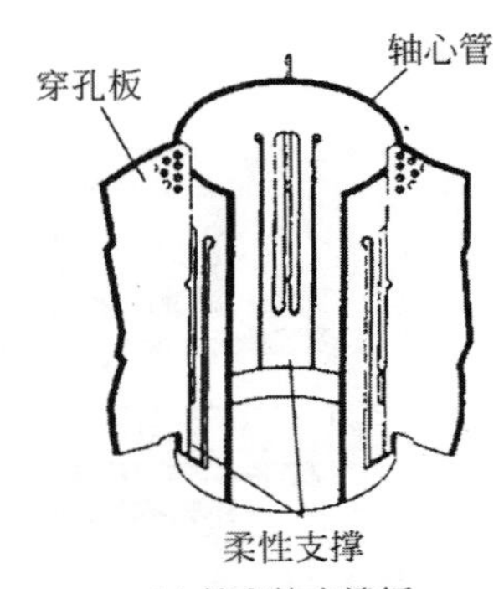

(c) 管束的支撑板

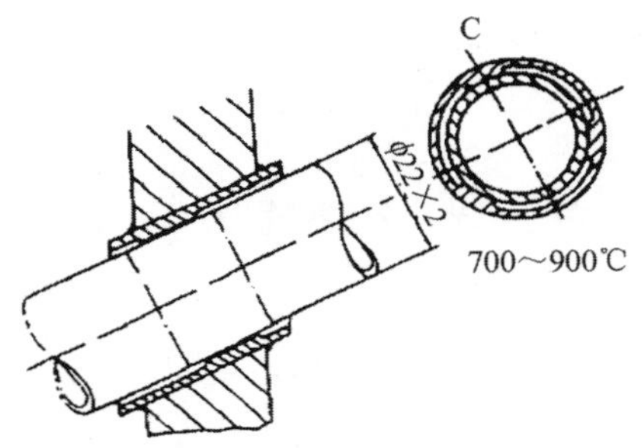

(d) 通过支撑板传热管的贯穿结构(KVK)

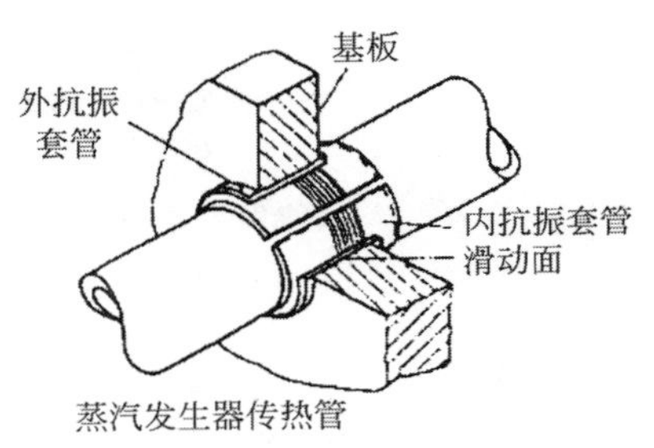

(e) 传热管的贯穿结构详图

图 6.24 螺旋盘管蒸汽发生器概念的技术详图

对于蒸汽发生器的设计，还有一些重要的问题需要加以考虑。下面给出的是基于安全和运行的要求。

- 蒸汽发生器传热管是一回路氦气侧和二回路侧之间的隔离屏障，所以，保证这些部件的完整性是非常重要的。其应力值应比相关材料的允许值低得多。
- 在蒸汽发生器运行期间，裂变产物在蒸汽发生器管和结构表面上沉积。因此，操作人员不可能直接接近甚至很难接近，需要采用远程操作技术，有时甚至需要进入设备内部进行操作。
- 设备必须要设计成能够承受所有的载荷，包括来自内部和外部的载荷，其中也包括一次侧和二次侧失压事故带来的载荷。另外，还必须假设出现极端事件时可能产生的载荷，例如，地震或者飞机撞击，并且设计必须能够承受这些载荷且保证安全性。

与蒸汽发生器直接相关的两个系统为一次侧氦气压力控制系统和二次侧蒸汽压力控制系统，它们非常重要。一回路氦气压力的控制一般是通过气体净化系统给予补充或通过排出氦气来实现，运行压力是7MPa。为了使一回路压力维持在设计许可的范围内，设置了一回路压力泄放系统，压力泄放通过两个并联的安全阀实现。安全阀设定的开启压力为 7.8MPa，压力泄放系统的设计保证了在任何设计基准事故工况下一回路压力不超过设计压力的 110%，排出的氦气进入低压安全壳，再通过过滤排放到大气环境。

二次侧的压力泄放系统流程如图 6.26 所示。在蒸汽发生器管发生泄漏或者破管之后，为了尽可能地减少进入一回路的蒸汽、水量，蒸汽发生器快速失压。经过蒸汽发生器快速失压阶段之后，隔离阀重新关闭以避免一回路系统通过蒸汽发生器破口的释放而完全失压。

在蒸汽发生器完全排空之后，通过气体净化系统对一回路的氦气进行净化。虽然经过了上述净化过

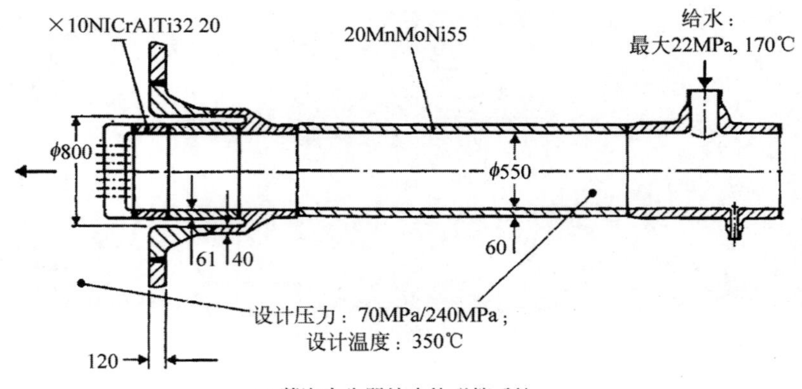

(a) 蒸汽发生器给水的联箱系统

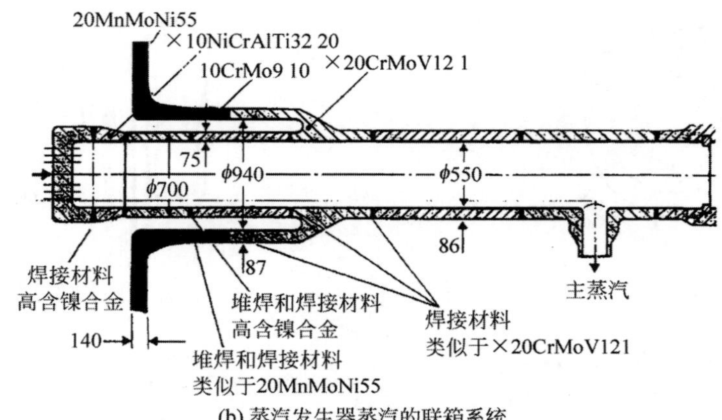

(b) 蒸汽发生器蒸汽的联箱系统

图 6.25 蒸汽发生器的联箱系统（HTR-Module，热功率为 200MW）

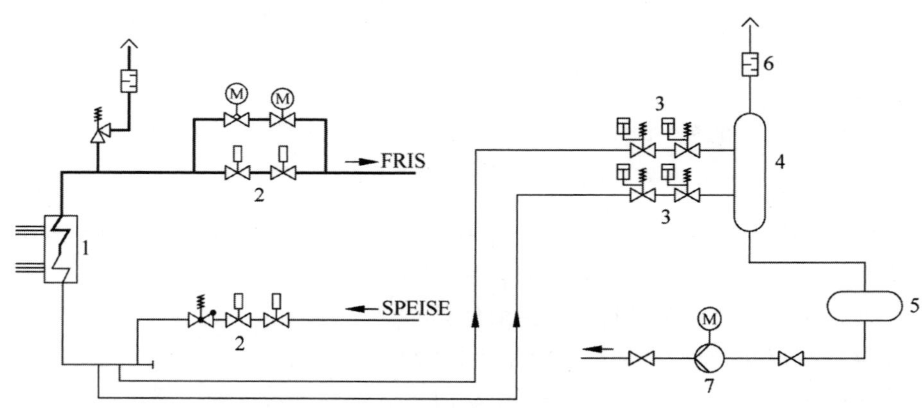

图 6.26 水进入一回路系统下的快速卸压系统

1—蒸汽发生器；2—隔离阀；3—卸压阀；4—减压阀；5—卸压罐；6—消声器；7—泵

程，但仍然会出现一回路中存留的蒸汽冷凝成水的现象。通过二回路的给水侧对蒸汽发生器进行卸压，蒸汽发生器有两个平行的泄压系统。介质被排放到排放罐系统内，给水将在这里取样。卸压阀通过“湿度太高”的信号触发动作，当氦气侧和蒸汽/水侧的压力相同时阀门重新关闭。

蒸汽发生器传热管壁是一回路和二回路之间的隔离屏障。另外，从蒸汽回路向氦回路的进水必须要加以限制，因为一旦出现蒸汽发生器破管现象，水和蒸汽就可能进入一回路系统，所以，应该采用前面介绍的方法对进水加以限制。为了使蒸汽发生器成为一个经济、安全和可靠的设备，蒸汽发生器系统必须能够满足一些特殊的设计要求。总体上，这些设计要求包括以下一些方面：

- 设备的可利用率应该很高。
- 设备的运行寿命应该大于 30 年。
- 电厂的发电负荷可以在 40%～105%之间变动，蒸汽发生器也必须要满足相同的条件。

- 需要的运行瞬态次数(启动、停堆、部分负荷)应该有足够的裕量,不应超过材料强度的限值。
- 蒸汽发生器上的热流密度和功率密度应较高,以使蒸汽发生器组件设计得较为紧凑。
- 传热管和节流分配设计的安全系数应尽可能地高。
- 在正常运行和事故条件下传热管的温度应尽可能地低,并且必须在所使用材料的允许限值内。
- 应通过对蒸汽发生器换热单元在蒸汽发生器内合适的布置及对蒸汽发生器换热单元本身合适的设计来避免对氦气侧的热冲击。
- 应避免在蒸发段出现不稳定现象,这会给传热管带来附加的载荷,因此要求为单相水加热段提供足够大的阻力降。
- 必须要避免氦气侧引起的振动,因而要求将氦气的流速限制在允许的限值之内,并且在蒸汽发生器换热组件单元的相关位置处设计阻尼部件。
- 必须要避免传热管和支撑系统之间的摩擦和磨损,应对相关部件采用合适的设计并选用合适的材料;在相互滑动的表面必须选择合适的覆盖层,并且在相应的温度、压力、移动、载荷及电厂运行时的氦气规格特性的条件下进行实验。
- 必须要避免传热管材料受氦气中杂质的长期腐蚀。
- 从制造、实验和在事故期间限制水进入一回路系统的角度来看,蒸汽发生器采用换热单元的设计具有优势。
- 蒸汽发生器换热单元应具备进行检查、维护和修理的条件,并且有可能对单个蒸汽发生器换热单元进行更换。特别是,可以在不打开一回路的条件下进入传热管内对缺陷进行检测。
- 发生破管事故之后,进入一回路的水量应加以限制。这就需要外部取样的手段,以及在蒸汽发生器外部的给水管线和蒸汽管线上设置隔离阀。

从 AGR 和 HTR 技术提供的一些数据中可以获取很多的经验。表 6.5 给出了 HTR-PM 的一些数据,以便与以前的技术进行比较。特别是在一个大型的实验台架上进行了实验,该实验可以按照 1∶1 的比例对 HTR-PM 蒸汽发生器的组件进行比较。

氦加热蒸汽发生器的设计包括很多方面,并对部分工作进行了详细的分析,其中涉及热工-水力、应力分析、材料、动态及一些更具体的问题,如设计、装置、检验和维修等。图 6.27 给出了相关问题的一些概况。

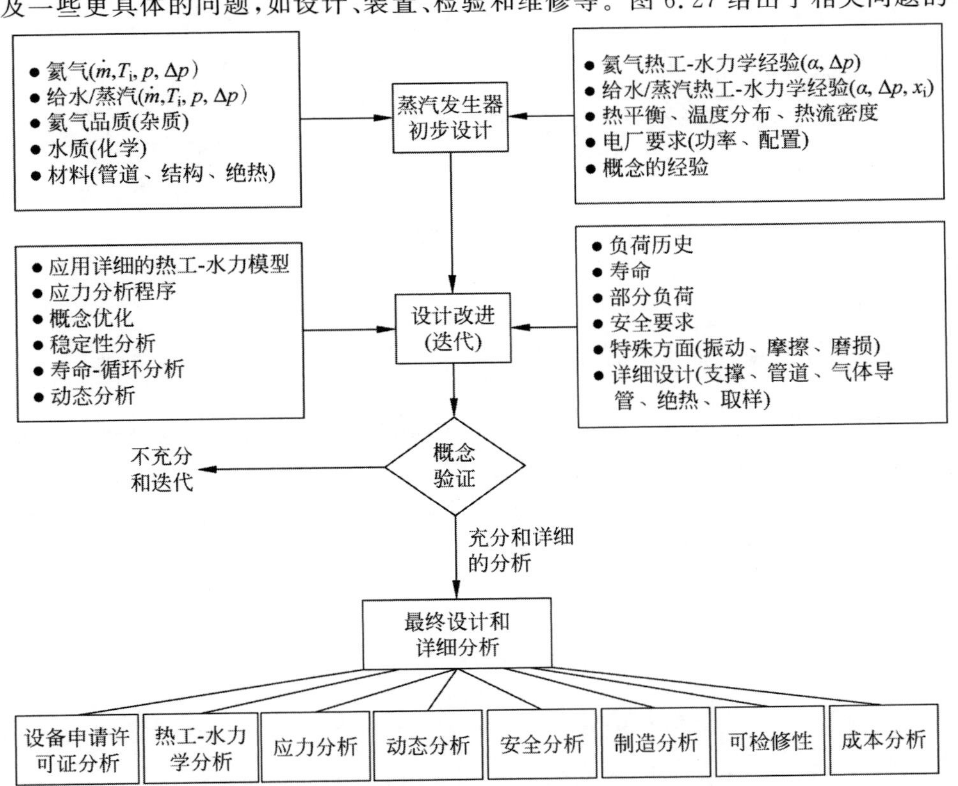

图 6.27　确定和评估蒸汽发生器概念的要素

一个非常重要的问题是评估蒸汽发生器设备的可利用率，即统计在其运行期间传热管损坏的数量。从气冷堆 Magnox 和 AGR 电厂多年的运行经验中可以获得一些相关数据。典型的损坏包括传热管的小泄漏直到严重的双端断裂。对于小的泄漏，大约每 10 年发生 1 次，电厂设计均对此进行了考虑。在 AVR 的 20 年运行中仅发生过一次小的泄漏。

6.3.2 热工-水力学原理

蒸汽产生过程中热的利用及由氦气侧向水/蒸汽侧的传热可以采用简单近似来描述。如图 6.28(a)所示，热用于工艺介质蒸汽/水的预热、蒸发和过热。

焓-熵图可以帮助我们对各个阶段的传热分布有一个初步了解，传热管中径向的分布及热交换的详细 T-$\dot{Q}$ 图是对传热分布进行更详细的热工-水力学分析的基础，如图 6.28(d)所示。

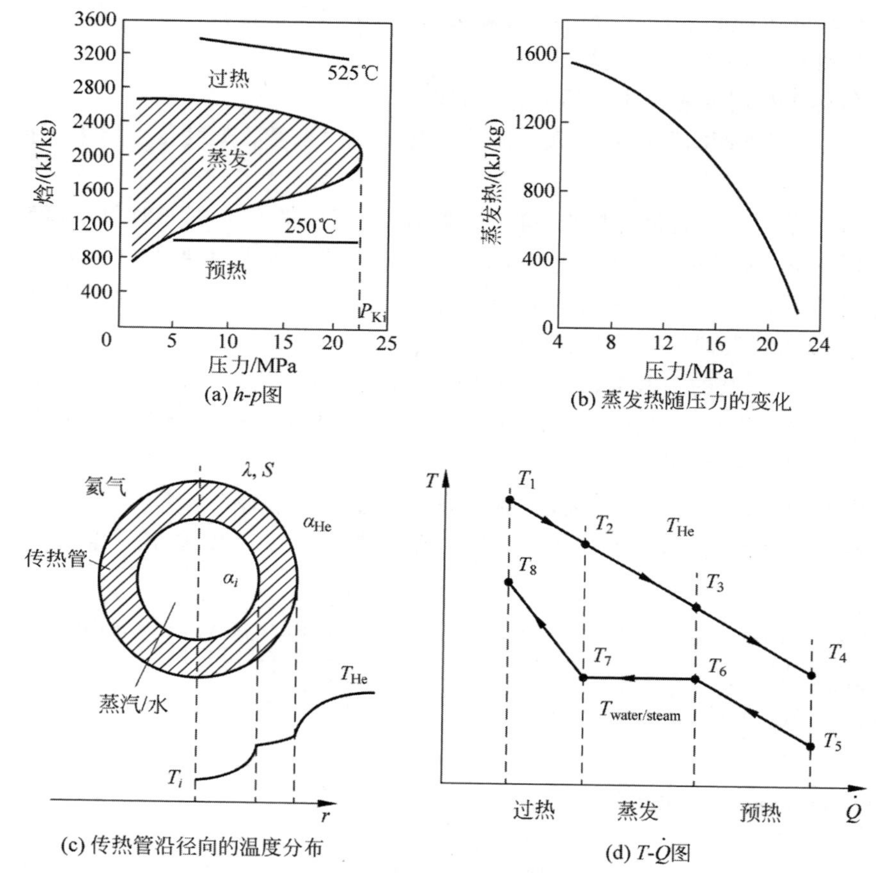

图 6.28 热工-水力学分析的基础：热的利用、温度沿径向的分布及 T-$\dot{Q}$ 图

对于每一个蒸汽发生器传热管，必须采用各自的氦气侧和水/蒸汽侧的温度分布进行分析。在改变负荷、启动和停堆及事故下，这个分布图会进一步发生变化。

由预热、蒸发和过热各个阶段上的热平衡及氦系统中相应的温度可以导出热分布的方程。预热(p)、蒸发(E)和过热(S)阶段的热平衡可以表示为

$$\dot{Q}=\dot{Q}_{p}+\dot{Q}_{E}+\dot{Q}_{S} \tag{6.30}$$

$$\dot{Q}_{p}=\dot{m}_{He}c_{He}(T_{3}-T_{4})=\dot{m}_{st}(h_{6}-h_{5}) \tag{6.31}$$

$$\dot{Q}_{E}=\dot{m}_{He}c_{He}(T_{2}-T_{3})=\dot{m}_{st}(h_{7}-h_{6}) \tag{6.32}$$

$$\dot{Q}_{S}=\dot{m}_{He}c_{He}(T_{1}-T_{2})=\dot{m}_{st}(h_{8}-h_{7}) \tag{6.33}$$

可以从图 6.28 所示的数据来获取焓差，或者从详细的蒸汽-水参数表中获取更精确的数据。每一段传

热可以采用方程式来描述，例如，对于预热段可以采用对数温度差 $\Delta T_{\log}$ 和换热系数 k 的表达式来描述。对于热流密度 $\dot{q}''$，可采用一个更为简化的公式，如平板几何条件的传热，可以用如下方程来表达：

$$\Delta T_{\log}=[(T_3-T_6)-(T_4-T_5)]/\ln\left(\frac{T_3-T_6}{T_4-T_5}\right) \tag{6.34}$$

$$\frac{1}{k}=\frac{1}{\alpha_{\mathrm{He}}}+\frac{1}{\lambda/S}+\frac{1}{\alpha_{\mathrm{water}}} \tag{6.35}$$

$$\dot{q}''=k\cdot\Delta T_{\log}=\dot{Q}_{\mathrm{P}}/A_{\mathrm{P}} \tag{6.36}$$

其中，A_{P} 是预热段上总的传热面积。对于蒸发段和过热段，也可采用类似的方程来表达。对于蒸汽发生器的设计，采用了一个比值 σ，它表示面积和体积之比，体积是指可以布置在螺旋盘管内的体积。

$$\sigma=A/V \tag{6.37}$$

这个参数与具体的设计及换热面积和氦气侧的阻力降之间的优化具有很密切的关系。

当将布置在压力壳内的内部取样用于避免旁流和振动测量时，参数 σ 起到额外的负作用，因此，设计时要求降低实际蒸汽发生器的 σ 值。

结合热流密度 $\dot{q}''$，蒸汽发生器的功率密度可由下式来确定：

$$\dot{q}'''=P_{\mathrm{th}}/V=\dot{q}''\sigma \tag{6.38}$$

对于氦气侧和蒸汽/水侧的换热系数，采用经验公式。图 6.29 给出了迄今为止仍用于螺旋管的布置及已被氦冷系统实验验证合格的一些经验公式。但无论如何，都必须要考虑计算换热系数方程中的不确定性。所以，对计算的换热系数进行设计时必须给予一定的裕量。

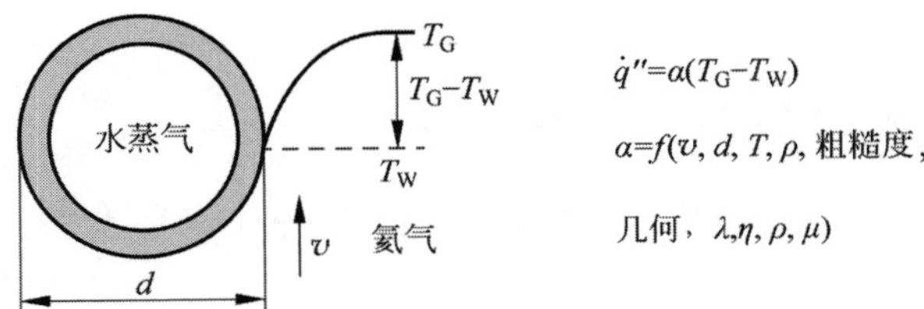

(a) 氦气侧的换热原理

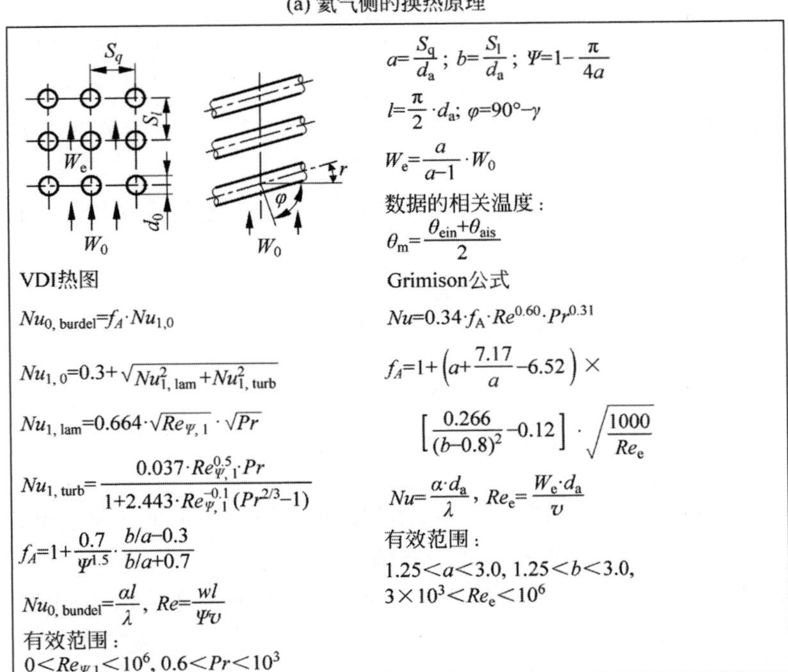

(b) 螺旋管束的换热方程

图 6.29　蒸汽发生器的螺旋管布置中氦气侧换热的经验公式

另外一个描述氦气侧换热的经验方程如下所示，它已被用来对 THTR 螺旋管式蒸汽发生器取得的结果进行验证：

$$Nu = 0.275 \cdot Re^{0.624} \cdot Pr^{0.33}, \quad Re = \rho v \cdot d/\eta, \quad Pr = \eta \cdot c_p/\lambda \tag{6.39}$$

需补充说明的是，这些方程均包含+7%，−4%的不确定性。

当将这些方程和参数用于螺旋管蒸汽发生器的典型设计时，雷诺数大约为30 000，氦气在管束中的流速大约为20m/s。对于氦气侧的换热系数，其结果的典型值为$\alpha_{He} \approx 1000 W/(m^2 \cdot K)$。如图6.30所示，这些方程之间的差异在低雷诺数范围内是比较小的。在较大雷诺数下则存在较大的不确定性，需对方程的正确性进行认真的分析。为了弥补设计中的不确定性，需为蒸汽发生器在一根单管损坏并被封堵后的进一步运行提供足够的裕量，一般地，在对蒸汽发生器进行设计时，其换热面积会留有足够大的余量。典型的设计方案是在计算的换热面积数值上再增加10%～20%的余量。为了做更详细的分析，要将蒸汽发生器分段加以考虑，分析每一段中热工-水力学参数和换热系数的变化。在这个设计过程中，要求使用扩展的计算机程序。

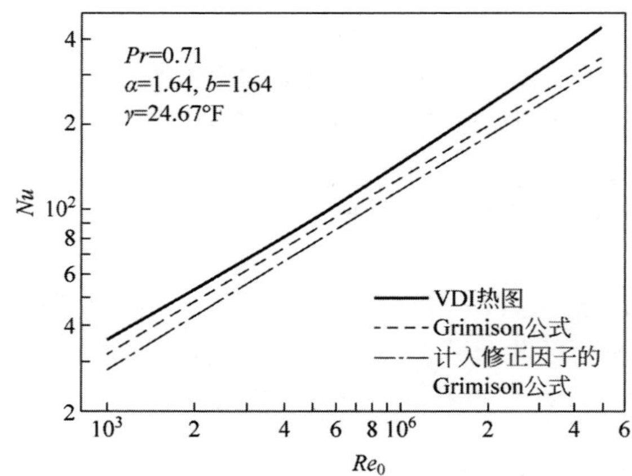

图6.30 氦气系统中螺旋管换热方程的比较（Pr为常数）

水/蒸汽侧的换热系数在常规锅炉的应用中是很熟悉的，应用于各种计算方程中。例如，在THTR蒸汽发生器的设计过程中，对管内的流动采用了下面的方程：

$$Nu = 0.0235 \cdot (Re^{0.8} - 230)(1.8Pr^{0.3} - 0.8)(1 + d^{0.66}/I), \quad \alpha = Nu \cdot \lambda/d \tag{6.40}$$

对于水蒸气或者蒸发段中水/蒸汽的混合介质，其典型的Re和Pr数值可根据下面的关系式来确定：

$$Pr = \eta \cdot c_p/\lambda, \quad \eta = \rho\nu, \quad Re = v \cdot d/\nu \tag{6.41}$$

其中，水、水/蒸汽混合介质和蒸汽的热工-水力学参数要分别加以选取。上述关系式适用于很宽的雷诺数范围：$7000 < Re < 10^6$。

另一个很有参考价值的用于描述给水段二次侧及管内蒸汽换热的关系式也在THTR运行期间得到了验证。

$$Nu_i = \frac{\xi \cdot (Re_i - 1000) \cdot Pr_i/8}{1 + 12.7 \cdot \sqrt{\xi/8} \cdot (Pr_i^{0.67} - 1)} \tag{6.42}$$

$$\xi_i = [1.82 \cdot \lg(Re_i - 100) - 1.64]^{-2} \tag{6.43}$$

$$Re_i = \frac{\rho \cdot v \cdot d_i}{\eta}, \quad Pr_i = \frac{\eta \cdot c_p}{\lambda} \tag{6.44}$$

上述方程可用于预热段和过热段。通常，对于给水段，换热系数为$3000 \sim 5000 W/(m^2 \cdot K)$；对于过热段，典型的换热系数在$2000 \sim 3000 W/(m^2 \cdot K)$这一量级。

由于在蒸发段中存在两相的过程，所以必须采用不同的方法。对于蒸发过程，可以采用很熟悉的Nukijawa曲线或者蒸发曲线来分析，如图6.31所示，该曲线将热流密度与流程侧加热表面温度和饱和温度间的温差建立起相关关系。必须将相应的数值设计在稳定运行的范围内，典型的热流密度值为$200 \sim 400 kW/m^2$，其相应的温差大约为10℃，α值接近30 000$W/(m^2 \cdot K)$。对于蒸汽发生器中的加热管，可以采用下面的方程来计算其α值：

$$\alpha = 0.061 \cdot \dot{q}^{0.67} \cdot \left[1 - \left(\frac{T_s}{378.64}\right)^{0.0025}\right]^{-0.75} \tag{6.45}$$

其中，$\dot{q}$ 是热流密度(W/m^2)，T_s 是饱和温度(K)，α 是计算得到的换热系数 $W/(m^2 \cdot K)$。在压力为16MPa的条件下，相应的饱和温度为340℃，当热流密度为100kW/m² 时，α 有可能达到 $5.7\times10^4 W/(m^2 \cdot K)$。

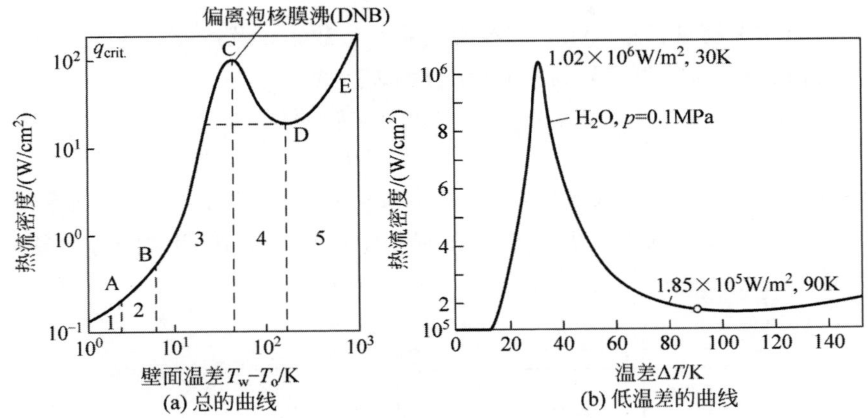

图 6.31　Nukijama 曲线(沸腾曲线)

1—对流；2—欠冷核态沸腾；3—核态沸腾；4—部分膜沸腾；5—稳态膜沸腾

另一个可以应用于HTR蒸汽发生器设计中的蒸发过程的较简单的关系式为

$$\alpha_{evapor} = 1.95 \cdot \dot{q}''^{0.72} \cdot p^{0.24} \tag{6.46}$$

除此之外，还有一些熟悉的方程，也都得到了成功的应用，其正确性必须在设计期间通过合适的实验验证才能用于实际。螺旋管束设计的典型值为：氦气流速大约为20m/s，换热系数 α_{He} = 2500W/(m²·K)；水/蒸汽侧具有很高的换热系数，$\alpha_{water}\approx$5000W/(m²·K)，$\alpha_{evapor}\approx$30 000W/(m²·K)，$\alpha_{superh}\approx$3000W/(m²·K)；管材具有很好的导热系数，λ=20～30W/(m·K)。由此，可以得到总的换热系数在800～1000W/(m²·K)这一量级。图6.32给出一些熟知的蒸汽发生器管材导热系数的数据。总的换热系数 $\overline{K}$ 在1000W/(m²·K)的量级，由下面相应的关系式，可以得到热流密度为

$$\dot{q}'' = \overline{K} \cdot \Delta T_{log} \tag{6.47}$$

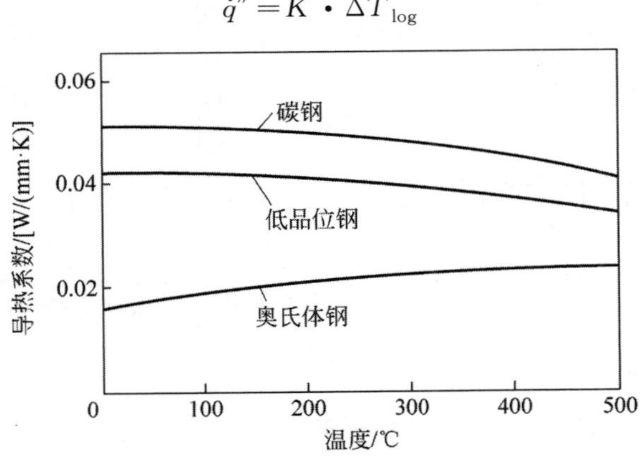

图 6.32　一些蒸汽发生器传热管材料的导热系数

在高压下，由氦气加热的蒸汽发生器的平均热流密度为100～150kW/m²。

奥氏体材料的导热系数比碳钢或者低品位材料要小一些，虽然这一点对于正常运行时的换热实际上并不重要，但是对于瞬态温度变化时的附加应力(热应力)，这个导热系数产生的差异会起到很关键的作用：

$$\sigma_{th} \approx \alpha \cdot E \cdot \nu \cdot \frac{1}{\lambda} \cdot S^2 \tag{6.48}$$

因此，需要限制一些部件载荷的变化速度，这是因为这些附加的应力对厚壁设备的影响很大，这些设备包括热蒸汽的取样系统、蒸汽管道及蒸汽轮机的部件等。限制的量级大约为每分钟几度，视具体情况而定。

6.3.3　阻力降

在对螺旋盘管进行设计时，氦气侧及蒸发/水侧的阻力降是很重要的，必须应用摩擦系数的经验公式加

以确定。

$$\Delta p_{\mathrm{He}}=\xi\cdot\frac{L}{d}\cdot\frac{\rho}{2}\cdot v^{2} \tag{6.49}$$

对于式(6.49)，需建立螺旋盘管中因子 ξ 的经验关系。参数 ξ，ρ 及速度 v 与螺旋盘管中的条件有关，所以需要沿流动方向进行积分。对于氦气侧，得到其积分的表达式为

$$\Delta p_{\mathrm{He}}=\int_{0}^{L}\xi(z)\cdot\frac{\rho(z)\cdot v(z)^{2}}{2d}\cdot \mathrm{d}z \tag{6.50}$$

在进行详细分析时，需将设备分成很多段，根据各个段的热工-水力条件，选用适合的方程，特别是对于动态行为的计算，要求采用这种分段式方法。图 6.33 显示了计算的模型，阻力降与很多参数有关。

$$\Delta p=f(v,\rho,T,p,D,L,\text{粗糙度},\text{几何}) \tag{6.51}$$

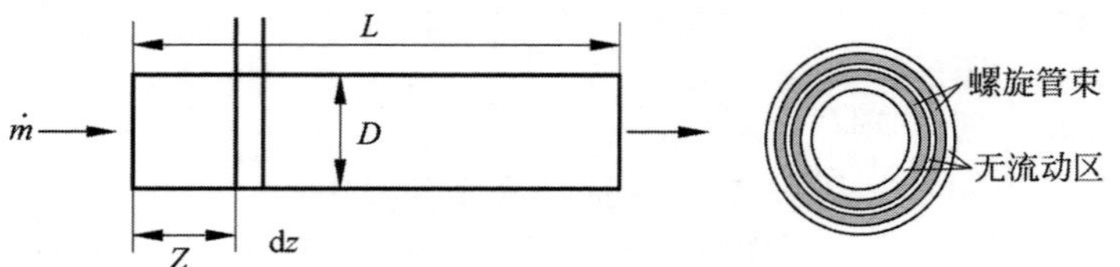

图 6.33　估计氦气侧阻力降的简化模型

对于 THTR，应用下面的方程来计算摩擦系数，并得到了验证。

$$\xi=\frac{0.3164}{Re^{0.25}}\cdot\left[1+0.095\cdot\left(\frac{d_{\mathrm{i}}}{D}\right)^{0.5}\cdot Re^{0.25}\right] \tag{6.52}$$

其中，D 为螺旋盘管束的直径；d_{i} 为管的内直径。如图 6.34 所示，根据这个方程对阻力降进行实际估计，给出的蒸汽发生器管束的阻力降在 0.05～0.07MPa 这一量级，可以看出，阻力降与氦气流速有关。

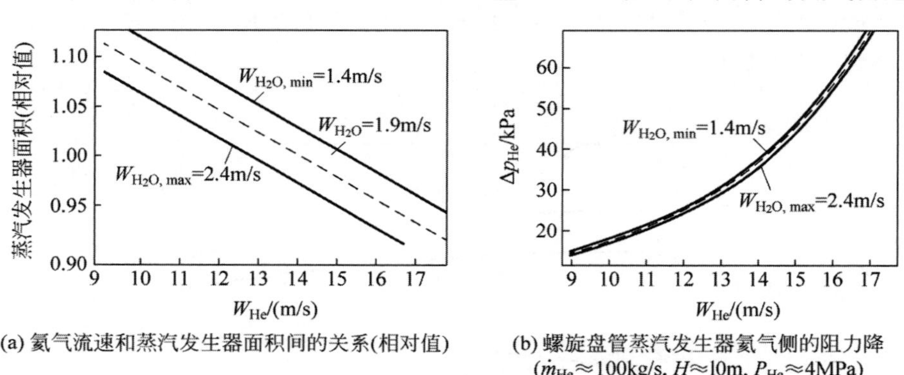

(a) 氦气流速和蒸汽发生器面积间的关系(相对值)　(b) 螺旋盘管蒸汽发生器氦气侧的阻力降 ($\dot{m}_{\mathrm{He}}\approx$100kg/s, $H\approx$10m, $P_{\mathrm{He}}\approx$4MPa)

图 6.34　蒸汽发生器热工-水力学设计原理

除上述方程外，还有一些计算螺旋盘管束氦气侧阻力降的方程，如图 6.35 所示，其中，热交换器管束入口和出口处附加阻力降的计算也应添加进来，作为设计的参考。这些附加阻力降可以用下面的方程来描述：

$$\Delta p_{i}=\xi_{i}\cdot\frac{\rho}{2}\cdot v^{2} \tag{6.53}$$

上述附加阻力降主要是由流道尺寸的变化及流动方向的变化造成的。

二次侧的阻力降可以采用前面给出的类似关系式来描述：

$$\Delta p_{\mathrm{steam/water}}=\xi\cdot\frac{L}{d_{\mathrm{i}}}\cdot\frac{\rho}{2}\cdot v^{2} \tag{6.54}$$

$$\xi=\frac{0.3164}{Re^{0.25}},\quad 2.3\times10^{3}<Re<8\times10^{4}\,(\text{光滑表面}) \tag{6.55}$$

$$\xi=0.007+0.61Re^{-0.35},\quad 8\times10^{4}<Re<4\times10^{5}\,(\text{光滑表面}) \tag{6.56}$$

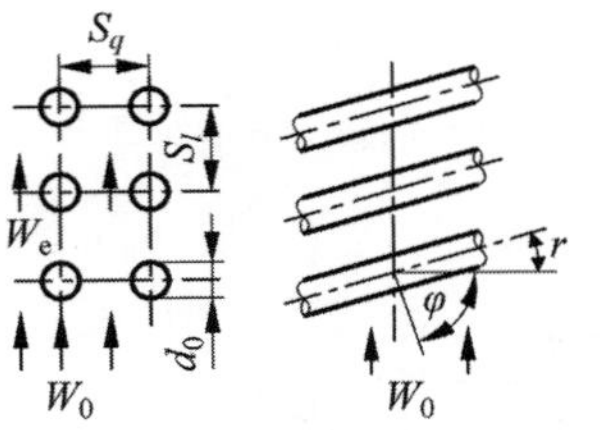

S_q　S_l　W_e　d_0　W_0　r　φ　W_0

ζ：摩擦系数(横流)(φ=90°)
ζ_φ：摩擦系数(斜流)(φ<90°)
n：在流动方向的管排数
Jakob
$\zeta = Re^{-0.15} \times \left[0.176 + \dfrac{0.32b}{(a-1)^{0.43-1.13/b}}\right]$
有效范围：
$2\times10^3 \leqslant Re \leqslant 4\times10^4$；$n \geqslant 10$

$a=\dfrac{S_q}{d_a}$；$b=\dfrac{S_l}{d_a}$；$\varphi=90-\gamma$

$\Delta p=\zeta \cdot n \cdot \dfrac{g \cdot W^2}{2}$；$Re=\dfrac{W \cdot d_a}{v}$

$W=W_e=\dfrac{a}{a-1} \cdot W_0$

VDI heat atlas

$\zeta=\zeta_l+\zeta_t \cdot \left[1-\exp\left(-\dfrac{Re+1000}{2000}\right)\right]$

$\zeta_l=\dfrac{f_{al,f}}{Re}$；$f_{al,f}=\dfrac{280\pi[(b^{0.5}-0.6)^2+0.75]}{(4ab-\pi)a^{1.6}}$

$\zeta_t=\dfrac{f_{at,f}}{Re^{0.1b/a}}$

$f_{at,f}=\left[0.22+1.2\times\dfrac{(1-0.94/b)^{0.6}}{(a-0.85)^{1.3}}\right]\times 10^{0.47(b/a-1.5)}+0.03(a-1)(b-1)$

有效范围：$1 \leqslant Re \leqslant 3\times10^5$；$n \geqslant 5$
跨度：$Re \geqslant 10^3$；$1.25 \leqslant a \leqslant 3.0$；$1.2 \leqslant b \leqslant 3.0$

图 6.35　氦加热蒸汽发生器螺旋管束的摩擦系数 ξ

$$\xi = \frac{0.25}{\left(\lg \dfrac{15}{Re} + \dfrac{K}{3.715d}\right)^2}\text{(粗糙表面)} \tag{6.57}$$

其中，K 是粗糙度(以 mm 计)，例如，对于焊接钢管，粗糙度为 0.05～0.1。

阻力降一般与管的直径有如下相应的关系：

$$\Delta p \approx \frac{1}{d^5} \tag{6.58}$$

关于 ξ 与各参数的依赖关系已经在图 6.33 中给出。例如，如图 6.34(a)所示的二次侧的流动对换热面侧的影响并不是很大，但是氦气的流速对一次侧的阻力降会产生很大的影响。组件式蒸汽发生器单元应设计得尽可能地紧凑，但要考虑氦气侧阻力降带来的限制。这个限制来自于经济性的原因及氦风机技术上的限制。如果将一级径向压缩风机用于 HTR 电厂，通常情况下，回路中总的阻力降就会受到限制，因此要求在换热面积引起的投资成本和氦风机运行耗电成本之间进行优化选择。优化的主要参数是蒸汽发生器管束内氦气的流速。针对阻力降和每年用于风机运行的附加成本，得到如下的方程：

$$\Delta p \approx c_1 \cdot v_{He}^2 \cdot \xi(v_{He}),\quad K_1 \approx \Delta p \cdot c_2 \cdot X_{el} \cdot \tau \tag{6.59}$$

而对于蒸汽发生器面积与用于该设备的投资成本之间的关系，有如下关系式：

$$A_{st} \approx \frac{c_3}{v_{He}^n},\quad K_2 \approx A_{st} \cdot \bar{a} \cdot c_4 \tag{6.60}$$

其中，$\bar{a}$ 是投资的资本因子。最后，得到氦气流速最优化的总方程为

$$K_{tot} = K_1 + K_2 = a_1 \cdot v_{He}^2 \cdot \xi(v_{He}) + a_2 \cdot \frac{1}{v_{He}^n} \tag{6.61}$$

蒸汽发生器设计成本的最小化取决于氦气流速的选择，可采用下面的条件推导：

$$\frac{\partial K_{tot}}{\partial v_{He}} = 0,\quad \frac{\partial^2 K_{tot}}{\partial v_{He}^2} > 0 \tag{6.62}$$

这类最优化的结果如图 6.36 所示。最小的总成本由最优的蒸汽发生器管束内的氦气流速来确定。但是，也必须要考虑技术上的一些限制因素。如果 v_{He} 太小，那么设备就会变得很大，无法将其集成到电厂中。如果速度选择得太高，那么氦气侧的阻力降就变得很大，就有可能需要选取多级压缩风机。当然，这个最优化的过程需要对电厂进行全寿命的分析，所以也必须要采用类似全寿命循环成本这类动态的方法。假设燃料循环和发电的成本呈上升趋势，那么，为了实现该设备的性能，就要花费更高的代价，但这对于保障电厂的效率是有意义的，对电厂中很多其他设备也同样具有很重要的意义。

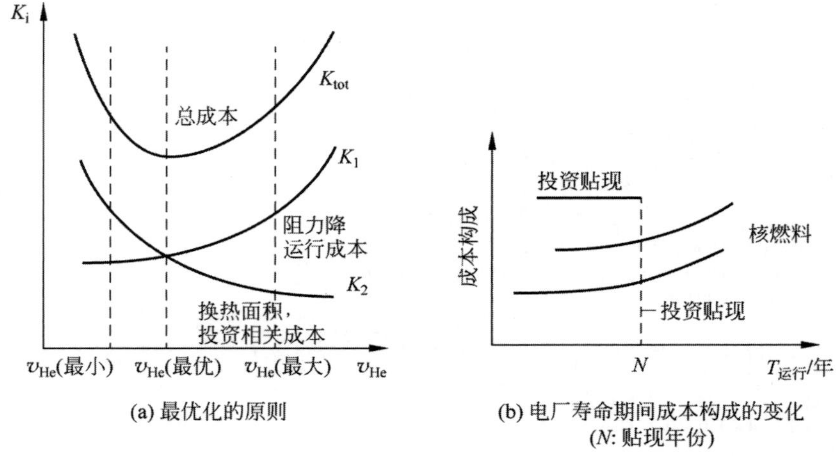

图 6.36 参数随氦气流速变化的定性依赖关系

前面已经提到，有 3 个参数可以用来表征热工-水力学设计，并用来估计设备的大小，即热流密度$\dot{q}''$、单位体积换热面积的体积密度 σ、设备中的功率密度$\dot{q}'''$。

$$\dot{q}''=\bar{k}\cdot\Delta\overline{T}_{\log},\quad \sigma=\frac{A}{V},\quad \dot{q}'''=\sigma\cdot\dot{q}'' \tag{6.63}$$

使用这些定义，设备的功率可由下面的表达式给出：

$$P_{th}=\dot{q}'''V=\dot{q}''A=\overline{K}\Delta T_{\log}A=\sigma\dot{q}''V \tag{6.64}$$

这些数据的典型值已列于表 6.6，其中，包含了气冷堆等各种反应堆中相应数据的平均值。

表 6.6 反应堆技术中各种蒸汽发生器的一些典型数据的比较

反应堆系统	介质	压力/MPa	$\sigma/(m^2/m^3)$	$\dot{q}''/(kW/m^2)$	$\dot{q}'''/(MW/m^3)$	类型
AGR	CO_2	4	50	100～150	5～7.5	螺旋管
HTR	He	7	50～70	100～150	5～10	螺旋管
PWR	液态 H_2O	16	100	200	20	U 形管

基于上述考虑，可以从表 6.7 中找到相应于模块式 HTR 蒸汽发生器的典型设计参数。对于氦冷反应堆，典型换热面积的设置为 8～15m^2/MW。实际应用中的设备应该留有一些余量，包括考虑损坏管的堵管这种情况。在考虑了上述要求及制造装配上的不确定性因素的基础上，实际配置的换热面积至少应该在计算的换热面积基础上再增加 10%～20%的余量。

表 6.7 模块式氦冷反应堆蒸汽发生器的一些典型热工-水力学参数(如 250MW(热功率)电厂)

参数	预热段	蒸发段	过热段	参数	预热段	蒸发段	过热段
功率/MW	60	100	90	$\sigma/(m^2/m^3)$	50	50	50
$\Delta T_{\log}$/℃	70	170	220	$\dot{q}'''/(MW/m^3)$	3.5	10	7.5
$\bar{k}/[W/(m^2\cdot K)]$	1000	1200	700	A/m^2	900	500	600
$\dot{q}''/(kW/m^2)$	70	200	150				

6.3.4 蒸汽发生器的流动稳定性

蒸汽发生器传热管内水的蒸发必须要处于稳定状态，这是保证设备完整性的基本要求。通常，这个目标是通过水/蒸发侧足够大的阻力降，以及管束中每一根管的氦气和水流量均匀分配来实现的。换热管数为 n，它与质量流量和直径具有如下关系：

$$n\approx\frac{4a\dot{m}_{\max}}{\pi d_i^2\dot{m}_{\min}} \tag{6.65}$$

其中，$\dot{m}_{min}$ 为最低的质量流量(水)；$\dot{m}_{max}$ 为满功率下的质量流量；d_i 为传热管内直径；a 为负荷因子(0～1)。

HTR-PM 的蒸汽发生器采用组件式结构，每个组件有多层螺旋管式传热管，总功率为 250MW。由于如下多种原因，每个传热管的蒸汽温度有所不同。

- 管的几何公差(直径、长度、弯管的影响)；
- 粗糙度的差别($\Delta p \approx \xi$)；
- 传热管入口节流分配的偏差；
- 氦气侧换热条件的差异(不同传热管 v_{He}，$\dot{m}_{He}$ 的差异)；
- 蒸汽发生器启动和变负荷的流动产生的动态效应。

图 6.37 给出了针对蒸发过程稳定性的一些考虑。

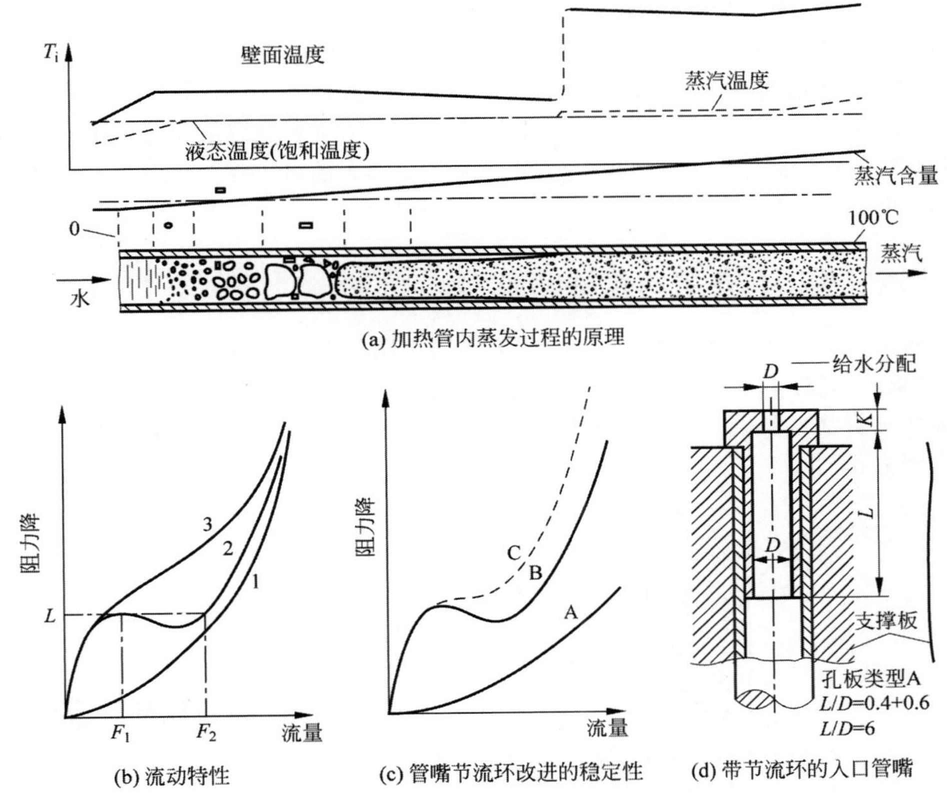

图 6.37 蒸汽发生器中流动的稳定性问题

1—未加热的管；2—具有不稳定流的加热管；3—具有稳定流的加热管；A：入口管嘴带有节流环的阻力降；B：加热管的阻力降(不稳定)；C：加热管入口和出口间的阻力降(A+B)(稳定)

进入传热管的是液态水，之后这些液态水进入复杂的蒸发区域，最终出口排出的是蒸汽。随着这些过程的变化，传热特性和热流密度也发生变化。这些变化有可能带来导致设备损坏的不稳定性问题，因为管壁温度突然变化会产生不确定的影响因素。另外，流动状态的变化也会引起流致振动，这些都属于不确定性问题。

如果出现了不稳定的系统状态，那么同一个阻力降下就有可能有两个不同的流量。每个传热管必须具有稳定流的特性，以保证传热管出口的蒸汽具有相同的品质。同时，还要避免发生由流动不稳定性引起的振动和损坏，因此，流体质量的必要条件是

$$\partial p / \partial \dot{m} > 0 \tag{6.66}$$

这就意味着，绝不会在相同的阻力降下出现两个不同的质量流量。这一要求可以通过在给水侧加装节流阻力件来实现，如图 6.37(c)所示。

在 HTR-PM 蒸汽发生器设计之初，预计的阻力降大约为 1.5MPa。通过加装一个节流环来加大阻力降，以此实现蒸汽发生器的稳定性。任何情况下，蒸汽发生器组件内向上流动的蒸发过程都有利于稳定性。但是，THTR 系统的蒸汽发生器是向下流动进行蒸发的，也运行得很好。

流动的不稳定性对质量流量的依赖关系原则上可以分析如下：当水受力通过蒸汽发生器传热管时，入口和出口间的压力降取决于流动速率。压力降由下述各部分组成：入口和出口的压头损失、流体加速带来的压力损失及摩擦产生的阻力损失。对于阻力降，给出如下与质量流量的关系式：

$$\Delta p(\dot{m}) \approx \dot{m}^2 \cdot f(\dot{m}) \tag{6.67}$$

其中，$\dot{m}$ 是质量流量；f 包含了预热段和蒸发段的长度，以及传热管内流体的比容随质量流量和压力变化的关系。如果在部分负荷下质量流量减小，则管内形成的蒸汽气泡就会增加。在特定条件下，质量流量的减少会引起平均比容的大幅增加。那么，这个 $f(\dot{m})$ 的增加有可能超过 $\dot{m}^2$ 的减少。总之，在详细考虑了所有的摩擦和其他阻力降之后，可以得出这样一个函数关系：

$$\Delta p(\dot{m}) \approx c_1\dot{m} - c_2\dot{m}^2 + c_3\dot{m}^3 \tag{6.68}$$

这个函数具有一个最小值，如图 6.37(b)所示。

加装节流环后进一步增加了阻力降，如图 6.37(c)所示，因而可以避开这一特征极小值。图 6.37(c)所示的曲线与电厂负荷变化的所有工况下的稳定运行相匹配。图 6.37(d)给出了节流环的技术方案。前面讨论的这些效应表示的是统计分布的结果，在蒸发段的尾端也可能引起稳定或不稳定的温度偏离，特别是在低负荷下。所以，蒸汽发生器的设计要求在蒸汽/水侧具有足够大的阻力降。

在通常的设计中，选择的给水压力比汽轮机入口蒸汽的压力高 20%，这对电厂效率的影响是比较小的。

6.3.5 蒸汽发生器传热管的机械设计

蒸汽发生器传热管是一次氦回路侧和二次水/蒸汽侧之间的屏障。传热管上的应力是由压力差、热流密度及重量、流动效应、摩擦或事故情况引起的附加载荷造成的。

蒸汽发生器传热管壁上形成的温度差与热流密度是相对应的，图 6.38 给出了平板和圆柱管的热流密度和壁面温度的近似方程。

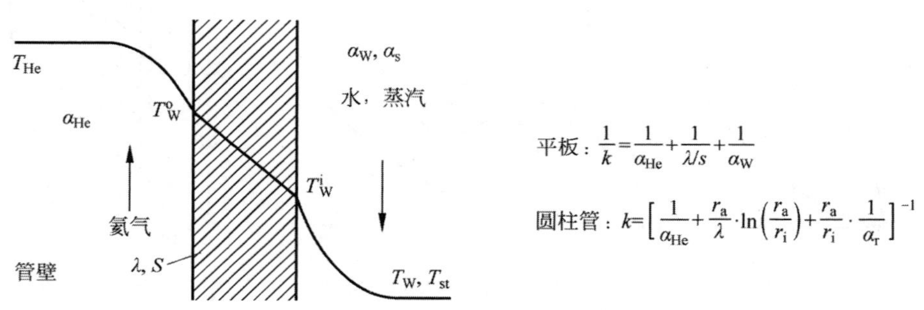

图 6.38 蒸汽发生器传热管的热流密度和壁面温度

对于平板，给出的公式是一个有裕量的一级近似，这是因为管壁厚度与直径的比值足够小。对于蒸汽发生器的不同部位 i，可以得到：

$$\overline{\dot{q}_i''} = \dot{Q}_i / A_i, \quad \overline{\dot{q}_i''} = \overline{K}_i \cdot \Delta T_i \tag{6.69}$$

在不同的传热段位置上，热流密度也是变化的，这是因为温度和换热系数随氦气的流程发生变化。在更详细的分析中，可将蒸汽发生器分成很多段，分别对每一段确定其热流密度。作为上述详细分析的结果，图 6.39 给出了 THTR 系统中蒸汽发生器的温度分布。如图 6.39 所示，通过加热表面的百分比来表示蒸汽发生器在长度上的位置，选择温度差来代替换热系数。图 6.39 表明，在正常运行时，蒸汽发生器内的温度必须要留有裕量。最高的设定温度大约为 650℃，包括热冲击在内，设备设计的最高温度应该是 700℃。

据此可以进一步得出：高温的蒸汽发生器管束要选择的材料应是 Incoloy 800H。这种材料在高温下具有很高的强度、很好的蠕变特性及抗腐蚀性。另外，对于管和板材的制造尤其是焊接，应根据通用的工业标准来操作。选择的材料应是用于核技术应用的合格材料，并满足设计的相应条件以实现必要的使用寿命。

支撑系统中的套管和其他一些部件将被设计工作在 750℃的温度环境内，在氦气侧的热点部位必须要加装一些附件以满足这一温度设计要求。所以，蒸汽发生器管束的所有结构材料也必须采用 Incoloy 800H 来制造，至少在热点部位要使用这一材料。表 6.8 给出了 Incoloy 800H 的主要成分。

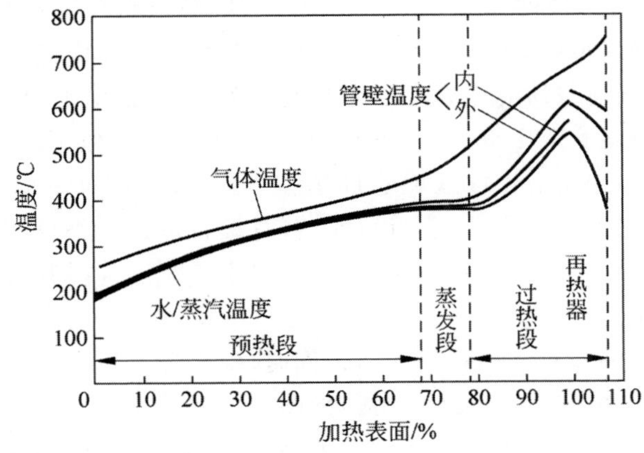

图 6.39　螺旋管式蒸汽发生器管束中氦气温度、水/蒸汽温度和材料温度(如 THTR-300)

表 6.8　Incoloy 800 的主要成分(以质量百分比计)

成分	质量百分比/%	成分	质量百分比/%	成分	质量百分比/%
C	0.05～0.1	Mn	<1.5	Cu	<0.75
Si	<1.0	Al	0.15～0.6	Ti	0.15～0.6
S	<0.015	Cr	19～23	Ni	30～36
Fe	平衡				

Incoloy 800H 的一些性能对评估设计非常重要,如图 6.40 所示。

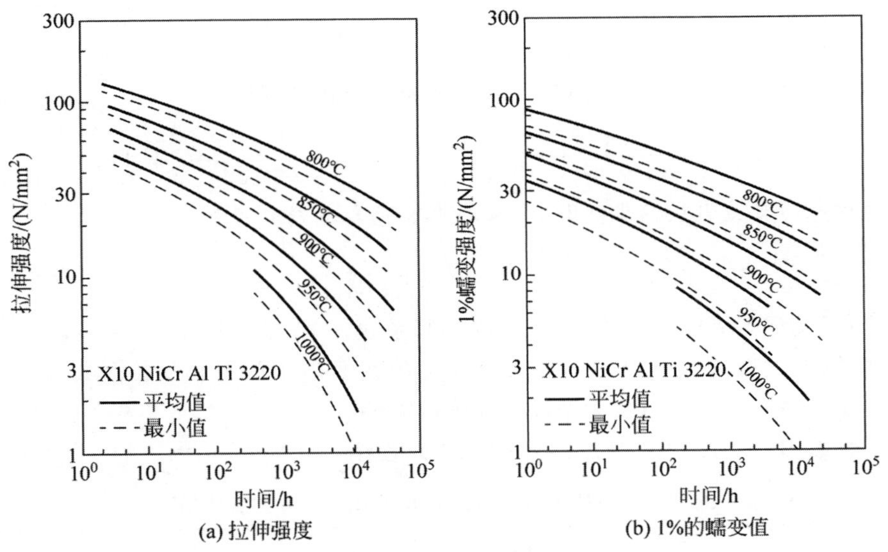

图 6.40　Incoloy 800 和其他高温合金的强度数据

目前,获得的 Incoloy 800H 材料的大量经验主要是从以前的核技术研发计划中积累的。Incoloy 800H 也被用于压水堆的很多蒸汽发生器中。所以,在现有经验的基础上,制造的技术特别是焊接和检验的技术目前都已具备。经验显示,这一材料一般具有良好的抗腐蚀性能,但在氦气或者工艺侧新的特殊条件下,还需要进行长时间的验证。

针对 HTR 电厂中蒸汽发生器传热管的应用经验,已经形成了高温下设备设计和配置的导则。导则中还应包括截至目前的运行历史及对事故的假设。另外,还需要对损坏率加以计算,并且提供对损坏率对于设备使用寿命的影响进行的相关分析。

蒸汽发生器传热管的内直径为 d_i,对其壁厚的机械设计给出了下面粗略的轮廓。正常运行时,过热器中的压差为 $\Delta p = P_{st,w} - P_{He}$,其机械应力值为

$$\sigma = \Delta p \cdot d_i / (200S) \tag{6.70}$$

例如，对于 HTR-Module($d_i=22$mm，$S=3.3$mm，$\Delta p\approx 11$MPa)，得到的应力值为 34N/mm^2。

对于应力为 50N/mm^2，在 700℃下运行 100 000h，其安全系数是非常高的。当然，在进行详细分析时，还需加上瞬态应力、热应力及其他载荷的应力产生的影响。图 6.40 给出了相关的一些启示。

在事故情况下，例如，氦回路的失压事故，设备高温部分的压差将达到 14MPa。在这种短时载荷下，可应用材料的强度值(至少为 100N/mm^2)，这就意味着安全系数与前面所说的类似。一般地，如果选择 Incoloy 800H 材料，则完全可以实现设备的安全设计。若对设备进行详细分析，应包括对温度场、流动的状态、载荷的历史，以及不确定性的估计进行必要的分析，这样才能对设备在其寿命期内的行为给出一个详细的描述。

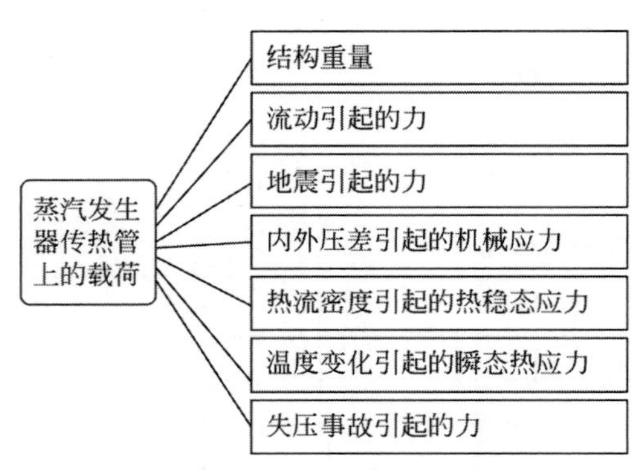

图 6.41 蒸汽发生器传热管上的各种载荷

同时，要求蒸汽发生器传热管必须能够承受不同的负荷，如图 6.41 所示。

在对产生的应力进行分析时，不仅要考虑内外压差引起的机械应力，还要考虑热应力，主要是在 400℃以下温度范围内的热应力。同时，还需要对设备受瞬态载荷造成的应力，以及限制蒸汽发生器传热管伸长引起的应力进行详细的分析和研究。另外，在事故情况下，如失压或地震，对加载在传热管或者蒸汽发生器其他结构件上的载荷也应进行细致的分析。由于传热管内壁和外壁尺寸存在差异，在蒸汽发生器传热管环形管壁上，当通过很高的热流密度时就会引起热应力。由这些热流密度引起的稳态热应力可以采用如下的近似公式来描述：

$$\sigma_{\mathrm{th}}=\frac{E\alpha}{2(1-\nu)}\cdot\Delta T,\quad \Delta T=\frac{\dot{q}''S}{\lambda}\tag{6.71}$$

在设备启动和关闭期间，引起的瞬态热应力可用下面的公式来表征：

$$\sigma_{\mathrm{T}}=\pm\frac{E\alpha}{(1-\nu)}\cdot\frac{v_{\mathrm{T}}\cdot S^2}{3\alpha_{\mathrm{T}}}\cdot\left(0.43\cdot\frac{d_{\mathrm{a}}}{d_{\mathrm{a}}-2S}+0.57\right)\tag{6.72}$$

在对金属表面快速冷却或者快速加热时，引起的附加应力可表示如下：

$$\sigma_{\mathrm{S}}=\frac{E\alpha}{1-\nu}\cdot B(s,\lambda,\alpha_{\mathrm{F}})\cdot(T_{\mathrm{W}}-T_{\mathrm{F}})\tag{6.73}$$

其中，d_a 为外直径；S 为壁厚；E 为弹性模量；α 为热胀系数；ν 为横向收缩；λ 为导热系数；$\dot{q}''$为管壁上的热流密度；ΔT 为管壁上的温差；v_{T} 为材料中温度变化的速度；α_{T} 为材料的特征数($\alpha_{\mathrm{T}}=\lambda/(c_p\cdot\rho)$)；$\alpha_{\mathrm{F}}$ 为在壁面上介质的换热系数；$T_{\mathrm{W}}-T_{\mathrm{F}}$ 为壁面与流体的温差。

表 6.9 给出了函数 $B(s,\lambda,\alpha_{\mathrm{F}})$随参数 $\alpha_{\mathrm{F}}\cdot s/\lambda$ 的变化情况。

表 6.9 与热冲击相关的函数 B 随 $\alpha_{\mathrm{F}}\cdot s/\lambda$ 的变化情况

$\alpha_{\mathrm{F}}\cdot s/\lambda$	0	5	10	20	30	40	50
B	0	0.55	0.6	0.7	0.75	0.8	0.85

例如，冷水冷却钢表面的典型值为 $\alpha_{\mathrm{F}}\approx 0.02$J/(mm^2·s·℃)。再如，预热段的稳态热应力可按如下参数计算得出：$\dot{q}''=75$kW/m^2，$E=2.1\times10^5$N/mm^2，$v=0.3$，$\alpha=1.1\times10^{-5}$K^{-1}，$\lambda=20\sim30$W/(m·K)。那么，这样引起的附加应力大约为 3N/mm^2。在蒸汽发生器预热段温度较低的条件下，这个附加应力的数值相比于材料低温的强度是比较小的。在 $v_{\mathrm{T}}=10$K/min 的瞬态温度变化下，计算得到的瞬态热应力为 $\sigma_{\mathrm{T}}=4\times10^2$N/mm^2，相对而言，数值不大，但在快速瞬态情况下，这种效应就变得很重要了。特别是厚壁的部件，如取样系统，就必须要在材料的强度方面加以分析，对其壁厚加以限制。

对蒸汽发生器预热段后面的换热段进行的估计和类似的计算表明，设备的布置必须要在更为可靠的数据基础和留有更大安全裕量的条件下进行。在过热段中，必须要考虑材料使用的条件，以及在热冲击和事故情况下传热管壁的温度，设计才是有效的。同时，在过热段的相关设计中也必须留有足够的安全裕量。

对于最终的设计结果，必须要使用计算机程序加以分析和验证。

为了使蒸汽发生器实现最优化，必须要考虑所有换热段部分管壁的尺寸，因为它涉及内外压差带来的载荷、热流密度造成的温度梯度和热应力。在进行最优化的过程中，可以找到具有最小总载荷的管壁厚度。对于机械应力和热应力，可以用下面的简化式来表征：

$$\sigma_{\mathrm{m}}=\Delta p \cdot d_{\mathrm{i}}/(2S),\quad \sigma_{\mathrm{th}}=\frac{E\alpha}{2(1-\nu)}\cdot \Delta T=\frac{E\dot{\alpha}q''S}{2(1-\nu)\cdot\lambda} \tag{6.74}$$

于是，总应力就可以用单个应力叠加的近似方程来表示：

$$\sigma_{\mathrm{tot}}=\sigma_{\mathrm{m}}+\sigma_{\mathrm{th}}=\frac{c_1}{S}+c_2S \tag{6.75}$$

如果能够满足最小值的条件，那么总应力可以最小化。

$$\frac{\partial\sigma_{\mathrm{tot}}}{\partial S}=0,\qquad \frac{\partial^2\sigma_{\mathrm{tot}}}{\partial S^2}>0 \tag{6.76}$$

所以，实现最小应力的最优管壁厚度可以表示为

$$S_{\mathrm{opt}}=\sqrt{c_1/c_2}=\sqrt{\Delta p\cdot D_i\cdot(1-v)\cdot\lambda/(E\alpha\dot{q}'')} \tag{6.77}$$

图 6.42 给出了这个应力的定性变化示例。该图表明，要避免选取太厚的管壁厚度，应限制热应力和总压力。

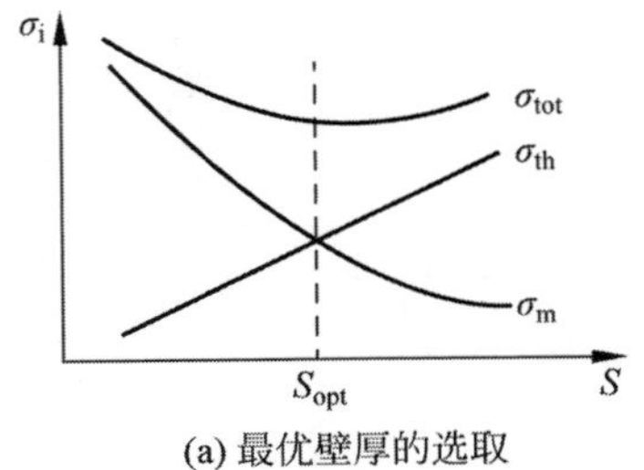

(a) 最优壁厚的选取

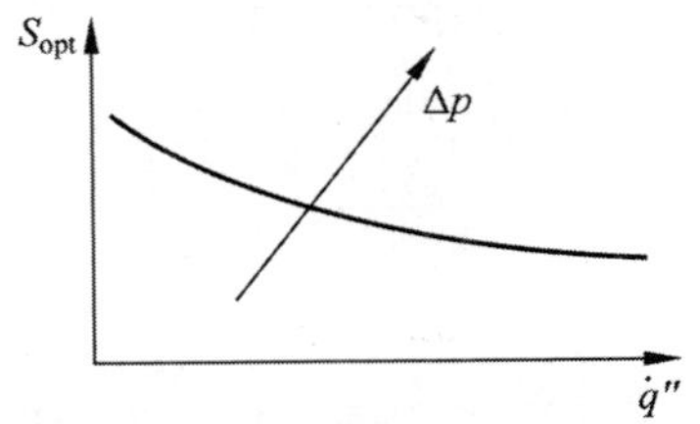

(b) 热流密度和压差对最优壁厚选取的影响(定性)

图 6.42 应力作为壁厚函数的定性曲线：最优化考虑

在最小壁厚处，在如上给出的简单近似中，机械应力和热应力是相等的。

对设备进行设计时，是以假设电厂能承载的负荷的历史数据为基础的。不同的负载可以按照图 6.43 所示的关系来排序。正常运行的时间跨度取决于运营商对经济条件的要求。一般地，期望的运行年限为 30～40 年。变负荷运行的时间跨度的典型值大约为 1000h。在整个电厂寿命期间，应将应对如失压事故所需要的时间限定在 100h 以内。

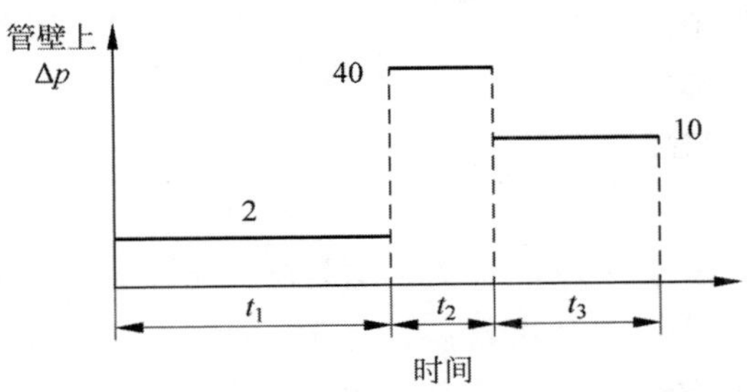

图 6.43 蒸汽发生器传热管载荷的历史：一个高温热交换器整个寿命期间假设的历史(定性)

t_1—正常运行；t_2—失压事故(双端断裂)；t_3—负荷变化

表 6.10 给出了用于核技术的金属材料的典型温度数值。

表 6.10 用于核技术的材料的典型温度

温度/℃

LWR 蒸汽发生器传热管	300	HTR 蒸汽发生器传热管	680
LWR 燃料元件包壳(正常运行)	＜500	AGR 蒸汽发生器传热管	630
LWR 燃料元件包壳(事故)	直到 900	HTR 透平叶片	直到 850
FBR 燃料元件包壳	直到 650	HTR-IHX 传热管	930
AGR 燃料元件包壳	600	HTR 蒸汽重整器传热管	900

LWR 压力壳材料的典型温度为 350℃，但是燃料元件包壳在正常运行和事故情况下可能达到非常高的温度。例如，在事故情况下，若一回路管道发生破裂，短时间内温度可能达到 900℃。

在先进 HTR 的设计中，例如，在对核工艺热的利用进行设计时，必须要考虑使设备的温度达到 900℃。气体透平应用(HHT 项目)要求能够达到 850～900℃的温度。任何情况下，只要考虑设计规范和材料性能，均存在从与时间无关到与时间相关特性的变化。

图 6.44 给出了目前已有的各种设计规范，下一步需要建立超过 800℃的材料温度的设计规范。实际上，这项工作在很大程度上已在 HHT 和 PNP 项目中进行了，以建立用于设计高温设备的规范，但是对于实际的应用仍有许多工作要做，特别是高温热利用设备的设计规范，必须要扩展到 900℃以上。

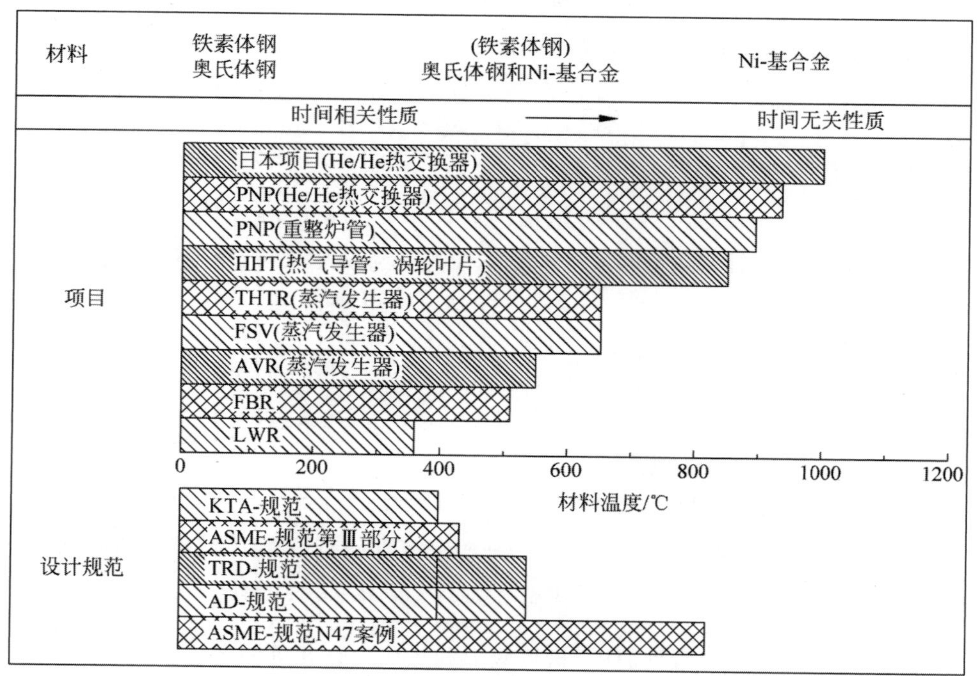

图 6.44　核应用中金属部件材料温度和设计规范

对于高温运行设备的设计，要求能够提供合适的法规和计算方法。图 6.44 给出了核应用中金属部件材料温度和设计规范的概况。正如氦加热蒸汽发生器的设计，目前已积累了各种许可证申请过程的经验。如 THTR 和圣・弗伦堡蒸汽发生器的经验是最高温度接近 700℃的设备已经获得了许可。

部件的疲劳寿命是通过将蠕变和疲劳应力结合起来进行评估的，其评估的根据是 ASME 规范的 N47 案例，它使用了线性损伤累积规则：

$$D \geqslant \sum_i t_i / t_{ib} + \sum_i N_i / N_{if} \tag{6.78}$$

其中，D 为相应于允许使用寿命的疲劳损坏；t_{ib} 为恒定载荷下允许运行的时间；t_i 为恒定应力下的实际运行时间；N_{if} 为具有恒应变范围的允许循环次数；N_i 为具有恒应变范围的实际循环次数。

当然，对损坏可能有各种评价方法，而且已有部分评价方法在实际中得到了应用。

在式(6.78)中，需要输入一些参数，而这些参数来自于从材料研发计划中获得的数据。一些表征高温合金，如 Incoloy 800H 或者 Inconel 617 的数据，已经测量过并最大限度地提供了直到 950℃的数据。作为一个例子，可以对 Incoloy 800H 假设如下数据：$t_{ib} \approx 10^5$ h，$t_i \approx 10^4$ h，$N_{if} \approx 10^4$，$N_i \approx 10^3$。这样就可以估计出有大约 0.2 的损坏。根据这一预测值，为了避免部件受到损坏，应及早采取措施。

在德国 HTR 计划的高温应用中，发展了一个评估热交换器设计的专门概念。图 6.45 给出了在应用这个建议的工作过程中需要实施的主要步骤。

这里，需要考虑的一个问题是，为了避免发生过度应变、排除发生传热管破裂的可能性或避免在高温下取样，建议设计时要保证对于高载荷，有低于 1%的蠕变应变以限制离散带的下限，而对于低载荷，要求低于最低蠕变断裂强度的 2/3。

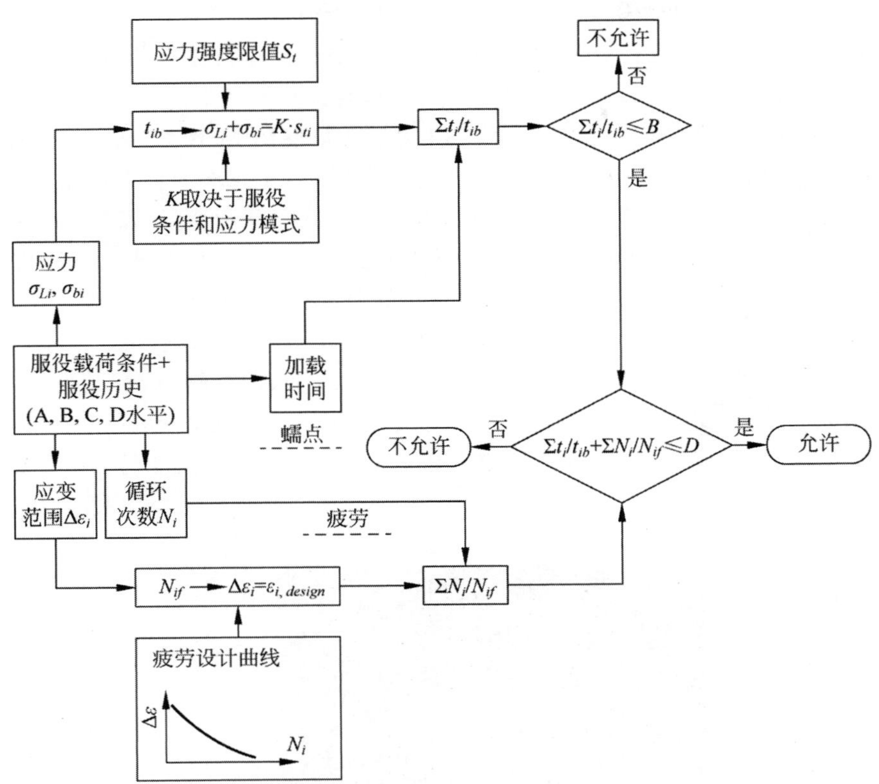

图 6.45　高温热交换器的布置和评价：德国对核工艺热应力分析的建议

6.3.6　气冷反应堆蒸汽发生器的经验

针对氦加热蒸汽发生器的设计，存在各种设计理念，且已付诸实际应用。图 6.46 给出了相关的一些主要原理。

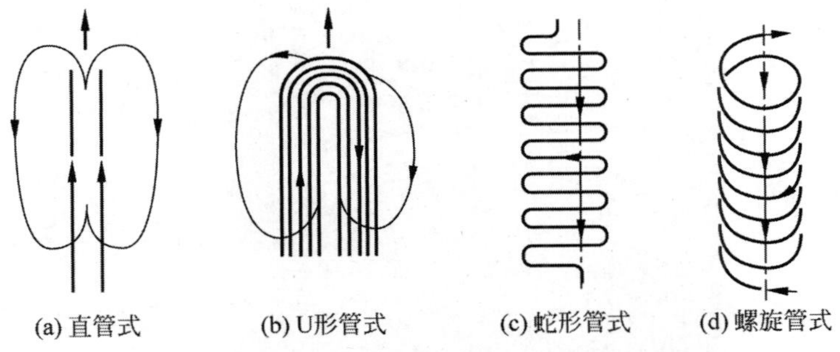

图 6.46　蒸汽发生器传热管各种布置的原理

蒸汽发生器的设计需满足很多条件，包括：

- 最优的热工-水力学设计；
- 实现设备在部分负荷下的行为，特别是蒸发的稳定性；
- 设计概念应具有应力裕量和足够长的使用寿命；
- 应避免振动、磨损；
- 设备设计得比较紧凑，适宜电厂的整体布置；
- 满足对核设施中设备的要求；
- 在制造期间及以后的运行期间必须可以进行检测；
- 满足经济性的要求；
- 设备可以在足够大的功率下进行实验；

• 使设备成为一个屏障，可以将放射性物质阻留在电厂内。

考虑到紧凑的设计、防止振动的稳定性、能够补偿尺寸的变化及在役检查的可能性这些特性，目前螺旋管式蒸汽发生器对于模块式 HTR 来说具有很多优点。U 形管式蒸汽发生器已成功地应用在全球大多数压水堆电厂中，在一些轻水堆中也使用了直管式蒸汽发生器；在早期的 MAGNOX 和 AGR 电厂中使用过蛇形管式蒸汽发生器，但这种形式的蒸汽发生器不能进行重复检测。在龙堆中首次使用了螺旋管式蒸汽发生器，并已很成功地运行了超过 15 年，图 6.47(a)为该设备的示意图。如图所示，氦气(750℃)向上流过管束，每个组件的功率为 3.6MW。在龙堆中共有 6 个蒸汽发生器组件，每个组件配有一个风机。设计之初，并没有打算以此来产生高温蒸汽并运行蒸汽透平。所以，蒸汽的温度也就被限制在 200℃(1.6MPa)。

在 AVR 中采用了一个很特别的蒸汽发生器概念，如图 6.47(b)所示，并已很好地运行了超过 20 年。该蒸汽发生器仅发生过一次非常小的泄漏(1mm 的直径)，水进入一回路系统。因此其被称为"演变式"热交换器，与螺旋管式蒸汽发生器类似。氦气侧的加热温度最高为 950℃，已运行超过 10 年。设备的功率为 46MW，蒸汽的参数为 505℃/7MPa。尽管氦气的温度很高，传热管材料的温度仍低于 600℃，因为氦气侧的换热系数比水/蒸汽侧要小得多。

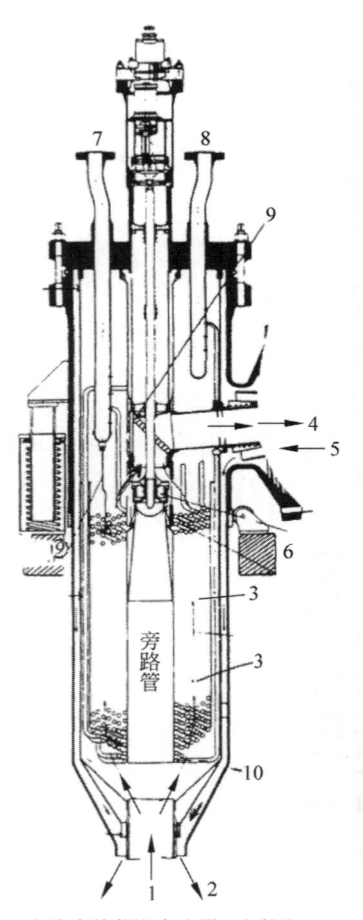

(a) 龙堆中的蒸汽发生器(6个蒸汽发生器组件，每个功率为3.6MW)

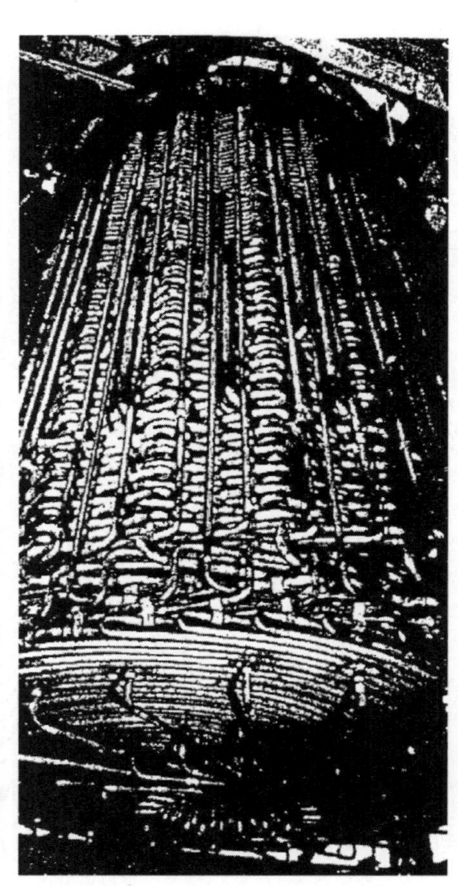

(b) AVR的蒸汽发生器(1个组件，功率为46MW)

参　　数	Dragon	AVR
热功率/MW	3.6	46
氦气温度/℃	750~350	950~220
氦气压力/MPa	2	1
蒸汽温度/℃	200	505
蒸汽压力/MPa	1.6	7.0
平均热流密度/(kW/m²)	100	26
概念	螺旋管	演变式
运行时间/年	15	21

(c) 龙堆和AVR的蒸汽发生器

图 6.47　HTR 实验电厂的蒸汽发生器

1—氦气入口(750℃/2.1MPa)；2—氦气出口(335℃)；3—螺旋管束；4—进入风机的冷氦气；5—风机出口的冷氦气；6—旁通阀；7—给水入口(100℃)；8—蒸汽出口(200℃/16bar)；9—管支撑；10—压力壳

在 THTR 和圣·弗伦堡反应堆中装配了大功率的螺旋管式蒸汽发生器，它们产生了与传统锅炉相对应的过热蒸汽(530℃/18MPa)，并使用了氦气循环中安装的再热器(530℃/4.5MPa)。这个再热器设置在氦的高温段，以使设备的高温段在正常运行及一回路失压事故时可在氦气侧和蒸汽侧之间实现较小的压差。

在 THTR 和圣·弗伦堡反应堆中装配的蒸汽发生器的一些重要参数见表 6.11，这些设备的典型参数包括平均热流密度，大约为 $100kW/m^2$，功率密度为 $5MW/m^3$。

表 6.11 蒸汽发生器的参数(THTR,圣·弗伦堡和大型 HTR)

参数	THTR	圣·弗伦堡	大型 HTR
每个组件的热功率/MW	125	70	500
氦气温度/℃	750～250	775～405	700～300
氦气压力/MPa	4	4.8	70
蒸发温度/℃	530	538	540
蒸发压力/MPa	18.6	18	18
平均热流密度/(kW/m^2)	约 100	约 100	约 90
再热/(℃/MPa)	530/5	530/5	—
比面积/(m^2/m^3)	50	50	50
平均功率密度/(MW/m^3)	4	5	4.5
最高材料温度/℃	650	710	680

图 6.48 表示了两个概念,即该蒸汽发生器必须要成功地运行,同时还要实现所有设定的参数。在蒸汽发生器内管束是相当紧凑的,且功率密度达到 5MW/m^3。这些热交换器的稳定性和部分负荷下的运行都按

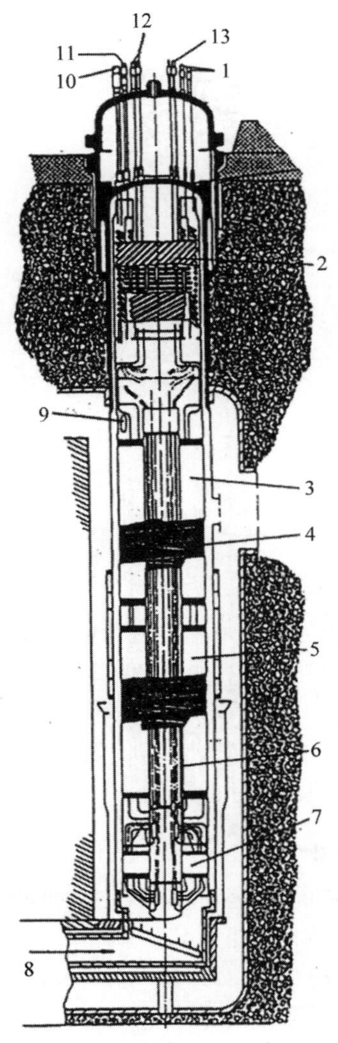

(a) THTR蒸汽发生器(集成在预应力混凝土反应堆压力壳的大腔体内,每个组件功率为125MW)

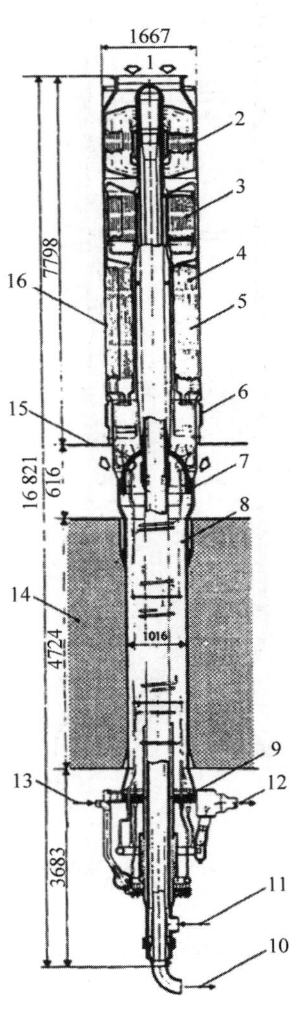

(b) 圣·弗伦堡堆蒸汽发生器(集成在预应力混凝土反应堆压力壳的大腔体内,每个组件功率为70MW)

图 6.48 氦冷示范反应堆的蒸汽发生器

(a) 1—堵头;2—膨胀区;3—高压管束;4—支撑套;5—高压管束;6—内管;7—中间加热管束;8—热氦气入口;9—冷气出口;10—中间蒸汽(535℃/4.9MPa);11—中间蒸汽入口(365℃);12—给水入口(180℃);13—高温蒸汽(530℃/18.6MPa)

(b) 1—氦气入口(350℃);2—中间加热器;3—过热加热器;4—过热加热器;5—蒸发段;6—预热段;7—内部堵头;8—贯穿;9—出口堵头;10—再热出口(530℃/4.1MPa);11—再热入口(360℃);12—蒸汽出口;13—给水入口;14—混凝土壳;15—堵头;16—蒸汽发生器套筒

照规定的要求运行得非常好，没有发生管的损坏。实际上，THTR 的蒸汽发生器完全达到了这个要求，尽管其蒸发过程是向下进行的。

模块式 HTR 新的蒸汽发生器设计概念没有采用氦加热的再热热交换器，这一设计上的变化是在提高电厂的发电效率和加大投资成本之间进行优化选择的结果。此外，能够重复检测等特性保证了直流锅炉的优势。

螺旋管式蒸汽发生器也已在各种 Magnox 反应堆中实现了安装和运行。图 6.49(a)给出了法国的 EL4 反应堆上安装的蒸汽发生器。这是一个具有 50MW 功率的系统，可以产生 490℃的过热蒸汽。

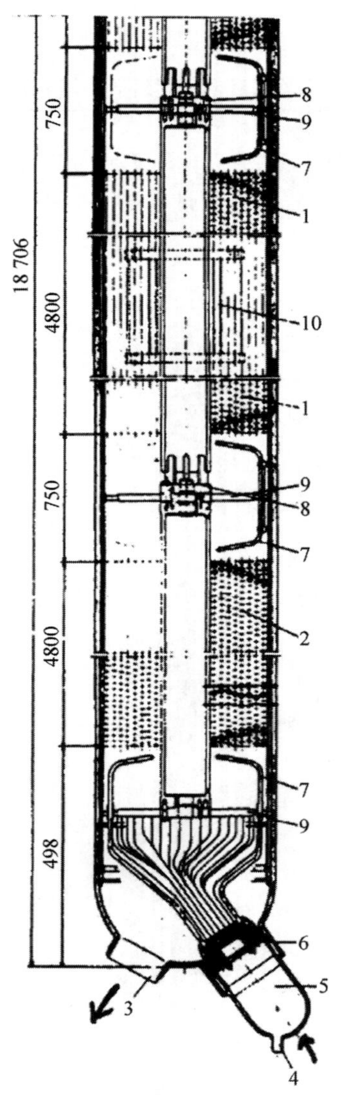

(a) Magnox EL4的蒸汽发生器 (70MW/组件)

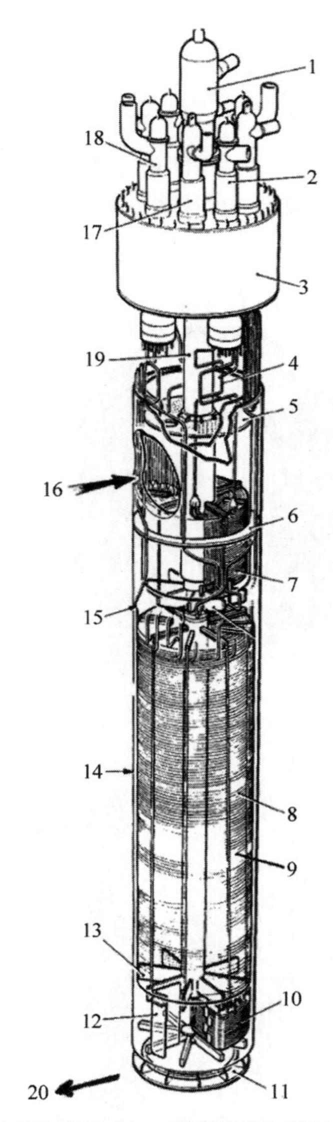

(b) AGR 反应堆Hartle pool的蒸汽发生器(200MW/组件)

图 6.49　CO_2 气冷反应堆螺旋管式蒸汽发生器

(a) 1—蒸发段管束；2—预热段管束；3—气体入口(235℃)；4—给水入口(135℃)；5—给水节流孔；6—管嘴系统；7—连接管；8—管束的连接；9—热补偿装置；10—支撑；

(b) 1—给水入口(200℃)；2—再热出口(530℃/4MPa)；3—蒸汽发生器封头；4—热补偿；5—顶部气体挡板；6—环形气体挡板；7—再热器；8,9—预热段和蒸发段；10—给水入口的补偿；11—蒸气发生器/风机的气体密封；12—噪声挡板；13—支撑；14—蒸气发生器筒；15—过热段的热补偿；16—CO_2 入口(615℃)；17—中心支撑；18—过热蒸汽出口(540℃/16.6MPa)；19—再热入口(350℃)；20—CO_2 出口(250℃)

英国已经建造了一些先进气冷反应堆，目前仍在运行。在这些传统的电厂中，反应堆压力壳是按照套装蒸汽发生器来制作的。图 6.49(b)给出了 6 个套装蒸汽发生器的布置及这些设备的参数：高温蒸汽(530℃/18MPa)和再热蒸汽(530℃/4.5MPa)。这些蒸汽发生器是按照比较紧凑的螺旋管式设计的，每个蒸汽发生器的功率为250MW。它们的运行特性非常好,当一些蒸汽发生器上出现破损管时,可以被探测出来并且加以封堵,然后继续运行。

之前已经完成了很多蒸汽发生器的设计,并且对这些蒸汽发生器的特殊单元按计划进行了实验。图6.50所示为两个典型的螺旋管束的设计概念。

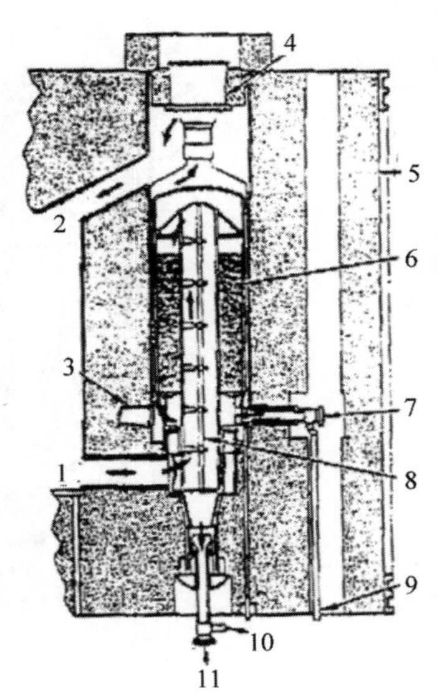

(a) 大型HTR蒸汽发生器概念
(套装锅炉,每个组件功率为500MW)

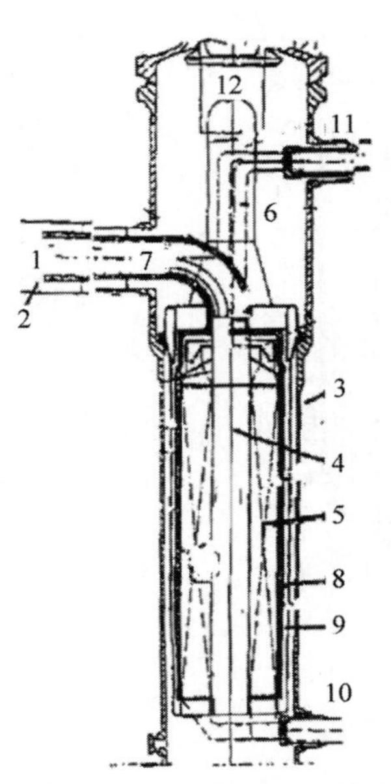

(b) 模块式HTR蒸汽发生器概念(200MW)

图6.50 大型HTR和模块式HTR的蒸汽发生器设计概念

(a) 1—氦气入口(700℃);2—氦气出口(约320℃);3—蒸汽发生器;4— 氦风机;5—预应力混凝土反应堆压力壳(PCRV);6—螺旋管束;7—给水入口;8—过热段;9—给水入口;10—蒸汽出口;11—蒸汽管维修口;(b) 1—氦气入口(700℃);2—氦气出口;3—压力壳1;4—中心导管;5—螺旋管束;6—热补偿管束;7—热气通道;8—绝热层;9—气体导管系统;10—给水节流孔;11—蒸汽节流孔

堆芯、蒸汽发生器和氦风机的布置总是一个令人感兴趣的问题,为此提出了多种方案。

- 堆芯和蒸汽发生器肩并肩布置;蒸汽发生器与堆芯处于同一高度,或者低于堆芯。
- 对于大型HTR风机的布置已制定出特殊的解决方案,采用了反应堆压力壳的套装锅炉的概念。在这个方案中,蒸汽发生器和氦风机一起布置在预应力压力壳的圆柱壳壁内,如图6.50所示。在过去的一段时间,人们对模块式HTR更感兴趣,其中,一个模块的功率计划是500MW,所设计的蒸汽发生器应整体布置在一个锻钢壳内,其热功率是200~250MW,如图6.50(b)所示。

考虑到进水事故的安全性,蒸汽发生器的布置应低于堆芯的高度。所以,热氦气通过一个同心导管进入蒸汽发生器壳的顶部,并且在螺旋管束内向上流动。给水在蒸汽发生器的底部进入,向上流动蒸发成为过热蒸汽,在热交换器的顶部离开。

在PNP项目中,建造了两台大型蒸汽发生器用于产生高温蒸汽(540℃),并且进行了广泛的实验。4MW的蒸汽发生器装入EVA Ⅱ电厂中,如图6.51(a)所示。第2台10MW的蒸汽发生器在KVK电厂中进行了实验,如图6.51(b)所示,并且运行得非常成功。

表6.12给出了这些蒸汽发生器的一些数据。为了进行比较,HTR-10实验堆的蒸汽发生器在图6.51(c)中进行了说明,并且在表6.12也给出了相关数据。EVA Ⅱ中的蒸汽发生器利用入口侧600~700℃和出口侧350~450℃的氦气实现了运行。

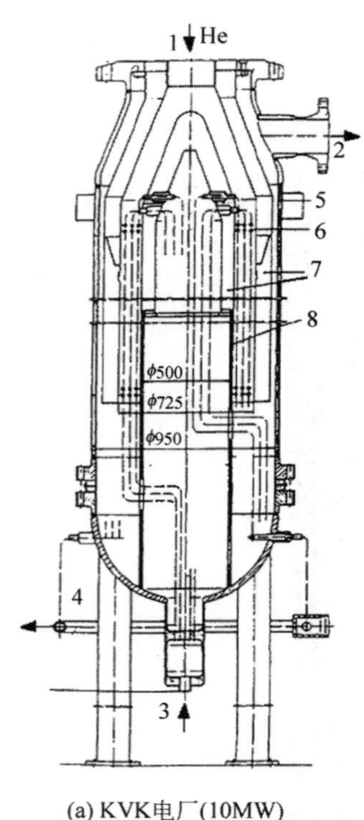

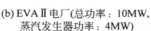

(a) KVK电厂(10MW)

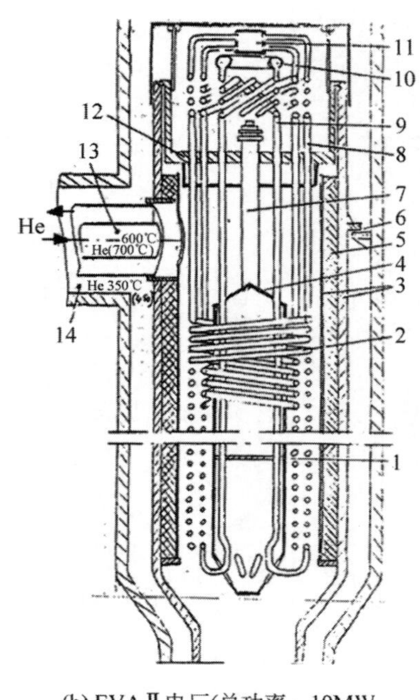

(b) EVA Ⅱ电厂(总功率：10MW，蒸汽发生器功率：4MW)

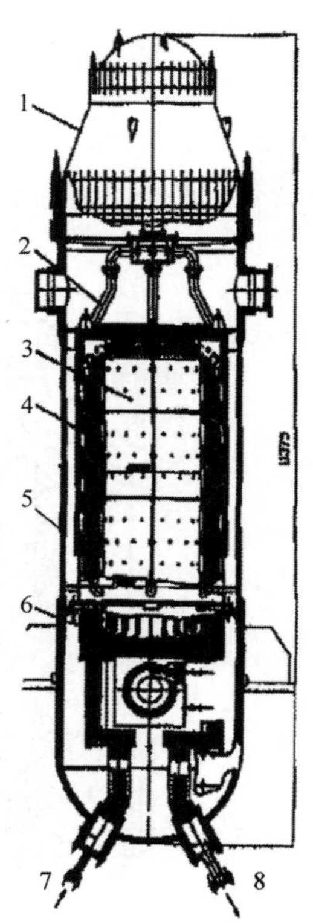

(c) HTR-10实验堆(10MW)

图 6.51 大型实验装置中运行的氦加热蒸汽发生器的设计概念

(a) 1—氦气入口(950℃)；2—氦气出口(350℃)；3—给水入口(150℃)；4—蒸汽出口(540℃)；5—压力壳；6—螺旋管束；7—绝热层；8—支撑筒；(b) 1—间隔；2—螺旋管束；3—气体导管壳；4—分布器；5—绝热层；6—支撑；7—测量线；8—高温蒸汽管；9—给水管；10—给水节流；11—热蒸汽联箱；12—管板支撑；13—热气导管；14—冷气导管；(c) 1—氦风机；2—连接管；3—用于第二阶段的管嘴；4—传热表面；5—压力壳；6—连接管束；7—给水入口；8—蒸汽出口

表 6.12 HTR-PM 模块堆实验台架蒸汽发生器的数据

参　　数	EVA Ⅱ	KVK	HTR-10	模块式组件 HTR-PM
热功率/MW	4	10	10	13.2
氦气温度/℃	700～250	950～250	700～250	750～250
氦气压力/MPa	4	4	3	7
蒸汽温度/℃	530	540	440	570
蒸汽压力/MPa	4	13	6.4	14
平均热流密度/(kW/m^2)	约 100	约 140	约 180	106
氦质量流量/(kg/s)	3.8	3	4.3	5
蒸汽质量流量/(kg/s)	2	4	3.49	5.3
传热表面积/m^2	40	75	55	125
类型	螺旋管	螺旋管	螺旋管	螺旋管
材料	Incoloy 800H	Incoloy 800H	Incoloy 800H	Incoloy 800H

蒸汽发生器使用了螺旋管束的设计。它们围绕一个移动的部件排成两圈。蒸发段传热管的尺寸是：长 21.4m，管径为 25×2.6mm，材料是 Incoloy 800H。运行时壁面的最高温度为 700℃。这些传热管支撑在 3 个带有开孔的支撑板上。传热管贯穿通过支撑板的位置处加装了一个带有碳化铬涂层的套管，以保护传热管不受磨损。给水通过蒸汽发生器内部的几个管从顶部向底部进入，这些给水管、蒸发管和移动部件均悬挂在蒸汽发生器顶部的支撑板上。热的氦气从蒸汽发生器的侧面引入支撑板的下方。管束的上部包含了做成螺旋盘管的冷水管，以允许热膨胀的发生。它们都通过一个钢筒加以保护，以防止热氦气直接流动。EVA Ⅱ电厂中的蒸汽发生器已成功运行了超过 10 000h。

KVK 电厂(10MW)的蒸汽发生器由 950℃的氦气加热,产生 540℃/13MPa 的蒸汽,已成功运行了16 000h。氦气从设备的顶部进入,向上流过蒸汽发生器管束后离开。给水从底部进入,被加热成过热蒸汽之后从底部排出。在出现很低的载荷之前运行稳定性是极其优异的。热交换器高温段中的管束采用了材料 Incoloy 800H。在 HTR-10 中也采用了螺旋管的设计,其参数与模块式 HTR 和实验装置中现有蒸汽发生器的设计参数类似。HTR-10 的运行符合电厂最初计划时的预期。如表 6.12 所示,HTR-PM 蒸汽发生器组件的设计也遵循了这些参数设定原则。

设计和计划用于 HTR-PM 蒸汽发生器组件的功率为 13MW,在实验台架上进行了运行,未出现问题。传热管的材料选用 Incoloy 800H,可以使用到 570℃的高温。该蒸汽发生器由 19 个组件组成,符合过去发展和实验建立的原则。多年来已经成功运行了更大容量的蒸汽发生器。特别值得一提的是氦气的性质,氦气具有很好的化学惰性,这一点已被确认是其很大的一个优点。

蒸汽发生器的总体布置可按图 6.52 给出的流程来进行。对设备的设计可以基于已实施的项目及研发工作的诸多经验,反复迭代地进行。工作介质的性质、流程的参数、合金材料的性能和通用要求可以作为初始计算和评价的基础。

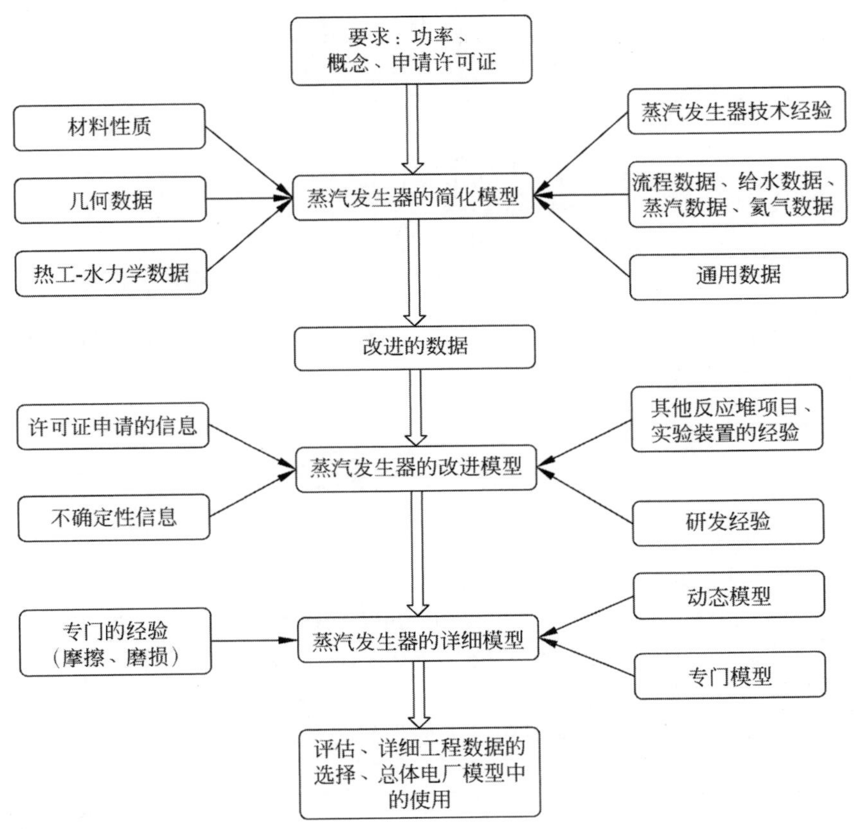

图 6.52 螺旋管式蒸汽发生器设计的可能流程

可以将本节前面介绍的简单方程用于第 1 步的设计。在大多数情况下,设计的第 1 步会给出设备的一个总体概念,对于设计,可以从技术可行性方面加以评价,也可以利用现有设备的经验来进行评价。

利用从热工-水力研究计划、材料研究计划和专项设备实验中获得的更进一步的经验,可以得到一个改进的设计,然后需要对这个设计概念从动态和事故行为方面作进一步的分析。使用更详细的模型,将蒸汽发生器分成很多段,这有助于对给水/蒸汽侧相对棘手的过程进行分析,其中包括蒸发段中的稳定性问题。通过进一步的迭代,得到了最终汇集的设备数据,这些数据将成为对设备进行详细设计的基础,并且作为电厂总体动态模型的一部分。

对蒸汽发生器组件在实际温度、压力和气体参数条件下进行实验具有特殊的意义,即这些实验数据是设备进行经济分析的基础,它可以评估投资的成本并从商业公司那里获得相关的报价信息。

6.4 氦风机

6.4.1 热工-水力学概况

HTR 氦风机的作用是使氦气通过堆芯及一回路的其他设备进行循环，将热量传输给蒸汽发生器。冷却气体通过一回路系统所有设备的阻力降必须要由风机加以提供。图 6.53 给出了该设备的概貌。驱动机构集成到一回路内或者设置在氦回路的外部。在这种情况下，需要对旋转轴加以贯穿密封。

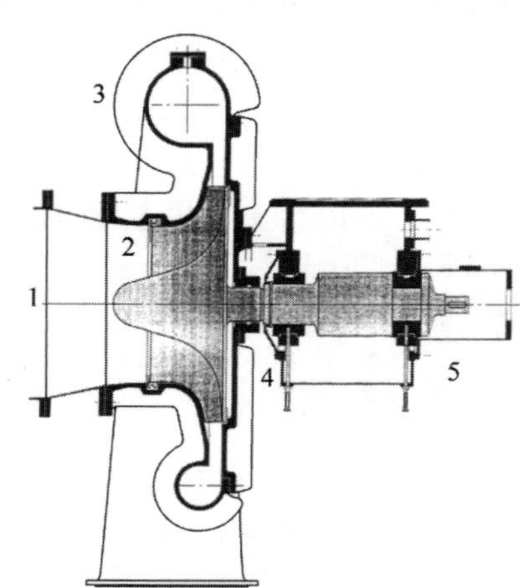

图 6.53 氦风机的原理(一级压缩风机)

1—氦气入口；2—叶轮；3—氦气出口；4—轴承；5—与驱动器的连接

叶轮布置在悬挂位置上。气体入口段包括一个在扩散区的挡板。氦风机采用异步电机为驱动机构。图 6.54 说明了气体压缩过程的热工动力学原理。

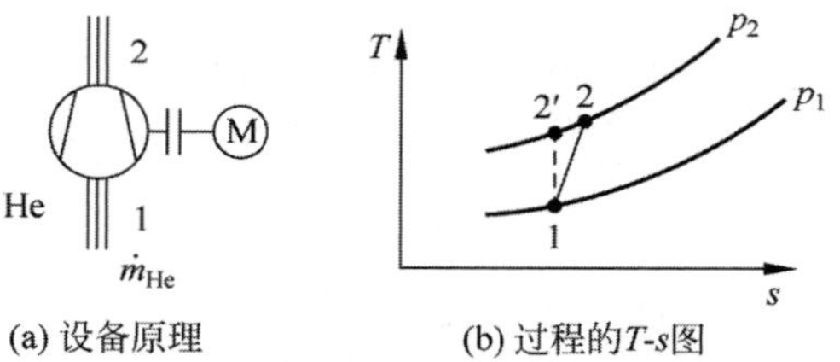

图 6.54 氦循环中氦风机的运行概念

由气体压缩过程的简化热力学关系可以推导出下面理想绝热过程的方程：

$$T_2 = T_1 \cdot \left(\frac{p_2}{p_1}\right)^{(k-1)/k}, \quad pv = RT\left[1 + \frac{b(T)}{v} + \frac{C(T)}{v^2} + \cdots\right] \tag{6.79}$$

理想气体定律适用于在这个温度和压力范围内的氦气，且适用于 HTR 电厂。对氦气按照理想气体进行校正引起的不确定性是相对较小的，也就在 1%～2%这一量级。

对于具有漏流的实际过程，如下的关系式是正确的：

$$T_2 = T_1 \cdot \left[1 + \frac{1}{\eta_i}\left(\frac{p_2}{p_1}\right)^{(k-1)/k} - \frac{1}{\eta_i}\right] \tag{6.80}$$

其中，风机的内效率由下式确定：

$$\eta_i = \frac{T'_2 - T_1}{T_2 - T_1}, \quad \eta_i = f(T_1, P_1, \dot{m}_1, \text{概念}, \text{运行模式}) \tag{6.81}$$

风机需要提供的机械功可由下面的关系式计算得出：

$$P_{mech} = \frac{\dot{m}_{He} \cdot \Delta p}{\rho_1}, \quad P_{el} = \frac{P_{mech}}{\eta_{mech} \cdot \eta_{el}} \tag{6.82}$$

一般地，风机的功率相当于蒸汽循环模块式 HTR 净发电功率的 2%～4%。Δp 是一回路系统总的阻力降，η_t 相应于氦风机的内效率，η_{mech} 包括了机械损失的效率，η_{el} 是电驱动的效率。模块式 HTR 总的阻力降在 150kPa 这一量级，相当于一回路氦气压力的 2%～4%。η_i 为风机的内效率，取决于技术水平、设备容量和运行模式，典型的数值在 0.8～0.9 这一量级。我们将以一个模块式 HTR 的设备为例对模块式 HTR 氦风机的原理进行更为详细的分析和解释，如图 6.55 所示。

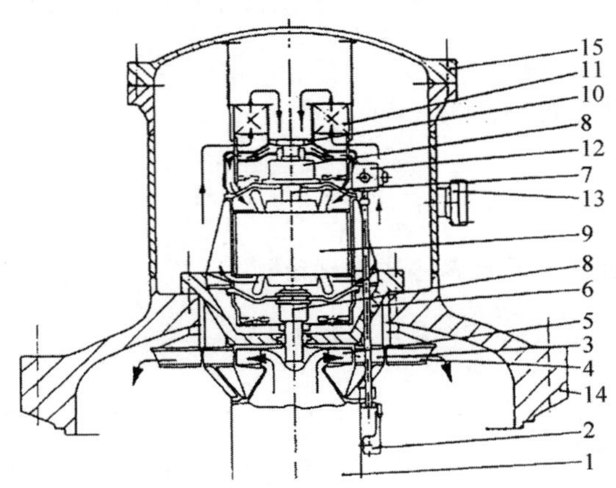

图 6.55　模块式 HTR 氦风机(200MW)

1—进气管；2—风机挡板；3—内扩散区；4—外扩散区；5—叶轮；6—中间法兰；7—轴；8—油润滑轴承；9—电机；10—辅助叶轮；11—气体冷却器；12—风机挡板的驱动机构；13—贯穿件(玻璃绝缘)；14—法兰；15—封头

风机由电机驱动的一级径向压缩叶轮组成，电机可以通过变速来加以控制。电机通过氦气来冷却，再通过闭式循环的水将热载出。风机垂直设置在蒸汽发生器的顶部，在气体入口侧设置了一个挡板，用来调节气体的流量。电机轴上有两个轴承，单级径向转子悬挂安装在电机轴上，轴承采用油润滑和冷却。整个设备可以在避免空气进入一回路的情况下采用一个专门的装置取出。表 6.13 给出了一些相关的数据。

表 6.13　模块式 HTR 氦风机的主要数据(HTR-Module：200MW，HTR-PM：250MW)

参　　数	HTR-Module	HTR-PM	参　　数	HTR-Module	HTR-PM
反应堆热功率/MW	200	250	级数	1	1
回路数	1	1	驱动器	电机	电机
风机台数	1	1	轴承润滑	油	磁悬浮
风机功率/MW	2.5	3.5	布置	垂直	垂直
氦气质量流量/(kg/s)	85.5	96	密封	气体	电气贯穿件
氦气入口温度/℃	250	250	叶轮支撑	悬挂	悬挂
氦气压力/bar	70	70	旋转频率/min^{-1}	3000	3000
阻力降/bar	1.5	2	叶轮直径/m	0.9	1
风机类型	径向	径向			

风机和驱动机构均集成在一个隔离的一回路边界内，它们与蒸汽发生器通过法兰相连。因此，可以较为容易地接近该设备进行维修或更换。对于 HTR-PM，估计氦回路总的阻力降为 0.2MPa。假设风机的效率为 80%，那么风机的功率应该是 4.2MW。此外，考虑到电机的效率为 96%，那么电机需要的功率大约为 4.5MW，这个功率也是 CO_2 冷却的大型 AGR 电厂中风机通常使用的功率水平。除了涉及热工-水力学方面的一些原理之外，风机还有其他一些特殊的问题。

- 穿过一回路边界供电电源的贯穿件；
- 油润滑轴承及氦气和油之间的密封系统(或者采用磁悬浮轴承)；
- 风机腔室内所有部件的冷却；
- 运行时主要参数的控制和监测。

采用经验规律对叶轮的尺寸加以确定。氦气的质量流量、流动的比功率、转速和叶轮的比直径之间存在一些重要的关联性。氦气的体积流量可以通过下面给出的方程得到：

$$\dot{V} = \frac{\dot{m}}{\rho(p, T)} \tag{6.83}$$

流动的比功率由下面的表达式来确定：

$$y \approx \frac{\Delta p}{\rho} = \eta_{\mathrm{i}} \cdot c_{\mathrm{p}} \cdot T_{\mathrm{i}} \left[\left(\frac{p_2}{p_1} \right)^{\frac{R}{\eta_i \cdot c_p}} \right] \tag{6.84}$$

对于较低的 $\Delta p = p_2 - p_1$，可以近似得到：

$$y \approx \frac{R \cdot T_{\mathrm{i}} \cdot \Delta\rho}{\rho} \cdot \left[1 + \frac{\Delta\rho}{\rho} \cdot \frac{1}{2} \cdot \left(\frac{R}{\eta_{\mathrm{i}} \cdot c_{\mathrm{p}}} - 1 \right) + \cdots \right] \tag{6.85}$$

其中，η_{i} 为风机的内效率，T_{i} 为入口温度，p_2/p_1 为压比。

比转速可以由经验关系式计算得到(n 为转速)：

$$\sigma_{\gamma\mathrm{M}} = 2.108n \cdot \frac{\dot{V}^{0.5}}{y^{0.75}} \tag{6.86}$$

叶轮的比直径也可以由下面这个经验表达式来确定：

$$\delta_{\gamma\mathrm{M}} = 1.054D \cdot \frac{y^{0.25}}{\dot{V}^{0.5}} \tag{6.87}$$

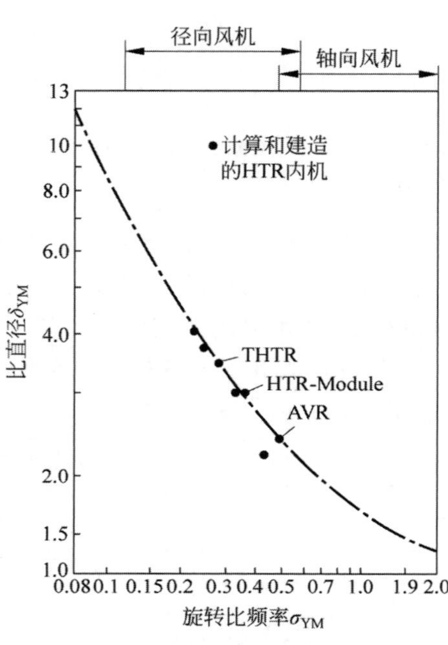

图 6.56 氦风机比直径选择的 Cordier 图

这些经验关系式是通过对很多经过设计并已应用在各个工业领域的风机进行比较确定的。利用 Cordier 图(图 6.56)表示比直径和比转速间的关系。最优设计的风机可以根据这个曲线来确定。该 Cordier 图也显示了径向风机和轴向风机的差别。例如，在 AVR，THTR 和 HTR-Module 中均建议或采用径向风机。这些一级风机对应的参数表示在图 6.56 的左边。轴向风机示于图 6.56 的右边，并已选择用于其他应用。下面定义的参数 K_n 是将 Cordier 图的概念用于叶轮直径比的比较。

$$K_n = \frac{6 \times 33n}{1000} \left(\frac{\dot{V}}{H_{\mathrm{ad}}} \right)^{1.5} \tag{6.88}$$

在风机的最优化过程中，转速 n 是一个重要的参数指标，这是因为叶轮的直径随着 n 的增加而减少，导致设备的尺寸及投资成本呈下降趋势。另一方面，n 越大，叶轮顶端的速度也越大。这样，该部件的强度和安全系数就变得更为重要。如果采用电驱动的风机，那么机械的转速一般选择为 3000r/min。氦风机的一些数据示于表 6.14。

表 6.14 氦风机的一些数据

参 数	AVR	THTR	HTR-10	参 数	AVR	THTR	HTR-10
国家	德国	德国	中国	质量流量/(kg/s)	7.5	46.25	4.3
反应堆热功率/MW	46	750	10	压力/MPa	1	3.92	3
回路数	1	6	1	阻力降/kPa	6.5	110	6
风机数	2	6	1	风机	径向	径向	径向
风机功率/MW	0.095	2.3	0.06	叶轮直径/m	0.7	0.9	0.5
入口氦气温度/℃	254	250	250	转速/min^{-1}	4400	5600	5000

叶轮的直径比与转速 n 有关，见图 6.57 中的说明。参数 K_n 随转速 n 的变化而变化，相应地有下面的经验方程：

$$\frac{D_1}{D_2} \approx 0.04 - 0.1176K_n - K_n^{0.5} \tag{6.89}$$

选取较高的转速，叶轮的直径就会变小，但是，叶轮顶端的速度也会变大。由于应力增加，该设计参数具有一定的限制。

$$\sigma \approx n^2 r^2 \tag{6.90}$$

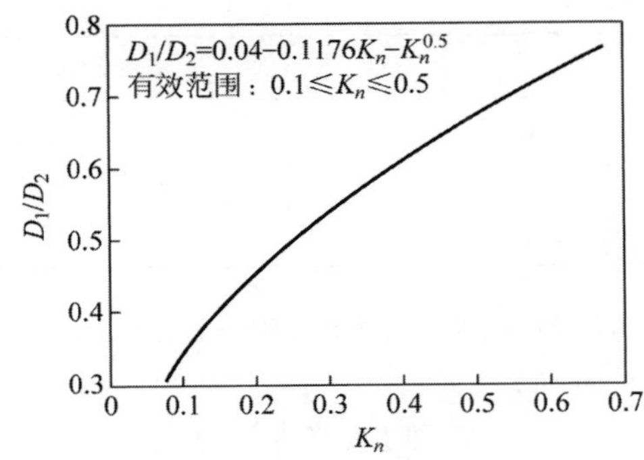

图 6.57 叶轮的直径比(D_1/D_2)随相应转速 K_n 的变化

有些情况下，人们将 300m/s 的速度作为评估的一个限值。

6.4.2 氦风机的技术

在气冷堆的发展过程中，分析了很多设计方案，并且对各种设计概念进行了详细的研究、实验和工业应用的合格性验证。图 6.58 给出了设计方案的概况，可以清楚地看出，很多改变都存在很大的可能性。但是，从另一个角度来看，针对氦风机技术，至今人们仍偏向选择的是单级、叶轮悬挂布置、油润滑轴承、气体密封和电驱动这类系统。这种选择也被实践所验证，截至目前，这些系统仍具有最优的可利用率。

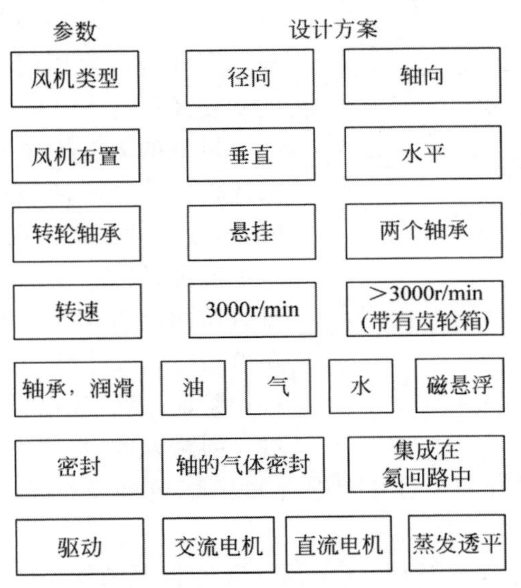

图 6.58 HTR 电厂氦风机的设计方案

一般来说，对电厂的运行有很多要求，所以，对风机也有特殊的要求。表 6.15 给出了传统上各种 HTR 项目中由电力公司确认的各种要求。

表 6.15 HTR 电厂作为氦风机设计基础的一些瞬态工况

程　序	电 厂 状 态	需要时间/h	出 现 次 数
启动	反应堆处于冷态、没有压力	17	200
启动	反应堆处于冷态、没有压力	15	
启动	停堆后 10h	6	600
启动	停堆后立即启动	2	
停堆	直到反应堆处于冷态、没有压力	24	200
停堆	直到反应堆处于冷态、在压力下	5	
停堆	反应堆停堆		250
停堆	透平停机		250

续表

程　　序	电 厂 状 态	需要时间/h	出 现 次 数
停堆	其他原因		100
负荷变化	正常的增加和减少(3%/min)		20 000
负荷变化	快速增加和减少(5%/min)		2000
负荷变化	分步阶增加和减少负荷(±10%/min)		2000

- 主要运行参数应经过足够的监测(T、p、$\dot{m}$、速度、功率、氦气品质、润滑油的补充)；
- 超过 40 年满功率运行的设计寿命；
- 易于接近设备，有可能对设备进行检查、维护、修理和更换；
- 设备设置在 γ 和中子的辐射场外；
- 有可能对设备进行去污；
- 因电厂故障而停机；
- 反应堆停堆后可载出衰变热；
- 在服役和维修期间将衰变热载出需要运行风机；
- 有可能使用远程操作技术更换整个设备或更换驱动机构。

氦风机运行的阻力降和需要的功率取决于冷却剂的质量流量或体积流量：

$$\Delta p \approx \xi(\dot{m}) \cdot \dot{m}^2, \quad \dot{m} = \rho \dot{V} \tag{6.91}$$

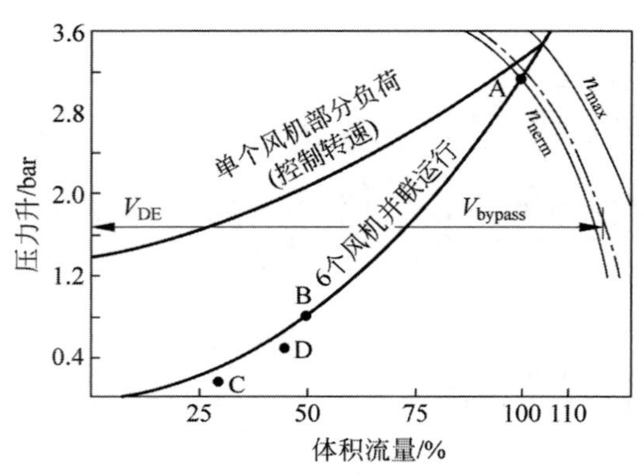

图 6.59　THTR 风机部分负荷特性曲线

风机必须能够在一个很宽的负荷范围内运行。图 6.59 给出了 THTR 风机部分负荷的工况。该曲线显示了 6 台风机同时变负荷情况下阻力降随体积流量的变化及仅有一台风机处于部分负荷运行时的状况。

风机的驱动机构可以自动合上和断开，或者采用手动操作。当润滑油供应中断或者电机的温度超过限值时，将会自动关机。在运行过程中，需要对润滑油温度、轴承温度、转速、功率输入、振荡、润滑油流量等进行测量以监测设备的运行状况。由于在气冷堆中风机已成功地运行了几十年，可以说，该设备目前已取得了非常好的验证。HTR 电厂中的氦风机使冷却的氦气循环通过一回路设备，将这些设备冷却下来并且提供了全部的阻力降。表 6.15 对一些重要的设计和运行要求进行了说明，这些操作程序也可以从图 6.59 中看到，如通过控制转速来进行部分负荷的运行。

氦风机的轴承有 3 种类型：油润滑轴承、气浮轴承和磁悬浮轴承。图 6.59 和图 6.60 显示了这些设计概念。油润滑轴承已开发并成功地应用于所有的气冷反应堆(Magnox，AGR，HTR)和很多大型实验装置。油润滑轴承需要专门的使用氦气的密封系统，如图 6.60(a)所示，目前，该技术已用于功率大约为 2.5MW 的氦风机和功率大约为 9MW 的 CO_2 风机。气浮轴承已成功地用于龙堆，且非常成功地运行了超过 10 年。该系统比油润滑轴承操作起来容易一些，但是，截至目前，风机的功率也只限于 100kW。磁悬浮轴承(图 6.61)为未来的应用展现了很多优点。比如，使用磁悬浮轴承可以减少油进入氦回路的可能性。一个稳定的磁场可以加载到定子和转子旋转的铁素体材料上。轴设置在磁场中，在所需的位置处通过传感器的精确控制来调节磁力负荷以保持轴的中心定位。可以预期的是，对磁悬浮轴承的维护工作也会比较少。不需要润滑，也不存在润滑油的损耗。振荡的阻尼可以很容易地通过电子器件来实现。目前，磁悬浮轴承的主要缺点是轴承的承载力较低及成本高昂，如图 6.61 和图 6.62 所示。

为了解决风机大直径转子贯穿通过氦回路的气密性问题，可以将氦风机和驱动机构整体集成到压力壳内，直接与蒸汽发生器相连。这类贯穿问题的解决方法也已经研究过。例如，在 EVO 电厂、HHV 电厂或者 KVK 中已经实现了大直径的贯穿。在任何情况下，都需要专门的密封系统，在整体集成的情况下也需要将一次氦回路与油回路隔离开。图 6.63 给出了在 HHV 中运行的密封概念的例子。

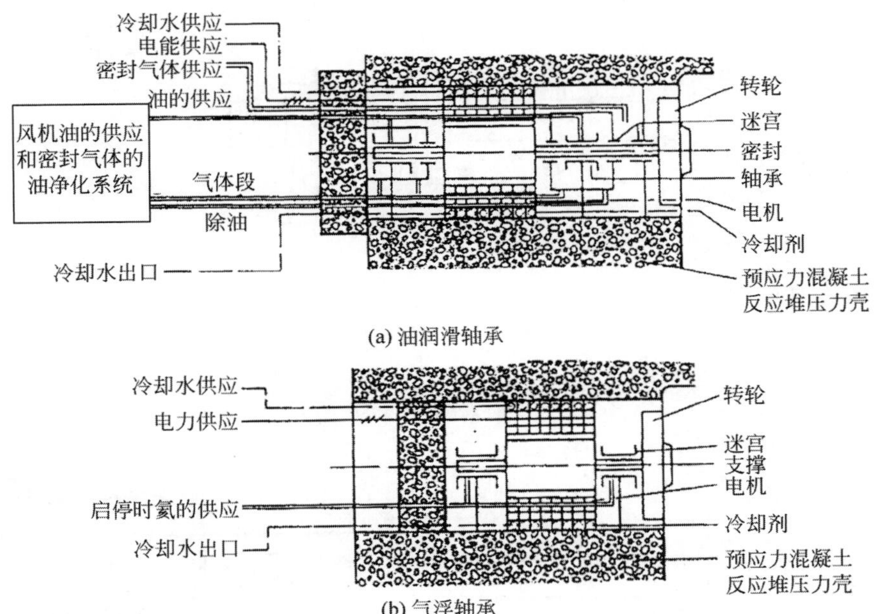

(a) 油润滑轴承

(b) 气浮轴承

图 6.60 气冷反应堆氦循环轴承的原理(例如,在预应力混凝土反应堆压力壳内)

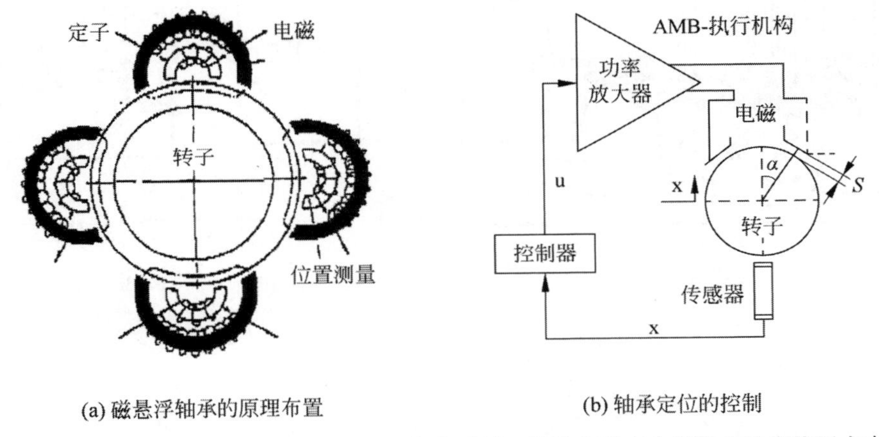

(a) 磁悬浮轴承的原理布置

(b) 轴承定位的控制

图 6.61 气冷反应堆氦风机轴承的布置与定位(例如,设置在预应力混凝土反应堆压力壳内)

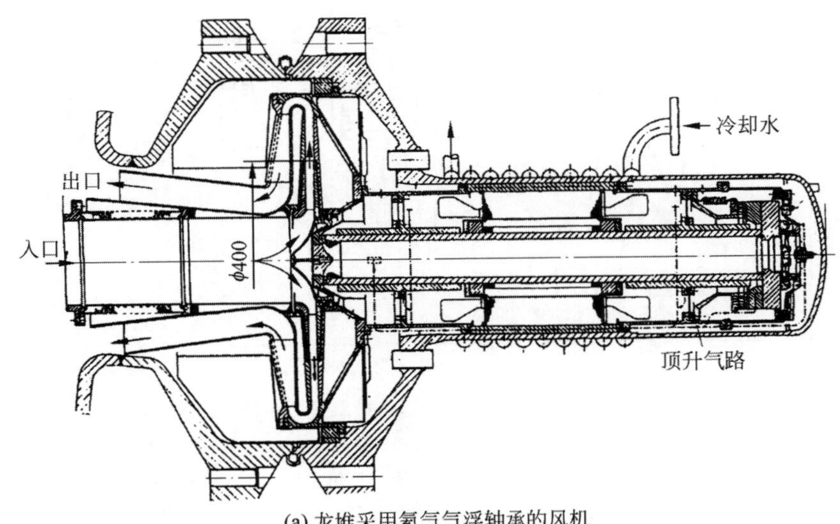

(a) 龙堆采用氦气气浮轴承的风机

图 6.62 轴承系统的构成

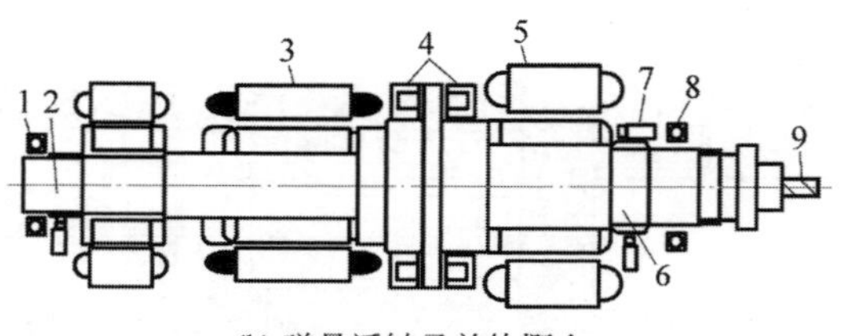

(b) 磁悬浮轴承总体概念

图 6.62(续)

1—停机保护轴承；2—径向传感器；3—电机；4—轴向轴承；5—径向轴承；6—径向传感器；7—轴向传感器；8—停机保护轴承；9—轴

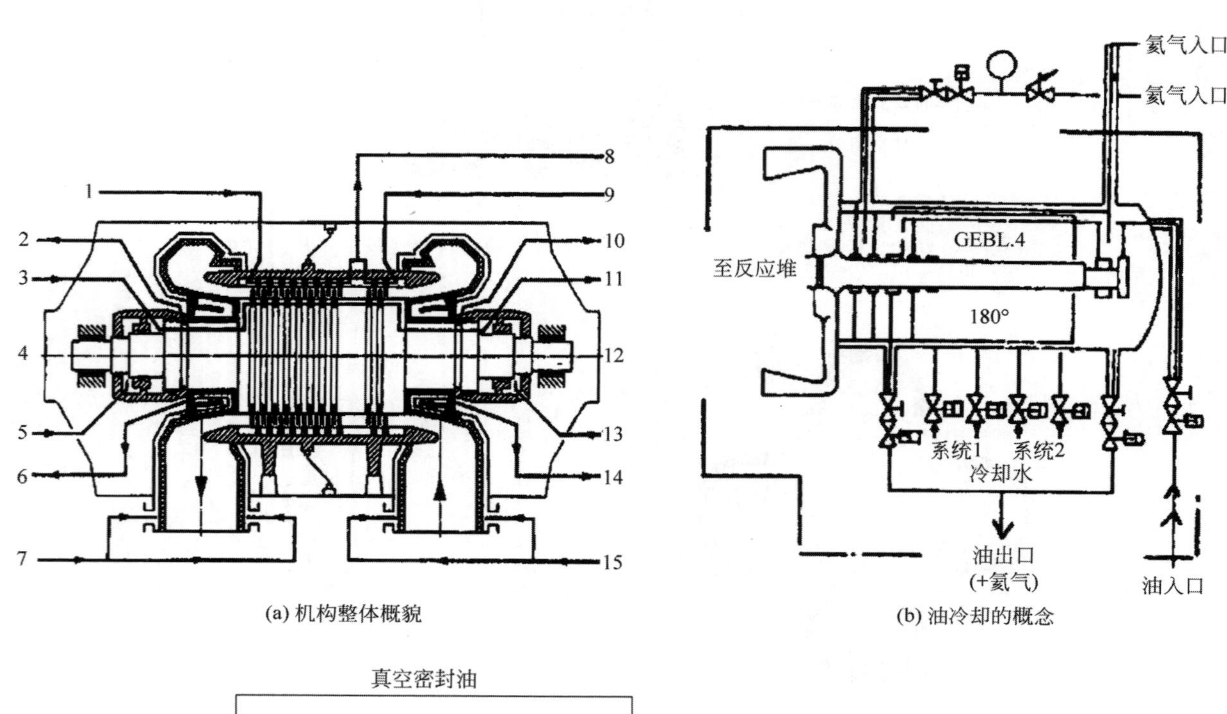

(a) 机构整体概貌　　(b) 油冷却的概念

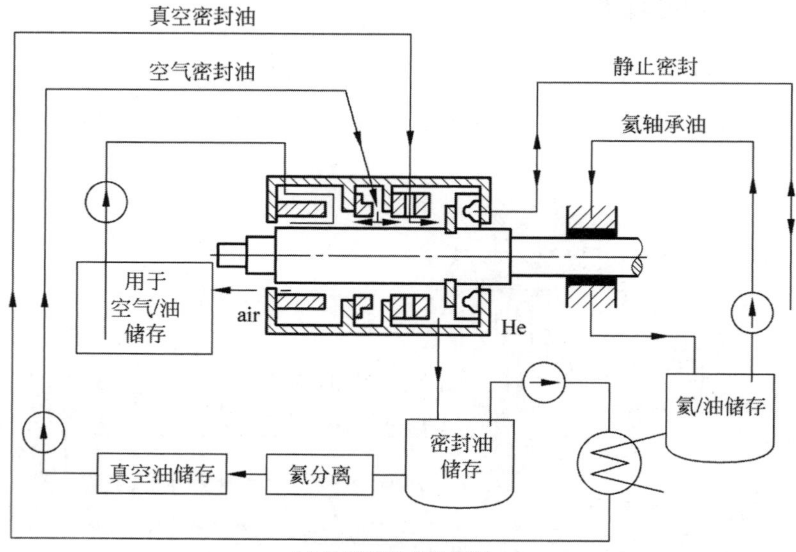

(c) 油润滑轴承的原理

图 6.63　气冷反应堆油润滑轴承的密封系统(如 HHV 透平机械)

1—定子压缩段的入口；2—密封气体出口；3—至转子的入口；4—低压侧；5—密封气体入口；6—气体出口管嘴；7—气体入口管嘴；8—定子出口；9—透平段入口；10—密封气体出口；11—转子的出口；12—驱动电机侧；13—密封气体入口；14—气体出口管嘴；15—气体入口管嘴

6.4.3 氦风机的概念

目前为止，氦风机已在很多 HTR 电厂中建造并运行，包括 AVR、THTR、龙堆、匹茨堡、圣·弗伦堡、HTR 和 HTR-10。表 6.16 给出了这些风机的运行数据，同时，也给出了模块式 HTR 的数据，以进行比较，这里，采用了 HTR-Module(热功率为 200MW)的氦风机数据。

表 6.16 HTR 电厂一些氦风机概念的数据

参数	匹茨堡堆	龙堆	AVR	THTR	圣·弗伦堡	HTR-Module	HTR-10
国家	美国	英国	德国	德国	美国	德国	中国
反应堆热功率/MW	110	20	46	750	842	200	10
回路数	2	6	1	6	8	1	1
风机数	2	6	2	6	4	1	1
风机功率/MW	0.17	0.03	0.095	2.3	3.95	2.5	0.06
氦入口温度/℃	351	335	254	250	394	250	250
质量流量/(kg/s)	30	1.6	7.5	46.25		85.5	4.3
压力/MPa	3	2	1	3.92	4.73	5.95	3
压力升/MPa	0.1	0.1	0.0165	0.11	0.1	0.15	0.06
风机类型	径向	径向	径向	径向	径向	径向	径向
驱动机构	电机	电机	电机	电机	电机	电机	电机
布置	水平	水平	水平	水平	垂直	垂直	垂直
转速/min^{-1}	3475	约 5000	4400	5600	9550	3000	5000
润滑	油	气体	油	油	水	油	油
密封	氦气迷宫	气体	气体	气体	气体	气体	气体
叶轮的支撑	悬挂	悬挂	悬挂	悬挂	悬挂	悬挂	悬挂

AVR 有两台氦风机(图 6.64)，布置在反应堆压力壳的底部。每台风机由一个带有油润滑轴承的异步电机和一个悬挂在电机轴上的扇形叶轮构成。风机采用水平布置，并且可以从内腔室接近该设备。同时采用专门的设施对风机进行更换。

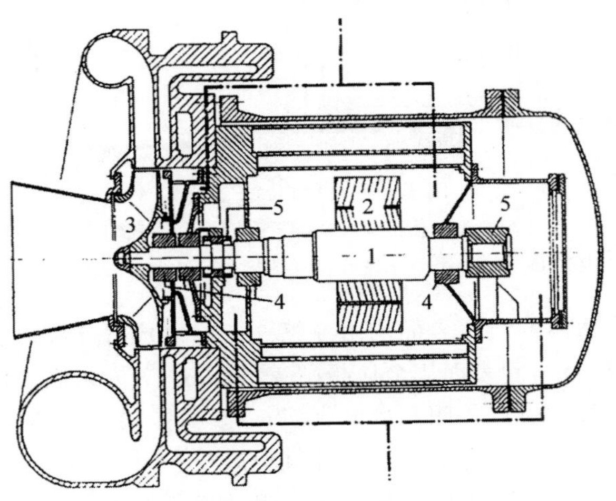

图 6.64 AVR 的氦风机

1—轴；2—驱动电机；3—风机叶轮；4—润滑密封压盖；5—轴承

迷宫和隔离气体系统用于防止润滑油进入冷却气体回路及防止冷却气体渗入电机腔室。风机的转速通过一个变频器来调节。风机设计成免维护运行。除了在 1979 年，为了更换轴承，将风机拆出，之后，风机在运行的 20 年间没有发生任何问题，没有进行过维修。

停风机是用于停堆的一种方式，也是一种最缓慢的停堆方式。当反应堆正常停堆时，经常采用这种停堆方式。

在 AVR 中，负荷的变化仅仅在堆芯和反射层中引起温度较小的变化，速度变化的边界仅仅由风机最大的可能转速变化来确定。负荷由100%下降到50%在2min内就可完成。

原理上，如果输出已经上升，那么可以按照相同的速度进行变化。但是，也必须要考虑这样一个事实，即风机转速的变化决定了需要输出的能量。堆芯的行为是通过温度的负反应性系数自动进行调节的。

在THTR中，冷却剂气体氦气通过6台平行的风机循环流动，如图6.65所示，每台风机均与一台蒸汽发生器相连。

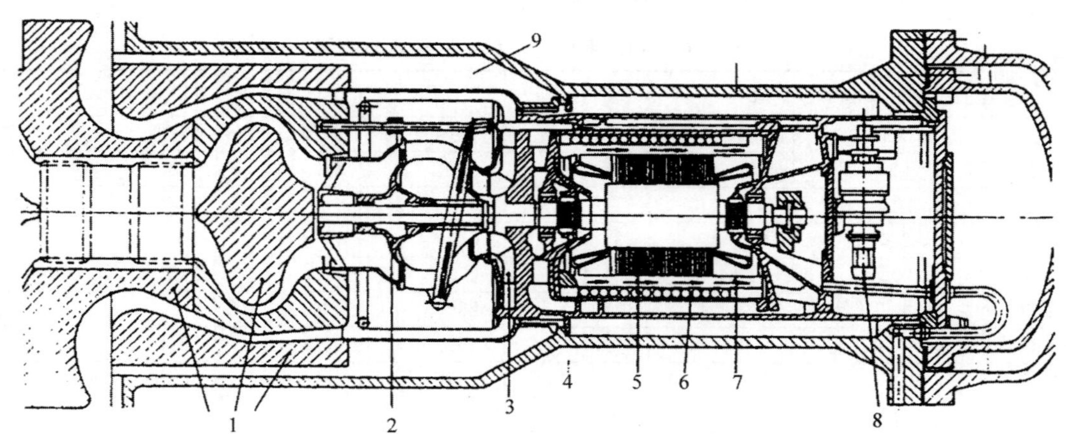

图6.65 THTR风机整体结构概貌

1—屏蔽结构；2—旁流装置；3—风机叶轮；4—预应力混凝土反应堆压力壳壁；5—电机；6—电机冷却器；7—冷却水导管；8—伺服电机；9—挡板机构

风机将从蒸汽发生器进入的冷却气体唧送到一个连通到所有回路的共同的承压空间内。风机安装在圆柱形PCRV厚壁上，在径向与每台蒸汽发生器固定相连。所有冷却水、润滑油、气体、功率和测量装置的管线均沿径向穿过内衬法兰上的开孔。

THTR风机整体集成在预应力混凝土反应堆压力壳壁上，如图6.66所示。对风机设置有很强的屏蔽。

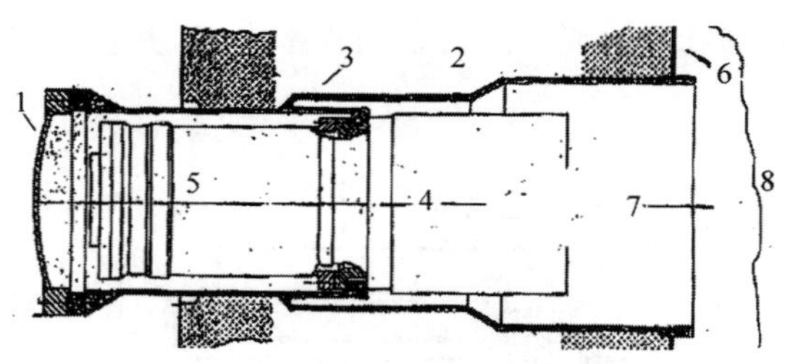

图6.66 THTR的氦风机

风机设置在预应力混凝土反应堆压力壳壁上

1—盖板；2—混凝土；3—套管；4—风机；5—电机；6—内衬；7—中子屏蔽；8—冷气室

在THTR中，一回路压力边界的所有表面均由冷氦气(250℃)进行冷却。为了保护内衬和混凝土结构，内衬采用金属箔作为绝热材料，氦气侧表面用金属板覆盖。图6.67为风机的详细示例。

风机的转子、带有冷却的驱动电机、关闭和控制阀门，以及每个设备的驱动机构均集成到一个可插入的整体设备中。电机在约4MPa反应堆压力下的氦气气氛中运行。

一级径向叶轮悬挂在电机的轴上。轴的轴承采用润滑油进行润滑和冷却。另外，采用一个纯净氦的密封气体系统，以防止油进入一回路冷却剂回路，并且防止带有放射性的冷却气体泄漏到油回路中。

关闭和控制阀门设置在风机的入口侧，采用水力驱动，用于对每台风机的冷却剂流量进行控制，并确保如下功能：

- 在其他风机运行期间，设定最低的冷却气体流量以启动这套蒸汽发生器的风机；
- 将关闭的蒸汽发生器-风机单元在冷却气体侧加以封堵，以防止冷端的冷却剂气体通过这个不运行的蒸汽发生器回流；
- 在恒定的风机转速下，通过节流使冷却剂气体达到较低的流量，例如，在衰变热载出期间。

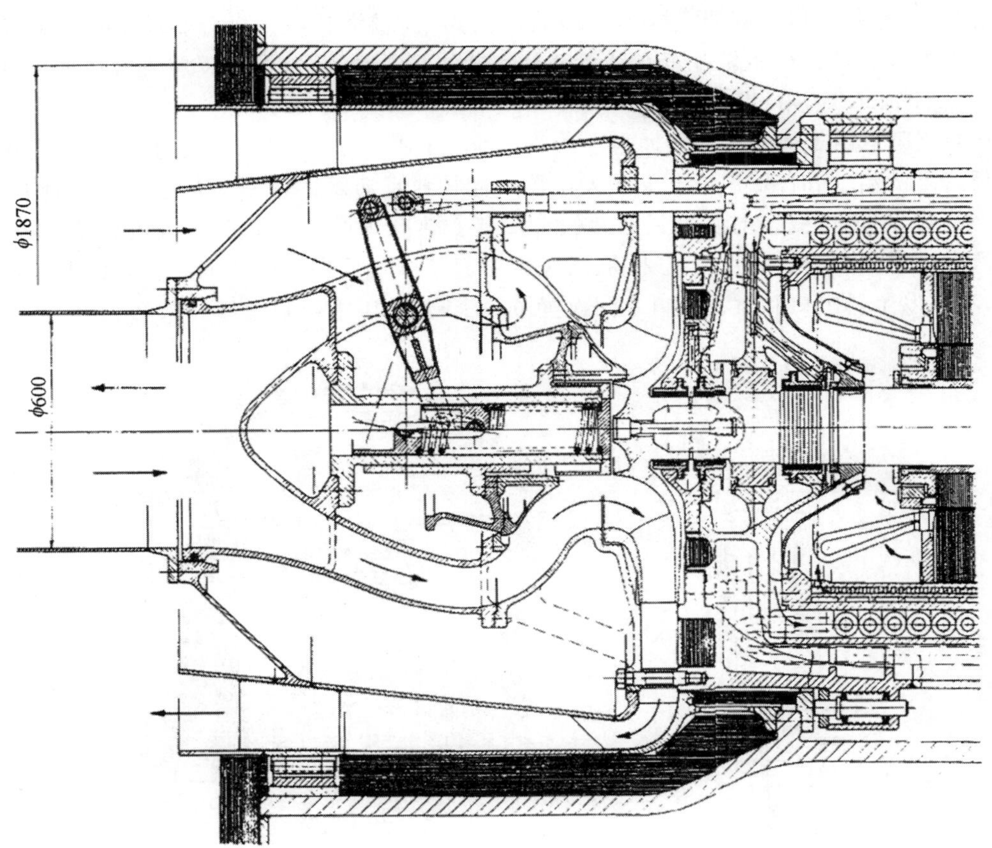

图 6.67 THTR 风机设备各部件的详细示例

一台较大功率的氦风机已设计用于 HTR-K(1250MW,500MW(电功率)),该反应堆共需要 6 台这样的氦风机来循环一回路中的氦气,如图 6.68 所示。

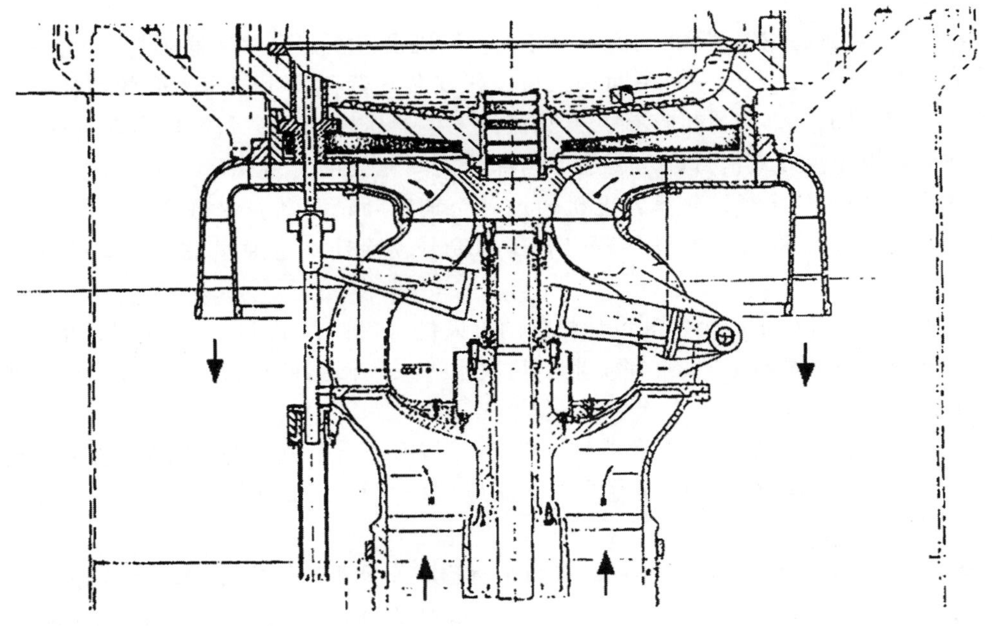

图 6.68 HTR-K 项目的氦风机(P_{th}=1250MW,蒸汽循环,6 个回路)

风机垂直布置在预应力混凝土反应堆压力壳内。每台氦风机在入口端与蒸汽发生器相连。在风机的出口端,风机将氦气输送到反应堆堆芯周围的腔室内。

风机有一个挡板,用来关闭氦气的质量流量。氦气的质量流量是通过风机的转速来控制的。导向板、连杆、传动轴及相关齿轮与风机套装成一体，设置在压力壳的贯穿孔内。每台驱动电机的齿轮箱和位置指示装置均设置在贯穿孔外。风机轴配置有轴承密封和轴的润滑系统，以控制反应堆气体回路和电机之间的流量，并且防止油进入反应堆冷却回路。

HTR-10 的氦风机用于循环冷却剂通过一回路系统。它是不具有安全功能的设备，这是因为它只用于正常运行及反应堆的启动和停堆。它与蒸汽发生器一起构成反应堆的正常冷却系统。设计时，对于这个反应堆内的最终冷却，在设计概念上使用了熟悉的自发衰变热载出的技术原理。风机是单轴离心式风机，垂直布置在蒸汽发生器的顶部。采用电机驱动，与风机一起整体集成在氦的一回路内，如图 6.69 所示。在风机的吸入段，蒸汽发生器出口和风机入口之间设置了一个阀门，用于控制流量。

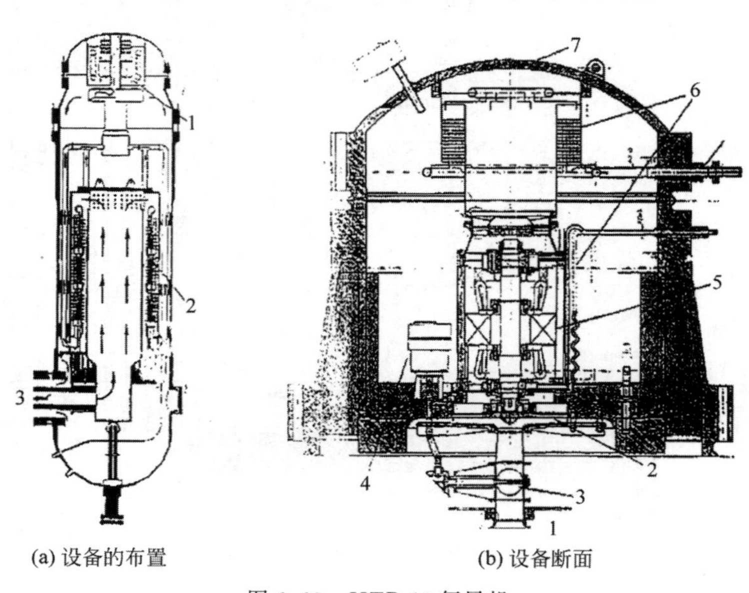

(a) 设备的布置　　(b) 设备断面

图 6.69　HTR-10 氦风机

(a) 1—风机；2—蒸汽发生器；3—热气导管；(b) 1—氦气入口；2—叶轮；3—挡板；4—挡板的驱动机构；5—电机；6—冷却气体；7—压力壳

风机和蒸汽发生器均设置在蒸汽发生器压力壳内。风机设置在蒸汽发生器压力壳的上封头内，与下部的压力壳筒体通过法兰连接。采用一个中间法兰将风机安装在蒸汽发生器压力壳的筒体上。电机设置在法兰上部的空腔内，电机的下部与风机连接。虽然蒸汽发生器压力壳封头和筒体内流动的是氦气，但是中间法兰的贯穿轴上采用迷宫方式密封，防止上、下两部分之间氦气的直接流动。上部轴承包括径向和轴向推力轴承的组合，下部仅有一个径向轴承。电机通过一个辅助叶轮驱动腔内氦冷流动进行冷却。然后，通过设置在电机腔内的水冷管将电机的发热载出到压力壳外。冷却水也通过轴承油盒的油冷器将其发热载出。

在圣·弗伦堡电厂中采用了一个常规设计概念的氦风机，如图 6.70 所示。该氦风机采用蒸汽透平方式来驱动。该系统曾经出现过密封性问题，并发生了几次水进入一回路的事故。因此，这种类型的风机之后就没有再被采用。

在圣·弗伦堡反应堆中一共运行 12 台蒸汽发生器，设置有 4 台氦风机将一回路冷却剂循环通过一回路系统。图 6.70(a)给出了这些设备在预应力混凝土反应堆压力壳底部的布置情况，并显示了氦气的流动状况。

4 台氦风机中的每一台都以单级轴流风机、单级蒸汽透平作为驱动机构，以单台水轮机作为辅助驱动机构。当蒸汽不能供应或者不需要供应时，就采用供电方式来驱动风机。蒸汽透平驱动机构与主汽轮机串联，通常以主汽轮机冷端再热蒸汽来运行，每台风机从总的再热蒸汽中接受相同份额的再热蒸汽。氦风机和两个驱动透平被整体安装在一个垂直的轴上，并悬挂在一个中心轴承和密封段上。每个氦风机出口侧的氦气截止阀用于防止风机不运转时的逆流。汽轮机驱动通常使用主汽轮机提供冷端再热蒸汽，但也可以使用旁路闪蒸罐的蒸汽或辅助锅炉的蒸汽。在紧急情况下，可以由给水系统提供高压水，或者如果有必要，也可以从冷凝水或消防给水系统向辅助水轮机驱动提供高压水。风机的速度由汽轮机节流阀和风机中的旁

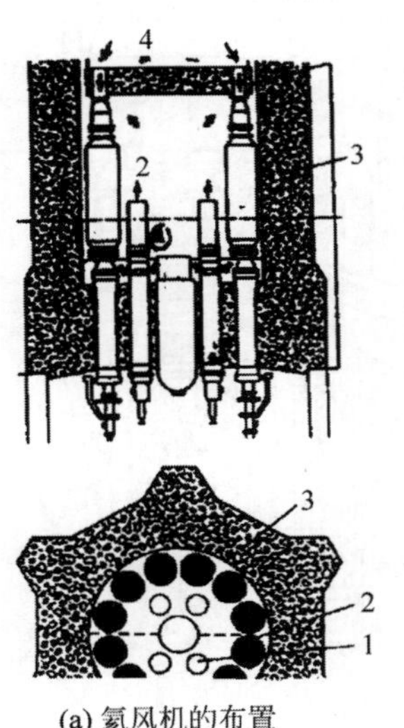

(a) 氦风机的布置

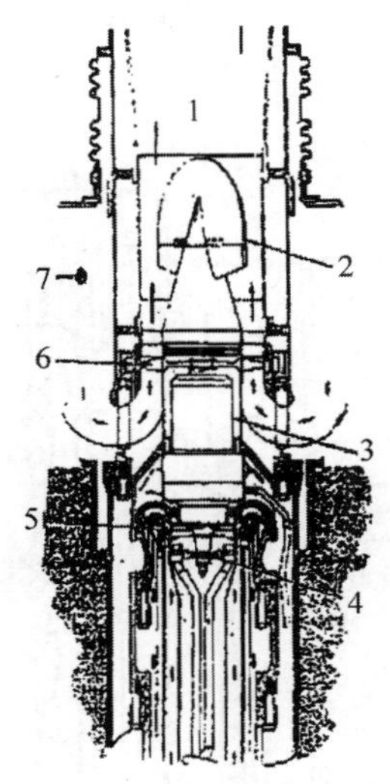

(b) 采用蒸汽驱动的风机断面

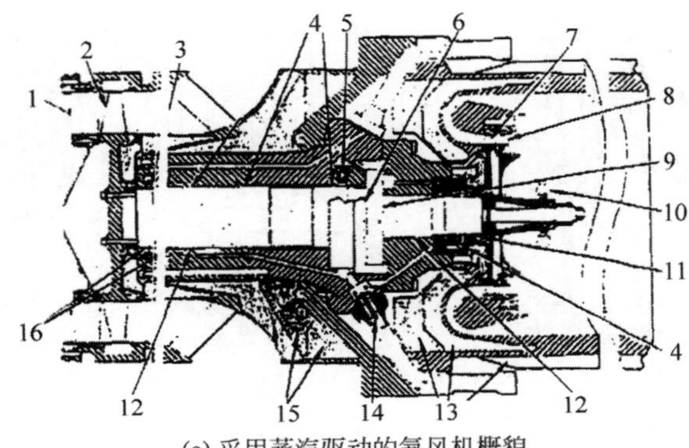

(c) 采用蒸汽驱动的氦风机概貌

图 6.70 圣·弗伦堡电厂的风机和驱动机构

(a) 1—氦风机；2—蒸汽发生器；3—PCRV；4—堆芯；(b) 1—扩散段；2—氦气关闭阀；3—轴承；4—佩尔顿水轮机；5—透平转子；6—风机转子；7—PCRV 内部空腔；(c) 1—风机定子；2—风机；3— 停机密封；4—水封；5—刹车；6— 反向推力轴承；7—透平；8—透平定子；9—推力轴承；10—佩尔顿水轮机；11—蒸汽迷宫密封；12—径向轴承；13—绝热层；14—轴承进水止回阀；15—绝热层；16—氦气迷宫密封

路阀来控制。根据风机运行的特性，例如，电厂在以部分负荷状态运行时，过剩的蒸汽必须旁流通过风机透平。因此，为了实现合适的系统控制，并允许对每个风机进行独立的控制，在连接至每台风机的蒸汽供应管线中均应装有节流阀和旁通阀。

氦回路和蒸汽轮机区域之间需要有采用特殊方式设计的密封系统。例如，该系统有时会导致反应堆的运行出现问题。图 6.70(b)显示了风机和这个非常特殊的驱动系统结合在一起的详细布置，图 6.70(c)则给出了轴流风机叶轮和整个部件的概貌。

Magnox 反应堆和先进气冷堆电厂（AGR）应用了很多 CO_2 风机且目前仍在成功运行中。

作为一个成功的例子，给出如图 6.71 所示的最后建造于 AGR 电厂中并得以使用的一台大功率风机（驱动机构：大约 6MW）。迄今为止所讨论的风机在设计方面都非常类似。由在大型 AGR 电厂几十年的运行实践可以看出，风机在整个运行过程中均具有非常好的可利用率。对于 CO_2 作为冷却气体的风机，其入口温度大约为 300℃，在很多情况下压力为 4MPa，压力升处于 0.2MPa 这一量级。

在 AGR 发展的最后阶段建造的 AGR 电厂采用了套装壳系统，如图 6.71(a)所示。蒸汽发生器/CO_2 风机整体设置在预应力混凝土反应堆压力壳的厚壁内，这些套装设备通过气体导管与堆芯腔室相连。该设备垂直布置在壳的底部，它们与一个电机和控制齿轮一起整体包装在压力壳底部的贯穿孔道内。

风机是离心式风机（图 6.71(b)），采用异步电动机驱动。CO_2 由风机的顶部进入，从侧面出口流出。风机的正常转速为 3000r/min，通过单独的断路器为电机提供变频电源以便在低速下运行。通常，在紧急停堆的情况下，风机的转速可以下降到大约 450r/min。当处于稳态运转时，可以通过入口挡板调节气体流量，入

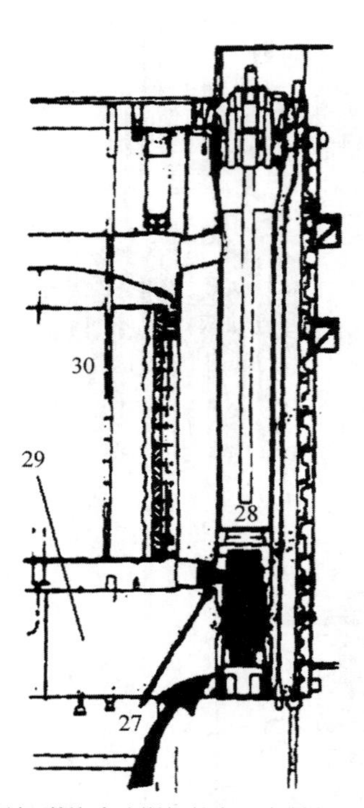

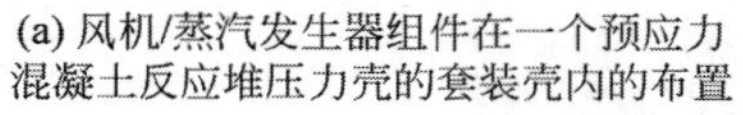
(a) 风机/蒸汽发生器组件在一个预应力混凝土反应堆压力壳的套装壳内的布置

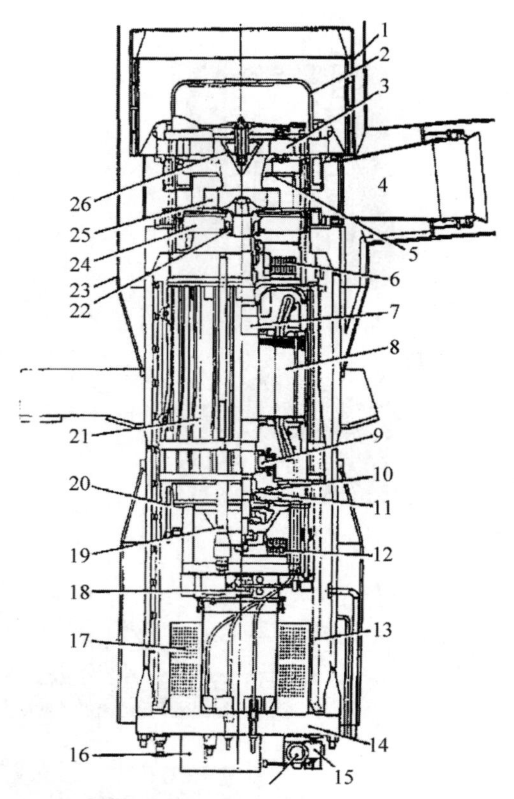

(b) 风机/驱动机构组件(T_{inlet}≈300℃，压力：4MPa，功率：6MW，压力升约为0.2MPa)

图 6.71 大型 AGR 电厂的 CO_2 风机

1—入口导管；2—隔离罩；3—进口导向叶片；4—排气管；5—内套管；6—油浴和冷却器；7—转子；8—11kV 主电机；9—415kV 小型电机；10—速度传感器头；11—非换向离合器；12—NED 油浴和冷却器；13—进口导叶运转轴；14—端头隔板；15—IGV 齿轮箱；16—IGV 联锁装置；17—电机通风气体冷却器；18—油泵；19—电机固定螺栓；20—圆顶操作杆；21—主电机外框架；22—迷宫块；23—衬板；24—二级防护挡板；25—叶轮；26—锥形流动；27—CO_2 风机；28—蒸汽发生器；29—PCRV；30—堆芯

口挡板也可以控制反向气流。挡板、连杆、传动轴和相关齿轮位于压力壳贯穿孔的位置处，每个风机单元也都套装在贯穿孔的位置处。驱动电机变速箱和位置指示设备均设置在贯穿孔的外部。该设备的轴具有轴承密封和轴迷宫系统，以控制反应堆气体回路和电机室之间的气体流动，并防止油进入反应堆的气体回路。

风机入口导向挡板及其相关部件安装在贯穿孔上，位于蒸汽发生器下方和环形贯穿筒内。叶轮的出口气体进入扩张腔室，再从管嘴流出，管嘴安装在气体挡板缸中。出口管嘴和风机壳体之间发生的任何热位移均可通过密封装置调节。

总之，可以说 CO_2 气冷反应堆的风机目前已是很成熟的技术，它们可以成为氦冷反应堆风机技术的有利基础。特别是在 CO_2 气冷反应堆中实现了大功率的风机，这同时也证明了制造大功率氦风机的可行性。当然，从氦设施中(HHV,EVO)使用的大型风机获取的经验也可用于未来模块式 HTR 的相关设计中，见表 6.17。

表 6.17 一些实验设施中有关氦风机和氦压缩机的资料

参　数	EVO	HHV	KVK	EVA Ⅱ	INET-装置
目标	采用布雷顿循环的电厂	用于气体透平的实验台架	用于工艺热的实验台架	用于蒸汽重整的实验台架	用于蒸汽发生器的实验台架
热功率/MW	150	相当于 300MW 的透平	10	10	10
压力/bar	30	60	40	40	60
风机入口温度/℃	20	直到 400	250	250	250
风机功率/MW	27/46	90	0.5	0.5	0.5

续表

参　　数	EVO	HHV	KVK	EVAⅡ	INET-装置
质量流量/(kg/s)	86	约 200	3	约 3	3.85
风机类型	轴向	轴向	径向	径向	径向
轴承	油	油	油	油	油
驱动机构	透平	电机	电机	油	电机
叶轮支撑	两轴承	两轴承	悬挂	悬挂	悬挂

6.5 气体净化系统

6.5.1 概况

氦气本身是一种化学惰性的气体。氦气中含有一些杂质，如 H_2，H_2O，CO，CO_2，O_2，CH_4，它们有可能对堆芯和反射层结构中的石墨造成腐蚀，因此，在设计时，必须要将相关的反应考虑进来，表 6.18 给出了杂质与高温石墨的反应及其反应产物。

表 6.18　杂质与高温石墨的反应和反应产物

发生的反应	反应过程	反应能量的表现形式	能量/(kJ/mol)
异相水煤气反应	$C+H_2O \longrightarrow CO+H_2$	吸热	119
均相水煤气反应	$CO+H_2O \longrightarrow CO_2+H_2$	放热	−42
气化反应	$C+CO_2 \longrightarrow 2CO$	吸热	162
氢的气化	$C+2H_2 \longrightarrow CH_4$	放热	−87
C 燃烧	$C+O_2 \longrightarrow CO_2$	放热	−406
部分 C 燃耗	$C+1/2O_2 \longrightarrow CO$	放热	−123
碳氢化合物的分解	$C_nH_m \longrightarrow nC+m/2\ H_2$	放热	

腐蚀可能使敏感部件发生碳的迁移和沉积。此外，如果考虑长期运行，氦中的微量杂质会对合金材料在高温下的强度造成影响。因此，每个氦回路都需要一个气体净化系统，以实现一个合适的氦气氛。杂质的来源包括(图 6.72)：

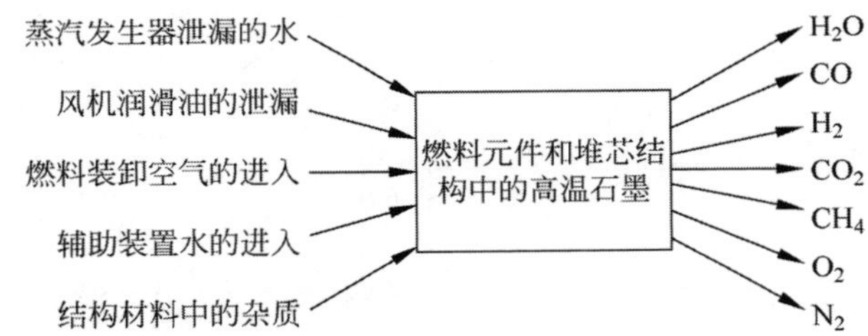

图 6.72　杂质来源及杂质与高温燃料元件石墨和堆内构件反应的产物

- 在其他风机运行期间，设定最低的冷却气体流量以启动这套蒸汽发生器的风机；
- 在正常运行工况下，氦风机和其他压缩系统的油润滑轴承的少量泄漏，在失效的情况下可能产生大的泄漏；
- 堆内构件使用材料中各种杂质的进入，例如，碳砖中含少量的水，或者新燃料元件装入时进入的杂质。

反射层石墨的多孔结构中也含有极少量的水。此外，在燃料装入过程中可能伴随有非常少量的空气进入一回路系统。在维护和修理过程中也不能排除杂质进入。

如前所述，在正常运行期间，能够进入一回路的杂质量还是相当少的。图 6.73 给出了各种可能进入的杂质的含量，可以看出，均处于 10^{-6} 或 cm^3/m^3 的量级。有时，这些杂质也可以用氦气压力(μbar)来表示。

以各种度量单位的表示：
- $1cm^3/m^3$
- 1×10^{-6}
- 1μbar

对于某种杂质i，可以表示为 $C_i(cm^3/m^3)=p_i(\mu bar)/p_{total}(bar)$

图 6.73　氦回路中杂质浓度的单位

表 6.19 给出了某些杂质随时间发生的典型变化。

表 6.19 氦回路中杂质含量随时间的变化(如 AVR 的运行) cm^3/m^3

杂质	1968 年	1969 年	1970 年	1971 年	1972 年	1973 年	1974 年	1975 年
H_2O	3	1～2	<0.5	<0.5	<0.5	<0.5	<0.5	<0.5
CO_2	10	5～10	2～10	2～10	1	0.5	0.5	0.5
N_2	10～50	10～50	10～50	10～50	10～50	10～50	10～50	10～50
CO	30～50	10～50	10～100	10～50	10～50	10～50	20～100	20～100
H_2	6～20	5～15	5～20	5～15	5～15	5～15	5～15	10～50

CO/CO_2 的比值总是在 5～100 以上的量级,这对应于图 6.74(c)中给出的解释。在 AVR 运行中测量的比值为 10～50,这个比值与图 6.74(a)中显示的平衡值吻合。

对杂质含量进行简单的估算有助于在带入氦循环中的杂质量与石墨材料损失量之间建立起一定的关系。采用化学计量比可以分别导出水转化的水煤气反应、空气与热石墨的反应,以及油分解成碳和氢的估计:

1kg C+1.5kg $H_2O \longrightarrow 1.87m^3\ H_2 + 1.87m^3$ CO (异相水煤气反应)

1kg C+8.92Nm^3 空气$\longrightarrow 1.87Nm^3\ CO_2 + 6.9Nm^3\ N_2$ (C 燃烧反应)

1kg 油$\longrightarrow$0.864kg C+1.53$Nm^3\ H_2$ (油的分解)

平衡和转换速度起着重要的作用。某些杂质含量随温度的变化可以通过热力学条件导出,如图 6.74 所示的水煤气反应、CO/CO_2 比及氢的气化和均相水煤气反应。杂质含量与温度变化的依赖关系是以温度的函数形式给出的。例如,由这种温度的函数形式可以看出,高温下气化反应起主导作用。

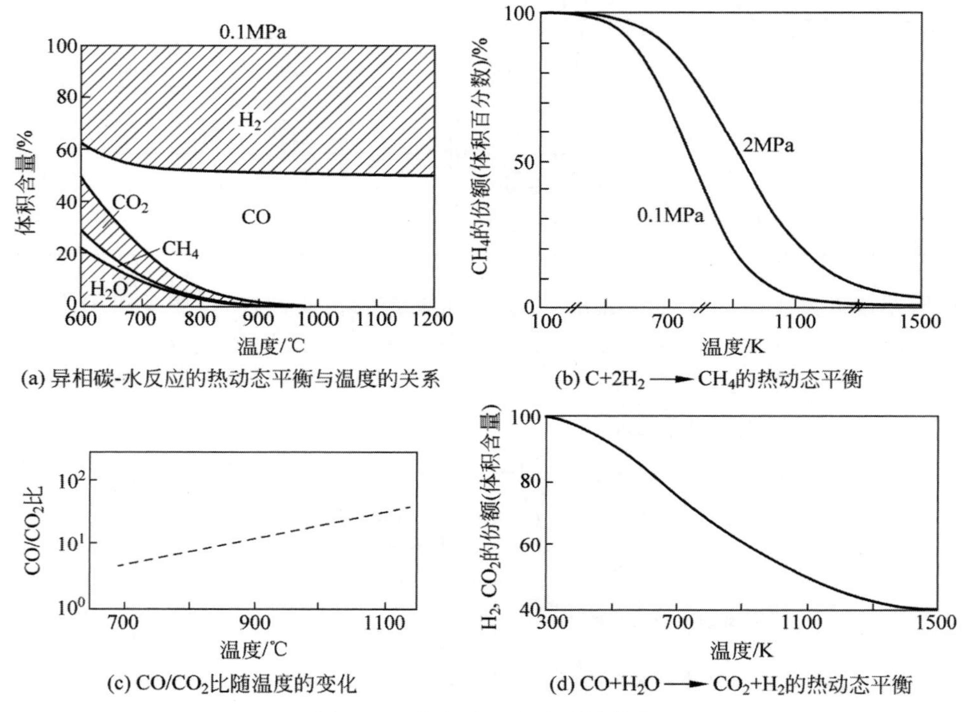

图 6.74 氦气中一些杂质的转化

不同物质与石墨的反应速率取决于温度、分压、总压力、流速和石墨的类型。反应速率可通过下面的表达式来确定:

$$r = \Delta M/(A \cdot \Delta t), \quad r = f(T, p, x_i, \text{材料}) \tag{6.92}$$

其中,$\Delta M/\Delta t$ 为质量随时间发生变化的损失率,A 为石墨表面积,x_i 为杂质份额。

图 6.75 给出了测量得到的各种腐蚀介质反应速率随温度和压力示例的变化。冷却剂气体中氧杂质的腐蚀反应是最快的,氢的腐蚀反应速度要小得多。当温度超过 1000℃时,气化反应开始起主导作用。

限制氦气中的杂质含量,并对部件腐蚀加以限制是对气体净化系统在功能上的要求。在 HTR 的研究型反应堆中,也要求降低包含在氦回路中的放射性释放。由于现在的燃料(TRISO 包覆燃料颗粒)对裂变产物已具有很好的阻留能力,故有专家认为这种限制是不必要的。另外一个要求是借助净化装置将石墨粉尘从冷却气体中分离出来。石墨粉尘的大小可以呈现如图 6.76 所示的一种分布。AVR 运行时石墨粉尘的典

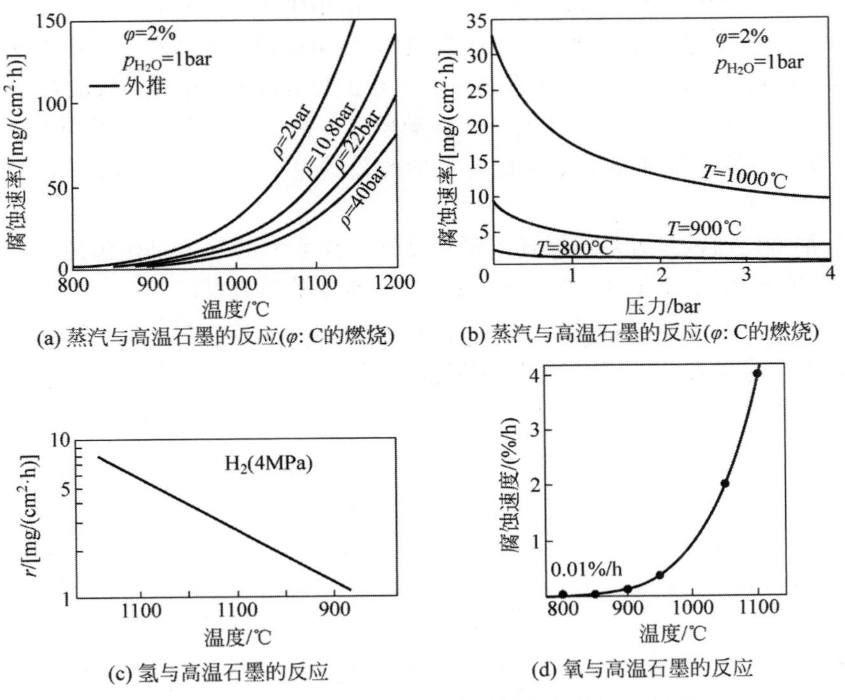

(a) 蒸汽与高温石墨的反应(φ: C的燃烧)　(b) 蒸汽与高温石墨的反应(φ: C的燃烧)

(c) 氢与高温石墨的反应　(d) 氧与高温石墨的反应

图 6.75　杂质与石墨的反应速率(燃料元件的 A3 石墨)

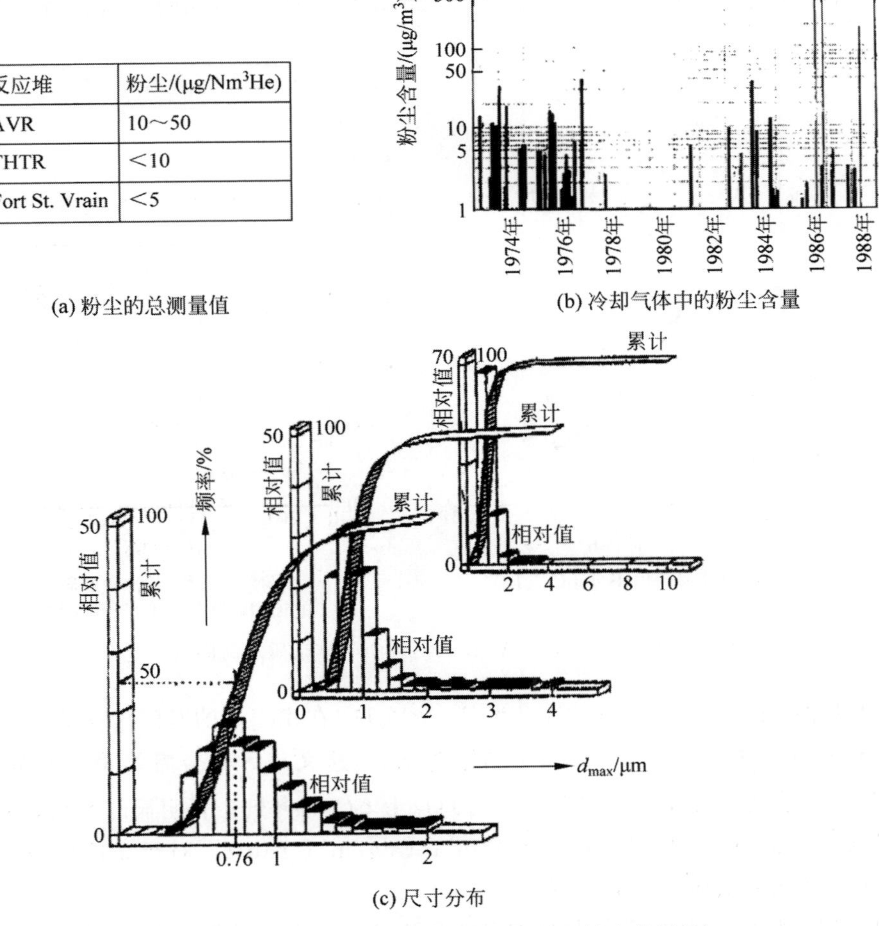

反应堆	粉尘/(μg/Nm³He)
AVR	10～50
THTR	<10
Fort St. Vrain	<5

(a) 粉尘的总测量值　(b) 冷却气体中的粉尘含量

(c) 尺寸分布

图 6.76　AVR 和 THTR 氦回路中石墨粉尘的测量

型值是 10～50μg 灰尘/Nm^3 He，而在 THTR 中测量到平均值小于 10μg 粉尘/Nm^3 He。这些物质可以通过气体净化装置去除。粉尘分布曲线所示的典型测量结果表明，粉尘的最大直径小于 1μm。分析认为，图 6.76(b)中以 T_1 和 T_2 表征的高粉尘浓度是由瞬态实验造成的。在正常运行过程中存在较大差异(因子为 10)，这可能是由燃料装卸回路扰动的影响及蒸汽发生器的一些振动所致。粉尘主要含有石墨和少量金属材料。在气体净化装置中设置的专门过滤系统非常适于将这些少量的杂质去除，这一点已经由 AVR 中的 VAMPYR 实验所验证。

在任何情况下，都可以通过具有足够循环流量和良好分离能力的气体净化作用将氦回路中的杂质含量保持在较低的水平。表 6.20 给出了在 AVR 和 THTR 中测量的氢含量。

表 6.20　THTR 和 AVR 氦回路中的杂质

杂质	THTR 在 750℃的预期值 /(cm^3/m^3)	THTR 在 750℃的测量值 /(cm^3/m^3)	AVR 在 950℃的测量值 /(cm^3/m^3)	AVR 在 850℃的测量值 /(cm^3/m^3)
H_2O	<0.1	<0.01	<0.5	<0.5
O_2	<0.1	<0.1	—	—
CO	<0.5	<0.4	<100	40
CO_2	<0.5	0.2	<0.5	<0.5
NH_2	<1	<0.1	<0.3	—
CH_4	<1	0.1	<35	0.5
H_2	<4	0.8	<	20
C_2	10	—	—	—

当然，在电厂运行过程中，杂质的含量也会发生变化。例如，在非正常运行状态或发生事故时，腐蚀介质有可能突然进入，导致杂质含量发生变化。图 6.77 给出了 AVR 运行期间从氦回路中测量的一些气体杂质含量的结果。

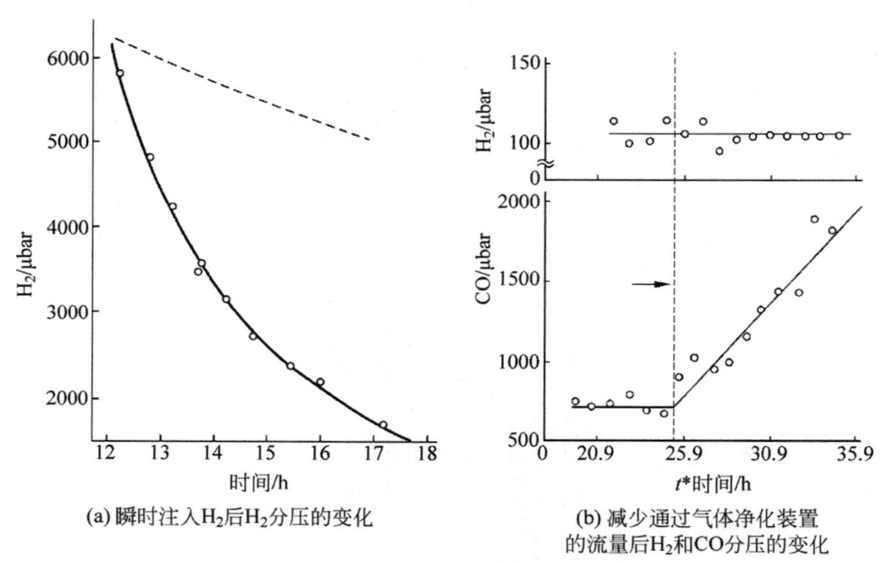

(a) 瞬时注入H_2后H_2分压的变化　(b) 减少通过气体净化装置的流量后H_2和CO分压的变化

图 6.77　瞬时变化下 AVR 氦回路中气体杂质随时间的变化

以杂质 H_2 的变化为例，通过运行气体净化装置，杂质 H_2 在相当短的时间内就减少了，如图 6.77(b)所示。然而，若需要通过注入 H_2 来降低氦回路中的摩擦系数，这又是另一个需要关注的重要课题。另外，如果降低了通过气体净化装置的流量，在特定的 t^* 时间点上 CO 的含量会有明显的升高，如图 6.77(b)所示。

这里，给出各种气体浓度的测量单位：1cm^3/m^3；1mg/m^3；1μbar。对于杂质 i，采用 $c_i(cm^3/m^3)=p_i(\mu bar)/p_{total}(bar)$来测量杂质气体的浓度。

特别是在反应堆启动运行期间，必须要将大量的杂质从氦回路中去除。这是从实验型反应堆和大型氦实验装置中获取的经验。这一要求可以通过平行设置 CuO 床和分子筛来实现。

6.5.2　气体净化的概念

表 6.18 择要给出了氦回路中杂质的各种转化反应的平衡值和反应速度。必须要将杂质浓度限制在低于气体净化的允许值。原则上，进入电厂的旁流氦气(图 6.78)需要先通过回热器冷却下来，之后再通过过滤器加以过滤。经过这一过程后，杂质 H_2 和 CO 通过氧化铜催化剂的作用被氧化，形成 H_2O 和 CO_2。在分子筛的作用下，这些物质在下一个步骤中被去除。

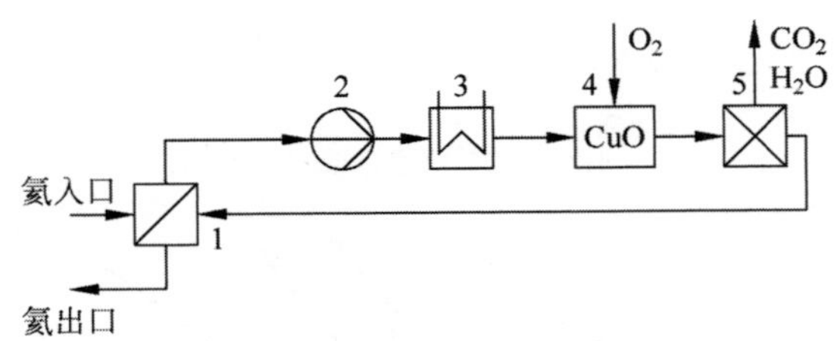

图 6.78　氦回路气体净化系统的原理

1—回热器；2—氦风机；3—冷却器；4—CuO 催化剂；5—分子筛

对于在 CuO 床中进行的反应，可以在化学计量计算的基础上估计出需要的 CuO 量。根据转换方程，需要的 Cu 量如下：

$$CuO+H_2 \longrightarrow Cu+H_2O$$

$$79.5g\ CuO+2g\ H_2 \longrightarrow 63.5g\ Cu+18g\ H_2O$$

为了从氦回路中去除总量为 $1Nm^3$ 的 H_2，根据如下方程，必须要有 3.5kg CuO 被转化。

$$3.5kg\ CuO + 1Nm^3 H_2 \longrightarrow 2.8kg\ Cu + 0.8kg\ H_2O$$

另外，也可以对 CO 的转化进行类似的估计。

$$CuO+CO \longrightarrow Cu+CO_2$$

基于对已进入一回路的水和其他物质的量及在 CuO 床中滞留时间的假设，可以推算出该设备的尺寸。经过一段时间后，氧化铜转化为铜，因此，氧化铜床必须再次进行氧化或更换填充物。在气体净化系统中使用的分子筛是具有如下结构形式的合成结晶硅酸盐：

$$Me_{12/n}(AlO_2)_{12}(SiO_2)\cdot 27H_2O$$

其中，Me 代表可互换的阳离子。三维晶格是由 AlO_2 和 SiO_4 构成的四面体和立方体结构。被吸附的物体固定在晶体结构的内部区域。内腔直径为 11.4Å，通过 4.2Å 的开口直径相互连接。合成的硅酸盐晶体的尺寸大约为 2μm。

实际使用时，粉末与大约 20%的黏土混合，加工成特殊的几何体(如球体)。通过加热，结晶水被排出，从而形成可用于气体净化装置的多孔晶体结构。CO_2 由于其分子大小而被去除，极性分子如 H_2O 则被强烈吸收。吸附饱和的分子筛通过加热、在压力差下或者通过反冲洗气体实现再生。图 6.79(a)所示为分子筛对 H_2O 和 CO_2 的吸附量，以杂质含量重量百分比的形式来表示杂质吸附容量，并以此作为被吸附成分分压的函数。由图 6.79(b)可以看出，分子筛对水和二氧化碳的吸附容量几乎具有相似的数值。

对于水在分子筛中被吸附的容量，大约 1kg 的 H_2O 需要 10kg 的分子筛。对于二氧化碳，也需要类似的吸附容量。

氦回路中一种杂质的平衡浓度取决于氦旁流气体通过净化床的高度和杂质本身的源强。氦回路中水煤气反应 $C+H_2O \rightarrow CO+H_2$ 产生的氢气是氦气中氢气的主要来源，下面给出一个简单的近似式：

$$\frac{dX_{H_2}}{dt}=\dot{Q}_{H_2}-\dot{S}_{H_2},\quad \dot{Q}_{H_2}=\sigma\cdot\dot{m}_{H_2O},\quad \dot{S}_{H_2}=\Delta\dot{V}\cdot X_{equilib.} \tag{6.93}$$

其中，$\dot{Q}_{H_2}$ 表征源项，$\dot{S}_{H_2}$ 表征 H_2 的吸收。由稳态平衡的条件 $dX_{H_2}/dt=0$ 可以导出：

$$\sigma\cdot\dot{m}_{H_2O}=\Delta\dot{V}_{He}\cdot X_{equilib.} \tag{6.94}$$

其中，$\Delta\dot{V}_{He}$ 是氦气通过净化系统的流量，$\dot{m}_{H_2O}$ 是水泄漏进入一回路的量。为了进行更详细的分析，必须在

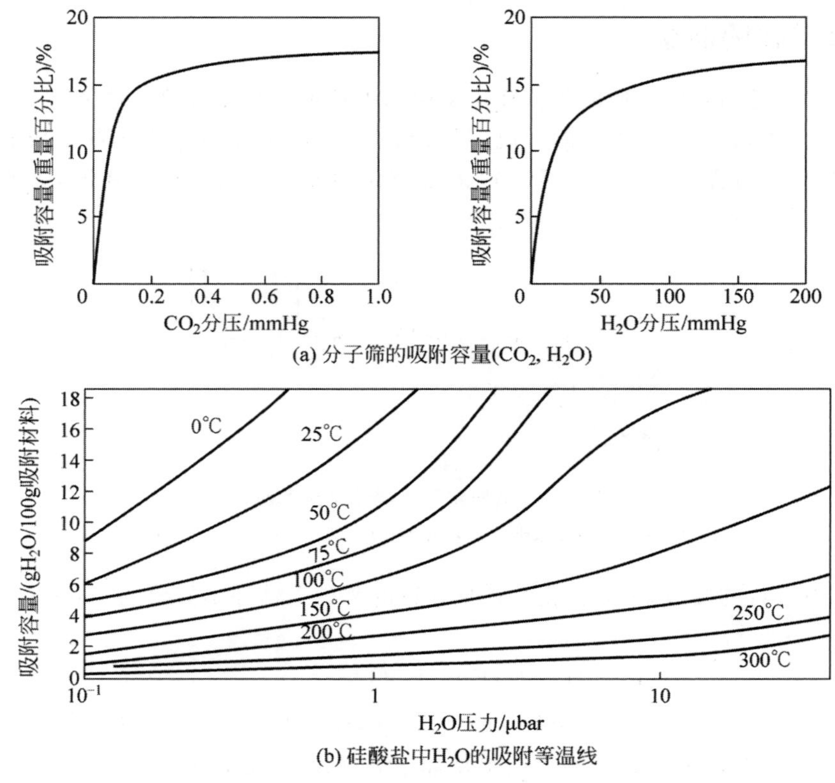

(a) 分子筛的吸附容量(CO_2, H_2O)

(b) 硅酸盐中H_2O的吸附等温线

图 6.79 分子筛的吸附能力

考虑所有反应的条件下求解联立方程组，所有这些反应在本章开始时就已给出了说明。

如果还要考虑去除放射性物质，那么气体净化对冷却剂气体活度的影响就可能需要借助下面的方程来评估。对于裂变产物 i，其核素数量随时间的变化可以表示为

$$\frac{\mathrm{d}N_i}{\mathrm{d}t} = \dot{Q}_i - \lambda_i N_i - (\alpha_i + \beta_i) N_i - L \tag{6.95}$$

其中，$\dot{Q}_i$ 为裂变产物同位素 i 进入冷却剂气体的释放速率；λ_i 为裂变产物同位素 i 的衰变系数；α_i 为裂变产物同位素 i 在气体净化系统中的吸附常数；β_i 为裂变产物同位素 i 在反应堆内表面的沉积常数；L 为裂变产物同位素 i 的泄漏项。

稳态活度可按下式来估计：

$$N_i \approx \frac{\dot{Q}_i - L_i}{\lambda_i + (\alpha_i + \beta_i)} \tag{6.96}$$

若考虑技术层面上的工作，则尤其需要对通过净化装置的质量流量加以优化。原则上，可以实现非常小的稳态活度。在优化过程中，进入气体净化系统的氦气旁流的高度或者过滤系统的容量和效率可以作为选择的参数尽量地扩大，以降低对燃料元件和结构的腐蚀。

减少氚从一回路系统进入二回路系统的量是需要关注的另一个较为重要的问题，它与最优化问题有关，特别是对于核工艺热的应用，这一点变得非常重要。

6.5.3 气体净化系统的实验

在所有的氦冷反应堆和大型氦实验装置中，气体净化系统都运行得非常成功。图 6.80 给出了一个实际的例子，用以说明 THTR 300 中净化系统的流程。

从风机出口的主氦气流量中分流了大约 3000$\mathrm{m^3/h}$ 的旁流量(温度为 250℃)，这相当于满功率稳态运行时氦气质量流量的 0.3%。首先，该旁流量流过过滤系统以去除石墨粉尘。该气流冷却到大约 20℃，然后通过活性炭过滤器。此时，短半衰期的氙和氪同位素被吸附，因此，它们的活度就不会转移到随后的气体净化

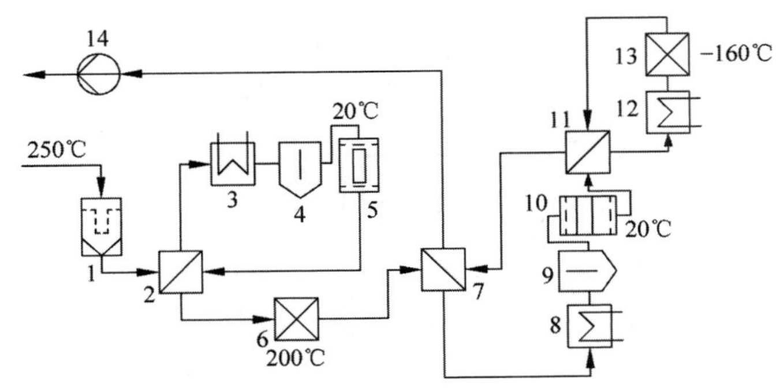

图 6.80 THTR 气体净化系统流程

1—粉尘过滤器；2—回热器；3—冷却器；4—分离器；5—活性炭过滤器；6—氧化铜催化剂；7—回热器；8—冷却器；9—分离器；10—分子筛；11—回热器；12—冷却器；13—活性炭过滤器；14—氦压缩机

流程中。氦重新被加热到 200℃，并通过氧化铜催化剂，此时，冷却剂气体中的杂质 H_2 和 CO 被氧化，涉及的相应反应已在前面给出讨论。

可以通过间断地输入氧气对 CuO 床进行再生。仍然残留在气体中的杂质 H_2O 和 CO_2 可以通过分子筛进一步去除。为了在这个过程中达到较高的去除效率，氦气又重新冷却到约 20℃。分子筛也要间断地进行再生。按照最新的流程步骤，通过在非常低的温度(90K)下对冷却剂气体进行处理，CO_2 和 H_2O 被从冷却剂气体中冷冻排出，进一步地，部分氪和氙被活性炭吸附。之后，再加入少量的甲烷和氮气，在这样的条件下，活性炭便成为一种有效的过滤材料。该过程所需的深冷温度是通过液氮来实现的。

表 6.21 给出了 HTR-PM 氦回路中杂质的允许含量。

表 6.21 HTR-PM 氦回路中杂质的允许含量 cm^3/m^3

杂质	H_2	H_2O	CO	CO_2	CH_4	N_2	O_2
数值	≤30	≤2	≤30	≤6	≤5	≤2	≤1

氦回路配置了气体净化系统，氦的净化系统共有两列。这一净化系统的设计是基于表 6.22 中给出的数据。

表 6.22 氦净化系统的数据

参　　数	数　　值
氦气质量流量	每列：15kg/h
入口温度	20～250℃
运行压力	4MPa
入口浓度	H_2，CH_4，CO 为 $100cm^3/m^3$，O_2 为 $10cm^3/m^3$，N_2 为 $30cm^3/m^3$，H_2O 为 $50cm^3/m^3$
出口浓度	H_2O 为 $5cm^3/m^3$，其他元素均为 $1cm^3/m^3$

氦净化系统的基本设计如图 6.81 所示。

入口氦气通过加热器被加热到 250℃。在 CuO 催化剂床中 H_2O 和 CO 被氧化成 CO_2。为了能够在下游的分子筛处被吸附，通过在线的水冷却器，氦被冷却到 20～－30℃。分子筛吸收了 H_2O 和 CO_2，其他杂质，如 CH_4，N_2，O_2，则在低温吸收剂中被除去。当 CuO 催化剂、分子筛或低温吸收剂耗尽时，它们会自动再生。

一个令人感兴趣的气体净化解决方案在 HHV 电厂中得以实现，这是一个气体透平实验装置，氦气流量较大，约为 200kg/s，在 6MPa 下的最高氦温度为 850℃。对于气体透平，由于透平机械的油润滑会带来额外的杂质，因此期望在气体净化的正常流程中加入一个专门的低温箱。该电厂非常关注除尘，如图 6.82 所示。

为了运行氦回路，EVO 电厂、KVK 电厂和 EVA II 装置采用了与上述技术方案类似的系统。

总之，气体净化系统完全可以实现对气体杂质含量的限制，同时，该系统还能减少稳态冷却剂气体的放射性活度，并将粉尘含量降到允许的水平。表 6.20 给出了 AVR 和 THTR 中一些杂质的测量结果。

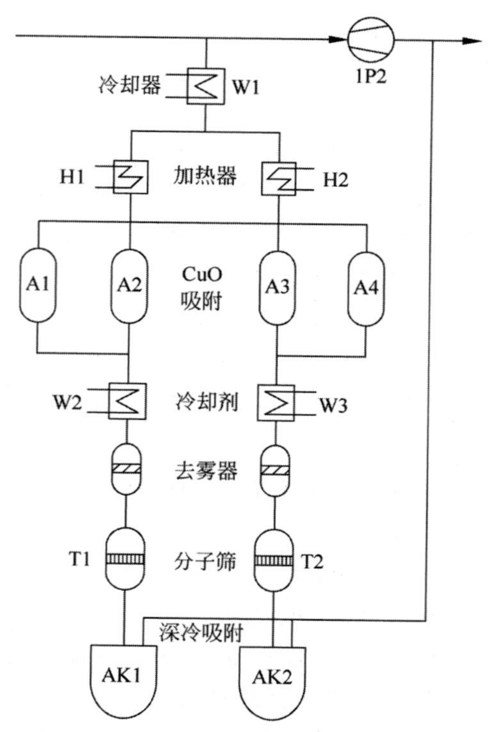

图 6.81　模块式 HTR 氦净化系统(如 HTR-PM)

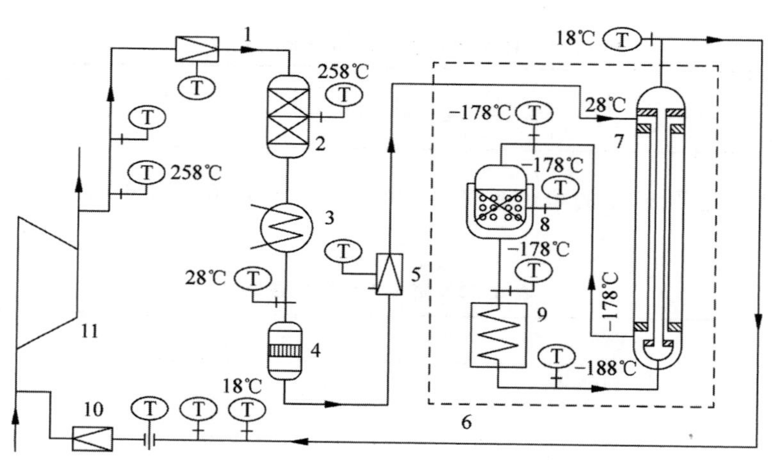

图 6.82　HHV 电厂气体净化流程

1—粉尘过滤器；2—氧化床；3—水冷器；4—炭过滤器；5—粉尘过滤器；6—低温箱；7—热交换器(用于冷冻杂质)；8—低温吸附器；9—冷却器(氮气)；10—粉尘过滤器；11—冷却气体压缩机

在 AVR 中，当温度很高时，一氧化碳的含量很高，这表明，气化反应已起到重要的作用。考虑到碳在金属材料表面上的沉积，例如，在蒸汽发生器上的沉积，对氦回路中很高的一氧化碳含量必须要给予特别的关注。

$$CO \longrightarrow C + 0.5\ O_2$$

在这种情况下，沉积的 C 对材料性能的长期作用可能变得非常重要，特别是在高温下，它有可能影响特殊高温合金的稳定性。

除此之外，还有一些杂质的来源会影响 THTR 中气体的质量。为了对第二停堆系统棒进行操作，需将氨注入氦回路。注入的氨会产生约 $1000cm^3/m^3$ 的 H_2，使摩擦因子减少为原来的约 1/3，从而使棒插入球形燃料元件中所受的力减小。

表 6.23 给出了摩擦因子随温度和氦气中 H_2 含量的变化结果。

表 6.23 石墨球床中的摩擦因子 μ 随氦气中 H_2 含量的变化(如 THTR)

温度/℃	300	500	700	900
氦气	0.55	0.45	0.37	0.33
含 $1000cm^3/m^3$ H_2 的氦气	0.43	0.17	0.18	0.20
含 $10\,000cm^3/m^3$ H_2 的氦气	0.31	0.15	0.13	0.15

这一过程导致冷却剂气体中的氢含量高达原来的 100 倍以上。通过气体净化系统的作用,在一个相当短的时间内就可以使气体的质量重新回到原先的状态。

如果这些杂质对燃料元件和堆芯结构的腐蚀速率是有限的,那么可以据此来设定这些杂质的限值。另外,一些不熟悉的介质进入一回路的问题、冷却剂气体的放射性活度问题和冷却剂气体中的粉尘含量问题将在第 11 章有关安全方面的讨论中加以分析。

当然,气体净化装置的配置和尺寸需要根据杂质去除程度来进行优化。在正常运行状况下,石墨的温度越高,杂质 H_2O,O_2,CO_2,H_2 的限值就应设定得越低。

6.6 载出衰变热的氦回路

HTR-PM 使用由同心热气导管、蒸汽发生器和氦风机组成的正常运行回路来载出衰变热。在使用冷却回路的情况下,必须实现以下的能量平衡(图 6.80)。

$$P_{\text{decay}}(t)=\dot{m}_{\text{He}}(t)\cdot c_{\text{He}}\cdot(T_{\text{He}}^{\text{out}}(t)-T_{\text{He}}^{\text{in}}(t))=\dot{m}_{\text{w}}(t)\cdot\Delta h_{\text{w}}(t)=\dot{Q}_{\text{cool}}(t) \tag{6.97}$$

$$P_{\text{decay}}(t)\approx P_{\text{th}}\cdot 0.06\cdot t^{-0.2} \tag{6.98}$$

对于各个冷却环节的运行,设备的可用性和必要介质的供应也是必不可少的。这包括:

- 氦风机和水泵的电力供应;
- 冷却水的供应;
- 附加热阱的可用性。

冷却回路使用了水的中间回路,将外部热阱与主回路隔离开。这是所有核反应堆的常规做法,如图 6.83 所示。

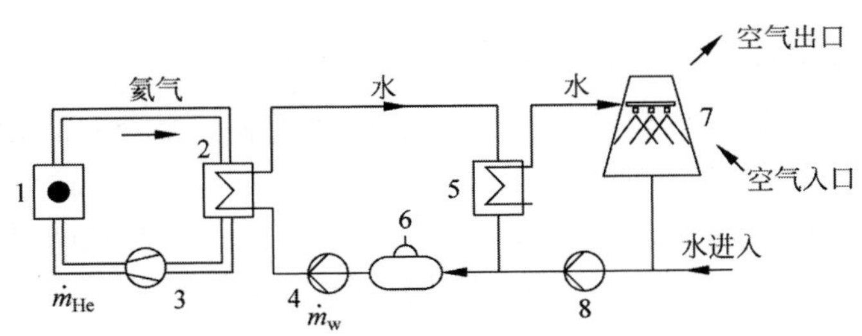

图 6.83 衰变热载出冷却回路的主要环节

1—反应堆;2—辅助冷却器;3—氦风机(辅助回路);4—水泵;5—热交换器;6—水箱;7—冷却塔;8—水泵

在 THTR 中,有 6 个发电回路可用作衰变热载出回路。因此,它们的可靠性是非常高的。完全失冷事故应该是反应堆中很少发生的事故。为了实现这一目标,系统实现了高度冗余性,并且在检查、维护、修理和更换方面投入了很大的努力。THTR 中的 3 台蒸汽发生器结合形成一个应急链,它由蒸汽发生器的高压部分、一个启动膨胀单元、一个衰变热冷却器、一个应急储水泵和一个应急给水泵组成。如果衰变热载出系统在每一个紧急冷却回路中运行,那么泵就会将水注入蒸汽发生器。

在过去的各种 HTR 项目中,提出过专门的衰变余热排出系统,并进行了部分实验。例如,在通用原子能公司 HHT 的气体透平反应堆系统中就提出过一个特殊的解决方案,如图 6.84(a)所示。在这个方案中,热交换器和风机布置在反应堆压力壳的夹层内。

用于工艺热应用的衰变热冷却器已在 PNP 项目中成功运行了超过 10 000h(在 KVK 电厂中进行的实验),功率为 10MW,压力为 4MPa,这相当于工艺热反应堆的数据。因此,稳定地运行是可行的。

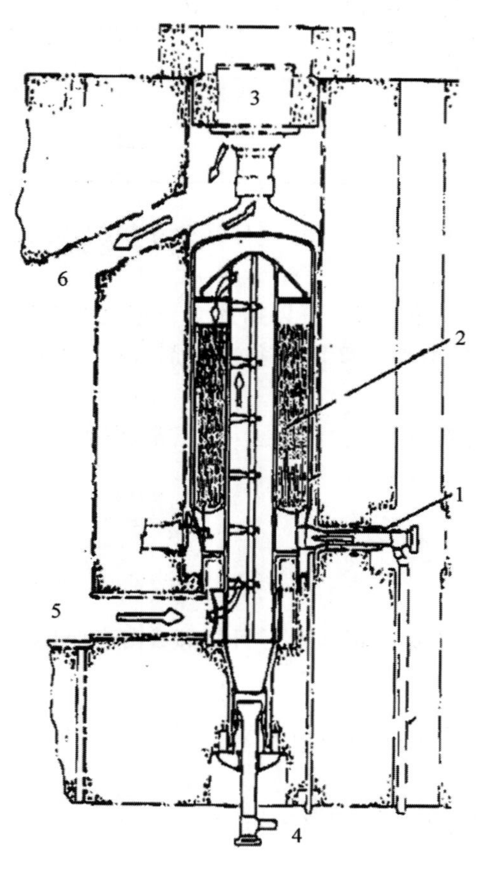

(a) 预应力混凝土反应堆压力壳内衰变热冷却器的布置
(300MW套装蒸汽发生器)

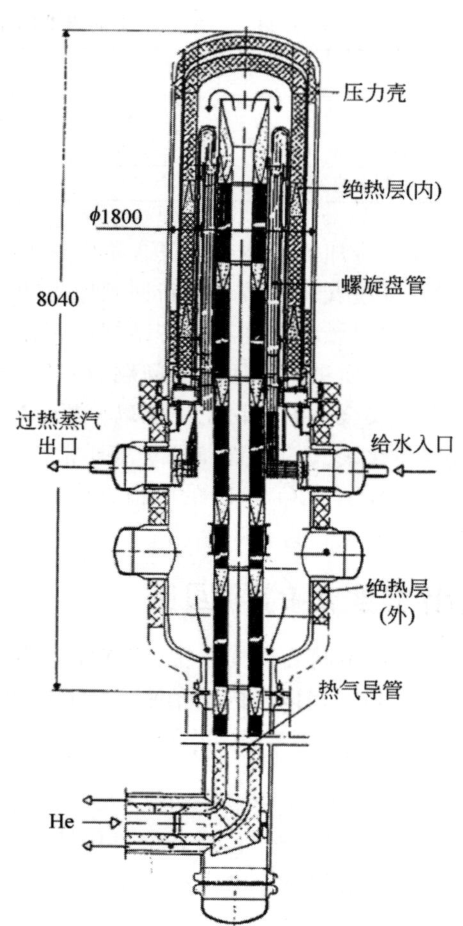

(b) 工艺热反应堆衰变热冷却器
(功率：10MW，P_{He}：4MPa)

图 6.84 衰变热冷却器

1—水入口；2—热交换器管束；3—氦风机；4—蒸汽出口；5—氦气入口；6—氦气出口

当然，所有以前的 HTR 项目中都采用独立的衰变热冷却回路这一设计概念，而这一设计概念也可以用于模块式 HTR。它反映出来的是一个经济优化问题，能否优化取决于是否需要安装额外的设备。保护投资的问题也可以在经济优化方面发挥一定的作用。

图 6.85 给出了对各个反应堆项目可能的衰变热冷却回路进行研发的一些概况，大多数设计针对的都是一回路失压后一回路系统和安全壳的混合压力。对于混合压力$\bar{p}$，考虑到安全壳这一因素，选择了 3～5bar 的设计值。

$$\bar{p} \approx \frac{p_{\text{prim}} \cdot V_{\text{prim}} + p_{\text{cont}}(0) \cdot V_{\text{cont}}}{V_{\text{cont}}} \tag{6.99}$$

其中，V_{prim} 是一回路氦的体积；V_{cont} 是安全壳的体积。

尽管所有的努力都是为了实现能动的衰变热载出系统，且该系统失效和不可用的可能性很小。但是，如果用于冷却的电力和水不能得到供应，能动的衰变热载出仍然有可能完全失效，这就像当初的福岛核事故那样，由于极端的外部事件导致核事故的发生。在未来反应堆的设计中，放射性物质的最终安全阻留应该完全不依赖电力和水供应能动设备的可利用性。如果能动的衰变热载出完全失效，则仅可利用热辐照、传导和自然对流这些非能动机制将衰变热从堆芯载出并排放到环境中去(详见第 10 章)。

然而，有一种情况，如氦风机或电气驱动机构发生了故障，则有可能在有限的时间内中断运行。在反应堆的热备用停堆期间，燃料温度将保持在运行限值以下(<1100℃)。然而，一些金属部件，如停堆系统的驱动机构，温度会升得较高(>500℃)，因此，设计时应对这种情况加以考虑。正如前面已经提到的，对 THTR 系统在申请许可证过程中的事故进行分析，得出在失去能动冷却 5h 内，燃料元件或堆芯结构温度不会超出限值，如图 6.86 所示。因此，许可证机构同意了这个宽限时间。

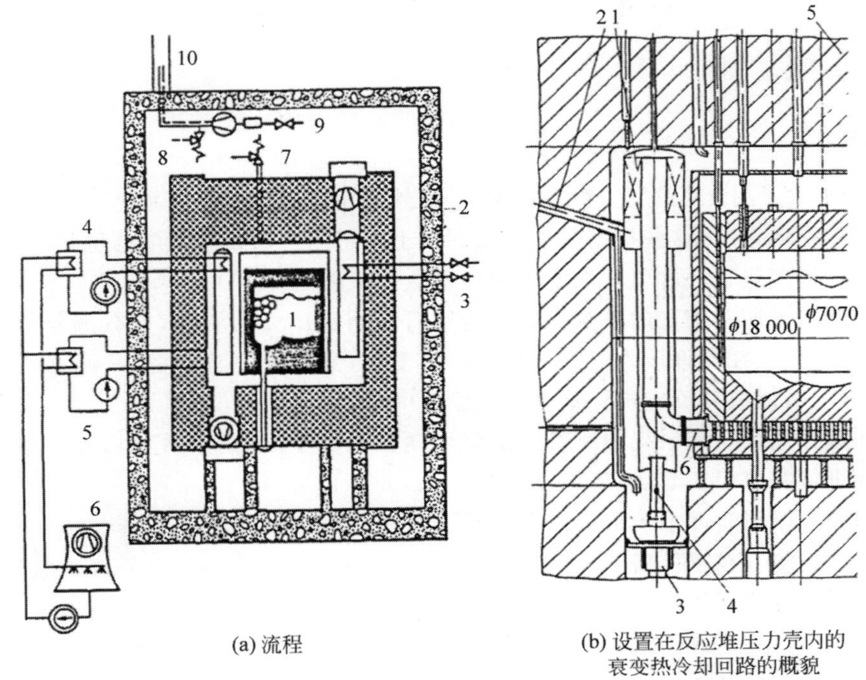

(a) 流程

(b) 设置在反应堆压力壳内的衰变热冷却回路的概貌

图 6.85　大型 HTR 电厂衰变热载出系统(如 HTR-500：P_{el} = 500MW)

(a) 1—堆芯；2—蒸汽/水回路；3—主热阱(冷凝器，冷却塔)；4—衰变热冷却系统；5—内衬冷却；6—冷却塔；7——回路的安全阀；8—安全壳的失压系统；9—空调系统；10—烟囱；(b) 1—衰变热冷却器；2—冷却水入口；3—衰变热冷却回路风机；4—冷却气体出口；5—反应堆压力壳；6—热气入口

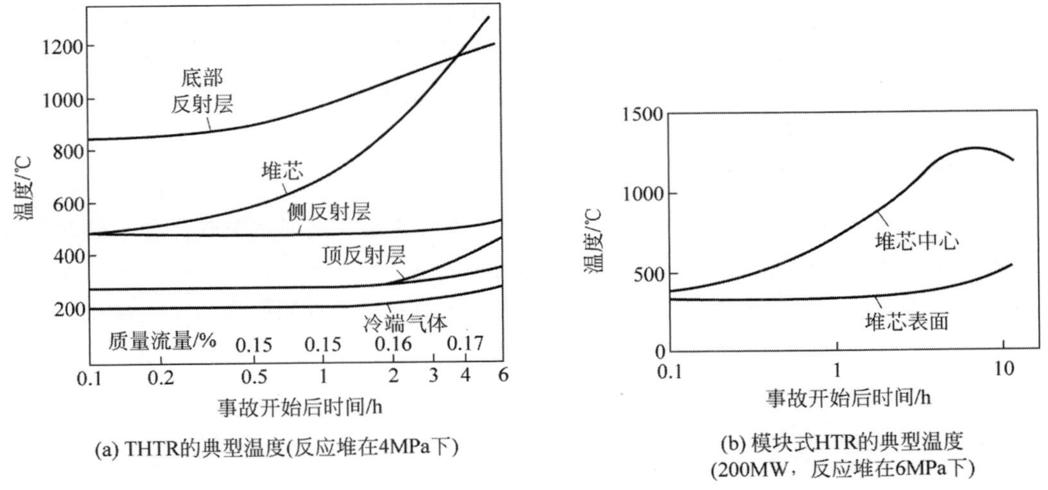

(a) THTR的典型温度(反应堆在4MPa下)

(b) 模块式HTR的典型温度(200MW，反应堆在6MPa下)

图 6.86　HTR 电厂在完全失去能动衰变热载出和蒸汽发生器散热情况下温度的变化

当燃料最高温度达到大约 1250℃时，仍不会出现太高的裂变产物释放。这时，必须对顶部反射层的温度进行仔细的考虑，因为这一温度与停堆系统的温度和可用性有关。

通过氦回路的失压可以避免出现过高的温度，因为它可以减少反应堆堆内构件中的自然对流。另一种可能性是安装一个衰变热的冷却器，该装置在全压及相对较小的衰变热功率下运行。例如，当链式反应停止 1h 后，衰变热约占额定功率的 1%左右。采用一个功率相当于正常功率百分之几的小回路就足以将衰变热载出并冷却堆芯。这个回路可以安装在模块式 HTR 蒸汽发生器内，就像 HTR-PM 那样。风机可以布置在蒸汽发生器压力壳的底部，并与一个蒸汽发生器组件一起运行。

这个能动的衰变热载出系统对于模块式 HTR 的最终安全意义不大，因为已经有了自发衰变热载出的可能性。为了实现经济的运行和对关键设备的保护，附加一个全压的辅助回路可能更有意义。

6.7 氦辅助系统

6.7.1 概况

在模块式HTR中，除了用于蒸汽发生器的主氦回路之外，还需要附加一些氦系统。其中，包括如下一些系统：

- 房间内空气的空调系统，这些房间是建造在混凝土舱室内一回路系统内的房间。从一回路泄漏的少量氦气可以通过测量空气和氦气的不同导热系数被探测出来。
- 氦气压力控制和氦回路卸压的系统。稳态运行时一回路压力的变化，如在部分负荷时，可以调节一回路运行压力，使其在允许压力的上限和下限内变化(见6.6.2节)。当一回路氦气的压力过高时，启动卸压，氦气被泄放到反应堆构筑物的内舱室内。
- 氦气供应和储存系统。该系统向所有的反应堆设备提供干净的氦，并且具有足够大的容量，足以对泄漏的氦气进行补充(见6.7.3节)。
- 对氦辅助回路和燃料装卸系统进行卸压的系统。
- 一回路抽真空系统。在电厂启动之前，必须要在一回路和所有的辅助回路充入氦气之前进行抽真空操作。通过这种方式，气体杂质的含量变小，于是，可以在气体净化装置的帮助下很容易地去除这些气体杂质。
- 一种将氦净化系统排出的气态放射性物质加以储存的系统。这是一种中间储存，它可以将气态放射性物质转运到外部设施中或通过烟囱排放。
- 燃料装卸系统，主要在反应堆额定压力下运行，并以气动方式工作。它也需要氦气系统供给氦气。燃料装卸系统与前面介绍的氦气辅助系统相连。
- 氦风机使用油润滑轴承。一回路氦气和油之间的密封气体是氦气，因此，也需要提供氦气。

氦冷却反应堆一回路中氦的损耗不像以前那样令人担忧，因为氦在过去几十年里变得相对便宜了。由反应堆和大型氦气实验设施的运行可知，现在平均每天的氦损失量为总存量的0.1%～0.3%。当然，这个值是技术优化之后的结果，即对一回路边界进行努力改进后的结果。

6.7.2 氦辅助回路

图6.87所示为氦回路的压力调节和卸压系统。一回路压力的调节是通过氦气净化系统将储存的净化气体给予补充或者卸出实现的。在不同的位置与前面提到的其他氦系统相连。需要一个压缩机系统向氦储存罐补充氦气。各个缓冲罐与压缩机相连。这样的设置允许在瞬态运行期间抑制剧烈的变化，如图6.87所示。

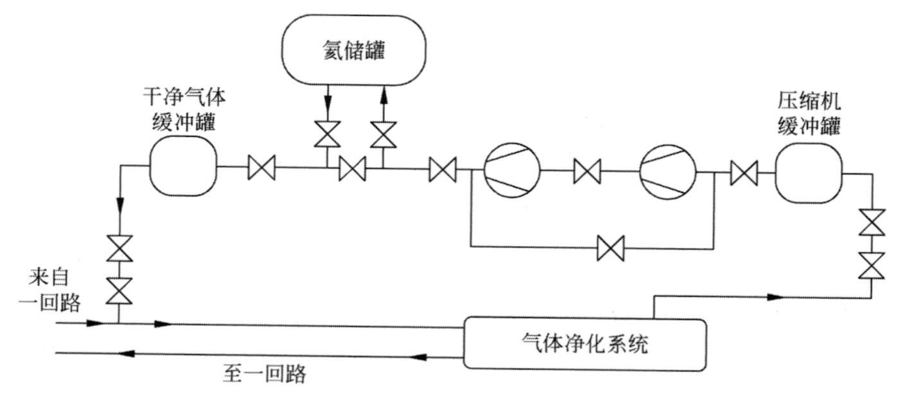

图6.87 调节压力的氦系统

在THTR电厂中采用了一个用于第二停堆系统氦气供应的令人非常感兴趣的新部件，这是一个预应力铸铁壳，有17.5m^3的存储量和20MPa的运行压力，如图6.88所示。

这种新的壳设计概念遵循了核许可证申请程序的规则，并取得了巨大的实验性成功。该壳为开发新的预应力反应堆压力壳奠定了基础。该壳有一个冷却和绝热的内衬，并且具有从外部加载的预应力，这一新

图 6.88　THTR 电厂预应力铸钢壳(第二停堆系统的氦气储存容器：175m^3；25MPa 的设计压力)

壳设计被认为具有防爆破级别的安全性。

卸压系统可以防止一回路边界承受过高的压力。如果最高压力比运行压力高出 15%左右，则会打开安全阀。爆破膜的爆破压力略高于运行压力的 15%。这是第 2 道安全装置，用以保护反应堆回路以避免承受过高的压力。

在使用预应力铸钢容器的情况下，如果这两个控制超压的独立安全装置都失效，则容器壁钢块之间的外部焊接唇口将部分开裂。在使用预应力混凝土反应堆压力壳或预应力铸铁壳的情况下，第 3 道防止压力过高的屏障就是壳的内衬。

在 HTR-Module 中预期有两个系统，其差异主要表现在预估的可能释放的氦气量有所不同。打开相应直径分别为 10mm 和 65mm 的阀门后，卸压系统应连接到气体净化系统，如图 6.89 所示。

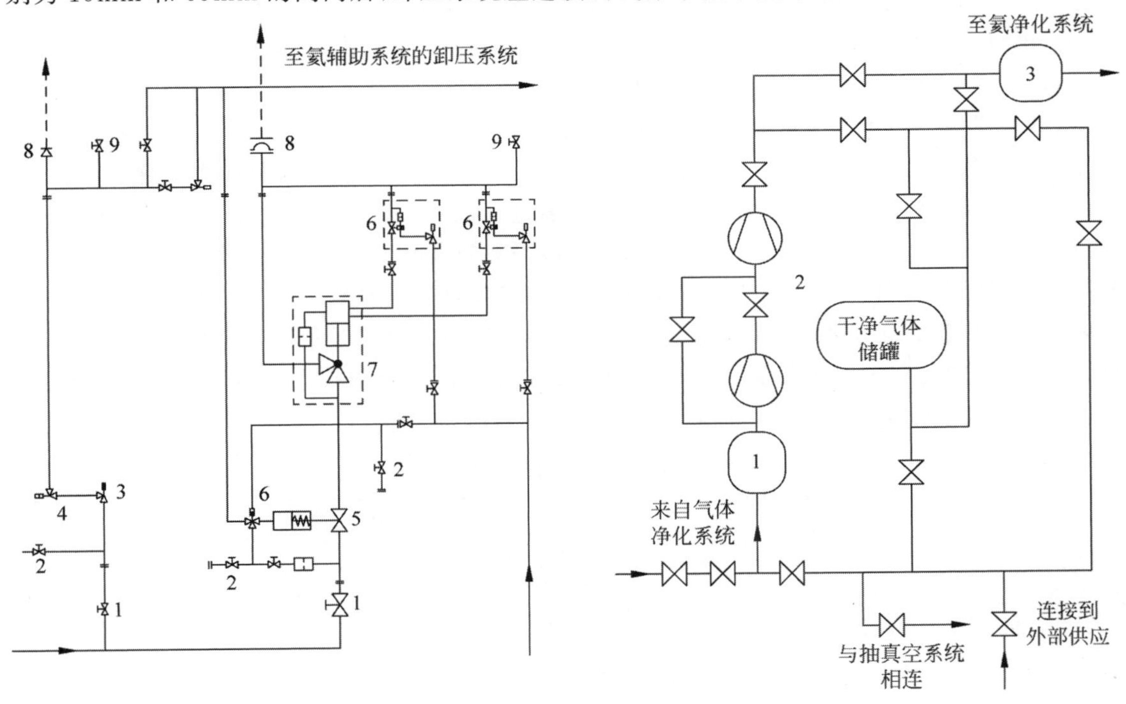

图 6.89　模块式 HTR 氦辅助系统

(a) 1—阀门；2—防爆阀；3—压力阀；4—安全阀(直径为 10mm)；5—压力阀；6—阀门；7—安全阀(直径为 65mm)；8—爆破膜；9—压力测量；(b) 1—压缩机缓冲罐；2—压缩机；3—反应堆的缓冲罐

氦气供应和储存系统包括干净氦气的储存、压缩机和用于干净气体的缓冲罐。体积应该设计成能够储存一回路系统中氦气的总存量及氦气储备。在 HTR-Module 中，总共有质量大约为 4500kg 的氦气。储存罐的设计压力为 16MPa，最大运行压力为 14MPa。预期有多种储存罐可用于模块式反应堆中。

对于气体轮机循环或联合循环应用的电厂，必须采用特殊的氦气供应系统，该系统必须允许通过压力的变化来调整负荷的变化。图 6.90 给出一个例子，这是 EVO 电厂运行期间采用布雷顿循环统计分析得出的一个温度分布图。

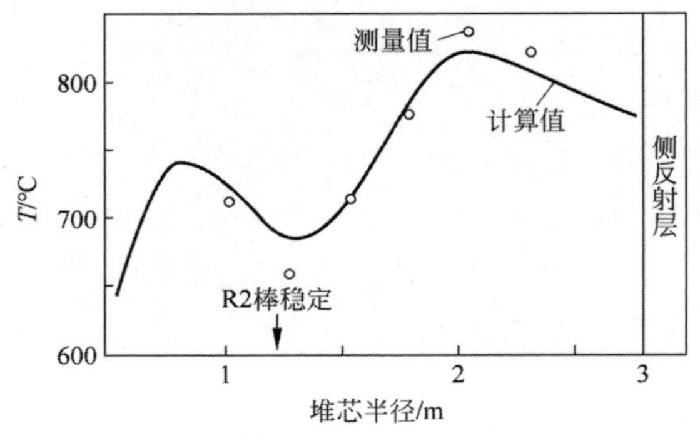

图 6.90 THTR 堆芯出口氦气沿径向的温度分布

80%负荷，从插入的堆芯棒混入冷气体，R2 棒稳定：R2 棒插入和稳定运行

6.7.3 氦回路的测量

在反应堆氦回路中，必须对温度、压力和质量流量等主要参数连续地进行测量，以对系统加以控制。此外，还必须测量氦气中的杂质（H_2，CO，CO_2，H_2O，N_2，CH_4，O_2），以控制腐蚀的影响。特别是对液态或气态 H_2O 的控制非常重要，以便能够及早发现从损坏的蒸汽发生器中渗入水的事故，并采取适当的措施以控制事故的后果。

对于热氦气导管和蒸汽发生器的安全运行，堆芯出口热氦气的温度分布起着很重要的作用。例如，在 THTR 中，在底部反射层的通道内设置了很多热电偶。图 6.90 给出了在非常特殊的运行条件下测量的典型的径向温度分布（80%负荷，从插入的堆芯棒混入冷气体），由图可知，测量和重新计算的结果吻合得非常好。

从实测的温度分布可以得到径向分布的形状因子。实测的因子是 1.13，而计算结果是 1.08。为了安全和可靠地运行，在氦气进入蒸汽发生器之前，气体的均匀混合至关重要。混合是在堆芯底部下面的热气腔室内进行的，并经受蒸汽发生器入口处一个带有通孔的厚钢板的作用。模型实验及在 THTR 运行期间的测量值已给出了一些运行结果（见第 3 章）。为了进行有效的混合，还需要提供额外的阻力降。

对敏感部件的相关温度进行连续测量对于防止温度过高是很必要的措施。

在 THTR 蒸汽发生器管束上安装了许多热电偶，以控制氦气侧和水蒸汽侧的温度分布。图 6.91 给出了高压管束的测量结果。对结果进行的分析和评价表明，目前建立的设计和计算方法是非常好的。测量与计算的偏差只有几度的量级，这对估计安全系数和设备达到足够的使用寿命是非常有价值的。

此外，测量可以对氦和蒸汽循环及电厂总体的能量平衡进行持续的控制。对于 THTR，这达到了很高的精确度，见表 6.24。对计算和测量进行的评估的结果令人满意。

表 6.24 THTR 电厂计算和测量的数据（氦循环，蒸汽循环，功率平衡）

参　　数	计算值	测量值	参　　数	计算值	测量值
热功率/MW	761.65	763.5	蒸汽压力/MPa	18.6	18.49
风机转速/min^{-1}	5369	5361	再热蒸汽温度/℃	535	532.3
氦气质量流量/(kg/s)	297	293.9	再热蒸汽压力/MPa	4.63	4.75
给水流量/(kg/s)	914.4	914.1	发电功率/MW	305.9	306
再热气质量流量/(kg/s)	890.4	856.3	电厂净发电功率/MW	295.5	295.6
热氦气温度/℃	750	750.5	热消耗(比值)/(kJ/kWh)	8966	8920
冷氦气温度/℃	247	245.9	净效率*/%	38.8	38.7
蒸汽温度/℃	545	544.3			

* 采用空气干冷塔。

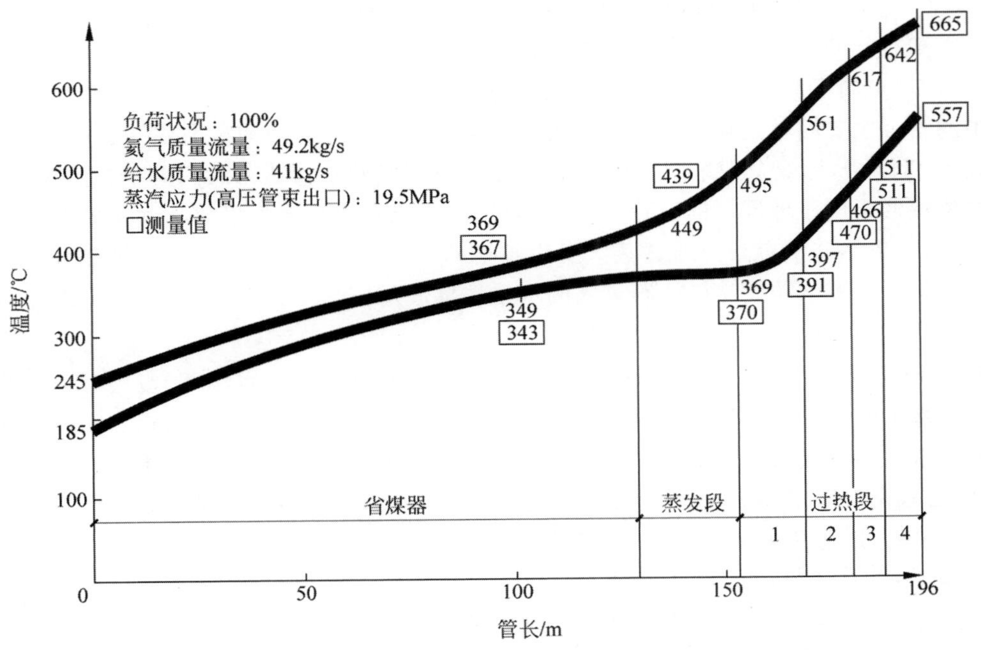

图 6.91 THTR 蒸汽发生器高压管束上的温度分布

无再热段的计算值和测量值：负荷：100%；氦气质量流量：49.2kg/s；给水：测量值

详细的计算机程序设计及其评估的可用性是进行详细计划工作、遵循申请许可证程序要求及给予强制性报价的先决条件。对氦循环中的设备进行广泛测量和监督的另一个重要的例子是氦风机的运行。例如，表 6.25 给出了该设备的测量和计算数据。估计值有利于实际应用，同时也表明所使用的设计规则和布局对于该技术的应用是合适的。

表 6.25 THTR 氦风机的数据(计算值与测量值的比较)

参　数	计算值	测量值	参　数	计算值	测量值
稳态功率/%	100	100	反应堆压力/MPa	3.8	3.82±0.07
氦气质量流量/(kg/s)	51.3	49.2±2	转速/$\min^{-1}$	5600	5375±38
入口温度/℃	250	246.5±6	调节挡板的位置	100%开度	94.6%开度
扬程/kPa	123	114±2	润滑油系统高于氦回路的压力/kPa	+350	+350±20

对氦风机动力学行为的分析是在 AVR 实验的基础上进行的。图 6.92 给出了典型瞬态过程的测量结果和计算结果。图中给出了与反应堆功率成正比的中子相对注量率随时间的变化情况。对结果进行的估计也是令人满意的，如图 6.92 所示。

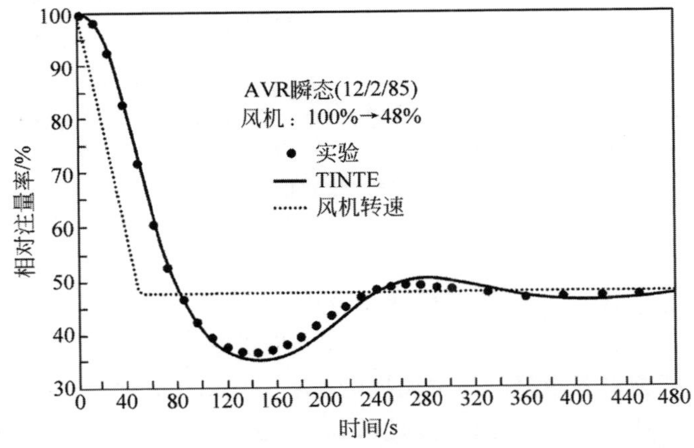

图 6.92 AVR 风机瞬态过程的测量结果和计算结果(100%→48%)

THTR 系统中蒸汽发生器的一个主要问题是蒸发过程的稳定性。也就是说，所有的蒸汽发生器均应该能稳定地运行直到很低的负荷，只有这样，才能有效地将其用于反应堆，即使是在向下流动蒸发的情况下也应如此。通常，应避免向下流动蒸发，以避免出现不稳定性。

氦循环中的一个主要问题是如何探测蒸汽发生器损坏时进入氦回路的液态或气态水。

在模块式 HTR 的设计概念中采用了反应堆压力壳和蒸汽发生器压力壳肩并肩的布置方式。整体上，蒸汽发生器的位置低于反应堆堆芯的位置。因此，即使在蒸汽发生器发生破管后大量水进入氦回路的情况下，进入堆芯中的水仍然非常有限。通过蒸汽发生器的布置，自然对流实际上也被抑制住。蒸汽发生器底部的自由空间体积足够容纳预期从二回路进入的水量。堆芯反应性的上升、压力的上升和石墨腐蚀速率均可通过选择这种合适的设计来加以限制(见第 10 章)。

无论如何，较高含量的 H_2O 杂质或 H_2/CO 应尽可能及早地在氦气中探测到。为此，采用了各种检测系统。湿度计是基于电容进行测量，可以检测到氦气中 $10\sim1000cm^3/m^3$ 的含水量。较小的氦气旁流量冷却到 50℃后通过湿度计进行测量分析，当水进入氦回路 10s 左右之后就可以被探测到。如果水的含量高于 $800cm^3/m^3$，即会触发反应堆保护系统，停堆棒下落终止链式反应。此外，氦风机和给水泵也随之停机。蒸汽发生器的阀门关闭，以避免更多的水进入蒸汽发生器压力壳内。

除了 $800cm^3/m^3$ 的水之外，少量的杂质也可以由红外传感器检测到，这些杂质主要是 CO 和 CO_2。电容的测量是根据进水之后电容的变化来实现的。电容量用下面的公式来表示：

$$C=\varepsilon_r \cdot \varepsilon_0 \cdot A/d \tag{6.100}$$

其中，ε_r 是相对介电常数(氦气的 $\varepsilon_r=1$，液态水的 $\varepsilon_r=81$，蒸汽的 $\varepsilon_r\approx1$)；ε_0 是绝对介电常数；A 是电容器的面积；d 是电容板的间距。图 6.93 给出了测量的原理布置。C_m 是含水氦气的电容，C_0 是干燥氦气的电容。

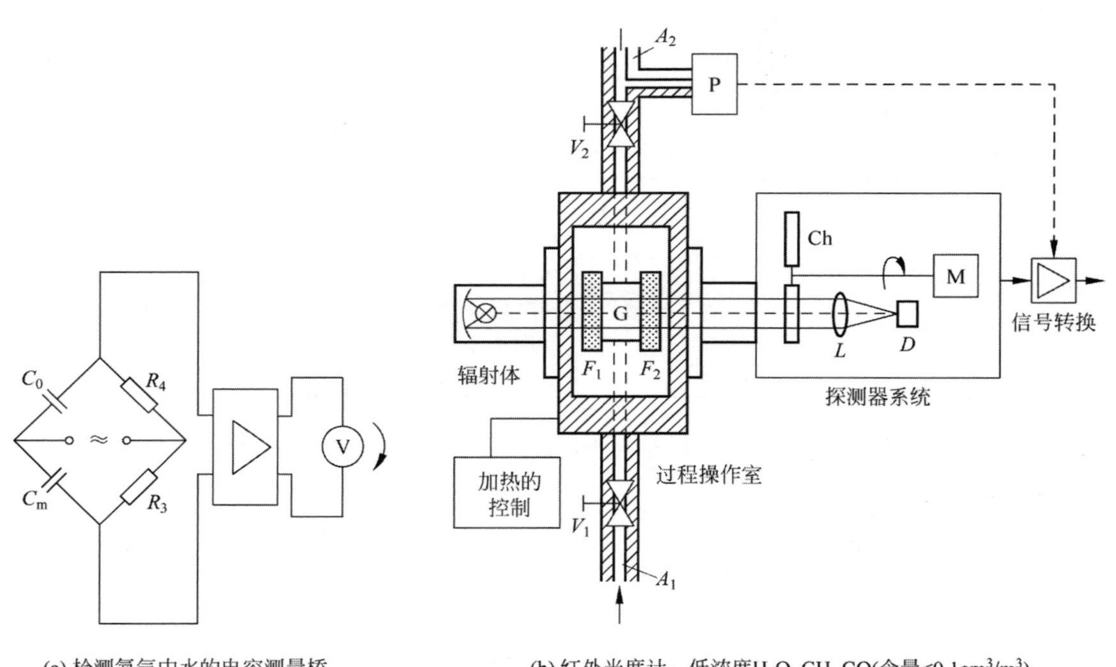

(a) 检测氦气中水的电容测量桥

(b) 红外光度计：低浓度H_2O, CH, CO(含量$<0.1cm^3/m^3$)；在高温、高压下应用

图 6.93 检测氦气中水的电容测量桥

电容比由下面的表达式给出：

$$C_m/C_0=\varepsilon_r(m)/\varepsilon_r(0) \tag{6.101}$$

如果电桥的电容量不同，施加交流电压后，则会出现对角线电压。

如果氦气中含有蒸汽，则首先要冷凝。如果温度低于露点，这也是有可能的。但是，若一部分蒸汽仍处于气态，则蒸汽的含量也会包括在测量值之内，因此，这样测量的结果会存在一些不确定因素。红外测量利用了在特定波长区域 λ 内(约 6×10^{-4}cm)被水吸收这一特性。

光源的强度按照通常的吸收定律降低：

$$I(x)=I(0)\cdot\exp(-a\cdot p\cdot x) \tag{6.102}$$

其中，$a\cdot p$ 表征了氦气中水的含量。额外需要说明的一点是，这种方法被认为是昂贵的。此外，进入一回路的大量水也可以通过氦气压力的上升来加以检测。

6.8 反应堆的保护系统

反应堆保护系统必须要能监测和处理反应堆的主要参数，以便记录运行和事故过程中的故障。该系统通过触发保护动作来保护电厂和环境。

有可能发生的事故包括下列几类：

- 反应性扰动；
- 一回路质量流量变化的事故；
- 一回路失压；
- 蒸汽发生器泄漏；
- 一回路因受外部的强烈冲击出现的故障。

表 6.26 给出了所处理的变量对应的测量位置、触发准则及测量范围。

为了区分正常运行期间的变化和事故期间的变化，使用一些过程参数的推导值来触发反应堆保护系统的动作。这种类型的典型信号是 $d\phi/dt$，dP_{He}/dt，dP_{steam}/dt。

如果一个或多个过程变量达到了设定值，则触发反应堆快速停堆。

表 6.26 反应堆保护系统（如 HTR-Module）

处理的变量	触发准则	测量位置	测量范围
中子注量率（平均值）	$\Phi_m \geqslant \Phi_{max}$	反应堆内舱室混凝土结构中管	$5\times10^2 cm^{-2}\cdot s^{-1}\sim5\times10^8 cm^{-2}\cdot s^{-1}$
中子注量率（功率运行）	$\Phi_{korr}\geqslant120\%$， $-\Phi_{korr}\geqslant20\%$	反应堆内舱室混凝土结构中管	$5\times10^6 cm^{-2}\cdot s^{-1}\sim5\times10^8 cm^{-2}\cdot s^{-1}$
气体热端温度	$T_{HG}\geqslant750℃$	蒸汽发生器管束入口前的热气室	0～850℃
气体冷端温度	$T_{CG}\geqslant280℃$	蒸汽发生器内冷气室	0～350℃
氦气质量流量	$\frac{\dot{m}_{He}}{\dot{m}_{He_0}}:\frac{\dot{m}_{SW}}{\dot{m}_{SW_0}}\geqslant1.3$	氦风机上	0～100kg/s
给水质量流量	$\frac{\dot{m}_{He}}{\dot{m}_{He_0}}:\frac{\dot{m}_{SW}}{\dot{m}_{SW_0}}\leqslant0.75$	蒸汽发生器管束之前	0～100kg/s
氦气压力	$-\Delta P_P\geqslant18kPa/min$	蒸汽发生器压力壳的冷气室	0～8MPa
蒸汽压力	$-\Delta P_{FD}\geqslant0.8MPa/min$	蒸汽发生器蒸发侧	5～23MPa
氦回路湿度	$F\geqslant800cm^3/m^3$	一回路氦风机的旁流	$100\sim1000cm^3/m^3$

参考文献

1. Zhang. Z., et al, Design aspects of the Chinese modular high-temperature gas-cooled reactor HTR-PM, Nuclear Engineering and Design, 236, 2006.
2. Special Issue: A technology roadmap for Generation IV, Nuclear Energy Systems, issued by the US-DOE Nuclear Energy Research, Advisory Committee and the Generation IV International Forum, Dec. 2002.
3. Poulter D., The design of gas-cooled graphite –moderated reactors, London Oxford University Press, 1963.
4. Schulten R. and Trauger D., Gas-cooled reactors, Trans. Am. Nucl. Soc., 24, 1976.
5. AVR experimental high-temperature reactor – 21 years of successful operation for a future energy technology, VDI-Verlag, 1990.
6. Melese G. and Katz R., Thermal and flow design of helium-cooled reactors, American Nuclear Society, La Grange, Illinois, USA, 1984.
7. Bedenig D., Gas-cooled high-temperature reactors, Verlag Karl Thiemig, München, 1972.
8. Kugeler K. and Schulten R., High-temperature reactor technology, Springer Verlag, Berlin, Heidelberg, New York, London, Paris, Tokyo, Hongkong.

9. Thermal insulations for gas-cooled reactors, in: Modern Power Station Practice: Nuclear Power Generation, Vol. 7, Pergamon Press, Oxford, New York, Seoul, Tokyo, 1992.
10. Nickel H., Schubert F., Schuster H., Evaluation of alloys for advanced high-temperature reactor systems, Nuclear Engineering and Design 78, 1984, Nickel H., Schubert F., Schuster H., Very high temperature design criteria for nuclear heat exchanger in advanced high temperature reactor, Nuclear Engineering and Design 94, 1986, Nickel H., Schubert F., Schuster H., Status and development of the German materials program for the HTGR, IAEA Meeting, Jülich, Oct. 1986, Kurasa Y., et al., Evaluation of long-term creep properties of hastelloy XR in simulated high-temperature gas-cooled reactor helium, 3rd JAERI Symp. Oarai 1996 (Proc. JAERI-Conf. 96-010, 1996).
11. Siemens/Interatom, Chapter: hot gas duct, in: Sicherheitsbericht zur Modul HTR-Anlage, 1985.
12. Bröckerhoff P., Test insulations for the hot gas ducts of the HHT plant, JŰL-1334, 1976.
13. Bröckerhoff P. and Scholz F., Insulation behavior of dense fiber insulation systems at high-temperatures and pressures, Verfahrren-stechnik, 11, Nr. 4, 1977.
14. HTR components, Status of development in the field of components which duct hot gases and transfer heat, Schriftenreihe "Energiepolitik in Nordrhein-Westfalen", Bd. 16-1, 16-2, 1984.
15. Noack G. and Weisskopf H., The high-temperature helium experimental facility (HHV): concept and description of plant, JŰL-1403, 1977.
16. Bröckerhoff P., Insulation systems for the hot gas ducts of high-temperature reactors and their behavior at high pressures and temperatures, Journal of Non-Equilibrium Thermodynamics, Vol. 3, 1978.
17. Furber B. N. and Sheppard M. A., Liner insulation for gas-cooled reactors – 21 years of development, Proceedings of the Conference "Gas-Cooled Reactors Today", Vol. 1, British Nuclear Energy Society (BNES), 1982.
18. Hishida M., Tanaka I., Shimomura H. and Sanokawa K., Construction and performance test of helium engineering demonstration loop (HEN-DEL)for VHTR, Specialists Meeting on Heat Exchanging Components of Gas-Cooled Reactors, International Atomic Energy Agency, IEGGCR-9, paper No. 29, 1984.
19. Stehle H. and Klas E., Status of the development of hot gas duct for HTRs, Specialists Meeting on Heat Exchanging Components of Gas-Cooled Reactors, International Atomic Energy Agency, IEGGCR-9, paper No. 25, 1984.
20. Klas E. and Bröckerhoff P., Experimental analysis on fibre insulation for the primary duct of an HTR plant, Jahrestagung Kerntechnik, 1984.
21. Jansing W. and Teubner H., The high-temperature experimental facility KVK – Experience from 20000 hours of operation, Jahrstagung Kerntechnik, Germany, 1990.
22. Bröckerhoff P., Research on thermal insulation for hot gas ducts, Specialists Meeting on Heat Exchanging Components of Gas-Cooled Reactors, International Atomic Energy Agency, IEGGCR-9, paper No. 27, 1984.
23. Bröckerhoff P., Singh J., Schmitt H., Knaul J., Hiltgen H. and Stausebach D., Status of design and testing of hot gas ducts, Nuclear engineering and Design, No. 78, 1984.
24. Weisbrodt I. A., Summary report on technical experiences from high-temperature helium turbo machinery testing in Germany, IAEA, TEC DOC 899, 1996.
25. Dumm K., Klas E. and Stausebach D., Development of hot gas ducts for high-temperature reactors in the temperature region till 950 °C, 3R International, 24. Jg., Heft 9, 1985.
26. Bröckerhoff P., Hot gas insulations, JŰL-3911, Oct. 2001.
27. Huang Z. Y. et al, Design and experiment of hot gas duct for HTR-10, Nuclear Engineering and Design, 218, 2002.
28. Schöning J., On the questions of material pairing under the specific conditions of high-temperature reactors, Diss. RWTH Aachen, March 1981.
29. Quade R. N., Hunt P. S. and Schützendübel W. G., The design of the Fort St. Vrain steam generators, Nuclear Engineering and Design, 26, 1974.
30. Rosenbaum W., The steam generators for the nuclear power plant Schmelhausen THTR 300 MWel, EVT Register, 27, 1974.
31. Bachmann U., Steam generators for high-temperature reactors – effects of design on the systems, Technische Rundschau Sulzer, Sonderheft Nuclex, 1975.
32. Gilli P. V., Edler A., Halozan H. and Schaub P., Aspects of heat transfer, pressure drop and flow stability in thermal high stressed steam generator tubes, VGB Kraftwerkstechnik, 55, Nr. 9, 1975.
33. Fricker H. W., Design and manufacturing experience for German Thorium high-temperature reactor 300 MWel steam generator, Nuclear Technology, Vol. 28, March 1976.
34. Burgsmüller P., Fabrication experiments for large helix heat exchangers, Sulzer Technical Review, Nuclex 1978.
35. Carosella D. P., Steam generator thermal performance model verification by use of Fort St. Vrain nuclear generation station test data, The American Society of Mechanical Engineers, 1979.
36. Burgsmüller P. and Sarlos G., Steam generators and heat exchangers for gas-cooled reactors, Meeting of the IAEA, Minsk, 1981.
37. NN. Siemens/Interatom, Concept of steam generator of HTR-Modul, Sicherheitsbericht des HTR Modul, Nov. 1981.
38. Mondry M. and Singh J., Thermodynamic analysis for the AVR steam generator at part load, KFA-Report, Aug. 1984.
39. Rizhu L. and Huaiming J., Structural design and two phase flow stability test for the steam generator of HTR-10, Nuclear Engineering and Design, 218, 2002.
40. Special issue, Project information of the THTR project, HRB, till 1987.
41. Schmitz P., Design possibilities of helium heated steam generators for high-temperature reactors, Diss. RWTH Aachen, Jülich-1785, May 1982.
42. Ziermann, Ivens G., Chapter: Steam generator and valves of steam generator, in: Final Report on the Power Operation of the AVR Experimental Nuclear Power Plant, JŰL-3448, Oct. 1997.
43. Esch M., Knoche D., Hurtato A. and Tietsch W., Layout of helium-steam generators for high-temperature reactors for the production of process steam for industrial steam processes, Jahrestagung Kerntechnik (Germany), 2010.
44. IAEA, Objectives for the development of advanced nuclear plants, IAEA-TECDOC-682, Jan. 1993.
45. Jansing W., Teubner H., The high-temperature reactor helium test facility KVK: experiences from 20000 hours of operation, Chemic Ingenieur Technik, 50, No. 11, 1990.
46. Breitling H., Jansing W., Candeli R., Teubner H., KVK and status of the high-temperature component development, IAEA-TECDOC-436, Conference of Gas-Cooled Reactors and Their Applications Jülich, Oct. 1986.
47. Yampolsky J. S., Circulators for helium-cooled reactors, Nuclear Engineering International, Dec. 1971.
48. Cramer H et al., Components of the THTR 300 heat transfer system, Proceedings on Component Design in High-Temperature Reactor using Helium as Coolant, Institute of Mechanical Engineers, June 1972.
49. Xu Yuanhui, Qin Zhenya, Wu Zongxin, Design of the 10MW high-temperature reactor, ICEA, TCM, Petten, 1994.
50. Olson H. G., Brey H. L. and Swart F. E., Fort St. Vrain high-temperature gas-cooled reactor, Nuclear Engineering and Design, 72, 1982.
51. NN, Special issue on helium circulator, Project information on the 300MWel THTR Nuclear Power Plant in Hamm Uentrop, HRB, Mannheim, 1975 till 1987.
52. Habermann H. and Brunet M., The active magnetic bearing enables optimum dumping of flexible rotor, ASME paper No. 84-GT-117, 1984.
53. Fraser W. M., A review of submerged gas circulators as applied to advanced gas-cooled reactors, Nuclear Energy, Oct. 1985.
54. Kosmowski I., Schramm G. and Sörgel G., Turbomachines, VEB Verlag Technik, Berlin, 1987.
55. Zierman E., Ivens G., Experiences with AVR helium circulator, in: Final report on the power operation of the AVR nuclear power plant, JŰL-3448, Oct. 1997.
56. Zhou H. Z. and Wang J., Helium circulator design and testing (HTR-10), Nuclear Engineering and Design, 218, 2002.
57. Gronek M., Rottenbach T. and Worlitz F., A contribution on the investigation of the dynamic behavior of rotating shafts with a hybrid magnetic bearing concept (HMBC) for blow application, Proceeding of the 4th Topical Meeting on High-Temperature Reactor Technology, HTR-2008, Washington, 2008.

58. Rossouw M. A., Development of a blower for the PBMR environment – reliable, versatile and maintenance-free, Proceedings of the 3rd International Topical Meeting on High-Temperature Reactor Technology (HTR-2006), Johannesburg, South Africa, Oct. 2006.
59. Yujie Dong, Fubing Chen, Zuoyi Zhang, Shouying Hu, Lei Shi et al., Simulation and analysis of helium circulator trip at ATWS test at full power on the HTR-10, Proceeding of the 4th Topical Meeting on High-Temperature Reactor Technology, HTR-2008, Washington 2008.
60. Tauveron N., Simulation of performance of centrifugal circulators with vaneless diffuser for GCR applications, Proceeding of the 4th Topical Meeting on High-Temperature Reactor Technology, HTR-2008, Washington, 2008.
61. Molecular sieve, Grace Information MS, 1971.
62. Schulenburg M., Design of the gas purification plant of the process heat reactor PR 500, KFA Report, 1972.
63. Engelhard J., Krüger K., Gottaut H., Investigation of the impurities and fusion products in the AVR coolant gas at an average hot gas temperature of 950 °C, Nuclear Engineering and Design, 34, 1975.
64. The gas circuit of THTR-300, Projektinformation 12 des THTH 300MW-Kraftwerks, Sept. 1978.
65. Reif M., Helium impurities in PNP primary circuit, Paper of the PNP Project, 1980.
66. Noack I., Weiskopf H., The HHV plant design and description, JŰL-1403, Mar. 1977.
67. Noack G., Weiskopf H., Gas purification of HHV plant, in: The HHV Helium Experimental Facility (HHV) – Design and Description of the Plant, JŰL-1403, Mar. 1977.
68. Ziermann E. and Ivens G., Experience with the gas purification in AVR, in: Final Report on the AVR nuclear power plant, JŰL-3448, Oct. 1997.
69. You M. S. et al., The helium purification system of HTR-10, Nuclear Engineering and Design, 218, 2002.
70. Auxiliary system, in: Modern Power Station Practice, Nuclear Power Generation, Vol. 7, Pergamon Press, Oxford, New York, Seoul, Tokyo, 1992.
71. Smidt D., Reactor safety, Springer Verlag, Berlin, Heidelberg, New York, 1979.
72. Rysy W., Pressurized water reactor power plants: safety technology of design, Siemens AG, Unternehmensbereich KWU, 1987.
73. Wachholz W., The decay heat removal concept of the THTR 300 MWel – nuclear power plant Uentrop, Reaktortagung, Germany, 1974.
74. Knüfer H., Shutdown process in the AVR high-temperature reactor, Brennstoff-Wärme-Kraft, 26, 1974.
75. Weicht U., Communication HRB, 1987.
76. Bäumer R., Kalinowski I., THTR – commissioning and operating experience, 11. International Conference on the HTGR, Dimitrovgrad, June 1985.
77. INET, Technical description of HTR-PM project, July 2007.
78. Simon M., Circulators for gas-cooled reactors, Kerntechnik, 11. Jahrg., 1969.
79. Davis P. E., Krase J. M., Nuclear components of Fort St. Vrain, Nuclear Engineering International, Dec. 1969.
80. Houert E. and Knüfer H., Aspects of planning, fabrication and operation of circulators for steam generators, VGB-Fachtagung Dampfkessel und Dampfkesselbetrieb, Germany, 1970.
81. Weisbrodt I., Steinwarz W. and Klein W., Status of the HTR-Module Plant Design, International Atomic Energy Agency, Jülich, 1986.
82. Singh J., Analysis of the thermodynamic transients in the core of a high-temperature reactor, JŰL-937-RG, 1973.
83. Rehm W., Temperature transients in a pebble-bed high-temperature reactor in case of extremely disturbed decay heat removal, Brennstoff-Wärme-Kraft, 33, Nr. 7/8, 1981.
84. Wachholz W., Safety concept of future nuclear power plants HTR 500 and HTR 100, Atomkernenergie-Kerntechnik, Vol. 47, No. 3, 1985.
85. Verfondern K. and Petersen K., Analysis of the temperature and flow fields for the core region of THTR-300 in the 5 hour case, KFA Report, 1977.
86. IAEA, Decay heat removal and heat transfer under normal and accident conditions in gas-cooled reactors, IAEA-TECDOC-757, Aug. 1994.
87. IAEA, Heat transport and after heat removal for gas-cooled reactors under accident conditions: result of simulation of the HTTR-RCCS mockup with the THANPA CSTZ code, IAEA-TECDOC-1163, Jan. 2001.
88. NN, Special issue, Interatom, KVK high-temperature helium test facility, Bensberg, 1983.
89. Jansing W. and Teubner H., The high-temperature helium test facility KVK – experiences from 20000 hours of experimental test operation, Jahrestagung Kerntechnik, 1990.
90. Jansing W., Breitling H., Candeli R. and Teubner H., KVK and status of the high-temperature components development, Technical Committee Meeting on Gas-Cooled Reactors and Their Applications, Jülich, 1986.
91. Bäumer R., THTR 300 – experiences with a progressive technology, Atomwirtschaft, May 1989.

反应堆安全壳构筑物

摘　要：对安全壳阻留放射性物质和防御外部事件的主要要求进行了说明，并对LWR和模块式HTR安全壳构筑物之间的差别进行了讨论。LWR需要一个更加密封的安全壳，因为大量的放射性物质在事故期间会释放到这个空间内。而对于模块式HTR，释放率很低。

对目前已应用于各种HTR的安全壳技术进行了说明和评价，特别是对具有大功率和在极端严重事故情况下从一回路系统释放出大量放射性元素的HTR电厂的安全壳进行了说明。对于模块式HTR，防御外部事件和在失压事故之后限制空气的进入更为重要。这一要求可以通过一个密封的内混凝土腔室、失压之后能自动隔离的设置实现。对目前在核电站中已采用的各种过滤技术进行了说明。进一步指出了未来核电厂应对严重事故可能的设计改进。有可能对被放射性元素污染的气体进行取样并储存一段时间，以利用储存的时间使一些物质衰变，如碘。此外，在地下设置厂址可以提高对外部事件的防御能力。所有的改进都需要在经济和环境方面进行优化。

关键词：安全壳；内部和外部事件的影响；屏障功能；HTR安全壳构筑物；安全壳内部腔室；自动隔离；过滤系统；地下厂址

7.1　一般性说明和要求

对于目前已采用的核技术，反应堆安全壳具有两个功能：

(1) 在发生放射性从一回路释放的事故情况下，将裂变产物阻留在安全壳构筑物内；

(2) 防御外部事件对反应堆系统的影响，如飞机撞击、气云的爆炸及恐怖袭击。

对于大型PWR(图7.1)，第一个功能非常重要。如果发生一回路冷却剂管道破管，则必须将大量的放射性元素阻留在安全壳内。因此，需要设置一个密封的安全壳，很多电厂都采用钢壳作为安全壳。在过去的几十年中，外部事件造成的影响问题更为重要，因此在外部增加了一个混凝土壳。在之前建造的Convoy电厂(德国的大型PWR)中加装了一个2m厚的混凝土壳。下一代欧洲压水堆则采用了双层混凝土壳，在极端事故情况下具有更高的密封性。此外，还装配了一个堆芯捕集器系统，以便在发生堆熔事故之后对熔融的堆芯进行采样并对堆芯熔融物进行冷却。

如图7.2所示，安全壳对于LWR在事故情况下作为防止放射性释放的屏障显示出了重要性。图7.2中也将模块式HTR引入，一并进行比较。由于在LWR发生堆熔事故时，燃料元件和一回路边界的屏障被破坏，因此作为最后一道屏障的安全壳的密封性是必要的。

一般来说，安全壳构筑物承受的载荷可以分为内部和外部两类。此外，从功能上也可以分为如下两大类(图7.3)。

- 设计基准事故(DBAs)；
- 超设计基准事故(BDBAs)。

此外，对于假想事故含义上的极端假想事故(extreme assumed accidents)问题，世界上一些国家一直在讨论其公众可接受性。例如，大型飞机的恐怖袭击事件就属于这一类事故。

目前，世界上许多国家(如德国)正在考虑的是所能承受的外部事件：如反应堆安全壳必须能承受大气的气云爆炸($\Delta\approx45$kPa)、地震(最大加速度$<0.3g$)及飞机的撞击(幻影式战机)。对于飞机撞击事故，假定发生

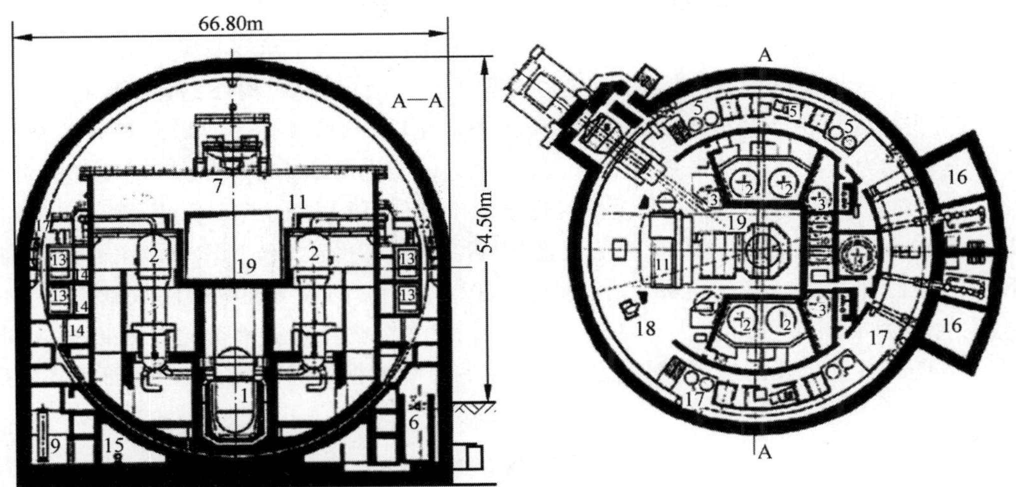

图 7.1　大型 PWR 安全壳的构造(如德国 Convoy 电厂,电功率为 1300MW)

1—反应堆；2—蒸汽发生器；3—冷却剂主泵；4—稳压器；5—高压水箱；6—换料水箱；7—环吊；8—设备舱；9—余热热交换器；10—控制和仪表间；11—换料机械；12—封头支架；13—空气再循环系统；14—环形走廊；15—核余热交换器和冷却池；16—主蒸汽和给水控制及仪表间；17—核部件冷却回路稳压水箱；18—升降机；19—堆顶平台

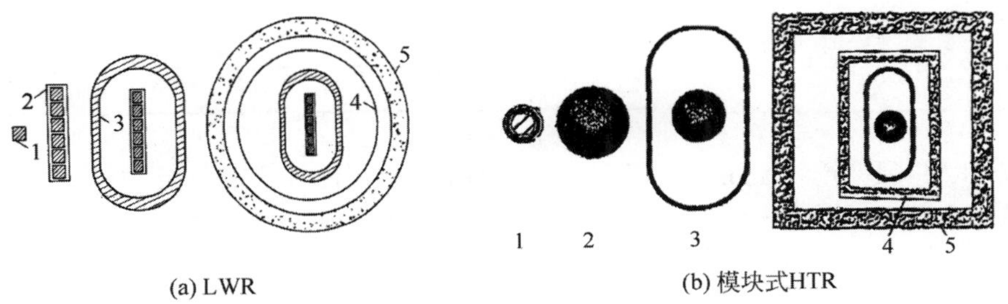

图 7.2　大型 LWR 和模块式 HTR 作为屏障阻留放射性释放的原理

(a) 1—UO_2 芯块；2—锆合金包壳；3—一回路边界；4—安全壳的钢壳；5—安全壳的混凝土壳；(b) 1—包覆颗粒；2—燃料元件基体；3—一回路边界；4—带有过滤器的混凝土内腔室；5—安全壳构筑物的外部混凝土结构

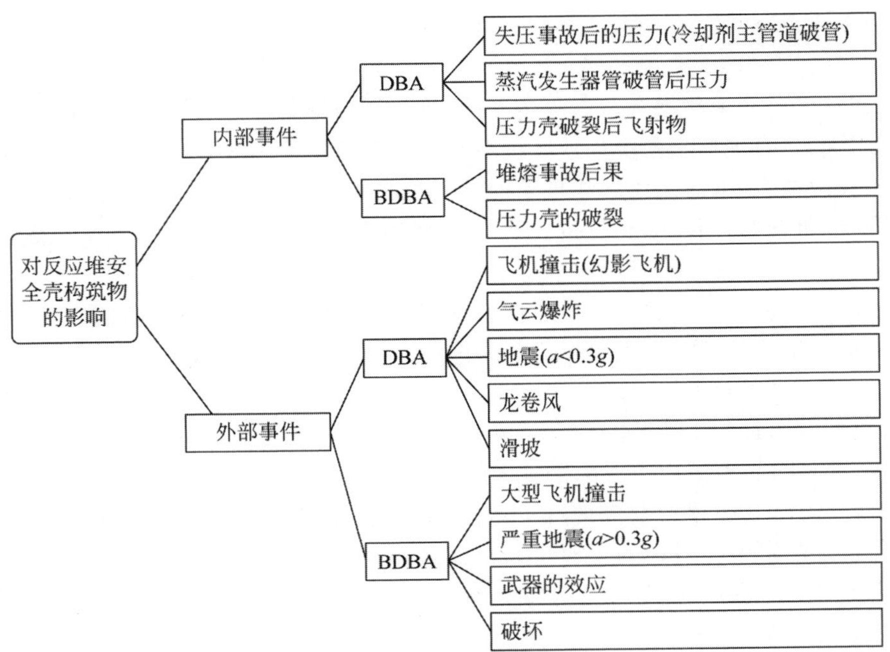

图 7.3　与反应堆安全壳相关的事故(大型 LWR 电厂)

在 215m/s 的速度下。这个假设连同涉及的战机的重量和可能的飞射物(涡轮轴)至少需要 1.5～2m 厚的混凝土壁和 3～4cm 厚的钢壳才有可能防御,具体分析详见第 10 章。为了承受这些荷载,反应堆安全建筑物周围约 2m 厚的混凝土壁是足够的,并且要求即使在发生严重事故后,这一构件也必须保持完整性。

如果以更大型飞机的撞击作为要承受的负载,那么未来在设计时,就必须要做出更大的努力。例如,像 B 747 或 A 380 这样的大型飞机会带来更大的载荷,而且有可能携带更多的煤油。如果在未来发生这样的飞机撞击事件,那么对事故后情况的处理在设计时也要给出其他可行方案(详见第 10 章)。

在 LWR 申请许可证过程中,对内部事件的假设是将冷却剂主管道的破管作为最大的事故初因。目前,若大型 LWR 中一根冷却剂主管道双端断裂,预计将有 10^7～10^8Ci 的放射性物质释放到安全壳内。在严重事故下,例如,发生堆熔,这个量可能更大。如表 7.1 所示,裂变产物存量的百分之几可以释放到安全壳中,这是因为假设 LWR 有百分之几的燃料元件包壳会因为事故而被损坏。因此,必须保证 LWR 最终一道屏障的完整性和密封性。

表 7.1　大型 PWR 电厂的事故

(a) 堆芯内重要裂变产物的存量

(PWR,电功率为 1300MW; 1Ci=3.7×10^{10}Bq)

同位素	存量/Bq
Kr85	4.1×10^{16}
I131	3.8×10^{18}
Cs137	4.13×10^{17}
Sr90	3.12×10^{17}

(b) 德国申请许可证过程中对大型 PWR 事故的假设(冷却剂主管道的破管;放射性释放进入安全壳(DBA))

同位素	直接释放到安全壳内	通过冲洗过程释放到安全壳内
惰性气体	10%	10%
卤素元素	0.1%	5%
碱金属	0.1%	5%
其他固体材料	10^{-3}	0.5%

在模块式 HTR 中,裂变产物阻留的情况则完全不同,因为在设计合理的反应堆中,无论发生任何与其相关的情况,作为第一道屏障的大约 4×10^9 个包覆颗粒仍然能够保持其完整性。

7.2　LWR 和 HTR 安全壳或安全壳构筑物

目前对于大型 LWR,需要考虑的内部事件包括:一回路冷却剂管道破管之后由于形成蒸汽,安全壳内压力上升,之后,通过冷凝过程、喷淋系统或者降压系统的泄压作用,经过一段时间之后压力开始下降,这一过程形成了对这道屏障的保护。图 7.4 显示了这个典型 DBA 中一回路系统和安全壳内压力随时间的变化情况。

目前,很多大型轻水反应堆均设有一个降压系统,可将压力降到 6～8bar。通过采取这一措施可以达到防止安全壳爆裂的目的。有关这一系统的一些细节将在 7.5 节中给出解释。

在目前建造的反应堆中,堆芯发生熔化现象的可能性很小,但一旦发生,后果则异常严重。在某些非常不可能的情况下,由于所谓的"高压通道",安全壳很快就遭受破坏。另外,由于发生氢爆,也会导致安全壳失效。

在第 1 阶段蒸汽与燃料元件锆包壳的放热反应过程中会形成氢,或在第 2 阶段中蒸汽与堆熔材料如热态堆熔混合物中的铬或铁的相互作用也会形成氢。图 7.5 给出了氢的预期形成过程,它被设计成可从安全壳中取样。

常温下,若安全壳内含有 4%～73%的氢,就可能发生爆炸。当安全壳内含有 13%～59%的氢时甚至可能发生超高压爆炸。因此,必须给出应对的措施(详见 7.5 节)。

此外,在全球范围内已对各种新设备进行了研发,如堆芯捕集器。目前,在任何情况下,改进的安全壳都被认为是反应堆系统中阻留放射性的重要屏障。具体地,第一道屏障包括了包壳的燃料元件,第二道屏障是一回路压力边界,第三道屏障便是安全壳。然而,第三道屏障有可能受到前面两道屏障失效的影响,前面已给出 LWR 中发生的相关安全壳失效情况的说明。

在模块化 HTR 电厂中,阻留裂变产物的概念与大型 LWR 完全不同。在模块化 HTR 电厂中,发生严重事故后,放射性仍阻留在第一道屏障内,也就是说,还弥散在石墨基体中的包覆颗粒燃料内,只要燃料的

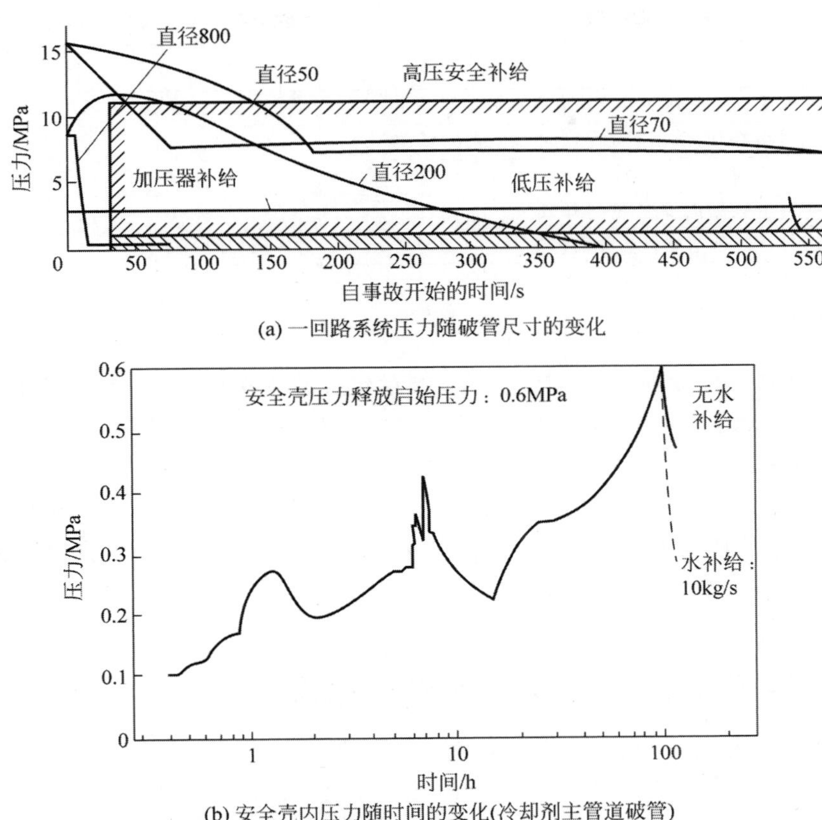

(a) 一回路系统压力随破管尺寸的变化

(b) 安全壳内压力随时间的变化(冷却剂主管道破管)

图 7.4　一回路破管后压力随时间的变化(如 PWR,电功率为 1300MW,德国的设计概念)

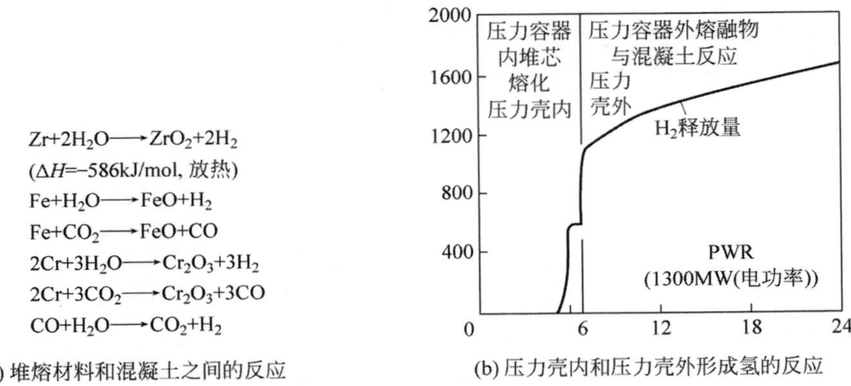

(a) 堆熔材料和混凝土之间的反应

(b) 压力壳内和压力壳外形成氢的反应

图 7.5　大型 LWR 堆熔事故过程中氢的形成

最高温度能够限制。目前,认为发生严重事故情况下最高温度上限设定为 1600℃是合适的(详见第 10 章)。于是,在这些条件下,释放到一回路中的源项就非常小了。

第二道屏障是一回路压力边界,在模块式 HTR 中,不可能由于第一道屏障损坏而导致第二道屏障也受损。而在 LWR 中,这种损坏确实是可以发生的:如果发生堆熔,那么熔融材料就有可能在短时间内融穿反应堆压力壳。从上述比较中可以看出,在一个设计良好的模块式 HTR 中,第一道屏障和第二道屏障的相对独立性是反应堆安全的基本原则。

模块式 HTR 反应堆安全壳构筑物的功能就是必须要保护反应堆不受强烈的外部事件的影响。目前,要求这个安全壳构筑物的壁厚设计成约 2m,这个厚度可以防御前面讨论过的假设的像幻影式军用飞机的撞击。这一要求在新的 LWR 电厂中已经实施,模块式 HTR 也遵循了这一原则。但问题是,HTR 的反应堆安全壳构筑物厂房是否应该保持密封,这一点取决于发生严重事故时对裂变产物阻留程度的设计要求。例如,表 7.2 给出了不同反应堆系统中同位素 Cs137($T_{1/2}$=30 年)在发生一回路大破口事故后向环境释放的情况的比较,同位素 Cs137 是严重事故后可能对土壤造成长期污染的最重要的同位素。

表 7.2 一回路大破口事故后 Ce137 向环境的释放：大型 LWR 和模块式 HTR 的比较

电　厂	简　介	活　度	注　解
LWR	大型 PWR(1300MW(电功率))放射性存量	1.1×10^7Ci	
	一回路冷却剂管道断管和向安全壳的释放	5.5×10^5Ci	5%释放
	过滤后向环境的释放	5.5×10^3Ci	99%过滤效率
	堆熔事故和向安全壳的释放	$10^5\sim10^7$Ci	如果早期沾污损伤出现
HTR-Module	200MW(热功率)电厂存量	约 5×10^5Ci	
	无过滤时向环境的释放(65mm 断管)	约 50Ci	10^{-4} 释放和粉尘
	过滤时向环境的释放＋储存(65mm 断管)	<1Ci	99%过滤效率

原则上，在大型 LWR 电厂发生事故的情况下，大量的铯及其他放射性同位素有可能或者会造成长时间的大面积污染。切尔诺贝利事故(1986 年)和福岛事故(2011 年)就属于这种情况。

有效的过滤系统或改进的安全壳概念可以减少放射性物质的释放量。对于模块式 HTR，铯释放到环境的量可以降低到相当低的程度，如果再加上一个高效的过滤器，并在反应堆安全壳构筑物内混凝土腔室旁加上储存系统，那么，释放到环境中的放射性物质大约为 1Ci，这对电厂外的土地完全不会造成不可允许的污染。

7.3 HTR 反应堆安全壳构筑物设计概念概况

在对模块式 HTR 进行的安全分析中，当考虑到一旦空气进入一回路系统如何进行设计时，反应堆构筑物就起着重要的作用。正如后面第 10 章将要说明的，限制空气可能进入一回路系统的量及防止对石墨结构造成腐蚀，这两点非常重要。如果混凝土内腔室建造得十分严密，在发生失压事故后就可以限制进入的空气量，使其变得相当小。一个冗余的封闭系统可以保证混凝土内舱室对空气进入的限制，同时也可能会限制对石墨的腐蚀程度(详见 7.4 节)。

原则上，在 HTR 中已经实现了或者建议采用各种不同的反应堆安全壳或安全壳构筑物的概念。图 7.6 给出了 HTR 电厂反应堆安全壳或安全壳构筑物概念，并列举了示例。其中，密封性是反应堆安全壳最为主要的方面。

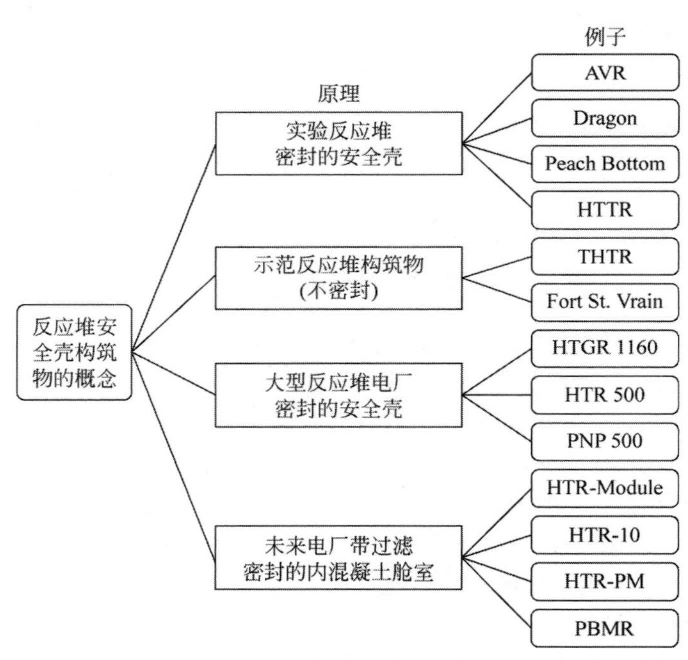

图 7.6 HTR 电厂反应堆安全壳或安全壳构筑物概念

已经建造的各种 HTR 电厂采用了各种不同的构筑物或者安全壳来包容反应堆一回路系统，截至目前，已确认有四代 HTR 反应堆的设计概念，见表 7.3。

表 7.3　HTR 电厂反应堆构筑物和安全壳

发展阶段	电厂	特点	密封性	预防外部事件	附加注释
实验反应堆	AVR	钢制反应堆压力壳，(双层)钢制安全壳	是	1m 混凝土	46MW，德国
	Dragon	钢制反应堆压力壳，钢制安全壳	是	1m 混凝土	20MW，英国
	Peach Bottom	钢制反应堆压力壳，RPV 钢制安全壳	是	1m 混凝土	110MW，美国
示范反应堆	THTR 300	PCRV	否	由 PCRV 提供	750MW，德国
	Fort St. Vrain	PCRV 反应堆舱室	否	由 PCRV 提供	870MW，美国
第一代商用	HTGR 1160	PCRV 混凝土安全壳	是	2m 混凝土+PCRV	3000MW，美国
	HTR 500	PCRV 混凝土安全壳	是	2m 混凝土+PCRV	1250MW，德国
模块式 HTR 系统	HTR-Module	钢制反应堆压力壳，混凝土构筑物	否	2m 混凝土+内腔室	200MW，德国
	HTTR	钢制反应堆压力壳，混凝土构筑物	否	2m 混凝土+内腔室	30MW，日本
	HTR 10	钢制反应堆压力壳，混凝土构筑物	否	2m 混凝土+内腔室	10MW，中国
未来电厂	PBMR	钢制反应堆压力壳，混凝土构筑物+过滤器	部分(内舱室)	2m 混凝土+内腔室	200MW，南非
	HTR-PM	钢制反应堆压力壳，混凝土构筑物	部分(内舱室)	2m 混凝土+内腔室	250MW，中国

HTR 反应堆的发展历程起始于实验反应堆 AVR、龙堆和桃花谷堆。这些实验型的反应堆将一回路设置在钢制压力壳内，并确定采用密封型反应堆安全壳来建造这些第一代反应堆，如图 7.7 和图 7.8 所示。

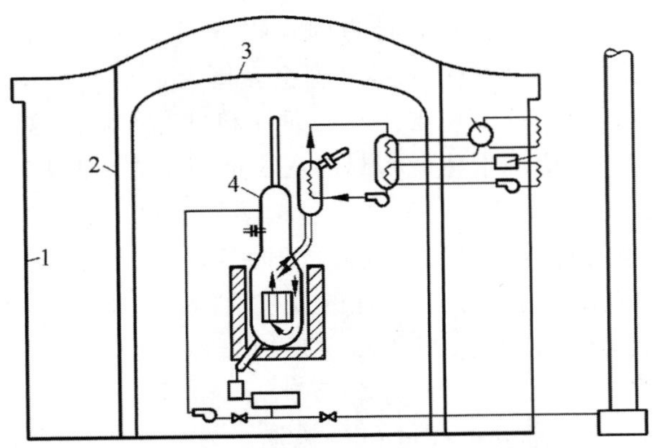

图 7.7　HTR 实验反应堆安全壳的设计概念：龙堆

1—外部混凝土壳；2—内部混凝土壳；3—钢制安全壳；4—反应堆压力壳

模块式 HTR 内有如下几个包含放射性物质或者受污染氦气的系统布置在反应堆安全壳构筑物的内部：

- 燃料装卸系统的设备；
- 氦净化系统；
- 乏燃料元件储存系统(短时间储存)；
- 氦供应辅助系统；
- 氦储存；
- 乏燃料元件运输系统；
- 空调系统；
- 运行期间产生的放射性废物的处置设施。

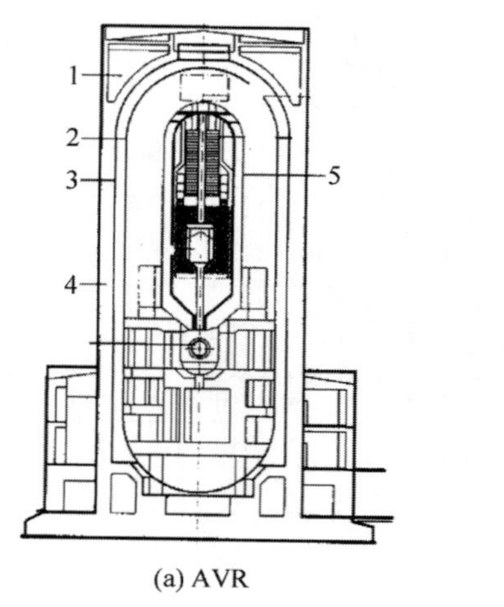

(a) AVR

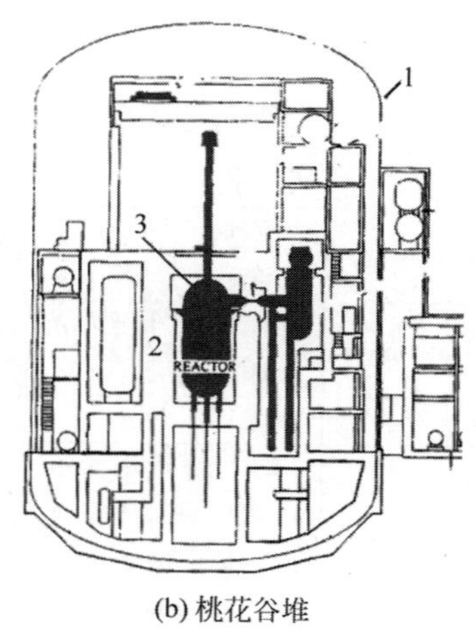

(b) 桃花谷堆

图 7.8 HTR 实验反应堆安全壳设计概念

(a) 1—顶部冷却水箱；2—外部反应堆压力壳；3—生物屏蔽；4—反应堆构筑物；5—内部反应堆压力壳；
(b) 1—安全壳；2—内混凝土结构；3—反应堆压力壳

7.4 目前 HTR 反应堆安全壳构筑物概况

在对模块式 HTR 进行安全分析的过程中，安全壳对于预防空气进入一回路系统起着非常重要的作用。后面章节(第 10 章)将进行的介绍和分析表明，安全壳在对可能进入一回路系统及对石墨结构造成腐蚀的空气量进行限制方面起着非常重要的作用。如果由混凝土构成的内舱室在失压事故之后仍然能够保持密封，那么进入的空气量将被限制在更小的数值范围内。多样化的隔离系统可以保证对进入内混凝土舱室的空气量的限制，因此也就有可能限制空气对石墨的腐蚀程度(详见 7.4 节)。

目前已经建造的各种 HTR 电厂设置了不同的构筑物或者安全壳，将反应堆一回路系统包容在内。表 7.3 给出了针对 HTR 不同发展阶段所采用的各种安全壳概念。

HTR 反应堆的发展历程起始于实验反应堆 AVR、龙堆和桃花谷堆。这些实验型的反应堆采用钢制安全壳将一回路系统包容在内，并在反应堆中建造密封的反应堆安全壳，如图 7.7 和图 7.8 所示。

在高温气冷堆发展的早期(至 1960 年)，尚未采用包覆颗粒燃料。因此，设计者假设氦回路内的污染程度是非常高的，如果发生事故，就有可能释放出大量的放射性物质。例如，对于 AVR，当时预计在氦回路内可能大约有 10^6Ci 的放射性，而在采用了具有非常强的致密性的包覆颗粒之后，放射性仅有 50Ci 的量级。

由于预计有很高的放射性污染，AVR 采用了双层反应堆压力壳，所有的贯穿件均采用双层套管。因此，在设计上显得较为复杂。图 7.9 给出了一些方案示例。

图 7.7 给出了龙堆中采用的反应堆安全壳的设计概念。该安全壳由一个内部钢壳和两层混凝土壳构成，一个是内壳，另一个是外壳。在内层壁厚的混凝土结构内又设置了反应堆安全壳。

美国桃花谷反应堆(图 7.8(b))装备了一个常规的安全壳，包括一个内部密封的钢壳和一个相对壁厚较薄的外部混凝土结构。由于当时没有抵御飞机撞击的安全要求，因此也就没有必要设置较厚的混凝土结构。

两座原型堆——THTR 300 和圣·弗伦堡堆，是作为 HTR 发展的第 2 阶段建造的。它们采用了将一回路集成到一个大型预应力混凝土反应堆压力壳中的设计概念。这种压力壳被认为具有预防爆破的安全性，其设计原则建立在 AGR 电厂成功运行经验的基础上。由于提出了将一回路压力边界作为第 2 道安全屏蔽这一新的设计概念，于是决定放弃对于安全壳密封性的要求。反应堆设置在混凝土舱室内，并通过一些附加的保护结构共同防御外部事件的破坏。由于反应堆构筑物的特殊设计概念，构筑物和包容有放射性物质的房间在结构上相对复杂。

图 7.10 给出了一个 THTR 压力壳周围房间布局的概况。这对申请许可证和建造过程提出了很多附加要求。实际上，即使是从轻水反应堆的运行和申请许可证角度提出这些相对来讲非常新的要求，也是有可能实现的。

在发生失压事故的情况下，预期设计是对从反应堆释放的放射性物质进行过滤。为此，预计将在构筑物内设置一个非常特别的气体导管和取样的内部结构。图 7.11 给出了这两座原型堆安全壳构筑物的布置

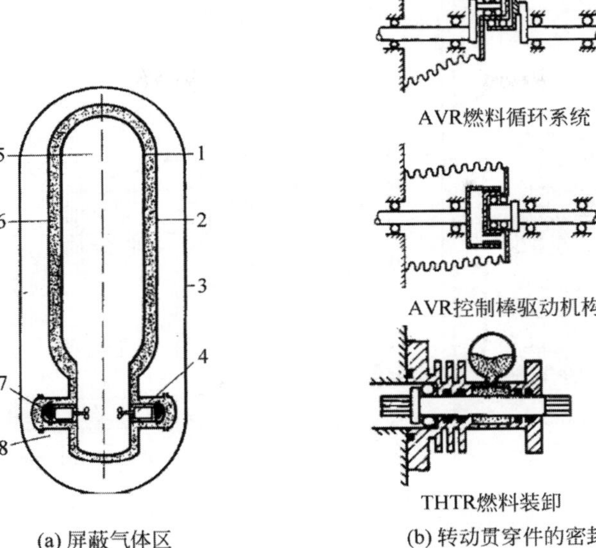

(a) 屏蔽气体区 (b) 转动贯穿件的密封

图 7.9 AVR 贯穿件概念性方案(双层壁系统)

1—内反应堆压力壳；2—外反应堆压力壳；3—钢壳；4—氦风机和驱动机构；5—回路冷却剂；6—屏蔽气体Ⅰ；7—屏蔽气体Ⅱ；8—空气

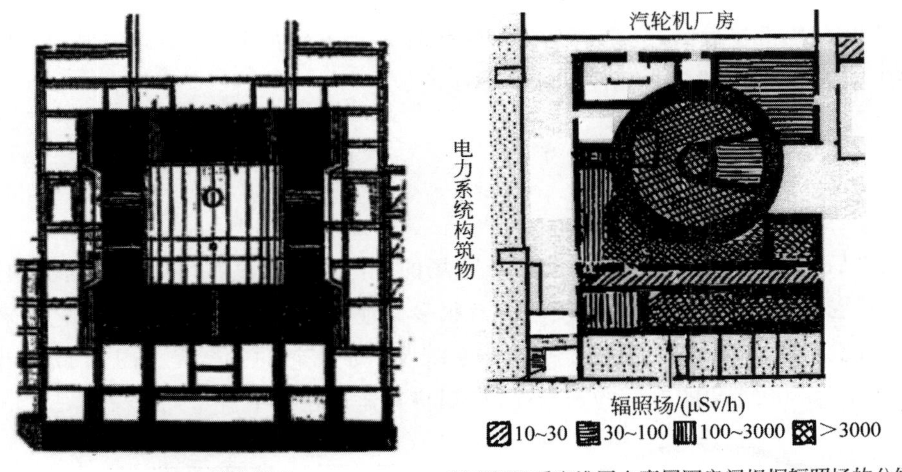

(a) THTR布置的概貌 (b) THTR反应堆压力壳周围房间根据辐照场的分级

图 7.10 THTR 反应堆压力壳周围房间布局的概况

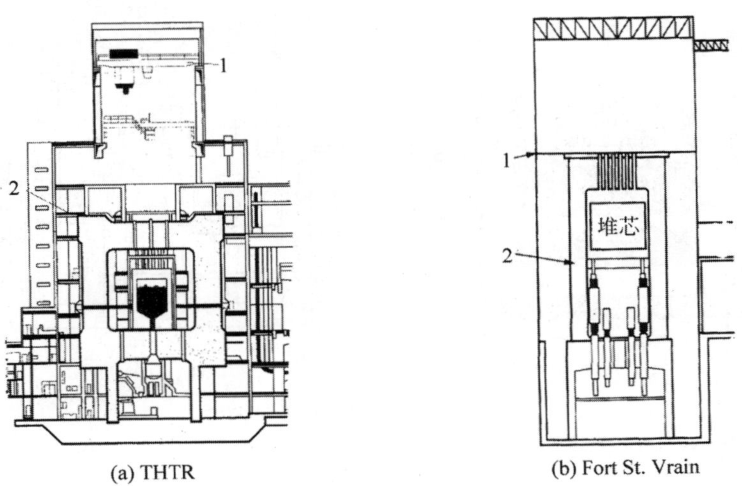

(a) THTR (b) Fort St. Vrain

图 7.11 HTR 示范堆及 Magnox 和 AGR 电厂的反应堆构筑物

1—反应堆舱室；2—PCRV

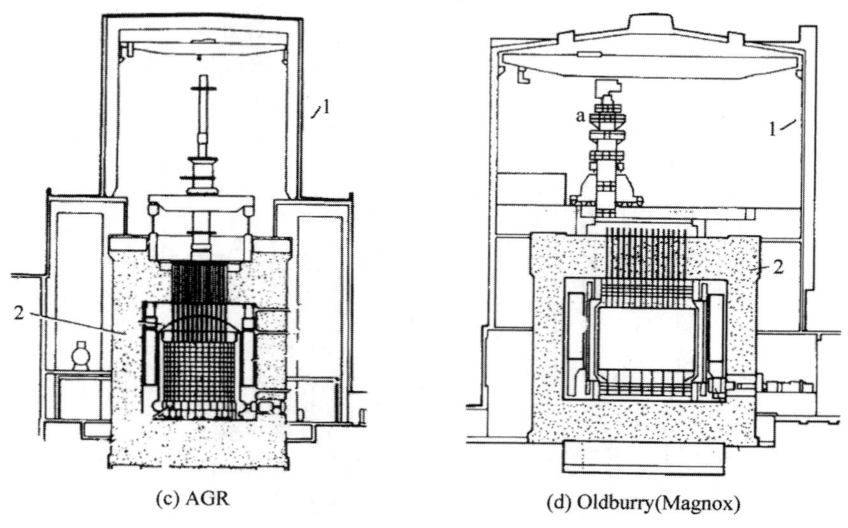

(c) AGR　　(d) Oldburry(Magnox)

图 7.11(续)

情况。在很多 MAGNOX 和 AGR 电厂中也采取了同样概念的构筑物。图 7.11 也给出了一些用于比较的例子。所有这些反应堆都设置在一个普通的工业建筑物内,不密封,也不能防御外部事件。此外,在建筑物中还安装了燃料元件装料机构。在满负荷条件下装入燃料的情况引起了人们对早期气体冷却反应堆能否防御外部事件的进一步关注。

THTR 甚至在电厂几乎建成时,为了满足防御飞机撞击这类新的要求,采用了专门的防御设施对一些敏感设备加以保护,如蒸汽发生器封头和停堆棒驱动机构。

7.5 过去对安全壳的计划工作

在原型堆阶段之后,开展了将大功率 HTR 引入市场的广泛活动。这些反应堆包括美国的 HTGR 1160 和德国的 HTR 500,主要用于发电。这两座反应堆及很多其他计划用于气体透平和工艺热利用的概念反应堆,都计划将预应力混凝土反应堆压力壳用于一回路系统及一个密封的安全壳。图 7.12 给出了一个用于产生工艺热蒸汽、热功率为 500MW 的电厂的安全壳,计划将其建造在地下。

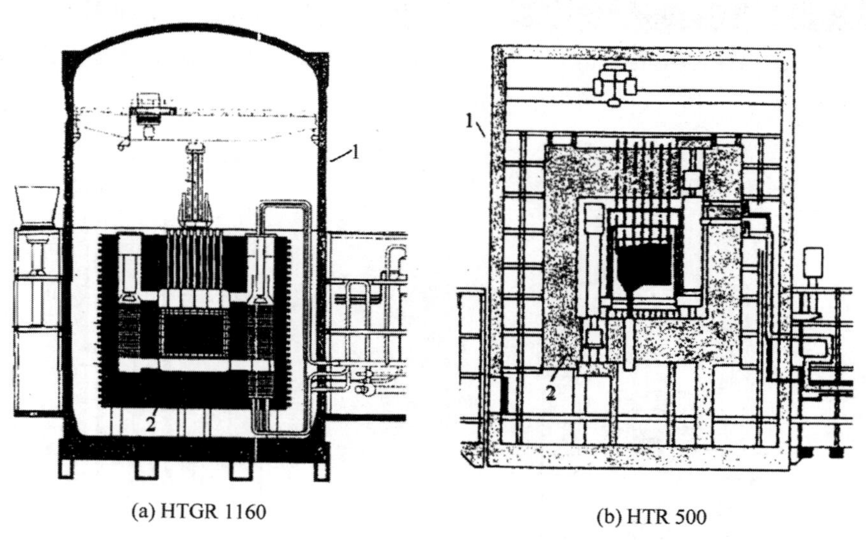

(a) HTGR 1160　　(b) HTR 500

图 7.12　计划商用的 HTR 电厂的安全壳

(a) 1—安全壳(密封);2—PCRV(套装锅炉概念);(b) 1—安全壳(密封);2—PCRV(大型腔体概念)

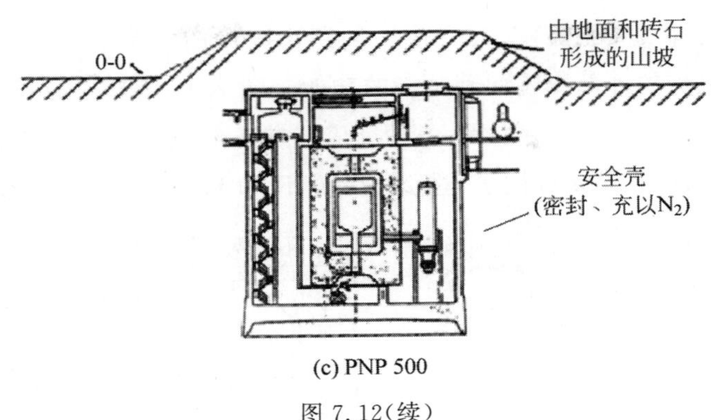

(c) PNP 500

图 7.12(续)

决定采用密封型安全壳的原因是：在极端事故(所有能动冷却全部丧失)下，燃料的最高温度将会升得很高(高于 2200℃)，因此，大量的裂变产物会从堆芯中释放出来。所以，为了实现申请许可证的要求，就必须采用密封型的安全壳。

第三代反应堆包括已进行详细规划但还未建造的 HTR-Module 及 HTTR 和 HTR-10，如图 7.13 所示。对于模块式 HTR，预期一回路系统采用钢制压力壳和一个比较特殊的反应堆安全壳构筑物。这个反应堆安全壳构筑物应包含一个用于一回路设备的内混凝土腔室和一个防御外部影响的外部构筑物。只是，外部构筑物的设计并不是密封的。内腔室应该近乎是气密的，并且与一个过滤器相连，在发生失压事故之后对排出的气体进行过滤。具体到 HTR-Module 的设计，仅考虑了对一个很小的破口(直径为 2cm)能够进行有效的过滤。HTTR 采用了一个密封的安全壳设计方案，可能是因为这座反应堆在计划和申请许可证阶段对使用新燃料元件阻留的预期能力设计得还不够清晰。在中国的 HTR-10 反应堆中，采用了与 HTR-Module 类似的安全壳构筑物的设计方案。

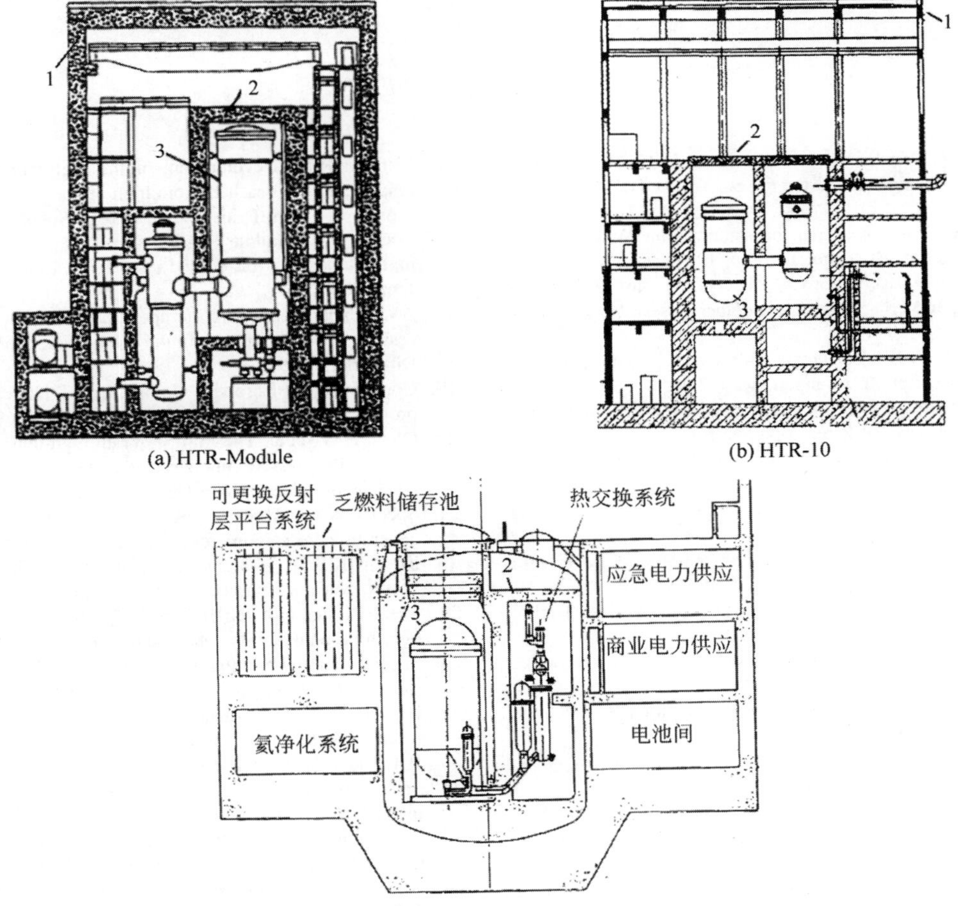

图 7.13　模块式 HTR 反应堆安全壳构筑物的设计概念

1—安全壳；2—混凝土内腔室；3—反应堆压力壳

这个构筑物包括一个内部混凝土腔室，在发生一回路小破口的情况下对排放的气体进行过滤。此外，内部混凝土腔室也对相当强烈的外部影响起到防御的功能。图 7.14 解释了这类反应堆的屏障概念并与目前 LWR 建立的屏障功能进行了比较。特别是，各种反应堆过滤系统可以布置得相当灵活，这一点需要根据经济和环境状况加以优化。HTR-PM 遵循了与模块式 HTR 和 HTR-10 相同的设计概念。

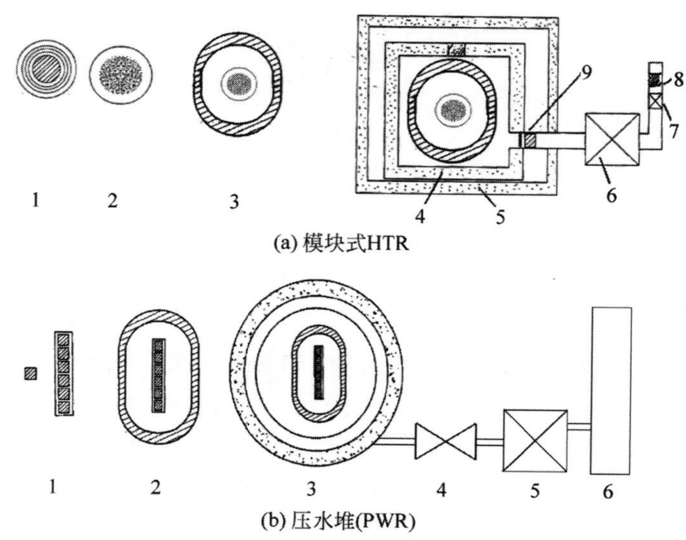

图 7.14 屏障概念的比较

(a) 1,2—包覆颗粒燃料元件；3—回路；4—密封的内安全壳；5—反应堆安全壳构筑物；6—过滤系统；7—过滤器；8—烟囱；9—挡板系统；(b) 1—芯块燃料元件；2——回路；3—密封式安全壳；4—阀门系统；5—过滤器；6—烟囱

参考文献

1. Bohn T. (editor), Nuclear power plants, Vol. 10 of Handbook Series Energy, Technischer Verlag Resch, Verlag TÜB Rheinland, 1986.
2. Lewis E.E., Nuclear power reactor safety, John Wiley + Sons, New York, Chicister, Brisbane, Toronto, 1977.
3. Ziegler A., Reactor technology, Vol. 3 Technology of Power Stations, Springer Verlag, Berlin, Heidelberg, New York, Tokyo, 1985.
4. Siemens AG/KWU, Nuclear power plants with pressurized water reactor plant, Description, Erlangen, May 1989.
5. Eibel F.H., Schlüter H., Cüppers H., Hennies H.H., Keßler G., Containments for new PWR reactors, SMIRT 11 Post Conference Seminar on Probabilistic Safety Assessment Methodology, Tokyo, Aug. 1991.
6. GRS, German risk study for nuclear power plants, Phase B, Verlag TÜV Rheinland, Köln, 1990.
7. IAEA, Advanced nuclear plant design options to cape with external events, IAEA TECDOC-1489, Feb. 2006.
8. Smidt D., Reactor safety technology, Springer Verlag, Berlin, Heidelberg, New York, 1979.
9. RSK (Germany), Guidelines for accidents of pressurized water reactors, Ministry of Internal Affairs, Bonn, 1983.
10. Hennies E.E., Kucera B., Status of the international research on reactor safety, KFK-Nachrichten, 1988.
11. IAEA, Safety standards for protecting people and environment; storage of radioactive waste, IAEA, Vienna, 2006.
12. Spiegelberg-Plauer R., Stern W., International reporting of nuclear and radiological events at the International Atomic Energy Agency, Atomwirtschaft, 52. Jg., Heft 2, 2007.
13. Kuczera B., Innovative trends in the light water reactor technology, KFK-Nachrichten, Jg. 25, 4, 1993.
14. INET, HTR-PM Project information 2008.
15. Special issue, The AVR reactor, Atomwirtschaft, April 1968.
16. Duffield R.B., Development of the high-temperature gas-cooled reactor and the Peach Bottom high-temperature gas-cooled reactor prototype, Journ. British Nucl. Energy Society, 5, 1966.
17. Locket G.E., Huddle R.A.U., Development of the design of the high-temperature gas-cooled reactor experiment, Dragon Report 1, Jan. 1960.
18. AVR experimental high-temperature reactor – 21 years of successful operation for a future energy technology, VDI-Verlag, Düsseldorf, 1990.
19. Commission of European Community, Technical report of THTR prototype 300MWel, Vol. 1, 2, EUR2130, 1969.
20. Olson H.G., et al, The Fort St. Vrain high-temperature gas-cooled reactor: Prestressed concrete reactor vessel (PCRV) performance, Nuclear Engineering and Design, 72, 1982.
21. Special issue, Modern power stations, Vol. 7, Nuclear power generation, Pergamon Press, Oxford New York, Seoul, Tokyo, 1992
22. Burrow R.E.D., Williams A.J., Hartlepool AGR – reactor pressure vessel, Nuclear Engineering International 14, 1969.
23. Special issue, BBC/HRB, The HTR 100MWel: concept, technology, time plans, costs, Mannheim, July 1981.
24. Special issue, The future of the HTR technology, VGB Kraftwerkstechnik 65, Vol., Jan. 1985; Vol. 3: March 1985.
25. R. Schulten etal. Industrial power plant with high temperature reactor PR500-OTTO-principle-for production of process steam, JÜL-941-RG, April 1973.
26. Siemens/Interatom, The high-temperature modular nuclear power plant, Vol. 1,2, Jan. 1984.
27. Special issue, The Chinese high-temperature reactor HTR-10 the first inherently safe generation IV nuclear power plant, Nuclear Engineering and Design, Vol.???, 218, No. 1–3, Oct. 2002.
28. Shiozawa S., The HTR program in Japan and the HTTR project, ECN-R-95-026, Petten, Sept. 1995.

29. Dillmann H.G., Pasler H., Wilhelm J.G., Containment venting filter designs incorporation – stainless steel fiber filters, Kerntechnik 53, No. 1, 1988.
30. Eckhardt B., Containment venting for light water reactor plants, Kerntechnik 53, 1988, 81.
31. Speyer K., Gremm R., Krugmann U., Roth-Seefrid H., Accident management measures for KWU nuclear power plants, Kerntechnik 50, 1987.
32. Gräsund C., Johansson K., Nilsson L., Tiren I., FILTRA, Filtered atmospheric venting of LWR containments: a status report, CN-39/74, 1980.
33. Dorman R.G., A comparison of the methods used in the nuclear industry to test high-efficiency filters, Commissions of the European Communities, V/3603/81 EN, June 1981.
34. Eckhardt B., Process technology and verification program for PWR and BWR containment venting, CSNI Specialist Meeting, Paris, May 17–18, 1988.
35. Czech J., Roth-Seefrid H., Promises, planning principles and examples of accident management, Kerntechnik 53, No. 1, 1998.
36. Czech J., Fabian H., Gast P., Gremm O., Mitigation of severe accident consequences by the containment design of German LWR, 2nd Int. Seminar on Containment of Nuclear Reactors, held in conjunction with the 9th Int. Conf. on Structural Mechanics in Reactor Technology, Lausanne, Switzerland, Aug. 24–25, 1987.
37. Wilhelm J.G., Iodine filters in nuclear installations commission of the European communities, Luxemburg, Oct. 1982.
38. El-Kawankey S., comparison of modern concepts for the separation of the fine dust, Study, RWTH Aachen, April 2008.
39. Hake G., The relation of reactor design to siting and containment in Canada, in Proceedings: Containment and Siting of Nuclear Power Plants, IAEA, Vienna, 1967.

动力转换循环

摘　要：本章对蒸汽循环与作为热源的模块式 HTR 组合后的某些情况进行了说明。在简化的流程图的基础上，对这一过程进行了叙述并对涉及的主要热动力学原理进行了解释。采用目前已经建立的温度为530℃的蒸汽循环参数，对40%净效率的实际结果进行了简单的估计。对提高蒸汽温度和压力及对流程进行改进所产生的影响进行了讨论。阐述了采用水冷方式进行冷凝和余热排出的过程，并对湿式冷却塔和干式空冷塔的利用进行了介绍和分析。特别是最后提到的干式空冷塔这一概念，对于 HTR 未来在干旱地区选址是有吸引力的。对于蒸汽循环的常规设备，如汽轮机、给水泵和预热器，可将其应用于 HTR。进一步地，重点说明了蒸汽循环的优化问题，特别是在选择更高的蒸汽温度和压力问题上给出了说明。原则上可以产生更高温度的蒸汽，例如，高于560℃是有可能实现的，但是代价就是必须要采用更昂贵的合金材料。在实际设计中，温度每升高30℃相应的效率就可以提高一个百分点。所有针对相关循环参数优化的设计都必须考虑能够满足40年以上的长时间的运行寿命。因此，需采用如生命周期成本分析这样的动态模型，以找到一个最优的电厂配置。

为此，还要对将再热引入蒸汽循环这一设计思路进行分析。蒸汽循环的潜力是很大的，包括将联合循环用于模块式 HTR，从而在场址各异的条件下，为模块式 HTR 的正常运行提供更好的机会。

此外，模块式电厂非常适用于热电联产，对此也给出了原则性的解释。这些流程可以用于区域供热系统、海水淡化系统，以及很多工业应用的工艺热蒸汽系统的设计。

关键词：动力转换循环；蒸汽循环；效率估算；蒸汽循环设备；冷凝；余热排出；蒸汽循环的优化；蒸汽循环的潜力；热电联供过程

8.1　流程概况

HTR-PM 电厂采用蒸汽循环方式，其蒸汽参数即为目前传统商用化石燃料电厂的参数(566℃，13.4～18MPa)。蒸汽/给水循环的主要流程如图8.1所示。反应堆堆芯产生的热用来加热一回路的氦气，使其温度从250℃上升到750℃。在与反应堆相连的蒸汽发生器中产生温度为566℃、压力为13.25MPa的蒸汽。蒸汽在

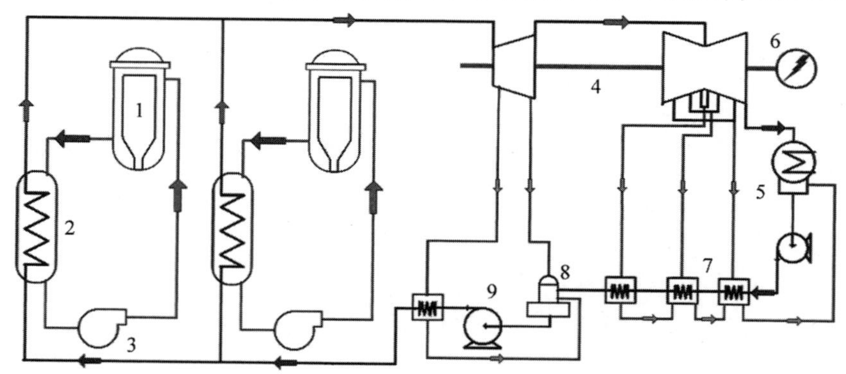

图8.1　HTR-PM 蒸汽循环流程

1—反应堆；2—蒸汽发生器；3—氦风机；4—汽轮机系统；5—冷凝器；6—发电机；7—给水预热器；8—给水储罐；9—给水泵

汽轮机的高压缸段膨胀，之后不经再热直接进入汽轮机的中低压缸，在大气环境条件下冷凝，一年内随外界条件发生变化。额定冷凝压力为 4.9kPa 时，对应的冷凝温度为 30℃。废热通过海水冷却排出。经冷凝后，由汽轮机抽取的蒸汽对其进行预热，给水预热由 5 段组成。预热后的水（约 200℃）最后从给水储存罐唧送到蒸汽发生器。

这个循环过程总体上可以用图 8.2 中的温-熵图、焓-熵图和焓-压图来加以说明。对于 HTR-PM 采用的流程，包括给水预热、蒸发和过热，也都涵盖在这些图中。

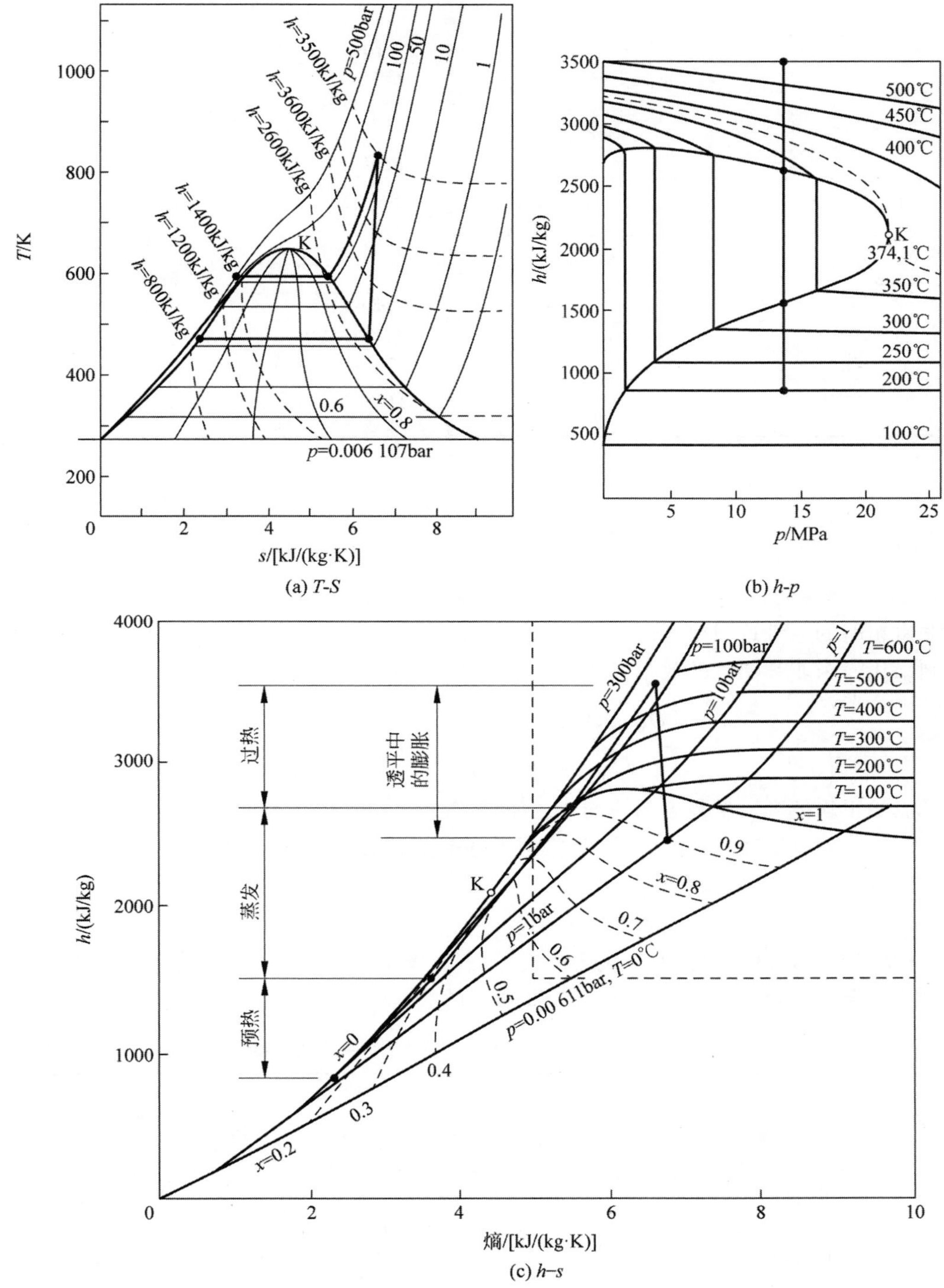

图 8.2 蒸发循环的热工-水力特性

根据这些曲线，可用于汽轮机系统的焓差约为 1100kJ/kg。压力降对各个部分焓差的影响也可以通过这些曲线来估计。

图 8.1 中所示循环发电净效率可以达到 40%。根据冷却条件，这一效率值在一年内可能会有所变化，这取决于场址条件。

冷却数据是根据海水冷却条件给出的。在其他场址，则必须使用湿冷却塔，其净效率大约降低 1 个百分点。若采用空气干冷塔，则要减少 2 个百分点以上（详见 8.4 节）。

表 8.1 中择要给出了蒸汽循环过程中涉及的一些重要参数。

表 8.1 HTR-PM 蒸汽循环的主要参数

参　数	数　值	参　数	数　值
总体参数		汽轮机	
HTR 模块堆数	2	冷却水负压/温度/(kPa/℃)	4.9/30
汽轮机数	1	结构类型	2 缸
冷却系统数	1	抽汽口数	4
冷却类型	海水	发电机	
蒸汽再热	无	额定有功功率/MW	220
预热段数	5	额定输出功率/MW	200
电厂总参数		并网电压/kV	10
热功率/MW	2×250	频率/Hz	50
电功率(净)/MW	200	冷凝器	
汽轮机		背压/kPa	4.9
功率(净发电)/MW	215	功率/MW	2×150
蒸汽质量流量/(t/h)	716	冷却水入口/℃	26
蒸汽压力和温度/(MPa/℃)	13.25/566	冷却水出口/℃	32
给水温度/℃	205	质量流量/(m^3/h)	2×26 000

8.2 蒸汽循环的热工-水力学原理

8.1 节中给出的效率可以使用热工-水力循环的简单模型来加以说明。

在一个非常粗略的一级近似中可以采用卡诺循环模型来进行估计，这样给出的是热工-动力学角度的最大值。我们则采用一个非常熟悉的效率表达式来获得效率数值：

$$\eta_c = \frac{\dot{Q}_{in} - \dot{Q}_{out}}{\dot{Q}_{in}} = \frac{(\overline{T}_2 - \overline{T}_1) \cdot \Delta s}{\overline{T}_2 \cdot \Delta s} = 1 - \frac{\overline{T}_1}{\overline{T}_2} \tag{8.1}$$

其中，$\overline{T}_1$ 是低温的平均值，$\overline{T}_2$ 是高温的平均值。如果 $\overline{T}_1 \approx 300\text{K}$、$\overline{T}_2 \approx 845\text{K}$（蒸汽温度），则可得效率 $\eta_c \approx 64\%$。对于蒸汽循环发电能量转换的总效率，除了上述热力循环效率外，还要加上循环过程中其他各个环节的效率。由此，得到电厂总的净效率为

$$\eta_{tot} = \eta_c \cdot \eta_i \cdot \eta_{SG} \cdot \eta_{mech} \cdot \eta_{gen} \cdot \eta_{deliv} \tag{8.2}$$

这包括了汽轮机中膨胀造成的损失、发电机中的损失、蒸汽发生器中的损失及给水泵的能耗、电厂的自用能耗。表 8.2 对这些参数进行了说明，并给出了一些典型的数据示例。

表 8.2 核技术中采用现代蒸汽循环的电厂的效率（模块式 HTR 和 AGR 电厂）

参　数	定　义	注　释	数　值
η_i	汽轮机的内效率	取决于容量、寿命和汽轮机的运行方式	0.85～0.88
η_{SG}	蒸汽发生器和管路系统的效率	通过表面的热损失	0.97～0.98
η_{mech}	汽轮机的机械效率	轴承的损失	0.98
η_{gen}	发电机和变压器的效率	发电机和变压器中的损失	0.98
η_{deliv}	输电到电网的效率	包括泵、风机、辅助系统的损失	0.93～0.95

这些数值已被相关电厂几十年的经验所验证。总的来说，根据成熟的汽轮机发电厂的数据，给出了这个效率的估计值为 $\eta_{tot} \approx 0.42$。

下一步，可以根据图 8.3 所示的主要设备的能量和质量平衡对蒸汽循环进行更为详细的分析。图 8.3 还给出了汽轮机中膨胀过程的更详细的焓-熵图，这直接为进一步计算提供了焓差值。下面列出的方程很好地近似阐释了整个过程。

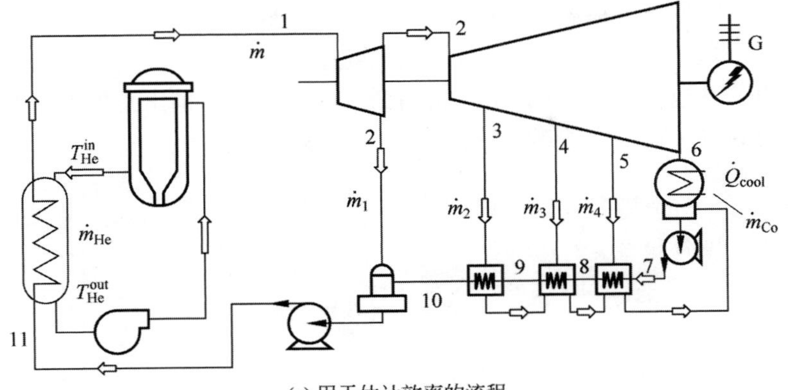

(a) 用于估计效率的流程

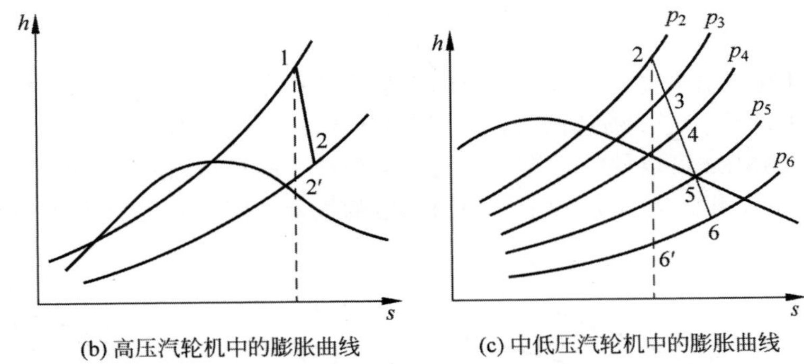

(b) 高压汽轮机中的膨胀曲线　　(c) 中低压汽轮机中的膨胀曲线

图 8.3　蒸汽循环的评估

下面给出计算反应堆和蒸汽发生器功率的表达式：

$$P_{th} = \dot{m}_{He} \cdot c_{He} \cdot (T_{He}^{out} - T_{He}^{in}) \tag{8.3}$$

$$\dot{Q}_{SG} = \dot{m}(h_1 - h_{11}) \approx P_{th} \cdot \eta_{SG} \tag{8.4}$$

蒸汽从蒸汽发生器输送到汽轮机的热量损失将导致蒸汽温度降低。这种热损失的影响在上述简单的估计中被忽略掉了。在进行相应于这一步分析的进一步计算中，也可以将这些简化考虑进去。

汽轮机系统的功率可按下式进行计算：

$$P_T = \dot{m}(h_1 - h_2) + (\dot{m} - \dot{m}_1)h_2 - \dot{m}_2 h_3 - \dot{m}_3 h_4 - \dot{m}_4 h_5 - \dot{m}_{C_0} h_6 \tag{8.5}$$

两个汽轮机的内效率包含在 h_2 中，其他则包含在膨胀过程的 h_3, h_4, h_5, h_6 中，如图 8.3(b)和(c)所示。

$$\eta_i(\text{HP}) = \frac{h_1 - h_2}{h_1 - h_2'} \tag{8.6}$$

$$\eta_i(\text{M/LP}) = \frac{h_2 - h_6}{h_2 - h_6'} \tag{8.7}$$

经汽轮机膨胀后的蒸汽在冷凝器中被冷凝，废热排放到环境中。这个设备的功率用式(8.8)来计算：

$$\dot{Q}_{Co} = \dot{m}_{Co} \cdot (h_6 - h_7) \approx \dot{Q}_{cool} \tag{8.8}$$

$$\dot{m}_{Co} = \dot{m} - \sum_{i=1}^{4} \dot{m}_i \tag{8.9}$$

实际运行过程中，一小部分蒸汽已在低压汽轮机的最后阶段被冷凝。$\dot{Q}_{cool}$ 是冷凝器之后冷却系统的功率。这种冷却既可以是河水冷却，也可以是海水冷却，还可以是湿冷塔。对于干旱地区的国家，冷却也可以采用空气干冷塔的方式。此外，还可以采用混合冷却塔的方式进行冷却。

对于全部预热段中的能量平衡，可以采用下面的方程来计算：

$$\dot{m}h_{11} = \dot{m}_1 h_2 + \dot{m}_2 h_3 + \dot{m}_3 h_4 + \dot{m}_4 h_5 + \dot{m}_{Co} h_7 \tag{8.10}$$

当然，预热段中每个单级必须分别采用附加的热平衡来进行评估。例如，对于给水储罐的热平衡，则采用下面的方程来描述：

$$\dot{m}h_{11} = \dot{m}_1 h_2 + (\dot{m}_2 + \dot{m}_3 + \dot{m}_4 + \dot{m}_{Co})h_{10} \tag{8.11}$$

循环的热效率最终由下面这个比值计算得出：

$$\eta_{th} = P_{el} / \dot{Q}_{SG} \tag{8.12}$$

使用表 8.2 中给出的其他值，即可计算出更精确的 η_{tot} 值。可以得出总的净效率为 $\eta_{tot} \approx 40\%$。从整个流程的分流图可以得到各个过程中的损失情况，如图 8.4 所示。

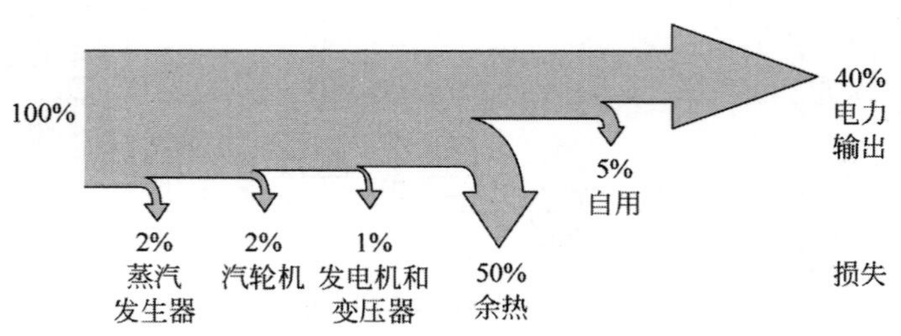

图 8.4 流程的分流图

蒸汽循环发电机组的效率主要受进入汽轮机的主蒸汽条件的影响，这些参数（如温度和压力）的重要性已在图 8.5(a)中进行了说明。需要强调的是，蒸汽温度上升 50℃可以使效率提高大约 1.7 个百分点，蒸汽压力从 18MPa 提高到 25MPa 可以使效率提高近两个百分点。同样地，在冷却过程中，付出更大的努力也能够使效率得到更大的提高，例如，在给水段中增加加热段的数量。图 8.6(b)示例并分析了这一情况。

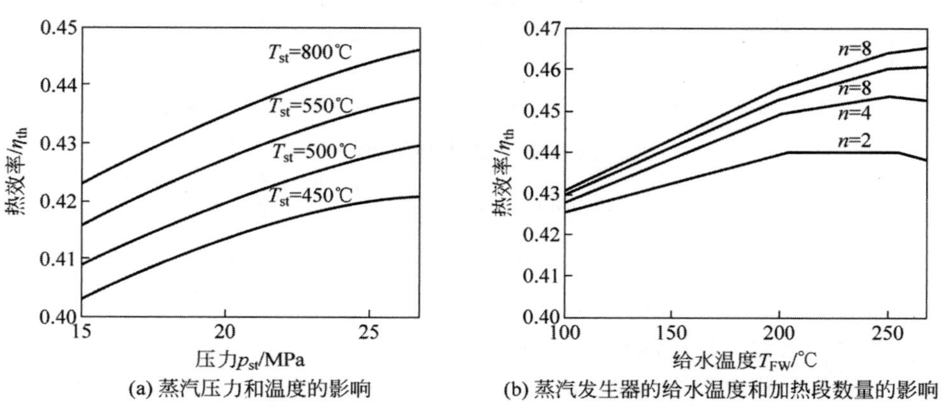

图 8.5 蒸发循环热效率随流程条件的变化（η_i（汽轮机）=1，p_{cond}=5kPa，无再热）

在实际运行过程中，必须要考虑包括给水预热在内的更为详细的情况，以及了解流程中是否包含从高压缸中抽汽进行再热的问题。此外，还必须考虑汽轮机详细的内效率等技术参数。图 8.6 进一步总结给出了影响电厂热效率的一些重要因素。

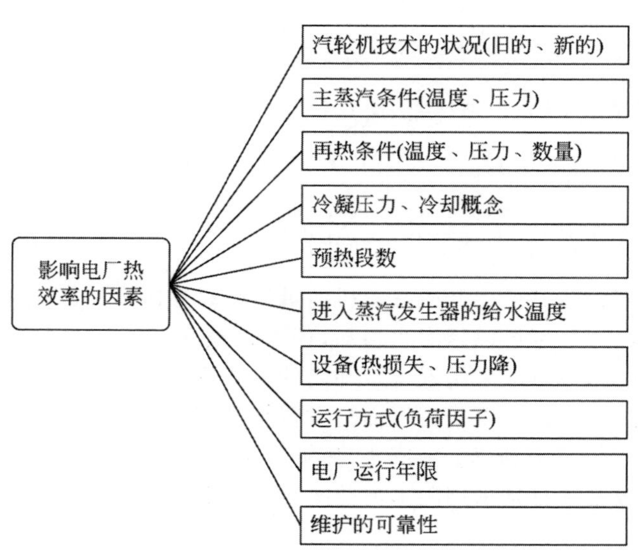

图 8.6 影响电厂热效率的一些重要因素

图 8.7 从常规技术角度总结给出了蒸汽循环实际热效率随一些重要参数的变化。提高主蒸汽参数可以进一步提高效率。图 8.7 给出的参数表明，600℃和 25MPa 的主蒸汽的循环热效率有可能达到 44%。超临界也为未来提供了更大的发展空间。

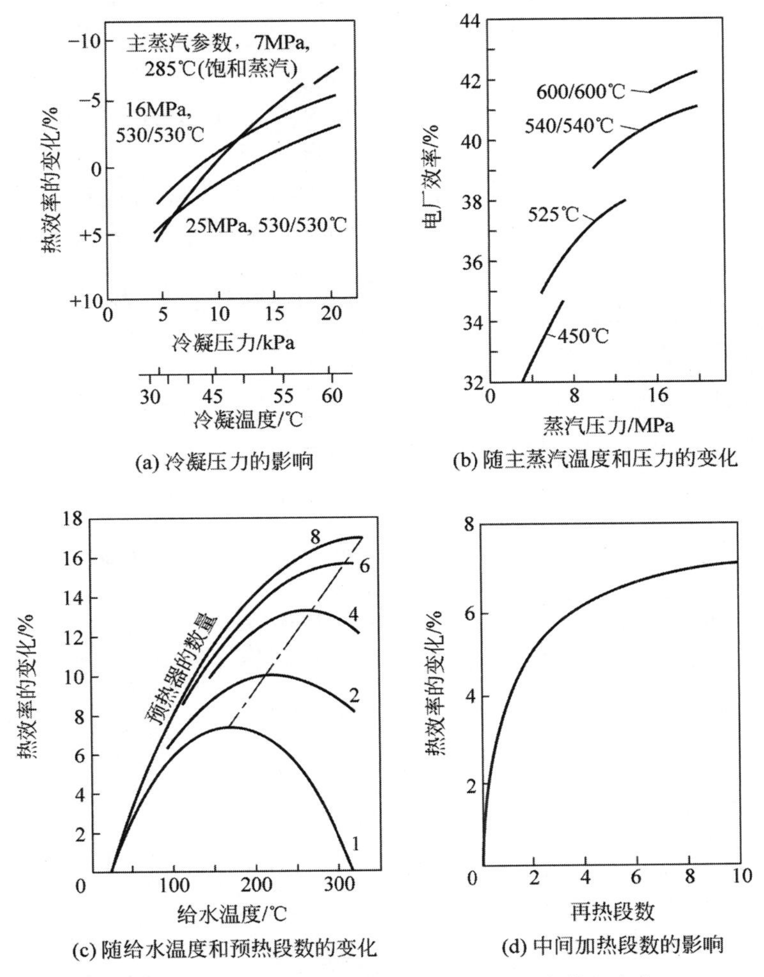

图 8.7 蒸汽循环实际热效率随一些重要参数的变化

在电厂总体蒸汽循环过程分析的第 3 个阶段，采用复杂的计算机程序对整个系统进行仿真。所有设备，如汽轮机、泵、热交换器、储水罐、锅炉和连接管道，都设有详细的入口和出口状态(温度、压力、质量流量、焓)，以及设备内部的热损失和阻力降。图 8.8 对发电厂设备设计过程中必须要考虑的一些因素进行了归纳。

另外，如图 8.9 所示的一个管路，它被用作给水管，为产生蒸汽或者蒸汽循环中的其他使用提供质量流。为此，要建立各种不同的平衡，并在必要时将设备划分成几个部分，以涵盖参数的变化。当然，每个设备也需要不断地进行优化，详见 8.4 节。

对于设备和整个电厂的动态分析和部分负荷的设计，需要进行更为详细的分析。以蒸汽发生器为例，在部分负荷时给水的蒸发段区域发生了显著的变化，从而导致蒸汽发生器管内温度发生变化。另一个非常重要的例子是温度的变化使蒸汽循环高温段上厚壁管部分附加应力增加，如在取样系统、阀门、管道或汽轮机的高温部分都会出现这种情况。

最终的实际效率是通过对运行电厂进行测量及对整个系统的能量平衡进行详细分析得到的。这一过程是很有必要的，因为只有这样才能使最终的结果得到保证。

表 8.3 给出了目前的计算所能达到的准确程度的一个说明，表中列出了 THTR 300 电厂的预计算值与

实测值。可以看出,偏差很小。这是公司保证对电厂主要生产参数承担相应责任的先决条件。

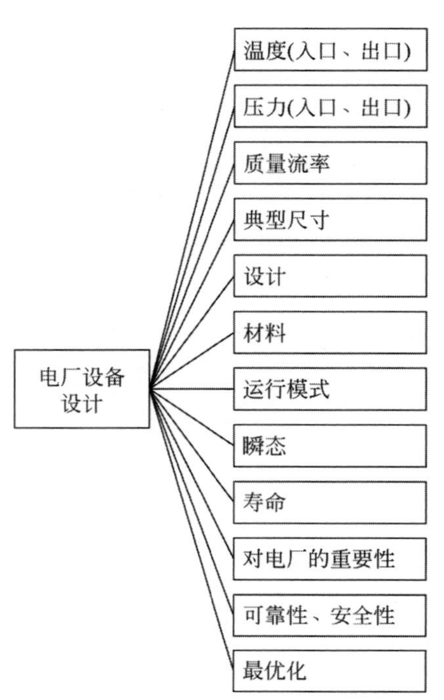

图 8.8 发电厂设备设计过程中的重要因素

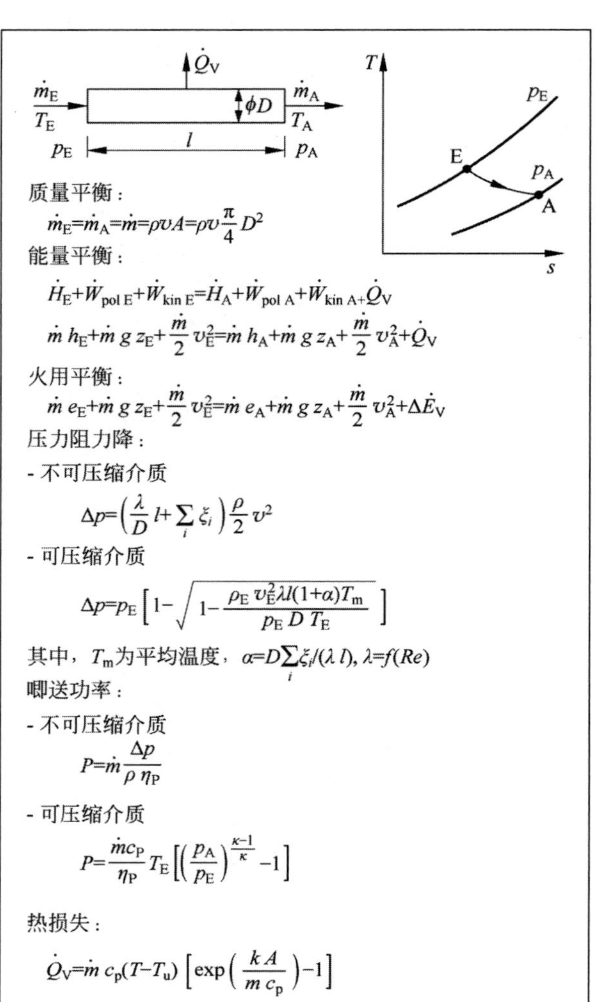

质量平衡:
能量平衡:
火用平衡:
压力阻力降:
- 不可压缩介质
- 可压缩介质
其中,T_m为平均温度,$\alpha=D\sum_i \xi_i/(\lambda l)$, $\lambda=f(Re)$
唧送功率:
- 不可压缩介质
- 可压缩介质
热损失:

图 8.9 管路的分析

给水、蒸汽及蒸汽循环电厂的其他质量流

表 8.3 THTR 300 蒸汽循环的预计算值和测量值(用以说明目前电厂设计的精确程度)

参 数	测量值	计算值	参 数	测量值	计算值
堆芯和堆内构件的热功率/MW	756	755	主蒸汽温度/℃	534.2	535
风机转速/min^{-1}	5407	5380	主蒸汽压力(绝对压力)/MPa	18.69	18.67
氦气流量(一台风机)/(kg/s)	48.26	49.12	再热蒸汽温度/℃	530.6	527
给水流量/(t/h)	151.6	151.7	再热蒸汽压力(绝对压力)/MPa	4.85	4.84
通过再热器的质量流量/(t/h)	144.7	144.1	发电机有功功率/MW	304.3	304.3
蒸汽发生器入口高温氦气温度/℃	750.3	750	冷却水温度/℃	27.6	26.5
蒸汽发生器出口低温氦气温度/℃	246.8	246.3			

8.3 汽轮机

在汽轮机中,焓的变化用于产生机械能,其计算公式如下所示:

$$h_1 - h_2 = \eta_i(\mathrm{HP})(h_1 - h_{2ad}) \tag{8.13}$$

图 8.10 给出了高压汽轮机中蒸汽的膨胀过程。

发电功率由式(8.14)给出:

$$P_{el} = \dot{m} \cdot (h_1 - h_2) \cdot \eta_{mech} \cdot \eta_{gen} \tag{8.14}$$

在汽轮机膨胀过程中损失的功率导致熵增加 Δs。

内效率 η_i 主要由叶片上的损失、摩擦和流量损失及间隙和密封造成的损失引起。以叶片为例来说明损失对效率产生的影响，包括喷嘴引起的损失、蒸汽冲击叶片造成的摩擦损失及流动旋转和弯曲引起的损失。通过优化叶片轮廓和减少设备设计中的公差，可以减少损失。在过去的几十年中，研究者做了大量的改进工作，尤其是针对 LWR 电厂中的大型汽轮机，进行了不少改进。对于常规电厂中的汽轮机，也实现了类似的进展。

大型汽轮机的内效率在高压缸中已达到 0.89～0.93，在低压缸中达到了 0.87～0.90。其中，较低的值是由蒸汽湿度所致。

根据目前已达到的技术水平，附加的效率 $\eta_{mech} \cdot \eta_{gen}$ 在 0.98 这一量级。

图 8.11 给出了汽轮机高压缸部分的主要部件。

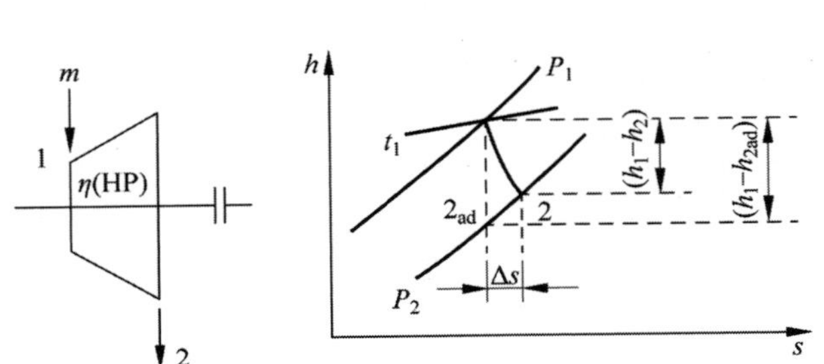

图 8.10　高压汽轮机中蒸汽的膨胀过程

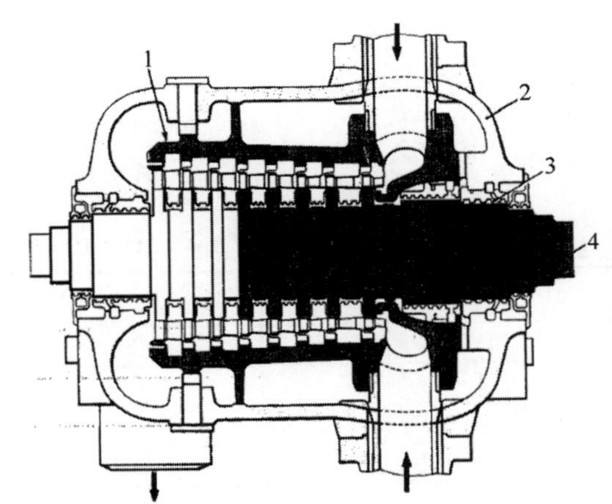

图 8.11　汽轮机高压缸部分的主要部件

1—内腔室；2—外腔室；3—润滑油密封；4—轴

在汽轮机的膨胀过程中，比容发生了剧烈的变化。16MPa、570℃蒸汽的比容约为 0.02m³/kg，膨胀结束(4kPa/29℃)后，相应的数值变为 34.8m³/kg。与高压缸部分相比，中低压汽轮机部分的比容增大了 1700 倍，因此需要选用更大的流道面积和更长的叶片。部分大功率的汽轮机采用几台低压缸汽轮机并联到一台高压缸汽轮机上的方式来实现运行。

汽轮机膨胀时蒸汽参数的变化可以由图 8.12 给出的蒸汽 T-v 和 p-T 图来加以说明。

汽轮机功率的变化既可以遵循定压原理，也可以采用滑动压力来分析。相应的确定功率的方程为

$$P = \dot{m} \cdot \Delta h \cdot \eta_T \tag{8.15}$$

对于一个给定的汽轮机，将部分负荷数据(设质量流量为 $\dot{m}$)与额定负荷数据(设质量流量为 $\dot{m}_0$)相关联的 Stodola 定律由如下相应的方程给出：

$$\frac{\dot{m}}{\dot{m}_0} = \sqrt{\frac{p_i^2 - p_o^2}{p_{i0}^2 - p_{o0}^2} \cdot \frac{T_{i0}}{T_i}} \tag{8.16}$$

其中，p_i 为入口压力，p_o 为出口压力，T_i 为入口温度。

这个定律允许我们计算汽轮机各个位置的压力，例如，随负荷变化的蒸汽抽取口位置处的压力。由于对凝汽式汽轮机，有 $p_o/p_i \ll 1$，可以利用上面的方程获得如下近似：

$$\dot{m} \approx p_i \cdot A / \sqrt{T_i} \tag{8.17}$$

其中，A 是汽轮机入口处的面积，例如，设置在汽轮机前面的阀门的有效面积。在恒定压力下，质量流量和汽轮机的功率可以通过改变 A 来调节，也就是通过调节阀门的开度来达到不同的功率，这一过程称为固定或恒压压力的运行。或者在保持阀门恒定截面 A 的条件下改变压力，称为滑动压力运行。这两个概念都已在蒸汽循环发电厂中得到实际应用。

表 8.4 给出了 HTR-PM 电厂汽轮机的一些重要参数。

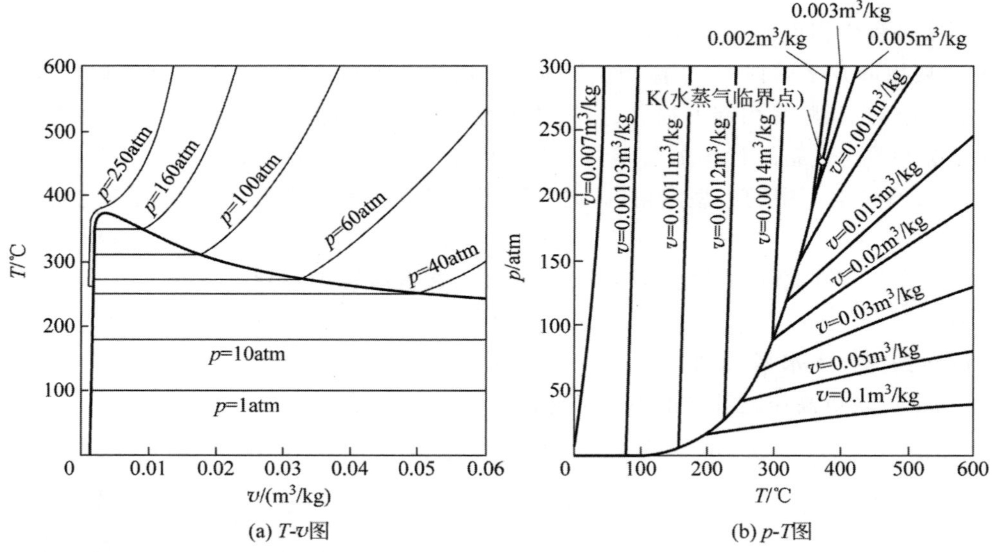

图 8.12　汽轮机中膨胀过程的热力学原理

表 8.4　HTR-PM 电厂 200MW(电功率)汽轮机的相关参数

参　　数	数　　值	参　　数	数　　值
热功率/MW	2×250	给水入口压力/MPa	17.1
主蒸汽温度/℃	566	汽轮机类型	再热冷凝，双缸汽轮机
主蒸汽压力/MPa	13.25	抽汽次数	3
主蒸汽质量流量/(kg/s)	2×99.4	发电机电压/kV	10
冷凝器真空度/kPa	4.9	频率/Hz	50
给水入口温度/℃	205	发电机冷却	氢冷

汽轮机本身的设计类似于图 8.13 所示的概念，它由高压缸和低压缸两部分组成。这种类型的汽轮机通常已在常规发电厂中被采用。

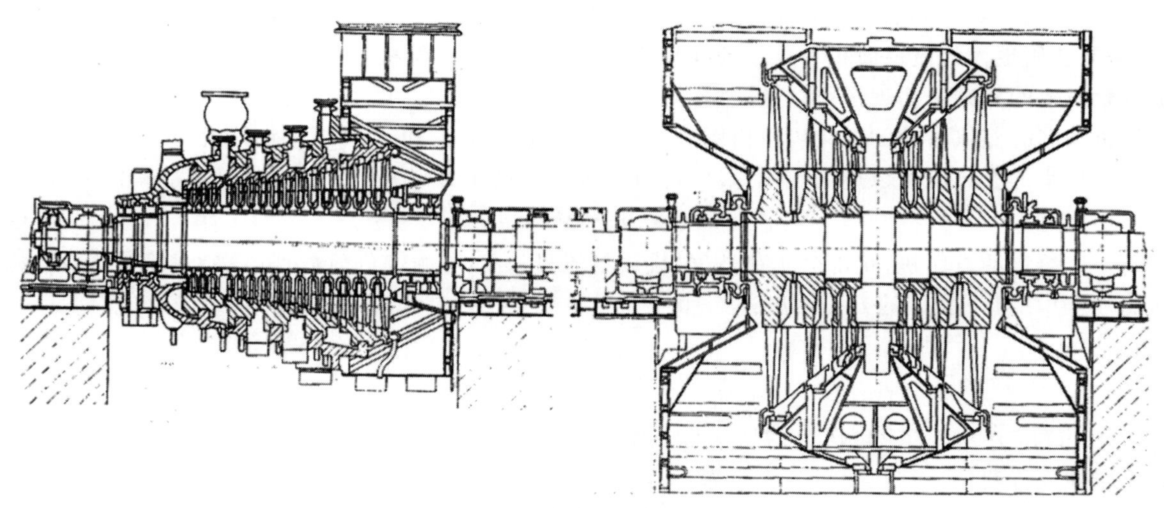

图 8.13　与 HTR-PM 电厂采用的汽轮机类似的汽轮机

$P_{el}=200\text{MW}$；$\dot{m}_{steam}\approx 200\text{kg/s}$；$T_{steam}=570℃$；$p_{steam}=14\text{MPa}$

图 8.14 给出了汽轮机阀门及有关汽轮机回路安全性能重要性的一些信息。汽轮机阀门这种装置在处理发电机故障、失去与电网的连接及电网本身发生的崩溃事故时起着很重要的作用。

在发电机发生故障或失去电网连接的情况下，汽轮机的转速迅速加快，很快就会损坏。因此，每个汽轮机都有一个快速动作的截止阀和一个旁通阀，使蒸汽旁通流过并直接进入汽轮机的冷凝器中加以冷凝，如

图 8.14(a)所示。这些类型各异的阀门,目前都已在 LWR 中被采用,图 8.14(b)给出了相应的说明。鉴于此,要求采取的上述必要措施具有很高的可靠性,以阻止蒸汽流入汽轮机,并避免由于高速旋转造成的损坏。因此,每个反应堆都有一个为此而设计的蒸汽循环的排放系统。

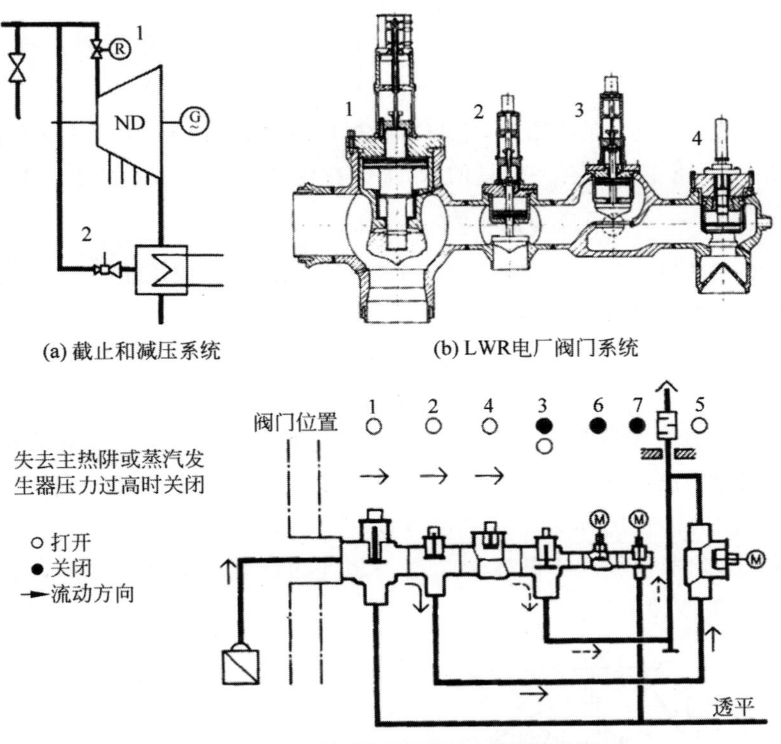

(a) 截止和减压系统

(b) LWR电厂阀门系统

(c) 发生事故时向环境排放主蒸汽的系统

图 8.14 二回路的设备

(a) 1—截止阀;2—旁通阀;(b) 1—截止阀;2—减压阀;3—隔离阀;4—安全阀

8.4 冷凝和冷却系统

蒸汽在汽轮机内经过膨胀之后进入冷凝器,在真空条件下进行冷凝,如图 8.15 所示。冷凝器的功率及冷凝器之后冷却的功率由下面的方程给出:

$$P_{\mathrm{th}} \cdot \eta_{\mathrm{SG}} = P_{\mathrm{el}} + \dot{Q}_{\mathrm{Co}} \tag{8.18}$$

$$P_{\mathrm{el}} = P_{\mathrm{th}} \cdot \eta_{\mathrm{tot}} \tag{8.19}$$

$$\dot{Q}_{\mathrm{Co}} = P_{\mathrm{el}}(\eta_{\mathrm{SG}}/\eta_{\mathrm{tot}} - 1) \tag{8.20}$$

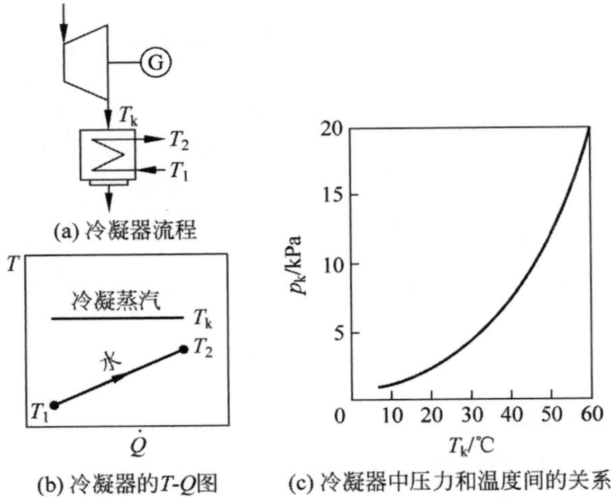

(a) 冷凝器流程

(b) 冷凝器的T-Q图

(c) 冷凝器中压力和温度间的关系

图 8.15 汽轮机后冷凝的原理

其中，P_{el} 为净发电功率(MW)；P_{th} 为电厂热功率(MW)；$\dot{Q}_{Co}$ 为冷凝器功率(MW)；η_{SG} 为蒸汽发生器效率(%)；η_{tot} 为电厂净效率(%)。对于 HTR-PM 电厂，$P_{th}=500\text{MW}$，$P_{el}=200\text{MW}$，$\eta_{SG}=0.99$，$\eta_{tot}=0.4$，得到的冷凝功率大约为 295MW。

冷凝器能量平衡的方程为

$$\dot{Q}_{Co}\approx r\cdot\dot{m}_{Co}=\dot{m}_{cool}\cdot c_{w}\cdot(T_{w}^{0}-T_{w}^{i})\tag{8.21}$$

其中，$T_{w}^{0}-T_{w}^{i}$ 是冷却水的温升；r 是冷凝热，它与冷凝温度有关，大约为 2400kJ/kg；c_{w} 是水的比热。

如果从汽轮机排出的蒸汽中已含有一定量的水，那么在这种情况下就需要作如下的修正：

$$\dot{Q}_{Co}\approx r\cdot(1-x)\cdot\dot{m}_{Co}\tag{8.22}$$

其中，x 为液态水的含量，大约是 10%。那么，$x=0.1$ 即为蒸汽的实际湿度值。

冷却水与蒸汽/水侧冷凝水量的比值为

$$\frac{\dot{m}_{cool}}{\dot{m}_{Co}}=\frac{r\cdot(1-x)}{c_{w}\cdot(T_{w}^{0}-T_{w}^{i})}\tag{8.23}$$

假设冷却侧的温升为 10℃，则这个比值大约为 55。该比值是对应于许多国家环境条件的通常数值。

冷凝器实际上是一个大型热交换器，安装在汽轮机下面。如图 8.16 所示，汽轮机排出的蒸汽从顶部进入，在水冷管外流动并被冷凝。在底部对冷凝水进行取样，并将冷凝水输送到给水泵上。在冷凝器壳的底部有一个真空泵，它可以去除蒸汽循环中的气体。这一装置的设置是很有必要的，因为它可以在运行过程中建立和保证所需的真空度或冷凝压力。

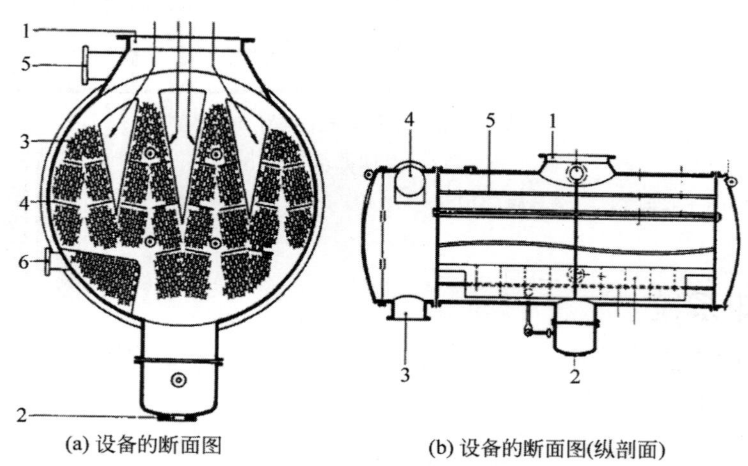

图 8.16 冷凝器

(a) 1—蒸汽入口；2—冷凝水出口；3—水冷管；4—与真空泵的连接；5—冷水入口管；6—冷水出口管；

(b) 1—蒸汽入口；2—冷凝水出口；3—冷却水出口；4—冷却水入口；5—冷却管

冷凝器热工-水力学方面的一些参数可以根据简化的传热模型来估算，如图 8.17 所示。

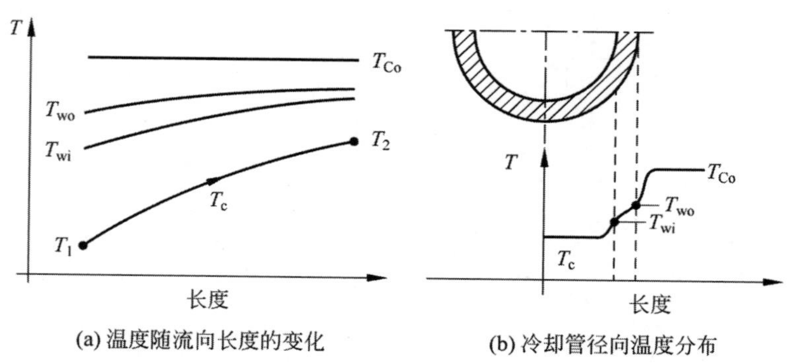

图 8.17 冷凝器中的传热(Co—冷凝器蒸汽侧；C—冷却水侧；w—管壁)

冷凝器中热交换器的表面积可以采用如下的方程来加以估算：

$$\dot{Q}_{Co} = A \cdot \overline{K} \cdot \Delta T_{log} = A \cdot \dot{q}'' \tag{8.24}$$

$$\Delta T_{log} = (T_2 - T_1)/\ln\left(\frac{T_{Co} - T_1}{T_{Co} - T_2}\right) \tag{8.25}$$

$$\frac{1}{\overline{K}} \approx \frac{1}{\alpha_w} + \frac{1}{\lambda/s} + \frac{1}{\alpha_{st}} \tag{8.26}$$

其中，$\overline{K}$ 是整个过程的换热系数；ΔT_{log} 是冷凝侧和冷却侧之间温差的对数；$\dot{q}''$是热流密度；α_w 和 α_{st} 是水(冷却)侧和蒸汽/水(冷凝)侧的换热系数；λ 是凝汽器管的导热系数；s 是凝汽器管的壁厚。

对于 HTR-PM 电厂设备，其相应的典型参数为：$\alpha_w \approx 5000\text{W}/(\text{m}^2 \cdot \text{K})$，$\alpha_{st} \approx 20\,000\text{W}/(\text{m}^2 \cdot \text{K})$，$\lambda \approx 30\text{W}/(\text{m} \cdot \text{K})$，$S = 2\text{mm}$，$T_{Co} \approx 30℃$，$T_{Co} - T_1^i = 15℃$，$T_2 - T_1 = 10℃$。在 $\dot{Q}_{Co} = 300\text{MW}$，冷凝热 $r = 2400\text{kJ/kg}$ 时，得到了冷凝器的设计参数，见表 8.5。冷凝器中热交换器单位功率的换热面积为 30～40m^2/MW，这是 HTR-PM 电厂设备的典型值。

表 8.5 HTR-PM 电厂冷凝器参数

参数	数值	参数	数值
功率/MW	300	$\overline{k}$/[W/(m^2·K)]	约 3000
蒸汽质量流量/(kg/s)	2×99.4	$\overline{\dot{q}''}$/(kW/m^2)	30
冷却水质量流量/(m^3/h)	2×26 000	换热表面积 A/m^2	10 000
ΔT_{log}/℃	约 10		

冷凝器的换热面积涉及冷凝温度的优化过程。一方面，随着冷凝温度的升高，对数温差增大，换热表面也变小，设备的投资成本降低；另一方面，随着冷凝温度的升高，真空度变大，该过程的效率降低。在整个电厂的规划阶段，要在这两个要求之间达到平衡，确定一个折中方案，就需要将电厂几十年运行期间的循环成本考虑进来。图 8.18 给出了与优化有关的一些需要考虑的因素。

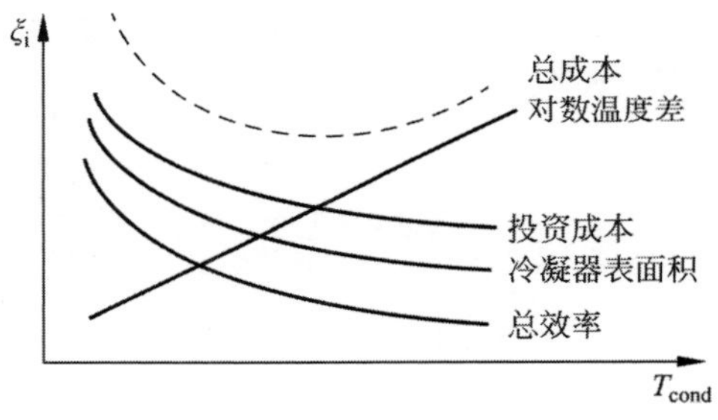

图 8.18 冷凝温度最优化需要考虑的因素(定性)

作为废热的最终热阱，下面这 4 种方式值得关注(图 8.19)。

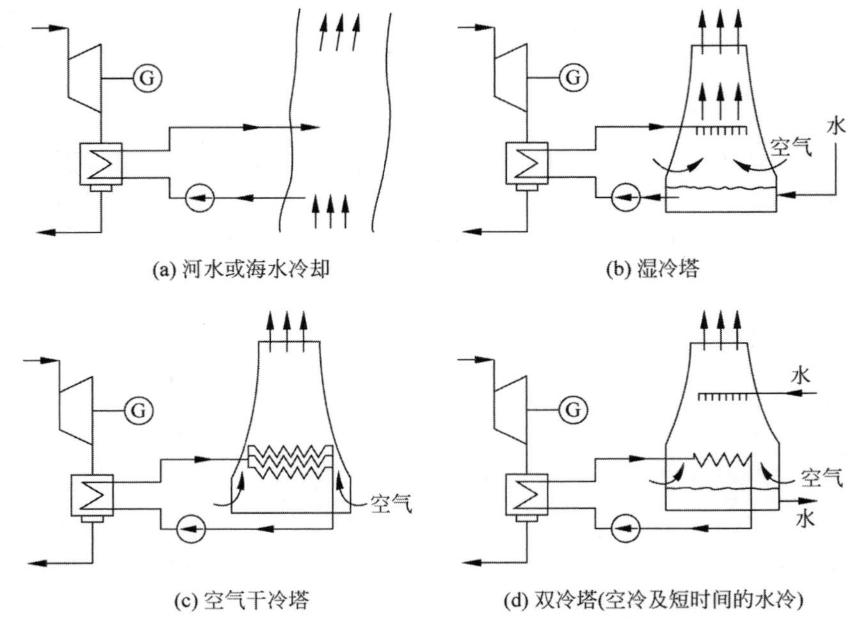

图 8.19 蒸汽循环发电厂的冷却系统

- 采用河水或海水冷却；
- 湿冷塔；
- 空气干冷塔；
- 双冷塔。

将汽轮机后面载出的热量或蒸汽作为废热利用的另一种可能性是热电联供。在一个背压汽轮机的设备条件下，冷凝过程是在热利用设定的温度和相应的压力下进行的。在这样的条件下，热利用的比重很大，可能达到 80%。当然，也可采用抽取式汽轮机或者带有背压和抽汽的系统作为废热再利用的设备。

各种冷却流程均可以按照下面的近似来描述。当采用河水或者海水冷却时，可以得到如下的能量平衡关系式：

$$\dot{Q}_{Co}=\dot{m}_{Co}\cdot r=\dot{m}_{w}\cdot c_{w}\cdot(T_2-T_1) \tag{8.27}$$

如果河水的流量为$\dot{m}_R$，那么抽取出来进行冷却的流量占河水流量的比重为$\zeta=\dot{m}_w/\dot{m}_R$。在冷却过程之后，再将抽取用于冷却的冷却水排回到河流中加以混合，式(8.28)给出了河流混合后的温度：

$$T_R^*=(1-\zeta)\cdot T_1+\zeta\cdot T_2 \tag{8.28}$$

受生态环境条件(如含氧量、海藻的生长)的限制，混合后河水的温度限值为 T_R^*。通过向环境中散热，河水的温度降低，相应的关系式为

$$T_R(x)\approx T_{env}+(T_R^*-T_{env})\cdot\exp(-\alpha\cdot x/v\cdot h\cdot\rho\cdot c) \tag{8.29}$$

其中，x 是混合后的距离；v 是河水的流速；h 是河流的宽度。

采用河水或海水进行冷却可使电厂的效率达到最高，投资成本最低。然而，目前世界范围内的许多反应堆申请的厂址因没有可以提供的水源而受到限制或者根本不可能采用这种冷却方式。

采用湿冷却塔方式进行冷却，可以采用如下的能量平衡关系式(图 8.20)：

$$\dot{Q}_{Co}=\dot{m}_{Co}\cdot r=\dot{m}_{w}\cdot c_{w}\cdot(T_2-T_1)=\dot{m}_{w}\cdot r \tag{8.30}$$

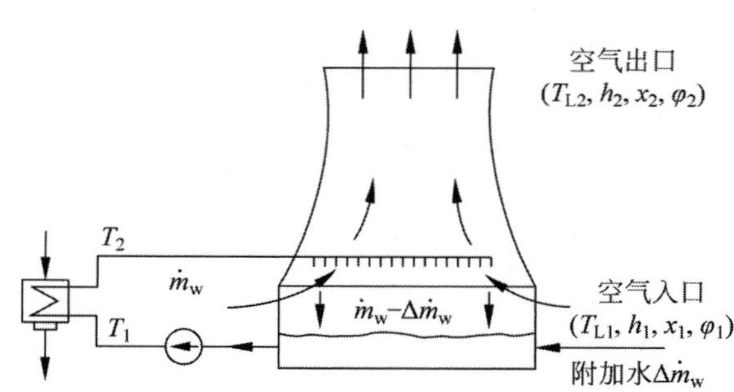

图 8.20 湿冷塔能量平衡的模型

如果主要的冷却过程是通过额外提供的水 $\Delta\dot{m}_w$ 的蒸发来实现，那么，这种近似的关系式在夏季时计算的结果最为有效和准确。冬季时，空气流过冷却塔被加热，之后再将大量的废热排出。

比值 ξ 表征了夏天需要额外提供的水量：

$$\xi=\Delta\dot{m}_w/\dot{m}_{Co}\approx 1 \tag{8.31}$$

考虑排出湿空气中水的含量(x)，得到了需要额外提供的水量 $\Delta\dot{m}_w$：

$$\Delta\dot{m}_w/\dot{Q}_{Co}=(h_2-h_1)/(x_2-x_1)-c\cdot T_1 \tag{8.32}$$

由式(8.33)可以得到所需水量的非常粗略的估计值：

$$\Delta\dot{m}_w/\dot{m}_w\approx c\cdot(T_2-T_1)/r \tag{8.33}$$

$$\Delta\dot{m}_w/\dot{m}_{Co}\approx 1 \tag{8.34}$$

湿式冷却塔既可以采用自然通风系统(高度很高)的方式来建造，也可以采用风机唧送空气通过系统的方式来实现运行(图 8.21)。在这种情况下，冷却塔的高度虽然相对较低，但该系统需要电能以驱动风机，而这无疑降低了电厂的净效率。

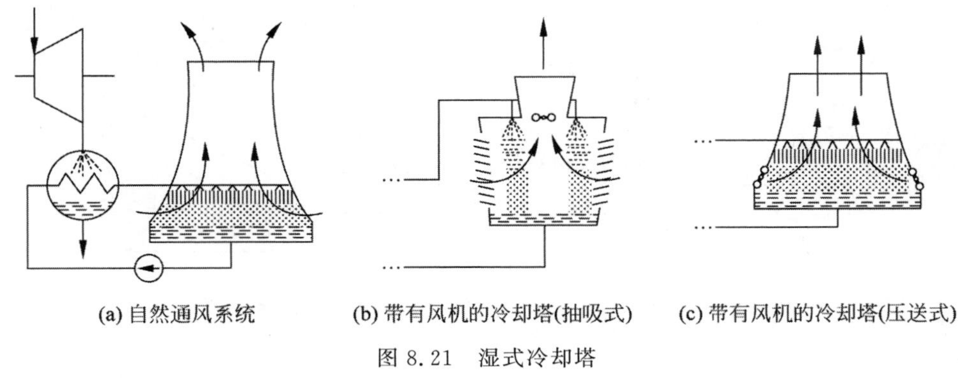
(a) 自然通风系统 (b) 带有风机的冷却塔(抽吸式) (c) 带有风机的冷却塔(压送式)

图 8.21 湿式冷却塔

在图 8.21(b)所示原理的基础上，图 8.22 给出了湿式冷却塔更为详细的设置情况。图中所示的这些系统已在一些大型 LWR 电厂中得到应用，但对环境条件都有特殊的要求。

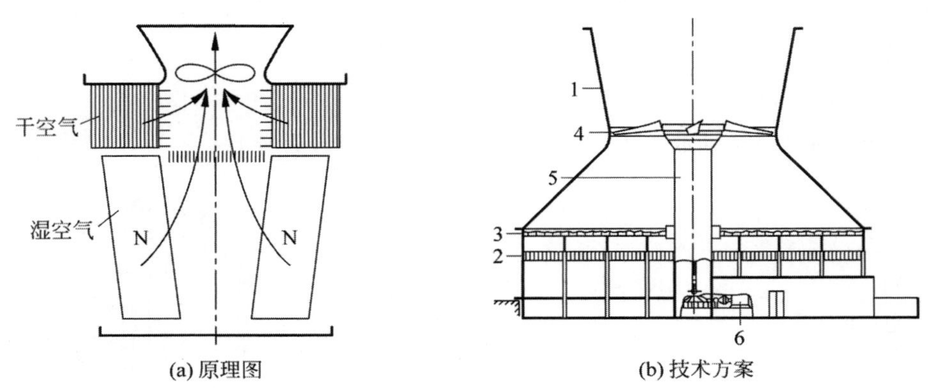

(a) 原理图 (b) 技术方案

图 8.22 带有风机的湿式冷却塔

1—外壳；2—冷却塔内构件；3—水的分布和液滴取样；4—通风机；5—定子；6—电机驱动

自然通风式冷却塔的高度较高。例如，对于一座大型的 LWR 电厂，需要释放的热量为 2500MW，冷却塔高度约为 150m，在地面上的直径接近 140m。图 8.23 给出了这些冷却装置的一些典型尺寸，可以看出，通风机的类型对降低冷却塔高度会有一定的影响，而这将直接影响效率的损失。

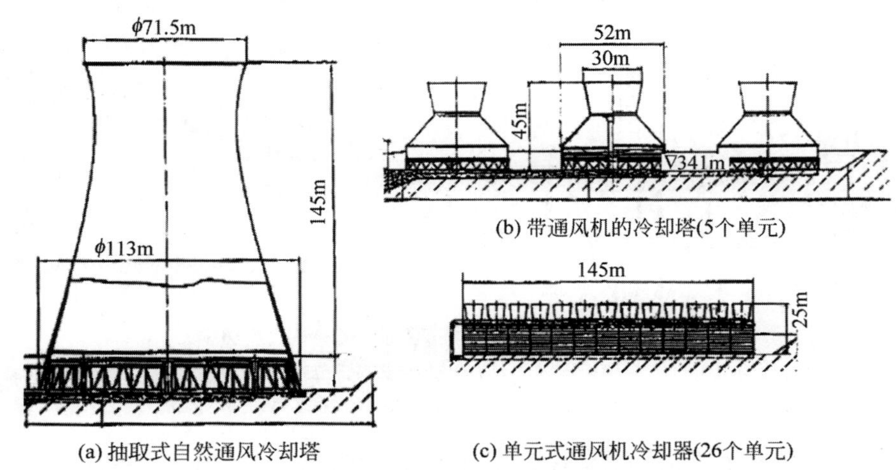

(a) 抽取式自然通风冷却塔 (b) 带通风机的冷却塔(5个单元) (c) 单元式通风机冷却器(26个单元)

图 8.23 各种原理下湿冷塔的典型尺寸(如电功率为 900MW)

对于第 3 种冷却方式，即空气干冷方式，不需要为空冷塔提供额外的用于蒸发的水。废热仅通过加热后流经塔的空气载出。

图 8.24 给出了这种冷却系统运行回路的原理。冷凝器和冷却塔之间有一个中间封闭的循环，这一循环运行后的温升 T_2-T_1 在 10℃左右。

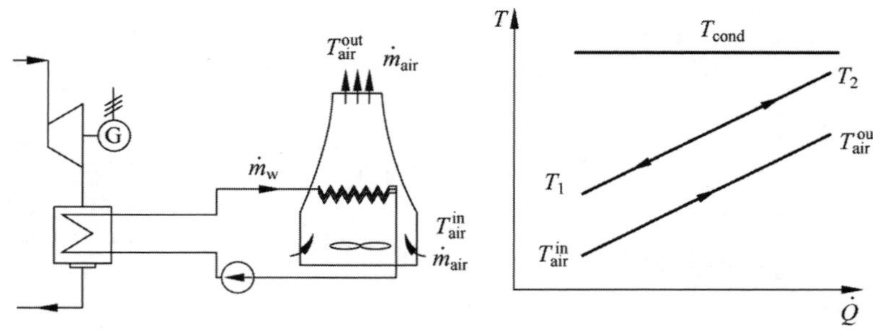

图 8.24　空气干冷的原理

根据能量守恒定律，可以导出如下关系式：

$$\dot{Q}_{Co}=\dot{m}_{Co}\cdot r=\dot{m}_{w}\cdot c_{w}\cdot(T_{2}-T_{1})=\dot{m}_{air}\cdot c_{air}\cdot(T_{air}^{out}-T_{air}^{in}) \tag{8.35}$$

需要的流通面积可以通过质量平衡关系来估计：

$$\dot{m}_{air}\approx A\cdot\rho\cdot v\approx\frac{1}{4}\pi\cdot D^{2}\cdot\rho\cdot v \tag{8.36}$$

其中，D 为冷却塔的特征直径。

图 8.25(a)解释了通过自然抽取实现空气气流干冷塔功能的设计原理。

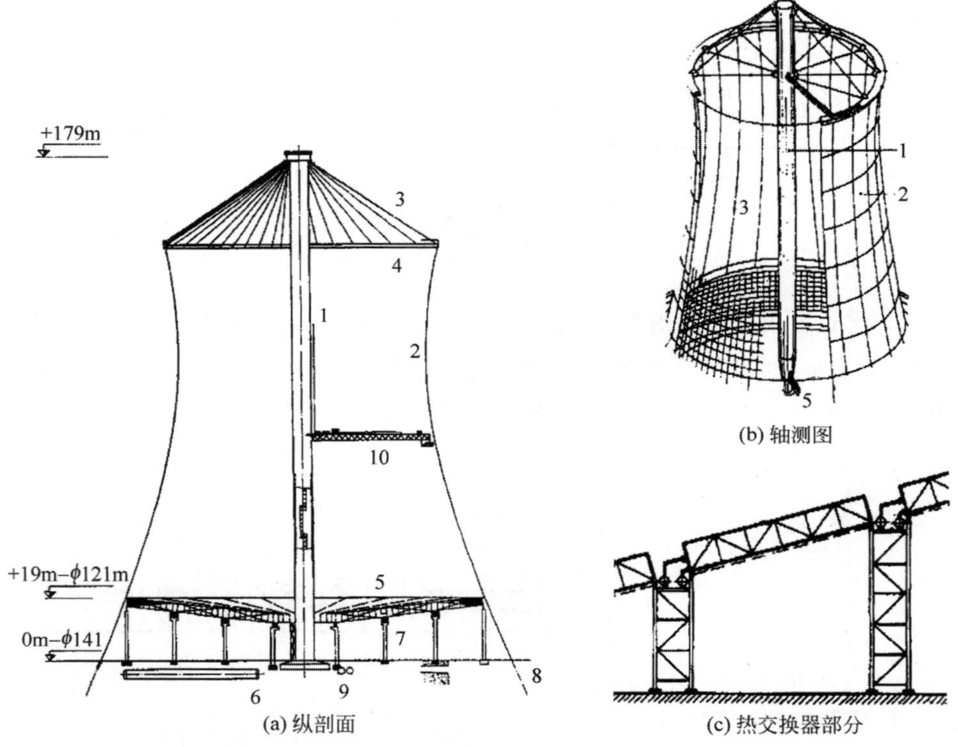

图 8.25　THTR 空气干冷塔(容量：450MW(热功率))

1—塔；2—电缆覆盖板；3—电缆；4—夹紧环；5—热交换器部分；6—冷却剂储存；7—支撑结构；8—地基；9—进水口和出水口；10—吊车系统

在 THTR 300 电厂中采用了冷却功率大于 450MW 的干冷塔，冷却塔的高度比较高(大约为 180m)。目前在世界范围内，许多反应堆的厂址条件受到限制(没有冷却水源)，故只能选择空气干冷塔方式。当然，这种冷却塔也可以采用强迫流动的方式来运行，在这种情况下，冷却塔的尺寸可以显著减小。但是，若采用这种运行方式，通风机又会消耗电能，因而降低了电厂的净效率。

空气冷却塔的另一种形式是混合冷却系统。当使用这种形式的冷却系统时，在很短的热天里，空气吸收热量同时水蒸发。将这一原则应用于冷却塔的空气入口温度非常高的那几天，也能达到需要的冷却效果。这种情况下的能量平衡具有如下形式：

$$\dot{Q}_{Co}=\dot{m}_{Co}\cdot r=\dot{m}_{w}\cdot c_{w}\cdot(T_{2}-T_{1})=\dot{m}_{air}\cdot c_{air}\cdot(T_{air}^{out}-T_{air}^{in})+\dot{m}_{w}^{*}\cdot r \quad (8.37)$$

当然，水的蒸发消耗也应是有限度的。这种类型的冷却系统的设计包括对与投资相关的成本（如冷却塔的额外投资）和较高的运行成本（如耗水量）进行优化。

在整个余热排出系统中，所谓的蒸汽循环的冷端对电厂的经济效益起着重要的作用。图 8.26 给出了蒸汽循环冷端的一些特征。

冷却流程	冷却水量(相对值)	冷凝器真空度/kPa	净效率/%
河水、海水冷却	1	5	40~42
湿冷塔	0.016	7	39~41
干冷塔	0	10	38~40

(a) 冷却条件的比较(HTR)

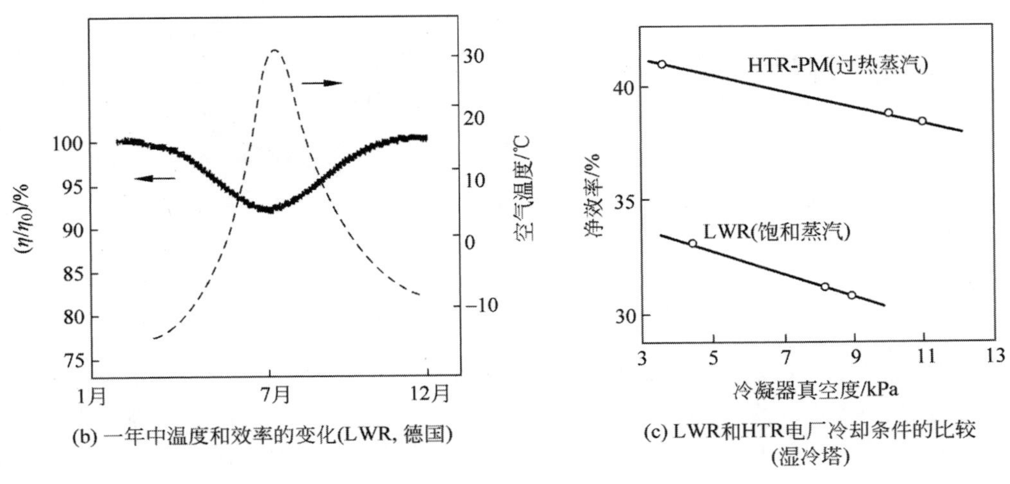

(b) 一年中温度和效率的变化(LWR, 德国)

(c) LWR和HTR电厂冷却条件的比较(湿冷塔)

图 8.26 蒸汽循环冷端的一些特征

蒸汽循环的效率取决于冷凝的压力，即真空度的高低。图 8.26(b)给出了 LWR 电厂中采用的饱和蒸汽循环方式和预期在 HTR-PM 中采用的常规过热蒸汽循环方式的概况。由于冷却条件在一年中是变化的，所以效率也是变化的，如图 8.26(b)所示。有时，因冷却水温较高，会直接影响欧洲大型 LWR 的运行。这些大型的 LWR 不得不因此而停下来，因为在申请许可证时即已确定了温度限值，若继续运行将违背许可证规定的条件。为湿冷塔（真空度约为 7kPa）提供冷却水源的河流或海水将因为冷却条件的变化（真空度约变化 4kPa）产生 1%的效率损失；而对于空冷塔（真空度为 10kPa），将会使电厂的效率进一步下降 1%。总的来说，河水冷却和干冷塔冷却之间的效率相差 5%。

表 8.6 总结了不同冷却过程的条件，并估算了额外的投资成本。虽然天然淡水冷却是最便宜的，但是，反应堆的选址是在世界范围内的，由于没有合适的冷却水源，如果不采用空气干冷塔就不可能建造大容量的电厂。

表 8.6 蒸汽循环过程中的各种冷却系统（过热蒸汽状况：530℃/18MPa，河水冷却）

冷却工艺	冷凝器真空度/kPa	净效率/%	投资成本/%
淡水冷却	5	40	100
湿冷塔	7	39	105
干冷塔	10	38	110

综上可知，空气干冷却是一种发电厂选址几乎与场址条件无关的冷却方式。若有非常极端的环境温度和电力需求，混合冷却系统不啻为一种最佳选择。

8.5 给水预热系统和给水泵

蒸汽循环过程还包括一个重要的设备，其相关配置如图 8.27 所示。

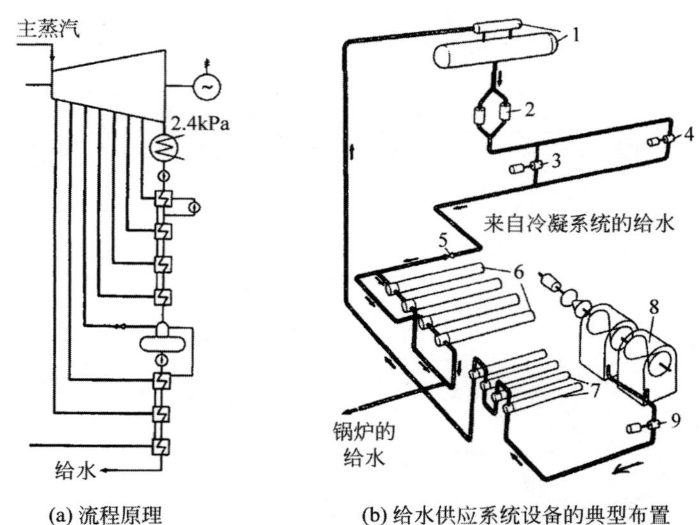

(a) 流程原理　　(b) 给水供应系统设备的典型布置

图 8.27　给水的预热

1—带除氧器的给水储罐；2—过滤器；3—主给水泵；4—主给水泵；5—给水调节阀；6—高压预热器；7—低压预热器；8—带冷凝器的低压汽轮机；9—冷凝泵

汽轮机冷凝器后面的主给水泵将给水输送到低压预热器，并从这里进入给水储罐。从储水罐再通过主给水泵使给水通过高压预热器进入蒸汽发生器。通过汽轮机抽汽对给水进行预热的卡诺循环将提高总的运行效率。如果给水和加热蒸汽之间的温差能够尽可能地小，则该过程就是热力学上最优的。预热过程分成几级并逆流进行。目前，先进的蒸汽循环电厂都使用了 8～10 级的给水预热器，预热后的温度为 200～250℃。在 HTR-PM 电厂中，给水预热的温度设计为 205℃，以便与氦气进入反应堆的入口温度(250℃)相匹配。

目前，在实际应用中采用的预热系统存在多种方式。图 8.28 给出了多种热交换器的范例。

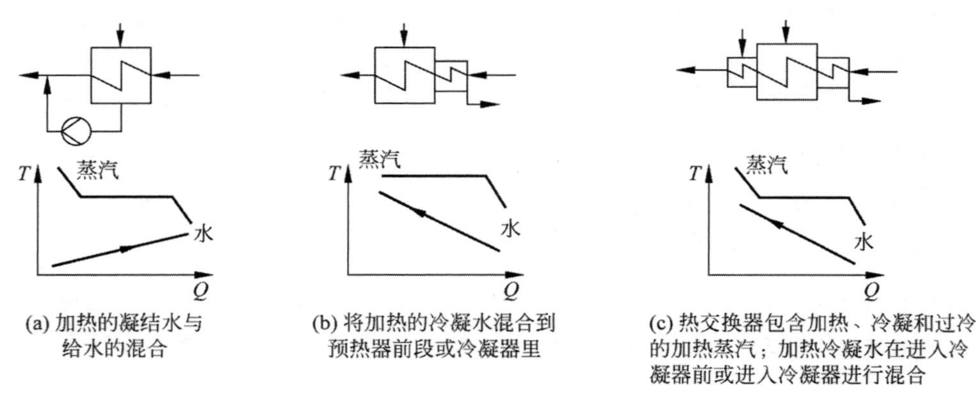

(a) 加热的凝结水与给水的混合　　(b) 将加热的冷凝水混合到预热器前段或冷凝器里　　(c) 热交换器包含加热、冷凝和过冷的加热蒸汽；加热冷凝水在进入冷凝器前或进入冷凝器进行混合

图 8.28　预热给水的各种热交换器系统

实际使用中有两种原理的预热器：混合预热器和表面预热器。图 8.29 所示为表面预热器的水平布置的低压预热器。

在典型的预热器中，给水管以水平管束布置，加热蒸汽在管外，最后被冷凝。蒸汽和给水之间的典型温度差为 3～7℃，这一温差仍然使热流密度具有相当高的数值。

带除氧器的混合预热器的原理如图 8.30 所示。该设备的容量必须足够大，以保证蒸汽循环具有足够强的与回路控制相关的惰性行为。

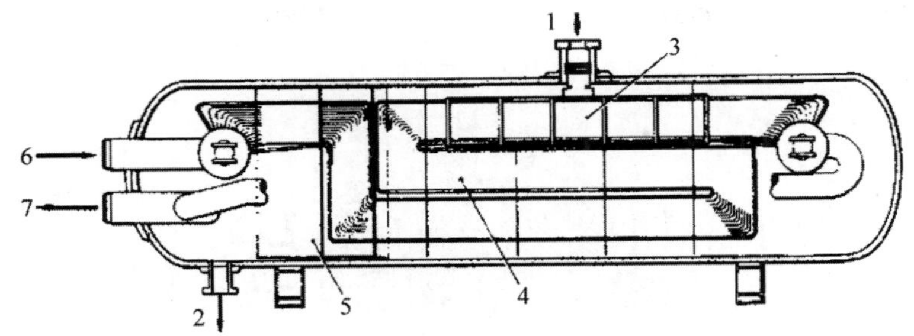

图 8.29 水平布置的低压预热器

1—蒸汽入口；2—冷凝器出口；3—管束；4—冷凝区；5—导流表面；6—给水入口；7—给水出口

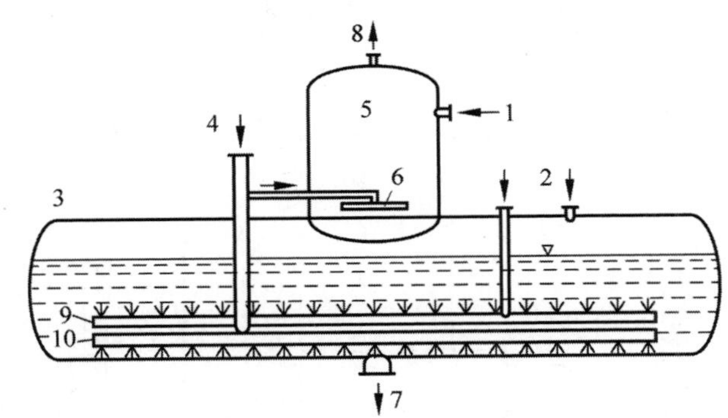

图 8.30 带除氧器的混合预热器原理

1—主冷凝水的入口；2—其他冷凝水入口；3—给水储罐；4—加热蒸汽入口；5—除氧器；6—附加的加热；7—给水出口；8—除去的气体；9—其他的冷凝水分配；10—加热蒸汽分配

带除氧器的混合预热器在安全性上也发挥着重要作用，因为这里储存了大量的水，所以一旦发生事故，则可用于蒸汽发生器的冷却。

系统中的传热是通过所有进入设备的水的混合完成的。该混合预热器的主要用途是去除像 CO_2 和 O_2 这样的腐蚀性气体，因为这些气体有可能带来循环过程中的腐蚀。为了使给水达到足够的除气水平，系统的温度被设定为与给水储罐压力相应的饱和温度以下 1～2℃。由于遵循亨利定律，此时气体在水中的溶解度已足够低。

在正常的蒸汽循环中，储罐中水的体积为 $70\text{m}^3/(100\text{MW})$，使循环具有很高的惯性且在运行过程中保持稳定性。

由于水接近饱和状态，因而系统具有较大的不确定性，在给水储罐发生爆裂的情况下存在很大的潜在危险。因此，要求改进设备制造、测试、监督、检查和重复测试的方法。此外，储水罐还必须满足如下要求：在发生爆炸后，飞射物不能击中发电厂中的核设备或其他敏感设备。

给水泵必须向蒸汽发生器提供给水。图 8.31 所示为几十年以来在常规发电厂中应用得很成功、可靠性很高的给水设备。

给水泵的功率可由下面的关系式计算得到：

$$P_{\text{P}} = \frac{\Delta p \cdot \dot{m}}{\rho \cdot \eta} \tag{8.38}$$

其中，Δp 是冷凝器和蒸汽发生器入口的压差；$\dot{m}$ 是给水的质量流量；η 是泵和驱动机构的效率。

质量流量可以设定为约 1000t/h，转速可以设定达到 8000r/min，驱动器的功率可以设定超过 20MW。表 8.7 给出了应用于 HTR-PM 蒸汽循环的给水泵的相应参数。

表 8.7 HTR-PM 蒸汽循环给水泵的参数

参　数	数　值	参　数	数　值
质量流量/(kg/s)	约 200	功率/MW	6
入口温度/℃	200	转速/(r/min)	6000
入口压力/MPa	1	驱动器	电机
出口压力/MPa	17		

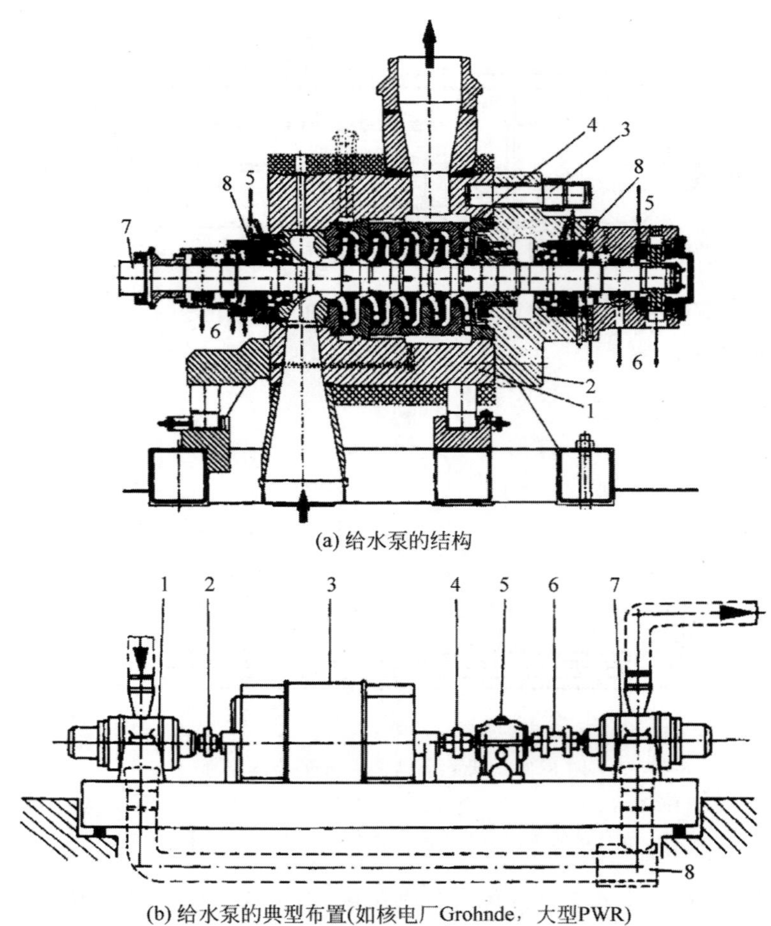

(a) 给水泵的结构

(b) 给水泵的典型布置(如核电厂Grohnde，大型PWR)

图 8.31　给水泵

(a) 1—壳体；2—封头；3—封头的螺栓；4—压缩段腔室；5—润滑油入口；6—润滑油出口；7—轴；8—轴向轴承

(b) 1—泵；2—离合器；3—电动机；4—离合器；5—齿轮；6—离合器；7—主泵；8—过滤器

8.6　蒸汽循环的优化

在全球范围的能源经济中，人们尽最大努力对能源的利用进行优化，从而提高能源利用的效率。如图 8.32 所示，若要实现更高的蒸汽循环电厂效率，存在很多可能性。

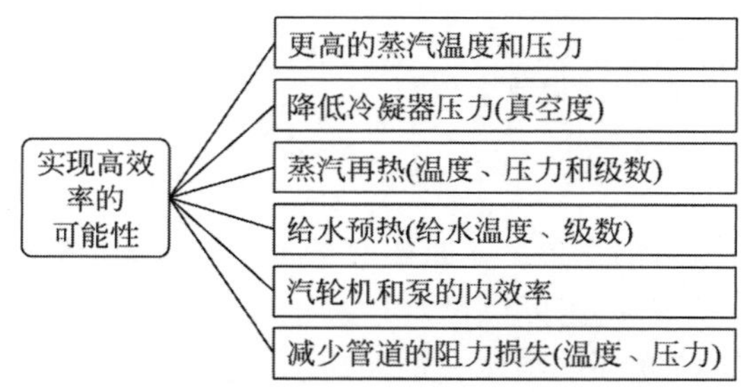

图 8.32　实现更高蒸汽循环效率的可能性

特别是在过去的几十年里，蒸汽参数不断得到改进，使汽轮机的效率也不断得到提高。图 8.33 给出了蒸汽参数的发展历程及未来实现更高效率的可能性。

如图 8.34 所示，全球范围内发电领域的技术取得了巨大的进步。在采用蒸汽循环的方式下，常规燃煤发电厂效率的提高给人留下了深刻印象。在过去的 50 年中，这一数值提高了 30%(相对值)。

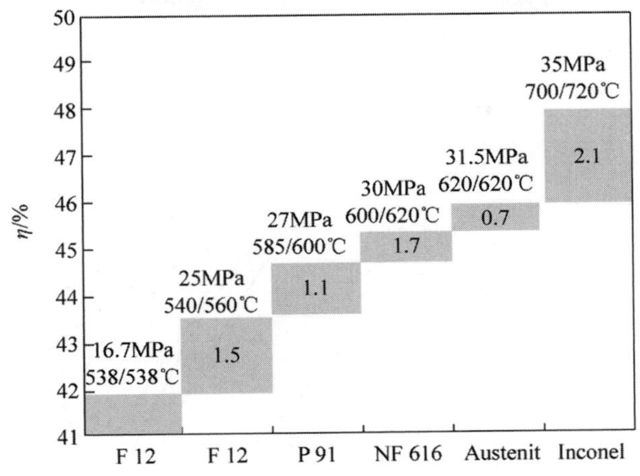

图 8.33　常规电厂中蒸汽循环蒸汽参数和效率的发展趋势及材料的改进(有再热)

此外,在这一领域进行的创新也取得了很大的进展,特别是在实现更优蒸汽参数方面,更是可圈可点。图 8.35 给出的示例表明,如果能够采用 650℃的蒸汽,净效率大约可以提高 10%(相对而言)。

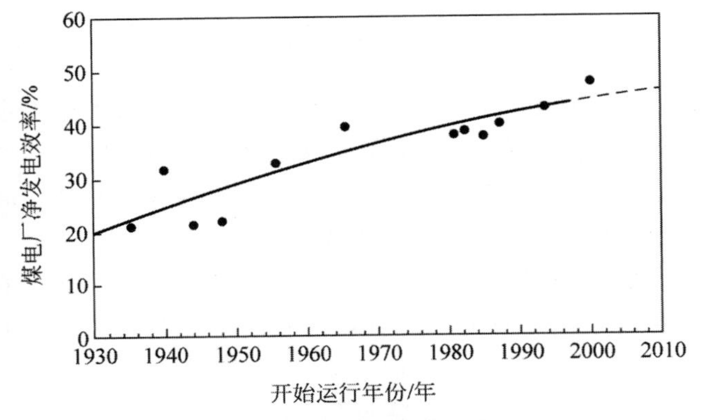

图 8.34　全球蒸汽循环电厂的发展概况

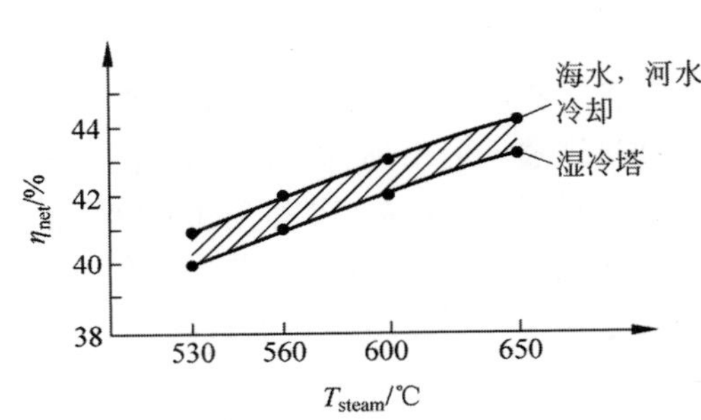

图 8.35　蒸汽循环电厂效率随蒸汽温度和冷却条件的变化

目前,采用 600℃、30MPa 蒸汽的燃煤电厂的净效率已经达到 45%。未来,计划将蒸汽温度提高到 700℃,使其净效率达到 48%左右。但是,如果未来需要实现 CO_2 的捕集和埋存,以应对全球气候变化保护环境,那么燃煤电厂的净效率将会再次大幅降低。目前的估计是,这种额外的废物管理过程将使净效率降低 20%～30%(相对值)。

对于 HTR-PM 的蒸汽循环系统,未来也要考虑实现类似的更高的效率。从改进高温合金材料的研发计划及合格认证中获取的许多经验也可应用于核技术领域。

在反应堆系统中,蒸汽发生器、蒸汽管道和汽轮机第 1 级中使用的材料对于达到上述高温条件起着重要的作用。

蒸汽循环参数的选择将遵循多年来全球范围内反应堆运行的相关经验,其中也包括优化的原则。对此,可以以蒸汽温度为例给出具体的解释。近几十年来,发电技术的发展已使蒸汽温度从 400℃提高到了 530℃,而这也成为很多国家中大多数发电厂运行通常采用的温度参数。

由于一次能源载体的成本上升及 CO_2 问题的日益严重,今后将会继续沿着提高蒸汽温度和压力的方向发展。此外,制造业和新型高温材料的发展使进一步提高能源转换效率成为可能。600℃左右的蒸汽温度是当今能够达到的技术水平。

在蒸汽温度为 530℃的条件下,可使用铁素体材料,如图 8.36 所示。在这一运行温度以上,需要采用奥氏体材料。这种类型材料的强度会随着运行时间的延长而有所下降,在对高温条件下运行的部件进行设计时必须考虑这一因素。此外,在使用奥氏体钢材料时,由于其导热系数低于铁素体材料,所以热应力较高。

与铁素体材料相比,其瞬态应力更为重要。因为这些因素会很大地制约运行在高温下并且使用这些材料的电厂随负荷的变化进行调整的能力。例如,奥氏体钢 X20CrMoV121 可以应用在 650℃的壁面温度,并满足高温部件设计所需要的使用寿命。

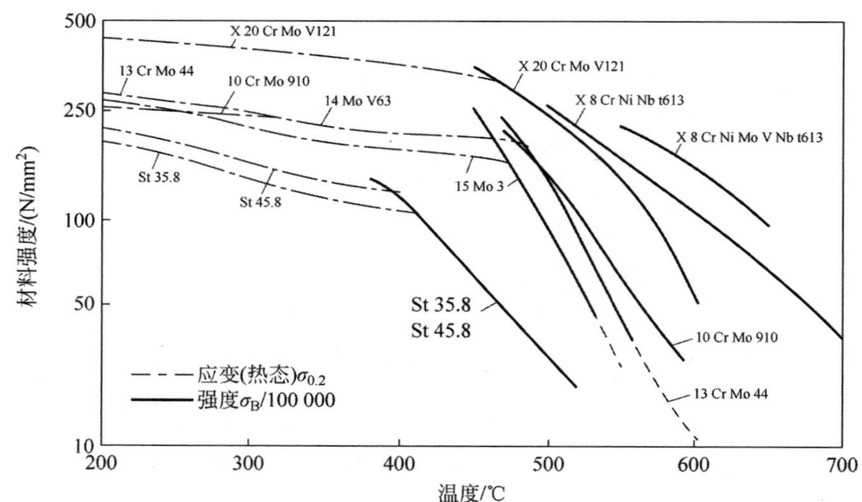

图 8.36 蒸汽发生器、蒸汽管道、汽轮机中高温材料的强度随壁面温度的变化

整个蒸汽循环电厂所有参数的变化必须在经济评价的基础上进行考虑。例如,关于提高蒸汽参数在经济上是否有吸引力这个问题,就必须要用最优化的方法来分析。原则上,提高蒸汽温度会导致燃料成本的降低和投资成本的增加,因为诸如蒸汽发生器过热段、蒸汽管道、汽轮机的第 1 级叶片等部件都必须使用高温合金材料制造。有时,尤其是在开发的初期,由于缺乏经验或者采用了更高的蒸汽温度,会使电厂的运行变得更加复杂,使以等效满功率年运行时间表达的可利用率有所降低。在几十年的运行期间,高温电厂的很多技术经验会不断地得到积累,这一点已得到印证,而这一结论对电厂的可靠性和经济性有着决定性的影响。

根据发电成本与蒸汽温度之间的依赖关系,可以得到如下简化的方程(详见第 13 章):

$$\chi(T_{st})=\frac{K_{inv}(T_{st})\bar{a}}{P_0\cdot\tau\cdot 100}+\frac{k_F\cdot 100}{\eta(T_{st})\cdot B}+K_{wD}\cdot\frac{1}{\eta(T_{st})}\cdot\frac{100}{B}\cdot\gamma \tag{8.39}$$

其中,χ 为发电成本(美元/kW·h);K_{inv}/P_0 为比投资(美元/kW);$\bar{a}/100$ 为包括所有固定成本在内的资本因子(1/年);τ 为全年等效满功率运行小时数(小时/年);k_F 为燃料成本(美元/t 燃料);η 为效率(%);B 为燃料的燃耗(kW·h/t)(相应于常规电厂燃料的热值);K_{wD} 为废物处理成本(美元/t 废物);γ 为相对燃料的废物量(t/t)。

在上述近似过程中,如果引入新的技术,则有可能使因子 τ 下降而产生的影响被忽略掉。最低发电成本的条件可以根据如下的必要和充分条件给出:

$$\partial\chi/\partial T_{st}=0,\quad \partial^2\chi/\partial T_{st}^2>0 \tag{8.40}$$

K_{inv} 和 η 对 T_{st} 的依赖关系相对而言有些复杂。这里给出的函数式来自于实际经验,可以使用线性近似:

$$\eta(T_{st})=\eta_0\cdot(1+\alpha\cdot T_{st}),\quad K_{inv}(T_{st})=K_{inv}^0\cdot(1+\beta\cdot T_{st}) \tag{8.41}$$

优化过程是在实现发电成本最低的条件下进行的,求得的蒸汽温度即为最佳温度。

$$T_{st}(\text{optim.})\approx\frac{1}{\alpha}\left[\sqrt{\frac{(K_F+K_{WD})\cdot\alpha\cdot P_0\cdot\tau}{B\cdot\eta_0\cdot K_{inv}^0\cdot\beta\cdot\bar{\alpha}}}-1\right] \tag{8.42}$$

这种关系表明:燃料成本 K_F 越高,废物处理费用 K_{WD} 越高,那么选择的运行时间 τ 就越长,过热蒸汽温度就越高;另一方面,在资本因子 $\bar{\alpha}$ 不断上升和用 β 表示的投资成本增加得越高时,对 T_{st} 更应加以限制。根据上述简化的优化模型,图 8.37 给出了发电成本随蒸汽温度变化的趋势。与投资相关的成本随着温度的升高而增加,依赖燃料的成本随着温度的升高而下降。由上述依赖关系可知,存在最低的发电总成本。

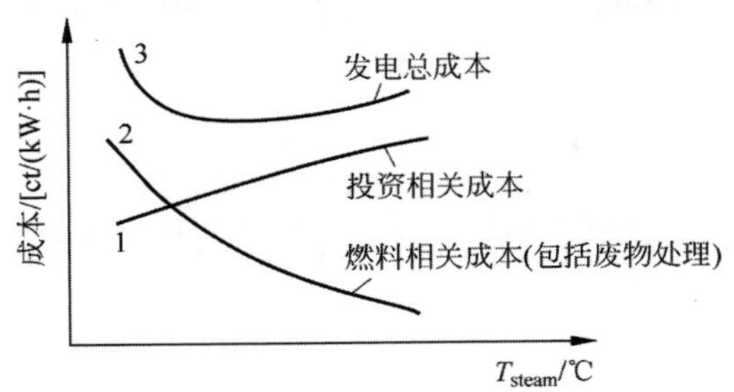

图 8.37 发电成本随蒸汽温度的变化趋势(包括废物处理成本)

目前,最低的发电总成本应该在蒸汽温度为 530～600℃时。尤其是当电厂处于 30～40 年的运行期间时,燃料供应成本及电厂本身运行的条件都发生了变化,因此,需要进行更为详细的动态优化。例如,采用生命周期成本进行分析可以提供更多的信息以辅助确定最低的发电总成本。假设整个运行阶段燃料成本呈升高趋势,则图 8.38 所示的最小值将向右偏移,即有可能偏向更高的蒸汽温度。此时,有一个重要点需要注意:电厂的经验偏向于在标准条件下实现电厂较高的可利用率。另外,新材料需要在实际运行中经过较长时间的合格性验证,而这一过程会影响式(8.42)中的 τ 值,因此必须在详细的优化分析中进行充分的考虑。

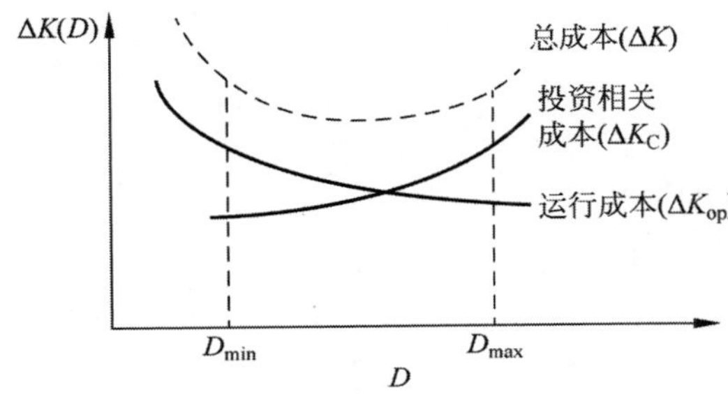

图 8.38 蒸汽发生器和汽轮机之间的蒸汽管道直径优化的定性图示

将主蒸汽温度提高到 600℃被认为是目前计划和建造常规发电厂的标准,也可看作 HTR 蒸汽循环电厂的一个令人感兴趣的长期选择。在这种情况下,反应堆出口温度应从 750℃提高到 800℃,以限制蒸汽发生器需要的换热表面积。同时,还可以进行类似的估计以优化蒸汽循环的其他参数。除此之外,每一个重要的设备都需要优化,以实现效率与投资成本之间的折中。

这项工作的一个重要例子是对蒸汽发生器和汽轮机之间的蒸汽管道的优化设计。这个管道的设置使蒸汽温度降低了约 5℃,压力降低了约 0.5MPa,因而造成了相应的热损失。图 8.45 给出了对这个影响进行的一个非常简单的经济评估。改变管道直径 D_{ot} 引起的电厂每年成本的变化 ΔK 可以表示成

$$\Delta K = \Delta K_{inv} \cdot \frac{\bar{a}}{100} + \int_0^{1年} \Delta p \cdot \dot{m}_{st} \cdot \chi_{el} \cdot C \cdot dt \tag{8.43}$$

投资成本的变化可用下面的函数式来近似:

$$\Delta K_{inv} \approx c_1 + c_2 D + c_3 D^2 \tag{8.44}$$

其中,D 是蒸汽管道的直径。D^2 是由管道的重量所致,因为管的壁厚 s 与管的直径成正比。压降 Δp 取决于管的直径,由下面已知方程给出:

$$\Delta p \approx L/D^5 \tag{8.45}$$

其中,L 是管的长度。在式(8.46)中,χ_{el} 表征了为补偿管道中的压降泵所消耗的电量产生的相应的发电成本。优化的函数具有如下形式:

$$\Delta K(D) \approx (c_1 + c_2 D + c_3 D^2) \cdot \frac{\bar{a}}{100} + \frac{c \cdot L}{D^5} \cdot \chi_{el} \cdot \tau \tag{8.46}$$

应用通常的条件来确定由该管道引起的每年发生的额外成本的最小值,可以得到图 8.38 所示的依赖关系。

当然,管道直径的选择也会受到一些因素的限制。最小直径 D_{min} 的确定取决于蒸汽的速度不超过由流

动条件等原因给定的某一设定值。最大直径 D_{max} 应受限于技术上的原因,如汽轮机和汽轮机入口处隔离阀系统之间的连接部件会制约最大直径 D_{max}。

总的来说,蒸汽循环的优化要应用一个复杂的计算机程序,其中必须包括对流程和设备的重要依赖关系的分析和设计。这项工作对于实现电厂的优化设计非常重要。此外,一个涵盖电厂整个运行时间的动态分析也是很有必要的,这样就能够将燃料成本的变化及电厂所需要的废物管理和劳力等因素综合起来并在进行整体设计时一并考虑。

8.7 蒸汽循环的潜力

目前,对于所有用于商业用途的反应堆类型,其冷却剂高温端的温度均受到限制,因此,其运行效率也会受到限制,如图 8.39 所示。所有轻水反应堆运行的发电效率约为 33%,AGR 电厂达到 40%。快中子增殖堆和采用蒸汽循环的 HTR 运行时可达 40%的效率。

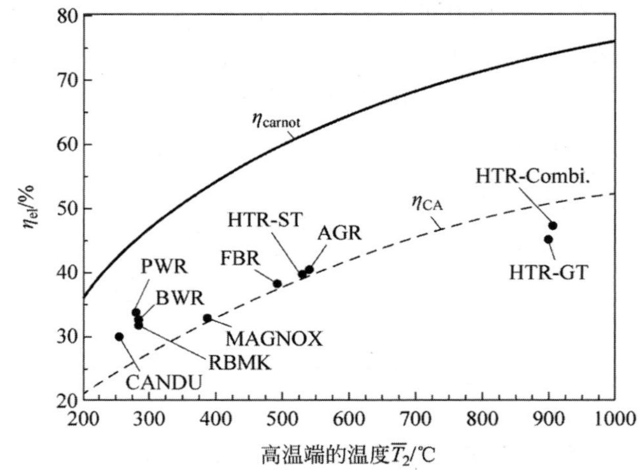

图 8.39 发电效率与由 Curson/Anlhorn(η_{CA})近似给出的曲线的比较

在所有情况下,低温端温度 $\overline{T}_1$ 为 300K

不久前,德国通过对低压汽轮机叶片的优化改进了 PWR 流程,使效率提高了 1%。对于欧洲压水堆(EPR),使用改进的汽轮机设计,并对蒸汽循环预热系统进行了更大程度的完善,特别是将相对更寒冷的海水用于废热排出,使效率达到 35%~36%。

实际运行效率可以根据 Curson/Alhom 近似给出的曲线得出,这个特殊的 Curson/Alhom 近似理论的表达式如下:

$$\eta_{CA} = 1 - \sqrt{T_1/T_2} \tag{8.47}$$

这个方程是根据分析过程中的传热损失计算得出的。有趣的是,这种方法反而为实际情况提供了相对精确的数值。

在使效率进一步提高方面,HTR 具有很大的灵活性。使用该系统作为热源时,可以使用 3 种不同的发电流程,应用于未来将显著提高电厂效率,这 3 种发电流程分别为蒸汽循环、气体透平循环和联合循环,对其主要流程已在第 1 章中给出了说明。

采用 530℃蒸汽的蒸汽循环可以实现 40%左右的效率,这一结论已被 THTR 300 和圣・弗伦堡堆所证实。蒸汽温度每提高 30℃,可以使效率提高约 1 个百分点。目前,计划和已建造的常规发电厂均考虑将高温端蒸汽温度提高到 600℃作为标准,这对 HTR 核电站来说也是一个值得关注的长期选择。反应堆出口温度应从 750℃提高到 800℃,以适应这种情况下对蒸汽发生器换热表面积的限制,这种改动并不会显著改变燃料元件的布置。在调整后的条件下,蒸汽发生器的材料仍然是可用的。图 8.40 所示为采用超过 8 个预热段的优化蒸汽循环电厂。这座电厂采用褐煤燃烧,并已成功运行,其运行净效率达到 45%左右。

目前,基于燃烧天然气的联合循环已在全球范围内得到应用,如果燃气轮机入口温度达到 1200℃,则可

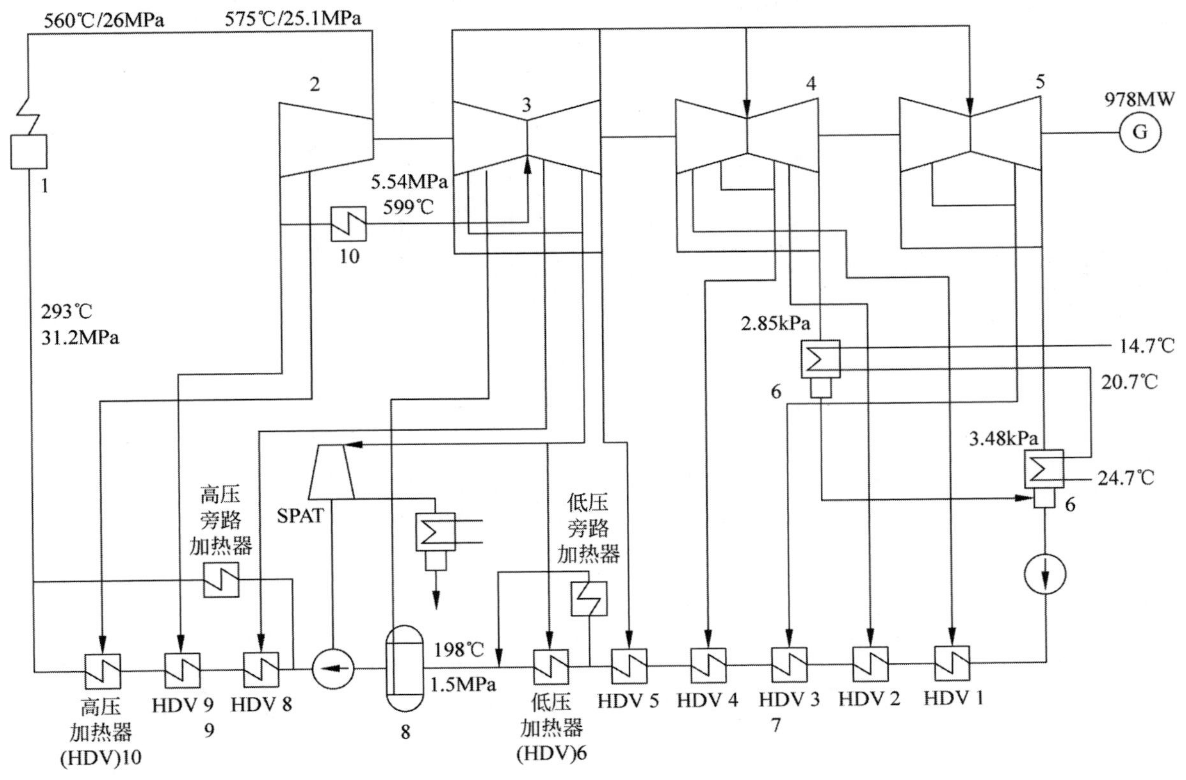

图 8.40 采用蒸汽循环的现代燃煤(褐煤)电厂的流程

1—蒸汽发生器；2—高压汽轮机；3—中压汽轮机；4—低压汽轮机(4 个抽汽口)；5—低压汽轮机(2 个抽汽口)；6—冷凝器；7—预热段(低压，NDV 低压预热器)；8—给水储罐；9—预热段(高压，HDVs 高压预热器)；10—中间加热器

实现将近 60%的净效率。图 8.41 对使用一次能源的原理给出了说明。燃气轮机后面的余热部分用于产生底部蒸汽循环的蒸汽。

这种联合循环原则上也可用于 HTR 作为热源的情况。如果使用中间热交换器，预期可以具有一定的优势。

通过对模块式 HTR 应用进行的讨论，可以得到以下结论。当氦气温度为 900～950℃时，使用气体透平和蒸汽轮机联合循环的效率可以达到 46%～48%。即使使用了中间热交换器，效率仍有可能达到 44%～45%。在具体应用中进行的一些调整采用的仍是世界范围内许多电厂中广泛应用的成熟的燃气轮机技术，如图 8.42 所示。

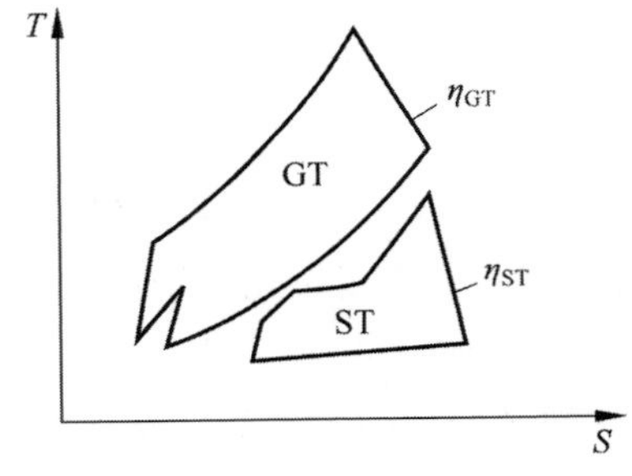

图 8.41 联合循环的 T-S 图

GT—燃气轮机循环；

ST—蒸汽循环(没有或者带有再热)

采用一个简单的估计就能够表明实现上述运行效率是可行的。对于联合循环的总效率，可以得到如下的关系式：

$$\eta_{tot} \approx \eta_{GT} + (1 - \eta_{GT}) \cdot \eta_{ST} \cdot \varepsilon \tag{8.48}$$

其中，η_{GT} 是气体透平的效率，η_{ST} 是蒸汽循环的效率，ε 表征了回收热量用于蒸汽循环的份额。采用如下数值：$\eta_{GT} \approx 0.3$，$\eta_{ST} \approx 0.36$，$\varepsilon \approx 0.65$，得到 $\eta_{tot} \approx 0.46$。图 8.43 给出了循环效率随流程高温端温度的变化。

要使循环效率得到更进一步的提高，可以采用再热方式。将从高压汽轮机排出的乏汽在氦回路中再热这一方案已成功实现(例如，THTR 和圣・弗伦堡)，其原理如图 8.44(a)所示。再热过程可以使高温区内氦气侧和蒸汽侧之间的压力近乎达到平衡，同时，由于管壁两侧的压差非常小而降低了正常运行时的机械应力。

当然，要想通过中间再热来提高效率(1%～2%)，必须要在设备的设计上付出更多的努力并加大投资。同时，需要有更多的再热管道贯穿通过一回路系统，并附加取样和蒸汽管道及一个汽轮机。总之，在进行总体设计时，需要进行技术和经济上的优化。

原则上，中间再热也可以通过主蒸汽的旁路来实现，如图 8.44(b)所示。基于中间再热可以在较低温度下运行这一事实，该技术方案已被压水堆和沸水堆采纳，几十年的运行证明其是有效的。如果将其应用于 HTR 蒸汽循环，则必须要将由高温蒸汽加热的热交换器视为一个新的设备，但这应该可以在已有经验的基础上实现。

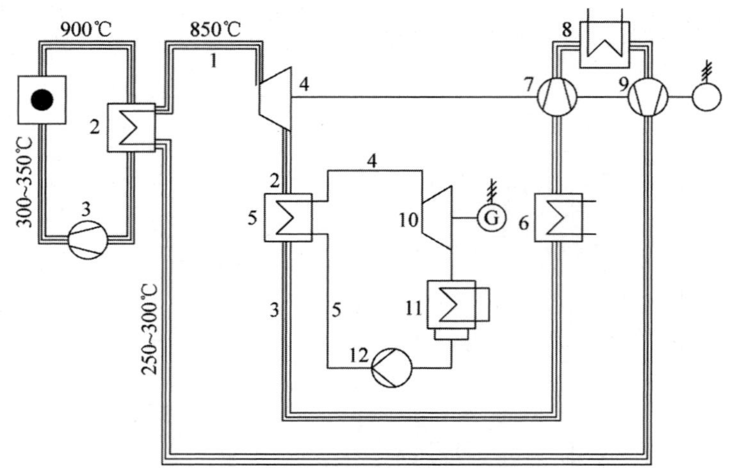

图 8.42　HTR 作为热源、采用一个中间热交换器的联合循环

1—核反应堆；2—氦/氦-热交换器；3—氦风机；4—氦气透平；5—蒸汽发生器；6—预冷器；7,9—压缩机；8—中间冷却器；10—蒸汽轮机；11—冷凝器；12—给水泵

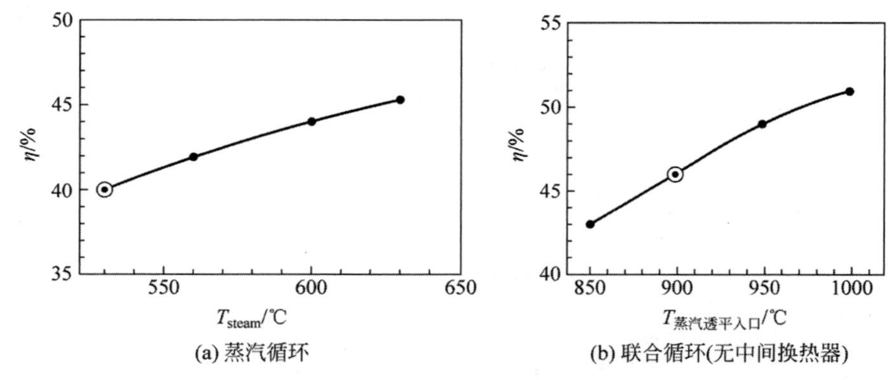

图 8.43　循环效率随流程高温端温度的变化

图 8.44(c)显示了模块式 HTR 蒸汽循环中采用再热的第 3 种可能性。全部高温主蒸汽用来对蒸汽进行再热，然后在高压汽轮机中膨胀。在这种情况下，蒸汽加热的热交换器的管壁温度更高，这是因为加热蒸汽的温度可能在 600℃以上。

这两种变型的效率都比没有采用中间再热的流程高出约 1%。在常规的蒸汽循环电厂中，甚至实现了两个阶段的再热。

在蒸汽发生器的所有应用中，就流程技术而言，进入反应堆的氦气入口温度为 250～300℃是合理的。这使全流量冷端氦气流过所有一回路的设备直接进行冷却。并且，这个温度对于避免石墨结构中的维格纳效应也是十分敏感的。将蒸汽温度提高到 600℃或者更高，就要考虑对蒸汽发生器管道采用大约 700℃的材料。虽然这种材料可以获得，但价格较之前的材料会更贵。

材料领域的新发展使蒸汽发生器的设计成为可能，可充分满足上述要求，并提供足够长的使用寿命。许多国家都很关注新建常规发电厂的工作，其中包括将再热器蒸汽温度提高到 600～700℃的改进方案。

需要指出的是，所有这些改进措施均需进行系统的优化，如图 8.45 所示。

燃料循环成本可能的降低必须与较高的投资成本进行比较，达到一种合理的平衡。特别是在电厂 30～50 年运行期间，燃料供应成本及运行条件本身都有可能发生变化，因此，这个问题就需要一个详细的动态优化过程。例如，可以采用生命周期成本分析，以提供更多关于这一问题的信息，辅助优化。

总体而言，在能源经济方面，特别是在发电领域，需要进行广泛的优化，以便在技术、经济、生态环境/安全和节约资源之间实现合理的折中。尤其是在过去几十年中，环境条件的改善显得尤为重要，它对优化产生了极大的影响。

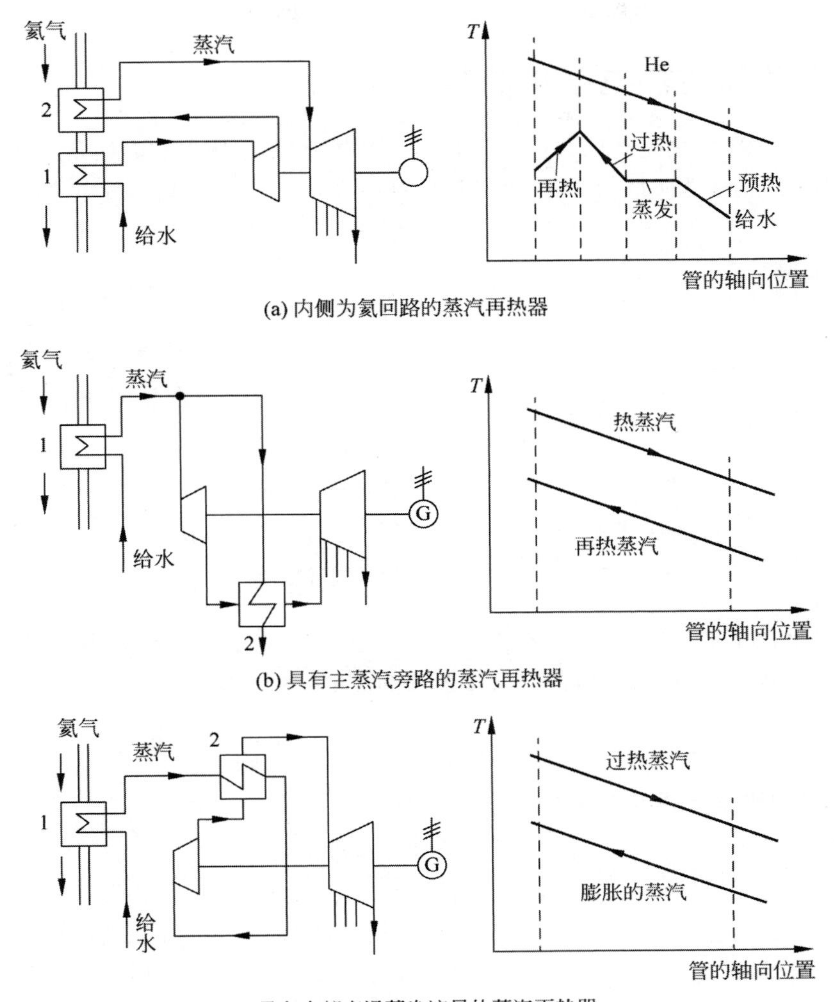

图 8.44　模块式 HTR 蒸汽循环中采用再热的可能性

(a) 1—蒸汽发生器；2—氦气加热的再热器；(b) 1—蒸汽发生器；2—外部再热器；(c) 1—蒸汽发生器；2—外部再热器

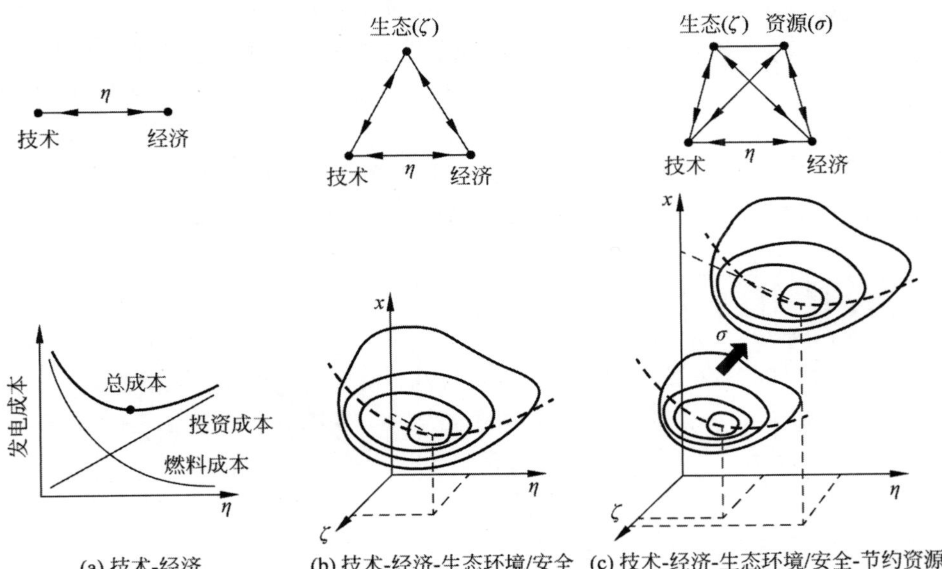

图 8.45　优化过程中发电技术各种要求间的折中(最低发电成本)

8.8 采用蒸汽循环的热电联供流程

蒸汽循环的另一个重要应用是热电联供和工艺热，特别是在不同压力和温度条件下工艺蒸汽的应用。在最简单的回路情况下，即所谓的背压汽轮机电厂(图 8.46)，存在供热与发电之间的刚性耦合。

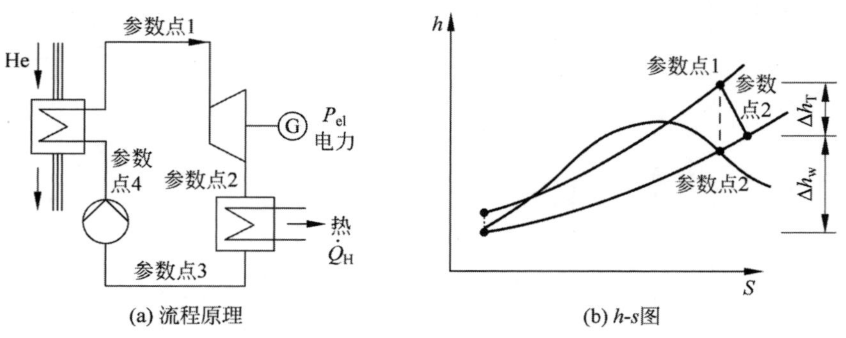

图 8.46 背压汽轮机热电联供的原理

由于没有能量在低温下通过冷凝损失，在上述情况下实现了能量的最高利用率，应用中供电与供热的特征比值主要取决于背压，因而取决于所需要的工艺热的温度。

$$\xi \approx \frac{h_1 - h_2}{h_2 - h_3}, \quad \eta_{tot} \approx \frac{(h_1 - h_2) + (h_2 - h_3)}{h_1 - h_4} \tag{8.49}$$

这种情况下，能源的总利用效率和火用效率由下式给出：

$$\eta_{tot} = \frac{P_{el} + \dot{Q}_H}{P_{th}}, \quad \eta_{ex} = \frac{P_{el} + \dot{Q}_H \cdot (1 - T_{env}/T)}{P_{th}} \tag{8.50}$$

其中，T_{env} 是环境温度，T 是工艺蒸汽的温度。

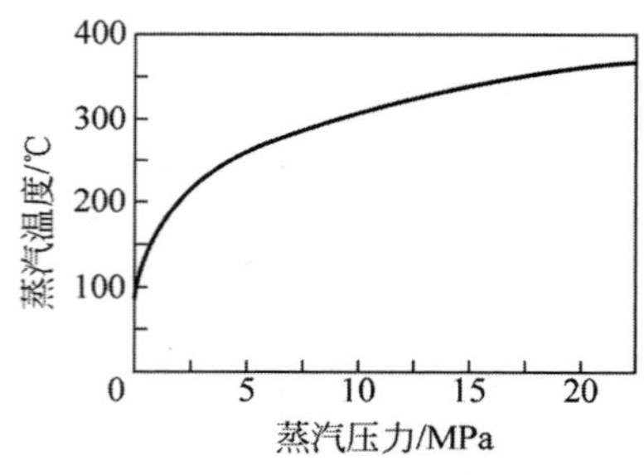

图 8.47 水的冷凝(蒸发)曲线

η_{tot} 有可能达到 80%～90%，但是，发电效率比带有冷凝的蒸汽循环要低。图 8.47 给出了水的冷凝(蒸发)曲线。冷凝点应该至少选在抽汽最高温度的 10℃以上，因为这个温差对于设备中的传热过程是必要的，通过该过程将热传输给消费者。

通常情况下，采用一个蒸汽转换装置将电厂与使用热的设备或系统隔离开。如果使用核反应堆作为热源，则氚在任何情况下都可能渗透到提供的工艺热中。如果把核的工艺热引入能源市场，那么这一申请会成为整个反应堆申请许可过程中的一个重要问题，需要许可机构更进一步的审核。

如果要使供电与工艺热之间的分配更灵活——这也是大多数实际应用要求的，则需要采用抽汽式汽轮机，如图 8.48 所示，这一过程通常是在抽汽冷凝回路及背压抽汽流程中实现的。

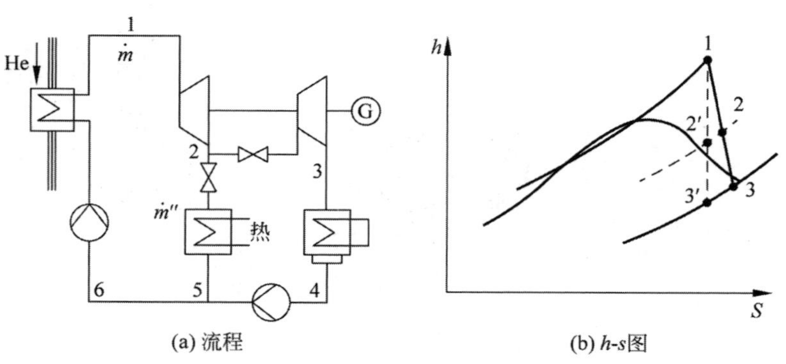

图 8.48 抽汽式汽轮机系统

为了使电厂能够在实际中实现区域供热或者海水淡化的方案，图 8.49 给出了有针对性的经过详细计算后的结果。根据二级给水出口温度及主蒸汽的条件，当供电与供热之比达到 0.5 时，这一方案是可以实现的，从而可以获得一个很好的一次能源利用率。由于化工、炼油、油页岩加工及提高原油采收率等工业过程所需的工艺蒸汽供应，抽汽必须在较高的温度下进行。因此，供电和供热之比将大幅度降低。在这些情况下，高温蒸汽的抽取只能在汽轮机系统的高压段上进行。为了将工艺热提供给这些工艺流程，大多数电厂均要求采用一个蒸汽转换装置。

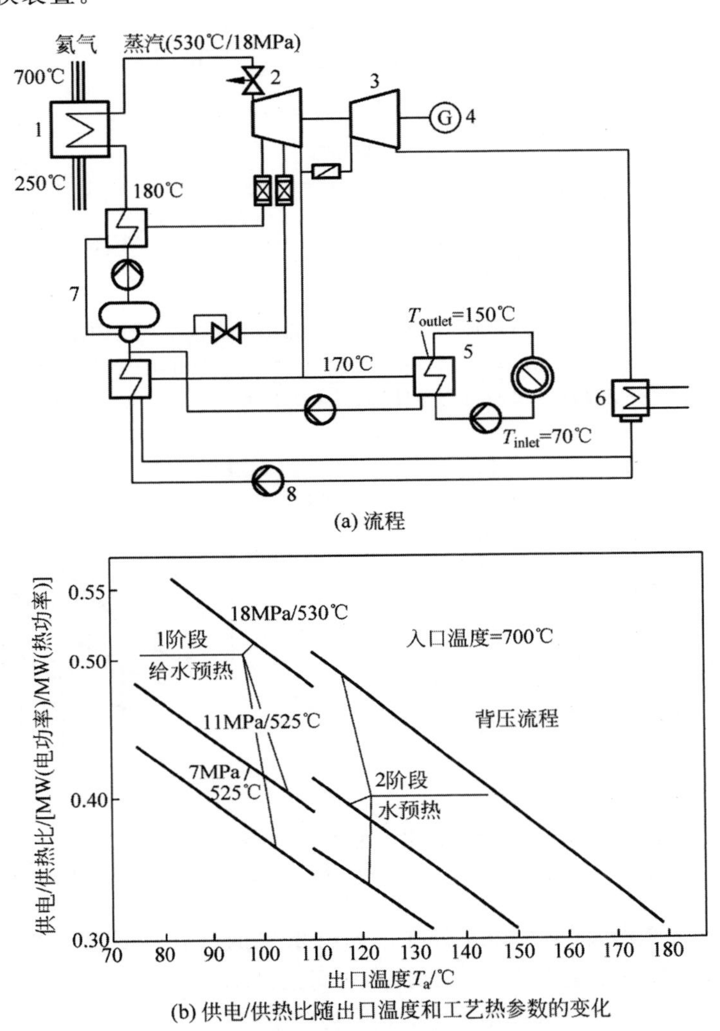

图 8.49 背压抽汽电厂的实际案例

1—蒸汽发生器；2—高压汽轮机；3—低压汽轮机；4—发电机；5—区域供热的热交换器；6—冷凝器；7—预热系统；8—给水泵

对于一个设计用于热电联供的模块式 HTR，已经制定了一个详细的规划工作，该项目计划向一个化工厂提供工艺蒸汽。图 8.50 给出了该项目计划采用的流程，用以实现如下的能量平衡：

$$2\times200\text{MW}(\text{热功率})\longrightarrow 60\text{MW}(\text{电功率})+700\text{t/h 蒸汽}(300℃/8.5\text{MPa})$$

整体热利用率的计算值为 80%左右，该值由下面的关系式计算得到：

$$\eta_{tot}=(P_{el}+\dot{Q}_H)/P_{th} \tag{8.51}$$

目前为止，基于燃煤或天然气的电厂项目仍然是具有经济竞争力的，而 LWR 项目因设置的蒸汽温度过低而不具有竞争力。

在汽轮机回路，根据热的不同温度水平，抽取的热总是以减少相应的发电量为代价的。在氦气透平回路，热是在低温下抽取的（例如，最高到 100℃），这样，就不会对发电造成负面影响，如图 8.51 所示。此外，在这一流程中，第一级压气机之后和回热器之后的热是可以分开的。在这种情况下，将热量应用到区域供热系统中尤为有利。

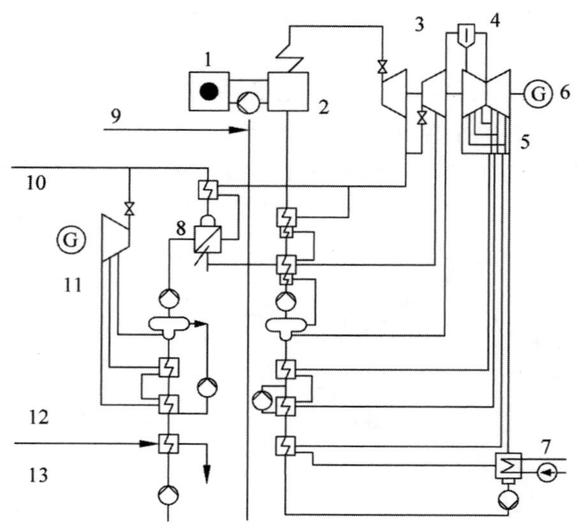

图 8.50　德国 HTR-Module 项目向化工厂提供工艺热的流程

1—HTR；2—蒸汽发生器；3—抽汽式汽轮机；4—汽水分离器；5—低压汽轮机；6—发电机；7—冷凝器；8—蒸汽转换器；9—工艺蒸汽厂；10—工艺蒸汽；11—预热器-汽轮机；12—工艺冷凝；13—化学水处理

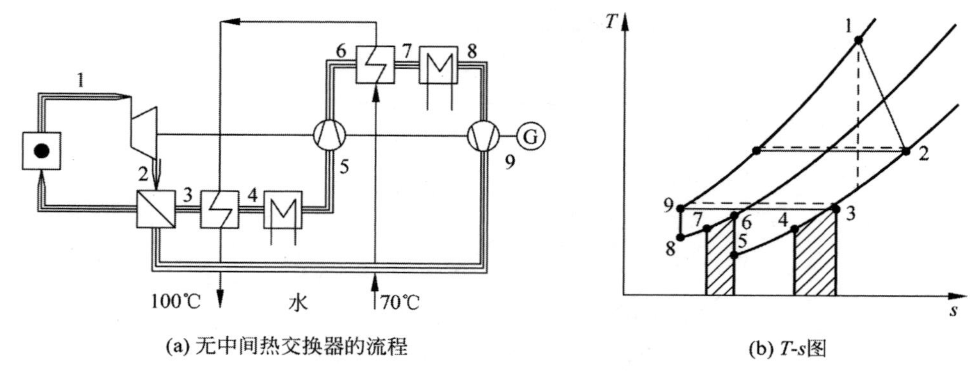

图 8.51　模块式 HTR 用于热电联供区域供热的气体透平

1—HTR；2—氦气轮机；3—回热器；4—工艺热热交换器；5—预冷器；6—压缩机；7—工艺热热交换器；8—冷却器；9—压缩机

电厂的发电效率为 45%左右，同时可以额外提供大约 20%的具有较低温度的区域供热，而不会对发电产生任何不利影响。联合循环流程更有利于总的能量利用也是基于这一事实，举例来说，在这些情况下，用于区域供热的热也可以从两个汽轮机流程中抽取，如图 8.52 所示。

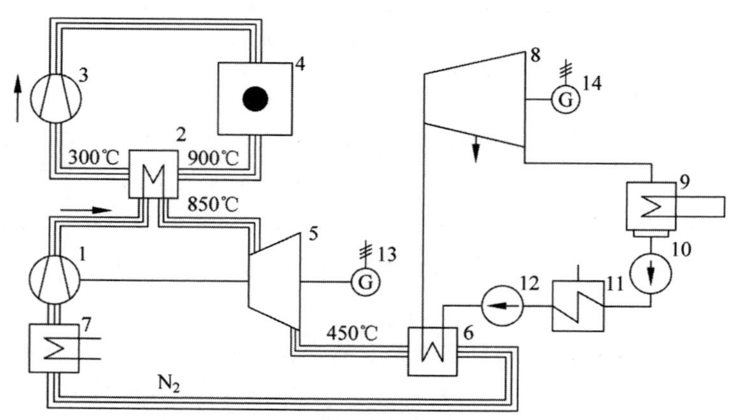

图 8.52　模块式 HTR 作为热源用于联合循环流程

1—N_2-压缩机；2—N_2-加热器；3—氦风机；4—反应堆；5—N_2-透平；6—蒸汽发生器；7—N_2-冷却器(工艺热的传输)；8—蒸汽轮机；9—冷凝器；10—冷凝器泵；11—预热器；12—给水泵；13，14—发电机

参考文献

1. HTR-PM, Description of the concept of power plant, INET/Tsinghua University, 2009.
2. U. Grigull (Editor), Properties of water and steam in SI-units, Springer-Verlag, Berlin, Heidelberg, New York, R. Oldenburg, München, 1982.
3. L. Musil, The planning of steam turbine power plants, Springer, Berlin, Göttingen, Heidelberg, 1948.
4. K. Knizia, The thermodynamics of the steam turbine process, Springer-Verlag, Berlin, Heidelberg, New York, 1966.
5. K. Strauβ, Technology of power plants, Springer-Verlag, Berlin, Heidelberg, New York, 1992.
6. L. C. Wilbur, Handbook of energy system engineering, A Wiley Interscience Publication, John Wiley & Sons, New York, 1985.
7. British electricity international modern power station practice, Vol. A til M, Pergamon Press, Oxford, New York, 1991.
8. K. Schröder, Large steam turbine power plants, Vol. 1–3, Springer Verlag, Berlin, Heidelberg, New York, 1959.
9. S. Kriese, Fundaments of power plant—energy technology, Vulkan Verlag, Dr. W. Classen, Essen, 1968.
10. H. Thomas, Thermal power plants, Springer-Verlag, Berlin, Heidelberg, New York, 1965.
11. Th. Bohn (Editor), Handbook edition energy, Vol. 5, 6: concepts and design of steam turbine plants, Technischer Verlag Resch +TŰV Verlag, 1985.
12. Bäumer R. and Kalinowski I., THTR commissioning and operation experience, 11. International Conference on the HTGR, Dimitrovgrad, June 1989.
13. Komorowski I. and Schramm G., Turbomachines, VER-Verlag Technik, Berlin, 1987.
14. Traupel W., Thermal turbomachines, Springer-Verlag, Berlin, Heidelberg, New York, 1977.
15. Steag AG, Electricity from hard coal, Springer Verlag, Berlin, 1988
16. Berliner P., Cooling towers, Springer-Verlag, Berlin, Heidelberg, New York, 1975.
17. Company information HRB, The water-steam-cycle of the THTR 300, Konsortium THTR/Hochtemperatur—Nuclear power plant (THTR), D HRB 1261 81 DE, 1981.
18. Harder H., Oehme H., Schöning J., Thurnher K., The 300 MW Thorium high-temperature nuclear power plant (THTR), Atomwirtschaft, 5, May, 1971.
19. Hirschfelder G., The dry air cooling tower of the 300 MW THTR power plant in Schmehausen/Uentrop, VGB Kraftweekstechnik, 53, 1973.
20. Renz U., Becker N., Comparison of cooling systems for air cooling towers, BWK 30, 1978.
21. Technical regulations for steam generators, TRD 401: components of steam generators, Carl Heymanns, Köln, 1979.
22. Skrotzki B.G.A., Vopat W.A., Power station engineering and economy, McGraw Hill Book Comp. Inc., New York, Toronto, London, 1960.
23. NN, Modern power station practice, Vol. B, Boilers and auxiliary plants, Pergaman Press, Oxford, 1971.
24. Dolezal R., Steam generation, Springer Verlag, Berlin, Heidelberg, New York, Tokyo, 1985.
25. Riedle K., Developments in power plant technology, BWK, 52/3, 2000.
26. Böhm H., Fossil fired power plants—status, requirements and tendencies of development, VGB Kraftwerkstechnik, 74, Vol. 3, 1994.
27. K. Riedle, B. Rukes, E. Wittchow, Rising up the efficiencies of power plants in the past and future, Conference of VGB "Power plant technology 2000", 1990.
28. E. Rebhahn (Editor), Energy handbook; production, conversion and use of energy, Springer, Berlin, Heidelberg, 2002.
29. F.L. Curzon, B. Ahlborn, Efficiency of Carnot engine at maximum power output, American Journal of Physics, Vol. 43, No. 22, 1975.
30. J. Bock, Thermo-economical analysis of cogeneration with small cogeneration plants for the decentralized heat supply, VDI, Progress Reports, 6, No. 259, VDI, Düsseldorf, 1991.
31. W. Riesner, W. Sieber (Editors), Economic application of energy, VEB Deutscher Verlag Für Grundstoffindustrie, Leipzig, 1978.
32. G. Koch, Cogeneration process, VDI-Verlag, Düsseldorf, 1996.
33. W. Fratscher (editor), Energy economy for chemical engineers, VEB Deutscher Verlag für Grundstoffindustrie, Leipzig, 1974.

运行问题

摘　要：本章对电厂运行的状况，如可利用率、负荷调节及与燃料和燃料循环相关的问题进行了讨论。在任何情况下，核电站的运行总会给公众带来放射性辐射，但是结果表明，核电站在总的放射性辐射中所占份额实际上是很小的(例如，在德国不到0.5%)。对核反应堆运行的评估是与时间相关的，要区分开长期效应(燃料的燃耗)、中期效应(例如，氙的影响)和短期效应(事故)。燃耗是一种适于计算从燃料元件中释放出的能量的性能指标。HTR的燃耗可以没有任何困难地超过100 000MWd/t，这是因为使用了包覆颗粒作为燃料。在反应堆运行期间，产生了如钚和次锕系元素这样的高价同位素，它们中的一部分在运行期间裂变了，剩余的仍存留在乏燃料元件中，这对评估乏燃料元件的直接最终储存过程会产生重要的影响。在运行期间积累的裂变产物存量及同位素的放射性是反应堆安全的最重要的问题。包覆颗粒燃料能将裂变产物阻留在内，不论是在反应堆运行期间、事故发生期间，还是在废物管理过程中都是非常有效的。本章给出的以简化形式表示的堆芯和整个电厂的动力学方程组描述了链式反应的运行和控制过程。简单的求解结果可用来解释反应堆中温度和同位素的变化等情况。与此相关，氙和钐的同位素也需要给予特别的关注。氙的动态行为对控制系统具有额外的特殊影响，甚至由于这种强吸收中子能力导致裂变产物发生变化而引起中子注量率的振荡。目前，应用多维计算机程序可以分析前面提到的所有影响。衰变热在正常运行期间是由热输出回路或辅助回路载出的。在这些反应堆系统出现失效情况时，衰变热将通过非能动的方式载出，这是模块式HTR的非常重要的安全特点。这个由堆芯功率密度低及大容量石墨材料的使用引起的堆芯的固有安全特性也是实现反应堆特殊安全性的前提条件之一。本章还给出了HTR电厂中一些有关运行期间放射性释放率的数据，这些数据表明，从HTR电厂中释放出来的放射性对个人的辐照剂量率是相当低的。最后，对废物管理的各个过程给予了简要的说明，它们是基于应用于目前建造的反应堆的方法而发展起来的。

关键词：电厂运行条件；放射性辐射；燃料的燃耗；高价同位素；裂变产物；动态方程；程序系统；HTR电厂的控制；氙动态；钐毒；衰变热载出；运行期间放射性的释放；运行反应堆的废物管理

9.1　电厂运行要求和条件概述

电厂必须具有高可利用率、高安全性和尽可能最佳的经济条件。表9.1汇总了模块式HTR电厂运行时的一些重要要求，它们通常是由电力运营单位规定的。运行时间上要求有较高的利用率 a_T，发电上要求有较高的可利用率 a_W，这主要是出于经济上的考虑。a_T 和 a_W 的定义如下：

$$a_T=\int_0^{1年}\mathrm{d}t/8760=T_B/8760 \tag{9.1}$$

$$a_W=\int_0^{1年}P_{el}(t)\cdot \mathrm{d}t/(P_{el}^0\times 8760)=T_0/8760 \tag{9.2}$$

其中，T_B 是电厂全年实际运行小时数；T_0 是电厂全年等效满功率运行小时数。

表 9.1 电力运营单位对模块式 HTR 电厂运行的一些要求(如德国 HTR 项目)

项　　目	THTR	HTR-Module
电厂寿命(满功率)	30 年	40 年
可利用率(运行时间)	95%	95%
可利用率(等效满功率时间)	90%	90%
启动和停堆次数	500	500
启动/停堆功率变化速度	10%/h	10%/h
部分负荷变化速度	10%/min	10%/min
频率控制	±1Hz	±1Hz
正常运行期间的放射性释放	ALARA	ALARA
废热排出,冷却系统类型	空气干冷塔	空气湿冷塔
并网:电压	110kV	110kV
场址地震条件	最高到约 0.3g	约 0.3g
气象数据:天气条件	正常假设	正常假设
场址条件:30km 范围内人口数	<200 万	<100 万

注:ALARA—合理可行且尽可能低。

在满功率运行期间,连续装卸燃料元件的概念是球床反应堆的重要特征。在 AVR 和 THTR 中也都证明这一概念得到了成功的应用。1976 年,AVR 是全球范围内所有核反应堆中可利用率最高的,其可利用率 $a_W=0.93$。

发电负荷随电网容量需求的变化而变化是电网提出的另一个重要要求。根据发电厂与电网系统的供应结构,例如,要求模块式 HTR 必须在大约 40% 的负荷下才能运行。在由几个模块式反应堆组成的电厂中,可以通过将一个模块堆停堆的方式来实现部分负荷下的运行。采用这种方式或许是有一定优势的,比如可以克服氙毒引入的反应性(详见 9.7 节)。

在一个场址中有多个模块式反应堆运行已是核电站领域中得到验证的技术方式。例如,在英国的一个场址上有 4 座模块式 MAGNOX 反应堆已成功运行了很多年,并且达到了相当高的可利用率。对于电厂的运营商,电厂的运行寿命是又一个与反应堆的经济性相关的非常重要的课题。如今,在西方国家中,投资资本的折旧期大约是 20 年,但是许可的运行寿命可达到 30～60 年。影响最大的设备,如反应堆压力壳和一回路压力边界的其他设备及反应堆厂房的混凝土结构,必须要设计成可全寿命期运行。其他设备,如汽轮机、电气和电子系统可在电厂寿命期中更换。这是所有发电厂的常规要求。在 LWR 中,蒸汽发生器、主冷却泵和冷却剂管道的更换目前也都已成为很成熟的技术。

整个电厂需要一个监督、检查、修理和更换部件的概念,这些要求在规划和设计阶段就需要考虑,特别是在一回路压力边界建造过程及后期整个运行期间,需要实施很高的质量控制标准。

关于燃料循环,运营商和原子能机构(IAEA)也都提出了一些非常重要的要求,如下:

- 燃料元件制造过程中严格的质量控制;
- 运行期间燃料元件的质量控制(对于多次通过堆芯的燃料循环过程);
- 燃耗测量和偏离平均燃耗偏差的控制;
- 防核扩散对燃料富集度的限制;
- 运行期间安保和防核扩散的措施;
- 乏燃料元件的安全中间贮存;
- 乏燃料元件最终贮存及后处理和再制造的概念;
- 电厂退役及设备和辐照材料最终贮存的概念。

即使在发生了严重事故的高温条件下,核电厂的放射性存量也必须被阻留在燃料元件内。这就要求对燃料元件和堆芯设计进行全面的质量控制,这样即使在极端事故情况下也能够限定燃料的温度。在第 11 章中将会给出详细的说明,举个例子,目前模块式 HTR 中使用的现代 TRISO 燃料的温度限值是 1600℃。

正常运行和事故中的释放率必须保持在申请许可证时确定的设定值以下。表 9.2 给出了与事故评估相关的重要裂变产物的一些可能的限值。当然,在所有具有核能力的国家中,这些限值不尽相同。

表 9.2 申请许可证过程中对正常运行和事故期间向环境释放放射性的一些可能的限值（如 HTR-Module，200MW）

同位素	$T_{1/2}$	堆芯内存量/Bq	正常运行允许释放量(每年)*	严重事故允许释放率*
Kr85	10.73 年	9.2×10^{16}	$<10^{-6}$	$<10^{-5}$
I131	8 天	2.1×10^{17}	$<10^{-8}$	$<10^{-6}$
Sr89	50.5 天	2.9×10^{17}	$<10^{-7}$	$<10^{-5}$
Sr90	28 年	1.4×10^{16}	$<10^{-7}$	$<10^{-5}$
Cs137	30 年	1.7×10^{16}	$<10^{-7}$	$<10^{-5}$
Cs134	2.06 年	1.4×10^{16}	$<10^{-7}$	$<10^{-5}$

* 与存量相关，建议；平衡堆芯：1025 个等效满功率天后。

表 9.2 中所列同位素具有不同的重要性。以 I131 为例，由于其半衰期仅为 8 天，因此，该同位素在发生严重事故后的开始阶段对放射性损害起着很重要的作用。人吸入的碘会存留在人体甲状腺中，因此，该同位素的释放量必须限制在很小的数值之内。Cs137 的半衰期为 30 年，其放射性与后期的后果相关，比如对土地的污染及严重事故之后居民的重新安置。从这一点上看，Sr90 也存在类似问题，因为它的半衰期也近 30 年，为 28 年。从放射性对人体的损害角度来看，同位素铯与全身有关，而锶主要与骨骼有关。

因此，针对同位素释放出来的放射性，在设计时提出的要求包括：如正常运行核电站释放的放射性比天然本底释放的放射性额外增加 1%。图 9.1 显示的状况是以德国及发生过部分极端辐射条件的一些其他国家的情况为例的。尤其是放射性同位素及医学中辐照的应用在许多国家都会产生很大的效应，据统计，上述这些辐射占每年公众接受的辐射总剂量的 40%左右。

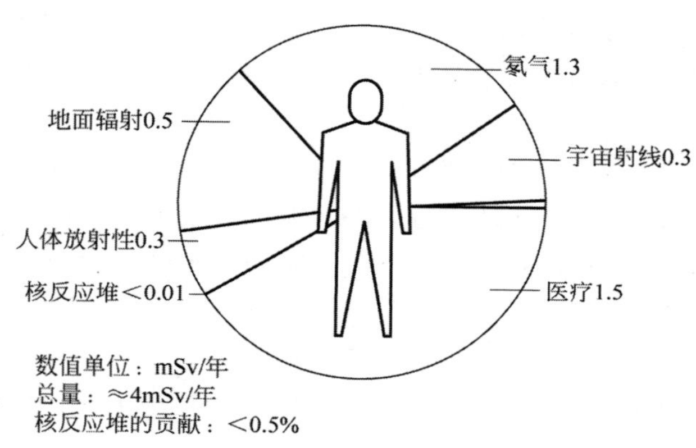

(a) 德国的状况(平均值，比例)

(b) 宇宙辐射随高度的变化

国家	剂量/(mSv/年)		注释
	平均值	最大值	
法国	2.5	4	一些花岗岩地区
印度	10	40	具有独居石砂的喀拉拉邦
巴西	8	200	某个海边地区
伊朗	18	450	特殊的地方湿地
德国	0.5	5	各个地区

(c) 不同国家的状况(地面辐射)

材料	附加辐射/(mSv/年)
石墨	0.4 ～2
混凝土	0.1 ～0.2
砖(砂)	0～0.1
木材	0～0.2

(d) 各种材料的年辐射(德国情况)

图 9.1 对公众的辐照剂量

当然，在正常运行期间进一步减少放射性释放是有可能的。为了满足这一要求，可以安装额外的更有效的过滤系统。这是一个最优化问题，需要在发电成本和减少对公众放射性辐射损害所需要的更高的投资之间找到一种通过技术改进可以实现的折中办法。在许多国家这一平衡性问题都会影响公众对核能的可接受程度。此外，核电站和其他核设施释放的许可值在过去几十年中随着技术的改进发生了变化。全球范围内对于公众可接受的辐射剂量存在很大的差异。例如，巴西测量的天然本底的辐射剂量是 200mSv/年

(图 9.1(c))；而在伊朗有些地区，甚至显示具有 450mSv/年的天然本底的辐射剂量。

放射性防护条例中规定的最高值是由环境保护立法确定的。表 9.3 给出了德国在 THTR 申请许可证过程中设定的相关限值：仅仅是针对核电站周围内区受到的辐射影响，在发生事故的情况下无需采取公众撤离措施。由于在发生堆芯升温事故的情况下，放射性大量释放之前有一个很长的时间跨度，因而使用这类反应堆对居住在内区(半径约为 5km)的公众加以防护是完全有可能的。

表 9.3　THTR 申请许可证过程中设定的辐射剂量最高限值

正常运行	全身受污染的空气和水的辐射	0.3mSv/年
	对甲状腺的放射性辐射总量	0.9mSv/年
事故	全身辐射	50mSv
	对甲状腺的放射性辐射	150mSv

核电站中运行人员接受的累积辐射剂量在过去几十年中已呈明显降低趋势，如图 9.2 所示的德国大型 LWR 电厂。在世界范围内也可以看到类似的趋势，如图 9.2(b)所示。已经采取的一些技术措施带来了这一进展，未来进一步加以改进和完善是极有可能的。

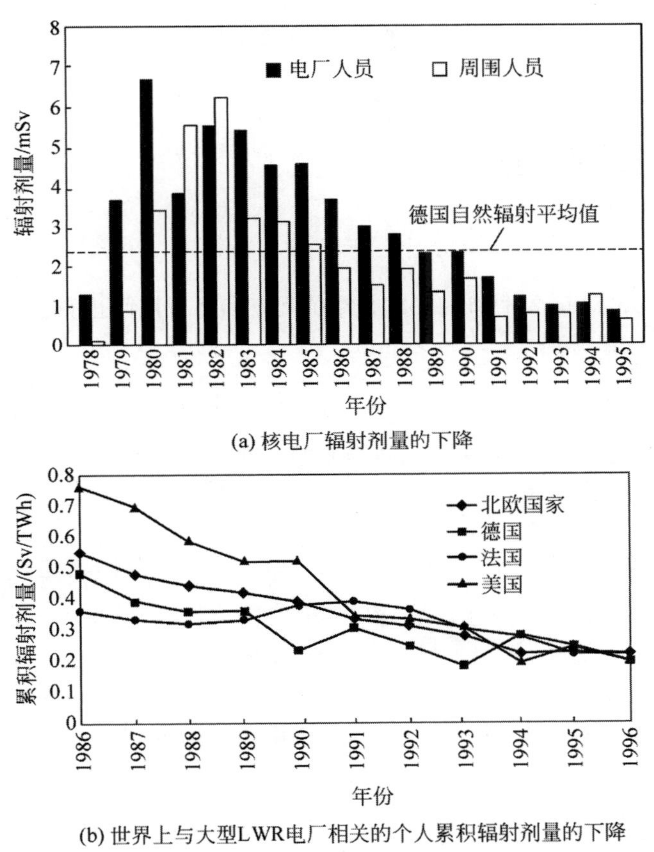

(a) 核电厂辐射剂量的下降

(b) 世界上与大型LWR电厂相关的个人累积辐射剂量的下降

图 9.2　核电厂辐射剂量的变化

在表 9.1 列出的问题中，还需要考虑的是有关地震的问题，对地震的要求在许多国家是各不相同的。在一些地区地震的危险性较大，这些国家为了达到安全标准提出了很高的要求。太平洋“火环”包含许多活跃的火山，是与此相关的一个很典型的例子。

对反应堆参数变化的短期动态行为，如燃料、慢化剂、冷却剂和结构材料的温度变化也必须要进行详细的分析。其中，非常重要的几种动态行为是吸收元件的移动、失去冷却剂的事故及可能由内部或外部事件引起的堆芯的变动。对于中期动态行为，一些吸收中子的同位素起了很大的作用。反应堆系统的控制很大程度上受到强中子吸收体的影响，其中主要是 Xe135。对几个月到一年的长期行为的影响主要来自燃耗及堆芯裂变产物含量的变化。对于电厂的正常运行，根据图 9.3 中总结的效应，对堆芯的反应性和同位素组成的变化必须进行足够充分的讨论和分析。此外，还必须考虑来自外部事件的强烈影响，因为这有可能造成堆芯组成的变化。

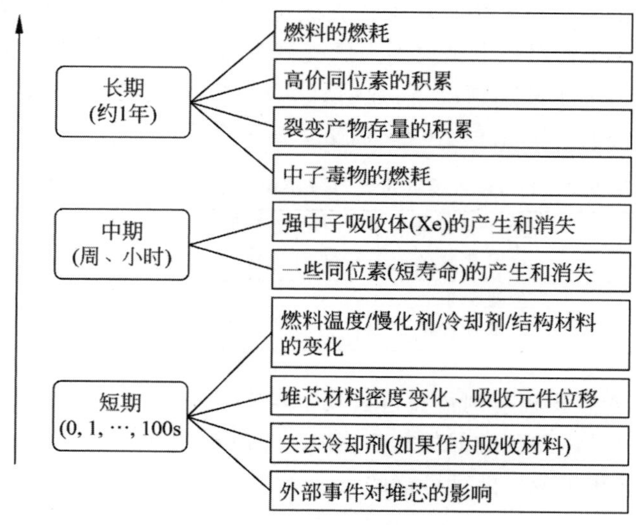

图 9.3　堆芯反应性状态的变化

9.2　燃耗和高价同位素的产生

9.2.1　燃耗

易裂变同位素 U235，Pu239，Pu241 和 U233 主要在反应堆运行期间进行裂变。考虑到中子注量率随能量的变化，裂变率通过积分计算得到：

$$R_f = \int_E \int_V \phi(E) \cdot \sigma_f(E) \cdot N_f \cdot dE \tag{9.3}$$

在详细的计算过程中，中子注量率和易裂变同位素的空间分布可以用 $\phi(E, \boldsymbol{r})$ 和 $N_f(E, \boldsymbol{r})$ 来涵盖。

$$R_f = \int \phi(E, \boldsymbol{r}) \cdot \sigma_f(E) \cdot N_f(E, \boldsymbol{r}) \cdot dE \cdot dV \tag{9.4}$$

一部分增殖材料(如 U238 和 Th232)转化为易裂变材料，另一部分则原地裂变。例如，对于 U235 的燃耗，可以采用一个简化链来分析：

$$^{235}_{92}U \xrightarrow[\sigma_{n_{\gamma1}}]{} {}^{236}_{92}U \xrightarrow[\sigma_{n_{\gamma2}}]{} {}^{237}_{92}U$$
$$\sigma_f \downarrow$$

其中，下标 1 表示 U235，下标 2 表示 U236。然后，需要求解下面的方程：

$$\frac{dN_1}{dt} = -(\overline{\sigma_f + \sigma_{n_{\gamma1}}}) \cdot \phi \cdot N_1 \tag{9.5}$$

$$\frac{dN_2}{dt} = \overline{\sigma_{n_{\gamma1}} \cdot \phi} \cdot N_1 - \overline{\sigma_{n_{\gamma2}} \cdot \phi} \cdot N_2 \tag{9.6}$$

横线表示中子谱的平均值。以 U235 的核素密度为例：

$$N_1(t) = N_1^0 \cdot \exp\left[-(\overline{\sigma_f + \sigma_{n_{\gamma1}}}) \cdot \phi \cdot t\right] \tag{9.7}$$

ε 表征裂变的份额，其表达式为

$$\varepsilon = \overline{\sigma_f \cdot \phi} / (\overline{\sigma_f \cdot \phi} + \overline{\sigma_{n_{\gamma1}} \cdot \phi}) \tag{9.8}$$

$1-\varepsilon$ 的剩余量表示由寄生吸收造成的损失。U235 随燃耗的加深而逐渐减少。燃耗的简单定义可以表述为

$$B = \frac{E_f}{\rho_u} \cdot \int_0^\tau \Sigma_f(t) \cdot \phi(t) \cdot dt = \frac{E_f}{\rho_u} \cdot \overline{\phi \cdot \Sigma_f} \cdot \tau \tag{9.9}$$

其中，ρ_u 是燃料(UO_2)的密度，E_f 是裂变能(200MeV)，τ 是燃料在堆芯内的滞留时间。

燃耗是以 MWd/t 或 GWd/t 为单位来度量的。表 9.4 给出了不同类型反应堆的典型燃耗值。

表 9.4 各类反应堆系统的燃耗值(MOX 表示混合氧化物燃料元件，UO_2/PuO_2)

反应堆类型	富集度/%	燃耗/(MWd/t)	注 释
压水堆	4	45 000	包括 Pu 的裂变，原有的，MOX
沸水堆	4	45 000	包括 Pu 的裂变，原有的，MOX
Magnox 石墨气冷堆	1.5	17 000	包括 Pu 的裂变，原有的
先进气冷堆	2	22 000	包括 Pu 的裂变，原有的
高温堆	8～9	100 000	包括 Pu 的裂变，原有的
坎杜堆(重水堆)	0.7～2	7000～20 000	包括 Pu 的裂变，原有的

燃耗值不仅受燃料富集度的限制，也受技术条件的限制。如包壳材料中的辐照效应，对于 LWR 堆芯，包壳的内部压力和氢的腐蚀构成对燃耗进一步加以限制的因素。尽管对 LWR 燃料元件进行了极好的质量控制，在运行过程中仍然会有 0.1%量级的元件发生损坏。

在物理领域，还给出了两个燃耗的定义：FIMA 和 FIFA。FIMA 定义为每个初装金属原子的裂变数(fissions per initial metal atoms)：

$$\mathrm{FIMA}=\frac{\Sigma_{\mathrm{f}}\cdot\phi\cdot\tau}{N_{\mathrm{HM}}}=\frac{\Sigma_{\mathrm{f}}\cdot\phi\cdot\tau\cdot M}{\rho\cdot L}=\frac{B\cdot M}{E_{\mathrm{f}}\cdot L} \tag{9.10}$$

$$\mathrm{FIMA}=1.1\times10^{-6}B \tag{9.11}$$

其中，N_{HM} 是初装重金属原子数，ρ 是燃料的密度，M 是原子质量，L 是洛施密特常量(6.02×10^{22} 原子数/克分子)，FIMA 是一个无量纲数，B 的单位是 MWd/t。

FIFA 则表征了每个初装易裂变原子的裂变数(fissions per initial fissionable atoms)。FIFA 定义为

$$\mathrm{FIFA}=\mathrm{FIMA}\cdot\frac{N_{\mathrm{HM}}}{N_{\mathrm{FM}^0}}=\mathrm{FIMA}\cdot\frac{1}{e_0/100} \tag{9.12}$$

其中，N_{FM^0} 是初始易裂变原子数，e_0 是燃料的初始富集度。例如，对于模块式 HTR，燃耗相关的参数如下：

$$e_0=9\%,\quad B=100\,000/\mathrm{MWd/t},\quad \mathrm{FIMA}=0.11,\quad \mathrm{FIFA}=1.22$$

这表明，每个初装的易裂变原子在反应堆燃耗过程中产生了 1.22 次的裂变，这可能是由增殖过程引起的，在运行过程中增殖产生的裂变原子也提供了燃耗。

可根据反应堆产生的热能来计算每年易裂变材料和天然铀的需求量：

$$A_{\mathrm{th}}=\int_0^{1年}P_{\mathrm{th}}(t)\cdot\mathrm{d}t=P_{\mathrm{th}}^0\cdot T=\frac{P_{\mathrm{el}}^0\cdot T}{\eta/100} \tag{9.13}$$

每年正常运行所需的燃料量可按下式来计算：

$$\dot{m}_{\mathrm{F}}=\frac{A_{\mathrm{th}}}{B}=\frac{P_{\mathrm{el}}^0\cdot T}{\eta/100}\cdot\frac{1}{B} \tag{9.14}$$

其中，η 是电厂的净效率(%)，T 是每年等效满功率的运行小时数。生产燃料需要的天然铀量可按下式计算：

$$\dot{m}_{\mathrm{U}}=\dot{m}_{\mathrm{F}}\cdot\frac{e_0}{e(\mathrm{nat})-e(\mathrm{tail})}\cdot\frac{1}{f} \tag{9.15}$$

其中，e(nat)是天然铀中 U235 的含量(0.711%)，e(tail)是铀浓缩过程中尾料中 U235 的含量(目前为 0.2%)，f 包括 U_3O_8 的化学计量系数和制造过程中的一些技术损耗($f\approx0.8$)。

对于一个 100MW 的模块式 HTR，每年等效满功率运行 8000h，效率为 40%，燃耗为 100 000MWd/t，每年需要浓缩的铀量约为 0.833t/年。如果每个燃料元件包含 7g 重金属，正如 HTR-Module 所预期的，这意味着每年需要向这座核电厂的堆芯提供约 120 000 个新燃料元件，相当于每年需要 20.8t 的天然铀。这个堆芯中重金属装量 m_{F} 大约为

$$m_{\mathrm{F}}=\dot{m}_{\mathrm{F}}\cdot\bar{\tau} \tag{9.16}$$

其中，$\bar{\tau}$ 是平均滞留时间。在模块式 HTR 中，$\bar{\tau}$ 一般是 3 年左右。在稳态运行条件下，最终的燃料装量为 2.5t 的重金属。燃料元件的总数大约是 360 000，相当于活性区堆芯的体积为 $67\mathrm{m}^3$，这是因为 $1\mathrm{m}^3$ 堆芯体

积大约包含 5400 个燃料元件($P_{th}=200MW,\dot{q}'''\approx 3MW/m^3$),则燃料的比功率可以表示为

$$\sigma=\frac{P_{th}}{m_F}\approx 100 \tag{9.17}$$

这个值对于第 1 个堆芯的经济价值是非常重要的,应尽可能地高。大型 LWR 的比功率大约是 38kW/kgHM。对于这两种反应堆,裂变材料的相关数值类似。对于 HTR,燃料装量的热功率大约为 1000kW/kg U235;对于 PWR,大约为 900kW/kg U235。对于热中子反应堆,这个值是相似的,而对于快中子增殖堆,由于采用了更高的富集度,所以该值的差别还是很大的。

9.2.2 高价同位素的产生

使用 U238 或 Th232 作为堆芯中的增殖材料,可以产生很多不同的高价同位素,如图 9.4 所示。针对目前全球采用的低浓铀循环(LEU),简化的反应链表明:采用这种方式的循环将产生 4 种不同的钚同位素,并且在反应链的终端产生一些寿命较长的次锕系元素。众所周知,这类元素具有很长的半衰期,于是,释放出来的 α 元素成为最终储存中安全性验证值得关注的问题。特别是对于铀循环,半衰期为 24 400 年的 Pu239 所具有的放射性产生的影响非常大。在钍循环中,半衰期为 1.62×10^5 年的 U233 与钚相比,则显得不那么重要了。

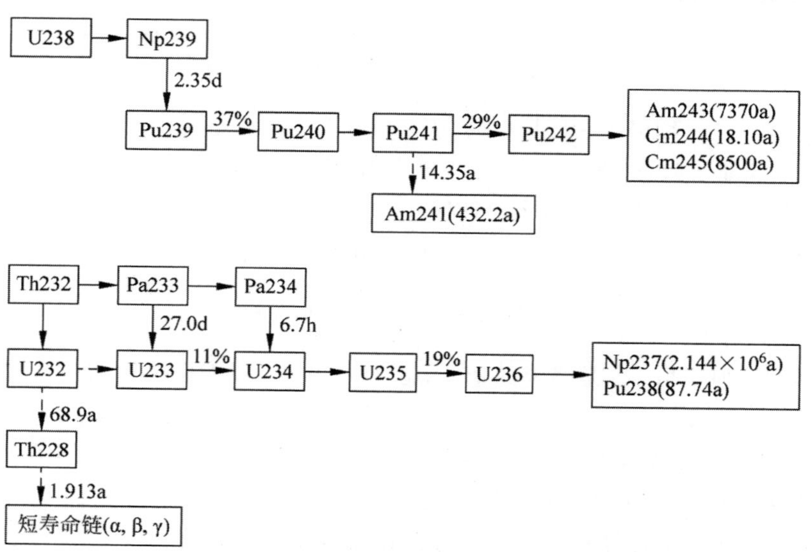

图 9.4 HTR 燃料循环中 U238 和 Th232 的嬗变链

对于衰变链中的每一个同位素,可以应用以下微分方程:

$$\frac{dN_i}{dt}=A_i+\phi\cdot\sigma_{a_{i-1}}\cdot N_{i-1}+\sum_j\lambda_j\cdot N_j-\lambda_i\cdot N_i-\phi\cdot\sigma_{a_i}\cdot N_i-\dot{E}_i \tag{9.18}$$

式(9.18)中的第 1 项描述了添加燃料引起的变化(i 表示各种不同的材料),第 2 项是由链中前一位同位素吸收中子形成的,第 3 项是由衰变形成的,第 4 项描述了同位素的放射性衰变,第 5 项描述了由于吸收中子而消失的同位素情况。$\dot{E}_i$ 表示通过卸出燃料元件而从堆芯中去除重金属。微分方程具有如下的形式:

$$dN_i/dt=f_1(t)-f_2(t)\cdot N_i \tag{9.19}$$

其中,函数 $f_1(t)$ 包含其他同位素和中子注量率随时间的变化,函数 $f_2(t)$ 主要包括中子注量率的变化。对于恒定中子注量率 ϕ 的特殊情况,f_2 可能是一个常数的分析解:

$$N_i(t)=N_i^0\cdot\exp(-f_2\cdot t)+\exp(-f_2\cdot t)\cdot\int f_1(t')\cdot\exp(f_2\cdot t')\cdot dt' \tag{9.20}$$

这一分析结果可以通过求解微分方程组的解析解或者数值解来获得。一个简化近似的链有可能通过以下形式的微分方程组得到求解(下标 1:U238;2:Pu239;3:Pu240;4:Pu241;5:Pu242;6:Am243),在这个近似中忽略了同位素 Np 239。

U238:
$$\frac{dN_1}{dt}=-\overline{\phi\cdot\sigma_{a_1}\cdot N_1} \tag{9.21}$$

Pu239：
$$\frac{dN_2}{dt}=\overline{\phi\cdot\sigma_{a_2}}\cdot N_1-\lambda_2 N_2 \tag{9.22}$$

Pu240：
$$\frac{dN_3}{dt}=\lambda_2\cdot N_2-\phi\cdot\sigma_{a_3}\cdot N_3-\lambda_3\cdot N_3 \tag{9.23}$$

Pu241：
$$\frac{dN_4}{dt}=\lambda_3\cdot N_4-\overline{\phi\cdot\sigma_{a_4}}\cdot N_4-\lambda_4\cdot N_4 \tag{9.24}$$

Pu242：
$$\frac{dN_5}{dt}=\lambda_4\cdot N_4-\overline{\phi\cdot\sigma_{a_5}}\cdot N_5-\lambda_5\cdot N_5 \tag{9.25}$$

Am243：
$$\frac{dN_6}{dt}=\lambda_5\cdot N_5-\overline{\phi\cdot\sigma_{a_6}}\cdot N_6-\lambda_6\cdot N_6 \tag{9.26}$$

使用初始条件，如 $t=0$ 时，$N_1=N_1^0$，$N_i=0$，$i=2\sim5$，可以为这个微分方程组找到一个简单解。图 9.5 给出了各种重要同位素所占份额随时间的变化情况，这种变化以燃耗值来表示。图 9.5(c)给出了模块式 HTR 乏燃料元件中 Pu 同位素的存量。

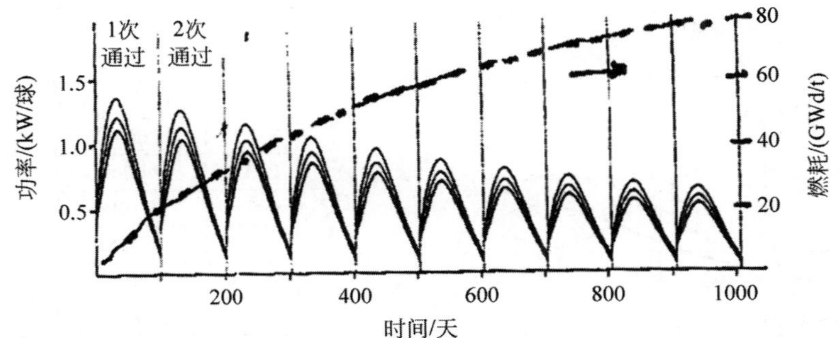

(a) 燃料球各次通过堆芯的功率和燃耗(如模块式HTR 4个径向位置)

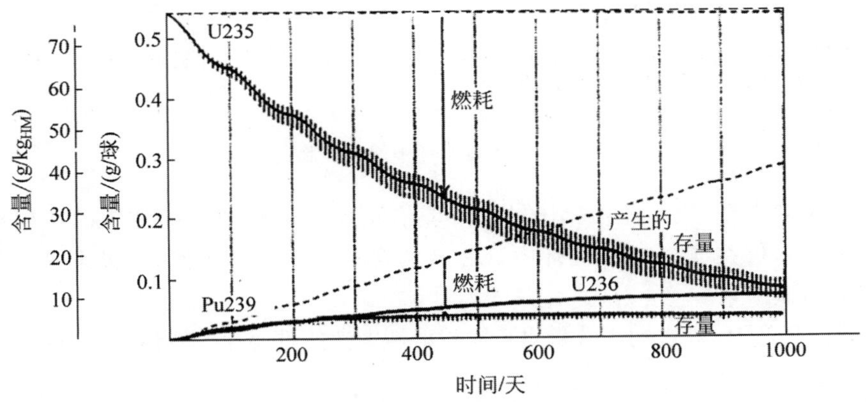

(b) U238/Pu同位素含量随时间的变化

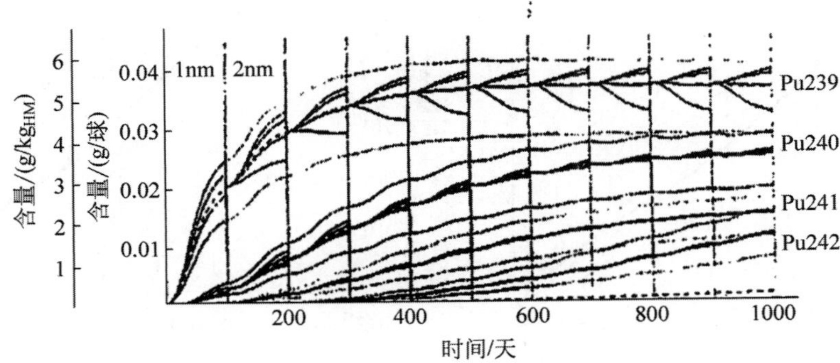

(c) 易裂变和不易裂变Pu同位素含量随时间的变化

图 9.5　同位素随时间的变化(如 HTR-Module，热功率为 200MW，7g HM/燃料元件，多次通过堆芯循环)

在 PWR 中，若最高燃耗为 45 000MWd/t HM，那么乏燃料会含有大约 10kg Pu/t HM。当 HTR 的燃耗为 100 000MWd/t 时，其乏燃料含有 Pu 的量与 PWR 相似。当然，注量率还具有空间上的分布，它是随电厂负荷特性的变化而变化的。设计时，必须要考虑这一点。因此，目前均采用燃耗编程的详细计算，以包括所有这些影响。

乏燃料元件中易裂变材料的含量对评估燃料循环和反应堆系统的防扩散能力具有非常重要的作用。图 9.5(c)显示了模块式 HTR 中易裂变 Pu 和不可易裂变 Pu 在燃料总量中的含量。在燃料元件中，易裂变 Pu 的含量大约是 0.05g Pu/燃料元件，相比于核安全保障所需的 Pu 总量还是非常小的。只有在获得 200 000 个燃料元件的情况下，才能具有足够数量的材料用于核扩散和军用。

在达到最终燃耗之后，PWR 乏燃料中 Pu 的含量超过易裂变材料总量的 60%。对于模块式 HTR，在达到较高的燃耗之后，易裂变物质含量降低到仅占乏燃料元件重金属装量的 50%以下，这个结果对于防止核扩散是非常重要的。

对于直接最终储存，燃耗过程中形成的次锕系元素的含量也非常值得关注，因为这一含量与燃耗深度是相关的。对于 HTR，燃耗较高有利于降低锕系元素的含量。特别是钍循环将使这些具有非常长半衰期的同位素大幅度减少，如图 9.6 所示。

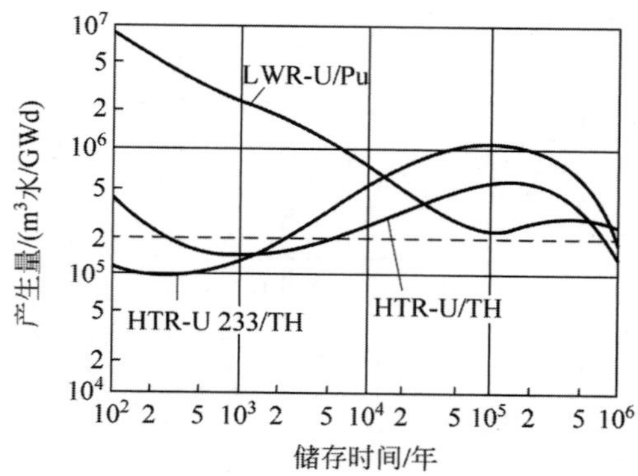

(a)不同燃料循环中锕系元素废物产生量随储存时间的变化
(假设在后处理过程中1%的损失)

同位素	半衰期/年	活度/(Ci/t U)
Np237	2 200 000	0.537
Pu239	24 000	330
Pu240	380 000	1.36
Am247	81 000	17.4
Zr93	1 500 000	1.88
Tc99	210 000	14.2
I129	17 000 000	0.038
Cs135	3 000 000	1.3
Cs137	30	105 000

(b) 具有很长半衰期的锕系元素和裂变产物
(假设：LWR的燃耗为
33 000MWd/t U，1年的冷却时间)

图 9.6　不同燃料循环中锕系废物的产生

从核废物管理的角度来看，钍循环相比于铀循环具有更明显的优势。镅和锔的产生率是非常低的，因为这些元素来自于 U238，但在 Th232 的循环中，U238 的含量非常少。当然，如果未来铀价格有所上升，那么钍的利用价值就会凸显出来。

从图 9.7 可以看出降低 Pu 和次锕系含量对长期放射性毒性的重要性。特别是在 500～30 000 年这一时间

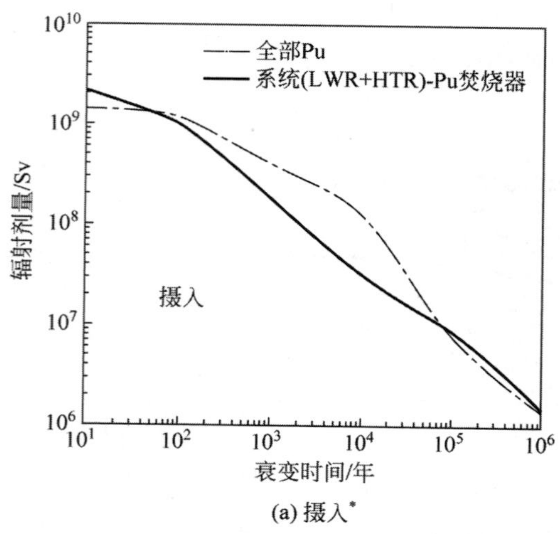

(a) 摄入*

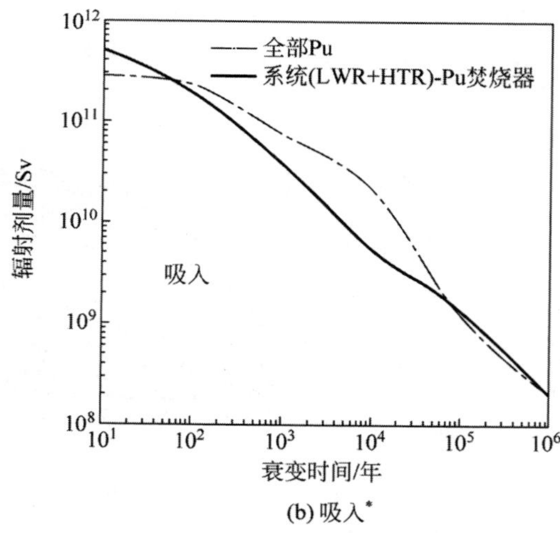

(b) 吸入*

图 9.7　U238 和 Th232 循环(具有和没有 Pu 焚烧)中重金属废物危险性随时间的变化

* 表示最终储存

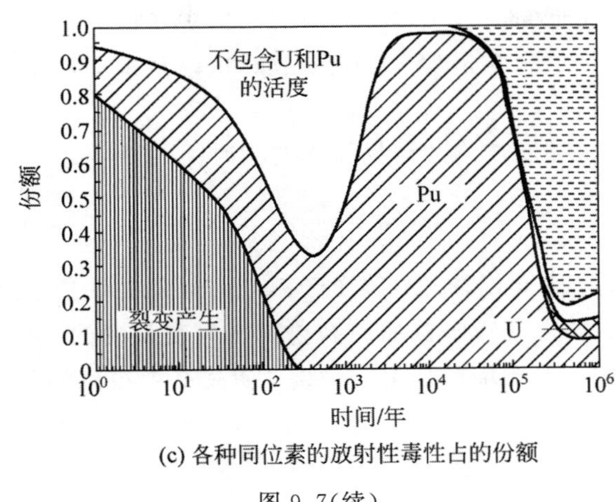

(c) 各种同位素的放射性毒性占的份额

图 9.7(续)

跨度内,钍的利用对于减少最终储存中废物带来的危险具有明显的优势。从公众可接受性考虑,降低初始 10 000 年内的放射性毒性是很重要的(表示为 m^3 水/(GW·年),这是达到允许污染的限值必需的)。这一点对钍的利用也是非常有利的。

当然,通过分离和嬗变来减少次锕系核元素也可以进一步降低放射性的毒性(第 15 章给出详细介绍),这一举措也是未来的一个重要选择。

9.3 裂变产物存量

由图 9.8 所示的产额曲线可以看出,每个裂变反应会形成两个裂变产物。根据易裂变材料的类型和能量,曲线的最大值在质量数为 85 和 135 的位置。

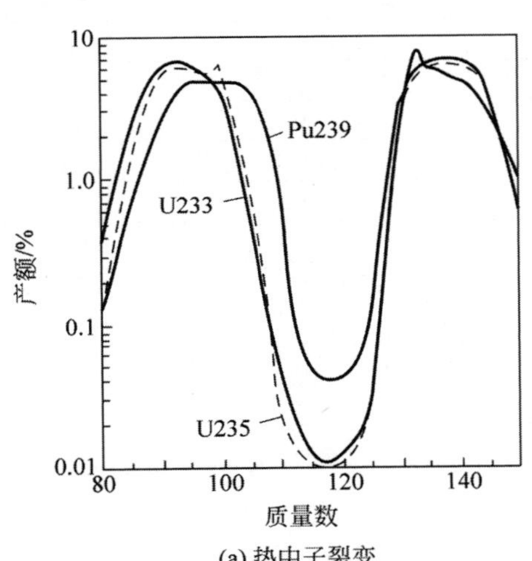

(a) 热中子裂变

元素	质量/(mg/MWd)	元素	质量/(mg/MWd)
Kr	10.4	I	5.86
Rb	10.2	Xe	149
Sr	28.2	XCs	90.4
Y	15.2	Ba	38.6
Zr	119.6	La	39.8
Mo	107	Ce	86
Tc	27.4	Pr	37
Ru	65.4	Nd	140.6
Rh	17.1	Pm	8.86
Rd	33.4	Sm	27.2
Te	15.7	Eu	3.48

(b) 裂变产物的质量(单位: mg/MWd)

图 9.8 裂变产物的产额随质量数的变化

曲线以 200%归一化,等效于热中子每次裂变产生 2 个裂变产物

热中子和快中子裂变的分布是有区别的。此外,易裂变同位素,包括 U235,U233,Pu239 和 Pu241 也存在一定的差异。

每个反应堆含有大量裂变产物。特别是随着燃耗的加深,半衰期比较长的裂变产物在燃料元件内不断积累。由于多种原因,裂变产物对核反应堆及其他核设施的运行和安全保障具有非常重要的影响。

裂变产物会影响中子的平衡,这是因为有些裂变产物是强中子吸收体,有些裂变产物自身带有或者能够释放缓发中子。它们对控制链式反应起着至关重要的作用。此外,裂变产物的 β 和 γ 衰变导致衰变热的产生,这也是反应堆安全的一个重要方面。

在 HTR 燃料元件包覆颗粒中,裂变产物积累的后果是导致内部压力的上升。上升的压力和辐照效应限制了燃耗值,同时也限制了正常运行时这个屏障内阻留的裂变产物。

最后但并非是最不重要的一点是,在正常运行或事故时从燃料中释放出来的裂变产物会导致核技术应用出现实际的安全问题。

式(9.27)表明,反应堆中特定裂变产物的数量在不同的时间内会受到各种因素的影响。

$$\frac{dN_i}{dt}=\gamma_i \cdot \Sigma_f \cdot \phi-\lambda_i \cdot N_i-\sigma_{a_i} \cdot N_i \cdot \phi+\lambda_j \cdot N_j-L_i \tag{9.27}$$

其中,N_i 为同位素 i 的核子数,γ_i 为同位素 i 的裂变产额,Σ_f 为宏观裂变截面,ϕ 为中子注量率,λ_i 为同位素 i 的衰变常数,σ_{a_i} 为同位素 i 的宏观吸收截面。右边第 1 项是裂变的产生项,第 2 项表征了放射性的衰变,第 3 项表征了吸收中子的消失,第 4 项包括由同位素 j 直接衰变得到的同位素 i,最后一项表征了泄漏或者从反应堆中卸出燃料元件这类相似事件中消失的裂变产物。将中子注量率 ϕ 看作常数,式(9.27)可简化为式(9.28)。所有与时间无关的参数(取中子注量率 ϕ 为常数)都包含在因子 μ 中。

$$\frac{dN_i}{dt}=-\mu \cdot N_i+\phi(t) \tag{9.28}$$

采用初始条件 $N_i(t=0)=N_i^0$,可以得到通用解:

$$N_i(t)=N_i^0 \cdot \exp(-\mu t)+\exp(-\mu t) \cdot \int_0^t \exp(\mu t') \cdot \phi(t') \cdot dt' \tag{9.29}$$

如果已知中子注量率分布 $\phi(t)$ 及其他变量随时间的变化,就可以采用数值方法更加精确地计算出反应堆内裂变产物的存量。表 9.5 给出了乏燃料元件从堆芯中卸出并经过 180 天的冷却之后,其中一些重要裂变产物的活度。

表 9.5 PWR 堆芯内一些重要裂变产物的存量(以 1t 铀计,燃耗=40 000MWd/t)

同位素	半衰期 $T_{1/2}$	衰变方式	活度/(Bq/t_{HM})	
			去除	180 天之后
H3	12.3 年	β	2.13×10^{13}	2.07×10^{13}
Kr85	10.73 年	β,γ	4.10×10^{14}	3.97×10^{14}
Sr89	50.5 天	β,γ	3.91×10^{16}	3.55×10^{15}
Sr90	29.0 年	β,γ	3.12×10^{15}	3.08×10^{15}
Y90	64.0h	β,γ	3.27×10^{16}	3.08×10^{15}
Y91	59.0 天	β,γ	4.67×10^{16}	5.64×10^{15}
Zr95	64.0 天	β,γ	6.06×10^{16}	9.02×10^{15}
Nb95	3.50 天	β,γ	5.76×10^{18}	1.73×10^{16}
Mo99	66.0h	β,γ	6.94×10^{16}	0
Tc99m	6.0h	γ	5.99×10^{18}	0
Tc99	2.1×10^8 年	β,γ	5.31×10^{11}	5.34×10^{11}
Ru103	40.0 天	β,γ	5.77×10^{18}	2.47×10^{10}
Ru105	369.0 天	β,γ	1.83×10^{18}	1.30×10^{10}
Rh103m	56.0min	γ	5.78×10^{18}	2.47×10^{15}
Ag111	7.47 天	β,γ	1.99×10^{16}	1.11×10^{9}
Cd115m	44.6 天	β,γ	5.49×10^{13}	3.35×10^{12}
Sn125	9.65 天	β,γ	4.00×10^{14}	9.71×10^{7}
Sb124	60.2 天	β,γ	1.53×10^{13}	1.93×10^{12}
Sb125	2.73a	β,γ	3.52×10^{14}	3.14×10^{14}
Te125m	58.0 天	γ	7.31×10^{13}	7.51×10^{13}
Te127m	109.0 天	β,γ	5.12×10^{14}	1.70×10^{14}
Te127	9.4h	β,γ	3.67×10^{15}	1.67×10^{14}
Te129m	33.4 天	β,γ	3.15×10^{18}	7.55×10^{13}
Te129	70.0min	β,γ	1.19×10^{10}	4.80×10^{13}
Te132	78.0h	β,γ	5.50×10^{13}	0
I129	1.59×10^{7} 年	β,γ	1.19×10^{8}	9.92×10^{7}
I131	8.04 天	β,γ	3.80×10^{16}	7.15×10^{9}

续表

同位素	半衰期 $T_{1/2}$	衰变方式	活度/(Bq/t_{HM})	
			去除	180 天之后
I132	2.285h	β,γ	5.59×10^{16}	0
Xe133	5.29 天	β,γ	7.76×10^{18}	5.96×10^{6}
Cs134	2.06 年	β,γ	1.01×10^{16}	8.52×10^{15}
Cs136	13.0 天	β,γ	2.58×10^{15}	1.75×10^{11}
Cs137	30.1 年	β,γ	4.13×10^{16}	4.08×10^{15}
Ba140	12.79 天	β,γ	7.23×10^{16}	4.19×10^{12}
La140	40.23h	β,γ	7.47×10^{16}	4.82×10^{12}
Ce141	32.53 天	β,γ	6.60×10^{14}	1.43×10^{15}
Ce144	284.0 天	β,γ	4.55×10^{16}	2.93×10^{10}
Pr143	13.58 天	β,γ	6.17×10^{16}	6.98×10^{12}
Nd147	10.99 天	β	2.92×10^{18}	3.43×10^{11}
Pm147	2.62 年	β,γ	3.81×10^{16}	3.65×10^{15}
Pm149	53.1h	β,γ	1.45×10^{18}	0
Sm151	93.0 年	β^+,β^-,γ	3.20×10^{13}	3.22×10^{13}
Eu152	13.4 年	β^+,β^-,γ	2.90×10^{11}	2.82×10^{11}
Eu155	4.8 年	β,γ	9.40×10^{13}	8.75×10^{13}
Tb160	72.3 天	β,γ	5.25×10^{13}	9.34×10^{12}

堆芯中核裂变产物的总存量可以很容易地通过下式估算出来，即总活度 A 可以根据下面的关系式得出：

$$A=\frac{P_{\mathrm{th}}}{2\cdot\bar{E}_{\mathrm{f}}}\approx1.5\times10^{16}\,\mathrm{Bq/MW}\approx4\times10^{5}\,\mathrm{Ci/MW}\tag{9.30}$$

一些同位素对反应堆事故的后果非常重要，如 I131，其半衰期为 8 天。在早期的反应堆安全分析中，这种同位素被认为是事故放射性危险的主要来源。特别是在事故后的第一个阶段，这种同位素的影响对公众承受的剂量非常重要。因此，在严重事故后公众的早期撤离是非常重要的。

其他同位素，如 Cs137(半衰期为 30 年)和 Sr90(半衰期为 28 年)是反应堆严重事故后期后果的主导因素，如土地污染及公众隐蔽和重新安置的必要性会受到这些同位素释放情况的影响。切尔诺贝利事故和福岛事故后的经验教训表明了这方面的重要性。

表 9.5 中最后第 3 组给出的是具有很长半衰期的裂变产物，它们在放射性废物最终贮存的长期计划安排方面起很重要的作用(半衰期超过 100 万年的同位素包括 Tc99，I129，Zr93，Cs135)。然而，由于活度与半衰期成反比，这些同位素的活度很小(详见第 11 章)。

通常，作为计算堆芯内各种裂变产物含量的基础，使用详细考虑了裂变材料和中子注量率功率历程和空间分布的计算机程序。然而实际上，一些简单的近似已经能够提供一些非常重要的裂变产物的相当好的数值。

可以通过以下简单的近似计算来估计放射性活度。如果衰变过程中的吸收很少且不存在同位素前驱体，同时裂变产物没有从堆芯中卸出过，则有微分方程：

$$\frac{\mathrm{d}N}{\mathrm{d}t}=-\lambda\cdot N+\gamma\cdot\Sigma_{\mathrm{f}}\cdot\phi\tag{9.31}$$

对于初始条件 $N(t=0)=0$，该微分方程可以求解，表示如下：

$$N=\gamma\cdot\frac{\Sigma_{\mathrm{f}}\cdot\phi}{\lambda}\cdot[1-\exp(-\lambda t)]\tag{9.32}$$

式(9.32)对同位素 I131 是有效的，该同位素在反应堆正常运行期间在很短的时间内就达到了饱和值。由于其半衰期很短，在停堆后的很短时间内就几乎衰减掉了(半衰期为 8 天)。

对于较长寿命的同位素($\lambda t\ll1$)，如半衰期为 30 年的 Cs137，其活度的近似表达式为

$$A\approx\lambda\cdot\gamma\cdot\Sigma_{\mathrm{f}}\cdot\phi\cdot t\tag{9.33}$$

由于燃料元件在反应堆内的运行时间大约为 3 年，因此，燃料元件装入堆内的时间比其 30 年的半衰期要短得多。应用此方程，可以得到当燃耗值接近 100 000MWd/t 时，Cs137 的存量大约为 2×10^{17}Bq/t U (5×10^{6}Ci/t)。如果考虑半衰期比燃料在堆芯内滞留时间还要短的同位素，如 I131(半衰期为 8 天)，则其活度可用下面的方程来估计：

$$A_i(c_i)=8.46\times10^5\cdot P\cdot\gamma \tag{9.34}$$

同位素的产额为 $\gamma_i=0.0277$ 时，对于 200MW 的核电厂，其总的活度约为 4.7×10^6Ci。如前所述，这对事故的短期后果产生的影响还是很大的。

在反应堆停堆之后，所有裂变产物的活度将会衰减：

$$A_i(t)=A_i^0\cdot\exp(-\lambda_i\cdot t)=A_i^0\cdot\exp(-\ln2\cdot t/T_{1/2,i}) \tag{9.35}$$

另外，还必须对连续的衰变链进行分析。图 9.9 给出了衰变链的一个例子：

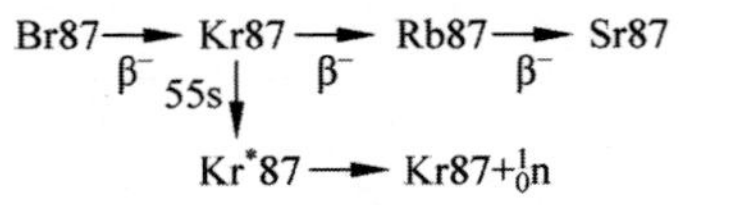

$$\begin{array}{l}\mathrm{Br87}\xrightarrow{\beta^-}\mathrm{Kr87}\xrightarrow{\beta^-}\mathrm{Rb87}\xrightarrow{\beta^-}\mathrm{Sr87}\\ \qquad\qquad\downarrow 55\mathrm{s}\\ \qquad\qquad \mathrm{Kr^*87}\longrightarrow \mathrm{Kr87}+{}_0^1\mathrm{n}\end{array}$$

图 9.9 缓发中子的一个重要源项 Br87 的衰变链

图 9.9 所示的衰变链非常重要，因为 Br87 是缓发中子($T_{1/2}=55$s)的载体，所以该同位素及其衰变对链式反应的可控性起着非常重要的作用。9.4 节将详细讨论缓发中子的重要性。

在没有分支的特殊情况下，衰变链可以分析如下：

$$N_1\underset{\lambda_1}{\rightarrow}N_2\underset{\lambda_2}{\rightarrow}N_3\underset{\lambda_3}{\rightarrow}N_4\underset{\lambda_4}{\rightarrow}\cdots\rightarrow N_n$$

关于这个衰变链，可以用如下 3 个微分方程来表示：

$$\frac{\mathrm{d}N_1}{\mathrm{d}t}=-\lambda_1N_1 \tag{9.36}$$

$$\frac{\mathrm{d}N_2}{\mathrm{d}t}=\lambda_1N_1-\lambda_2N_2 \tag{9.37}$$

$$\frac{\mathrm{d}N_3}{\mathrm{d}t}=\lambda_2N_3-\lambda_4N_4 \tag{9.38}$$

如果假设 $t=0,N_1=N_1^0$，则可得到同位素的核子数：

$$\frac{N_n}{N_1^0}=C_1\cdot\exp(-\lambda_1t)+C_2\cdot\exp(-\lambda_2t)+\cdots+C_n\cdot\exp(-\lambda_nt) \tag{9.39}$$

$$C_1=\frac{\lambda_1\lambda_2\cdots\lambda_{n-1}}{(\lambda_2-\lambda_1)(\lambda_3-\lambda_1)\cdots(\lambda_n-\lambda_1)} \tag{9.40}$$

$$C_2=\frac{\lambda_1\lambda_2\cdots\lambda_{n-1}}{(\lambda_1-\lambda_2)(\lambda_3-\lambda_2)\cdots(\lambda_n-\lambda_2)} \tag{9.41}$$

对于 3 个同位素的特殊情况，可以处理如下：

$$N_1=N_1^0\cdot\exp(-\lambda_1t) \tag{9.42}$$

$$N_2=N_2^0\cdot\left[\frac{\lambda_1}{\lambda_2-\lambda_1}\cdot\exp(-\lambda_1t)+\frac{\lambda_1}{\lambda_1-\lambda_2}\cdot\exp(-\lambda_2t)\right] \tag{9.43}$$

$N_3(t)$采用类似于 $N_2(t)$的微分方程来求解。

此外，还有可能出现分支衰变，如同前面提到的 Br87 衰变链的情况。为此，需将其作为一个单独的衰变项包含于方程中。如图 9.10 所示，这一实际应用显示了球床反应堆燃料元件活度的累积和随后下降的过程。经过长时间的中间储存，例如，Cs137 和 Sr90 将成为占主导地位的活性元素。一些锕系元素在这期间也对放射性做出了不可低估的贡献。

对于长时间的进程，在最终储存中经过 10^5 年甚至更长的时间之后，前面提到的 4 种同位素(Zr93，Te99，I129，Cs135)将会主导核废物的放射性行为。然而，这些元素的放射性水平都很低，这是因为它们的半衰期非常长，如图 9.10 所示。

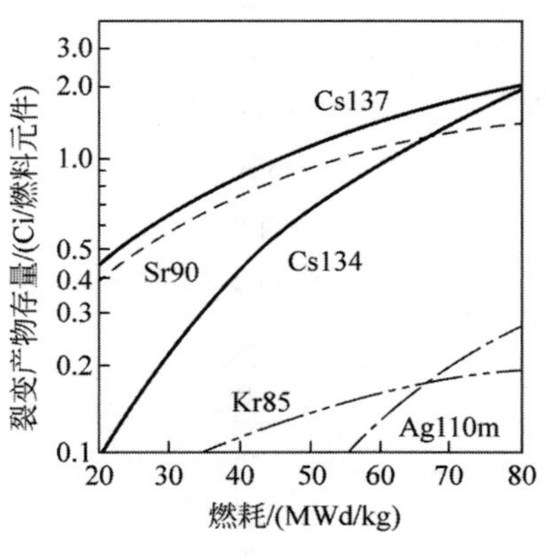

(a) 燃料元件的放射性存量随燃耗的变化(如HTR-Module，低浓铀循环，7gHM/燃料元件)

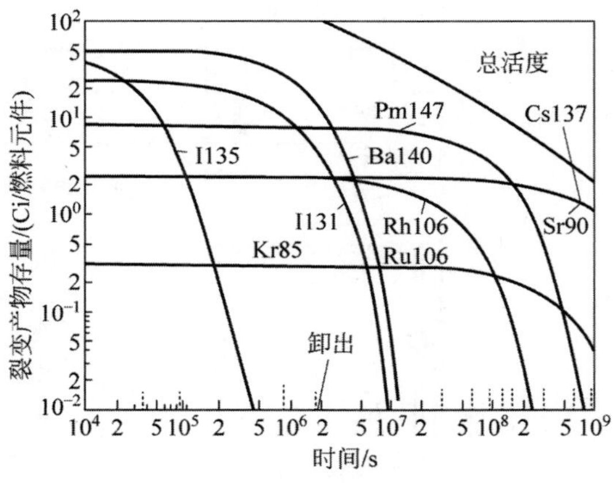

(b) 中间储存初始100年的时间进程

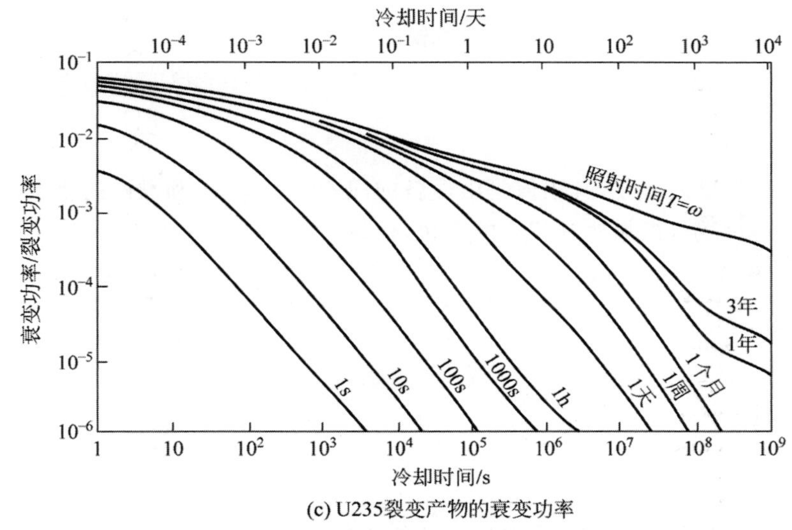

(c) U235裂变产物的衰变功率

图 9.10 HTR 燃料元件裂变产物活度和衰变功率随时间的变化

在中间阶段，即在 1000～100 000 年期间，钚同位素和次锕系元素在核废物放射性的重要性上占主导地位。这一事实清楚地表明，将这些同位素在反应堆中通过裂变转换是多么重要。分离和嬗变的新概念就是针对这些同位素的转换的。

9.4 整个电厂的动态方程

9.4.1 原理概述

堆芯状态的变化将引起整个电厂参数的变化。这些变化可能影响电网，反之亦然，如图 9.11 所示。例如，电网的故障可能会在蒸汽循环、氦回路中引起强烈的反馈，并由此引起堆芯内的强烈反馈。

反应堆正常运行和发生事故的过程包括部分参数值之间复杂的时间依赖关系，必须被看作动态事件。由于设备的负荷受温度、压力或压力差变化的影响，因此，参数的变化必须以限值为导向，而且部分限值是许可证申请过程中即已确定的，部分是运行的电力公司所要求的。

综上，可以通过对一些重要参数加以调整以控制系统，具体参数如下：

- 控制棒的移动 $\rho(t)$；
- 风机的功率 $P_{\text{circ}}(t)$；
- 给水泵的功率 $P_{\text{FW}}(t)$；
- 添加冷却水的供应 $\Delta \dot{m}_{\text{W}}(t)$；

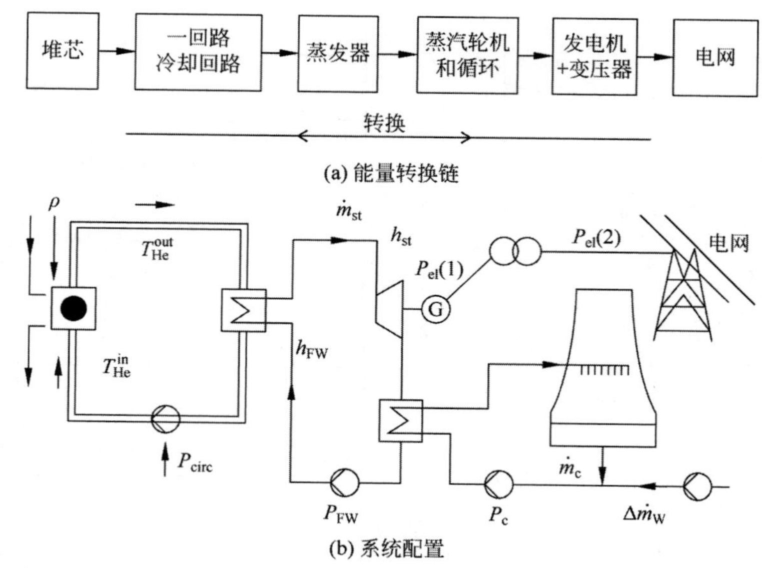

图 9.11 核电厂各个部分的概况及参数可能变化之间的关系(如蒸汽循环的模块式 HTR)

• 燃料元件的装入和卸出 $\Delta\dot{m}_{fuel}(t)$。

这些参数可以在设定的限值内变化,其限值是由设备的配置、电厂运行和电网的要求确定的。

一些重要的参数可以通过运行操作实现相应的变化,包括:

• 中子注量率 $\phi(t)$、热功率 $P_{th}(t)$;

• 氦气出口温度 $T_{He}^{out}(t)$;

• 蒸汽的焓值 $h_{st}(t)$;

• 电功率 $P_{el}(t)$。

9.4.2 动态方程组

为了将所有这些不同的参数与电厂的许多附加参数关联起来,需要一个包括反应堆及其他所有设备的动态方程组。该方程组用于计算启动、停堆、部分负荷等正常的运行过程,并对各种事故情况进行评价。

反应堆堆芯用下面这些方程来描述,其中包括中子动态、热量的产生和载出、控制过程及氙元素的动态等特殊问题。目前,可以采用非常复杂的程序系统来计算动态过程。为了确定重要的接口和参数,可以建立堆芯和整个电厂的简化方程。

首先,对瞬发中子和缓发中子可以采用点动态来近似,从中子平衡的角度来解释堆芯的时间行为。

$$\frac{1}{v}\cdot\frac{d\phi}{dt}=\frac{\rho-\beta}{\bar{t}}\cdot\frac{\phi}{v}+\sum_{i=1}^{6}\lambda_i\cdot C_i \tag{9.44}$$

$$\frac{dC_i}{dt}=\frac{\beta_i}{\bar{t}}\cdot\frac{\phi}{v}-\sum_{i=1}^{6}\lambda_i\cdot C_i,\quad i=1,2,\cdots,6 \tag{9.45}$$

反应性总的变化可以用如下表达式来描述:

$$\rho(t)=\rho_R(t)+\Gamma_M\cdot\Delta T_M(t)+\Gamma_F\cdot\Delta T_F(t)+\rho_{Xe} \tag{9.46}$$

其中,$\rho_R(t)$描述了控制棒或其他控制元件的反应性;Γ_F 是燃料的温度系数;Γ_M 是慢化剂的温度系数;ΔT_F 和 ΔT_M 均是随温度发生变化的。对于较长时间的瞬变过程,必须要在方程中考虑如 Xe135 这类具有强吸收和衰变的裂变产物产生的影响(详见 9.7 节)。对于氙效应,在 1 天左右的时间尺度上会对动态过程产生很大的影响。氙的反应性表示如下,它与之前功率变化的历程有关:

$$\rho_{Xe}(t)\approx(r_j+r_{Xe})\cdot\sigma_{a_{Xe}}\cdot\Phi(t)/\lambda_{Xe} \tag{9.47}$$

堆芯的功率密度$\dot{q}_c'''$和堆芯的热功率 P_{th} 可以采用如下的关系式来计算:

$$\dot{q}_c'''(t)=\bar{E}_f\cdot\Sigma_f\cdot\phi(\boldsymbol{r},t) \tag{9.48}$$

$$P_{\mathrm{th}}(t)=\int_{V_c}\overline{E}_{\mathrm{f}}\cdot\Sigma_{\mathrm{f}}\cdot\phi(\boldsymbol{r},t)\cdot\mathrm{d}V \tag{9.49}$$

$$P_{\mathrm{th}}^{0}=\overline{\dot{q}_{c}'''}\cdot V_{c} \tag{9.50}$$

热功率与氦循环主要参数之间的关系可用如下方程来表示：

$$P_{\mathrm{th}}(t)=\dot{m}_{\mathrm{He}}(t)\cdot c_{\mathrm{He}}\cdot[\overline{T}_{\mathrm{He}}^{\mathrm{out}}(t)-\overline{T}_{\mathrm{He}}^{\mathrm{in}}(t)] \tag{9.51}$$

其中，$\overline{T}_{\mathrm{He}}^{\mathrm{out}}(t)$和 $\overline{T}_{\mathrm{He}}^{\mathrm{in}}(t)$分别表示堆芯出口和入口的氦气平均温度。

在对设备进行详细的分析时，必须要考虑出口温度的径向分布以涵盖氦气的热点，因为这些热点的温度很可能造成重要部件材料的局部温度过高。

燃料元件内的发热$\dot{q}_{\mathrm{FE}}'''$与堆芯的功率密度相关，对于球床堆，可由如下关系式来计算：

$$\dot{q}_{\mathrm{FE}}'''=\dot{q}_{c}'''\cdot\frac{1}{1-\varepsilon} \tag{9.52}$$

其中，ε 是球床堆芯的孔隙率(≈ 0.4)。在上面给出的近似中忽略了燃料元件中不含燃料外壳这一影响因素。包覆颗粒燃料通过燃料元件的传热及燃料元件向氦冷却气体的传热可以采用如下偏微分方程来描述：

$$\rho_{c}\cdot c_{c}\cdot\frac{\partial T_{c}}{\partial t}=\dot{q}_{\mathrm{FE}}'''(t)+\mathrm{div}(\lambda_{c}\cdot\mathrm{grad}T_{c}) \tag{9.53}$$

对于导热系数，常设为常数，于是可以采用如下近似：

$$\mathrm{div}(\lambda_{c}\cdot\mathrm{grad}T_{c})\approx\lambda_{c}\cdot\Delta T_{c} \tag{9.54}$$

其中，ΔT_{c} 是从燃料元件表面向冷却气体传热的热流密度的拉普拉斯算子，由此可以得到如下关系式：

$$\dot{q}_{\mathrm{FE}}''(t)=\overline{\alpha}\,[T_{c}(r=R,z,t)-T_{\mathrm{G}}(z,t)] \tag{9.55}$$

对于堆芯区域内冷却气体的传热，如果仅考虑轴向气体温度的变化，则可以采用如下简化的方程：

$$\rho_{\mathrm{G}}\cdot c_{\mathrm{G}}\cdot\frac{\partial T_{\mathrm{G}}}{\partial t}=\dot{q}_{\mathrm{FE}}''(z,t)\cdot\frac{4\pi R^{2}}{A_{\mathrm{G}}}-v_{\mathrm{G}}(z,t)\cdot\rho_{\mathrm{G}}\cdot c_{\mathrm{G}}\cdot\frac{\partial T_{\mathrm{G}}}{\partial z} \tag{9.56}$$

其中，ρ_{c} 为燃料元件石墨基体的密度；c_{c} 为燃料元件石墨基体的比热；$T_{c}(r,t)$为燃料元件内的温度分布；λ_{c} 为燃料元件石墨基体的导热系数；$\overline{\alpha}$ 为球床内的换热系数；$T_{\mathrm{G}}(z,t)$为氦气的温度；ρ_{G} 为氦气的密度；c_{G} 为氦气的比热；$v_{\mathrm{G}}(z,t)$为氦气的流速；R 为燃料元件的半径；A_{G} 为堆芯内氦气的特征流道。

氦气是通过一个或多个氦风机驱动来进行循环的。风机总的功率由如下方程给出：

$$P_{\mathrm{circ}}(t)=\frac{\dot{m}_{\mathrm{He}}(t)\cdot\Delta p_{\mathrm{tot}}(t)}{\rho_{\mathrm{He}}\cdot\eta_{\mathrm{circ}}\cdot\eta_{\mathrm{mot}}} \tag{9.57}$$

一回路中所有部件都会造成氦气的阻力降。氦气回路总的阻力降是各个部件上阻力降叠加的总和：

$$\Delta P_{\mathrm{tot}}(t)=\sum_{i}\Delta P_{i}(t) \tag{9.58}$$

各个设备阻力降所占份额取决于质量流量和温度，这些值可能在瞬态过程中发生改变。例如，堆芯中的阻力降可表示为

$$\Delta P_{\mathrm{core}}(t)\approx\frac{\dot{m}_{\mathrm{He}}^{2}(t)\cdot H^{3}}{\rho_{\mathrm{He}}(t)\Delta T_{\mathrm{He}}(t)^{2}} \tag{9.59}$$

其中，H 是堆芯的高度；$\Delta T_{\mathrm{He}}(t)$是堆芯出口和入口氦气的温差。堆芯的阻力降与质量流量的平方成正比。氦气循环中有许多不同类型的阻力降，包括由相关部件中出现的流动引起的阻力降、由流道的变化引起的阻力降及由流道和部件中氦气流的膨胀和收缩引起的阻力降。这些都必须包含在一个精确的模型中。

此外，在所有部件中都会发生热量的损失，这些损失与部件内、外的温差成正比。

$$\dot{Q}_{\mathrm{losses}}\approx A\cdot\overline{K}\cdot(\overline{T}_{\mathrm{i}}-T_{\mathrm{env}}) \tag{9.60}$$

其中，A 是表面积；$\overline{K}$ 是换热系数。这种效应导致部件中过程温度降低，这一点也必须在详细分析中给出说明。

在蒸汽发生器中，将堆芯的发热传输到二回路，并且在如 HTR-PM 的模块式 HTR 中用于产生过热蒸汽。图 9.12 给出了蒸汽发生器的原理并示例了相关的 T-$\dot{Q}$ 图。

堆芯出口氦气的温度与进入蒸汽发生器的氦气温度之间的温差是相当小的，这取决于热气导管的概念，因此，也必须在详细的模型中给出相应的设计。对蒸汽发生器出口的氦气温度和进入堆芯入口的氦气

温度之间的温差作类似的考虑也是很有必要的，此时，应将氦风机中的温升包括在内一并考虑。

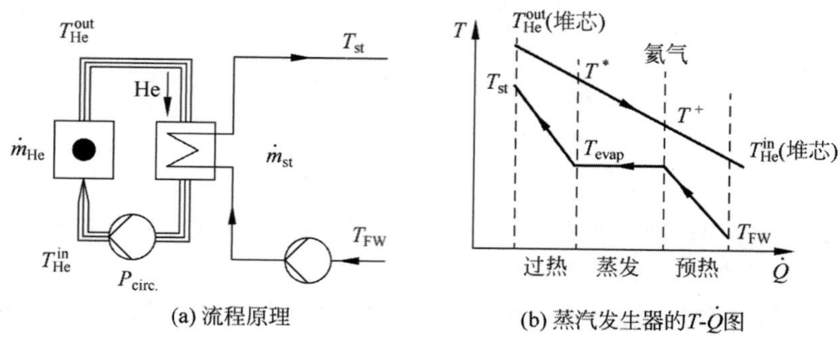

图 9.12　蒸汽发生器中氦气向蒸汽回路传热的原理及相关的 T-$\dot{Q}$ 图

图 9.12 所示的所有参数在瞬态过程中会发生变化，因此存在很强的时间依赖关系。如果启动一个处于冷态的系统并将其带入满功率运行的热状态，则需要对设备的瞬态负荷进行详细的分析。此外，还必须将所有的设备划分成多个部分以进行更为详细的分析。因此，需要应用计算机程序来获得相关设备的所有特性。

描述蒸汽发生器的能量平衡和传热的相关方程如下：

$$P_{th}(t)=\dot{m}_{He}\cdot c_{He}\cdot[\overline{T}_{He}^{out}(t)-\overline{T}_{He}^{in}(t)]=\dot{m}_{st}(t)\cdot[h_{st}(t)-h_{FW}(t)] \tag{9.61}$$

$$P_{th}(t)=\sum_{i=1}^{3}A_i\cdot\bar{k}_i\cdot\Delta T_{log,i} \tag{9.62}$$

$$\frac{1}{\bar{k}_i}\approx\frac{1}{\alpha_{W,i}}+\frac{1}{\lambda_i/S_i}+\frac{1}{\alpha_{He,i}} \tag{9.63}$$

$$\Delta T_{log,i}=(\Delta T_{large,i}-\Delta T_{small,i})/\ln\left(\frac{\Delta T_{large,i}}{\Delta T_{small,i}}\right) \tag{9.64}$$

其中，$h_{st}(t)$为蒸汽的焓值；$h_{FW}(t)$为给水的焓值；A_i 为蒸汽发生器各段的面积($i=1$:预热段；$i=2$:蒸发段；$i=3$:过热段)；$\bar{k}_i$ 为第 i 段的换热系数；$\Delta T_{log,i}$ 为第 i 段温差的对数；$\alpha_{W,i}$ 为在水/蒸汽侧第 i 段的换热系数；λ_i/S_i 为第 i 段壁面的导热系数；$\alpha_{He,i}$ 为第 i 段氦气侧的换热系数。

当然，$\alpha_{He,i}$，$\alpha_{W,i}$，$\bar{k}_i$ 和 $\Delta T_{log,i}$ 这些参数在瞬态过程中也是变化的，也必须通过相对复杂的计算机程序进行详细的分析。蒸汽发生器的计算必须对预热段、蒸发段和过热段分别加以考虑。特别是由于各个段的换热系数不同，各个段的传热数也不同。由于需要对蒸发过程的稳定性做出评价，因而需要对部分负荷状态时蒸发效果的变化单独地给予特别的关注。

在下一个过程中，蒸汽的能量被转化为汽轮机的机械能。图 9.13(a)给出了本书讨论的循环的简化流程图及汽轮机中膨胀和汽轮机之后冷凝的一些信息。

在高压汽轮机中，蒸汽首先膨胀，膨胀后部分蒸汽被抽取用于预热。主要的质量流量进入中压和低压汽轮机中作进一步的膨胀。然后，蒸汽进入凝汽器，并被完全冷凝。从汽轮机中抽取的蒸汽用于对给水进行预热。在图 9.13 的原理流程图中仅显示了 4 个预热部件，而在实际应用中，部件数可能会更多，需要在优化过程中加以选择。

汽轮机的膨胀可以遵循图 9.13(b)所示的曲线，对于汽轮机后面的冷凝，则在图 9.13(c)中给出了说明，并示例了冷凝器的 T-$\dot{Q}$ 图。

冷凝器后面的冷却系统可以使用取自河流或者海洋的水，也可以使用湿冷却塔。对于干旱地区，可以采用空气干冷塔方式冷却。如何冷却是与未来能源经济相关的一个重要选择，因为在许多国家中冷却水源都很缺乏。在瞬态过程中，汽轮机系统和冷却系统的所有相关数据都会发生变化。给出如下关于汽轮机中能量转换的方程：

$$\begin{aligned}P_T(t)=&\dot{m}_{st}(h_1-h_2)+(\dot{m}_{st}-\dot{m}_1)(h_2-h_3)+(\dot{m}_{st}-\dot{m}_1-\dot{m}_2)(h_3-h_4)+\\&(\dot{m}_{st}-\dot{m}_1-\dot{m}_2-\dot{m}_3)(h_4-h_5)+(\dot{m}_{st}-\dot{m}_1-\dot{m}_2-\dot{m}_3-\dot{m}_4)(h_5-h_6)\end{aligned} \tag{9.65}$$

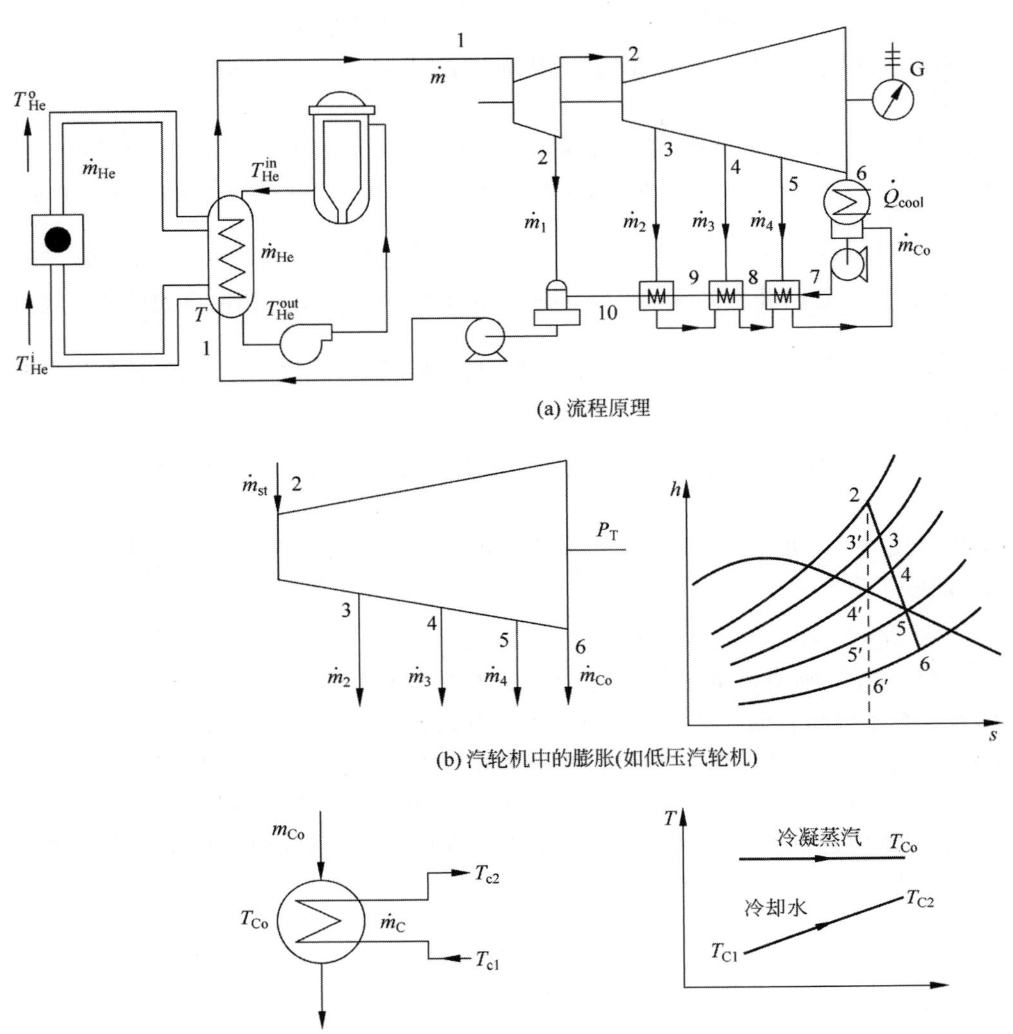

(a) 流程原理

(b) 汽轮机中的膨胀(如低压汽轮机)

(c) 汽轮机冷凝器中蒸汽的冷凝

图 9.13 动态分析中蒸汽循环的分析

只要给出工作介质的焓值 h_1, h_2, h_3, h_4, h_5，就可以计算出汽轮机中蒸汽膨胀过程的内效率。

$$\eta_i(\mathrm{HP}) = \frac{h_1 - h_2}{h_1 - h_{2'}}, \quad \eta_i(\mathrm{LP}) = \frac{h_2 - h_6}{h_2 - h_{6'}} \tag{9.66}$$

该特性表征了汽轮机中膨胀后焓的等熵值。η_i 取决于技术的状态、汽轮机的使用年限和运行条件。部分负荷对 η_i 值很重要，在详细的分析过程中必须考虑其影响。

冷凝器和随后的冷却系统的平衡表示如下：

$$\dot{Q}_{Co}(t) = \dot{m}_{Co} \cdot (h_6 - h_7) \approx \dot{m}_c \cdot c_c \cdot (T_{c_2} - T_{c_1}) \approx \dot{m}_{Co} \cdot r \tag{9.67}$$

$$\dot{m}_{Co} = \dot{m}_{st} - \dot{m}_1 - \dot{m}_2 - \dot{m}_3 - \dot{m}_4 \tag{9.68}$$

其中，r 用来表征冷凝热。在式(9.67)中，假设低压汽轮机内没有冷凝。而实际上，有一小部分蒸汽已在汽轮机中冷凝。推算可知这部分冷凝的蒸汽大约占 10%。若有更多的蒸汽被冷凝，将使效率降低，并可能对汽轮机造成损坏。

对给水进行预热的整个装置由几个换热器和一个提供工作流体的储罐组成。图 9.14 给出了与图 9.13 中流程相对应的 3 个热交换器的预热原理。实际应用中，预热的级数将根据经济条件加以优化。

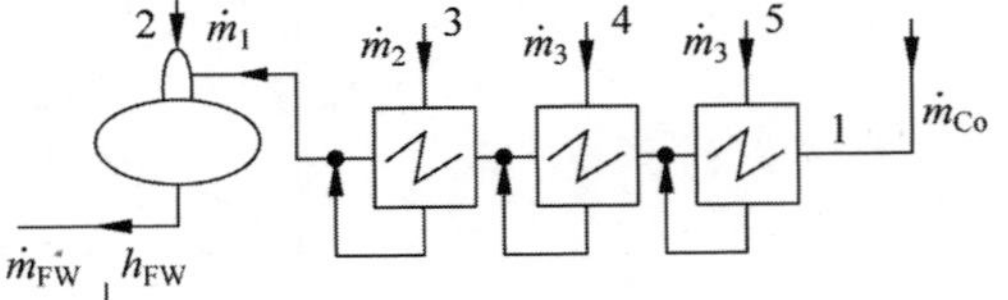

图 9.14 预热段的原理

在预热段中，能量的平衡由下面的公式给出：

$$\dot{m}_{st} \cdot h_{FW} = \dot{m}_{Co} \cdot h_7 + \dot{m}_4 \cdot h_5 + \dot{m}_3 \cdot h_4 + \dot{m}_2 \cdot h_3 + \dot{m}_1 \cdot h_2 \tag{9.69}$$

实际应用中需包括更多的预热器，并采用相应的其他方程来描述。最终输送给电网的电能由下式计算得出：

$$P_{el}^{net}(t) = P_t(t) \cdot \eta_{mech} \cdot \eta_{gen} \cdot \eta_{deliv} \tag{9.70}$$

其中，η_{deliv} 包含了电厂自身的电力消耗，包括提供给氦风机、给水泵及辅助系统的电力消耗。

总的来说，电厂总能量的平衡必须得到满足，式(9.71)可以用来控制电厂各个部分评价的一致性。

$$P_{th}(t) = P_{el}^{net}(t) + \dot{Q}_{Co}(t) + \sum_i P_i(t) + \sum_j \dot{Q}_j(t) \tag{9.71}$$

其中，$\sum_i P_i(t)$ 涵盖了主氦风机的驱动、给水泵的驱动及电厂中其他主要耗电设施的能量损失（例如，空调和其他系统）。$\sum_j \dot{Q}_j(t)$ 涵盖了主要的热量损失，例如，反应堆压力壳表面的热损失及一回路和二回路系统所有设备的热损失。

蒸汽循环热阱，如湿冷却塔，以及与电网并网的可利用率是涉及电厂的正常运行及其安全性的非常重要的参数。

图 9.15 给出了发电厂与热阱及电网的耦合条件。由图可知，合适的冷却设施或者并网的后备措施必须在任何时间点都能够实现平衡。

$$\dot{Q}_{Co} \approx \dot{m}_w \cdot C_w \cdot (T_2 - T_1) \approx \Delta\dot{m}_w \cdot r, \quad P_{el}^{net^*} = \eta_{transf.} P_{el}^{net}$$

前面给出的方程式中的所有质量流量、温度及压力都是随时间变化的，在瞬态或事故过程中也都会发生变化。当然，像换热系数和换热数这类参数也与负载和时间之间存在依赖关系。因此，必须进一步开发大型的计算机程序以将所有设备的细节考虑在内，并能适用于电厂中所有重要的变化和瞬态过程。有关参数和数据的变化情况已在图 9.15 中给出了说明。例如，由于热交换器与发电厂中的许多设备相关，对涉及平行流和逆向流的问题均进行了分析和说明。在瞬态过程中，所有温度和质量流量都可以随时间发生变化，换热数也可以变化。

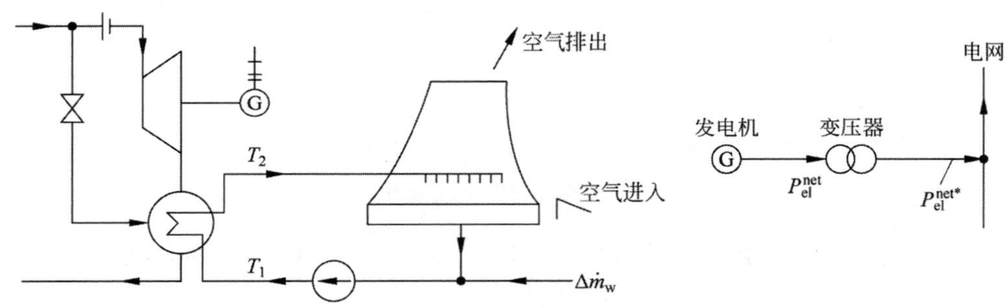

图 9.15　发电厂与热阱及电网的耦合

在平行流和逆向流两种情况下，在任何时间点都必须实现能量的平衡，相应地，有如下方程：

$$\dot{Q} = W \cdot C \cdot (T_1 - T_2) = W' \cdot C' \cdot (T'_2 - T'_1) \tag{9.72}$$

在特殊情况下，也要将热量损失考虑在内。在某些应用中，还要考虑蒸发或冷凝效应，如图 9.16 所示。

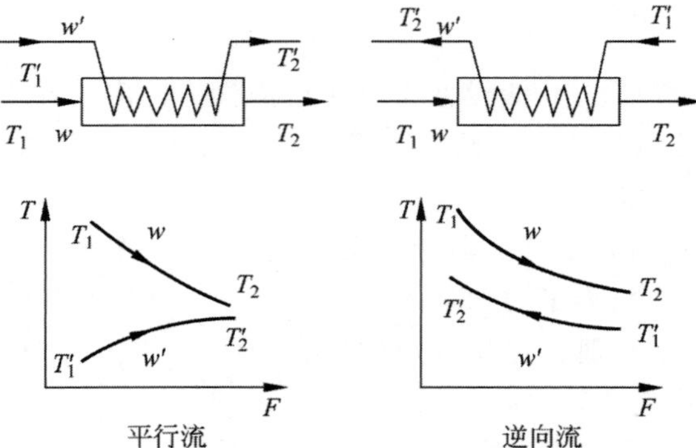

图 9.16　热交换器的原理

对于平行流动，可得加热侧介质出口温度为

$$T_2=T_1-\frac{w'}{w+w'}\cdot(T_1-T'_1)\cdot\left\{1-\exp\left[-\frac{KF}{W}\left(1+\frac{w}{w'}\right)\right]\right\} \tag{9.73}$$

对于加热介质的出口温度，计算后的结果是

$$T'_2=T'_1+\frac{w}{w+w'}\cdot(T_1-T'_1)\cdot\left\{1-\exp\left[-\frac{KF}{W}\left(1+\frac{w}{w'}\right)\right]\right\} \tag{9.74}$$

在逆向流的情况下，加热介质的出口温度由下式给出：

$$T_2=T_1-(T_1-T'_1)\cdot\frac{w'}{w}\cdot\left\{1-\frac{1-\frac{w}{w'}}{1-\frac{w}{w'\exp\left[-\frac{KF}{W}\cdot\left(1+\frac{w}{w'}\right)\right]}}\right\} \tag{9.75}$$

对于加热介质侧的出口温度，可以根据如下关系式得到：

$$T'_2=T_1-(T_1-T'_1)\cdot\frac{1-\frac{w}{w'}}{1-\frac{w}{w'\exp\left[-\frac{KF}{W}\cdot\left(1+\frac{w}{w'}\right)\right]}} \tag{9.76}$$

在扩展的动态分析中，对于重要的热交换设备，如蒸汽发生器或蒸汽循环中的设备，必须要根据上述方法进行建模。

9.4.3　评估动态问题的程序系统

为了进行更有实际意义和更详细的分析，需要应用计算机程序。图 9.17 给出了时间相关的中子学和温度(time-dependent neutronics and temperature，TINTE)程序的流程，该程序主要用于堆芯的分析。

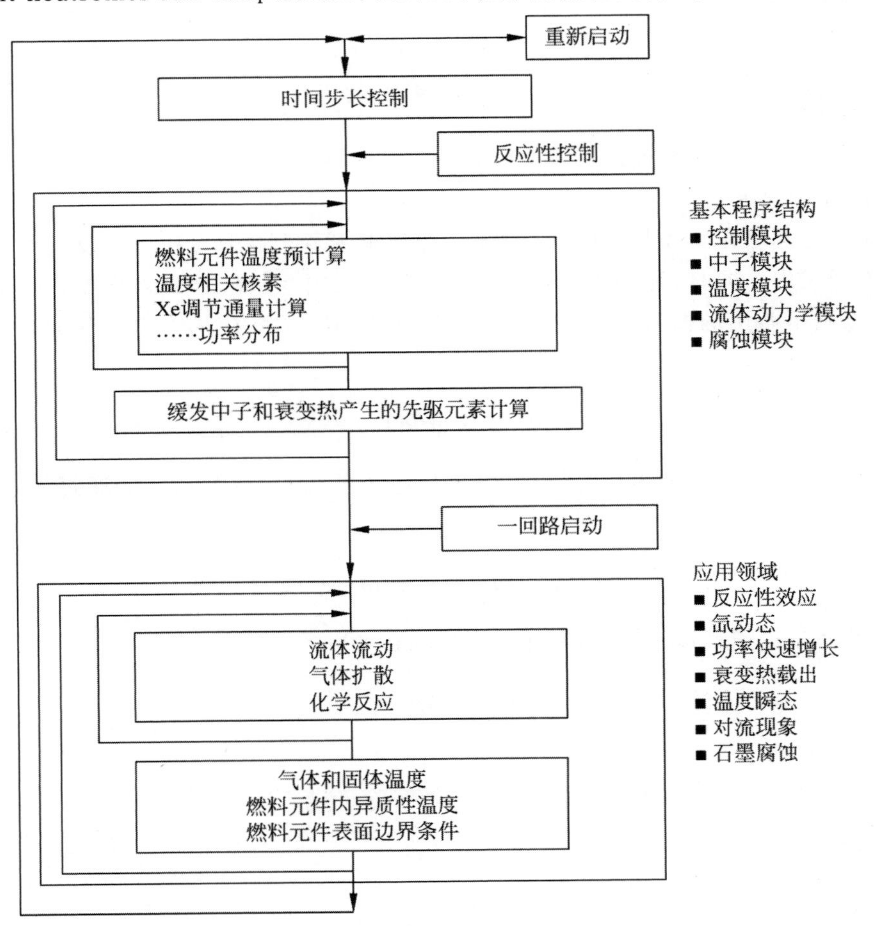

图 9.17　TINTE 程序的功能和流程

图 9.17 所示的程序编码使用了与时间相关的中子扩散公式，以描述从非常短时间到很长时间跨度的动态过程。该编程可以应用于很多不同的领域，但主要用于安全性分析，且已在德国以前的 AVR 高温反应堆的实际瞬态过程中成功地进行了测试(详见 9.6 节)。

中子谱采用两组随时间变化的扩散方程来计算。对于快中子和热中子，分别采用如下形式的方程。

对于快中子，有

$$\frac{1}{v_1}\frac{\partial \varphi_1}{\partial t}=\nabla D_1 \nabla \varphi_1-(\Sigma_{a1}+\Sigma_{s1})\varphi_1+\Sigma_{s2}\varphi_2+(1+\beta)P+\sum_i \lambda_1 C_1+Q \tag{9.77}$$

对于热中子，有

$$\frac{1}{v_2}\frac{\partial \varphi_2}{\partial t}=\nabla D_2 \nabla \varphi_2-(\Sigma_{a2}+\Sigma_{s2})\varphi_2+\Sigma_{s1}\varphi_1 \tag{9.78}$$

中子的产生率遵循如下的关系式：

$$P=\sum_{g=1}^{2} v\Sigma_{fg}\varphi_g,\quad \beta=\sum_i \beta_i \tag{9.79}$$

其中，$1-\beta$ 是瞬发中子的份额，β 是缓发中子的份额。缓发中子的先驱核采用如下微分方程来描述：

$$\frac{\mathrm{d}C_i}{\mathrm{d}t}=\beta_i P-\lambda_i C_i \tag{9.80}$$

对这些微分方程直接进行积分就可得到先驱核的浓度：

$$C_i=\mathrm{e}^{-\lambda_i(t-t_0)}\left[C_i(t_0)+\beta_i\int_{t_0}^{t}\mathrm{d}t'P(t')\mathrm{e}^{\lambda_i(t'-t_0)}\right] \tag{9.81}$$

在前面给出的方程中使用了如下参数和变量：

φ_1——快中子注量率；

φ_2——热中子注量率；

v_g——g 组的速度；

D_g——g 组的扩散常数；

Σ_{ag}——g 组的吸收截面；

Σ_{sg}——g 组的散射截面；

$v\cdot\Sigma_{fg}$——g 组的中子产生截面；

Q——中子源(外来的源)。

碘和氙对平衡的影响已在 9.6 节中进行了解释。衰变热和控制棒移动引起的反应性变化也都包含在随时间变化的平衡方程式中。同时，裂变产生能量的空间分布也被考虑在内。对于燃料元件和反射层等固体材料中的传热，可以利用通用的微分方程来求解，这些解适用于实际应用。以燃料元件为例，对于球形几何，可采用如下方程来求解：

$$\frac{\partial}{\partial t}(\rho\cdot c\cdot T)=\mathrm{div}(\lambda\cdot \mathbf{grad}T)+q+\alpha(T_G-T) \tag{9.82}$$

其中，Q 包含了发热的热源(裂变发热及与放热/吸热反应相关的热)。流动效应通过流动气体运动方程的解来进行分析：

$$\frac{\partial \boldsymbol{\mu}}{\partial t}+\mathrm{div}(\boldsymbol{\mu}\cdot\boldsymbol{v})=-\mathbf{grad}p+\rho\mathbf{g}+\mathrm{div}\sigma \tag{9.83}$$

其中，$\boldsymbol{\mu}$ 是动量密度，σ 是摩擦系数。此外，对连续方程求解可得：

$$\frac{\partial \rho}{\partial t}+\mathrm{div}(\boldsymbol{\mu})=q \tag{9.84}$$

其中，q 是气体的热源密度。

对 HTR 设备中出现的最重要的情况进行了相应的实验，包括：

- 球床的布置；
- 边界层；
- 垂直流通道；

- 具有水平气流的房间；
- 特殊石墨结构(鼻子)；
- 热交换器管束。

对于上述几何条件，可以针对换热系数和阻力降进行详细的分析。

从蒸汽和氧气对石墨造成腐蚀这一效应中获取的经验结果，形成了对这些介质进入HTR电厂一回路系统引起事故进行特殊分析的基础。

为了对整个电厂进行分析，需要设计一个程序，对堆芯、一回路和二回路的所有设备进行建模。图9.18给出了整个电厂的相关程序流程。设计的计算机程序专门用于描述HTR-Module(200MW)的动态行为，利用该程序对主要事故进行了分析。

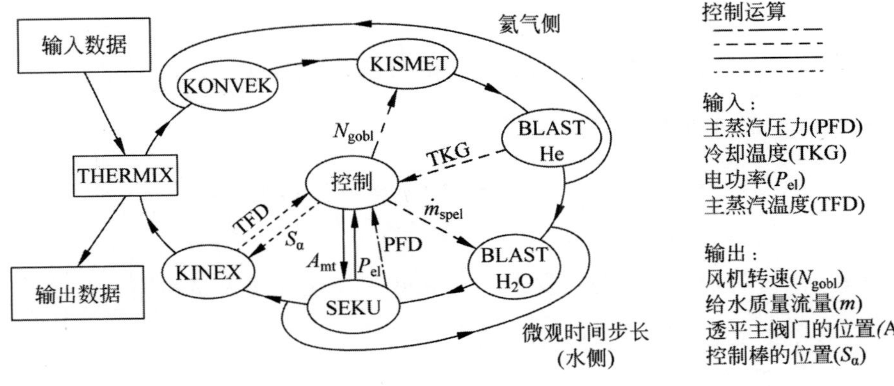

图9.18 整个蒸汽发电厂的程序流程(HTR-Module，热功率为200MW)

THERMIX—堆芯温度场的计算；KONVEK—堆芯流量场的计算；KINEX—中子和氙动态的计算；KISMET——回路系统流量的计算；BLAST—传热系统中流量的计算；SEKU—二回路的计算；SIKADE—蒸汽发生器的计算

该程序系统包括一回路和二回路设备中流动、传热、氙动力学及技术方面的所有细节，系统的各个部分均进行过修改和改进。

9.5 动态方程的应用

考虑中子动力学原理，下面的简单近似能够显示重要参数产生的影响。

对于瞬发中子的变化，可用如下微分方程来表征：

$$\frac{1}{v}\frac{d\phi}{dt}=[k_{eff}(1-\beta)-1]\Sigma_\alpha\phi \tag{9.85}$$

如果β是用单组中子来表征缓发中子，则可得到如下中子数的方程：

$$\frac{dN}{dt}=\eta\cdot\varepsilon\cdot f\cdot\Sigma_\alpha\cdot\phi\cdot\beta-\lambda\cdot N=\frac{k_\infty}{p}\Sigma_\alpha\cdot\phi\cdot\beta-\lambda\cdot N \tag{9.86}$$

对微分方程积分后得到：

$$N(t)=N_0\cdot\exp(-\lambda t)+\int_0^t\frac{k_\infty}{p}\beta\cdot\Sigma_a\cdot\phi(t')\cdot\exp[-\lambda(t-t')]\cdot dt' \tag{9.87}$$

积分可以通过部分积分加以变换。采用方程：

$$\int u(t')\cdot v'(t')\cdot dt'=u(t)\cdot v(t)-u(0)\cdot v(0)-\int_0^t v(t')\cdot u'(t')\cdot dt' \tag{9.88}$$

可以得到描述缓发中子的$N(t)$如下：

$$N(t)=\frac{k_\infty\cdot\Sigma_a}{\lambda p}\left[\beta\cdot\phi(t)-\int_0^t\frac{d\phi(t')}{dt}G(t-t')\cdot dt'\right] \tag{9.89}$$

其中引入了替代项$G(t-t')=\beta\cdot\exp[-\lambda\cdot(t-t')]$，于是得到了包括缓发中子在内的中子注量率的方程：

$$\frac{1}{v}\frac{\mathrm{d}\phi}{\mathrm{d}t}=[k_{\text{eff}}(1-\beta)-1]\Sigma_{\alpha}\phi+Q_{\text{N}} \tag{9.90}$$

引入以下各项：

$$\frac{1}{\bar{t}}=\Sigma_{\alpha}\cdot\alpha,\quad \Delta k=k_{\text{eff}}-1,\quad Q_{\text{N}}=\lambda\cdot N\cdot p \tag{9.91}$$

将缓发中子 N 的表达式插入所有中子的微分方程中，最后得到反应堆动力学行为的简化方程如下：

$$\bar{t}\cdot\frac{\mathrm{d}\phi}{\mathrm{d}t}=\Delta k\cdot\phi-k_{\text{eff}}\cdot\int_{0}^{t}\frac{\mathrm{d}\phi(t')}{\mathrm{d}t'}\cdot G(t-t')\cdot\mathrm{d}t' \tag{9.92}$$

为了进行简单的估计，可以引入下面的近似：

$$G(t-t')\approx\beta\cdot[1-\lambda\cdot(t-t')+\cdots] \tag{9.93}$$

积分变为

$$k_{\text{eff}}\cdot\int_{0}^{t}\frac{\mathrm{d}\phi(t')}{\mathrm{d}t'}\cdot G(t-t')\cdot\mathrm{d}t'\approx k_{\text{eff}}\cdot\beta\cdot\int_{0}^{t}\mathrm{d}\phi(t')=k_{\text{eff}}\cdot\beta\cdot[\phi(t)-\phi(0)] \tag{9.94}$$

并且可以得到中子注量率的微分方程：

$$\bar{t}\cdot\frac{\mathrm{d}\phi}{\mathrm{d}t}=(\Delta k-k_{\text{eff}}\cdot\beta)\cdot\phi+k_{\text{eff}}\cdot\beta\cdot\phi(0) \tag{9.95}$$

式(9.95)可以求解，可以分 3 种情况分析。

(1) 当 $\Delta k=\beta\cdot K_{\text{eff}}$ 时，剩余反应性与缓发中子的份额一样，微分方程的解是

$$\phi(t)=\phi_{0}\left(1+\frac{k_{\text{eff}}\cdot\beta\cdot t}{E}\right) \tag{9.96}$$

(2) 当$(\Delta k-\beta\cdot K_{\text{eff}})>0$ 时。中子注量率呈指数增长：$\phi(t)\approx\phi(0)\cdot C\cdot\exp[(\Delta k-\beta\cdot K_{\text{eff}})\cdot t/\bar{t}]$。在这种情况下，在极短的时间内，反应堆的中子注量率和功率将上升到极高的水平。需要特别指出的是，在任何情况下都必须避免这种灾难性的剩余反应性。

(3)
$$(\Delta k<\beta\cdot K_{\text{eff}})<0 \tag{9.97}$$

反应性变化应保持在缓发中子的影响范围内。必须求解下面的微分方程：

$$\bar{t}\cdot\frac{\mathrm{d}\phi}{\mathrm{d}t}=\alpha\phi+\beta\phi_{0} \tag{9.98}$$

$$\rho=\Delta k=k_{\text{eff}}-1/k_{\text{eff}},\quad \alpha=(1-\beta)\cdot k_{\text{eff}}-1=\frac{\rho-\beta}{1-\rho} \tag{9.99}$$

方程的解是由随时间变化的注量率的函数给出的：

$$\phi(t)=\phi(0)\cdot\left\{\exp\left(\frac{\alpha t}{\bar{t}}\right)-\frac{\alpha}{\beta}\cdot\left[1-\exp\left(\frac{\alpha t}{\bar{t}}\right)\right]\right\} \tag{9.100}$$

在 $\rho<\beta,\alpha<0$ 的情况下，中子注量率的限值通过下面的关系式计算得到：

$$\frac{\phi(t\to\infty)}{\phi_{0}}=\frac{\beta}{1-(1-\beta)k}=\frac{\beta(1-\rho)}{(\beta-\rho)} \tag{9.101}$$

对于这个瞬态过程，特征时间常数 T 为

$$T=\bar{t}/\alpha=\bar{t}\cdot\rho/(\rho-\beta) \tag{9.102}$$

对一般较小的反应性变化 ρ 来说，T 较大。该方程适用于反应性的正、负变化。图 9.19 显示了这两种情况下临界常数和中子注量率随时间的变化情况。

引入$\pm\rho$ 反应性后，最终达到的中子注量率由如下的比值计算得出：

$$\frac{\beta(1-\rho)}{\beta-\rho}\gtrless 1 \tag{9.103}$$

中子注量率变化过程中注量率随时间变化的详细行为遵循动力学方程的完整解，如图 9.19 所示。

引入反应性后的平衡状态很容易进行估计，但是描述变化阶段的实时变化过程需要再花些功夫，比如，需要应用动态的计算机程序。

一个简单的数值例子可以让问题变得更清晰：由 $\beta=0.0065$ 和 $\rho=\pm0.001$ 可得，对于一个正反应性的变化，有 $\phi/\phi_{0}=1.18$；对于负反应性的变化，相应地有 $\phi/\phi_{0}=0.867$。在这个例子中，如果假设扩散时间大

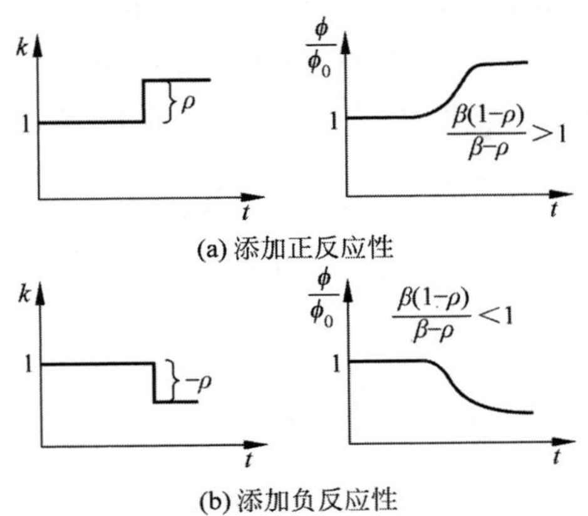

(a) 添加正反应性

(b) 添加负反应性

图 9.19 反应性和中子注量率的变化

约为 1.8×10^{-2}s，那么特征周期值 T 则处于 30s 这个量级。针对石墨慢化的反应堆，给出热中子区的扩散时间 $\bar{t}$ 如下：

$$\bar{t}\approx 1/[v\cdot\Sigma_a(1+L^2B^2)] \tag{9.104}$$

其中，L 是扩散长度，B^2 是反应堆的曲率。

当应用到一个实际的反应堆（这里是指模块式 HTR）中时，必须要考虑所有的 6 组缓发中子、中子注量率的空间分布、先驱同位素的变化及在瞬态过程中反应性系数和温度的变化。目前采用的复杂计算机程序涵盖了上述所有情况。9.6 节将给出计算后的一些结果。

由反应性系数引起的反应性和功率变化的耦合，特别是温度系数引起的功率变化的耦合，成为另一个重要的课题。简单的估计可以帮助我们搞清楚上述重要因素对反应堆动态行为产生的影响。

应用本节开始时已经讨论过的简化的动力学方程（包括温度反馈），得到了反应堆功率和燃料温度：

$$\bar{t}\cdot\frac{\mathrm{d}P}{\mathrm{d}t}=(\rho-\Gamma\cdot T)\cdot P+\frac{\beta}{\lambda}\cdot P_0 \tag{9.105}$$

$$C\cdot\frac{\mathrm{d}T}{\mathrm{d}t}=P-\alpha\cdot F\cdot(T_0+T-T_G) \tag{9.106}$$

其中，Γ 是反馈系数，这里是指温度系数；T 是燃料的温升；T_0 是稳态时的燃料温度；T_G 是气体的温度；$C=M\cdot c$ 包括堆芯储热的容量；α 是换热系数；F 是堆芯内总的换热表面积。上述方程可以在初始条件（$t=0$：$T=0$，$P=P_0$）下求解：

$$P_0=\alpha\cdot F(T_0-T_G),\quad \mathrm{d}T/\mathrm{d}t\approx 0,\quad \rho\approx 0 \tag{9.107}$$

在稳态运行的情况下，电厂额定的输出功率 P_0 是由换热系数及燃料（T_0）和气体（T_G）之间的温差决定的。假设功率按指数函数上升，则有

$$P=P_0\cdot\exp(\varepsilon t) \tag{9.108}$$

由式(9.109)可以得到燃料温度 T 的变化：

$$T\approx-\frac{\varepsilon}{\Gamma}\cdot\left(\bar{t}+\frac{\beta}{\lambda}\right) \tag{9.109}$$

这个解是由微分方程导出的。此外，这些方程还提供了换热和功率之间的关系：

$$\alpha\cdot F=\frac{P_0\cdot\exp(\varepsilon t)}{T_0-\frac{\varepsilon}{\Gamma}\cdot\left(\bar{t}+\frac{\beta}{\lambda}\right)-T_G} \tag{9.110}$$

式(9.110)的计算结果表明，在反应堆启动过程中，在运行温度上升的同时，换热系数也随之升高。在上升过程中，燃料温度的变化可以比较小。随着功率的上升，通过堆芯的氦气质量流量也会增加：

$$\dot{m}_{He}=\frac{P_{th}(t)\cdot\exp(\varepsilon t)}{C_p(\overline{T}_{out}-\overline{T}_{in})}=\rho_{He}\cdot A_{core}\cdot\nu_{He} \tag{9.111}$$

当然，堆芯中的阻力降至少与 ν_{He}^2 成正比这一因素也必须加以考虑。随着堆芯内氦气流速的提高，如前

面所说的，燃料元件表面的换热系数上升，由于 α 值取决于雷诺数及氦气的流速，相应地可以得到这样一个关系式：$\alpha \approx Re^{0.8} \approx \nu_{He}^{0.8}$。因此，堆芯内产生的功率与氦气流的冷却之间必须始终保持一定的平衡。

在对负荷随堆芯变化进行详细分析时必须要将氙的动态行为考虑在内(详见 9.7 节)，并且对氙在几个小时的时间跨度内的动态行为要予以关注。

一般来说，模块式 HTR 堆芯的行为是相对惰性的，热量可以通过下面运行瞬态过程中功率和温度变化的非常简单的考虑来加以表示。能量平衡可以采用如下忽略了反馈效应的形式：

$$M_c \cdot c_c \cdot \frac{d\overline{T}_c}{dt} = P_{th}(t) - \alpha \cdot A \cdot (\overline{T}_c - T_G) \tag{9.112}$$

其中，M_c 是堆芯内石墨的总质量；α 是球床内的换热系数；A 是燃料元件的总表面积。这个微分方程的解有如下的形式：

$$\overline{T}_c(t) = C_1 \cdot \exp(-\mu t) + \exp(-\mu t) \cdot \int_0^t \frac{P_{th}(t')}{M_c \cdot c_c} \cdot \exp(\mu t) \cdot dt' \tag{9.113}$$

若 $P_{th}(t)$是通过与瞬态有关的详细公式给出，就能求解上面这个问题。求解中的时间常数 μ 表示为

$$\mu = \alpha \cdot A/(M_c \cdot c_c) \tag{9.114}$$

对于恒定功率 P_0 这种简单情况，如果假设 $t=0, \overline{T}_c = T_c^0, a = P_{th}^0/(M_c \cdot c_c)$，则上面的方程可以用下面的方程来求解：

$$\overline{T}_c - T_c^0 = \frac{a}{\mu} \cdot [1 - \exp(-\mu t)] \tag{9.115}$$

如果 $P_{th}(t)$是变化的，在瞬态的初始阶段采用非常简单的近似可以给出如下结果：$t=0$ 时的初始条件为 $P_{th} = P_{th}^0, \overline{T}_c = T_c^0, T_G = T_G^0 =$ 常数，并且有一个功率跳跃 ΔP。于是，得到初始阶段的一个近似解：

$$\frac{\Delta \overline{T}_c}{\Delta t} \approx \frac{\Delta P}{M_c \cdot c_c} \tag{9.116}$$

堆芯内材料蓄热容量的重要性此时变得更加明显。

模块式 HTR 的一些典型值表明这样一个趋势：堆芯的典型值 $P_{th}^0 = 200\text{MW}, \Delta P = 20\text{MW}, M_c = 66\text{t}$(石墨)，$c_c = 1\text{kJ/kg}$ 时，温度的变化率仅为 0.3K/s。在这个近似中，忽略了换热状态的改善。上述估计表明，对于模块式 HTR 这类反应堆的堆芯，其热态行为实际上是非常惰性的。

如果 $\alpha = 2000\text{W}/(\text{m}^2 \cdot \text{K}), A/M_c = 54\text{m}^2/\text{t C}$，则时间常数大约为 0.01/s。很自然地，这个瞬态变化很快就会被温度反应性系数的负反馈所抑制。

9.6 模块式 HTR 的控制和运行

9.6.1 模块式 HTR 的控制

对模块式 HTR 电厂复杂的控制概念已经进行了详细的分析，包括正常运行中的所有变化。模块式 HTR 蒸汽产生系统的功率控制包括 4 个控制参数，见表 9.6。这些参数必须限制在表中所示的最大值之内。根据这些控制参数，可以对运行系统中的 4 个主要参数进行调节。

表 9.6 控制参数和调节参数

控制参数	调节参数	注释
热功率	给水阀的开度	最大值：+10%
气体热端的温度	控制棒的插入深度	最大值：800℃
主蒸汽温度	氦风机转速	最大值：540℃
主蒸汽压力	汽轮机阀门的开度	最大值：24MPa

独立于这些功率的控制回路，通过一个独立的两点控制系统将一回路的压力限制在上限值和下限值之间。从氦储存系统补给和排出一回路氦气的过程是通过氦气净化系统完成的。图 9.20 给出了控制系统的

一些详细情况。

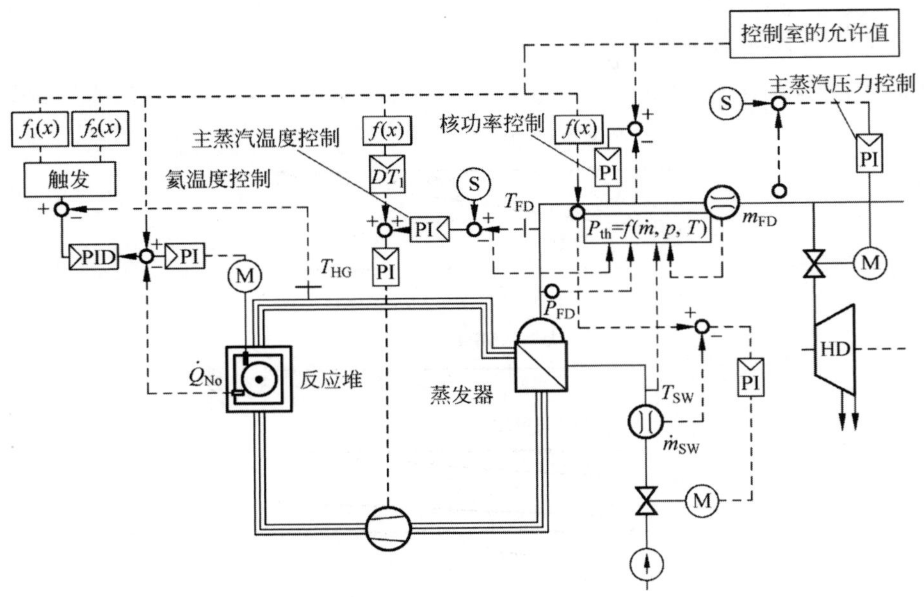

图 9.20　蒸汽循环模块式 HTR 的控制系统(如 HTR-Module,热功率为 200MW)

P_{th}—输出的热量;T_{HG}—氦气温度(高温端);T_{SW}—给水温度;T_{FD}—主蒸汽温度;

P_{FD}—主蒸汽压力;$f(x)$—负荷跟随的操作;P_{SW}—给水压力;$\dot{m}_{SW}$—给水质量流量率;

$\dot{m}_{FD}$—主蒸发的流量率;$\dot{Q}_{NC}$—核功率

热功率的控制是按照如下方式进行的:在二次侧,通过改变给水调节阀的开度来调节给水的质量流量。给水泵的转速发生变化,流量也随之改变。热功率是由二次侧的能量平衡来确定的:

$$P_{th} = \dot{m}_{FW}(h_{st} - h_{FW}) \tag{9.117}$$

通过调节中子注量率来改变热氦气温度,因此,堆芯的热功率由下面的方程计算得出:

$$P_{th} = \int_{V_c} \Sigma_f \cdot \phi \cdot E_F \mathrm{d}V = \dot{m}_{He} \cdot c_{He} \cdot (T_{He}^{out} - T_{He}^{in}) \tag{9.118}$$

随着反应堆热功率的变化,氦气的质量流量也会发生变化。中子注量率的变化是通过控制棒在反射层内的移动来实现的。图 9.21 所示为控制棒引入的反应性与插入深度之间的典型依赖关系。

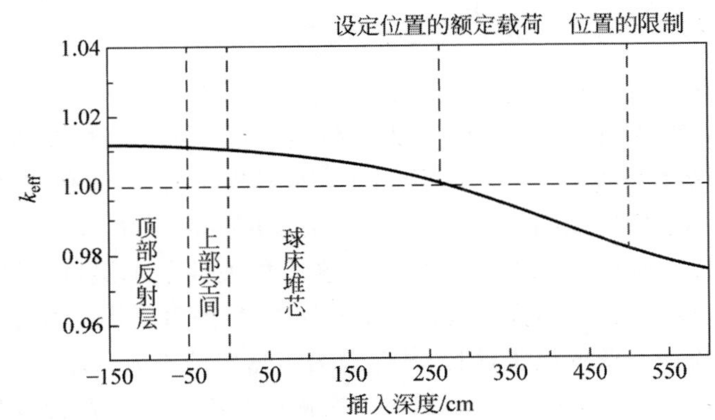

图 9.21　反应性随控制棒在反射层中插入深度的变化(如 HTR-Module)

主蒸汽的温度通过一回路侧对蒸汽发生器的加热来控制。因此,氦风机的转速是变化的。最后,通过安装在汽轮机入口的阀门来调节进入汽轮机的主蒸汽压力。在这种情况下,必须采用该设备如下形式的依赖关系:

$$P_{turbine} \approx \dot{m}_{st} \Delta h, \quad \dot{m}_{st} \approx \frac{A \cdot p_A}{\sqrt{p_A \cdot v_A}} \cdot \sqrt{\frac{2K}{K-1}} \cdot \sqrt{\frac{P_R}{P_A} - \left(\frac{P_R}{P_A}\right)^{\frac{k+1}{k}}} \tag{9.119}$$

其中，A 是截面积，P_A 是压力，v_A 是入口处的比体积，P_R 是阀门之后的压力。

总的来说，图 9.22 显示了热功率为 50%～100%的特定区域内部分负荷的运行图。从图中可以看出氦气侧可能的变化。以图 9.22 为例，若要实现热功率为 50%时部分负荷的运行，可以以 50%的氦气质量流量在堆芯入口和出口温度处于 250～700℃时运行，或者以较小的质量流量通过改变反应堆的入口温度来运行。

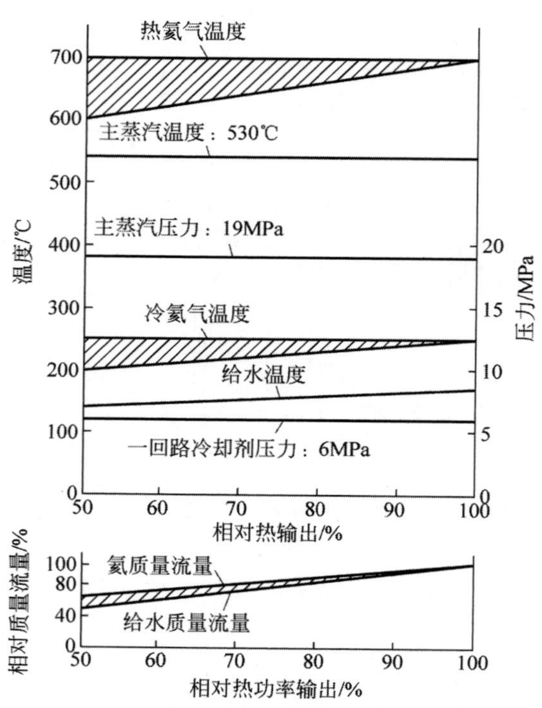

图 9.22 模块式 HTR 电厂在额定功率的 50%～100%之间运行时的部分负荷图
（如 HTR-Module，热功率为 200MW）

不同的参数组合如质量流量和氦气温度，可以用来实现所需的热功率。式(9.120)表征了一些重要数据的变化情况：

$$\frac{\Delta P_{\text{th}}}{P_{\text{th}}}=\frac{\Delta \dot{m}_{\text{He}}}{\dot{m}_{\text{He}}}+\frac{\Delta T_{\text{out}}}{T_{\text{out}}-T_{\text{in}}} \tag{9.120}$$

9.6.2 HTR 的运行

为了使反应堆停堆，关闭氦气即可，类似于 AVR 运行时的操作。

基于 9.4 节中给出的方程，在对一个复杂的动力学模型进行详细分析的基础上，图 9.23 给出了功率从 100%下降到 50%时氦气侧参数的变化，图 9.24 给出了相同情况下蒸汽/水侧参数的变化。

经过一些振荡之后，热功率稳定在期望值上，建立最终温度的时间常数大约为 1h。一次侧和二次侧热工-水力学参数的变化与堆芯反应性状态的变化相关。这些相关性是由温度系数的大小和正负号引起的。温度反应性系数也随温度的变化而变化，而且还随燃料循环的变化而变化。敏感设备的温度变化受其设计和材料的限制，尤其应特别关注厚壁的设备，因为其热应力与壁厚的平方成正比。

图 9.24 显示了热功率从 100%降到 50%过程中二次侧的状况。主蒸汽温度发生振荡，大约 1h 后达到平衡状态。在整个瞬态过程中，汽轮机前的主蒸汽压力几乎保持不变。在整个负荷变化过程中，必须保持蒸发过程的稳定性，可以通过二次侧足够高的阻力降来实现。

图 9.25 显示出负荷从 100%降到 50%时部分负荷运行过程中反应性平衡的变化情况。反射层的控制棒从它们原先的位置提高了约 60cm，大约 1h 之后氙效应变得更加显著。此外，还存在温度反馈。于是，可以得到总反应性的如下关系式：

$$\rho(t)=0=\rho_{\text{Xe}}(t)+\rho_{\text{rods}}(t)+\Gamma\cdot\Delta T_{\text{fuel}}(t) \tag{9.121}$$

在详细的分析过程中，自然需要对燃耗的状态进行仔细的模拟。

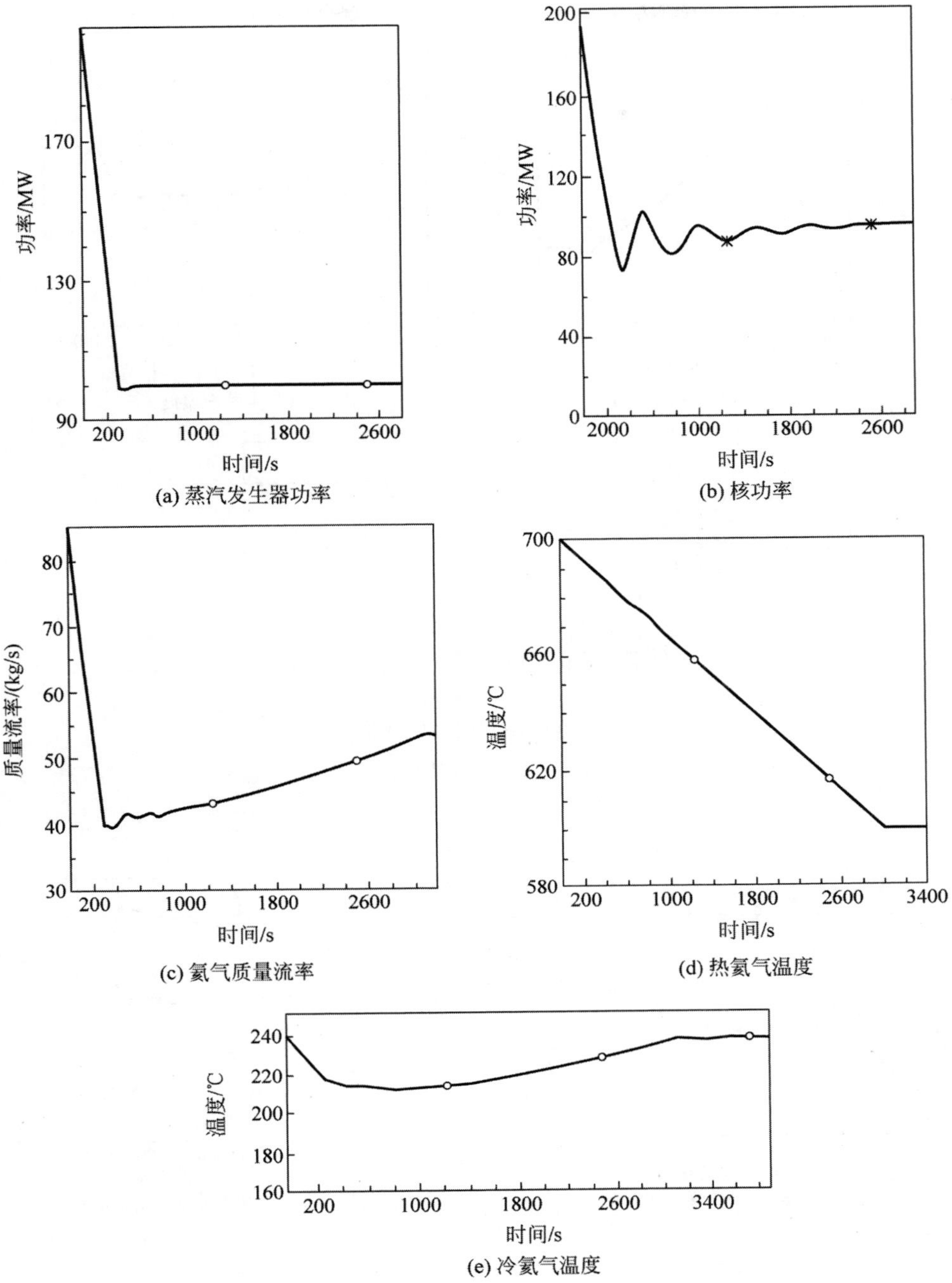

(a) 蒸汽发生器功率

(b) 核功率

(c) 氦气质量流率

(d) 热氦气温度

(e) 冷氦气温度

图 9.23 热功率从 100%下降到 50%时氦气侧参数的变化(如 HTR-Module)

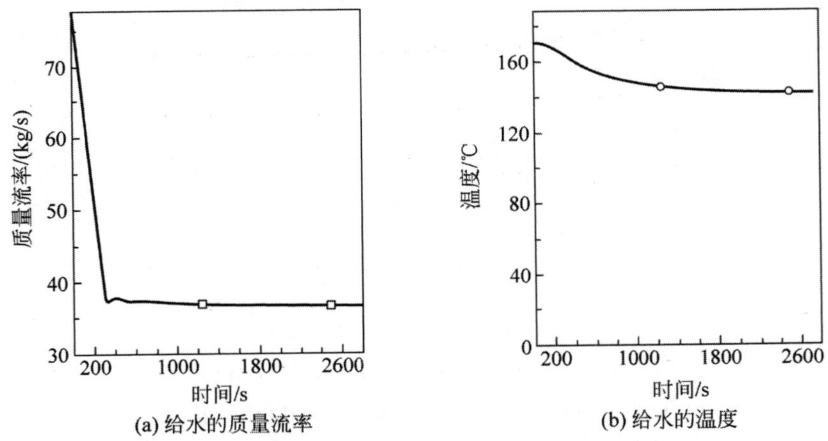

(a) 给水的质量流率

(b) 给水的温度

图 9.24 热功率由 100%下降到 50%时水/蒸汽侧参数的变化(如 HTR-Module)

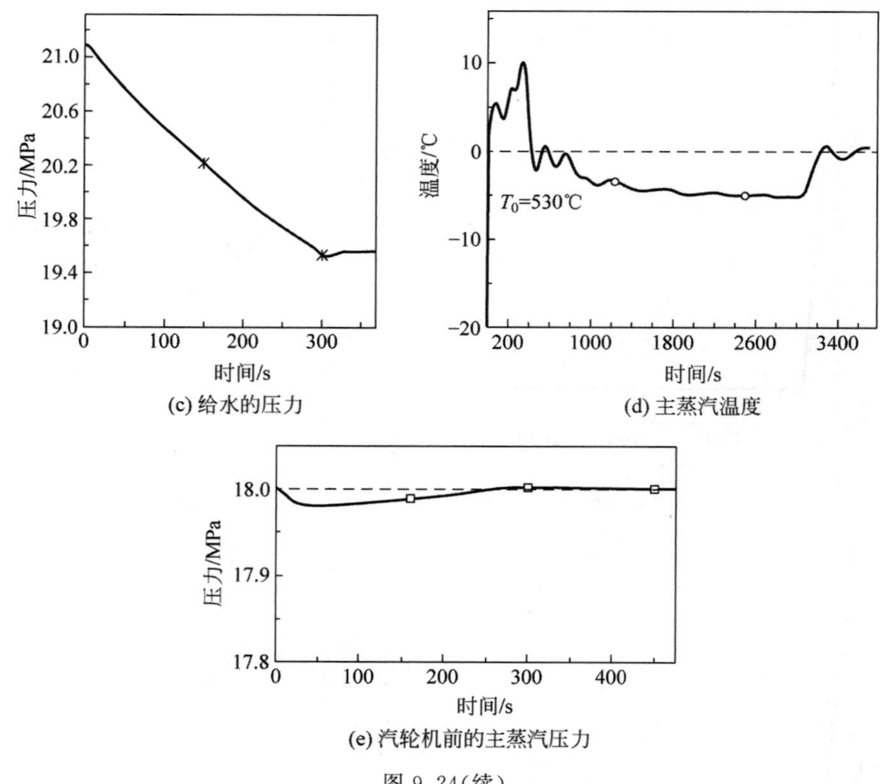

(c) 给水的压力

(d) 主蒸汽温度

(e) 汽轮机前的主蒸汽压力

图 9.24(续)

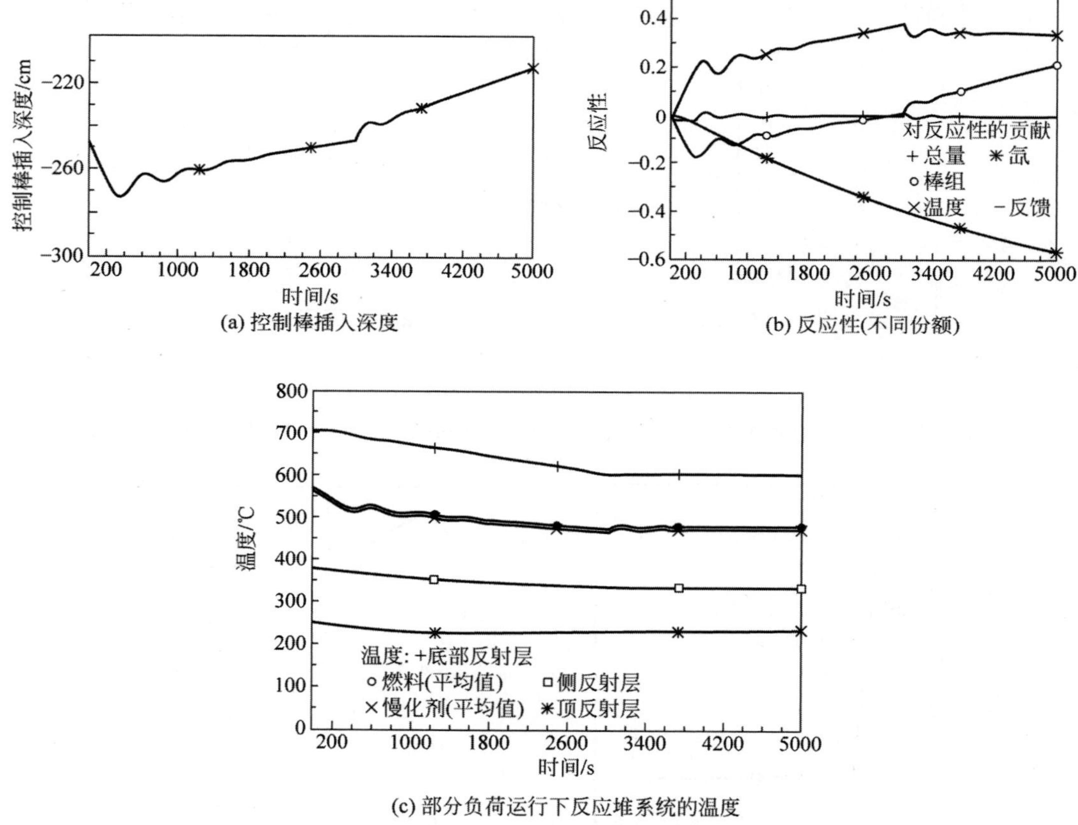

(a) 控制棒插入深度

(b) 反应性(不同份额)

(c) 部分负荷运行下反应堆系统的温度

100%→50%,HTR-Module,热功率为 200MW

图 9.25 部分负荷下参数的变化(如 HTR-Module)

在这个瞬态过程中，反应堆的温度只有微小的变化。上文已给出解释，即模块式 HTR 的堆芯具有很大的热惯性。堆芯温度的变化与功率和反应性的变化有关，具有如下相应的方程：

$$\Delta P/\Delta t \approx m_c \cdot c_c \cdot \Delta T_c/\Delta t, \quad \overline{\Delta T_c} \approx -\Delta K/\Gamma \tag{9.122}$$

其中，Γ 是包括了所有温度效应的反应性系数。

目前，很多实例都可以用来分析和解释这种模块式电厂的一些重要的动态响应过程。图 9.26 显示了反应堆的两个重要动态过程，即冷启动和停堆。电厂达到满功率大约需要几小时，如图 9.26(a)所示。当然，电厂若从完全冷状态开始启动，这个过程将需要更长的时间。启动之后大约需要一天的时间才能达到满功率运行的参数指标。在这种情况下，必须要考虑关键设备热瞬态的特征值。例如，对于厚壁设备(汽轮机、蒸汽取样系统)，必须限制其升温的速度。

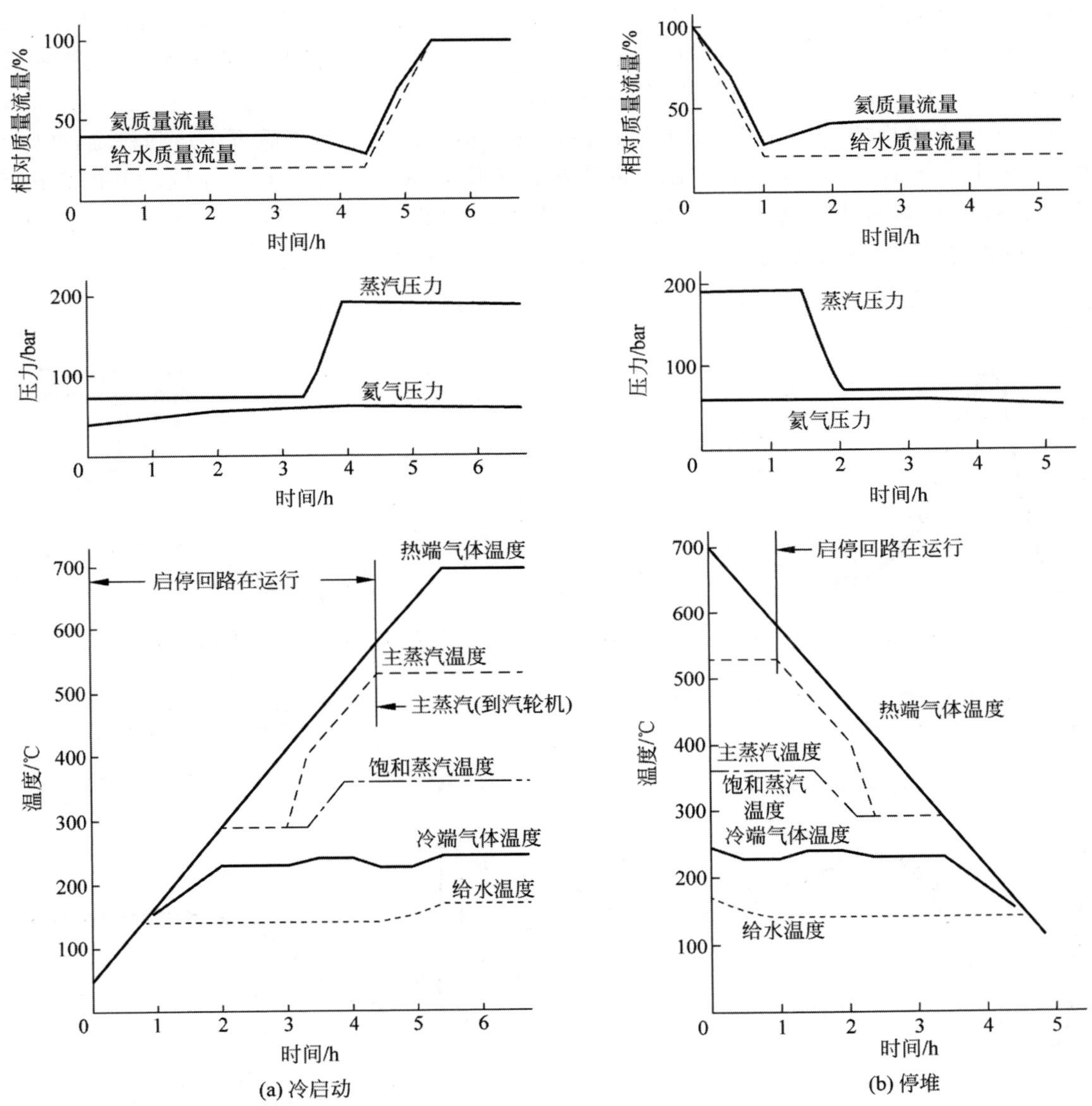

图 9.26 模块式 HTR 功率变化过程中重要参数的变化(热功率为 200MW)

尤其是对于部分负载，下面这些附加问题也很重要。正如在第 7 章中已经讨论过的，蒸汽发生器必须在所有部分负荷情况下以稳定的状态运行。这就要求水/蒸汽侧具有足够大的阻力降，并限制蒸汽发生器的最小负荷。达到大约 30%的负荷运行，就可以保证具有足够安全性的稳定蒸发。不稳定的运行可能会在传热管上产生额外的载荷，并可能导致损坏。

当然，在包含几个并行运行模块堆的电厂中，可以通过关闭单个模块来实现较长时间的部分负荷运行。图 9.26(b)给出了停堆过程的曲线。氦气流量将减少到原来的接近 50%，而给水流量下降到原来的约 25%。在 5h 内，氦气侧的热氦气温度和冷氦气温度之间的温差将有 150℃左右的变化，而堆芯入口和出口之间温差的变化相对会小些。

对于模块式 HTR 的瞬态行为，AVR 可以提供重要的例子。在这些瞬态过程中测量的结果与使用计算机程序经过详细计算后得到的结果吻合得很好。

图 9.27(a)给出了短时间内加入一个正反应性时中子注量率的变化。在短暂的振荡之后，反应堆功率又稳定在 100%。当然，这一过程之后，燃料的温度要升高一些。

对于 AVR，通常通过关闭氦风机来实施停堆。由于温度的负反应性系数很强，燃料温度升高使链式反应立即停止。反应性的下降遵循如下的方程：

$$\Delta k = -\Gamma_{\mathrm{T}} \cdot \Delta T_{\mathrm{f}} \tag{9.123}$$

如果温度系数约为 5×10^{-5}℃$^{-1}$，则需留有 0.5%的停堆反应性裕量，这相当于燃料温度上升 100℃引入的反应性，这是反应堆允许的。反应堆的功率直接与风机的功率成正比，与风机的转速也成正比。图 9.27(b)给出了氦气的质量流量减少时反应堆中子注量率的变化。在这种特殊情况下，风机的转速 ω 从 100%下降到 48%。此时，反应堆的功率伴随有小幅度的波动。

由于插入了一个停堆棒，中子注量率和功率有所下降，功率经过波动之后再次达到稳定，如图 9.27(c)所示。在 AVR 中进行了专门的实验以控制氙的影响。实验中，测量了中子注量率随时间的变化情况。开始时中子注量率下降，然后达到稳定，大约 6h 后达到最小值，如图 9.27(d)所示。计算的估计值与测量值非常吻合，因此可以将这些计算机程序引入未来反应堆项目的设计中。

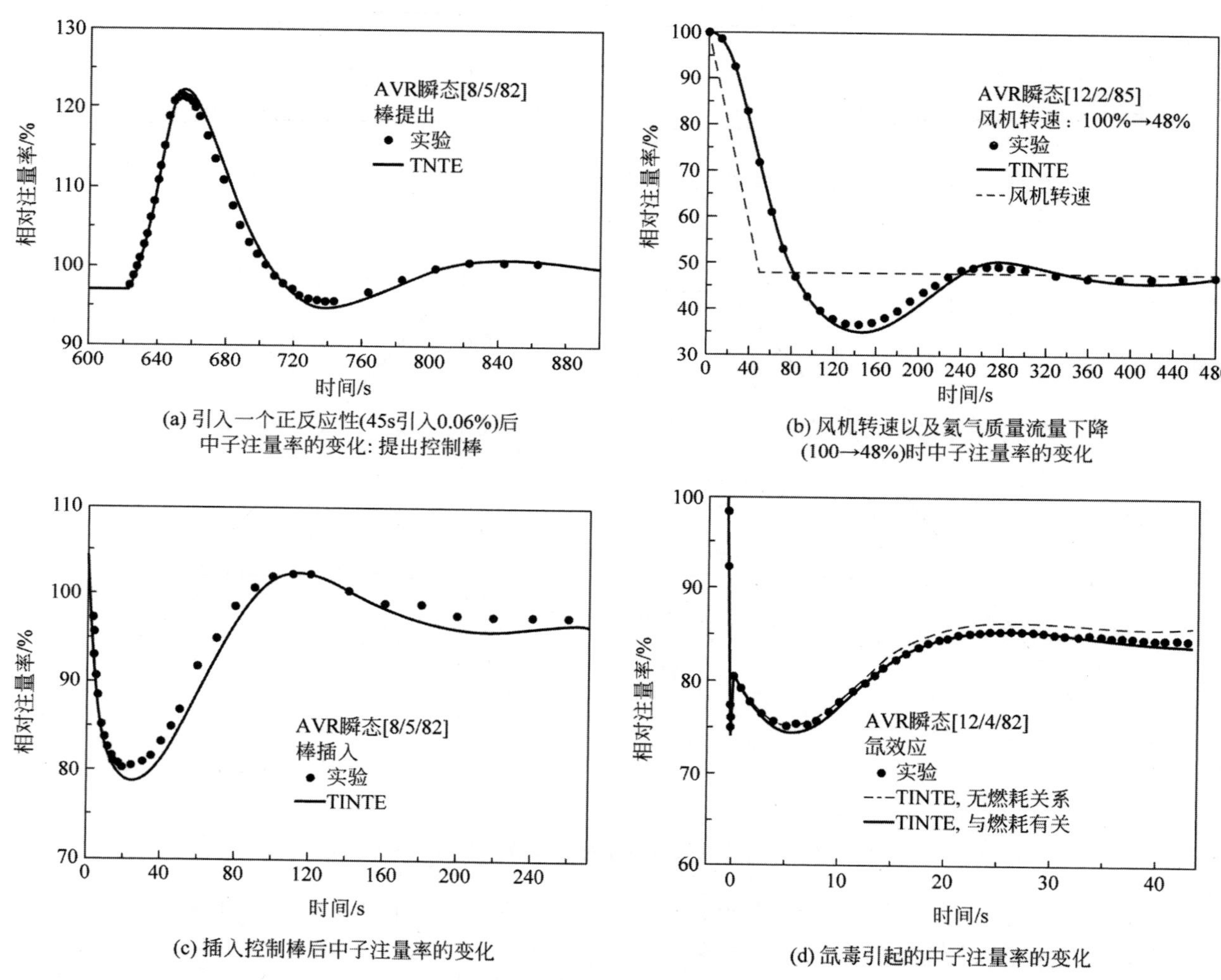

(a) 引入一个正反应性(45s引入0.06%)后中子注量率的变化：提出控制棒

(b) 风机转速以及氦气质量流量下降(100→48%)时中子注量率的变化

(c) 插入控制棒后中子注量率的变化

(d) 氙毒引起的中子注量率的变化

图 9.27 AVR 反应堆的动态实验

不同参数的组合，如质量流量和氦气温度，可以用来实现要求的热功率。通过停止氦气质量流量完全能够达到停堆的目的，这一操作类似于 AVR 运行过程中的做法，如图 9.28 所示。

快速动态过程中的温度变化已在 THTR 上进行过测量，结果如图 9.29 所示。在这种情况下，计算的估

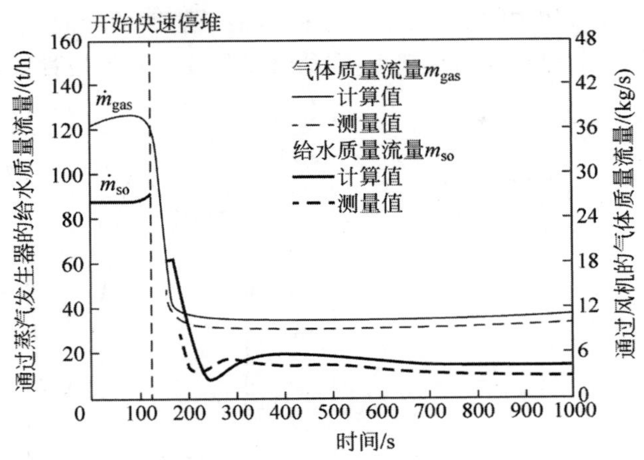

图 9.28 反应堆快速停堆的质量流量随时间的变化(THTR)

SAF—快速停堆的情况；THTR,60%的功率；通信,HRB,1989

计值与测量值也吻合得很好。热气体温度在大约 1000s 的时间内下降到 400℃,冷气体温度几乎保持不变。同时,主蒸汽温度下降到 350℃。另外,还测量了堆芯结构中的温度。瞬态温度仍保持在允许值的范围内,测量的温度与预先计算的估计值吻合得很好,表明该计算机程序完全可以用于相关设备的估计。

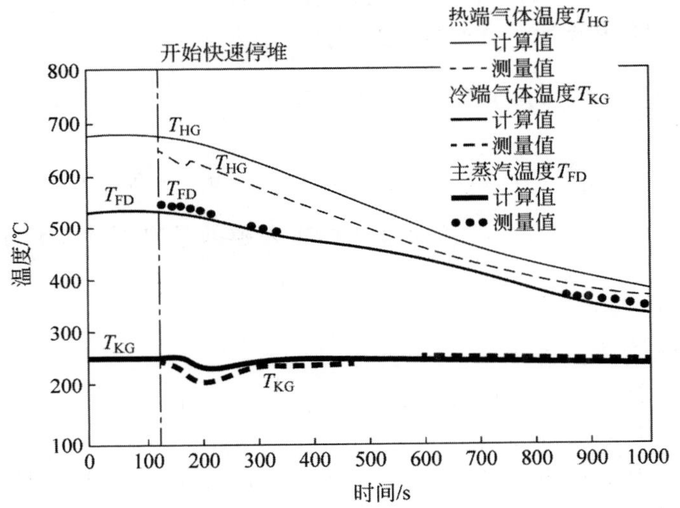

图 9.29 反应堆快速停堆时氦气和主蒸汽温度随时间的变化(THTR,60%的功率)

从图 9.29 可以看出,蒸汽发生器的传热管和高温结构均能够承受瞬态过程:

$$\frac{\Delta T}{\Delta t} \approx 20(℃/\mathrm{min}) \tag{9.124}$$

但是,这种极端快速瞬态的次数需加以限制,以对这些设备加以保护。

9.7 氙的动态和钐对反应性的影响

若反应堆处于几小时或几天的运行状态,有些特别的裂变产物,如 Xe135 和 Sm149 需要引起特别的关注。衰变链表明,同位素 Te135 的裂变产额高达 6.1%,并通过 I135 衰变为 Xe135,如图 9.30 所示。Xe 本身也具有放射性(半衰期为 9.2h),在热能区具有非常高的中子吸收截面。

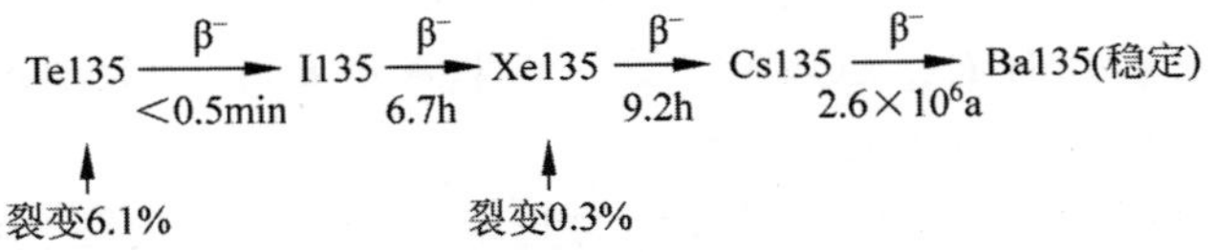

$$\mathrm{Te135} \xrightarrow[<0.5\mathrm{min}]{\beta^-} \mathrm{I135} \xrightarrow[6.7\mathrm{h}]{\beta^-} \mathrm{Xe135} \xrightarrow[9.2\mathrm{h}]{\beta^-} \mathrm{Cs135} \xrightarrow[2.6\times10^6\mathrm{a}]{\beta^-} \mathrm{Ba135(稳定)}$$

裂变6.1%（→ Te135）　裂变0.3%（→ Xe135）

图 9.30 氙的产生和衰变链

氙(Xe)和钐(Sm)的吸收截面如图 9.31 所示。氙在热中子能区的吸收截面非常高(超过 10^6 barn),因此,尽管在堆芯内氙的这些同位素的质量相对较小,但氙含量的变化对反应性的影响非常大。

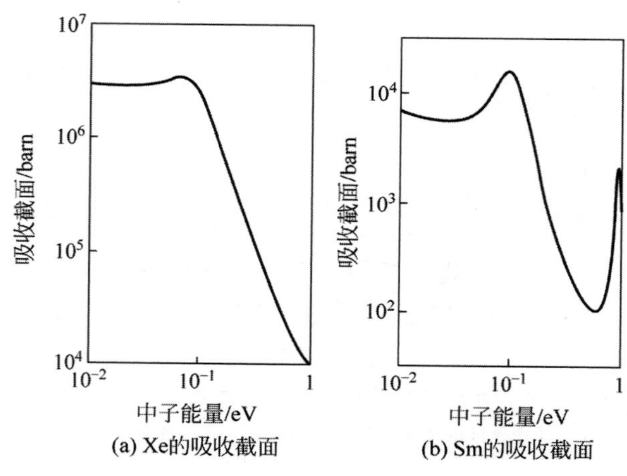

图 9.31 Xe135 和 Sm149 的吸收截面

由于衰变链中碲(Te)很快就会衰变,通常将这种同位素的裂变产额计入碘,并归总为 γ_1。这一假设使相关分析过程大为简化,而对碘浓度的计算几乎不会产生任何影响。

下面给出了描述堆芯中氙和碘原子数的微分方程:

$$\frac{dN_I}{dt}=\gamma_I \cdot \Sigma_f \cdot \phi-\lambda_I \cdot N_I \tag{9.125}$$

$$\frac{dN_{Xe}}{dt}=\gamma_{Xe} \cdot \Sigma_f \cdot \phi+\lambda_I \cdot N_I-\sigma_{a_{Xe}} \cdot N_{Xe} \cdot \phi \tag{9.126}$$

中子注量率 ϕ 是随空间和时间变化的。通常人们感兴趣的是对下述 4 种不同情况下氙动态行为的分析:

- 堆芯中 Xe 浓度处于平衡;
- 反应堆停堆后 Xe 的变化;
- 负荷变化过程中 Xe 浓度的瞬态变化;
- 长期停堆之后无 Xe 堆芯的行为。

氙和碘的平衡值很容易计算得到。取 $dN_{Xe}/dt=0$ 和 $dN_I/dt=0$,可以得到该原子核的平衡密度为

$$N_I(\infty)=\frac{\gamma_1 \cdot \Sigma_f \cdot \phi}{\lambda_1} \tag{9.127}$$

$$N_{Xe}(\infty)=\frac{\lambda_1 \cdot N_I(\infty)+\gamma_{Xe} \cdot \Sigma_f \cdot \phi}{\lambda_{Xe}+\sigma_{a_{Xe}} \cdot \phi}=\frac{(\gamma_1+\gamma_{Xe}) \cdot \Sigma_f \cdot \phi}{\lambda_{Xe}+\sigma_{a_{Xe}} \cdot \phi} \tag{9.128}$$

一般来说,反应堆中同位素的毒性可以通过数量来确定:

$$P_X \approx \sigma_X \cdot N_{Xe}/\Sigma_f \tag{9.129}$$

其中,σ_X 是同位素 X 的吸收截面。将其应用于 Xe,可以得到:

$$P_{Xe}=(\gamma_1+\gamma_{Xe}) \cdot \frac{\sigma_{a_{Xe}} \cdot \phi}{\lambda_{Xe}+\sigma_{a_{Xe}} \cdot \phi} \tag{9.130}$$

对于中子注量率 ϕ 较低的情况,可以使用氙毒的近似表达式:

$$P_{Xe} \approx (\gamma_1+\gamma_{Xe}) \cdot \sigma_{a_{Xe}} \cdot \phi/\lambda_{Xe} \tag{9.131}$$

图 9.32 所示为 P_{Xe} 随中子注量率的变化。对于较高的 ϕ,P_{Xe} 将达到饱和值。模块式 HTR 堆芯的功率密度和热中子注量率均较低,因而 P_{Xe} 也较低。这一点非常重要,因为只要堆芯具有较小的剩余反应性就可以克服氙毒效应,下面将进行更为详细的解释。

对于具有较高中子注量率的堆芯,需要设置较大的剩余反应性才能克服"氙毒",或者运行人员必须等待更长的时间直到氙发生衰变,这通常需要大约两天的时间,如图 9.32 所示。

为了尽可能实现安全的堆芯设计，必须要避免设置较高的剩余反应性，或者使剩余反应性保持在非常低的水平。正如第10章对于安全分析的讨论，剩余反应性应被视为对核稳定性不利的因素，因为剩余反应必须要能给予一定的补偿，尤其是补偿燃耗需要的，剩余反应性起着非常关键的作用。

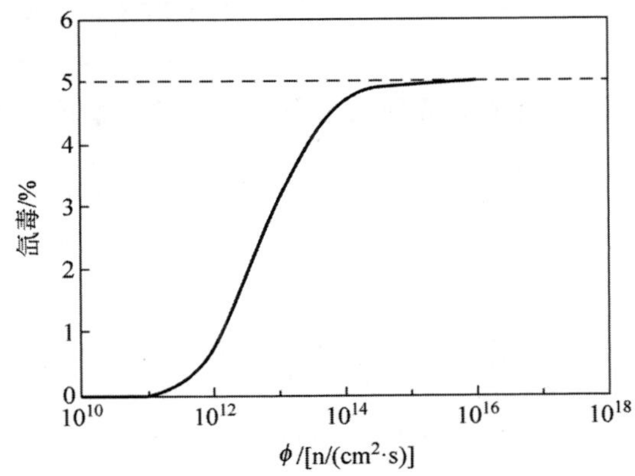

图 9.32 氙毒 P_{Xe} 随中子注量率的变化

第2种情况与链式反应堆重新启动过程中反应堆的状况有关。图9.33所示为氙毒随时间和中子注量率的变化，图中给出了达到最大氙毒过程的典型形式。模块式HTR中子注量率的典型数值在 10^{13} n/(cm^2·s)这一量级。可以对这种瞬态的随时间的变化作如下估计。

反应堆停堆后，中子注量率 $\phi=0$，不再裂变产生新的同位素，仅进行放射性衰变，微分方程被简化为

$$dN_I/dt=\lambda_1\cdot N_I \tag{9.132}$$

$$dN_{Xe}/dt=\lambda_I\cdot N_1-\lambda_{Xe}\cdot N_{Xe} \tag{9.133}$$

式(9.132)和式(9.133)的解具有如下的形式：

$$N_I(t)=N_I^0\cdot\exp(-\lambda_I t) \tag{9.134}$$

$$N_{Xe}(t)=N_{Xe}^0\cdot\exp(-\lambda_{Xe}t)+N_I^0\cdot\exp(-\lambda_I t)-\exp(-\lambda_{Xe}t) \tag{9.135}$$

在 $t=0$ 时，同位素的初始值为 N_I^0 和 N_{Xe}^0，是根据停堆时的反应堆状况给出的。图9.33显示了氙毒随时间及 $t=0$ 时刻中子注量率的大小发生的变化。如前所述，氙毒在 $t=10$h 时达到最大值。当中子注量率为 5×10^{13} n/(cm^2·s)时，引入的最大反应性毒性大约为5%。如果在停堆之后要求反应堆再启动，例如，持续时间超过5h，则必须要设置超过4%的剩余反应性用于补偿氙毒。堆芯中的低功率密度与低热中子注量率成正比，这是以较低的剩余反应性运行模块式HTR来对氙毒进行调节的先决条件。

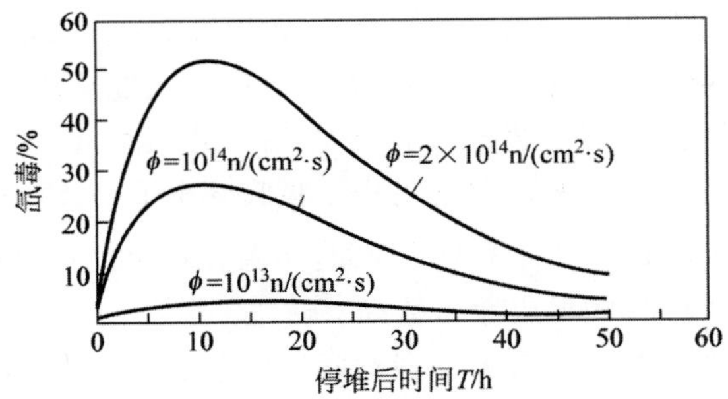

图 9.33 停堆氙毒随时间和中子注量率的变化

氙本身的半衰期为9.2h，因此，30h后，氙毒下降到1%～2%。通常，第1个停堆系统就是这样设计的，这种堆芯的反应性损失可以通过移出控制棒来补偿。

第3种情况是通常情况，氙和碘的浓度在堆芯内有一个特定的水平，这取决于运行之前的 N_I^*，N_{Xe}^*。然后，从 $t=0$ 开始，两个微分方程的解可以通过一般的形式来获得。

$$N_I(t)=N_I^*\cdot\exp(-\lambda_I t)+\frac{\gamma_I\cdot\Sigma_f\cdot\phi}{\lambda_I}\cdot[1-\exp(-\lambda_I t)] \tag{9.136}$$

$$N_{Xe}(t)=N_{Xe}^*\cdot\exp[-(\lambda_{Xe}+\sigma_{a_{Xe}}\cdot\phi)\cdot t]+\frac{\gamma_{Xe}\cdot\Sigma_f\cdot\phi}{\lambda_{Xe}+\sigma_{a_{Xe}}\cdot\phi}\cdot\{1-\exp[-(\lambda_{Xe}+\sigma_{a_{Xe}}\cdot\phi)\cdot t]\}+$$

$$N_I^*\cdot\frac{\lambda_I}{\lambda_{Xe}+\sigma_{a_{Xe}}\cdot\phi-\lambda_I}\cdot\{\exp(-\lambda_I t)-\exp[(-\lambda_{Xe}+\sigma_{a_{Xe}}\cdot\phi)\cdot t]\}+$$

$$\frac{\gamma_{Xe}\cdot\Sigma_f\cdot\phi}{\lambda_{Xe}+\sigma_{a_{Xe}}\cdot\phi}-\frac{\lambda_I}{\lambda_{Xe}+\sigma_{a_{Xe}}\cdot\phi-\lambda_I}\cdot\exp(-\lambda_I t)+$$

$$\frac{\lambda_I \cdot \gamma_I \cdot \Sigma_f \cdot \phi \cdot \exp[(-\lambda_{Xe} + \sigma_{a_{Xe}} \cdot \phi) \cdot t]}{(\lambda_{Xe} + \sigma_{a_{Xe}} \cdot \phi) \cdot (\lambda_{Xe} + \sigma_{a_{Xe}} \cdot \phi - \lambda_I)} \tag{9.137}$$

这个复杂的解满足了前面提出的平衡值要求，并且在 $t \to \infty$ 时达到 $N_I(\infty)$ 和 $N_{Xe}(\infty)$。

$$N_I(\infty) = \frac{\gamma_I \cdot \Sigma_f \cdot \phi}{\lambda_I} \tag{9.138}$$

$$N_{Xe}(\infty) = \frac{(\lambda_I + \gamma_{Xe}) \cdot \Sigma_f \cdot \phi}{\lambda_{Xe} + \sigma_{a_{Xe}} \cdot \phi} \tag{9.139}$$

在改变功率的过程中，热中子反应堆中氙的瞬态特性如图 9.34 所示。

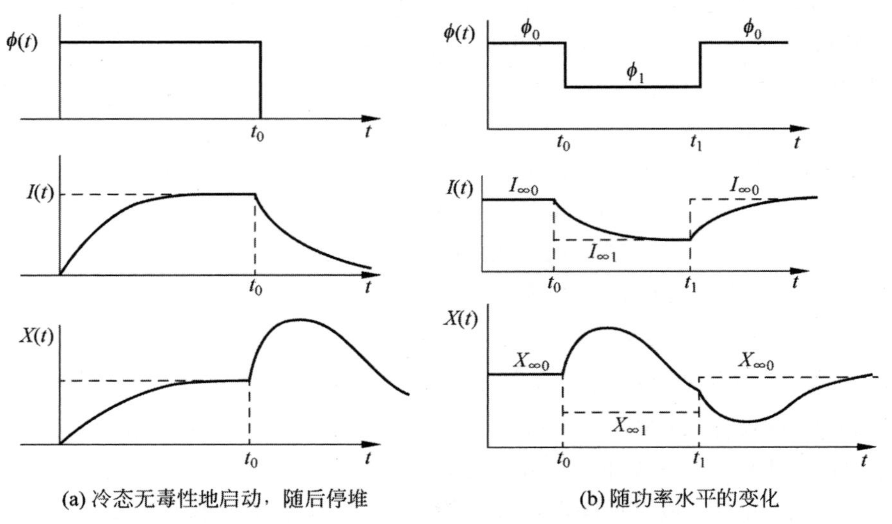

图 9.34　热中子反应堆中氙毒的动态行为(定性)

氙具有特别的附加积累效应，因此，在降低功率后，氙毒值可能变得更高，如图 9.34(a)所示。当功率调节到更高水平时(图 9.34(b))，比如从 75%提高到 100%，氙毒的反应性会增加到 5%左右。

第 4 种情况是人们最感兴趣的，反应堆完全停堆，且长时间失去能动衰变热的载出。在开始阶段，堆芯温度升高，对于模块式 HTR，通过衰变热自发载出，30h 之后堆芯温度重新降下来。图 9.35 显示了这种情况下燃料温度和氙毒的状况。因为氙的衰变，堆芯的中子吸收变小了，大约 160h 后，K_{eff} 值又超过了 1。这一链式反应将会由于温度负反应性的作用而终止。例如，当温度负反应性系数 Γ 为 5×10^{-5}℃$^{-1}$ 时，通过 200℃的温度变化可以补偿引入的 1%的反应性当量。

也可以采用非常简单的干预措施，经过较长一段时间后使系统再次处于次临界状态。以 AVR 为例，在正常停堆系统失效的情况下，预期可以装入硼球使链式反应终止。

减少反应性的另一种可能的方案是将燃料元件从堆芯卸出，这是针对所有球床反应堆设计概念的一种选择。

对于 THTR，计划在所有停堆手段均失效的情况下，向堆芯注入钆，钆具有非常高的中子吸收截面。

在 AVR 中，也进行过一个与氙问题相关的非常重要的实验。停堆控制棒被卡住且氦风机停转，这相当于一个非常极端的事故，即停堆和冷却同时失效。图 9.36 显示了事故的模拟结果。核反应堆立即停堆，衰变热通过热辐射、自然对流和传导被载出。

大约经过 24h 之后，由于氙衰减引起的反应性损失及堆芯温度下降引起的反应性变化导致反应堆重返临界状态。经过一些振荡之后，反应堆处于一个较低的恒定功率水平。功率的大小由堆芯的散热量来决定。

$$P = \int_{V_c} E_f \cdot \Sigma_f \cdot \phi \cdot dV = \dot{Q}_{loss} \approx \bar{k} \cdot \bar{A} \cdot (\bar{T}_{core} - T_{env}) \tag{9.140}$$

其中，$\bar{k}$ 是堆芯向环境的换热系数，A 是堆芯的表面积，$\bar{T}_{core}$ 是反应堆堆芯的一个适当的平均温度。反应堆的最大功率达到 500kW，计算的堆芯的最高温度大约为 1000℃。此时，AVR 运行的氦气平均出口温度为 850℃。

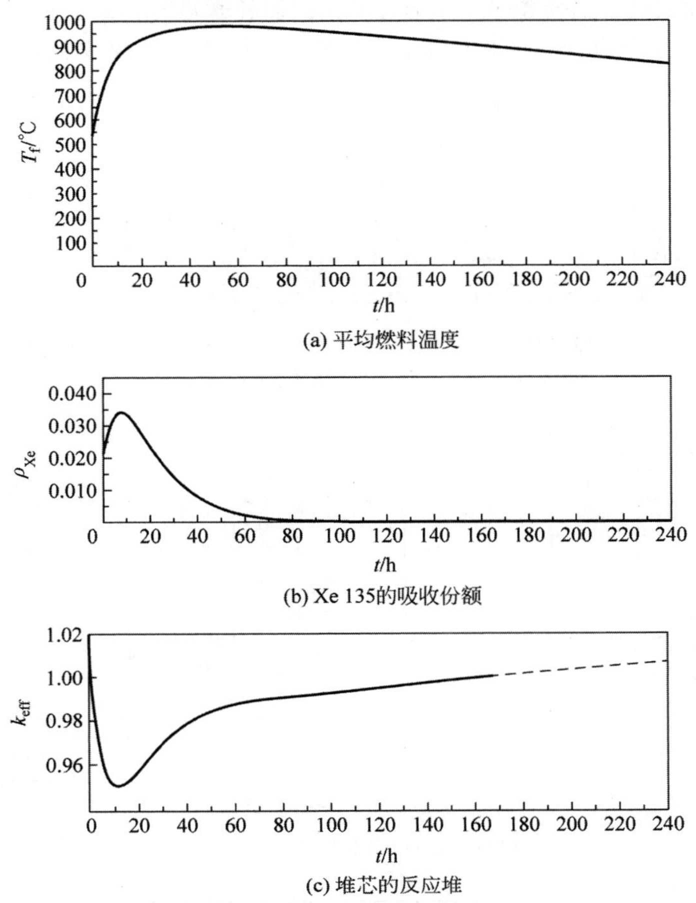

图 9.35 失去能动冷却事故时模块式 HTR 燃料参数随时间的变化
（HTR-Module，热功率为 200MW）

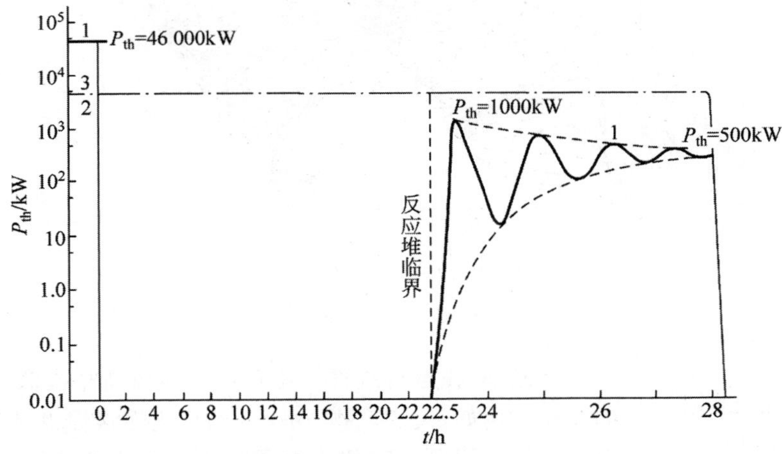

图 9.36 控制棒全部卡棒和氦风机停转情况下的 AVR 行为：功率、风机转速、停堆棒的平均位置
1—反应堆功率；2—风机转速；3—平均停堆棒位置

在大尺寸堆芯的情况下，有可能发生空间氙的振荡。这对于热功率为几百万千瓦的 HTR 堆芯是一个重要的问题。对于具有很高堆芯高度的模块式 HTR，这个问题也需要给予特别的关注。如果由于某种原因，堆芯中某一部分的中子注量率略有增加而另一部分有所减少，氙的浓度会以不同的方式发生变化：对于中子注量率增高的部分，更高的吸收使更多的氙被吸收，而在另一部分，由于中子注量率较低，氙的浓度升高。结果中子注量率和同位素浓度出现振荡。

图 9.37(a)示例了大型热中子反应堆中，当功率发生变化时，轴向中子注量率的振荡。图 9.37(c)显示

了空间振荡随时间的变化情况。这些振荡可以通过调节控制棒来进行测量和控制，以避免功率密度峰值过高，如图 9.37(b)所示。对于具有较小堆芯直径的模块式 HTR，上述变化仅在具有非常高的堆芯高度且处于轴向时才会产生影响。

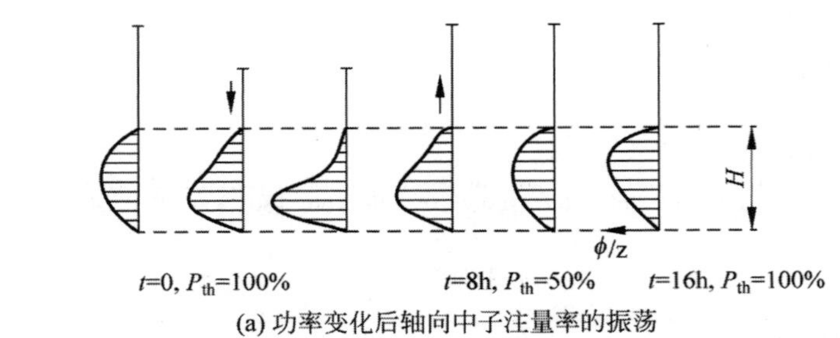

(a) 功率变化后轴向中子注量率的振荡

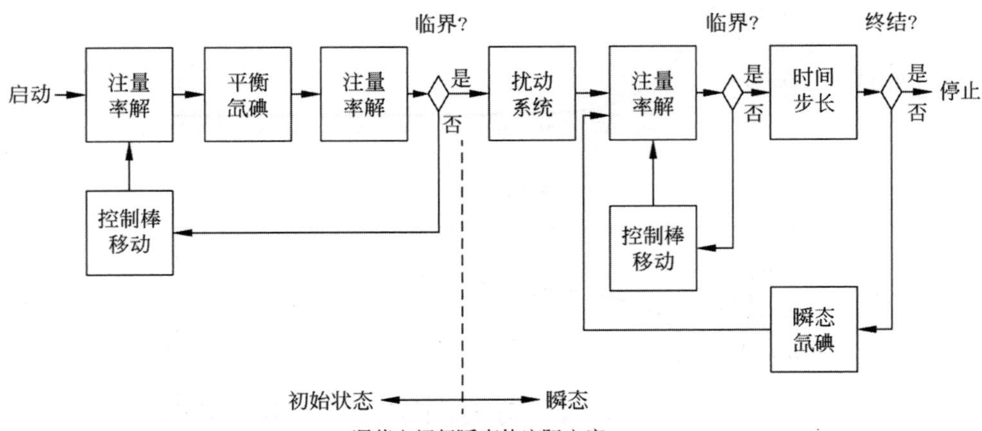

(b) 调节空间氙瞬态的实际方案

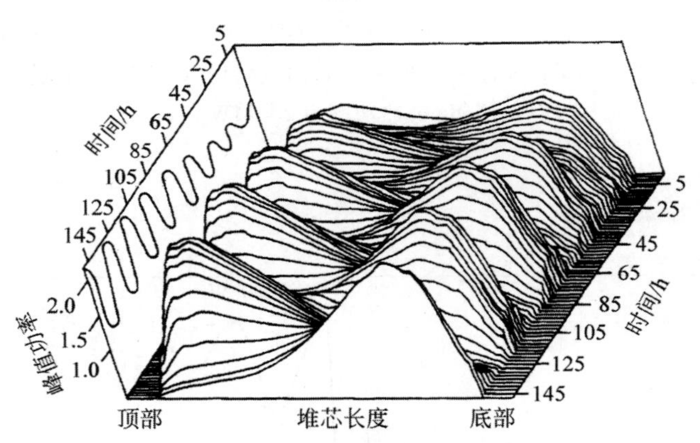

(c) 氙振荡随时间的变化

图 9.37 氙动态问题

$$\mathrm{Nd149}\ (1.13\%) \xrightarrow{\beta^-,\ 2\mathrm{h}} \mathrm{Pm149} \xrightarrow{\beta^-,\ 54\mathrm{h}} \mathrm{Sm}\ (\text{稳定})$$

图 9.38 Pm 和 Sm 的衰变链

除氙外，在运行过程中还必须对其他高吸收截面的同位素给予一定的关注。例如，裂变产物 Sm149 的反应性毒性也是热反应堆中一个需要引起重视的问题。它的热中子吸收截面为 66 000barn，在以 U235 为燃料的情况下，它在裂变链中的产额为 1.13%。Sm149 是通过 Nd149 和 Pm149 的衰变形成的，如图 9.38 所示。

Sm149 是稳定的同位素，在反应堆中会不断地积累。Pm 和 Sm 的方程如下：

$$dN_p/dt = \gamma_{Nd} \cdot \Sigma_f \cdot \phi - \lambda_P \cdot N_P \tag{9.141}$$

$$dN_{Sm}/dt = \lambda_P \cdot N_P \tag{9.142}$$

这里忽略 Nd 到 Pm 的衰变，因为其半衰期比较短。于是，可以得到如下同位素的平衡值：

$$N_P(\infty) = \gamma_{Nd} \cdot \Sigma_f \cdot \phi / \lambda_P \tag{9.143}$$

$$N_{Sm}(\infty)=\gamma_{Nd}\cdot\Sigma_f/\sigma_{a_{Sm}} \tag{9.144}$$

Sm 引起的最大反应性效应计算如下：

$$\rho_{Sm}(\infty)=-\gamma_{Nd}/v=-0.004\,63 \tag{9.145}$$

在相同的条件下，Sm 的反应性效应仅为氙的 20%。在式(9.145)中，v 是以 U235 为燃料的热中子反应堆中每次裂变产生的中子数。

Pm 的浓度随时间的变化可以很容易地通过恒定中子注量率下的微分方程计算得出：

$$N_P(t)=N_P^0\cdot\exp(-\lambda_P t)+\frac{\gamma_{Nd}\cdot\Sigma_f\cdot\phi}{\lambda_P}\cdot[1-\exp(-\lambda_P t)] \tag{9.146}$$

在中子注量率随时间变化的情况下，微分方程会更加复杂，只能采用数值方法来求解。需将式(9.118)的解插入下面的微分方程中来求解 Pm 的浓度。

$$\begin{aligned}N_{Sm}(t)=\;&N_{Sm}^0\cdot\exp(-\sigma_{a_{Sm}}t)+\frac{\lambda_P\cdot N_P^0}{\lambda_P-\sigma_{a_{Sm}}\cdot\phi}\cdot[\exp(-\sigma_{a_{Sm}}\phi t)-\exp(-\lambda_P t)]+\\&\frac{\gamma_{Nd}\cdot\Sigma_f}{\sigma_{a_{Sm}}}-\frac{\lambda_P\cdot\gamma_{Nd}\cdot\Sigma_f}{\sigma_{a_{Sm}}\cdot(\lambda_P-\sigma_{a_{Sm}}\phi)}\cdot\exp(-\sigma_{a_{Sm}}\phi t)+\frac{\gamma_{Nd}\cdot\Sigma_f\cdot\phi\cdot\exp(-\lambda_P t)}{\lambda_P-\sigma_{a_{Sm}}\cdot\phi}\end{aligned} \tag{9.147}$$

在反应堆停堆之后($\phi=0$)，对于 Pm 的衰变和 Sm 的积累，可以得到如下方程：

$$N_P(t)=N_P^0\cdot\exp(-\lambda_P t) \tag{9.148}$$

$$N_{Sm}(t)=N_{Sm}^0+N_P^0\cdot[1-\exp(-\lambda_P t)] \tag{9.149}$$

N_P^0 和 N_{Sm}^0 的值取决于停堆前反应堆运行过程中的中子注量率。图 9.39 给出了 Sm 的反应性当量在反应堆停堆之后随时间和中子注量率的变化。在一个模块式 HTR 堆芯的典型设计中，Sm 的反应性当量大约在 0.5%这一量级，这是因为在堆芯功率密度较低的情况下，热中子注量率也较低($\phi_T\approx3\times10^{13}\,n/(cm^2\cdot s)$)。

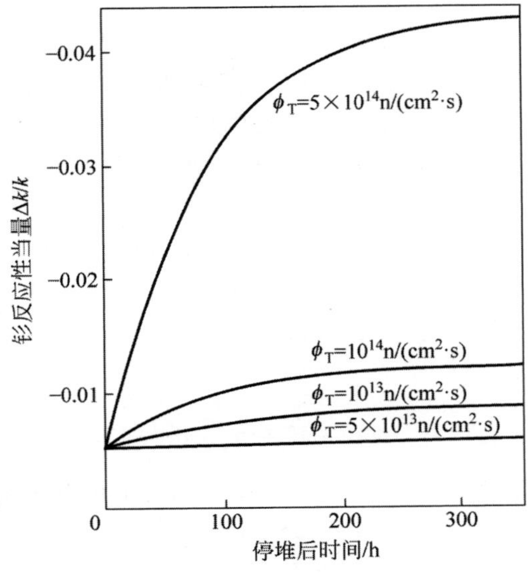

图 9.39　反应堆停堆后 Sm 反应性当量随时间和中子注量率的变化

在堆芯和控制系统中，必须要有足够的后备反应性来补偿 Sm 的反应性才能重新启动反应堆。对于模块式 HTR，这个后备反应性当量通常大约是 0.5%。

在对反应堆的运行进行更为详细的分析过程中，还必须考虑其他吸收中子的裂变产物。表 9.7 列出了一些同位素，其中大部分是稳定的，可以采用与 Sm 类似的分析方法，可用如下方程：

$$\Delta K/K\approx-\sum_i\sigma_{a_i}\cdot\phi/\Sigma_f \tag{9.150}$$

即式(9.150)涵盖了所有吸收中子的裂变产物。

表 9.7 热中子反应堆中高吸收截面的裂变产物

同位素		吸收截面/barn	同位素先驱核的半衰期		裂变产额/%		
					U235	U233	Pu239
1 组	Xe135	3.4×10^6	9.2h	6.7h	6.6	6.4	5.3
	Sm169	6.6×10^4	稳定	50h	0.7	1.15	1.8
	Sm151	1.2×10^4	80 年	27h	0.5	0.73	1.98
	Cd113	2.5×10^4	稳定	5.3h	0.02	0.011	0.075
	Eu155	1.4×10^4	稳定	23min	0.015	0.031	0.22
2 组	Eu153	420	稳定	47h	0.1	0.15	0.8
	Kr83	205	稳定	2.3h	1.2	0.54	0.05
	Ln115	197	稳定	54h	0.002	0.01	0.05
	Nd143	300	稳定	13.8 天	5.1	5.9	6.0

通过粗略近似，可以估算出影响反应性平衡的吸收中子裂变产物的积分值。在 PWR 中，由燃耗和裂变产物的积累引起的反应性下降的典型值在 10^{-3}/(GWd/t)这一量级。由于在模块式 HTR 中采取的是新燃料元件连续装入和乏燃料元件连续卸出的方式，因此燃耗增加后的反应性损失要小于 PWR。

对剩余反应性进行补偿的设计概念对于目前建造的 LWR 而言是很有必要的，需要采取能动的措施，如在冷却剂中加入相当高含量的硼，并且随着燃耗的变化调节硼的浓度。由于压水堆新燃料堆芯中的硼含量相对较高，必须考虑硼的损失及其对反应性平衡造成的后果。所有应急冷却水系统的储罐中需要有足够高的硼酸含量。

由于模块式 HTR 采用连续方式装卸燃料，这一点显示出其在安全性上具有很大的优势，因而可以避免补偿燃耗引起的剩余反应性。

9.8 正常运行期间衰变热的载出

9.8.1 衰变热的产生

衰变热是由裂变产物的 β 和 γ 衰变产生的。在反应堆中及在对具有放射性辐照的乏燃料进行操作或储存的每一个过程中，衰变热的安全载出都起着非常重要的作用，是核安全的关键问题之一。

式(9.151)和式(9.152)描述了由 β 和 γ 衰变产生的衰变热：

$$\dot{E}_\gamma = 1.4t^{1.2} \tag{9.151}$$

$$\dot{E}_\beta = 1.26t^{1.2} \tag{9.152}$$

其中，$\dot{E}_\gamma$ 和 $\dot{E}_\beta$ 的单位为 MeV/裂变。式(9.151)和式(9.152)在 $10\text{s}<t<10^7\text{s}$ 范围内是有效的。上述两个函数的积分为

$$\int_{10\text{s}}^{\infty}[\dot{E}_\gamma(t)+\dot{E}_\beta(t)]\cdot \mathrm{d}t = E_{\text{decay}} \tag{9.153}$$

积分值大约是 15MeV，正如我们所熟知的，这个结果相当于通过放射性衰变缓发的裂变能(200MeV/裂变)的 7.5%。通过将 E_γ 和 E_β 这些产率积分，可以得到衰变热随时间的变化(维格纳近似)：

$$P_{\text{D}}(t)/P_{\text{th}}^0 \approx 0.06\cdot[t^{-0.2}-(t_0+t)^2] \tag{9.154}$$

其中，P_{th}^0 是反应堆的热功率，t 是停堆后的时间(s)。在实际应用中，热量值为假设的数值，衰变热则根据图 9.39 所示的曲线计算得出，图 9.40 包含了美国和德国在申请许可证时制定的衰变热载出过程的计算导则。从图 9.40 可以看出，这些曲线中留有足够的安全裕量。

衰变热曲线受锕系元素产生的影响较小，同时，该曲线也受到燃料循环方式的影响。例如，从铀循环到钍循环，大约可能有 10%的变化。但无论如何，衰变热的产生对核设施的热平衡都做出了重要的贡献。核反应堆停堆之后的衰变热大约是额定功率的 6%，1h 之后，它将达到 1%，3 天之后大约为 0.2%。

对乏燃料元件中间贮存和最终储存的长期考虑绝不能忽视衰变热的产生及其安全载出这些问题。图 9.41 给出了非常长的时间段内放射性废物活度和衰变热的变化情况。这些曲线中也包括了放射性锕系元

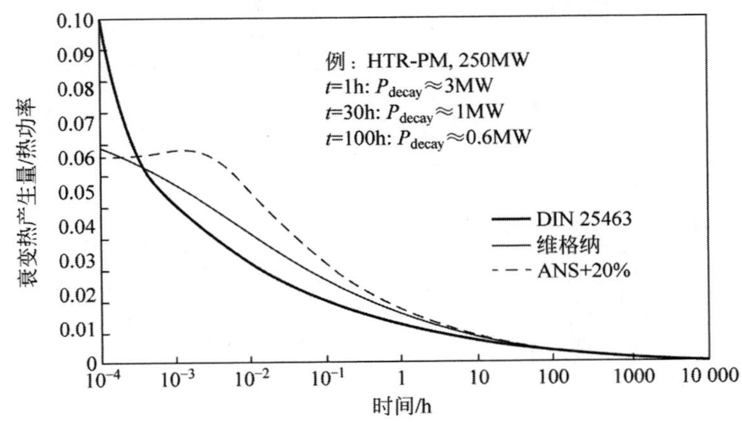

图 9.40 遵循 ANS 标准和 DIN 法规的衰变热产生的曲线

素产生的影响，因为这些元素衰变产生的能量也是裂变产物产生的衰变热中的一部分。大约 500 年后，由 α 衰变产生(Pu，Am，Cm，Np)的热量将在乏燃料剩余发热中占据主导地位。实际上，最终贮存中产生的衰变热是非常小的，其典型值是 0.5～1.0kW/t 铀，这是 LWR 乏燃料在初始 100 年中的衰变热值。在直接最终贮存的情况下，后处理产物的固化玻璃或者乏燃料元件的贮罐必须按照这个值进行设计。

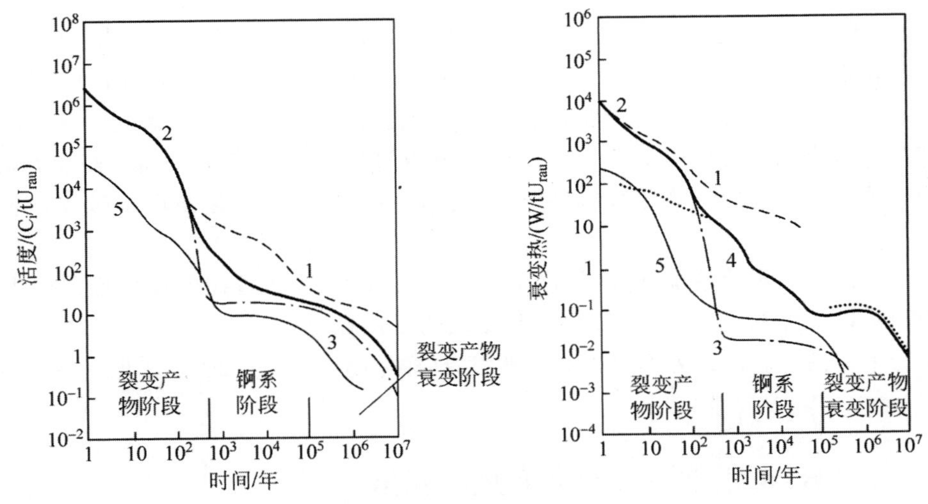

图 9.41 放射性废物的活度和衰变热的变化

1—燃料元件(没有后处理)；2—后处理的玻璃固化；3—裂变产物；4—锕系元素；5—结构材料

1000 年之后，衰变热将降低到 1W/t 这一量级，如此少量的能量很容易储存在乏燃料的最终储存库中。

9.8.2 衰变热载出的原则

衰变热的安全载出、反应堆的安全停堆及将放射性阻留在反应堆内这 3 点共同构成了核安全的核心要求。对于衰变热的载出，存在 3 种设计原理，如图 9.42 所示，主要包括：

- 回路的能动冷却概念；
- 非能动的冷却概念；
- 自发冷却原理。

目前，所有运行的反应堆都采用了能动冷却的概念。虽然衰变热载出系统是冗余的、多样的，但是它们总是具有非常小但不为 0 的不可利用率。即便如此，这种冷却系统仍将会在未来的反应堆中被采用。只是在极端事故下，堆芯的完整性不应取决于它们的预期功能。

一些新的反应堆设计中包含了非能动这一概念。这一概念的具体实施过程大概为：通过使用大型储水罐，依靠重力将水注入堆芯，利用水的蒸发和自然循环效应达到非能动冷却的目的。通常，在事故发生后的

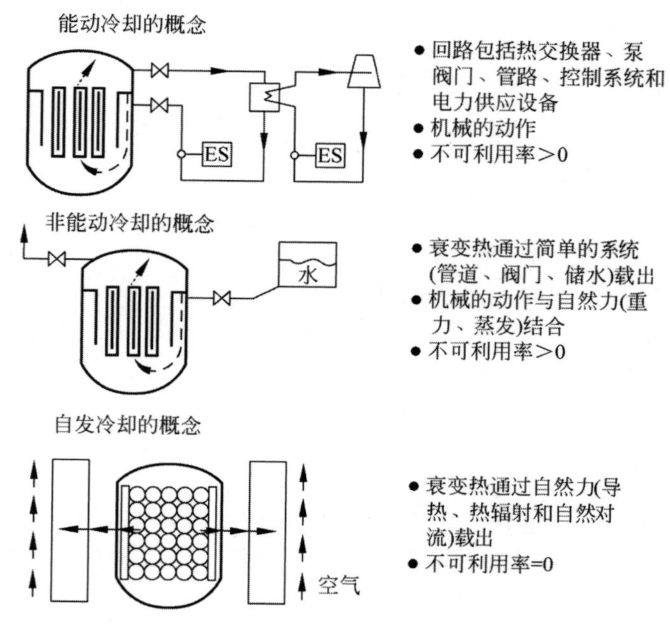
能动冷却的概念
ES
ES
● 回路包括热交换器、泵阀门、管路、控制系统和电力供应设备
● 机械的动作
● 不可利用率>0
非能动冷却的概念
水
● 衰变热通过简单的系统(管道、阀门、储水)载出
● 机械的动作与自然力(重力、蒸发)结合
● 不可利用率>0
自发冷却的概念
● 衰变热通过自然力(导热、热辐射和自然对流)载出
● 不可利用率=0
空气

图 9.42 衰变热载出的原理

开始阶段，这些设备的运转不需要泵和电能。然而，由于它们需要阀门、管道、储水罐、与堆芯的连接及大量的水，因此，在任何情况下，它们都存在一个大于 0 的不可利用率，这个不可利用率的数值应尽可能地小。

自发衰变热载出这一概念是基于反应堆的固有安全特性，即在完全失去冷却的所有事故条件下绝不会发生堆芯熔化现象。这个原则已应用于模块式 HTR。在这种情况下，衰变热由堆芯载出并通过反应堆结构传到反应堆压力壳的表面。仅通过导热、热辐射和空气的自然对流，衰变热便可从压力壳表面载出至外部的热阱。

外部热阱可以是简单的水冷系统，即便是这个系统也失效了，永久可用的反应堆混凝土和铸铁结构也会成为热阱。因而可以保证在任何情况下，燃料温度都能保持在允许值以下，以防止裂变产物的释放。这种衰变热载出不会因为内部原因或外部原因而意外失效(详见第 11 章)。此外，采取一些应急措施进行冷却也是可行的。

9.8.3 模块式 HTR 正常运行时衰变热的载出

对于模块式 HTR，衰变热在二次侧载出时可以采取不同的方式实现，如图 9.43 所示。

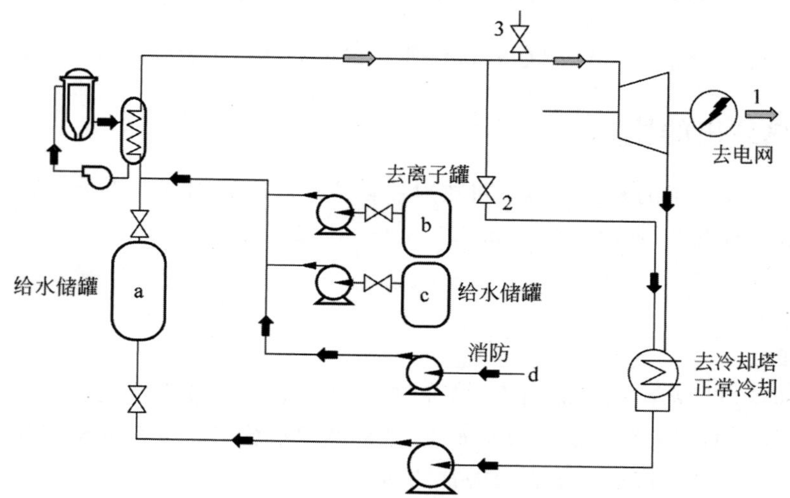
3
1
去电网
去离子罐
2
b
给水储罐
a
c
给水储罐
消防
d
去冷却塔
正常冷却

图 9.43 通过向蒸汽发生器提供给水并将产生的蒸汽向环境排出的可能方案

a～d 提供给水；1～3 载出能量

蒸汽发生器的给水可采用下列方式进行：

- 使用正常循环中的水，设置大的给水储罐；
- 从除氧器中取水；
- 使用附加给水储罐中的水；
- 借助消防队提供的应急冷却水。

蒸汽发生器可通过如下几种方式载出能量：

- 汽轮机和冷凝器运行，提供最终热阱(冷却塔)；
- 将蒸汽压缩到冷凝器中；通过几个外部冷却系统(附加水回路、冷却塔、消防队的应急操作)对冷凝器进行冷却；
- 通过设置在汽轮机入口前的各种安全阀将蒸汽向环境排放(蒸汽循环的快速降压)。

对于堆芯衰变热的载出，以下几个方面非常重要。在最初的几个小时内，衰变热可以储存在堆芯内部，不会造成燃料元件因温度升高而损坏，也不会使裂变产物从燃料元件中释放出来的释放率升高。

从原理上看，存在下面几种相关的可能性。

- 由蒸汽发生器和氦风机组成的一个或两个回路以正常运行方式载出堆芯中的衰变热。这些回路在氦回路正常压力下工作，蒸汽发生器的给水可以像前面讨论过的那样予以保证。
- 第 2 种可能性是使用额外的辅助衰变热冷却回路。如果主回路的氦风机失效，一回路可以在正常的压力下工作，需要的质量流量和驱动机械的功率将仅仅是正常运行值的百分之几。在很长一段时间之后，如果衰变热降低到额定功率的 0.5%以下，那么这个辅助衰变热冷却回路可以在 0.1MPa 的氦气压力下投入运行。该系统也可与气体净化系统结合使用。
- 第 3 种可能性是衰变热的自发载出。如果其他能动冷却系统均已失效，那么这种衰变热的载出方式在任何情况下都会起作用。第 11 章将就此给出更为详细的说明。即使是在所有反应堆建筑物都受到外部极端事件的攻击而被摧毁后，也不需要任何机器，甚至也不需要任何操作，便能实现衰变热的载出。

可以通过一个简单的模型来分析上面提到的几种冷却概念，并据此确定各种情况下的主要参数。堆芯中能量的变化可用下面的方程来描述：

$$\frac{\mathrm{d}}{\mathrm{d}t}\left(\int_{V_c}\rho\cdot c\cdot T(\boldsymbol{r},t)\cdot \mathrm{d}V\right)=P_{\mathrm{D}}(t)-\dot{m}_{\mathrm{co}}\cdot c_{\mathrm{Co}}\cdot(T_{\mathrm{o}}-T_{\mathrm{i}})-\dot{Q}_{\mathrm{L}} \tag{9.155}$$

其中，$T(\boldsymbol{r},t)$是堆芯内的温度分布；$\dot{m}_{\mathrm{co}}$ 是冷却剂的质量流量，它可以用来表征通过反应堆压力壳表面的散热；T_{o} 是堆芯的出口温度；T_{i} 是在氦气流动情况下堆芯的入口温度；$\dot{Q}_{\mathrm{L}}$ 包含了从系统带出的所有散热，例如，通过导热、热辐射和自然对流载出到外部环境中的散热。

假设由蒸汽发生器和氦风机组成的正常运行回路是可以工作的，并且该回路足以在正常氦气压力下将衰变热载出，使堆芯冷却下来，由此假设，可以实现如下的能量平衡：

$$\dot{m}_{\mathrm{co}}\cdot c_{\mathrm{Co}}\cdot(T_{\mathrm{o}}-T_{\mathrm{i}})\geqslant P_{\mathrm{D}}(t) \tag{9.156}$$

通过反应堆压力壳表面散出的热量可以通过如下方程计算获得：

$$\dot{Q}_{\mathrm{L}}\approx a_{\mathrm{eff}}\cdot A\cdot(T_{\mathrm{W}}-T_{\mathrm{env}}) \tag{9.157}$$

对于正常运行的热功率为 200MW 的模块式 HTR，载出的热量大约为 300kW。T_{W} 是正常运行时压力壳的温度，T_{env} 表征了外部热阱的温度，这种情况下的典型值是

$$a_{\mathrm{eff}}\approx 10\mathrm{W/(m^2\cdot K)},\quad A\approx 200\mathrm{m}^2,\quad T_{\mathrm{W}}-T_{\mathrm{env}}\approx 200℃-50℃=150℃$$

不采取主动停堆，并假设衰变热能够载出，则反应堆将保持在很低功率水平的临界状态。

如果发生失去冷却剂事故，氦气的压力降至大气压力，但是运行回路的容量足以建立大约 1%的质量流量而使氦气流过堆芯，并保证氦在很长的一段时间内能够稳定地流过堆芯。在几个小时(在这段时间内质量流量不是足够大)之后，衰变热可以在大气压力下通过完整的回路载出。采用如下氦风机的简化关系式，可以近似描述压力降低情况下衰变热能动载出的条件。

$$\frac{\dot{m}^{*}(0.1\mathrm{MPa})}{\dot{m}(7\mathrm{MPa})}\approx\frac{P_{\mathrm{circ}}^{*}(0.1\mathrm{MPa})}{P_{\mathrm{circ}}(7\mathrm{MPa})} \tag{9.158}$$

在反应堆仍然处于额定运行压力但风机失效的情况下，可以通过一个简单的估计进行分析，以获得这种情况下最高温度的概念。链式反应停止后 τ 的这段时间内产生的衰变热将储存在堆芯和堆芯结构内，于是得到这个简单的估计为

$$\int_0^{\tau} P_{\mathrm{D}} \cdot \mathrm{d}t = (M_{\mathrm{c}}c_{\mathrm{c}} + \varepsilon M_{\mathrm{s}}c_{\mathrm{s}}) \cdot \Delta\overline{T} + \dot{Q}_{\mathrm{L}} \cdot \tau \tag{9.159}$$

其中，$\dot{Q}_{\mathrm{L}} \cdot \tau$ 是通过压力壳表面载出的份额，M_{c} 是堆芯内石墨的质量，M_{s} 包括堆内构件的质量，因子 ε 指仅参与了热过程的那部分结构所占的份额，$\Delta\overline{T}$ 是石墨的平均温升，$\dot{Q}_{\mathrm{L}}$ 是通过反应堆压力壳表面散出的热量。图 9.44(a)给出了 $\Delta\overline{T}$ 随 τ 变化的估计图。因子 ε 取决于系统中衰变热分布的状况。

由开始 3h 内的瞬变过程可以粗略地给出如下算式：

$$\frac{\Delta\overline{T}}{\Delta T} \approx \frac{\overline{P}_{\mathrm{D}}}{M_{\mathrm{c}}c_{\mathrm{c}} + \varepsilon M_{\mathrm{s}}c_{\mathrm{s}}} \approx \frac{100}{h} \tag{9.160}$$

而在实际情况下，由于会发生内部对流，而且反应堆内部的温度场相当复杂，所以必须采用三维计算机编码程序进行评估。图 9.44(b)给出了 THTR 堆芯采用计算机程序计算的结果。对于模块式 HTR，也采用类似的方式获得相应的计算结果。

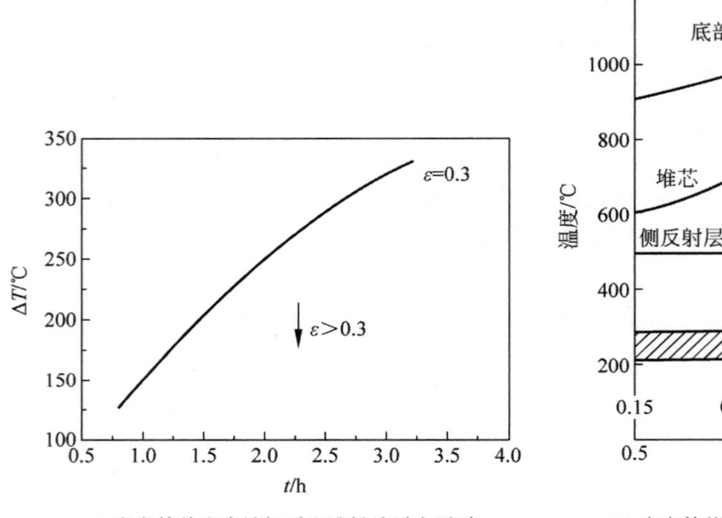

(a) 衰变热载出失效但反应堆仍处于全压时，堆芯的平均温升随时间的变化(P_{th}^{0}=200MW，M_{c}=66t, M_{s}=300t, ε=0.3，$\dot{Q}_{\mathrm{L}}$=300kW)

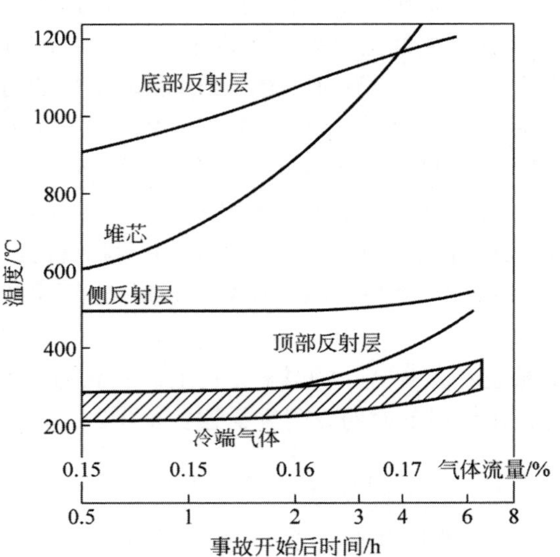

(b) 衰变热能动载出中断5h后THTR 300堆芯的温度分布(反应堆处于全压，通讯，HRB，1989)

图 9.44 HTR 电厂衰变热的非能动载出

如图 9.44 所示，由于热辐射和自然对流的作用，反应堆上部的温度升高。因此，需要对控制棒的传动机构给予特别的关注。为了保证投资成本不损失，控制棒传动机构的温度不应超过最初设定的技术限值。最高的燃料元件温度应低于 1300℃。THTR 中燃料元件处于长期运行状态时设定的温度限值为 1250℃。

在 THTR 申请许可的过程中，安全监管当局能够接受的申请条件是反应堆可以承受在 5h 内失去强迫冷却。在这个宽限期内，保证燃料元件和堆内构件不会出现任何问题。当然，在这段时间内，一部分衰变热通过非能动过程由内衬冷却载出。

第 11 章将详细说明衰变热自发载出的细节。衰变热自发载出的设计概念是最有说服力的一种措施，采用这种方式不仅保护了燃料，并且将裂变产物很大程度地阻留在燃料内。

9.9 正常运行时放射性物质的释放

在几乎所有的核反应堆中，超过 99.99%的裂变产物被阻留在燃料元件内部。燃料元件在进入后处理阶段或被运输到中间和最终贮存之前，裂变产物不会从中释放出来。阻留放射性的屏障是燃料元件、一回

路边界和反应堆安全壳。对于精心设计并已安全运行的反应堆，释放到环境中的放射性裂变产物的量是非常低的。

在 HTR 电厂中，裂变产物被阻留在包覆颗粒内，直到目前一直运行得非常成功。如图 9.45 所示，在 THTR 运行过程中，一回路氦气中惰性裂变气体的存量非常低，仅为 0.1～1Ci/MW。低的惰性气体释放率是实现相当洁净的氦气回路及对运行人员低剂量率的一个重要的先决条件。

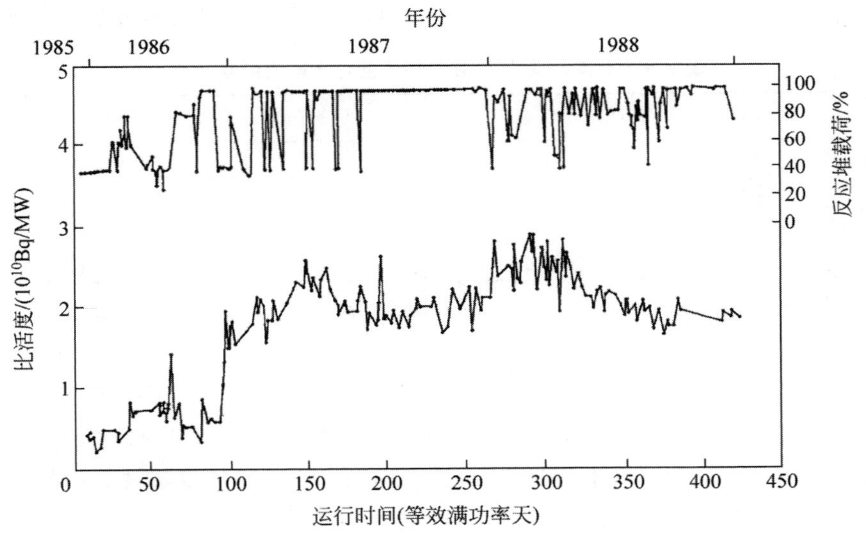

图 9.45 THTR 正常运行时氦回路中惰性气体的含量

$\overline{T}_{He}$=750℃，P_{th}=750MW；fpd：等效满功率天数

过去几十年来，包覆颗粒技术取得了很大的进步，特别是燃料元件石墨基体中污染铀的含量有所降低，包覆的质量得到改善。在 AVR 中装入了大量不同的燃料元件和包覆颗粒。在运行开始阶段装入的是 BISO 包覆颗粒，已具有相当好的阻留能力。随后几年里装入的 TRISO 颗粒具有更好的阻留能力。因此，在冷却气体中测量到的固体裂变产物的浓度很低，见表 9.8。

表 9.8 AVR 冷却气体中固体裂变产物浓度的一些测量结果(在正常运行时装入不同的燃料元件)

(a) AVR 热氦气中裂变产物浓度随热氦气温度的变化

(1Ci≈3.7×10^{10} Bq)

同位素	浓度/(10^{-9}Ci/Nm^3)				
	770℃	825℃	825℃(3 次实验的平均值)	950℃	
				第 1 次实验	第 2 次实验
Ag110m	0.9	2.4	3.5	17.0	12.9
Ag111	0.09	19	70	1200	1510
I131	3.4	6.5	9.6	27	29.7
Cs134	0.2	0.21	0.25	1.9	2.5
Cs137	0.14	0.09	0.13	0.9	1.4

(b) AVR 氦冷却气体中固体裂变产物活度的测量值(标准状况下)

同位素	活度/(Bq/m^3)
氚	3.7×10^7
C14	1.9×10^7
Co60	1.0×10^1
Sr90	2.0×10^2
Ag110/m	4.9×10^1
I131	5.2×10^2
Cs137	3.0×10^2
Σ惰性裂变气体	4.6×10^8

一些对严重事故或退役工作非常重要的固体裂变产物在过去 20 年的运行中被部分释放出来，并沉积在部件上或灰尘上。例如，裂变产物 Cs137 就是一种非常重要的裂变产物，因其半衰期长达 30 年，测量到的浓度为 300Bq/Nm^3，因此，在对部件进行有关污染问题的分析和设计时，也要将这种裂变产物可能产生的影响考虑进来。过去几年中，这种同位素从燃料元件中释放出来的释放量是每年 0.05～1Ci/MW。在反应堆正常运行时，这些固体放射性裂变产物仍存留在一回路系统中。

释放的放射性物质，如在 HTR-Module(200MW)满功率运行 40 年之后释放的 40Ci Cs137，在严重事故情况下有可能成为从一回路系统中释放出来的放射源项。如果失压速率足够低，则释放气体可以进行非常有效的过滤，保证释放到环境中的放射性元素的含量非常低。

石墨粉尘是在反应堆运行期间形成的，根据 AVR 和 THTR 的运行经验，这个量是很小的，大约为 0.1kg/(a · MW)，大部分可以通过氦净化系统加以去除。根据 AVR 的运行结果，满功率运行 40 年后，一座 200MW 电厂的反应堆内大约存有 300kg 的粉尘。在考虑了净化系统的除尘作用之后，这些粉尘部分沉积在部件上，部分存在于反应堆滞留的氦气中。AVR 中粉尘含量的测量结果为 10g/(Nm^3 He)。在特殊的瞬态过程中，大量粉尘可能会在很短的时间内被迁移。如表 9.9 所示，这些石墨粉尘中含有一定量的放射性元素。在失压事故下，这些灰尘可能被再次迁移，因此，必须采用合适的设备对其加以过滤。

表 9.9 石墨粉尘上的放射性含量(AVR 的测量结果) Bq/g

取样点	时间	Co60	Ag110m	Cs137	Sr90
燃料元件表面	1978 年	1.8×10^6	5.4×10^4	1.0×10^6	2.7×10^6
	1988 年	3.0×10^4	5.1×10^3	1.3×10^5	9.0×10^5
蒸汽发生器	1986 年	5.1×10^6	2.7×10^7	7.4×10^7	3.6×10^8
冷氦气区域	1978 年	6.7×10^5	1.6×10^6	3.0×10^7	2.5×10^8
	1988 年	1.6×10^6	6.4×10^5	5.9×10^6	5.0×10^7
燃料循环系统	1978 年	7.4×10^4	9.3×10^4	1.5×10^5	—
停堆棒	1987 年	4.3×10^5	1.9×10^5	1.3×10^7	—

反应堆冷却回路中放射性的另一个重要来源是活化产物。对于 LWR，这一点很值得关注。对于 HTR，如果采用包含与活化相关的同位素的材料，对这一问题也必须要加以重视。例如，包含铬、铁，特别是钴这些与活化相关的同位素的材料，见表 9.10。

表 9.10 反应堆内金属杂质的重要活化反应

反　应	份额/%(质量百分数)	$T_{1/2}$	衰变	E/MeV
${}^{50}_{24}Cr(n,r)\longrightarrow{}^{51}_{24}Cr$	4.31	27.7d	γ	0.32
${}^{58}_{26}Fe(n,r)\longrightarrow{}^{59}_{26}Fe$	0.34	44.5d	β^-,γ	0.195 和 1.1
${}^{59}_{27}Co(n,r)\longrightarrow{}^{60}_{27}Co$	10^{-4}	5.3a	β^-,γ	1.17 和 1.33

一回路部件的磨损和腐蚀产物可能被输送到堆芯区域内，并被堆芯的中子注量率活化。所有反应堆系统均应考虑这类额外的放射性源项。

通过中子注量率 ϕ 中活化的一个简单模型，得到了一个关于形成的放射性原子数 N 的微分方程，其中 σ_a 是活化反应的截面。

$$\frac{dN}{dt}=N_0\cdot\Phi\cdot\sigma_a\cdot\exp(-\sigma_a\cdot\Phi\cdot t)-\lambda\cdot N \tag{9.161}$$

当具有初始条件($t=0, N=0$)和恒定的中子注量率时，可以得到它的解。

$$N(t)=N_0[\Phi\cdot\sigma_a/(\lambda-\Phi\cdot\sigma_a)]\cdot[\exp(-\sigma_a\Phi t)-\exp(-\lambda t)] \tag{9.162}$$

根据式(9.162)，活化的原子数通常在反应堆正常运行时达到最大值，例如，钴。因此，应对钴的使用加以限制，在一回路中的使用量应尽可能地少。

有关 HTR 燃料元件的另一个重点研发问题是减少流化床制造燃料元件过程中未被包覆的石墨基体中自由铀的含量。初始时自由铀的含量大约为 10^{-3}，目前可能已达到 10^{-5} 这一量级，未来的趋势是将污染值降得更低。裂变产物在正常运行及事故时的释放量取决于该值的大小。目前的情况是氦气回路中的比活度非常低，这一点已被所有 HTR 系统的正常运行所证实。从图 9.46 可以看出，测量和计算得到的惰性气体从燃料元件中释放出来的释放率吻合得非常好。

由于燃料元件对放射性物质具有很好的阻留能力，因此，HTR 电厂的辐射场一直都相当地低。

只有银的释放量比较高。因此，在对布置在一回路系统中的部件进行维护时应给予一定的关注，特别是对于没有中间换热器的气体透平系统，这种同位素被认为是很重要的辐射源。由于 THTR 和圣 · 弗伦堡反应堆的一回路系统具有特殊的集成概念及高质量的燃料元件，个人的辐照剂量相比于其他核电厂的通常剂量值而言相对较低，如图 9.47(a)所示。

只有在运行初始阶段对一回路系统中的设备进行更换及维修时，个人所受的剂量相对较高。这主要是

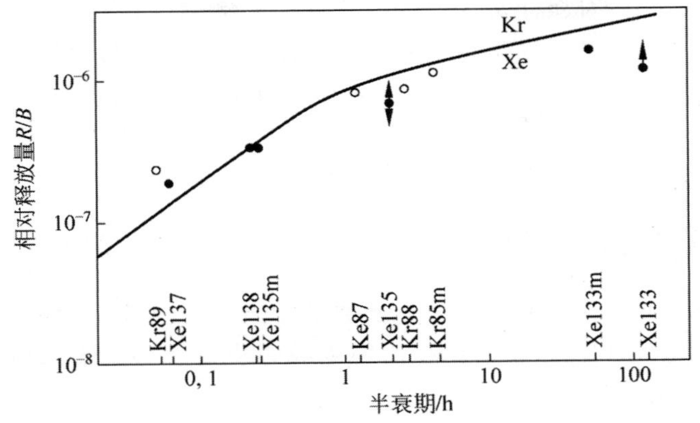

图 9.46 THTR 中测量和计算得出的惰性气体从燃料元件的释放率(40%负荷)

由在 THTR 中对燃料元件的卸球系统进行的操作所致。

作为一个全新的反应堆概念,AVR 中个人所受辐照剂量也是很低的。仅在 1978 年发生的那次进水事故后,对反应堆进行维修时造成了剂量率有所增加,如图 9.47(b)所示。

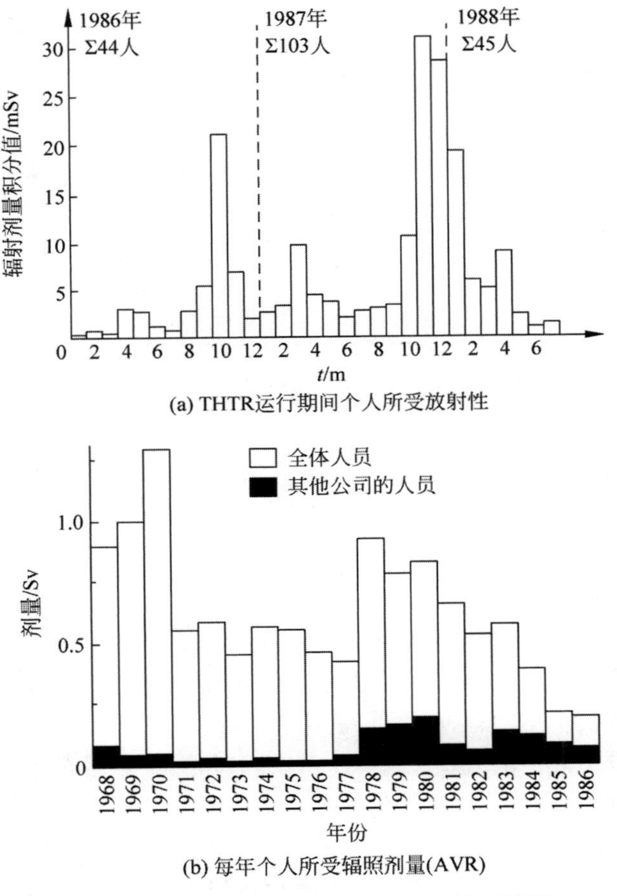

图 9.47 HTR 电厂运行期间个人所受辐照剂量

相比其他类型的反应堆,THTR 和圣・弗伦堡堆中运行人员受到的辐射剂量是很低的,且有可能通过附加的技术措施对这一指标进一步加以改进,如同过去在 PWR 上进行的改进一样。

在过去的几十年中,整体辐射剂量已减少为原来的 1/10,这主要是通过过滤系统的技术改进实现的。进一步的改进也存在一定的可行性,只是需要更多的投资。

在发生严重事故的情况下,放射性元素的释放及其放射剂量有可能完全不同。比如,在特定的天气条件下,相当量的放射性有可能扩散到大面积的土地上。在切尔诺贝利事故中,有些同位素被释放出来。目前,这一事故的放射性后果在许多国家中仍然在延续。对于核废物在贮存库、中间贮存设施中的贮存及对核灾害事故后果的分析与评价，这都是非常值得重视的问题，详见第 10 章。

当然，公众的可接受性这一问题有助于在未来建造具有尽可能小释放量的电厂。由于新建发电厂申请许可证的过程是一个动态过程，电厂运行要经历几十年甚至更长的时间，且获准许可运行的要求更高，因此需要做出更大的努力。

9.10 模块式 HTR 的废物管理

与其他核电站一样，在一个模块式 HTR 中，对各种含有放射性的物质流必须要非常小心地加以处理。核电厂会产生固态、液态和气态的废物，对这些排出的废物必须要进行过滤、调整，将其储存在中间储存系统中，并进行最终储存，如图 9.48 所示。

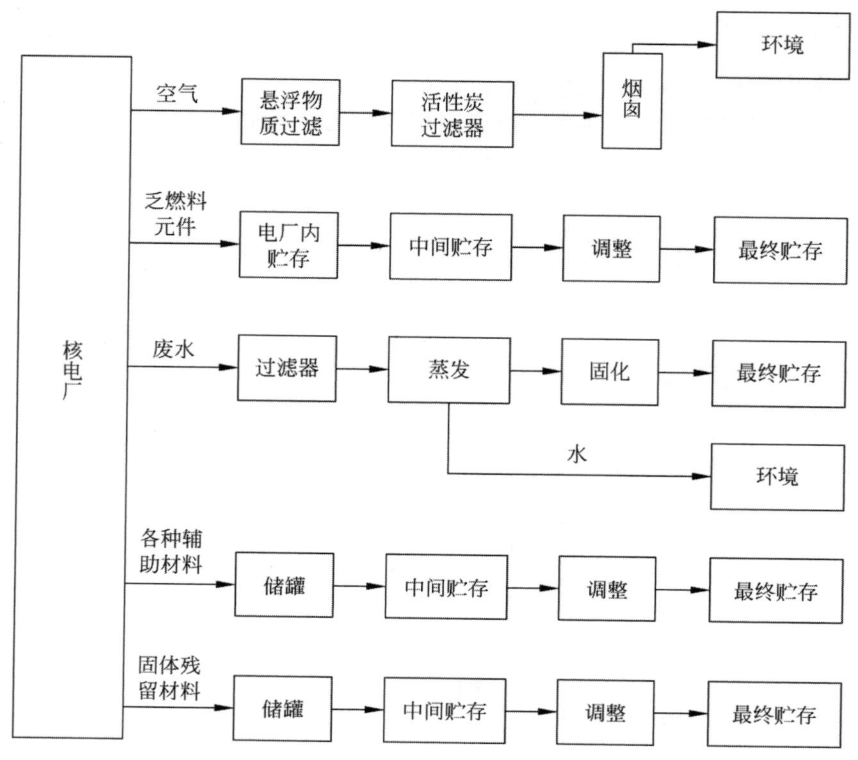

图 9.48 THTR 300 中核废物流的处理

大部分废物保存在核电站内合适的清洁设施内。向外部环境释放的最大允许限值在最初申请许可证时即已确定下来，这些限值是许可证申请的重要组成部分，由于申请许可的过程是动态的，在运行过程中可以连续地进行监测，因而对环境产生的危害是可以避免的。

图 9.49 给出了废物处理更为详细的必要步骤。其中，必须要考虑固态、液态和气态活性的流动性。对废水的净化以及对从电厂中释放的放射性气体的处理完全可以吸取 LWR 运行过程中的相关经验。对乏燃料元件的处置需要针对 HTR 电厂燃料的特点采取更专门的措施。例如，在 LWR 中采用一种紧凑储存在水池中的方式作为中间存储，但在 HTR 中，没有必要采用这种方式，因为从 HTR 中取出的乏燃料元件的衰变热已经非常小。

相比于 LWR，HTR 乏燃料的这个特性可以使其对废物管理进行重大改进。福岛核事故(2011 年)的经验教训表明，其乏燃料元件储存系统受到了损害，今后应避免采用其紧凑的储存方式，而 HTR 中乏燃料的存储特性反映出的安全性是它的一个很大优势。

考虑到局部剂量，核电厂内设置有不同类型的房间：

- 反应堆运行期间可完全进入的房间(机器设备、供水辅助设施、空调、电气设备)；
- 反应堆运行期间可使用的房间(反应堆厂房、中间储存厂房、去污厂房)；
- 反应堆运行期间几乎不能进入的房间(内部的混凝土舱室、燃料装卸设施间、气体净化间)。

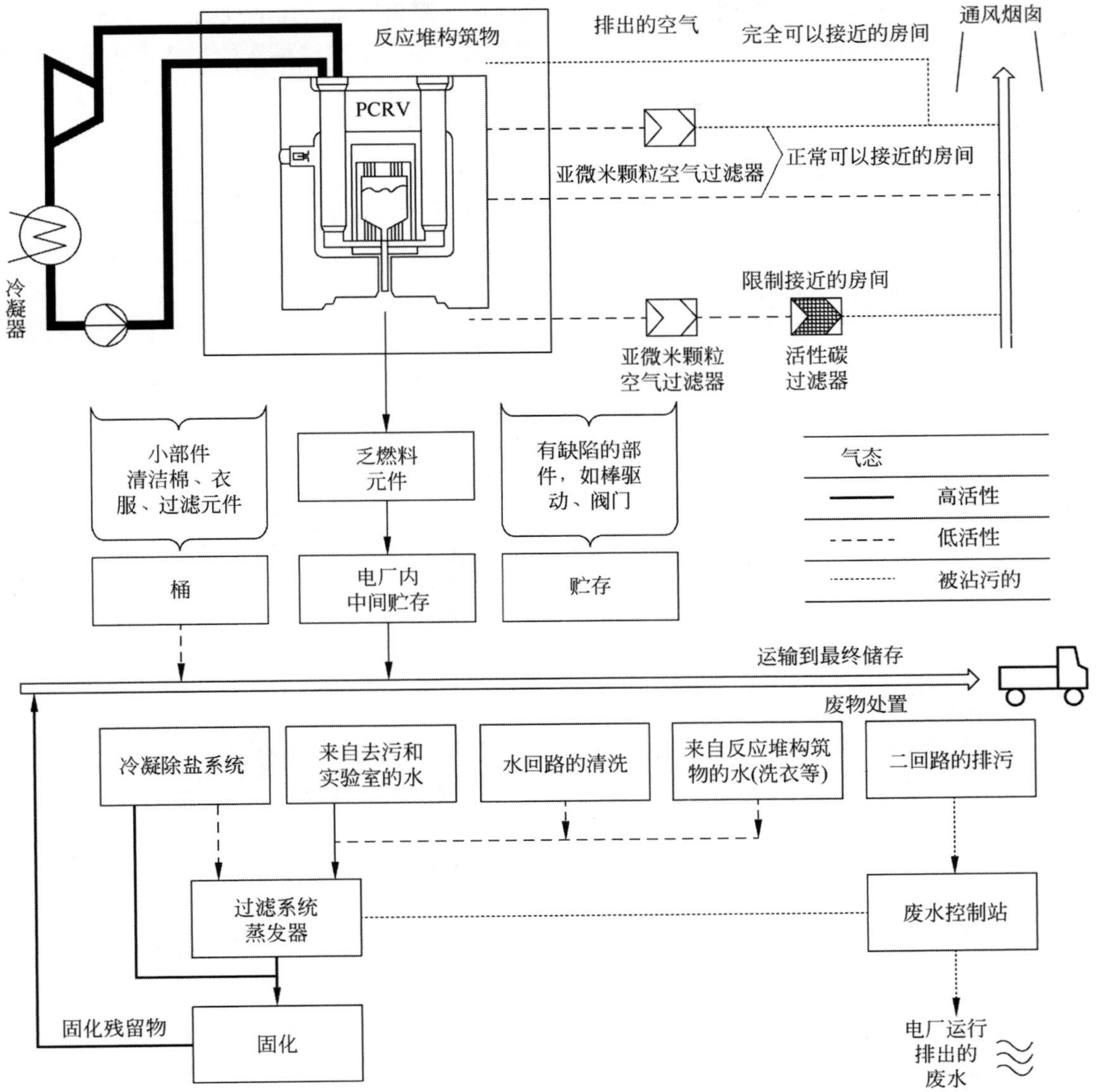

反应堆构筑物
排出的空气
完全可以接近的房间
通风烟囱
PCRV
亚微米颗粒空气过滤器
正常可以接近的房间
限制接近的房间
冷凝器
亚微米颗粒
空气过滤器
活性碳
过滤器
小部件
清洁棉、衣
服、过滤元件
乏燃料
元件
有缺陷的部
件，如棒驱
动、阀门
气态
高活性
低活性
被沾污的
桶
电厂内
中间贮存
贮存
运输到最终储存
废物处置
冷凝除盐系统
来自去污和
实验室的水
水回路的清洗
来自反应堆构筑
物的水(洗衣等)
二回路的排污
过滤系统
蒸发器
废水控制站
固化残留物
固化
电厂运行
排出的
废水

图 9.49　HTR 中放射性活性的流程图(如 THTR)

在如图 9.50 所示的流程中，列出了必须处理的各种类型的废料。电厂产生的废液采用长期以来一直在核技术中使用的高效流程加以净化。图 9.50 给出了用于净化各种废液的典型流程。

污水坑
人工水
来自去污的水
洗衣水
淋浴房的水
冷却剂调制系统
储罐
清洗柱
(蒸汽加热水)
冷凝器
混合床过滤器
过滤器
蒸汽加热
储罐
(水)
固体
(最终贮存)
河流

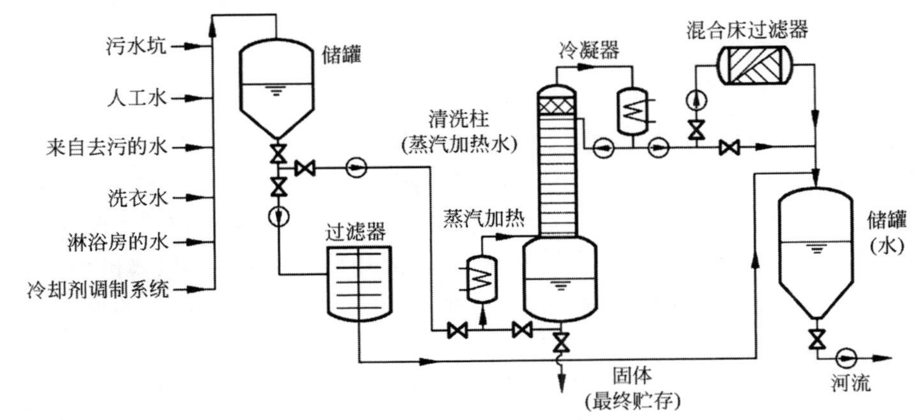

图 9.50　核电厂废液的净化流程(如 PWR)

通常，假设核电站如模块式 HTR 产生的废水含有可溶性和悬浮的物质，具有很低的比活度。废水是从实验室、去污系统、洗衣房、淋浴房及其他来源排出的。废水处理系统包含各种过滤器、蒸发器、洗涤柱，采用的处理技术都是众所周知的化学技术。净化后的水储存在水箱里。如果比活度低于 $1.9\times10^{6}Bq/m^{3}$，那么可以像 THTR 那样，将净化后的水排到附近的河流中，这是允许的。通过这种途径释放出来的放射性还有以下一些附加限值：

- 对于放射性核素的混合物(不含氚和镭)，限值为 $1.9\times10^{10}Bq/$年；
- 对于氚，限值为 $3.7\times10^{13}Bq/$年。

氚是在反应堆的运行过程中产生的，且主要是由中子反应产生，包括石墨中的锂杂质、氦回路中的 He3 原子及 U235 的三裂变。氚的半衰期为 12.3 年，它可以穿透蒸汽发生器的金属壁进入给水/蒸汽回路，这一小部分氚会随着二回路的废水排放到环境中。

图 9.51 给出了 HTR 中产生氚的一些数据及在其他反应堆运行期间测量获得的一些数据。此外，图 9.51 还提供了氚渗透通过蒸汽发生器管材料的测量数据。这些数据表明，氧化物层对于将氚阻留在一回路内的影响很大。例如，蒸汽发生器传热管在高温段通常采用 Incoloy 800 材料，测量表明，它可使渗透的氚下降到原来的 1/100 的量级。

三裂变: U235 (n, α)T
石墨中锂杂质: Li6 (n, α)T
控制棒吸收体材料: B10 (n, α)T
冷却剂中的He3: He3 (n, α)T

(a) HTR电厂氚的来源

反应堆	热功率/MW	产生率Ci/(Ci/a)	单位功率的产生率/[Ci/(MW·a)]
AVR	46	200	4.3
PNP500	500	4000	8
HTGR	2500	38 000	15.2
CANDU	3000	1.3×10^{6}	433
PWR	3000	600	0.2

(b) 各类反应堆氚产生率的估计值

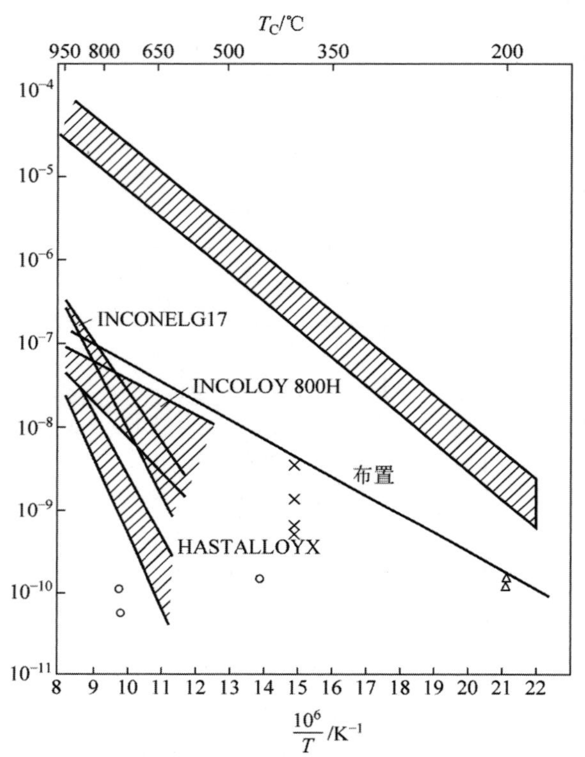

(c) 氚通过材料渗透的测量：氧化层的影响

图 9.51 核电厂二回路中氚的污染情况

AVR 主蒸汽中氚的测量值为 $2\times10^{-7}\sim8\times10^{-7}Bq/m^{3}$。AVR 每年排放近 $10\ 000m^{3}$ 含 $1.2\times10^{11}Bq$ 氚的水进入储存系统，这相当于每年产生的氚的 2%。

如图 9.52 所示，前面提到的从不同区域不同类型的房间中排出的废气在设施中加以净化。来自汽轮机冷凝器的废气也在此进行了净化。众所周知，蒸汽循环冷端的真空条件要求持续去除这些气体。这些气体可能含有极少量的惰性气体和氚，其含量是连续测量的，并由监管当局控制。以德国为例，由反应堆中释放出来的放射性物质对普通公众的辐照程度远远低于法律允许的数值，且测量的辐照值是在最不利的地理环境中得到的。

在模块式 HTR 中，乏燃料元件排放的大量废物被带入中间贮存中加以储存。核电厂运行中产生的中低排放量的废物通过各种工艺技术进行处理。其中，比较重要的方法有燃烧、熔化、蒸发。在任何情况下，固体残留物将存留下来，因此，必须以一种更合适的方式将这些固体残留物放置于最终贮存设备中。相比于其他可能的方式，将这些放射性物质与混凝土混合装入储罐是一个较好的解决方案。图 9.53 给出了这种废物处理方式的典型流程。

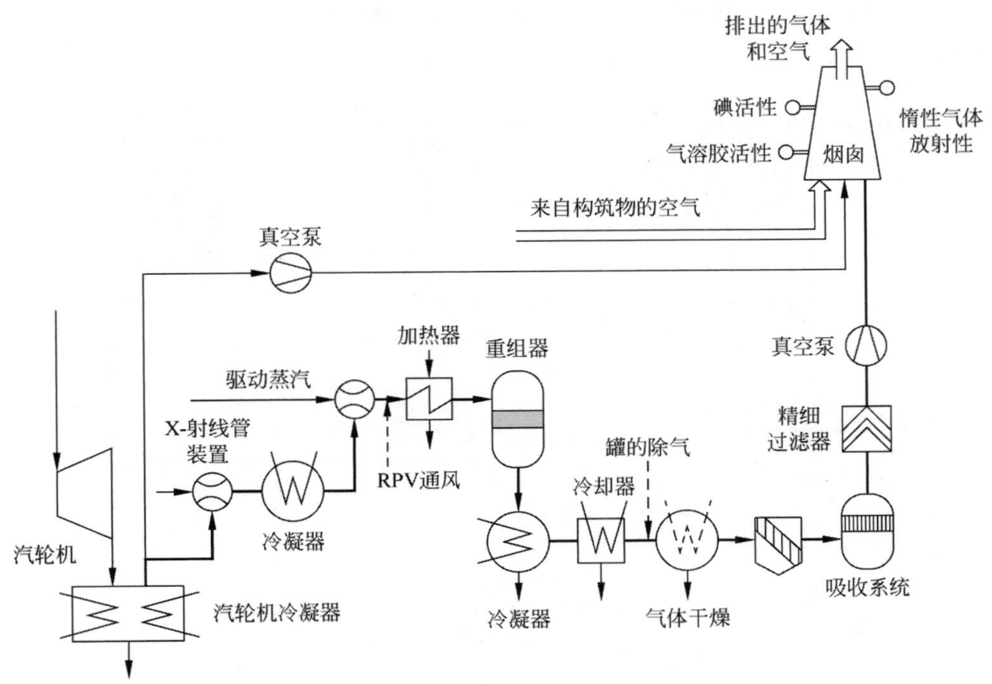

图 9.52　核电厂中排放气体的净化流程

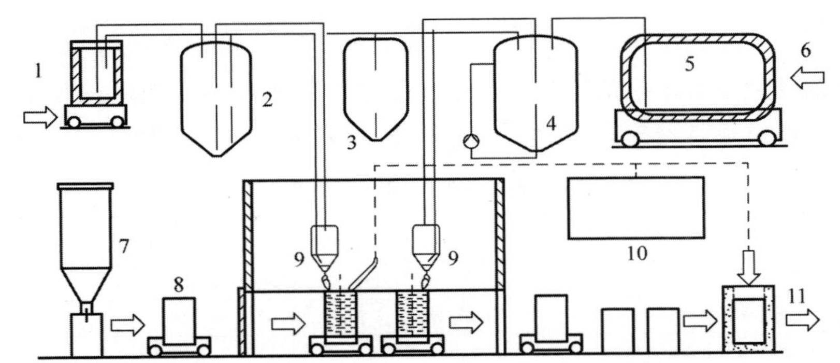

图 9.53　HTR 中中低排放量废物的处理(如使用水泥将离子树脂与灰浆混合)

1—树脂；2—树脂混合物；3—水；4—灰浆混合物；5—灰浆储存；6—灰浆灌入；7—水泥筒仓；8—大桶；9—配料系统；10—混凝土搅拌；11—重整废料的出口

通过熔融设施可以减小被污染的金属材料的体积，这对于退役后的流程非常重要。图 9.54 给出了熔融设施的原理流程图，其中包括用于熔融过程的感应炉和废气的净化系统。

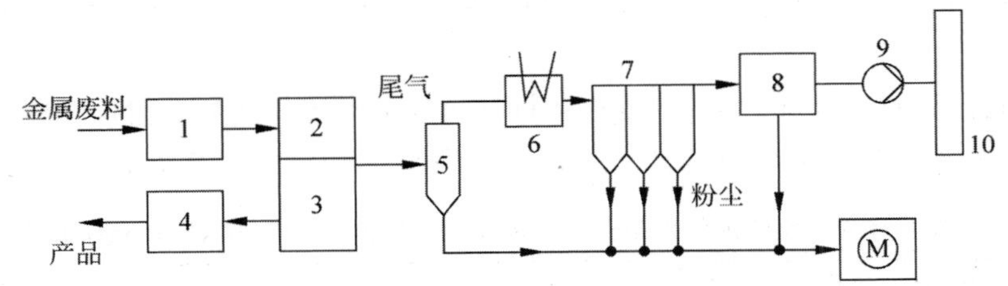

图 9.54　熔融系统流程原理(如 CARLA 电厂，德国)

1—金属废料的中间贮存；2—装载系统；3—熔炼炉；4—产品的处理；5—旋风；6—冷却器；7—精滤；8—活性炭过滤器；9—风机；10—烟囱

在这些电厂中，也可以通过降低材料高污染因子的方式达到放射性元素释放率的目的，例如，使铀的含量降为原来的 1/100。这些同位素主要残留在过滤系统的粉尘中。

熔融设备的技术概念如图 9.55 所示。该设备包含一个感应炉和一个炉料区域，在这里将熔融材料制造成特殊的部件。例如，德国的 CARLA 电厂中通过熔融材料制成的特殊部件已超过 25 000t。如果污染因子达到 0.1Bq/g，则生产的材料可以不受限制地加以应用。

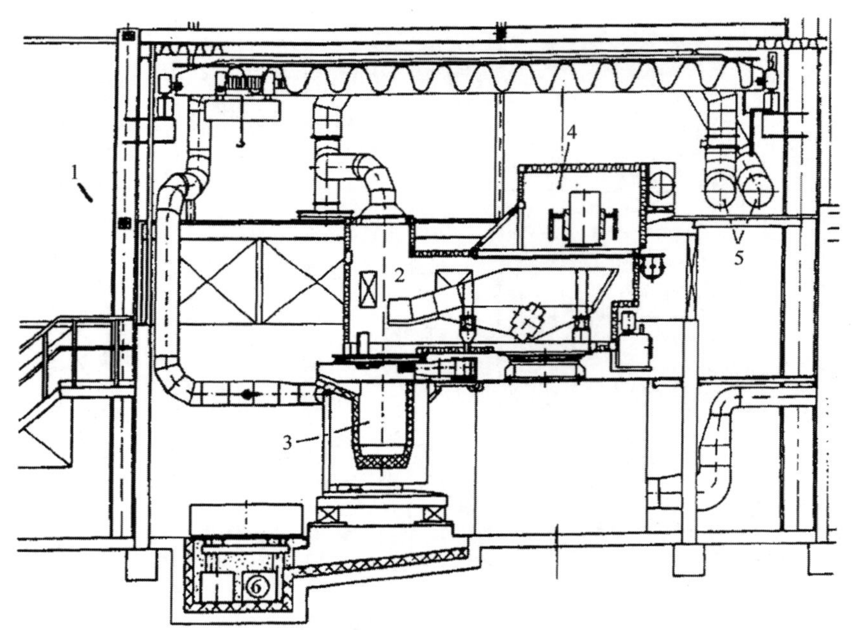

图 9.55 感应熔融电厂的概念(如 CARLA 电厂，德国)

1—熔融装置的边界；2—内边界；3—感应炉；4—炉料区域；5—连接到过滤系统；6—制造产品的区域

这些针对核废物的管理技术在世界范围内具有非常重要的意义，因为在许多国家，对未来退役的反应堆的处理需要增加额外的设施。表 9.11 给出了一些可处理被污染的设备的电厂的概况。

表 9.11 世界各地运行的一些熔融设施概况

电厂	CARLA	Studsvik	INFANTE	SEG
国家	德国	瑞典	法国	美国
场址	Krefeld	Studsvig	Marcoule	Oak Ridge
处理能力	3.2t(每年 500t)	3t	12t	20t
投入材料	钢、铝、铜、铅	钢、铝	钢	钢、铝、铜、锑
熔炉原理	感应炉	感应+电弧炉	电弧炉	感应炉
产品	块、屏蔽组件、容器	块	块、屏蔽组件、容器	块、屏蔽组件
活度	<200Bq/g(β,γ) <200Bq/g(α)	无限值	<250Bq/g(Co)	<2mSv/h(限值)

反应堆内所有对废物进行管理和储存的操作过程必须在对人员具有尽可能低的辐照剂量水平下进行(ALARA 原则)。

在申请许可证的过程中，对 THTR 电厂每年和每日向外部环境释放的放射性元素的释放率设定了一些限值，见表 9.12，表中也给出了轻水堆的相应数据，以作比较。由表 9.12 可知，实测值要小得多。

表 9.12 THTR 向环境释放的放射性的允许值和测量值(THTR 和 LWR 允许值的比较)

放射性物质	THTR 允许值/(Bq/年)	THTR 测量值/(Bq/年)	LWR 允许值/(Bq/年)	LWR 测量值/(Bq/年)
惰性气体	6.7×10^{14}	10^{15}	1.5×10^{15}	9.7×10^{11}
C14	—	—		5.1×10^{11}
氚	8.7×10^{12}	4×10^{12}		3.8×10^{11}
气溶胶中 γ 辐射	3.7×10^{8}	4×10^{7}	4×10^{10}	2.75×10^{5}
I131	3.7×10^{8}	1.5×10^{7}	1.5×10^{10}	2.6×10^{5}

在过去的几十年里，核电站的放射性释放量显著减少。一个值得关注的主要问题是核电厂在正常运行

期间的排放量应该减少到多少才合适，这取决于相关过程的努力程度，并需要在发电成本与限制对环境产生不良影响而投入的成本之间进行优化。这一点对电厂的正常运行及废物管理的所有过程都是有效的。

参考文献

1. Friedrich K., Weicht U., Concept of control and load following of the THTR-300 power plant Uentrop, VGB-Kraftwerkstechnik, Heft 5, 1977.
2. Ziermann E., Ivens G., Final report on the power operation of the AVR experimental nuclear power plant, JÜL-3448, 1997.
3. Hansen U., Study for the load following of THTR-300 MW prototype power plant, JÜL-571-RG, 1969.
4. Bodansky D., Nuclear energy – principles, practices and prospects, Springer Verlag, 2004.
5. Herrmann A. G., Radioactive waste – problems and responsibility, Springer Verlag, Berlin, Heidelberg, New York, 1983.
6. Bäumer R. and Kalinowski I., THTR commissioning and operating experience, 11th International Conference on the HTGR, Dimitrorgrad, June 1989.
7. Massimo L., Physics of high-temperature reactors, Verlag Pergamon Press, Oxford, 1976.
8. Teuchert E., Fuel cycles of pebble-bed high-temperature reactors in the computer simulation, JÜL-2069, 1986.
9. Leushacke D. F. and Kaiser G. G., The HTR fuel cycle program on the Federal Republic of Germany, ENC 79, Trans. Am. Nucl. Soc. 31, 1979.
10. Teuchert E., Hansen U. and Haas K. A., VSOP – Computer code system for reactor and fuel cycle simulation, JÜL-1649, March 1980.
11. Teuchert E., Rütten H. J. and Werner H., Reducing the world uranium requirement by the thorium fuel cycle in high-temperature reactors, Nuclear Technology 58, Sept. 1982.
12. IAEA, Potential of thorium based fuel cycles to constrain plutonium and reduce long-lived waste toxicity, Final Report of a Coordinated Research Project, IAEA TECDOC-1349, Apr. 2003.
13. INFCE, International evaluation of nuclear fuel cycles, summarizing overview, INFCE Summary Volume, IAEA, Vienna, 1980
14. Trauger D. B., Thorium utilization, Annals of Nuclear Energy, vol. 5, 1978.
15. Teuchert E., Berger-Rossa R., Haas K. A., Rütten K. J., Wolf L. and Wuttke G., Physics of the HTR for process heat, Nuclear Engineering and Design, 78, 1984.
16. Emendörfer D. and Höcker K. H., Theories of nuclear reactors – the instationary reactor, Vol. 2, BI Wissenchafsverlag, Mannheim, 1993.
17. Schrüfer E. (edit.), Radiation and radiation measurement in nuclear power plants, Elitera-Verlag, Berlin, 1974.
18. Benedict M., Pigfort T. H. and Levi H. W., Nuclear chemical engineering, McGraw Hill Book Company, New York, 1981.
19. Merz E. and Walter E., Advanced nuclear systems consuming excess plutonium, Kluwer Academic Publishers, Dordrecht/Boston/London, 1997.
20. AN, Reactor physics constants, Argonne National Laboratory, ANL-5800, United States Atomic Energy Commission, 1963.
21. Ziegler A., Source book on reactor technology, Vol. 1–3, Springer Verlag, Berlin, Heidelberg, New York, Tokyo, 1983.
22. Etherington E., Nuclear Engineering Handbook, McGraw Hill Book comp., Inc., New York, 1958.
23. Browne E., Firestone R. B. and Shirley V. S., Table of radioactive isotopes Wiley, New York, 1986.
24. Niephaus D., Reference concept for the direct final storage of spent HTR fuel elements in CASTOR THTR/AVR transport and storage vessels, JÜL-3734, 1999.
25. NN, Nuclear technology – facts, data, number, Inforum, Kerntechnische Gesellschaft, 1989.
26. Schultz M. A., Control of nuclear reactors and power plants, 2nd ed., McGraw Hill, 1961.
27. Profos P., The control of steam plants, Springer Verlag, 1962.
28. Harrer J. M., Nuclear reactor control engineering, D. van Nostrand Comp. Princeton, 1963.
29. Keepin G. R., Physics of nuclear kinetics, Adison Wesley Publishing Comp. Inc., Reading, 1965.
30. Weaver L. E., Reactor dynamics and control, American Elsevier Publishing Comp. Inc. New York, 1968.
31. Hetrick D. L., Dynamics of nuclear systems, The University of Arizona Press, Tuscon, 1972.
32. Lamarsh J. R., Introduction to nuclear reactor theory, Addison Wesley Publishing Company, Reading, 1972.
33. Gerwin H., The two dimensional reactor dynamic program TINTE, part I: JÜL-2167, Nov. 1987, part II: JÜL-2266, Feb. 1989.
34. Thomas F., HTR 2000: Program code for calculation of operation of HTR, JÜL-2261, Jan. 1989.
35. Teuchert E., Fuel cycles of the pebble-bed high-temperature reactor in the computer simulation, JÜL-2069, 1986.
36. Teuchert E., Bohl L., Rütten H. J. and Haas K. A., The pebble-bed high-temperature reactor as a source of nuclear process heat, Core Physics Studies, Vol. 2, JÜL-1114-RG, 1974.
37. Rütten H. J., Haas K. A., Brockmann H. and Scherer W., VSOP (99/05) computer code system, JÜL-4189, Oct. 2005.
38. Biesenbach R., Analysis of the instationary behavior of a controlled HTR-Module power plant, Diss. RWTH Aachen, 1995.
39. Scharf H. J. and Vigassy J., DYNOTTO, an axial one-dimensional program for the analysis of spatial and time dependence of high-temperature reactor with pebble-bed fuel elements, JÜL-1246, Oct. 1975.
40. Schultes K. H., Analysis of temperature coefficient and of short-time dynamics of pebble-bed reactor PNP 3000, Diss. RWTH Aachen, 1978.
41. INTERATOM/KRAFTWERKSUNION, Siemens High temperature reactor – Module powerplant, Plant – and Safety concept Vol 1,2, 1984.
42. Banaschek J., Calculation methods and analysis for the dynamic behavior of power plants with high-temperature reactors, JÜL-1841, 1983.
43. Scherer W., Gerwin H., Kindt T. and Patscher W., Analysis of reactivity and temperature transient experiments at the AVR high-temperature reactor, Nucl. Sci. Eng. 97, 1987.
44. Ash M., Nuclear reactor kinetics, McGaw Hill Company, New York, 1965.
45. Scharf H. J., Analysis of short-time dynamics of OTTO pebble-bed reactors, JÜL-1169, 1975.
46. Heckhoff H. D., Analysis of disturbance of operation without shutdown (ATWS accidents) in high-temperature reactors, JÜL-1743, 1981.
47. Engelbrecht H., Analysis on the dynamics of pebble-bed high-temperature reactors, JÜL-Spez, 123, 1981.
48. Grotkamp T., Establishing a three-dimensional simulation program for describing the core physics of pebble-bed reactors with several passages on the example of AVR, JÜL-1888, 1984.
49. Elsheakh A. F., Simulation program for the THTR 300 to calculate transients in case of emergency cooling, JÜL-2368, 1990.
50. Hoffmann J., Simulation of the plant behavior of THTR 300 using measured data during the period of start of operation, JÜL-2359, 1990.
51. Mulder E. J., Pebble-bed reactor with equalized core power distribution – inherently safe and simple, JÜL-2632, 1999.
52. Lamarsh J. R., Introduction to nuclear reactor theory, Addison Wesley Publishing Company Reading, Menlo Parks, London, Amsterdam, Don Mills, Sidney, 1972.
53. Bäumer R., THTR 300 – experiences with a progressive technology, Atomwirtschaft, May 1989.
54. Lauer A., Design of a concept to control the power and to govern Xenon oscillations in HTR-K 3000 and PNP 3000, JÜL-1446, 1977.

55. Rydin R.A., Nuclear reactor theory and design, PBS Series in Reactor Physics, Blacksburg, 1977.
56. Mertens J., Analysis of control of power and governing of Xenon oscillations in pebble-bed high-temperature reactor PNP 3000, JÜL-Spez-127, 1981.
57. Kirch N. and Ivens G., Results of AVR experiments in: AVR – Experimental High-Temperature Reactor, VDI-Verlag, Düsseldorf, 1990.
58. Lukaszewicz J., Temperature behavior of a high-temperature reactor after total loss of cooling, JÜL-1112-RG, 1974.
59. Singh J., Analysis of the thermodynamic transients in the core of a high-temperature reactor, JÜL-937-RG, 1973.
60. Rehm W., Analysis of the delayed decay heat removal in a pebble-bed high-temperature reactor concept with large power as a contribution to the possibilities of limitation of hypothetical accidents, JÜL-1645, 1980.
61. Petersen K., Safety concept of high-temperature reactors with natural removal of heat from the core in accidents, JÜL-1872, 1983.
62. Wachholz W., Safety concept of future nuclear power plants HTR 500 and HTR 100, Atomkernenergie-Kerntechnik, Vol. 47, No. 3, 1985.
63. Reutler H. and Lohnert G. H., The modular HTR – a new concept for the pebble-bed reactor, Atomwirtschaft, 27, Jan. 1982.
64. Kugeler K., The decay heat removal as a key question of reactor safety, Wissenschaft und Umwelt, 1, 1993.
65. Ziermann E. and Ivens G., Final report on the power generation of the AVR experimental nuclear power plant, JÜL-3448, Oct. 1997.
66. Bäumer R. and Kalinowski I., THTR – commissioning and operating experiences, 11th International Conference on the HTGR, Dimitrogra, June 1989.
67. Von der Decken C. B., Wawrzik, Dust and activity behavior, in: AVR Experimental High-Temperature Reactor, VDI-Verlag, Düsseldorf, 1990.
68. Krawczynski S. J. B., radioactive waste – processing, storage and disposal, Thiemig Verlag, München, 1967.
69. NN, Modern power station practice, Vol. J, Nuclear Power Generation, Pergamon Press, Oxford, New York, Seoul, Tokyo, 1992.
70. Baumgärtner (edit), Chemistry of nuclear waste management, 3 volumes, Verlag Karl Thiemig, München, 1980.
71. A. Ziegler, Reactor technology, Vol 3 Springer Verlag, Berlin, Heidelberg, New York, Tokyo.
72. Kautz J. A., Chemical engineering for nuclear power plant in: Oldekopp W. (edit.), Pressurized Water Reactors for Nuclear Power Plants, Verlag Karl Thiemig, München, 1974.
73. Bohn Th. (edit.), Nuclear power plants, Vol. 10 of Handbook of Energy, Technischer VerlagResch, Verlag TÜV Rheinland, 1986
74. Röllig K. et al., Waste management for high-temperature reactors, JÜL-Conf-61, 1987.
75. Dietrich G. et al., Decommissioning of thorium high-temperature reactor (THTR-300), IAEA-TECDOC 1043, Vienna, 1998.
76. Bäumer R., THTR 300 – experiences with progressive technology, Atomwirtschaft, May 1989.
77. Fachinger J. et al., R + D on intermediated storage and final disposal of spent HTR fuel, IAEA-TECDOC-1043, Vienna, 1998.
78. Kirch N., Briukmann H.U., Brücher P.H., Storage and final disposal of spent HTR fuel in the Federal Republic of Germany, Nuclear Engineering and Design, 121, 1990.
79. Bäumer R., The situation of THTR in October 1989, VGB KraftwerksTechnik, 1, 1990.
80. Vollrath J., Documentation of the shutdown of the THTR 300, Hochtemperatur Kern Kraft GmbH, Hamm Kentrop, Sept. 1997.
81. Niephaus D., Barnert E., Brücher P.H., Kroth K., Final disposal of dissolver sludges, claddings, fuel hardware, and spent HTGR fuel elements in the Federal Republic of Germany, Proc. 1989 Joint Int. Waste Management Conf., Kyoto, 1989.
82. IAEA Fuel performance and fission product behavior in gas cooled reactors IAEA-TECDOC-978, Nov. 1997.
83. Private communications on melting of contaminated materials; private communications from. Company Siempelkamp, Germany.

第10章

安全和事故分析

摘　要：核反应堆或中间贮存系统中的大量放射性物质是核能使用中涉及安全性的比较实际的问题。在正常运行和事故期间，只允许极少量的放射性物质释放到外部环境中，为了达到这一要求，必须满足以下要求：衰变热安全地载出；维持可接受的中子平衡；对核电厂中阻留裂变产物的屏障和辐射防护设备加以保护。本章分析并讨论了可能制约这些要求的一些事故。

在上述条件中，主要的一个是衰变热的产生和载出。对于模块式高温气冷堆，衰变热的自发载出原理是仅仅依靠导热、热辐射和自然对流将衰变热载出，而无需依靠电力和水的提供。采用目前的TRISO燃料，对于一个设计合理的反应堆，即使所有能动衰变热载出均失效，也不可能发生堆熔或者堆芯燃料温度超出1600℃的情况。这种条件下，裂变产物的释放仅限于很小的量。

在发生一回路系统失压的情况下，堆芯内热量的载出主要依靠热辐射和导热。如果反应堆仍处于压力状态，自然对流也会在衰变热载出过程中起作用，但也必须考虑由此引起的堆内构件的升温现象。外部的热阱是表面冷却器，衰变热最终将被储存在混凝土中。即使所有的构筑物均被破坏，衰变热的自发载出仍能起到一定的作用，燃料的最高温度仍将限制在接近1600℃。

模块式HTR具有很强的温度和功率负反应性，这一特征使其即使在极端反应性事故下仍能保持链式反应的稳定性。例如，如果第一停堆系统全部失效，那么最高的燃料温度仍会低于1600℃。

进空气事故会引起燃料元件和结构的腐蚀，形成爆炸性气体混合物。这些效应可以通过采用适当的内混凝土舱室设计、过滤系统和反应堆构筑物来加以应对。进入一回路的空气将会造成石墨的腐蚀，应被限制在允许值之下。

通过蒸汽发生器的特殊设计及将该设备布置在反应堆之下来限制进入反应堆的水量。在极端的进水事故下，水可以在短时间内从一回路系统中排出。

目前，核电站的设计必须要预防外部事件的强烈撞击，如地震、海啸、气云爆炸、龙卷风及飞机的撞击等重要的外部事件。本章解释了这些事件发生的条件和应采取的应对措施。通过采取进一步的可行改进方案，特别是选择地下厂址，原则上可以提高安全水准。大型设备，如二次侧大型设备的失效有可能引发堆芯的损坏，因此，在申请许可证的过程中必须考虑该后果，并且采取必要的措施以避免发生这种损害。

裂变产物从一回路系统的释放来自于两个源项：一是沉积在石墨或金属表面的放射性物质，在运行过程中可能被再活化和迁移出一回路系统；二是由失去冷却剂事故后燃料元件温度升高引起的。

放射性从核电厂的进一步释放取决于一回路系统的失压速度和混凝土内舱室的有效过滤程度。对于模块式HTR，仅有非常少量的放射性向外部环境释放。核电厂带来的危害通常用早期和晚期死亡人数、污染造成的土地损失及赔偿产生的货币损失来表示。一个设计良好的模块式HTR预计不会造成严重的后果。

关键词：安全要求；限制放射性释放；失压事故；衰变热产生；衰变热载出；自发载出概念；反应性系数；反应性事故；进水腐蚀；进空气腐蚀；防腐蚀；阻留裂变产物的屏障；外部事件；地震的影响；气云爆炸；飞机撞击；设备故障；裂变产物的释放；裂变产物的迁移；放射性后果；风险研究

10.1 一般性说明

每一座核电厂均要实现很高的安全要求。

- 必须防止电厂本身的损坏，因为不受干扰的运行对于实现高可利用率是非常重要的，这是经济运行的必要条件；必须尽可能避免大量维修和更换的资金投入。总体上，必须要实现尽可能高的安全要求，以保护投资。
- 必须要保护发电厂自身的运行人员。这些人员受到的辐射剂量必须限制在尽可能低的水平上(遵循 ALARA 原则)。
- 居住在发电厂周围地区的公众必须受到保护，免受人身伤害和物质损害。例如，事故后的土壤放射性污染也必须遵循 ALARA 原则：合理可行且尽可能低。在正常运行和发生故障的情况下都必须满足这两项要求。

有些国家核电站周边的人口密度较高，表 10.1 给出了各个国家每平方公里居住人口数。有些国家的人口密度相对较高，因此，大部分核电厂距大城镇或人口稠密地区很近。

表 10.1　各个国家每平方公里居住人口数

国　　家	每平方公里居住人口数	国　　家	每平方公里居住人口数
法国	120	韩国	493
美国	33	英国	241
日本	337	西班牙	93
德国	27	中国	140
俄罗斯	8		

为了在发生事故的情况下确保公众不受到放射性的危害，在美国核电站建立的早期阶段就已经设立了法规，规定核电厂只能建造在人口密度很低的地区，或者核电站的场址应该距离人口众多的地区有一定的最小距离。这个距离是以 20 世纪 60 年代美国的情况为大背景，根据下面的简单方程来确定的：

$$R = 0.01\sqrt{P} \tag{10.1}$$

其中，R 是以哩计算的，P 是电厂的热功率(kW)。通过这项规定，人们只有在严重事故的情况下才会暴露在有限的允许辐射剂量下。当时，典型的核反应堆功率仅有几十万千瓦，因此，在 10km 范围内仅有非常少的人口，可以充分保障公众的安全。目前，大型核电站的电功率大约为 130 万 kW(390 万 kW 的热功率，33%的效率)，需要的安全半径将大于 30km。

目前世界上的许多核电站场址，如在德国，平均人口密度约为 230 个居民/km^2，几乎所有的核电站场址均违背了这一最初设立的法规要求。在核电站周边地区居住了近 100 万的人口，新的安全标准对于过去建造的核电厂也是必要的，对未来反应堆的设计更为重要。

在经过一段时间的运行之后，核反应堆内产生并累积了大量具有各种半衰期的放射性裂变产物。堆芯内放射性活度的平衡值可由下面的关系式给出：

$$A = \sum_i \lambda_i N_i \tag{10.2}$$

其中，λ_i 是半衰期，N_i 是各种同位素的浓度。A 是以 Bq 或旧的单位 Ci 计算的活度，它与堆芯的热功率成正比。

$$A = CP \tag{10.3}$$

当处于平衡态时，对于功率为 250MW 的堆芯，单位功率的放射性存量大约为 1.2×10^6 Ci/MW，或 4.4×10^{16} Bq/MW。正常运行时堆芯包含大约 1.1×10^{19} Bq 的放射性。

这些活度代表巨大的潜在风险。必须确保这些放射性物质在反应堆运行期间及中间或者最终贮存过程中尽可能地远离生物圈。

燃料元件、一回路和安全壳等均起到将放射性阻留在核电厂内的屏障作用。图 10.1 给出了模块式 HTR 中各道屏障系统的概貌。

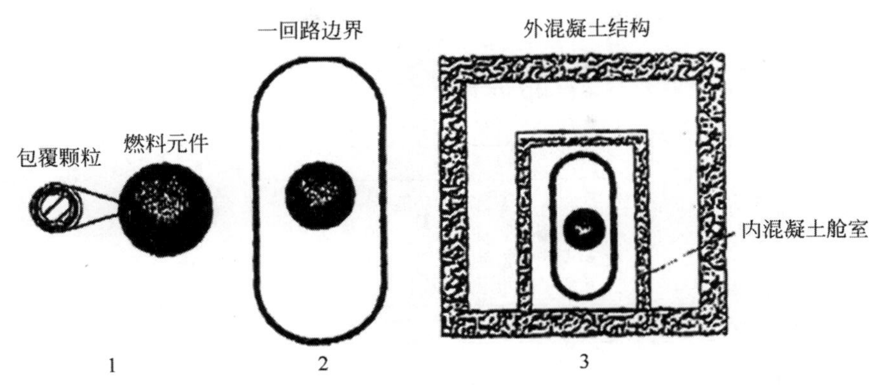

图 10.1 模块式 HTR 阻留裂变产物的多道屏障

1—燃料元件；2—一回路压力边界；3—混凝土内舱室及过滤器和安全壳的外部混凝土构筑物

因此，要求在反应堆运行的整个过程中保证产生裂变产物的燃料元件的完整性。这一要求直接影响燃料温度、功率及阻留能力的限值(下文将对此进行更为详细的讨论)，也将直接影响事故期间降温和停堆的较高的安全性要求。对于后者，燃料的质量起关键作用。

对于裂变产物的阻留，一回路冷却剂压力边界、混凝土内舱室及过滤器和安全壳的外部混凝土构筑物构成了附加的屏障系统，需要满足很高的安全性要求。例如，作为轻水反应堆的最后一道屏障，安全壳的设置要具有非常高的安全性。

在核电站规划期间已经进行的安全分析中，对可能出现的故障和后续影响进行了广泛的实验，以确定并量化对环境可能产生的影响。通过这些实验性工作，达到了一个非常高的安全标准并开拓和发展了一些方法，如今，这些方法仍然用于安全评估，甚至在核动力工程以外的技术领域也发挥一定的作用。

世界上许多国家核能的和平利用都是基于核能和平利用和预防其危险的法律。建立严格分类、严格管理的授权和监督机制，以对建设和运营公司进行监督。在许多国家，对运营电厂进行独立授权、颁发许可证并同时行使监督权利是建立令人信服的安全概念的良好条件。

核能利用以风险为导向这个特殊的概念是在轻水反应堆中发展建立的，原则上，部分可以应用于其他反应堆概念，如模块式 HTR。特别是对于具有改进燃料概念和更小功率的发电厂，固有安全特性的重要性变得更加突出。在 LWR 电厂中，纵深防御起着重要的作用，同时，将概率分析用于事故的分级及剩余风险的确定。

以风险为导向的设计方法将确定论和概率论的方法与评价体系相结合，可作为一种基于对公众安全和健康进行的综合评估来评价每一道安全防御系统做出的贡献的有用工具。

对于核电厂，通常会确定安全标准和允许释放的放射性的限值，并且在许可证中加以规定。为了表征目前的情况，这里讨论了商用轻水反应堆的一些安全问题。众所周知，对于目前已商业化应用的大型 LWR 的堆芯，如果完全丧失能动冷却，在发生严重事故时会发生堆熔。虽然发生这种事故的可能性不大，但并非不可能，如图 10.2 所示。因此，一旦发生严重事故，一回路压力边界和安全壳可能会被损坏，并且核电厂内一定量的放射性存量会被释放出来。图 10.3 给出了在这类假设的事故下，PWR 各种同位素释放率的估计值，这些估计值来源于德国对一些电厂进行的风险研究的结果。

对于短期后果，I131($T_{1/2}$ 约为 8 天)是重要的，对于长期后果，Cs137($T_{1/2}$ 约为 30 年)将是重要的。如果不将居民撤离，事故发生后马上就会有辐照早期死亡和晚期死亡的危险。I131 对于早期的后果具有重大贡献。Cs137 将沉积在土地上，并会造成超过 100 年的污染，甚至可能需要对居民进行重新安置。

在安全研究中，作为事故期间对公众辐射的后果，使用风险分析的概念估计了早期死亡和晚期死亡的数值。风险由下面的表达式确定：

$$R = PD \tag{10.4}$$

其中，P 是概率(1/年)；D 表示事故造成的损失，表现为死亡、癌症病例、受污染地区、资金损失及其他可能的损失。

详细的安全分析提供了目前世界上广泛发展的大型轻水反应堆的各种情景：作为严重事故的后果，从安全壳释放出来的放射性有可能迁移到外部环境中。云团对放射性元素的携带将给公众带来辐射，最终导

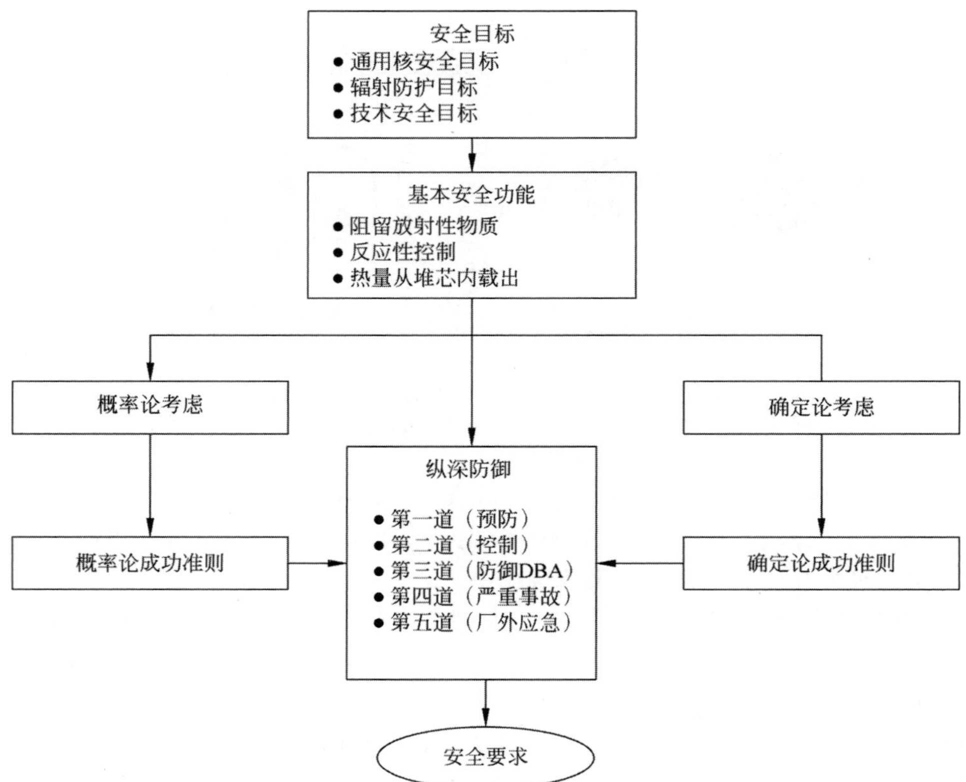

图 10.2 安全要求形成过程的原则

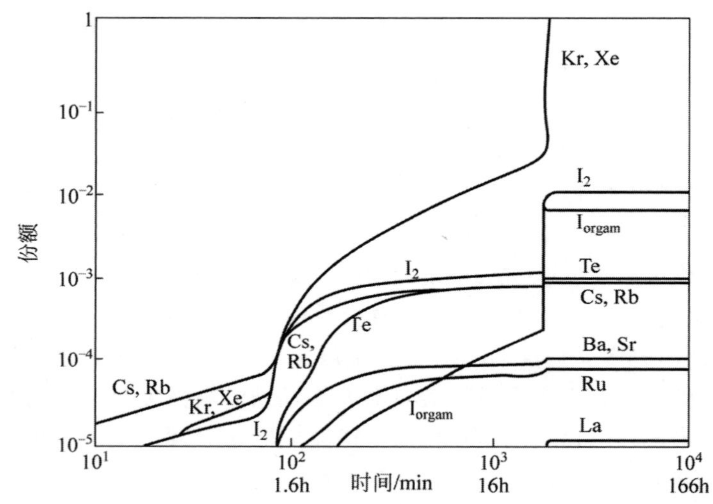

图 10.3 I131，Cs137 和其他重要的裂变产物从大型 PWR 安全壳内释放出来

假设：失冷，发生堆熔，安全壳遭受后续损坏，在安全壳上有直径为 200mm 的破口

致固态裂变产物沉积在地面上和水中。图 10.4 概述了大型 PWR 发生严重事故时必要的撤离区域。假设一些具有不同份额的重要的放射性同位素分布在大范围的土地上。切尔诺贝利事故（苏联，1986 年）和福岛核事故（日本，2011 年）都或多或少地证实了这些估计。

在过去几十年里，在世界范围内进行的许多风险研究试图量化严重事故的后果。图 10.5 给出了对许多大型 LWR 电厂堆熔事故进行的大量研究的结果。

当然每个社区都需要用一个概念来界定可接受和不可接受风险的范围。20 世纪 60 年代，英国人 Farmer 首次提出用 I131 作为特征同位素，如图 10.6(a)所示。在许多国家的安全导则中，已经制定了风险概念，并且成为申请许可证程序的一部分。

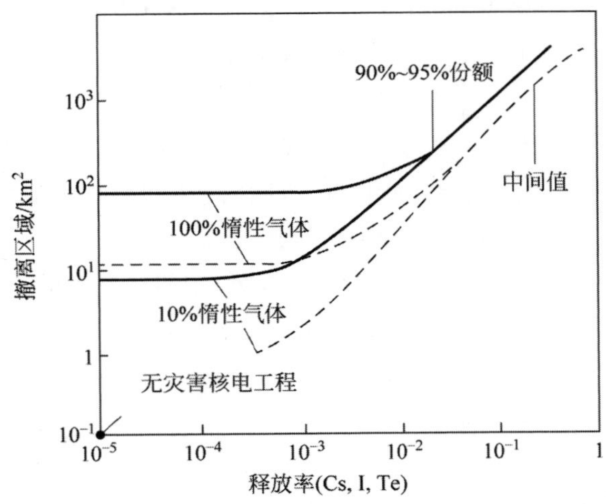

图 10.4 一座大型 PWR 发生严重堆熔事故后需要撤离的区域
P_{th}=3800MW,假设 Cs,I,Te 和惰性气体的释放率不同

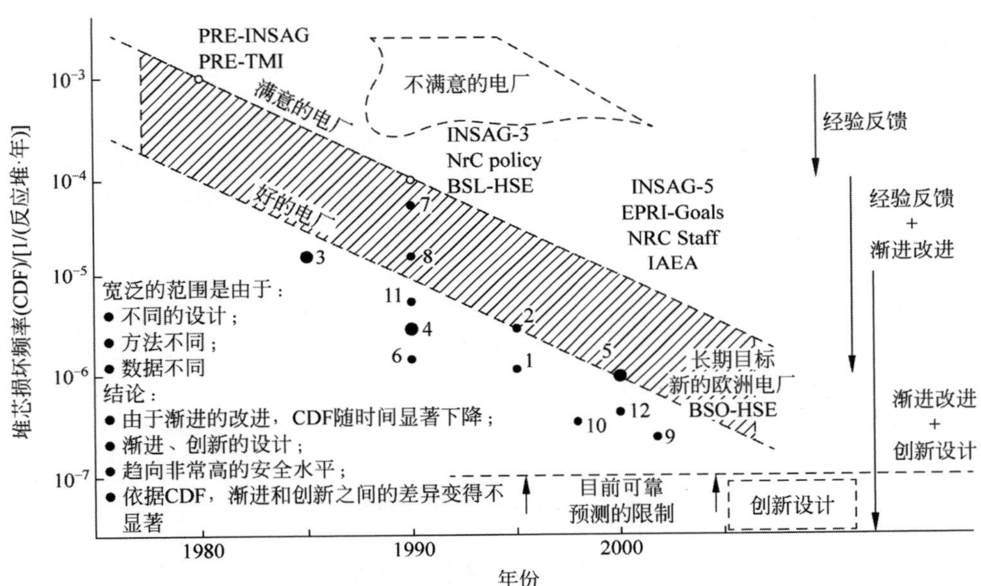

图 10.5 反应堆安全性改进的发展趋势：用堆熔概率表征全球的安全水平

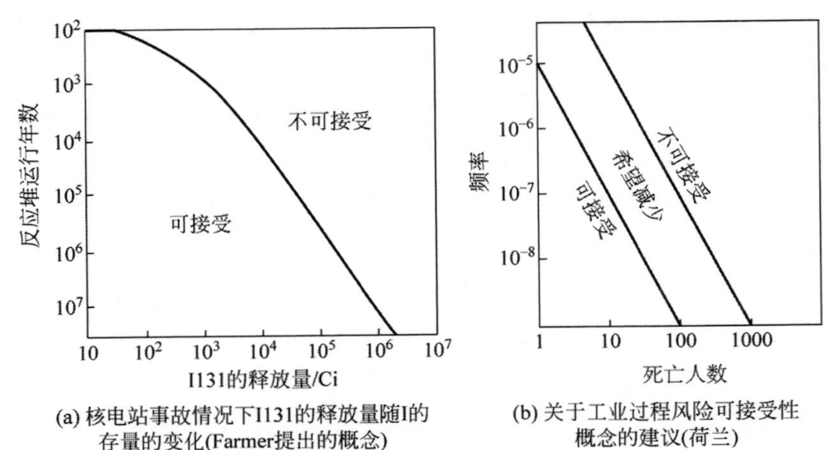

(a) 核电站事故情况下I131的释放量随I的存量的变化(Farmer提出的概念)

(b) 关于工业过程风险可接受性概念的建议(荷兰)

图 10.6 风险可接受性

图 10.6(b)给出了荷兰关于工业过程风险可接受性概念的建议，该建议试图基于已发生的早期死亡人数来找到可接受和不可接受风险之间的差异。在世界很多运行有核电站、化工厂或其他具有高潜在危险的设施的国家中，这种评估自然各有不同。

过去几十年里核技术的发展趋势是减少发生巨大破坏的可能性。未来的发展目标是将损害降低到相对较小的值，例如，将产生的危害控制在核电站的厂区范围内。第 IV 代反应堆的相关要求可以作为参考的例子，而对这些要求，模块式 HTR 已采用了几十年。

1990 年，国际原子能机构发布了一个新的事件划分等级，按照核辐射的重要程度对核事件进行了分级。这个事件等级称为国际核事件等级(international nuclear event scale，INES)(图 10.7)，这对于区分各种不同类型的事故，如核反应堆事故及供应设施和核废物管理设施事故，是很有帮助的。特别对于公众，他们知道的一年中的大部分事件都属于根本不重要的 0 类事件。

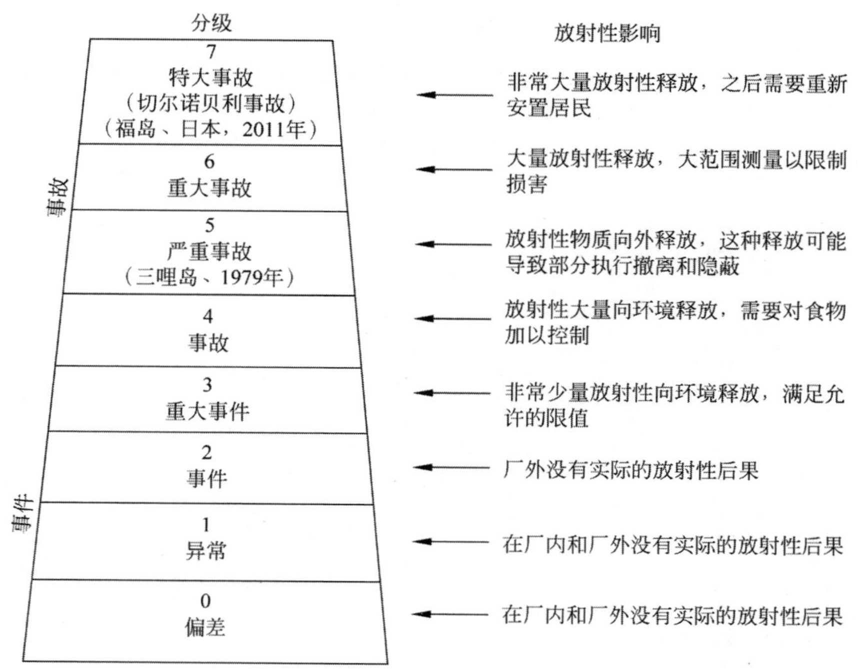

图 10.7　IAEA 对核事件的分级

在进行事件分级时，给出了相应级别上有关辐射后果的一些解释，特别说明了第 4 等级至第 7 等级事件的重要性。

由这一分级标准可知，切尔诺贝利事故(苏联，1986 年)属于第 7 等级。因为这个事故造成了非常大的放射性释放量，并蔓延到西欧。除了对公众造成伤害(早期和晚期的死亡)以外，由于土地受到污染，这次事故造成的物质损失也是非常严重的。

2011 年日本发生的福岛核事故中几座 BWR 堆芯发生了堆熔，其在分级上也属于第 7 级，因为该事故有非常大量的放射性释放，且必须要对受灾民众重新安置。

上述两个事故是核技术领域中最为严重的事故，导致当时全球范围内对核能的可接受性丧失信心。因此，在未来的核电站设计中必须要避免核事故的发生。

切尔诺贝利事故是一个反应性事故，是由 RBMK 电厂中进行的实验及出现的异常正反应性系数触发的。该电厂是一个特殊的沸水反应堆。各个具有水冷燃料元件的压力管之间的中子耦合是通过堆芯中的石墨结构来实现的。这个具有两种慢化剂的概念造成了正的反应性系数。于是，导致堆芯熔化，随后便发生了氢气爆炸和石墨燃烧事故。

图 10.8 显示了电厂反应堆构筑物的现状。系统用大量混凝土、铅和瓦砾覆盖。大约 100t 的 UO_2 燃料融化之后混合在这些材料中。如图 10.8 所示，今天的切尔诺贝利核电站仍然存留很多问题。

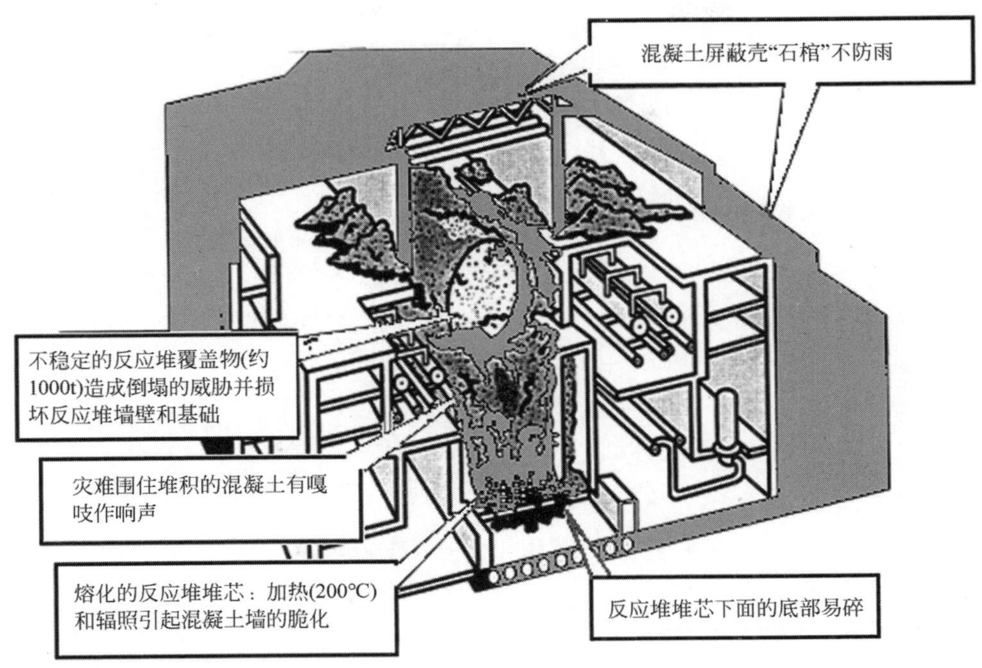
混凝土屏蔽壳“石棺”不防雨
不稳定的反应堆覆盖物(约1000t)造成倒塌的威胁并损坏反应堆墙壁和基础
灾难围住堆积的混凝土有嘎吱作响声
熔化的反应堆堆芯：加热(200℃)和辐照引起混凝土墙的脆化
反应堆堆芯下面的底部易碎

图 10.8 切尔诺贝利核电站 4 号电厂反应堆构筑物的现状(事故后石棺的横断面)

预期在毁坏的反应堆上再建造一个附加的保护性建筑。目前,大面积的区域仍然受到污染,主要是 Cs137,Sr90,Pu239,如图 10.9 所示。例如,土地污染超过 $10Bq/cm^2$(铯、锶),这一指标就意味着人们不能在这里长期居住。如果不进行去污,这种高辐射将延续几十年。

(a) 熔化的燃料(熔融物)在被破坏的反应堆区下面的房间里

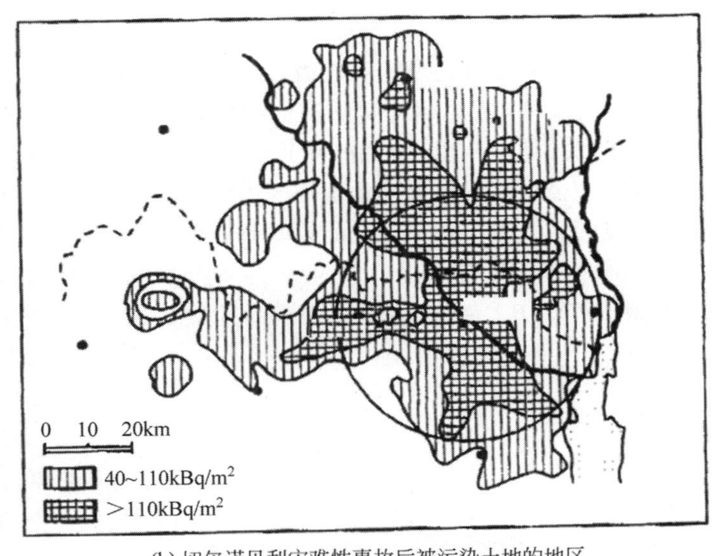
0 10 20km
40~110kBq/m²
>110kBq/m²

(b) 切尔诺贝利灾难性事故后被污染土地的地区(1986年，苏联乌克兰地区，标注的为Cs137)

图 10.9 切尔诺贝利事故的后果

哈里斯堡/三哩岛事故(美国,1979 年)中发生了部分堆芯熔化,被认为属于核事件分级的第 5 级。公众所受的辐射相对较低,事故后果主要反映在核电站本身。然而,电厂的投资完全损失(图 10.10),几年后,需要投入大量资金来清除被损毁的堆芯。非常幸运的是,这一事故的放射性后果几乎只限于电厂本身,尤其是没有发生大面积的土地污染。

这次事故对全球核能经济发展的影响非常大。在美国,其后近 35 年没有再建造新的反应堆。这些 LWR 的经验教训使一些国家停止了核能的发展,也造成一些国家扩大核能发展的计划与目标被推迟。

表 10.2 列举了世界范围内核技术中发生的一些事故。

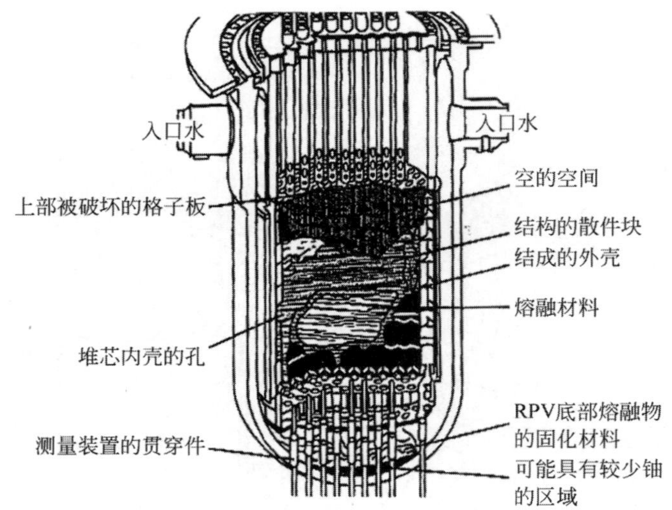

图 10.10　三哩岛 PWR 部分堆熔的概况

表 10.2　核设施中一些重要的事故

名称	年份	事故	等级	放射性后果
Tscheljabinsk	1957 年	废物储存的爆炸	6	严重
三哩岛	1979 年	部分堆熔	5	严重
切尔诺贝利	1986 年	核扩散	7	灾难性
东海村	1999 年	核扩散	4	有限
PAKS	2003 年	燃料元件破损	4	有限
福岛	2011 年	堆熔事故	7	灾难性

目前公布的大多数事件均属于第 1 级，而新闻报道中的核电站事件大多属于第 0 级。然而，核能的可接受性与下述问题有关联：第 5 级至第 7 级的核事故是否可以通过选择适当的技术得到真正的避免。

对于核技术的长期可接受性问题，除了对公众的直接辐射造成的损伤问题以外，土地是否被污染以及是否需要迁移对于公众来说也是非常重要的因素。通过 LWR 严重堆熔事故的风险研究结果来评估土地的长期污染是可能的。以德国核反应堆的风险研究为例对此进行必要的分析。可以使用长寿命的同位素，如 Cs137（$T_{1/2}=30$ 年）和 Sr90（$T_{1/2}=28$ 年）的长期沉积后果来评估发生核事故后对公众是否需要重新安置。如果一座大型 PWR（$P_{th}=3800$MW）全部存量的 Cs137 被释放出去并扩散在一个国家内，那么，大约 100 000km^2 的土地可能被污染（图 10.11），因此，永久居住在这里的居民每年所受的辐照剂量将超过 10mSv。这一数值将比承受的天然本底辐射高出好几倍，所以再在这个地区生活几十年是不可能的。

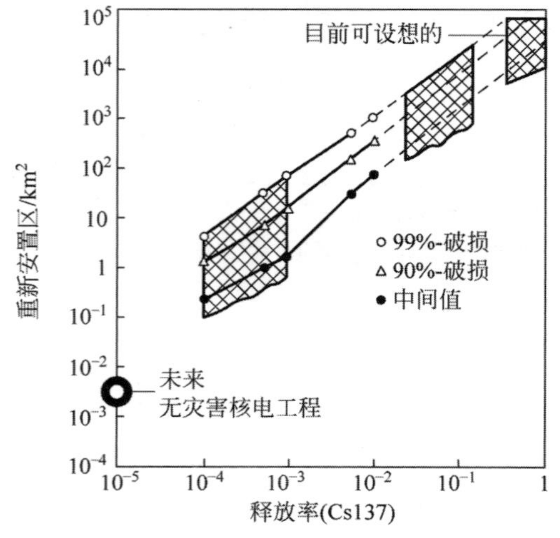

图 10.11　释放到环境中的 Cs137（$T_{1/2}=30$ 年）和可能被污染的扩散范围（PWR，$P_{th}=3800$MW）

核能在全球范围内的进一步发展需要维护或恢复一些国家中已丧失的公众可接受性。可接受性必须保证能够防御严重事故情况下放射性元素的灾难性释放。这些未来核电站的安全特性已由不同的组织机构及不同国家的相关部门确定。对于未来的核设施，必须排除相当于第 7 级的灾难性事故。第 14 章和第 15 章将对相关内容进行更详细的说明。

日本上一次发生的灾难性核事故造成了大面积的土地污染。2011 年 3 月发生的强烈地震（9 级）及随后的 14m 高的海啸灾害致使日本福岛核电厂 3 座沸水反应堆冷却系统被破坏。此外，几座 LWR 乏燃料元件储存池的冷却也遭到破坏。最终结果是3座反应堆的堆芯部分发生堆熔，储存池中的燃料元件受到损坏。据估计，大约10^6Ci的Cs137可能被释放出来，并主要进入海洋。然而，几千平方公里的土地被污染了。图10.12给出了福岛厂址附近测量到的受污染的情况，主要是Cs137的污染。可以看出，超过$1000km^2$的区域被污染，污染水平超过$10^6Bq/m^2$。长期的污染会导致未来几十年当地居民要承受过高的辐射剂量。这些污染将导致1～10mSv/年的剂量释放到外部环境中。也许在$10\,000km^2$区域内居住的公众不得不接受0.1～1mSv/年的额外的辐射剂量。这次事故造成的经济损失是巨大的，因为受损反应堆的安全覆盖非常困难，而且为此投入的经费也将是巨大的。此外，这次事故对全世界公众对核能的可接受性产生了非常深刻和负面的影响。例如，新建核电厂的计划被推迟甚至被取消。以德国为例，决定立即关闭8座旧的轻水反应堆，其中主要是沸水反应堆，并且到2022年，将停止使用目前反应堆中的核技术。无论如何，日本发生的核事故加深了全世界各地对核技术风险和可能的改进的思考。

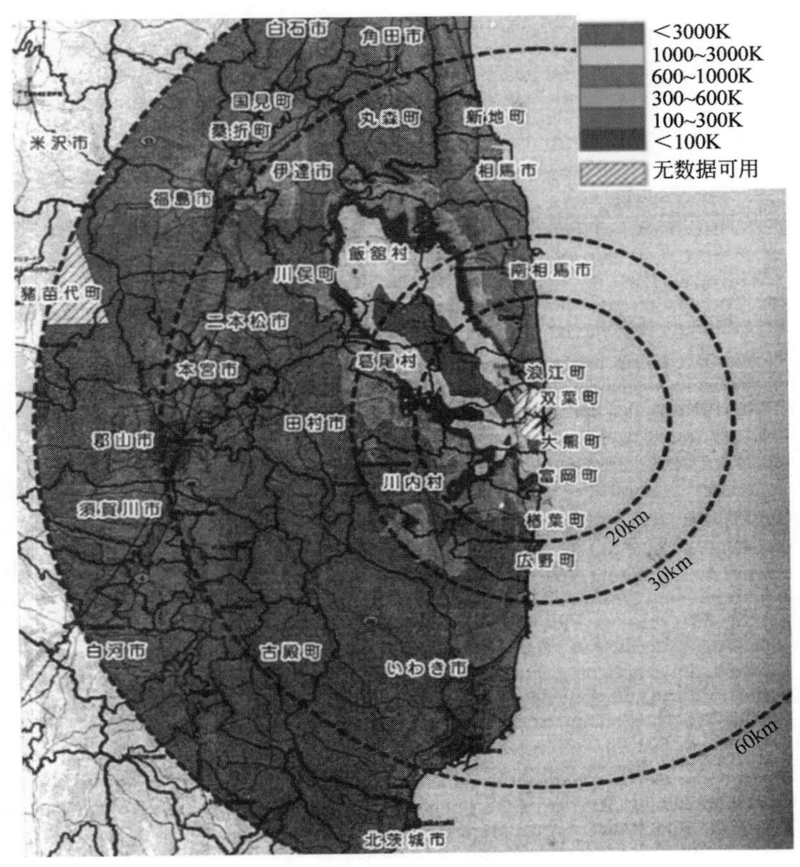

图10.12　日本福岛周围污染的地区

10.2　相关事故概况

对于模块式HTR，在申请许可证的过程中必须假设和分析各种事故。图10.13给出了属于不同类别的一些事故的概况。在DBA(设计基准事故)中，可以区分两个不同的类别(1和2)。

第1类包括由内部原因引起的所有事故，也就是发生在电厂内部的事件。这一类包括二回路系统中发生的事故，也可能影响一回路系统。

第2类包含由外部原因造成的意外情况的一般假设，在德国和其他一些国家，这些假设已在申请许可证的材料中提及。例如，在德国，在申请反应堆许可的申请材料中将军用飞机的撞击作为假设的负载，这里是指幻影式飞机，负载是根据这个飞机的特性假设的。此外，气体云爆炸和具有设定烈度(加速度$<0.3g$)的地震也包括在申请的风险假设中。

在发生这两类事故的情况下，不允许有放射性向外部环境释放。

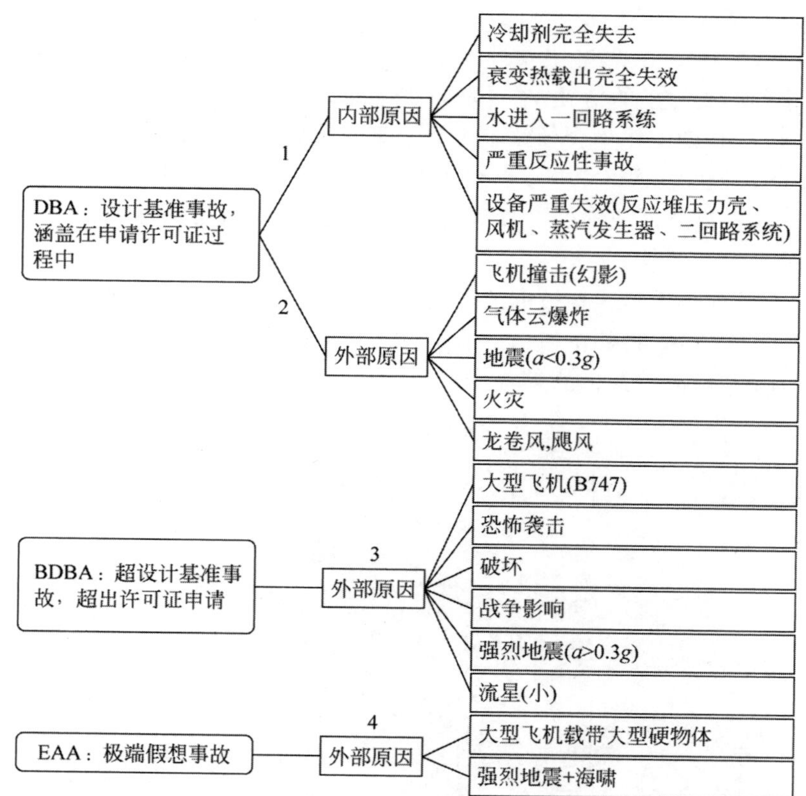

图 10.13　未来核电站事故分析的内部和外部事件(如模块式 HTR)

第 3 类涵盖了超设计基准事故，但是在目前申请许可证的过程中并未列入。然而，在经历了恐怖袭击(例如，在美国纽约发生的“9·11”事件)和强烈的地震(如 2008 年 5 月在中国，2011 年 3 月在日本)之后，对于未来核电站这类事件及其可能产生的后果也必须要进行分析。当然，这些问题在不同的国家将以非常不同的方式进行讨论，尤其是在涉及核电站强地震的安全方面时，对于中国、日本和其他处于“太平洋地震带”的国家，这样的分析就显得非常重要和有必要。

第 4 类包括对强地震或恐怖袭击的非常极端的假设，下面给出具体的解释。这种假设可以被称为 EAA(极端假设事故)。一般情况下，它们不在申请许可证过程中进行讨论，但它们在公众对核能可接受性的讨论中引起非常大的关注。对强地震或恐怖袭击事件造成的辐射后果进行了分析，这一点在某些国家未来的反应堆设计中是必须要给予说明的，即使是在极端情况下，也要指出能够采取的干预形式的解决办法。

第 2 类～第 4 类的区别可以通过对地震烈度问题的分析来获得。表 10.3 列出了过去发生过的极强地震的概况。

表 10.3　过去发生过的极强地震的概况

国家	年份	烈度(等级)	死亡人数	国家	年份	烈度(等级)	死亡人数
中国	1970 年	7.5	大量	海地	2010 年	8.6	280 000
中国	1976 年	8.2	242 000	日本	2011 年	9(加上海啸)	30 000
中国	2008 年	8.0	69 000				

在许多国家，目前设计采用 $a=0.3g(\approx 3\mathrm{m/s^2})$ 的加速度值是通常的标准。当然，发生 $0.3g$ 地震加速度的概率是很小的(通常小于 10^{-6}/年)，如图 10.14 所示。即使为了防御这种极端事件产生的影响，核电站的设计也要求必须是非常坚固的，例如，安全功能不应依赖于机械的动作和不间断的电力供应。

可以将 $a<0.3g$ 的地震事件归入 DBA(设计基准事故)，将 $0.3g<a<0.4g$ 的地震事件作为 BDBA(超设计基准事故)进行评估，而所有 $a\geqslant 0.4g$ 的事件归入 EAA(极端事件)，在大多数国家中，估计发生这类事故的概率是非常小的(小于 10^{-8}/年)。

核电站受飞机撞击是另一个值得思考的问题，对这个事件的评估从开始到现在发生了一些变化，见

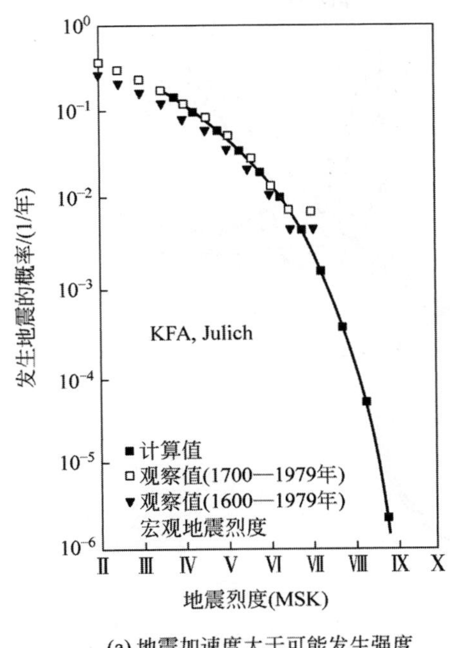

(a) 地震加速度大于可能发生强度的概率分布(互补概率)

损坏概率

加速度/(m/s²)

$0.3g \approx 3\text{m/s}^2$

(b) 构筑物损坏概率随地震加速度的变化(定性)

电站状况	时间	a/g
非常早	1970年以前	≤0.1
早的	1970—1985年	≤0.2
新的	自1990年以来	≤0.3
未来	2020年之后	0.4

(c) 对地震条件的要求(g=9.81m/s²)

图 10.14　地震烈度

Ⅸ相对于 0.3g 的加速度

表 10.4。在某些国家,核设施或其他设施受到大型飞机撞击被认为是一种相对特殊的破坏事件。直到今天,通常估计飞机撞击的概率是很小的($<10^{-7}$/年),但是,自 2001 年发生了美国遭受飞机撞击事件之后,据此的所有假设均发生了变化。早些时候,这是一个根据概率来考虑的事件,但是,在目前世界上恐怖活动的危险不断提升的情况下,已经可以将其作为一个必须加以考虑的事件。由于过去几十年中技术上的变化,对飞机撞击的假设也发生了巨大的变化,见表 10.4。

表 10.4　对核电站受飞机撞击事件的评估的变化(事故的假设)

核电站建造的阶段	飞机的类型	总重量/t	涡轮机重量/t	撞击速度/(m/s)	煤油重量/t	安全壳厚度/m
1965 年前						<1
约 1970 年	小型飞机	<5	<1	<100	<1	1.3
约 1980 年	幻影(军用)	20	8	225	5	1.8
目前讨论	波音 747	400	9	175	220	>1.8
未来可能	空客 380	560	>10	>175	310	>2

根据大型飞机的假设,由于飞机携带更多的煤油和塑料作为燃烧材料,因此,发生火灾的条件也会发生很大的变化。火焰温度会更高,燃烧持续的时间会更长,这是因为装载的煤油数量比目前相对较小的军用飞机要多得多。图 10.15 提供了飞机尺寸和特定飞机的一些重要数据。更为详细的一些相关信息将在 10.9.2 节中给出。

由于提高了安全要求,并对飞机撞击提出了更强的设计要求,德国 LWR 电厂最新建造的反应堆的安全壳的壁厚已经增加到近 2m。EPR 将采用双层安全壳,因为未来对气密性比之前有更高的要求。

迄今为止,世界上建造的大多数核反应堆的混凝土厚度都小于 2m,不能保护一回路免受大型飞机的撞击,仅仅可以承受小型军用飞机的撞击。因此,在有些国家增加了额外的核设施保护措施。例如,德国对储存乏燃料元件的建筑物设置了额外的混凝土墙。此外,飞机的货物,包括重量很大的硬部件,也必须在对未来的反应堆进行设计时予以必要的考虑。它们对核设施建筑的影响预计要比大型客机大得多。在这种情况下,高放射性废物的后处理厂或中间贮存的安全性就变得非常重要了。

上述事件可能发生的概率对于提到的各种类型的反应堆而言也是不同的。在 LWR 领域,已经制定了

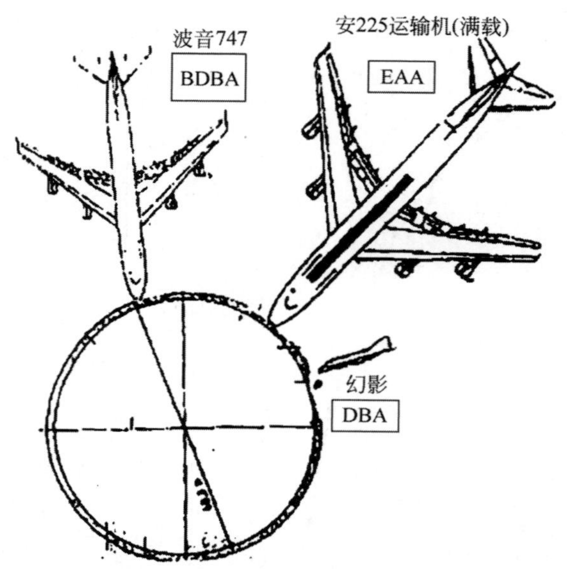

(a) 可能撞击在反应堆安全壳上的飞机尺寸的概念

飞机可能撞击在核设施上参数的概况	幻影	B747-400	A380
飞机总重量/t	27	400	560
煤油总重量/t	5	215	310
涡轮机台数	2	4	4
涡轮机重量/t	1.75	4.5	6
最高速度(飞行中)/(m/s)	225	250	264
最高速度(事故时)/(m/s)	225	175	175

(b) 飞机对核电厂撞击的假设的变化(德国的情况)

图 10.15 未来的假设：大型飞机的恐怖袭击对核设施的影响

一个评估上述事件的设计性原则，见表 10.5，并描述了相应的安全措施。

表 10.5 多级安全防御概念示意(如德国 LWR 电厂)

			电 厂 状 况	安 全 防 御
反应堆设计	事故预防	1 级	正常运行	人员的质量保证
		2 级	运行的扰动	限制电厂扰动的固有安全运行
	事故控制	3 级	设计基准事故(DBA)	反应堆保护系统安全设施
降低风险	后果的限制	4 级	超设计基准事故(BDBA)	使用内部设施的事故管理

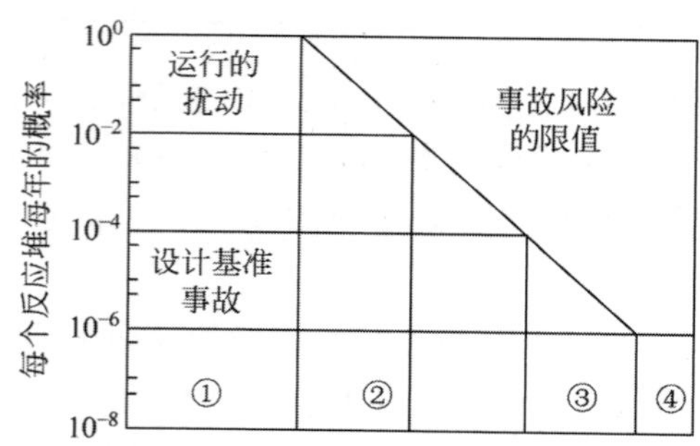

图 10.16 安全分析中概率性风险评估的应用

①运行的扰动；②设计基准事故(DBA)；③超设计基准事故(BDBA)；④假设的极端事故(EAA)

可以考虑下列事件的情况，并在一个更加全面的安全分析中分别加以分析和评估，如图 10.16 所示。

作为反应性效应领域的例子，其概率可以根据前面讨论的 4 类事件加以说明。

- 停堆棒不按设定的速度移动(①)；
- 第一停堆系统的一根或两根棒提出堆芯(②)；
- 第一停堆系统的全部棒在 10～30s 内提出反射层(③)；
- 第一停堆系统的全部停堆棒在非常短的时间内(几秒钟)从反射层内提出(④)，对第二停堆系统作类似的假设。

对后面章节中的衰变热载出、一回路系统的进水或进入的空气也可作类似的划分。以衰变热载出问题为例，有可能作如下的划分。

- 氦风机失效，反应堆仍保持运行压力(①)；
- 一回路失压，衰变热通过外表面冷却器载出(②)；
- 一回路失压、外表面冷却器也失效，衰变热通过内舱室混凝土结构载出(③)；
- 强地震导致内混凝土舱室被破坏，衰变热通过建筑废墟储存和载出(④)。

对于外部事件的考虑，也可作如下的划分。

- 假设幻影式飞机撞击电厂或者发生的 $a<0.3g$ 的地震属于②类，这在申请许可证程序中进行过讨论，并且必须限于没有受到严重损害的情况。
- 更大飞机的撞击(波音 747)或者发生的 a 略大于 $0.3g$ 的地震属于③类。未来的实际验证有可能表明，这些事故不会造成灾难性的放射性释放。民用建筑可能在这次事故中被毁坏。即便对于一个设计合理的模块式 HTR，它的设计要求仍然是：一旦发生这种极端假设的事故，衰变热必须能够自发被载出并且必须对燃料温度加以限制，核功率和温度自动限制的条件也必须得到满足。
- 前面提及的非常强的地震或更大型飞机的撞击可能也会摧毁反应堆安全壳构筑物，反应堆本身也可能被瓦砾覆盖。在发生这种灾难性事故的情况下，要求燃料元件保持完好，而且在较长的几天时间内，通过适当的干预措施可以避免放射性物质进一步大量释放到外部环境中。值得一提的是，地下厂址可以避免发生其中的某种事故(④类)。

10.3　失去冷却剂事故

在进行安全分析时，对失去冷却剂事故的分析非常值得关注。在发生失去冷却剂事故后，会出现一回路系统被破坏的各种可能性。可以将在一回路压力边界上发生的破坏分为如下几类(表 10.6)。

表 10.6　模块式 HTR 一回路边界可能破口的概况(每年失效的估计概率)

			估计的概率	
类　型	破口大小	直径/mm	基本安全壳/(1/年)	预应力防爆安全壳/(1/年)
设计基准事故(DBA)	小	$\leqslant 10$	$\approx 10^{-2}$	$\approx 10^{-2}$
	中等	≈ 65	$\approx 10^{-4}$	$\ll 10^{-4}$
超设计基准事故(BDBA)	大	≈ 200	$<10^{-6}$	$<10^{-6}$
极端假想事故(EAA)	非常大	≈ 1000	$<10^{-7}$	$\ll 10^{-7}$

- 小破口，如仪表系统的管道(直径≈10mm)；
- 中等破口，如燃料装卸系统的管道(直径≈65mm)；
- 大破口，如燃料装卸系统的几根管道(与其相当的等效直径≈200mm)，在极端地震事故情况下有可能发生；
- 非常大的破口(直径为 500～1000mm)，反应堆压力壳和蒸汽发生器压力壳之间连接的导管发生了破坏，有可能出现这种情况。这个事故通过一回路的设计可以得到实际的排除(基本安全)，但在设计时可以作为一种假设的后果加以参考。需要指出的是，如果完全采用预应力一回路系统，或者一回路系统使用防突发性破裂的保护措施，则这种情况完全可以避免。

表 10.7 给出了模块式 HTR 一回路系统失压的后果。在进行详细分析的过程中，必须对以下几个方面进行全面的考虑。

表 10.7　失压事故的后果

	事 故 后 果	可能的损坏
一回路压力边界的破口	力加载在内部结构上(堆芯、热气导管、蒸汽发生器)	石墨、结构、绝热、热气导管结构的损坏
	力加载在混凝土内舱室上	表面冷却器、内舱室部件的损坏
	粉尘从一回路系统载出，裂变产物从一回路系统释放出来	内混凝土表面的污染
	力加载在蒸汽发生器传热管上	蒸汽发生器传热管破管和进水

- 一回路排出的氦气在内混凝土舱室或反应堆构筑物及过滤系统中积聚，使压力升高，如果采用安全壳，就会产生高压。

- 如果是剧烈的压力瞬态过程，力会作用在反应堆内部结构上。特别是热气腔室中的支撑柱，热气导管与堆芯的连接或者绝缘材料大部分可能会被损坏。
- 从一回路载出石墨粉尘或裂变产物时，灰尘可能沉积在一回路系统的内表面和堆内构件中。尘埃将会受到 Cs137、Sr90 和其他裂变产物的污染。
- 力作用于混凝土舱室和过滤器系统的结构上，可能会引起损坏。
- 由于内外压差的变化，蒸汽发生器管可能产生额外的力。

正如 10.1 节已经给出的解释，事故应该根据其相应的后果进行分类，当然，也要考虑事故发生的概率。这里，要讨论的失压事故包括：

- 设计基准事故：与一回路系统相连的较小管道的破管（直径≤65mm）。这是在电厂运行期间可能发生的事故。
- 超设计基准事故：几根较大管道的破管（等效直径为 200mm）。发生这类事故的概率较低（$<10^{-5}$/年）。
- 极端假想事故：非常大的破管（例如，连接两个压力壳的导管双端断裂）。这类事故可以按照具有非常低概率的事故加以讨论（$<10^{-7}$/年），如图 10.17 所示。

A_0/cm^2	$(\Delta p/\Delta t)$/(bar/s)
3	约0.2×10^{-2}
33	约0.3
300	约1.5
3000	>10

(a) 压力瞬态(在失压开始时)随破口大小变化的估计

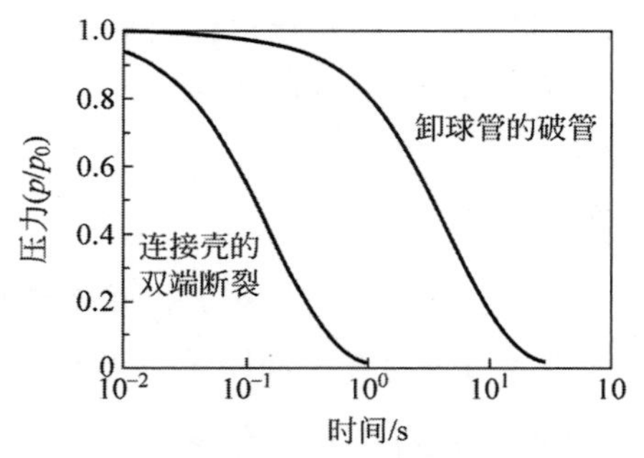

(b) p/p_0随时间和破口类型的变化(如HTR-Module)

图 10.17 模块式 HTR 一回路失压的状况

在极端假想事故下，假设发生了尺寸比较大的破口，则必须考虑堆芯石墨结构的稳定性。在模块式 HTR 的设计中，即使连接反应堆压力壳和蒸汽发生器压力壳的热气导管压力壳发生了断裂，作用在反应堆底部的力仍然是可以承受的，如图 10.18 所示。

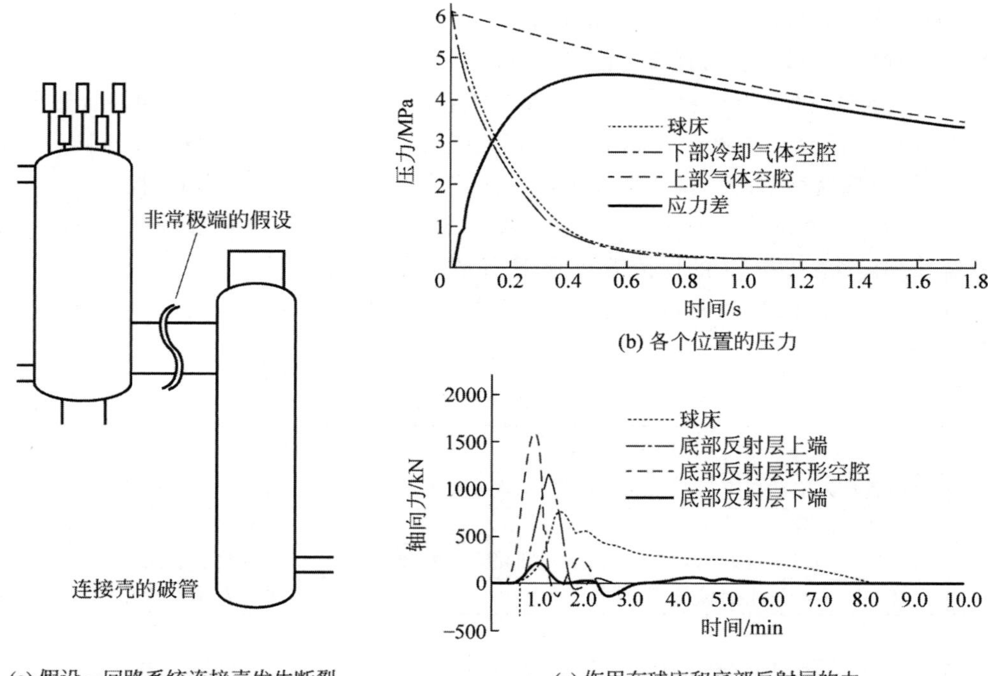

(a) 假设一回路系统连接壳发生断裂

(b) 各个位置的压力

(c) 作用在球床和底部反射层的力

图 10.18 失压事故时压力和作用力随时间的变化（连接壳双端断裂，HTR-Module）

10.4 能动衰变热载出完全失效

10.4.1 衰变热产生和衰变热能动载出

即使核链式反应已经停止，仍要将产生的衰变热安全地载出是核反应堆和所有含有放射性物质的核设施的一项主要安全要求。对反应堆停堆后裂变产物产生的能量进行的测量可用下面的方程来描述：

$$E_{\gamma}=1.26\cdot t^{-1.2} \tag{10.5}$$

$$E_{\beta}=1.4\cdot t^{-1.2} \tag{10.6}$$

如图 10.19(a)所示，曲线的积分提供了大家熟知的结果，裂变过程中释放的能量(200MeV/裂变)的大约 5%大部分是以衰变热的方式延迟产生的。上述函数的积分给出了维格纳方程：

$$P_{\text{decay}}/P_{\text{th}}=0.062\cdot\left[t^{-0.2}-(t+t_0)^{-0.2}\right] \tag{10.7}$$

其中，t 是裂变过程停止后的时间，t_0 是裂变停止前反应堆的运行时间。维格纳曲线表明，反应堆停堆后的衰变热是额定功率的 6%，1h 后为 1%，1 天后大约为 0.4%。为了安全起见，通常假定该反应堆运行了很长一段时间($t_0\rightarrow\infty$)。根据相关国家的法规，衰变热曲线是由各个国家的安全部门规定的。图 10.19(b)示例了德国和美国申请许可证过程中申请采用的设计曲线。

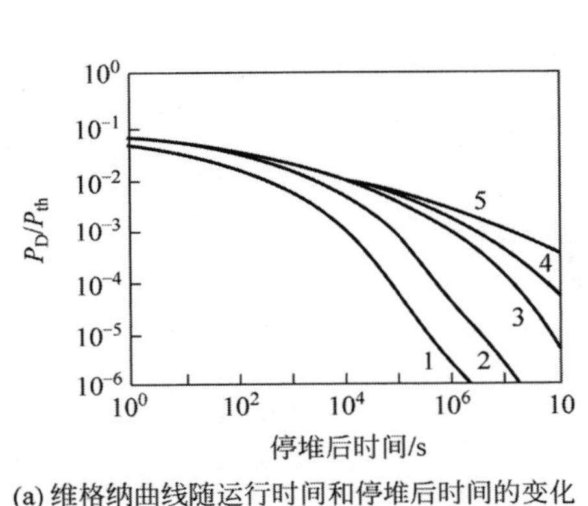

(a) 维格纳曲线随运行时间和停堆后时间的变化

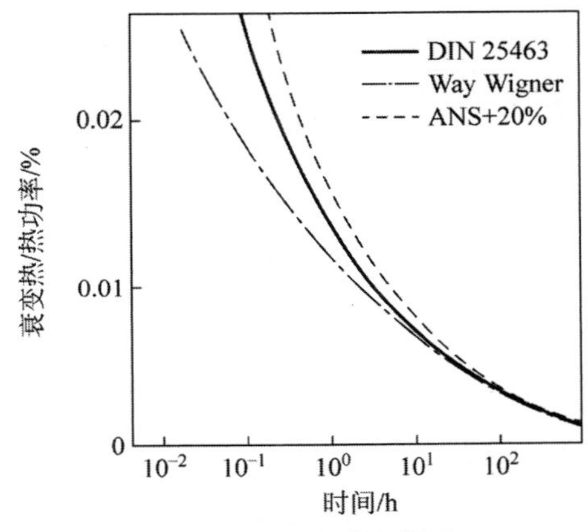

(b) 美国ANS标准和德国DIN规范的衰变热曲线

图 10.19 衰变热的产生

1—t_0=60min；2—t_0=24h；3—t_0=30 天；4—t_0=365 天；5—$t_0=\infty$

在反应堆停堆后的第 1 个小时，曲线的高度有所增加。这对于轻水反应堆来说是一个非常重要的表现；对于模块式 HTR，这种不确定性实际上已经不重要了，因为堆芯的蓄热容量很大，完全可以涵盖这种温度上的变化。

在详细的分析过程中，还必须要考虑特殊燃料循环产生的一些影响，以确定衰变热函数。例如，高价同位素的衰变产生的影响需要引起重视。正如前面所提到的，除了衰变热的安全载出之外，链式反应的安全终止也是反应堆技术的关键安全要求。这些要求是保障燃料元件的完整性并使阻留放射性物质的主要屏障得到保障的必要条件。

众所周知，对于目前所有建造的 LWR，在完全失去冷却剂和冷却后，在很短的时间内(约 1h)堆芯就会发生堆熔。大量放射性物质可能被释放到环境中，因为安全壳可能因堆熔的作用而失效。目前，LWR 中燃料温度的升高大致可以用下面基于简单能量平衡的表达式来描述：

$$\frac{\mathrm{d}\overline{T}}{\mathrm{d}t}\approx\frac{\overline{\dot{q}_c'''}\cdot 0.06\cdot t^{-0.2}}{\overline{\rho\cdot c}} \tag{10.8}$$

其中，$\overline{\dot{q}_c'''}$是堆芯平均功率密度，$\overline{\rho\cdot c}$ 表征了堆芯的蓄热容量。该积分反映了反应堆堆芯平均温度上升的情况。

$$\overline{T}(t)=\overline{T}_0+0.075\cdot\frac{\overline{\dot{q}_c'''}}{\overline{\rho\cdot c}}\cdot t^{0.8} \tag{10.9}$$

较小的$\overline{\dot{q}_c'''}$和较大的$\overline{\rho \cdot c}$是在发生失冷事故之后实现堆芯较大热惯性必需的参数条件，这个条件对于所有类型的核反应堆都是有效的。所有反应堆都设置有能动的热载出系统，以便在链反应停止之后对堆芯进行冷却。同样地，对于模块式HTR，也通过采用正常的热交换系统来对堆芯进行冷却。

能动衰变热载出系统的功能对于所有轻水反应堆是必需的。如果冷却水失去或者蒸发掉，且不能向大型LWR堆芯提供新的水供应，那么大约1h后就可能发生堆熔。因此，必须要尽力使衰变热载出系统具有尽可能高的可靠性。

对于模块式HTR，由于选择的功率密度比较低，堆芯的热容量比较大，因此，不可能发生燃料元件的熔化现象。本节已详细讨论过，即使能动衰变热载出完全失效，燃料温度仍能保持在允许值内。图10.20给出了在模块式HTR中实现能动衰变热载出过程的各种可能性的概况。对于较大的电厂，已经实现或者已经提出了更加复杂的热载出链的设计概念。

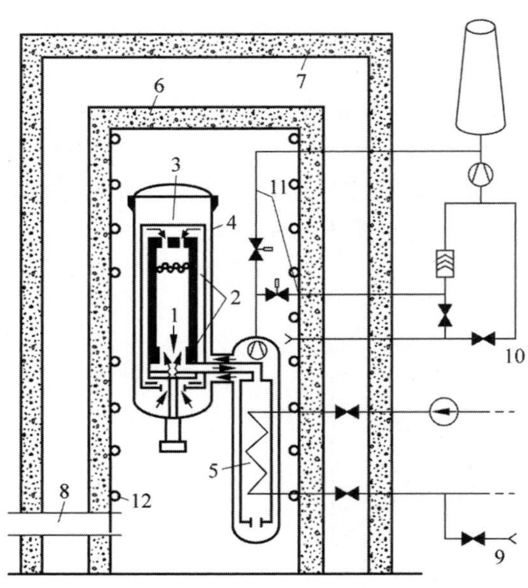

图10.20 模块式HTR中的衰变热载出(如HTR-Module，200MW)

1—球床堆芯；2—石墨反射层；3—堆芯壳；4—压力壳；5—蒸汽发生器；6—反应堆舱室；7—反应堆厂房；8—反应堆舱室压力泄放系统；9—蒸汽发生器排泄管；10—排气系统；11—压力泄放系统；12—表面冷却器

模块式HTR中正常的衰变热载出是通过蒸汽发生器和主氦风机构成的发电回路的运行来实现的。设计有多种可能性以保证蒸汽发生器的可靠给水和处理产生的蒸汽，如图10.21所示。

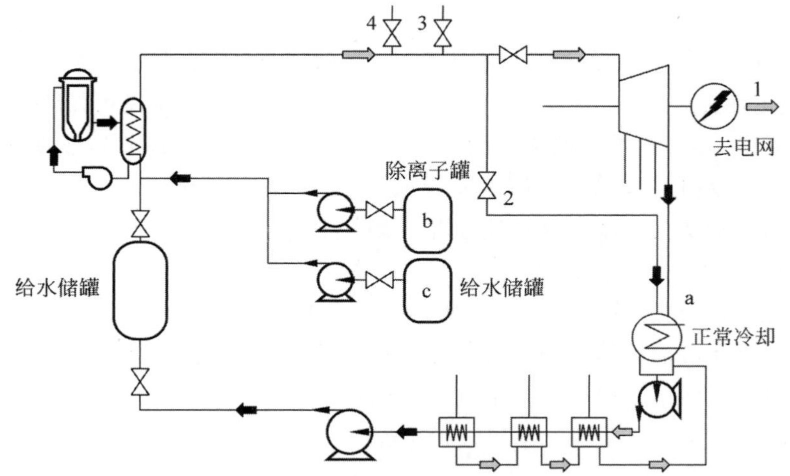

图10.21 模块式HTR实现可靠衰变热载出系统的可能性：不同的给水供应载出产生的衰变热的概念和各种可能性

1—汽轮机和蒸汽发生器；2—快速动作的汽轮机旁路；3,4—减压蒸汽阀；

a：正常给水的供应；b：应急补水；c：从储罐提供的补水

向蒸汽发生器供应给水可以采取4种措施来实现：正常给水储罐；带爆破阀的水罐；来自电厂辅助系统的水；消防队提供的水。蒸汽发生器产生的热量的载出也可以通过不同的方式来实施：通过安全泄放系统(阀)排出蒸汽；通过蒸汽发生器的减压系统。一般地，在正常情况下，汽轮机后面的冷凝器用作主要的热阱。

对于较大热功率的HTR，已经实现或者建议采用附加的衰变热载出辅助冷却系统。例如，在HTR 500(1250MW)中预计采用两个全压的衰变热载出回路和两个在混合压力下工作的回路(一回路系统失压后)。最后，如果这些系统均失效，内衬冷却将在一段时间后以足够的容量载出热量。然而，一小部分堆芯区域内的最高燃料温度会变得过高，稍后，将对此给出解释。通用原子能公司设计的MHTGR 600采用布雷顿循环方式，计划在正常运行压力下采用辅助回路进行冷却。PNP项目采用一个功率为10MW的衰变热冷却器，在KVK电厂中进行了非常成功的冷却。

在任何情况下，均设计有在正常运行压力下工作的简单辅助回路，使能动堆芯冷却具有较高的可利用率，并且有利于电厂实现更高的可利用率。

10.4.2 各种失去能动衰变热载出情况的概述

对于氦气回路的主要部件发生的故障，必须要考虑4个重要的(图10.22)涉及衰变热载出的事故情况。

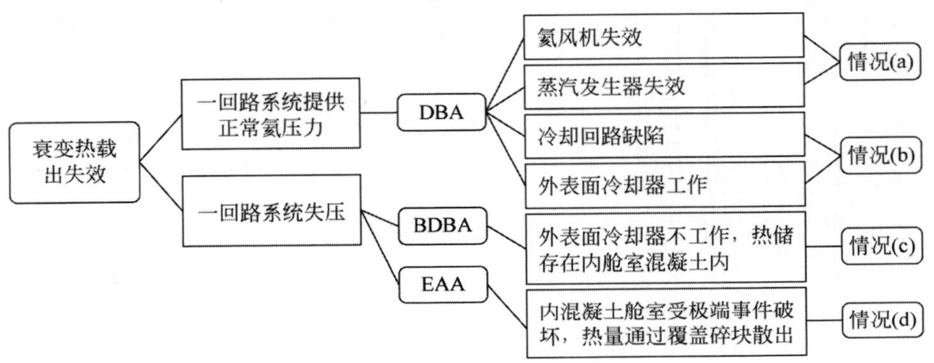

图10.22 衰变热自发载出的特殊情况

- 氦风机可能发生故障，一回路仍处于全压状态。热量通过自然对流在堆芯结构内分布。堆芯和反射层大的蓄热容量可以避免出现过高的燃料温度，一些关键部件(控制系统)的温升需要加以关注(情况(a))。
- 能动衰变热载出完全失效，一回路失压。反应堆内的传热只能通过导热、热辐射和自然对流来进行，外表面冷却器将衰变热载出(情况(b))。
- 外表面冷却器失效。此外，内混凝土舱室结构保持完好。最后，衰变热被传输到反应堆安全壳构筑物内，通过厂房外表面载出到环境中(情况(c))。
- 一回路失压，反应堆压力壳四周的外表面冷却器不能工作，混凝土结构受到破坏，衰变热被覆盖的混凝土碎块吸收并最终载出到环境中(情况(d))。

这里所说的事故也可以按设计基准事故、超设计基准事故和极端假想事故的原则加以分类，如图10.22所示。根据10.1节中给出的解释，情况(a)和情况(b)对应于设计基准事故，情况(c)对应于超设计基准事故，情况(d)可以看作极端假想事故。正如所讨论的，即使针对极端假想事故产生的影响，反应堆系统应该仍然是坚固的。上述的情况(a)～情况(d)自然也可以按照它们发生的概率进行排序。

- 情况(a)——发生相对较为频繁(每年约10^{-1})；
- 情况(b)——具有较低的发生概率(每年$<10^{-4}$)；
- 情况(c)——具有非常低的发生概率(每年约10^{-5})；
- 情况(d)——仅在发生恐怖袭击或者强地震时发生(每年$\ll 10^{-6}$)，如图10.17所示。

10.4.3 正常氦压力下衰变热的自发载出

如果反应堆处于正常运行的压力状态下但氦风机失效，那么通过堆芯的强迫流动停止，仅存在自然对流。通过这种传热机制,热量主要分布在反应堆系统内。部分热量通过反应堆压力壳的表面载出到外界。这里讨论的 HTR-PM 载出的热功率大约为 1MW。在事故发生后,必须对不同阶段加以区分并分别进行分析和设计。

堆芯内加热过程的第 1 阶段可以用简单的热量平衡来描述,简化或忽略了热损失。$\overline{T}$ 是平均堆芯温度。据此,假定总的衰变热储存在堆芯内。

$$M_c \cdot C_c \cdot \frac{d\overline{T}_c}{dt} \approx P_D(t), \quad \overline{T}_c \approx \overline{T}_c^0 + \int_0^\tau \frac{P_D(t)}{M_c C_c} \cdot dt \tag{10.10}$$

对于模块式 HTR,其典型参数为:$P_{th} \approx 200\text{MW}$,$M_c \approx 70\text{t}$,$C_c \approx 1\text{kJ/(kg}\cdot\text{K)}$,$\overline{T}_c^0 \approx 500℃$,可得 1h 后温度上升了大约 300℃。图 10.23 给出了这种反应堆概念采用精确的三维计算得到的结果。

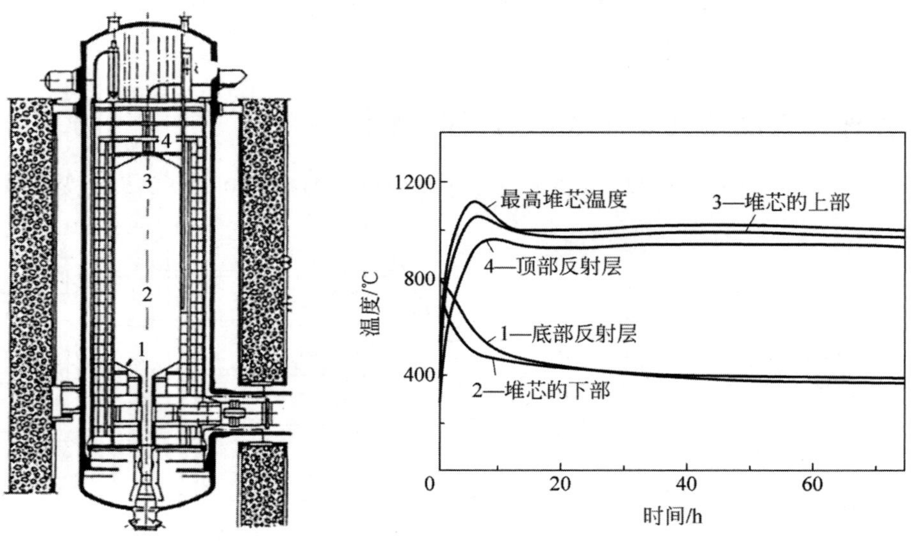

图 10.23 模块式 HTR 堆芯在氦气正常运行压力下失去强迫循环后堆芯内的温度(如 HTR-Module,热功率为 200MW)

在该事故中,燃料的最高温度保持在 1250℃以下。1250℃是低浓铀燃料包覆颗粒在正常运行条件下的设定限值。因此,裂变产物从燃料元件中的释放是非常有限的。然而,必须要对反应堆压力壳上部部件的温度进行仔细的分析,同时也必须要明确指出金属结构不会过热。

在这一事故中,热量通过自然对流进行分布,使反应堆堆内构件上部温度高于正常运行的温度。如图 10.23 所示,顶部反射层的温度会升高,例如,控制棒驱动机构的温度将大约从 250℃上升到 400℃。对这一状况必须要加以避免,冷却剂失去强迫流动后,系统在很长的一段时间内仍保持在较高的压力。以 THTR 300 为例,反应堆在失去能动冷却约 5h 内没有设备出现损坏,这种状况是得到最初的设计认可的,如图 10.24 所示。

可以采取一种非常简单的干预措施,比如,通过附加一个小的冷却系统,实现对关键敏感部件的冷却。需要强调的一点是,这样操作并非出于安全上的考虑,而只是为了保护投资。具体地,以对控制棒驱动机构进行冷却为例,需要的质量流量可以用如下方程来估计:

$$\Delta\dot{m}_{He} \approx \frac{Z \cdot A \cdot (T_s - T_c) \cdot K}{c_p \cdot \Delta T_{He}} \tag{10.11}$$

其中,Z 是部件的数量,A 是部件的表面积,$T_s - T_c$ 是部件表面和冷却剂间的温差,K 是有效换热系数,ΔT_{He} 是冷却过程中氦气的允许温升。冷却所需的质量流量将保持在 1% 这一量级。避免通过堆芯自然循环使堆芯上部结构升温所需要的质量流量 $\Delta \dot{m}_{He}$ 主要取决于堆芯中心线和侧反射层之间的温度差及堆芯内流动区域的半径。

通过自然对流流动理论模型的许多实验,获得了对堆芯内部质量流量与一些参数相关性的了解。

$$\Delta\dot{m}_{He} \approx \sqrt{g \cdot r_0^4 \cdot \beta \cdot \Delta T \cdot \rho_0^2 \cdot \pi^2 \cdot \frac{1}{\varphi} \cdot \frac{\varphi^3}{1-\varphi} \cdot 2 \cdot d} \tag{10.12}$$

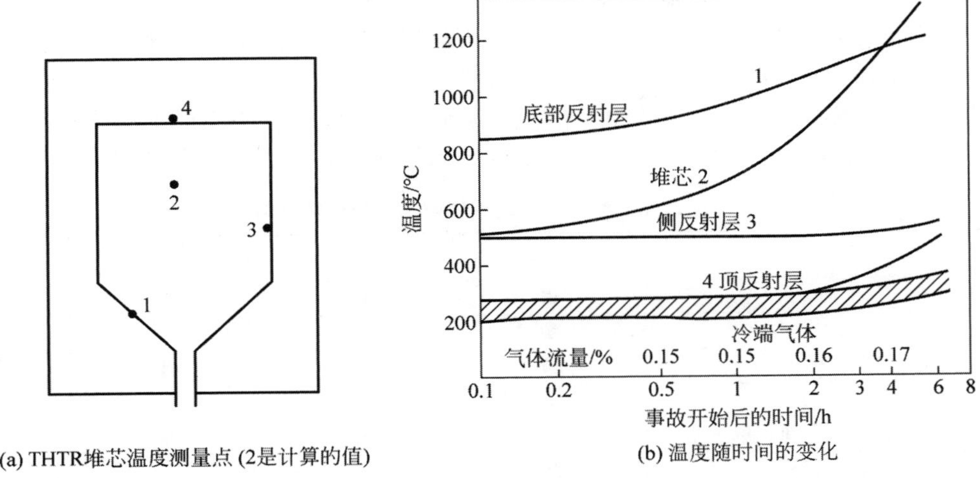

(a) THTR堆芯温度测量点 (2是计算的值)　　(b) 温度随时间的变化

图 10.24　失去能动衰变热载出后在自然对流方式下堆芯和堆内构件的温度

反应堆在正常氦气压力下，THTR，热功率为 750MW

其中，g 为重力加速度($9.81\mathrm{m/s^2}$)；β 为线性化密度参数($\rho=\rho_0\cdot[1-\beta\cdot(T_0-T)]$)；$r_0$ 为堆芯流动区的半径；ΔT 为 温度差(堆芯中心线和侧反射层之间)；ρ_0 为标准状态下密度；φ 为阻力降方程中的摩擦系数；d 为燃料球半径。

对流的起始时间随压力和堆芯尺寸的下降而延后，较大的堆芯直径和较高的压力有利于对流的起始。

10.4.4　失压反应堆自发衰变热的载出(外表面冷却器处于工作状态)

第 2 种情况是在冷却剂全部失去和能动衰变热载出完全失效时(情况(b))。在这种情况下，衰变热是通过反应堆内的导热、热辐射和自然对流来载出的，之后再通过反应堆内构件载出到反应堆压力壳的表面。此时，热量以相同的传热机制载出到反应堆压力壳周围的外表面冷却系统。该系统是水冷式的，由两个并联系统组成，如图 10.25 所示。

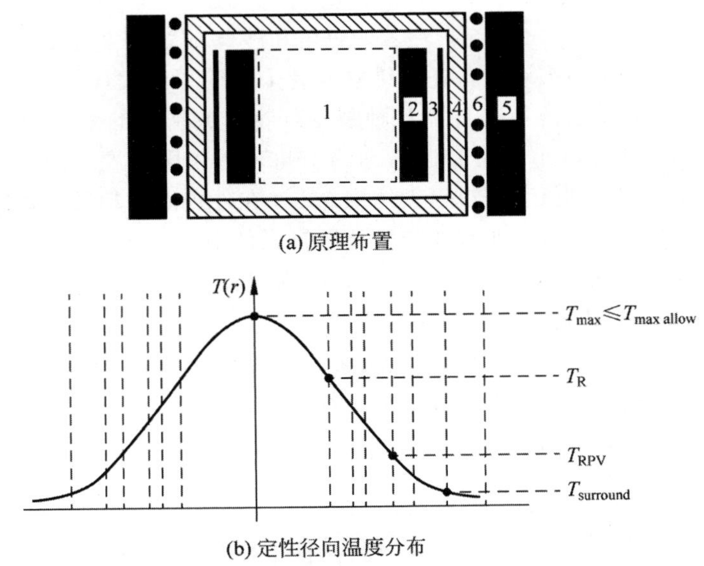

图 10.25　自发衰变热载出的设计概念

1—堆芯；2—反射层；3—热屏；4—反应堆压力壳；5—外部永久性热阱；6—外表面冷却器

图 10.25(b)所示为一个典型的径向温度分布图，它解释了整个系统中热传输的主要步骤。总的来说，这个概念被命名为自发衰变热载出。自发衰变热载出只是利用了热传输的物理效应，不需要任何机械或设备，如阀门、管道或驱动机构。因此，如果设计方式正确，并且结构不会因受到外部极端强烈影响而被损坏

(见情况(d)),则它不会失效。

反应堆设计和布置的重要条件是堆芯的最高温度不能超过最高限值 T_{max}。根据目前的 TRISO 颗粒技术,这个值被设定为 1600℃(详见 10.11 节)。当发生这类事故时,从燃料元件释放的裂变产物低于整个一回路系统内裂变产物总量的约 10^{-5}。表 10.8 给出了整个系统中各种传热的机理。热辐射在球床堆芯中起重要的作用,因为在事故发生过程中温度很高,且散热采用的是一种自发热载出过程。

表 10.8 整个反应堆系统中的各种传热机制

位　　置	导热	热辐射	自然对流	强迫换热
堆芯	●	●	●	
反射层	●			
反射层和热屏之间的空间	●	●	●	
热屏	●			
热屏和反应堆压力壳之间的空间	●	●	●	
反应堆压力壳	●			
反应堆压力壳和表面冷却器之间的空间	●	●	●	
表面冷却器				●

为了确定燃料元件的最高温度及整个堆芯燃料温度分布和燃料温度的直方图,需要求解热交换随时间和空间变化的方程。

$$\rho \cdot c \cdot \frac{\partial T}{\partial t} = \mathrm{div}(\lambda \cdot \mathrm{grad}T) + \dot{q} \tag{10.13}$$

其中,λ 包含前面讨论的传热机制;$\dot{q}$ 包含取决于时间和空间分布的衰变热产生。对于圆柱形堆芯,可以得到:

$$\rho \cdot c \cdot \frac{\mathrm{d}T}{\mathrm{d}t} = \frac{1}{r} \cdot \frac{\mathrm{d}}{\mathrm{d}r}\left(\lambda \cdot r \cdot \frac{\mathrm{d}T}{\mathrm{d}r}\right) + \frac{\mathrm{d}}{\mathrm{d}z}\left(\lambda \cdot \frac{\mathrm{d}T}{\mathrm{d}Z}\right) + \dot{q}'''(r,z) \cdot f_{\mathrm{D}}(t) \tag{10.14}$$

在用数值方法求解偏微分方程时,也可以考虑导热系数随温度发生变化这一因素。将一个三维程序应用于模块式 HTR 堆芯,给出了如图 10.26 所示的温度分布计算结果。30h 后,最高燃料温度达到 1500℃,之后温度开始下降。反应堆压力壳的温度保持在 400℃以下,因此该设备保持完好。如果表面冷却器失效,则需要对各种状况进行分析(详见 10.4.6 节)。这些加热和冷却的过程非常长,大约会有几百个小时,如图 10.26 所示。因此,有足够的时间来对设备进行维修或者采用简单的程序对冷却系统进行干预。燃料温度的直方图如图 10.26(c)所示,该直方图是计算各种裂变产物释放情况的重要信息。如图 10.26(c)所示,只有占极少百分比(小于 5%)的燃料元件在 1500℃和约 1550℃的上限温度之间停留很短的时间,这些燃料元件在这些条件下停留的时间跨度也相对较短,大约为 30h。在外表面冷却器失效的事故过程中,其他燃料元件中的部分温度降到很低的程度,这是使裂变产物从燃料元件中以很低的释放率释放出来的必要前提。

前面已解释过衰变热传输链非常重要的一个方面是无需机械参与。即使是表面冷却器的运行,也可以设计成利用水侧和空气侧的自然对流过程来实现。

裂变产物从堆芯的释放率 R 可以采用下面的函数积分关系式来计算,该式中应用了堆芯中燃料元件的直方图 $W_1(T,t)$ 及某种同位素从燃料元件的测量释放率 $W_2(T,t)$。

$$R \approx \overline{W_1 \cdot W_2} \approx \int_{-\infty}^{+\infty} W_1(T,\tau) \cdot W_2(T,t-\tau) \cdot \mathrm{d}\tau \tag{10.15}$$

必须对每个相关同位素不同温度下的乘积积分加以评价。

对于现代包覆颗粒燃料,裂变产物在高温下从燃料元件中释放出来的释放率是非常低的。图 10.27 给出了一些重要同位素测量的典型结果,如同位素 Cs137,I131 和 Kr85,这些同位素通常作为评价燃料对裂变产物阻留质量的指标。图 10.27 所示曲线显示了温度变化带来的显著影响,这是由扩散系数 D 随温度的显著变化引起的。

$$D(T) \approx \exp(-c/T) \tag{10.16}$$

另一方面,释放率 R 是由如下的表达式给出的:

$$R(T) \approx \sqrt{D(T)} \tag{10.17}$$

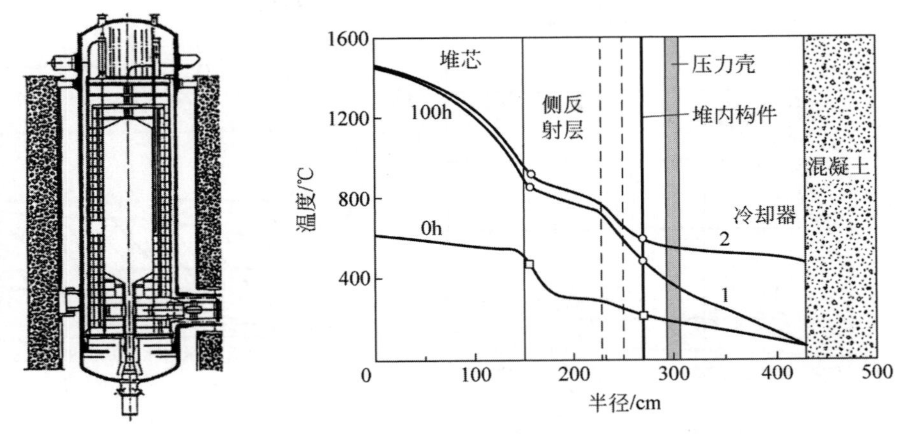

(a) 在事故开始时和100h时堆芯内燃料温度的径向分布(完全失去能动冷却)

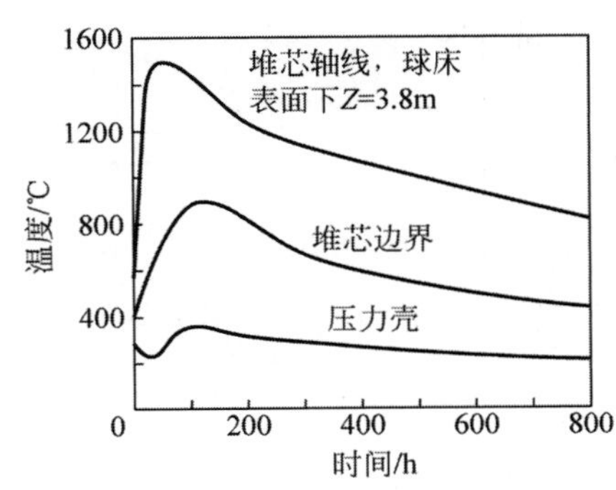

(b) 完全失去能动冷却后堆芯内温度随时间的变化
假设外表面冷却器仍在运行

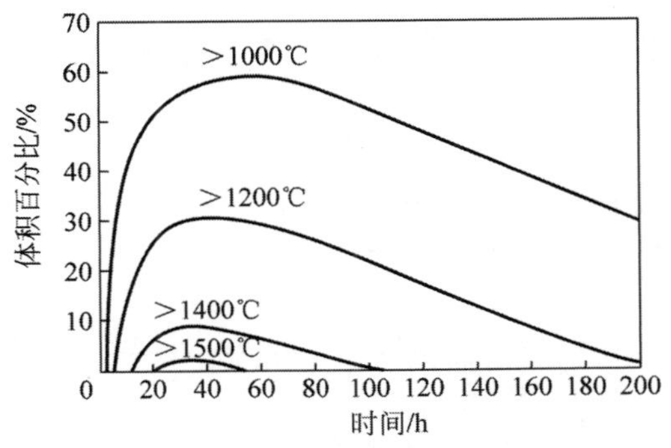

(c) 燃料温度的直方图随时间和堆芯内温度的变化
假设: 完全失去能动冷却,外表面冷却器仍工作

图 10.26 HTR-Module(热功率为 200MW)堆芯升温事故

1—外表面冷却器在工作；2—外表面冷却器也失效(见 10.4.5 节)

图 10.27 的曲线表明,对于目前低浓铀循环的 TRISO 燃料,大约 1600℃的温度应该是堆芯不会发生升温事故的一个合适的上限温度。

当然,在考虑升温事故过程中燃料的最高温度时,还必须考虑一些附加的因素。这些因素在相应的采用计算机程序进行的计算中均予以了考虑,包括：辐照引起的石墨导热系数的降低、功率密度的峰值因子、流量分布的不确定性、堆芯中球流的旁流和不确定性。因此,最高温度在名义最高温度上增加了一些附加温度。

$$T_{\max} \approx T_{\max}(\text{nominal}) + \delta T_{\text{core}} + \delta T_{\text{structure}} + \delta T_{\text{RPV}} \tag{10.18}$$

其中,δT_{core} 涵盖了堆芯中的所有不确定性,$\delta T_{\text{structure}}$ 涵盖了反应堆结构中的所有不确定性,δT_{RPV} 表征了热量通过反应堆压力壳表面释放所需的必要的附加温度。为了涵盖所有的相关效应,在 HTR-Module (200MW)中,在 1500℃这个名义最高温度上增加了 100℃,即认为 1600℃是一个合适的限值温度。这一事实对于堆芯升温事故过程中裂变产物从燃料元件的总体释放是非常重要的。通过对辐照过的球床堆燃料的加热实验结果曲线进行研究,可以得出一些重要的结果。

就整体释放率而言,如 Cs137,当温度在 1500～1600℃时,估计的整体释放率为 10^{-4},之后得到 Cs137 从电厂释放出来的整体释放率的估计值小于 5×10^{-6},该数值非常小,这是因为温度非常高的燃料元件所占份额相当小,并且一回路系统外部内混凝土舱室与大气环境的交换也相当少。10.10 节将对此给出更详细的讨论。

此外,还可以对固体裂变产物和气溶胶进行有效的过滤。图 10.27 给出了 AVR 中辐照燃料元件的测量结果及在研究和材料实验堆中辐照的燃料元件的专门测量结果。可以看出,设计事故中燃料最高温度的限值有多么的重要。

借助理论模型可以对测量的释放率给出更合理的解释,根据燃料元件中裂变产物的各种输送机制可以对结果进行修正。从中可以更加清楚地了解到燃耗、快中子注量和运行温度对事故情况下温度升高过程中行为的显著影响。

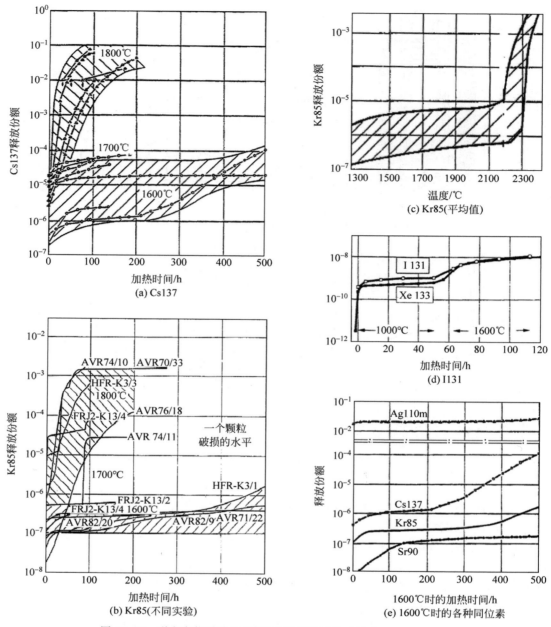

图 10.27　裂变产物释放的份额(球形燃料元件,LEU,UO_2 TRISO)

10.4.5　自发衰变热载出概念相关参数的讨论

一个简单的模型有助于表征堆芯主要参数对自发衰变热载出的可能性和最高燃料温度的影响程度,如图 10.28 所示。

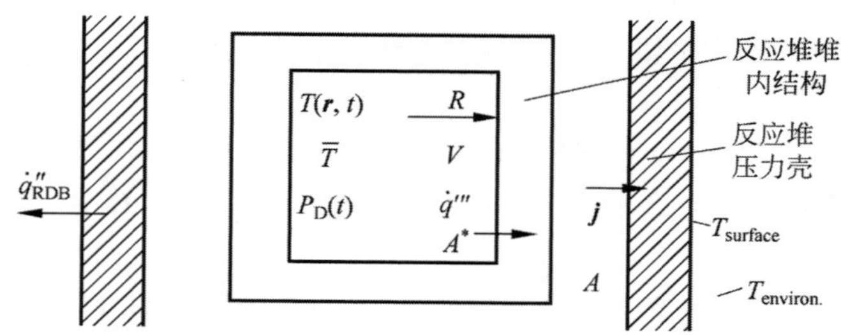

图 10.28　解释模块式 HTR 堆芯自发衰变热载出条件的模型

在失去能动冷却事故的开始阶段,衰变热积蓄在堆芯内。经过一段时间之后,如果堆芯和堆内构件的温度升得更高,则向外载出的热量与产生的衰变热是相当的。热量通过导热、热辐射和自然对流从反应堆压力壳表面释放出来。通常,借助三维计算机程序可以在系统内部建立三维温度场,如图 10.26 所示。

系统的简化能量平衡可以用下面的方程来建立:

$$\frac{\mathrm{d}E}{\mathrm{d}t}=\frac{\mathrm{d}}{\mathrm{d}t}\left(\int_V \rho\cdot c\cdot T(\boldsymbol{r},t)\cdot \mathrm{d}V\right)=P_{\mathrm{D}}-\int_A \boldsymbol{j}\cdot \mathrm{d}\boldsymbol{A} \tag{10.19}$$

式(10.19)中不含强迫循环的能动冷却。$\boldsymbol{j}$ 是通过系统表面的热流密度。堆芯的平均温度 $\overline{T}$ 可以用表达式来确定:

$$\overline{T}=\frac{1}{V}\cdot\int_V T(\overline{r},t)\cdot \mathrm{d}V \tag{10.20}$$

反应堆堆芯或反应堆压力壳可以界定为能量平衡的系统。

对于从系统中载出的热量,可以采用如下的近似表达式:

$$\int_A \boldsymbol{j}\cdot \mathrm{d}\boldsymbol{A}=\overline{K}\cdot A\cdot(\overline{T}-T_{\mathrm{env}}) \tag{10.21}$$

其中,T_{env} 是环境的温度,例如,表面冷却器中水的平均温度。衰变热 P_{D} 可以用下面的函数来加以近似:

$$P_{\mathrm{D}}(t)=V\cdot\overline{\dot{q}'''}\cdot 0.06\cdot t^{-0.2}\approx V\cdot\overline{\dot{q}'''}\cdot c_1\cdot \exp(-c_2\cdot t) \tag{10.22}$$

其中,$\overline{K}$ 是平均换热系数,它包括从堆芯到反应堆堆芯表面所有的传热链;A 是系统的表面积,这里是以堆芯为例的。指数函数的近似可以采用微分方程的解析解。$\overline{\dot{q}'''}$ 是平均堆芯功率密度,V 是堆芯的体积。通过上述近似,得到一个平均堆芯温度随时间变化的简化的微分方程:

$$\rho\cdot c\cdot V\cdot\frac{\mathrm{d}\overline{T}}{\mathrm{d}t}=V\cdot\overline{\dot{q}'''}\cdot c_1\cdot \exp(-c_2\cdot t)-\overline{K}\cdot A\cdot(\overline{T}-T_{\mathrm{env}}) \tag{10.23}$$

$$\frac{\mathrm{d}\overline{T}}{\mathrm{d}t}=a\cdot \exp(-c_2\cdot t)-b\cdot(\overline{T}-T_{\mathrm{env}}) \tag{10.24}$$

其中,

$$a=\frac{\overline{\dot{q}'''}\cdot c_1}{\rho\cdot c},\quad b=\frac{\overline{K}\cdot A}{\rho\cdot c\cdot V} \tag{10.25}$$

最后,给出平均堆芯温度随时间变化的解:

$$\overline{T}(t)=T_{\mathrm{env}}\cdot[1-\exp(-b\cdot t)]+\left(\overline{T}^0-\frac{a}{b-c_2}\right)\cdot \exp(-b\cdot t)+\frac{a}{b-c_2}\cdot \exp(-c_2\cdot t) \tag{10.26}$$

事故的初始条件为 $\overline{T}(0)=\overline{T}^0$。在图 10.29(a)中定性地给出了平均堆芯温度随时间的变化情况。图 10.29 所示曲线显示,在第 1 阶段,衰变热主要储存在堆芯;在第 2 阶段,衰变热通过反应堆压力壳表面被载出。由于衰变热的产生随着时间的推移呈下降趋势,温度也会在一段时间后有所下降。$\overline{K}\cdot A/\rho\cdot c\cdot V$ 这一项产生的显著影响是很清晰的。这意味着,系统(和堆芯)的表面/体积比应尽可能地高,并且通过选择合适的堆芯结构和材料使换热系数 $\overline{K}$ 达到很高。当然,较低的堆芯功率密度和较大的热容量 $\rho\cdot c$ 非常有利于自发衰变热载出的概念。此外,在堆芯内将有一个径向温度分布。同样,一个简单的模型也可以解释与这一温度分布相关的重要参数。对于堆芯,可以采用导热的稳态微分方程,于是就产生了一个以简单模型表示的一维(径向)常微分方程:

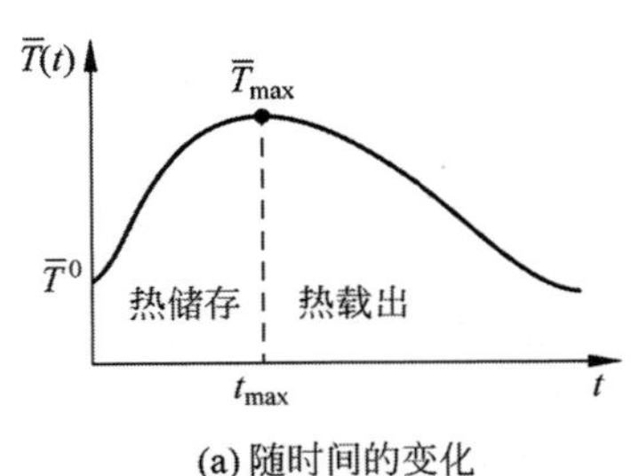

(a) 随时间的变化

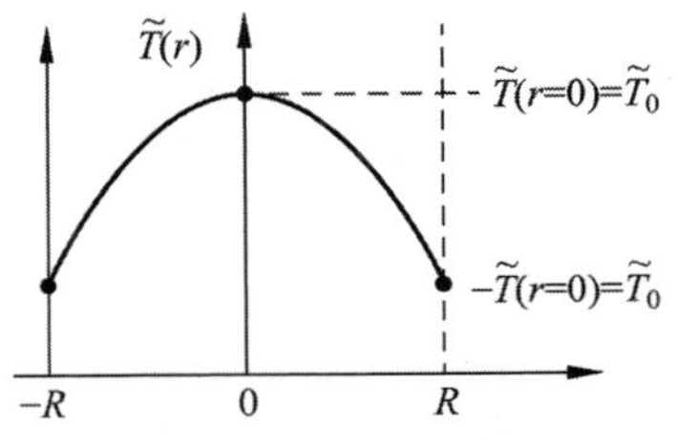

(b) 沿径向的分布

图 10.29 堆芯中的温度分布

事故:完全失去能动冷却

$$\mathrm{div}(\lambda \cdot \mathrm{grad}T)+\dot{q}=0 \tag{10.27}$$

$$\frac{\mathrm{d}^2 T}{\mathrm{d}r^2}+\frac{1}{r}\cdot\frac{\mathrm{d}T}{\mathrm{d}r}+\frac{\dot{q}}{\lambda}=0 \tag{10.28}$$

其中，等效导热系数 λ 在进行一级近似时可以考虑为常数。λ 包括导热、热辐射和自由对流的传热。热源 $\dot{q}$ 可以用如下的表达式来近似：

$$\dot{q}(t^*)\approx\overline{\dot{q}'''}\cdot c_1\cdot\exp(-c_2\cdot t^*) \tag{10.29}$$

式(10.29)包括了堆芯中最高温度处的功率密度，它是随时间变化的，该微分方程用来估计堆芯中的径向温度分布，其解如下：

$$T(r=0)-T(r=R)=\dot{q}(t^*)\cdot R^2/(4\lambda) \tag{10.30}$$

其中，时间 t^* 是堆芯中出现最高燃料温度时的时间，这时堆芯中的温度分布 $T(r)$ 具有典型性。图 10.29(b) 所示为定性的温度分布图。

堆芯中热量的传输用等效导热系数来表征，如图 10.29 所示。在温度升高时这个值变得更大，这是因为热辐射变得更重要($\approx T^3$)。$\lambda(T)$ 的依赖关系已采用详细的模型进行计算，并且在各种设施中进行了测量(直到高温)。下面给出一个具有如下形式的有用方程：

$$\lambda(t)=1.9\times10^{-3}\cdot(T-150)^{1.29} \tag{10.31}$$

当温度超过 1500℃时，球床的等效导热系数比基体材料石墨的导热系数要高，如图 10.30 所示。

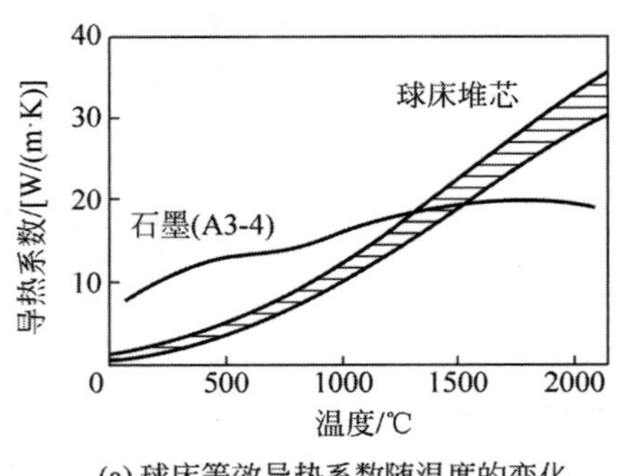

(a) 球床等效导热系数随温度的变化及与A3石墨球导热系数的比较

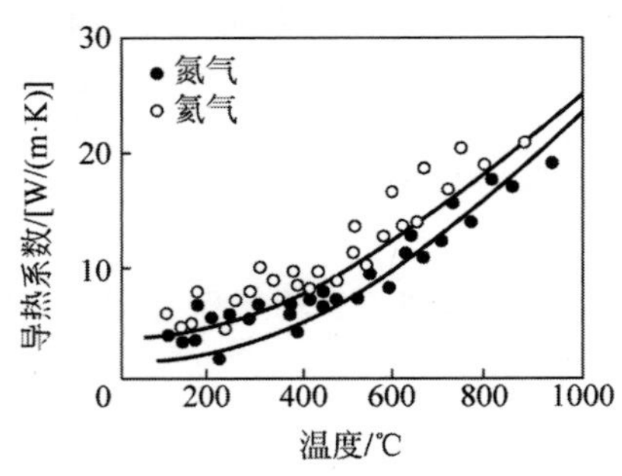

(b) 从SANA实验装置测量的λ(T)

图 10.30 等效导热系数随温度的变化

球床内的径向温度分布可按下面的方程进行估计：

$$T_0-T\approx\dot{q}\cdot R_1^2/(4\bar{\lambda}) \tag{10.32}$$

在式(10.32)中，$\dot{q}$ 包含了平均功率密度和表征特定时间 t^* 时的衰变热函数的峰值因子。$\bar{\lambda}$ 是堆芯相关温度区域上的等效导热系数的平均值。为了获得对传热状况的了解，使用了 HTR-Module 的一些参数：$R_1=1.5\mathrm{m}$，$T_1=750$℃，$\bar{\lambda}=15\mathrm{W/(m\cdot K)}$，$\dot{q}=800\mathrm{kW}/(66\mathrm{m}^3)=12\mathrm{kW/m}^3$(相应于 35h 之后衰变热的典型值，即 0.4%的额定功率)。

应用这些数值，得到了堆芯中心和边界的温度差 $T_0-T_1\approx450$℃。总体上，根据这一估计值，可得堆芯中心轴线上的最大温度应为 1200℃。如果考虑堆芯中功率密度峰值因子 β 的典型值(大约为 1.7)及堆芯中的温差，那么堆芯高温部分的最高燃料温度会变得更高，大约达到 1500℃，如图 10.26 所示。对于整个堆芯的峰值因子，可以采用如下的定义来表征：

$$\beta=\dot{q}'''(\max)/\overline{\dot{q}'''} \tag{10.33}$$

$$\overline{\dot{q}'''}=\int_{V_C}\dot{q}'''(\boldsymbol{r})\,\mathrm{d}V/V_C \tag{10.34}$$

峰值因子 β 受通过堆芯的循环次数的显著影响。上面给出的数值都是针对 10 次通过堆芯循环的情况得出的。对于一次通过堆芯循环，其值约为 2.5，这与堆芯的高度有关。

堆内构件中的传热也必须通过导热、热辐射和自由对流来实现。图 10.31 给出了堆内构件各层中的相关温度分布图。

当以锻钢壳作为一回路压力边界时，反应堆压力壳表面载出的衰变热用一个包括热辐射和自然对流的

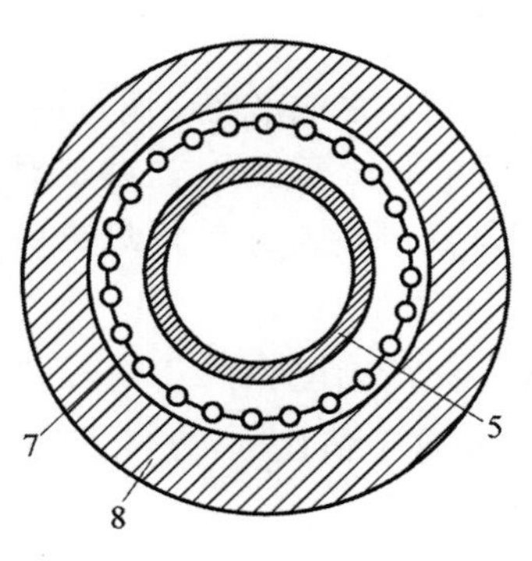

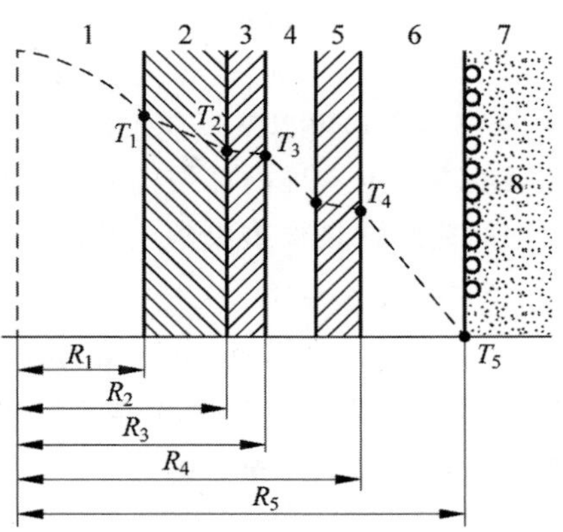

图 10.31 模块式 HTR 自发衰变热载出的设计概念及结构中的径向温度分布

1—堆芯；2—侧反射层；3—堆芯筒；4—间隙；5—反应堆压力壳壁；
6—间隙；7—表面冷却器；8—混凝土

换热表达式来描述。

$$\dot{Q}=\bar{C}\cdot A_4\cdot[(T_4/100)^4-(T_5/100)^4]+\alpha_c\cdot A_4\cdot(T_4-T_5) \tag{10.35}$$

其中，$\bar{C}$ 表征了有关的热辐射常数，它包括反应堆压力壳壁和外部冷却系统的辐射系数。

对于辐射传热，可以使用如下形式的辐射系数：

$$\bar{C}=1\bigg/\left[\frac{1}{C_1}+\frac{A_4}{A_5\cdot(1/C_2-1/C_s)}\right] \tag{10.36}$$

方程(10.36)中的参数是 $c_1=c_5\cdot\varepsilon_1, c_2=c_5\cdot\varepsilon_2$，$\varepsilon_1$ 代表反应堆压力壳和表面冷却系统的辐射系数。C_s 的值是 5.7W/($m^2\cdot K^4$)，A_5 为 $2\pi R_5\cdot H$，A_4 是类似确定的。由图 10.32 可以获得钢和石墨 ε 的测量值。石墨的 ε=0.8～0.9，钢的 ε=0.7～0.8，这是堆内构件的典型数据。表面特性可对 ε 值的大小产生非常重要的影响，应分别针对运行期间和发生事故时堆表面特性的变化予以考虑。在堆芯结构中，各个部件(石墨、热屏、反应堆压力壳)之间的温度差很大程度上取决于热辐射值，因此，在设计时应对各种不确定性进行仔细的分析。

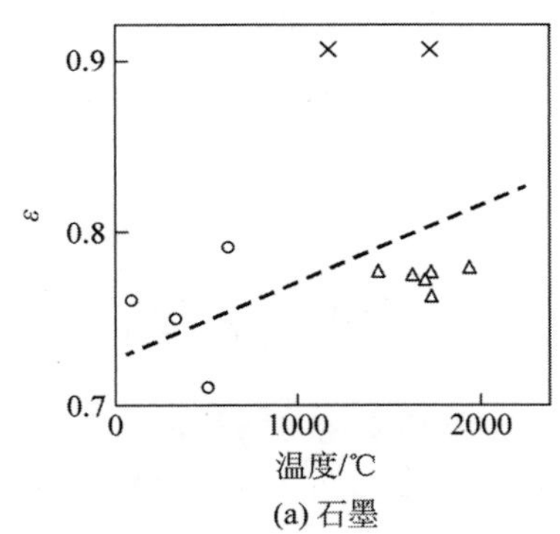

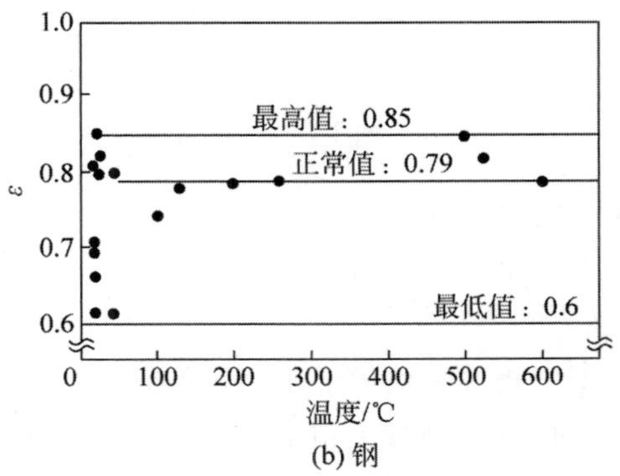

图 10.32 热辐射系数 ε 的测量值随表面温度及各种表面状况的变化

参数 α_c 描述了反应堆压力壳热表面上自由对流的换热情况。下面给出的方程是通过测量得到的：

$$\alpha_c=1.28\cdot\sqrt[4]{\Delta T/H} \tag{10.37}$$

其中，ΔT 是压力壳表面和空气之间的温度差，H 是压力壳的高度。以 HTR-Module(200MW)为例，从反应堆压力壳载出的热量可用下面的自然对流值来表征：T_5=50℃，T_4=350℃，R_4=3m，R_5=5m，H=10m，α_c=4W/($m^2\cdot K$)。

考虑到 ε 的值大约为 0.7，因此 $\dot{Q}\approx$1000kW 的功率完全可以从反应堆压力壳表面仅通过自然的方式(自由对流和热辐射)被载出。这相当于反应堆额定功率的 0.5%。由衰变热函数可以得出达到这个值的时间：

$$t^* \approx \left(\frac{P_{\text{th}}}{Q} \cdot \frac{6.22}{100}\right)^5 \approx 30 \tag{10.38}$$

经过大约 30h，全部衰变热可以从反应堆压力壳表面被载出。正如之前已经说明过的，反应堆压力壳的温度仍保持在设计限值内。反应堆内部结构的温度也可以通过简单的估算获得，这些值对于评估反应堆内部相应部件在事故中的完整性是很重要的。从堆芯壳（热屏）向反应堆压力壳的传热主要通过热辐射来实现，可以表示为

$$\dot{Q} \approx \bar{C} \cdot 2\pi \cdot R_3 \cdot H \cdot [(T_3/100)^4 - (T_4/100)^4] \tag{10.39}$$

根据相关数据，得到事故发生时热屏的温度为 $T_3 = 600$℃。在这个估计中，忽略了间隙中的自由对流。石墨反射层的温差可以通过如下方程获得：

$$T_1 - T_2 = \frac{\dot{Q} \cdot \ln(R_2/R_1)}{2\pi \cdot \lambda_G \cdot H} \tag{10.40}$$

采用 $\lambda_G \approx 30\text{W}/(\text{m}\cdot\text{K})$，得到事故发生大约 30h 时厚壁石墨反射层中的温差 $T_1 - T_2 \approx 200$℃。当然，在这一估算过程中，石墨中的辐照效应也必须予以考虑，如图 10.33 所示。在反应堆寿命期间，石墨的导热系数也发生了变化。因此，在进行详细计算时，也必须考虑堆芯中等效导热系数随温度的变化情况，因为其数值对温度有很强的依赖关系。在第 1 步中，如果采用如下形式的微分方程表示温度与球床中等效导热系数的依赖关系，那么可以得到比较好的堆芯中温差的近似：

$$\frac{1}{r} \cdot \frac{dT}{dr}\left(\lambda(T) \cdot r \cdot \frac{dT}{dr}\right) + \dot{q}(r) = 0 \tag{10.41}$$

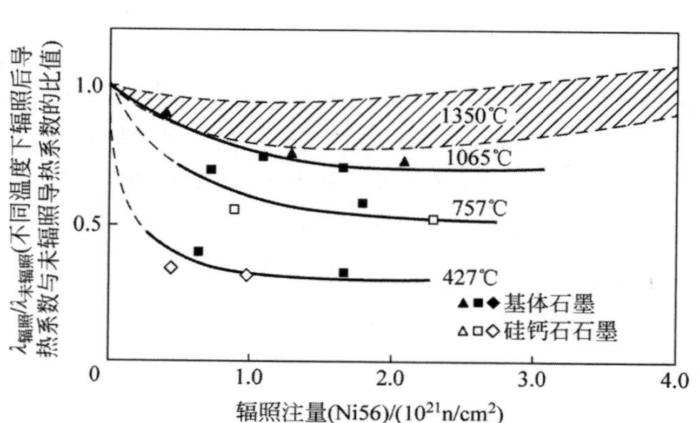

图 10.33　反射层石墨的导热系数随辐照注量和温度的变化

微分方程的解可以通过两个积分得到：

$$\int_{T_0}^{T(r)} \lambda(T) \cdot dT = -\int_0^r \frac{dr'}{r'} \cdot \int_0^{r'} r'' \cdot \dot{q}(\boldsymbol{r}'')dr'' + C_1 \cdot \int_0^r \frac{dr'}{r'} + C_2 = 0 \tag{10.42}$$

对这种类型方程的评估需要采用数值方法并使用实验数据。如果功率密度 $\dot{q}'''(\boldsymbol{r})$ 和 $\lambda(T)$ 的径向分布是已知的，则可对 $T(r)$ 进行更精确的估计。这些相关的影响因素已在图 10.25 所示结果中给出。但应注意的是，辐照石墨热导率的大幅度降低仅发生在邻近堆芯的区域。正如前面提到的那样，快中子注量率随反射层厚度几乎呈 10^3 这一指数下降。

10.4.6　反应堆衰变热自发载出、完全失去堆芯能动冷却和表面冷却器的失效

如果外表面冷却器也失效，则衰变热载出到内舱室的混凝土结构中，并蓄积在那里（情况(c)），结果反应堆压力壳、内部结构和堆芯外部温度升高。但是，堆芯中心部分的最高温度实际上并没有发生变化。图 10.34 给出了这一事故中热传输的某些状况，认为这属于超设计基准事故的范围。

值得关注的一个主要问题是，如果混凝土的温度特别是支撑区域的温度变得更高，混凝土能否保持足够的稳定性。图 10.35 给出了极端事故下支撑结构的温升情况，可以看出，在支撑区域，温度可能会超过 300℃。

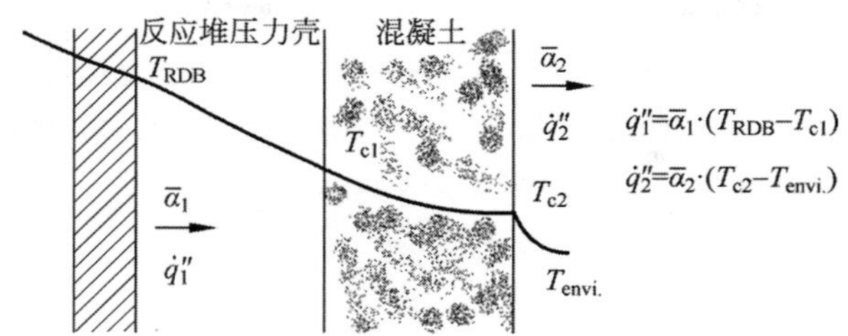

图 10.34 表面冷却器失效情况下热从反应堆压力壳载出到混凝土结构中

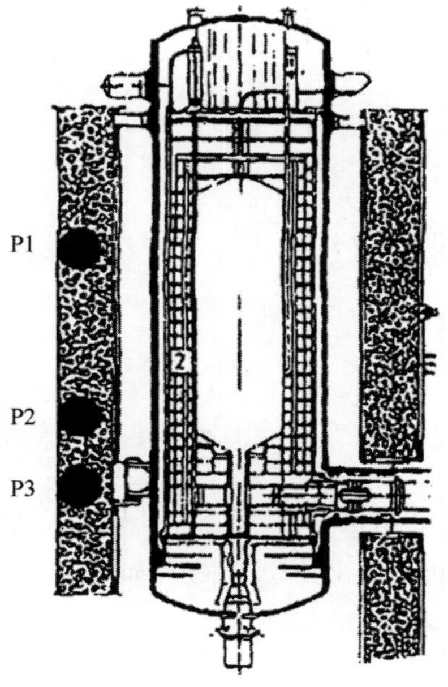

(a) 反应堆压力壳的主要位置

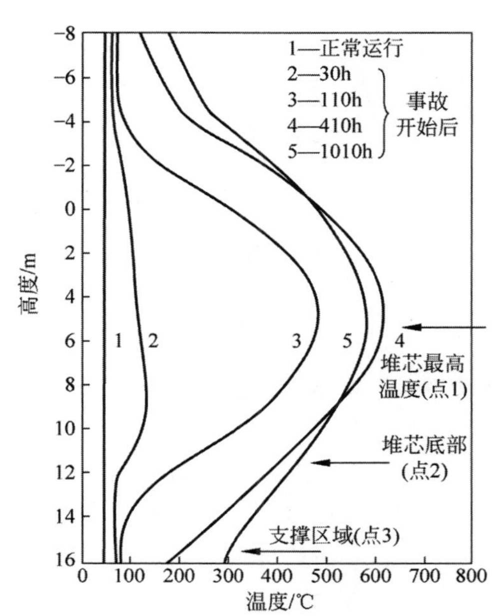

(b) 混凝土温度随时间的变化

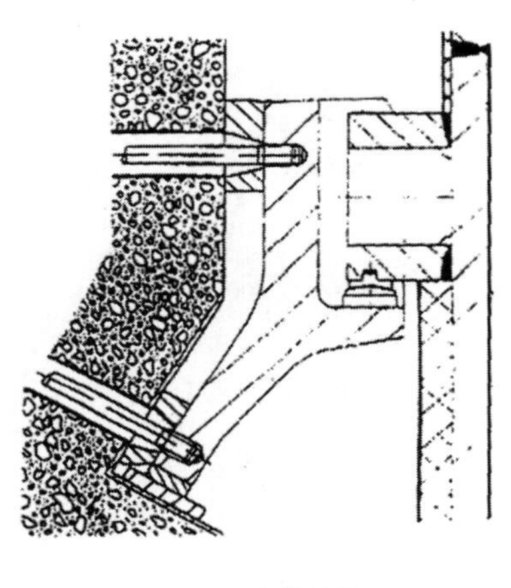

(c) 支撑结构

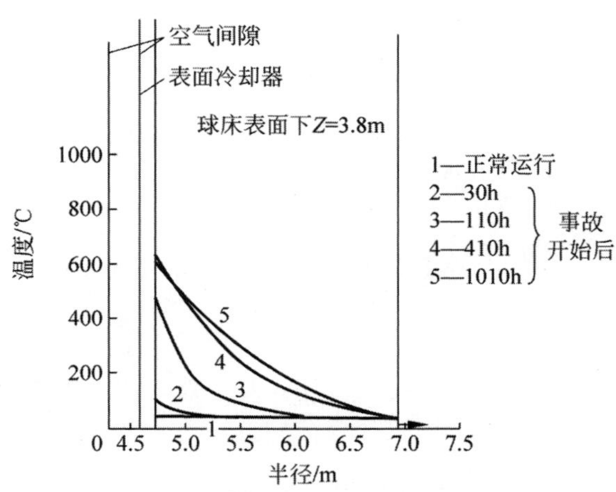

(d) 混凝土温度的径向分布和随时间的变化
(在堆芯的特定高度)

图 10.35 极端事故情况下支撑结构的温升(完全失去能动冷却，外表面冷却器失效)

一个简单的近似给出了混凝土结构温度升高的条件。如果通过表面冷却器进行冷却已不可能，那么热流密度 $\dot{q}''$就会进入混凝土结构。可能的热流密度由下面的表达式给出：

$$\dot{q}'' \approx k \cdot (T_s - T_e) / \sqrt{\pi \cdot \alpha \cdot t} \tag{10.43}$$

它主要取决于换热系数 k 和材料的特征参数：

$$\alpha = \sqrt{\lambda \cdot \rho / c_p} \tag{10.44}$$

其中，λ 是混凝土的导热系数，ρ 是密度，c_p 是材料的比热，T_s 是表面温度，T_c 是混凝土的特征温度。

如果表面冷却器失效，则图 10.35(b)和图 10.35(d)给出了混凝土温度随时间变化的一种依赖关系。在事故的开始阶段，混凝土升温速率的典型值是 $\Delta T_c/\Delta t \approx 80$℃/d。当然，在之后的一段时间内，混凝土温度升高的幅度变小，因为产生的衰变热下降了，如图 10.36 所示。

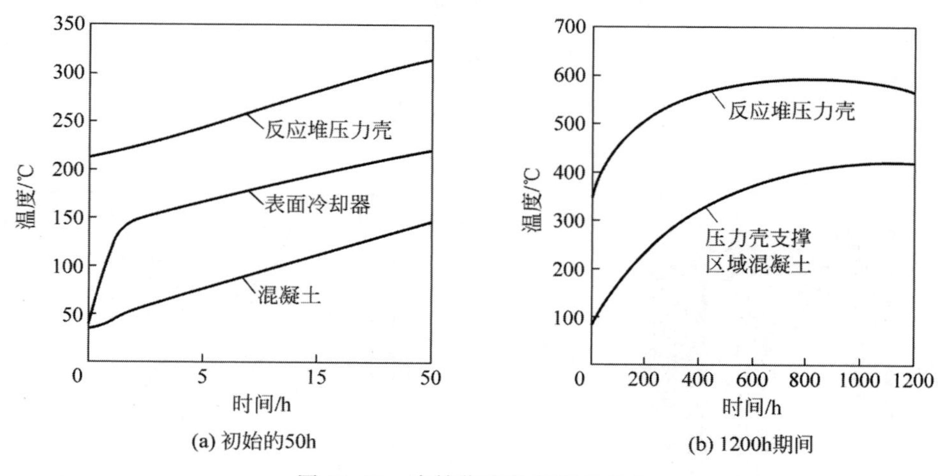

图 10.36　支撑位置处温度的变化

在许多实验中对混凝土在高温下的行为进行了测量，特别是在与预应力混凝土反应堆压力壳发展相关的大型实验部件上。

内衬冷却作为一种替代的衰变热载出系统，其性能已在大型实验中得到证实。由这些结果可知，直到 600℃左右，混凝土的特定质量仍保持得完好，甚至在这样的高温下仍显示出较高的强度，如图 10.37 所示。

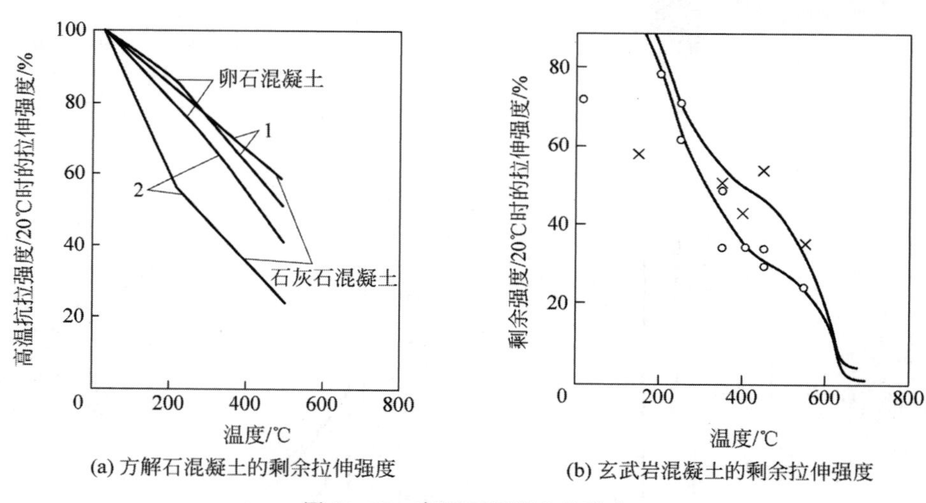

图 10.37　高温下混凝土的强度

1—剩余抗压强度；2—剩余泄露抗压强度

特别是利用这些材料可以显著地改进热量从这些部件的载出，因为这些材料显示了较好的蓄热能力，并通过空气自然对流将热量载出。例如，将铸铁块掺入到混凝土中并配备可让气体流过的开孔，即能实现上述要求。

10.4.7　事故中堆芯温度和反应性状态的变化

这里讨论的事故不仅影响反应堆的热平衡，还会对反应性平衡产生一定的影响。首先，得到反应堆能量总体平衡的如下估算：在开始的两天，衰变热主要蓄存在堆芯和石墨反射层中。之后，反应堆压力壳表面的热量载出变得更加重要，如图 10.38 所示。

根据一个忽略了热量从堆芯和反射层载出的近似的能量平衡，可以得到：

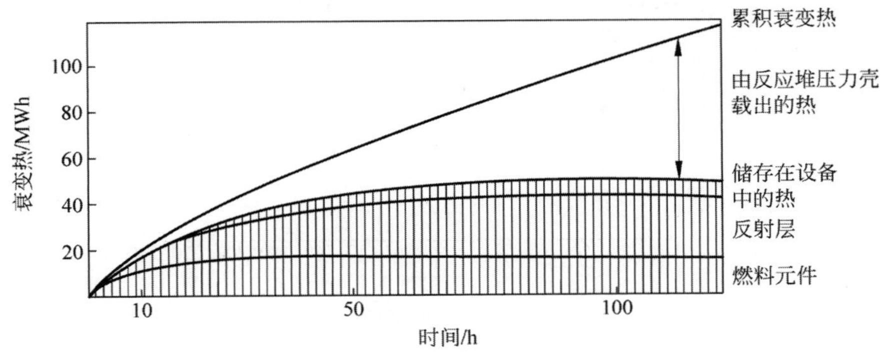

图 10.38 失冷事故后蓄存和载出的衰变热(HTR-Module,热功率为 200MW)

$$\int_0^{\tau} P_{\text{decay}}(t) \cdot \mathrm{d}t = M_{\mathrm{C}} \cdot C_{\mathrm{C}} \cdot \Delta \overline{T}_{\mathrm{C}} + M_{\mathrm{R}} \cdot C_{\mathrm{R}} \cdot \Delta \overline{T}_{\mathrm{R}} \tag{10.45}$$

其中,下标 C 代表燃料元件中的石墨,R 代表反射层。在失去能动冷却事故的头两天内,由于衰变热被蓄存,燃料温度平均上升了 $\Delta \overline{T}_{\mathrm{C}} \approx 200$℃,石墨反射层温度也平均上升了 $\Delta \overline{T}_{\mathrm{R}}$。表 10.9 列出了各种结构蓄存的衰变热引起的温差。

表 10.9 模块式 HTR 各种结构中可能蓄存的衰变热引起的温差

结　　构	质　　量	允许的温差
堆芯	70t 石墨	约 500℃
反射层	约 200t 石墨	约 500℃
反应堆压力壳	约 600t	约 200℃
内舱室的混凝土	约 1000t	约 100℃

对应于这里讨论的事故升温问题,由于温度系数的作用及强吸收氙的衰减,反应堆的临界状态也发生了变化。图 10.39 给出了这种相互关系。在开始阶段,由于堆芯很强的温度负反应性系数的作用,随着燃料温度的升高,反应性降低。反应性下降可以通过下面的关系式来估计:

$$\Delta k \Big|_0^1 \approx \int_{T_0}^{T_1} \Gamma(T) \cdot \mathrm{d}T \tag{10.46}$$

式(10.46)表示燃料中出现的温度变化 $T_1 - T_0$ 引起的反应性变化。

与此同时,氙效应衰减且反应性增加。反应性变化取决于注量率或功率密度,在第 2 章已给出过相关说明。

$$\Delta k_{\mathrm{Xe}} \approx -\frac{(\gamma_{\mathrm{Te}} + \gamma_{\mathrm{Xe}}) \cdot \Sigma_{\mathrm{f}} \cdot \phi \cdot \sigma_{\mathrm{a_{Xe}}}}{(\gamma_{\mathrm{Xe}} + \phi \cdot \sigma_{\mathrm{a_{Xe}}}) \cdot \Sigma_{\mathrm{a_U}}} \tag{10.47}$$

如果可以采取部分负荷运行,则将选择一定百分比的反应性来克服氙毒。约 15h 后,总的 k_{eff} 达到最小值,160h 后再次达到 $k_{\mathrm{eff}}=1$,此时产生的能量将重新与先前提到的可能的衰变热自发载出水平相对应。如果核电站遭受强烈的损坏,正常的停堆系统已不能使用,则可采取简单的措施向堆芯引入负反应性。可行的措施是向堆芯注入钆或其他吸收材料,或将燃料元件从堆芯中移除。在 AVR 中,采用向堆芯装入硼球的方法来进一步降低反应性。

AVR 的停堆程序包括关闭氦风机,使燃料温度上升,从而立即终止链式反应。图 10.40 给出了反应堆功率的相关参数及氦风机转速随时间的变化情况,这同时也证明了堆芯的热平衡与反应性状态之间的强耦合关系,强温度负反应性系数是这种电厂行为的必要条件。

一般来说,估计反应堆功率随时间的变化需要求解积分方程:

$$\frac{\mathrm{d}P}{\mathrm{d}t} = \frac{P(t)}{l}(\Delta K_0 - \overline{\beta} - C \cdot \Gamma) \cdot \int_0^t P(t') \cdot \mathrm{d}t' \tag{10.48}$$

目前已可以采用数值计算方法进行估计。

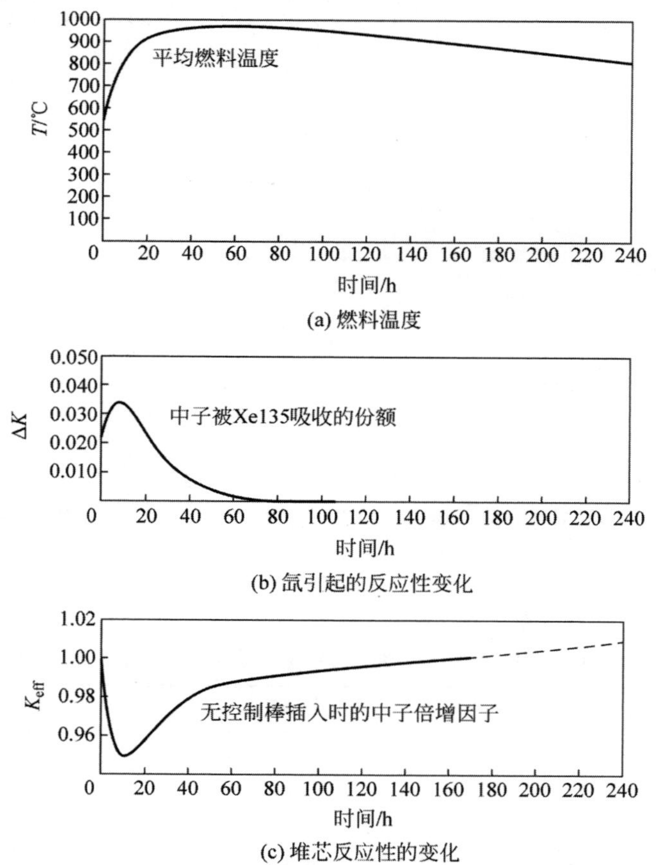

图 10.39 模块式 HTR 完全失去冷却事故下燃料温度和反应性随时间的变化(假设停堆棒不插入)

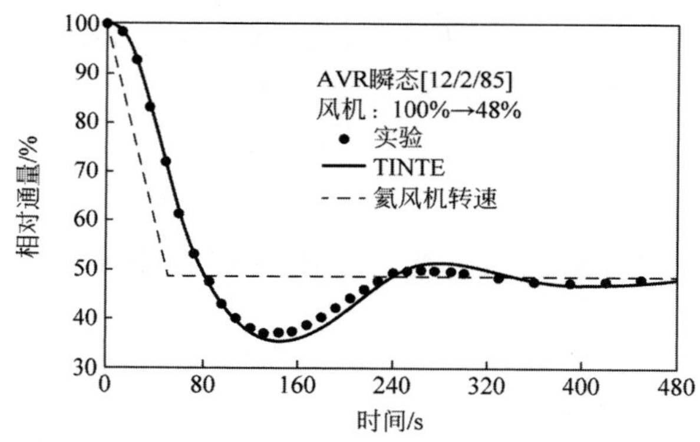

图 10.40 氦风机转速由 100%降至 48%时 AVR 中相对通量和氦风机转速随时间的变化

10.4.8 极端事故下衰变热的自发载出(反应堆被碎石覆盖)

恐怖袭击、大型飞机撞击或者强度比设计值大得多的非常强烈的地震造成的后果可能使模块式 HTR 混凝土结构完全被摧毁。此时必须假定反应堆压力壳被碎石覆盖,因此,衰变热自发载出的条件发生了变化(见情况(d))。图 10.41 示例了这种情况。下述表达式给出了系统的近似热平衡关系:

$$m \cdot c \cdot \frac{d\overline{T}}{dr} = P_D(t) - \overline{k} \cdot A \cdot (\overline{T} - T_{env}) \tag{10.49}$$

其中,$P_D(t)$是产生的衰变热,m 是反应堆压力壳的质量,c 是比热,A 是该设备的表面积。$\overline{k}$ 表征了从压力壳表面通过碎石向环境传输的热。导热、热辐射和自由对流都包含在这个数值中,该值与温度相关。使用如下形式的衰变热近似关系:

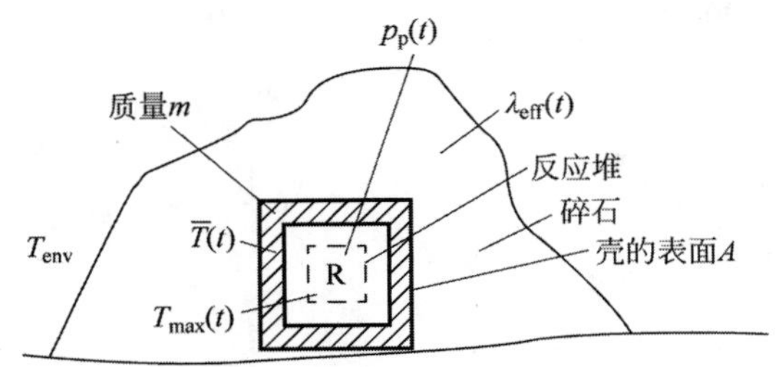

图 10.41 反应堆完全被碎石覆盖情况下估计温升的模型

$$P_D(t) \approx P_{th} \cdot 0.06 \cdot t^{-0.2} \approx P_{th} \cdot c_1 \cdot \exp(-c_2 \cdot t) \tag{10.50}$$

得到了如下形式的压力壳平均温度的微分方程：

$$\frac{d\overline{T}}{dt} = a \cdot \exp(-c_2 \cdot t) - b(\overline{T} - T_{env}) \tag{10.51}$$

$\bar{k}$ 取决于覆盖材料、温度和对流效应的复杂形式。基于第 1 近似中的实验值，可以假定 $\bar{k}$ 为常数。其中，

$$a = \frac{c_1 \cdot P_{th}}{m \cdot c}, \quad b = \frac{\bar{k} \cdot A}{m \cdot c} \tag{10.52}$$

根据初始条件 $t=0, \overline{T}=T_0$ 求解得到：

$$\overline{T}(t) - T_{env} = (\overline{T}_0 - T_{env}) \cdot e^{-bt} + \frac{a}{b - c_2} \cdot (e^{-c_2 t} - e^{-bt}) \tag{10.53}$$

压力壳平均温度如图 10.42 所示。

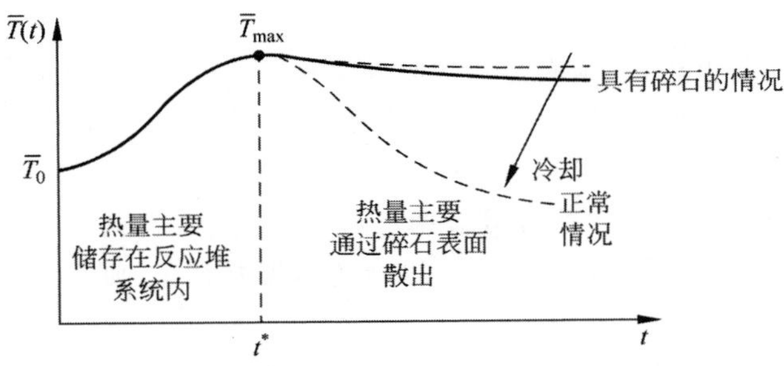

图 10.42 碎石覆盖情况下反应堆压力壳平均温度 T 随时间的变化

曲线的最大值由 $d\overline{T}/dt=0$ 给出，并出现在时间 t^*：

$$t^* = \frac{1}{c_2} \cdot \ln \frac{c_2}{(b-a)-(b-c_2)(\overline{T}_0 - T_{env})} \tag{10.54}$$

由式(10.54)可以给出这个非常极端事故开始阶段压力壳系统温升的粗略估计。

$$\frac{d\overline{T}}{dt} \approx \frac{P_D}{m \cdot c} \tag{10.55}$$

采用热功率(250MW)的 0.3%作为开始两天衰变热的平均值，且压力壳的质量为 1000t，$c=0.5$kJ/(kg·K)，于是得到温度的升高速率为 10℃/h，与图 10.43 所示的精确结果非常吻合。

当然，换热系数 $\bar{k}$ 会随温度发生变化，特别是热辐射的传热会随温度的升高而有所增加。经过较长的一段时间后，例如，可以假定一个星期，衰变热处于 500kW 这一量级。如果被一层厚厚的碎石和具有约 3000m^2 外表面的碎石山所覆盖，假定其换热系数 $\bar{k}$ 约为 0.2W/(m^2·K)，则可得到压力壳最高温度大约在如下量级：

$$\overline{T} - \overline{T}_{env} \approx \frac{P_D}{\bar{k} \cdot A} \tag{10.56}$$

最高温度将接近 1000℃。为了获得这些条件下的燃料最高温度，必须在堆芯径向温度分布中附加如下温差：

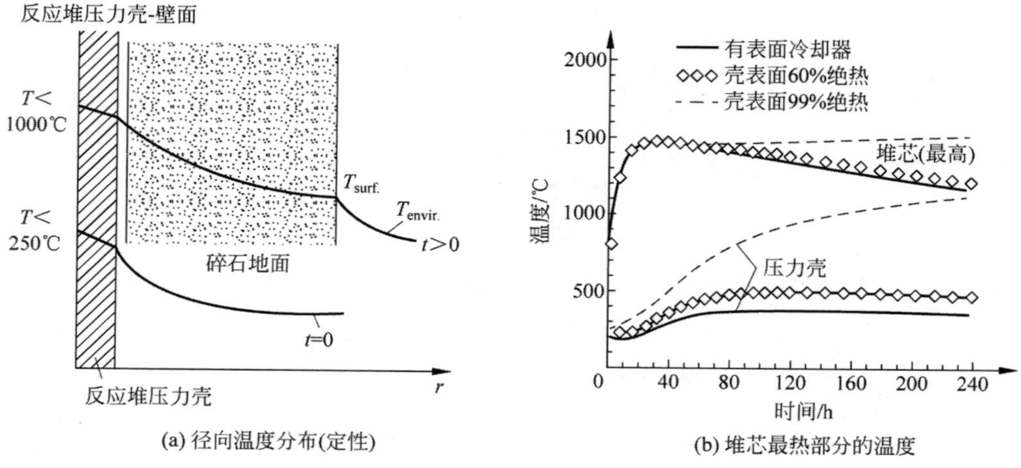

(a) 径向温度分布(定性)　　(b) 堆芯最热部分的温度

图 10.43 反应堆完全被碎石覆盖并完全失去冷却的情况下堆芯(热功率为 200MW)最高温度随时间的变化

$$\Delta T_c \approx \frac{P_D}{4\pi \cdot \lambda_{eff}} \cdot \frac{1}{H} \tag{10.57}$$

该值将处于 400℃这一量级,与 10.4.7 节中的说明相当。另外,还必须加上反应堆堆芯结构内由传热引起的温升,大约为 200℃。最终,燃料的最高温度将保持在 1600℃以下。对于 200MW 的电厂,通过三维计算机程序获得的堆芯燃料最高温度的结果如图 10.43 所示。那么,完全可以说:即使在上述极端情况下,仍然不会出现衰变热的载出导致堆芯升温至不允许的限值的现象。即使在这种情况下,裂变产物的释放也会受到限制。

当然,在一个星期的时间跨度内,完全有足够的时间采取一个非常简单的操作加以干预,比如通过提供惰性气体对压力壳进行冷却,从而使堆芯温度下降。渗透到碎石中的水也会产生冷却的效果,如果假设热量是通过蒸发被载出的,那么所需要的量很小,大约为 0.3kg/s 或 $1m^3/h$。

经过一段相当长时间的干预后,对被碎石覆盖的反应堆进行冷却及将衰变热载出是可能的,因为污染和辐照场的放射性程度仍然相对较低。如果 0.3%的衰变热需要载出,则可向覆盖反应堆压力壳的碎石堆注入大约 6t/h 的氮气。

另一个令人感兴趣的问题是非常强烈的地震事件可能会使球床堆芯的孔隙率发生变化。在正常的非密实布置状态下,可以认为球床的平均空隙率为 0.61。

在大型实验设施中进行的模拟地震事件的结果表明,随着水平加速度和加速度周期的变化,球床堆积因子仅仅发生了很小的变化(详见第 14 章)。例如,当加速度为 0.3g 时,有可能发生最大为 2%的密度变化,这对于模块式 HTR 反应性平衡和冷却状况来说并不重要。

10.5 反应性事故

10.5.1 概况

反应堆的反应性是由如下的表达式来定义的:

$$\rho = (k_{eff} - 1)/k_{eff}, \quad k_{eff} = P/(A + L) \tag{10.58}$$

其中,P 是中子的产生,A 是堆芯的吸收,L 是中子从堆芯的泄漏。一个稳态运行的反应堆的特点为 $k_{eff}=1$。因此,在正常运行时,ρ 为 0,当负荷发生变化时,该参数会发生微小的变化。反应性变化通常的单位是:1＄的反应性相当于延迟中子的份额 β(对于 U235 燃料来说,1＄的反应性为 0.0065)。反应性以 1h 计量,表示反应堆功率增长 1 倍的时间周期为 1h。

模块式 HTR 的中子平衡可以通过各种效应加以扰动,如图 10.44 所示。

反应性的变化或事故可以采用如下分类方式。

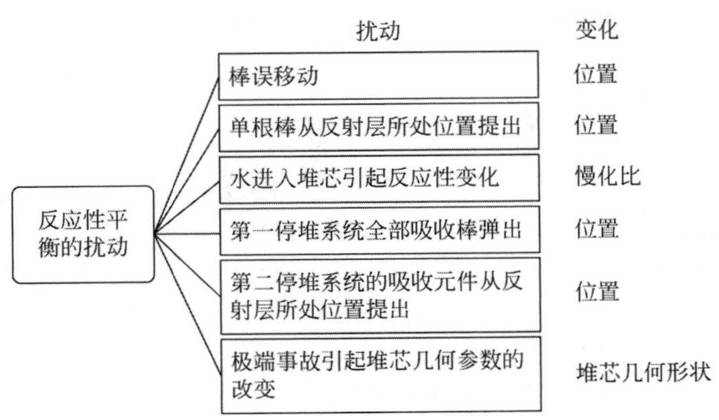

图 10.44 模块式 HTR 各种反应性效应概况

- 正常运行的效应：反应性的变化 $\rho \ll \beta$（对于 U235，$\beta=0.65\%$；对于 Pu239，$\beta=0.21\%$）。
- 设计基准事故的反应性事故，这意味着单根棒失效或者模块式 HTR 堆芯发生进水事故（60kg 左右，见 10.6 节）。在这些情况下，满足条件 $\rho<\beta$。
- 超设计基准事故的反应性事故，这是非常不可能发生的事故。这些事件是假设第一或第二停堆系统全部快速失效。此外，大量的水（液体）进入堆芯也属于这类事故。在进行反应堆设计时，认为这些事件是不可能发生的。只是本章将对这类事故进行讨论，以表明即使在这种极端的假设情况下，模块式 HTR 仍然是稳定的。

反应堆中总的反应性随时间变化的方程为

$$\rho(t)=\rho_{\text{rods}}+\rho_{\text{temp}}+\rho_{\text{H}_2\text{O}} \tag{10.59}$$

特别是温度的变化会引起反应堆堆芯中子注量率、功率的变化。ρ_{temp} 包括了燃料或慢化剂温度的变化，ρ_{rods} 包括了所有吸收元件的移动，$\rho_{\text{H}_2\text{O}}$ 对于进水事故来说是一个很重要的参数（见 10.5.3 节）。

核电厂反应性状态变化的描述包括中子动力学方程及对分析系统中温度场非常重要的方程。

10.5.2 模块式 HTR 的极端反应性事故

上文已经指出，对于设计合理的模块式 HTR，所有的控制棒或者所有的 KLARK 系统不可能全部失效，这是由于采用了"确保安全"的一回路边界或者防爆安全承压的一回路边界。然而，为了证明这种类型反应堆的坚固性概念，本节中，假定停堆系统全部失效。要想使反应堆系统具有很强的坚固性，其先决条件是具有很强的温度负反应性系数和使用特殊的燃料，即弥散在石墨基体中的非常小的包覆颗粒。模块式 HTR 还具有很大的热容量，可以储存瞬态过程中产生的能量，并且由于石墨的导热系数很大，完全可以非常快地将热量扩散到整个燃料元件中。

下面，对前面提到的模块式 HTR 的两个极端反应性事故加以讨论。

在第 1 种情况下，第一停堆系统所有插入反射层的棒在很短的时间内全部被提了出来，如图 10.45 所示。这一行为相当于 1.2% 的反应性当量。作为一个例子，这个反应性当量可以用于补偿 HTR-Module (200MW) 在 50% 部分负荷时氙毒引起的剩余反应性。

将棒从侧反射层的位置上提出的时间如图 10.45 所示，其中给出了相应的参数。

在严重事故期间，所有燃料的温度都保持在 1600℃ 以下，正如所要求的那样，这一温度可将所有的裂变产物阻留在包覆颗粒内部。温度从正常值上升了 400℃，可以用燃料的温度负反应性系数 3×10^{-5}/℃ 来补偿，相应的反应性变化为 1.2%。反应性的时间跨度与燃料最大功率的大小及温度的瞬变具有很密切的关系。上述分析结果表明，反应堆压力壳抗爆破的安全性对于反应堆的正常运行非常重要，防爆安全壳的优势非常显著。

稍后，将对包覆颗粒的瞬态后果进行一定的分析。

在第 2 种极端事故情况下（图 10.46），假设第二停堆系统的所有元件在很短的时间内也从它们的位置被弹出。反应堆处于冷态，在这种假设下，反应性变化了 13%。事故过程中反应性引入的速度自然影响到

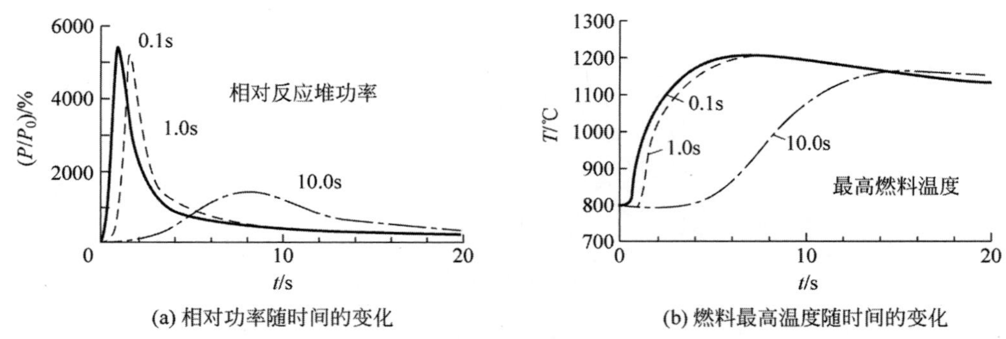

图 10.45　模块式 HTR 的极端核瞬态过程：第一停堆系统全部快速失效
热功率为 200MW；$\rho=1.2\%$反应性；反应性增益时间：0.1s，1s，10s

了功率和燃料温度随时间的变化，如前所述，这一效应的产生是建立在简单的点动力学模型的基础上的。例如，如果吸收元件（在侧反射层位置的 B_4C 小球）在 5s 内被弹出，则功率达到额定功率的 600 倍（30 000MW），但是这仅仅是一个非常短的时间。其中，有些燃料元件的温度达到了 1800℃。但即使在这种非常极端的假设下，平均燃料温度仍保持在 1600℃以下。

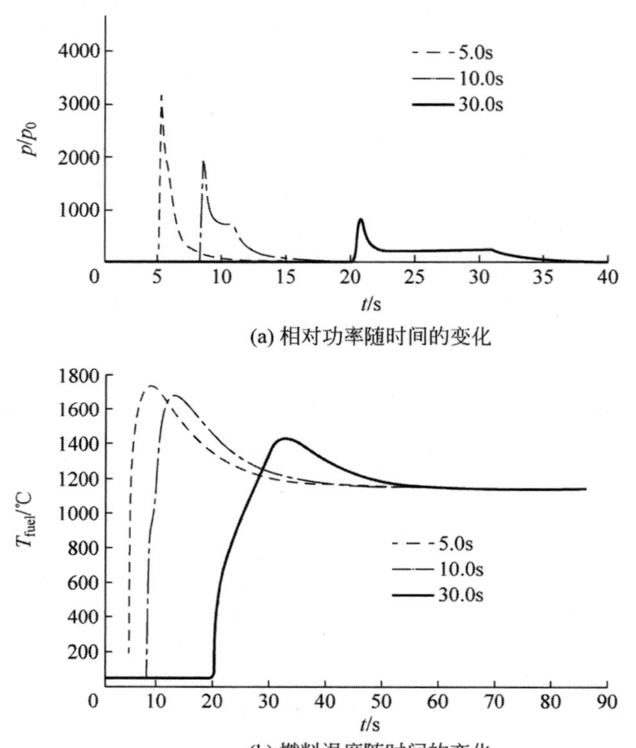

图 10.46　HTR-Module（热功率为 200MW）的极端核瞬态
第二停堆系统短时间内完全失去；200MW；5s，10s，30s 内 $\rho=13\%$；反应堆处于冷态；次临界；氙已全部衰变

从冷态堆芯开始，温度上升 1600℃左右，相应引入的反应性为

$$\Delta k = \Gamma \cdot \Delta T_{\mathrm{f}} \tag{10.60}$$

其中，温度反应性系数 Γ 为-8×10^{-5}℃$^{-1}$。因此，很自然地，在进行详细分析的过程中，必须将反应性系数随温度的变化包括在内（$\Gamma\approx T^{-0.5}$）。

除了核瞬态过程中最高燃料温度的限制外，燃料内部温度随时间的变化也很值得关注。

图 10.47 解释了包覆颗粒内部温度分布随时间的变化情况。由于 UO_2 核芯的导热率较低，那么很自然地，颗粒内的温升较大。然而，由于核芯的尺寸较小（直径为 0.5mm），温度的升高是有限的。从颗粒到石墨基体的传热效果显著，因为包覆颗粒周围的 C 和 SiC 包覆层具有非常高的导热率。这种额外的突然大量产

生的热可被描述为“热爆炸”。在这种情况下，可用下面的函数来描述与时间和空间的依赖关系。

$$\vartheta(\gamma,t)\approx Q\cdot\frac{1}{\vartheta\cdot\gamma^{3}}\cdot\xi^{3}\cdot\exp(-\xi^{2})\qquad(10.61)$$

其中，$\xi=\frac{\gamma}{\sqrt{4a\cdot t}}$，$a=\lambda/(Q\cdot C_{\mathrm{p}})$，$Q$ 是释放的热量，ϑ 是从初始温度开始上升的温度，γ 为包覆粒子核内的半径。这里给出的函数对应于图 10.47 所示的结果。包覆颗粒非常小的核芯内的初始温度分布在很短的时间内就可以达到平衡，这是因为从 UO_2 核芯通过包覆层到燃料元件石墨基体的传热是很快的。这种高效的传热和石墨基体良好的蓄热能力是包覆颗粒燃料元件承受很强的核瞬态过程的重要前提之一。燃料温度上升到 1800℃，相应地，具有 6×10^{-5}/K 的反应性系数和 13%的负反应性。

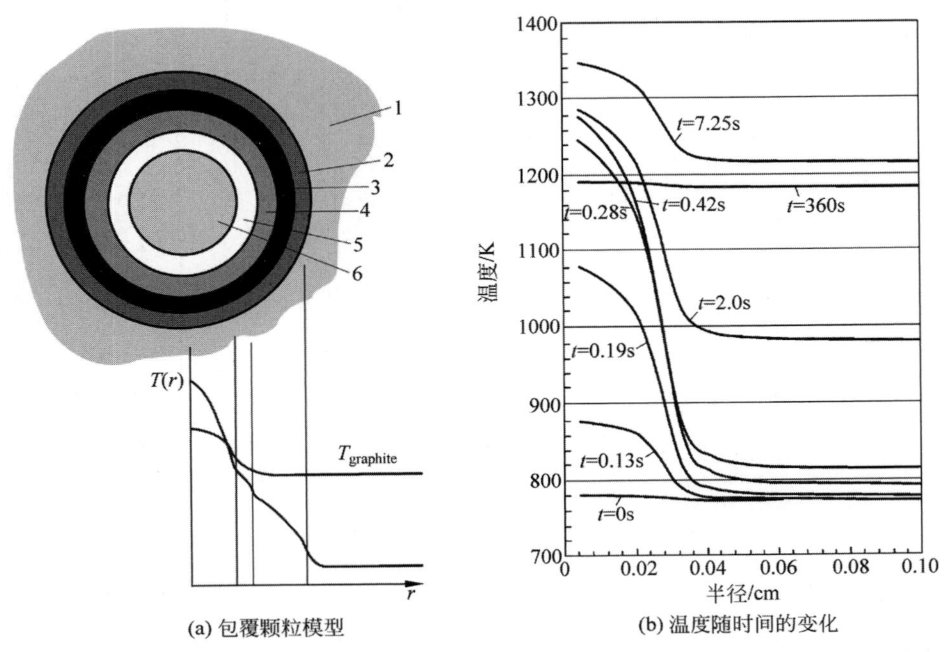

(a) 包覆颗粒模型　　(b) 温度随时间的变化

图 10.47　核功率快速增长时包覆颗粒中发热的增加：包覆颗粒中温度的时间和空间分布
0.01s 内反应性增加 $\rho_0=1.2\%$

1—石墨(基体)；2—石墨(包覆层)；3—SiC(包覆层)；4—石墨(包覆层)；5—疏松石墨层；6—UO_2 核芯

一个非常重要的问题是如果燃料可以承受这个附加能量，在事故期间会有多大的能量进入燃料中。通过积分，可以得到这一特定的能量数值：

$$\sigma=\int_0^{\tau}P(t)\cdot\mathrm{d}t/M_{\mathrm{fuel}}\qquad(10.62)$$

人们对 LWR 和 HTR 的燃料已进行过多次实验，并且在图 10.48 中给出了一些典型的结果。在瞬态事故中，包覆粒子可储存大量的能量。包覆颗粒外层的疏松热解碳层似乎对保证燃料的完整性具有一定的重要性。

当额外输入的能量大于 200cal/gUO_2 时，燃料棒的实验显示失败。若在短时间内功率能够提高两倍，那么就有可能发生这种情况。其中，一个重要的参数是燃耗。已据此进行了实验，实验中设定的燃耗达到 40 000MWd/t。而目前更倾向于采用更高的燃耗，因此需要进行新的实验。另外，包覆颗粒在上述事故情况下的阻留能力较强。燃料在约 500J/g 下的破损率预计小于 10^{-5}。当输入能量达到 1000J/g 时，预计破损率为 $10^{-2}\sim10^{-1}$。

燃料棒破损的一个主要原因是 UO_2 芯块的蓄热容量很小。另外，如果在运行过程中发生功率快速增长的现象，则燃料开始时的温度就会比较高。通常，燃料温度的平均值在 800～1000℃，但在热通道中高温燃料芯块中心的温度能够高于 2200℃，这种高温情况也包括正常运行时热通道因子处于 2 左右这个水平。

相较而言，包覆颗粒燃料显示出了更好的阻留能力，因为这些燃料颗粒非常小(直径为 500μm)，且弥散

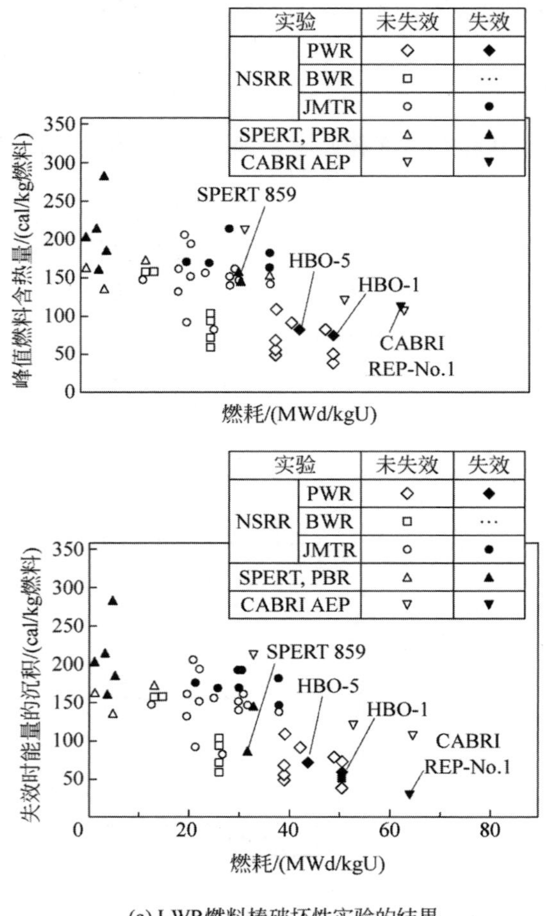

(a) LWR燃料棒破坏性实验的结果

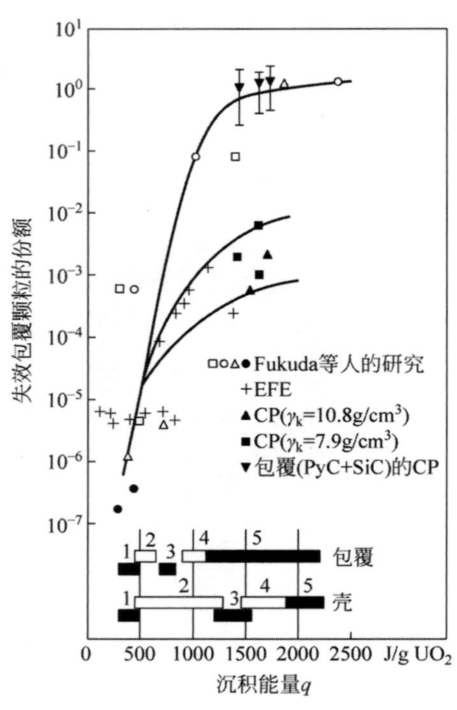

(b) 失效包覆颗粒(CP)份额随一次辐照沉积比能量的变化

图 10.48　燃料事故实验的结果：极端核瞬态

(1) 升温到 1500～1800℃；(2) 升温到大约 2000℃：核芯燃料扩散；(3) 升温到熔化：可能碳化；(4) 熔化：可能碳化；(5) 蒸发：可能碳化

在石墨基体中，从而具有非常高的热导率和良好的蓄热容量。在 LWR 中，UO_2 芯块的直径约为 10mm，它们是瞬态过程中蓄热容量的主要因素。

不同行为的原因可能包括包覆颗粒的直径较小及碳和碳化硅各层所具有的特殊结构。核芯和包覆层之间的缓冲层从某种角度来看也可能是很重要的，它可以起到对裂变产物进行中间储存的作用。

10.5.3　堆芯进水和慢化比的变化

在采用蒸汽发生器的 HTR 电厂中，如果堆芯处于欠慢化状态，那么水进入反应堆堆芯将引起反应性的增加。如果水进入堆芯，逃脱共振概率和非泄漏概率将会提高，因此，反应性完全有可能增加。在达到最大值之后，水的吸收变得更加显著，反应性反而有所下降。图 10.49 给出了均匀系统四因子的行为效应。

图 10.49 所示的反应性曲线的趋势可以根据慢化比的变化来加以解释，这一趋势影响了四因子公式中的相关因子：

$$K_{\infty}(M)=\varepsilon \cdot \eta \cdot f \cdot p=\varepsilon \cdot \eta \cdot \frac{1}{1+c_1 \cdot M}\exp\left(-\frac{c_2}{M}\right) \tag{10.63}$$

其中，M 是慢化比。如果堆芯中含有水，则有

$$M \approx (N_C+N_H)/N_U \tag{10.64}$$

图 10.50 对模块式 HTR 反应性与堆芯进水量的依赖关系进行了解释。如果反应堆堆芯的运行点在图 10.49 中曲线的右侧，则进水时堆芯的反应性会降低。在欠慢化的情况下，运行点在曲线的左侧，则在进水时，慢化比会变得更大，从而引起反应性的上升。

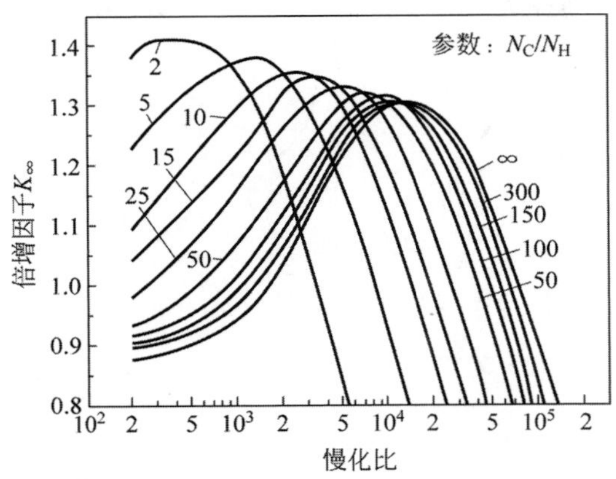

图 10.49 模块式 HTR 进水对反应性影响的说明：K_∞ 随慢化比和 N_c/N_H 比值的变化

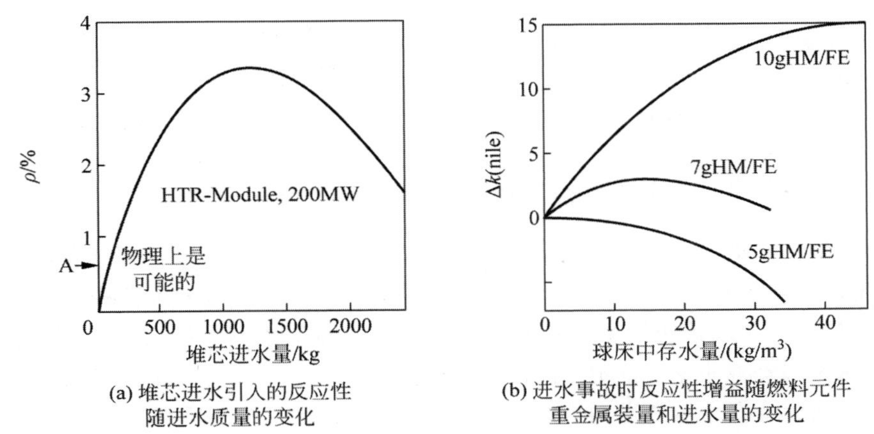

(a) 堆芯进水引入的反应性随进水质量的变化

(b) 进水事故时反应性增益随燃料元件重金属装量和进水量的变化

图 10.50 模块式 HTR(热功率为 200MW)在进水事故时的反应性变化

针对模块式 HTR 堆芯所发生的进水事故，更详细的临界分析如图 10.50 所示。蒸汽发生器发生断管后，在停止给水之前，大约 600kg 的水将进入一回路。将近 10%的水可能进入堆芯区域，并受热变为蒸汽，进一步扩散到整个一回路系统内，使一回路内蒸汽分压上升。

在 HTR-Module(7g 重金属/球)的通常设计中，这样的进水量将引起 $\Delta k \approx 0.0047$ 的反应性增加，如图 10.50(a)中的 A 点所示。通常，这个效应可以由反应堆停堆系统给予补偿。如果这一效应也失效，那么温度负反应性系数会使燃料温度上升大约 100℃。进水使一回路系统的压力升高到大约 7.2MPa。随后，安全阀打开，压力下降。关于这些效应的更为详细的说明将在 10.6 节中给出。

假设堆芯内的蒸汽完全取代氦气，则堆芯的临界值可能上升到接近 1.04。如果停堆系统完全失效，则反应堆的温度将上升以抵消增加的反应性。进水需要一定的时间，而在任何情况下，温度负反应性效应都会立即起作用。

HTR 堆芯反应性的增加取决于燃料球的重金属含量及堆芯的进水量。反应性的峰值会随重金属装量的增加而升高。在燃料球和石墨球混合装载之后的平均重金属装量为 5g 的情况下，反应性曲线的趋势总是负值，如图 10.50(b)所示。对中子平衡进行的详细分析表明，通过更好的慢化中子谱，氢的影响得到了修正。氢的寄生吸收变大，其他同位素的吸收减少，泄漏程度几乎保持不变。如果在堆芯中加入石墨球，堆芯的等效重金属装量会减少，而堆芯运行的条件并没有发生太大的变化。

10.5.4 对反应性事故的一般思考

在假设发生极端反应性事故的情况下，各种反应堆系统燃料行为的差异可用图 10.51 所示的一个简单模型来解释。

假设发生 $\rho>\beta$ 的事故。要考虑的问题是反应性平衡和燃料的热平衡。这里，需要有一个必要条件，即

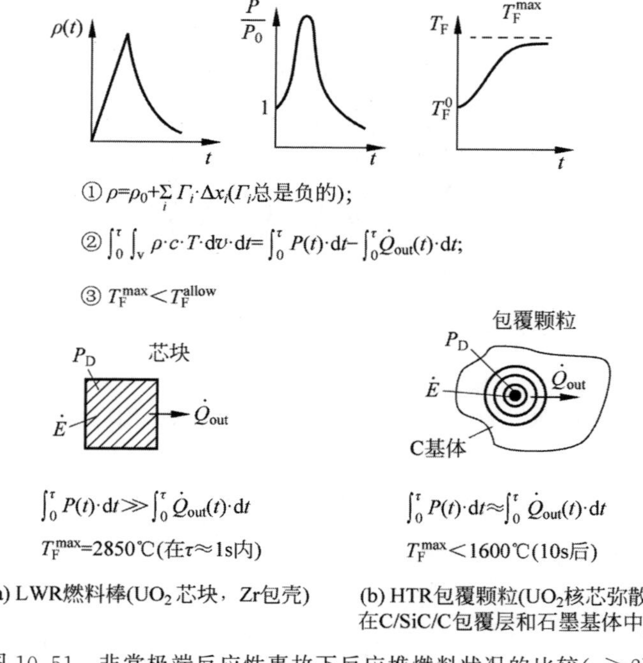

图 10.51 非常极端反应性事故下反应堆燃料状况的比较($\rho>\beta$)

反应性反馈系数总是负值。此外，也必须要满足燃料设定的条件($T_F^{max}<T_F^{allowed}$)，以保障燃料的安全性。在热量平衡中，热量从燃料中释放出来的可能性非常重要，且对于芯块和包覆颗粒燃料来讲是不同的。我们知道，石墨基体固体材料中的传热效果非常显著。而在失去冷却水的情况下，UO_2 芯块内的热量仅通过热辐射和自然对流就可以释放出来。此外，除了在瞬态过程中燃料的平均温度上升之外，燃料芯块(p)或燃料颗粒(cp)中的径向温度分布也会随着时间而有所增长，芯块和燃料核芯所具有的对应关系可表示如下：

$$\Delta T_p=\frac{\dot{q}_p\cdot R_p^2}{4\cdot\lambda_{UO_2}},\quad \Delta T_{cp}=\frac{\dot{q}_p\cdot R_{cp}^2}{6\cdot\lambda_{UO_2}} \tag{10.65}$$

于是，可以得到燃料区域中温差的比值：

$$\frac{\Delta T_p}{\Delta T_{cp}}\approx 1.5\cdot\frac{R_p^2}{R_{cp}^2} \tag{10.66}$$

由于在这两个燃料概念中，UO_2 区域内的功率密度几乎是相同的，上面定义的温差的比值约为 600。即使在极端事故中，包覆颗粒内的温升也比芯块中的要小。这里，假设燃料棒的半径大约为 5mm，而相应的包覆颗粒的半径仅为 0.5mm。因此，由这一比较可以看出，如此小的半径不足以引起空隙或者温度系数的负反馈，但是它能够在开始阶段就将燃料元件瞬态过程中的热量储存起来，并在后面阶段通过导热、热辐射、自然对流等非能动方式将热量载出，以限制最高的燃料温度。一方面，燃料必须尽可能快地升温以获得负反应性反馈；另一方面，瞬态过程中的热量又必须尽快地从燃料区释放出来，以使反应堆相应区域的温度不是很高。包覆颗粒具有非常小的直径(0.5mm)，颗粒弥散在陶瓷材料中，具有较高的导热率(C，SiC)，这一点是满足热量载出等要求的最好的先决条件。综上，模块式 HTR 堆芯能够承受极端核事故的必要的前提条件如下：

- 大的负反应性反馈(特别是温度反应性系数 Γ)；
- 堆芯中具有较低的剩余反应性($\Delta\rho$)；
- 在燃料区、包覆层和石墨基体之间具有良好的传热；
- 燃料元件 UO_2 区中的传热距离较短；
- 堆芯具有较大且持续的热容量(较大的 $M_c\cdot c_c$)；
- 燃料元件中耐高温、稳定的材料(陶瓷，如 C，SiC，UO_2)；
- 长时间储存燃料中的额外热量，正常运行时燃料温度低；
- 高温下将裂变产物阻留在燃料元件内(目前，包覆颗粒燃料在直到 1600℃的高温下对裂变产物均具有很强的阻留能力)；

- 保护燃料元件以抗蒸汽或空气的腐蚀。

上述这些条件是对模块式 HTR 堆芯设计的基本条件。违反上述条件之一，将损害核功率和燃料温度自发限制的原则。相应于设计基准、超设计基准和假想极端事故的反应性事故的最终评估结果，表 10.10 给出了以第一停堆系统受到扰动为例进行的评估结果。不同评估条件下产生的差异主要表现在对最高燃料温度的估计上。另外，从表 10.10 中还可以看出，燃料的热输入值之间存在很大的差异。因此，包覆颗粒的破损率与前面讨论的其他系统的情况是不同的。

表 10.10 模块式 HTR 第一停堆系统所受干扰的评估

事故类型/方面	设计基准事故	超设计基准事故	极端假想事故
事故的假设	约 10s 内一根插入的停堆棒弹出	约 5s 内几根插入的停堆棒弹出	约 1s 内全部插入的停堆棒弹出
增加的反应性	<0.0065	<1.2%	1.2%
最大功率 P/P_0	<1.5	3	60
最高燃料温度/℃	<1100	<1300	<1600
输入到燃料中的能量/(J/g)	<100	<500	<1000
预计的颗粒破损率	$<10^{-4}$	$<10^{-3}$	$<10^{-2}$
从燃料元件中释放的额外的裂变产物	非常小	小	有差异

自然界中有许多类似的现象可以合理解释稳定性原理。比如，一个关于力所受到的影响的例子，具体来说，就像可以从机械部件中获得力的反馈重力总在起作用，经过不断的振荡，最后使质量 M 达到一种平衡状态。图 10.52 给出了质量在给定曲线上的移动过程，通过对阻尼振荡原理的机械模拟来解释核的稳定性。

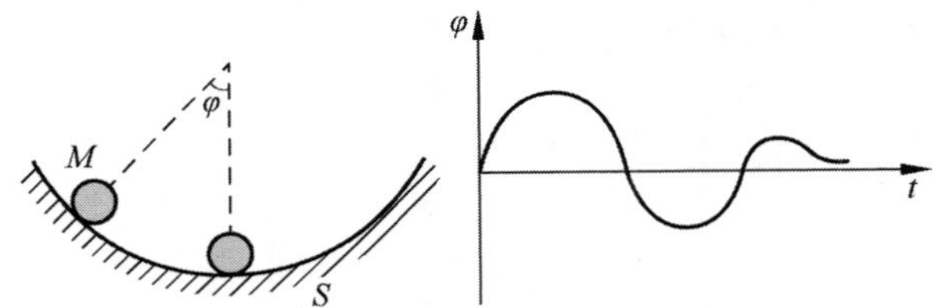

图 10.52 解释核稳定性的阻尼振荡原理的机械模拟

在强摩擦力下，质量在短时间内到达初始的稳态位置。摩擦的能量被传递到含有表面 S 的周围介质中，质量 M 的运动不受内部因素的干扰，因此，最终总能达到平衡状态。然而，也存在一定的特殊性，来自外部的强大冲击有可能改变这种平衡状态。

10.6 水进入一回路系统的事故

10.6.1 事故的概况和后果

在 HTR 蒸汽发生器中，传热管可能发生损害或者断裂。在这种情况下，只要二次侧的压力高于一次侧，那么蒸汽/水混合物就会从二次侧进入氦回路。进水量的多少取决于管道破口的面积 A 及蒸汽/水侧和氦气侧之间的压力差，即有如下方程：

$$\dot{m} \approx A \cdot \sqrt{\Delta p} \tag{10.67}$$

水在氦回路中的分布情况及引起的后果如图 10.53 所示。

石墨受水腐蚀形成了像氢气和一氧化碳一样的可燃气体，使压力升高并对中子平衡造成影响，因此在设计时，必须要仔细考虑这种腐蚀带来的后果。

在安全分析中必须假设不同尺寸的泄漏现象，并对其后果进行评估。

- 蒸汽发生器上大约 1mm^2 破口的小泄漏。
- 传热管双端断裂(2f-破口)，蒸汽发生器破管的全部开口面积为 $2\times300\text{mm}^2$(设计基准事故)。此外，

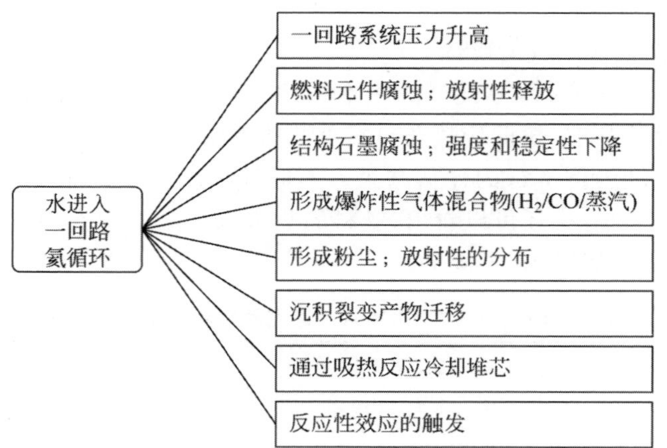

图 10.53 模块式 HTR 中水进入氦回路的后果

假设在相对较短的时间后(大约 30s)停止供水。

- 几个蒸汽发生器单元中的几根传热管破裂(超设计基本事故)：由于发生多处泄漏而且隔离阀延迟关闭，使水大量进入一回路。

图 10.54 给出了反应堆中几个与进水事故有关的安全设施。

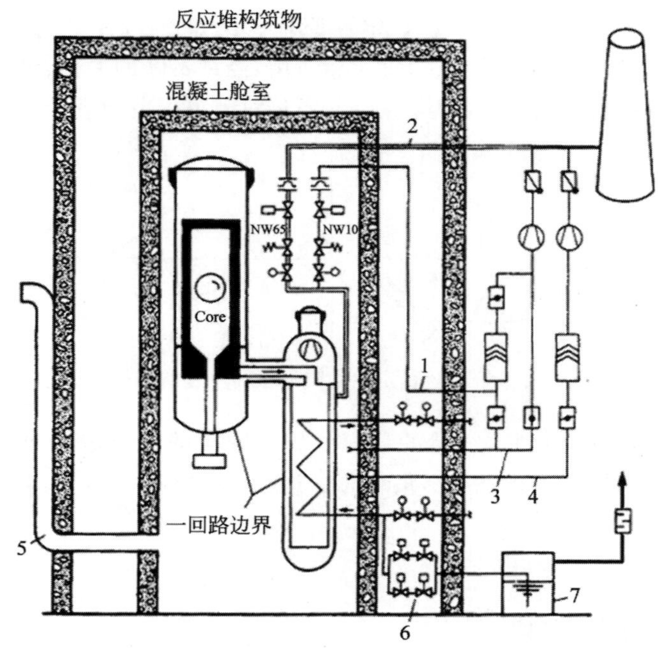

图 10.54 反应堆中与进水事故有关的安全设施

1—压力限制的系统；2—避免压力过高的系统；3—建立内舱室压力的系统；4——回路系统泄漏氦气的过滤系统；5——回路泄漏后内舱室的失压系统；6—蒸汽发生器卸压系统(给水侧)；7—水池

在进水事故中起重要作用的主要设备包括：

- 氦回路中湿度和水的检测系统，提供反应堆保护系统信号。
- 氦风机中的一个挡板，它中断了一回路中的自然循环过程，并进一步阻止了蒸汽的流动。
- 给水和蒸汽管路中的阀门，用以停止向蒸汽发生器供水，这些阀门应在短于 30s 的时间内动作。
- 气体净化包括水的冷凝器和储存，应包括两列，相关部件应有足够的冗余。
- 蒸汽发生器的减压系统，从蒸汽发生器壳的底部排出大量的水。该系统应能自动工作，另外，也应允许采用手动操作来触发。
- 一个可储存水的水池，适于储存从一回路系统排出的水。
- 一种有效的废气过滤系统。

10.6.2 对进入一回路系统水量的估计

模块式反应堆 HTR-PM 的蒸汽发生器由 19 个组件组成，每个组件中都含有 35 根蒸汽发生器传热管，且每个组件的总质量流量大约是 5kg/s。图 10.55 所示为单个组件的布置及其关闭的可能性。可以看出，每个组件都可以通过关闭水侧和蒸汽侧的隔离阀加以隔离。

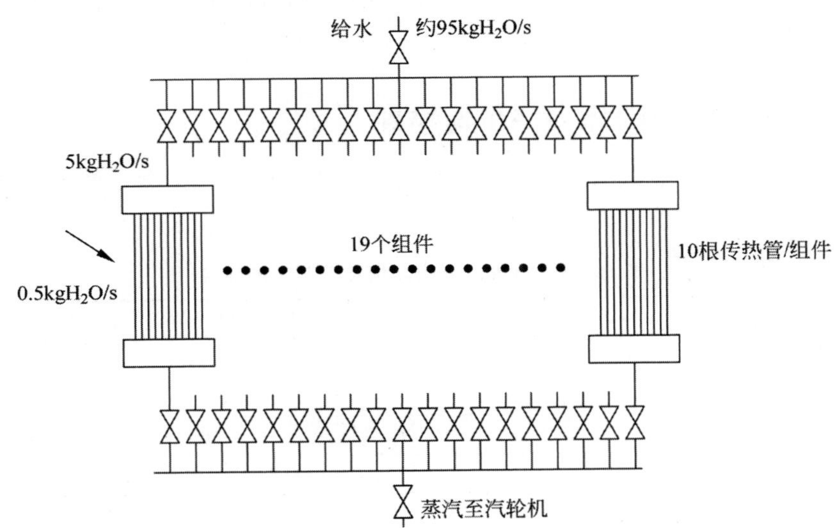

图 10.55 模块式 HTR(如 HTR-PM)中蒸汽发生器的设计概念：19 个组件上的给水分配
每个组件有 35 根传热管

下面，给出蒸汽发生器的一些典型参数。首先，蒸汽的质量流量如下：

$$\dot{M}=P_{\text{th}}/(h_{\text{steam}}-h_{\text{feedwater}}) \tag{10.68}$$

当蒸汽发生器传热管的双端发生断裂时(假设在预热段部分)，泄漏水的质量流量为

$$M=\dot{M}\frac{\tau}{Z_1}+Z_2\cdot L\cdot\frac{\pi}{4}d^2 \tag{10.69}$$

其中，Z_1 是蒸汽发生器的组件数，Z_2 是每个组件中的传热管数，L 是传热管的长度，d 是直径，τ 是阀门关闭之前水流过蒸汽发生器的持续时间。对于进入堆芯的水量，可由下面的关系式来估计：

$$M_{\text{c}}\approx M\frac{V_{\text{c}}}{V_{\text{tot}}} \tag{10.70}$$

其中，V_{c} 是堆芯的体积，V_{tot} 是一回路的总体积。

下面给出的数据是上述这些设备的典型参数值：h_{steam}(560℃/180bar)=3444kJ/kg，$h_{\text{feedwater}}$=774kJ/kg，$\dot{M}$=95kg/s(P_{th}=250MW)，t_1=19，Z_2=10，L=100m，d=2cm。

由上，可以得到正常运行条件下的质量流量$\dot{M}\approx$95kg/s(P_{th}=250MW)及总的质量流量 M，同时，还可以计算得出 30s 内进入氦回路的水量大约为 600kg。

假设进入堆芯的水量占总进水的比例 $V_{\text{c}}/V_{\text{tot}}$ 为 1/10，则进入堆芯的水量大约为 60kg。根据 10.6.1 节中关于破口大小的不同假设，可以得到如下的结果。

- 可能进入一回路的水量是受蒸汽发生器设计及给水侧和蒸汽管路上隔离阀的动作限制的；蒸汽发生器每个取样系统的传热管数是有限的。
- 在少量进水(设计基准事故)的情况下，由于气体净化装置的作用，氦气回路中的含水量将会减少。采用两列平行的净化系统进行优化具有一定的优势，它可以使该系统实现更高的可利用率。如果这些程序能够按照预期的方式工作，即能够限制一回路压力的上升，那么，石墨的腐蚀也将得到一定的控制。
- 对于超设计基准事故，水可能进入一回路。在这种情况下，进入到堆芯中的水量会有 40kg，其他的

水将在蒸汽发生器压力壳内。其中一部分将会蒸发，并延迟一些进入堆芯。进入一回路系统的水量将在净化系统的作用下减少。有两套并联的净化系统，以实现该系统的高可利用性。如果该安全装置发挥其作用，石墨的腐蚀将保持在与前面提到的情况类似的数值范围内。

- 对于极端事故情况下的压力泄放系统，大量的水从二回路系统进入一回路系统。堆芯中的水量在40kg左右，大量的水存留在蒸汽发生器压力壳的底部，通过卸压和水分离系统被排出。因此，从这个角度来看，对石墨的腐蚀是非常有限的。进一步的干预可以在极端事故之后在一回路系统和内混凝土舱室内进行，这种干预方法可以在未来的设计概念中加以实施。

10.6.3 蒸汽/石墨反应的热力学平衡原理

表10.11给出了氦回路中的蒸汽与高温石墨之间发生的相应反应的化学方程式，通过简单的估计推导出参与反应的物质数量的大概数值。

表10.11 水进入氦回路情况下石墨的反应

异相水煤气反应	$C+H_2O \longrightarrow CO+H_2, \Delta H=119kJ/mol$
均相水煤气反应	$CO+H_2O \longrightarrow CO_2+H_2, \Delta H=-40.9kJ/mol$
加氢气化	$C+H_2 \longrightarrow CH_4, \Delta H=-87.5kJ/mol$
甲烷化	$CO+3H_2 \longrightarrow CH_4+H_2O, \Delta H=-206kJ/mol$
气化反应	$C+CO_2 \longrightarrow 2CO, \Delta H=162kJ/mol$

以异相水煤气反应为例，参与反应的物质的量如下：

$$\begin{cases} 1\text{kg C} + 1.5\text{kg}H_2O \longrightarrow 2.5\text{kg 气体} & (\triangleq 1.87\text{m}^3 CO + 1.87\text{m}^3 H_2) \\ 1\text{kgC} + 0.166\text{kg}H_2 \longrightarrow 1.166\text{kg}CH_4 & (\triangleq 1.56\text{m}^3 CH_4) \\ 1\text{kgC} + 3.67\text{kg}CO_2 \longrightarrow 4.67\text{kgCO} & (\triangleq 3.74\text{m}^3 CO) \end{cases} \tag{10.71}$$

HTR发生进水事故之后形成的气体混合物的组成取决于热力学平衡和反应动力学。气体的组分很大程度上取决于温度、压力和材料质量。在忽略反应动力学的限制值的条件下，根据热力学计算可以估算出混合气体的典型组分。在正常情况下，没有达到平衡值；但在很高的温度下，反应会很快，有可能达到理论上的气体组成。

在分析过程中，必须要将随温度变化的平衡常数、物质平衡和合适的体积浓度相结合，从热力学角度得到计算气体中H_2和CO含量最大可能值的方程。在1000℃以上的高温及低温条件下，可以忽略CH_4和CO_2的含量，所得方程可以作为这些解的简单近似。

相应于反应系统$C/H_2O \longrightarrow (H_2, CO, CO_2, CH_4)$的典型方程如图10.56所示。可以采用解析方法来求解这些方程组。而且，在应用计算机程序进行相关计算时，允许将平衡常数的精确温度依赖关系作为参考以辅助计算。

体积浓度:

$\Psi_i=p_i/p=n_i/n$ p_i为气体成分的分压，n为总的克分子数

$n=\Sigma n_i$=气体成分的摩尔数

$p=\Sigma p_i$ p为总压

反应的平衡常数：

$K_W=\Psi_{CO}\cdot\Psi_{H_2}\cdot p/\Psi_{H_2O}$ (异相水煤气反应)

$K_B=\Psi^2_{CO}\cdot p/\Psi_{CO_2}$ (气化反应)

$K_M=\Psi_{CH_4}/\Psi^2_{CO_2}\cdot p\cdot x_M$ (加氢气化反应)

平衡常数随温度的变化(T/K):

$\lg K_W=-33.45778-4825.986/T-5.671122\times10^{-3}T+0.8255488\times10^{-6}T^2+14.51576\lg T$

$\lg K_B=-3.2673-8820.69/T-1.208714\times10^{-3}T+0.153734\times10^{-6}T^2+2.295483\lg T$

$\lg K_M=-13.06361+4662.8/T-2.09594\times10^{-3}T+0.3862\times10^{-6}T^2+3.034338\lg T$

质量平衡:

$\Psi_{H_2}+\Psi_{CO}+\Psi_{CO_2}+\Psi_{H_2O}+\Psi_{CH_4}=1$ (所有气体成分)

$\Psi_{H_2}+\Psi_{H_2O}+2\cdot\Psi_{CH_4}=\Sigma n_{H_2}/n$ (H_2平衡)

$0.5\cdot\Psi_{CO}+\Psi_{CO_2}+0.5\cdot\Psi_{H_2O}=\Sigma n_{O_2}/n$ (O_2平衡)

图10.56 C和H_2O转换过程中分析热力学平衡的方程组

图 10.57 给出了各种反应的平衡常数 $K_p(T)$，图中的曲线对于吸热或放热反应具有典型的随温度变化的斜率。当然，可以通过计算机程序找到方程组的正确解。基于简化的方程可以推导出非线性方程，并采用数值方法来求解。例如，对于一个包含 H_2 和 CO 的简化系统，得到了如下关系：

$$X_M \cdot K_M \cdot P \cdot \Psi_{H_2}^2 + \Psi_{H_2} + \Psi_{H_2} \cdot \Psi_{CO} \cdot P/K_W + \Psi_{CO}^2 \cdot P/K_{KB} + \Psi_{CO} - 1 = 0$$

$$2 \cdot X_M \cdot K_M \cdot P \cdot \Psi_{H_2}^2 + \Psi_{H_2} + \Psi_{H_2} \cdot \Psi_{CO} \cdot (1-a) \cdot P/K_W - \Psi_{CO}^2 \cdot 2 \cdot a \cdot P/K_{KB} - a \cdot \Psi_{CO} = 0 \tag{10.72}$$

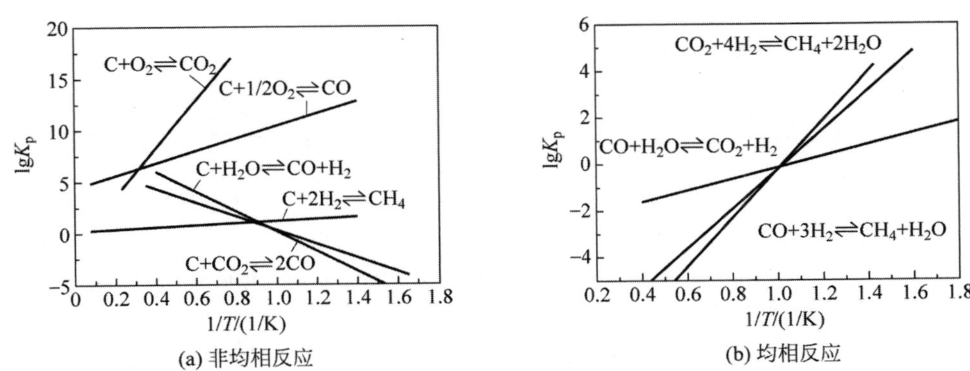

图 10.57 水进入石墨系统时各种重要反应的热力学平衡常数

上述方程也可以用数值方法求解，同时还可以给出不同温度和压力下的气体成分。图 10.58 给出了基于热力学关系的计算结果。在正常压力下，900℃以上气体主要是氢气和一氧化碳。随着压力的上升，这一温度进一步升高，例如，在 4MPa 时，温度升高到 1200℃。这些数值都是在与事故相关的极端假想的情况下获得的。当然，这些反应的动力学对实际结果也具有显著的影响。

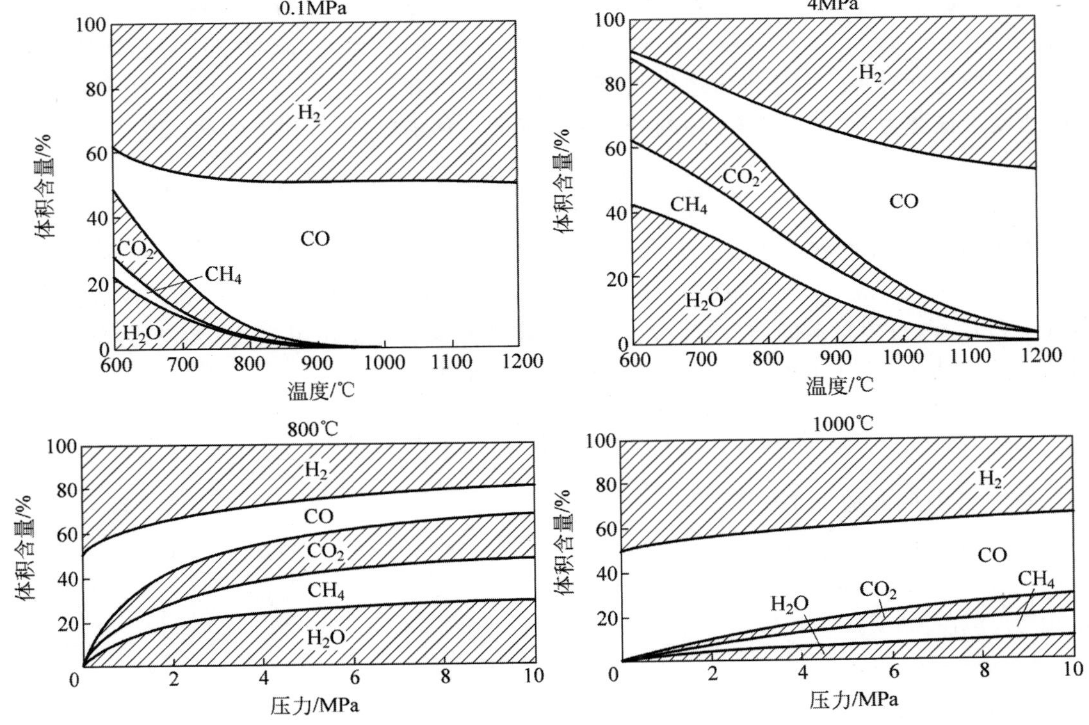

图 10.58 石墨蒸汽气化(热力学平衡)情况下气体成分随温度和压力的变化

图 10.59 给出了模拟球床的实际高温分布测量的结果。在高于 800℃ 的温度下，水或蒸汽与石墨之间发生了显著的转化，这是由于在较低温度下反应速度较慢。

将图 10.58 所示的热力学计算结果与在较高压力及高于 1100℃ 的温度下测量的气体成分进行了评估，

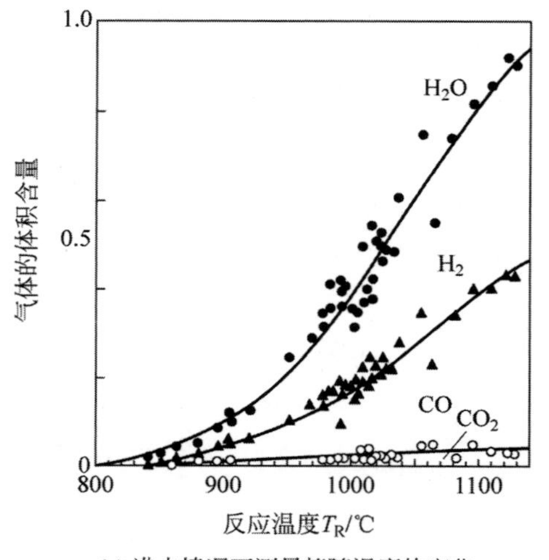

(a) 进水情况下测量值随温度的变化

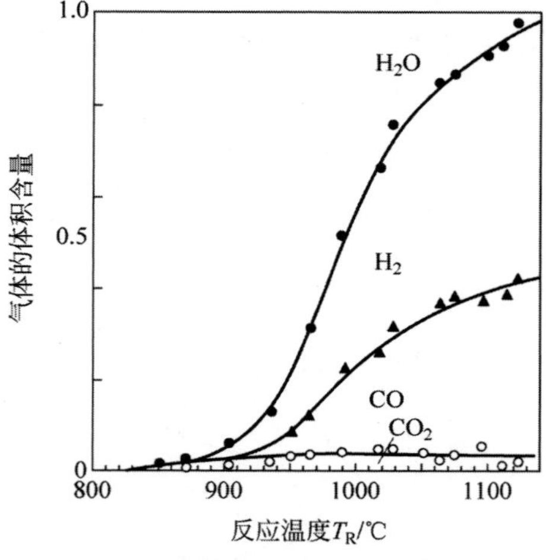

(b) 进入蒸汽的情况下测量值随温度的变化

图 10.59 石墨与水/蒸汽之间发生反应时测量的气体成分

结果很好。在 1100℃以上的温度时，气体主要由氢气和一氧化碳组成，这是通过热力学平衡预测的结果，如图 10.59 所示。

10.6.4 蒸汽对石墨的腐蚀反应速率

为了描述腐蚀反应效应随时间的变化情况，定义 r 为燃料元件或石墨结构表面单位时间的质量损失：

$$r=\frac{\Delta m}{A\cdot\Delta t} \tag{10.73}$$

其中，A 是暴露于腐蚀气氛中的石墨的表面积，使用了石墨表面原始尺寸的一些测量结果。反应速率取决于如下参数：$r=f(T,p,p_{H_2O}$，流经石墨表面的流速，几何条件)。另外，前面提及的起到催化剂作用的碱金属杂质也与反应速度有关。对于许多应用，蒸汽的温度、压力和分压被认为是最重要的参数。

腐蚀的速度可描述为参与反应的气体的分压及温度的一种函数，具有如下的关系式：

$$r'=\frac{k_1\cdot p_{H_2O}}{1+k_2\cdot p_{H_2O}+k_3\cdot p_{CO}} \tag{10.74}$$

反应常数 k_i 取决于温度和活化能 E_i：

$$k_i=C_i\cdot\exp[-E_i/(k\cdot T)] \tag{10.75}$$

其中，参数 C_i 和 E_i 与石墨材料的类型有关，也与一些特殊元素的催化作用有关。对于 HTR 石墨的反应速率，许多实验结果都是可用的，反应速率与主要参数的关系如下。

$$r=r_0\cdot\sqrt{\frac{p_{H_2O}}{p}}\cdot\exp\left[\frac{E}{R}\cdot\left(\frac{1}{T_0}-\frac{1}{T}\right)\right] \tag{10.76}$$

式(10.76)中涉及的参数定义如下：

r——反应速率(mg/(cm^2 · h))；

p_{H_2O}——水/蒸汽的分压(bar)；

p——压力(bar)；

E——活化能(kJ/mol)；

R——气体常数(kJ/(mol · K))；

T_0——标准温度(K)；

T——材料温度(K)；

r_0——标准反应速率(mg/(cm^2 · h))。

标准反应速率 r_0 是以温度 $T_0=950$℃，压力 $p=0.1$MPa 及蒸汽在氦气中的体积比为 3%确定的。对于作为燃料元件基体的 A3 石墨，r_0 的值为 1.3mg/(cm^2 · h)。

反应速率 $r(\mathrm{mg/(cm^2\cdot h)})$ 随温度、总压和水蒸汽分压等参数变化的一些测量结果如图 10.60(a)所示，测量时，假设腐蚀量为 2%。在更为详细的分析过程中，必须要考虑反应速率随燃耗的变化，如图 10.60(b)所示。如图 10.60(d)所示，测量范围已外推到 1000℃以上的温度范围。仅在发生极端事故的情况下，石墨材料才可能达到如此高的温度。那么，在这种情况下，反应速率可以用下面的函数来近似。

$$r(T) \approx r_0 \cdot \exp(c \cdot T) \tag{10.77}$$

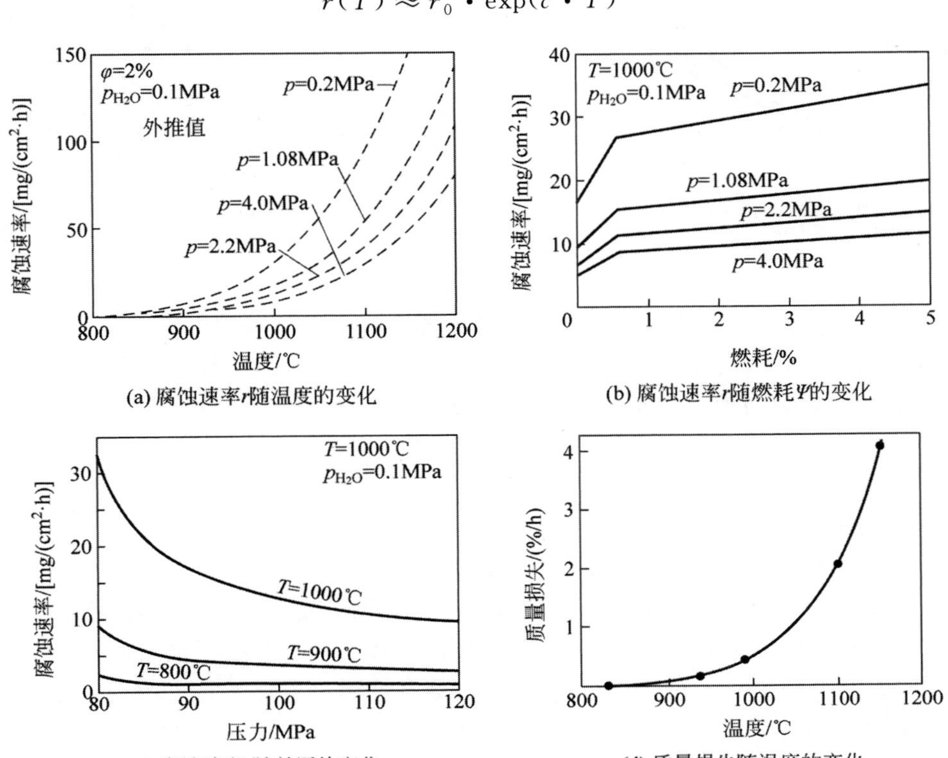

图 10.60　HTR 燃料元件(A3 石墨)在蒸汽中的腐蚀速率

与燃料元件石墨(A3)相比，用于反射层结构的石墨显示出更高的腐蚀速率，如图 10.61 所示。关于测量方法和现有结果的更多细节将在第 14 章中给出。

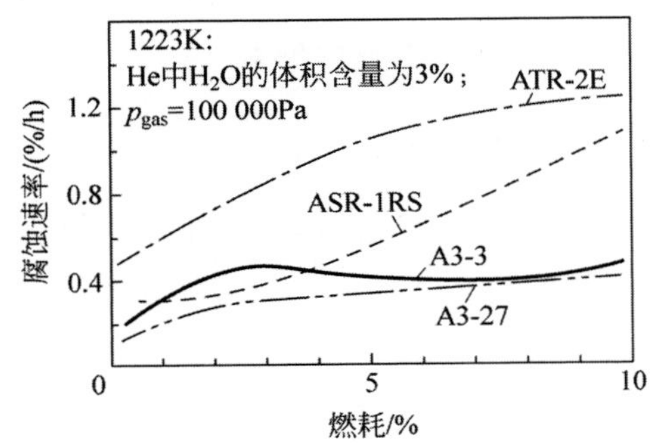

图 10.61　不同石墨质量下，H_2O 中的整体腐蚀速率随燃耗的变化

标准条件：950℃，氦气中 H_2O 的体积百分比为 3%，$p_{tot}=10^5\,\mathrm{Pa}$

对于所有的设计基准事故，模块式 HTR 堆芯都能足够快地冷却到 1000℃以下。因此，其反应速率是相当小的，并且利用气体净化装置可以在较短的时间内将腐蚀物质的含量降下来。

碱金属催化效应对腐蚀速率的修正是众所周知的，但是，催化效应的修正程度却是这种反应速率下的不确定性因素。因此，这里没有对这一效应进行更详细的分析。在水侵入过程中，形成了氢和一氧化碳。图 10.62 给出了石墨和燃料元件的一些测量结果。

下面给出的例子可以证实蒸汽对燃料元件的腐蚀效应：一个表面积为 $A=4\pi r^2=113\mathrm{cm}^2$ 的燃料元件暴露在蒸汽中(在氦气中的分压为 0.1MPa)，在 1000℃和 4MPa 的总压下持续了 1h 的时间。在这个条件下

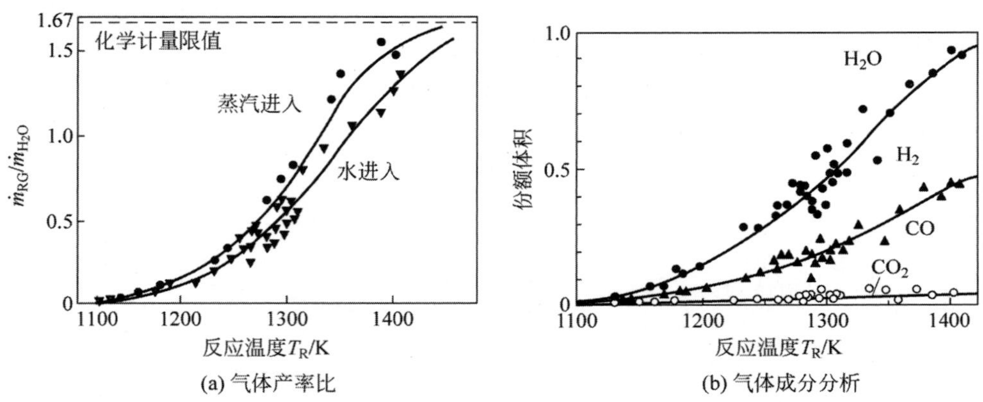

图 10.62 进水过程中气体的形成与温度的关系

的反应速率为 10mg/(cm^2 · h)。所以,在这段时间内的腐蚀量相当于一个完整燃料元件总重量的 0.6%,即约 1.1g 的石墨被腐蚀。这相当于仅有 6×10^{-2}mm 厚度的石墨被腐蚀,实际上,这个数值还要小。因此,可以肯定的是,燃料区不会被腐蚀。然而,这个例子也表明,应尽快将水从一回路系统中排出,以避免对部件造成更大的损坏。

需要补充的是,碱金属的催化作用对反应速率的影响是已知的,但这种效应的大小在反应速率的不确定性范围内。因此,这里不做详细分析。

下面给出的例子可以证明蒸汽对燃料元件的腐蚀效应:一个表面积为 $A=4\pi r^2=113\text{cm}^2$ 的燃料元件在温度为 950℃、总压为 7MPa 的条件下暴露在蒸汽中(氦气中蒸汽的分压为 0.1MPa),持续 1h。在这种条件下的反应速率为 5mg/(cm^2 · h)。因此,在这段时间内,约有 0.56g 的石墨被腐蚀,相当于整个燃料元件重量的 0.35%,亦相当于 3×10^{-2}mm 的厚度,这在实际运行过程中不会产生任何影响,燃料区不会被腐蚀。然而,这个例子再次表明,应尽快将水从一回路系统中排出,以避免对部件造成更大的损坏。

在使用蒸汽循环的电厂中,正常运行时的温度应低于 800℃,这时反射层结构受到的损坏相当微小,因为在电厂运行寿命期间,可能有多起事故导致水的进入,但是,在这些条件下,反应速率始终是很低的。因此,可以看出,在标准条件下(包括了不确定性因素),如果石墨结构不能冷却下来且没有足够的水可以供应,那么有 0.1%~0.4%的石墨材料将在 1h 内被蒸汽腐蚀转变,这个数值并不大。但尽管如此,还是应尽快将水从一回路系统中排出。如果只有少量存水,可通过气体净化系统来去除。如果有较多的水进入一回路系统,则要采用一个包括混合冷却器的排卸系统来将水去除。

10.6.5 水进入高温球床的一些技术问题

如果发生水与高温球形燃料元件的反应,则存在如下一些重要的技术问题:

- 对材料强度的影响;
- 包覆颗粒燃料的辐解;
- 高温表面的传热和蒸发;
- 蒸汽与碳的吸热反应对堆芯的冷却效应。

由于石墨结构存在受到腐蚀的风险,因此必须要对其强度和稳定性进行评估。

在低腐蚀率的情况下,燃料元件的稳定性不会受到显著的影响,如图 10.63 所示。稳定性的下降仅在经受长时间的腐蚀和很高腐蚀量的情况下才会出现。对于石墨结构,这个问题与安全性无关,但对保护投资很重要。因此,同样地,仍需将一回路系统中的进水量尽快地限制在允许值以下。如果一回路系统中的湿度过大,可以通过气体净化系统的运行或蒸汽发生器的卸压系统来完成排水。

除此之外,还必须考虑事故期间粉尘的形成带来的影响。在事故中形成的粉尘必须与燃料元件装卸过程中磨损形成的"正常"粉尘一并加以考虑。同时,还必须避免大量的粉尘与大量形成的氢气和一氧化碳混合形成爆炸性的混合物。10.9 节给出了与此有关的一些信息。

另一个问题是包覆颗粒在进水情况下的完整性。这种效应被称为辐解,它将影响对裂变产物的阻留能

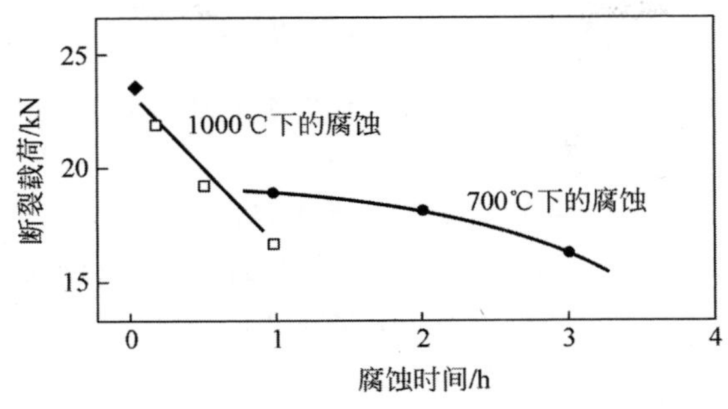

图 10.63 蒸汽腐蚀引起燃料元件稳定性的下降

力。图 10.64 显示了进水和没有进水情况下辐照燃料元件的测量结果。在特定的燃耗条件下，水蒸气的进入并没有使裂变产物从完整的包覆颗粒中额外地、显著地释放出来。

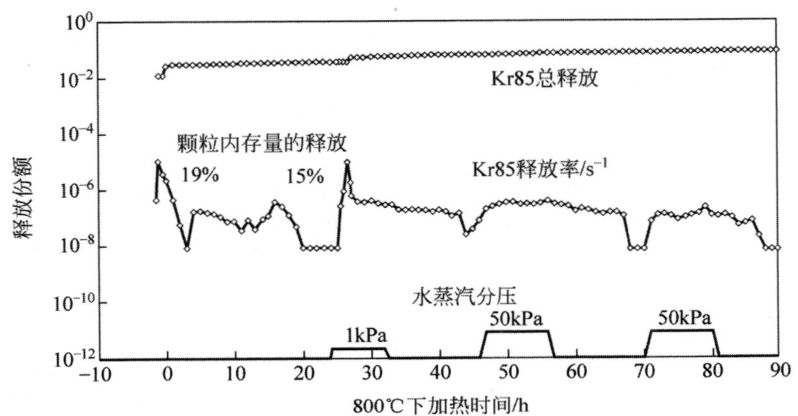

图 10.64 水蒸气进入和没有进入氦气情况下 Kr85 从 UO_2 的释放

颗粒的燃耗为 4.7% FIMA

水在高温球形燃料元件表面的蒸发可以用 Nukijama 曲线来描述。如图 10.65(a)所示，热流密度和换热系数必须要划分为 4 个区，变量是高温表面温度(T_s)和流体温度(T_0)之间的温度差。在进水过程中，高温球体表面的等效换热系数可以确定如下。从燃料球体向水的传热可以用下面这个关系式来表示：

$$\dot{Q}=\alpha_{\text{eff}}(T)\cdot A\cdot(T_S-T_w) \tag{10.78}$$

其中，T_S 是燃料元件表面温度，T_w 是冷却流体的温度。对于球形元件，可通过下式建立热平衡：

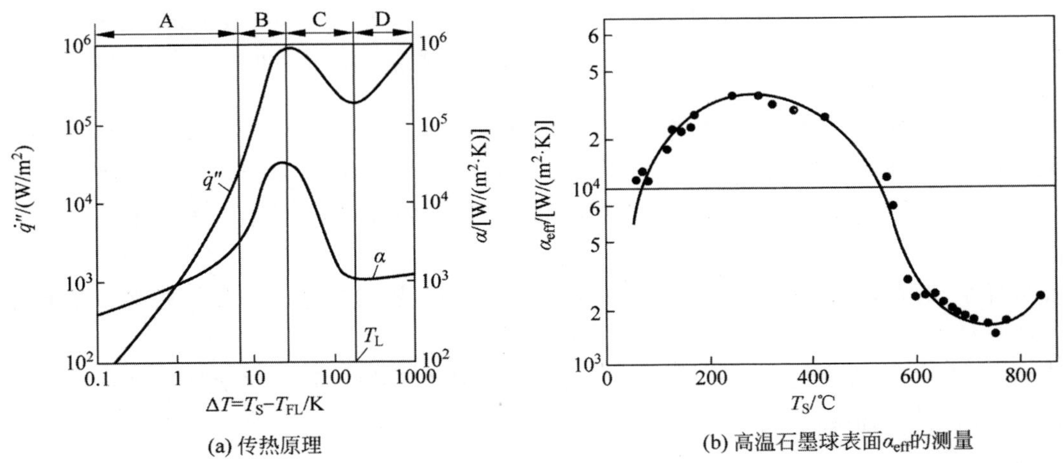

图 10.65 蒸发过程的传热

A—自然对流；B—泡状蒸发；C—不稳定膜蒸发；D—稳定的薄膜蒸发；T_L—莱氏温度

$$\frac{\mathrm{d}}{\mathrm{d}t}\int_V \rho \cdot c \cdot T(r,t) \cdot \mathrm{d}V = \alpha_{\text{eff}}(T) \cdot A \cdot (T_S - T_w) \tag{10.79}$$

通过测量,可以得到球内温度随时间的变化情况,由此便可得到等效换热系数。图 10.65(b)所示为结果。根据球表面的温度,等效换热系数为 2000～30 000W/(m^2・K)。

热表面的温度开始下降,则 α_{eff} 随着表面温度的下降而降低,这是因为蒸汽膜会阻碍热量的传输。在曲线的最低点处,大约 750℃,蒸汽膜破裂。在部分膜破裂的下面区域,换热系数随温度的下降而增大。在曲线的最高点处,进入气泡形成区域。上述最低点处的温度也称为莱氏温度。这种因温度带来的影响也与钢的表面有关。莱氏温度可由下面的方程计算得出:

$$T_L = T_B + 0.308 \cdot \left[0.821 \cdot (T_c - T_B)\left(1 + \frac{b_2}{b_1}\right) + (T_B - T_F) \cdot \frac{b_2}{b_1}\right]^{1.72} \tag{10.80}$$

其中,T_L 为莱氏温度(℃);T_B 为流体的沸腾温度(℃,水为 100℃);T_c 为流体的临界温度(℃,水为 374.2℃);T_F 为进入流体的温度(℃);b_1 为加热表面热穿透因子;$\sqrt{\lambda \cdot c \cdot q}$ 的单位为 kJ/(m^2・K・$s^{0.5}$);b_2 为流体热穿透因子,单位为 kJ/(m^2・K・$s^{0.5}$)。

利用式(10.80),得到钢的温度为 T_L=(270±30)℃,石墨的温度为 T_L=(400±20)℃。

当热态球床在 350～600℃范围内时,用水来冷却,那么在快速冷却到 100℃时可以观察到不稳定的蒸汽膜行为。

水在热态石墨表面蒸发的时间取决于温度和水滴的大小,如图 10.66(a)所示。当蒸发时间比较长时,就会观察到如下蒸汽膜行为:在石墨表面和水之间形成一层隔热的蒸汽膜。这里,需要说明的是,水进入热态球床的深度受前面提到的两个参数的影响,如图 10.66(b)所示。

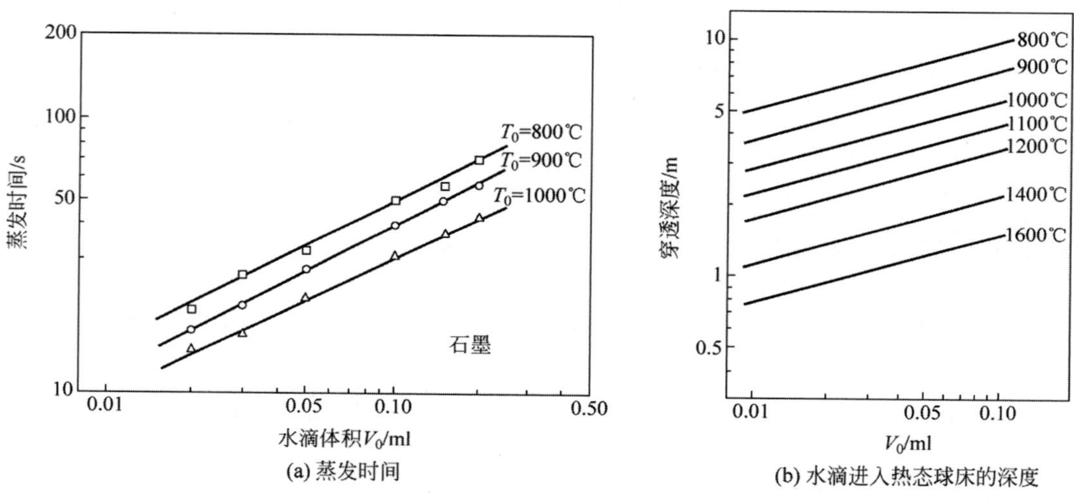

图 10.66 蒸发时间和水滴进入热态球床的深度的变化

从很多实验可知,通过与钢和石墨热态表面的相互作用,进入 HTR 一回路的水将转变成小水滴。体积小于 0.01ml 的水滴原则上可以到达堆芯顶部的表面。它们会变得更小,相互作用和穿透深度可以达到几米的量级。球床的上部就像一个热交换器。仅在略高于 800℃的温度时,才能观察到上文提到的有价值的水气反应。

如果发生进水,通常是通过触发停堆系统来终止链式反应。在发生这个事件之后必须要考虑的热源是衰变热产生的热源。衰变热通常是通过冷却系统载出的。

进一步地,石墨/蒸汽吸热反应可作为与自然对流过程相结合的热阱。化学反应对石墨温度的重要性可通过下面的平衡式加以估算:

$$\frac{\mathrm{d}}{\mathrm{d}t}(M_{c_i} C_{c_i} T_i) = \Delta H \cdot \dot{m}_c, \quad \dot{m}_c = \dot{m}_{H_2O} \cdot f \tag{10.81}$$

其中,ΔH 是非均相水气反应的焓;$\dot{m}_{H_2O}$ 是水进入的速率;f 是反应的化学计量系数$\left(f = \frac{C}{H_2O} = 1/1.5\right)$。

下标 i 表征堆芯中不同的区域,以便计算堆芯结构的能量含量。吸热反应引起的温度变化 $\Delta\overline{T}$ 可用下面的关系式来估计:

$$\Delta\overline{T} \approx \Delta H \cdot \int_0^{\tau} \dot{m}_{H_2O}^{(t)} \cdot \mathrm{d}t \cdot f / \sum_i M_{c_i} \cdot C_{c_i} \tag{10.82}$$

$$\int_0^{\tau} \dot{m}_{H_2O}^{(t)} \cdot \mathrm{d}t = m_{H_2O} \tag{10.83}$$

对于 HTR-Module(200MW) 的事故,假设总的进水量为 600kg。其中,$\Delta H = 118\text{kJ/mol}$, $\sum_i M_{c_i} \cdot C_{c_i} \approx 8.25 \times 10^4\text{kJ/K}$,则可得到 $\Delta\overline{T} \approx 40℃$。可知,高温部分的局部冷却效应很显著。这个例子从总体上表明,在进水事故下,详细计算后的温度分布结果表明进水事故总体上是一个吸热过程。

自然对流过程也会改变温度分布,特别是在轴向方向上。因此,在进行详细分析的过程中,应将由各种因素产生的不同程度的影响包括在内,一并分析。

10.6.6　一回路压力的升高

蒸汽发生器传热管出现泄漏或破裂之后,一回路中湿度的增高是由多样的冗余测量系统(例如,红外线测量,气体分析)探测得出的。反应堆将停堆,蒸汽发生器的给水也将停止,一回路系统的压力也会上升。压力的变化可以估计如下:进入的水蒸发或者蒸汽直接进入氦回路,导致压力上升。当反应堆的体积足够大时,进入的水将成为蒸汽被存留在一回路系统内,一回路的压力不会超过允许的压力值。当反应堆体积相对较小时,通过冗余的安全阀或爆裂膜打开一回路,在超过可接受的压力限制后,通过相应的技术措施确保系统不会发生超压泄放。在这种情况下,蒸汽将被引导到所谓的混合冷凝器中,并在水池或合适的储热系统中冷凝,蒸汽转变为液相。在水进入期间,一回路中压力的升高估算如下。蒸汽发生器传热管的总破口尺寸为 f,泄漏流出介质的流速由下式来描述:

$$\frac{\mathrm{d}m}{\mathrm{d}t} \approx f \cdot \sqrt{2 \cdot \rho \cdot \Delta p} \tag{10.84}$$

其中,ρ 是蒸汽发生器相应位置处水的密度,Δp 是水侧和氦气侧的压差。假设压差 Δp 在水流出过程中逐渐变小,则其可以用线性方程近似表示:

$$\Delta p \approx \Delta p_0 \cdot (1 - \alpha \cdot t) \tag{10.85}$$

对于流出速率,可以使用下面的近似值:

$$\frac{\mathrm{d}m}{\mathrm{d}t} = f \cdot \sqrt{2 \cdot \rho \cdot \Delta p_0} \cdot \left(1 - \frac{\alpha}{2} \cdot t\right) \approx \dot{m}_0 \cdot \left(1 - \frac{\alpha}{2} \cdot t\right) \tag{10.86}$$

经过一段时间后,从蒸汽发生器泄漏出来的水量 $M(t)$ 可计算如下:

$$M(t) = \int_0^t \frac{\mathrm{d}m}{\mathrm{d}t'} \cdot \mathrm{d}t' \approx \dot{m}_0 \cdot \left(t - \frac{\alpha}{4} \cdot t^2\right) \tag{10.87}$$

通过泄漏进入氦回路的水的体积为

$$V_w(t) = M(t)/\rho_{st} \tag{10.88}$$

其中,ρ_{st} 是相应压力和温度下蒸汽的密度。

假设一回路储存了原有的氦气存量,还储存了卸压阀开启之前进入的蒸汽,那么一回路中的蒸汽浓度 k_{st} 为

$$k_{st}(t) = \frac{V_{st}(t)}{V_{st}(t) + V_{He}} \approx \frac{V_{st}(t)}{V_{He}} \tag{10.89}$$

假设 $V_{st} \ll V_{He}$,则一回路的压力上升可以表示为

$$p(t) = p_0 \cdot \frac{1}{1 - k_{st}(t)} \approx p_0 \cdot (1 + k_{st}(t)) \tag{10.90}$$

$$p(t) \approx p_0 \cdot \left(1 + \frac{V_{st}(t)}{V_{He}}\right) = p_0 \cdot \left(1 + \frac{M(t)}{\rho(t) \cdot V_{He}}\right) \tag{10.91}$$

可以看出,存在明显的时间相关性:

$$p(t) \approx p_0 \cdot \left[1+\frac{\dot{m}_0}{\rho(t)\cdot V_{\mathrm{He}}}\cdot\left(t-\frac{\alpha}{4}\cdot t^2\right)\right] \tag{10.92}$$

为了进一步解释上述行为，提供了实际的例子。第 1 种情况，假设有一个破口大小为 $f=1\mathrm{mm}^2$ 的泄漏，开始的压差为 15MPa，并且假设是在 $\rho=\rho_{\mathrm{w}}=1000\mathrm{kg/m}^3$ 的给水预热段上发生了破管。在事故开始时，进入一回路的水流速为 $\dot{m}_0\approx 0.2\mathrm{kg/s}$。假设一回路中的湿度传感器在大约 10s 后探测到泄漏，大约 30s 之后给水阀关闭，则进入一回路的水量主要是由损坏的蒸汽发生器段的进水量来确定。因此，为了使进入一回路的水量尽可能地低，应将蒸汽发生器分成几个部分，每个部分可单独关闭。

一个组件中的全部蒸汽发生器传热管可以包含大约 100kg 的总水量。这些水加上隔离阀关闭前额外进入的给水都将进入一回路。这部分水排空需要超过 1h，此时，气体净化系统起主导作用，可以将其中大部分的水除去。氦回路中的压力升高幅度是很小的，因此，在这种情况下，卸压系统不会动作。第 2 种情况是蒸汽发生器传热管发生双端断裂（$f=2\times 3\mathrm{cm}^2$），此时，事故可按设计基准事故来评估。通过这个双端断裂的蒸汽发生器传热管处于过热段来估计进入氦回路的水量，并得到以下结果：$f=3\mathrm{cm}^2$，$\rho_{\mathrm{st}}=60\mathrm{kg/m}^3$，$\Delta p=15\mathrm{MPa}$，于是得到 $\dot{m}_0\approx 13\mathrm{kg/s}$。除了这一段传热管内水量的显著贡献之外，必须还要考虑隔离阀关闭之前大约 30s 内流出介质的贡献。忽略方程中的二次项，一回路压力随时间上升的过程可以表示为

$$t \approx \left(\frac{p}{p_0}-1\right)\cdot\frac{\rho(t)\cdot V_{\mathrm{He}}}{\dot{m}_0} \tag{10.93}$$

在阀门关闭之前，共有 600kg 的水进入一回路。压力上升到高于正常运行压力值大约 20%时安全阀开启。之后，蒸汽/氦气混合气体进入混合冷凝器。蒸汽被冷凝下来，氦气流入反应堆安全壳构筑物。根据超压安全系统的设计，这个事故序列之后一回路的压力水平是 1bar 或者运行压力。图 10.67 给出了 HTR-Module(200MW)中上述过程的一些细节。如果稳压器和水分离器同时工作，压力会在短时间内下降。如果这些部件失灵，压力上升到安全阀开启压力需要几个小时的时间。

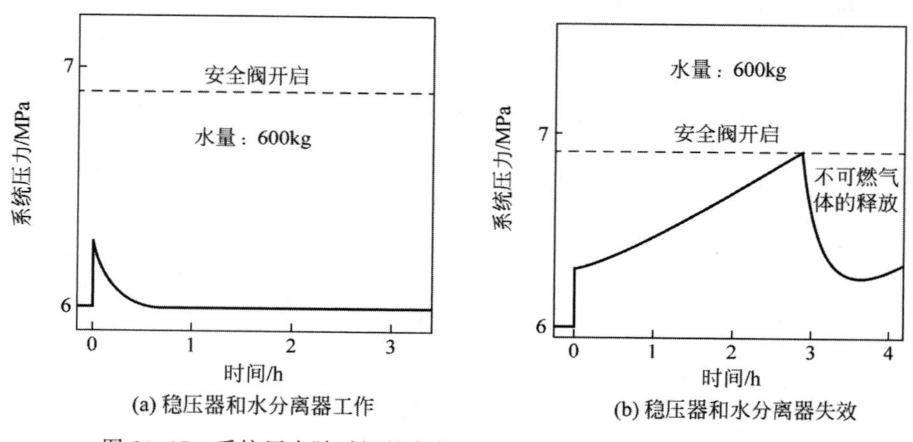

图 10.67 系统压力随时间的变化(HTR-Module，热功率为 200MW)

为了得到一些关于进水反应性效应的信息，给出一个保守的假设，即 600kg 的水以蒸汽形式分布在一回路系统中。由于一回路系统的总自由空间体积约为 $300\mathrm{m}^3$，且反应堆堆芯的自由空间体积约为 $26\mathrm{m}^3$，假定以堆芯中的水量为 60kg 来考虑反应性的变化，那么，受反应性变化的影响，将导致功率增长 60%，并且燃料平均温度上升约 60℃（详见 10.6.8 节）。

对于一个极端不可能发生的事件，可以界定为超设计基准事故，如在蒸汽发生器各个段上出现几根传热管破管现象，或者在水的监测全部失效情况下全部的水均进入氦回路。这些监测不仅包括湿度测量和气体分析，还包括对二回路及氦气压力和中子注量率变化的测量。

如果所有这些信号都不能触发系统截断水的流入，那么可以假定有几吨的水进入了一回路。由于模块式 HTR 的特殊设计，即将反应堆和蒸汽发生器肩并肩地布置，并且蒸汽发生器布置的高度在堆芯的高度之下，这样就可以避免液体水直接流入堆芯。水将储存在蒸汽发生器壳的下部空间。这部分的自由空间体积足够大，完全可以储存二回路给水储罐中的大部分水。

一回路中的水在蒸发之后才可能进入堆芯。当然，与蒸汽发生器相连的压力泄放系统会在较短的时间

内将大部分的水从一回路中排出。从蒸汽发生器到反应堆压力壳的气体流动将被蒸汽发生器底部的水泵隔离。有关水输送实验的细节将在第 15 章中加以介绍。

蒸汽的蒸发速率可用下面的方程近似地加以描述。

$$\frac{\mathrm{d}m_{\text{steam}}}{\mathrm{d}t} \approx \frac{\alpha \cdot A \cdot (\overline{T}_{\mathrm{M}} - \overline{T}_{\text{water}})}{r + c_{\mathrm{p}} \cdot \Delta T} \tag{10.94}$$

其中，α 是蒸发过程的换热系数，A 是蒸汽发生器的热表面积，$T_{\mathrm{M}} - T_{\text{water}}$ 是金属材料和水之间的温差，r 是蒸发热，ΔT 是水处于液态时的温度和蒸发点温度之差。

蒸发量受到蒸汽发生器结构能够提供的用于蒸发的热量的限制。

$$m_{\text{steam}} \approx \frac{c_{\mathrm{p}} \cdot (T_{\mathrm{M}} - T_{\text{evap}}) \cdot A \cdot s \cdot \rho_{\mathrm{M}}}{r + c_{\mathrm{p}} \cdot \Delta T} \tag{10.95}$$

其中，$A \cdot s \cdot \rho_{\mathrm{M}}$ 项主要代表蒸汽发生器压力壳内可以为蒸发过程提供热量的质量，T_{M} 是这些质量的平均温度。在正常工况下，$A \approx 20\mathrm{m}^3$，$T_{\mathrm{M}} - T_{\text{evap}} \approx 100$℃，$\Delta T \approx 100$℃，$r = 2400\mathrm{kJ/kg}$。$s$ 为蒸汽发生器壳的壁厚，ρ_{M} 是壳体钢材的密度，由此得到蒸汽发生器底部壳体壁中所含热量可以蒸发的水量为 300kg。

第 7 章已介绍过一回路中用于排水的排放系统，对于模块式 HTR 的安全概念，这一设置是非常重要的，即使是对发生了非常极端事故的系统也是适用的。选择的附加混合冷却器可以足够大，以将蒸汽冷凝。

在系统中设置了一个用于将水从混合冷却器中排出的装置，这些水可能被从蒸汽发生器表面或者其他堆内构件表面冲刷下来的同位素污染。运输到专门的储存罐和去污可以采用已验证的技术。

10.6.7 水进入反应堆过程中气体的形成

在设计时，对石墨腐蚀和气体形成引起的进一步后果必须要加以考虑。蒸汽通过一些反应，特别是非均相水煤气反应，对燃料元件和核芯结构中的高温石墨结构构成腐蚀。这些反应有可能导致结构强度的下降。非均相水煤气反应的产物是氢和一氧化碳，这些气体可能会与一回路中的氦气及未反应的蒸汽一起进入反应堆安全壳的构筑物，并与其中的空气混合。这个空气/氦气/氢气和一氧化碳的多组分系统在一定的气体浓度范围内原则上有可能发生爆炸。通常，将能动衰变热载出系统投入运行，并将反应堆堆芯冷却到某一个温度水平，在此温度下，腐蚀过程仅以非常低的反应速度进行。分析进水事故对 HTR 堆芯整体腐蚀行为的影响，需要确定所有被腐蚀的石墨表面的温度场随空间和时间的变化情况，并且与随温度、腐蚀份额和分压变化的腐蚀速率一并考虑。总之，如果在适当的时间内通过衰变热载出过程将反应堆堆芯冷却下来，那么，由蒸汽引起的对反应堆堆芯内部件和结构的腐蚀完全可以控制在允许的范围内。另外，HTR 堆芯中只有一小部分燃料元件处于可能被水蒸汽腐蚀的温度水平上，这一小部分燃料元件的表面温度开始时就在 700℃以上。图 10.68 显示了 HTR-Module(200MW)在正常运行时燃料和表面温度的直方图。可以看出，温度在 800℃以上的燃料元件所占的份额很小，仅有百分之几。

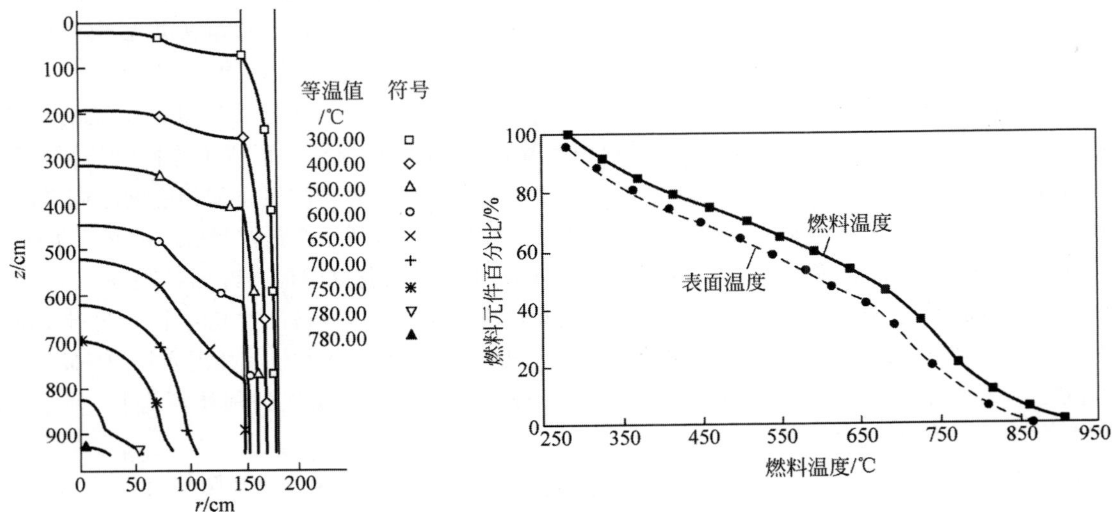

图 10.68 正常运行时燃料元件的等温线和表面温度直方图(如 HTR-Module，200MW)

燃料温度用于比较

图 10.68 所示的数值仅在正常运行状态下是有效的。进水事故后进入一回路的水可能会引起腐蚀，可以通过气体净化或排泄系统予以去除。对于堆芯，可以建立如下的平衡关系：

$$\frac{\mathrm{d}\dot{m}_{\mathrm{w}}}{\mathrm{d}t}=-\dot{m}_{\mathrm{corr.}}-\dot{m}_{\mathrm{GP}}-\dot{m}_{\mathrm{D}} \tag{10.96}$$

式(10.96)中第 1 项表征了腐蚀性，相应地，有如下的关系式：

$$\dot{m}_{\mathrm{corre}}\approx r\cdot A\cdot C,\quad r=r(T,p,p_{\mathrm{H_2O}},X_i),\quad C=A_{\mathrm{H_2O}}/A_{\mathrm{c}}=1.5 \tag{10.97}$$

其中，A 是具有与腐蚀相关温度的燃料元件表面积。对于气体净化的贡献，可以使用如下算式加以近似：

$$\dot{m}_{\mathrm{GP}}\approx\dot{m}_{\mathrm{He}}\cdot\varepsilon\cdot\eta_{\mathrm{eff}} \tag{10.98}$$

其中，$\dot{m}_{\mathrm{He}}$ 是旁流通过净化系统的质量流量，η_{eff} 包含了净化系统的除水效率。排泄系统可能的质量流量取决于排泄开口 F 的大小：

$$\dot{m}_{\mathrm{D}}\approx F\cdot\sqrt{c\cdot p} \tag{10.99}$$

于是得到已经进入一回路的总水量为

$$m_{\mathrm{w}}(0)-m_{\mathrm{w}}(\tau)=\int_0^{\tau}(\dot{m}_{\mathrm{corr}}(t)+\dot{m}_{\mathrm{GP}}(t)+\dot{m}_{\mathrm{D}}(t))\cdot\mathrm{d}t \tag{10.100}$$

由于事故发生的条件各不相同，所以进水量的差别是很大的。如果假定排泄系统在短时间内就能起作用，那么腐蚀的影响相对较小。混合冷却器的容量必须足够大，才能存储来自流出蒸汽冷凝的额外能量。

$$M_{\mathrm{w}}\cdot C_{\mathrm{w}}\cdot\Delta T_{\mathrm{w}}\approx m_{\mathrm{w}}\cdot r \tag{10.101}$$

计算时，可以采用如下的数据：$m_{\mathrm{w}}=600\mathrm{kg}$；$\Delta T_{\mathrm{w}}=50℃$；$r\approx2400\mathrm{kJ/kg}$。

混合冷却器中至少有 $M\approx6000\mathrm{kg}$ 的水量，这是必要的。考虑到超设计基准事故，若要排出更多的水量，与其成正比的储存体积也必须要足够大。

如果全部的水通过腐蚀消耗掉，在水全部转化并形成水煤气之前，需要一个典型的时间 Δt。可以假设如下关系式来估计这个时间。

$$\frac{\Delta M_{\mathrm{c}}}{\Delta t}\cdot\frac{1}{A_{\mathrm{tot}}}=r,\quad r\approx r_0\cdot\exp(-c/T),\quad A_{\mathrm{tot}}\approx Z_1\cdot4\pi R^2 \tag{10.102}$$

其中，Z_1 可以是燃料元件数($T_{\mathrm{surface}}>800℃$)，$R=3\mathrm{cm}$(燃料元件半径)，$\Delta M_{\mathrm{c}}=m_{\mathrm{w}}\cdot\frac{1}{1.5}=400\mathrm{kg}$，$r\approx4\mathrm{mg/(cm^2\cdot h)}$。如果假设 $Z_1=10^5$，则可得到 $\Delta t=10\mathrm{h}$。

水进入后，腐蚀反应开始，导致石墨和蒸汽的转化及气体的形成。图 10.69 显示了这些反应随时间的变化情况。如果气体净化系统和水分离系统投入了运行，则石墨转化为水煤气的量将相对较小，如图 10.69(a)所示。这种情况可以归属为设计基准事故的范围。如前所述，非均相水煤气反应过程中 1kg 的碳反应生成 $3.74\mathrm{Nm^3}$ 的氢和一氧化碳。因此，如果进入的水全部转化，则 100kg 的水进入 HTR 的一回路将产生大约 $374\mathrm{Nm^3}$ 的水煤气。如果没有触发一回路的压力泄放系统，这些气体必须在反应堆停堆后由气体净化系统加以去除。如果水分离系统没有运行，那么石墨转化为水煤气的程度就会变得严重，如图 10.69(b)所示。较长时间之后，有可能形成超过 $1200\mathrm{Nm^3}$ 的 H_2 和 CO。这一事故可以归入超设计基准事故的范围。这些数字表明，仍然还是需要尽快地将水从一回路系统中去除，以避免结构损坏和形成爆炸性气体混合物。

在极端假想事故下，甚至会有更大量的水进入一回路。根据蒸汽发生器的概念和相应的防御措施，可以假定大约 1000kg 的水进入一回路。水的快速去除和大型混合冷却器的可利用性是控制后果的必要条件。

在极端假想事故下，对合成气的生成也必须要严加限定，这是因为气化反应是吸热反应，但在这个过程中只能从堆芯中获取有限的能量。如果内部是混凝土舱室，最终反应堆厂房全部都会被惰性气体充满，这种情况下，就完全没有必要对这个问题进行讨论了，因为这样的设置和处理已经排除了形成爆炸性气体混合物的危险。

如果假定一回路进行泄压，则在反应堆厂房内会形成氦气/空气/水煤气的气体混合物，其中一小部分空气被进入的氦气-水煤气混合气体所替代。

在一定条件下，这种组成的混合气体具有爆炸性。图 10.70 给出的可能的爆炸限值有助于分析此类事件的可能性。以低温 20℃为例，H_2 的限值是 8%和 75%。可以看出，温度的影响还是很重要的。水蒸气也会影响爆炸的限值，水蒸气会使 H_2 和 CO 与空气混合物的爆炸限值从较低值向较高值偏移，即会强化爆炸的风险。

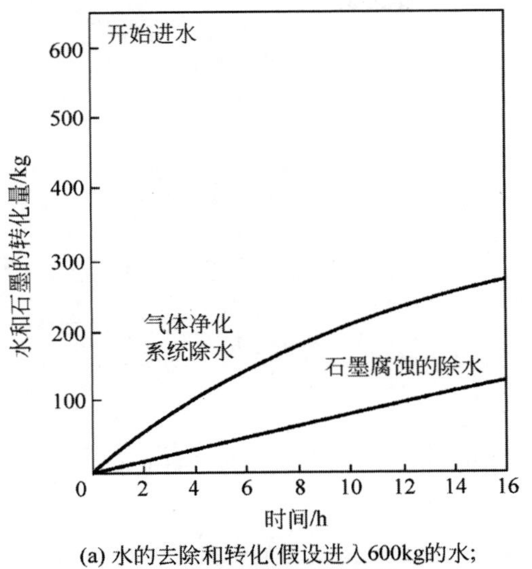

(a) 水的去除和转化(假设进入600kg的水；气体净化系统投入运行)

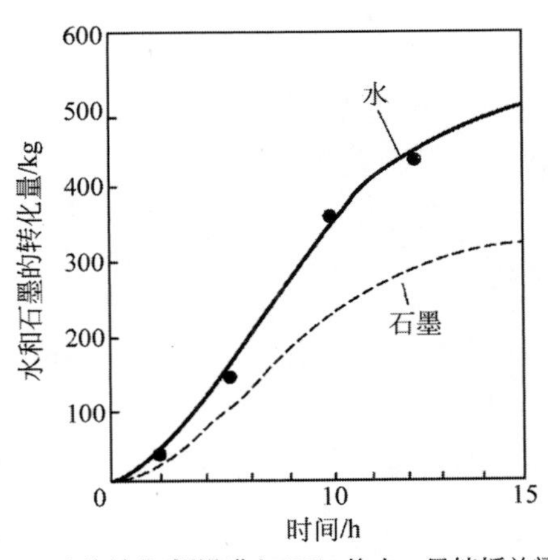

(b) 水的转化(假设进入600kg的水；风挡板关闭；水分离系统未投入运行)

图 10.69　石墨转化为水煤气

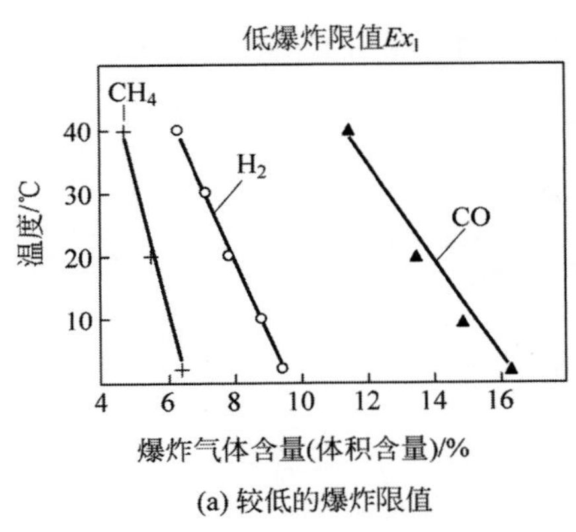

(a) 较低的爆炸限值

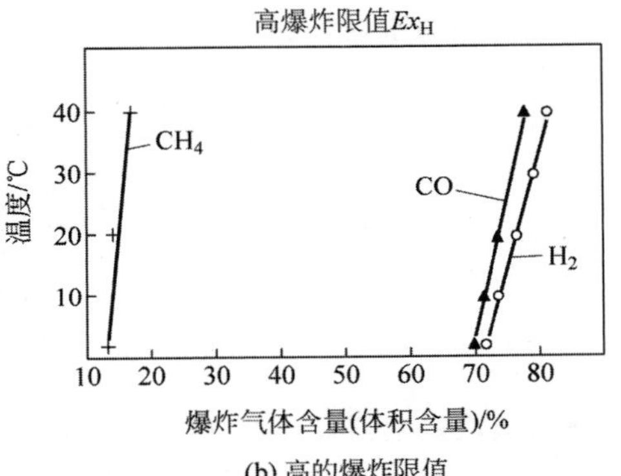

(b) 高的爆炸限值

图 10.70　空气中气体的爆炸限值

对于混合气体，其爆炸的限值 E_U 和 E_L 取决于各种气体的份额(X_i)。对于总的气体混合物或者 3 种组分的气体，得到以下各式：

低限(体积含量)：

$$E_L = \frac{X_1 + X_2 + X_3}{X_1/E_{L_1} + X_2/E_{L_2} + X_3/E_{L_3}} \tag{10.103}$$

高限(体积含量)：

$$E_U = \frac{X_1 + X_2 + X_3}{X_1/E_{U_1} + X_2/E_{U_2} + X_3/E_{U_3}} \tag{10.104}$$

在考虑了压力和水蒸气状态的影响后，可以得到更为详细的分析。

在氦气/水煤气和空气的图中，图 10.71(a)所示的区域表明可燃性的概率及安全限制是没有易燃混合气体。可以看出，发生爆炸的可能性是存在的。在这种情况下，压力越高，发生爆炸的可能性越大。对压力超过 10bar 的气体进行测量得到的值为：对于 H_2/空气混合气体，发生爆炸的限值是 13%～59%。

图 10.71(b)所示为易燃区域，在这个区域内，水煤气和空气的混合气体有可能发生爆炸。

通过选择合适的蒸汽发生器设计概念，可以限制发生进水事故时的进水量。在模块式 HTR 中，蒸汽发生器设置在堆芯的下部区域，所以能够进入堆芯的水量是非常有限的。此外，蒸汽发生器底部的存水可以通过打开蒸汽发生器与排水罐间的阀门来排出。因此，可进入堆芯的水仅限于很小的量。

从图 10.71 可以看出，可能发生爆炸的区域还是比较小的。房间里可提供的蒸汽的百分比也是一个非常重要的参量。向敏感的房间注入惰性气体或者应用针对氢气的催化复合器是具有普适性的方法。目前，

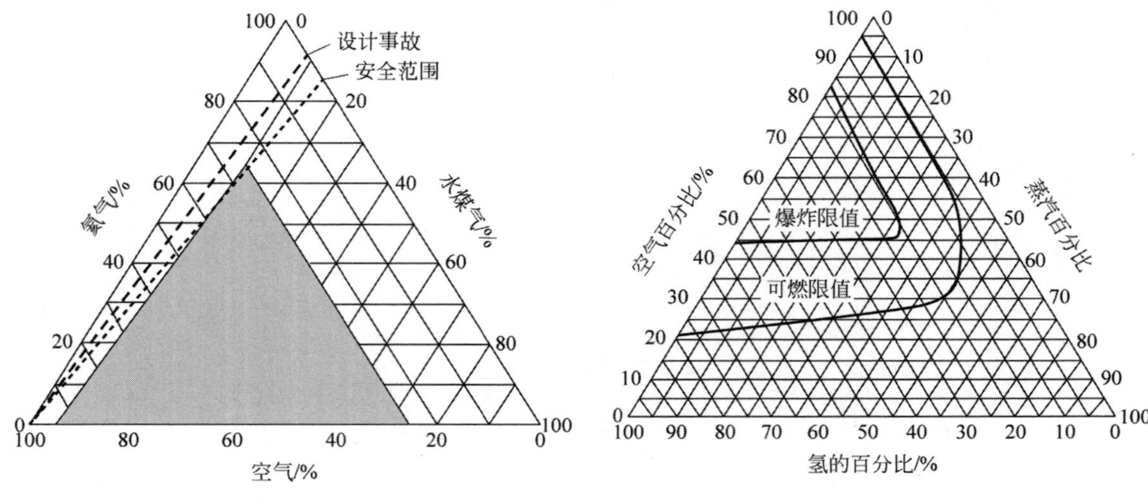

(a) 氦/空气和水煤气混合物的燃点图　(b) 空气/氢气和蒸汽系统的可燃性和爆炸的限值(在室温下)

图 10.71　各种气体混合物发生爆炸的可能性

一些沸水反应堆中就采用了向安全壳注入惰性气体的方法。

为了在进水事故中限制水煤气的产生,设计一些相应的措施是很有必要的,如图 10.72 所示。

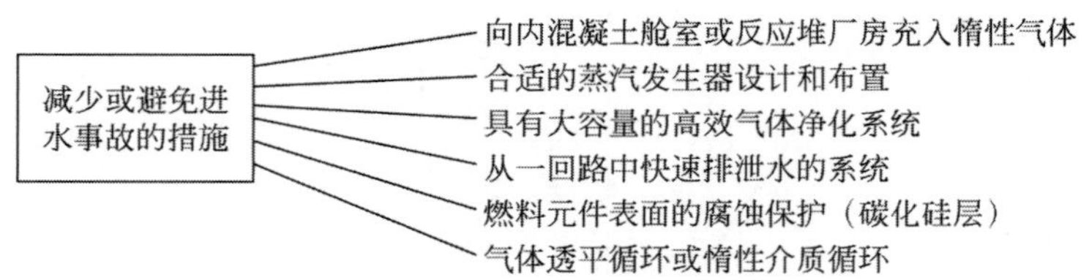

图 10.72　减少或避免进水事故的措施

通过选择合适的蒸汽发生器设计概念,可以限制发生进水事故时的进水量。在模块式 HTR 中,蒸汽发生器设置在堆芯的下部区域,因此,能够进入堆芯的水量是非常有限的。对于 HTR-Module(热功率为 200MW),估计只有 60kg 的水能进入堆芯。

另一种避免燃料元件被腐蚀的方法是用一层薄的碳化硅层来保护表面。与没有保护膜的情况相比,采用这种方法后,反应速率大为降低。图 10.69 显示了燃料元件在有腐蚀保护膜和没有腐蚀保护膜的情况下测量的腐蚀速率随温度的变化情况。一般地,碳化硅层的厚度约为 100μm。虽然这种解决方案还有很多地方需要完善,但其具有很大的潜力,采用这种方案后,在 800℃以上的温度条件下,腐蚀速率可以降低为原来的 1/100。

10.6.8　进水的反应性效应

进水所涉及的与堆芯反应性状态相关的内容已在 10.5 节中进行过讨论,这里,将把不同量的水进入模块式 HTR 堆芯的详细分析结果综合在一起进行分析和讨论。下面,将讨论可能涉及的两种重要的反应性行为。

- 在设计基准事故下,堆芯燃料元件之间的空间含有 60kg 的蒸汽。水进入的速度大约是 5kg/s,进入一回路的总水量为 600kg,对应于图 10.50 所示曲线,这将导致将近 0.4%的反应性增益,该值小于第一停堆系统中全部控制棒快速提出情况下引入的反应性($\Delta k=1.2\%$),由于受温度负反应性系数的制约,这种情况将导致燃料平均温度上升大约 150℃。但腐蚀率很小,低于 0.1%。图 10.73 示例了事故期间一些堆芯参数随时间的变化情况。相对功率增加 1.6 倍,燃料温度仍保持在 1000℃以下。
- 在超设计基准事故下,假定进水速率为 50kg/s,进入一回路的总水量为 2t。这种情况可能发生在蒸汽发生器的多根传热管损坏和几个蒸汽发生器组件损坏的情况下,或者非常极端地,外部事件造成了整个蒸汽发生器的损坏。同样,假设大约 60kg 的水以蒸汽的形态存在于堆芯的球形燃料元件之间。在这一瞬态过程中反应性上升,功率和温度将高于设计基准事故,如图 10.74 所示。

另外一个由进水引起的反应性事故也必须要在极端事件中加以讨论。

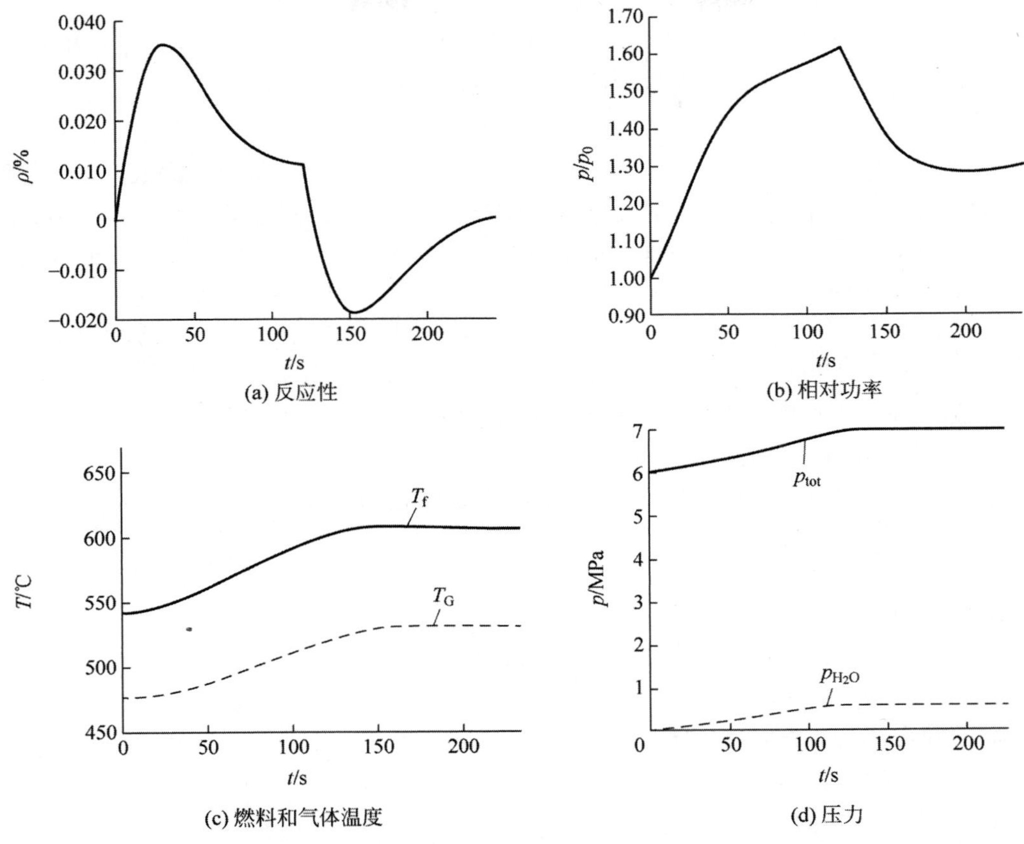

图 10.73 模块式 HTR(热功率为 200MW)一回路进水的后果

进水速率：5kg/s；一回路总水量：600kg；堆芯中水量：60kg(相应于设计基准事故)

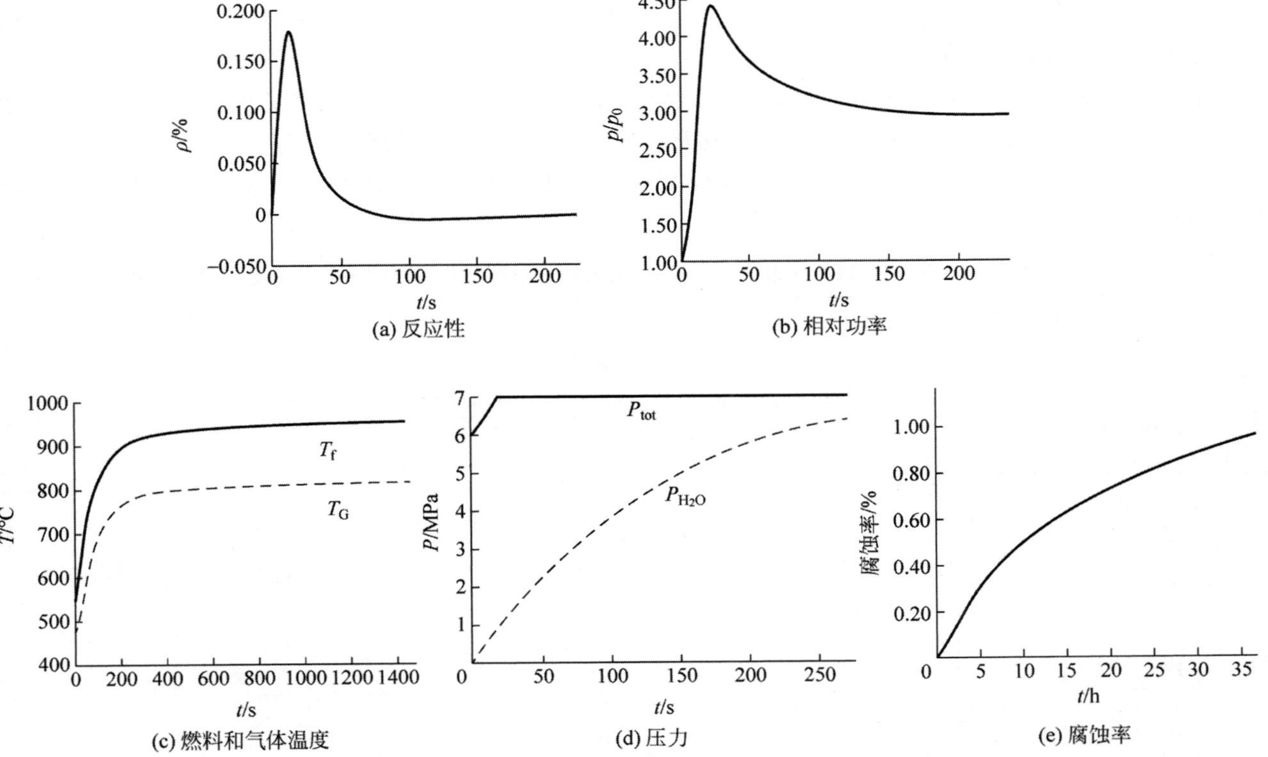

图 10.74 模块式 HTR(热功率为 200MW)一回路进水的后果

进水速率：50kg/s；一回路总水量：2000kg；堆芯中水量：60kg(相应于超设计基准事故)

冷临界的堆芯可能被饱和蒸汽而非氦气充满。假设一根停堆棒的反应性当量为 0.9%，要求的最低次临界度为 0.3%，则可得到次临界冷态堆芯(50℃)的反应性当量为 1.7%。在 70bar 的压力下，饱和蒸汽的温度为 270℃，则可得到 $Q\approx5\text{kg/m}^3$。在这种情况下，堆芯将包含的水量为

$$m_w=P_{th}/\overline{\dot{q}'''}\cdot(1-\varepsilon)\cdot\rho \tag{10.105}$$

采用模块式 HTR 的参数($\overline{\dot{q}'''}=3\text{MW/m}^3$，$\varepsilon=0.6$)，可以得到堆芯中的水量为 600kg，一回路中的水量为 6600kg。在这种特定的情况下，进水引入的反应性大约为 4.3%。考虑到温度反应性系数为 6×10^{-5}/℃，于是得到燃料的最高温度为 700℃。反应堆的功率与热量损失相关，为 400kW。可以看出，在这种情况下，燃料元件的腐蚀量是很小的。

10.6.9 对进水事故的评估

水进入一回路是作为事故序列中一个非常重要的事故进行评估的。如前所述，有些设计与其后果相关。

- 蒸汽发生器布置在低于堆芯高度的位置上；
- 蒸汽发生器由多个组件组成，每个组件的水流量和装水量都比较小；
- 限制每个传热管流量的设置；
- 每个组件的给水侧和蒸汽侧设置有阀门；
- 反应堆结构中特殊概念的冷氦气导管；
- 选择较高的慢化比以限制少量进水时引入的反应性增益；
- 多个湿度和水的探测系统；
- 配置净化流量较大、两列形式的气体净化系统；
- 配置快速排泄系统以将大量的水排出；
- 采用与过滤系统相连的大型混合冷却器；
- 混合冷却器连接到内混凝土舱室外部的过滤系统；
- 混凝土舱室持久地处于惰性气氛或者事故后能够快速地充入惰性气体的设施；
- 专门的干预方法，以尽量降低进水事故后果的严重程度。

为此，必须对前面已经讨论过的设计基准事故和超设计基准事故作进一步的讨论，并且必须对与公众可接受性相关的极端假想事故给予特别的关注。

上述这些事件主要是在进入一回路的水量方面存在差异。此外，还必须对系统的可利用性进行评估，如停堆系统的冷却系统、气体净化系统或者快速从一回路排出水的排泄系统。

表 10.12 将模块式 HTR 进水事故按照设计基准事故、超设计基准事故和极端假想事故这种分类方式分别进行了分析和总结。

表 10.12 模块式 HTR 进水事故在设计基准事故、超设计基准事故和极端假想事故分类方式下的总结

事故的类型/方面	设计基准事故	超设计基准事故	极端假想事故
事故的假设	管破裂， 直径：20mm(双端断裂)	几根管破裂， 直径：20mm(双端断裂)	取样器断管， 直径＞100mm
进入一回路的水量/kg	600	2000	20 000
进入堆芯的水量(存在的)/kg	60	60	60
增加的反应性	＜0.0065	＜0.0065	＜0.0065
应对措施	• 湿度探测； • 关闭给水阀和蒸汽阀； • 由气体净化系统去除水和气体	• 湿度探测； • 关闭给水阀和蒸汽阀(延迟)； • 水排出到冷却器和储罐中； • 启动气体净化	• 湿度探测； • 关闭二回路系统； • 水排出到冷却器和储罐中； • 混凝土舱室充以惰性气体
参与腐蚀的水量/kg	＜200	＜500	＜1000
石墨总腐蚀量(可能的)/kg	＜100	＜250	＜500
产生的水煤气总量/Nm^3	＜400	＜1000	＜2000
石墨被转化的时间/h	＜10	＜5	＜5
裂变产物的释放	小于 30	小于 30	重要，限制低于 40

注：(1)相应于堆芯 60kg 进水量；(2)快速排出到混合冷却器中以减少进水量；(3)有效过滤；(4)过滤系统降低的效率

10.7 空气进入一回路

10.7.1 进空气事故的概述

如果模块式 HTR 一回路压力边界发生破口,则会出现氦回路的失压。一段时间后,空气将进入一回路。进入的空气量主要取决于破口的大小、破口在一回路所处的位置及进入介质在反应堆系统内的流动状况。一回路压力边界的设计概念、内混凝土舱室的设计及事故发生后舱室隔离的措施是决定空气进入系统的量的主要因素。在任何情况下,进入的空气量必须要加以限制,以使石墨的损耗量低于允许的限值。

图 10.75 给出了模块式 HTR 一回路系统的相关概念。

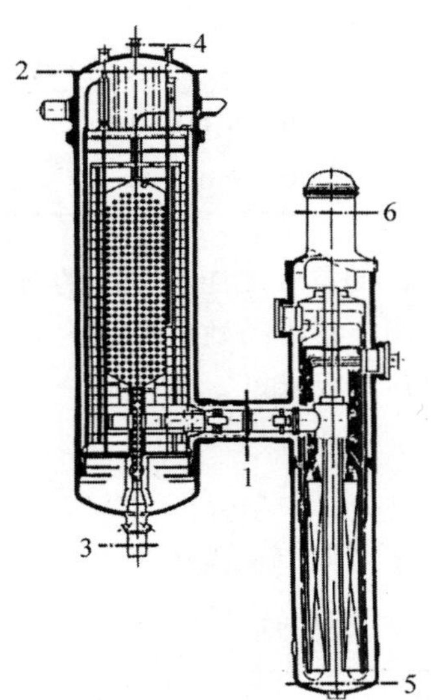

图 10.75 模块式 HTR 一回路可能破口的位置

1—连接两个压力壳的同心导管断裂;2—反应堆压力壳顶部封头开口;3—球形燃料元件卸球管断裂;4——一根球形燃料元件装球管断裂(直径为 65mm);5—蒸汽发生器底部泄漏;6—氦风机法兰泄漏

在确定模块式 HTR 事故情况下实际的应对措施时,一回路系统的破口及其所处的位置是很重要的参考因素。它们决定了流经堆芯的空气流量,因此也就决定了石墨的损失量。破口的大小及产生的后果存在很大的差异,在进行安全分析时必须予以考虑。

- 小破口(直径为 10~65mm),例如,辅助系统或者燃料装卸系统的一根管道的破口,可将其归属为设计基准事故(DBA);
- 中等尺寸的破口,总的直径约为 200mm,例如,在非常极端的地震事故中燃料装卸系统几根管的断裂,这类事故属于超设计基准事故(BDBA);
- 非常大尺寸的破口(直径为 200~1000mm),例如,连接两个压力壳的导管损坏或者断裂的极端假想事故(EAA)。

图 10.76 给出了进空气事故后果的相关说明。

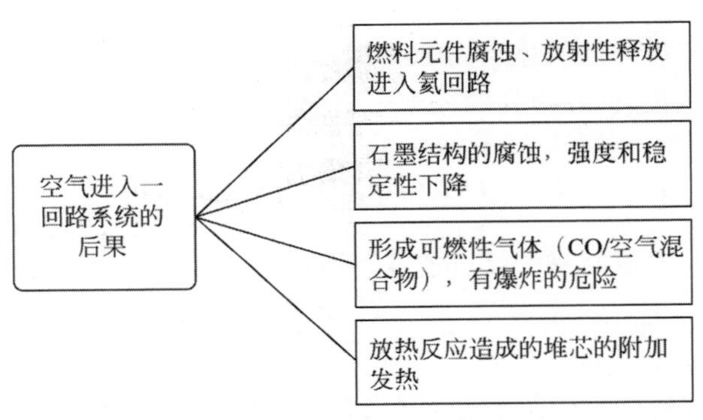

图 10.76 进空气事故的后果

表 10.13 给出了堆芯石墨结构内和堆内构件发生的主要腐蚀反应的情况。反应(1)、反应(2)和反应(4)是放热反应,在事故中提供了额外的热量。只有吸热气化反应才会消耗能量。对石墨系统中复杂空气腐蚀过程的评价采用热力学和反应动力学加以分析。

表 10.13　石墨与氧的反应

反　　应	反　应　热
(1) $C+O_2 \longrightarrow CO_2$	$\Delta H=406$kJ/mol,放热反应
(2) $C+1/2O_2 \longrightarrow CO$	$\Delta H=-123$kJ/mol,放热反应
(3) $C+CO_2 \longrightarrow 2CO$	$\Delta H=+162$kJ/mol,吸热反应
(4) $CO+1/2O_2 \longrightarrow CO_2$	$\Delta H=-2832$kJ/mol,放热反应

这些反应方程的化学计量评价提供了进空气事故过程涉及的物质的量,见表 10.14。当然,反应动力学在分析和确定所产生的气体成分的过程中起主要作用。

表 10.14　模块式 HTR 中空气进入一回路涉及的物质的量

(1) 1kg C+2.667kg O_2 ⟶3.667kg CO_2

1kg C+8.92Nm^3 空气⟶1.87 Nm^3 CO_2+6.87 Nm^3 N_2

(2) 1kg C+1.33kg O_2 ⟶2.33kg CO

1kg C+4.96Nm^3 空气⟶1.87Nm^{3}CO+3.44Nm^3 N_2

由表 10.14 可以看出,需要接近 9Nm^3 的空气才能将 1kg 的石墨完全转化为 3.7kg 的 CO_2。反应堆内的空气量决定进空气的后果,故应将其限制在很小的数值范围内。考虑到前面提到的进空气事故的不同后果,需要采用更为合适的设计方案来满足这一要求。

10.7.2　反应的热力学平衡

在 C/O_2 系统中,一些基本的热力学方程可用来描述热力学平衡,即产出气体中 CO 和 CO_2 的可能的最大含量,如图 10.77 所示。图 10.77 中给出的气化反应用来表征确定气体成分的方程式。

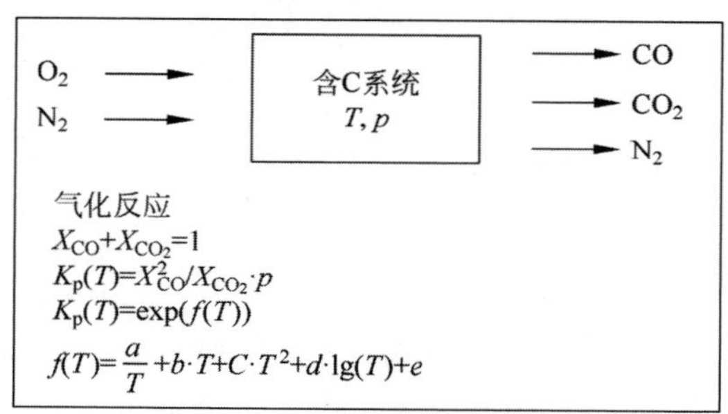

图 10.77　气化反应的热力学平衡状况

CO 和 CO_2 的浓度可由如下简化形式的方程组来计算。

$$X_{CO}=\frac{K_p\cdot p}{2}\cdot\left(\sqrt{1+\frac{4}{K_p\cdot p}}-1\right),\quad X_{CO_2}=1-X_{CO} \tag{10.106}$$

温度、压力及其他反应产生的影响可以采用数值方法进行评估。在不同的温度、压力下,可能产生具有特定成分的气体。图 10.78(a)和(b)显示了热力学平衡随温度的变化情况。在低温下,碳燃烧反应占据主导地位,而在很高的温度下,气化反应变得更为重要,如图 10.79 所示。

10.7.3　空气与石墨的反应速度

石墨与氧的反应速度可通过很多实验获得,反应速率 R 可定义为

$$R=\frac{\Delta M}{\Delta t}\cdot\frac{1}{A} \tag{10.107}$$

影响反应速率的主要参数是石墨的类型、温度 T、氧的分压、空气的速度 V_A 及石墨已有的腐蚀量 $\Delta m/m$。石墨温度低于 700℃的区域称为孔隙扩散区,腐蚀速率随温度呈指数增长,与氧分压呈线性关系。在这个区

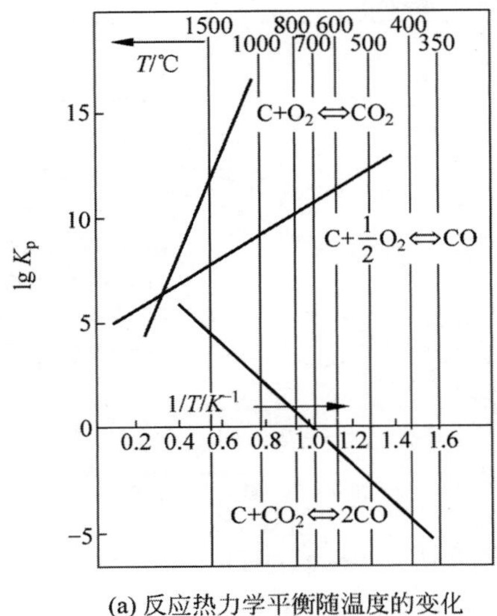

(a) 反应热力学平衡随温度的变化

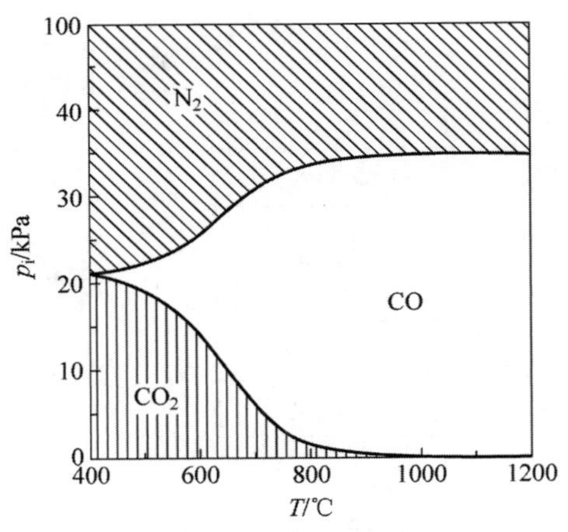

(b) 产品气各成分分压p_i随温度的变化(p=0.1MPa)

图 10.78 与 O_2 进行的平衡反应及气体成分

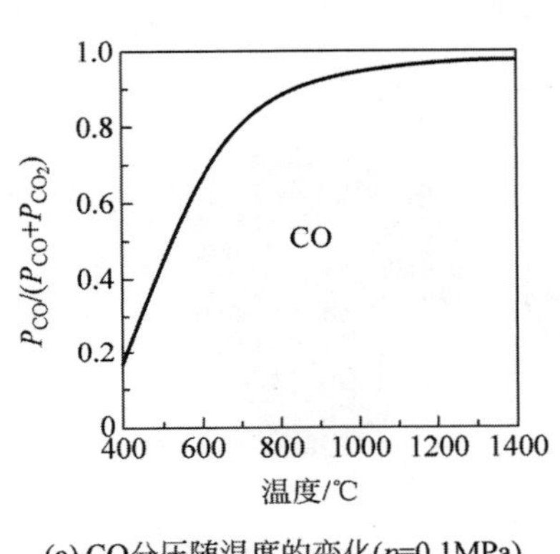

(a) CO分压随温度的变化(p=0.1MPa)

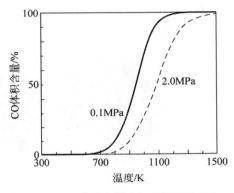

(b) CO/CO_2平衡在各种压力下随温度的变化(对应于气化反应)

图 10.79 C/O_2 反应产物的组成

域,化学反应决定了反应速率,空气流速对反应速率不具有重要的影响,相应的表达式为

$$R \approx \exp\left(-\frac{A}{T}\right) \cdot T^{-0.125} \cdot \psi_{O_2} \cdot \frac{p}{p_0} \cdot \left(1-\frac{\Delta m}{m}\right)^{0.66} \tag{10.108}$$

这一数值与测量值吻合得很好。参数 A 对应于活化能,ψ_{O2} 表征了腐蚀介质的含氧量。对于在 900℃以上产生的反应,边界区域内的扩散效应会产生较大的影响。输送到石墨表面的所有氧气在高温下会发生反应。在这个区域,反应速率可用如下类似的关系式来描述:

$$R \approx T^{-0.125} \cdot \nu_A^{0.437} \cdot \psi_{O_2} \cdot \frac{p}{p_0} \cdot \left(1-\frac{\Delta m}{m}\right)^{0.66} \tag{10.109}$$

在 700℃ $<T<$ 900℃的过渡区域,可得下面的关系式:

$$R \approx \varphi(T,\nu_A) \cdot \psi_{O_2} \cdot \frac{p}{p_0} \cdot \left(1-\frac{\Delta m}{m}\right)^{0.66} \tag{10.110}$$

其中,函数 φ 包括了扩散和反应效应。图 10.80 给出了对直径为 6cm 的球形元件组成的球床进行布置时反应速率的实验结果,与上面给出的理论近似值吻合,表明实验与理论分析之间达到了很好的一致性。

渗入 HTR 一回路的空气对燃料元件的作用可根据下面给出的数值来加以估计。在温度为 1000℃、空气流速为 2.35cm/s 的条件下,对 A3 石墨的腐蚀速率约为 200mg/(cm^2 · h)。如果燃料元件在空气中滞留 1h,则它会因腐蚀而损失约 23g 的石墨基体。如果假定表面上的腐蚀是均匀的,则有 1.3mm 的石墨外壳被腐蚀。在这些假设条件下,虽然燃料的基体未受到影响,但是,燃料元件将被评估为损坏,因为其尺寸减小了。

T/℃	r/[mg/(cm³·h)]
700	50~70
800	80~150
900	100~200
1000	200~300

(a) 反应速率随温度的变化

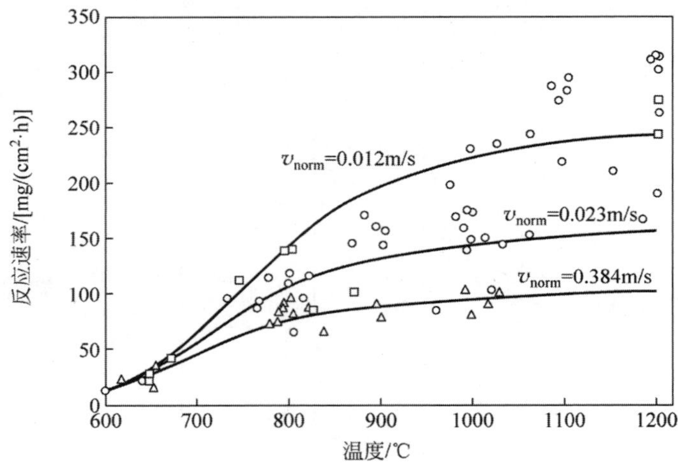

(b) 反应速率随温度和流速的变化

图 10.80 燃料元件 A3 石墨反应速率随温度和空气流速的变化(氧气的分压为 20kPa)

然而,考虑到空气流过高温球床后元件的外形会发生变化这一经验,这意味着表面上的腐蚀分布实际上具有不对称性。因此,需要对燃料元件受到的腐蚀进行更为详细的分析,尤其是对具有典型几何形状的材料,更要进行相关的实验,以获得更加合理的设计,如图 10.81 所示。

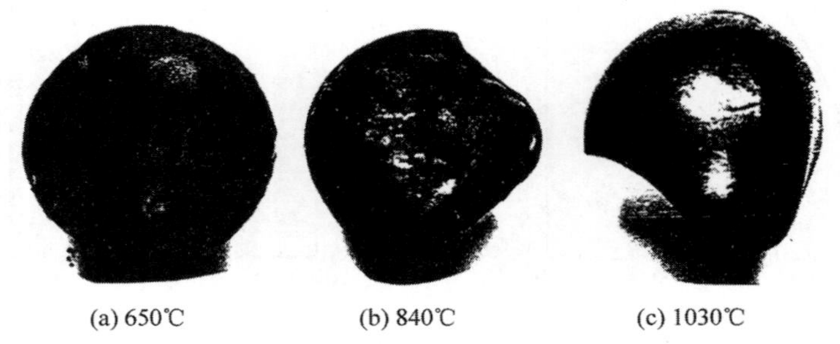

(a) 650℃　(b) 840℃　(c) 1030℃

图 10.81 在腐蚀期间空气进入球床布置区域对燃料元件外形的影响

从对 A3 石墨进行的测量来看,结构石墨的腐蚀速率差别不是很大。图 10.82 给出了适宜用作合格的反射层结构材料的 ASR-IRS 的一些测量结果。另外,从图 10.82 也可以看出温度对腐蚀速率的重要影响。

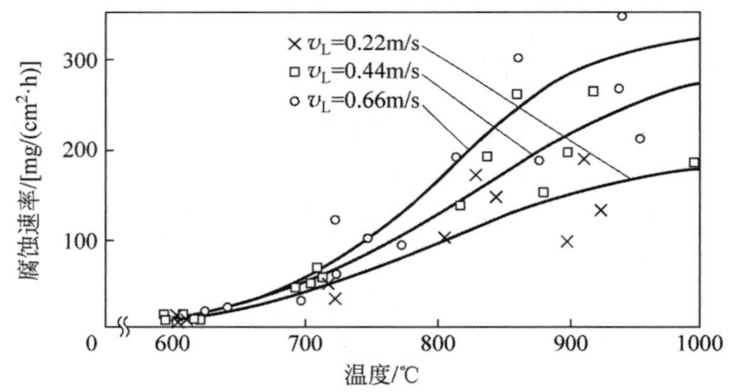

图 10.82 测量的结构石墨(ASR-IRS)与氧发生反应的反应速率

结构石墨的反应速率也取决于腐蚀介质中氧的含量,这一点可以通过前面给出的方程进行验证。在多次实验过程中,对涉及的实验参数进行了调整,结果显示,当温度高于 700℃时,反应速率与空气的流动速度具有很强的相关性。

为了对可能的腐蚀效应进行评价,对堆芯的底部结构作了如下假设:$A=500\text{m}^2$;温度为 750℃时的$r=100\text{mg}/(\text{cm}^2\cdot\text{h})$;$\Delta t=1\text{h}$;那么,大约有 500kg 的石墨可能被腐蚀。这个量相当于模块式 HTR 混凝土舱室内空气(−5000m^3)的腐蚀量。如果一回路边界出现了一个很大的破口,空气可在很短的时间内进入一回路系统,那么就有可能发生石墨快速转变的现象。例如,反应堆压力壳和蒸汽发生器压力壳之间的连接导管发生了双端断裂,就会使石墨被快速转变。假设石墨被均匀地腐蚀,那么,大约会有厚度为0.7mm的结构被腐蚀。

图10.83给出了空气或一氧化碳与蒸汽反应速度的比较情况。气化反应具有与蒸汽反应类似的数值。当空气和蒸汽同时进入时,这一比较就具有了重要的参考价值。

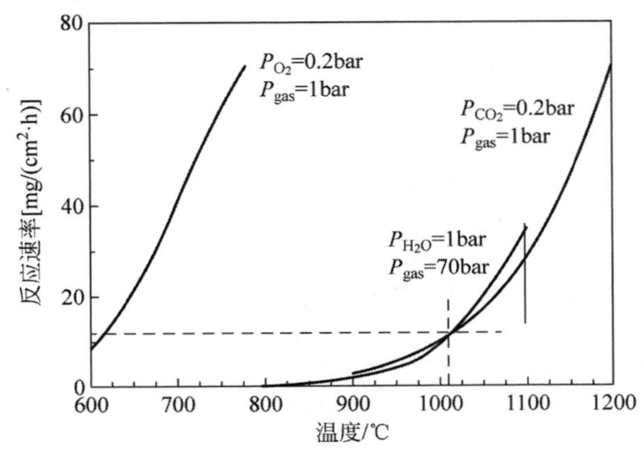

图10.83 空气、一氧化碳和蒸汽反应速率的比较

10.7.4 进空气事故的后果

由于石墨被腐蚀,燃料元件或者石墨结构的一些重要性能会发生变化。图10.84所示为燃料元件强度随腐蚀程度下降的趋势图。在非常极端事故的分析过程中,必须要考虑燃料元件强度下降为原来的1/2甚至更低时的腐蚀状况。

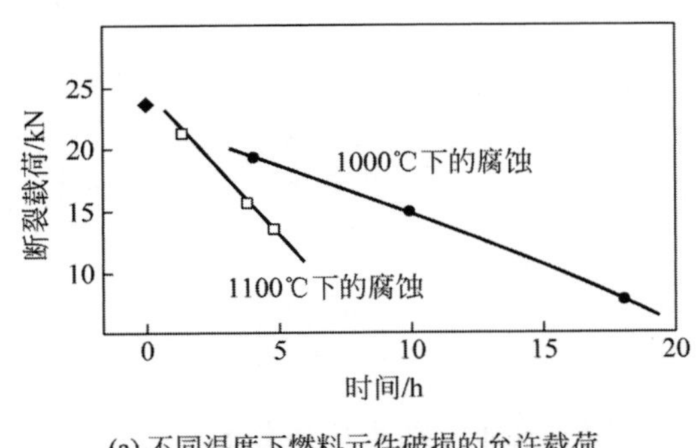

(a) 不同温度下燃料元件破损的允许载荷随腐蚀时间的下降

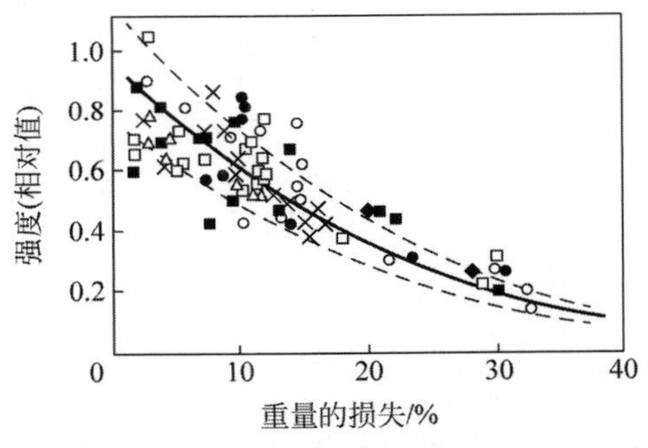

(b) 结构石墨强度受腐蚀的影响(各种材料)

图10.84 腐蚀造成的材料性能的变化

在空气引发腐蚀反应的过程中,有可能形成气体混合物。根据上面给出的计量估计算式,大约有9Nm^3的空气将与1kg的C发生反应。尤其是在非常高的温度下,在空气中会形成一氧化碳的混合物,因此,必须要加强对爆炸性气体混合物的分析。

原理上,1kg的C可以产生1.87Nm^3的CO。空气中CO的含量在14%~73%的范围内时就会形成爆炸性混合物,如图10.85(a)所示。爆炸的限值取决于气体环境的温度,如图10.85(b)所示。需要特别指出的是,氦加入到混合物中会影响可能点燃的区域。

当氦气占气体总量的40%以上时,不存在混合物发生爆炸的可能性。在详细分析的过程中,应将局部范围内气体的成分和蒸汽的影响考虑进来。

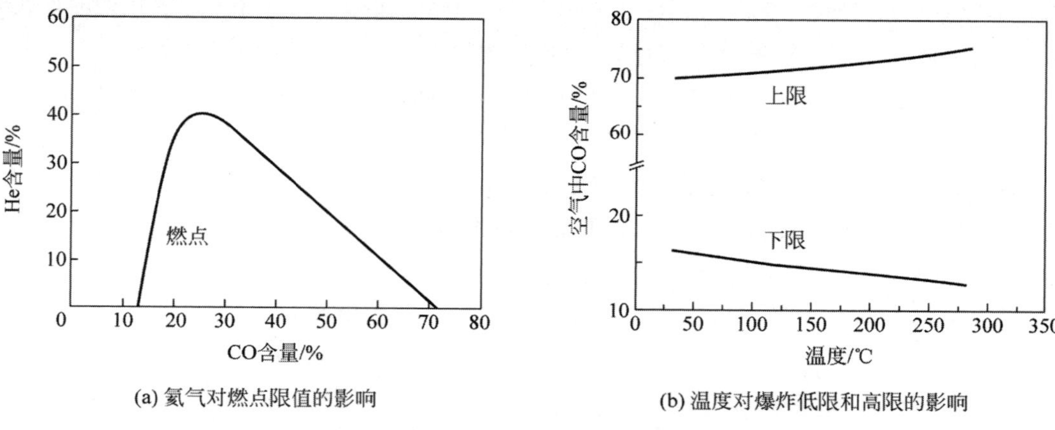

图 10.85　CO/空气混合气体发生爆炸的可能性

10.7.5　大量空气进入 HTR 一回路系统的考虑

燃料元件或石墨结构的腐蚀导致大量气体形成的前提条件是有足够量的空气进入一回路(图 10.86)，这一前提可以作为建立简单流动模型的基础，用于计算流经堆芯和反应堆结构的质量流量。空气进入反应堆系统的速率必须在模型实验的基础上进行计算和测量。决定速率大小的特征参数包括破口的大小和位置、系统内的温度分布和流动路径的特性。

$$\dot{m} \approx C \cdot f(H, T, d_L, d_0) \tag{10.111}$$

其中，H 是球床的高度，T 是堆芯的平均温度，d_L 是反应堆下部的开口大小，d_0 是反应堆上部的开口大小(图 10.86)。在某些事故情况下，堆芯周围结构的温度也会对质量流量产生一定的影响。

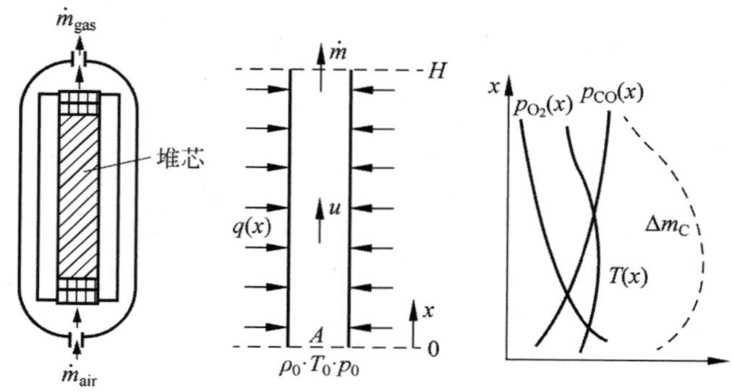

图 10.86　简化的流动模型(如 HTR 进空气事故烟囱效应的原理)

图 10.86 中标示了一回路边界上的两个开口。这种类型的事故通常都是按照假想事故来估计的，因为在氦气回路底部和顶部一回路压力边界的这两个开口是必然会出现的。进入一回路系统的质量流量按照质量守恒原理来计算，并允许对过程作一般性的描述。

在稳态情况下没有发生化学反应，于是，可以根据质量守恒定律得到：

$$\frac{\mathrm{d}}{\mathrm{d}x}(\rho \cdot u \cdot A) = 0, \quad \dot{m} = \rho \cdot u \cdot A = \text{常数} \tag{10.112}$$

应用动量守恒定律可以得到：

$$\rho \cdot u \cdot \frac{\mathrm{d}u}{\mathrm{d}x} = \frac{\mathrm{d}p}{\mathrm{d}x} - g \cdot \rho - K_\alpha(T) \cdot \dot{m}^\alpha \tag{10.113}$$

基于 $T(x)$ 的泰勒展开，由能量守恒定律可以得到：

$$\rho \cdot c_p \cdot u \cdot \frac{\mathrm{d}T}{\mathrm{d}x} = \frac{q(x)}{A} \tag{10.114}$$

其中，$q(x)$ 描述了从燃料元件向空气的传热，A 表示流动的自由面积，$K_\alpha \cdot \dot{m}^\alpha$ 项涵盖了系统中摩擦引起的阻力降。考虑密度和黏度随温度的变化情况：

$$\rho=\rho_0\cdot\frac{T_0}{T},\quad \eta\approx C\cdot T^{1/2},\quad v=\frac{\eta}{\rho}\approx C^*\cdot T^{2/3} \tag{10.115}$$

得到了空气的质量流量、系统中流动路径的高度 H、流动的自由面积 A 与进入通道 $q(x)$ 的热量之间的关系，可以简化地表示为

$$\phi(x)=\frac{1}{\dot{m}\cdot c_p\cdot T_0}\cdot\int_0^x q(x')\mathrm{d}x' \tag{10.116}$$

最终，得到了如下方程：

$$\frac{\dot{m}}{\rho_0 A^2}\cdot\left(\frac{1}{2}+\phi(H)\right)=\rho_0\cdot g\cdot\int_0^H\left(1-\frac{1}{\phi(x)}\right)\cdot\mathrm{d}x-K_\alpha\cdot\dot{m}^\alpha\cdot\int_0^H(1+\phi(x))^{(2-\alpha/2)}\cdot\mathrm{d}x \tag{10.117}$$

在层流($\alpha-1$)情况下，K_α 具有如下形式：

$$K_\alpha\approx C_1\cdot T^{3/2} \tag{10.118}$$

对于湍流($\alpha=2$)的情况，得到的 K_α 为

$$K_\alpha\approx C_2\cdot T \tag{10.119}$$

应用上述方程，可以给出发生破口情况下流过反应堆系统的质量流量。应用计算机程序可以对堆芯中温度的变化、热流密度的空间变化及气体参数随温度的变化关系进行分析和计算，也可以分析气体成分变化产生的影响。

这里要讨论 4 个比较重要的问题，以给出可能的质量流量的大概情况。

- 通过反应堆压力壳底部和顶部的两个开口流过球床(烟囱效应)(情况(a))；
- 通过反应堆底部方向具有反向流动的回流通道流过球床(受冷反射结构的影响)(情况(b))；
- 在模块式 HTR 的连接两个压力壳的同心导管发生双端断裂的情况下流过反应堆堆芯(情况(c))；
- 通过反应堆底部和顶部的两个非常大的开口流过堆芯(情况(d))。

在所有情况下，都可以根据温度、高度、开口尺寸和流道阻力降来计算质量流量。计算时必须将其他设备(蒸汽发生器，同心导管)的阻力降包括在内。

$$\dot{m}=f(T_i,H_i,A_i,\Delta p_i) \tag{10.120}$$

堆芯的烟囱效应提供了发生一些特殊情况时应具备的条件(情况(a))。

在流道底部有一个开口且在顶部有另一个开口的情况下，通过对堆芯一维稳态流动进行评估得出了如下结果。

将动量平衡、连续性方程和伯努利方程应用于图 10.86 所示的流动效应，H 高度处的静压 $p(H)$ 由下面的方程给出：

$$p(H)=p_0+g\cdot H(\Delta\rho-\rho_0)-\frac{\dot{m}^2}{\rho_0\cdot A^2}\cdot\left(\frac{1}{1-\frac{\Delta\rho}{\rho_0}}-\frac{1}{2}\right) \tag{10.121}$$

根据式(10.122)反映的摩擦损失状况：

$$f_f=K_i\cdot\dot{m}^\varepsilon \tag{10.122}$$

及式(10.123)假设的向下流动状况：

$$p(H)=p_0-g\cdot H\cdot\rho_0 \tag{10.123}$$

得到了一维稳态烟囱流动的循环方程：

$$\frac{\dot{m}^2}{\rho_0\cdot A^2}\cdot\left(\frac{1}{1-\frac{\Delta\rho}{\rho_0}}-\frac{1}{2}\right)=g\cdot H\cdot\Delta\rho+K_\varepsilon\cdot\dot{m}^\varepsilon\cdot H \tag{10.124}$$

对于层流，可以得到流动通道直径为 d 时的关系式为

$$\varepsilon=1,\quad K_1=128\cdot\nu/(\pi d^4) \tag{10.125}$$

对于湍流，其结果可以应用下面的关系式得到：

$$\varepsilon=2,\quad K_2=8\cdot\lambda/(\pi^2\rho d^5) \tag{10.126}$$

其中，λ 是湍流的摩擦因子，ρ 是流道中流体的密度。

对于球床，质量流量会受到阻力降的制约。因此，必须应用如下的关系式：

$$f_{\mathrm{f}}=K\cdot\dot{m}^{2},\quad K=\lambda_{\mathrm{c}}\cdot\frac{3}{4}\cdot\frac{1-\varepsilon}{\varepsilon^{2}}\frac{1}{\rho\cdot A^{2}\cdot d}\tag{10.127}$$

其中，d 是球形燃料元件的直径，ε 为球床的孔隙率（≈ 0.39），A 是堆芯的截面，λ_{c} 是阻力系数。

$$\lambda_{\mathrm{c}}=\frac{C_{1}}{Re^{*}}+C_{2},\quad Re^{*}=\frac{1}{1-\varepsilon}\cdot\frac{v_{0}}{r}\cdot D_{\mathrm{H}},\quad v_{0}=v\cdot\varepsilon,\quad D_{\mathrm{H}}=\frac{2}{3}\cdot\frac{1}{1-\varepsilon}\cdot d\tag{10.128}$$

其中，v_0 是堆芯自由截面的流速，D_{H} 是球床的水力学直径。当 $0.3<\varepsilon<0.5$ 时，得到 $C_1=200$，$C_2=2.44$。

在上述计算结果的基础上，可以计算得到阻力系数 λ_{c} 为

$$\lambda_{\mathrm{c}}=C_{2}+C_{1}\cdot\frac{1-\varepsilon}{d}\cdot\gamma\cdot\rho\cdot A\cdot\frac{1}{\dot{m}}\tag{10.129}$$

质量流量 $m=f(A,H,T)$ 可以在前面给出的方程的基础上加以估计。对于模块式 HTR（$H_{\mathrm{core}}\approx 9.4\mathrm{m}$），图 10.87 给出了各种大小破口情况下空气进入的速率。

图 10.87 给出了两个尺寸相对较小的破口对可能的质量流量的显著影响。图中 HTR-Module 内的温度分布状况是假设，用来解释这里表现的趋势。在进行分析时，假设堆芯下部的卸球管发生了泄漏，同时假设反应堆压力壳顶部冷气取样室的上部也发生了泄漏。空气进入一回路，与卸球管内燃料元件的石墨进行反应。

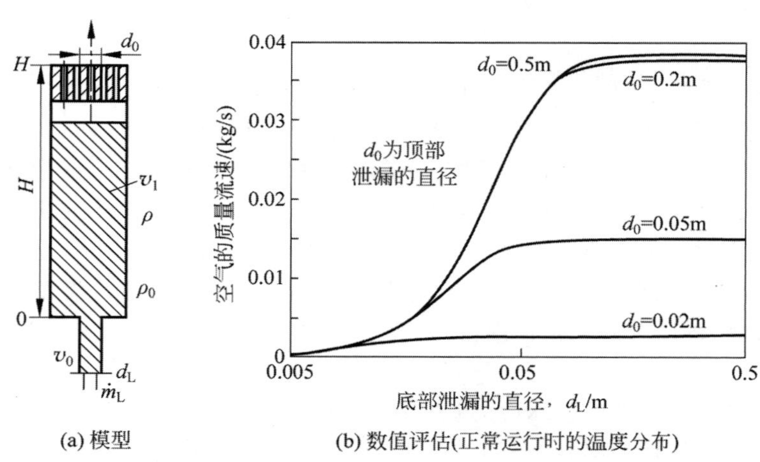

图 10.87　反应堆顶部和底部破口情况下空气进入的速率（如 HTR-Module）

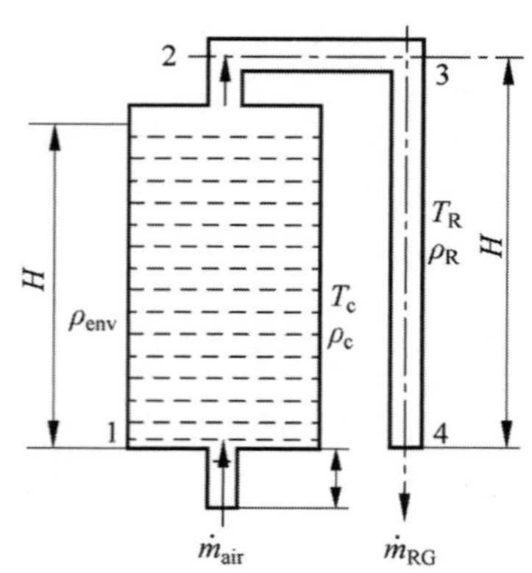

图 10.88　示例事故的计算结果

$T_1=T_{\mathrm{env}}$，$\rho=\rho_{\mathrm{env}}$；$T_2=T_{\mathrm{c}}$，$\rho_2=\rho_{\mathrm{c}}$；$T_3=T_{\mathrm{c}}$，$\rho_3=\rho_{\mathrm{c}}$；$T_4=T_{\mathrm{R}}$，$\rho_4=\rho_{\mathrm{R}}$，$\dot{m}_{\mathrm{RG}}$：反应气体（CO_2，CO，O_2，N_2 的混合物）；c：堆芯；R：反射层中气流通道

以两个小破口（直径为 65mm）为例，质量流量大约为 0.017kg/s 或接近 61kg 空气/h。这相当于每小时转换大约 10kg 的石墨，主要指的是卸球管中燃料元件的石墨。然而，对这两个开口的假设已属于超设计基准事故范围。在这种情况下，对质量流量的估计还与堆芯的温度有关。随着温度的升高，质量流量会有所下降。

流过堆芯及随后流过温度较低的反应堆结构的情况显示出一定的特殊性。

质量流量除了取决于堆芯外部的温度之外，在 HTR-Module 中还受到石墨反射层中孔道的影响。随着这部分温度的上升，质量流量有所下降，如图 10.88 所示，给出了模型的相关解释。

对这一事故的评估需要考虑冷气体在堆芯和外部通道的流动。应用能量、连续性和冲量的相关方程，可以给出流经堆芯的流量的方程：

$$\frac{\dot{m}^{2}}{A_{\mathrm{c}}^{2}\cdot\rho_{\mathrm{c}}}\cdot\left(1-\frac{\rho_{\mathrm{c}}}{\rho_{\mathrm{euv}}}\right)=(p_{2}-p_{1})-g\cdot H\cdot\rho_{\mathrm{c}}-K\cdot H\cdot\dot{m}^{2}\tag{10.130}$$

其中，下标 c 代表堆芯，下标 euv 代表环境。应用气体离开堆芯和反应堆之后的外部流道方程得到如下方程：

$$\frac{\dot{m}^2}{A_c^2 \cdot \rho_R} \cdot \left(1-\frac{\rho_R}{\rho_c}\right)=p_4-p_3+g \cdot H \cdot \rho_R+K_\varepsilon \cdot H \cdot \dot{m}^\varepsilon \tag{10.131}$$

针对这个具有大开口烟囱效应的非常极端假设可以得到：如果有足够量的空气存在，就会形成较大的石墨转化速率。

如果在反应堆顶部有一个非常大的开口（假设开口直径为 $d_0=3\text{m}$），并且假设在卸球管处有一个小的开口（假设 $d_L=0.3\text{m}$），就会出现通常的烟囱效应，得到空气的质量流量为 0.6kg/s。相应的石墨腐蚀率为 220kg/h，如图 10.89 所示。这个简单的估计表明，限制内混凝土舱室内的空气量对于防腐具有非常大的重要性。

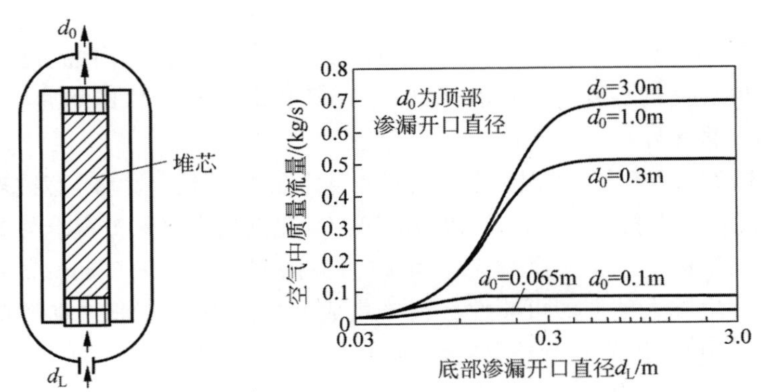

图 10.89 空气流量随反应堆压力壳顶部和底部开口直径的变化

假设两个开口，烟囱效应，HTR-Module，热功率为 200MW

石墨转化首先发生在反应堆底部结构。存在于混凝土舱室内部可用于腐蚀的空气将在两小时内被消耗掉。当然，这种假想的事故必须要采用合适的一回路压力边界和内部混凝土舱室设计来加以避免。

10.7.6 进空气事故分析的结果

表 10.15 列出了对模块式 HTR 一回路压力边界的一些假想事故进行分析的结果。

表 10.15 对模块式 HTR 一回路压力边界一些假想事故分析的结果

分级	开口位置	开口大小/mm	开口数	后果	腐蚀	注释
设计基准事故	反应堆压力壳的底部	65	1	缓慢扩散	非常小	挡板自动关闭后内混凝土舱室的空气量是有限的
	反应堆压力壳的顶部	65	1	缓慢扩散	非常小	
	卸球管	65	1	缓慢扩散	非常小	
	蒸汽发生器或氦风机压力壳	65	1	缓慢扩散	非常小	
超设计基准事故	几根管	65	>1	烟囱效应	中等	
	给水或蒸汽取样器	300(几个为 65)	2	烟囱效应	中等	
极端假想事故	连接壳双端断裂	约 1000	1	烟囱作用	中等	干预是必要的和可能的
	反应堆压力壳边界	300+3000	2	强烈的烟囱效应	高	
	连接壳双端断裂和反应堆压力壳顶部开口	1000 以上(几个为 65)	2	强烈的烟囱效应	高	

10.7.7 降低进空气事故不良后果危害性的进一步方案

空气进入一回路系统产生的后果具有一定的危害性，对于模块式 HTR 的未来应用，存在进一步降低这种危害性的可能性。图 10.90 给出了一回路系统的设计方案、内混凝土舱室的设计方案及未来反应堆概念进一步改进的可行性方案。

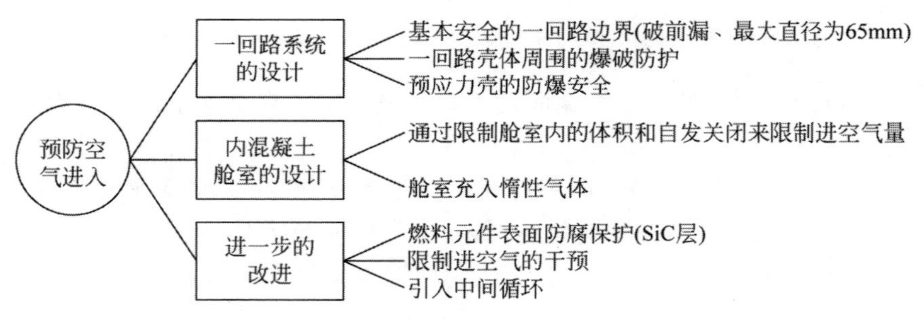

图 10.90 限制空气进入一回路系统的多种方案

- 使用自发动作系统，防止反应气体如空气或气体混合物在热屏孔道内的流动。例如，来自堆芯的热流密度会引起热屏温度的上升，有可能导致邻近冷气孔道材料（铅）的熔化。因此，从那里进入堆芯的空气流动实际上将被停止。
- 一回路快速失压事故之后开始向内混凝土舱室充入惰性气体，并且自发动作以隔离与反应堆厂房的连接。
- 使用防腐的燃料元件和石墨结构。包覆 100μm 厚的碳化硅层可以保护石墨免受空气和蒸汽的腐蚀。
- 将整个一回路系统集成在一个防爆的壳体系统内，并限制直径大于 65mm 破口的出现。这种方案将排除由于设计而发生较大破裂的可能性。整体集成的概念对于未来的应用具有非常有说服力的可能性。遵循这个原则，壳体的建造还具有制造、运输、维修、拆除和出口等更多的优点。另外，它还可以实现更大直径壳体的建造。
- 严重的空气进入事故后，相关的干预措施将是限制这些事件出现严重不良后果的一种非常有效的手段。特别是在发生极端假想事故（EAA）的情况下，用氮气排出内舱室内的空气或者向这个房间填充特殊的泡沫、砂或颗粒，可以将由空气可能带来的腐蚀限制在相对较小的值之内。如果整个内混凝土舱室受到外部极端冲击的破坏，则整个设施用混凝土覆盖将会极大地限制对石墨可能造成的腐蚀。

10.8 蒸汽循环二次侧的事故

10.8.1 概况

二回路系统中各种设备可能会失效，并导致反应堆回路本身出现瞬变过程，甚至有可能导致其他设备的损坏。图 10.91 中给出了一些重要的例子，这些都是众所周知的在常规发电厂中发生的事故，但通过适当的设计，可以使这些事故尽可能不发生。提升电厂质量的一个很好的指标是提高电厂的可利用率，特别是已运行了几十年的世界范围内的各种核电站。图 10.91(b)给出了反应堆中重要设备失效的概率。使用冗余的

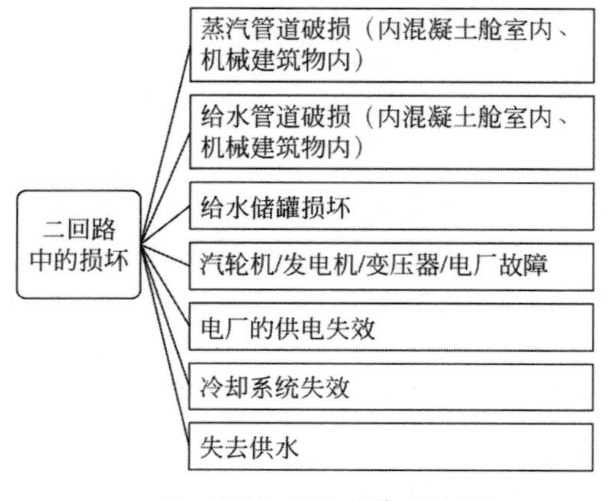

(a) 二回路一些可能损坏的概况

设备	失效率/(1/h)	注释
大管道	10^{-7}～10^{-8}	大破口
小管道	<10^{-6}～10^{-7}	完全破损
泵	5×10^{-6}～4×10^{-5}	不能启动
壳体	<10^{-10}～10^{-9}	给水壳的破裂
壳体	<10^{-11}～10^{-10}	反应堆压力壳的破裂
大阀门	5×10^{-6}～1.5×10^{-5}	不能打开
大阀门	5×10^{-6}～1.5×10^{-5}	不能关闭

(b) 一些重要设备的失效率

图 10.91 二回路中可利用率和事故的概况

系统，并且实施广泛的监督、检查、修理和更换计划，同时提供一个对应于上述计划的进度时间表，是实现设备和电厂高可利用率的先决条件。

设备被损坏的概率应该非常小，只有这样，才能实现电厂良好的可利用率并达到设备和电厂寿命的预期要求。为了达到上述要求，一方面可以安装几个冗余的设备（例如，给水泵），以提高功能的可利用率；另一方面，设备的设计相应地要满足更高的安全性要求。在旧的核电站中，给水管道和蒸汽管道的建造采用了与常规电厂相同的方式。在过去的 20 多年中，对抗地震的安全性方面的要求越来越高，也越来越重要。例如，对于管道的设计，采用了特殊的偏转装置以应对较高地震加速度情况下的失效及由这些事件引起的附加载荷。当然，这一措施也带来了较高的投资成本及定期对程序进行必要检查的额外工作量。在必要的范围内对各个重要设备进行监督、维修和更换，是保证电厂经济、安全运行的前提。

10.8.2 主蒸汽管道的断裂

蒸汽管道将蒸汽发生器出口温度为 570℃、压力为 14MPa 的主蒸汽通过内舱室壁和反应堆安全壳构筑物输送到汽轮机。这个管道的直径约为 0.5m，长度近 100m。这种情况下，需要采取特殊的热补偿措施，这些都是常规电厂、HTR 和 AGR 中众所周知的技术。对管道来说，采用设置弯管的方式来补偿长度上的变化。

图 10.92 所示为二回路系统的原理流程和设备的布置。关闭给水的阀门和关闭蒸汽流量的阀门布置在一个专门的房间内，并与排气系统相连。管道通过各个墙壁的贯穿件需要采取特殊的设计方案，均是 LWR 中众所周知的技术。

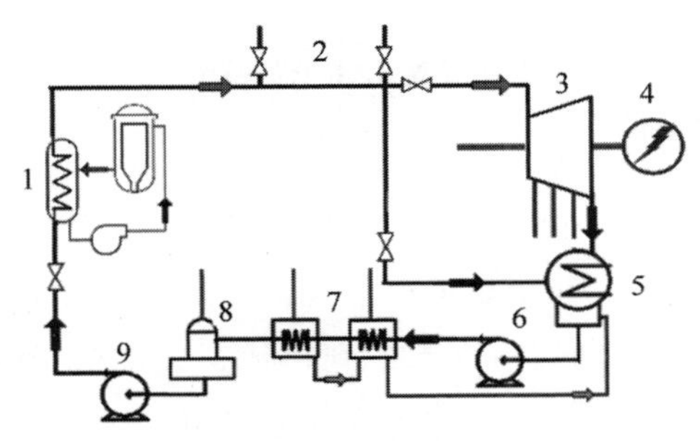

(a) 二回路的原理流程(HTR-PM)

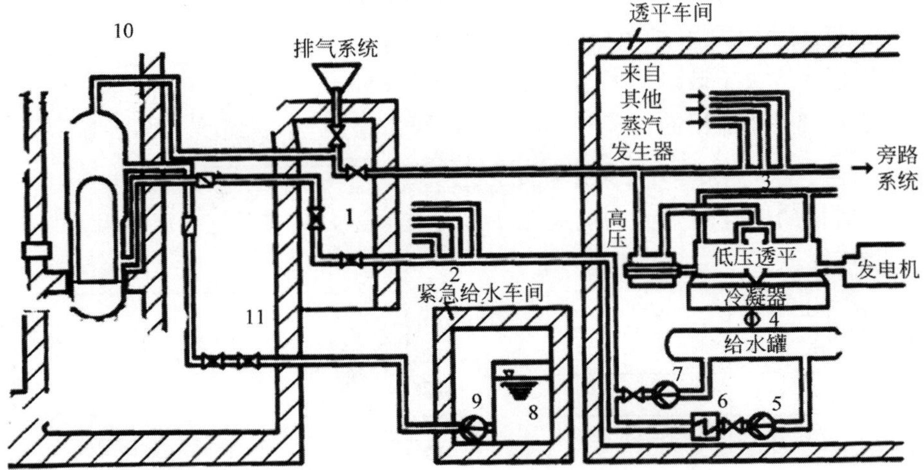

(b) 二回路系统设备的布置(如大型轻水堆，PWR)

图 10.92 二回路系统的原理流程和设备的布置

(a) 1—蒸汽发生器；2—阀门系统；3—汽轮机；4—发电机；5—冷凝器；6—给水泵；7—给水预热系统；8—进水水箱；9—给水泵；(b) 1—蒸汽和给水阀室；2—给水管；3—主蒸汽管；4—冷凝泵；5—给水贮罐；6—高压预热器；7—启动和关闭泵；8—软化水箱；9—紧急给水泵；10—内混凝土舱室壁；11—反应堆安全壳构筑物壁

在热膨胀过程中，蒸汽管道尺寸会发生变化，例如，对于管道贯穿件，一般采用如图 10.93(a)所示的方法。此外，现代核电站的管道采用了专门的装置，以避免管道破裂后被进一步损坏。这些部件允许在正常运行过程中被伸长，并且起到阻尼的作用，如图 10.93(b)所示。

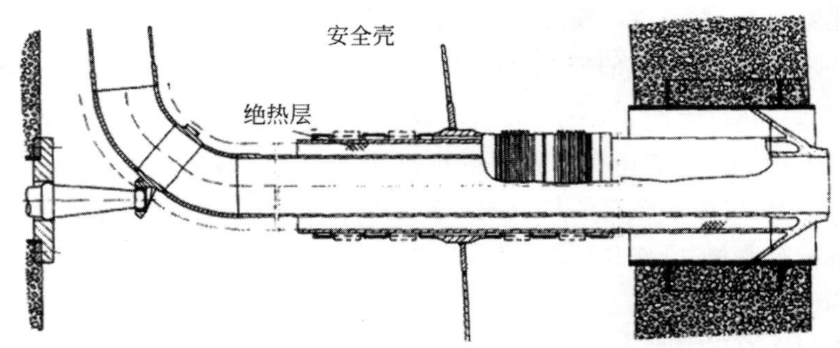

(a) 主蒸汽管道穿过厚壁的混凝土结构的贯穿件(如PWR的安全壳)

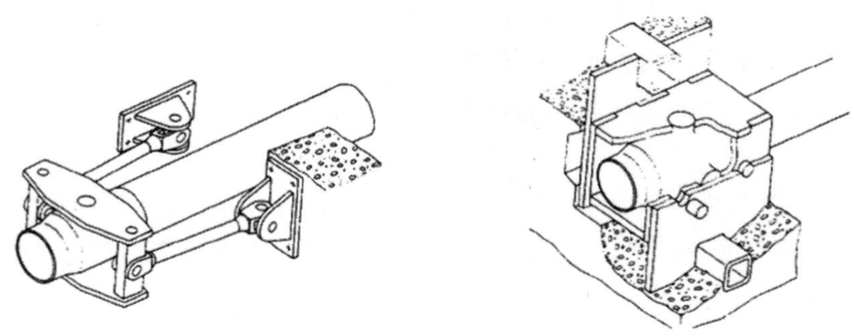

(b) 避免管道受力损坏的设计

图 10.93　核电厂二回路部件与安全相关的设计

如果主蒸汽管道发生断裂，则 dp/dt 的信号会触发反应堆保护系统，使反应堆停堆，给水和蒸汽的阀门也将关闭，汽轮机发电机系统也将停机。衰变热可以借助应急给水泵给水通过蒸汽发生器载出，并且利用排气系统将衰变热释放到外部环境中。断管可能发生在汽轮机大厅内、阀门间、反应堆安全壳构筑物内或者内混凝土舱室内。无论发生在哪个位置，都必须考虑压力增高带来的影响。房间需要设置安全挡板，一旦房间内的压力超过允许值即可打开挡板。特别是在事故情况下，要使内混凝土舱室卸压，就要打开安全挡板，将气体排放到空间体积大得多的反应堆安全壳构筑物内。

蒸汽系统的降压速率取决于破口的大小、压力和饱和状态。

对于从破裂的给水管道中流出的水蒸气/水混合物，可以得到一个近似的半经验临界流速的关系式：

$$\dot{m} \approx \sqrt{2 \cdot g \cdot [P_{\text{upstream}} - P_{\text{sat}} \cdot (1-c)]} \tag{10.132}$$

其中，P_{upstream} 表征破管前的压力，g 是重力加速度，P_{sat} 是饱和压力，c 是与饱和压力相关的常数。图 10.94(b)给出了常数 c 的一些特性。

P_{sat}(饱和压力)/bar	T/℃
10	180
50	265
70	285
100	302
170	353

(a) 蒸发曲线的数据

(b) 流出方程中的常数c

图 10.94　常数 c 随饱和蒸汽压力的变化

关于流出过程的一些数据如图 10.95 所示，其中包含了与破口面积相关的质量流量随压力和蒸汽体积份额发生的变化。

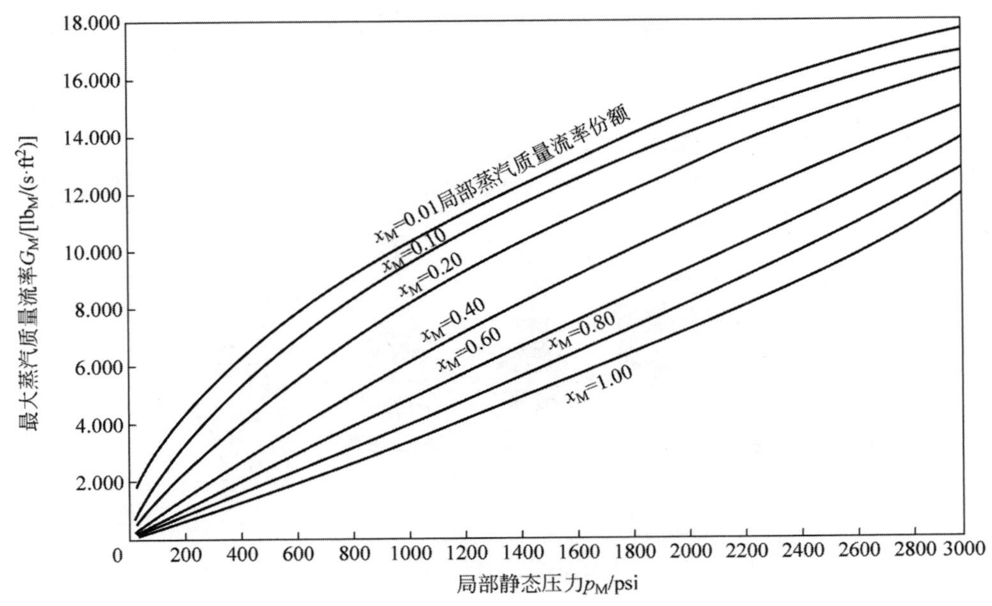

图 10.95　单位破口面积流出的蒸汽质量流量随压力和蒸汽状态的变化（1lbm/(s·ft^2)$\triangleq$4.88kg/(m^2·s)）

根据下面给出的数据信息，例如，400cm^2 蒸汽管道破管，流速大约是 2400kg/s，则蒸汽系统的失压过程小于 1min。在发生严重的失压过程时，必须要分析由此作用在蒸汽管道附近设备上的力，并且说明它们的完整性可以得到保证。另外，还需强调的是，一些敏感部件必须用混凝土加以保护。

在管道破裂的情况下，厚壁内混凝土舱室的安全性是由安全挡板来保证的，如果舱室的压力过高，挡板就会打开。如果反应堆安全壳构筑物内的管道发生破裂，假设这个厂房的空间体积足够大，那么就可以限制这个厂房空间压力的上升。

10.8.3　汽轮机-发电机系统的失效及汽轮机甩负荷

二回路中的设备，特别是汽轮机和发电机的故障，可能会引发剧烈的瞬态过程和事故。例如，发电机、变压器或电网可能会出现故障。在这种情况下，不可能将所发的电力输送到电网。汽轮机的运转必须立即停止以防止汽轮机的损坏。这是通过关闭汽轮机的逆止阀（图 10.96）和冷凝器的减压阀来实现的。通过打开逆止阀和减压阀来避免负荷的控制，并允许冷凝器内的过热蒸汽进行冷凝。此外，排污阀允许将蒸汽排放到环境中。

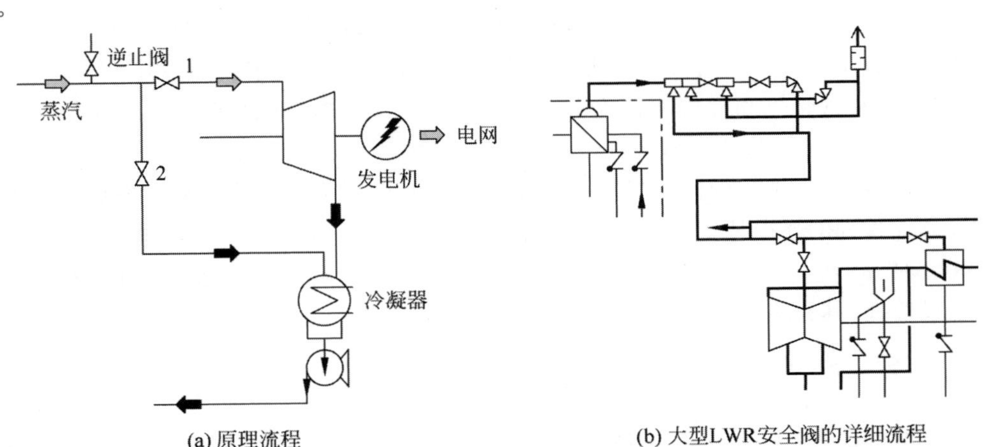

(a) 原理流程　　(b) 大型LWR安全阀的详细流程

图 10.96　汽轮机甩负荷控制的设计概念

1—逆止阀；2—减压阀

上述解决方案适用于PWR，但是，对于模块式HTR，不能采取类似的方式进行设计。如果无法降压，汽轮机旋转的转速会变得很高，在较短的时间内，机器就会损坏。众所周知，这种事故属于常规发电厂发生的事故，事故发生时，汽轮机可能被破坏，部分汽轮机的叶轮沿切线方向被飞射甩出，甚至被抛射1000m之外，如图10.97所示。

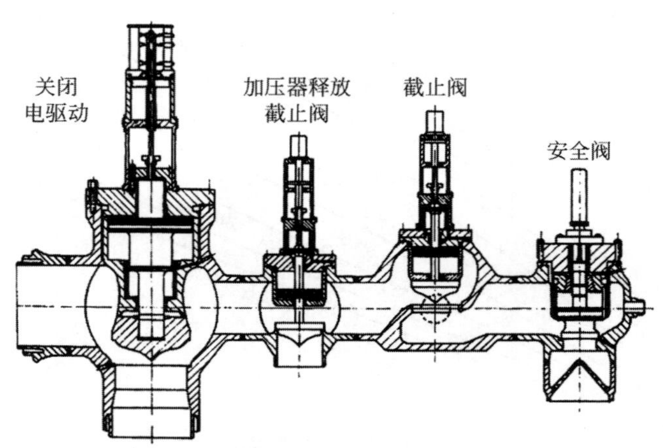

图10.97 蒸汽发生器和汽轮机之间安全阀的布置(如PWR)

在此类事故发生期间，可能会有大量的能量被释放出来。通过一个简单的能量平衡可知，如果发电机不能向电网输送能量，那么，汽轮机可能出现的旋转转速如下：

$$\frac{\theta}{2}\cdot(\omega_{\tau}^{2}-\omega_{0}^{2})=\int_{0}^{\tau}\dot{m}_{\text{sream}}\cdot\Delta h_{\text{stearm}}\cdot \mathrm{d}t \tag{10.133}$$

其中，θ是汽轮机/发电机系统的转动惯量；ω表征转速；τ是汽轮机达到转速ω_{τ}之后可能出现损坏的时间跨度，根据材料的强度给出。作用在叶轮和转轴上的力取决于转速：

$$F\approx\sigma\approx\omega^{2} \tag{10.134}$$

因此，材料中应力的增加与瞬态过程中释放的能量成正比。当转速比正常值高出20%时就会造成损害。通常，在转速高出正常运行转速10%以上时，安全系统将会关闭汽轮机。为了避免发生这类事故，如果输电侧不可用且旋转转速上升，那么，汽轮机系统会设计几个装置来阻止蒸汽热能的进入。时间常数为τ，它是保护汽轮机动作的特征值，可用下面的关系式来估计：

$$\tau<\frac{\dfrac{\theta}{2}(\omega_{\tau}^{2}-\omega_{0}^{2})}{\dot{m}_{\text{stearn}}\cdot\Delta h_{\text{stearm}}} \tag{10.135}$$

在尽可能快速地将汽轮机关闭之前，冷凝器前的阀门将在短时间内打开，热的蒸汽在冷凝器中冷凝，以此来保护汽轮机不受损坏。如果阀门系统失效，安全阀系统就可以把蒸汽直接排出到外部环境中。将不能提供给电网的能量释放出去对于所有发电厂都是一个非常重要的安全要求。

在许多旧核电站中，汽轮机和反应堆的布置遵循图10.98(a)中所示的原理，而在所有新核电厂中，按图10.98(b)所示的对应位置来进行布置。

在这种情况下，即使是被破坏的汽轮机的飞射物也不可能损坏反应堆。含有大量放射性的与安全有关的构筑物也必须遵守这样的布置原则。

如图10.98(c)所示，所有堆芯区域内的构筑物必须要考虑受到快速飞射物撞击而被破坏的问题。这些飞射物的速度可以很高，其相应的能量平衡关系式为

$$\nu=\sqrt{\frac{\theta}{2}(\omega_{\tau}^{2}-\omega_{0}^{2})/n} \tag{10.136}$$

飞射速度达到100m/s是很有可能的。M是飞射物的质量，具有特定的分布。因此，在任何情况下，都必须要保护敏感建筑物免受这些意外因素的影响。

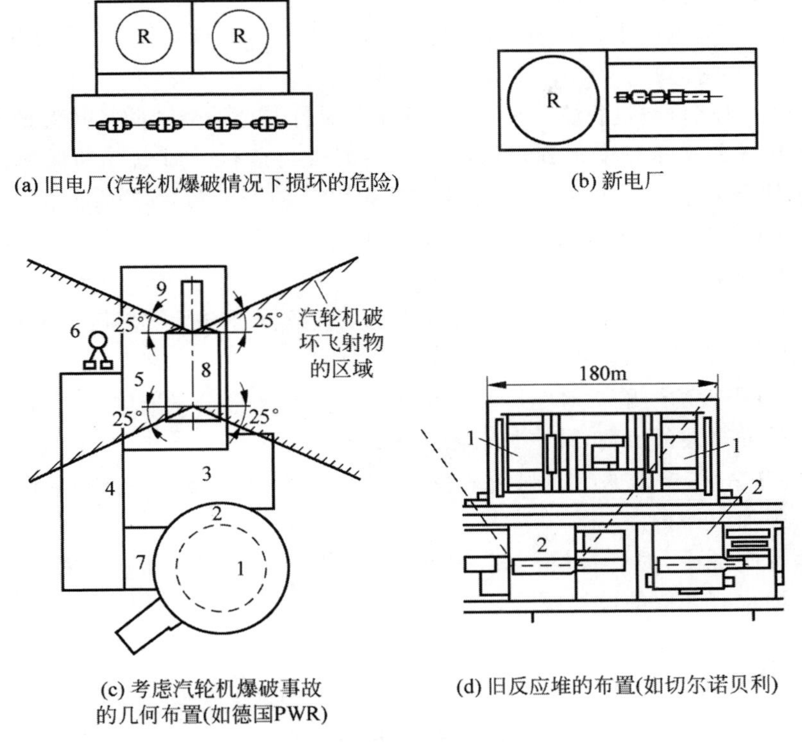

(a) 旧电厂(汽轮机爆破情况下损坏的危险)

(b) 新电厂

(c) 考虑汽轮机爆破事故的几何布置(如德国PWR)

(d) 旧反应堆的布置(如切尔诺贝利)

图 10.98 反应堆构筑物和汽轮机厂房的布置

(c) 1—反应堆安全壳；2—围绕安全壳环室；3—反应堆构筑物；4—变电系统；5—汽轮机厂房；6—自用变压器；7—中间建筑；8—汽轮机；9—发电机；(d) 1—反应堆；2—汽轮机

10.9 外部事件对反应堆电厂的影响

10.9.1 概况

由自然或社会原因引起的外部影响可能导致核电站或者任何其他核设施的损坏和破坏。图 10.99 示例了一些外部事件，在对电厂进行布置及许可证申请过程中必须对这些事件给予关注。另外，恐怖事件也是一个非常敏感的话题，在世界各国都存在不同程度的类似问题。本节要讨论的载荷值对应于德国反应堆许可证申请的程序。

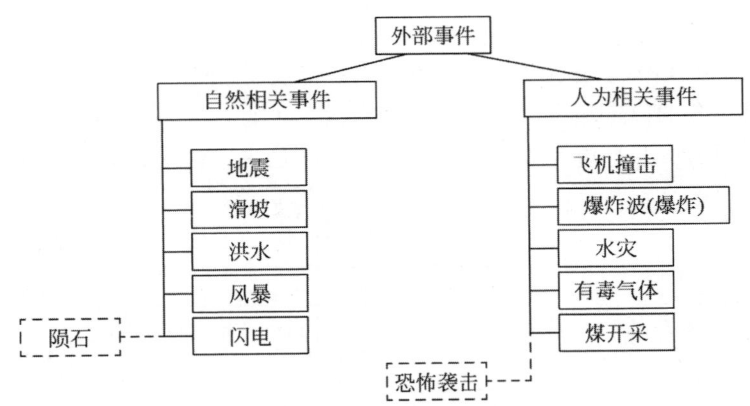

图 10.99 核电厂外部事件概况

在核反应堆中，所有安全设施必须能够满足主要的安全要求：

- 电厂安全停堆；

- 衰变热可靠地载出，将设备的温度限制在限值以下；
- 防止放射性物质从核电厂中超限值地释放；
- 对人员和公众的辐射防护；
- 进一步的要求是对核材料进行安全管控，这意味着履行安全保障和防核扩散的条例。

根据事故后外部影响的严重程度来确定该电厂最终能否再运行。对电厂的保护部分是通过对建筑物和安全相关电厂区域的合适布置来实现，部分是通过冗余设计的安全装置之间足够的空间隔离来实现。对地震、冲击波和飞机撞击等外部事件要提供特殊的处理措施。有关这些事故的一些详细情况将在后续各节中加以说明。这些事件对电厂造成的影响是不同的。

- 地震是一种对电厂所有方面均会产生影响的事件。有必要对电厂敏感区域采取特殊的建筑物设计。地震通常也影响电厂周边的环境。
- 冲击波对电厂有很大的影响。对电厂与安全相关的重要的部分采取屏蔽是可行的，因为建筑物可以设计成能够承受冲击波的负荷，冲击波仅限于电厂所在地。
- 在飞机撞击核电站时，撞击的空间限于某些建筑物。只有电厂的某些区域才会受到影响。与安全相关的建筑物必须加以保护。

在德国大型轻水反应堆中，对于会受到相关影响的建筑物已经实现了一定程度的防护。对于模块式 HTR 电厂，在相关方面也有类似的设计要求。

10.9.2 飞机撞击

飞机坠毁事件发生在核电站上的概率估计是非常低的。然而，如今在一些国家，在进行现代化电厂设计时要求能够抵御飞机坠毁这种类型的撞击。实际上，德国过去的 LWR 电厂已做了如图 10.100 所示的飞机撞击这样的假设。

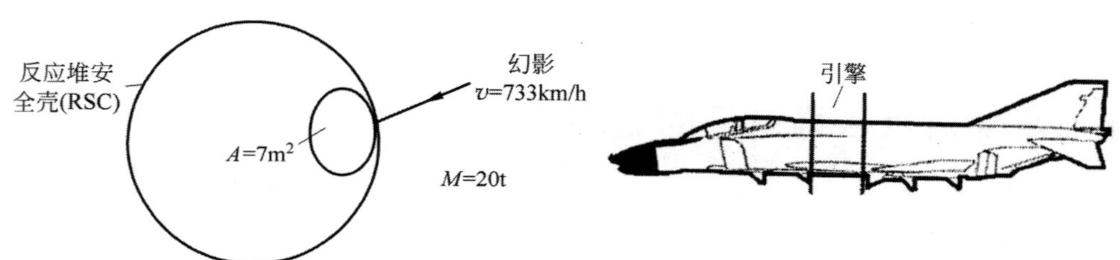

图 10.100 飞机撞击在 PWR 反应堆建筑物上的模型表示(德国条件)

在法规中，假设被一架军用飞机撞击(幻影)，据推测，这个重量为 20t 的飞机以 733km/h(215m/s)的速度撞击在安全壳 $7\mathrm{m}^2$ 的面积上。根据这个军用飞机撞击在反应堆上的假设，私人飞机或者体育运动型飞机发生的撞击事件也包括在内。

在飞机撞击的情况下，必须要考虑机械稳定性的各个方面。一方面，要考虑加载在建筑物上的总负荷及其稳定性，以及建筑物内部设备的稳定定位；另一方面，要考虑飞机的某些部分有可能穿透建筑物的墙壁。此外，还要假设飞机载带了大量煤油，并且包含塑料材料。图 10.101 给出了安全分析中必须考虑的诸多方面。

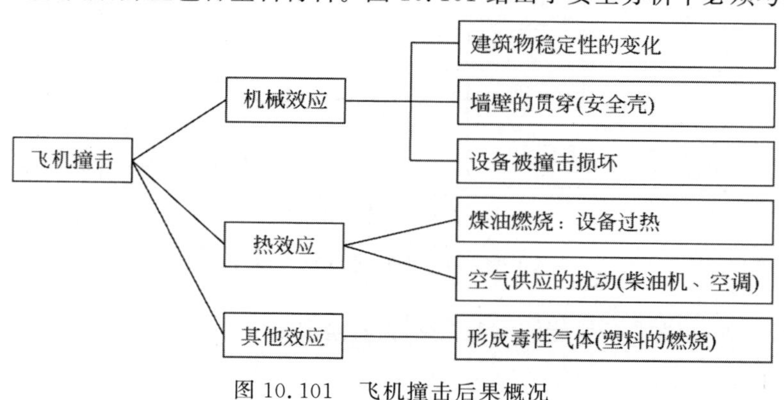

图 10.101 飞机撞击后果概况

关于机械冲击,可能会产生如下后果。特别是发动机的轴和其他刚性部件(车轮的悬架)可以像飞射物一样飞射出来。里埃拉开发的模型确定了作用于结构上的总载荷 P 随时间的变化情况,如图 10.102 所示。

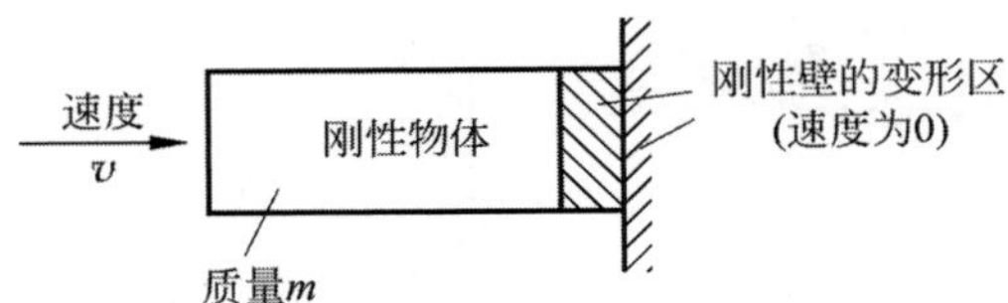

图 10.102 推导飞机撞击期间载荷函数的模型

动量守恒给出的方程如下:

$$P(t)=\frac{\mathrm{d}}{\mathrm{d}t}(m\cdot\nu)=m\cdot\frac{\mathrm{d}\nu}{\mathrm{d}t}+\nu\cdot\frac{\mathrm{d}m}{\mathrm{d}t} \tag{10.137}$$

如果假设建筑物是刚性结构,则制动减速 $\mathrm{d}\nu/\mathrm{d}t$ 可由飞机变形模型导出。变形的最大阻力是由所谓的爆破载荷给出的。

$$P_{\mathrm{B}}=\max(m\cdot\mathrm{d}\nu/\mathrm{d}t) \tag{10.138}$$

如果 $q(x)$是沿飞机轴线方向的质量分布,则可得到:

$$\frac{\mathrm{d}m}{\mathrm{d}t}=q(x)\cdot\frac{\mathrm{d}x}{\mathrm{d}t}=q(x)\cdot\nu \tag{10.139}$$

使用这个表达式,可以得到施加在结构上的载荷的里埃拉方程式:

$$P(t)=P_{\mathrm{B}}(x(t))+q(x(t))\cdot\nu^2(t) \tag{10.140}$$

在简化分析过程中,函数 $q(x)$可以对应于沿飞机长度方向相应结构的不同恒定值。这个载荷的方程可应用于飞机的各个不同部分,它们具有不同的质量分布,因此,给出了如图 10.103(a)所示的力的依赖关系。这个分析对于速度为 215m/s、总重量为 20t 的军用幻影飞机是成立的。

通过许多实验和模型计算,得到了"幻影"军用飞机撞击到反应堆安全构筑物上的载荷-时程图,如图 10.103(b)所示。这条曲线是如今德国核技术领域申请许可证过程中相关申请的基础条件之一。图 10.103(c)所示为作为一部机器的发动机引擎,它包含像轴那样的刚性部件,因此,发生事故时,也会具有飞射物那样的效果。飞机的另一个刚性部件是车轮的悬架或者货运飞机上装载的大型货物。

此外,以往人们认为大型民用客机的坠毁概率要低于军用飞机的失事概率。以德国为例,估计的大型商用飞机坠毁的可能性如下:

$$P\approx P_{\mathrm{c}}\cdot A_{\mathrm{c}}/A_{\mathrm{G}} \tag{10.141}$$

其中,P_{c} 是坠毁的概率(<1/年),A_{c} 是电厂核部分的面积($\approx 10^4\,\mathrm{m}^2$)。对于波音飞机,坠毁的概率大约为 2.5×10^{-8}/年,比堆熔事故的概率要低得多。因此,可以认为,安全壳的设计对于预防军用飞机撞击是足够的。

但自从 2001 年 9 月美国的世界贸易中心和五角大楼受到商用飞机的恐怖袭击以来,这种风险评估已经发生了变化。对核电站撞击可能造成的后果目前正在进行深入的讨论。表 10.16 给出了截至目前作为撞击载荷假设的军用飞机的一些数据,以及作为未来撞击假设的大型民用客机的一些数据。第 15 章讨论了具有更大影响力的其他相关的撞击事件。

表 10.16 飞机撞击事故中相关的飞机数据*

类型	最高速度 /(m/s)	总重量 /t	发动机 重量/t	燃料重量 /t	长度 /m	机翼展宽 /m	最大作用力* /t
幻影-RE-4e	215	27	2×1.75	5	17.8	11.8	11000
波音 747/400	261	396	4×4.1	216	71	64	790 000
空客 A340-600	254	275	4×4.7	97~195	64	60	<20 000
空客 A380-800F	253	583	4×7	270	71	79	>40 000
Antonow AN-225	236	600	6×4.1		84	88	

* 表征飞机撞击总体影响。

关于安全壳构筑物的完整性,人们必须区分具有很大冲击力的刚性飞射物穿透反应堆安全壳或者其他设施墙壁的贯穿概率,以及有可能将整个构筑物摧毁的整架飞机撞击的概率。

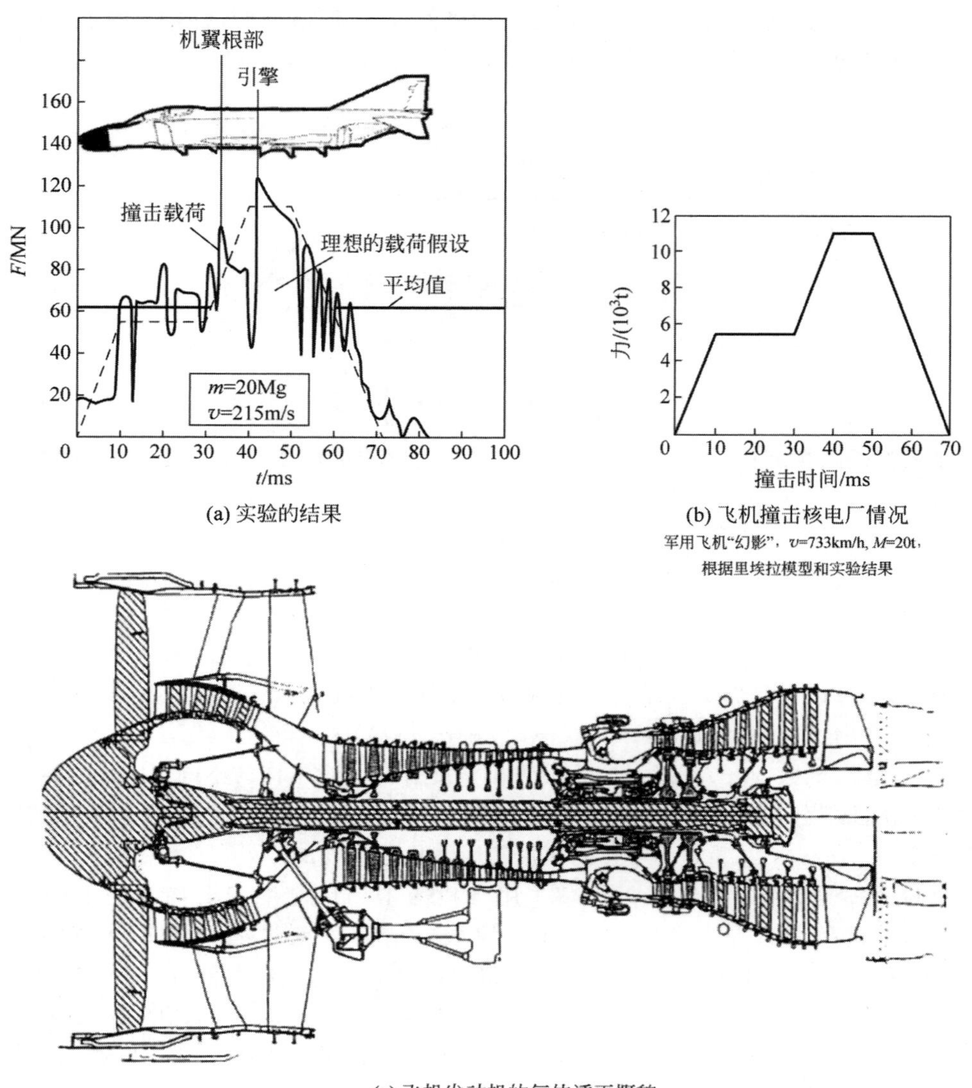

(a) 实验的结果

(b) 飞机撞击核电厂情况

军用飞机"幻影"，v=733km/h, M=20t，根据里埃拉模型和实验结果

(c) 飞机发动机的气体透平概貌

图 10.103 飞机对核设施的撞击

此外，大型民用飞机上有大量的煤油和塑料，可导致高温和长时间的火灾。这可能影响电厂安全性所必需的辅助系统的设计，尤其是使柴油机在较长时间内不能正常工作，因为没有氧气的供应不能持续地运行。

当一架飞机撞击到一个安全壳的构筑物上时，很大的作用力再加上很大的加速度会作用在这个结构上。根据图 10.103(b)所示的力随时间的变化情况，给出了可能出现的加速度的表达式 $a=K/M$。这些加速度会引起内部设备的整体位移和结构损坏，如图 10.104 所示。将 10^4 t 的力作用在一个典型的重量为 10^7 kg 的物体上，可以得到 1m/s^2 量级的水平加速度。建筑物和内部结构必须设计成能够承受由此产生的应力。采取减震器和附加阻尼质量这样众所周知的措施，可以控制由上述影响产生的载荷。

损坏的第 2 个影响是建筑物壁被穿透，例如，安全壳或建筑物壁被穿透，这些与电厂的安全相关。例如，柴油发电机系统、给水供给或者处理放射性物质装置的建筑物。混凝土和钢被刚性飞射物穿透可以基于军事技术中建立的半经验方程加以计算。其中，有几个公式适于计算这种穿透的相关参数。例如，对于混凝土，下式是有效的：

$$s=\frac{6\cdot M}{d^{9/5}}\cdot\left(\frac{v}{10\ 000}\right)^{1.33} \tag{10.142}$$

其中，s 为飞射物穿透厚度(inch)；M 为飞射物重量(lb)；d 为飞射物直径(inch)；v 为飞射物速度(ft/s)。

应用式(10.142)可以给出图 10.105(a)，(b)所示的有关混凝土壁厚的值。基于德国旧的 PWR 安全壳

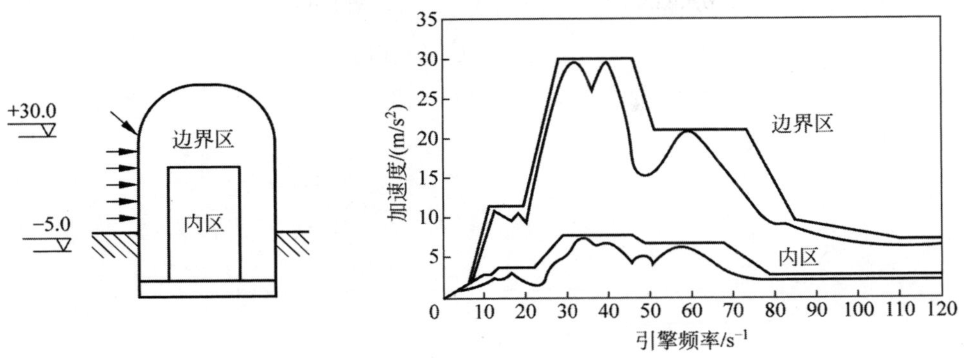

图 10.104 飞机撞击对建筑物的影响(幻影,LWR 安全壳):2%阻尼时的水平加速度响应谱

的相关经验,选择接近 2m 的壁厚。需要的壁厚也与混凝土的质量有关。出于防止被穿透的安全性考虑,又增加了 30%左右的壁厚。

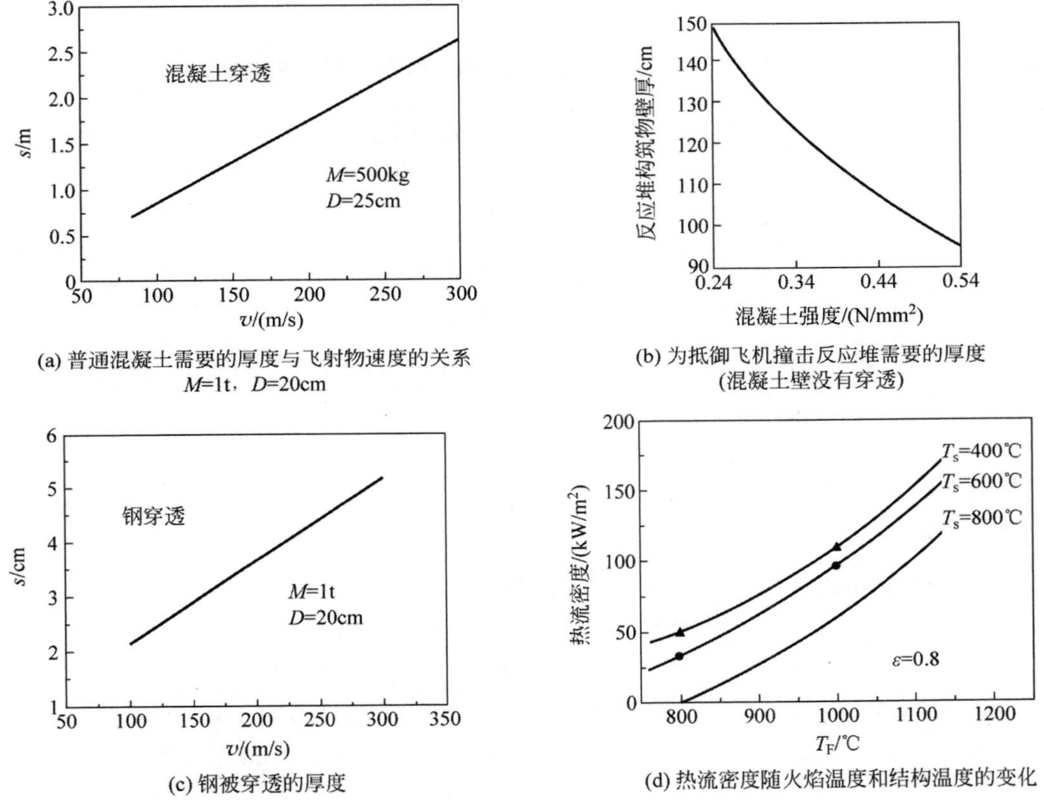

(a) 普通混凝土需要的厚度与飞射物速度的关系 M=1t, D=20cm

(b) 为抵御飞机撞击反应堆需要的厚度(混凝土壁没有穿透)

(c) 钢被穿透的厚度

(d) 热流密度随火焰温度和结构温度的变化

图 10.105 抵御飞射物和火焰行为

管道和壳体也可能被飞射物破坏。针对钢被穿透的经验公式给出如下的计算结果:

$$s=\left(\frac{1}{2}\cdot M\cdot v^{2}\cdot\frac{1}{17\,400\cdot d^{3/2}}\right)^{2/3} \tag{10.143}$$

图 10.105(c)给出了一些实验和应用方程计算的结果。例如,直径为 5cm、速度为 215m/s 的钢管可以将 5cm 的钢板穿透。

由于大型飞机撞击核电站的恐怖袭击造成的影响非常大,而且大型飞机的重量非常大(一般为 300~400t),因此,这些事件可能属于极端假想事件。此外,大型飞机携带了大量的煤油(超过 200t),这将有可能导致长时间的火焰温度很高的火灾。敏感的建筑物及与安全相关的系统和设施也可能因此受到损坏。受温度为 T_F 的火焰的影响,向反应堆结构输入的热量为

$$\dot{Q}\approx\varepsilon\cdot C_s\cdot A\cdot(T_F^4-T_s^4),\quad C_s=5.67\times10^{-8}\,\mathrm{W}\cdot\mathrm{K}^{-4} \tag{10.144}$$

其中，A 是设备的表面积，T_s 是结构的温度。很高的火焰温度带来的负面影响是显而易见的。在以往申请许可证的过程中，通常设定燃烧过程的火焰温度为 800℃，但在特殊条件下温度会变得更高。燃烧煤油的火焰在特定条件下会达到 1000℃，这已得到实验验证。图 10.106 给出了预期的热流密度。

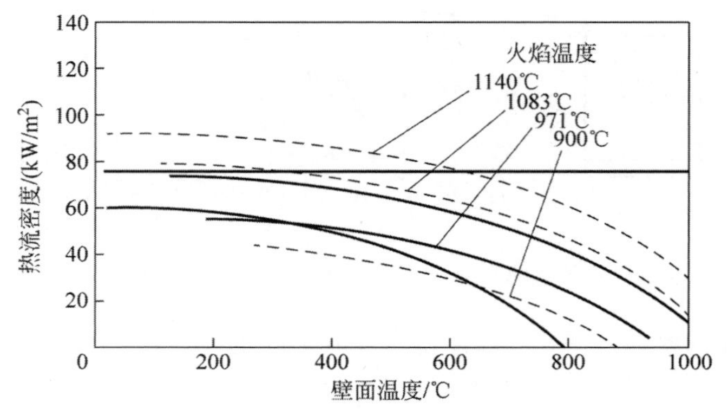

图 10.106 火焰向设备壁面传输的热流密度($\varepsilon_{壁面}=0.95$，$\varepsilon_{火焰}=0.4$)

如果设备的质量为 M，比热为 c，则设备的瞬态行为可用如下方程来描述：

$$M \cdot c \cdot \frac{d\overline{T}_s}{dt} \approx \bar{\varepsilon} \cdot c_s \cdot A \cdot (T_F^4 - \overline{T}_s^4) \tag{10.145}$$

其解为

$$t \approx t_0 + \int \frac{d\overline{T}_s \cdot M \cdot c}{\bar{\varepsilon} \cdot c_s \cdot A \cdot (T_F^4 - T_s^4)} \tag{10.146}$$

式(10.146)可以采用解析方法或者数值方法求解，得到的解如下：

$$\overline{T}_s(t) = C_1 \cdot t - C_2 \cdot \int \overline{T}_s(t) \cdot dt \tag{10.147}$$

$$C_1 = \frac{\varepsilon \cdot C_s \cdot A \cdot T''_F}{M \cdot C} \tag{10.148}$$

$$C_2 = \frac{\varepsilon \cdot C_s \cdot A}{M \cdot C} \tag{10.149}$$

在瞬态的开始阶段，可以使用如下近似：

$$\frac{d\overline{T}_s}{dt} \approx \frac{\varepsilon \cdot C_s \cdot (\overline{T}_F/100)^4 \cdot A}{M \cdot c} \tag{10.150}$$

通过一个简单的数值例子，可以得到加热过程状况的概况：在 $M=100t$，$A=50m^2$，$c=500J/(kg \cdot K)$(对于钢材)，$c_s=5.67\times10^{-8}W/(m^2 \cdot K^4)$，$\varepsilon=0.7$，$T_F=1000℃$的条件下，瞬态过程的温度变化为

$$d\overline{T}_s/dt \approx 370 \tag{10.151}$$

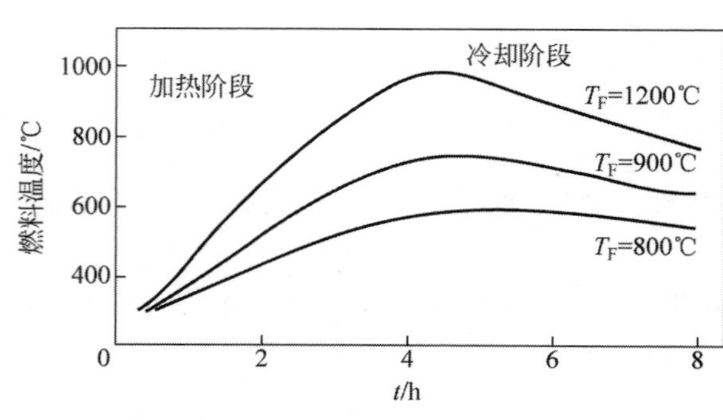

图 10.107 储罐中燃料温度随火焰温度和火焰持续时间的变化
LWR 燃料储罐；壁厚为 0.4m；燃料元件功率：40kW

在火灾长时间持续的情况下，不仅要考虑反应堆本身，还必须要考虑对乏燃料元件中间储存或者应急柴油发电机如何加以保护。以柴油发电机为例，柴油发电机运转所需要的空气供应是一个主要的关注点，应准备适用的应对大火的干预方法。图 10.107 给出几小时火灾过程中储罐行为的实际例子，从中可以清楚地看出储罐中燃料的温度与火焰温度的强烈相关性。

特别是考虑到核电站已长期运行了很多年(40～60 年)，对更大一点的飞机的撞击不可能实现防御，因此，将电厂设置于地下或者

用合适的材料将电厂加以覆盖有利于满足未来更高的安全性要求(详见第15章)。在任何情况下,对于所有的核反应堆,适宜且容易操作的非常规化冷却方法都应该得到更好的利用,这也是我们从2011年福岛核事故的教训中获得的启发,而这一要求在福岛核事故发生后已经存在并持续了很长一段时间。

10.9.3 地震

地震会造成大面积的灾难性的破坏。一旦发生地震,建筑物就会震动,甚至随着地面的震动发生更大幅度的晃动,直至遭到彻底的破坏。建筑物地面部分的剧烈移动将影响整个电厂的整体结构。过去,灾难性的地震夺去了许多人的生命,破坏了基础设施和工业,造成了巨大的财产损失。例如,在中国(2008年)、海地(2010年)和日本(2011年)都发生过灾难性的地震,如图10.108所示。

(a) 工业设施受到破坏(左图:东方电气,四川,中国,2008年;右图:福岛核电站,日本,2011年)

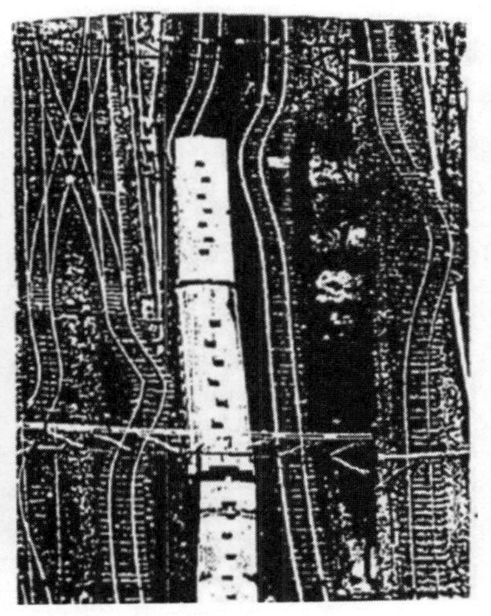

(b) 地震引起的地面开裂(Niigata, 日本,1964年,道路,铁路)

图10.108 地震引起的破坏

模块式HTR的构筑物和设备必须按照申请许可证过程中规定的相应地震条件进行设计(图10.109)。要求即使在非常强烈的地震下,仍能够保证系统内裂变产物得到阻留,例如,在机器的能动性失效的情况下,对核芯仍可加以冷却。根据地震的强度,可以计算出设备或者构筑物的损坏概率。

地震会改变堆芯的状态,但是不会引起球床不允许的致密化,这一点已经得到过实验的验证。

一个具备固有安全性的高温反应堆不会发生堆熔,衰变热能够自发载出,链式反应能够自动停止,并且裂变产物能够阻留在大量的小包覆颗粒内,这些特性能够满足前面确定的目标,并保证即使建筑结构遭到了破坏,也不可能发生堆熔或者放射性的灾难性释放。这种系统行为的一些表现,如衰变热载出,已在10.4节中讨论过。

2011年的福岛地震(9级)及随后的海啸(浪高14m以上)造成的灾难使我们针对世界范围内的核安全问题,在极端假设事故(EAA)的设定上提出了更高的要求。在这种情况下,反应堆系统固有的安全特性变得更加重要。

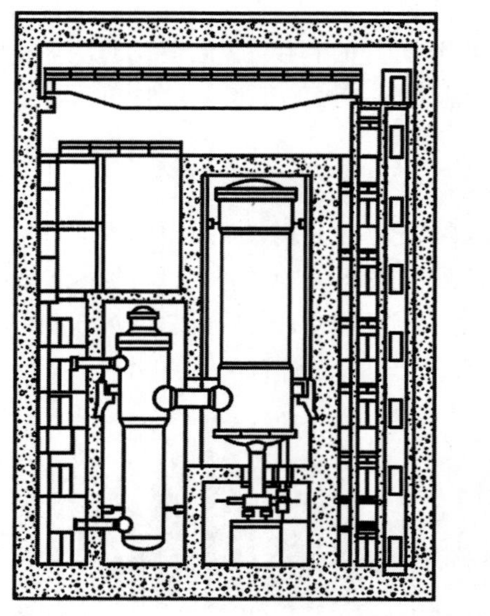

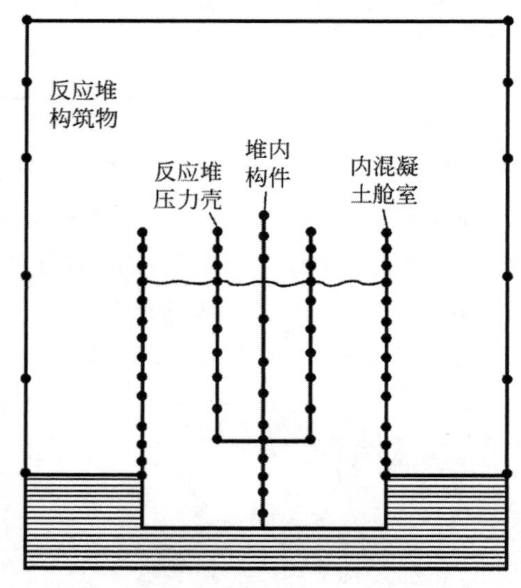

图 10.109 地震分析框架中反应堆安全壳结构的建模

10.10 事故过程中裂变产物的释放

10.10.1 放射性源项概述

在正常运行和事故期间，裂变产物可能从燃料元件中释放出来，其中一些最终从核电厂释放到环境中。正常运行过程中，裂变产物的一小部分有可能通过扩散过程从燃料元件中释放出来。模块式 HTR 一回路系统释放的裂变产物部分沉积在氦回路的各个位置上。图 10.110 给出了模块式 HTR 一回路系统的总体流程。裂变产物在各个部件表面的沉积和再迁移随温度、材料的类型及流动条件发生变化。在这一过程中，对固体物质进行过滤的气体净化系统也会产生一定的影响。

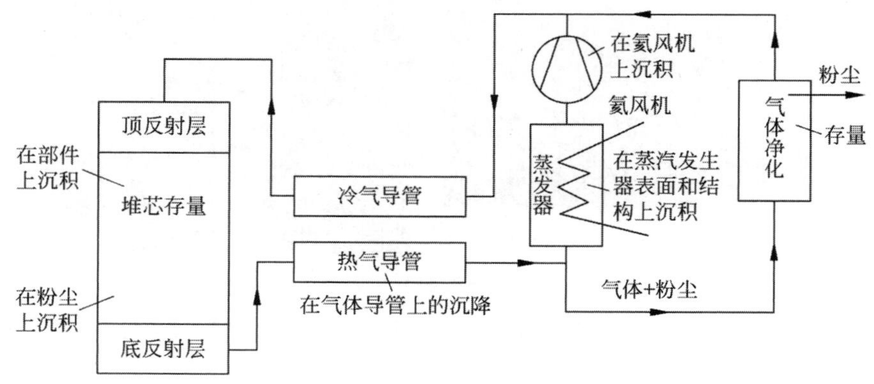

图 10.110 裂变产物在一回路系统设备和石墨粉尘上可能的迁移和沉积

因此，必须要确定放射性物质的源项，以便估计出事故期间的放射性剂量。如图 10.111 所示，给出了必须要包括在过程中的各个步骤。

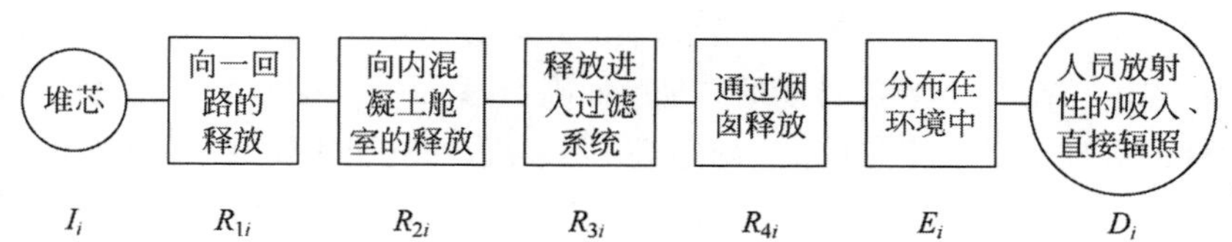

图 10.111 估计事故期间放射性释放对公众辐射程度的概念性过程（I_i：同位素 i 的存量；R_{ji}：同位素 i 从安全壳的释放量；E_i：同位素 i 的释放因子；D_i：同位素 i 引起的剂量率）

考虑到各种释放因子,同位素 i 的源项定义如下:

$$S_i = I_i \cdot \prod_{j=1}^{4} R_{ji} \tag{10.152}$$

其中,I_i 是第 i 种同位素在燃料元件中的存量;R_{ji} 是各种释放因子,该因子表征了同位素进入环境过程中的分布情况。D_i 表征了同位素从被携带的云层或者地面吸入、摄入和直接辐射的剂量:

$$D_i = S_i \cdot E_i \cdot T^* \tag{10.153}$$

其中,T^* 为个人受辐照的时间范围。

为了对事故进行详细的分析,必须总结并考虑若干源项,以确定事故对环境可能造成的放射性后果。在进行安全分析时,有两个源项是必须要着重考虑的,如图 10.112 所示。

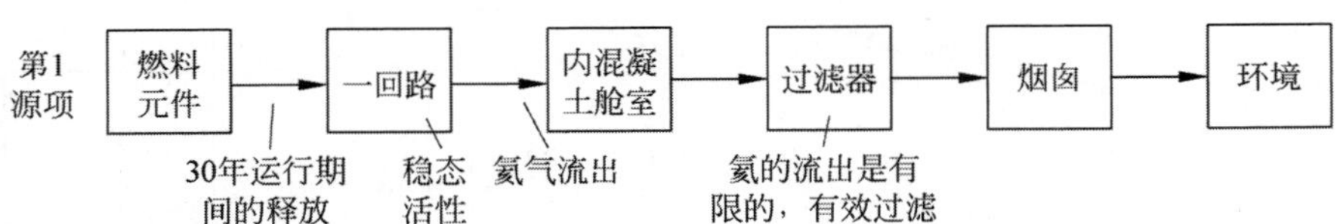

(a) 第1源项: 30年运行期间从燃料释放并沉积在一回路系统的放射性:失压事故过程中的释放

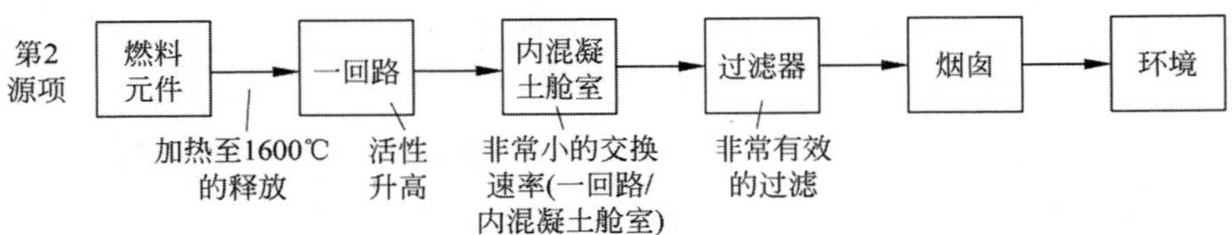

(b) 第2源项: 完全失去能动冷却后堆芯升温事故中的放射性释放

图 10.112 失冷事故期间裂变产物释放的设计概念:两种不同的源项

- 第 1 源项是由电厂稳态运行引起的。在正常运行过程中,会有非常少量的裂变产物从燃料元件中释放出来。这些裂变产物既可以通过气体净化系统除去,也可能沉积在一回路中的结构或者石墨粉尘上。在氦回路失压事故或者进水事故期间,这些活化物质可能被迁移并载出至内混凝土舱室内。其中一小部分通过过滤系统去除,其余的则从烟囱排放到环境中,如图 10.112(a)所示。
- 第 2 源项是由完全失冷后堆芯升温引起的。由测量的释放曲线和燃料元件的直方图可以看出,另外还有非常小部分的裂变产物存量从燃料元件中释放出来,并被排放到一回路中。一些同位素以非常缓慢的自由对流传输机制从一回路被载出至内混凝土舱室内,再从内混凝土舱室通过过滤器及烟囱排放到环境中,如图 10.112(b)所示。

根据过滤和储存放射性物质的效能,释放到环境中的放射性剂量可能非常小。在内混凝土舱室和烟囱之间安装了过滤系统,可以将固体和气溶胶类型的裂变产物及石墨粉尘过滤存留下来。气态放射性物质(惰性气体)通过这些过滤装置后没有任何存留,而过滤器后面设置的另一个气体储存设备可以具有一定的存留功能。

在蒸汽发生器损坏的情况下,不在一回路系统内的氦气/蒸汽混合物的混合冷却器也包括在这个流道中。如前所述,一些沉积在蒸汽发生器表面的同位素,如 I131,Cs137 和 Cs134,可被蒸汽/水混合物冲洗掉并由一回路载出,还有一部分同位素仍存留在混合冷却器内。

表 10.17 给出的有关燃料元件的数据是在模块式 HTR 燃料元件的设计条件下得出的,这些数据是在反应堆实际运行条件下的测试结果。

表 10.17 燃料元件的数据

参 数	HTR-Module	燃料元件测试
燃耗(FIMA)/%	8.9	14.7
最大快中子注量/(n/cm^2)	2.1×10^{21}	8×10^{21}
最高燃料温度/℃	837	940
包覆颗粒的最大功率/MW	130	410
包覆颗粒数	16 000	16 000
Kr85m 的 R/B(Eol)	2×10^{-7}	8×10^{-8}

实验的条件比模块式 HTR 负荷运行的条件更严格，其中，辐照时间(350 个满功率日)比实际反应堆系统(1000 个满功率天)要短，但是，实验中的燃耗值更高。

详细的源项可以估算如下：燃耗计算对应于平衡态下模块式 HTR(HTR-Module，200MW)裂变产物的存量。燃耗与图 10.113 所示的参数值之间具有很强的关联性。这里，给出一个球形燃料元件内裂变产物存量与燃耗的相关性(% FIMA=$1.1\times10^{-4}B$(MWd/t))。在一个已达到最终燃耗的燃料元件中，重要的固态裂变产物的特征值约为 10Ci(3.7×10^{11} Bq)(表 10.18)。

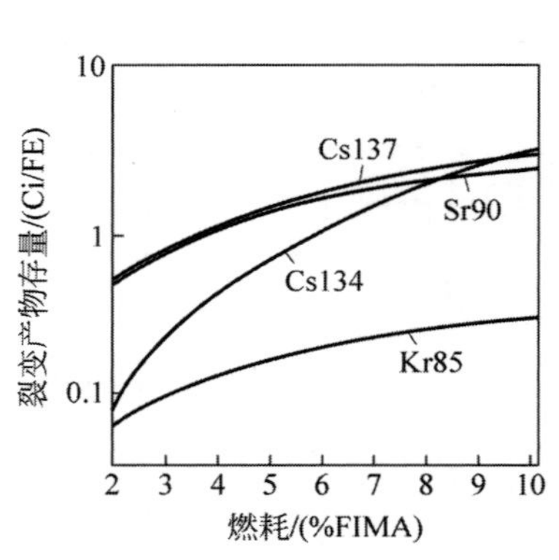

(a) 球形燃料元件裂变产物存量随燃耗的变化(1Ci=3.7×10^{10}Bq)

Xe, Kr	惰性气体	惰性
I, Br	卤素	挥发
Cs, Rb	碱金属	
Te, Se, Sb	碲组	
Ba, Sr	碱土	不挥发
Ru, Rb, Pd, Mo, Tc	贵金属	
Y, La, Ce, Pr, Nd, Pm, Sm, Eu, Np, Pu	稀土	
Zr, Nb	耐火氧化物	

(b) 可能对核电厂释放物质有显著贡献的放射性核素

图 10.113 裂变产物的参数

表 10.18 模块式 HTR 堆芯中裂变产物的存量

核素	半衰期	堆芯内存量/Bq	核素	半衰期	堆芯内存量/Bq
KrB5m	4.4h	9.25×10^{16}	I132	2.4h	2.96×10^{17}
Km85	10.8a	1.92×10^{15}	I133	20.8h	4.44×10^{17}
Kr88	2.8h	2.22×10^{17}	Xe133	5.33d	4.44×10^{17}
Sr89	50.8h	2.89×10^{17}	Cs134	2.1a	1.44×10^{17}
Sr90	28.9a	1.37×10^{16}	I135	6.7h	4.44×10^{16}
Ag100m	249.9d	1.89×10^{14}	Xe135	9.2h	6.66×10^{16}
I131	8.1d	2.07×10^{17}	Cs137	30.2a	1.7×10^{16}

注：HTR-Module，热功率为 200MW，装卸 15 次，燃耗：80 000MWd/t，堆芯处于平衡态。

模块式 HTR 中一个达到最终燃耗 80 000MWd/t 的乏燃料元件中总共包含约 100GBq 的 Cs137(3Ci)。前面提及的与事故相关的一些裂变产物的来源各不相同。其中之一是 Kr85($T_{1/2}$=10.8 年)，它表征了燃料的质量。从安全分析的角度看，它的重要性并不明显，因为它是一种惰性气体，并且在稳态运行时冷却气体中的含量相对较小。

各种氙的同位素都可以按照与 Kr 类似的方式来评估。一段时间后，它们对公众的放射性危害已不是很重要了。但是，I131($T_{1/2}$=8 天)具有很大的重要性，因为它直接对事故发生后的安全分析起重要的作用。从公众风险角度来看，这是第 1 个要考虑的风险，因为该同位素被当作核事故后果的主要衡量指标。

由于 Cs137($T_{1/2}$=30 年)和 Cs134($T_{1/2}$=2.06 年)有可能造成土地污染，必须予以考虑。同样地，Sr90($T_{1/2}$=28.5 年)对土地造成的污染也不容小觑，同样也很重要。在发生严重事故后的几十年，这些同位素构成了放射性危害的主要来源。

Ag110m($T_{1/2}$=250 天)在裂变产物中占很小的份额，对事故产生的影响不是很大，但在后期对设备进行维护时却需要多加考虑，因为它表征了 TRISO 包覆颗粒较高的释放率。

像 Pu239($T_{1/2}$=24 400 年)等同位素对土地造成的污染必须在几乎所有的时间跨度里加以讨论和考量，并且在非常极端事故的安全分析中给予特别关注。

根据裂变过程产生的裂变产物的总存量，可以将前面提到的特别源项作为事故分析的基础进行估计。

在进水事故中，裂变产物可能从蒸汽发生器表面、其他金属结构的表面或者石墨表面被冲刷掉。这些放射性存量必须作为上述事故的一个特殊源项加以估计，如图 10.114 所示。

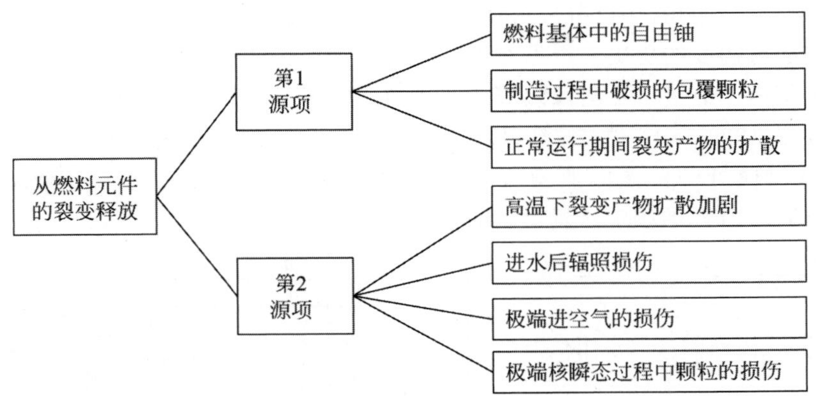

图 10.114 裂变产物释放源项概况

10.10.2 电厂整个寿命运行期间裂变产物的释放(第1源项)

第 1 源项是指一回路中燃料元件外部持续存留的稳态放射性，对它的估计必须包括以下源项：

- 燃料元件石墨基体中铀的污染；
- 制造过程中颗粒的破损；
- 正常运行时快中子辐照剂量造成的颗粒破损；
- 高温下的正常释放。

燃料和基体材料中的铀污染是表征燃料元件质量的一个重要参数(图 10.115)。在过去的几十年里，随着技术的不断进步，在德国和其他 HTR 项目中不被包覆的铀量已减少至原来的 1/10 以下。由于这种改进，正常运行和事故中释放的量变得更小。这在第 4 章已给出过解释。目前，自由铀在总铀中的份额为 $\xi=5\times10^{-5}$，这一数值被认为代表了现代燃料元件制造工艺水平，如图 10.115 所示。

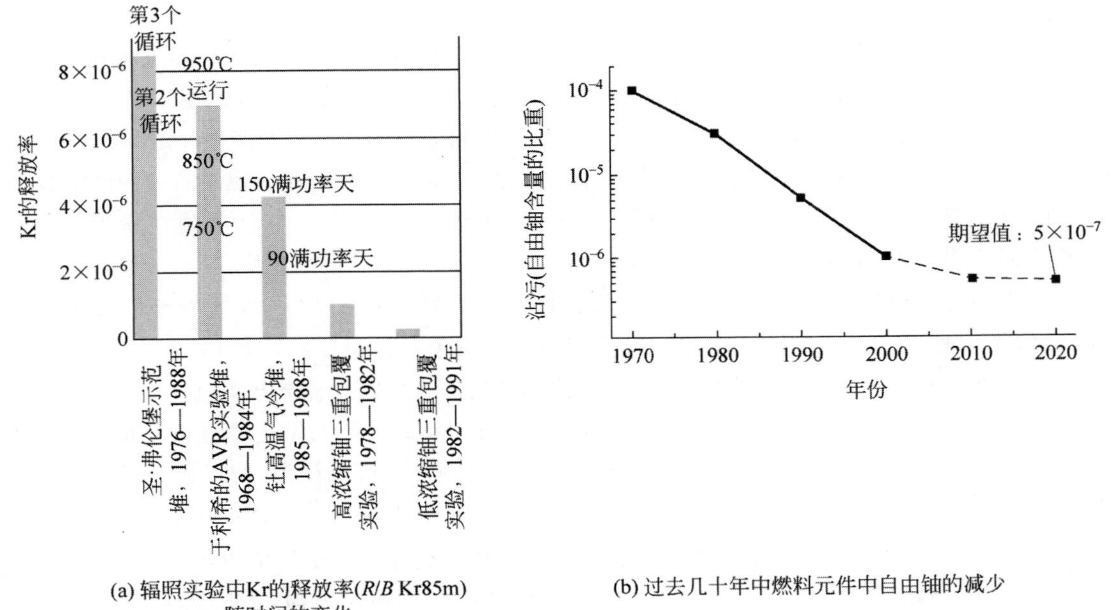

(a) 辐照实验中Kr的释放率(*R/B* Kr85m)随时间的变化

(b) 过去几十年中燃料元件中自由铀的减少

图 10.115 燃料元件制造技术的进展

对于长半衰期的 Cs137($T_{1/2}=30$ 年)或者 Sr90($T_{1/2}\approx28$ 年)，它们在运行期间是不断积累、不断增加的。例如，在满功率运行 $T^*=30$ 年期间可能释放到一回路系统中的放射性元素造成的总活度 A 大约为

$$A\approx\xi\cdot I\cdot T^*\cdot\varepsilon/\tau \tag{10.154}$$

在堆芯功率为 200MW、燃料元件在堆芯内平均滞留时间为 $\tau\approx3$ 年的情况下，Cs137 的存量为 $I=4.6\times10^5$Ci。如果达到满燃耗，并且 Cs 在燃料元件内积累，可以得到整个运行期间燃料元件基体内未被包覆的放射性量为 $A\approx225$Ci。只有一部分放射性元素（$\varepsilon<1$）会从燃料元件释放到冷却气体中，这个释放量取决于同位素的类型和运行温度的历史。根据经验，ε 可能处于 0.1 这一量级。图 10.116(a)以 Xe133 为例，给出了燃料元件石墨基体中的进一步阻留效应。其中，R/B 因子（释放率/产生率）相比于基体沾污要小得多，因此，对于同位素 Xe133，$\varepsilon\ll1$。总之，到目前为止，在 HTR 电厂正常运行期间，冷却气体所产生的污染是比较小的。在这些反应堆中测量的典型值大约为 1Ci/MW，如图 10.116(b)所示，这一数值是在采用 BISO 包覆颗粒燃料的 THTR 堆芯中测量得到的。

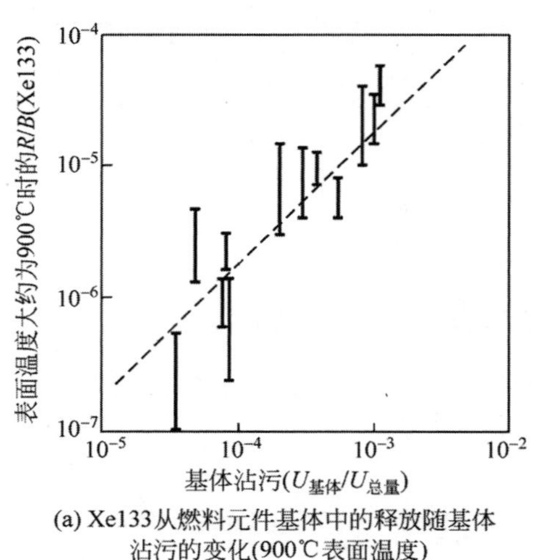

(a) Xe133从燃料元件基体中的释放随基体沾污的变化(900℃表面温度)

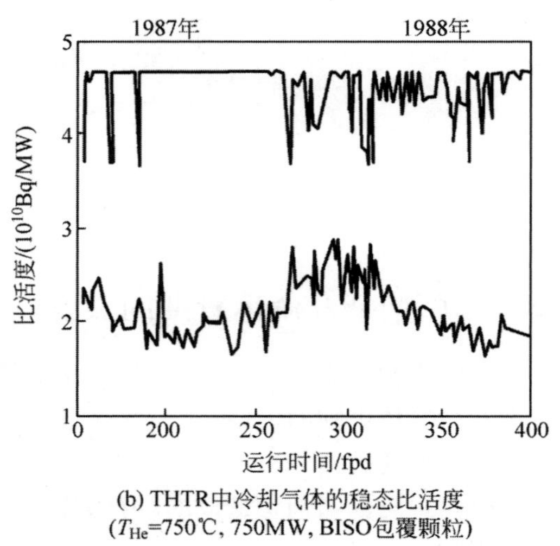

(b) THTR中冷却气体的稳态比活度(T_{He}=750℃, 750MW, BISO包覆颗粒)

图 10.116 HTR 系统中冷却气体的污染

由 AVR 的正常运行可知，冷却气体的典型沾污值为 1Ci/MW。

根据上述结果估计，在如 HTR-PM 的模块式 HTR 堆芯中（200MW，$T_{surface}$(max)≈900℃），燃料元件基体中没有被包覆的自由放射性为 10%～20%，这意味着，$\varepsilon=0.1\sim0.2$，因此 30 年运行期间释放到氦回路中的 Cs137 的总量将是 22.5～45Ci。如前所述，假设活度分布在一回路系统内。在很多实验的基础上，进一步假设这一活度（估计值为 70%）主要沉积在蒸汽发生器的表面上，其余吸附在粉尘上（10%）和沉积在一回路系统的其他表面上（20%）。这一结果表明，在最后的 10 年运行期间，Cs137 的释放量接近 0.1Ci/(MW・a)。该数值低于 AVR 的相应数据，原因是 AVR 具有较高的工作温度。燃料质量的改进也会产生一定的影响。

目前，已针对一回路系统中释放的活度的分布建立了很多模型和数据库。以 Cs137 为例，典型的假设是 70%左右沉积在蒸汽发生器表面上，20%沉积在一回路系统其他表面上，10%吸附在粉尘上。根据这一假设，预计蒸汽发生器的沾污值为 $10^5\sim10^6$ Bq/cm^2。

关于粉尘，AVR 和 THTR 的运行提供了一些数据。假设特定的平均沾污量为 5×10^6 Bq/g，则估计 Cs137 的测量值为 10Ci。这与表 10.17 中的数据是相当的。对于其他裂变产物，如 Cs134，Sr90，Ag110m 和 I131，也可以采用类似的方法。当然，这种估计有很大的不确定性，特别是在分布方面。

在制造过程中出现的颗粒破损是非常少的。对于球形燃料元件，很低的重金属材料装量（例如，7gU/FE，相当于 0.7cm^3 U/100cm^3 石墨）是实现高质量燃料的重要前提。所以，可以认为，破损颗粒释放出的放射性元素相比于未包覆的铀所占的份额非常小。一个相对适合的数值可能是 5×10^{-5}，这意味着在 30 年期间，这个源项大约有 5Ci 的 Cs137 作为自由活性释放到一回路系统中。当然，这里给出的数值也包括了一些不确定性。

稳态运行对裂变产物释放的第 3 个贡献是由快中子辐照引起的颗粒破损。图 10.117(a)给出了破损的曲线，通常用来表征这种效应。当然，对这种影响的评估也存在一些不确定因素，这会使得到的估计值的范围变得更宽。

快中子注量和破损的函数可用如下关系式来描述：

$$D=\int_0^\tau\int_{E_0}^\infty\varphi(E,t)\cdot\mathrm{d}E\cdot\mathrm{d}t,\quad E_0=0.1\mathrm{MeV},\quad W(D)\approx\varepsilon\cdot\exp[\alpha(D-D_0)] \tag{10.155}$$

$D=D_0$ 表示观察到破损的值,但这一比值相对于 ε 来说非常小。

根据图 10.117(a)所示的曲线,快中子注量应限制在低于 2×10^{21} n/cm^2($E>0.1$MeV)的范围内,同时,运行温度低于 1000℃时的失效率应限制在低于 10^{-4}。如果假设 30 年满功率运行并且石墨基体中的阻留值是 10,那么这个效应对于源项的贡献大约为 45Ci 的 Cs137。

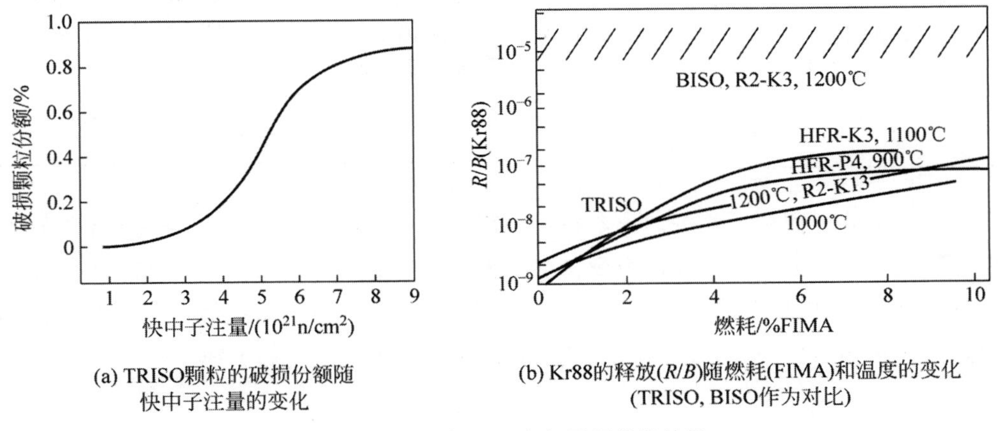

(a) TRISO颗粒的破损份额随快中子注量的变化

(b) Kr88的释放(R/B)随燃耗(FIMA)和温度的变化(TRISO, BISO作为对比)

图 10.117 燃耗过程中包覆颗粒的特性

稳态运行对裂变产物释放的第 4 个贡献是完整包覆颗粒的扩散过程。不同同位素的释放率与产出率之比 R/B 取决于许多参数,但主要是温度和燃耗值,$R/B=f(T,B$,包覆颗粒的类型,重金属装量,燃料种类,快中子注量率,运行条件)。例如,对温度的依赖性可以由扩散理论导出:

$$R/B\approx\exp(-C/T)\tag{10.156}$$

这个依赖关系已被很多实验验证。图 10.118 所示为 AVR 运行期间测量的数据,其中装入了各种不同类型的燃料元件。冷却气体的活度随堆芯氦气出口温度的升高而增高,如图 10.118(a)所示,与之前关于同位素 Cs137 的说明吻合。在正常运行过程中释放的裂变产物可以沉积在反应堆的石墨和金属表面及一回路系统的设备上。图 10.118(b)所示为 Cs137 和 Cs134 这两种同位素随反应堆运行温度变化的效应。随着燃料技术的进步,如在过去一些年采用低浓铀 TRISO 燃料运行,导致较低的释放率及沉积上升率的下降。

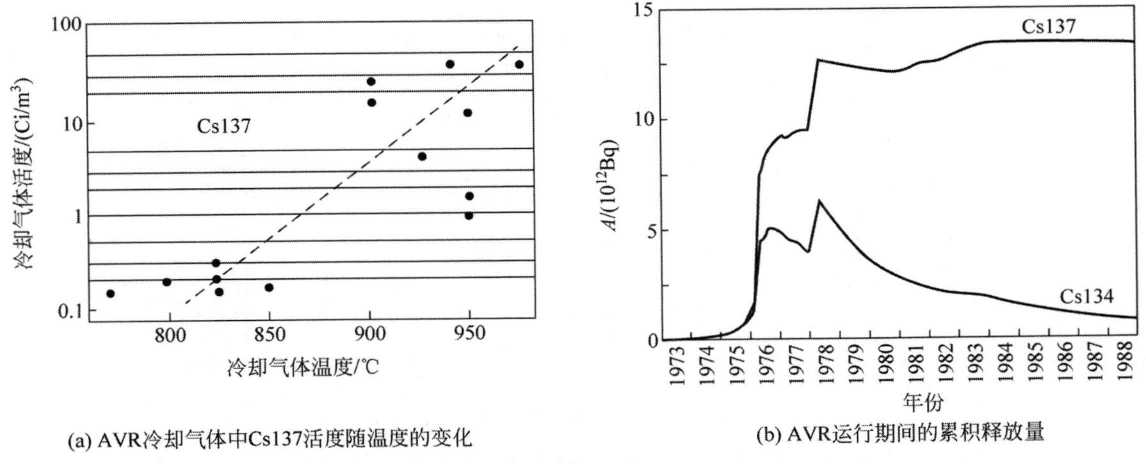

(a) AVR冷却气体中Cs137活度随温度的变化

(b) AVR运行期间的累积释放量

图 10.118 对 AVR 20 年运行期间冷却气体中 Cs137 和 Cs134 的活度及累积释放量的估计

图 10.118(b)所示数据表明,在最后的 10 年运行期间,Cs137 的累积活度大约为 5×10^{10} Bq,这相当于 10^{10} Bq/(MW·a)。在此期间,反应堆主要是在非常高的氦气出口温度下运行。

测量结果表明,在 AVR 中,热氦气和冷氦气中裂变产物的含量差别很大。这一结果表明,裂变产物的沉积发生在内部结构,并取决于材料、温度和流动条件。表 10.19(b)给出了通常自由固态裂变产物可能的沉积情况。

表 10.19 HTR 系统一回路中的固态裂变产物

(a) AVR 冷却气体中(热气约为 950℃)测量的

核素	裂变产物含量 热气体	Bq/Nm^3 冷气体
I131	4.4×10^{-7}	5.6×10^{-9}
Cs137	1.1×10^{-7}	2.3×10^{-9}
Si111	1.1×10^{-7}	4.4×10^{-9}
Co60	8.8×10^{-7}	5.2×10^{-11}
Sr90	—	1.9×10^{-8}

(b) 一回路系统中自由固体裂变产物可能的沉积部位

一回路中自由固态裂变产物	沉积在石墨上(堆芯结构)
	沉积在金属结构上(气体导管、蒸汽发生器、氦风机、燃料装卸系统)
	在气体净化系统中被去除
	沉积在粉尘上
	随燃料元件被带出(燃料元件表面)

在各种反应堆和实验中测量了相关同位素在设备部件上的沉积。图 10.119(a)给出了龙堆的热气导管上的测量结果,图 10.119(b)给出了 AVR 中设备部件上的污染的估计结果。基于图示的这些数据可以估计辐照场的一些情况,而这些信息有助于反应堆的维护、修理和更换工作。此外,还可以推导出事故发生时裂变产物释放的源项。例如,对进水事故中 I131 可能的释放需要给予高度的重视。

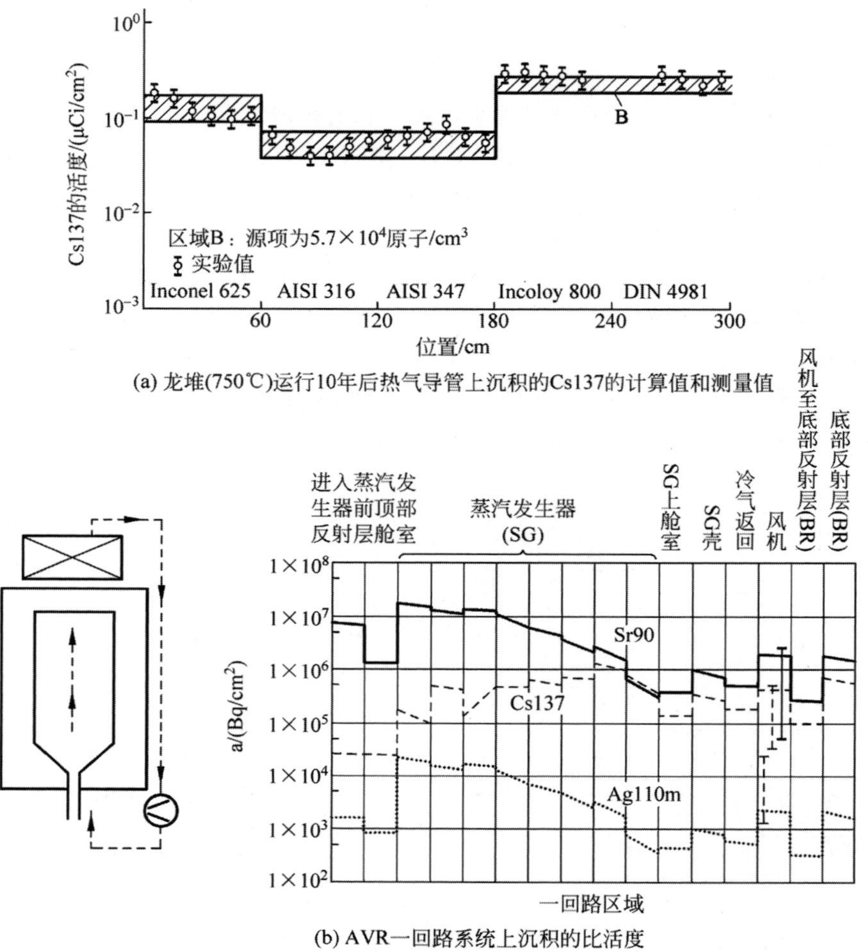

(a) 龙堆(750℃)运行10年后热气导管上沉积的Cs137的计算值和测量值

(b) AVR一回路系统上沉积的比活度

图 10.119 HTR 电厂表面上沉积的裂变产物的测量值和计算值

另一个令人感兴趣的问题是石墨慢化反应堆氦回路中的粉尘。沉积在反应堆结构内部的石墨或金属表面上的粉尘在失压事故期间将被迁移出来,并且随气体被输送到内混凝土舱室内。被迁移的可能性取决于压力的瞬态过程,因此也取决于破口的大小。一回路压力边界上的开口位置也会对粉尘流出产生一定的影响。AVR 的测量结果表明,粉尘沉积在一回路系统的不同设备部件上,并且对设备部件产生特定的污染,见表 10.20(a)。高温气冷堆电厂一回路系统内可提供的粉尘量可以通过运行期间的经验和估计导出,见表 10.20(b)。

表 10.20　HTR 电厂粉尘问题

(a) 沉积在石墨表面及石墨粉尘中含有的特定同位素(AVR 测量)

取样点	数据	Co60 /(Bq/g)	Cs137 /(Bq/g)	Sr90 /(Bq/g)
燃料元件表面	1978 年	1.8×10^{6}	1.0×10^{6}	2.7×10^{6}
	1988 年	3.0×10^{4}	1.3×10^{5}	9.0×10^{5}
蒸汽发生器	1986 年	5.1×10^{6}	7.4×10^{7}	3.6×10^{8}
冷气区域	1978 年	6.7×10^{5}	3.0×10^{7}	2.5×10^{8}
燃料装卸	1988 年	1.6×10^{6}	5.9×10^{6}	5.0×10^{7}
停堆棒系统	1978 年	7.4×10^{4}	1.5×10^{5}	
	1987 年	4.3×10^{5}	1.3×10^{7}	

(b) 累计沉积在 HTR 电厂的粉尘量的估计

反应堆	粉尘估计值	运行年限
AVR	50～100kg	20 年
THTR	直到 350kg	3 年
HTR-Module	直到 600kg	30 年

特别是在长期运行之后进行的安全性分析中，必须要考虑 Cs137 粉尘的污染问题。例如，如果在失压事故时 100kg 的粉尘释放到内混凝土舱室内，则其相应的源项为 10^{11} Bq(≈3Ci)。

蒸汽发生器表面沉积的 I131 必须与进水事故联系起来，一并加以考虑。根据 AVR 系统的估算值(图 10.120)，可以假定大约 2×10^{9} Bq/MW(约 5×10^{-2} Ci/MW)的放射性物质作为稳态污染。这些放射性物质可以被水冲洗下来，但它们必然会有部分仍存留在混合冷却器和过滤系统中。

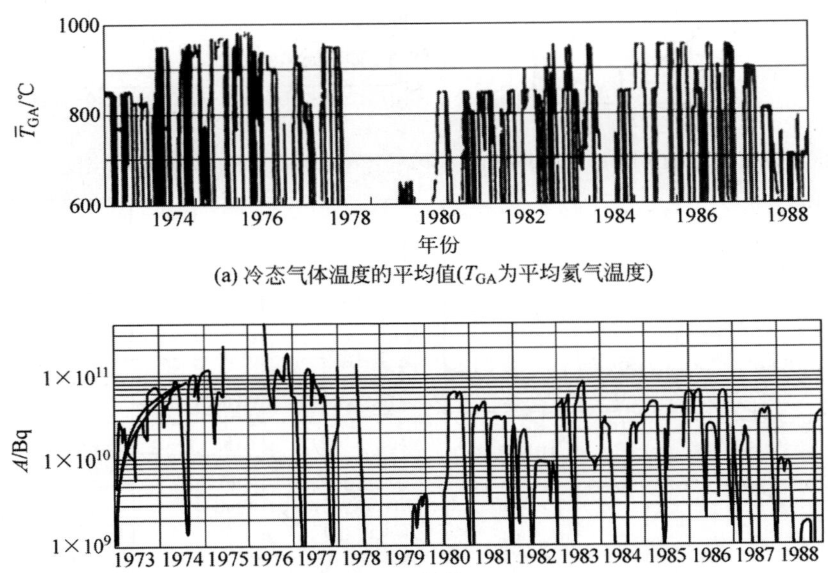

(a) 冷态气体温度的平均值(T_{GA}为平均氦气温度)

(b) AVR一回路系统中累积的I 131存量(P_{th}=46MW, T_{He} = 950℃)

图 10.120　AVR 中碘的测量值

应用基于现有经验的对裂变产物释放和沉积的认识，得到了模块式 HTR 如下的一些分析结果。

由于平均氦气出口温度为 750℃的模块式 HTR 电厂的燃料温度相对较低，且由直方图可以看出，仅在非常短的时间内温度才在 900～1000℃，因此，Cs137 的释放率将小于存量的 10^{-5}。由于只有如此小份额的释放，预计在 30 年运行期间进入氦循环回路的 Cs137 的放射性大约为 100Ci。

总之，可以假设，表 10.21 中给出的比活度是一个模块式 HTR(HTR-Module，200MW)一回路系统在 30 年运行期后(满功率)的自由活度。这些参数值代表了失压事故第 1 阶段的源项。其他一些同位素也必须在源项中考虑。为了分析从堆芯中释放出的裂变产物的总量，在上述估计的基础上至少应有 2 的数量级的不确定性。

在释放量中包括了 10^{-4}～2×10^{-4} 的燃料元件破损率的贡献。涉及的所有数据均来源于实验和实际运行，并与电厂的具体情况有关。因此，不确定性是很大的，在事故分析过程中必须要留有足够大的安全裕量。

表 10.21 一些重要裂变产物第 1 源项的大小的估计(如 HTR-Module,热功率为 200MW)

	Cs137	Sr90	I131*
堆芯内存量	4.6×10^5 Ci	5.7×10^6 Ci	1.2×10^7 Ci
30 年运行期间燃料元件的释放量	≈100～150Ci	<50Ci	<50Ci

* 由于 $T_{1/2}\approx 8$ 天,实际的 I131 存量是与时间相关的。

10.10.3 堆芯升温事故期间裂变产物的释放(第 2 源项)

第 2 源项是在完全失去能动衰变热载出之后由堆芯升温引起的。图 10.121(a)所示为堆芯内温度最高的燃料元件的典型温度曲线和热室中事故模拟的温度随时间的变化情况。重要的是,实验条件比事故中燃料元件的真实情况要苛刻得多。对一些重要裂变产物释放率的测量如图 10.121(b)和(c)所示。目前,可以获得有关这些释放率的广泛的运行经验。第 14 章将详细介绍相关的测量过程和结果。

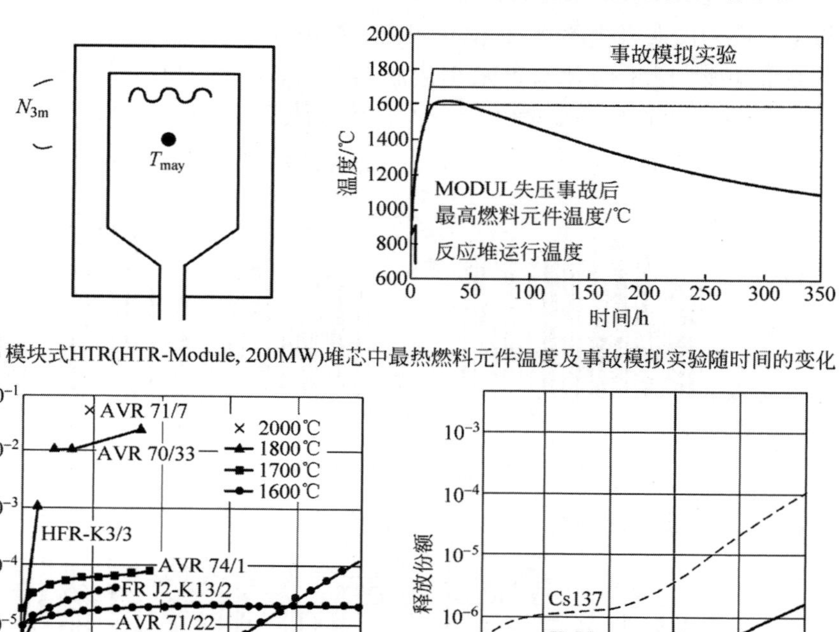

(a) 模块式HTR(HTR-Module, 200MW)堆芯中最热燃料元件温度及事故模拟实验随时间的变化

(b) Cs 137释放份额随时间和加热温度的变化

(c) 1600℃下一些重要裂变产物从燃料元件的释放份额随时间的变化

图 10.121 堆芯升温事故模拟实验的一些重要结果

对于所有相关的裂变产物,有关其释放情况的测量数据都是随温度和时间变化的。辐照条件,特别是燃耗的深度是进一步的参考数据项。

从根据完全失去能动冷却事故计算的燃料温度直方图(图 10.122(a))可以看出,只有很少的燃料元件的温度在短时间内能够达到 1500～1600℃的水平,这一温度决定了堆芯升温事故期间大部分裂变产物的释放程度。只有大约 5%的燃料元件可在 100h 内达到这样高的温度。把不同温度水平释放的份额加在一起,可得出事故期间从燃料元件释放出的放射性元素的总释放量。例如,Cs137 只有 10^{-4},这意味着只有约 45Ci。相比于第 1 源项释放的时间,这一释放量是在相对较长的时间内发生的。对于其他重要同位素,加热实验的结果类似,造成的总释放率如图 10.122(b)所示。在 I131 的曲线中,未考虑衰变因素($T_{1/2}=8$ 天)。

从燃料元件中释放出来的一小部分活性物质可能通过一回路压力边界泄漏出来而离开氦循环。氦的一回路外部的第 2 源项可以估计如下:

$$A_2 = I\cdot R\cdot \omega \tag{10.157}$$

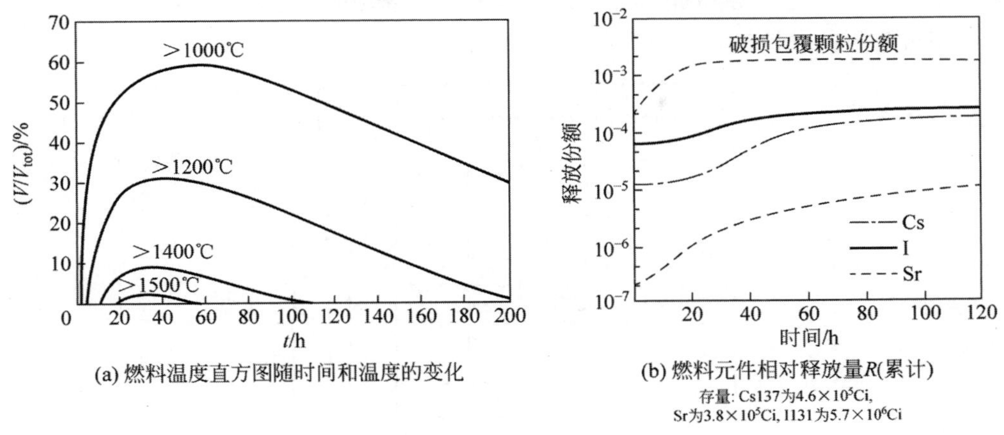

(a) 燃料温度直方图随时间和温度的变化

(b) 燃料元件相对释放量R(累计)
存量: Cs137为4.6×10^5Ci, Sr为3.8×10^5Ci, I131为5.7×10^6Ci

图 10.122 在完全失去能动冷却事故下裂变产物从燃料元件的累计释放量(如 HTR-Module,200MW)

其中,I 是燃料元件中的存量,R 是对应于图 10.119(b)的释放因子,ω 是失压之后氦循环的一回路和内混凝土舱室气体混合物之间通过气体交换可能释放的份额。经过测量,当出现小破口时,这一份额是很小的。当然,对于大破口的极端事故情况,释放份额会有所上升(详见第 15 章)。在任何情况下,如果一回路压力边界上的开口很小,那么,这种主要通过扩散进行的交换过程是非常缓慢的。有关一回路系统和设备周围房间之间气体交换可能释放的份额的近似方程式可以用来估计交换率 ω 与主要参数的依赖关系,导出如下表达式,A 是开口的面积,n 是经验参数。

$$\omega \approx A \cdot c \cdot t^n, \quad 0.5 < n < 1 \tag{10.158}$$

对于一回路压力边界的小破口(直径为 65mm),假定其为设计基准事故,则交换率是很小的,仅处于百分之几的量级(ω 的取值范围为 0.02~0.05)。使用之前给出的第 2 源项的全部数据,得到以下从一回路释放的活度值:当出现非常小的泄漏时,Cs137<1Ci,Sr90<0.1Ci,I131<20Ci。由于这些放射性释放到内混凝土舱室经历了很长的一段时间,因此,可以得到非常有效的过滤,这也就意味着它们对环境造成的放射性释放是非常小的。

图 10.123(a)给出了对模块式 HTR 进行详细分析的一些结果。当然,对于超设计基准事故,如出现了几个直径为 65mm 的破口或者一个更大的破口,其交换率 ω 将会更大,如图 10.123(b)所示。

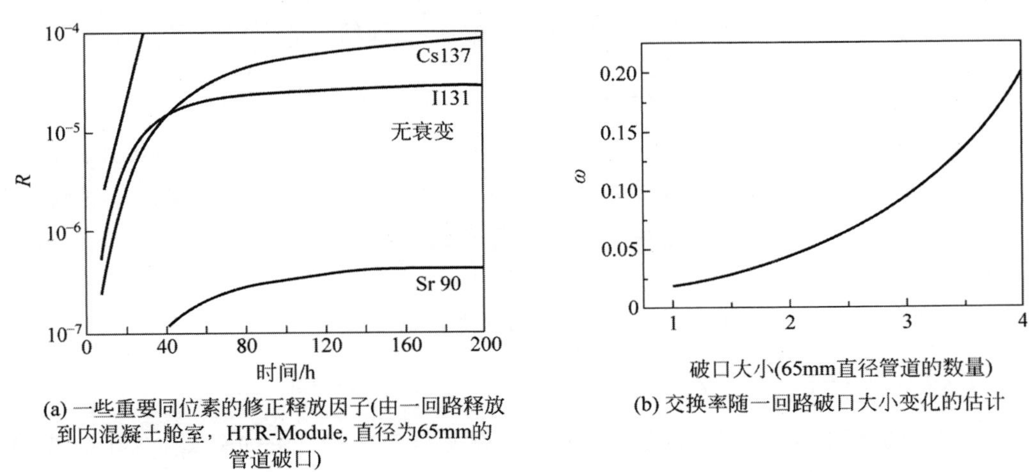

(a) 一些重要同位素的修正释放因子(由一回路释放到内混凝土舱室,HTR-Module, 直径为65mm的管道破口)

(b) 交换率随一回路破口大小变化的估计

图 10.123 一回路系统和内混凝土舱室之间放射性物质的交换

然而,对于这种不太可能发生的超设计基准事故,仍然有可能对从内混凝土舱室流出的少量气体加以过滤,但效率降低。

10.10.4 从堆芯释放的放射性向环境的迁移

反应堆系统中阻留裂变产物的各道屏障有燃料元件、一回路和包括过滤系统在内的内混凝土舱室。在模块式 HTR 发生事故的情况下，这 3 道屏障共同将放射性存量几乎完全阻留在了电厂内。图 10.124 给出了模块式 HTR 多道屏障的设计概念。

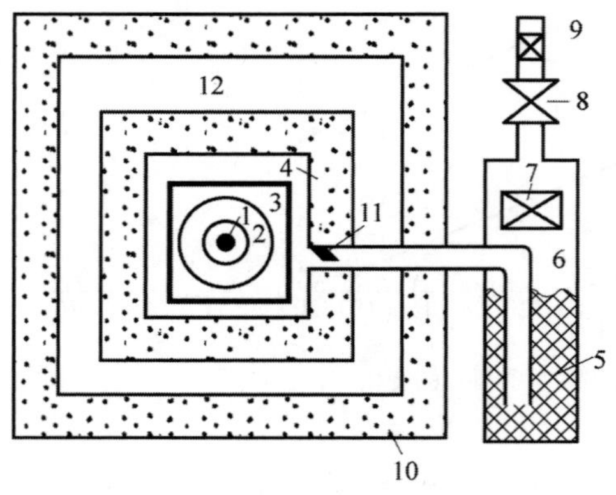

图 10.124 裂变产物的阻留和向外部环境的释放(模块式 HTR)

1—包覆颗粒；2—燃料元件基体；3—一回路；4—反应堆舱室＋储存＋过滤器；5—水池；6—储存；7—过滤器和阻留系统；8—阀门；9—烟囱；10—反应堆构筑物；11—边界系统；12—边界系统

为了对一座模块式 HTR 在严重事故情况下裂变产物向外部环境释放的放射性程度有一个初步的了解，这里给出一个失冷事故加上完全丧失所有能动衰变热载出的示例。为此，我们必须考虑放射性可能从堆芯释放出来的两个阶段，这一点在前面已有所提及。

- 第 1 阶段，包含在冷却气体中的放射性和吸附在石墨粉尘上的放射性可能被释放。这些混合物可以随氦气的流出从一回路排出。通过冲刷蒸汽发生器表面或者其他设备部件表面而使放射性被释放也属于这一阶段。
- 在第 2 阶段，少量裂变产物通过加热从燃料元件中释放出来，进入一回路。在氦循环与内混凝土舱室环境间通过扩散或者可能是很微弱的自然对流作用进行交换。这些裂变产物从氦回路释放到内混凝土舱室要花费很长的时间，因此从一回路释放到外部环境的放射性的量很小。

这里，对释放份额非常小的某一个同位素，如 Cs137，进行讨论，可以采用简化的核素迁移模型进行适当的分析。在许多分析中，Cs137 被认为是使土地受到长期污染的最重要的放射性同位素。

如图 10.124 中的区域 1 所示，对于包覆颗粒内的同位素，下面给出的方程是有效的：

$$\frac{\mathrm{d}N_1}{\mathrm{d}t}=\varepsilon\cdot\gamma\cdot\overline{\Sigma_\mathrm{f}\cdot\phi}-\lambda_1\cdot N_1-\zeta_1\cdot N_1+\lambda^*\cdot N^* \tag{10.159}$$

其中，项 $\gamma\cdot\overline{\Sigma_\mathrm{f}\cdot\phi}$ 表征了裂变产生的同位素的积累；$\lambda_1\cdot N_1$ 是衰变项；$\zeta_1\cdot N_1$ 是从区域 1 向区域 2 的释放；ζ_1 代表了依赖于同位素类型与温度释放的特征常数。当然，包覆的类型和质量对于达到很小的释放率是非常重要的因素。$\lambda^*\cdot N^*$ 项包括了由先驱同位素的衰变形成同位素的可能性。在下面的近似计算中，这部分份额被删去了。

对于第 2 个区域——燃料元件的石墨基体，也得到如下的近似：

$$\frac{\mathrm{d}N_2}{\mathrm{d}t}=\varepsilon\cdot\gamma\cdot\overline{\Sigma_f\cdot\phi}-\zeta_1\cdot N_1-\lambda_1\cdot N_2-\zeta_2\cdot N_2 \tag{10.160}$$

其中，$\varepsilon\cdot\gamma\cdot\overline{\Sigma_\mathrm{f}\cdot\phi}$ 项包括了如下情况，在包覆颗粒外石墨基体包含的自由铀中发生了非常少量的裂变(约 1×10^{-5})。形成的裂变产物会扩散到基体材料中，不会被包覆颗粒的包覆层阻留。

对于第 3 个区域，即一回路系统的冷却剂循环，可得到如下平衡方程：

$$\frac{\mathrm{d}N_3}{\mathrm{d}t}=\zeta_2\cdot N_2-\lambda_1\cdot N_3-\zeta_3\cdot N_3-a_3\cdot N_3 \tag{10.161}$$

其中，参数 a_3 可以定义为裂变产物沉积在一回路内表面的常数。ζ_3 表征了从区域 3 到区域 4 的迁移，其数值取决于氦循环和混凝土舱室中气体混合物之间复杂的交换作用，相关细节将在本节后面加以讨论。

对于反应堆厂房的内混凝土舱室内部(属于区域 4)，这里讨论的同位素的核子数可以用下面的方程来估计：

$$\frac{dN_4}{dt}=\zeta_3 \cdot N_3-\lambda_1 \cdot N_4-a_4 \cdot N_4 \tag{10.162}$$

同样地，常数 a_4 描述了裂变产物沉积在反应堆构筑物舱室内表面的可能性。此外，也必须将过滤系统的作用一并加以考虑。

最后，对于进入环境中的核子数，得到了如下的方程：

$$\frac{dN_5}{dt}=\zeta_4 \cdot N_4-\lambda_1 \cdot N_5-f \cdot N_5 \tag{10.163}$$

f 包含了布置在烟囱前的过滤系统的作用。众所周知，固体裂变产物和气溶胶可以通过各种过滤系统非常有效地进行过滤，这一点在第 6 章中已进行了相关的讨论。

如果上述各个常数已知，则这个微分方程组可成功地得以求解。ζ_i 和 a_i 对于每个同位素是特定的，并且是随时间变化的。对于长半衰期的同位素，如 Sr90，Cs137 和 Pu239，可以采用下式来近似：

$$N_5=N_1 \cdot x_1 \cdot x_2 \cdot x_3 \cdot x_4 \tag{10.164}$$

其中，x 表征了同位素在各个舱室中的反应，可以用如下关系式来计算：

$$x_i=\int_0^t N_{i+1}(t) \cdot dt \Big/ \int_0^t N_i(t) \cdot dt \tag{10.165}$$

x_i 的值可以解释为在事故相关的时间跨度上各个区域之间放射性元素的平均释放份额。过滤器的影响可以通过乘以一个因子 f 来表示：

$$N_5^*=N_5 \cdot f \tag{10.166}$$

过滤因子很大程度上取决于同位素的类型、过滤器的概念及诸如流速等流程条件。某些固体裂变产物的过滤因子为 0.001～0.1，则对应地，可以达到 99%以上的过滤效率。

这里假设，相应于第 1 源项，大约有 300Ci 裂变元素被释放到内舱室，并且最大有 100Ci 由于加热过程引起的第 2 源项进入内混凝土舱室，如图 10.125 所示。

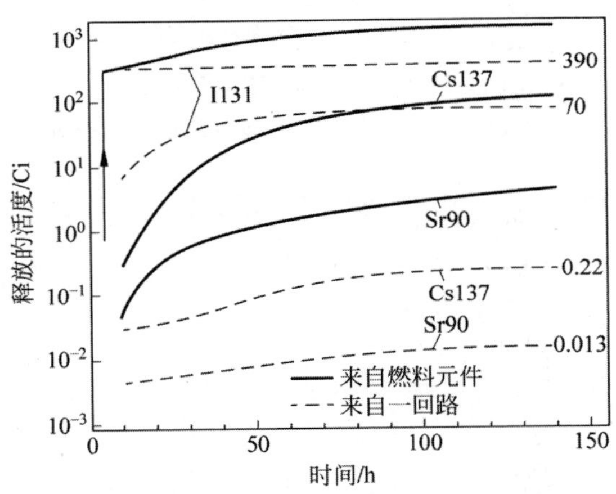

图 10.125 一回路系统失压 10h 内由燃料元件和氦一回路释放的活度

10.10.5 放射性源项分析的结论

严重事故期间，模块式 HTR 的相关源项比大型 LWR 电厂要少得多。例如，就 Cs137，Sr90，I131 而言，两种反应堆之间相差大约 10^5 倍。

前面讨论过在裂变产物从燃料元件释放到环境之前的整个链中，每一环节较前一环节的释放量都会有所下降，可以用一个简化的方程来描述：

$$R=I \cdot x_1 \cdot x_2 \cdot x_3(1-x_4) \tag{10.167}$$

其中，R 是向环境释放的总量，I 是堆芯中某个裂变产物的存量。x_i 的定义如下：x_1 为裂变产物作为一回路中自由活度的概率；x_2 为裂变产物在内混凝土舱室中的概率；x_3 为裂变产物可以通过过滤系统的概率；x_4 为裂变产物可以沉积在反应堆安全壳构筑物上的概率。

设计基准事故和超设计基准事故发生的条件如图 10.126 所示。

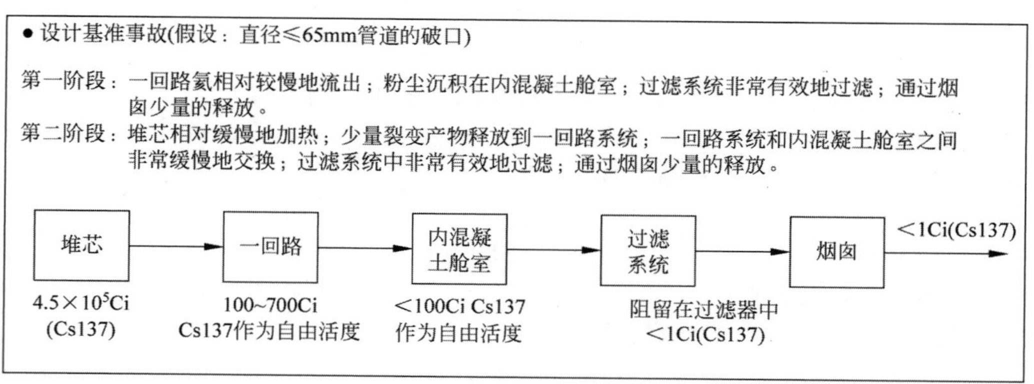

(a) 设计基准事故(DBA)

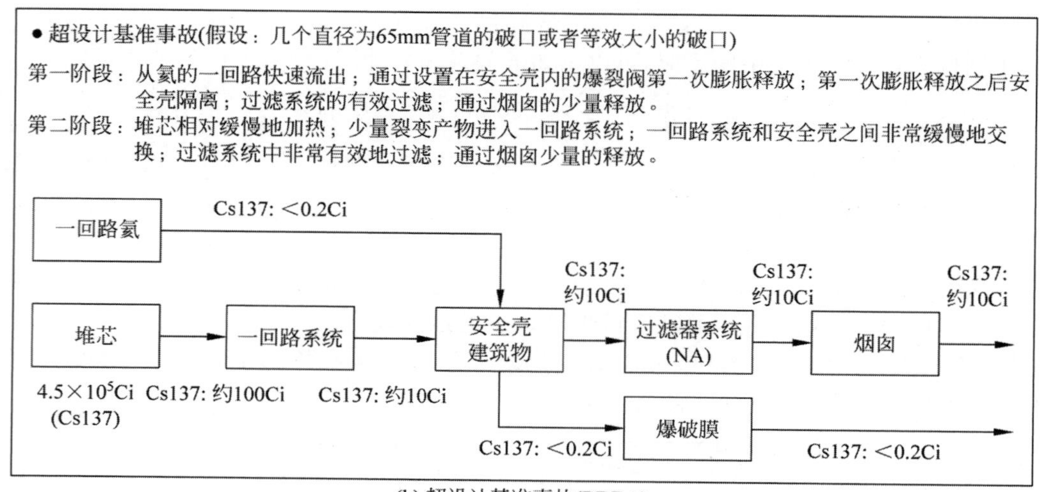

(b) 超设计基准事故(BDBA)

图 10.126 各种失冷事故中放射性源项和裂变产物的阻留状况

另外，本节还对重要裂变产物的相似平衡和源项进行了分析，这些分析是详细评估核电站风险的基础。

10.11 事故的放射性后果和风险

10.11.1 风险概述

在核电站或其他核设施中发生严重事故的后果必须按照图 10.127 所示的几个方面加以分析。

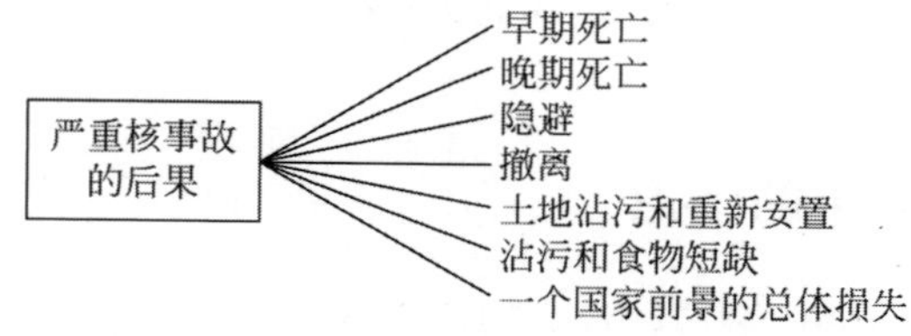

图 10.127 核电站或核设施中严重事故的后果

放射性同位素，特别是与安全相关的，如 I131，惰性气体如氙和氪，Cs137 和 Sr90，I131($T_{1/2}=8$d)在事故后的第 1 个星期里是公众承受的主要放射性辐照，而 Cs137($T_{1/2}=30$ 年)和 Sr90($T_{1/2}=28$ 年)对严重事故后的长期土地污染起主要作用。这些放射性对土地造成的污染有可能长达几十年，最终，需要考虑将居民重新进行安置。Pu239($T_{1/2}=24\ 400$ 年)造成污染的时间几乎长达人类所能想象的极限长度。但即便如此，也必须考虑少量活度的释放。关于这些同位素的释放及评估，目前都包含在申请许可证过程中的全面分析工作中。图 10.128 所示的这些模型从释放类型开始，包括大气分布和沉积模型、剂量模型和健康风险模型。根据这些模型及相应的分析，对健康损害或者土地污染进行了计算。

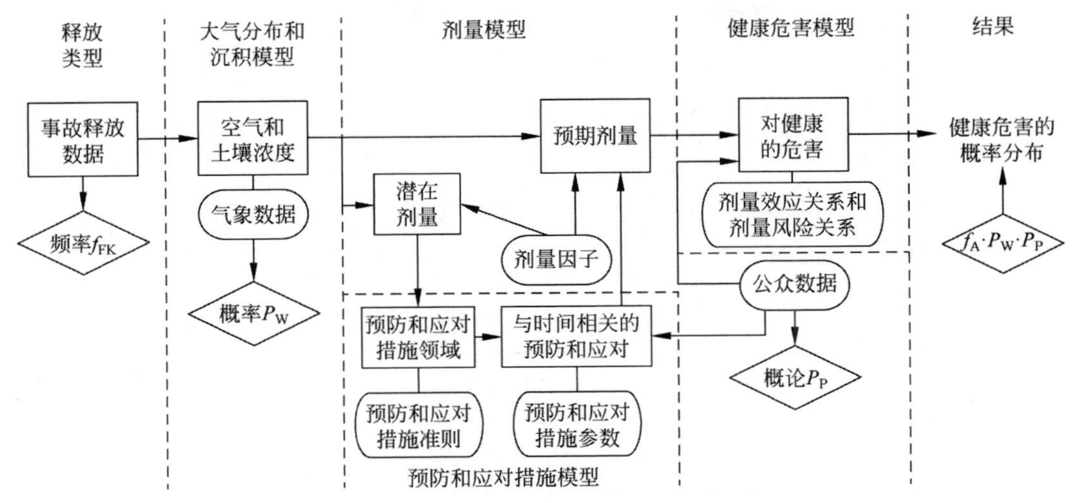

图 10.128 用于估计严重事故后果风险的程序系统 UFOMOD

对图 10.127 所示的后果，可通过这些同位素带来的损害 D_i 和发生的概率 P_i(1/年)加以评估，由这些数值可以估计出遭受风险的程度。

根据已建立的估算概念，我们使用通常的线性方法来近似，风险 R_i 可以根据各种不同的情况由下式计算得出：

$$R = P \cdot D \tag{10.168}$$

损失可以表示为早期死亡的人数，晚期癌症死亡的人数，被污染土地的面积及最后由于基础设施、工业和私人住房不能进一步长期使用所造成的经济损失。

一次事故的总风险可用如下关系式来表示：

$$R_i \approx P_i \cdot D_i^n, \quad n > 1 \tag{10.169}$$

当然，相应的应对措施，如电厂本身的干预、对公众的其他预防措施必须包括在图 10.129 所示的评估中。居民的撤离有助于减少对人员的辐照剂量，这种方法已被证明是应对核扩散、核辐射的非常成功的措施。例如，福岛核事故发生后采取了居民撤离的方案(2011 年)，尽管之前很严重的地震和海啸造成了基础设施的持续破坏，但也应该看到，由于采取了相应的措施，该核事故并没有造成人员的早期死亡。

有时，在风险研究中只对某些方面，如事故的发生及其对电厂造成的重要影响进行了分析。因此，以德国反应堆为基础，对相关风险进行了各种层次的分析，如图 10.129 所示。

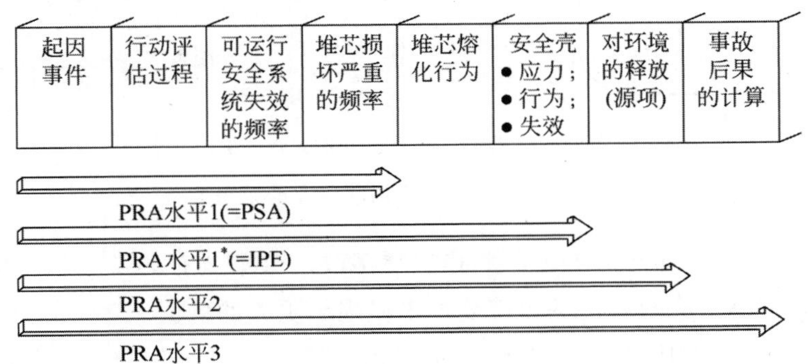

图 10.129 风险研究(德国反应堆条件下)

PRA：概率风险分析；PSA：概率安全分析；IPE：单个电厂的检查(US/NRC)

对核反应堆进行安全研究或者风险分析需要以确定论和概率论这些理论为支撑，如图 10.130 所示。

风险分析这一概念在 LWR 中的应用提供了如图 10.131 所示的典型结果。这些都是德国 LWR 风险研究的结果。在美国和其他国家，对 LWR 也进行了类似的风险研究。在一些国家，具有类似技术的大型 LWR 的研究结果的差异不是很大。所有这些针对大型轻水堆电厂的研究结果表明，很多人受到损害(早期和晚期死亡)的剩余概率很小。撤离和放射性释放的宽限时间起重要的作用。

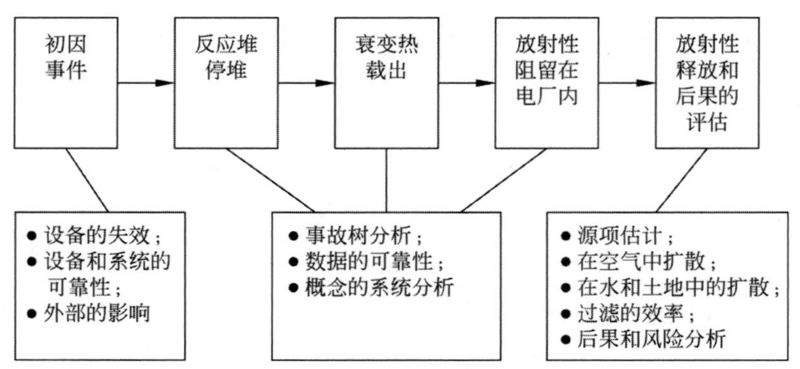

图 10.130 核反应堆安全和风险分析工作

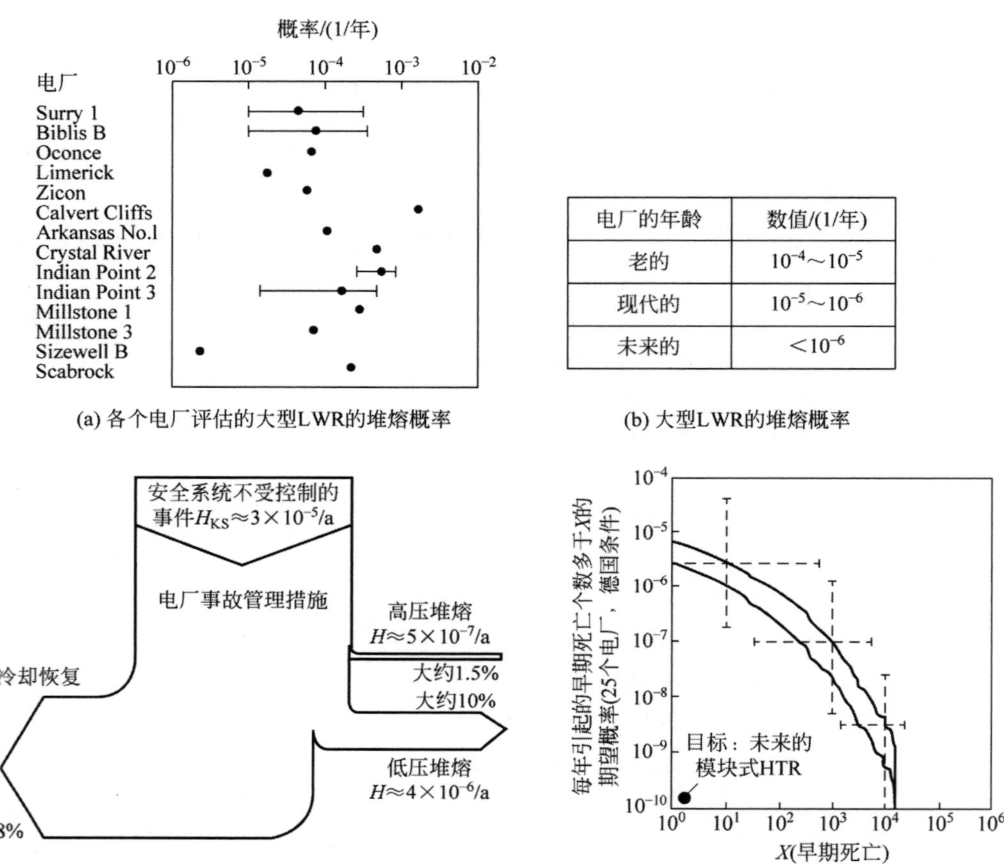

(a) 各个电厂评估的大型LWR的堆熔概率

电厂的年龄	数值/(1/年)
老的	10^{-4}～10^{-5}
现代的	10^{-5}～10^{-6}
未来的	$<10^{-6}$

(b) 大型LWR的堆熔概率

(c) 德国风险研究的结果(大型PWR)

图 10.131 核电厂风险研究的结果

风险研究的结果对于识别安全理念的差距和提出更多改进方案具有非常大的价值。然而，在很多国家中，风险研究仍然没能在提高公众对核能的可接受性上显现出更大的价值。

在模块式 HTR 的设计概念中，发生早期死亡的风险估计为 0。若再增加一个牢固的内混凝土舱室和有效的过滤系统，会得到更好的结果。AIPA 的研究已经表明，对于大型 HTR 电厂，如果采用一个牢固的安全壳，那么因事故而发生的早期死亡事件是可以避免的。福岛核事故已表明，严重事故后立即对公众进行撤离至关重要。此外，事故发生场址的天气状况也具有显著的重要性。

每个国家对反应堆的运行都设定了各种限制，包括事故中可以承受的剂量限值、撤离的剂量限值及居民重新安置的剂量限值。图 10.132 给出不同国家中可接受和不可接受风险区的概况。这里，各个国家可接受和不可接受的风险是通过讨论确定的，有些方面存在很大的差异，特别是对于非常大的损害的估计。

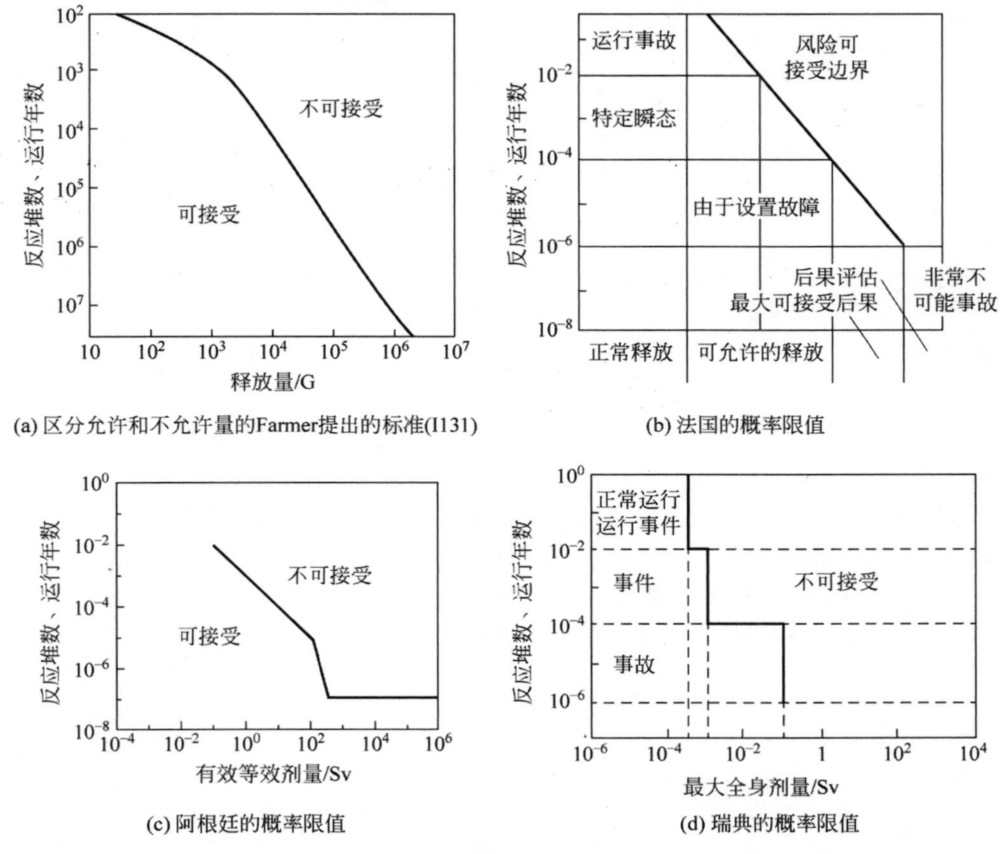

(a) 区分允许和不允许量的Farmer提出的标准(I131)　(b) 法国的概率限值

(c) 阿根廷的概率限值　(d) 瑞典的概率限值

图 10.132　不同国家中可接受和不可接受风险区的概况

这些限值的设定遵循如下规则，即以旧的观念作为导向：

$$R = P \cdot D = 常数 \tag{10.170}$$

并且以 I131 释放到环境中引起的可能的早期死亡作为一种评判标准。

未来的设计概念必须要考虑避免大片土地被污染这一要求，因为对于早期产生的辐照效应，可以通过隐蔽、撤离或者摄取碘片(保护甲状腺)来降低其影响程度。

10.11.2　土地污染的危害性

原则上，土地污染的危害性如图 10.133 所示。

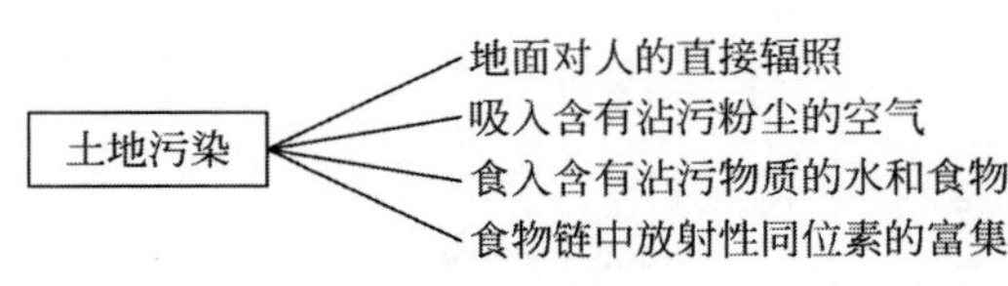

图 10.133　土地污染的危害性

如果采用模块式 HTR 的设计概念，并对可能从反应堆释放出来的相当少量的放射性元素加以过滤，这对于避免土地污染而言是一个很重要的应对方案。在避免土地污染方面，必须要考虑 Cs137 和 Sr90 由于半衰期很长而产生的后期放射性影响。例如，如果 Cs137 的放射性分布在地面上，则在事故发生后的几年内可能通过多种途径对人类造成辐射危害。图 10.134 给出了生活在被 Cs137 污染的土地上的居民每年受到的直接辐射的剂量，图中显示的辐射剂量是采用 10.1 节中说明的方法得到的。此外，图 10.134 还给出一些关于不同材料的放射性污染的数据，这在世界上某些地方任何情况下均存在。

如前所述，由于受摄入、吸入及放射性物质沉积的影响，会额外增加一些辐射剂量，因此，必须要用专门的模型对此进行分析。例如，如果限制 Cs137 的释放量低于 1Ci，那么与工厂周围 1km 范围内的天然放射性相比，Cs137 每年的释放剂量仍然很小。目前，德国每人每年的辐射总剂量为 4mSv。为了获得更全面的辐射信息，其他相关裂变产物也必须进行类似的分析。前面所作的简单估算表明，高质量的燃料元素、放射性的沉积和过滤对降低放射性的释放量具有非常重要的作用。达到上述要求的一个重要前提是一回路压力壳采用防御爆破的保护系统，该系统具有相对小的失压速率，因此过滤器具有很高的效率。裂变产物在释

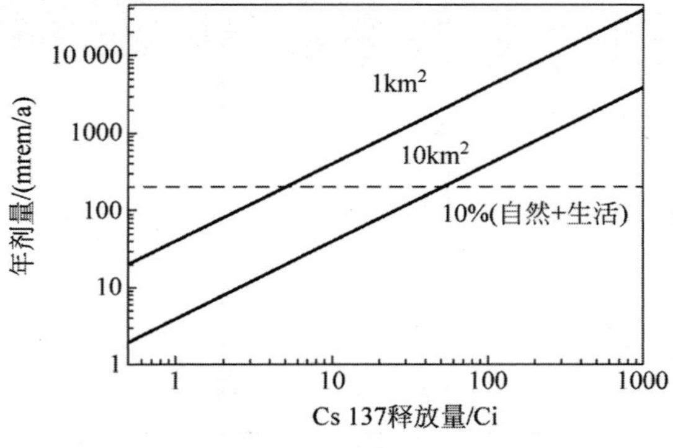

(a) 生活在污染土地上的居民每年受到的直接辐射的剂量
(如Cs 137，直接辐射，1Sv=100rem)

材料	比活度/(Bq/g)	注释
含有天然铀的地层	3.7×10^{-2}	3g U_{nat}/1吨
花岗岩	10	0.1% U
具有钙的地层	约0.3	化肥
核爆炸实验地区的土壤污染	约2	沉降物
人体	0.1	钙
土地的污染	0.37	1Ci/km^2，每10cm深度

(b) 各种材料的污染

图 10.134　土地和水污染

放到环境之前进行中间储存，这有助于保持更低的附加剂量(详见第 15 章)。由武器实验造成的陆地污染的经验数据可知，Cs137 对土地的污染会随时间发生变化。图 10.135 给出了 Rongelab 岛遭受污染的一些测量值。20 世纪 50 年代，由于原子弹实验造成比基尼环礁污染，30 年间测量值减少到原来的近 1/10。图 10.135 还给出了切尔诺贝利附近地区的预期剂量下降情况。

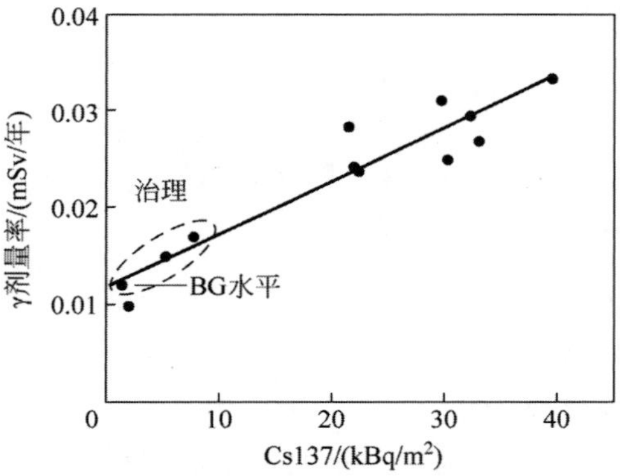

(a) 1999年Rongelab岛的辐射状况
(γ剂量率和Cs137污染量)

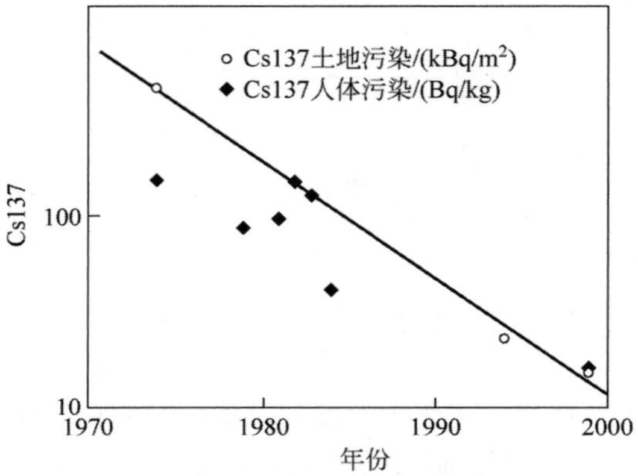

(b) Rongelap岛土地和居民人体中
Cs137随时间的变化

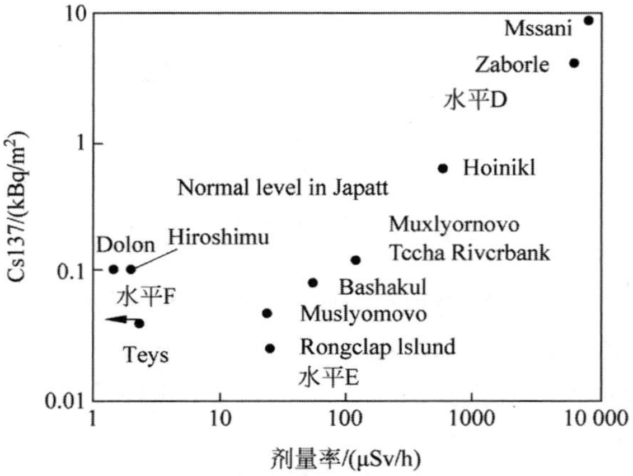

(c) 世界上各种事故的剂量率(γ)

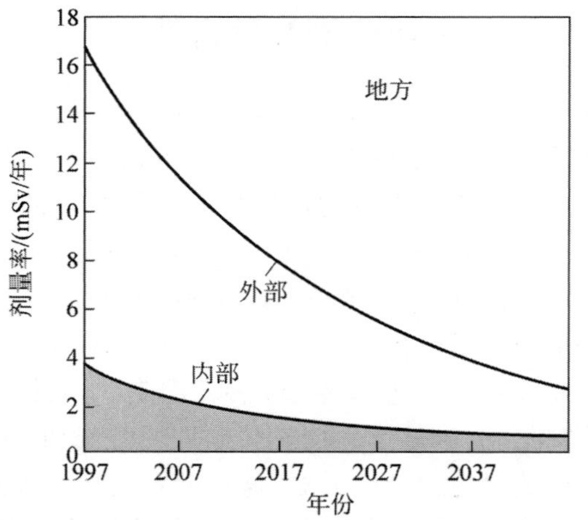

(d) 未来50年切尔诺贝利(1986年事故)附近地区的预计剂量率

图 10.135　1995—2000 年间世界核灾难的环境剂量率和 Cs137 的测量值

在任何情况下，同位素随时间的变化都符合如下的微分方程：

$$\frac{\mathrm{d}N}{\mathrm{d}t}=-\lambda\cdot N-R_1-R_2 \tag{10.171}$$

其中，R_1 项用来描述净化去污的情况，R_2 描述了土壤中更深层的迁移或者类似的迁移效应。严重事故中释放的各种同位素在事故发生后的不同时间尺度上具有显著不同的重要性，如图 10.136 所示。

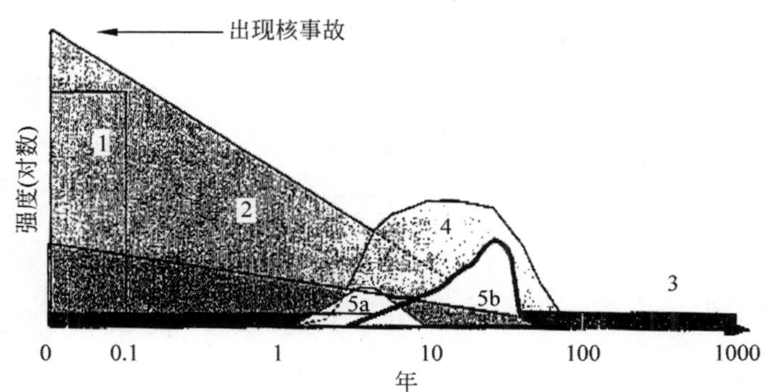

图 10.136 核危害对人体和精神的影响程度和时间序列(定性图)

1—短期的核危害(例如，惰性气体和 I131)；2—由土地沾污引起的长期危害(主要是 Cs 和 Sr)；3—非常长期的土地沾污(主要是 Pu，U 和次锕系)；4—严重事故之后出现和延续的心理效应；5a—公众的健康影响(甲状腺癌，白血病)；5b—其他癌症

在广岛和长崎之后、在世界范围的武器实验之后及在像福岛核事故和切尔诺贝利核事故这样的极端核事故之后，放射性同位素造成的污染随时间发生变化这一趋势变得更加明显。

10.11.3 模块式 HTR 事故造成的剂量率

包括前面讨论过的模块式 HTR(200MW)申请许可证过程中的效应，假设在堆芯升温事故期间，0.2Ci 的 Cs137，0.01Ci 的 Sr90 和 16Ci 的 I131 将通过烟囱释放到环境中(假设出现了直径最大为 65mm 的破口，对应于设计基准事故)。

在超设计基准事故下，可以假设几根管道出现了破裂，甚至发生了与一回路压力边界相连接导管的巨大破损。在本节结尾部分将对这类事故作进一步的讨论。

基于给出的设计基准事故向环境释放的活度，计算出了辐射值。它们与通常的允许剂量基本相当(德国反应堆条件下)。表 10.22(a)从综合的角度对这些数值进行了说明，并指出了过滤器所起到的作用。表 10.22(a)给出的放射性剂量远小于核许可证申请过程中设定的允许限值。在 HTR-Module 进一步的计算过程中，还假设过滤系统并未工作。在这种情况下，不论反应堆厂房超压保护装置是否处于工作状态，过滤器根本无法使用。当然，最初的设计要求是有足够的时间对这些设备进行修复，并且辐射水平很低，人有可能接近这些设备。在任何情况下，未经过滤的剂量(表 10.22(b))都比表 10.22(a)中列出的剂量要高，但仍低于允许的剂量。即使在上述假设的前提下，对公众造成的危害仍然是微乎其微的。

表 10.22 模块式 HTR(200MW)事故的辐射剂量和允许限值

(a) 失压和堆芯升温，经过滤由烟囱排放

人体的部位	危害的人群	事故的辐射剂量/Sv	允许限值/Sv
全身	成年人	0.000 01	0.05
眼晶状体	成年人	0.000 008	0.15
皮肤	成年人	0.000 05	0.3
甲状腺	儿童	0.0006	0.15

(b) 失压和堆芯升温，无过滤由烟囱排放

人体的部位	危害的人群	事故的辐射剂量/Sv	允许限值/Sv
全身	成年人	0.0003	0.05
眼晶状体	成年人	0.0002	0.15
皮肤	成年人	0.0003	0.3
甲状腺	儿童	0.0012	0.15

表 10.22 包含的辐照剂量是基于 I131,Cs137,Sr90 和许多其他同位素的排放值计算的。

此外,进一步采用分布、沉积和内照射的模型进行了分析。对于空气中传输的第 1 步,应用了比较复杂的包括各种气象条件的模型,如图 10.137 所示。

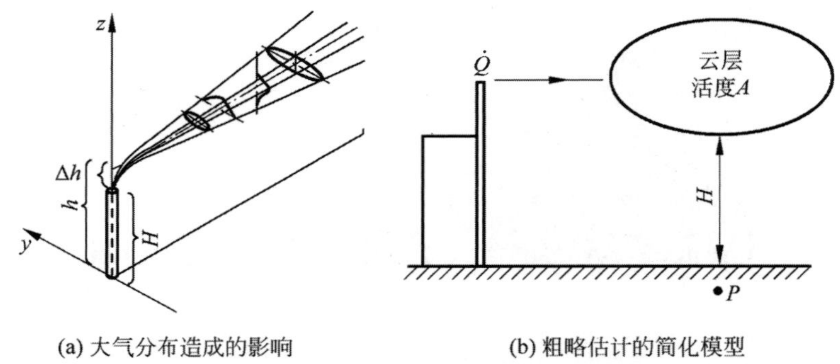

图 10.137　从核电厂烟囱排出的放射性物质在大气中的分布模型

迁移过程中用到的主要参数是风速、烟囱排出的高度、气象条件(专门的扩散参数)、土壤条件、房屋、空气膜的稳定性(大气中的温度模式)、降雨。

通常,求解空气中同位素 X 的浓度的偏微分方程为

$$\frac{\partial X}{\partial t}=K\cdot\Delta X \tag{10.172}$$

其中,K 是假设为各向同性时的扩散系数。采用一个在 x 方向为对流(速度为 $\bar{v}$),在 y 和 z 方向为扩散的简化模型,需求解如下微分方程:

$$K_y\cdot\frac{\mathrm{d}^2X}{\mathrm{d}y^2}+K_z\cdot\frac{\mathrm{d}^2X}{\mathrm{d}z^2}=\bar{v}\cdot\frac{\mathrm{d}X}{\mathrm{d}x} \tag{10.173}$$

使用一个源项 $\dot{Q}$,可以找到这个方程的解(在高度为 $z=H$ 处排放):

$$X(x,y,z)=\frac{\dot{Q}}{2\pi\cdot\bar{v}\cdot\sigma_y\cdot\sigma_z}\cdot\left(\exp\left\{-\left[\frac{y^2}{2\sigma_y^2}+\frac{(z+H)^2}{2\sigma_z^2}\right]\right\}+\exp\left\{-\left[\frac{y^2}{2\sigma_y^2}+\frac{(z-H)^2}{2\sigma_z^2}\right]\right\}\right) \tag{10.174}$$

这个解描述了沿 x 方向进行移动及在 y 和 z 方向相应于高斯函数进行扩展分布的情况。σ_y 和 σ_z 表征了气象条件,并且由各种特征气象条件的经验公式获得。

出于多方面的考虑,同位素浓度随 P 点和电厂之间距离 x 的变化关系值得关注。对于特殊情况($y=0$),得到:

$$X(x)\approx\frac{\dot{Q}}{x}\cdot\exp(-H^2\cdot\bar{v}\cdot c/x) \tag{10.175}$$

其中,c 为常数,这个函数关系的定性表示如图 10.138 所示。

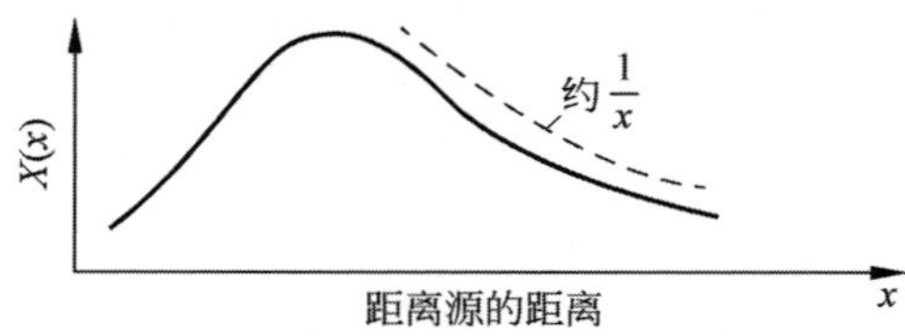

图 10.138　排放的同位素浓度随与电厂的距离发生变化的定性依赖关系

如果排放到近地面($H\approx0$),则可以得到远距离处的关系式:

$$X(x)\approx\dot{Q}/x \tag{10.176}$$

这里应该指出的是,可能存在非常不同的天气情况,每个厂址的详细假设必须在申请许可证的过程中获得认可。图 10.139 给出了德国申请反应堆运行许可证过程中提出的一些通常的假设。

对某一场址所有可能的假设及可能的气象条件都应用在许可证申请过程中,以利于未来实际反应堆的

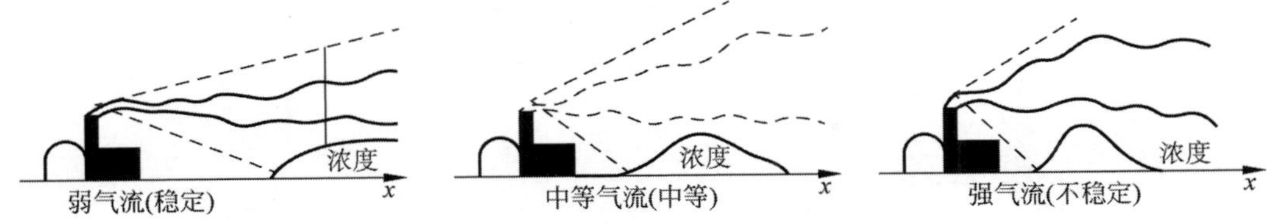

图 10.139 气候条件对分布的影响：最大沉积随气候类型的变化

正常运行。然而，如果一个云团携带了事故发生后从发电厂排出的放射性物质(图 10.137)，通过一个非常简单的关于辐射的假设可以了解辐射剂量。

驱动云团的活度为 A，由其造成的 γ 通量可由下面的关系式给出：

$$\phi_\gamma = \frac{A}{4\pi H^2} \cdot \exp(-\Sigma \cdot H) \tag{10.177}$$

在 P 点，可根据如下关系式得到与通量相关的剂量 $\dot{D}_\gamma$：

$$\dot{D}_\gamma / \phi_\gamma = f(E_\gamma) \tag{10.178}$$

这个函数如图 10.140 所示。

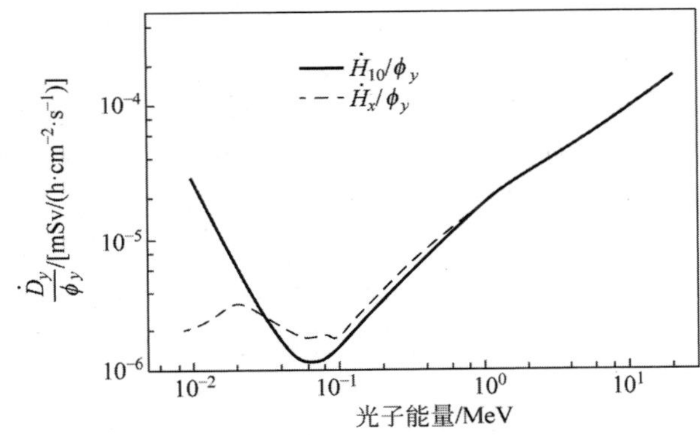

图 10.140 $\dot{D}_\gamma/\phi_\gamma$(1Sv=100rem)随能量的变化

假设 $A=1000\text{Ci}$，$H=100\text{m}$，$\Sigma=7.2\times10^{-5}\text{cm}^{-1}$，计算得到点 P 处的 γ 通量为 $\phi_\gamma\approx1.8\times10^4(\text{cm}^{-2}\cdot\text{s}^{-1})$。由平均值 $\dot{D}_\gamma/\phi_\gamma\approx1.3\times10^{-3}\text{mrem}/(\text{h}\cdot\text{cm}^{-2}\cdot\text{s}^{-1})$ 可以得到剂量率为 18mrem/h。该值取决于风速，在工厂附近人群受到辐照的时间可能在 1～2h 的量级。因此，根据这一非常简单的估计，受到的辐射剂量将处于 18～36mrem(0.18～0.36mSv)这一量级。通常，在进行详细分析的过程中，需将吸入、摄入和受污染地区的后期辐射也考虑在内。然而，由这一简单模型可以非常清楚地看出，有些方面对于限制人群所能承受的辐射剂量是非常关键的。

- 限制放射性物质的释放率，使其尽可能地低，对释放出的气体进行有效的过滤；
- 使用高的烟囱；
- 通过减少辐照时间来保护公众；
- 对排放和辐射进行连续监测；
- 通过运行详细的计算机程序，对地面辐射剂量获得尽可能好的预测，优化隐蔽和撤离。

除了事故发生后对人群构成的早期辐射影响以外，还必须考虑对人群的长期辐射影响。

如果长半衰期的同位素，如 Cs137(30 年)，Sr(28.5 年)和 Pu239(24 400 年)，排放和沉积在土地上，那么，对于生活在这样环境中的人群，就必须考虑他们一生都有可能受到辐射的损害。图 10.141 给出了一个简单的模型，用以说明这个问题。

如果活度分布在表面上，那么点 P 处的 γ 通量可用如下关系式来计算：

$$\phi_\gamma = \int_0^{2\pi}\int_0^{R_0} \frac{\delta \cdot e^{-\mu s}}{4\pi(r^2+H^2)} \cdot r \cdot dr \cdot d\phi \tag{10.179}$$

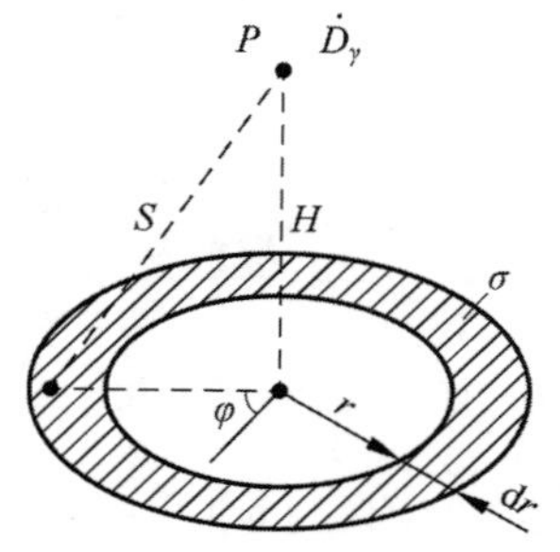

(a) 污染的土地对个人辐射的模型

同位素	$T_{1/2}$/年	$\dot{D}_\gamma/\phi_\gamma$ /[mrem/(h·cm^{-2}·s^{-1})]
Cs137	30	1.3×10^{-3}

(b) 与土地长期污染相关的同位素数据

图 10.141　土地污染的问题

其中，δ 是地面上的比活度，μ 是空气的吸收系数。如果一个人在某片土地停留时间 T，则其受到的辐射剂量为

$$D_y=\int_0^T \dot{D}_\gamma \cdot \mathrm{d}t=\phi_\gamma \cdot \left(\frac{\dot{D}_\gamma}{\varphi_\gamma}\right)_{E_\gamma} \cdot T \tag{10.180}$$

如果活度为 1Ci 的 Cs137 沉积在 1km^2 的土地上，取 $H=1\text{m}$，$T=8760\text{h/a}$，$\dot{D}_\gamma/\phi_\gamma\approx1.3\times10^{-3}$ (mrem/h)/[1/(cm^2·s)]（对于 $E_\gamma\approx0.66$Mev），则可得到剂量 $D_\gamma\approx42$mrem/a(0.42mSv/a)。这一剂量为德国公众全年辐射总剂量($\bar{D}\approx4$mSv/年)10%额外增加的很小的值。

这一估计表明，避免大片土地遭受污染非常重要。前面提到的限制放射性同位素的释放也是未来反应堆技术的一个主要要求。合理的电厂设计，特别是在事故中限制温度的升高、将裂变产物阻留在燃料内、在事故发生后对从电厂排出的废气混合物进行有效的过滤，对于反应堆的安全运行至关重要。这些条件均可在模块式 HTR 中实现。

在具有大直径堆芯的大功率 HTR 电厂中，在严重事故下，燃料的温度会升得更高，这一问题已在 10.4 节中给出相应的解释和说明。因此，在失压及堆芯失去能动衰变热载出之后，从燃料元件中释放的放射性元素的含量会变得更高。

在这些概念下，一回路系统的内表面上也会有一些放射性元素沉积。此外，这些反应堆系统（HTR-500，HHT 电厂，HTR 1160）采用了密闭的安全壳设置来阻留放射性。因此，对环境的释放量将如前所述非常的少，换句话说，即使在这种情况下也不会发生灾难性的辐射。

对发生的所有事故的分析结果表明，遵循前面提到的安全原则设计的模块式 HTR 电厂产生的相关放射性后果与目前具有非常大的功率且面临堆熔事故危险的商用反应堆产生的严重事故后果相比，其放射性的释放量是相当小的。

10.11.4　核技术造成风险的一般性评述

核电站造成的风险是世界上许多国家在与日常生活中的其他风险进行比较并进行风险可接受性评估时讨论的一个主要问题。表 10.23 给出了德国大型 LWR 和模块式 HTR 风险研究的估计和比较，可以看到，在安全行为方面的提高将是有可能的。尤其是希望可以避免模块式 HTR 引起的早期死亡，这对于未来核能接受性的讨论是非常重要的。此外，避免大面积的污染是未来可接受性的前提条件。

表 10.23　大型 LWR 和模块式 HTR 严重事故造成的危害及其比较

项　　目	德国大型 LWR 的风险研究	模块式 HTR	注　　释
功率/MW	3800	200	
事故	完全失冷，安全壳失效	完全失冷，过滤失效	概率<10^{-6}/年
概率/(1/年)	10^{-6}	$10^{-4}\sim10^{-5}$	
早期死亡人数	3000	0	人口密集地区
晚期死亡人数	500 000	<100	
沾污的土地/km^2	50 000	<1	对 LWR 需要重新安置
经济的损失/(10^9 美元)	几千	<1	欧洲条件

人们在世界范围内进行了许多风险研究并指出，核技术对于单个个人的风险是相对较低的。然而，在早期发展和引入大型 LWR 电厂时即已非常明确地表明，核技术对一个国家可能造成巨大的损害。许多研究工作都是针对如何降低由极端事故造成的巨大经济损失及如何降低各种风险进行的。

正如表 10.24 所示，目前已经引入的核技术对个人造成的风险相较于日常生活中的其他风险还是较小的。这些数据来自于美国相关风险研究的结果，对于其他国家也具有一定的参考性。尽管技术进步的幅度很小，但是在如空中或者道路交通方面，在某种程度上改善了人为的一些风险。然而，人为因素和自然因素带来的风险与核电厂对公众造成的风险相比，仍然存在很大的差异。

表 10.24 风险研究的结果（美国，1970 年，各种原因引起死亡的风险）

起因类型	当年死亡总人数	风险概率	起因类型	当年死亡总人数	风险概率
道路交通	55 791	1/4000	电击	1148	1/160 000
坠落	17 827	1/10 000	闪电	160	1/2 000 000
火灾	7451	1/25 000	龙卷风	91	1/2 500 000
溺水	6181	1/30 000	飓风	93	1/2 500 000
武器	2309	1/100 000	死亡总数	111 992	1/1600
空中交通	1778	1/10 000	核事故（100 座核电厂）	0	1/300 000 000
坠落的物体	1271	1/160 000			

在拉斯姆森进行的研究中，详细分析了早期死亡的互补概率问题，如图 10.142 所示。可以看出，即使是在 LWR 电厂，公众的个人风险相较于自然或人为因素引起的其他原因仍然很小。在给公众带来风险的可能性和后果方面，存在很大的差异。尽管已有了诸多研究结果，但在一些国家，核能的可接受性问题仍然是一个难题。特别是 LWR 严重事故后造成的土地长期污染问题已成为许多国家核技术风险可接受性的一个障碍。应用模块式 HTR 可能会取得一定的进展，有助于提高公众的可接受性。

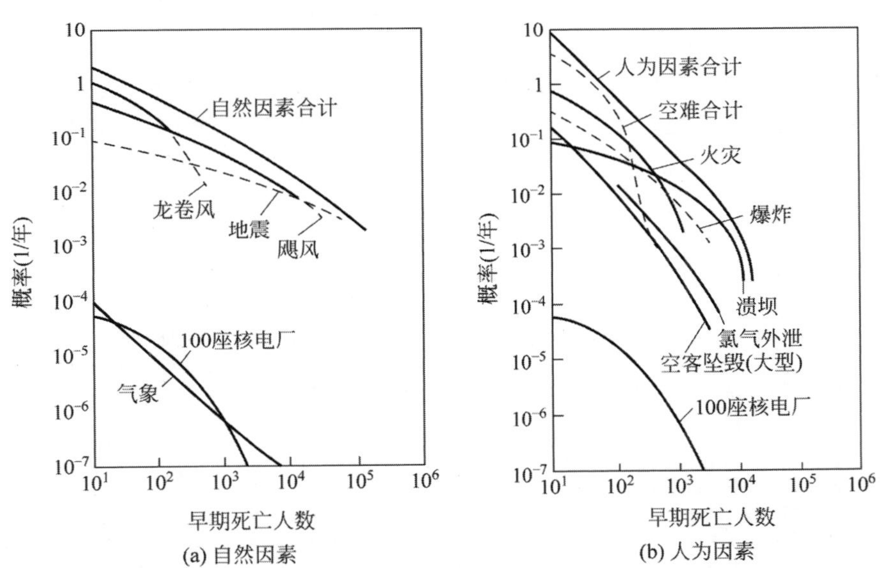

图 10.142 核事故或其他原因造成的早期死亡的互补概率（美国，1970 年）

在许多关于核能在世界范围内的使用及可接受性的讨论中，燃料循环和放射性废物最终贮存的风险也起着重要的作用。存在一个错误的估计，认为具有高释放量的废物也具有很高的放射性，而且长期存在。事实上，高放射性物质（如 Cs137，Sr90）在储存大约 500 年之后已经几乎完全衰变。虽然一些同位素的半衰期超过 100 万年（如 Cs135，I129，Zr93，Tc99），几乎长期存在，但它们的放射性水平很低，占的份额也很小（对于 PWR，仅处于 4kg/t U 这一量级）。只是钚同位素和次锕系元素需要给予特别关注，它们在最终贮存中的存量应该尽可能地小。图 10.143(a)给出了这些同位素的一些相关数据。

与大型 LWR 引起的其他风险相比，最终贮存的风险还是很小的，如图 10.143(b)所示。这是在世界范围内经过很多安全研究之后得出的一个非常令人感兴趣的结果。如果由反应堆本身造成的风险可以显著减少，那么，很自然地，正如对模块式 HTR 的预期，核废物管理领域的风险也会进一步减少。对此，可以在未来通过分离和嬗变技术实现。将这些技术加以完善并将这种发展后的废物管理模式作为未来应遵循的标准，制定相关的决策，是目前核技术研究领域最重要的课题之一。当然，所有针对技术、设计标准等的完善工作都必须建立在核反应堆安全要求的基础上，同时，也必须能够在所有电厂的废物处理系统中实现。

同位素	半衰期/年	活度 /(Bq/t U)	质量 /(kg/t U)
Np237	2 144 000	1.611×10^{10}	约0.5
Pu239	14 000	9.9×10^{12}	约10
Pu240	6563	9.9×10^{12}	约10
Am243	7370	5.22×10^{11}	约0.2
Zr93	1 500 000	5.64×10^{10}	约1
Tc99	210 000	4.26×10^{11}	<1
I129	15 700 000	1.14×10^{9}	约0.3
Cs135	2 000 000	3.9×10^{10}	约1
Cs137	30.17	3.15×10^{10}	约3
Sr90	28.64	2.25×10^{10}	约1

(a) 放射性废物中的重要同位素(PWR，燃耗为33 000MWd/t)

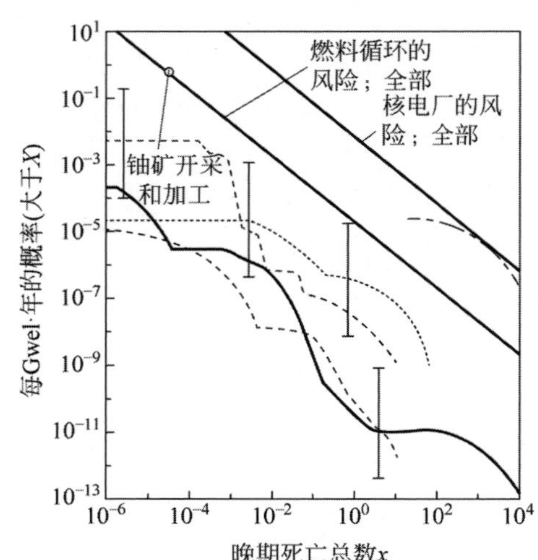

(b) 大型LWR电厂和各种核废物管理流程引起风险的比较

------ 运输 —— 后处理 -·-·- 核电厂 — — — 废物储存(装罐前) ········ 混合氧化剂的产生

图 10.143 核废物管理

在这种情况下，具有非常长半衰期的同位素，如 Pu239，Pu240，Am241，Am243 都被转化了。当然，这种转化过程需要包括后处理、分离、燃料的再制造及嬗变等流程。这些废物处理步骤会增加核废物处理早期阶段的额外风险。但是经过废物处理这一流程，最终贮存的风险会降低，所以，必须在这两种风险之间找到最优的平衡(即达到风险最小的目的)。

参考文献

1. Objectives for the development of advanced nuclear plants, IAEA, IAEA-TECDOC-682, Jan. 1993.
2. Law on the peaceful use of nuclear energy and the protection against the danger of radiation, Atomic Law in Germany, 1976, 1985, 2009.
3. BFS, Safety codes and guide – endance for the periodical safety analysis of nuclear power plants, BFS edition, Dec. 1996.
4. Hauptmanns U., Hettrich M., Werner W., Technical risks, calculations and evaluation, Springer Verlag, Berlin, Heidelberg, New York, London, Paris, Tokyo, 1987.
5. Safety of nuclear plants, Publication of compilations of necessary information, which has to be proven in the licensing and supervision processes for nuclear power plants, BMI, Bonn, October, 1982.
6. Farmer F., Siting criteria, a new approach, Proceedings IAEA, Containment and Siting of Nuclear Power Plants, BMI, Bonn, October 1982.
7. Russel C.R., Reactor safeguards, Pergamon Press, Oxford, London, New York, Paris, 1962.
8. Rasmussen N.C., Reactor study – an assessment of accident risks in US commercial nuclear power plants, United States Nuclear Regulatory Commission, WASH 1400/NUREG75/014, October 1975.
9. Kuczera B., Innovative trends in the technology of Light Water Reactors, KFK-Nachrichten, 25.4, 1993.
10. Götzmann G.A., On safety principles for future reactors – a contribution to the current discussion, Nuclear Power Technology Development Section Division of Nuclear Power, IAEA, December, 1993.
11. International scale for evaluation of the importance of accidents in nuclear power plants (International Event Scale), IAEA, Vienna, 1990.
12. Levi H.W., The accident in Chernobyl – a balance of consequences, VGB-Kraftwerkstechnik, 71, Heft 12, 1991, GRS, Tschernobyl-10 years later, GRS-121,February 1996.
13. OECD-NEA:TMI1-2, Examination results from the OECD-CSNI-program, Vol.1, 1992(CSNI/R)91)9.
14. www.IAEA.org, Fukushima nuclear accident, Update log, since 11.3.2011.
15. www.GRS.de, Informations on the situation in the Japanese nuclear power plants, Since 3.11.2011.
16. VDI-statement, The safety relevant design of nuclear plants in Germany against terroristic attack, VDI, Düsseldorf, Nov. 2001.
17. Dräger, P., Safety factors of reactor containments for nuclear power plants against terroristic attack with large commercial air planes, München, 2001.
18. IAEA, Extreme external events in the design and assessment of nuclear power plants, IAEA-TECDOC-1341, Vienna, March 2003.

19. Fabian, H.U.; Teichel, H., The European Pressurized –Water Reactor (EPR)-Status and prospects, Atomwirtschaft, 44.Jg., 2, 1999.
20. Schmidt, E., Outflow of gases from vessel with high pressure, Chemie Ing.Technik, 37.Jg., Nr.11, 1965.
21. Schäfer, M., Analysis of depressurization process of the primary circuit of a pebble bed high temperature reactor after break of a main cooling pipe, Dissert. RWTH Aachen, 1976.
22. Ybarroudo, L.J.; Solbrig, C.W.; Isbin, H.S., The Calculated Loss of Coolant Accident, A Review; AICHE-Monograph, Series Nr. 7, 1972.
23. Streeter, V.L., Handbook of fluid dynamics, McGraw Hill Book Company, New York, 1962.
24. EL Wakil M.M., Nuclear power engineering, McGraw Hill Book Company, New York, 1962.
25. Lewis, M.M., Nuclear Power Reactor Safety, John Wiley+Sons, New York, 1977.
26. Melese, G.; Katz, R., Thermal and flow design of helium cooled reactors, American Nuclear Society, La Grange Park, Illinois, USA, 1984.
27. Struth S., Stöcker B., Hurtado A., Component exposure in hypothetical accidents with very fast depressurization in a HTR modular reactor, Nuclear Engineering and Design, 190, 1999.
28. Jühe S., Calculation of the depressurization from a leak in the helium circuit of a high-temperature reactor and of the buildup of pressure and gas distribution in the surrounding rooms, Study, RWTH Aachen, Aug. 2005.
29. Jühe S., Release of carbon dust in case of depressurization of high-temperature reactors, Diss. RWTH Aachen, Dez.2011.
30. Reactor Physics Constants, US Atomic Energy Commission Report, ANL 5800, 2nd ed. 1963.
31. American national standard for decay heat in light water reactors, ANSI/ANS-5.1-1979.
32. DIN 25485, Calculation of the decay heat production of the nuclear fuels of high temperature reactors with spherical fuel elements, Mai 1990.
33. Gerwin, H.; Scherer, W., The calculation of decay heat in the reactor dynamical program TINTE, JÜL-Report, June 1993.
34. Teuchert, E. et al., VSOP(94)-computer code system for reactor physics and fuel cycle simulation, JÜL-2897, 1994.
35. Smidt, D., Reactor safety technology, Springer Verlag, Berlin, Heidelberg, New York, 1979.
36. Verfondern, K., Numerical analysis of the 3 dimensional stationary temperature and flow distribution in the core of a high temperature reactor ,JÜL-1826, Jan. 1983.
37. Holzkamp, K., Thermo-hydraulic analysis for the primary circuit of HTR for the decay heat removal with natural convection on the example of HTR 500, Diss. RWTH Aachen, July 1987.
38. Singh, J.; Schneider, U., Calculation of the heat release by natural convection in the stationary region of gas cooled reactors by the computer program Nakosta, JÜL-770-RG, 1974.
39. Bogoslovski V.N., Principles of heat technology, Bauverlag GmbH, Wiesbaden, Berlin, 1982.
40. Faßbender, J.; Kröger, W.; Rehm, W.; Wolters, J.; Verfondern, K; Geiß, H., Calculation of radiation doses in the surrounding area of THTR 300 because of an assumed core heating up accident, JÜL-Spez.275, Sept. 1984.
41. Petersen, K.; Bartels, H.; Breitbach, G., The natural convection in the core of the pebble bed reactor, Reaktortagung, 1976.
42. Rehm, W. et al., Safety analysis of core cooling accident of small and medium HTR, BWK, Bd. 37,1985.
43. Interatom, Kraftwerksunion AG, High temperature-modul-power plant, Vol.1, Technical concept and safety, Jan. 1984.
44. Lukaszewicz U., The temperature behavior of an high temperature reactor after total loss of cooling, JÜL-1112-RG, Oct. 1974.
45. Petersen, K., Safety concept of high temperature reactor with natural heat release from the core of HTR after accidents, JÜL-1872, Oct. 1983.
46. Reutler, H.; Lohnert, H.G., Advantages of going modular in HTR's, Nuclear Engineering and Design, 78, 1984.
47. Reutler, H., Concept of the modular HTR in two vessel-primary enclosure , Atomwirtschaft. Aug./Sept. 1985.
48. Lohnert, G.H., Technical design features and essential safety-related properties of the HTR-Module, Nuclear Engineering and Design, 121, 1990.
49. Rehm, W., Temperature transients in a pebble bed high temperature reactor in case of an extreme disturbed decay heat removal, Brennstoff-Wärme-Kraft 33, Nr.7/8, 1984.
50. Kugeler, K.; Schulten, R., Considerations on the safety principle in the nuclear energy, JÜL-2172, July 1992.
51. Schenk, W., Simulation of accidents on irradiated spherical fuel elements at temperature between 1400 till 2500°C, JÜL-1883, Dec. 1983.
52. Schenk, W.; Pitzer, D.; Nabielek, H., Fission product release of spherical fuel elements at accident temperatures, JÜL-2091, Oct.1986.
53. IAEA, Fuel performance and fission product behavior in gas-cooled reactors, IAEA TECDOC-978, Vienna, Nov. 1997.
54. Fission product behavior in nuclear reactors, Seminar ZFK Rossendorf-KFA-Jülich, Sept. 1991.
55. Verfondern, K; Martin, R.C.; Moormann, R., Methods and data for HTGR fuel performance and radionuclide release modeling during normal operation and accidents for safety analysis, FZJ-report-Juel-2721, January 1993.
56. Schenk, W.; Gontard, R.; Nabielek, H., Performance of HTR samples under high irradiation and accident simulation conditions with emphasis on test capsules HTR-P4 and SL-P1, FZJ-report-Juel-3373, April 1997.
57. Freis D., Accident simulation and post-irradiation examination on spherical fuel elements for high-temperature reactors, Diss. RWTH Aachen, 2010.
58. Schenk, W.; Verfondern, K.; Nabielek, H.; Toscana, E.H., Limits of LEU TRISO Particle Performance, Proceedings HTR-TN International HTR Fuel Seminar, Brussel, Belgium, February 1–2, 2001.
59. Nickel, H.; Nabielek, H.; Pott, G.; Mehner, A.W., Long Time Experience with HTR Fuel Elements, Proceedings HTR-TN, International HTR Fuel Seminar, Brussel, Belgium, February 1–2, 2001.
60. Nickel, H., HTR coated particles and fuel elements, HTR/ECS 2002, Cadarache, 2002.
61. Fricke, U., Analysis on the possibilities to rise up the power of inherently safe high temperature reactors by optimization of the core design, Dissert University GH Duisburg, 1987.
62. VDI, VDI heat atlas, calculation methods for heat transfer, VDI Verlag, Düsseldorf, 1988.
63. Scherer,W. et al., The self-acting safe limitation of nuclear power and fuel element temperature of innovative nuclear reactors, JÜL-2960,1994.
64. Scherer,W., Physics of the pebble bed high temperature reactor at massive ingress of water accidents, JÜL-2316, Oct.1989.
65. Scherer, W.; Gerwin, H., Analysis of hypothetical transients in gas cooled HTGR with coated particle fuel, Comp.Workshop, Cologne, 2001.
66. Scherer, W., Principles of HTR-Neutronics, HTR/ECS 2002, Cadarache, 2002.
67. Knief, R.A., Nuclear Engineering, Taylor+Francis, Bristol, London, 1980.
68. Schmeiser, K., Radioactive isotopes-their production and application, Springer, Berlin, Göttingen, Heidelberg, 1957.
69. Stolz, W., Radioactivity; fundaments, measurement, application, Carl Hanser Verlag, München, Wein, 1990.
70. Lamarsh J.R., Introduction to nuclear engineering, Addison Wesley Publishing Comp. Reading, 1983.
71. Lederer, B.J.; Wildberg, D.W., Reactor handbook; basic nuclear regulations for operators in nuclear power plants, Carl Hanser Verlag, München, Wein, 1992.
72. Blizard, E.P.; Abbott, L.S. (edit.), Reactor handbook, Vol.III, Part B, Shielding, Interscience publishers, adiv.Og J.Wiley+Sons, New York, London, 1962.
73. Koelzer, W., Lexikon of nuclear energy, Forschungszentrum Karlsruhe, 2001.
74. NN, Probability of severe earthquakes, characteristic data safety analysis for HTR concepts, applying German site conditions; Main Volume for Phase IB,JÜL-Spez.136, Dec. 1983.

75. Farmer F.R., Nuclear reactor safety, Academic Press, New York, San Francisco, London, 1977.
76. Delle, W.; Koizlik, K.; Nickel, H., Grafitic materials for application in nuclear reactors, Teil 1 and 2, Karl Thiemig AG, München, 1983.
77. Kim. D., Taking into operation again of the liner cooling of a HTR PCRV of a plant with medium power after a core heatup accident with loss of helium cooling, JÜL-2543, Diss. RWTH Aachen, 1991.
78. Otto, K.W., Analysis of the safety potential of high temperature reactors in case of failure of decay heat removal, Diss. RWTH Aachen, 1978.
79. HTGR 1160, Safety study for HTR concepts applying German site conditions, Phase IB,Vol.IV,, JÜL-Spez-136, Dec. 1981.
80. Kröger, W., Safety analysis of the HTR 500, JÜL-Conf.53, June 1985.
81. Rehm, W.; Jahn, W.; Verfondern, K., Passive decay heat removal at HTR using the liner cooling system as heat sink, Diss. RWTH Aachen, 1978.
82. Altes, J. et al., Contributions regarding the accident behavior of HTR 500-a trend analysis , JÜL-Spez-220, Spet. 1983.
83. Wachholz, W., The safety characteristics of the high temperature reactor HTR-500, Kerntechnik 51, 1987.
84. Rütten, H., Development of temperatures in the HTR-Modul in case of extreme disturbance of the decay heat removal by rubble , Private communication, 2007.
85. Scherer, W.; Gerwin, H.; Werner, H., The AVR as a touchstone for the theoretical models on reactor physics, AVR-Experimental High Temperature Reactor,21 years of successful operation for a future energy technology,VDI-Verlag, Düsseldorf, 1990.
86. Soodak, H. edit., Reactor handbook, Vol.III, Part A; Physics, Interscience Publishers, New York , 1962.
87. Lohnert, G.H., Technical Design Features and Essential Safety Related Properties of the HTR-Module, Nuclear Engineering and Design, 121,1990.
88. Teuchert, E.et al., Reduction of the reactivity of water ingress in modular pebble bed high temperature reactors, Nuclear Technology, Vol.102, May 1993.
89. Wischnewski, R., Analysis on the forming of water gas during accident of HTR-plants on behalf of the example of a planned rising up the hot gas temperature of AVR to 950°C, Diss. RWTH Aachen, 1974.
90. Loenißen, K.J., Analysis on the pressure dependence of the graphite-steam reaction in the porous diffusion region in connection with water ingress accident in high temperature reactors, JÜL-2266, Sept.1987.
91. Kubatschewski, P.; Heinrich, B.; Heit, W., Corrosion of graphitic reactor components in operation and in accidents, Reaktortagung, 1984.
92. Fröhling, W. et al., On the chemical stability of innovative nuclear reactors, JÜL-2960, Aug. 1994.
93. Wawrzik, U., Numerical simulation of the plant behavior of a high temperature reactor in case of water ingress accidents on the example of AVR, JÜL-1908, March 1984.
94. Wolters, J.; Ashworth, F.D.; Meister, G.; Jahn, W.; Rehm, W.; Terkessidis, J., Analysis of hypothetical accidents of water ingress at THTR 300, KFA-ISF-IB 8/82, June 1982.
95. Hübel, H.; Lohnert, G., The safety concept of HTR-Modul, explained on the example of the water ingress into the primary circuit, KTG-Fachtagung; Safety of high temperature reactors, Jülich, March 1985.
96. Moormann, R., Analysis of accidents with massive water ingress for the example of the pebble bed reactor PNP 500, JÜL-Spez.-333, Oct. 1985.
97. Wolters, J.; Breitbach, G.; Moormann, R., Air and water ingress accidents in a HTR-Modul of side-by-side concept, Proc. Spec. Meeting, Oakridge, 1985.
98. Steinbrink, W., Analysis of the application of an emergency cooling measure by water injection into the core of a pebble bed high temperature reactor as a diversary decay heat removal system after extreme loss of cooling accidents, Dissert. Univ.-GH-Duisburg, 1986.
99. Stuhlgieß A., The behavior of water in the core of HTR-plants-corrosion of fuel elements with special emphasis on the Leidenfrost effect, Dissert. Univ.-GH-Duisburg, 1986.
100. Kugeler, K.; Stuhlgies, A; Epping, Ch., Aerosol Formation During Water Ingress into the Core of a Pebble Bed High-Temperature Reactor, Aerosol Science and Technology, 9, 1988.
101. Wolters,J. et al., Occurrences during steam generator leakages, In:Breitbach, G. et al., Safety relevant analysis for accidents of HTR-modul, JÜL-Spez.-335, Nov. 1985.
102. Wolters,J.;Kröger,W. et al., On the accident behavior of the HTR-Modul-a trend analysis, JÜL-Spez.-260, June 1984.
103. Wolters,J., Risk analysis for the HTR-Modul, In:Safety of high temperature reactors, KTG/KFA, Tagung in Jülich, March 1985.
104. Wolters,J.; Bongartz, R.; Jahn, W.;Moormann, R., The significance of water ingress accident in small HTR's, Nuclear Engineering and Design, 109, 1988.
105. Scherer, W., On the physics of pebble bed high temperature reactor at massive water ingress accidents, JÜL-2316, Oct. 1989.
106. Pelloni, S. et al., Parameter study on water ingress in a high temperature reactor, Kerntechnik 53, No.3, 1989.
107. Soscik-Kostic, M., Thermofluid dynamic, corrosion and reactivity effects in case of water and air ingress accidents in high temperature reactors, JÜL-2437, Febr. 1991.
108. Lohnert, G.H., The consequences of water ingress into the primary circuit of an HTR-Module from design basis accident to hypothetical postulates, Nuclear Engineering and Design, 134, 1992.
109. Teuchert, E.;Haas, K.A.; Rütten, H.J.; Sun, Y., Reduction of the reactivity of water ingress in modular pebble bed high temperature reactors, Nuclear Technology, Vol.102, May 1993.
110. Zhang, Z.;Scherer, W., Numerical Simulation of Severe Water Ingress Accidents in a Modular High Temperature Gas Cooled Reactor, JÜL-3180, Nov. 1995.
111. Esser, F., Experimental analysis of the transport of droplets and of separation in the gas circuit of high temperature reactors during water ingress accidents, Dissert. RWTH Aachen, Febr.1998.
112. Leber A., Transport and separation of water droplets in the primary circuit of high-temperature reactors in case of water ingress accidents, JÜL-4050, April 2003.
113. Bürkholz A., Droplet separation, VCH-Verlagsellschaft, Weinheim, 1989.
114. Meunier, J., Gasification of solid fuels and oxidative conversion of hydro carbons, Verlag Chemie GmbH, Weinheim, 1962.
115. Jüntgen, H.; van Heek, K.H., Coal gasification, fundaments and technical applications, Verlag K. Thiemig, München, 1981.
116. Thompson, T.J., Accidents and Destructive Test in the Technology of Nuclear Reactor Safety, Vol.1, The MIT Press, 1964.
117. Ash,M., Nuclear Reactor Kinetics, McGraw,New York,1979.
118. Massimo,L., Physics of high temperature reactors, Program Press;Oxford,New York, Toronto, Sydney, Paris, Braunschweig, 1976.
119. Breitenfelder,H.;Wachholz,W.;Weicht,U., Accident analysis and accident control for the THTR power plant, IAEA-Specialist Meeting ,Lausanne,Spet.1980.
120. Ullrich,W.;Frisch,W., Investigations of anticipated transients without reactor scram and other selected devices, Nuclear Technology,Vol.41,Dec.1978.
121. Nabbi,R.;Jahn,W.;Meister,G.Rehm,R., Safety analysis of the reactivity transient, resulting from water ingress into a high temperature pebble bed reactor, Nuclear technology,Vol.62, Aug.1983.
122. Nabbi,R., Analysis of behavior of reactivity of HTR 500 during core heat up accidents, Reaktortagung,1984.
123. Mertens.J. et al., Safety relevant analysis of accidents of HTR-module, JÜL-Spez-335,Nov.1985.
124. Lohnert, G.H., The safety concept of the Modular HTR;in:Proc. Technical Committee Meeting on Gas-cooled Reactors and their Applications, Oct.20–23,1986, Jülich/FRG, IAEA-TECDOC-436, Wien,1987.
125. Meem, J.L., Two group reactor theory, Gordon on Breach, Science Publishers, New York, London, 1964.

126. Isbin, H.S., Introductory nuclear reactor theory, Reinhold Publishing Corporation, Chanmman+Hall, Ltd., London, 1963.
127. Gerwin, H., Two dimensional reactor dynamical program TINTE, part 2, applications, JÜL-2266, Febr.1989.
128. Nickel H., Nabielek H., Pott G., Mehner A.W., Long time experience with HTR fuel elements, Proceedings of HTR-TN International HTR Fuel Seminar, Brussels, Belgium, Feb. 2011.
129. Rossberg, J.M.; Wicke, E., Transport processes and surface reactions during the burning of graphitic carbon, CHemie Ing. Technik, 28, 1956.
130. Kugeler, M.; Romes, H., Measurement of the reaction rate of A3-Matrix graphite with air, Internal Report KFA/IRE, 1974.
131. Moormann, R.; Petersen, K., REACT/THERMIX a computer program for the calculation of graphite corrosion in pebble bed reactors during accidents, JÜL-1782, April 1982.
132. Moormann, R., Effect of delays in afterheat removal on consequences of massive air ingress accidents in high temperature gas cooled reactors, Journal of Nuclear Science and Technology, Vol.21, No.11, Nov. 1984.
133. Hinssen, K.H.; Katscher, W.; Moormann, R., Kinetics of the graphite/oxygen reaction in the region of porous diffusion, part 1 and 2, JÜL-1985, Nov. 1983; JÜL-2052, April 1986.
134. Katscher, W.; Moormann, R.; Hinssen, K.H., Kinetics of the graphite/oxygen reaction in the region of porous diffusion, Part 1:matrix material A3-3 and A3-27, JÜL-1897, Nov. 1998; Part 2:graphite V483T, ASR-IRS, ASR-IRG and ATR-2E, JÜL-2052, April 1986; Part 3:influence of diffusion in the flow boundary layer at measurements in the temperature region 970 K-1170 K, JÜL-'4, June 1989.
135. Kugeler, K.; Epping, Ch.; Roes, J., Aerosol Formation during Air Ingress into the Core of a Pebble Bed High Temperature Reactor, Journal of Aerosol Science 19 (1988), S.1343–1346.
136. Kugeler, K.; Schreiner, P.; Epping, Ch., Analysis of graphite corrosion by air, Kerntechnik, 53, 1988.
137. Epping, Ch., The ingress of air into the core of a pebble bed high temperature reactor, Dissert. Univ GH-Duisburg, 1993.
138. Hurtado-Guitierrez, A.M., Analysis on the massive air ingress into high temperature reactors, Dissert. RWTH Aachen, Dec. 1990.
139. Schreiner, P.D, Analysis on the thermo-hydraulic and corrosion during air ingress into the core of a pebble bed high temperature reactor, Dissert. RWTH Aachen, Jan. 1994.
140. Roes, J., Experimental analysis on the graphite corrosion and forming of aerosols during air ingress into the core of a pebble bed high temperature reactor, JÜL-2956, 1994.
141. Moormann, R., Air ingress and graphite burning in HTR's, A survey on analytical examinations performed with the code REACT/THERMIX;JÜL-3062, May 1995.
142. Schaaf, Th., Experiments for the heat and material transport because of natural convection during air ingress accidents at high temperature reactors, JÜL-3620, Jan. 1999.
143. Kuhlmann, M.B., Experiments on the transport on gases and graphite corrosion during air ingress accidents in high temperature reactors, Diss. RWTH Aachen, 2002.
144. NN, Reduction of strength of materials by corrosion, Internal Report of LRS RWTH Aachen, 2005.
145. Unger J., Flow convection, B.G.Teubner, Stuttgart, 1988.
146. GRS, German risks study for nuclear power plants, Phase B, Vol.3, Reliability of components, Verlag TÜV Rheinland, Köln, 1989.
147. Farmer, F.R. (ed.), Nuclear reactor safety, Academic Press, New York, San Francisco, London, 1977.
148. Rysy, W., Pressurized water reactor power plants; safety relevant design, In:T. Bohn, Handbook energy, Vol.10, nuclear power plants, Technischer Verlag Resch, Verlag TÜV Rheinland, 1986.
149. Ziegler, A., Nuclear power plant technology, Springer Verlag, Berlin, Heidelberg, New York, Tokyo, 1985.
150. Tong, L.S., Principles of design improvement for Light Water Reactors, Hemisphere Publishing Corporation and Springer Verlag, New York, Berlin 1988.
151. Tong, L.S.; Weisman, J., Thermal analysis of pressurized water reactors, American Nuclear Society, 1970.
152. Bohn, T. (edit.), Handbook of Energy, Vol.10, Nuclear plants, Technischer Verlag Resch, Verlag TÜV Rheinland, 1986.
153. GRS, German risks study for nuclear power plants, Phase B Main Volume, Verlag TÜV Rheinland, Köln, 1985.
154. Netz, H., Economy of heat, B.G. Teubner Verlagsgesellschaft, Stuttgart, 1956.
155. Bilek, E. Et al., Electrotechnology in nuclear power plants in:T. Bohn (edit.), Handbook of Energy, Vol.10, Nuclear power plants, Technischer Verlag Resch, Verlag TÜV Rheinland, 1986
156. British Electricity International, Modern power station practice Vol.7, Nuclear Power Generation, Pergamon Press. Oxford, New York, Seoul, Tokyo, 1992.
157. IAEA, External events excluding earthquakes in the design of nuclear power plants, IAEA Safety Standard Series, No. Ns-G-1.3, 2003.
158. KTA regulations, KTA 2000, Nuclear Technology Committee Salzgitter, 2000.
159. GRS, German risks study for nuclear power plants, Phase B; a comprehensive version, GRS-72, June 1989.
160. IAEA, Objectives for the development of advanced nuclear plants, IAEA, IAEA-TECDOC-682, Jan. 1993.
161. Keβler K., Faude D., Ehrhardt J., Safety concepts of today introduced pressurized water reactors, KfK-Nachrichten, 25, No.1, 1993.
162. GRS-Yearly Report 1993/1994, Development of common German-French safety goals and requirement for future reactors, München, 1995.
163. Berg et al., Quantitative probabilistic safety criteria for the license and for the operation of nuclear plants, status and development in international comparison, Bfs, - SK01/03, Salzgitter, June 2003.
164. BMI (Ministry of international affairs, Germany), Publication on the regulation for protection of nuclear power plants against blast waves from chemical reactions, by design of nuclear power plants related to strength of a discussed vibration and by safety distances, Sep. 1976.
165. US-NRC, Evaluation of Explosions Postulate to Occur on Transportation Routes Near Nuclear Power Plants, Regulatory Guide 1.91, Revision 1, U.S. Nuclear Regulatory Commission, 1978.
166. Ohashi, H. et al., Current status of research and development on system integration technology for connection between HTGR and hydrogen production system at IAEA, OECD/NEA 3rd information exchange meeting on the nuclear production of hydrogen.
167. Giesbrecht, H. et al., Analysis of potential action of explosions of amounts of burnable gases, which are released to the atmosphere in a short time, Chemie Ing. Technik, 52, 1980.
168. AMERICAN INSTITUTE OF CHEMICAL ENGINEERS, Guidelines for evaluation the characteristics of vapor cloud explosions, flash fires and BLEVEs, AICE, New York,1994.
169. Baker, W.E. et al., Explosive Hazard and Evaluation, Fundamental Studies in Engineering, Vol.5, Elsevier, Amsterdam, 1983.
170. Puttock, J.S., Fuel Gas Explosion Guidelines, The Congestion Assessment Method, Chemie Symposium No.139, 1995.
171. Riera, J.D., On the stress analysis of structure subjected to aircraft improved forces, Nucl. Eng. Des. 8, 1968.
172. RSK (Reactor Safety Commission, Germany), RSK-regulations for pressurized water reactors, RSK-Office, Oct. 1981.
173. Schrader, H., Analysis of extreme impacts from outside on nuclear facilities, Study at RWTH Aachen, April 2005.
174. Dietrich, E.; Fürste, W., Loads and design of buildings of power plants in case of impacts from outside during air plane crash and gas cloud explosion, Techn. Mitteil. Krupp Forschung. Ber., Bd.31, 1973.
175. Schnellenbach, G.; Stangenberg, F., New development in the field of design of nuclear power plants against air plane crash, VGB Kraftwerkstechnik, 59, Jan. 1979.
176. Drittler, K.; Gruner, P.; Sütterlin, L., On the design of nuclear plants against impacts from outside; Part: air plane crash, Rep. IRS-W7, Institute für Reaktorsicherheit, Köln, 1973.
177. Göller, B., Protection against missiles due to a failing PWR pressure vessel, Nuclear Engineering and Design 152,1994.
178. GRS, German risk study nuclear power plants, Phase B, Vol.6, Calculation of consequences of accidents and results for risks, Verlag TÜV Rheinland, Köln, 1989.
179. Mallet, O.; Klaus,R., The European Pressurized Water Reactor EPR, ICONE 8 (Proc. Conf. 2–6. April 1994 Baltimore), Paper No.8552, RSK/GPR, Recommendation on the Design of Future Nuclear Power Plants , 1994.

180. KTA(Kerntechnischer Ausschuss, Germany), Design of nuclear power plants against seismic impacts, Part A: (KTA 2201.1) 1975; Part 2: (2201.2) 1981, Part 3: (KTA 2201.3) 1980.
181. Kos, M., A seismic palnt construction; fundaments and applications, Springer, Berlin, Heidelberg, New York, Tokyo, 1983.
182. Lewis, E.E., Nuclear power reactor safety, John Wiley+Sons, New York, Chichester, Brisbane, Toronto, 1977.
183. Kuhlman, A., Introduction into the science of safety, F.Vieweg +Sohn, Verlag TÜV Rheinland, 1981.
184. International Atomic Energy Agency, Quality Assurance for Safety in Nuclear Power Plants and other Nuclear Installations, Code and Safety Guides Q1 –Q14, Safety Standards Series No.50-C/SG-Q, IAEA Vienna, 1996.
185. International Atomic Energy Agency, Evaluation of Seismic Hazards for Nuclear Power Plants, Safety Standards Series No. Ns-G-3.3, IAEA Vienna, 2002.
186. IAEA, Seismic evaluation of existing nuclear power plants, Safety Reports Series, No.28, IAEA, Vienna, 2003.
187. Eichholz, G.G., Environmental aspects of nuclear power, Ann Arbor Science Publishers Inc., Ann Arbor, 1976.
188. Schneider, G., Earthquakes, formation, dispersion, effects, F. Enke Verlag, Stuttgart, 1975.
189. KTA-Regulations (Germany), Design of nuclear power plants against seismic events, Part I, Fundamental Principles, KTA2201.1, June 1990.
190. Koch, E.H., Principles of earthquakes safe design of nuclear power plants, VGB Kraftwerkstechnik, 59, Jan. 1979.
191. Kröger, W., Nuclear power plants near consumers under the aspects of nuclear safety, JÜL-2103, Nov. 1986.
192. IAEA, Extreme external events in the design and assessment of nuclear power plant, IAEA-TECDOC-1341, Vienna, Mar. 2003.
193. Kemter, F.; Schmidt, G., Seismic behavior of pebble bed cores, SMIRT, Brussel, 1985.
194. Bodmann, E.; Kleine-Tebbe, A., The mechanical behavior of the core of a high temperature reactor under seismic loads, Atomkernenergie, Kerntechnik, Vol.47, Noc.3, 1987.
195. Snoj, L.; Rawnik, M., Effect of packing fraction variations on the ε factor in pebble bed nuclear reactors, Kerntechnik, 71, 4, 2006.
196. Wolters J., Kröger W., et al., About accident in the HTR-Module – a trend analysis, JŰL-Spez-260, June 1984.
197. Mertens J., et al., Safety analysis for the behavior of the HTR-Module in case of accidents, JŰL-Spez-335, Nov. 1985.
198. Wolters J., et al., Analysis of accidents of HTR 100 – a risk oriented analysis, JŰL-Spez-477, Dec. 1988.
199. Kröger W., Wolters J., Analysis of behavior of HTR 500 in accidents: a trend analysis, JŰL-Spez 220, Sept. 1983.
200. KFA-ISF, Methodology of comprehensive safety analysis for future HTR concepts: a status report (several volumes, status 1986, JŰL-Spez-388, 1987/1988.
201. GRS, Risk guidelines for pressurized reactor (German Reactor Safety Commission), 3rd Edition, Oct. 1981.
202. Bayer A., et al., The German risk study: accident consequence model and results of the study, Nuclear Technology 59, 1982.
203. German government, Guidelines for the evaluation of the layout of nuclear power plants with pressurized water reactors against accidents in the sense of §28, Abs. 3 Radiation Protection – Accident Guidelines; Bundesauzeigen (Heransg: Buucle uninisterdes, Justiz), Dec. 1983.
204. United States Nuclear Regulatory Commission, Safety goals for the operation of nuclear power plants, USNRC Policy Statement, Aug. 1986.
205. Schenk W., Nabielek, High temperature reactor fuel fission product release and distribution at 1600°C, Nuclear Technology 96, 1991.
206. Schenk W., Nabielek H., High temperature reactor fuel fission product release and distribution at 1600°C, Nuclear Technology 96, 1991 and Schenk W., Verfondern K.L., Nabielek H., Toscana E.H., Limits of LEU TRISO particle performance, Proceedings of HTR-TN International HTR Fuel Seminar, Brussels, Belgium, Feb. 2011.
207. Bäumer R., Kalinowski I., THTR commissioning and operating experience, 11th International Conference on the HTGR, Dimitrovgrad, June 1985.
208. Verfondern K.L., Nabielek H., et al., A computer program to predict the share of broken particles of TRISO coated particles at accident conditions, JŰL-Spez 298, Feb. 1985.
209. Pott G., et al., Operational and accidental behavior of HTR fuel elements, in: Status Seminar on High-Temperature Reactor Fuel Cycle, JŰL-Conf 61, Aug. 1987.
210. Von der Decken C.B., Wawrzik U., Dust and activity behavior, in: AVR-Experimental High Temperature Reactor, 21 years of successful operation for a future energy technology, VDI-Verlag, Düsseldorf, 1990.
211. Breitbach G., Walters J., Gas exchange between the primary circuit and the reactor containment of a high-temperature reactor, Report of KFA Jülich, 1980.
212. Breitbach G., David H.P., et al., Gas exchange between a helium containing vessel and the environment via a downward directed tube and the relevance for the HTR-Module, JŰL-Spez 273, Sept. 1984.
213. Iniotakis N., Von der Deckeu C.B., Röllis K., Sohlesinga H.J., Plateout of fission products and its effect on maintenance and repairs, Nuclear Engineering and Design 78, 1984.
214. Walters J., Breitbach G., David P.H., Verfondern K.L., Fission product release from the plant in case of accidents, in: Mertens J. et al, Safety Technical Analysis for the Accidental Behavior of HTR-Module, JŰL-Spez 335, Nov. 1985.
215. Program system UFOMOD, in: Kröger W., Nuclear power plants in the neighborhood of consumers from the standpoint of safety, JŰL-2103, Nov. 1986.
216. GRS, German risk study nuclear power plants, phase A: an analysis of the risk caused by accidents, Verlag Tür Rheinland, Köln, 1980.
217. GRS, German risk study nuclear power plants, phase B: a summarizing representation, GRS-72, June 1989.
218. Rasmussen N.C., Reactor study – an assessment of accident risks in US commercial nuclear power plants, United States Nuclear Regulatory Commission, WASH 1400/NUREG 75/014, Oct. 1975.
219. NN, Special issue, Safety study for HTR concepts under German site conditions, JŰL-Spez 136, 1981.
220. Takada, J., Nuclear hazards in the world, Kodansha, Springer, Tokyo, Berlin, Heidelberg, 2005.
221. Eisenbud, M., Environmental radioactivity, Academic Press, New York, London, 1986.
222. Sauter, E., Fundaments of radiation protection, Verlag Karl Thiemig AG, München, 1983.
223. Bonka, H., Lectures on radiation protection, Technical University of Aachen, 2008.
224. GRS, Gesellschaft für Reaktorsicherheit, Risk study for nuclear power plants, phase B, June 1989.
225. Kessler, G.; Faude, D.; Ehrhardt, J., Safety concept of today introduced light water reactors, KFK-Nachrichten, 25, Nr.1, 1993.
226. H. Schrader, Analysis of extreme impacts from outside on a nuclear facility, Study, RWTH Aachen, April 2005.
227. Barthels, H.; Schürenkrämer, M., The effective heat conductivity in pebble bed arrangements regarding the special conditions of high temperature reactors, JÜL-1893, Feb. 1984.
228. Breitbach, G., Heat transport in pebble bed system with special emphasis on radiation, JÜL-1564, Dec. 1978.
229. Robold, K., Heat transport in the inner and outer regions of pebble beds, JÜL-1796, July 1982.
230. Schack, A., The industrial heat transfer, Verlag Stahleisen mbH, Düsseldorf, 1969.
231. Interatom Kraftwerksunion AG, High temperature-Module-power plant, Vol.1–3, Safety Report, Jan. 1984.
232. Schneider, U.; Diederichs, U., Physical properties of concrete from 20°C up to melting, Part 1and 2, Betonwerk+Fertigteil Technik, Heft 3/81, Heft 4/81, 1981.
233. Altes, J. et al., Behavior of the prestressed concrete pressure vessel of the HTR 500 at severe accident temperatures, Trans.10 SmiRT, Arnheim, Vol.H. 1989.
234. Altes, J.; Escherich, K.; Nickel, H.; Wolters, J., Experimental study of the behavior of the prestressed concrete pressure vessel of the THTR-300 at severe accident temperatures, Trans.10 SmiRT, Tokyo, Vol.H, 1991.

235. Altes, J.; Breitbach, G.; Escherich, K.H.; Hahn, T.; Nickel, H.; Wolters, J., Experimental study of the behavior of the prestressed concrete pressure vessels of high temperature reactors at accident temperatures, Trans.9 SmiRT, Lausanne, Vol.H, 1987.
236. Teuchert, E.; Rütten, H.J.; Haas, K.A., Numerical analysis of the HTR-module, JÜL-2618, May 1992.
237. Gerwin, H., The two dimensional reactor dynamics program TINTE; part 2; applications, JÜL-2266, Febr. 1989.
238. Scherer,W.; Gerwin,H.; Kindt, T.; Patcher,W., Analysis of reactivity and temperature transient experiments at the AVR high temperature reactor, Nuclear Science and Engineering, 97,1987.
239. Analysis of Transients Tests on HTR Fuel at Hydro and IGR, Kurchatow Institute, Moscow, 1994.
240. NN., Nuclear Safety, Technical progress Journal special issue on reactivity initiated accidents, Vol 37, No4, Oct-Dec 1996.
241. Siemens/Interatom, High temperature module power plant, Safety report,Vol.1–3,1988.
242. Bartknecht W., Explosions, progress and safety measures, Springer, Berlin, Heidelberg, New York, 1978.

燃料循环和废物管理

摘　要：目前，HTR 发展了各种燃料循环系统，并且在实际应用中取得了极大的成功。高浓铀与钍、低浓铀、中等浓缩度铀燃料，以及各种类型的 BISO 和 TRISO 包覆颗粒均已得到应用。这表明，这些燃料元件可以在高燃耗和高温条件下运行，并且放射性的释放量非常低。未来，若需要的话，可以实现高转化和近增殖。利用钍作为增殖材料开启了核技术领域第二大燃料资源的利用。这表明，用于 HTR 的各种燃料循环对铀的需求比目前使用的反应堆要少得多。

HTR 燃料元件的制造采用了现代化的技术，高质量燃料元件已实现批量化生产(100 万个球形燃料元件的生产规模)。特别是制造过程中石墨基体中的污染显著地减少，包覆层的质量取得了进一步的改进。因此，HTR 电厂的氦循环回路非常干净，典型的污染值为每 MW(热功率)约 1Ci 惰性气体。

HTR 系统乏燃料元件的中间贮存采用非常安全的厚壁钢罐，从外部仅通过导热、热辐射和自然对流即可达到冷却的目的。这采用了自发衰变热载出的原理，无需提供水和电。LWR 的乏燃料元件在从反应堆卸出后的第 1 年需要紧密地贮存在水池中，对于 HTR，其乏燃料元件则无需如此。即使在发生了极端外部事件的情况下，放射性也都被阻留在 HTR 元件的干空气储罐内，并且，乏燃料元件可以在中间贮存系统存放几十年。

对于 HTR 乏燃料元件的最终贮存，也已制定出解决方案，方案的主要方面也已进行过实验。各个国家对未来反应堆设计进行的估计表明，从最终贮存系统中可能释放的放射性物质量仅会对周围矿床地质的放射性水平带来非常小的变化。因此，需要给予重要关注的是钚和次锕系同位素。在燃料循环中，这几种同位素是减少的并用于产生能量，在这方面具有优势。在更远的未来，将对乏燃料进行后处理，并且通过这个途径减少钚和次锕系同位素，但是如果预期采用长时间的中间贮存，这将仍然是一个处于讨论中的方案。对于最终贮存时的假想事故，包覆颗粒的阻留能力是极为重要的。同时，在防核扩散和安保方面的要求对于所有的燃料循环都是非常重要的，采用低于 10%富集度的低浓铀燃料即可满足上述要求。从目前为止所进行的开发工作中可以建立控制和监督的概念。

关键词：燃料循环；铀的利用；钍基燃料；增殖；燃料元件制造；燃料质量；中间贮存；中间贮存的事故；燃料元件的最终贮存；毒性；最终贮存系统的事故；防核扩散；安保

11.1　概述

在核技术领域，主要使用两种不同的燃料体系：一种是铀循环并积累钚同位素，另一种是钍循环并产生 U233 为易裂变材料。图 11.1 给出了两种燃料循环中可裂变材料转换链中主要同位素的概况。在转换链的终端有部分具有非常长半衰期的次锕系元素(α 衰变)，这些同位素在最终贮存期间大约贮存 10 000 年后成为放射性毒性的主导，特别是 Pu239($T_{1/2}=24\ 400$ 年)。而 U233 具有更长的半衰期($T_{1/2}=1.62\times10^5$ 年)，因此其活度比 Pu 要小得多。

在各种类型的核反应堆中，可以采用不同的同位素混合物作为易裂变材料和可裂变材料。比如，在轻水堆中使用的 MOX 燃料(PuO_2/UO_2 混合氧化物燃料)。这种材料的使用率呈上升趋势是为了减少全球钚的可利用量。同时，使用这种燃料进行循环也具有一定的经济竞争力。

HTR 也可以设计采用各种燃料循环实现运行。燃料以 U233，U235，Pu239，Pu241 等核素作为易裂变材料，以 Th232 和 U238 作为可裂变材料。反应堆中必须要有足够高的可裂变材料含量，以实现较强的负温度反应性系数。在球床反应堆中,这些材料可以使用混合或者分开的包覆颗粒。然而,很小的几何结构总可以实现负温度反应性系数的瞬态响应。

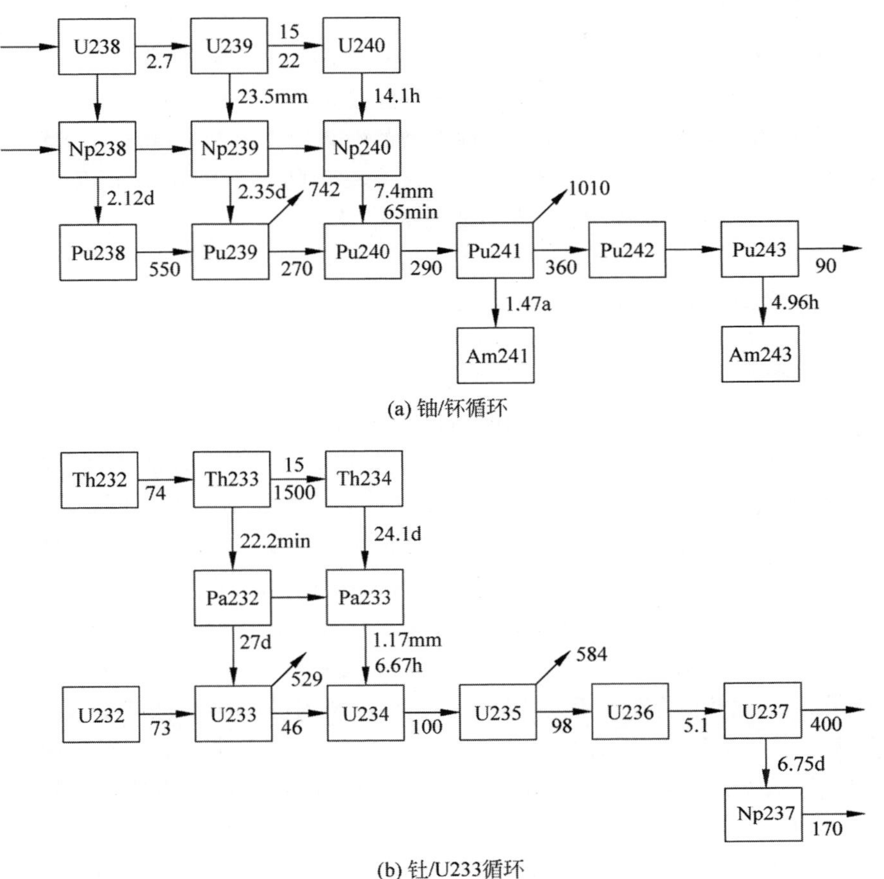

图 11.1 核技术中主要燃料系统同位素的简化转换链(无单位的数字是以 barn 为单位的截面)

根据目前的经济条件和未来几十年燃料供应的状况和前景,开式循环将具有一定的经济优势。随着铀矿成本的提升,闭式循环在未来也会变得具有一定的吸引力。表 11.1 给出了 HTR 各种燃料循环的一些信息。在任何情况下,闭式循环都需要后处理和再制造。球床反应堆的一大优点是:经过一段时间的运行后,燃料循环可以加以变更。这一点已被 AVR 的运行过程所证实,在该反应堆中,采用了许多不同类型的燃料元件,例如,用低浓铀燃料元件替代高浓铀燃料元件,替换效果非常理想,且没有任何障碍。

表 11.1 HTR 的燃料循环(球床堆)

特 点	说 明	装 料
	开式循环	
Th/U(93%,高浓铀)	以铀(93%富集度)和钍作燃料的循环	ThO_2/UO_2(93%)
Th/U(20%,中等富集度铀)	中等富集度铀(约 20%)和钍作燃料的循环	ThO_2/UO_2(20%)
U(8%,低浓铀)	低浓铀(约 8%)循环	UO_2(8%)
	闭式循环	
Th/U	钍循环	ThO_2,后处理燃料的 93%富集度的 UO_2
Th/变化的 U	变化的循环	ThO_2,20%富集度的 UO_2,U 经后处理,富集度为 15%
PB	预增殖	ThO_2,分开的燃料元件中 93%富集度的 UO_2
NB	净增殖	ThO_2,UO_2 进行后处理,主要获取 U233

在美国、德国和英国(OECD),HTR 的发展是从钍循环开始的,因为钍循环展现了核能长期发展的优势,且该方案仅在很短的时间内出现铀的短缺。直到现在,高浓铀循环仍主要用于 HTR 电厂,93%富集度

的铀作为初始燃料,钍作为可裂变材料装入。钍产生的U233经后处理后在随后的装载中进行再循环,以减少U235的补充需要。

目前为止,使用这种燃料的球形燃料元件已在德国和中国被开发和使用,柱状燃料元件主要在美国使用。另外,日本使用的特殊柱状燃料元件也已被开发并在HTTR中得以使用。由OECD组织运行的龙堆使用了钍/铀燃料的特殊管状元件。总之,所有这些含有包覆颗粒燃料的燃料元件开始时使用的都是BISO包覆颗粒,后来才主要使用TRISO包覆颗粒。这种类型的燃料展现出越来越显著的优点。

高浓铀-钍燃料循环具有良好的中子经济性并能够实现资源的有效利用,这是因为燃料循环可以在高转化比的条件下来运行。在非常特殊的情况下,如在低燃耗值及添加了氧化铍(BeO)球形元件的情况下,甚至还有可能实现增殖。

U233具有与U235接近的核性能,因此,其燃耗的变化很小,对于燃料分区和功率分布的要求也有可能实现。然而,U233的半衰期比在低浓铀循环中产生的Pu239要大得多。因此,从最终贮存的放射性毒性和风险问题角度来考虑,该循环比铀钚循环更为有利。

球形燃料元件已被开发并且得到了AVR和THTR内进行的批量实验(大约100万个元件)的验证。以高浓铀(93%)和钍作为氧化物包覆颗粒的循环也得到进一步的发展。但是,INFCE条例规定,由于防核扩散的要求,不允许使用具有高于20%富集度的燃料循环,从而排除了目前使用高浓铀循环的可能性。所以,对于所有新的HTR项目,目前低浓铀循环的富集度为8%~9%,重金属的燃耗值为80 000~100 000MWd/t。这种类型燃料元件的转化比仅可能达到0.6~0.7,与目前LWR通常的转化比相当。低浓铀循环的燃料元件已在AVR的批量实验中测试,并显示出良好的运行行为,特别是采用TRISO包覆颗粒。由于安全原因,正常运行和模拟假想事故的实验中释放的裂变产物非常少(详见第10章),已达到了设定的燃耗值和快中子辐照剂量,这也表明,该新型燃料元件已可以装入反应堆中使用(详见第4章)。

作为开式燃料循环的一个特例,所谓中等富集度铀(MEU)循环的铀富集度不超过20%。分析认为,该方案可以作为HTR的一种方案,可采用装载两种燃料元件的策略,一种是钍和20%富集度的铀,另一种是14%富集度的铀,都可实现在HTR中的正常运行。在乏燃料元件中,可裂变钚的含量很小,燃料循环不可能转换产生武器级的材料。不过,与如今的铀价格相比,这种方案不具有经济优势,但是,这种情况在未来几十年内有可能发生变化。

在大型LWR电厂中,对于目前采用这种技术的大多数国家,铀矿石的成本仅占发电总成本的3%~5%。因此,采用低浓铀的简单循环是目前的首选方案,也可将这种方案应用于HTR。

对各种闭式循环也进行了分析,并在全球范围内开展了一项大范围的闭式钍循环的研发计划。目前,印度有一个将闭式钍循环用于重水反应堆、快中子增殖堆和高温反应堆的大范围的计划。印度拥有大量的钍资源,并试图在核燃料市场中变得更加独立。

在系统HTR中采用钍循环实现增殖系统的可能性从一开始就是值得关注的一个重大问题。钍作为一种在世界范围内至少可以与铀相当的资源,由Th232增殖产生的U233是一种极好的易裂变材料。图11.2给出了钍循环中转换反应的更详细的图示,并且对一些分支给出了说明。特别是在循环中形成的锕系元素,在最终贮存时非常值得关注。在最终贮存方面,钍循环也具有一定的优势。在钚的转换链中,有一些次锕系元素的半衰期与最终贮存第1阶段的时间相当。

在对新的易裂变材料进行增殖方面的分析时,要考虑各种易裂变同位素η值随能量发生变化的重要性。从图11.3中可以看出,易裂变同位素的η值具有很强的能量依赖性。Pu239的η的最大值出现在快中子能区,这有利于在快中子增殖反应堆中使用这种材料,而U233是适于在热中子能区使用的材料。由此可以看出,钍循环对于长远的未来也是一种不错的选择。

转换和增殖的可能性很大程度上取决于中子的能谱。图11.4给出了热中子反应堆中子注量率随能量的变化,可以看出,在热中子反应堆中,热中子能区对于中子经济性非常重要。同时,图11.4也表明,快中子能谱对于快中子增殖反应堆也非常重要,主要对应非常高的中子能区的裂变谱。热中子谱类似于麦斯威尔分布。

根据图11.4所示的中子注量率随能量的变化,表11.2汇总给出了不同燃料在热中子能区和快中子能区的平均η值。从这个角度看,U233在热中子能区具有一定的优势。

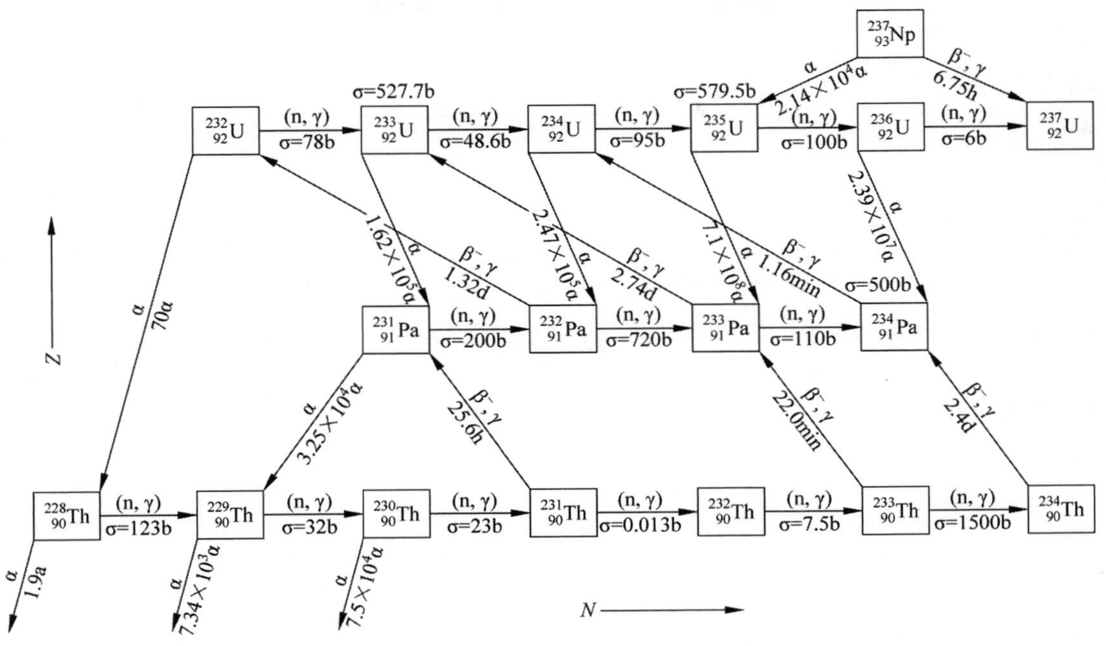

图 11.2 钍同位素增殖链的详细说明

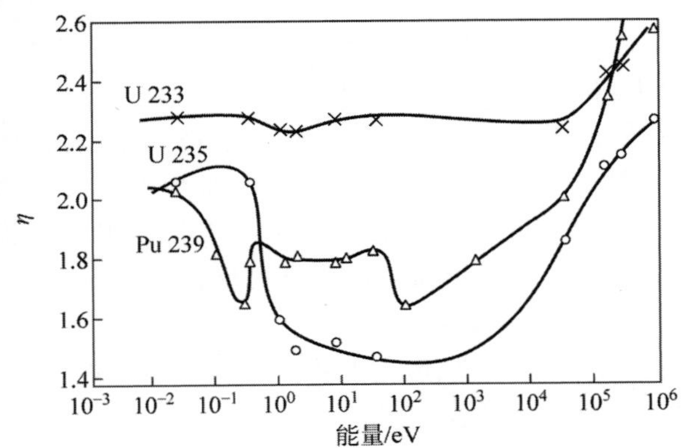

图 11.3 各种燃料 η 值随能量的变化

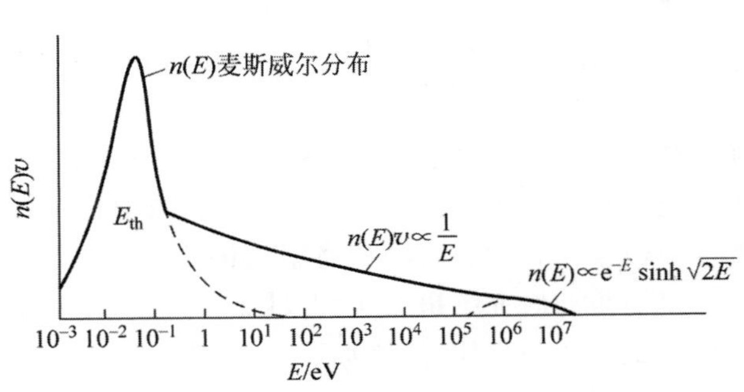

图 11.4 中子经济性方面：中子谱随能量的变化

表 11.2 各种易裂变材料在热中子能区和快中子能区的 $\overline{\eta}$ 值

燃料	$\overline{\eta}$ 值(热中子)	$\overline{\eta}$ 值(快中子)	
U235	1.98	2.2	$\overline{\eta}=\dfrac{\int_0^\infty \eta(E)\cdot\phi(E)\cdot \mathrm{d}E}{\int_0^\infty \phi(E)\cdot \mathrm{d}E}$
U233	2.24	2.4	
Pu239	1.81	2.6	

由转化因子 C 的表达式，得到实现增殖的一个简单条件：$C>1$ 表示净增殖，$C<1$ 表示转化反应堆。C 由下面的表达式定义：

$$C=\overline{\eta}-1-V\cdot\frac{1}{1+\overline{\alpha}} \tag{11.1}$$

其中，$\overline{\eta}$ 为平均裂变中子产额；V 为裂变产生的扣除燃料吸收外在其他过程中损失的中子；$\overline{\alpha}=\overline{\sigma}_a/\overline{\sigma}_f$(能谱的平均值)。

在目前使用和未来计划的反应堆中，达到某个转化比的可能性是不同的(表 11.3)。式(11.1)中 V 值主要受堆芯和结构材料布置的影响。在球床堆中实现连续装卸燃料元件，有利于减少堆芯中的寄生吸收。

表 11.3　各种反应堆的平均转化比或增殖比

参考反应堆	初装燃料*（质量分数）	转化循环*	转化比	增殖比
BWR	2%～4% U235	U238-Pu	0.6	—
PWR	2%～4% U235	U238-Pu	0.6	—
PHWR	天然 U	U238-Pu	0.8	—
HTGR	约 5% U235	Th232-U233	0.8	—
LMFBR	10%～20% Pu	U238-Pu	—	1.0～1.6

注：BWR：沸水堆；PWR：压水堆；PHWR：加压重水堆；HTGR：高温气冷堆；LMFBR：液态金属快中子增殖堆；* 包括 Pu 或 U233。

从表 11.2 可以看出，如果中子的损失保持在足够小的范围内，那么钍/U233 系统即使在热中子能区也有可能实现增殖。增殖循环的中子物理评估是基于图 11.2 所示的钍的转化链。在这个转化链中，同位素 Pa233 起主要作用，因为由它可衰变得到 U233，且其具有相对重要的寄生吸收（$\sigma_a \approx 41\text{barn}$，$T_{1/2}=27\text{d}$）。因此，在 Pa233 衰变得到 U233 与 Pa233 中的寄生吸收之间需要加以权衡，达到一种平衡。关于 Pa233，可得到如下的简化方程：

$$\mathrm{d}N_{\mathrm{Pa}}/\mathrm{d}t=\dot{Q}_{\mathrm{Pa}}-\lambda_{\mathrm{Pa}}\cdot N_{\mathrm{Pa}}-\sigma_a\cdot\phi\cdot N_{\mathrm{Pa}} \tag{11.2}$$

其中，ϕ 是热中子注量率，$\dot{Q}_{\mathrm{Pa}}$ 是 Pa233 的产率。$\lambda_{\mathrm{Pa}}\cdot N_{\mathrm{Pa}}/(\sigma_a\cdot\phi\cdot N_{\mathrm{Pa}})$ 必须要尽可能地大，以利于得到 U233。因此，要求中子注量率要低，这一点与实现低堆芯功率密度的要求有关：

$$\dot{q}_c'''\approx\Sigma_f\cdot\bar{E}_f\cdot\phi \tag{11.3}$$

这与快中子增殖中的要求非常不同，在快中子增殖中，堆芯功率密度必须要尽可能地高，以获得较高的增殖比。同时，燃耗应加以限制，以避免在裂变产物中产生过高的吸收。图 11.5 给出了对近增殖热中子堆或热中子增殖堆进行广泛研究后得到的转化比，这些结果会影响燃耗和慢化比这两个参数。

由图 11.5 可以看出，在处于低燃耗值（20 000MWd/t）和较低慢化比（$N_c/N_{\mathrm{HM}}\approx 80$）的情况下，转化比达到大约 1 的可能性是存在的。在较高的燃耗值下转化比下降是因为裂变产物中的中子寄生吸收有所增加。如果将来有必要的话，可在球床中加入氧化铍球，为进一步获得更高的转化比提供可能性。由于在快中子能区存在 Be(n,2n)反应，可以改善堆芯的中子平衡，因而获得 2%～3%的增益是可能的。然而，电厂的运行由于受到燃料管理和使用氧化铍的特殊条件的影响，将变得更为复杂。

进一步的研究结果表明，在堆芯径向设置仅含钍燃料元件的环形区会使径向中子的泄漏有所减少，从而出现更高的转化比（约增加 2%），这是提高中子经济性的另一种可能的途径。

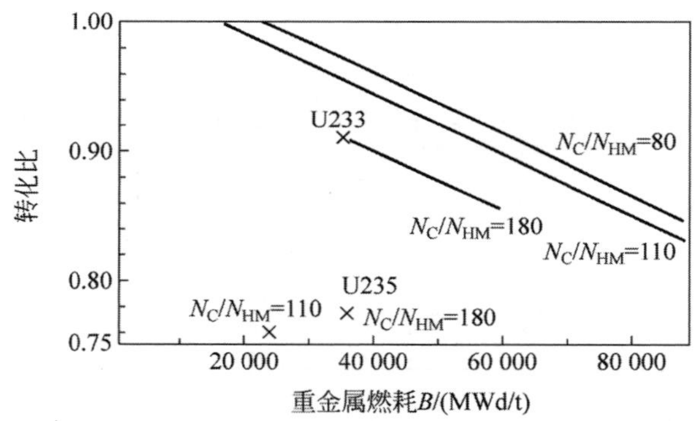

图 11.5　HTR 堆芯转化比与重金属燃耗和慢化比参数的关系

热功率：3000MW；堆芯功率密度：5MW/m³

图 11.5 所示为大型圆柱堆芯的研究结果。众所周知，对于这样一个大型堆芯，在极端失冷事故情况下（冷却剂完全流失＋完全失去能动衰变热载出＋完全失去内衬的冷却），燃料最高温度将达到 2500℃。这一事故将导致相当多的裂变产物从燃料元件中释放，无法满足目前的安全要求。因此，目前所考虑的 HTR 堆芯功率较小（模块式 HTR：热功率为 250MW 的圆柱堆、热功率为 400MW 的环状堆芯），且在非常严重的事故情况下燃料最高温度也低于 1600℃。在这种情况下，从燃料元件释放的裂变产物会被限制在小于堆芯中总存量的 10^{-5}。这些从反应堆堆芯泄漏出来的中子相对较高，因而降低了其转化能力。如果采用环状堆

芯,并用比锻钢压力壳大得多的预应力反应堆压力壳来包容一回路,则可在大功率下使裂变产物的释放达到相同的安全标准。这种类型的堆芯将允许实现较高的转化比,转化比甚至可以达到 $C>1$。

未来,HTR 运行的一个非常重要的课题是通过不同的设计方案,使这些反应堆可以实现更高的转化比,同时,在严重事故下可以将燃料温度限制在 1600℃这一最大值之下。

核燃料循环经济性的一个重要问题是每年对铀矿石的需求。图 11.6 示例了一些数值。

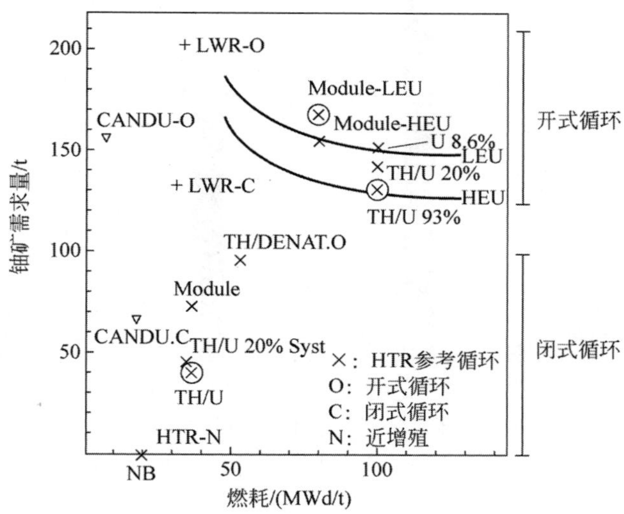

图 11.6 1GW 电功率每年对铀矿的需求量随各种燃料循环燃耗的变化

U_3O_8 每年的需求;P(电功率)=1000MW;负荷因子=0.8;尾料富集度=0.25%

针对各种类型反应堆开式和闭式铀和钍循环进行的广泛而系统的研究表明,HTR 具有实现高转化比甚至增殖可能性的潜力。图 11.6 给出了相关研究的一些结果,同时,也给出转化比与燃耗及开式和闭式循环方案的相关性。

钍循环中裂变核素和增殖核素的核特性非常适于石墨慢化高温反应堆的热中子谱。另外,从图 11.6 可以看出,开式钍循环对铀矿的需求与开式铀循环基本相当。从不同循环 1GW 发电功率每年铀矿资源需求的结果可以看出,高温气冷堆开式钍循环对铀矿资源的需求量比轻水堆要低 30%。这个事实也是由 HTR 发电的能量转换过程具有较高的热力学效率所致。当然,球床堆芯的连续燃料装卸也有助于减少裂变产物的寄生吸收。

对于 HTR 开式铀循环,在运行过程中约有 90%的钚在反应堆内被直接燃耗掉。因此,乏燃料中钚的含量很低,另外一些钚则转变为不能裂变的较高价位的同位素。这是涉及防核扩散和乏燃料直接最终贮存的一个重要方面。

闭式钍循环的转化比可以达到 0.8~1,如果进一步降低燃耗,则可实现增殖比 $C>1$。但是因此,反应堆内裂变材料装量会显著增加,这将导致重金属燃耗下降到约 20 000MWd/t。在未来的反应堆应用中,这样的设计方案将可能会使铀矿的需求显著减少。由上述关于循环的分析可知,未来必须对 HTR 燃料元件的后处理和辐照燃料的再制造加以规划。当对这样的燃料循环概念进行评价时,必须要考虑燃料元件较高的制造成本。在闭式循环中,可以采用富集度小于 20%的铀和钍,它们具有良好的防核扩散特性,并且转化比较高,从而可以减少对铀矿的需求。对于 HTR 闭式燃料循环及其他反应堆概念,未来必须要具有经济的后处理能力。

在过去的 10 年中,世界上各个国家和相关机构(如美国、俄罗斯、原子能机构)非常关注如下问题:应避免在世界范围内滥用钚。模块式 HTR 电厂具有很好的条件,它可以将钚装入反应堆内并通过裂变将其转换。大部分可裂变钚可以被销毁,乏燃料元件中也只含有极少量的钚。这对于乏燃料元件的直接最终贮存是非常有利的。

图 11.7 给出了处理军用钚的 3 种可能性的比较情况。就 Pu239 而言,将其装入 HTR 进行销毁的解决方案具有一定的优势。

销毁钚策略关注的主要问题是废物的放射性毒性,这一点与最终贮存有关。如图 11.8 中摄入和吸入曲线所示,如果通过钍的燃料循环使钚和一些子系产物在反应堆内的含量有所降低,那么,在 $10^2 \sim 5\times10^4$ 年

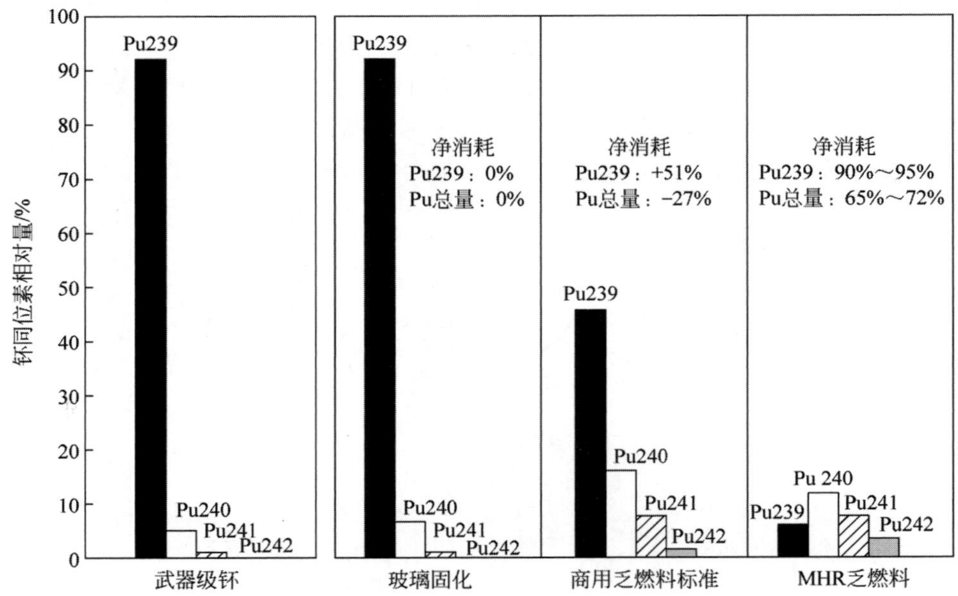

图 11.7 使用武器级钚和钍作为燃料的 LWR 及 HTR 中 Pu 的消耗率

MHR：模块式 HTR，communic. W. Simon GA2000

内毒性也会减少。

如图 11.8(a)中摄入曲线所示，在开始的 20 年期间，乏燃料最终贮存的放射性毒性偏高，这是由剧毒的次锕系元素造成的，这些次锕系元素是 Pu242 通过俘获中子形成的。相应地，吸入也有类似的曲线，如图 11.8(b)所示。

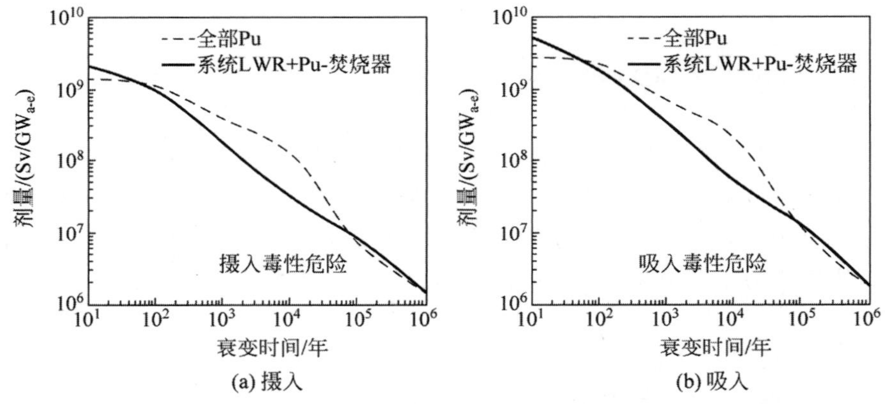

图 11.8 有和没有钚销毁的重金属废物放射性毒性危险(LWR 和含钍的钚焚烧器运行)

当然，如果考虑用钍对钚进行销毁，则曲线有所不同。在这种情况下，毒性的下降要远大于图 11.8 所示的具有钚销毁的 LWR 参考系统。一般来说，就燃料的供应和废物的管理而言，钍对于未来核能的应用是一种令人感兴趣的材料，所有关于分离和嬗变未来可能性的讨论都包含了钍的应用。

值得一提的是，由大多数的运行经验反馈可知，HTR 的燃料元件均已采用氧化钍颗粒。这些颗粒被成功地装入 AVR、龙堆、桃花谷堆、THTR 和圣·弗伦堡堆。大约 50 000 个含低浓铀的 TRISO 颗粒球形燃料元件的性能及 AVR 中的实际运行结果与预期完全吻合。

11.2 燃料元件的制造

HTR-PM 系统每一座热功率为 250MW 的模块堆每年需要 135 000 个新燃料元件。表 11.4 择要列出了燃料元件的一些典型参数，表中也包含了 THTR-300 和 HTR-Module(热功率为 200MW)燃料元件的参数。另外，还给出了 HTR-10 电厂已经制造的燃料元件的相关参数，用来进行比较。

表 11.4 HTR 概念的燃料元件的参数

参数	HTR-PM	HTR-10	HTR-Module	THTR
反应堆功率/MW	250	10	200	750
燃料元件形状	球形	球形	球形	球形
直径/mm	60	60	60	60
燃料元件无燃料区壳层厚度/mm	5	5	5	5
重金属装量/(g/FE)	7	5±0.25	7	11
燃料	UO_2	UO_2	UO_2	UO_2/ThO_2
初始富集度/%	8.5	17	8	93/约 9eff.
颗粒类型	TRISO	TRISO	TRISO	BISO
平均燃耗/(MWd/t)	90 000	80 000	80 000	100 000
基体中铀的沾污	$<10^{-5}$	$<3\times10^{-4}$	$<6\times10^{-5}$	$<10^{-4}$

所有高温气冷堆燃料元件的共同特点是均使用包覆颗粒,在旧的设计中采用的是 BISO 包覆颗粒,在新的设计中采用的则是 TRISO 包覆颗粒。TRISO 颗粒额外增加的一层碳化硅提高了对裂变产物的阻留可靠性,特别是在由最严重事故引起的高温条件下(1600℃),仍能确保裂变产物几乎完全被阻留。包覆燃料颗粒均匀分布在燃料元件内的石墨基体中。包覆颗粒的外层石墨和燃料元件燃料区中的石墨基体采用了相同的石墨材料,都是由石墨粉末和树脂黏结剂按照下面介绍的专门工艺制成。燃料在石墨基体中的均匀分布确保了导热过程中的有效传热,因此,在石墨结构中,温度梯度很小,所以应力也很小。表 11.5 给出了燃料元件的更多的数据。

表 11.5 各种 HTR 电厂概念中球形燃料元件的一些重要数据

参数	HTR-PM	HTR-10	HTR-Module	THTR
颗粒类型	TRISO	TRISO	TRISO	BISO
UO_2 核芯				
直径/μm	500	500	500	500
密度/(g/cm³)	10.4	10.4	10.4	10.4
球体 D_{max}/D_{min}	<1.2	<1.2	<1.2	<1.2
O/U 比	<2.01	<2.01	<2.01	<2.01
等效含硼量/(μg/g)	≤4	≤4		
包覆				
疏松层厚度/μm	95	95	95	80
疏松层密度/(g/cm³)	<1.05	<1.05	<1.1	<1.1
内 PyC 层厚度/μm	40	40	40	110
内 PyC 层密度/(g/cm³)	1.9±0.1	1.9±0.1	1.9±0.1	1.9
SiC 层厚度/μm	35	35	35	—
SiC 层密度/(g/cm³)	≤3.18	≤3.18	≤3.18	—
外 PyC 层厚度/μm	40	40	40	110
外 PyC 层密度/(g/cm³)	1.9±0.1	1.9±0.1	1.9±0.1	1.9
PyC 层各向异性	≤1.1	≤1.03	≤1.1	≤1.1
石墨基体				
密度/(g/cm³)	>1.7	>1.7	>1.75	>1.7
杂质总含量/(μg/g)	≤300	≤300	≤300	≤300
锂含量/(μg/g)	≤0.3	≤0.3	≤0.3	≤0.3
等效硼含量/(μg/g)	≤3	≤3	≤3	≤3
1000℃下的导热系数/($W\cdot cm^{-1}\cdot K^{-1}$)	≥0.25	≥0.25	≥0.25	≥0.25
热膨胀的各向异性(α_i/α_H)	≤1.3	≤1.3	≤1.3	≤1.3
1000℃下的腐蚀率/($mg\cdot cm^{-2}\cdot h^{-1}$)(水在氦气中体积分数)	≤1.3	≤1.3	≤1.3	≤1.3
侵蚀率/[mg/(球·h)]	≤6	≤6		
4m 高处落球次数	≥50	≥50	≥50	≥50
破碎压力/kN	≥18	≥18	≥18	≥18

表 11.5 给出的数据表征了包覆颗粒质量和燃料元件的总质量。关于燃料元件材料更详细的情况，特别是与温度和辐射剂量的相关性已在第 4 章给出说明和相应的分析。由上述分析结果可知，材料的进一步改进是完全有可能的，人们在世界范围内进行了很多研究和实验工作，以期获得更好的性能。

TRISO 燃料颗粒的设计数据与低浓铀循环的数据非常类似，并已在 AVR 中成功地进行了批量实验。为了保证燃料元件的质量，并确保电厂安全、可靠地运行，除了燃料颗粒的设计数据外，还要考虑与运行相关的其他重要参数。因为无论是正常运行还是发生了事故，所有数据的提供都是非常重要的。各种概念的一些数据汇总在表 11.6 中。

表 11.6　球床燃料元件满足运行和事故要求的有关数据

参　　数	HTR-PM	HTR-10	HTR-Module	THTR
平均燃耗/(MWd/t)	90 000	80 000	80 000	100 000
最高燃耗/(MWd/t)	100 000	100 000	100 000	<110 000
单球平均功率/(kW/球)	0.6	0.4	0.6	1
单球最大功率/(kW/球)	1.2	<0.9	1.2	1.8
快中子注量(E>0.1MeV)/(10^{21} n/cm^2)	<6	<5	<5	6.3
最高表面温度(运行)(平均表面温度)/℃	<1050 (<800)	<1050 (<800)	<1050 (<900)	<1050 (<1000)
最高燃料温度(运行)(平均燃料温度)/℃	1250 (900)	1250 (850)	1250 (900)	1250 (<1100)
严重事故下最高燃料温度*/℃	<1540	<1200	<1600	<2400

* 表示完全失去能动冷却。

燃料元件的制造包括 3 个方面：由铀燃料制造核芯、制造完整的包覆颗粒及最后制造燃料元件本身。

图 11.9 给出了无包覆情况下核芯的制造流程。由 UF_6 提供的富集 U235 通过几个工艺步骤转化成无氟的氧化物或碳化物。在铀或硝酸铀酰的溶液中加入聚乙烯醇(PVA)，通过所谓凝胶-成滴工艺，将水溶液振动分散成滴，之后形成小颗粒。下一步则通过与氨的化学反应，将液滴转变成固态并在槽中对核芯进行处理。然后用异丙醇加以洗涤，再对小颗粒进行干燥，并在高温氢气气氛下烧结。最后，对核芯进行分选和均匀化。

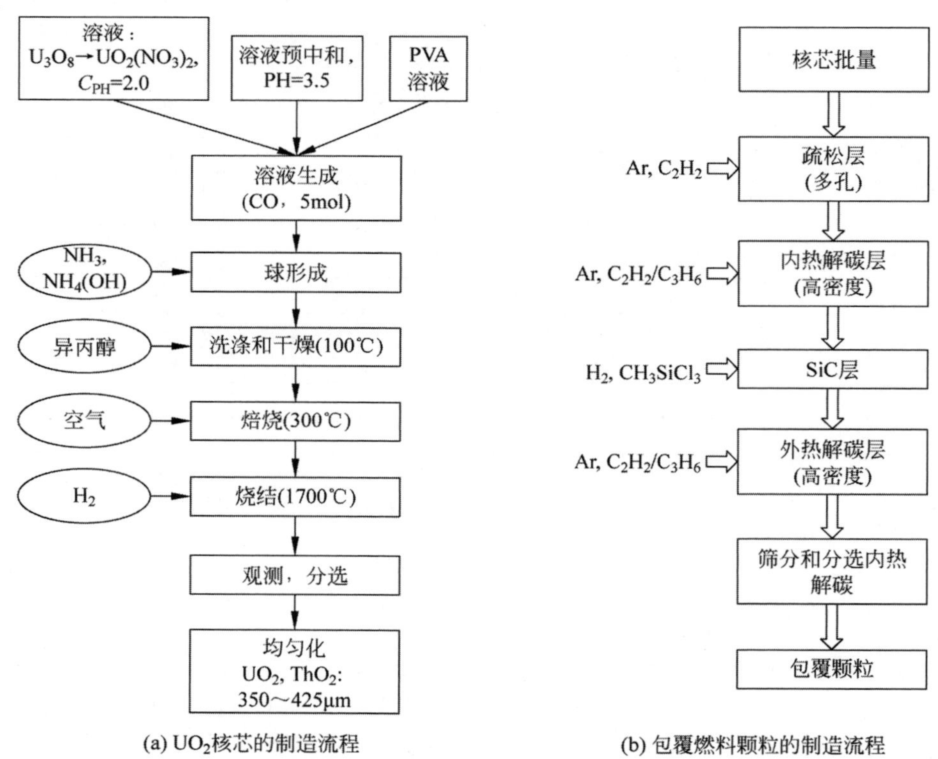

(a) UO_2核芯的制造流程　　(b) 包覆燃料颗粒的制造流程

图 11.9　燃料制造原理

与颗粒质量相关的参数是球形度、严格限制的直径偏差、与理论密度的接近度。颗粒制造过程中技术规格的偏差相当小，见表 11.7。

表 11.7 核芯制造过程与初始设计技术规格的偏差(如 THTR 的 UO_2/ThO_2 燃料的核芯)

参　数	数值/偏差	参　数	数值/偏差
设定直径范围内的核芯数	95%	Th/U 比	<设定值的±0.3%
颗粒密度(相对于理论密度)	96%～99%	Th/U 比	<1.1,对于 90%的核芯

在整个制造过程中必须对这些参数进行严格的控制，成品需要进行广泛的质量控制和检验。这里所谓的控制指的是对所有相关数据的验证测试，如材料特性、尺寸、几何条件(在整个石墨基体中燃料区的布置)及其他一些重要数据，如腐蚀行为、强度和导热率。

第 2 个相关步骤是采用合适的包覆层对核芯进行包覆。这一过程相当重要，因为包覆层的质量对反应堆在正常运行及事故情况下将放射性同位素可能阻留在燃料内起到决定性作用。所以，发展致密和可靠的包覆技术是实现 HTR 电厂概念可行性的关键因素，尤其是它们包含的安全理念，更强化了这种可行性。此外，核芯制造的其他过程，例如，使用其他溶剂，已经过实验检验，其中涉及的部分技术也符合工业应用的要求。

碳的沉积操作是在 1000～2100℃的温度范围内进行的，这取决于所使用的气体。如果包覆颗粒设置有一个额外的 SiC 层(TRISO 颗粒)，则将采用乙基氯硅烷在 1500℃左右的高温下进行分解。

图 11.10 给出了燃料核芯包覆的流化流程。目前这一原则流程已经确定，其制造能力在每批大约 10kg UO_2 这一量级。相关的工艺过程取决于化学过程中的滞留时间、核芯的大小、所需包覆层的厚度及采用复杂操作的流化床的尺寸，且这些参数的变化过程非常复杂。非常致密的碳包覆层由高温下(最高可达 2000℃)甲烷的热解生成；在较低的温度下(高达 1400℃)，则由丙烯或丙烷裂解而成。

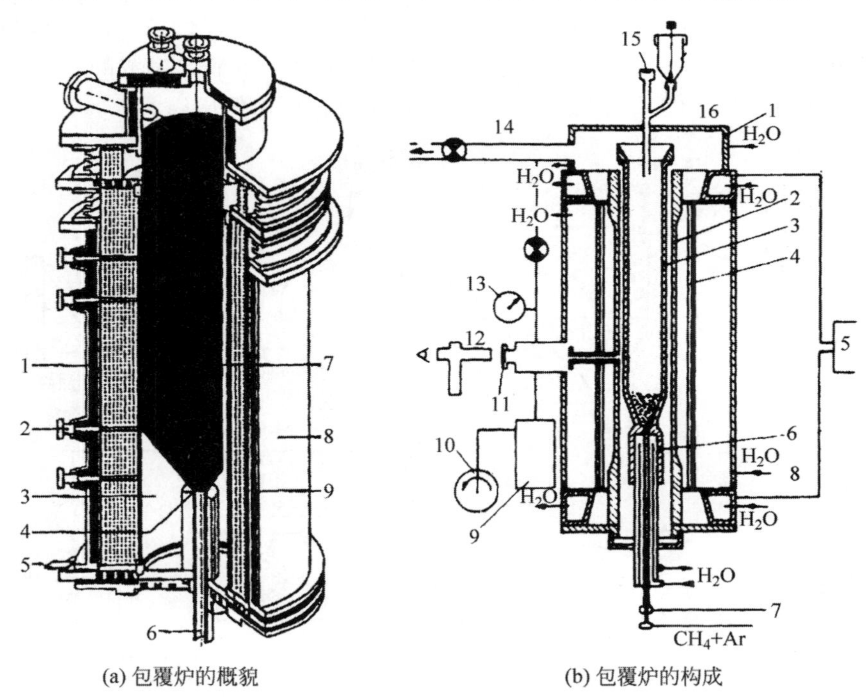

(a) 包覆炉的概貌　　(b) 包覆炉的构成

图 11.10 燃料核芯包覆的流化床

(a) 1—冷却水；2—温度测量；3—加热系统；4—气体分配器；5—电源；6—气体喷嘴；7—覆盖的壁面；8—水冷壳壁；9—绝热；(b) 1—核芯存置；2—加热元件；3—流化床管；4—绝热；5；变压器；6；喷嘴；7—供气；8—冷却；9—过滤器；10—真空泵；11—测量窗口；12—高温计；13—纳米；14—卸出；15—窗口

该工艺的改进主要是为了减少包覆层外的游离铀，这些游离铀的数量决定了正常运行过程中从燃料元件中释放的裂变产物所占的份额较高。包覆层的质量，尤其是密度和层厚的技术规格，是需要进一步加以改进的主要方面。新的流化床概念正在开发中。

包覆层质量的重要特征包括：层的厚度和密度在很小的偏差范围内、包覆层材料具有一定的均质性、破损率低(10^{-5})及包覆层和燃料基体中的游离铀污染很低(小于包覆颗粒中铀装量的 10^{-5})。球形燃料元件包覆层的生产质量目前已达到很高的水平，如图 11.11 所示，给出了惰性气体的释放(Kr85m)随辐照时间的变化。作为比较，图 11.11 还给出了单个破损颗粒的释放潜力。

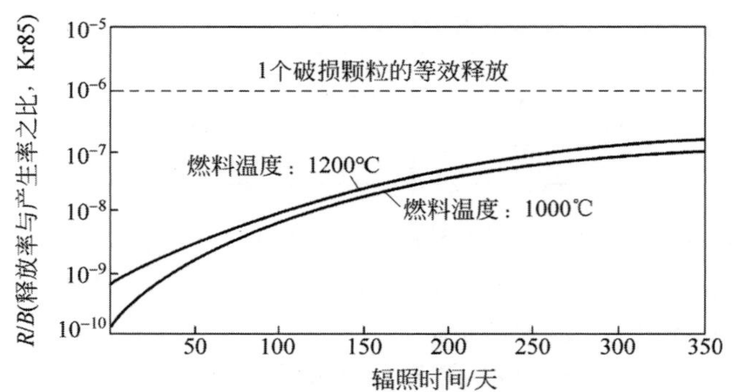

图 11.11　辐照的 TRISO 颗粒裂变产物的释放

在过去几十年的发展历程中，尤其是在减少铀污染方面取得了重大进展。在 20 世纪 70 年代开始时，铀污染的测量值为 10^{-3}～10^{-4}/年，目前已下降到 10^{-5}。通过制造更好的包覆层和建立更先进的质量控制方法，从而使反应堆整体得到进一步改进是有可能的。将裂变产物阻留在包覆层内对于在正常运行时实现尽可能干净的氦回路、1600℃下的事故及在中间和最终贮存期间对放射性的阻留能力都是非常重要的。

燃料元件制造的最后一步是生产基体材料及将包覆颗粒混入基体材料中。包覆颗粒之间必须隔开一定距离，在一个颗粒的表面加上一个涂层有助于满足这一条件，这对于保持颗粒在反应堆燃耗过程中的完整性也是很重要的。

包覆颗粒经历了过筛、用压制的粉末覆盖、干燥及为燃料元件制造进行最后的筛选和分类的一系列过程。其中，燃料元件制造过程所需要的压制粉末是由黏结剂材料和石墨粉末制成的。

制造球形燃料元件的第 1 步(图 11.12)是制备球体压制过程所需的压制粉末。

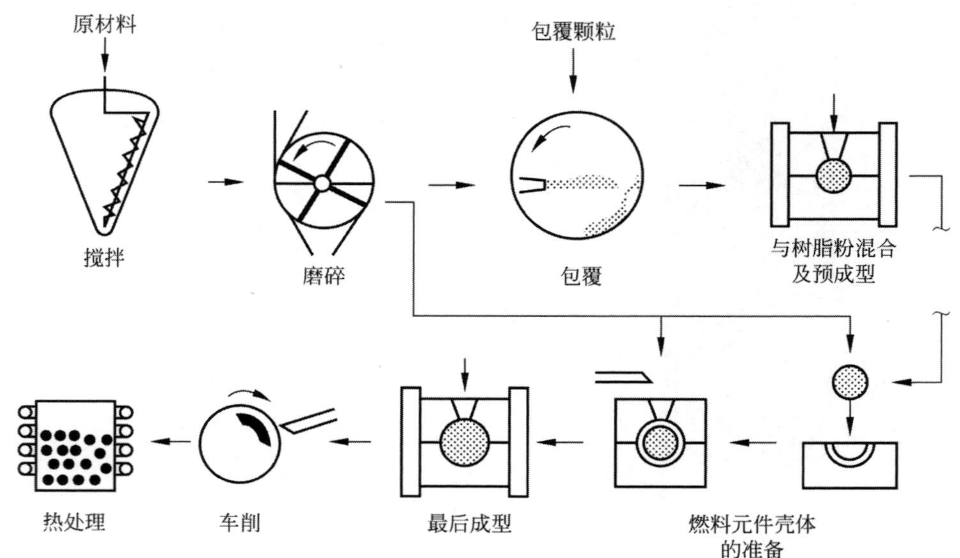

图 11.12　球形燃料元件制造流程

将 75%的石墨粉、15%的石油焦和 10%的酚醛树脂混合，经捏合、干燥、研磨后制成压制粉末。混合材料按如下要求来设计，即在制造过程的最终条件下材料具有最佳的稳定性和高耐腐蚀性。石墨中的杂质(如铁、铬和镍等微量元素)可以成为腐蚀过程的催化剂，应尽可能地减少。一部分压制粉末用于在包覆燃料颗粒外加上一层涂层，另一部分则用于制造燃料元件的基体材料。外加的涂层可以防止压制过程中颗粒之间的直接接触。压制的第 1 步是压制成直径为 50mm、含有包覆颗粒、燃料均匀分布在石墨基体材料中的内燃料球，第 2 步是在内燃料球周围压制形成厚度为 5mm 的无燃料压制层。这个无燃料压制层对整个燃料元件的强度起很重要的作用，并且必须要设定耐腐蚀的限制值。

整个压制过程采用橡皮模具，该模具具有 100MPa 各向均匀的等静压分布。这种等静压压制工艺可以使燃料元件石墨结构接近各向同性的特性。图 11.13 给出了这种等静压压制的原理。接下来，将燃料元件车削至其设定直径。

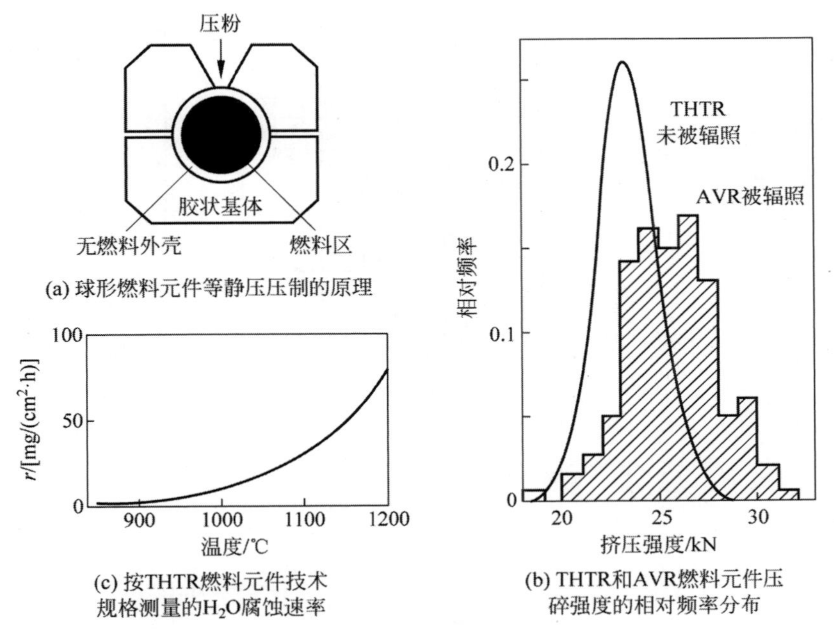

图 11.13 HTR 燃料元件

作为制造链的最后一步，在惰性气体气氛和大约 800℃的温度下，将燃料元件在烘箱中进行热处理，使黏合剂材料发生碳化反应。接着，在高温真空下进行煅烧，以进一步提高黏结剂碳化的质量。最后要进行质量检查，通过质保系统对每个燃料元件进行全面检查，确保产品燃料元件具有持续的、一致的质量水平。在整个制造过程中，从原材料的供应到最后的质量检查及燃料元件准备交付给客户，燃料元件的技术规格测试均是可控的，且有文件记录。

技术规格测试包括化学特性(900℃和 1000℃氦气中含 H_2O 杂质的标准腐蚀)测试、燃料元件内燃料区正确位置的检测、自由跌落的强度测量、累积辐射特性测试及压碎强度测试。

图 11.13(b)给出了压碎强度的典型频率分布情况。THTR 燃料元件及随后在电厂中使用的衍生系统都经过了测试，并且很多燃料元件已成功在反应堆中运行了很多年。

对于所有未来的电厂，预期设计时将采用 TRISO 燃料颗粒。这种类型的燃料元件已在 AVR 上进行过测试，并且之后还应用在 HTR-Module(200MW)和 HTR-10 中，效果均非常好。鉴于此，预期 HTR-PM 也会使用类似的燃料元件。根据 THTR 燃料元件的技术规格，图 11.13(c)给出了杂质 H_2O 造成的腐蚀的一些实验结果。

该技术规格的进一步参数是在正常运行过程中裂变产物的释放速率。有些情况下，Kr85，Cs137，Sr90 和 Ag110m 的释放速率可以作为燃料的质量指标。一回路氦循环中的含量可以持续地加以控制，因为这些同位素是可测量的，所以，允许在运行期间对燃料元件的质量进行持续的控制。同样地，在运行过程中，对同位素 Cs137，Sr90 和 Ag110m 的释放也必须加以限制。

作为燃料元件质量改进的一个实例，图 11.14 给出了由 AVR 运行中 Kr85 的释放表征的燃料质量随时间的改进情况。结果显示，测量值与计算评估值都很令人满意，吻合得也很好。

人们对燃料元件的行为有了更广泛的了解，特别是对于裂变产物的释放，可以在运行过程中对相关参数进行预先测算，更强化了人们对这种燃料元件的关注。对于装入到模块式 HTR 的燃料元件，对重要同位素 Cs137，Sr90 和 Ag110m 随燃耗的变化进行了详细的测算，如图 11.15 所示。

对于采用其他燃料元件的 HTR，例如，圣·弗伦堡堆采用柱状燃料元件，其释放率也是很低的，如图 11.16 所示。其中，氪的释放率与球形燃料元件相当。

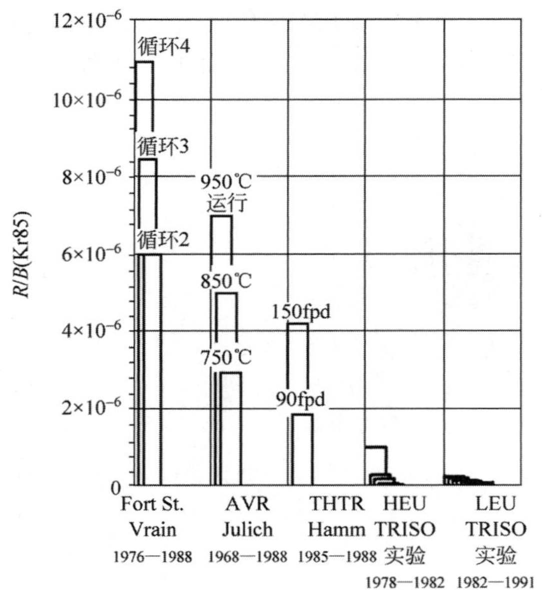

图 11.14 包覆颗粒阻挡能力的技术发展(示例：Kr85)

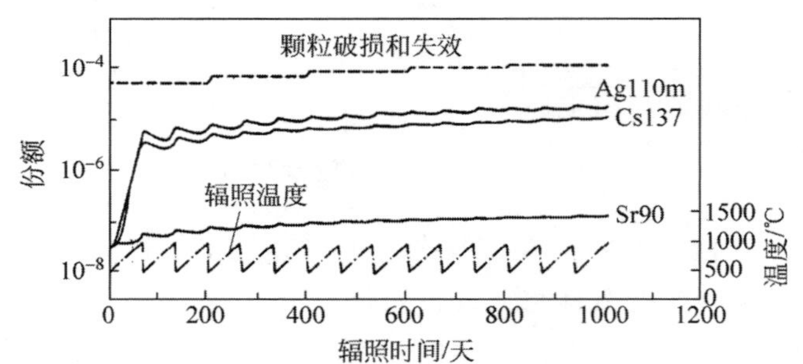

图 11.15 同位素从燃料球中的释放随温度和辐照时间的变化：
采用设计值预测，HTR-Module，热功率为 200MW，$T_{Helium}=700$℃

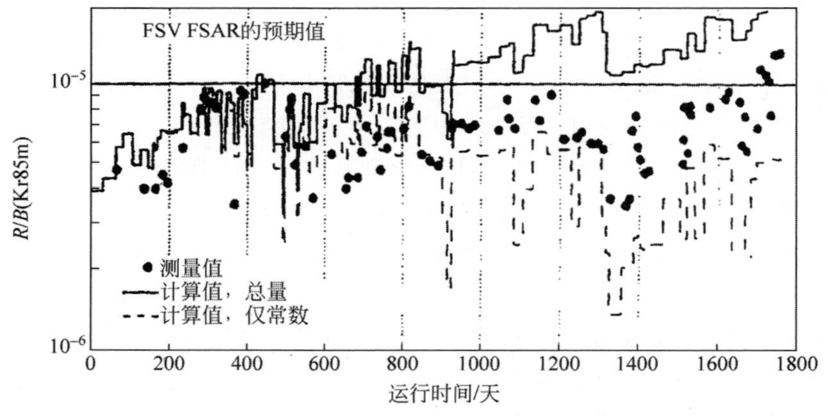

图 11.16 HTR 电厂运行期间裂变气体的释放：圣·弗伦堡堆中的计算值和测量值
[通讯，GAC，2000 年]

基于中国球床燃料元件制造的全部过程，已实现了制造的进一步发展和改进。图 11.17 给出了 HTR-10 反应堆初装燃料元件制造的总体流程。在这个总体流程中给出了一些重要的改进，特别是在工艺参数的选择方面。

HTR-10 燃料元件实验中关于辐照行为的结果与之前的研究结果类似，如图 11.18 所示。另外，HTR-10 冷却气体的典型稳态活度在 1Ci/MW 这一量级，与以前运行的 HTR 的典型值一样，并且这一特性在 HTR-10 的燃料元件中已实现。

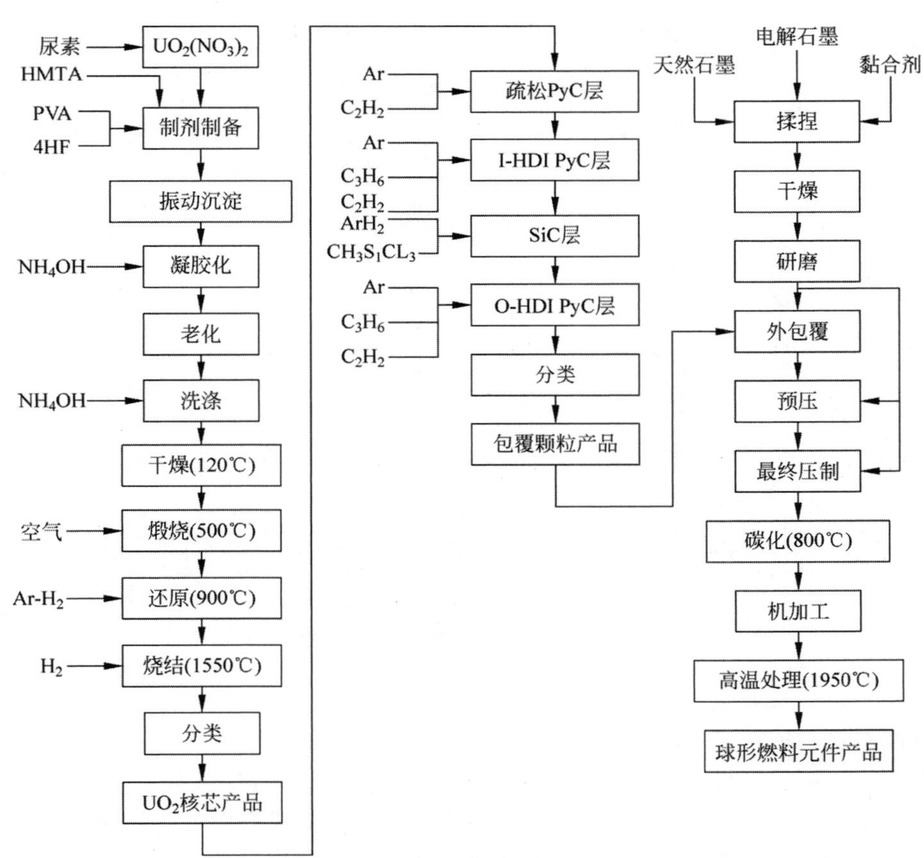

图 11.17 HTR-10 反应堆初装燃料元件制造的总体流程

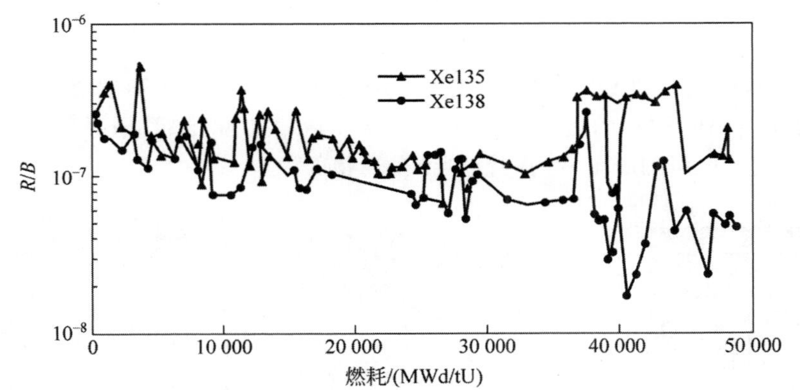

图 11.18 一些重要裂变气体的释放率与产生率之比随燃耗的变化(HTR-10 项目球形燃料元件上的实验)

总体来说,包覆颗粒燃料和球形燃料元件的技术均已得到研发并被证明达到了很高的工业标准,作为重要的反应堆部件,包覆颗粒燃料和球形燃料元件因其成熟的技术和成功的应用已完全具备商用的条件。

11.3 乏燃料元件的中间贮存

HTR 乏燃料元件在反应堆中达到完全燃耗之后,可以送入中间贮存设施。按照目前的核燃料循环战略,它们将在这个设施中存放几十年,或者将乏燃料进一步进行调制后最终贮存在地质库中,或者如果未来需要更高效地利用铀资源,则可将乏燃料进行后处理。

在中间贮存阶段,乏燃料元件的活度和衰变热将会随着放射性的衰变而减少,如图 11.19 所示。举例来说,50 年之后总的活度降低为原来的 1/10,每个燃料元件的发热量也会以类似的趋势下降而变得很小。经过 100 年左右,将进一步下降,此时,锕系元素对放射性活度和衰变热的贡献达到了很高的程度。一个乏燃料元件产生的衰变热达到 5×10^{-3} W 这一量级。

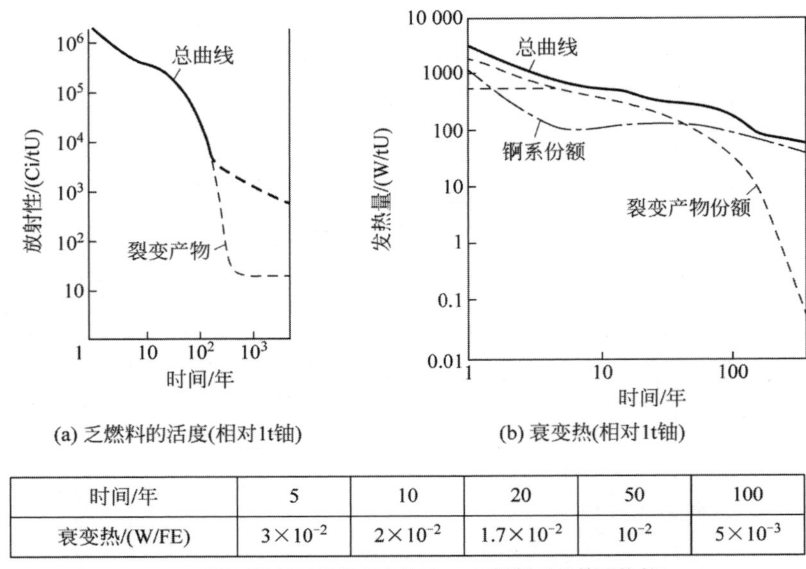

(a) 乏燃料的活度(相对1t铀)

(b) 衰变热(相对1t铀)

时间/年	5	10	20	50	100
衰变热/(W/FE)	3×10^{-2}	2×10^{-2}	1.7×10^{-2}	10^{-2}	5×10^{-3}

(c) 球形乏燃料元件的衰变热(如AVR燃料元件的平均值)

图 11.19 乏燃料活度和衰变热随时间的变化

在中间贮存期间，必须满足通常的安全要求：

- 燃料元件的布置必须在正常运行和事故下都处于次临界($k_{\text{eff}}<0.95$)；
- 衰变热必须能够可靠地载出，燃料元件的温度必须保持在允许的范围内(例如，<400℃)；
- 乏燃料储罐承受的放射性必须限制在允许值内(例如，接近储罐表面处的剂量 $<5\mu\text{Sv/h}$)；
- 系统必须能够防御目前在申请许可证过程中所设想的由内部原因和外部原因引起的事故；
- 非常极端的事故主要是由极端的外部事件造成的，潜在的可能释放的放射性应该非常有限，并且应该有可能进行干预；
- 贮存必须满足防核扩散和核安保的所有要求。

图 11.20 展示了 LWR 电厂和 HTR 技术中采取的干燥空气冷却的储罐解决方案。例如，HTR-PM 采用了钢罐作为乏燃料元件中间贮存的概念。燃料元件从反应堆中卸出后，通过气动传输系统直接装入储罐，储罐设置在接近反应堆厂房的一个专门的混凝土构筑物内。

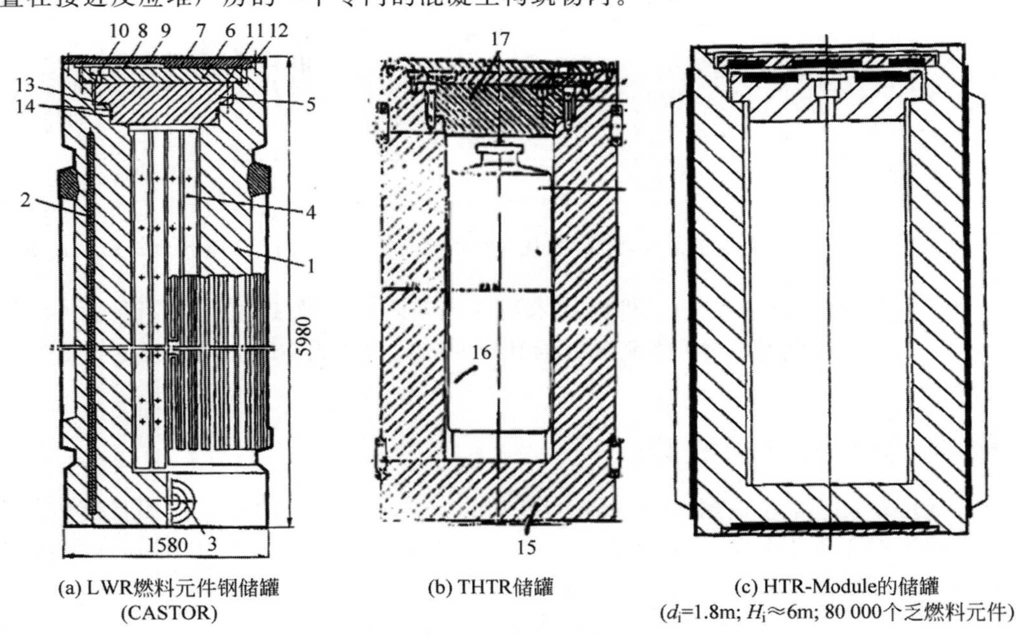

(a) LWR燃料元件钢储罐 (CASTOR)

(b) THTR储罐

(c) HTR-Module的储罐 (d_i=1.8m; $H_i\approx$6m; 80 000个乏燃料元件)

图 11.20 乏燃料元件储罐

1—储罐结构；2—慢化剂夹层；3—升降轴；4—燃料元件；5—主盖板；6—第二层盖板；7—防护板；8—封头；9—盖板的防护板；10—压力测量系统；11—螺栓；12—圆柱螺钉；13—金属密封件；14—密封；15—铸钢壳体；16—内筒；17—封头

储罐可以按照 LWR 中使用的成熟并已验证过的铸铁壳或者铸钢壳技术进行设计。图 11.20(a)展示了 LWR 中使用的典型储罐，以及用于模块式 HTR 的相同类型的储罐，储罐的内腔具有 $15m^3$ 的空间。THTR 的储罐包含了采用奥氏体钢制成的附加外壳，如图 11.20(b)所示。储罐的壁厚至少为 300mm，以对附近的人员加以防护，避免人员受到太高剂量的 γ 或者中子辐射。储罐采用双层系统和多道密封来保证其密闭性。在采用钢制储罐的情况下，壳体采用焊接工艺更有利于保证储罐的密封性。

图 11.20(c)所示的储罐的内腔有 $15m^3$ 的空间，可以储存 80 000 个球形乏燃料元件。根据废物处置策略，热功率为 500MW 的 HTR-PM 每年需要增加 4 个储罐。

图 11.21 给出了用于 HTR 乏燃料元件的两个储罐方案。一个是 AVR 使用的储罐方案，它包含了两个奥氏体钢储罐(图 11.21(a))和一个混凝土壳(图 11.21(b))。另一个方案完全是重新开发和测试的，目前并未在德国的 HTR 计划中使用。储罐设置在大型混凝土构筑物内。

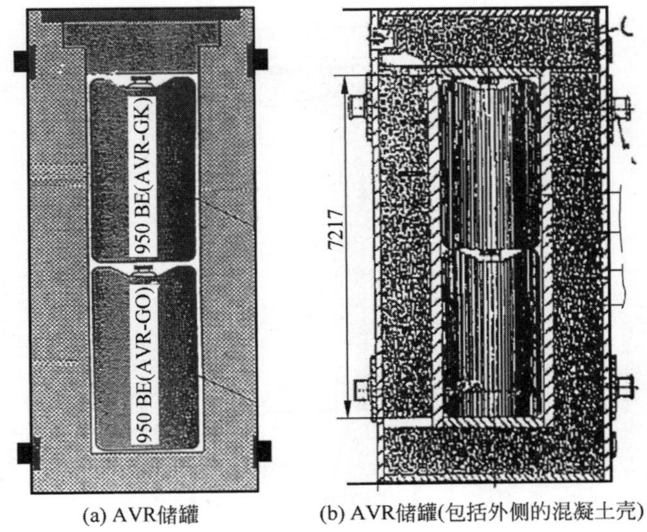

(a) AVR储罐　　(b) AVR储罐(包括外侧的混凝土壳)

图 11.21　球形燃料元件的两个储罐方案

图 11.22 所示为德国 LWR 中已运行 40 年的乏燃料元件贮存库房。这些库房均建在核电厂场址附近。在以后几年中，德国每一座核电站均有这样一个库房，可以贮存几十年产生的全部乏燃料元件(大约 50 年)，所以，在德国完全可以避免乏燃料元件的运输。直到反应堆运行终止时，每一座反应堆中的这类贮存库房可以装入 1200t 的乏燃料铀(一座电功率为 1300MW 的 PWR 满功率运行 40 年)。

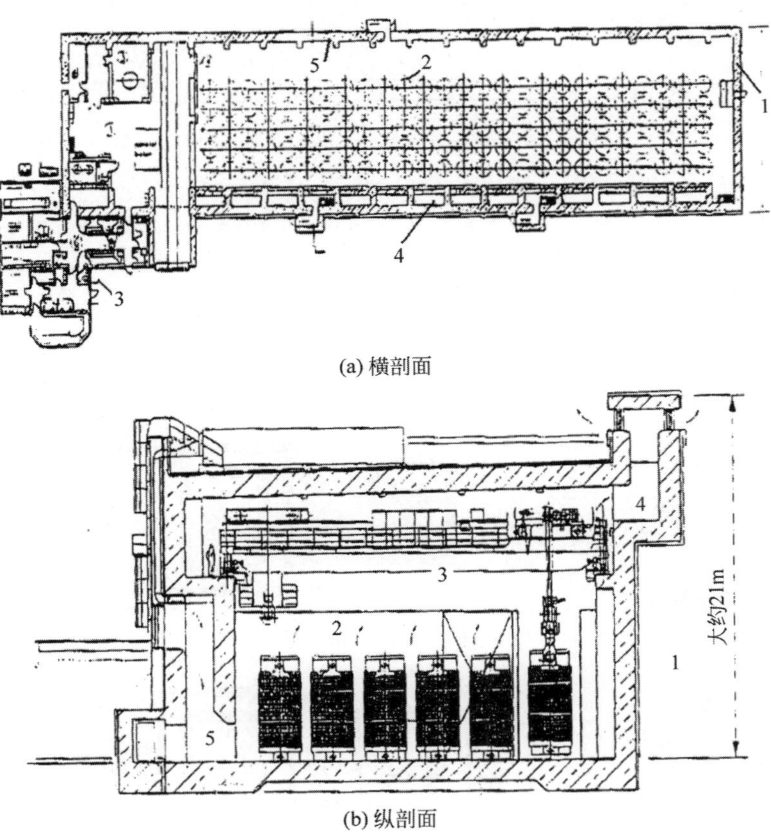

图 11.22　德国轻水堆乏燃料中间贮存库房(大约 1200t 乏燃料铀)

(a) 1—贮存库房；2—储罐位置；3—储罐处理房间；4—空冷导管；5—空气入口；
(b) 1—贮存库房；2—储罐位置；3—储罐的装卸；4—空冷导管；5—空气入口

乏燃料元件可以在这里再存放超过 50 年。库房的设计已在第 10 章中讨论过，要求必须能够防御飞机的撞击、气云爆炸及某个设定震级的地震。

图 11.23 对目前核技术中采用的储罐给予了更为详细的说明。对于 LWR 的乏燃料储罐，需要专门用塑料制作慢化剂棒，并将其放置在壳壁内。这些慢化剂棒对乏燃料仍然有可能产生的快中子起到屏蔽作用。另外，储罐采用了一个金属密封件和一个弹性密封件的双重密封措施。

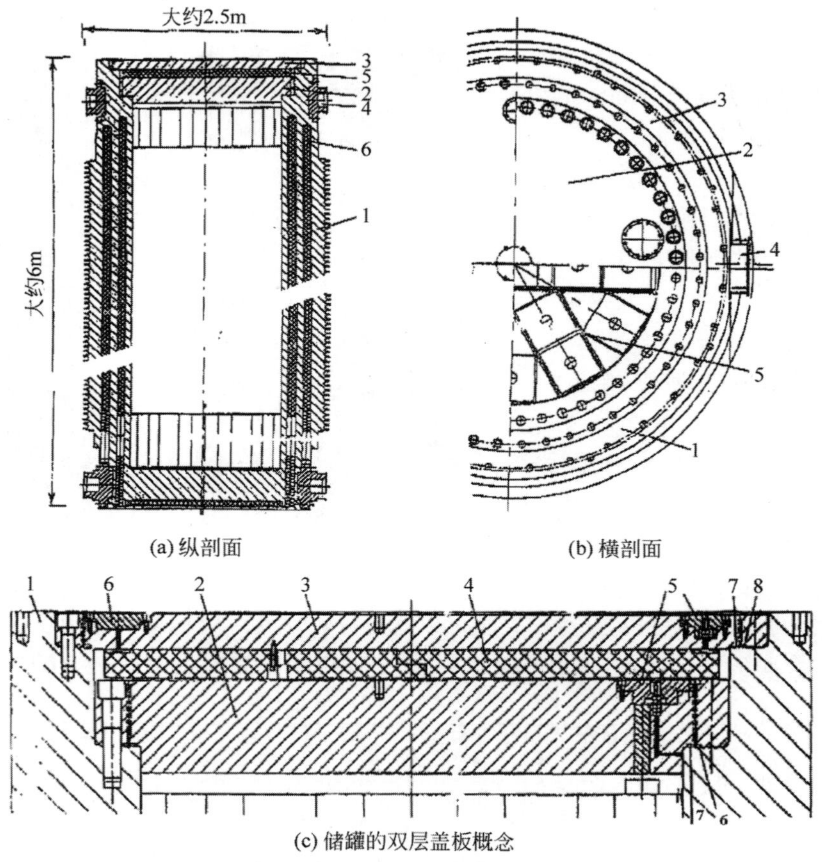

图 11.23　中间储罐的概念（如 LWR，CASTOR VI 19）

（a）1—储罐的壳体；2—主盖板；3—第二层盖板；4—吊耳；5—中子屏蔽；6—慢化剂棒；（b）1—储罐壳体；2—装载空间；3—慢化剂棒；4—吊耳；5—固定燃料元件的内部结构；（c）1—储罐壳体；2—主盖板；3—第二层盖板；4—中子屏蔽；5—密封环；6—压力控制；7—金属密封环；8—弹性密封环

放射性物质被包容在两道独立的屏障之内：第 1 道屏障是包覆颗粒和燃料元件的基体，第 2 道屏障就是储罐，如图 11.24 所示。由于建筑物对放射性物质的释放不具有密闭性，因此不能将其作为屏障来进行评估。

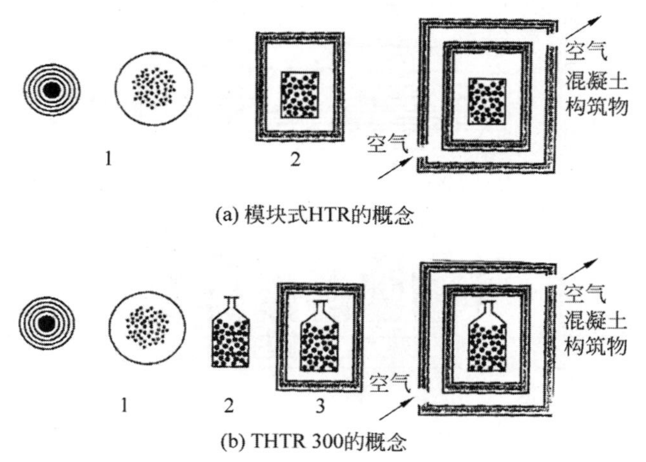

图 11.24　中间贮存系统阻留裂变产物的屏障

（a）1—燃料元件；2—铸钢罐；（b）1—燃料元件；2—奥氏体钢罐；3—铸铁罐

当然，中间贮存可以实现更高的安全标准。对于 AVR 和 THTR，在铸铁罐内又额外增加了一个钢罐。此外，建筑物还可以采用一个密闭系统，也可以将其设置在地下。这样的话，甚至可以防御那些具有更大影响力、目前估计是非常不可能的外部事件。例如，恐怖袭击事件或者强烈的地震。

一个值得关注的重要问题是如何将储罐内的衰变热载出。图 11.25 给出了球床内放热和等效导热系数的简化模型，它与储罐内的传热有关。从储罐外表面向环境的传热仅通过热辐射和自然对流即可实现。储罐外部的热流密度由下面的关系式来确定：

$$\dot{q}'' = \alpha_{tot} \cdot (T_w - T_{env}) \tag{11.4}$$

$$\alpha_{tot} = \alpha_{conv} + \alpha_{rad} \tag{11.5}$$

其中，α_{conv} 表征了自然对流的传热；α_{rad} 描述了热辐射的传热；T_w 是表面温度；T_{env} 是环境温度，这里指的是空气流的温度；α_{tot} 是总的换热系数，包括了热辐射和自然对流。如果燃料元件产生的衰变热仍然相当高，就像之前提及的部分 LWR 元件那样，那么在储罐的表面加上一些散热肋片可以改善热的传出。但是，对于 HTR 乏燃料元件，没有这个必要，因为 HTR 乏燃料元件的发热程度要比 LWR 小得多。

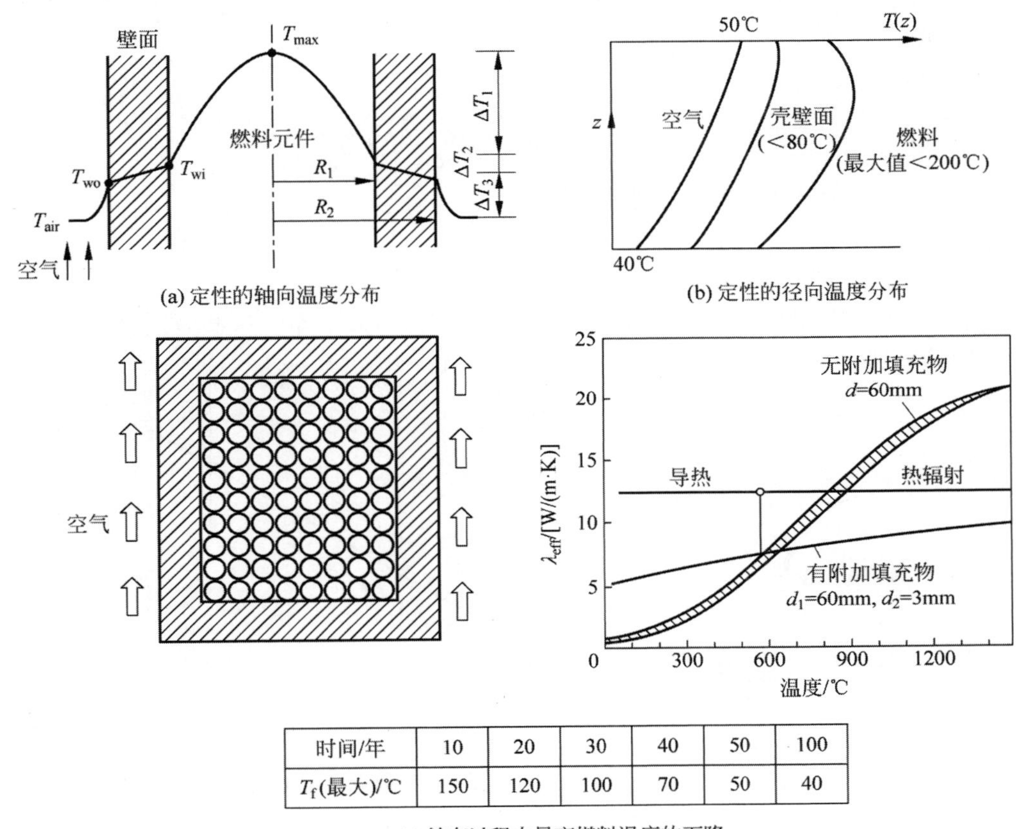

时间/年	10	20	30	40	50	100
T_f(最大)/℃	150	120	100	70	50	40

(c) 储存过程中最高燃料温度的下降

图 11.25　采用干式储罐从储存的乏燃料中将衰变热载出

一个储罐的总功率可由下面的方程获得：

$$\dot{Q} = \dot{q}'' \cdot A = \dot{q}''' \cdot V \tag{11.6}$$

其中，A 是储罐的总表面积，V 是储罐的腔内体积。对于每一种储存概念，$\dot{Q}$ 受到燃料最高温度及储罐本身表面温度的限制。这些参数的含义及数值由颁发许可证的机构规定，当然，这些参数值在各个应用核技术的国家可能有所不同。

对于从球床向环境传热的一些细节，采用与第 10 章中反应堆自发衰变热载出概念类似的考虑也是适合的。自然对流可以采用如下的方程来描述：

$$\alpha_{conv} = 1.25 \times \sqrt{4}(T_w - T_{air})/H \tag{11.7}$$

其中，T_w 是储罐壁面温度；H 是储罐传热壁的高度。热辐射遵循斯特凡-玻耳兹曼定律，可以采用下面的方程来计算：

$$\alpha_{\text{rad}} = \frac{\varepsilon \cdot C_{\text{s}} \cdot (T_{\text{w}}^4 - T_{\text{air}}^4)}{T_{\text{w}} - T_{\text{air}}} \tag{11.8}$$

其中，ε 是表面的热辐射系数；C_s 是热辐射常数($C_s = 5.67 \times 10^{-8}\,\text{W}/(\text{m}^2 \cdot \text{K}^4)$)。球床的等效导热系数已经测量过，可以采用下面的公式来计算：

$$\lambda_{\text{eff}} = 1.91 \times 10^{-3} \times (T - 150)^{1.29} \tag{11.9}$$

其中，λ_{eff} 的量纲是 W/(m・K)，T 的单位是℃。由较大和较小的球混合堆积的球床，其等效导热系数的变化与其组成的关系如图 11.25 所示。在低于 600℃的条件下，这种混合球床的导热系数比普通的球床要大。这有利于采用合适材料的小球来填充空隙，例如，可以采用小的碳化硼石墨球来填充。

根据图 11.25，球床区中的温差可由下式给出：

$$\Delta T_1 = T_{\max} - T_{\text{wi}} = \frac{\dot{q}''' \cdot R_1^2}{4\lambda_{\text{eff}}} \tag{11.10}$$

其中，$\dot{q}''' = \dot{Q}/V$ 是储罐的平均功率密度；λ_{eff} 包括了球床内导热、自然对流和热辐射全部传热的等效导热系数，如图 11.25 所示。

储罐壁面内的传热引起的温差为

$$\Delta T_2 = T_{\text{wi}} - T_{\text{wo}} = \dot{Q} \cdot \frac{R_2 - R_1}{R_1} \cdot \frac{1}{2\pi\lambda_{\text{w}}} \cdot \frac{1}{H} \tag{11.11}$$

最后计算出储罐表面与周围空气之间的温差为

$$\Delta T_3 = T_{\text{wo}} - T_{\text{air}} = \frac{\dot{Q}}{2\pi R_2} \cdot \frac{1}{\alpha} \cdot \frac{1}{H} \tag{11.12}$$

图 11.26 给出了储罐表面和空气之间的温差与换热系数的依赖关系。这些曲线可以根据 11.5 节中已经给出的关系式计算获得。

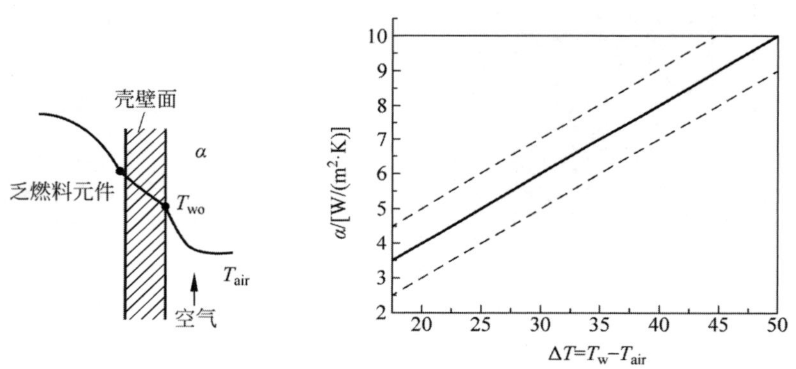

图 11.26 中间储罐表面通过自然对流、导热和热辐射的传热

换热系数包含了一些不确定性，必须在申请许可证过程中加以考虑。根据许多测量可以得出 $\alpha \pm \Delta\alpha$，其中 $\Delta\alpha \approx 0.2\alpha$。如果储罐的外部用碎石覆盖，那么在发生非常极端事故的情况下，α 会变得小些。有些储罐的外部装有散热肋片，可以使储罐外部的传热条件变得更好。这些措施可以允许贮存的核废物具有较高的衰变热或者加大储罐的直径，使储罐体积变大。

储罐外部的空气是沿着轴向方向流动的，这必须在使用 3D 程序计算传热的详细计算中加以说明。可以用一些典型参数来说明这一情况。

如果假设每个燃料元件的衰变热为 0.2W，将其作为热负荷，那么储罐内的功率密度为 $1100\,\text{W/m}^3$。在两种直径大小的球混合堆放的情况下，$R_1 = 1\text{m}$，$R_2 = 1.3\text{m}$，$H = 7\text{m}$，$\alpha = 6\,\text{W}/(\text{m}^2 \cdot \text{K})$，$\lambda_{\text{eff}} = 3\,\text{W}/(\text{m} \cdot \text{K})$（或者 6W/(m・K)），对于 $\lambda_{\text{w}} = 30\,\text{W}/(\text{m} \cdot \text{K})$，可以得到如下数值：$\Delta T_1 \approx 100$℃或者 50℃，$\Delta T_2 \approx 5$℃，$\Delta T_3 \approx 50$℃，如图 11.25 所示。根据这些参数及初始的环境温度 40℃，可得储罐壁面温度在 90℃左右，最高燃料温度为 200℃。在两种大小的球混合堆放的情况下，储罐壁面温度将小于 50℃。

经过很长一段时间的贮存之后，如图 11.19 所示，衰变热的产生显著下降，温度也有所降低。经过 10 年的贮存之后，储罐内燃料元件的温度实际上已低于 150℃。

由于燃料元件中的裂变物质含量较低，储罐的尺寸又有限，在任何条件下，该系统均处于足够的次临界状态。即便是水的进入也不会导致其达到临界状态。并且可以在球的间隙填充一些吸收材料(B_4C)，这样会使临界值进一步降低。

储罐的错误装载，例如，装入大量新的燃料元件，必须通过采取临界控制和必要的管理措施加以排除，因为根据国际核安保的要求，这在任何情况下都是必要的。

容器的厚壁对γ辐射起到有效的屏蔽作用。乏燃料元件的石墨材料起到内部中子慢化剂的作用。图11.27给出了对这种类型乏燃料元件的储罐表面辐射剂量进行测量的结果。可以看出，剂量保持在允许的范围内。当然，储库房墙外的剂量率很低，测量值$<1\mu Sv/h$。在贮存期间，γ剂量显著下降。加上在屏蔽和设计上进行的优化，有可能进一步降低这些储罐附近的工作人员受到的辐射剂量。

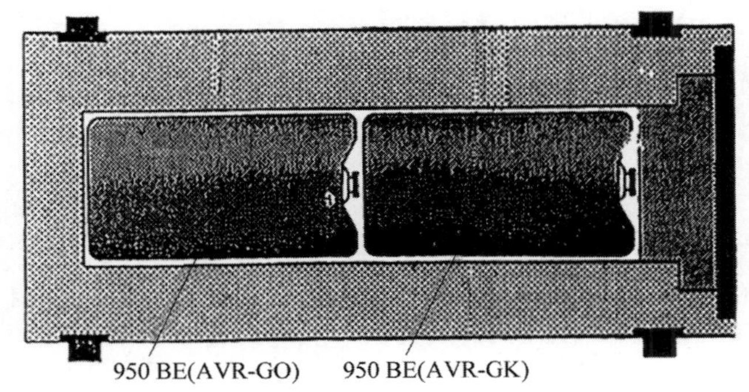

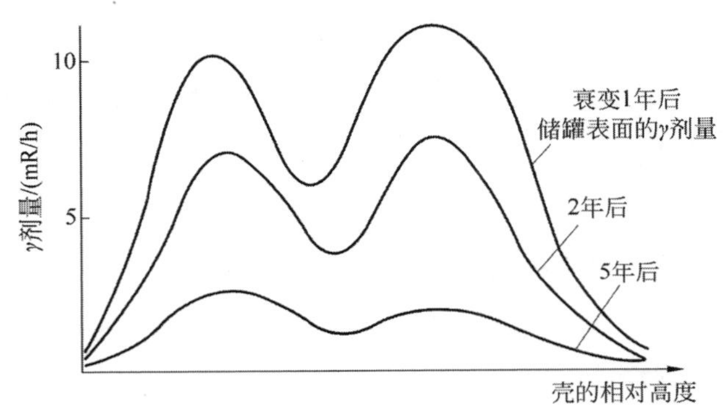

图11.27　AVR和THTR乏燃料元件储罐测量的γ剂量

燃耗为100 000MWd/t，1mR/h=10μSv/h；BE：燃料元件

储罐外表面的最大剂量率低于0.3mrem/h(3Sv/h)。当然，特别是贮存库房的混凝土结构会使剂量进一步显著地下降。建筑物结构及辐射源与人员之间很长的距离产生的影响可用如下熟悉的方程来加以描述：

$$\dot{D} \approx \dot{Q} \cdot f(s,R) \approx \dot{Q} \cdot \exp(-\Sigma \cdot s)/(4 \cdot \pi \cdot R^2) \cdot B(\Sigma \cdot s) \tag{11.13}$$

其中，s是结构的厚度；R是辐射源与附近工作人员之间的距离；Σ是宏观吸收截面；$B(\Sigma \cdot s)$是累积衰减函数。因此，很容易满足许可证监管当局对乏燃料元件这类贮存材料给出的限值。

中间贮存安全运行的另一个重要方面是放射性物质的释放，特别是像Kr85或者氚这类气体从储罐向外部环境的释放。根据对AVR储罐进行的测量，如果采用特殊的盖板和密封方式，则释放率会很小。此外，在这些应用中还使用了内部的钢罐。图11.28给出了从装满AVR乏燃料元件储罐得到的一些实验结果，实验中，运行温度是变化的，用以测量其产生的影响。由实验结果可以清楚地看出，在乏燃料元件长期贮存的过程中，保持低的燃料温度对于实现低释放率是非常重要的。

由长时间测量的结果可知，储罐表面的中子剂量率是非常低的。图11.28(b)给出了贮存30年之后计算得到的Kr85从这样一个储罐中释放出来的情况。在选择了适当的封闭系统的情况下，储罐内活度存量中仅有非常有限的份额被释放出来。在类似的条件下，其他裂变同位素的释放量也出现了显著的下降。当然，若对储罐和密封系统加以改进，则有可能使贮存期间放射性的释放更进一步地减少。通过对贮存室中放射性气体进行测量可知，对贮存系统可以进行不断的调整和控制，因为放射性气体的含量非常少，根本不

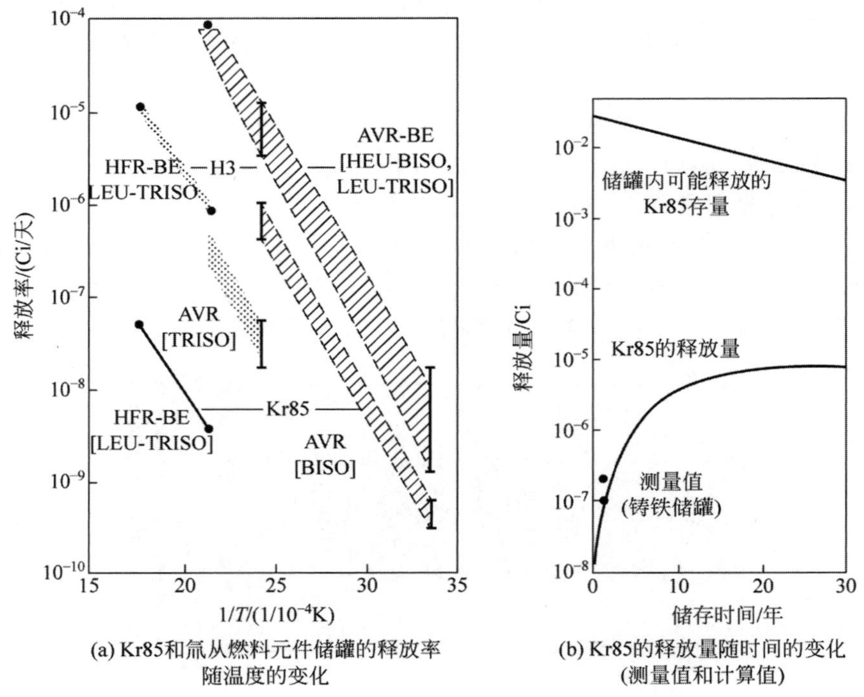

图 11.28　AVR 乏燃料储罐的测量

需要将房间设置得更加狭小。

目前,还没有任何技术上的原因要求这类储罐可能的运行时间必须限制在大约 50 年,实际上,德国的相关反应堆计划的运行时间不只这一年限。

11.4　乏燃料元件中间贮存的事故

由于乏燃料元件储罐的构造,储罐在运输过程及在中间贮存设施中时可以防御外部的影响。以德国为例,运输过程中假设的影响包括储罐从 10m 高处自由坠落到坚硬的地面上、在 800℃的火焰温度下持续半个小时及在几十年的中间贮存期内受到其他外部事件的影响。图 11.29 展示了目前在德国许可证申请过程中的一些设计要求。

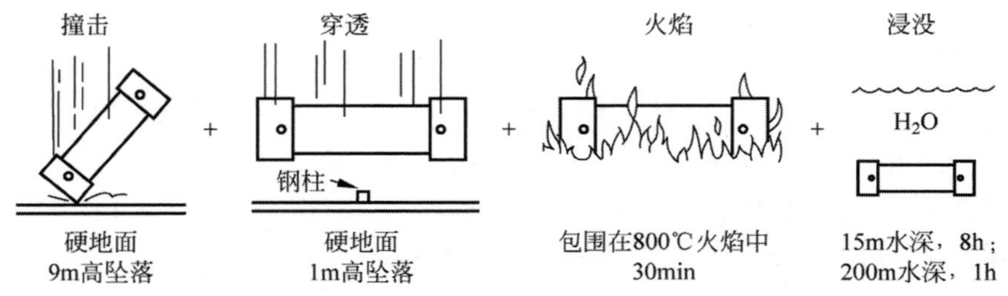

图 11.29　中间贮存的运输要求(德国条件)

安全行为一般用次临界、衰变热自发载出和限制燃料温度来表征。另外,还需要设置可以将放射性严密地加以阻留的屏障。这些要求必须按照本章说明的各类假设事故(DBA,BDBA)加以实施,对于极端假设情况下发生的事故(EAA),在未来的应用中也必须加以探讨。图 11.30 给出了假设事故的概况。

正如第 10 章所解释的那样,在无灾难核技术的意义上,这种乏燃料中间贮存方式应该在所有严重事故情况下都能真正遵循核、热、化学和机械稳定性的原则,如图 11.31 所示。根据申请许可证程序的要求,应不存在内部或外部原因造成重大放射性释放的可能性。

正如前面解释的那样,这种安全行为对于所有由内部和外部原因引起的事故都是有效的。如果将发生事故的情况也考虑进来,虽然已远远超出了正常假设的范围,特别是像强地震、恐怖袭击或战争等外部事

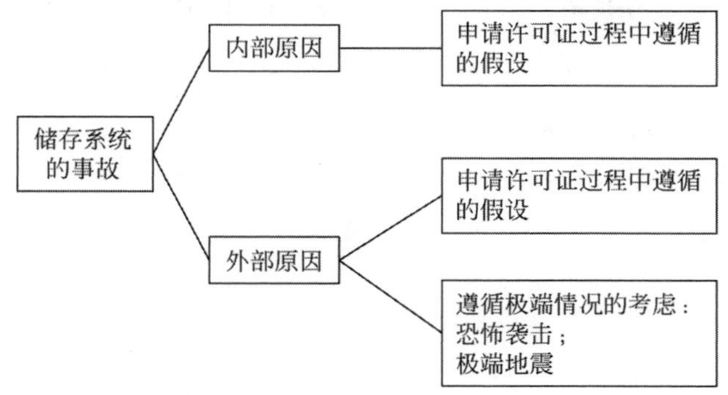

图 11.30　乏燃料元件贮存系统假设事故的概况(德国条件)

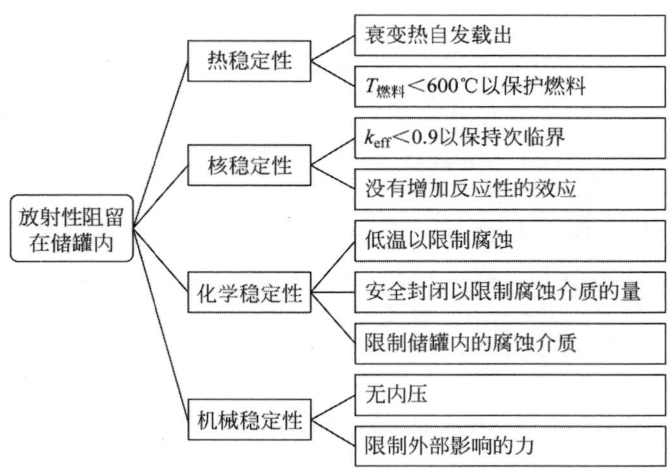

图 11.31　HTR 乏燃料元件中间贮存的安全要求：实现稳定性的准则

件，但也必须对储罐给予各种考虑。从极端假设的角度，对于储罐必须要讨论下面 3 种情况：

- 储罐被碎石覆盖，阻碍了衰变热的载出；
- 刚性部件可能穿透储罐的壳壁，或者造成密封的破坏；
- 目前对高温火焰影响的假设，以及在申请许可证期间对在高温火焰下持续更长时间的假设。

在第 10 章中已讨论了飞射物穿透钢壁的问题。壁厚至少为 300mm 的厚壁壳体对目前一般飞机使用的燃气透平的轴或者其他刚性部件的穿透是可以保持稳定的。但也存在可能发生的极端情况，如在 2001 年 9 月 11 日纽约发生恐怖袭击之后，由于大型飞机携带了大量的煤油，火势很强。因此，未来对于中间储存系统仍然需要采取更高效的实体保护措施。比如，假设发生了一个载有 250t 煤油的非常大型的飞机恐怖袭击事件，则必须能够证明顶部封头和圆柱壳体之间的密封仍然足够紧密，足以将裂变产物阻留。图 11.32 给出了一个简单模型，有助于对这些重要参数进行说明。

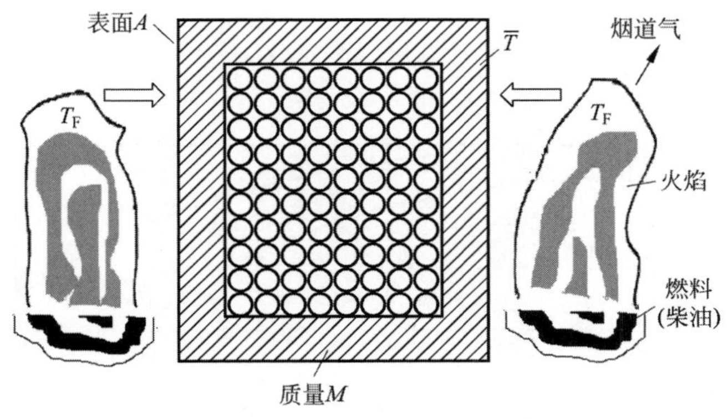

图 11.32　估计火焰中储罐温升的模型

T_F 为火焰的温度；$\overline{T}$ 为储罐的平均温度

假设油燃烧的火焰温度为 T_F，则可得到如下热量平衡用于分析壳体长时间的行为：

$$M \cdot c \cdot \mathrm{d}\overline{T}/\mathrm{d}t = \varepsilon \cdot C_s \cdot A \cdot (T_F^4 - \overline{T}^4) + P_D \tag{11.14}$$

其中，M 是储罐的质量，$\overline{T}$ 是储罐壳壁的平均温度，A 是储罐的表面积，C_s 为辐射常数，T_F 为火焰的平均温度，ε 用来表征火焰热辐射的辐射特性，则式(11.14)可以通过积分来求解：

$$\int \frac{\mathrm{d}\overline{T}}{a \cdot T_F^4 - b \cdot \overline{T}^4} = t + 常数 \quad (t=0, \overline{T}=\overline{T}_0) \tag{11.15}$$

加热过程第 1 阶段的简单近似给出了储罐的升温速率：

$$\frac{\mathrm{d}\overline{T}}{\mathrm{d}t} \approx \frac{\varepsilon \cdot C_s \cdot A}{M \cdot c} \cdot T_F^4 \tag{11.16}$$

给出如下例子：储罐的 $A=50\mathrm{m}^2$，$M=60\mathrm{t}$ 及 $T_F=1000℃$，其温升的速率 $\mathrm{d}\overline{T}/\mathrm{d}t$ 大约为 250K/h。在密封材料达到 600℃之前，大约需要 2h。在任何情况下，即使发生了极端事故，也不会有裂变产物的灾难性释放。2h 后，通常煤油已烧完，储罐再次通过自然的传热过程降温，如图 11.33(a)所示。图 11.33(b)给出了火焰温度的瞬态变化情况。燃烧过程可能经历的时间为 τ，可由下面的关系式估算出来：

$$\int_0^{\tau} \dot{m}_F \cdot H_u \cdot \mathrm{d}t \approx \int_0^{\tau} M \cdot c \cdot \frac{\mathrm{d}\overline{T}}{\mathrm{d}t} \cdot \mathrm{d}t + \int_0^{\tau} \dot{Q}_{gas} \cdot \mathrm{d}t \tag{11.17}$$

其中，$\dot{m}_F$ 是随时间发生变化的燃料燃烧量，$\dot{Q}_{gas}$ 是整个燃烧过程中从燃烧区散发的烟气中含有的热量。

另外一些火灾产生的影响如图 11.33(b)所示。实验结果表明，在特定的条件下，火焰温度高于 1000℃是有可能发生的。根据这些结果，国际原子能机构和德国当局给出了如图 11.33(c)所示的解决方案。由下面的方程，可以估计出热流密度在 50～60kW/m^2 这一量级：

$$\dot{Q} \approx \dot{q} \cdot A = A \cdot C_s (\varepsilon_F \cdot T_F^4 - \varepsilon_w \cdot T_w^4) \tag{11.18}$$

其中，T_w 是壁面的温度。烟气的成分主要是 CO_2、N_2、H_2O 和少量未被转化的燃料。烟气的成分会影响火焰向储罐的传热，尤其是热辐射的特性。早期的干预措施适于对系统加以保护，甚至可以做到避免少量

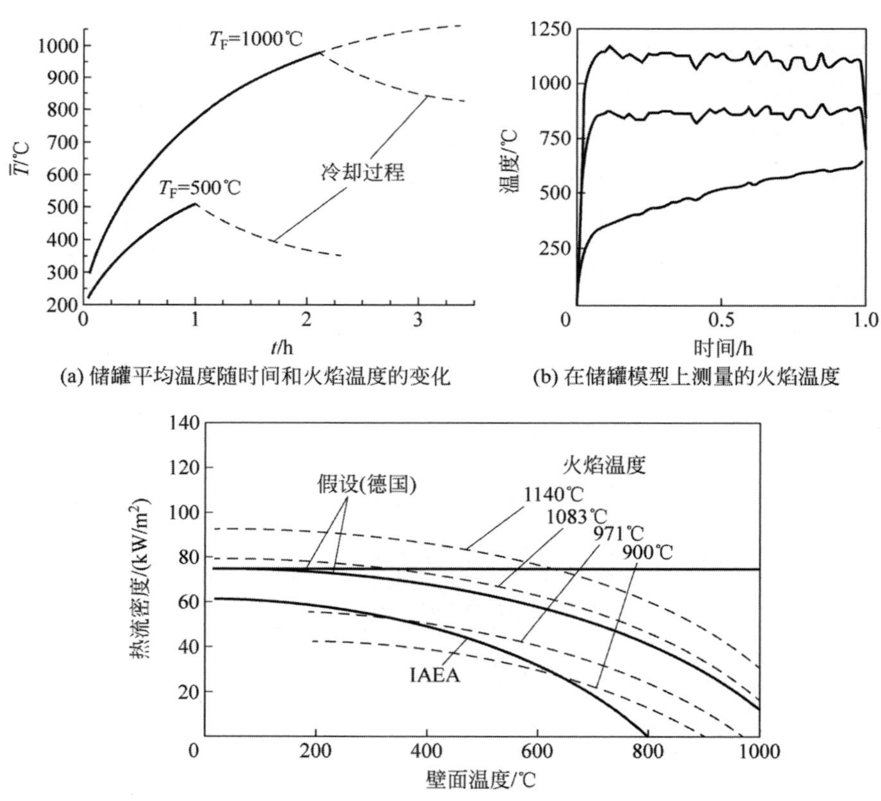

(a) 储罐平均温度随时间和火焰温度的变化

(b) 在储罐模型上测量的火焰温度

(c) 热流密度随壳壁温度和火焰温度的变化(IAEA和在德国的假设)

图 11.33 储罐在火焰中的行为

放射性物质的释放。

极端事故的第 2 个假设是储罐完全被碎石覆盖，在第 10 章中，已对模块式反应堆的相关假设事故进行了分析。假如贮存系统的温度继续升高，那么就必须要验证壳体和燃料元件的温度是否仍能保持在允许的限值内，即如图 11.34 所示的模型必须要保持平衡。

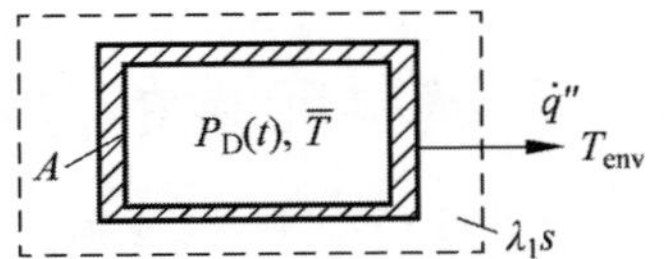

图 11.34 事故情况下估计温度的模型（储罐完全被碎石覆盖）

对于这种情况，由壳体的能量平衡可以得到如下结果：

$$M \cdot c \cdot \mathrm{d}\overline{T}/\mathrm{d}t = P_D - \overline{K} \cdot A \cdot (\overline{T} - T_{env}), \quad \overline{K} \approx \lambda/s \tag{11.19}$$

其中，P_D 是乏燃料元件的衰变热，$\overline{K}$ 是衰变热由壳体通过覆盖碎石传输到环境的等效换热系数。在这个非常极端事故的开始阶段，得到其温度的瞬态变化为

$$\frac{\Delta \overline{T}}{\Delta t} \approx \frac{P_D}{M \cdot c} \tag{11.20}$$

长时间之后，壳体温度的限值采用下面的关系式来估计，如图 11.34 所示。

$$\overline{T}(\infty) - T_{env} \approx P_D/(\overline{K} \cdot A) \tag{11.21}$$

将如下典型值代入式(11.21)：$P_D \approx 20\text{kW}, \overline{K} \approx 1\text{W}/(\text{m}^2 \cdot \text{K})$，于是得到瞬态和限值温度：$\mathrm{d}\overline{T}/\mathrm{d}t \approx 1℃/\text{h}$，$\overline{T}(\infty) \approx 500℃$。

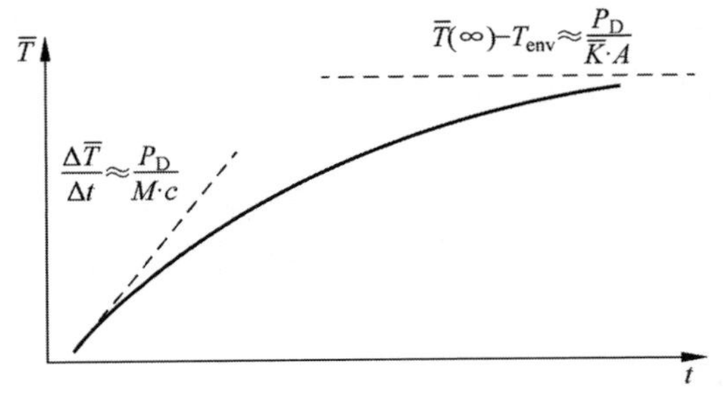

图 11.35 储罐平均温度随时间变化的定性关系
事故的假设：构筑物因地震或恐怖袭击完全被毁坏；储罐被碎石覆盖

在开始阶段，壳体的温度以 $\Delta \overline{T}/\Delta t = 3\text{k/h}$ 的速率上升，这里，假设壳体的质量为 M。在相关温度出现之前大约有 10 天的时间，这样有足够的时间进行适当的干预以对这种布置进行冷却，例如，注入氮气，然后注水。在任何情况下，即使发生了非常极端的事故，壳体也不会被损坏。放射性的释放可能仅限于相对较小的量，如图 11.35 所示。

如果储库构筑物被安排在地下，就可以避免这类非常极端事故的发生。当然，这也将导致更高的投资成本，因此有必要进行优化，权衡后做出选择。

对于模块式 HTR，例如 HTR-PM，乏燃料元件的中间贮存可以采用极高的安全标准。在实施核废料管理方面，全球范围内已有很多相关经验和实例可供参考并利用。

在 HTR 中，一个非常重要的改进是从反应堆卸出的乏燃料没必要像 LWR 那样再设置一个紧凑的水池储存系统。众所周知，这是福岛事故中的一个问题。地震使 LWR 乏燃料元件的水池受到损坏，而不是对乏燃料元件本身造成损坏。

对于 HTR，从反应堆中卸出的乏燃料元件的衰变热本已相当小了，而同时，HTR 燃料元件可持久提供的储热能力比 LWR 燃料元件要大得多。

在核废料管理领域，存在一个非常有趣的问题，即中间贮存时间应该多长？这是一个技术评估和经济优化的问题。从技术角度看，对 HTR 燃料本身不存在争议，那为什么不能像目前通常所建议的中间贮存时间那样不可以超过 50 年呢？与经济优化有关的一些研究结果倾向于对这一阶段的废物管理采取更长时间的方案，如图 11.36 所示。尤其是，如果中间贮存时间能够更长，那么最终贮存的条件就会变得更容易。

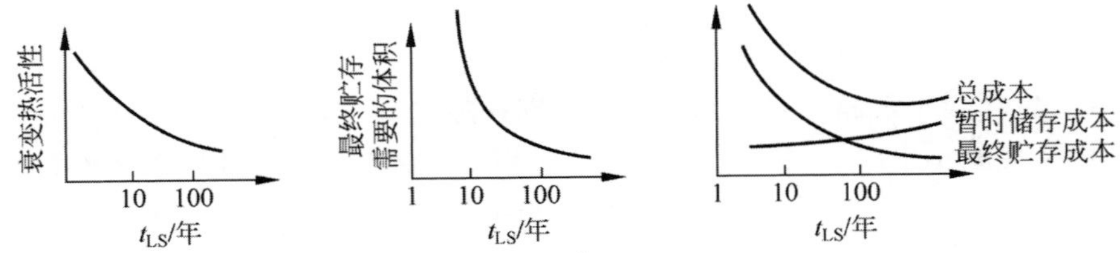

图 11.36 中间贮存经济优化时间的定性考虑

11.5 乏燃料元件的最终贮存

从安全设计角度来看,放射性废物必须要进行安全的最终贮存,同位素必须要长久地远离生物圈。与常规电厂相比,虽然改进后的反应堆释放的放射性元素的数量已非常小。然而,有些同位素即使经过长时间贮存,但如果在事故情况下被释放出来,对人、动物和自然界仍然具有很高的潜在毒性和危险。

表 11.8 给出了最终贮存中 1t 乏燃料铀含有的主要同位素及其质量。

表 11.8 1t 乏燃料铀中包含的放射性同位素及其质量

乏燃料元件	同位素质量	典型半衰期	对燃料循环和最终贮存的重要性
1t 铀中含量(≈150 000 个球形燃料元件)	950kg U238		未来可利用的可裂变材料
	10kg U235		可以回收和易裂变的材料
	10kg Pu	Pu239 为 24 000 年	可以回收和易裂变的材料
	1kg 次锕系核素	Am 243 为 7400 年	可以回收和易裂变的材料
	20kg Cs137+Sr90	Cs137 为 30 年 Sr90 为 28 年	在 500 年贮存期中衰变
	8kg Cs135,J129,Tc99,Zr93	超过 100 万年	持久存在,需要可靠的贮存概念
	28 000kg 石墨	污染	在贮存中占有较大的体积

注:中间贮存 50 年后,燃耗:100 000MWd/t,低浓铀循环。

对于模块式 HTR,在满功率运行下,其燃耗为 100 000MWd/t,卸出的乏燃料铀的典型量大约是 0.36tU/(100MW·年)。

表 11.9 给出了一些与最终贮存相关的同位素的信息,提供了锕系元素和一些长半衰期放射性裂变产物的数据。表 11.9 还对 3 组重要的同位素进行了区分:部分长半衰期的 α 同位素、半衰期极长的 β^- 同位素及一些中等半衰期的同位素。

表 11.9 具有非常长半衰期的锕系元素和裂变产物
(假设:LWR 燃料,燃耗为 33 000MWd/t U,1 年冷却期)

同位素	放射性	半衰期/年	活度/(Bq/t U)
Np237	α	2 200 000	1.611×10^{10}
Pu239	α	24 000	9.9×10^{12}
Pu240	α	380 000	9.9×10^{12}
Am243	α	7400	5.22×10^{11}
Zr93	β^-	1 500 000	5.64×10^{10}
Tc99	β^-	210 000	4.26×10^{11}
I129	β^-	17 000 000	1.14×10^{9}
Cs135	β^-	3 000 000	3.9×10^{10}
Cs137	β^-	30	3.15×10^{15}
Sr90	β^-	28	2.25×10^{15}

某些重要同位素的半衰期很长,对比活度的影响是显而易见的,但它们的活度相对比较低。只有裂变产物 Cs137 和 Sr90 具有很高的放射性,因为它们的半衰期相对较短,分别为 30 年和 28 年。

Cs135,I129,Tc99,Zr93 这 4 个同位素具有非常长的半衰期,因此从放射性角度看,它们显得并不是那么重要,因为它们的活度很低。但是,它们一旦被释放出来就几乎一直存在于环境中,因此,会给许多进行核废料管理的人员带来一些心理问题。有些人经常争辩说,最终贮存是很困难的,因为放射性非常高,且持续的时间非常长。而实际上,这些说法并不正确。

这里需要说明的是,钚同位素和次锕系元素需要特别地加以关注,因为它们的半衰期大约在 1000 年这一量级,因此,它们的活度处于中等水平。如果发生严重事故,会有较大的量从最终贮存库中释放出来,可能会给居民带来一定的放射性负担。因此,最终贮存应避免贮存这些材料。

在 HTR 电厂的燃料元件内有大量的石墨,在电厂退役时必须要对其加以处理。对于由这些材料含有的杂质引起的污染及因裂变产物沉积在燃料元件表面所引起的污染,都应给予足够的关注。比如,有可能的话，对石墨进行清洗，或者找到更简单的办法来处理这些具有污染性的材料。

反应堆退役后，其放射性物质的另一个源项是由一回路系统被活化的设备造成的，因此，需要设计一个相对较短时间的最终贮存方案。

燃料的活度和衰变热在最终贮存过程中通过放射性衰变有所减少，如图 11.37 所示。

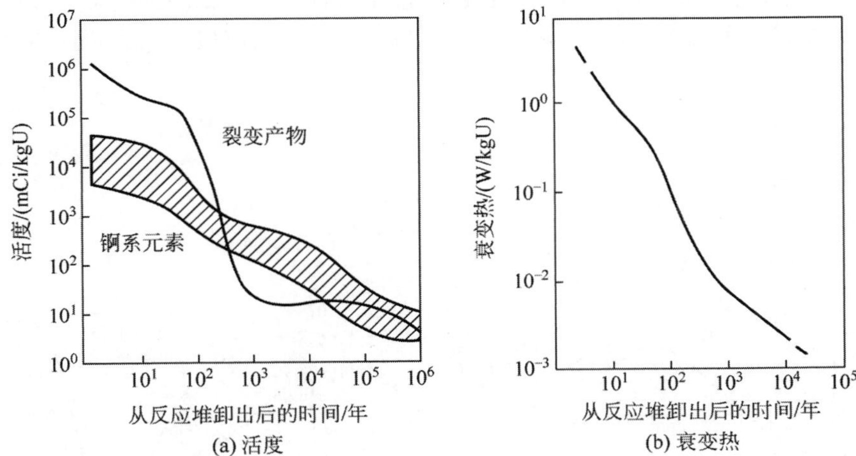

图 11.37 乏燃料元件中铀燃料的活度和衰变热随时间的变化(相当于直接最终贮存的第 4 阶段)

在开始的几百年，衰变热的主要来源是裂变产物。在这个阶段之后，主要是钚和次锕系的活性占主导，最后，一些具有非常长半衰期的裂变产物变得非常重要。

总的活度由下面的关系式给出：

$$A(t) \approx \sum_i \lambda_i \cdot N_i(0) \cdot \exp(-\lambda_i \cdot t) \tag{11.22}$$

衰变热可用下面的表达式来描述：

$$P_{\mathrm{D}}(t) \approx \sum_i E_i \cdot \lambda_i \cdot N_i(0) \cdot \exp(-\lambda_i \cdot t) \tag{11.23}$$

大约 1000 年后，主要是锕系元素的活度占据主导，再经过大约 100 000 年后，表 11.9 中给出的 4 种具有非常长半衰期的同位素将成为重要的放射性源项。在中间或者最终贮存期间，或者可能的后处理阶段，各种同位素放射性的重要性用放射性毒性来表征。图 11.38 和图 11.39 给出了核废物中各种物质的放射性毒性及其所占的份额。

废物的放射性毒性用以下公式来定义：

$$\mathrm{RT}_i = Q_i / (\mathrm{MAC}_{wi}) \tag{11.24}$$

$$\mathrm{RT} = \sum_{|i=1|}^{n} Q_i / (\mathrm{MAC}_{wi}) \tag{11.25}$$

其中，RT 为放射性毒性(m^3 H_2O/吨重金属)；Q_i 为放射性废物中某个放射性核素的活度(Ci 或者 Bq)；MAC_{wi} 为饮用水中某个放射性核素的最大允许浓度(Ci/m^3 或者 Bq/m^3)；n 为废物中各种同位素的数量。

放射性物质“潜在危险”的定义用如下表达式来表征：

$$\mathrm{DP} = \sum_i A_i \cdot d_i / (P_{\mathrm{el}} \cdot \tau) \tag{11.26}$$

其中，DP 为潜在危险(Sv/(GW·年))；A_i 为每 GW·年发电量产生的第 i 种同位素的活度(Bq)，d_i 为同位素 i 的剂量转换因子(Sv/Bq)；$P_{\mathrm{el}} \cdot \tau$ 为发电量(GW·年)。

放射性物质“潜在危险”的定义非常适于评价各种同位素放射性的重要性。

图 11.38 所示的放射性毒性与每 $\mathrm{GW_{el}}$·年发电量产生的废物相关。为了进行比较，图中也给出了新燃料的曲线，它表示产生某一量级的发电量所需的铀矿石的放射性毒性。可以看到，裂变产物的曲线与新燃料的曲线在 1000 年左右有一个交点。如果锕系元素不包含在核废物中，那么在相当短的时间之后，核废物放射性的重要性与天然铀相当，而在任何情况下，天然铀在地面上是永久存在的。前面提到过的 4 种半衰期很长的同位素也与天然铀的放射性相当。只是，对于钚和次锕系元素在 500～50 000 年间释放出来的放射

性应给予特别关注。

在核废物管理期间,各种放射性物质重要性的变化如图 11.39 所示,可以看出,放射性毒性的份额随时间会发生一定的变化。在第 1 阶段,裂变产物占主导地位,之后,锕系元素成为主导,最后,具有很长半衰期的裂变产物的放射性成为主导,但是此时它们的放射性已经非常小了。

在最终贮存之前,将锕系元素,尤其是钚,烧掉的高度重要性从图 11.39 中也可以清楚地看出,这是实现尽可能安全的最终贮存的主要条件之一。放射性废物必须一直存放,所以最好存放在稳定的地质沉积层中。

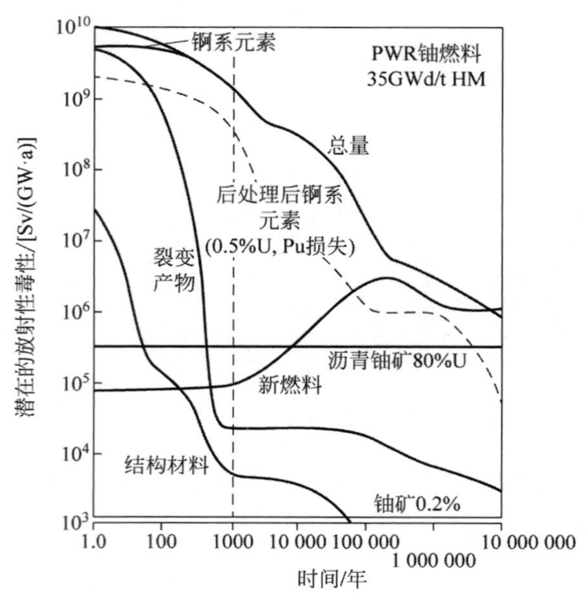

图 11.38 乏燃料元件放射性毒性随时间的变化(如 LWR 燃料,燃耗为 35 000MWd/t U)

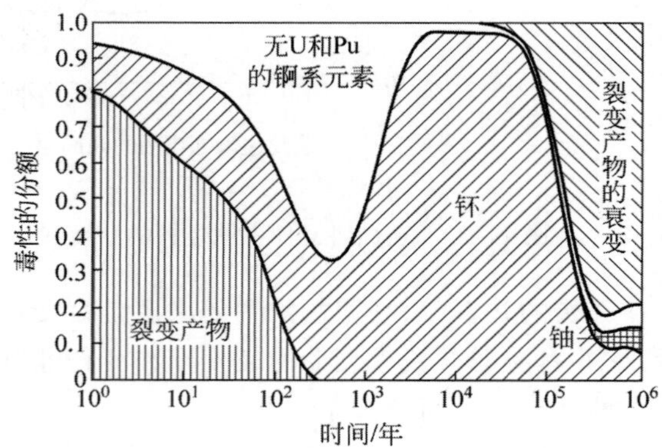

图 11.39 各种同位素所占放射性毒性的份额(通讯,FZ Karlsruhe)

如图 11.40 所示,核废物管理有 3 种方案。

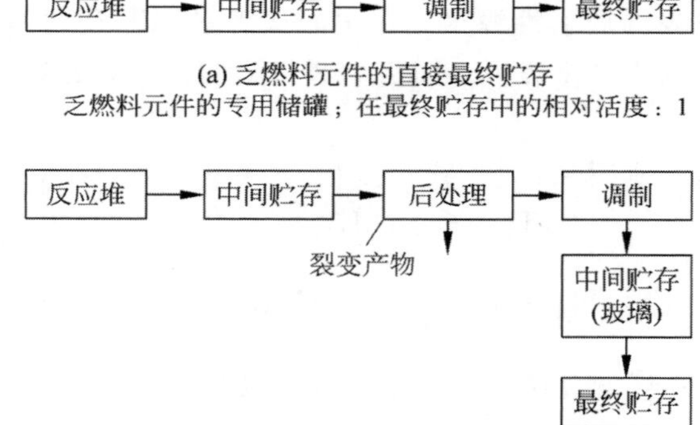

(b) 残留物的后处理和最终贮存
裂变产物和少量锕系元素的固化玻璃;在最终贮存中的相对活度:0.01

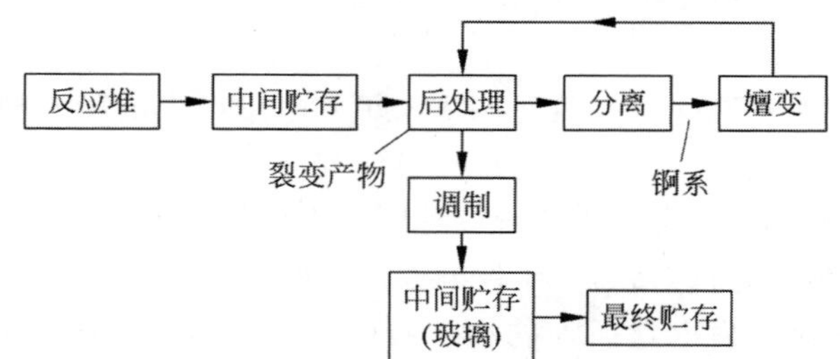

(c) 残留物的后处理、嬗变和最终贮存(不同含量的锕系元素)
裂变产物和非常少量的锕系;在最终贮存中的相对活度:<0.001

图 11.40 核废物处理技术的 3 种方案

第 1 种方案是乏燃料元件的直接最终贮存，预期将存到如盐穴、花岗岩、黏土或凝灰岩等合适的地质结构中。在最终贮存之前，第 1 阶段需要 50 年甚至更长的时间以保证长时间的中间贮存。在此期间，活度和衰变热已经减小。除了乏燃料元件之外，中等和较弱的放射性废物也必须贮存起来，例如，高温反应堆中的石墨。废物必须经过调整处理才能送入最终贮存库。玻璃固化废物的长时间中间贮存通常设置在空气冷却的厚壁容器内，根据贮存时间，衰变热大约下降至原来的 1/10 甚至更低。

第 2 种方案包括对乏燃料进行后处理、再制造和再循环。放射性裂变产物最终固化在玻璃砖块中，这些固化玻璃也存放在地质库中。由于后处理过程中残留的少量钚和次锕系元素也进入固化玻璃中，从而使得即使经过很长一段时间，其放射性毒性仍然相当高。固化玻璃在中间贮存中经过几十年后，随着时间的推移，其衰变热降低至原来的 1/10 甚至更低。

至于第 3 种方案，目前在全球正处于研发中，物质流经过后处理后将进行额外的分离，将某些同位素分离出来（镎、锔、镅）。这些同位素可以在嬗变过程中与极少量残余的钚一起转化。因此，这些材料包含在最终贮存容器中的量应该是非常少的。

对钚同位素和次锕系元素的限制可以通过对最终贮存的时间跨度进行调整来实现。如图 11.39 所示，将时间跨度从 10^6 年减少到 10^3 年在现实中是可行的。

第 3 种方案包括分离和嬗变技术，在最终处置库中，如果分离程度可以达到足够好，则全部核废物的放射性毒性要小于 1000 年之后铀燃料的放射性毒性，如图 11.41 所示。为此，需要对钚和次锕系元素进行有效的分离和嬗变。

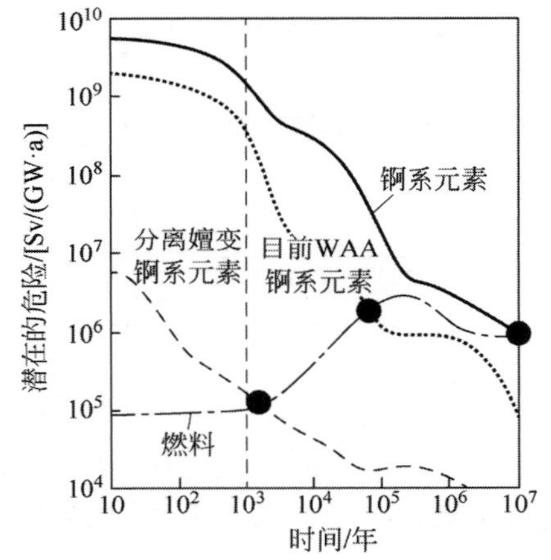

图 11.41 核废物处理的 3 种方案中核废物在最终贮存中的放射性毒性及与铀的比较

作为进一步可能的设计原则，分离之后锕系元素可以被调整处理成一种具有更高安全标准的特殊形式。而对于钚来说，目前无论如何都会产生裂变。

经过嬗变后，最终贮存大约 1000 年之后无需再进行监管。这对于未来的反应堆而言估计是可行的，而且可能更有利于公众对从核反应堆中释放出来的放射性的可接受性。当然，分离和嬗变过程还需经过进一步的研发才能大规模地应用。此外，对这些额外产生的工艺过程的风险也必须在设计时予以考虑。

目前，对于高温反应堆，前面讨论的第 1 种方案应为首选，因为燃料元件的燃耗非常高，并且与长时间的中间贮存相比，后处理在经济上不具有吸引力。这种情况在未来几十年内也许会发生变化，因为后处理技术会取得进展，得到一定的改善，并且铀价格随着时间的推移也会上涨。特别是在遥远的未来，钍的使用也将有利于 HTR 选择第 2 种方案和第 3 种方案。

对于模块式 HTR，这里以 HTR-PM 为例，表 11.10 给出了乏燃料元件最终贮存的相关典型数据。

表 11.10 HTR-PM 乏燃料元件最终贮存的相关典型数据

参 数	数 值	注 释
燃料	UO_2	包覆颗粒球形元件
循环	LEU,MEDUL	
颗粒	TRISO	C/SiC/C 层

续表

参　　数	数　　值	注　　释
重金属装量/(g/FE)	7	
初始富集度/%	8.5	
燃耗/(MWd/t U)	90 000	
燃耗后 Pu 含量/(g/FE)	<0.01	约 50%,可裂变
燃耗后 U235 含量/(g/FE)	<0.05	
燃耗后富集度/%	1	
燃耗后衰变热/(W/FE)	<0.01	50 年中间储存之后
燃耗后活性/(Bq/FE)	$<10^9$	50 年中间储存之后

对于德国球形乏燃料元件的直接最终贮存,目前预计将采用特殊的储罐来实现。AVR 和 THTR 运行中大约产生了 100 万个乏燃料元件,对此需要设计一个最终的解决方案。图 11.42 给出了目前为止乏燃料元件直接最终贮存的基本设计概念。

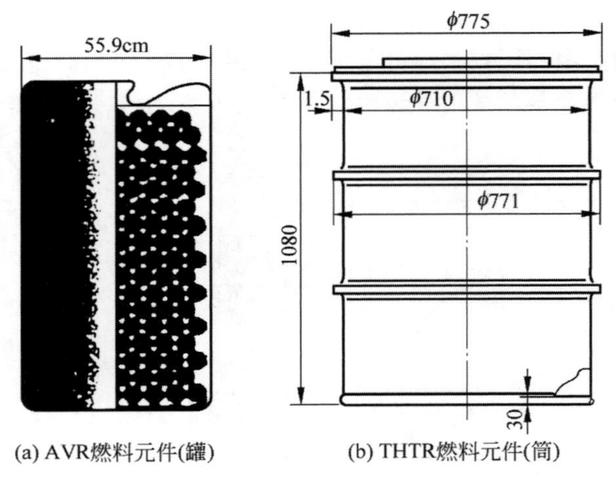

(a) AVR燃料元件(罐)　(b) THTR燃料元件(筒)

图 11.42　乏燃料元件直接最终贮存的基本设计概念

当人们还在研讨 THTR 是否采用其他类型的储罐时,AVR 采用了装有 1800 个球形燃料元件的储罐。燃料球之间的空隙采用适当的材料加以填充,以获得更高的导热系数将衰变热载出。此时,THTR 的储罐也处于装有大约 1800 个燃料球的阶段。

在最终贮存中,燃料元件必须符合中间贮存规定的通常的安全要求:

- 载出衰变热,温度的限制;
- 次临界;
- 放射性屏障和阻留的防护;
- 满足国际裂变材料监管的要求。

按照德国多年的战略目标,他们计划将储罐储存在垂直或水平钻孔的盐穴中。这些钻孔有 300m 深,将储罐装满之后再用盐覆盖顶部,如图 11.43 所示。盐穴中钻孔之间的距离必须足够大,以达到储存衰变热的目的。盐穴的温度必须保持有限的温升。只有这样设置才有利于进行长时间的中间贮存。

HTR 乏燃料元件直接最终贮存的概念一直被认为是可以与 LWR 燃料元件的解决方案放在一起一并加以考虑的。

图 11.44 所示为直接最终贮存储罐,到目前为止,仍预期将这种储罐用于德国轻水反应堆燃料元件的贮存。这些类型的储罐计划可在盐穴中存放大约 1000 年的时间,如果期间水可能进入作为最终贮存系统的盐穴中。在使用其他地质系统进行最终贮存的情况下,在盐穴中可避免储罐被腐蚀的困扰。在德国,近几年对在花岗岩、凝灰岩和黏土中进行贮存也进行了相关的讨论。

储罐和钻孔边界之间的空隙将用盐颗粒填满,以获得更好的传热效果。钻孔之间的距离为 10～15m。这一间距是根据盐穴结构所需的且能提供的蓄热能力来确定的,以限制盐穴的温升。在开始阶段,衰变热

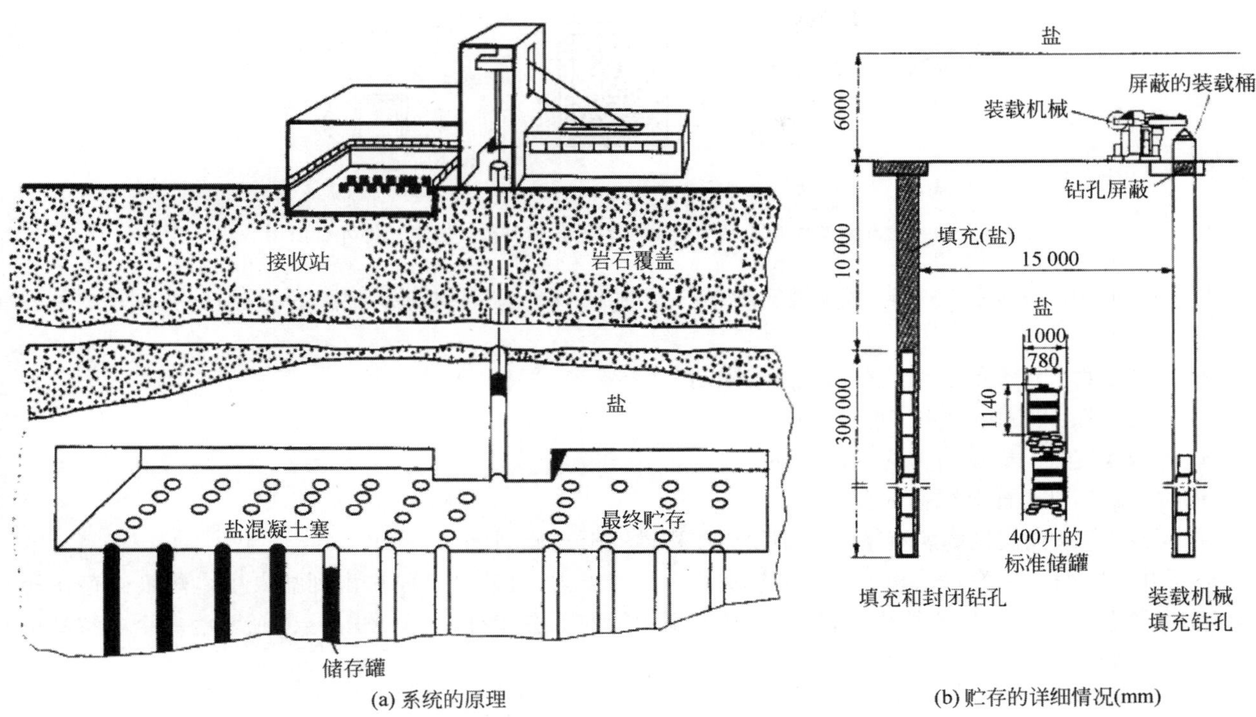

图 11.43 HTR 球形燃料元件储罐在盐穴中的最终贮存

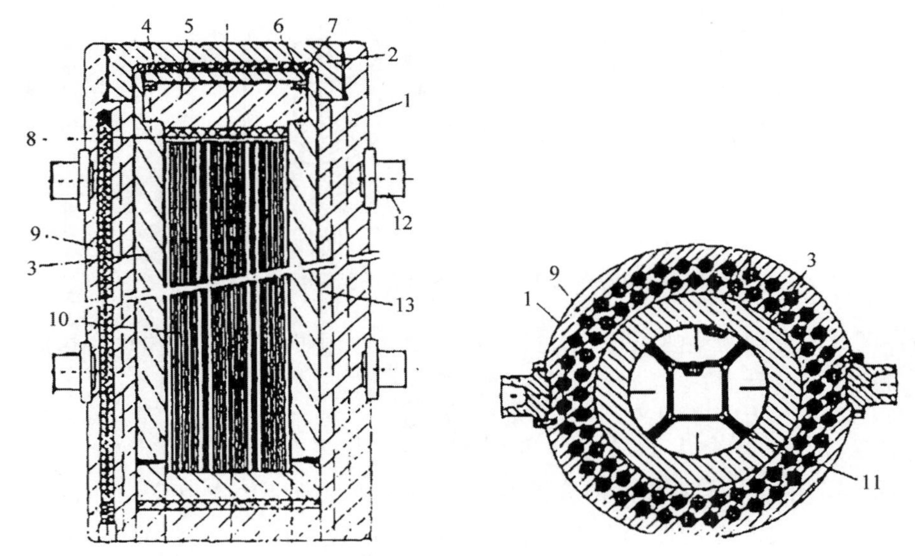

图 11.44 最终贮存罐中的 LWR 燃料元件(POLLUX 罐)

1—屏蔽罐；2—屏蔽罐的封头；3—最终储罐；4—第二道封头(焊接)；5—第一道封头；6—焊唇边；7—密封件；8—石墨层；9—慢化剂棒；10—燃料元件棒；11—燃料元件内结构和内容器；12—吊耳；13—防腐蚀层

储存在最终储罐周围的岩穴区，之后衰变热将传导到最终贮存系统的周边区域。

对于其他材料，如花岗岩、凝灰岩或黏土，需要考虑其他热力学原理，特别是与各种传热条件相关的一些理论依据。在任何情况下，废物都应尽可能长时间地贮存在中间贮存阶段，以减少必须在最终贮存中储存的衰变热。

按照这一设计概念，这里介绍 4 个独立的屏障，用于将放射性同位素包容在燃料和储存系统内。图 11.45 展示了这些屏障：①包覆颗粒及石墨基体；②储罐；③盐穴；④盐穴上方和周围各层的地质结构。这些屏障完全是相互独立的，这意味着，每一道屏障的破坏都不会导致后续屏障的失效。将放射性阻留在处置库中的燃料元件内是保证最终贮存安全性的主要要求。对附加层的进一步改进，例如，在乏燃料元件外加上碳化硅外壳，也是可行的。

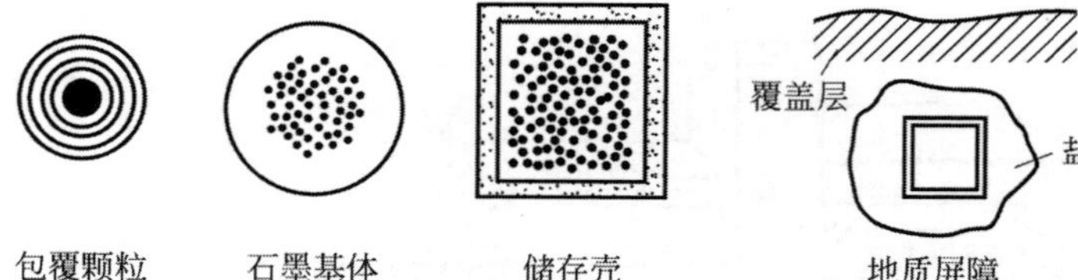

图 11.45 燃料元件和贮存系统中包容放射性同位素的各道屏障：燃料元件外可以用 SiC 壳层覆盖

与核反应堆的基本原则一样，必须遵守最终贮存的 4 个稳定性原则，以避免大量放射性物质释放到外部环境中。

- 热稳定性：自发的衰变热载出；温度限制。
- 核稳定性：功率和温度的自发限制。
- 机械稳定性：机械结构的自保持。
- 化学稳定性：材料结构的自保持。

在最终贮存系统假设的所有事故中必须要严格遵守上述原则。

以下几个方面与热稳定性相关。衰变热被载出到储罐内，再通过表面排出到盐穴中。热量储存在盐穴中，并散发到盐穴周围的地质结构内，然后再散发到周围的土层和石头上。图 11.46 所示为一个非常简单的模型，以对传热和相关温度有初步的了解。

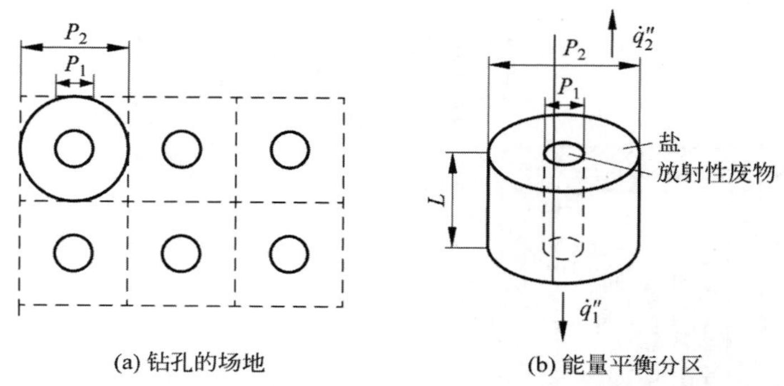

图 11.46 最终贮存系统中衰变热引起的盐穴温度的估算模型

如果废物储存区域可近似为绝热系统，则可以忽略一级近似中向岩穴周边传热的热流密度 $\dot{q}_1''$ 和 $\dot{q}_2''$，从而得到时间 τ 后岩穴中的温升 ΔT_s：

$$\int_0^{\tau} \dot{Q}_D(t) \cdot \mathrm{d}t \approx m_s \cdot c_s \cdot \Delta T_s \approx \frac{\pi}{4} \cdot P_2^2 \cdot L \cdot c_s \cdot \rho_s \cdot \Delta T_s \tag{11.27}$$

当然，虽然这里忽略了 $\dot{q}_1''$ 和 $\dot{q}_2''$，但在以后的分析中，它们具有非常重要的作用。

如果采用以下有关岩穴及钻孔距离的数据：$c_s=0.9\mathrm{kJ/(kg \cdot K)}$，$\rho_s=2100(\mathrm{kg/m^3})$，$P_2=20\mathrm{m}$，$L=1.15\mathrm{m}$，$\dot{Q}_D=10\mathrm{W}$(1800 个燃料元件，中间储存 50 年之后)，则可得到最终贮存 $\tau=100$ 年之后的温升大约为 45K。通过这个粗略的估计，距离 P_2 的重要性便凸显出来。实际上，在这个过程中，衰变热又得到了进一步的减少。热流密度 $\dot{q}_1''$ 和 $\dot{q}_2''$ 会随着温度的下降而发生变化。

图 11.46 所示模型的能量平衡随时间的变化由如下表达式给出：

$$m_s \cdot c_s \cdot \frac{\mathrm{d}\overline{T}_s}{\mathrm{d}t} = \dot{Q}_D(t) - (\dot{q}_1''(t) + \dot{q}_2'') \cdot \frac{\pi}{4} \cdot P_2^2 \cdot L \tag{11.28}$$

$$m_s = \rho_s \cdot \pi \cdot \frac{P_2^2}{4} \cdot L \tag{11.29}$$

通常，这个微分方程有一个对应于图 11.47 的解。

在开始阶段，岩穴的温度呈上升趋势，相应地，有如下近似表达式：

$$\frac{\mathrm{d}\overline{T}_s}{\mathrm{d}t} \approx \frac{\dot{Q}_D(t)}{m_s \cdot c_s} \tag{11.30}$$

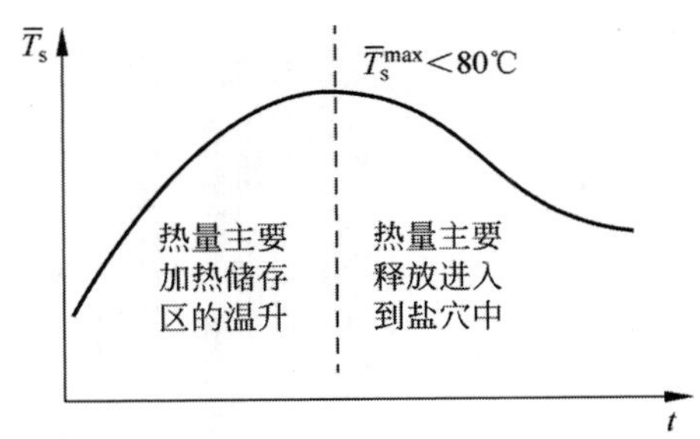

图 11.47　最终贮存中平均岩穴温度随时间变化的定性关系

$$\dot{Q}_D = \dot{q}'''_D \cdot m_s \tag{11.31}$$

采用贮存开始阶段的典型值 $\dot{Q}_D = 10\mathrm{W}$，$m_s = 7\times10^5\mathrm{kg}$，$c_s = 0.9\mathrm{kJ/(kg\cdot K)}$，可以估计出这个过程的温升为 $\mathrm{d}\overline{T}_s/\mathrm{d}t = 2$℃/年。对于贮存系统的单元栅格，典型的近似值大约为 1.5×10^{-5} W/kg。在达到岩穴温度的最大值之后温度开始下降，因为载出到最终贮存外部区域的热量此时已大于产生的衰变热。

使用三维计算机程序进行的详细计算提供了岩穴中的温度分布图，如图 11.48 所示，在装入 LWR 元件的情况下，盐穴的温度始终低于 170℃，这表明盐穴的稳定性是有保证的。在装入 HTR 燃料元件的情况下，岩穴的温度会低得多。

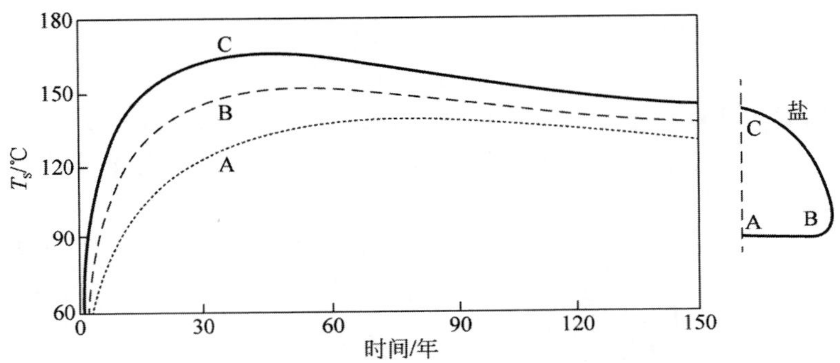

图 11.48　岩穴中的温度分布（LWR 乏燃料元件的最终贮存）

盐穴具有一定的流动和蠕变特性，并且在环绕热源周围一段时间后会紧密贴到储罐表面上。这是盐穴在热力学行为方面的有利特性。由于产生的衰变热非常低，所以储罐本身的温差很小。因此，HTR 乏燃料元件最终贮存期间的热稳定性原则很容易得到满足。在最终贮存阶段，储罐自身不可能受到内部或外部原因的干扰，即使是盐穴发生了变化也不会导致衰变热自发载出的失效。

核稳定性一直都能得到很好的保证，因为储罐的临界值总是低于 0.9。任何事故都不可能改变这种状态。即使在水进入后包覆颗粒可能被分离并分布在盐穴中，也没有可能改变其临界值，况且这只是一个完全不切实际的假设，即便如此，也可以避免达到临界。另一个保障核稳定性的因素是乏燃料元件的富集度过低。

机械稳定性是由周围盐穴中储罐的排列方式决定的。只要储罐是完好的，就不会对燃料元件或者燃料颗粒产生附加的力。如果储罐被损坏，燃料元件也不会由于受到地质系统的压力而遭到损坏。

当盐穴作为最终贮存设置时，其化学稳定性需要特别加以关注。正常情况下，盐是干的，不会对燃料元件或者燃料颗粒造成不良影响。但是，如果水进入贮存区域，就会形成盐水，一开始是对储罐，之后就会对燃料元件和颗粒产生腐蚀性损害。

在开始阶段，储罐受到腐蚀，经过一段较长的时间之后就可能受到损坏。图 11.49 给出了各种温度、不同材料和特定腐蚀条件下的一些测量结果。在几十年的运行过程中，腐蚀速率是不同的。因此，选择合适的材料作为储罐是非常重要的。

腐蚀速率随温度的变化可用如下的关系式来表征：

$$r \approx r_0 \cdot \exp(-C/T) \tag{11.32}$$

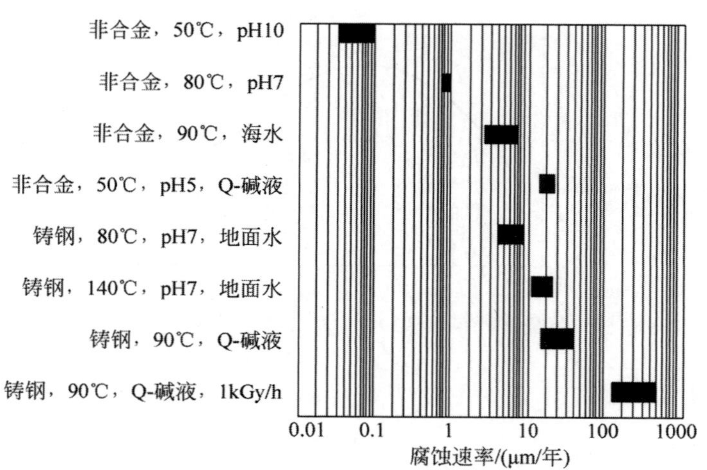

图 11.49 温度和腐蚀介质状况对不同材料储罐腐蚀速率的影响

由式(11.32)可以清楚地看出盐穴中保持低温状态的重要性。如果选择乏燃料进行长期中间贮存，保持低温还是有可能的。例如，在 90℃下，在 Q-碱液及强辐照场中，铸钢的腐蚀速率为 100μm/年，一个壁厚为 100mm 的储罐在其结构的完整性受损之前，可以经受 500 年甚至更长时间的腐蚀影响。在此期间产生衰变热的同位素(主要是 Cs137，其半衰期 $T_{1/2}=30$ 年，以及 Sr90，其半衰期为 28 年)已经衰变掉。例如，对于 Cs137，由下面的关系式可知，其活度在 500 年内下降为原来的 10^{-5}。

$$A(500\mathrm{a})=A(0)\cdot\exp(-\ln2\cdot500/30)\approx10^{-5} \tag{11.33}$$

500 年后，这个同位素引起的活度非常小。Sr90 的情况与此类似。在储罐可能受到腐蚀影响而失效之前，这些同位素(Cs137，Sr90)几乎已经完全衰变掉。此外，如果燃料元件与盐水接触，由实验可知，其相关同位素的浸出速率是非常小的。

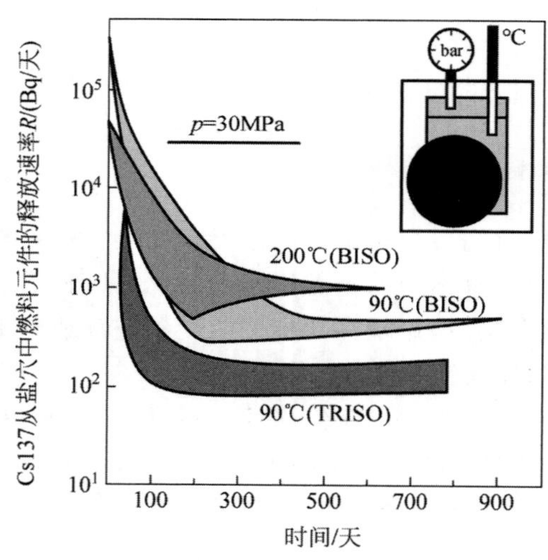

图 11.50 在不同的盐穴温度下 Cs137 从球形乏燃料元件(BISO 和 TRISO 颗粒)的浸出速率

如图 11.50 所示，以 Cs137 的浸出速率为 100Bq/天为例，每年大约 1%的存量可能通过浸出过程从燃料中释放出来。这个数字表明，低温的盐穴及 TRISO 颗粒有利于实现尽可能低的浸出速率。有分析表明，主要是石墨基体中的裂变产物(被污染及运行过程中扩散出来的自由铀产生的)有可能被释放出来。燃料元件中同位素的消失过程可用如下包含放射性衰变和浸出的方程描述：

$$\mathrm{d}N/\mathrm{d}t=-\lambda\cdot N-R \tag{11.34}$$

其中，R 是浸出引起的释放速率。

这个微分方程的解可由下面的表达式计算得出：

$$\frac{N}{N_0}=\exp(-\lambda\cdot t)+\frac{R}{\lambda\cdot N_0}\cdot[\exp(-\lambda\cdot t)-1] \tag{11.35}$$

当初始条件为 $t=0$，$N=N_0$ 时，对于 Cs137 和 Sr90，满足 $\lambda\cdot N\gg R$ 的条件。在这个条件下，Cs 和 Sr 实际上是由于衰变而不是由于浸出而消失的。测量结果表明，具有非常长半衰期的其他同位素(如 Cs135，I129，Tc99，Zr93)及超铀元素的同位素的浸出量都是非常小的。目前，TRISO 包覆颗粒对所有这些同位素的阻留能力都非常强。这些同位素的活度在大约 10^5 年之后将成为放射性释放的主导，但是释放量非常少。

可以通过额外增加一层合适的材料来对燃料元件作进一步的改进，例如，未来有可能在燃料元件的外表面覆盖上碳化硅，这样的设置可能会使最终储存系统中的释放量降到更低的程度。此外，对外部储罐的改进也是有可能的。当采用储罐方式贮存时，应注意储罐中铁的含量，因为在水进入的情况下，铁和水可以发生反应形成氢：

$$Fe + H_2O \longrightarrow FeO + H_2$$

每吨铁可能形成 500Nm^3 的 H_2。当然，即便发生反应，其反应速率也很低，这一过程需要很长的时间。而且在这段时间内，形成的氢会通过水进入之前已形成的间隙而被释放出去。因此，形成爆炸性混合物实际上是不可能的，因为没有氧气。在许可证申请过程中必须要考虑局部压差的状况。

在任何情况下，一个非常严重且极不可能发生的事故产生的后果是可能会有少量的放射性物质$\dot{Q}_j$ 从最终贮存区域释放出来。这种放射性物质可能在盐穴和最终贮存地上部的其他土壤层及石头上扩散和传播。地下水对这种放射性物质的传播也可能起到重要作用。可以用各种转移因子来表征放射性物质从处置库向外部环境迁移的情况。得到的剂量率 D 可以作为居住在那里的公众可接受的辐射剂量的一个计量参数，如图 11.51 所示。

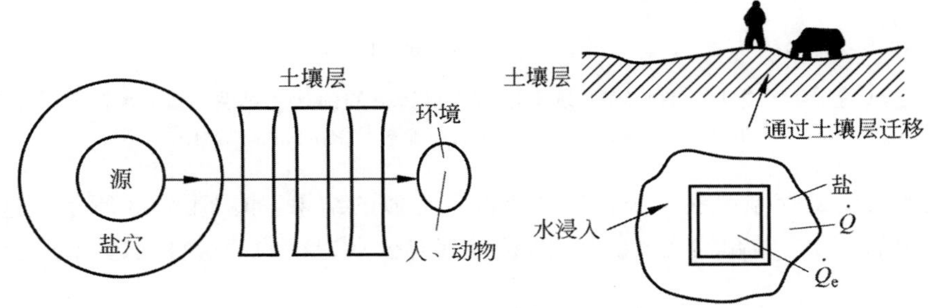

图 11.51 在发生水进入盐穴事故情况下放射性物质从最终贮存向外部环境的迁移

如果 r 是从最终贮存区域释放出来的同位素存量的份额，则源项$\dot{Q}_j$ 可用下面的公式来确定：

$$\dot{Q}_j \approx \dot{Q}_0 \cdot r \tag{11.36}$$

其中，$\dot{Q}_0$ 是储库中的总存量。放射性物质可以在地面和水中扩散，每年造成的剂量可由下面的表达式计算得出：

$$D = \int_0^{1年} \dot{D} \cdot \mathrm{d}t = \int_0^{1年} \sum_j \dot{Q}_j \cdot \prod_i T_{i_j} \cdot \beta_{ij}\,\mathrm{d}t \tag{11.37}$$

$\prod_i T_{i_j}$ 表征了各种迁移因子。放射性核素对人的影响用 β_{ij} 因子来表征。这些迁移因子 T_{i_j} 和 β_{ij} 因子要求对放射性物质储库周围的各层土壤进行详细的测量。特别是对于放射性核素在水中的迁移情况，应尤为关注。

为了对受污染的土地进行评估，一些自然物质的数据是很有帮助的，见表 11.11。

表 11.11 污染和剂量的转换

(a) 某些物质的比污染值

材料	比污染/(Bq/g)	注释
花岗岩	10	0.1%U
化肥(钾)	15	α 活度
铀矿	3000	
污染的土地	15	Pu 已衰变掉

(b) 放射性同位素评价的转换因子

同位素	辐射	剂量常数/[(Sv/h)/(Bq/m^2)]
Cs137	β^-, γ	8.5×10^{-14}
Sr90	β^-	2×10^{-11}

剂量常数 Γ 可通过如下关系式等价于

$$\dot{H} = \Gamma \cdot A/r^2 \tag{11.38}$$

其中，$\dot{H}$ 的单位为 Sv/h，Γ 的单位为(Sv/h)/(Bq/m^2)。例如，含有 100Bq/kg 污染的土壤对 1m 外的环境造成的污染剂量接近 0.1mSv/年。

很多关于放射性物质迁移的计算和测量及剂量的计算均可以从全球范围内的相关研究中获得。

对最终贮存系统事故的所有分析结果表明，相比于自然原因及医疗对人群造成的正常放射性影响，最终贮存系统事故引起的剂量相对更小。上述结果如图 11.52 所示，这些比较结果主要是在轻水堆的燃料条件下获得的。对于采用 TRISO 包覆颗粒作为燃料的 HTR,其剂量会进一步地减少。

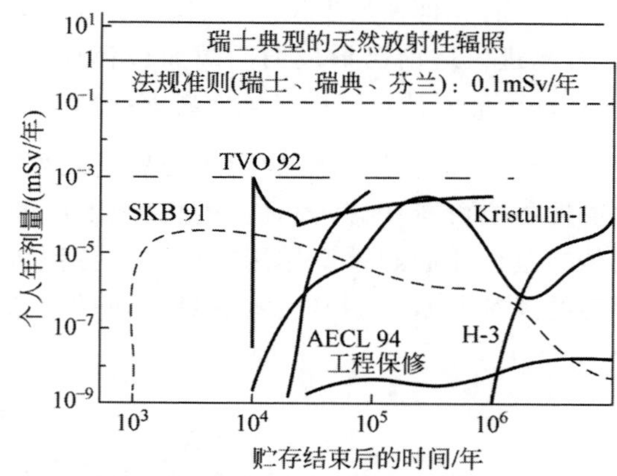

图 11.52 在水进入情况下乏燃料元件贮存系统事故对人群造成的预计放射性剂量:来自不同国家的研究结果

TVO:芬兰,SKB:瑞士,AECL:加拿大,Kristallin:瑞典

在对玻璃固化的最终贮存系统进行分析后也获得了类似的结果,如图 11.53 所示。这些固化玻璃主要包含裂变产物和残余的约 1%的超铀元素。同样,预计其对公众造成的剂量将远远低于允许的限值。

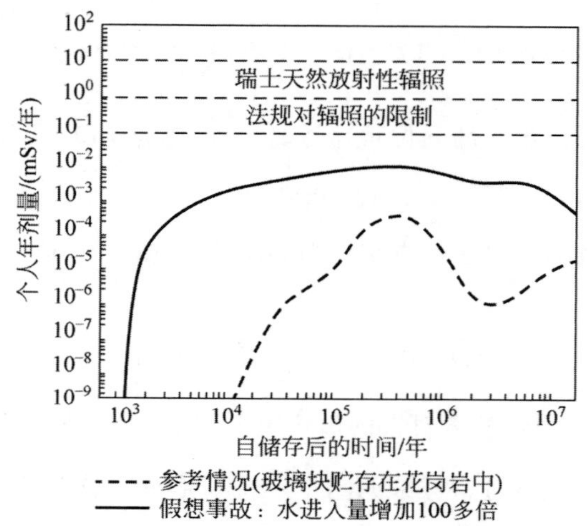

图 11.53 发生水进入最终贮存事故之后最终贮存固化玻璃对人群造成的放射性剂量

如果未来将分离和嬗变技术引入反应堆的核废物管理系统,则最终贮存的放射性可能会得到进一步的减少,详见第 15 章。最终贮存中超铀元素的含量甚至会下降为原来的 1/100,因此,尤其是从长远角度考虑,最终贮存的风险可能会变得更小。然而,还必须要考虑后处理、分离、嬗变及再制造过程中的风险,这些风险往往都发生在废物处置路径中的开始阶段,有可能导致比最终贮存更高的事故风险。到目前为止,使用核技术的国家对最终贮存的问题进行了很多相关研究,也得到了很多不同的结果。由盐穴、花岗岩、凝灰岩或黏土组成的地质处置库作为最终贮存已被列为多个国家的备选方案,甚至部分已被开发应用,见表 11.12。

表 11.12 目前世界各国建立最终贮存概念的概况

国家	现　状	建议的地质构成	可能的场址	注　释
比利时	最终贮存分析	黏土	Mol	研究设施在运行中
德国	暂停,新开始	盐穴、花岗岩、黏土	Gorleben	盐穴在研发中,花岗岩、黏土将验证
芬兰	准备实施最终贮存	花岗岩	Olkiluoto	场址被议会批准
法国	各种场址的证实	黏土、花岗岩	Bure	花岗岩,方案正在讨论中
英国	长时间中间贮存			
日本	最终贮存分析	花岗岩、沉积物		进行详细分析
加拿大	概念的验证	花岗岩		在 Pinaba 的地下研究实验室(URL)

续表

国家	现　状	建议的地质构成	可能的场址	注　释
荷兰	长时间中间贮存			
瑞士	概念的验证	花岗岩、黏土	Benku	在 Grimschl，Mount Ferri 的实验室
西班牙	设计概念	花岗岩、黏土		各种地质贮存的验证
美国	准备许可证文件	凝灰石	Yacca Mountain	场址已选定
瑞典	场址选择	花岗岩	HRL，Äspö	大量工作已完成

根据不同类型的地质构造、燃料元件特性及安全部门的具体要求，最终贮存储罐的设计概念存在很大的不同，如图 11.54 所示。

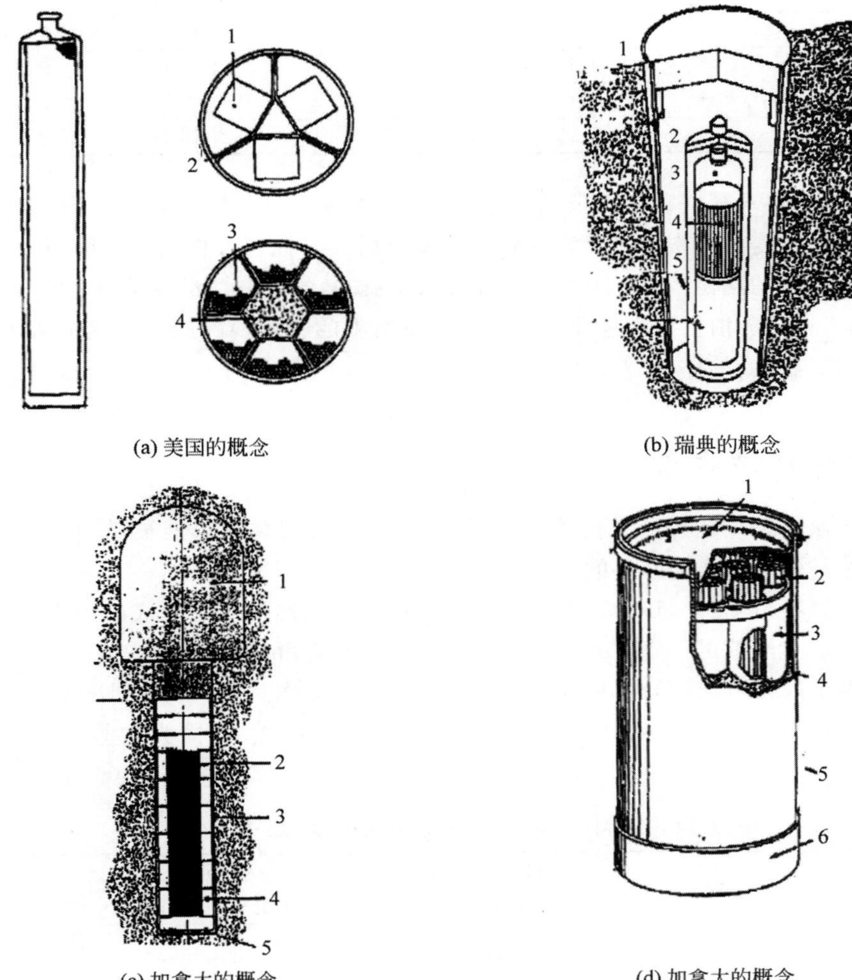

图 11.54　各种最终贮存罐的概念

(a) 1—PWR 燃料元件；2—储罐的内部结构；3—燃料元件棒；4—燃料元件的结构部件；(b) 1—钻孔的封盖；2—钻孔的壁面；3—间隙；4—燃料棒；5—储罐；(c) 1—砂和膨润土填充；2—最终储罐；3—间隙用膨润土填充；4—紧凑型膨润土块；5—底部填充(膨润土)；(d) 1—上封盖；2—乏燃料元件；3—导向管；4—填充材料；5—储罐；6—底部封盖

在燃料循环的不同阶段，燃料元件条件的比较是令人感兴趣的一件事。在中间贮存系统，加载在燃料元件上的载荷很小，在以后的直接最后贮存情况下，将它们与反应堆运行所受的载荷进行比较，也是很小的，见表 11.13。

表 11.13　模块式 HTR 中间贮存和最终贮存的比较(对于典型的球形燃料元件)

参　数	模块式反应堆	中间贮存	最终贮存
运行的设计跨度/年	3	100	全部时间
位置	堆芯内	储罐内	在地质系统的储罐内

续表

参　　数	模块式反应堆	中间贮存	最终贮存
单元中燃料元件数	350 000	3000	10 000
裂变产物存量/(Bq/FE)	10^{12}	$<10^{11}$	$<10^{9}$
发热/(W/FE)	1000	<1	<0.01
典型的燃料温度/℃	900	<200	<100
快中子注量/(n/cm^2)	$<4\times10^{21}$	$<10^{19}$	$<10^{18}$
阻留裂变产物的屏障	包壳,一回路边界,内混凝土舱室	包覆,储罐	包覆,储罐,地质屏障
瞬态(运行)	dP/dt,dT/dt	无	无
事故条件(LOCA)/℃	<1600	不相关	不相关
腐蚀性侵入(空气)	设计限制	不可能	不可能
腐蚀性侵入(水)	设计限制	不可能	长时间之后想象的
机械载荷	设计限制	不可能	有限的
可能的裂变产物释放(占存量的百分比)	$<10^{-3}$	$<10^{-6}$	$\ll10^{-6}$
释放地点	地面上	地面上	地下深处(约 1000m)

作为一种解决方案,要求最终贮存无限期地运行是不可接受的,对于核能的利用也是如此。因此,钚同位素的转换及未来通过嬗变破坏次锕系元素有利于缩短放射性毒性发挥作用的时间,技术评估认为这是可行的。具有非常长半衰期的同位素(如 I129,Tc99,Er93,Cs135)的放射性毒性是极低的,经过相当长的时间后,最终会比天然铀矿床的放射性毒性还要低。一个储量有限的新发现的矿与日常生活中许多更大的放射性风险相比,是完全可以承受的。

11.6 防核扩散及核安保

在世界上许多国家未来核能容量增长的情况下,人们担心裂变材料可能被滥用。因此,防核扩散和采取适当的核安保措施是非常重要且必要的。

适用于核武器的材料是 U235,U233 和 Pu239。U235 是由天然铀浓缩而成的,其他同位素是在反应堆内由 U238 和 Th232 转化形成的。纯 Pu239 和 U233 的生产需要后处理和浓缩工厂。

高度及中等浓缩铀或钚可通过与各种同位素的组合用于核爆炸。表 11.14 列出了在防核扩散方面值得关注的材料的重要参数。此外,铀、钚、锕系元素也必须引起足够的重视,因为这些同位素也可以形成临界质量。

表 11.14　各种同位素混合物的临界质量(假设:氧化物材料)

同位素	特　　性	易裂变材料含量/%	临界质量(易裂变材料)/kg	注　　释
武器级钚	Pu239+Pu241	约 100	约 8	带铍反射层
武器级铀	U235	93	约 25	带铍反射层
武器级铀	U233	约 100	约 8	带铍反射层
武器级铀	70% Pu 含量	约 33	约 60	燃耗约为 35 000MWd/t
反应堆钚	U238+U235	约 10	约 1500	15t 重金属
反应堆铀	铀+钚(20%富集度)	约 13	约 250	非常低的能量释放

从各种同位素混合物所进行的大量实验中可以发现,含有小于 20%U235 的 U235 混合物或含有小于 12%U233 的 U233 混合物被认为是不适合作为核裂变炸弹的同位素。因此,INFCE(国际核燃料循环评估)分析的结果表明,20%的富集度可以设定为近期应用于商用动力反应堆燃料循环的限值。

钚似乎适于在较广的同位素浓度范围内用于核武器的制造。然而,由于同位素 Pu240 和 Pu242 的含量在设计的能量区内不会发生裂变,因此,爆炸过程中的能量释放相对会小得多。

各种易裂变材料的临界质量在很大程度上取决于富集度,如图 11.55 所示。原则上,次锕系元素也可以形成临界质量,如图 11.55(b)所示,特别是它们的临界质量比 U235 要小,因此,次锕系元素在防核扩散及核安保方面非常值得关注。

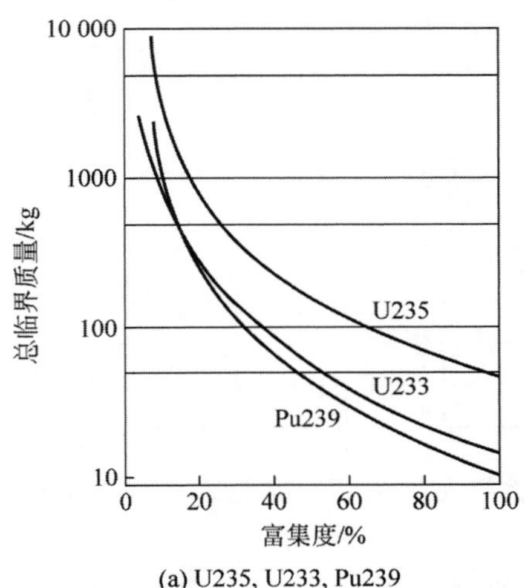

(a) U235, U233, Pu239

核素	质量/kg
U235	43.3
U233	15.4
Pu239	10.1
Pu241	1.2
Cm243	8.0
Am141	302.2
Np237	54.5
Cm244	21.2

(b) 易裂变材料和锕系元素

图 11.55　各种同位素的临界质量随富集度的变化

在核反应堆运行过程中，钚的组成发生了变化，如图 11.56 所示。特别是对于很小的燃耗值，燃料元件中易裂变同位素的含量很高。

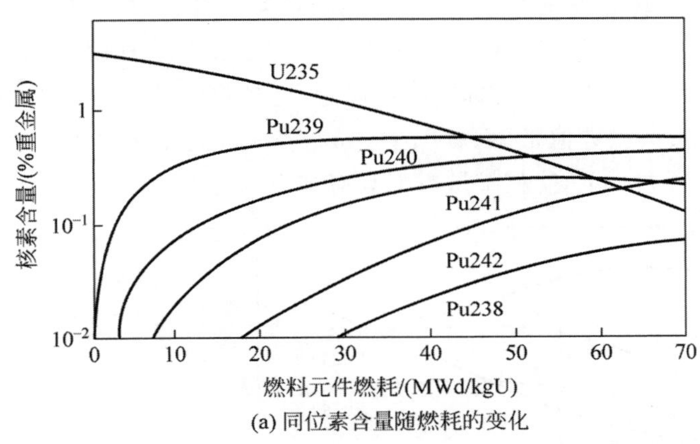

(a) 同位素含量随燃耗的变化

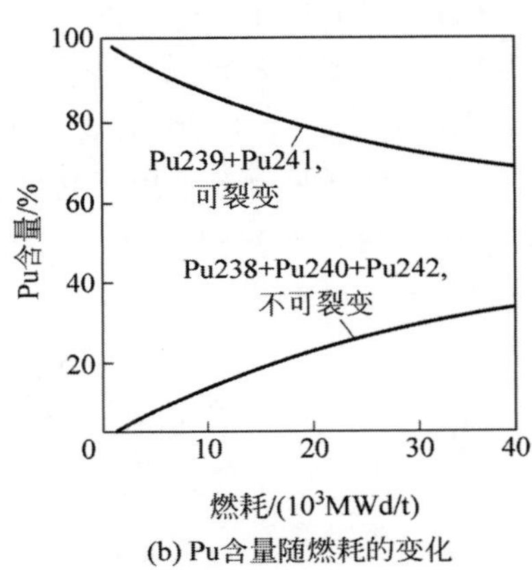

(b) Pu含量随燃耗的变化

图 11.56　可裂变和不可裂变钚同位素含量随燃耗的变化(如 PWR 采用低浓铀循环)

从防核扩散角度来看，高燃耗更为有利。对于商用运行的轻水反应堆，Pu240 和 Pu241 的量有所增加，而易裂变 Pu 的份额降到低于 70%，此时的燃耗达到 40～50MWd/kg。

对于 HTR 在全球核能经济近期和远期应用前景的分析，前面提到的 3 种循环需要重点加以关注。

- LEU 循环(8%～10% U235 的富集度)；
- HEU 循环(高浓铀(93%)或者钚，与钍组合)；
- MEU 循环(钍中含有富集度＜ 20%的易裂变材料)。

在下一个十年，低浓铀循环将成为首选，而对于更长远的未来，采用含高浓铀的钍循环将是一个非常重要的选择，并将进行后处理。如果全球范围内都要求实施防核扩散和核安保措施，那么 MEU 循环将具有一定的吸引力，因为这种循环完全避免了武器级材料的引入。

表 11.15 给出了 HTR 电厂各种循环的一些数据，其中还包括一些目前商用 LWR 的数据。有关核安保风险的评估及必要的安保措施不仅涉及易裂变材料的存量，还涉及燃料循环设施中的质量流量。

表 11.15　在平衡态下各种燃料循环反应堆系统中易裂变材料的质量

反应堆系统	HTR			LWR
名称	HEU	MEU	LEU	LEU
同位素浓度	Th+93% U	Th+20% U	8.6 U	3.2 U

续表

反应堆系统	HTR			LWR
燃耗/(MWd/kg)	100	100	100	35.7
存量/(kg/GWd_e)				
Pa233	68.5	38.4	—	—
U233	470.8	218.3	—	—
U235	488.0	431.5	762.1	1380.9
Np239	0.2	2.5	5.8	0.1
Pu239	1.6	39.3	183.3	317.3
Pu241	0.8	17.4	76.7	51.9
U233＋U235＋Pu239＋Pu241	921.2	706.5	1022.0	1750.1

对于 MEU 循环，人们关注的可能主要是限制乏燃料元件中钚的含量。在详细的循环过程中包含钍和 20%浓缩铀的混合物。

在燃料元件通过反应堆的过程中，U235 比 U233 的燃耗更高一些。当燃料元件最终从堆芯卸出时，铀同位素混合物中易裂变材料的含量仅为 5.8%，明显低于 INFCE 规定的 20%的限值。

钚是在反应堆中燃料受中子辐照后由 U238 转化得到的，燃料元件卸出之后不可裂变的同位素 Pu240 和 Pu242 占据主导。此外，钚的总浓度很低。钚的这些特性对于 HTR 更为典型。图 11.57 显示了每个球中钚的含量随燃耗的变化情况。高燃耗值是 HTR 具有的特征，因为采用包覆颗粒作为燃料可以达到很高的燃耗，这样，每个球形燃料元件中钚的总量仅为 0.04g。其中大多数钚的同位素不适宜用于核爆炸，如 Pu238，Pu240 和 Pu242。因此，需要大量的燃料元件才能获得钚的临界质量，这是防核扩散的一个很好的先决条件。钚的浓度低是由于采用了高慢化比，其典型数值是 $N_c/N_{HM}=450\sim500$。高慢化比在球床反应堆中更容易实现。在上述 MEU(Th/U 20%)循环方式下，防核扩散方面具有如下的特性：

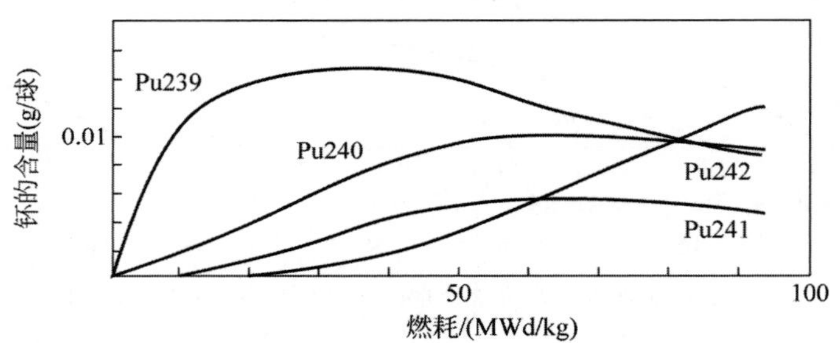

图 11.57 钚同位素在 MEU 循环中的积累：随燃耗的变化

- 卸出的燃料元件不含武器级的材料。
- 卸出的燃料元件中所含的钚是变性的。如果这种钚材料可分离，其具有很高的 Pu238，Pu240 和 Pu242 含量，在爆炸时将显示很小的能量释放。
- 由于燃料球只包含很少量的钚，需要“窃取”大量的燃料球才能获得核爆炸装置所需的足够材料。如果燃料循环处于国际原子能机构的监督之下，要达到足够的材料份额几乎是不可能的。
- 对这些燃料秘密进行后处理需要采用 THOREX 和 PUREX 流程，要消耗大量的材料，同样地，在国际原子能机构、外国情报部门及卫星侦察监管之下也是不可能不被发现的。
- 最后，存在比从 MEU 循环获取必要质量的武器级材料更容易和更便宜的方法。

可以说，对于 HTR，尤其是在使用大量钍的 MEU 循环的情况下，将会提供一个非常适于防核扩散的燃料循环。基于燃料循环的经验，国际原子能机构建立了一个被世界上许多国家所接受的安保概念。这一概念包括界定易裂变材料显著有效量的法规、材料的分类、核电厂内核材料积存量和流量监测的概念及相关的探测系统，该系统是以国际原子能机构核查人员对电厂的控制和评估为基础而设置的。表 11.16 择要给出了易裂变材料的显著有效量。

表 11.16　核安保程序中重金属控制的显著有效量

同　位　素	显著有效量/kg	成　　分
Pu	8	作为元件
U233	8	作为同位素
U(≥20% U235)	25	U238 含量小于 100kg
U(< 20% U235)	75	U238 含量小于 375kg
Th	20 000	作为元件

表 11.17 给出了国际原子能机构对含有易裂变同位素材料的分类和必要的转换时间。不同分类材料之间转换的估计时间存在较大的差异。尤其是钚和铀(高富集度铀)，如果它们呈现的是金属或者纯材料的形式，则其转换时间处于几天这一量级。如果同位素包含在乏燃料元件中，则至少需要几个月的时间(表 11.17)。

表 11.17　IAEA 对含易裂变同位素材料的分类和必要的转换时间

材料分类	材料形式(初始)	材料形式(处理后)	转换的估计时间
1	Pu；HEU；U233 金属	由 Pu 和/或 U 组成的燃料元件或者其他部件	几天(7～10 天)
2	PuO_2；$Pu(NO_3)_4$ 或者其他化合物；HEU，U233 氧化物或者其他化合物；MOX，其他 Pu 或者富集度>20%U(U233+U235)的未辐照的混合物；废料或其他受污染的部件中的 Pu，HEU 或者 U233	由 Pu 和/或 U 金属组成的燃料元件或者部件	几天(1～3 天)
3	辐照燃料元件中的 Pu，HEU，U233	Pu 和/或 U 金属部件	几个月(1～3 个月)
4	具有中等富集度的 U(<20% U233+U235)；Th	所有可能的改变	大约 1 年

在对核设施进行的实际分析和评价中，将它们的衡算区加以划分，以便能够确认相关核材料的积存量和积存量的变化情况，如图 11.58 所示。这些衡算区可能是反应堆、中间贮存、新燃料元件的储存，当然也包括后处理和再制造厂。

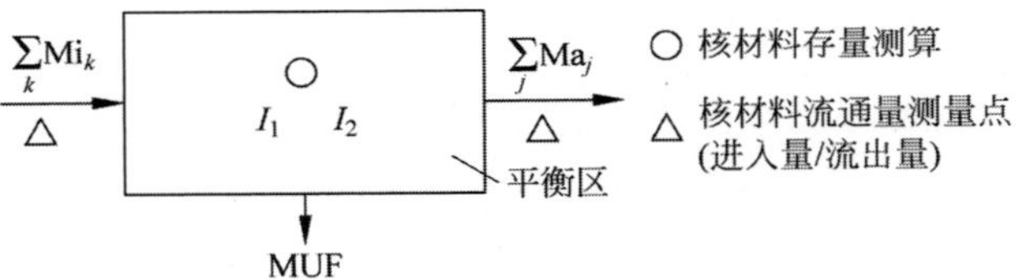

图 11.58　特定核设施区域中材料衡算的原理

对于易裂变材料的积存量，可以建立如下的衡算方程：

$$I_2 = \sum_k \mathrm{Mi}_k - \sum_j \mathrm{Ma}_j + I_1 + \mathrm{MUF} \tag{11.39}$$

其中，I_1 为初始存量；I_2 为 t 时间之后测算的积存量；$\sum_k \mathrm{Mi}_k$ 为 t 时间内所有进入材料之和；$\sum_j \mathrm{Ma}_j$ 为 t 时间内所有取出材料之和；MUF 为损失的材料量(未核算的材料)。

进入衡算区和从衡算区取出的材料是在某一个合适的点上进行核算的。国际原子能机构每月对核电站进行检查，通常每年进行一次清单的登记。该控制系统安装在所有参加国际原子能机构核查计划的核设施中。

必须要进行探测查明的材料数量必须很小。例如，由表 11.14 中汇集数量的比较可以看出，材料数量仅为其百分之几，虽然数量很小，但必须及早发现，以避免在衡算区外积累相当数量的易裂变材料。控制过程中进行计量的材料量 M 有可能被遗漏的概率由如下方程得出：

$$W(M) = \frac{1}{\sqrt{2\pi \cdot \sigma}} \cdot \exp\left[-\frac{(M - M_0)^2}{2\sigma^2}\right] \tag{11.40}$$

其中，σ 是标准偏差。图 11.59 对其原理进行了解释。

关于失效，根据高斯分布，计量值 M 有 90%的概率落在 $M_0 \pm 1.65\sigma$ 的范围内。如果计量值 $M<M'$，

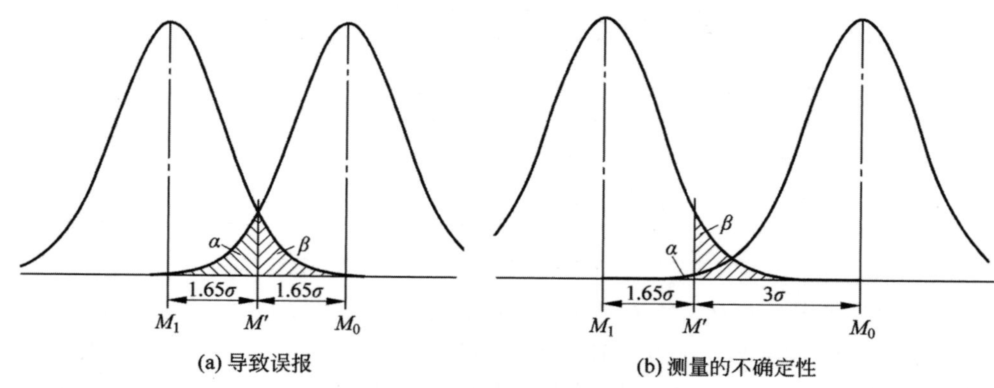

图 11.59 材料数量检测偏差概率的关系

$M'=M_0-1.65\sigma$，则进入被警告区域。由运营商提供的参数值(M_0)与计量值之间的偏差非常大，已超出材料允许的偏差限值。在显示大约有5%偏差的情况下，可能导致发出错误的警告，这种情况有可能是由统计效应造成的。在上述偏差为5%的例子中，α 就相当于误警率。如果计量值为 M_1，具有计量漏失量 $M_0-M_1=3.3\sigma$ 的概率为95%。损失的量有95%的概率会被探测出来。被探测出来的概率是 $1-\beta=95\%$，即有大于95%的概率探测出损失的量满足 $M_0-M<3.3\sigma$。在这种情况下，错误报警的概率也大约为5%。鉴于此，对敏感材料进行探测并查明其剂量必须要及时进行。因此，国际原子能机构随后给出了检查间隔的严格规定。表 11.18 给出了 σ_{MUF} 值及各类核电厂核材料衡算不确定性的要求。当然，浓缩厂、转化过程、后处理和再制造需要对这些方面给予最大的关注。

表 11.18 各类核电厂核材料衡算不确定性的要求

电　　厂	σ_{MUF}/%	探测查明偏差的时间
富集度	0.2	几天
燃料元件制造(铀)	0.3	几周
燃料元件制造(钚)	0.5	几天
后处理		
(U 线)	0.8	几天
(Pu 线)	1.0	

核安保系统通常必须满足如下要求：

- 必须查明漏失的同位素材料的量；
- 根据同位素材料对防核扩散的重要性，查明的时间必须要尽可能地短；
- 查明大宗漏失同位素材料事件的置信度必须足够高；
- 允许的误警率必须足够小；
- 一般来说，国家和运营商必须要遵守国际原子能机构的国际监督和控制条例。

对于模块式 HTR，这种情况可以做如下的评价。乏燃料元件包含很少量的裂变材料，例如，小于100mgPu/FE，少于60mg U235/FE。因此，必须要“盗取”许多燃料元件才能够达到临界所需的质量，即需要100 000多个燃料元件才能制造钚弹。在国际原子能机构的监督下是不可能“盗取”这么多材料而不被核查出来的。另外，若要达到制造钚弹的条件，需要在前端将燃料元件本身解体并在后处理厂将钚分离出来，然而，全球范围内存在许多更简单的方法获得必要的钚弹质量。

根据国际原子能机构的规定，核电站应配备测量系统。这些设备主要用来控制进入新燃料储存库、反应堆安全壳和反应堆压力壳的燃料元件，以及燃料装卸系统中专门的测量点。由于在正常运行期间连续地装卸燃料元件，在 THTR 300 反应堆中已开发并实际运行了一套专门的程序。相关的程序主要用来对装载和卸载装置中球的数量进行测量。另外，在对燃耗进行测量时允许对反应堆中易裂变材料的流动加以控制。乏燃料元件的中间贮存是另一个由国际原子能机构控制的系统。为了进行比较，图 11.60 给出了目前轻水反应堆采用的技术。物料衡算区包括反应堆本身、乏燃料元件密集储存池(在安全壳内)，以及包含易裂变材料的辅助构筑物(例如，新燃料元件的储存)。

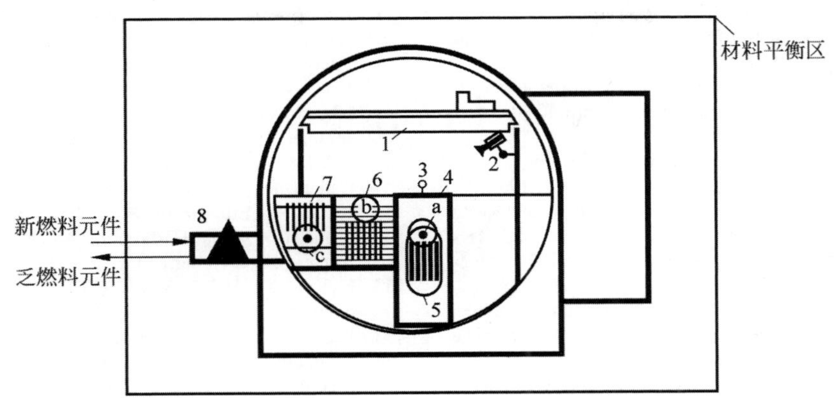

图 11.60 核反应堆国际安保概念(如德国 PWR)

⊙—积存量的关键测量点;a—堆芯;b—乏燃料元件紧凑储存池;c—新燃料元件储存;1—吊车;2—相机;3—密封;4—混凝土舱室;5—反应堆压力壳;6—乏燃料元件贮存;7—新燃料元件储存;8—材料闸门;▲—裂变材料流通量测量点

与配备测量系统类似的设计概念已在模块式 HTR 中得以实现,这一设计概念可根据具体情况适应相应类型反应堆的要求。在废物管理或者新燃料处置的所有其他步骤中,都使用了对易裂变材料的积存量和流通量进行控制的类似装置。图 11.61 所示为中间贮存中储存乏燃料元件储罐构筑物内的一些典型设施。

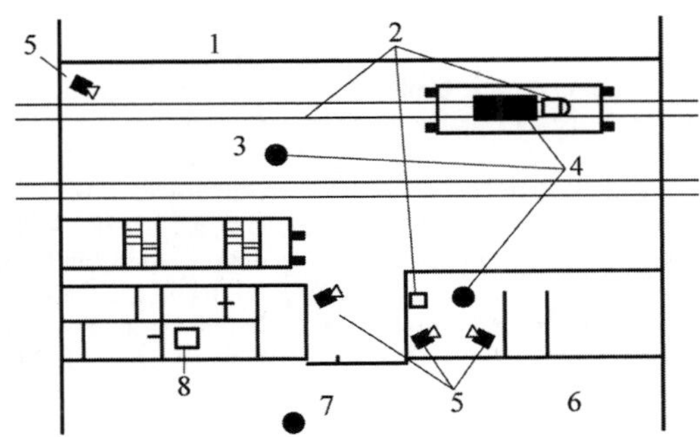

图 11.61 乏燃料元件贮存系统安保监管原理

1—储存厅;2—密封;3—接收区;4—运输和储存罐;5—照相机;6—储存厅;7—运输和储存罐;8—录像登记

参考文献

1. Hackstein, K. G., Production of fuel elements for the THTR and AVR reactor, Atomwirtschaft 16, 1971.
2. Gulden, T.D., Nickel, H.. Coated particle fuels, Nuclear Technology, 35, 1977.
3. Huschka, H., Vygen, P., Coated fuel particles: requirements and status of fabrication technology, Nuclear Technology, 35, 1977.
4. Lenshacke, D.F., Kaiser, G., HTR fuel cycle program in the FRG, Trans. ENC 31, 1979.
5. Hackstein, K.G., Heit, W., Theymann, W., Keiser, G., Status of the fuel element technology for HTR pebble-bed reactors, Atomkernenergie/Kerntechnik, 47, 1985.
6. Langville, A., HTR coated particles and fuel elements, Present development HTR/ECS, Cadarache, Nov. 2002.
7. Nickel, H., HTR coated particles and fuel elements, HTR/ECS, Cadarache, Nov. 2002.
8. INFCE, International valuation of nuclear fuel cycles; comprehensive overview, IAEA, STI/PUB/534, Vienna, 1980.
9. Teuchert, Fuel cycles of the pebble-bed reactor in computer simulation, JÜL-2069, June, 1986.
10. Wilson P.D., et al., The nuclear fuel cycle – from ore to waste, Oxford University Press, 1996.
11. IAEA, Potential of thorium based fuel cycles to constrain plutonium and reduce long lived waste toxicity, Final Report of a Coordinated Research Project 1995–2001, IAEA-TECDOC-1349, Vienna, April 2003.
12. Kachner, H., Baier, J., On the fabrication of kernels for coated particles of high-temperature reactor fuel elements, Kerntechnik, 18, 1976.
13. Nabielek, H., et al., Fuel for pebble-bed HTRs, Nuclear Engineering and Design, 78, 1984.
14. Heit, W., Huschka, H., Rind, W., Kaiser, G., Status of qualification of high-temperature reactor fuel element spheres, Nuclear Technology, 69, 1985.
15. Special issue, High-temperature reactor fuel cycle, Status Seminar Jülich, Mai 1987, JÜL-Conf. 61, Aug. 1987.
16. Mehner, A.W. et al, Spherical fuel element for advanced HTR manufacture and qualification by irradiation testing, Journal of Nuclear Materials, 171, 1990.
17. Nickel, H., Balthesen, E., Stand und Möglichkeiten der Brennelemententwicklung für fortgeschrittene hochtemperaturreaktoren in der BRD, JÜL-1159, Jan. 1975.
18. Becker, H.J., Heit, W., Fabrication, fuel loading and exposed heavy metal of spherical HTR fuel elements, ENC 79, Vol. 31, May 1979.
19. Tang, C. et al, Design and manufacture of the fuel element for the 10 MW high-temperature gas-cooled reactor, Nuclear Engineering and Design, Vol. 218, No. 1–3, Oct. 2002.
20. Schulze, R. E., Schulze, H.A., Ring, W., Graphite matrix materials for spherical HTR fuel elements, JÜL-Spez.-167, 1982.

21. Hrovat M., Nickel H., Koitzlik K., On the development of a matrix material for the production of pressed fuel elements for high-temperature reactors, JÜL-969RW, June 1973.
22. Heit W., Huschka H., New process for production of Phenolharz-bounded graphite press pulverator, Intern. Kohleustoff-tagung, Carbon 76, June 1976.
23. Schulze R.E., Schulze H.A., Graphitic matrix materials for spherical HTR fuel elements – irradiation results, JÜL-1702, Feb. 1982.
24. Burck W., Nabielek H., Pott G., Ragoss W.E., Rind W. and Röllig K., Performance of spherical fuel elements for advanced HTRs, Trans. ENC Conference European Nuclear Society 1979, Amer. Nucl. Soc. Trans. 31, May 1979.
25. Nickel H., Nabielek H., Pott G., Mehner A.W., Long time experience with HTR fuel elements, Proceedings. HTR-TN, International HTR Fuel Seminar, Brussels, Belgium, Feb. 1–2, 2001.
26. Duwe, R., Müller, H., Behavior of spent HTR fuel elements in transport and storage vessels made from cast iron (spherioidal), JÜL-Spez.-254, May 1984.
27. Duwe, R., Brinkmann, U., Release of gaseous radio nuclides from storage HTR fuel elements, Kerntechnik, 1985.
28. Storch, S., Experience and results from the storage of spent AVR – fuel elements and the technical usage for the intermediate and final storage, JÜL-2064, May 1986.
29. Merz, E., Treatment of radioactive waste in the nuclear fuel cycle, JÜL-Spez.-394, March 1987.
30. FZJ meeting, Workshop on intermediate storage, Aug 2001.
31. Duwe, R., Release of gaseous radio nuclides from HTR fuel elements under conditions of intermediate storage, ZFK-HZ-18, Apr. 1998.
32. KLE (Kernkraftwerk Lingen Emsland, Nuclear power plant Lingen Emsland), Description of the site intermediate storage Lingen at the nuclear power plant Emsland, Lingen, 2000.
33. Special issue, Workshop on intermediate storage systems on site, VDI, German Atomic Forum, KTG, Inforum Verlag, Bonn, 2001.
34. RSK, FZ Jülich, Workshop on intermediate storage of radioactive waste, Jülich, May 2002.
35. Herrmann, A.G., Radioactive waste problems and responsibility, Springer, Berlin, Heidelberg, New York, 1983.
36. Röthemeyer, H., Final storage of radioactive waste in the Federal Republic of Germany, Juhrbuch der Atomwirtschaft, 1985, Verlagsgruppe Handelsblatt, Düsseldorf, 1985.
37. Mattig, A., Nuclear waste management in the Federal Republic of Germany, GRS-58, 1985.
38. Barnert, E., MAW and HTR-BE experimental storage in bore-holes, JÜL-CONF.-60, July 1987.
39. Kirch, N., Brinkmann, H.U., Brücher, P.H., Storage and final disposal of spent HTR fuel in the Federal Republic of Germany, Nuclear Engineering and Design 121, 1990, Statusseminar Hochtemperaturreaktor-Brennstoff-Kreislauf, JÜL-CONF., Aug. 1987.
40. Barnert, E. (edit), MAW and HTR-BE experimental storage in boreholes, 1. Statusbericht, JÜL-CONF. 60, July 1987.
41. Bodansky, D., Nuclear energy, principles, practices and prospects, Springer, 2004, Schachtanlage Konrad: vom Erzbergwerk zum Endlager für radioactive Abfälle; BfS, Salzgitter, 1992.
42. Röthemeyer, H., Warnecke, E., Radioactive waste management – the international approach, Kerntechnik, 59, No. 1/2, 1994.
43. Brewitz, W., International status of waste management, Atom-wirtschaft, 44. Jg., Vol.2, 1999.
44. Brücher, H., Fachinger, J., HTR fuel back end, HTR/ECS 2002, Cadarache, Nov., 2002.
45. Niephaus D., Reference concept for the direct final storage of spent HTR fuel elements in CASTOR THTR/AVR transport and storage containers, JÜL-3734, Nov. 1999.
46. Kessler G. et al., Sustainable use of nuclear energy, Atom-wirtschaft, 43. Jg., Heft 11, 1998.
47. Merz E., Walter C.E., Advanced nuclear systems consuming excess Plutonium, Kluwer Academic Publishers, Dordredit, Boston, London, 1997.
48. NN, Special issue: Deutsches atomforum ek, Kerntechnische gesellschaft, VDI gesellschaft Bathmechnik, VDI Gsellsch, Energietechnik, Conference on Intermediate Storage for Spent Fuel Elements, Inforum Verlag, Bonn, 2001.
49. NN, Special issue: High-temperature reactor – fuel cycle status seminar, JÜL, May 1987; JÜL-Conf. 61, Aug. 1987.
50. Brücher H., Fachinger J., HTR fuel back end, HTR/ECS 2002, Cadarache, Nov. 2002.
51. Kirch N., Bruikmann H.U., Brücher P.H., Storage and final disposal of spent HTR fuel in the Federal Republic of Germany, Nuclear Engineering and Design, 121, 1990.
52. NyKyri, M., VIJ repository plays an integral part in TVO's waste plant, Atom 425, Nov/Dec., 1992.
53. Paul Scherrer Institute, Switzerland, Yearly Report, 1993.
54. Dahlberg, R.C., Goeddel, W.V., Proliferation concerns and the HTGR, General Atomic Comp., GA-A14756(Nov. 1977).
55. Hildenbrand, G., Nuclear energy, nuclear exports and nonproliferation of weapon grade materials, Atomwirtschaft, July/Aug. 1977.
56. Teuchert, E. et al., Closed Thorium cycle in the pebble-bed HTR, JÜL-1569, Jan. 1979.
57. Kessler, G., Nuclear fission reactors, Springer Verlag, Wien, New York, 1983.
58. Closs, K.D. et al, Weapon grade nuclear material – open questions of a safe waste management, Studien der Konrad-Adenauer Stiftung, Nr. 105, 1995.
59. Lung, M., Gremm, O., Perspectives of the Thorium fuel cycle, Nuclear Engineering and Design, 180, 1998.
60. ESARDA, 21st annual meeting symposium on safeguards and nuclear material management, Joint Research Centre European Commission EUR 18963 EN 1999.
61. Special issue, FZJ/ISR, Options for the use and waste management of Plutonium, FZ-JÜLICH, Oct. 2000.
62. Gruppelaar, H., Schapira, J.P., Thorium as a waste management option, European Commission EUR 19141 EN, 2000.
63. Ziermann E., Ivens G., Radioactive gaseous impurities, in: Final Report on the Power Operation of the AVR Experimental Nuclear Power Plant, JÜL-3448, Oct. 1997.
64. Phlippen P.W., Danger potential of radioactive waste, Atom-wirtschaft 40 Jg, Heft 6, June 1995.
65. Brenneeke P., Illi H., Röthemeier H., Final disposal in Germany, Kerntechnik 59, No. 1/2, 1994.
66. BfS, Saltmine Gorleber, suited as final storage for radioactive waste?, Buudesamt für Strahleuschutz (Germany), Salzgitter, 1992.
67. Schenk W., Nabielek H., Spherical fuel elements with TRISO particles at accident temperatures, JÜL-Spez-487, Jan. 1987.
68. Schenk W., Verfondern K.L., Nabielek H., Toscana E.H., Limits of LEU TRISO particle performance, Proceedings. HTR-TN International HTR Fuel Seminar, Brussels, Belgium, Feb. 1–2, 2001.
69. Bäumer R., Kalinowski I., THTR commissioning and operating experience, 11th International Conference on the HTGR, Dimitrorgard, June, 1989.
70. Ivens, G., Wimmers, M., The AVR as test bed for fuel elements: AVR experimental high-temperature reactor, VDI Verlag Gmbh, Düsseldorf, 1990.
71. Chapman B., Operation and maintenance experience with the Dragon reactor experiment, Proc. ANS Meeting on Gas-Cooled Reactors, HTRG and GCFBR, Gatlinburg, Mar. 1974.
72. IAEA, Safety principles and technical criteria for the underground disposal of high-level radioactive wastes, IAEA-Safety Series, No. 99, Vienna, 1989.
73. Barre B., Nuclear fuel and fuel cycle, in: Landolt-Börustein, Group VIII, Vol.3, Energy Technologies, Subvolume B: Nuclear Energy, Springer, Berlin, Heidelberg, 2005.
74. Brewitz W., International status of waste management, Atom-wirtschaft 44. Jg, Heft 2, 1999.
75. Baumgärtel G., Gömmel R., Stoll W., Storage of spent fuel elements – a senseful intermediate step of waste management, Inforum Verlag, Bonn, 1995.

电厂的经济性和优化问题

摘　要：对评价核电厂发电经济性的最重要参数进行了解释，导出了估算发电成本的简化公式。该方程适用于对不同类型电厂开始运行阶段的成本结构进行比较。对确定比投资成本、折现因子、满功率运行小时数和平均效率等参数的简化形式进行了分析和解释，以便能够对经济条件进行近似评估。对于核电站，燃料供应和废物管理成本的计算具有特别重要的意义，因为它们对已经完全折旧的电厂的发电成本起决定性作用。例如，大约17年后，德国的一些电厂即需要作这样的计算。

废物管理的费用包括乏燃料元件中间贮存的费用，在某些情况下，包括乏燃料元件直接贮存在地质贮存库中的成本。如果未来实现了后处理方案，则固化玻璃块贮存的最终成本也必须包括在内。在任何情况下，如果中间贮存被选为废物管理路径的第一步，则尽可能长时间的中间贮存具有一定的优势。使用估计发电总成本的模型得到了一些结果：较早的核电厂的发电成本远远低于燃煤或燃气发电厂，特别是如许多国家讨论的，如果未来将增加二氧化碳排放的管理费用包括在内。新的核电站在经济性上也存在巨大的差异。对于可再生能源，如果考虑其很低的负荷因子及必要的储能和额外的输送成本，其发电成本将是相当高的。只有水电是一个在经济上有吸引力的选择。根据至今全球提供的相关经验，成本计算中的一些参数将逐步上升，其中主要是化石能源载体的成本在不断上升。相比之下，铀成本的上升对核电成本的影响较小。例如，在德国，发电成本可能的变化小于5%。因此，目前讨论的今后50年成本参数发展的比较是必须要做的一项工作。例如，生命周期成本的计算就是一种涵盖了诸多影响因素的成本计算方法。对一个要进入市场与已具有技术基础的系统进行竞争的系统，对其投资成本进行估计是很困难的。对于模块式高温气冷堆，已有许多研究表明，如果在一个场地上实现了多个模块化单元并形成一个具有大功率的发电厂，那么这种技术将具有一定的经济吸引力 。遵循新技术的“学习曲线”是达到可接受的投资成本和发电成本的前提条件。模块单元批量制造、经过验证的安全性，以及完全建立许可证申请程序，是发展一个具有经济吸引力的反应堆概念的先决条件。

关键词：经济性的参数；简化的成本公式；效率；可利用率；燃料供应成本；废物管理成本；发电成本；成本比较；成本参数的上升；全生命周期成本；新概念的投资成本

12.1　概述

对于不同类型的基于不同一次能源载体的发电厂，需要采用经济评估方法。在对发电进行相关分析时，下面这些判断是必要的：

- 在规划新的发电厂时，对使用的一次能源进行比较；
- 对特定发电厂的布局和设计寻求最佳方案；
- 电力营运商必须使运行的电厂与它们的经济参数相匹配；
- 对于与发电技术(特别是相互竞争的概念)相关的燃料市场的未来发展、废物管理，以及许可证申请和接受条件的变化，需要在不同方案的选择和电厂优化之间进行比较；
- 电力营运商需要一些仪器设备对电厂进行控制和调节，以满足电网的需要和最佳的供电策略。

许多参数会影响发电厂的经济状况，见表12.1。

表 12.1 影响核电厂经济性的参数

输入	系统	输出
燃料	用于发电的核电厂	电能(净)
辅助材料		释放到环境的废热
新设备		乏燃料元件
维修		从辅助系统产生的放射性废物
运行		通过烟囱释放的放射性
投资		沾污的设备

此外,还有一些表征某一核电厂及其经济运行条件的非常重要的参数。

- 反应堆类型;
- 电力转换循环类型;
- 电功率;
- 净发电效率;
- 燃料类型;
- 废物管理条件;
- 厂址条件(冷却条件、抗震规范、事故假设、政治和可接受性方面);
- 负荷条件、电网的影响;
- 电厂和设备寿命;
- 经济性评估的模式(财务、折旧、税收、保险、投资回报)。

全球范围内很多国家在赋予这些参数的含义和数值上存在很大的差异,因此,经济性获得成功的条件之一就是必须要对每一种具体情况进行分析。

从电力行业来看,很多方法都已很成熟,并已得到很好的应用,可以用来对投资和发电成本进行评估。特别是对于核电站,存在一个很重要的特性,那就是项目的时间很长。从决定计划建造一个核电厂直到核电厂退役,时间跨度为 60～80 年,因此,在考虑经济性时,必须要将这一时间因素考虑在内。有些国家对许可证申请进行审查的时间相对较长,特别是在安全要求发生变更的情况下。

图 12.1 所示为在对核电厂项目进行经济评估时需要经历的几个阶段。

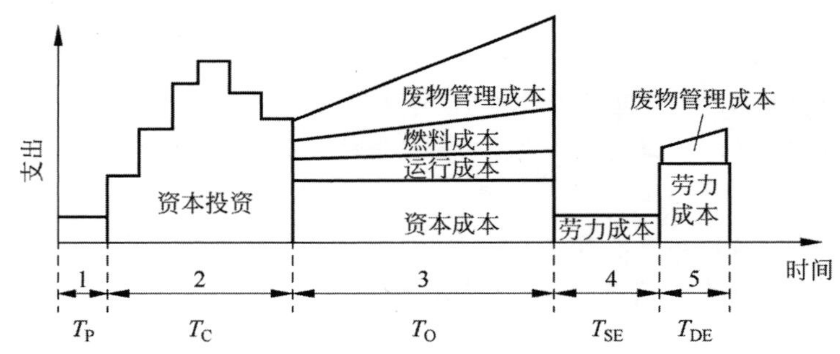

图 12.1 核电厂项目的时间进度

T_P—计划时间;T_C—建造时间;T_O—运行时间;T_{SE}—安全关闭时间;T_{DE}—退役时间

燃料成本、废物管理和最终处置成本及人工成本等参数在几十年的运行过程中会部分地发生变化。因此,动态的评价方法,如生命周期成本分析是有效的评价方法,用该方法进行的分析涵盖了上述参数变化产生的影响。

通常,需要对不同类型的电厂进行比较,以获得成本结构的初步信息。在这种情况下,所谓的年金方法有利于我们对电厂的分析和比较,12.2 节将对这一方法给予更详细的解释。

对于正在运行的电厂的实际经济性计算,运营单位有自己相对独立的、部分过程更为复杂的方法。在这些计算模型中,必须对折旧、税收、财务系统和收益率的具体细节给予必要的考虑。另外,也要将场地条件纳入对经济条件的评估中,这主要是因为如果核电站和作为消费一方的大城镇或人口稠密地区之间的距离太大,则会造成输送成本的提高。而这些成本是电力价格的重要组成部分,必须由消费者支付。如图 12.2 所示,像德国这样一个面积相对较小的国家，若这种输送成本占的份额很高，则对电力价格的影响会很大。另外，特种税收是另一个需要考虑的问题。

为了评估发电厂的发电成本，尤其是对于核电系统，电厂的寿命也是一个非常重要的影响因素。部分或全部折旧的老电厂在大多数情况下比新电厂的发电成本要低得多。因此，对电厂进行设计时应满足尽可能长的技术寿命的要求。

对消费者来说，电价自然会比发电成本高很多。图 12.2 给出了一个实例，在德国，关于电价的构成，必须要增加输配电成本这一项。此外，还必须针对不同的税收分项加以核算。那么，最终消费者的电价要比发电成本本身高 5 倍(德国条件，2007 年)，如图 12.3 所示。

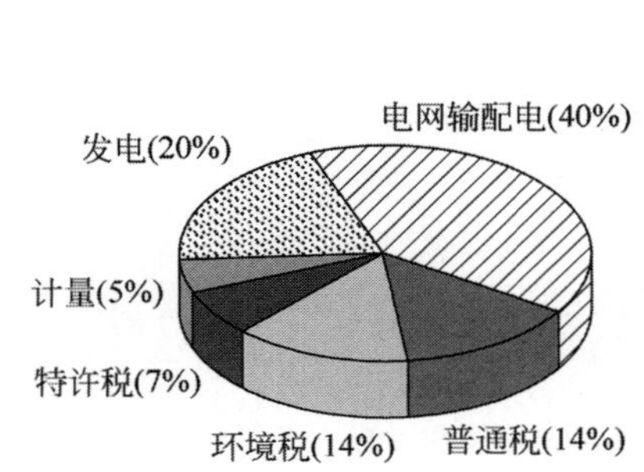

图 12.2　消费者电价的构成(德国情况，2007 年，平均数)

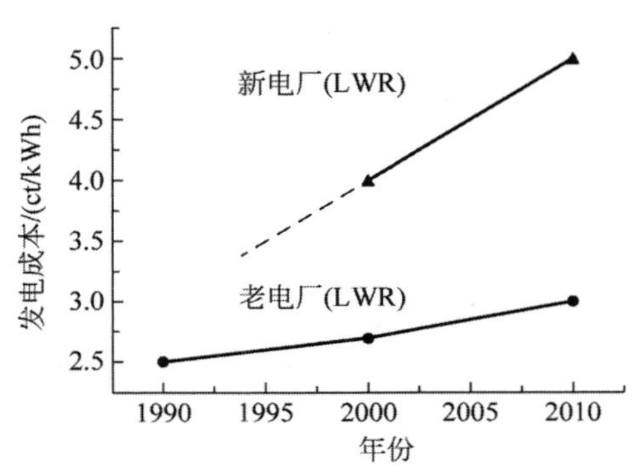

图 12.3　德国发电成本的变化(核电)

另外，全球范围内很多国家对可持续能源的供应问题进行了广泛的讨论，尤其针对核能所面临的一些问题进行了研讨。未来所有能源系统都必须满足可持续发展的要求，其中也包括核电站。为此，人们必须尽可能地实现技术、经济、生态和资源节约之间的折中，以便获得理想的公众可接受性，如图 12.4 所示。

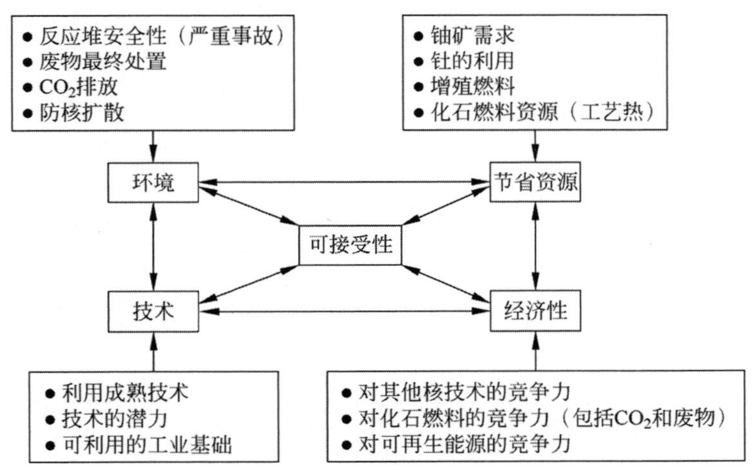

图 12.4　寻找技术、经济、环境和资源节约之间可能的平衡以获得理想的公众可接受性

例如，对于核电站，这个问题需要在未来进行妥协，即在核电站对放射性的阻留和安全性方面应该花费多大的努力。这是一个典型的直接发电成本与财务收益之间的优化问题，以实现严重事故情况下放射性释放的限制，如图 12.5 所示。如果这种努力太小，就如过去的一些情况，会失去公众的可接受性。另一方面，为了最大限度地提高安全性，可能存在技术上的障碍。如图 12.5(c)所示，针对 LWR 的安全性，过去已进行了很多设计上的改进，为此，需要在经济上付出一定的代价。

在许多情况下，有些必要的优化实施起来难度很大，因为这需要对事故引发的人身伤害和物质损失进行量化。许多公众，尤其是目前在西方一些国家中的公众，如德国，由于上述原因，根本不接受核能的利用。近期，日本福岛核事故导致公众可接受性进一步下降。

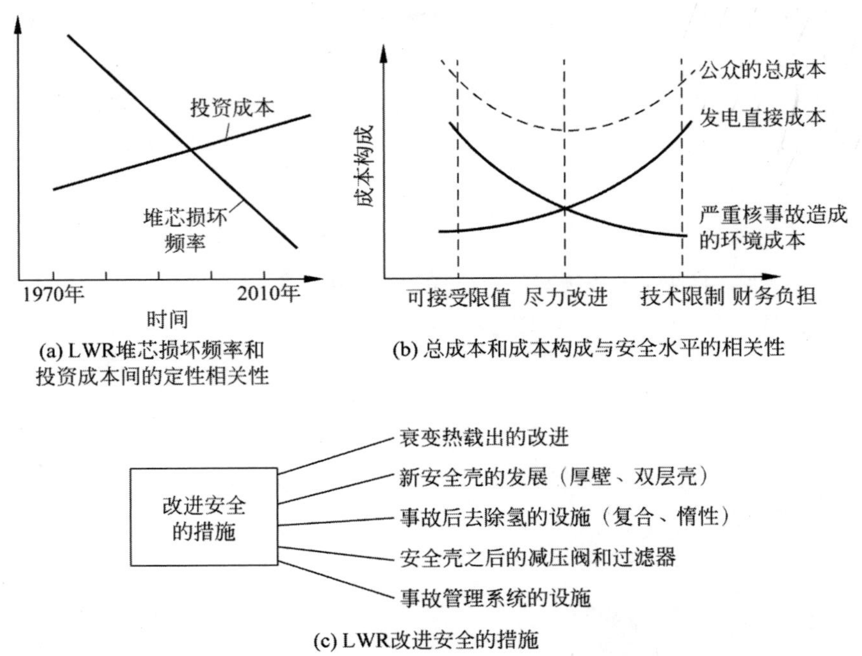

图 12.5 有关未来核电厂安全性与财务花费的均衡考虑

12.2 计算发电成本的方程

用简化的成本分析方程进行粗略的估计，并对不同的发电方案进行比较，无疑对整体的成本分析是有帮助的。这里给出的方法主要是针对电厂开始运行的阶段。与核电站运行有关的成本包括与电站功率相关及与运行时间相关的成本，即与发电量相关，如图 12.6 所示。

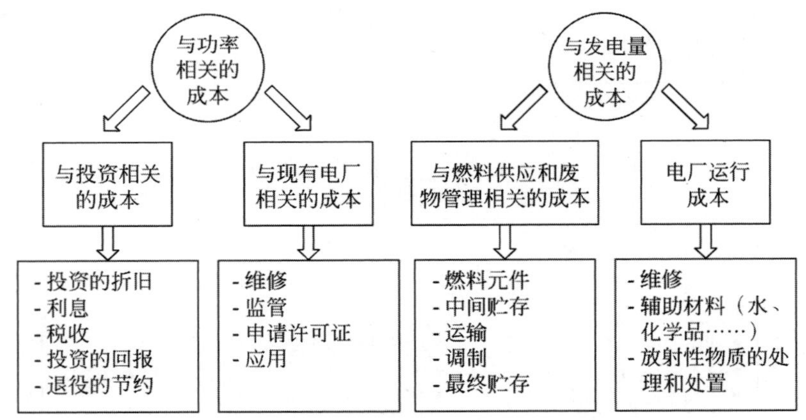

图 12.6 与功率相关和与发电量相关的发电成本两部分

电厂经济运行的条件是发电收益 R_i 之和必须要大于电厂运行所有费用支出 E_j 之和：

$$\sum_i R_i \geqslant \sum_j E_j \tag{12.1}$$

对于发电的收益之和，可计算如下：

$$\sum_i R_i = \int_0^{1年} P_{el}(t) \cdot dt \cdot X_{el} \tag{12.2}$$

对于电厂运行所有费用之和，则可采用如下方程计算获得：

$$\sum_j E_j = K_{inv} \cdot \bar{\alpha} + z \cdot k_z + \int_0^{1年} \dot{m}_F(t) \cdot k_F \cdot dt + \int_0^{1年} \dot{m}_W(t) \cdot k_W \cdot dt + \int_0^{1年} \dot{m}_{Ar}(t) \cdot k_{Ar} \cdot dt \tag{12.3}$$

为了简化，仅计算运行1年的情况，可以用下面的表达式来近似式(12.3)：

$$\sum_j E_j = K_{\text{inv}} \cdot \bar{\alpha} + T \cdot \left(\dot{m}_{\text{F}}^0 \cdot k_{\text{F}} + \dot{m}_{\text{W}}^0 \cdot k_{\text{W}} + \sum_j \dot{m}_{\text{Ar}_j}^0 \cdot k_{\text{Ar}_j}\right) \tag{12.4}$$

式(12.4)中使用的参数含义见表12.2。

表 12.2 计算费用的式(12.4)中的参数

参　　数	说　　明
$P_{\text{el}}(t)$/kW	电厂的净发电量(时间的变量)
χ_{el}/(ct/kWh)	发电成本
K_{inv}/美元	电厂总投资
$\bar{\alpha}$/(%/100年)	资本因子，包括贴现、信贷、保险、税收、维修
$\dot{m}_{\text{F}}(t)$/(t/年)	单位时间的燃料消耗(时间相关)
k_{F}/(美元/t)	单位燃料成本
z	运行人员数
k_z/[美元/(人·年)]	人员成本
$\dot{m}_{\text{W}}(t)$/(t/年)	单位时间产生的废物量(时间相关)
k_{W}/(美元/t)	单位废物处理和处置成本
$\dot{m}_{\text{Ar}}(t)$/(美元/年)	单位时间辅助材料的消耗量(气体、水、化学品)
k_{Ar}/(美元/年)	单位辅助材料成本
T/(h/年)	等效满功率运行小时数

12.3节对式(12.4)涉及的重要数据和实际例子进行了更为详细的解释。燃料的消费使用如下方程来计算：

$$\int_0^{1年} \dot{m}_{\text{F}}(t) \cdot k_{\text{F}} \cdot \text{d}t = \dot{m}_{\text{F}}^0 \cdot k_{\text{F}} \cdot T \tag{12.5}$$

最终得到的发电成本为

$$x_{\text{el}} = \frac{K_{\text{inv}} \cdot \bar{\alpha}}{P_{\text{el}}^0 \cdot T} + \frac{z \cdot k_z}{P_{\text{el}}^0} + \frac{\dot{m}_{\text{F}}^0 \cdot k_{\text{F}}}{P_{\text{el}}^0} + \frac{\dot{m}_{\text{W}}^0 \cdot k_{\text{W}}}{P_{\text{el}}^0} + \sum_j \frac{\dot{m}_{\text{Ar}_j}^0 \cdot k_{\text{Ar}_j}}{P_{\text{el}}^0} \tag{12.6}$$

等效满功率运行小时数可以定义为

$$T = \int_0^{1年} P_{\text{el}}(t) \cdot \text{d}t / P_{\text{el}}^0 \tag{12.7}$$

其中，P_{el}^0是电厂的名义(设计概念)净发电功率。电厂运行的负荷因子为$L=T/8760$，该参数表征了电厂的运行状况。

发电成本可以表示成如下形式：

$$x_{\text{el}} = x_{\text{Cap}} + x_{\text{Oper}} + x_{\text{F}} + x_{\text{W}} + x_{\text{Aux}} \tag{12.8}$$

其中，x_{Cap}为与投资相关的成本；x_{Oper}为电厂运行人员成本；x_{F}为燃料供应成本；x_{W}为废物处理和处置的成本；x_{Aux}为辅助材料的成本。

总体上，与运行时间T相关的成本可由下面的表达式给出，如图12.7所示。

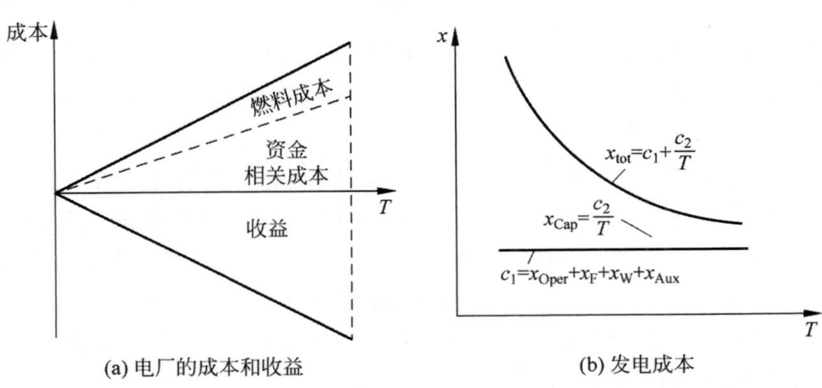

(a) 电厂的成本和收益　　(b) 发电成本

图12.7 发电成本与等效满功率运行小时数(T)的定性相关性

$$x = c_1 + \frac{c_2}{T}, \quad L = T/8760 \tag{12.9}$$

由式(12.9)可以清楚地看出，负荷因子 L 的大小与运行时间 T 具有一定的相关性，这一特点对于电厂经济性的评估非常重要，特别是对于核电厂。

对于燃料供应和废物管理成本，可以采用如下方程来获得：

$$x_F = \frac{K_F \cdot 100}{\eta \cdot B} \tag{12.10}$$

$$x_W = \frac{K_W \cdot 100}{\eta \cdot B} \tag{12.11}$$

其中，B 是燃耗(MWd/tU 或者 kWh/tU)，η 是电厂的平均效率(%)。在整个废物管理过程中，每个环节都具有类似的与燃耗和效率的相关性。在估算核反应堆的成本时，需要考虑一个特殊因素，即对初装堆芯的评估。要么将其归入投资成本，要么就将其导入燃料循环成本。

12.3 投资成本和资本因子

电厂的总投资包括各个分项所占的份额，而这些分项分布在规划和建设的整个过程中。

- 设备制造和安装及电厂总体建造的直接投资成本；
- 建造期间信贷、税收和保险的费用；
- 汇率变化和通货膨胀的附加成本；
- 电厂业主的成本(场址土地、基础设施、与电网的连接、与冷却热阱的连接)；
- 申请许可证、运行调试阶段的成本。

这些成本必须包含在直接投资成本中，包括这些成本在内的总投资成本通常被称为"隔夜"成本。运行阶段结束之后的退役及电厂最终退役之前的安全封闭阶段需要额外的资金投入，这些费用也必须并入投资成本。核电站的建设时间通常是 5～10 年，期间发生的税收、保险和通货膨胀的费用对总投资成本会产生重要的影响，特别是在通货膨胀率较高的国家，这种影响不容忽视。如果该电厂需要 N 年的建设期，则得到的总的直接投资为

$$K_{\text{direct}} = \sum_{i=1}^{N} K_i \tag{12.12}$$

该总投资成本可按下式来计算：

$$K_{\text{invest}} = \sum_{i=1}^{N} K_i \cdot \phi_i(e, p, N) + \sum_r K_r \tag{12.13}$$

其中，函数 ϕ 包括了前面讨论过的通货膨胀(e)和用于贷款的信贷成本(p)；$\sum_r K_r$ 项包含了所有与电厂业主责任相关的成本。对于总的投资，通常是根据已实施项目的经验值来加以近似：

$$K_{\text{invest}} = K_{\text{direct}}\left(1 + \frac{\alpha_1}{100} + \frac{\alpha_2}{100} + \frac{\alpha_3}{100} + \frac{\alpha_4}{100} + \frac{\alpha_5}{100}\right) \tag{12.14}$$

份额 α_i 以百分数来表示，可定义如下：α_1 为建造期间的税收和信贷；α_2 为建造期间由于通货膨胀和材料成本上升增加的成本；α_3 为业主的费用；α_4 为运行调试阶段的费用；α_5 为运行阶段最终结束之后安全关闭和退役的费用。

这些因子取决于许多不同的条件，如电厂的类型、场址、国家的具体情况或者通常意义上的世界经济的变化。许可证的申请过程及公众对技术的可接受程度也会对项目的经济条件起重要的作用。

在德国，对于最后一批核电厂(PWR，电功率为 1300MW)，其所有 α_i 的总和——因子 α 在 0.3 左右，安全要求的提高也会促进该因子的上升。另外，还有一些因素也会导致成本的上涨，如对废热排出系统的更高要求、安全壳采用 2m 的壁厚、很多设备普遍引进了更高的质量标准、申请许可证过程中付出的更高代价及申请许可证手续上的问题导致建造期有所延长等。

20 世纪 70 年代之后建造的核电厂与之前建造的核电厂相比，比投资上升了 4 倍，如图 12.8 所示(德国

设计条件下)。10 年期间,正常的通货膨胀率大约是两倍,但实际上,全球范围内很多国家的通货膨胀率都很高。而有些核电项目的计划和建设时间会长达 10 年,这一事实意味着在此期间会产生很大的不确定性。因此,在上述条件下,通常对经济性的估计必须非常小心和谨慎,并且需要增加不确定性因素,一并进行考虑。

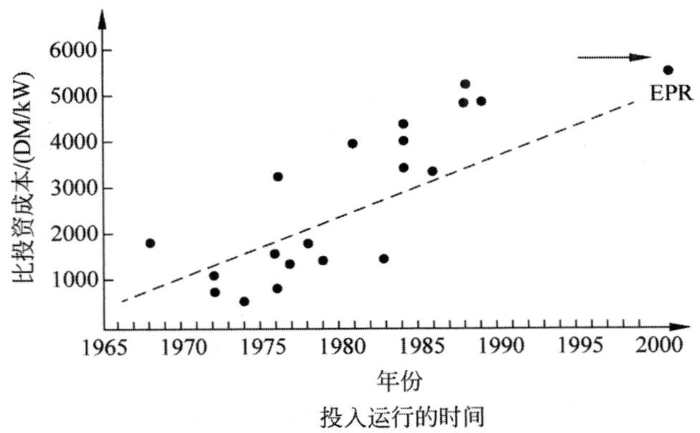

图 12.8 德国 LWR 比投资成本的上升

1DM/kW≈0.5 欧元/kW≈0.6 美元/kW;点代表已经投入运行的电厂

对于 EPR(电功率为 1500MW),目前估计的投资成本已达到 2500 欧元/kW;对于 AP1000(电功率为 1000MW),据我们所知,也达到了类似的数值。与此同时,部分更高的数值也公布于众,成本之所以提高,主要是因为将技术变更和通货膨胀等影响因素所增加的费用也一并考虑进来。

为了进行经济评估,12.2 节中提到的资本因子必须要加以确定。可以用简单的近似来汇总需要的份额:

$$\bar{a} = a + b_1 + b_2 + b_3 + b_4 \tag{12.15}$$

其中,a 包含了资本和利息的折旧;b_1 涵盖了税收;b_2 表征了保险;b_3 指的是投资回报;b_4 包含了维护和修理的成本。由于电厂的特殊需求及许可证要求造成的可能损失或者变化,在有些时间段内,上述因子的差别可能会很大。

由于 a 因子包含了资本和利息的折旧,可以通过简单的假设来加以推导,即 N 年包含利息的总投资可以视为每年增长 ΔK 的总和:

$$K_{\text{inv}} \cdot q^N = \Delta K \cdot (1 + q + q^2 + q^3 + \cdots + q^{N-1}) \tag{12.16}$$

资本因子 q 定义为

$$q = 1 + \frac{p}{100} \tag{12.17}$$

其中,p 为每年的利息因子,将其相加就可以得到一个与利息因子和覆盖年份相关的参数 a:

$$a = \frac{\Delta K}{K_{\text{inv}}} = \frac{q^N}{1 + q + q^2 + q^3 + \cdots + q^{N-1}} = \frac{q^N \cdot (q-1)}{q^N - 1} \tag{12.18}$$

参数 a 可视为一种年金因子,如图 12.9 所示,即将其看作与 N 和 p 相关的参数。由德国目前的实例可知,若 N 为 17,那么按照 2010 年的年利率 5%计算得到的 a 为每年 9%。

在能源经济和公用事业领域,采用多种更精确的方法对电厂的折旧进行了估算。下面采用的方法适于对各类电厂进行评估,并适合对未来各种电厂的设计方案进行比较,同时给出经济性状况的一个初步印象。为了对各类发电厂进行比较,将百分比 b_1 和 b_2 设定在 3%/年这一量级(德国电厂条件下)。对于维修,一般设为 2%~3%/年。特别是最后一项数值可能会发生显著的变化,这一数值与电厂的运行年限及是否发生损坏有关。有时电厂只运行了 1 年或再长一些就可能退出运行,为了保证电力供应,就需要提供额外的成本储备。

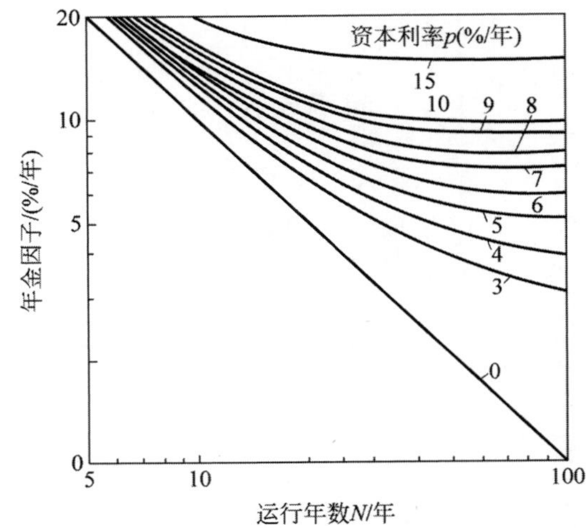

图 12.9 年金因子与利率 p 和运行年数 N 的关系

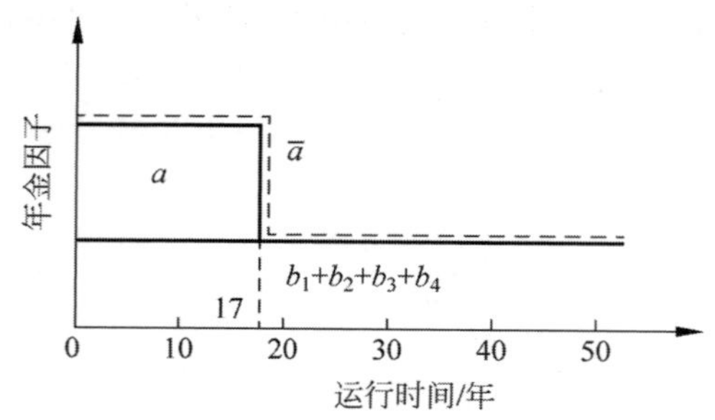

图 12.10 年金因子与运行时间的定性相关性
a—包含资本和利率的折旧；b_1—涵盖税收；b_2—保险；b_3—投资回报；b_4—包含维护和修理的成本

更换新部件，例如，世界上许多压水堆电站都会更换新的蒸汽发生器，需要在更换后的几年内将额外的专项费用增加到成本估算中。核电厂经常会反过来考虑这一要求，可以从最初的投资成本角度将这一部分费用增加进去，也可以作为较高百分比的维修成本来专项处理。另一个重要的问题是对初装堆芯的估计。有的电厂将它包含在投资成本中，有的则按照燃料循环成本的一部分来处理。在电厂终止运行之后，堆芯的燃料仍然可用，依旧具有一定的使用价值。

在经历了大约 17 年的折旧年限(德国电厂条件)之后，资本估计发生了变化，变得更小了，如图 12.10 所示。但此时，必须要将运行的保险、税金和修理的百分比包含在内。

在折旧期内，参数的变化可以借助生命周期成本分析来加以考虑，详见 12.7 节。生命周期成本分析方法允许对成本进行详细的敏感性分析。

12.4 效率和等效满功率运行小时数

电厂的效率在运行过程中会发生变化，如 1 年中，部分负荷状况和冷却条件的变化使效率发生了变化。从实用角度，可以按照下面的方程来定义平均效率：

$$\overline{\eta}=\int_0^{1年}P_{el}(t)\cdot dt\Big/\int_0^{1年}\dot{m}_F(t)\cdot B\cdot dt \tag{12.19}$$

$$\eta_0=P_{el}^0/(\dot{m}_F^0\cdot B),\quad M_F^0=P_{el}^0\cdot T/(\eta_0\cdot B) \tag{12.20}$$

其中，$\dot{m}_F^0$ 为每天燃料的名义总消费量，B 是燃耗(MWd/t)，m_F^0 是每年需要的浓缩铀量。例如，一座目前的 LWR 电厂($P_{el}=1300$MW，$\eta_0=33\%$，$B=45\,000$MWd/t，$T=330$d/年)每年需要 29t 浓缩铀的燃料量，每年需要的天然铀量(0.71%的 U235 富集度)大于浓缩铀量的 7 倍。

图 12.11(a)给出了电厂负荷随时间的变化情况。如图所示，还示例了一种可能性，即将电厂的等效满功率运行小时数作为经济评估的基础。

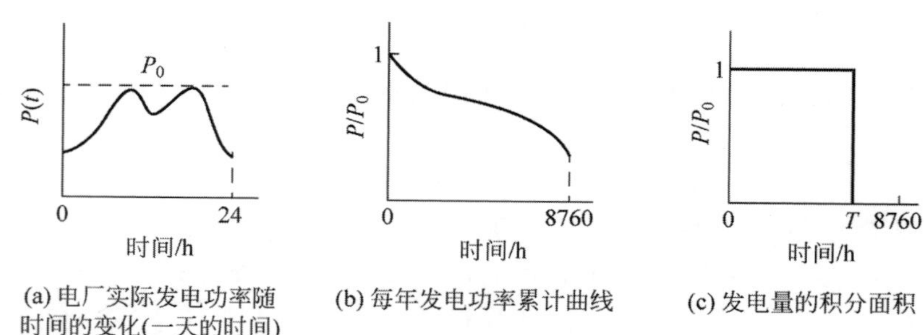

(a) 电厂实际发电功率随时间的变化(一天的时间) (b) 每年发电功率累计曲线 (c) 发电量的积分面积

图 12.11 全年等效满功率运行小时数 T 的定义

式(12.20)中的 η_0 是电厂的名义效率。表 12.3 给出了目前运行的各类核电站的典型效率值。未来 HTR 电厂效率的期望值也在表 12.3 中给出。

表 12.3 各类核电厂和未来 HTR 概念的发电效率

核电厂	平均效率/%	注释	核电厂	平均效率/%	注释
LWR	33	目前，湿冷塔	HTR 蒸汽循环	43	未来，湿冷塔
LWR	35	未来，湿冷塔	HTR 蒸汽循环	41	未来，干冷塔
AGR	40	目前，淡水冷却	HTR 联合循环	45	未来，空气干冷却塔
HTR 蒸汽循环	40	目前，湿冷塔			

在一年中，冷却条件的变化会引起效率的变化，图 12.12 给出了相关的说明和解释，并给出了一条河流的典型温度、空气的典型温度和相应的电厂发电效率的曲线。

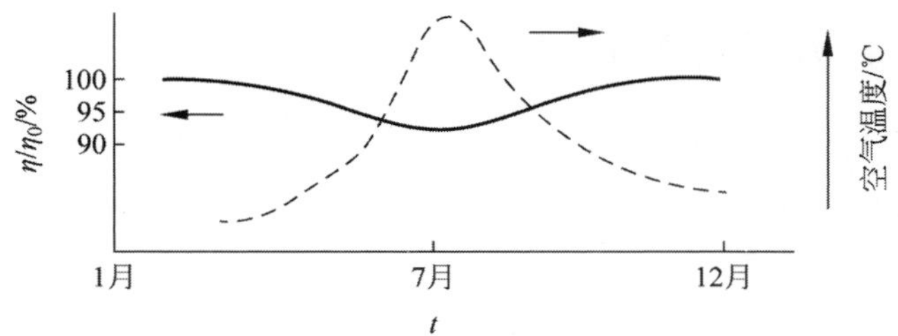

图 12.12　一年期间冷却条件和发电效率的变化(德国莱茵河)：空气温度和发电效率

在电厂运行方面，运行时间与发电的可利用率是相关的。

$$a_{\text{time}} = T(\text{准备运行})/8760 \tag{12.21}$$

$$a_{\text{work}} = T(\text{满功率运行})/8760 \tag{12.22}$$

由上述公式可以引出另一个有用的定义，即负荷因子 $l = T/8760$。目前，核电厂的典型全年等效满功率运行小时数为 7500～8000h。这些参数值都是以欧洲轻水反应堆为标准得到的。图 12.13(a)给出了全球核电厂的平均可利用率。可以看出，在 1990—2002 年这段时间内可利用率有了很大的改善。这段时间之后，由于一些特殊原因，可利用率有所下降。然而，未来有可能继续得到改善。

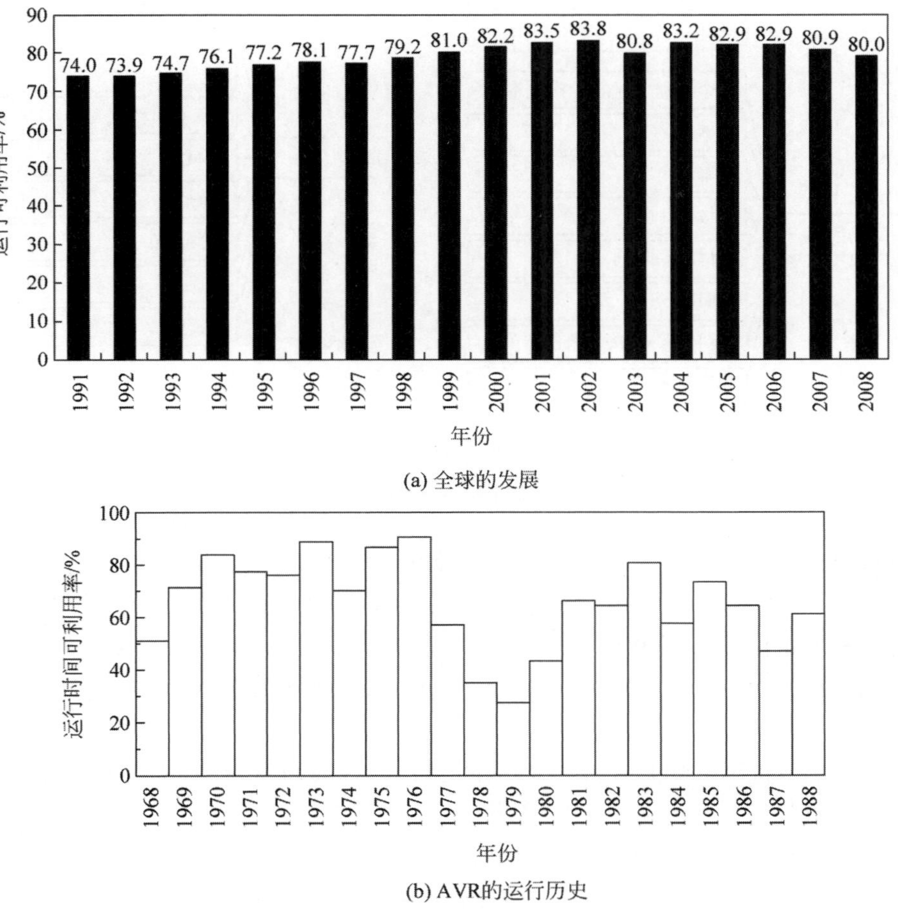

(a) 全球的发展

(b) AVR的运行历史

图 12.13　核电厂的可利用率

HTR 具有达到较高可利用率的良好条件，这是因为在满功率运行期间，HTR 可以连续地装卸燃料元件。AVR 作为 HTR 的研究堆，在一年中(1976 年)，其运行时间和运行负荷的可利用率达到 90%以上，如图 12.13(b)所示，这是当时全球范围内所有反应堆的最高值。在某一时间段内，为了进行实验或者为各种反应堆运行人员实施培训计划，这个值有所下降。1978 年发生了进水事故，为了后续的维修工作及推进反应堆概念的完善,可利用率再次下降。由此受到启示：未来在设计时应考虑快速修理的可能性。

12.5 燃料供应和废物管理的成本

核燃料循环包含很多中间环节,它们有各自的成本结构。在对核电厂发电的总成本进行估算时,必须要将用于燃料循环成本估计的很多参数考虑进来。图 12.14(a)给出了影响总成本的主要因素,图 12.14(b)给出了影响总成本的一些数据和参数。

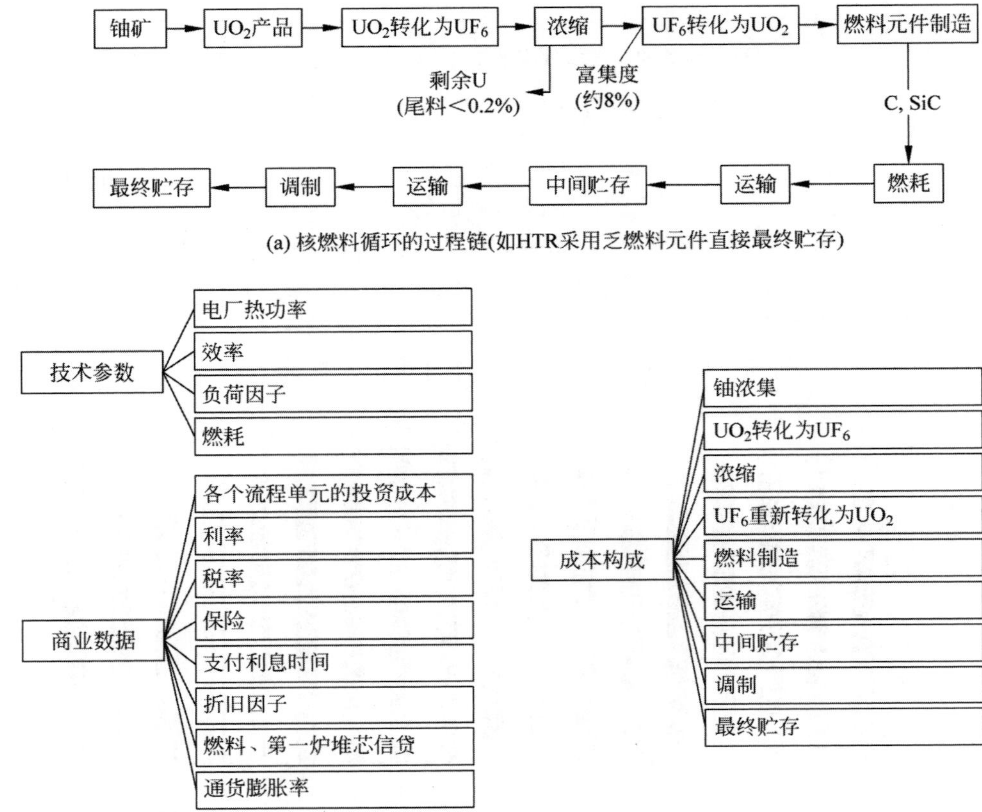

(a) 核燃料循环的过程链(如HTR采用乏燃料元件直接最终贮存)

(b) 影响总成本的一些数据和参数

图 12.14 燃料供应和废物管理的成本

燃料供应的费用主要由 3 部分组成：铀矿石、浓缩和燃料元件制造。

$$x_F = x_U + x_{Enr} + x_{Fabr} = k_F/(B \cdot \eta_t/100) \tag{12.23}$$

其中,x_U 为天然铀的成本份额(ct/kWh)；x_{Enr} 为浓缩的成本份额(ct/kWh)；x_{Fabr} 为燃料元件制造的成本份额(ct/kWh)；k_F 为反应堆运行燃料的成本(ct/t HM)；B 为燃料的燃耗(kWh/t HM)；η_t 为电厂净发电效率(%)。

初装堆芯的成本包括折旧和电厂整个运行期间装入燃料的利息,在下面的估算中包括在燃料循环成本中。

对于燃料,富集度的大小是一个很重要的指标。燃料的费用由下面的方程给出：

$$k_F = k_U \cdot M + k_{Enr} \cdot A + k_{Fabr} \cdot Z \tag{12.24}$$

其中,k_U 为天然铀的成本(ct/t U_{nat})；M 为浓缩铀的质量因子(t U_{nat}/t U_{Enr})；k_{Enr} 为分离功的成本(ct/t 分离功)；A 为分离功因子(t 分离功/t U_{Enr})；k_{Fabr} 为制造成本(ct/燃料元件)；Z 为每个燃料元件含的浓缩铀量(t U_{Enr})。

目前,大多数核反应堆使用的都是浓缩铀,以实现高燃耗。表 12.4 列出了重要类型反应堆燃料的富集度。

表 12.4　各类反应堆燃料的燃耗和富集度

反应堆类型	平均燃耗/(MWd/t U)	富集度/%	注　释
PWR	45 000	4～4.5	MOX 可能
BWR	40 000	3.5～4	MOX 可能
CANDU	5000	1	0.7%可能
AGR	15 000	2	U 循环
模块式 HTR	70 000～100 000	8～9	LEU 循环

根据 INFCE 的法规和协议，富集度超过 20%的浓缩铀不能用于全球大多数国家的反应堆中。

PWR 和 BWR 的燃耗值受到辐射效应及锆合金包壳内积累形成的高压的限制。高燃耗值正在研发和申请许可证阶段。然而，高燃耗值有可能会影响燃料元件的安全系数。目前，CANDU 中燃料的富集度比天然铀的富集度要高一些，可用于优化燃料循环。对于采用低浓铀循环的 HTR，预期的燃耗值是 70～100GWd/tHM。未来，根据现有经验将有可能设计达到更高的燃耗。

目前，铀的浓缩是通过扩散分离或者使用超临界转速离心机来实现的。式(12.25)中的 M 表示用于浓缩铀的质量因子，可以根据铀浓缩厂中的质量平衡得到：

$$M=\frac{\zeta_0-\zeta_T}{\zeta_N-\zeta_T} \tag{12.25}$$

其中，ζ 是富集度。下标 0 表示核电厂运行需要的富集度(LWR 的富集度为 4%～5%，HTR 的富集度是 8%～9%)，下标 N 表示天然铀的富集度(0.7%)，T 是铀浓缩厂尾料中 U235 的富集度(目前大约为 0.2%)。表 12.5 给出了各种富集度的质量因子和分离功的数据。尾料的富集度根据优化结果来选取，该参数随着铀价格和燃料循环参数的变化而变化。随着铀价的上涨，尾料的富集度将会降低。分离功 A 根据同位素分离理论得到：

$$A=V(\zeta)+\left(\frac{\zeta_0-\zeta_T}{\zeta_N-\zeta_T}-1\right)\cdot V(\zeta_T)-\frac{\zeta_0-\zeta_T}{\zeta_N-\zeta_T}\cdot V(\zeta_N) \tag{12.26}$$

函数 $V(\zeta)$定义如下：

$$V(\zeta)=(1-2\zeta)\cdot\ln\left(\frac{1-\zeta}{\zeta}\right) \tag{12.27}$$

称其为值函数，如图 12.15 所示。

根据上述这些参数的定义，表 12.5 给出了质量因子和分离功随富集度的变化。

表 12.5　铀富集度相应的质量因子和分离功随富集度的变化(尾料：0.2% U235)

U235 的富集度 ζ_0/%	0.711	1	2	3	4	5	10	20	93
质量因子 $M/(\mathrm{kgU_{nat}}/\mathrm{kgU_{enr.}})$	1	1.566	3.523	5.479	7.436	9.393	19.178	38.748	181.605
分离功 A(t 分离功/t 浓缩铀)/($\mathrm{kgSWU/kgU_{enr.}}$)	0	0.38	2.194	4.306	6.544	8.851	20.863	45.747	235.55

分离功的价格也随时间发生了变化，如图 12.16 所示。在过去 10 年里，随着世界市场和能源价格的上涨，分离功的价格几乎翻了一番。

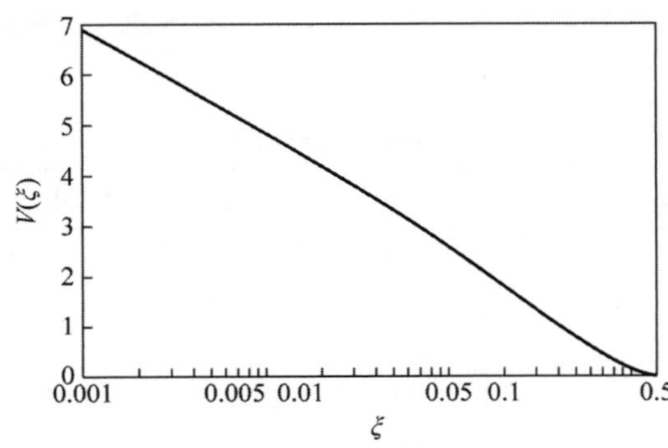

图 12.15　值函数 $V(\xi)$随富集度的变化

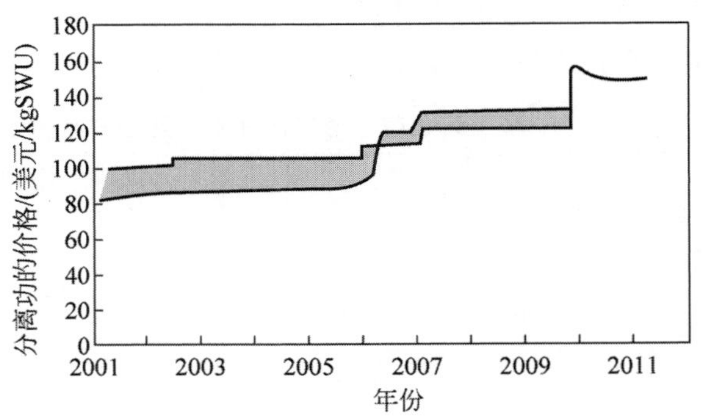

图 12.16　分离功的价格(美元/kgSWU)随时间的变化

SWU：分离功单位

燃料循环类型和燃耗是计算燃料循环成本的主要参数。目前,富集度被限制低于 20%,这是因为要满足前面提到的防核扩散的要求。未来如果铀的价格上涨得很高,则钍循环将有利于 HTR 未来的发展。当然,铀矿量的需求和富集度的选取与燃耗相关,过去的几十年中,LWR 的燃耗值已经发生了很大的变化,见表 12.6。

表 12.6 过去几十年中 LWR 燃耗值的变化 GWd/t

时间	1970 年	1980 年	1990 年	2000 年
PWR	30	35	40	直到 50
BWR	28	30	35	直到 45

核电站的运行会产生放射性废物(如乏燃料元件)、导致设备被污染,以及产生中、低水平的放射性物质。图 12.17 汇总了模块式 HTR 投入和产出的材料,并可据此进行经济评估。图 12.17 同时也给出了大型 LWR 的相关数据,以用于比较。

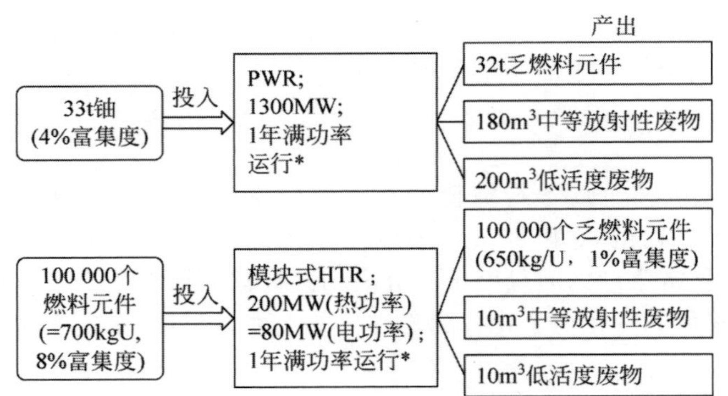

图 12.17 大型 LWR(电功率为 1300MW)与模块式 HTR(热功率为 200MW)投入和产出平衡的比较(如相应于每年 365 个满功率运行天)

* 相应于全年 365 满功率天

废物处理的总成本 x_W 可由下式得到:

$$x_W = x_{IS} + x_{FS} + x_{AW} \tag{12.28}$$

$$x_W = \frac{k_{IS}}{B \cdot \eta/100} + \frac{k_{FS}}{B \cdot \eta/100} + \frac{k_{AW} \cdot m}{P_{el}^0 \cdot T} \tag{12.29}$$

其中,x_{IS} 为中间贮存成本(美元/kWh);x_{FS} 为最终贮存成本(美元/kWh);x_{AW} 为中、低放射性废物处理成本(美元/kWh);k_{IS} 为中间贮存的比成本(美元/t);k_{FS} 为最终贮存的比成本(美元/t);B 为燃耗(MWd/t);η 为平均净效率(%);m 为中、低放射性废物量(m^3/a);k_{AW} 为中、低放射性废物的比成本(美元/m^3);P_{el}^0 为电功率(kW_{el});T 为等效满功率运行小时数(h/a)。

不同国家不同类型的反应堆的相应数值是不同的。此外,上述数据中涉及的一些成本因素在最近几年也发生了变化。表 12.7 给出了过去几年德国的废物处理成本 k_{IS} 和 k_{FS},还给出了一些关于后处理的数据。关于后处理,有些欧洲国家已经实施,如法国(拉黑格)和英国(塞拉菲尔德)。目前,在一些国家,乏燃料元件进行直接最终贮存被视为首选方案。

表 12.7 德国两种废物处置方案的处理成本(LWR,B=40 000MWd/t,η=33%)

阶 段	后处理和固化玻璃壳的最终贮存	乏燃料元件的直接最终贮存
乏燃料元件的运输、中间贮存		300~400 美元/kgU
调制、岩穴中的最终贮存		1000 美元/kgU
后处理、固化玻璃壳的中间贮存	1500~2500 美元/kgU	
固化玻璃壳在岩穴中的最终贮存	500~750 美元/kgU	
废物处理的比成本	0.6~0.8ct/kWh	0.4~0.5ct/kWh_{el}

从技术角度来看,在这种情况下,这个过程是基于一个采用空气冷却的贮存固化玻璃和乏燃料元件的铸铁储罐进行中间贮存。预期固化玻璃的最终贮存和乏燃料元件的直接最终贮存均分别贮存在岩穴中。

燃耗为 40 000MWd/t 的乏燃料元件的中间贮存和最终贮存的计算结果表明，其处理成本为 0.5ct/kWh。此外，还必须考虑中、低放射性废物的处理费用，但与上述费用相比很小。目前，后处理的成本很高。考虑到中间贮存和最终贮存的总成本，重要的问题是需要进行优化。如图 12.18 所示，定性地说，由于衰变热是随时间减少的，就这两个步骤的成本而言，其发展趋势是相反的。通过尽可能长时间的中间贮存降低在最终贮存中必须释放的衰变热是非常重要的。

在中间贮存过程中，必须要确定中间贮存的最优时间跨度 t_{IS}。当然，考虑到目前的成本结构，这个时间跨度更有可能是 50～100 年。衰变热随着时间呈指数下降，因此，必须进行大量的优化分析以找到 t_{IS}^*，t_{IS}^* 即为中间贮存时间的最优值。

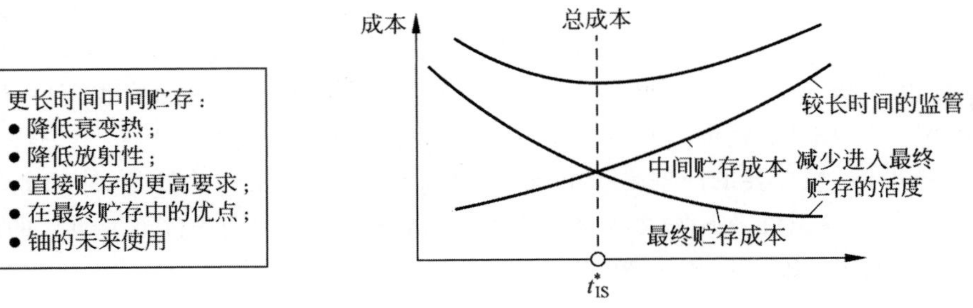

图 12.18 废物管理成本份额随中间贮存时间变化的定性关系

t_{IS} 为中间储存的时间

12.6 发电的总成本

燃料循环的总成本包括从燃料供应到乏燃料处置所有阶段的成本支出，图 12.19 给出了整个过程的成本及它们随时间进程的发展状况。可以看出，特别是在过去的几年中，处置费用大幅增加，而铀和燃料元件

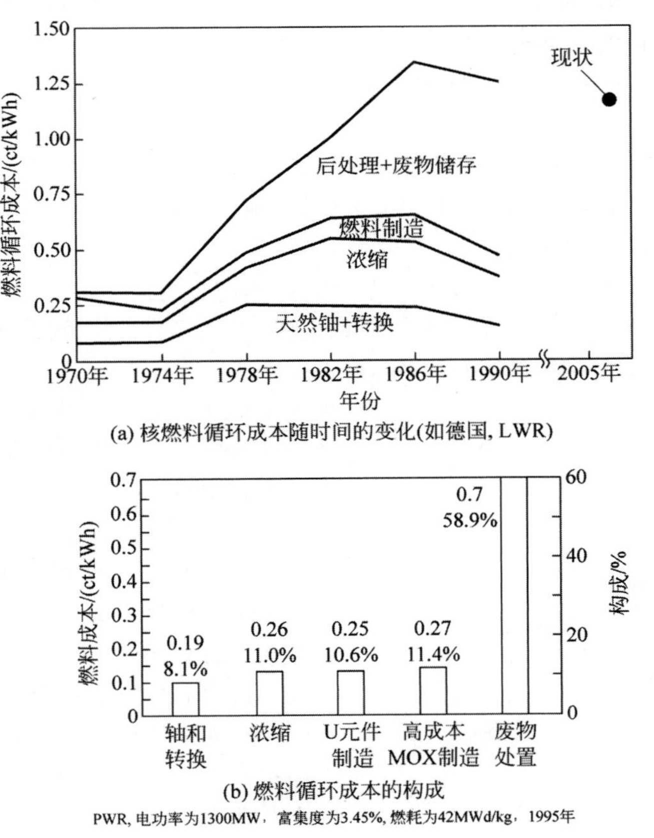

图 12.19 核燃料循环成本

的制造费用只有小幅增加。每个阶段的成本份额显示，特别是铀价格，对整个成本的影响实际上是非常不显著的。目前，铀的成本仅占整个发电总成本的3%～5%。因此，对于未来核能的长期发展，铀价格的上涨可以很容易地得到化解。图12.19(b)给出目前德国典型的成本构成(2010年，大型LWR电厂)。

发电成本的另一个构成因素是运行人员的成本，特别是对于较大功率的发电厂或者由几个模块反应堆组成的大功率电厂，这个成本所占的比例还是比较低的。该值处于0.2～0.5人/MW之间。当然，这个成本的构成很大程度上取决于核电站运行的国家。通常情况下，该成本占发电成本的份额低于总成本的10%。

对于辅助材料，则附加在资本因子中，这些数据是根据电厂多年运行经验得到的。以HTR为例，存在氦气消耗的成本。在20世纪50年代，人们认为这是一个主要的成本因素。但今天来看，这个比例很小，因为氦变得相当便宜。通常，这种稀有气体是天然气生产的副产品。目前比较明确的是，氦冷却反应堆运行时，氦的损失量小于0.3%/天，这使氦的成本份额可以忽略不计。另一个附加成本是冷却循环运行的冷却水，所占份额也很小。总的来说，辅助材料的成本综合起来也不到发电成本的1%。

对于新建立的核电站，最重要的问题是投资成本的多少。不同国家的差异很大，因此，人们必须非常仔细地分析和判断所有的边界条件及其发展状况。表12.8粗略介绍了欧洲条件下发电厂的成本估算问题，其中包括核电站、燃煤和天然气发电厂的比较。

表12.8 投资成本估计(欧洲条件)

电厂类型	典型功率容量/MW(电功率)	比投资/(欧元/kW)	注释
燃煤	600	1000	脱硫，DENOX
天然气	500	500	联合循环，效率接近60%
核电NPP(旧)	1300	600	折旧，1970—1980年建造
核电NPP(新)	1500	2500	EPR，芬兰条件(海水冷却)
核电NPP(未来)	650	3000	8个模块堆组成的HTR，蒸汽循环电厂

表12.8给出了由多个模块堆组成的HTR电厂特定条件下的成本估算情况，这是实现与大型轻水堆类似投资成本的必要前提。而实现可接受投资成本的条件是：

- 即使在严重事故下，从电厂释放的放射性量也是非常有限的，且证明是安全的，已建立了许可证申请程序；
- 模块单元的批量化制造(每个模块堆热功率为200～250MW)；
- 在厂址内建造6～8个模块堆，使用共同的基础设施；
- 大型设备可以从全球市场采购；
- 具有较低工资成本的国家承担工程和建造工作。

根据过去几年的情况，核电的发电成本大体上是这样一种分配情况：假设比投资为2500美元/kW(如芬兰建造的EPR，2005年)，资本因子为0.12/年，燃料循环成本为1.5ct/kWh，于是可以得到图12.20所示的发电成本。对于基荷运行的电厂，以5ct/kWh作为典型的发电成本被认为是现实可行的。同时，在苛刻的条件下，若建造一个新的反应堆项目会带来很多困难，那么投资成本似乎应提高30%左右。

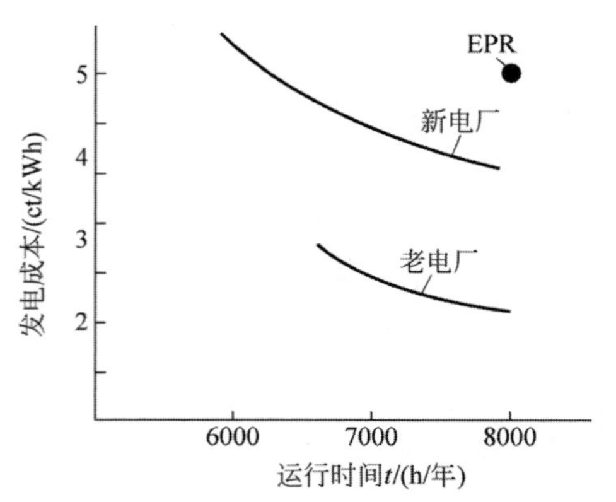

图12.20 新LWR电厂的发电成本

数据相应于EPR，芬兰，$K_{inv}=2500$欧元/kW，$\overline{\alpha}=0.12$/年，燃料循环成本为1.3ct/kW(电功率)，包括了废物处置，已折旧的老电厂

1990年西门子公司估计，在一个厂址上建造一座由8～12个模块堆组成的大型HTR电厂，需要的投资成本大约为2000美元/kW。在利用某些国家具有廉价劳动力潜力的情况下还存在额外降低投资成本的可能性，同时，如果使用已获得充分发展的可靠技术，则还有可能将成本降低到1500～1800美元/kW。从那时起，欧洲对新电厂的投资成本已经上升，可能达到了1.5倍的水平。对于欧洲压水堆EPR，投资成本达到了前面提到的2500欧元/kW。对于由8个模块堆组成的HTR

电厂，发电总功率为 650MW，按投资成本上涨幅度估计，其投资成本将上升到 3000 欧元/kW。总体来说，如果上述条件在未来都能满足，那么 HTR 的发电成本应该类似于大型 LWR。

此外，模块式 HTR 由于其优异的安全特性，可以建造在大城市附近，这样可以节省大量的输电费用，这一优势将会给消费者的电价带来显著的影响。例如，目前德国的平均输配电成本较 LWR 的发电成本高出两倍多。

在燃料供应方面，对目前在全球 HTR 已取得的进展进行的所有估计表明，HTR 的燃料成本与 LWR 相当，但前提是具有充分发展的批量生产技术。事实上，燃料供应成本仅在很小的程度上受到铀矿成本的影响(3%～5%)，那么在未来 HTR 的设计概念下，这一影响幅度也是同样有效的。

到目前为止，在废物管理成本方面，针对乏燃料的中间贮存和直接最终贮存的成本估计表明，如果相应的、适合的技术也能应用于模块式 HTR，那么 LWR 和 HTR 的数据是类似的。其中一个原因是，发电产生的放射性废物必须以尽可能安全的方式贮存。由于 HTR 发电的效率更高，所以其产生的放射性废物要少一些。另外，由于选用的燃料概念不同，允许采用不同的中间贮存和最终贮存技术解决方案。对于 HTR 燃料元件的中间贮存，可以采用不同的储罐，这样，中子慢化就可以采用一种简单的方式来实现。其中有一点很重要，在最终贮存系统中，如盐穴所需的体积，是由乏燃料元件的衰变热来决定的。然而，衰变热又与燃料产生的能量成比例。因此，燃料元件总体积上存在的一些差异对于成本并不那么重要。这里提到的 HTR 乏燃料元件不需要像 LWR 乏燃料元件那样，在紧凑的乏燃料水池中贮存几年。在福岛核事故后，利用水池贮存的问题引起很大的关注，因为福岛反应堆采用的就是水池贮存，事故后部分受到破坏。在对其作退役处理时，会有很大的花费，并且需要把原来贮存在水池中的乏燃料元件再装入储罐，费用会很高。而在 HTR 中，乏燃料元件可以直接装入中间储罐，通过自然效应(热传导、辐射、对流)进行冷却。

针对 LWR 和 HTR 发电成本的估计和比较表明，在过去几十年中，它们之间的差异变得越来越小。在考虑安全和选址可以靠近大城镇的条件下，采用 HTR 具有一定的优势，因为其降低了输电成本。这里，给出了 HTR 500 项目一些更为详细的数据。表 12.9 给出了核电厂、化石燃料电厂，以及以可再生能源为燃料的电厂之间的比较。

表 12.9　发电成本的比较(德国条件，2006 年)

一次能源	比投资/(美元/kW(电功率))	年等效满功率运行小时典型值/(h/年)	投资成本/(ct/kWh)	燃料成本/(ct/kWh)	发电成本/(ct/kWh(电功率))		
煤	1000	7000	1.7	3.3	4	8 以上	具有 CO_2 捕集和埋存
天然气	500	7000	0.9	4	4.9	7 以上	
风电	1500	2000	9	—	9	<10(离岸)	
PV 光伏发电(直接使用)	4000	1000	48	—	48	德国	
PV 太阳能(H_2 储能)	>7000	8000	>200	—	>300	$\eta_{conv}\approx0.33$*	
核电(老电厂)	600	8000	约 1	1.5	2	包括最终贮存	
核电(1985)	1500	8000	2.5	1.5	3.6		
核电(新电厂)	2500	8000	4.2	1.5	5.7		

* η_{conv} 包括 H_2 储存＋运输，H_2 再转换发电。

如果 CO_2 的问题真的需要通过埋存来解决，那么按照目前通常对 CO_2 捕集和最终埋存的处理原则，燃煤电厂的发电成本将增加大约 4.5ct/kWh。对于燃煤电厂，大约 0.9kg CO_2/kWh 必须要用于捕集和最终埋存。而对于天然气发电厂，CO_2 的含量仅为 0.5kg CO_2/kWh，为此，需要额外增加 2.5ct/kWh 的成本，见表 12.9。

12.7　各种发电厂发电成本和成本敏感性的比较

在运行的几十年内，发电厂成本结构参数会发生明显的变化。例如，图 12.21 和图 12.22 所示为过去 30 年化石燃料和铀矿价格的变化。当然，化石燃料价格的变化几乎直接影响了电力的发电成本，因为目前欧洲天然气的成本大约占发电成本的 70%。天然铀价格(U_3O_8)自然也发生了变化，例如，1978 年和 2007

年全球市场铀矿价格的变化，如图 12.22 所示。

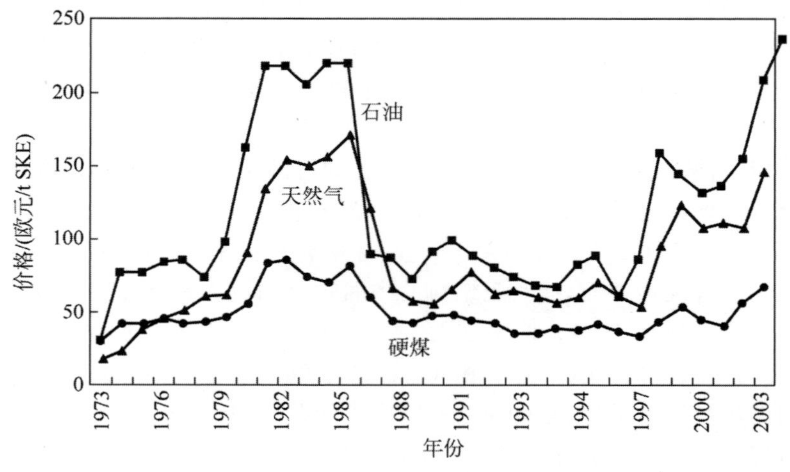

图 12.21　西欧能源价格随时间的变化

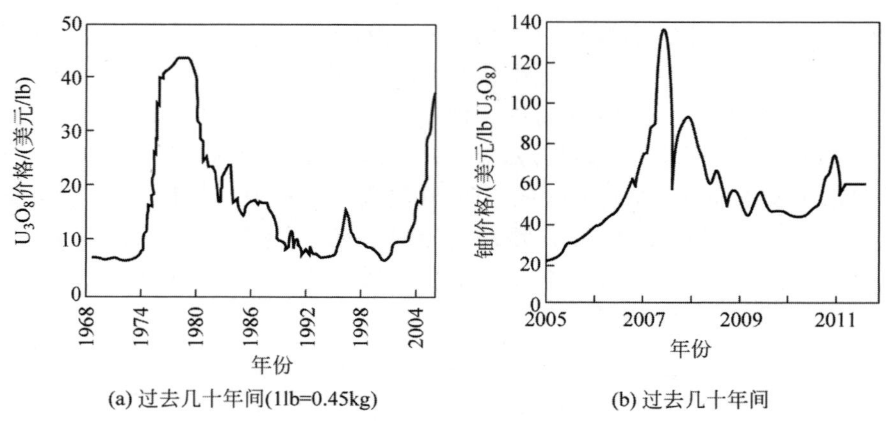

(a) 过去几十年间(1lb=0.45kg)　　(b) 过去几十年间

图 12.22　全球市场铀矿价格的变化

然而，如前所述，铀矿价格对核电发电成本的影响非常小(仅几个百分点)，而可再生能源发电的投资成本一般较高，所以投产初期的发电成本较高。此外，这里讨论的各种发电技术概念的全年等效满功率运行小时数的差异很大。太阳能发电仅能达到 1000h 的等效满功率运行小时(德国的条件)，在撒哈拉沙漠地区，有可能达到大约 2000h。陆上风能可能达到 1800h 左右(德国条件)，而离岸风电可以达到近 3500h。

如果将两个不同发电厂的发电成本进行比较，可以采用如下的计算式来估算这两个电厂的发电成本：

$$X_1 = \frac{K_1 \cdot \bar{a}}{T} + X_{F_1} + X_{W_1} \tag{12.30}$$

$$X_2 = \frac{K_2 \cdot \bar{a}}{T} + X_{F_2} + X_{W_2} \tag{12.31}$$

假设折旧系数$\bar{a}$ 相同，则这两个电厂的发电成本相同，那么这两个电厂的全年等效满功率运行小时数 T^* 为

$$T^* = \frac{(K_1 - K_2) \cdot \bar{a}}{(X_{F_2} + X_{W_2}) - (X_{F_1} + X_{W_1})} \tag{12.32}$$

通常根据电厂的发电成本，将发电厂划分为基荷、中间负荷和峰荷来安排运行。如图 12.23 所示，核电厂作为基荷运行，由于投资成本较高，燃料循环成本相对较低。以褐煤为燃料的发电厂也作为基荷运行。如果将大容量的可再生能源设施(风，太阳能)引入电网，并打算作为基荷运行，那就需要大规模的电力储存系统，这也是德国的发电计划之一，但目前还难以实现。

峰荷通常是由抽水蓄能电站或者燃气轮机电厂来提供的，因为一旦需要这些电厂供电，它们马上就可以快速启动。在许多具有大型电网供电系统的国家，要有与其成本结构对应的处于不同运行负荷区的各类

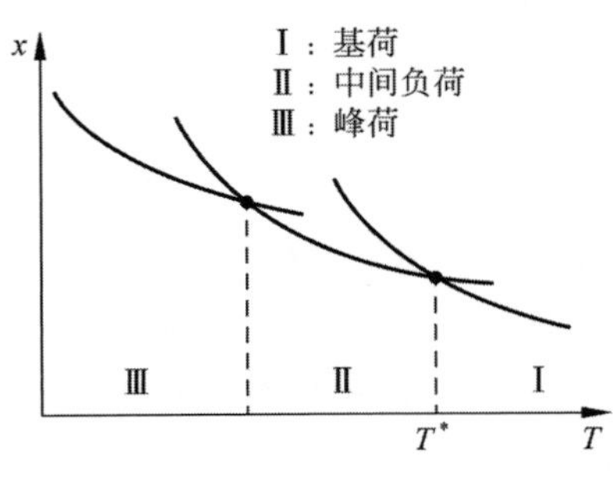

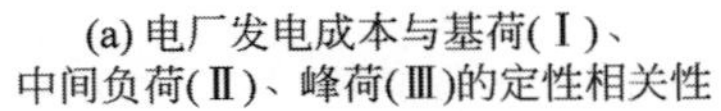
(a) 电厂发电成本与基荷(Ⅰ)、中间负荷(Ⅱ)、峰荷(Ⅲ)的定性相关性

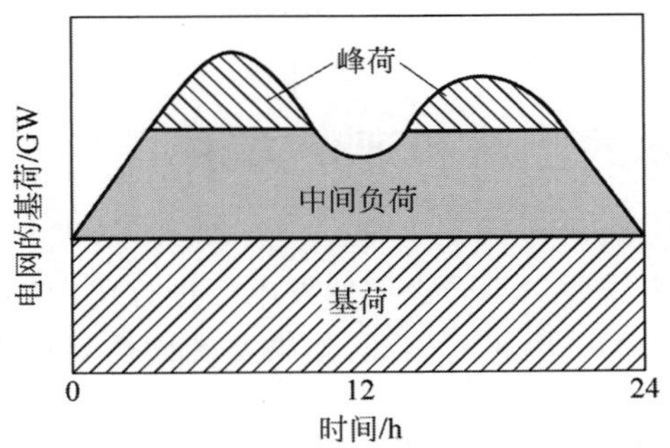

(b) 电厂按相应负荷曲线的运行(德国电网条件)

图 12.23 电厂运行的能源经济性

发电厂来支持运行，见表 12.10。

表 12.10 各类电厂的负荷区域(如德国)

负荷区域	电厂类型	典型的等效满功率运行小时数
基荷	核电、褐煤电厂、天然气电厂	6000～8000h/年
中间负荷	硬煤电厂、天然气电厂、风电	2000～4000h/年
峰荷	抽水蓄能电站、简单的燃气轮机电厂	1000～2000h/年

通过改变方程中的参数以对成本结构进行评估是很重要的评估手段，主要考虑燃料供应成本的变化、废物管理成本的变化及劳力成本的变化。如果在运行阶段增加了对环境或者安全方面的要求，就需要增加额外的投资。可以给出很多有关这些效应的例子，比如，在常规电厂中增加额外的设施以去除灰尘、SO_2、NO_x，或者在 LWR 电厂中增加衰变热载出的设施以实现更高的可利用率。这些效应均可通过敏感性分析来解释。

假设中的不确定因素及一些变化所产生的影响可以采用基于发电成本的简化方程来描述。

$$x = K \cdot \bar{a}/T + X_F + X_W \tag{12.33}$$

其中，X_F 为燃料循环成本，X_W 为废物管理成本。通过计算可得发电总成本之差为

$$dx = \sum_i \frac{\partial x}{\partial \xi_i} \cdot d\xi = \frac{dK \cdot \bar{a}}{T} + \frac{K \cdot d\bar{a}}{T} - \frac{K \cdot \bar{a} \cdot dT}{T^2} + dX_F + dX_W \tag{12.34}$$

如果考虑不同参数的偏差，就会得到这些参数值变化之间的关联性。例如，如果投资成本存在不确定性，那么对发电成本产生的影响为

$$\Delta x = \Delta K \cdot \bar{a}/T \tag{12.35}$$

如果折旧方式在运行期间发生变化，则其影响由下式给出：

$$\Delta x = K \cdot \Delta\bar{a}/\mathrm{T} \tag{12.36}$$

不同参数变化间的关系可以用等价关系来表示，其中，假设 $\Delta x = 0$。作为一个例子，式(12.37)给出了比投资成本和燃料循环成本变化之间的关系：

$$\Delta K \cdot \bar{a}/T = \Delta x_F \tag{12.37}$$

对燃料循环所做的调整可以进行评估，根据评估结果，有时也需要改变投资成本。比如，HTR 电厂在运行过程中想要改变燃料，如果这对于未来反应堆的运行是有意义的，则将有可能引起转化因子的变化。再如，出于经济性及后处理厂获取的钚需要再利用的考虑，在 LWR 中引入 MOX 作为燃料(UO_2 和 PuO_2 的混合氧化物燃料)。

另一个重要的例子是，乏燃料元件(x_W)一方面需要在中间贮存和直接最终贮存成本之间加以比较，另一方面需要在后处理成本(x_R)和最终贮存成本(x_W^*)之间加以比较。在今后几十年的运行期间，对利弊的评估可能发生变化。经济性的条件必须以如下的形式加以评估：

$$x_F + x_W \geqslant x_R + x_F^* + x_W^* \tag{12.38}$$

一般来说，在整个反应堆运行期间，成本结构的优化，特别是燃料循环和废物管理的优化需要长期的巨

大努力。

12.8 成本的上涨和评价方法

关于成本上涨，如图 12.22 和图 12.23 所示，尤其是燃料成本和废物处理成本在发电厂几十年的运行期间会上涨。如果需要对不同类型的发电厂进行比较或者对项目是否有利进行决策，在经济分析中必须要增加成本上涨这一部分内容。例如，如果要考虑燃料成本上涨这一因素，则可以采用如下描述世界市场燃料价格不断上涨的方程：

$$x_F = x_F^0 \cdot (1+\varepsilon/100)^N \tag{12.39}$$

其中，ε(%/年)是价格上涨率。如果将两个不同的电厂进行比较，由于它们具有不同的比投资成本及燃料和废物管理成本，则会得到如下发电成本差的表达式：

$$x_2 - x_1 = (K_2 - K_1)\cdot\bar{a}/T + (x_{F_2}^0 - x_{F_1}^0)(1+\varepsilon/100)^N + (x_{W_2}^0 - x_{W_1}^0)(1+\varepsilon/100)^N \tag{12.40}$$

图 12.24 给出了 N 年运行期间发电成本的发展趋势，图中假设这两个电厂具有不同的成本构成，特别是在燃料成本所占份额上存在差异。通常情况下，很有必要对不同类型电厂的长期经济状况进行比较。经过 N^* 年时间后，曲线有可能会出现一个交叉点，称为盈亏平衡点。这个交叉点的 N^* 值由下面公式给出：

$$N^* = \lg\left[\frac{(K_2 - K_1)\cdot\bar{a}}{(x_{F_2}^0 - x_{F_1}^0)\cdot T}\right] \bigg/ \lg\left(1+\frac{\varepsilon}{100}\right) \tag{12.41}$$

盈亏平衡点(图 12.24(b))可用作能源经济决策的典型度量，具有重要的参考价值。当将核电站与化石燃料发电厂，特别是天然气发电厂进行比较时，这是一个很重要的评定指标。

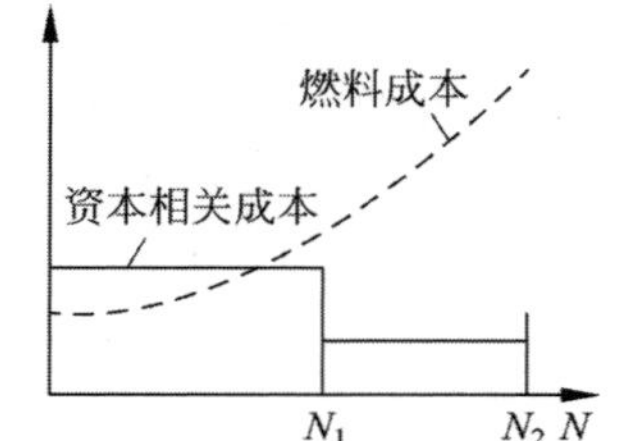

(a) 投资成本折旧时间对总发电成本的影响

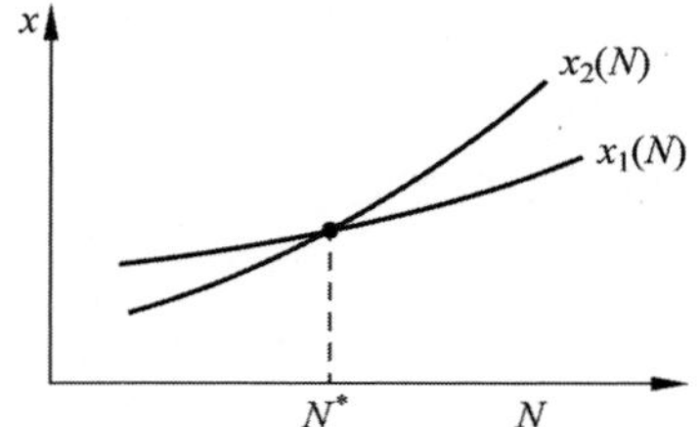

(b) 燃料成本和投资成本对总发电成本的影响

图 12.24 发电成本随运行时间变化的定性关系：资本密集型电厂(x_1)和燃料成本占重要比重的电厂(x_2)

第 2 种发电厂在运行 N^* 年之后即具有一定的经济优势。因此，需要对电厂运行开始及之后表现出来的优势进行比较，比较时需要采用合适的评价方法。其中，已被采用的一种方法就是生命周期成本分析方法。生命周期成本分析可以为整个工厂运行期间的所有支出和收益提供一个共同的参考平台。从图 12.25 可以看出，电厂运行第 1 年的经营状况严重影响整个电厂的所有支出和收益。

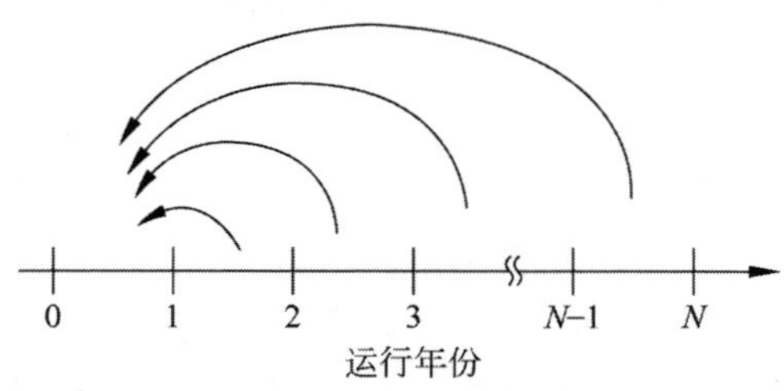

图 12.25 生命周期成本分析方法对发电厂成本构成份额的评估

在运行期间产生的所有运行成本中，包括运营开始时的利率及通货膨胀率的贴现。用这种方法计算了 N 年所有可变成本的现值，再加上资本投资，于是就可以得到在不同通货膨胀参数条件下对不同类型电厂进行比较的基础数值。当然，同时必须对经济参数的未来发展做出假设。这中间包括很多不确定因素，需要进行广泛的敏感性分析。

每年的费用(PV_i)是用于发电。N 年内所有费用(PV_T)的现值可由下式确定：

$$\text{PV}_\text{T} = \text{PV}_1 + \text{PV}_2 + \cdots + \text{PV}_N \tag{12.42}$$

假设通货膨胀率为 e，利率为 p，则可得到 t 年现值的表达式如下：

$$PV_t = C_t \cdot \left(\frac{1+e}{1+p}\right)^t \tag{12.43}$$

为了简化，假设 $C=C_1=C_2=C_N$，这是用于初步比较的较为经典的假设条件，据此，可以得到现值的表达式为

$$\mathrm{PV_T} = C \cdot \left(\frac{1+e}{1+p}\right) \cdot \left[1-\left(\frac{1+e}{1+p}\right)^N\right] \Big/ \left[1-\frac{1+e}{1+p}\right] = C \cdot \phi(e,p,N) \tag{12.44}$$

图 12.26 所示为函数 $\phi(e,p,N)$ 对可变参数的依赖关系。

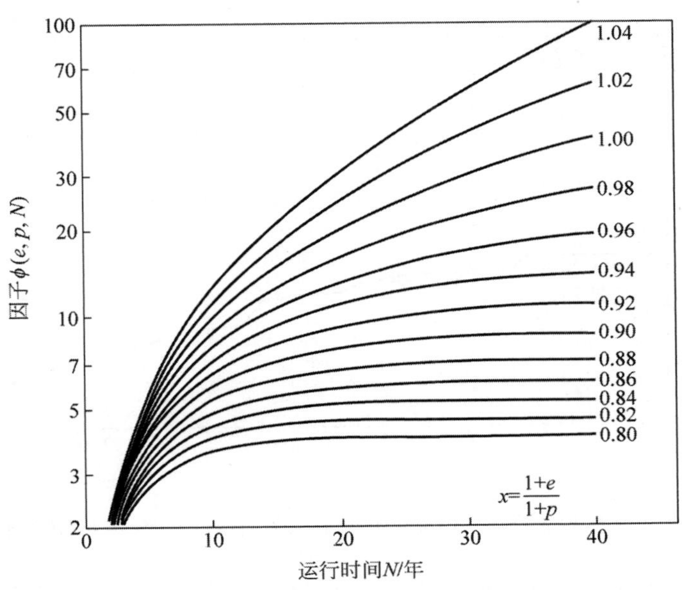

图 12.26　采用函数 $\phi(e,p,N)$ 估计生命周期成本的曲线

一个运行期为 N 年的发电厂的总费用可以通过计算其投资和 N 年运行成本之和来计算：

$$K_{\text{total}} = K_{\text{inv}} + K_{\text{oper}} \cdot \phi(e,p,N) \tag{12.45}$$

其中，运行的费用 K_{oper} 包括各个阶段的燃料成本、废物管理的成本和劳动力成本。

对两种不同的发电系统进行比较，其总费用之差可按下式来估计：

$$\Delta K_{\text{total}} = (K_{\text{inv}_1} - K_{\text{inv}_2}) + (K_{\text{oper}_1} - K_{\text{oper}_2}) \cdot \phi(e,p,N) \tag{12.46}$$

这个估计结果可用于衡量电厂 1 或者电厂 2 在 N 年内可能具有的优势。e 和 p 在 N 年内是可变的。当然，对这样的估计可一步步地进行更为详细的分析，特别是对于通货膨胀率较高的国家，采用这种方法可以对资本及整个运行期间的燃料密集型电厂进行评估。对采用核燃料和化石燃料的发电厂进行这方面的评估尤为重要，因为石油、天然气和煤的价格在过去 N 年已经发生了很大的变化，预计未来还会发生变化。

12.9　发电的外部成本

在分析发电厂整体运营成本时，必须要考虑由环境影响带来的发电的附加费用。能源市场的一些重要案例可以说明这一点。这里应该提到的是，由于未来要求对采用化石燃料的电厂产生的 CO_2 加以捕集并以合适的方式将其最终埋存，无疑这将会带来很大的额外费用，这些成本必须包括在未来的生命周期成本分析中。假设一个燃煤电厂的平均效率为 40%（例如，煤气化、气体净化及采用与 CO_2 埋存相结合的联合循环方式），每发 1kWh 电将产生 1kg 左右的 CO_2。另外，再加上最终埋存方案的成本估算，这种效应至少会使燃煤发电厂的发电成本翻一番。未来，核能发电厂的经济性将比目前更具优势。当然，即使没有 CO_2 废物管理方面的要求，核电也已在经济上具有相当的优势。

在核技术领域，也要考虑由环境影响带来的附加费用。例如，发电和废物管理费用的估计必须要考虑

发生极端核事故的成本。切尔诺贝利(1986 年)和福岛(2011 年)的灾难性事件表明，堆芯熔化事故造成的经济损失十分巨大。因此，未来发展和引入不会发生堆熔的反应堆，如模块式 HTR，就具有非常大的吸引力。

未来核电的发展面临着社会、工业界和政治界的可接受性问题。在以化石燃料或核燃料为基础的电力生产的所有相关过程中，都可能对人、动物、植物、土地、水和气候造成放射性损害。图 12.27 给出了不同能源技术条件下可能造成的死亡人数。对于一些可再生能源的利用，进行类似的分析和设想是很有必要的(例如，水力发电有可能造成溃坝，导致大量的死亡事故)，因为一旦发生这样的事故，造成损害的后果必须由社会来承担。

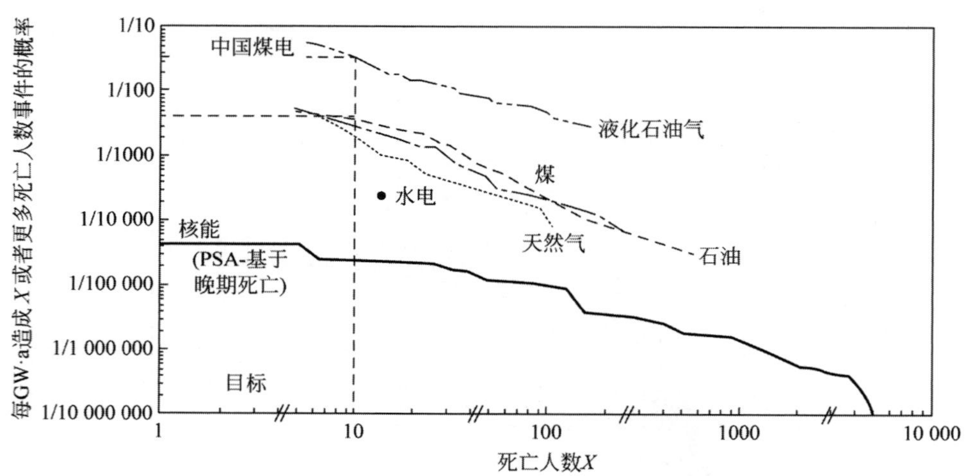

图 12.27　各种能源全过程链频率-死亡后果曲线的比较(非 OECD 国家)

未来，这些额外的费用必须要计算出来，并作为外部成本增加到正常发电成本中；或者，如果在某一时间段内引入了新技术，那么这些成本也变成了正常发电成本的一部分。众所周知，像燃煤电厂将以前的外部成本内部化这样的例子已不鲜见。脱硫、脱氮氧化物和脱粉尘的成本目前已都计入发电成本。图 12.28 给出了对二氧化硫进行废物管理的一些优化条件。

年份	10^6 SO_2/年
1970	3.8
1980	3
1990	1
2000	<0.5
2010	<0.4

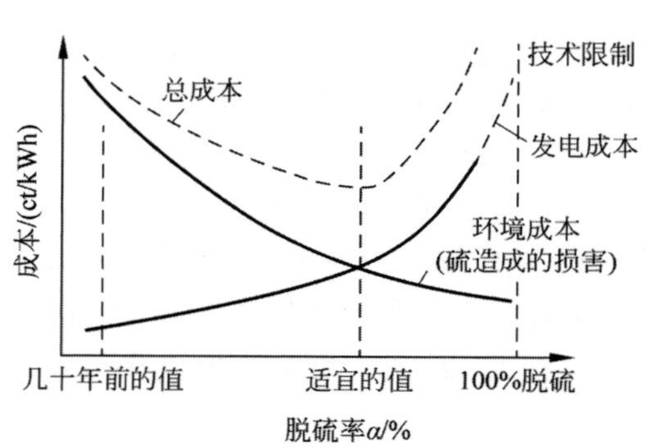

图 12.28　改善环境条件的最优化考虑

在过去几十年，这些物质的排放对环境造成了巨大的危害，其后果也只能由社会来承受。因此，必须要解决一个与此相关的典型的优化问题，这一问题也与核能的发展形势有关。如图 12.28 所示，减少燃煤电厂有毒物质排放的要求将影响发电成本和电厂外部的损害成本。因此，相关立法机构必须在脱硫及其他物质排放程度上寻求一个最优值。

为改善生态条件所花费的努力 E(电厂数)将影响投资成本和对环境造成损害的成本：

$$K_{\text{inv}}(E) \approx C_1 + C_2 \cdot E, \quad K_{\text{Danage}} \approx C_3/(1 + C_4 \cdot E) \tag{12.47}$$

于是可以得到对总成本进行优化的函数：

$$K_{\text{tot}}(E) = K_{\text{inv}}(E) \cdot \bar{a} + K_{\text{Damage}}(E) \tag{12.48}$$

其中，$\bar{a}$ 是资本因子。在 $\mathrm{d}K_{\text{tot}}/\mathrm{d}E = 0$ 的条件下可得最低成本，其结果由如下的关系式计算获得：

$$E(\text{optom})=\frac{1}{C_4}\cdot\left(\sqrt{\frac{C_3C_4}{C_2C_1}}-1\right) \tag{12.49}$$

针对核能的利用,也必须进行类似的分析。例如,在正常运行过程中减少放射性的释放。

关于核能利用的外部成本,如果考虑选取乏燃料元件直接最终贮存方案,则包括铀矿开采、铀浓缩、燃料制造、电厂运行及乏燃料元件的中间贮存、调制和最终贮存过程产生的成本。在选取后处理或者以后选取分离和嬗变技术的情况下,也要考虑燃料和废物处理过程中其他操作可能产生的放射性释放。对这类释放的放射性可以进行测量、计算和估算,只要是与成本相关,相对而言还是比较容易的。在正常运行情况下,这些附加成本相对较低。

在LWR发生堆熔这种严重事故下,大量的放射性物质释放到土地中,对这种事故要进行完全不同的分析,因而会导致更高的成本。

对于可能由对环境造成的损害引起的外部成本,可以采用如下方程进行估算:

$$\Delta x=\frac{\sum_i D_i\cdot P_i\cdot Z}{A_{\text{tot}}},\quad A_{\text{tot}}=\sum_{i=1}^{Z}\text{Pu}_i(t)\text{d}t \tag{12.50}$$

其中,Z是电厂数,D_i表征早期死亡、晚期死亡和土地污染造成的损失,P_i是各类损坏的概率。对人员造成的伤害需根据这个概念进行量化,即需转化成货币形式。可以用D来表示其在外部成本中所占的份额:

$$\Delta x=D\cdot P\cdot Z/A \tag{12.51}$$

损坏状况D通过货币形式来表示需要支付的外部成本。例如,目前在德国,假设有如下条件:$A=150\times10^9\text{kWh}/$年,$Z=17$。根据所谓的Prognos研究,对货币的损失做如下假设:$D=5\times10^{12}$欧元,放射性物质大量释放的概率为$P=3\times10^{-5}/$年。于是就得到了外部成本为$\Delta x\approx3.5\text{ct/kWh}$。假设$D\approx10^{12}$欧元,$P\approx4\times10^{-6}/$年,则可得到$\Delta x\approx0.04\text{ct/kWh}$。

表12.11给出的是采用Prognos方法进行相关估算的结果,采用其他方法所做的研究却得到了非常不同的结果,因为后者使用了更有利的数字来量化巨大的损害及发生损害的概率。产生的巨大差异还取决于反对和赞成使用核能的人员所作的估计。

表12.11 对能源系统外部成本的估计(对于核能情况,假设LWR发生了高压堆熔事故,放射性物质快速向环境释放)

作者	发表时间	核能		燃煤	
		所有效应	仅事故	所有效应	仅事故
Hohmeyer	1989年	9.7~24.5	3.5~21	2.94~8.54	
Friederich/Voβ	1989年	0.5~0.6	0.02		
Ottinger, et al	1990年	4.8	3.7	7	2.3
Friedrich/Voβ	1992年	0.03~0.7	0.01~0.07	0.44~2.35	
Prognos(Ewers/Renning)	1992年		1.7		
Rearce, et al	1992年	0.13~0.75	0.05~0.67	2.1	0.85
OECD	1992年	0.016~0.16	<0.05	0.32~1	
US DOE/ ORNL/REF	1993年	0.05~0.07	0.01~0.02		

注:所有数值的单位是Dpf/kWh≈0.5ct/kWh,1Dpf≈0.5ct(欧元)。

在任何情况下,以极小的概率来减少大量货币损失的权重及通过应用小概率来产生小的外部成本,就如目前有时所做的,是不被接受的。如果新的反应堆概念在设计时能够满足避免灾难性事故发生的要求,那么未来就有可能使反应堆电厂一方与公众一方在放射性释放的可接受性上达成共识,即达到均可接受的一个标准。如果放射性损害仅限于电厂本身,那么外部成本就完全可以计算出来,结果会非常小($\Delta x<0.01\text{ct/kWh}$)。这可以是一个设计合适的模块式HTR或者技术,它们可以满足极端事故下的安全要求。

除了土地、基础设施和工业厂房的损失之外,人的价值也包括在损害的范围内,也须针对晚期死亡(癌症)和早期死亡(社区人员的损失)进行成本估算。由相关的一些研究结果可知,涵盖这些的成本非常高。

所有的发电厂和核电站也都需要保险,以备可能造成的损失。目前LWR电厂非常小概率巨额损害的保险是不可能的。在引进核电新技术之后,如果损害是有限的,保险将成为可能。

12.10 新发展的核电厂概念的投资成本

除了对新型核电厂的要求之外，在中子经济、效率和安全等领域也可能取得一定的进展。同时，新型反应堆采用的新技术应能够与现有的、商业化的且已实现的方案进行竞争。

目前，一般将新型反应堆与大型轻水反应堆进行比较，其基本假设应该都是相同的。这里，以压水堆为例，与新型反应堆进行相关的比较。

核电厂的经济性取决于每千瓦小时的运行成本和每千瓦装机的投资成本。一个模块式 HTR 电厂和一个 PWR 核电厂的经济性必须在相同的发电容量的基础上进行比较。对于模块式 HTR，一个电厂由多个采用蒸汽循环的模块堆组成。在一个由多个模块堆组成的 HTGR 核电厂中，仅有一个控制室对所有采用蒸汽循环的模块堆进行监控，另外还有一个公用的汽轮机-发电机及其辅助系统。除了反应堆保护系统和其他相关核安全系统外，大多数辅助系统，都设计成由所有的模块堆共有。

再来分析 PWR 电厂的情况，如图 12.29(a)所示，根据支出方式，一个电功率为 1000MW 的系统以归一化投资成本计算反应堆约占 23%～28%的份额。汽轮机厂的设备约占 12%，辅助系统约为 3%，建筑和结构占投资成本的 20%。包括工程、税收、项目管理、保险和业主成本在内，所有这些份额占 90%～93%。其余部分用于电厂的首炉堆芯和电厂启动阶段所需的资金。

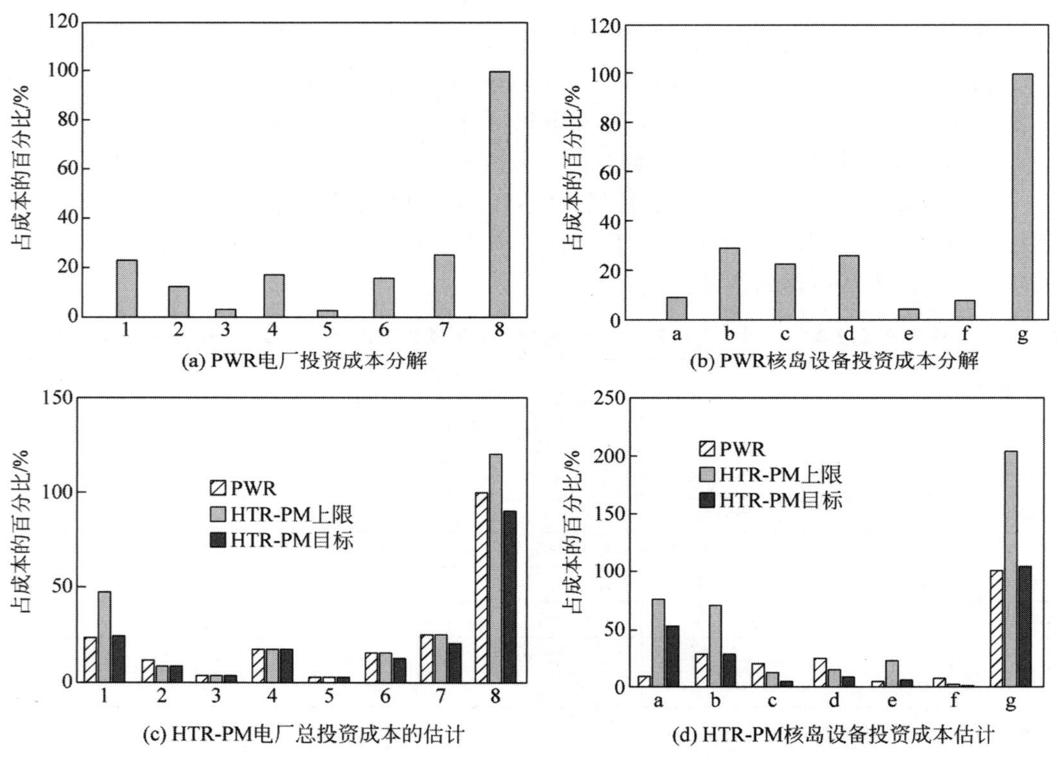

图 12.29 大型 PWR 和 HTR 电厂成本的估计(中国条件，2012 年)

(a) 1—核岛设备；2—汽轮机常规岛设备；3—辅助系统；4—建筑和结构，建造和调试；5—初装燃料；6—工程和设计、项目管理、业主成本；7—财务成本、税收、保险、不可预见费；8—合计；

(b) a—反应堆压力壳和堆内构件；b—核蒸汽供应系统设备；c—反应堆辅助系统；d—仪控和电器系统；e—燃料装卸和储存；f—核岛其他设备；g—核岛设备合计

HTR 反应堆本身及与电厂核岛部分相关设备的成本如图 12.29(b)所示。HTR 反应堆压力壳和堆内构件大约占核电厂总成本的 10%。如图 12.29(a)所示，最终得到的结果是，对于大型 PWR 电厂，反应堆压力壳和堆内构件仅占投资成本的大约 2%。

将这些经验用于模块式 HTR，得到的结果如图 12.29(c)和(d)所示。首先，对于核岛部分，得到以下结果：

- 反应堆压力壳和堆内构件在花费上比 PWR 要贵得多。估计在相同的电功率(1000MW)下,贵了 8 倍。
- 蒸汽发生器和氦风机比 PWR 贵了两倍。
- 衰变热和应急冷却系统也比 LWR 贵得多。
- 对于模块式 HTR,辅助系统较为便宜。
- 民用建筑结构成本相似。

综上所述,最终得到的结果是,HTR 核岛部分的投资成本与一个大型 PWR 相比可能要贵两倍。然而,我们期望电厂的模块化可以简化工程、项目管理、设备制造和缩短项目进度。因此,与 PWR 仅含 1 座反应堆的情况相比,10 个模块堆消耗的大量钢材的成本缺陷需要以此来加以补偿。

从电厂的总投资来看,由多个模块堆组成的电厂和大型反应堆电厂之间的差异变得相对较小,如图 12.29(c)所示。原因之一是 HTR 采用常规过热蒸汽的汽轮机系统,而 LWR 采用的是饱和蒸汽汽轮机。下面,对比较的结果进行综合分析,由多个模块堆组成的 HTR 电厂与大型 PWR 相比,在投资成本上大约有 20%的差异。这个结果与以前 HTR-Module 或者 HTR 500 的研究结果吻合。如表 12.12 所示,在一个厂址上建造的模块式 HTR 的功率超过了 600MW,与大型 LWR 系统相比,达到这一功率的经济条件近乎相同。

表 12.12　由多个模块堆组成的电厂的比投资比较(如由 *N* 个功率为 200MW 的模块堆组成,德国条件,1990 年)及与 EPR 的比较(1990 年)

电功率/MW	比投资/(欧元/kW(电功率))	注　释
160	3500～4500	2 个模块堆,已完成研发
320	2500～3400	4 个模块堆
640	2000～2600	8 个模块堆
800	<2000	10 个模块堆
1300	<2000	EPR(PWR)

HTR 系统成本研究的一些结果如图 12.30 所示。

图 12.30(a)和(b)给出了美国比较研究的结果。随后的分析表明,由几个 HTR 模块堆组成的电厂与新的大型核电厂相比具有一定的经济竞争力。图 12.30(c)给出了一个大型 PWR 和 HTR 500 进行比较的情况,这个比较是 20 世纪 90 年代在德国由 HRB 公司和 THTR 的业主进行的。比较的结果是 HTR 500 的投资成本要高 10%左右。然而,由于更高的效率和燃料循环的优势,HTR 500 在运行和折旧时间上(20 年)显示出经济优势。西门子公司对模块式 HTR 和燃煤电厂在 20 年折旧期进行的比较得到了一个类似的结果,如图 12.30(d)所示。

投资成本将随累计装机发电容量的增长而有所下降。图 12.31 所示的"学习曲线"表明,从基准线开始,累计装机容量增长近 10 倍,比投资应该减少 27%左右,如图 12.31(a)所示。德国西门子公司的比较研究也得到了类似的结果,如图 12.31(b)所示。

总体上,大型 PWR 和模块式 HTR 的经济性基本是相当的。当然,这一结论仍然还只是建立在一个假设的基础上,若要有足够的说服力,则必须得到进一步的证实。中国 HTR－PM 项目的主要目标之一就是要证实这一期望。

当然,针对是否每一个模块堆的热功率越高就越能显著地改变其经济性这一问题,发表了很多的研究结果,其中有研究结果表明,单个模块堆的热功率由 250MW 提高到 500MW 可以使投资成本降低 5%～10%。在技术概念上进行一些必要的改进,是有可能使模块堆达到更大功率的。例如,一个具有中心石墨结构的环形堆芯在满足安全要求的条件下即可达到这一目标。

原则上,存在降低模块式 HTR 投资成本的可能性。前面已有提及,HTR-PM 的反应堆压力壳和堆内构件的投资大约相当于 PWR 核电厂的 8 倍。事实上,在一次近似中,模块式 HTR 的总投资成本仅比 PWR 高出约 16%。而且这一数值还将会减小,因为对于 HTR,不需要对防硼水的内表面加以保护,而 PWR 需要更多的设备和投入以用于衰变热载出和应急冷却系统。除此之外,HTR-PM 的成本还可以进一步降低,因为其他辅助系统和电气装置还可以简化并降低某些设计要求。

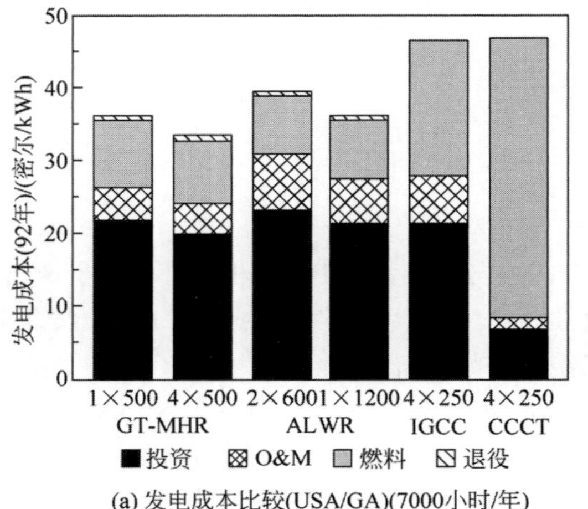

(a) 发电成本比较(USA/GA)(7000小时/年)

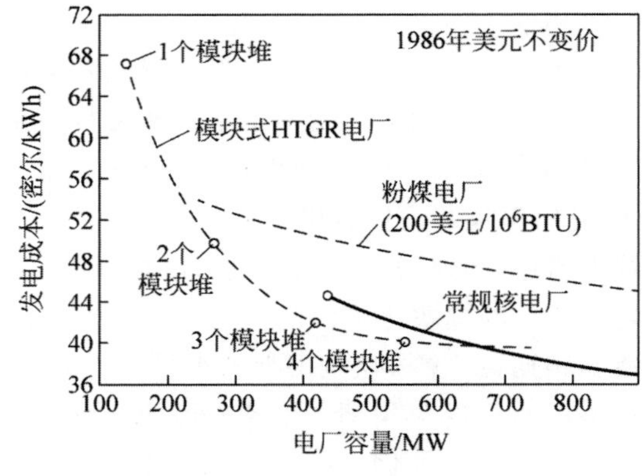

(b) 模块式HTR发电成本与电厂容量规模的相关性及与燃煤电厂和LWR的比较，美国

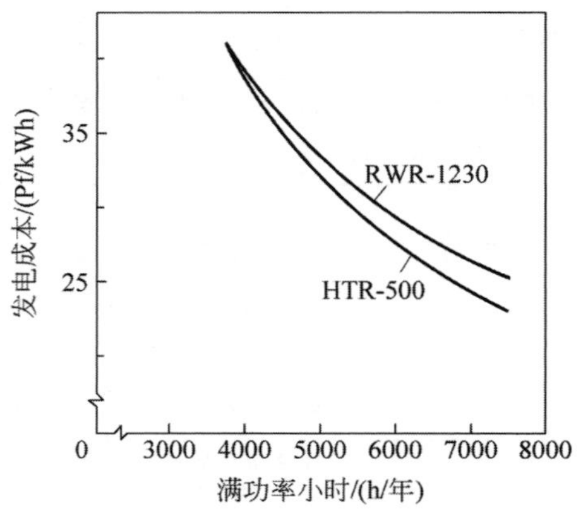

(c) HTR 500和大型PWR发电成本与负荷因子的比较(德国，HRB)
方法：20年运行折旧期的平均贴现率

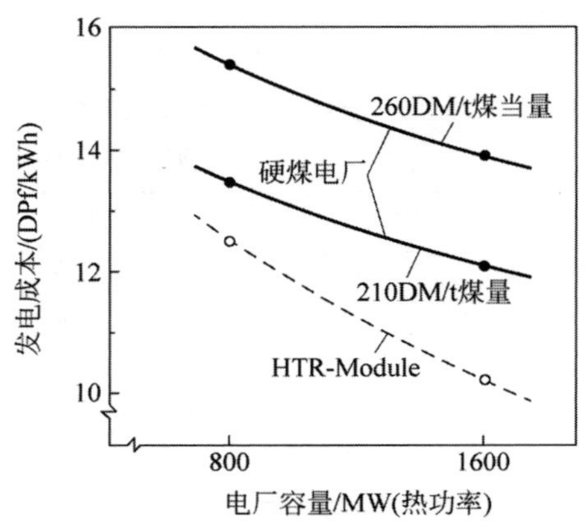

(d) 模块式HTR发电成本与燃煤系统的比较(20 年折旧期)
德国/西门子，1993年投入运行, 7000小时/年

图 12.30 模块式 HTR 经济性的分析结果

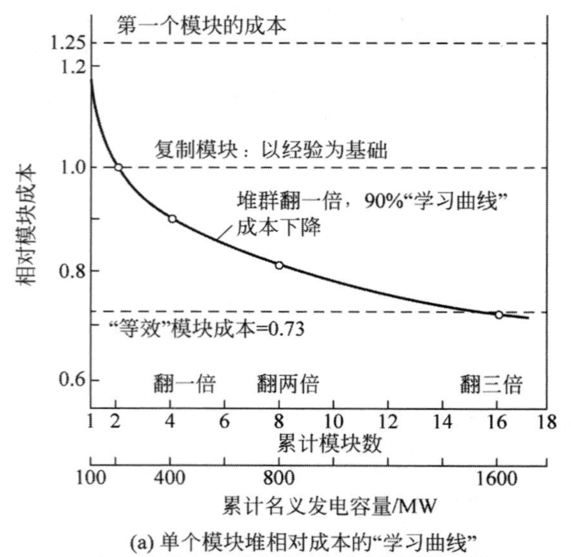

(a) 单个模块堆相对成本的"学习曲线"
(归一化到一个基本模块的成本通用原子/美国)

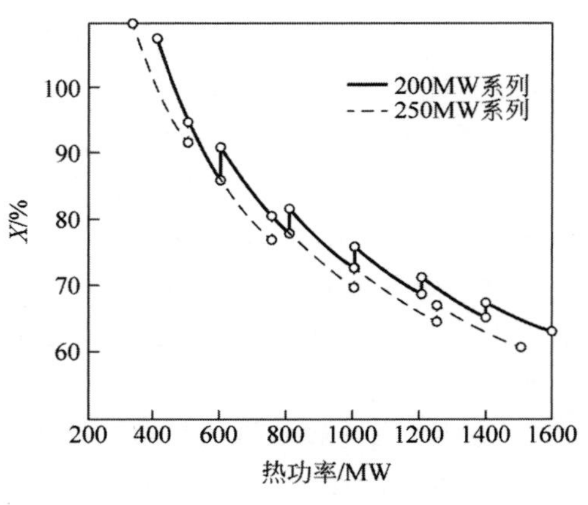

(b) 相对投资成本随电厂功率的变化
(西门子/德国)

图 12.31 模块式 HTR 投资成本的递减

应用 HTR-PM 进一步减少汽轮机厂的设备是可行的，未来反应堆压力壳和堆内构件完全有可能实现批量化生产，项目管理和工程、进度、财务成本也有可能进一步得到降低。综上分析，对于模块式高温气冷堆，可以采用以下途径来实现经济性上的更大效益：

- 在一个电厂内将多个核蒸汽供应系统组合到一个汽轮机-发电机系统，以实现电厂更大的发电容量。
- 通过批量制造来降低反应堆压力壳和堆内构件的成本。
- 在一个电厂内尽可能共用辅助系统。
- 减少在工程和项目管理上的工作量。
- 利用模块化和固有安全特性缩短建造工期。
- 由于实际应用已证实能够满足相应的安全要求，那么在这个前提下，就可以建立一个明确的、可接受的项目结构和时间进度。

上述降低成本的方面已经在以前的 HTR 项目中进行过考虑及量化。设计、核电厂申请许可证和建造的标准化概念已在法国轻水反应堆技术中实现。在 20 年中已经建造了 30 多座大型核电厂。尽可能地缩短建造工期，例如，从 78 个月减少到 60 个月(图 12.32)，这将导致较低且几乎恒定的投资成本。

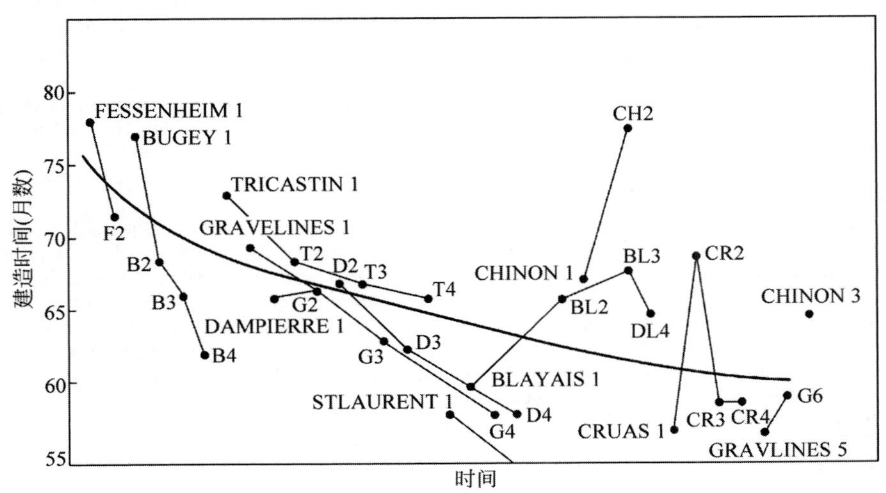

图 12.32 法国核电厂建造工期

PWR；900MW；从反应堆压力壳订货到并网发电

最后，通过上述比较可以得出，模块式 HTR 可以为未来电力供应提供有价值的贡献，特别是由于其效率高、模块化、安全性好及可以更大程度上不依赖于厂址的选择这些特性，可以降低输电成本。在世界上的许多地区，由于高温气冷堆在能量转换循环废热排出方面的特殊有利条件，使高温气冷堆有利于能源经济的发展。另外，使用模块化单元的热电联产方式，也将使 HTR 进一步彰显其经济优势。

参考文献

1. L. C. Wilbur, Handbook of energy systems engineering, Wiley Series in mechanical engineering practice, A. Wiley-Interscience Publication: John Wiley + Sons Inc., 1985.
2. G. Marguis, U. Schneider, Economic Aspacts, in T. Borh, Handbook of Energy, Vol. 10: Nuclear power plants, Technischer Verlag Resch, Verlag TŰV Rheinland, 1986.
3. U. Hansen, Nuclear energy and economical aspects, Verlag TŰV Rheinland, GmbH, 1983.
4. M. Thumann, Economical conditions of nuclear energy, Atomwirtschaft, 51. Jg., Vol. 6, June 2006.
5. R. Schütte, Diffusion-separation processes, Ullmanns Encyclopädie for technical chemistry, Vol. 2, 4. Edition, Verlag Chemie, Weinheim, 1972.
6. R. Tarjanne, R. Rissanen, Nuclear power: Least Cost Option for base load electricity in Finland, Uranium Institute 25th Annual Symposium, London, 2002.
7. M. Paavola, A new power plant for Finland, Atomwirtschaft, 47. Jg, Vol. 3, 2002.
8. I. A. Weisbrodt, W. Steinwarz, W. Klein, Status of the HTR-Module Plant design, International Atomic Energy Agency, Jülich, FRG (Oct. 1986).
9. K. Knizia, D. Schwarz, The HTR 500 as the next high-temperature reactor, VGB power technology, 65. Jg., Vol. 3, 1985.
10. G. Wittchow, K. H. Bode, V. Schrumpf, HTR 500, alternative to the pressurized water reactor, Energy Economy Daily Questions, Vol. 5, May 1985.
11. Status seminar on the fuel cycle of high-temperature reactor, JŰL-Conf., ISSN 0344-5798, Aug. 1987.
12. OECD/NEA, Project cost of generating electricity, 1998.
13. OECD/NEA, The economics of the nuclear fuel cycle, Paris, 1994.
14. Information of VGB (organization of operators of power plants in Germany), Yearly from 1970 til now.
15. W. Riesner, W. Sieber, Economic conditions of application of energy, VEB Deutscher Verlag für Grundstoffindustrie, Leipzig, 1978.
16. W. Fratzscher et al., Energy economy for chemical engineers, VEB Deutscher Verlag für Grundstoffindustrie, Leipzig, 1974.
17. L. Müller, Handbook of economy of electricity, Springer Verlag, Berlin, Heidelberg, New York, 2001.
18. Ewers H. J., Rennings K., Estimation of damage by a so-called "supper GAU (extreme accident)", Prognos: Identification and Internalization of External Costs of Energy Supply, Vol. 2, Basel, 1992.

19. IER Stuttgart (University), External costs of electricity production in nuclear power plants and in hard coal power plants, Stuttgart 1993.
20. Zuoyi Zhang, Yuliang Sun,Economic potential of modular reactor nuclear power plants based on the Chinese HTR-PM project, Nuclear Engineering and Design 237 (2007) 2265–2274.
21. H. Alt, Electricity costs in household and industry, RWE AG, manuscript of lectures on the FH Jülich/Aachen, 2004.
22. Hansen U., Nuclear energy—in future economic too?, in: Fortschritte in der Energietechnik, Monographien des Forschungs Jeutrums Jülich, Bd8, 1991.
23. E. Ziermann, Review of 21 years of power operation of the AVR experimental nuclear power station in Jülich, in: AVR Experimental High-Temperature Reactor, VDI Verlag GmbH, Düsseldorf, 1990.
24. World status report, Atomic Energy, 2010.
25. Reutler H., Lohnert G.H., Advantages of going modular in HTR's, Nuclear Engineering and Design, 78, 1984.
26. Information from the Wirtschaftsverband Kernbrennstoffe (Association for Nuclear Fuel Cycle, German), 2002.
27. German Atomic Forum, External costs—what do we know today? The example of production of electricity, Bonn, May 1995.
28. Friedrich R., External cost of electricity production, VDI-Berichte, 1250, Düsseldorf, 1996.
29. WNA 2002-15, Some comparative electricity generating cost projections for year 2005–2010, IEA-NEA, 1998.
30. E. Teuchert, Fuel cycles of the pebble-bed high-temperature reactor in the computer simulation, JŰL-2069, June 1985.
31. C. Keller, H. Möllinger, Nuclear fuel cycle, D.T.A. Hüthig Verlag, Heidelberg, 1978.
32. I. Hensing, W. Schultz, Simulation of waste management costs in Germany, Atomwirschaft, 40. Jg, Vol. 2, 1995.
33. High-temperature module nuclear power plants, Feasibility study for LEUNA company, AG, Vol. 4: Economical analysis, HTR-GmbH, Dec. 1990.
34. K. Kugeler, W. Fröhling, Investment costs for HTR-Module reactors, Atomwirtschaft, Jan. 1993.
35. GCRA, Modular high-temperature gas-cooled reactor, Commercialization and generation cost estimates, Gas-cooled reactor associates (GCRA), Nov. 1993.
36. Vonden Durpel L., Berlel E., Globalization of the nuclear fuel cycle—impact of development on fuel management, Atomwirtsdraft, 45. Jahrg., Heft 2, 2000.
37. P. Lake, A. Stoffer, M. Beeldman, Economics, market potential and CO_2 reduction of the modular HTR, ECN policy studies, Petten/Netherland, 1994.
38. Bodansky D., Nuclear Energy, Principles, Practices and Prospects, Springer, Science and Business Media Inc., 2004.
39. General Atomic/USA, GT-MHR economic evaluation, Company Communication, July 1994.
40. Neylan A.J., Graf D.V., Millunzi A.C., The modular high-temperature gas-cooled reactor (MHTGR) in the US, Nuclear Engineering and Design, 109, 1988.
41. Weisbrodt I.A., Steinwarz W., Klein W., Status of the HTR-Module plant design, paper of Siemens/Interatom, 1987.
42. Göbel H., Rysy W., Waldmann H., Fröhling W., Steam from HTR for enhanced oil recovery and other purpose, Soviet/German Seminar, Oct. 1990, Jülich.
43. GA/HRB/GCRA, HTGR cost study for the HTR 100 (250MW_{th}), 1984.
44. Zuoyi Zhang,Yujie Dong, Fu Li, Zhengming Zhang, Haitao Wang, Xiaojin Huang, Hong Li, Bing Liu, Xinxin Wu, Hong Wang, Xingzhong Diao, Haiquan Zhang, JinhuaWang, The Shandong Shidao Bay 200 MWe High-Temperature Gas-Cooled Reactor Pebble-Bed Module (HTR-PM) Demonstration Power Plant: An Engineering and Technological Innovation, Engineering, Volume 2, Issue 1, March 2016, Pages 112–118.

HTR技术的发展

摘　要：高温气冷堆的发展是以使用包覆颗粒燃料、石墨燃料元件、堆芯结构和氦气作为冷却剂为特征的。对于燃料元件，目前已发展了多种类型：美国的棱柱状元件、德国的球形燃料元件、日本的改型柱状元件及英国/OECD的棒状元件。这些燃料元件各有其优缺点，本章将对这些方面进行讨论。

高温气冷堆开发初期的主要目标是要表明氦冷却的设计概念在技术上是可行的，且可达到较高的氦气温度。

高效的能量转换、良好的中子经济性及钍的利用是实验型反应堆（UHTREX、AVR、桃花谷堆、龙堆）第1阶段的着眼点。在第2阶段，原型堆（THTR、圣·弗伦堡）已经建成，这些电厂的主要要求是：大型反应堆设备可以建造，中等功率的反应堆可以运行。此外，规划和申请许可证工作为该技术的进一步发展奠定了基础。基于这些经验，估计与现有核电厂（美国的HTGR 1160、德国的HTR 500）具有竞争力的大型HTR的建立已在计划中。相应于使用蒸汽循环的概念，采用布雷顿循环的HHT电厂也在开发和详细的筹划之中。在三哩岛事故（1979年）和切尔诺贝利事故（1986年）之后，核反应堆的安全性成为主导。模块式HTR制定的发展目标是：避免发生堆芯熔化或者避免出现不允许的高温情况，同时，避免通常严重事故下大量放射性物质的释放。与此同时，其他类型的高温气冷堆也进行了计划（如德国的HTR-Module（200MW）和HTR 100，美国的MHTR 350）。这些电厂在一个厂址内由多个模块单元组成，以实现更大的电功率。与此同时，3个各自发展的工艺热应用显得愈发重要。PR 500和PNP 500及美国类似概念的规划工作已经完成，未来，可将这些有发展前景的技术应用其中。

中国（HTR-10）和日本（HTTR）也已将HTR列入国家计划，并且建造了各自的实验反应堆。目前，像中国的HTR-PM、法国的ANTARES及其他国家感兴趣的类似反应堆概念处于商用模块堆系统的计划阶段。另外，VHTR被公认为是未来工艺热利用第四代有发展前景的技术。本章将对前面提到的各种设计概念加以解释，并择要进行分析。由高温气冷堆的发展历程可以看出，HTR技术是现实可行的，可获得许可建造并运行，只是需要在安全性、经济性和节约资源之间进行优化。目前已可提供进行优化的可用工具和知识。另外，对部件和系统做进一步的实验有助于将技术更快地引入市场。

关键词：实验型HTR；发电的原型堆；发电项目；核工艺热应用项目；新电厂的规划；未来的发展

13.1　概述

目前，气冷堆已发展到一个新的阶段，已建造了镁金属包壳（Magnox）反应堆、先进气冷堆（AGR）和高温气冷堆（HTR）。

在英国和法国，20世纪50年代气冷堆即已发挥了重要作用。首先是Magnox反应堆，使用二氧化碳作为冷却剂，并使用镁金属包壳的燃料棒。之后，用钢取代镁作燃料棒的包壳，并且在英国，反应堆已转向AGR概念。这些反应堆至今仍在成功地运行。从20世纪50年代中期开始，用氦代替了二氧化碳，使用全陶瓷堆芯，随后，这一做法逐渐发展起来。此外，用小的包覆颗粒替代大的UO_2芯块也渐成趋势。所有这些特征至今仍然是高温反应堆的关键特性。表13.1给出了Magnox，AGR和HTR这些电厂在特性和主要参数上的比较。

表 13.1 Magnox,AGR 和 HTR 电厂的主要特性

参数	Magnox	AGR	HTR
冷却剂	CO_2	CO_2	He
结构材料	C	C	C
燃料	UO_2	UO_2	UO_2
燃料形式	芯块	芯块	包覆颗粒
燃料元件形式	棒	棒	球,棱柱
包壳材料	镁合金	钢	C/SiC/C
堆芯功率密度/(MW/m^3)	1	2	3～6
热气温度/℃	<500	<650	700～950
气体压力/MPa	2～3	3～4	4～7
效率/%	34	40	40～45
燃耗/(MWd/t)	<5000	<20 000	100 000

在气冷堆的发展过程中,堆芯的功率密度和高温端的气体温度逐渐提升,从而实现较高的电厂效率。

在 Magnox 和 AGR 发展的几十年间,在很多方面进行了改进,并将改进后的技术用于 HTR。重要的设备,如反应堆预应力压力壳、蒸汽发生器、风机、停堆棒和热气导管等,在进行了一些改进后又用于新的反应堆。

从 Magnox 和 AGR 电厂申请许可证、建造和运行过程中获得的经验涵盖了很多与高温堆相关的设备和系统。按照 Magnox 的概念一共建造了 29 座核电厂,总的电功率大约为 7500MW(表 13.2)。根据 AGR 电厂设计原则一共建造了 15 座电厂,总容量为 7200MW(电功率)。

表 13.2 已建造的 Magnox 和 AGR 核电厂概况

(a) Magnox 电厂

反应堆厂址	功率/MW(电功率)	投入	关闭
英国			
Berkeley	2×166	1962 年	1989 年
Brudwell	2×129	1962 年	2002 年
Hunterston A	2×160	1964 年	1989 年、1990 年
Trawsfyndd A	2×235	1965 年	1991 年
Dungeness A	2×212	1965 年	2006 年
Hinkley Point A	2×270	1965 年	2000 年
Sizewell A	2×250	1966 年	2006 年
Oldbury	2×225	1967 年	2011 年、2012 年
Wyfly	2×495	1971 年	2012 年、2015 年
法国			
Marcoule. G1-3	2×28	1958—1960 年	1968 年、1980 年、1984 年
Chinon-1	68	1963 年	1973 年
Chinon-2	198	1965 年	1985 年
Chinon-3	476	1966 年	1990 年
St. Laurent A1	487	1969 年	1990 年
St. Laurent A2	515	1971 年	1992 年
Bugeu-1	555	1972 年	1994 年
意大利			
Latina	210	1963 年	1987 年
西班牙			
Vandellos-1	500	1972 年	1990 年
日本			
Tokai Mura	166	1966 年	1998 年

(b) AGR 电厂

反应堆厂址	功率/MW(电功率)	投入	关闭
Windscale*	34	1963 年	1981 年
Hunterston B	2×660	1976—1977 年	—
Hinkley Point B	2×660	1976—1978 年	—
Dungess B-1	508	1983 年	—
Dungess B-2	660	1985 年	—
Hardepool	2×660	1983—1985 年	—
Heysham Ⅰ	2×660	1983—1985 年	—
Heysham Ⅱ	2×660	1988 年	—
Torness	2×701	1988—1989 年	—

* 实验反应堆;所有 AGR 电厂的模式;最终停堆:1981 年。

图 13.1～图 13.3 和表 13.3 给出了在 Magnox 和 AGR 电厂中已经实现的一些技术的特征，这些技术为之后在英国建造的一系列电厂提供了重要的参考和借鉴。

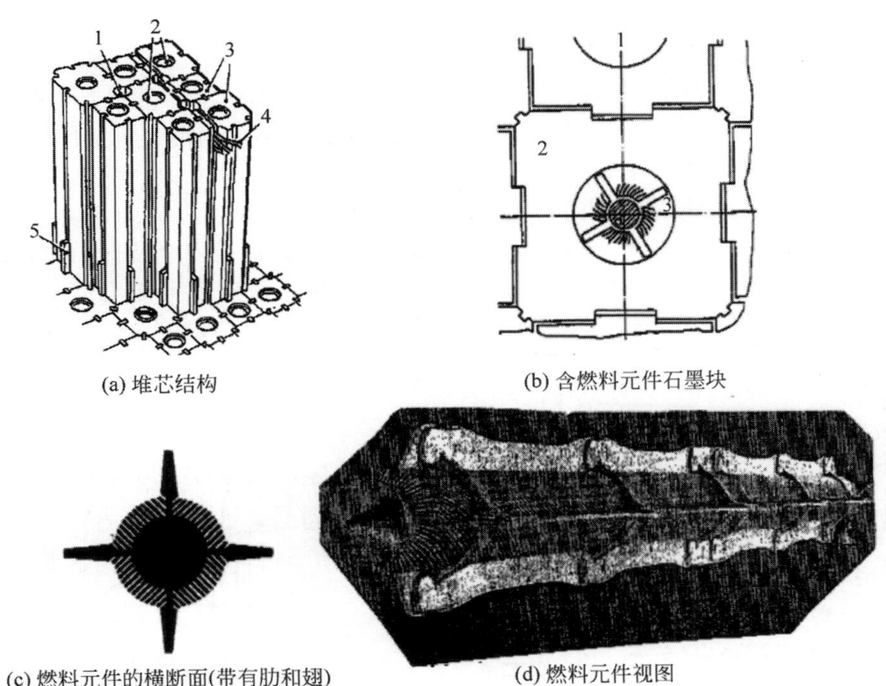

图 13.1　Magnox 反应堆燃料元件和堆芯设计

(a) 1—燃料元件孔道；2—孔道的间隙；3—石墨块；4—石墨键；5—热电偶电缆；
(b) 1—燃料元件孔道；2—石墨块；3—燃料元件(包括实属棒(铀)、包壳、翅、肋)

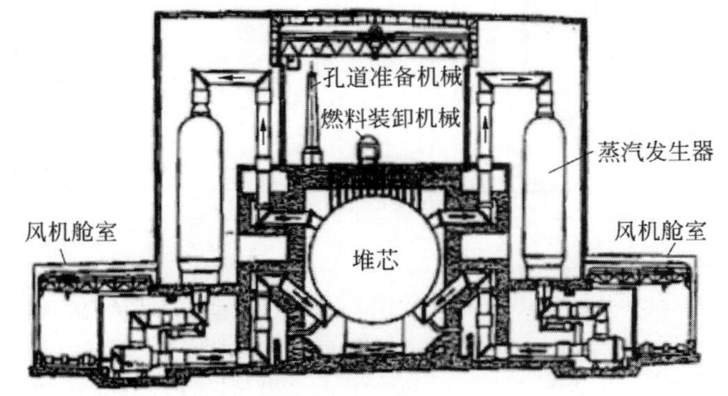

(a) Hinkley Point A 电厂的概貌(2×270MW(电功率))

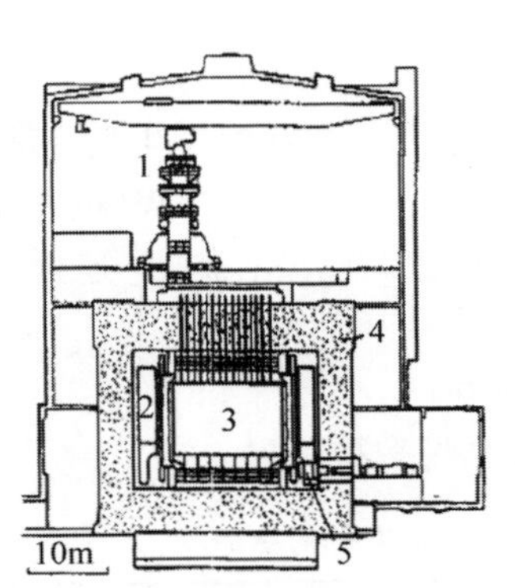

(b) Burry旧电厂的概貌(2×225MW(电功率))

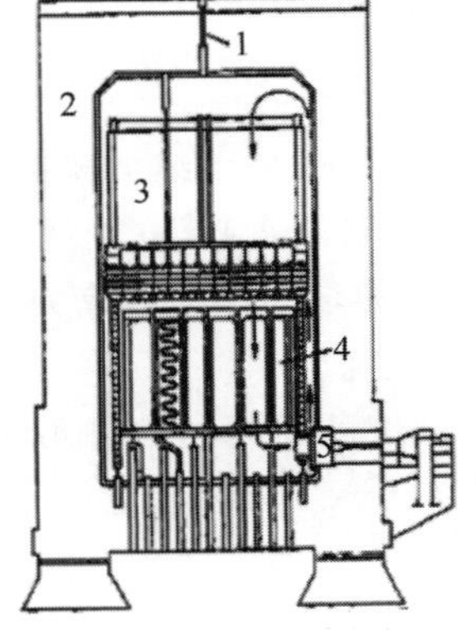

(c) St. Laurentdes-Eaux 电厂概貌(法国，500MW)

图 13.2　Magnox 电厂一回路系统的布置

(b) 1—燃料装卸机械；2—蒸汽发生器；3—堆芯；4—混凝土反应堆压力壳；5—风机；
(c) 1—竖管；2—混凝土反应堆压力壳；3—堆芯；4—蒸汽发生器；5—风机

Magnox 电厂使用金属燃料包壳和金属铀作燃料。燃料包壳含有肋和翅，以提高传热并将燃料元件固定在石墨块孔道内。这些石墨块通过特殊的键相连形成堆芯结构。在这种燃料元件的最初设计中，将功率密度限制在 1MW/m^3 左右，最高气体温度限制在 400℃以下，电厂的净效率在 30%左右，这是因为 CO_2 回路中风机需要消耗很大的功率。核芯由石墨块构成，块与块之间通过石墨键连接，如图 13.1(a)和(b)所示。

第一座 Magnox 电厂一回路的反应堆、蒸汽发生器和风机设备都使用的是钢壳。图 13.2(a)显示了英国 Hinkley Point A 建造的电厂的特征。该反应堆系统被一个不密封的内混凝土结构包围，整个一回路系统布置在反应堆大厅内，就像一个普通工业建筑物设计的那样。

图 13.3 和图 13.4 给出了 AGR 技术的一些具体信息。如图 13.3 所示，在 AGR 技术应用后期建造的反应堆采用了预应力混凝土反应堆压力壳。这种类型的压力壳具有防爆的安全特征，它通过许多径向和轴向钢索的预应力来承压。整个一回路系统设置在壳体内，发生失压事故时仅可能出现小的破口。总的来说，在当时(1960 年左右)被认可的技术条件下认为不需要采用密封型的反应堆安全壳。

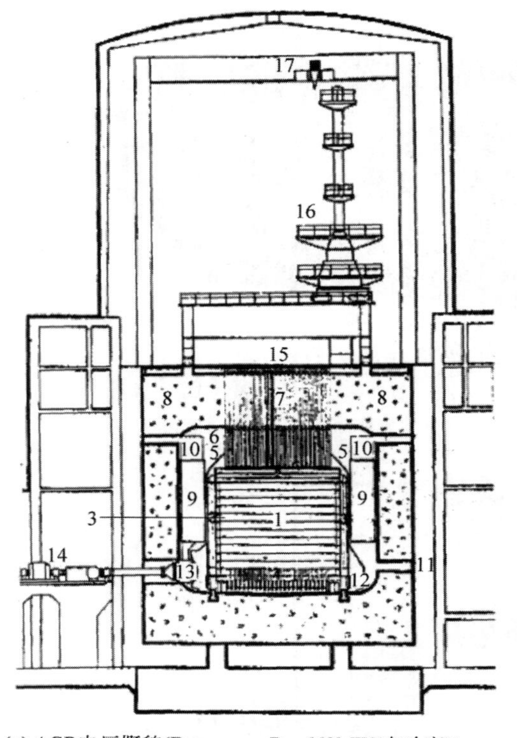

(a) AGR电厂概貌(Dungeness B，660MW(电功率))

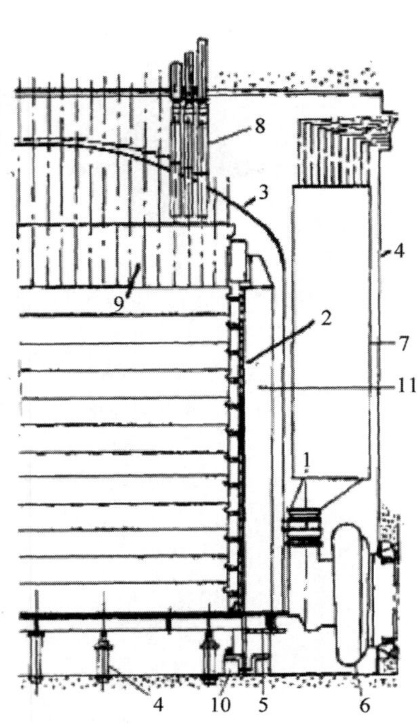

(b) 一回路系统断面(Dungeness B，660MW(电功率))

图 13.3 AGR 电厂一回路系统布置

(a) 1—带反射层的堆芯；2—顶部屏蔽；3—侧面屏蔽；4—支撑结构；5—压缸；6—绝热；7—燃料装卸和控制竖管；8—预应力混凝土反应堆压力壳；9—蒸汽发生器；10—蒸汽出口；11—给水入口；12—静压箱；13—风机；14—风机电机；15—装卸平台；16—燃料装卸机构；17—装卸平台吊车；(b) 1—爆破膜；2—堆芯；3—承压圆柱；4—支撑柱；5—栅格；6—风机；7—蒸汽发生器；8—卸料管；9—顶部屏蔽；10—主气密封；11—侧屏蔽

有些反应堆已按照套装锅炉系统来建造，在这种情况下，6 个蒸汽发生器布置在一个很大的预应力混凝土反应堆压力壳圆柱形厚壁的空腔内(例如，Hartle pool 电厂，2×660MW(电功率))。

在 AGR 电厂中实现的堆芯结构也成为 HTR 电厂建造的原型。例如，连接石墨块的技术实现了约束的概念或者用于建立支持系统。

图 13.4 给出了内部堆芯结构和燃料元件的一些细节。

表 13.3 汇集了 Magnox 和 AGR 电厂用于比较的一些参数。

表 13.3 Magnox 和 AGR 电厂的参数

项　目	Magnox 电厂	AGR 电厂	注　释
总体参数			
场址、国家	Wyefa，英国	Hinkley point B，英国	
冷却剂	CO_2	CO_2	

续表

项　　目	Magnox 电厂	AGR 电厂	注　　释
慢化剂	C	C	部分可更换
燃料	U-金属	UO_2	芯块
包壳	Magnox	钢	棒
富集度/%	0.71	至 2	
一回路边界	预应力混凝土壳	预应力混凝土壳	一回路防爆安全
反应堆构筑物	空腔	空腔	不密封
燃料装卸	在线连续	间断	
热功率/MW	1870	1500	
电功率/MW	590	660	
净效率/%	31.5	41.7	湿冷塔
特殊参数			
堆芯平均功率密度/(MW/m^3)	0.9	2.7	
冷却剂压力/bar	28	43	最大
冷却剂温升/℃	247～414	310～660	
蒸汽参数/(℃/bar)	400/50	541/180	有再热
堆芯直径/m	17	9.2	
堆芯高度/m	9	8.3	
堆芯结构	石墨块	石墨块	燃料元件孔道

(a) 石墨块与燃料元件孔的连接

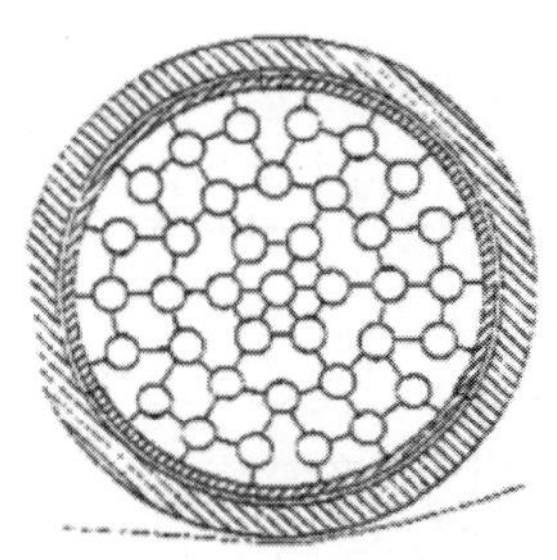
(b) 燃料元件的横剖面

(c) 燃料元件的概貌

图 13.4　AGR 燃料元件

关于氦冷却高温反应堆的发展，早期气冷反应堆的许多经验已被采纳并成功地得以应用。从早期气冷反应堆石墨结构获取的有关堆芯的经验对于 HTR 技术也具有非常重要的参考价值。对于 HTR，只有新燃料元件的使用及氦气作为新的冷却气体属于全新的技术，由新的冷却气体氦发展了许多新的技术解决方案。

将 CO_2 气冷反应堆升级成为高温反应堆主要包括以下一些方面：

- 使用氦气代替 CO_2 作冷却剂；
- 使用弥散在石墨基体中的包覆颗粒燃料替代大尺寸的芯块燃料；
- 全陶瓷堆芯结构，避免采用金属包壳；
- 使用高富集度的铀(UO_2)。

由于这些技术发生的主要变化，有可能需要对堆芯参数进行一些重大的改进，见表 13.1，这些改进包括：

- 更高的冷却剂温度；

- 更高的堆芯功率密度；
- 更高的燃耗；
- 更高的蒸汽温度（与 Magnox 相比）和更高的效率。

一回路压力边界和反应堆安全壳构筑物的技术发展问题引起了人们的广泛兴趣。第一座 Magnox 电厂和第一座 AGR 电厂（WAGR）均采用钢壳作为压力边界，而且 AGR 采用的还是一个密封的安全壳。

这些反应堆发展的下一步是采用预应力混凝土反应堆压力壳，放弃采用密封式的安全壳。这一决策被之后的 HTR 原型堆（THTR 300、圣·弗伦堡堆）所采纳，并在申请许可证和建造过程中引起了一些问题。

由于 THTR 在建造过程中提出了更高的安全要求，尤其是考虑到外部事件的影响，这个设计选择成为一个缺点，必须要采取许多额外的措施对这种情况加以弥补。在 THTR 申请许可证过程中，是有可能完全满足所有这些要求的，但需花费额外的费用并且延长了施工的工期。

图 13.5 给出了至今 HTR 发展过程中一回路压力边界和反应堆安全壳构筑物概念发生的变化的简单概况，现有核技术的一些模型也示于这个图中。

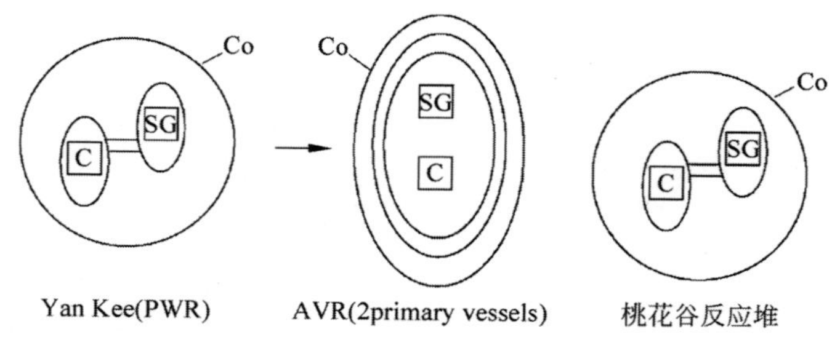

(a) 第1阶段：一回路压力边界由钢壳组成；密闭的安全壳
(C：堆芯；SG：蒸汽发生器；Co：安全壳)

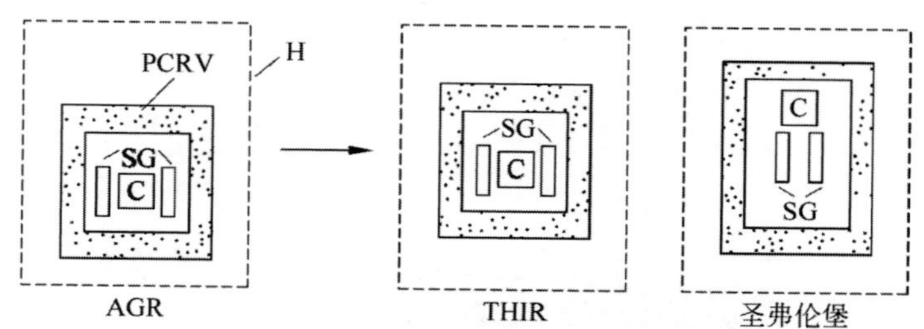

(b) 第2阶段：一回路集成到预应力混凝土壳内；反应堆舱室不密封
(PCRV：预应力混凝土反应堆压力壳；H：工业标准舱室)

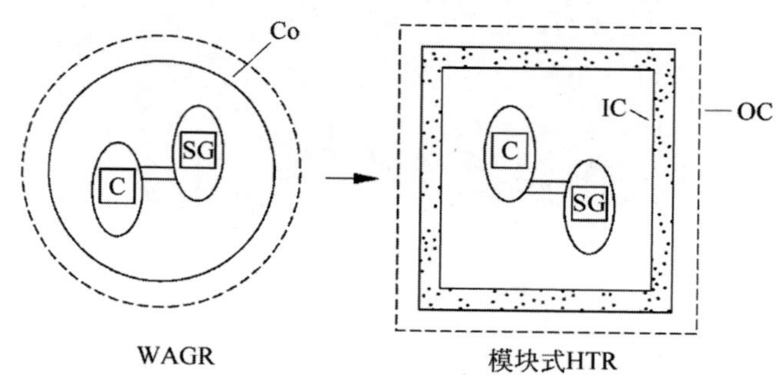

(c) 第3阶段：一回路压力边界由钢壳组成；密封的安全壳或内舱室；混凝土结构预防外部事件(IC：内混凝土舱室(实际密封)；OC：外混凝土壁)

图 13.5 一回路压力边界和反应堆安全壳构筑物的发展

模块式 HTR 的实际技术遵循了第一座 AGR 所设计的一回路压力边界的理念。对于反应堆安全壳构筑物，其设计思路是一个内部厚壁的密封舱室和一个外层厚壁的构筑物的组合结构。未来，核电站的防御要求将会提高，因此有可能对这一设计概念做进一步的改进。

我们可以将氦冷高温反应堆至今的整个发展过程划分为 5 个阶段，见表 13.4。在全球范围内第 6 阶段正处于筹划之中。

第 1 阶段的实验反应堆表明，氦冷却概念和石墨组成全陶瓷堆芯的原理具有现实可行性。此外，第一代反应堆证明，包覆颗粒燃料是非常合适的燃料形式，它可以实现高燃耗，并且可以非常有效地将裂变产物阻留在燃料颗粒内。这一阶段为氦技术领域的发展提供了广泛的经验支撑。

第 2 阶段表明，中等功率反应堆可获得许可、建造并成功地运行。同时还表明，具有氦技术的大型设备可以实现更长寿命的应用。

HTR 优异的安全特性已经由这两代反应堆所证明，特别是强温度负反应性系数和中子动力学的行为，以及完全失去冷却事故下系统的特征行为在整个运行期间发挥着重要的作用，总体上，HTR 优异的特性已被成功验证。

在第 3 阶段，随着当时核领域的发展，已对大功率电厂进行了规划。功率达到 1000MW 是可行的，这一点具有很大的吸引力。各种实验及相关验证也表明，可以通过采用 HTR 技术达到这一功率。

此外，在这一阶段，燃气轮机工艺的性能更加凸显出来，而且与汽轮机相比，展现出了一定的优势。这几种电厂的建立主要受那些技术发达国家的政治和金融变化的影响。然而，从这一阶段的工作中也可以清楚地看出，这种类型的大型商用电厂可以得到许可并付诸实施，而且在考虑未来效率、燃料使用和严重事故的情况下，相应的安全性设计为这类电厂提供了有利条件。另外，在第 3 阶段的各个项目中，进行了许多与氦技术和大型设备有关的实验。非常值得一提的是，作为新燃料概念的包覆颗粒的发展在这段时间取得了很大的进展。

第 4 阶段是指三哩岛事故（1979 年）之后模块式 HTR 的发展阶段，每一个模块堆具有相对较小的功率，通过将几个具有不同应用的模块式反应堆加以组合，实现提供大功率的可能性。

这些反应堆具有的很多固有安全性也有了新的改进。例如，采用衰变热自发载出的概念，可以限制燃料温度低于限值，从而避免裂变产物不可允许的释放。在苏联的严重事故（切尔诺贝利事故，1986 年）之后加快了这方面的发展进程。

表 13.4 HTR 发展阶段概况

阶段	目　标	时　间	反　应　堆	国　家
1	实验反应堆	自 1960 年起	UHTREX	美国
			AVR	德国
			龙堆	英国/OECD
			桃花谷堆	美国
2	原型示范电厂	自 1970 年起	THTR	德国
			圣·弗伦堡堆	美国
3	计划的大型商业电厂	1970—1985 年	HTGR 1160	美国/德国
			HTR 500	德国
			HHT	德国
4	计划用于发电和工艺热应用的模块式电厂	1980—1990 年	HTR-Module	德国
			HTR 100	德国
			MHTR 350	美国
			PR 500	德国
			PNP 500	德国
	实验模块堆	1980—1990 年	HTTR	日本
			HTR-10	中国
5	计划商业模块式电厂	2000 年之后	PBMR	南非
			HTR-PM	中国
			MHTGR 600	美国/合作者
6	未来 HTR 电厂的研发	未来	第Ⅳ代的 VHTR	第Ⅳ代的合作者

此外，这些设计还包括在完全失去冷却情况下限制最高燃料温度低于 1600℃ 的可能性，这一限制可将从电厂释放的裂变产物量限制在极小的值。在这一发展阶段，对核反应堆高温工艺热应用实施的广泛的发展计划也获得很大的成功。特别是热电联供工艺在反应堆运行初期的应用非常具有吸引力。人们还研发了适用于高温核工艺热应用的中间换热器、氦加热的蒸汽重整器、用于煤和生物质氦气加热的气体过滤器及实现高温核工艺热应用的所有相关部件。对广泛的实验研发计划进行的分析和研讨表明，这些设备可以设计成具有足够长的寿命。

在第 5 阶段，模块式 HTR 的概念用于实现由几个模块单元组成的商用发电厂。此时，模块化概念特殊的安全特性得到了强有力的发展和应用。其中，主要是通过采用衰变热自发载出的概念限制最高燃料温度低于允许的限值，强负反应性系数和设计特性可以避免在非常严重的事故情况下大量的放射性元素从电厂释放出去，这些都是这类反应堆概念的特征。中国的 HTR-PM、法国的 ANTARES 项目及之前的 PBMR 项目均处于这个阶段。

这一阶段的反应堆采用锻钢来构成一回路的压力边界。在设计、施工和运行过程中，需注意这些设备要具备多方面的防御及其他处理措施，以达到基本安全的要求。其中包括在安全分析中假设的一些要求，以保证这些设备不会出现灾难性的故障。在这一发展阶段，反应堆安全构筑物具有高度的安全性以抵御外部事件产生的影响，这样的构筑物并不是密封型的。但是，在一回路压力边界的周围应该设有一个密封的内混凝土舱室，以便在发生失压事故时连接至一个有效的过滤系统。

对于未来所处的第 6 阶段，需求主要表现在第Ⅳ代项目上。这些项目不仅要求有更高的安全性，而且还要具有良好的中子经济性及与废物管理相关的良好特性。要实现核能经济的长期发展，核裂变材料的增殖和钍的利用将是至关重要的。当然，所有这些改进的引入必须以能够遵守经济竞争力的条件为前提。此外，达到很高的氦气温度及提供高温工艺热的可能性，是第 IV 代未来发展的模块式 HTR 达到的重要目标之一。煤的气化、轻烃的蒸汽重整和热化学水裂解是未来能源经济具有发展潜力和前景的应用方案。

在 HTR 技术的发展过程中，对各种概念性燃料元件进行了开发、测试和商业应用的合格性验证。具体包括：

- 美国的棒状燃料元件；
- OECD/英国项目的棒状燃料元件；
- 美国的棱柱状燃料元件；
- 德国的球形燃料元件；
- 日本的特殊柱状燃料元件。

图 13.6 展示了 HTR 各种类型的燃料元件和相关的包覆颗粒，差异不仅表现在燃料元件的几何形状和大小方面，包覆颗粒嵌入石墨基体中的方式也是不同的。这似乎会影响高中子注量率和高燃耗下颗粒的完整性。

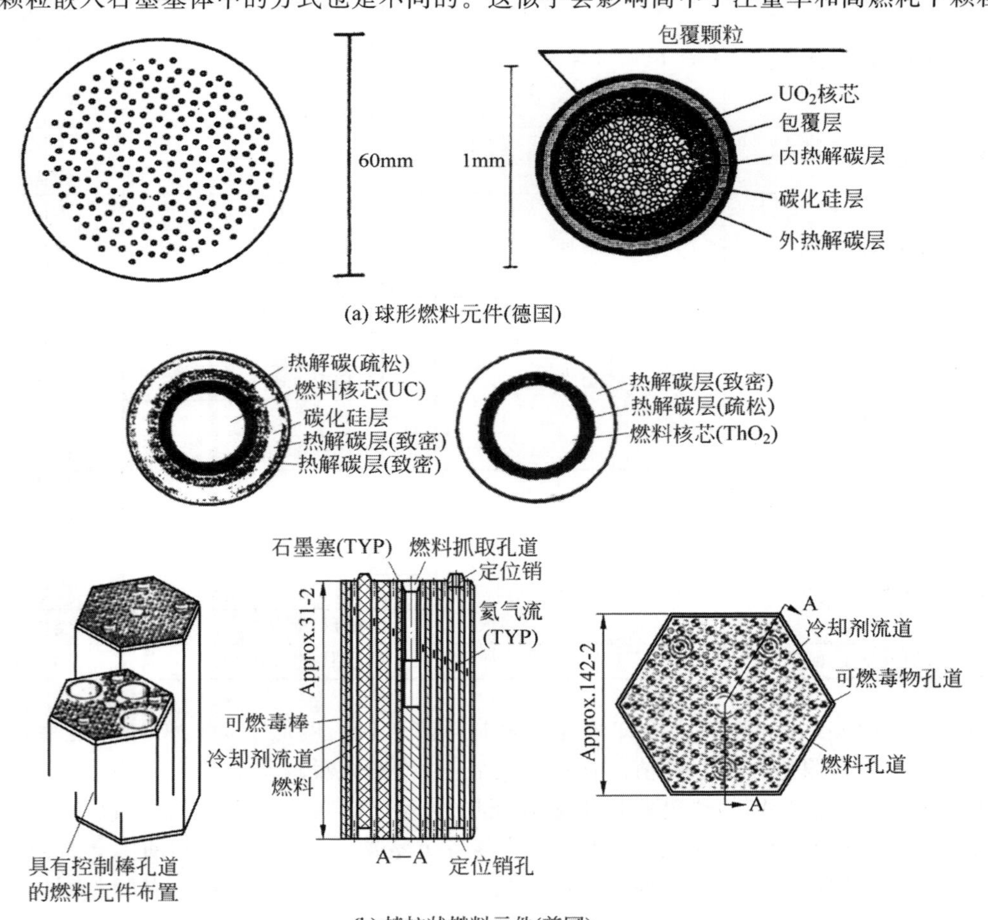

(b) 棱柱状燃料元件(美国)

图 13.6 HTR 各种类型的燃料元件和相关的包覆颗粒

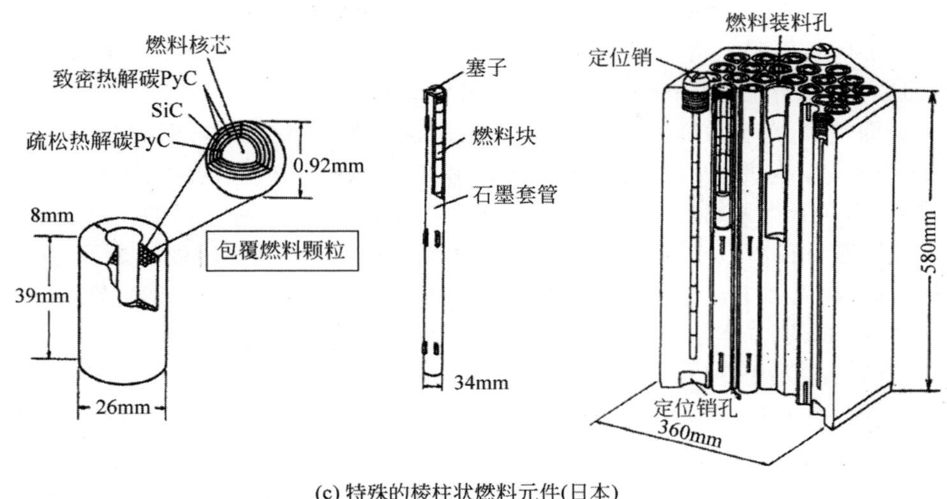

(c) 特殊的棱柱状燃料元件(日本)

图 13.6(续)

当然,燃料元件的装卸与元件的大小和几何形状密切相关,特别是从堆芯连续装卸球形燃料元件,可以实现较高的可利用率并避免必要的剩余反应性用于燃耗的补偿,因此,这种燃料元件的装卸方式非常有利于对安全问题的最终考虑。在 HTR 发展的早期阶段,由石墨制成棒和使用包覆颗粒作燃料即已应用于实验反应堆。图 13.6 给出了引入实验反应堆的相关解决方案。

13.2　关于已运行的电厂

13.2.1　概况

HTR 发展的第 1 阶段和第 2 阶段包括了实验反应堆和原型反应堆。表 13.5 给出了已运行的 HTR 电厂的总体参数及其他相关情况。下面再给出一些更详细的介绍和说明。

表 13.5　已运行的 HTR 电厂的总体参数及其他相关情况

电　　厂	热功率/MW	电功率/MW	燃料元件	场址	运行时间	状况
AVR	46	15	球形燃料元件	Jülich/德国	1965—1988 年	退役
DRAGON	20	—	管状燃料元件	Winfrith/英国	1966—1975 年	安全关闭
桃花谷堆	115	40	管状燃料元件	Susquehanna/美国	1965—1975 年	安全关闭
THTR	750	308	球形燃料元件	Schmehausten/德国	1985—1988 年	安全关闭
圣·弗伦堡堆	852	342	棱柱状燃料元件	Platteville/美国	1976—1989 年	部分退役

氦气冷却高温反应堆的发展始于英国的龙堆,龙堆是欧洲几个国家的合作项目。在该反应堆中使用了管状陶瓷燃料元件,并首次装入了包覆颗粒燃料。该反应堆在 1966—1975 年实现了成功运行,之后,由于政治和经济原因,作为几个欧洲国家共同合作的项目结束了其使命。目前,该反应堆仍处于安全关闭的状态。

同一时间段内,美国研发的采用管状燃料元件的 HTR,即桃花谷反应堆开始启动。该反应堆在 1965—1975 年运行良好。圣·弗伦堡堆投入运行之后,桃花谷反应堆停止运行。圣·弗伦堡堆在 1976—1989 年的运行状况显示,一个中等大小容量的柱状燃料元件的 HTR 在运行过程中可具有相当好的可利用率。由于技术上的原因及当时核能状况面临的共同变化,圣·弗伦堡堆被取消了运行。尤其是三哩岛事故(1979 年)和切尔诺贝利事故(1986 年)的发生对美国和世界上许多其他国家核能的进一步发展造成了严重的负面影响。许多项目被中断、延迟甚至被完全取消。1979 年之后,美国没有启动一座新的反应堆。

德国 HTR 技术是从球形燃料元件和 AVR 反应堆开始的。AVR 成功运行超过了 20 年,这一结果表明,球形燃料元件已是一种非常成熟的技术。THTR 300 投入运行后,就停止了 AVR 的运行。AVR 的成功运行在具有非常高的可利用率、进行不同类型燃料元件的批量实验及在极端条件下进行许多安全实验这几个方面，提供了非常丰富的经验。

THTR 仅仅运行了 3 年，最后由于切尔诺贝利灾难性事故(1986 年)之后核技术领域的政治决策而最终关闭。尽管所有问题是由施工过程中和启动过程中许可证条件的变更造成的，而这些变更主要是由于 LWR 领域出现了新的要求，在启动过程中，THTR 电厂的设计参数完全能够达到相关要求，并且在结束运行时电厂的可利用率很好。但是，由于当时德国的财政和政治原因，THTR 的运行被迫就此结束。

目前，在实施 HTR 发展计划的国家中已经开展了很多工作，包括各种项目的设计规划和示范电站，以及用于蒸汽轮机、气体透平和核工艺热的燃料、材料和设备的研发计划。除了龙堆之外，其他 HTR 都设计为蒸汽轮机提供蒸汽。在龙堆中，产生的热量被排放到环境中。为了满足未来氦的温度非常高这一应用要求(这一趋势已经由 AVR 的 10 年运行所证明)，将氦气的平均出口温度设为 950℃。

图 13.7 给出了已经建造的 HTR 及该领域主要项目的概况。图 13.7 所示的反应堆在设计上具有一些重要的特征，在 HTR 发展的第 1 阶段和第 2 阶段反映出的一些特征细节已列于表 13.6。HTR 领域的活动主要基于前面已经提到的气冷 Magnox 和 AGR 电厂已经取得的经验。如前所述，Magnox 技术主要是在英国和法国反应堆领域取得了重要的进展，对于 AGR 的成功运行，则是英国在反应堆上的设计概念发挥了重要作用。文献中指出，在全球范围内遵循 Magnox 电厂的设计原理一共建造了 7500MW，而相应于 AGR 的设计概念，全球共建造了 7200MW。因此，经过对反应堆几十年运行的观察和分析，人们对许多反应堆的重要设备都有了更加广泛的了解。

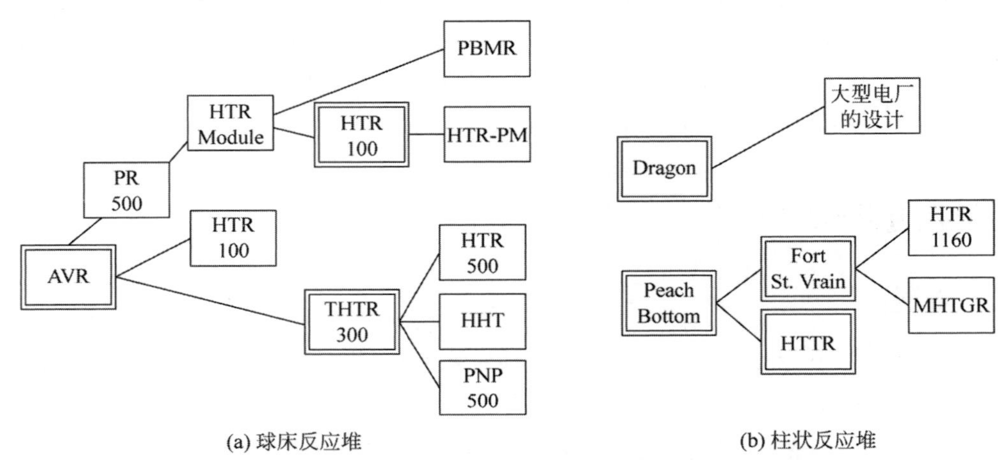

图 13.7　HTR 已经建造的或者重要规划项目的概况

表 13.6　已运行 HTR 电厂在设计上的重要特征

特征表现	AVR	龙堆	桃花谷堆	THTR 300	圣·弗伦堡堆
电厂目标	实验反应堆，球床堆芯的示范	实验反应堆，棒状燃料元件的示范	实验反应堆，棒状燃料元件的示范	原型堆，大型设备和系统的运行经验	原型堆，大型设备和系统的运行经验
一回路系统布置	堆芯、蒸汽发生器和氦风机集成在一个压力壳内	堆芯、蒸汽发生器和氦风机在各自的壳内，回路连接	堆芯、蒸汽发生器和氦风机在各自的壳内，回路连接	堆芯、蒸汽发生器和氦风机集成在一个压力壳内	堆芯、蒸汽发生器和氦风机集成在一个压力壳内
反应堆压力壳类型	钢壳(双层)	钢壳	钢壳	预应力混凝土压力壳	预应力混凝土压力壳
堆芯和蒸汽发生器布置	蒸汽发生器在堆芯上部	蒸汽发生器和堆芯肩并肩	蒸汽发生器和堆芯肩并肩	蒸汽发生器和堆芯肩并肩	蒸汽发生器在堆芯底部
冷却回路数	2	2	2	6	12
热气输送方式	在顶部反射层开口	同心导管	同心导管	绝热单管	绝热单管
控制元件	插入石墨管嘴内的 4 根棒	堆芯内的 24 根棒	堆芯内的 55 根棒	反射层内的 36 根棒，堆芯内的 42 根棒	柱状元件孔道内的 37 根棒
衰变热载出	蒸汽发生器，通过反应堆压力壳表面载出	蒸汽发生器	蒸汽发生器	蒸汽发生器，通过内衬冷却器	蒸汽发生器，通过内衬冷却器
反应堆构筑物	安全壳	安全壳	安全壳	普通构筑物	普通构筑物

HTR 系统中许多部件的设计概念都来自于已运行的反应堆技术的成功发展，例如，石墨结构、蒸汽发生器、氦风机或者包容了整个一回路的大型预应力混凝土反应堆压力壳都受到前期反应堆技术的影响。在该反应堆系统的发展过程中实现了含有大舱室的混凝土壳体及套装壳，用于将蒸汽发生器布置在混凝土压力壳壁内。表 13.7 提供了后续章节中将要进行更为详细讨论的 HTR 电厂的一些重要技术参数。

表 13.7　已运行 HTR 电厂的一些重要技术参数

参　数	AVR	龙堆	桃花谷堆	THTR 300	圣·弗伦堡堆
热功率/MW	46	20	115.5	750	842
电功率/MW	15	—	40	300	330
净效率/%	约 33	—	约 34	40	39.2
平均堆芯功率密度/(MW/m^3)	2.2	14	8.3	6	6.3
堆芯高度/m	3	2.54	2.3	5.1	4.7
堆芯直径/m	3	1.07	2.8	5.6	5.9
燃料类型	球形	棒束	棒状	球形	柱状
燃料+增殖材料	UO_2,ThO_2	UO_2,ThO_2	UO_2,ThO_2	UO_2,ThO_2	UC_2,ThC_2
燃料元件尺寸/cm	6	约 17	8.9	6	36(六角形)
燃料布置	随机堆积球床	每个棒束 7 根六角形棒	单一位置	随机堆积球床	247 燃料柱，每个柱有 6 个燃料块
冷却剂压力/MPa	1.1	2.0	2.4	4.0	4.92
冷却剂温升/℃	270→950	350→750	344→770	250→750	400→770
冷却剂堆芯流动方向	向上	向上	向上	向下	向下
堆芯燃料元件数	100 000	37(每束 7 根棒)	682	675 000	1482
包覆颗粒类型	BISO,TRISO	BISO	BISO	BISO	TRISO
燃料装卸	连续装卸，多次通过堆芯	运行中装卸	运行中装卸	连续装卸，多次通过堆芯	批量装卸
燃料元件重金属装量/(gHM/FE)	6～11	—	—	11(10g/ThO_2)	15 000
平均燃耗/(MWd/tHM)	～100 000	100 000	60 000	100 000	100 000
富集度/%	<11	U∶93	U∶93	U∶93	U∶93
最高运行温度/℃	<1100	<1350	<1200	<1200	<1260
事故下最高燃料温度/℃	<1400	<2000	<2000	<2200	<2200
蒸汽压力/MPa	7.3	1.6	10.0	18.0	17.3
蒸汽温度/℃	505	200	540	530	538
回热工况/(MPa/℃)	—	—	—	4.2/530	4.5/538

由于 HTR 电厂在运行期间可以产生高温的氦气，因而它们可以使用常规电厂的汽轮机。可以看出，蒸汽温度和效率的进一步提高是很有可能的。

所有类型的电厂都采用包覆颗粒燃料运行，因而可以实现较高的燃耗和较低的裂变产物释放量。例如，在 AVR 或龙堆的运行过程中，平均释放速率$<10^{-5}$的 Kr85 存量是典型的设计数值。燃料元件快中子注量部分远高于目前计划建立的模块式 HTR。为了满足当今的安全要求，例如，在完全失去能动冷却的情况下依靠自发衰变热载出。目前规划的反应堆已经遵循了这一原理，并且可以避免堆熔事故的发生。例如，对于 AVR，若发生严重事故，可以保证燃料温度低于 1600℃。

13.2.2　UHTREX 项目和 EGCR 电厂

1966—1970 年，UHTRX 反应堆(超高温实验反应堆)在美国进行了运行。该反应堆使用石墨和铀的包覆颗粒，并用氦气冷却。氦气的入口温度为 870℃，出口温度达到 1300℃。堆芯的热功率为 3MW，功率密度为 1300kW/m^3。氦气在 3.5MPa 的压力下运行。图 13.8 给出了 UHTRAX 反应堆一回路系统设计概念的大致情况。

反应堆堆芯由一个垂直排列的石墨圆柱体组成，石墨圆柱体由同心空心圆柱体制成，包含 312 个燃料孔道，布置在 13 个水平面上，从堆芯的中心沿径向向外延伸到外边界。燃料孔道从周边装入，从中心卸出。堆

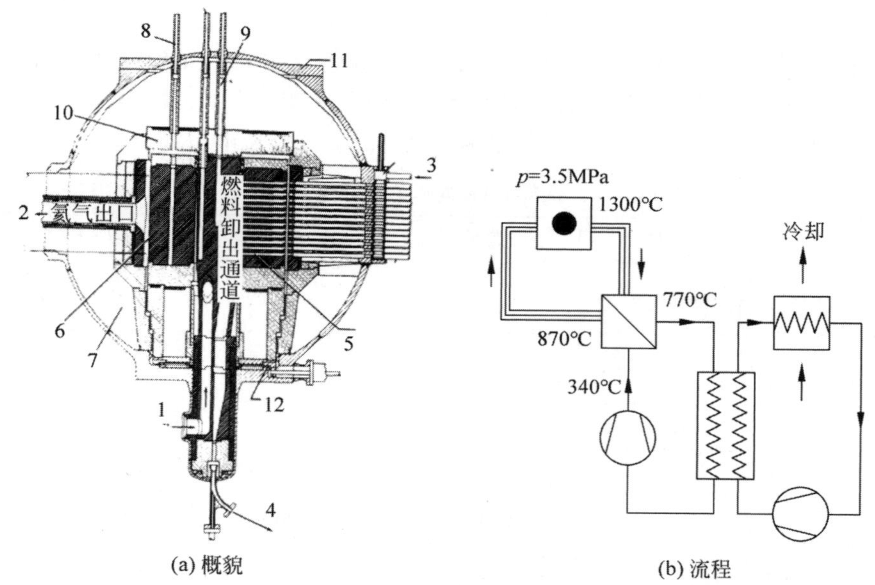

图 13.8 UHTREX 反应堆一回路系统的设计概念

1—氦气进口；2—氦气出口；3—燃料入口；4—燃料卸出；5—燃料通道；6—石墨堆芯；7—多孔碳绝缘；8—停堆棒；9—启动中子源；10—石墨反射层；11—反应堆压力壳；12—堆芯支撑轴承和齿轮

芯围绕中心旋转以进行燃料的装卸。氦冷却剂从底部冷却剂入口通道进入，向上流过塞子和堆芯之间的空腔，然后经过燃料孔道流出。燃料元件用挤压和烧结的石墨空心圆柱体制作，热解碳包覆燃料颗粒（碳化铀）弥散在其中。燃料是高富集度的铀（93%，U235），体积填充率为 8%～27%。每个燃料元件长 5.5in，内径为 0.5in，外径为 1in。包覆颗粒的直径为 200μm，包覆层为 100μm。包覆层由 3 层热解碳（内疏松区、中间各向同性层、外颗粒层）组成。图 13.9 给出了这类全新核燃料的设计概念。

(a) 包覆颗粒燃料弥散在挤压和烧结的石墨基体中(外直径为1in、内直径为0.5in、长为5.5in)

(b) UC_2包覆颗粒的断面
直径为147～208μm; 碳疏松层(27μm)，碳各向同性层(35μm), 碳颗粒层(40μm)

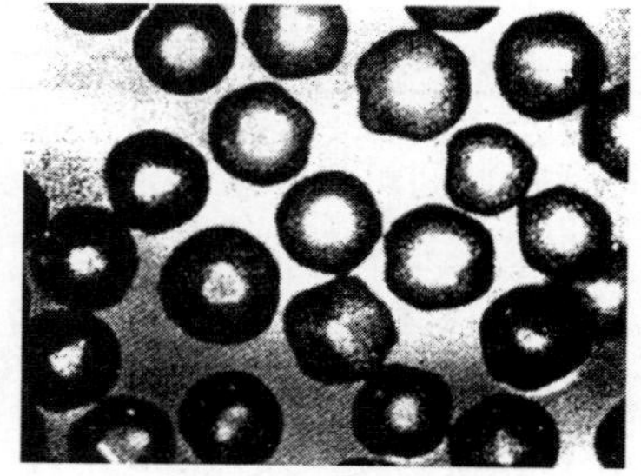

(c) 石墨基体中包覆颗粒的布置

图 13.9 UHTREX 反应堆燃料的设计概念

UHTRX 反应堆总体上实现了预期目标，即进行了如下的基本实验：对燃料样品进行了直到 1800℃的温度测试。该实验对包覆颗粒燃料的发展及在核反应堆中使用氦气做出了卓越贡献，成为美国和国际 HTR 发展的重要基础之一。

与美国 UHTRAX 项目同期，还计划了 EGCR（实验气冷反应堆）。图 13.10 给出了 EGCR 的设计概念，包括一些设计细节及涉及的一些概念性参数。EGCR 的建设始于 1964 年，但并未完成。其热功率为 85MW，氦气在 2.2MPa 下从 266℃升温到 566℃，预期会产生 482℃/8.7MPa 的高温蒸汽。燃料为 UO_2，富集度为 2.5%，堆芯的功率密度为 1.9MW/m^3。燃料组件由 7 根燃料棒组成，每根燃料棒均有一个不锈钢的金属包壳，内部填充了 UO_2 的芯块(直径为 18mm)。棒束由一个石墨套筒(内径为 75mm，壁厚为 25mm)支撑。在每个冷却剂通道中均布置了 6 个堆积的燃料组件。堆芯的总高度应为 4.42m。236 个通道形成直径为 3.6m 的堆芯。该项目并未在美国完成，这是因为当时轻水堆(PWR 和 BWR)很快被引入能源经济，并展现了经济优势。

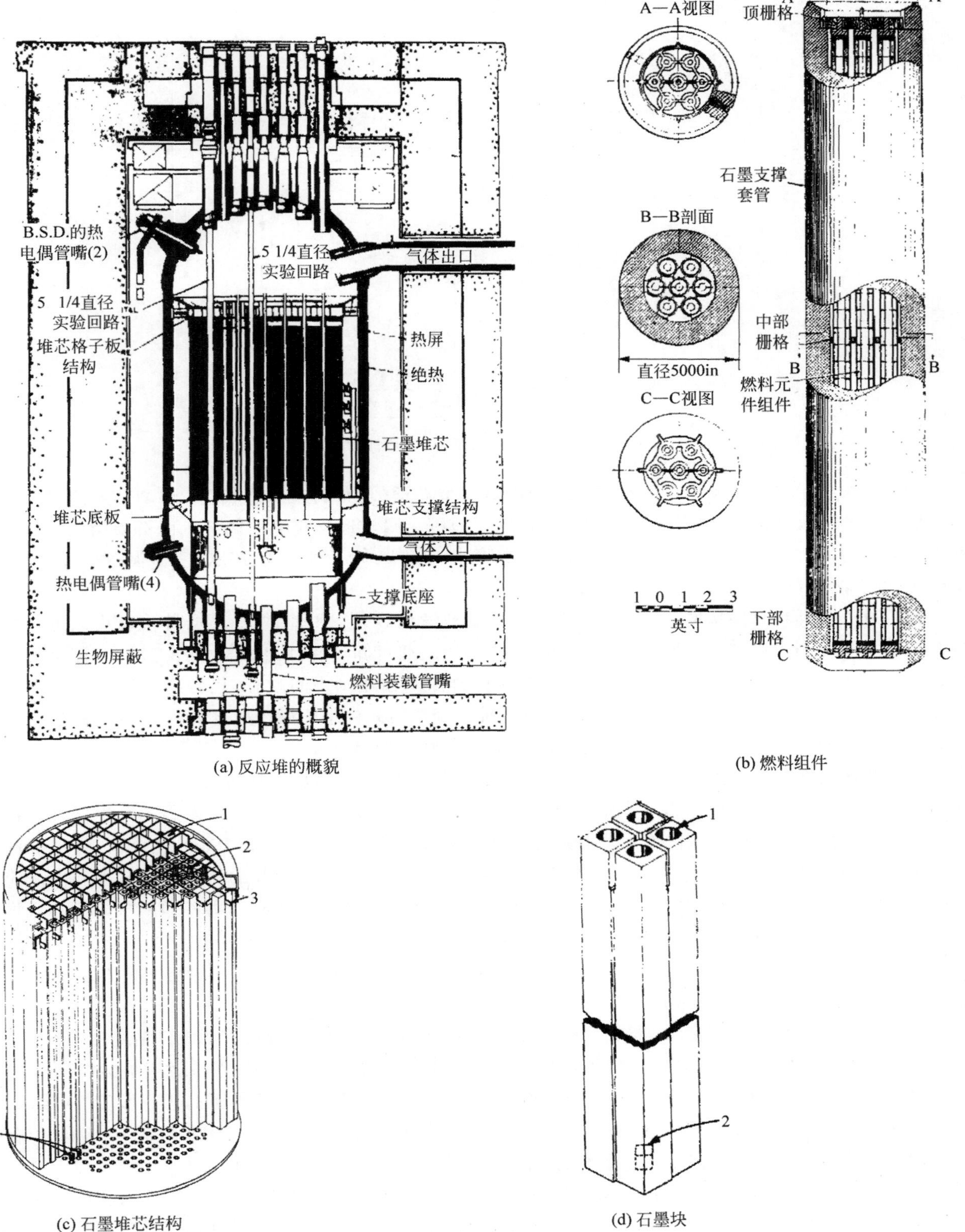

图 13.10 EGCR 的设计概况

(c) 1—顶部格子板结构；2—破损燃料探测管；3—堆芯约束栅格；4—燃料组件定位；(d) 1—燃料孔道；2—孔道的定位

13.2.3 AVR 电厂

AVR 采用石墨慢化和氦气冷却的球床堆芯的设计原则。

图 13.11 给出了 AVR 一回路和二回路的原理流程，氦气的出口温度为 850℃，蒸汽的温度为 500℃，电厂的效率大约为 33%，这是因为流程较为简单（少量的预热器）并采用湿冷却塔作为冷却设备。

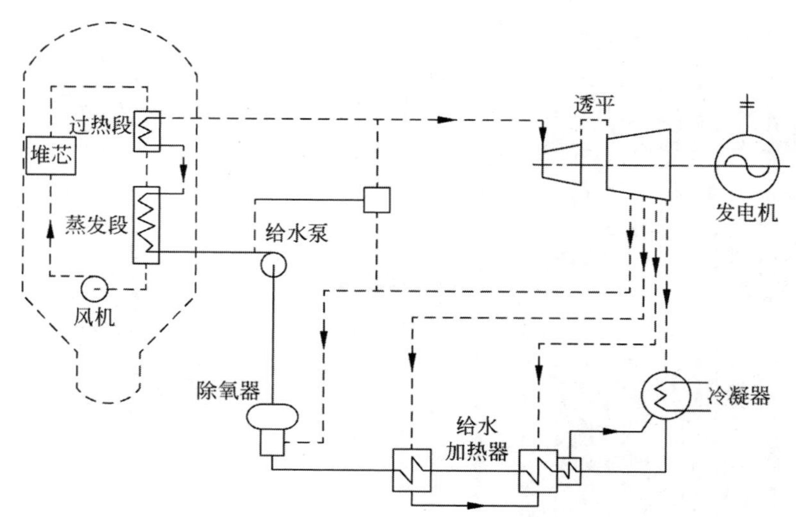

图 13.11 AVR 一回路和二回路的原理流程

图 13.12 展示了该种反应堆的布置。反应堆球床堆芯近似为圆柱形，直径为 3m，平均高度为 3m。堆芯四周被由石墨（0.5m 厚）和外围碳砖组成的反射层包围。漏斗形反应堆的底部也由石墨构成。球形燃料元件依靠重力通过直径为 0.5m 的中心孔道连续地排出。燃料元件含有 BISO 型及后来一直被沿用的 TRISO 型包覆颗粒。

运行过程中燃料元件从堆芯上方通过 5 个装球管连续地装入。因此，电厂不必停堆就可以进行燃料的装卸。球形元件一次流过反应堆堆芯的平均时间为半年。通过卸球管卸出燃料元件之后，对卸出元件进行燃耗的检测，将已达到设定燃耗的燃料元件从系统中排出并输送到中间贮存，仍含有足够易裂变材料的燃料元件则返回到上部重新装入反应堆。AVR 反应堆每个燃料元件平均循环通过堆芯 10 次。燃料元件球在堆芯内产生 46MW 的反应堆热功率，平均堆芯功率密度为 $2.2\mathrm{MW/m^3}$。

氦冷却剂从堆芯的底部流向顶部，进入堆芯的温度约为 270℃，流出球床堆芯的温度在 950℃左右。冷却剂的压力在 1.1MPa 左右。热气体通过顶部反射层内的缝隙流入蒸汽发生器，该蒸汽发生器布置在反应堆堆芯上方。强迫流动通过蒸汽发生器的螺旋盘管传热管会产生 500℃、7.3MPa 的主蒸汽，将主蒸汽提供给一个常规的高温蒸汽轮机（无再热），电功率为 15MW。蒸汽发生器内冷却的氦气在反应堆和内反应堆压力壳之间的间隙内流动，进入氦风机。反应堆的停堆通过 4 根吸收棒来实现，这些吸收棒插入到伸入堆芯区域的石墨凸台中，以实现更高的控制棒反应性当量。

一回路的所有部件都设置在钢制双层反应堆压力壳内。在两个压力壳之间的空间内充以压力稍高的氦气，以防止在发生泄漏的情况下冷却气体释放到外部环境。

1967—1988 年，该反应堆在以利希成功地进行了运行。直到 1974 年，该反应堆的出口温度为 850℃，主要在 950℃出口温度下运行。相应的最高燃料元件温度低于 1250℃。所有设备均按照计划和设定的参数实现运行。

由 AVR 运行可以获得的一个显著结果是其具有较高的可利用率。计算得到的运行服役 20 年内 AVR 可利用率的平均值大约为 72%。在 1976 年，运行时间可利用率为 92%，工作可用系数为 91%，与所有运行中的核反应堆相比，AVR 是迄今为止世界范围内已达到最佳运行状态的反应堆。

在 AVR 中，对许多不同类型的燃料元件进行了测试，具有 TRISO 包覆颗粒的低浓铀燃料元件对裂变产物表现出优异的阻留能力。此外，在极端情况下，对核和热稳定性能进行了各种安全性实验。结果表明，反应堆堆芯在完全失去能动冷却后不会发生堆熔或者温升不会超过不允许的高温，如图 13.13 所示。1978 年发生的进水事故并没有对堆芯造成损坏，详见第 14 章。

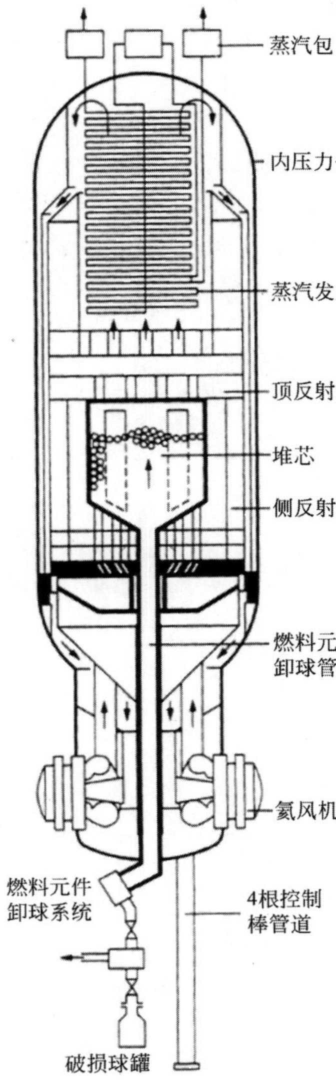

(a) 纵剖面

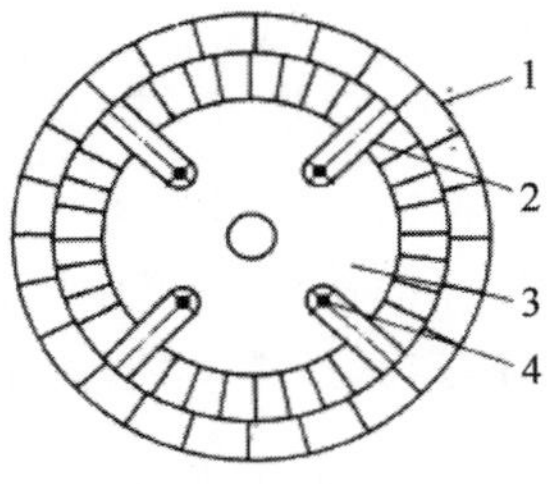

(b) 横断面(顶部反射层)

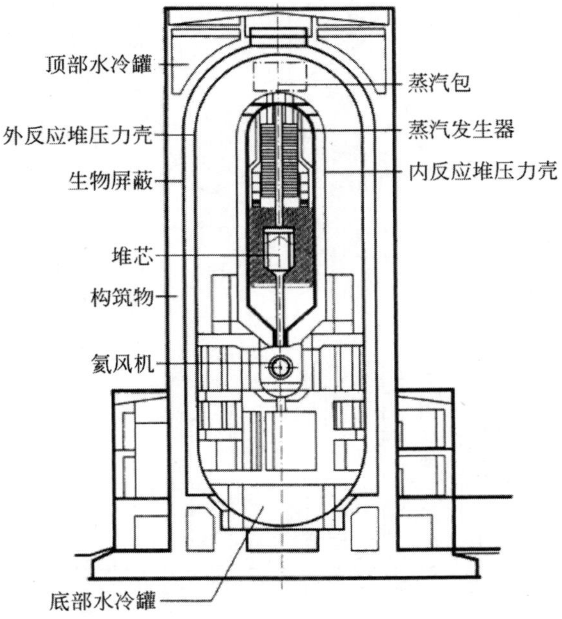

(c) 安全壳剖面

图 13.12 AVR 剖面

1—反射层；2—反射层凸台；3—堆芯；4—停堆棒位置

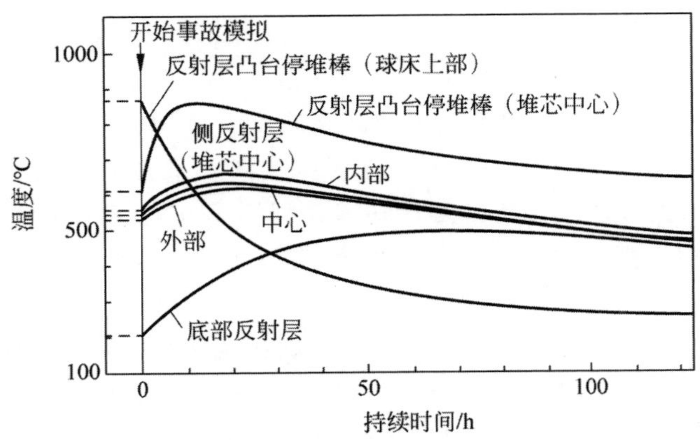

图 13.13 所有能动冷却完全失效情形下的失冷实验结果

然而，这次事故得出一个教训，即蒸汽发生器应该肩并肩地布置，并设置在堆芯的下方，正如未来的模块式反应堆所设计的那样。此外，很明确的是，对氦回路的湿度进行可靠的监测及对一回路系统中非常少量的水进行测量是很有必要的。易于接近设备和对电厂参数很广范围的测量计划是进一步的要求，这从

AVR 的运行历史可以很清晰地看出。退役的可能性是新电厂要考虑的另一个重要的课题。图 13.14 展示了 AVR 的一些典型运行结果。由这些结果可知，AVR 验证了球床反应堆的现实可行性及氦冷却、石墨慢化核反应堆的预期优异运行性能。AVR 及其部件运行中涉及的技术是小型模块式 HTR 在许多方面得以进一步发展的基础。

在 20 年运行期间，AVR 大约有 2 300 000 个球形燃料元件进行了再循环，220 个球形元件作为损坏元件被卸出。如果一个小于 5mm 的石墨碎片从元件的外壳中剥落，则该燃料元件被界定为损坏。人们通过燃料装卸中的一些测量来确定其是否损坏(图 13.14(a))，在改进的装卸机中可以避免发生类似的损坏。

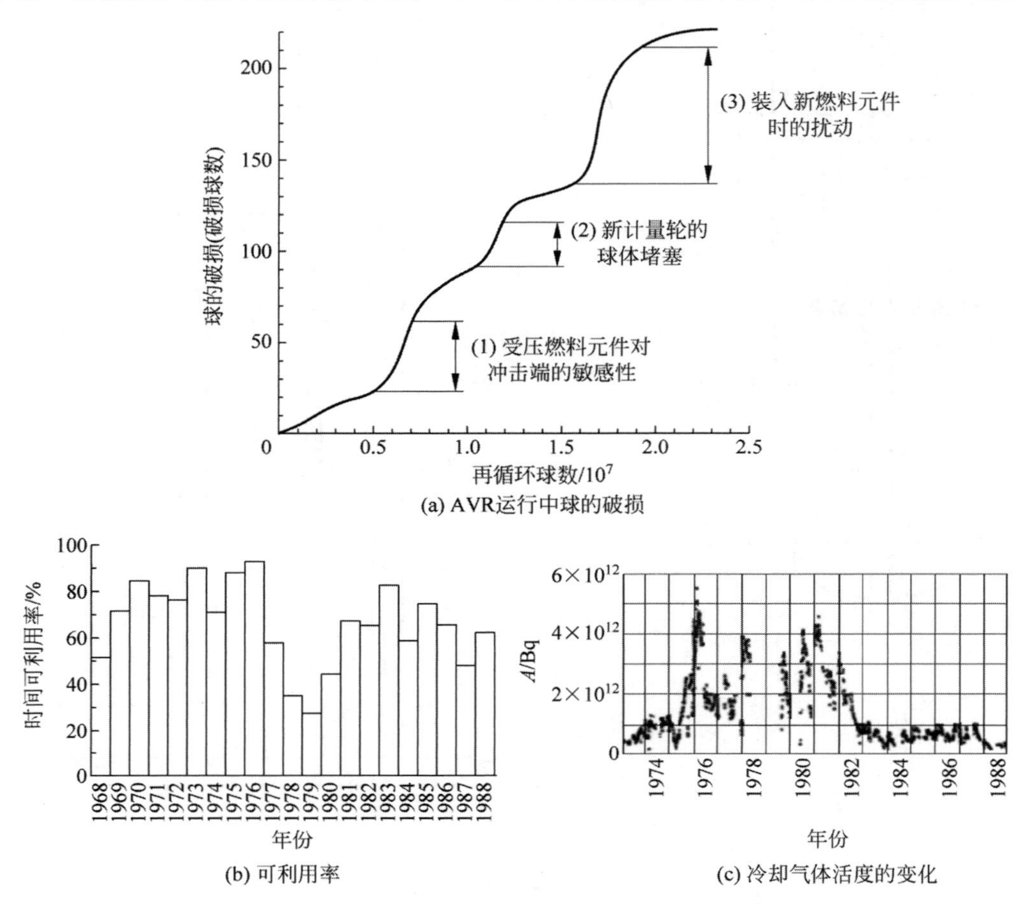

图 13.14　AVR 的典型运行结果

13.2.4　龙堆

位于英国温弗里斯的龙堆是一座 20MW 的氦冷却高温反应堆，冷却剂出口温度高达 740℃。燃料是石墨包覆的碳化钍和碳化铀的混合物。龙堆是欧洲几个国家共同合作的项目，之后采用包覆颗粒作为燃料元件并进行了实验，获得了很大的成功。该反应堆最初未计划用于发电，产生的热量通过空气冷却热交换器排放到外部环境中。一回路系统包括两个带有蒸汽发生器和氦风机的回路。反应堆采用双层安全壳形式，内安全壳充以氮气。一回路系统如图 13.15 所示。

图 13.16 给出了龙堆安全壳和辅助系统的概貌，如乏燃料元件贮存和二回路的热交换器。热氦气和冷氦气的同心导管构成冷却剂回路与反应堆压力壳之间的连接，这个同心导管与反应堆内的内衬使压力边界始终处于冷却剂入口温度。布置在堆芯上方的热交换器可以进行自然对流冷却。氦风机采用磁悬浮轴承设置。

龙堆的安全概念包括一个带有钢壳和附加厚壁的混凝土安全壳(图 13.17)，采用冗余水冷却回路以形成可靠的衰变热载出系统。在完全失去能动衰变热载出的情况下，将通过自发机制将衰变热载出到反应堆压力壳外。

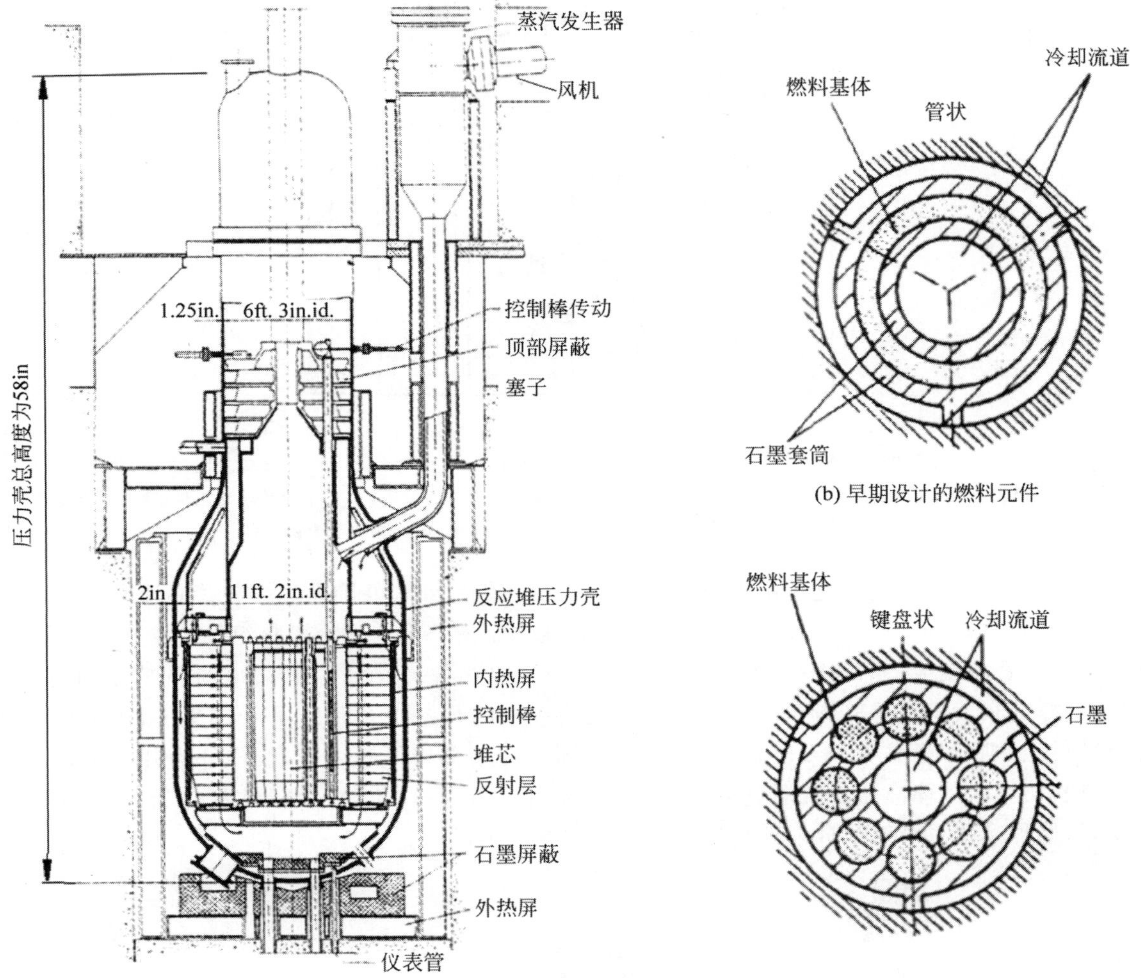

蒸汽发生器
风机
压力壳总高度为58in
1.25in.　6ft. 3in.id.
控制棒传动
顶部屏蔽
塞子
2in　11ft. 2in.id.
反应堆压力壳
外热屏
内热屏
控制棒
堆芯
反射层
石墨屏蔽
外热屏
仪表管

(a) 反应堆剖面

冷却流道
燃料基体
管状
石墨套筒

(b) 早期设计的燃料元件

燃料基体
键盘状
冷却流道
石墨

(c) 改进的燃料元件设计

图 13.15　龙堆、一回路系统和燃料元件改进的概况

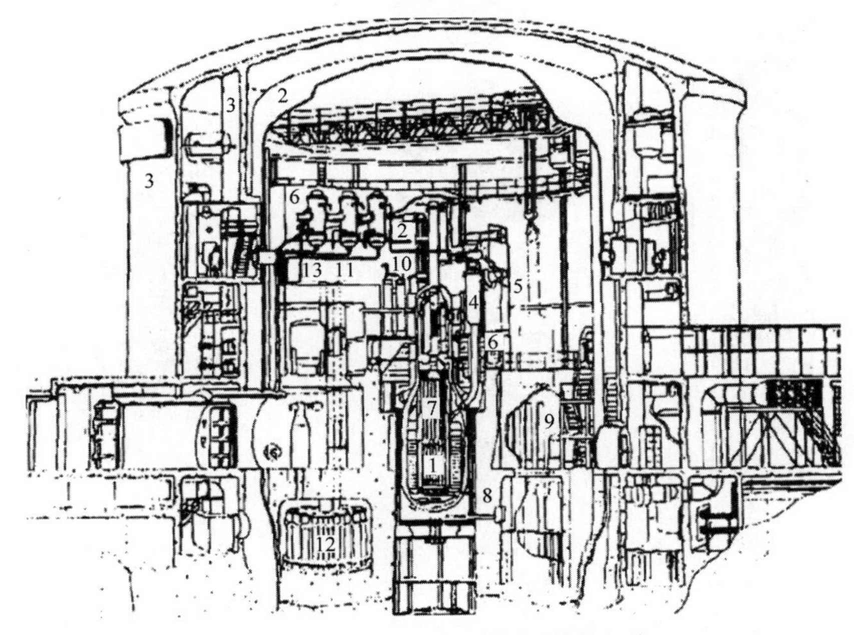

图 13.16　龙堆安全壳和辅助系统的概貌

1—反应堆堆芯；2—内钢安全壳；3—外混凝土安全壳；4—一回路热交换器；5—冷却剂气体风机；6—二回路热交换器；7—控制棒；8—裂变产物净化气体管路；9—裂变产物去除-氦净化系统；10—燃料装罐机构；11—乏燃料卸出通道；12—乏燃料贮存；13—新燃料装入通道

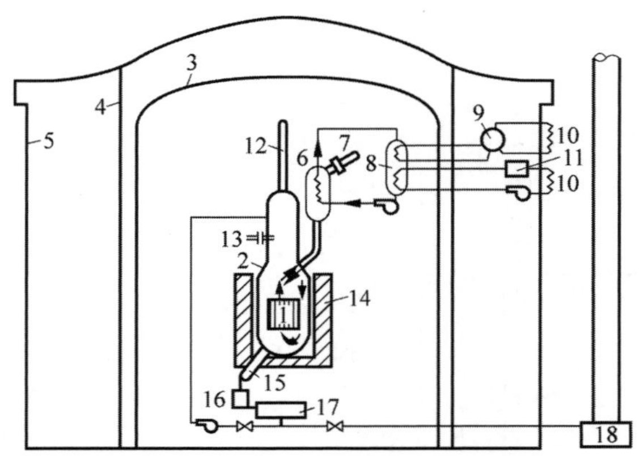

图 13.17　龙堆一回路系统

1—堆芯；2—反应堆压力壳；3—钢制安全壳；4—内混凝土壁；5—外混凝土壁；6—蒸汽发生器；7—氦风机；8—二回路热交换器；9—蒸汽汽包；10—空冷器；11—储水罐；12—燃料装载机；13—吸收棒传动机构；14—外屏蔽；15—预冷器；16—易裂变材料壳；17—气体净化；18—冷却器和烟囱

堆芯由 37 个六角形燃料慢化剂组件组成，如图 13.18 所示，堆芯外围是一个较厚的石墨反射层。采用 U235 作为易裂变材料和 Th232 作为可裂变材料，用碳化物制成环形。每个燃料组件包含 7 个燃料环管，燃料组件本身是由石墨制成的，7 根燃料棒组装成一个燃料元件组件，每个燃料棒与相邻的棒之间通过垂直肋分开，通过这样的布置形成冷却剂流过的通道。7 根棒束中的每一根都预装了上部配件，以便能够将棒取出。每个燃料元件底部还具有插入位置，以便将元件固定在下部格子板中。此外，还有用于去除气态裂变产物的出口吹扫管。气体净化系统通过氦气一回路的旁路去除 Xe，Kr，CO，N_2 和 H_2。之后，随着包覆颗粒燃料的发展，这种净化系统对于放射性物质不再是必需的一种设置。

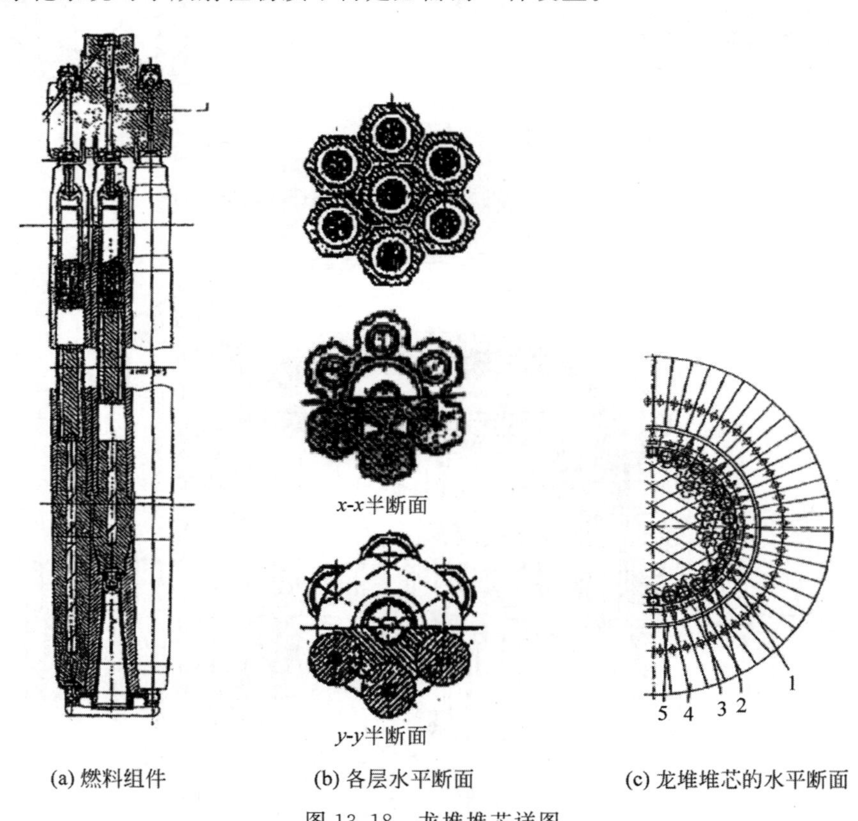

图 13.18　龙堆堆芯详图

1—控制棒；2—燃料组件；3—内反射层；4—外反射层；5—冷却剂环

龙堆内设计了一种燃料装卸机，安装在反应堆压力壳的延伸部分，这台机器可以定位在任何燃料组件及可更换的反射层组件位置的上方。燃料更换是在停堆期间进行的。

控制系统由 24 根控制棒组成，控制棒是通过碳化硼环装载在不锈钢管内制成的。控制棒驱动机构集成在氦回路中。

一回路氦气通过 6 个包含一个热交换器和一个风机的回路进行循环，该回路也被用于衰变热的载出，这种布置可以在风机失效的情况下实现自由对流。热量从二回路被传输到水冷的三回路，最后被释放到空气中。

安全壳是一种双层壳系统，这样的设置源于人们认为在项目开始时一回路会含有大量污染物质。实际上，在采用包覆颗粒燃料之后，实践经验表明氦回路非常干净。

总的来说，龙堆的正常运行表明整个系统具有良好的可利用率，该设备显示出非常好的可靠性，特别是对包覆颗粒燃料性能的发展和了解及 HTR 技术的发展做出了非常重要的贡献。大量实验证明了 HTR 的良好安全特性，例如，强温度负反应性系数的测量、瞬态过程中堆芯储存热量的能力及衰变热自发载出概念的验证都反映出 HTR 的良好特性。在 HTR 技术之后的发展过程中，使用各种柱状燃料元件替换了设计较为特殊的管状元件。

13.2.5 桃花谷反应堆

美国首座 HTR 建在宾夕法尼亚州的桃花谷，并在 1965—1975 年成功地进行了运行。其热功率为 115MW，输出功率为 40MW。该反应堆以碳化铀为燃料，石墨是堆芯中的唯一结构材料。图 13.19 给出了该反应堆的流程图。

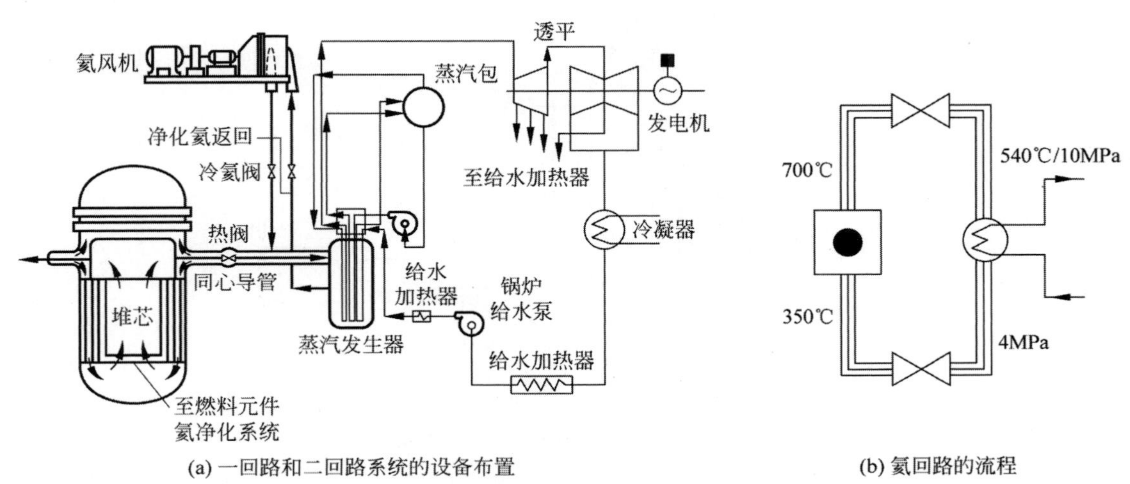

(a) 一回路和二回路系统的设备布置　　(b) 氦回路的流程

图 13.19　桃花谷反应堆的运行流程图

分别包含一个蒸汽发生器和一个氦风机的两个回路用于对反应堆堆芯进行冷却。回路采用同心导管连接，包括堆芯和蒸汽发生器之间的一个高温阀门，以便将回路与反应堆隔离。连接氦风机和反应堆的冷氦气导管也包含阀门。

桃花谷反应堆一回路氦系统的布置采用非集成方式，如图 13.20 所示，安装了相对复杂的管道系统，以对主要设备加以连接。主氦风机通过风机叶轮与电机之间的水力耦合器运行。整个一回路系统集成在一个钢结构安全壳中。由于反应堆是在运行过程中在线装入燃料，所以需要在反应堆上方布置一个用于输送燃料机械的较大空间，从而形成一个相对较大的安全壳，如图 13.21 所示，这种安全壳是一个通常在核技术中使用的密封壳体，该壳体对来自外部的冲击并不具有防御能力。由于氦气温度较高(770℃)，因此会产生高温的蒸汽(540℃)，并具有较高的电厂效率(34%)。

反应堆压力壳(图 13.22(a))设置为双层结构，在堆芯上方有一个很大的空间用于设置燃料装载装置。在反应堆压力壳的上部空间中通过装料机在运行状态下进行燃料元件的更换。

燃料元件(图 13.23)由内部含有燃料芯块的石墨管组成，这些燃料芯块是由 U235 和 Th232 组成的碳化物，它们弥散在石墨基体中，燃料和增殖材料均匀地混合。石墨燃料棒的总长度接近 3.6m，直径约为 9cm。燃料元件的石墨结构相对复杂。燃料棒排列成三角形的栅格，控制棒从压力壳底部伸入反应堆堆芯，这样设计是因为堆芯上部设置了燃料装卸机械，没有多余的空间。

桃花谷反应堆为美国 HTR 的发展奠定了基础。从桃花谷反应堆的成功运行获得了包覆颗粒燃料、氦气技术及一些重要设备设计上的经验。

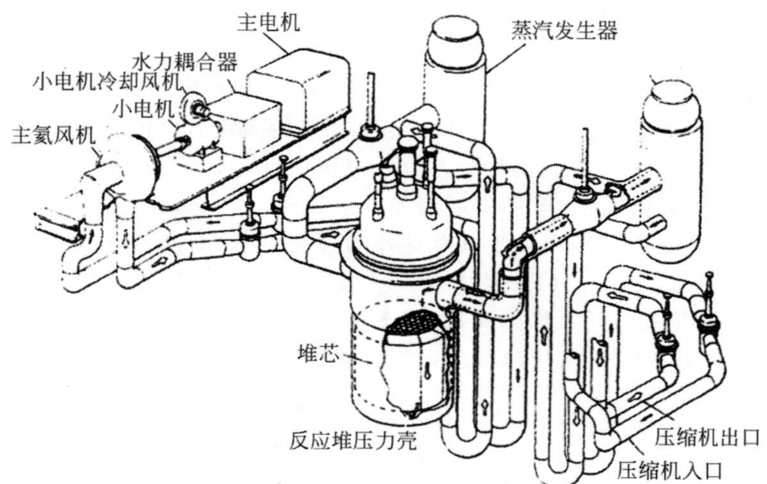

图 13.20　桃花谷反应堆一回路系统的布置

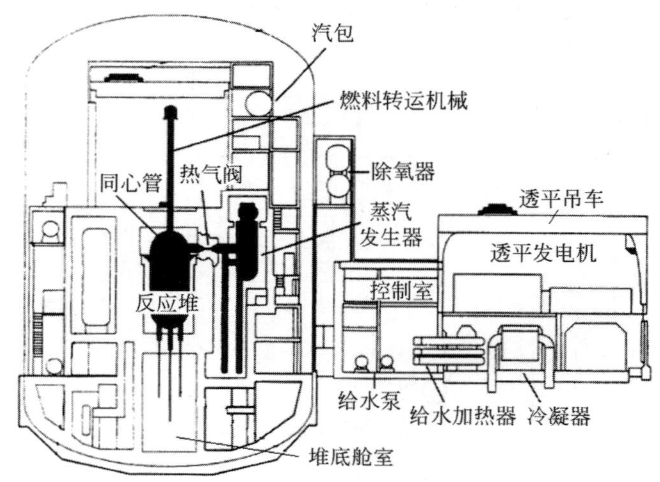

图 13.21　桃花谷反应堆的安全壳和汽轮机厂房

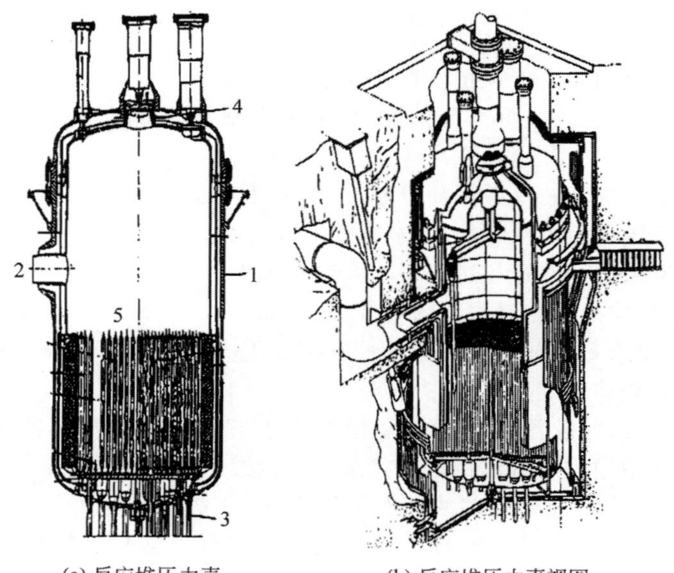

(a) 反应堆压力壳　　(b) 反应堆压力壳视图

图 13.22　反应堆压力壳

1—反应堆压力壳；2—同心导管；3—控制棒；4—装料机械贯穿孔；5—燃料元件

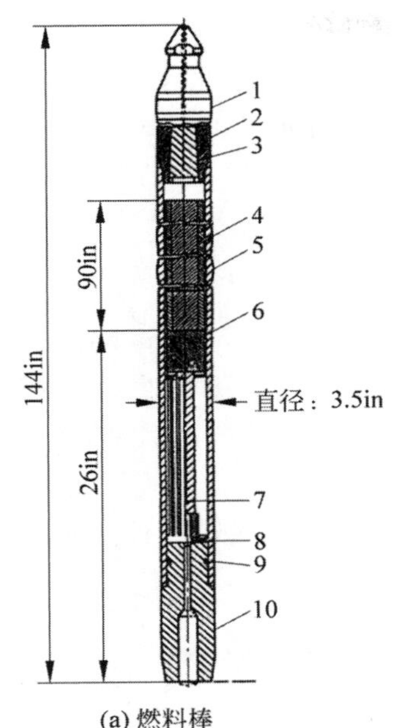

(a) 燃料棒

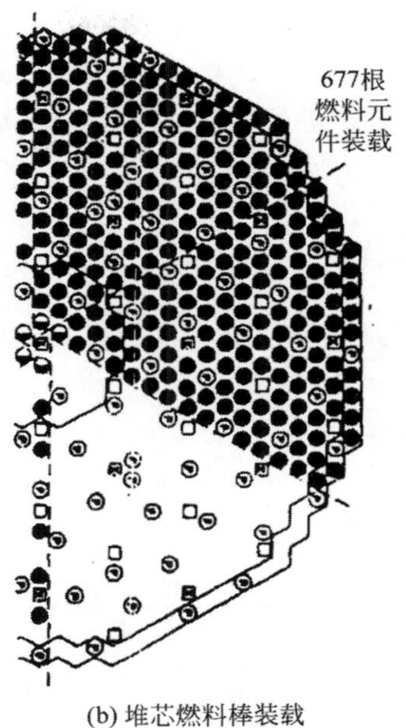

(b) 堆芯燃料棒装载

图 13.23 桃花谷反应堆的燃料棒

1—隔离环；2—上反射层组件；3—多孔塞；4—燃料组件；5—套袖；6—下反射层；7—内捕集器；8—屏障；9—钎焊；10—底部连接件

桃花谷反应堆已投入运行约 10 年，在运行期间达到了 66% 的平均可利用率。与迄今为止所有运行的 HTR 装置一样，该反应堆氦回路的活度非常低，低于规划期间预期值的 1/3000。BISO 包覆颗粒的设计是成功阻留裂变产物、获得显著效果的基础。在桃花谷反应堆运行期间进行了很多动态实验。比如，利用该反应堆进行了很多 HTGR 燃料方面的实验。该反应堆停止运行后实施的一个涉及范围很广的计划表明，该反应堆仍处于良好的状态。从这个项目可以获得氦气技术、石墨和包覆颗粒的广泛经验。

在美国的 HTR 发展计划中，有一个非常令人感兴趣的计划，该计划涉及一种特殊的球床概念。在这一设计概念中，球形元件包含布置在内部堆芯区的燃料元件（UO_2 和 ThO_2 弥散在石墨基体中）和布置在外部增殖区的燃料元件（UO_2 和 ThO_2 弥散在石墨基体中，其中的钍含量较高）。图 13.24 所示为美国球床反应堆概念，中心核芯区和外部增殖区之间被一个由石墨构成的圆柱形壁隔开，中心堆芯区球形元件的直径大约

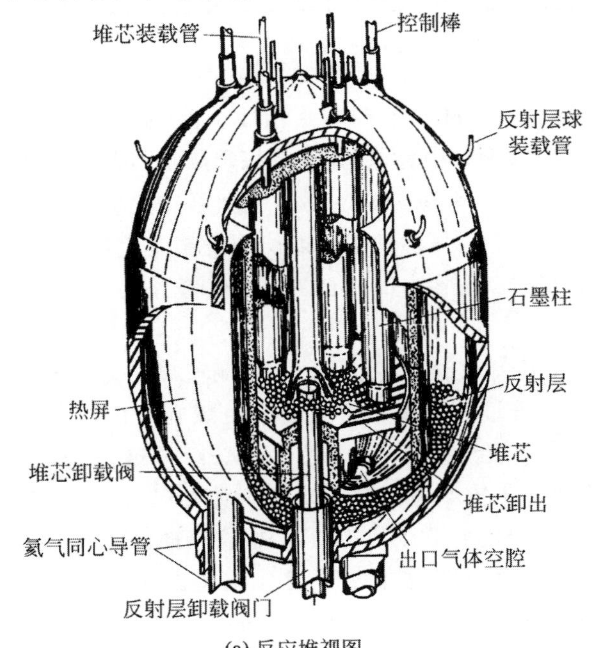

(a) 反应堆视图

总功率：	335.7MW
堆芯功率份额：	86%
氦气温升：	280℃→650℃
氦气压力：	65bar
平均堆芯功率密度：	20MW/m^3
燃料球直径：	4cm
堆芯平均富集度：	9%
蒸汽温度/压力：	550℃/80bar
预期净效率：	37%

(b) 概念的一些参数

图 13.24 美国球床反应堆概念

为 4cm，增殖区的燃料元件具有相同的尺寸。反应堆氦冷却气体在 65bar 的压力下运行，从 280℃升温到 650℃。热功率估计为 335MW，其中 86%由堆芯区产生。在这种设计概念下可以产生 550℃的过热蒸汽。设计中，采用 3 个同心导管将热氦气输送到蒸汽发生器，控制棒在贯穿堆芯的石墨柱中移动，燃料元件的装卸是通过带有两道阀门的装卸料管来实现的，一回路系统的所有部件都布置在密封的安全壳内。

13.2.6 THTR

通过 AVR 验证了球床反应堆的良好性能，1972—1984 年，在 Uentrop-Schmehausen 建造了作为原型堆的 THTR 300(钍高温反应堆，热功率为 750MW，电功率为 300MW)。该反应堆在 1985—1989 年处于运行状态，之后，由于政治和经济原因，停止运行，目前处于安全关闭的状态。图 13.25 给出了该反应堆一回路和二回路系统的流程图。该反应堆有一个空气干冷却塔，另外，在氦气回路中实现了蒸汽再热，净效率达到 40%。反应堆和功率转换的所有参数实现了该电厂一回路系统的基本设计要求，偏差非常小。

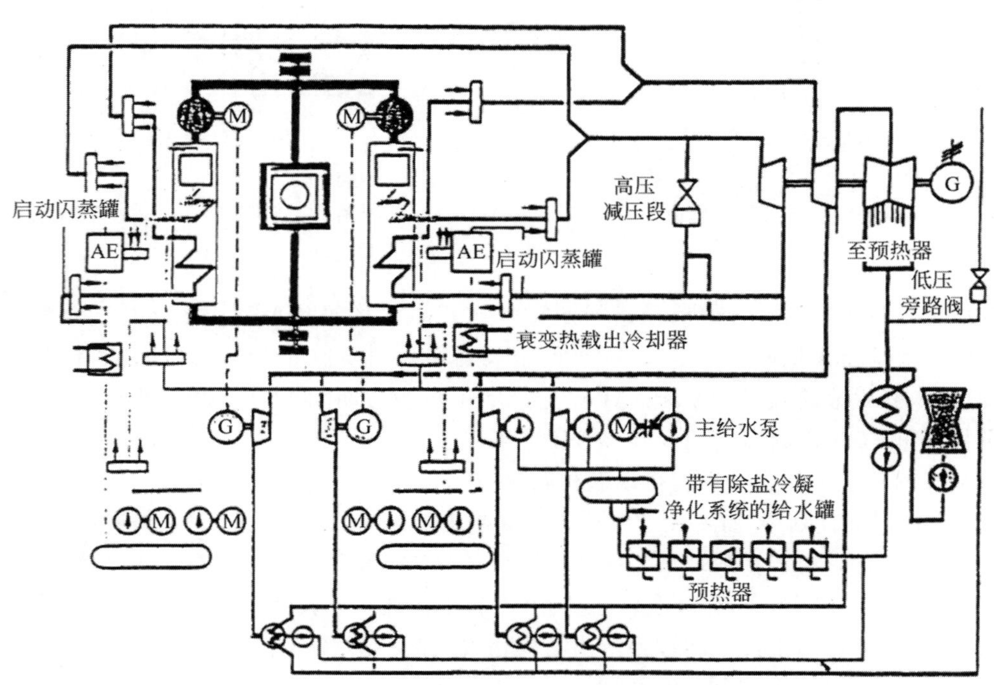

图 13.25 THTR 300 一回路和二回路系统的运行流程

对于该电厂(图 13.26)，约有 675 000 个球形燃料元件堆积的球床形成了直径为 5.6m、平均高度为 5.1m 的反应堆堆芯。易裂变和可裂变材料包含在 BISO 颗粒中，颗粒弥散在特殊压制的石墨基体中。每个新燃料元件含有 10.2g ThO_2 和 0.96g UO_2，其铀的富集度达到 93%。易裂变和可裂变材料混合在同一个包覆颗粒中。总体而言，这意味着新燃料元件的富集度为 8.6%。石墨反射层围绕着反应堆堆芯，平均功率密度为 $6MW/m^3$。为了在反应堆底部进行燃料元件的连续装卸，THTR 300 的底部形成锥形，斜度为 30°，并配置了燃料元件的卸球管(标称直径为 800mm)。

石墨反射层被一个由铸铁组成的热屏蔽包围。氦冷却气体从上方以 250℃和 4MPa 进入球床，然后平行流过燃料元件，升温至约 750℃的平均温度。在反应堆堆芯周围布置有 6 个由螺旋形盘管束组成的蒸汽发生器，在蒸汽发生器中，氦气的热被用于产生蒸汽。主蒸汽参数为 530℃/18MPa，再热到 530℃/4.2MPa 也是借助氦气回路的热量来实现的。在每个蒸汽发生器上安装有唧送冷却剂气体的风机，风机布置在预应力混凝土壳的壳壁内。电厂的功率调节和停堆是由 36 根反射层控制棒和 42 根直接插入球床的控制棒来实现的。只有在需要保持堆芯处于长期次临界冷停堆状态时，堆芯控制棒才必须要更深地插入。对于新的模块堆概念，原则上应避免将棒插入堆芯。所有控制和停堆过程都由侧反射层内的吸收元件来实施。

燃料元件连续地从上部通过 7 个进球管装入，流过堆芯并通过卸球管及卸球装置卸出。平均而言，燃料元件 3 年内 6 次通过反应堆，直到它们达到 100 000MWd/t 的最终燃耗。

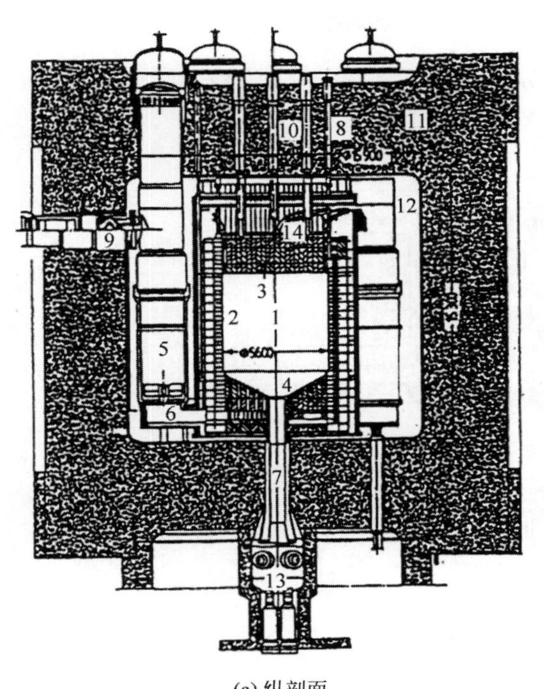

(a) 纵剖面

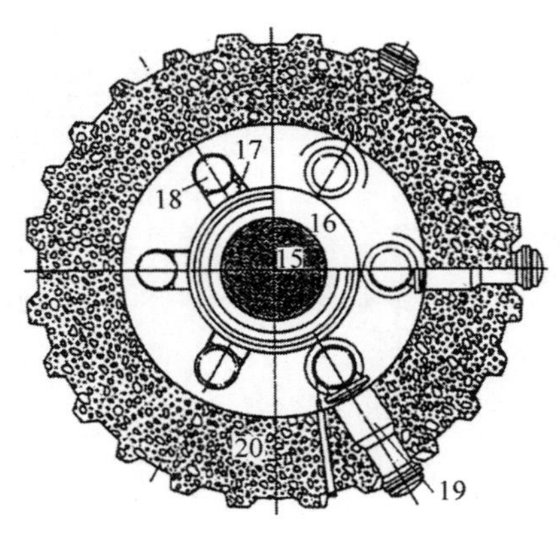

(b) 横剖面

图 13.26 THTR 300(电功率为 300MW)一回路系统

1—堆芯；2—侧反射层；3—上反射层；4—底部反射层；5—蒸汽发生器；6—热气导管；7—球形元件卸球管；8—反射层控制棒；9—风机；10—堆芯控制棒；11—预应力混凝土壳；12—绝热和冷却内衬；13—燃料元件卸出；14—燃料元件装入；15—堆芯；16—反射层；17—热气导管；18—蒸汽发生器；19—风机；20—预应力混凝土壳

一回路的所有部件都设置在预应力混凝土壳(内径为 15.9m,内高为 15.3m)内,预应力混凝土壳通过径向和轴向预应力钢索从外部施加预应力,当超过内部压力时,需要补偿一定的应力,压力壳实际上仅具有压缩应变功能。

预应力混凝土壳内装有气体密封的内衬,内衬的混凝土侧可以进行水的冷却,内衬的冷气侧采用金属箔制成的绝热层隔离。壳体只有一个直径为 65mm 的管道与外部连接,所有更大的开口和连接都是双重密封的。由于功率通过电缆系统进行传输,并且存在前面提到的应变条件,壳体被设计成具有防爆功能。厚度达 5m 的混凝土壳对来自堆芯的中子辐射进一步起到极其有效的防御作用。因此,与其他反应堆系统相比,运行人员承受的辐射剂量极低。

THTR 300 的 6 个蒸汽发生器均设置在反应堆压力壳的舱室内,并采用肩并肩的方式布置。如果需要,可以通过预应力混凝土壳顶部的专门开口取出它们。蒸汽发生器每个位置的双层封闭件都包含所有给水、主蒸汽和再热蒸汽的贯穿件。

风机布置在反应堆压力壳的圆柱形壁中,水平贯穿布置。所有这些贯穿布置都是采用带有闸板阀的管道覆盖,管道的外部有水冷管。单级径向风机装有悬置的叶轮,采用油润滑轴承,设置的缓冲气体系统能够避免油泄漏到一回路系统中。在风机的进气侧设有阀门,该阀门用于在恒定的风机速度下调节通过蒸汽发生器的冷却剂气体流量。

预应力混凝土壳及辅助设备、燃料装卸系统的设备、气体净化、气体回路和其他冷却剂回路均设置在反应堆舱室中,如图 13.27 所示,这一舱室的设计并不对应于目前讨论的模块式 HTR 的安全壳或者包容体。在 THTR 中,采用常规的工业建筑,而不是密封式的反应堆安全壳。采用这一设计方案是因为使用了预应力混凝土壳,它对所有贯穿件均采用额外的双重密封。

在解决了一些困难后,THTR 300 的运行性能良好,验证了堆芯及其他设备所有设定参数的有效性。氦气污染及运行人员承受的放射性剂量都非常低。THTR 系统存在的一个典型问题在图 13.28 中给出了解释。

可以预期的是,通过使吸收棒插入球床堆芯的深度超过 4.5m,可以实现反应堆的次临界冷停堆。在反应堆开始运行期间进行了多次这样的反应堆停堆程序。从实际运行的安全角度来看,这其实是不必要的,

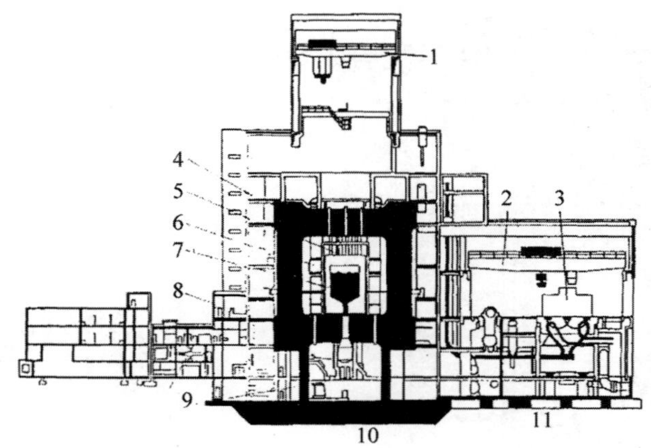

图 13.27 THTR 300 反应堆构筑物

1—反应堆大厅的吊车；2—汽轮机大厅的吊车；3—汽轮机；4—预应力混凝土壳；5—停堆系统；6—蒸汽发生器；7—堆芯；8—燃料装载；9—燃料卸出；10—反应堆舱室；11—汽轮机舱室

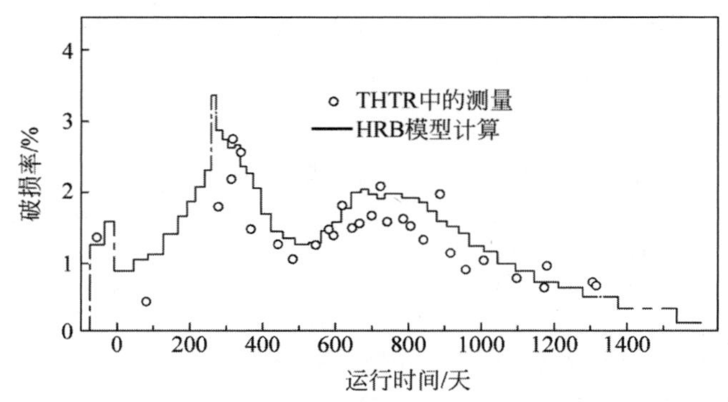

图 13.28 THTR 300 运行期间燃料球破损的过程

这仅仅是许可证申请过程中程序上的一种要求而已。由于燃料元件和棒之间的相互作用，一些燃料元件受到损坏。这种损坏通常不是燃料基体受到损坏，而主要是无燃料的外壳受到损坏。在氦气中加入少量的氨，可以减少摩擦系数，从而减小燃料元件的受力。这样的结果是，在运行后期，损坏率明显下降，低于0.1%。球体的损坏不会对安全造成影响，也不会引起冷却气体污染程度的显著上升。所有使用包覆颗粒燃料(图 13.29)的 HTR 电厂的经验表明，冷却剂气体的活度是稳定的。惰性气体的典型值约为1Ci/MW(热功率)。

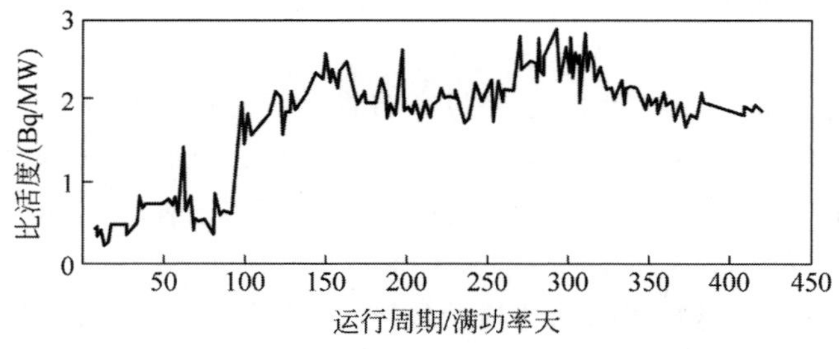

图 13.29 THTR 冷却气体活度随时间的变化

然而，从 THTR 获得的重要经验或者教训之一是，不应该将停堆棒直接插入堆芯，将所有停堆元件设置在反射层中的解决方案要好得多。对于大功率的模块式 HTR，若这样设置的话，需要使用环形堆芯并在堆芯的中心布置中心石墨柱。控制棒设置在反射层结构中，就可以避免在移动控制棒时与燃料元件发生机械相互作用。

采用燃料元件的装卸系统进行燃料元件的装卸及再循环的功能非常好，这已在 AVR 中得到了验证。对卸球装置进行了必要的改进，并取得了良好的效果。

THTR 在实际运行中反映出来的一个重要特征是，所有的安全要求均来源于 LWR 申请许可证的程序，并在 THTR 建造期间得以应用。但是，一些附加要求造成了施工周期的延长。由 THTR 的运行状况可以看出，中等功率水平的球床高温气冷堆可以具有与 AVR 相似的鲁棒动态特性。

1989 年，在对 THTR 其中的一个热气导管进行检查时，运行人员在 6 个热气导管检测到固定在热气导管绝热板盖板上的一些金属螺栓出现了损坏(2600 个螺栓中的 35 个螺栓)。安全监管当局就这一问题进行了讨论，得出的结论是这种损坏将不会给进一步的运行带来任何困难，尤其是并不要求保证在所有情况下都能将反应堆衰变热全部载出。

在 THTR 的建造过程中，由于 LWR 领域的新要求(地震假设、飞机撞击、与衰变热载出相关的新法规)，许多安全要求发生了变化。但是，无论怎样，采用预应力混凝土压力壳的设计概念总能够满足这些附加要求。

尽管 THTR 存在的一些问题是由于采用了新技术和原型特性，但实际上，它对 HTR 技术同样做出了很大的贡献，并取得了一些令人信服的结果。

- 电厂所有的设计参数都得以实现，表明这类电厂已具备商用条件。
- 尽管在开始时有些工作需要在燃料装载机上进行操作，个人所承受的辐射剂量比其他反应堆要低。
- 所有反应堆的新设备都按计划实现了相应的功能，特别是燃料元件装卸的操作、燃料元件再循环装置的运行都非常好，正如在 AVR 的运行中已被证明的那样。对卸球装置进行了必要的改进，取得了良好的效果。
- 在运行的前两年，达到了 61%和 52%的时间可利用率，在电厂固有的原型特性及前面提到的各种困难下，这已是一个很高的水平了。
- 许可证机构允许反应堆在没有能动冷却的情况下停留 3～5h，在此期间不会发生燃料或设备的损坏。总体来说，上述分析表明，发生完全失去冷却事故后可以留有很长的宽裕时间进行干预。
- 假设在很长的一段时间内系统完全失去了衰变热的能动载出，那么在堆芯的一个小区域内最高燃料温度将保持在 2500℃以下，在这种条件下，不会发生堆熔，如图 13.30 所示。

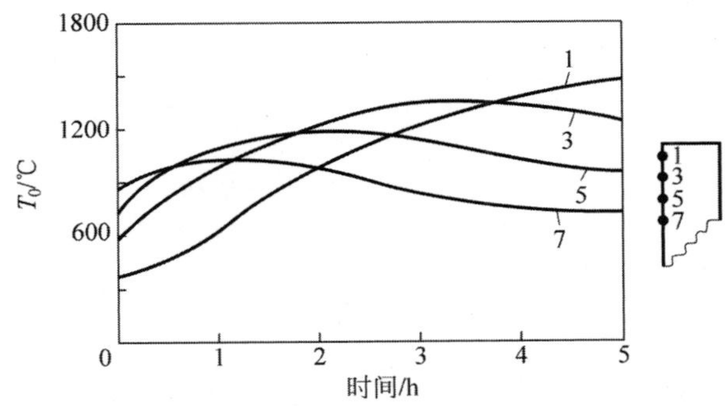

图 13.30　THTR 300 堆芯温度随时间的变化(失压和完全失去衰变热的能动载出)

除了前面提到的这些性能以外，还有一些更进一步的运行结果对于 THTR 300 的合理评估也是很重要的。

- 该电厂运行性能良好，动态稳定。
- 预应力混凝土壳内的主要一回路设备、蒸汽发生器、氦风机、停堆装置和燃料装卸系统都按计划运行得很好。
- 电厂重要的安全特性已被证明，例如，反应性行为及在衰变热载出方面的表现。
- 燃料性能良好，氦气回路污染较低，对环境的释放率也较低。
- 乏燃料元件的中间贮存非常安全且操作起来相对简单。

今后，相关的 HTR 项目必须要从 THTR 系统中吸取如下一些教训或者需要改进之处。

- 不应将控制棒插入堆芯，所有的控制和停堆操作均应使用插入侧反射层或者在采用环形堆芯的情况下插入中心石墨柱的控制棒来进行。
- 所有设备都应在之前进行过实验(如热气导管)，并可以接近这些设备进行检修。

- 在极端事故下，最高燃料温度应保持在1600℃以下，以便有效地对裂变产物加以阻留。除了能动的衰变热载出系统之外，还必须设计后续的应用自发衰变热载出的概念。
- 应优先选用TRISO包覆颗粒。
- 未来的HTR应设置一个密封型的安全壳或者一个密封的内混凝土舱室，同时设置有效的过滤器和外部坚固的反应堆构筑物。
- 电厂应被设计成具备抵御非常强烈的外部事件造成的强烈影响的能力，甚至能够承受极端事件造成的影响，这是未来HTR可能需要的一种能力。
- 总体许可证应在建造开始时就可以颁发，这是限制投资成本的必要条件。

13.2.7 圣·弗伦堡反应堆

在美国HTR的发展进程中，桃花谷反应堆之后就是圣·弗伦堡反应堆，其热功率为842MW，电功率为340MW，是作为原型堆建造的。如图13.31所示，该反应堆是将堆芯、蒸汽发生器和氦风机一起集成在大型预应力混凝土反应堆壳中。在反应堆压力壳的底部装有12台蒸汽发生器和4台氦风机。氦气在反应堆中被加热，温度从340℃升至770℃。根据流程图，产生了主蒸汽(540℃/19MPa)和再热蒸汽(540℃/4.5MPa)，电厂的净效率可达39%以上。

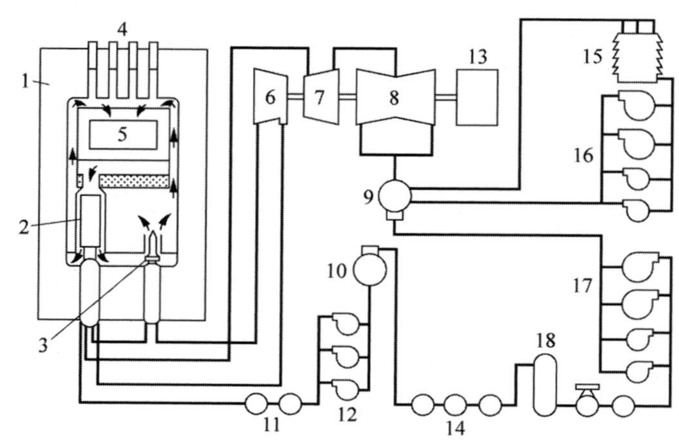

图13.31 圣·弗伦堡反应堆

1—预应力混凝土压力壳；2—蒸汽发生器；3—氦风机；4—燃料元件装载贯穿件；5—堆芯；6—高压汽轮机；7—中压汽轮机；8—低压汽轮机；9—冷凝器；10—除氧加热器；11—给水加热器；12—给水泵；13—发电机；14—给水加热器；15—冷却塔；16—循环水泵；17—凝结水泵；18—除盐器

堆芯中的冷却剂通过燃料元件中的通道从顶部流向底部。蒸汽发生器和氦风机形成一个双回路系统，其中，每个回路包含6个蒸汽发生器和两个氦风机。两个回路的氦风机将氦气排放到堆芯支撑底板下面的公共通道内，氦气通过蒸汽驱动的氦风机返回到堆芯的入口。这些轴承采用特殊的轴承系统和气体缓冲系统，以防止轴承润滑油泄漏到一回路中。氦风机单元垂直安装在穿过混凝土反应堆压力壳底部的贯穿孔内。

圣·弗伦堡反应堆的一个关键特点是采用预应力混凝土反应堆压力壳(PCRV)。它集成了一回路系统的所有设备，如图13.32所示。PCRV也对反应堆和氦回路进行了屏蔽。PCRV包含一个绝缘层、一个钢衬里，并且因为壳壁内的裂纹绝对不会扩展，所以，PCRV可以说是防爆的。在对圣·弗伦堡反应堆进行设计时，厚壁PCRV包括了第2道边界，被认为就像THTR和AGR电厂中附加的反应堆安全壳或者包容体那样，是不必要的。对于圣·弗伦堡反应堆，采用厚壁PCRV主要是为了实现对外部撞击的防御。

给水、主蒸汽和再热器的贯穿孔布置在PCRV的底部。顶部有许多用于控制棒和停堆棒的贯穿孔，并设置了装载机械所需的空间。在壳体的圆柱形壁上没有贯穿孔，这样设计是为了允许用相对简单的概念来布置径向的拉伸钢索。

该构筑物与在几个大型先进气冷堆电厂中已实现的构筑物类似。PCRV的特殊设计可以做到对外部强烈冲击的预防。图13.33所示为汽轮机厂房在反应堆中的布置情况。可以看出，反应堆和汽轮机的这种相对布置是很合理的，可以起到预防汽轮机爆破的作用。另外，乏燃料元件的贮存被设置在PCRV附近。

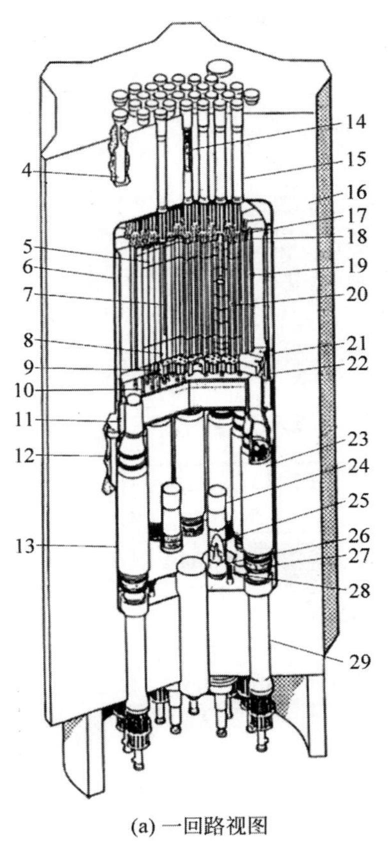

(a) 一回路视图

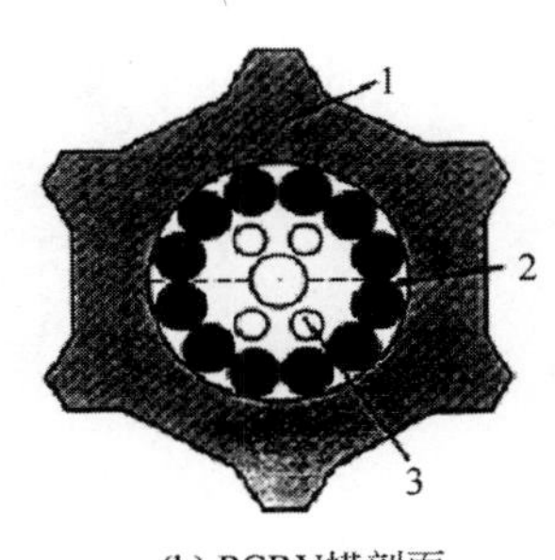

(b) PCRV横剖面

图 13.32　圣·弗伦堡反应堆 PCRV 和一回路设备视图

1—预应力混凝土反应堆压力壳(PCRV)；2—蒸汽发生器位置；3—风机位置；4—氦净化系统；5—顶部反射层；6—热屏；7—控制棒；8—底部反射层；9—堆芯支撑块；10—堆芯支撑柱；11—支撑底板；12—堆芯支撑底板柱；13—PCRV 内衬；14—控制棒驱动机构；15—顶封头贯穿；16—PCRV；17—节流阀；18—顶部关键反射层元件；19—侧反射层；20—堆芯；21—堆芯筒键；22—堆芯筒；23—蒸汽发生器组件(12 个)；24—风机扩散段(4 个)；25—氦气阀；26—风机(4 台)；27—下底板；28—柔性柱；29—底部封头贯穿件

圣·弗伦堡反应堆的堆芯(图 13.34)由六角形石墨燃料元件组成，上下堆叠成垂直棱柱，如图 13.34 所示，并被布置在 PCRV 舱室的上部。石墨反射层围绕堆芯活性区，石墨反射层的外层是一个含硼的侧反射层和一个钢制堆芯筒。六边形燃料元件被分成 37 个燃料区域，并且作为燃料更换的单元。燃料元件的典型尺寸为 36cm，高度为 80cm。每年大约有 1/6 的活性区需要进行燃料更换，是通过 PCRV 顶部的贯穿孔实现的，贯穿孔设置在每个燃料更换区域的中心位置。燃料更换是在停堆和一回路降压的状态下进行的。

对反应堆的控制是由 74 个控制棒完成的，这些控制棒在石墨燃料元件的孔内垂直移动。吸收体材料为金属管中的碳化硼。预期设计一个备用的停堆系统，由碳化硼球组成，并且可以通过重力从储存罐落入堆芯。燃料元件按批次进行装卸更换，需要有剩余反应性对燃耗加以补偿，通过硼的吸收和插入控制棒来对剩余反应性加以调节。燃料元件包含制造成包覆颗粒的核燃料。易裂变材料的颗粒采用 UC_2/ThC_2 混合物作为重金属，外部有 3 个包覆层(热解碳/碳化硅/热解碳)，核芯的直径相对较小(100～300μm)。可裂变材料的颗粒(ThC_2)也采用 TRISO 包覆方式，具有较大的直径(最大直径为 600μm)。这两种类型的颗粒都有由多孔碳制成的附加内层，用于储存裂变产物，并作为颗粒内气体的缓冲层，这对于在运行和事故期间阻留裂变产物和保持颗粒的完整性非常重要。颗粒嵌入石墨柱，而石墨柱被插入石墨元件的孔道。冷却剂通道围绕燃料通道，从而使堆芯内具有良好的热传导效应，如图 13.35 所示。

一些燃料元件包含用于控制棒的孔道，每个燃料元件都具有燃料装卸抓取孔。燃料装卸是通过一种特殊的机器来完成的，每年在反应堆停堆期间，从堆芯中取出乏燃料元件，再装入新的燃料元件。在运行期间，因为设置了氦风机及其驱动装置，并且由于块状燃料元件柱从堆芯中取出时存在机械稳定性的一些困难，使燃料元件的取出有一定的难度，通过采取特殊的连接措施，这一问题得以解决。包覆颗粒的性能很优异，因此，氦回路非常干净，工作人员承受的辐射剂量非常小，如图 13.36 所示。

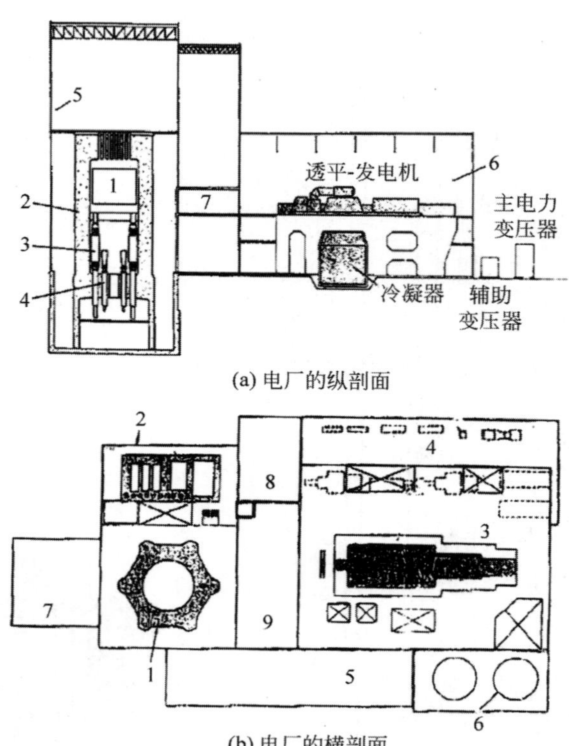

(a) 电厂的纵剖面

(b) 电厂的横剖面

图 13.33　圣·弗伦堡反应堆一回路系统的布置

（a）1—堆芯；2—PCRV；3—蒸汽发生器；4—氦风机；5—反应堆舱室；6—汽轮机舱室；7—控制室；
（b）1—PCRV；2—燃料贮存构筑物和辅助系统；3—汽轮机-发电机；4—汽轮机构筑物；5—服务和办公区域；6—冷凝水储罐；7—氦储存；8—控制室；9—辅助海湾区域

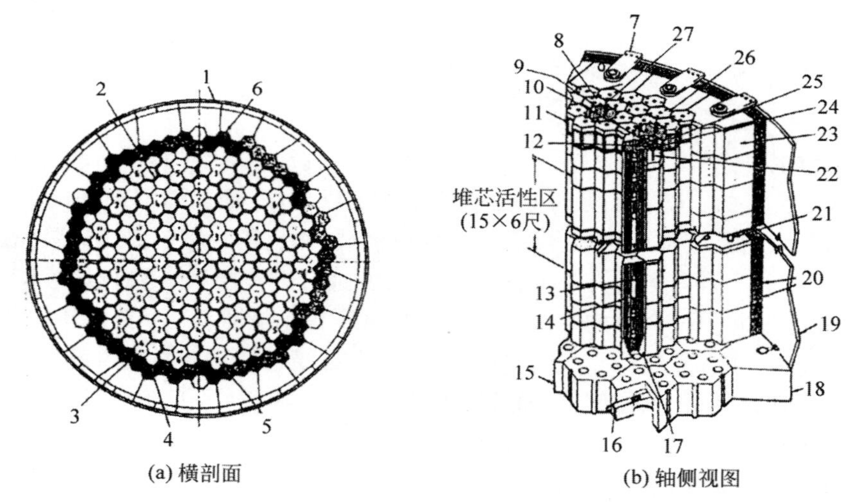

(a) 横剖面　　(b) 轴侧视图

图 13.34　圣·弗伦堡反应堆堆芯

1—钢堆芯筒；2—燃料区边界；3—燃料区分区；4—堆芯活性区边界；5—区域内燃料相对运行年限(年)；6—可更换侧反射层；7—侧反射层连接键；8—带键填充元件；9—孔板阀开口；10—孔板阀定位孔；11—典型外区凸垫；12—备用停堆通道；13—典型的元件装卸通道；14—典型的元件定位销；15—带键的堆芯支撑块；16—出口冷却剂热电偶；17—典型柱定位销；18—带键的堆芯外部支撑块；19—堆芯筒；20—反射层间隔件；21—典型的侧反射层键销；22—带键的控制棒元件；23—侧反射层块；24—控制棒通道；25—内部区域键；26—侧反射层六角形单元；27—典型的键和键槽

圣·弗伦堡反应堆一回路系统的布置和设备都是原型的，它为大型 HTR 电厂的技术实施提供了很多经验，现在，有些技术，特别是针对燃料和堆内构件的一些技术设计思想，成为美国模块式 HTR 计划的基础，特别是对于 GAC-600 电厂（MHTGR 600）的规划，非常具有参考价值。

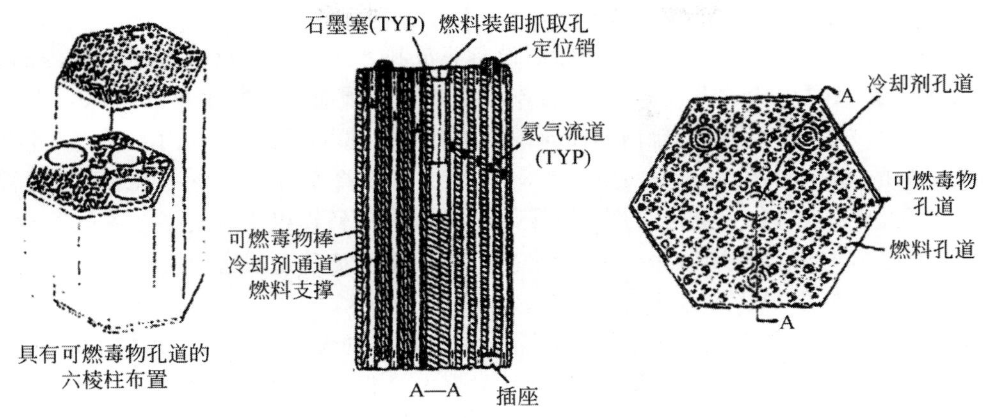

图 13.35 圣·弗伦堡反应堆燃料元件

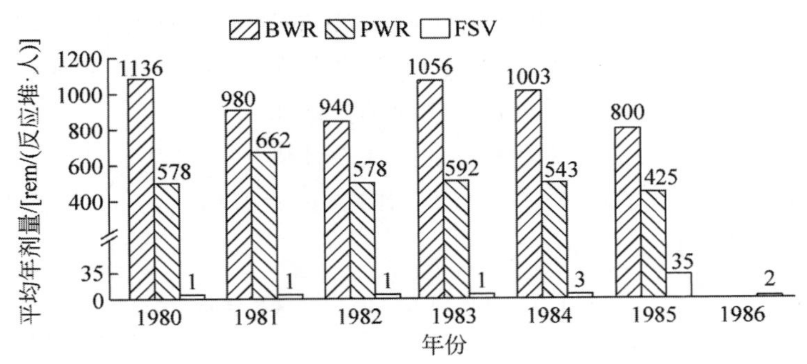

图 13.36 BWR,PWR 和圣·弗伦堡反应堆(FSV)平均个人辐射剂量(rem)

13.3 已有规划的 HTR 电厂

13.3.1 概况

在 HTR 发展的第 3 阶段,即已制定了各种反应堆概念：在设备和相关氦技术方面,有些设计概念已经非常详细。这些设计概念都是与公用事业部门和设备制造商一起合作开发的,并且公用事业和安全部门还提供了一些建议。因此,这一阶段得到的许多经验和结论对今后的发展有很大的帮助。表 13.8 给出了描述这些重要概念化项目的主要信息,其中列出的核电厂一部分使用朗肯或布雷顿循环方式,还有一部分用于热电联产,另有一部分被开发成具有 950℃氦气出口温度的非常高温概念的电厂(PNP 原型堆)。

表 13.8 已有规划的一些 HTR 概念的概况

电厂	热功率/MW	燃料元件	国家	电厂的类型和目的	计划时间	状况
PR 500	500	球形	德国	蒸汽发生器+蒸汽循环(工艺蒸汽抽取)	1968—1973 年	2
HHT	1200	球形	德国	气体透平循环	1970—1980 年	1
HTR-500	1200	球形	德国	蒸汽发生器+蒸汽循环	1980—1988 年	1
PNP 原型堆	500	球形	德国	蒸汽重整+中间热交换器	1975—1985 年	1
GAC-1160	3000	柱状	美国	蒸汽发生器+蒸汽循环	1970—1975 年	1
GAC-350	350	柱状	美国	蒸汽发生器+蒸汽循环	1983—1988 年	2

注：1—基础工程；2—概念设计。

这一阶段规划的工作针对的是与以往有很大区别的一些应用。

- 利用背压和抽汽汽轮机的蒸汽循环进行热电联产。
- 应用蒸汽循环或气体透平循环的发电。
- 利用中间换热器和蒸汽重整器产生核工艺热,用于轻质碳氢化合物或者天然气的转化。在这一项目中，已开发了煤的蒸汽气化和甲烷化工艺。

这些项目中的大部分都采用了将所有一回路的设备集成在一个预应力反应堆压力壳内的方式，还有一部分偏向于采用套装蒸汽发生器的设计概念，即将该设备布置在预应力混凝土反应堆压力壳的圆柱形厚壁壳内。由于这些壳体是采用高度冗余的轴向和径向钢索来施加预应力，因此，厚壁内的裂缝不会扩展。这些壳体被认为具有防爆裂的安全特性。如果一回路发生失压，压力瞬变将变得非常小。如果预应力混凝土反应堆压力壳有很大的开孔，必须要进行大量的实验，包括已经在由铸铁或铸钢组成的预应力壳上进行的大型实验。

若需要对阻留裂变产物附加屏障，那么总是期望采用密封的安全壳。这确实是很有必要的，因为在堆芯升温事故下，估计的裂变产物释放速率相对较高。

在任何情况下，也可将自发衰变热载出的概念引入大型电厂的设计，但是，由于较大的堆芯尺寸和相对较高的功率密度，在发生非常极端事故的情况下，燃料的温度会很高。此外，这些反应堆概念下的堆芯的直径都很大，预期的设计是需要将吸收棒插入球床。为了避免在完全失去能动冷却的极端事故情况下出现非常高的燃料温度，需要对堆芯设计加以改进，以排除吸收棒插入堆芯的困难。

在堆芯的中心引入石墨柱会产生两个决定性的优势：①在完全失去能动冷却的极端事故情况下，最高燃料温度可以保持在1600℃以下，就像小型模块式HTR预期的那样；②由于所有的吸收元件都布置在侧向反射层和中心反射层中，因此完全可以避免将控制棒插入球床。

表13.9给出了在第3阶段计划的反应堆系统的一些设计概念。由表13.9可以看出，在不同项目中，设计上的特点实际上是非常类似的。完成这一阶段的工作之后，专家们认为大型HTR发电厂的运行可以付诸实践了，并期望在技术安全性上更具优势。

表13.9 已计划电厂的一些重要特点

项　目	PR 500	HHT 电厂	HTR 500	HTGR 1160	PNP 原型堆
电厂目的	热电联供	发电原型	发电和热电联供的商用电厂	发电的商用电厂	核工艺热的原型（中间热交换器和蒸汽重整器）
一回路系统布置	环绕PCRV的3个回路	全部设备集成在PCRV内	全部设备集成在PCRV内	全部设备集成在PCRV内	全部设备集成在PCRV内
反应堆压力壳类型	预应力混凝土	预应力混凝土	预应力混凝土	预应力混凝土	预应力混凝土
堆芯和蒸汽发生器的布置	堆芯和蒸汽发生器肩并肩	设备布置在PCRV壳壁内	设备布置在环绕PCRV的环形圈内	设备布置在PCRV壳壁内	设备布置在PCRV壳壁内
冷却回路数	3	1(+辅助回路)	6(+辅助回路)	6(+辅助回路)	2(+辅助回路)
控制元件	反射层控制棒+堆芯控制棒	反射层控制棒+堆芯控制棒	反射层控制棒+堆芯控制棒	反射层控制棒+堆芯控制棒	反射层控制棒+堆芯控制棒
衰变热载出	3个回路+内衬冷却	1个回路+4个辅助回路+内衬冷却	6个回路+两个辅助回路+内衬冷却	4个回路+两个辅助回路+内衬冷却	2个回路+两个辅助回路+内衬冷却
极端事故最高燃料温度/℃	<2300	<2800	<2500	<2800	<2400
反应堆构筑物	安全壳	安全壳	安全壳	安全壳	安全壳

表13.10汇总了一些相关技术参数。可以看出，设计参数彼此之间没有太大的差异。只有氦出口温度根据应用有显著的不同。所有项目均采用TRISO燃料方式，这是目前也应是未来所有新项目的首选方案。

表13.10 已计划HTR电厂的一些相关技术参数

参　数	PR 500	HHT 电厂	HTR 500	HTGR 1160	PNP 原型堆
热功率/MW	500	1250	1250	2980	500
效率/%	40	40.5	40	38.6	—
氦入口温度/℃	250	450	250	315	250
氦出口温度/℃	850	850	730	741	950
氦气压力/MPa	4.0	6.0	6.0	5.1	4.0
氦质量流量/(kg/s)	160	601	521	1411	137.5

续表

参　　数	PR 500	HHT 电厂	HTR 500	HTGR 1160	PNP 原型堆
功率转换	蒸汽循环＋热电联供	布雷顿循环	蒸汽循环(无再热)	蒸汽循环(无再热)	中间换热器＋蒸汽重整器＋蒸汽发生器
蒸汽温度/℃	530	—	530	530	530
蒸汽压力/MPa	18.0	—	18.0	18.0	18.0
平均堆芯功率密度/(MW/m^3)	5	6	5	8	5
燃料类型	UO_2，TRISO	UO_2，TRISO	UO_2，TRISO	UO_2，ThC，BISO，TRISO	UO_2，TRISO
燃料装卸	OTTO	MEDUL	OTTO	间断	OTTO
燃耗/(MWd/t)	100 000	100 000	100 000	100 000	100 000
运行中最高燃料温度/℃	<1100	<1200	<1100	<1400	<1200

当时，这些项目未能得以实施主要是由于以下几个原因：目前已投入商业应用的大型轻水堆在电力市场上的竞争过于激烈；关于安全的优势未引起足够的重视；早期不具备引入核工艺热应用的市场条件。

13.3.2　PR 500

在1967—1974年，PR 500已经按热功率为500MW的热电联产式反应堆(图13.37)进行了设计和分析。该反应堆被认为也能够提供高温工艺热。因此，当时主要计划将PR 500用于产生工业应用的、温度为265℃的工业蒸汽。

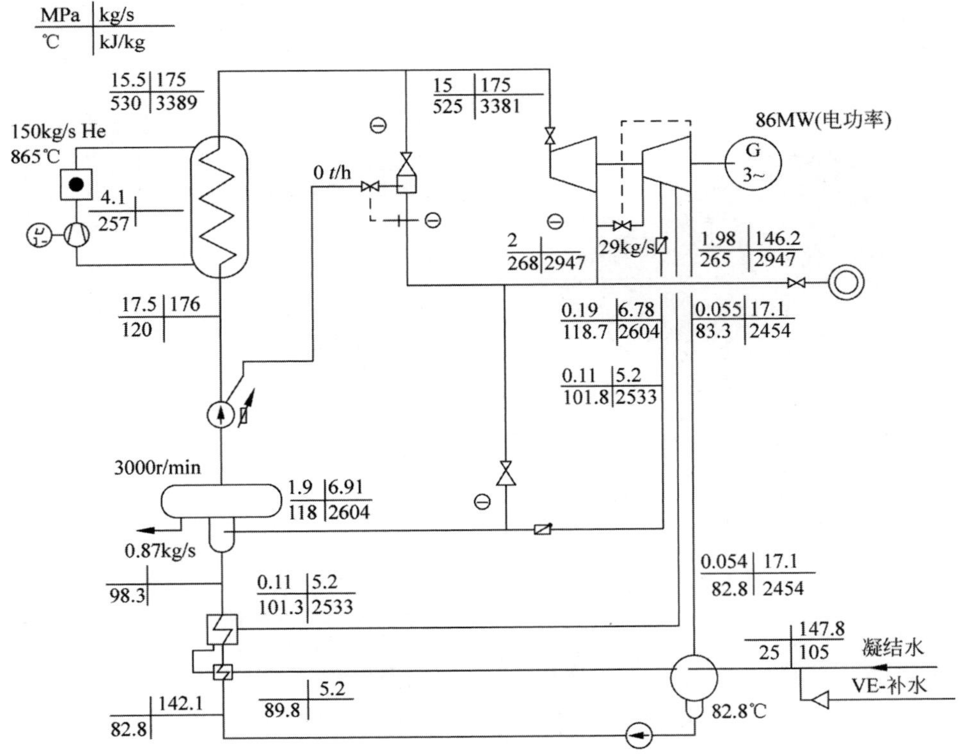

图13.37　PR 500用于热电联供的流程

PR 500球床堆芯设计使用一次通过堆芯的燃料元件装卸方式，并选择堆芯的平均功率密度为$5MW/m^3$。氦气的温度从250℃升至850℃。堆芯布置在预应力混凝土反应堆压力壳内，用于产生蒸汽的3个回路通过同心导管系统与反应堆相连(图13.38)。堆芯具有用于第二停堆系统的停堆棒，第一停堆系统的棒布置在侧反射层中。堆芯棒被设计成直接插入球床内。然而，在采用多次通过堆芯循环的情况下插入的深度会比较小，因为在一次通过堆芯的情况下轴向功率分布有很强的不对称性。

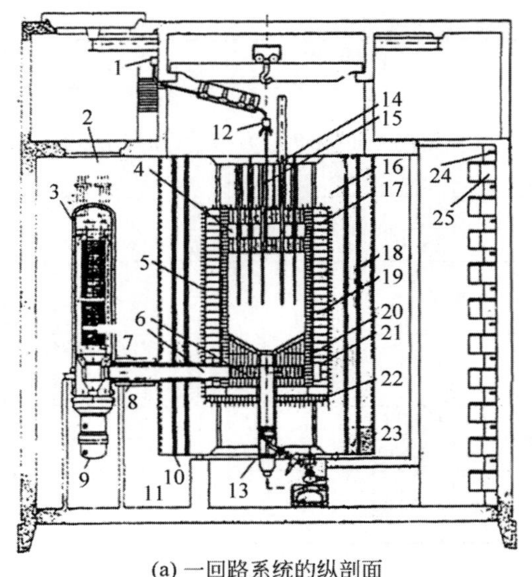

(a) 一回路系统的纵剖面

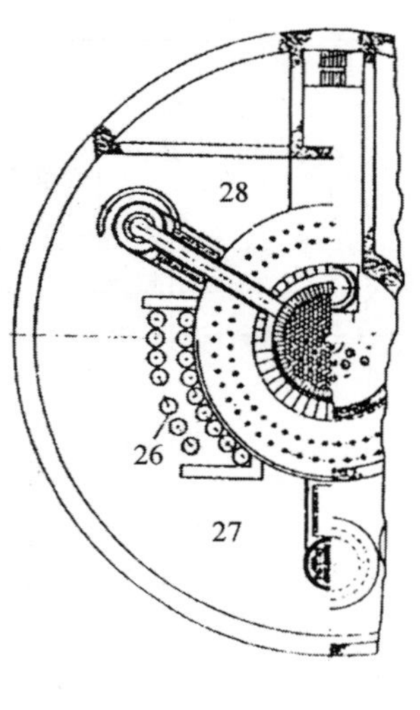

(b) 一回路系统的横剖面

图 13.38 PR 500 一回路系统的设计概念

1—入口罐；2—安全壳；3—蒸汽发生器；4—冷却腔；5—内衬冷却；6—热气腔；7—防爆；8—热补偿；9—风机；10—预应力钢索；11—环形壳壁；12—燃料分配；13—燃料元件卸出；14 —吸收棒；15—人孔；16—预应力壳；17—碳砖；18—混凝土锚杆；19—石墨反射层孔道；20—箔衬；21—冷气腔室；22—石墨基底；23—缠绕钢索；24—燃料元件通道；25—楼梯；26—氦气瓶；27—预应力混凝土压力壳；28—电缆管道

在蒸汽发生器中，氦气从下向上流动，给水从蒸汽发生器压力壳顶部的部件进入。因此，蒸发段布置在蒸汽发生器的底部，并且一回路边界的所有金属部件均可通过氦气被冷却。对于同心氦气导管，也设计成能够防爆。蒸汽发生器压力壳具有可移动的支撑件，以补偿连接导管在热态和冷态下尺寸的变化。此外，还设置有防冲击的阻尼器以承受地震时的附加荷载。图 13.39 给出了燃料元件和堆芯布局的一些说明。功率

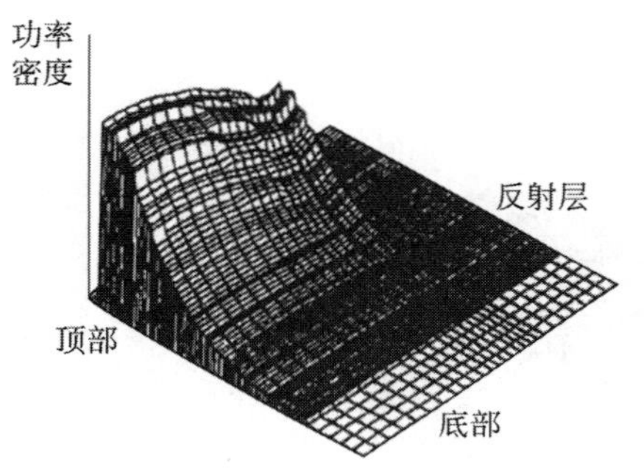

(a) 堆芯功率密度的空间分布

参数	数值
单球平均功率密度/(kW/FE)	0.9
燃料元件最大功率/(kW/FE)	3.2
平均冷却剂出口温度/℃	865
最高表面温度/℃	970
最高燃料温度/℃	1000
快中子注量/(n/cm^2)	2.65×10^{21}
平均燃耗/(MWd/t)	80 000

(b) 采用一次通过堆芯循环的燃料元件的参数

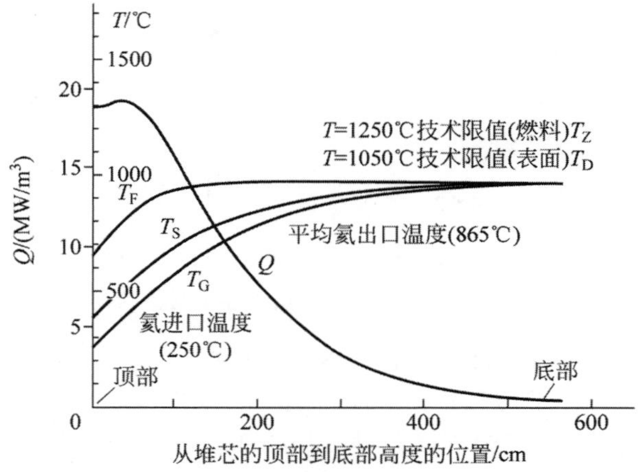

(c) 堆芯中心通道功率密度和温度沿轴向的分布

图 13.39 采用一次通过堆芯循环的 PR 500 的堆芯布置

密度在轴向具有很强的不对称分布,因此堆芯出口处的温度偏差很小。即使是在为 PR 500 设计的 865℃的平均出口温度(中心通道中最高的气体温度大约为 950℃)下,最高燃料温度仍保持在 1000℃左右,没有超过具有包覆颗粒燃料的球形燃料元件的技术限制。

反应堆安全壳被设计成布置在地下,如图 13.40 所示,并被砾石、混凝土和其他适合的材料堆积的山坡覆盖,这样就可以预防飞机撞击、气体爆炸和恐怖袭击造成的严重影响。安全壳内设计成以氮气作为填充气体,以预防石墨的燃烧。空气进入事故几乎是无关紧要的,因为反应堆压力壳的概念和安全壳内填充了惰性气体。反应堆压力壳可能只会发生很小的开口和相对较小的失压速率。

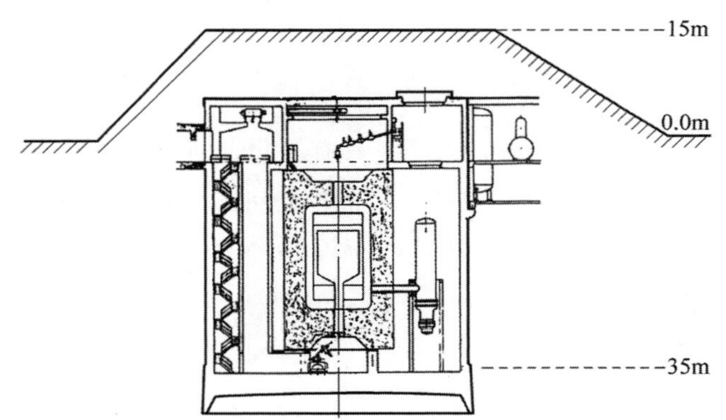

图 13.40 PR 500 反应堆的安全壳埋在地下的布置

原则上,少量的水可以进入一回路系统,但对较大量的水,将通过一个设计合理的蒸汽发生器和混合冷却器通过必要的处理来加以限制。相应于今天的反应堆安全理念,将蒸汽发生器设置在堆芯之下,这样在极端事故下,可以限制进入堆芯的水量尽可能地少。此外,可以预期借助一个降压系统将水从堆芯去除。

设计了 3 个蒸汽发生器回路用于衰变热载出,如果这些装置失效,则冗余的反应堆压力壳内衬冷却系统将对系统进行冷却。计算表明,在完全失去冷却剂和能动堆芯冷却的情况下,最高燃料温度将保持在低于 2200℃的水平,如图 13.41 所示。由这些计算得到的启示是:对于模块式 HTR,自发的衰变热载出是 HTR-Module 模块(热功率为 200MW)今后的一个发展方向。

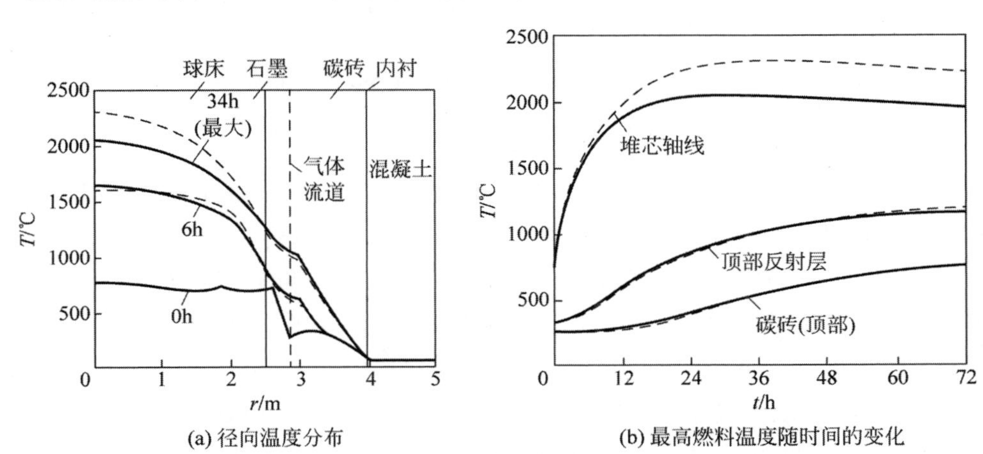

图 13.41 能动堆芯冷却完全失效事故下的最高燃料温度

--- 无内衬冷却;——有内衬冷却

事故期间,PR 500 的最高温度仍然过高,这是因为堆芯的直径很大(5m),而且堆芯平均功率密度也过高($5MW/m^3$)。然而,即便是在反应堆发生极端事故时,也能实现对反应堆表面的有效传热。

图 13.42 给出了在完全失去能动衰变热载出及内衬管冷却这种非常极端事故的情况下,对 PCRV 破坏问题的计算结果。后来在混凝土块上进行的实验结果表明,在事故发生的几天后,对很热的内衬管重新注入水是可行的。

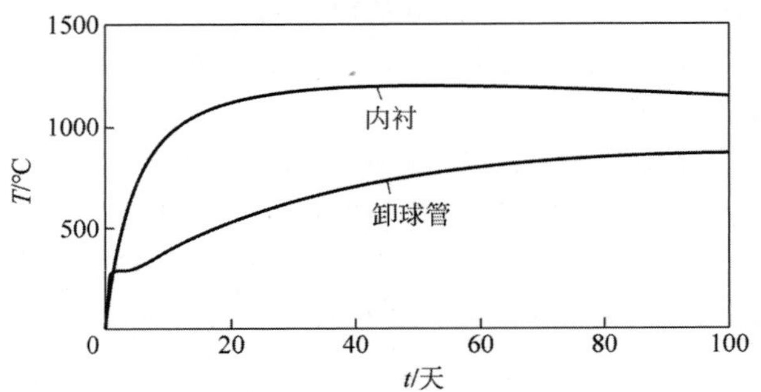

图 13.42 内衬和卸球管的最高温度(无内衬冷却)

从目前已知的材料可知,PR 500 已被设计成一座具有简化燃料管理的热电联产电厂。在当时 HTR 发展的经济条件下对 PR 500 的分析表明,其产生的工艺蒸汽和电力比燃油或燃煤电厂(欧洲条件下)要便宜。可以预期的是,用 PR 500 产生工艺蒸汽并提供电力所需的技术支持是完全可以得到保证的。

13.3.3 HHT 参考反应堆

在气冷反应堆发展的几十年中,将布雷顿循环应用于氦气透平是一个很具吸引力的气体循环方案。许多电厂提供的效率计算结果表明,气体透平入口温度要高于 800℃,另外,气体透平循环要比朗肯循环更优越,如图 13.43 所示。

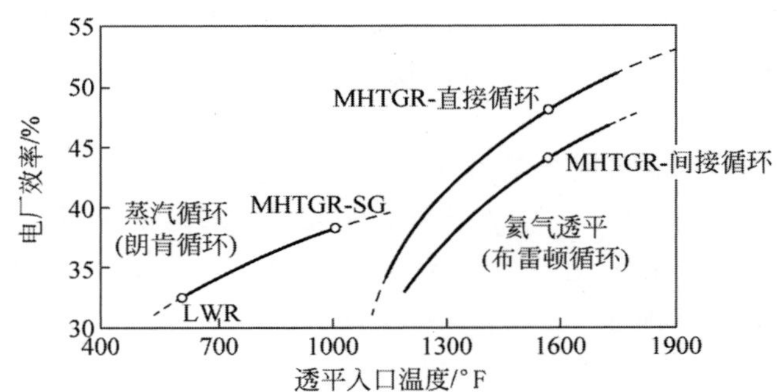

图 13.43 蒸汽循环和气体透平循环效率的比较

W. Simon,GAC 私人通信,℃=5/9℉-32℉

通用原子能公司(GAC)假定直接布雷顿循环的净效率为 48%。由图 13.43 还可以看出,一回路系统的设计,包括所有的阻力损失及透平机械的内部效率都会影响最终的净效率。

德国在 1968—1982 年实施的高温氦气透平项目(HHT)是与美国和瑞士通过国际合作方式进行的。这是一个范围很广的项目,目标是研发一种以布雷顿循环和 HTR 作为热源的商用发电厂。在该项目实施期间,已经完成了许多不同的流程,对各种热功率的电厂,以及球床堆芯和柱状燃料元件堆芯的使用进行了研究,如图 13.44 所示。该电厂的热功率为 1640MW,净效率为 40.5%。一回路系统布置在大型反应堆压力壳中。透平机械是一个单轴机械,水平布置在预应力反应堆压力壳舱室内反应堆堆芯的下部。设计的最高氦气温度为 850℃,最高氦气压力为 6MPa。

图 13.45(a)给出了预应力混凝土反应堆压力壳内一回路系统的垂直布置情况,相应地,图 13.45(b)给出了水平布置情况。

各种热交换器,如回热器、预冷器、间冷器均应布置在预应力反应堆压力壳圆柱壳的舱室内。热氦气的连接管道依照同心导管的方案来设计。所有氦回路的一回路设备均要求可以进行检查、维修,或者可更换。这说明,热交换器整体集成的复杂度相当高,会给检查、维护和维修带来一定的困难。

包含热交换器的大开口应该在反应堆压力壳的顶部用一个承压的盖板密封。另外,用于衰变热载出的

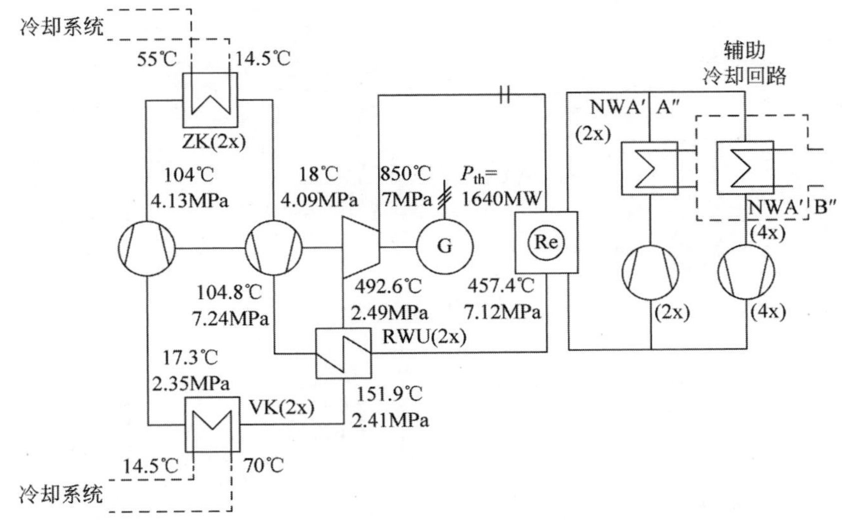

图 13.44 HHT 示范电厂的流程

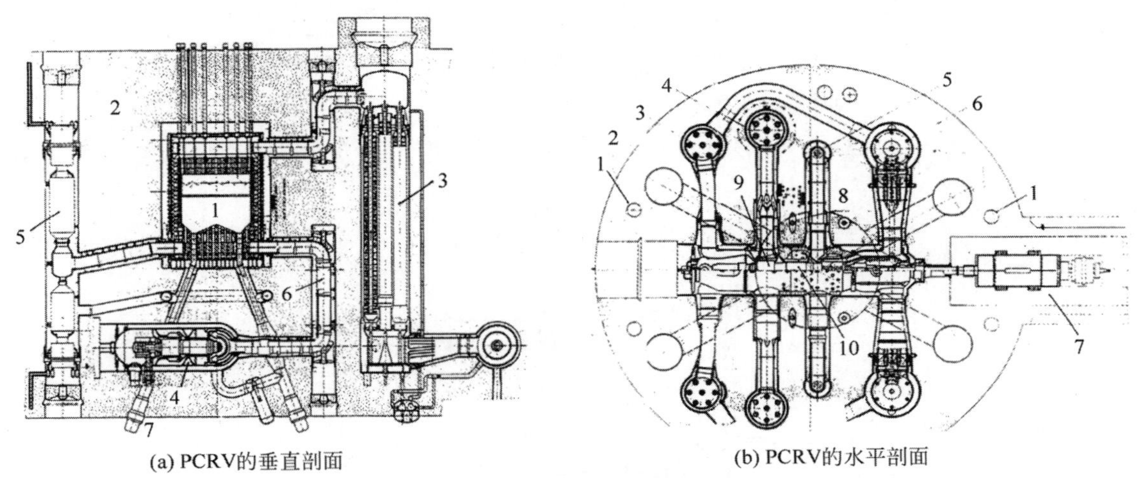

图 13.45 HHT 示范电厂 PCRV 内一回路系统的垂直与水平视图

(a) 1—堆芯；2—预应力反应堆压力壳；3—回热器；4—汽轮机；5—冷却器，夹层内辅助冷却回路；6—同心热气导管；7—接近设备的开口；(b) 1—监测开口；2—衰变热载出系统；3—预冷器；4—间冷器；5—高压走廊；6—回热器；7—发电机；8—球形元件卸球管；9—低压压缩机；10—高压压缩机

4 个辅助冷却系统也应布置在反应堆压力壳的圆柱壁内，并根据失压事故发生之后混合的安全壳压力来设定尺寸。透平机械应布置在反应堆舱室下部的水平位置上。

计划中，透平机械包含在一个总长度为 22.9m、直径为 4.7m、轴承之间距离为 11.7m 的舱室内。透平的第一级叶轮计划由 TZM 合金和另外的 IN713 LC 合金组成。轴承采用油润滑，并采用各种形式的氦气密封系统。透平机械通过具有特殊密封系统的水平布置的旋转轴系统与发电机相连。图 13.46 所示为透平机械设备。

透平机械-发电机单元的轴上装有穿过反应堆压力壳的旋转贯穿，这一设计概念在大型实验装置中得到了充分的研发和验证。

PCRV 被设计成一个密封的安全壳，在失压事故后应能承受约 200kPa 的混合压力。如果发生事故后完全失去能动冷却，其最高燃料温度可能达到 2400℃，并且相当大量的裂变产物将释放到安全壳内，因此，设计成密封的安全壳很有必要。图 13.47 所示为安全壳与建筑物外发电机的布置。有必要对部件的这种定位进行特殊设计。然而，由于动力循环的所有部件都集成在 PCRV 中，因此不必像蒸汽循环那样建造隔离的机器构筑物。

氦气透平系统需要开发新型的、专门的热交换器，如重整器、预冷器和间冷器。图 13.48 给出了回热器

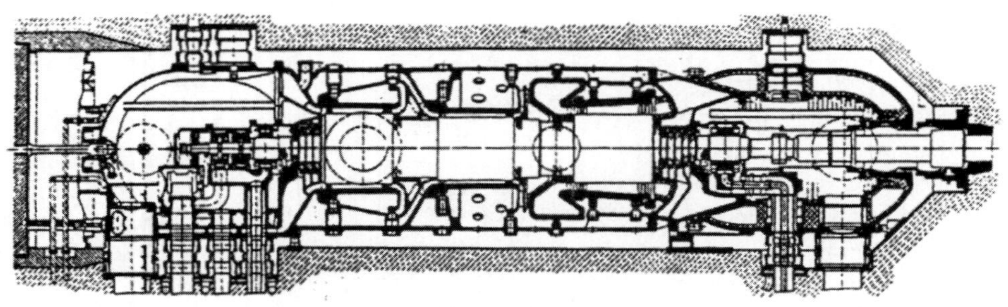

(a) 机械的垂直剖面

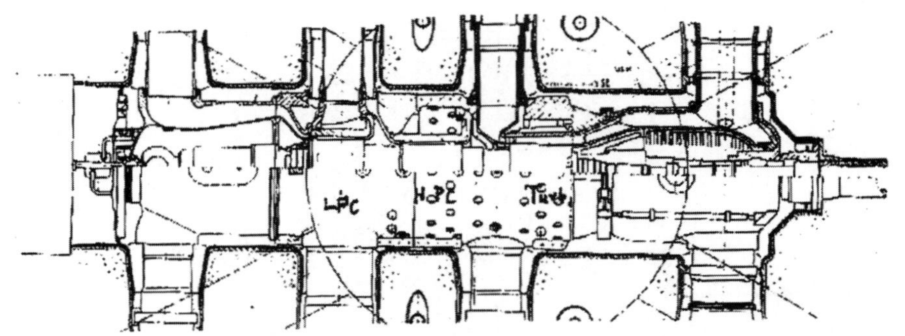

(b) 机械的水平剖面(LPC：低压压缩机；HPV：高压压缩机)

图 13.46　HHT 示范电厂的透平机械(透平和两个压缩机同轴)

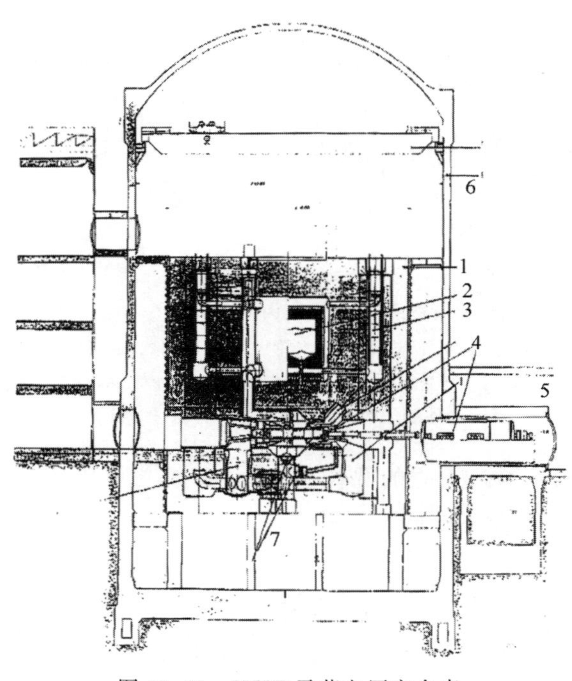

图 13.47　HHT 示范电厂安全壳

1—PCRV；2—堆芯；3—衰变热载出系统；4—透平机械和发动机；5—辅助建筑；6—安全壳；7—控制阀

的详细示例，它被设计成针对每一个部件都由几个组件组成的直管形式。间冷器和预冷器的概念遵循了类似的设计原则，只是管内是冷却水。

在 HHT 项目设计期间，对联合循环的可能性也进行了分析。如图 13.48(b)和(c)所示，联合循环是核技术未来发展的另一个令人感兴趣的设计方案。例如，在分析过程中提出了一种方案，即将进入透平的氦气的入口温度设定为 900℃，在没有中间换热器的条件下，效率为 46%。如果包括一个中间换热器，在同等温度条件下有可能达到大约 43%的效率。

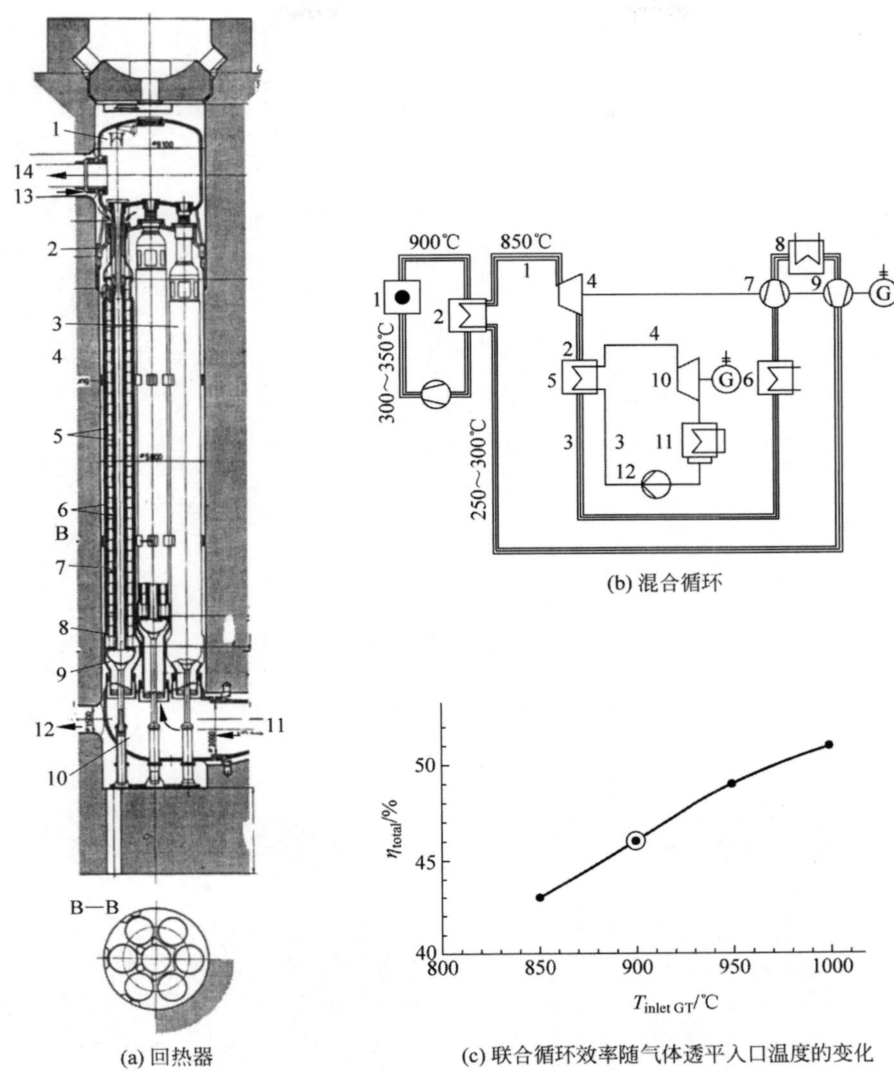

(a) 回热器

(b) 混合循环

(c) 联合循环效率随气体透平入口温度的变化

图 13.48 设备和联合循环 $\eta_i=0.89$；$\Delta P/P\approx0.1$；$\eta_{DT}\approx30\%$

(a) 1—高压取样室；2—支撑；3—热交换组件(氦/氦)；4—减震器；5—绝热；6—保持组件；7—隔离空间；8—组件外套；9—组件的取样；10—低压室；11—低压热气导管；12—低压冷气体；13—高压冷气体；14—高压热气体；(b) 1—核反应堆；2—氦/氦热交换器；3—氦风机；4—氦透平；5—蒸汽发生器；6—预冷器；7,9—压缩机；8—间冷器；10—汽轮机；11—冷凝器；12—给水泵

13.3.4 HTR 500 反应堆

HTR 500 项目是在 THTR 300 之后作为基荷电厂或者热电联产的后续项目进行设计的。图 13.49 所示为用于热电联供的 HTR 500 的运行流程图。根据用户的要求，可以提供 500℃左右的蒸汽。通常，蒸汽的引入应采用蒸汽热交换器，这样可以严格地将核与电厂的常规部分隔离开，并减少在所提供的蒸汽中产生氚污染的可能性。

根据对原型堆的设计要求，整个一回路系统应该布置在预应力混凝土反应堆压力壳的大舱室内。图 13.50 给出了这一设计概念。

堆芯的直径为 8m，总体平均高度为 5.5m，设置了 3 个卸球管用于获得足够高的通过堆芯的球流量。

该反应堆的堆芯应该装有 1.2×10^6 个球形元件，其中，50%应该是燃料球，另外 50%是不含燃料的石墨球。燃料循环采用 TRISO 包覆颗粒的低浓铀来实现，设计采用一次通过堆芯循环方式，这就意味着，这些元件仅通过堆芯一次即被卸出，并达到其完全燃耗。氦气将从 250℃加热升温到 730℃，设计的蒸汽参数为 530℃/18MPa。电厂设计成在没有内部再热的情况下实现运行。

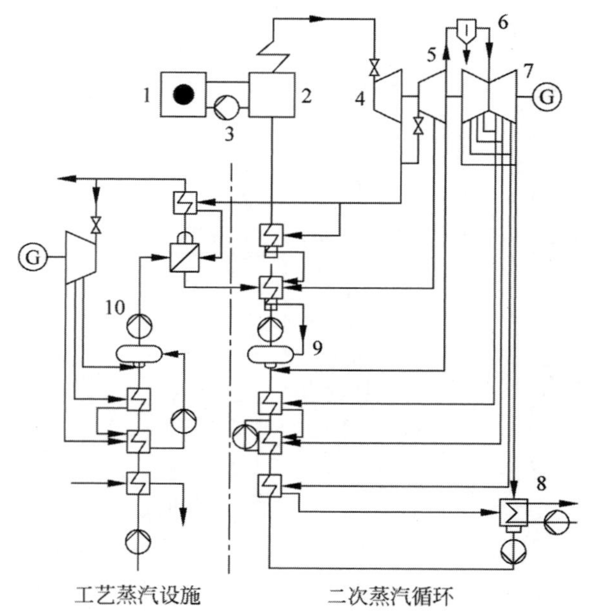

图 13.49 用于热电联供的 HTR 500 的运行流程

1—反应堆；2—蒸汽发生器；3—氦风机；4—高压汽轮机；5—中压汽轮机；6—水分离；7—低压汽轮机；8—冷凝器；9—预热段；10—热利用系统(热电联供)

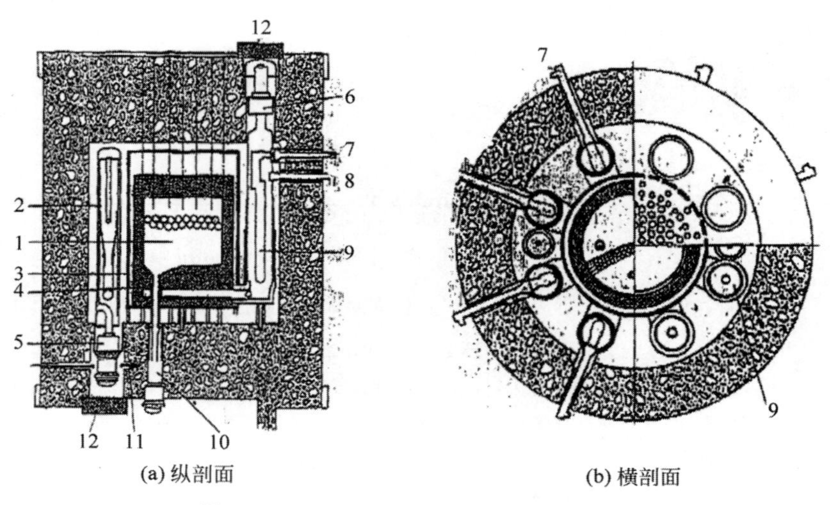

图 13.50 HTR 500 反应堆的一回路系统

1—堆芯；2—衰变热载出系统冷却器；3—热屏；4—石墨反射层；5—衰变热载出系统的氦风机；6—氦风机；7—主蒸汽取样器；8—给水取样器；9—蒸汽发生器；10—燃料卸出；11—预应力混凝土反应堆压力壳；12—贯通孔的封盖

在堆芯和反应堆压力壳之间的环形空间内设置了 6 台蒸汽发生器，每台蒸汽发生器在垂直方向通过贯穿的轴与相应的一台氦风机相连。同时，在设有氦风机或蒸汽发生器的位置用预应力封盖封闭。另外一个由两个回路组成的辅助衰变热载出系统也布置在环形空间中。

停堆装置包括侧反射层内的吸收棒，以及像 THTR 中那样直接插入球床堆芯的吸收棒。然而，如果必须运行第二停堆系统，则可以采用注入氨以减少摩擦和摩擦力的经验方式。图 13.51 给出了 HTR 500 堆芯设计上的一些细节。通过适当的热交换器布置，即使在氦风机不运行的情况下，仅通过自然对流也完全能够将衰变热载出。

在一回路完全失压的情况下，可以采用衰变热自发载出和内衬冷却传热的设计概念。但是，在这种情况下，很小一部分堆芯区域中燃料元件的最大温度已经达到 2500℃。就目前已实现的 TRISO 包覆颗粒技术而言，这个温度可能太高了。如果引入中心石墨柱，那么最高燃料温度有可能降到低于 1600℃。采取这一措施后，也可以避免将吸收棒插入球床，因为第一和第二停堆系统的所有棒都可以布置在侧反射层和中心石墨柱中。在这种情况下，堆芯的热功率将降低大约 15%。

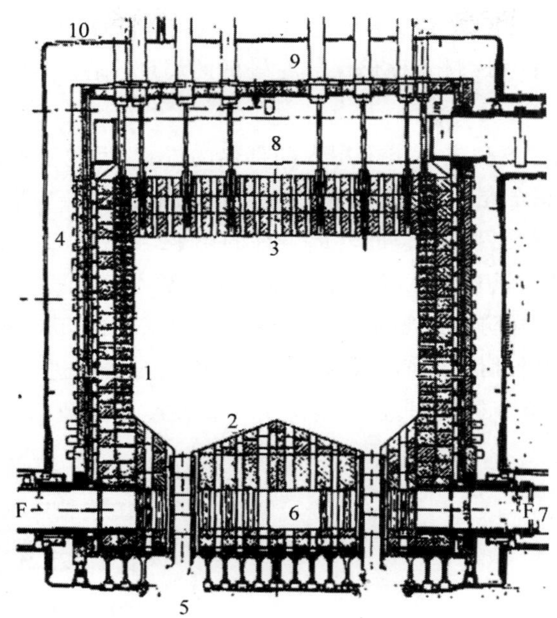

图 13.51 HTR 500 堆芯设计概貌：结构的垂直剖面

1—侧反射层；2—底部反射层；3—顶部反射层；4—隔热；5—卸球管；6—热气室；7—热气导管；8—冷气室；9—停堆棒(第二系统)；10—停堆棒(第一系统)

预期可以将 48 根反射层棒作为第一系统，72 根堆芯棒作为第二系统用于控制和停堆，这些堆芯棒将直接插入堆芯。在该电厂中，将实施运行和安全动作的系统严格分开，预计这样的设计能够降低投资成本。

对于衰变热载出，HTR 500 总体上可以采用以下几种可能的设计方案：

- 6 个正常运行的回路；
- 两个辅助回路；
- 内衬冷却系统；
- 较长宽裕时间后的干预(大约 10h)。

采用上述各种措施后，发生堆芯冷却完全失效事故的概率非常小(估计小于 10^{-6}/年)。

可用冷却系统的设计概念如图 13.52 所示。

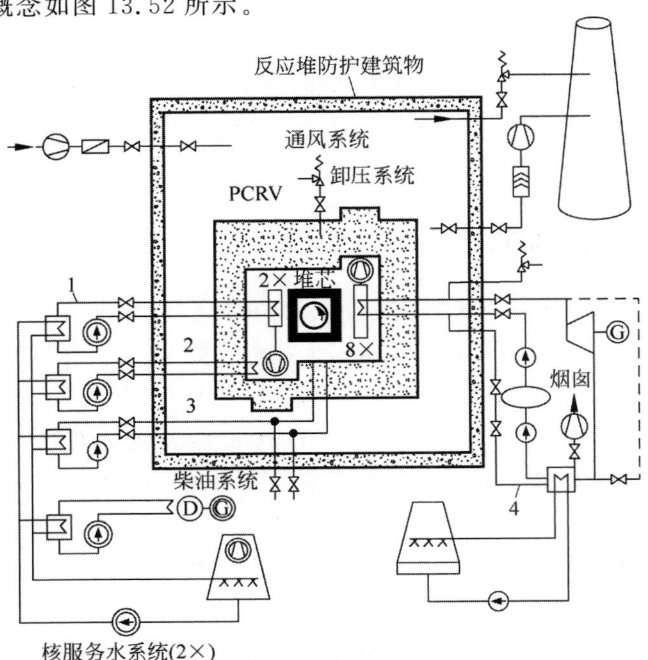

图 13.52 HTR 500 衰变热载出系统

1—辅助冷却系统；2—氦风机(辅助)的冷却；3—带有应急冷却系统的内衬冷却；4—蒸汽发生器的排放系统，带有应急供电系统

图 13.53 给出了完全失去能动冷却事故下堆芯最热区域燃料温度的计算结果。堆芯一小部分区域的温度达到了大约 2400℃，当然，大多数燃料元件仍保持在较低的温度。在这种极端事故下，通过内衬的传热也会释放出一部分热量。

THTR 的主要设备——蒸汽发生器不再采用内部再热的方式，因此设备简化了很多。

整个一回路布置在反应堆安全壳内，可以避免受外部的强烈撞击。安全壳被设计成密封式的构筑物，其壁厚为 2m，并被设计成能够承受目前假设的外部事件的影响，如图 13.54 所示。所有含有放射性物质的辅助系统都安装在这座构筑物内，只有乏燃料元件被装入厚壁贮存罐，它们被储存在一个单独的构筑物中，该构筑物具有与反应堆安全壳一样防御外部撞击的标准。目前采用的 TRISO 包覆颗粒已表明可以将堆芯内相当高的裂变产物释放物加以阻留。然而，PCRV 和密封的安全壳能进一步形成有效的屏障，从而将放射性物质阻留在电厂内。因此，风险分析表明，这种情况下不会发生早期死亡，而且可能发生晚期死亡的人数相对也较少。

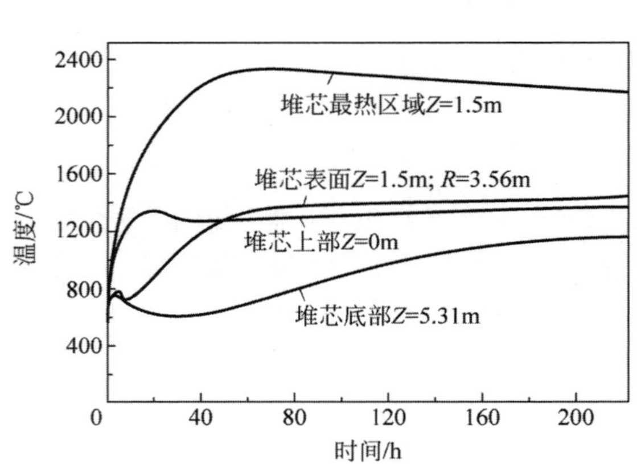

图 13.53　完全失去能动冷却事故下堆芯最热区域的燃料温度

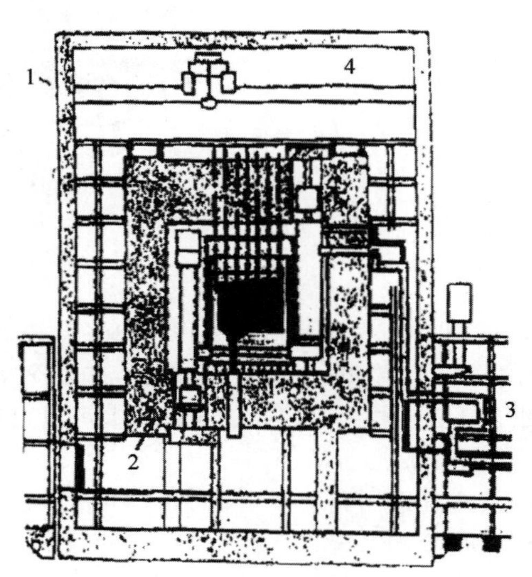

图 13.54　反应堆安全壳纵剖面

1—安全壳；2—预应力混凝土反应堆压力壳；3—与汽轮机厂房的连接；4—吊车

HTR 500 被认为是具有 40%净效率的发电厂，或者是能够提供电力和工艺热的发电厂。在热电联供的情况下，一次能源的总利用率将在 85%左右甚至更多。20 世纪 80 年代末，HRB 公司的经济分析表明，HTR 500 相对于大型压水堆而言具有一定的竞争力。

13.3.5　HTGR 1160 反应堆

美国在 1970—1980 年开发了具有柱状燃料元件的 HTR 1160 概念型反应堆，并已很接近商用。德国市场也对这一概念进行了详细的规划。这种类型的 8 家大型电厂被出售给公用事业公司，但经过一段时间后，由于美国能源经济的发展采用了新的模式，这些项目被取消。特别是在 1979 年三哩岛核事故之后，美国停止了核能的进一步发展，没有再建造新的轻水堆电厂。HTGR 1160 反应堆的堆芯由块状燃料元件组成，这一设计源自这种燃料元件曾被圣・弗伦堡反应堆所采纳。图 13.55 给出了 HTGR 1160 反应堆堆芯的一些细节。

图 13.56 给出了反应堆概念的相关说明。该反应堆是一个热功率为 3000MW 的带有套装蒸汽发生器的系统，其转换循环为蒸汽循环。反应堆设置在中心舱室内。预应力混凝土反应堆压力壳的厚壁内有 6 个套装筒舱。蒸汽发生器与氦风机一起布置在这些套装筒舱中。另外，用于衰变热载出的 4 个辅助回路也布置在圆柱形厚壁中。

该反应堆计划在停堆期间进行燃料装卸，燃料元件类似于圣・弗伦堡反应堆采用的 BISO 和 TRISO 包

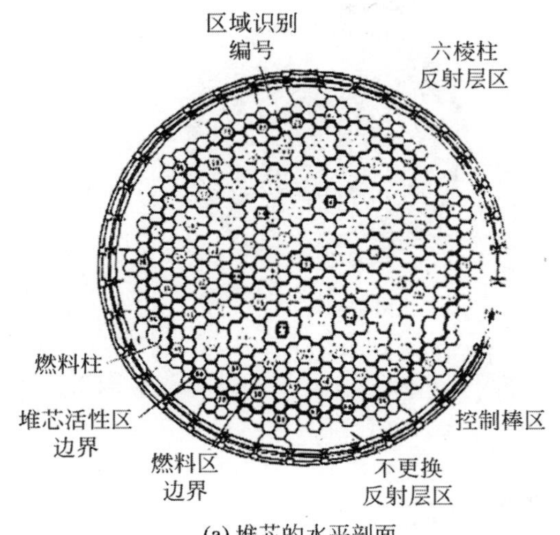

(a) 堆芯的水平剖面

参数	数值
热功率	3000MW
等效堆芯直径	8.4m
堆芯活性区高度	6.3m
燃料元件数	3944
每个柱的燃料元件数	8
燃料元件数	
标准	420
带控制棒	23
堆芯支撑块高度	0.88m
反射层厚度	
顶部	1.19m
底部	1.19m
侧面（平均）	1.19m

(b) 堆芯的参数

图 13.55 HTGR 1160 反应堆的堆芯

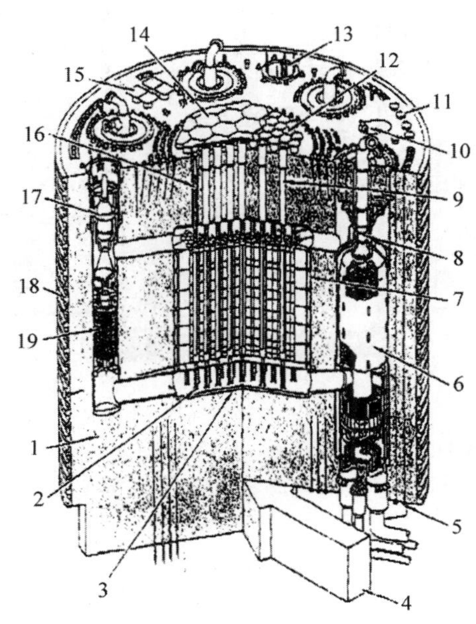

图 13.56 美国通用原子公司 HTGR 1160 电厂一回路系统概貌

1—预应力压力壳；2—堆芯支撑结构；3—带绝热和冷却的内衬；4—预应力反应堆压力壳支撑结构；5—壳体轴向拉伸；6—蒸汽发生器；7—堆芯内构件；8—氦风机；9—装载燃料元件的穿孔；10—壳的安全阀；11—气体净化的穿孔；12—反应堆压力壳的封头；13—辅助回路的位置；14—控制棒驱动装置的防护；15—控制棒的储存；16—仪器；17—辅助回路的风机；18—周向预紧应力；19—辅助回路冷却器

覆颗粒的供给和增殖概念。该反应堆计划使用钍循环，具有较高的燃耗和相对较高的转化比。平均堆芯功率密度为 84MW/m^3，堆芯包括 493 个柱状燃料元件，每个柱状燃料元件包含 8 根燃料元件。堆芯高度为 6.4m，直径约为 8.4m。在 50bar 的压力下氦气流过堆芯并从 319℃升温到 741℃。

燃料元件的更换是在每年停堆运行期间操作的。反射层的内层也可以用同一台机器进行更换。反应堆的停堆系统包括由 146 根棒组成的第一停堆系统和包含在 73 个罐内的碳化硼小球组成的第二停堆系统。罐内的碳化硼小球可以落到孔道里。燃料循环计划使用不同包覆颗粒中的碳化铀和钍体系（TRISO 用于燃料颗粒，BISO 用于增殖颗粒），如图 13.57 所示。PCRV 应布置在密封的安全壳内，如图 13.58 所示，以抵御当时设想的反应堆受到的外部撞击。飞机撞击（幻影机）、气体云爆炸（最大压力超过 30kPa）、地震（水平加速度约为 0.3g）是当时新建电厂通常假设的外部事件。与当时引进的商用核电站相比，这种电厂的安全性和经济性都表现出良好的发展前景。

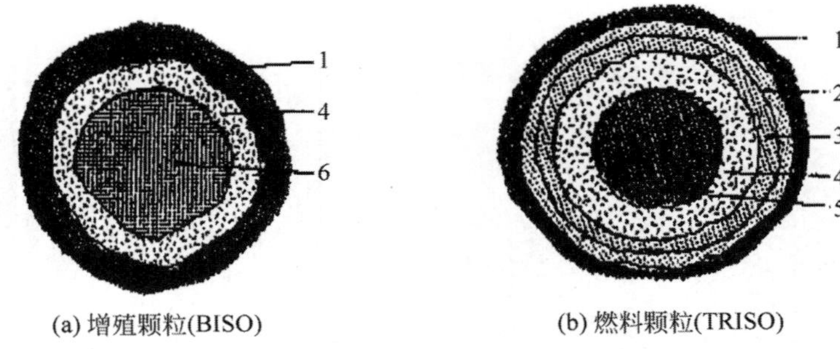

图 13.57　HTGR 1160 所用核燃料包覆颗粒概念(高富集度铀,93%)

1—外各向同性热解碳层；2—碳化硅层；3—内各向同性热解碳层；4—多孔热解碳层；5—碳化铀核芯；6—氧化钍核芯

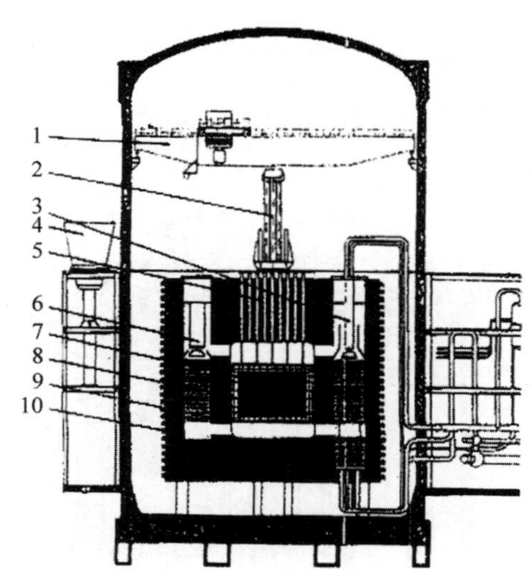

图 13.58　HTR 1160 的安全壳(高：63m,直径：40m)

1—环形吊车；2—燃料元件更换机；3—主压缩机；4—吸声器；5—控制棒；6—辅助压缩机；7—反应堆堆芯；8—蒸汽发生器；9—辅助热交换器；10—反应堆压力壳

13.3.6　PNP 原型反应堆

在过去开展的大量工作中,对 VHTR 工艺热应用的几个设计方案均已进行了详细的研究。第 1 个方案是一个完全集成的概念,使用预应力混凝土反应堆压力壳,热交换器集成在套装筒内,套装筒布置在壳的厚壁中(原型核工艺热)。其中一个回路包含蒸汽重整器和蒸汽发生器,另一个回路包含两个中间换热器。反应堆平均氦出口温度为 950℃。图 13.59 所示为一回路的流程图。

一回路系统的布置如图 13.60 所示。PCRV 的中心舱室包含反应堆堆芯,其热功率为 500MW。在壳的圆柱形壁中,设置有 8 个热交换器套装筒,其中两个用于衰变热的载出。

该反应堆设计使用一次通过堆芯循环方式,设计的氦气平均出口温度为 950℃,因此,在正常运行过程中,最高燃料温度预计约为 1050℃,与设计的平均出口温度 950℃相对应。

20 世纪 80 年代,蒸汽重整器直接集成到氦的一回路,且并未使用中间换热器。目前,专家们认为使用这种带中间氦循环的系统似乎更有利于反应堆的整体运行,这样就可以应用常规工业标准的工艺热设备加以实现。

燃料元件的装卸采取不停堆的方式连续地进行。反应堆的停堆和控制使用由吸收棒组成的两个系统。第 1 系统的吸收棒在侧反射层中的孔道中移动,第 2 系统的棒直接插入堆芯,通过 NH_3 润滑减少摩擦和摩擦力。在完全失去冷却剂和能动衰变热载出这样严重的事故情况下,最大燃料温度大约为 2200℃(图 13.61),这是针对一个功率为 500MW 的圆柱形堆芯进行的估计,与如今的设计原理相比,其在堆芯中的高度相对较高。因此,认为采用密封型的安全壳是很有必要的。

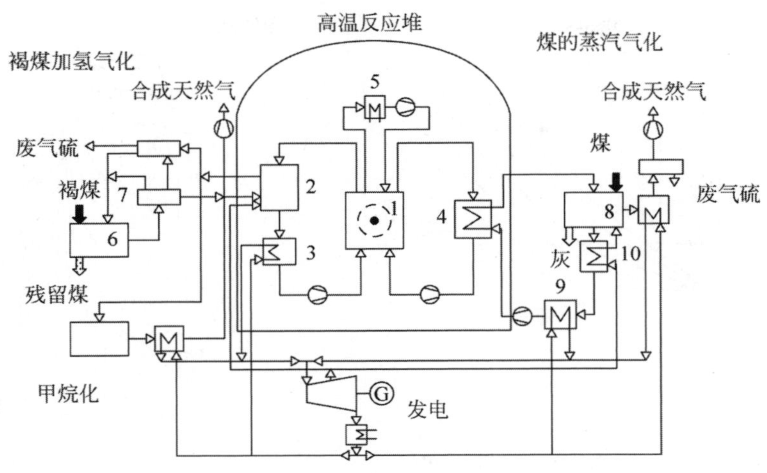

图 13.59 PNP 原型电厂一回路的流程图

1—核反应堆；2—蒸汽重整器；3—蒸汽发生器；4—中间换热器；5—衰变热载出系统；6—褐煤气化；7—气体净化；8—硬煤气化；9—蒸汽产生；10—蒸汽过热段

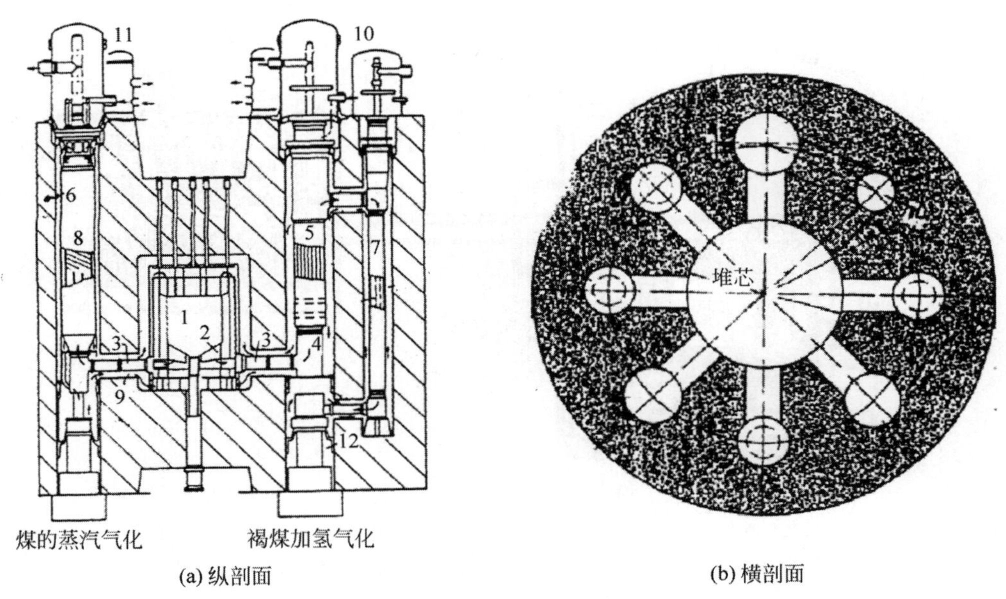

(a) 纵剖面

(b) 横剖面

图 13.60 PNP 原型反应堆一回路系统布置

P_{th}=500MW，T_{He}=950℃，具有中间换热器(900℃)的两个回路，具有蒸汽重整器和蒸汽发生器的回路直接集成到一回路中

1—堆芯；2—堆芯底部带有热气舱室；3—热气导管；4—蒸汽重整器入口；5—蒸汽重整器管束；6—预应力混凝土反应堆压力壳；7—蒸汽发生器；8—氦-氦热交换器(中间换热器)；9—连接堆芯和中间换热器的同心导管；10—HKV 回路的采样系统；11—WKV 回路取样系统；12—氦风机

如果要在发生事故的条件下实现对最高燃料温度的限制，就必须在堆芯中设置中心石墨柱。将反应堆的热功率从 500MW 降低到约 400MW。在环形堆芯中，需要设置 3 个卸球管。在事故情况下，最高燃料温度将保持在 1600℃以下。

由于选择了圆柱堆芯的设计概念，并且在严重事故下达到了很高的燃料温度，因此预期会有相对大量的裂变产物从燃料元件和一回路中释放出来。因此，对于这种电厂需要采用密封型的安全壳。由于与化工厂相连，因此，还会有其他额外的特殊要求。图 13.62 给出了反应堆安全壳与煤气化装置之间采用氦气输送导管相连的设计情况。

根据相应防御爆炸的规程，反应堆和化工厂之间的距离必须足够大。例如，储存有 1000t 爆炸性碳氢化合物时，距离必须在 1000m 左右。反应堆和蒸汽重整器或者蒸汽发生器等工艺设备之间的直接连接应该有大约 50m 的距离。图 13.63 给出了中间换热器之间的连接状况示例。图中显示的中间换热器中的气体值是预估的数值。

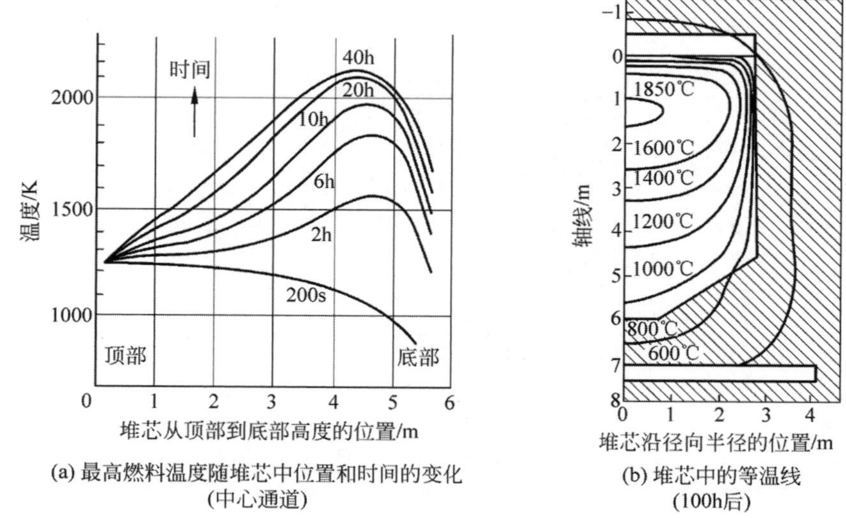

(a) 最高燃料温度随堆芯中位置和时间的变化（中心通道）　(b) 堆芯中的等温线（100h后）

图 13.61　PNP 堆芯中完全失去能动冷却事故的状况(500MW,圆柱堆芯)

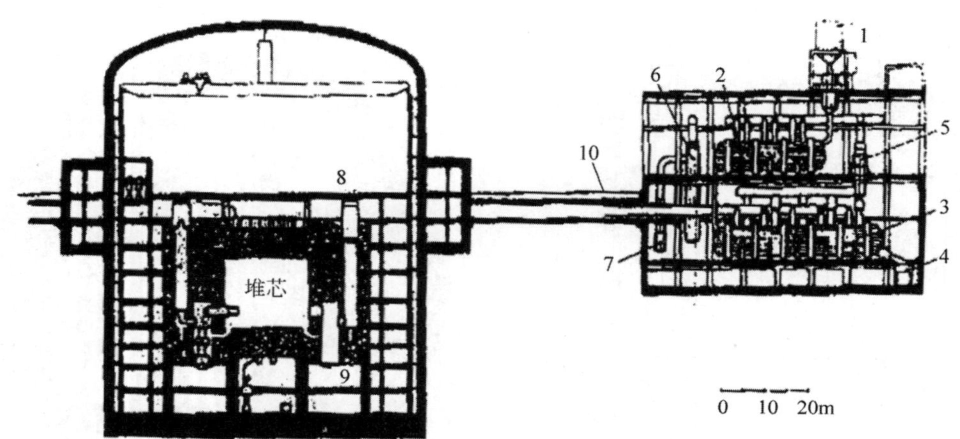

图 13.62　德国 PNP 项目中 HTR 和一个煤蒸汽气化厂的布置

1—给煤系统；2—冷除气；3—气化反应器；4—除灰；5—氦气中间换热器的风机；6—氦气中间换热器的蒸汽发生器和蒸汽过热器；7—工艺蒸汽的最后过热器；8—中间换热器；9—一回路氦风机；10—连接氦气导管

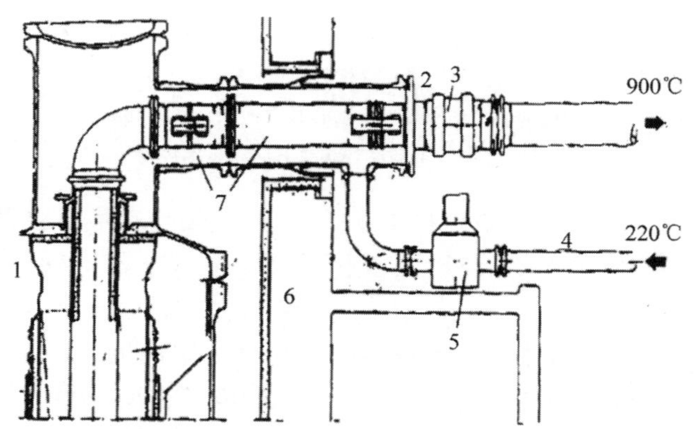

图 13.63　PNP 500 安全壳；安全壳与化工厂之间的连接

1—中间换热器；2—热气导管；3—热气阀门；4—冷气导管；5—冷气阀门；6—反应堆安全壳构筑物壁；7—同心导管

对反应堆安全壳附近可燃气体的处理及对可能爆炸的考虑要求反应堆和工艺热区域之间的连接采取特殊的方式。作为一个例子，图 13.64 给出了甲烷蒸汽重整回路的设计概念，即采用特殊的贯穿方式通过安全壳壁，并允许安装特殊的热套袖以实现连接管的位移。

基于模块式 HTR 蒸汽产生过程(P_{th}=200MW)的设计概念，提出将一种热功率为 170MW 的模块式 HTR 装置作为通用热源与中间换热器之间的连通。13.4 节中，将说明该反应堆与中间换热器的结合。另外，还需指出的是，用于产生高温工艺热的反应堆与常规模块式 HTR 具有相同的安全性概念(严重事故：$T<1600$℃)，如图 13.64 所示。

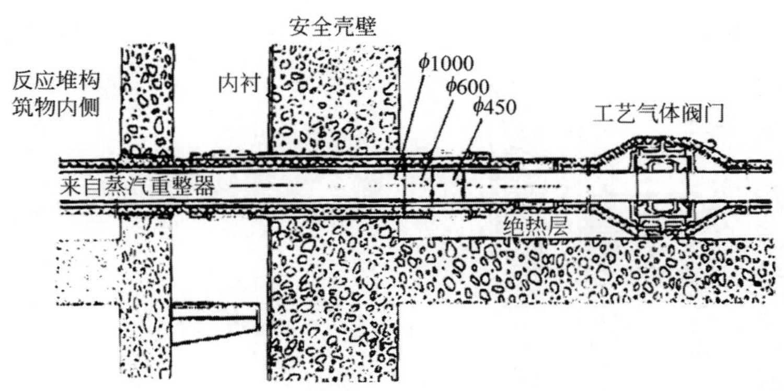

图 13.64 反应堆和工艺厂之间连接的设计概念(如直接集成式蒸汽重整器与余热利用及气体净化装置之间的连接)

反应堆的氦气压力为 4MPa，氦出口温度为 950℃，中间换热器二次侧的温度在 4MPa 压力下为 900℃/220℃。因此，在正常运行时热交换器是在一次侧和二次侧之间几乎没有压力差的条件下运行的，鉴于此，即使在很高的材料工作温度下，仍可设计具有很高安全性的反应堆。

13.4 模块式反应堆概念

模块式 HTR 已被开发用于产生过热蒸汽(530℃/18MPa)，热功率为 200MW，堆芯出口氦气温度为 700℃。这样的设计使发电效率较高，且能够用于如热电联产这样的工艺热应用，如图 13.65 所示。图 13.65 显示，在一个场址上由两座模块式反应堆提供一个发电厂的总容量。将这种情况外推并加以拓展，直到一个场址上设有 8 座模块式反应堆，看起来仍然是可行的。这种模块化的概念，直到在一个场址中建造 4 座反应堆，已经在 Magnox、AGR 或者轻水反应堆中验证。

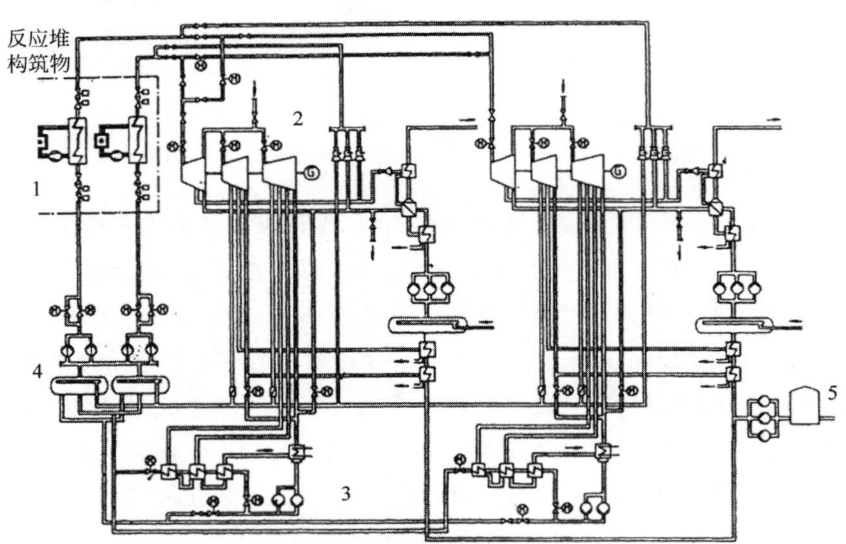

图 13.65 模块式 HTR 电厂用于热电联供的原理流程(一个场址两座反应堆)
1—回路系统；2—汽轮机系统；3—预热器；4—给水储存；5—工艺装置

模块式 HTR 电厂可以提供温度直到 500℃的工艺蒸汽,并且一次能源的总利用效率可达到 80%以上。

图 13.66 给出了模块式反应堆一回路系统的基本设计方案。反应堆堆芯和蒸汽发生器布置在两个单独的钢制压力壳中,它们通过一个连接壳连接,连接壳内设置了一个用于在这两个压力壳之间输送氦气的同心导管。用于将氦气通过一回路系统加以循环的氦风机布置在蒸汽发生器压力壳单元的顶部。在设计上与所有常见的反应堆稍有不同的是,反应堆堆芯的高度/直径比大约为 3。与所有球床反应堆概念一样,燃料元件通常在堆芯中形成随机的堆积布置。燃料球的重金属包含在包覆颗粒中(TRISO)。

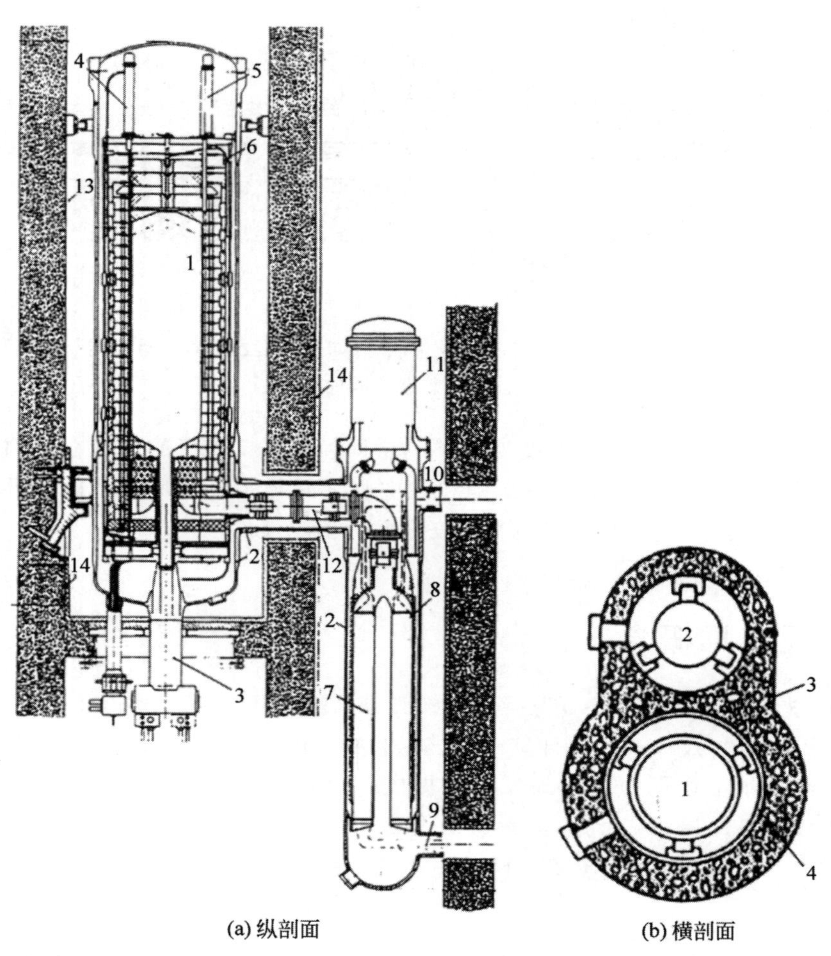

图 13.66 HTR-Module 一回路设备布置(200MW 热功率用于产生过热蒸汽)

1—球床;2—压力壳;3—燃料卸出;4—含硼球;5—反射层控制棒;6—燃料装入;7—管束;8—外包壳;9—给水管;10—主蒸汽管;11—风机;12—热气导管;13—表面冷却器;14—绝热

此外,在失去一回路冷却剂事故之后,模块式 HTR 可以保证衰变热从堆芯载出,这意味着对于完全失去能动衰变热载出的系统,可以通过自然过程来实现载出,以防止燃料元件放射性物质的大量释放。现在认为,对 TRISO 包覆颗粒燃料元件的温度限值应设定为大约 1600℃。

反应堆采用球形燃料元件(7g 重金属/燃料元件),并采用多次通过堆芯循环的方式来装卸,燃料元件使用低富集度(8.6%富集度)氧化铀燃料的 TRISO 包覆颗粒(热解碳/碳化硅/热解碳)。多次通过堆芯循环意味着燃料元件多次通过堆芯循环,直到它们达到最终的设定燃耗才从反应堆中排出。

控制和热停堆由 6 根反射层控制棒来实现。对于长期冷停堆,则通过向 18 个反射层孔道内装入吸收小球来实现(称其为吸收小球的 KLAK 系统),该吸收小球在重力作用下落入孔道。可以通过气动输送将吸收小球从它们的孔道位置载走,返回进入反应堆顶部的储存罐。

在对蒸汽发生器进行设计时,要求应防止由于氦风机的故障而引起过热并受到损坏。为了达到更高的功率,将多个 HTR 200 模块分别单独布置在一回路混凝土舱室内,如图 13.67 所示,这些包含压力壳的混凝土舱室设置有持续运行的表面冷却系统。

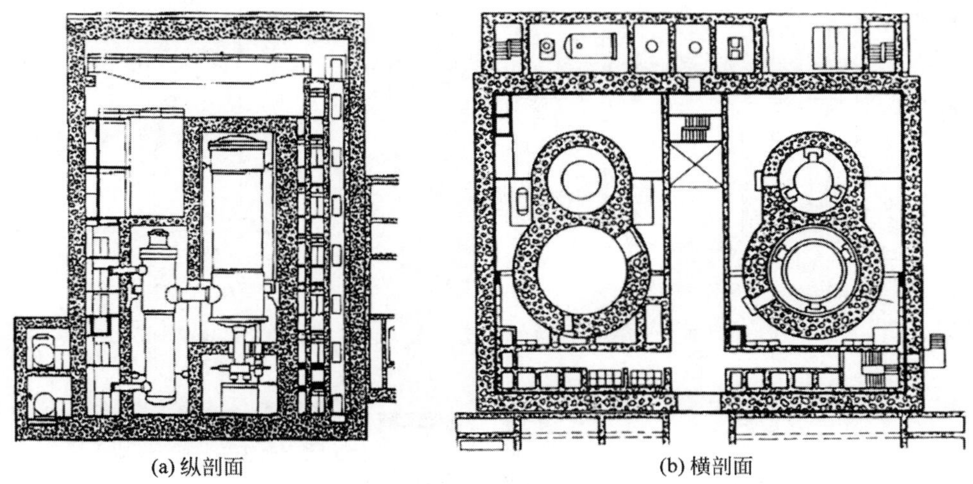

(a) 纵剖面　　(b) 横剖面

图 13.67　反应堆构筑物内两座模块式反应堆的布置

所有模块化系统与其混凝土屏蔽一起被布置在一个共同的反应堆构筑物内，以防御核系统受到外部撞击，构筑物设计没有内衬。为了评估反应堆的安全性和经济性，也需将那些与安全无关的辅助回路和供应系统一并加以考虑，它们对反应堆的正确评估起着重要的作用。

平均堆芯功率密度约为 $3MW/m^3$。由于这种特殊的堆芯设计和尺寸(堆芯直径为 3m)，因此可以仅通过吸收元件在反射层中的移动来实现停堆，完全避免了用很大的推力将吸收棒插入球床这样的设计。

低的功率密度及以很短的路径将衰变热从堆芯载出并通过堆芯结构传输到反应堆压力壳表面使燃料温度被限制在低于 1600℃。图 13.68 显示了堆芯中最高燃料元件温度随时间的变化情况。由所示的直方图可以看出，燃料元件达到高温，如 1400～1500℃的时间是很短的。因此，从这些燃料元件中释放的裂变产物仅限于很少的量。由于在一回路系统和内混凝土舱室后面设计有过滤系统，因而可以使沉积的裂变产物释放量进一步减少。

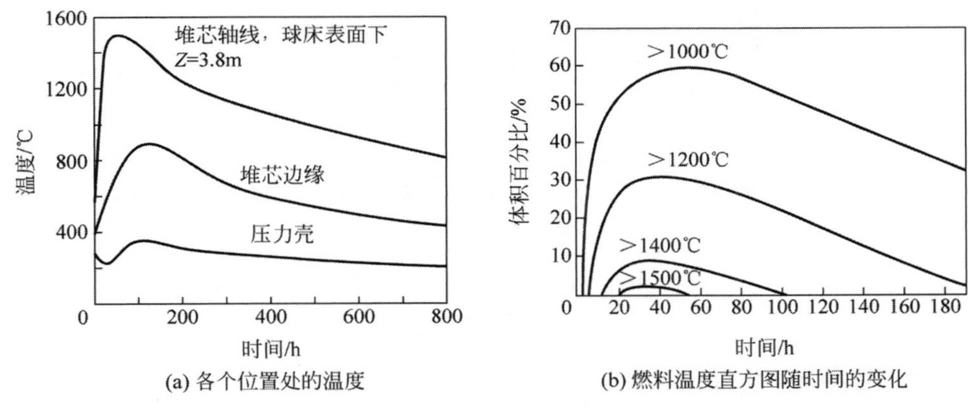

(a) 各个位置处的温度　　(b) 燃料温度直方图随时间的变化

图 13.68　反应堆内温度随时间的变化

(假设完全失去衰变热的能动载出；HTR-Module，热功率为 200MW)

每个模块堆可以通过中间换热器与核工艺热电厂结合，或者与气体透平机或联供流程结合。图 13.69 给出了使用中间氦/氦换热器(IHX)的典型设计概念的示例。

为了满足安全性要求，该反应堆应降低功率(热功率为 170MW)，在堆芯升温事故下，最高温度不应大于 1600℃。图 13.70 给出了模块式 HTR 具有不同应用的中间换热器的设计方案。根据实际应用，氦气温度可以在 750～1000℃之间加以选择，中间换热器可以设计成螺旋盘管束的形式。该技术已经过评估，被认为是经过验证的技术，即使在高温下，只要壁面温度低于 900℃，就可以采用这样的设计方案。

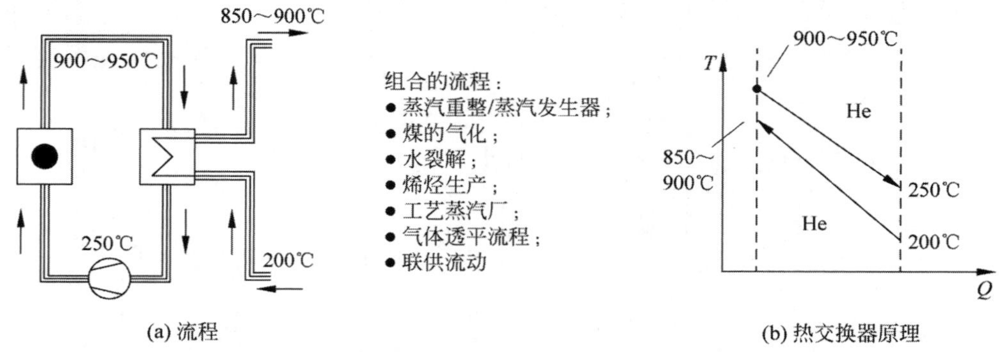

图 13.69　产生高温工艺热的核反应堆一回路系统的原理流程

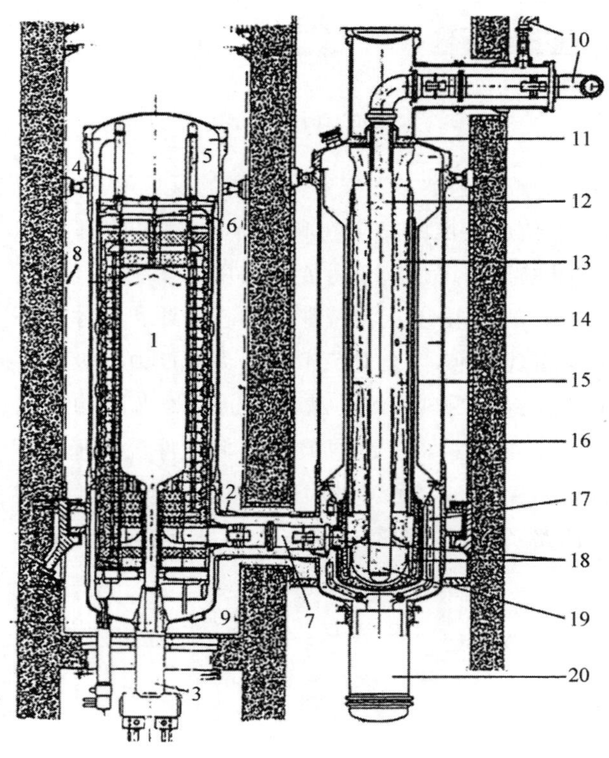

图 13.70　模块式 HTR 与中间换热器的组合

1—球床；2—反应堆压力壳；3—燃料卸出；4—含硼 KLAK 球(第二停堆系统)；5—控制棒；6—燃料装载；7—热气体导管；8—表面冷却；9—绝热；10—二回路管连接；11—支撑板；12—中心二次热气体返回管(热气体采样器)；13—管束(螺旋盘管)；14—热交换器外壳；15—流动罩；16—压力壳；17—一回路冷气导管；18—一回路热气导管；19—二回路热气导管；20—风机

13.5　运行中的模块式 HTR

13.5.1　概况

已有两座模块式 HTR 在中国和日本建成并投入运行，这两座反应堆主要是基于 HTR-Module 应用于各种流程的安全与应用理念而设计和建造，可将它们归为 HTR 发展的第三代，它们被认为是实现模块式 HTR 进一步商业化发展的必要的实验过程。此外，它们也为未来的先进反应堆技术和国际 VHTR(超高温反应堆)项目提供了基础。

表 13.11 给出了日本的 HTTR 和中国的 HTR-10 在设计性能上的一些比较。这两座反应堆的一些技术数据汇总在表 13.12 中。为了进行比较，表 13.12 也列出了 HTR-Module 的相关参数。中国的 HTR-10 反应堆使用的是具有 TRISO 包覆颗粒的球形燃料元件，而日本的 HTTR 是基于柱状反应堆 HTR 发展而

来。如图 13.3 所示，日本研发的柱状燃料元件进行了一些特殊的调整。这些实验反应堆的特点是通过反应堆压力壳表面进行衰变热非能动载出，另外，采用由锻钢壳组成一回路系统的设计方案。反应堆压力壳和蒸汽发生器壳通过第 3 个壳连接在一起，该壳体包含了一个用于输送氦气的同心导管。对于一回路系统的设计，采用了一个反应堆的包容体。这个包容体必须满足失压事故下的特定要求。例如，必须要对流出物进行过滤。

表 13.11 新的 HTR 系统设计（表中的 HTR-Module 200 用于比较）

项　　目	HTR-Module 200	HTTR	HTR-10
电厂目的	商用系统、发电、热电联供电厂	实验反应堆、热利用的示范	实验反应堆、HTR 技术的示范
一回路系统布置	堆芯和蒸汽发生器肩并肩布置	堆芯和热交换器肩并肩布置	堆芯和蒸汽发生器肩并肩布置
反应堆压力壳类型	钢壳	钢壳	钢壳
堆芯布置和热的输送	2 个壳肩并肩，1 个连接壳	4 个壳肩并肩，1 个连接壳	2 个壳肩并肩，1 个连接壳
冷却回路数	1	2	1
热气体输送方式	同心导管系统	同心导管系统	同心导管系统
控制棒	6 根反射层控制棒，反射层中的 18 个 KLAK	30 根棒插入柱块中	17 根反射层控制棒，反射层中的 4 个 KLAK
衰变热载出	蒸汽发生器，通过反应堆压力壳非能动载出	加压水冷却器，通过反应堆压力壳非能动载出	蒸汽发生器，通过反应堆压力壳非能动载出
反应堆构筑物	包容体	安全壳	包容体

表 13.12 运行中的 HTR 系统的相关参数（HTR-Module 的数据用于比较）

参　　数	HTTR-30	HTR-10	HTR Module 200
热功率/MW	30	10	200
电功率/MW	—	2.5	80
发电效率/%	—	25	40
平均堆芯功率密度/(MW/m^3)	2.5	2	3
堆芯形状	圆柱形	圆柱形	圆柱形
堆芯高度/m	2.9	2	9.43
燃料元件类型	柱状(石墨块中燃料柱)	球形	球形
燃料元件尺寸/cm	36	6	6
燃料布置	六棱栅格(块)	随机堆积球床	随机堆积球床
冷却剂压力/MPa	4.0	3.0	6.0
冷却剂温升/℃	395→850(950)	250→700(250→950)	250→700
堆芯内冷却剂流向	向下	向下	向下
堆芯内燃料元件数	270	27 000	350 000
包覆颗粒类型	TRISO	TRISO	TRISO
燃料装卸	批更换	连续装卸，多次通过堆芯	连续装卸，多次通过堆芯
燃料元件重金属含量/(gHM/FE)	—	5	7
平均燃耗/(MWd/tHM)	22 000	80 000	70 000
易裂变材料富集度/%	6	17	8
运行最高燃料温度/℃	1400	900	950
蒸汽压力/MPa	IHX：4.1(He)	4.0	18.0
蒸汽温度/℃	IHX：880/144(He)	440	530
事故工况燃料最高温度/℃	＜1600	＜1100	＜1500

在严重事故（完全失去能动冷却）下，最高燃料温度将保持低于 1600℃，采用 TRISO 包覆颗粒作为燃料元件，其阻留能力可以得到保障。HTTR-30 和 HTR-10 这两个反应堆都采用了包容体，并且在假想事故情况下，包覆颗粒对阻留放射性起到主导作用。另外，附加有效的过滤系统也是可行的。

在许可证申请过程中，预期假想事故发生时放射性物质向外部环境释放的速率将会非常低。

在 HTR-10 中，蒸汽发生器的布置不同于 HTR-Module（热功率为 200MW）的设计概念，这是安全分析过程中必须要考虑的一个重要课题。包容体能够抵御外部强烈撞击这一要求则是针对后期建造的 LWR 电厂提出的。

上述这两个设计概念都采用了低功率密度的堆芯，以限制事故的后果。此外，在这两种情况下，氦温度预期可以超过900℃，用以示范核工艺热应用的条件。作为HTTR的一个例子，计划在中间换热器后面对氦气二回路中的蒸汽重整器进行实验。在HRT-10也讨论了类似计划的可能性。

13.5.2 HTTR反应堆

日本原子能研究所建造的HTTR-30在1999年投入运行。该反应堆的主要目的是建立未来先进HTGR的基本技术，并获得一个能够进行辐照实验的反应堆，以便在高温技术创新领域进行研究。在这一研究过程中，工艺热应用尤其起着重要的作用。该反应堆由一个热功率为30MW的堆芯、一个主冷却回路和用于冷却的辅助系统组成。图13.71给出了主要流程图。

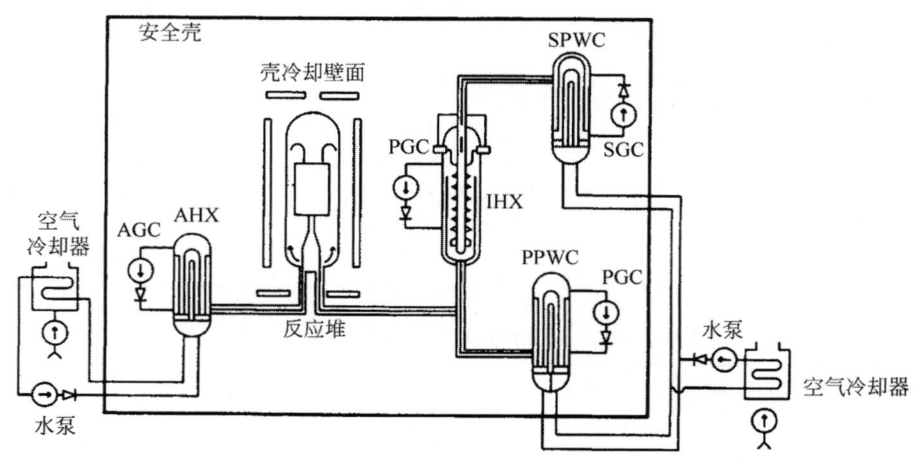

图13.71 HTTR冷却流程

IHX：中间热交换器；PPWC：一回路压水冷却器；PGC：一回路风机；SPWC：二回路压水冷却器；SGC：二回路风机；AHX：辅助热交换器；AGC：辅助冷却系统

反应堆冷却系统由一个主冷却系统（MCS）、一个辅助冷却系统（ACS）和两个反应堆压力壳冷却系统（VCS）组成。在反应堆正常运行期间，辅助冷却系统处于备用状态。如果主冷却系统失效，辅助冷却系统则投入运行，以将来自堆芯的衰变热载出，同时保持一回路冷却回路的流动。两个反应堆压力壳冷却系统在正常运行期间均以100%的流量运行，以冷却反应堆压力壳周围的生物屏蔽，并且，在事故情况下将它们用于对反应堆压力壳和堆芯进行冷却，例如，当主冷却系统管道发生破裂时，一回路冷却回路对堆芯的冷却就会失效。主冷却系统包括反应堆压力壳外的两条管线。

HTTR使用的是一种特殊的棱柱块燃料元件，已在13.1节中给出示例，该燃料包覆颗粒属于TRISO类型。

高温的氦气要么通过一条管路在氦/氦中间换热器中被冷却，要么通过另一条管路由加压水冷却器直接加以冷却。虽然需要另一个加压水冷却器将热量从中间换热器的热交换器中载出，但热量最终通过两个管路中的空气冷却器被载出。如果具有10MW传热容量的第1条管路是能动的，则第2条管路就具有30MW的传热能力，但是在20MW下运行。

图13.72所示为反应堆压力壳，该反应堆压力壳包含堆芯、石墨反射层、堆芯支撑结构和径向约束装置。作为成熟技术，HTTR将石墨块布置作为反射层，并且将燃料元件装入堆芯的石墨块中。在反应堆底部设置了一个中央冷却剂管道，这是该反应堆设计中的一个新概念。冷却剂气体氦气自上而下通过堆芯，在堆芯内被加热到850℃。随后，计划进一步将氦气出口温度提升到950℃进行运行。热气体通过同心热气体导管系统从反应堆流出。控制棒从堆顶插入，反应堆堆芯由棱柱形燃料元件组成，活性区包含30个燃料棱柱和7个控制棒棱柱，每个棱柱由5个棱柱块上下堆叠而成（高2.9m）。直径为2.3m的活性区被12个辐照实验棱柱包围。不更换的反射层围绕在可更换反射层的外围，并由大尺寸的多边形石墨块构成，在径向通过约束装置加以固定。每个六角形石墨块的顶部有3个销钉，底部有与鞘钉相对应的插座，这些石墨块通过销钉插入插座中加以固定。

反应性由控制棒控制，控制棒分别由位于反应堆压力壳半球形封头上竖管中的机构支撑，控制棒插入

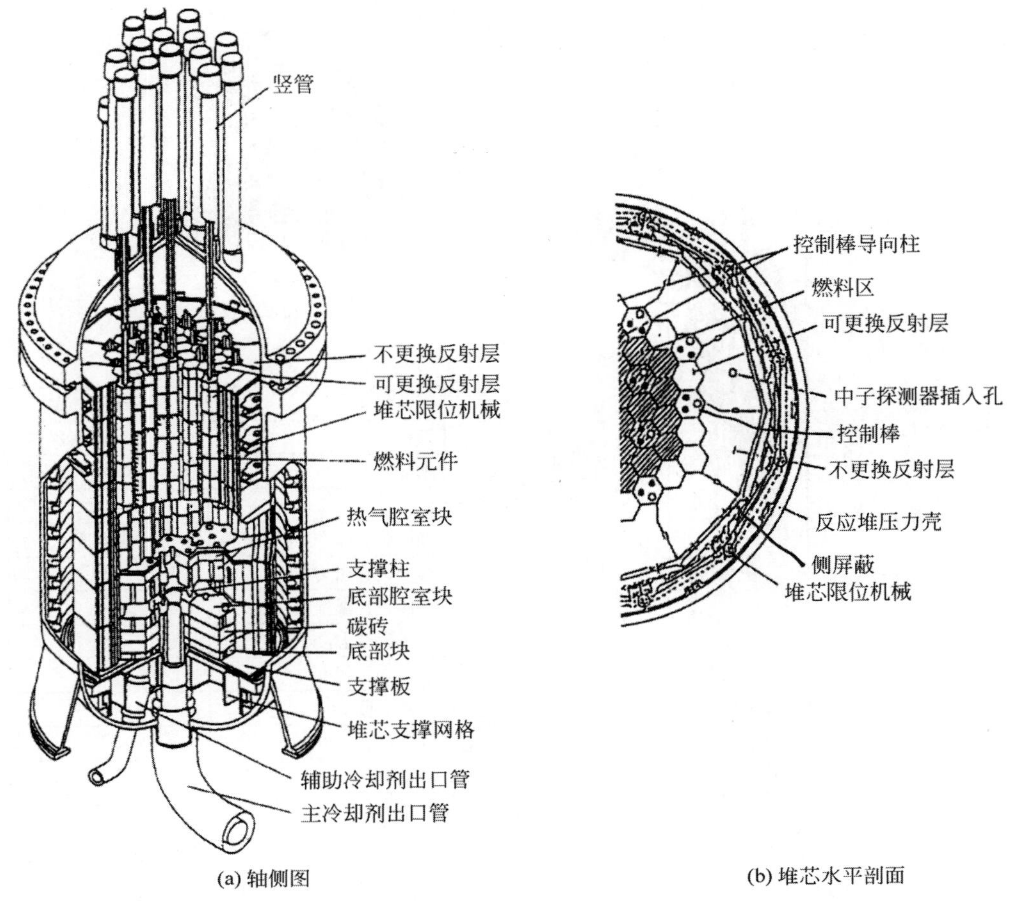

(a) 轴侧图

(b) 堆芯水平剖面

图 13.72 HTTR 反应堆

到活性区及可更换反射层区中的孔道内。在高温条件下，反应堆停堆时首先将反射层区内的 9 对控制棒插入，然后在堆芯区域温度降低之后将堆芯区域的其余 7 对控制棒插入。后备停堆能力是通过将碳化硼/石墨颗粒落入控制棒块中的孔道来提供的。

在反应堆停堆和降压之后进行燃料的更换。在正常运行过程中，反应堆堆芯由 395℃的氦气冷却，氦气从反应堆入口进入，向下流过堆芯。在正常运行条件下，最高燃料温度大约为 1400℃。功率反应性系数具有很强的负反应性，温度反应性系数也是负值。

图 13.73 给出了新设备中间换热器的相关说明。中间换热器是一种立式螺旋盘管逆流式换热器。一回路冷却剂在壳侧流动，二回路冷却剂在管内流动。加压水冷却器是一种垂直 U 形管式换热器。一次侧氦气冷却剂在传热管外流动，加压水在管内流动。

同心双层导管用于将热氦气从堆芯输送到热交换器中。从反应堆进入的高温气体在内管内流动，395℃的冷气体通过内管和外管之间的环形空间流回到反应堆中。由于中心承压管内部采用纤维加以绝热并采用 Hastelloy XR 作为内衬，因此可使其在与外管相同的温度下工作。外管具有反应堆冷却剂压力边界的功能，内管则设计成仅能承受正常运行下冷、热气体之间约 0.1MPa 的压差。在失压事故下会产生更大的负载，在短时间内可以承受。

随后，用于生产氢气的氦气加热蒸汽重整器也在 HTTR 中进行了实验，蒸汽重整器是所有高温工艺热应用的关键设备。在 HTTR 中，还实现了具有弯曲和分支的高温热气导管的具有很大吸引力的解决方案。

在 HTTR 项目中，一些用于中间换热器设计的特殊合金材料，特别是用作管材的 Hastelloy XR 已经进行了广泛的测试，并且能够满足工艺热应用所需的高温下技术应用的规格。

整个一回路系统被集成到一个密封的安全壳中，如图 13.74 所示，乏燃料元件的贮存也集成到该构筑物内。控制棒的传动机构布置在安全壳的一个专门的部位。

总的来说，HTTR 项目为包覆颗粒、石墨及高温合金技术提供了宝贵的经验，拓宽了对氦气技术的认识。

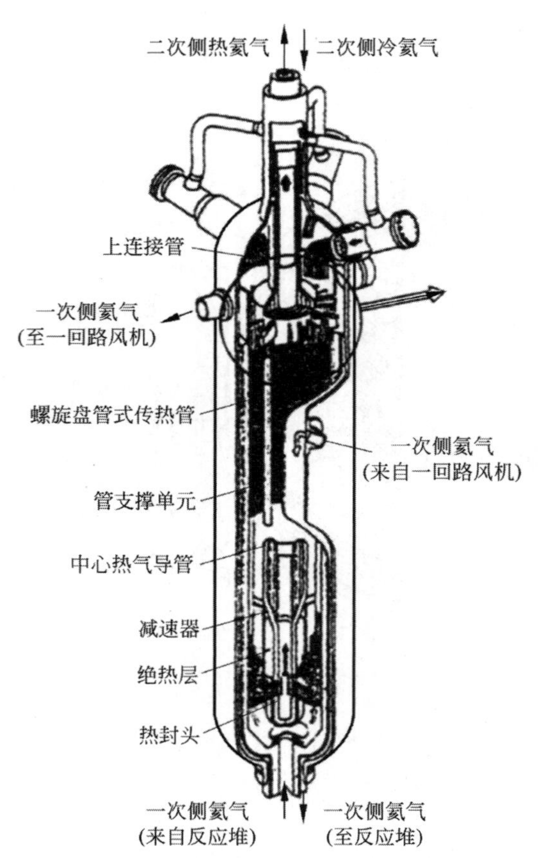

(a) HTTR中间换热器的视图

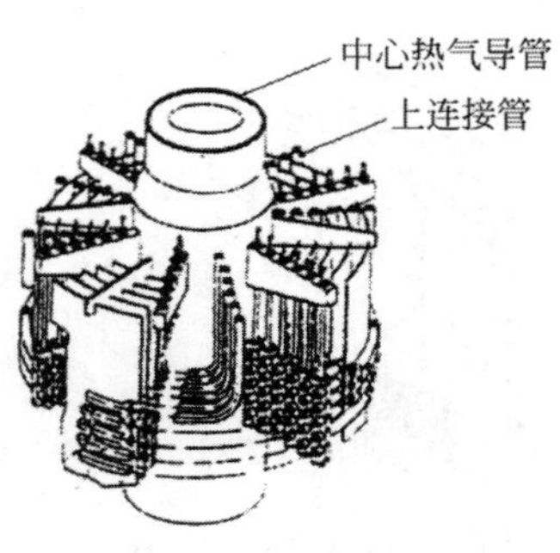

(b) 螺旋盘管束视图

壳体材料	2.25Cr-1Mo钢
管材	Hastelloy XR
绝热材料	Kaowool 1400SHA
壳体设计压力/MPa	4.81
管子设计压力/MPa	0.29
壳体设计温度/℃	430
管子设计温度/℃	955
壳体内直径/m	1.35
壳体高度/m	10
管子外直径/mm	32
管壁厚/mm	3.5
管长/m	21.5～22.9
管子数	96

(c) 中间换热器设计参数

图 13.73 HTTR 热交换系统(如中间换热器)

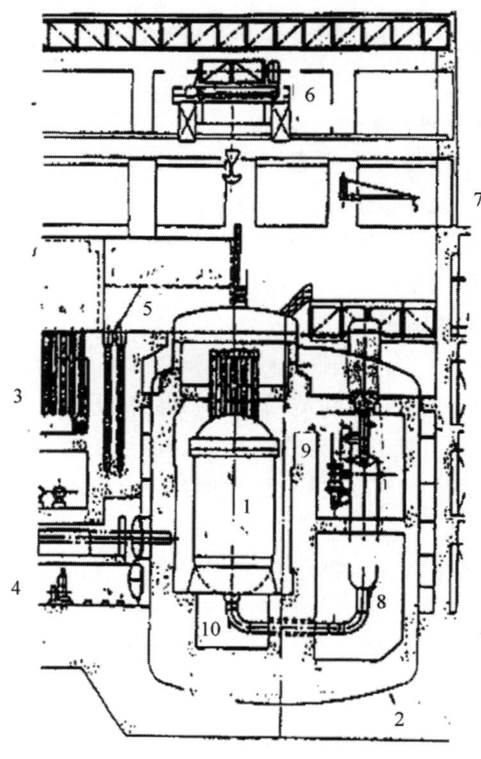

图 13.74 HTTR 安全壳

1—反应堆；2—安全壳(密封)；3—乏燃料元件储存；4—氦辅助系统；5—控制棒格架；6—吊车；7—反应堆外部构筑物；8—中间换热器；9—加压水冷却器；10—同心导管

对于 HTTR，人们设计了一种特殊的安全概念来防御爆炸性气体。防御这些事故的措施包括设置特殊的绝热、用惰性气体填充房间及足够远的距离。图 13.75 给出了这一设计概念的相关解释。

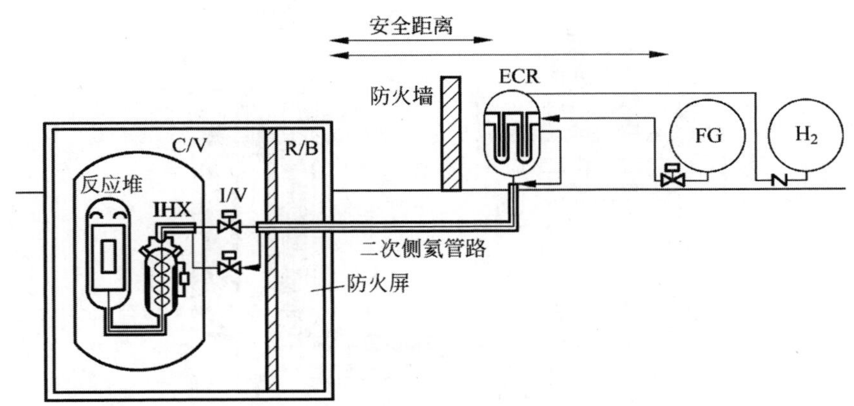

图 13.75　防御火灾和爆破的安全设计概念

C/V：安全壳；R/B：反应堆构筑物；I/V：隔离阀；IHX：中间热交换器；ECR：吸热化学反应；FG：原料气

13.5.3　HTR-10 反应堆

HTR-10 是由中国建造的一座反应堆，2002 年开始运行。图 13.76 给出了其流程图。可以看出，氦气在 250～700℃循环，蒸汽循环的主蒸汽温度为 435℃。建造这个反应堆的目的是进一步提高中国 HTGR 技术水平、进行燃料元件和其他材料的辐照实验和验证模块式 HTR 的固有安全特性。下一步是设计在更大容量的电厂中实现高效的发电、热电联产及其他工艺热应用。

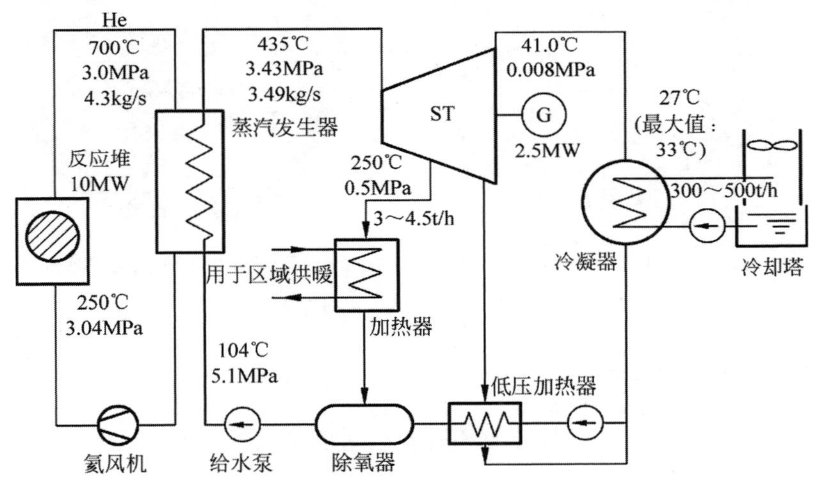

图 13.76　HTR-10 的流程(通过蒸汽轮机发电)

在开始阶段，实验反应堆在 700℃的氦出口温度下运行，蒸汽发生器产生的蒸汽用于发电和区域供热。第 2 步，HTR 将在氦出口温度为 850～950℃下运行，将反应堆与气体透平或者联合循环耦合。

一回路系统采用反应堆和蒸汽发生器肩并肩的方式布置，通过氦气同心导管与系统相连。氦风机设置在蒸汽发生器压力壳的顶部，冷氦气从氦风机流出。在这里，冷氦气流过同心导管的外环进入反应堆压力壳内的底部结构，通过侧反射层内的通道进入反应堆压力壳的顶部，并通过顶部反射层中的通道进入堆芯，如图 13.77 所示。

在经过堆芯并加热至平均气体温度 700℃后，在反应堆底部的热气腔室中对热氦气取样。通过热气导管连接管道的内管，热氦气被输送到蒸汽发生器中。在蒸汽发生器中，热氦气通过热交换器传热管束向上流动到顶部并冷却至 250℃。蒸汽发生器采用螺旋盘管，传热介质逆向流动。所有一回路压力边界壁面都用氦气加以冷却，温度为 250℃。

堆芯为球床堆芯，燃料采用 TRISO 包覆颗粒的低富集度二氧化铀。燃料循环采用多次通过堆芯的循

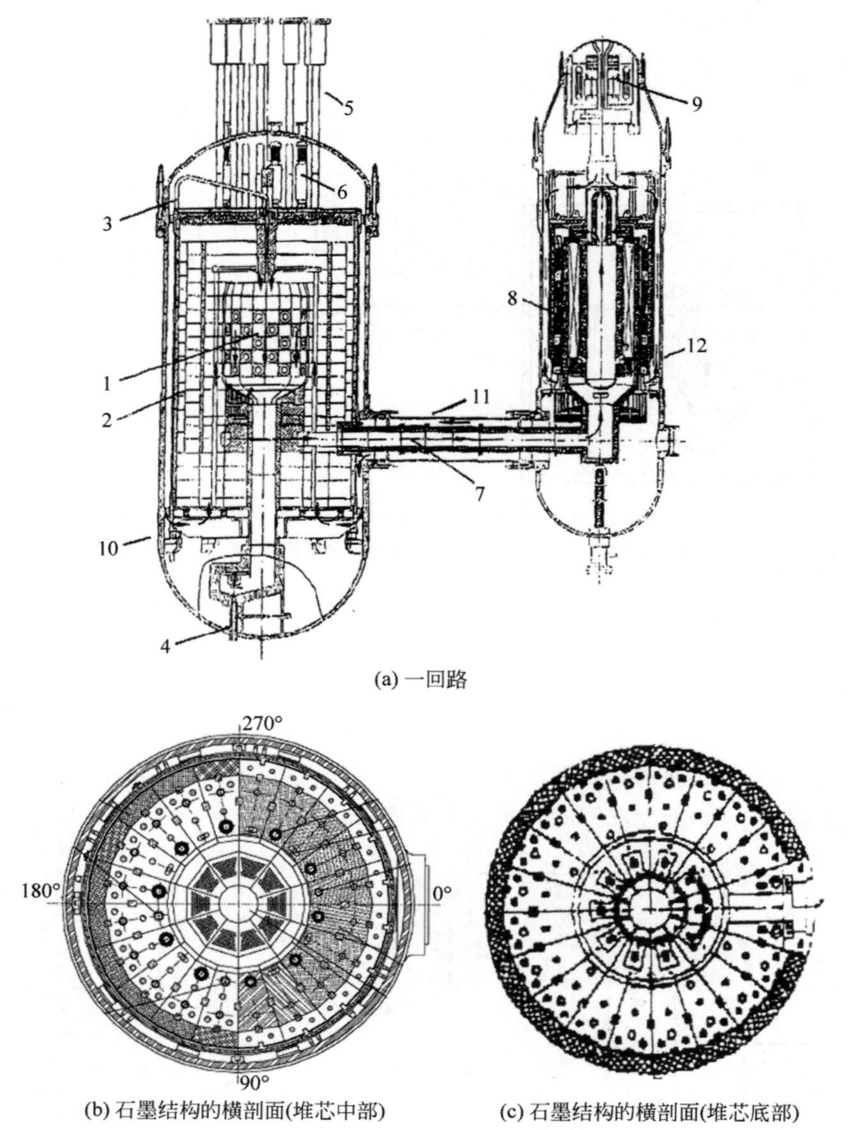

(a) 一回路

(b) 石墨结构的横剖面(堆芯中部)

(c) 石墨结构的横剖面(堆芯底部)

图 13.77 HTR-10 一回路系统

1—堆芯；2—石墨反射层；3—燃料装球管；4—燃料卸球管；5—控制棒/停堆棒驱动机构；6—KLAK 系统；7—热气导管；8—蒸汽发生器管束；9—氦风机；10—反应堆压力壳；11—连接壳；12—蒸汽发生器压力壳

环方式，这意味着每个燃料元件经过几次堆芯循环后才达到最终燃耗。表 13.10 已给出燃料元件的相关参数。侧反射层内的控制棒用于热停堆。

实现反应堆长期冷停堆的第二停堆系统包括 KLAK 系统，如前所述，该系统使用小的吸收球，在重力作用下小吸收球落入侧反射层的孔道内，可以通过气动输送方式将它们从侧反射层孔道的位置上排出，以便反应堆重新启动。对于燃料装卸，该反应堆遵循 HTR-Module(热功率为 200MW)中的原理。在 HTR-10 中，卸球系统稍有差别，采用的是气动排出的方式。对于更大功率的反应堆和更多次通过堆芯加以循环的反应堆，采用 AVR 或 THTR 中实现的方式更具优势。为了实现衰变热的自发载出，该反应堆具有围绕反应堆压力壳的堆腔冷却系统。整个一回路系统集成到一个满足包容体标准的反应堆构筑物内，如图 13.78 所示。该包容体可以承受通常的外部冲击，但不密封，因此，有专家认为密封是不必要的，因为燃料元件即使在严重事故下也能阻留裂变产物，并且可以实现非常小的释放率。

该反应堆具有固有安全性，因为即使在极端假想的事故条件下也绝不会发生燃料温度超过 1100℃的情况，HTR-10 计划针对这一假设进行实验验证。图 13.79 给出了能动冷却完全失效情况下预计的一些参数变化曲线。可以看出，只有百分之几的燃料元件在短时间内(小于 20h)温度处于 900～1000℃。在这样的条件下，预计仅有非常低的释放率。在该反应堆发生进水事故时，最大功率将比正常功率高 30%，最高燃料温度将稳定在 900℃左右。

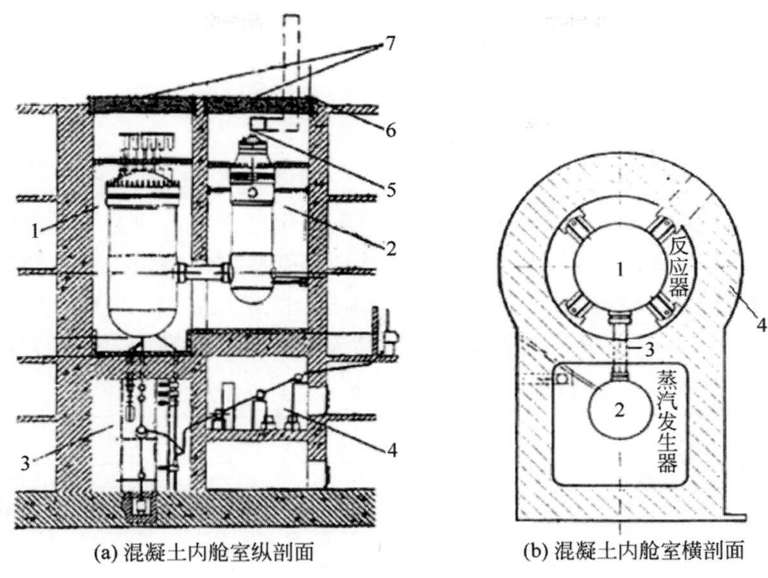

图 13.78　混凝土内舱室中一回路系统布置

(a) 1—反应堆舱室；2—蒸汽发生器舱室；3—燃料装卸系统舱室；4—运行气体阀舱室；5—爆破阀；6—烟囱(破管事故之后)；7—隔离挡板；(b) 1—反应堆；2—蒸汽发生器；3—连接壳；4—内混凝土舱室

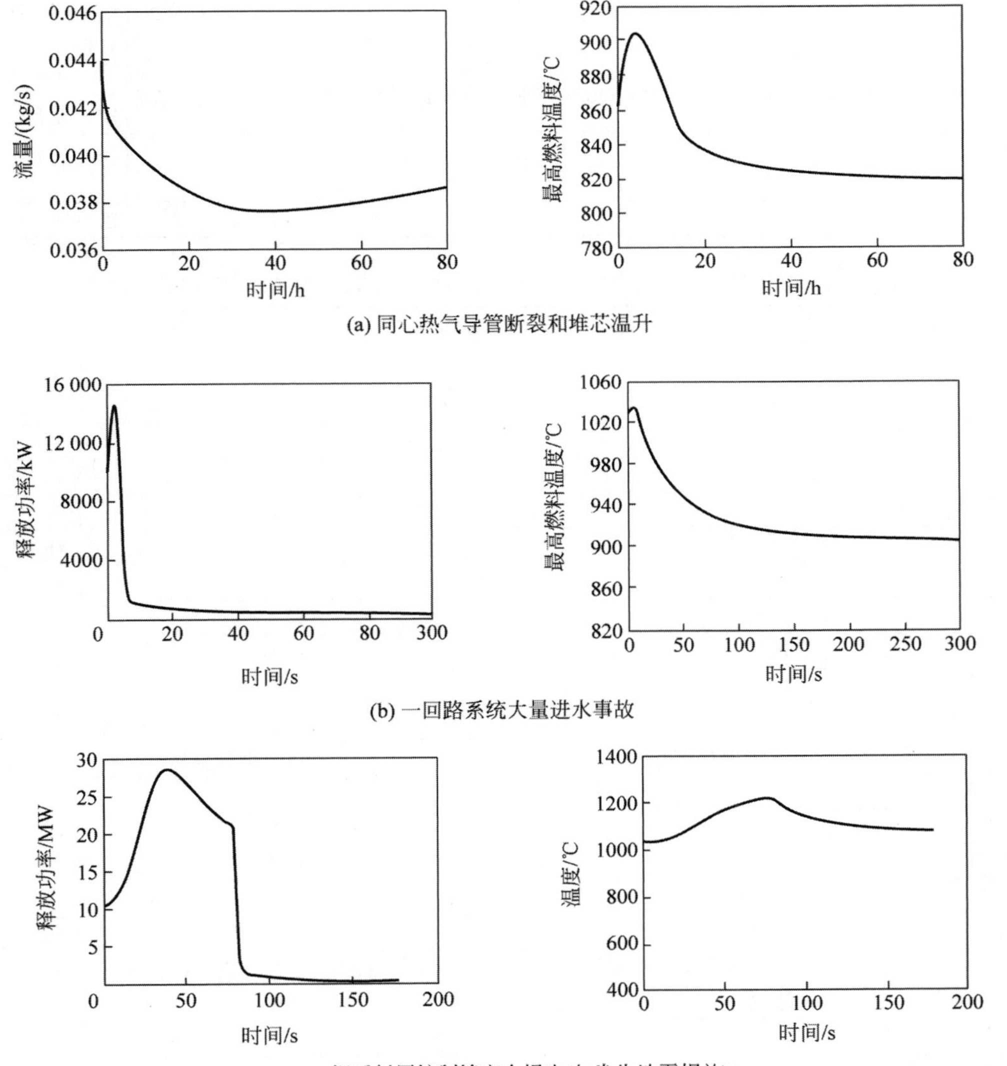

图 13.79　HTR-10 一些假设的重要事故

13.6 计划的新 HTR 电厂

13.6.1 概况

在 HTR 发展的第 5 个阶段,有几个国家计划在采用模块化概念的基础上实现商用 HTR 电厂。实际的考虑方案包括 PBMR,HTR-PM 和 MHGR 600。这些计划中有些方案使用了衰变热自发载出的特殊功能,其中,有两个方案倾向于采用布雷顿循环。表 13.13 给出了一些设计数据,表 13.14 给出了这些反应堆的一些重要技术参数。HTR-Module(热功率为 200MW)的相关参数也包括在内,以进行比较。

表 13.13 新计划的 HTR 系统的设计方案

反应堆概念	HTR-Module	PBMR	HTR-PM	MHGR 600
应用	用于发电和热电联供的商用电厂	用于发电的商用电厂	用于发电的商用电厂	用于发电的商用电厂,Pu 的转换
功率转换系统	朗肯循环	布雷顿循环	朗肯循环	布雷顿循环
氦气温度/℃	700	900	750	850
回路数	1 个非集成回路	1 个非集成回路	1 个非集成回路	1 个非集成回路
压力壳类型	钢(基本安全)	钢(基本安全)	钢(基本安全)	钢
一回路布置	肩并肩,同心导管壳连接	肩并肩,导管连接	肩并肩,同心导管壳连接	肩并肩,同心导管壳连接
停堆系统	反射层控制棒+反射层 KLAK	反射层控制棒+反射层 KLAK	反射层控制棒+反射层 KLAK	堆芯控制棒+反射层控制棒
衰变热载出	1 个回路+外表面冷却器	1 个回路+外表面冷却器	1 个回路+外表面冷却器	1 个回路+1 个辅助冷却器+外表面冷却器
最高燃料温度(失冷事故)/℃	<1600	<1600	<1600	<1600
反应堆构筑物	包容体	包容体(专门过滤器)	包容体(专门过滤器)	包容体(专门过滤器)

表 13.14 新计划的 HTR 系统的技术参数(HTR-Module 200 列入表中进行比较)

参　　数	HTR-Module	PBMR	HTR-PM	MHGR 600
热功率/MW	200	400	250	600
功率转换系统	朗肯循环	布雷顿循环	朗肯循环	布雷顿循环
电功率/MW	80	165	105	280
发电效率/%	40	41.2	42	46.7
平均堆芯功率密度/(MW/m^3)	3	3.5	3.22	6.6
堆芯形状	圆柱形	环形	圆柱形	环形
堆芯直径/m	3	4.15/1.8	3	4/1
堆芯高度/m	9.43	8.13	11	8
燃料元件类型	球形	球形	球形	块状
燃料+易裂变材料	UO_2	UO_2	UO_2	UO_2
燃料元件直径/cm	6	6	6	36
燃料布置	随机堆积球床	随机堆积球床	随机堆积球床	规则栅格
冷却剂压力/MPa	6.0	9.0	7.0	7.0
冷却剂温升/℃	250→700	500→900	250→750	490→850
堆芯内流动方向	向下	向下	向下	向下
堆芯燃料元件数	350 000	617 000	419 000	880
包覆颗粒类型	TRISO	TRISO	TRISO	TRISO
燃料装卸	连续装卸,多次通过堆芯	连续装卸,多次通过堆芯	连续装卸,多次通过堆芯	停堆装卸
燃料元件重金属含量/(g HM/FE)	7	8	8	烧 Pu
平均燃耗/(MWd/tHM)	70 000	80 000	80 000	120 000

续表

参　　数	HTR-Module	PBMR	HTR-PM	MHGR 600
易裂变材料富集度/%	8	9	9	15.5
运行中最高燃料温度/℃	950	<1050	<1000	<1200
蒸汽压力/MPa	18.0	—	13.2	—
蒸汽温度/℃	530	—	560	—
事故工况最高燃料温度/℃	<1600	<1600	<1600	<1600

下面，将对 PBMR 和 MHGR 600 作更为详细的描述，同时，完成了 PBMR 项目。针对概念型反应堆，已进行了非常详细的分析和研究，特别是对于具有环形堆芯结构的球床型 HTR，更取得了非常丰富的研究成果。分析表明，环形堆芯的设计方案是现实可行的，这种采用球形燃料元件的设计方案使实现更高的热功率成为可能。卸球管的数量变得更多，例如，有 4 个卸球管，以使燃料元件平稳地卸出。

在所有的设计中，一回路系统的几个钢壳均选择非集成的方式进行布置。在所有情况下，反应堆和功率转换单元之间的连接均采用典型的同心导管。在这个阶段讨论的反应堆的一回路系统均配备了"基本安全"的壳体，不会发生爆破。

内混凝土舱室只允许容纳有限的空气量，因为在一回路压力边界发生破裂后舱室内的空气可能对石墨结构造成腐蚀。对于非常不可能发生的大破口事故，设计采用特殊装置限制可能引起腐蚀的空气量。进一步地有可能采取干预措施阻止空气的进入，且这一设计方案将是有效的。通过合适的蒸汽发生器设计和布置可以避免大量水进入堆芯。对于非常不可能发生的非常大量的水进入一回路系统的情况，则采取简单有效的干预措施来加以控制。水可以通过特定的减压系统从一回路系统中被快速地排出。

对于未来的安全要求，需要假设可能会受到非常强烈的外部事件的影响，对其产生的后果必须进行严格的控制。图 13.80 给出了 HTR 电厂技术和安全相关要求的概况。其中有些部分已在计划阶段的概念中得到了满足，有些部分则仍然需要在全世界范围内得到认同和接受。

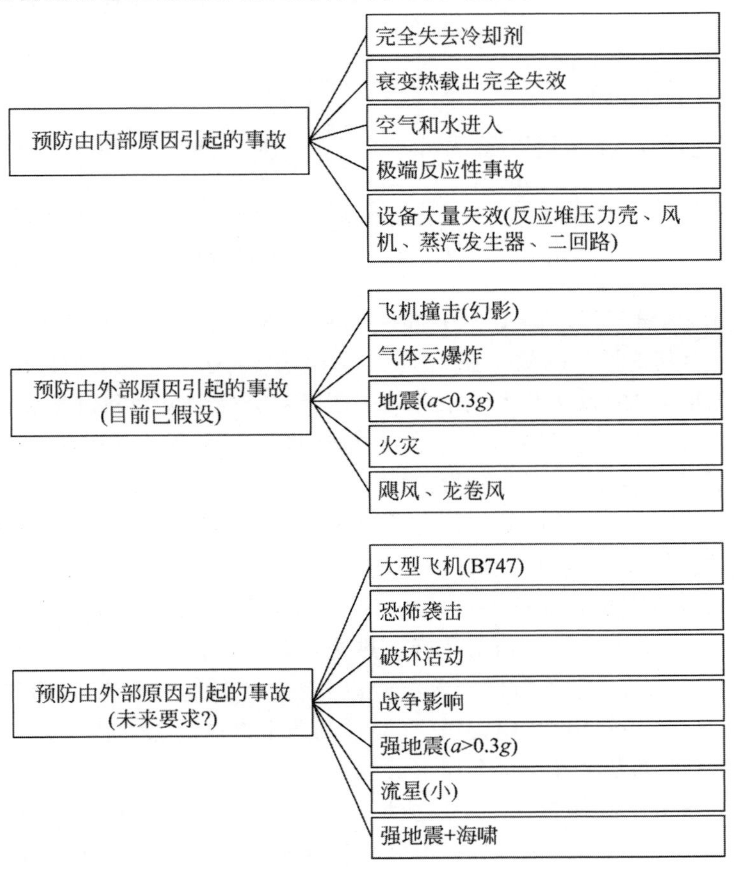

图 13.80　未来反应堆在技术和安全上的新要求

对于高温气冷堆，一个新的、非常重要的安全原则是使用自发衰变热载出并在失去能动冷却的事故条件下限制燃料最高温度低于设定的最高温度，如1600℃。目前，如果能够实现对最高温度的限制，那么采用TRISO包覆颗粒作为燃料元件对放射性表现出很好的阻留能力。当然，所有的设计都应具有很强的总温度负反应性系数。

13.6.2 MHGR 600 电厂

通用原子公司的气体透平机-模块式氦反应堆正在研发过程中，用于发电及电和工艺热的热电联产。此外，还计划在该反应堆系统中对武器级钚进行非常有效的燃耗。能量转换系统是基于带间冷却和回热的布雷顿循环，如图13.81所示。

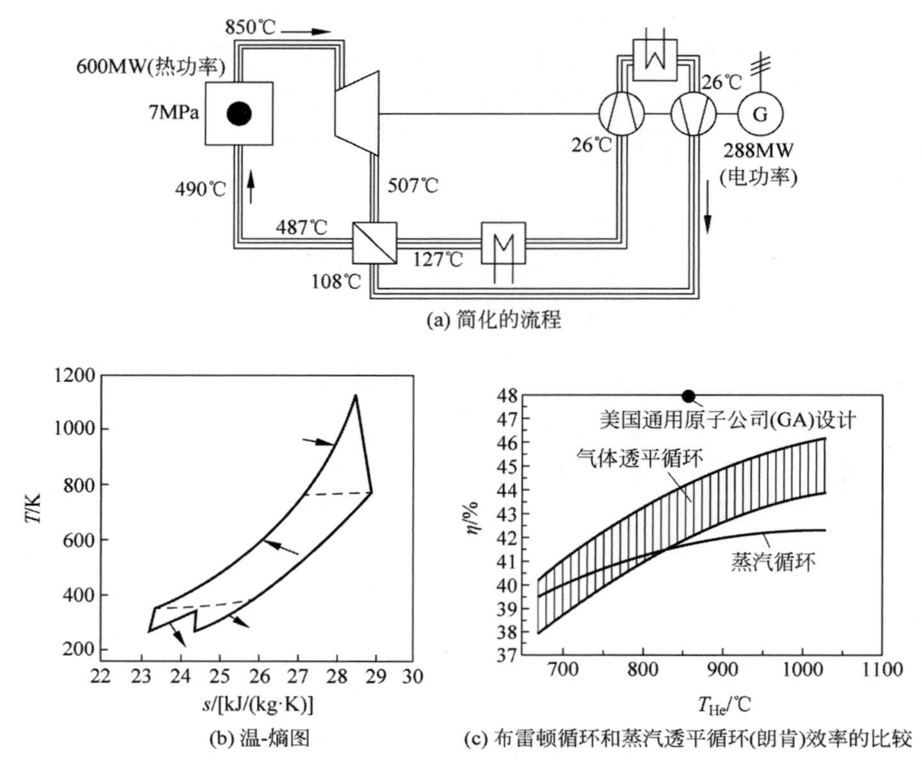

(a) 简化的流程

(b) 温-熵图

(c) 布雷顿循环和蒸汽透平循环(朗肯)效率的比较

图 13.81 MHGR 600 电厂布雷顿循环

由图13.81可以看出，当氦气温度高于850℃时，布雷顿循环的效率高于朗肯蒸汽循环效率。供应商称该系统效率可达到48%，而其他设计的效率在40%～44%。产生这一差异的原因应该是流程和设备的优化问题，特别是透平机械和回热器的效率及系统中的相关压降都会受到流程和设备优化问题的重要影响。

商用MHGR 600由一个或多个相同的动力单元组成，每个模块被设置在钢筋混凝土结构中，该结构被视为一个独立的通风式低压包容体。一回路系统(图13.82)包含在3个压力壳内，一个用于反应堆，一个用于功率转换单元，还有一个用于连接的同心气体导管系统。反应堆压力壳包含块状燃料元件组成的环状堆芯、控制系统、装载燃料的孔道及在压力壳底部的停堆冷却系统。

在动力转换压力壳内设置有单轴的透平机械和3个热交换器(预冷器、间冷器、回热器)。气体透平和两个压缩机设置在同一个轴上，采用磁悬浮轴承运行。热交换器的设计包括一个板式回热器和采用螺旋盘管布置的冷却器。加压后的氦气从堆芯上方的上部空腔以490℃的温度向下流过环形堆芯，并被加热到850℃的气体出口温度。同心热气体导管用于将高温氦气输送到透平机械。氦气在490℃的温度下离开回热器的二次侧，以使整个一回路压力边界保持在这个运行温度下。

反应堆压力壳周围的混凝土结构包含一个反应堆舱室冷却系统，就像目前所有HTR设计的那样，用来将衰变热载出。反应堆压力壳表面的热量仅通过热辐射、导热和自然对流即可传输给这些冷却系统。该系统是完全非能动的，不需要有可能失效的控制、阀门、循环风扇或者其他能动部件，尤其不需要电力供应。

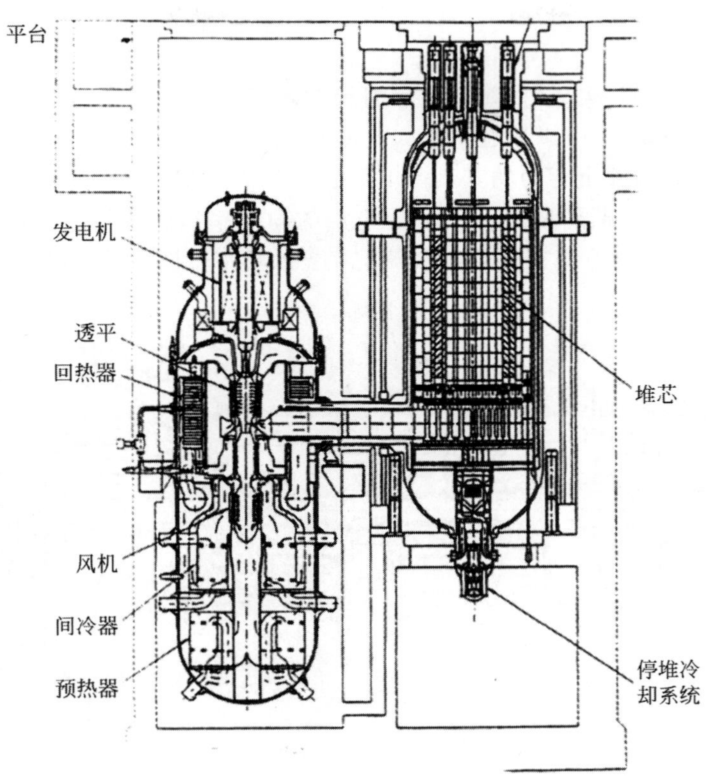

图 13.82 MHGR 600 动力模块的布置

停堆冷却系统能够在反应堆停堆期间载出衰变热，该系统由水冷换热器、氦风机和二次水冷回路组成，冷却塔作为热阱，出于安全的原因这是不必要的。

堆芯的活性区由环形布置的柱状燃料元件构成。堆芯的中心和外围是由不含燃料、相互连接、可更换的反射层块组成。堆芯的石墨结构被钢制堆芯筒包围，该筒装在一个非隔热的反应器压力壳内，如图 13.83 所示。

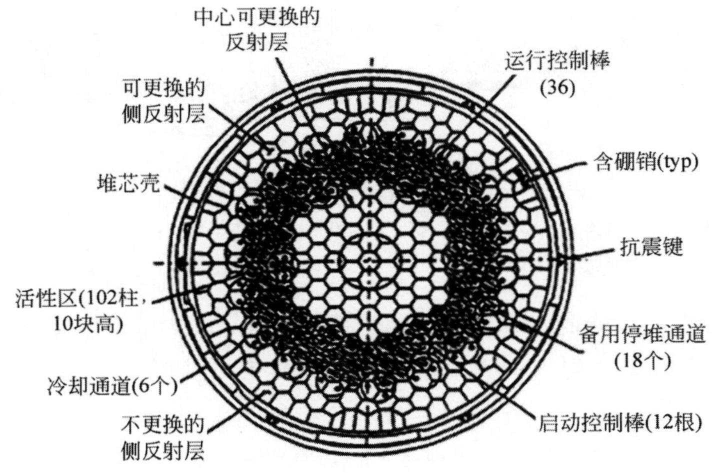

图 13.83 GT-MHR 堆芯平面视图

燃料包含在两种包覆颗粒内：易裂变材料颗粒（直径为 0.8mm），含有富集度接近 20%的氧化铀-碳化铀的核芯；可裂变材料颗粒（直径为 0.9mm），含有天然铀的氧化物-碳化物的核芯。

该项目计划将核武器级钚作为燃料燃耗掉，在这种情况下，钚被放置在易裂变材料的颗粒内。在任何情况下均使用 TRISO 颗粒作为燃料元件，因为它们在正常运行和严重事故中具有优异的阻留裂变产物的能力。燃料颗粒与石墨混合压制成燃料柱块，这些燃料柱块插入石墨燃料块中的垂直孔内。氦流过燃料块中相邻的垂直冷却剂孔道。电厂运行采用一次通过堆芯的方式，并预计燃料元件在堆芯内运行 3 年后被卸出，每 18 个月对一半堆芯燃料加以更换。因此，使用了一套燃料装卸设备，该设备能够对反射层元件进行更换。

堆芯的反应性控制由控制棒完成，控制棒在反射层和环形堆芯内移动。此外，还有一个由碳化硼颗粒组成的多样化反应性控制系统，它可以通过重力从堆芯上方的装料器中落入堆芯的专门孔道。堆芯很强的温度负反应性系数是中子物理安全行为的基础。电厂要实现大功率，那么整个电厂均需进行模块化设计。若采用包括回热和间冷的布雷顿循环方式，则可使电厂的净效率达到通用原子能公司设计概念中预计的 48%这一数值。图 13.84 给出了包含透平机械和热交换器的功率转换单元的构造。

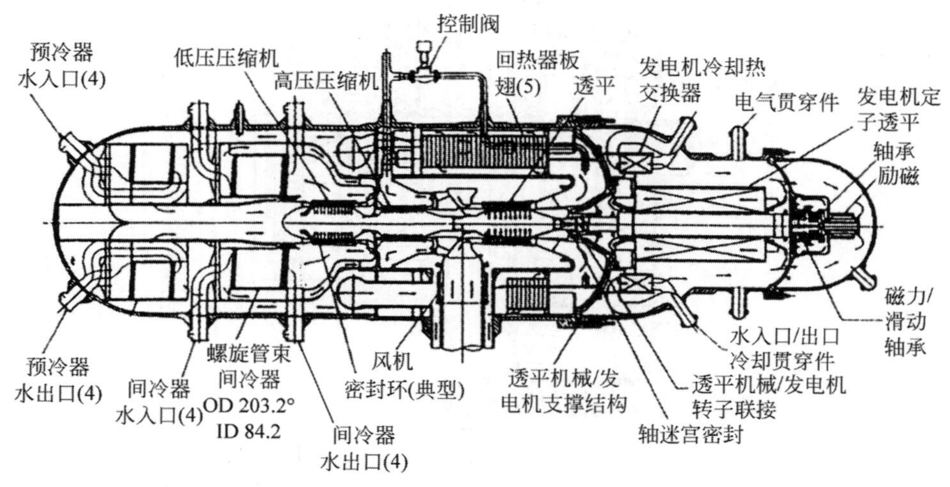

图 13.84 功率转换单元的构造

括号中数字代表数量

热交换器，特别是回热器被设计成非常紧凑的单元(板翅式)，并集成在功率转换壳内。透平机械采用垂直方式布置，气体透平则直接布置在高温气体进入部件的位置。该机械采用磁悬浮轴承，避免了与传统油润滑有关的一些问题。图 13.85 所示为透平机械的详细图示。

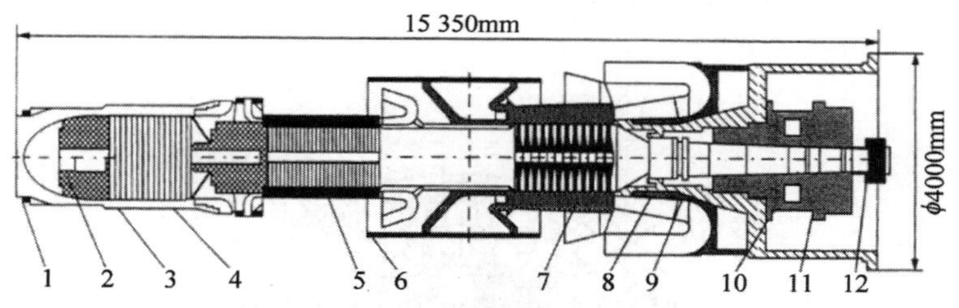

图 13.85 MHGR 600 电厂透平机械

1—密封；2—定位轴承；3—径向磁悬浮轴承；4—低压压缩机；5—高压压缩机；6—密封；7—透平；8—缓冲密封；9—维修密封；10—轴向定位轴承；11—轴向磁悬浮轴承；12—联轴节

表 13.15 给出了功率转换单元的一些参数。为了进行比较，也给出了 EVO 电厂和 HHV 电厂的相关重要参数，EVO 电厂在德国已用于氦气的布雷顿循环，HHV 电厂是德国气体透平项目中用于氦气透平的已建大型实验装置。

表 13.15 功率转换单元(PCU)的一些重要参数

电 厂 参 数	MHTGR	EVO plant	HHV plan
热功率/MW	600	150	45(1)
电功率/MW	280	50	△300(2)
氦气温度/℃	850→490	750→417	850
氦气压力/MPa	7	28	50
质量流量/(kg/s)	321	86	200
膨胀比	2.8	2.5	

续表

电 厂 参 数	MHTGR	EVO plant	HHV plan
低压压缩机级数	14	10	
高压压缩机级数	19	15	
透平级数	11	7(HP)	
转速/(1/min)	3000	3000	300
机械直径/m	约 3		
机械长度/m	约 15		
机械重量/t	45		
回热器表面积/m^2	65 000		
功率转换单元总重量/t	1840		60(转子)

注：与 EVO 和 HHV 电厂的参数进行比较。

在该反应堆中，可以实现衰变热自发载出，并限制燃料温度低于 1600℃，如图 13.86 所示。

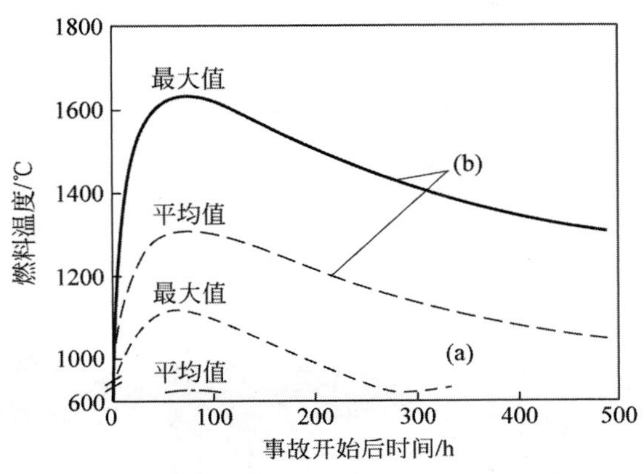

图 13.86 在完全失去能动冷却事故下堆芯的温升

(a) 系统在全压下；(b) 系统失压

到目前为止，MHGR 600 系统的规划工作和核电站的平衡工作都是在一个合作项目中完成的，该项目由通用原子能公司(General Atomic)、俄罗斯的 OKBM、法国的法马通(Framatome)和日本的富士公司(Fuji)共同完成。特别是该系统存在燃耗钚的可能性，这是反应堆各项发展中一个颇具吸引力的方面，可以为减少武器级材料做出一定的贡献。

13.6.3 PBMR 概念

南非的 PBMR(球床模块式反应堆)已进行了一定的研发并计划在将来建造。该电厂使用布雷顿循环发电。图 13.87 给出了流程控制的一些详细信息。

在对 PBMR 进行初步设计时，预计净效率为 41%。该电厂的热源是一个热功率为 400MW 的具有环形堆芯的球床反应堆。最高氦气温度为 900℃，表 13.11 给出了一些重要参数。从温度为 900℃的反应堆出口流出的热氦气进入透平，透平机的一侧通过减速齿轮箱与发动机连接，另一侧与两个压缩机相连。从温度为 500℃的透平机出口流出的氦气通过回热器、预冷器、第 1 级压缩机、间冷器和第 2 级压缩机之后，通过回热器并以 470℃的温度再次进入堆芯。两个冷却器都是水冷的。电厂的功率与氦气质量流量成正比，氦气质量流量与压力有关。因此，可以通过改变系统中的压力来调节功率。对应于图 13.87 所示的流程，预期用一个缓冲罐来完成这一过程。

图 13.88 给出了一回路系统设备的布置情况。反应堆压力壳与设置动力透平单元的第 2 个一回路压力壳相互连接。压缩机、预冷器和间冷器也设置在压力壳内。预期有两个压力壳用于回热器。一回路系统的主要设备均通过管道连接。

一回路系统的压力边界是由锻钢制造的。反应堆压力壳在外部被一个表面冷却器和一个混凝土舱室包围，如果正常的能动衰变热载出失效，则上述表面冷却器和混凝土舱室可以将衰变热载出。

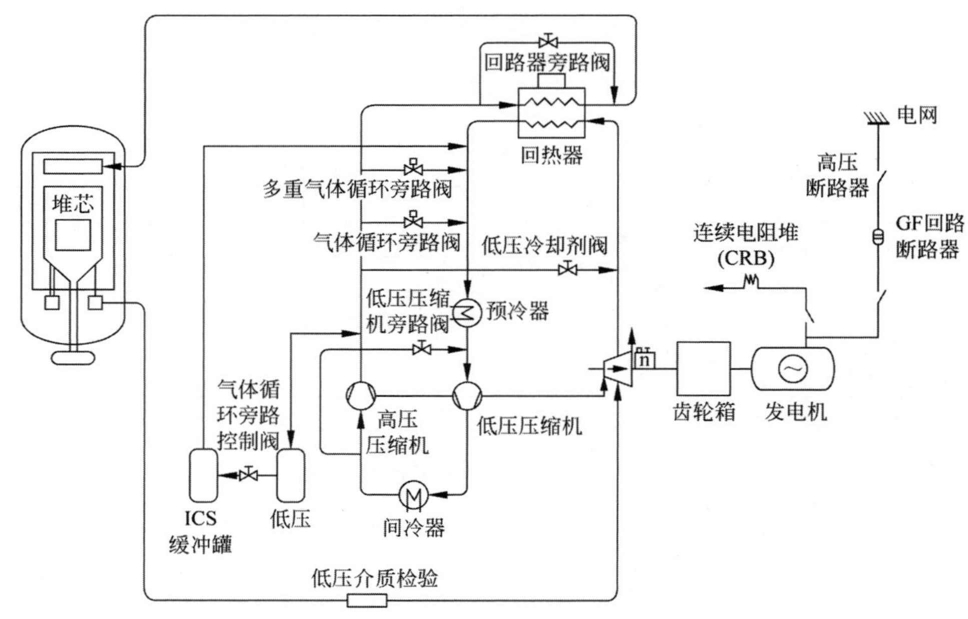

图 13.87　PBMR 的布雷顿循环(包括流程控制的装置)

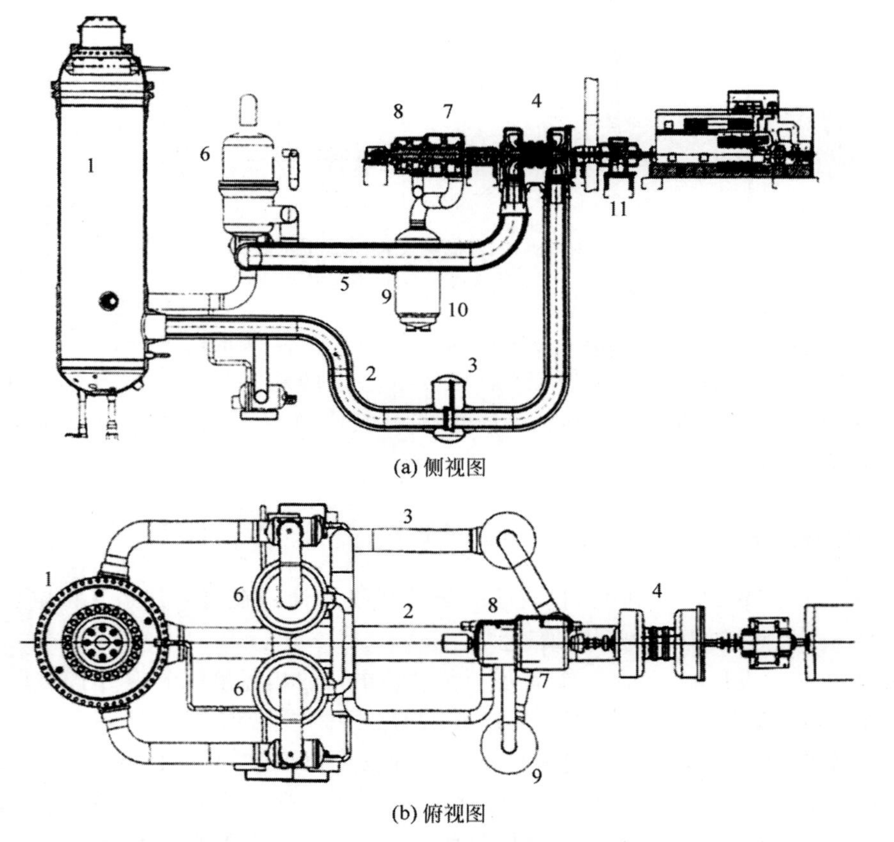

(a) 侧视图

(b) 俯视图

图 13.88　一回路系统布置

1—反应堆；2—同心热气导管；3—阀门；4—透平；5—透平与回热器之间的气体导管；6—回热器；7—低压压缩机；8—高压压缩机；9—预冷器；10—间冷器；11—齿轮

气体透平循环原则上允许以相当紧凑的方式布置在反应堆构筑物内。一回路系统的设备布置在内混凝土舱室内,能承受通常的冲击,例如,地震和失压事故造成的冲击。在内混凝土舱室外围有一座反应堆构筑物,它可抵抗外部撞击,比如飞机撞击、气体云爆炸和地震,如图 13.89 所示。在失压事故后,内舱室自动关闭,另外,内混凝土舱室这一设计概念还可将引起石墨腐蚀的空气量限制在相当小的数值。

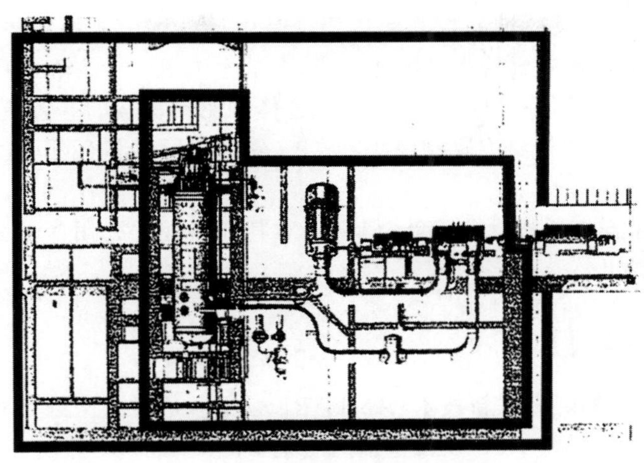

图 13.89 PBMR 反应堆构筑物的横剖面

乏燃料元件储存在一些铁储罐中,并通过空气的自然对流进行冷却。所有储罐的总容量被设计成能够储存反应堆运行寿命期间卸出的全部乏燃料元件,并将这些乏燃料元件储存在反应堆构筑物内。燃料元件将使用含有 TRISO 包覆颗粒的球形燃料元件。堆芯为环形堆芯,内部区域由石墨柱构成,外环形区由燃料元件组成,如图 13.90 所示。这种环状堆芯的布置使堆芯能够实现比圆柱堆芯更高的热功率。

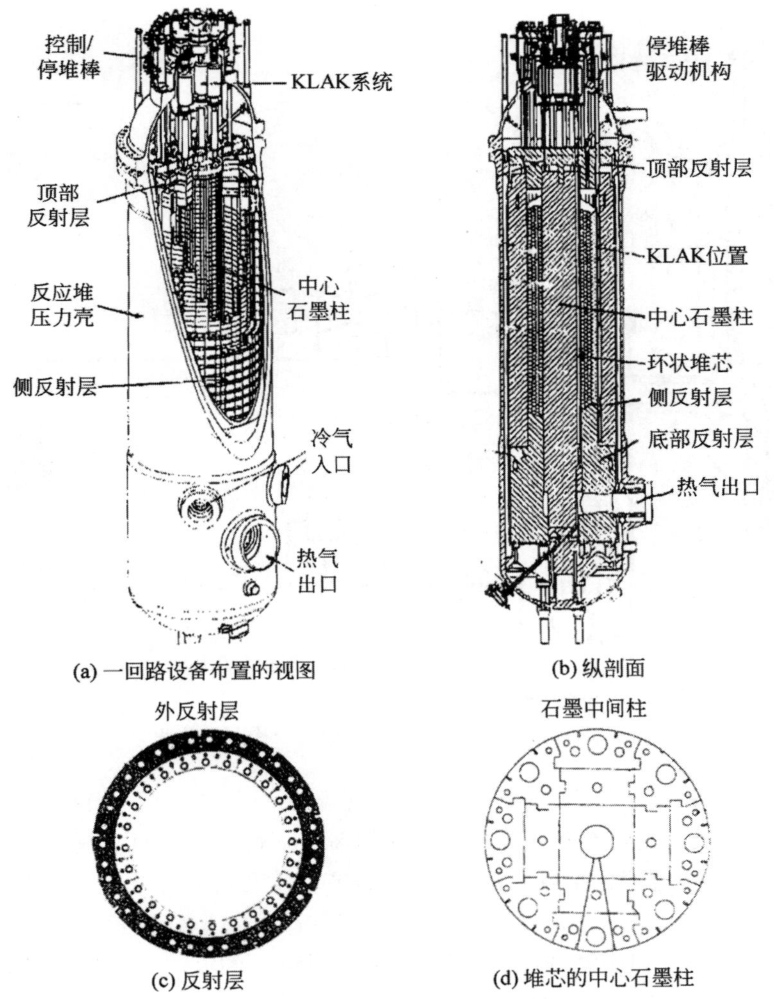

图 13.90 堆芯剖面

边界条件是指在严重事故下最高燃料温度应低于 1600℃,例如,在发生失去冷却剂、失去能动衰变热载出、第一停堆系统的快速停堆失效这种严重事故时,最高燃料温度要低于 1600℃。燃料循环采用的是低富集铀多次通过堆芯的循环方式。反应堆的控制和热停堆是由反射层中的控制棒进行的。第一停堆系统包括控制棒，第二停堆系统由碳化硼制成的小吸收球组成，在重力作用下自然落到侧反射层(KLAK)中的孔道内，或者也可采用控制棒，但是与第一停堆系统相比，吸收体和驱动机构的布置更加多样化。衰变热载出使用了自发动作这一概念，将最高燃料温度限制在 1600℃。采用环形堆芯有可能实现 400MW 的相对较高的功率。

虽然对 PBMR 已进行了详细的概念化设计，但由于对其感兴趣的公用事业公司政策发生变化，并且资金上也出现短缺，该项目已终止。

13.6.4 ANTARES 项目

基于先进气冷堆能源供应的阿海珐新技术(ANTARES)项目是由法国规划和设计的，计划为未来能源市场研发的 HTR 方案所用。ANTARES 项目包括两个主要的应用：

- 用于产生供给热电联产电厂或者冷凝电厂的蒸汽；
- 产生的高温工艺热通过中间换热器用于各种流程。

图 13.91 给出了蒸汽产生的流程及在冷凝装置中的利用情况。常规的蒸汽工况(530℃)要求氦气温度为 700～750℃，冷凝电厂中的发电效率为 40%，在用于热电联产的情况下，能量利用率为 80%左右。该流程不包含氦气的再热。如果包含氦气的再热，那么发电效率可以提高 1%～21%。然而，这需要更多技术上的努力，例如，增加蒸汽发生器、蒸汽管道和蒸汽轮机等相关设备。

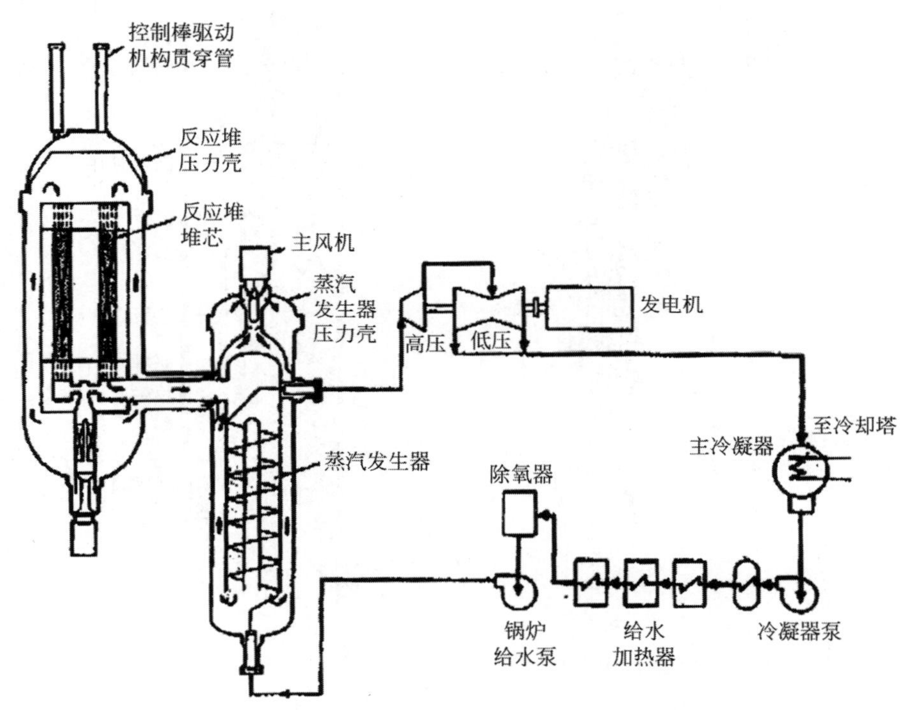

图 13.91 蒸汽产生的流程(如用于冷凝的流程)

为了将中间换热器引入一回路，反应堆出口的氦气温度必须要更高，根据应用情况，应达到 900～1000℃。大约 50℃的温差足以允许在其他条件也具备的情况下将热从中间换热器的一次侧传输到二次侧。与模块式 HTR 应用相结合的流程包括联合循环(气体透平和蒸汽轮机)、天然气蒸汽重整制氢，以及通过热化学水裂解制氢气/氧气。

对于这些特殊的应用，建议使用氦/氮混合气体作为二回路中的流体。此外，二回路中热端和冷端的阀门用于将工艺热利用和联合循环分开。通过中间换热器将联合循环与模块式 HTR 耦合可以达到 45%～50%的效率。

ANTARES 的热源是一种具有块状燃料元件的 HTR，是由通用原子能公司研发的。它是一个环形堆芯，其热功率为 600MW，功率密度为 $5MW/m^3$。图 13.92 所示为堆芯的横断面。一个由六角石墨块组成的中心柱被一个高度为 8m、宽度为 1.2m 的活性区堆芯包围。外反射层的厚度，如在所有 HTR 中所选择的，大约为 1m。对于 600MW 的热功率，根据设计需要，反应堆压力壳的内直径为 7m。

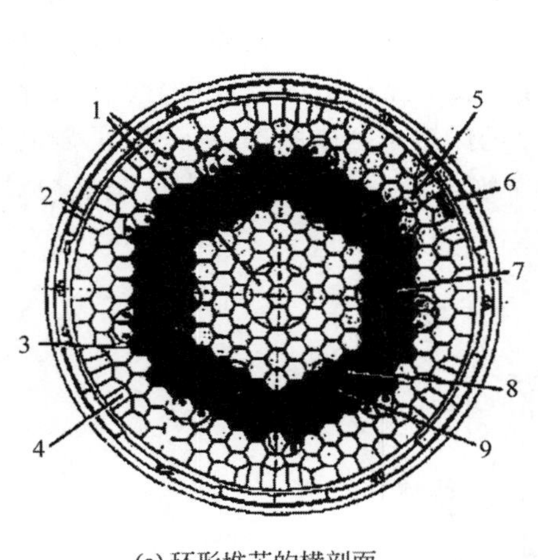

(a) 环形堆芯的横剖面

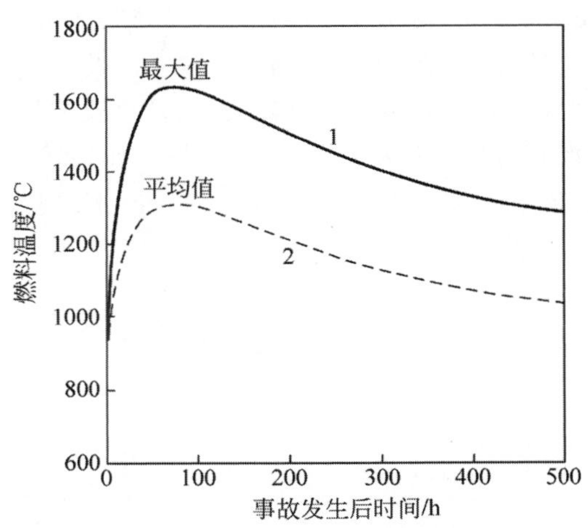

(b) 完全失去能动冷却事故期间的燃料温度

图 13.92 柱状燃料元件的环形堆芯

(a) 1—反射层块；2—热屏；3—燃料元件；4—固定的侧反射层；5—运行的控制棒(36 根)；6—含硼芯块；7—抗震键；8—备用停堆孔道(18 个)；9—启动控制棒(12 根)；(b) 1—最高温度；2—平均温度

图 13.93 给出了这一设计概念的一些细节。氦气从反应堆顶部流向底部，升温至 750℃，用于蒸汽的产生；对于工艺热应用，其温度将达到 1000℃。底部有一个由陶瓷部件构成的热气体腔室。反应堆和热交换器通过同心导管连接。反应堆的控制由吸收棒完成，吸收棒从堆芯顶部插入堆芯。

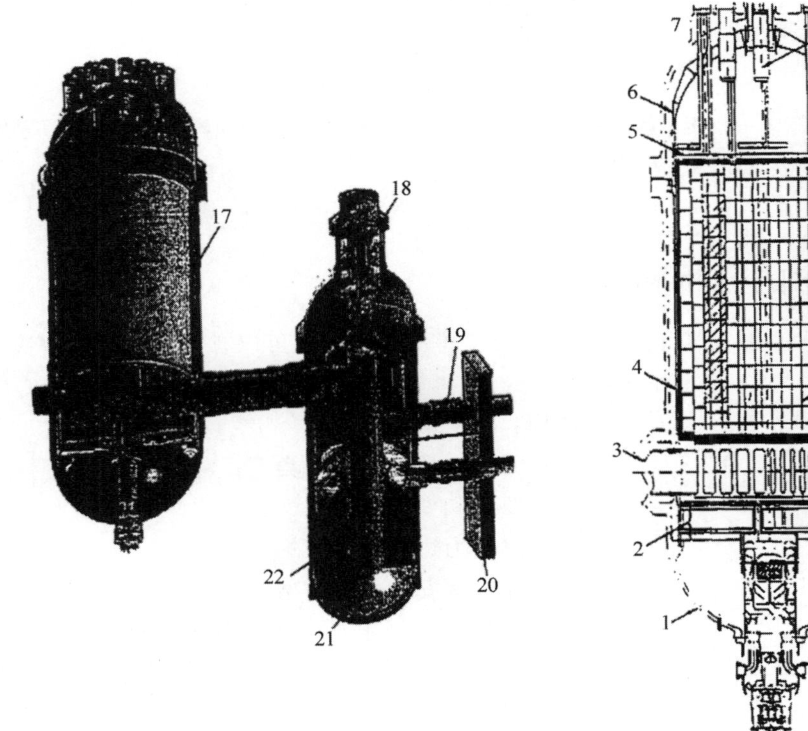

(a) 设备视图　　(b) 堆芯垂直剖面

图 13.93 ANTARES 一回路系统的结构

1—反应堆压力壳；2—堆芯金属支撑件；3—热气导管；4—堆芯筒；5—堆芯上部约束；6—上部通风罩；7—控制棒组件；8—堆芯内中子注量率测量；9—顶部反射层(可更换)；10—侧反射层(固定)；11—堆芯活性区；12—侧反射层(可更换)；12—中心反射层(可更换)；14—底部反射层(可更换)；15—堆芯支撑(石墨)；16—停堆冷却系统；17—反应堆压力壳；18—主氦风机；19—隔离阀；20—安全壳构筑物；21—热交换器压力壳；22—热交换器

规划的构筑物布置遵循相关模块式 HTR 制定的原则。如图 13.94 所示，蒸汽发生器(对于新的设计概念有两个)采用肩并肩方式布置，主氦风机位于蒸汽发生器的顶部。一回路系统布置在内混凝土舱室内，内混凝土舱室具有一个表面冷却器环绕反应堆压力壳，用于衰变热的载出。内混凝土舱室本身被外部反应堆构筑物包围，这样可以保护一回路系统和建筑物内的所有部件免受来自外部强烈冲击的影响。如果能动冷却已完全失效并且一回路系统已经失压，那么反应堆也使用自发衰变热载出的设计概念。由于使用了环形堆芯，最高燃料温度将保持在 1600℃以下。如果反应堆的压力仍保持在全压状态，但失去了强迫流动效应，最高燃料温度将达到约 1100℃。在任何情况下，裂变产物的释放都将是有限的，因为这是最初对于模块式 HTR 的要求。

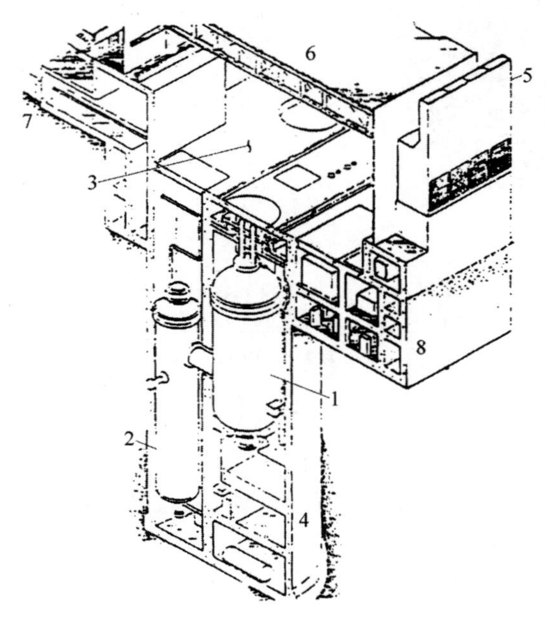

图 13.94　反应堆立面的设备布置

1—反应堆压力壳；2—蒸汽发生器容器；3—维修盖板；4—内混凝土舱室；5—空腔冷却系统进/排气结构；6—反应堆大厅；7—地面；8—辅助系统建筑物

13.7　反应堆概念的分析和评价

前面所做的一些分析表明，关于 HTR 系统的反应堆概念和布置可以有许多不同的解决方案，主要原因如下：

- 应用；
- 燃料元件和燃料循环的类型；
- 安全要求和安全概念；
- 一回路压力边界的类型；
- 包容体或者安全壳的类型。

在确定设计之前，必须对许多方面进行分析，并对不同的解决方案进行比较。对应于项目的各个阶段，分别进行分析和比较。如图 13.95 所示，这项工作主要是在第 1 阶段完成。然而，根据经验教训，这将是一个连续的过程。即使在设备制造和电厂建造阶段，也曾修改过技术细节，因为在安全要求方面曾进行过多次改变以符合 LWR 安全技术(德国条件)的新要求。例如，对外部(飞机撞击)事件的几个额外的假设反过来又促使对 THTR 的一些原有措施进行修改，从而最终确定了在反应堆 PCRV 周围建造一个安全壳的设计方案。

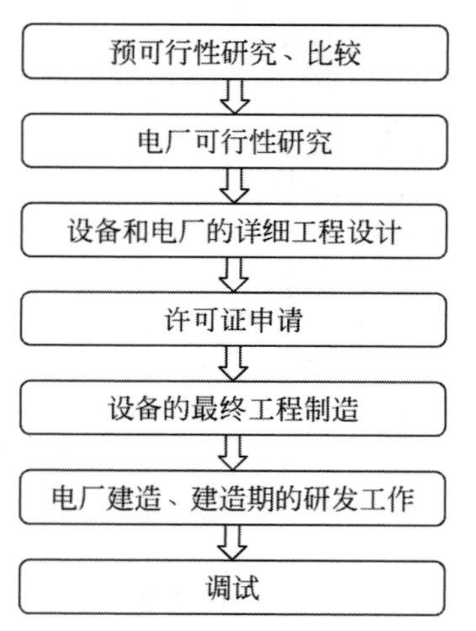

图 13.95　反应堆概念分析和评估的过程：各阶段的工作

具体地说,概念的分析和评估及一个具体方案的确定需要经过多项工作程序,为了找到一个好的项目,就必须按照这个工作程序来执行。反应堆概念的分析和评估如图 13.96 和图 13.97 所示。

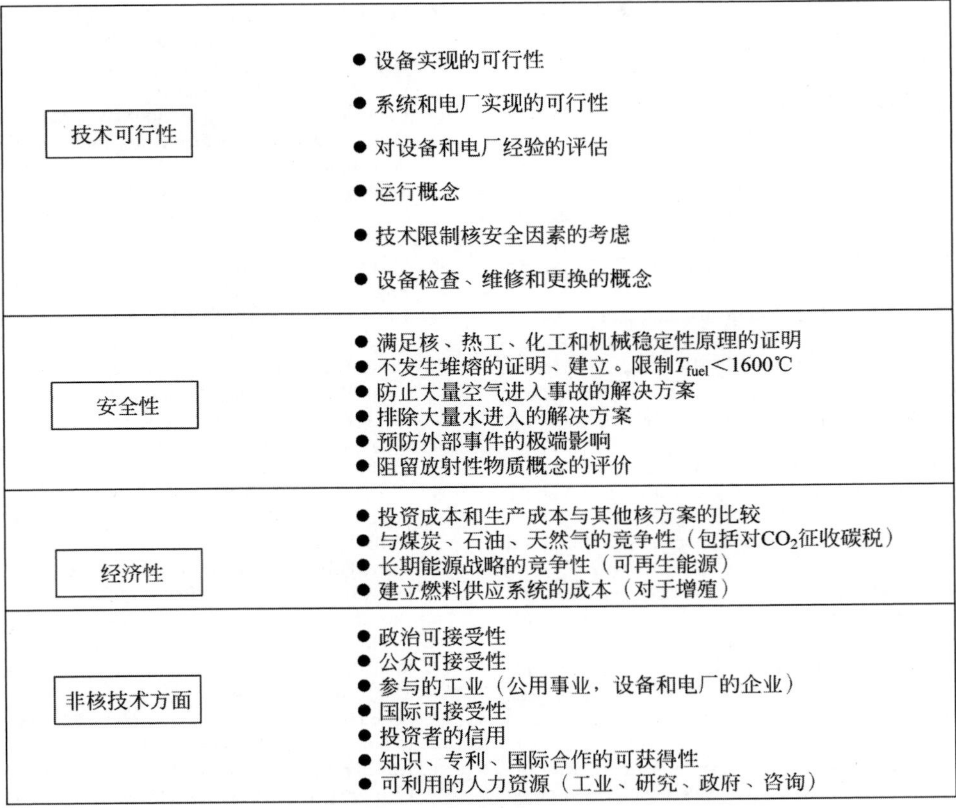

技术可行性
● 设备实现的可行性
● 系统和电厂实现的可行性
● 对设备和电厂经验的评估
● 运行概念
● 技术限制核安全因素的考虑
● 设备检查、维修和更换的概念
安全性
● 满足核、热工、化工和机械稳定性原理的证明
● 不发生堆熔的证明、建立。限制T_{fuel}<1600℃
● 防止大量空气进入事故的解决方案
● 排除大量水进入的解决方案
● 预防外部事件的极端影响
● 阻留放射性物质概念的评价
经济性
● 投资成本和生产成本与其他核方案的比较
● 与煤炭、石油、天然气的竞争性（包括对CO_2征收碳税）
● 长期能源战略的竞争性（可再生能源）
● 建立燃料供应系统的成本（对于增殖）
非核技术方面
● 政治可接受性
● 公众可接受性
● 参与的工业（公用事业，设备和电厂的企业）
● 国际可接受性
● 投资者的信用
● 知识、专利、国际合作的可获得性
● 可利用的人力资源（工业、研究、政府、咨询）

图 13.96 反应堆概念的分析和评估(第 1 部分)

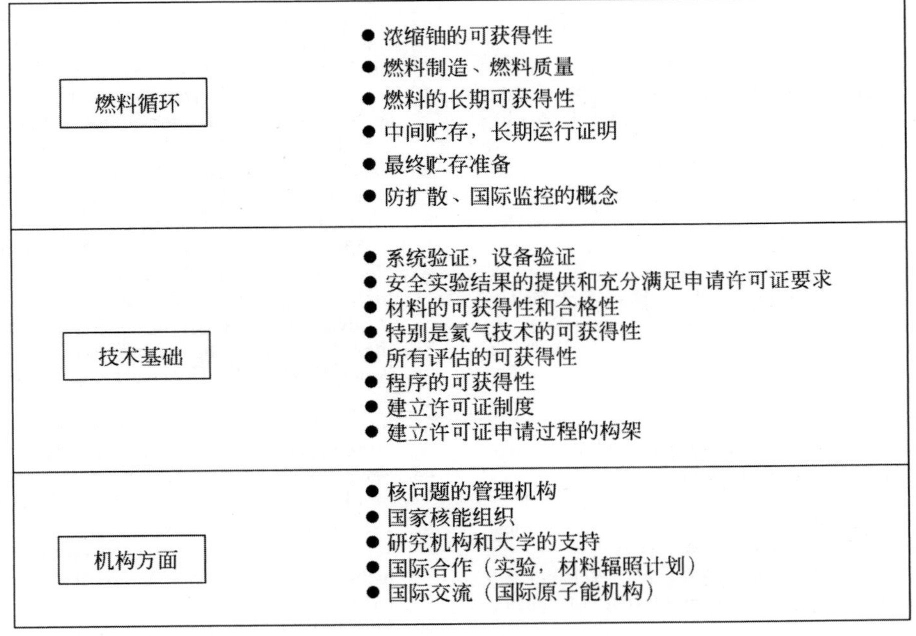

燃料循环
● 浓缩铀的可获得性
● 燃料制造、燃料质量
● 燃料的长期可获得性
● 中间贮存，长期运行证明
● 最终贮存准备
● 防扩散、国际监控的概念
技术基础
● 系统验证，设备验证
● 安全实验结果的提供和充分满足申请许可证要求
● 材料的可获得性和合格性
● 特别是氦气技术的可获得性
● 所有评估的可获得性
● 程序的可获得性
● 建立许可证制度
● 建立许可证申请过程的构架
机构方面
● 核问题的管理机构
● 国家核能组织
● 研究机构和大学的支持
● 国际合作（实验，材料辐照计划）
● 国际交流（国际原子能机构）

图 13.97 反应堆概念的分析和评估(第 2 部分)

参考文献

1. N>N British Electricity International, London Modern power station practice. Voe J; Nuclear power generation Pergamon Press; Oxford, New York, Seoul, Tokyo, 1992.
2. Hoglund, B., UHTREX, Operation near power reactor technology, 9,1,51, 1996 UHTREX, Alive and running with coolant at 2400 °F, Nuclear News, 12, 11,31, 1969.
3. El Wakil, Nuclear reactor technology, McGraw Hill Company, 1970.
4. Schulten, R., The development of high-temperature reactors, Journal of the Franklin Institute, Monograph No. 7, May 1960.
5. Schulten, R., Trauger, D., Gas-cooled reactors, Trans. Amer. Nucl. Society 24, 1976.
6. Special issue, The AVR reactor, Atomwirtschaft, April 1968.
7. Engelhard, J., Final report on the construction and first operation of the AVR nuclear power plant K72-23, 1972.
8. Krüger, K., Ivens, G., Kirch, N., Operation experience and safety experiments with the AVR power station, Nuclear Engineering and Design, 109, 1988.
9. AVR experimental high-temperature reactor: 21 years of successful operation for a future technology, VDI-Verlag GmbH, 1990.
10. Ziermann, E., Ivens, G., Final report on the operation of the AVR experimental nuclear power plant, JÜL-3448, Oct. 1997.
11. Schulten R., The development of high temperature reactor, gas cooled reactors, a symposium sponsored by the Franklin Institute and The American Nuclear Society, Delanmare Valley Section, Monograph 7 Journal of the Franklin Institute, 1960, Philadelphia.
12. Special issue, High-temperature reactors and the Dragon project, the Journal of the British Nuclear Energy Society, Vol. 5, Nr. 1–4, 1966.
13. Chapmann, B., Operation and maintenance experience with the Dragon reactor experimental, Proc. ANS Meeting on Gas-Cooled Reactors, HTGR and GCFBR, Gatlinburg, May 1974.
14. Graham, L.W. et al., HTR fuel development and testing in the Dragon project, Proc. ANS Topl. Mtg. Gas-Cooled Reactors, HTGRs and GCFBR, Gatlinburg, Tennessee, May 7-10, 1974, CONF-740501, National Technical Information Service, 1974.
15. Rennie, C.A., Achievements of the Dragon project, Ann. Nucl. Energy 5, 1978.
16. Ashworth, F.P. et al., A summary and evaluation of the achievements of the Dragon project and its contributions to the development of HTR, Dragon Project Report 1000, U.K. Atomic Energy Establishment, Winfrith, Nov. 1978.
17. Capp, P.D., Simon, R.A., Operational experience with the Dragon reactor, experiment of relevance to commercial reactors, Prod. IAEA Int. Mtg. Gas-Cooled Reactors, Jülich, FGR Oct. 1975, CONF-751007, SM-200/19, Vol. 1, International Atomic Energy Agency (1976).
18. Fortescue, P., Nicoll, D., Rickard, C., Rose, D., HTGR underlying principles and design, Nucleonics, 18, J. 8, Jan. 1960.
19. Robinson S.T., The pebble bed reactor gas cooled reactors, a symposium sponsored by the Franklin Institute and The American Nuclear Society, Delanmare Valley Section, Monograph 7 Journal of the Franklin Institute, 1960, Philadelphia.
20. Reference design of 300 MW_{el}-prototype plant, THTR – Thorium High-Temperature Association, 1968.
21. THTR safety report, Vol. 1 and 2, Euratom Report, 1968.
22. Special issue, The 300 MW Thorium high-temperature nuclear power plant THTR, Atomwirtschaft, 5, May 1971.
23. Special issues, Project information: 300 MW THTR nuclear power plant, Hamm-Uentrop, publications of HRB Mannheim, 1975 til 1986.
24. Baust, E., Rautenberg, J., Wohler, J., Results and experience from the commissioning of the THTR 300, Atomkernenergie-Kerntechnik, Vol. 47, 1985.
25. Schwarz, D., THTR operation, the first year, IAEA, Technical Committee Meeting on Gas-Cooled Reactors and their Application, Oct. 1986, Jülich.
26. Schwarz, D., Bäumer, R., THTR operation experience, Nuclear Engineering and Design, 109, 1988.
27. Bäumer, R., THTR 300 experiences with an innovative technology, Atomwirtschaft, May 1989.
28. Bäumer, R., THTR and 500MW follow up plant, in: AVR Experimental High-temperature Reactor, VDI-Verlag, Düsseldorf, June 1990.
29. Walker, R. E., Johnston, T. A. et al., Fort St. Vrain nuclear power station, Nuclear Engineering International, special issue, Dec. 1969.
30. Special issue, Fort St. Vrain nuclear power station, Nuclear Engineering International, Dec. 1971.
31. Olson, H. G., Swart P.E., Fort St. Vrain high-temperature gas-cooled reactor, Nuclear Engineering and Design, 72, 1982.
32. Brey, H.L., Graul, A., Operation of the Fort St. Vrain HTGR plant, Proc. American Power Conf., Chicago, Illinois, Apr. 26–26, 1982, Vol. 44, Institute of Technology.
33. Brey, H.L., Olson, G.G., Fort St. Vrain experience, Nuclear Energy 22, No. 2, 1983.
34. Williams, R.O., Brey, H.L., Fort St. Vrain update, 9, Internationale Konferenz über den Hochtemperaturreaktor, VGB-TB-113, Oct. 1987.
35. Brey, H.L., Fort St. Vrain performance, IAEA TEC DOC 436, Gas-Cooled Reactors, Vienna, 1987.
36. Baxter, A. et al., FSV experience in support of the GT-MHR: reactor physics, fuel performance and graphite, paper presented at the IAEA meeting on gas reactors, Nov. 28-Dec. 2, 1994, Petten, The Netherlands, 1994.
37. Schulten, R., Proposal for a 500MW_{th} process steam reactor, Internal Report, KFA Jülich, 1969.
38. Kugeler, K., Schulten, R., Process steam generation with high-temperature reactors, JÜL-870-RG, June 1972.
39. Kugeler, K., Process heat from high-temperature reactors, Yearly Report, KFA Jülich, 1972.
40. Schulten, R. et al., Industrial nuclear power plant with high-temperature reactor – OTTO principle for the generation of process steam, JÜL-941-RG, April, 1973.
41. Schröder, G., et al., Economical aspects of industrial power plants for steam generation with pebble-bed HTR in comparison to oil-fired units, British Nuclear Energy Society, London, 1974.
42. Lukaszewicz, J., The behavior of temperatures in a high-temperature reactor after total loss of cooling, JÜL-1112-RG, Oct. 1974.
43. Dibelius, G., Electrical energy and heat from gas turbine processes with high-temperature reactors.
44. Bammert K., A general review of enclosed cycle gas turbines using fossil, nuclear and solar energy, Thiemig Verlag, 1975.
45. Noak, G., Terkessidis, J., Zenker, P., Significance of the helium turbine power plant at Oberhausen (EVO) and the high temperature helium test facility, at Jülich (HHV) for the development of the HTR circuit cycle system (HHT), IAEA-SM-200/26, 1975.
46. Arndt, E., et al., HHT demonstration power plant, ENC 79, Vol. 31, 1979.
47. Special issue, HHT demonstration plant: HHT specific work of planning 1980 til 1981, HHT 40, 1981.
48. Special issue, HHT project: result of development and planning of a high-temperature reactor with helium turbine from 1969 til 1982, HHT-43, March 1983.
49. Weisbrodt, I.A., Summary report on technical experiences from high-temperature helium turbo machinery test in Germany, IAEA, Vienna, Nov. 1995.
50. Lidsky, L.M. and Yan, X.L., Modular gas-cooled reactor gas turbine power plant designs, Proceedings of the 2nd JAERI Symposium on HTGR Technologies, Oct. 1992.
51. Baust, G., Schöning, J., Wachholz, W., Status and possibilities of the high-temperature reactor, Atomwirtschaft 1, 1982.
52. Kröger, W., Wolters, J., et al., On the accident behavior of the HTR 500, JÜL-Spec. 220, Sept. 1983.

53. Knizia, K., Schwarz, D., The HTR 500 as a next high-temperature reactor, VGB-Draftwerkstechnik, Vol. 3, 1985.
54. Wachholz, W., Safety concept of future nuclear power plants HTR 500 and HTR 100, Atomkernenergie-Kerntechnik Vol. 47, No. 3, 1985.
55. Schöning, J., Stölzl, D., Wachholz, W., HTR 500 – technical and safety concept, Atomirtschaft, Aug./Sept. 1985.
56. Schöning, J., Wachholz, W., HTR 500 – technology safety and economy, Energie, Jg. 36, Vol. 7, July 1984.
57. Wittchow, G., Bode, K.H., Schrumpf, V., HTR 500 – alternative to the pressurized water reactor, Energiewirtschaftliche Tagesfragen, Vol. 5, May 1985.
58. Baust, E., Schöning, J., HTR 500: the basic design for commercial HTR power stations, IAEA Technical Committee Meeting on Gas-Cooled Reactors and their Applications, Jülich, Oct. 1986.
59. Goodjohn, Large HTGR design status, GA-10017, April 1970.
60. Special issue, Fulton HTGR, Nuclear Engineering International, 19. Aug. 1974.
61. Oehme, H., Comparative HTGR design, Proc. ANS Topl. Mtg. Gas Cooled Reactors, HTGR's and GCFBR's Gatlinburg, Tennessee, May 7-10, 1974, CONF-740501, National Technical Information Service, 1974.
62. GASSAR, General Atomic Company standard safety analysis report, GA-A 132000, GA Technologies, 1975.
63. Moor, R. A., et al, HTGR experience, programs and future applications, Nucl. Eng. Des. 72, 153, 1982; Nucl. Eng. Des. 53, 1979; 61, 1980 and 72, 1982.
64. AIPA study, Safety study for HTR concepts applying German site conditions, JÜL-Spez. 136, Dec. 1981.
65. Moore, R.A., HTGR experience, programs and future applications, Nucl. Engin. Design 72, 1982.
66. Lidsky, L.W., Overview on gas turbine cycles and technology, Proceedings of the International Workshop on the Closed-Cycle Gas-Turbine Modular High-Temperature Gas-Cooled Reactor, Cambridge MA., USA, June 1991.
67. Reutler, H., Lohnert, G., The modular HTR – a new concept for the pebble-bed reactor, Atomwirtschaft, 27, Jan. 1982.
68. Reutler, H., Lohnert, G., Advantages of going modular in HTRs, Nuclear Engineering and Design, 78, 1984.
69. Wolters, J., Kröger, W. et al., On the accident behavior of the HTR-Module, a trend analysis, JÜL-Spez. 260, June 1984.
70. Mertens, J. et al., Safety analysis for the accident behavior of the HTR-Module, JÜL-Spez. 335, Nov. 1985.
71. Reutler, H., Plant design and safety concept of the HTR-Module, SMIRT, Small and Medium Sized Reactors, Lausanne, Aug. 1987.
72. Siemens/Interatom, High-temperature reactor power plant, Safety Report, Vol. 1 til 3, Nov. 1988.
73. HTR GmbH, High-temperature reactor – modular power plant feasibility study for Buna AG/Lenna Worke AG, Vol.3, Safety of the plant, Dec. 1990.
74. Kröger, W., Nickel, H., Schulten, R., Safety characteristics of modern high-temperature reactors, Focus on German Designs, Nuclear Safety, Vol. 29, No. 1, 1988.
75. Markfort, D., High-temperature modular nuclear power plant for the electricity and heat market, Energy, Jg. 36, Vol. 7, July 1984.
76. Yasukawa S., et al., The study on the role of very high-temperature reactor and nuclear process heat utilization in future energy system, JAERI-M-86-165, 1986.
77. Kitamura N., et al., Present status of initial core fuel fabrication for the HTTR, IAEA-TECDOC, 988, Johannesburg, Dec. 1997.
78. Jojiri N., et al., Characteristics of HTTR, IAEA-TECDOC, 988, Johannesburg, Dec. 1997.
79. Special issue, JAERI, Present Status of the HTGR Research and Development, 1989.
80. Shiozawa, S. et al., The HTGR program in Japan and the HTTR project, IAEA TCM, Petten, 1994.
81. Tanaka T., Construction of the HTTR and its testing program, 3rd JAERI Symposium on HTGR Technologies, Oarai, 1996.
82. Shiozawa S., Research and development of HTTR hydrogen production systems in JAERI, Proc. 12th Pacific Basin Nuclear Conference, Oct. 29, Nov. 2, 2000, Seoul, Korea.
83. Shiozawa S., et al., Research and development of HTTR hydrogen production systems in Japan, Proc. 12th PBNC, 2000.
84. Ohashi H., et al., Current status of research and development on system integration technology for connection between HTGR and hydrogen production system at JAERI, OECD/NEA: 3rd Information Exchange Meeting on the Nuclear Production of Hydrogen, Oct. 5–7, 2005, Oarai; Japan.
85. Wang Dazhong, Lu Yingyun, Roles and prospect of nuclear power in China's energy supply strategy, Nuclear Engineering and Design, 218, 2002.
86. INET/Interatom/KFA Jülich, China-German R+D cooperation, HTR test module China, Final Report for the Concept Phase, Sept. 1988.
87. Yuanhui, X., Zhenya, Q., Zongxin, W., Design of the 10 MW high-temperature reactor, IAEA TCM, Petten, 1994.
88. Institute of Nuclear Energy Technology, Tsinghua University, Design criteria for the 10 MW high-temperature gas-cooled test reactor, 1993, IAEA TECDOC 899, Vienna, Aug. 1996.
89. Yuanhui, Xu, Yuliang, Sun, The gas-cooled 10 MW high-temperature reactor in Beijing, VGB Kraftwerkstechnik, 11, 1999.
90. Dazhong, Wang, The status and prospect of energy industry and nuclear energy in China, Presentation in FZ-Jülich, June 1999.
91. Special issue, The Chinese high-temperature reactor HTR-10 – the first inherently safe generation IV nuclear power system, Nuclear Engineering and Design, Vol. 218, 2002, No. 1–3.
92. Zuoyi Zhang, The next modular HTR plant in China, Presentation in FZ, Jülich, March 2007.
93. Zuoyi Zhang, Yuliang Sun,Economic potential of modular reactor nuclear power plants based on the Chinese HTR-PM project,Nuclear Engineering and Design 237 (2007) 2265–2274.
94. Yuanhui, Xu, Yuliang, Sun, Status of the HTR program in China, IAEA TCM on High-Temperature Gas Reactor Applications and future prospects, EGN Petten, NI, Nov. 1997.
95. Dazhong, Wang, et al., Chinese energy prospect and HTGR, Chinese Journal of Nuclear Science and Engineering, Vol. 13, No. 4, Dec. 1994.
96. Yuliang Sun, Yuanhui, Xu, Licensing of the HTR-10 test reactor, Workshop on Safety and Licensing Aspects of Modular High-temperature Reactors, Aix en Provence, France, 2000.
97. Silady F.A.,., Baxter M., Dunn T.D., Baccaglini G.M., Schwartz A., Module power rating for GT-MHR helium gas turbine power plant, GA-A21764, Paper presented at the International Joint Power Generation Conference, Oct. 3–5, 1994, Phoenix, AZ, USA.
98. Zgliczynski J.B., Silady F.A., Neylan A.J., The gas turbine – modular helium reactor (GT-MHR), high efficiency, cost competitive, nuclear energy for the next century, GA-A21610, Paper presented at the International Topical Meeting on Advanced Reactor Safety, Apr. 17–21, 1994, Pittsburg, PA, USA.
99. Jones, Jr. J.E., Kasten, P., Overview of US MHTGR base technology development program, IAEA Techn. Com. Meeting, Jülich, Oct. 1986.
100. Silady, A., Millunci, A.C., Killy, Jr. A.V., Cunliffe, J., Safety and licensing of MHTGR, First International Seminar Small and Medium Sized Nuclear Reactors, Aug. 1987.
101. Turner, R.F., Standfield, G.A., Vollmann, R.E., Annular core of modular high-temperature gas-cooled reactor, First International Seminar on Small and Medium Sized Nuclear Reactors, Aug. 1987.
102. Simon, J.W.A., Design features of the gas turbine modular helium reactor, 4th Annual Scientific and Technical Conf. of the Nuclear Soc. Nizung, Novogrod, Russia, 1993.
103. Silady, A., Neylan, A.J., Simon, J.W.A., Design status of the gas turbine modular helium reactor (GT-MHR), GA-A21768, GA Project 9866, June, 1994.
104. McDonald C.F., GT-MHR helium gas turbine power conversion system design and development, GA-A21617, Paper presented at the American Power Conference, Apri. 25–27, 1994, Chicago, IL, USA.
105. Neylan A.J., Shenoy A., Silady F.A., Dunn T.D., GT-MHR design, performance and project, ICAPP presentation, 2009.
106. Nichols D., ESKOM sees a nuclear future in the pebble bed, Nuclear Engineering International 43, 1998.
107. Kemm K., Development of the South African pebble-bed modular reactor system, The Uranium Institute 24th Annual Symposium Sept. 1999, London.

108. Ion, S., Nicholls, D., Matzie, R., Matzner, D., Pebble-bed modular reactor, The first Generation IV Reactor to be constructed; World Nuclear Association, 2003.
109. Matzner, D., Wallace, E., PBMR moves forward, with higher power and horizontal turbine, Modern Power System, Feb. 2005.
110. Matzner, D., Nicholls, D., Kriel, W., Greyvenstein G., Product development path for the PBMR reactor form 400MWth to 600MWth plant, PBMR, 2005.
111. Varley J., Getting the balls rolling, Nuclear Engineering International, June 2006.
112. Koster A., Status of the PBMR concept, Presentation in FZ Jülich, March, 2007.
113. Stuart Mclain, Martins J.M., Reactor Handbook, vol IV Engineering Inter science publishers, John Wileytson, 1964 New York, London, Sydney.
114. El Wakie M. M. Nuclear Energy Conversion Intext Educational Publishers, College Division, 1971 of Intext, Scranton, San Francisco, Toronto, London.
115. El-wakie, M.M. Nuclear power engineering. Mc graw-Hill Book company, Inc, New York, San Francisco, Toronto, London, 1962.
116. M.M El-wakil, Nuclear Energy Conversion, Publisher: TBS The Book Service Ltd (Intext Educational Publishers); Scranton, San Francisco, Toronto, London, Feb. 1972.
117. Kugeler, K., Technology of nuclear process heat, Habilitation RWTH Aachen, 1976.
118. Special issue on nuclear process heat, Nuclear Engineering and Design, Vol. 74, No. 2, 1984.
119. Van Howe, K.R., Brown, J.R., Peach Bottom – initial loading to critically, USAEC-Report GAMD-7351, Oct. 1966.
120. Duffield, R.D., Development of the high-temperature gas-cooled reactor and Peach Bottom high-temperature gas-cooled reactor prototype, J. Brit. Nucl. Energy Soc., 5, 1966.
121. Birley, W.C., Operating experience of the Peach Bottom atomic power station, Proc. ANS Meeting on Gas-Cooled Reactors, HTGR and GCFBR, Gatlinburg, May 1974.
122. Everett, J.L. and Kohler, E., Peach Bottom Unit No. 1, a high-performance helium-cooled nuclear power plant, Ann. Nucl. Energy, 5, 321, 1978.
123. Scheffel, W.J., et al., Operating history report for the Peach Bottom HTGR, GA-A 13907, Vol. 1, UC-77, GA Technologies, Aug. 1976.
124. Kröger, W., Underground arrangement of nuclear power plants, Yearly Report of KFA Jülich, 1975.
125. Special issue on nuclear process heat, Nuclear Engineering and Design, Vol. 34, Nr. 1, 1975.
126. PNP reference concept of the prototype process heat (PNP): total and power plant project partners (BF, GHT, HRG, KFA, RBW), 1981.
127. Interatom, Nuclear process heat plant with high-temperature reactor for the coal gasification, Technical Report IÖTB 78, KWU/IA, 1983.
128. Special issue on HTR components, Status of development in the field of heat transporting and heat exchanging components, Monographie "Energy Policy in Stak NRW", Düsseldorf, March 1983.
129. Kugeler, K., Schulten, R., High-temperature reactor technology, Springer Verlag, 1989.
130. Verforndern, K. (edit), Nuclear energy for hydrogen production, Monographic of Research Center Jülich, Vol. 58, 2007.
131. Verfondern, K. (edit), Nuclear energy for hydrogen production non-electric applications of nuclear energy, Micanet, 07/05-D-4, 4x, Dec. 2005.
132. Silady, F. A., Millunci, A.C., Safety aspects of the modular high-temperature gas-cooled reactor, Nuclear Safety, Vol. 31, No. 2, Apr./June 1990.

第14章

模块式HTR安全性的实验结果

摘　要：本章给出了关于模块式 HTR 安全性的一些重要实验的概况，其中一个主要方面是衰变热自发载出概念的验证实验。分析了球床、反应堆结构和反应堆压力壳表面传热的相关结果，并且计算结果与从 AVR 整体实验中获得的实验数据吻合得很好。在假设发生极端事故的情况下，衰变热储存在混凝土结构中，因此，对大的混凝土块在非常高的温度下进行了测试，实验很成功。对 HTR 堆芯的反应性行为在实际运行中及专门装置上都进行了实验，并验证了很强的温度负反应性系数，特别是在 AVR(模拟能动停堆系统完全失效)系统中所做的实验及在 HTR-10 中所做的未能紧急停堆的预期瞬态(ATWS)实验，均验证了模块式 HTR 具有很强的温度负反应性系数这一重要特性。对水在 HTR 电厂一回路系统和堆芯中的行为也进行了相关实验，测定了与石墨腐蚀速率相关的重要参数，如温度、压力和石墨的类型。对水的转移、蒸汽和气体的形成及材料的变化进行了详细的测量。对进空气事故也开展了类似的实验工作。对避免发生空气大量进入并且造成后果的解决方案也进行了研发并加以验证。例如，防爆的安全壳在发生破裂的情况下只允许出现小的破口。另外，对空气在一回路系统中可能的传输也做出假设和分析，以便通过相关计算机程序进行验证。

HTR 发展的主要实验工作是针对裂变产物在反应堆中的行为，目的是在正常运行和事故条件下确定源项。在 AVR 中进行的 VAMPYR 实验具有重要的意义，它给出了回路中固态裂变产物污染的信息。辐照的燃料元件已在热室中进行了加热实验(KŰFA 实验)，并且这些实验还提供了所有有关裂变产物的释放率随燃耗、运行温度、加热温度和时间变化的情况。实验结果表明，采用低富集度 TRISO 燃料的模块式 HTR 在所有事故情况下应满足限制燃料的最高温度低于 1600℃的要求。另外一些实验研究了反应堆各个部件中裂变产物的传输、沉积和再迁移问题。目前，已有大量数据可以用来描述这些过程。反应堆系统遭受地震时的行为是实验研究的另一个课题。大型实验台架 SAMSON 被用于在大的加速度下对相关设备，特别是球床进行实验。直到现在，仍要求反应堆设计对强地震应具有较高安全系数。

关键词：安全相关问题；衰变热自发载出的验证实验；高温混凝土的性能；AVR 实验；反应性实验；HTR-10 中的 ATWS 实验；进水实验；进空气实验；VAMPYR 实验；裂变产物实验；KŰFA 实验；KORA 实验；SMOC 实验；地震实验；气体交换

14.1　概述

模块式 HTR 的安全概念包括电厂的放射性存量实际上被完全阻留在系统的屏障内。如第 11 章所述，在未来的电厂中，堆芯中重要裂变产物的存量仅有 10^{-5} 的份额被允许从电厂中释放出来。这一要求需要实施一个范围很广的实验计划，以对安全的各个方面进行验证，如图 14.1 所示。本章对事故的一些非常重要的方面进行了详细的讨论。

- 目前燃料元件对裂变产物直到 1600℃时阻留质量的证明。特别是使用低富集度铀循环的 TRISO 包覆颗粒燃料需要范围很广的数据基础。实验的统计数据应该足够好，才能够给出准确的判断。
- 对衰变热自发载出概念和最高燃料温度的限制值小于 1600℃(目前的限值)的验证，包括证明，传热过程中的所有环节都可以进行具有足够精度的计算，并且所有必要的数据都是已知的。这个过程中的主要问题是球床堆芯内部的传热。通过堆芯结构的传热及通过反应堆压力壳表面的散热很值得

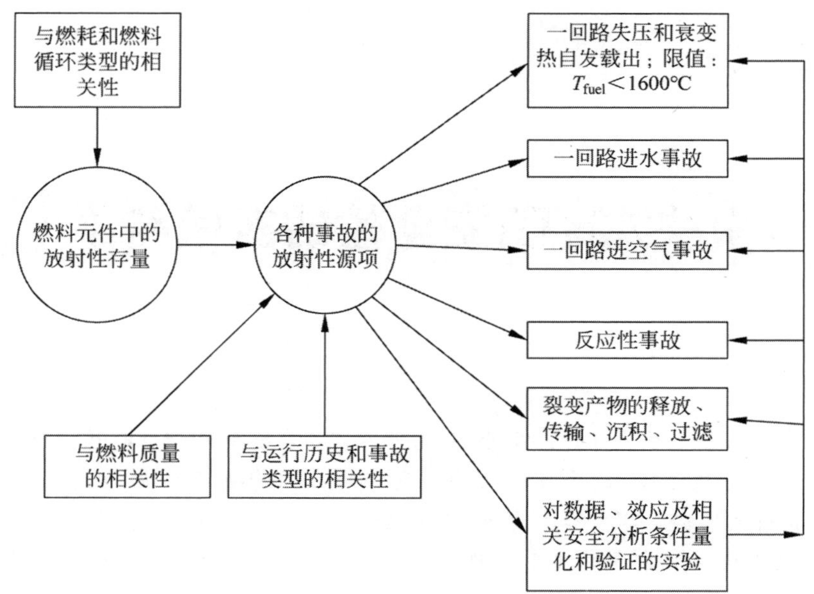

图 14.1 评价模块式 HTR 安全性行为必要的实验经验概况

关注。对于安全壳构筑物内的传热，若表面冷却器也已失效，则需要进行实验验证。

- 关于水进入反应堆一回路事故的详细经验，包括测量水进入堆芯的速率及对燃料元件和反射层结构石墨的腐蚀速率、相互反应过程中气溶胶的形成，以及氦循环中水滴的传输和分离的各种实验。
- 关于空气进入反应堆一回路事故的详细经验，与此相关的问题，如空气进入氦回路的质量流量与破口大小和位置的相关性是很重要的。此外，还必须测量空气对燃料元件石墨和结构石墨的腐蚀速率。在实验室规模和大型实际球床布置下，通过简单探测取得的结果是很重要的。分析这种事故中形成的气溶胶从深度分析的意义上也是重要的。实验结果表明，石墨"燃烧"可以停止，这也是非常重要的。
- 模块式 HTR 反应性行为的实验结果是进行安全性分析的必要条件。这里，对反应性系数的测量、对堆芯动态行为和事故情况下瞬态行为的了解是非常有意义的。对实验装置和反应堆运行取得的经验加以评估，可用于许可证的申请过程。
- 对于在电厂整个运行寿命期间及严重事故中可能释放的放射性物质，其释放、迁移、沉积和过滤都需要进一步加以关注。对于各种不同类型的 HTR 电厂，从针对假设发生严重事故情况所做的专项研究工作中获取的经验可以用来确定各种事故的放射性源项。
- 一些实验与进一步的安全问题有关(例如，一回路系统的失压；灰尘和固态裂变产物过滤的设计概念；极端条件下反应堆压力壳的行为；高温混凝土结构的实验)。
- 乏燃料元件贮存罐的强化实验(火灾、坠落、强烈机械撞击)。
- 此外，重要的安全实验还包括地震产生的影响及在这些情况下设备的行为。

14.2 衰变热自发载出原理的评价实验

14.2.1 传热过程和重要参数

在模块式 HTR 中，当完全失去冷却后，可以仅通过导热、热辐射和自然对流将衰变热从堆芯向环境载出。这种传热过程包括反应堆中的各个环节，并以相对复杂的方式依赖于各项设计参数。图 14.2 给出了影响传热和温度分布的相关结构、环节及参数的简要概况。

最热燃料元件中的最高温度由下面的典型关系式给出：

$$T_{max} = T_{cool} + \sum_{i=1}^{6} \Delta T_i \tag{14.1}$$

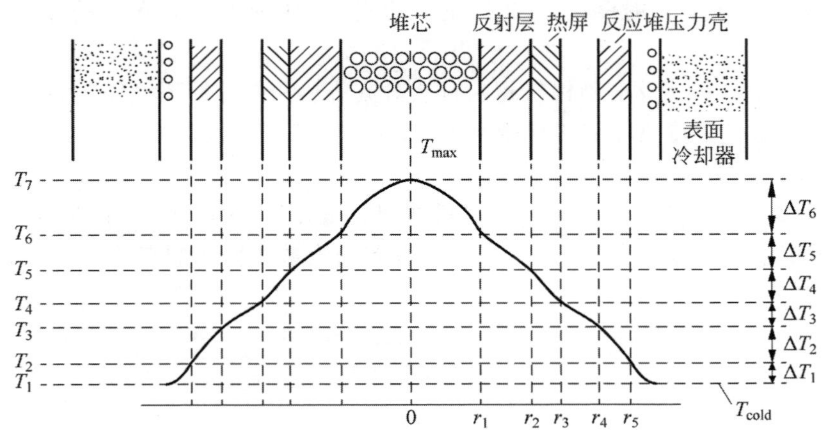

图 14.2　模块式 HTR 衰变热自发载出情况下的稳态径向温度分布(T_{max} 指堆芯中的最高温度)

$$T_{max}=T_{cold}+\overline{\dot{q}_c'''}\cdot\beta\cdot f_N(t^*)\cdot\phi(r_i,\lambda_i,\varepsilon_i,\alpha_i) \tag{14.2}$$

其中,T_{max} 为最热燃料元件中的最高温度;ϕ 为描述整个反应堆系统的传热函数;T_{cold} 为环境温度(表面冷却系统中或者内混凝土舱室外空气的温度);$\overline{\dot{q}_c'''}$ 为堆芯的平均功率密度;β 为功率密度峰值因子;$f_N(t^*)$为衰变热函数因子(在热功率为 200MW 的模块式 HTR 中,事故发生 30h 后,该因子约为 3×10^{-3})。函数 ϕ 包含了整个传热环节,并且根据图 14.2 得到以下参数形式:

$$\phi=\frac{r_1^2}{4\lambda_{eff}}+\frac{r_1}{2}\cdot\frac{r_2-r_1}{\lambda_G}+\frac{r_1}{2}\cdot\frac{r_1}{r_3}\cdot\frac{r_2-r_1}{\lambda_S}+\frac{r_1}{2}\cdot\frac{r_1}{r_4}\cdot\frac{1}{\overline{\alpha}_S}+\frac{r_1}{2}\cdot\frac{r_1}{r_5}\cdot\frac{r_5-r_4}{\lambda_S}+\frac{r_1}{2}\cdot\frac{r_1}{r_5}\cdot\frac{1}{\overline{\alpha}_a} \tag{14.3}$$

传热环节中的相关参数需要实验加以验证。图 14.3 给出了影响温度分布的主要参数。因此,如下实验不仅非常有必要,并且应以较大的规模进行。

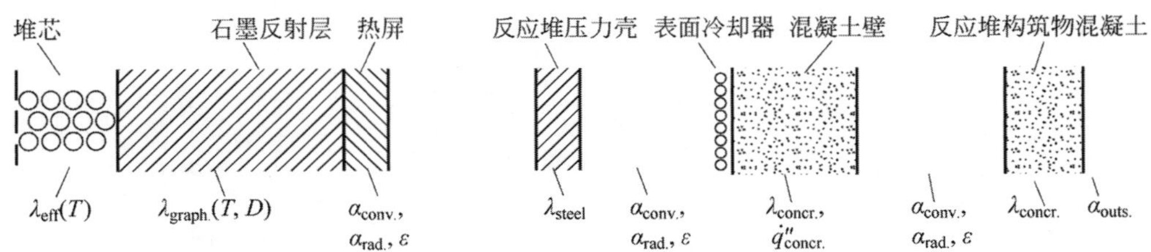

图 14.3　模块式 HTR 中影响衰变热自发载出环节的参数

- 测量球床的 $\lambda_{eff}(T)$:这是在许多相对较小的实验室及大型实验台架(SANA)上进行的实验。中国和南非在更大的实验台架上进行了实验,得出了这一参数的测量值。
- 通过厚壁石墨反射层的传热:λ_G 与温度和快中子辐照注量有关,因此,许多结果都可从辐照程序中获得。各种类型的石墨已在典型的载荷条件下通过了合格验证。
- 在石墨反射层和热屏之间的间隙及热屏和反应堆压力壳内侧之间的间隙通过导热、热辐射和自由对流进行的传热。在一个大型实验台架(PACOS)上进行了相关实验,并且获得了各种材料的热辐射系数 ε 的测量结果。
- 在各种大型实验台架(INWA 台架)上,测量了反应堆压力壳表面主要通过热辐射和自然对流释放出来的热量,这些实验给出了许多有关传热的结果。进一步地,在日本 JAERI 上进行的有关反应堆压力壳散热的实验为该设备的设计提供了许多有用的数据。此外,对中间贮存罐(CASTOR,MOSAIK)也进行了许多测量,这是与评估壳体表面的散热相关的。
- 对于表面冷却器或者混凝土(如果表面冷却器已经失效)中的吸热状况,也在大型台架中进行了实验。在 INWA 台架及对带有内衬冷却的大型混凝土块所进行的实验显示了极端事故条件下这些布置在非常高的温度下的行为。

- 进行了表面冷却器在很长时间之后重新充水的实验，混凝土在非常高的温度下也进行了相关的实验。
- 在 PACOS 台架中进行了反应堆构筑物内自然对流传热和向外部环境传热的实验。
- 在 AVR 中进行了整个传热环节的整体性实验，这个实验是在反应堆分别处于压力和失压状态下进行的。

图 14.4 给出了前面讨论的实验及其实验目的的概况。很显然，对模块式 HTR 在实际情况下传热过程的主要环节均进行了实验。所有这些实验均表明了衰变热自发载出概念的有效性。

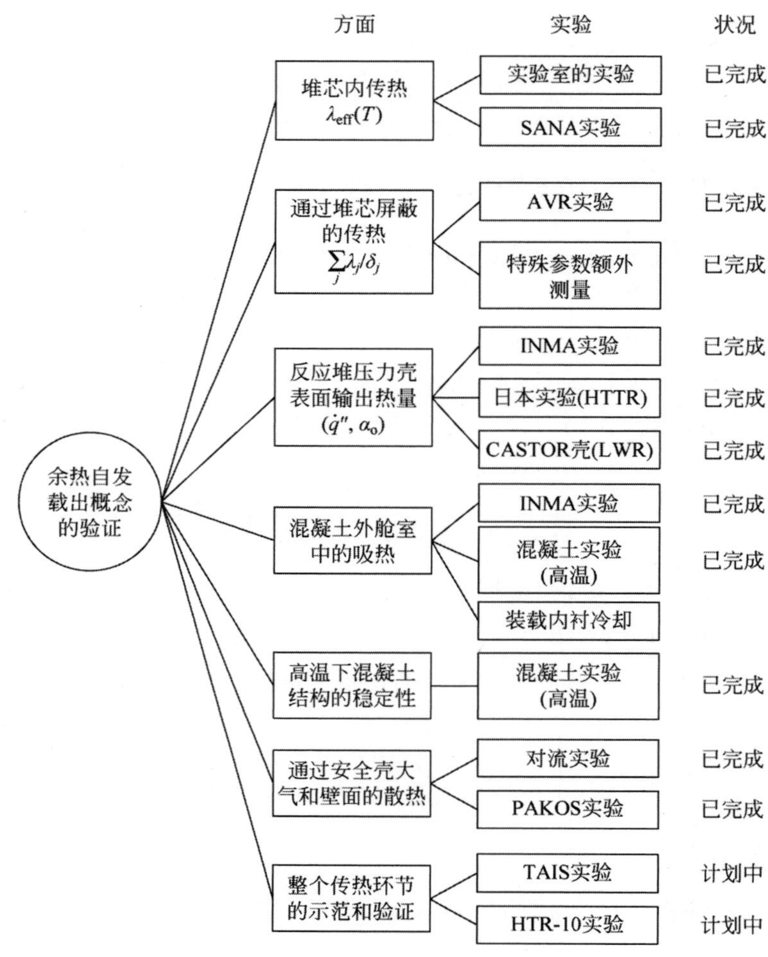

图 14.4 对模块式 HTR 衰变热自发载出概念进行评价的实验概况

这些实验提供了充分的实验数据，能够以很高的精确性计算温度场，并能确定燃料元件中的最高温度，还能够描述所有燃料元件上温度负载分布直方图随时间和空间的变化情况。除此之外，还提供了正常运行时最高燃料温度的统计偏差。

$$T_{max} = T_{max}(\text{nominal}) + \Delta T \tag{14.4}$$

到目前为止，大多数分析的 ΔT 值均为 100℃。对于不同的许可证机构，其要求有可能存在微小的差异。

14.2.2 球床堆芯内等效导热系数的测量

球床中导热系数随温度的变化情况对于计算事故情况下堆芯中的温度分布是很关键的因素。堆芯中心和表面之间的温差可以采用前面已给出的表达式来估计：

$$T_{max} - T_{surf} \approx \frac{\overline{\dot{q}'''_c} \cdot \beta \cdot f_D(t^*) \cdot r_1^2}{4 \cdot \bar{\lambda}_{eff}} \tag{14.5}$$

其中，$\bar{\lambda}_{eff}$ 指径向温度分布上的平均等效导热系数。较低温度下，$\bar{\lambda}_{eff}$ 的值对燃料温度直方图的结构也会产生重要的影响。这一点对于估计裂变产物在整个事故期间的释放程度起重要的作用。

在 HTR 的发展过程中，$\bar{\lambda}_{eff}(T)$ 已在实验室中进行了多次测量。图 14.5 给出了一个典型的实验装置。通过一个加热系统和一个冷却系统产生温度场，该温度场允许在具有温度分布的小区域内对导热系数进行确定和测量。

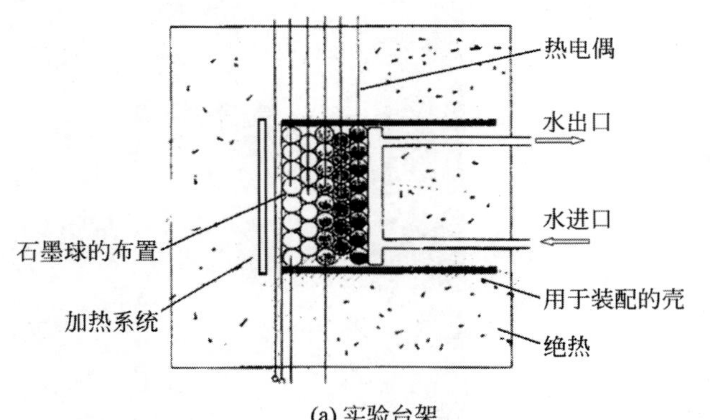

(a) 实验台架

温度/℃	λ_{eff}/[W/(m·K)]
300	3～7
500	5～9
700	10～12
800	12～15
900	15～18

(b) $\bar{\lambda}_{eff}(T)$的测量结果

图 14.5　在实验室石墨球床布置中测量$\bar{\lambda}_{eff}(T)$的实验

λ_{eff} 的各种实验的测量结果如图 14.6 所示，存在的一些差异是由不同实验的具体条件造成的。例如，由测量装置的边界效应或者测量装置的分布不同所致。

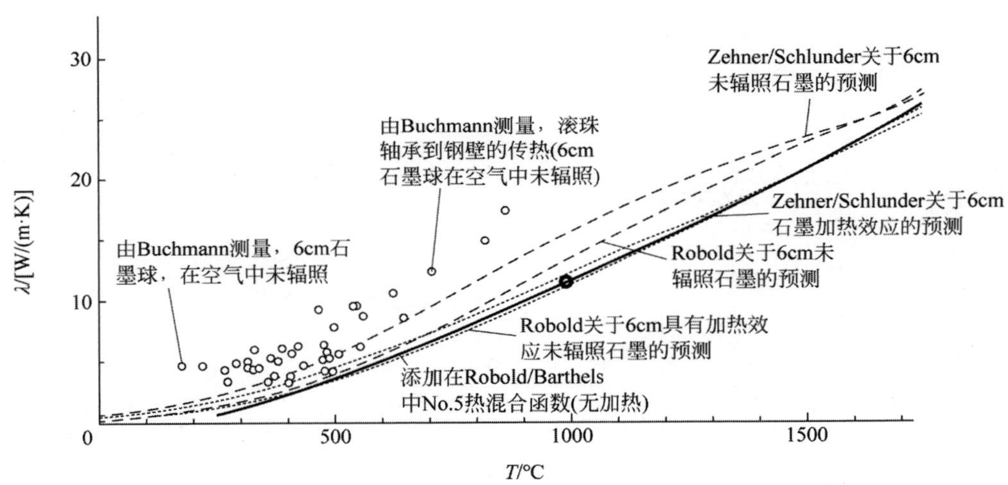

图 14.6　λ_{eff} 随温度变化的测量值和计算值

此外，理论模型提供的结果与实验提供的结果吻合得较好。等效导热系数与温度相关性的解析表达式如下所示，该式给出了相对较好的结果。

$$\bar{\lambda}_{eff}(T)=2.55\times10^{-4}T^{1.375}+1.5\quad(T\leqslant1300℃)$$

$$\bar{\lambda}_{eff}(T)=2\times10^{-3}(T-135)^{1.29}+0.003\quad(1300<T\leqslant2500℃)\tag{14.6}$$

其中，$\bar{\lambda}_{eff}$ 单位为 W/(m·K)，T 单位为℃。该方程的不确定性估计为±10%，并且有迹象表明实际值要稍高一些。

球床的$\bar{\lambda}_{eff}$ 值也受到自然对流过程的影响。这些效应可以按照保守的方式加以估计，但是对于失去能动冷却的事故，自然对流产生的影响可不予考虑。在发生失去强迫冷却和一回路系统完全失压事故时，对过热部件及相应的保护措施的设计必须要考虑自然对流产生的影响。

众所周知(见 14.2.4 节)，由于受快中子辐照的影响，石墨的导热系数呈下降趋势。这种效应如图 14.6 中的曲线所示。

由于堆芯的等效导热系数对于衰变热自发载出的概念及堆芯中的温度值非常重要，因此进行了大量的相关实验。在 SANA 实验台架(衰变热自发载出)上，9500 个直径为 6cm 的石墨球通过电加热系统加热，以模拟实际情况中产生的衰变热。在球床中插入陶瓷加热元件(图 14.7)以建立径向和轴向的温度分布,并在边界处进行冷却。在球床中插入 100 多个热电偶,用于测量温度分布随时间和空间的变化情况。在球床内,最高温度可以达到 1200℃。

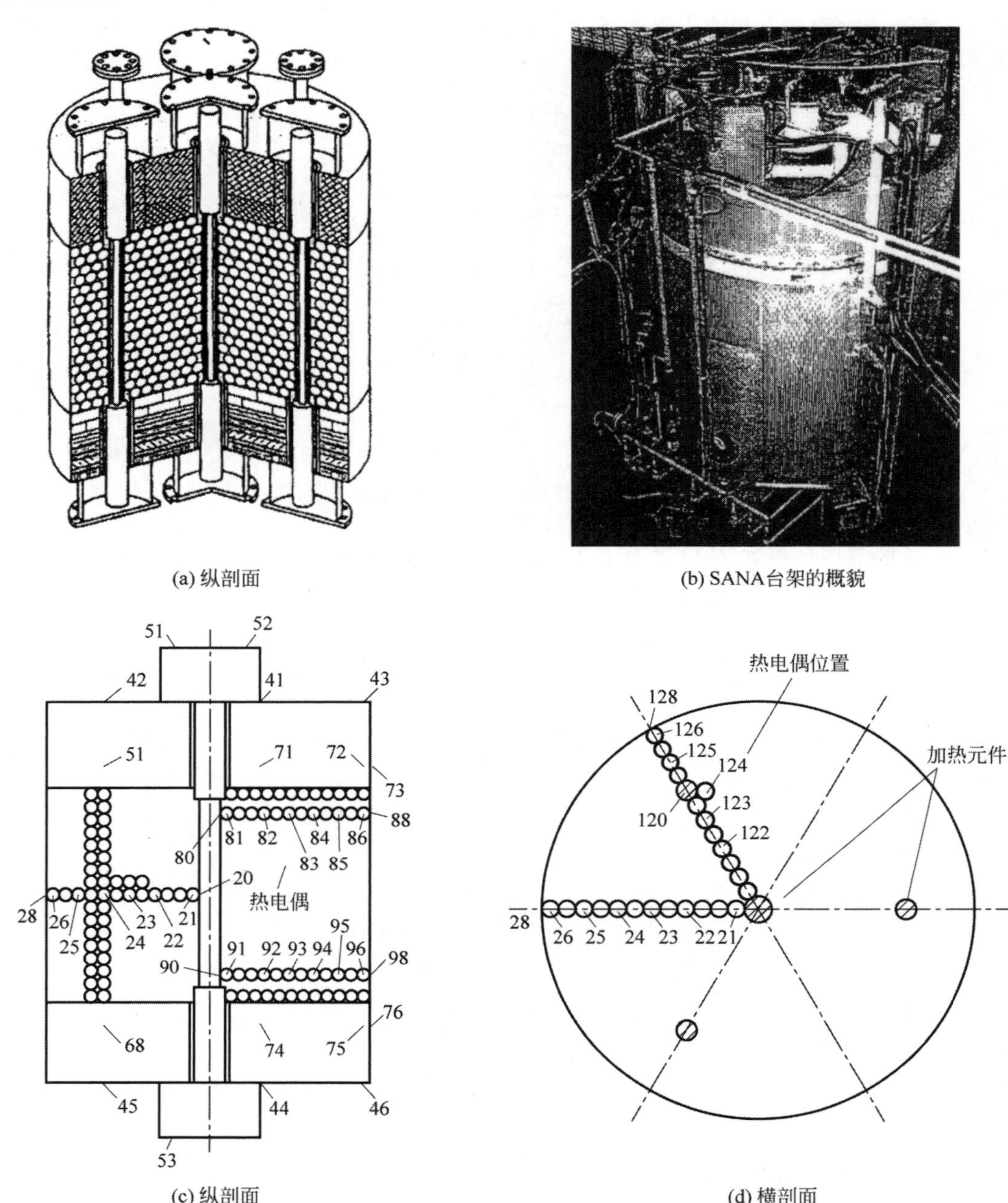

图 14.7　SANA 实验台架的布置

加热功率:50kW;球床直径:1.5m;球床高度:1m;石墨球直径:6cm;石墨球数:9500;球的最高温度:1200℃;图中数字代表热电偶标号

在不同温度、不同加热功率及在装置中填充不同气体的条件下进行了很多实验。实验中使用了氦气、氮气和两种气体的混合气体,以使实验进行得更充分,结果更准确。由装置外专门的冷却过程可以模拟实际反应堆系统中不同的热输出条件。

随着实验工作的不断深入,也进行了大量的理论研究。研究的主要目的是验证用于计算温度分布的 3D 计算机程序,并对特殊的效应加以分析,如自然对流传热或者边界结构对球床内温度的影响。

图 14.8 给出了特定布置高度上典型的稳态温度分布情况。基于这种温度分布,可从实验中导出$\bar{\lambda}_{\mathrm{eff}}(T)$。

这里,采用如下等效导热系数的表达式,并且将其用于对三维温度场的评估:

$$\lambda \approx \dot{q}'' \cdot \Delta r / \Delta T \tag{14.7}$$

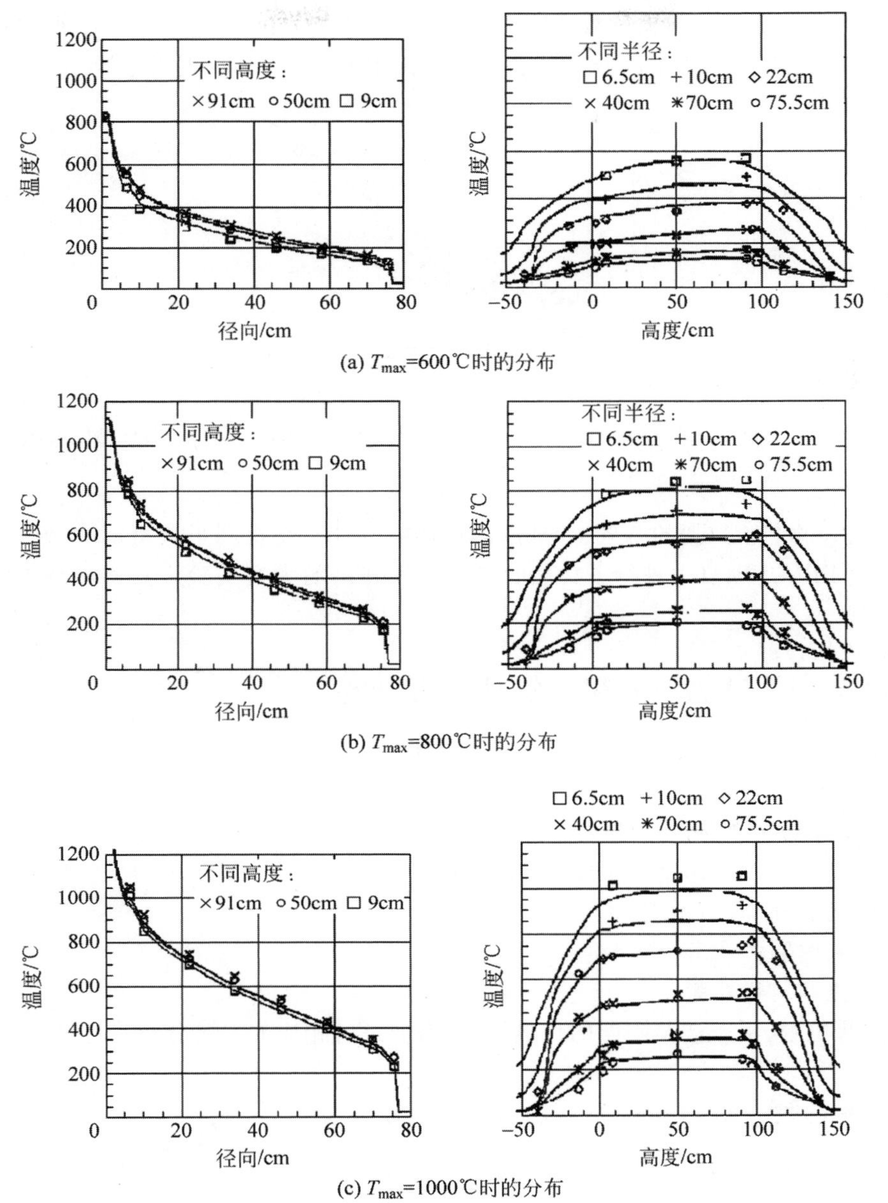

图 14.8　SANA 实验台架稳态温度分布的例子：随半径和高度的变化；测量值和计算值

氦气，60cm 石墨球，加热功率：底部为 30kW；中间部分为 20kW；顶部为 10kW

在该实验中，邻近加热元件部分温度达到 1400℃。通过测量得到的温度分布情况，可以得到$\bar{\lambda}_{eff}(T)$随温度的变化，测量时，可以调整温度，直至达到大约 1000℃。图 14.9 给出了充入氦气和氮气后测量的等效导热系数，可以看出，充入氦气比充入氮气或者空气获得的等效导热系数更高。图 14.9 中也给出了对于结果不确定性的解释。测量得到的值系统地高于那些在理论分析中通常使用的值。

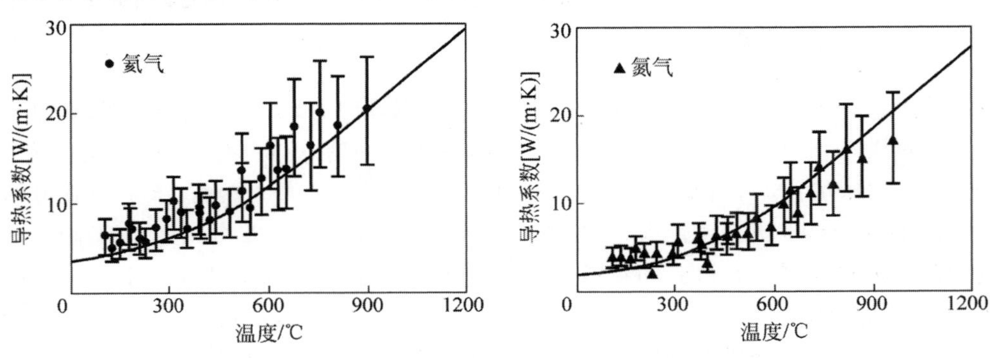

图 14.9　SANA 实验台架中 λ_{eff} 的测量结果

图 14.10 给出了这些测量值与理论数值的比较,该曲线根据 Zehner/Schlünder 理论推导得出的数值绘制而成,计算值比测量值小 30%左右。该曲线包含在应用于安全分析的程序中。

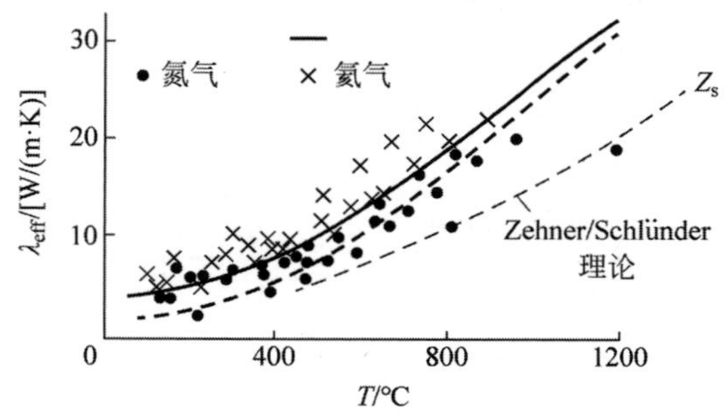

图 14.10 在 SANA 中测量的 λ_{eff} 与根据 Zehner/Schlünder 理论推导的理论值的比较

用于评价事故的程序

综上所述,在现有的实验数据的基础上,球床内传热的设计概念得到了认可,并由此可能计算温度场和最高温度。此外,在 PBMR 项目中进行了类似的热量自发载出的大型实验。其初步结果显示,获得的数据高于估计值。

14.2.3 结构中通过热辐射和自然对流的传热

从堆芯向外部环境的传热包含热辐射和自然对流的方式。下面给出反应堆系统中的传热位置:

- 石墨反射层与热屏之间的间隙;
- 热屏与反应堆压力壳之间的间隙;
- 反应堆压力壳和表面冷却器冷却板之间的空间;
- 内混凝土舱室的外部;
- 反应堆安全壳内侧;
- 反应堆安全壳构筑物外侧。

对应于上述这些位置,由于涉及不同的传热情况,需要进行相应的实验分析和评估,如图 14.11 所示。

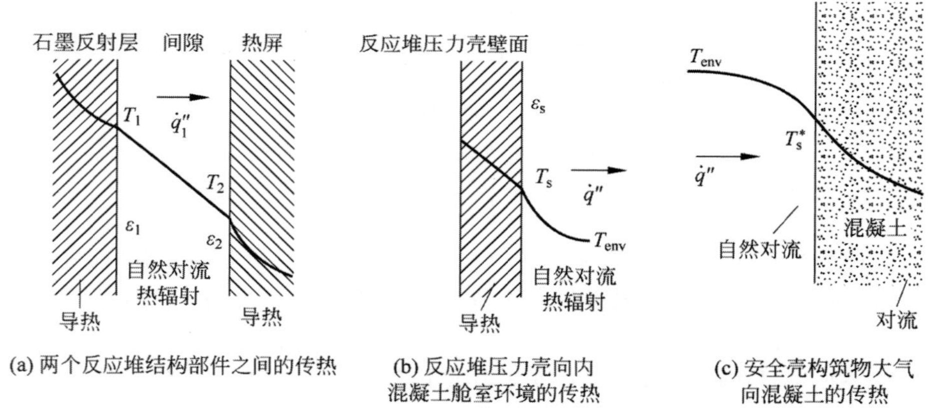

图 14.11 包含热辐射和自然对流传热的典型情况

自然对流对传热起重要作用的一个实际应用是新一代 LWR AP1000 安全壳的设计概念,如图 14.12 所示。

为了获得足够的关于通过空气自然对流冷却反应堆安全壳的信息,德国的大型实验设施 PASCO 已经投入运行(安全壳的非能动冷却),其基础是未来压水堆的创新型安全壳。然而,该实验获得的结果也与模块式高温气冷堆的不同传热步骤有关。例如,在 AP1000 的概念中遵循了安全壳冷却的原理,即在钢壳和混凝土壁之间的间隙中通过空气的大量流动将通过钢壳壁传出的衰变热载出到环境中。过程中涉及的热流密度是由相关的关系式给出的。

在这个新一代轻水反应堆概念中,间隙中的传热对非常大量的衰变热的载出起到非常重要的作用。

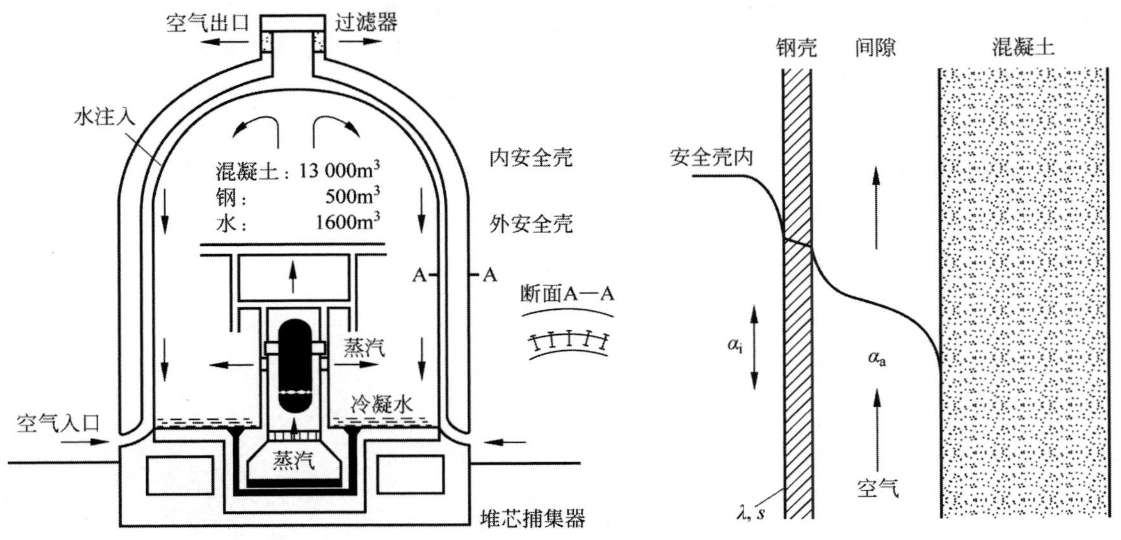

图 14.12 压水堆新型安全壳：通过空气自然对流对内钢壳进行冷却(附加钢壳外壁的水冷)

另外，可以在安全壳的顶部注水，通过这种方式可以提高冷却效果。在流道顶部有一个过滤器，它可以去除放射性物质，因为从钢壳泄漏的放射性物质可以进入空气的质量流量中。由钢壳向混凝土外壁的传热使用大型实验台架 PASCO 进行分析。图 14.13 给出了其原理的分析和解释。大型实验台架 PASCO 提供了一个在装置中具有自然对流加热的通道，在缝隙内有热辐射和对流传热。缝隙中的对流换热效果主要取决于温度分布、特征尺寸和材料类型。此外，还必须考虑压力造成的影响。

$$\alpha_{\text{conv}} \approx f(T_i, H, s, p) \tag{14.8}$$

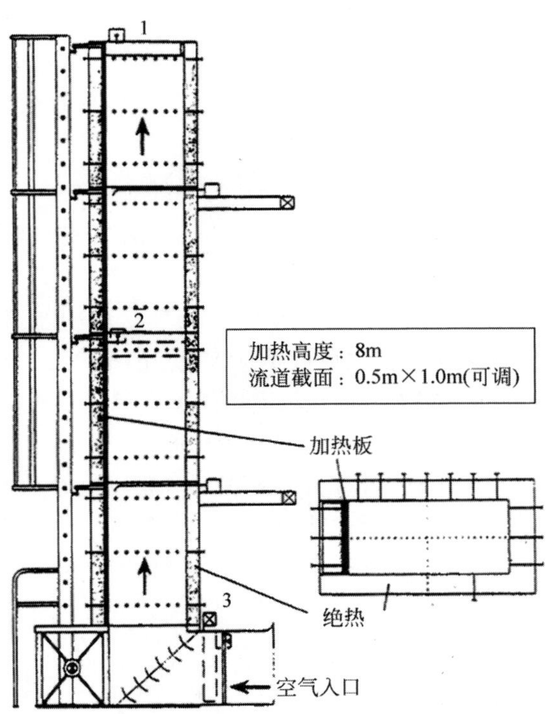

图 14.13 PASCO 实验台架对热表面通过热辐射和自然对流进行的传热的测量

1～3—横向贯穿探头(流速、温度)

对于辐射传热，发现其效应与辐射表面的温度、吸收表面的温度及环境系数有关。因子 C_1 包含了如下几何条件：

$$\alpha_{\text{rad}} \approx \varphi(T_i, \varepsilon_i) \approx C_1 \cdot \frac{C_S \cdot (\varepsilon_1 T_1^4 - \varepsilon_2 T_2^4)}{T_1 - T_2} \tag{14.9}$$

由于热辐射效应与参数之间的关系比较复杂，需要通过实验来获得有价值的数据。

PASCO 实验台架已在各种条件下进行了运行，以获得关于该设计概念的实验数据。如图 14.13 所示，该实验台架设置有一个高度为 8m 的通道，通道的横截面为 1m×0.5m。一侧通过电阻加热，另一侧是绝热层。进气口位于装置底部，管道弯曲 90°。热流密度在轴向是变化的。加热壁的温度为 100～175℃，以对应安全壳的条件。在很多不同的位置，对壁面和流动区域中的温度分布及空气的流速进行了测量。测量的结果可以用来计算从热表面通过自然对流载出热量的换热系数。图 14.14 给出了实验的一些典型结果，其中，加热壁的温度为 150℃。

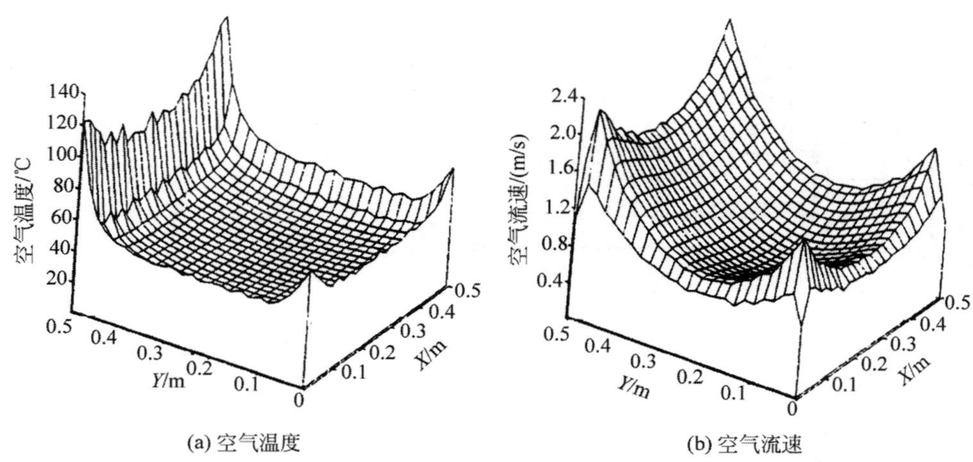

(a) 空气温度　　(b) 空气流速

图 14.14　实验台架 PASCO 通道出口处空气温度和空气流速的分布(8m 高的位置)

T_{air}=150℃，壁面的热辐射系数为 0.9，空气入口温度为 20℃

经过多次实验，得出了平均换热系数。根据定义，如果采用 1.5kW/m^2 作为平均热流密度，则得到的换热系数 $\bar{\alpha}$ 约为 17W/(m^2·K)。前面给出的 $\bar{\alpha}$ 值大约为 15W/(m^2·K)，这是仅由热辐射引起的。自然对流情况下一些参数值与相应的其他实验的结果吻合得很好。对于垂直的壁面，也可以得到一个在能源技术的其他分支领域经常用到的方程：

$$\alpha_{conv} \approx 1.28\sqrt[4]{\Delta T/H} \tag{14.10}$$

其中，α 的单位是 W/(m^2·K)，ΔT 的单位是℃，H 的单位是 m。下面给出一个具体实例：当 $H=8$m，$\Delta T=130$℃时，可以得到 $\alpha_{conv}=2.5$W/(m^2·K)。

总的来说，这些实验提供了如图 14.15 所示的换热系数的结果，图中还给出了一些估计的不确定性。例如，当壁面温度为 50℃时，在考虑自然对流和热辐射的情况下，应用图 14.15 所示的数据结果得到的温度差为 100℃。这些实验结果与从乏燃料元件(LWR)和固化玻璃中间贮存储罐热表面的传热得到的进一步的数据一致。图 14.16 给出了这些储罐的 α 和热流密度的测量结果及由曲线导出的结果。大多数储罐的典型参数如下：表面最高温度为 80℃，系数 α 为 5～7W/(m^2·K)，外表面的热流密度接近 1kW/m^2。这些外表面上带有强化从表面到环境传热的肋片。用于 LWR 乏燃料元件储罐的典型功率为 20～40kW，以满足这些表面的传热条件。

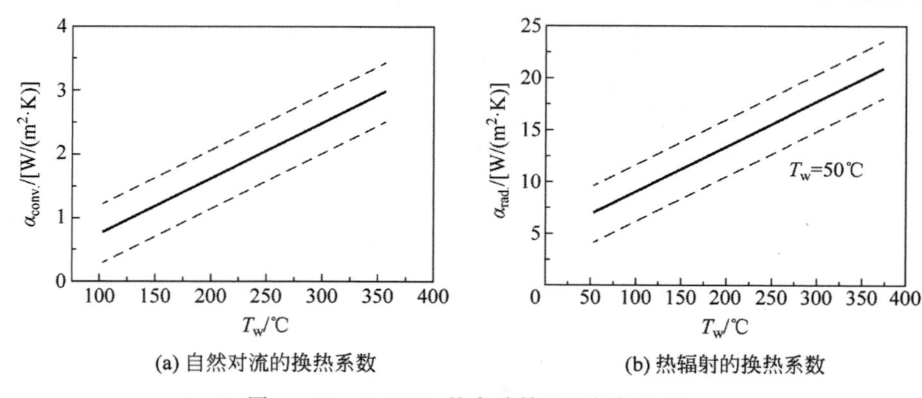

(a) 自然对流的换热系数　　(b) 热辐射的换热系数

图 14.15　PASCO 的实验结果和外推结果

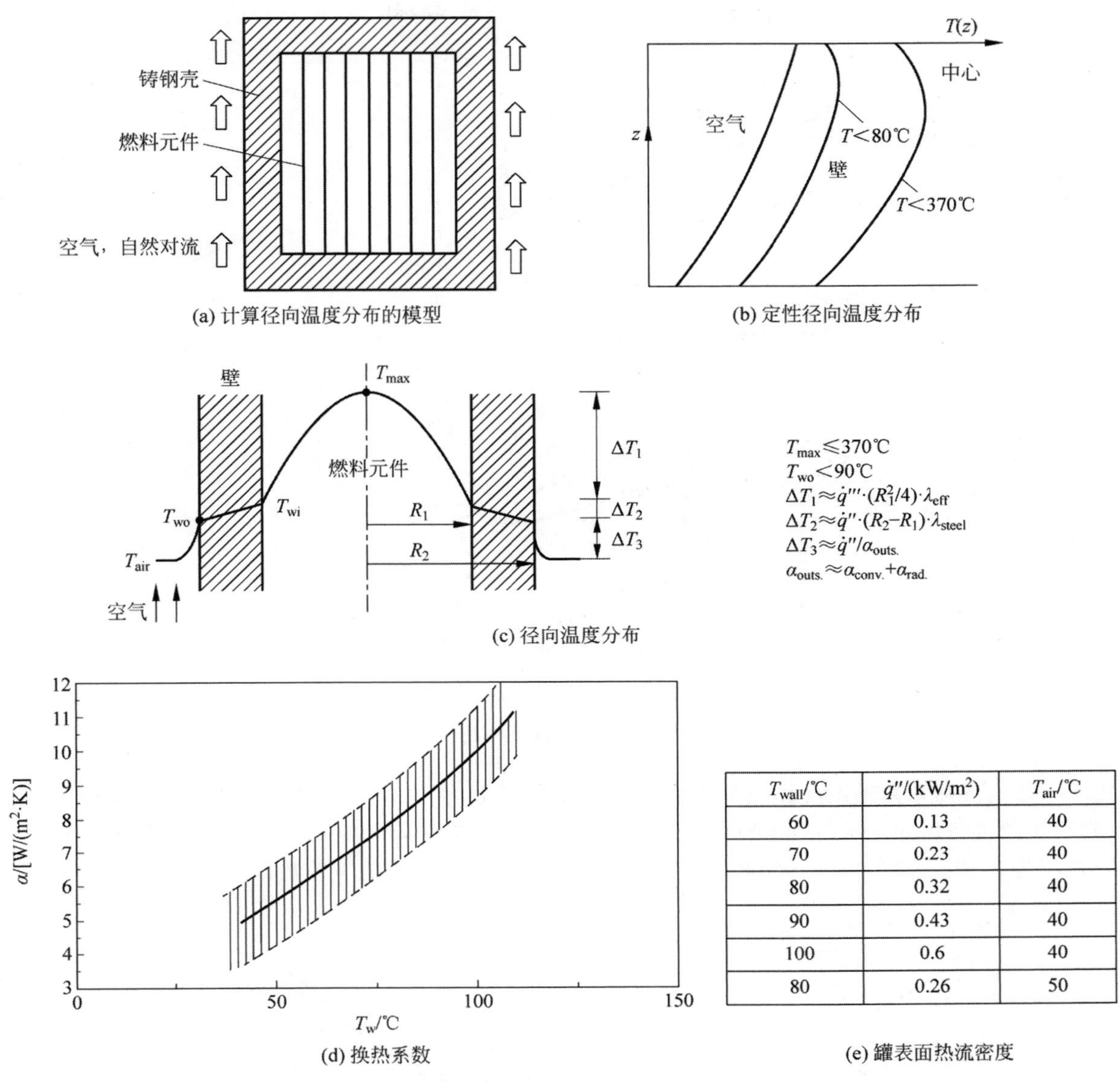

T_{wall}/℃	$\dot{q}''$/(kW/m²)	T_{air}/℃
60	0.13	40
70	0.23	40
80	0.32	40
90	0.43	40
100	0.6	40
80	0.26	50

图 14.16 乏燃料元件储罐衰变热的载出(CASTOR，LWR)

下面给出一个典型实例，以说明衰变热自发载出和限制燃料温度在允许值以下的设计概念。

总的来说，所有这些通过自然对流和辐射传热实验取得的经验，都为模块式 HTR 的应用提供了清晰的图景。在高温堆芯中，在衰变热自发载出的情况下结构间隙会产生一定的温度差。

以热屏和反应堆压力壳内表面之间的载热为例说明结构间隙产生温差这一现象，在 30h 后(完全失冷事故开始之后)必须载出的热流密度大约为 $3kW/m^2$，堆芯结构中热屏与反应堆压力壳内表面之间这个部位在高温下的换热系数为 $30W/(m^2\cdot K)$，这意味着作为衰变热载出的一个重要环节，石墨反射层的热表面与热屏之间的温差约为 100℃。

14.2.4 辐照反射层石墨的传热

在衰变热自发载出的情况下，通过石墨反射层结构的传热是必然要经过的一个环节。石墨中温差的相应关系式为

$$\dot{q}''\approx\lambda_G\cdot\frac{\Delta T}{\Delta s},\quad \dot{q}''\approx\frac{P_{th}}{A_c}\cdot f(t^*) \tag{14.11}$$

其中，Δs 是反射层的厚度，λ_G 是石墨的导热系数。图 14.17 给出了堆芯平均高度上反射层中热流密度和快中子注量率随径向位置的变化。

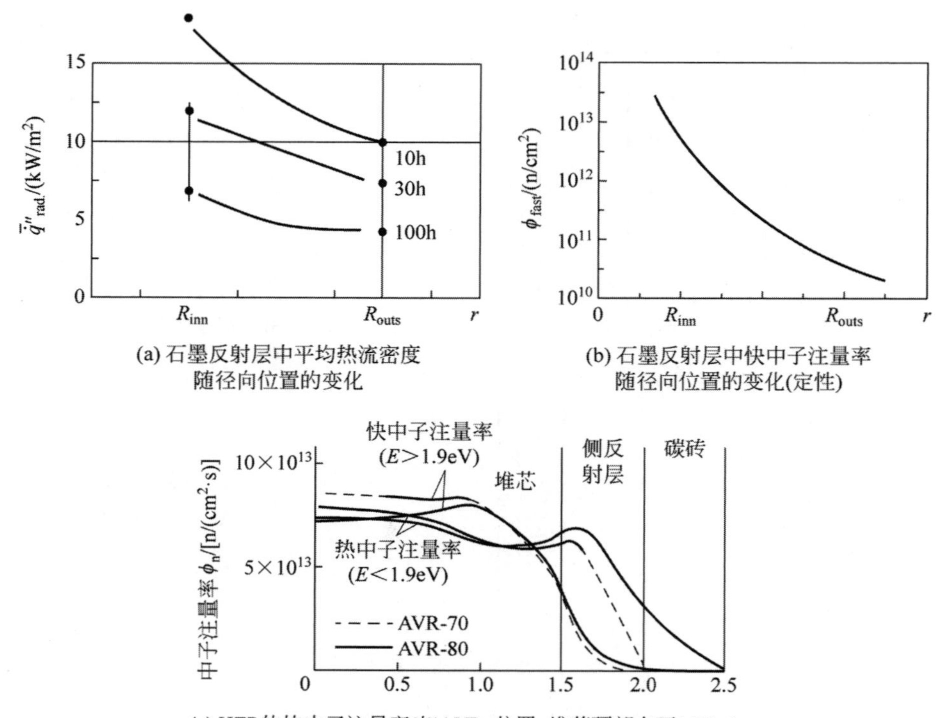

(a) 石墨反射层中平均热流密度随径向位置的变化

(b) 石墨反射层中快中子注量率随径向位置的变化(定性)

(c) HTR的快中子注量率(如AVR; 位置: 堆芯顶部向下1.85m)

图 14.17 衰变热自发载出情况下侧反射层中的传热效应

由于石墨的导热系数随温度和快中子辐照注量发生变化，所以，在运行期间，温度分布也会发生变化。另外，在对事故进行保守分析时，必须假设石墨是在全寿命满功率运行期间受到的快中子辐照，例如，将这个全寿命设为 30 年。图 14.18(c)给出了石墨与这里讨论的问题相关的一些数据。

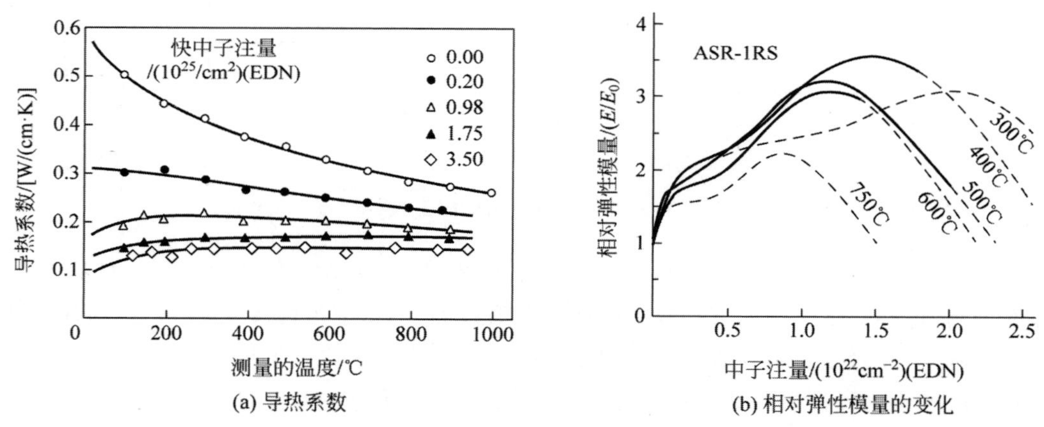

(a) 导热系数

(b) 相对弹性模量的变化

图 14.18 辐照石墨导热系数和弹性模量随快中子辐照注量(950℃下的辐照)和温度的变化

对于这些与石墨相关的数据的解释，需要在反射层的不同层面有针对性地进行分步分析。很多辐射实验提供了相应的实验数据，并且将其汇总于相关的数据库中。随着快中子注量的增加，导热系数在高温下降低为原来的近 1/2。在对具有保守假设的温度场和中子注量率的分布进行详细的计算时，必须要将这些变化考虑在内。

当然，对于大约 1m 厚的石墨反射层，这些辐射效应在堆芯附近相对薄的那一层是最为重要的，特别是在堆芯结构反射层某一高度的一定区域范围内。弹性模量与热应力有关，也显示出与温度和快中子注量具有很强的相关性。测量得到的曲线可用于近似解析。

对于一种特殊的反射层石墨(ATR-2E)，其导热系数的依赖关系可用如下方程来描述：

$$\lambda(T)=a_0+a_1/T^2+a_2\cdot\exp(-1250/T) \tag{14.12}$$

快中子注量率沿径向是衰减的，其注量可以采用如下的表达式：

$$D(r)=D_{\max}\cdot\exp(-\Sigma\cdot r) \tag{14.13}$$

在用于实际估计时,可以取 $\Sigma\approx 0.011\text{cm}^{-1}$。这导致快中子注量率在 1m 厚的反射层中下降为原来的 $10^{-4}\sim 10^{-3}$。将这一估计应用于模块式反应堆中的衰变热自发载出时,获得了进入石墨反射层的热流密度及在这个反射层上温度差的典型数据。

在衰变功率为 $\dot{Q}_N$、堆芯半径为 R、堆芯平均高度为 H 的条件下,堆芯边界处的平均热流密度由下面的关系式给出:

$$\overline{\dot{q}''}=\dot{Q}_N/(2\pi r_j\cdot H)=P_{th}\cdot 0.06\cdot t^{-0.2}/(2\pi r_j\cdot H) \tag{14.14}$$

由式(14.14)可以得到在发生失冷事故 1 天后,堆芯边界处($P_{th}=250\text{MW}$)的热流密度大约为 12kW/m^2。假设在事故发生大约 24h 后,可以得到如下情景。未经辐照的石墨的导热系数为 50W/(m·K),这使石墨反射层在径向上的平均温度差为 250℃。考虑经过多年的运行和辐照之后导热系数发生了变化,那么,在事故情况下,这个温度差会变得更大。当然,堆芯附近的石墨对导热系数的变化起主要作用。在堆芯边界附近的一个小的内石墨区域中,由辐照效应导致的额外温度差大约为 20℃。

这些影响也都作为不确定因素包括在对失冷事故进行量化计算的不确定性分析中。此外,石墨温度的变化对间隙中的热流密度会产生一定的影响。例如,图 14.19 显示了 HTR-Module 石墨反射层中的径向温度分布情况。由于受辐照的影响,长时间运行后导热系数有所下降,那么,在这里所讨论的事故情况下,石墨反射层的温度差会上升到一定的程度。但是,堆芯的最高燃料温度不会受到与反射层相关的这些效应的显著影响。

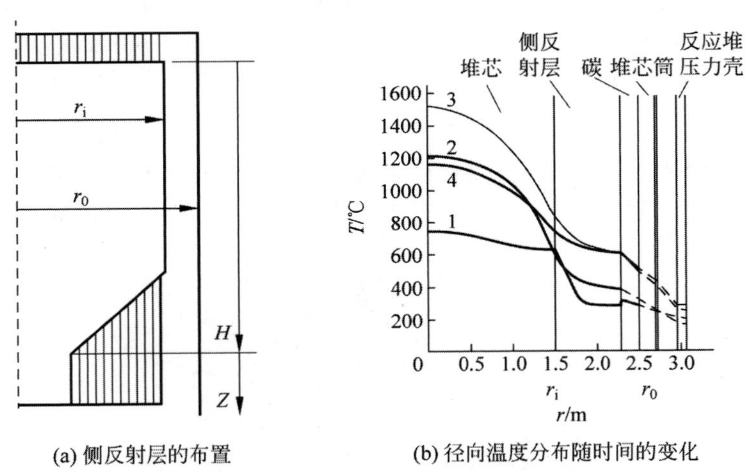

(a) 侧反射层的布置　　(b) 径向温度分布随时间的变化

图 14.19 完全失去能动冷却情况下侧反射层中的热负荷(衰变热通过堆芯结构的自发载出)

如 HTR-Module,在最高堆芯温度的堆芯高度上

1—事故发生之后;2—事故发生后 5h;3—事故发生后 30h;4—事故发生后 200h

14.2.5 反应堆压力壳表面向外部热阱的传热实验

将衰变热从反应堆压力壳表面载出到外部热阱是衰变热载出到环境环节中一个非常重要的部分,在这一过程中,需要讨论如下几种可能性:

- 从锻钢壳释放到外表面冷却器;
- 从预应力铸铁或铸钢壳释放到由混凝土和铸铁块构成的外部舱室。

下面,将对上述第 2 种可能性给出更详细的讨论。图 14.20 给出了具有预应力铸铁反应堆压力壳的反应堆系统的概况。这种压力壳被许多轴向和径向钢索施加了一定的预应力,因此不会破裂。"破前漏"准则通过对由许多铸铁块部件和一个用于系统密封的内衬组成的壳的设计来实现。

大型实验台架非能动衰变热系统(INWA)已完成建造并启动实际运行,据此可获得该过程中主要参数的影响的一些信息。影响传热的主要参数是表面的温度、热辐射系数和自然对流的换热系数,以及反应堆压力壳表面与周围舱室之间间隙可能的气体流动产生的影响。如图 14.20(a)所示,反应堆压力壳和混凝土舱室的 1/1 断面已经通过测试。另外,还可以看出,反应堆压力壳已采用了内衬。对混凝土舱室也进行了修

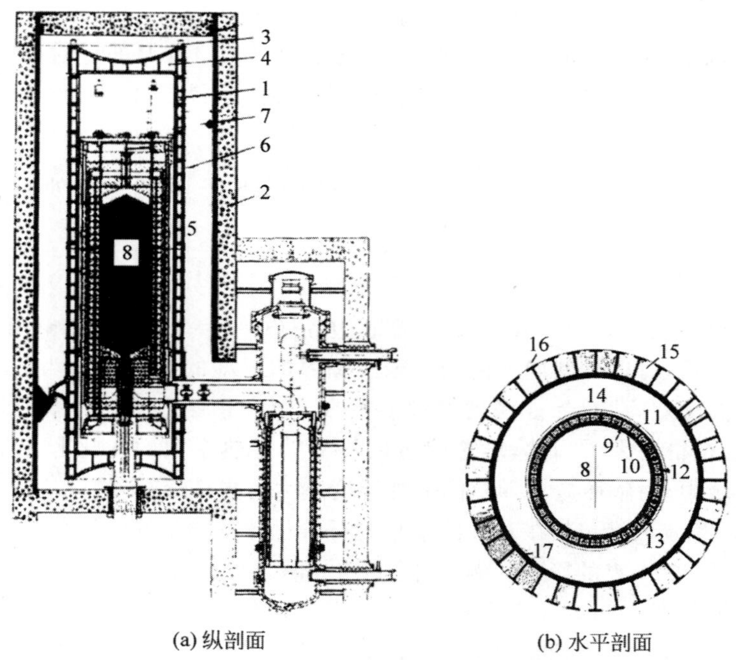

(a) 纵剖面　　(b) 水平剖面

图 14.20　具有一个预应力铸铁压力壳和改进混凝土舱室的模块式 HTR 概念

1—预应力反应堆压力壳；2—混凝土舱室；3—轴向钢索；4—压力壳顶部；5—径向钢索；6—内衬；7—冷却管；8—堆芯；9—内衬；10—内固定结构；11—预应力反应堆壳块；12—轴向钢索；13—径向钢索；14—反应堆舱室；15—混凝土；16—铸铁块；17—冷却管

改，它可以包含铸铁和混凝土块。同时，还可以预计这些块体能够通过自然对流得到冷却。图 14.21 显示了该实验台架的概貌。该台架已运行超过 10 000h，提供了许多有助于实际设计的数据。

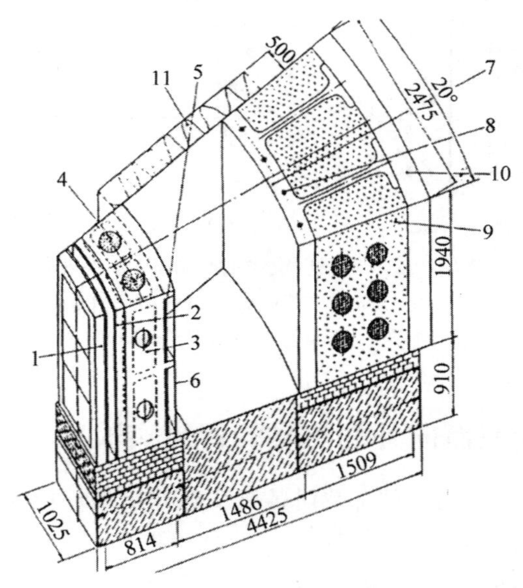

图 14.21　INWA 实验台架的断面

1—电加热和热屏；2—内衬；3—反应堆压力壳；4—轴向拉伸；5—径向拉伸；6—盖板；7—铸铁块；8—冷却系统；9—混凝土；10—喷淋冷却系统；11—绝热

衰变热是通过内衬的热流密度进行模拟的。最大电加热功率为 10MW，在这种情况下，热流密度可达到 $10kW/m^2$。这个概念包括一个专门设计的含铁量很大的外部混凝土舱室。选择这种设计方案，就有可能进行有效的导热，并将热量储存在舱室内。通过铸铁块中孔道内的自然对流可以对由混凝土和铸铁构成的舱室结构进行有效的冷却。特别是从反应堆构筑物外表面向外部环境进行有效的传热是可能的。

INWA 实验台架的总体布置采用一个非常厚的绝热层加以包围，以使热损失达到最小。实验中，采用热流密度来估计失冷事故。图 14.22 给出了这类实验中热流密度随时间的变化情况，它部分模拟了极端条件下的热流密度。在模块式 HTR（热功率为 200MW）中，失冷事故 30h 后热流密度的典型值为 3～5kW/m²。人们进行了大量有关瞬态热流密度的动态实验，以获得更多有关预应力铸铁壳径向结构中各个部件行为的实验信息。尤其是内衬的行为，更是引起人们广泛的兴趣。

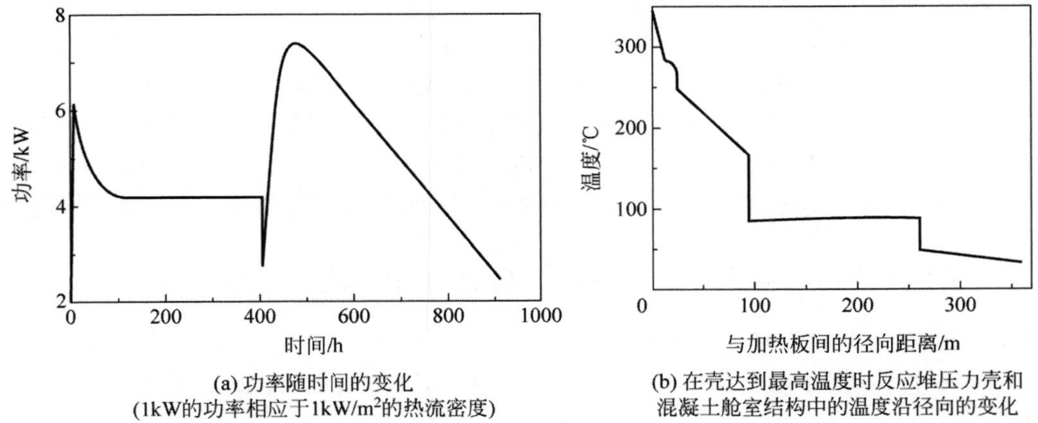

(a) 功率随时间的变化
（1kW的功率相应于1kW/m²的热流密度）

(b) 在壳达到最高温度时反应堆压力壳和混凝土舱室结构中的温度沿径向的变化

图 14.22　INWA 实验台架内衬表面热流密度随时间的变化（1kW 的功率相应于 1kW/m² 的热流密度）

这里假设发生了一回路系统失压事故，并且在事故开始阶段热流密度的典型值为 5kW/m²，大约 100h 后，热流密度值降低到 2kW/m²。该实验模拟了热流密度随时间的变化情况。

图 14.23 给出了在不同点测量的一些温度分布。这些是用于计算温度场和流场的三维数据的基本信息。实验结果表明，测量值与计算值吻合得很好。

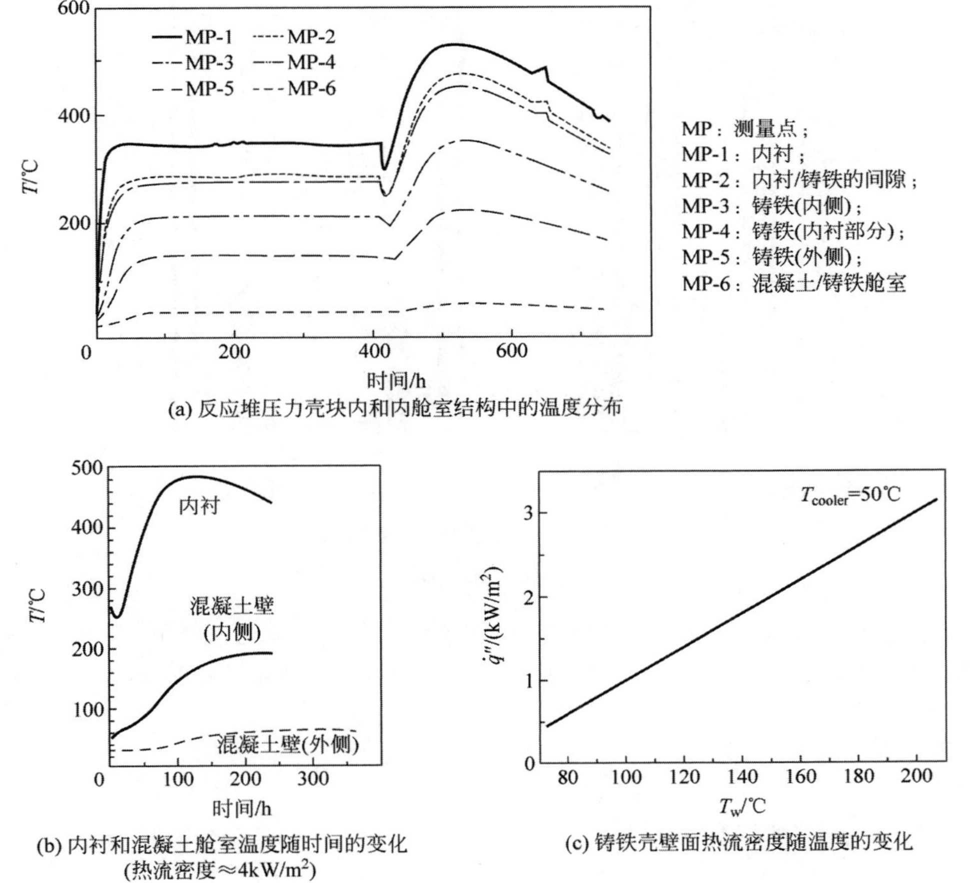

(a) 反应堆压力壳块内和内舱室结构中的温度分布

(b) 内衬和混凝土舱室温度随时间的变化
（热流密度≈4kW/m²）

(c) 铸铁壳壁面热流密度随温度的变化

图 14.23　INWA 实验台架重要参数随时间的变化情况

一些结果对于反应堆压力壳和内舱室概念的可行性具有重要的意义。即使混凝土舱室不能通过水冷却达到冷却的效果，但反应器压力壳内部的最高温度仍将保持在500℃以下。在壳壁的外侧，温度将保持在350℃以下。内衬系统将达到低于500℃的温度，这样材料可选择性的余地很大。

从反应堆压力壳的表面到混凝土/铸铁舱室的传热有90%是由热辐射提供的，另外10%是由自然对流提供的，这一结果是通过直接专门的测量获得的。

从实验得到由反应堆压力壳散出的热量的等效换热系数为25W/(m^2·K)，这与从其他实验获得的数据非常吻合。通过运行有关传热的计算机程序，能够以足够高的精确度对上述过程加以描述。

总的来说，实验结果表明反应堆压力壳和外部混凝土舱室这一设计概念非常适于满足衰变热自发载出原理的要求，这一效应无需外部混凝土结构进行水冷却。该内混凝土舱室通过空气自然对流进行冷却的可能性概念也适用于锻钢反应堆压力壳或者预应力铸钢壳。另外，还可以通过注入氮气对结构进行后期冷却。

14.2.6 反应堆压力壳(锻钢)表面传热至表面冷却器的实验

在对模块式HTR进行设计时，外表面冷却系统用于吸收衰变热，该衰变热通过热辐射和自然对流从反应堆压力壳表面载出。表面冷却系统的这种作用和效率在JAERI/日本所做的各种热负荷条件下的实验中进行了测试。

图14.24所示为实验装置。在压力壳内有一个电加热系统，它可以在轴向形成一个特定的热流密度的分布。实验中，测量了壳表面及壳与冷却系统之间间隙中的温度分布情况。此外，该实验还可以在各个通道位置上对流动条件进行测试。实验中安装了不同的冷却板，对它们的冷却能力进行了测量。此外，将加热系统分成5段，每段可以分别进行功率的调节。

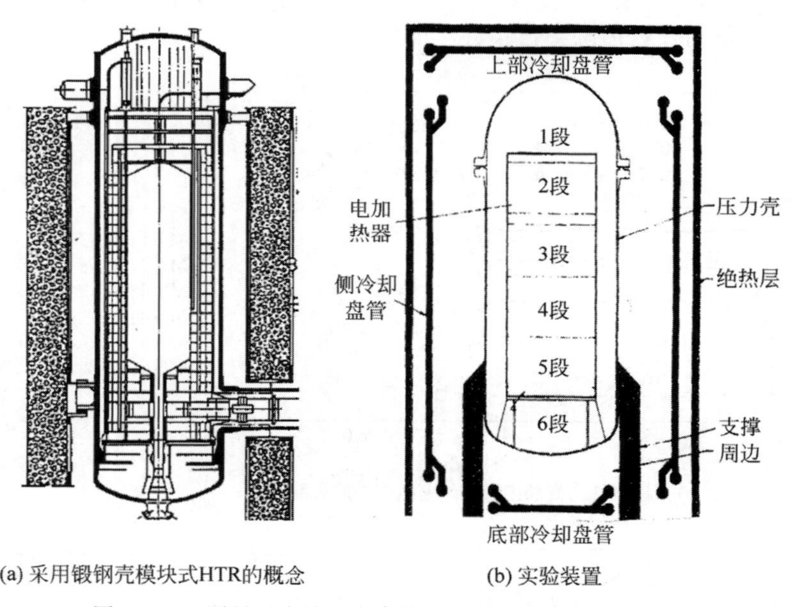

图14.24 测量反应堆压力壳热流密度和温度的实验装置
(锻钢壳和外表面水冷却器衰变热自发载出的概念)

图14.25给出了测量的典型结果。热流密度约为20kW/m^2，壳内温度为350～400℃。实验结果表明：反应堆压力壳表面与冷却板之间存在约350℃的温差，相应的有效换热系数约为25W/(m^2·K)，该值涵盖了近85%～90%的热辐射和10%～15%的自然对流换热效应。

空气中自然对流的经验公式如下：

$$\alpha_{\text{eff}}(T_{\text{wall}}) \approx c_1 + c_2 \cdot T''_{\text{W}} \tag{14.15}$$

还可以得到如下圆柱体布置的努塞特数：

$$Nu = 0.286 \cdot Re^{0.258} \cdot Pr^{0.006} \cdot H^{-0.238} \cdot K^{0.442} \tag{14.16}$$

其中，Re是雷诺数，Pr是普朗特数。另外，Grashof数用于描述自然对流过程：

$$Re = Pr \cdot Gr, \quad Pr = \eta \cdot c_p/\lambda, \quad Gr = (g \cdot l^3 \cdot \beta \cdot \Delta T)/\nu^2 \tag{14.17}$$

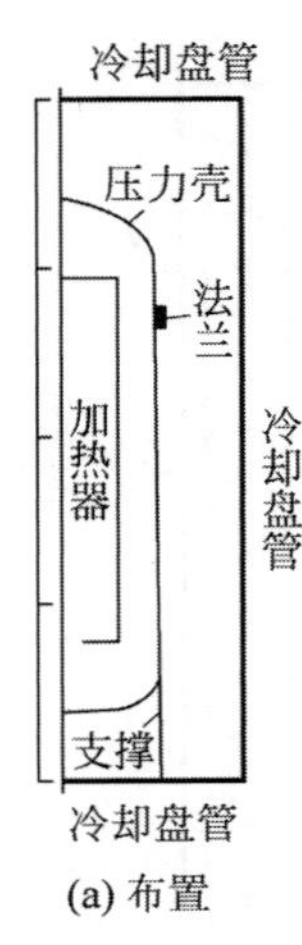

(a) 布置

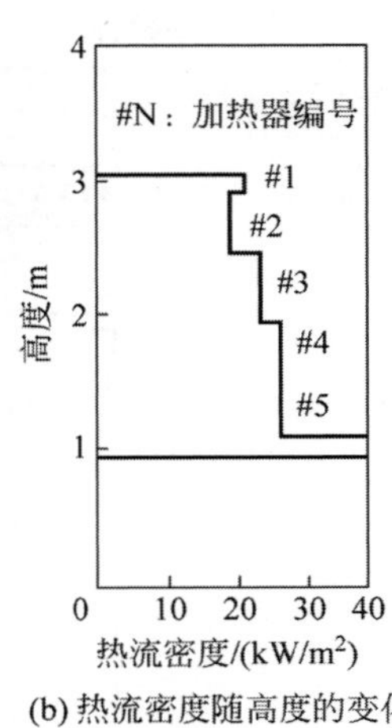

(b) 热流密度随高度的变化

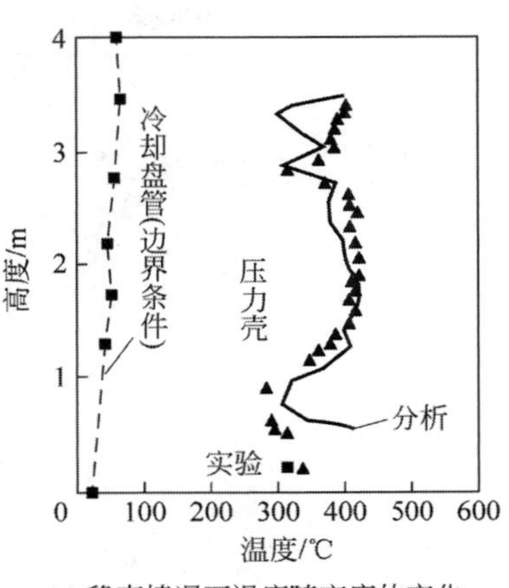

(c) 稳态情况下温度随高度的变化

图 14.25 利用热辐射和自然对流换热对锻钢壳表面进行热量自发载出的实验结果

在上面给出的表达式中，H 是高度；K 是同心圆柱体直径比；β 是热膨胀系数；ΔT 是温差；l 是流动的特征长度。这些经验公式也可应用于类似的通道，但存在一定的不确定性。雷诺数由普朗特数和 Grashof 数的乘积来确定，适用于对一般自然对流过程的描述。γ 是流体的动力黏度。

描述实验结果的简化方程如下：

$$Nu = 0.1974 \cdot Re^{0.25} \quad (10^6 \leqslant Re \leqslant 10^8) \tag{14.18}$$

$$Nu = 0.312 \cdot Re^{0.33} \quad (10^9 \leqslant Re \leqslant 5.5 \times 10^{10}) \tag{14.19}$$

自然对流的换热系数 α 可由下式给出：

$$\alpha_{\text{conv}} = Nu \cdot \frac{\lambda}{D} \tag{14.20}$$

其中，D 是一个特征的几何参数，这里是指压力壳的直径。在模块式 HTR 的实际条件下，通过自然对流从反应堆压力壳表面进行传热，从实验中得到的 α 为 $3\sim4\text{W}/(\text{m}^2\cdot\text{K})$。

根据热辐射的关系式，可以估算出热辐射传热所占的份额：

$$\dot{Q}_{12} = A_1 \cdot \varepsilon \cdot C_s \cdot [(T_1/100)^4 - (T_2/100)^4] \tag{14.21}$$

$$\varepsilon = 1\Big/\left[\frac{1}{\varepsilon_1} + \frac{A_1}{A_2}\cdot\left(\frac{1}{\varepsilon_2} - 1\right)\right], \quad \alpha_{\text{rod}} = \frac{\dot{Q}_1/A_1}{T_1 - T_2} \tag{14.22}$$

式(14.21)和式(14.22)中脚标 1 表示圆柱形布置的内表面，脚标 2 表示圆柱形布置的外表面。正如第 10 章中已经讨论过的，表面的热辐射系数 ε 值与部件的条件有关。表 14.1 列出了从各种文献获得的一些测量值及相关信息。

表 14.1 衰变热自发载出环节中几种不同材料的热辐射系数

材　　料	热辐射系数 ε	温度/℃	注　　释
钢	0.88	425	氧化、抛光
钢	0.92	800	氧化、抛光
CrNi 钢	0.85	440	氧化(25%Cr,20%Ni,51%Fe)
CrNi 钢	0.90	795	氧化(25%Cr,20%Ni,51%Fe)
石墨	0.8	630	抛光
混凝土	<0.8	20	
混凝土	>0.8	100	

在 HTTR 实验中获得的各种经验结果表明，热辐射的传热热量比自然对流的传热热量要大。在 $T_1 = 300$℃和 $T_2 = 50$℃的条件下，通过热辐射传出的热量约为 $16\text{W}/(\text{m}^2\cdot\text{K})$。

在 INWA 实验中，对热辐射和自然对流的传热进行了测量比较，结果也表明相差 3～4 倍。

图 14.26 给出了反应堆压力壳周围典型的流量分布，在压力壳的顶部和底部发生了湍流效应，这一效应在进行表面冷却剂系统的设计时必须要加以考虑。

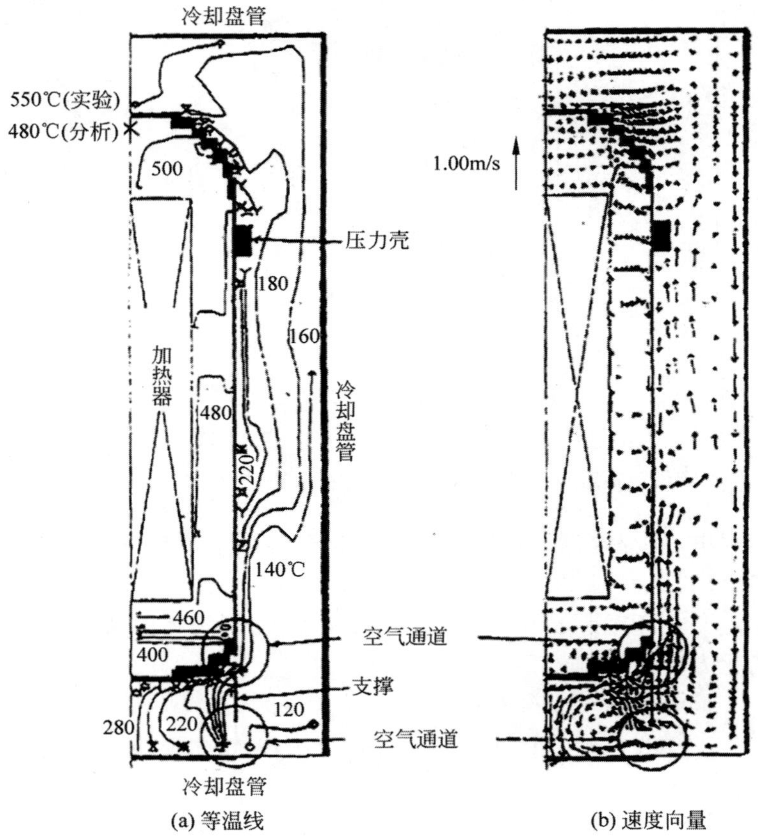

图 14.26　HTTR 实验壳周围等温线和速度分布的计算

在 JAERI 的实验过程中，对反应堆压力壳和表面冷却系统之间间隙流动行为实施了一个涉及范围较广的评估计划。测量结果与预计算值之间存在一定的差异。因此，对实际结构进行详细的测量是很有必要的。特别是对于反应堆压力壳的上部，可以进行详细的测量，并在很大程度上进行了模型计算。这有利于确定热点并对电厂中设备冷却进行优化。

14.2.7　混凝土结构作为储热的热阱及其衰变热载出行为

如果发生了完全失去能动冷却事故，则外表面冷却器也会失效，衰变热将传入内混凝土舱室的混凝土中，如图 14.27 所示。传入混凝土结构中的热流密度取决于反应堆压力壳表面与混凝土之间的温差，此外，

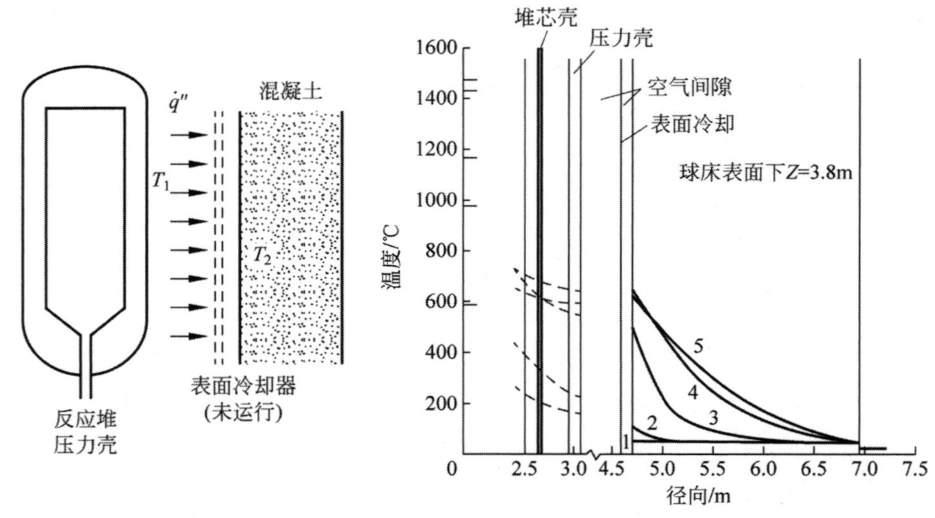

图 14.27　完全失去能动冷却和完全失去表面水冷却器的传热原理

1—正常运行；2—事故开始之后 20h；3—事故开始之后 110h；4—事故开始之后 410h；5—事故开始之后 1010h

还必须考虑这两个部件之间的空间中传热的详细环节。例如，如果 $T_1=400℃$，$T_2=50℃$，则可能的热流密度为 $\dot{q}''\approx 7\text{kW/m}^2$，这一结果与其他实验的已知结果非常吻合。因此，根据这些测量值，在给定的温度条件下，通过反应堆压力壳表面释放的平均热流密度约为 5.6kW/m^2。

随着反应堆压力壳温度的上升，热流密度随之上升。即使在表面冷却器失效、热阱温度（混凝土结构）也升高的情况下，也会出现相对较大的热流密度。热流密度会达到足够高，以使衰变热可以从模块式 HTR 壳的表面载出。

热量将储存在混凝土结构内，并在一段时间后从外表面载出。混凝土内部温度升高，引起混凝土在高温下的稳定性问题，以及表面冷却器停止运行较长一段时间后能否再次投入使用的问题。通过混凝土中的热流密度可以用下面的表达式来表征：

$$\dot{q}''\approx b\cdot T\cdot\sqrt{t} \tag{14.23}$$

热流密度与时间 t、混凝土表面温度 T 及特征值 b 相关。b 与每一种材料相关，可由下式给出：

$$b=\sqrt{\lambda\cdot\rho\cdot c_{\text{p}}} \tag{14.24}$$

其中，b 为材料的热流贯穿系数。混凝土中的 b 值比金属中的要小，混凝土中的 b 约为 $1600\text{W}\cdot\text{s}^{1/2}/(\text{K}\cdot\text{m}^2)$，约为钢的 1/5。表 14.2 给出了一些重要材料的 b 值。

表 14.2 与材料热流贯穿系数相关的一些参数

材料	钢	混凝土	覆盖土层	石墨	铸铁	砖块	混凝土*
$\lambda/[\text{W/(m}\cdot\text{K)}]$	14.7	1.28	0.6	155	47	0.7～1.1	1.7
$\rho/(\text{g/cm}^3)$	7.8	2.2	2	2	7.3	2	2.5
$c_{\text{p}}/[\text{J/(kg}\cdot\text{K)}]$	500	880	1840	610	500	900	1000
$b/(\text{W}\cdot\text{s}^{1/2}/\text{m}^2)$	7590	1570	1500	13 700			
温度/℃	20	20	20	20	20	20	20

* 表示混凝土中含高比例的钢材。

在混凝土结构中可以达到的典型热流密度约为 5kW/m^2，与时间和表面温度相关。根据图 14.28，假设反应堆停止了运行（例如，HTR-Module，热功率为 200MW），则反应堆压力壳的温度和直接在表面冷却器后面的混凝土区域的温度将会上升。

在时间 $t=0$ 到 $t=t_1$ 期间，通过表面 A 的热量可用下面的关系式来估计：

$$Q_{01}=A\cdot\int_0^{t_1}\dot{q}''\cdot\text{d}t\approx\frac{2A\cdot b\cdot\overline{T}}{\sqrt{\pi}}\cdot\sqrt{t_1} \tag{14.25}$$

在合适的平均温度 $\overline{T}$ 下，可以进行粗略的近似。在表面冷却器后面的混凝土结构中，较高的铁含量有利于混凝土维持在较高的温度区间内。

混凝土中温度达到 500℃这一量级是有可能的，这与材料强度的降低相关，如图 14.28 所示，也与混凝土中的压应力相关。例如，在较高的温度下压应力降低为原来的 1/2。在较高的温度下，混凝土的导热系数也有所降低，在 500℃及相应的环境温度下，导热系数相差 3 倍。当然，这些关联性反应取决于混凝土的类型

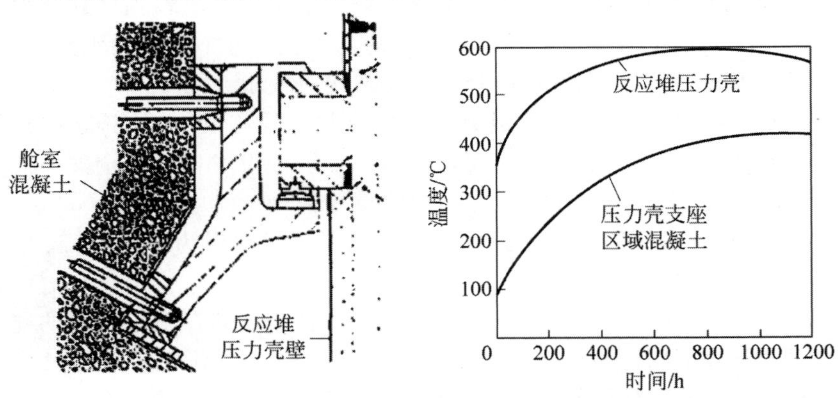

图 14.28 热量贯穿通过混凝土的情况下反应堆压力壳和混凝土舱室的温度

和混凝土结构中铁的占比。人们对混凝土的性能进行了大量实验，原则上可以据此对上述关联性反应加以评估，但人们还是决定建造一个较大的实验装置，进行具有足够高热流密度的整体实验，并在相当高的温度下对混凝土进行实验，如图 14.29 所示，以获得更精确和可靠的评估结果。

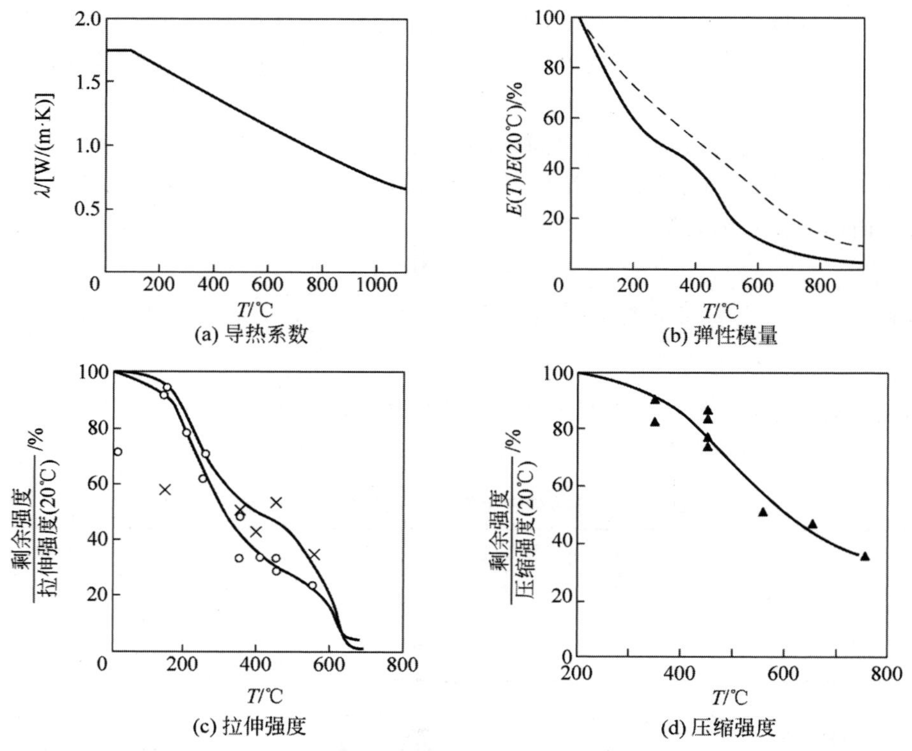

图 14.29 混凝土强度随温度的变化

根据图 14.30，可以对体积为 $1m^3$ 的大混凝土块被加热到 1200℃时的情况进行一定的分析。达到这个温度的热流密度大约为 $5kW/m^2$。混凝土块包括附有冷却器的内衬及一个侧面的绝热层，对其应用热流密度的概念。在该结构的许多位置上对温度进行了测量，以求在所关注的位置上获得更加精确的温度分布。人们已针对如下两个设计概念进行了详细的实验：

- 具有玄武岩材料和金属箔绝热材料的 THTR 混凝土；
- 具有钙钛矿材料和纤维绝缘的 HTR 500 混凝土。

实验过程中，测试对象被加热到非常高的温度(1000℃以及更高)并且运行了 1000h。在此期间，连续测量温度分布及气体和蒸汽的释放情况。在完成实验后，对材料进行分析并给出有关混凝土状态的信息。这些实验的目的均是为了获得极端事故情况下温度的分布及气体和蒸汽的释放情况。事故的设定已经超出 THTR 许可证的申请范围，即需要假设在完全失去能动衰变热载出并且失去内衬冷却的情况下将会发生什么，并对此进行必要的分析。图 14.31 给出了该分析的结果。

图 14.32 给出了在这些实验中混凝土的温度、混凝土释放的水量及材料强度这些典型参数随时间的变化情况。在非常高温度(1000℃)下运行约 400h 后，$1m^3$ 的混凝土中近 100kg 的水被释放出来。

尽管在非常高的温度下运行，但水和气体的释放量仍然相对较小。图 14.33 显示了在 1200℃的最高温度下长时间加热后混凝土块的状态。实际上，混凝土块的形状并没有发生改变，其结构的稳定性几乎也没有发生变化。内衬没有被破坏，绝热层实际上也完好无损。如果假设发生了完全失去能动冷却这样极端的事故，这一结果对于预应力混凝土反应堆压力壳也是非常重要的。

根据如图 14.33 所示的实验，对混凝土的强度进行了测量。以室温为例，如果温度上升到 500℃，强度将降低为原来的 1/3，如图 14.34 所示。

通过这些实验，令人信服地证明了混凝土具有吸收热量并将热量储存很长时间的能力。预应力混凝土反应堆压力壳在极端失冷事故下的行为是一个重要的问题。这些结果对于模块式 HTR 也很重要，因为在极端失冷事故下内混凝土舱室的部件可能达到约 500℃的温度。另一个问题是在长时间延迟后是否有可能向内衬冷却系统补水，如图 14.35 所示，即使在 300h 之后也是有可能的。

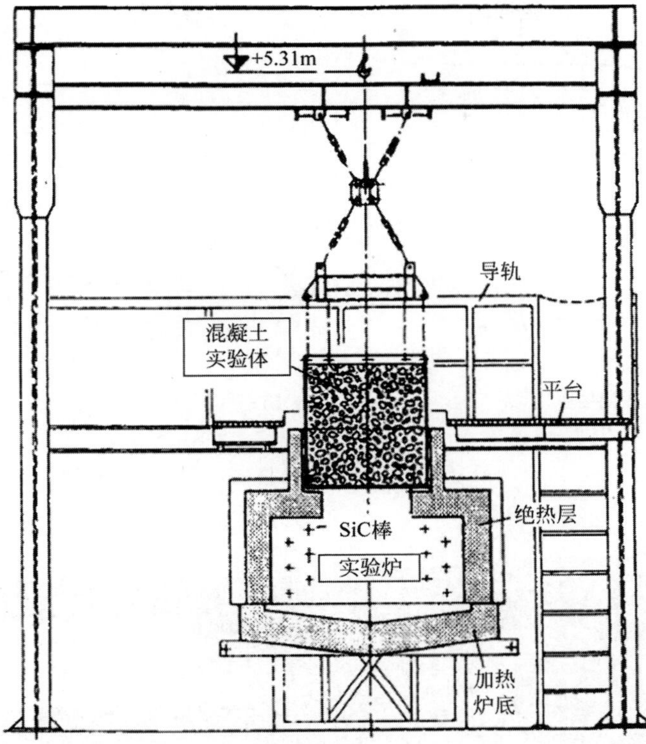

(a) 纵剖面

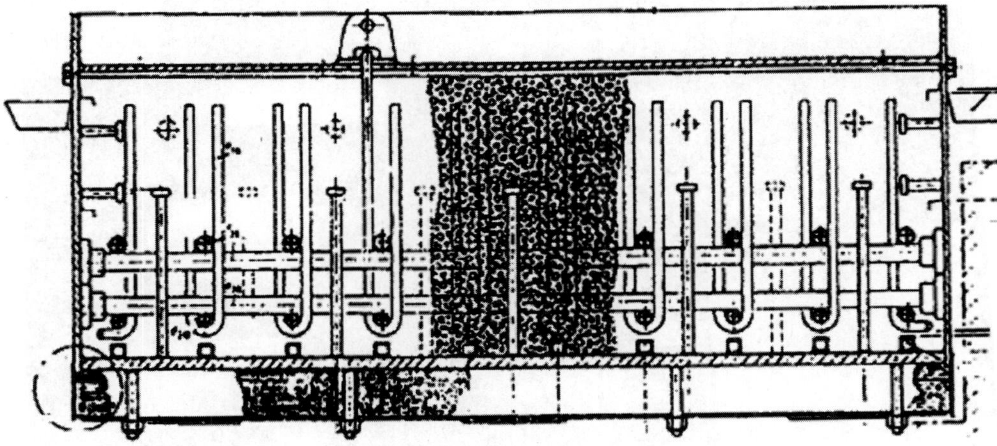

(b) 混凝块的详细图示(具有内衬、内衬冷却和金属箔绝热材料的THTR混凝土)

图 14.30　高温下测试大型混凝土块的实验装置

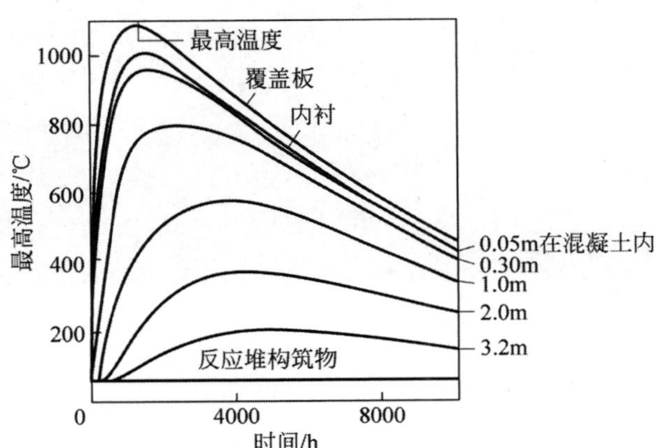

图 14.31　THTR 反应堆压力壳覆盖板、内衬和混凝土温度随时间的变化

在完全失去冷却剂、完全失去能动衰变热载出(回路)、内衬冷却失效的非常严重的事故情况下

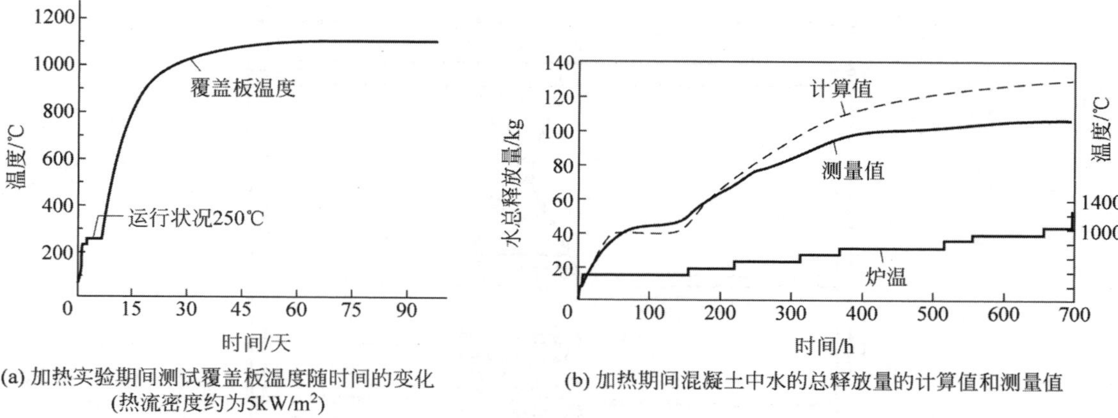

(a) 加热实验期间测试覆盖板温度随时间的变化（热流密度约为5kW/m²）

(b) 加热期间混凝土中水的总释放量的计算值和测量值

图 14.32　大型混凝土块加热实验结果（热流密度约为 5kW/m²）

683℃
708℃
768℃
813℃
865℃
792℃
804℃
839℃
1049℃
1063℃
1145℃
1256℃
Modular HTR-550
的片断
混凝土覆板
冷却管
玄武岩混凝土
地脚螺栓
内衬

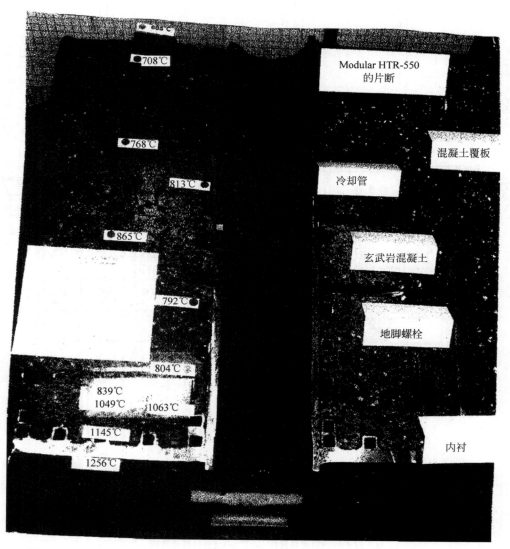

图 14.33　1150℃下（接近内衬的最高温度）运行 2000h 后的混凝土块（HTR 500 品质）

对水冷系统重新注水和重新启动是可行的，并不会对冷却管造成损坏。冷却过程的速度大约在 10℃/min，不会产生任何问题。如果这些设备已经出现了故障，即使很长时间之后重新启动表面冷却器的水冷却系统或者预应力混凝土反应堆压力壳内衬冷却系统，也仍然是可行的。

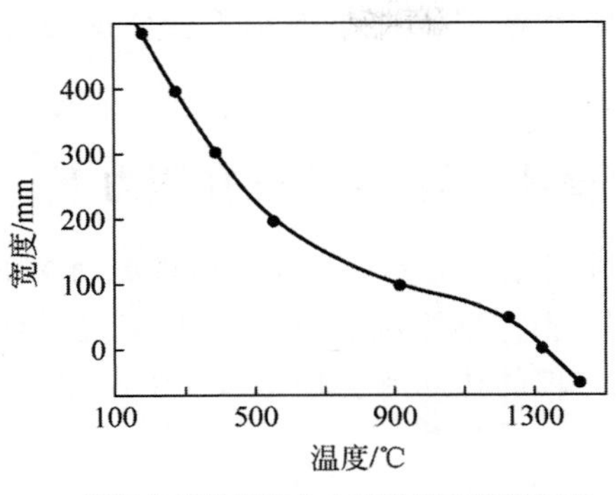

(a) 不同条件下混凝土中的温度(0代表内衬)

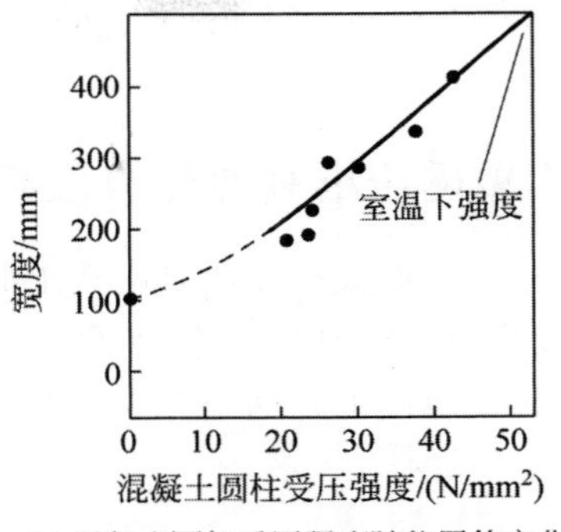

(b) 混凝土圆柱受压强度随位置的变化

图 14.34 混凝土块加热实验的典型结果(如 HTR 500 混凝土)

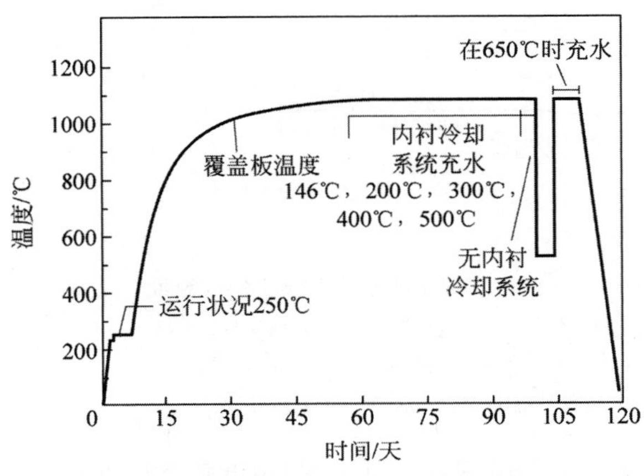

(a) 在不同温度下向管道充水时覆盖板温度随时间的变化

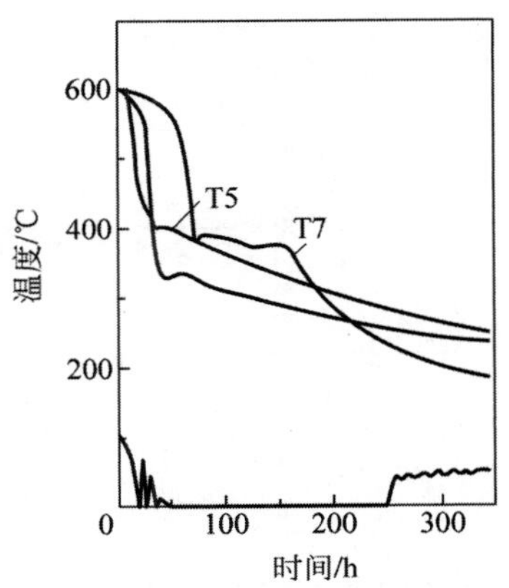

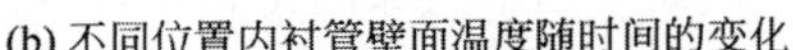

(b) 不同位置内衬管壁面温度随时间的变化

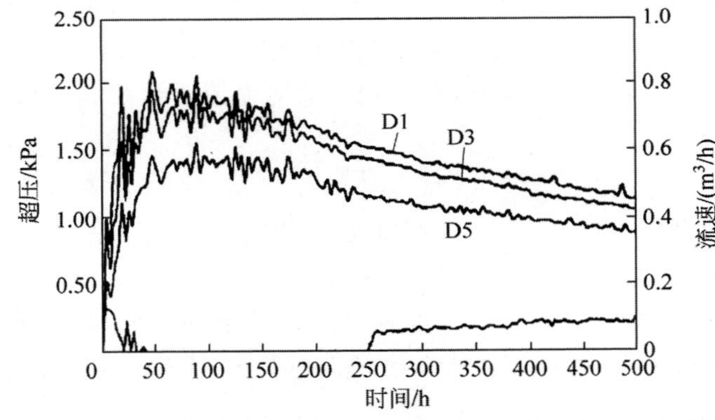

(c) 压力和水的质量流量随时间的变化(D1，D3，D5对应不同的冷却通道)

图 14.35 长时间延迟之后充水过程中冷却系统的行为

正常的冷却过程可用下式来描述：

$$\sigma_{\mathrm{T}}=\frac{E\beta}{1-\gamma}\cdot\frac{v_{\mathrm{T}}s^{2}}{3a}\cdot\left(0.43\cdot\frac{d_{0}}{d}+0.57\right) \tag{14.26}$$

其中，v_{T} 是冷却的速度；s 是管道的壁厚；a 由表达式 $\lambda/(\rho\cdot c)$ 来确定，对于普通的钢材，该值随着温度的上升而下降。

应用上述冷却过程，可以通过下面的方程来估计热冲击引起的压力：

$$\sigma_{\rho}=\frac{E\beta}{1-\gamma}\cdot(T_{0}-T_{\mathrm{F}})\cdot B,\quad B=f(s\alpha/\lambda) \tag{14.27}$$

其中，T_0 是管道的壁面温度；T_{F} 是流体的温度；B 是 0～1 之间的一个因子，与壁厚、换热系数和材料的导热系数有关；β 是热胀系数。无论是重新注水还是重新启动，这两种情况都不会使冷却管中的应力超过允许的限度。

14.2.8 AVR 反应堆衰变热自发载出的整体实验(反应堆在压力下)

1970 年 AVR 进行了有关衰变热自发载出概念的非常重要的实验。在反应堆满功率正常运行时将两台氦风机关闭，这样反应堆的能动冷却系统可完全中断。4 根停堆棒被卡住，并模拟了反应堆完全失去能动停堆能力。模拟非常极端事故的这两个独立失效导致反应堆的热功率立即下降(图 14.36)，反应堆通过固有机制实现停堆。

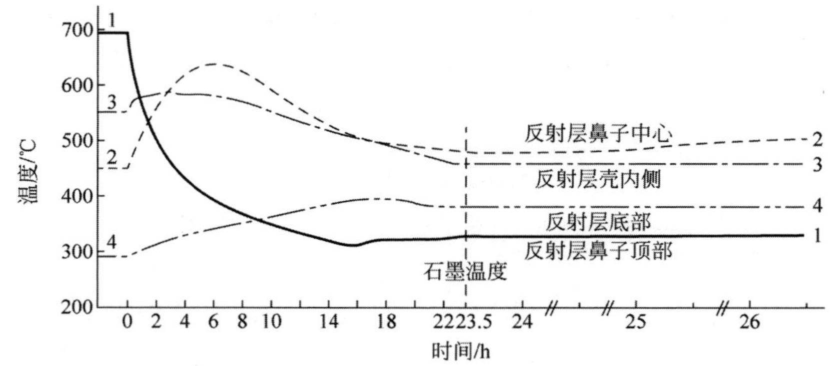

图 14.36 AVR 固有安全性实验——衰变热自发载出演示堆芯结构中的温度
(1970 年：两台风机停机、4 根停堆棒卡棒；反应堆热功率：44MW)
图例：1—反射层鼻子顶部 26.45m，135°；2—反射层鼻子中心 24.72m，135°；
3—反射层壳内侧 24.85m，90°；4—反射层底部 22.99m，117°30，ϕ2200mm

产生上述模拟结果的原因是共振吸收随温度发生了变化，形成了很大的温度负反应性系数。图 14.36 所示的温度变化主要是由内部对流过程引起的。

由图 14.36 还可以看到出现了一些低幅度的振荡，这是因为 23.5h 后，由于氙衰变，反应堆重新回到临界。但是，这时的功率仅为 1.8MW，可以毫无困难地通过蒸汽发生器将热载出。由于 AVR 的蒸汽发生器设置在堆芯上方，这样的布置相对而言比较特殊，使实现自然对流成为可能。这也表明，对于 AVR，其热平衡是通过自然对流的方式实现的。

$$P_{th}^{*} \approx \dot{m}_{He}^{*} \cdot C_{P_{He}} \cdot (T_{He}^{out} - T_{He}^{in}) \approx \dot{m}_{st}^{*} \cdot (h_{st} - h_{FW}) \tag{14.28}$$

其中，* 指 23.5h 后的状态(如果没有实施停堆，反应堆是“自控的”)，$\dot{m}_{He}^{*}$ 是自然对流的质量流量，$\dot{m}_{st}^{*}$ 是需要的给水流量，$(h_{st}-h_{FW})$可以假定为相应的蒸发热值。

基于所测量的结构中的温度分布状况，计算了堆芯中的温度分布。图 14.37 所示结果表明，AVR 在平均氦出口温度为 850℃的运行情况下，燃料温度从未超过 1100℃。实验过程中氦气压力降低，水/蒸汽侧温度从额定的 500℃下降到 250℃左右。

14.2.9 AVR 反应堆中衰变热自发载出的总体实验(反应堆失压)

模块式 HTR 中最重要的事故之一是完全失去能动冷却，包括一回路的失压。在这种情况下，衰变热自发载出的概念起到导热和冷却的作用，通过热传导、热辐射和空气或空气/氦气混合物的自然对流等主要物理过程来载出衰变热。这种事故发生时，最高燃料温度低于 1600℃。

在 AVR 中，进行了一个实验来演示这一系统行为。结果表明，堆芯和结构具有储存衰变热、传热和通过反应堆压力容器表面释放热量的能力。1988 年，该实验采用以下方式进行。

在第 1 阶段，由于当时不允许快速失压，因此，冷却气体被唧送出一回路系统。电厂在热功率为 4MW 下运行了一段时间，通过这种方式，堆芯达到某种温度分布的稳态，其温度分布相当于在 950℃的平均氦出口温度下满功率运行时的温度分布。之后，由裂变产生的功率水平下降，以模拟衰变热。这样，就完全满足了事故发生的条件，即相当于针对反应堆在满功率运行时发生事故的情况进行相关实验。

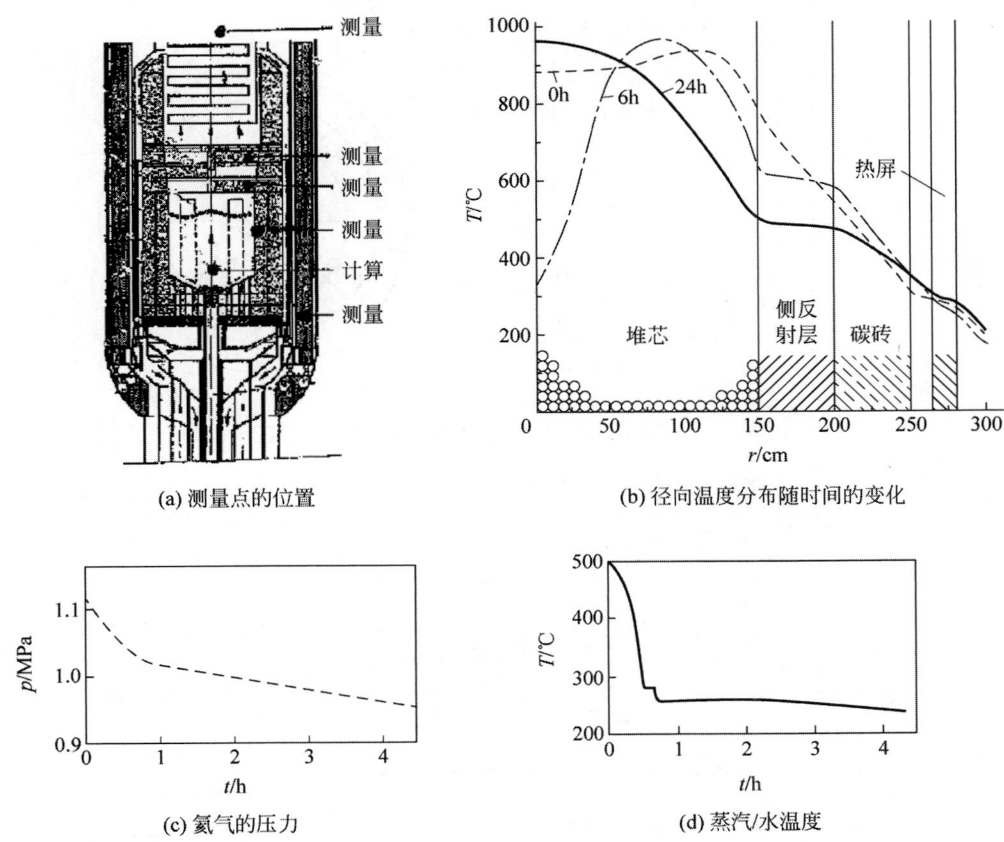

图 14.37　AVR 模拟事故下温度和氦气的压力(假设：反应堆处于压力之下，失去了强迫对流，4 根停堆棒卡棒)

图 14.38 给出了衰变热的变化曲线，这是下一阶段衰变热自发载出的基础。1h 后，相当于额定功率 1% 的大约 500kW 的功率用作衰变热。

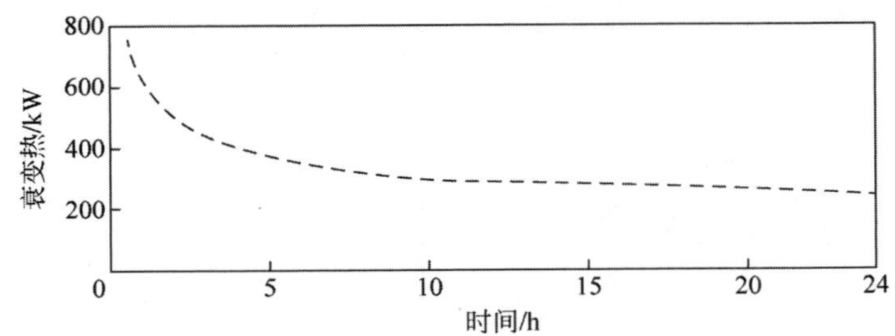

图 14.38　模拟事故中 AVR 衰变热的产生：完全失去能动冷却——堆芯失压

在反应堆结构中，测量了不同时间的温度变化。图 14.39(a)显示了热电偶的位置，图 14.39(b)给出了测量结果。

图 14.39 表明，结构最热的部分——堆芯上部停堆棒在石墨反射层鼻子中插入孔道的温度有所下降。堆芯中部石墨结构的温度上升了约 300℃，在接下来的 100h 内温度再次下降。侧反射层的温升最高达 150℃，这是在事故发生大约 25h 后出现的现象。之后，温度又开始下降。堆芯底部在事故开始时比较冷，100h 后温度上升，达到约 500℃。总之，堆芯底部结构在很长一段时间内起到了有效的蓄热作用。

对自然对流和向蒸汽发生器传热可能产生的影响也进行了分析。因此，对风机上的主挡板进行了关闭和打开操作，结果的差异最小，另外，这一结果还表明，作为本实验中的热阱，蒸汽发生器的贡献非常小。因此，可以得出这样一个结论：从堆芯中载出衰变热的主要机制实际上是堆芯内部结构中的导热、热辐射和自然对流。

在实测温度分布的基础上，对球床内部的温度场进行了计算。将测量结果与用三维计算机程序运算的

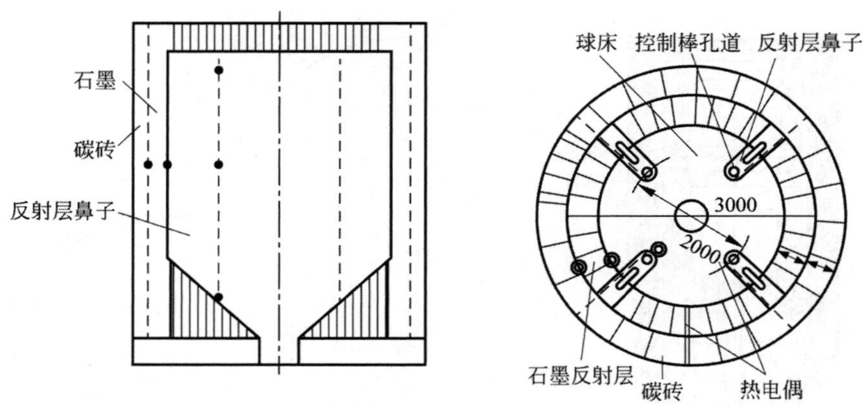

(a) AVR内部结构中热电偶测量温度的位置

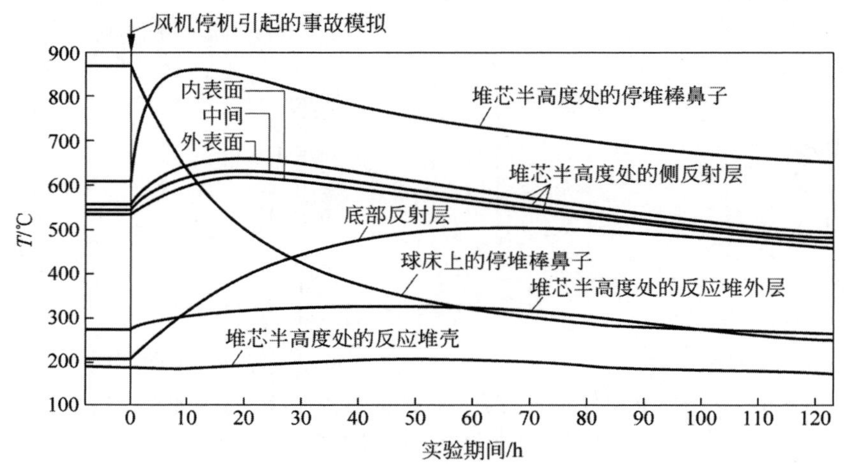

(b) 模拟事故中AVR结构中测量的温度：完全失去能动衰变热载出一回路失压

图 14.39 AVR 实验结果：完全失去能动冷却，一回路失压

结果进行了比较，吻合得很好。图 14.40 给出了径向温度分布随时间的变化情况，对应堆芯中部高度的位置。

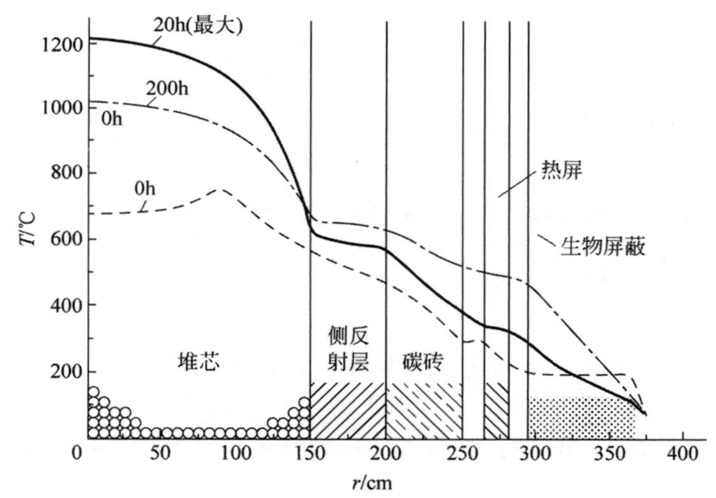

图 14.40 模拟事故情况下 AVR 中随时间变化的径向温度分布的计算

完全失去衰变热能动载出；一回路失压；位置：堆芯中间高度

由计算结果可知，在这个事故中，燃料元件的温度均未超过 1300℃，如图 14.41 所示。对于整个堆芯，计算了等温分布随时间的变化情况并给出燃料温度直方图。

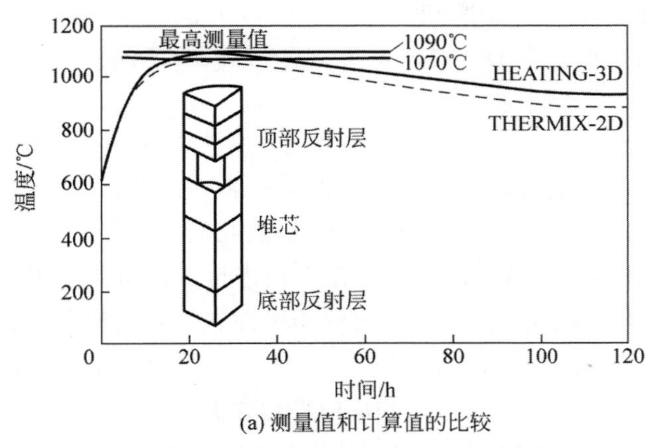

(a) 测量值和计算值的比较

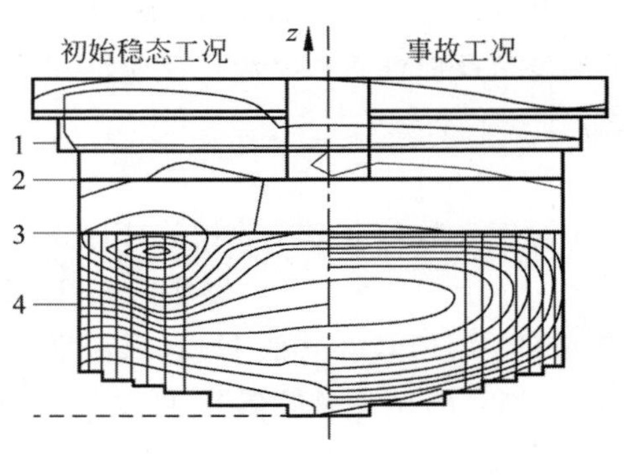

(b) AVR堆芯事故期间温度的分布

图 14.41 AVR 事故情况下温度分布随时间的变化

完全失去衰变热能动载出；一回路失压；温度(在中心线的最高值)随时间的变化

1—碳砖层；2—顶部反射层；3—空墙；4—堆芯

燃料温度直方图表明，只有 5%的燃料元件处于 1250～1300℃的时间小于 50h。所有其他燃料元件都处于较低的温度，甚至有一部分燃料元件处于更低的温度。因此，裂变产物从燃料元件的释放量相对较小。由表 14.3 可以看出，结构的温度在允许的限值之内，通过三维计算机程序对测量值进行了验证。

表 14.3 事故期间堆芯结构温度的测量(如 AVR；失压和失去强迫氦冷却) ℃

位　　置	$t=0$h	$t=10$h	$t=50$h	$t=100$h
石墨反射层鼻子(堆芯区内)	610	800	750	650
石墨反射层(内侧)	560	650	600	490
石墨反射层(外侧)	470	590	580	470
碳砖(外侧)	250	320	300	250
热屏	220	260	250	220
反应堆压力壳	190	195	195	180

实验结果表明，衰变热自发载出的概念是令人信服的，且这一结果最终成为设计所有模块式 HTR 时遵循的一个基本原则。这一原则主要的前提条件是堆芯结构的材料和尺寸应该与本实验中使用的相关材料和尺寸类似。另外，在失去冷却剂事故期间，压力瞬变值较小。并且，这些实验结果已通过各种计算机程序进行了验证，实验值与计算值吻合得很好。特别是反应堆内部结构热传递的详细过程变得更加清晰。

针对 AVR 的另一个非常重要的实验也已确定计划并获得许可：该实验主要是在满功率运行条件下触发一回路系统的快速失压。预计温度分布将与之前解释的相似。进一步的期望是获得一些关于石墨粉尘再迁移的经验。基于此，未来设计概念的高效过滤系统就具有了可能性。此外，预计通过该实验获得更多的信息以测量灰尘的放射性活度。然而，由于政治原因及德国核技术可接受性的欠缺，这项实验没有进行。作为这一整体实验的替代，进行了一些有关粉尘迁移的小型实验。这些小型实验的结果表明，部分粉尘强烈地吸附在表面上，并且需要很高的失压速度才有可能将这些粉尘迁移下来，并将其从一回路中吹走。对于粉尘迁移和过滤问题，预应力防爆安全的反应堆压力壳具有特别重要的作用。

14.3 模块式 HTR 堆芯反应性行为的验证

14.3.1 堆芯反应性系数的一般情况

在所有运行和事故情况下进行反应堆的安全停堆是保障反应堆安全的主要要求。链式反应的自稳定性与功率和堆芯温度的限制是合理设计和布置反应堆堆芯的基础。正如第 2 章、第 5 章及第 7 章所讨论的，很强的温度负反应性系数是满足反应堆安全停堆要求所必需的。对温度负反应性系数的测量，可应用以下关系式：

$$\Gamma_{T} = [k_{eff}(T_2) - k_{eff}(T_1)]/(T_2 - T_1) \tag{14.29}$$

由于温度系数与许多参数相关，因此，对每一个堆芯装置都需要进行仔细的测算。

$\Gamma_T = f(T_1$、燃料成分(U234，Pu239，Pu241，…)、富集度、慢化比、几何)。

在 AVR，THTR 及其他 HTR 反应堆中，对上述温度系数在冷态和热态下均进行了测量。图 14.42 给出了 AVR 堆芯的相关测量结果，可以看出，温度系数与燃耗状态具有一定的相关性。主要表现在低温区域的系数会随着燃耗的增加而下降。在低温下，测量的系数为$-1\times10^{-4}\sim-1.5\times10^{-4}K^{-1}$，在高温状态下测量的系数为$-3\times10^{-5}\sim-4\times10^{-5}K^{-1}$。如图 14.42(b)所示，要求的反应性包含温度和氙的影响及进一步的衰减过程产生的效应。其他 HTR 电厂的温度系数也在类似的高、低温范围内进行了测量。表 14.4 给出的这些数据是从实际反应堆的实验中获得的，或者是根据多年的运行计算的结果。

表 14.4 各种 HTR 电厂中测量的温度反应性系数

反应堆	燃料元件	燃料类型	富集度/%	数值 $\Gamma_T/(-10^{-4}K^{-1})$
THTR	球形	ThO_2/UO_2	9(等效)	2
HTR-10	球形	LEU-UO_2	17	1.1
AVR	球形	各种	约 8	3
HTR-Module	球形	低富集度 UO_2	约 8	5
龙堆	棒状	U/Th	93	6
桃花谷堆	棒状	U/Th	约 15	2
GA-MHTGR	柱状	Pu/Th	<20	4

在负温度系数下，如果燃料的温度升高，则链式反应将被中断。给出系数的相应定义为

$$\Delta k = \Gamma_T \cdot \Delta T \tag{14.30}$$

以温度变化+50℃为例，在前面给出的 AVR 热态运行状态下，将导致反应性下降约 0.17%。换句话说，如果长期保持在这个温度下，燃料温度每降低 50℃就需要增加 0.17%的反应性。

14.3.2 HTR 中反应性系数的测量

对各种反应堆在正常运行过程中的反应性系数均进行了测量。图 14.42 给出了 AVR 堆芯中的测量结果，用燃耗来表征反应性系数随时间的变化情况。对于热态和冷态堆芯，温度具有显著的影响。这一结论非常符合第 2 章中给出的根据共振吸收过程分析结果所作的理论估计。

$$\Gamma_T = (T) \approx \frac{1}{\sqrt{T}} \tag{14.31}$$

在 AVR 中对控制棒反应性当量随插入深度的变化情况也进行了测量，对测量值和计算值进行比较后可知，计算值与测量值吻合得非常好，如图 14.43(a)所示。在 THTR 运行期间，也进行了相应的测量，并获得了类似的结果。可以说，停堆系统的校准是保证反应堆安全运行的持久性要求。

在电厂运行过程中，除温度系数外，其他反应性系数也起着重要的作用。例如，在调试阶段，氮气的反应性系数对 HTR 堆芯具有重要的影响。

为了对计算值进行验证并证明停堆棒的有效性，在 THTR 调试阶段测量了氮气对反应性的影响。氮气在热中子能区具有较高的吸收截面(在 0.025eV 为 1.88barn)。因此，在堆芯中加入或去除 N_2 会引起反应性的改变。在 THTR 中，以氮气取代氦气引起的反应性系数如图 14.44 所示，可见，测量值与计算值吻合得很好。需要说明的是，该系数几乎与压力无关。从理论上讲，氮气可以用于补偿剩余反应性。此外，氮气被认为是极端情况下用于应急预案的气体。

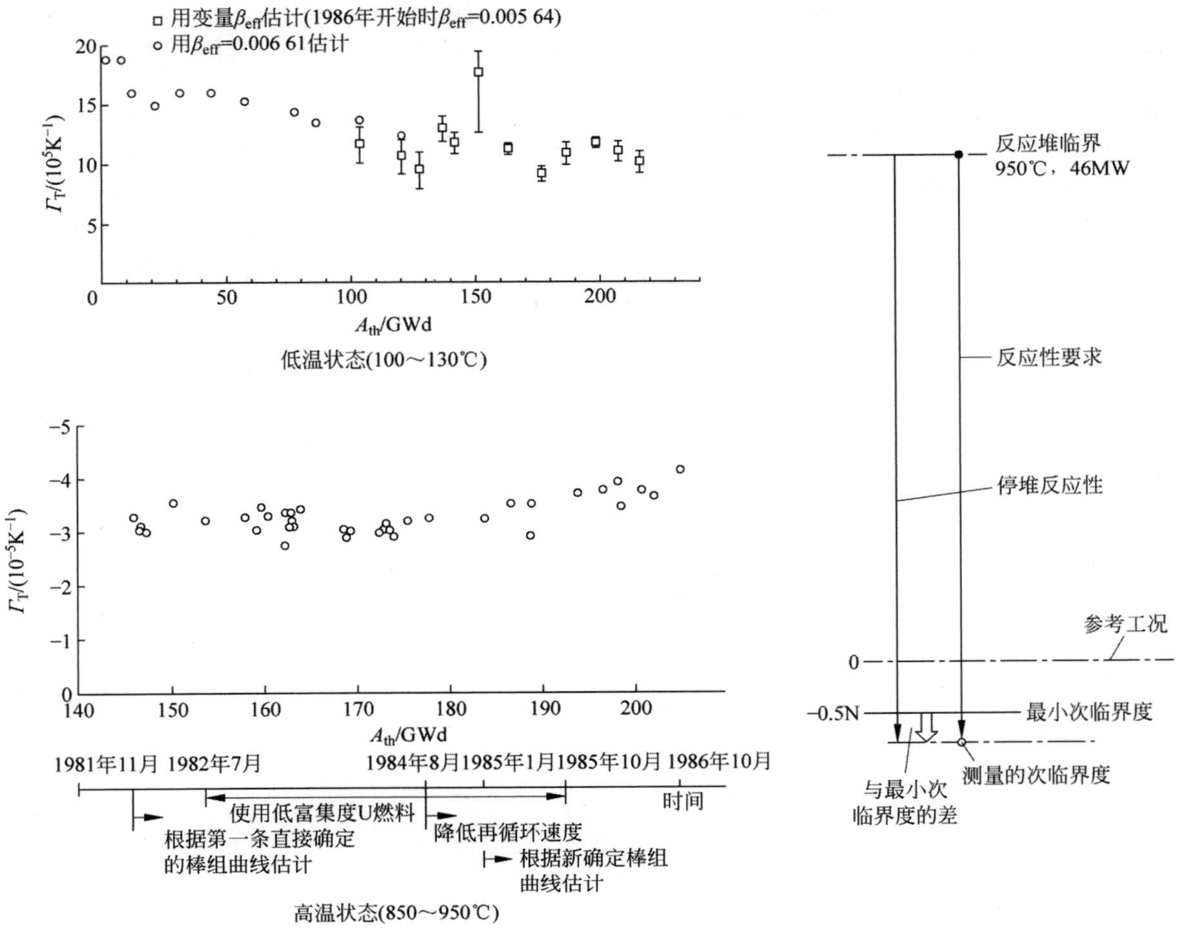

(a) AVR中测量的温度反应性系数

(b) 反应性平衡

图 14.42 AVR 的反应性

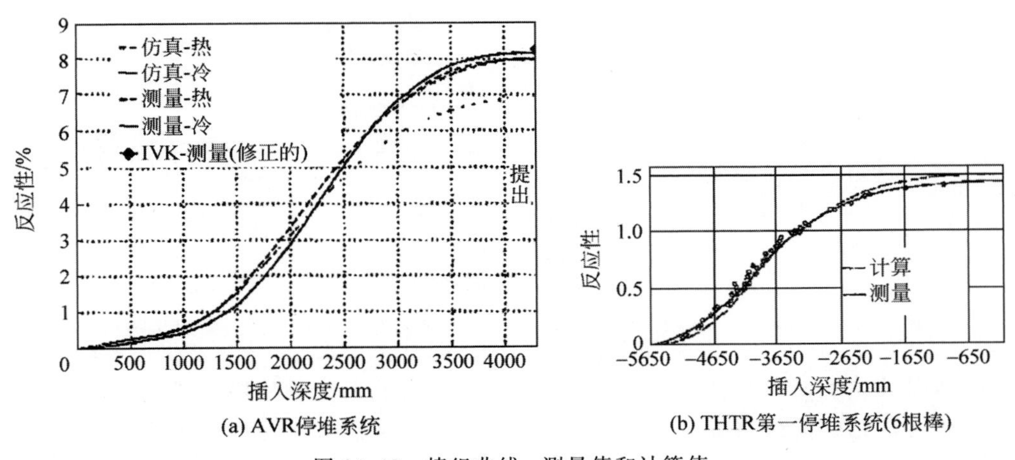

(a) AVR停堆系统

(b) THTR第一停堆系统(6根棒)

图 14.43 棒组曲线：测量值和计算值

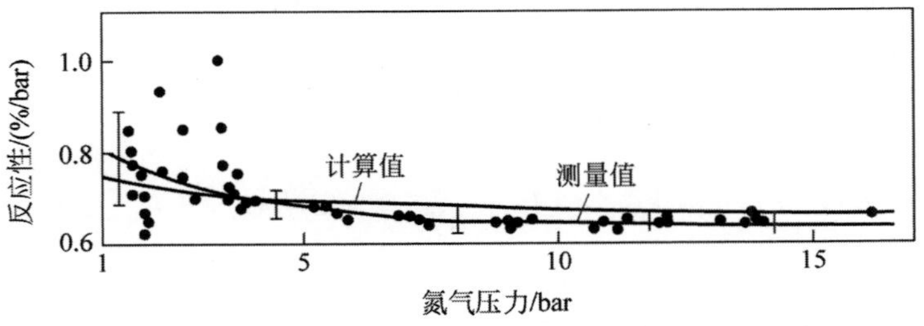

图 14.44 THTR 氮气的反应性系数(测量值和计算值)

14.3.3 AVR 中的实验：Vierstab Klemmversuch（全部 4 根停堆棒卡棒）

堆芯的自调节性能已于 1970 年 9 月在 AVR 中进行了验证。在这个 Vierstab Klemmversuch（全部 4 根停堆棒卡棒）实验中，在反应堆以 44MW 满功率运行下将两台氦风机停机。其结果是堆芯温度上升，且反应堆处于次临界。如图 14.45 所示，反应堆处于次临界持续了 23.5h。在这段时间内，石墨反射层向堆芯的突出部位的温度上升了超过 200℃。由于在堆芯内没有强迫对流，所以燃料元件的温度也变得很高。根据计算，燃料温度平均上升了超过 300℃，这一温度差使堆芯持久地处于次临界状态，即相当于具有 0.5%的负反应性。

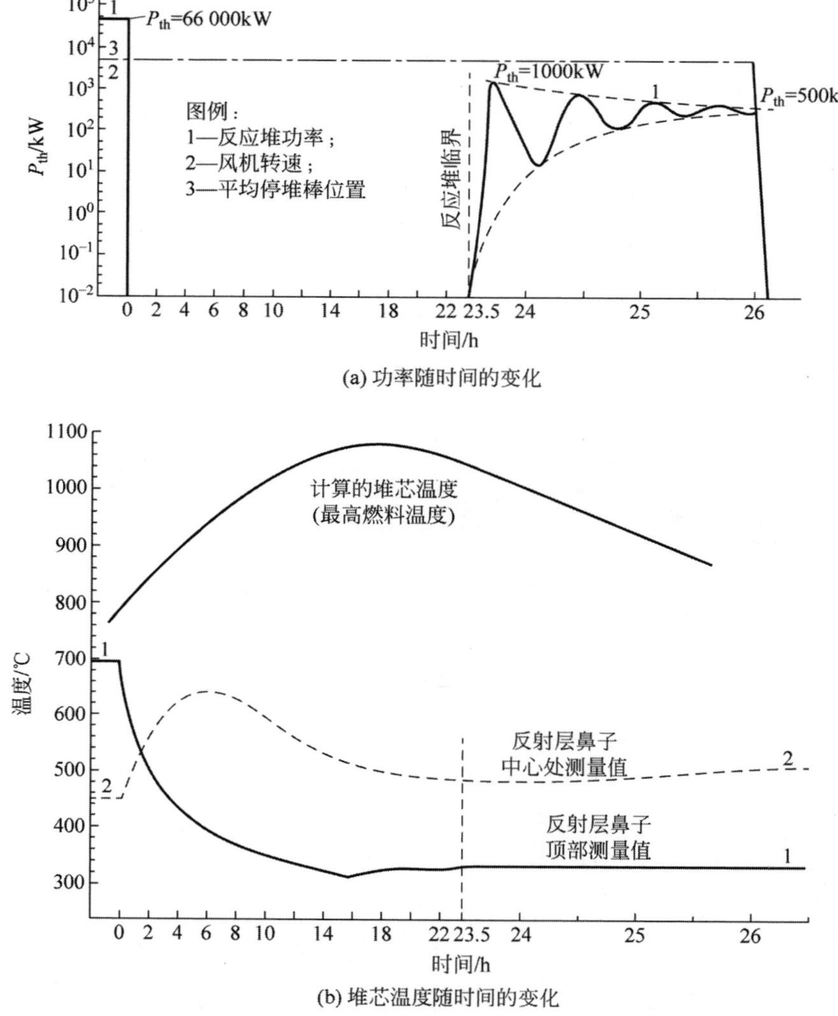

(a) 功率随时间的变化

(b) 堆芯温度随时间的变化

图 14.45 实验 Vierstsb-Klemmversuch（全部 4 根停堆棒卡住和两台氦风机关机）

全部衰变热未被完全地储存在堆芯内。一部分衰变热在自然对流的作用下通过蒸汽发生器载出，另一部分则通过反应堆径向结构的传热载出。这些效应都将影响这一期间的次临界度。

经过 23.5h 的衰变之后，强吸收的 Xe135（$\sigma_a \approx 10^6$ barn）能够提供足够强的反应性，从而使反应堆重新达到临界。在这种情况下，功率大约为 1.8MW。功率的大小取决于蒸汽发生器的传热和反应堆结构的散热程度。通过热平衡，可以对如下参数加以估计：

$$P_{th}^{*} = \int_V \Sigma_f \cdot \phi \cdot \bar{E}_f \cdot dV = \dot{Q}_{SG} + \dot{Q}_{out} \tag{14.32}$$

$$\dot{Q}_{SG} \approx \dot{m}_{He}^{*} \cdot C_{He} \cdot (T_{out} - T_{in}) \approx \dot{m}_{st}^{*} (h_{st} - h_{Feedw}) \tag{14.33}$$

$$\dot{Q}_{out} \approx \bar{k} \cdot A \cdot (\bar{T}_{core} - \bar{T}_{outside}) \tag{14.34}$$

其中，* 表征这里讨论的自然对流情况下的量；$\bar{k}$ 是由堆芯向外部的换热系数；A 是堆芯的表面积。

在功率达到 1.8MW 之后，反应堆在温度负反应性系数的作用下重新回到次临界。图 14.45 给出了系统重新达到临界和次临界的变化过程。最后，经过 26h 衰变后达到 300kW 的功率水平，这相当于 44MW 正常功率水平 26h 之后的通常衰变热(大约 0.68%)。在这个功率水平下，堆芯的温度会重新下降，反应性和功率也会再次发生变化。然后，反应堆通过插入控制棒停堆，实验完毕。该实验以一种令人信服的方式表明，用于实验的这个反应堆通过很强的温度负反应性系数可以实现自反馈控制。在 AVR 中，通常利用这一效应通过关闭氦风机来实现停堆。

该实验证明了这样一个事实，模块式 HTR 对停堆系统的要求，特别是对第二停堆系统的要求主要受运行的影响。因此，从安全角度考虑，第二停堆系统在事故之后不必立即使用。因为有足够的时间对某些问题加以修复，或者通过额外的措施将反应堆停堆，例如，加入硼球。此外，还可以将一部分燃料元件从堆芯排出，这样可以具有足够的裕度以达到反应堆的次临界状态。当然，需要在乏燃料元件贮存系统中留有足够多的储罐以便采取这一措施。

对温度的测量结果显示，所有堆芯结构的温度均处于允许限值内。由计算也可以得到这样的结论：最高燃料温度不会超出设定限值。

14.3.4 HTR-10 反应堆的 ATWS 实验

对模块式 HTR 中各种有关控制棒操作失误直到 ATWS(未能紧急停堆的预期瞬态)的反应性事故进行了讨论。假设失去供电，那么一回路氦风机和给水泵就无法运行，停堆棒也被卡住。图 14.46(a)给出了反应性平衡分布需要的反应堆响应。额外的反应性需要由温度负反应性系数来补偿。功率升高到限值，然后再下降。燃料温度的上升使功率进一步提高，而这一过程由温度反应性系数来确定。图 14.46(b)～(e)给出了 HTR-10 反应堆发生 ATWS 事故后一些主要参数的详细计算结果。

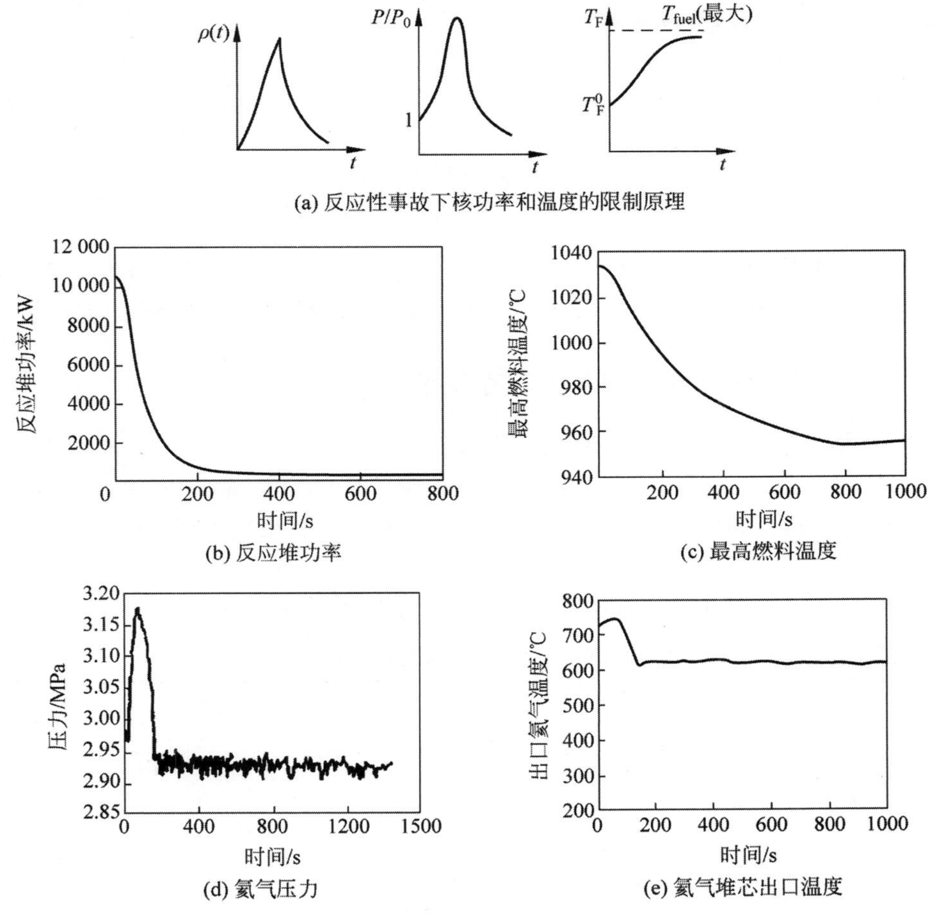

(a) 反应性事故下核功率和温度的限制原理

(b) 反应堆功率

(c) 最高燃料温度

(d) 氦气压力

(e) 氦气堆芯出口温度

图 14.46 事故情况下模块式 HTR 主要参数随时间的变化(如 HTR-10)：ATWS 事故

(a) ① $\rho=\rho_0+\sum_i \Gamma_i\cdot\Delta X_i$，总是负的；② $\int_0^\tau\int_v \rho\cdot C\cdot T\cdot dv\cdot dt=\int_0^\tau P(t)\cdot dt-\int_0^\tau \dot{Q}_{out}(t)\cdot dt$；③ $T_F^{max}<T_F^{allow}$

2005 年 7 月，在 HTR-10 反应堆上进行了 ATWS 实验。在堆芯功率为 30%的情况下将控制棒提出，同时还模拟了失去能动冷却事故下 HTR-10 反应堆的响应状况。实验过程如下：

- 根据监管当局批准的程序，将保护系统的停堆功能进行旁路；
- 氦风机停机，通过保护系统将一回路流量隔离阀关闭，失去能动冷却；
- 反应堆功率由于温度负反应性系数的作用而下降；
- 堆芯处于次临界状态；
- 经过一段时间之后堆芯重新达到临界，在低功率下达到反应性的平衡；
- 在一回路中没有探测到额外的放射性释放；
- 在模拟这个严重事故期间，一些重要参数随时间的变化情况如图 14.47(a)所示，堆芯增加的总反应性大约为 0.3%；
- 功率开始增加，在几分钟之后由于温度反应性系数的反馈而下降，并由于衰变热和氙的积累，反应堆长期保持在次临界状态。

图 14.47(b)给出了反应堆结构中的一些重要温度数值。可以看出，底部反射层(1)、顶部反射层(2)和反应堆压力壳(3)的温度均处于允许的限值范围内。计算结果也表明，最高燃料温度低于 1000℃。

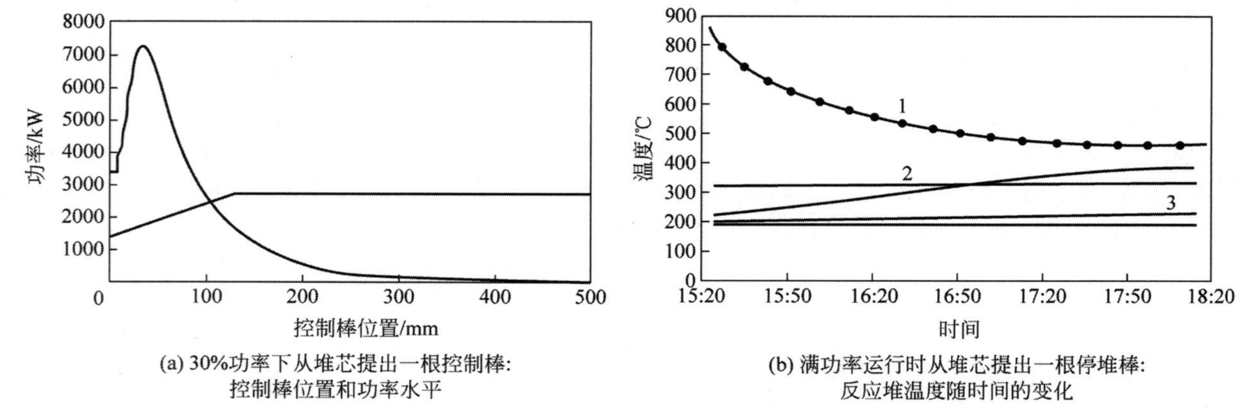

(a) 30%功率下从堆芯提出一根控制棒：控制棒位置和功率水平

(b) 满功率运行时从堆芯提出一根停堆棒：反应堆温度随时间的变化

图 14.47 HTR-10 反应堆中 ATWS 实验

1—底部反射层；2—顶部反射层；3—反应堆压力壳

该实验给出了一个明确的结果，即模块式 HTR 电厂具有良好的条件，它可以承受 ATWS 事故而不会对燃料元件或者结构造成损坏。模块式 HTR 的这一特殊性能成为其安全保障概念的关键因素。

14.3.5 用于验证计算机程序的次临界实验

在球床反应堆研发过程中进行了次临界实验(KAHTER)。图 14.48 给出了其原理、一些技术细节及一些重要的结果。实验包含 7000 个燃料元件(1g U235，5g 钍，191g 石墨)和 7000 个石墨球，C/U235 大约是 7550，表明该实验装置是一个欠慢化的系统。球形元件包含在一个石墨反射层系统内。堆芯直径为 1.5m，高度为 1.6m。

在该装置上进行了很多次测量反应性的实验，表 14.5 给出了相关结果。

表 14.5 改变元件之间的含氢材料量对 k_{eff} 的影响

堆芯	聚乙烯/kg	等效 H_2O/%(体积含量)	k_{eff}		计算值与实验值之比
			实验值	计算值	
Ⅰ	0.0	0.0	0.693	0.688	0.993
Ⅱ	48.675	2.4	0.847	0.848	1.001
Ⅲ	97.350	4.8	0.889	—	—
Ⅳ	146.025	7.2	0.879	0.889	1.011
Ⅴ	231.210	11.4	0.858	—	—
Ⅵ	292.050	14.4	0.836	0.9395	1.004

注：堆芯Ⅰ是参考堆芯。

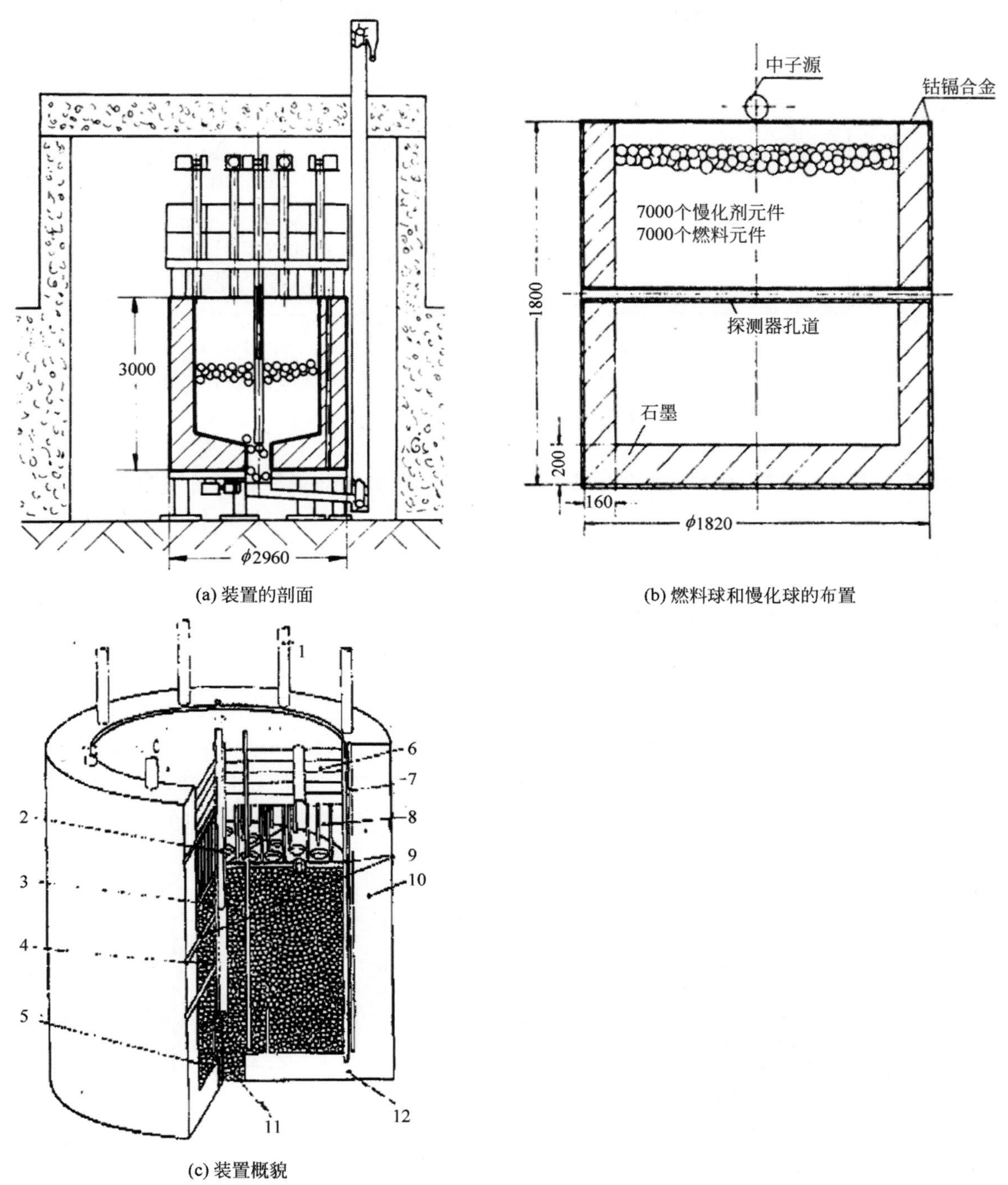

(a) 装置的剖面

(b) 燃料球和慢化球的布置

(c) 装置概貌

图 14.48 KATHER 实验装置概貌

1—控制棒；2—中心控制棒；3—燃料元件区(AVR 元件)；4—燃料元件区(THTR 元件)；5—吸收体区；6—底部反射层；7—堆芯探测器孔道；8—空腔；9—用于测量的铝管；10—径向反射层；11—出口；12—底部反射层

该实验的一个重要目标是得到评估计算和测量比较的信息，并能够定量地估计出事故期间水进入堆芯所产生的影响。通过用聚乙烯模拟不同的进水量，测量了进水量对临界状态的影响。

实验结果与理论结果吻合得较好，如表 14.5 所示，k_{eff} 的计算值与实验值的偏差小于 0.1%。水对临界值的影响还是很重要的，如图 14.49(a)所示。图 14.49(b)给出了有关堆芯中子泄漏的一些结果。随着等效含水量的增加，中子谱向热中子能区偏移，反射层效应减弱，中子泄漏量减少。

上述结果表明，这些效应可以通过足够小的不确定性计算得出。实验进一步表明，在事故情况下应该限制进水量。例如，仅有蒸汽能够进入堆芯。这就要求对一回路系统进行特殊的设计。反应堆和蒸汽发生器采用肩并肩的方式布置，并且，蒸汽发生器应设置在低于堆芯的几何位置，只有这样的布置才能满足一回

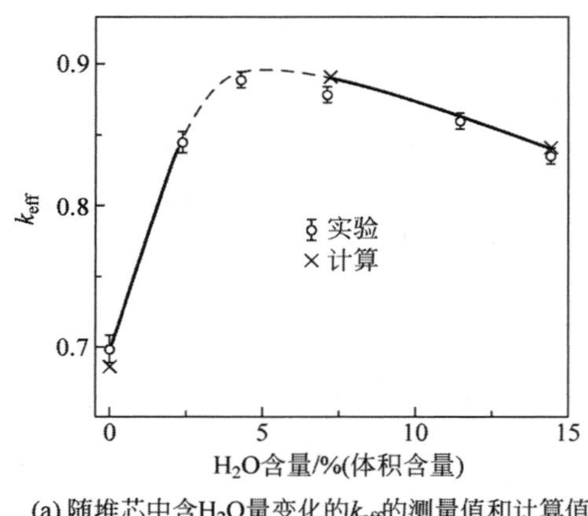

(a) 随堆芯中含H_2O量变化的k_{eff}的测量值和计算值

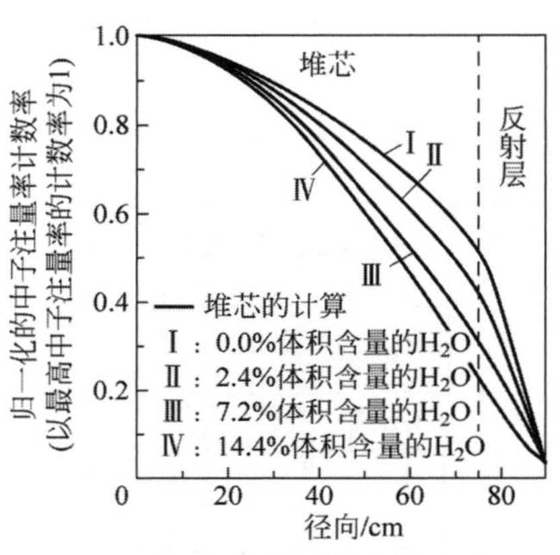

(b) 反应率径向注量率的测量值和计算值

图 14.49 KATHER 次临界装置测量球床堆芯物理参数的一些结果

路系统的特殊设计要求。此外，燃料元件的重金属含量应较小或者最终能够将混合球添加到堆芯中，使得在水进入的情况下，正反应性效应非常小，甚至引起负反应性效应。在 KATHER 装置及类似的进一步的实验装置中进行的实验提供了许多数据，而这些数据被用于验证通常的计算机程序。

14.3.6 测量球床堆芯物理参数的 PROTEUS 实验

PROTEUS 实验设施在 1992—1996 年投入运行，主要目的是测试计算方法的正确性并获得关于临界效应和控制棒反应性当量的更多的经验。图 14.50 给出了装置的示意图。堆芯直径为 1.25m，最大高度为 1.7m。反射层由石墨构成。在对球床堆芯进行实验时，系统装载了大约 8600 个球，其中一部分是燃料元件，另一部分是石墨球。燃料为低富集度 TRISO 包覆颗粒。系统的最大功率被限制在 1kW，因此，没有设置能动冷却系统。反应堆的停堆由 8 个相同的棒来完成，布置在反射层区域中的 68cm 半径处。此外，在侧反射层中半径为 90cm 处有 4 根不锈钢棒，用于反应性的精细控制。

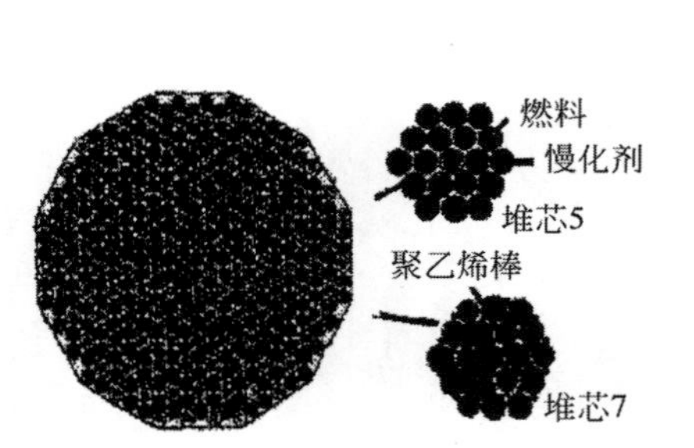

(a) 带反射层的堆芯的视图
慢化球/燃料球=1/2；堆芯中插入聚乙烯棒以模拟进水量

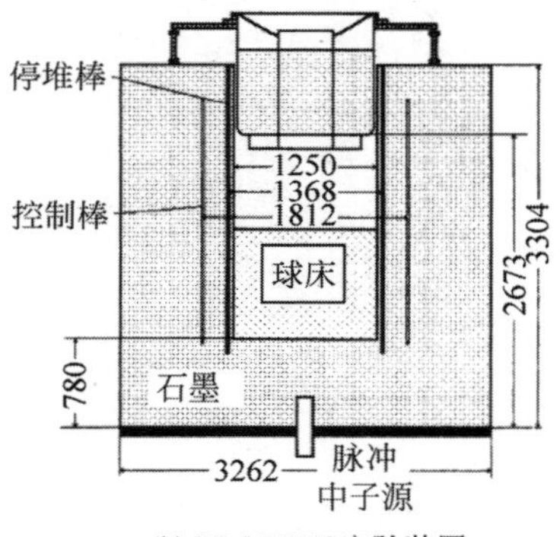

(b) PROTEUS实验装置的侧视图(单位：mm)

(c) 装置概貌

图 14.50 用于测量反应性效应的 PROTEUS 实验装置

当进行专门分析时，例如，测量进水情况下的反应性变化，可以将由聚乙烯(CH_2)制成的棒插入球床。为此，该实验设施安装了专门的通道。表 14.6(a)给出了已进行过的一些实验中关于堆芯组成的一些数据，表中堆芯 7 和堆芯 10 的相关情况表征了含有聚乙烯的棒插入球床以模拟进水的实验条件。

表 14.6　PROTEUS 装置中实验的结果

(a) 各种堆芯的组成

	堆芯 5	堆芯 7	堆芯 9	堆芯 10
堆芯高度/cm	138	108	168	144
层数	23	18	28	24
$M:F$	1∶2	1∶2	1∶1	1∶1
慢化球数	2870	2277	5238	4332
燃料球数	5433	4221	4870	4332
聚乙烯装量/(kg/m^3)	—	32.63	—	15.21
$N_{c,eff}:N_{U235}$	5667∶1	14 206∶1	7539∶1	12 841∶1

注：$M:F$ 是慢化球与燃料球的比例。

(b) 各种堆芯实验和计算的临界常数(采用 KENO 程序进行的计算)

	堆芯 5	堆芯 7	堆芯 9	堆芯 10
实验	1.008 66±0.000 15	1.005 26±0.000 21	1.009 02±0.000 18	1.005 39±0.000 15
σ_a=4.05mb (Δk/%)	1.016 10±0.000 57 (0.744±0.059)	1.005 72±0.000 51 (0.046±0.055)		
σ_a=4.09mb (Δk/%)	1.015 07±0.000 59 (0.641±0.061)	1.005 62±0.000 48 (0.036±0.052)	1.011 06±0.000 55 (0.204±0.058)	1.004 34±0.000 59 (−0.105±0.061)

临界常数的测量值(表 14.6(b))与计算值吻合得很好，偏差明显小于 1%，这是目前核物理计算的标准。由吸收截面的结果可以看出，石墨的核质量对其影响很小。

特别是针对安全分析和许可证申请过程，控制棒当量或者系统的总反应性当量是非常重要的影响参数。表 14.7 和图 14.51(a)对测量和计算结果给出了很好的估计，其中，不确定性为 2%～3%。

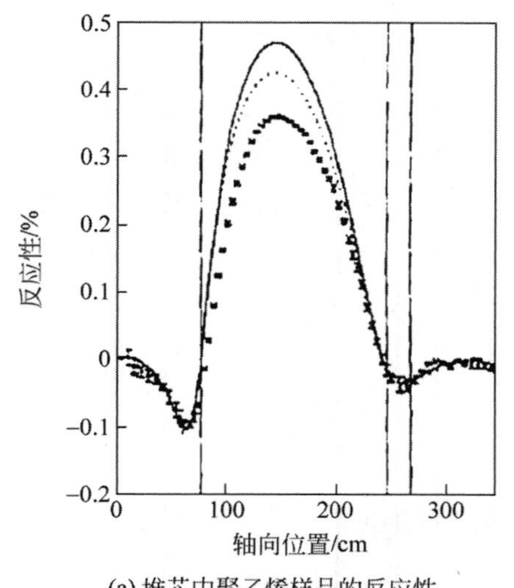

(a) 堆芯中聚乙烯样品的反应性
(不同的堆芯构成)

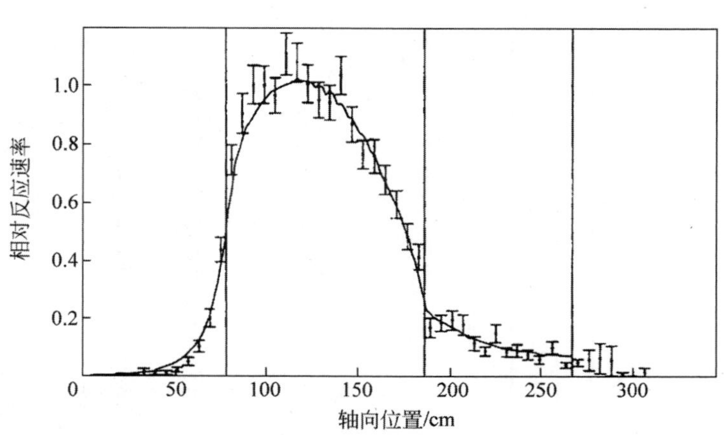

(b) PROTEUS实验的测量值和计算值
实线：实验值；误差线：计算值(KENOV)，U 235中的裂变率

图 14.51　PROTEUS 装置的分析结果

表 14.7　PROTEUS 装置停堆棒当量的测量值和计算值

(a) 堆芯 5 测量值(表 14.6)　　%

插入的棒	探测器 1	探测器 2	探测器 3	权重平均值
5	3.55±0.03	3.31±0.03	3.43±0.07	3.40±0.08
5+6+7+8	15.93±0.36	13.14±0.08	—	13.27±0.59

(b) 停堆棒的计算值(KENO) %

插入的棒	堆芯 5	堆芯 7	堆芯 9	堆芯 10
1	3.43±0.10	2.31±0.10	3.62±0.10	2.84±0.12
1+2+3+4+5+6+7+8	32.21±0.15	18.07±0.11	33.97±0.10	23.32±0.13

实验过程中也对反应速率进行了更为详细的测量和计算,得到了不同同位素的反应速率的测量值和计算值,由此可以看出,反应速率数值可以通过计算得到,但具有几个百分点的不确定性,如图 14.51(b)所示。

由 PROTEUS 装置取得的大量经验表明,采用目前提供的计算机程序进行一些参数的计算是可能的且具有很高的确定性。

14.4 水进入一回路系统的实验

14.4.1 概况

进水事故与 HTR 采用蒸汽循环有关,第 11 章已对此进行了说明。图 14.52 给出了水进入 HTR 一回路需要识别的一些重要部件。

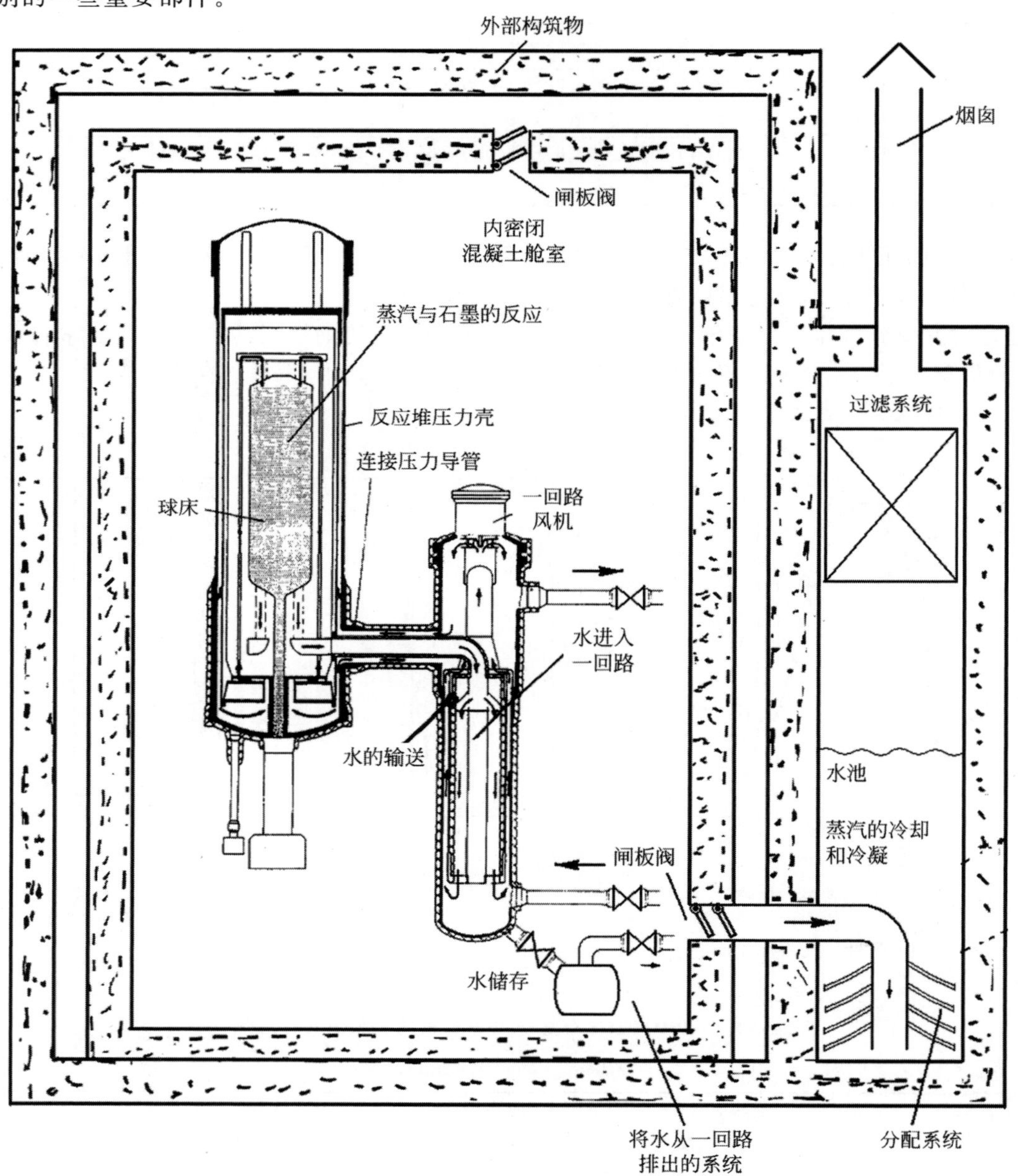

图 14.52 水进入 HTR 一回路需要识别的几个重要部件

截至目前，已进行了许多实验，获得了主要问题的一些实验数据。图14.53给出了实验涉及的一些主要方面及实验概况，并对一些专门的实验给予了特别关注。

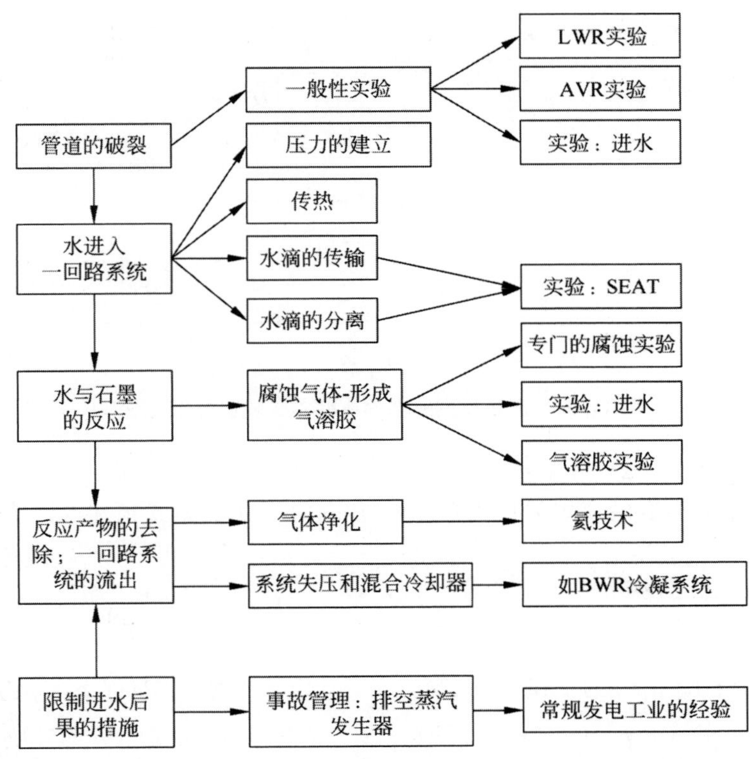

图14.53　模块式HTR水进入一回路系统涉及的有关问题和实验概况

对于水进入氦循环的事故，已根据事件最初的假设和事故发生后可能造成的后果进行了分类(DBA，BDBA，EAA)。在下面的章节中，将对相关问题进行更详细的讨论。

- 腐蚀速率与相关参数的依赖性(单一实验)；
- 在水进入球床的大型整体实验中，气体、蒸汽和粉尘的形成(实验：水进入)；
- 水进入过程中的传热；
- 氦循环中水滴的传输和分离(水滴自发载出(SEAT，实验))；
- 气溶胶的形成(专门的单一实验)；
- 一回路系统失压和蒸汽冷凝的经验；
- 从AVR进水事故获得的经验。

14.4.2　进水期间腐蚀速率的测量

在考虑较多影响参数的条件下，测量了蒸汽对各类石墨的腐蚀速率。主要参数包括：

- 温度；
- H_2O的分压；
- 总压力；
- 腐蚀前的温度；
- 蒸汽的流速；
- 石墨的类型；
- 杂质(裂变产物、腐蚀产生的金属物质)；
- 石墨中的机械应力。

图14.54给出了一个测量反应速率随参数变化的典型实验装置的流程图，同时，利用这一装置对辐照燃料元件进行了相关实验。

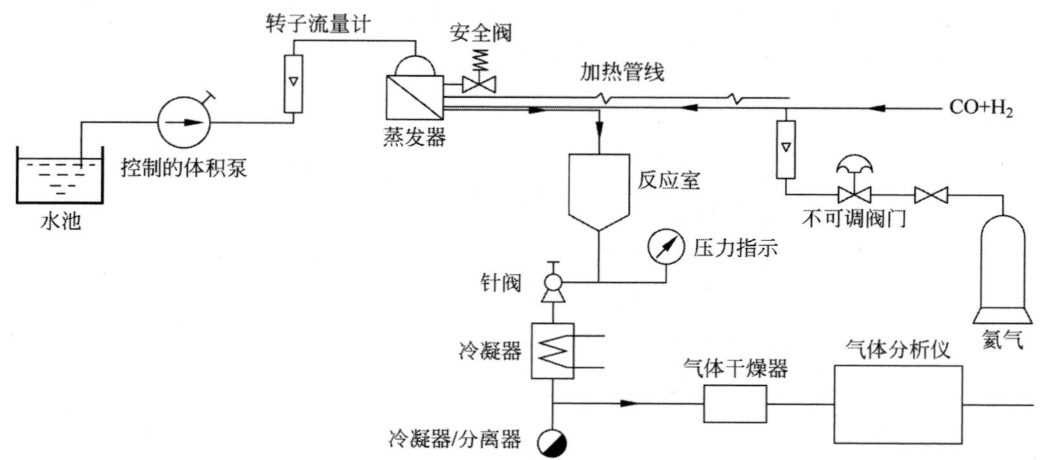

图 14.54　测量反应速率的典型实验装置的流程图

反应速率一般用表达式 $r=\Delta M/(A\cdot\Delta t)$ 来定义，而对于燃料元件石墨(A3)，其反应速率可用如下所示的以分压和温度作为主要参数的通用关系式来计算，用这种通用关系式描述的许多实验参数都具有很高的精确度。

$$r=r_0\cdot\sqrt{\frac{p^*}{p_0}}\cdot\left(\frac{p_{H_2O}}{p_0}\right)^m\cdot\exp\left[\frac{E}{R}\cdot\left(\frac{1}{T_0}-\frac{1}{T}\right)\right]\tag{14.35}$$

其中，r 单位为 mg/(cm^2·h)；p^* 为标准压力(MPa)；p_0 为总压力(MPa)；p_{H_2O} 为水的分压(MPa)；r_0 为在标准状态下的反应速率(T_0，p_0)(mg/(cm^2·h))；E 为活化能(kJ/mol)；m 为反应级数；T 为温度(K)；T_0 为标准温度(K)。平均反应级数为 $m=0.5$。活化能通常为 47～57kcal/mol，在较高温度下，可接近 40kcal/mol。A3 石墨上测量的典型结果如图 14.55 所示。

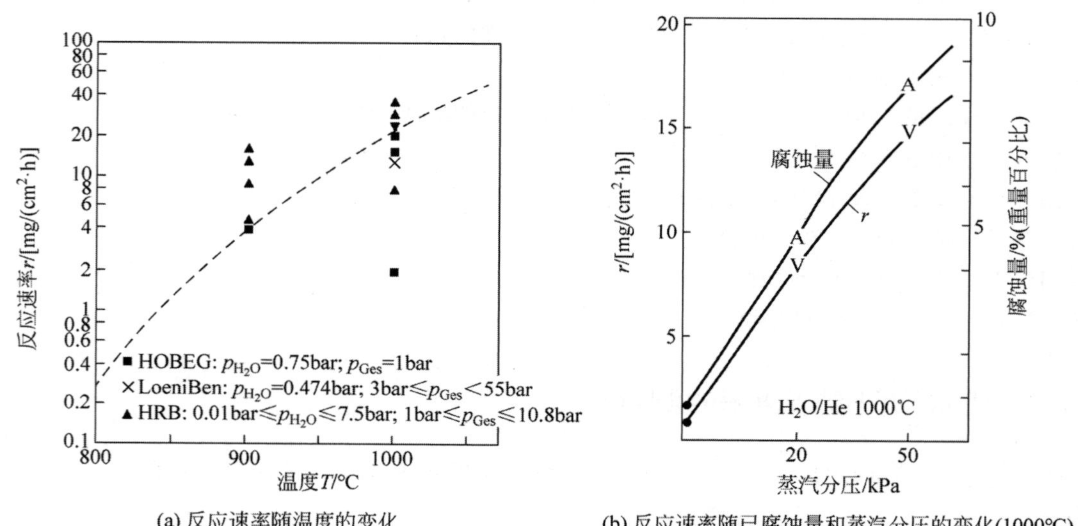

图 14.55　燃料元件石墨(A3)与蒸汽的反应速率

在蒸汽腐蚀的情况下观察到不同区域的效应：

- 多孔结构中的扩散腐蚀，这是在低温下的腐蚀，具有较低的反应速率；
- 表面腐蚀，这是在高温下的腐蚀，具有较高的反应速率。

由于碳和蒸汽的反应是吸热反应，所以腐蚀区域的温度通常比与氧气和空气的反应温度更高。

根据图 14.55 所示的结果，将具有 A3 石墨的燃料元件的标准反应速率定义如下：在 1000℃下，氦气中有 1%的含水量，经过 10h 的腐蚀，腐蚀速率 $r<20$mg/(cm^2·h)。反应速率与蒸汽分压及以重量百分比计算的已腐蚀量有关，如图 14.55(b)所示。其中，分压产生的影响尤为重要。

许多实验表明，氢分压降低了腐蚀速率。通常，采用下面的关系式来描述这种效应可以达到很好的近似性。

$$\frac{r(p_{H_2})}{r(p_{H_2}=0)}=\xi=\frac{1}{1+p_{H_2}^n \cdot K} \tag{14.36}$$

以A3石墨为例，$n=1$ 给出了一个合适的实验描述。因子 K 与温度有关，可以表示为

$$\frac{K(T_1)}{K(T_2)}=\frac{\dfrac{1}{\xi_1}-1}{\dfrac{1}{\xi_2}-1}=\exp\left[\frac{E_1}{R}\cdot\left(\frac{1}{T_2}-\frac{1}{T_1}\right)\right] \tag{14.37}$$

在一些实验中发现，像碱金属这样的杂质可以增大反应速度。这种经验导致对石墨材料提出了更严格的规格要求。石墨持续被腐蚀对反应速度也会有一定的影响。图14.56给出了反射层石墨在蒸汽中的腐蚀速率。由于与燃料元件相比，这些部件的运行时间较长，因此，在对高温反射层结构进行设计时，必须要考虑这些因素产生的影响。

对于所有用于模块式HTR的反射层石墨，必须要对其反应速率的类似结果进行测量。图14.56给出了一些测量结果。在1000℃下，必须要达到大约20mg/(cm^2·h)的特征值。

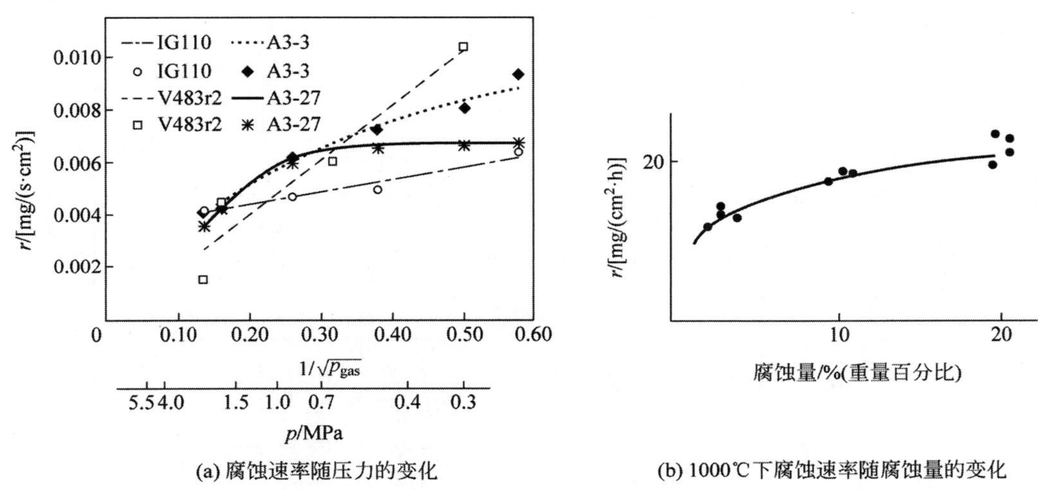

(a) 腐蚀速率随压力的变化　　(b) 1000℃下腐蚀速率随腐蚀量的变化

图14.56 反射层石墨在蒸汽中的腐蚀速率

14.4.3 进水的整体实验

如果水进入一个由石墨球组成的大型球床，会产生各种效应。包括：

- 水的蒸发和反应气体的生成导致压力升高；
- 形成含有氢气、一氧化碳、蒸汽和氦气的混合气体，必须要考虑这一气体混合物有可能导致爆炸；
- 石墨腐蚀可能与石墨粉尘的形成有关；
- 石墨粉尘可能受到裂变产物的污染，这些裂变产物是由石墨基体中游离铀的裂变形成的，而游离铀是由扩散过程或者沉积在包覆颗粒表面上造成的；
- 蒸发及气体生成过程对堆芯热平衡的影响。

这些过程相当复杂，与球床中的温度分布和腐蚀介质的流动分布有关。通过实验可以获得对有关参数影响的了解。

一个大型的实验装置已投入运行，并研究了高温球床中水的相互作用，这一实验的主要目的最初是为了对一个额外的衰变热载出系统进行测试。同时，实验还提供了许多有关水进入高温球床堆芯事故的数据。将1500个石墨球布置在一个高6m、直径为265mm的圆柱体内，这代表了THTR堆芯的一个初始阶段。表14.8给出了该装置的一些数据，并与HTR-Module堆芯的一些参数进行了比较。

表 14.8 实验装置的一些参数及与 THTR 和 HTR-Module 的比较

参　　数	HTR-Module(设计基准事故)	实 验 装 置
事故假设	蒸汽发生器管双端断裂	相当于蒸汽发生器管双端断裂
装置直径/m	堆芯：3	通道：0.265
高度/m	9.43	6
石墨球直径/cm	6	6
石墨球数	360 000	1500
水进入速率/(kg/s)	约 1	12.4×10^{-3}
单位面积进水的速率/[kg/(m^2·s)]	0.15	0.4
石墨温度/℃	最高 900	1200
进水时间/min	<3	约 60
总的进水量/kg	600	45

图 14.57 显示了装置的流程图。球床用外部的电阻加热系统加热，将石墨球加热到 1250℃。实验装置中设置了许多热电偶以测量温度分布随时间的变化情况。对进入的水量、产生的蒸汽和反应生成的气体进行了连续测量。另外，对离开反应区的气体也进行了分析。水的进入速率相应于在模块式反应堆中蒸汽发生器管发生双端断裂情况下的速率。在模块式 HTR 中，速率为 1.9kg H_2O/s。

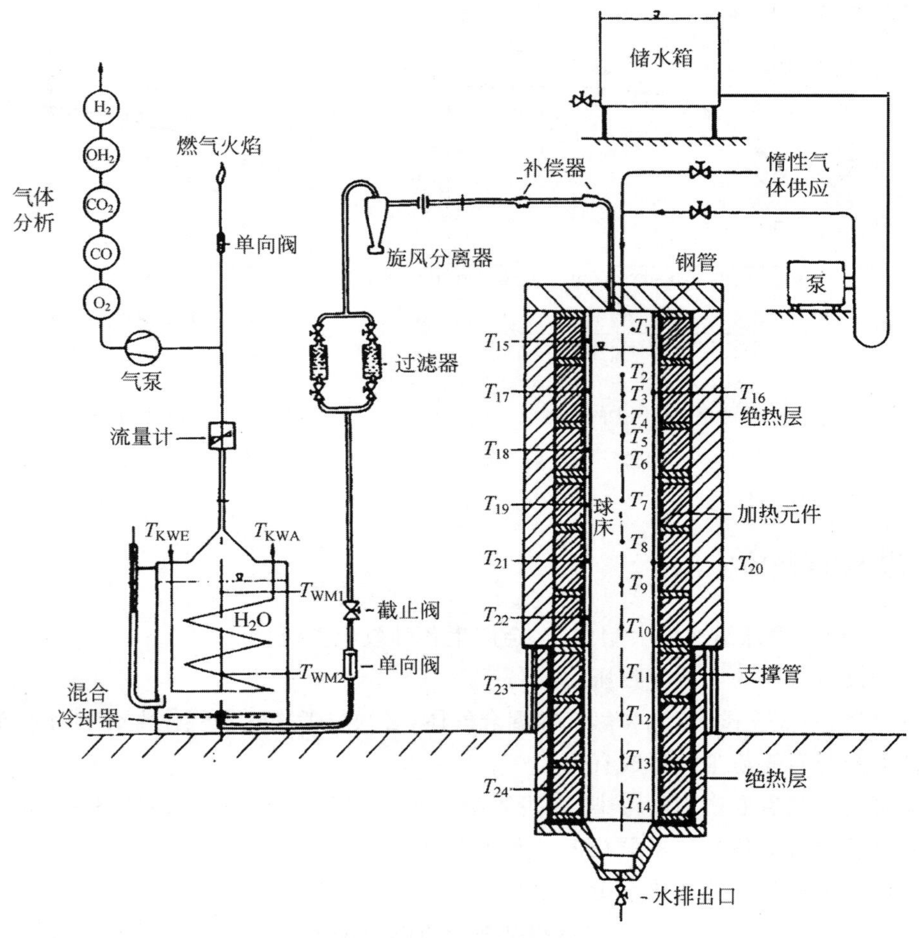

图 14.57 进水实验装置的流程图

温度指示：KWE 指进入的冷却水；KWA 指出去的冷却水；WM 指存水量的测量

实验装置如图 14.58 所示。气体分析过程包括对 H_2，CO，CO_2，CH_4，O_2 和 H_2O 的测量，以及对压力和形成的石墨粉尘质量的测量。此外，还分析了水、蒸汽和产生气体的质量流量。对石墨粉尘的尺寸分布也进行了测量，并在实验中对腐蚀效应的机理进行了分析。

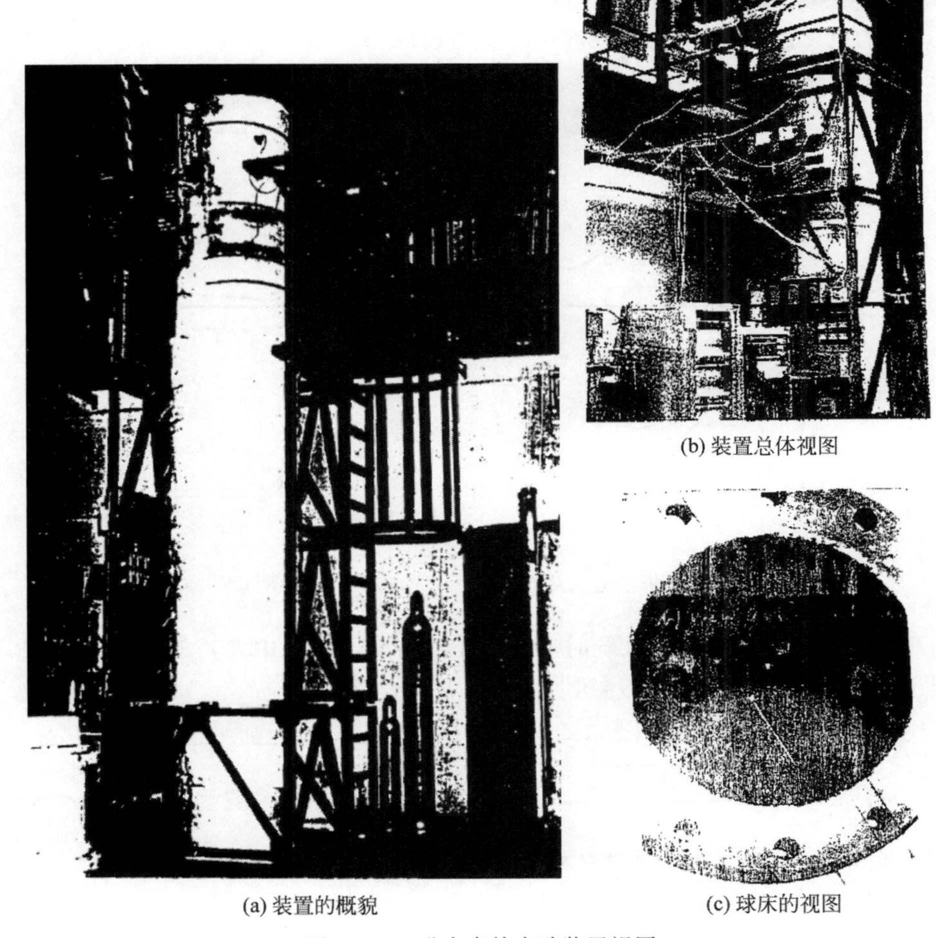

(a) 装置的概貌　(b) 装置总体视图　(c) 球床的视图

图 14.58 进水事故实验装置视图

总之，这一装置提供了很多与事故相关的数据，这些结果被用于计算机模拟。图 14.59 给出了典型的温度分布。可以看出，进水之后，系统上部的温度立即下降。几天之后，球床下部开始冷却，大约 10min 温度下降到 1000℃以下。

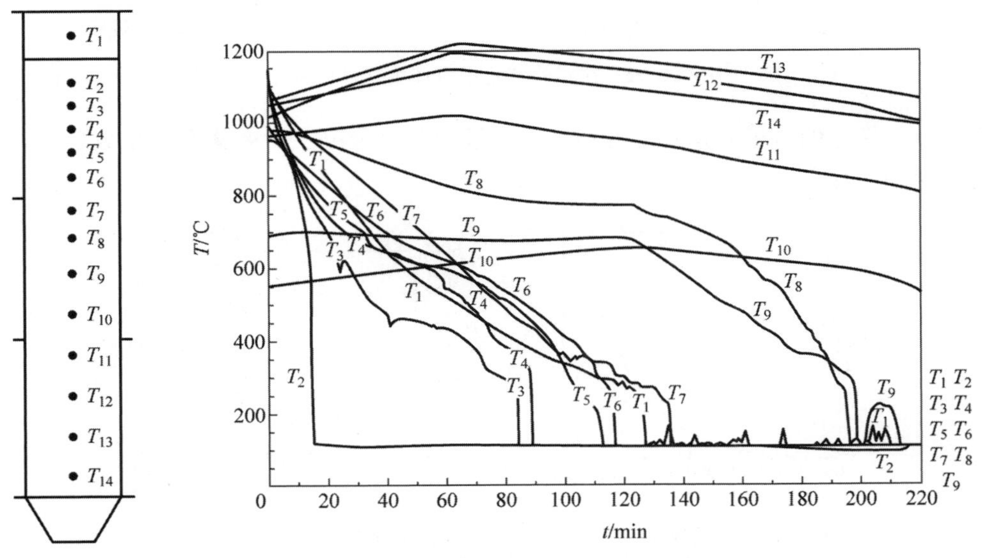

图 14.59 水进入情况下实验装置中测量的温度分布

12.39gH_2O/s，直径为 265mm，高为 6m，1500 个石墨球(6cm)

在基于蒸发和吸热反应的水的冷却过程中，通过从外部连续加热系统来模拟衰变发热。气体的产生也主要限制在最初的 10min 内，此后，产生速率降低到最大速率的 10%以下，如图 14.60 所示。这一阶段之后，蒸发是消耗热量的主要过程，一部分水以液体状态通过球床。如图 14.59 所示，气体分析的结果与现有经验非常吻合，气体中含有 80%的 H_2 和 CO。

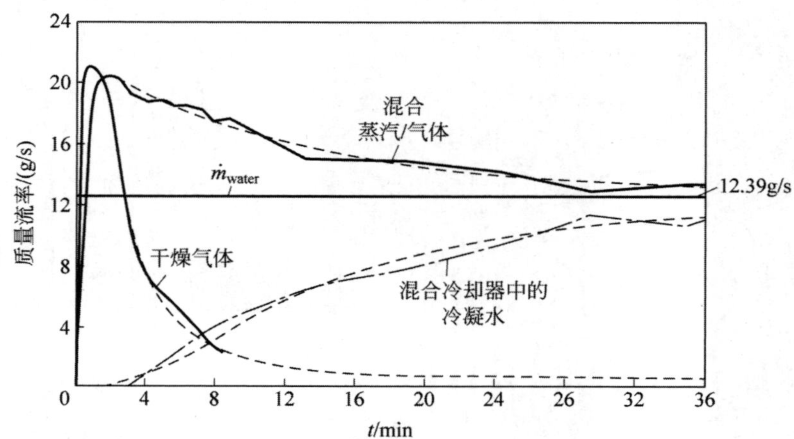

图 14.60 用于分析水进入热态球床后果的实验装置中测量的质量流量

图 14.61 给出了气体分析及水进入系统时形成的压力情况。从图中尤其能看出，即使在石墨球表面温度非常高的情况下，大部分水被蒸发掉，不会形成气体。

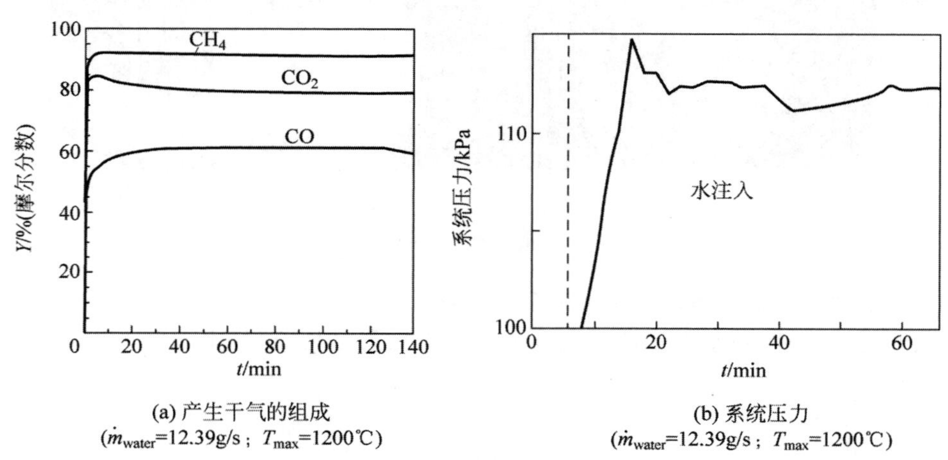

(a) 产生干气的组成 ($\dot{m}_{water}$=12.39g/s；T_{max}=1200℃)

(b) 系统压力 ($\dot{m}_{water}$=12.39g/s；T_{max}=1200℃)

图 14.61 在实验装置中对产生气体的测量

图 14.62 显示了转化的石墨质量随温度和进入水量的变化情况。反应速率呈指数增长，并且与水的质量流量几乎呈线性相关性。

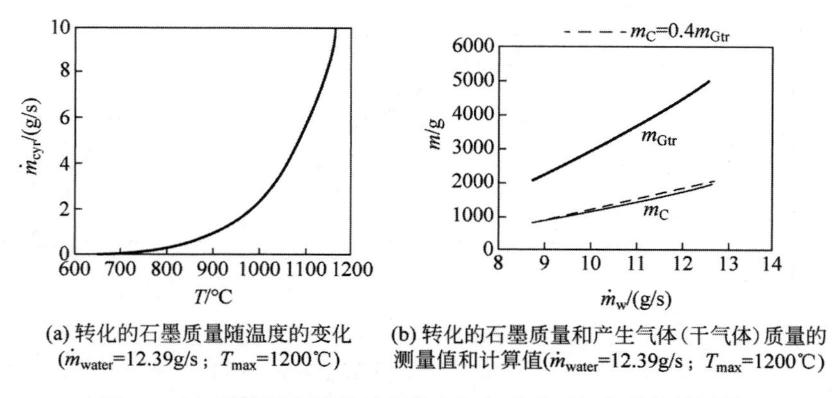

(a) 转化的石墨质量随温度的变化 ($\dot{m}_{water}$=12.39g/s；T_{max}=1200℃)

(b) 转化的石墨质量和产生气体(干气体)质量的测量值和计算值($\dot{m}_{water}$=12.39g/s；T_{max}=1200℃)

图 14.62 利用实验装置对水进入热态球床后相关参数的测量

总体而言，这类实验提供了大量的实验数据，并对水进入高温反应堆热芯的影响有了更好的了解。应用计算机程序对测量值和计算值进行比较，结果显示吻合得很好，如图 14.62(b)所示。

14.4.4 SUPERNOVA 实验装置

为了分析蒸汽或者空气进入 HTR 电厂一回路系统这样的事故，建造了大型低压氧化实验装置(large low-pressure oxidation experimental facility，SUPERNOVA)。该实验装置已投入运行，能够获得蒸汽或者氧气与热态石墨球床反应的经验。将这些元件加热到 1500℃的温度，并建立起最高温度为 1200℃的反应介质的流动效应。水的总质量流量有可能达到 94kg/h，设备的加热功率为 75kW。实验球床装满直径为 6cm 的球。球床高度为 900mm，直径为 350mm。选择了大约 130 个球作为测量对象。该实验装置的流程如图 14.63 所示，包括一个气体加热器和一个蒸汽发生器。实验中，需要对温度、压力、质量流量进行测量并进行气体分析，同时，对被腐蚀的石墨元件的质量加以测量。

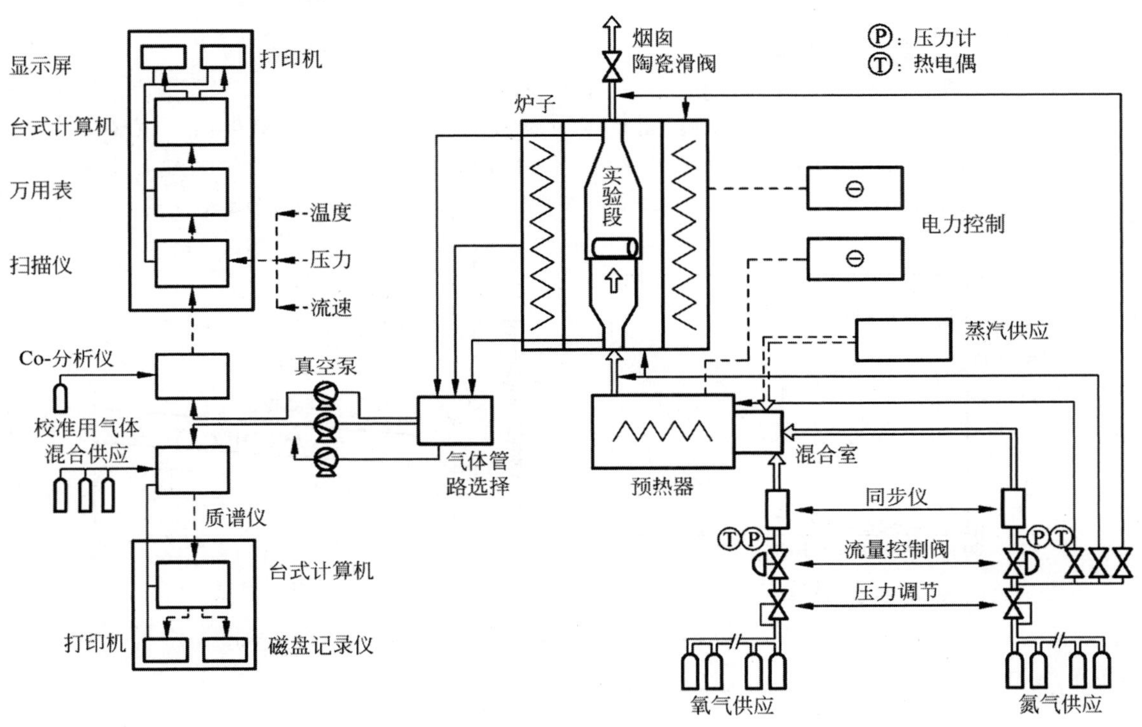

图 14.63　SUPERNOVA 实验装置的流程

图 14.64 更详细地显示了电加热炉和实验段。实验段由内径为 350mm、高度为 900mm 的石英管制成。设在入口和出口处的挡板用于对流量加以控制。实验段还配备了许多热电偶以测量气体和结构的温度，气体由氮和氧压力储罐来提供。混合和预热后，气体可以加热到 1200℃。然后，气体通过实验段。在另外的实验中，蒸汽被送入实验段装置并用于测量相关的腐蚀速率。目前，人们已在实验装置中进行了许多关于水、空气或者两种气体的混合气体的实验。实验主要提供了反应速率随重要参数——温度、H_2O 含量、流速和石墨类型发生变化的情况。

在 SUPERNOVA 实验装置中进行的评估实验提供了许多蒸汽和空气对石墨的腐蚀结果。

图 14.65 给出了燃料元件石墨(A3 基体)反应速率随各种参数的变化情况。这些结果表明，在 1000℃的水/氦混合物中，氧化速率为 20～30mg/(m^3 · h)。已腐蚀量的影响相对较弱，基体石墨和结构石墨的整体腐蚀速率与已腐蚀量的关系较小，如图 14.66 所示。

图 14.66(c)给出了 1000℃下每小时 1%质量损失的蒸汽腐蚀的粗略表示。

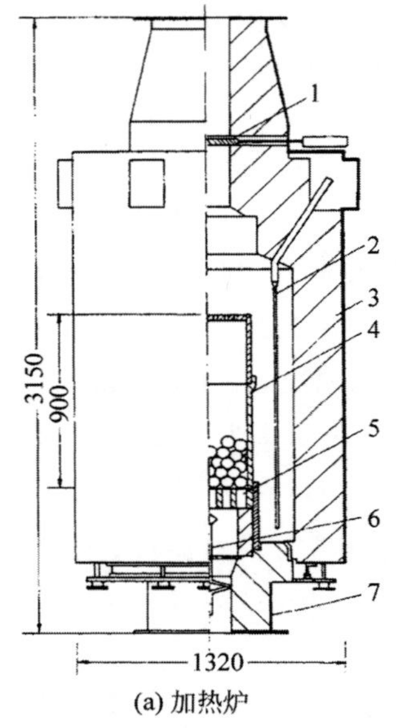

(a) 加热炉

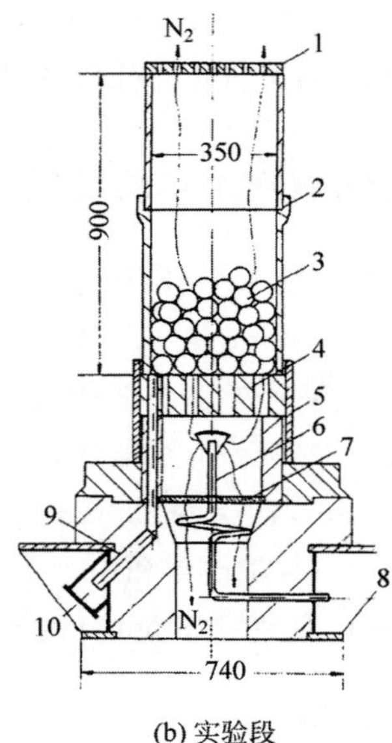

(b) 实验段

图 14.64 加热炉和实验段

(a) 1—闸板阀；2—加热棒；3—出口陶瓷结构；4—实验壳；5—下部支撑网格；6—N_2 注入；7—支撑；
(b) 1—ROTOSIL 组成板；2—测量管；3—球床；4—陶瓷网格；5—ROTOSIL 制成的管；6—N_2 注入；7—ROTOSIL 组成的板；8—支撑；9—热电偶的贯穿件；10—与气体加热的连接

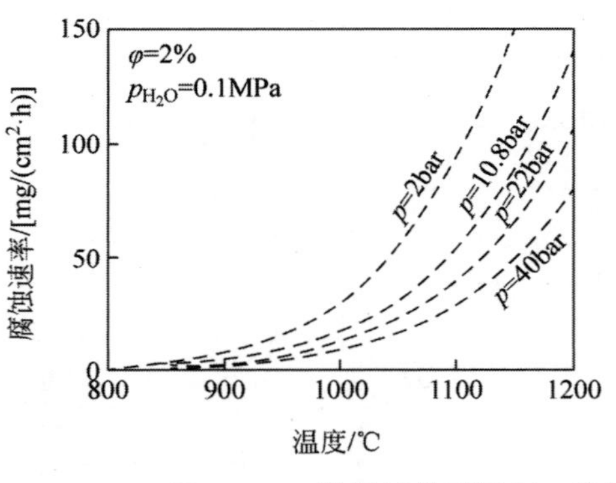

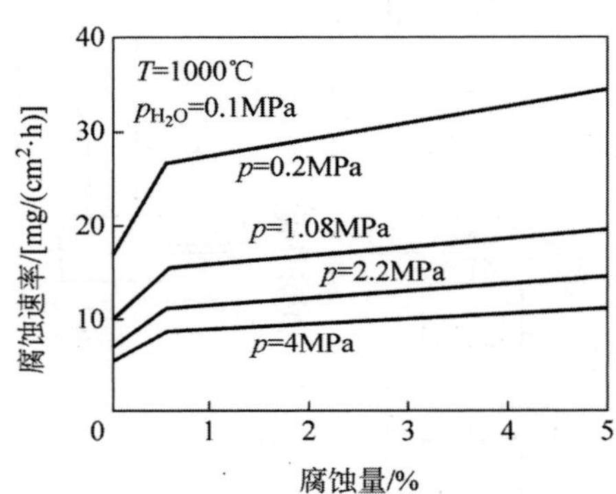

图 14.65 燃料元件石墨(A3 基体)腐蚀反应速率随各种参数的变化

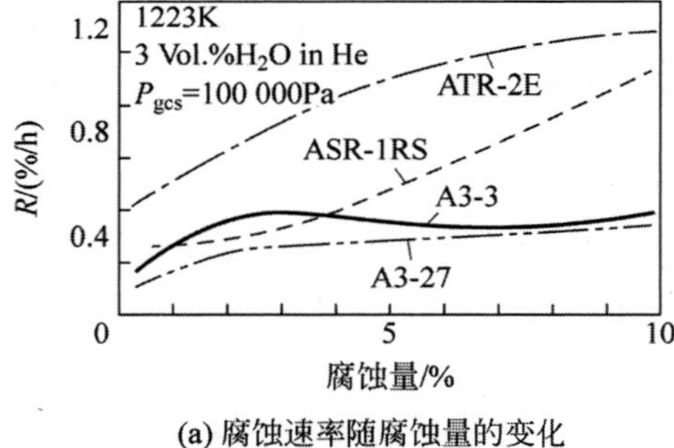

(a) 腐蚀速率随腐蚀量的变化

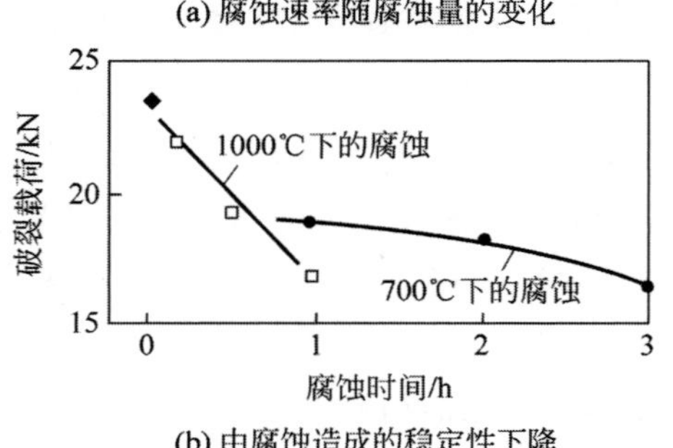

(b) 由腐蚀造成的稳定性下降

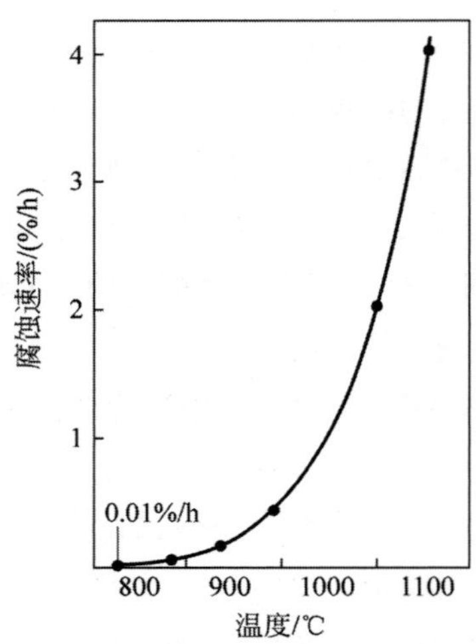

(c) 腐蚀速率随温度的变化(μ_{He}=40bar)

图 14.66 反射层石墨反应速率随温度和腐蚀量的变化及其对材料强度的影响

14.4.5 SEAT 实验

在水滴自发载出(SEAT)实验装置中,研究了模块式 HTR 一回路系统中水滴的迁移,以及分离这些液滴的可能性。这是一个关于流动通道的模块化设计,可以在氦气系统中各个相似位置很容易地设置各种流动几何形状,从而有可能对用于有效分离液滴的相关部件进行实验。图 14.67 给出了 SEAT 实验装置的原理流程。该装置被设计成一个风道,通过周围的空气实现运行。另外,还安装了一个风机对流体加以循环。

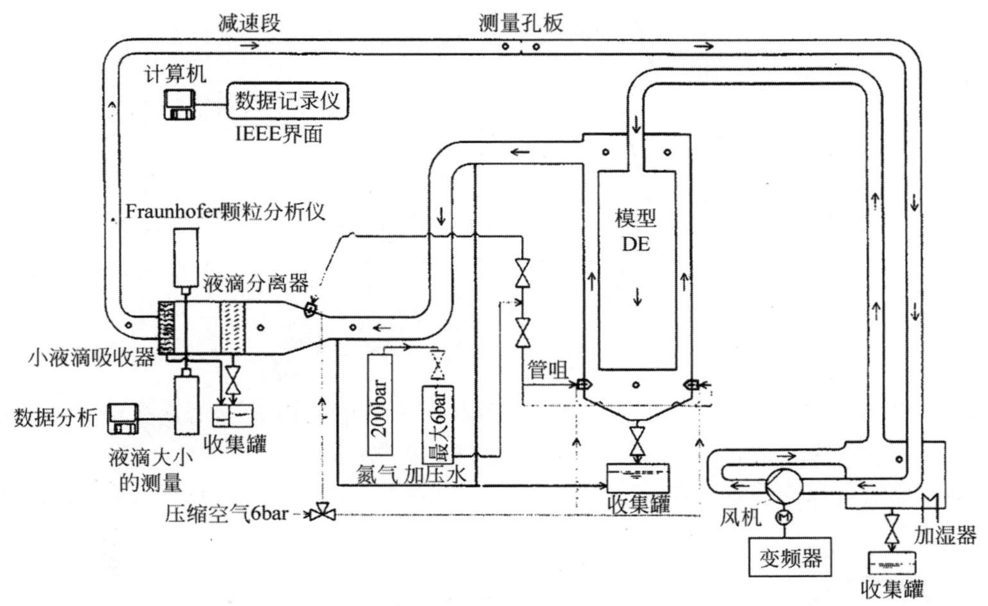

图 14.67 SEAT 实验装置的原理流程

流动通道是一个 240mm×240mm 的方形截面,长度在 500~5600mm。之所以选择方形截面,是因为液滴测量使用了激光束,它需要平面平行的侧壁。为了便于观察,墙壁是透明的(玻璃或有机玻璃)。为了避免不适当的折射对激光束造成的影响,将特殊的光学玻璃插入处于测量位置的有机玻璃壁。

对反应堆气体导管的通道中不同流动条件下的分离进行了分析。结果表明,对于 10μm 以上的水滴,分离效率较高(80%~90%)。对几种不同的专用分离器进行了测试,并根据雾滴的大小和速度测量了它们的效率。图 14.68 给出了几种分离水滴的概念。

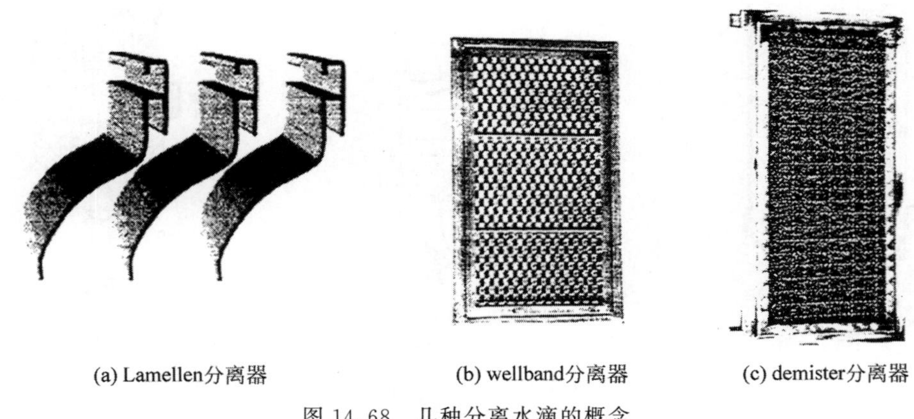

(a) Lamellen分离器 (b) wellband分离器 (c) demister分离器

图 14.68 几种分离水滴的概念

分离器应具有较高的水滴分离因子,并应尽可能地减少阻力降。此外,它们必须具有一定的机械稳定性,并且必须在几十年的寿命期间保持完好无损。由流动氦气引起的振动效应不应对结构造成损坏。

图 14.68 给出了在 SEAT 中进行的一些实验的分析和比较。

Lamellen 分离器是一种由醋酸乙烯酯(VA)材料制成的具有特殊形状的专门元件,如图 14.68(a)所示。

Wellband 分离器由波纹铁板组成，适用于分离较大的水滴，如图 14.68(b)所示。

Demister 分离器由奥氏体钢制成的钢丝束组成。该元件的孔隙率约为 0.98，比表面积为 150～250m^2/m^3。Demister 分离器非常适用于高效地分离非常小的液滴(<10μm)，如图 14.68(c)所示。

图 14.69 给出了不同分离器系统的比较，可以清楚地看出，不同原理的组合在实际应用中效果良好，即使是对小于 5μm 的液滴，效率也可达到 90%。

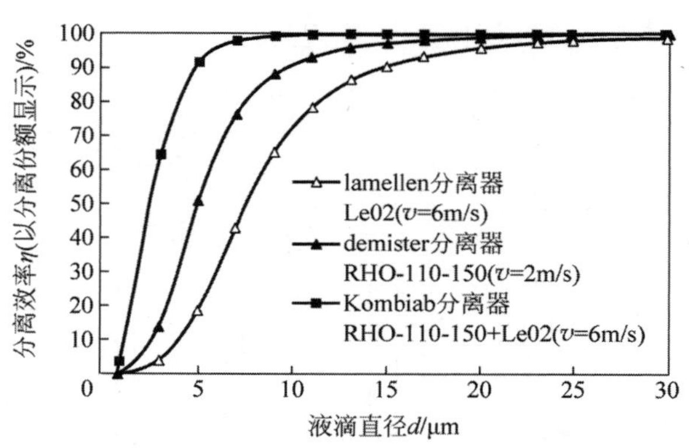

图 14.69 各种分离系统分离效率的比较

水滴分离器是轻水堆核电站的一项重要技术，在沸水反应堆中使用时被布置在堆芯的上部，在压水堆中使用时被布置在蒸汽发生器内，如图 14.70 所示。这些技术也可应用于模块式 HTR，以避免水滴进入反应堆堆芯。水滴分离器可以安装在反应堆底部，如图 14.71 所示。在堆芯结构的下部有足够的空间来放置一个高效的分离器。

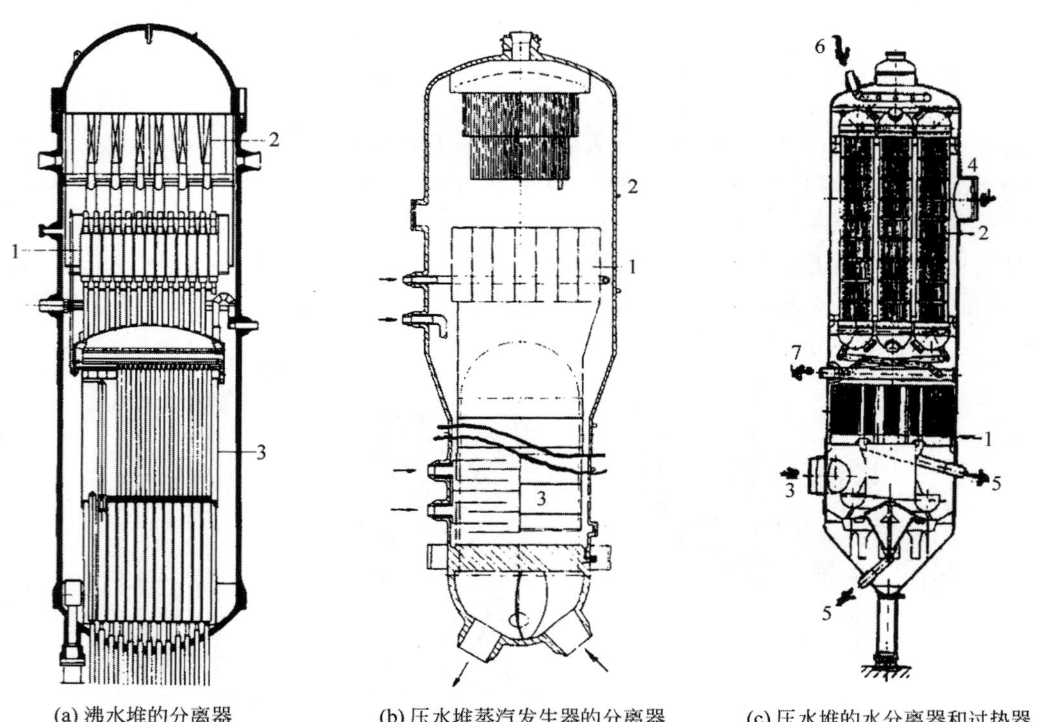

图 14.70 轻水堆技术中水滴分离器和干燥结构的应用

(a) 1—旋流器；2—蒸汽干燥结构；3—堆芯；(b) 1—蒸汽干燥结构；2—水分离器；3—蒸汽发生器管束；
(c) 1—水分离器；2—过热器；3—蒸汽入口；4—蒸汽出口；5—水出口；6—热蒸汽入口；7—冷凝器出口

总之，液滴形式的液态水在发生事故时可能将更多的水传输到堆芯中，但是，相比于以蒸汽形式存在的水量，液滴形式的液态水量还是非常小的。据估计，堆芯中的液态水量小于以蒸汽形式存在的水量的 0.01%。因此，如果能在模块式 HTR 中实现蒸汽发生器的适当布置(与堆芯肩并肩地布置，高度在堆芯之下)和液滴的有效分离，则液态水对堆芯反应性平衡的影响可以忽略不计。图 14.71 给出了模块式 HTR 分

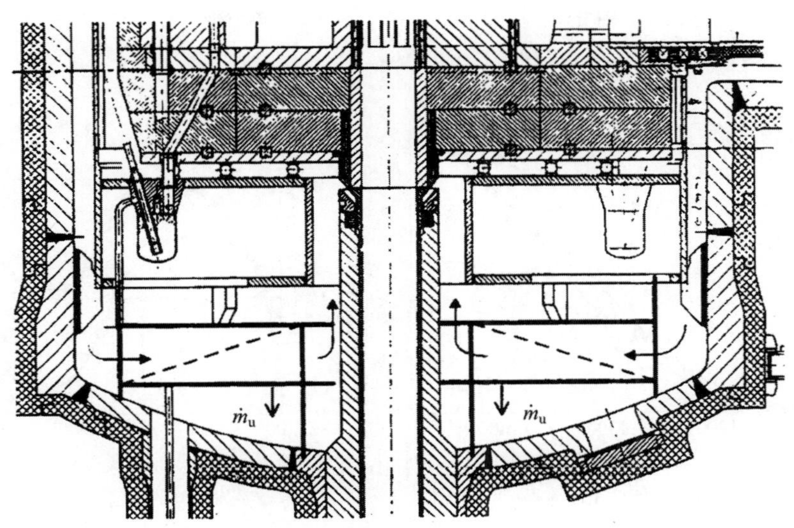

图 14.71　模块式 HTR 水滴分离装置的技术问题：反应堆压力壳底部分离结构的布置

离设备的可能设计概念。

14.4.6　进水事故中气溶胶的实验

在水进入模块式 HTR 高温堆芯的严重事故下，会形成气溶胶。由于水滴和石墨燃料元件表面之间存在很大的温差，所以水滴和热表面之间的一层薄蒸汽层决定了水的蒸发。蒸汽层降低了从燃料元件到水滴的热流密度，这种效应也称为 Leidenfrost 效应。蒸汽从蒸汽层高速排出，因此有可能导致石墨颗粒从燃料元件表面脱落。高温石墨材料与蒸汽的化学反应引起气化过程，并且产生 CO，CO_2，H_2 和 CH_4。石墨粉尘、蒸汽和反应气体的混合物形成了气溶胶。了解气溶胶的信息，特别是粉尘的粒径分布，对电厂的安全评价具有重要意义，并且基本上是必须要了解的，只有这样，才能设计出有效的过滤系统。气溶胶的规格主要取决于石墨表面的温度。图 14.72 给出了用于分析气溶胶的测试设备。采用电阻加热系统，对直径为 10mm 的石墨球组成的球床进行加热，直到温度达到 1200℃。可以使用水或蒸汽进行实验，氩气作为载带气体，用级联冲击器对石墨粉尘进行采样和分析，连续测量温度、质量流量和气体成分。从这些实验可以得到关于气体混合物中的粉尘量及粉尘颗粒尺寸分布的大量经验数据。

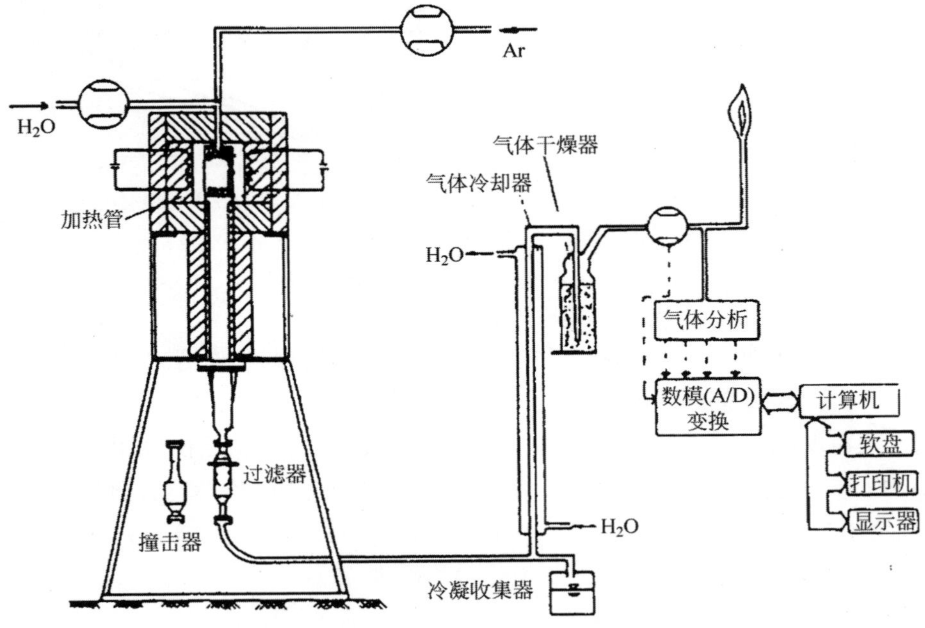

图 14.72　测量进水事故期间气溶胶形成的实验装置

图 14.73 给出了从这些实验获得的一些典型结果。图 14.73(a)给出了气体产生比速率随反应温度的变化。在低于 800℃的条件下,几乎没有气体产生。

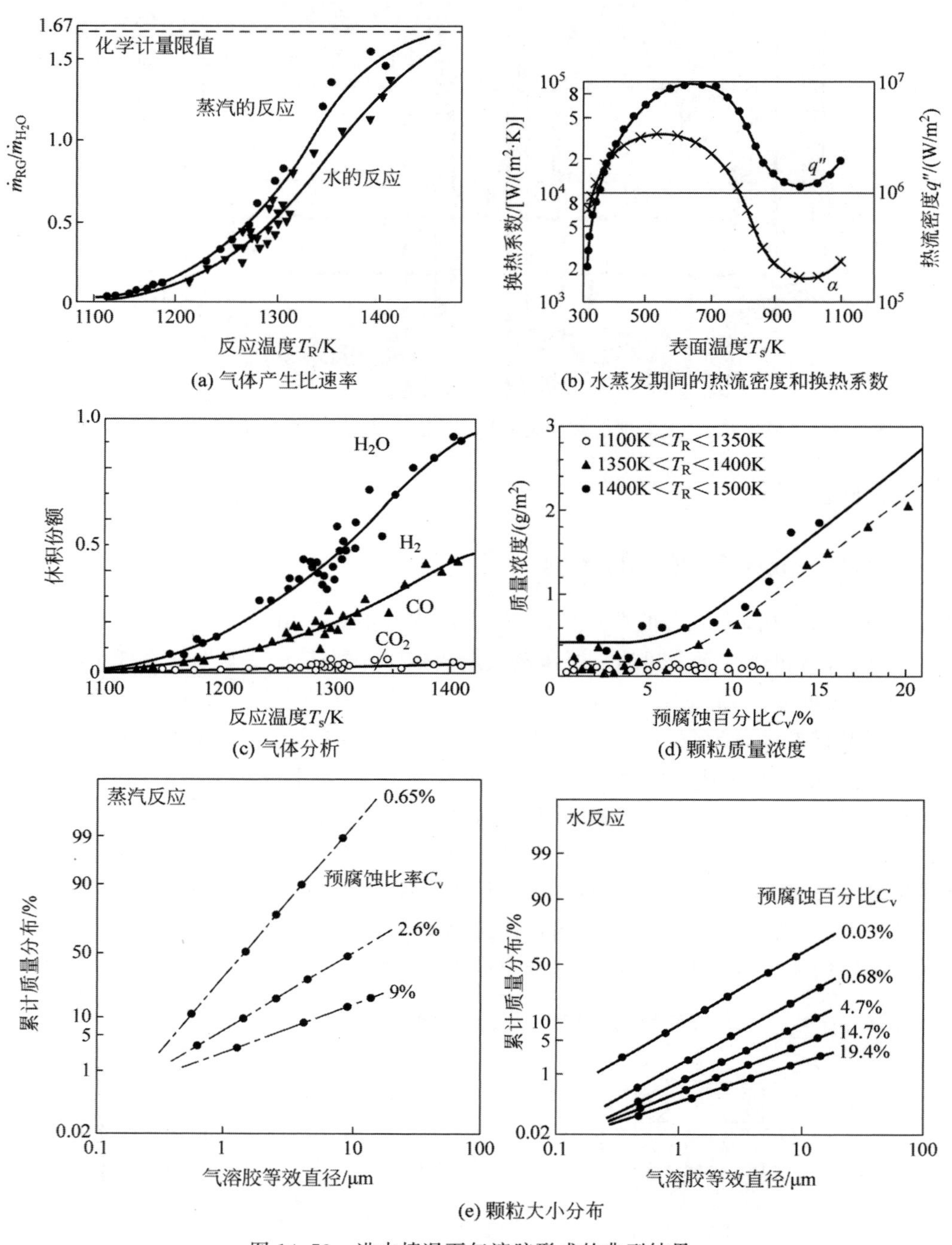

图 14.73 进水情况下气溶胶形成的典型结果

传热曲线显示石墨的 Leidenfros 温度大约为 570K,如图 14.73(b)所示。气体分析表明,当温度在 1100℃左右时,气体主要由 H_2 和 CO 组成,如图 14.73(c)所示。当温度在 800℃以下时,气-蒸汽混合物几乎均由蒸汽构成。当温度超过 1000℃时,颗粒质量浓度同样重要,且该值会随着预腐蚀百分比的增加而升高,如图 14.73(d)所示。在蒸汽或水的侵入下,测得的颗粒的尺寸分布是不同的,如图 14.73(e)所示。随着腐蚀的加剧,分布向较大的颗粒直径方向偏移。在基体中作为填料颗粒和搅拌材料的较大颗粒从石墨球中脱落。

实验结果还表明,通过采用化学工程中已验证的众所周知的清洗系统,大颗粒可以很容易地分离出来,而且效率很高。细颗粒要求使用大容量的水池,并对进入水池的气体进行适当的分配。

14.4.7 氦回路失压和蒸汽冷凝实验

在发生进水事故后，当一回路系统压力升高到比正常运行压力高出 10%时会发生失压。对于 HTR-Module(热功率为 200MW)，这意味着有大约 600kg 的水作为蒸汽存在于整个一回路系统中。通过安全阀及更高压力下的爆裂阀实施减压的功能。

第 10 章已给出模块式 HTR 中这种情况的典型压力瞬态。蒸汽/氦气混合物的流出量可以与 BWR 主管道破裂后的流量进行比较。图 14.74 对这类反应堆的事故情况进行了说明。

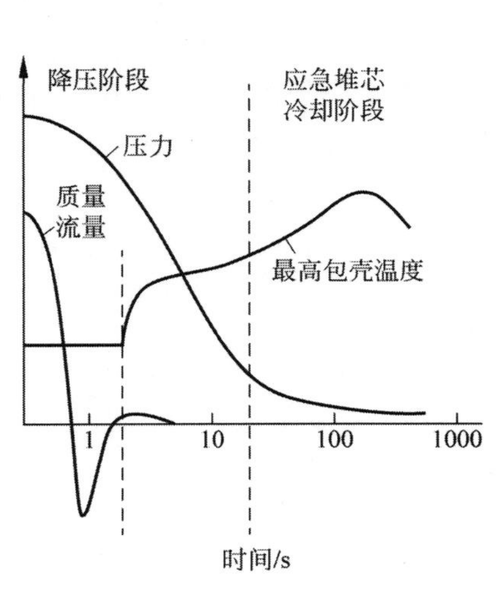

(a) 沸水堆(有外部再循环)冷却剂大量流失事故的示意图

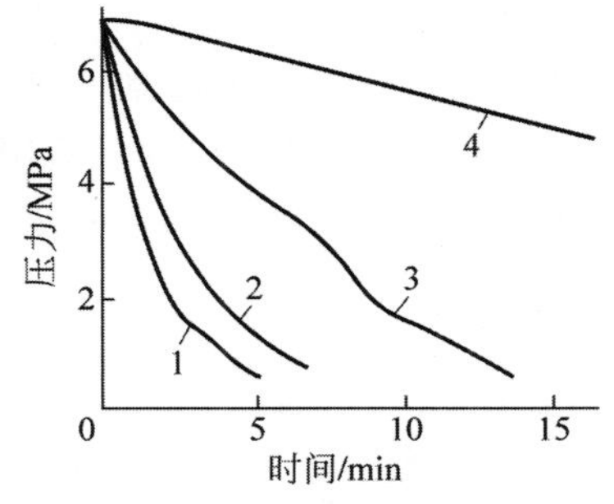

曲线	破口面积/% (最大面积的百分比)	7MPa下初始破口流量 /(kg/s)
1	100	950
2	60	570
3	20	190
4	5	48

(b) 反应堆压力壳在蒸汽管破管后的计算压力

图 14.74 沸水堆失去冷却剂事故后的瞬态过程(如 Forsmark 3，瑞典)

沸水反应堆采用抑制压力的原理来控制主管道可能的大破裂，使用安全壳中的蓄水池来冷凝和冷却事故中从一回路系统流出的蒸汽。蓄水池起到热阱的作用，因此，安全壳压力的增高仅会使容积有相对较小的扩大。图 14.75 给出了相关的压力抑制原理。

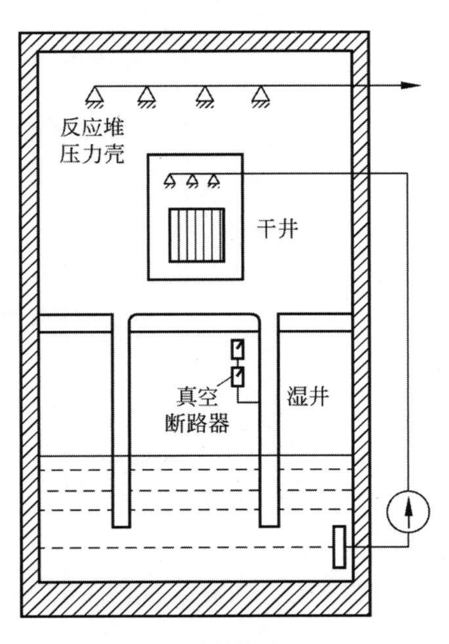

(a) 压力抑制概念

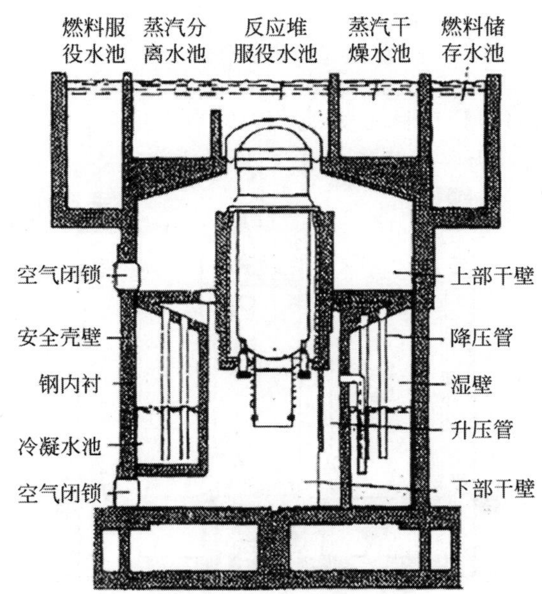

(b) BWR的安全壳

图 14.75 沸水堆的安全壳与压力抑制

安全壳由两部分组成，第1部分为干井，第2部分为湿井。干井包括反应堆、给水管及蒸汽管道，湿井包括冷凝室和压缩室，干井和湿井通过排水管道连接，连接终止于凝结池。在许多情况下，安全壳内充满氮气，氮气保持在常压下，从而避免在严重事故中发生氢气爆炸。如果出现了管道破裂，则蒸汽通过排气管进入冷凝池并被冷凝。在这个过程中，干井未参与。在事故期间，被输送到湿井的不凝结气体储存于冷凝池表面上方的压缩室，压缩室与干井之间的真空断路器允许气体再回流到干井。安全壳中的水池设计得足够大，以吸纳蒸汽中的所有热量，温度始终保持在95℃以下。水池中附加的冷却系统对这一吸热效应提供了保障。

可将类似的设计应用于对模块式HTR进水事故的处理，图14.76给出了更为详细的说明。如果一回路系统中的压力升得太高(例如，>运行压力的1.1倍)，阀门系统就会启动，使一回路系统降压。如果这个过程之后压力仍然高于运行压力的1.15倍，则蒸汽/氦气混合物就会膨胀进入水池。在这种设计概念下，灰尘和碘通过降压和冲刷效应从一回路系统被载出，使灰尘和碘的含量降低。

从全球范围内BWR核电厂获得的经验可以大量应用于模块式HTR的设计概念。在大范围的氦气压力及泄漏开口条件下进行了失压实验，以验证对HTR氦气回路的事故进行的估计。图14.77所示为用于测量压力瞬态的典型装置。

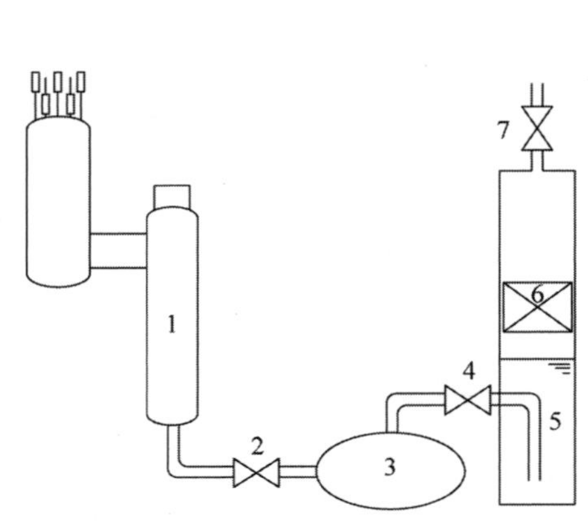

图14.76 模块式HTR进水事故之后蒸汽冷凝的设计概念

1—蒸汽发生器；2—阀门系统；3—混合冷却器；4—阀门系统；5—水池；6—过滤器；7—烟囱

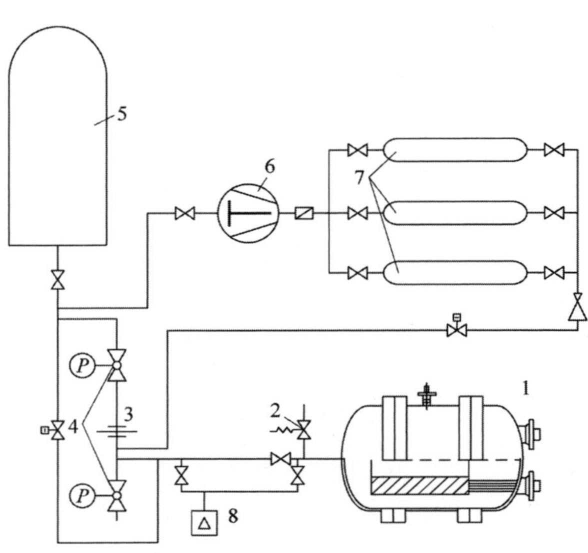

图14.77 失压实验的典型装置

1—实验壳；2—安全阀；3—节流孔；4—气动阀；5—氦气低压储罐；6—氦气压缩机；7—氦气高压储罐；8—真空泵

在各个HTR项目的发展过程中，针对电厂的具体状况，对很多实验装置及其部件进行了建造和运行。图14.78所示为一个属于PNP项目的典型设施。

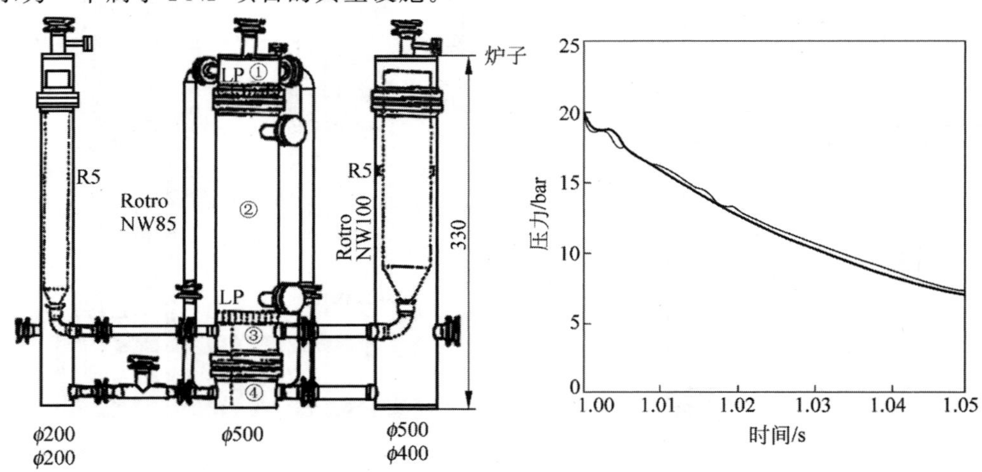

(a) 用于测试各种壳体与连接管道的实验装置　(b) 失压实验的结果：计算值与测量值的比较

图14.78 氦回路失压实验(如PNP项目；西门子/反应装置，个人通信)

这里，对各种断裂和不同位置的开口进行了研究，其瞬态过程可表示为

$$\frac{\mathrm{d}\mu}{\mathrm{d}t}=f(\mu,T,A,\text{位置}) \tag{14.38}$$

对直到 60MPa/s 的降压速率及其对各种设备的影响进行了研究。

对用于描述氦回路失压的计算机程序的验证是设计工作的一个重要环节，同时也是反应堆许可证申请过程的基础。

14.4.8 AVR 的进水事故

1978 年 AVR 发生进水事故。蒸汽发生器中几平方毫米的小泄漏最终导致大约 25m^3 的水进入反应堆，这相当于蒸汽发生器存水量的 6 倍。由于 AVR 的蒸汽发生器布置在堆芯上面，水会通过堆芯流到反应堆压力壳的底部。最后，在卸球管对水进行取样，大约 5000 个燃料元件在温度为 100℃时完全被水淹没（堆芯中总共大约有 100 000 个燃料元件），如图 14.79 所示。

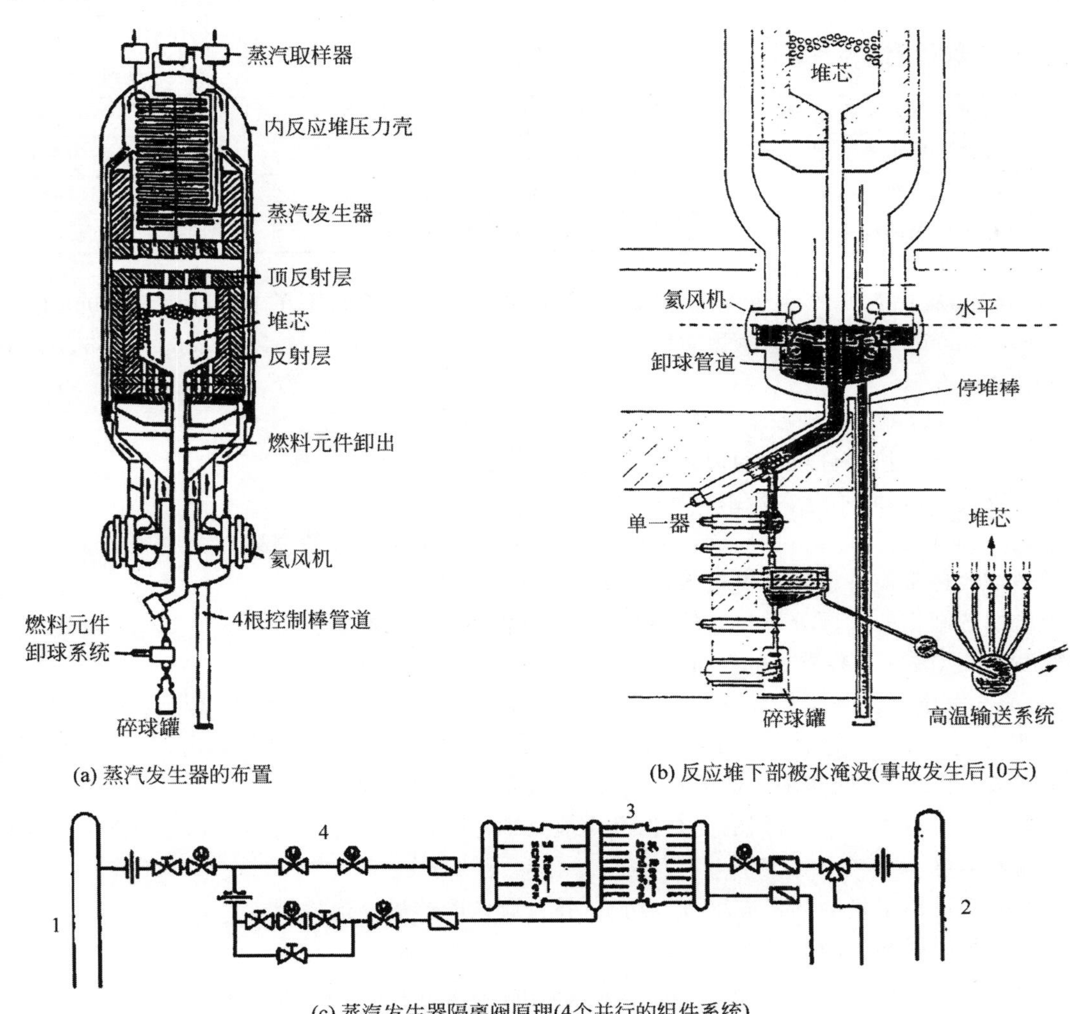

图 14.79 AVR 一回路系统进水事故

1—给水取样；2—蒸汽取样；3—蒸汽发生器传热管；4—阀门系统

通过对蒸汽发生器中所有传热管进行分析，可以发现泄漏位置。然后，将缺陷传热管的两侧堵住。1978 年发生事故后，反应堆被允许在 1980 年 4 月重新启动。燃料元件在没有更换和清洗的情况下被重新使用，氦风机被拆卸、检修后，重新启用。

由于该反应堆的仪表已不能详细地分析事故随时间的变化情况，因此，这里需要对此进行粗略的估计，

以给出事故的概况。在事故发生后的大约 10 天之内，水可能以 30～60g H_2O/s 的速率进入一回路系统。在测量到氦气中有较多的水分之后，首先进行了手动停堆，并启动热水运行。事故发生 3 天后，反应堆已在低温(500℃)和低功率(10MW)下运行了两天。此后，在辅助系统中检测到了较高的水含量，因此，反应堆最终被停堆，蒸汽发生器的给水系统也停止使用。事故发生 10 天后，氦气压力降低，将氦气抽空。这一过程是由 AVR 的实验特性引起的。目前，氦气循环中湿度值过高会触发模块式 HTR 电厂停堆，这一动作将由反应堆保护系统自动触发。

表 14.9 给出了事故期间一些重要效应随时间的变化情况及处理措施。

表 14.9　反应堆中湿度和各种效应随时间的变化

时间/天	一回路中测量的湿度	运行的措施	注　释
13.5	正常值的 3 倍	反应堆停堆，蒸汽发生器水排空运行	水排入冷却罐
14.5	正常值的 30 倍	反应堆停堆，蒸汽发生器水排空运行	相当于 $6000cm^3/m^3$
15.5	正常值的 30 倍		
16.5	湿度值仍然非常高	反应堆开始运行	$P\approx 10MW, T_{He}\approx 500℃$ (允许升温到 600℃)
17.5	湿度值仍然非常高	反应堆运行	
18.5	废料容器中检测到 10L 水	反应堆运行	在几个设备中检测到水
19.5～22.5	湿度值仍然非常高	反应堆停堆，蒸汽发生器给水	在几个设备中检测到水
24.5	在一回路部件中检测到 120L 水	压力下降，排空氦气	一回路系统总共有 $27m^3$ 的水

对从一回路系统中排出的水进行了污染方面的测量，给出了如下的典型值，氚：90mCi/l；NH_4：75mCi/l；Sr90：3mCi/l；其他放射性物质(Cs137，Cs134，Eu154，Eu155，Eu156，Co60，Zn65，Ag110，Fe59)的测量值为 0.08mCi/l。

对事故进行评估后可以得到如下结果：

- 反应堆的停堆是按照许可证的规定进行的。
- 堆芯可以进行冷却，不存在障碍。
- 燃料元件或其他部件(氦风机、燃料装卸系统的部件)没有出现大的损坏。
- 干燥是按照通常设备检修后再投入运行的处理方式进行的。
- 必须从堆芯卸出的大部分燃料元件(约 5000 个)又重新装入堆芯。

从这次事故可以吸取一些重要的教训：

- 未来，蒸汽发生器应采用与反应堆壳肩并肩的方式来布置，并且，蒸汽发生器管束的布置在高度上应位于堆芯的下方。在这种情况下，大量的水进入堆芯是不可能的。此外，蒸汽发生器壳的自由体积应足够大，可以使二回路中全部的水量容纳在设备底部的空间内。
- 湿度测量应尽可能可靠，不同的冗余信号应能立即停止供水。湿度测量结果必须作为反应堆保护系统的输入信号。
- 对二回路中可用水量的测量应尽可能精确，并且应该能够尽早地检测到。
- 应有足够的时间和备用的操作程序，通过冗余措施停止水的进入。
- 特别是对于一些小泄漏(直径约为 1mm)，也需特别加以注意，因为蒸汽发生器发生小泄漏故障的概率较大。
- 气体净化系统应具有尽可能大的容量，以能够在发生中等尺度泄漏的情况下在短时间内将水和气体从回路中去除。
- 在发生非常大的破口或者系统中发生额外故障的情况下关闭供水，应安装一个足够大的混合冷却器，通过一个安全阀将大量水从蒸汽发生器中排出。
- 通过减压系统尽快地将水从一回路排出，减压系统的操作应该具有极高的可靠性。
- 对于蒸汽发生器表面可能受到的污染，在进行安全性分析时需给予更多的关注。
- 改进蒸汽发生器检查和维修的方法。
- 应对处理受污染水的可行性方案加以改进。

14.5　空气进入一回路系统的实验

14.5.1　概况

当空气进入模块式 HTR 的一回路系统时，许多参数会影响这个效应，如石墨的腐蚀、形成含 CO 的气体混合物，或从一回路系统释放放射性物质。其中一些参数会影响空气进入事故的后果，包括：

- 一回路系统破口的大小。
- 破口的位置：破口位置的几何高度。
- 引起腐蚀的空气量：反应堆内舱室的体积。
- 堆芯中和氦回路中的温度分布。
- 干预：停止空气的进入。

由于情况复杂，已进行了大量的实验，以便能够更清楚地了解这些参数产生的影响，如图 14.80 所示。这些实验致力于测量腐蚀的效果、可能进入的空气量及获得干预方法的经验。

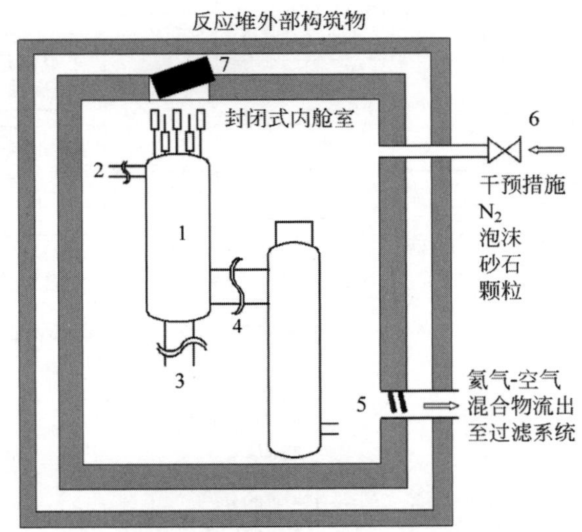

图 14.80　关于空气进入模块式 HTR 一回路的几个主要问题

1—堆芯和石墨结构(腐蚀效应)；2—小破口；3—具有烟囱效应的破口；4—大破口；5—通过闸板或者其他措施限制进入的空气量；6—干预措施；7—内混凝土舱室的超压保护(自闭式闸板系统)

所有用于分析空气进入事故的实验的结果均为专门的计算机程序提供了相关的数据，以便对不同的 HTR 概念进行更深入的分析。

有些事故是作为设计基准事故而必须要进行分析的。比如，一回路边界的小破口就属于这种情况。一回路边界的大破口或者大直径管道断管的大泄漏事故则需要按照超设计基准事故来评估。有些事件可以归类为极端严重事故，只是在通常接受的情况下才进行讨论。例如，在一回路边界上可能发生非常大的开口，就属于这类极端严重事故。图 14.81 给出了有关空气进入事故的事件、后果和实验的概况。

14.5.2　实验室实验中石墨腐蚀速率的测量

在 HTR 的发展过程中，已在实验室规模下进行了很多实验，以测量燃料元件和结构材料的石墨腐蚀与其他重要参数的相关性。图 14.82 给出了影响反应速度的主要参数。

正如下面关于燃料元件的石墨矩阵所示，已对小探头、实际的单一燃料元件和由球形石墨元件组成的球床进行了测量。图 14.83 给出了早期进行的石墨球腐蚀实验的结果。下面的公式给出了 A3 石墨在静止空气中的反应速率：

$$R = \Delta M/(A_0 \cdot \Delta t) \tag{14.39}$$

这些计算值可以与燃煤过程中已知的测量值进行比较。其中，A_0 是腐蚀过程开始时的表面积，R 的单位是 $mg/(cm^2 \cdot h)$。当然，在腐蚀过程中确定实际可用的表面尺寸也是有可能的。

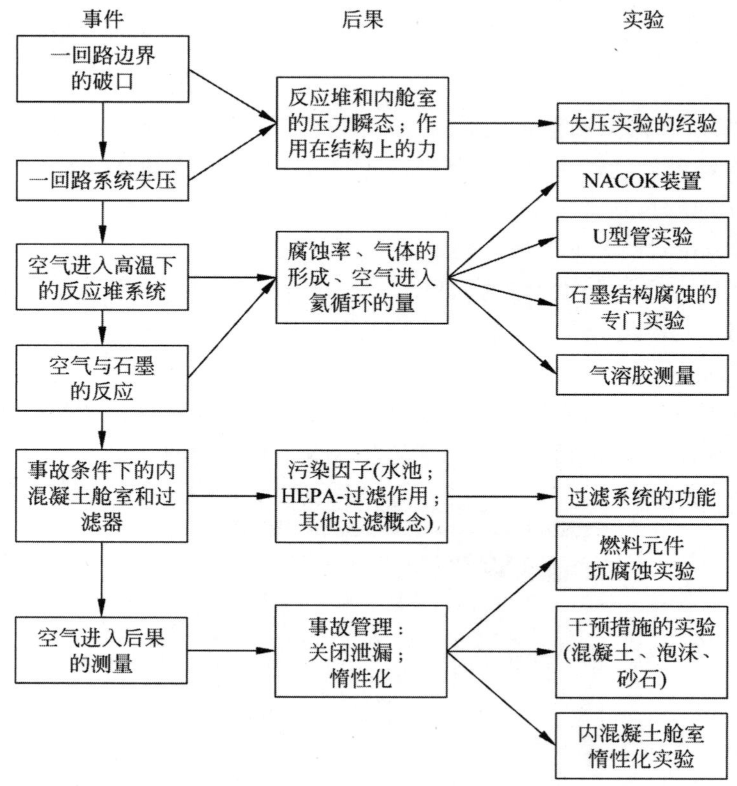

图 14.81 有关空气进入事故的事件、后果及相关实验的概况

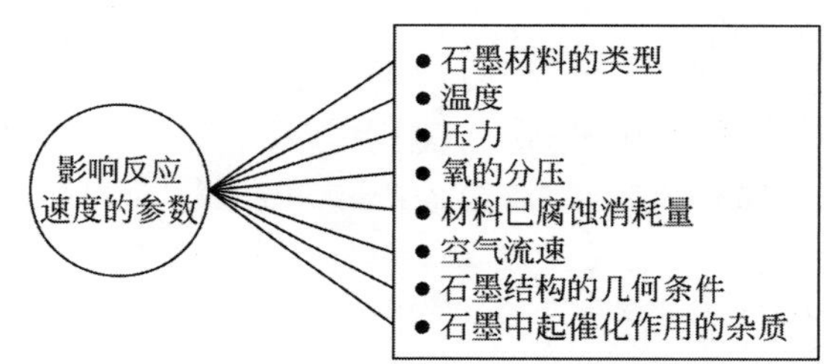

图 14.82 影响反应速度的参数

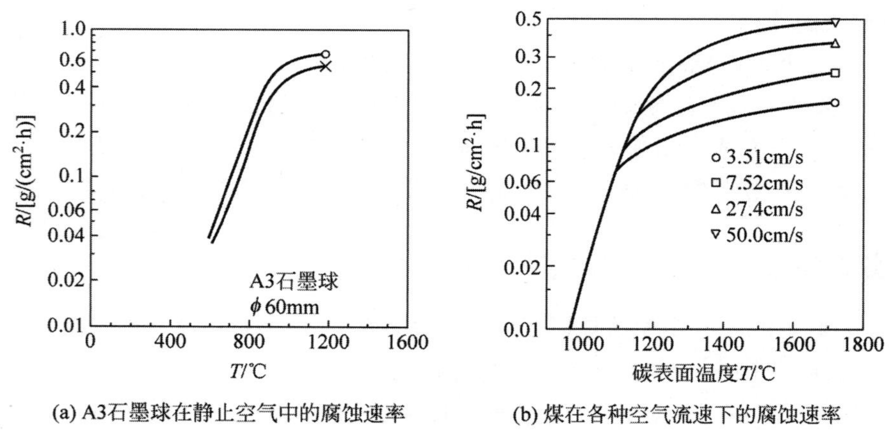

图 14.83 石墨和煤腐蚀速率随温度的变化

在过去，许多实验都是在实验室规模进行的，使用如热重分析仪和其他小反应体积的装置。

图 14.84(a)给出了在小型石墨样品上进行热重测量的典型装置。由这些小探头测量的典型结果如图 14.84(b)所示,给出了燃料元件石墨的反应速率随温度和氧分压发生变化的实验结果。

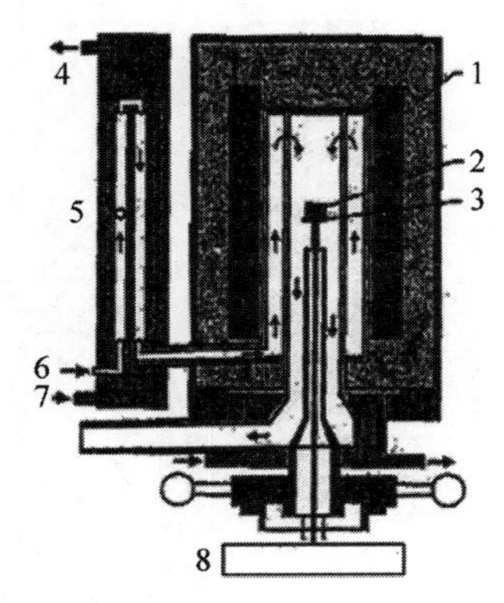

(a) 测量反应速度的实验装置 THERA

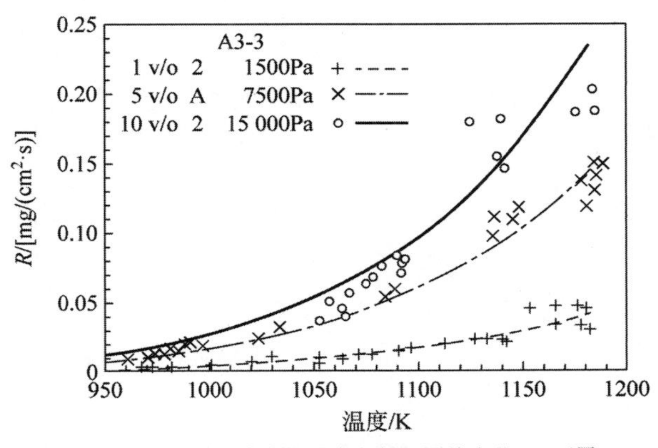

(b) 实验结果：反应速度随温度和氧分压的变化(A3石墨)

图 14.84 使用热重仪测量石墨样品的反应速度

$T<1200$℃,$p<3$bar,O_2 含量$<21\%$,$v<1$m/s

1—加热炉；2—样品；3—带有热电偶的样品；3—热电偶样品支撑架；4—恒温器；5—气体流量控制单元；6—氧化气体入口；7—废气；8—称重系统

在等温和等压条件下,氧化物质的流速是可以改变的。并且,在氧化过程中可以直接测量失重量。在这些装置中,使用小于 1g 的小样本进行测量,测量的结果可以确定反应速度,图 14.79 已给出了一些实验结果。这里,在实验过程中,将氧的含量进行动态调整,直至变化到 10%。在 950℃及 1%含氧量的情况下,石墨(A3-3)的腐蚀速率大约为 200mg/(cm^2·h),这与以往煤燃烧过程中得到的经验值是相当的。

由参数的变化得到了一个反应速率随腐蚀介质的温度、压力、分压和流动条件发生变化的经验方程式。式(14.40)描述了具有可变 O_2 含量的空气对 A3 石墨的腐蚀情况：

$$R=\left\{\left[7.2\times10^{12}\cdot\exp\left(-\frac{16\,211}{T}\right)\cdot p_{O_2}\right]^{-1}+(770v_{\mathrm{Norm}}^{0.65}T^{0.34}p_{O_2})^{-1}\right\}^{-1}\tag{14.40}$$

其中,p_{O_2} 是 O_2 的分压；v_{Norm} 是空气的速度。

对结构石墨也进行了很多不同规模的实验,在这些实验中,温度、空气速度、氧分压和腐蚀效应使石墨样品的状态发生了变化,导致这一变化的主要影响因素是温度和空气速度。图 14.85 给出了这些装置的概貌,并给出在一个专门的结构石墨(ASR-IRS)上测量的腐蚀速率的重要结果。

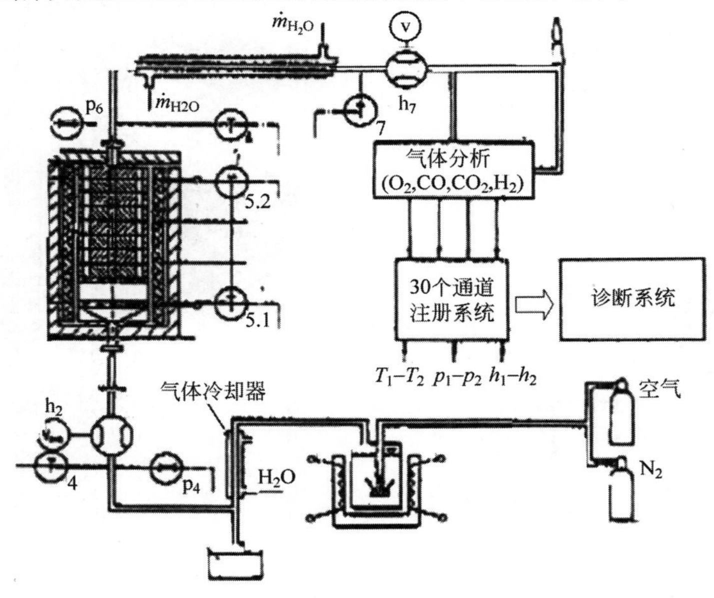

(a) 实验装置的流程

图 14.85 用于石墨块上腐蚀实验的装置(ASR-IRS)

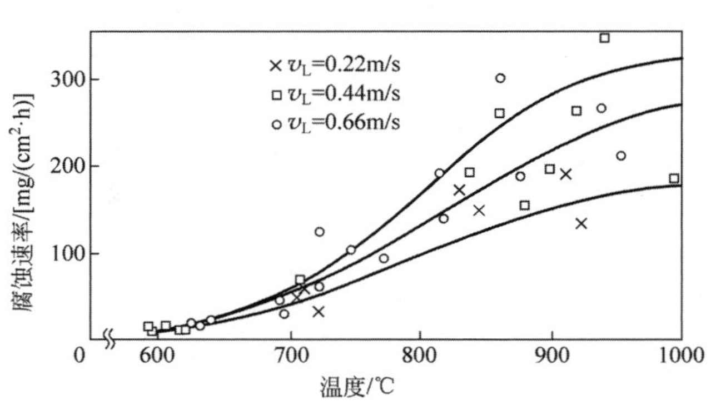

(b) 结构石墨(ASR-IRS)腐蚀速率随温度和空气速度的变化

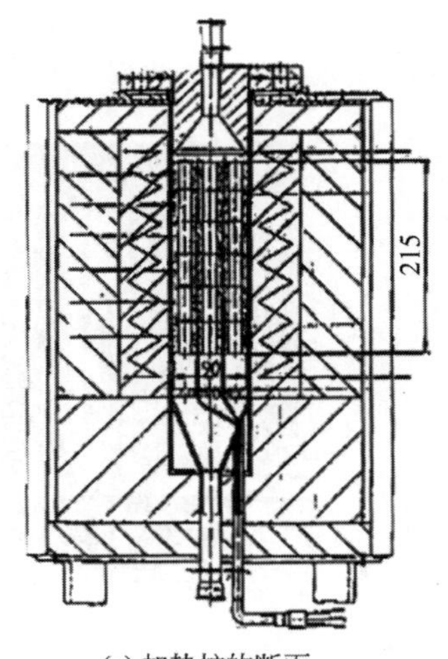

(c) 加热炉的断面

图 14.85(续)

与燃料元件石墨(A3-3)相比,结构石墨测量的反应速率要高大约 30%。其中,由于温度为 600～750℃的模块式 HTR 底部反射层成为了氧气的吸收体,因此进入堆芯空气的氧含量有所减少。在 750℃以上的温度下,氧在底部反射层区域内完全被转化。因此,在堆芯中仅有 Boudouard 反应($C+CO_2 \longrightarrow 2CO$)是相关的,该反应的速度远小于燃烧反应($C+O_2 \longrightarrow CO_2$)的速度。在一个扩展的计算机程序中,涵盖了所有相关的反应,并且还将堆芯中温度场的空间分布情况考虑在内。相关内容已在第 10 章中给出讨论,这里不再赘述。

14.5.3 用于测量与球床布置中参数相关性的 VELUNA 腐蚀实验

用 1100 个球形石墨元件(直径为 6cm)建立了一个整体的实验环境,并在一个很宽泛的参数(T,质量流量)范围内进行了实验,用以测试设置大量燃料元件下的腐蚀行为(VELUNA 指用于自然对流空气进入的实验装置)。通过外部电加热,可以使球床内部达到 1200℃的温度。实验过程中,对温度和气体成分进行连续测量。图 14.86 给出了装置的流程,并给出了加热炉布置的概貌。

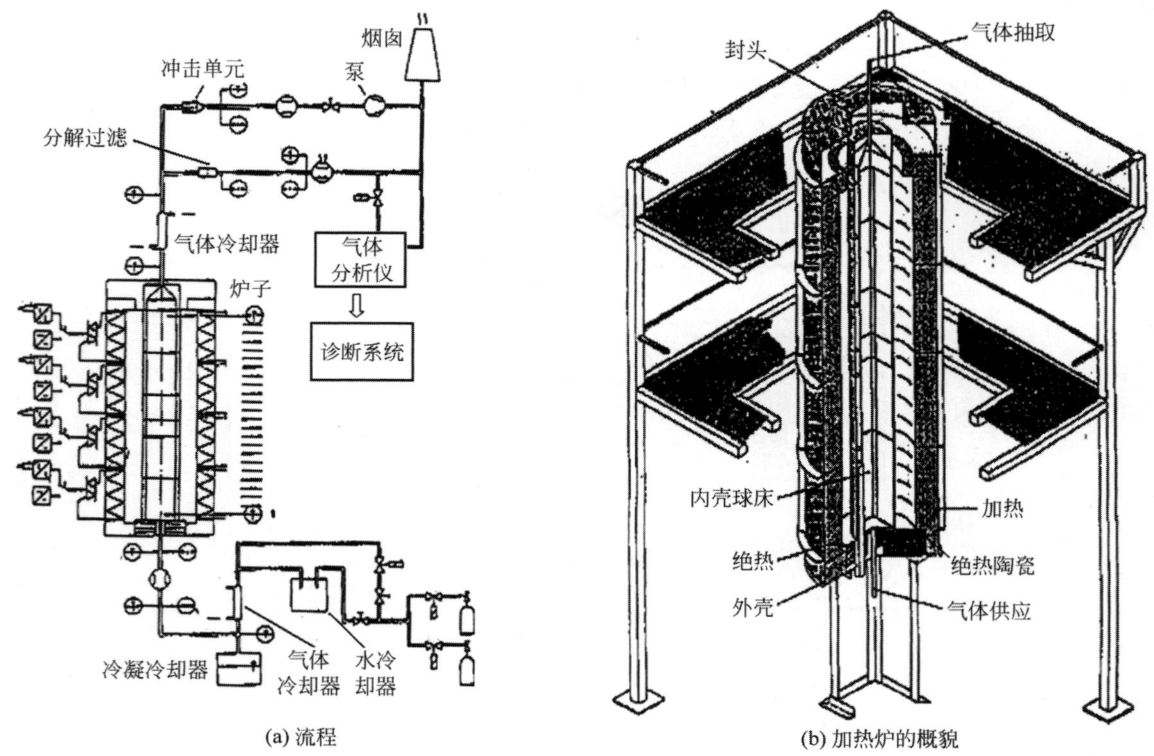

(a) 流程

(b) 加热炉的概貌

图 14.86 实验装置 VELUNA 在直至 1200℃温度下空气对 1100 个球形石墨元件(直径为 6cm)的腐蚀实验

图 14.87 给出了一些典型的实验结果。实验中，在 2h 内以 612kg/h 的平均质量流量连续充入空气，反应几乎发生在前 8 层，此时温度也有所上升。在出口气体中，CO 的含量约为 1.5%，上部的 CO_2 含量接近 18.8%。模拟实验涉及的相关参数的不确定度可能仅为百分之几。从这些实验中得到的许多数据被用来验证相应的计算机程序。

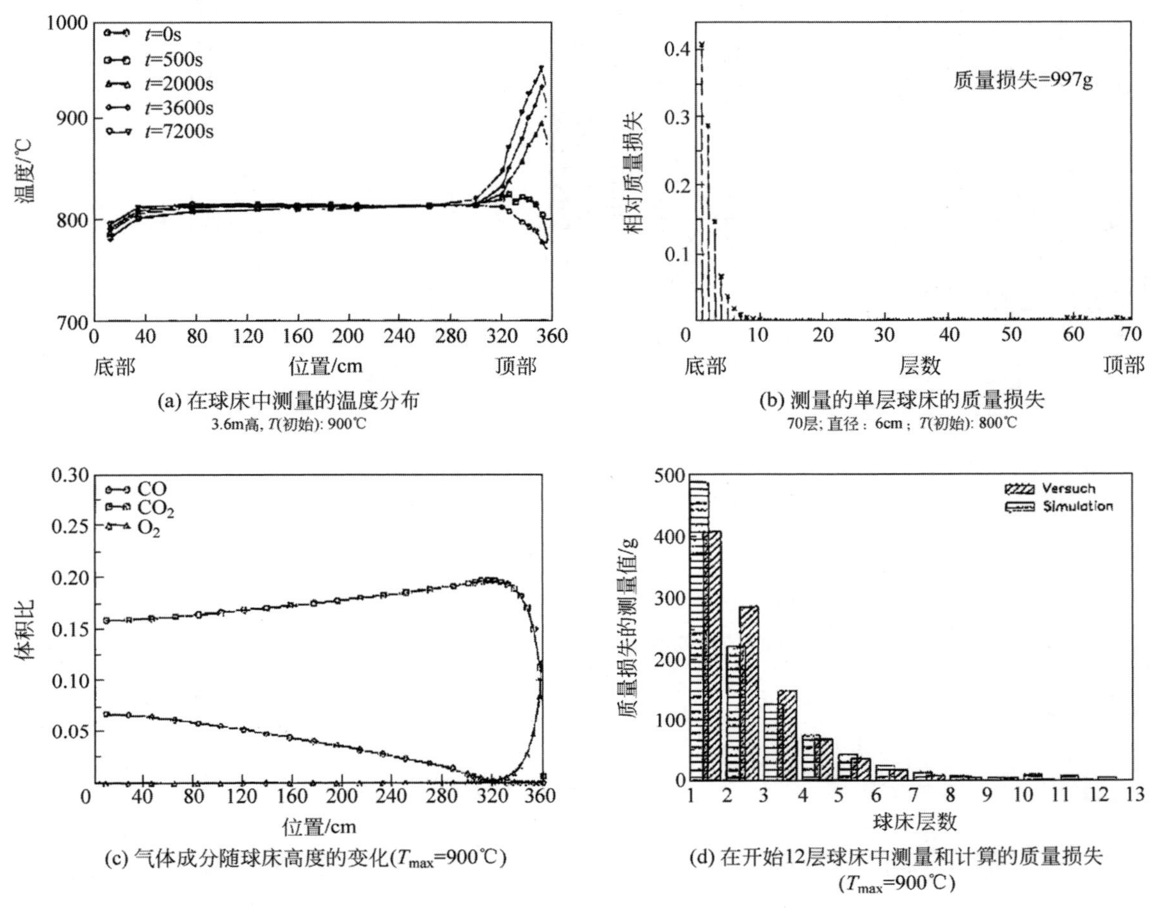

图 14.87　VELUNA 实验的结果

14.5.4　测量 HTR 结构中空气流量的实验

通过不同的实验测量了自然对流过程中 HTR 结构和连接气体管道系统中的空气质量流量。压降和浮力全部取决于温度和几何条件，且整个过程都被它们主导。例如，温度越高，压降越大。球床和气体外部回流通道之间的温差是影响质量流量的另一个重要参数。

图 14.88 示例了一个典型的实验装置，这是一个可加热的球床，装有 350 个直径为 6cm 的石墨球。球床的最高温度设定为 1200℃，典型的雷诺数为 $2600 < Re < 5023$，在这样的条件下，有可能进行温度分布、气体分析和质量流量的测量。实验中，选取平均球床温度（850℃，1000℃，1150℃）和回流温度（相应于 250℃和 400℃的侧反射层温度）作为参数。通过实验，可以测量产生的气体中 CO，CO_2 和 O_2 的含量，并从这些实验中得到有关反应速度的相关信息。图 14.89 给出了实验的一些重要结果。

球床中的质量流量会随温度发生变化，大约在 500℃时达到最大值，如图 14.89(a)所示。当温度处于 500℃以上时氧会与石墨发生反应，从而使质量和浮力升高。对测量值进行的估计表明，压降越大，质量流量越小。图 14.89(b)给出了模块式 HTR 事故期间球床和回流管中空气质量流量随温度的变化情况，并给出理论值和实验结果的比较。如果发生连接导管双端断裂，则通过高温堆芯的质量流量将受到反射层结构内冷端气体温度的影响。

实验中也考虑了压力壳这一因素。如前所述，图 14.89 显示出这样一个趋势，即反射层温度升高使质量流量减小，球床的温度越高，压力降越大，并且这种方式还使通过系统的质量流量减小。

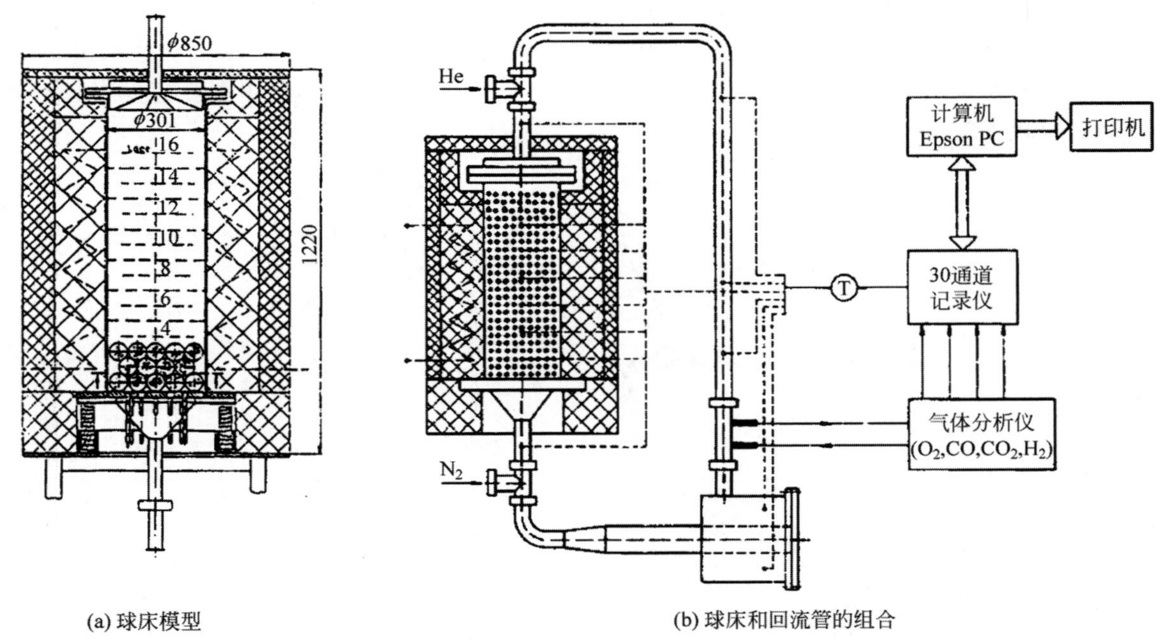

(a) 球床模型　　(b) 球床和回流管的组合

图 14.88　通过球床模型的空气质量流量的测量装置

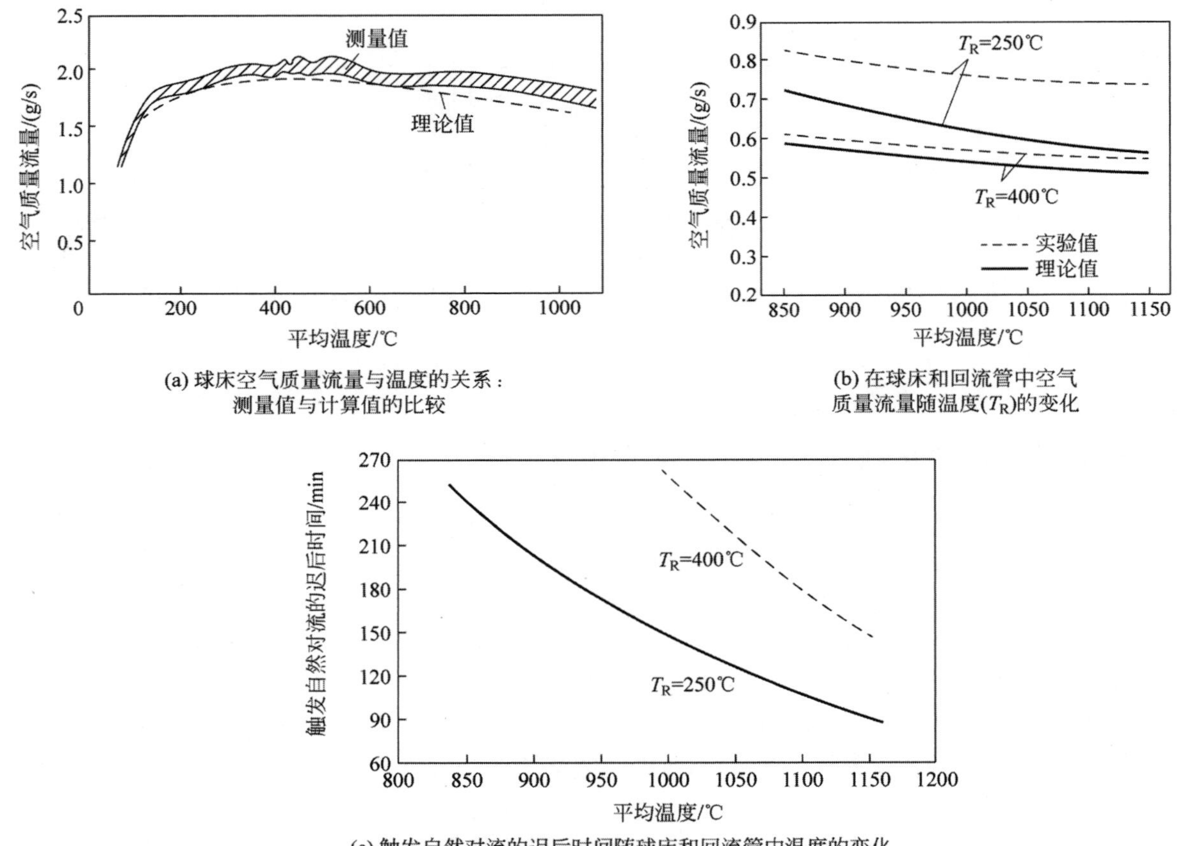

(a) 球床空气质量流量与温度的关系：测量值与计算值的比较

(b) 在球床和回流管中空气质量流量随温度(T_R)的变化

(c) 触发自然对流的迟后时间随球床和回流管中温度的变化

图 14.89　流动实验的典型结果

关于自然对流条件的研究对反应堆的实际应用具有重要意义。

由这种类型的实验可以得到一个重要的结论，即自然对流的建立还需要一段时间，这个迟后时间可能在几小时这一量级，如图 14.89(c)所示。

总体上，这种类型的实验被用来验证计算机程序，并且可以说，如今可以在很高的安全性要求下对这些反应堆事故进行评估。所有实验结果均清楚地表明，必须通过适当的设计来避免一回路压力边界出现大的破口，并且必须限制可能引起腐蚀的空气量。这些要求将通过限制内部混凝土舱室的体积来实现，并在未来的设计中通过在该房间中填充惰性气体来实现。

14.5.5 堆芯中的自然对流和腐蚀实验

堆芯中的自然对流和腐蚀(NACOK)实验的建立和运行是为了测试在空气进入模块式 HTR 堆芯事故期间的许多相关效应。实验装置模拟了模块式 HTR 的堆芯部分，其中包括冷氦气在堆芯结构中的流道，并且模拟了反应堆压力壳和蒸汽发生器壳之间连接壳破裂的状况，如图 14.90 所示。同时，图 14.90 还给出 HTR-Module 反应堆的概貌及 NACOK 实验装置的介绍。实验的主要目的是测量连接壳发生断裂时相关参数的变化情况。

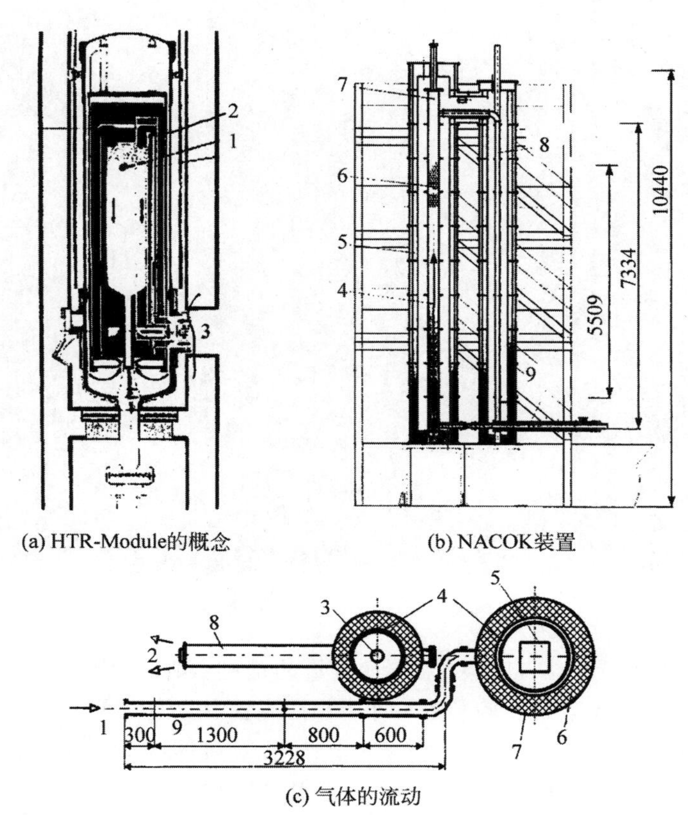

(a) HTR-Module的概念　(b) NACOK装置

(c) 气体的流动

图 14.90 反应堆压力壳与蒸汽发生器壳连接导管壳的断裂事故

(a)、(b) 1—堆芯；2—冷却气体通道；3—同心导管(双端断裂)；4—通道内流动；5—加热系统；6—堆积的石墨球(60mm)；7—实验通道(0.3m×0.3m，代表堆芯部分)；8—回流管(加热)；9—同心导管(模拟双端断裂)；(c) 1—空气进入；2—气体流出；3—回流管(模拟反射层中的孔道)；4—加热系统；5—通道(0.3m×0.3m，代表堆芯部分)；6—绝热层；7—外壳体；8—管道(代表热气导管的外部)；9—管道(代表热气导管的内管)

NACOK 实验装置表征了模块式 HTR 的堆芯部分，包括冷端气体的流动通道。对底部反射层、堆芯、堆芯上部的空腔及顶部反射层区域也进行了模拟。因此，像原有的 U 形流动路径也在装置中加以模拟设置。装置的概貌如图 14.91 所示。

作为实验介质的空气直接取自实验大厅，其他气体(如氦气)则取自压力储罐。内部构件可以进行很大的调整，从而有多种可能对底部反射层、球床及各种尺寸的顶部反射层加以组合。在实验过程中，温度的分布是通过带有电阻加热器的实验通道和回流管来加以调节的。

首先，在这个实验中，原则上需要迟后一段时间才能建立起氦气的自然对流这个原理应该是有效的。然而，经过几十个小时后，自然对流的建立仍然取决于所选择的内部密度差和流动阻力。

实验装置设有严格的控制程序，使整个实验能够完全自动地进行。除了有多达 100 个热电偶用于温度测量之外，还在多个位置用气体取样器提取流体来进行气体分析(He，O_2，CO_2 和 CO)。获取的所有数据都

图 14.91 NACOK 实验装置概貌

是永久可用的，这些数据也可作为计算自然对流质量流量的基础数据。实验的另一个重要目的是将实验结果用于相关的程序验证。利用 NACOK 实验装置对球床和回流管中随温度变化的氦气的质量流量进行测量。

此外，还测量了双端断裂情况下气体混合物（氦气/空气）对可能的质量流量的影响。在不同的边界条件下，研究了迟后建立自然对流的原理。除此之外，对石墨腐蚀程度和一氧化碳含量的实验也是本实验项目中的一个延展课题。

表 14.10 给出了 NACOK 实验装置的一些相关数据。

表 14.10 NACOK 实验装置的相关数据

参　数	数　值	参　数	数　值
装置的加热功率/kW	最大 159	球床高度/mm	最高 6400
运行压力/bar	1	无回流管的空气流速/(g/s)	最大 17
总的阻力损失/Pa	约 40	有回流管的空气流速/(g/s)	最大 4.5
实验设计温度/℃	1200	可能的温度测量点数	直到 100
回流管的设计温度/℃	800	可能的气体分析测量点数	直到 26
无回流管浮升力相应高度/mm	8500	可能的流速测量点数	2
有回流管浮升力相应高度/mm	7300		

图 14.92 给出了质量流量随温度和双端断裂位置处气体成分变化的一些结果。在实际的反应堆中，假设壳体失效之后氦气冷却气体将在很短的时间内排放到周围的混凝土舱室中，在那里形成混合气体，其中，空气占据主导地位。这种混合气体渗透到开放的冷却回路中并在几十个小时内通过扩散取代原来的氦冷却气体，之后建立起自然对流。

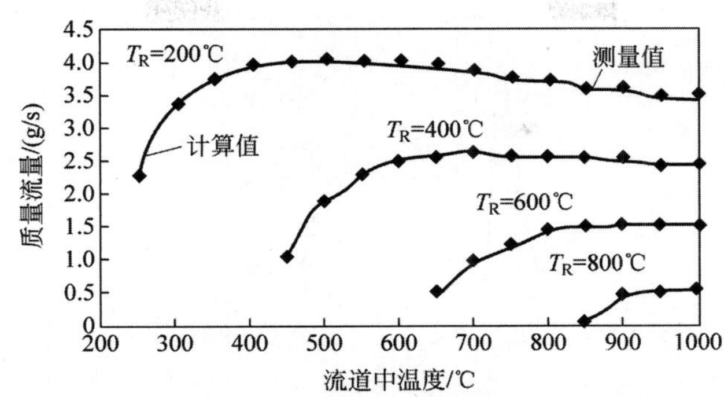

(a) 在双端断裂(HIR- Module)的情况下质量流量随温度和气体成分的变化：测量值和计算值的比较

通道和回流管道中温度的影响

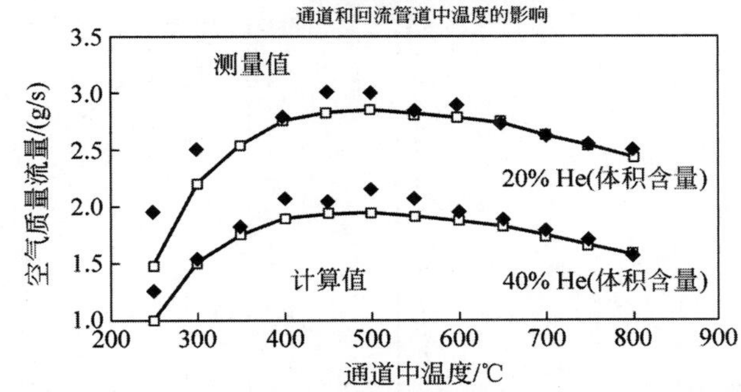

(b) 在双端断裂(HTR- Module)的情况下质量流量随温度和气体成分的变化：测量值和计算值的比较

通道中温度和气体成分的影响

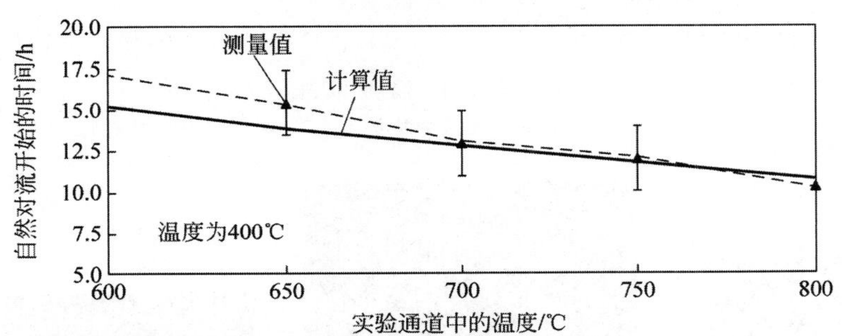

(c) 自然对流起始时间与球床温度的相关性(如NACOK，回流管道的温度为400℃)

图 14.92 NACOK 装置的一些实验结果

气体类型对质量流量也有很大的影响。从图 14.92 可以看出，即使氦的浓度较低也明显降低了流体质量流量，从而减少了反应堆堆芯结构中大气氧的输送。这里，以回流管加热温度 T_R = 200℃的一系列测量为例，对实验测量值和由程序运行得到的计算值进行了比较，发现实验值与计算值吻合得很好。

同时，也利用 NACOK 装置的实验结果来验证进行事故分析的计算机程序。图 14.93 给出了此类计算的一些典型结果。实验通道中球形填料的起始温度为 820℃，回流管的起始温度为 400℃。在自然对流开始 1h 后，由于化学反应，底部结构的一小部分的温度上升到 1020℃，与此作用相对应，轴向 O_2，CO_2，CO 的含量发生了变化。在这个实验中，在底部反射层的一个小区域中发生了对流。

气体浓度测量的实验结果与计算值非常吻合，符合最初对 O_2，C，CO_2 的反应速度的估计。

当大量空气进入一回路时，石墨结构的整体性能成为一个非常重要的问题，尤其是石墨反射层对堆芯可能的腐蚀的影响必须引起足够的重视。

在 NACOK 装置中进行了一些实验，以获得由底部反射层结构与其上方球床组成的系统的整体行为的相关信息。图 14.94 展示了其中一个设置，在假设烟囱效应时空气自然对流超过 10h 的情况进行了相关实验。由于发生了化学反应，底部结构的温度上升到 1200℃。在这个特殊的例子中，球体温度在大约 8h 后达到 1100℃。最终的结果是模拟反射层的石墨块被破坏，部分石墨球也被损坏。

这些结果清楚地表明，在极端事故发生后，必须避免大量空气长时间地进入一回路系统。如第 6 章和第 11 章中已讨论的那样，可以采取多种措施来加以控制。

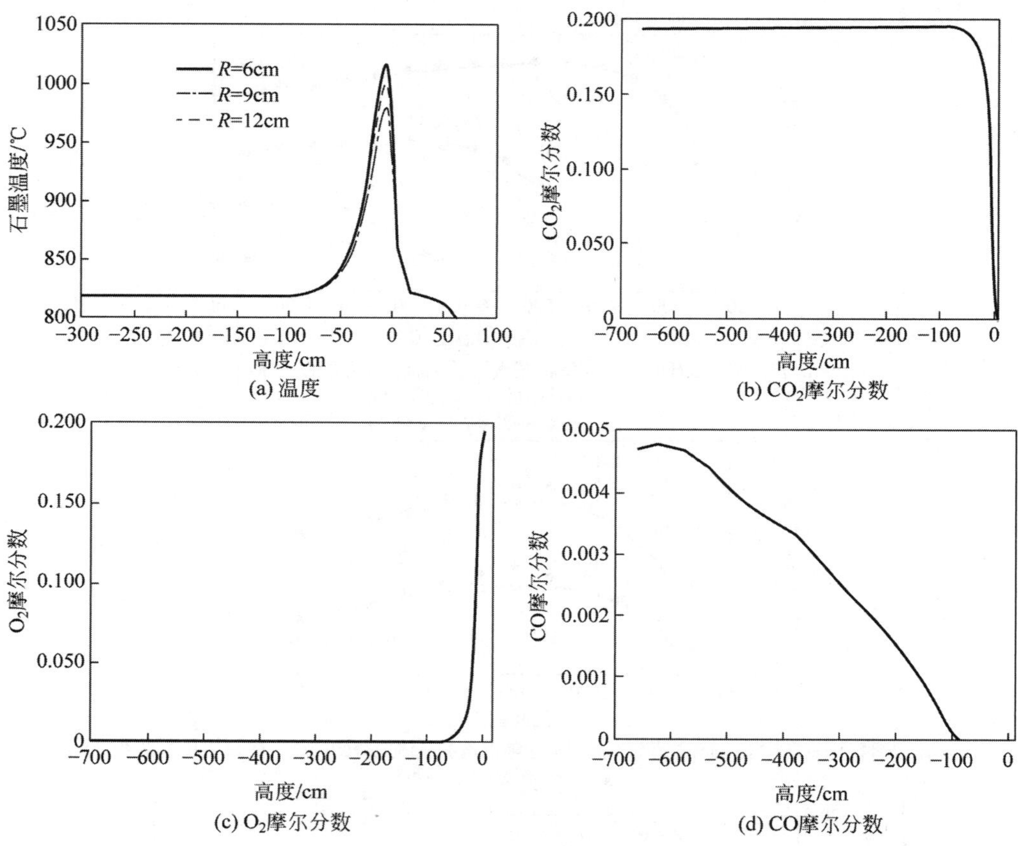

(a) 温度　(b) CO_2摩尔分数　(c) O_2摩尔分数　(d) CO摩尔分数

图 14.93　实验通道轴向温度和气体浓度的分布

起始石墨温度：850℃；起始回流管温度：400℃；1h 后开始自然对流

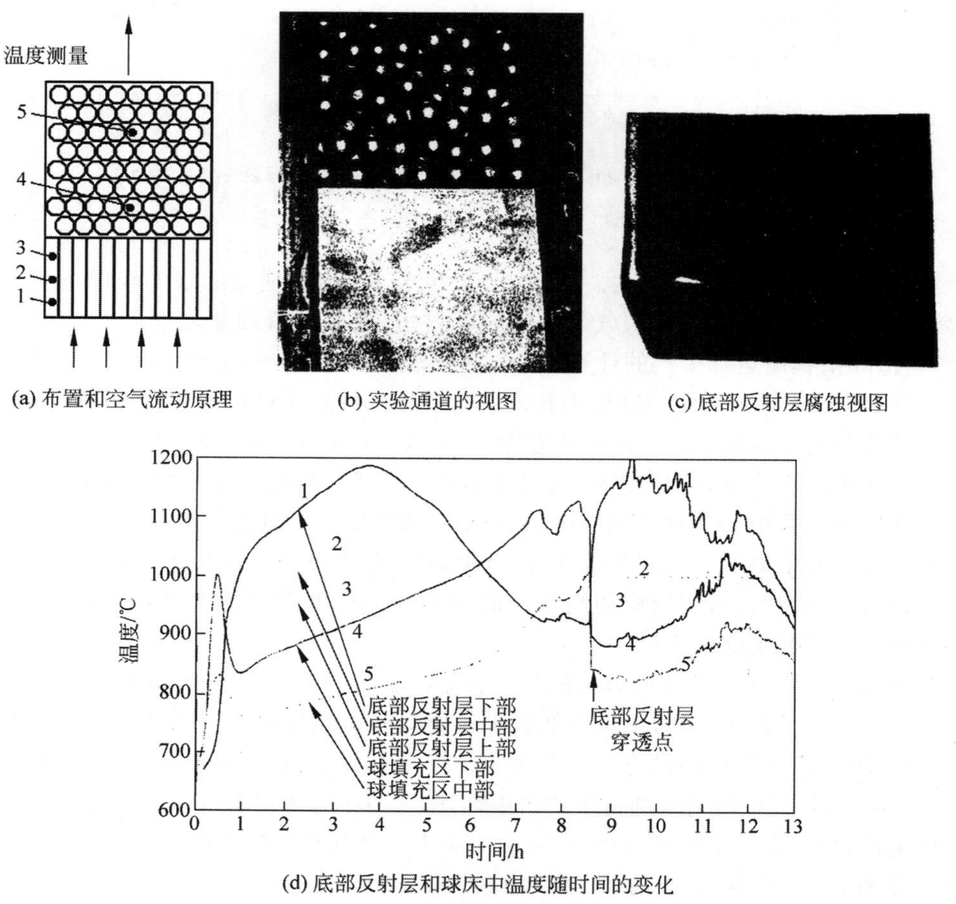

(a) 布置和空气流动原理　(b) 实验通道的视图　(c) 底部反射层腐蚀视图

(d) 底部反射层和球床中温度随时间的变化

图 14.94　NACOK 整体实验的结果(烟囱效应)

- 通过内混凝土舱室的适当设计(限制体积;失压后的自动闭合)限制可用于腐蚀过程的空气量,注入惰性气体。
- 使用"基本安全"的一回路压力边界系统或者防爆的预应力安全壳,将流速限制在非常低的水平,有宽裕的时间进行干预。
- 使用抗腐蚀的石墨结构和燃料元件(在部件表面使用 SiC 薄层)。

整体实验的结果与之前对不同几何形状和石墨材料的石墨结构进行的许多实验的结果是一致的。所有这些结果表明,在发生超设计基准事故甚至极端严重事故的情况下都可以采取适当的措施,并且有足够的时间进行一定的干预,而这样的应对行为已远远超出申请许可证程序的要求。

内混凝土舱室可以在正常运行时充以惰性气体 N_2,这已得到世界范围内一些沸水反应堆的应用验证,或者可以在事故发生后充以氮气。这些氮气可以从储藏罐中获得,也可以用惰性气体发生器直接产生。另外一种非常有效的阻止空气进入一回路系统的方法是在极端事故后将泡沫、砂子或颗粒充入反应堆安全壳的内舱室。由图 14.95 可以看出,添加混凝土后可以有效地阻止空气的进入并降低温度。

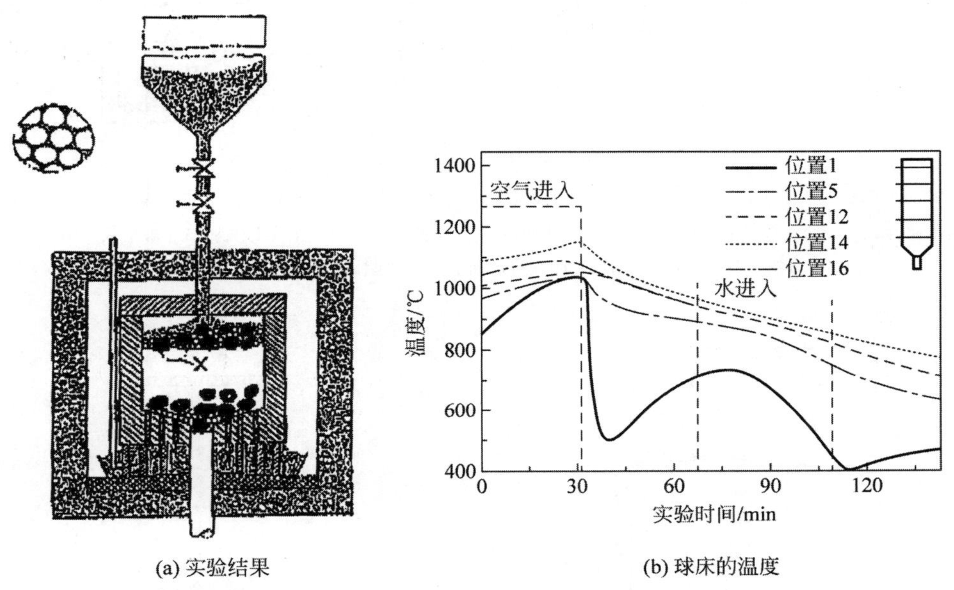

(a) 实验结果 (b) 球床的温度

图 14.95 上层注入混凝土期间(30min 后)高温石墨球(直径为 6cm)布置中的轴向温度分布

所有上述实验结果所对应的程序都可以执行,因为在事故发生后的阶段,反应堆安全壳构筑物受到的污染将非常小。

14.5.6 实验装置 SUPERNOVA(空气进入)

SUPERNOVA 实验装置已经安装并用来测量球床布置中空气和蒸汽的腐蚀效应。在 700～1200℃的温度范围内进行了空气的腐蚀实验。空气的最大质量流量为 $250\text{Nm}^3/\text{h}$,电加热系统的功率为 75kW。实验台架的直径为 350mm,高度为 900mm,最多能装入 460 个石墨球(直径为 6cm)。

图 14.96 所示为装置的流程,包括用于测量的一些概念化设置。进入加热段的气体首先在一个外部电预热器中预热。由氧气和氮气组成的供气系统可以提供不同的混合气体。该实验装置还可以对温度分布、质量流量和气体分析进行详细的测量。

加热炉和实验段的一些技术细节如图 14.97 所示。SUPERNOVA 实验装置提供了许多数据用于验证相关的计算机程序,并有助于 HTR 电厂的安全性分析。

图 14.98 给出了实验过程中典型的温度随时间发生变化的情况,图中描述了不同时间条件下,氧气与氮气一起进入球床的变化。

基于 SUPERNOVA 实验的结果,已经建立了关于燃料元件和结构石墨的广泛的数据基础。图 14.99 给出了基体石墨腐蚀速率的一些典型结果。可以看出,温度和空气流速对反应速度的影响很大。可以采用如下关系式来描述基体石墨和结构石墨的反应速率的测量值。

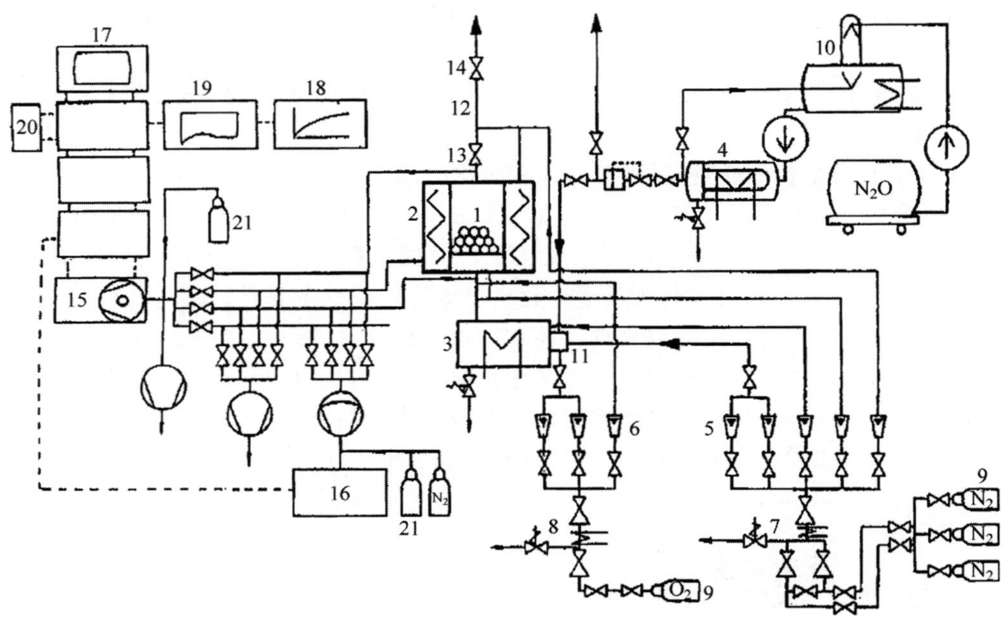

图 14.96　SUPERNOVA 装置的流程

1—球床的排列；2—加热炉；3—气体加热器；4—蒸发器；5—N_2 供应；6—O_2 供应；7—N_2 减压器；8—O_2 减压器；9—气体储存；10—给水除气；11—混合室；12—烟囱；13—陶瓷封头；14—烟囱封头；15—质谱仪；16—CO 测量；17—终端；18—绘图仪；19—打印机；20—调制解调器；21—气体供应

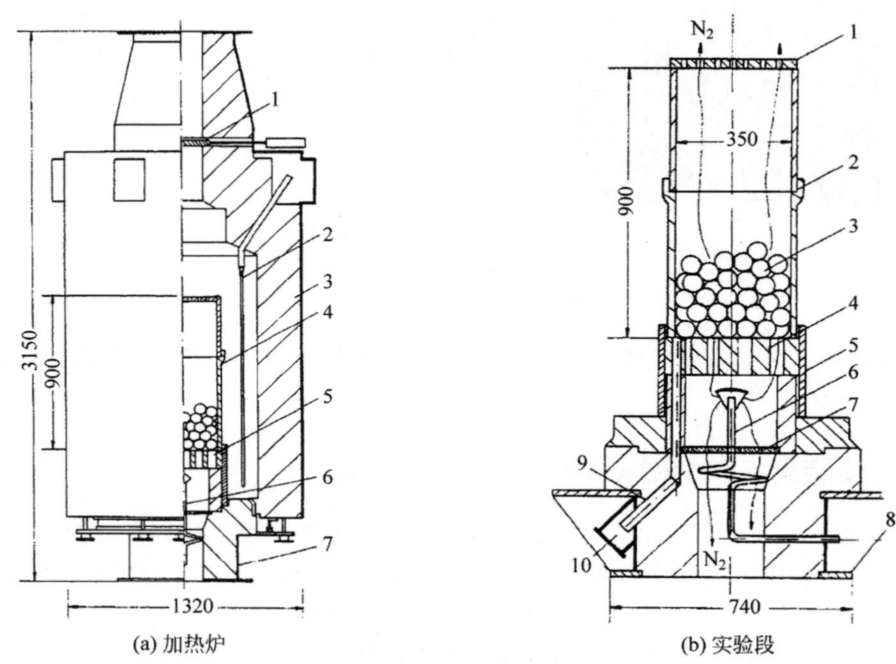

(a) 加热炉　　(b) 实验段

图 14.97　加热炉和实验段

该装置已用于蒸汽进入的实验(详见 14.4.4 节)

(a) 1—闸板阀；2—加热棒；3—出口陶瓷结构；4—实验壳；5—下部支撑网格；6—N_2 注入；7—支撑；

(b) 1—ROTOSIL 组成板；2—测量管；3—球床；4—陶瓷网格；5—ROTOSIL 制成的管；6—N_2 注入；7—ROTOSIL 组成的板；8—支撑；9—热电偶的贯穿件；10—与气体加热的连接

$$R \approx C_1 \cdot \exp(-C_2/T) \cdot v^n \cdot P_{O_2}^m \tag{14.41}$$

其中，v 是空气的速度；P_{O_2} 是氧气的分压。

对特种反射层石墨进行了大量的实验，图 14.100 给出一个示例。

为了尽可能准确地描述图 14.99 所示的实验，开发了相对复杂的函数。下面给出其中一个例子：

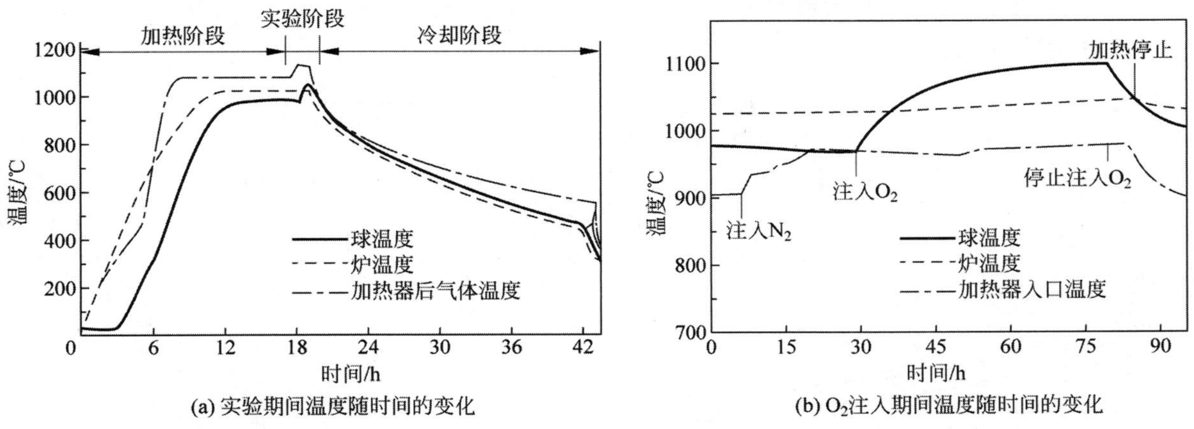

图 14.98 利用 SUPERNOVA 装置进行实验期间温度与时间的典型关系

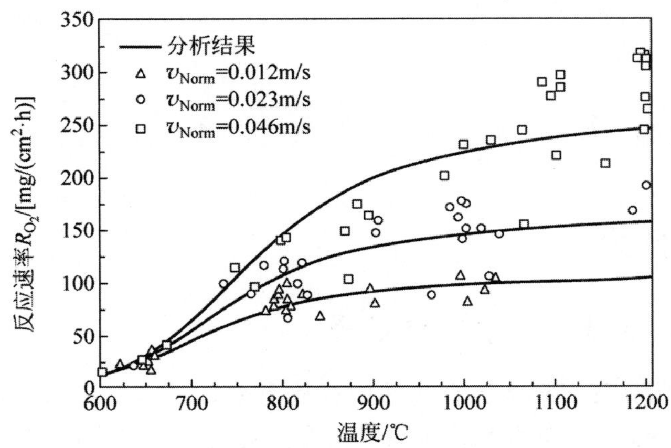

图 14.99 燃料元件石墨(A3)腐蚀的反应速率随温度和空气速度的变化(气体含氧量为 20%)

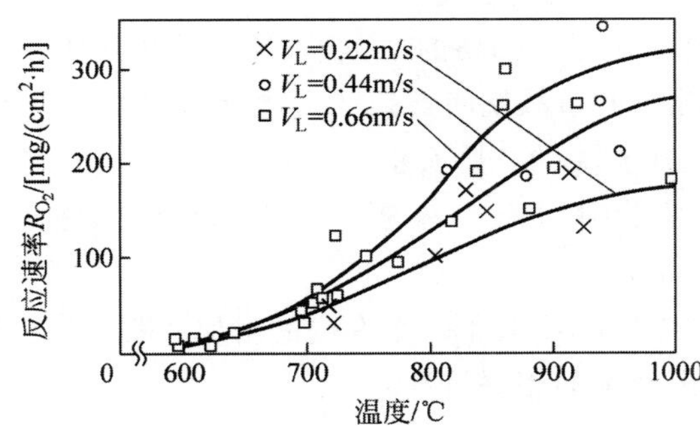

图 14.100 反射层石墨(ASR-IRS)在空气中的反应速率随温度和空气速度的变化

$$R=\left\{\left[7.2\times10^{9}\cdot\exp\left(-\frac{16140}{T}\right)\cdot P_{O_2}\right]^{-1}+(770v_{\text{Norm}}^{0.58}\cdot T^{0.34}\cdot P_{O_2})^{-1}\right\}^{-1} \tag{14.42}$$

其中,R 为反应速率($mg/(cm^2\cdot h)$);T 为温度(K);P_{O_2} 为 O_2 分压(bar);v_{Norm} 为空气速度(m/s)。

14.5.7 进空气期间气溶胶的形成

从大量实验可以了解到,在大量空气进入的过程中形成了空气粉尘,由气体、空气和粉尘组成的气溶胶可能会从一回路系统中释放出来。这种气溶胶可能含有放射性物质,会对内混凝土舱室和相连的过滤系统造成污染。

在各种实验装置中对气溶胶与温度、速度和消耗量的相关性进行了测量,实验装置和测量方法与已讨论的水和蒸汽进入实验类似。图 14.101 给出了这种类型实验的典型颗粒质量浓度的结果。在 800℃和

1200℃下，质量浓度相对较小，最大值出现在温度为1000℃时。图14.102给出了温度为800℃的条件下颗粒尺寸的分布情况。

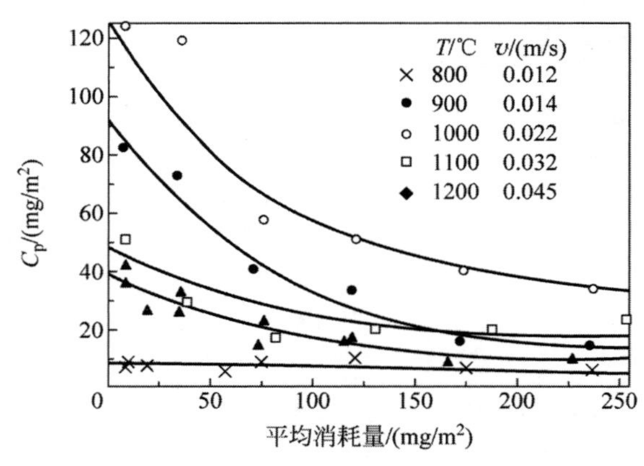

图 14.101 颗粒质量浓度(C_p)随消耗量、温度和空气速度的变化

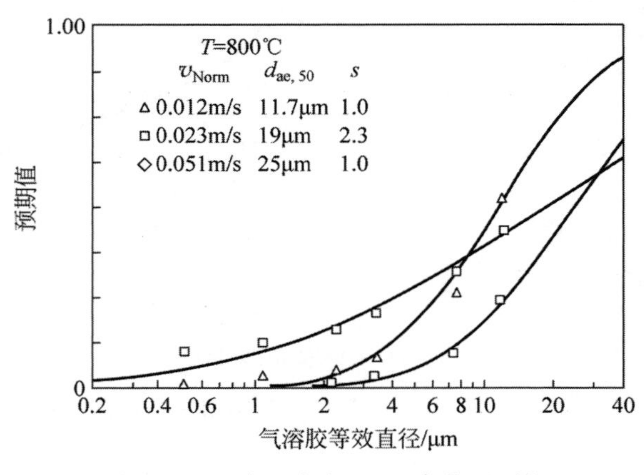

图 14.102 在温度为800℃条件下颗粒尺寸的分布

这些信息对于粉尘过滤器的放置非常重要，鉴于此，必须将其安装在内混凝土舱室的后面。

14.6 裂变产物的行为

14.6.1 HTR中冷却剂稳态活性的测量

在正常运行过程中，一些裂变产物从燃料元件中释放出来并进入冷却剂气体中。从现有的经验来看，现代TRISO燃料元件释放的裂变产物量将会非常小。尽管如此，在进行详细的安全性分析时，对这些活性裂变产物的运输和沉积物处理采取怎样的措施具有非常重要的意义。从燃料元件释放的裂变产物可以被冷却剂气体输送并沉积在一回路系统的表面上或者再次被剥离下来。在失压情况下，污染的石墨粉尘可以从一回路系统中释放出来，或者在水进入一回路的情况下，将裂变产物从表面冲刷下来。图14.103给出了模块式HTR一回路系统在正常运行和事故期间与裂变产物行为相关的问题的概述。为了获得对AVR中裂变产物行为的必要了解，也进行了相关的一些实验。

- 在AVR的VAMPYR Ⅰ实验中，高温气体是从顶部反射层后面抽取的，并对气体进行了分析，从而测量出气体中的放射性含量。
- 在AVR的VAMPYR Ⅱ实验中，安装了一个专门的附加回路，并且仍然是从反应层的高温区抽取热端气体，从而获得关于沉积状况的相关信息。
- 在AVR回路的冷气体过滤器的实验中，从风机区域抽取冷端的氦气进行分析。实验中，测量了冷端气体的污染情况，特别是氦气中氚的含量。
- 在除尘实验中，在风机的后面从一回路中抽取冷端气体，从而测量出粉尘的含量、粒度大小的分布及粉尘颗粒的污染情况，如图14.103所示。

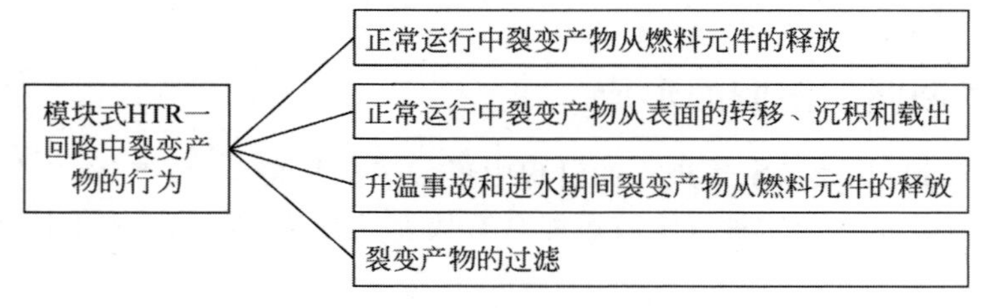

图 14.103 裂变产物行为相关问题的概况

图 14.104 给出了 AVR 一回路系统 4 个实验的布置概况。在 AVR 项目中做了更进一步的实验，特别是对燃料装卸系统、气体净化系统、控制系统和氦风机等部件的污染程度进行了测量，以获取更多处理经验。另外，从其他高温反应堆的运行中也获得了类似的经验。

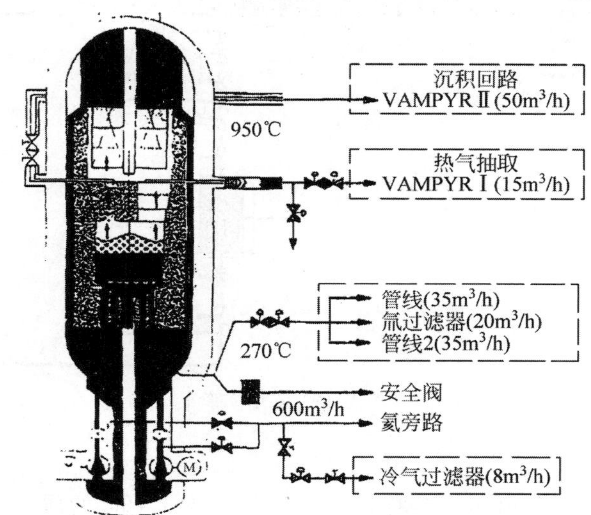

图 14.104 安装在 AVR 一回路系统上用于分析污染情况的实验回路

在不同的质量流量下进行了实验，从冷却回路中各个感兴趣的部位抽取一回路氦气。

图 14.105 和图 14.106 更详细地展示了 VAMPYR Ⅰ实验(VAMPYR：测量从热解碳中释放的裂变产物的实验装置)。从顶部反射层后面的高温气体区域抽取的氦气质量流量为 $15Nm^3/h$(相当于在 10.8bar 运行压力下的 0.7g/s)，并被引向实验段。实验段中包含由不同材料制成的管，可以对裂变产物进行沉积和过滤。在这个实验装置中可以测量包含在冷却气体中的裂变产物和活化产物，可对测试管的表面加以冷却。由于放射性的含量非常小，实验通常要进行 4 周，以获得具有足够确定性的结果。

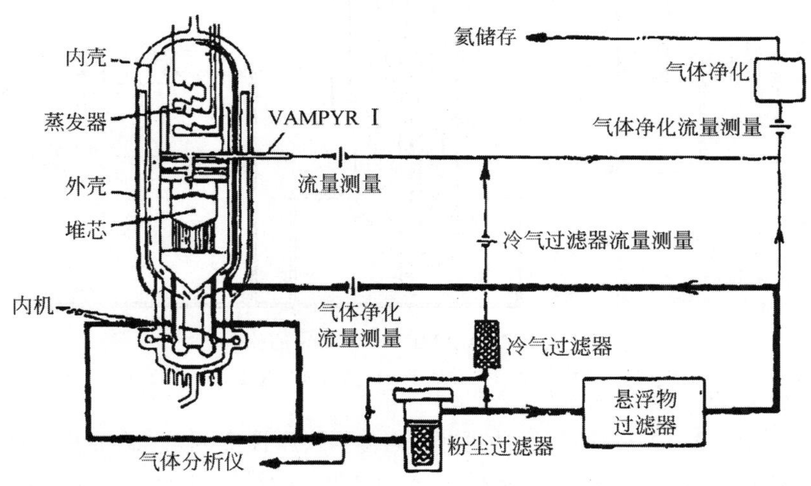

图 14.105 VAMPYR Ⅰ实验的原理流程

在单次实验结束后，取出萃取管和过滤器，对单片的污染情况进行测量。对 Sr89 和 Sr90 采用 β 方法进行测量，对其他同位素(特别是 Cs137，Cs134，I131，Ag110)采用 γ 谱进行测量。从浸出实验还进一步获得了试管壁中浓度分布的信息，从而获得了更多关于某种同位素扩散效应的数据。

在对一些事故进行评估时，例如，对于水进入一回路系统的事故，对表面污染程度的了解是非常重要的。此外，在设备进行维护、检查和修理时，也要对表面受污染程度给予高度的关注。在 AVR 中，VAMPHYⅡ回路的相关实验也被用于获得更多关于放射性污染的信息。同样地，该实验回路也用热氦运行，质量流量是 VAMPYRⅠ的 3 倍。实验中，测量了在技术上非常重要的高温合金(如 Incoloy 800)材料表面固体裂变产物的沉积情况。沉积的分布取决于气体和材料表面的温度、气体的速度、材料的类型和材料

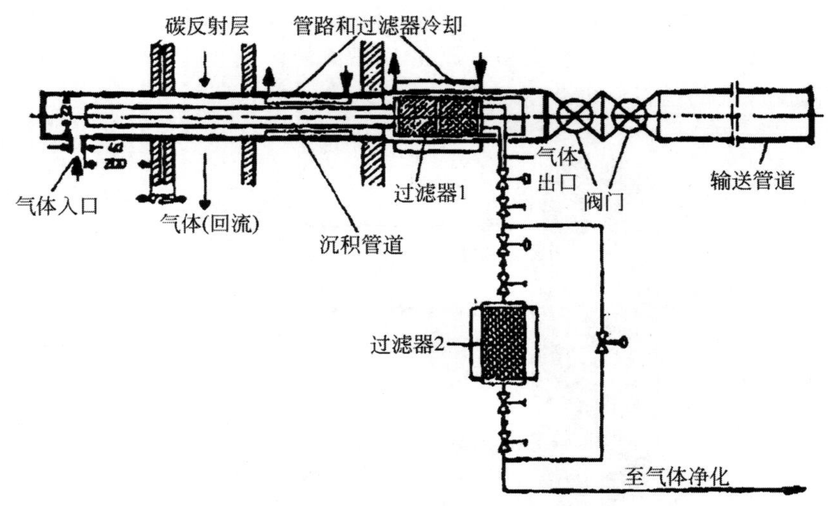

图 14.106　VAMPYR Ⅰ实验装置布置

表面的状态。

VAMPYR Ⅱ装置如图 14.107 所示，它使用了比 VAMPYR Ⅰ更大的质量流量，并可以测量裂变产物在某种材料上的沉积分布，这些实验结果对于 HTR 的应用非常重要。

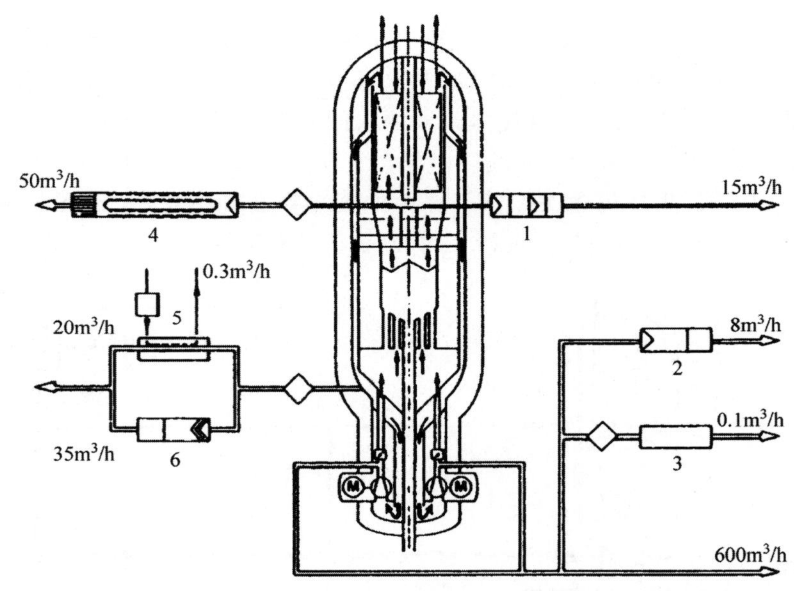

图 14.107　VAMPYR Ⅱ装置的流程

1—VAMPYR Ⅰ；2—冷气体过滤器；3—惰性气体测量；4—VAMPYR Ⅱ；5—渗透氚过滤器；6—粉尘实验

在 AVR 运行期间，使用 VAMPYR 装置共进行了 49 个系列性实验，并总结和归纳出了一份综合性的数据资料。实验是在热段气体的不同温度条件下针对不同的材料（Titan，15Mo3，St 35.8，10CrMo10，Werkstoff 4541：Werkstoff 4691）进行的。

在利用冷气体过滤器进行的实验中，在风机的后面抽取氦的旁流，并且用管式过滤器和绝对过滤器对该气体进行过滤。在大约 220℃的温度下，质量流量为 500～80Nm^3/h。对过滤材料的评价采用了与前面 VAMPYR Ⅰ实验类似的方式。此外，在这些实验中，在冷却气体中加载了一定量的石墨粉尘（g/Nm^3），从而对气体和粉尘的比活度（Bq/Nm^3，Bq/g）进行测量。有关 VAMPYR Ⅱ实验的沉积回路的一些说明如图 14.108 所示。

VAMPYR Ⅰ和 VAMPYR Ⅱ实验的一些重要结果如下：

- 氦冷却气体（Cs 含量）的比活度对气体出口温度（直到 850℃）的依赖性很弱，这种依赖关系只维持了 1 周。如图 14.109 所示，比活度为 10～20Bq/Nm^3。

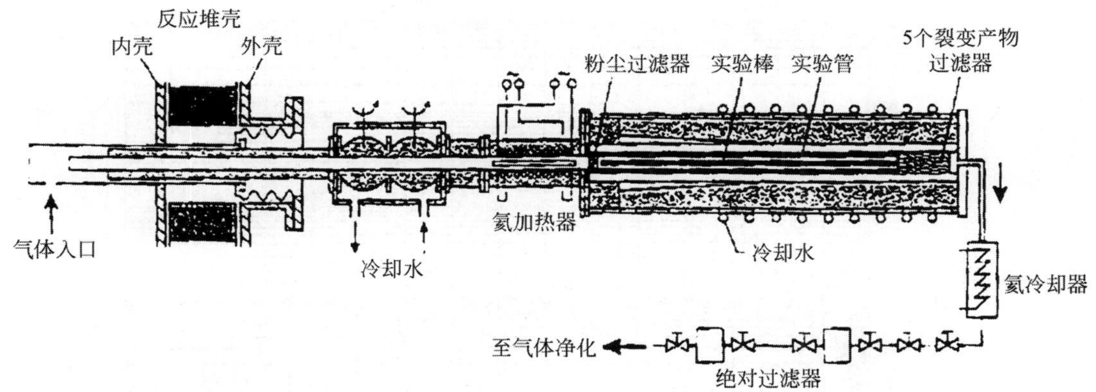

图 14.108　AVR 沉积回路 VAMPYR Ⅱ 的流程

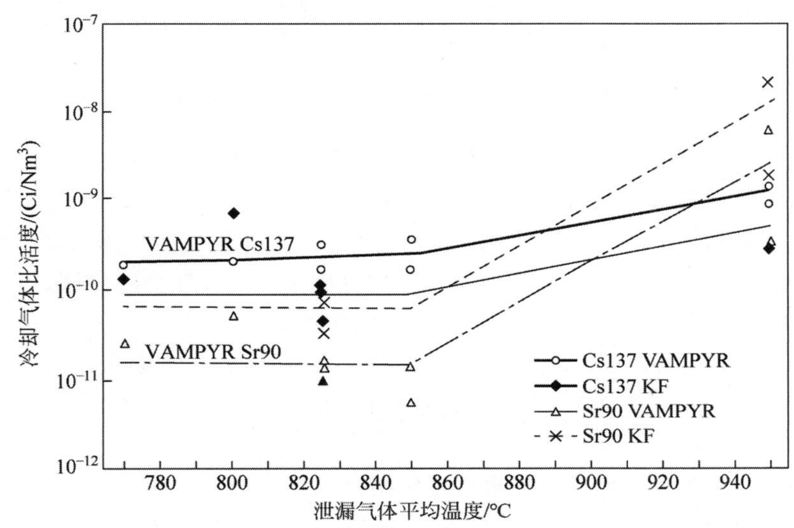

图 14.109　VAMPYR Ⅰ 实验中冷却气体比活度的测定结果及对冷气体过滤实验的评价

- 随着温度升高到 950℃，当氦气出口温度升高约 100℃时，Cs137 的比活度升高了 5 倍。
- 氦回路中 I131 的比活度并不依赖于平均氦出口温度。
- 表 14.11 给出了反应堆功率为 46MW、平均氦出口温度为 950℃时测量得到的活性浓度。锶之所以具有相对较高的含量是由 1972 年的燃料元件装载失误所致(2400 个具有颗粒缺陷的 BISO 包覆颗粒球形燃料元件)，其释放的活度比那些 TRISO 包覆颗粒新燃料元件的活度大很多。尽管氦气出口温度很高，但其他污染值非常小。

表 14.11　冷却气体中测量的活度浓度

(a) 测量条件：$P_{th}=46$MW，T_{He}(出口平均)＝950℃

同位素	数值/(Bq/Nm^3)
惰性气体	4.6×10^8
Cs137	3×10^2
I131	5.2×10^2
Sr90	2×10^2
Ag110m	4.9×10^1

(b) 总的惰性气体活度(950℃，46MW)

时间	总的惰性气体活度/(10^{12}Bq)
1980 年	6
1981 年	4
1982 年	3
1983 年	1
1984 年	1
1988 年	1

- 固态裂变产物的释放速率是惰性气体的几十分之一。但是，固态裂变产物在几十年的运作期间逐渐积累沉淀在一回路系统中。图 14.110 展示了一回路系统中 Cs 同位素的这种发展变化。由图示结果可以看出，如果使用现代 TRISO 燃料，那么主要是 Cs137 这种裂变产物起主导作用。

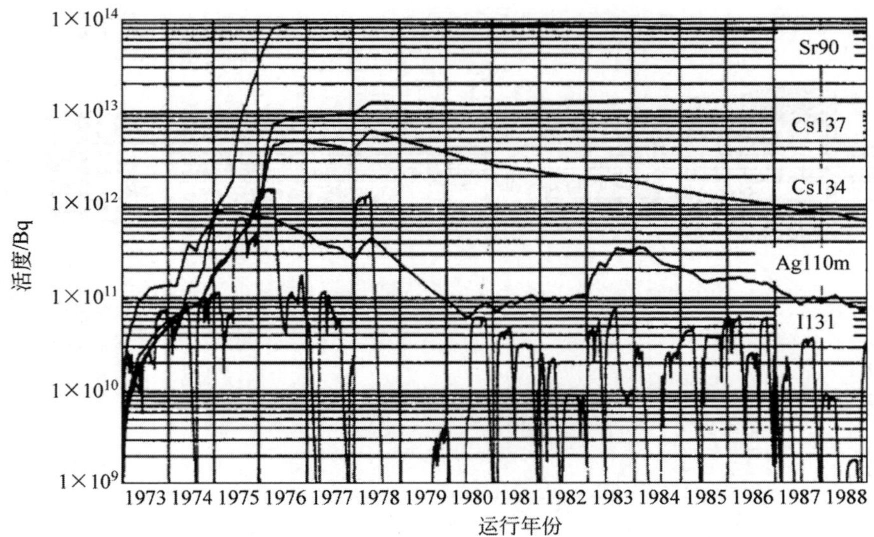

图 14.110 AVR 一回路系统中累积的裂变产物

- 在 AVR 过去 10 年的运行过程中，大约有 10^{13} Bq 的 Cs137 被释放出来并沉积在表面或黏接在粉尘上。如果在此期间所有燃料元件都采用具有 TRISO 颗粒的低浓铀元件，那么其造成的污染状况应与最后发展阶段非常低的铀污染情况相当，估计这个值将是 1.6×10^{12} Bq Cs137。总的来说，在 950℃的平均氦出口温度下，对高质量燃料元件比释放率的典型期望值应该是 0.1Ci/(MW・a)。
- 在 750℃的出口温度下，该值应该明显小于 0.01Ci/(MW・a)。
- 在事故后的开始几周，I131 对事故造成的后果作用很大，因其半衰期大约为 8 天。从 AVR 的运行中得出的比值大约为 0.1Ci/MW。这种活性将沉积在设备表面和粉尘上，因此，在失压事故过程中必须要予以考虑，以便给出解决方案。

关于粉尘，可以从 AVR 的运行经验中得出以下结果。

(1) 石墨粉尘的测量值为 2～40μg/Nm^3，可以将 10μg/Nm^3 作为典型值进行估计。图 14.111 给出了反应堆运行期间的测量结果。可以看出，粉尘的数量取决于燃料装卸系统的设计。光滑表面及避免在燃料元件上施加较大的作用力是系统实现粉尘含量小的先决条件。

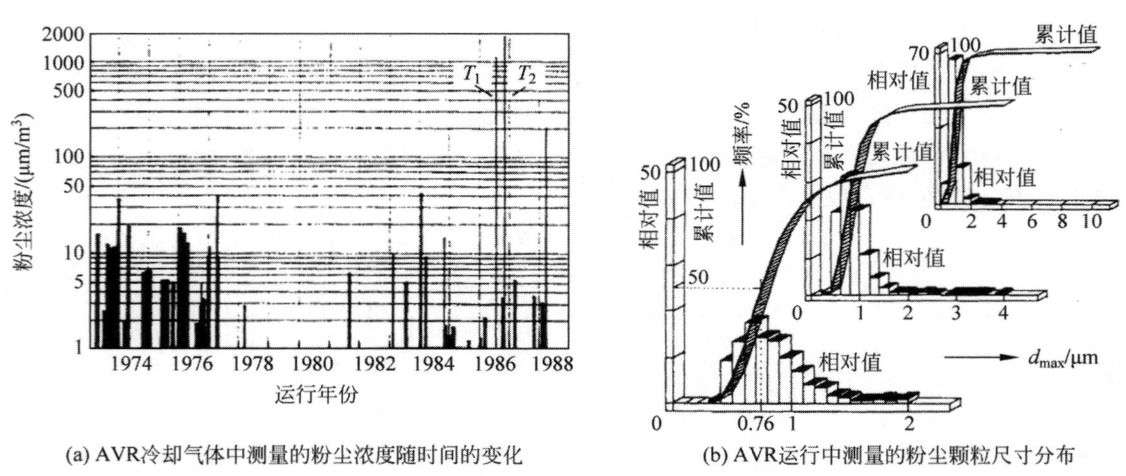

(a) AVR冷却气体中测量的粉尘浓度随时间的变化

(b) AVR运行中测量的粉尘颗粒尺寸分布

图 14.111 AVR 冷却气体中的粉尘

(2) 石墨粉尘的粒度分布在 0.5～4μm，重心在 0.76μm，如图 14.111 所示。

(3) 粉尘载带放射性污染。随着燃料制造技术的不断进步，这些污染的程度在多年的运行中已显著下降。特别是从 BISO 向 TRISO 包覆颗粒的转变促进了这方面的巨大进展。另外，减少石墨基体的铀污染是降低污染的另一个重要因素，见表 14.12。

表 14.12　AVR 运行中测量的粉尘比活度从各种过滤器采集的数据　Bq/g

取样点	时间	Co60	Ag110m	Cs137	Sr90
燃料元件表面	1978 年	1.8×10^6	5.4×10^4	1.0×10^6	2.7×10^6
	1988 年	3.0×10^4	5.1×10^3	1.3×10^5	9.0×10^5
蒸汽发生器	1986 年	5.1×10^6	2.7×10^7	7.4×10^7	3.6×10^8
冷却区域	1978 年	6.7×10^5	1.6×10^6	3.0×10^7	2.5×10^8
	1988 年	1.6×10^6	6.4×10^5	5.9×10^6	6.0×10^7
燃料装卸系统	1978 年	7.4×10^4	9.3×10^4	1.5×10^5	—
停堆棒	1987 年	4.3×10^5	1.9×10^5	1.3×10^7	—

由实验结果可知，10～15μg/m^3 的粉尘值似乎与测量值吻合得很好。值得指出的是，图 14.111 中的两个高值 T_1 和 T_2 有时被解释为由风机运行状态的快速变化和已经沉积的灰尘被载出造成。

粉尘颗粒的尺寸分布显示其最大值出现在小直径处，这里，大质量的粉尘是以较大尺寸的颗粒来表示的。总的来说，在 AVR 的堆芯结构和一回路系统中，20 年的运行和大约 110 000h 的满功率运行后积累了 60kg 的石墨粉尘。

为了了解一回路系统中裂变产物的沉积情况，需要测量一回路系统各个位置处粉尘的污染状况。表 14.12 给出了 AVR 提供的一些测量值。由于燃料元件制造技术的重大进展(例如，减少基体中的铀污染)，运行期间的污染程度明显变小。

在过去 10 年的运行中，观察到比活度减少为原来的 1/10。同时，气体净化系统设施的改进还可以进一步降低比活度。根据这些测量结果，在 800℃的表面温度下，铯沉积的典型值约为 100Bq/cm^2(对 Cs137 而言)，如图 14.112 所示，针对这一实验的运行时间为 4 周。如果将该结果外推到反应堆共 40 年的运行时间范围，可得污染程度在 10^5Bq/cm^2 这一量级。图 14.113 给出了在 AVR 中测量的 I131 的一些结果，这意味着在运行过程中污染程度大约为 10^5Bq/cm^2。

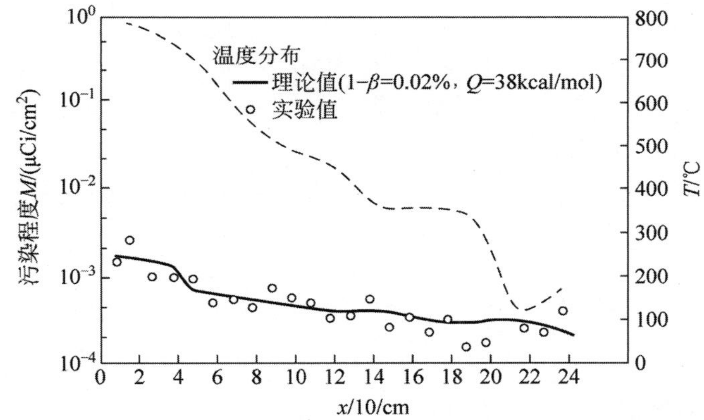

图 14.112　AVR 的 VAMPYR Ⅱ实验中在管道(Titan)内沉积的 I131

在上面给出的这些例子中，理论值和实验值之间吻合得比较好，温度的相关性表现得很明显。另外，在较高的气体和材料温度下沉积量相对较高，这一结果也促使人们考虑在氦回路的不同位置安装专门的裂变产物过滤器，以避免过度沉积。原则上，这样的方案是可行的。

总之，几十年来关于 HTR 系统裂变产物行为的研究对很多效应都给出了一致的描述。龙堆、桃花谷堆、THTR、圣·弗伦堡堆、HTTR 和 HTR-10 的运行结果为裂变产物行为的研究提供了更多有用的信息，并符合总体的理论分析。

图 14.114 给出了铯在桃花谷反应堆表面的分布情况，这种早期的 HTR 在满功率运行大约 10 年之后都会具有类似的结果。

图 14.114 所示的外推结果及 AVR 冷却气体中固态裂变产物的测量结果可以给出这样的预期：在 AVR 中，运行 20 年后，蒸汽发生器的铯污染约为 5×10^5Bq/cm^2。可以预见的是，氦风机中的污染值应该更小。

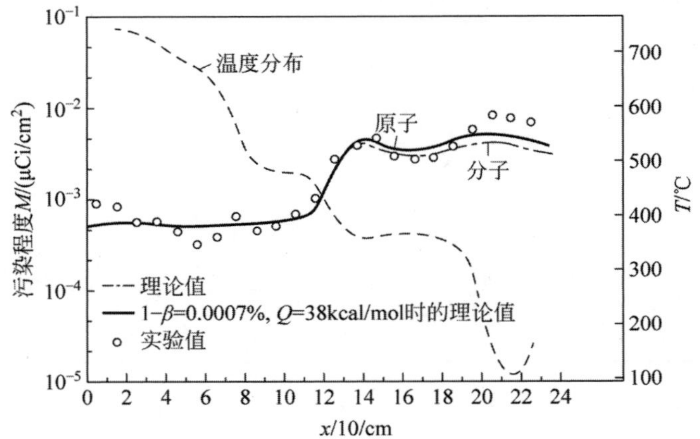

图 14.113　AVR 的 VAMPYR Ⅱ实验中在管道(Titan)内沉积的 Ce137 随时间的变化

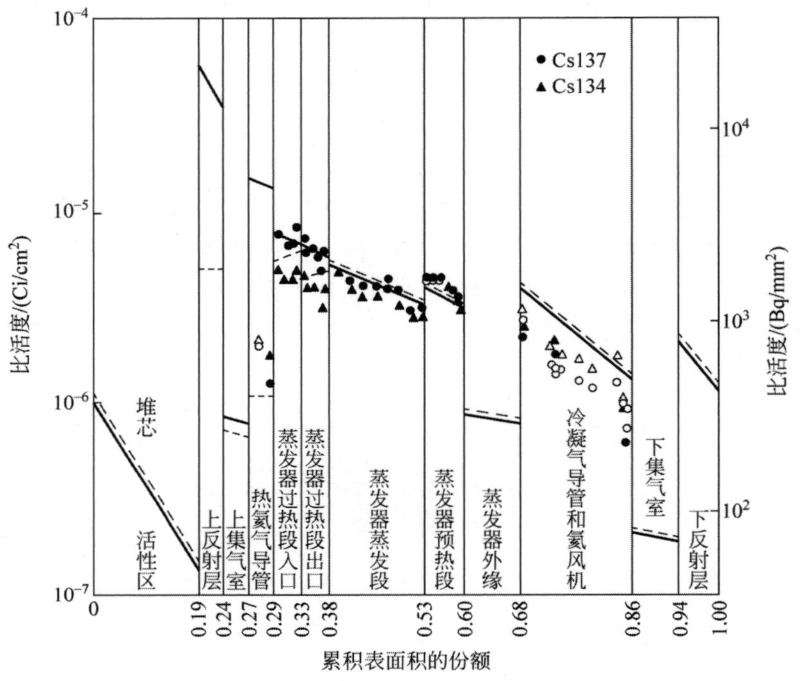

图 14.114　桃花谷反应堆中 Cs137 和 Cs134 的表面分布

14.6.2　AVR 辐照燃料元件的加热实验(KÜFA 装置)

对于模块式 HTR 中发生的堆芯完全失去能动冷却事故,重要的是要知道辐照燃料元件在高温下的行为,特别是在加热过程中裂变产物的释放情况。释放速率取决于加热过程的温度和时间跨度,以及燃料的类型和燃耗深度。

在 AVR 的几年运行期间,对辐照的 AVR 燃料元件,尤其是部分具有非常高燃耗的燃料元件进行了加热实验。相应于模块式 HTR 中预期的最高燃料温度(图 14.115),在 KÜFA 实验中对球形燃料元件进行了长时间的加热。在此实验中,测量了不同裂变产物(主要是 Cs137,Cs134,Sr90,I131,Kr85,Xe133,Ag110 和其他同位素)的释放速率,对不同燃耗、不同最高温度(1500～2500℃)和不同类型的燃料元件(BISO、TRISO、高富集度铀、低富集度铀)进行了测量。因此,目前球形燃料元件在很广范围内的释放速率是已知的,因而形成了堆芯升温事故期间总释放率估计的基础。

燃料元件的加热装置和捕集系统布置在密封箱中的热室内。外部设置了一个测量裂变产物量的回路,以及一个气体净化系统,最终可将裂变产物去除掉。实验中,利用 NaI 探测器对冷却取样器系统进行分析,

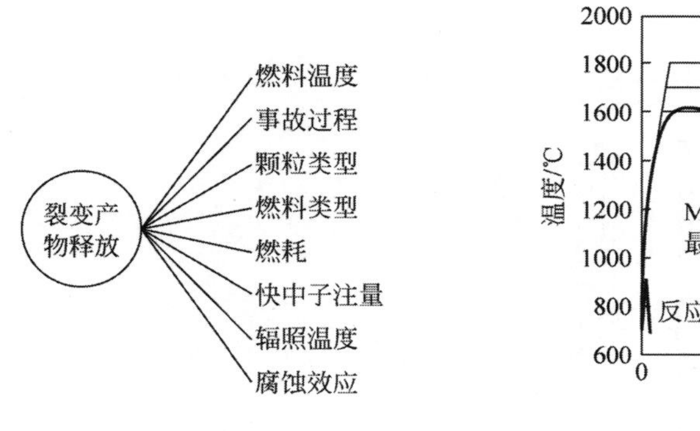

(a) 加热实验期间的影响参数

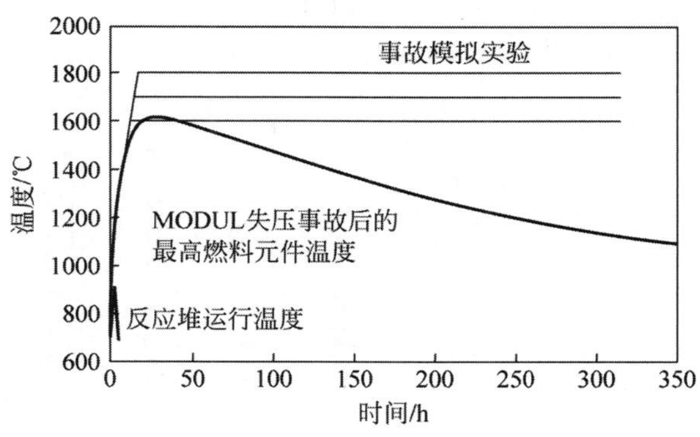

(b) 辐照球形燃料元件实验的升温曲线

图 14.115　在堆芯完全失去能动冷却事故中燃料元件的状况和温度随加热实验时间的变化(应用于模块式 HTR)

氚和水的分离也被集成到氦回路中，如图 14.116 和图 14.117 所示。

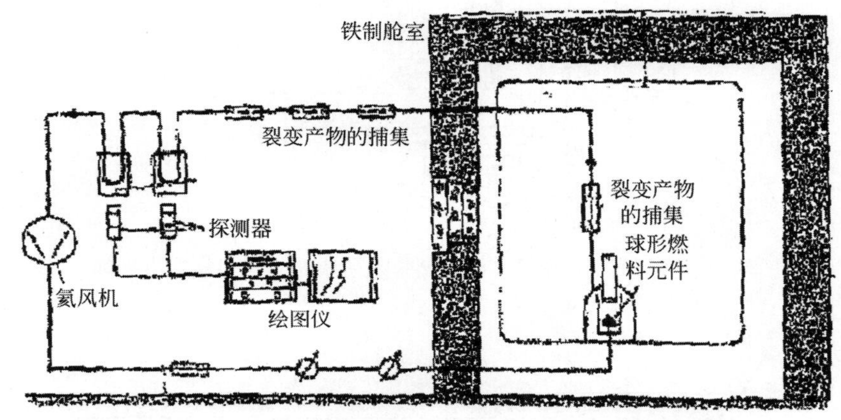

图 14.116　KÜFA 装置的氦回路(部分布置在热室中)

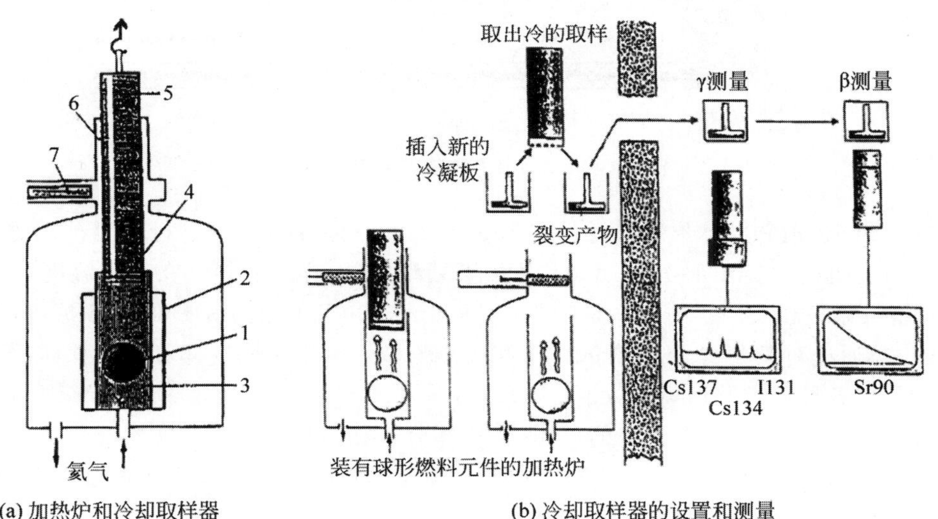

(a) 加热炉和冷却取样器　(b) 冷却取样器的设置和测量

图 14.117　KÜFA 实验原理

1—球形燃料元件；2—加热系统(钽)；3—气体导管圆柱体(钽)；4—冷凝板；
5—冷取样器(水冷)；6—闭锁系统；7—阀门

图 14.118 对加热炉的详细设计给出了相应的说明。带有钽加热元件的加热炉的最高温度为 1800℃，石墨加热炉可以达到 2500℃的温度。冷端取样器(cold finger)原则上可以对裂变产物进行准连续测量，并且可以具有 10%～30%的不确定性。冷端取样器端部冷凝板如图 14.119 所示，可以看出，圆柱体和冷凝板

用水进行冷却。

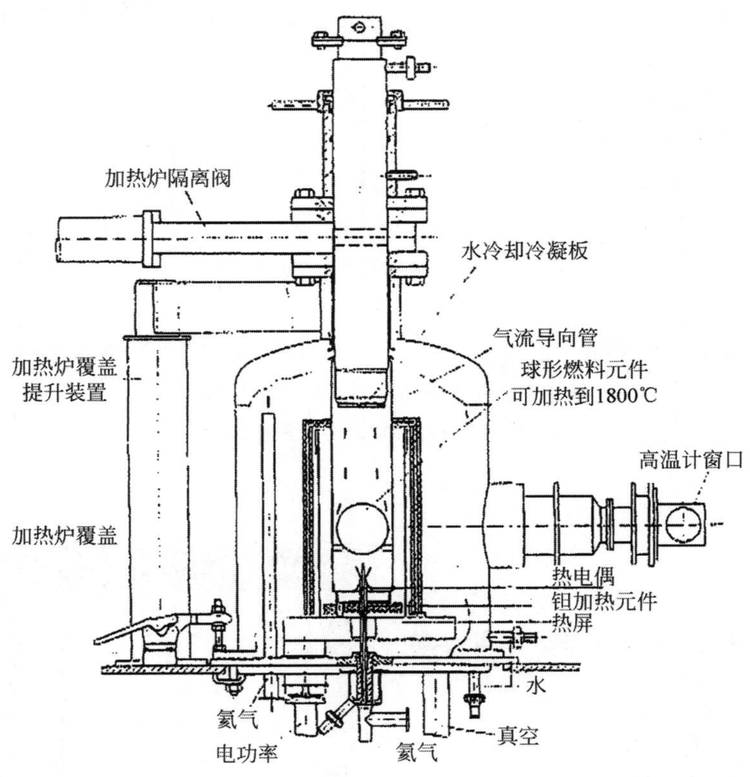

图 14.118　带有钽加热元件和冷取样器的 KÜFA 加热炉的断面

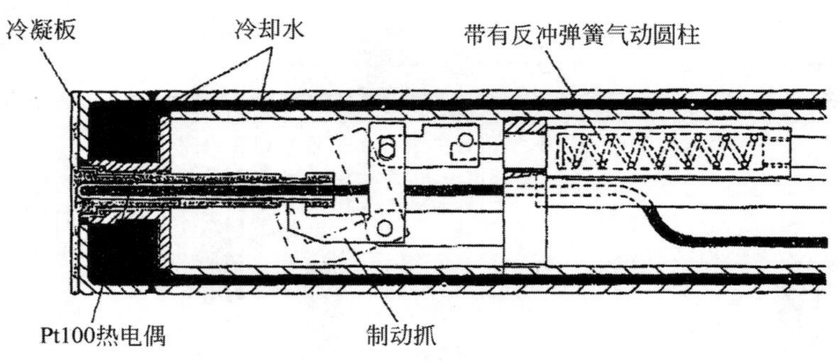

图 14.119　冷端采样器下面部分的断面

采用现代 TRISO 包覆颗粒球形燃料元件在 1500～2500℃温度范围内进行了测试。此外，碘和其他同位素释放的分布情况也进一步在 1400～1800℃条件下利用 UO_2 样品获得。在最高温度下加热 100h，下述结果是与 HTR 事故条件相关的：Ag110 是唯一在 1200～1600℃下通过完整的 SiC 扩散而释放的裂变产物，但其影响很小。通过对其他相邻元素的评估可知，碘、铯、锶和惰性气体在 1600℃以下的释放是由在 1700～1800℃受到的各种形式的污染所致。

如前所述，加热炉被集成到一个封闭的氦回路中，部分布置在热室内。在实验过程中，固态裂变产物的主要部分沉积在冷端取样器的冷凝部分。惰性气体，如 Kr85 和 Xe133，随着氦气的流动被载出，并且在一个用液氮冷却的活性炭过滤器中被取样。

氚在加热过程中可能被释放出来，可以使用 CuO 和 P_2O_5 床加以去除。此外，还设置有一个与主回路平行的分子筛过滤器和用液氮冷却的活性炭过滤器。

在德国于利希已使用这一装置进行了许多实验。目前，KÜFA 装置仍然安装在卡尔斯鲁厄的超铀元素研究所内，并且利用它做了更多进一步的实验。

图 14.120 和图 14.121 给出了相关的一些测量结果，如前所述，Kr85 是包覆质量的一个指标。

在 2000℃以上的温度下，碳化硅层出现热分解，但热解炭层仍保持完整。直到 1600℃时，事故中释放的

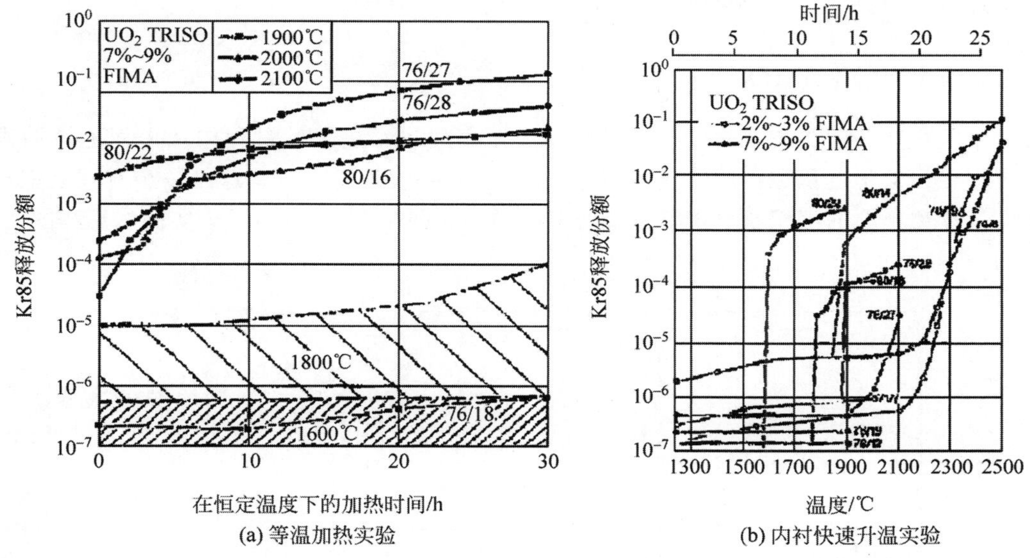

(a) 等温加热实验
(b) 内衬快速升温实验

图 14.120 含有 UO_2 的 TRISO 颗粒球形燃料元件氪的释放与加热温度的关系

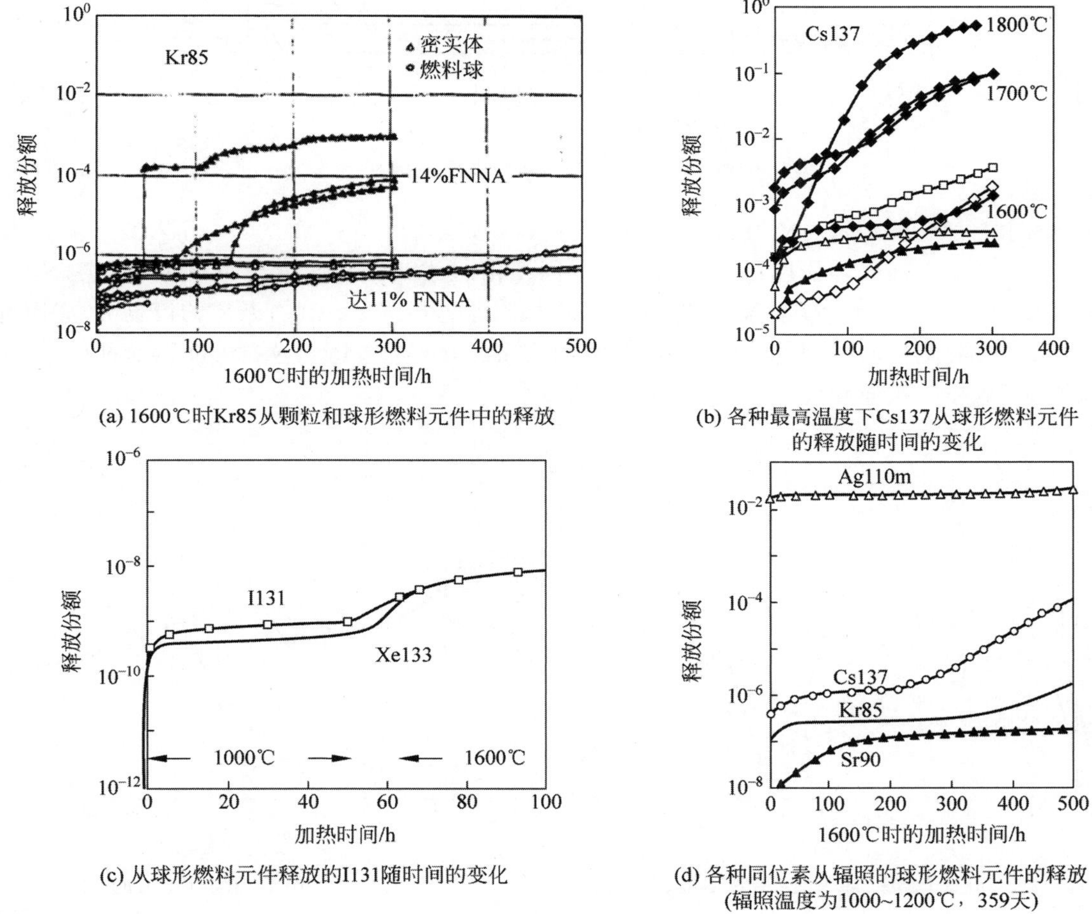

(a) 1600℃时Kr85从颗粒和球形燃料元件中的释放
(b) 各种最高温度下Cs137从球形燃料元件的释放随时间的变化
(c) 从球形燃料元件释放的I131随时间的变化
(d) 各种同位素从辐照的球形燃料元件的释放（辐照温度为1000~1200℃，359天）

图 14.121 球形燃料元件加热实验的结果（KÜFA 实验）

铯、锶、碘和惰性气体可以忽略不计。这是模块式 HTR 电厂即使在极端事故条件下也不会造成电厂放射性元素灾难性释放的一个前提。因此，对所有模块式 HTR 的一个主要要求是：反应堆的设计必须要保证在所有假设的事故中，最高燃料温度不会超过 1600℃。因为这个最高值只会发生在燃料元件的很短时间内(100h)，裂变产物的总释放量会非常小。未来，最高燃料温度有可能更高，因此，如果能开发出新的包覆层并且适合于实际应用会更好。

14.6.3 堆外回路 SMOC

运行过程中沉积在一回路表面的放射性物质在失压事故或水进入的过程中从表面上被冲刷下来并被载出。为了获得更多关于沉积和释放过程的信息，SMOC 回路投入了运行。这是一个有关裂变产物迁移及对裂变产物在气体透平上的沉积状况进行系统研究的项目。图 14.122 给出了该实验的流程图。

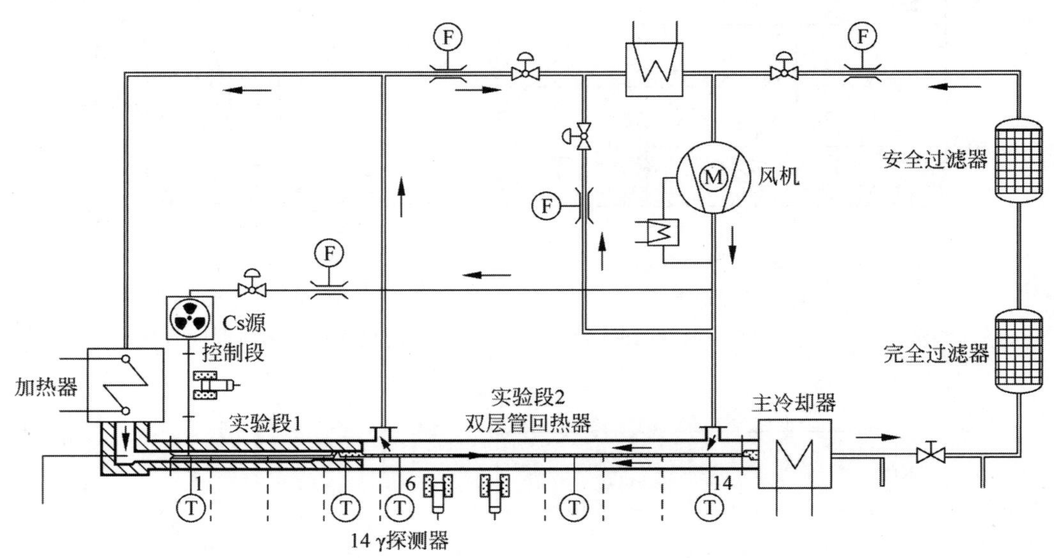

图 14.122 堆外回路 SMOC 的流程

实验段的中心部分长 6m，内径为 30mm。实验时，将一定量的 Cs133 和 Cs134 注入氦气流中，氦回路在 5～80bar 的压力下运行。气体温度在 200～900℃之间变化，壁温在 150～900℃之间变化，实验中使用的质量流量为 40～240g/s。活度沿实验段沉积，并用 NaI 探测器进行测量。在有杂质的情况下，应用过滤系统以实现一个实际的氦气气氛。实验段的材料选用的是不锈钢(Nr 4541)、Incoloy 800 和 Inconel 617。图 14.123 给出了活度沿实验段的典型分布。

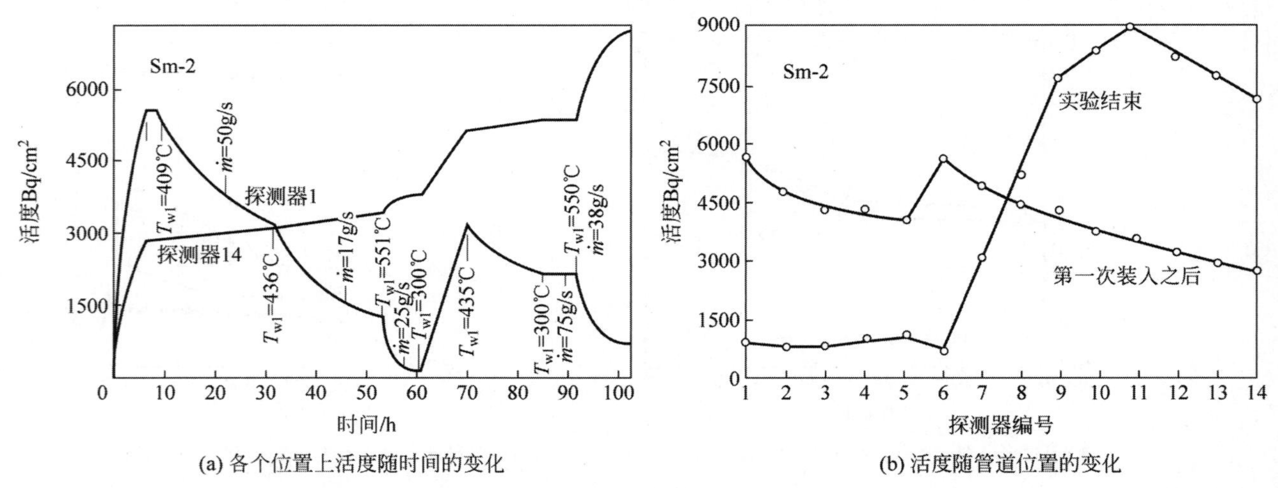

图 14.123 SMOC 实验中测量的 Cs134 活度

从这些例子可以看出沉积的一些趋势：

- 沉积主要在高于 410℃的温度下可以观察到；
- 速度对裂变产物沉积的影响较小；
- 速度变化不引起沉积；
- 一部分活度通过扩散形成局部堆积；

• 不同的材料表现出不同的沉积行为，例如，对于 Incoloy 800，沉积仅限于温度大于 500℃时。

其他国家也进行了类似的实验，相关经验都是可对照的。

14.6.4 KORA 实验

在水进入一回路的情况下，必须要考虑这种情况对燃料颗粒带来的腐蚀性损伤。为了研究进水对燃料的影响，KORA(腐蚀炉)装置投入了运行，如图 14.124 所示。辐照后的实验中，仅可测量同位素 Kr85($T_{1/2}$=10.8 年)，因为 I131 和其他短寿命裂变产物都已经衰变掉了。

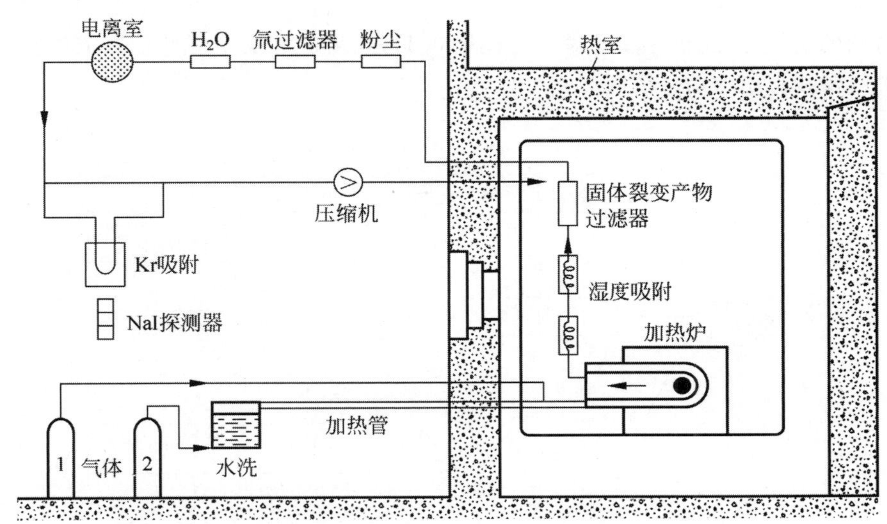

图 14.124 用于研究进水对燃料影响的 KORA 实验装置

在该装置中，可以对包覆颗粒、压块或球形燃料元件进行实验，在分压为 80kPa 的条件下，可将实验样品一直加热到 1600℃，并将水注入氦循环。当样品在 800℃时，间歇性地加入少量水蒸汽(1kPa)。腐蚀-浸出的研究表明，对于具有 UO_2 TRISO 颗粒的现代球形燃料元件，平均每两个球形燃料元件中仅有一个是由于制造而造成颗粒存在缺陷。然而，在大多数燃料元件中并没有发现损坏的颗粒，只是在一些燃料元件中发现了 3 个具有缺陷颗粒的燃料元件。这 3 个燃料元件是被加热的具有 UO_2 TRISO 颗粒的 AVR GLE-3 燃料元件，如图 14.125 和图 14.126 所示，仅在两个燃料元件中出现了由湿度引起的 Kr85 释放现象。

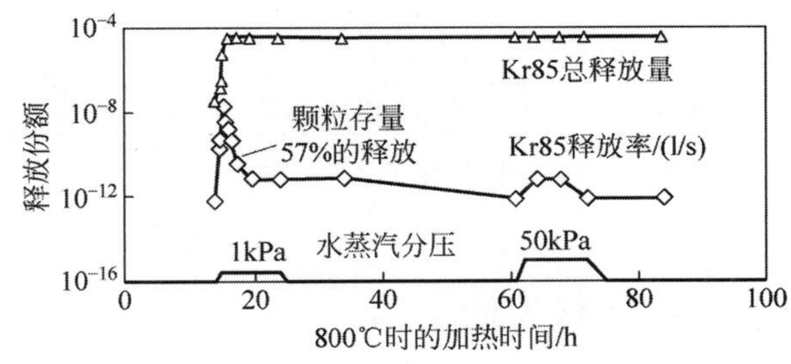

图 14.125 在 800℃加热期间 Kr85 从燃料球中的释放(AVR 89/30，GLE-3，90% FIMA)

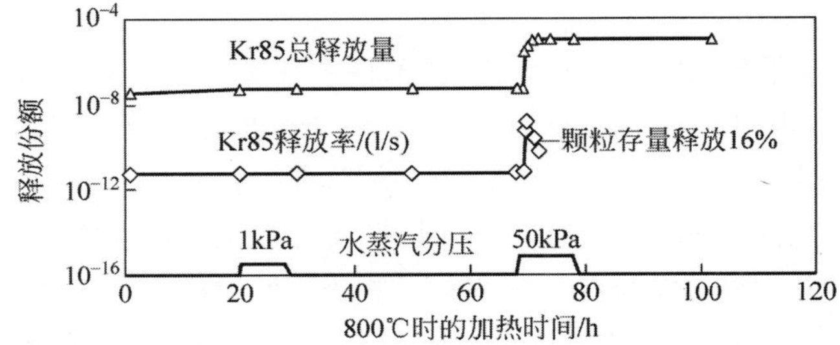

图 14.126 在 800℃加热期间 Kr85 从燃料球中的释放(AVR 92/7，GLE-3，92% FIMA)

释放量与燃料的燃耗有关。总体上,这个释放效应似乎只限于在运行期间已经受到辐照损伤的包覆颗粒。在对进水事故进行分析时,也必须要考虑进水事故对包覆颗粒造成的损伤。在较长的加热时间之后,对流出的气体进行有效的过滤将有助于抑制这类释放效应。

14.7 针对 HTR 电厂安全的专项实验

14.7.1 概况

除了目前所讨论的实验外,还进一步开展了与模块式 HTR 事故和安全性评估有关的实验工作,图 14.127 所示为实验工作中需要和有用的信息的概况。

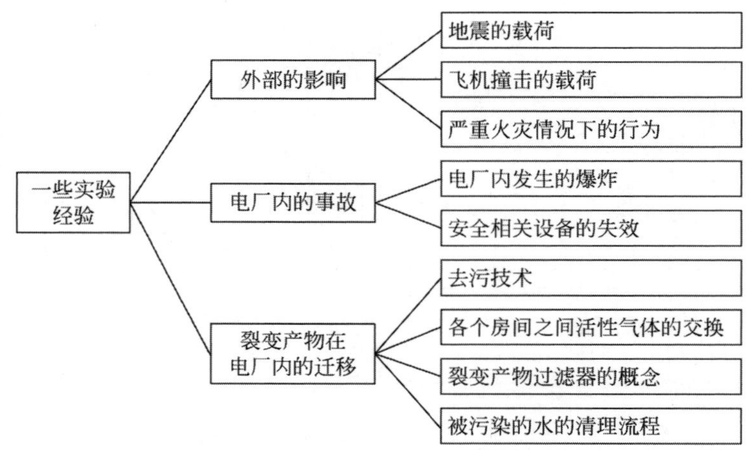

图 14.127 模块式 HTR 安全性方面一些重要实验的概况

本节对模块式 HTR 的安全性进行了更为详细的讨论,图 14.128 给出了更多非常重要的实验。

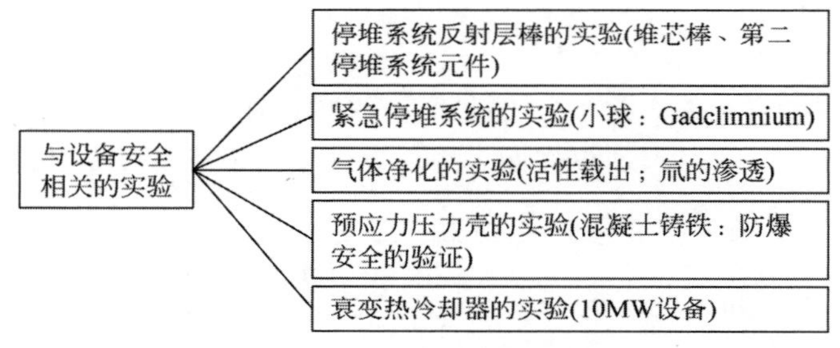

图 14.128 HTR 技术安全性相关的实验

14.7.2 有关球床堆芯地震下行为的实验

核设备地震的模拟装置(SAMSON)是用于对地震条件下大型核设备的安全功能进行验证的装置。在强地震及其他动态条件下,利用该装置对设备进行如撞击和振动等相关实验。图 14.129 给出了实验装置和一些相关参数。

该装置的主要部分是振动平台,设计用于对 25t 的部件进行实验。在液压系统的操控下,平台在水平和垂直两个方向上移动。此外,也可以进行旋转运动。最大加速度可以达到几个重力加速度($9.81m/s^2$)。图 14.130 给出了实验装置在被施加水平和垂直振动情况下的一些参数。利用该设备,有可能覆盖一个大范围的平均加速度,甚至超过地震的相关数值。另外,该设备还提供了可以模拟飞机坠毁的一些实验条件。

利用这一装置,对球床和石墨堆芯结构的行为进行了相关实验。图 14.131 给出了球床的实验布置,主要问题是球形燃料元件随机堆积堆芯的填充因子的通常估计值为 0.61,在地震情况下填充因子会发生变化。

实验结果表明,在通常假设的地震($a<0.3g$)情况下,填充因子的变化将保持在 3%以下。这个变化不

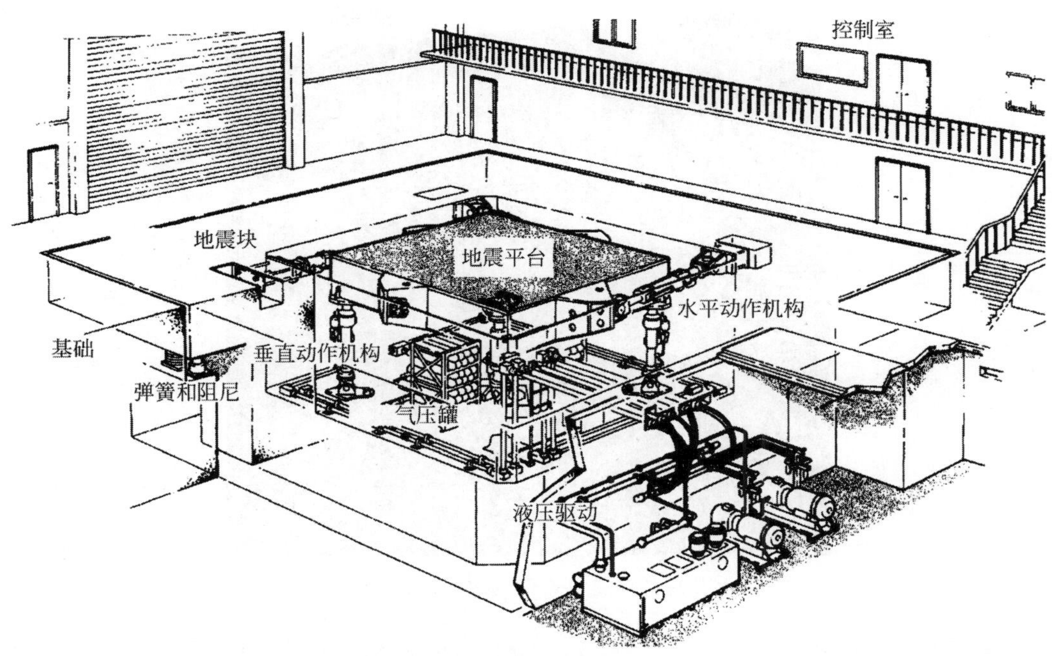

(a) SAMSON的断面视图

最大静载荷	40t	实验物体最大高度	10m
25t物体最大加速度	1.5g	台面上重心的高度	≤3m
15t物体最大加速度	2.0g	容许偏心率	≤1m
5t物体最大加速度	3.0g	实验项目最大电功率	300kVA
最高速度	≤1m/s	振动的类型	正弦/正弦扫频
最大振幅	±200mm		随机/噪声
频率范围	0.5~100Hz		预先录入或计算的振幅的时程
自由度	3		

(b) SAMSON的技术参数

图 14.129　SAMSON 的视图和一些参数

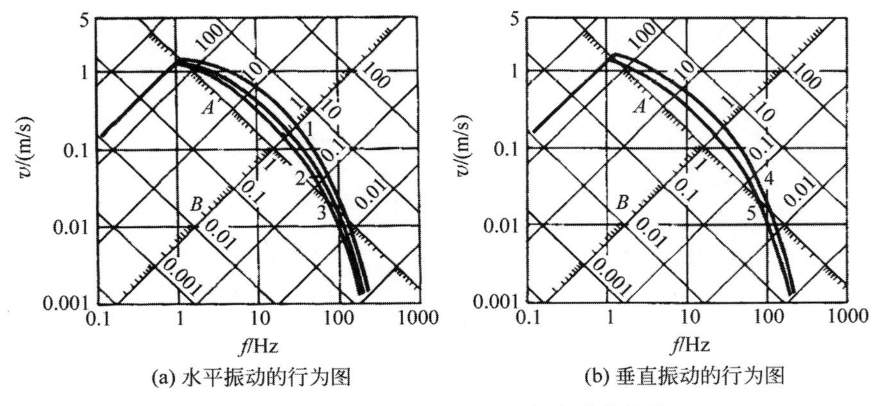

(a) 水平振动的行为图　　(b) 垂直振动的行为图

图 14.130　利用 SAMSON 进行实验的结果

f：频率；v：速度；A：振幅(mm)；B：加速度(g)

1—空置平台；2—15t 载荷；3—25t 载荷；4—25t 载荷(重心在平台的中心)；

5—25t 载荷(重心偏离平台的中心 1m)

会引起反应性和燃料温度的显著变化。如果在极端事故中采用更高的加速度，则必须要考虑燃料温度有可能会更高。但即便如此，这些数值仍然低于不可接受的量级，如图 14.132 所示。

利用该实验设备测试由地震载荷引起的行为的实验表明，一回路系统的设计方案是可信的，而抗震阻尼器的使用是实现安全、可靠的技术方案的重要手段。

图 14.131　石墨球的地震实验模型($d=1.5$m,球直径为 30mm)

即使对于极强地震(极端假想事故,$a>0.4g$),填充因子也将保持在 0.64 以下,根据图 14.132 所示的计算结果,其反应性变化小于 1%(图 14.133)。在考虑反应性急速上升的情况下,该事件可被第 11 章中解释的第一停堆系统完全弹出的情况涵盖。

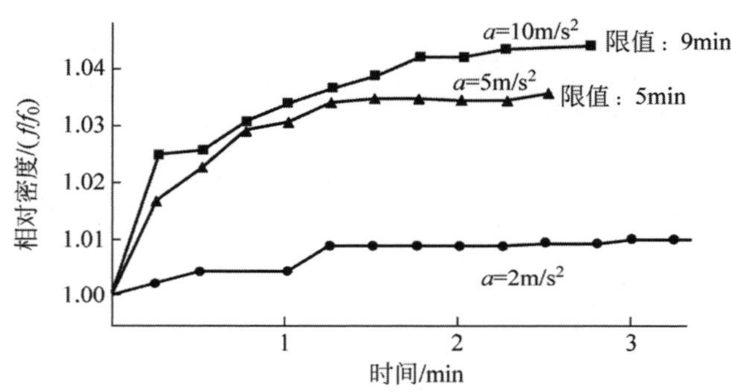

图 14.132　地震条件下球床的实验:球床相对密度($f_0=0.61$)随地震加速度和时间的变化

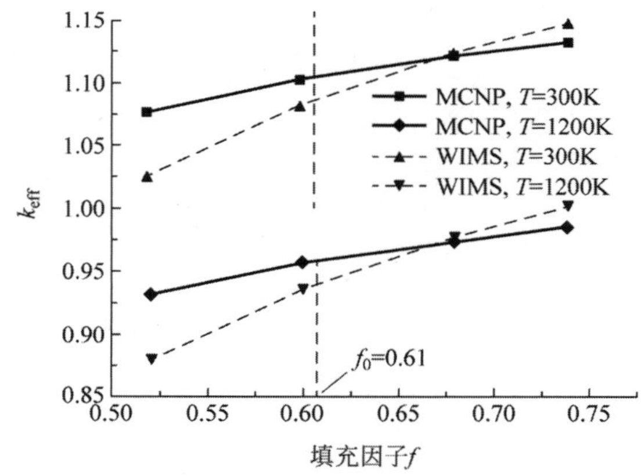

图 14.133　地震条件下球床的实验:反应性随填充因子和温度的变化及不同计算机程序(MCNP,WIMS)的应用

图 14.134 给出了地震载荷情况下结构受到静态和动态作用力的实验结果。即使在较高加速度下,结果仍在可接受的范围内。

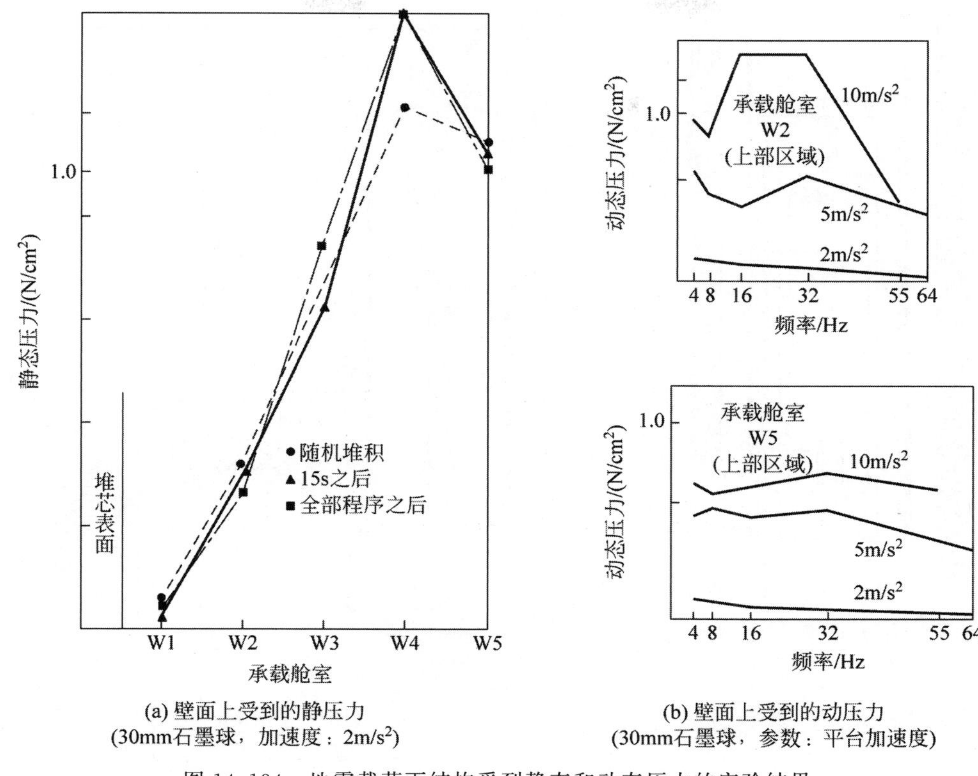

图 14.134　地震载荷下结构受到静态和动态压力的实验结果

14.7.3　失压事故后一回路系统与内混凝土舱室间的气体交换

HTR 的一回路系统发生泄漏之后，在开始阶段，氦气的流出量取决于破口的大小。这一阶段之后，一回路和反应堆压力壳周围内混凝土舱室内会有各种气体的混合物。在下一阶段，设备之间气体交换的过程则与泄漏的位置有关，对流和扩散在这一过程起一定的作用。一方面，空气进入一回路系统；另一方面，裂变产物可以从一回路进入混凝土舱室。对 HTR-Module 进行了一个实验，在这个实验中，假设在反应堆压力壳底部的燃料元件装卸系统的管道发生了破管。由于温度的变化和扩散效应，气体从一回路被载出到外部。模拟这些条件的实验装置(图 14.135)给出了描述气体交换的结果。图 14.136 和图 14.137 则对其中一个重要的结果给出了解释。

压力壳内充满氦气，然后发生失压。在接下来的几天里，记录了参数压力和温度，并测量了交换速率。该过程非常缓慢，没有观察到对流流动。在这种情况下，进入一回路系统的空气量会很小。近 500h 后，压力壳内仅有 20%的存量是空气。

另一个有关气体交换的令人关注的问题在图 14.137 中进行了讨论。假设在预应力混凝土反应堆压力壳的边界处发生了泄漏，并且假设发生了一个环形泄漏。氦回路失压后会出现不稳定的情况。氦气将被释放到外部，在反应堆构筑物内形成的氦气和空气的混合物由于具有较大的比重，因此会渗透到氦气回路中。约 10min 之后，压力壳内的平均密度应相当于空气的密度。

就 HTR-Module 而言，500h 后反应堆一回路系统将有 9.82kmol 的氦气和 1.1kmol 进入的空气，此外，还有一些反应的产物(如 H_2，CO)。在这种情况下，石墨的转化率将非常低。自然地，释放的裂变产物沉积在反应堆内部表面上的量也将非常小。但是，对于每一种破口，无论是破口的尺寸还是位置，都需要分别加以分析和进行实验验证，如图 14.138 所示。

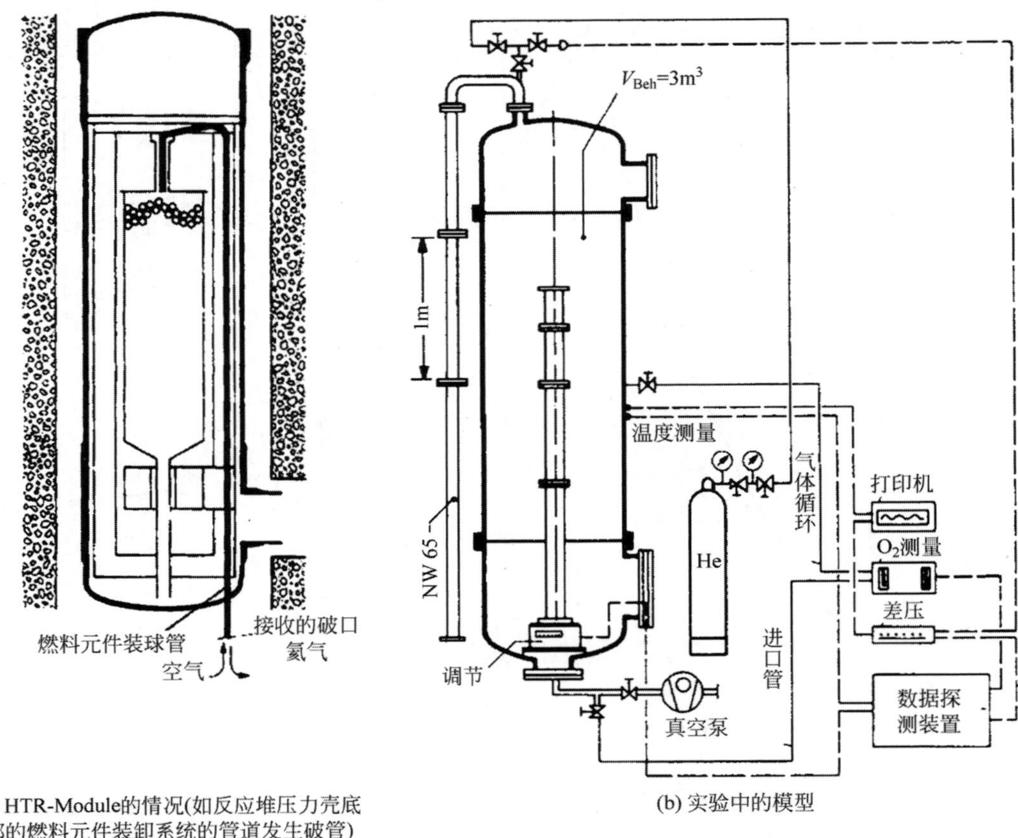

(a) HTR-Module的情况(如反应堆压力壳底部的燃料元件装卸系统的管道发生破管)

(b) 实验中的模型

图 14.135 测量气体交换速率的实验装置的原理布置

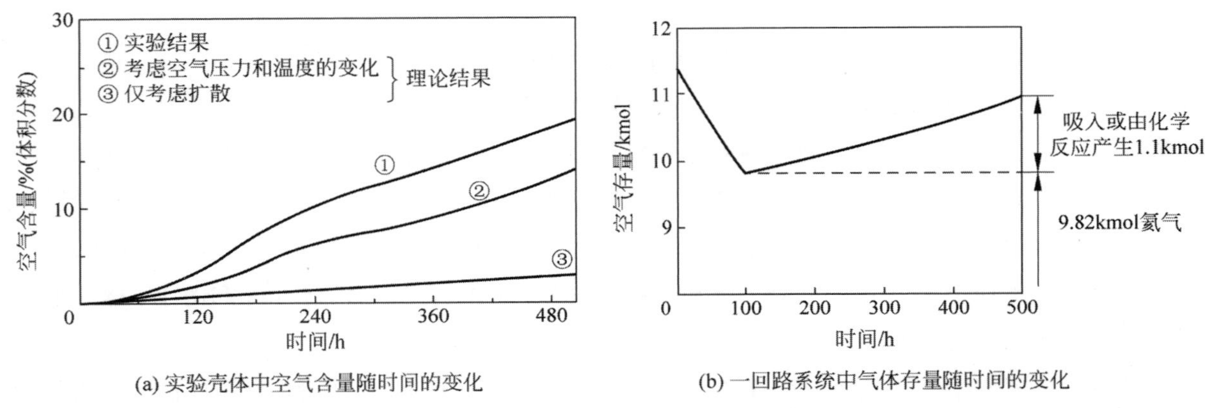

(a) 实验壳体中空气含量随时间的变化

(b) 一回路系统中气体存量随时间的变化

图 14.136 一回路压力边界上出现一个破口后一回路系统和内混凝土舱室之间的气体交换(直径为 65mm)

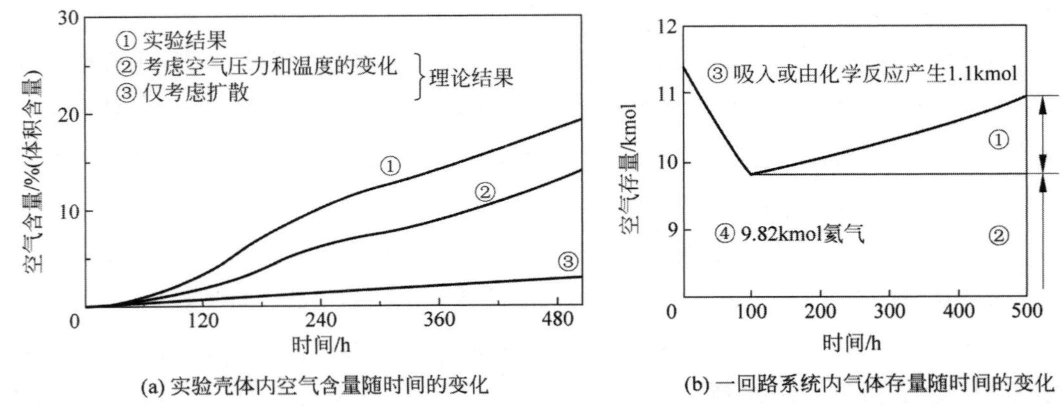

(a) 实验壳体内空气含量随时间的变化

(b) 一回路系统内气体存量随时间的变化

图 14.137 一回路压力边界破口(直径为 65mm)后一回路系统和内混凝土舱室之间气体的交换

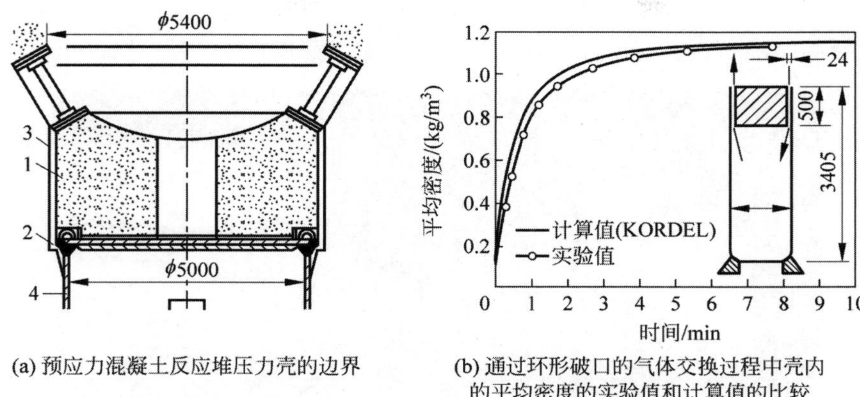

(a) 预应力混凝土反应堆压力壳的边界　　(b) 通过环形破口的气体交换过程中壳内的平均密度的实验值和计算值的比较

图 14.138　预应力混凝土反应堆压力壳泄漏后(边界的泄漏)一回路系统和反应堆构筑物之间的气体交换

1—混凝土；2—密封；3—环形间隙；4—管道

14.8　中间储罐的实验

安全的乏燃料元件中间储存系统是核电站的主要组成部分。由于乏燃料元件需要储存几十年，因此必须满足如下基本的安全要求：

- 系统必须处于次临界状态(k_{eff}<0.95)；
- 衰变热必须能载出，温度必须处于限值以下；
- 放射性物质的释放必须限制在规定值之内；
- 必须完全满足防核扩散的要求。

特别是外部事件的影响对这些罐壳体的完整性会起作用。图 14.139 给出了在德国对运输/储存假设的一些载荷。当对储罐的运输方案进行设计时，必须要假设运输会引起一定的典型载荷。目前，每个核电站都有自己的中间储存系统，所以这些罐主要用作储罐。

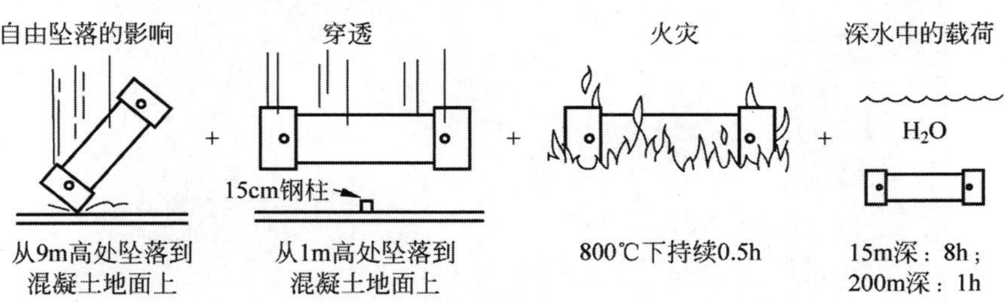

图 14.139　对储存/运输罐产生影响的假设因素(如德国)

目前，已进行了许多涵盖这些条件的实验，并且进行了具有更强假设条件的附加实验，这些实验已超出了许可证申请程序的范围，实验结果也表明这些储罐具有极好的安全特性。图 14.140 给出了相关问题的分析，并以一个大型飞机撞击中间贮存系统的假设作为一个例子加以解释和总结。

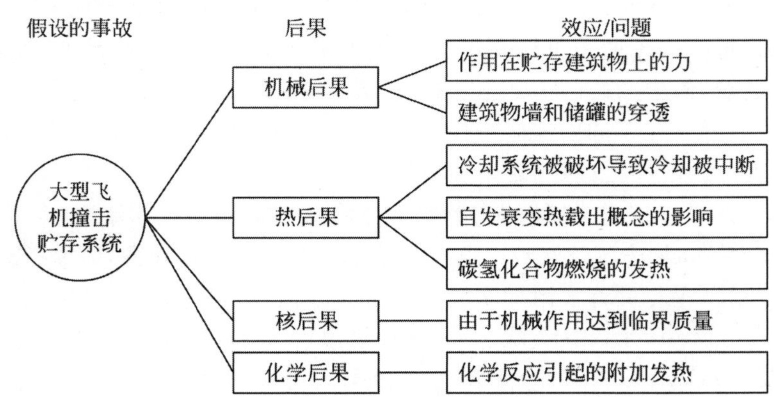

图 14.140　“一架大型飞机在高放射性废物储存设施上坠毁”的 BDBA 事件产生的影响及相关问题的概述

根据目前的一般要求，图 14.141 给出了从非常高的地方坠落的实验的结果，储存罐仍然保持完整性和密封性。实验中选择的坠落高度远高于许可证规格书所要求的高度。

图 14.141　模型罐(1/2)从 200m 高处坠落到混凝土地面上(铸铁罐)

另外，许多飞射物的实验也验证了储存罐在受到飞射物撞击后所保持的完整性。图 14.142 给出了实验的典型结果。虽然罐上的肋片有一定的损伤，但储罐结构的完整性仍然是有保障的。实验中设置了一个超过 1t 重的飞射物，速度超过 200m/s，实验中所设计的飞射物的原型实际上就是一架军用飞机(幻影)发动机轴的典型载荷。进一步的实验结果表明，储罐可以承受比图 14.139 假设载荷更大的载荷。

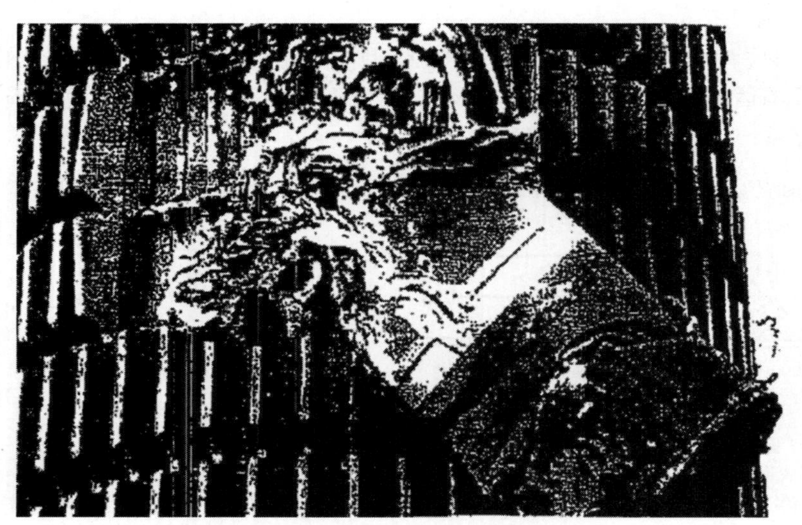

图 14.142　飞射物撞击到储罐的壁面上(钢)

人们还进行了直到 800m 高度的高处坠落实验，结果表明，坠落在混凝土地面上时出现了不允许的损坏。大质量、高速度的碰撞实验证明了可能使用的储罐具有很高的安全性。例如，重量为 109t 的柴油机车以 131km/h 的速度与运输/储罐(227t)发生了碰撞，其结果是储罐只有 26mm 的变形，即表明储罐仍保持完好并且保持了良好的密封性。在不同的实验条件下，对大型储罐(直到 60t)与混凝土墙的碰撞进行了实验。在 130km/h 的碰撞速度下，并没有发现储罐出现损伤。

使用 THTR/AVR-CASTOR 储罐进行的实验也非常令人感兴趣。在储罐附近的一个丙烷罐(体积：约 $30m^3$)发生爆破期间，该储罐从原先的位置被抛甩出去，如图 14.143 所示，然而，储罐和密封系统仍保持完好。

储罐在很高火焰温度下进行的许多附加实验提供了关于加热过程和材料性能的信息，特别是有关密封系统的一些信息，如图 14.144 所示。在燃烧过程中，火焰温度为 1100℃，储罐的平均壁面温度为 500℃，其热流密度的典型值为 $\dot{q}'' \approx 72kW/m^2$。在这种情况下，如果火灾持续时间限制在 1h 以内，则储罐壁面温度将保持在 600℃以下。在具有更长宽裕时间的情况下，这样的温度有利于进行干预。

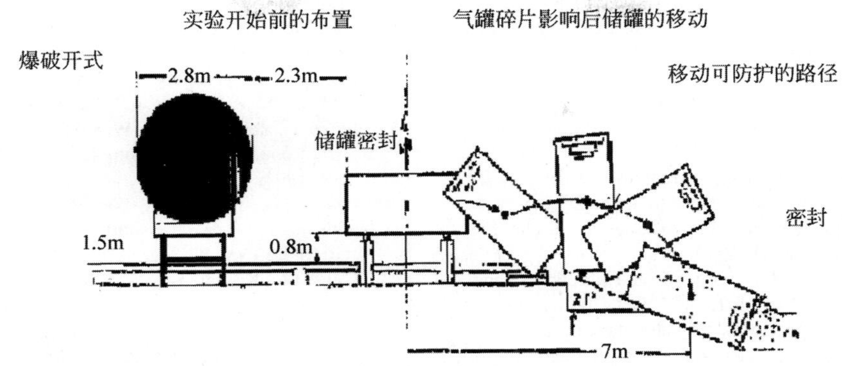

图 14.143 丙烷罐爆破和 THTR/AVR-CASTOR 储罐实验(储罐被抛出但仍保持完好)

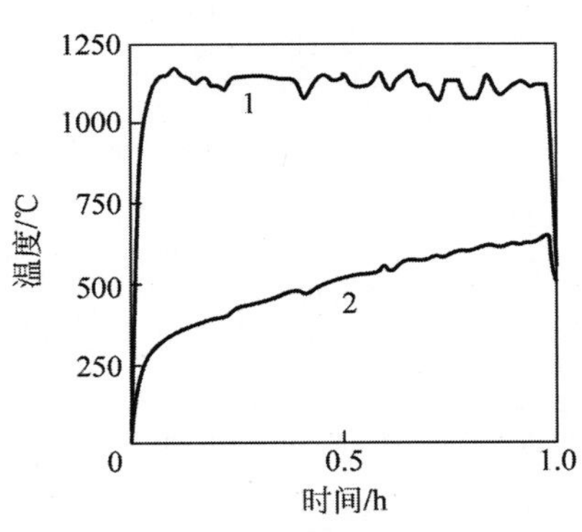

(a) 火焰中储罐温度的测量

火焰温度/℃	壁面温度/℃	热流温度/(kW/m^2)
900	400	40
900	600	32
1000	400	55
1000	600	50
1100	400	75
1100	600	70
1150	400	90
1150	600	80

(b) 热流密度随火焰温度和壁面温度的变化

图 14.144 储罐在火焰中的实验结果

1—T_{flame}；2—T_{wall}

所有上述这些实验结果均表明，储罐在防止放射性物质释放方面是一种非常安全的包壳，并且这种防护作用可以持续很长时间。

参考文献

1. Breitbach G., Heat transport process in pebble bed regarding radiation, Diss. RWTH Aachen, Dec. 1978.
2. Robold K., Heat transport in the inside and on the boundary of boundary of pebble beds, JÜL-1893, 1984.
3. Barthels H., Schürenkremer M., The effective heat conductivity λ_{eff} in pebble bed of high-temperature reactor, JÜL-1893, 1984
4. Zehner P., Schlünder H., Heat conductivity of pebble bed at medium temperature, Technik 42 (1970).
5. Fricke U., Analysis of possibilities to enlarge the power of inherent safe high-temperature reactors by optimization of the core layout, Diss. University of Duisburg, 1987.
6. Stöcker B., Analysis of the self-acting decay heat removal in case of HTR including natural convection, diss. RWTH Aachen, Dec. 1997.
7. Nieβen H.F., Gerwin H., Scherer W., Numerical simulation of SANA1-expermients with the TINTE code in: Heat transport and afterhead removal for gas cooled reactors under accident conditions, IAEA-TECDOC-1163, Vienna, Jan. 2001.
8. IAEA, Decay heat removal and heat transfer under normal and accident conditions in gas cooled reactors, IAEA-TECDOC-757, Aug. 1994.
9. IAEA, Heat transport and after heat removal for gas cooled reactors under accident conditions, IAEA-TECDOC-1163, Jan. 2001.
10. Hennies H.H., Kessler G., Eibel J., Improved containment concept for future pressurized water reactors, International Workshop on Safety of Nuclear Installations of the Next Generation and Beyond, Chicago, IL., USA, August 1989, IAEA-TECDOC-550, 1990.
11. Scholtyssek W., Alsmeyer H., Erbacher F.J., Decay heat removal after a PWR core meltdown accident, International Conference on Design and Safety of Advanced Nuclear Power Plants (ANP 92), Tokyo, Japan, Oct. 1992, Vol. III.
12. Kuczera B., Erbacher F.J., Scholtyssek W., Investigation on ex-vessel core melt cooling in future PWR-containment, IAEA Technical Meeting on Thermohydraulic of Cooling Systems in Advances Water-Cooled Reactors, Villingen Switzerland, May 1993.
13. Cheng X., Erbacher F.J., Neitzel H.J., Passive containment cooling for next generation water cooled reactors, Proc. ICONE-4 Conf., New Orleans, USA, March 1996.
14. Spilker H., Natural conception cooling of heat producing radioactive waste in transport and storage vessels, Kerntechnik, 54, No. 4, 1989.
15. Cheng X., Development of experimental validated procedures for the design of containment cooling systems with air and natural convection, Wissensch. Beudite FZ Karlsruke, FZKA, 6056, 1998.

16. Schartmann F., Heat release from transport and intermediate storage vessels for highly radioactive substances in normal operation and during accidents, Diss. RWTH Aachen, Oct. 2000.
17. Von Heesen W., et al., Heat transfer from transport cask storage facilities for spent fuel elements, Nuclear Technology, Vol. 62, 1983.
18. Delle W., Nickel H., AVR graphite structures, in: AVR-Experimental High Temperature Reactors—21 Years of Successful Operation for a Future Energy Technology, VDI-Verlag Gmbh, Düsseldorf, 1990.
19. Haag G., Properties of ATR-2E graphite and property changes due to fast neutron irradiation, JÜL-4183, Oct. 2003.
20. Kugeler K., Sappock M., Wolf L., Development on an inactive heat removal system for high temperature reactors, Jahrestagung Kerntechnik, KTG, 1991.
21. Fröhling W. et al., Prestressed cast pressure vessels (VGD) as burst-safe pressure vessel for innovative applications in the nuclear technology, Monographic of Forsdung Sentrum Jülich, Energy Technology, Vol. 14, 2000.
22. Geiβ M. et al., Experimental and analytical work to qualify the pressure vessel (prestressed) and the primary cell of the HTR-Modul INNA project, Batelle rep., April 1993.
23. Kugeler K., Sappok E.P., Wolf L., and Kneer A., Qualification of a passive heat removal system for high temperature reactors, Jahrestagung Kerntechnik, 1993.
24. Wolf L., Knner R., Schulz R., Giannices A., Häfner W., Passive heat removal experiments for an advanced HTR-Module reactor pressure vessel and cavity design, IAEA-TECDOC-757, Vienna, Aug. 1994.
25. Beine B., Large-scale test setup for the passive heat removal system and the prestressed cast iron pressure vessel of a 200 MW_{th} modular high-temperature reactor, 3rd Int. Seminar on Small and Medium-Sized Nuclear Reactors, New Delhi, India, Aug. 1991.
26. Takeda S., et al., Mockup experiment of vessel cooling system, KFA-JAERI Cooperation on Exchange of Information in the Field of Research and Development, JAERI, Oarai, 1996.
27. IAEA-TECDOC-1163, Heat transport and after heat removal for gas cooled reactors under accident conditions results of simulation of the HTTR-RCCS mockup with the THANPA CSTZ code, IAEA, Jan. 2001.
28. Shina Y., Hishida M., Heat transfer in the upper part of the HTTR-pressure vessel, during loss of forced cooling, IAEA-TECDOC-757, Vienna, Aug. 1994.
29. Takeda S., et al., Test apparatus of cooling panel system for MHGR, IAEA, TECDOC-757, Vienna, Aug. 1994.
30. Hishida M., et al., Studies on the primary pipe rupture accident of the high temperature reactor, NURETH: Proc. 4th Int. Topical Meeting on Nuclear Reactor Thermal Hydraulics, Vol. 1, Karsluke, Oct. 1989.
31. Altes J., Escherich K.H., Nickel M., Wolters J., Experimental study of the behavior of the prestressed concrete pressure vessel of the THTR-300 at severe accident temperatures, Trans. 11 SmiRT, Tokyo, 1989, Vol. H.
32. Altes J., Escherich K.H., Nickel M., Wolters J., Behavior of prestressed concrete pressure vessel of the HTR-500 at severe accident temperatures, Trans. 10 SmiRT Arnheim, 1988, Vol. H.
33. Altes J., Escherich K.H., Nickel M., Wolters J., Experimental study of the behavior of prestressed concrete pressure vessels of high temperature reactors at accident temperatures, Trans. 9 SmiRT Lausanne, Volume H., 1987.
34. Kim D., Reflooding of the liner cooling of an HTR with medium power and prestressed concrete reactor pressure vessel in case of a core heat up accident after failure of the liner cooling, JÜL-2543, 1991.
35. Altes J., Schneider U., Schimmepfennig K., Behavior of a PCRV for HTR under high core temperature loading. Trans. 6. SmiRT Paris, Vol. H, Paper 2/5, 1981.
36. Schimmelpfennig K., Altes J., Sepcial aspects on the behavior of PCRV under extremely high core temperature loading, Trans. 7 SmiRT Chicago, Vol. H, 1983.
37. Schneider U, Diederichs U., Physical properties of concrete from 20°C up to melting, Betonwerk und Fertigteil-technik, Part I in Vol. 3, Part II in Vol. 4, 1981.
38. Krüger K., Experimental simulation of a loss of cooling accident with the AVR Reactor, JÜL-2297, Aug. 1989.
39. Iyoku T., Rehm W., Jahn W, Analytical investigation of the AVR loss of coolant accident simulation test LOCA, KFA-ISR, 9/92, Sept. 1991.
40. Petersen K., To the safety concept of the high-temperature reactor with natural heat transport from the core during accidents, JÜL-1872, Oct. 1983.
41. Ivens G., Krüger K., Experiences with the AVR on safety, Conference for Safety of HTR, KFK Jülich, JÜL-Conf 53, June 1985.
42. Kugeler K., et al., Simulation of the loss of coolant accident with the AVR reactor, in: AVR Experimental High-Temperature Reactor, VDI Verlag, Düsseldorf, 1990.
43. Krüger V., Bergerfurth A., Burge S., Simulation of AVR—loss of coolant—accidents, Jahestagung Kerntechnik (Germany), 1989.
44. Wimmers M., Berger Furth A., The physics of AVR reactor, in: AVR—Experimental High Temperature Reactor—21 Years of Successful Operation for a Future Energy Technology, VDI-Verlag Gmbh, Düsseldorf, 1990.
45. Pohl W., Wimmiens M., Schmidt H., Jnug D., Determination of reactivity in the AVR-core, Nuclear Science and Engineering, April 1987.
46. Kirch N., Ivens G., Results of AVR experiments,, in: AVR—Experimental High Temperature Reactor—21 Years of Successful Operation for a Future Energy Technology, VDI-Verlag Gmbh, Düsseldorf, 1990.
47. Zhang Z., Sun Y., Current status of nuclear power and HTR development in China, Atomwirtschaft, 51. Jg, Heft 12, Dec. 2006.
48. Zuying G., Lei S., Thermal hydraulic transient analysis of the HTR-10, Nuclear Engineering and Design 218, 2002.
49. Drüke V., Filges D., Kirch N., Neef R.D., experimental and theoretical studies of criticality safety by ingress of water in systems with pebble-bed high-temperature gas-cooler reactor fuel, Nuclear Science and Technology 57, 1975.
50. Nabbi R., Jahn W., Meister G., Rchm R., Safety analysis of the reactivity transient, resulting from water ingress into a high-temperature pebble-bed reactor, Nuclear Technology, Vol. 62, Aug. 1983.
51. Mathews D., Brogli R., Chawla R., Stiller P., LEU HTR Experiments for the PROTEUS critical faciligy, Jahrestagung Kerntecknik (Germany), 1991.
52. Wallerbos E.J.M., Reactivity effects in a pebble bed type nuclear reactor—an experimental and calculational study, Diss. TUDeft, 1998.
53. Ashworth F.P.O., Kinsey D.V., Wilkinson V.J., A review of HTR graphite corrosion, Reports of Dragon Project, 858, 1972.
54. Kubaschewski P., Heinrich B., Influence of accidents with water ingress on the behavior of fuel elements of THTR, Jahrestagung Kerntechnik (Germany), 1978.
55. Lönnissen K.J., Analysis of the dependence of the graphite/steam reaction from pressure in the region of porous diffusion in connection with water ingress accidents in high temperature reactors, Diss. RWTH Aachen, JÜL-2159, 1987.
56. Hinssen K.H., Katscher W., Lönnissen K.J., Experimental investigation of corrosion of IG 110 graphite by steam, JÜL-Spez-578, July 1999.
57. Katschev W., Experiments for graphite corrosion during accidents with ingress of air and water in HTR, in: Sicherheit von Hochtemperatur reactor, Jülich, 1985.
58. Stauch B., SUPERNOVA, an experiment for analysis of graphite corrosion in case of severe accidents with ingress of air and water into a pebble-bed HTR, KFA Jülich, 1984.
59. Steinbrink W., Analysis of the application of an emergency cooling measure by water injection into the core of a pebble-bed high-temperature reactor as a diversary decay heat removal system after extreme loss of cooling accidents, Diss. Univ. GH Duisburg, 1986.

60. Stulgies A., The behavior of water in the core of HTR-plants—corrosion of fuel elements with special emphasis on the Leidenfrost effect, Diss. University of Duisburg, 1986.
61. Leber A., Transport and separation of droplets in the primary circuit of high temperature reactor in case of water ingress accident, JÜL-4050, April 2003.
62. Kugeler K., Epping Ch., Schmidtleiu P., Forming of aerosols by graphite corrosion in case of an accident of water ingress into the core of a high temperature reactor, Jahrestagung Kerntechnik (Germany), 1989.
63. Katscher W., Moormann R., Graphite corrosion in HTR pebble-beds in case of air ingress accidents and their interaction with water ingress, JÜL-Conf-43, Nov. 1981.
64. Pershagen B., Light water reactor safety, Pergamon Press, Oxford, New York, Sydney, Tokyo, Toronto, 1985.
65. Ziermann E., Ivens G., Final report on the power operation of the AVR—experimental nuclear power plant, JÜL-3448, Oct. 1997.
66. Kröger W., Benefit of safety assessments, in: AVR—Experimental High Temperature Reactor—21 Years of Successful Operation for a Future Energy Technology, VDI-Verlag Gmbh, Düsseldorf, 1990.
67. Fröhling W., et al., Aspects of chemical stability in innovative nuclear reactors, JÜL-2960, Aug. 1994.
68. Kubaschewski P., Heinrich B., Corrosion of graphitic reactor components in normal operation and in accidents, Jahrestagung Kerntechnik (Germany), 1984.
69. Hinssen K.H., Katscher W., Moormann R., Kinetics of graphite/oxygen reaction in the region of porous diffusion, JÜL-2052, April 1986/JÜL-1875, Nov. 1983.
70. Barthels H., Experiments for the transport of heat and mass in the core and in regions near the core, in: Siclearheit von Hochtemperatur Reaktor, Jülich, 1985.
71. Epping C., The air ingress into the core of a pebble bed high temperature reactor, Diss. University of Duisburg, Aug. 1989.
72. Hurtado Gutierrez A.M., Analysis of massive air ingress into high temperature reactor, Diss. RWTA Aachen, Dec. 1990.
73. Roes. J., Experimental analysis of the graphite corrosion and forming of aerosols in the core of a pebble-bed high temperature reactor, JÜL-2956, 1994.
74. Schaaf Th., Experiments for the transfer of heat and material because of natural convection in case of air ingress accident in a high temperature reactor, JÜL-3620, Jan. 1999.
75. Kuhlmann M.B., Experiments on the transport of gas and graphite corrosion in air ingress accidents in high temperature reactors, Diss. RWTH Aachen, 2002.
76. Ziermann E., Ivens G., Description of experiments VAMPYR I, II in AVR, in: Final Report on the Power Operation in the AVR-experimental Nuclear Power Plant, JÜL-3448, Oct. 1997.
77. Von der Deckeu C.B., Wawrzik U., Dust and activity behavior, in: AVR—Experimental High Temperature Reactor—21 Years of Successful Operation for a Future Energy Technology, VDI-Verlag Gmbh, Düsseldorf, 1990.
78. Schenk W., Analysis of the behavior of coated particle and spherical fuel elements at accident temperature, JÜL-1490, May 1978.
79. Schenk W., Naoumidis A., Nickel H., The behavior of spherical HTR-fuel elements under accidents conditions, Journal of Nuclear Materials 124, 1984.
80. Goodin D. T., Schenk W., Nabielek H., Accident condition testing of U.S. and FRG high temperature gas-cooled reactor fuels, Kernforschungsanlage Jülich, JÜL-Spez-286, Jan. 1985.
81. Schenk W., Pitzer P., Nabielek H., Fission product release from pebble bed fuel elements at accidental temperatures, JÜL-2091, Oct. 1986.
82. Schenk W., Pitzer D., Nabielek H., Fission product release profiles from spherical HTR-fuel elements at accident temperatures, JÜL-2234, Sept. 1988.
83. Schenk W., Nabielek H., Spherical fuel elements with TRISO-coated particles at accident conditions, JÜL-Spez-487, Jan. 1989.
84. Schenk W., Gontard R., Nabielek H., Performance of HTR samples under high irradiation and accident simulation conditions, with emphasis on test capsules HTR-p 4 and Sl-p1; FZJ Report Juel-3373, April 1997.
85. Schenk W., Nabielek H., High temperature reactor fuel fission product release and distribution at 1600°C, Nuclear Technology 96 (1991), pp. 323.
86. Schenk W., Verfondern K.L., Nabielek H., Toscana E.H., Limits of LEU TRISO particle performance, Proceedings of HTR-TN International HTR Fuel Seminar, Brussels, Belgium, Feb. 1–2, 2001.
87. Nickel H., Nabielek H., Pott G., Mehner A.W., Long time experience with HTR fuel elements, Proceedings of HTR-TN, International HTR Fuel Seminar, Brussels, Belgium, Feb. 1–2, 2001.
88. Iniotakis N., von der Decken C.B., The retardation effect of structural graphite on the release of fission products in case of hypothetical accidents of HTR's, Gas Cooled Reactor Today, BNES, London (1982).
89. IAEA, Fuel performance and fission product behavior in gas cooled reactors, IAEA-TECDOC-978, Vienna, Nov. 1997.
90. Freis D., Accident simulation and analysis of post-irradiation on spherical fuel elements for high temperature reactors, Diss. RWTH Aachen, July 2010.
91. Schenk W., Pott G., Fuel elements with coated particles with high burnup (UO_2-TRISO) in air, Jahetagung Kerntechnik (Germany), 1995.
92. Drecker S., Koschmieder R., Meister G., Moormann R., Fission product release in HTR stem ingress events by UO_2-oxidation, Jahrestagung Kerntechnik (Germany), 1991.
93. BBC/HRB, SAMSON—a vibration test facility for simulating, HRB-Publication, D1229E, 1985.
94. Jakobs H., Kemter F., Schmidt G., The facility SAMSON in the industrial research, Jahetagung Kerntechnik (Germany), 1985.
95. Kleine Tebbe A., Kemter F., Schmidt G., Analysis of the behavior of a pebble bed reactor in accidents of earthquake using the facility SAMSON, Jahrestagung Kerntechnik (Germany), 1984.
96. Breitbach G., Wolters J., Gas exchange between the primary circuit and the reactor-containment of a high temperature reactor, Report of KFA Jülich, 1980.
97. Breitbach G., David H.P., Nickel M., Wolters J., Gas exchange between a helium containing vessel and the environmental via a downward directed tube and the relevance for the HTR-Modul, JÜL-Spez-273, Sept. 1984.
98. Schmidt U., et al., Neutron physical measurements and calculation during the start of operation of THTR, Jahrestagung Kerntechnik (Germany), 1985.
99. Lange M., Experiments for the self-acting decay heat removal in HTR, Diss. RWTH Aachen, Jan. 1995, JÜL-3012.
100. Esser F., Experimental analysis to the forming and separation of drops in the gas circuit of high-temperature reactors in case of accident with water ingress, JÜL-3635, July 1998; Diss. RWTH Aachen, 1998.
101. Bürktsolz A., Droplet separation, VCH Verlagsgesellschaft, Weinheim, 1989.

HTR未来的发展

摘　要：未来模块式HTR会有多种可能的发展和改进，包括能源转换的改进、安全性的改进、燃料供应的经济条件的改进，以及废物管理的改进。其中一个重要的课题是在遵循事故条件下最高燃料温度低于1600℃的前提下达到更高的热功率。而要实现这样一个目标，首选的可行方案是采用环状堆芯。对于环状堆芯，若采用锻钢壳，可能实现400MW的热功率；若采用预压力壳，则有可能实现1500MW甚至更高的热功率。非常高的氦气温度对于发电或者工艺热的应用都非常重要，可以通过采用燃料元件一次通过堆芯(OTTO)的燃料循环方式实现。这样，在堆芯出口处，燃料和氦气之间的温差会变得非常小。进一步地，可以实现燃料元件的改进：更好的包覆和更好的抗腐蚀性可以减少裂变产物的释放及由腐蚀造成的损坏。在电厂的安全性和特定厂址的选择方面，预应力反应堆压力壳表现出其优越性，因为其部件可以分开运输，并且评估认为预应力反应堆压力壳可以满足防破裂的安全要求。未来要求进一步提高安全性，因此，创新的安全壳及将安全壳布置在地下的可能性变得非常重要。其中一些措施是改进的过滤器概念和提供排出气体的储存体积。

钍可作为可裂变材料，未来可以用来拓宽核燃料的基础。如果降低燃耗并且采用后处理，在HTR电厂中也有可能实现增殖。在更远的未来也可以对HTR乏燃料进行分离和嬗变。但在未来几十年内，中间贮存仍将是最具优势的方案，因为这些系统可以按照极其安全的标准进行设计，甚至可以承受极端地震带来的负荷。另外，在其他方面作进一步的改进也是有可能的，如采用地下厂址，或者对非常大型的飞机和武器采取加强的实体防御措施等。此外，通过在最终贮存系统对乏燃料元件采用附加的陶瓷层或者特殊的储罐可使安全性得到进一步的改进。

在用于中间循环的设备和材料方面也进行了很多研发工作，这些方案有助于实现未来发电或者热电联供的各种循环效应。

关键词：未来的发展；更高的热功率；更高的氦气温度；OTTO循环；改进的燃料元件；防爆的一回路边界；创新的安全壳；地下厂址；燃料元件的快速卸出；钍的利用；增殖；嬗变；改进的中间贮存；改进的直接最终贮存；未来应用的中间热交换回路

15.1　核技术的总体要求及未来发展的可能性

任何一种一次能源载体在未来均要求遵循“可持续”的概念。对于核能，这意味着必须满足如下6个基本要求：

- 在所有假想事故下，不会在电厂外造成不可接受的放射性后果。对于未来的电厂，必须排除发生相应于INES事件分级中的4类及更高级别的事件，如图15.1(b)所示。
- 不存在超过允许量的长寿命放射性残留物进入环境中的可能性。这一要求或许需要处置库能够保持超过100万年的安全记录，或者限制处置库中材料的早期放射性毒性，例如，通过嬗变使其低于铀的放射性毒性。
- 不允许核设施运行的排放物对公众造成任何放射性辐射剂量的显著增加。
- 核电厂的发电成本与其他一次能源的发电成本相比在经济上要具有一定的竞争力。

- 燃料的供应必须能够得到长期的保证。
- 必须有全面的国际监测和保障措施，以防止滥用易裂变材料。

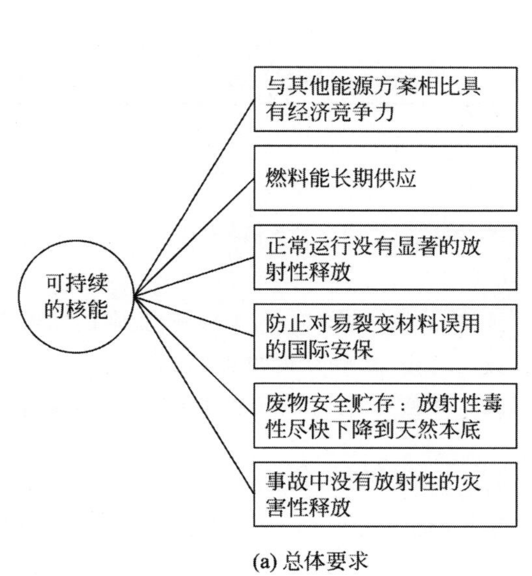

(a) 总体要求

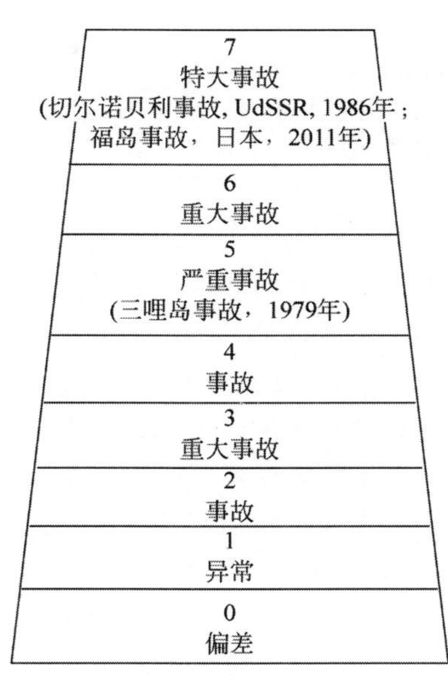

(b) 对未来核技术的安全要求：INES分级中的4, 5, 6, 7类事件未来必须被排除

图 15.1　可持续核能的利用

目前，可以对前面提出的要求做出以下应答。

- 与化石燃料或者可再生能源载体相比，核发电的经济性优势无论是从目前还是长远来看，都是不容置疑的。
- 特别是，如果考虑二氧化碳的捕集和最终贮存，核供热或者核发电的成本与化石燃料的成本之间的差距将变得更大。
- 以德国为例，核电厂正常运行时放射性的排放量占公众受到的总辐射量的比重小于1%。若需要，还可以通过技术改进进一步降低这一比例。
- 如果使用低品位的铀矿石，则可在很长一段时间内保证裂变材料的供应，这是从经济性的角度在长期的基础上证明的。如果进一步采用增殖技术，则核能将成为可供几千年使用的能源选择。
- 必须严格遵守防核扩散条约以保障安全。由于国际核安保措施不涉及核能在能源领域的利用，因此未来核电站最好的安全性保障是实现核能的可持续利用。实现这一目标的技术要求细节已在第10章中加以说明，这里不再赘述。

表15.1中列出的国际未来第Ⅳ代核反应堆项目的主要要求对于未来核电厂的发展是很重要的。

表 15.1　国际未来第Ⅳ代核反应堆项目的主要要求

• 包含放射性物质的核电厂和设施具有最高的安全性
• 放射性废物产生的最小化
• 易裂变材料和可裂变材料的最优利用
• 相对化石燃料具有经济竞争性(包括对 CO_2 的废物管理)
• 具有最优的防核扩散条件
• 核能应用于供热市场

第Ⅳ代模块式HTR的要求提供了一些可能性，主要涉及安全性、防核扩散、更高的效率，以及热能应用市场条件等。特别是这类反应堆能够提供运行过程中产生的高温热作为未来的能源载体，这一点是令人感兴趣的方面，并将拓宽核能在能源经济中的应用。表15.2给出了模块式HTR未来发展的一些重要需求，特别强调指出的是，未来反应堆应实现尽可能高的安全标准这一要求是全球正在实施的所有研发计划的重点。

表 15.2 模块式 HTR 电厂未来发展的重要需求

- 通过非能动特性提高安全性，限制单个模块的功率
- 利用钍循环和近增殖概念提高中子的经济性
- 通过更高的效率和钍循环减少核废物量（长半衰期）
- 即使对于小功率容量的核反应堆，通过批量化生产和在同一个厂址建造几个模块堆来达到较好的经济条件
- 通过产生高温氦气和实现高工艺温度的可能性将核能应用于热能市场、热电联供流程，以及主要用于制氢流程

本章详细解释了下列与未来发展相关的概念：

- 采用单个模块单元的环状堆芯可以实现更高的热功率；
- 通过采用一次通过堆芯（OTTO）循环的模块式 HTR 获得非常高的氦气温度，并具有相对较低的燃料温度，堆芯出口处氦气和燃料之间的温差可以低至 50℃；
- 可以采取各种措施来改善燃料元件，使其对裂变产物具有更好的阻留能力和更强的耐腐蚀性；
- 防爆式反应堆压力壳可以提高安全标准，并在制造、运输、修理和退役方面加以改进；
- 反应堆安全壳构筑物创新性的解决方案可以在发生严重事故时获得更好的安全标准并对裂变产物进行阻留；
- 球床燃料元件快速卸出可以作为应对恐怖袭击的措施；
- 可以通过如下方式实现核系统合适的设计和布局，即使在非常极端的情况下，衰变热自发载出也是有效的；
- 采用钍燃料循环实现近增殖，甚至在未来实现增殖系统的建立；
- 可以在一种专门的模块式 HTR 中有效利用钚，并采用较高的安全标准进行燃耗；
- 改进的乏燃料元件中间贮存概念是可能的；
- 乏燃料元件或长寿命同位素最终贮存的改进概念是有可能得到发展的；
- 工艺热应用的中间回路可以被采用，并且可以进一步得到改进；
- 可以设计满足最高安全标准要求的球床 VHTR 概念，采用 OTTO 循环可实现第Ⅳ代反应堆要求的温度约为 1000℃的氦气。

15.2 模块式 HTR 中更高热功率的实现

具有自发衰变热载出和限制最高燃料温度的圆柱形堆芯已在许多研究工作中进行了分析，对其主要参数进行了概述。可用如下方程对模块式 HTR 加以描述。

基于对模块式 HTR 多种堆芯布置的实际峰值因子 β^* 的计算，峰值因子的近似函数为

$$\beta = -9.7 + 19\beta^* - 10.813\beta^{*2} + 2.091\beta^{*3} \tag{15.1}$$

最高燃料温度出现的时间点 t^* 取决于堆芯高度 H、堆芯直径 D、平均堆芯功率密度 $\overline{\dot{q}'''}$ 和峰值因子 β。

$$t^* = 16.2D + 0.87HD - 19.8 + (0.55 - 0.5D)\beta \cdot \overline{\dot{q}'''} \tag{15.2}$$

在 t^* 时刻，衰变热由下式给出：

$$P_0(t^*) = f(t^*) \cdot P_{\mathrm{th}} = 0.0622\left[(3600t^*)^{-0.2} - (10^8 + 3600t^*)^{-0.2}\right] \tag{15.3}$$

其中，t^* 是以小时为计算单位的。在 t^* 时刻，堆芯的换热系数可用如下关系式来确定：

$$k = 3.497 \cdot \overline{\dot{q}'''} \cdot \beta - 0.1146(\overline{\dot{q}'''} \cdot \beta)^2 + 7.07(1.98 - 0.104\dot{H}) \tag{15.4}$$

其中，k 的单位为 $\mathrm{W/(m^2 \cdot k)}$。

使用前面给出的表达式，可以得到堆芯边界在 t^* 时刻的温度 T_B（℃）：

$$T_B = \frac{50 + 10^6\overline{\dot{q}'''}\beta f(t^*)D}{4k} \tag{15.5}$$

可以定义一个辅助因子 γ，用来构建堆芯平均等效导热系数 λ 的表达式：

$$\gamma = 1.872 - 0.0423H + 0.00274t^* \tag{15.6}$$

$$\lambda = 1.9 \times 10^{-3} \cdot (T_B\gamma - 150)^{1.29} \tag{15.7}$$

其中，λ 的单位为 $\mathrm{W/(m \cdot K)}$。最后，利用上述关系式可以计算出堆芯在时间 t^* 出现的最高燃料温度：

$$T_{\max}=T_{\mathrm{B}}+\frac{10^{6}\overline{\dot{q}'''}\beta f(t^{*})D^{2}}{16\bar{\lambda}} \tag{15.8}$$

上述方程中涉及的一些参数具有几个百分点的不确定性，其取值范围如下：$6\text{m}\leqslant H\leqslant 11\text{m}$，$2.5\text{m}\leqslant D\leqslant 5\text{m}$，$1200℃\leqslant T_{\max}\leqslant 2000℃$，$1.35\leqslant\beta^{*}\leqslant 2.04$。

例如，采用这些方程可以给出一个热功率为 200MW 的堆芯的对应数值：$t^{*}\approx 40\text{h}$，$T_{\mathrm{B}}\approx 700℃$，$T_{\max}\approx 1400℃$。

分析和计算结果表明，用这些方法可以对功率在 100～300MW 的多次通过堆芯(MEDUL)循环的堆芯进行一次近似估计。之后，还必须应用更为详细的三维计算机程序进一步加以验证。

在模块式球床 HTR 中应用圆柱形堆芯时，热功率的最大值被限制在 250MW，具体地，两个限制条件如下：

- 由于需要，仅通过布置在侧反射层中的吸收棒来进行反应堆停堆，堆芯的直径被限制在 3～3.2m。
- 应用衰变热自发载出的概念，并将最高燃料温度限制在 1600℃，堆芯的直径也限制在上述同样的尺寸范围内。

图 15.2 给出了 HTR-Module 在遵循这些边界条件时获得的最大热功率的评估结果。

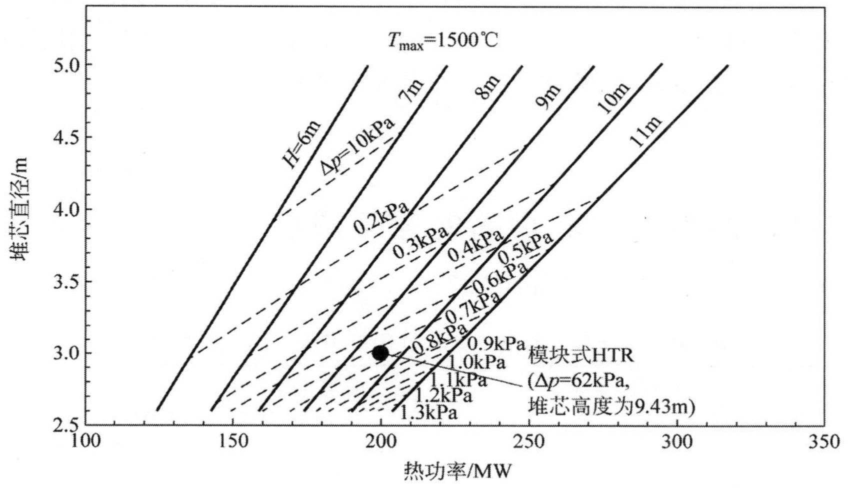

图 15.2 在完全失去冷却情况下模块式 HTR 布置的评估图

氦气温升：250～700℃；P_{he}：6MPa；多次通过堆芯(MEDUL)循环；模块设计

除了上面提到的两个限制条件之外，第 3 个要求是针对堆芯的高度给出的，这一要求会影响热功率的选择。THTR 堆芯的实际高度是 5.2m，对于 HTR-Module(200MW)，预期的堆芯高度为 9.4m。HTR-PM 电厂设计的堆芯高度为 11m，堆芯的高度影响该模块堆中的阻力降，并影响燃料元件的流动。最后一个要求是在反应堆装载真实的燃料元件之前进行必要的实验。堆芯的最大高度受阻力降和风机功率的限制。此外，在堆芯高度较高的情况下，需要更多地关注堆芯结构中的机械载荷及间距和间隙的变化。一个令人感兴趣的建议是通过在内区使用混合球的双区堆芯来实现具有更高热功率的圆柱形堆芯的功能。原则上，这样的设置可以允许热功率提高 20%左右，但在堆芯底部，从外部燃料区流出的热气体和由内区流出的相对冷的气体必须加以混合，以获得几乎展平的温度分布。在进行气体混合的过程中阻力降将会有所增加。

使用环状堆芯结构可以在模块式 HTR 中实现更高的热功率。此时，在完全失去能动冷却的事故下最高燃料温度也保持在 1600℃以下，并且有可能在中心柱和侧反射层中布置所有的吸收棒。限制热功率大小的主要参数是反应堆压力壳的内径。

对于外直径为 3.5m 的堆芯，采用内径为 6.5m 的压力壳(如采用锻钢的压力壳)是可行的。根据内部石墨柱的尺寸，模块式 HTR 可以实现 400MW 的热功率。图 15.3 给出了采用环状堆芯的模块式 HTR 在完全失去能动冷却事故下最高燃料温度和堆芯阻力降随热功率的变化情况。

图 15.3 显示出的另一个重要问题是堆芯阻力降的大小。堆芯阻力降不应过大，一方面是出于经济上的考虑，另一方面是基于氦风机的具体设计原则。通常，预期采用一级径向压缩机，在这种情况下，氦风机的总压升大约为 0.15MPa，这是比较合理的。内石墨柱采用内石墨结构设计，选择直径约 2m 较为适宜。

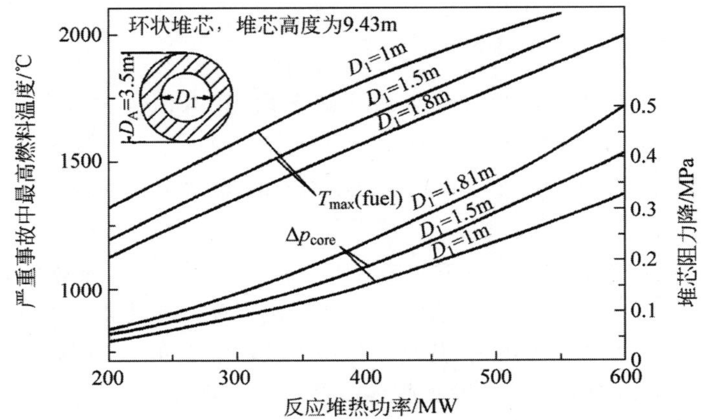

图 15.3　采用环状堆芯的模块式 HTR 在完全失去能动冷却事故下最高燃料温度和堆芯阻力降随热功率的变化

MEDUL 循环；T_{He}(出口)：750℃；堆芯高度：9.43m

如果要实现更高的堆芯热功率，则必须采用不同类型的压力壳。在这种情况下，可以大大提高环状堆芯的外径，在满足上述条件(在严重事故下的温度小于 1600℃；吸收棒仅设置在反射层内和中心柱中)下实现 1000MW 以上的热功率。由混凝土、铸铁或者铸钢构建的预应力压力壳可用于这类大型压力壳的设计(详见 15.8 节)。

15.3　采用 OTTO 循环实现非常高的氦气温度

有些模块式 HTR 的特殊应用需要非常高的氦气温度。表 15.3 给出了一些估计需要非常高温度的实例。

表 15.3　各种工艺流程对氦气温度的要求(IHX：中间氦/氦热交换器)

工 艺 流 程	流程温度/℃	氦温度/℃	注　　释
蒸汽透平	530～600	700～800	
气体透平	850～900	850～900	具有 IHX
联合流程	850～550	850～900	具有 IHX
煤气化(褐煤、硬煤)	750～880	900～1000	具有 IHX
蒸汽重整，烯烃生产	700～800	850～950	具有 IHX
热化学水分解	900～950	950～1000	具有 IHX

原则上，MEDUL 循环方式也适于实现高温，并且不会突破包覆颗粒的技术限制。在这种情况下，堆芯功率密度及每个燃料元件的功率必须要受到限制，以便在运行过程中将燃料温度控制在尽可能低的水平。

当然，通过采用一些措施可以降低最高燃料温度。尤其是采用一次通过堆芯循环(OTTO 循环)方式在燃料元件的最高表面温度和最高燃料温度方面具有一定的优势。图 15.4 给出了采用 OTTO 循环方式下功率和温度的原理分布。

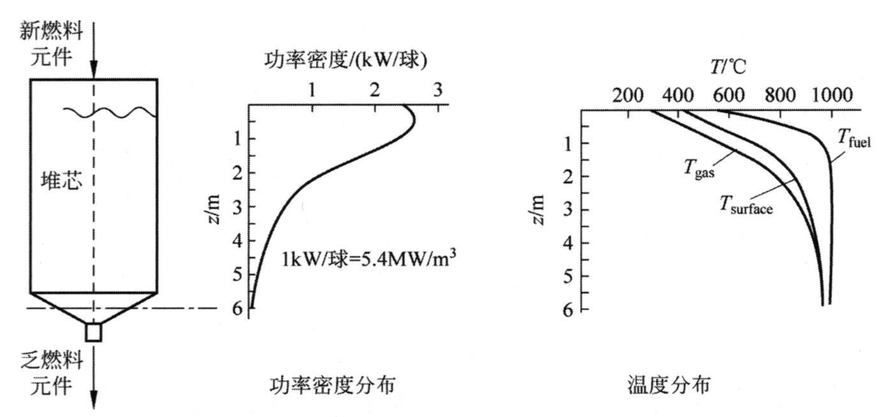

图 15.4　采用一次通过堆芯循环方式下功率和温度的原理分布

可以看出，对于功率密度$\dot{q}'''$，这里用每个燃料元件的功率来加以表示，在堆芯的上部较高，而在底部较低。因此，燃料和气体之间的温度差在堆芯的底部是非常小的。这样可以实现很高的出口气体温度，同时在堆芯出口处保持相对低的燃料温度。

正如第3章中提到的，燃料元件多次通过反应堆堆芯循环（MEDUL循环）的方式被视为AVR、THTR和几个后续项目中的基础。对于球床高温气冷堆，燃料元件一次通过堆芯为新设计提供了一个可选方案。在这种循环下，堆芯功率密度及冷却剂气体和燃料温度沿轴向的分布呈现一种特殊的形式，通过下面的简化计算可以反映出这种分布的特殊性。气体温度$T_G(z)$可由如下关系式获得，其中，$Q(z)$表征轴向的功率分布。

$$T_G(z)=T_G(0)+\frac{1}{c_p\cdot\dot{m}}\int_0^z Q(z')\cdot dz' \tag{15.9}$$

得到的燃料温度$T_F(z)$（例如，在燃料元件中心的温度）为

$$T_F(z)=T_G(z)+Q(z)\cdot\Psi(\lambda_i,r_i,\alpha) \tag{15.10}$$

其中，函数Ψ包含了燃料元件内部及从燃料元件表面到冷却剂气体的所有传热过程。

为了在反应堆中的实际应用，最好将燃料温度和冷却剂气体温度之间的温差限制在一个很小的数值范围内，特别是在反应堆的高温区。这是可能获得非常高的冷却剂气体温度的可行途径，同时，核燃料仍然具有技术上易控的温度。在给出$T_F(z)$假设的条件下，得到堆芯热中心区域的一个关系式：$dT_F/dz=0$。与轴向功率相关的微分方程及该方程的解可采用以下形式：

$$\frac{dQ}{dz}+\frac{1}{\Psi\cdot c_p\cdot\dot{m}}\cdot Q=0 \tag{15.11}$$

该方程通过下面的函数来求解：

$$Q_{(2)}=Q_{(0)}\cdot\exp\left(-\frac{2}{\Psi\cdot c_p\cdot\dot{m}}\right) \tag{15.12}$$

采用如下功率和裂变截面加以近似：

$$Q(z)=C_1\cdot\phi(z)\cdot\sum_f(z),\quad \sum_f(0)\cdot\sum_f^0\exp(-\alpha\cdot z) \tag{15.13}$$

得到中子注量率相关性的解为

$$\phi(z)\approx\phi(0)\cdot\exp\left[-\left(\frac{z}{\Psi\cdot c_p\cdot\dot{m}}+\alpha\right)\cdot z\right] \tag{15.14}$$

由上述关系式获得的结果对热中子和快中子注量率均是有效的。

这种快中子注量率的特征分布对石墨反射层的高度、相关部件可能受到的损坏及可能具有的较短的使用寿命（如采用多次通过堆芯循环方式）会产生很大的影响。同时，功率分布也影响堆芯的温度分布。图15.4给出了典型的温度分布。例如，当采用一次通过堆芯方式时，这种类型的功率分布允许平均出口气体温度为985℃，并且燃料温度不超过1050℃。

与采用多次通过堆芯循环方式下的核功率密度相比，一次通过堆芯循环的特征是在堆芯轴向方向上功率密度分布具有很强的不对称性，如图15.4所示。

如图15.5所示，堆芯出口处燃料和冷却气体之间的温差非常小，这是实现非常高的氦气温度所必需的。

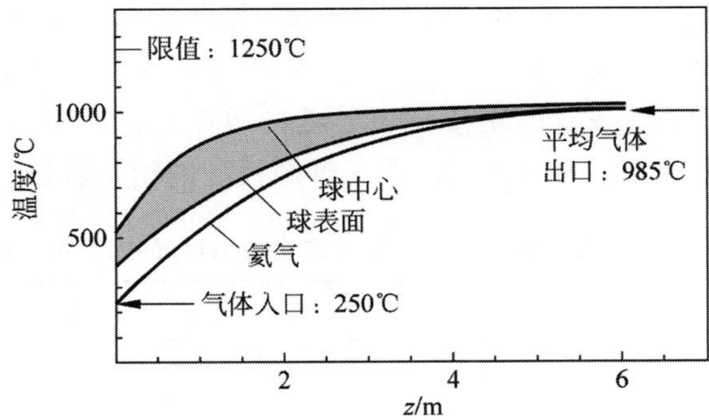

图15.5　一次通过堆芯循环方式下堆芯中的温度分布（平均功率密度：5MW/m^3，轴向）

图 15.6 以平均氦气出口温度为 750℃的反应堆为例，给出了多次通过堆芯和一次通过堆芯循环中燃料元件载荷条件的比较。多次通过堆芯循环方式下的最高燃料温度为 1000℃，而一次通过堆芯循环方式下的最高燃料温度为 850℃（图 15.7）。

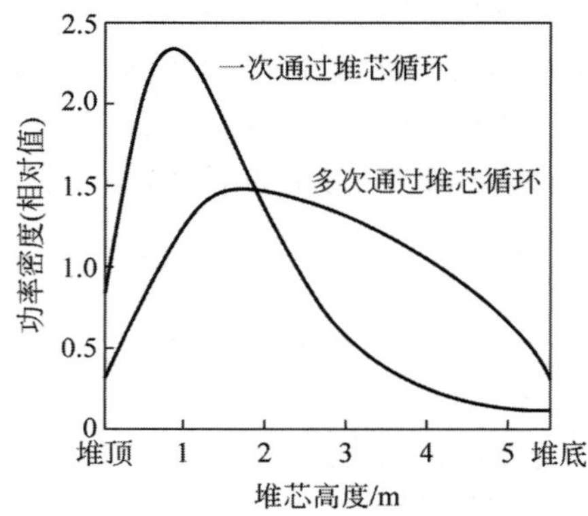

图 15.6　多次通过堆芯和一次通过堆芯循环方式下堆芯轴向功率密度分布的比较

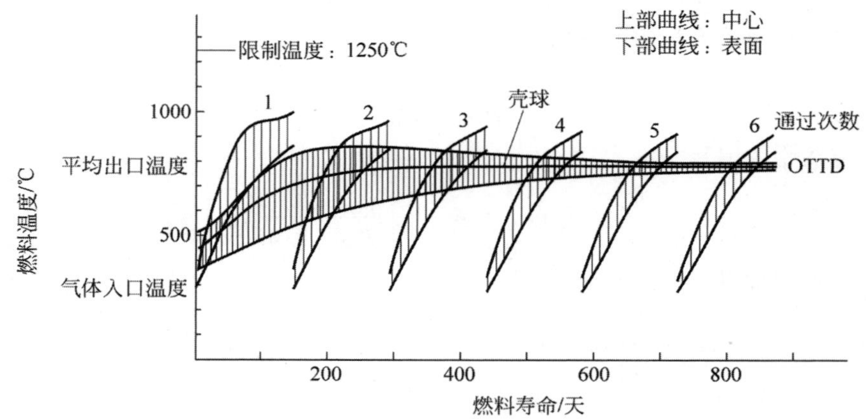

图 15.7　在相同氦气温度下多次通过堆芯（如 THTR，750℃）和一次通过堆芯循环中燃料温度与燃料寿命的相关性

另外，燃料温度的直方图对正常运行期间裂变产物的释放也会有一定的影响。在一次通过堆芯循环的方式下，燃料温度会比较低。因此，当发生失压事故时，释放的源项将会更少。此外，腐蚀速率也将会有所下降。然而，必须考虑侧反射层中较高的辐照剂量。停堆系统的反应性当量会发生变化。在一次通过堆芯循环中，由于注量率存在很强的不对称性，控制棒的反应性当量可能会变大。图 15.8 提供了详细的三维计算结果。裂变材料含量、热中子注量率和快中子注量率的空间分布在轴向表现出很强的不对称性。许多堆芯布置的结果表明，在选择平均堆芯功率密度约为 $8MW/m^3$ 的情况下，不会对燃料元件造成过高的载荷，这与目前模块式 HTR 的发展状况一致。

然而，对于多次通过堆芯循环方式，出于安全上的考虑，选择 $3MW/m^3$ 作为平均功率密度。也可采用一次通过堆芯循环方式，但是功率密度稍低一些，因为这种类型的堆芯的峰值因子比多次通过堆芯循环的峰值因子要高一些。在任何情况下，一旦采用了替代的燃料循环方式和布局条件，燃料元件的设计应相对保守。表 15.4 给出用于一次通过堆芯循环方式的典型堆芯设计的相关数据。

表 15.4　采用一次通过堆芯循环方式的 HTR 的相关设计参数

参　　数	数　　值	参　　数	数　　值
电厂的目的	热电联供	堆芯氦气流	向下
产品	电，工艺热	反应堆压力壳概念	预压力混凝土压力壳
热功率/MW	500	回路数	3
循环	OTTO	蒸汽发生器	肩并肩

续表

参　　数	数　　值	参　　数	数　　值
停堆系统	反射层棒(第一停堆系统) 堆芯内棒(第二停堆系统)	燃料元件类型	球形
安全壳	地下，注入惰性气体	燃料元件直径/cm	6
热功率/MW	500	燃料区直径/cm	5
平均堆芯功率密度/(MW/m^3)	5	每个燃料元件平均功率/(kW/FE)	0.9
堆芯最高功率密度/(MW/m^3)	15	每个燃料元件最高功率/(kW/FE)	3.2
堆芯直径/m	5	重金属装量/(g/FE)	10.74
平均堆芯高度/m	5.1	初始富集度（内区/外区)/%	5.25/8.5
氦温升/℃	265～850	燃耗（内区/外区)/(MWd/t)	56 000/78 000
氦气压力/MPa	4	最高燃料温度(运行)/℃	<1000
燃料循环	OTTO	最高表面温度(运行)/℃	<950
燃料概念	低富集度，双层包覆颗粒	最大快中子注量/(n/cm^3)	2.65×10^{21}
燃料分布(径向)	两区	事故下最高温度（失冷事故)/℃	<2200

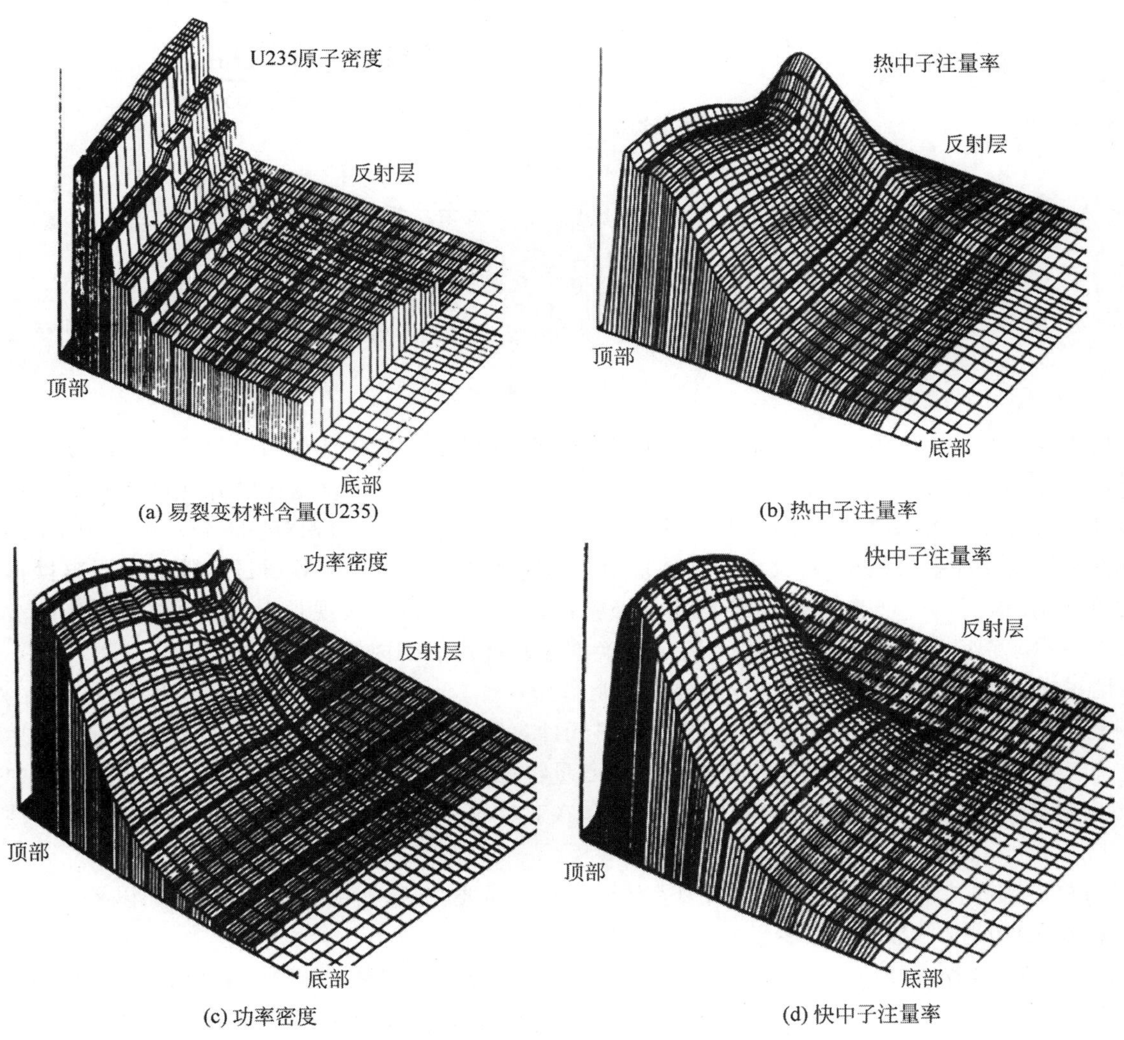

(a) 易裂变材料含量(U235)　(b) 热中子注量率

(c) 功率密度　(d) 快中子注量率

图 15.8　一次通过堆芯循环方式下对堆芯进行详细分析的结果

若堆芯氦出口温度为850℃(PR 500)，设计中运行时的最高燃料温度将保持在1000℃以下，这有助于限制稳态冷却剂气体的污染程度。在开始实施设计计划时，衰变热自发载出的概念及相关限制措施已被人们普遍了解和认同。然而，由于计划中采用了密闭的安全壳和预应力混凝土反应堆压力壳，因此假定在发生严重事故后燃料最高温度在2200℃左右也是可以接受的。表15.4给出了一次通过堆芯循环方式典型的堆芯布置和燃料元件的一些重要参数，可以看出，这些参数保持在常规的允许限值之内。

图 15.8 给出了典型 OTTO 循环堆芯中裂变材料浓度、热中子注量率、快中子注量率和功率密度的空间分布的信息，图中所示数据与表 15.4 相对应。这些参数沿轴向的分布变化很大，并且在堆芯上部的数值很高。在外区具有较高富集度的双区堆芯布置适于在径向方向上展平功率分布。在这种设置下，堆芯出口处氦气出口温度得以展平，这对于保证热气导管和高温热交换器的完整性是很重要的。

特别是对快中子注量对 OTTO 堆芯的一小部分石墨结构的影响需要给予一定的关注。在上部（球床上表面下 2m 处的侧反射层），经过 30 年的运行，快中子注量达到如图 15.9(a)所示的石墨收缩的反转点（Ⅱ）。从该点起石墨开始膨胀，应予以避免（图 15.9(b)）。在任何情况下，考虑到反射层的这些特性，都需要采取特殊的设计或者更好的设计方案，以便其经过长时间的运行后仍然是能够取出的。一种改进的解决方案是通过在石墨块表面的狭缝中留有小的氦气旁路对具有高辐射注量和较高平均温度的石墨块进行冷却。

石墨结构的高温部分，尤其是堆芯底部具有相对较低的快中子注量，因此在反应堆的这一部分能够很容易地满足对材料的要求。

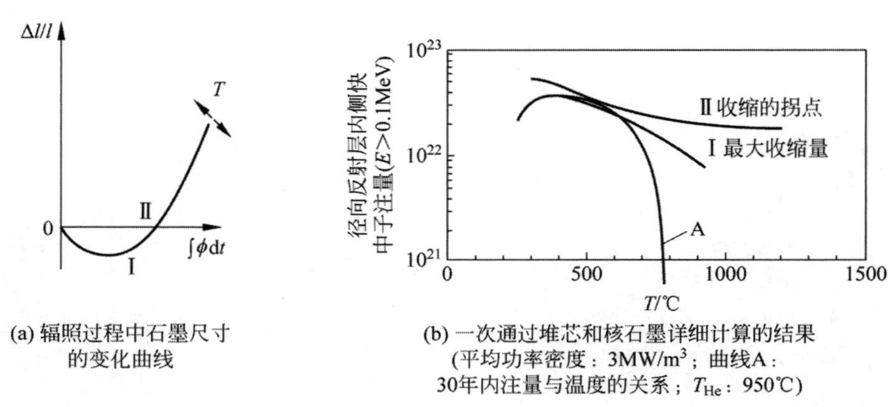

(a) 辐照过程中石墨尺寸的变化曲线

(b) 一次通过堆芯和核石墨详细计算的结果（平均功率密度：$3MW/m^3$；曲线A：30年内注量与温度的关系；T_{He}：950℃）

图 15.9 石墨结构中快中子注量（$E>0.1MeV$）的限制

通过改变堆芯结构的设计，可以避免受到快中子注量的限制。一种是在侧反射层的边缘使用石墨球的移动层，从而降低固定反射层上的注量率。第 2 种方法是在侧反射层中设置狭缝并允许冷却旁流通过这些区域，采用这种方法，可以降低石墨的温度，这样就可以应用与图 15.9(b)相对应的较高的快中子注量。第 3 种解决方案是设计反射层结构，将其中达到高快中子注量的相关反射层部分通过特殊的远距离操作进行更换。回顾 AGR 电厂陶瓷堆芯结构 40 年的运行经验，第 3 种方案也是实现长寿命模块式 HTR 的一种可能途径。模块式球床反应堆也可采用柱状 HTR 更换堆芯和反射层结构的方法。

采用一次通过堆芯循环方式的其他重要特性是：

- 燃料装卸系统将得到简化，因为不需要燃料元件再循环的装置；燃耗测量的工作也有所减少。
- 所有布置在侧反射层中的吸收棒的反应性当量在堆芯上部 1/3 处变得更高，因为在该区域中子注量率很高，因此可以减少吸收棒的长度。然而，在对吸收棒的评估中，需要考虑下面部位反应性当量的降低。
- 防核扩散的控制变得更加容易，因为易裂变材料只需要在新燃料元件装载期间加以控制；乏燃料元件在任何情况下都含有很少量的易裂变材料。
- 代表 OTTO 循环缺点的值得关注的一点与完全失去能动冷却事故情况下衰变热自发载出问题相关：一次通过堆芯循环中的热功率应该比多次通过堆芯循环中的热功率低大约 30%，因为一次通过堆芯具有较高的功率密度峰值因子。
- 此外，在多次通过堆芯循环的情况下堆芯的高度应该比较低。

对于采用 OTTO 循环方式的堆芯，可以建立与 MEDUL 循环类似的方程。图 15.10 给出了评价的概念。图中所示关系式涉及的参数的有效范围如下：$3m<H<5m$；$2.3m<D<5m$；$2.78<\beta^*<4.33$；$700℃<T_{max}<2000℃$。

- 峰值因子的适应性：

  $\beta=2.954+0.145\beta^*$
- 堆芯中出现 T_{max} 的时间点 t^*
- 在时间点 t^* 的衰变热因子：

  $f=-0.0695\cdot[(3600t^*)^{-0.2}-(10^8\cdot t^*\cdot 3600)^{-0.2}]$
- 减少因子：

  $\Omega=0.67+0.04H-0.07D$
- 堆芯的换热系数(W/(m²·K))：

  $nK=23.8-1.3H-(20.8-1.4H)\cdot I\cdot\beta\cdot\Omega+(-0.45+0.033H)(I\cdot\beta\cdot\Omega)^2$
- 时间 t^* 时的堆芯边界温度：

  $$T_B=50\cdot\frac{\overline{\dot{q}'''}\cdot\beta\cdot\Omega\cdot\phi\cdot D/(2\times10^6)}{nK}$$
- 时间 t^* 时堆芯的平均等效导热系数(W/(m²·K))：

  $n\bar{\lambda}=6.3+(-7.8+5.3D)\cdot I\cdot\beta\cdot\Omega-(0.008+0.135D-0.0735D^2)\cdot(\overline{\dot{q}'''}\cdot\beta\cdot\Omega)^2$
- 完全失去能动冷却事故下时间 t^* 时的最高燃料温度：

  $$T_{max}=T_B+\frac{\overline{\dot{q}'''}\cdot\beta\cdot\Omega\cdot f\cdot(D/2)^2\times10^6}{2n\bar{\lambda}}$$

图 15.10 完全失去能动冷却事故下对一次通过堆芯的近似

图 15.11 显示了用于蒸汽循环的 OTTO 循环圆柱形堆芯在失冷事故下的一些计算结果。如果堆芯的直径被限制在接近 3m，那么最高燃料温度被限制在 1600℃的要求使热功率被限制在 120MW 左右。如果所有吸收棒都应布置在侧反射层中，那么上述这些限制就是必要的。

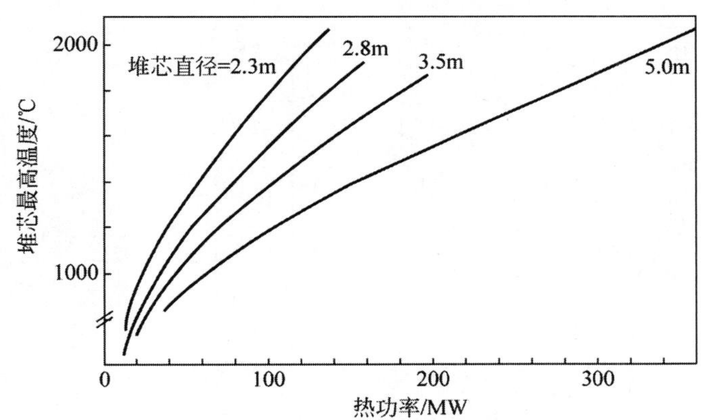

图 15.11 完全失去能动冷却事故的计算结果

圆柱堆芯，OTTO 循环，堆芯高为 5m，氦气温度：750℃

如果要求 OTTO 循环堆芯有更高的热功率，那么设计具有一个内石墨结构区或者在中心区具有一个石墨球区是合适的解决方案。图 15.12 给出了这个方案的分析结果，可以看出，反应堆压力壳内径在该方案中起重要作用。例如，如果采用锻钢壳的话，直径将被限制在 6.5m，而堆芯的外直径应该是 3.5m。若采用一个内石墨区并设定堆芯的高度为 5m，那么得到反应堆的体积大约为 39m³。采用这种形式的反应堆压力壳，如果在失去能动冷却的事故情况下，限制燃料最高温度为 1600℃，一次通过堆芯的热功率为 140MW 是可行的。

预应力反应堆压力壳允许设置更大的壳内径。因此，应用这些技术可以实现更高的热功率。在这种情况下，将环形结构堆芯的外径设置为超过 10m 是有可能的，这样，热功率就可以提高到 1000MW 以上。然而，在这些情况下，需要在堆芯底部设置几个卸球系统，以获得足够均衡的流球，使所有卸出的燃料元件具有几乎相同的燃耗值。

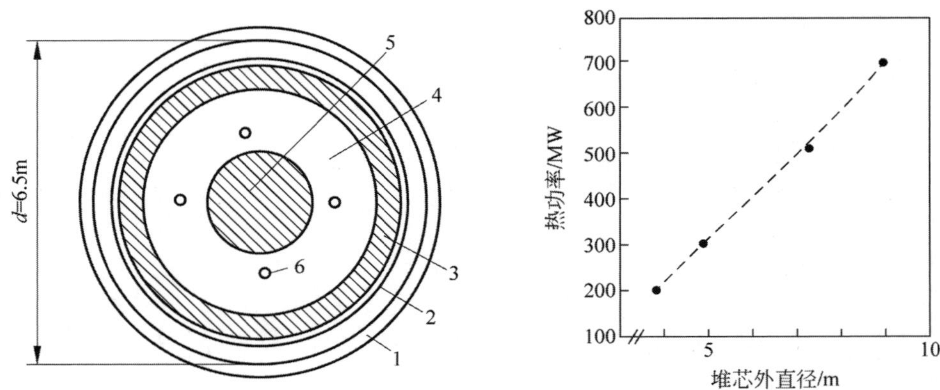

图 15.12　采用一次通过堆芯循环的环状堆芯在失冷事故中的作用

（高度：5m；环状堆芯的宽度：约 1m）

1—反应堆压力壳；2—热屏；3—外石墨反射层；4—环形堆芯；5—内石墨柱；6—燃料元件卸球口

图 15.13 给出了一个集成在铸钢壳中具有较大热功率的 HTR 概念。采用目前的铸钢技术可将热功率提高到 1000MW。衰变热自发载出的概念在这个反应堆系统中也被证明是可行的，并且事故中的最高燃料温度可保持在 1600℃以下。这里显示的概念计划用于采用多次通过堆芯循环的 8m 高的堆芯中。

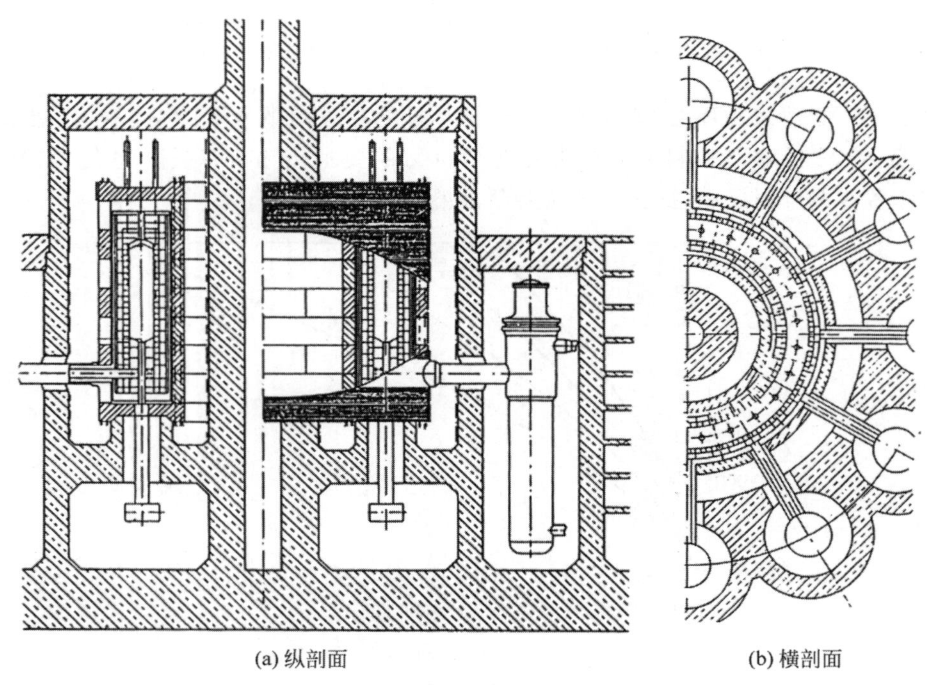

图 15.13　具有高热功率的反应堆的概念

铸钢壳；环状堆芯；MEDUL 循环

该钢制壳由很多个外侧带有焊接唇边的单块组成，并通过多个轴向和径向钢丝绳索拉伸预应力而成。采用该技术制造的一回路边界是防破裂安全型的。环状堆芯的宽度约为 1m。所有的控制和停堆棒都可以布置在外反射层和内反射层中。在发生完全失去能动冷却事故的情况下，温度将保持在 1600℃以下。与模块式高温气冷堆相比，由于环状堆芯内石墨柱的影响，最高燃料温度出现的时间向后偏移。对反应堆压力壳外侧的热流密度应予以限制，以避免该部件的结构受到损坏。热交换器及与其相连的热气导管也应布置在预应力结构中。

当然，预应力混凝土反应堆压力壳或者铸铁壳也可用作一回路的边界。在使用混凝土作为壳体材料的情况下，内衬的冷却对于事故的处理非常重要。如实验所示（图 15.14），即使经过长时间的故障，通过这种热阱的冷却可以再投入运行。

热功率/MW	1000
堆芯功率密度/(MW/m³)	4.2
堆芯高度/m	8
堆芯内直径/m	9
堆芯外直径/m	11
氦气温度/℃	250→750
氦气压力/MPa	6
循环方式	MEDUL
壳的概念	铸钢

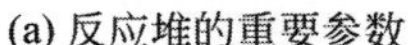
(a) 反应堆的重要参数

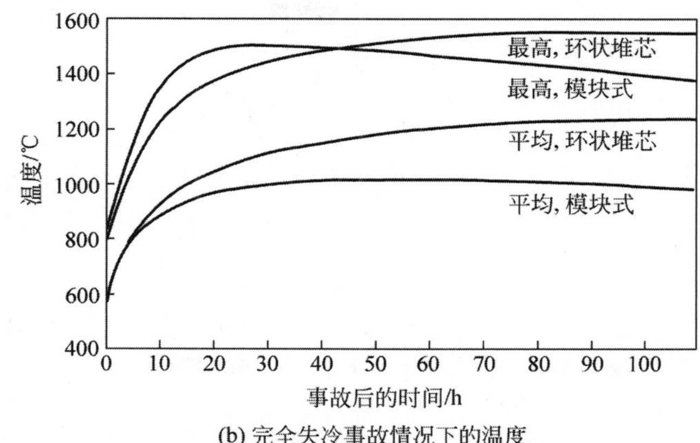

(b) 完全失冷事故情况下的温度
与HTR-Module(200MW)曲线的比较

图 15.14　图 15.13 中显示的反应堆概念

一个具有环状堆芯和预应力混凝土反应堆壳的概念反应堆将可以达到大约 1000MW 的热功率，并且在完全失去能动冷却的情况下最高燃料温度将被限制于 1600℃。这里，预应力混凝土反应堆压力壳中需要设置一个大舱室，与 HTR 500 计划中采用的舱室类似。对这些壳体的设计采用的是类似于 AGR 电厂的技术方案。

15.4　燃料元件的改进

模块式 HTR 的球形燃料元件目前已经达到了很高的发展水平，足以实现应用蒸汽循环方式（表 15.5）的 HTR-PM 这类反应堆概念。对于 VHTR 核工艺热的应用，通过对燃料元件的进一步改进可以降低载荷，并且在非常高温的应用中达到更高的安全系数。

表 15.5　目前燃料元件的载荷和球形燃料元件的技术规格

参　　数	VHTR （一次通过堆芯循环）	HTR-PM （多次通过堆芯循环）	技术规格（THTR） （多次通过堆芯循环）
应用	工艺热	蒸汽循环	蒸汽循环
平均氦出口温度/℃	950	750	750
平均功率密度/(kW/FE)	0.5	0.6	1.1
单球最大功率/(kW/FE)	<2.5	1.8	2.5
最高燃料温度/℃	<1100	<1000	<1250
最高球表面温度/℃	<1050	<900	<1050
最大快中子注量/(n/cm^2)	$<2\times10^{21}$	$<2.5\times10^{21}$	$<2.6\times10^{21}$
平均燃耗/(MWd/t)	<80 000	80 000	100 000
最高燃耗/(MWd/t)	<90 000	<90 000	110 000
U 沾污	$<10^{-5}$	$<10^{-5}$	$<10^{-5}$
释放率/产生率 (Kr85)	$<10^{-5}$	$<10^{-5}$	$<10^{-5}$

目前正在研发的提高燃料元件质量及优化运行和事故期间状况的几种可能方案是现实可行的。这些方案包括：

- 使用具有壳形燃料区的燃料元件以降低燃料温度；
- 减少石墨基体的铀污染，以降低在正常运行过程中裂变产物的释放；
- 研发包覆颗粒的碳化锆层以提高阻留能力；
- 保护燃料元件免受蒸汽或空气的腐蚀，在球表面使用薄的碳化硅层；
- 改善石墨基体以具有更高的抗腐蚀性。

从均匀的内燃料区到壳型燃料区的改变降低了球形元件中的最高燃料温度，如图 15.15 所示。通过一次通过堆芯循环的例子可知，使最高燃料温度降低超过 100℃是有可能的。这有助于在正常运行过程中减少裂变产物的释放，并降低一回路的稳态污染。

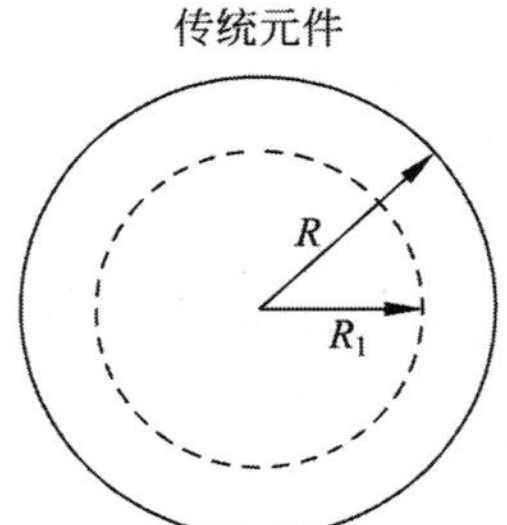

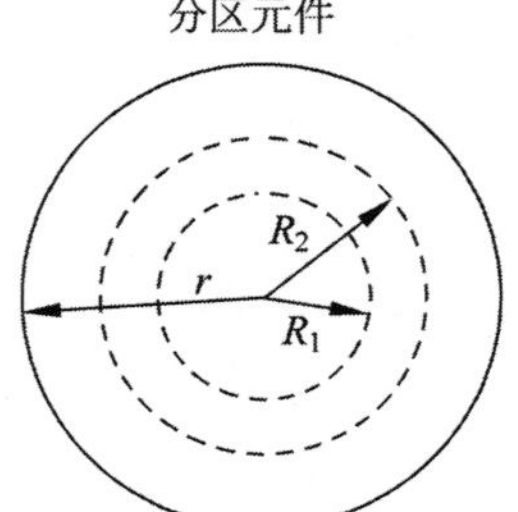

图 15.15 燃料元件的概念

重金属装量：10～20g；包覆颗粒体积份额：10%～20%

可能的减少量是由燃料区的厚度决定的，厚度应尽可能地小。然而，也会存在一定的限制，因为在堆芯给定的功率密度下，燃料区中的重金属装置不应太高。在石墨基体的这一部分，包覆颗粒的体积份额应保持在 10%～20%以下，以避免在辐照过程中受到损伤。此外，外部无燃料石墨区的厚度应保持在 5mm，以避免在燃料装卸过程中由于机械冲击而损坏包覆颗粒。

对于常规燃料元件，得到燃料区温度沿径向的分布如下：

$$T - T_0 = C \cdot \left[1 - \left(\frac{r}{R_1}\right)^2\right], \quad C = \dot{q}''' \cdot R_1^2/(6\lambda), \quad \dot{q}'' = \dot{Q}_{FE}\Big/\left(\frac{4}{3}\pi R_1^3\right) \tag{15.15}$$

燃料区的中心与边界之间的最大温差由下式给出：

$$T_{max} - T_0 = C \tag{15.16}$$

分区燃料元件的温度分布用如下关系式来表示：

$$T - T_0 = C \cdot \left[1 - \left(\frac{r}{R_2}\right)^2 + 2\left(\frac{R_1}{R_2}\right)^2 \cdot \left(\frac{R_1}{R_2} - \frac{\gamma}{R_1}\right)\right] \tag{15.17}$$

在这种情况下，最大温差由下式来计算，并且最大温差出现在 $r = R_1$。

$$T_{max} - T_0 = C \cdot \left[1 - 3 \cdot \left(\frac{R_1}{R_2}\right)^2 + 2 \cdot \left(\frac{R_1}{R_2}\right)^3\right] \tag{15.18}$$

根据图 15.14 所示的数值，得到的温差仅为常规燃料元件的 1/3。

另外，减少铀污染，即减少燃料元件中未包覆的铀量，一直是包覆颗粒燃料技术发展的一个重要要求。正如第 4 章中已经提到的，这个值从开始的 10^{-3} 已经下降到 10^{-5}，这是当前的技术发展水平。特别是在流化床经过改进后，更进一步地，可以达到比目前更小的值。例如，包覆过程采取更多的操作步骤及流化床的技术改进有望进一步降低污染指标。氦循环在正常运行过程中的放射性源项及事故中的相应污染都受到这一改进的很大影响。表 15.6 总结了迄今为止的发展状况和可能的目标方向。

表 15.6 燃料元件石墨基体铀污染的现状和发展目标

时间	60 年代	70 年代	80 年代	90 年代	2000 年	2010 年	未来
燃料类型	BISO		TRISO				TRISO+
污染值	10^{-3}	10^{-4}	5×10^{-5}	2×10^{-5}	10^{-5}	$<10^{-5}$	$<5\times10^{-6}$

未来碳化锆层可能有助于将裂变产物的释放率降到更低，即使在高温下裂变产物的释放率已经很低。图 15.16 给出了采用这些新型材料层的包覆颗粒相比于目前发展的通常意义上的 SiC 层进行加热实验的一些初步结果，可以看出，差异是显著的。然而，这种发展还处在初始阶段，目前尚不能给出最后的评估。

保护石墨燃料元件免受空气或蒸汽腐蚀是未来应用的一个非常令人感兴趣的课题。在这种情况下，在球形燃料元件的表面涂上一层碳化硅。该层的厚度约为 100μm，并与基体石墨的表面结构紧密连接。采用专门的涂层方法可以产生稳定和可重复的涂层。在高温下，这种涂层对空气和蒸汽具有非常好的抗腐蚀性，如图 15.17 所示。以 1200℃的高温为例，空气中的反应速率降低为原来的 1/100 以下。在蒸汽中，测量得到的结果显示出几乎相同的降低腐蚀的趋势。

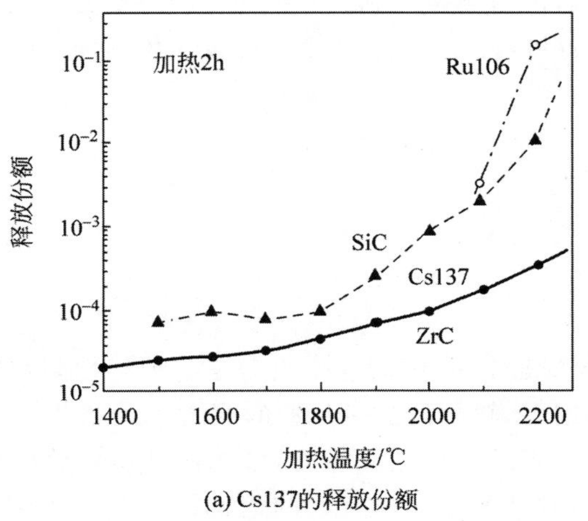

(a) Cs137的释放份额

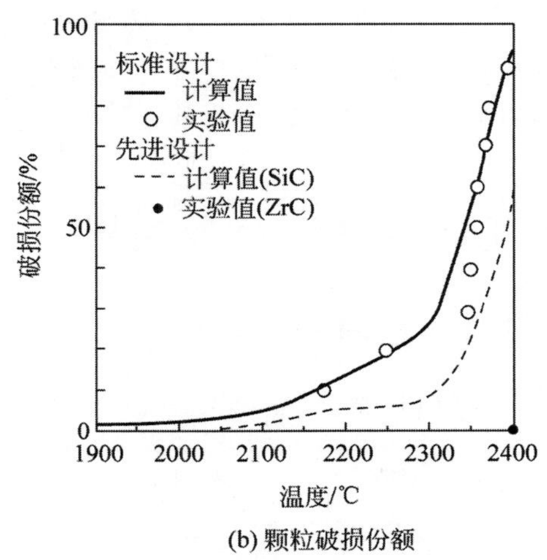

(b) 颗粒破损份额

图 15.16 包覆颗粒燃料的释放率/产生率之比：SiC 和 ZrC 层的比较

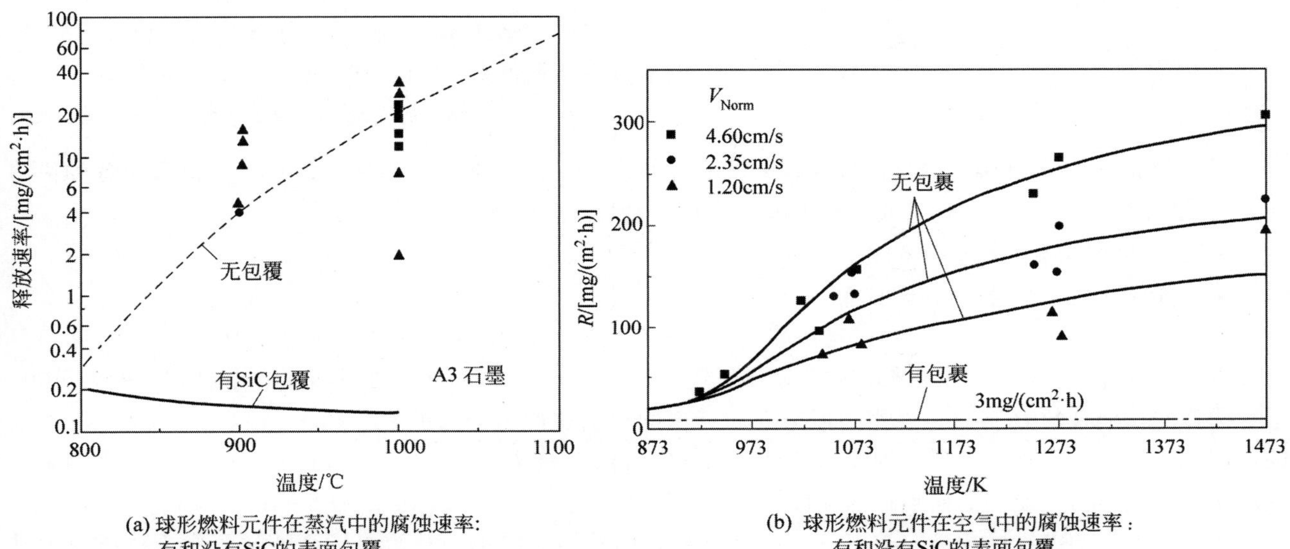

(a) 球形燃料元件在蒸汽中的腐蚀速率：有和没有SiC的表面包覆

(b) 球形燃料元件在空气中的腐蚀速率：有和没有SiC的表面包覆

图 15.17 SiC 层对石墨表面腐蚀行为的影响

如果碳化硅层成为应用于反应堆的可行选择，自然就必须要考虑辐照效应、摩擦和对球床流动特性的影响。最终，向氦中注入少量的氨有助于降低摩擦系数，这一措施在将吸收棒插入 THTR 堆芯的过程中已被采用过。通过注入氨，摩擦系数降低为原来的 1/2 以下。如果表面采用其他材料包覆，形成的粉尘数量可能会减少到非常小的值。在保护现有石墨材料的同时，有可能开发出一种比现有的 A3 石墨质量更好的耐腐蚀基体材料。石墨粉、特殊的黏合剂和少量其他材料(可能是硫)的混合物具有一些独特的优点。

碳化硅对高放射性物质的最终贮存也起到很重要的作用，如图 15.18 所示。这是一种在最终贮存期间

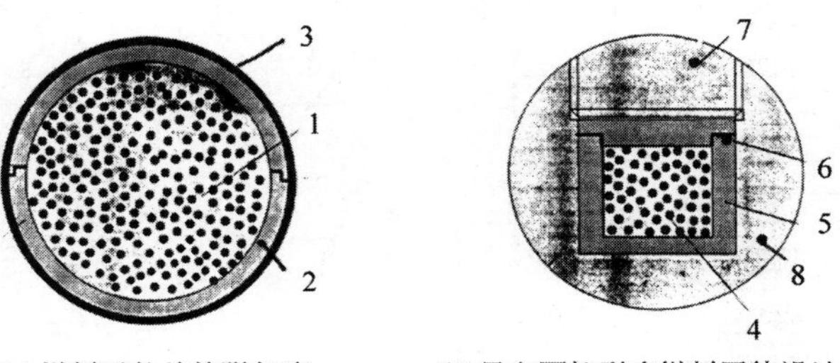

(a) 燃料元件外的附加壳

(b) 具有圆柱形内燃料区的设计

图 15.18 改进后的石墨燃料元件

1—混有包覆颗粒的通常 A3 基体；2—附加的 SiC 外壳；3—SiC 层；4—混有包覆颗粒的 A3 基体；5—SiC 壳(圆柱形)；6—对 SiC 的焊接；7—圆柱形开孔的密封；8—由特殊石墨制成的燃料元件球体

可对球形乏燃料元件加以保护的令人感兴趣的材料。例如，由碳化硅组成的一种独特的厚壁壳可以提高耐盐水浸出性。如今，“焊接”这种外壳的技术已经成熟。在这种特殊类型的外壳中可以布置不同形式的耐辐照材料，附加壳可以用于进一步的保护。

15.5 防破裂的一回路边界

15.5.1 原理概述

从核能利用开始，反应堆压力壳的完整性一直发挥着关键作用，因为这个设备是将放射性阻留在反应堆电厂内的三道屏障之一。例如，当大型轻水堆核电站的反应堆压力壳发生严重故障时，可能向环境释放大量的放射性物质，对环境造成非常大的危害。图 15.19 给出了可能发生故障的原因，图中给出了载荷应力和材料强度的概率分布。

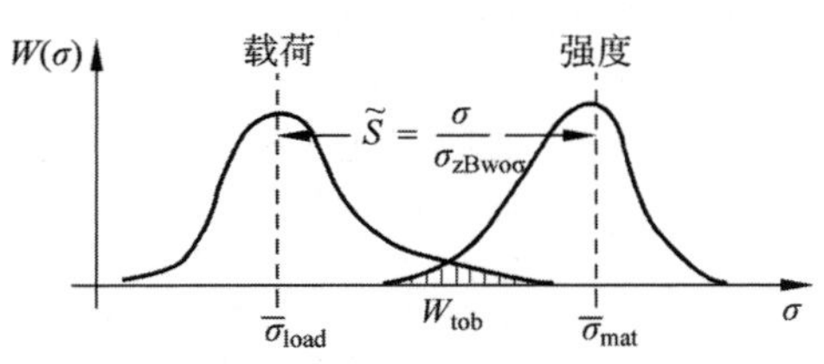

图 15.19 发生壳失效的定性解释

$\tilde{S}$：安全余量

$\bar{\sigma}_{load}$ 和 $\bar{\sigma}_{mat}$ 表现出特定的概率分布 $W_1(\sigma)$ 和 $W_2(\sigma)$，可以计算或者测量得到。在设计时，增加了安全系数。

$$S=\bar{\sigma}_{mat}/\bar{\sigma}_{load}>1 \tag{15.19}$$

尽管如此，σ_{load} 大于 σ_{mat} 的概率很低，可以用图 15.19 所示的 W_{tot} 来表征可能性。可以采用各种措施使 W_{tot} 尽可能地小，这些措施是 6.7 节中解释的基本安全概念的基础，具体包括：

- 实现尽可能窄的载荷分布 $W_1(\sigma)$；
- 实现尽可能窄的材料强度分布 $W_2(\sigma)$。

由“基本安全”概念可知，反应堆压力壳实际上不会因发生破裂而造成灾难性的失效。一方面，必须尽一切可能改进计算方法，因为这将影响载荷分布 $W_1(\sigma)$。另一方面，部件的材料和规格影响 $W_2(\sigma)$的分布。尽管选择的安全系数大于 1，可以用高斯分布来近似的包括这两个分布的积分与 $\sigma_{mat}/\sigma_{load}<1$ 条件下损伤的可能性成正比。这种改进技术的概念及设计和计算方法从核技术开始就一直沿用至今，并在许多国家得到成功应用，但是，不能像前面解释的那样完全排除故障。

压力壳破裂的灾难性故障在常规技术中早已被人们熟知。图 15.20 给出了炼油过程中壳体破裂的结果，图 15.21 给出了制造实验中出现的压力壳破坏现象，壳体均是在较高的安全标准下制造出来的。

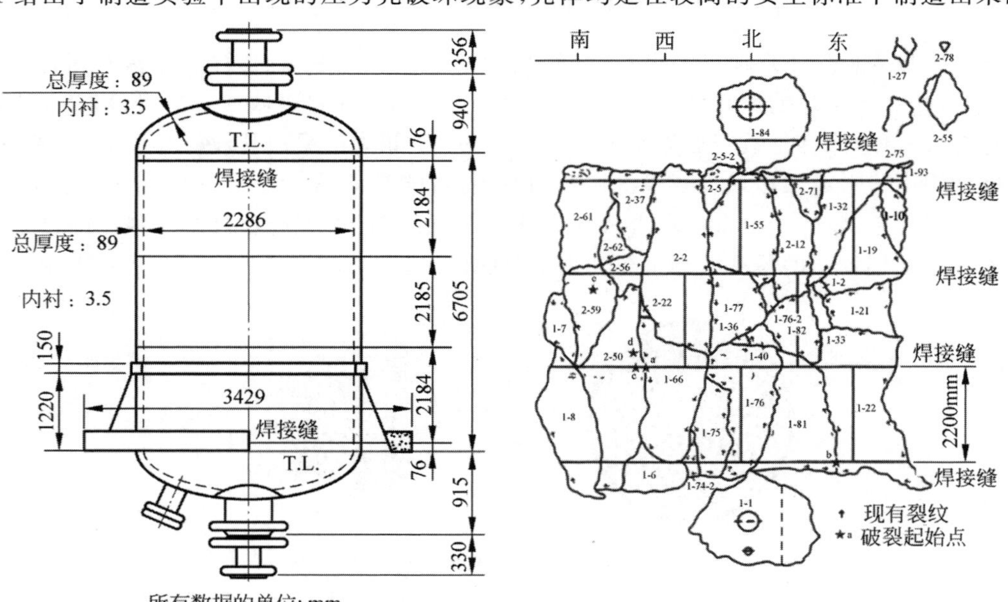

图 15.20 炼油技术中压力壳在重复实验中的破裂

运行压力：5MPa；运行温度：350℃；实验压力：5.5MPa

图 15.21　制造完成后水压实验过程中压力壳的破裂

图 15.22 所示的曲线解释了失效率与运行时间的相关性，同时也说明大量的质保控制对于避免这类事故的重要性。检验和附加的整体压力测试对实现非常低的破裂率至关重要。

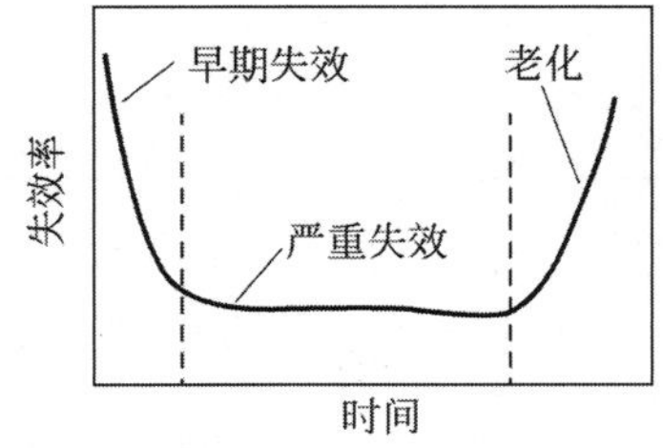

(a) 设备失效率随时间的变化

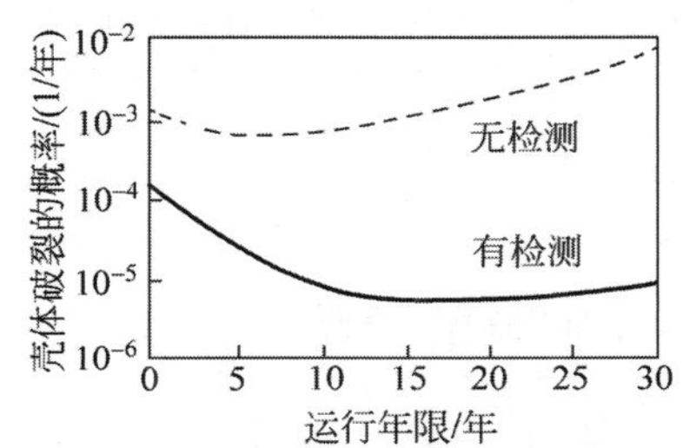

(b) 常规技术中壳体破裂的概率与运行年数的相关及检测的影响

图 15.22　设备的失效

目前为止，核领域中的反应堆压力壳没有出现过如前讨论的那种灾难性的失效。但是，实际上在许多研究中已经计算出发生这一事件的可能概率，表 15.7 列出了一些相关的分析结果。

表 15.7　轻水反应堆中反应堆压力壳发生破裂失效的预期数据

数据来源	国家	壳的数量	每个壳每年发生破裂失效的概率（95%置信度的上限）
Phillips 和 Warwick	美国	2×10^4	3×10^{-5}
Kellermann 和 Seipel	德国	2.4×10^5	2.8×10^{-6}
ACRS	美国	6.8×10^4	4.2×10^{-6}
Rasmussen 的研究	美国		$<10^{-7}$
德国风险研究(阶段 A)	德国		10^{-7}
德国风险研究(阶段 B)	德国		10^{-8}
convoy 电厂(PWR)反应堆压力壳基本安全	德国		$<10^{-8}$

15.5.2　"基本安全"反应堆压力壳的原理

反应堆压力壳的"基本安全"概念已经应用于德国最后建成的一座轻水堆。在目前 LWR 的许可证申请程序中，在这里提及的条件及表 15.8 给出的条件下，制造和运行的反应堆压力壳实际上不会发生灾难性的失效，即意味着不会发生破裂。其前提是假设每个压力壳每年的失效概率小于 10^{-8}，需要说明的一点是，压力壳因发生堆芯熔化事故而被破坏的概率不包括在这些概率中。众所周知，2011 年在福岛发生的沸水反应堆事故就出现了不在这一失效概率范围内的事件。

表 15.8 轻水反应堆压力壳排除发生破裂失效的"基本安全"概念

"基本安全"反应堆压力壳的实现	**安全设计** • 部件的保守设计与布置 • 材料中有确定的和强制限制的失效量 • 钢具有足够高的延展性 • 材料和部件制造过程的综合控制 • 反应堆压力壳的独立布置、许可、评估和制造
	质量控制 • 过程的所有步骤采用多重验证 • 合适的设计，高质量的质量控制 • 严格的制造控制 • 针对材料的多种破坏性验证 • 部件和壳体的无损检验 • 壳的压力实验
	运行监管 • 运行过程中重要参数的控制 • 运行历史的记录 • 运行辐照探测的评价 • 非破坏性材料验证 • 部件的总体验证 • 壳的重复压力实验(每 8 年 1 次)

15.5.3 锻钢壳破裂的预防

20 世纪 70 年代，德国打算在一家化工公司内人口稠密的地区建造两座大型压水堆核电站，以用于蒸汽供应。因此，需要设置具有更高安全性的一回路边界。目前，已经为整个一回路系统开发了防破裂的保护技术方案(图 15.23)。

如图 15.23 所示，预期压力壳将采用大型预应力混凝土结构来环绕。预应力通过许多轴向和径向预应力钢丝束施加。有一个用于封闭反应堆压力壳的非常特殊的设计，在每年更换燃料元件的时候，必须将其打开再封闭，因而需要花费更多的时间以保持电厂的封闭状态。

将热气和冷气隔离开的连接导管布置在一个带有外部防破裂设置的管道内，检查时，预期能够将这个防破裂的设置移走。其具体设计的结果是，一回路主冷却剂泵应该在底部与蒸汽发生器壳相连。

针对该设计已进行了详细的计划，并在申请许可证过程中进行了分析。由于一些技术和政治上的原因，这个项目并没有得到实施。然而，这一设计概念表明，对于大型轻水反应堆，可以实现更高的安全性。

对附加成本进行的估计表明，与其他发电方案相比，这一设计概念在经济上具有吸引力。另外，该项目中有关防破裂的理念也已被其他反应堆系统接受，例如，对于一些 HTR 的设计，对反应堆压力壳与用于能量利用的设备之间连接的气体管道加以保护。

15.5.4 预应力反应堆压力壳的原理概念

通过许多轴向和径向钢丝索对壳体施加预应力可避免压力壳的破裂。由于壳壁总的预应力及许多金属丝索具有非常高的拉伸冗余度，这种类型的壳被认为是防爆安全的。这意味着裂缝不会扩展，并且系统中的超压将最终由混凝土或其他结构中的裂缝释放。因此可以说，这种类型的压力壳是不可能发生灾难性的失效。

图 15.24 给出了这种压力壳的原理，一方面，它承受来自内压的载荷，另一方面，它通过轴向和径向施加的预应力来补偿或过补偿壳壁中的应力。

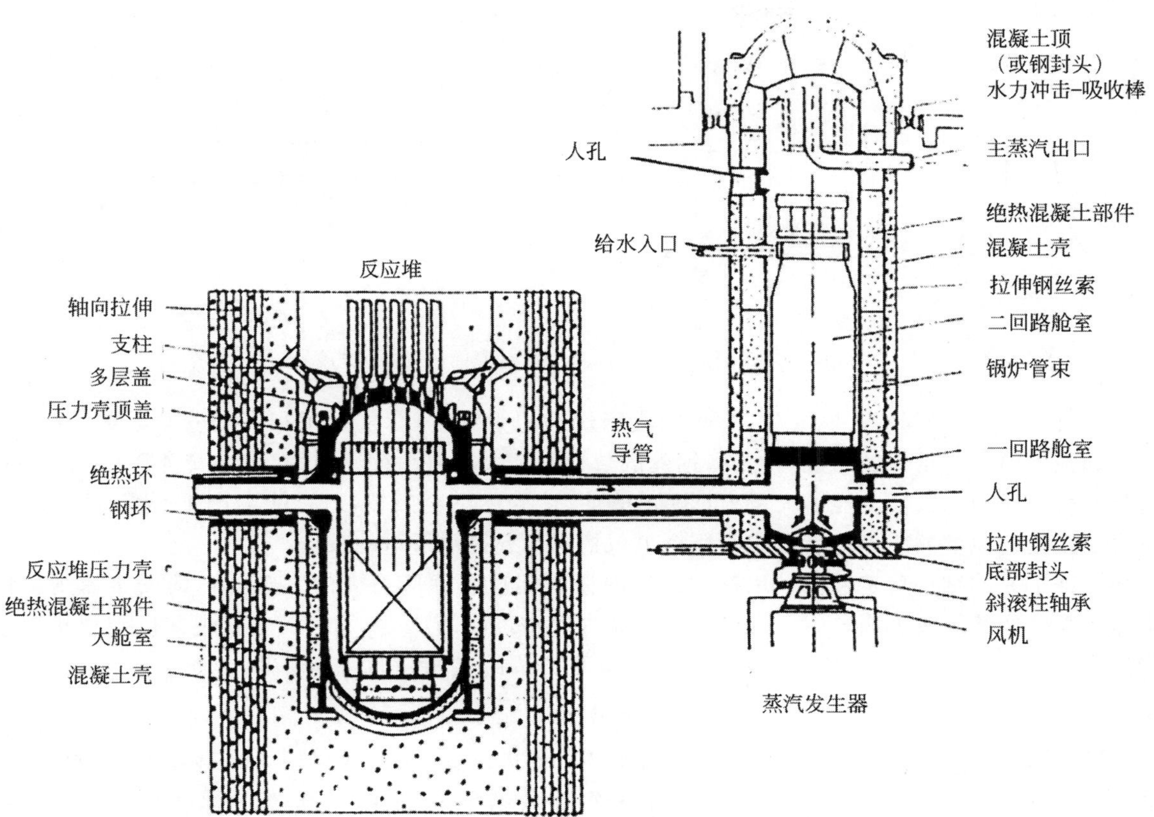

图 15.23 德国压水堆核电厂的防破裂技术方案

产生蒸汽用于 BASF 化工厂,每座反应堆热功率为 2000MW

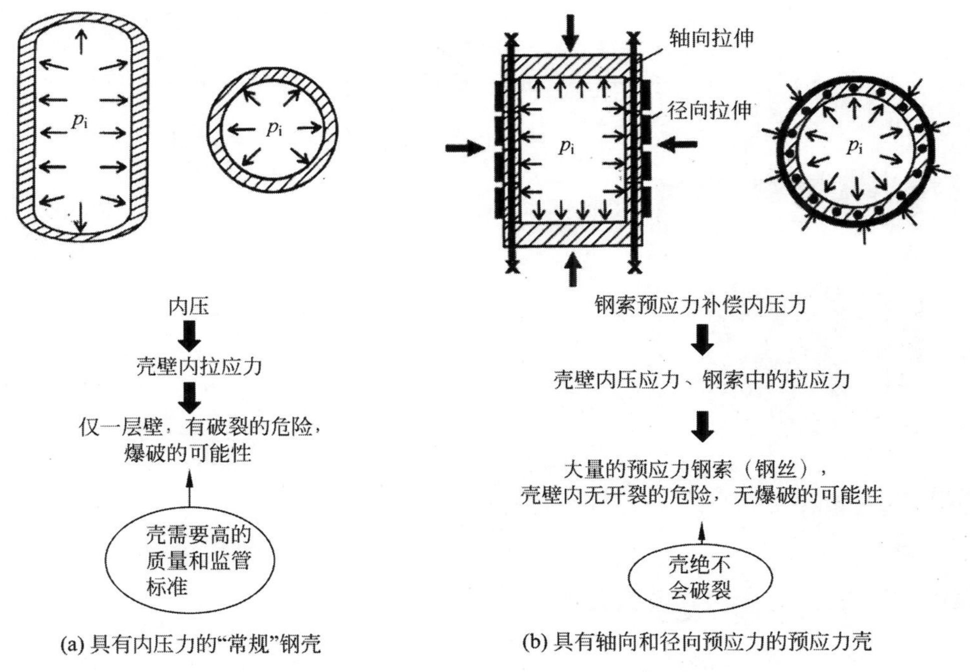

图 15.24 压力壳的原理概念:预应力壳的说明

借助图 15.25,可以解释防止发生灾难性故障的安全性原理,即避免破裂的原理。这里,给出了壳体壁面中具有预应力和压应力的新条件下壳体壁面的应力和强度分布。对壁面材料来说,这两种分布没有重叠,因此壁面中的裂缝不会扩展。

钢丝索的数量比需要的多得多。因此,即使几根钢丝索出现了完全不可能的失效,也不会导致壳体壁

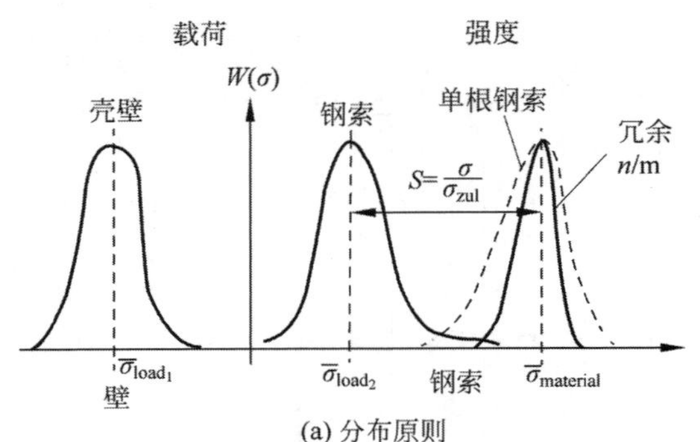

(a) 分布原则

壁面	分布不重叠：安全因子 $S_1=\bar{\sigma}_{load_1}/\bar{\sigma}_{material}$ 非常大
拉伸	分布重叠：安全因子 $S_1=\bar{\sigma}_{load_1}/\bar{\sigma}_{material}>1$，但是筋和钢丝索的数量远大于要求值

(b) 安全因子

图 15.25　预应力壳的安全概念(壁面内为压应力)

面中压应力发生改变至不允许的状况。对于制成钢丝索的索和钢丝，选择了很高的安全系数，并且它们的载荷分布和强度值具有足够的裕度。然而，钢丝的数量非常大是将系统评估为“防爆安全”的一个重要因素。

对具有很高压力的预应力壳的大量模型实验表明，该壳体不会破裂，但可能会产生裂缝，图 15.26 给出了预应力混凝土壳模型的实例。所谓安全概念也包括不同载荷水平下的减压。

拉伸保证了壳的结构稳定性。采用这里选择的概念实现了预应力壳的“破前漏”的安全原则。预应力反应堆压力壳的实验结果表明，在第 1 阶段，如果壳内存在过高的压力，就会发生破裂并使破裂扩展。内衬也会产生裂缝，氦将通过这些裂缝流出。可以采用如下方程给出相关的计算结果：

$$\dot{m} \approx A \cdot \sqrt{P_{\mathrm{H_e}}} \tag{15.20}$$

其中，$\dot{m}$ 是质量流量，A 是裂纹开口的面积，$P_{\mathrm{H_e}}$ 是壳内的压力。氦气内压下降时，轴向和径向钢丝索施加的外部应力仍保持不变。因此，裂纹的扩展停止，压力壳整体的稳定性得到保证。类似的通过开口(裂纹、焊接口)释放过压的行为已得到铸钢或铸铁制成的预应力壳的验证。一些相关的结果将在下面的章节中给出解释。

预应力反应堆压力壳的安全概念	● 安全阀 (冗余) ● 爆破阀 (冗余) ● 内衬和混凝土中的裂纹 (钢丝索拉伸具有很大的冗余) ● 径向和轴向拉伸 (非常大的冗余)

(a) 安全概念

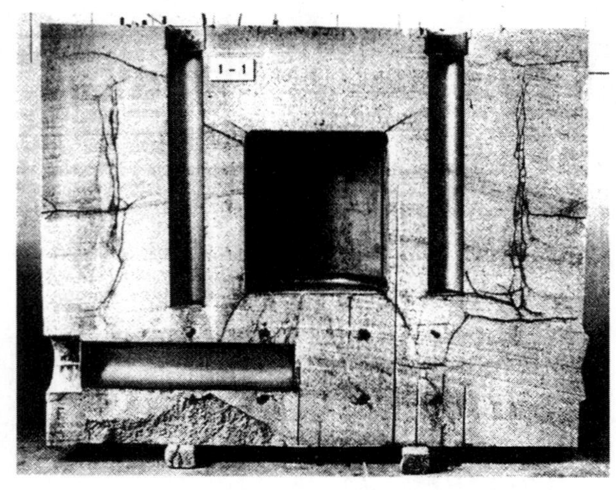

(b) 压力实验后壳的视图

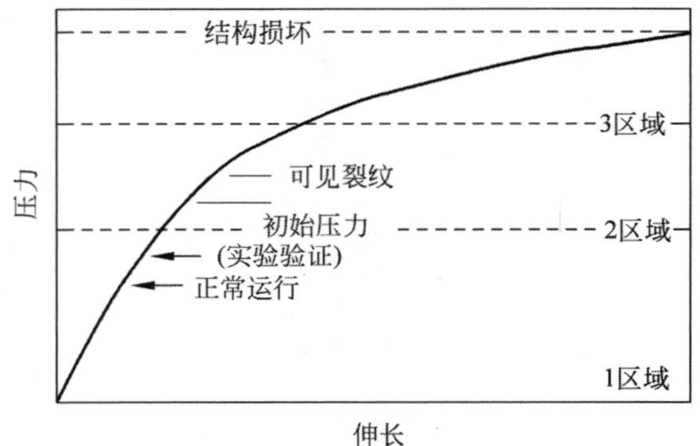

(c) 压力随拉伸的变化

图 15.26　预应力混凝土壳在非常高过压下的实验概念和结果

安全阀和爆破阀失效：氦气穿过裂缝，降低压力

15.5.5　预应力混凝土反应堆压力壳

对于英国的气冷反应堆(Magnox 和 AGR 电厂)，已经开发了几种预应力混凝土反应堆压力壳

(PCRV)。如前所述,HTR 技术已经取代了这项技术,在 THTR 和圣·弗伦堡反应堆中已经实现了大型预应力混凝土反应堆(PCR)的使用。图 15.27 给出了 THTR 压力壳的实例,它包括由堆芯、6 个蒸汽发生器、6 个氦风机及连接堆芯和蒸汽发生器的 6 个热气导管组成的整个一回路系统。另外,停堆棒传动机构及燃料元件装卸系统的相关部件均安装在反应堆压力壳壁内。由于当时没有采用安全壳这一设计概念,认为这种设计方案是非常有必要的。

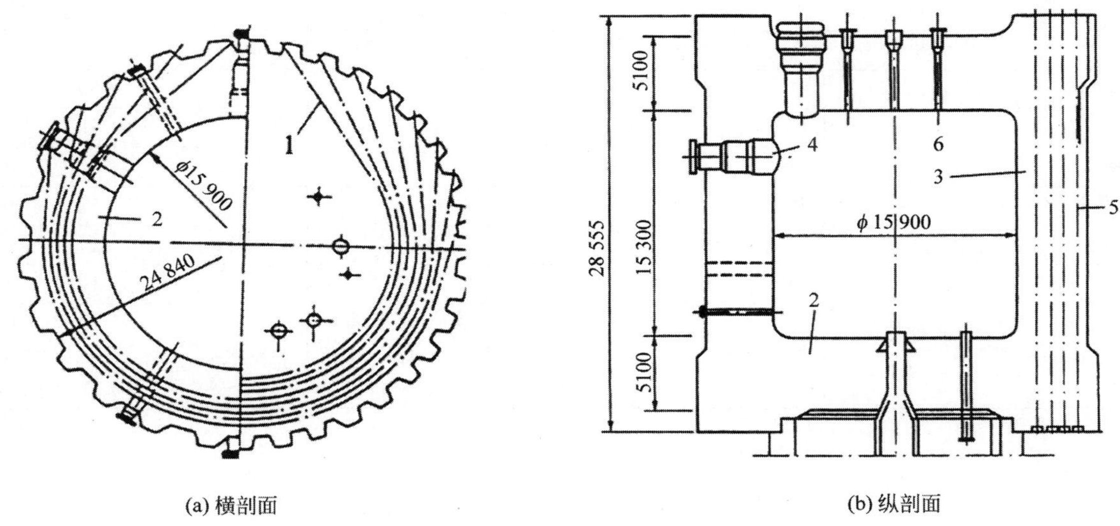

(a) 横剖面　　(b) 纵剖面

图 15.27 THTR 预应力混凝土反应堆压力壳(300MW)

1—径向钢丝索;2—混凝土墙体;3—带冷却和绝热的内衬;4—氦风机贯穿管;5—轴向钢丝索;6—控制棒导管

压力壳的内部尺寸由将上述所有设备包容在内所需的空间来决定。为了将围绕堆芯结构的 6 台蒸汽发生器布置在内,压力壳内径设置为 15.9m。15.3m 的高度是由核芯的高度及顶部反射层、底部反射层、热气腔室和核内构件的支撑结构决定的。THTR 选择 4MPa 的压力,这是根据采用预应力混凝土反应堆压力壳的 AGR 的经验确定的。

由垂直和水平钢丝索拉伸达到的预应力水平使得壳壁中的应力正好被反应堆正常运行时内部压力引起的应力补偿。在运行过程中,混凝土壳主要承受的是压应力,因此,壳壁内的裂缝不会进一步扩展。此外,混凝土壳镶嵌有钢套以缓解局部可能出现的较低的拉应力。由于混凝土本身不是气密性的,所以壳的内侧由一个 20mm 厚的钢衬所覆盖。这些预应力混凝土壳的一个重要组成部分就是带有冷却系统和绝热层的内衬,如图 15.28 所示。内衬面向混凝土的一侧设置了冗余的冷却系统,采用水进行冷却,将混凝土温度限制在 50℃以下。内衬面向冷却气体的另一侧采用适于 250℃的绝热材料覆盖。通过这个绝缘层减少了反应堆的热损失,并保护内衬免受过高的热负荷。

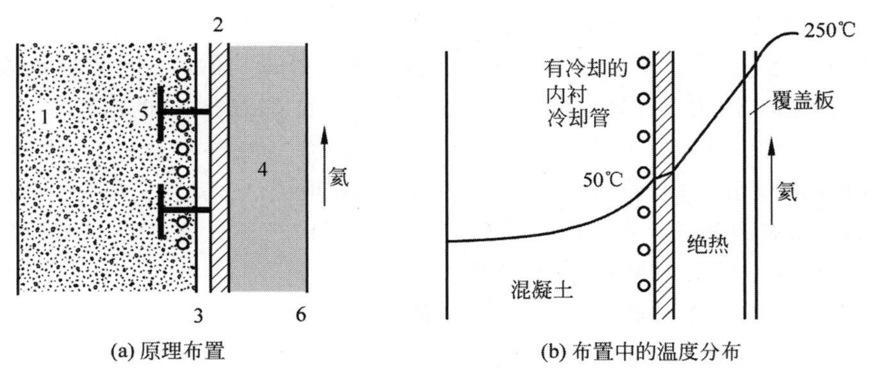

(a) 原理布置　　(b) 布置中的温度分布

图 15.28 内衬的绝热和冷却

1—混凝土;2—内衬;3—内衬的冷却(水);4—绝缘层;5—内衬的固定螺栓;6—绝热层的覆盖板

用于各种设备,如蒸汽发生器、风机等的许多连接管道外侧均采用贯穿管道来覆盖,这类似于内衬的绝缘和冷却效应。合适的密封设计可作为反应堆压力壳上所有开孔的密封系统。

PCRV 主要应用于 Magnox 和 AGR 电厂。在英国，已采用不同形式的预应力混凝土反应堆压力壳作为反应堆的壳体。表 15.9 列出了反应堆压力壳的相关数据，图 15.29 也给出了一些设计概念。此外，大直径和高度达到 25m 的压力壳已经建造完成，并已成功运行了几十年。

表 15.9 一些采用预应力混凝土反应堆压力壳的核电厂的相关指标

参 数	HTR (THTR)	HTR (圣·弗伦德堡)	Magnox (Oldburry)	AGR (Hartlepool)	AGR (Hinkley Point)	HTR (HTGR 1160)
壳的类型	大舱室	高、大的舱室	大舱室	盘管蒸发器	大舱室	汽包锅炉
热功率/MW	750	830	700	1500	1500	3000
介质	He	He	CO_2	CO_2	CO_2	He
压力/MPa	4.0	4.9	2.5	4.2	4.3	5.7
冷却气体温度/℃	250	400	250	250	320	320
内衬直径/m	15.9	9.45	24.8	14.3	19	11
内衬高度/m	15.3	22.8	18	20	19	14.4
蒸汽发生器的布置	舱室内肩并肩	堆芯底部	舱室内肩并肩	预应力混凝土反应堆压力壳壁面吊舱内	舱室内肩并肩	预应力混凝土反应堆压力壳壁面吊舱内

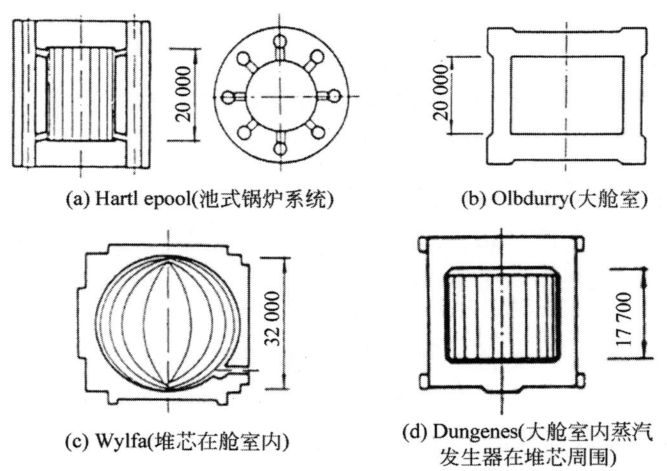

(a) Hartl epool(池式锅炉系统)　(b) Olbdurry(大舱室)
(c) Wylfa(堆芯在舱室内)　(d) Dungenes(大舱室内蒸汽发生器在堆芯周围)

图 15.29 英国 AGR 电厂中实现的预应力混凝土反应堆压力壳

在一些 AGR 电厂中已经实现的一个非常令人感兴趣的改进是采用盘管蒸汽发生器的概念。在这种情况下，用于 CO_2 冷却气体的蒸汽发生器和风机布置在反应堆压力壳圆柱形壁面中的吊舱中，这样设计的一个优点是可以对这些设备进行有效的屏蔽。

所有改进的共同之处是排除了由一回路的破裂和快速失去冷却气体可能带来的危险。对于传统反应堆，不要求采用密闭的壳体，因为反应堆厂房的特殊布置部分起到了密闭壳体的功能。

这些壳的尺寸、形式和设计在整个开发过程中都发生了变化。特别是，盘管蒸汽发生器的概念在 AGR 技术中得到了非常成功的运用，并且被提出作为 HHT 和 PNP 项目中布置热交换器的具有非常大吸引力的解决方案。同时，英国所有的预应力反应堆混凝土壳在 AGR 和 Magnox 电厂已有 500 多年的成功运行经验。甚至有可能对内衬的冷却和绝热系统进行修理。

在 HHT 项目中，针对整体的汽轮机系统，提出并研发了一种非常特殊的预应力混凝土反应堆压力壳。根据通常的流程，预期可以将燃气轮机、回热器、低压和高压压缩机及预冷却器和中间冷却器布置在大型壳体的壁面内。同时，该设计还与复杂的气体导管系统相连。

15.5.6 铸铁预应力反应堆压力壳

混凝土铸铁可以用作反应堆压力壳的替代材料，如图 15.30 所示。球墨铸铁的焊接是相当复杂的。因此，将内衬布置在壳的内侧，这种内衬必须采用特殊的技术固定在铸铁块或者铸铁环上。由于以 250～300℃的冷气温度作为设计基础，采用内绝热和内衬冷却是必要的。应力和安全原理与前面描述的概念相同。

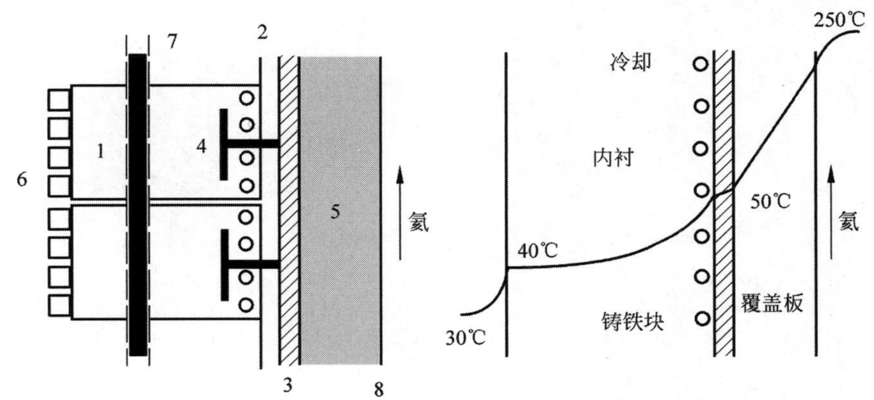

图 15.30 采用铸钢块的预应力反应堆压力壳原理

1—铸钢块；2—内衬冷却；3—壳体内衬；4—固定内衬的螺栓；5—绝热层；6—径向拉筋；7—轴向拉筋；8—内衬绝热盖板

如在第 6 章中描述过的一种由铸铁制成的壳体，用于 THTR 中停堆棒加压控制气体的容器，该容器在环境温度下运行，并在常规的核许可证申请程序中获得了许可，但其必须满足特定的条件，因为它是停堆系统的核心部件。该容器尺寸大、压力高(长度为 8m，直径为 3.7m，压力为 20MPa)，在径向和轴向通过许多钢丝索拉伸的预应力来补偿由内压引起的所有应力。壳体在 THTR 许可证申请过程中被评定为防爆安全的，它在很强的瞬变过程中运行良好，显示出优异的性能。

铸钢壳可以在发生冷却事故的情况下有效地载出衰变热，见第 10 章。热量通过自发传输环节从堆芯传输到反应堆压力壳的表面，再从表面散出。

在衰变热自发载出的情况下，通过不同层实现的传热必须要考虑传输环节之间的间隙，主要是内衬和铸钢块之间的间隙。可以得到在这种情况下的热流密度为

$$\dot{q}''=\overline{K}\cdot(T_{\text{He}}-T_{\text{cool}}),\quad \frac{1}{\overline{K}}=\frac{1}{\alpha_{\text{He}}}+\frac{1}{\lambda_{\text{isot}}/S_{\text{isot}}}+\frac{1}{\lambda_{\text{gap}}/S_{\text{gap}}}+\frac{1}{\alpha_{\text{w}}} \tag{15.21}$$

其中，$\lambda_{\text{gap}}/S_{\text{gap}}$ 取决于辐射和自由对流，也取决于铸铁块和内衬之间的连接技术。

衰变热自发载出情况下间隙产生的影响是重要的，它使热流密度降到 2kW/m^2 以下。

目前，这种类型的实验容器已建造完成并进行了成功的实验。该模型的内腔直径为 5m，高为 5m，以 5.3MPa、130℃的热氦气运行。已进行了很多次瞬态实验，包括快速失压。根据详细的计算，壳体表现出良好的性能，如图 15.31 所示。

许多设计研究表明，这种铸铁预应力壳可以应用于不同类型的反应堆。图 15.32 给出了大型沸水反应堆的一些细节。轴向拉筋可以布置在壳体外表面的专门位置上。内衬是必需的，用以实现密封系统的功能。壳体的顶部和底部由特殊的铸铁块组成，其重量受到制造能力的限制。

15.5.7 铸钢预应力反应堆压力壳

除了铸铁可作为壳体材料外，还可以使用铸钢。在这种情况下，内衬就不是必需的，因为钢可以对氦加以密封且易于焊接。此外，也不需要冷却壁，因为钢结构可以设计成与氦冷气体温度相对应的温度。图 15.33 给出了这种类型壳体的基本概念。对于这种压力壳，完全失去能动冷却事故情况下衰变热的载出是一个非常重要的课题。通过壳体的热流密度可以用通常的表达式表示如下：

$$\dot{q}''=\overline{K}\cdot A\cdot(T_{\text{He}}-T_{\text{env}}),\quad 1/\overline{K}=1/\alpha_{\text{a}}+S/\lambda+1/\alpha_{\text{i}} \tag{15.22}$$

其中，A 是壳体的内表面积，T_{He} 是壳体侧面氦气温度，T_{env} 是环境温度，$\overline{K}$ 是适当的换热系数，α_{a} 包括压

(a) 整个壳的视图

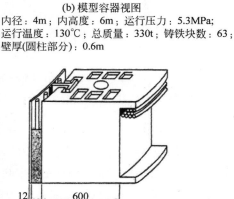

(b) 模型容器视图
内径：4m；内高度：6m；运行压力：5.3MPa;
运行温度：130℃；总质量：330t；铸铁块数：63；
壁厚(圆柱部分)：0.6m

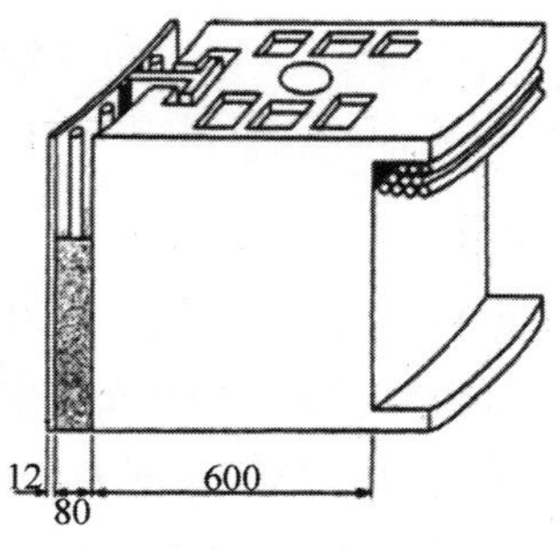

(c) 铸铁块的详图

(d) 预应力系统详图

(e) 钢丝索视图

图 15.31 由球墨铸铁建造的具有内衬的预应力反应堆压力壳

力壳外表面的所有传热效应，α_i 是内传热效应，S 表征了壳壁内部的导热情况。尽管铸钢壳的壁比较厚(大约为 0.3m)，由于铸钢材料具有很高的导热性，因此壁内的温差仍然限制在 30℃左右。

壳体的各个部分由位于圆柱形壁孔道内的轴向钢丝索和环绕壳体的径向钢丝索连接在一起。强度要选择得足够大，以使正常运行期间壳体壁内仅有压应力。因此，壳体不会因为产生裂纹而失效及发生更严重的破裂。

壳体对氦气的密封性是由外部焊接密封件来保证的，而焊接密封件与壳体的承载能力无关。因此，壳体不需要内衬。此外，壳体是基于反应堆冷却气体的温度为 250～300℃布置的。

图 15.34 给出了这种类型壳体技术概念的相关说明。具体地，给出了为 HTR-Module 设计的壳体(直径：5.5m；高度：20m；压力：6.0MPa；温度：250℃)的相关说明。

压力壳由环及从顶部到底部的钢板组成，其部件可由世界各地许多制造厂商来制造，且运输很方便。现场施工和后期退役也比较容易，在短时间内就能完成。这种类型壳体的最大优点之一就是由多个部件组成，有可能进行维修。焊接唇边可进行检查、测试和必要的修理。根据应用情况和壳体的温度，对预应力系统使用耐高温的特殊钢材是必要的。如果松弛过大，这些拉伸可以在经过几十年的运行后加以调整。

本节描述的壳体概念通过一个实验模型壳体在全压和一定温度条件下成功运行了 3 年($D_1=1.1$m，$p=6.0$MPa，$T_{\text{wall}}=300$℃)，如图 15.35 所示。

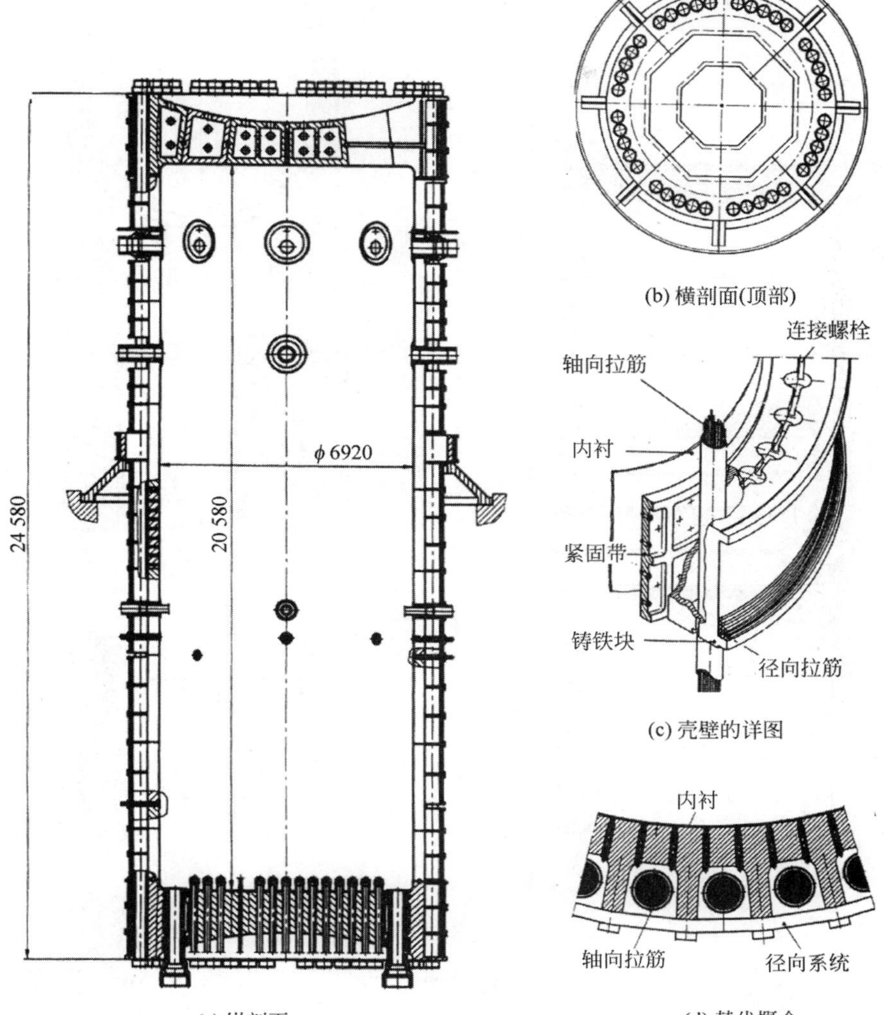

参数	数值	注释
温度/℃	270	蒸汽/水
压力/MPa	7	
材料	GGG 40	
寿命/年	60	
许可证申请	德国	TUV,TRD,RSK

(e) 一些数据

图 15.32 沸水堆项目预应力铸铁壳的设计

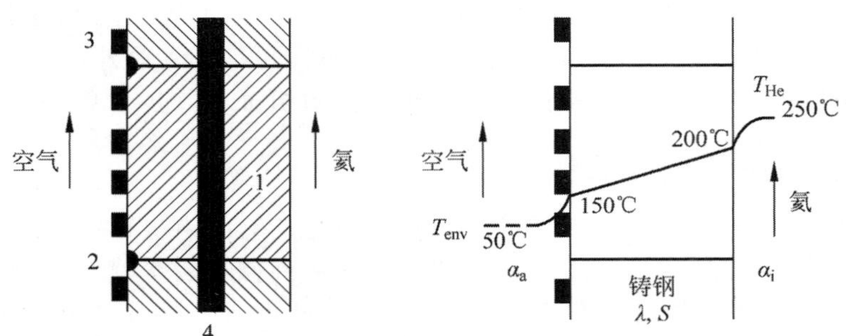

图 15.33 预应力铸钢壳的概念

1—铸钢块或铸钢环；2—壳体外侧的焊接唇边；3—径向拉伸；4—轴向拉伸

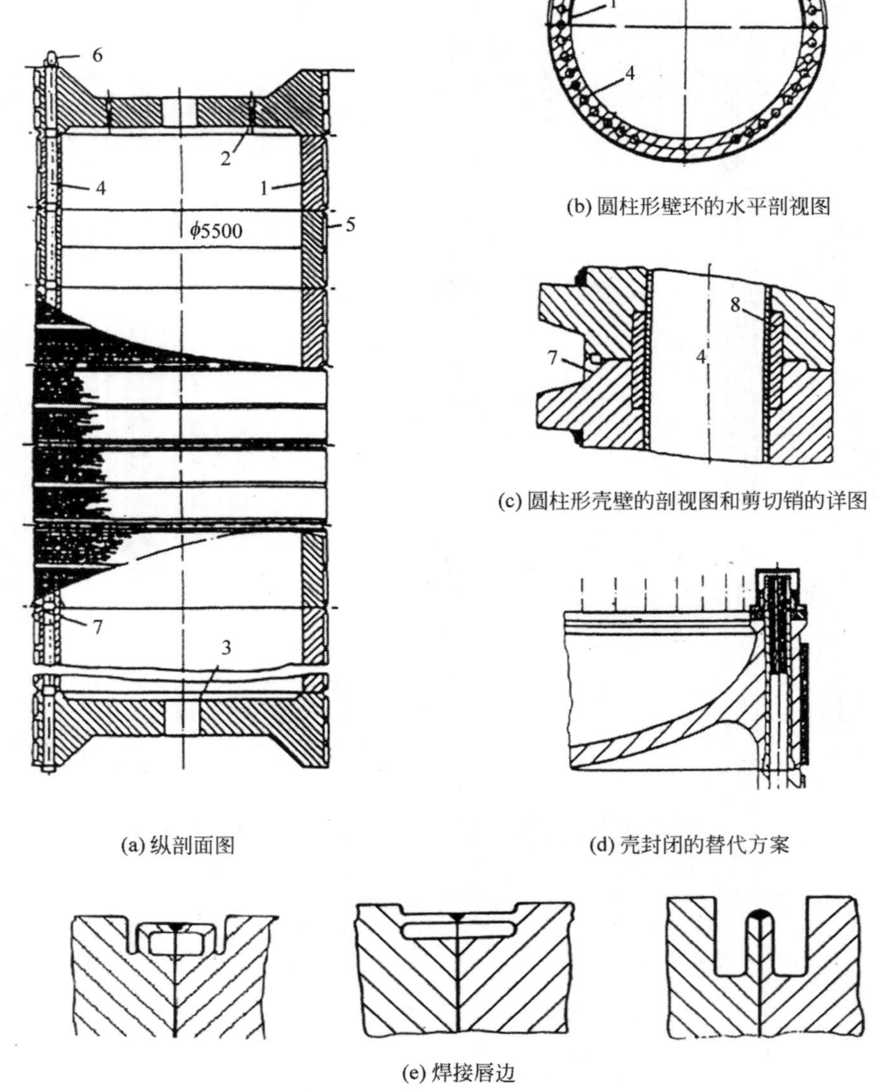

图 15.34 预应力铸钢壳的相关说明

1—铸钢环；2—覆盖盘；3—底盘；4—轴向拉伸钢索；5—径向拉伸钢索；6—钢索头；7—焊接端密封；8—剪切销

图 15.35 也显示了超压实验的结果(图 15.35(c))。在一个比运行压力高出近两倍的压力下，焊接唇边开裂并使压力非常缓慢地降低。焊接修复后继续运行。当然，在电厂中，压力自发下降之前安全阀和爆破阀就会打开。根据制造过程可能的技术限制，内径达到 7m 的容器似乎是可以实现的。未来，具有更大直径的这种类型的壳体也是有可能制造出来的。重量约为 100t 的压力壳的部件相对而言比较容易进行运输，这是预应力铸铁或铸钢壳的优点之一。拉伸钢索处的中子注量很小，因此脆化问题很小。压力壳可以直接被运送到现场并在那里安装。而且，从外部对焊接唇边进行修理是可能的。此外，经过几十年的运行，拉伸可能发生改变，并且由于最终的活化程度非常小，对壳体进行拆卸相对来讲也比较容易。

15.5.8 安全壳后面的储存系统

目前，在发生严重事故的情况下，气体裂变产物会在相对短的时间内从轻水堆的安全壳中释放出来，实际上它们并不会受到过滤过程的影响。未来有可能设置一个中间储存装置，甚至对于气体也可以储存一段时间。在这段时间内，许多裂变产物会衰变掉，如 I131($T_{1/2}$=8 天)及一些具有短半衰期的惰性气体。将释放的气体储存一段有限的时间可以改善事故的后果，如图 15.36 所示。经过足够长的时间后可以触发储存系统释放压力，然后高效运行过滤器。在很多不同类型的反应堆中，已经实现了这种中间储存的概念。

(a) 壳的视图

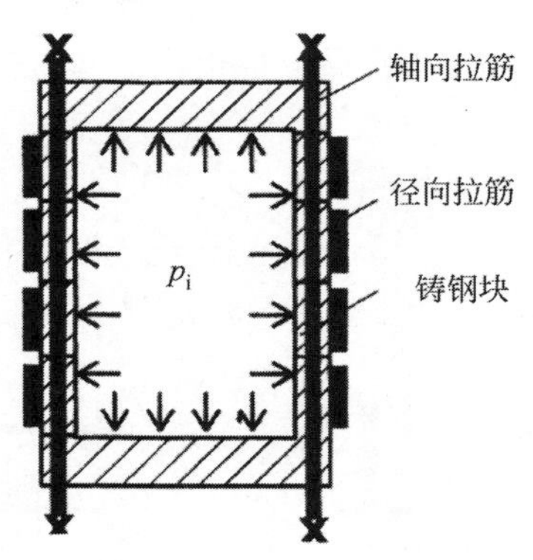

(b) 径向和轴向拉伸预应力的概念

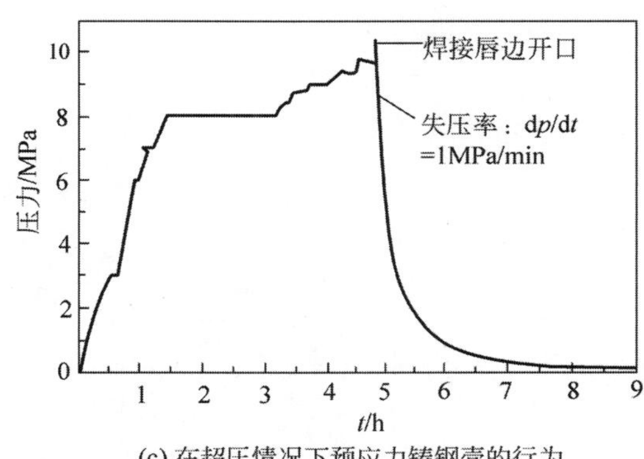

(c) 在超压情况下预应力铸钢壳的行为

图 15.35 预应力铸钢壳

$p=6\text{MPa}, t=300℃$

WWER 440 电厂和 CANDU 反应堆即已具有这种类型的安全装置。在 WWER 440 电厂中，反应堆构筑物后面安装了一个附加的储存建筑，如图 15.37 所示。在发生事故的情况下，气体进入这个大型的储存建筑物并在那里储存一段时间。一些重要的裂变产物在储存期间进行了衰变，从而减少了其对环境的总释放量。

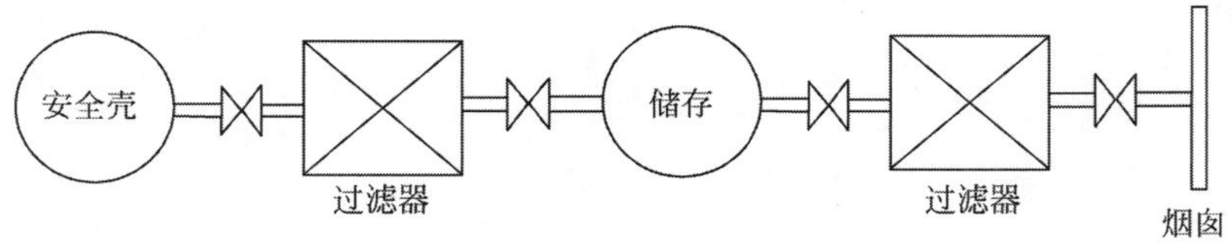

图 15.36 一种改进的短半衰期同位素过滤系统的设计

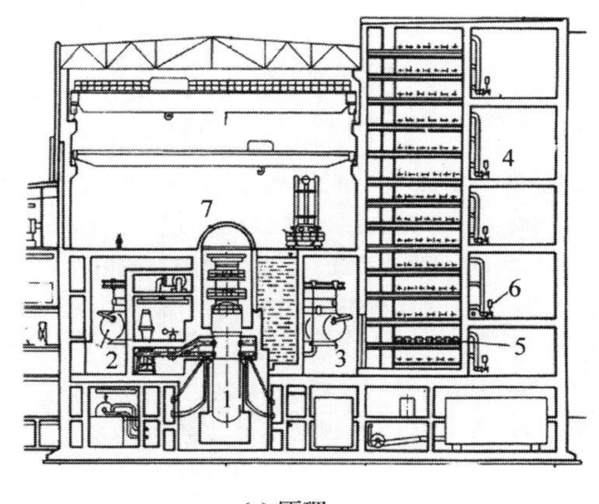

(a) 原理

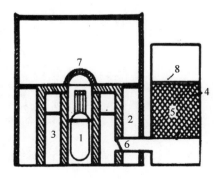

(b) 构筑物概貌(纵剖面)

图 15.37 WWER 440 反应堆的结构

1—反应堆；2—蒸汽发生器；3—压力室系统；4—不凝气体储存空间；5—洗涤设备；6—蝶阀；7—保护罩；8—过滤器

另一个例子是在 CANDU 电厂中实施的中间气体储存，如图 15.38 所示，这一中间储存装置在发生严重事故的情况下为 4 座反应堆提供了共用的储存空间。

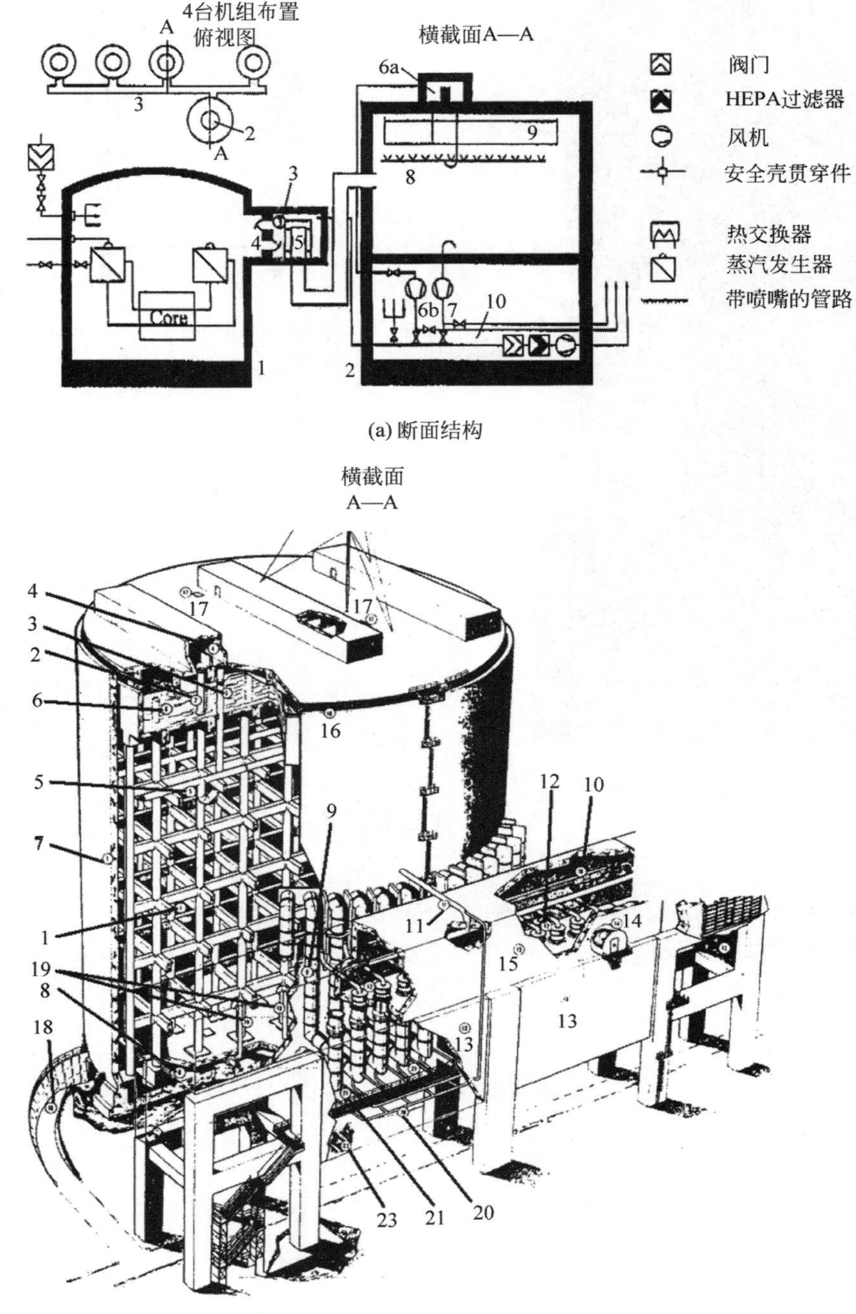

图 15.38 严重事故情况下带有中间储存的 CANDU 反应堆概念

(a) 1—反应堆建筑；2—真空建筑；3—卸压管道；4—吹出和吹挡板；5—减压阀；6A—上舱室；6B—排空系统；7—真空建筑排空系统；8—真空建筑喷淋系统；9—水箱；10—过滤空气排放系统；(b) 1—真空建筑内件；2—压力驱动水置换；3—压力驱动水驱系统出口集箱；4—真空室；5—分配和喷淋头；6—应急储水罐；7—周边墙；8—地下室；9—真空管道；10—轨道和升降机；11—应急水管；12—减压阀；13—屏蔽壁；14—人员空气闸；15—压力泄放管道；16—屋顶/墙壁密封；17—水箱入口坡道；18—地下室入口坡道；19—真空泵抽吸集管；20—真空管道排水管；21—真空管道填充管；22—反应堆建筑卸压百叶窗；23—服务通道；24—气象塔杆

在气体释放到环境之前，可以采用各种附加的有效过滤系统来降低放射性。这种对排出气体进行过滤和储存的原理也可用于位于同一个厂址的几个 HTR 模块堆。特别是当少量的 I131，Cs137，Sr90 和其他裂变产物、石墨灰尘会在过滤系统中滞留足够长的时间时。一些惰性气体也会在储存期间发生衰变。因此，这种储存系统可以按照相对简单的方式及相对较低的压力条件加以设计。同时，应该安装一个用于去除粉尘的水池、一个将从混凝土内舱室进入的气体进行分配的系统及随后用于对 I131，Cs137，Sr90 和其他裂变产物进行过滤的系统。另外，还可以安装一个附加的小容量的净化系统，通过这个设施，可以在贮存系统中的气体存量释放到外部环境之前将其净化到一定的程度。

15.5.9 反应堆安全壳构筑物的地下布置

通过反应堆安全壳构筑物的地下布置可以进一步改善对外部撞击的预防。因此，这一方案经常被提出，并且目前已在一些核电站中实施。图 15.39 给出了反应堆安全壳构筑物可能的布置方案。

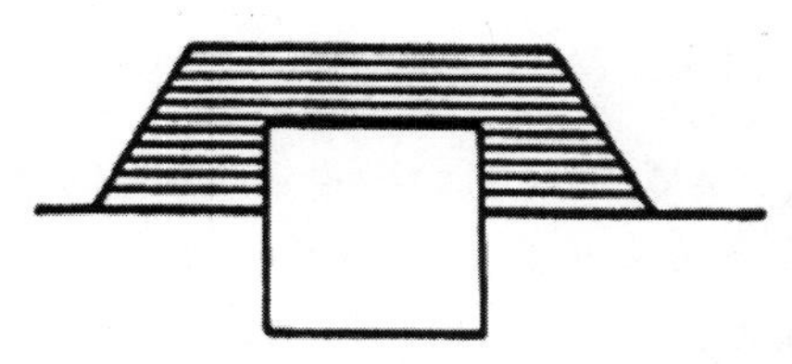

(a)“表面掩埋”：建造在地面，主体结构掩埋

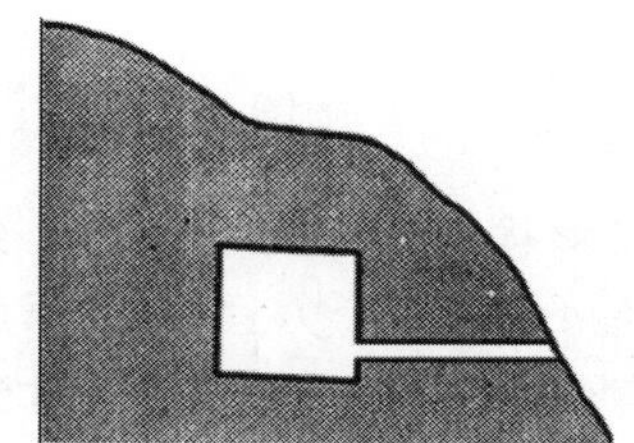

(c)“山坡下部”：主体结构建造在洞穴中

(b)“开挖和覆盖”：主体结构建造在露天开挖的地坑孔中；开挖和回填覆盖

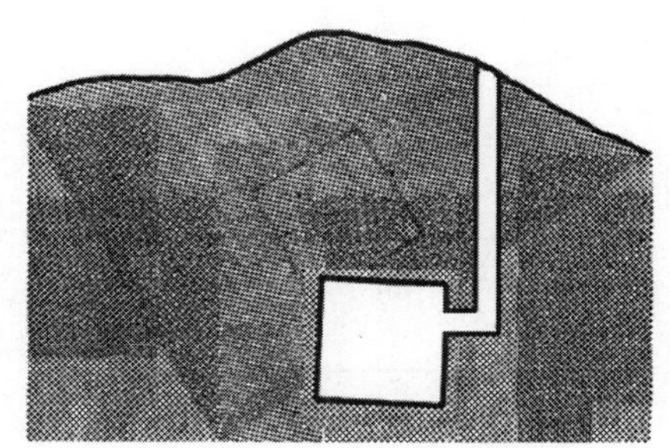

(d)“深地底下”：主体结构建造在洞穴内

图 15.39 安全壳布置的方案

倾向于将反应堆安全壳构筑物建造在地下的主要观点是：

- 对外部事件的附加防护，以提高安全性；
- 要求；
- 更容易控制可接近性(防止破坏和易裂变材料的泛用)；
- 在发生极端事故后，裂变产物被阻留在地下；
- 有利于公众的可接受性。

相应地，一些缺点也必须要予以考虑：

- 更高的投资成本，更长的建造期；
- 运行期间更高的要求；
- 可能需要增加防地震的措施。

特别是通过附加的土壤层或者专门的覆盖材料来阻留裂变产物是预防极端事故的一个重要手段。如图 15.40 所示的裂变产物分布(如 Sr90，$T_{1/2}=28$ 年)，其在土壤和地下水中的迁移需要一定的时间，因此可以采取相应的应对措施。此外，在核设施周围地面上利用特殊材料对裂变产物加以吸收也可以降低危险同位素的污染程度。这些特殊材料在建造过程中可以布置在安全壳周围。

在德国许可证申请的最后程序中，假设一架军用飞机处于特定情况下，得到了飞射物对不同材料的穿透深度。穿透深度与某些重要参数的相关性是已知的，可以用如下方程来表征：

$$x \approx c \cdot \alpha_1 \cdot \alpha_2 \cdot \sqrt{m/s} \cdot (v-30) \tag{15.23}$$

从式(15.23)可以清楚地看出飞射物的速度和发生撞击的表面的特殊重要性。其中，x 为穿透深度；c

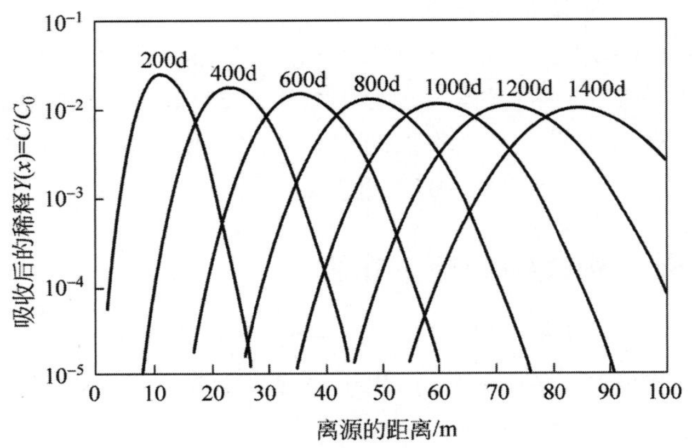

图 15.40 Sr90 在地下水中的分布及被吸收后的稀释情况(速度：1m/d)

为常数；α_1 为飞射物形状的特征值；α_2 为土壤的特征值；m 为飞射物的质量；s 为飞射物撞击的表面；v 为飞射物的速度。还可以将这个方程外推，以用于更高质量或者更高速度的飞射物。由此可以得到：有些材料能够进行非常有效的防御，如岩石或非常致密的砂保护，如图 15.41(b)所示。

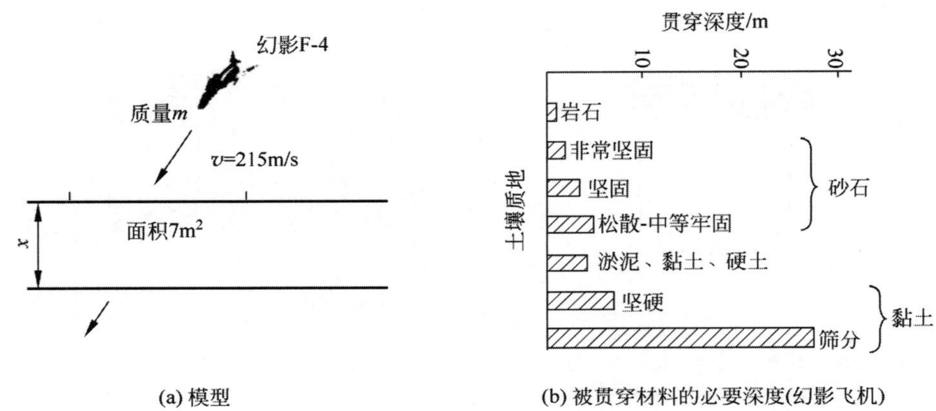

图 15.41 地下厂址的安全性：飞射物对各种材料的贯穿深度(以幻影军用飞机为例)

有些小型核电厂已经按照地下厂址的原则进行建造，见表 15.10。

表 15.10 一些按照地下厂址原则建造的核电厂的概况

核电厂和厂址	反应堆类型	热功率/MW	开始运行时间/年	设 计	尺寸/m	注 释
Halden，挪威	BHWR	20	1960	反应堆在洞穴内	10×30×26	研究反应堆
Ägesta，瑞典	BHWR	60	1964	反应堆在洞穴内	17×53×40	区域供热反应堆
SENA Chooz，法国	PWR	905	1967	反应堆在洞穴内	19×41×43	发电
Lucens，瑞士	GHWR	30	1968	反应堆在洞穴内	ϕ18，高：30	重大事故后停堆
Humboldt Bay，美国	BWR	230	1970	反应堆在地下(20m 深)	ϕ15，高：20	停堆

注：BHWR 表示沸腾重水反应堆；GHWR 表示气冷重水反应堆。

图 15.42 所示为已经实现的一些设置在地下的反应堆。

瑞士 Lucens 电厂建造在一个岩石洞穴里。在发生重大事故(堆芯部分堆熔)的情况下，这种布置已被证明是非常可靠的。在这样的事故中，放射性物质释放到环境中的量非常低。在美国，Humboldt Bay 沸水堆(70MW)也已按照地下电厂的设计方案建造，如图 15.42(b)所示。通过该电厂的正常运行可以看出，布置在地下的核电站在运行过程中不会引起严重的问题。

在挪威，Halden 反应堆整体建造在岩石的洞穴中，目前，该反应堆仍作为研究反应堆在成功地运行。为了实现更高的安全性，特别是考虑到来自外部事件的影响，许多关于在地下布置大型核电厂的详细建议被提了出来。Humboldt Bay(美国)就是一个考虑了更高安全性的很好的例子。

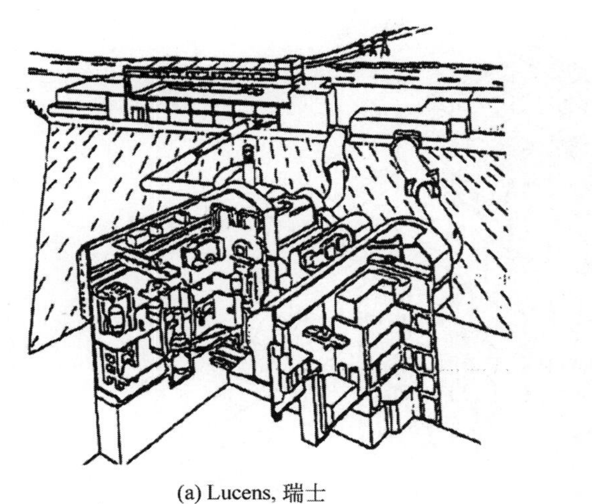

(a) Lucens, 瑞士

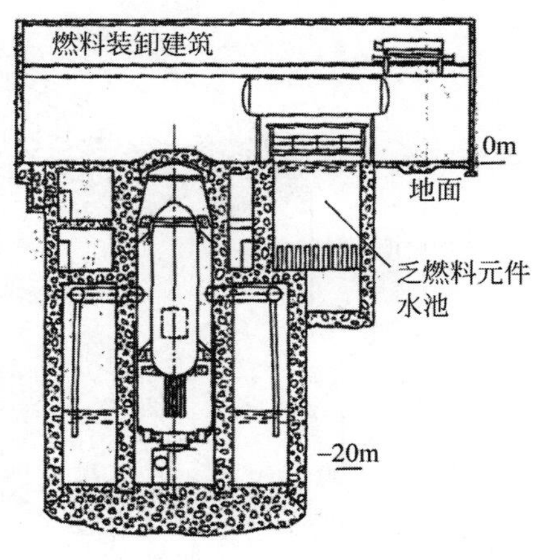

(b) Humboldt Bay, 美国

图 15.42 早期发展阶段一些设置在地下的反应堆

航运港口的沸水堆也可以建在地下。在安全壳上增加一个辅助舱室,就可以在事故发生后将放射性物质存留一段时间。反应堆安全壳与这个辅助舱室之间设置了相互连接的装置。

图 15.43 给出了大型压水堆被覆盖或者布置在地下的两个例子。基本上,用土壤覆盖电厂中的核部分及核部分完全布置在地下是可以实现的。但是,也要特别注意介质的入口及如何引导,因为它们是直接与环境相通的。

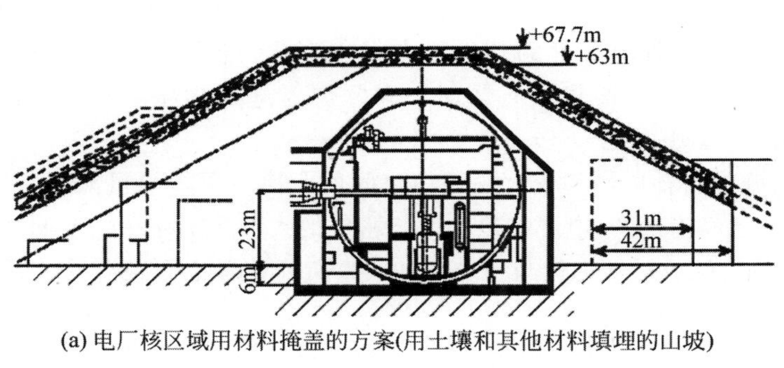

(a) 电厂核区域用材料掩盖的方案(用土壤和其他材料填埋的山坡)

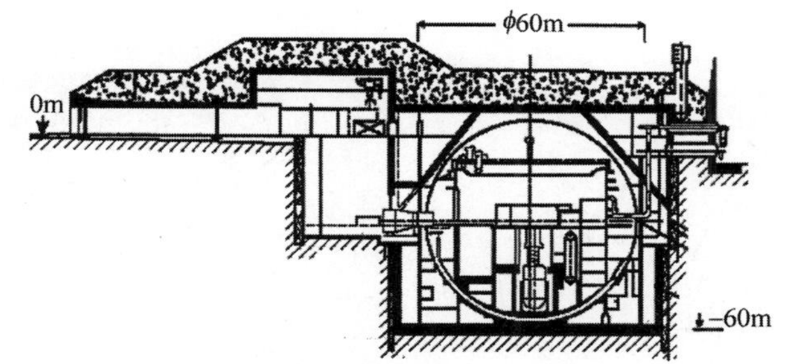

(b) 安全壳和敏感建筑物的地下布置方案

图 15.43 大型压水堆电厂被覆盖和布置在地下的方案

通过对这些概念进行安全性分析可以看出,堆熔事故下系统的行为及熔融体穿透基础的可能性仍然是需要解决的问题。因此,将大型 LWR 电厂建造在地下的建议似乎并没有足够的吸引力。

20 世纪 60 年代,已经为一个具有相对小功率的 HTR(PR 500,热功率为 500MW)制定了将其建造在地下的特殊项目。那时,如何对飞机撞击、气体云爆炸和恐怖袭击进行更可靠的防御已经是考虑的主要方面。这个反应堆计划被一个由砾石和混凝土堆积的小山覆盖。这个设计概念的一些细节已在第 13 章中给出了相关描述,这里不再赘述。

出于安全上的考虑,日本的 HTTR 实际上也布置在了地下。如图 15.44 所示,反应堆一回路系统的所有部件都被布置在地下。

在过去的几年,德国(Neckarwestheim 电厂)轻水堆乏燃料元件的中间储存也已实现。在最终贮存阶

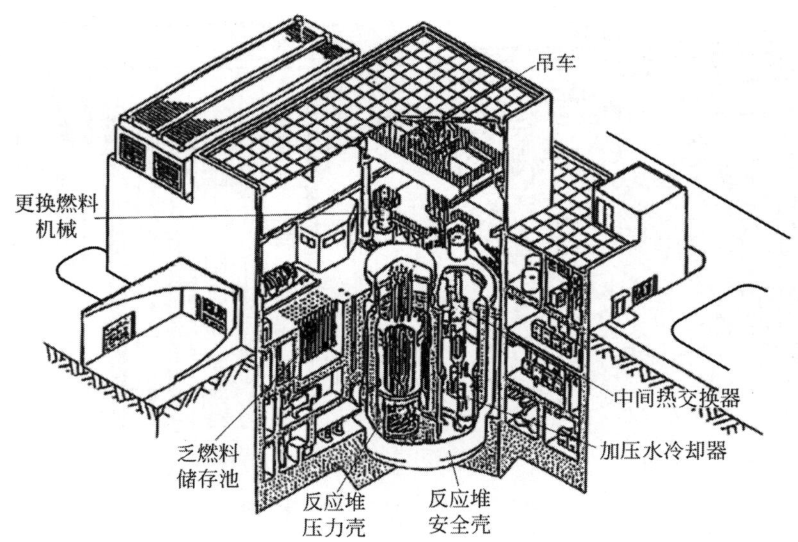

图 15.44　HTTR 电厂的地下布置

段，这个处于地下的储存系统已储存了 1000t 铀，该设施的细节将在 15.8 节中给出。在这种特殊情况下缺乏可用的区域来设置存储建筑，这是决定将其设立在地下的主要原因。然而实际上，这样的设置因能够对外部事件的影响加以预防而在申请许可证程序的过程中起到重要的作用。

目前世界范围内关于未来核反应堆的许多工作都致力于如何满足更高的安全性要求。由于核技术在世界范围内的重要性日益上升及外部事件的条件经常发生变化，毫无疑问，对反应堆的安全性要求将进一步提高，从而导致安全标准的进一步增强。但是这个问题需要进行优化。其中，有关地下厂址的探讨就是一个对方案加以优化的很好的例子。

之前的另一项改进措施是将核电站和较大的城镇之间的距离设置得尽可能地远，以便给公众提供更高的安全保障。正如第 10 章中已经指出的，电厂的热功率与密集的人口之间存在一定的相关性。图 15.45(a)给出了大型 LWR 发生严重事故后的放射性剂量与反应堆和人口所处位置之间距离的关系。图 15.45(b)对优化的一般原则给出了说明。

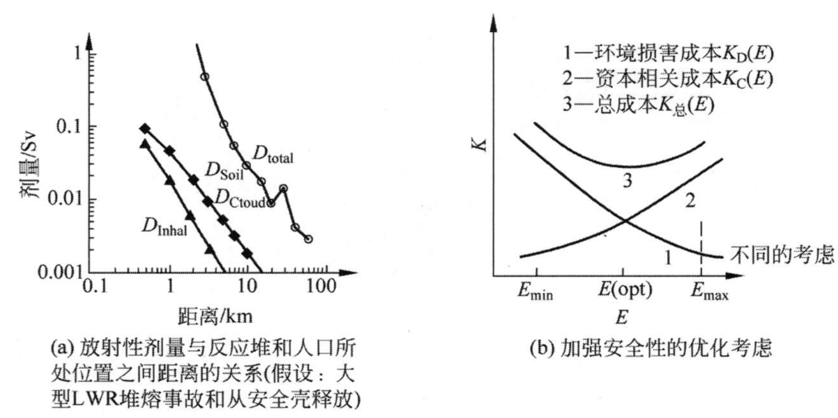

(a) 放射性剂量与反应堆和人口所处位置之间距离的关系(假设：大型LWR堆熔事故和从安全壳释放)

(b) 加强安全性的优化考虑

图 15.45　最优化考虑：如反应堆构筑物在过滤器、储存和地下厂址方面的改进

对安全壳的改进可以减少由吸入引起的、来自飘移云层、来自土壤及事故发生很长时间后来自被污染土壤的放射性剂量。对公众进行保护的类似措施可以通过尽可能远地离开人口稠密地区来设置核电厂址的方式实现。前面提到的这些措施将会使核电站具有更高的安全标准。

在所要选择的技术方案的安全性和经济性之间进行优化是技术问题中普遍存在且非常重要的问题，尤其是对于核技术，更是如此。

所有实现更高安全标准的措施通常都会导致较高的投资成本。因此，这种附加的安全措施要求在附加的投资成本(与资本相关的成本 K_C)与发生事故时避免对环境的损害导致的成本(K_D)之间进行优化。总而言之，必须在分析各种变量的基础上进行相应的优化，并从计算总成本的方程中获取折中方案。

$$K_{tot}(E)=K_C(E)+K_D(E),\quad \frac{\partial K_{tot}}{\partial E}=0,\quad \frac{\partial^2 K_{tot}}{\partial E^2}>0 \tag{15.24}$$

其中，E 是实现安全的代价，例如，选择地下厂址或者在核电站的核部分上面堆积小山等措施。通过对电厂的详细分析和事故假设，获得了如下类似的关系。

$$K_C(E)\approx C_1+C_2E+\cdots,\quad K_D(E)\approx\frac{C_3}{1+C_4E+\cdots} \tag{15.25}$$

对于最终获得的最优方案，得到一个相应的关系式：

$$E(\text{opt})=\sqrt{C_3\cdot C_4/C_2}-1/C_4 \tag{15.26}$$

根据以往的一些经验，即使在规划阶段，选择更高的安全标准也有助于满足未来的要求，并可加快许可证的申请过程，同时有利于达到公众的可接受程度。由于核项目的实施持续的时间较长(包括建造、运行和退役阶段，大约需要 60～80 年)，因此，从一开始就付出更大的努力将是有利的。

福岛核事故(2011 年)表明满足尽可能高的安全要求是多么的重要，如果当初选择具有足够高度的可预防海啸的堤坝，就可以避免发生失去冷却、堆芯熔化及大面积污染的事故。

15.6 钍燃料循环和增殖效应

自从核技术开始发展以来，核反应堆系统易裂变材料的长期供应问题就一直受到关注。如在第 1 章中指出的，HTR 可以使用不同的燃料循环。特别是钍，可作为与铀相当的资源，在 HTR 循环中可作为增殖材料。关于钍的增殖链问题，已在第 11 章中给出介绍。

在这种情况下，同位素 Pa233 非常重要，它不仅可以衰变为易裂变材料 U233 加以利用，还有可能通过(n，γ)反应转化为具有较大反应截面(110barn)的 Pa234，导致在获取新的易裂变材料方面产生重大的损失。因此，中子注量率的大小和燃料元件的设计对于钍在 HTR 中的利用是非常重要的参数。中子注量率和堆芯中的功率密度应尽可能地小，以实现更高的增殖效益。这是一个优势，因为安全性和增殖潜力对堆芯布置具有相同的要求。

在热中子反应堆增殖过程中获得的 U233 是一种非常好的易裂变材料，由于其 η 值很高，在热中子能谱中与其他易裂变材料 U235 和 Pu239 相比，裂变性能更优异。

热中子谱的平均 η 值可以定义为

$$\bar{\eta}=\int_0^{E_0}\eta(E)\cdot\phi(E)\cdot dE\Big/\int_0^{E_0}\phi(E)\cdot dE \tag{15.27}$$

其中，E_0 是热中子谱的上边界。对于热中子反应堆，可以导出如下的平均值($E_0\approx 1\text{eV}$)：

$$\bar{\eta}(\text{U 235})=1.98,\quad \bar{\eta}(\text{U 233})=2.24,\quad \bar{\eta}(\text{Pu 239})=1.81 \tag{15.28}$$

对于钍循环，可以使用与铀循环类似的参数表征增殖系统的倍增时间、增殖比和增殖增益。可以说，利用 Th232 和产生 U233 的循环提供了获得更高转化比甚至用热中子谱实现增殖的最大可能性。理论上，增殖比 $\bar{\eta}>2.2$ 是可能的。

转化因子 C 通常被简单定义为

$$C=\bar{\eta}-1-V\cdot\frac{1}{1+\bar{\alpha}} \tag{15.29}$$

其中，参数 $\bar{\eta}$ 是裂变的平均中子增益(热中子谱)；V 为每次裂变扣除燃料的吸收 $\bar{\alpha}=\bar{\sigma}_a/\bar{\sigma}_f$ 外，其他过程损失的中子数(热中子谱的平均)。增殖的增益 G 定义为新生成的易裂变材料与可裂变材料总质量的关系，可以表示为

$$G=(C-1)(1+\bar{\alpha}) \tag{15.30}$$

用于评价增殖系统质量的特征参数倍增时间 T_D 定义为

$$T_D=\frac{m_f}{\Delta m_f}(1+\varepsilon) \tag{15.31}$$

其中，m_f 是反应堆的裂变材料存量，Δm_f 是在时间段 T_D 中产生的过剩裂变材料的质量，ε 是燃料中堆芯外的存量与堆芯内存量的比值。很明显，要获得较短的倍增周期，这个比值应尽可能地小。这意味着乏燃料

的中间储存时间应较短，但这对于后处理过程是不利的，因为在这种情况下，必须处理具有高活度的燃料。裂变材料的增量 Δm_{f} 与增殖的增益 G、利用时间 T、总效率 η_{tot} 及对裂变材料的具体需求 ζ 等参数有关。

$$\Delta m_{\mathrm{f}}=G\cdot\frac{T}{\eta_{\mathrm{tot}}}\cdot\zeta \tag{15.32}$$

因此，倍增时间可由如下公式导出：

$$T_{\mathrm{D}}=\frac{m_{\mathrm{f}}(1+\varepsilon)\eta_{\mathrm{tot}}}{T\zeta}\cdot\frac{1}{(1+\bar{\alpha})(\bar{\eta}-2)-V} \tag{15.33}$$

为了在钍循环增殖过程中获得较低的倍增时间，应满足以下要求：裂变材料装入量少、电厂可利用时间长、V 值小及 ε 值小。对于闭式钍循环，估计可以达到 20～30 年的倍增时间。对于开式和闭式的铀和钍循环，已进行了广泛而系统的研究，结果表明，高温反应堆具有实现高转化因子甚至增殖可能性的潜力。具体地，钍循环的易裂变核素和增殖核素的核特性在石墨慢化高温反应堆的热中子谱中非常有利。开式钍循环显示了与开式铀循环相似的对铀矿资源的需求。由图 12.6 结果可以看出，开式循环对铀矿的需求比轻水堆低 30%。这也是由发电过程中能量转换的热效率较高带来的好结果。在 HTR 开式铀循环中，反应堆运行期间产生的约 90%的钚在反应堆内直接被燃耗掉了。因此，乏燃料元件中的钚含量非常低，另外，高价同位素的变价也使其含量变得很低。这一结果非常有利于乏燃料元件的直接最终贮存及防核扩散。对于闭式钍循环，转化比可达 0.8～1，随着燃耗的进一步降低，可实现增殖比 $C>1$。但是，若要达到这一目的，就必须显著地提高反应堆中易裂变材料的存量，并且燃耗值应降到低于 20 000MWd/t HM 的水平，如图 15.46 所示。

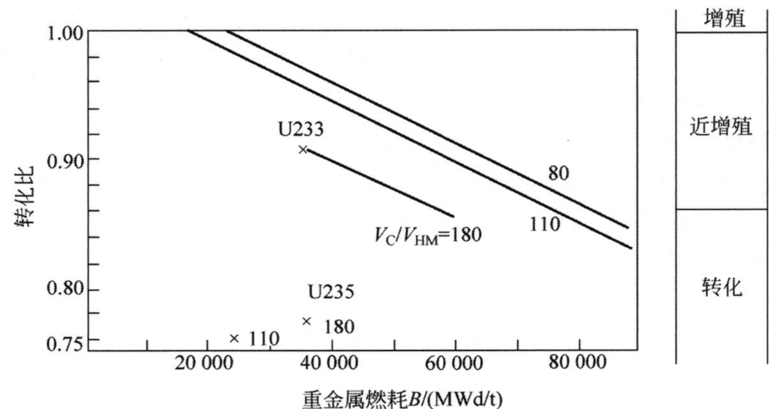

图 15.46 HTR 转化比与重金属燃耗的关系(慢化比作为参数)

热功率：3000MW，堆芯功率密度：5MW/m^3

也许对于未来的应用，使用带有含钍颗粒的专门的增殖元件更适于在普通燃料元件具有较高燃耗的情况下实现增殖的条件。但是，要求温度反应性系数必须保持为负值。

与以前计算的需求(如 THTR)相比，由于采取了上述措施，对铀矿的需求量会显著减少。上述循环必须包括 HTR 燃料元件的后处理和辐照燃料的再制造。同时，在对这种燃料循环概念进行评估时，也必须要考虑燃料元件较高的制造成本。

闭式循环可以采用浓缩铀(20%)和钍运行，该循环具有非常好的防核扩散性能，有可能显示出较高的转化比，因此对铀矿石的需求也会减少。为了实现高温堆及其他反应堆概念的闭式燃料循环，必须具有经济的后处理能力。钍原则上可以在氦冷的 HTR、D_2O 冷却的系统和熔盐反应堆中实现增殖。这 3 种选择已在德国进行了广泛的研究。

下面将以钍和 U233 为燃料的 HTR 为例进行讨论。如前所述，U233 在热中子谱中具有最高的 η 值。低慢化比会导致硬中子能谱并降低 η 值。

如图 15.46 所示，计算结果表明，随着重金属装量的减少，慢化比升高，与此同时，转化比也变小。导致这一结果的原因是堆芯的裂变材料存量几乎与重金属存量成正比。因此，堆芯具有高吸收截面，使中子的泄漏有所减少。

此外，堆芯中较高的易裂变材料密度导致堆芯在给定的功率下具有相对较低的中子注量率，并由此引起两个效应。第 1 个效应是 Pa233 中的中子损失减少。更多的 Pa233 核素衰变成易裂变材料 U233，并且在 Pa233 中的寄生吸收减少。第 2 个效应是 Xe135 中的中子吸收减少，这也与功率密度和中子注量率成正比。

进一步的研究表明，使用仅含钍装量的燃料元件作为径向反射层将导致较高的转化比(约 20%)，这是由于径向中子泄漏有所减少。由于铍的(n,2n)反应，添加含有 BeO 的石墨球也可以提高转化比。图 15.46 给出了一个大型圆柱堆芯转化比与重金属燃耗关系的计算结果。众所周知，在发生极端冷却事故(完全失去冷却剂＋完全失去能动衰变热载出＋完全失去内衬的冷却)的情况下，如此庞大的堆芯的最高燃料温度将达到 2500℃。因此，这样的事故会导致燃料元件释放出较多的裂变产物，这是将来必须要加以避免的。

目前，人们考虑采用功率较小的 HTR 堆芯(模块式 HTR 堆芯：最大热功率为 250MW 的圆柱形堆芯，热功率为 400MW 的环状堆芯)，在前面提到的非常严重的事故中，HTR 堆芯的最高燃料温度将低于 1600℃。在这种情况下，裂变产物从燃料元件中的释放量将被限制在核芯总存量的 10^{-5} 以下。如果采用环状堆芯，使用比锻钢壳直径大得多的预应力反应堆压力壳将一回路系统全部包容在内，那么即便是更大的热功率，也可以实现同样的安全标准。HTR 未来应用的一个重要课题是：针对不同设计方式的反应堆可以获得更高的转化率，并且在严重事故下，燃料温度将被限制低于最高的 1600℃。

在对增殖系统进行分析时，考虑了一种由两个以钍为燃料的球床 HTR 组成的“共生 HTR 系统”。一个反应堆称为预增殖系统，其选取的慢化比适于采用 U235 作为易裂变材料，U235 是由外部提供的。该系统产生了 U233，用作第二个系统的易裂变材料。在第 2 个反应堆中采用低慢化比和低燃耗，实现了增殖设计。当然，这些系统也必须具有负温度反应性系数，因此，一些钍需要与预增殖的 U235 混合。总的来说，钍在 HTR 电厂中的使用将扩大燃料的基础并使这种燃料循环方案具有更多的优势。

将钍作为燃料加以利用及未来实现具有高转化比或者增殖系统的反应堆需要引入后处理。在这种情况下，THOREX 流程就凸显出其重要性，如图 15.47 所示。过去，德国和美国也曾开展过开发含钍燃料后处理的大型研究活动。含钍燃料的后处理根据下述工艺流程进行。首先，在后处理厂的前端通过石墨的

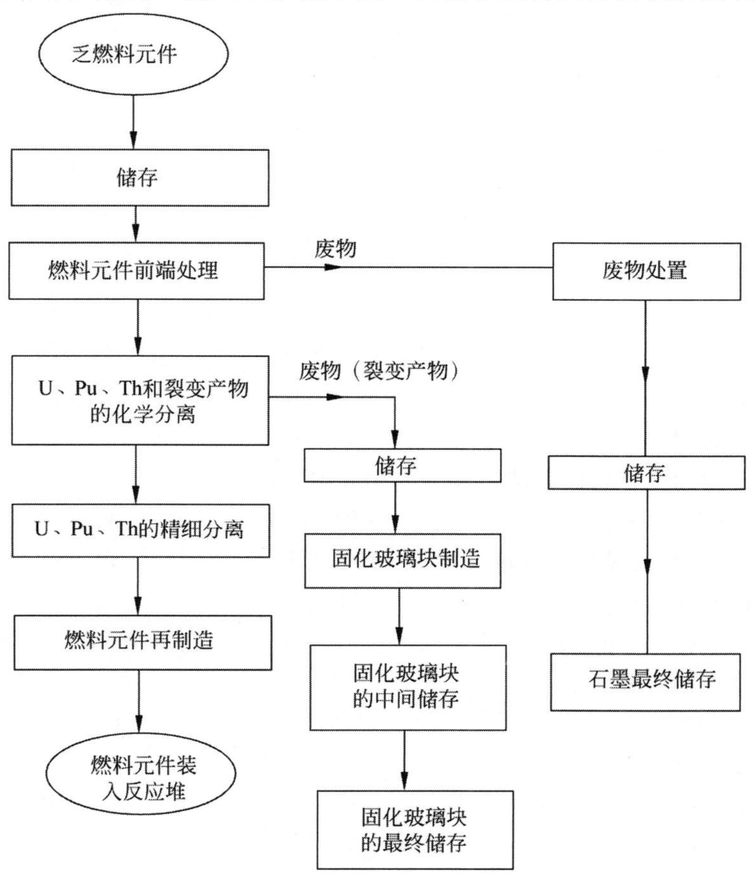

图 15.47 含钍燃料后处理的 THOREX 工艺流程

燃烧将重金属从基体石墨中分离出来。在这一步中，可以首先通过锤式粉碎机将燃料元件压碎成小于 5mm 的碎块。碳化硅涂层的燃烧也可以在流化床上进行，但 Si 在这一过程中会带来一些问题，值得关注。在下一步中，重金属灰溶解在 THOREX 的溶液中。随后，在后处理厂的化学处理环节的溶剂萃取流程中进行铀、钍和裂变产物的分离。THOREX 工艺已在美国的反应堆中得到应用，以对来自轻水反应堆的大量辐射钍进行后处理。得到的裂变材料被返回至再制造厂生产新的燃料元件。由于返回材料中一些同位素中含有 γ 辐射的铀同位素，因此部分再制造过程必须用机械手进行。除了前端和化工处理厂以外，调节高活度废物用于过滤气体裂变产物和其他污染物的扩展装置对于 HTR 燃料的后处理是必需的。从 LWR 燃料后处理获得的经验也可以在 THOREX 工艺中得到很大程度的应用。

图 15.48 给出了德国在工业活动阶段为 THOREX 开发而编制的更为详细的流程图。近几十年来，为实现含钍燃料的后处理进行了广泛的研究和开发，认为该工艺流程基本可行。代表 THOREX 工艺和前端设施的 JUPITE 设施已在德国建造并部分运行。到目前为止，PUREX 工艺已成为用于所有燃料类型的相当普遍的后处理流程，包括天然铀、具有较低或者较高含钚量的高富集度铀。另一方面，THOREX 工艺适用对来自钍基燃料的铀和钍进行后处理。当被辐照的燃料含有相当量的 U238 时，必须将 THOREX 和 PUREX 工艺组合应用。

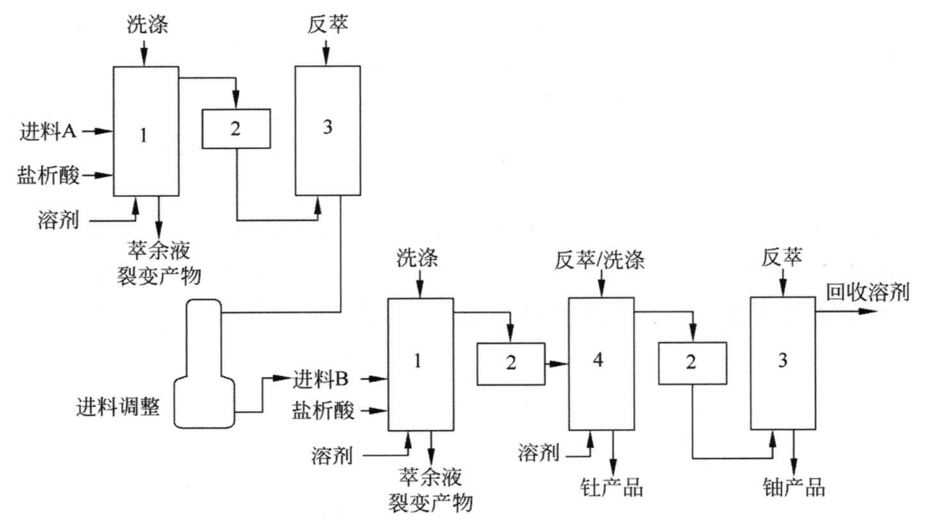

图 15.48 德国反应堆实验中采用的 THOREX 工艺流程(Farbwerke Hoechst AG-process)
1—萃取柱；2—萃取；3—反萃柱；4—分离柱

根据专门的研究，采用酸性进料溶液的单循环工艺能够提供必要的去污因子。鉴于燃料循环策略和工艺的可行性，钍和铀的直接分离似乎是可取的。萃取装置均倾向采用脉冲柱，或者至少萃取步骤采用脉冲柱 。在现有的 PUREX 装置中，由于原料中残余的裂变同位素，对 HTR-LEU 燃料的后处理受防止临界问题的困扰。因此，在几个处理单元中，必须采取特殊的预防措施。向进料中添加可溶性毒物是一种有利的措施。此外，克服临界困扰的更合适的方法可能是采用 TBP 浓度低于 10%的流程。

实际上，THOREX 工艺在技术上并不是太先进，主要原因是硝酸钍的分配系数比铀和钚要低得多。为了使钍进入有机 TBP 相，需要较强的盐析剂。为了减少放射性废物的释放量，以前推荐使用的硝酸铝已被硝酸代替。然而，高酸浓度在实现高效裂变产物去污方面是无效的。因此，研究了几种具有不同酸和缺酸进料溶液的流程。为了达到高去污因子，开发了双循环 THOREX 工艺。该工艺在第 1 次循环中使用酸进料溶液，在第 2 次循环中使用缺酸溶液。

在德国和其他国家，有关后处理的进一步工作专注于如何处理循环过程产生的放射性废物。这些工作包括：

- 石墨球形燃料元件的特殊首端；
- 提高气体的净化效率；
- 不同类型放射性废物的调节；
- 专门的玻璃固化；
- 生产用作废物包容体的特种陶瓷；

• 对放射性气体的储存。

当铀矿石价格显著上涨及后处理工艺流程的成本随着这些技术的发展而有所降低时，将 HTR 燃料加以循环使用及将后处理和再制造集成到循环中的经济性已经达到。下面给出将后处理引入发电中的简化的经济条件：

$$K_{\mathrm{u}} \cdot \sigma_{\mathrm{u}} + K_{\mathrm{pu}} \cdot \sigma_{\mathrm{pu}} \geqslant K_{\mathrm{repr}}, \quad K_{\mathrm{repr}} = K_{\mathrm{invest}} \cdot \bar{a} + \sum_{i} X_{i} \cdot \beta_{i} \tag{15.34}$$

将式(15.34)左侧表示的铀和钚(美元/吨铀)的信贷费用与右侧表示的后处理费用(美元/吨铀)进行了比较。后处理费用由包含投资和资本因素并与资本相关的成本、辅助材料成本、人员成本及与后处理过程相关的能源成本构成。钚的估值在过去几十年发生了很大的变化。有时，人们认为它具有很高的价值，在一些国家特别是西欧国家的实际情况中，它被认为是副产品，从而导致了储存或者特殊“废物”管理的附加成本。

铀市场的实际情况与铀储量的高低及能源经济中核电容量的发展有关，因此，采用闭式核循环似乎是一个长期的选择。表 15.11 给出了有关铀资源的一些资料。例如，到目前为止，在西欧对乏燃料元件进行长期的中间储存是一种更经济的解决方案。未来，一种方法是将乏燃料元件进行长期的中间储存或采用玻璃固化、后处理加上嬗变的方式来解决；另一种方法是使用贫铀矿石，由于贫铀矿石在未来将更加昂贵，或许会使用钍，那么在两者之间将进行经济上的比较和权衡。

表 15.11 有关铀储量和资源量的资料

项　目	数量/(10^7 t)	时间范围/年	注　释
铀储量(<130 美元/kg)	约 5	70	80%(80 美元/kg)
铀资源	20～50	280～700	较高的发电成本约 50%
钍	20	280	U233 作燃料
进行增殖	25～55	>10 000	假设 30 倍
海水的铀	实际是无限的	实际是无限的	估计：500 美元/kg；更高的发电成本：100%～200%

随着铀价格的上涨，浓缩铀尾料的富集度将有所降低，后处理的可接受价格将会上升。当然，在考虑这些发展的同时，发电的成本也会上升。

钍循环为增殖新的易裂变材料、减少钚同位素的积累及减少长期贮存期间废物的放射性毒性提供了另一种选择。钍是嬗变过程必需的物质。

15.7 具有非常长半衰期的同位素的转化

一些特殊效应及分离和嬗变的新进展有利于钍的使用，并可能改变对放射性废物最终贮存的评价。

在反应堆的运行过程中，燃料元件中装入了大量的增殖材料。从同位素 U238 和 Th232 起，反应链中包括同位素 U，Pu 和次锕系元素的所有元素都被逐渐积累起来，如图 15.49 所示。尤其是同位素 NP237，Pu239，Pu240，Pu241，Pu242，Am241，Am243，由于其半衰期长(表 15.12)，需要特别加以关注。此外，还存在一些具有较长半衰期的放射性裂变产物如 Zr93，Tc99，I129，Cs135。但是，它们的活度很低，而且在乏燃料铀中的质量份额很小(约 4×10^{-3})。

在使用钍循环的情况下，Am，Cm 及 Pu 的产率非常低。燃料中的含钚量低是使乏燃料元件中 Am 和 Cm 含量最小化的先决条件。这是对直接最终贮存废物管理方案进行安全评估的一个重要方面。

在最终贮存系统中存储物的滞留时间是无限的，因此人们认为，在整个时间跨度内，HTR 陶瓷燃料元件、其他乏燃料元件或固化玻璃块均应保证防止放射性释放的屏障的完整性。

如表 15.12 所示，具有非常长半衰期的同位素的活度非常小，因为活度与半衰期成反比。钚和某些次锕系元素(镅和锫)是具有较长半衰期的主要同位素，如果装入量较大，会使最终贮存系统的安全性分析有所不同。具有极长半衰期的同位素(Tc99，I129，Cs135 和 Zr93)对废物放射性毒性的释放发挥的作用在最终贮存的初始阶段是相对较小的，但必须要考虑这些同位素在很长时间之后可能释放出来的放射性毒性，对此第 11 章已有相关讨论。

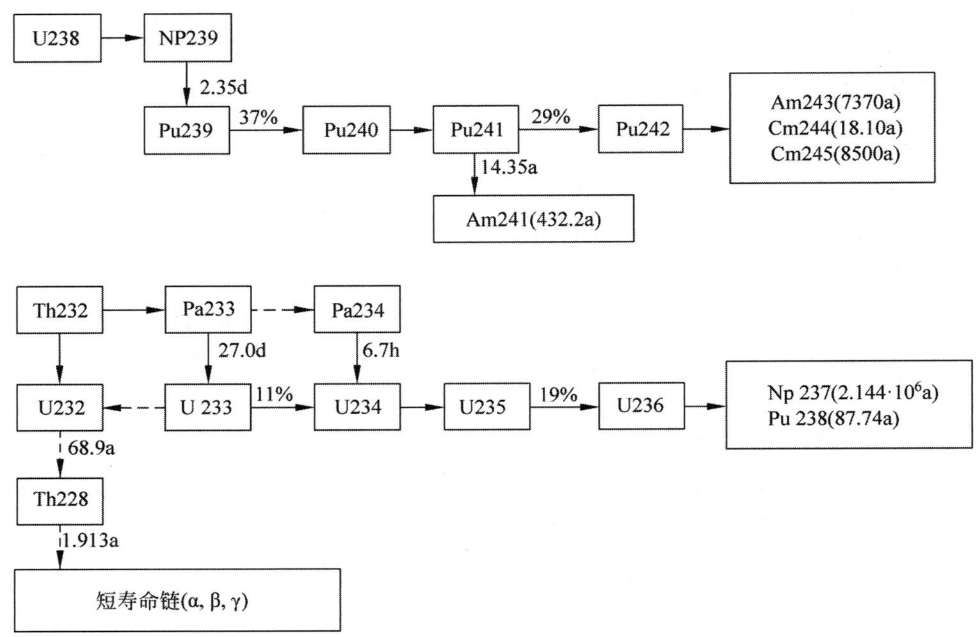

图 15.49　HTR 燃料循环中 U238 和 Th232 可裂变同位素的嬗变链

表 15.12　具有非常长半衰期的锕系和裂变产物

(假设：LWR 燃料元件，燃耗为 33 000MWd/t，1 年冷却时间，1Ci＝3.7×10^10 Bq)

同位素	半衰期/年	活度/(Ci/tU)	同位素	半衰期/年	活度/(Ci/tU)
Np237	2 200 000	0.537	Tc99	210 000	14.2
Pu239	24 000	330	I129	17 000 000	0.038
Pu240	380 000	1.36	Cs135	3 000 000	1.3
Am243	81 000	17.4	Cs137	30	105 000
Zr93	1 500 000	1.88	Sr90	28	75 500

最终贮存可以通过非常安全的方式实现，特别是对于包覆颗粒燃料的陶瓷燃料元件更是如此。根据目前的认知，如果选择盐作为最终贮存介质，即使贮存在盐穴中，石墨和碳化硅等陶瓷材料实际上也具有非常低的渗透率。HTR 乏燃料元件最终贮存在花岗岩或黏土结构中可能更加合理。对于选择怎样的材料和方式进行存储，将从安全的各个角度进行比较，基于这些考虑，最终贮存在核能利用的整个环节中总是贡献相对较小的风险份额。

除了直接最终贮存的可能性之外，另一个未来的选择是将长寿命同位素进行嬗变。因此，将放射性物质放置在最终贮存内的时间跨度实际上可以减少到大约 1000 年。图 15.50 表明，在 1000 年的贮存时间之后，裂变产物的放射性毒性下降了很多，低于已用于核反应堆发电(1GW・年)的某些天然铀的水平(沥青铀矿，占铀矿石的 60%)。之后，潜在的毒性主要由锕系元素产生。因此，必须通过物理过程如嬗变减少，如果 1000 年之后废物的放射性毒性必须要低于新燃料或者沥青铀矿。

本章这里和第 11 章给出的解释，下面给出的废物管理的两个主要方案在将来是有可能实施的。图 15.51 给出了这两个方案的一些特征。

(1) 乏燃料元件直接贮存在地质储存库中；

(2) 经后处理、分离、嬗变后，剩余废物最终贮存在地质储存库中。

当然，这两种方案必须进行一定的比较，需要考虑总风险、可能的事故、技术状态、对运行人员的辐射剂量、防核扩散问题及成本和额外的环境影响。通过对这些方面进行非常仔细的比较得出这样一个结论：对废物进行嬗变处理可能是一个不错的选择，并且可以使最终贮存成为一项不需几百万年而仅需大约 1000 年担负的责任。

当然，也可以有其他选择，如仅对乏燃料元件进行通常的后处理和固化玻璃块的最终地质贮存。此外，特殊的同位素还可以在分离过程中被分离，并且可以使用改进的技术加以贮存。

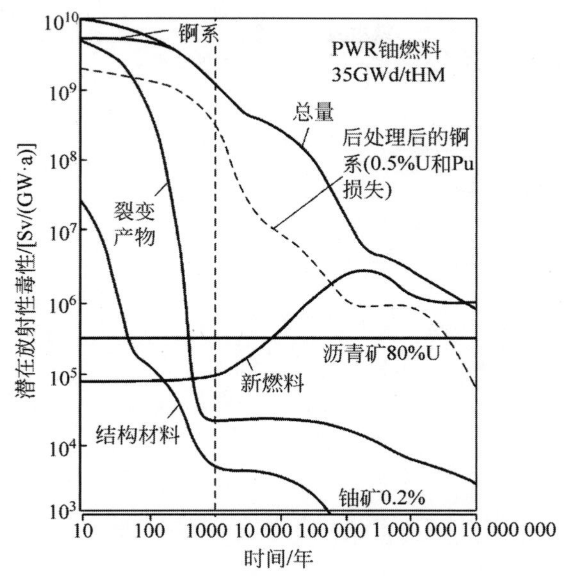

单个同位素i的放射性毒性：

$$(RT)_i=Q_i/(MAC_{wi})$$

N个同位素混合物的放射性毒性:

$$RT=\sum_i (RT)_i=\sum_{i=1}^{3}\frac{Q_i}{MAC_{wi}}$$

Q_i=某种同位素的活度(C_i，Bq)

MAC_{wi}=饮用水中同位素的最大允许浓度(C_i, Bq)

N=废物中同位素的数量

图 15.50 乏燃料元件放射性毒性随时间的变化(如 LWR 燃料，燃耗为 35 000MWd/t U)

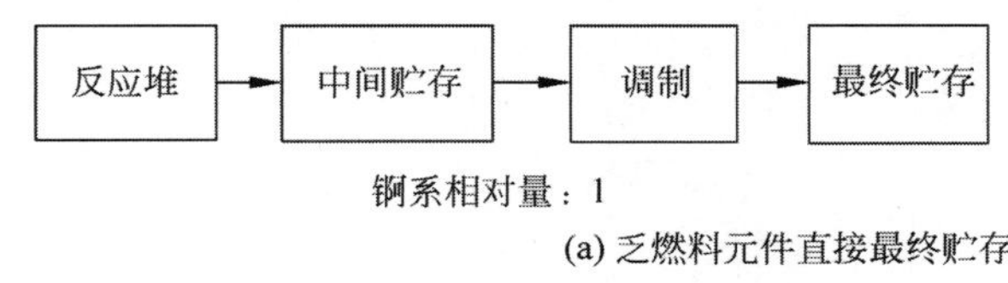

- 简单的技术；
- 难于用实验验证最终贮存；
- 不可能对极长时间进行安全分析。

(a) 乏燃料元件直接最终贮存

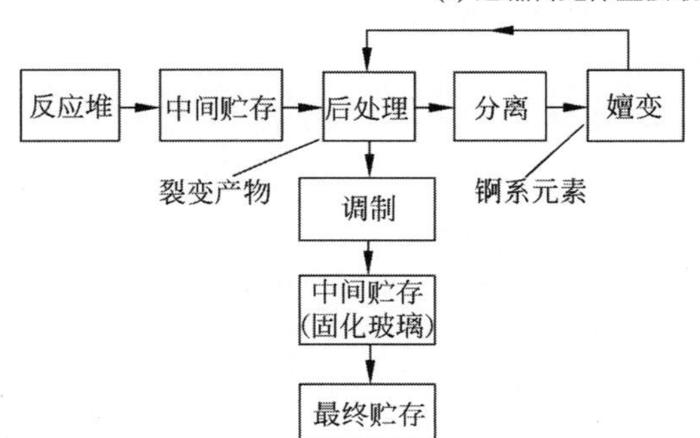

- 复杂的技术；
- 技术实验验证是可能的；
- 需要1000年左右的安全分析；
- 用于能源的主要核技术；
- 防核扩散变得重要。

锕系相对量：0.001~0.01

(b) 后处理，分离、嬗变和剩余废物的最终贮存

图 15.51 废物管理的两个主要方案

第 1 个方案需要证明对放射性物质的安全封存会有很长一段时间。这一战略规划似乎很难接受，因为时间跨度太长。第 2 个方案则需要具有各种复杂的技术装置，因此必须详细考虑这些技术装置操作过程的风险。另外，还需要对公众和操作人员的总风险进行优化(最小化)。未来，在获得更多的经验之后，有必要详细分析这两种方案的优缺点。在比较的过程中，主要考虑的是辐射风险、成本和防核扩散问题。

原则上，散裂的物理过程是已知的，从而提供了破坏长寿命核素的可能性。图 15.52 给出了分离和嬗变过程(P+T)的可能流程。这里，通常的后处理要将来自裂变反应堆的乏燃料与来自嬗变过程的剩余物混合在一起。

在加速器中质子被加速到高能(如 1.6GeV)，这些高能质子打到靶核上(如铅)。在此过程中，靶核被散裂，产生一些较轻的核素和大量的中子(例如，对于铅，产生 25～30 个中子，质子能量为 1.6GeV)。

$$P+A(靶)\longrightarrow 25\sim30\ 个中子+散裂产物$$

表 15.12 已经给出一些同位素，这些同位素必须被销毁，以便尽可能地降低最终贮存库中废物的放射性毒性。表中列出的这些同位素主要是铯和次锕系元素(Cs, Am, Np)，它们必须通过嬗变过程转化。如图 15.53 所示，靶区被插有燃料元件的包覆区包围。包覆区中的中子注量率非常高，因此，同位素在这些区域中的转化率很高。钍也可以包含在燃料元件中，以获得产生 U233 的增殖效果。所有废物均进入后处理和分离厂。主要由以 U233 为燃料的裂变反应堆为加速器提供电力，且取决于整个系统的布局，过剩的电力

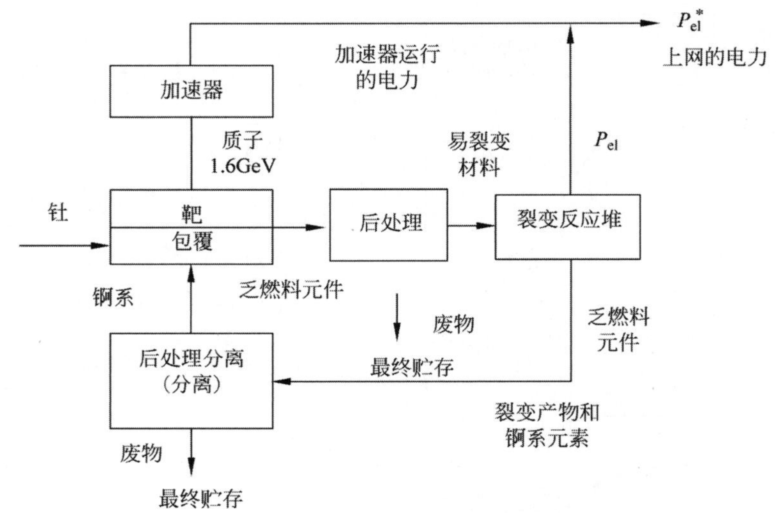

图 15.52 分离和嬗变的主要流程(P+T)

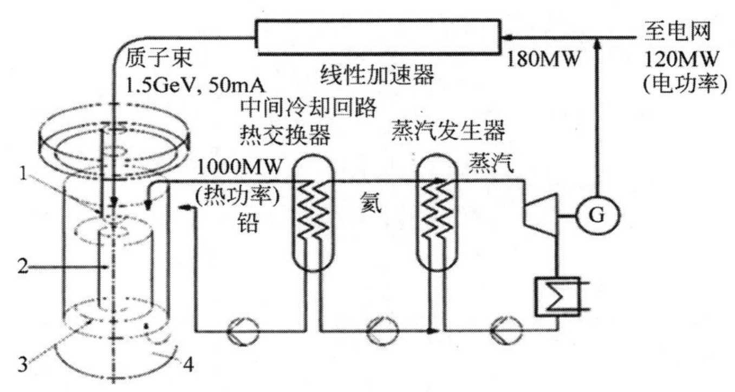

图 15.53 散裂电厂的原理流程

1—质子窗口；2—靶；3—含有锕系元素和钍的包覆层区；4—铅冷却剂系统

被输送到电网。在包覆区的高中子注量率中,锕系核素可以有效地转化。锕系核素的密度随时间的变化可用如下简化的形式来描述:

$$\frac{\mathrm{d}N_i}{\mathrm{d}t}=-\lambda_i N_i-\overline{\sigma_{\mathrm{a}_i}\Phi}\cdot N_i \tag{15.35}$$

作为一个解,得到某个同位素的核素密度为

$$N_i(t)=N_i^0\cdot\exp(-\lambda_{\mathrm{eff},i}\cdot t) \tag{15.36}$$

那么,有效半衰期可以确定如下:

$$T_{1/2\cdot i(\mathrm{eff})}=\frac{\ln 2}{\lambda_i+\overline{\sigma_{\mathrm{a}_i}\cdot\Phi}} \tag{15.37}$$

因此,中子注量率必须很高,才能使有效半衰期变短,并且中子俘获的转化率主导放射性衰变。

借助锕系元素的化学分离装置,几乎可以将锕系元素完全分离出来,并将其返回至散裂过程。实际用于实现整个过程的技术目前仍需进行广泛和更深层次的开发。例如,质子加速器是由于进行基础物理研究时所需的质子能量而开发和运行的,但是为了应用于上述领域,必须要显著提高质子通量的强度。此外,化学分离的目标和工艺步骤也需要进一步进行大量的研发工作,但是评估认为研发的目标是现实可行的。锕系元素的分离因子必须很高才能达到减少废物中锕系元素的目的。

此外,在整个系统中,对于从安全角度提出的有关处理大量锕系元素和裂变产物的问题,需要在未来进行详细解答。例如,对锕系元素或者裂变产物释放到加速器系统中的事故的处理需要更为详细的解决方案。

由于要实现的系统在整个过程的每个阶段和运行的时间点均处于次临界状态,所以 k_{eff} 要足够地低,应低于 1,这样反应性事故就不会发生。然而,如果 k_{eff} 接近 1,将有利于次临界下的中子倍增,所以,这种类型的事故反而会变得很重要。

$$n/n_0 = 1/(1-k_{\mathrm{eff}}) \tag{15.38}$$

原则上，通过这种散裂过程，不仅可以销毁长寿命的放射性废物，而且可以增殖新的裂变材料，同时通过适当的设计，还可以实现能源的净产出。散裂过程可以看作除核裂变和核聚变之外的第3种利用核能的方式。图15.53给出了嬗变反应堆系统设计的概念方案，图中还示例了冷却回路并给出一些相关数据。图15.53中的嬗变方案包括用于冷却反应堆系统的几个回路，并指出可以用铅载出嬗变反应堆靶区和包覆层区产生的大量热量。预计将采用一个中间循环将核部分和蒸汽循环隔离开。这些回路和设备都是基于快中子反应堆的经验设计的。另外，在中间循环也可以应用氦气。

在任何情况下，系统必须设计成具有快中子谱以使锕系元素获得尽可能高的转化比，因为在这个能量区域，它们的截面很高。氦冷却是实现快中子谱的另一种选择。在这种情况下，包覆层区中的中子能谱保持足够的快中子以获得与液态金属类似的锕系元素的高转化比。然而，由于这种类型的反应堆中的功率密度很高，因此堆芯必须采用高压才能获得足够高的换热系数。

对于如何设计嬗变反应堆，有几种方案可供选择。图15.54解释了液态金属冷却增殖反应堆技术的概念。使用铅可以设计紧凑的热交换器，并在较低的温度下保证系统的正常运行。

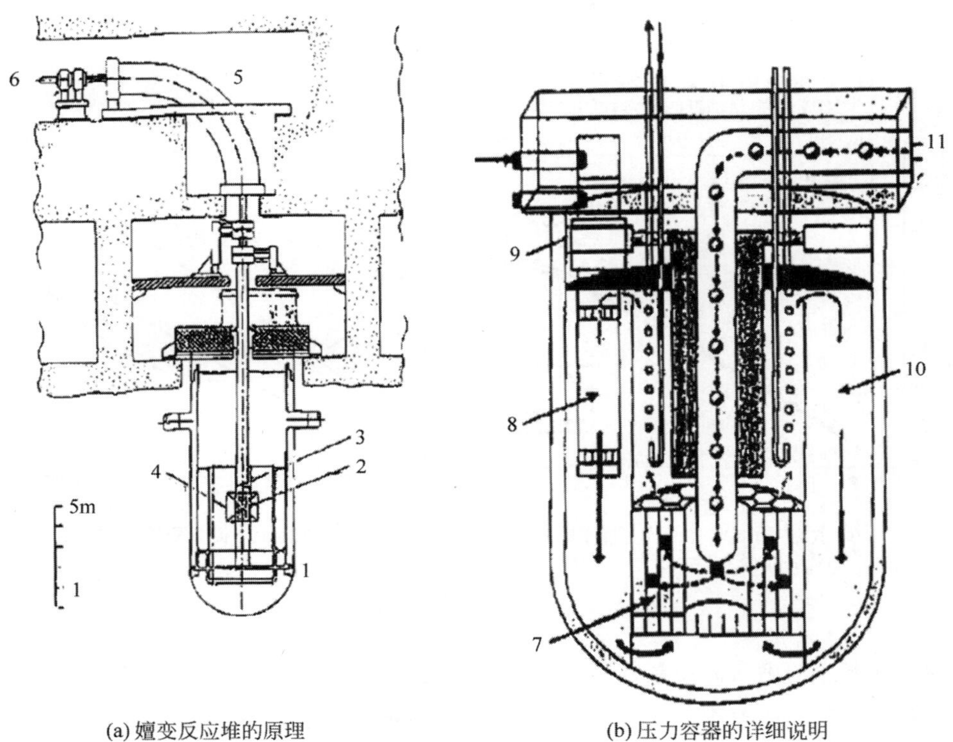

(a) 嬗变反应堆的原理　　(b) 压力容器的详细说明

图15.54　嬗变反应堆技术概况

1—反应堆压力壳；2—靶；3—质子窗口；4—堆芯；5—质子束反射磁铁；6—质子束入口；7—包覆层区；8—热交换器；9——回路冷却剂泵；10—冷却剂；11—入口质子束

钍在嬗变体系中起到了重要的作用。将乏燃料元件直接最终贮存的概念与本章讨论的P+T(分离+嬗变)策略进行比较，有利于未来反应堆设计上的调整和整体发展。一方面，P+T概念为最终贮存安全性的证明提供了优势，特别是需要在很长一段时间内进行的最终贮存。另一方面，在最终贮存阶段之前的时间范围内，后处理、分离和嬗变过程的技术也会带来额外的风险，因此，必须对由如下关系式定义的风险进行比较：

$$D_{\mathrm{FS}} P_{\mathrm{FS}} \geqslant D_{\mathrm{T}} P_{\mathrm{T}} \tag{15.39}$$

其中，D_{FS} 表征最终贮存可能造成的损坏；P_{FS} 是发生这些事故的相关概率；D_{T} 表征后处理、分离、嬗变和再制造过程可能造成的损坏；P_{T} 是在这些过程中可能发生事故的概率。

后处理、分离和嬗变过程带来的风险主要涉及在复杂的化学和物理过程中处理大量液态或气态放射性物质。例如，必须要考虑如何避免达到临界和失去冷却事故的问题。当将固体废物贮存在深层地质贮存库中时这些问题很容易得到解决。

图 15.55 给出了 P+T 过程潜在风险的简要概述和讨论。使用这些技术，最终贮存需要进行监管的时间跨度为 500～1000 年，而不是像乏燃料元件的直接最终贮存系统那样几乎是无限长的时间。导致这种差异的原因是长寿命同位素的分离和转化。

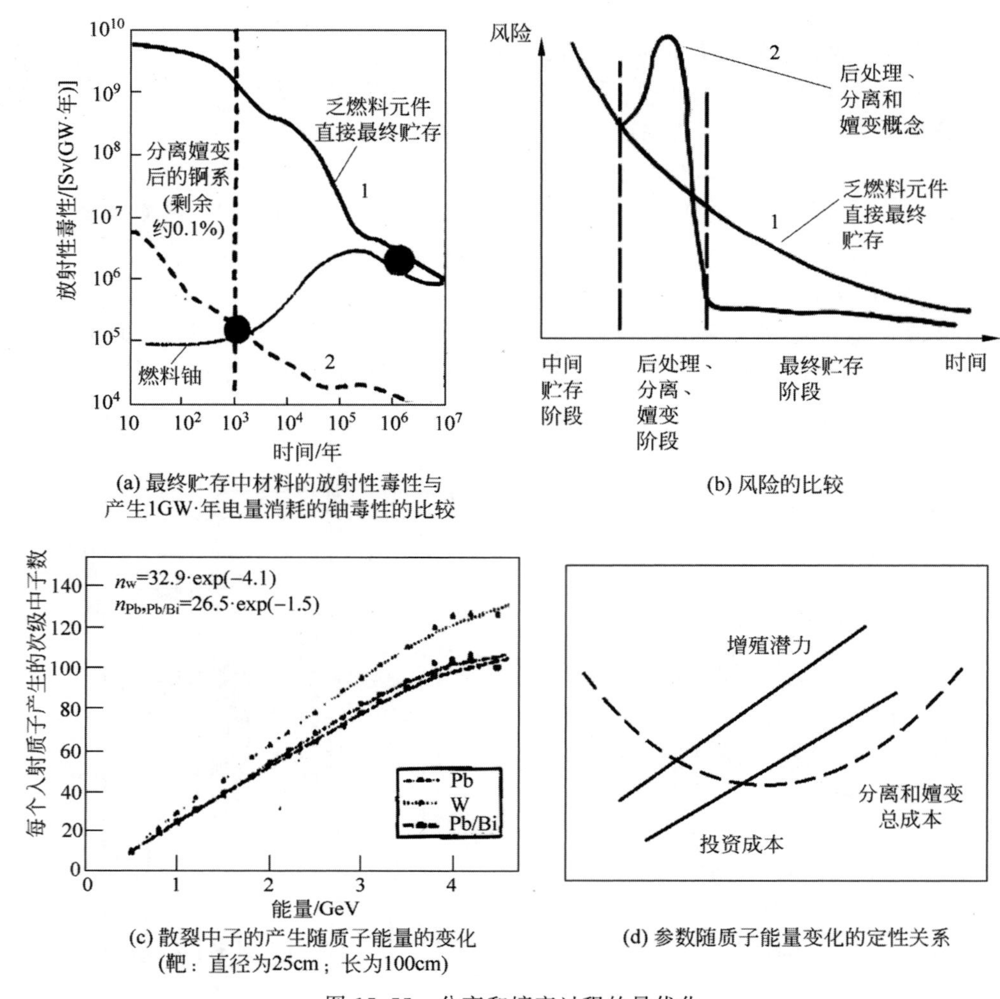

图 15.55 分离和嬗变过程的最优化

对这种新的设计概念的确认需要额外的知识作为理论支撑，并要在各个方面进行认真的比较，这是进一步研究的一个重要课题。如图 15.55(b)中的曲线所示，在嬗变过程之后对少量残留放射性物质进行最终贮存的风险比对乏燃料元件进行最终贮存的风险要小得多。然而，在后处理、分离、燃料制造、嬗变和各种同位素贮存的全部过程中都存在较高的风险，而且在暂时储存之后的早期阶段也存在较高的风险。因此，必须对早期风险和晚期风险进行非常仔细的比较和分析。

是否能够以避免非常长远以后的风险来证明可以接受废物管理早期更高的风险呢？其实这很难进行比较和抉择。此外，必须根据不同的概念评估防止裂变材料扩散的各种可能性。分离过程和嬗变装置本身的设计必须加以优化，包括在包覆层区增殖新的裂变材料。

总的来说，需要对废物管理的不同方式进行分析和比较(表 15.13)。未来，在选择一种方案之前必须对其进行详细的评估，这就需要开展大量的研发工作并对不同的概念进行详细的分析。

表 15.13 各种废物管理方式的比较

项　目	乏燃料元件直接最终贮存	后处理、分离、嬗变和剩余物的最终贮存
最终贮存中 Pu 和次锕系活度的相对质量	1	10^{-3}
安全论证的时间跨度	→∞	<1000 年
技术现状	研发(盐、花岗岩、凝灰岩、黏土)	需要大量的研发工作

续表

项　　目	乏燃料元件直接最终贮存	后处理、分离、嬗变和剩余物的最终贮存
技术代价	相对较小	非常高
预期成本	比较低	很昂贵
处理期间的放射性	比较小	很高
不久的将来的风险	小	比较高
最终贮存的风险	比较高，不低	非常小
核扩散危险(不久的将来)	小	比较高
核扩散危险(最终贮存)	比较高，不低	不相关
可裂变材料转化为易裂变材料	较差	很好
最终贮存评估的可能性	困难	很容易

15.8 乏燃料元件中间贮存的改进概念

乏燃料元件必须在中间储存中保存几十年。在这段时间，安全状况可能会发生改变，特别是会受到外界的影响。HTR 燃料元件中间储存的概念可以通过如下几项措施来改进。

- 通过添加小球来填充间隙，在球床中实现更高的等效导热系数，其结果是使燃料温度降低；
- 通过改进储存的建筑结构，防止来自外部的强烈撞击；
- 储存建筑物布置在地下。

关于第 1 项措施，两种尺寸球体堆积的布置比普通球床具有更高的导热系数，使温度低于 600℃，如图 15.56 所示。约 200℃的温度是中间储存的典型温度，两种尺寸球体堆积布置的等效导热系数大约是普通球床的 3 倍。因此，储罐内燃料元件区的最高温度将会较低，对应于如下关系式：

$$\Delta T = T_{\max} - T_{s} \approx \frac{\dot{q}''' R^{2}}{4\bar{\lambda}_{\text{eff}}} \tag{15.40}$$

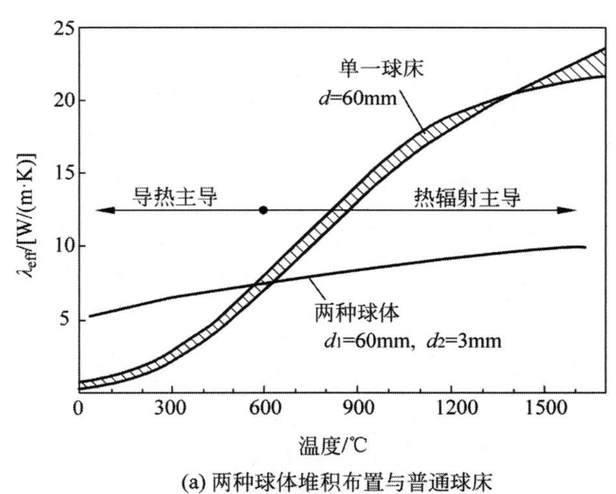

(a) 两种球体堆积布置与普通球床等效导热系数的比较

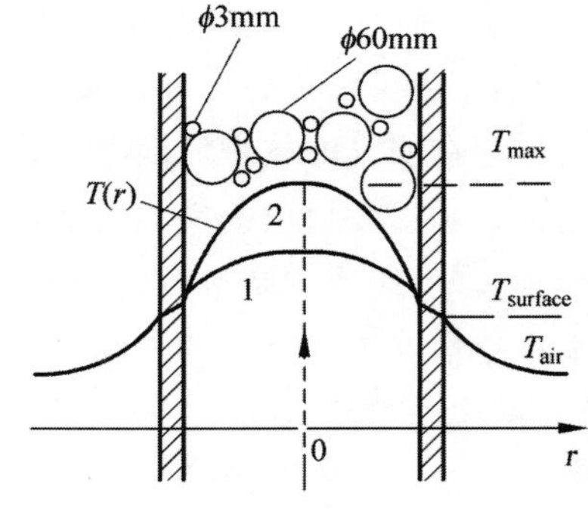

(b) 球形燃料元件与小球的混合：储存壳内的径向温度分布（定性）

图 15.56 乏燃料元件球床改进布置的传热情况

1—两种球体混合球床；2—单一球体球床

自反应堆取出较长时间之后，储罐内球床的功率密度非常低，$\dot{q}'''$(衰变)/$\dot{q}'''$(运行)低于 10^{-3}。

对于平均导热系数，可以采用如下的表达式：

$$\bar{\lambda}_{\text{eff}} = \frac{\int_{T_{s}}^{T_{\max}} \lambda_{\text{eff}} \cdot \mathrm{d}T}{T_{\max} - T_{s}} \tag{15.41}$$

在实际应用中，通常球床布置下储罐中心和壁面的温差可以根据下列数据加以估算：

$$\dot{q}'''=1\text{kW/m}^3,\quad R=1\text{m},\quad \bar{\lambda}_{\text{eff}}=3\text{W/(m}^2\cdot\text{K)} \tag{15.42}$$

如果周围空气的温度在 40℃左右，储罐表面温度在 80℃左右，那么燃料元件的最高温度可保持在 200℃以下。如果储罐内采用两种尺寸球体混合的方式来布置，则等效导热系数几乎可以提高一倍，最高温度会进一步降低。

未来，必须要考虑飞机的撞击或者由其他外部原因施加的力造成的更大影响。正如 15.1 节中给出的解释，大型飞机撞击的最大撞击力可能在 10^5t 左右，而不是目前假设的 10^4t 左右。这种未来反应堆中可能出现的极端载荷可以通过地下储存构筑物的布置来避免。图 15.57 给出了一些可能的构筑物布置。

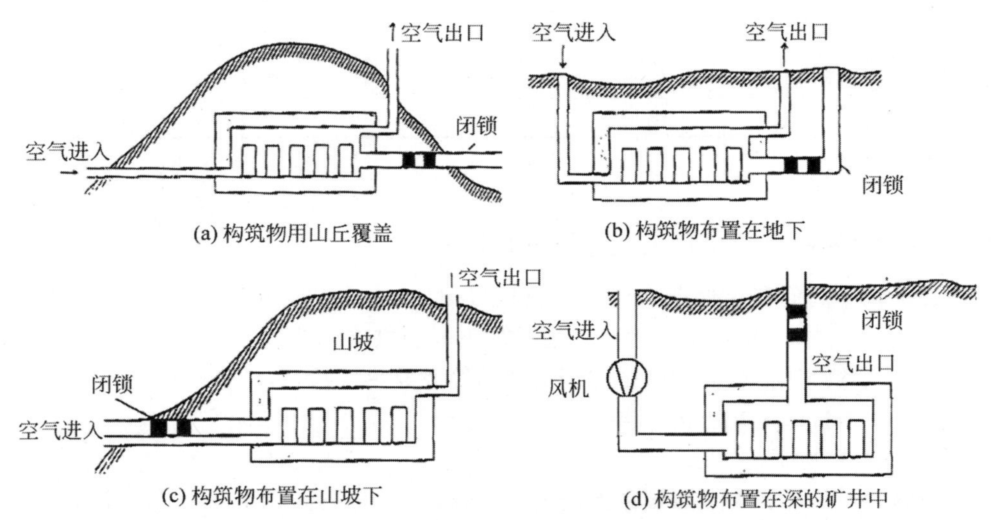

图 15.57　乏燃料储罐在中间储存构筑物中的布置

图 15.57 所示的这些方案可以完全在地下实现，由合适的材料构成的人工山丘也可以建在现有的山丘下。由于场址的特殊条件，德国的 Neckarwestheim（PWR，2×1300MW，储存容量为 2000tU）核电站实现了图 15.57(c)所示的方案。该核电站建造了两个隧道系统，衰变热通过空气的自然对流和热辐射被载出。这种方案代表了一种储存的概念，即使在未来的几十年，这种概念也仍然具有较高的安全标准，如图 15.58 所示。若有必要，还可以提高储存容量，例如，在延长电厂运行时间的情况下，相应地提高储存容量。

目前不存在明显的技术原因，中间储存的时间为什么不能延长到超过 50 年，这反而使我们能够在燃料循环方面进一步研发提出改进的方法，如后处理、分离、嬗变或最终贮存。

几十年后，可以决定是进行直接最终贮存还是进行后处理，甚至进行分离和嬗变。对中间储存系统在设计基本事故情况下安全性的详细分析提供的结果如图 15.59 所示。图中讨论了作为安全分析基础的核、热、化学和机械稳定性概念。

在所有正常运行和事故情况下，在考虑事故的内因或者通常意义上的外部影响的基础上，没有显著的放射性有可能从包容 HTR 乏燃料元件的储罐中释放出来。

目前在许多国家中，中间储存系统被认为是几十年废物管理的解决方案。如果燃料元件和储罐材料的技术前提条件许可，自然可以规划更长的时间。对于石墨基体中的包覆颗粒燃料，如果期望具有非常长的储存时间，那么以下一些要点值得关注：

- 受辐照包覆颗粒的长期行为，γ 和 n 辐照对包覆层的内部效应；
- 包覆颗粒中裂变产物的腐蚀；
- 储罐密封系统的长期性能；
- 外部撞击（洪水、非常强烈的地震、飞机坠毁）对储罐的影响（大型机器）；
- 在更长的储存期内对中间储存库实体保护改进的技术方案；
- 在受到极端外界影响的情况下建立有效的干预方法，将放射性后果限制在非常小的数值内。

预期未来对核设施的安全要求将会更高，并将对外界强烈冲击产生的后果加以讨论。图 15.60 解释了

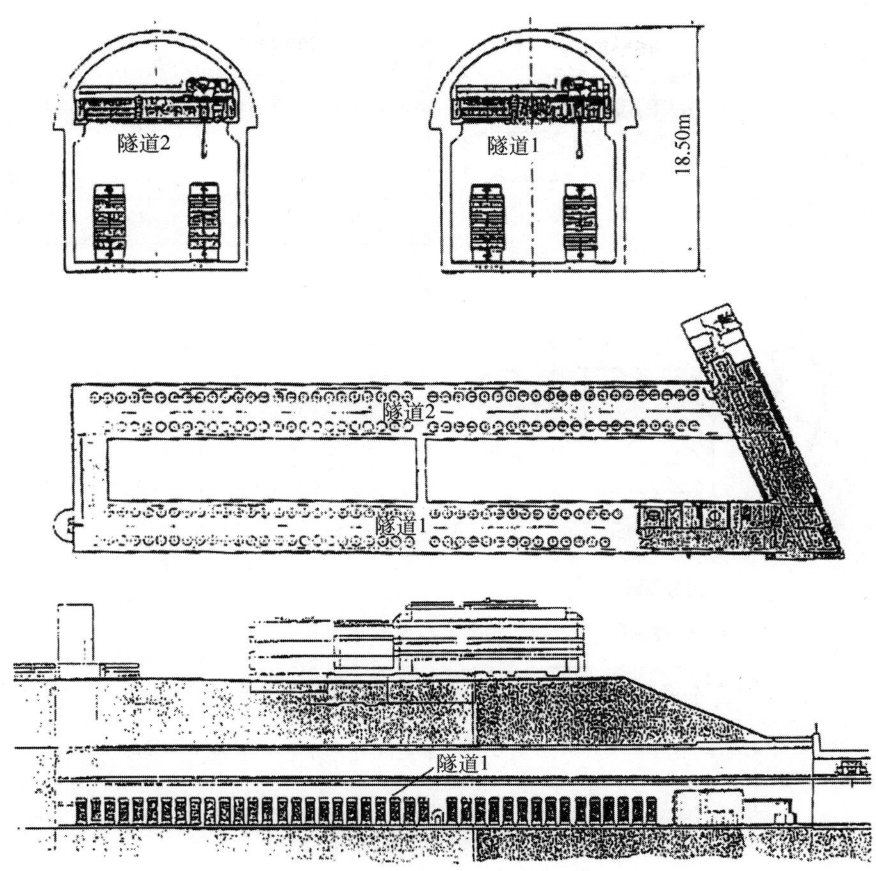

图 15.58 乏燃料元件中间储存布置在山丘中

PWR,2×1300MW(电功率),存储容量为 2000t U,Neckarwestheim,德国

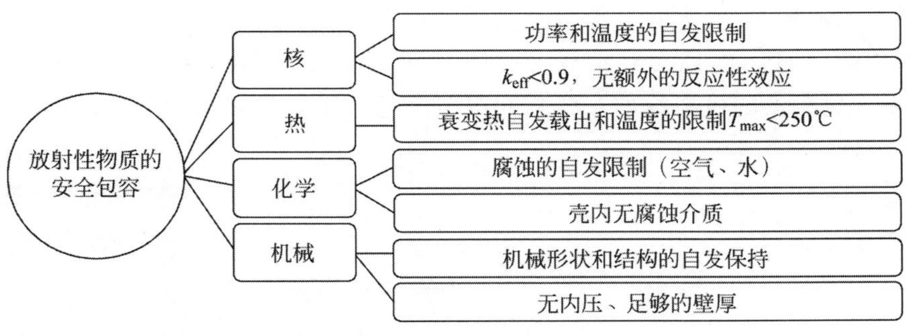

图 15.59 中间储罐的安全分析结果

中间储存构筑物和储罐上载荷可能发生变化的情况。这里,区分了 DBA(设计基准事故)、BDBA(超出设计基准事故)和 EAA(极端想事故)。

对于 HTR 球床燃料的中间储存,即使储存构筑物完全被破坏且储罐被碎石材料覆盖,也不会出现不被允许的高温。这些已在第 1 章中给出讨论。在这种情况下,衰变热自发载出的原理同样有效,并且燃料和容器的温度仍将保持在允许的限值以下。应该指出的是,对这类事故的假设远远超出了目前通常许可证申请程序的范围。

在第 12 章中也讨论了飞机撞击之后煤油燃烧或者其他液体碳氢化合物燃烧而引起火灾时储罐的一些可能表现,需要补充说明的是,经过几个小时的简单干预,可以再次对储罐进行冷却,从而对储罐加以保护。

总的来说,HTR-PM 的乏燃料元件的中间储存可以按照极高的安全标准实施。当然,如果把储存的构筑物设计得更牢固或者直接建在地下,则有可能设置更多的防御屏障。这一问题需要在公众的安全性与工厂投资成本两个方面加以优化,寻求最佳选择。中间储存建筑物的壁厚必须根据与反应堆安全壳建筑有关

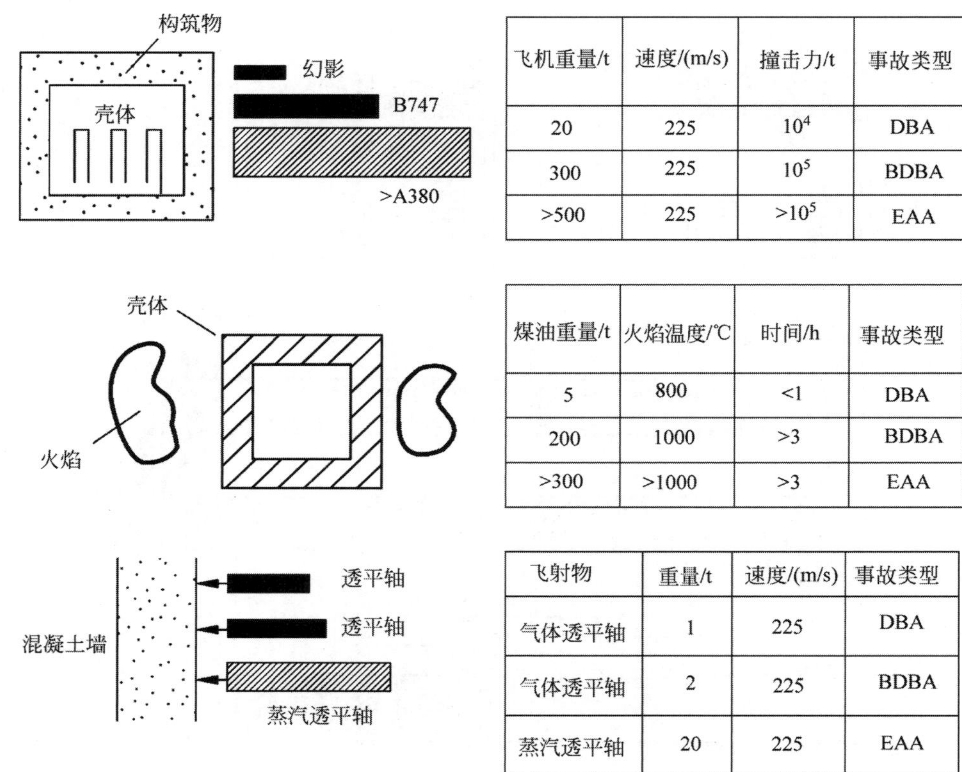

飞机重量/t	速度/(m/s)	撞击力/t	事故类型
20	225	10^4	DBA
300	225	10^5	BDBA
>500	225	$>10^5$	EAA

煤油重量/t	火焰温度/℃	时间/h	事故类型
5	800	<1	DBA
200	1000	>3	BDBA
>300	>1000	>3	EAA

飞射物	重量/t	速度/(m/s)	事故类型
气体透平轴	1	225	DBA
气体透平轴	2	225	BDBA
蒸汽透平轴	20	225	EAA

图 15.60 对中间贮存系统进行恐怖攻击期间载荷的可能假设：DBA，BDBA 和 EAA 概念的区别

的 15.7 节中的要求加以选择。特别地，将反应堆建在地下或者设置具有更强保护性的设施会具备更大的优势，因为未来的一些相关要求及对外部影响的防护设计要求可能会进一步提高。类似地，图 15.57 所示的布置会使安全性免受火灾的影响，而火有可能会燃烧很长的时间。总的来说，所有这些措施都可以对防止放射性释放的屏障加以改善，其中一部分还形成了额外的新屏障。图 15.61 给出了球床 HTR 燃料的可能概念，它代表了对裂变产物阻留的极高标准。屏障的载荷远远低于技术限值，而且即使在发生严重事故的情况下，屏障也是相互独立的。

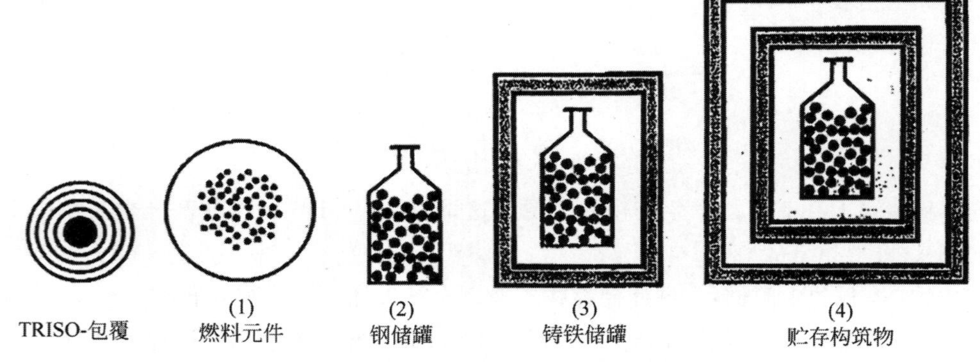

图 15.61 防止裂变产物从中间贮存库释放的屏障

屏障(4)通常是不密封的，但可保护系统免受来自外部的冲击，当然，也可以做成密封的

屏障系统的实现需要在投资的经济性和放射性释放可能带来的成本之间加以优化，这对于核材料处理链的所有步骤都是必需的，如图 15.62 所示。此外，中间储存的时间跨度也需要优化。因此，延长中间储存时间会使最终贮存的条件变得更加宽松，所以这样的改变应该是更有益的。此外，还必须对具有较低活度的燃料进行后处理。无论如何，中间储存采用厚壁储罐进行干式空气冷却的技术是一个非常好的解决方案，它允许在稍后的时间有效地利用铀。

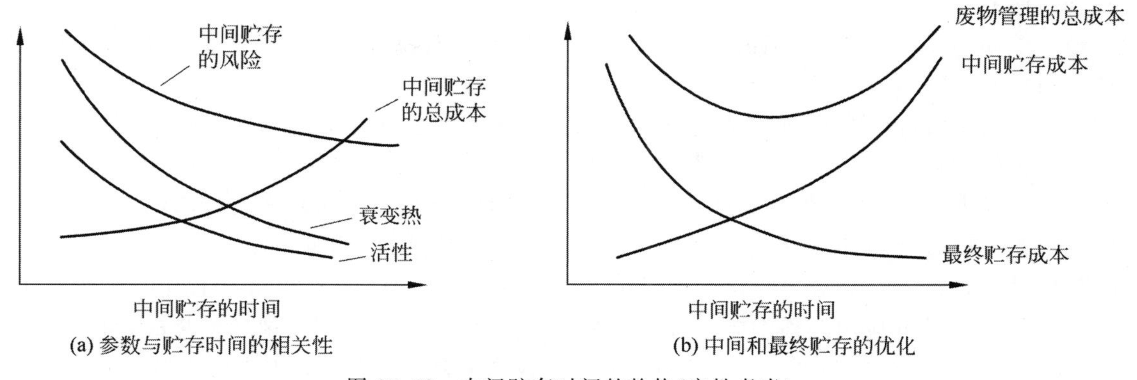

图 15.62 中间贮存时间的趋势(定性考虑)

15.9 乏燃料元件或高放射性废物最终贮存的改进概念

在第 12 章中已经提到,动力反应堆的乏燃料元件主要含有 4 组放射性材料,因此在进行最终贮存时,就必须要考虑如何储存以防止向外部环境的释放(表 15.14)。

表 15.14 乏燃料元件中的材料量(如 PWR 燃料,燃耗为 40 000MWd/t)

	同位素	含量/(kg/t)	辐射	同位素半衰期/年
乏燃料元件中的存量	U238	约 970	α	4.5×10^9
	易裂变材料 U235,Pu239,Pu241	约 10	α β^- (Pu241)	Pu238: 87.7; Pu239: 24100; Pu240: 6550; Pu241: 94.4 U235: 7×10^9
	具有 $T_{1/2}\approx30$ 年的裂变产物(Cs137,Sr90)	约 4	β^-	Cs137: 30.2; Sr90: 28.5
	具有长 $T_{1/2}$ 的裂变产物(Cs137, I129, Zr93, Tc99)	<1	β^-	Tc99: 2.1×10^5; I129: 1.57×10^7 Cs135: 2×10^6; Zr93: 1.5×10^6
	次锕系元素 Np, Am, Cm	<1	α	Am241: 430; Am234: 7370 Cm244: 18.1; Np237: 2.1×10^6
	结构材料(Zr, 钢)	200	β^-, γ	

经过长时间的中间贮存后,这些材料包括:

- 易裂变材料如 U235,U233,Pu239,Pu241,其中主要是 Pu239,因为其半衰期为 24 400 年(人类文明年代的量级)。
- 具有相对合理的约 30 年半衰期的裂变产物(Cs137,Sr90),这些裂变产物值得重视,因为它们在今后 500 年将起主要作用。它们是很强的放射性源,但其重要性并非一直存在。
- 一些具有非常长半衰期(10^6 年以上)的裂变产物:Cs135,I129,Tc99,Zr93,它们是非常弱的放射性源,但实际上会一直存在。
- 一些次锕系元素(Np237,Am243,Cm245),它们的半衰期为几千年到几百万年。它们是活度相对较低的放射源,数量相对较少,在最终贮存的 5 万年期间会释放一定的放射性毒性。

结构材料的放射性在最终贮存中并不那么重要,因为这些材料是固体的,而且它们的活度通常相对较低。如今,许多国家采取的战略计划是将乏燃料元件直接最终储存在深层地质层中。对此,仍然存在改进的可能。例如,在德国,计划将全部燃料元件贮存在盐穴中。采用这个措施的后果已在第 11 章中给出解释。未来 $10^4\sim10^5$ 年的放射性风险主要是钚和锕系元素从最终储罐中释放出来,并且这些释放出来的放射性物质通过水进入环境中。

由前面给出的放射性材料清单可知,除了可以采取乏燃料元件的直接最终贮存策略之外,还可以得出以下废物处理方案,第 11 章中已给出了一定的说明,这里再重申一下。

- 通过后处理和分离将钚和次锕系元素尽可能合理地加以分离。

- 钚和次锕系元素在反应堆中裂变。
- 在最终贮存(500～1000 年)中使用非常安全的储罐储存 Cs137 和 Sr90(被极少量钚、次锕系元素和长寿命裂变产物污染)。
- 次锕系元素稍后进行嬗变,或者在这些同位素的最终储存中使用极安全的储罐储存约 1000 年,仅有非常少量的材料必须加以处置。
- 在最终贮存中,对 4 种寿命很长的裂变产物(Cs135,I129,Zr93,Tc99)采用特殊的、极其安全的储罐加以储存,只有这些同位素实际上一直存在,但它们的活度很低(几个 Ci/t U)。

如前所述,废物的放射性和放射性毒性可以在 10 000 年内下降为原来的 1/100 以下。如果在未来利用分离和嬗变方案,则在实际应用过程中能够将钚和次锕系元素去除,那么剩余裂变产物的毒性将在 1000 年后与天然铀矿相当。在最终贮存之前将钚和锕系元素销毁的重要性从上述数据中可以显而易见地看出。

最终贮存概念的改进需要考虑一些要求,其中主要的条件是改进要有利于后处理的应用和再制造。此外,对乏燃料元件的直接最终贮存技术加以完善也存在很大的可能性。这些创新方案也可用于对通过后处理和分离获得的放射性废物进行最终贮存。无论如何,这个改进策略针对的都是最终贮存,只是条件有所改变。

钍的利用和钚的销毁将使这些放射性物质进一步减少。我们知道,如果将钚大量转化并且不进入最终贮存环节,那么在 100～30 000 年期间,摄食与吸入带来的危害将会显著减少。

技术措施有助于降低最终贮存带来的风险。对最终贮存的一个重要改进是在球状乏燃料元件表面添加一层碳化硅制成的壳体,如图 15.63 所示。要实现这种改进,有如下两种可能的方案。一是用一个由碳化硅构成的附加厚壁包壳来实现,二是在乏燃料元件外附加的石墨壳表面沉积一个附加的厚碳化硅层,从而形成一个防止裂变产物释放和防止最终贮存环境中附加的屏障被介质腐蚀。

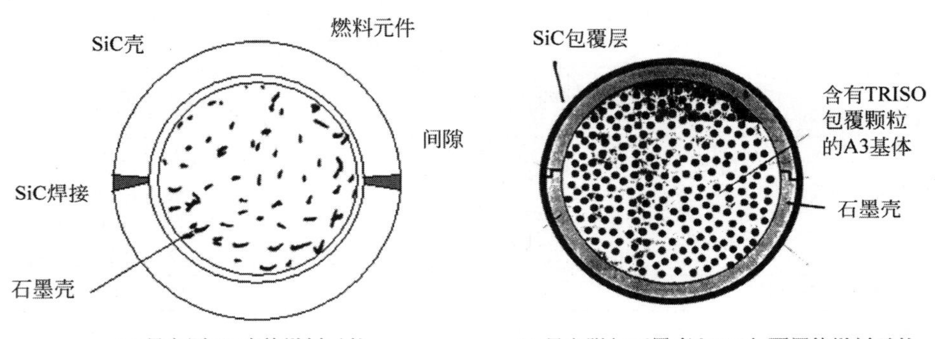

图 15.63 具有附加 SiC 壳的乏燃料元件的设计概念

表 15.15 给出了一些在最终贮存的边界条件下用于石墨和碳化硅比较的数据,这里,选择盐穴作为最终贮存构筑物。石墨和碳化硅这两种材料都具有较高的导热性,因此用于直接最终贮存的储罐中的温度可以保持得较低。固化玻璃块的一些特性数据也在表 15.15 中列出,以便进行比较。

表 15.15 石墨、SiC 和固化玻璃块用于比较的数据

参 数	石墨	碳化硅(SiC)(SSiC)	固化玻璃块
密度/(g/cm^2)	1.74	3.15	2.8～3
导热系数/[W/(m·K)]	30	40～90	1.1
热膨胀系数/K^{-1}	3×10^{-6}	4.9×10^{-6}	$3\sim9\times10^{-6}$
比热/[kJ/(kg·K)]	1.25	1.1	0.8
弹性模量/(N/mm^2)	1.2×10^4	4×10^5	
拉伸强度/(N/mm^2)	>10	<100	
挤压强度/(N/mm^2)	>30	200～300	
允许的快中子注量/(n/cm^2)	约 3×10^{22}	约 3×10^{22}	
盐穴中的释放率/[$mg/(cm^2\cdot a)$]	小	非常小	>3

特别是 SiC 的机械强度要大于 A3 石墨的机械强度。如果储罐在很长一段时间之后完全被腐蚀，那么这对于盐穴中或者其他材料中施加于球体上的机械载荷是很重要的。为了最终贮存的安全性，厚壁钢储罐在盐水中的耐腐蚀性需要经历几百年的时间跨度。

另外，从防止燃料元件在盐水中浸出这一点来考虑也偏向于使用改进后的元件。由提供的实验数据可知，与石墨相比，10mm 的 SiC 层具有可经受几百年以上浸染的耐腐蚀性。在几百年之后，无论如何，像 Cs137 和 Sr90 这样的高放射性裂变产物几乎都衰变掉了。SiC 壳层对裂变产物的迁移也起到屏障的作用，这是 TRISO 包覆颗粒特有的技术。以 Cs137 通过 SiC 层扩散释放的特征时间 τ（s 为层的厚度，D 为 SiC 中的扩散系数）为例，给出了前面提到的时间跨度 τ。

$$\tau \approx s^2/(6D) \tag{15.43}$$

图 15.64 显示了基体石墨和碳化硅中最重要的同位素 Cs 和 Sr 的扩散系数随温度的变化情况。可以看出，碳化硅具有更好的阻留能力。一个非常简单的估计可以说明这些材料性能产生的影响。如果假定一个附加的 SiC 壳的厚度为 $s=5\text{mn}$，并且采用扩散系数 $D<10^{-20}\text{m}^2/\text{s}$，则得到的时间跨度远大于 1000 年。当然，其前提条件是燃料元件的温度要尽可能地低。此外，还应证实，碳化硅经长时间的辐照不会对扩散系数产生太大影响。

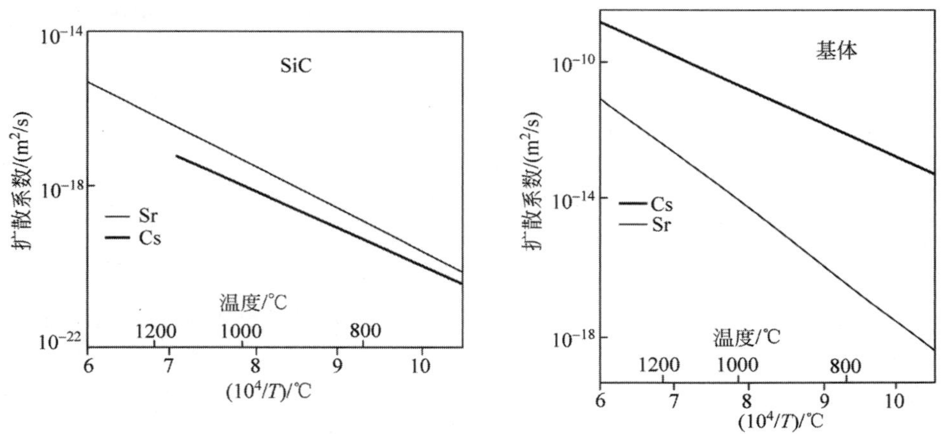

图 15.64 Cs 和 Sr 在基体碳化硅和石墨中的扩散系数随温度的变化情况

目前，德国对乏燃料元件最终贮存的规划预计将球形元件布置在钢储罐中，球之间的间隙应填满沙子等。相关规划概念的细节已在第 11 章中给出解释。对上述提及的两个措施进行相应的改进是有可能的，即储罐的壁越厚，布置在最终贮存中的罐的机械稳定性越好，球形元件间隙可填充更有效的材料。

用于填充球之间间隙的改进材料可以是碳化硅。图 15.65 给出了一个概念，即间隙采用专门技术沉积的 SiC 填充，采用这种方法可以实现大于 95%的填充因子。

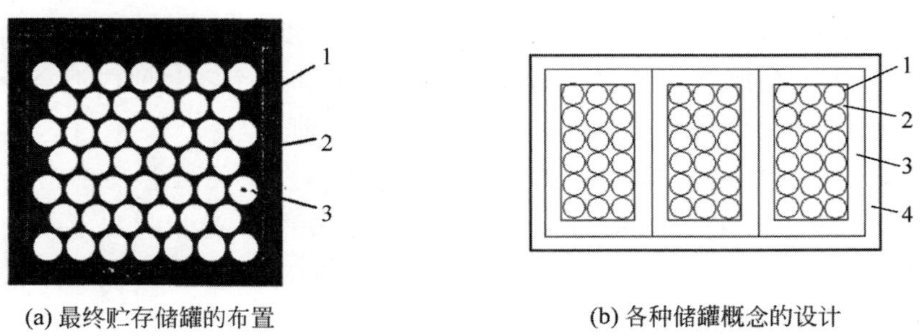

图 15.65 球形燃料元件间隙用碳化硅填充的概念

(a) 1—罐壁；2—填充材料；3—乏燃料元件；(b) 1—乏燃料元件；2—填充材料；3—内罐（陶瓷）；4—外罐（钢）

尤其对于作为后处理和分离最终产品而开发的固化玻璃块，采用改进的储罐是可行的。另外，也可以采用更大的钢储罐来代替薄壁的奥氏体储罐。根据腐蚀测量结果，采用钢储罐可以使废物储罐使用的寿命更长且具有更强的机械稳定性。但是，在采用这个方案时，必须要考虑盐穴中的腐蚀问题。因此，在其他国家，地质矿床的不同概念已经形成或正在形成，这些地质矿床的概念包括石墨、凝灰岩和黏土。

对于具有非常长半衰期的同位素，预期有几种材料的外壳可将非常少量的这些放射性物质(比例为几 kg/t U)阻留在储罐内。外壳系统可以由提供机械稳定性的金属材料及可防腐蚀和浸出的陶瓷材料组成。即使这样一个储罐内的全部活度(约 4Ci/t U)都释放出来，也不会对水和土地造成显著的污染。假定允许的污染值为 0.1Bq/g，则半衰期非常长的同位素(例如，4kg 对应于 1t 铀)的放射性分布在 $10^6 m^3$ 的土地中或者水体积中才能达到这一污染值。污染将被限制在最终贮存区内。

更进一步地，对于长远的未来，不仅存在通过嬗变过程将钚和次锕系元素加以转化的方案，也可以对某些裂变产物加以转化。然而，针对这些过程实施的决策需要在经济条件和环境条件的优势之间进行优化。无论如何，前面讨论的一些改进方案可以提供一个非常安全的屏障系统，防止放射性物质从最终贮存系统中释放出来。图 15.66 给出了几个可能的防止放射性物质被释放的最终贮存的设计概念。

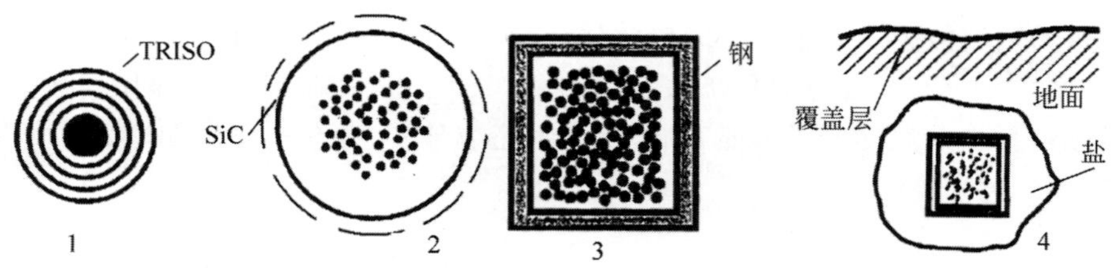

图 15.66 防止放射性从最终贮存中释放的屏障的设计概念

1—包覆颗粒层；2—燃料元件基体(+未来外部的 SiC 层)；3—储罐系统(陶瓷+钢)；
4—地质屏障(盐矿或花岗岩结构，不同的覆盖层)

另外一个问题是，如果要进行乏燃料元件的直接最终贮存、固化玻璃块或者其他放射性废料产品的最终贮存，必须选择合适的地质库条件。根据国际上相关活动的情况，可以埋存在盐、花岗岩黏土或凝灰岩中。其中非常重要的一点是，一段时间之后能否将废物储罐重新取出来。如果有更简单的方法来封存废物，或者包含在废物中的铀变得更有价值，那么将废物储罐重新取出是有可能的。这也是要尽可能长时间地进行中间储存的另一个原因。

15.10 球床 VHTR——未来工艺热利用的概念

具有球形燃料元件和 TRISO 包覆颗粒燃料的模块式 HTR 对于第 IV 代要求的 VHTR 是一个很好的解决方案，并且能够控制如图 15.67 所示的各种事故的发生。这些可能的事故包括目前在全世界核电站正常许可证申请程序中未被假设的事故。

图 15.68 给出了满足这些高安全性要求的系统。由于应用了衰变热自发载出的概念，因此完全排除了发生堆芯熔化的可能性，并且，只要事故温度保持在 1600℃以下，就能确保裂变产物阻留在燃料元件内。安全性能的关键部件是包覆颗粒，该颗粒在正常运行和达到上述温度限值的事故情况下，对裂变产物具有极好的阻留能力。此外，一个完全预应力、防爆安全的一回路边界和一个密封的内混凝土舱室及一个有效的过滤系统形成了一个防止放射性物质释放到外部环境的独立屏障的概念。

这里提及的电厂具有 200MW 的热功率、圆柱形芯及 $3MW/m^3$ 的堆芯功率密度。这个概念允许在与蒸汽发生器匹配的运行条件下将氦冷却剂从 250℃升温到 700℃。这里提出了一种中间热交换器的概念，在应用于热电联供的情况下，该设备将核回路与常规电厂隔离开。对于燃气轮机流程或者联合循环流程，氦出口温度可以提高到 900℃。对于非常高的氦温度(950～1000℃)，也可以使用相同的概念，但是必须稍微降低热功率，以使衰变热自发载出原理下的最高燃料温度低于 1600℃。170MW 的热功率可以满足这些要求。

整个一回路系统按照图 15.68 所示形式布置在预应力铸钢壳中，并且因此而具有防爆性能。一回路设置在一个密封的内混凝土舱室中，其尺寸可以满足在失压事故后自动限制进入的空气量，以预防对石墨的腐蚀。内混凝土舱室连接到事故过滤器和烟囱。在假设一回路失压之后，采用一些自发动作的机构将内混凝土舱室封闭，如在重力作用下自动关闭的挡板，或者在失压事故后粒状材料自动从筒仓中流出。

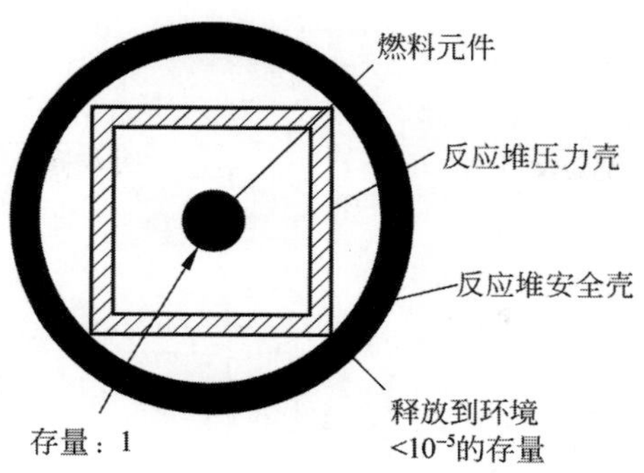

(a) 核电厂中放射性物质阻留的要求

内部原因 （目前假设，部分）	完全失去冷却剂 衰变热能动载出完全失效 水大量进入一回路系统 空气大量进入一回路系统 极端反应性事件 反应堆设备重大故障	部分属于许可证申请程序中的要求，部分超出设计要求
外部原因 （目前的假设）	气体云爆炸 地震（直到$a<0.3g$） 飞机撞击（幻影） 火灾，龙卷风，飓风，洪水	许可证申请程序中的要求
外部原因 （超出目前的考虑）	恐怖袭击，破坏，战争影响 飞机撞击（B747，A380） 极端地震($a>0.3g$)，海啸	对未来反应堆的讨论
	陨石，原子弹	排除

(b) 模块式HTR事故假设

图 15.67　未来核电站的安全要求

图 15.69 给出了反应堆安全壳建筑物的地下布置概貌。

为预防外部撞击，反应堆电厂额外通过外层厚壁混凝土安全壳构筑物加以保证，但是，不同于 LWR 安全壳的概念，这个混凝土安全壳构筑物是不密封的。为了保护核电站免受来自外部的强烈影响，未来核电站可以建造在地下，并以岩石和其他结构的山丘覆盖，这样可以预防可能在几十年内变得更加严重的恐怖袭击。

在设计反应堆和内混凝土舱室时，必须使衰变热能够仅通过热传导、热辐射和自然对流以自发的方式载出，而且燃料元件的最高温度不超过之前设定的温度（＜1600℃）。对于反应堆完全失去能动冷却的事故，在混凝土舱室的表面提供了简单的表面冷却系统，该表面冷却系统采用水冷却运行。如果该系统也失效了，则热量被传输到混凝土结构中。

表 15.16 列出了以核能作为热源产生工艺热的一些重要参数。200MW(热功率)反应堆主要适用于热电联供电厂，170MW(热功率)的设计可以作为高温应用的热源。如在第 1 章中已经介绍的那样，这些应用包括：

- 蒸汽煤气化；
- 甲烷或轻烃的水蒸气重整；
- 生物质气化；
- 油页岩或油砂干馏和转化为轻质产品；
- 烯烃生产；
- 热化学水分解。

所有这些流程都应该通过中间氦循环与核电站的核部分隔离开。

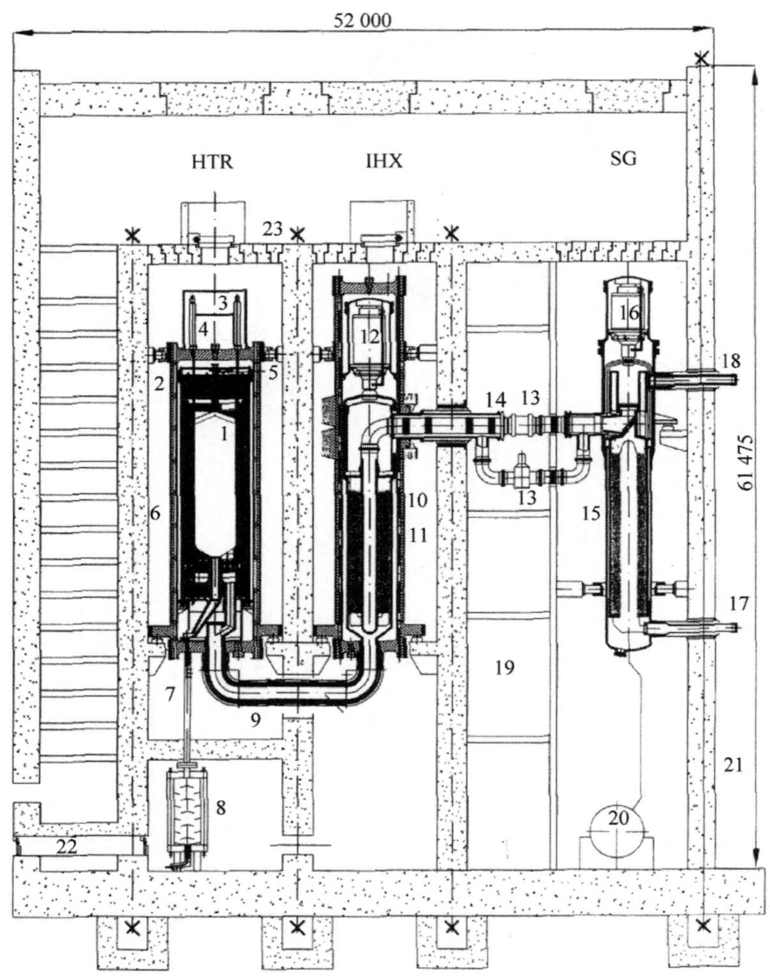

图 15.68 VHTR 反应堆概念(如产生工艺蒸汽)

1—反应堆堆芯；2—预应力反应堆压力壳(防爆)；3—停堆装置(吸收棒)；4—停堆装置(KLAK 系统)；5—堆芯内部构件(反射层,热屏)；6—混凝土内舱室表面冷却器；7—燃料元件卸球系统；8—乏燃料元件储存；9—热气导管连接壳；10—中间换热器；11—混凝土内舱室；12—主氦风机；13—中间循环氦气阀；14—中间氦回路管道；15—蒸汽发生器；16—中间循环氦风机；17—给水；18—蒸汽管道；19—内混凝土舱室；20—混合冷却器；21—外反应堆安全壳构筑物；22—失压事故的通道和自动关闭系统；23—极端失压事故的爆破阀

表 15.16 用于热电联产和高温热应用的模块式核电站的一些重要参数

参　　数	热电联供电厂	非常高温的电厂
热功率/MW	200	170
一回路氦温度/℃	250→700	250→900～950
氦气压力/MPa	6	4
二回路氦温度/℃	200→650	200→850～900
氦压力/MPa	约 6	约 4
蒸汽参数/(℃/MPa)	530/12	
流程温度/℃		700～850
平均堆芯功率密度/(MW/m^3)	3	2.55
堆芯直径/m	3	3
堆芯高度/m	9.4	9.4
燃料元件装量/(g/FE)	7	7
平均富集度/%	8	8
平均燃耗/(MWd/t)	80 000	80 000
颗粒	TRISO	TRISO
LOCA 事故下的最高温度/℃	<1600	<1600

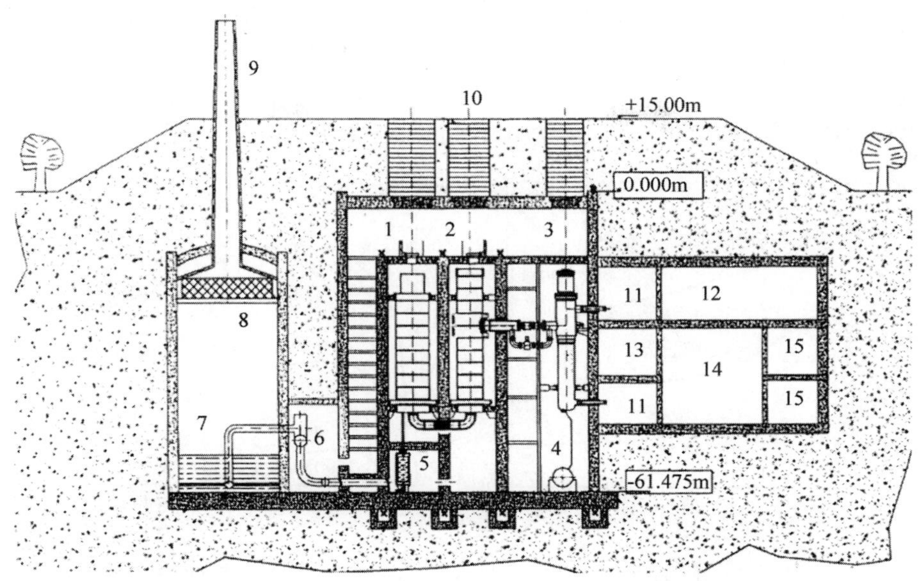

图 15.69 反应堆安全壳建筑物的地下布置概貌

1—反应堆；2—氦/氦热交换器(中间换热器)；3—蒸汽发生器；4—水储存器(混合冷却剂)；5—乏燃料元件储罐；6—内反应堆舱室的封闭系统(自动)；7—水池；8—过滤系统；9—烟囱；10—进入通道；11—蒸汽和给水阀门间；12—控制室；13～15—运行室

核反应完全可以由设置在反射层中的停堆棒来终止。反应堆具有很强的温度负反应性系数，该系数在反应性事故中导致核功率和燃料温度被自发地加以限制。在熟知的简单连锁系统的帮助下，运行期间连续地装入新燃料元件并卸出乏燃料元件。这种连续的燃料装卸实际上可以避免为了补偿燃耗产生的剩余反应性，这是固有安全性的另一个重要表现。乏燃料元件储存在干式空冷的储罐内，在厂址内长时间进行中间储存。由于衰变热很小，自然对流和热辐射足以对储罐进行冷却并将燃料元件的温度限制在很小的值(<200℃)。两种尺寸球体混合堆积(15.8 节)的球床布置使等效导热系数进一步得到改进成为可能。

反应堆概念遵循稳定性的 4 个基本安全原则，如图 15.70 所示，在这些原则下建造的反应堆不可能被事故破坏，并且放射性将完全被阻留在反应堆内。

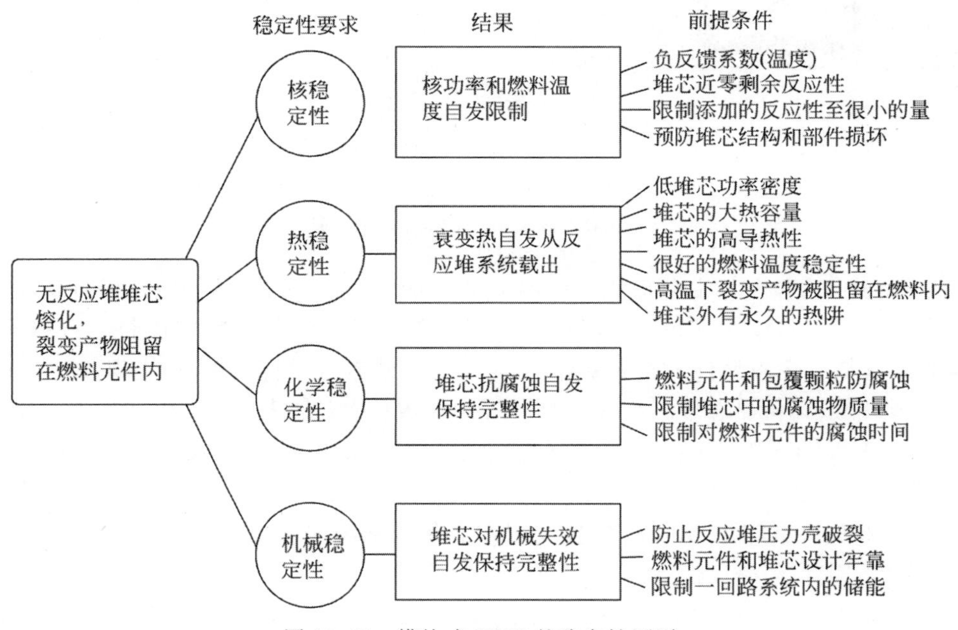

图 15.70 模块式 HTR 的稳定性原则

通过对包括设计基准事故和超设计基准事故在内的事故进行相应的分析，可以得出以下结果。对于完全失去冷却剂和全部能动衰变热载出系统失效事故，衰变热从堆芯自发载出的概念是与此事故相关的，如图 15.71 所示。这种从球形燃料元件向大气的热量传输完全基于热传导、热辐射和空气自然对流的自发作用，该过程不使用任何机器设备，因此不会发生故障，并且总是可用的。

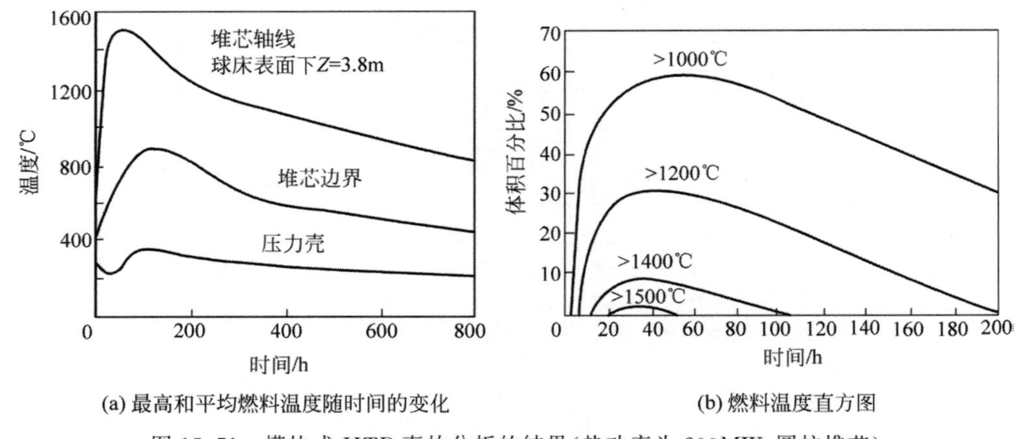

(a) 最高和平均燃料温度随时间的变化　　(b) 燃料温度直方图

图 15.71　模块式 HTR 事故分析的结果(热功率为 200MW，圆柱堆芯)

从事故期间燃料元件的温度分布直方图(图 15.71(b))可以看出，只有百分之几的燃料元件在较短的时间内保持在 1500～1600℃的温度范围内，这对确定整体释放率(存量的 10^{-4})是至关重要的。模块式 HTR 的这种非常有利的事故行为已经为西门子/Interatom 的模块式 HTR 所验证。

即使反应堆建筑物的混凝土结构被极端地震或恐怖袭击完全摧毁，反应堆压力壳的表面部分被隔离并且明显受到阻碍，从反应堆压力壳的衰变热自发载出也会起到一定的作用，如图 15.72 所示。

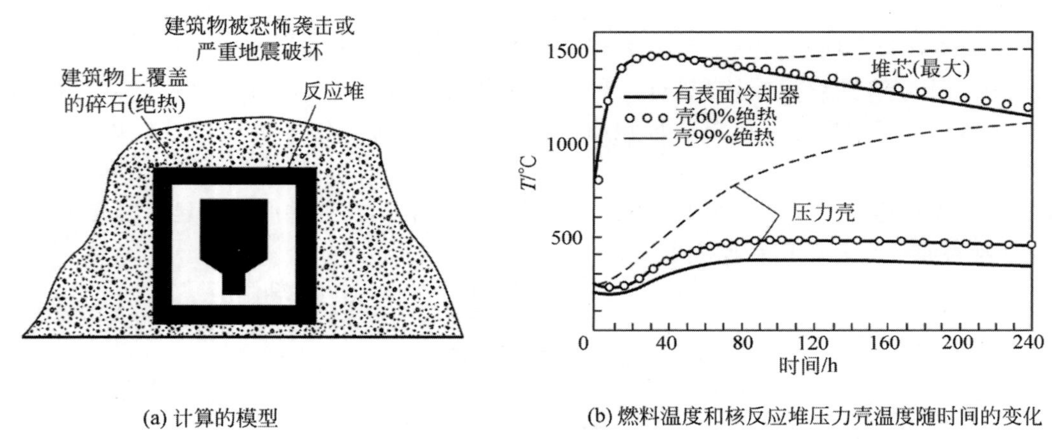

(a) 计算的模型　　(b) 燃料温度和核反应堆压力壳温度随时间的变化

图 15.72　非常极端事故情况下模块式 HTR 的分析结果

反应堆完全被碎石覆盖，200MW(热功率)，圆柱形堆芯

这里讨论的模块式 HTR 的堆芯具有很强的温度负反应性系数，因此，对可能由停堆棒操作失误引起的核瞬态反馈非常有效。另外，核功率和燃料温度的自发限制还可通过包覆颗粒燃料的特殊条件(非常小的颗粒直径、包覆颗粒弥散在燃料元件的石墨基体中、堆芯中非常有效的自发传热)实现。

假设整个第一停堆系统从热态堆芯($\Delta K=1.2\%$)的插入位置快速提出，其结果是事故反应性可以在很短的时间内被温度负反应性系数反馈。是否所有包覆的颗粒都能够在快速升温过程中保持完好而不被损坏还有待研究。如果假设第二停堆系统的所有吸收棒(KLAKS，$\Delta K\approx12\%$)在非常短的时间内从冷态、次临界的堆芯中提出，那么功率和温度同样被自发限制。最高燃料温度也保持在 1600℃以下，如图 15.73 所示。

需要指出的是，即使在上述极端事故情况下，这些结果也只是为了证实模块式 HTR 堆芯设计的极端稳定性。实际上，如果采用预应力反应堆压力壳，快速提出所有的棒甚至所有吸收棒被弹出是不可能发生的。

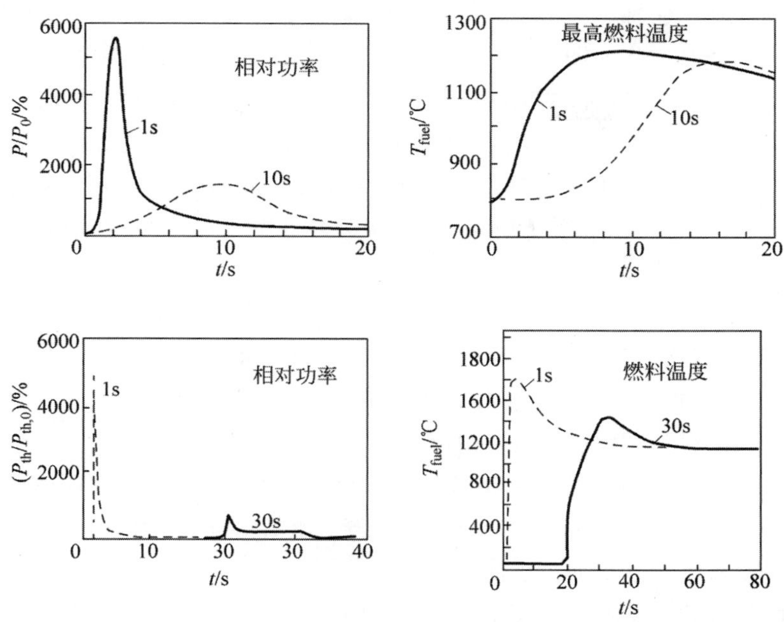

图 15.73 第二停堆系统全部吸收棒短时间内被提出的计算结果

$\Delta K \approx 1.2\%$，热态堆芯

预应力壳的固有特性和优点之一就是，由于预应力部件的可靠设计和高度冗余性，不可能发生包括失去停堆系统在内的突然失效事故。可以对空气进入一回路系统的事故作如下的评估，如图 15.74 所示。

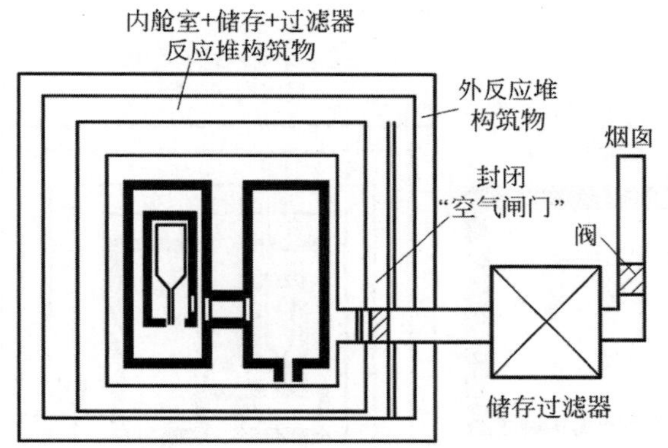

(a) 限制空气进入一回路的概念

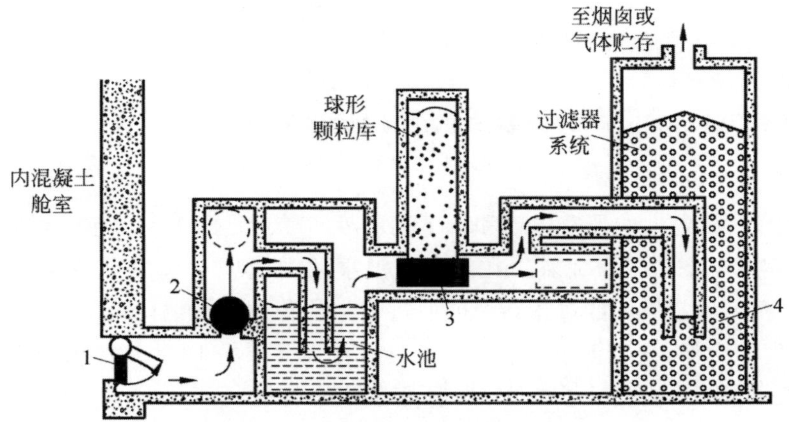

(b) 使用自作用原理关闭内混凝土舱室的措施

图 15.74 空气进入一回路事故的分析结果

1—逆止阀；2—球形颗粒封闭系统；3—球形颗粒库；4—水池和过滤系统

腐蚀过程的空气量受到反应堆选择的建筑结构的限制。参与腐蚀过程的空气量不可能超过混凝土内舱室的自由体积(大约为 5000m^3),如图 15.74(b)所示,内混凝土舱室的连接通道处设置逆止阀。它允许氦通过通道释放进入过滤器,但随后在重力作用下逆止阀自动关闭,以防止空气从反应堆构筑物进入混凝土舱室。除了上述逆止阀挡板的设计概念之外,还可以提供一种颗粒材料筒仓,在正常运行时被塞子在底部封闭,将颗粒材料封堵在内。此外,还可采用其他可能的限制措施,如图 15.74(b)所示。氦释放出来后,通道被关闭,从而没有空气可以进入内混凝土舱室。因此,对内混凝土舱室中空气体积的限制是这里所提出的设计的固有特性。根据这一特性,可以将被腐蚀的石墨量限制在最多 500kg。从对环境所造成的放射性污染角度来看,这个腐蚀量是微不足道的。石墨腐蚀仍然可以通过舱室的惰性化或简单的干预措施得到进一步的限制。例如,关闭一回路的开口,这一措施总是有可能实现的,这样可以保护投资。在这里介绍的模块式 HTR 概念中,空气进入事故实际上不会造成任何影响。

对于如图 15.75 所示的设计,蒸汽发生器的损坏和水进入中间循环实际上也不会影响一回路。一回路通过另一个屏障与蒸汽发生器隔开。如果中间回路中还存在泄漏现象,导致水渗透到一回路中,其后果也会非常小。通过气体净化系统可以将进入一回路的水去除。假设在事故期间进入了大量的水,可以通过包括冷凝器的减压系统将水从蒸汽发生器中去除。

在没有中间回路的模块式 HTR 中,进水的影响可以通过蒸汽发生器的适当设计和布置来限制。蒸汽发生器必须布置在堆芯的高度之下,蒸汽发生器的底部必须有足够的空间来储存大量的水。此外,这个设计概念还包括一个与蒸汽发生器相连的混合冷却器,它可以在水进入一回路事故发生后将大量的水吸收。对于将裂变产物阻留在核电站内,经相关事故的评估后可以得出如下结果,如图 15.75 所示。反应堆安全壳由两部分组成,一个是较小的内混凝土舱室,在失压事故后处于密封状态;另一个是外反应堆构筑物,用以保护反应堆免受外部冲击,这个外部的构筑物是不密封的。

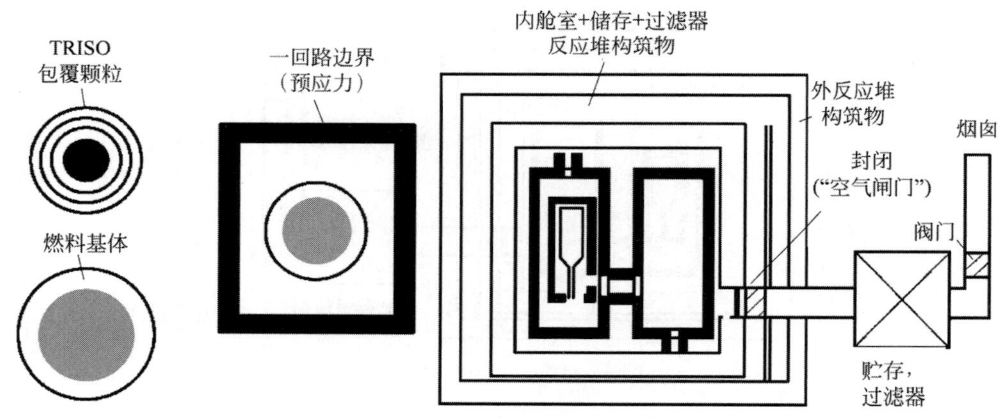

图 15.75 严重事故期间裂变产物在核电站中的存量(如 Cs137,$T_{1/2}=30$ 年)

燃料元件内存量:约 200MW(热功率)反应堆内有 2×10^{16}Bq(≈0.54MCi);一回路内自由存量:堆芯升温事故前后形成的约 3.7×10^{12}Bq(≈100Ci);过滤系统阻留能力:99%;通过烟囱的释放:约 3.7×10^{10}Bq(≈1Ci,核电站厂外无不允许的土地沾污)

在模块式 HTR 中,对放射性的严密包容和第 1 道屏障实际上是由 10^9 个包覆颗粒来保证的,这些颗粒在所有可能的事故中实际上保持得很完整。在堆芯升温事故中,裂变产物的整体释放率非常小,低于存量的 10^{-4}。安装在内混凝土舱室后面的过滤系统使通过烟囱的释放量大约降低为原来的 1/100。因此,核电站外部的辐射污染程度非常低,甚至低于需要遵守的具有更强要求的 1994 年德国颁布的原子能法。总的来说,这里给出的模块式 HTR 系统满足了表 15.17 所示的安全特性。

如图 15.76 所示,例如,在事故期间 1Ci 的 Cs137 可能释放,并且分布在与发电厂区域对应的 1km^2 的区域上,它们对永久居住在那里的公众造成 42mrem/年的辐射剂量,大约是在德国从所有其他自然和人为来源接收的总剂量的 10%。10Ci 的 Cs137 分布在 10km^2 的面积上将产生相同的长期污染值。这个非常粗略的估计清楚地表明,将放射性有效地阻留在电厂内非常重要,对于其他同位素,也可以获得类似的结果。

表 15.17　模块式 VHTR 安全特性的评估

- 堆芯绝不会熔化，燃料温度不超过 1600℃是可能的
- 衰变热自发载出绝不会失效
- 反应堆能承受极端的反应性瞬态而不会损坏
- 一回路压力边界不会破裂
- 从安全的角度来看，空气的进入不会造成损坏
- 水的进入不会对一回路系统造成任何严重的损坏
- 电站可以承受假设的正常外部冲击
- 保护燃料元件免受极端外部影响(恐怖主义、极端地震)

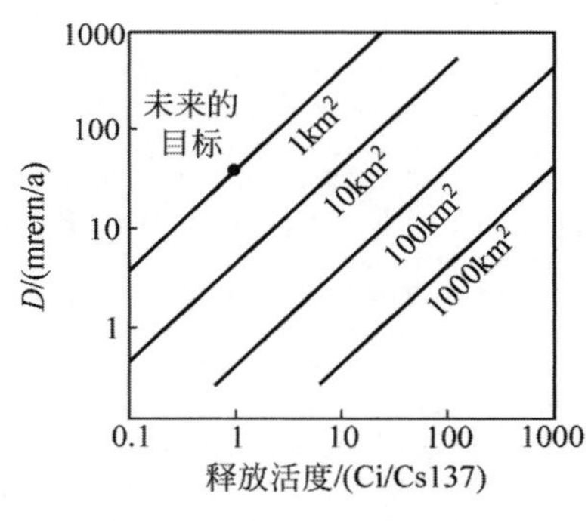

(a) 释放和沉积后直接造成污染的剂量

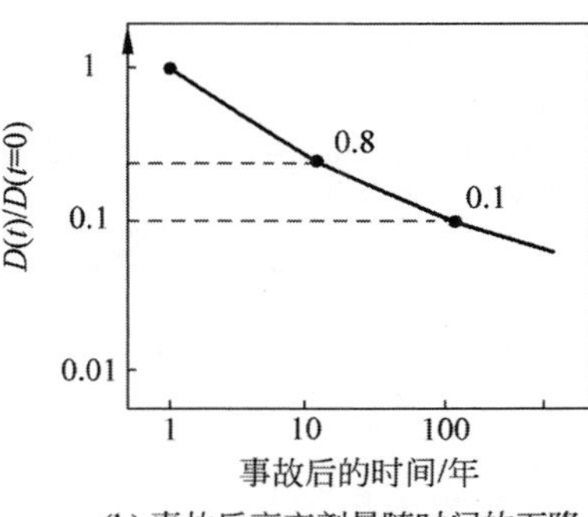

(b) 事故后衰变剂量随时间的下降

图 15.76　严重事故后土地污染的估计：每年附加的剂量
(由 Cs137 地面污染辐射引起)随释放活度的大小和分布面积(1mrem/年＝0.01mSv/年)的变化

在事故发生后的几年内，地面的污染程度由于衰变将会降低。此外，在土壤中的迁移和去污染措施也可以使污染的剂量下降。

该反应堆的安全性可以通过大规模的实验来证明。图 15.77 给出了一种可能的实验装置。通过球床内的棒状物进行电阻加热，以模拟衰变热。这时，可以精确地测定堆芯及所有反应区域内随空间-时间变化的温度分布情况，并且可以对整个衰变热载出的概念进行 1/1 的验证。借助该 1/1 模型，可以对 HTR 的所有上述基本事故进行研究并且证明其可控性。只是反应性行为是不能证明的，因为核芯全部是石墨球。然而，

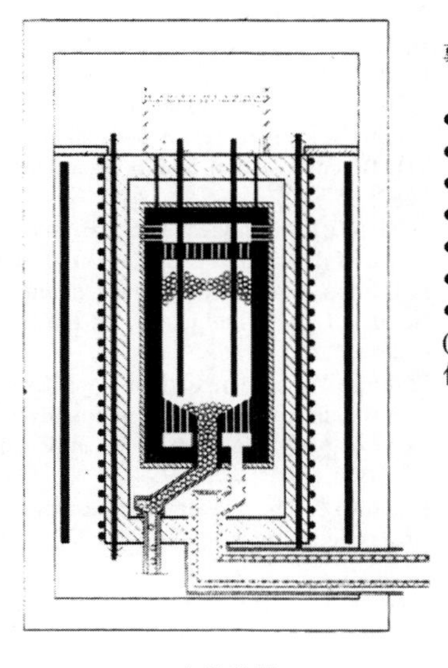

(a) 实验装置

事故的假设

- 一回路系统失压；
- 衰变热自发载出(反应堆在压力下)；
- 衰变热自发载出(反应堆失压)；
- 衰变热自发载出(压力壳表面绝热)；
- 空气进入；
- 水进入；
- 设备的的行为

(反应堆压力壳；内部结构；吸收棒；球的流动；
传热的详细情况；流动的详细情况)

(b) 可能进行的实验

图 15.77　针对模块式 HTR 模拟实验的建议

迄今为止，在所有 HTR 电厂（AVR、Dragon、HTR-10、HTTR、THTR、圣・弗伦堡）中进行的实验都提供了令人信服的结果，验证了计算机程序和许可证申请过程中的假设。

模块式 HTR 提供了一个反应堆概念，将满足所有在引言中提到的要求，特别是最高的安全性。它使用众所周知的设备为能源经济中的许多应用提供了很大的灵活性。

参考文献

1. International Event Scale (INES), Scale for the Evaluation of Nuclear Accidents, IAEA, Vienna, 1990.
2. Special Issue: A technology roadmap for Generation IV, Nuclear Energy Systems, issued by the US-DOE Nuclear Energy Research, Advisory Committee and the Generation IV International Forum, Dec. 2002. IAEA, Objectives for the development of advanced nuclear plants, IAEA-TECDOC-682, Jan. 1993.
3. Spiegelberg-Plauer R., Stern W., International reporting of nuclear and radiological events at the international atomic energy agency, Atomwirtschaft 52., Jg., Heft 2, 2007.
4. Fricke U., Analysis on the possibility to rise the thermal power of inherently safe high-temperature reactors by optimization of the core design, Diss. University of Duisburg, 1987.
5. Dazhong Wang, Analysis of a high-temperature reactor with an inner region of graphite balls, JŰL-1809, July 1982.
6. Kupitz J., Neutron physical and thermo-hydraulic layout of an annular rector with special fuel elements and proposal for a shutdown system, JŰL-1644, Feb. 1980.
7. Sun Yuliang, Analysis to transfer the safety features of the modular reactor on a large power reactor, JŰL-2585, Feb. 1992.
8. Koster A., Status of the PBMR concept, Presentation in FZ Jülich, March 2007.
9. Schulten R., et al., Industrial nuclear power plant with high-temperature reactor PR 500– OTTO-principle – for the production of process steam, JŰL-941-RG, April 1973.
10. Hansen U., Schulten R., Teuchert E., Physical properties of the “once through then out” pebble-bed reactor, KFA Jülich, Aug. 1971.
11. Tcuchert E., Maly V., Haas K.A., Basic study for the pebble-bed reactor with OTTO fuel cycle, JŰL-858-RG, May 1972.
12. Teuchert E., Bohl L., Rütten H.J., Haas K.A., The pebble-bed high-temperature reactor as a source of nuclear process heat, Vol. 2, Core Physics Studies, JŰL-1114-RG, Oct. 1974.
13. Teuchert E., Rütten H.J., Werner H., Haas K.A., Schulten R., Closed thorium cycles in the pebble-bed HTR, JŰL-1569, Jan. 1979.
14. Teuchert E., Rütten H.J., Core physics and fuel cycles of the pebble-bed reactor, Nuclear Engineering and Design, 34, 1975.
15. Teuchert E., et al., Physics features of the HTR for process heat, Nuclear Engineering and Design, 78, 1984.
16. Nabielek H., et al., Fuel for pebble-bed HTRs, Nuclear Engineering and Design, 78, 1984.
17. IAEA, Fuel performance and fission product behavior in gas-cooled reactor, IAEA-TECDOC-978, Nov. 1997.
18. Nickel H., HTR coated particles and fuel elements, HTR/ECS 2002, Cadarache, 2002.
19. Petti D., Coated particle fuel behavior under irradiation, HTR ECS 2002, High-Temperature Reactor School, Cadarache, France, Nov. 2002.
20. Williams D.F., Fuels for VHTR, FZ/OH 2004, The 2004 Frederic Joliot + OTTO Hahn Summer School, Cadarache, France, Aug./ Sept., 2004.
21. Wolf L., Ballensiefen G., Fröhling W., Fuel elements of the high-temperature pebble-bed reactor, Nuclear Engineering and Design, Vol. 34, No. 1, 1975.
22. Teuchert E., Once through cycles in the pebble-bed HTR, JŰL-1470, Dec. 1977.
23. Teuchert E., Fuel cycles of the pebble-bed reactor in the computer simulation, JŰL-3632, Jan. 1999.
24. Mulder E.J., Pebble-bed reactors with equalized core power distribution, inherently safe and simple, JŰL-3632, 1999.
25. Zgliczynski J.B., Silady F.A., Neylan A.J., The gas turbine – modular helium reactor (GT-MHR), high efficiency, cost competitive nuclear energy for the next century, GA-A21610, International Topical Meeting on Advanced Reactor Safety, Pittsburgh PA, USA, April 1994.
26. IAEA, Heat transport and after heat removal for gas-cooled reactors under accident conditions: results of simulation of the HTTR-RCCS mockup with the THANPA CSTZ code, IAEA-TECDOC-1163, Jan. 2001.
27. Kugeler K., Sappock M., Beine B., Wolf W., Development of an inactive heat removal system for high-temperature reactors, IAEA-TECDOC-757, Vienna, Aug. 1994.
28. Design of reactor containment systems for nuclear power plants, Safety, No. NS-G-1.10, Vienna 2004.
29. Dräger H., On the possibilities of reactor containments to withstand terroristic attacks with large airplanes, Münohen, 2001.
30. IAEA, External events excluding earthquakes in the design of nuclear power plants, IAEA Safety Guide No. NS-G-1.5, 2003.
31. Hauck M., Design and layout of storage vessel systems for radioactive waste under extreme conditions of accidents, Dipl. Arbeit, RWTH Aachen, June 2003.
32. NN, Special issue: Supplementary report vol. 1, Prestressed concrete pressure vessels under hypothetical accident conditions, JŰL-Report, RS 447, Jan. 1984.
33. Schartmann F., Heat removal from transport and intermediate storage vessels for high radioactive materials in normal operation and in case of accidents, Diss. RWTH Aachen, Oct. 2000.
34. VDI statement, The safety relevant design of nuclear facilities in Germany against terroristic attack, VDI, Düsseldorf, Nov. 2001.
35. IAEA, Seismic evaluation of existing nuclear power plants, IAEA Safety Reports Series No. 28, Vienna, 2003.
36. Ahorner L., Seismologic expertise for the site Jülich regarding the planned spallation source, Jülich, Oct. 1984.
37. NN, Information about the burst protection for the PWR of the BASF nuclear plant for steam supply, 1980.
38. Burrow E.D., Willaims A.J., Reactor pressure vessel, Nuclear Engineering International, 1969.
39. Schöning J., The prestressed concrete reactor pressure vessel of THTR, construction and pressure test, Atom + Strom, Heft 6, 1982.
40. Schäfer J.K., Schwiers H.G., Brunton J.D., Crowder R., Experience of design and construction of PCPVs for AGRs and HTRs in Europe, European Nuclear Conference, April 1975.
41. Neylan. J., The multicavity PCRV, Nuclear Engineering International, Aug 1974.
42. Fröhling W., Prestressed cast pressure vessels (VGD) as a burst safe pressure enclosure for innovative application in the nuclear technology, Monograph of FZ Jülich, Energy Technology, Vol. 14, 2000.
43. Bounin D., The presstressed cast iron pressure vessel VGD – a new concept for large vessels, Konstruieren + Gieβen, 12, Vol. 4, 1987.
44. Warnke P., Elter C., Mitterbacher P., Results of the pressure tests on the VGD –vessel for the control gas storage in THTR 300, Firmensdirift Siempelkomp, 1982.
45. Schilling F.E., Beine B., The prestressed cast iron reactor pressure vessel (PC/PV), Nuclear Engineering and Design, Vol. 25, No. 2, July 1973.
46. Beine B., Large scale test setup for the passive heat removal system and the prestressed cast iron pressure vessel of a 200 MW_{th} modular high temperature reactor, 3rd Int. Seminar.

on Small and Medium Sized Nuclear Reactor, New Delhi, India, Aug. 1991.
47. Wolf L., Kneer R., Schulz R., Giannices A., Häfner W., Passive heat removal experiments for an advanced HTR-Module: reactor pressure vessel and cavity design, IAEA-TECDOC-757, Vienna, Aug. 1994.
48. Hammelmann K.H., Kugeler M., Fröhling W., Experiment for a prestressed cast steel vessel, Final report on experiments at elevated temperature of VGGD, KFA-IRE-OB-1/87, Mar. 1987.
49. Fröhling W., Kugeler M., Hammelenann K. H., Phlippen P.W., Design aspects and development goals of prestressed cast steel vessels, 18. MPA-Seminar, Stuttgart, 1992.
50. Stoltz A., Analysis of the structural mechanical behavior of the top and bottom design of prestressed cast steel vessel using finite element methods, Dipl. Arbeit, Univ. Duisburg, April 1988.
51. Wagner U., Prestressed cast steel vessel as primary enclosure for high-temperature reactors of small and medium power, comparison of systems, structural mechanics, design and safety, Diss. Univ. Duisburg, 1989.
52. Helbig G., Structural mechanical analysis of different variants of a prestressed wall of a cast steel vessel using finite elements, Dipl. Arbeit, Univ. Duisburg, 1988.
53. Huber G., Specific civil engineering questions during the construction of prestressed concrete reactor pressure vessels; comparison of French, British and German technologies, Techn. Mitteilung Krupp Forsch. Ber. Bd31, Heft 2, 1973.
54. Jühe S.H., release of carbon dust in case of depressurization accidents of high-temperature reactors, Diss. RWTH Aachen, Dec. 2011.
55. Eckardt B., Containment venting for light water reactor plants, Kerntechnik 53, No 1, 1988.
56. Kuczera B., Wilhelm J., Depressurization systems for LWR containments, Atomwirtsdraft, Mar. 1989.
57. Johansson K., Nilsson L., Persson Å., Filter design considerations for implementing a vent filter system at the Barseback nuclear power plant, International Meeting on Thermal Nuclear Reactor Safety, Chicago, Aug/Sept. 1982.
58. Elkhawaukey S., Comparison of modern concepts for separation of fine dust, Stud. Arbeit, RWTH Aachen, April 2008.
59. Ackermann G., Operation and maintenance of nuclear power plants, VEB Deutsche Verlag für Grundrloff Induschie, Leipnig, 1982.
60. Hake G., The relation of reactor design to siting and containment in Canada, Proceedings IAEA, Containment and Siting of Nuclear Power Plants, April 1967, STI/PUB/154.
61. Allensworth J.A., et al., Underground siting of nuclear power plants: potential benefits and penalties, NUREG-0255, 8/1977.
62. Bender F. (editor), Underground siting of nuclear power plants, E.Schweizerbart'sche Verlagsbuchhandlung, Nägele und Obermiller, Stuttgart, 1982.
63. IAEA, Containment and siting of nuclear power plants, STI/PUB/154, April 1967.
64. Kröger W., Containments for high-temperature reactors regarding special aspects of environmental protection and safety, JŰL-1098RG, 1974.
65. Schulten R., et al., Industrial nuclear power plant with high-temperature reactor PR 500 OTTO principle for the production of process steam, JŰL-941RG, 1973.
66. Kröger W., et al., Evaluation of underground construction of nuclear power plants in the soil of an open hole, JŰL-1478, Jan. 1978.
67. Russel C.R., Reactor safeguards, Pergamon Press, Oxford, London, New York, Paris, 1962.
68. Riera J.D., On the stress analysis of structure subjected to air craft impact forces, Nuclear Engineering and Design, Dec. 8, 1968.
69. RSK, Guidelines of the reactor safety commission for the safety technical design of pressurized water reactors, Ges für Reaktor Sicherhest, Köln, 1977.
70. United States Nuclear Regulatory Commission, Use of probabilistic risk assessments in plan-specific, risk-informed decision making: General Guidance, Revision 1 of Standard Review Plan Chapter 19, NUREG-0800, Washington, D.C., November 2002.
71. Kugeler M., Kugeler K., Romes G., The development of a fast discharge system for pebble-bed reactors, IRE/KFA JŰlich, May 1979.
72. Phlippen P.W., The development of a fast discharge system as a diversitary decay heat removal system for high-temperature reactors with spherical fuel elements, JŰL-1788, July 1982.
73. Buchmann R., experimental analysis for the fast discharge system for pebble-bed high-temperature reactor, Diss. RWTH Aachen, 1983.
74. Schrör H., Constructive and thermohydraulic design of a fast discharge system, JŰL-Spez-53, Aug. 1979.
75. NN, Special issue: Thorium and gas cooled reactors, Annals of Nuclear Energy, Vol. 5, No. 8–10, 1978, Pergamon Press.
76. Lung M., Gremm O., Perspectives of Thorium fuel cycle, Nuclear Engineering and Design, 180, 1998.
77. Teuchert E., Rütten H.J., Werner H., Reducing the world Uranium requirement by the Thorium fuel cycle in high-temperature reactors, Nuclear Technology 58, Sept. 1982.
78. IAEA, Potential of thorium based fuel cycles to constrain plutonium and reduce long-lived waste toxicity, Final report of a coordinated research project, IAEA-TECDOC-1349, Apr. 2003.
79. Baumgärner F. (edit), Chemistry of nuclear waste management, Verlag Karl Thiemig, Vol. 1–3, München, 1980.
80. Merz E., et al., Reprocessing of nuclear fuels, JŰL-Spez-207, May 1983.
81. Merz E., Reprocessing in the Thorium fuel cycle, JŰL-Spez-239, 1984; Status seminar high-temperature reactor—fuel cycle, JŰL-Conf-61, Aug. 1987.
82. Salvatores M., The physics of transmutation for radioactive waste minimization, CEA, FJSS, 1998.
83. Jameson R.A., Venneri F., Bowmann C.D., Accelerator driven transmutation technology—an energy supply bridge to the future without long-lived radioactive waste, AVH-Magazin, 66, 1995.
84. Phlippen P.W., et al., Basic considerations and requests for the assessment of future fuel cycle with special regard to P + T issues, Global 1995, Spet. 1995.
85. Bauer G.S., Accelerator based neutron sources and experiments, FJSS 98, CEA Cadarache, 1998.
86. Rubbia C., et al., Status report on the energy amplifier, CERN 1994, NN, Accelerator driven systems, energy generation and transmutation of nuclear waste, Status Report IAEA-TECDOC-985.
87. Broeders C.H.M., Burning of transuranium isotopes in thermal and fast reactors, Nachrichten FZ-Karlsruhe 29, Jg. 3, 1997.
88. Corafunke E.H.P., et al., Transmutation of nuclear waste, ECN-R-95-025, July 1995.
89. Merz E.R., Walter C.E., Advanced nuclear system consuming excess plutonium, Nato ASI series 1, Disarmament Technologies, Vol. 15, Klumer Academic Publisher, Dordrecht, Boston, London, 1997.
90. Benedict M. Pigford T.H., Levi H.W., Nuclear chemical engineering, McGraw Hill Book Company, New York, 1981.
91. RSK, Special issue: Long time intermediate storage of radioactive waste, Jülich, May 2002.
92. Sailer M., The new RSK guidelines for intermediate storage installations in Germany, Atomwirschaft, 46, Jg., Vol. 5, 2001.
93. KLE, Special issue: Short description of the intermediate storage facility for spent fuel elements on the site of nuclear power plant, Lingen/Kernkraftwerk, Ewsland, July 1999.
94. Soma W., The interim storage spent fuel assemblies, TUG-Meeting, April 2000.
95. Fachinger J., et al., R + D on intermediate storage and final disposal of spent HTR fuel, IAEA-TECDOC-1043, Vienna, 1998.
96. Beiser H., et al., Interim storage facilities in plants with convoy concept, Atomwirtschaft, 46, 2001.
97. IAEA, Special issue: IAEA safety standard series, design of fuel handling and storage systems for nuclear power plant, IAEA, No. Ns-G-1.4, 2003.
98. NN, Special issue: intermediate storage facilities on the site of nuclear power plants, Inform Verlag, 2001.
99. Röthemeyer H. (edit), Final storage of radioactive waste, VCH, Weinheim, New York, Basel, Cambridge, 1991.

100. Barre B., Nuclear fuel and fuel cycle, Landolt Börnstein, Energie Technologies, VIII/38, Springer, Berlin, 2005.
101. NN, Special issue: MAW and HTR fuel element: experimental storage in bore holes, JŰL-Conf-60, July 1987.
102. Merz E., Conditioning of radioactive wastes in the nuclear fuel cycle, JŰL-Spez-394, March 1987.
103. Barre B., Radioactive waste management in France – with special emphasis on HLW, Atomwirtschaft, Heft 7, 47. Jg. 2002.
104. Bodansky D., Nuclear energy: principles, practices and prospects, Springer, Science + Baisiners Media, Inc., 2004.
105. Niephaus D., Reference concept for the direct final storage of spent HTR fuel elements in CASTOR THTR/AVR transport and storage vessels, JŰL-3734, Jan. 2000.
106. IAEA, Design and evaluation of heat utilization systems for the high-temperature engineering test reactor, IAEA-TECDOC-1236, Vienna, Aug. 2001.
107. Jansing W., Testing of high-temperature components in the KVK, Specialists Meeting on Heat Exchanging Components of Gas-Cooled Reactors, Düsseldorf, April 16–19, 1984.
108. Harth R., et al., Experience gained from the EVA II and KVK operation, Nuclear Engineering and Design, 121, 1990.
109. Nieβen H.F., et al., Experiments and results of the PNP test steam reformers in the EVA II plant, JŰL-2213, 1988.
110. NN, Special issue: status of development in the field of heat transporting and heat transferring components, Sderifteureihe: Juergiepolitik in Nordrhein Lvestfalen, Baud 16 I and 16 II, 1984.
111. Project NFE (Nuclear long distance energy transport) final report, JŰL-Spez-303, 1985.
112. Ohashi H., et al., Current status of research and development on system integration technology for connection between HTGR and hydrogen production system at JAEA, OECD/NEA, 3rd Information Exchange Meeting on the Nuclear Production of Hydrogen, Oarai Japan, Oct. 2005.
113. Nickel H., Schubert F., Schuster H., Very high temperature design criteria for nuclear heat exchanger in advanced high temperature reactors, Nuclear Engineering and Design, 94, 1986.
114. Kugeler K., Kugeler M., Hohn H., Hurtads A., Very high temperature reactors (VHTR) for process heat generation, Publication prepared.
115. Kugeler K., Schulten R., Considerations on the safety principles of nuclear technology, JŰL-2720, Jan. 1993.
116. IAEA, Safety of nuclear power plants, Design IAEA Safety Standards Series, Requirements, No. NS-R-1, Vienna, 2000.
117. Kugeler K., Barnert H., Phlippen P.W., Scherer W., Sustainable nuclear energy with the HTR for future application, HTGR Application and Development, Beijing, March 2001.
118. Scherer W., et al., Self-acting limitation of nuclear power and of fuel temperature in innovative nuclear reactors, JŰL-2960, Aug. 1994.
119. Fröhling W., et al., Chemical stability of innovative nuclear reactors, JŰL-3118, Sept. 1995.
120. IAEA, Fuel performance and fission product behavior in gas-cooled reactors, IAEA-TECDOC-978, Nov. 1997.